“十四五”国家重点出版物
出版规划项目

NEW AGROCHEMICAL DISCOVERY IN CHINA

中国新农药创制

关爱莹
杨吉春
芦志成
刘长令
主编

化学工业出版社
·北京·

内容简介

本书紧紧围绕国家重点“硬骨头”研发项目“绿色农药新品种创制”，全面梳理和阐述了中国新农药的创制发展史、研发现状与层次、创制方法与思路、研发平台与体系建设以及中国病虫草害抗性发展与治理策略等。按照杀菌剂、除草剂、杀虫剂、杀螨剂、杀细菌剂、抗病毒剂、杀线虫剂、植物免疫激活剂以及植物生长调节剂等农药用途和结构类型进行划分，系统介绍了中国新农药创制阶段性成果，涵盖了国内研究人员在新农药创制领域取得的研究进展，重点介绍了中国已产业化/登记/开发中农药品种及研究中化合物，归纳了其创制过程与创新思路，分析其知识产权保护情况、应用效果与安全性、合成方法等，展示了我国新农药创制不同阶段的创新水平，并结合国内实际需求以及国际前沿发展趋势提出启发性思路，为中国农药创制提供研发思路及指导性的建议，对未来新农药的发展趋势和方向进行展望。

本书将为新农药创制研究工作提供很好的指导，供新农药创制相关学术界和产业界同行参考，也可作为农药学、植物保护、有机化学、精细化工、应用化学、环境化学和农业科学等专业师生的教学用书或参考书。

图书在版编目（CIP）数据

中国新农药创制 / 关爱莹等主编. -- 北京 : 化学工业出版社，2025. 6. -- ISBN 978-7-122-47746-0

Ⅰ. TQ450.6

中国国家版本馆 CIP 数据核字第 20252QY304 号

责任编辑：刘　军　孙高洁　李娇娇　　装帧设计：王晓宇

责任校对：李雨函

出版发行：化学工业出版社

（北京市东城区青年湖南街 13 号　邮政编码 100011）

印　　装：北京建宏印刷有限公司

787mm×1092mm　1/16　印张 82½　字数 2300 千字

2025 年 11 月北京第 1 版第 1 次印刷

购书咨询：010-64518888　　售后服务：010-64518899

网　　址：http://www.cip.com.cn

凡购买本书，如有缺损质量问题，本社销售中心负责调换。

定　　价：698.00 元

中 国
新农药
创 制
NEW AGROCHEMICAL
DISCOVERY
IN CHINA

本书编写人员名单

主　　编：关爱莹　杨吉春　芦志成　刘长令

副 主 编：李　淼　李慧超　于春睿　张静静

编写人员：（按姓名汉语拼音排序）

程学明　范志金　冯梓航　关爱莹　桂晓东　郝树林
侯春青　李慧超　李　淼　李学建　梁　爽　刘长令
刘幸海　芦志成　汪清民　王　刚　王　徵　吴　峤
夏喜源　徐靖博　杨丙连　杨吉春　杨金龙　杨　萌
于春睿　张静静　钟福贵　周　莎

中 国
新农药
创 制

NEW AGROCHEMICAL
DISCOVERY
IN CHINA

序言

民以食为天！在人类文明发展史中，农业始终是文明存续的命脉，而农药作为现代农业的“隐形盾牌”，既是保障粮食安全的利器，亦是人与自然界有害生物的博弈焦点。中国用全球9%的耕地养活了近20%的人口，这一奇迹背后，农药的贡献功不可没——每年挽回的粮食损失超过2800亿斤，相当于数亿人口的生存底线。然而，辉煌之下暗藏隐忧：我国耕地面积增长乏力，病虫草害威胁日益加剧，国际市场上缺乏核心竞争力，创制品种稀少，绿色安全标准亟待突破。对于中国这样正在从制造大国走向制造强国和创造强国的发展中国家而言，现实需求和全球气候变化、种植模式的改变，均在呼唤着中国农药人从“制造”向“智造”跨越，从“跟随”向“引领”蜕变。

中国农药的创制史，是一部科技突围与国家命运交织的史诗。从20世纪70年代研制多菌灵、井冈霉素的蹒跚起步，到20世纪末及21世纪初氟吗啉等自主创制品种的破冰，再到青岛清原作物科学集团有限公司研发环吡氟草酮、氟氯氨草酯等新一代除草剂打破跨国公司垄断，每一步都烙印着科学家、工程师、企业家们的血性与智慧。刘长令团队提出的具有普适性的新农药创制理念“中间体衍生化法”，在大幅度降低研究费用的同时，还将新农药创制成功率大大提升；不仅可以创制出满足绿色农药五要素“安全性高、效果好、成本低、专利权稳定、市场潜力大”的me-better化合物如苯嘧草唑（isoxafenacil），还可以创制出结构全新的me-first或first-in-class化合物如喹菌胺（quinaminoprole）等，这些创新背后是平均12年、耗资3亿美元、成功率十六万分之一的残酷博弈。中国农药人用“板凳甘坐十年冷”的坚守，在跨国巨头的技术壁垒中撕开了一道裂缝。

创制之路远非坦途。当前我国农药产业深陷“三重困境”，2000余家企业深陷同质化竞争，草甘膦、吡虫啉等品种扎堆生产加剧环境风险与抗性危机；自主知识产权品种市场占比不足5%，原创性结构先导匮乏导致“卡脖子”风险高悬；传统仿制路径依赖下，农药产业链长期困守价值链低端。这些矛盾折射的不仅是技术短板，更是创新体系的结构性断层——高校、科研院所与企业间尚未形成“基础研究—应用开发—产业转化—股本升值—变现助研”的协同闭环。

该书以“中国新农药创制”为主题，凝聚了我国几代农药科研工作者研究成果的结晶，概述中国农药创制从萌芽到突破的壮阔历程和发展现状，对创制方法和创新层次以及创制平台和体系建设进行了系统介绍；对我国日益严重的病虫草害抗性问题进行了综述和分析；重点对我国专利法实施以来商品化/开发中品种的创制经纬或发明思路、知识产权、合成方法、毒性学与安全评价、作用特性与机理研究及应用效果进行了评述。本书不仅回顾历史，更聚焦未来，不仅对中国授权专利和部分新公开专利等研究进展进行了总结，还介绍了农药研发中部分新技术和新理论，并回顾或者展望中国农药从“跟跑”到“并跑”乃至“领跑”的路径。综上，该书内容丰富、针对性强，对新农药创制研究具有重要的学术价值和实用价值。

站在 2025 年的历史节点，中国农药正站在“生存”与“升华”的十字路口。就全世界而言，人工智能正在改变并加速分子设计、药物设计的转型升级，合成生物学正在急剧改变医药和农药创制的策略、模块和效率，此时，我们需要重新思考、重塑农药未来的发展方向。当粮食安全上升为国家安全战略，当“绿水青山就是金山银山”成为发展铁律，农药创制已不仅是技术命题，更是生态命题、文明命题。愿该书之星星之火，燎原中国农药人前行的道路，助力书写农业强国、设计强国、制造强国的新篇章，将中国农药科学技术工作的贡献奉献于世界，并期盼中国农药研究力量成为世界此领域的创新中心并引领未来。

钱旭红

中国工程院院士，华东师范大学校长

2025 年元月

前言

习近平总书记指出，“粮食安全是‘国之大者’”。粮食安全事关人民幸福安康、事关强国建设、事关民族复兴大业，关乎全局、关乎长远、关乎根本。农药是农业生产中重要的生产资料，在防控病虫草害、保障粮食安全和稳定农业生产与发展方面发挥着重要的作用。在国家相关部门的大力支持下，我国农药工业经历了从无到有、从弱到强的发展历程，已逐步形成了包括科研开发、原药生产、制剂加工、原材料及中间体配套的完整农药产业体系。而农药创制又是农药工业的核心与技术壁垒，属于原始创新和多学科交叉的复杂系统工程，我国先后经历了仿制、仿创结合及自主创新三个阶段，建立了涵盖分子设计、化学合成、生测筛选、毒理分析、产业化登记的完备创制流程，并取得了一批创新品种、关键技术以及新农药的创制研究理论。目前，我国已成为少数具有自主创制新农药能力的国家之一。

为了加快农药行业的创新发展，更好地保障粮食和食品安全，研制“安全性高、效果好、成本低、专利权稳定、市场潜力大”的绿色农药，进一步调整农药产业布局和产品结构，促进农药行业和学科之间的交叉融合与协调发展，提升行业原始创新能力。本书贯彻国家创新驱动的发展战略，落实农药减量增效的目标，结合“十四五”国家发展规划，全面介绍了自《中华人民共和国专利法》（以下简称专利法）实施至今的新农药创新研究工作，力图展示我国目前的农药创制水平和阶段性成果。通过总结分析中国已产业化/登记/开发中农药品种及研究中化合物的创制过程与创新思路，并结合国内实际需求以及国际前沿发展趋势，为中国农药创制提供研发思路及指导性的建议。

本书共分为 7 章，第 1 章概述中国农药创制的发展历史和现状，对创制方法和创新层次以及创制平台和体系建设进行了系统介绍；第 2 章对我国日益严重的病虫草害抗性发展及治理策略进行了归纳总结；第 3 章至第 6 章分别按照用途归纳了杀菌剂、除草剂、杀虫剂以及其他用途农药的创制过程，重点对我国专利法实施以来商品化/开发中品种的创制经纬或发明思路、知识产权、合成方法、毒理学与安全评价、作用特性与机理研究及应用效果进行了评述，并对在研究中或者未能产业化的研究进行了总结（其中，对在研新化合物的搜集重点是中国授权专利和部分新公开专利）；第 7 章介绍了农药研发中部分新技术和新理论，结合我国农药创制的实际情况，对我国未来新农药的创制方向、策略进行了简要分析并展望。

本书是我国几代农药科研工作者研究成果的结晶，具有重要的学术价值和应用价值，本书编写时力求做到兼具科学性、全面性、创新性与实用性，以供新农药创制相关学术界、产业界同行以及大众读者参考应用。书中的创制经纬或发明思路，生物活性与毒性数据和应用等内容参考了大量的专利和文献，另外，本书的编写得到了化学工业出版社的大力支持！在此一并表示衷心的感谢。同时，感谢长期给予我们关心、支持与帮助的领导、前辈与同行！

鉴于本书涉及内容广泛、收集编写难度大，加之限于作者水平和编写时间，疏漏或不当之处在所难免，敬请批评指正。

编者
2024 年 8 月

目录

第 1 章　绪论　001

1.1　中国新农药创制的发展历史　002
1.1.1　农药艰难起步（仿制阶段 1940～1978 年）　002
1.1.2　农药仿创结合(仿创结合、以仿为主的发展阶段 1978～2010 年)　004
1.1.3　农药系统创制（仿创结合、以创为主的扩张阶段 2010 年至今）　007
1.2　新农药研发的现状与层次　009
1.2.1　新农药研发的现状　009
1.2.2　新农药研发的层次　019
1.3　新农药创制的思路与方法　020
1.3.1　新农药创制的思路　020
1.3.2　先导研究阶段的方法　022
1.3.3　先导化合物的优化　033
1.4　中国新农药创制研发平台与体系建设　047
1.4.1　新农药创制研发平台建设　047
1.4.2　新农药创制体系发展情况　048
1.4.3　部分农药创制单位简介　049

第 2 章　中国病虫草害抗性发展与治理策略　052

2.1　病害抗性发展及治理　053
2.1.1　病害抗药性的发展　053
2.1.2　植物病原菌抗药性机制　054
2.1.3　病原菌抗药性治理策略　054
2.2　虫害抗性发展及治理　055
2.2.1　昆虫抗药性的发展　055
2.2.2　昆虫抗药性机制　056
2.2.3　昆虫抗药性治理策略　058
2.3　草害抗性发展及治理　059
2.3.1　杂草抗药性的发展　059
2.3.2　杂草抗药性机制　061
2.3.3　杂草抗药性的解决途径　062

第 3 章　杀菌剂的创制　065

3.1　中国创制杀菌剂概论　065
3.2　酰胺类化合物　068
3.2.1　氟吗啉的创制　070
3.2.2　丁吡吗啉的创制　079
3.2.3　氟醚菌酰胺的创制　084
3.2.4　氟苯醚酰胺和氯苯醚酰胺的创制　091
3.2.5　丙烯酸酰胺类化合物的创制　098
3.2.6　双酰胺类化合物的创制　100
3.2.7　吡唑酰胺类化合物的创制　102
3.2.8　三唑乙酰胺类化合物的创制　119
3.2.9　噻唑酰胺类化合物的创制　121
3.2.10　噻二唑酰胺类化合物的创制　123
3.2.11　吡啶酰胺类化合物的创制　126
3.2.12　吡嗪酰胺类化合物的创制　131
3.2.13　苯基（磺）酰胺类化合物的创制　132
3.2.14　其他酰胺类化合物的创制　135
3.3　甲氧基丙烯酸酯类化合物　141
3.3.1　丁香菌酯的创制　142

3.3.2 唑菌酯的创制 154
3.3.3 唑胺菌酯的创制 164
3.3.4 氯啶菌酯的创制 172
3.3.5 烯肟菌酯的创制 177
3.3.6 烯肟菌胺的创制 182
3.3.7 苯醚菌酯的创制 188
3.3.8 苯噻菌酯的创制 192
3.3.9 氟菌螨酯的创制 196
3.3.10 氟肟菌酯的创制 204
3.3.11 甲氧基氨基甲酸酯类化合物的创制 207
3.3.12 肟乙酸酯类化合物的创制 210
3.3.13 其他甲氧基丙烯酸酯类化合物的创制 215
3.4 氨基氰基丙烯酸酯类化合物 219
3.4.1 氰烯菌酯的创制 219
3.4.2 其他氨基氰基（硝基）丙烯酸酯类化合物的创制 225
3.5 二羧酰亚胺类化合物 226
3.6 氨基酸及其衍生物类化合物 232
3.7 二硝基（二氰基）苯胺类化合物 238
3.8 吡啶类化合物 242
3.8.1 啶菌噁唑的创制 242
3.8.2 其他吡啶类化合物的创制 248
3.9 嘧啶类化合物 254
3.9.1 嘧啶-2-胺类化合物的创制 255
3.9.2 嘧啶-4-胺类化合物的创制 256
3.9.3 嘧啶（硫）醚类化合物的创制 271
3.10 哌嗪类化合物 274
3.11 哒嗪酮类化合物 276
3.12 吡唑（啉酮）类化合物 279
3.13 （异）噻唑（啉酮）类化合物 292
3.14 （异）噁唑（啉）类化合物 309
3.15 咪唑（啉酮）类化合物 313
3.16 噻二唑类化合物 316
3.17 噁二唑类化合物 339
3.17.1 甲磺酰菌唑的创制 339
3.17.2 其他噁二唑类化合物的创制 345
3.18 三唑类化合物 356
3.19 三唑啉（硫）酮类化合物 371
3.20 （异）喹啉类化合物 378
3.21 喹唑啉（酮）类化合物 384
3.22 苯并咪唑类化合物 386
3.23 苯并（异）噻唑类化合物 387
3.24 吲哚类化合物 391
3.25 嘧啶并异噁唑类化合物 396
3.26 三唑并嘧啶类化合物 399
3.27 生物源杀菌剂 400
3.27.1 申嗪霉素的创制 401
3.27.2 长川霉素的创制 405
3.27.3 宁南霉素的创制 408
3.27.4 金核霉素的创制 414
3.27.5 井冈霉素的创制 417
3.27.6 蛇床子素的创制 422
3.27.7 苯丙烯菌酮的创制 426
3.27.8 其他生物源杀菌剂的创制 428
3.28 其他杀菌类化合物 475
3.28.1 环己酰菌胺的创制 475
3.28.2 唑醚磺胺酯的创制 480
3.28.3 其他杀菌化合物的创制 482

第 4 章 除草剂的创制 529

4.1 磺酰脲类化合物 530
4.1.1 单嘧磺隆和单嘧磺酯的创制 532
4.1.2 甲硫嘧磺隆的创制 538
4.1.3 其他磺酰脲类化合物的创制 542
4.2 嘧啶水杨酸类化合物及其类似物 546
4.2.1 丙酯草醚和异丙酯草醚的创制 548
4.2.2 氯胺嘧草醚的创制 555

4.2.3 氟嘧啶草醚的创制 560
4.2.4 其他嘧啶类化合物的创制 565
4.3 三酮类化合物 582
4.3.1 喹草酮和甲基喹草酮的创制 583
4.3.2 二氯喹啉草酮的创制 589
4.3.3 其他三酮类化合物的创制 594
4.4 苯甲酰基吡唑类化合物 609
4.4.1 环吡氟草酮的创制 610
4.4.2 双唑草酮的创制 617
4.4.3 三唑磺草酮和苯唑氟草酮的创制 622
4.4.4 吡唑喹草酯的创制 631
4.4.5 其他苯甲酰基吡唑类化合物的创制 634
4.5 环己烯酮类化合物及其类似物 646
4.5.1 苯丙草酮的创制 647
4.5.2 其他（环己）烯酮类化合物的创制 648
4.6 *N*-苯基酰亚胺类化合物 654
4.6.1 苯嘧草唑的创制 655
4.6.2 氟草啶的创制 662
4.6.3 其他 *N*-苯基酰亚胺类化合物的创制 667
4.7 芳基吡唑类化合物 688
4.8 芳基甲酸类化合物及其衍生物 692
4.9 芳氧羧酸类化合物 702
4.9.1 氟氯氨草酯的创制 702
4.9.2 其他芳氧羧酸类化合物的创制 707
4.10 芳氧苯氧丙酸酯类化合物 717
4.10.1 精噁唑甘草胺的创制 718
4.10.2 HNPC-A8169 的创制 721
4.10.3 其他芳氧苯氧丙酸酯类化合物的创制 723
4.11 有机磷类化合物 735
4.11.1 双甲胺草磷的创制 735
4.11.2 氯酰草膦的创制 739
4.11.3 其他有机磷类化合物的创制 744
4.12 酰胺类化合物 749
4.12.1 氟砜草胺的创制 749
4.12.2 其他酰胺类化合物的创制 753
4.13 异噁唑（啉）类化合物 762
4.13.1 溴噁草松的创制 764
4.13.2 其他异噁唑（啉）类化合物的创制 766
4.14 二苯醚类化合物 772
4.15 三嗪类化合物 776
4.16 三唑类化合物 778
4.17 哒嗪类化合物 784
4.18 氰基丙烯酸酯类化合物 788
4.18.1 NK-9717 的创制 789
4.18.2 其他氰基丙烯酸酯类化合物的创制 791
4.19 苯并吡嗪类化合物 797
4.20 其他除草类化合物 799

第 5 章 杀虫剂的创制 821

5.1 中国创制杀虫剂概论 821
5.2 菊酯类化合物 822
5.2.1 右旋反式氯丙炔菊酯的创制 823
5.2.2 氯氟醚菊酯的创制 827
5.2.3 硫肟醚的创制 831
5.2.4 硫氟肟醚的创制 837
5.2.5 其他菊酯类化合物的创制 845
5.3 双酰肼类化合物 852
5.3.1 呋喃虫酰肼的创制 852
5.3.2 其他双酰肼类化合物的创制 856
5.4 新烟碱类化合物 860
5.4.1 氯噻啉的创制 861
5.4.2 哌虫啶的创制 866
5.4.3 环氧虫啶的创制 873

5.4.4 环氧虫啉的创制 881
5.4.5 戊吡虫胍的创制 885
5.4.6 其他新烟碱类化合物的创制 890
5.5 双酰胺类化合物 904
5.5.1 四氯虫酰胺的创制 905
5.5.2 环丙氟虫胺的创制 910
5.5.3 氟氯虫双酰胺的创制 915
5.5.4 硫虫酰胺的创制 918
5.5.5 多氟虫双酰胺的创制 922
5.5.6 其他双酰胺类化合物的创制 922
5.6 有机磷类化合物 941
5.6.1 硝虫硫磷的创制 943
5.6.2 氯胺磷的创制 946
5.6.3 其他有机磷类化合物 947
5.7 吡唑类化合物 951
5.7.1 丁虫腈的创制 952
5.7.2 其他吡唑类化合物的创制 956
5.8 生物源杀虫剂 982
5.8.1 苦皮藤素的创制 982
5.8.2 其他生物源杀虫剂的创制 986
5.9 二氯丙烯醚类化合物 1026
5.10 季酮酸类化合物 1033
5.11 介离子类化合物 1037
5.12 苯甲酰脲类化合物 1039
5.13 嘧啶胺类化合物 1045
5.14 其他杀虫类化合物 1049
5.14.1 氯溴虫腈的创制 1049
5.14.2 其他杀虫化合物的创制 1055

第 6 章 其他用途的新农药创制 1093

6.1 杀螨剂的创制 1093
6.1.1 概论 1093
6.1.2 氟螨的创制 1095
6.1.3 嘧螨胺的创制 1098
6.1.4 乙唑螨腈的创制 1109
6.1.5 螺螨双酯的创制 1114
6.1.6 氟螨双醚的创制 1117
6.1.7 苯苄螨胺的创制 1119
6.1.8 苯螨咪唑的创制 1120
6.1.9 氟菌螨酯的创制 1121
6.1.10 其他杀螨剂的创制 1121
6.2 杀细菌剂的创制 1139
6.2.1 概论 1139
6.2.2 噻菌铜的创制 1140
6.2.3 噻唑锌的创制 1144
6.2.4 其他杀细菌剂的创制 1150
6.3 抗病毒剂的创制 1181
6.3.1 概论 1181
6.3.2 毒氟磷的创制 1181
6.3.3 氯吲哚酰肼的创制 1186
6.3.4 香草硫缩病醚的创制 1190
6.3.5 其他抗病毒剂的创制 1196
6.4 杀线虫剂的创制 1243
6.4.1 概论 1243
6.4.2 三氟杀线酯的创制 1244
6.4.3 其他杀线虫剂的创制 1247
6.5 植物免疫激活剂的创制 1250
6.5.1 概论 1250
6.5.2 甲噻诱胺的创制 1251
6.5.3 氟唑活化酯的创制 1255
6.5.4 其他植物免疫激活剂的创制 1260
6.6 植物生长调节剂的创制 1261
6.6.1 概论 1261
6.6.2 菊胺酯的创制 1263
6.6.3 苯哒嗪丙酯的创制 1265
6.6.4 呋苯硫脲的创制 1268
6.6.5 14-羟基芸苔素甾醇的创制 1271
6.6.6 其他植物生长调节剂的创制 1277

第 7 章 中国新农药创制新方法与展望

1296

7.1 农药创制新方法 1296

7.1.1 中间体衍生化法 1297

7.1.2 活性片段拼接法 1301

7.1.3 分子插件法 1302

7.2 新农药创制方向、策略与展望 1302

第1章 绪论

粮食安全是国家安全的重要基础。新中国成立以来，中国人口数量不断攀升，耕地面积波动起伏，近10年来维持在1.35亿公顷左右，而中国粮食自给率逐年降低（已低于世界安全标准的90%），每年需从国外进口大量的粮食[1]。如何提高粮食产量成了中国农业发展重中之重的难题，由于不断扩大耕地面积难度较大，所以提高单位面积粮食产量与质量成了至关重要的解决方法。施用农药是一种投入产出比很高（最高达 1∶20）的措施，不仅可有效地防治病虫草害，而且在增加单位面积粮食产量的同时，还可以提升粮食质量。联合国粮食及农业组织（FAO）统计数据表明，世界粮食产量因病虫草害等造成的损失每年约占总产量的1/3，若无防治措施，农产品产量损失率在40%以上，甚至绝收，而每年通过防治病虫草害等挽回的损失可达1亿吨左右，占总产量的15%以上[2,3]。所以，现代农业离不开农药。

农药创制是农药工业的核心与技术壁垒、国际必争的前沿关键技术。农药品种创制并不是一劳永逸，而是向着更高效、更安全、更环保的方向不断发展，这期间需要不断地补充、更新品种，尤其是开发具新的作用机理的品种，以解决病虫草害抗性难题。

农药创制研发过程具有周期长、投入大、成功率低等特点。目前，我国创制品种60余种，不到世界总数的3%，且高端产品长期被国外公司垄断，与我国农业大国的地位极不匹配，是亟需突破的瓶颈。

然而新农药开发的难度和风险却在不断加大，一个新农药品种从研制到产业化，包括研究和开发两个阶段。研究阶段包括化合物设计与合成、化学特性研究、生物特性研究、毒性研究、环境化学特性研究等；开发阶段包括化学工程放大、田间试验、剂型、毒性、环境化学和登记。整个研发阶段通常需要12年，耗资约3亿美元，而且研发费用逐年升高，国外中小公司难以承受，逐渐放弃农药开发，而大公司为了减少风险，增强实力，进行公司间的合作或合并，因而兼并、合并、分化重组成为农药行业的显著特点，使农药工业趋于更加集中、高度垄断。通过行业整合诞生了4大超级农化公司：先正达集团（由汽巴-嘉基、山德士、默克、捷利康等合并重组，2017年中国化工集团完成了对先正达的收购，2020年先正达集团、安道麦以及中化农业重组成为新的先正达集团）、拜耳（由拜耳、罗纳-普朗克、赫斯特、先灵合并重组，2018年完成对孟山都的并购）、科迪华（由道农科、罗门哈斯合并重组成立陶氏，2015年与杜邦合并，2019年农业板块分拆独立为科迪华公司）、巴斯夫（由巴斯夫、壳牌、氰胺合并重组）。四大跨国公司已占据了全世界80%的市场份额，全球农药市场如今出现中、德、美“三分天下”的格局。

我国在国际市场上通过收购兼并占据了一席之地，但国内农药研究相对落后于发达国家，研究经费、人力投入等与医药相比较少，研究人员和产业的积极性相对较低，国内农药企业的创新能力弱，长期处于技术和产业的低端，多年来，在国家科技攻关和支撑计划、973计划、

863 计划的支持下，我国农药的创新能力有所加强，产业发展水平和应用水平有所提高，创制能力及国际影响力均有所增强。我国建立了涵盖分子设计、化学合成、生物测试、靶标发现、产业推进等环节的较完整的农药创制体系，自主创制的病虫草害防治品种开始走向应用，也组建了多支绿色农药创制队伍，进一步发展和完善了我国绿色农药创新研究体系，提升了我国的农药创新能力，使我国成为屈指可数的具有独立创制新农药能力的国家。

基因技术、分子生物学、结构生物学等生物学技术的发展为农药未来的创制提供了更大的机遇和平台。其他学科的发展渗入新农药创制的研究中，如化学、物理学、计算机和信息科学等与农药研究的交叉和渗透；生命科学前沿技术如基因组、功能基因组、蛋白质组和生物信息学等，与农药创制研究紧密结合，促进农药筛选平台、新先导化合物发现和新型药物靶标验证等的快速发展。

现代农药创制更加关注生态安全，低生态风险的绿色农药创制是未来发展的方向，未来农药要符合“安全性高、效果好、成本低、知识产权稳定和市场潜力大”5 个要求；其中安全性高包含选择性高、对非靶标生物及生态环境安全、低风险、低残留、生产过程安全环保等。这给从事新农药创制的人员提出了更高的要求，农药创制不是单一学科能够完成的，需要多学科的集成，是一个非常复杂的系统工程，需要包括化学、化工、计算机、生物、生态、环境、毒理、经济、市场等多个学科的共同努力。

1.1 中国新农药创制的发展历史[4-15]

自古以来中国就是农业大国，而农业的繁荣发展正是中华文明源远流长、长盛不衰的物质基础。中国是最早使用农药的国家之一，但近代中国政治、经济和科技比较落后，导致现代农药创新研究和应用都是以欧美国家等为主导。新中国的成立为我国农药工业发展开辟了新纪元，农药行业浴火重生，发生了翻天覆地的变化。正因我国是个农业人口大国，所以人民的吃穿问题一直是国民经济发展中需要解决的首要问题。发展农业关乎着人民的吃穿，而农药对于确保农业发展作用巨大，所以，农药工业一直受到党和国家的高度重视，经过 70 余年的发展，目前我国已经成为世界上最大的原药生产国，农药产量和出口量已占据世界农药市场的主导地位。农药工业有力地保障了我国粮食安全和农产品市场供给，为解决占全球人口近 1/5 的人口吃饭问题以及加速工业化城镇化提供了坚强支撑。在国家相关部门的支持下，我国的新农药创制事业得到了前所未有的发展，取得了极大的突破，农药创新研究分别经历了艰难起步、仿创结合及系统创制三个阶段。特别是近 20 年，我国农药创制研究者在新农药的基础研究方面开展了大量的研究工作，在农药靶标的发现、作用机制的研究、新农药先导发现等方面取得了重大的研究进展，创建了一些农药先导化合物的发现理论、发现方法和平台，发现了一批具有潜在开发价值的活性新先导农药化合物及候选农药化合物，创制出一批高效、安全、环境友好型新品种、新混剂，也包括新制剂，在农业病虫草害防控中发挥了积极作用。目前我国已跻身于具有新农药自主创新能力的国家行列。

1.1.1 农药艰难起步（仿制阶段 1940～1978 年）

新中国成立前夕，中国农业生产面临严重的病虫害威胁，每年因病、虫、草、鼠等灾害导致的农作物减产幅度较大。据《中国化工通史》记载，仅蝗虫灾害平均每 3 年大发生 1 次。虫灾发生时晦天蔽野，草木叶皆尽，赤地千里，颗粒无收，农民背井离乡，饿殍枕藉，情景十分凄惨。因此，对农药的需求十分迫切。而当时中国的农药生产基础非常薄弱，主要依赖于仅有的几家规模极小的手工作坊，且产量极低，每年仅几十吨，品种单一，只生产信石、砒酸钙、砒酸铅、石硫合剂、鱼藤精、王铜等几种矿物农药和植物农药，农业病虫害仍无法得到有效控制，且上述这些农药毒性高、残留量大，对环境和人体健康造成了极大的危害。由于缺乏有效的农药防治手段，农业生产受到极大影响，粮食总量不足成为当时的重要矛盾。加上当时军阀连年混战，战火不断，国际环境复杂多变，中国面临着来自外部的政治和经济压力，导致中国农药的进口受到了一定的限制，无法及时获得国外先进的农药品种和技术，这进一步加剧了中国农药短缺的问题。同时，由于当时中国科技水平相对落后，缺乏先进的生产技术和设备，可以说，当时中国的农药业与其他民族工业一样，奄奄一息。

1949 年，新中国成立，开辟了中国农药工业发展新纪元。民以食为天，国以农为先，新中国成立后，党和政府对发展农业极为重视，把建立和发展化学农药工业列为刻不容缓的重大任务，我国农药工业也由此获得了新生。同年，山东农药制造厂建立。

1950 年，黄瑞纶、邢其毅、周长海在《科学通报》上发表了《种子消毒剂有机汞化合物的试制》。胡秉方、陆钦范等研究磷酸酯类化合物的合成并引用到农业生产上。

1950 年，四川泸州化工厂有机氯滴滴涕生产车间投产，生产 113 吨滴滴涕农药。

1951 年，华北农业科学研究所和上海病虫药械厂先后研制生产有机氯农药六六六，标志着中国迈入了化学有机合成农药工业的时代。1951 年农业用药 700 吨，1956 年以后蝗虫不再成灾。山东以三氯乙烯为原料在国内首先试制成功了粮食熏蒸剂氯化苦。

1952 年，沈阳、天津、大沽等相继建设六六六和滴滴涕生产车间。

1957 年底，天津农药厂建成我国第一个有机磷农药厂，标志着我国现代农药工业的序幕就此拉开。

1958 年，上海信诚化工厂和上海农业药械厂共同试制成功并投产另一种有机磷杀虫剂敌百虫。同年，中国的代森铵、代森锌、福美双、福美锌等有机杀菌剂开发成功并投产。

进入 20 世纪 60 年代后，尽管有艰难曲折，但农药工业依然在探索中向前发展。尤其是 20 世纪 60 年代前期，我国农药工业稳步向前发展。1962 年，杨石先先生筹建了南开大学元素有机化学研究所，先后开展了有机磷化学及有机氟、有机硼等领域的研究，为开辟我国发展农药的道路做出了贡献。

1963 年，农业部农药检定所建立，承担中国农药登记管理的任务，主要职责是：负责农药登记管理、质量检测、生物测定、残留监测等工作。

1965 年，国家科学技术委员会、化学工业部召开全国农药科学技术工作会议，制订农药增产方案，掀起农药生产新高潮。1966 年实现了年产百万吨的目标，农药产量比上年增长了 36%。

在老一辈化学家为农药工业发展奠定的基础上，中国农药品种研发在 20 世纪 60 年代进入了快速发展阶段。南开大学元素有机化学研究所在杨石先校长领导下，启动了当时国家需求的农药品种研制计划，先后研制了“除草剂一号（CAS：2212-17-1）”、西北地区急需防治野燕麦的“燕麦敌二号（CAS：28217-97-2）”以及对水稻螟虫有良效的“螟铃畏（CAS：51230-15-0）”等，经中试后投产应用，为支援农业繁荣经济做出了重要贡献；中国科学院上海有机化学研究所从大蒜中分离出一种杀菌成分，经合成筛选出优良农药抗菌素 402，于 1964 年正式投产，尽管该化合物乙蒜素（CAS：682-91-7）早在 1949 年就有文献报道，1954 年和 1956 年有该化合物的合成报道，1958 年有其杀菌活性报道，但其却是首次在中国作为农用杀菌剂实现了产业化[16-20]。

1970 年，沈阳化工研究院张少铭先生等合成并筛选出多菌灵，1971 年完成中试，1973 年投产，比巴斯夫（BASF）公司至少早两年。这期间，仿制农药稻瘟净、异稻瘟净、克瘟散等也相继问世、投产。

1970 年初，上海农药研究所沈寅初先生研究成功中国第一个用量最少、对环境最安全、对人畜无毒害的微生物农药井冈霉素，为中国生物农药产业的发展奠定了基础，直到现在井冈霉素也是防治水稻纹枯病的重要药剂。沈阳化工研究院研制了大豆、花生田除草剂杀草胺（CAS：

13508-73-1）和防治禾谷类黑穗病的禾穗胺（CAS：21452-18-6）。上海农药所与中国农业科学院等单位研发的杀菌拌种剂拌种灵（CAS：21452-14-2）可有效地防治棉苗根病。后续贵州省化工研究院研发的防治水稻螟虫的杀虫单和杀虫双、四川省化工研究院研发的叶枯唑（川化018）、华中师范大学张景龄先生主持研发的有机磷类杀虫剂水胺硫磷（CAS：24353-61-5）和甲基异柳磷等，均在农业生产中发挥了积极的作用。他们为农业生产做出的重大贡献，也为日后中国的新农药创制打下了坚实的基础。早期农药研制部分代表品种见图 1-1。

乙蒜素ethylicin
CAS：682-91-7

多菌灵carbendazim
CAS：10605-21-7

井冈霉素validamycin
CAS：37248-47-8

杀虫单
thiosultap-monosodium
CAS：29547-00-0

杀虫双
thiosultap-disodium
CAS：52207-48-4

叶枯唑
bismerthiazol
CAS：79319-85-0

甲基异柳磷
isofenphos-methyl
CAS：99675-03-3

图 1-1　早期农药研制部分代表品种

1972 年，我国宣布停止赛力散、西力生等有机汞类产品的生产，1973 年禁止使用。禁用有机汞以后，根据农业病害发展的情况，又不断研究出其他高效杀菌剂，例如甲基硫菌灵、甲霜灵等高效内吸性杀菌剂，以及三唑醇、三唑酮、烯唑醇、丙环唑等，所以禁产禁用有机汞一定程度上促进了我国杀菌剂的发展和产业的提升，也使农药工作者对蓄积性慢性毒性的认识有了飞跃。因此这一时期是我国杀菌剂发展中的关键时期之一，该时期的农药发展也在我国农药工业发展历史上留下了光辉的一页。

1973 年，化学工业部在江苏省南通市召开了全国农药生产经验交流会，这是新中国成立以来规模最大的一次农药专业会议，明确了农药生产和科研的主要任务，使中国农药工业又进一步向前发展。一些国产品种有机氯农药研制成功。

1.1.2　农药仿创结合(仿创结合、以仿为主的发展阶段 1978～2010 年)

1978 年，改革开放拉开大幕。1978 年 11 月 10 日～12 月 15 日，中共中央工作会议在北京举行。会议讨论了中央关于从 1979 年起把全党工作的着重点转移到社会主义现代化建设上来的设想，以及农业、国民经济计划和国务院务虚会的总结等问题，极大地促进了中国农药工业的发展。也就是在这一年，封闭和半封闭的农药行业开始了新的探索，加快了改革开放的步伐，实现了历史转折。由于“文革”的影响，当时的起点很低，1978 年我国农药产量和创新能力等方面还远远满足不了农业发展的需要。

1978 年化学工业部在张家口召开了取代六六六、滴滴涕座谈会。为了加快发展高效、低残留农药，化学工业部于 7 月底至 10 月初组织氯碱及农药中间体生产技术考察团，考察了法、美、德、瑞士、瑞典等国，主要目的是寻找替代六六六、滴滴涕的有机磷类及氨基甲酸酯类农药。在北京燕山引进了一套 1.2 万吨/年的间甲酚生产技术和装置。这反映了化学工业部为取代六六

六、滴滴涕等农药在认识上的思考和在技术装备上的探索。

1979 年 2 月底～5 月初，化学工业部又组织了更高规格的农业化学考察团赴美国、日本、意大利、荷兰、瑞士、英国的 36 家公司，主要考察了杀虫剂和中间体呋喃酚、克百威、涕灭威等。此次考察的杀虫剂和中间体也多是为了取代高残留的六六六、滴滴涕做准备。

1980 年，我国农药工业又上新台阶，初步形成了包括农药原药生产、制剂加工、配套原料中间体、助剂以及农药科研开发、推广使用在内的较为完整的一体化的农药工业体系。随着改革开放的推进，杜邦、陶氏、拜耳等跨国农药植保企业纷纷进入中国市场。

20 世纪 80 年代末，上海市农药研究所从广东揭阳土壤中分离筛选得到 7051 菌株，后经鉴定证明该菌株与 *Streptomyces avermitilis* Ma-8460 相似，与阿维菌素的化学结构相同。1993 年北京农业大学新技术开发总公司立项研究并生产开发阿维菌素。

1983 年 4 月 1 日起停止六六六、滴滴涕的生产和使用；同年家庭联产承包责任制全面实施带动了农药消费。

随着改革开放的进一步深入进行，1985 年实施的专利法已不适应国内外形势，西方发达国家不断增加各种技术堡垒，贸易纠纷接连不断，特别是给我国加入 WTO 组织造成了不可逾越的障碍。为此，1992 年专利法第一次修订，将化合物的保护纳入其中，并将保护期限延长至 20 年，增强了对创制新农药化学结构的保护，农药只要在专利保护期内，就不能仿制，给我国农药工作者带来巨大挑战的同时，也带来了前所未有的历史机遇，促成了我国农药创新进一步与国际接轨，加速了我国由以仿为主、仿创并举向自主创新的新时期的到来。

1993 年，中国新专利法和《农业化学物质产品行政保护条例》颁布，在法律法规上结束了仿制历史。同时，国家将新农药创制列为科技攻关计划重大项目。

1994 年是一个转折点，在这一年我国农药出口首次超越进口，实现“弯道超车”，自此中国农药工业不断发展，逐步缩小与发达国家的差距，转守为攻，在国际市场占有的份额也不断扩大。

1990 年起，李正名院士带领团队开展新型绿色农药研究，修改了国际有关磺酰脲类除草剂的构效理论，1994 年 12 月 7 日，课题组申请了中国第一个创制除草剂化合物专利《新型磺酰脲类化合物除草剂》，创制了具有中国自主知识产权单嘧磺隆和单嘧磺酯两个超高效绿色除草剂品种。

1995 年 8 月 28 日，沈阳化工研究院申请了中国第一个创制的含氟农药品种氟吗啉的专利《含氟二苯基丙烯酰胺类杀菌剂》，氟吗啉是我国首个获中美欧发明专利的农药品种、首个含氟农药品种、首个杀菌剂，被评价为实现中国创制农药“零”的突破，对我国新农药创制起到良好的示范带动作用。曾获国家技术发明奖二等奖和中国专利奖金奖等重要奖项。

1997 年，国务院颁布《农药管理条例》，这是新中国成立后发布的第一个农药管理法规，是加强农药行业法制建设的重大举措。

20 世纪 90 年代中后期（“九五”计划期间），在国家相关部门的大力支持下，先后建成了北、南两个农药创制（工程）中心，形成了以沈阳化工研究院和南开大学为主的北方中心，以及以江苏、湖南、浙江、上海院所为主的南方中心；共形成了六个农药创制基地，并支持了一些其他有研发能力的高等学校、科研院所以及 40 余家企业建立农药创新研究中心、重点实验室、中间试验车间或产业化示范企业等，使中国农药创制步入正轨。

随后在“十五”“十一五”以及“十二五”期间，国家都将农药创制、科技攻关和“十一五”及“十二五”科技支撑项目列为重要课题，加之国家 863 计划、973 计划以及国家自然科学基金项目的持续和大力支持，我国农药新品种的研发和关键技术开发工作呈现了扎扎实实又欣欣向荣的局面，出现了一批创新品种（表 1-1）、关键技术以及新农药的创制研究理论。

表 1-1 中国创制或开发农药品种一览表（1983～2010 年）

农药种类	中(英)文名称	CAS 号	专利申请日	原(母)药登记号
杀菌剂（含杀细菌剂和抗病毒剂）	金核霉素（aureonuclemycin[b]）	123970-01-4	1987-03-18	LS20021932
	宁南霉素（ningnanmycin[b]）	156410-09-2	1993-04-23	PD20097120
	氟吗啉（flumorph[a]）	211867-47-9	1996-08-21	PD20060039
	烯肟菌酯（enoxastrobin[a]）	238410-11-2	1998-02-10	PD20070339
	烯肟菌胺（fenaminstrobin[a]）	366815-39-6	2000-02-24	PD20095214
	噻菌铜（thiodiazole-copper[b]）	3234-61-5	1999-01-11	PD20086025
	噻唑锌（zinc thiazole[b]）	3234-62-6	2000-12-15	PD20160049
	啶菌噁唑（pyrisoxazole[a]）	847749-37-5	1999-07-14	PD20080773
	氰烯菌酯（phenamacril[b]）	39491-78-6	2001-05-08	PD20121663
	长川霉素（ascomycin[b]）	104987-12-4	2001-10-08	LS20072567
	申嗪霉素（phenazino-1-carboxylic acid[b]）	2538-68-3	2002-02-08	PD20110314
	苯醚菌酯（ZJ-0712[b]）	852369-40-5	2003-03-25	PD20151573
	氟唑活化酯（B2-a[b]）	864237-81-0	2003-05-16	LS20150091
	丁吡吗啉（pyrimorph[b]）	868390-90-3	2003-07-01	PD20181610
	丁香菌酯（coumoxystrobin[a]）	850881-70-8	2003-11-11	PD20161260
	唑菌酯（pyraoxystrobin[a]）	862588-11-2	2004-02-20	PD20181599
	唑胺菌酯（pyrametostrobin[a]）	915410-70-7	2005-05-26	LS20110235
	氯啶菌酯（triclopyricarb[a]）	902760-40-1	2005-02-06	PD20161257
	毒氟磷	882182-49-2	2005-04-04	PD20160339
	甲噻诱胺（methiadinil[b]）	908298-37-3	2006-02-20	PD20170015
	补骨脂种子提取物（isobavachalcone[b]）	20784-50-3	2008-01-25	PD20190058
	氟醚菌酰胺（fluopimomide[a]）	1309859-39-9	2010-09-07	PD20170010
杀虫剂（含杀螨剂）	苦皮藤素（celangulin[b]）	139979-81-0	1992-11-19	PD20101575
	硝虫硫磷（xiaochongliulin[b]）	171605-91-7	1993-01-12	PD20080777
	氯胺磷（chloramine phosphorus[b]）	73447-20-8	1997-06-24	LS20051337
	氟螨（F1050[b]）	259726-10-8	1997-12-15	LS20031728
	硫肟醚（sulfoxime[b]）	355143-88-3	1999-09-10	LS20041355
	硫氟肟醚（thiofluoximate[b]）	860028-12-2	2003-12-12	LS20140310
	右旋反式氯丙炔菊酯	399572-87-3	1999-12-13	WP20170145
	呋喃虫酰肼（fufenozide[b]）	467427-80-1	2001-03-26	PD20121672
	丁虫腈（flufiprole[a]）	704886-18-0	2002-07-30	PD20120414
	氯噻啉（imidaclothiz[b]）	105843-36-5	2002-10-21	PD20082528
	哌虫啶（IPP-44[b]）	948994-16-9	2004-11-23	PD20171435

续表

农药种类	中(英)文名称	CAS 号	专利申请日	原(母)药登记号
杀虫剂（含杀螨剂）	氯氟醚菊酯（meperfluthrin[a]）	915288-13-0	2008-07-07	WP20110065
	四氯虫酰胺（tetrachlorantraniliprole[a]）	1104384-14-6	2008-07-07	PD20171752
	戊吡虫胍（guadipyr[b]）	1376342-13-0	2008-11-25	LS20170095
	环氧虫啉	1185987-44-3	2008-12-17	LS20170342
	环氧虫啶（cycloxaprid[b]）	1281863-13-5	2008-12-19	PD20184015
	氯溴虫腈（HNPC-A3061[b]）	890929-78-9	2009-06-29	LS20140332
	乙唑螨腈（cyetpyrafen[a]）	1253429-01-4	2010-04-27	PD20181623
除草剂	单嘧磺隆（monosulfuron[b]）	155860-63-2	1994-12-07	PD20070369
	单嘧磺酯（monosulfuron-ester[b]）	175076-90-1	1994-12-07	PD20130372
	双甲胺草磷（shuangjiaancaolin[b]）	189517-75-7	1996-11-26	LS20051937
	氯酰草膦（clacyfos[a]）	215655-76-8	1997-04-30	LS20071853
	甲硫嘧磺隆（methiopyrsulfuron[b]）	441050-97-1	2000-05-11	LS20060244
	丙酯草醚（pyribambenz-propyl[b]）	420138-40-5	2000-10-16	PD20141891
	异丙酯草醚（pyribambenz-isopropy[b]）	420138-41-6	2000-10-16	PD20141888
	二氯喹啉草酮（G-18[b]）	1350901-36-8	2011-05-10	PD20184028
植物生长调节剂	菊胺酯（WD-5[b]）	172351-12-1	1993-02-18	LS20030206
	苯哒嗪丙酯（BAU9403[b]）	78778-15-1	1998-11-16	LS20020926
	呋苯硫脲（fuphenthiourea[b]）	1332625-45-2	1999-12-15	LS20053285

[a]表示获得 ISO 通用名称；[b]表示未获得 ISO 通用名称，是中文拼音名称、英文名称或试验代号。

1.1.3 农药系统创制（仿创结合、以创为主的扩张阶段 2010 年至今）

长期以来，我国的新农药创制工作均处于仿制阶段，通过简单的“me-too”进行创制研究，主要原因还是创制的系统能力不足，合成方面与国外相比差距不大，但在理论模型、作用机理、全新结构发现上相对薄弱，没有足够的发言权，很少有中国学者的工作作为主流为国际学术界尤其是产业界所承认。近几年来，在作用新靶标和先导发现理论和方法等方面取得显著的成绩，提出了多个原创性的模型和方法，产生了显著的国际影响。例如，沈阳中化农药化工研发有限公司（原沈阳化工研究院农药所）刘长令教授提出了“中间体衍生化法”进行农药先导发现和创新，并于 2014 年在国际权威杂志 *Chemical Reviews* 发表了文章 *Application of the Intermediate Derivatization Approach in Agrochemical Discovery*，同年 8 月受邀在美国旧金山召开的 IUPAC 国际农药大会做大会主旨报告《有效创制新农药品种的途径：中间体衍生化法》，2020 年出版专著《中间体衍生化法与新农药创制》，采用该创新方法创制了多个农药新品种，为新农药原始创制提供一种新思路，大幅度提高中国的新农药创制效率与成功率，产生了广泛影响；在杀菌抗病毒方面，贵州大学宋宝安教授针对南方水稻黑条矮缩病毒，发明了毒氟磷，解决了相关病毒病防治难题；中国科学院天然产物化学重点实验室郝小江课题组和南开大学范志金教授提出和建立了基于 TMV-GFP 的植物抗病毒药物筛选模型，可快速直观地判断抗植物病毒药物是否作用于烟草花叶病毒外壳蛋白；此外，华东理工大学提出了基于分子三维形状及药效团特征的相似性比较进行骨架跃迁，寻找新活性母核，并在此基础上发现了多个活性母体，对于提高虚拟筛选的命中率以及骨架跃迁的效率具有重要的意义。华中师范大学杨光富教授所发展的药效团连接的碎片虚拟筛选方法（PFVS）曾发表于 *Journal of the American Chemical Society* 上，创制了杀菌剂氟苯醚酰胺和多个对羟基苯基丙酮酸酯双氧化酶（HPPD）类除草剂。清原作物科学在新农药创制方面取得了令人瞩目的成果，创制的多个除草剂不仅在国内上市，而且在国外获准登记。

基于基础理论和方法，依托各类创新平台和项目，创新能力显现，并先后取得了一批创新性成果和产品。我国的新化合物合成能力已达到 5 万个/年，筛选能力达到 8 万个/年。科学家围绕农作物重大病虫草害，以作物健康为中心，以绿色发展和农药减量为前提，开展了绿色新农药的创制。近十年来开发出以双酰胺类杀虫剂、HPPD 类除草剂、原卟啉原氧化酶（PPO）类除草剂、琥珀酸脱氢酶类抑制剂（SDHI）类杀菌剂等为主的创制品种（表 1-2），彰显出我国创制力量的不断攀升。

表 1-2　中国创制农药品种一览表（2010～2023 年）

农药种类	中(英)文名称	CAS 号	专利申请日	原(母)药登记号
杀菌剂	氟苯醚酰胺（flubeneteram）	1676101-39-5	2013-10-23	登记中
	喹菌胺（quinaminoprole）	2049581-78-2	2016-05-17	登记中
杀虫剂	硫虫酰胺（tiorantraniliprole）	1442448-92-1	2013-01-25	PD20211355
	氟氯虫双酰胺（fluchlordiniliprole）	2129147-03-9	2016-01-16	登记中
	环丙氟虫胺（cyproflanilide）	2375110-88-4	2018-06-26	登记中
	多氟虫双酰胺（piperflanilide）	2615135-05-0	2019-09-06	登记中
	噁唑氟虫胺（isoflualanam）	2892524-05-7	2023-01-04	登记中
杀线虫剂	三氟杀线酯（trifluenfuronate）	2074661-82-6	2015-09-30	登记中
杀螨剂	螺螨双酯（spirobudiclofen）	1305319-70-3	2011-01-07	PD20190038
	氟螨双醚（bisulflufen）	1922957-45-6	2015-10-23	登记中
	苯苄螨胺（bentioflumin）	2566451-67-8	2020-08-10	登记中
	苯螨咪唑		2022-02-21	登记中
除草剂	喹草酮（benquitrione）	1639426-14-4	2013-10-25	PD20201132
	苯唑氟草酮（fenpyrazone）	1992017-55-6	2016-04-15	PD20190254
	三唑磺草酮（tripyrasulfone）	1911613-97-2	2015-12-31	PD20190253
	环吡氟草酮（cypyrafluone）	1855929-45-1	2015-11-06	PD20184021
	双唑草酮（bipyrazone）	1622908-18-2	2015-11-06	PD20184018
	苯嘧草唑（isoxafenacil）	1949837-17-5	2014-12-16	登记中
	氟草啶（flufenoximacil）	2759011-88-4	2020-12-11	登记中
	氟嘧啶草醚（pyriflubenzoxim）	2760545-39-7	2013-07-22	登记中
	氟氯氨草酯（fluchloraminopyr-tefuryl）	2445983-82-2	2019-12-20	登记中
	氟砜草胺（flusulfinam）	2428458-82-4	2020-05-29	登记中
	溴噁草松（broclozone）	2766607-82-1	2021-12-31	登记中
	吡唑喹草酯（pyraquinate）	2378093-62-8	2019-04-04	登记中
	苯丙草酮（feproxydim）	2839324-63-7	2021-01-29	登记中

中国农药的发展与中国农业现代化发展同步，经过艰苦拼搏，开拓进取，从无到有，从小到大，走过了波澜壮阔的 70 多年风雨历程，取得了辉煌成就。农药产业由弱到强，从追赶到比肩发达国家；农药科技创新取得突破，实现我国农药由仿制为主到自主研发创新的跨越。当今，中国的农药研究已经站在一个更高的起点和水平上，用自己原创的理论、方法、手段和靶标进行农药创制，一定程度上，中国的农药研究在某些领域已经开始引领全球农药发展。在中国绿色农药发展大潮洗礼之下，化学农药创新研发已向高效、低毒、低残留方向迈进。相信，随着农药创新研究的有力推进，农药作为农业的必需品，将更加符合人类社会发展的要求，为中国农业可持续发展做出新的更大的贡献。

1.2 新农药研发的现状与层次

1.2.1 新农药研发的现状

1.2.1.1 新农药与新农药创制

世界农业发展的道路证明，农药是农业稳产增产、提高农产品品质和劳动生产率的关键，充分合理使用农药，是促进农业发展、保障人类安全行之有效的途径。毫无疑问，当今农业发展与环境保护的迫切需要，都对新农药研制提出了新的需求和挑战——绿色农药必备、与化学结构有关的五要素：安全性高、效果好、成本低、专利权稳定、市场潜力大。

新农药创制研究的实质就是自主创新，需要化学、农学、生物学、环保学、计算机技术等多学科多专业的密切配合。一个新农药品种从高活性化合物发现直至商品化通常需要十余年时间，耗资数亿美元[21]。目前国外从事新农药创制的大公司都有各自独立的、完整的一套大同小异的研究开发程序。一般而言，按照工作的性质将其分成：化学化工、农学、生物学（包括分子生物学）、计算机与统计学、毒理学与环境安全评价和其他多个系列。每个系列又按照工作先后次序分成几个阶段，各系列之间相互交错，组成有序的矩阵结构网络，相互促进与牵制。严密的程序是为了取得良好的开发效果。按照开发时间顺序来分，目前国际公司的研发程序大致如图 1-2、图 1-3（更详细的请参考本书“1.3.1 新农药创制的思路”）[22-24]。

第一阶段（以下是研究内容的大致顺序，有的同时进行或有交叉）：合成化合物，温室活性研究，专利申请，市场调查，工艺路线探索（由于以往的研究方法在新化合物研究初期基本不考虑原料来源、不考虑反应、不考虑市场，所以需要进行大量市场调查和工艺路线探索；如果采用本书相关部分介绍的中间体衍生化法进行新农药创制，在研究之初就考虑相关事宜的话，工艺路线的选择与确定就简单多了，下同）。如果以上研究内容均给出正的结果，则进入下一阶段进行下一步研究。

第二阶段（以下是研究内容的大致顺序，有的同时进行或有交叉）：工艺研究，制剂配方研究，毒理学试验，田间药效，环境毒理学研究。如果以上研究内容均给出正的结果，则进入下一阶段进行下一步研究。

第三阶段（以下是研究内容的大致顺序，有的同时进行或有交叉）：大范围田间试验，登记申请，制剂稳定性确认，中试生产。如果以上研究内容均给出正的结果，则进行登记、生产、销售。

第四阶段（同时进行）：生产，应用技术研究，产品推广与销售。

1.2.1.2 我国新农药创制基本程序

我国新农药创制基本程序与国外从事新农药创制大公司的基本一致，各个阶段的具体研究内容如下。

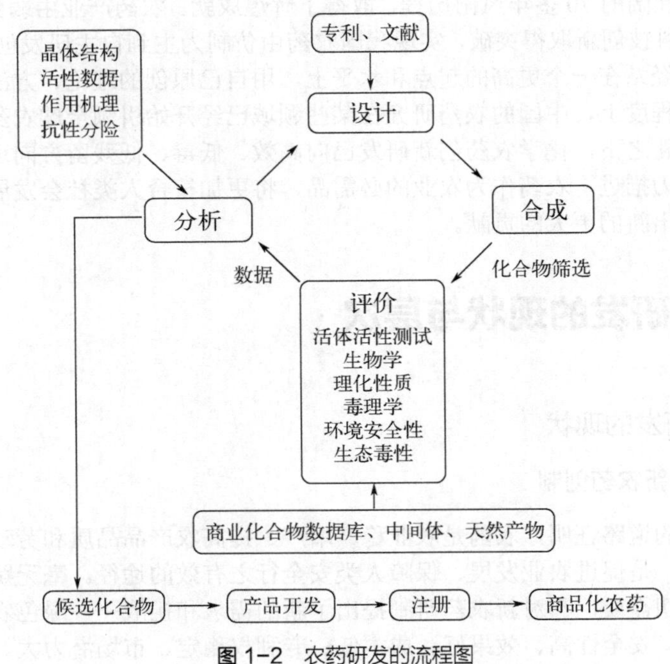

图 1-2　农药研发的流程图

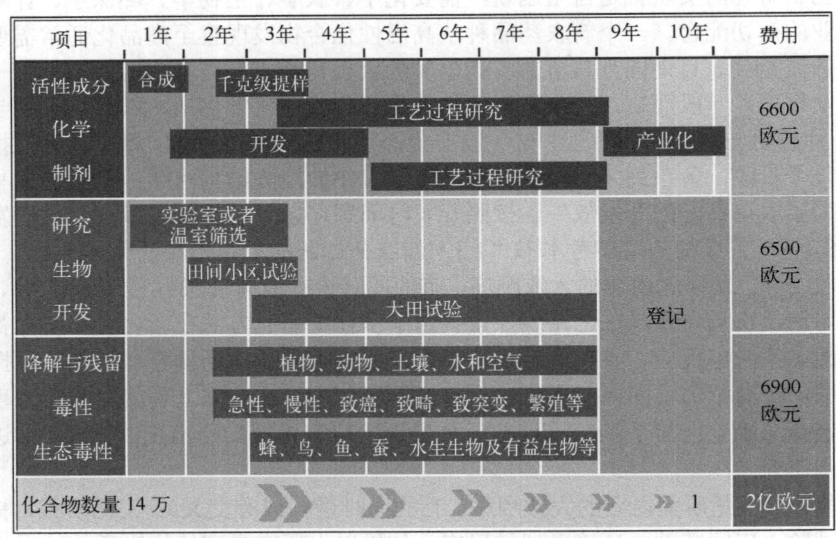

图 1-3　BASF 的新农药研究程序

（1）农药先导结构的发现与先导优化研究阶段（第一阶段）。本阶段的研究内容分为两部分：农药先导结构的创新研究和农药先导结构优化研究。前者主要包括化合物的分子设计，合成、分离、提取，结构表征，室内药效筛选，以发现具有农药生物活性的原创性结构的先导化合物；后者是在前者的基础上进行优化研究，主要包括化合物的合成、室内药效筛选、田间小区药效验证试验，以筛选出高效、广谱或特效、结构新颖的高活性化合物（考虑安全第一，先导化合物就要进行相关毒性研究）。

（2）高活性化合物的深入筛选阶段（第二阶段）。对已完成第一阶段试验并具有一定市场前景的高活性化合物的工艺、生物活性以及毒理学进行深入研究，为进一步的开发提供科学依据。主要包括小试合成工艺研究、深入的室内药效试验和多点田间试验研究；急性经口、经皮、眼刺激、皮肤刺激、Ames、小鼠睾丸精母细胞染色体畸变及小鼠骨髓嗜多染红细胞微核等毒理学试验，以确定其进一步开发的价值。

（3）候选创制品种的研究开发阶段（第三阶段）。对在高活性化合物深入研究阶段有理想生物活性和安全性的化合物，开展进一步研究开发和综合技术经济评价，为工业化和商业化开发提供科学依据。主要包括中试工艺开发、分析方法研究、产品标准制定、产品全分析、制剂开发、大田药效试验、亚慢性毒性试验、残留和环境毒理试验、代谢研究等，以达到新农药登记的基本要求。

（4）创制品种的产业化开发阶段（第四阶段）。对满足各方面要求的创制农药品种进行工程化研究和应用技术研究，加速创制品种的产业化进程和推广应用，提高创制品种的市场占有率。

本阶段研究内容包括：①产业化开发。主要内容包括创制品种的慢性毒性试验，环境生态和环境行为研究，产业化工艺研究，大面积多点示范推广试验，扩大防治谱等应用技术研究，并开发多种制剂（混剂或剂型）产品。②市场开发。主要内容包括创制品种的生产工艺优化和关键工程化技术开发，扩大应用范围和防治对象研究，扩大登记试验，应用技术研究与市场开拓研究，登记多个或多种新制剂（混剂或剂型）产品。

1.2.1.3 新药研发的特点

已知化合物的合成，不管结构如何复杂，仅是难易的不同，经过努力，最终都会找到适宜的合成方法。但要发现一个未知的化合物，并使之成为农药，必须使其具有比现存化合物更优的性能，还必须要在安全和经济方面符合要求，难度可想而知了。

目前，世界上仅有科学技术非常发达的美国、英国、中国、德国、法国、瑞士、日本等国家才能研制新农药（医药）品种，新药的研究在某种程度上反映出一个国家的科学技术水平。全球公认新农药创制的特点：长周期、高投入、高风险（低成功率）、高回报、竞争激烈。

据 Phillips McDougall 统计，一个新农药品种的开发从研制到最终商品化通常需要 10～12 年（表 1-3），目前需要合成和筛选约 160000 个化合物（年，成功率：1956，1/1800；1964，1/3600；1970，1/8000；1972，1/10000；1977，1/12000；1980，1/20000；1995，1/52500；1999，1/80000；2000，1/139429；2005～2008 年，1/140000；2010～2014 年，1/159574），耗资 1.5 亿～3 亿美元（1995，1.52 亿美元；2000，1.84 亿美元；2005～2008 年，2.56 亿美元；2010～2014 年，2.86 亿美元）（图 1-4）。经数年的开发，不管被选中的待开发化合物生物活性多么优异，一旦发现其不利于人类或环境，即停止开发（为了更有效地开发新农药品种，最好对先导化合物进行简易的毒理学研究和作用机理研究），因此新农药开发的风险是很大的。若产品开发成功，通常不仅可收回所有投资，而且可获得丰厚的利润，因此其竞争非常激烈。

表 1-3　从最初的合成研究到产品上市各阶段的化合物数量及作物保护品种的开发时间(1995～2014 年)

项目	1995 年	2000 年	2005～2008 年	2010～2014 年
合成/个	52500	139429	140000	159574
开发/个	4	2	1.3	1.5
登记/个	1	1	1	1
从第一次合成到产品销售需要的时间/年	8.3	9.1	9.8	11.3

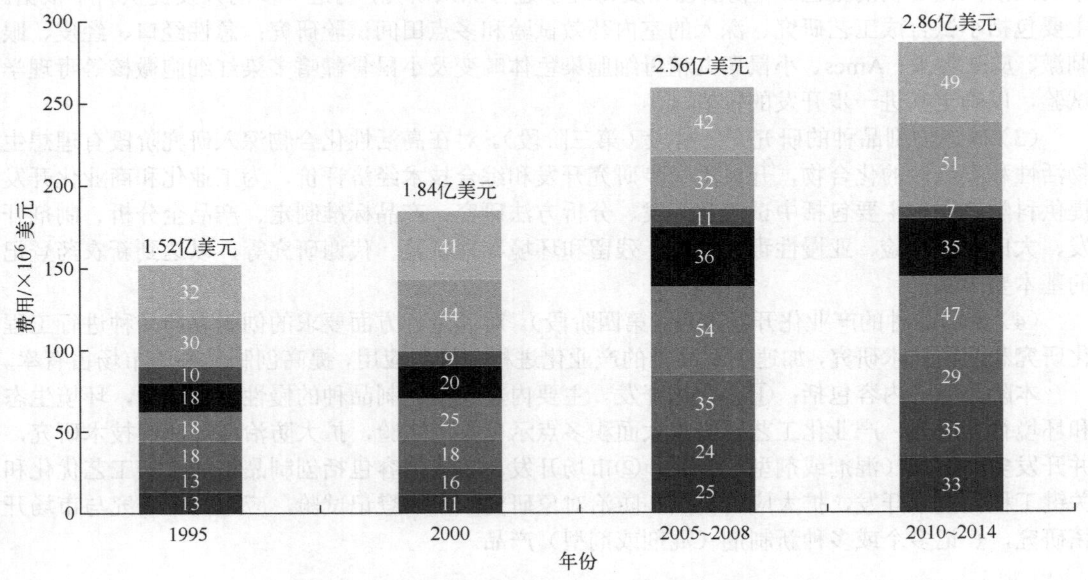

图 1-4　国外公司单个新农药品种的研发费用

（图中的数字从上往下分别表示用于化学、生物学、毒性/环境化学、化学、田间试验、毒性试验、环境化学和登记方面的费用）

筛选化合物数量越来越多，花费也越来越大，说明农药品种登记要求越来越高，同时也预示全新结构先导化合物的研发难度越来越大，是否也说明计算机辅助设计的作用还没有发挥出来？目前各农药公司间的组合与兼并以及农药相关学科的兴起旨在缩短新农药的开发周期、降低投资、提高成功率、增强抗风险和竞争能力；抗除草剂和抗虫等转基因作物的研究则是为了扩大已有农药的应用范围，解决已有农药抗性等问题。

（1）国外农药研发的特点[21, 24-26]

① 巨额投入创制农药新品种　与其他研发活动一样，农药研发具有周期长、高投入、高风险、高回报的特点，需要有持续的经费投入才能产出高水平的研发成果。近年来，随着世界农药市场竞争的加剧，为了抢占竞争的制高点，发达国家每年用于农药研究的费用为 20 多亿美元，其投入约占其销售额的 10%。这种投资实际上也获得了巨大的回报，如最具有划时代意义的是超高效除草剂磺酰脲以及甲氧基丙烯酸酯类杀菌剂的成功开发，它们的成功开发就是巨大科技投资的成果，从而使农药用量从高剂量降到超低量，更实现了一药多功效，具有更好的环境相容性。据统计，2014 年农业研发的总投入达到了 63.17 亿美元，其中用于新农药创制的投入为 29.59 亿美元（表 1-4）。尽管研发投入增加，但投入市场的新农药品种数量却持续减少（图 1-5）。1980～2016 年，已经有 384 个新品种上市，平均每年有 10.7 个品种上市。新活性成分或者新农药的开发愈发困难，已成为农化行业中无可争议的共识。先正达的统计数据显示，上市一个新农药平均耗时 9 年，筛选 14 万个化合物，总投资 2.60 亿美元。巴斯夫的统计数据表明，成功上市一个新化合物，平均要筛选 14 万个化合物，耗时 10 年，需投资 2.00 亿欧元。而 Phillips McDougall 公司的调研数据显示，新农药的研发平均成本为 2.86 亿美元，平均要筛选 16 万个化合物，历时 11.3 年。

表 1-4　2014 年世界领先农药公司的销售额及研发支出　　单位：亿美元

序号	公司	农药			种子		
		销售额（A）	研发费用（B）	（B/A）/%	销售额（A）	研发费用（B）	（B/A）/%
1	先正达	118.47	8.75	7.39	31.55	5.30	16.80
2	拜耳	111.42	7.63	6.85	14.66	5.30	36.15
3	巴斯夫	72.32	6.79	9.39	0	2.06	—
4	陶氏益农	56.86	3.50	6.16	16.04	2.75	17.14
5	孟山都	48.97	0.55	1.12	106.85	16.73	15.66
6	杜邦	36.90	3.00	8.13	76.14	7.92	10.40
7	安道麦	30.29	0.34	1.12	0	0	—
8	纽发姆	23.22	0.30	1.29	0.82	0.15	18.29
9	住友化学	20.50	1.60	7.80	0	0	—
10	富美实	21.74	1.12	5.15	0	0	—
11	联合磷化	17.55	0.55	3.13	0	0	—
12	爱利思达	15.99	0.20	1.25	0	0	—
13	科麦农	11.26	0.43	3.82	0	0	—
14	世科姆	5.44	0.10	1.84	0	0	—
15	日本农药	4.86	0.45	9.26	0	0	—
16	石原产业	4.55	0.73	16.04	0	0	—
17	组合化学	4.62	0.22	4.76	0	0	—
18	三井化学	4.46	0.31	6.95	0	0	—
19	日本曹达	4.44	0.44	9.91	0	0	—
20	日产化学	4.32	0.34	7.87	0	0	—
21	龙灯	3.53	0.35	9.92	0	0	—
22	日本北兴	2.69	0.13	4.83	0	0	—
23	意赛格	1.80	0.18	10.00	0	0	—
24	SDS Biotech	1.49	0.09	6.04	0	0	—
25	Agro-Kanesho	1.29	0.28	21.71	0	0	—

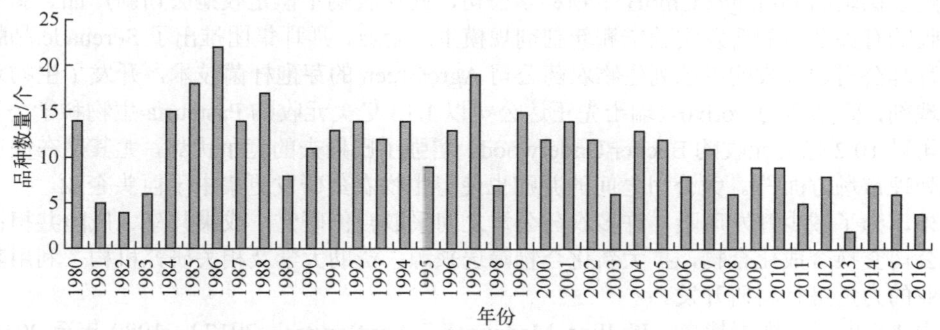

图 1-5　1980～2016 年间上市的农药品种数量（摘自：Phillips McDougall、AgriService，2017）

② 专利及其他知识产权保护体系成为农药工业发展的有效支柱　新农药研发的特点是长周期、高投入、高风险，要想实现高回报，那就需要专利保护。事实上，专利已成为世界上各个农药公司保护自己新产品的重要手段，专利保护期通常为20年，有的专利还可以延长数年，如5年。对专利的保护更好地保证了新产品商业（应用、市场）开发的时间，新产品发明者的生产权、经营权，同时也保证其销售收入的更大比例能投入开发新产品中。由于专利体系的存在，世界上的农药公司可分为以研究开发为主的公司（主要专利产品）和过专利期农药公司（指主要生产专利期满、不受原始专利约束的农药有效成分的公司），研究开发公司均属于经济发达的西欧、美国和日本；过专利期农药公司分布范围很广，分布在发达或发展中国家，中国的企业大多属于这一类。比较这两类公司各自的农药销售额总和，差距非常大：研发公司合在一起的销售额占全世界总销售额的80%以上。以研究开发新产品为主的农药公司为世界农药工业的龙头，具有支配农药市场的绝对优势。

创新的专利农药产品推动全球农药技术和市场的发展，对行业起到引领作用。拜耳（Bayer）、先正达（Syngenta）、陶氏益农（Dow AgroSciences）、巴斯夫（BASF）、杜邦（DuPont）和孟山都（Monsanto）六大公司是全球农药专利的主体（尽管目前世界六大公司已经变为四大公司，为了说明相关专利，仍以合并前的六大公司为例，下同）。据不完全统计，Bayer、Syngenta 和 BASF 在这六家企业中专利申请总量较多，趋势上大体走势平稳，BASF 的化合物和制剂的专利数量接近，而 Bayer 和 Syngenta 的化合物数量明显多于制剂。而其他领先的农化产品制造和销售公司，如 ADAMA、Nufarm 和 Arysta 等，各类专利申请量每年均以个位数计，仅有住友化学农药专利总量及各类别的比例与六大公司相差无几，从研发的角度说明住友化学和六大企业的距离越来越小。

③ 跨国公司的垄断性继续加强　由于新农药开发的难度和风险不断加大，一个新农药品种从研制到商品化，包括研究和开发两个阶段，整个研发阶段耗资约 3 亿美元，而且研发费用逐年升高，国外中小公司难以承受，逐渐放弃农药开发，而大公司为了减少风险，增强实力，进行公司间的合作或合并，因而兼并、合并、分化重组成为农药行业的显著特点，使农药工业趋于更加集中、高度垄断，通过行业整合诞生了四大超级农化公司：先正达集团、拜耳、科迪华、巴斯夫。2018 年数据显示，先正达集团全球农药市场销售额约 144 亿美元，占据全球农药 25% 的市场份额，拜耳和孟山都的全球农药市场销售额约 96.4 亿美元，占据全球农药 16.8%的市场份额，科迪华全球农药市场销售额约 63 亿美元，占据全球农药 10.9%的市场份额，巴斯夫则是从巨头并购的剥离业务中得到壮大，其业务占全球市场份额的 11%，全球农化形成四强格局，业务集中度明显提高。

在生物农药研发领域，也同样存在着大公司的兼并整合。德国拜耳作物科学公司于 2012 年 8 月高调宣称以 4.25 亿美元成功地收购了美国 AgraQuest 生物技术公司，2013 年 1 月再次成功地收购了德国的 Prophyta GmbH 生物科学公司，此次收购不但是收购公司新产品、新专利，也包括收购有关公司的研发实验室和新制剂规模生产企业，拜耳集团推出了 Serenade 品牌生物农药；拜耳公司通过收购以色列生物农药公司 AgroGreen 的芽孢杆菌技术，开发了生物杀线虫种子处理剂，商品名为 Votivo。瑞士先正达公司以 1.13 亿美元收购 Pasteuria 生物科学公司。巴斯夫公司以 10.2 亿美元收购 Becker Underwood，增强了巴斯夫的竞争优势，尤其是在快速增长的种子处理市场方面[27]。大公司之间的并购也使得生物农药研发更集中于巨头企业。

此外，为了减少开发风险，许多农药公司之间采取合作研究，成果共享、风险共担；农药和医药公司交换合成化合物，扩大新化合物筛选来源；资助大学及相关研究机构，利用其他部门和行业的力量进行科研开发。

如表 1-5 所示（数据摘自：Phillips Mcdougall、AgriService，2017），1980 年至 2016 年，全球已开发成功农药品种有 363 个，其中 Bayer、Syngenta、Dow AgroSciences、BASF、DuPont

和住友化学（Sumitomo Chemical）开发的农药品种为263个，占1980年至今全球农药品种的66.8%，处于行业领先地位，同时在研的产品数量占全球数量的35.7%。例如2013年销售额排名前三的除草剂草甘膦、百草枯和2, 4-滴分别被Monsanto、Syngenta和Dow AgroSciences垄断，销售额排名前三的杀虫剂氯虫苯甲酰胺、噻虫嗪和吡虫啉市场分别被DuPont、Syngenta和Bayer控制，销售额排名前三的杀菌剂嘧菌酯、吡唑醚菌酯和丙硫菌唑分别被Syngenta、BASF和Bayer垄断。2017年，全球各大公司处于开发阶段的活性成分有42个，其中欧美农药公司拥有16个开发阶段的活性成分，亚洲农药研发主体的日本公司拥有18个开发阶段的活性成分。表1-5中前六大公司中最小的Sumitomo Chemical在1980～2016年间研发了35个农药品种，可见其研发实力非常强劲。目前在研的品种中有41%是日本公司创制的。Bayer、Syngenta、Dow AgroSciences、BASF、DuPont等公司依旧处于主导地位，但从处于研发阶段的化合物结构新颖性来看，日本公司的创新性非常强，几乎所有处于研发阶段的品种都是结构新颖的化合物。例如杀虫剂acynonapyr、benzpyrimoxan、flometoquin、flupyrimin和fluhexafon，杀菌剂aminopyrifen、dichlobentiazox和quinofumelin，除草剂cyclopyrimorate、fenquinotrione等（图1-6）。

表1-5 各大农药公司开发的新品种数量

序号	公司名称	品种数量	
		1980～2016年开发	合作开发或登记中
1	Bayer	70	
2	Syngenta	61	
3	Dow AgroSciences[①]	38	1
4	BASF	37	2
5	Sumitomo Chemical	35	
6	DuPont[①]	22	
7	Nihon Nohyaku	14	
8	Kumiai	13	
9	Mitsui Chemical	12	1
10	Ishihara	11	
11	Nissan	8	
12	Nippon Soda	7	
13	FMC	6	1
14	Isagro	5	1
15	SDS Biotech	5	
16	Chemtura	4	
17	OAT Agrio	5	
18	Monsanto	3	
19	Nippon Kayaku	4	1
20	Arysta	3	

[①]Dow AgroSciences和Dupont已合并为科迪华（Corteva）公司。

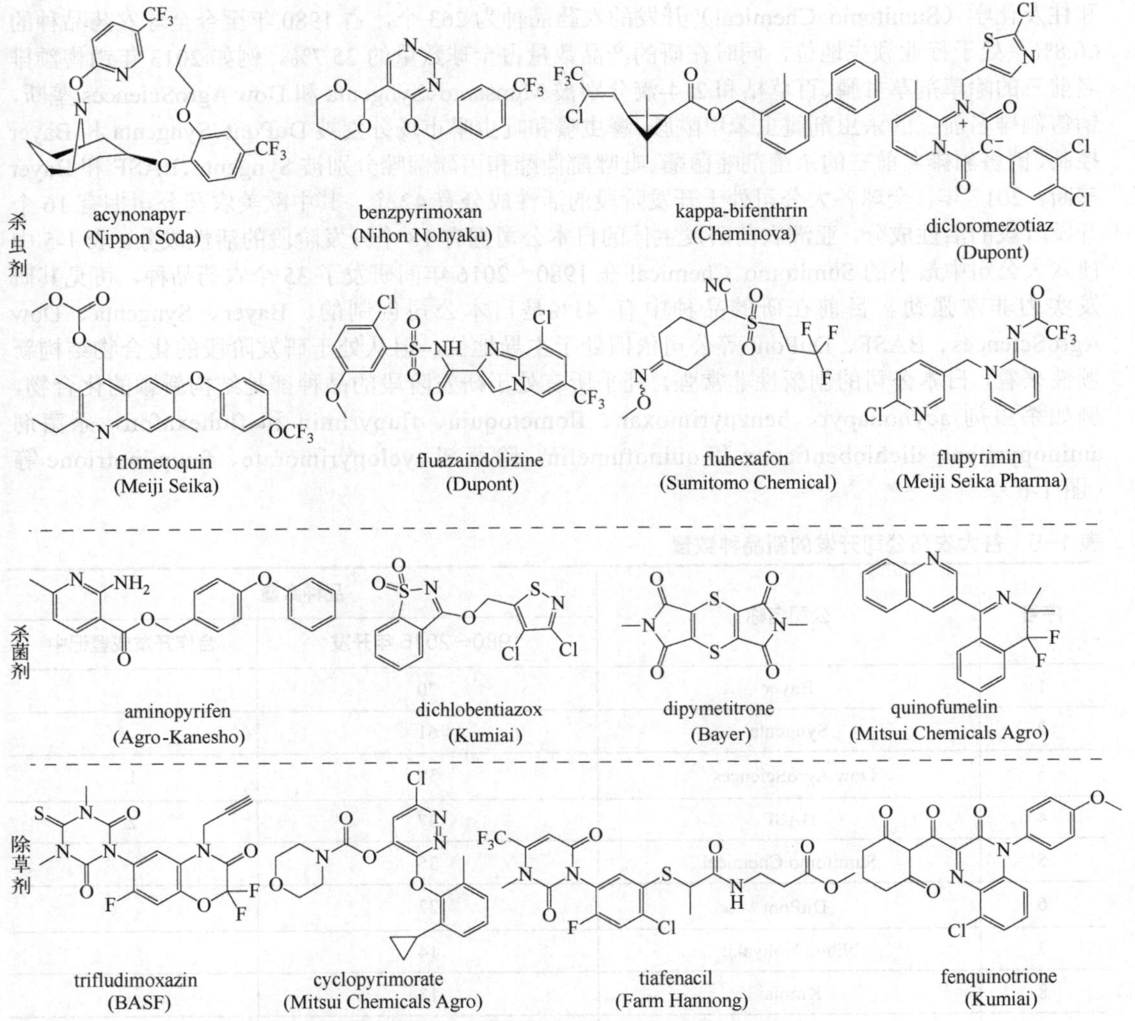

图 1–6　农药研发公司商品化或开发中的部分农药品种

新农药的开发成本，主要包括筛选新化合物的开发成本、试验检测化合物的活性及药效成本、毒理学和相关安全评价成本，以及工艺研究、制剂研究和市场推广过程成本等。与国际农化巨头相比，日本企业投入的资金少、时间短，其农药研发的经验值得我们学习。日本企业平均从 2 万至 4 万个化合物中开发一个新化合物，创制新农药时间约 10 年，耗资约 50 亿日元。其成功之处是非常值得我们借鉴的[28]：

a．企业与研究单位深度合作。

b．出售小试成功化合物。

c．深入研究作用机理。

d．有效地利用仿生学。

e．动态研究新思路。

④ 高效合成筛选体系的应用给新农药创制带来革命性变化　由于新农药的发现日趋困难，加快加大合成化合物数量以及随后的初筛及复筛化合物的数量成为提高发现新的有效化合物概率的重要途径。目前国外大的农药公司实现了化合物合成自动化，包括制备、分离纯化、分析

测试、实验数据记录和整理、化合物注册存入数据库等全过程的自动化。例如 Zymark 机器人系统一次运行可合成 50～100 个化合物，此外在生物筛选上，配套应用了离体（用酶、受体细胞或细胞器进行测试）和活体（用全生物）高效筛选体系，如采用常规的活性筛选，国外大型农药公司一般为 5000～10000 个化合物/年，而通过离体和活体高效筛选，每年筛选可达 10 万个化合物，其筛选效率提高了 10 倍。

⑤ 基因工程产品进入实用化，生物农药已初具规模　十年前所了解的生物农药一般是从土壤中筛选以放线菌为主的微生物发酵产生的抗菌素，如春雷霉素、井冈霉素等，自 20 世纪 80 年代起以美国硅谷为代表的一批具有高新技术的生物工程公司如雨后春笋迅速出现，进入 90 年代，基因工程便在农药行业显现了强大的生命力，美国农业部（USDA）统计 1994 年便有 385 种基因转移作物在田间进行了试验，如抗病毒的南瓜，抗草甘磷的大豆、玉米等，世界主要的农药公司也纷纷涉入种子-农药的联合经营模块，进行基因工程种子的开发，如孟山都从 Bt 中分离出抗虫基因，成功植入农作物体内，开发携带抗虫基因的马铃薯、棉花、玉米种子。全球至今已登记了数百种转基因作物开始进入商品化，转基因作物的成功开发使不少涉足此领域的公司获得了很大的发展，最突出的是美国的杜邦和孟山都公司，孟山都公司是开发基因工程种子最早也是最成功的公司（2018 年后孟山都公司因并入拜耳已不存在）。针对化学农药的缺陷，生物农药开发逐渐受到重视，国际上已有商品化的生物农药 30 种，目前最常用真菌杀虫剂为白僵菌和绿僵菌，能防治 200 种左右害虫；在细菌农药中，使用最广泛的为苏云金杆菌，能防治 150 多种鳞翅目及其他害虫。

⑥ 基因组编辑技术　由于成簇规律间隔短回文重复（clustered regulatory interspaced short palindromic repeat，CRISPR）技术具有设计简单以及操作简便的特性，其已被全球数以千计的实验室广泛地运用于生命科学、农业、医药和工业等领域。科学家们曾经利用基因编辑技术在农业发展中加速动物和植物的遗传育种等，尤其是在 CRISPR/Cas9 出现以后，低成本和操作的简便性又为基因治疗打开了一扇大门。概括起来，CRISPR/Cas9 系统在作物中的应用主要分三类：第一类是通过非同源末端连接（nonhomolologous end-joining，NHEJ）机制修复断裂的双链切口，增加或减少若干碱基，从而导致移码突变，这类突变和育种过程中的自然突变、物理突变和化学突变等类似；第二类是在外源 DNA 修复模板存在的情况下，通过同源重组（homologous recombination，HR）机制在特定的位点造成点突变或基因的插入、替换和聚合等，这种情况避免了普通转基因过程中外源基因插入基因组造成的位置效应等影响；第三类是通过多个小指导 RNA（small guid RNA，sgRNA）同时在基因组的多个位点对多个基因进行编辑，这个可以用来研究基因家族各成员的功能或分析遗传途径中各个基因的遗传顺序和功能等。该技术在农业领域的应用主要集中在以提高抗逆性、营养品质改良、将性状改良等为目标的定向育种，利用 CRISPR 技术对一些关键性状基因进行编辑能够大大加快良种的育种速度，改良生态环境。

⑦ RNA 干扰技术　RNA 干扰（RNA interference，RNAi）是指在进化过程中高度保守的、由双链 RNA（double-stranded RNA，dsRNA）诱发的、同源 mRNA 高效特异性降解的现象。RNAi 技术可以特异性剔除或关闭特定基因的表达，导致内源基因沉默。自 1998 年 Fire 等首次在线虫中发现并阐明以来，RNA 干扰已经在其他动物、植物和真菌中被证实。研究表明，参与该过程的许多基因具有高度的保守性，这可能是生物调控基因表达及抵御病毒侵染或转座子诱导 DNA 突变的一种共有的生理机制。RNAi 被广泛用于研究基因的功能、基因敲除、治疗肿瘤和病毒感染等，也被用于昆虫中研究 RNAi 的机制和功能、基因的表达和调节，例如果蝇（*Drosophila melanogaster*）、赤拟谷盗（*Tribolium castaneum*）、家蚕（*Bombyx mori*）等昆虫中都有应用。Chen 等将合成的 dsRNA/siRNA 注射到甜菜夜蛾（*Spodoptera exigua*）的四龄幼虫诱导几丁质合成酶相关基因沉默，结果发现大多异常的幼虫不能蜕皮，或进入下一期的幼虫明显

小于正常幼虫，并且气管上壁不能统一扩张，明显提高了异常发生率，表明可以利用 RNAi 来控制害虫。这些研究大多是通过注射的方法将 dsRNA/siRNA 导入昆虫体内，然而，注射法不适用于田间的害虫防治。为了有效地控制害虫，害虫应该能够自然地通过饲喂和消化获得 dsRNA/siRNA。通过饲喂转基因植物诱导 RNAi 防治害虫已在鳞翅目、鞘翅目、同翅目、直翅目、双翅目和等翅目等昆虫中试验成功。

（2）我国农药研发的特点　改革开放以后，我国农药工业有了突飞猛进的发展，现已形成了包括科研开发、原药生产和制剂加工、原材料及中间体配套的较为完善的工业体系。目前可生产几乎所有的农药品种、近 3000 个农药制剂产品，出口到包括欧盟、美国、日本、南美等 163 个国家和地区，我国已经成为名副其实的农药生产大国，产量处于世界第一。

我国农药生产企业主要分布在江苏、山东、河南、河北、浙江等省，这五省的农药工业产值占全国的 68%以上，农药销售收入超过 10 亿元的农药企业有 28 家在上述地区，销售收入在 5 亿～10 亿元的农药生产企业也大多集中在这一地区。农药产业集聚取得初步成果，在江苏如东等地建设的农药工业产业园已初具规模，目前进入园区的农药生产企业 257 家，占全国原药生产企业的 46%。但这些企业往往只生产原药或制剂（绝大多数是过专利期的产品），仅有少数具有新药研发机构。

在国家法规政策和市场机制的双重作用下，农药企业兼并重组、股份制改造的步伐提速，行业外资本的进入加快了企业规模壮大的进程。例如中国中化集团公司、中化国际（控股）股份有限公司和中国化工集团有限公司先后进入农药领域，收购或控股一批优势农药企业。2010 年我国销售额超过 10 亿元的农药生产企业有 10 家，2014 年农药销售额超过 10 亿元的农药企业集团已达到 38 家。目前已有超过 30 家涉及农药领域的上市公司，农药企业上市势头正在提升。中国化工集团与瑞士农药巨头先正达达成接近 3000 亿元人民币的收购协议，于 2017 年完成了收购。2020 年 1 月 5 日，中化集团和中国化工宣布将旗下农业资产注入新设立的“先正达集团”。完成资产重组后的先正达集团包括先正达植保（运营总部位于瑞士巴塞尔）、先正达种子（运营总部位于美国芝加哥）、安道麦（运营总部位于以色列特拉维夫）和先正达集团中国（运营总部位于中国上海）四大业务单元。

尽管我国农药创制已经小有成就，但与跨国公司相比仍有较大差距，需要继续加大创新投入，在国家的重视和大力支持下，不断提高农药企业自主创制能力，做强我国农药工业，提高农药产业的国际竞争力。

当前在我国新农药创制投入相对不足的情况下，通过新化合物的设计与合成、化合物的生物活性筛选以及对作用机制等方面的研究，初步形成我国农药科技创新基础理论体系和新农药发现平台。然而，新农药创制还存在一些问题[6,29]。

① 我国原始创制结构偏少　目前发现的大多结构是基于国外已有品种的化学结构，许多品种都是经过“me-too”和“中间体衍生化法”等途径获得的，在 21 世纪上市和研制的 64 个新农药品种中，大多属于“me-too”研究，真正属于原始创新的结构为数不多。此外，“me-too”得到的结构即使在某些方面比先导结构具有优势，但使用者往往因为“先入为主”，弱化了“me-too”产品的市场竞争力，事实上，高性价比化合物屈指可数。

② 农药科研成果难以落地　怎样让更多的躺在实验室里的科研成果真正有效转化，应用到农业生产中是行业创新体系中应该重视的问题。有一些科研院所注重实验室研发创制，不注重科研成果落地转化；有些科研成果转化后，后期应用技术开发滞后，也不注重试验示范，使得自主产品的市场占有率低；有的企业过多追求短期利益，面对高昂的登记费用和 4～5 年等待时间，以及未来市场的不确定性，企业与科研院所合作不积极，产品不能得到及时登记。编者认为：企业不积极的主要原因是相关化合物性价比不高，投入很难收回。

③ 制剂研发和创新关注不够　对农药行业来说，制剂研发和创新更加关乎我国农药企业的

生存和发展，江苏擎宇化工科技有限公司和广东惠州银农科技等企业，在助剂和制剂研究方面多有建树，其他企业也应高度重视制剂的研发和创新。农药研发思路要从粗放转向精细，从注重理化性质转向注重生物活性。省力化、精准化制剂类型、控释技术和纳米技术等是新剂型研发热点。此外，与农药飞防技术相匹配的农药专用制剂和助剂的研发也是制剂企业升级换代的新机遇。

随着《农药管理条例》（2022 年修订版）的发布，国家对于农药管理的要求越来越高，比如登记资料要求大幅提高，登记资料新规定对毒理、环境、残留、药效均增加了新要求，难度提高；对登记试验要求提高，安全性试验和药效试验等所有登记试验均必须符合农药登记试验质量管理要求等。这些因素尽管提高了农药准入门槛，有利于规模企业做大做强，但也增加了农药研发和创新的不确定性和难度。

“十四五”期间的农药创制，更是要根据国家农业发展战略和实际需求，瞄准国际前沿，针对制约我国绿色农药创制与产业化的关键问题，通过对农药等农业投入品基础研究、关键共性技术、产品创制和产业化 4 类关键问题的整合和联合创新，在绿色药物新靶标和分子设计、生物农药合成生物学和 RNAi 新农药创制等重大产品创制与产业化等前沿核心技术上进行突破。

当前我国新农药创制体系不断完善，创制能力和竞争力不断提高，国家引导农药工业以企业为主体的技术创新格局正在形成，技术创新活动正在由国家行为转为企业行为。

1.2.2 新农药研发的层次

在农药品种的不断更新发展中，新产品的创新层次会影响其市场占有率。编者团队根据多年的新农药创新实践，把新农药产品创新分为六个层次[30]：

第一层，研究已知化合物，发现其用途或者新用途，或利用已知中间体作为农药活性成分，其性能与已有化合物相似或具有一定互补性；但相关化合物如果有专利或专利没有过期，若实施则会有很大的侵犯他人专利权风险，需要支付一定的专利费。

第二层，在已有专利范围内化合物进行选择性发明，研发出“me-too”或是“me-better”新药，性能好于或与已有化合物相似，与现有产品相比有可能具有互补性或替代性，但很难获得独立的自主知识产权，如果相关专利没有过期，若实施也需要付专利费。

第三层，研制已有专利范围外的化合物，研发出“me-too”新药，性能与已有化合物有差异或相似，与现有产品相比有一定互补性。如果专利授权，而且专利权稳定，不用付任何专利费。

第四层，研制已有专利范围外的化合物，研发出“me-better”新药，性能优于或与已有化合物差异显著，与现有产品相比具有互补或替代性，属突破性创新，具有完全独立的自主知识产权。

第五层，自主发现全新结构，研发出“me-first”或是“first-in-class”新药，性能优于或与已有化合物差异显著，具有替代和互补性，有可能是颠覆性创新，具有完全独立的自主知识产权（全新结构有可能具有全新作用机理，但不一定，如嘧啶水杨酸，作用机理是已知的）。

第六层，自主发现全新作用机理，研发出“first-in-class”新药，性能显著优于已有化合物，属颠覆性创新，具有完全独立的自主知识产权（知识产权是否稳定，看一下授权专利权利要求 1 的范围就可以大致了解到：范围越宽泛，越稳定）。

总体来说，我国创制的产品性价比一般，多属于“me-too”研究（性能与现有产品相似，互补性差，也不具备替代性，有的化合物性能甚至差于已知化合物），主要是因为我国创新投资有限、基础研究薄弱，还有创新研究时间短、创新水平有限等。而欧、美、日等的农药巨头在新药创新方面实力都很强大，技术水平也很高，尽管每一层次都有互补性或者替代性的化合物，但他们大多研究 4~6 层次化合物，也即与现有产品相比，属突破性或颠覆性创新，或可以替代，或与之互补，因此创新的化合物性价比高，多成为“重磅炸弹”。可见，在创新这条道路上我国与外国还有不小的差距。从整体现状上分析，我国农药工业仿制能力较强，创制能力弱。主要体现在以下三个方面：

（1）大企业数量少，核心竞争力有限。农药行业属于技术密集型产业，欧美农药企业掌握全球农药工业的命脉。我国农药企业总体数量多、规模小，核心竞争力相对较低，没有完善的创新体系，几乎没有自己的专利品牌，主要是仿制国外产品，难以培养自己的核心竞争力，在市场竞争中处于被动地位。并且随着我国知识产权制度的逐渐完善，仿制农药之路也越来越窄。

（2）科研经费严重不足，农药创制能力弱。一般来说，国外大公司每年用于研发的费用占到年销售额的 10%左右，创制一个新农药品种需 2 亿～3 亿美元，至少筛选数万个新化合物，更主要的是需要 10 多年时间。由于我国农药企业规模较小，研发投入的资金不足，绝大多数企业研发投入占销售收入比例还不到 1%，农药企业和科研机构的创新能力相对较弱，有限的经费不足以支撑新农药创制，主要针对“非专利产品”和“专利过期（技术）产品”开发，利润有限，因此农药企业创新能力相对较弱，新产品开发后劲不足。同时国际跨国公司已经将研发机构向中国转移，利用其农药研发的经验和资金优势，进一步挤压国内企业的发展空间。

（3）市场竞争环境较差。世界农药行业发展趋势是向着“大型、集中、垄断”的方向发展，而我国农药企业遍地开花，产品单一，核心竞争力差，经营环境混乱。尽管新《农药管理条例》已经实施，但市场管理仍然缺位，很多农业执法队伍没有经费，机制不健全，监管力量薄弱，无法有效管理农药市场。

从目前我国农药工业研发现状来看，国内农药研发面临着严峻的形势：

（1）新《农药管理条例》实施，取消临时登记，使得农药新品种的开发难度进一步增大，同时知识产权制度的完善使仿制农药之路越来越窄。

（2）外部竞争环境日益严峻。处于全球农药行业主导地位的国际跨国公司已全部进入我国农药市场，并且市场份额在逐年扩大。同时这些公司的发展战略之一是将研发机构向中国转移，跨国公司农药研发的国际视野与经验、雄厚的资金保障使其产出高水平的研究成果。

尽管如此，只要创新思路得当、方法正确，也是可以研究出新产品的，相信我国农药创新的明天会更好。

1.3 新农药创制的思路与方法

1.3.1 新农药创制的思路

新农药创制需要多学科多方面科研人员间的相互合作，涉及的学科如有机化学、生物化学、生物学、生物物理学、物理化学、毒理学、生态学等。

在新农药的研究开发中，第一需要搞清楚以什么为目标，如以解决抗性杂草或者病害或者虫害为目标，以市场需要为目标，还是以特殊的病虫草害为目标；第二要明白用什么方法开发新农药，这里主要是指生测筛选方法，高效可靠的筛选方法就能确保具有活性的新化合物的发现；第三要搞清楚从何种渠道研制新农药，途径很多：通过有机合成方法发现新先导化合物，如合成新的母体化合物，从已知农药产品中得到启示发现新化合物，从已知有生物活性的化合物中得到启示，利用已有中间体进行更进一步的化学反应即中间体衍生化法，从生物化学方面得到启示，也可以通过其他途径如发酵方法发现新化合物，从天然产物中得到启示等[30]。

新农药品种从研制到最终商品化通常经历前述的几个阶段。在实际的研究开发过程中某些步骤是交叉进行的。其中先导化合物的发现和先导化合物的优化属于前期研发工作，是整个新农药创制的基础，先导化合物经进一步优化，最后得到待开发的候选化合物。这些化合物能否商品化不仅由其生物活性决定，而且与其工艺、环境毒理、市场等有关，商品化的化合物不一定是生物活性最高的，而是与环境最相容的化合物。要想有很好的市场，必须具备很好的性能价格比优势。

以下分四个阶段，简要地介绍一下新农药从研制到产业化需要做的工作。

1.3.1.1 先导研究阶段

（1）化合物合成

① 先导发现　先导发现的目的，就是发现值得进一步研究的、结构新颖的、具有较好生物活性的化合物。其方法有多种，如随机筛选、me-too 研究、天然产物、生物合理设计和中间体衍生化法等。随机筛选就是研究者根据自己的经验，设计、合成新的化合物，经过筛选发现先导化合物，需要注重结构新颖性或预示有不同作用机理的化合物；me-too 研究目的是发现二次先导化合物或者三次先导化合物，不仅要明确已知化合物的优缺点，提出进一步研究的方向，而且要关注专利的“三性”。天然产物就是以结构新颖的天然产物为模板进行结构改造发现性能更优的先导化合物；生物合理设计就是利用计算机模拟发现先导化合物。中间体衍生化法是以市场需求为导向，在分子设计时，从便宜易得安全环保的原料选择开始，直至发现符合 5 要素的绿色农药品种。

② 先导优化　此阶段的目的是发现值得进一步研究的高活性化合物。每类具有活性的先导化合物需要再合成新化合物如 50～2000 个，之后进行结构活性关系研究，发现性能更优的化合物。

（2）生测研究　主要包括室内药效筛选和田间药效验证试验。室内药效筛选通常包括普筛、初筛和复筛几个阶段。其中田间药效验证试验非常重要。目的是验证化合物在田间环境下的防效、安全性及其他性能，初步探索田间试验剂量和施药技术。靶标越贴近市场，成功率越高。

1.3.1.2 高活性化合物的深入筛选阶段

目的：发现值得进一步研究的预开发新产品。主要包括小试合成工艺研究、深入的室内药效试验和多点田间小区试验研究；急性经口、急性经皮、眼刺激、皮肤刺激、Ames 等试验，以确定其进一步开发的价值。具体涉及的主要工作如下：

（1）合成小试工艺研究　首先要确定工艺路线是否合理（如果采用中间体衍生化法进行新农药创制，在研究之初，就考虑相关事宜的话，工艺路线的选择与确定就简单多了）。同时进行千克级别样品的提样。

（2）深入的室内药效试验和多点田间小区试验　包括除草化合物、杀菌化合物、杀虫化合物的生测深入研究。目的是要确定化合物的活性谱、作用特性、作物安全性、应用范围、对非靶标的安全性等。

（3）毒理学研究　研究的目的是要明确化合物是否对环境生态安全，有无致癌潜在风险。如果有问题，就要重新进行研究，尤其是化合物“结构-生物活性-毒性”关系研究，最终选出安全、高效、经济的新农药品种。刘长令团队进行的杀菌剂喹菌胺的创制，就是很好的例证。

1.3.1.3 候选创制品种的研究开发阶段

目的：对在高活性化合物深入筛选阶段有理想生物活性和安全性的化合物，开展进一步研究开发和综合技术经济评价，为工业化和商业化开发提供科学依据。

主要包括中试合成工艺开发、分析方法研究、产品标准制定、产品全分析、制剂开发、大田药效试验、亚慢性毒性试验、残留和环境毒理试验，以达到新农药登记的要求。农药剂型的种类较多，从可持续发展战略目标出发，世界农药沿着高效（超高效）、低毒、安全的方向发展。

1.3.1.4 创制品种的产业化开发阶段

目的：对已准备进行正式登记的创制农药品种进行工程化研究和应用技术研究，加速创制品种的产业化进程和推广应用，提高创制品种的市场占有率。事实上，如果希望新产品有很好的市场占有率，该产品就必须要有很好的性价比优势，而产品的性能主要与化合物的化学结构有关，产品的成本主要与化合物的结构与工艺有关，也就是与主要原材料和反应类型有关，在农药研究之初、分子设计之时，就应该考虑到，而不是在决定开发之时才考虑。解决该问题的关键就是考虑便宜易得中间体或者原材料和适宜于规模化生产的反应的应用，这就是中间体衍生化法进行新农药创制研究的优势所在。

主要包括产品生产、设备安装、安全环保、应用研究、安全性研究以及登记注册试验。

1.3.2 先导研究阶段的方法

在新农药开发过程中，最初发现的具有生物活性的新型结构的化合物，即先导化合物。寻找和研究先导化合物是新农药创制过程中的核心环节。农药先导化合物的发现方法，与医药相似，不同的是农药可以直接进行活体筛选，也可以进行离体筛选，而医药只能进行离体筛选。农药先导化合物发现的主要方法（图 1-7）大体上可以归纳为如下几种：随机筛选（random screening）、天然产物、化学文献（尤其指专利文献，大家常说的 me-too-chemistry）、组合化学、生物合理设计或以结构为基础的分子设计、中间体衍生化法等。此外，一些新兴起的先导发现方法，如计算机辅助药物设计，以现代固相有机合成为基础的化学基因学，基于片段的分子设计（fragment-based molecule design），用于构建药物分子库的目标分子导向合成（target-oriented synthesis）和多样性导向合成（diversity-oriented synthesis）等，仅在医药领域被采用且到目前为止还没有成功医药品种问世，在农药研究领域中尚未涉足。2018 年，第 18 版的《农药品种手册》（Tomlin，*The Pesticide Manual*）中记载的农药品种大多是经随机筛选发现的。这里对 2000～2021 年报道的 188 个新农药品种进行了统计，并按照上述研究方法分类：6 个化合物属于天然产物，45 个来自随机筛选，137 个来自专利文献（实际是在已有随机筛选产品基础上进一步研究所得），进一步确认随机筛选和 me-too-chemistry 是发现新产品非常重要的途径。

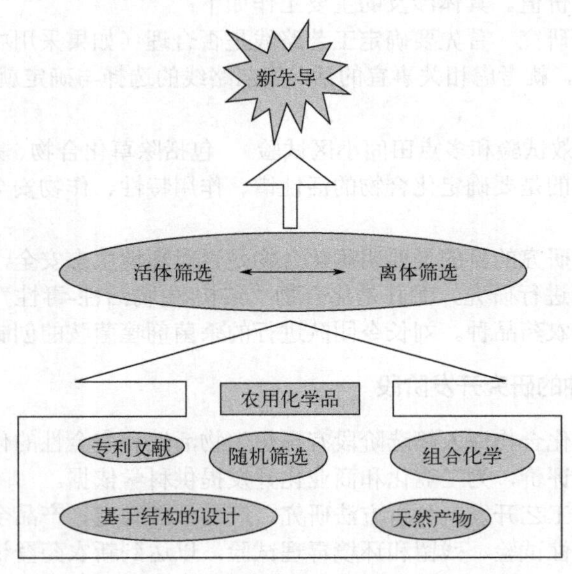

图 1-7 先导化合物发现的主要方法

先导化合物的发现过程类似于给锁头配钥匙。这几种方法之间都具有一定的联系，在实际运用时，也可以相互转换。下面分别对每种方法举实例进行说明[31-38]。

1.3.2.1 随机筛选

随机筛选是发现先导化合物最基本的经典途径。它具有非定向性和广泛性的特征。随机筛选的优点是思路广阔，发现化学结构新颖及作用机制新颖的化合物的机会多，一旦成功则发挥潜力的余地大，有利于开辟新领域。其缺点则是工作量大、投资多、相对成功率较低、易入研究误区。该方法的运用包括三个方面：①从大学或其他科研单位购买尽可能多的化合物进行生物测定，以期发现先导化合物；②合成化学家利用已有中间体合成新化合物，经筛选寻找先导化合物；③合成化学家根据自己的经验，设计合成新化合物，经筛选寻找先导化合物。以上三种方法均有成功实例，尤以③为多，每一大类农药品种中的第一个大多来源于以上方法。目前主要采用组合化学、自动化合成和快速筛选方法。由随机合成筛选发现的先导化合物进而开发成农药品种的有：除草剂如脲类、二苯醚类、酰胺类、三唑类等；杀虫剂如鱼尼丁受体激活剂类；杀菌剂如三唑类等。具体实例如除草剂敌草隆、除草醚、甲草胺，杀虫剂氟虫腈，杀菌剂三唑酮等。

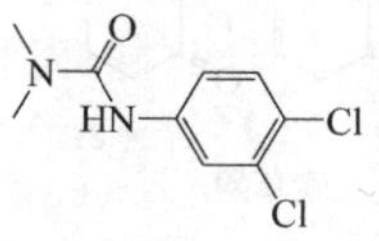

敌草隆 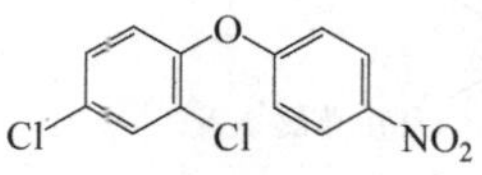　　除草醚 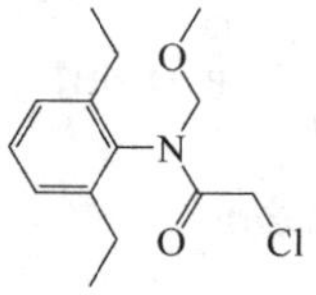　　甲草胺

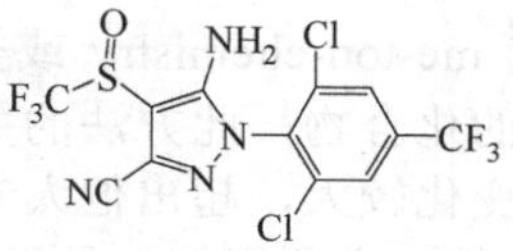

氟虫腈 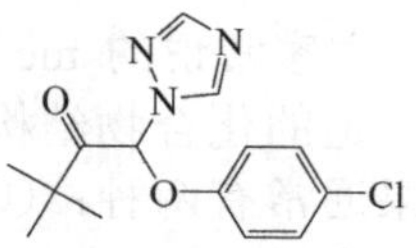　　三唑酮

1.3.2.2 天然产物

也称天然活性物质模型法，是通过模仿天然产物和它们的代谢物，并以此为先导来设计新型的类似物。该方法除先导化合物来源不同外，在方法上与模仿既存农用化学品的 me-too 或类同合成法并无本质差别，但是具体研究手段则有所不同。以天然活性物质作为先导化合物包括直接从天然产物中发现农药活性化合物和对天然化合物的化学结构改造或分子修饰，进而研究开发出全新结构的农药品种，是新农药研究的有效途径之一。据报道世界上至少 2000 种植物具有杀虫杀螨活性或杀菌活性。到目前为止以天然产物为先导化合物开发的杀菌剂主要有乙蒜素、噁霉灵、肉桂酸衍生物（烯酰吗啉、氟吗啉）等。以天然产物为先导化合物开发的杀虫杀螨剂主要有氨基甲酸酯类如噁虫威、拟除虫菊酯类如氯氰菊酯、沙蚕毒素类似物如杀虫磺、吡咯类如虫螨腈、保幼激素类似物如烯虫乙酯等。以天然产物为先导化合物开发的除草剂如 2, 4-滴、乙烯利、萘乙酸等，其他的还有草铵膦、环庚草醚、磺草酮等[39-41]。

乙蒜素　　噁霉灵　　烯酰吗啉 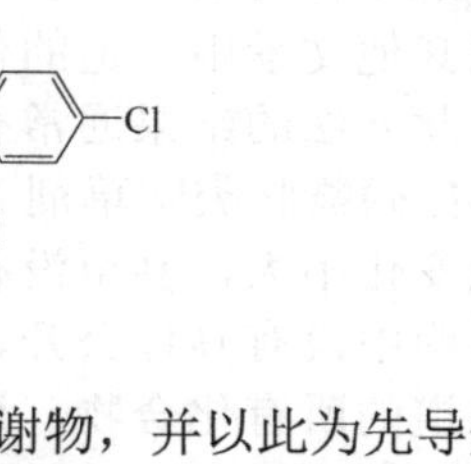　　氟吗啉

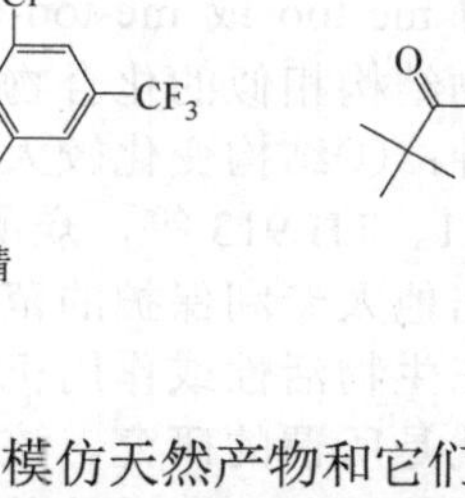

噁虫威　氯氰菊酯　杀虫磺　虫螨腈

2,4-滴　乙烯利　1-萘乙酸　2-萘乙酸

草铵膦　环庚草醚　磺草酮

1.3.2.3 化学文献

尤其指专利文献。大家常说的 me-too 或 me-too-chemistry 或类同合成法，即合成与已知专利或其他文献中报道的化合物结构相似的化合物，此方法的关键是如何避开他人专利的保护。此方法的结果通常有两种：①结构变化较大，超出他人专利保护的范围。此方法实例很多如磺酰脲类除草剂 NC 311、TH 913 等，众所周知，易于理解，亦容易获取专利。②结构虽变化不大，甚至没有超出他人专利保护的范围，却有难以预料的结果。即该化合物在先发明中没有具体公开，且在生物活性或作用机制或毒性等方面具有显著优越于既有专利中报道的所有化合物，这也就是所谓的研究。该方法利用生物等排理论、选择性专利之原则和包括计算机辅助设计在内的多种方法设计其类似结构，合成、生测产生“二次先导化合物”。在新农药创制中运用此方法成功开发的农药品种投资少，加之其在某方面优越于既有化合物，故具有竞争力。缺点之一是必须提供尽可能多的对比试验结果，以确认其优越于先发明中的化合物；缺点之二，即使获得专利授权，但因化合物在已有专利范围之内，存在侵权问题，实施需要交专利费（当然化合物不在已有专利范围内，如果专利授权，且专利权稳定，不存在侵权问题）。在此以实例形式对部分运用化学文献方法成功开发的农药予以介绍。

① 除草剂啶嘧磺隆(SL-160)　啶嘧磺隆是由日本石原产业公司研制开发的草坪用除草剂，属典型的选择发明。

SL-160

美国专利 US4435206(杜邦公司，1984 年 3 月 6 日)公开了如下通式所表示的磺酰脲类除草剂：

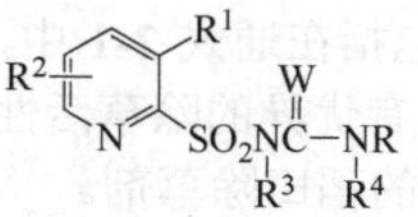

R^1=H, 等
R^2=H, Cl 等
R^3, R^4=H, CH$_3$等
W=O, S
X=CH$_3$, OCH$_3$ 等
Z=CH
Y=H, Cl, CH$_3$, CF$_3$, VR^9 等
V=O, S
R^9=CH$_3$ 等

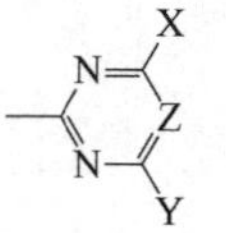

在此专利中，公开的R^{1}为CF$_3$的化合物有9个，其中两个是：

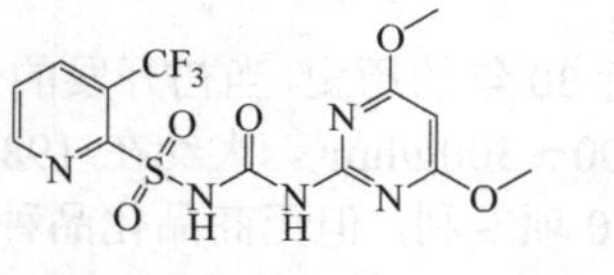

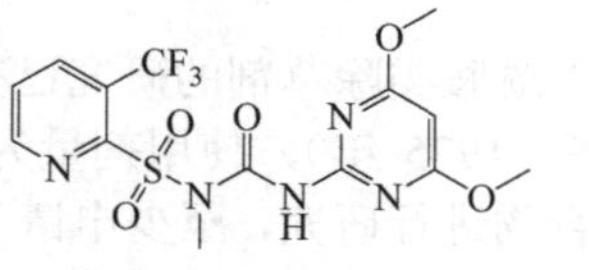

石原产业公司对其结构与活性进行了广泛的研究，发现化合物SL-160的生物活性比杜邦公司专利中具体公开的任何一个化合物的活性都好，并于1984年12月6日申请了该专利。在专利申请说明书中明确地指出：虽然该发明化合物SL-160已包括在美国专利US4435206A号所广泛表达的取代吡啶磺酰脲类化合物中，但该美国专利并未对其做出具体揭示。石原产业公司还于1985年11月27日申请了美国专利，于1988年5月17日获得美国专利（US4744814A）；于1985年12月4日申请了中国专利，于1990年8月15日获得中国专利（CN1009152B）。

尽管化合物啶嘧磺隆（SL-160）在专利US4435206A的保护范围之内，但其化学结构未具体公开，且其具有优越的生物活性即有预想不到的效果，因此获得选择性专利。

② 乙氧嘧磺隆（Hoe 095404）是由拜耳公司开发的除草剂，主要用于防除禾谷类作物、草坪牧场中的阔叶杂草。

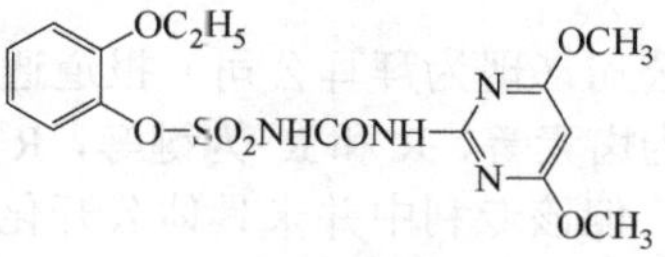

Hoe 095404

日本三井东亚公司（JP5815962B2，1983年）报道了如通式**2-1**所示的除草剂：

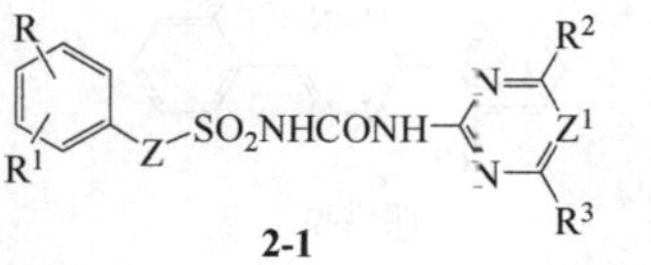

2-1

R=H, halo, alkyl, alkoxyl 等
R^1=H, halo, CF$_3$ 等
R^2=halo, CH$_3$, CH$_3$O 等
R^3=CH$_3$, alkoxyl 等
Z=O, S, NH
Z^1=N, CH

halo 指卤素，alkyl 指烷基，alkoxyl 指烷氧基。余同

赫斯特公司现为拜耳公司（EP342569，1989年）报道了如通式**2-2**所示的除草剂：

2-2

R^1=Et, n-Pr, CHMe$_2$
R^2=H, halo等
R^3=H, alkyl 等
Y=O
n=0~3
R^5, R^6=H, halo, alkyl, alkoxyl等
E=CH, N

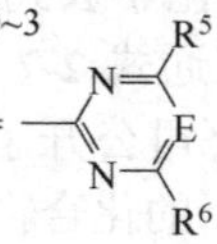

比较通式 **2-2** 和通式 **2-1** 可以看出：通式 **2-2** 化合物包括在通式 **2-1** 中，但 JP5815962B2 并未具体公开化合物 Hoe 095404，且化合物 Hoe 095404 具有优异的除草活性，属选择性发明。

③ 除草剂 CH-900　CH-900 是日本中外制药公司开发的稻田除草剂。

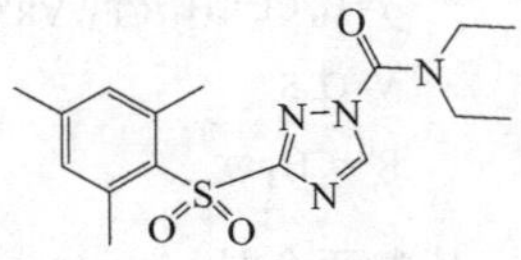

CH-900 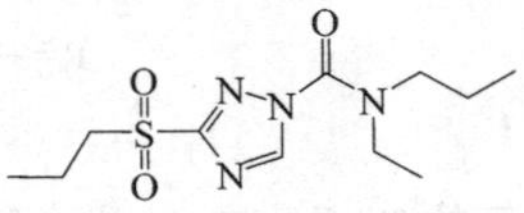　　BTS-30843

取代磺酰基三唑酰胺类除草剂的研究已有近 30 年的历史，当初开发的化合物为旱田除草剂三唑磺（BTS-30843，1975 年），使用剂量为 100～300g/hm^2。大约在 1983 年，日本住友化学公司开始对此类化合物进行研究，至少申请了 10 项专利，但无商品化品种报道。如通式 **2-3** 表示的化合物（住友，JP01121279A），其中 X、Y＝H、烷基、卤素、CN、CF_3 等；R^1、R^2＝烷基等；n=0，1，2。1989 年左右，日本中外制药公司亦开始参与此类化合物的开发研究，其公开的化合物结构如通式 **2-4** 所示（JP02001481A）：X＝卤素，烷基等；m＝0，1，2，3，4；R^1、R^2＝烷基等。专利审查者认为通式 **2-4** 和通式 **2-3** 是极相似的，但 JP01121279A 中并未具体公开化合物 CH-900 等，且化合物 CH-900 等作为稻田除草剂，其活性优于通式 **2-3** 表示的化合物，获得选择性专利。

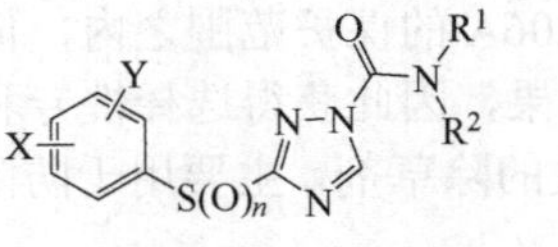

2-3 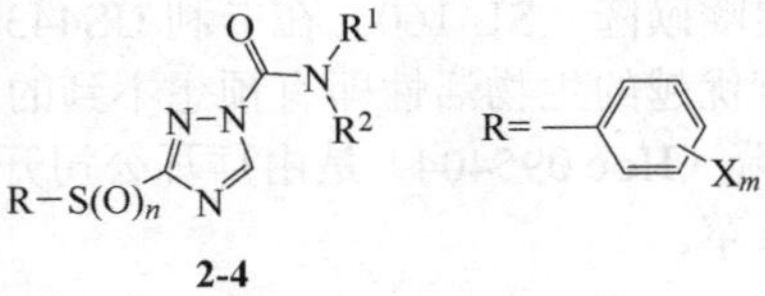　　**2-4**

④ 杀螨剂 SZI 121　Fisons 公司（现为拜耳公司）报道通式化合物 **2-5** 作为杀螨剂(CA93：46730)：R^2 为取代苯基，取代基为卤素等，R 和 R^1 为键等，R^3 为多卤取代的苯基等，并有化合物四螨嗪（clofentezine）商品化，但该专利中并未具体公开化合物 SZI 121 的结构。1995 年匈牙利一公司申请了通式 **2-6** 所示的化合物作为杀螨剂(CA122：239726)：X＝F，Cl，Br；Y=H，F。显而易见通式 **2-6** 化合物包括在通式 **2-5** 中，但 SZI 121 活性高于四螨嗪，故获选择性专利。

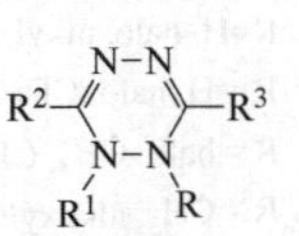

2-5 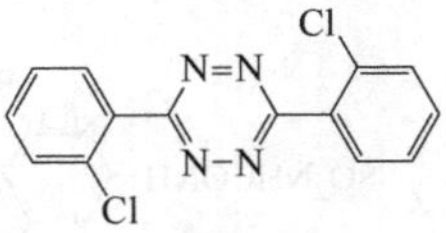　　四螨嗪

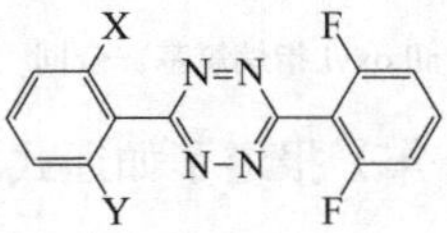

2-6 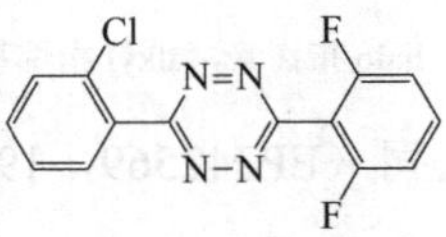　　SZI 121

⑤ 杀虫剂氟氰戊菊酯　杀虫剂氟氰戊菊酯是由美国氰胺（现巴斯夫）公司研制的，其先导化合物是氰戊菊酯（fenvalerate）。住友化学公司于 1974 年公开了通式 **2-7** 所示的杀虫剂(DE2335347)，并有氰戊菊酯商品化。在通式 **2-7** 中，R^1 为取代的苯基，取代基为卤素、烷氧基、卤代烷氧基等。1979 年美国氰胺公司公开了通式 **2-8** 所示的杀虫剂，并有氟氰戊菊酯(flucythrinate）商品化。虽然通式 **2-8** 所示的化合物包括在通式 **2-7** 中，但 DE2335347 中并未具

体公开化合物氟氰戊菊酯的化学结构，且氟氰戊菊酯的残留活性高于氰戊菊酯，属选择性发明。

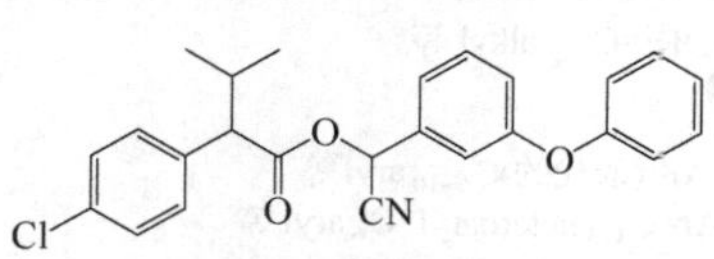

氰戊菊酯 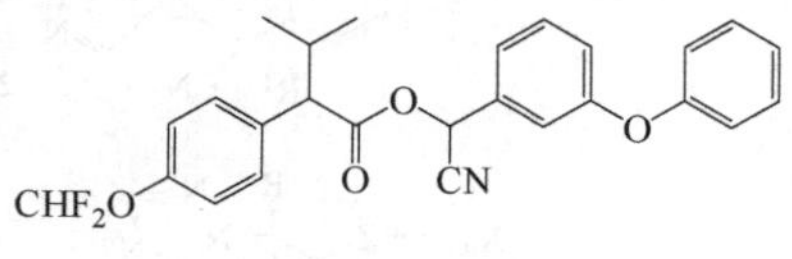　　　　氟氰戊菊酯

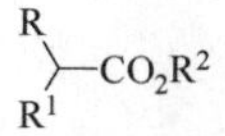

2-7　R=Me,Et,$CHMe_2$等；R^1=(取代的)Ph等；R^2=(取代的)benzyl等

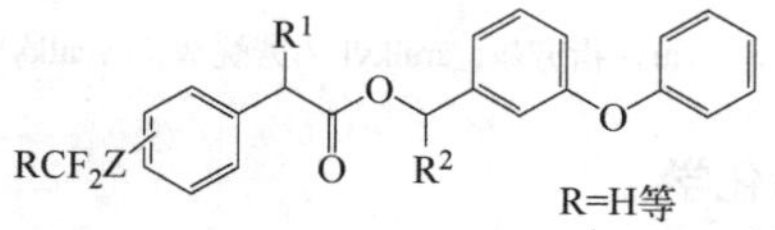

2-8　R=H等；R^1=$CHMe_2$等；R^2=CN等

⑥ 杀虫剂甲氧虫酰肼（RH-2485） RH-2485 和 RH-5992 均是罗门哈斯公司开发的杀虫剂。1987 年公开了如通式 **2-9** 所示的杀虫剂（JP62167747，发明人徐基东博士等），A、B 为（取代的）苯基，取代基如氢、卤素、烷基、烷氧基等，并有 RH-5992 商品化。1994 年公开了通式 **2-10** 所示的杀虫剂（US5530028A，发明人 Z.Lidert 等），并有 RH-2485 商品化。很明显化合物 RH-2485 虽包括在通式 **2-9** 中，但 JP62167747 中并未具体公开，且活性高于 RH-5992，属选择性发明。

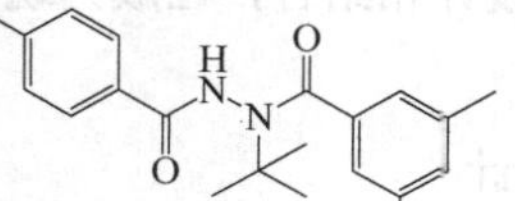

RH-5992 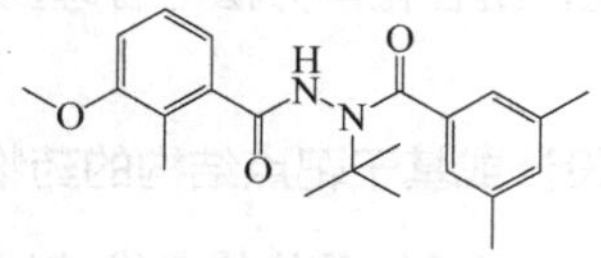　　　　RH-2485

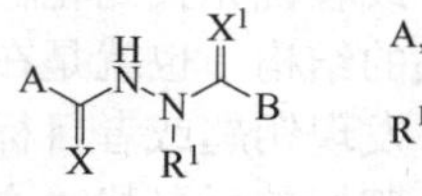

2-9　A, B=(取代的)Ph等；R^1=(取代的)$C_{1\sim4}$alkyl等；X, X^1=O等

2-10　R^1=halo, alkyl等；R^2=alkoxyl等；R^3=H, halo, alkyl等；$R^4\sim R^6$=H, Br, Cl, F, alkyl等；R^7=$C_{4\sim6}$alkyl等；R^8=H, alkyl, alkoxyl等

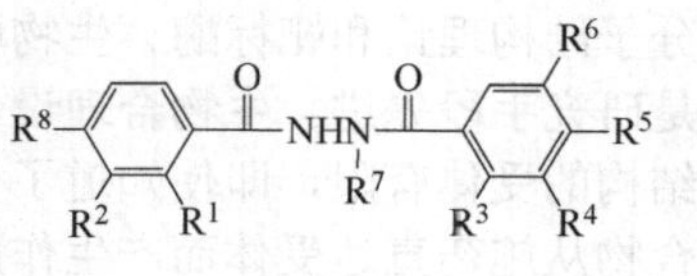

⑦ 杀菌剂 RH-7592 和 RH-3866　唑菌腈（RH-7592）和腈菌唑（RH-3866）均是罗门哈斯公司开发的杀菌剂，均属选择性发明。通式 **2-11** 是由 Miller（DE2821971，1978）报道的杀菌剂。通式 **2-12** 是由 Fujimoto（EP145294，1985）报道的杀菌剂。通式 **2-13** 是由 Shaber（DE3721786，1988）等报道的杀菌剂。

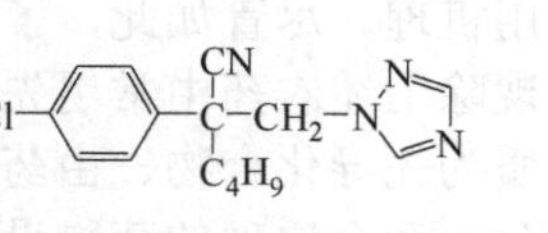

RH-3866 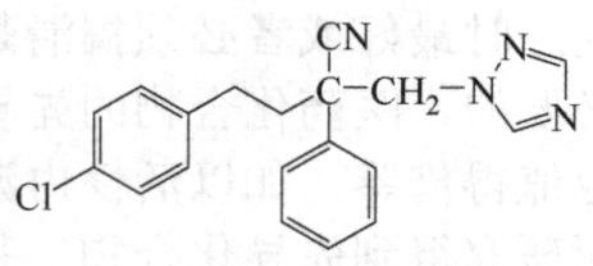　　　　RH-7592

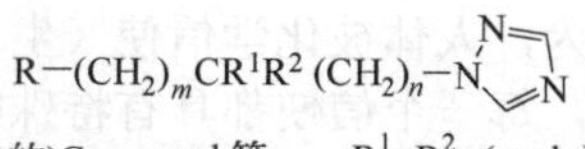

$R-(CH_2)_mCR^1R^2(CH_2)_n-$(1,2,4-三唑-1-基)　**2-11**

R=(取代的)$C_{6\sim10}$ aryl 等；　R^1=R^2=(cyclo)alkyl, aryl, aralkyl 等, 或 R^1=CN 等；R^2=H 等；　R^1R^2C= $C_{3\sim8}$ cycalkyl 等；m=0~2, n=1,2

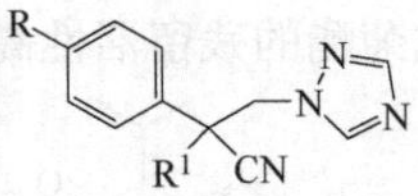

R=F, Cl, Br 等
R^1=$C_{3\sim8}$ alkyl 等

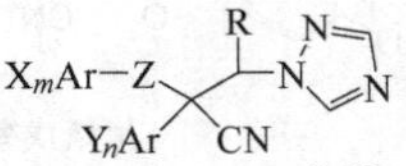

2-12

X_mAr=(取代的)$C_{6\sim10}$ aryl 等
Y_nAr=$C_{4\sim5}$ heteroaryl, C_6 aryl 等
Z=CH_2CH_2等; R=H 等
X, Y=halo, alkyl 等

2-13

aryl 指芳基，aralkyl 为芳烷基，cycalkyl 指环烷基，heteroaryl 指杂芳基，余同

1.3.2.4 组合化学

组合化学是将化学合成、组合理论、计算机辅助设计及机械手结为一体，在短时间内，以有限的反应步骤，同步合成大量具有相同结构母核化合物的技术。组合化学兴起于 1990 年，是在固相多肽合成技术的基础上发展而成的，在药物先导化合物的发现和优化、免疫学研究、新材料开发等领域有着广泛的应用。与传统的方法相比，组合化学最大的优点是可以在较短时间内合成出大量的不同结构的化合物；缺点是缺少分子多样性。

虽然组合化学在农药先导发现上有应用的报道，但到目前为止还没有发现一个商品化的新农药品种。尽管如此，组合化学方法与合理药物设计相结合，已成为现代药物研究的重要方法之一。

1.3.2.5 生物合理设计或基于靶点结构的药物设计

生物合理设计是根据已知受体的三维结构，用计算机模拟设计化合物。类似钥匙锁头的研究方法，首先搞清楚锁头的结构，然后配钥匙。或者说先找到靶标，然后设计合成化合物。这与通常的方法不一样，通常的方法：不知道锁头的结构，也就是在不知道靶标的情况下，合成并筛选很多很多化合物，采用“试错”的方法，发现钥匙或者目标化合物。生物合理设计的特点，第一是逆向思维。先设定生物活性机理作为靶标然后寻找“合乎其理”的化合物。第二是研究起点高。要求化学、生物学和其他相关学科更高水平上的结合。第三是知识基础新。建立在最新的基础研究成果之上，以有机化学分子结构理论和靶标酶、生物膜等作用部位的生物化学作用机理的阐明等新知识为基础。第四是研究手段先进。生物合理设计需要运用许多先进的研究仪器和实验技术。事实上，由于已知结构的受体有限，即使知道了受体的三维结构并不意味着知道了配基与受体作用的受点，且化合物从施药直达受体而产生作用的过程非常复杂，通常酶水平有很好活性的化合物，活体盆栽施药后却没有任何活性。因此该方法发现新农药品种的难度更大。

农药与医药具有很大的相似性，在很多方面医药的研发水平都要优于农药。而农药与医药最大的差别是农药靶标更复杂、更多样化，更有使用方法的差别。农药因为靶标变异等，目前大多农药在研究之前没有办法搞清楚作用机理，往往是产品成功上市后才开始研究作用机理，而医药在研究之时最好或者必须搞清楚作用机理。尽管如此，了解更多医药先导化合物的研发方法还是必要的，医药化合物的先导发现除上述农药中常用先导发现方法外，还有以下先导发现方法也值得借鉴，如以活性内源物质为先导化合物、由药物副作用发现先导化合物、通过药物代谢研究得到先导化合物、基于分子杂合原理的药物设计、计算机辅助药物设计等。

（1）活性内源物质　现代生理学认为，人体被化学信使（生理介质或神经递质）所控制。体内存在一个非常复杂的信息交换系统，每一个信使都具有特殊的功能，并在其作用的特定部位被识别。患病时机体失去了平衡，而药物治疗就是用外源性的化学物质（信使）来帮助机体恢复平衡。内源性生物活性物质是指人类和哺乳动物体内天然存在的具有生理功能和生物学活性的物质。它们可以是小分子化学物质，可能是糖类、生物活性肽类、生长因子、内源性调节因子、细胞因子和蛋白质等。

① 基于信号转导途径的药物设计。细胞信号转导是细胞通过细胞膜或胞内受体信息分子的刺激，触发细胞内一系列生物化学事件链，从而影响细胞生物学功能的过程。干预细胞转导途径中的任一环节，都会影响生物体的生理、生化、病理过程。因此，针对细胞信号转导过程合理地设计新药，成为药物设计的重要方面。根据化学本质，细胞间信息物质可分为类固醇衍生物、氨基酸衍生物、多肽/蛋白质、脂类衍生物和气体分子。信号转导系统的药物可被分为影响信号分子的药物、影响信号接收系统的药物及影响细胞内信号转导系统的药物。

② 基于生物活性肽的药物设计。具有生命活性的肽类化合物中，很多属于生物体自身的内源性活性物质，也被称为内源性生物活性肽。由于肽类物质存在不能口服、自身稳定性差等问题，在医学研究中对其进行结构修饰和改造，也可能获得更适合于临床应用的结构类似物。迄今为止，许多来源于动植物体内的肽类物质已用于人类疾病的治疗。

③ 基于酶促原理的药物设计。酶是机体内催化各种代谢反应的生物催化剂，是由组织活体细胞合成分泌并对其特异性底物具有高效催化作用的天然蛋白。在医药领域，目前已知的 500 多种药物作用靶标中，酶是最重要的一类，约占 45%。临床应用的许多药物就是通过特异性地抑制酶的活性发挥治疗作用，这些靶酶包括人体内固有的酶和侵入人体的病原体的酶系。抑制酶的活性是产生药效的基础，从而维持或提高底物浓度水平，或者降低酶促反应底物浓度水平，产生有益效果。合理的酶抑制剂设计是将有关靶酶催化机制和结构的相关知识用于指导药物的设计与发现。基于机制/结构的药物设计与计算机辅助药物设计技术、组合化学、快速筛选相结合，加快了新型酶抑制剂的产生速度。酶抑制剂应具有以下特征：对靶酶的抑制活性；对靶酶的特异性；对拟干扰或者阻断代谢途径的选择性；良好的药物代谢与动力学性质。大多数酶抑制剂在结构上与底物或者反应中间体或产物相似，这样可以通过与底物或产物相似的方式与酶结合。这种相似性不仅反映在分子大小上，而且电子分布上亦应相似。根据酶抑制剂与靶酶活性位点的作用力，可分为共价结合酶抑制剂（不逆性酶抑制剂）与非共价结合酶抑制剂（可逆性酶抑制剂）。

④ 基于核酸原理的药物设计。核酸是生物体内遗传信息存储与传递的一个重要载体，在生物功能的调控上发挥着极其重要的作用，随着对核酸结构和功能的认识不断深入，核酸正在发展成为一个药物设计的重要靶点。可分为基于核酸代谢机制的药物设计、基于核酸序列结构的药物设计、基于 DNA 双链结构的药物设计及基于 RNA 三维结构的药物设计。

（2）由药物副作用发现先导化合物　药物对机体常有多种药理作用，用于治疗的作用称为治疗作用，其他的作用通常称为毒副作用。在药物研究中，常可以从已知药物的毒副作用出发找到新药，或将毒副作用与治疗作用分开而获得新药。

例如抗组胺药物异丙嗪（promethazine）具有镇静的副作用，经过优化研究发现了与其结构类似的吩嗪类抗精神失常药物氯丙嗪（chlorpromazine）及其类似物。

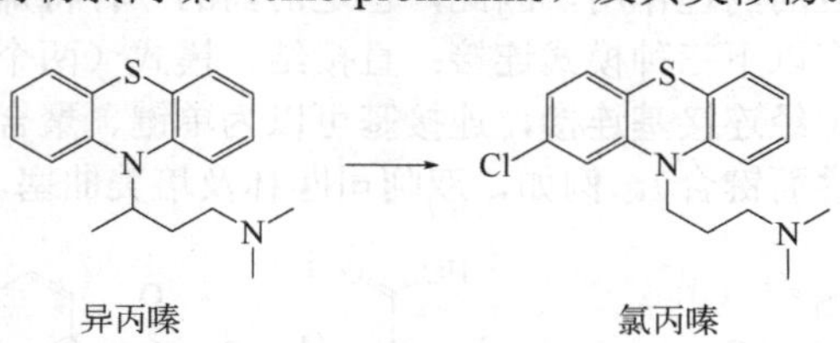

S N N Cl

异丙嗪　　　　氯丙嗪

这与农药的研发具有相似性。如在螺螨酯及螺甲螨酯的开发中，化合物 **2-14** 是拜耳公司在研究除草剂 PPO 酶抑制剂时合成的化合物，在研究其类似物 **2-15** 及 **2-16** 时发现，**2-15** 仍具有除草活性，但其酰化产物 **2-16** 却具有较弱的杀螨活性。经过此后更加深入的优化研究发现了杀螨剂 ACCase 酶抑制剂螺螨酯和螺甲螨酯。

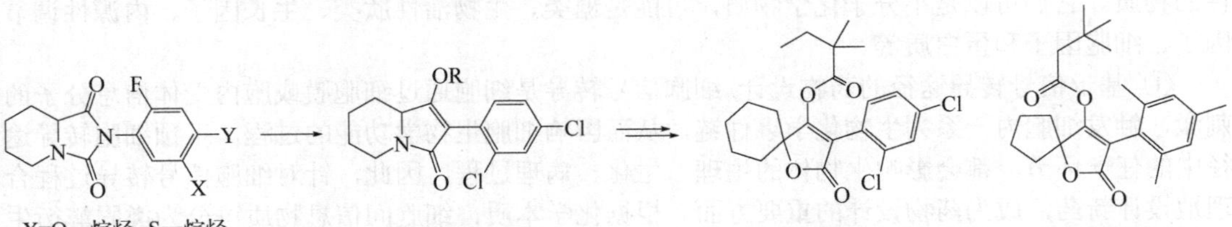

X=O—烷烃 S—烷烃
Y=Me,CN
2-14

2-15 R=H
2-16 R=COCMe$_3$

螺螨酯

螺甲螨酯

（3）药物代谢　药物代谢是指药物在酶的作用下转变为极性分子，再通过人体系统排出体外的生物转化过程。药物代谢研究不但能够发现新的、高质量的先导化合物，在其改造过程中也可以作为优化手段，提高候选药物的质量，进而降低后期研究失败的概率。一般情况下，药物经过代谢作用失去活性，然后也有一些药物的代谢物具有较原型药更高的药理活性或者更理想的药动力学性质。因此，从已知拥有确切疗效的药物出发，分析其在体内代谢过程和代谢产物，从中寻找和发现先导化合物乃至于药物一直以来是新药发现的重要手段。

药物代谢研究在新药研究和开发的早期阶段，要尽早研究活性化合物的代谢，探索可能发生的代谢反应和代谢物，分离和鉴别代谢过程中出现的中间体，并研究其药理和毒理性质，为后续的研究做好准备。并针对其代谢过快或转化为毒性代谢物的问题，对其进行结构修饰或者延缓其被代谢过程，以获得更为稳定、安全的活性化合物。

基于药物代谢的知识进行先导化合物结构修饰的方法很多，例如药物的潜伏化、软药设计等。药物的潜伏化包括前药和生物前体，是指非活性的化合物在体内经酶活化（如氧化活化、还原活化、消除活化）生成原药，发挥药理作用。前药设计的应用主要有：①增加水溶性，改善药物吸收或给药途径；②促进药物吸收；③提高稳定性，延长作用时间；④提高药物在作用部位的特异性；⑤掩蔽药物的不适气味，提高患者的依从性。软药设计是指药物本身具有活性，经一步代谢而失活。

（4）分子杂合原理　早在 19 世纪中叶，在明确了某些药物的主要药理作用所依存的基本结构以后，人们就设计将两个药物的基本结构整合在一个分子中，以期获得毒副作用降低、药效增强的新药。但因受科学水平的限制，成功例子不多。随着生物化学、分子药理学和有机合成化学等相关学科的发展，该方法才在药物设计中被广泛应用。

分子杂合原理是指将两种药物的药效结构单元拼合在一个分子中，或将两者的药效基团通过共价键兼容在一个分子中，使形成的药物或兼具两者的性质，强化药理作用、减少各自毒副作用，或是两者取长补短，发挥各自的药理活性，协同完成治疗作用。因为多数情况下是将两个药物结合在一起，所以有时将其称为孪药。一些孪药在体外无生物活性，进入体内后经酶促和非酶分解，才能发挥相应的药理作用，因此，也是前药的一种特殊形式。

孪药的两个药效分子有以下三种模式连接：直接结合模式（两个分子不经连接基而连接）、连接链模式（两个药效单位经连接基连接，连接基可以为单键、聚合物链、芳环等）及重叠模式（分子中的某些片段重叠而键合）。例如，双阿司匹林及培美曲塞。

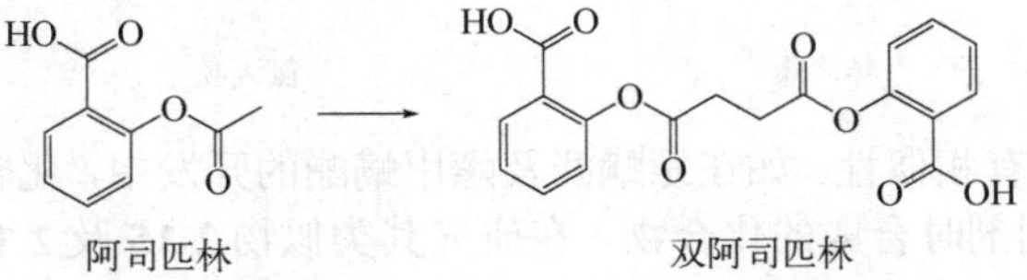

阿司匹林
aspirin

双阿司匹林
diaspirin

培美曲塞是礼来公司与普林斯顿大学共同研究的多靶点抗肿瘤药物，2004 年获得美国食品药品监督管理局（FDA）批准上市。其先导物为雷替曲塞和甲氨蝶呤，两者分别为临床上使用的胸苷酸合成酶抑制剂和二氢叶酸还原酶抑制剂。培美曲塞同时具备上述两种药剂的活性，还可作用于甘氨酰胺核糖核苷酸甲酰基转移酶，表现出多重抗肿瘤活性。

雷替曲塞
raltitrexed

甲氨蝶呤
methotrexate

培美曲塞
pemetrexed

1.3.2.6 基因组学

化学基因组学技术整合了组合化学、高通量筛选、生物信息学、化学信息学和药物化学等领域的相关技术，采用具有生物活性的化学小分子配体作为探针，研究与人类疾病密切相关的基因和蛋白的结构和生物功能，同时为新药开发提供靶蛋白以及具有高亲和性的药物先导化合物。

化学基因组学有正向化学基因组学和反向化学基因组学两种研究策略。正向化学基因组学利用小分子化合物为探针来干扰细胞的功能，由于小分子可以激活/灭活许多蛋白质，诱导细胞出现表型变异，因此能够在整体细胞上观察到基因和蛋白质表达水平的变化，从而识别出活性小分子和生物靶标。其研究过程通常是将细胞和小分子化合物放在多孔板上进行培养，然后观察这些化合物对细胞功能的影响。例如用显微镜观察细胞在形态上的变化，或者向每一个孔中加入抗体来检测细胞表面特定蛋白质浓度的变化。能够引起细胞表型/蛋白质改变的小分子将被进一步研究，确定它们影响细胞/蛋白质的机制，为药物的深入开发提供至关重要的靶标和先导化合物。美国哈佛大学 Tomas U. Mayer 等成功利用该策略研发了有丝分裂驱动蛋白 Eg5 的抑制剂 monastrol。反向化学基因组学从已经被确证的新颖蛋白质靶标开始，筛选与其相互作用的小分子。首先，确定一个蛋白质作为靶标；其次，根据蛋白结构构建一个化合物库；最后，基于活性或亲和性的方法识别蛋白质和小分子的相互作用，从中寻找有苗头的先导化合物。Schreiber 小组采用两次反向基因组学筛选找到了 Hap3p 抑制剂 haptamide B。

1.3.2.7 计算机辅助药物设计

计算机辅助药物设计一般可归纳为三类：①直接药物设计，即基于靶点结构的药物设计（structure-based drug design，SBDD）；②间接药物设计，即基于配体结构的药物设计（ligand-based drug design，LBDD）；③基于组合化学的计算机辅助药物设计。

（1）基于靶点结构的药物设计或生物合理设计　基于靶点结构的药物设计的出发点是基于对药物和靶点间相互作用的理解和研究。根据已知受体的三维结构设计配体分子，其主要方法有全新药物设计和基于靶点结构的虚拟筛选。

全新药物设计：也称从头设计，根据靶点结构直接构造出形状和性质互补的新配体分子三维结构。主要通过分析受体结合位点的结构和化学特征，研究药物与受体相互作用的规律，设计与结合位点匹配或互补的分子。全新药物设计主要分为基于原子的药物设计和基于片段的药物设计。基于原子的药物设计方法是在受体活性位点表面逐个增加原子，形成与结合位点形状和性质互补的分子，但该方法存在组合爆炸性问题，难以处理而限制了应用。基于片段的分子设计（fragment-based drug design，FBDD）是在基于结构的药物设计的基础上发展起来的一种新的药物设计方法，受到研究人员的重视，并成功地开发了医药新药。基于片段的药物设计通过药物化学、生物信息学和计算机辅助药物设计等学科和技术的交叉综合，利用现代分析检测技术从小分子片段库中搜寻选出活性小分子片段，并在此基础上对片段进行连接和生长，优化扩充成先导化合物，其成为发现新结构先导化合物的一种新方法。基于片段的药物设计的目标是要找到一个或多个碎片集，其中每个集合的碎片主要结合到靶标蛋白的结合位点的一个口袋或区域。然后从每个碎片集中选择最佳的碎片，根据它们的空间结构位置连接起来形成一个有足够活性的化合物；或者从一个集合中选出最佳的碎片，然后逐步生成一个有足够活性的化合物。上述的分子碎片通常符合“Astex 三规则”：分子量≤300，氢键受体、氢键供体和旋转键数目都≤3。一般来说，一个碎片要和靶标蛋白相互作用，就必须要有一定的复杂度，以具有足够的结合活性和方向性，并且可被检测出来。检测手段最常用的是核磁共振（NMR），表面等离子体共振（SPR）、质谱（MS）和 X 射线晶体衍射技术也取得了成功。FBDD 库很容易积累，碎片化合物可以从供应商购买，为了进一步合成优化，常带有合适官能团。利用初始数据，通过碎片生长和碎片进化的方法提高活性，进而建立次级库，再经后续优化整合为较大的先导化合物。

基于靶点结构的虚拟筛选：以靶点结构为模板，通过分子对接方法搜索小分子数据库，在已知的小分子中寻找能与靶点相互结合的分子，小分子化合物本身不具有新颖性。靶点结构通常由 X 射线晶体衍射方法或 NMR 方法获得，在实验数据缺乏时，可通过结构预测方法如同源建模等得到。经过预处理的靶点结构与经过预处理的小分子库进行对接、打分评价，筛选出得分较高的化合物，经过筛选选出一定数量的候选化合物进行样品的购买或合成以进行生物测试。

（2）基于配体结构的药物设计　基于配体结构的药物设计的出发点是基于结构相似、作用类型相同、活性大小不一的一系列配体间可能存在的共同结构，它们能与同一靶点的结合位点作用。对于一些靶点分子结构难以通过实验测定，特别是难以形成晶体结构的膜蛋白，可以通过与靶点有相互作用的小分子配体（包括内源性配体），以这些已知的小分子配体为模板，在数据库中搜索与已知化合物具有相似构象、电荷分布或大小、形状、官能团极性分布的新化合物。基于配体结构的药物设计包括 3D-QSAR 方法、药效团模型法以及在此基础上的三维结构搜索法等，最为值得关注的是基于药效团的骨架跃迁（scaffold hopping）技术。

3D-QSAR 方法很多，较为重要的包括距离几何法、分子性状分析法、比较分子立场分析法等。QSAR 研究成功的例子很多，如治疗阿尔茨海默病的药物 E-2020 的开发是通过对一系列二氢茚酮和苄基哌啶类化合物进行了构象分析、分子形状比较和 QSAR 研究，获得一系列对乙酰胆碱酯酶具有较高活性的二氢茚酮苄基哌啶类化合物，经进一步的药理和临床前研究，选定化合物 E-2020 进入临床研究获得成功。在农药研发中，也常采用 3D-QSAR 方法进行优化研究。

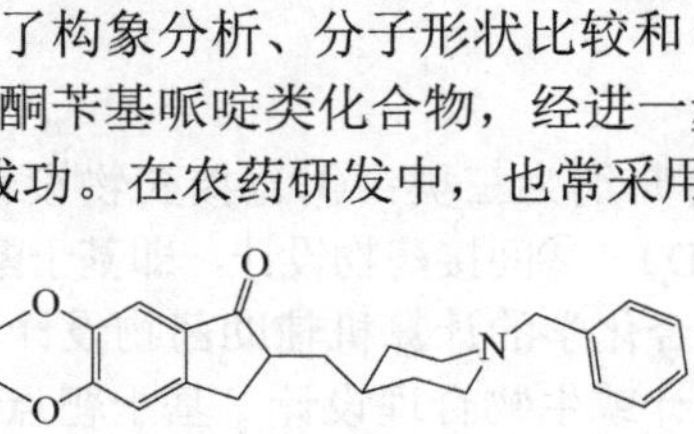

E-2020

药效团模型法是对一系列活性化合物做 3D-QSAR 分析研究，并结合构象分析总结出一些对活性至关重要的原子和基团以及空间关系，反推出与之结合的受体的立体形状、结构和性质，推测出靶点的信息，得到虚拟受体模型，再依此来设计新的配基分子。药效团通常是指那些可以与受体结合点形成氢键相互作用、静电相互作用、范德华相互作用和疏水相互作用的原子核官能团，药效团连同它们之间的空间关系称为三维药效团。药效团一般包括氢键供体、氢键受体、疏水中心、电荷中心和芳环中心。药效团搜索就是通过定义的药效团模型，在数据库中搜索化合物分子。Merck公司的Lam等根据HIV的蛋白酶抑制剂复合物的晶体结构及其作用方式，得到了HIV抑制剂的药效团模型，以此模型为提问结构搜索了剑桥晶体结构库，获得了活性较高的化合物A-0980，并进入临床试验。

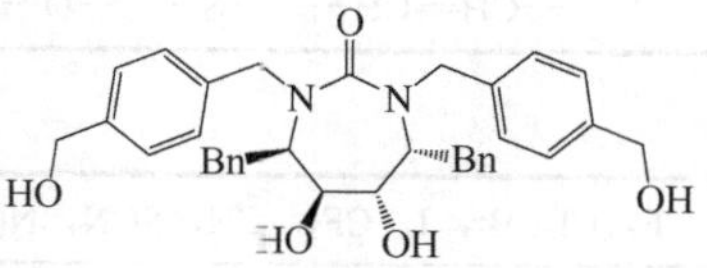

A-0980

骨架跃迁概念是1999年罗氏制药公司Schneider博士提出的，其目的是以药效团模型为依据，采用计算机在已知的数据库中，寻找与苗头化合物完全不同的拓扑结构骨架，但仍然保持原有的生物活性。骨架跃迁的核心是从现有药物或者活性化合物出发，通过改变其骨架结构，得到结构新颖但功能类似的分子。一般分为以下三类设计方法：杂环替换、环的打开与关闭、基于拓扑性状的跃迁。后两者更有可能产生全新骨架，类似中间体衍生化法中的替换法或者衍生法。

（3）基于组合化学的计算机辅助药物设计　组合化学的建立与发展，也推动了计算机辅助药物设计方法的发展，随之也产生了计算机模拟组合化学方法。用分子模拟和计算机技术设计合成组合样品库的构造块，根据分子多样性评价样品库的质量，或者建立虚拟组合样品库。同时，高通量筛选所产生的大量信息也必须用计算机来处理。

1.3.3 先导化合物的优化

先导化合物通常具有较好的生物活性，部分化合物有时可直接开发为商品化品种，但绝大部分的先导化合物的生物活性还需要进一步提高，使之成为活性更佳的化合物。提高活性的过程即优化。

优化过程中可以采用如下规律或方法：①饱和环开裂；②饱和侧链环合；③烃基结构和芳香环缩合；④烃基结构和芳香环替换；⑤衍生为类似物；⑥引入或除去双键；⑦芳香环变为杂环，或杂环变为芳香环；⑧饱和环变为芳香环或杂环，反之芳香环或杂环变为饱和环；⑨引入空间结构大或疏水性强的基团；⑩更换功能相似的基团等。其中⑦、⑧和⑩涉及生物等排理论的应用，适时的应用计算机辅助设计等是必要的[32,34,36,38]。

需要注意的是，不论在先导产生还是先导优化阶段，生物电子等排替换都是常用的手段之一，因此有必要在此对生物电子等排理论及其在新药创制中的应用作较详细的介绍（生物等排的使用，在2000年之前专利审查者还认为具有新颖性，之后就认为缺乏新颖性。如果采用生物等排发明新化合物，也要提供足够的数据，证明其有很好的创造性，否则很难获得专利授权；即使授权，如果在已有专利范围内，实施也存在侵权问题）。

随着生物电子等排概念的广泛应用，生物电子等排体的范围逐渐扩大，后来归纳为两大类：经典的电子等排和非经典的电子等排。凡原子、离子或分子的外围电子数目相等者为经典的电子等排体；不符合经典的电子等排定义，但是替换后可使化合物的立体排列、电子构型与原化合物相似的原子或原子团，如H和F，—CO—和—SO_2—以及—SO_2NH_2和—$PO(OH)NH_2$等，属于非经典的电子等排。关于经典的电子等排和非经典的电子等排分别举例如表1-6和表1-7所示。

表 1-6 经典的电子等排

A	一价电子等排体	—F，—OH，$—NH_2$，$—CH_3$，—SH，$—PH_2$，—Cl，—Br，—I
B	二价电子等排体	—O—，—S—，—Se—，$—CH_2—$，—NH—，CO_2R，COSR，CONHR，$COCH_2R$
C	三价电子等排体	—CH═，—N═，—P═，—As═
D	四价电子等排体	>C<，>N⁺<，>PH⁺<，>Si<
E	环内电子等排体	—CH═CH—，—S—，—O—，—NH—，—CH═，—N═

表 1-7 非经典的电子等排

卤素类	F，Cl，Br，I，CF_3，CN，SCN，$N(CN)_2$，$N(CN)_3$
羟基类	OH，NHCOR，$NHSO_2R$，CH_2OH，$NHCONH_2$，NHCN，$NH(CN)_2$
醚类	[结构式：—O—，$—S(O)_n—$，>N—CN，>N—COR，>C(CN)CN]
硫脲类	[结构式：NH—C(═S)—NH，NH—C(═CHNO$_2$)—NH，NH—C(═NSCN)—NH，NH—C(═NNO$_2$)—NH，NH—C(═CHCOCF$_3$)—NH]
亚胺类	—N═，—C(CN)═
共轭双键类	$—(CH═CH)_n—$，[对亚苯基结构式]
羧酸基团类	CO_2H, SO_2NHR, SO_3H, PO(HO)OEt, $PO(OH)NH_2$, CONHCN, [四唑结构式]

1.3.3.1 经典的生物电子等排的应用

（1）一价电子等排体　一价电子等排体在农药创制中的应用实例很多：杀菌剂如由邻酰胺开发的邻碘酰胺($CH_3→I$)，由氯苯嘧啶醇研制的氟苯嘧啶醇(Cl→F)；杀虫杀螨剂如 SZI 121 的开发(Cl→F)，由甲氰菊酯开发的氯氰菊酯($CH_3→Cl$)到溴氰菊酯($CH_3→Cl→Br$)；除草剂绿麦隆(CH_3)和敌草隆(Cl)，新燕灵(Cl)和麦草伏(F)，溴苯腈(Br)和碘苯腈(I)，2, 4-滴(Cl)和 2 甲 4 氯(CH_3)等。

邻酰胺(mebenil)　→　邻碘酰胺(benodanil)

氯苯嘧啶醇　→　氟苯嘧啶醇

R^1=Cl, R^2=H (四螨嗪)

R^1=R^2=F (SZI 121)

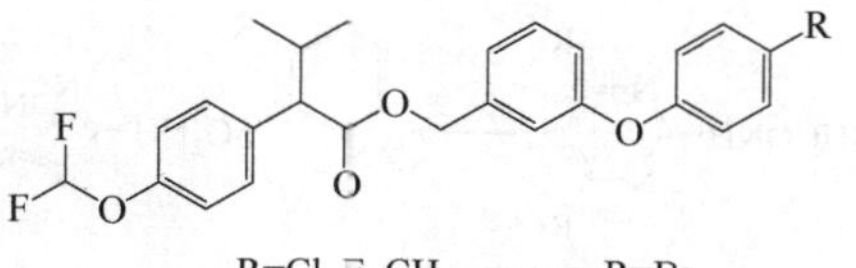

R=Cl, F, CH_3 ⟶ R=Br

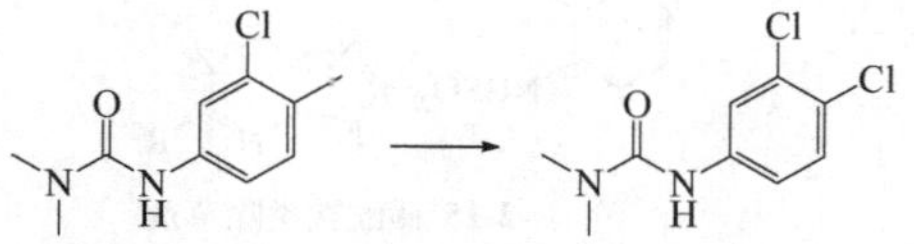

绿麦隆(chlorotoluron) 敌草隆(diuron)

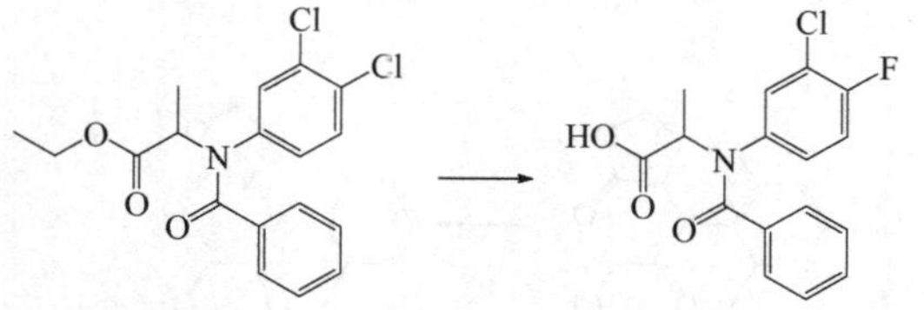

新燕灵(benzoylprop-ethyl) 麦草伏(flamprop)

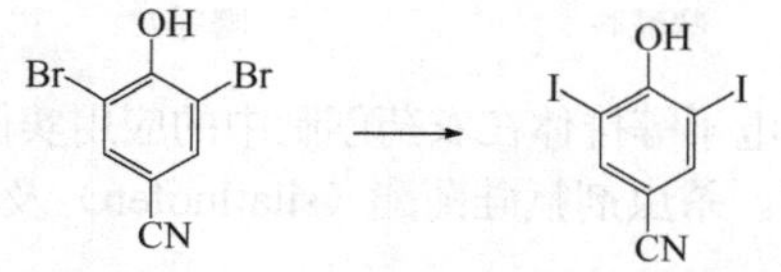

溴苯腈(bromoxynil) 碘苯腈(ioxynil)

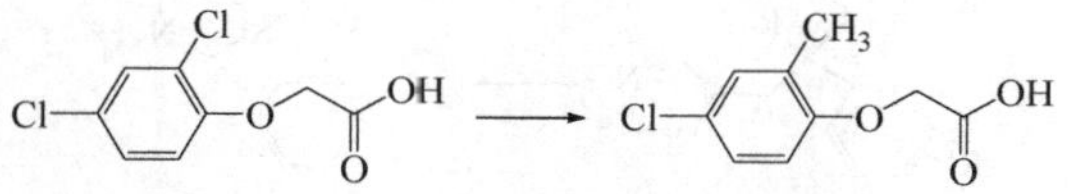

2,4-滴 2甲4氯

（2）二价电子等排体　二价电子等排体在农药创制中的应用实例有以杀虫剂醚菊酯开发的烃菊酯(X=O⟶X=CH_2)，以杀菌剂丁苯吗啉开发的苯锈啶(—O⟶—CH_2—)，以除草剂苄嘧磺隆开发的化合物(**2-14**)(—CH_2⟶—NH—，AC 322140)及以磺酰脲为先导化合物开发的除草剂三唑并嘧啶磺酰胺(**2-15**)等。

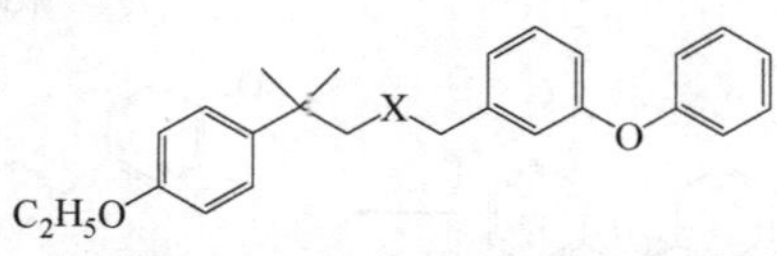

C_2H_5O

醚菊酯(X=O) 烃菊酯(X=CH_2)

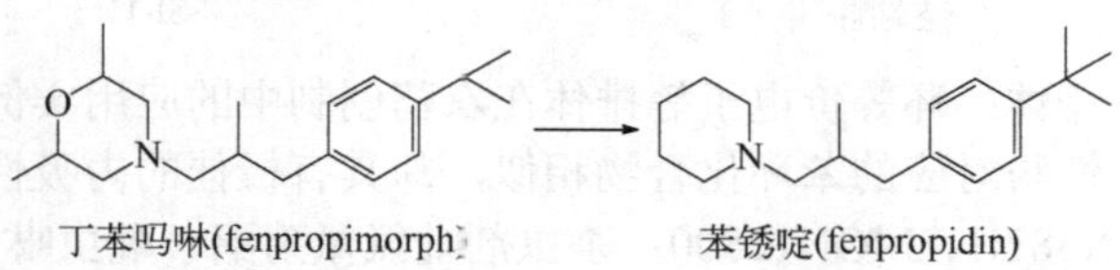

丁苯吗啉(fenpropimorph) 苯锈啶(fenpropidin)

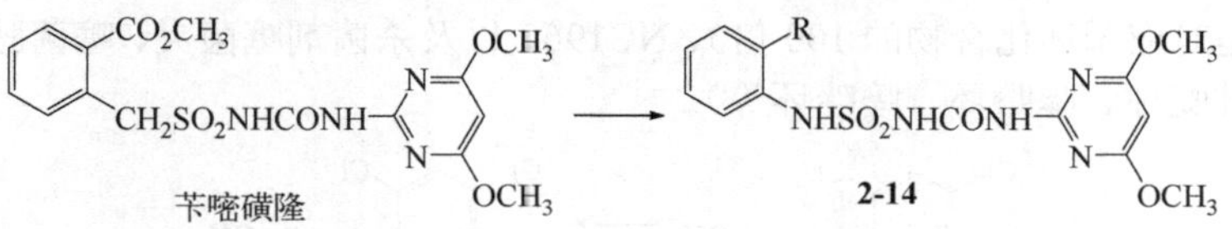

CO_2CH_3 $CH_2SO_2NHCONH$ OCH_3 OCH_3

苄嘧磺隆

R $NHSO_2NHCONH$ OCH_3 OCH_3

2-14

当R=—C(=O)—环丙基时，即AC 322140。

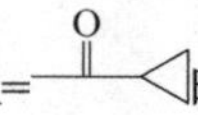

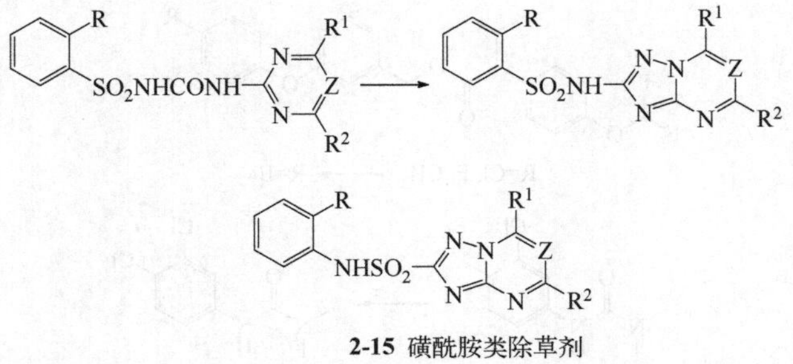

2-15 磺酰胺类除草剂

（3）三价电子等排体　三价电子等排体在农药创制中的应用实例，如以呋酰胺开发的噁霜灵(**2-16**)等。

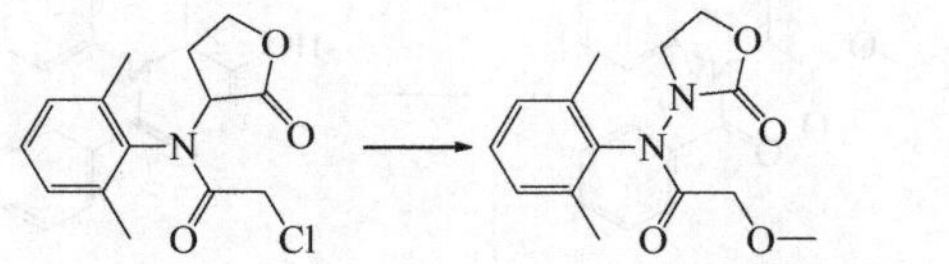

呋酰胺　　**2-16** 噁霜灵

（4）四价电子等排体　四价电子等排体在农药创制中的应用实例有杀菌剂氟硅唑，氟硅唑是由三唑醇类化合物经电子等排而得。杀虫剂氟硅菊酯（silafluofen）及 SSI-116 的开发(C——→Si)等。

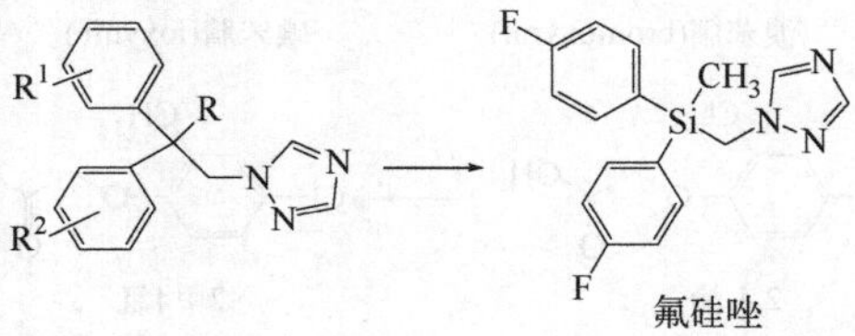

氟硅唑

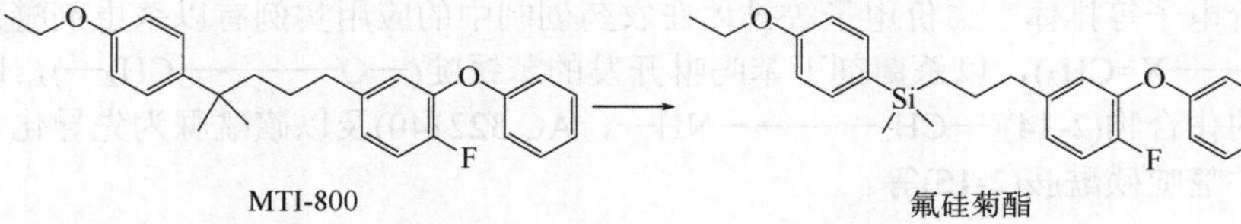

MTI-800　　氟硅菊酯

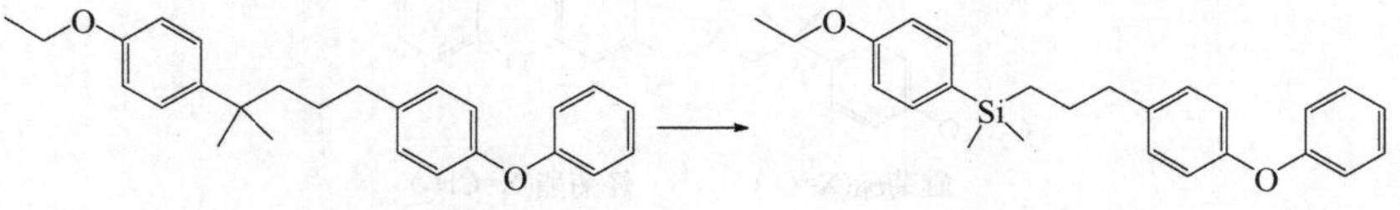

烃菊酯　　SSI-116

（5）环等价电子等排体　环等价电子等排体在农药创制中的应用实例，如除草剂绿草定、吡氟禾草灵（其生物活性与对应的苯环化合物相似，却具有极佳的内吸性，而苯环化合物无内吸活性）、噻磺隆、SAN582H、MON12800；杀虫剂吡氯氰菊酯、吡虫啉（在防治水稻叶蝉时，吡虫啉的活性是对应苯环化合物的 100 倍）、NC196，以及杀菌剂噻菌灵、噻菌胺及 MON24000 等（苯环——→吡啶环、噻吩环、噻唑环等）。

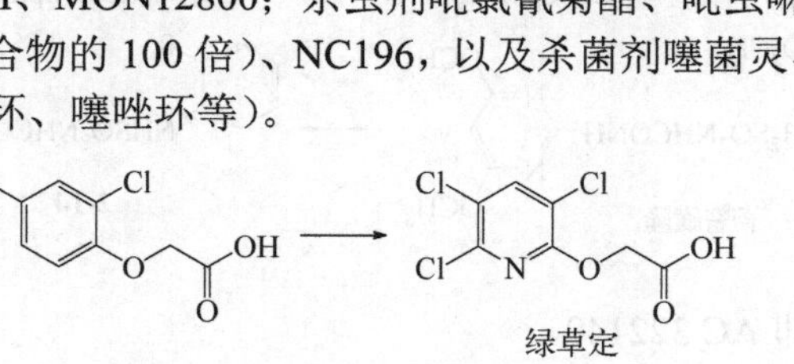

绿草定

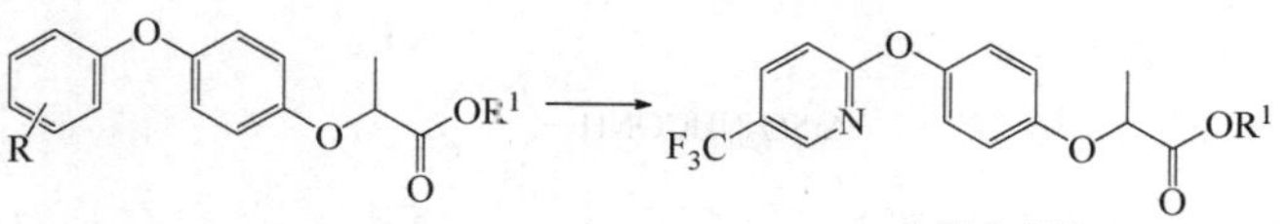

吡氟禾草灵

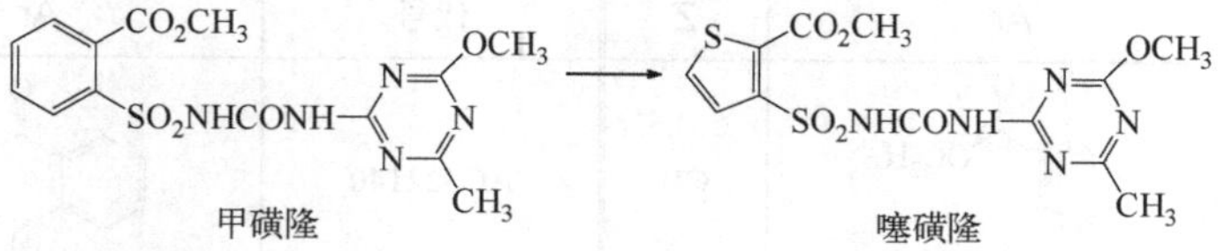

甲磺隆　　噻磺隆

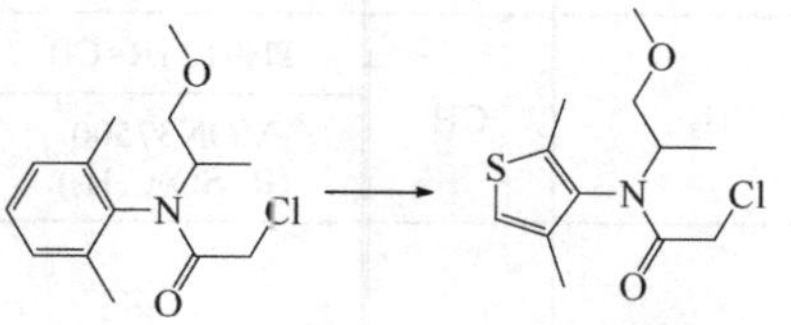

SAN582H

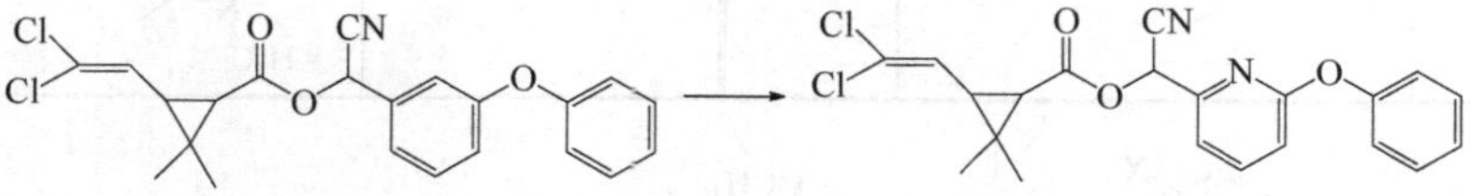

吡氯氰菊酯

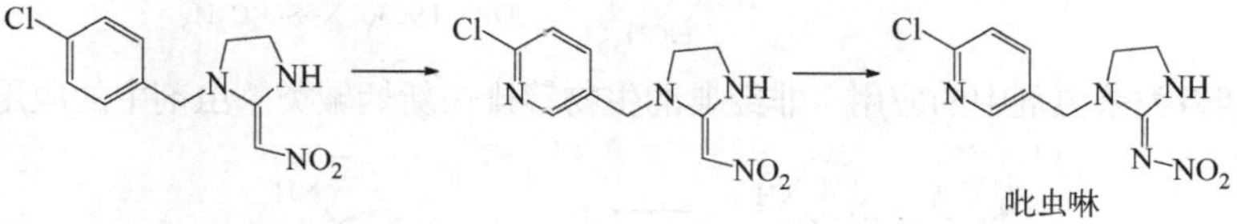

吡虫啉

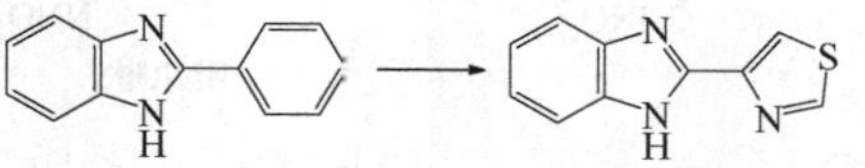

噻菌灵

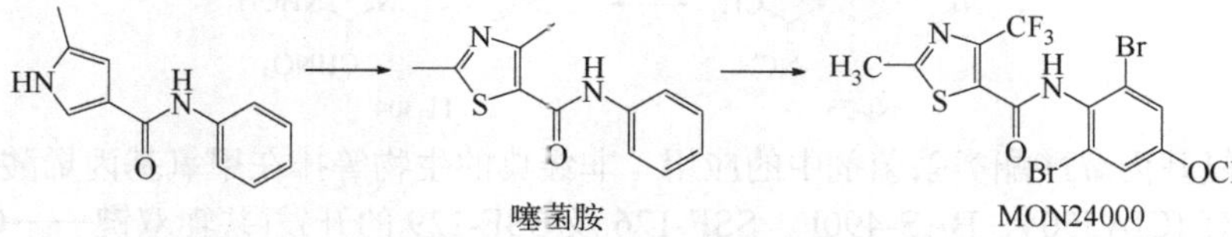

噻菌胺　　MON24000

1.3.3.2 非经典的生物电子等排的应用

（1）在磺酰脲类除草剂中的应用　在磺酰脲类除草剂中的应用(主要是羧酸基团的应用) 实例：由除草剂甲磺隆开发的苯磺隆(NH⟶NCH_3)，化合物 **2-17** 开发的玉米田除草剂 **2-18**(CH_3⟶H)，由苄嘧磺隆开发的除草剂 NC311、CGA142464、AC322140、TH913、DPX-A8947、Hoe 404、MON37500 等（表 1-8）；含吡啶的磺酰脲类除草剂 SL-160、SL-950、DPX - F9636 及 DPX - KE459 等的开发。

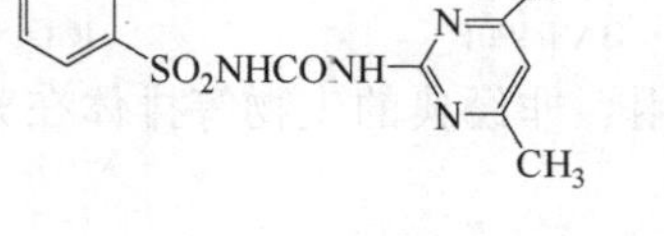

2-17 R=CH_3
2-18 R=H

表 1-8　非经典的生物等排体在由苄嘧磺隆开发的除草剂中的应用

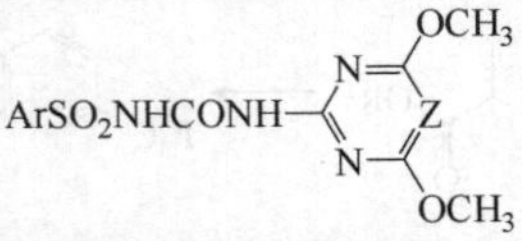

代号	Ar	Z	代号	Ar	Z
NC311	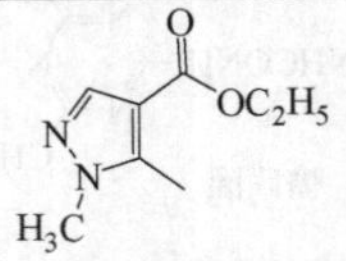	CH	AC322140	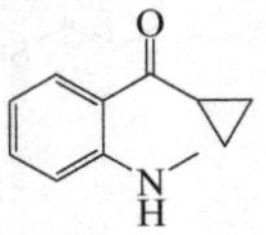	CH
DPX-F5384	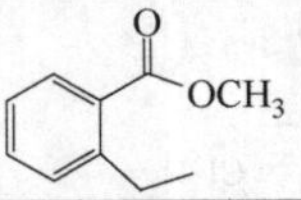	CH	TH913 (R=Cl) MON37500 ($R=SO_2C_2H_5$)	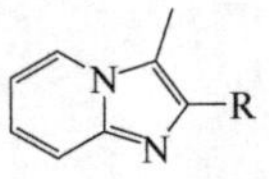	CH
CGA142464	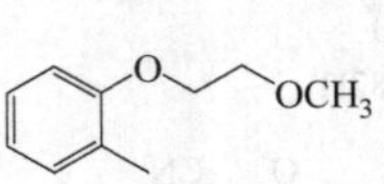	N	DPX-A8947	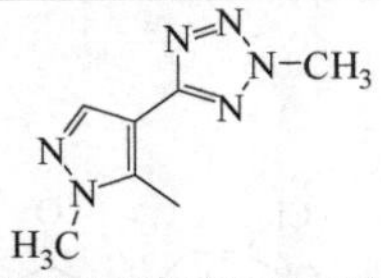	CH

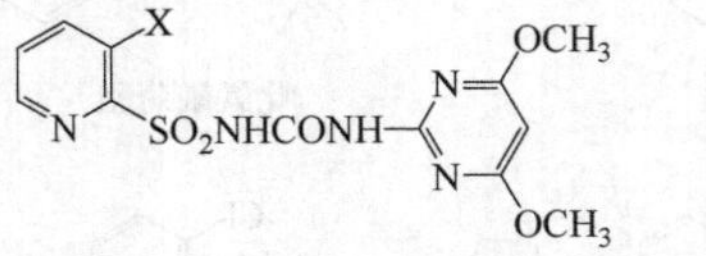

SL-950, $X=CON(CH_3)_2$

SL-160, $X=CF_3$

DPX-F9636, $X=SO_2C_2H_5$

（2）在新烟碱类杀虫剂中的应用　非经典的生物等排在新烟碱类杀虫剂中的应用实例如下。

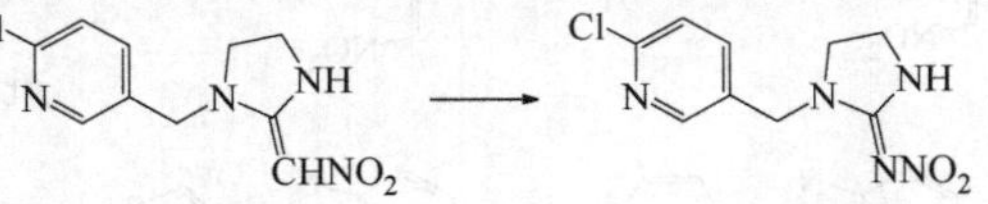

吡虫啉

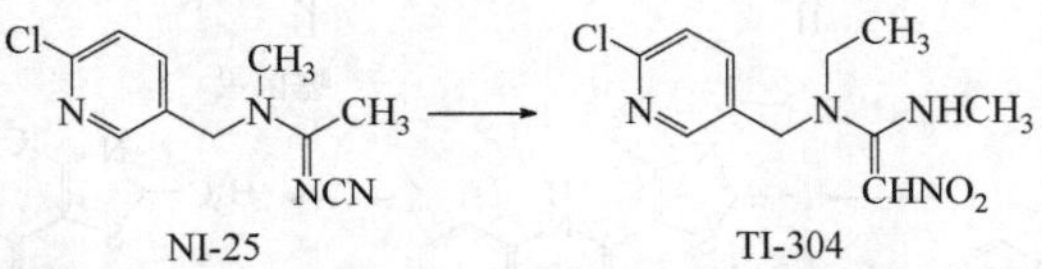

NI-25　　TI-304

（3）在甲氧基丙烯酸酯类杀菌剂中的应用　非经典的生物等排在甲氧基丙烯酸酯类杀菌剂中的应用实例有 ICIA5504、BAS-490F、SSF-126 及 SSF-129 的开发(共轭双键——→O 或芳环)。

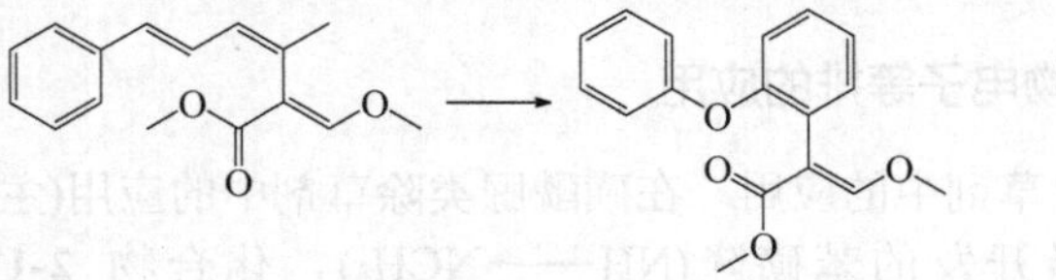

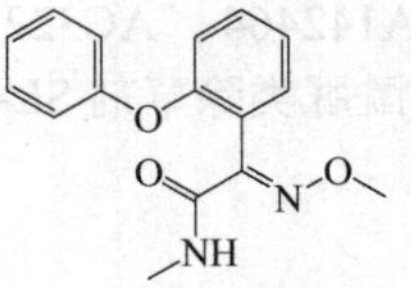

SSF-126 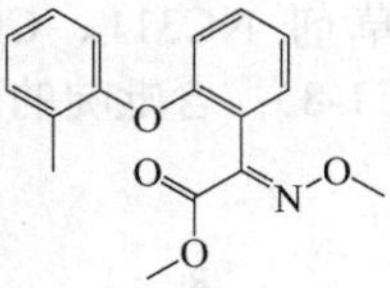　　BAS-490F 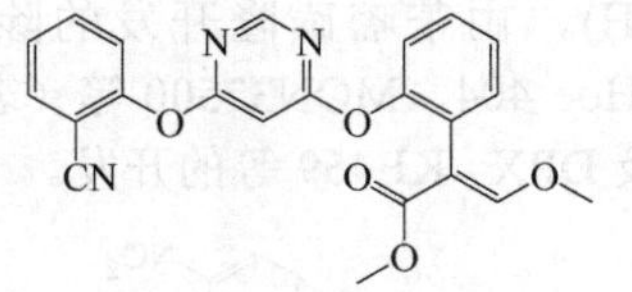　　ICIA5504

（4）在芳氧羧酸类除草剂中的应用　非经典的生物等排体在芳氧羧酸类除草剂中的应用（表 1-9）。

表 1-9 非经典的生物等排体在芳氧羧酸类除草剂中的应用

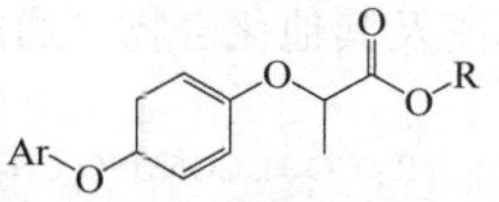

Ar	R	名称	Ar	R	名称
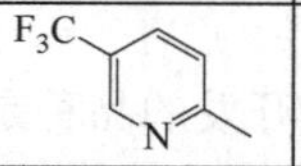	C_4H_9	吡氟禾草灵	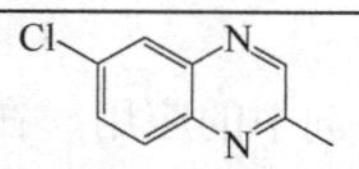	C_2H_5	喹禾灵
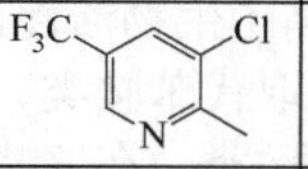	$C_2H_4OCH_3$	吡氟乙禾灵	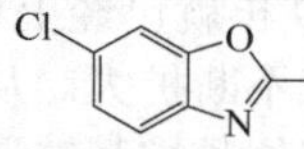	C_2H_5	噁唑禾草灵
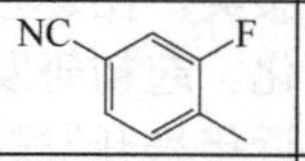	C_4H_9	DEH112	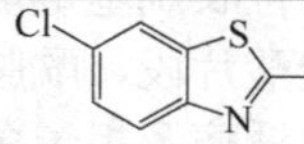	C_2H_5	噻唑禾草灵
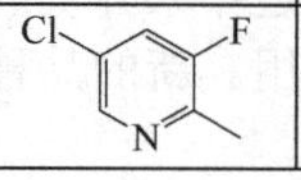	$CH_2—≡CH$	CGA384927			

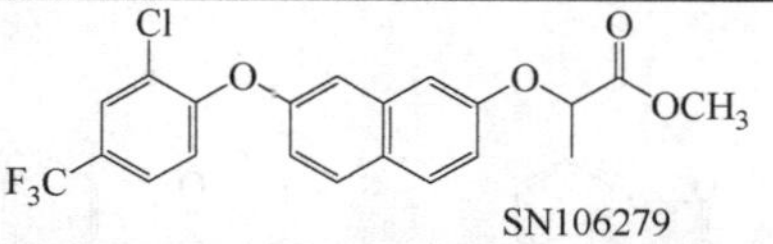

SN106279

（5）在(酰)亚胺类除草剂中的应用 (酰)亚胺类化合物是近几年开发的高效需光性除草剂，生物等排在此类化合物开发中得到了广泛的应用，到目前为止已有 10 多个品种报道(包括在开发中的化合物)：F-8426、F-6285、KIH-9201、KPP-314、KPP-300、KPP-421、NCI - 876648、NCI-876649、NP242479、S23121、S23124、S23031、S53482、SN124085 和 UCC-C4243 等。其化学结构如通式 **2-19** 所示：R^3 通常为 Cl，R^2 为取代的烃氧(硫)基，R^2 和 R^3 还可组成环；R^1 可为多种取代基(均可看作生物等排体)如图 1-8 所示。

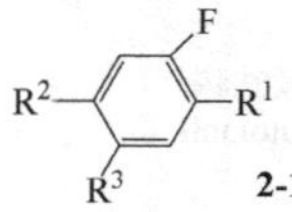

2-19

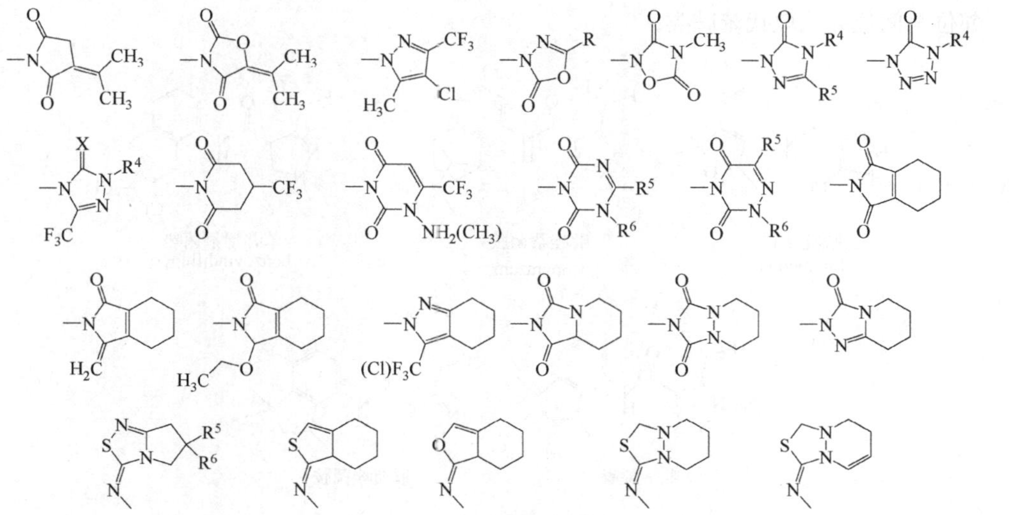

图 1-8 通式 **2-19** 中 R^1 部分的变化

（6）在二苯醚类除草剂中的应用　非经典的生物等排体在二苯醚类除草剂中的应用实例有乙氧氟草醚、乙羧氟草醚、氟磺胺草醚及其他化合物（通式 **2-20**）。

2-20

R：CO_2H, $CONHSO_2CH_3$, $COCH_2CH_2CO_2CH_3$, $CO_2C_2H_5$, $CO_2CH(CH_3)CO_2CH_2CH_2OCH_3$, $CO_2CH(CH_3)CO_2C_2H_5$, $OCH(CH_3)CO_2C_2H_5$, $OCH(CH_3)CO_2CH_2CH_2OCH_3$等

（7）在 SDHI 类酰胺杀菌剂中的应用　在 SDHI 类杀菌剂研发过程中，最早开发的品种是 1966 年报道的萎锈灵，早在 1969 年就已经上市。SDHI 类杀菌剂历经 3 代演替提高了生物活性，随着研究不断深入，防治谱也在不断扩大。从结构上大体可分为以下几类：简单取代苯胺类、邻位与间位环状取代苯胺类、邻位长烷基链取代芳胺类、联苯胺类、芳乙胺及苄胺类。在这些品种的演替过程中，可以看到羧酸片段、酰胺桥联片段及芳胺部分都有很多的变化。起初研发的 SDHI 类杀菌剂主要用来防治锈病及担子菌引起的病害。由于结构上的变化，近年来开发的 SDHI 类杀菌剂具有活性高和杀菌谱广的特点，并具有提高作物品质和产量的作用。新的品种也可防治菌核病、灰霉病、白粉病、茎腐病、褐斑病、草坪炭疽病等病害。

简单取代苯胺类：

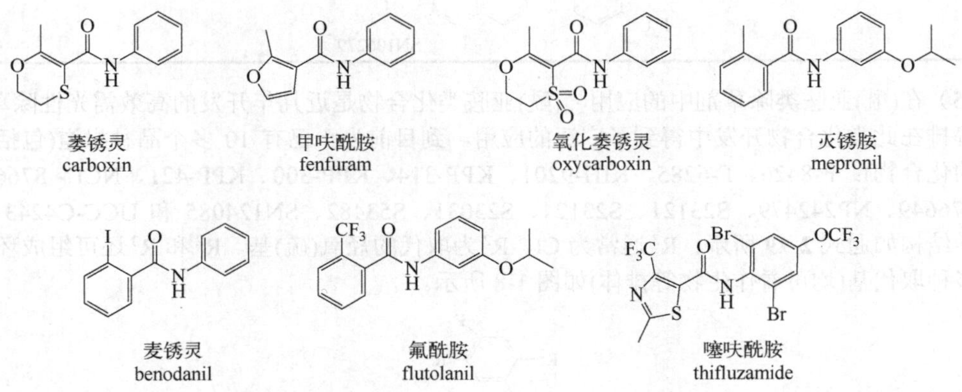

萎锈灵 carboxin　甲呋酰胺 fenfuram　氧化萎锈灵 oxycarboxin　灭锈胺 mepronil

麦锈灵 benodanil　氟酰胺 flutolanil　噻呋酰胺 thifluzamide

邻位与间位环状取代苯胺类：

呋吡菌胺 furametpyr　吡唑萘菌胺 isopyrazam　苯并烯氟菌唑 benzovindiflupyr

吡咯烷酮　氟茚唑菌胺

邻位长烷基链取代芳胺类：

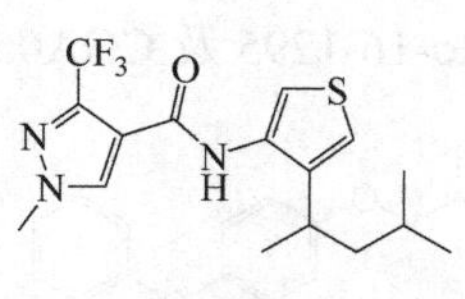

吡噻菌胺 penthiopyrad　　氟唑环菌胺 sedaxane　　氟唑菌苯胺 penflufen

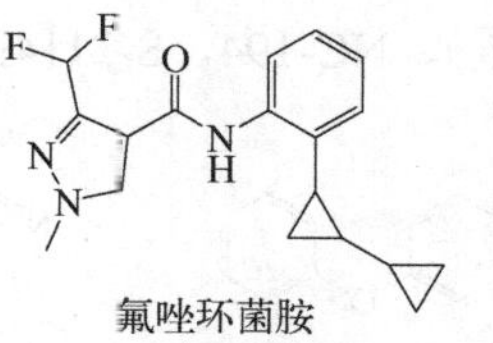

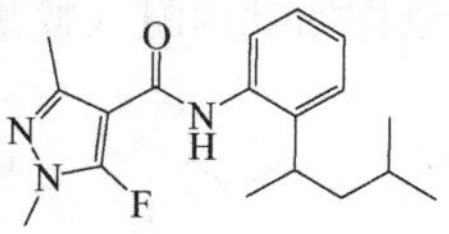

联苯胺类：

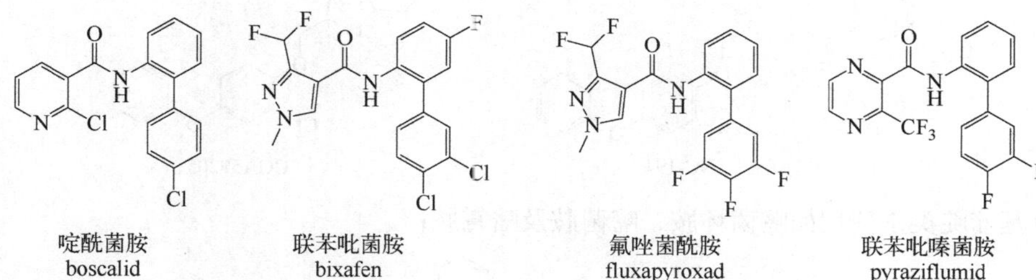

啶酰菌胺 boscalid　　联苯吡菌胺 bixafen　　氟唑菌酰胺 fluxapyroxad　　联苯吡嗪菌胺 pyraziflumid

芳乙胺及苄胺类：

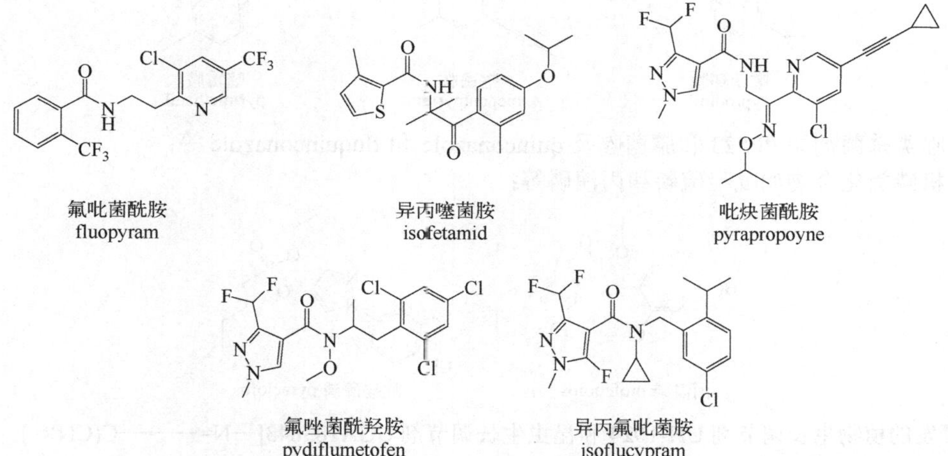

氟吡菌酰胺 fluopyram　　异丙噻菌胺 isofetamid　　吡炔菌酰胺 pyrapropoyne

氟唑菌酰羟胺 pydiflumetofen　　异丙氟吡菌胺 isoflucypram

（8）其他应用　除了以上几类化合物外，以下化合物的开发也用到了生物等排理论：苯甲酰脲类杀虫剂如氟铃脲、氟啶脲、氟虫脲、CGA157419 及 CGA184699 等；

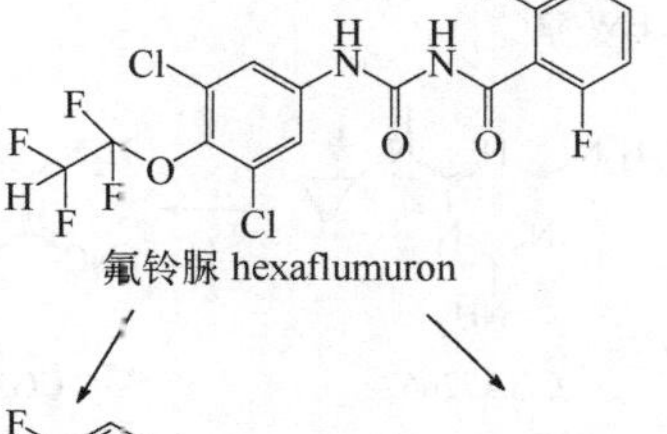

氟铃脲 hexaflumuron

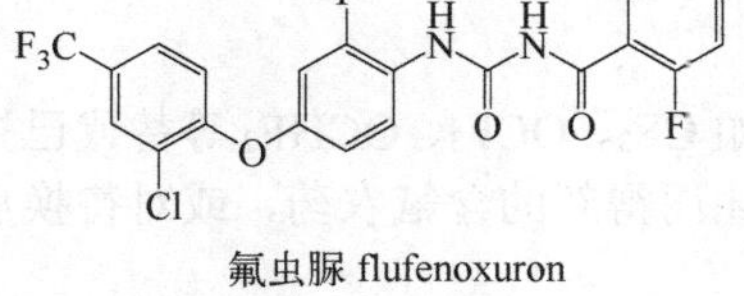

氟虫脲 flufenoxuron 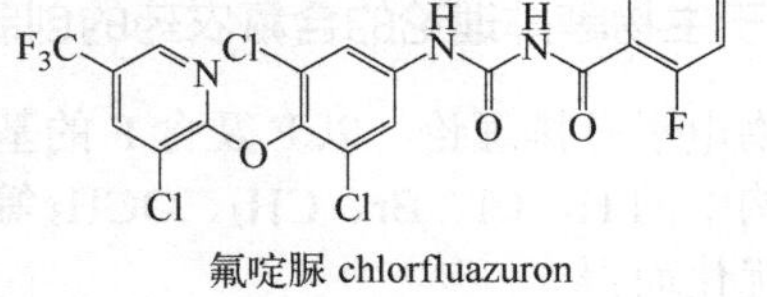　　氟啶脲 chlorfluazuron

双氧威类似物如吡丙醚（蚊蝇醚）、NC-194、S-21149、Ro-16-1295 及 CGA059205 等；

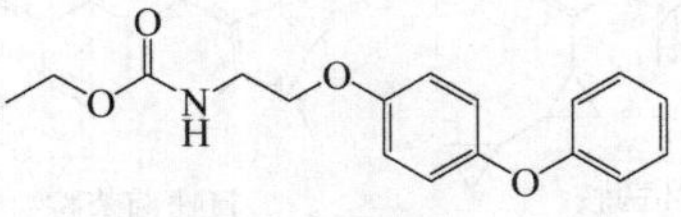

双氧威
fenoxycarb

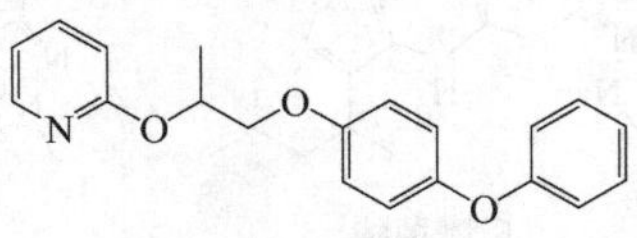

吡丙醚
pyriproxyfen

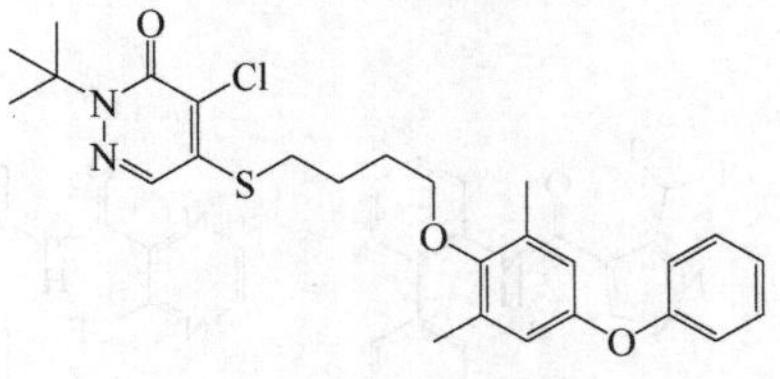

NC-194

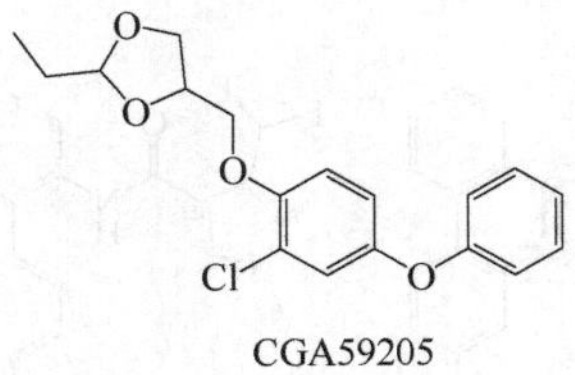

CGA59205

苯氨基嘧啶类杀菌剂如嘧菌环胺、嘧菌胺及嘧霉胺；

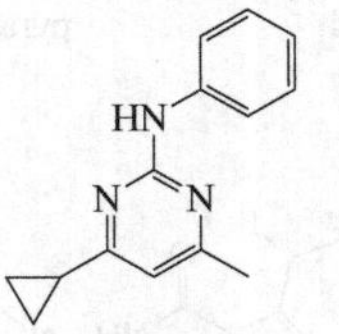

嘧菌环胺
cyprodinil

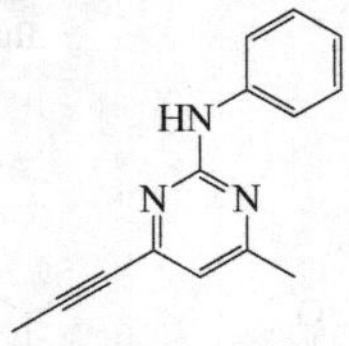

嘧菌胺
mepanipyrim

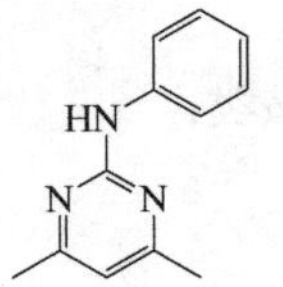

嘧霉胺
pyrimethanil

三唑类杀菌剂如 PP523 和腈菌唑及 quinconazole 和 fluquinconazole 等；
有机磷类化合物如吡唑硫磷和丙溴磷等；

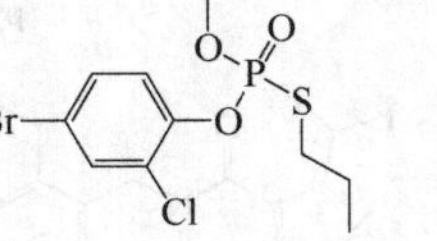

丙溴磷 profenofos

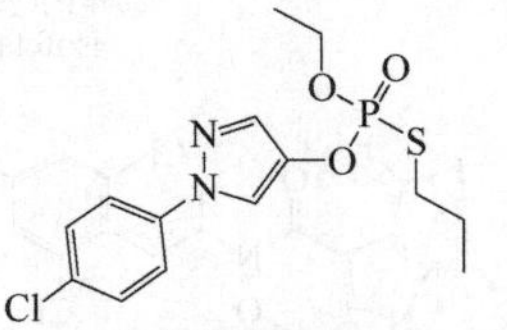

吡唑硫磷 pyraclofos

开发的植物生长调节剂 UH-1024 和昆虫生长调节剂 CGA183843[—N=——→—C(CN)=]。

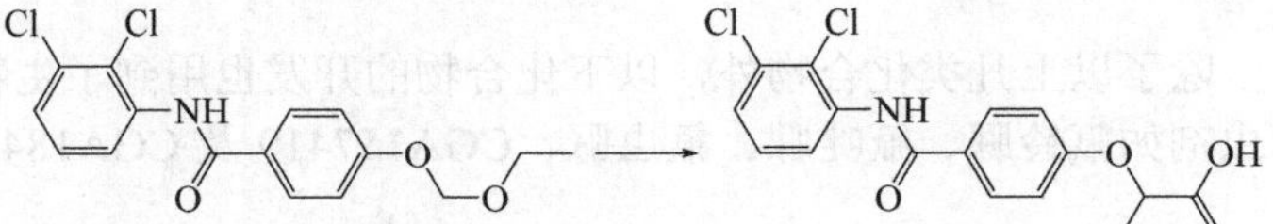

HW-52

UH-1024

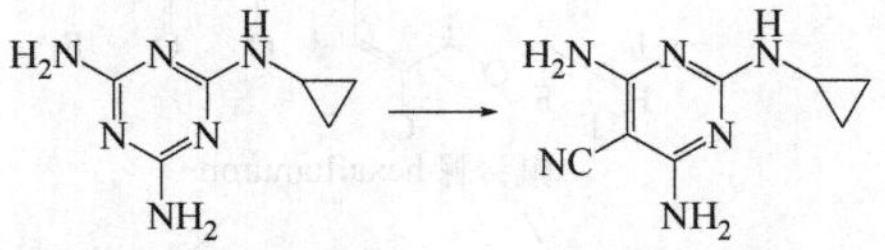

CGA72662

CGA183843

1.3.3.3 基于生物等排理论的含氟农药的创制

根据生物电子等排理论，以 F 及含 F 的基团如 CF_3、OCF_3、$OCHF_2$ 等替代已知化合物或先导化合物结构中的 H、Cl、Br、CH_3、OCH_3 等基团而得新的含氟农药，或对替换后的化合物进行进一步的优化而得。

艾格福公司开发的含三唑基团的喹唑啉类杀菌剂氟喹唑。该杀菌剂从化学结构中可以看出，是用 F 替代喹唑中 H 而得。

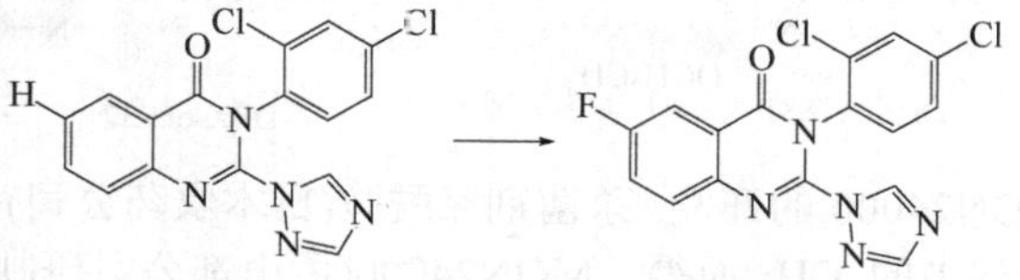

喹唑 quinconazole → 氟喹唑 fluquinconazole

二苯醚类除草剂的开发。大部分二苯醚类除草剂的开发是以 CF_3 替代已知化合物分子中的 Cl，经结构优化而得。

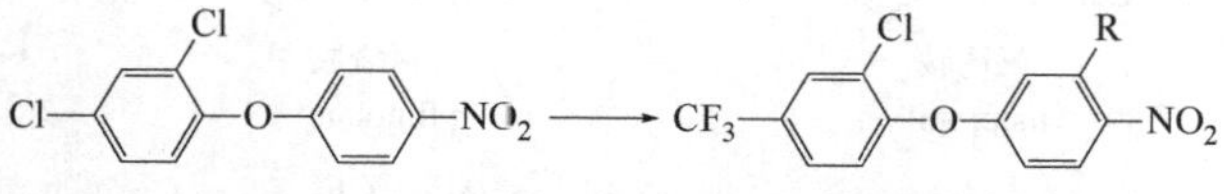

含氟菊酯类杀虫剂的开发。含氟菊酯类杀虫剂如氟氯氰菊酯(拜耳公司)和氯氟氰菊酯(捷利康公司)是用 CF_3 或 F 替代氯氰菊酯(捷利康公司)结构中 Cl 或 H 而得；氟氰戊菊酯(美国氰胺公司)是用 $OCHF_2$ 替代已知杀虫剂氰戊菊酯(日本住友化学公司)化学结构中的 Cl 而得。

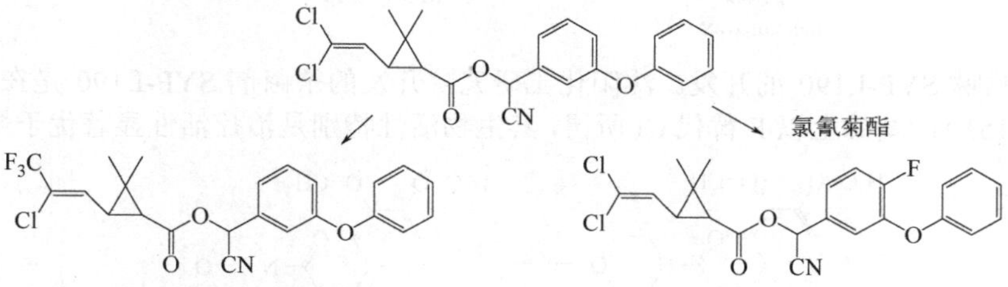

氯氰菊酯

氟氯氰菊酯　　氯氟氰菊酯

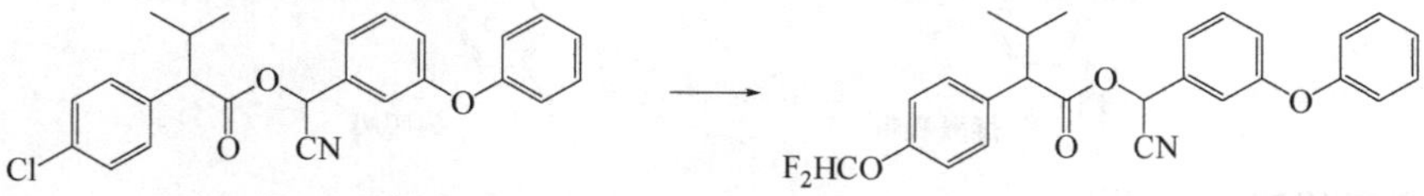

氰戊菊酯 → 氟氰戊菊酯

苯甲酰脲类杀虫剂的开发。苯甲酰脲类杀虫剂的开发是用 F 替代先导化合物化学结构中的 Cl 来进行的。

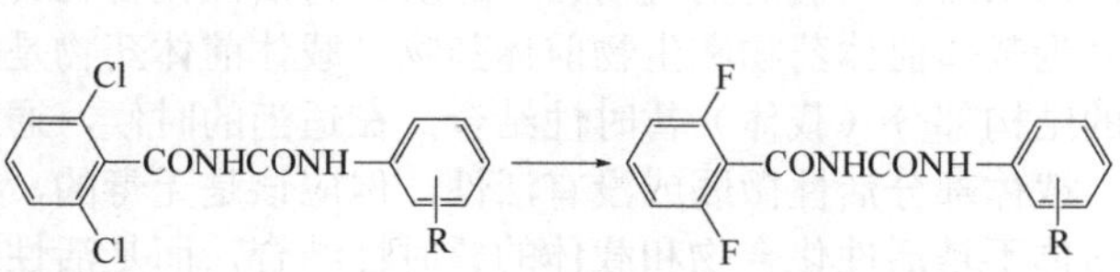

磺酰脲类除草剂的开发。磺酰脲类除草剂如 CGA136872 和 DPX-66037 的开发等。CGA136872 是用 $OCHF_2$ 替代先导化合物 A 中 OCH_3 而得，DPX-66037 是用 OCH_2CF_3 替换 DPX-A7881 化学结构中的 OCH_2CH_3 并经过一步优化所得。

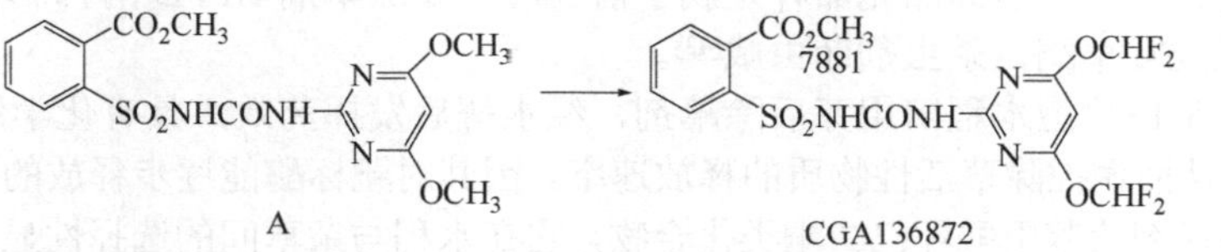

A → CGA136872

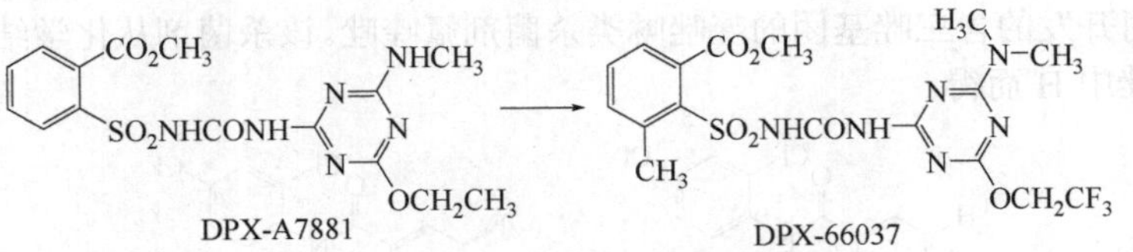

DPX-A7881 → DPX-66037

杀菌剂氟酰胺和 MON24000 的开发。杀菌剂氟酰胺(日本农药公司)是用 CF_3 替换灭锈胺(日本组合化学公司)化学结构中的 CH_3 而得，MON24000(孟山都公司研制，现由罗门哈斯公司开发)同样是用 CF_3 替换噻菌胺(Uniroyal 公司)化学结构中的 CH_3，并经进一步优化所得。

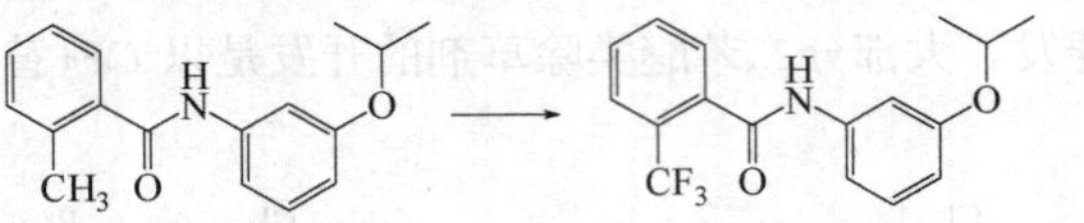

灭锈胺 mepronil → 氟酰胺 flutolanil

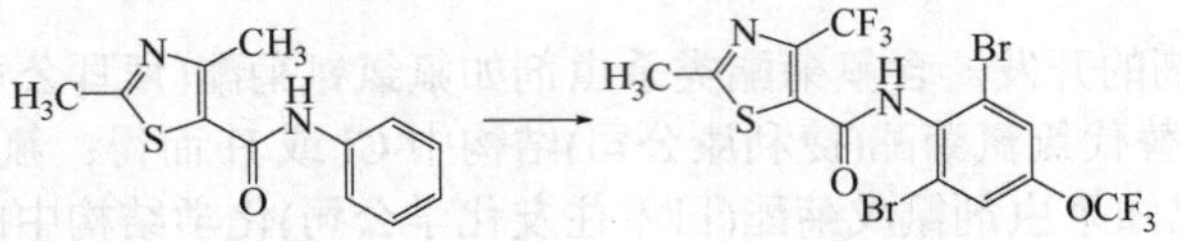

噻菌胺 metsulfovax → MON24000

杀菌剂氟吗啉 SYP-L190 的开发。沈阳化工研究院开发的杀菌剂 SYP-L190 是在杀菌剂烯酰吗啉（CME-151）的基础上以 F 替代 Cl 所得，其生物活性特别是治疗活性显著优于烯酰吗啉。

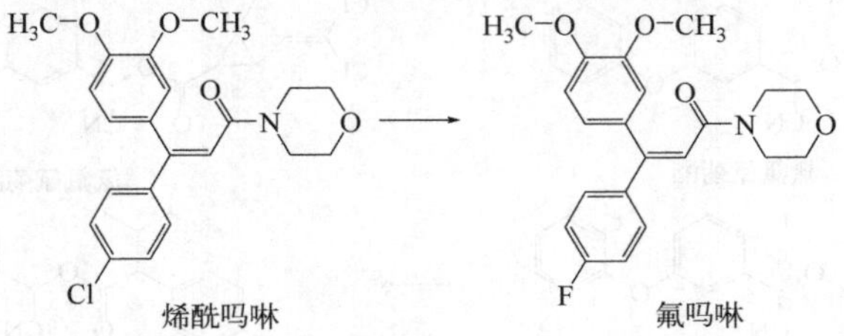

烯酰吗啉 → 氟吗啉

1.3.3.4 前药修饰

前药的概念在前面已经有所介绍。前药修饰是在医药研究中常采用的策略，其目的是通过对活性化合物的结构修饰来改善它们的药代动力学性质，将活性化合物转变为临床上可接受的化合物。前体药物可分为载体前体药物和生物前体药物。载体前体药物是活性化合物与通常是亲脂性的起运输作用的结构部分（载体）暂时性结合，在适当的时候，通过简单水解作用裂解掉起运输作用的载体。载体部分活性微弱或没有活性，但应该是无毒的，并且有足够释放活性化合物的能力。生物前体不是活性化合物和载体的暂时性结合，而是活性成分本身分子结构改变的结果。通过结构修饰可以产生作为代谢酶底物的新化合物，其代谢产物就是所期待的活性化合物。前药可以改善药物在生物体内的动力学特征，如增加药物的溶解性、膜的通透性，延长作用时间，降低毒副作用，提高药物选择性等[42]。

在农药的研究中，一些商品化品种是属于前药的。如除草剂 HPPD 酶抑制剂双环磺草酮、吡唑特、苄草唑及吡草酮，杀虫剂茚虫威[43]。

双环磺草酮是白化型水稻田用芽后除草剂，经水解后发挥药效，具有化学缓释性，可适度控制水解过程，从而调控除草活性物质的释放速率。因其对靶标酶能逐步释放的化学特性，相比于作为旱田用除草剂的苯甲酰环己二酮类化合物，它在水稻与杂草间的选择性显著提高，水溶性大幅下降，并由于它具有很强的土壤吸附性，增强了向下移动，从而有望防止药剂向水田外流失。

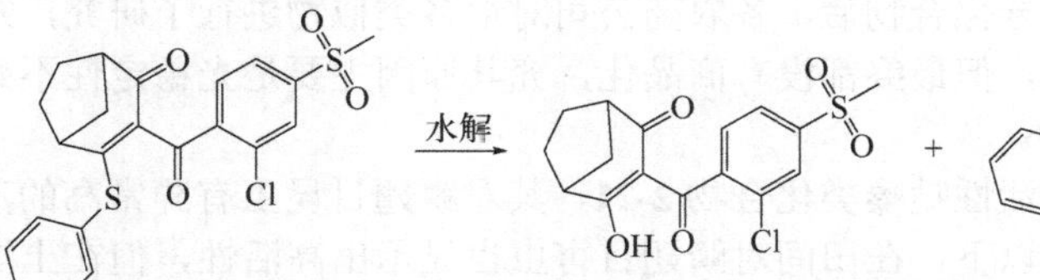

水解

双环磺草酮
benzobicyclon

双环磺草酮水解产物

吡唑特是日本 Sankyo 公司于 1980 年推出的世界除草剂市场第一个 HPPD 抑制剂（当时该靶标尚未发现），用于水稻田防除稗草、莎草，也可用于直播水稻田。吡唑特本身是一个前药，并不具备除草活性，经水解后发挥药效。

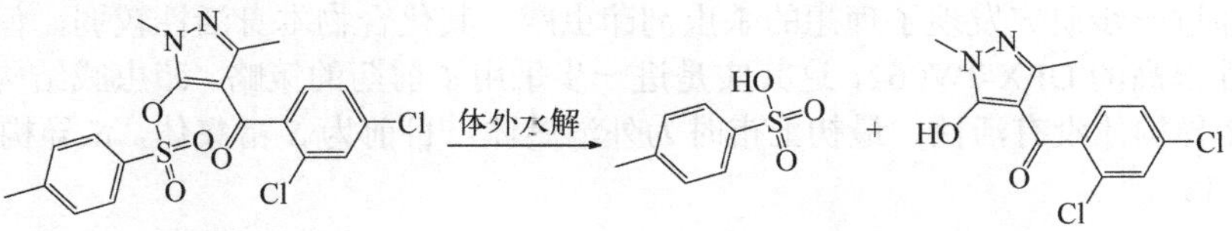

体外水解

吡唑特
pyrazolate

吡唑特水解产物

苄草唑及吡草酮具有相似结构，二者的结构差异在于活性代谢物部分及载体部分的甲基差异。这些变化导致了它们具有不同的环境行为和除草活性。苄草唑在稻田土壤中的半衰期为 4～15 天，吡草酮为 4～38 天，苄草唑的土壤持效期为 21～35 天，吡草酮的为 50 天，且吡草酮对作物具有更多的选择性，且不依赖于温度，即使在较高温度下，吡草酮也不会像苄草唑那样发生药害。

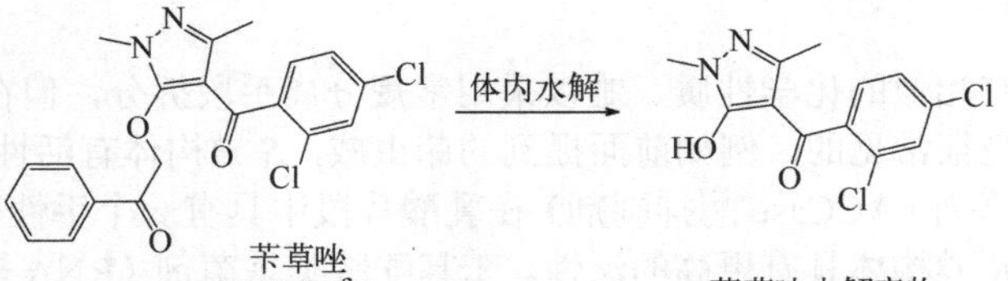

体内水解

苄草唑
pyrazoxyfen

苄草唑水解产物

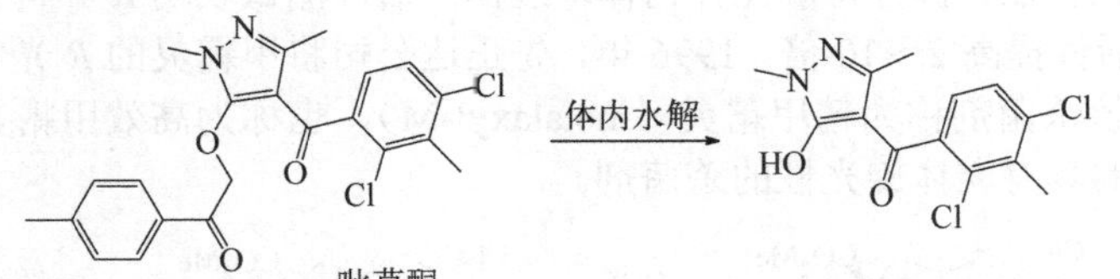

体内水解

吡草酮
benzofenap

吡草酮水解产物

对比苄草唑与吡唑特的结构，可以发现二者的活性部分是一样的，差别在于二者的载体部分。所以二者在作用方式上是一致的，但物化性质上存在差异。吡唑特在水中仅微溶，但一旦溶解，即快速水解为活性化合物，苄草唑在水相中极其稳定。

1.3.3.5 软药设计

软药设计是医药研究中采用的一种策略。软药设计的目的在于药物起效后，即可经简单代谢转变为无活性的和无毒性的物质，减少药物的毒副作用，增加安全性和治疗指数。导致软药失活的过程一般是酶促反应，其中水解酶最常用。软药中常含有酯基、酰氨基，它们经羧酸酯酶代谢一步失活，这是软药设计的逆代谢原理[42]。

在农药中，茚虫威的开发就是很好的例子。20 世纪 70 年代，发现吡唑啉类化合物可作为钠离子通道杀虫剂的先导化合物后，各农药公司对很多类似物进行了研究，发现了很多化合物都具有很高的杀虫活性，但最终都没有商品化，究其原因主要是光稳定性不好，同时在生物体内和环境中容易积累[43]。

杜邦公司合成了高活性哒嗪类化合物 **2-21**，其对鳞翅目昆虫有异常高的活性，其活性浓度在实验室可达 1μg/mL 以下，在田间对鳞翅目害虫也显示出高活性，但在土壤中的分解速率不理想。研究指出，其在土壤中代谢缓慢，部分原因可能是含有的哒嗪三环系比较牢固。为了解决它过于稳定的问题，考虑引入杂原子到哒嗪环中，以提高它的代谢速率。一种改造方式是将分子构造为噁二嗪环，它可能在酸性条件下分解。结果发现化合物 DPX-JW062 具有很高的杀虫活性，并在土壤体系中很容易降解，在土壤中半衰期大约 1～4 周。

虽然具有很高的杀虫活性、适宜的残留活性和较好的生态性能，但对哺乳动物仍具有相对高的毒性。经进一步研究发现了理想的杀虫剂茚虫威。其化合物本身活性较弱，但可被害虫快速代谢为活性很高的 DPX-JW062，这其实是进一步采用了前药的策略。茚虫威结构中仅 *S* 异构体有活性，*R* 异构体没有活性。最初上市时为外消旋体，目前为 *S* 富集体，*S* 异构体与 *R* 异构体比例为 3∶1。

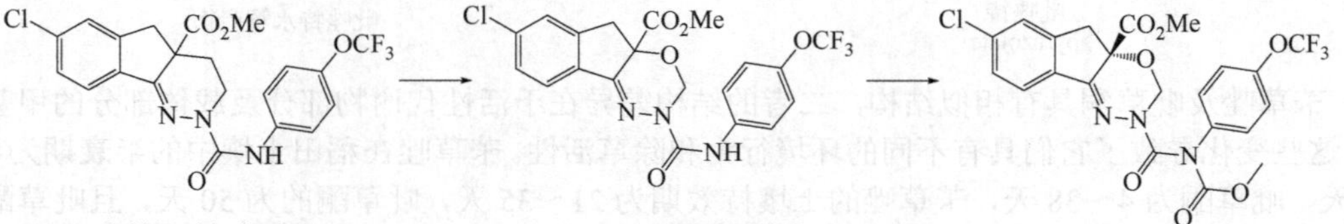

2-21(pyridazines) DPX-JW062 茚虫威 indoxacarb

1.3.3.6 手性农药

对映体往往具有相似的化学性质，难以采用常规分离手段拆分，但在生物活性方面往往不同，这在农药中也是很常见的。例如前面提到的茚虫威，*S* 异构体有活性，*R* 异构体没有活性。芳氧苯氧丙酸类除草剂（ACCase 酶抑制剂）在乳酸片段中具有一个手性碳，*R* 异构体及 *S* 异构体都具有活性，但 *R* 异构体具有更高的活性。苯基酰胺类杀菌剂（RNA 聚合酶 I 抑制剂）甲霜灵是以消旋体的形式存在。拆分得旋光异构体，经体外活性测试表明 *R* 异构体比 *S* 异构体活性提高 100 倍，体内活性提高 2～10 倍。1996 年，先正达公司将甲霜灵的 *R* 光学活性对映体作为杀菌剂推向市场，该杀菌剂称为精甲霜灵（metalaxyl-M），也称为高效甲霜灵。精甲霜灵是世界上第一个商品化的具有立体旋光性的杀菌剂。

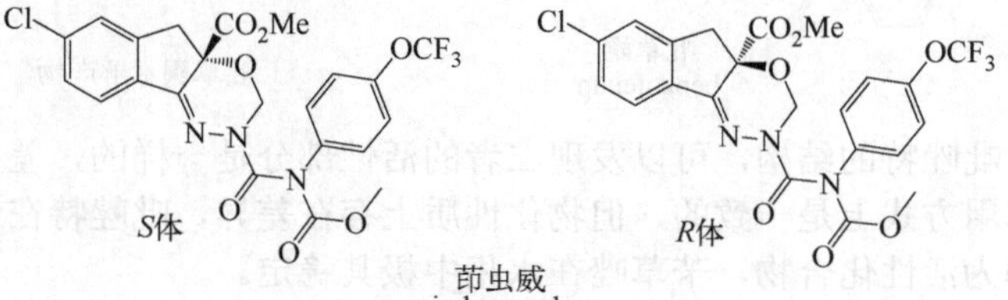

*S*体 *R*体

茚虫威 indoxacarb

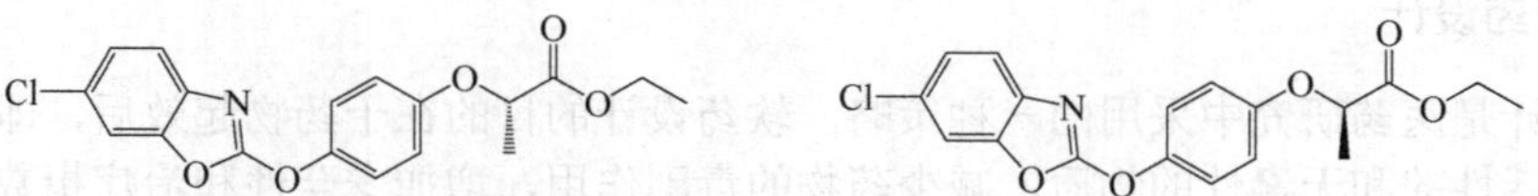

*S*体 噁唑禾草灵*S*体

*R*体 精噁唑禾草灵 Fenoxaprop-P-ethyl

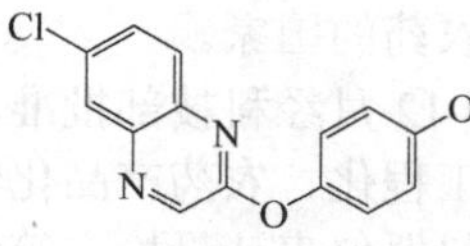

S体

喹禾灵S体

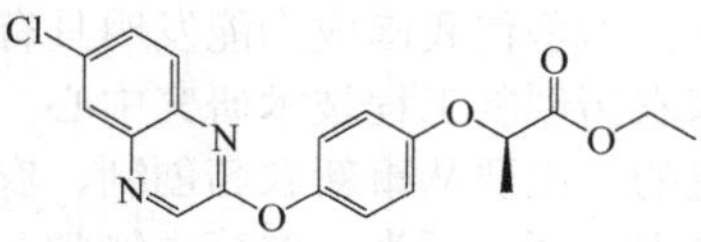

R体

精喹禾灵

fenoxaprop-P-ethyl

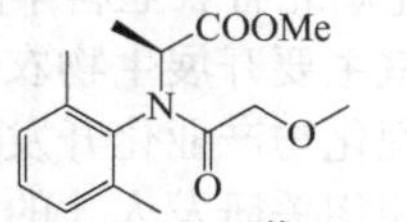

S体

甲霜灵S异构体

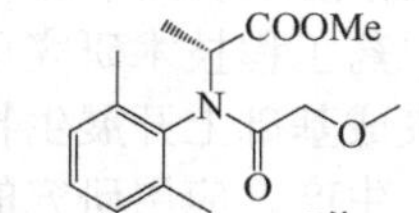

R体

甲霜灵R异构体

精甲霜灵(metalaxyl-M)

开发单一对映异构体药物，通常可以从如下几个方面入手：①外消旋转化，即将外消旋药物再开发成单一对映体药物的方法，具有开发费用低、节约时间、药物剂量减半、毒性减低等优势；②去除手性中心，产生对称性是较为常用的方法之一；③手性药物合成，包括药物的拆分和不对称合成等方法，不对称合成方法与对映体拆分技术在当今已越来越成熟，如不对称合成酶催化技术、拆分试剂的应用、空心膜技术、模拟移动床色谱技术等。

1.4 中国新农药创制研发平台与体系建设

20 世纪 90 年代以来，我国加大了对新农药创制的投入，建立了一批国家级、省部级的农药科技创新平台，并在国家各种创新体系的支持下，初步形成了新农药自主创新的研发体系和创制方法，并在此基础上创制了一批具有自主知识产权的品种[6]。

1.4.1 新农药创制研发平台建设

1.4.1.1 国家级农药科技创新平台

（1）国家南方农药创制中心　该中心建立于 1995 年，并于 2001 年 1 月经科技部验收通过进入运行状态，包括浙江、上海、江苏、湖南四个基地，中心的主要任务是基于我国绿色农药研究的重大需求去寻找新先导结构和作用靶标，构建基于生物学知识、计算机技术及现代化学合成技术的农药发现的创新研究体系。在此基础上，开展低用量、超高效、环境生态友好新农药的发现和研究工作，为突破我国自主创新农药研究开发的瓶颈提供理论与技术上的指导，为我国环境生态及工农业可持续发展奠定绿色农药的理论及技术基础。

（2）农药国家工程研究中心　该中心是经国家计委批准依托南开大学于 1996 年开始建设的，建设单位是南开大学元素有机化学研究所。农药国家工程研究中心的主要任务和目标是开展新农药创制，开展新农药开发研究，开展新农药工程化研究，完成科研成果向生产力的转化。

（3）新农药创制与开发国家重点实验室　新农药创制与开发国家重点实验室依托沈阳中化农药化工研发有限公司（隶属于中国中化集团公司），实验室是以促进我国的农药创制研究从分子设计开始就牢牢掌握对环境友好的目的为指标，自始至终考虑对新结构化合物的安全评价和环境评价，提倡超高效性农药，以有效改善对环境的影响，寻求具有新功能、新作用机制的新活性物质，克服原来的不足，增进与环境的相容性。同时注意植物调控物质的研究，研究如何控制有害生物体的生长、发育和繁殖，提高生物选择性。把技术创新作为关键环节，及时掌握国际前沿动态，力争使我国成为能发明具有自主知识产权新农药的国家。

（4）国家农药创制工程技术研究中心　该中心是 2005 年 12 月经科技部批准，依托湖南化工研究院组建的，主要从事新农药创制、农药原药及中间体工程化、农药产品化学、农药残留化学、生态毒理、环境行为、农药生物学、化工分析检测、仪器仪表计量检定等领域的研究与开发及技术服务。

（5）国家生物农药工程技术研究中心　该中心依托湖北省农业科学院，是于 2011 年 1 月 7 日由科技部批准的生物农药工程技术研究单位，实验室主要开展生物农药关键性及共性技术的研究，在相关技术成果集成基础上开展生物农药的工程化与产业化开发研究。最终建成我国乃至国际上生物农药研发、生产、应用研究的技术平台和相关研发人才的培养基地，为我国生物农药产业的可持续发展提供重要的技术支撑。

（6）绿色农药与农业生物工程国家重点实验室培育基地　该实验室依托于贵州大学绿色农药与农业生物工程重点实验室（精细化工研究开发中心），实验室主要围绕解决制约我国粮食安全、农作物有害生物防控及农产品质量安全的重大问题，以西部生物资源为导向，开展绿色农药创制和分子靶标发现、有害生物持续控制技术、农药分析与环境效应和绿色合成技术研究。

（7）绿色农药全国重点实验室　绿色农药全国重点实验室在绿色农药与农业生物工程国家重点实验室培育基地和 3 个农药教育部重点实验室（绿色农药与农业生物工程重点实验、农药与化学生物学重点实验室、天然农药与化学生物学）的基础上优化组建而成，已于 2022 年 11 月经科技部批准建设，由中国工程院院士宋宝安教授任实验室主任。

1.4.1.2　省部级农药科技创新平台

除了上述国家级新农药创制平台之外，我国也相继成立了一批省部级新农药创制实验室。

（1）由中国农业科学院植物保护研究所和中国农业大学理学院联合组建的农业部农药化学及应用技术重点开放实验室。

（2）依托于华南农业大学的天然农药与化学生物学教育部重点实验室，主要从事植物源农药、植物保护剂、农药残留和环境毒理、有害生物抗性机制与抗性治理、农药剂型加工与应用、农药生物技术和新农药设计与合成等方面的研究工作。

（3）依托于贵州大学的绿色农药与农业生物工程教育部重点实验室，主要从事绿色农药设计、合成及靶标发现与作用机制研究、绿色农药及功能分子的合成方法学研究、农药分析与环境效应、农作物重大病虫害持续控制研究工作。

（4）依托于华中师范大学的农药与化学生物学教育部重点实验室，主要从事绿色农药的分子设计与合成、新农药创制中的有机合成方法学研究、农药残留分析与环境化学、与农药药理相关的分子生物学等方面的研究工作。

（5）依托于中国农业大学的植物生长调节剂教育部工程研究中心，其是在中国农业大学作物化学控制研究中心基础上，整合校内外力量建设起来的，是目前植物生长物质领域唯一的部级工程研究中心。

1.4.2　新农药创制体系发展情况

从“七五”（1986～1990 年）以来，我国就有自主农药品种的问世，但我国真正的新农药创制要从“九五”开始，特别是南北两个农药创制中心的建设，标志着我国农药创制研究正式起步；“十五”期间，主要进行新农药创制研究与产业化关键技术开发；“十一五”期间主题是：农药创制工程；“十二五”期间，在前期工作的基础上，国家“十二五”科技支撑计划，绿色生态农药的研发与产业化，主要对前面发现的候选药物进行产业化开发；“十三五”期间，在农药肥料“双减”的大背景下，国家先后相继支持了一批重点研发计划项目，并陆续启动，目的是发现和产业化一批安全、高效的新农药品种，并在农业生产中进行推广使用。

此外，近二十年来，上百个各类国家自然科学基金(NSFC)、863计划以及973计划等项目也对我国新农药的创制提供了大力的资金支持。

在相关项目和资助体系的资助下，我国在新农药的基础理论研究和新农药创制方法等的研究方面取得了初步的进展，形成了初步的科技创新基础理论体系和方法，完成了人才积累、知识积累、阶段成果的积累和创新体系的建设，我国的农药创制工作已进入瓶颈突破期。

1.4.3 部分农药创制单位简介

（1）沈阳中化农药化工研发有限公司（原沈阳化工研究院农药所，简称农研公司） 是国内一家从事新化合物设计合成、生产工艺开发、农药剂型加工和生物活性测定等配套完善的农药研究开发单位，为国内规模较大的农药专业研究机构。

20世纪90年代，刘长令教授带领团队创制出我国第一个获中美欧发明专利的农药品种、第一个含氟农药品种“氟吗啉”，实现了我国创制新农药零的突破，获中国发明专利奖金奖。此后，发明结构独特，由香豆素和甲氧基丙烯酸酯2个天然产物片段组成，仅含碳、氢、氧3种元素的杀菌剂丁香菌酯，后续又相继创制出杀菌剂唑菌酯和唑胺菌酯。经过30多年研究实践，在世界上首次提出用“中间体衍生化法”设计分子结构的新思路，大幅度提高了研发成功率，从设计合成的3万多个新化合物中选出20多个具有产业化开发前景的候选品种，其中3个已产业化，还有杀菌剂喹菌胺（1602）和除草剂苯嘧草唑（1604）在登记中。

张立新教授带领团队发明了杀菌剂烯肟菌酯、烯肟菌胺，杀螨剂氟螨双醚（1631）等；李斌教授带领团队，创制了杀虫剂四氯虫酰胺，杀螨剂乙唑螨腈。

农研公司拥有新农药创新与开发国家重点实验室，是科技部以创制开发新农药作为主要研究内容的企业国家重点实验室；也是农药（沈阳）国家工程研究中心、中国化工学会农药专业委员会、全国农药信息总站的依托单位，主办出版中文核心期刊《农药》。

（2）南开大学 在20世纪50年代初在已故老校长杨石先先生倡导下开始农药化学的研究。1995年，国家计委批准组建农药国家工程研究中心（天津），通过多年的努力，已初步建成了完整的新农药自主创新研发体系。成功开发了单嘧磺隆、单嘧磺酯和甲噻诱胺等多个具有我国自主知识产权的创制农药品种，其中李正名院士团队发明的单嘧磺隆是我国第一个具有自主知识产权的创制除草剂，填补了我国传统作物谷子长期没有除草剂的技术空白。

（3）中国农业大学 其农药学科是我国现代农业化学领域研究和人才培养的发源地，承办的《农药学学报》已逐渐成长为一本在学术界具有重要影响的学术期刊。

覃兆海教授团队先后发明了具有我国自主知识产权的新型杀菌剂丁吡吗啉和新型杀虫剂戊吡虫胍。

（4）贵州大学 拥有绿色农药全国重点实验室等。在宋宝安院士的领导下，成功创制抗植物病毒剂“毒氟磷”，还有多个创制品种在登记中。

（5）华东理工大学 在钱旭红院士的领导下，已获得了2个具有特色的自主知识产权杀虫剂品种：哌虫啶和环氧虫啶，均获准正式登记。

（6）华中师范大学 贺红武教授和杨光富教授团队先后创制出氯酰草膦、喹草酮、吡唑喹草酯等多个绿色农药或候选品种及高活性候选化合物。

（7）华南农业大学 徐汉虹教授团队研制了印楝素和鱼藤酮等植物性农药。首次以新化合物在国内登记生物农药印楝素。

（8）中国农业科学研究院植物保护研究所 是专业从事农作物有害生物研究与防治的社会公益型科学研究机构。

（9）西北农林科技大学　吴文君教授团队创制的生物农药苦皮藤系列，获准登记并实现了产业化。

（10）南京农业大学　南京农业大学植物保护学院是我国近代植物病理学、昆虫学及植物检疫事业的发祥地之一。

（11）湖南化工研究院有限公司　生产的氨基甲酸酯类农药填补了国内空白，质量达国际先进水平；创制多个新农药品种。

（12）浙江省化工研究院有限公司　创制多个农药品种。

（13）上海农药研究所　是中国首家建立的农药专业研究所。

（14）江苏省农药研究所股份有限公司　是国家菊酯类等工业化生产开拓者。自主知识产权产品——氰烯菌酯被农业部列为全国农业技术推广服务中心重点推广产品。

（15）上海有机化学研究所　吕龙研究员团队创制的丙酯草醚和异丙酯草醚于 2014 年获得正式登记。

（16）江苏省激素研究所股份有限公司　高效除草剂开发基地。

（17）江苏扬农化工股份有限公司　中国拟除虫菊酯类农药生产基地，全国化工企业环境保护先进单位。现已形成以菊酯为核心、农药为主导、精细化学品为补充的多元化产品格局，4 个产品填补国际空白，30 多个产品填补国内空白，还有多个创制品种实现了产业化。

（18）青岛清原作物科学有限公司　始创于 2009 年，是一家全球领先的农业生物科技企业，致力于从新农药创制和生物技术育种两个维度提升世界农业生产的效率和品质，为世界粮食安全贡献力量。现已形成了全球领先的新农药研发创制平台和生物技术育种平台。

在新除草剂研发创制领域，在连磊领导下，已在中国成功上市了 5 大里程碑式的专利除草剂：环吡氟草酮、双唑草酮、三唑磺草酮、苯唑氟草酮和氟砜草胺，对中国乃至全球的水稻、小麦、玉米种植产生了深远的影响。2022 年 4 月，氟草啶、氟氯氨草酯、氟砜草胺 3 个全新专利化合物在柬埔寨获批，完成全球首登。2024 年氟草啶和氟砜草胺获得中国正式登记。预计未来 5 年，将有合计 10 多个具有完全自主知识产权的新农药品种上市销售。

（19）山东先达农化股份有限公司　创制除草剂喹草酮，已上市；创制了用于防治水稻田抗性禾本科杂草的化合物——吡唑喹草酯（2024 年获准正式登记）、苯丙草酮（在登记中）。

（20）山东中农联合生物科技股份有限公司　创制品种氟醚菌酰胺获准登记并实现产业化，创制了化合物三氟杀线酯等。

（21）青岛科技大学　从事新农药创制研究，多个品种已转让并实现产业化。

（22）海利尔药业集团　多个绿色农药或候选新品种及高活性化合物在开发中。

（23）南通泰禾化工股份有限公司　创制的杀虫剂 环丙氟虫胺在登记中。

（24）浙江龙湾化工有限公司　推出的原创性农药噻菌铜，对细菌病害具有很好的效果。

（25）浙江新农化工股份有限公司　创制的杀细菌剂噻唑锌已实现产业化。

（26）浙江宇龙生物科技股份有限公司 多个创制品种已获准登记。

参考文献

[1] 中华人民共和国自然资源部. 2017 中国土地矿产海洋资源统计公报发布. (2018-05-21). http://www.mnr.gov.cn/sj/tjgb/.

[2] 李正名. 农药化学现状和发展动向. 应用化学, 1993, 10(5): 14-21.

[3] 周喜应. 浅谈我国的农药与粮食安全. 农药科学与管理, 2014, 35(8): 5-8.

[4] 芦志成, 张鹏飞, 李慧超, 等.中国农药创制概述与展望. 农药学学报, 2019, 21(Z1): 551-579.

[5] 李正名. 我国农药化学进展. 化学通报, 1992, 55(8): 31-35.

[6] 宋宝安, 吴剑, 李阳. 我国农药创新研究回顾及思考. 农药市场信息, 2019(8): 6-11.

[7] 王道全, 席真, 李钟华, 等. 农药学学科发展研究// 2010—2011 植物保护学学科发展报告. 北京：中国科学技术出版社, 2011: 115-134.

[8] 农药市场信息新媒界.【建国 70 周年风采录】细数农药行业 70 年辉煌历程 七大篇章尽显发展脉络. 2019.

[9] 【大事记】这, 就是中国农药行业 70 年巨变. https://www.sohu.com/a/344654148_362577.

[10] 潘兴鲁, 董丰收, 刘新刚, 等. 中国农药七十年发展与应用回顾. 现代农药, 2020, 19 (01): 1-5, 23.

[11] 吴国强，陈铁春，吴进龙．中国农药70年回顾与思考．农药科学与管理，2019, 40 (08): 1-6.
[12] 李宗成．中国农药的创制．中国农药，2008(2): 11-20.
[13] 尹仪民．我国现代农药工业起步和发展的几个关键时期——为庆祝建国六十周年．化学工业，2009, 27(7): 13-22.
[14] 顾旭东．中国农药七十年发展录．北京:化学工业出版社，2020.
[15] Small L D, Bailey J H, Cavallito C J. Comparison of some properties of thiolsulfonates and thiolsulfinates. Journal of the American Chemical Society, 1949, 71: 3565-3566.
[16] Yamada S, Fujita T, Mizoguchi T. Syntheses of thiamine alkyl disulfides. Yakugaku Zasshi, 1954, 74: 963-966.
[17] Boldyrev, B G, Litkovets A K. Syntheses and properties of some alkyl esters of ethanethiosulfonic acid. Doklady Akademii Nauk SSSR, 1956, 107: 697-699.
[18] Aizenman B Y, Zelepukha S I. Fungicidal properties of the analogs of pseudoallycin. Antibiotiki, Akad. Nauk Ukr. S.S.R., Inst. Mikrobiol, 1958: 69-74.
[19] Bel'tyukova K I. Antibiotic substance from *Cannabis sativa* and its effect on phytopathogenic bacteria. Antibiotiki, Akad. Nauk Ukr. S.S.R., Inst. Mikrobiol, 1958, 49-51.
[20] Phillips McDougall - AgriService. Agri futura, 2015.
[21] 见礼朝正．沈寅初摘译．新农药的开发方法．农药译丛，1986, 6:2-7.
[22] Guan A Y, Liu C L, Yang X P, et al. Application of the intermediate derivatization approach in agrochemical discovery. Chemical Reviews, 2014, 114(14): 7079-7107.
[23] Basf Innovation: The secret of our success, research &development process. http://www.agro.basf.com/agr/AP-Internet/en/content/competences/r_and_d_strategy/index.
[24] Mcdougall P. The cost of new agrochemical product discovery, development and registration in 1995, 2000 and 2005-8. R&D expenditure in 2007 and expectations for 2012 final report.
[25] Stetter J. Pesticide innovation: trends in research and development. http://dialnet.unirioja.es/descarga/articulo/1039285.pdf.
[26] 邱德文．生物农药——未来农药发展的新趋势．中国农村科技，2017, 11:36-39.
[27] 阎世江．日本农药研发的经验值得学习．农化市场十日讯，2015(21): 2.
[28] 刘宏霞．农药创制亟需国家政策大力扶持．世界农药，2020, 42(5): 10-12, 40.
[29] 刘长令，关爱莹，谢勇．中间体衍生化法与新农药创制．北京:化学工业出版社，2020.
[30] Campbell, Simon F. Science, art, and drug discovery: a personal perspective. Medicinal Chemistry Reviews, 2015, 50:17-28
[31] Thomber C W. Isosterism and molecular modification in drug design. Chem Soc Rev, 1979, 8(4):563-580.
[32] Bouider N, Fhayli W, Ghandour Z, et al. Design and synthesis of new potassium channel activators derived from the ring opening of diazoxide: study of their vasodilatory effect, stimulation of elastin synthesis and inhibitory effect on insulin release. Bioorg Med Chem, 2015, 23 (8): 1735-1746.
[33] Hajduk P J, Galloway W R, Spring D R. Drug discovery: a question of library design. Nature, 2011, 470(7332): 42-43.
[34] Van Leeuwen T, Tirry L, Yamamoto A, et al. The economic importance of acaricides in the control of phytophagous mites and an update on recent acaricide mode of action research. Pestic Biochem Physiol, 2015, 121: 12-21.
[35] Stuartt L S. Target-oriented and diversity-oriented organic synthesis in drug discovery. Science, 2000, 287: 1964-1969.
[36] Kubinyi H. Chemogenomics in drug discovery, chemicalgenomics small molecule probes to study cellular function. Berlin: Weinmann H; S., J, Springer, 2006.
[37] Russel K, Michne W F. The value of chemical genetics in drug discovery, chemogenomics in drug discovery: a medicinal chemistry perspective. Weinheim: Wiley-VCH, 2004:69-96.
[38] 刘长令，韩亮，李正名．以天然产物为先导化合物开发的农药品种(3)——除草剂．农药，2004, 43(1): 1-4.
[39] 刘长令，李正名．以天然产物为先导化合物开发的农药品种(Ⅰ)——杀菌剂．农药，2003, 42: 1-4.
[40] 刘长令，钟滨，李正名．以天然产物为先导化合物开发的农药品种(Ⅱ)——杀虫杀螨剂．农药，2003, (42)12:1-8.
[41] 陈小平，马凤余．新药发现与开发(第二版)．北京：化学工业出版社，2017.
[42] 杨华铮，邹小毛，朱有全，等．现代农药化学．北京：化学工业出版社，2013.

第 2 章

中国病虫草害抗性发展与治理策略

我国粮（水稻、小麦、玉米、大豆、马铃薯等）、棉（棉花）、麻（苎麻、亚麻等）、油（油菜、花生等）、糖（甘蔗、甜菜等）、果（柑橘、苹果、梨）、茶（茶树）等 7 大类 15 种主要农作物目前发生的有害生物种类及其检疫性有害生物种类共 3657 种，其中害虫（包括螨和软体动物）2083 种，病害 820 种，杂草 688 种，害鼠 66 种[1]。

由于我国病虫害发生基数高，作物布局、种植制度和气候条件总体有利，近年来农作物主要病虫害仍维持重发态势。其中，草地贪夜蛾、水稻“两迁”害虫、草地螟等迁飞性害虫，小麦赤霉病、小麦条锈病、稻瘟病、马铃薯晚疫病等流行性病害对粮食生产威胁大。从 1990 年到现在我国农作物的病虫草鼠害呈现一种上升趋势，在 2012 年后尽管有所下降但依然处于高位（图 2-1）[1]。

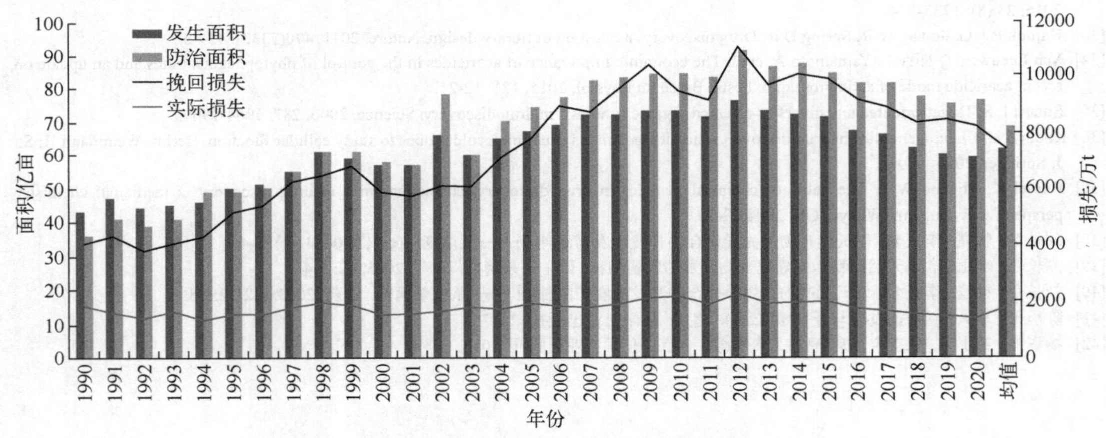

图 2-1　我国农作物病虫草鼠害发生防治面积和产量损失

1 亩≈666.7m²

抗药性是指在同一地区连续使用同一种农药而引起有害生物对药剂抵抗力提高（即敏感度下降）的现象。抗性高低是由药剂选择变化了的新种群与敏感种群的 LC_{50} 之比来确定的，通常用抗性倍数表示[2]。

抗药性具有以下特点：①种群性，是对有害生物群体而言的；②特定性，是针对某种特定药剂做出的反应；③选择性，是药剂选择的结果；④遗传性，能够在有害生物种群中遗传下去；⑤相对性，是相对于敏感或者正常种群而言的。

抗药性分为以下 4 类[2]：①单一抗性，只表现对起选择作用的药剂有抗性；②交互抗性，对一种药剂产生抗药性后，对其他没有使用的另一类药剂也有抗性；③多抗性，具有单一抗性的有害生物群，由于另外一种药剂的选择，使得该生物不仅对前种药剂仍保持抗性，对后者又发展了新的抗性；④负交互抗性，有害生物对一种杀虫剂发生抗性，对另一种药剂的敏感度反而上升的现象。

农药抗药性产生的原因：

（1）有害生物自身选择性进化。化学农药使用多年后能生存下来的种群自身结构（包括免疫作用、基因改变、表皮增厚、解毒能力增强等等）发生改变，从而产生抗药性。

（2）有害生物的生育特点使其产生抗药性。比如蚜虫，一年发生几十代，容易发生抗药性；小麦锈病病原菌，孢子产生量大，暴发性强，容易发生抗药性。

（3）用药不当易产生抗药性。如长期单一用药；随意加大使用浓度；喷施药剂不均匀，漏网个体易产生抗药性。

2.1 病害抗性发展及治理

使用杀菌剂防治植物病害是保证农作物高产、稳产的重要措施之一。20 世纪 60 年代前使用的杀菌剂几乎都是传统的保护性杀菌剂，作用位点多，不易引发病原菌产生抗药性。直至 60 年代末 70 年代初，随着高效、内吸、选择性强的现代杀菌剂被开发和广泛应用，杀菌剂抗性问题越来越严重和普遍，常导致植物病害化学防治失败，农业生产遭受巨大损失[1]。因此许多国家和地区相继开展了对杀菌剂抗性的监测和研究。

2.1.1 病害抗药性的发展

杀菌剂的防治对象为自然界中低等的生物——病原菌，它们也是最容易产生抗性的物质[3]。有些有害微生物为了自身的生存与繁衍，通过不断的变异（产生抗性）来抵御外界环境的干扰以适应生存环境的变化，而不少抗性的产生则是由于长年使用单一药物。20 世纪 70 年代诞生的苯并咪唑类杀菌剂（代表品种有多菌灵、甲基硫菌灵等）因被反复使用，导致不少植物病原菌对其产生严重抗性，此类杀菌剂通过抑制病原菌有丝分裂和细胞分裂，破坏病原菌氨基酸和蛋白质合成而发挥效果。

为此在 20 世纪 80 年代人们发明了三唑类杀菌剂（代表品种有三唑酮、丙环唑、戊唑醇、苯醚甲环唑等及其他杂环类），通过抑制病原菌立体生物合成，即抑制 C14 脱甲基化作用而发挥作用。此类杀菌剂曾风靡一时，迄今仍是全球杀菌剂的主体，也是全球各类杀菌剂中品种最多的一类，由于使用广泛，不久亦产生了抗性，并有较严重的交互抗性。该类杀菌剂的抗药性机理主要表现在以下 3 个方面[4]：①药剂在菌体内积累减少以致到达作用靶点的药量不足而表现出杀菌剂的活性下降。②脱甲基抑制剂（DMI）抗药菌株内 14α-脱甲基酶的光谱和酶功能均发生变化。③有毒杀作用的甲基甾醇快速更新（脱毒）[5]。

到了 20 世纪 90 年代人们又发明了一类里程碑式的杀菌剂——甲氧基丙烯酸酯类杀菌剂（代表品种有嘧菌酯、吡唑醚菌酯、啶氧菌酯、肟菌酯等）。此类杀菌剂的问世，大大地解决了三唑类杀菌剂产生的抗性问题，但是使用几年后，此类杀菌剂的抗性问题也初露端倪。该系列杀菌剂是针对病原菌细色素 bc_1 及醌醇氧化酶而发挥作用，即以复合体Ⅱ为靶标，是继三唑类之后的杀菌剂发展史中又一里程碑式的开发。短短几年，甲氧基丙烯酸酯类由于优异的性能，很快成为全球市场最大的杀菌剂类别。但由于该类杀菌剂作用位点单一，生产上频繁使用和用药量不断上升，导致田间抗性问题日趋严重[6]。

人们又开发了具有不同作用机制的杀菌剂——琥珀酸脱氢酶抑制剂（SDHI）类杀菌剂（如

萎锈灵、啶酰菌胺、噻氟菌胺等）[7]，很快在世界各地大量销售和推广使用。SDHI 类杀菌剂可有效解决甲氧基丙烯酸酯类杀菌剂的抗性问题，目前已成功开发的这类杀菌剂至少有 20 个品种，但由于作用位点单一，抗性问题也日益凸显，虽然 SDHI 类杀菌剂在国内有关抗性研究报道较少，但国外已有大量有关田间抗性的报道，多项研究证实还出现了多重抗药性。该类杀菌剂的抗性机制和交互抗性与病原菌琥珀酸脱氢酶 SDHB、SDHC、SDHD 亚基上的位点突变有关，发生突变频率最高的是 SDHB 亚基，突变后的氨基酸降低了药剂与琥珀酸脱氢酶的结合能力，这也是抗性产生的主要原因，该类药剂已被 FRAC 归为中度抗性风险杀菌剂[8]。

据全国农业技术推广服务中心初步统计，目前中国已有 21 种植物病原菌对农药产生了抗性[9]。如小麦赤霉病（对多菌灵有抗性）、水稻恶苗病（对咪鲜胺有抗性）、马铃薯晚疫病、蔬菜灰霉病、霜霉病等。在已报道的病害抗药性事件中，至少有 16 种病害对 11 种农药产生了抗药性。按照农作物分类：其中，在水稻上的有 2 种，小麦上有 2 种，马铃薯上有 1 种，蔬菜上有 1 种，而小麦、马铃薯、蔬菜病害的抗药性最为严重。如 2023 年全国农业有害生物抗药性监测报告显示[10]，从黑龙江等 6 省 14 个县（市、区）采集的水稻病样上随机分离纯化共获得 284 株水稻恶苗病菌菌株，发现水稻恶苗病菌菌株对氰烯菌酯抗性具有明显的地域性，黑龙江、辽宁、安徽等省高水平抗性菌株占比 50%～100%（抗性倍数 181～406 倍），抗性形势非常严峻；江苏、浙江、湖北等省抗性水平相对较低，中等水平抗性菌株占比 12%～56%（抗性倍数 19～40 倍），抗性持续发展；从江苏等 7 省 48 个县（市、区）采集的稻桩或小麦病穗上分离得到小麦赤霉病菌菌株 11191 株，发现监测地区小麦赤霉病菌对多菌灵抗性在江苏、浙江、安徽等省非常普遍；在江苏、浙江、河南、山东、河北、山西等省均有检测到戊唑醇抗性菌株，在江苏、浙江、山东、河北、山西等省均有检测到丙硫菌唑抗性菌株。

2.1.2 植物病原菌抗药性机制

已有研究表明，目前植物病原菌对杀菌剂产生抗药性的机制主要包括以下几种[11]：

（1）靶标蛋白的关键氨基酸位点突变。靶标蛋白的关键氨基酸位点突变导致靶标蛋白与药剂的亲和性下降，结合力减弱。对于单作用位点的选择性杀菌剂而言，其抗性机制主要由靶标蛋白编码基因的点突变导致，其次由靶标蛋白编码基因的过量表达引起。

（2）靶标基因的过量表达。已有的研究发现植物病原真菌对杀菌剂抗药性还可由靶标蛋白编码基因过表达引起，其中由 *CYP51* 基因过表达导致形成过量的 14α-脱甲基酶，进而引起病原菌对 DMI 类杀菌剂产生抗药性。

（3）运输体外排机制。运输体是一类位于病原菌细胞膜上的蛋白结构，可以阻止病原菌细胞内的毒性物质富集达到致死浓度。ABC（ATP-binding cassette）和 MFS（major facilitator superfamily）复合体蛋白是最具代表性的保护病原菌免受杀菌剂抑制或杀死的运输体。已有大量研究报道 ABC 运输体在病原菌多药抗性（multi-drug resistance）中发挥着重要作用。

（4）代谢解毒机制。有的病原菌能够将杀菌剂代谢成为没有杀菌毒性的化合物，从而对药剂产生抗性。

（5）补偿作用或旁路氧化途径。旁路氧化途径最初发现于植物体内，后来在病原菌中发现其是病原菌对 Qo I 类杀菌剂产生抗药性的原因之一。交替氧化酶（alternative oxidase，AO）是该过程的关键酶，能接受辅酶 Q（CoQ）传来的电子直接传递给氧生成水，而不经过复合物Ⅲ和复合物Ⅳ。

2.1.3 病原菌抗药性治理策略

新药剂一旦开发成功，从进入市场前的潜在风险评估至生产实践全程应用期间，对中、高风险的药剂，均应提前采取抗性风险管理措施。

病原菌的抗药性治理策略同时包括预防性的管理策略和治疗性的治理策略[2, 11, 12]。杀菌剂抗性治理的短期策略包括以下5个方面：

（1）开展抗药性风险评估研究，建立重要植物病害对常用杀菌剂的敏感基线，建立有关杀菌剂的技术资料数据库。

（2）加强杀菌剂抗药性菌株的田间监测，建立抗药性病原群体流行测报系统，指导及时调整和完善抗性治理策略。

（3）了解新药剂的作用机制和病原菌产生抗药性机制，建立病原菌抗药性的高通量分子检测和预警技术。

（4）评估"新药剂-新防治对象"组合产生抗药性的潜在风险等级，及早采取合理的抗性风险管理措施。同时，应防止试验中获得的抗药突变体被人为释放到自然界中。

（5）科学合理用药，降低药剂选择压，延缓抗药性发生或抗药群体的形成，包括选择有效的施药剂量、控制施药次数、选择关键时期用药，并与不同机制药剂合理混用或轮用等。

杀菌剂抗性治理的长期策略包括以下5个方面：

（1）研发高活性的选择性杀菌剂。

（2）开发具有负交互抗药性的杀菌剂。

（3）科学复配和轮换用药。

（4）综合治理。提倡在病害防治中采用综合防治措施，利用抗性品种、生物防治、生态调控等有利于减轻有害生物发生和危害的非化学防治措施，同时重视杀菌剂的科学用药，尽可能地降低化学药剂对病原菌的选择压力。

（5）回顾修正。及时总结评估抗药性治理策略，不断进行完善，建立具有生产指导性的病原菌抗药性风险管理方法和模型。

2.2 虫害抗性发展及治理

随着杀虫剂长期、大量、广泛使用，很多昆虫都产生了抗药性。尽管在过去20年，我国昆虫毒理学与杀虫剂毒理学研究者及植物保护工作者在杀虫剂的杀虫机理、杀虫剂的合理使用与杀虫剂防控害虫的施药技术等方面开展了大量研究工作，包括合理搭配施用不同杀虫剂以延缓害虫对杀虫剂抗性的发展或研制杀虫增效药剂以削弱害虫已经形成的对杀虫剂的抗性，但是，害虫对杀虫剂抗性的发展趋势仍在继续。

2.2.1 昆虫抗药性的发展

Melander在1908年首次发现梨圆蚧对石硫合剂有抗药性。到1944年抗药性在全球范围内还不多见，只有12种害虫和螨类产生抗药性。自20世纪50年代后期，有机氯、有机磷杀虫剂大范围使用，害虫抗药性呈爆发式增长。70年代以后，拟除虫菊酯类和氨基甲酸酯类迅速发展，在世界农药市场占有很大的份额，通过10多年的推广应用，其抗性相继产生。根据Georghiou统计，1989年产生抗药性的害虫已经达到504种，农业害虫最多，有283种，卫生害虫其次，计198种。至2011年，昆虫和螨类至少有570种产生了抗药性，其中以鳞翅目、双翅目的昆虫产生抗药性的为最多。

我国的害虫抗药性研究始于20世纪60年代初，1963年屈天祥首先报道了黄条跳甲对滴滴涕的抗性，这也是我国首例害虫抗药性报道[13]。据全国农业技术推广服务中心初步统计[9]，目前中国已有超过37种害虫（螨）对农药产生了抗性。影响巨大的害虫包括水稻稻飞虱（对烟碱类、噻嗪酮有抗性）、二化螟（对氯虫苯甲酰胺、杀虫单、三唑磷有抗性）；棉花棉铃虫（对菊酯类有抗性）；蔬菜小菜蛾（对几乎所有药剂有抗性）。在已报道产生抗药性的害虫（螨）中，农田害虫（螨）23 种、贮粮害虫（螨）7 种。按农作物分类，粮食作物上抗性害虫（螨）6 种，包括稻螟虫、稻飞虱、稻纵卷叶螟、稻螟蛉、麦蚜和玉米螟；棉花上 5 种，包括棉蚜、棉铃虫、棉红铃虫、棉红蜘蛛和棉盲椿象；瓜类和蔬菜上 4 种，包括菜蚜、菜青虫、小菜蛾和甜菜夜蛾；果树上 3 种，包括柑橘红蜘蛛、苹果红蜘蛛和山楂红蜘蛛。

全国农业技术推广服务中心 2023 年全国农业有害生物抗药性监测报告数据显示[10]，河北等 8 省（自治区）12 县（市、区），棉铃虫对杀虫剂抗性具有明显的地域性，华北棉区棉铃虫种群对高效氯氟氰菊酯处于高水平抗性（抗性倍数 106～430 倍），对氯虫苯甲酰胺、茚虫威、辛硫磷处于中等水平抗性（抗性倍数分别为 35～63 倍、19～44 倍、11～38 倍），对甲氨基阿维菌素苯甲酸盐处于低至中等水平抗性（抗性倍数 5.4～22 倍）；上海等 11 省（自治区、直辖市）18 县（市、区），褐飞虱种群对新烟碱类药剂吡虫啉、噻虫嗪，昆虫生长调节剂类药剂噻嗪酮均处于高水平抗性（抗性倍数分别为＞2000 倍、＞800 倍、＞1000 倍）；对新烟碱类药剂呋虫胺和吡啶甲亚胺类药剂吡蚜酮均处于中等至高水平抗性（抗性倍数分别为 72～532 倍、75～701 倍）；对新烟碱类药剂烯啶虫胺处于中等水平抗性（抗性倍数 12～43 倍）；对砜亚胺类药剂氟啶虫胺腈和有机磷类药剂毒死蜱均处于低至中等水平抗性（抗性倍数分别为 5.1～31 倍、6.0～49 倍）；对介离子类药剂三氟苯嘧啶处于敏感至中等水平抗性（抗性倍数 1.8～17 倍）。与 2022 年监测结果相比，褐飞虱对吡蚜酮、呋虫胺、三氟苯嘧啶抗性倍数均有所上升；江苏等 9 省（自治区）15 县（市、区），白背飞虱种群对昆虫生长调节剂类药剂噻嗪酮处于中等至高水平抗性（抗性倍数 56～366 倍）；对有机磷类药剂毒死蜱处于中等水平抗性（抗性倍数 22～85 倍）；对新烟碱类药剂吡虫啉、噻虫嗪、呋虫胺，吡啶甲亚胺类药剂吡蚜酮均处于低至中等水平抗性（抗性倍数分别为 9.7～32 倍、8.8～24 倍、5.3～20 倍、6.2～18 倍）；江苏等 8 省（自治区）12 县（市、区），稻纵卷叶螟种群对双酰胺类药剂氯虫苯甲酰胺为中等至高水平抗性（抗性倍数 39～124 倍），多地田间药效试验结果表明，氯虫苯甲酰胺药后 7 天、14 天的杀虫效果已降低到 80% 以下；对甲氨基阿维菌素苯甲酸盐为低至中等水平抗性（抗性倍数 5.6～34 倍）。与 2022 年监测结果相比，稻纵卷叶螟对氯虫苯甲酰胺抗性倍数显著上升；浙江等 7 省 24 县（市、区），二化螟对杀虫剂抗性具有明显的地域性，浙江、安徽、江西、湖南、广西、湖北等省大部分稻区二化螟种群对双酰胺类药剂氯虫苯甲酰胺均处于高水平抗性（抗性倍数 112～2706 倍）；对阿维菌素为敏感至高水平抗性（抗性倍数 1.2～313 倍），其中江西环鄱阳湖地区种群处于高水平抗性（抗性倍数 101～313 倍）；对有机磷类药剂三唑磷、毒死蜱为敏感至中等水平抗性（抗性倍数分别为 1.3～54 倍、2.5～29 倍）。与 2022 年监测结果相比，二化螟对氯虫苯甲酰胺高水平抗性区域已由浙江、江西、湖南双季稻区扩展至安徽、湖北单季稻区，应引起高度关注；浙江等 8 省（直辖市）11 县（市、区），麦长管蚜种群对氟啶虫胺腈处于中等至高水平抗性（抗性倍数 12～328 倍），其中山东潍坊种群为高水平抗性，抗性倍数为 328 倍；对吡虫啉、啶虫脒处于低至中等水平抗性（抗性倍数分别为 6.7～45 倍、5.6～33 倍），其中北京顺义、河北涿州、湖北襄阳、山西运城种群均为中等水平抗性。与 2022 年监测结果相比，麦长管蚜对吡虫啉、啶虫脒、氟啶虫胺腈抗性倍数有所上升。

2.2.2 昆虫抗药性机制

由于化学杀虫剂的广泛使用，昆虫对某些杀虫剂的耐受力明显增强而产生抗药性的现象日渐突出，这成为害虫防治的一大障碍，给作物保护带来了巨大的挑战。昆虫对某种杀虫剂产生抗性时，往往是不同机制同时发挥作用[14]。昆虫抗药性的主要机制有以下几种：

（1）代谢抗性[15-17] 代谢抗性是指昆虫在长期进化过程中，体内形成了具有代谢分解外来有毒物质的多种酶，如多功能氧化酶、酯酶、谷胱甘肽转移酶、脱氯化氢酶等，其过程涉及氧化作用、还原作用、水解作用、基团转移作用和轭合作用，这些代谢酶通过一系列作用把农药分解为毒性低、水溶性强的代谢物，排出体外，从而导致昆虫抗性产生。

① 细胞色素P450氧化酶系。细胞色素P450氧化酶系（cytochrome P450 monooxygenases，P450s）活性增加或基因表达上调被认为是昆虫对有机氯和拟除虫菊酯类杀虫剂产生抗性的主要原因之一。George等发现家蝇抗性品系P450活性较敏感品系有所增加，推测*P450*可能在家蝇的抗药性中起到一定作用。小菜蛾对拟除虫菊酯的抗性与*P450*基因上调有关，基因差异分析发现，8条特异的*P450*基因的转录水平增加了1.5～2.2倍。

② 谷胱甘肽S-转移酶。谷胱甘肽S-转移酶系（glutathione S-transferases，GSTs）是一类催化还原型谷胱甘肽（glutathione，GSH）与各种亲电性有毒物质（杀虫剂、醌类化合物及过氧化物等）进行亲核加成反应的酶。GST活性增强及基因表达量增加可导致昆虫对有机磷、拟除虫菊酯和有机氯产生抗性。Hardke等研究发现，草地贪夜蛾有机磷和拟除虫菊酯抗性品系中，GST活性比敏感品系高。Aman等克隆淡色库蚊拟除虫菊酯抗性品系编码GST的两条互补基因*CpGSTd 1*和*CpGSTd 2*发现，抗性品系基因表达量是敏感品系的2倍。

③ 非专一性酯酶。酯酶（esterases，ESTs）是能水解羧酸酯键和磷酸酯键的水解酶统称，在昆虫的有机磷、氨基甲酸酯、拟除虫菊酯类杀虫剂代谢抗性中起重要作用。Philippou等研究发现，桃蚜有机磷抗性品系和敏感品系中纯化的酯酶E4具有相似的活性中心，但抗性品系的酯酶E4活性高于敏感品系。Yang等研究棉铃虫抗久效磷品系发现，酯酶和其同工酶的过量表达是其抗性产生的重要原因。

（2）靶标抗性[15-19] 靶标抗性（target resistance）即杀虫剂作用的靶标基因发生突变，使杀虫剂与靶标蛋白的结合能力降低或消失。靶标抗性的分子基础是单基因以及一个或少数氨基酸突变。作用靶标主要有3类：乙酰胆碱酯酶（acetylcholinesterase，AChE）、钠离子通道（sodium channel，SC）和γ-氨基丁酸受体（GABA receptor）。

① 乙酰胆碱酯酶。乙酰胆碱酯酶（AChE）是一种抑制神经冲动传递的丝氨酸水解酶，是有机磷和氨基甲酸酯杀虫剂的作用靶标。昆虫的*AChE*基因发生突变导致产物结构发生变化，最终造成昆虫对杀虫剂敏感性降低，从而产生抗药性。Malekmohammadi等报道了马铃薯甲虫谷硫磷抗性品系的*AChE*基因S291G位置的碱基发生突变，进一步对抗性基因频率分析发现，伊朗4个地区的野生抗性种群S291G位点的突变率分别为66.6%、73.3%、53.3%和26.6%。Ju等研究小菜蛾苯硫磷高抗性品系发现，*AChE*基因有两个位点（G324A、A298S）发生突变，而被苯硫磷污染的敏感品系只有G324A位点发生突变，这说明A298S位点的突变对小菜蛾有机磷抗药性的产生有重要的作用。

② 钠离子通道。钠离子通道（SC）是昆虫对滴滴涕和拟除虫菊酯类杀虫剂的主要作用靶标，主要通过延迟正常的电压依赖性失活机制导致SC持续活化，使昆虫对滴滴涕和拟除虫菊酯敏感性下降，从而产生击倒抗性。Shin等对白纹伊蚊拟除虫菊酯抗性品系SNP位点进行检测时发现，抗性品系中突变位点的纯合子频率为53.8%，等位基因突变频率为73.1%，这是首次在白纹伊蚊中检测到击倒抗性基因。Rubia等同样在玉米象拟除虫菊酯抗性品系的钠离子通道基因Ⅱ区发现一个单突变点T929I。

③ γ-氨基丁酸受体。γ-氨基丁酸（GABA）是普遍存在于生物体内的重要抑制性神经传递物质，其功能十分广泛。可作用于神经兴奋信号受体，抑制神经传递。GABA受体结构的变化是昆虫对狄氏剂和氟虫腈产生抗性的主要机制。目前已有资料报道，GABA受体两处氨基酸置换（A296S和V327I）可导致不吉按蚊对狄氏剂敏感性降低；而冈比亚按蚊抗性品系GABA受体只有A296S位点发生置换。Toshifumi等对白背飞虱氟虫腈抗性品系和敏感品系进行测序，发现抗性品系GABA受体的跨膜区（M2）A2′N位点突变可能是抗药性产生的原因之一。

（3）行为抗性[15, 20] 即昆虫通过行为改变减少或逃避接触。昆虫受到杀虫剂的选择或影响，而改变了习性或行为，使昆虫个体向着利于生存的方面发展。例如二斑叶螨在取食菜豆时，对其释放的挥发物，能产生明显的逃避行为。

（4）穿透抗性[17, 21]　穿透抗性是通过昆虫的渗透屏障（昆虫表皮、消化道围食膜、中枢神经系统中的血脑屏障）结构和成分的改变，减少杀虫剂在体内的渗透率和残留量，缓解体内解毒作用的压力。主要分为减少进入体内的杀虫剂（表皮的渗透）及增加杀虫剂的排出（ABC 蛋白的运输）。

（5）螯合作用[14, 22]　螯合作用即昆虫某些酶能像海绵吸水一样大量结合农药，极显著减少农药到达其作用靶标，从而导致昆虫产生抗药性。

（6）CSP 介导的害虫抗药性新机制[22]　化学感受蛋白（chemosensory protein，CSP）介导昆虫抗药性是最新发现的抗性现象，但 CSP 影响害虫抗药性的机理及其表达调控尚未阐明。CSP 早期报道发现其在沙漠蝗（*Schistocerca gregaria*）中具有化学感受功能，故将其命名为化学感受蛋白。昆虫 CSP 具有稳定的三级结构，能结合大小和形状不同的内源和外源疏水化合物[23, 24]，其具有十分丰富的生物学功能。

2.2.3 昆虫抗药性治理策略

抗药性治理的目的在于寻求合适的途径以减缓、阻止害虫抗药性的发生、发展或使抗性害虫恢复到敏感状态，关键是要降低农药对害虫的选择压力[15, 16]。与综合防治不同，抗性治理更注重抗药性监测和抗药性水平的变化，减少农药的用量，通过各种措施延续抗药性的产生和发展。例如通过科学合理使用杀虫剂；结合栽培防治、物理防治、生物防治等方式最终来减少杀虫剂的使用量，降低杀虫剂对害虫的选择压力，从而延缓抗药性的产生，恢复害虫对杀虫剂的敏感性。

Bielza 提出了优化杀虫剂使用策略：一是仅在需要时使用杀虫剂；二是精确地施用杀虫剂；三是协调化学防治与其他防治方法。Georghion 等根据影响昆虫抗性发展的众多因素，从化学防治的角度提出了一套抗性治理的策略，策略根据不同情况分为三类：一是适度治理；二是饱和治理；三是复合治理。

（1）适度治理　适度治理主要是通过减少杀虫剂的使用，保留一部分敏感型基因个体，降低种群中抗性基因的频率，阻止或延缓抗药性的发展。

（2）饱和治理　饱和治理是采用高水平的施药技术，使大剂量药剂施于靶标害虫，消灭害虫种群中抗性遗传上的杂合子，达到延缓抗性发生发展的目的。一般认为杂合子抗性低于纯合子抗性，饱和治理的基本原理就是“高剂量高杀死”策略。即用较高的剂量杀死杂合子，使杂合子在功能上表现出隐性。在实施饱和治理措施时，一般在每次施药以后，要将对杀虫剂敏感的个体迁入防治区，才能达到延缓抗性发生发展的目的。

目前生产上采用的低剂量的药剂与增效剂混用也属于饱和治理策略，增效剂对昆虫体内相应的酶具有专一性的抑制作用，通过增效剂的应用可有效抑制昆虫体内某种代谢药剂酶活性，从而达到降低抗性、提高药剂防治效果的目的。例如增效醚（PBO）是多功能氧化酶（MFO）的专一性抑制剂；脱叶磷（DEF）是非特异性酯酶（EST）的专一性抑制剂；磷酸三苯酯（TPP）是羧酸酯酶（CarE）的专一性抑制剂；顺丁烯二酸二乙酯（DEM）是 GST 的专一性抑制剂等。Hainrihar 等报道了一种以辣椒碱及辣椒碱类似物与合成的表面活性剂为主要成分的农药增效剂，可以有效杀灭象鼻虫、蚜虫、飞蝗、蓟马科害虫等农作物害虫，持效期达 14 天，而单独使用农药，其活性成分对上述作物害虫的持效期不超过 24h。李菊林等采用增效醚混合溴氰菊酯杀灭按蚊，结果按蚊溴氰菊酯敏感品系和抗性品系增效比分别为 2.61 和 9.84，并且随着蚊虫抗性的上升其效果也随之增加。

（3）复合治理　通过药剂的混用、轮用、交替使用，作用于生物的多位点，使靶标不易产生抗性。同时在现有化学药剂的基础上有针对性地选择药剂，运用增效剂，改进施药方式[16, 25]。

① 杀虫剂混用。混用就是利用几种不同组分具有不同作用机制的化合物，形成交叉作用机制，在杀虫剂使用过程中，由于几乎不可能存在对几种化合物同时有抗药性的个体，所以一种化合物不能杀死的个体将被另一种化合物杀死。一般要求混用在害虫种群形成抗性之前或初期，而且要求各组分的持效期应大体相等，以免持效期过长的组分在后期形成单一药剂的选择作用。Leathwick 等提出了两种治理策略克服或延缓蛇形毛圆线虫抗药性的形成。一是采用双氢除虫菌素和左咪唑混合施药；二是预留 10%未处理的羊羔，为蛇形毛圆线虫提供“庇护区”。治理后蛇形毛圆线虫减少了 95%。王新国等研究发现氯氰菊酯、残杀威、敌敌畏复配药剂对产生抗药性的淡色库蚊具有良好的毒杀效果，并且可以延缓抗药性的发展。

② 杀虫剂轮用。杀虫剂轮用治理抗性成功的关键则是轮用的间隔期。一般要求在害虫种群对该药剂的抗性消失以后才能启用，抗性消失需要的时间，即轮用的间隔期。杀虫剂轮用成功的例子很多，例如何林等用哒螨灵与阿维菌素各轮换使用 18 代，朱砂叶螨对二者没有产生明显的抗药性。

③ 分区施药。分区施药又称镶嵌施药，是指将一个防治区内分成不同的小区，各小区分别施用作用机制不同的药剂，这其实是杀虫剂混用或轮用概念的延伸。混用概念的延伸就是在一个治理区域的不同分区使用不同的杀虫剂，避免在同一区域形成抗性相同的种群。施药后，存活的个体在各区域间交换，原本在本区域存活下来的害虫扩散到另一区域被不同作用机制的杀虫剂杀死，这种分区施药的效果相当于杀虫剂的混用。例如蚊虫的防治，可以在房间不同的墙面使用不同的杀虫剂，这样蚊虫种群在同一时间接触不同的杀虫剂。如果施药后存活个体没有扩散，而是在下一个世代扩散，则害虫与下一代接触的是不同作用机制的杀虫剂，这时分区施药的效果相当于杀虫剂的轮用。例如防治家蝇的幼虫，各小区的距离可以在几百米到 1km，使用不同的杀虫剂，这样家蝇在当代和下一代会接触不同的杀虫剂。

在传统抗性治理的基础上，根据昆虫种群遗传学和昆虫生态学理论，Bt 抗性治理策略应运而生。其中，高剂量/庇护所策略是目前农业生产管理中应用最为广泛的 Bt 抗性治理策略[26]。通常说的 Bt 毒蛋白一般来源于苏云金芽孢杆菌（*Bacillus thuringiensis*，Bt），其杀虫活性成分中的杀虫晶体蛋白（insecticidal crystal protein，ICP）被目标昆虫取食后，在昆虫中肠的碱性环境中被降解为具有毒性的活性肽，并与昆虫中肠道上皮纹缘膜细胞上的特异受体相结合，引起细胞膜穿孔，破坏细胞渗透平衡，最终导致昆虫停止取食而死亡。其主要针对的是靶标害虫，对人类、脊椎动物和植物无毒，并可以实现自身的生物降解[27]。

2.3 草害抗性发展及治理

农田杂草无处不在，严重制约了全球粮食农作物的产量和品质。我国是遭受杂草危害最严重的国家之一，每年由于杂草危害造成的作物产量损失达 9.7%。化学除草剂因具有高效、快速、经济、节省劳动力等优点而被普遍用于农业生产，很大程度上替代了手工及机械除草。但由于长期过度使用除草剂，杂草抗药性加速产生。目前，杂草抗性问题已经是威胁我国粮食安全的重要问题之一。抗性杂草的存在使得相应除草剂的防治效果降低，选用除草剂难度增加，除草剂复配组合种类、剂量增加，这些不仅增加了杂草防治成本，造成作物产量损失，而且已对我国农田杂草防控、生态环境和粮食安全造成严重威胁。

2.3.1 杂草抗药性的发展

1942 年 2,4-滴的发现，开启了化学除草之门，自 20 世纪 50 年代在加拿大和美国分别发现抗 2,4-滴的野生胡萝卜和铺散鸭跖草以来，全球抗药性杂草生物型数量一直呈上升趋势。国际除草剂抗性杂草调查数据统计，截至 2022 年 12 月，全球已有 72 个国家的 98 种作物中出现了抗除草剂杂草，包括 268 种（154 种双子叶植物和 114 种单子叶植物）杂草的 520 个生物型，进化出对 31 个已知除草剂作用位点中的 21 个和 165 种不同除草剂的抗性（图 2-2）[28-31]。

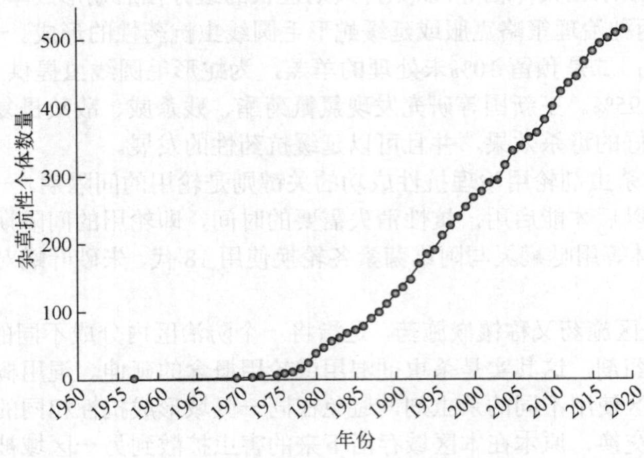

图 2-2 全球杂草抗性个体数量发生情况

我国 20 世纪 90 年代以前少有杂草抗性报道。1990 年，苏少泉和唐洪元分别发现了日本看麦娘和反枝苋对绿麦隆和莠去津的抗性[32]。进入 21 世纪，我国杂草抗性报道逐渐增加，目前发现 44 个生物型对乙酰辅酶 A 羧化酶、乙酰乳酸合成酶、光系统Ⅰ、光系统Ⅱ、5-烯醇丙酮酰莽草酸合成酶、合成激素类除草剂产生抗性，抗性杂草数量居世界第 5 位[33]（表 2-1）。抗性杂草发生在水稻、小麦、玉米、大豆、棉花、油菜等主要作物田及果园，其中抗药性杂草发生最为严重的作物为水稻、小麦和大豆，发生最为严重杂草为禾本科、菊科和十字花科杂草。涉及抗药性杂草生物型最多的为乙酰辅酶 A 羧化酶抑制剂类除草剂、乙酰乳酸合成酶抑制剂类除草剂[29]。

表 2-1 不同国家抗药性杂草生物型数量

国家	抗性杂草生物型数量	A	B	C1	C2	D	G	K1	O	其他
美国	131	15	56	0	0	6	18	6	11	19
澳大利亚	91	14	27	0	0	11	21	3	4	11
加拿大	56	5	25	0	0	3	8	1	7	7
巴西	50	7	20	0	0	1	12	0	4	6
中国	48	10	22	0	0	5	2	0	5	4

注：A：乙酰辅酶 A 羧化酶抑制剂；B：乙酰乳酸合成酶抑制剂；C1 和 C2：光系统Ⅱ抑制剂；D：光系统Ⅰ电子传递抑制剂；G：5-烯醇丙酮酰莽草酸合成酶抑制剂；K1：微管组装抑制剂；O：合成激素类。

据全国农业技术推广服务中心初步统计，目前中国已有 24 种杂草对农药产生了抗性[9]。有稻田稗草（对丁草胺、二氯喹啉酸、五氟磺草胺有抗性）、千金子（对氰氟草酯有抗性）、野慈姑（对丁草胺、噁草酮、苄嘧磺隆有抗性）、鸭跖草（对磺酰脲类有抗性）；小麦田看麦娘、茵草（对绿麦隆、精噁唑禾草灵有抗性），猪殃殃（对苯磺隆有抗性）；玉米田马唐（对莠去津、烟嘧磺隆有抗性）、果园牛筋草（对草甘膦有抗性）等。

从作物上看，小麦田杂草抗药性较为严重。其中，江苏、安徽、山东等省份的小麦田主要杂草看麦娘对精噁唑禾草灵的抗性发生率较高达 67%，山东省播娘蒿、荠菜的抗性发生率较高，其中大部分荠菜种群对苯磺隆产生高水平的抗药性。

如 2023 年全国农业有害生物抗药性监测报告显示[10]，从黑龙江等 9 省 33 县（市、区）稻田中采集稗草种群 188 个，监测发现稗草种群对五氟磺草胺抗性以中等至高水平为主，江西、湖南、黑龙江省高水平抗性种群占比超过 50%，江苏、湖北、吉林中等水平抗性种群占比为 33%～42%；对二氯喹啉酸抗性以中等至高水平为主，江西、湖北、湖南、浙江、黑龙江省高水平抗性种群占比超过 40%，吉林中等水平抗性种群占比为 38%；黑龙江、江西省对噁唑酰草胺抗性水平较高，中等以上抗性种群占比分别为 87%、70%；江西、黑龙江、辽宁省对氰氟草酯抗性水平较高，中等水平抗性种群占比为 27%～40%。从湖南等 5 省 14 县（市、区）稻田中采集千金子种群 93 个，发现千金子种群对噁唑酰草胺抗性以中等至高水平为主，江苏、浙江、四川高水平抗性种群占比超过 40%，湖南中等水平抗性种群占比为 75%；江苏、浙江对氰氟草酯抗性水平较高，中等以上抗性种群占比分别为 33%、27%。从河南等 6 省 23 县（市、区）麦田中共采集节节麦种群 120 个，监测发现山西洪洞、陕西宝鸡市陈仓区、陕西蒲城种群对甲基二磺隆抗性已达高水平抗性（抗性指数 11～16 倍），与 2022 年相比，抗性指数有所上升。从江苏等 3 省 10 县（市、区）麦田中共采集茵草种群 60 个，监测发现茵草种群对炔草酯抗性以高水平为主（抗性指数 11～55 倍），江苏、浙江、湖北等省高水平抗性种群占比均超过 60%；湖北仙桃，江苏阜宁、邗江、洪泽种群对甲基二磺隆抗性已达高水平抗性（抗性指数 11～19 倍）。

2.3.2 杂草抗药性机制

由于生长习性、生理代谢特征存在差异，不同杂草抗药性呈现复杂、多样化特征。杂草抗药性的产生、抗性程度及传播受多种因素共同影响，杂草抗药性机制涉及杂草生物学特性、除草剂作用机理以及杂草与除草剂之间的相互作用等多个方面。除草剂抗药机制主要为靶标抗性和非靶标抗性，其中靶标抗性包括除草剂作用位点改变、基因倍增及过量表达；非靶标抗性主要包括代谢解毒能力增强、屏蔽作用或与作用位点的隔离作用等[30, 33]。

（1）靶标抗性机理　杂草靶标抗性机理包括除草剂靶标位点突变和靶标酶过量表达，导致杂草对除草剂的敏感性下降。

杂草体内除草剂作用位点改变。杂草体内与除草剂结合并作用的化合物表达基因发生突变，导致其表达产物对除草剂亲和力和敏感性下降，原有除草剂不能阻断其生理功能，杂草对除草剂的抗性就此产生。如乙酰乳酸合成酶（ALS）抑制剂类除草剂，杂草对 ALS 抑制除草剂抗性产生主要由于 *ALS* 基因关键保守区域位点发生突变，导致除草剂与杂草体内 ALS 亲和力和敏感性下降，除草剂再不能干扰氨基酸的正常合成。类似地，杂草对光系统Ⅱ（PSⅡ）抑制剂类除草剂（三嗪类除草剂）的抗性也属此类抗性机制范畴。

基因倍增及过量表达。除了靶向突变，基因倍增及过量表达也是导致杂草产生抗药性的机制之一。近年来研究人员发现，*EPSPS* 基因除了保守序列发生位点突变导致抗药性产生外，还存在着另外一种主要机制。Gaines 等研究发现，杂草体内 100 倍的 *EPSPS* 基因扩增会导致 EPSPS 酶过量表达 40 倍以上，从而赋予长芒苋（*Amaranthus palmeri*）极高抗药性。基因倍增及过量表达可能是通过大幅提高代谢水平，从而导致抗药性增加。

（2）非靶标抗性机理　非靶标抗性一般由除草剂渗透减少、杂草吸收传导改变、解毒代谢能力增强和过氧化物酶的保护作用等多种原因引起。目前研究较多的是解毒代谢介导的抗性。杂草对除草剂的代谢解毒能力主要是将抑制剂快速代谢为无毒产物，从而导致除草剂产生抗性。参与除草剂代谢降解的物质有谷胱甘肽 S-转移酶（GST）、细胞色素单加氧酶（P450）、抗氧化酶系统等。GST 可以与某些除草剂产生轭合作用，降低除草剂在杂草体内的转移能力和活性。

杂草对除草剂的屏蔽作用或与作用位点的隔离作用是杂草抗药性的另一种机制，主要作用是阻止除草剂到达作用位点，与除草剂在杂草体内的运输途径和方向直接相关。这种抗性主要表现在除草剂在杂草中的运输方向存在差异，与在杂草体内的保留和吸收含量无明显关系。

（3）内生菌介导的杂草抗药性新机理[30] Liu 等[34]发现棒头草（*Polypogon fugax* Nees ex Steud.）抗性种群中精喹禾灵内生降解菌数量和降解速率均高于敏感种群。该研究首次报道了内生菌增强杂草对除草剂的抗药性，为杂草抗药性机制研究开辟了新思路。

2.3.3 杂草抗药性的解决途径

杂草抗药性治理对于保护作物产量和品质、保障农业生产安全、维护生态平衡及推动农业科技进步都具有重要意义。因此，必须高度重视杂草抗药性治理工作，采取有效措施加以应对。一些减缓或解决杂草抗药性的途径或措施归纳如下：

（1）加强杂草发生危害的监测预警[29] 加强抗药性杂草发生范围、发展动态、危害程度监测及抗性机理研究，完善杂草抗药性风险评估体系，有助于精准选择除草剂种类和防治时期，提高防治效果，也有助于延长优质除草剂的生命周期。

（2）推广农艺防除措施[28, 29, 33] 农艺措施可以有效减缓杂草抗药性演化速度，例如合理的农业生产操作包括翻耕、轮作、机械除草，不同作物轮换种植等调整种植结构措施，薄膜覆盖防草技术，稻草覆盖、草籽打捞、机械碾碎等洁净控草技术等。翻耕、整地及覆盖可将草籽埋在土壤深层，减少杂草萌发。合理轮作可使轮作植物释放化感物质，有效防治杂草。

（3）合理使用除草剂[28, 29, 33] 长期使用单个除草剂会导致杂草抗药性的产生和传播，但是杂草抗药性的产生是一个复杂的适应过程，化学除草剂仍然是最高效的除草方式。除草剂的合理使用包括多种作用机制不同的除草剂交替使用及多种除草剂混用和阈值水平内使用除草剂等，这样不仅可以较大程度避免、延缓和控制杂草产生抗药性，并且还可以扩大杀草谱、减少除草剂用量和降低成本等。

（4）推进统防统治[29, 30, 35] 专业化统防统治，通过培育具备一定植保专业技术条件的服务组织，采用现代装备和技术，开展社会化、规模化、集约化农作物病虫草害防治服务，以提高有害生物防治效果、效率和效益。如华南农业大学成功研制了“3ZSC-190W”型无人驾驶水稻中耕除草机，可以有效防除杂草，减少除草剂的使用量[36]。

（5）生态防治技术[30, 33] 稻田生态系统中，稻田养鸭、稻鸭萍、稻虾等综合种养模式是控制杂草生长的有效措施，同时还能提高农业经济效益。

（6）新型除草剂的研制及推广应用[28-30, 33] 国内企业应注重原创性研究，尤其是重视针对不同区域、不同作物田难治杂草和抗药性杂草研发高效、安全的防治方案。例如青岛清原作物科学有限公司自主研发并成功商业化的三唑磺草酮开创了 HPPD 抑制剂类除草剂安全用于直播稻田苗后茎叶喷雾处理防除杂草的先河，在稻田抗性杂草的治理中应用前景广阔；新型 HPPD 抑制剂类除草剂双唑草酮、环吡氟草酮为麦田现有的化学防除体系提供了新动力，特别是为麦田抗性杂草的可持续防控提供了新方案[37]。

生物除草剂开发日益受到重视，植物间的化感作用为杂草治理提供了新的思路。例如根据化感作用可以直接从植物中提取目标化感物质或者人工合成类似物来制成除草剂[38]。Xiao 等从牛筋草病叶中分离出致病菌株 SYNJC-2-2，其有潜力被开发为一种生物除草剂用于防控牛筋草、狗尾草等[39]。植物毒素作为天然化合物，有望开发成新型除草剂[40]等。

（7）耐除草剂作物开发与转录组学在杂草抗性相关机理研究中的应用[28, 29] 耐草甘膦、草铵膦作物的种植能够使非选择性除草剂应用于作物田，在扩大杀草谱、提高防效、拓宽施药期、避免环境对药效影响、保证后茬作物安全等诸多方面占有优势[41]。

明确杂草抗性产生的机理，筛选抗性相关基因和挖掘潜在新型靶标基因对于减缓或杜绝杂草抗药性的产生至关重要。非靶标抗性中诸多机制的发挥都伴随着相应基因的表达变化过程，目前转录组[42]分析技术已经应用到杂草非靶标抗性研究方面。

参考文献

[1] 全国农技推广中心. 2021 年农作物重大病虫害将呈重发态势. 中国农资, 2021 (04): 16.

[2] 吴志华. 农药抗性. 湖南农业, 2015 (12): 15.

[3] 杨国璋. 农药与有害生物抗性简述. 农药, 2017, 56(03): 213-215.

[4] 周子燕，李昌春，高同春，等. 三唑类杀菌剂的研究进展. 安徽农业科学, 2008, 36(27): 11842-11844.

[5] 张承来，欧晓明. 植物病原物对杀菌剂的抗药性机制概述. 湖南化工, 2000, 30(5): 7-10.

[6] 赵健钦，金京，陈杰. QoI 类杀菌剂应用与抗性机制研究进展. 世界农药, 2023, 45(7): 19-30.

[7] Matsson M, Hederstedt L. The carboxin-binding site on paracoccus denitrificans succinate: quinone reductase identified by mutations. Journal of Bioenergetics and Biomembranes, 2001, 33(2): 99-105.

[8] 赵平，白雪婧，邓云艳，等. 琥珀酸脱氢酶抑制剂(SDHI)类杀菌剂抗性机制研究进展. 农药, 2022, 61(6): 391-395, 405.

[9] 80 多种病虫草害已对农药产生抗性！治顽疾还需对症下药 2018 中国农田抗性有害生物解决方案高峰论坛报道. 广西南宁, 2018-8-4. https://www.sohu.com/a/247080472_740796.

[10] 全国农技推广网. 2021 年、2022 年、2023 年全国农业有害生物抗药性监测报告. https://www.natesc.org.cn/News/NewsSearchListPage?orsen=%E7%9B%91%E6%B5%8B%E6%8A%A5%E5%91%8A&channelid=282019.

[11] 刘西莉，苗建强，张灿. 植物病原菌抗药性及其抗性治理策略. 农药学学报, 2022, 24(5): 921-936.

[12] 陈凯. 杀菌剂抗性阻止与治理概述. 江苏农业科学, 2009, 37 (05):145-147.

[13] 何秀玲. 害虫抗药性研究与治理状况概述. 世界农药, 2013, 35(5): 34-38.

[14] Hopkins D J, Fraser N J, Mabbitt P D, et al. Structure of an insecticide sequestering carboxylesterase from the disease vector *Culex quinquefasciatus*: what makes an enzyme a good insecticide sponge? . Biochemistry, 2017, 56 (41) : 5512-5525.

[15] 岳建苏，李晓娇，陈飞，等. 昆虫抗药性的产生和治理. 中国南方果树, 2013, 42(4): 35-40.

[16] 张丽阳，刘承兰. 昆虫抗药性机制及抗性治理研究进展. 环境昆虫学报, 2016, 38 (3) : 640-647.

[17] 吴有刚，金京，杨胜祥，等. 昆虫抗药性产生机制. 生物安全学报, 2019, 28(3) : 159-169.

[18] Casida J.E., Durkin K.A. Neuroactive insecticides: targets, selectivity, resistance, and secondary effects [J]. Annual Review of Entomology, 2013, 58: 99-117.

[19] Panini M, Manicardi G C, Moores G D, et al. An overview of the main pathway of metabolic resistance insects . ISJ -Invertebrate Survival Journal, 2016, 13: 326-335.

[20] Zalucki M P, Furlong M. Behavior as a mechanism of insecticide resistance: Evaluation of the evidence. Current Opinion in Insect Science, 2017, 21: 19-25.

[21] Samal R R, Kumar S. Cuticular thickening associated with insecticide resistance in dengue vector, *Aedes aegypti* L. International Journal of Tropical Insect Science, 2020, 41 (1) : 809-820.

[22] 乔宪凤，张晓赫，彭雄，等. CSP 介导的害虫抗药性新机制研究进展. 环境昆虫学报, 2023, 45 (2) : 360-366.

[23] Pelosi P，Iovinella I，Zhu J，et al. Beyond chemoreception: Diverse tasks of soluble olfactory proteins in insects . Biological reviews, 2018, 93 (1): 184-200.

[24] 刘孝贺，孙丽娜，张怀江，等. 昆虫化学感受蛋白研究进展. 农学学报, 2020, 10 (6) : 22-26.

[25] 陶黎明. 昆虫抗药性及其治理对策的研究. 上海: 中国科学院研究生院(上海生命科学研究院), 2005.

[26] Gould F. Sustainability of transgenic insecticidal cultivars: Integrating pest genetics and ecology. Annual Review of Entomology, 1998, 43 (1) : 701-726.

[27] Bravo A, Gill S S, Soberón M. Mode of action of *Bacillus thuringiensis* Cry and Cyt toxins and their potential for insect control. Toxicon, 2007, 49 (4) : 423-435.

[28] 李健，李美，高兴祥，等. 杂草抗药性及其机理研究进展. 山东农业科学, 2016, 48(12) : 165-170.

[29] 李香菊. 近年我国农田杂草防控中的突出问题与治理对策. 植物保护, 2018, 44(5): 77-78.

[30] 潘浪，刘敏，刘伟堂，等. 我国杂草科学学科发展现状与展望. 植物保护, 2023, 49(5): 295-302.

[31] 柏连阳. 中国农田杂草抗药性状况与治理技术. 绿色植保与乡村振兴——中国植物保护学会 2018 年学术年会论文集. 2018.

[32] Herbicide resistant weeds in China[EB/OL]. http://www.weedscience.org.

[33] 邱芳心，杜桂萍，刘开林，等. 杂草抗药性及其治理策略研究进展. 杂草科学, 2015, 33(02): 1-6.

[34] Liu K, Luo K, Mao A X, *et* al. Endophytes enhance Asia minor bluegrass (*Polypogon fugax*) resistance to quizalofop-*p*-ethyl [J]. Plant and Soil, 2020, 20(1): 450(1-2): 373-384.

[35] 危朝安. 专业化统防统治是现代农业发展的重要选择. 中国植保导刊, 2011, 31(9): 5-8.

[36] Liu C, Yang K Q, Chen Y, et al. Benefits of mechanical weeding for weed control, rice growth characteristics and yield in paddy fields. Field Crops Research, 2023, 293: 108852.

[37] 清原农冠(清原农冠公众号). 世界水稻田抗性杂草化防体系演进及 HPPD 抑制剂发展前景, 2022-05-11; 除草科学新未来，清原农冠®全球专利环吡、双唑中国首发仪式在南京召开 | 新动向, 2018-11-05.

[38] 徐正浩, 谢国雄, 周宇杰, 等. 不同株型和化感作用特性水稻对 3 种稻田主要杂草的干扰控制作用. 作物学报, 2013, 39(7): 1293-1302.

[39] Xiao W, Li J J, Zhang Y X, et al. A fungal *Bipolaris bicolor* strain as a potential bioherbicide for goosegrass (*Eleusine indica*) control. Pest Management Science, 2022, 78(3): 1251-1264.

[40] Dayan F E, Duke S O. Natural compounds as next-generation herbicides. Plant Physiology, 2014, 166(3) : 1090-1105.

[41] 李香菊, 崔海兰. 转基因耐草甘膦作物的环境安全性. 植物保护, 2011, 37(6): 38-43.

[42] Costa V, Angelini C, De F, et al. Uncovering the complexity of transcriptomes with RNA-Seq. J. Biomed. Biotechnol., 2010: 1-19.

第 3 章 杀菌剂的创制

3.1 中国创制杀菌剂概论

新中国成立以来，中国耕地面积波动起伏，近 10 年来维持在 1.35 亿公顷左右，而中国粮食自给率逐年降低，每年需从外国进口粮食[1]。由于增加耕地面积难度很大，所以提高单位面积粮食产量与质量成了至关重要的解决方法。提高单产方法很多，但施用农药则是一种投入产出比很高（最高达 1：20）的措施，不仅可有效地防治病虫草害，而且在增加单位面积粮食产量的同时，还可以提升质量[2]。

新中国成立以来，中国农药生产水平不断提升，到目前为止，生产能力已达到世界领先水平[3]。虽然生产能力强，但创制能力还比较薄弱，主要是新农药创制难度大，且新品种必须同时满足五要素（安全性高、效果好、成本低、专利权稳定、市场潜力大）或者“高效、安全、经济”(经济相当于成本低、专利权稳定、市场潜力大，高效就是指效果好）[4]。Phillips McDougall 公司统计，成功上市 1 个新农药品种，平均需要筛选 16 万个化合物，耗资约 3 亿美元，耗时 12 年[5]，农药创制之难可见一斑。

农药新品种不仅要求效果好，而且要比现有产品更安全，性价比优势更明显，许多候选化合物都是化合物活性过关，却输在了安全性或性价比上。加之还有抗性问题，由于农业有害昆虫和病害繁殖能力强（如棉蚜和螨一年可繁殖 30～40 代），草害也多是一年生杂草，若施药方法不当或时间不合适，就极易导致病虫草害产生抗药性，如新杀螨剂上市往往不超过 3 年，抗性螨类就会出现，整体使用寿命一般也只有 5 年[6]。除此之外，随着对农药安全风险评估的要求越来越高，农药登记标准不断地提高完善，这些都使得新农药的创制与开发难度愈来愈大。正因为如此，到目前为止，中国农药创制品种仅有 50 余种，因效果或性价比等因素，大面积推广应用的也就 10 多种，该比例与世界上发明的 2000 余种农药中大面积应用的品种有 600 多种的情况基本相同[7]。

对中国农药工业起步和发展与新农药品种的创制和开发的介绍已有多篇综述[8-13]。在老一辈化学家为农药工业发展奠定的基础上，中国农药品种研发在 20 世纪 50 年代后期进入了快速发展阶段。50 年代末至 60 年代，南开大学元素有机化学研究所在杨石先先生领导下，启动了当时国家需求的农药品种研制计划[14]；中国科学院上海有机化学研究所梅斌夫先生根据大蒜素优异的生物活性，选用廉价、低毒的乙醇作为原料，研发了乙蒜素（抗菌剂 401 和抗菌剂 402 的有效成分），于 1964 年正式投产[15]。70 年代初期，沈阳化工研究院张少铭先生率先研发出内吸性杀菌剂多菌灵[16]，在防治小麦赤霉病等多种重大病害中发挥了重要的作用，现仍在大量使用；上海农药研究所沈寅初先生研发的农用抗生素井冈霉素[17]，直到现在也是防治水稻纹枯病的重要药剂；上海农药研究所与中国农业科学院等单位研发的杀菌拌种剂拌种灵(CAS:21452-14-2)可有效地防治棉苗根病；后续四川省化工研究院研发的叶枯唑(川化018)（部分代表品种的结构式见图 3-1）[18]，均在农业生产中发挥了积极的作用。这里使用“研发”或者“研制”而不用“创制”，主要是中国在当时还没有实施专利法，加之这一时期研制或研发的品种虽不断涌现，但受当时科研条件以及其他因素的制约，只有少部分化合物属于自主原创[19,20]。尽管如此，这并不影响他们为农业生产做出重大贡献，也为日后中国的新农药创制打下了坚实的基础。

乙蒜素ethylicin
CAS:682-91-7

多菌灵carbendazim
CAS:10605-21-7

井冈霉素validamycin
CAS:37248-47-8

叶枯唑
bismerthiazol
CAS:79319-85-0

图 3-1 中国专利法实施前部分代表杀菌品种

1985 年 4 月 1 日专利法实施后，南开大学与沈阳化工研究院率先申请了一批农药品种的制备方法专利[21,22]。1992 年专利法第一次修订，将化合物的保护纳入其中，并将保护期限延长至 20 年，增强了对创制新农药化学结构的保护，使农药创制逐步走上了正轨[23]。1995 年 8 月 28 日（优先权日），沈阳化工研究院申请了中国第一个创制的含氟农药品种氟吗啉的专利《含氟二苯基丙烯酰胺类杀菌剂》[24]。

近 30 年来，在国家相关部门的支持下，先后建成了以沈阳中化农药化工研发有限公司（原沈阳化工研究院农药研究所）与南开大学为基地的北方农药创制中心和以湖南化工研究院、浙江省化工研究院、江苏省农药研究所以及上海市农药研究所为基地的南方农药创制中心；同时参与新农药创制研究的还有中国科学院上海有机化学研究所、华东理工大学、华中师范大学、贵州大学、中国农业大学、江苏扬农化工股份有限公司和青岛清原化合物有限公司等 40 余家单位和企业[25]；加之国家科技支撑计划、自然科学基金(NSFC)、863 计划及 973 计划等项目的支持[26]，中国新农药的自主创制脚步明显加快，自主创制品种逐年递增。据不完全统计，截至 2019 年 7 月底，中国开发或自主创制并获得过登记的农药新品种有 54 个，获得正式登记的有 37 个（经过检索发现，获得中国登记的大部分植物源农药，其化学结构和生物活性均早有报道，所以只列举了部分研发的植物源农药品种，没有化学结构的如微生物菌或病毒农药、天敌农药等未统计在内）。严格意义上讲，获得过农药登记的部分化合物不属于创制品种，因为化合物的化学结构和生物活性早有报道。通常认为，化学结构和活性都是未知，或者化学结构已知但活性未知的才算创制品种。其中获得正式登记的部分品种和未正式登记的部分品种，由于市场潜力小、存在药害或毒性高或性价比低等原因而导致其并未被广泛应用，有些专利没有到期但因未缴年费而导致专利权终止，故现在市场上大面积推广应用的农药品种也就 10 多种。编者汇总了截至目前在我国获得登记或曾经获得过登记的 18 个农用杀真菌剂品种，并按专利申请时间先后排序（见表 3-1）。

表 3-1　中国创制或开发的杀真菌剂品种一览表[①]

原（母）药登记号	中（英）文名称	CAS 号	结构类型	专利申请日
PD20060039	氟吗啉（flumorph）	211867-47-9	吗啉类	19960821
PD20070339	烯肟菌酯（enoxastrobin）	238410-11-2	甲氧基丙烯酸酯类	19980210
PD20080773	啶菌噁唑（pyrisoxazole）	847749-37-5	噁唑类	19990714
PD20095214	烯肟菌胺（fenaminstrobin）	366815-39-6	甲氧基丙烯酸酯类	20000224
PD20097120	宁南霉素（ningnanmycin）	156410-09-2	抗生素类	19930423
PD20110314	申嗪霉素（phenazino-1-carboxylil acid）	2538-68-3	抗生素类	20020208
PD20121663	氰烯菌酯（phenamacril）	39491-78-6	氰基丙烯酸酯类	20010508
PD20150155	蛇床子素（osthole）	484-12-8	生物源	20010808
PD20151573	苯醚菌酯	852369-40-5	甲氧基丙烯酸酯类	20030325
PD20161257	氯啶菌酯（triclopyricarb）	902760-40-1	甲氧基丙烯酸酯类	20050206
PD20161260	丁香菌酯（coumoxystrobin）	850881-70-8	甲氧基丙烯酸酯类	20031111
PD20170010	氟醚菌酰胺（fluopimomide）	1309859-39-9	酰胺类杀菌剂	20100907
PD20181599	唑菌酯（pyraoxystrobin）	862588-11-2	甲氧基丙烯酸酯类	20040220
PD20181610	丁吡吗啉（pyrimorph）	868390-90-3	吗啉类	20030701
PD20190058	补骨脂种子提取物（isobavachalcone）	20784-50-3	黄酮类	20080125
LS20110235[②]	唑胺菌酯（pyrametostrobin）	915410-70-7	甲氧基丙烯酸酯类	20050526
LS20072567[②]	长川霉素（ascomycin）	104987-12-4	抗生素类	20011008
LS20021932[②]	金核霉素（aureonuclemycin）	123970-01-4	抗生素类	19870318

注：[①]按登记时间排序；[②]表示已过有效期。

由于中国专利法 1985 年才开始实施，加之新农药创制难度极大，所以中国发明的大多数化合物多与已有农药品种化学结构（类型）有关。部分化合物属于已有专利范围内，创新性有限，与国外大公司相比，差距很大。但从申请专利的时间顺序上来看，近些年来登记的一些创制品种，已经体现了中国农药创制水平在不断提高。

在国家和相关部门的支持下，中国新农药创制在平台建设、理论体系发展、方法创新和品种创制上均取得了显著的进步[27,28]，为广大农药科学工作者提供了很好的科研环境。期待中国农药创制科研工作者能抓住机会，与时俱进，高度重视化合物创新、重视性价比，同时采用科学的方法，不断提升中国新农药的创制成功率和创制水平。以市场为导向，参照中间体衍生化法，在研究之初就考虑开发，从便宜易得、安全环保的原料出发，或者参照活性基团拼接，基于基因组、基于配体、基于受体结构或靶点结构、基于片段、基于药效团、基于骨架跃迁，以及基于天然产物、代谢产物等适宜的创新策略[29]设计新化合物分子结构，经过筛选发现新的先导化合物，再经多轮 DSTA 优化研究，最终创制出与环境相容的“重磅炸弹”，也即符合 5 要素（效果好、成本低、安全性高、专利权稳定、市场前景好）的绿色农药或生态农药，更好地为农业提质增效、减量增效、增产增收服务，为实现绿水青山和为人类提供安全放心食品而努力奋斗。

参考文献

[1] 中华人民共和国自然资源部. 2017 中国土地矿产海洋资源统计公报发布. (2018-05-21)[2019-08-08]. http://www.mnr.gov.cn/sj/tjgb/.
[2] 李正名. 农药化学现状和发展动向. 应用化学, 1993, 10(5): 14-21.
[3] 周喜应. 浅谈我国的农药与粮食安全. 农药科学与管理, 2014, 35(8): 5-8.
[4] 刘长令. 新农药研究开发文集. 北京: 化学工业出版社, 2002.
[5] Mcdougall P. The cost of new agrochemical product discovery, development and registration in 1995, 2000, 2005-8 and 2010-2014. R&D expenditure in 2014 and expectations for 2019. 2016-03-15.
[6] 张一宾. 全球杀螨剂市场的发展. 世界农药, 2017, 39 (1): 18-21.
[7] 刘长令，关爱莹，李淼，等. 中间体衍生化法与新农药创制. 农药, 2019, 58(3): 157-164.
[8] 李正名. 我国农药化学进展. 化学通报, 1992, 55(8): 31-35.
[9] Li Z M, Zhang Y B. The outset innovation of agrochemicals in China. Outlooks on Pest Management, 2008, 19(3): 136-138.
[10] 李宗成. 中国农药的创制. 中国农药, 2008 (2): 11-20.
[11] 尹仪民. 我国现代农药工业起步和发展的几个关键时期——为庆祝建国六十周年. 化学工业, 2009, 27(7): 13-22.
[12] 沈寅初. 我国微生物源杀菌抗生素的研究开发. 世界农药, 2011, 33(4): 1-3, 15.
[13] 宋宝安，吴剑，李阳. 我国农药创新研究回顾及思考. 农药市场信息, 2019 (8): 6-11.
[14] 杨光伟. 杨石先传. 天津: 南开大学出版社, 1991.
[15] 中国科学院上海有机化学研究所四室. 抗菌剂 401 和抗菌剂 402 的初步报告. 有机化学, 1977(Z1): 1-2.
[16] 张少铭. 内吸性杀菌剂多菌灵(苯并咪唑 44#)研究(第一报). 农药, 1973(1): 11-25.
[17] 广东省农科院植保所稻病组. 新农用抗菌素井冈霉素试制成功. 广东农业科学, 1974(3): 63-64.
[18] 北京市农科所. 我国研制成功一批新农药. 科技简报, 1972(16): 5.
[19] 沈光斌，周明国. 叶枯唑防治水稻白叶枯病的作用方式研究. 农药学学报, 2001, 3(3): 35-39.
[20] 张景龄，刘钊杰，贺红武，等. 甲基异柳磷合成工艺研究. 华中师院学报(自然科学版), 1982, 16(2): 67-75.
[21] 王笃祜，彭永冰. 制取三唑醇的方法: CN85102944. 1986-01-10.
[22] 林柄栋，翟树德，蔡一江，等. 由 *N*-(2, 6-二甲苯基)氨基丙酸甲酯合成甲霜灵的新方法: CN85106327. 1986-11-26.
[23] 李正名，贾国锋，王玲秀，等. 新型磺酰脲类化合物除草剂: CN1106393. 1995-08-09.
[24] 李宗成，刘长令，刘武成. 含氟二苯基丙烯酰胺类杀菌剂: CN1155977. 1997-08-06.
[25] 李钟华. 农药产业崛起中国力量. 农药市场信息, 2018(29): 1.
[26] 钱旭红. 我国绿色化学农药的基础研究进展: 先导结构和作用靶标//植物保护科技创新与发展: 中国植物保护学会 2008 年学术年会论文集. 北京: 中国农业科学技术出版社, 2008: 23-24.
[27] 宋宝安. 从以仿为主迈向自主创新. 农药市场信息, 2018(30): 1.
[28] Qian X H, Lee P W, Cao S. China: forward to the green pesticides via a basic research program. J Agric Food Chem, 2010, 58(5): 2613-2623.
[29] 方浩. 药物设计学. 3 版. 北京: 人民卫生出版社, 2016.

3.2 酰胺类化合物

截至 2023 年底公开了 75 个拥有中文或英文通用名称的酰胺类杀菌剂，具体分类与通用名称如下：

酰基丙氨酸类杀菌剂（acylamino acid fungicides，5 个）：苯霜灵（benalaxyl）、精苯霜灵（benalaxyl-M）、呋霜灵（furalaxyl）、甲霜灵（metalaxyl）、精甲霜灵（metalaxyl-M）。

酰基苯胺类杀菌剂（anilide fungicides，4 个）：酯菌胺（cyprofuram）、噻菌胺（metsulfovax）、吡喃灵（pyracarbolid）、fenhexamid。

苯磺酰胺类杀菌剂（benzenesulfonamide fungicides，2 个）：磺菌胺（flusulfamide）、甲磺菌胺（tolnifanide）。

呋喃甲酰胺类杀菌剂（furancarboxamide fungicides，5 个）：甲呋酰胺（fenfuram）、二甲呋酰胺（furcarbanil）、呋菌胺（methfuroxam）、环菌胺（cyclafuramid）、拌种胺（furmecyclox）。

苯甲酰苯胺类杀菌剂（phenylbenzamide fungicides，6 个）：麦锈灵（benodanil）、flufenoxadiazam、氟酰胺（flutolanil）、邻酰胺（mebenil）、灭锈胺（mepronil）、水杨酰苯胺（salicylanilide）。

苯甲酰胺类杀菌剂（benzamide fungicides，8 个）：苯甲羟肟酸（benzohydroxamic acid）、氟吡菌胺（fluopicolide）、氟醚菌酰胺（fluopimomide）、氟吡菌酰胺（fluopyram）、硫氰苯甲酰胺（tioxymid）、水杨菌胺（trichlamide）、氰菌胺（zarilamid）、苯酰菌胺（zoxamide）。

羧酰胺类杀菌剂（carboxamide fungicides，1 个）：双氯氰菌胺（diclocymet）。

肉桂酰胺类杀菌剂（cinnamamide fungicides，3 个）：烯酰吗啉（dimethomorph）、氟吗啉（flumorph）、丁吡吗啉（pyrimorph）。

氰基乙酰胺类杀菌剂（cyanoacetamide oxime fungicides，1 个）：霜脲氰（cymoxanil）。

环丙酰胺类杀菌剂（cyclopropanecarboxamide fungicides，1 个）：环丙酰菌胺（carpropamid）。

扁桃酰胺类杀菌剂（mandelamide fungicides，1 个）：双炔酰菌胺（mandipropamid）。

oxathiin 酰胺类杀菌剂（oxathiincarboxamide fungicides，2 个）：萎锈灵（carboxin）、氧化萎锈灵（oxycarboxin）。

苯乙酰胺类杀菌剂（phenylacetamide fungicides，1 个）：环氟菌胺（cyflufenamid）。

丙酰胺类杀菌剂（propionamide fungicides，1 个）：稻瘟酰胺（fenoxanil）。

吡嗪酰胺类杀菌剂（pyrazinecarboxamide fungicides，1 个）：联苯吡嗪菌胺（pyraziflumid）。

吡唑酰胺类杀菌剂（pyrazolecarboxamide fungicides，17 个）：苯并烯氟菌唑（benzovindiflupyr）、联苯吡菌胺（bixafen）、氟苯醚酰胺（flubeneteram）、氟茚唑菌胺（fluindapyr）、氟苯吡菌胺（fluxapyroxad）、福拉比（furametpyr）、inpyrfluxam、isoflucypram、吡唑萘菌胺（isopyrazam）、氟唑菌苯胺（penflufen）、吡噻菌胺（penthiopyrad）、氟唑菌酰羟胺（pydiflumetofen）、pyrapropoyne、氟唑环菌胺（sedaxane）、唑虫酰胺（tolfenpyrad）、氟苯醚酰胺（flubeneteram）、氯苯醚酰胺。

吡啶酰胺类杀菌剂（pyridinecarboxamide fungicides，5 个）：啶酰菌胺（boscalid）、三氟吡啶胺（cyclobutrifluram）、fenpicoxamid、florylpicoxamid、metarylpicoxamid。

磺酰胺类杀菌剂（sulfamide fungicides，2 个）：苯氟磺胺（dichlofluanid）、甲苯氟磺胺（tolylfluanid）。

噻二唑酰胺类杀菌剂（thiadiazolecarboxamide fungicides，1 个）：噻酰菌胺（tiadinil）。

（异）噻唑酰胺类杀菌剂（thiazolecarboxamide fungicides，3 个）：噻唑菌胺（ethaboxam）、噻呋酰胺（thifluzamide）、异噻菌胺（isotianil）。

噻吩酰胺类杀菌剂（thiophenecarboxamide fungicides，2 个）：硅噻菌胺（silthiofam）、异丙噻菌胺（isofetamid）。

缬氨酰胺类杀菌剂（valinamide fungicides，3 个）：苯噻菌胺（benthiavalicarb）、缬霉威（iprovalicarb）、霜霉灭（valifenalate）。

国内对酰胺类杀菌剂的研究也很广泛，主要是针对现有商品化品种的 me-too 研究，目前已商品化或开发中的酰胺类杀菌剂主要有源自天然产物肉桂酸的丙烯酰胺类杀菌剂氟吗啉（沈阳中化农药化工研发有限公司）、丁吡吗啉（中国农业大学）、新型含氟苯甲酰胺类杀菌剂氟醚菌酰胺（山东联合）、氟苯醚酰胺和氯苯醚酰胺（华中师范大学）。

创制中的新化合物细分结构类型主要涉及二羧酰亚胺类、丙烯酸酰胺类、吡唑酰胺类、三唑乙酰胺类、双酰胺类、噻唑酰胺类、吡啶酰胺类、苯基（磺）酰胺类、吡嗪酰胺类、噻二唑酰胺类及其他酰胺类等。研究单位涉及沈阳中化农药化工研发有限公司、中国农业大学、山东省联合农药有限公司、浙江工业大学、西北农林科技大学、沈阳农业大学、中国科学院上海有机化学研究所、中国农业科学院植物保护研究所、南开大学、华中师范大学、甘肃省农业科学院植物保护研究所、浙江省化工研究院有限公司、湖南化工研究院有限公司、贵州大学、四川大学、广西大学、南京农业大学、西华大学、华南农业大学等。

3.2.1 氟吗啉的创制

化合物专利名称：含氟二苯基丙烯酰胺类杀菌剂

中国专利号：ZL96115551.5；申请日：1996-08-21；授权日：1999-06-23

专利发明人：李宗成，刘长令，刘武成；申请人：化学工业部沈阳化工研究院（现为沈阳中化农药化工研发有限公司）

该发明以烯酰吗啉为先导，以对氟苯甲酸为中间体，对天然产物肉桂酸衍生物进行结构改造，经过相关杂环化合物的研究，发现引入氟原子有利于治疗活性提高，最终向烯酰吗啉中引入氟原子替换氯原子，发明了我国首个含氟农药品种——仿生杀菌剂氟吗啉，英文通用名 **flumorph**，兼具很好的预防和治疗活性，且对甲霜灵等产生抗性的病害也有很好的防治效果，抗性风险低，对作物和人类及环境安全，持效期长，农用成本低，增产效果显著，解决了该类杀菌剂治疗活性差的重大问题。获得中国、美国、英国、法国、德国、意大利、西班牙等多国发明专利。

氟吗啉由沈阳科创化学品有限公司开发，于 1999 年获准新农药临时登记(LS992117)，2006 年获准正式登记(PD20060039)，已在全国范围内推广销售，并在哥伦比亚、秘鲁、印度尼西亚、赞比亚、巴基斯坦等多国登记使用。可用于防治卵菌纲病原菌引起的病害如黄瓜霜霉病、辣椒疫病、番茄晚疫病、马铃薯晚疫病、葡萄霜霉病、荔枝霜疫霉病、烟草黑胫病、大豆疫霉根腐病等，卵菌纲病原菌危害的植物如葡萄、板蓝根、烟草、啤酒花、谷子、花生、大豆、马铃薯、番茄、黄瓜、白菜、南瓜、甘蓝、甜菜、大蒜、大葱、辣椒、橡胶、柑橘、鳄梨、菠萝、荔枝、可可、玫瑰、麝香石竹等。

氟吗啉是我国首个获中美欧发明专利的农药品种、首个含氟农药品种，被评价为实现中国创制农药“零”的突破，为我国新农药的创制起到良好的示范带动作用。曾获国家技术发明奖二等奖、中国石油和化学工业联合会科学技术发明奖一等奖和中国专利奖金奖等。

在氟吗啉产业化过程中，进一步对原生产工艺进行改进，缩短了反应时间，提高了收率，突破了生产瓶颈：生产效率提高 4 倍以上，每吨原料成本降低 51%，“三废”量减少 75%以上。获省部级科技进步一等奖和专利优秀奖各 1 项。

氟吗啉自 1999 年投产至今 20 多年了，近几年销售额稳中有增。专利期内多家企业违法仿造，现专利已过期，海利尔和银农科技也对其进行登记并销售，间接说明了氟吗啉效果突出。

3.2.1.1 创制过程

卵菌纲病害是非常重要的病害，如黄瓜霜霉病等属“气传”病害，一旦发生对作物可造成毁灭性的损害，主要危害蔬菜和水果如黄瓜、番茄、辣椒、葡萄、荔枝等。另外，老品种抗性严重，其他品种各有不足之处，因此需要性能好的新品种。通过大量的文献检索、分析研究发现天然产物肉桂酸衍生物如杀菌剂烯酰吗啉具有独特作用机理，虽有较好的保护活性，但治疗活性较差。尽管作物保护提倡预防为主，但在实际应用中，作物种植者通常在作物发病时才开始用药，因此他们更需要的是治疗活性好的药剂，尤其是保护和治疗兼顾的药剂。因此，采用中间体衍生化法，以烯酰吗啉为先导化合物，对天然产物肉桂酸衍生物进行结构改造，期望获得效果更好的特别是治疗活性更佳的高杀菌活性化合物（如图 3-2 所示）[1]。

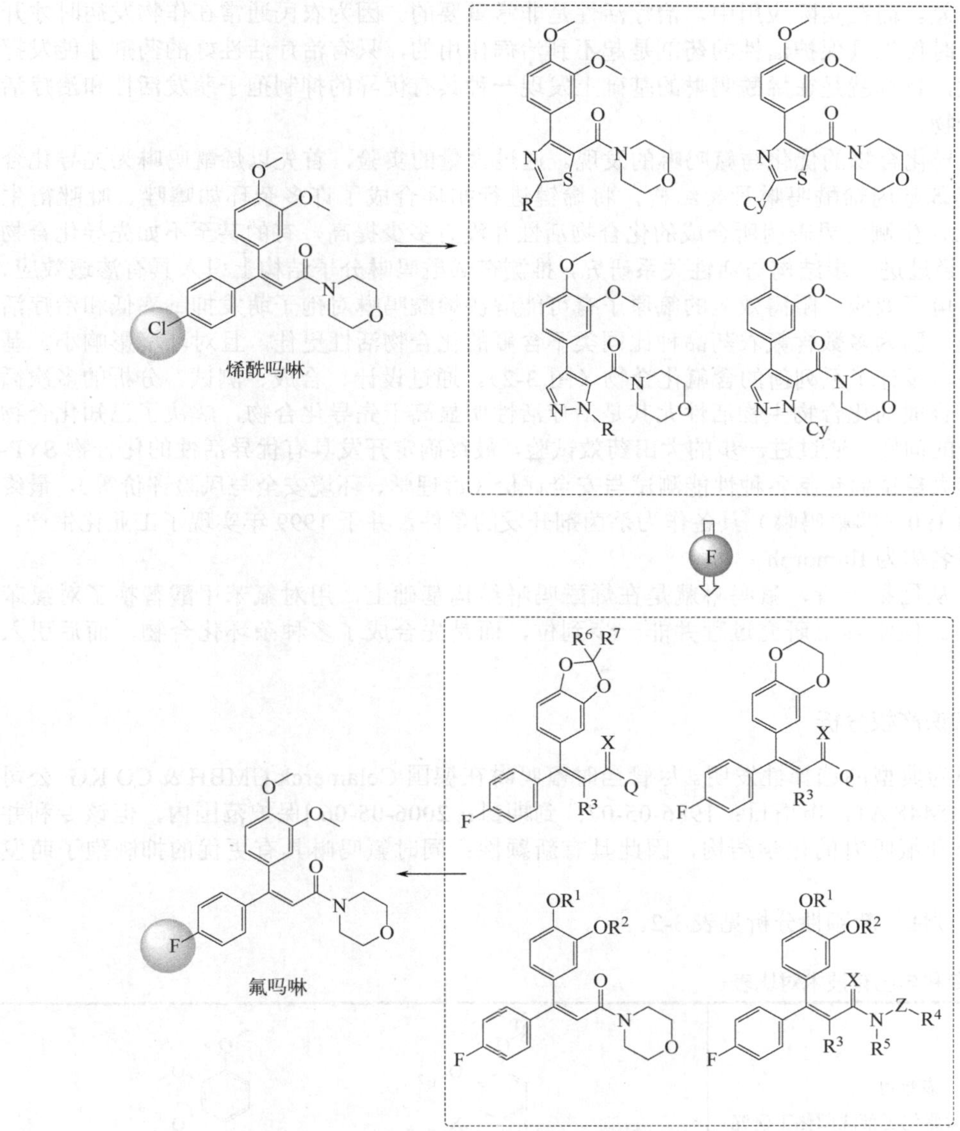

图 3-2　氟吗啉的发现过程

（1）先导化合物的寻找和发现。新农药研制过程中最关键的研究内容是寻找和发现先导化合物，寻找和发现先导化合物的方法和途径较多。由于天然产物源于真实的具有生命的生物体的防御体系内，且作用机理独特，公认其在自然环境中自身会降解、无公害，因此以天然产物为先导化合物开发农药品种备受青睐。

通过大量的资料检索、分析研究发现杀菌剂烯酰吗啉具有独特作用机理。文献报道它是在天然产物的基础上，经进一步研究获得的，具有很好的治疗活性和抑制孢子萌发活性。为了研制新农药品种，决定以烯酰吗啉为先导化合物，进一步进行研究，以期获得新的发现。

先将合成出来的烯酰吗啉进行生物活性评价。生测科研人员经过大量的试验，发现先导化合物烯酰吗啉虽有较好的保护活性，但治疗活性较差，通过进一步研究发现其对孢子萌发抑制率亦较差。而在实际应用中，治疗活性是非常重要的。因为农民通常在作物发病时才开始用药，此时仅靠具保护活性的药剂是起不到治病作用的，只有治疗活性好的药剂才能发挥作用。因此，目标就是在烯酰吗啉的基础上发现一种具有优异的抑制孢子萌发活性和治疗活性的新化合物。

（2）先导化合物的优化与氟吗啉的发现。通过大量的实验，首先以烯酰吗啉为先导化合物，保留其苯基丙烯酰吗啉骨架结构，将烯键进行扣环合成了许多杂环如噻唑、吡唑衍生物（图 3-2），生测结果表明所合成的化合物活性并没有多少提高，有的甚至不如先导化合物烯酰吗啉。经过进一步结构与活性关系研究，推测在烯酰吗啉分子结构上引入具有渗透效应、模拟效应、电子效应、阻碍效应的氟原子有可能解决烯酰吗啉对孢子萌发抑制率低和治疗活性差的问题。因为多数含氟农药品种比同类不含氟的化合物活性更佳，且对环境影响小。基于这种思路，设计了系列新的含氟化合物（图 3-2）。通过设计、合成、测试、分析的多次循环，发现所合成的化合物生物活性尤其是治疗活性明显高于先导化合物，解决了已知化合物治疗活性差的问题。通过进一步的大田药效试验，最终确定开发具有优异活性的化合物 SYP-L190，后续大量试验包括各种性能测试与安全评价（毒理学、环境安全与风险评价等），最终确定 SYP- L190（即氟吗啉）具备作为杀菌剂开发的条件，并于 1999 年实现了工业化生产，其国际通用名称为 flumorph。

启示：从结果上看，氟吗啉就是在烯酰吗啉结构基础上，用对氟苯甲酸替换了对氯苯甲酸得到的。但实际上研究过程并非一步到位，而是先合成了多种杂环化合物，而后引入氟原子。

3.2.1.2 知识产权分析

氟吗啉为典型的选择性发明。尽管当时氟吗啉在德国 Celamerck GMBH & CO KG 公司专利[DE3615448 A1，申请日：1986-05-07；到期日：2006-05-06]保护范围内，但该专利并没有具体公开氟吗啉的化学结构，因此具有新颖性；同时氟吗啉具有更优的抑制孢子萌发活性等。

（1）新颖性　新颖性分析见表 3-2。

表 3-2　该专利与已有技术对比表

该专利： CN1167568A(原化工部沈阳化工研究院，申请日：1996-08-21；公开日：1997-12-17)	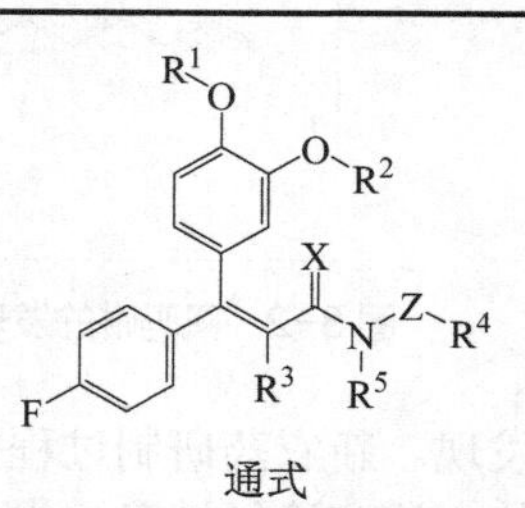 通式（结构式：R¹O, OR², X, N, Z, R³, R⁴, R⁵, F） 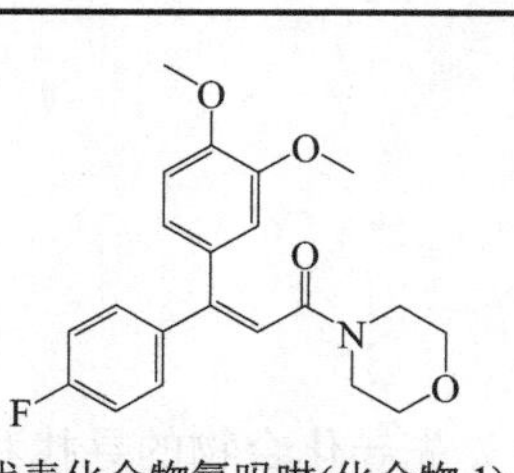	代表化合物氟吗啉(化合物 1)

续表

接近的已有技术与同类商品化/开发中品种： EP0120321A(德国 Celamerck GMBH & CO KG 公司，优先权日：1983-02-28；申请日：1984-02-27；公开日：1988-10-05)	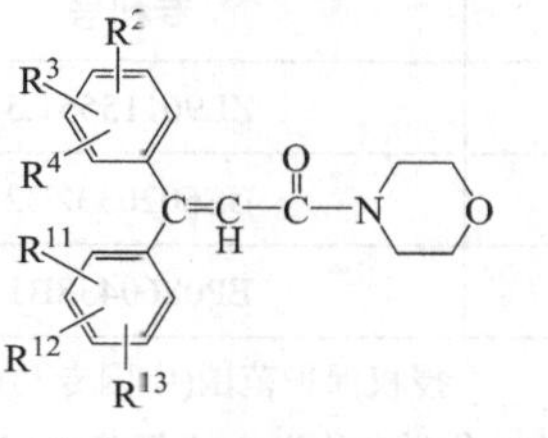 通式(R^2、R^3、R^4、R^{11}、R^{12}、R^{13} 分别独立选自氢、卤素等) 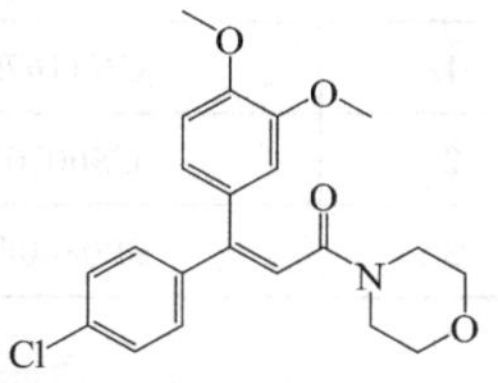	代表化合物烯酰吗啉(化合物 132)

（2）创造性　专利 CN1167568A 说明书第 17～19 页记载，孢子萌发试验结果表明（表 3-3），该发明测试化合物（编号 1，氟吗啉）具有较高的抑制孢子囊萌发作用，且抑制作用明显优于对照药剂烯酰吗啉，化合物 1 在 25、50、100mg/L 浓度下抑制孢子萌发率分别为 65.2%、93.5%、97.6%，而烯酰吗啉 50mg/L 为 42.5%；化合物 1 与烯酰吗啉活性比较试验结果表明（表 3-4），化合物 1 治疗与保护效果均明显优于烯酰吗啉。化合物 1 在 100mg/L 浓度下保护效果为 93%，治疗效果为 63%，150mg/L 浓度下保护效果为 95%，治疗效果为 74%；烯酰吗啉在 100mg/L 浓度下保护效果为 61%，治疗效果仅为 2%，150mg/L 浓度下保护效果为 79%，治疗效果为 24%。表明该发明化合物与已有技术相比，具有显著的进步。

表 3-3　氟吗啉黄瓜霜霉病孢子萌发测试效果[2]

药剂	测试浓度/(mg/L)	萌发孢子/个	未萌发孢子/个	孢子萌发率/%	孢子萌发抑制率/%
化合物 1(氟吗啉)	25	198	660	23.1	65.2
	50	45	990	4.3	93.5
	100	17	1044	1.6	97.6
烯酰吗啉	50	208	336	38.2	42.5
空白对照	—	383	194	66.4	—

表 3-4　氟吗啉黄瓜霜霉病保护活性和治疗活性测试效果[2]

药剂	测试浓度/(mg/L)	保护活性		治疗活性	
		病情指数	防效/%	病情指数	防效/%
化合物 1(氟吗啉)	100	0.07	93	0.37	63
	150	0.05	95	0.26	74
烯酰吗啉	100	0.39	61	0.98	2
	150	0.21	79	0.76	24
空白对照	—	1.00	—	1.00	—

（3）核心化合物专利　氟吗啉核心化合物专利与授权保护范围如表 3-5 所示。

表 3-5 原沈阳化工研究院申请的氟吗啉核心化合物专利

序号	公开号	专利号	法律状态
1	CN1167568 A	ZL96115551.5	已过专利期
2	US6020332 A	US6020332B2	已过专利期
3	EP0860438 A1	EP0860438B1	授权有效
授权保护范围(中国专利)			
一种含氟二苯基丙烯酰胺类杀菌剂化合物，化学名称为3-(4-氟苯基)-3-(3,4-二甲氧基苯基)丙烯酰吗啉(Ⅰ)，结构式为：			
(Ⅰ)			

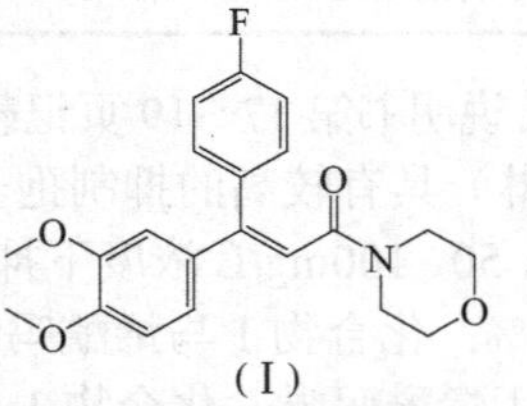

3.2.1.3 合成方法

以邻苯二酚为起始原料，首先制得邻二甲氧基苯，再与对氟苯甲酰氯反应制得二苯酮类化合物；由吗啉与乙酸酐制得乙酰吗啉[3]，与二苯酮类化合物缩合制得氟吗啉（图 3-3）[3-5]。

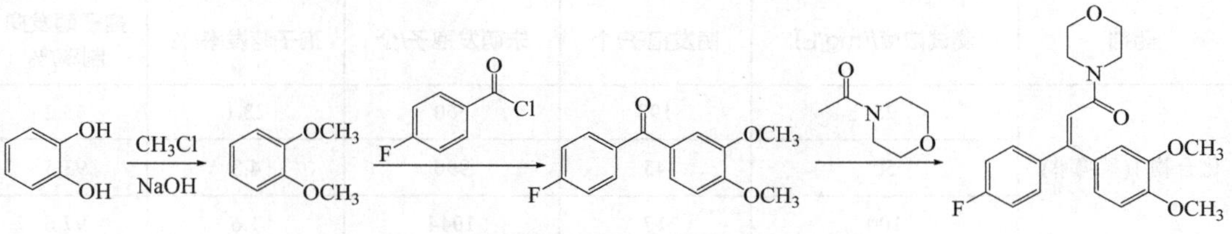

图 3-3 氟吗啉的合成路线

3.2.1.4 组合物专利

氟吗啉部分组合物专利见表 3-6。

表 3-6 氟吗啉组合物专利

序号	公开号	发明名称	申请人	B 组分
1	CN101406191A	一种杀真菌组合物	沈阳化工研究院	唑菌酯及其类似物
2	CN101601384A	一种杀虫、杀螨组合物	山东京博控股发展有限公司	稻瘟酰胺
3	CN101700038A	一种含有氰霜唑的杀菌组合物及应用	青岛星牌作物科学有限公司	氰霜唑
4	CN101731239A	一种含有活化酯的杀菌组合物	深圳诺普信农化股份有限公司	活化酯
5	CN101731254A	含有氟吗啉的杀菌组合物	深圳诺普信农化股份有限公司	氟啶胺、氟啶酰菌胺、霜脲氰

续表

序号	公开号	发明名称	申请人	B组分
6	CN101743980A	含有氟吗啉的杀菌组合物	深圳诺普信农化股份有限公司	苯酰菌胺、吡噻菌胺、双炔酰菌胺
7	CN101743983A	含有氟吗啉的杀菌组合物	深圳诺普信农化股份有限公司	异丙菌胺、苯噻菌胺、霜霉威
8	CN101755798A	含有氟啶胺的杀菌组合物	陈章艳	氟啶胺
9	CN101953346A	含噻唑锌的杀菌组合物	浙江新农化工股份有限公司	噻唑锌
10	CN101953348A	一种含百菌清等防治塑料大棚黄瓜霜霉病的热烟雾剂	山东农业大学	百菌清
11	CN101953355A	一种含霜脲氰等防治塑料大棚黄瓜霜霉病的热烟雾剂	山东农业大学	霜脲氰
12	CN101999359A	一种含嘧菌酯等防治塑料大棚黄瓜霜霉病的热烟雾剂	山东农业大学	嘧菌酯
13	CN102177903A	一种含有吡唑醚菌酯与酰胺类化合物的杀菌组合物	陕西汤普森生物科技有限公司	吡唑醚菌酯
14	CN102217616A	含有吡氟菌酯的杀菌组合物	中化蓝天集团有限公司	吡氟菌酯
15	CN102349518A	一种含有环唑醇和氟吗啉的杀菌组合物	海利尔药业集团股份有限公司	环唑醇
16	CN102657210A	含吡唑醚菌酯与甾醇生物合成抑制剂的热雾剂	玉林师范学院	吡唑醚菌酯
17	CN102823603A	一种含有氯溴异氰尿酸的杀菌组合物	王学权	氯溴异氰尿酸
18	CN103004819A	一种含有氟吡菌胺的杀菌组合物	王学权	氟吡菌胺
19	CN103355318A	一种含有啶菌噁唑与氟吗啉的杀菌组合物	海利尔药业集团股份有限公司	啶菌噁唑
20	CN103385249A	氟吗啉与咪鲜胺的杀真菌组合物	中国中化股份有限公司、沈阳化工研究院有限公司	咪鲜胺
21	CN103518742A	一种含有氟吗啉与嘧菌环胺的杀菌组合物	江苏龙灯化学有限公司	嘧菌环胺
22	CN103719107A	一种含啶氧菌酯与甾醇生物合成抑制剂的超低容量液剂	广西田园生化股份有限公司	啶氧菌酯
23	CN103719123A	含有吡唑醚菌酯和吗啉类杀菌剂组合物的超低容量液剂	广西田园生化股份有限公司	吡唑醚菌酯
24	CN103734157A	氟吗啉和异丙菌胺复配杀虫悬浮剂	上海艳紫化工科技有限公司	异丙菌胺
25	CN103814907A	氟吗啉和唑菌酯复配的农药悬浮剂	上海艳紫化工科技有限公司	唑菌酯

续表

序号	公开号	发明名称	申请人	B组分
26	CN103918677A	一种含有噻呋酰胺的杀菌组合物	王学权	噻呋酰胺
27	CN103918691A	一种含有抑霉唑的杀菌组合物	王学权	抑霉唑
28	CN103918695A	一种含有异菌脲与氟吗啉的杀菌组合物	海利尔药业集团股份有限公司	异菌脲
29	CN103960256A	含有氟唑活化酯的农药组合物	南通泰禾化工有限公司	氟唑活化酯
30	CN103975932A	一种含有丙硫菌唑与氟吗啉的杀菌组合物	海利尔药业集团股份有限公司	丙硫菌唑
31	CN104115853A	一种含氯啶菌酯的农药组合物	陕西美邦农药有限公司	氯啶菌酯
32	CN104336024A	一种含氟噻唑吡乙酮与酰胺类的杀菌组合物	陕西美邦农药有限公司	氟噻唑吡乙酮
33	CN104365620A	一种含吲唑磺菌胺与氟吗啉的杀菌组合物及应用	崔淑华	吲唑磺菌胺
34	CN104430491A	一种含有草酸二丙酮胺铜的杀菌组合物	陕西上格之路生物科学有限公司	草酸二丙酮胺铜
35	CN104542627A	一种含有甲磺酰菌唑和吗啉类杀菌剂的复配组合物及制剂	广西田园生化股份有限公司	甲磺酰菌唑
36	CN104798798A	一种二元组合物及其应用	沈阳化工研究院有限公司	四氯虫酰胺
37	CN105379735A	一种含有咪唑菌胺与氟吗啉的杀菌组合物	青岛奥迪斯生物科技有限公司	咪唑菌胺
38	CN105409976A	一种含有高效甲霜灵与氟吗啉的杀菌组合物	青岛奥迪斯生物科技有限公司	高效甲霜灵
39	CN105454249A	含2-巯基苯并噻唑锌的杀菌组合物及其制剂和应用	浙江工业大学	2-巯基苯并噻唑锌

3.2.1.5 作用机理

通过抑制卵菌细胞壁的形成而起作用[6]。推测氟吗啉的作用机制为直接或间接地影响细胞微丝骨架的正确排列，破坏了细胞的极性生长，从而导致细胞壁在不正确的位置形成，使病原菌失去了侵染能力或影响其致病性[7,8]。因氟原子特有的性能如模拟效应、电子效应、阻碍效应、渗透效应，因此使含有氟原子的氟吗啉的防病杀菌效果倍增，活性显著高于同类产品[6]。

3.2.1.6 毒理学与安全评价

大鼠急性经口 LD_{50}：＞2710mg/kg(雄)，＞3160g/kg(雌)。大鼠急性经皮 LD_{50}＞2150mg/kg(雄、雌)。对兔皮肤和兔眼睛无刺激性。无致畸、致突变、致癌作用。NOEL 数据[2 年，mg/(kg·d)]：雄大鼠 63.64，雌大鼠 16.65。日本鹌鹑急性经口 LD_{50}(7d)＞5000mg/kg。鲤鱼 LD_{50}(96h) 45.12mg/L。蜜蜂 LD_{50}(24h，接触)170μg/只，蚕 LC_{50}＞10000mg/L，蚯蚓 LC_{50}＞10000mg/kg 土[6,9]。

3.2.1.7 登记情况

目前国内登记氟吗啉系列产品 15 个（表 3-7），部分产品商品名：奇露（30%氟吗啉悬浮剂）、金福灵（20%氟吗啉可湿性粉剂）、施得益（50%锰锌·氟吗啉可湿性粉剂）、百达通（25%氟吗啉·唑菌酯悬浮剂）、双工福玛（60%锰锌·氟吗啉可湿性粉剂）、锐扑（50%氟吗·乙铝可湿性粉剂）、快适（50%氟吗·乙铝水分散粒剂）、多米提亮（30%氟吗·氰霜唑悬浮剂），具体登记信息如下：

表 3-7 氟吗啉相关登记产品信息表

登记证号	农药名称	剂型	总含量	登记作物	防治对象	用药量（制剂量）	施用方法	登记证持有人
PD20182088	氟吗啉	可湿性粉剂	25%	黄瓜	霜霉病	30～40g/亩	喷雾	江西海阔利斯生物科技有限公司
PD20060039	氟吗啉	原药	95%					沈阳科创化学品有限公司
PD20090493	氟吗·乙铝	可湿性粉剂	50%	葡萄	霜霉病	67～120g/亩	涂抹	沈阳科创化学品有限公司
				烟草	黑胫病	80～106.7g/亩	灌根	
PD20095953	氟吗啉	可湿性粉剂	20%	黄瓜	霜霉病	25～50g/亩	喷雾	沈阳科创化学品有限公司
PD20181598	氟吗·唑菌酯	悬浮剂	25%	黄瓜	霜霉病	27～53mL/亩	喷雾	沈阳科创化学品有限公司
				人参	疫病	40～60mL/亩	喷雾	
PD20070403	锰锌·氟吗啉	可湿性粉剂	50%	番茄	晚疫病	67～100g/亩	喷雾	沈阳科创化学品有限公司
				黄瓜	霜霉病	67～120g/亩	喷雾	
				辣椒	疫病	60～100g/亩	喷雾	
				马铃薯	晚疫病	80～107g/亩	喷雾	
PD20095462	氟吗·乙铝	水分散粒剂	50%	荔枝	霜疫霉病	625～833 倍液	喷雾	沈阳科创化学品有限公司
				葡萄	霜霉病	667～1000 倍液	喷雾	
PD20183239	氟吗·精甲霜	可湿性粉剂	15%	黄瓜	霜霉病	33～67g/亩	喷雾	山东省青岛奥迪斯生物科技有限公司
PD20161545	氟吗啉	水分散粒剂	60%	黄瓜	霜霉病	20～30g/亩	喷雾	沈阳科创化学品有限公司
PD20173229	氟吗啉	悬浮剂	30%	番茄	晚疫病	30～40mL/亩	喷雾	沈阳科创化学品有限公司
				马铃薯	晚疫病	30～45mL/亩	喷雾	
PD20183215	氟吗·氰霜唑	悬浮剂	30%	黄瓜	霜霉病	17～22mL/亩	茎叶喷雾	海利尔药业集团股份有限公司
PD20180778	氟吗·氟啶胺	悬浮剂	20%	马铃薯	晚疫病	90～120mL/亩	喷雾	沈阳科创化学品有限公司
PD20060038	锰锌·氟吗啉	可湿性粉剂	60%	黄瓜	霜霉病	80～120g/亩	喷雾	沈阳科创化学品有限公司

续表

登记证号	农药名称	剂型	总含量	登记作物	防治对象	用药量(制剂量)	施用方法	登记证持有人
PD20211443	吡唑醚菌酯·氟吗啉	悬浮剂	330g/L	黄瓜	霜霉病	50～60mL/亩	喷雾	惠州市银农科技股份有限公司
PD20211171	氟吗啉·唑嘧菌胺	水分散粒剂	60%	葡萄	霜霉病	1500～3000倍	喷雾	
				马铃薯	晚疫病	30～50g/亩	喷雾	

3.2.1.8 应用效果

氟吗啉为新型高效杀菌剂，具有很好的保护、治疗、铲除、渗透、内吸活性，治疗活性显著。主要用于防治卵菌纲病原菌产生的病害如霜霉病、晚疫病、霜疫霉病等，适用作物如葡萄、板蓝根、烟草、啤酒花、谷子、花生、大豆、马铃薯、番茄、黄瓜、白菜、南瓜、甘蓝、甜菜、大蒜、大葱、辣椒、橡胶、柑橘、鳄梨、菠萝、荔枝、可可、玫瑰、麝香石竹等。具体防治病害如黄瓜霜霉病、葡萄霜霉病、白菜霜霉病、番茄晚疫病、马铃薯晚疫病、辣椒疫病、荔枝霜疫霉病、大豆疫霉根腐病等。主要用于茎叶喷雾。通常使用剂量为50～200g (a.i.)/hm^2：其中作为保护剂使用时，剂量为50～100g (a.i.)/hm^2；作为治疗剂使用时，剂量为100～200g (a.i.)/hm^2。推荐剂量下对作物安全、无药害。对地下水、环境安全[6]。氟吗啉具有治疗活性高、抗性风险低、持效期长、用药次数少、农用成本低、增产效果显著等特点[5,10]。

（1）保护活性与治疗活性

① 氟吗啉与现有杀菌剂活性比较[2]。氟吗啉在100mg/L剂量下的保护活性和治疗活性与百菌清1000mg/L剂量下效果相当；在200mg/L剂量下作为保护药剂使用时，效果优于对照药剂甲霜灵、磷酸铝、代森锰锌和霜霉威盐酸盐。

② 氟吗啉顺反式与烯酰吗啉顺反式活性比较[9]。在质量浓度为100mg/L时，氟吗啉顺反式活性均在97%以上，而烯酰吗啉顺式活性达到90%，反式活性则大大降低至62.5%。

③ 氟吗啉防治葡萄霜霉病具保护活性和治疗活性[10]。氟吗啉对葡萄霜霉病、番茄晚疫病、黄瓜霜霉病等具有优异的保护活性，也具有很好的治疗活性。

（2）持效性[10]。持效期通常为7～10天，推荐用药间隔时间为7天左右；氟吗啉持效期为16天，推荐用药间隔时间为10～13天。

（3）根部吸收活性[11]。黄瓜苗对氟吗啉具有一定的根部吸收作用，这一特点有助于氟吗啉在扩大防治谱试验中针对一些苗期病害做研究与筛选。

（4）叶间传导活性[11]。氟吗啉在黄瓜叶片之间有一定的传导性，但是传导作用不明显，浓度在400mg/L以下靠叶间传导反映不出活性，800mg/L浓度下叶间传导反映的防效为85%，对照药剂烯酰吗啉在400mg/L下叶间传导同样反映不出活性。

（5）在黄瓜植株内的吸收传导[12]。氟吗啉是一种具有内吸传导特性的杀菌剂，在植株体内具有较强的向顶、跨层传导及再分布活性，但没有向基性传导和叶片间转运的能力。

（6）对甲霜灵抗性黄瓜霜霉病菌株的活性[10]。氟吗啉对甲霜灵抗性菌株具有很好的防治效果，二者无交互抗性。

（7）田间应用效果。大量田间试验结果表明：氟吗啉可有效防治如黄瓜霜霉病、葡萄霜霉病、番茄晚疫病、马铃薯晚疫病、辣椒疫病、荔枝霜疫霉病、大豆疫霉根腐病等[2,13-17]。

参考文献

[1] 刘长令，关爱莹，谢勇. 中间体衍生化法与新农药创制. 北京：化学工业出版社, 2020.

[2] 李宗成，刘长令，刘武成. 含氟二苯基丙烯酰胺类杀菌剂. CN1167568A, 1997-12-17.
[3] 康卓，汪灿明，刘长令，等. 一种制备乙酰吗啉的方法. CN1403449A, 2003-03-19.
[4] 刘长令，吴公信，周银平，等. 一种制备氟吗啉的方法. CN102796062A, 2012-11-28.
[5] 刘长令，刘武成. 新型高效杀菌剂氟吗啉. 精细与专用化学品, 2002, 5: 17-19.
[6] 刘长令，杨吉春. 现代农药手册. 北京：化学工业出版社, 2018.
[7] 朱书生，刘西莉，刘鹏飞，等. 新型杀菌剂氟吗啉对黄瓜疫霉病菌细胞壁主要组分合成及分布的影响. 高等学校化学学报，2007, 28(4): 658-662.
[8] 朱书生，刘西莉. 新型杀菌剂氟吗啉的作用机制初探. 中国植物病理学会2005年学术年会暨植物病理学报创刊50周年纪念会论文摘要集. 2005.
[9] 刘长令. 卵菌纲病害防治剂——氟吗啉(flumorph). 世界农药, 2005, 27(6): 48-49, 29.
[10] 刘武成，刘长令. 新型高效杀菌剂氟吗啉. 农药, 2002, 41(1): 8-11.
[11] 刘武成，李志念，张越，等. 氟吗啉药效应用研究(Ⅰ)：室内生物活性测定. 农药, 1999, 38(4): 10-13.
[12] 朱书生，刘西莉，李健强，等. 新型杀菌剂氟吗啉在黄瓜植株体内的吸收传导行为. 高等学校化学学报, 2006, 27(10): 1887-1890.
[13] 孙莉，周颖，马立山. 50%氟吗啉+乙膦铝防治葡萄霜霉病田间示范试验. 农药, 2005, 44(3): 140-141.
[14] 刘兴远. 氟吗啉对辣椒疫病的防治效果. 农药, 2006, 45(6): 424-426.
[15] 何璐，王勇，张文革，等. 30 %氟吗啉水分散片剂对辣椒疫霉病防治效果的研究. 安徽农业科学, 2006, 34(24) : 6538, 6543.
[16] 彭景教，刘春莲，黄向荣，等. 50%氟吗·磷铝水分散颗粒剂防治荔枝霜疫霉病初报. 新农村, 2010, 7 : 24-25.
[17] 马立功. 50%氟吗啉·代森锰锌 WP 防治马铃薯晚疫病药效试验. 中国马铃薯, 2010, 24(1) : 41-43.

3.2.2 丁吡吗啉的创制

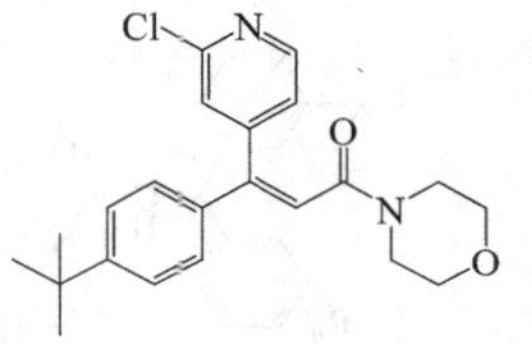

化合物专利名称：4-[3-(吡啶-4-基)-3-取代苯基丙烯酰]吗啉——一类新型杀菌剂

中国专利号：ZL03148340.2；申请日：2003-07-01；授权日：2006-02-08

专利发明人：覃兆海，慕长炜，毛淑芬，董燕红，李楠，张曙生；申请人：中国农业大学

丁吡吗啉是由中国农业大学、江苏耕耘化学有限公司和中国农业科学院植物保护研究所联合研究开发的丙烯酰胺类杀菌剂，实验代号 ZNO-0317，英文通用名 pyrimorph，CAS 号：868390-90-3。该化合物是在烯酰吗啉的基础上，用吡啶环替换苯环经优化得到。丁吡吗啉对卵菌特效，可用于防治各种作物霜霉病、早疫和晚疫病、立枯病、黑胫病等，适宜作物包括葡萄、番茄、黄瓜、辣椒、棉花、水稻、马铃薯、西瓜、甜瓜、莴苣、烟草等。该产品杀菌谱较广，作用持久，对哺乳动物和环境生物安全性高。2018 年，江苏耕耘化学有限公司获得 95%丁吡吗啉原药（PD20181610）和 20%丁吡吗啉悬浮剂（防治番茄晚疫病和辣椒疫病，PD20181611）的正式登记，已在全国推广使用。此外，企业还利用丁吡吗啉杀菌的预防效果优势，与其他杀菌剂进行混配，开发了 20%丁吡吗啉·肟菌酯悬浮剂、30%丁吡吗啉·戊唑醇悬浮剂和 70%丁吡吗啉·代森锰锌可湿性粉剂等多个新的剂型和复配产品。曾荣获国家科学技术进步奖二等奖。

3.2.2.1 创制过程

该化合物以丙烯酰胺为基本活性基团，通过引入不同的功能性基团，在烯酰吗啉的基础上，用吡啶环替换苯环经优化得到[1]。在烯酰吗啉结构中引入 3-吡啶基的研究尽管已有报道，但并没有成功的商品出现，异烟酸及其衍生物是一类重要的杀菌、抗病毒剂，4-吡啶基本身就是一个很好的杀菌活性结构单元。为此，以烯酰吗啉为模板，在肉桂酰吗啉的母体结构中引入 4-吡啶基，设计合成了目标化合物（图 3-4）[2-4]。

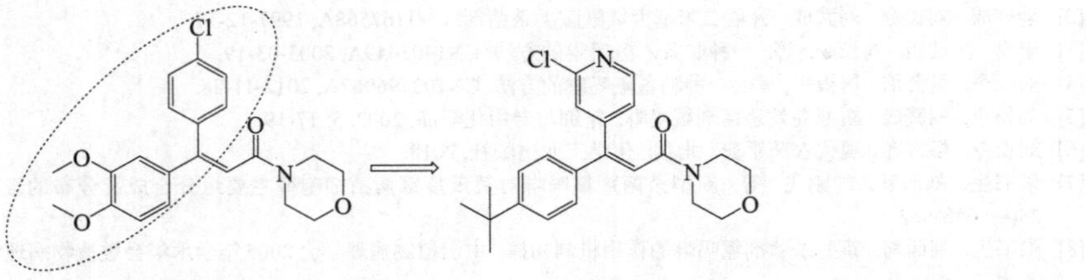

烯酰吗啉 ⟹ 丁吡吗啉

图 3-4 丁吡吗啉的发现过程

3.2.2.2 知识产权分析

该发明属 me-too 研究（EP0120321A）。化合物结构与已知专利（EP0330939）化合物结构相似，但仍存在明显的不同。

（1）新颖性 新颖性分析见表 3-8。

表 3-8 该专利与已有技术对比表

该专利： CN1566095A (中国农业大学，申请日：2003-07-01；公开日：2005-01-19)	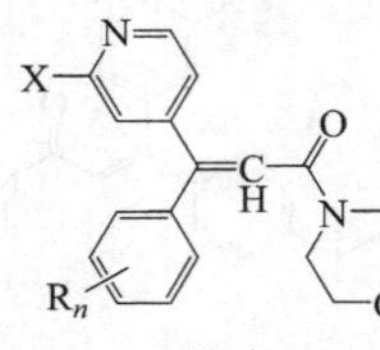 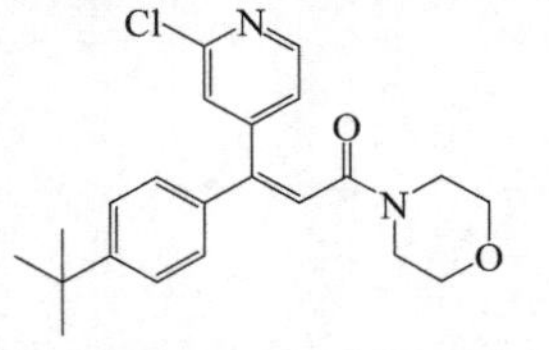 通式　　代表化合物丁吡吗啉（化合物 A-19）
接近的已有技术与同类商品化化合物 EP0120321A(德国 Celamerck GMBH & CO KG 公司，优先权日：1983-02-28；申请日：1984-02-27；公开日：1988-10-05)	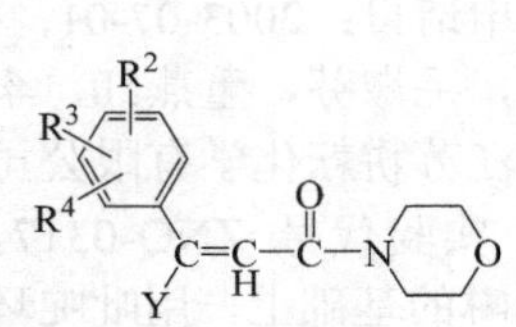 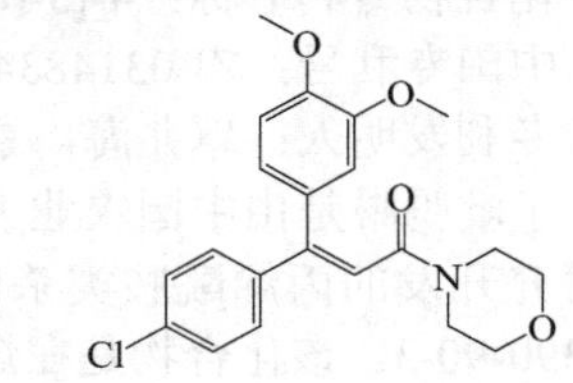 通式(Y 任选自取代吡啶等; R^2、R^3、R^4 分别独立地为氢、$C_{1\sim4}$ 烷基等)　　代表化合物烯酰吗啉(化合物 132)
接近的已有技术 EP330939A2(Takeda Chemical Industries, Ltd.，申请日 1989-02-18，公开日 1989-09-06)	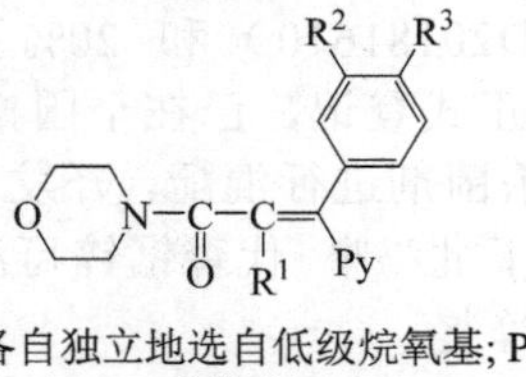 通式 (R^1 是氢; R^2, R^3 各自独立地选自低级烷氧基; Py 选自取代吡啶基，或其盐)
接近的已有技术与同类商品化化合物 CN1167568A(原化工部沈阳化工研究院，申请日：1996-08-21；公开日：1997-12-17)	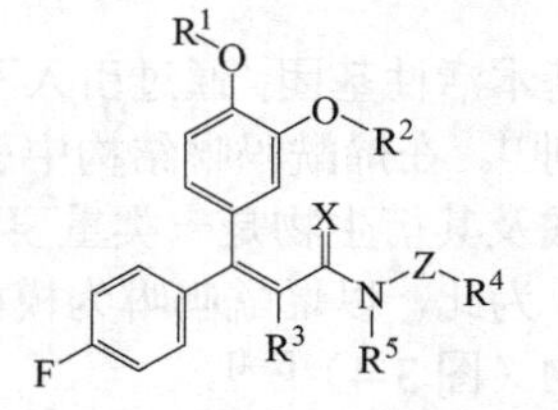 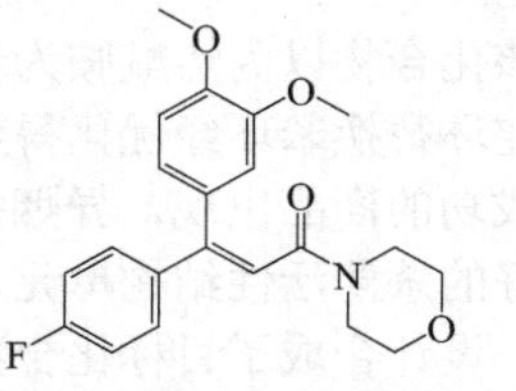 通式　　代表化合物氟吗啉（化合物 1）

（2）创造性　专利 CN1240682C 说明书第 7 页生物活性测定实施例记载，该发明测试化合物（编号 A-19，丁吡吗啉）的杀菌活性：对立枯丝核菌的 EC_{50} 为 0.87mg/L，对掘氏疫霉菌的 EC_{50} 为 0.085mg/L。

（3）核心化合物专利　丁吡吗啉核心化合物专利与授权保护范围如表 3-9 所示。

表 3-9　中国农业大学申请的丁吡吗啉核心化合物专利

序号	公开号	专利号	法律状态
1	CN1240682C	ZL03148340.2	专利权终止
授权保护范围(中国专利)			
权利要求通式所示的 4-[3-(吡啶-4-基)-3-取代苯基丙烯酰]吗啉类为具有杀菌活性的化合物。 （Ⅰ） 式中，X＝H, F, Cl, Br, I; R＝C_{1-5}直链烷基，异丙基，仲丁基，叔丁基，异戊基，新戊基，F, Cl, Br, I，硝基，甲氧基，乙氧基，苯基；R_n为 2,3-二取代，2,4-二取代，2,5-二取代，2,6-二取代，3,4-二取代，3,5-二取代，2-单取代，3-单取代，4-单取代			

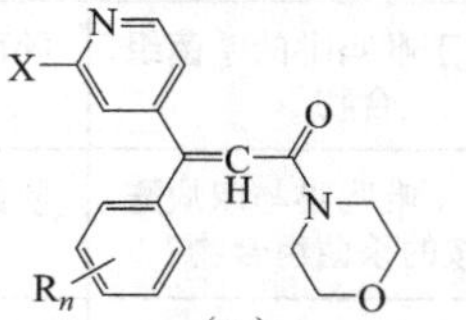

3.2.2.3　合成方法

以异烟酸为起始原料，经过卤代反应、傅克反应、Witting-Homer 反应等步骤合成丁吡吗啉（图 3-5）[4]。

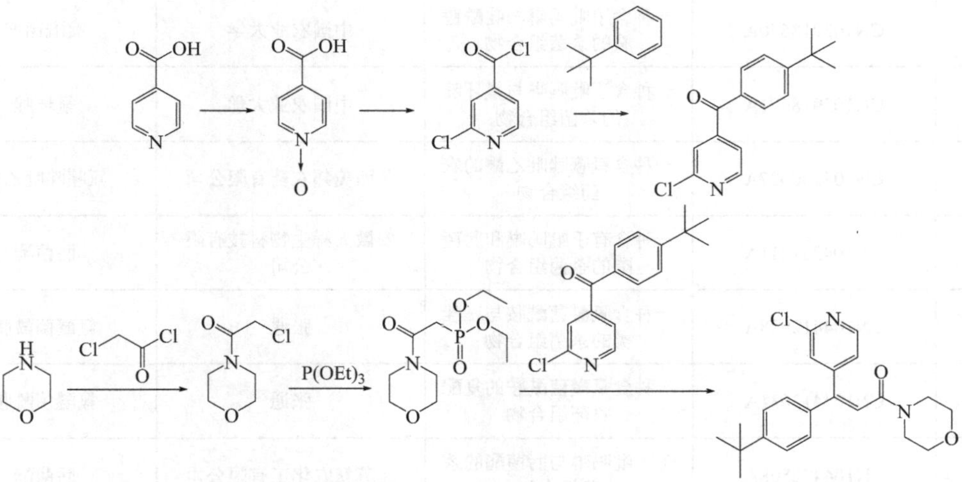

图 3-5　丁吡吗啉的合成路线

3.2.2.4　组合物专利

丁吡吗啉部分组合物专利见表 3-10。

表 3-10 丁吡吗啉组合物专利

序号	公开号	发明名称	申请人	B 组分
1	CN101965844A	一种含丁吡吗啉的杀菌组合物	陕西汤普森生物科技有限公司	腐霉利或嘧霉胺
2	CN101965845A	一种含丁吡吗啉与霜脲氰的杀菌组合物	陕西汤普森生物科技有限公司	霜脲氰
3	CN101971826A	一种含丁吡吗啉的杀菌组合物	陕西汤普森生物科技有限公司	氟啶胺或氟啶酰菌胺
4	CN101971828A	一种含苯醚菌酯与丁吡吗啉的杀菌组合物	陕西汤普森生物科技有限公司	苯醚菌酯
5	CN101971838A	一种含丁吡吗啉的杀菌组合物	陕西汤普森生物科技有限公司	代森联或代森锌
6	CN101971827A	一种含丁吡吗啉与双炔酰菌胺的杀菌组合物	陕西汤普森生物科技有限公司	双炔酰菌胺
7	CN102177903A	一种含有吡唑醚菌酯与酰胺类化合物的杀菌组合物	陕西汤普森生物科技有限公司	吡唑醚菌酯
8	CN102217610A	一种含有啶氧菌酯与酰胺类的农药组合物	陕西汤普森生物科技有限公司	啶氧菌酯
9	WO2011158158A1	pesticidal compositions	BASF	杀虫化合物
10	CN103081925A	一种含有咪唑菌酮的杀菌组合物	深圳诺普信农化股份有限公司	咪唑菌酮
11	CN103300017A	一种含有丁吡吗啉的杀菌组合物	陕西汤普森生物科技有限公司	嘧菌酯或醚菌酯
12	CN103918670A	一种含丁吡吗啉与啶酰菌胺的杀菌组合物	中国农业大学	啶酰菌胺
13	CN103918671A	一种含丁吡吗啉与氟环唑的杀菌组合物	中国农业大学	氟环唑
14	CN104336027A	一种含氟噻唑吡乙酮的农药组合物	陕西美邦农药有限公司	氟噻唑吡乙酮
15	CN104351211A	一种含有丁吡吗啉和肟菌酯的杀菌组合物	安徽天舜生物科技有限公司	肟菌酯
16	CN104412988A	一种含氟醚菌酰胺与三唑类的杀菌组合物	张通	氟醚菌酰胺
17	CN104413031A	一种含氟醚菌酰胺的复配农药组合物	张通	氟醚菌酰胺
18	CN104472508A	含丁吡吗啉与肟菌酯的杀菌组合物	江苏耘农化工有限公司	肟菌酯
19	CN104686535A	一种含丁吡吗啉和氟醚菌酰胺的组合物及其制备和应用方法	中国农业科学院植物保护研究所	氟醚菌酰胺
20	CN109258653A	一种丁吡吗啉与抑霉唑的杀菌复配组合物及其应用	赣南师范大学	抑霉唑

3.2.2.5 作用机理

丁吡吗啉具有双重作用机理，既能够强烈影响病原菌细胞壁的合成过程，也通过抑制泛醇-细胞色素 c 还原酶（复合物Ⅲ）的活性而抑制病原菌能量的形成。是第一个发现的 CAA 类线粒体呼吸链细胞色素 c 还原酶抑制剂。作用特点是影响细胞壁的形成和抑制细胞呼吸，对卵菌孢子囊梗和卵孢子的形成阶段尤为敏感，其对藻状菌的霜霉科和疫霉属的真菌有独特的作用方式。若在孢子形成之前用药，可以完全抑制孢子产生[5-7]。

3.2.2.6 毒理学与安全评价

大鼠急性经口 LD_{50}＞5000mg/kg，大鼠急性经皮 LD_{50}＞2000mg/kg，吸入 LC_{50}＞5000mg/m^3，对兔眼、皮肤无刺激。对豚鼠致敏性试验为弱致敏。亚慢（急）性毒性对大鼠最大无作用剂量为 30mg/(kg·d)。Ames、微核、染色体试验结果均为阴性。

生态效应：蜜蜂急性经口 LC_{50}＞1000mg/L，接触 LD_{50}＞12.0μg/只；鸟急性经口 LD_{50}＞1000mg/kg，短期饲喂毒性低毒（168h），LC_{50}＞2000mg/kg；对鱼 LC_{50}＞48.7mg/L；大型水蚤 EC_{50} 为 1.92mg/L；水藻低毒，EC_{50} 为 11.86mg/L；家蚕 LC_{50}＞250mg/kg 桑叶[5,8]。

3.2.2.7 登记情况

目前国内登记丁吡吗啉系列产品 2 个，具体登记信息如表 3-11。

表 3-11 丁吡吗啉相关登记产品信息表

登记证号	农药名称	剂型	总含量	登记作物	防治对象	用药量(制剂量)	施用方法	登记证持有人
PD20181611	丁吡吗啉	悬浮剂	20%	番茄 辣椒	晚疫病 疫病	125～150g/亩 125～150g/亩	喷雾	江苏耘农化工有限公司
LS20110180	丁吡吗啉	原药	95%					江苏耘农化工有限公司

3.2.2.8 应用效果

丁吡吗啉对卵菌（如致病疫霉、辣椒疫霉、古巴假霜霉菌等）和立枯丝核菌有较好的抑菌活性，但对半知菌亚门真菌、子囊菌亚门真菌的抑菌活性较差，在抑菌谱上与烯酰吗啉相似。丁吡吗啉对致病疫霉、辣椒疫霉等卵菌均有很好的抑制活性[9,10]。

（1）对烟草黑胫病菌抑制测试[11] 丁吡吗啉对烟草黑胫病菌菌丝生长速率、孢子萌发、菌丝生长量均具有良好的抑制效果。当丁吡吗啉浓度为 0.5mg/L 和 1mg/L 时，对烟草黑胫病的孢子囊形成抑制率分别为 39.5%和 60.5%，处于较低的水平。但当丁吡吗啉浓度达到 2mg/L 时，其对烟草黑胫病菌的产孢抑制率可达 81.4%，浓度变高后孢子囊形成抑制率也变大。丁吡吗啉对烟草黑胫病孢子形成的 EC_{50} 为 0.66mg/L。丁吡吗啉的浓度与对烟草黑胫病菌菌丝生长量的抑制率成正相关性，丁吡吗啉药剂浓度越大其对烟草黑胫病菌菌丝生长量的抑制作用越强。

（2）保护、治疗、持效期[10, 11] 丁吡吗啉在防治番茄晚疫病时具有良好的保护效果，随着药液浓度增加，其防治效果提高，但与保护效果相比，其治疗防治效果明显偏低。在防治番茄晚疫病时有较长的持效期。

（3）对辣椒疫病室内效果[12] 丁吡吗啉对辣椒疫病有较好的防治效果。辣椒疫霉侵染寄主以后，控制菌丝的生长和扩展在病害治理过程中的作用变得尤为重要。丁吡吗啉对病原菌的菌丝生长、孢子囊的产生表现出明显的抑制作用，但对游动孢子的释放抑制效果不好，而嘧菌酯对菌丝生长、孢子囊产生没有直接的抑制作用，而对游动孢子释放的抑制作用效果明显。

（4）田间应用效果

① 对辣椒疫病防治效果[12]。在未发病时喷施农药，20%丁吡吗啉悬浮剂对辣椒疫病有较好的控制作用，其中 20%丁吡吗啉悬浮剂有效剂量为 360g/hm^2 以上防治辣椒疫病效果高于对照药剂 25%嘧菌酯悬浮剂，平均防治效果达 70%以上，建议 20%丁吡吗啉悬浮剂防治辣椒疫病使用剂量 360g/hm^2 以上。20%丁吡吗啉悬浮剂对辣椒安全，4 次施药定期观察，辣椒生长状况正常，未发现异常症状。同时各处理区与对照药剂和空白对照比较，植株叶色明显浓绿，长势均优于对照区。

② 对番茄晚疫病防治效果[13]。20%丁吡吗啉悬浮剂 75g/亩、100g/亩和 150g/亩对番茄晚疫病的防治效果分别为 61.3%±7.4%、73.0%±6.8%和 72.8%±10.5%。统计分析结果显示，各处理之间对番茄晚疫病的防治效果差异不显著。药后观察，各处理区番茄均未出现药害症状，说明丁吡吗啉悬浮剂对番茄植株安全。

参考文献

[1] 覃兆海，慕长炜，毛淑芬，等. 4-[3-(吡啶-4-基)-3-取代苯基丙烯酰]吗啉——一类新型杀菌剂. CN1566095A, 2005-01-19.

[2] 芦志成，张鹏飞，李慧超，等. 中国农药创制概述与展望. 农药学学报, 2019, 21(增刊 1): 551-579.

[3] 覃兆海，肖玉梅，李畅，等. 多功能性农用杀菌剂的研究与应用. 2013 年中国化学会产学研合作研讨会会议论文集, 2013, 23-24.

[4] 慕长炜，袁会珠，李楠，等. 4-[3-(吡啶-4-基)-3-取代苯基丙烯酰]吗啉类化合物的合成及杀菌活性. 高等学校化学学报, 2007, 28 (10): 1902-1906.

[5] 刘长令，杨吉春. 现代农药手册. 北京：化学工业出版社, 2018, 205-206.

[6] 叶玉涛. 丁吡吗啉对辣椒疫霉菌细胞壁作用机理研究. 北京：中国农业科学院, 2013.

[7] 黄雄英，袁会珠，覃兆海，等. 丁吡吗啉对致病疫霉的作用机制初探. 农药学学报, 2007, 9(4): 376-382.

[8] 吕中明，梁婕. 丁吡吗啉对体外哺乳动物细胞诱变性研究. 中国毒理学会第四届中青年学者科技论坛论文集， 2014-08-13, 81.

[9] 陈小霞，袁会珠，覃兆海，等. 新型杀菌剂丁吡吗啉的生物活性及作用方式初探. 农药学学报, 2007, 9(3): 229-234.

[10] 陈小霞. 丁吡吗啉对致病疫霉的生物活性及其室内抗性风险初探. 北京：中国农业科学院, 2008.

[11] 徐传涛，彭勇，谢强，等. 新型杀菌剂丁吡吗啉对烟草黑胫病生物学特性的影响. 武夷科学, 2018, 34: 128-131.

[12] 秦维彩. 丁吡吗啉对辣椒疫霉菌的作用方式及作用机理探讨. 合肥：安徽农业大学, 2010.

[13] 齐淑华，周夫辰，赵梅素，等. 20%丁吡吗啉悬浮剂对番茄晚疫病防效的初步研究. 植物保护与现代农业, 1994-2023: 644-647.

3.2.3 氟醚菌酰胺的创制

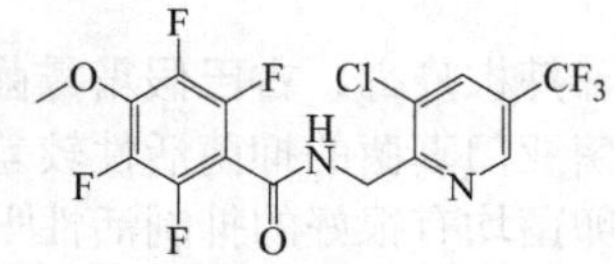

化合物专利名称：四氟苯氧基烟碱胺类化合物，其制备方法及用作杀菌的用途

中国专利号：ZL201010274196.5；申请日：2010-09-07；授权日：2012-08-22

发明人：唐剑峰，王爱玲；申请人：唐剑峰，王爱玲（现为山东省联合农药工业有限公司）

该发明选择氟吡菌胺（fluopicolide）作为先导化合物，采用“中间体衍生化法”对其结构进行替换修饰，经过一系列构效关系研究，最终发明了杀菌剂氟醚菌酰胺，试验代号 LH-2010A，英文通用名 fluopimomide，已获得中国发明专利授权。氟醚菌酰胺由山东省联合农药工业有限公司与山东农业大学联合创制，于 2017 年和 2020 年分别获得了 98%氟醚菌酰胺原药（PD20170010）、50%氟醚菌酰胺水分散粒剂（PD20170009，防治黄瓜霜霉病）、40%氟醚·己唑醇悬浮剂（PD20170008，防治水稻纹枯病）、40%氟醚·烯酰悬浮剂（PD20172273，防治马铃薯晚疫病和芋头疫病）、30%微囊悬浮-悬浮剂吡唑酯·氟醚菌（PD20200428，防治葡萄霜霉病）的正式登记，并在全国范围内推广销售，对葡萄霜霉病、辣椒疫霉、马铃薯晚疫病、水稻纹枯病和棉花立枯病

等多种真菌性病害都具有较高防效，可以在黄瓜、苹果、水稻和番茄等作物上使用。氟醚菌酰胺的创制与应用相继获得了科技部国家“十二五”“十三五”科技支撑项目的资助。

3.2.3.1 创制过程

氟吡菌胺（fluopicolide）是拜耳作物科学公司开发的广谱杀菌剂，对霜霉病、疫病、晚疫病、猝倒病等常见卵菌纲病害具有很好的防效。因此以氟吡菌胺为先导化合物以“中间体衍生化法”的替换法将苯基部分用四氟苯基取代，并对 R 部分进行进一步优化，最终发现了活性优异的氟醚菌酰胺（图 3-6）。

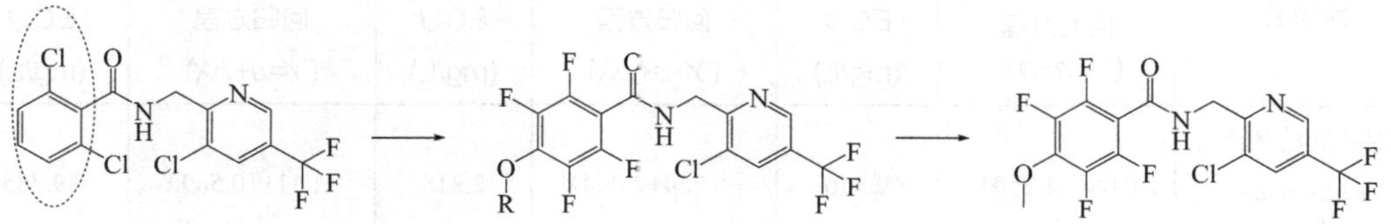

氟吡菌胺 → → 氟醚菌酰胺

图 3-6 四氟苯氧基烟碱胺类化合物设计思路

3.2.3.2 知识产权分析

该发明化合物在艾格福公司（现拜耳公司）所申请的专利 CN1291187A 范围内，但非列表化合物，结构与已知专利化合物结构接近，属选择性发明。

（1）新颖性 新颖性分析见表 3-12。

表 3-12 该专利与已有技术对比表

该专利： CN102086173A (唐剑峰，申请日：2010-09-07；公开日：2011-06-08)	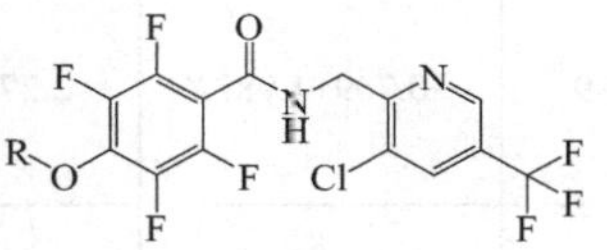 通式 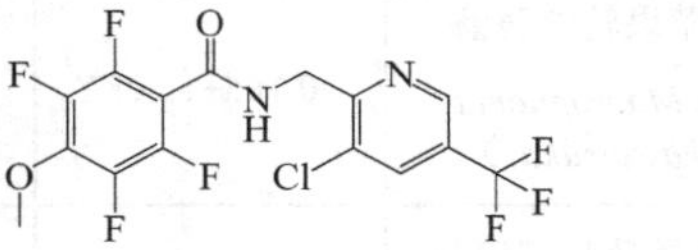		代表化合物氟醚菌酰胺
接近的已有技术与同类商品化化合物 CN1291187A (艾格福公司，申请日：1999-02-16；公开日：2001-04-11)	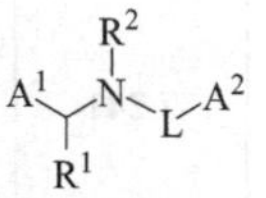 ZL99803058.9 通式 A^1 是取代的 2-吡啶基； A^2 是任意取代的苯基； L 是 C=O；R^1 是氢； R^2 是氢 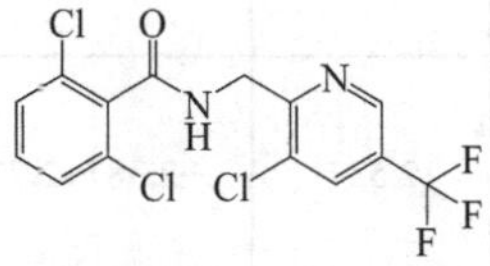	代表化合物氟吡菌胺 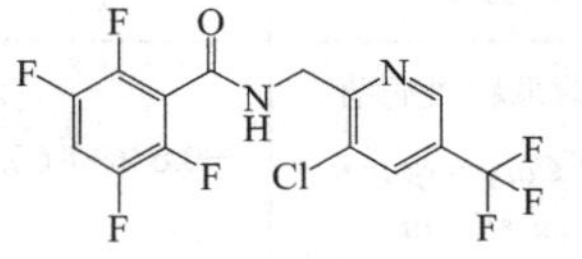	代表化合物（列表化合物 71）

（2）创造性 氟醚菌酰胺的室内活性结果表明：相较于杀菌谱较窄的先导化合物氟吡菌胺，氟醚菌酰胺对辣椒疫霉病、马铃薯晚疫病、水稻纹枯病、棉花立枯病等多种植物病害都具有较高活性，是一种广谱性杀菌剂。氟醚菌酰胺对 10 种病原菌菌丝生长的 EC_{50} 均小于 5mg/L，抑菌作用明显。其中对棉花立枯病菌和番茄灰霉病菌的 EC_{50} 均小于 1mg/L，抑

菌活性最高；对苹果炭疽病菌、番茄叶霉病菌和苹果轮纹病菌的 EC_{50} 为 1.095～1.389mg/L，抑菌活性也很高；对马铃薯晚疫病菌、辣椒疫霉病菌、草莓枯萎病菌、黄瓜靶斑病菌和水稻稻瘟病菌的 EC_{50} 为 2.359～4.633mg/L，其中对草莓枯萎病菌的抑菌活性亦高于常用药剂三唑酮，而同为酰胺类的氟吡菌胺只对辣椒疫霉病菌和马铃薯晚疫病菌具有较强的抑制活性，EC_{50} 分别为 0.618mg/L 和 0.719mg/L，但对其他 8 个病原菌的抑菌活性都很低；嘧菌酯对这 10 种病原菌也都有较高的抑菌活性，但均明显低于氟醚菌酰胺的活性，具体见表 3-13[1]。

表 3-13 氟吡菌胺、嘧菌酯和氟醚菌酰胺对 10 种病原菌的活性比较

病原菌	氟醚菌酰胺		嘧菌酯		氟吡菌胺	
	回归方程（$Y=a+bX$）	EC_{50}/(mg/L)	回归方程（$Y=a+bX$）	EC_{50}/(mg/L)	回归方程（$Y=a+bX$）	EC_{50}/(mg/L)
棉花立枯病菌（*Rhizoctonia solani*）	0.084+1.250X	0.856	−0.754+2.064X	2.318	−1.111+0.569X	89.785
番茄灰霉病菌（*Botrytis cinerea*）	0.029+1.939X	0.966	−0.163+1.638X	1.257	−1.069+0.668X	39.748
苹果炭疽病（*Colletotrichum gloeosporioides*）	−0.054+1.369X	1.095	−0.893+1.768X	3.197	−1.166+0.578X	104.605
番茄叶霉病菌（*Cladosporium fulvum*）	−0.147+1.444X	1.264	−1.373+1.923X	5.178	−1.503+0.622X	261.306
苹果轮纹病菌（*Macrophoma kawatsukai*）	−0.185+1.298X	1.389	−0.709+1.982X	2.279	−1.145+0.25X	770.223
马铃薯晚疫病菌（*Phytophthora infestans*）	−0.627+1.681X	2.359	−4.377+4.134X	11.448	0.143+0.996X	0.719
黄瓜靶斑病菌（*Corynespora cassiicola*）	−0.646+1.602X	2.531	−2.387+2.776X	7.241	−1.631+0.418X	8036.25
辣椒疫霉病菌（*Phytophthora capsici*）	−0.933+1.781X	3.344	−4.550+3.384X	22.112	0.406+1.946X	0.618
草莓枯萎病菌（*Fusarium oxysporum*）	−0.998+1.796X	3.594	−1.500+2.434X	4.123	−1.179+0.371X	1498.92
水稻稻瘟病菌（*Pyricularia oryzae*）	−1.235+1.855X	4.633	−3.355+2.820X	15.469	−1.813+0.800X	184.466

（3）核心化合物专利　氟醚菌酰胺核心化合物专利与授权保护范围如表 3-14 所示。

表 3-14　山东省联合农药工业有限公司申请的氟醚菌酰胺核心化合物专利

序号	公开号	专利号	法律状态
1	CN102086173A	ZL201010274196.5	授权有效
授权保护范围（中国专利）			
一种通式(Ⅰ)代表的四氟苯氧基烟碱胺类化合物。 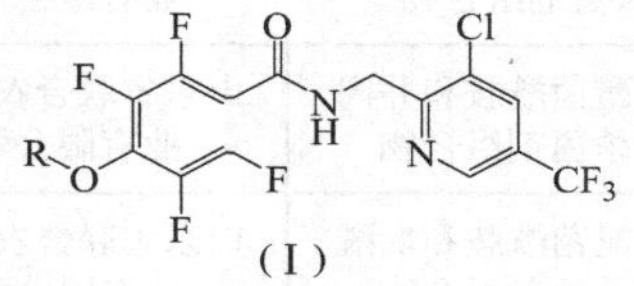 (Ⅰ) 式中 R 为基团： $-CH_3$、$-CH_2CH_3$、$-CH_2CH_2CH_3$、$-CH(CH_3)_2$、$-CH_2CH_2CH_2CH_3$、$-C(CH_3)_3$、$-CH_2CH(CH_3)_2$、$-CH_2CF_3$ 或 $-CH_2CHF_2$			

3.2.3.3　合成方法[2]

以五氟苯甲酸为原料，首先与甲醇钠在甲醇中回流反应生成 4-甲氧基-2,3,5,6-四氟苯甲酸，该步骤反应收率高于 95%，产物 4-甲氧基-2,3,5,6-四氟苯甲酸的纯度达 99%以上。然后 4-甲氧基-2,3,5,6-四氟苯甲酸在二氯乙烷中与氯化亚砜回流反应，脱除溶剂后，得到 4-甲氧基-2,3,5,6-四氟苯甲酰氯，该步骤反应收率达到 97%，纯度高于 99%。最后 4-甲氧基-2,3,5,6-四氟苯甲酰氯在二氯乙烷溶剂中，在三乙胺作缚酸剂条件下，与 2-甲氨基-3-氯-5-三氟甲基吡啶反应生成产品氟醚菌酰胺，反应收率高于 88%，产品纯度达 98%（图 3-7）。

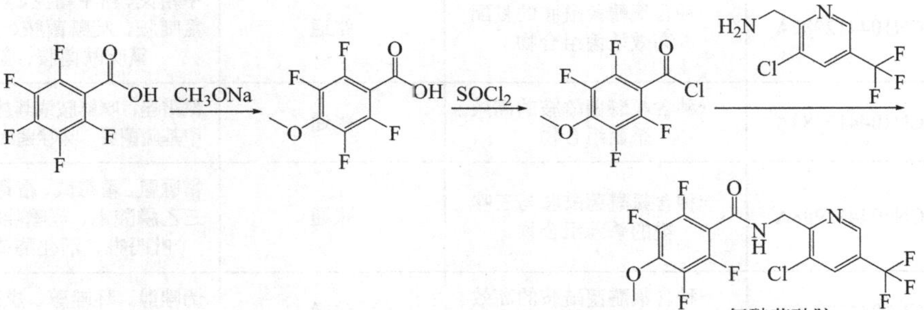

图 3-7　氟醚菌酰胺的合成路线

氟醚菌酰胺以 2,3-二氯-5-三氟甲基吡啶和五氟苯甲酸为起始原料，经五步反应合成产品，产品纯度达 98%以上；工艺过程安全可控，对反应设备无特殊要求。根据中试实验，建立了一套年生产 50t 原药的生产线，该生产过程产生的废水能够利用现有环保装置进行有效处理；100t 原生产线已设计安装完毕并投入使用。

3.2.3.4　组合物专利

氟醚菌酰胺部分组合物专利见表 3-15。

表 3-15　氟醚菌酰胺组合物专利

序号	公开号	发明名称	申请人	B 组分
1	CN102754650A	一种氟醚菌酰胺复配杀菌剂	山东省联合农药工业有限公司	烯酰吗啉
2	CN102792952A	一种防治棉花病害的杀菌剂组合物	山东棉花研究中心	福美双
3	CN102845426A	一种含氟醚菌酰胺和百菌清的杀菌剂组合物	山东省联合农药工业有限公司	百菌清
4	CN102845427A	一种含氟醚菌酰胺和井冈霉素的杀菌剂组合物	山东省联合农药工业有限公司	井冈霉素
5	CN102845436A	一种含氟醚菌酰胺和烯酰吗啉的杀菌剂组合物	山东省联合农药工业有限公司	烯酰吗啉
6	CN103348984A	一种氟醚菌酰胺复配杀菌剂	刘杰	烯酰吗啉
7	CN103355304A	一种含氟醚菌酰胺和百菌清的杀菌剂组合物	刘杰	百菌清
8	CN103444733A	一种含氟醚菌酰胺和缬霉威的杀菌组合物	山东省联合农药工业有限公司	缬霉威
9	CN103988856A	一种含氟醚菌酰胺的土壤杀菌剂组合物	山东棉花研究中心	噁霉灵和大蒜油
10	CN104012535A	一种含氟醚菌酰胺和海带多糖的杀菌剂组合物	山东棉花研究中心	海带多糖
11	CN104412981A	一种含氟醚菌酰胺与甲氧基丙烯酸酯类的杀菌组合物	张通	甲氧基丙烯酸酯类杀菌剂
12	CN104412982A	一种含氟醚菌酰胺的复配高效杀菌组合物	张通	甲霜灵、精甲霜灵、双炔酰菌胺、氟啶胺、啶酰菌胺、苯酰菌胺、氟啶酰菌胺、氟酰胺
13	CN104412983A	一种含氟醚菌酰胺的高效杀菌组合物	张通	氰霜唑、咪鲜胺或其盐、多菌灵、甲基硫菌灵、咪唑菌酮、噁唑菌酮
14	CN104412988A	一种含氟醚菌酰胺与三唑类的杀菌组合物	张通	霜脲氰、霜霉威、霜霉威盐酸盐、三乙膦酸铝、氟噻唑吡乙酮、丁吡吗啉、活化酯或缬霉威
15	CN104412990A	一种含氟醚菌酰胺的高效杀菌组合物	张通	烯唑醇、环唑醇、戊菌唑、氟菌唑或四氟醚唑

3.2.3.5 机理研究及抗性风险评估[3,4]

氟醚菌酰胺的主要防治对象为卵菌病害，包括黄瓜霜霉、马铃薯晚疫和辣椒疫霉等，但由于卵菌具有明显生理分化和快速遗传变异特点，使其易产生抗药性，且与其他多种类型杀菌剂存在交互抗性，因此使用氟醚菌酰胺存在一定的抗性风险。根据菌丝生长速率法明确了 42 株辣椒疫霉病病原菌对氟醚菌酰胺的 EC_{50} 均值为 2.21mg/L，病原菌的敏感性分布频率呈单峰状态且符合正态分布，可作为敏感性基线来监测田间辣椒疫霉病菌对氟醚菌酰胺的敏感性变化。进一步通过紫外诱导和杀菌剂驯化敏感菌株，获得了 4 株抗性水平在 57.8～237.4 倍的抗氟醚菌酰胺的辣椒疫霉病菌突变体。测定抗氟醚菌酰胺菌株对7种药剂的交互抗性，发现抗氟醚菌酰胺辣椒疫霉菌株对烯酰吗啉、丙森锌、代森锰锌、百菌清无交互抗性，但对氟吡菌胺、甲霜灵、霜脲氰有较高水平的交互抗性。因此，在推广中应将氟醚菌酰胺与烯酰吗啉等未产生交互抗性的杀菌剂混用或轮换使用，以延缓病原菌对氟醚菌酰胺的抗性产生和发展。另有研究明确了水稻纹枯病菌对氟醚菌酰胺的抗性风险，通过紫外诱变和药剂驯化获得了2株抗性分别为61.12、172.26倍的氟醚菌酰胺抗性菌株，其适合度测定结果表明：抗性菌株适合度略有提高，但与亲本菌株在菌丝生长速率、致病力、渗透压敏感性等方面无显著性差异。

氟醚菌酰胺对辣椒疫霉菌丝的呼吸代谢具有抑制作用，且抑制作用随其质量浓度的提高而加强。丙二酸、碘乙酸、磷酸钠和水杨肟酸分别是三羧酸循环途径、糖酵解途径、磷酸戊糖途径以及旁路氧化途径的典型抑制剂，当处理药剂与典型抑制剂的叠加率越小时，表明该药剂对此典型抑制剂所作用的呼吸代谢途径有越强的抑制作用。此试验结果说明氟醚菌酰胺对三羧酸循环途径的抑制作用最为明显。

试验表明：100mg/L 氟醚菌酰胺能显著抑制棉花立枯丝核菌菌核产生和菌丝生长量，使菌丝分支增多、变短、变粗；以6.25～100mg/L 的氟醚菌酰胺处理棉花立枯丝核菌时，其细胞膜的通透性随着药剂浓度的增加而显著增大，520min 时 100mg/L 质量浓度下的相对渗透率为77.01%，高于对照药剂嘧菌酯。与先导化合物氟吡菌胺相比，氟醚菌酰胺抑菌谱更广且抑菌活性更高。此外，也有研究结果表明，氟醚菌酰胺可使辣椒疫霉菌丝分支增多变短，出现细胞壁增厚和细胞变形现象；能够抑制辣椒疫霉病原菌能量生成，并且氟醚菌酰胺处理能使得病原菌的细胞膜通透性提高。研究结果初步表明，氟醚菌酰胺主要通过抑制辣椒疫霉病原菌能量生成和提高细胞膜通透性而起到抑菌作用。以上研究结果证明，氟醚菌酰胺可作用于病原真菌线粒体的呼吸链，抑制琥珀酸脱氢酶（SDH）的活性，从而阻断电子传递，抑制病原菌孢子萌发、芽管伸长、菌丝生长和孢子形成。

3.2.3.6 毒理学与安全评价[5]

氟醚菌酰胺大鼠（雌、雄）急性经口 LD_{50} 均为5000mg/kg，毒性级别为低毒；Ames 试验、体内哺乳动物骨髓嗜多染红细胞微核试验、精母细胞染色体畸变试验、体外哺乳动物细胞基因突变试验，结果均为阴性；无繁殖毒性、无致畸作用、无致癌作用；对藻、溞、两栖类动物的毒性级别为中等毒，对其他生物如蜜蜂、鸟、鱼、蚕、蚯蚓等生物的毒性级别均为低毒，对生产者、田间劳动者的接触毒性低。氟醚菌酰胺在防治黄瓜、水稻、马铃薯等病害后，对其果实、植株等进行了残留检测，残留量均低于同类产品的MRL值，属低残留较安全的杀菌剂。

氟醚菌酰胺的残留与降解及对土壤微生态的影响：

（1）在0.002～1mg/L 范围内，氟醚菌酰胺在马铃薯等基质中的质量浓度与对应的峰面积间呈良好的线性关系，其相关系数均大于0.9999。在0.005～0.5mg/kg 添加水平下，氟醚菌酰胺在马铃薯、马铃薯植株和土壤中的日内平均回收率为81%～98%，日内相对标准偏差（RSD）为2.2%～13%（n=5）；日间平均回收率为75%～106%，日间 RSD 为0.6%～11%（n=15）。氟醚菌酰胺在马铃薯等基质中的定量限（LOQ）（S/N=10）均为0.001mg/kg。

（2）氟醚菌酰胺对土壤可培养微生物仅有短暂影响，其中对细菌和放线菌数量的影响持续20d，对可培养真菌的抑制持续40d。土壤酶活测定结果表明，氟醚菌酰胺处理土壤后对脲酶、脱氢酶、酸性磷酸酶和纤维素酶活力表现出先抑制后激活的作用；对土壤蔗糖酶活力表现出一定的激活作用；对土壤过氧化氢酶有一定的抑制作用。但与土壤可培养微生物结果一致，氟醚菌酰胺对土壤酶的影响是可恢复的，在处理后 60d，各处理的土壤酶活力恢复至对照水平。采用 qPCR 分析氟醚菌酰胺对土壤氮循环相关基因丰度的影响，结果表明，氟醚菌酰胺施用后能够提高土壤氨氧化细菌功能基因 *amoA* 和固氮基因 *nifH* 的丰度，这表明，氟醚菌酰胺土壤处理能促进土壤氮循环相关微生物的增殖，优化土壤微生态结构。

3.2.3.7 登记情况

目前国内登记氟醚菌酰胺系列产品 6 个，登记公司均为山东省联合农药工业有限公司，具体登记信息如表 3-16 所示。

表 3-16 氟醚菌酰胺相关登记产品信息表

登记证号	农药名称	剂型	总含量	登记作物	防治对象	用药量（制剂量）	施用方法
PD20172273	氟醚·烯酰	悬浮剂	40%	马铃薯	晚疫病	35～40mL/亩	喷雾
PD20170009	氟醚菌酰胺	水分散粒剂	50%	芋头	疫病	35～40mL/亩	喷雾
				哈密瓜	霜霉病	12～18g/亩	喷雾
				黄瓜	霜霉病	6～9g/亩	喷雾
				人参	疫病	14～18g/亩	喷雾
				三七	疫病	7.5～12.5g/亩	喷雾
PD20170008	氟醚·己唑醇	悬浮剂	40%	水稻	纹枯病	12.5～15mL/亩	喷雾
PD20200428	吡唑酯·氟醚菌	微囊悬浮-悬浮剂	30%	葡萄	霜霉病	1250～1500 倍液	喷雾
PD20220280	氟醚菌酰胺	烟剂	5%	黄瓜（保护地）	靶斑病	90～120g/亩	点燃放烟
PD20170010	氟醚菌酰胺	原药	98%		—		

3.2.3.8 应用效果[1,3,7]

氟醚菌酰胺具有较广的杀菌谱，尤其对植物病原卵菌疫霉属引起的病害防治效果很好；对辣椒疫霉、致病疫霉、荔枝霜疫霉和子囊菌亚门真菌玉米大斑病菌的有效抑制中浓度分别为 3.86mg/L、2.33mg/L、0.98mg/L 和 12.08mg/L。适用于黄瓜、番茄、葡萄等水果蔬菜以及水稻、马铃薯等多种粮食作物，对小宗作物如芋头、百合的病害具有优异防效，且具有较好的安全性。

氟醚菌酰胺对多种病原菌抑菌作用明显。其中对棉花立枯病菌和番茄灰霉病菌的 EC_{50} 均小于 1mg/L，抑菌活性最高；对苹果炭疽病菌、番茄叶霉病菌和苹果轮纹病菌的 EC_{50} 为 1.095～1.389mg/L，抑菌活性也很高；对马铃薯晚疫病菌、辣椒疫霉病菌、草莓枯萎病菌、黄瓜靶斑病菌和水稻稻瘟病菌的 EC_{50} 为 2.359～4.633mg/L。

氟醚菌酰胺对黄瓜霜霉病的保护活性较高，EC_{50} 值为 6.70mg/L，对黄瓜霜霉病的治疗活性 EC_{50} 为 15.06mg/L。对水稻纹枯病菌的室内活性 EC_{50} 为 0.7646mg/L。

氟醚菌酰胺具有良好的保护和治疗作用，其中保护作用比治疗作用更强。施用后可减轻辣椒疫病对作物的侵染，保护作物，且保护效果随着药剂浓度的升高而增强，当药剂浓度为 20mg/L 时保护效果为 96.9%，40mg/L 时保护达到 100%，能够有效控制辣椒疫病的发生；对辣椒疫病同时具有良好的治疗作用。

50%氟醚菌酰胺水分散粒剂防治黄瓜霜霉病大田试验有效成分 4.5g/亩防效达到 90%以上；40%氟醚·烯酰悬浮剂防治马铃薯晚疫病大田试验有效成分 16g/亩防效达 85%以上；40%氟醚·己唑醇悬浮剂防治水稻纹枯病大田试验有效成分 6g/亩防效达 86%以上。

参考文献

[1] 张化霜. 氟醚菌酰胺的杀菌谱及作用机制的初步研究. 泰安: 山东农业大学, 2013.
[2] 唐剑峰, 刘杰. 氟醚菌酰胺的创制与开发. 中国农药, 2018, 14(2): 44-46.
[3] 何玲. 氟醚菌酰胺对辣椒疫霉的作用方式及作用机理研究. 北京: 中国农业科学院, 2016.
[4] 张秀焕. 水稻纹枯病菌对氟醚菌酰胺的抗性风险评价. 泰安: 山东农业大学, 2015.
[5] 李晶晶, 李娜, 孟臻, 等. 我国自主创制农药氟醚菌酰胺的研究进展. 农药, 2019, 58(9): 631-634.
[6] 张存帅, 贾素平, 李荣选, 等. 联合一号（氟醚菌酰胺）——民族品牌中国行. 世界农药, 2020, 42(2): 55-56.
[7] 张睿, 许辉, 唐剑锋, 等. 新型杀菌剂氟醚菌酰胺对黄瓜霜霉病的毒力和田间药效评价. 农药, 2013, 52(8): 596-598.

3.2.4 氟苯醚酰胺和氯苯醚酰胺的创制

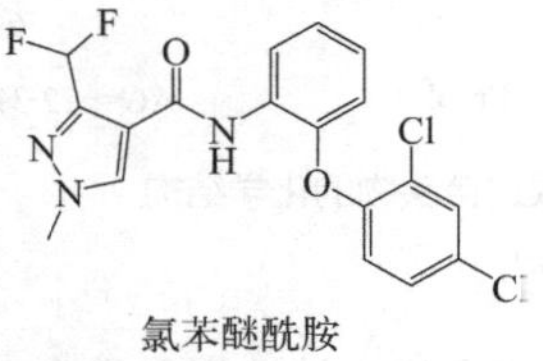

氯苯醚酰胺 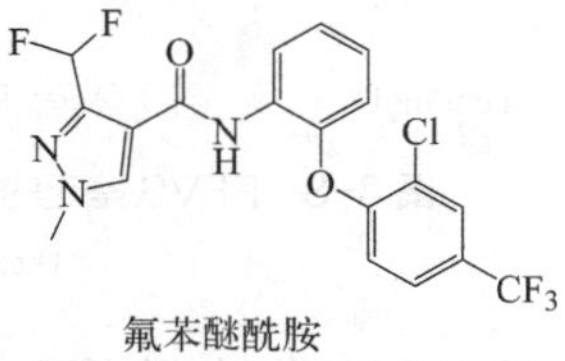　　　　氟苯醚酰胺

化合物专利名称：含二苯醚的吡唑酰胺类化合物及其应用和农药组合物

中国专利号：ZL201310502473.7；申请日：2013-10-23；授权日：2017-01-04

专利发明人：杨光富，熊力，陈琼；申请人：华中师范大学

氟苯醚酰胺(代号：Y13149)，是由华中师范大学创制的，英文通用名 flubeneteram，获得中国发明专利。氟苯醚酰胺为新型琥珀酸脱氢酶抑制剂，对水稻纹枯病具有卓越防效，同时对白粉病、马铃薯晚疫病具有高效杀菌活性。目前，相关化合物尚未在国内获准登记。

3.2.4.1 创制过程

琥珀酸泛醌氧化还原酶(SQR)是线粒体呼吸链的组成部分，包含四条链：亲水性亚基黄蛋白(FP，链 A)、铁硫蛋白(IP，链 B)和两个膜锚定蛋白(CybL，链 C；CybS，链 D)[1-6]。许多生物学实验证明，SQR 可以将一个电子从琥珀酸转移到富马酸，并伴随着泛醌还原成泛醇。一般认为 SQR 是一种杀菌剂，其抑制剂会阻断植物病原菌的电子转移，导致其死亡。最近，一些研究团队指出，链 B、链 C 和链 D 也可以作为肿瘤抑制因子，从而导致许多生理紊乱[7-10]。因此，SQR 在农业和医学上被认为是一个很有潜力的靶标。SQR 类农用杀菌剂由于其共同的化学结构，常被称为酰胺类杀菌剂。在这些杀菌剂中，萎锈灵作为最早的商业产品，于 1966 年产业化[11]。此后，许多高效、广谱的新杀菌剂被发现。到目前为止，已有 19 种商品化的 SQR 杀菌剂，分为 9 类。由于长期使用和高使用频率，许多病原菌对酰胺类杀菌剂产生了严重的抗药性，如链孢霉(*Alternaria alternata*)[12,13]、灰霉病菌(*Botrytis cinerea*)[14,15]、黄曲霉(*Podos phaera xanthii*)[16]、禾生球腔菌(*Mycosphaerella graminicola*)等[17-19]。因此，仍然需要发现结构简单、性能更优的新型 SQR 抑制剂[20-24]。

在之前的一项研究中[25]，报道了使用药效团链接片段虚拟筛选(PFVS)方法计算发现的 6 个苗头化合物（图 3-8）作为潜在的 SQR 抑制剂。其中，选取含吲哚吡唑酰胺类苗头化合物 **6** 进行进一步的结构优化，得到几种亚微摩尔和纳摩尔的 SQR 抑制剂，对立枯丝核菌具有良好的抑菌活性。在此，为了继续以前的工作，报道了含有二苯基醚片段的苗头化合物 **3** 的结构优化。幸运的是，最终发现化合物 **43** 和 **62**，对纹枯病和白粉病显示出了良好的杀菌活性。进一步的计算模拟表明，相比于杀菌剂噻虫胺，化合物 **62** 中的二苯基醚片段在与 SQR 结合时表现出更大的灵活性。

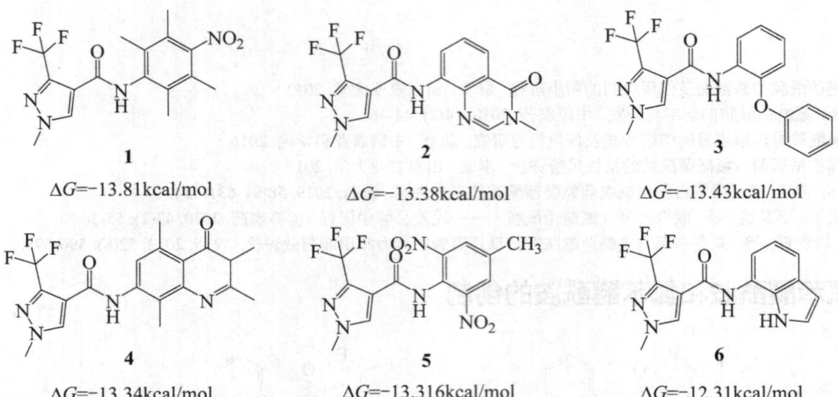

图 3-8　PFVS 鉴定的 6 种候选苗头物的化学结构

1kcal=4.19kJ

（1）苗头化合物 **3** 的结合模式　如前所述，苗头化合物 **3** 被认为是最有前途的抑制剂，对玉米锈病的 IC_{50} 值为 19.79μmol/L。为了更好地了解苗头化合物 **3** 和目标蛋白之间的相关相互作用，使用 AutoDock 进行了分子对接研究。苗头化合物 **3** 的结合模式与商品化杀菌剂的结合模式基本一致。

（2）酶抑制与结构活性关系　如表 3-17 所示，合成了一系列含二苯醚的吡唑酰胺。引入的取代基有卤素、甲基、甲氧基、甲基硫代、氰基、三氟甲氧基等。化合物 **17**(2-Cl, IC_{50} = 1.98μmol/L)，**18**(2-Br, IC_{50} = 4.20μmol/L)，19(2-SCH_3, IC_{50} = 1.78μmol/L)，2 位取代基的活性显著提高，而化合物 **16**(2-F, IC_{50} = 22.41μmol/L)的活性水平几乎与苗头化合物 3（hit3）相同。3 位为氯的化合物 **20** 的活性稍低(IC_{50} = 36.9μmol/L)，而 4 位为氯的化合物 **22** 的效果提高了约 4 倍(IC_{50} = 4.90μmol/L)。此外，化合物 **59**（4-CF_3, IC_{50} = 3.17μmol/L）和 **24** (4-OCF_3, IC_{50} = 11.69μmol/L）的效果均高于苗头化合物 **3**。但是，化合物 **21** (4-F)和 **23** (4-CN)显示活性完全丧失。因此，可以得出结论，3 位取代基不利于保持高活性，而 4 位取代基对活性有复杂的影响。

表 3-17　目标物化学结构与活性

化合物	R^1	R^2	剂量 /(mg/L)	对 *Rhizoctonia solani* 防效/%	对 *Sphaerotheca fuliginea* 防效/%	IC_{50} /(μmol/L)
hit3	CF_3	H	200	76	100	19.79±1.07
16	CF_3	2-F	200	100	70	22.41±1.23
17	CF_3	2-Cl	200	82	56	1.98±1.39
18	CF_3	2-Br	200	100	95	4.20±1.12
19	CF_3	2-SMe	200	0	0	1.78±1.11
20	CF_3	3-Cl	200	69	22	36.9±1.47
21	CF_3	4-F	200	57	15	>100
22	CF_3	4-Cl	200	66	44	4.90±1.28
23	CF_3	4-CN	200	30	0	>100
24	CF_3	4-OCF_3	200	60	40	11.69±1.29
25	CF_3	2,4-Cl_2	200	0	72	2.70±1.37
26	CF_3	2,3-Me_2	200	63	0	9.86±1.27

续表

化合物	R^1	R^2	剂量/(mg/L)	对 *Rhizoctonia solani* 防效/%	对 *Sphaerotheca fuliginea* 防效/%	IC_{50}/(μmol/L)
27	CF_3	2,3-F_2	200	90	40	9.37±1.22
28	CF_3	2-Me-5-F	200	73	50	8.47±1.05
29	CF_3	3,4-Me_2	200	0	0	4.87±1.11
30	CF_3	3,5-Me_2	200	90	0	3.59±1.23
31	CF_3	3,4,5-OMe_3	200	0	0	>100
32	CF_3	3,4,5-F_3	200	100	100	2.62±1.17
33	CHF_2	2-F	200	95	100	17.66±1.12
34	CHF_2	2-Cl	200	100	100	1.13±1.32
35	CHF_2	2-Br	200	90	0	1.52±1.07
36	CHF_2	2-SMe	200	90	0	2.59±1.14
37	CHF_2	3-Cl	200	100	0	4.90±1.28
38	CHF_2	4-F	200	100	44	14.52±1.17
39	CHF_2	4-Cl	200	68	0	2.02±1.15
40	CHF_2	4-OMe	200	59	60	32.76±2.36
41	CHF_2	4-CN	200	45	0	>100
42	CHF_2	4-OCF_3	200	52	95	3.72±1.12
43	CHF_2	2,4-Cl_2	200	100	80	0.40±0.01
44	CHF_2	2,3-Me_2	200	66	0	3.22±1.33
45	CHF_2	2,3-F_2	200	100	0	2.17±1.17
46	CHF_2	2-Me-5-F	200	95	35	4.67±1.17
47	CHF_2	3,4-Me_2	200	0	0	3.19±1.17
48	CHF_2	3,5-Me_2	200	90	0	5.62±1.19
49	CHF_2	2,5-Cl_2	200	95	30	1.25±0.13
50	CHF_2	2-Cl-4-F	200	100	90	1.40±1.15
51	CHF_2	2,4-F_2	200	90	30	12.93±1.14
52	CHF_2	2-Me-5-*i*-Pr	200	74	20	0.65±0.12
53	CHF_2	2-Me-4-Cl	200	58	70	2.13±1.10
54	CHF_2	3,4,5-OMe_3	200	0	0	>100
55	CHF_2	3,4,5-F_3	200	100	80	0.60±0.12
59	CF_3	4-CF_3	200	56	0	3.17±1.12
60	CF_3	2-Cl-4-CF_3	200	100	100	0.28±0.02
61	CHF_2	4-CF_3	200	72	44	1.62±1.35
62	CHF_2	2-Cl-4-CF_3	200	100	100	0.11±0.012
噻呋酰胺			100	100	100	未检测

此外，还合成了二取代化合物**25**～**30**，并研究了其构效关系。有趣的是，所有这些化合物都表现出比苗头化合物**3**更好的抑制活性。例如，2,4-二氯化合物**25**的IC_{50}值为2.70μmol/L，活性明显提高。2,3-二甲基类似物**26**和3,4-二甲基类似物**29**的IC_{50}值分别为9.86和4.87μmol/L，也获得了同样的效果。同时，化合物**27**(2,3-F_2, IC_{50} = 9.37μmol/L)，**28**(2-CH_3-5-F, IC_{50} = 8.47μmol/L)和**30**(3,5-Me_2, IC_{50} = 3.59μmol/L)都表现出很好的活性。在苯环上引入2-Cl-4-CF_3取代后得到化合物**60**，活性显著提高(IC_{50} = 0.28μmol/L)，约为苗头化合物**3**的71倍。这说明了2,4-二取代对高效很重要。同时，还探讨了三取代苯环的影响。结果是，化合物**31**(R^2 = 3,4,5- OMe_3)的活性显著下降。相反，化合物**32**(R^2 =3,4,5-F_3)的活性约为苗头化合物**3**的8倍。这些结果表明，2位和4位取代均有利于防效，尤其是2-Cl和4-CF_3取代基，其活性始终高于其他取代基。

在苯环上找到最优取代基后，尝试优化吡唑骨架。在之前的研究中[24]，用吡唑环上的二氟甲基取代三氟甲基可以提高SQR抑制剂的活性。因此，在上述结果的基础上，还设计合成了一系列吡唑环上的二氟甲基化合物。与相应的三氟甲基取代衍生物相比，它们对玉米锈病表现出显著增强的效果。2-F, 4-F, 4-OCF_3和4-CF_3化合物**33**、**38**、**42**和**61**表现出比苗头化合物**3**更高的活性。与上述研究类似，一些含有二取代基或三取代基的类似物也被研究。例如，2-Cl-4-F化合物(**50**, IC_{50} =1.40μmol/L)与2,4-二氯化合物**43**相比，其活性略有下降，而其他取代基(2-Me-5-F, **46**和2,4-F_2，**51**)的活性亦略有下降。在2,4-二取代设计的启发下，合成了含2-Cl-4-CF_3的化合物**62**，其IC_{50}值为0.11μmol/L，活性较苗头化合物3明显提高了近180倍，还有3,4,5-三氟类似物**55** (IC_{50} = 0.60μmol/L)，观察到类似的活性。

3.2.4.2 知识产权分析

该发明属于me-too研究。相关化合物结构虽然包含在已知专利CN1226244A (WO 9803500)中，但CN1226244A并没有具体公开相关化合物结构，且该发明提供了相关化合物活性优于已知专利中结构相似化合物，属于选择性发明。

（1）新颖性　新颖性分析见表3-18。

表3-18　该专利与已有技术对比表

该专利： CN104557709 A(华中师范大学，申请日：2013-10-23；公开日：2015-04-29)	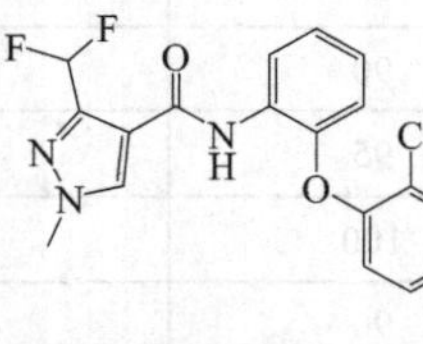 氯苯醚酰胺(专利中化合物Ⅰ)	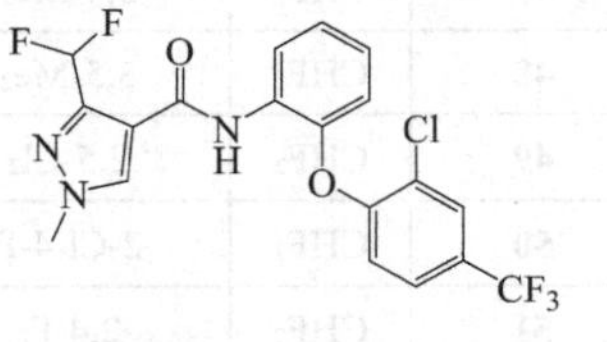 氟苯醚酰胺(专利中化合物Ⅱ)
接近的已有技术 WO9803500对应的CN1226244A(拜耳公司，申请日：1997-07-11；公开日：1999-08-18)	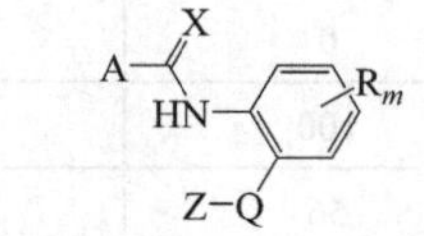 通式（*m*可代表0; A代表取代1-甲基-3-R^1-5-R^2-吡唑-4-基;环上取代基R^1代表卤代烷基; R^2代表氢; Q可以代表氧原子等; Z代表任意被取代的苯基） 具有杀菌活性	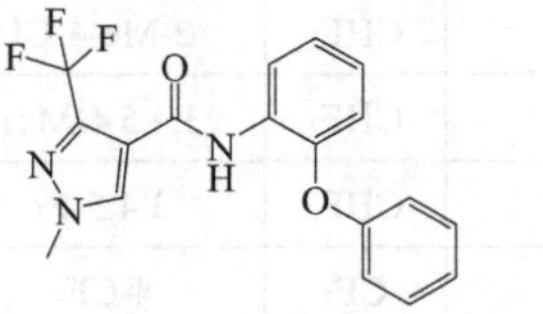 代表化合物(列表化合物12)

续表

同类商品化/开发中品种	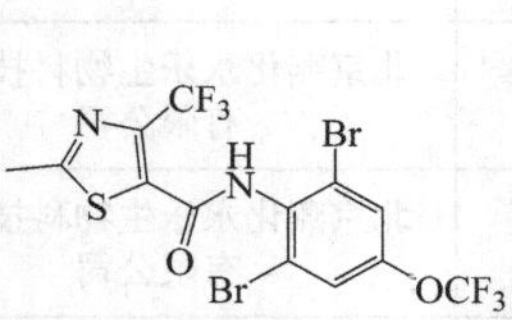 噻呋酰胺 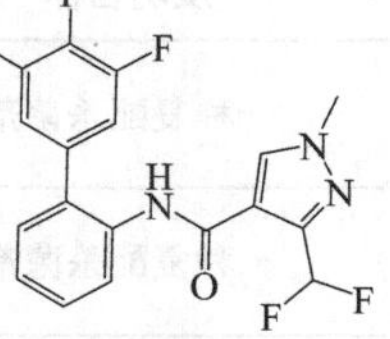	氟唑菌酰胺 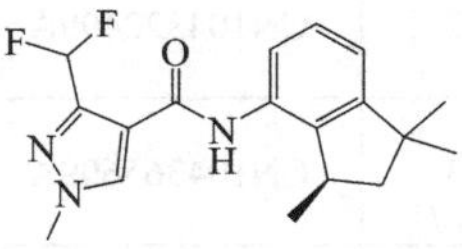	inpyrfluxam

（2）创造性　该专利CN104557709A说明书，200mg/L剂量下，对水稻纹枯病和黄瓜白粉病保护活性比较测试，该发明测试化合物（编号Ⅰ，氯苯醚酰胺；Ⅱ，氟苯醚酰胺）防效均为100%，而CN1226244A中的对照化合物**12**为30.87%。

（3）核心化合物专利　氟苯醚酰胺和氯苯醚酰胺核心化合物专利与授权保护范围如表3-19所示。

表3-19　华中师范大学申请的氟苯醚酰胺和氯苯醚酰胺核心化合物专利

序号	公开号	专利号	法律状态
1	CN104557709 A	ZL201310502473.7	授权有效
授权保护范围(中国专利)			
一种含二苯醚的吡唑酰胺类化合物，该化合物如式Ⅰ或式Ⅱ所示： 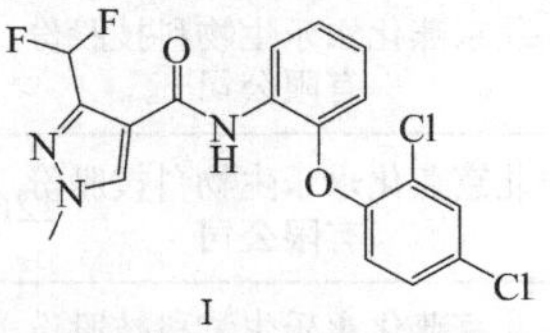Ⅰ 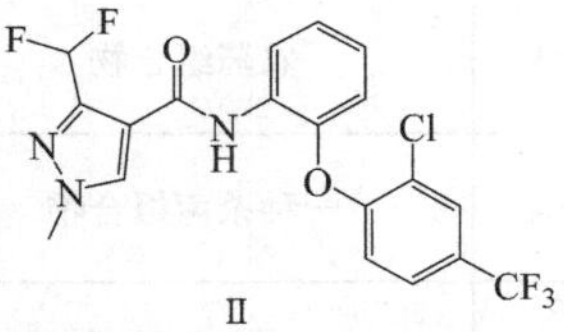　Ⅱ			

3.2.4.3　合成方法

以邻氨基苯酚、3-氯-4-氟三氟甲苯为起始原料，经取代得到的中间体再与3-二氟甲基-1-甲基-4-吡唑酰氯反应，得到氟苯醚酰胺，同样的方法得到氯苯醚酰胺(图3-9)。

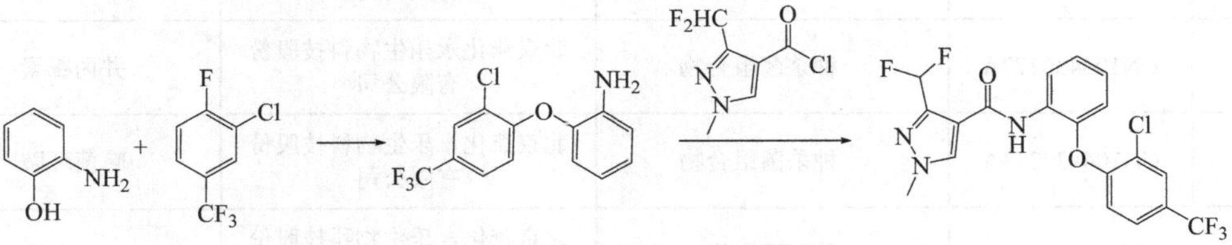

图3-9　氟苯醚酰胺合成路线

3.2.4.4　组合物专利

氟苯醚酰胺和氯苯醚酰胺部分组合物专利见表3-20。

表3-20　氟苯醚酰胺和氯苯醚酰胺组合物专利

序号	公开号	发明名称	申请人	B组分
1	CN104255757A	一种复配杀菌剂	北京燕化永乐生物科技股份有限公司	吡唑醚菌酯

续表

序号	公开号	发明名称	申请人	B 组分
2	CN104322499A	一种复配杀菌剂	北京燕化永乐生物科技股份有限公司	啶酰菌胺
3	CN104365609A	一种复配杀菌剂	北京燕化永乐生物科技股份有限公司	醚菌酯
4	CN104381266A	一种杀菌组合物	北京燕化永乐生物科技股份有限公司	氟吡菌胺
5	CN104381268A	一种复配杀菌剂	北京燕化永乐生物科技股份有限公司	三唑酮
6	CN104381275A	杀菌组合物	北京燕化永乐生物科技股份有限公司	烯酰吗啉
7	CN104396959A	一种杀菌组合物	北京燕化永乐生物科技股份有限公司	宁南霉素
8	CN104396960A	农药组合物	北京燕化永乐生物科技股份有限公司	嘧菌酯
9	CN104396962A	农药组合物	北京燕化永乐生物科技股份有限公司	精甲霜灵
10	CN104396963A	农药组合物	北京燕化永乐生物科技股份有限公司	申嗪霉素
11	CN104396964A	一种杀菌组合物	北京燕化永乐生物科技股份有限公司	戊唑醇
12	CN104396972A	一种复配杀菌剂	北京燕化永乐生物科技股份有限公司	三环唑
13	CN104396978A	一种复配杀菌剂	北京燕化永乐生物科技股份有限公司	霜霉威
14	CN104430370A	一种杀菌组合物	北京燕化永乐生物科技股份有限公司	啶氧菌酯
15	CN104430372A	一种杀菌组合物	北京燕化永乐生物科技股份有限公司	井冈霉素
16	CN104430373A	一种杀菌组合物	北京燕化永乐生物科技股份有限公司	嘧菌环胺
17	CN104430375A	杀菌组合物	北京燕化永乐生物科技股份有限公司	己唑醇
18	CN104430384A	一种杀菌组合物	北京燕化永乐生物科技股份有限公司	戊菌唑
19	CN104430411A	一种杀菌组合物	北京燕化永乐生物科技股份有限公司	噻呋酰胺
20	CN104430440A	农药组合物	北京燕化永乐生物科技股份有限公司	霜脲氰
21	CN104472494A	一种杀菌组合物	北京燕化永乐生物科技股份有限公司	甲霜灵

续表

序号	公开号	发明名称	申请人	B组分
22	CN104472499A	一种复配杀菌剂	北京燕化永乐生物科技股份有限公司	苯醚甲环唑
23	CN104521994A	农药组合物	北京燕化永乐生物科技股份有限公司	烯酰吗啉

3.2.4.5 作用机理

一种广谱性的SDHI(琥珀酸脱氢酶抑制剂)类杀菌剂，通过占据底物泛醌的位点，来抑制病原菌呼吸，作用位点是呼吸链复合体Ⅱ，可以影响病原菌的电子转移，进而影响能源供给，从而使病原菌死亡[10,11]。

3.2.4.6 应用效果

田间试验结果表明：氟苯醚酰胺及其混剂产品可有效防治黄瓜白粉病、水稻纹枯病、番茄灰霉病、小麦赤霉病等众多病害。部分田间试验结果如下：

（1）防治黄瓜白粉病田间试验[26]　30%氟苯醚酰胺悬浮剂有效成分用量 100、125、150g/hm^{2}对黄瓜白粉病有较好的防效。药后7天调查，30%氟苯醚酰胺悬浮剂有效成分用量100、125、150g/hm^{2}对黄瓜白粉病的防效为73.99%、83.31%和86.07%。

（2）防治水稻纹枯病田间试验[26,27]　5%氟苯醚酰胺乳油有效成分用量 112.5、75、37.5g (a.i.)/hm^{2}对水稻纹枯病有较好的防效，药后21天防效分别为88.5%、81.2%和78.3%。

（3）防治小麦赤霉病田间试验[28]　25%氟苯醚酰胺 150g (a.i.)/hm^{2}防治效果为 68.82%；300g (a.i.)/hm^{2}氟苯醚酰胺与丙硫菌唑以1∶1混配两次用药的防治效果为91.30%，防治效果随药剂量的增加而显著增大。同时试验中未发现药害现象，表明氟苯醚酰胺对小麦安全。

（4）防治番茄灰霉病田间试验[29]　17%吡唑醚菌酯·氟苯醚酰胺悬浮剂对番茄灰霉病有较好的防治效果，其40g/亩、30g/亩和20g/亩处理在末次药后7d对叶片的平均防治效果分别为85.90%、80.92%和74.32%；对果实的平均防治效果分别为79.48%、77.00%和68.44%。

参考文献

[1] Cecchini G. Function and structure of complex Ⅱ of the respiratory chain. Annu. Rev. Biochem., 2003, 72: 77-109.

[2] Maklashina E, Cecchini G. The quinone-binding and catalytic site of complex Ⅱ. Biochim. Biophys. Acta Bioenerg., 2010, 1797(12): 1877-1882.

[3] Yankovskaya V, Horsefield R, Törnroth S, et al. Architecture of succinate dehydrogenase and reactive oxygen species generation. Science, 2003, 299: 700-704.

[4] Hägerhäll C. Succinate: quinone oxidoreductases. Variations on a conserved theme. Biochim. Biophys. Acta Bioenerg., 1997, 1320: 107-141.

[5] Sun F, Huo X, Zhai Y, et al. Crystal structure of mitochondrial respiratory membrane protein complex Ⅱ. Cell, 2005, 121(7): 1043-1057.

[6] Huang L S, Shen J T, Wang A C, et al. Crystallographic studies of the binding of ligands to thedicarboxylate site of complex Ⅱ, and the identity of the ligand in the “oxaloacetate inhibited” state. Biochim. Biophys. Acta Bioenerg., 2006, 1757: 1073-1083.

[7] Ishii N, Fujii M, Hartman P S, et al. A mutation in succinate dehydrogenase cytochrome b causes oxidative stress and ageing in nematodes. Nature, 1998, 394: 694-697.

[8] Senoo-Matsuda N, Yasuda K, Tsuda M, et al. A defect in the cytochrome b large subunit in complex Ⅱ causes both superoxide anion overproduction and abnormal energy metabolism in Caeno-rhabditis elegans. J. Biol. Chem., 2001, 276: 41553-41558.

[9] Rustin P, Rŏig A. Inborn errors of complex Ⅱ-unusual human mitochondrial diseases. Biochim. Biophys. Acta Bioenerg., 2002, 1553: 117-122.

[10] Carvalho L, Juan R L O, Carmen L M, et al. The 8-aminoquinoline analogue sitamaquine causes oxidative stress in Leishmania donovani promastigotes by targeting succinate dehydrogenase. Antimicrob. Agents Chemother, 2011, 55: 4204-4210.

[11] Mode of action of fungicides. FRAC Classification on Mode of Action, Crop Life, 2015. http://www.frac.info/.

[12] Avenot H F, Sellam A, Karaoglanidis G, et al. Characterization of mutations in the iron-sulphur subunit of succinate dehydrogenase correlating with boscalid resistance in *Alternaria alternata* from California pistachio. Phytopathology, 2008, 98: 736-742.

[13] Avenot H, Sellam A, Michailides T. Characterization of mutations in the membrane-anchored subunits AaSDHC and AaSDHD of succinate dehydrogenase from *Alternaria alternata* isolates conferring field resistance to the fungicide boscalid. Plant Pathol., 2009, 58: 1134-1143.
[14] Veloukas T, Leroch M, Hahn M, et al. Detection and molecular characterization of boscalid resistant *Botrytis cinerea* isolates from strawberry. Plant Dis., 2011, 95: 1302-1307.
[15] Angelini R M D, Habib W, Rotolo C, et al. Selection characterization and genetic analysis of laboratory mutants of *Botryotinia fuckeliana* (*Botrytis cinerea*) resistant to the fungicide boscalid. Eur. J. Plant Pathol., 2010, 128: 185-199.
[16] Avenot H F, Thomas A, Gitaitis R D, et al. Molecular characterization of boscalid- and penthiopyrad-resistant isolates of *Didymella bryoniae* and assessment of their sensitivity to fluopyram. Pest Manage. Sci., 2012, 68: 645-651.
[17] Fraaije B A, Bayon C, Atkins S, et al. Risk assessment studies on succinate dehydrogenase inhibitors the new weapons in the battle to control Septoria Leaf Blotch in wheat. Mol. Plant Pathol., 2012, 13: 263-275.
[18] Scalliet G, Bowler J, Luksch T, et al. Mutagenesis and functional studies with succinate dehydrogenase inhibitors in the wheat pathogen *Mycosphaerella graminicola*. PLoS One, 2012, 7: e35429.
[19] Skinner W, Bailey A, Renwick A, et al. Single amino-acid substitution in the ironsulphur protein subunit of succinate dehydrogenase determines resistance to carboxin in *Mycosphaerella graminicola*. Curr. Genet., 1998, 34: 393-398.
[20] Charvolin D, Picard M, Huang L S, et al. Solution behavior and crystallization of cytochrome bc 1 in the presence of amphipols. J. Membr. Biol., 2014, 247: 981-996.
[21] Hao G F, Wang F, Li H, et al. Computational discovery of picomolar Q(o) site inhibitors of cytochrome bc 1 complex. J. Am. Chem. Soc., 2012, 134: 11168-11176.
[22] Wang Z J, Gao Y, Hou Y L, et al. Design synthesis and fungicidal evaluation of a series of novel 5-methyl-1*H*-1, 2, 3-trizole-4-carboxyl amide and ester analogues. Eur. J. Med. Chem., 2014, 86: 87-94.
[23] Ye Y H, Ma L, Dai Z C, et al. Synthesis and antifungal activity of nicotinamide derivatives as succinate dehydrogenase inhibitors. J. Agric. Food. Chem., 2014, 62: 4063-4071.
[24] Xiong L, Zhu X L, Shen Y Q, et al. Discovery of *N*-benzoxazol-5-yl-pyrazole-4-carboxamides as nanomolar SQR inhibitors. Eur. J. Med. Chem., 2015, 95: 424-434.
[25] Xiong L, Zhu X L, Gao H W, et al. Discovery of potent succinate-ubiquinone oxidoreductase inhibitors via pharmacophore-linked fragment virtual screening approach. J. Agric. Food. Chem., 2016, 64: 4830-4837.
[26] 罗大成，李培玲，李海静，等. 新型杀菌剂氟苯醚酰胺对黄瓜白粉病菌室内毒力及田间药效. 西北农业学报, 2021,30 (4):625-628.
[27] Xiong L, Li H, Jiang L N, et al. Structure-based discovery of potential fungicides as succinate ubiquinone oxidoreductase inhibitors. J. Agric. Food. Chem., 2017, 65: 1021-1029.
[28] 张智慧. 氟苯醚酰胺、氯苯醚酰胺对小麦赤霉病的作用方式研究. 南京：南京农业大学, 2018.
[29] 罗大成. 17%吡唑醚菌酯·氟苯醚酰胺悬浮剂研制及对番茄灰霉病田间防治效果. 杨凌：西北农林科技大学, 2021.

3.2.5 丙烯酸酰胺类化合物的创制

（1）一种阿魏酸酰胺衍生物及其合成方法

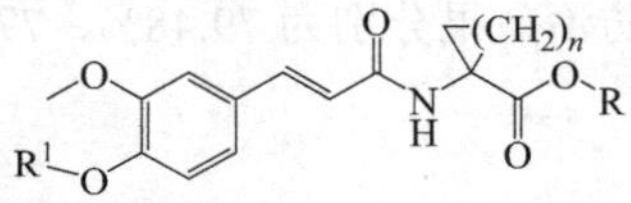

式中，R^1为C_1～C_{10}的烷基卤代烃或取代苯基，所述的取代苯基的取代基为H、卤素、CF_3、OCH_3、OCF_3、$CH(CH_3)_2$或NO_2；R为H、甲基、乙基或丙基；*n*选自1、2、3、4。

发明人：吴剑，张仁凤，郭声鑫，陈顺红，魏盼盼，郑志国；申请人：贵州大学

中国专利号：ZL202110537257.0；中国专利申请日：2021-05-18

化合物类型：阿魏酸类、酰胺类

发明思路：me-too研究；将卤代烃类阿魏酸结构与酰胺结构进行拼接，提供一种结构新颖的含阿魏酸酰胺类衍生物。

用途：该化合物具有优异的抑菌活性，可以用来防治水稻白叶枯病、柑橘溃疡病以及水稻细菌性条斑病等病害。

代表化合物结构如下：

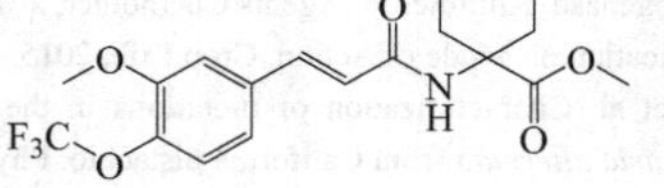

（2）含芳氧丙烷-2-氨基结构的氰基丙烯酰胺类化合物的杀菌活性

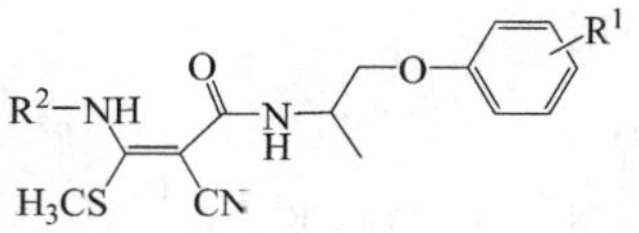

式中，R^1＝H，2, 6-二甲基，3-F，4-F，3-Cl，3-Br，3-CF_3，2-CH_3，2-OCH_3，4-OCH_3；R^2＝n-Bu，苄基，环丙基，异丙基，4-$CH_3C_6H_4$。

发明人：朱有全，程杰，王晓芳，张海利，王丹阳；申请人：南开大学

中国专利号：ZL201310286968.0；中国专利申请日：2013-07-10

化合物类型：氰基丙烯酰胺类

发明思路：me-too 研究；在氰基丙烯酸酯类化合物基础上，通过引入芳氧丙烷-2-氨基结构，从而构建氰基丙烯酰胺类化合物。

用途：具有杀菌活性，在 50mg/L 施药量情况下，对番茄早疫病菌、小麦赤霉病菌、水稻稻瘟病菌、黄瓜枯萎病菌、花生褐斑病菌、苹果轮纹病菌均具有一定的杀菌作用。

代表化合物结构如下：

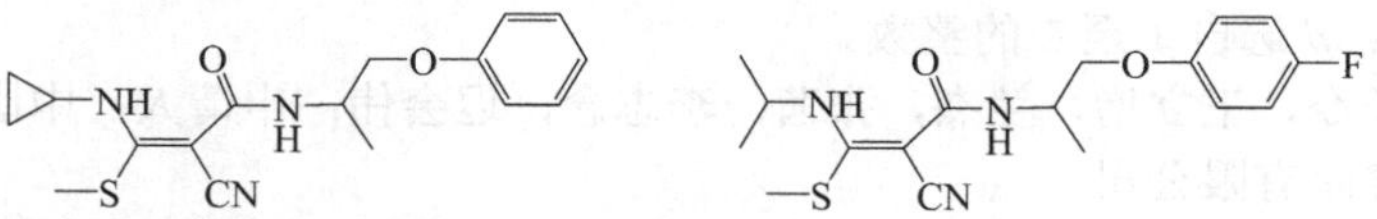

（3）一类杂环吗啉类衍生物及其制备方法和用途

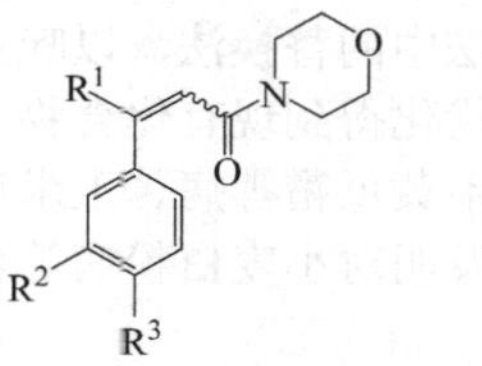

式中，R^1 选自氢、3, 4-二氯异噻唑-5-基、4-甲基-1, 2, 3-噻二唑-5-基、2-((1-Boc)哌啶-4-基)噻唑-4-基等；R^2 选自氢、甲氧基；R^3 选自氢、甲氧基、叔丁基、氟、三氟甲基。

发明人：范志金，陈来，李鸿鹏，刘秀梅，赵斌，吴启凡，郭晓凤，张乃楼，于斌，杨冬燕，王海霞，周爽；申请人：南开大学

中国专利号：ZL201810324412.9；中国专利申请日：2018-04-12

化合物类型：肉桂酸吗啉类

发明思路：me-too 研究；将含 N 和含 S 的 3,4-二氯异噻唑、1,2,3-噻二唑、噻唑哌啶和噻唑基团引入肉桂酸吗啉类杀菌剂先导结构中得到现有化合物。

用途：具有杀菌、抗烟草花叶病毒、植物激活活性等，可有效抑制番茄早疫病菌、黄瓜灰霉病菌、花生褐斑病菌、小麦赤霉病菌、马铃薯晚疫病菌、苹果轮纹病菌、水稻纹枯病菌、油菜菌核病菌、禾谷丝核菌等活性。

代表化合物结构如下：

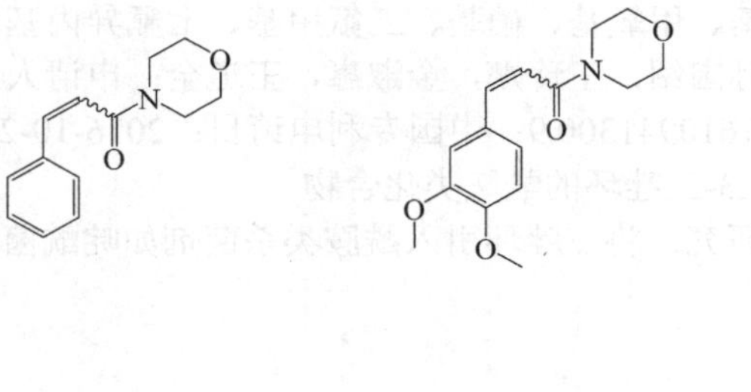

3.2.6 双酰胺类化合物的创制

（1）酰基苄胺类化合物及其应用

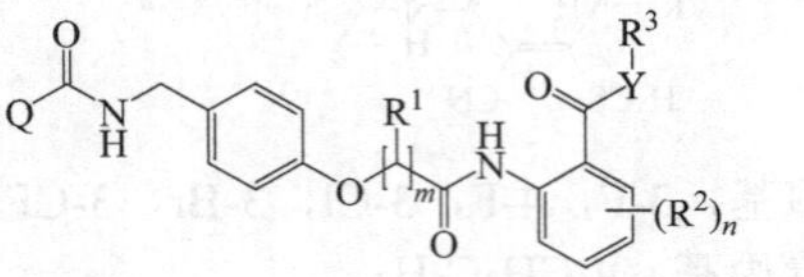

式中，R^1 选自氢或甲基；m 为 1；R^2 选自 C_1～C_4 烷基；n 选自 0 至 3 的整数；Y 选自 O 或 NR^4；R^3、R^4 可相同或不同，分别选自氢或 C_1～C_5 烷基；或者，当 Y 选自 NR^4 时，NR^4 与 R^3 组成吗啉、哌嗪或哌啶环；Q 选自如下所示的基团之一：

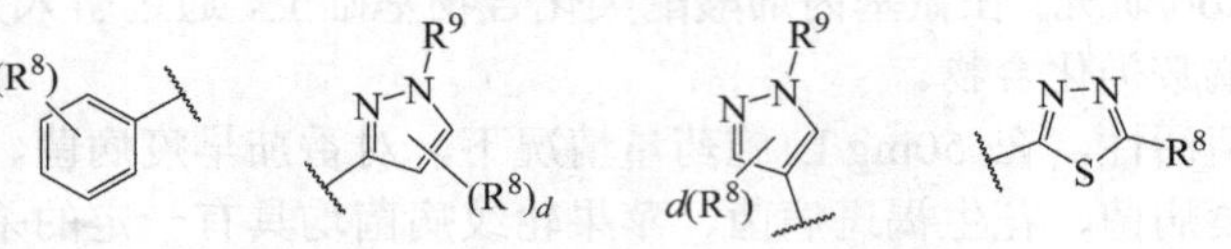

R^8 选自 H、Cl、Br、F、CH_3、CH_2CH_3、CF_3、OCH_3 或吡啶基；R^9 选自 CH_3 或 CH_2CH_3；a 选自 1～4 的整数；d 选自 1 至 2 的整数。

发明人：刘长令，王立增，兰杰，张茜，李志念，迟会伟；申请人：中国中化股份有限公司，沈阳化工研究院有限公司

中国专利号：ZL201010535133.0；中国专利申请日：2010-11-03

化合物类型：酰基苄胺类化合物

发明思路：利用中间体衍生化法中的替换法，以唑虫酰胺为先导，在专利 CN102464618A 的基础上，对羧酸部分进行替换，优化得到现有化合物。

用途：具有广谱杀菌活性，防治黄瓜霜霉病、玉米锈病、小麦白粉病等病害，特别是对黄瓜霜霉病、玉米锈病防效更好；该发明对小麦白粉病等也具有优良的防治效果。

代表化合物结构如下：

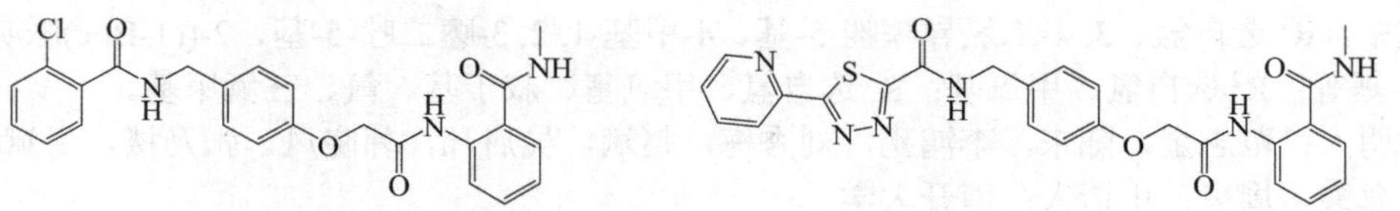

（2）一种含 1, 2, 3-三唑环的酰胺类化合物及其制备方法与应用

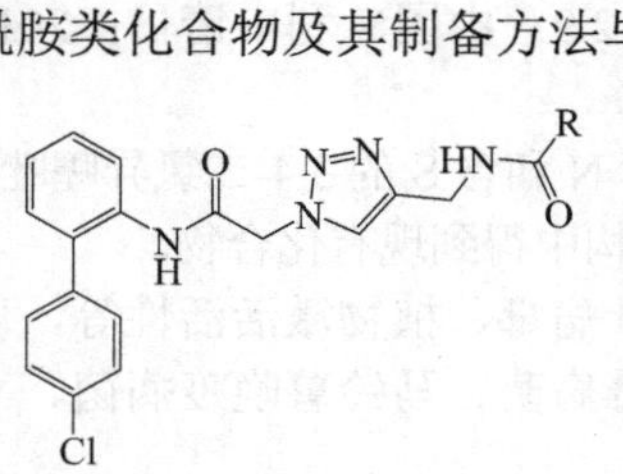

式中，R 为吡啶基、苯基或带有 1～3 个取代基的苯基；所述带有 1～3 个取代基的苯基中的取代基选自卤素、甲基、甲氧基、硝基、三氟甲基、七氟异丙基中的一种及以上。

发明人：张建军，孙国绍，王玲娜，金淑惠，王道全；申请人：中国农业大学

中国专利号：ZL201610941300.9；中国专利申请日：2016-10-25

化合物类型：含 1,2,3-三唑环的酰胺类化合物

发明思路：me-too 研究；将三唑环引入酰胺类杀菌剂如啶酰菌胺结构中，得到新化合物。

用途：具有杀菌活性，所述的酰胺类化合物CAU-BC对番茄灰霉病菌、瓜果腐霉病菌、花生褐斑病菌、马铃薯晚疫病菌、棉花立枯病菌、油菜菌核病菌具有一定的杀菌活性，对水稻稻瘟病菌具有良好的杀菌活性，绝大多数化合物对水稻稻瘟病菌的抑菌活性达到80%以上。

代表化合物结构如下：

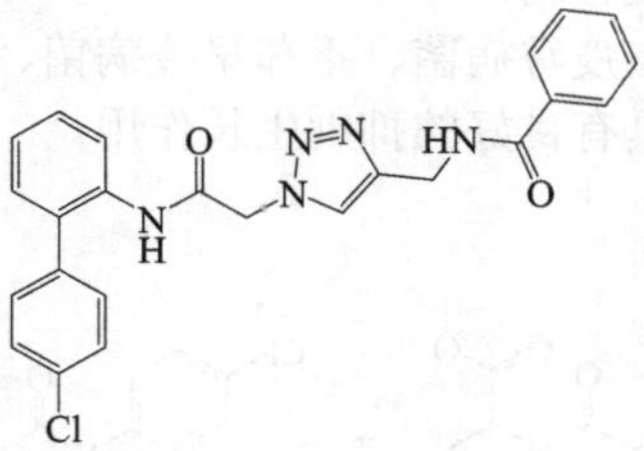

（3）一种含有噻唑环的羧酰胺衍生物及其制备与应用

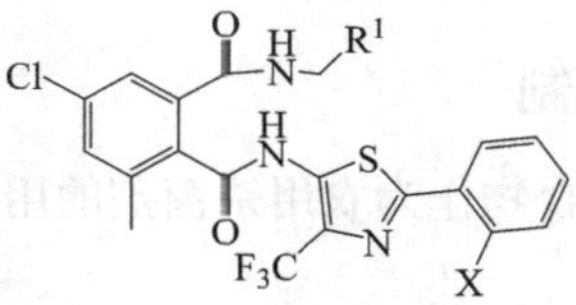

式中，X为F或Cl；R^1为甲基、异丙基、环己基。

发明人：刘幸海，汪乔，董卫莉，李正名，刘艾林，孙娜波；申请人：浙江工业大学

中国专利号：ZL201510951505.0；中国专利申请日：2015-12-17

化合物类型：邻苯二甲酰胺类化合物

发明思路：me-too研究；以杀虫剂邻苯二甲酰胺类化合物为先导，将苯环替换成苯基噻唑环优化获得。

用途：具有杀菌活性。该发明所述化合物针对黄瓜灰霉病、黄瓜菌核病和黄瓜细菌性角斑病等的具有良好的防治效果。

代表化合物结构如下：

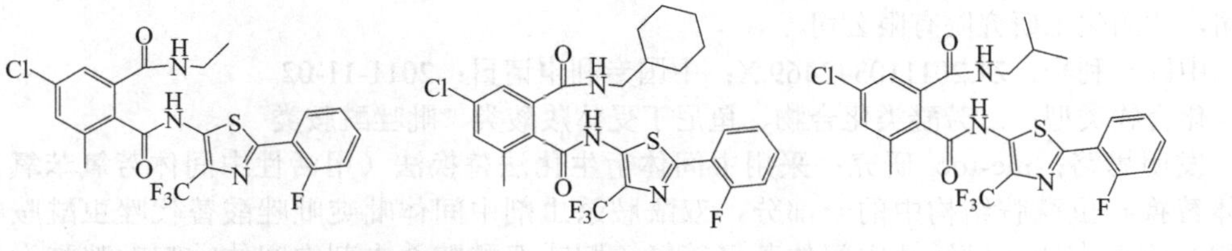

（4）一种双酰胺结构化合物及其制备方法与应用

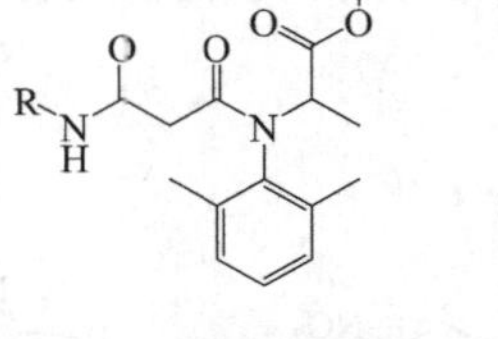

式中，R为对氯苯基、邻氰基苯基、间三氟甲基苯基、苯基、4-甲基-3-氯苯基、2-甲基-3-氟-苯基、3-三氟甲基-4-溴-苯基、2-三氟甲基-4-氯-苯基、2,5-二(三氟甲基)-苯基、邻甲氧基苯基、对甲基苯基、间甲氧基苯基、对乙氧基苯基或4'-氯-联苯-2-基。

发明人：张建军，孙国绍，董燕红，金淑惠，王道全；申请人：中国农业大学

中国专利号：ZL201510920623.5；中国专利申请日：2015-12-11

化合物类型：一种双酰胺结构化合物

发明思路：me-too研究；在酰胺类杀菌剂苯霜灵或呋霜灵基础上引入丙二酸酰胺结构，从而构建含有双酰胺结构的酰胺类化合物。

用途：具有杀菌活性，对辣椒疫霉病菌、番茄早疫病菌、水稻纹枯病菌、棉花立枯病菌、番茄晚疫病菌、番茄灰霉病菌均具有良好的抑制生长作用。

代表化合物结构如下：

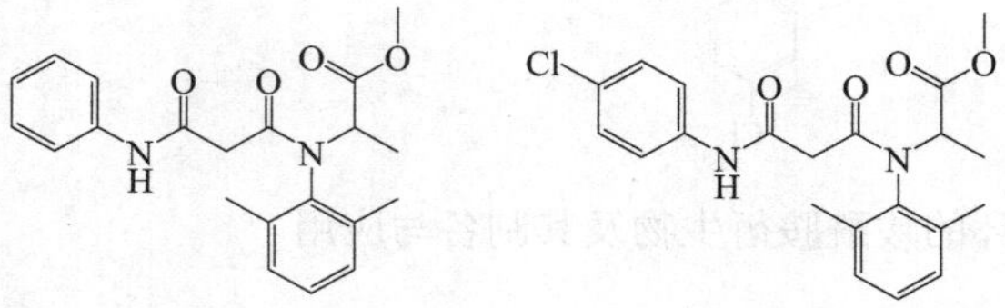

3.2.7 吡唑酰胺类化合物的创制

（1）含二芳醚的吡唑酰胺类化合物作为农用杀菌剂的用途

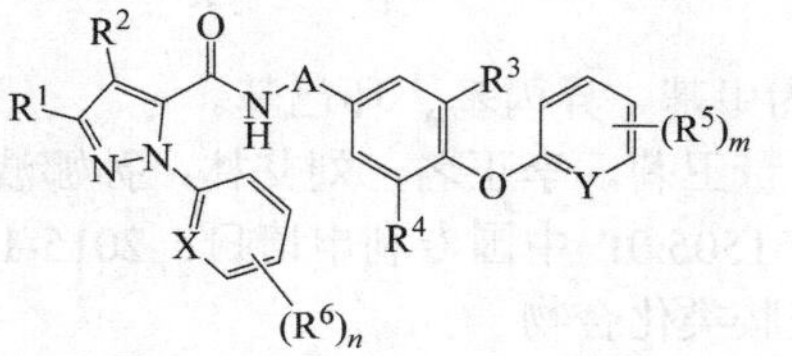

式中，R^1选自卤素或C_1～C_8烷基；R^2选自氢或卤素；R^3、R^4为氢；R^5选自卤素、硝基、卤代C_1～C_8烷基或C_1～C_8烷基氨基羰基；m为1～5的整数；R^6选自卤素；n为1～4的整数；A选自—CH_2—或—$(CH_2)_2$—；X、Y可相同或不同，分别选自C-R^7或N；R^7选自氢或卤素。

发明人：王立增，孙旭峰，周继中，任兰会，兰杰，刘长令；申请人：中国中化股份有限公司，沈阳化工研究院有限公司

中国专利号：ZL201110342469.X；中国专利申请日：2011-11-02

化合物类型：二芳醚类化合物、鱼尼丁受体羧酸类、吡唑酰胺类

发明思路：me-too研究；采用中间体衍生化法替换法（用活性中间体芳氧苯氧乙胺中间体替换唑虫酰胺结构中的一部分，双酰胺杀虫剂中间体吡啶吡唑酸替代唑虫酰胺中的吡唑酸）或衍生法（以活性中间体芳氧苯氧乙胺或双酰胺杀虫剂中间体吡啶吡唑酸为基础进行衍生）。

用途：具有杀菌活性，对黄瓜霜霉病、水稻稻瘟病等病害具有优良的防治效果。

代表化合物结构如下：

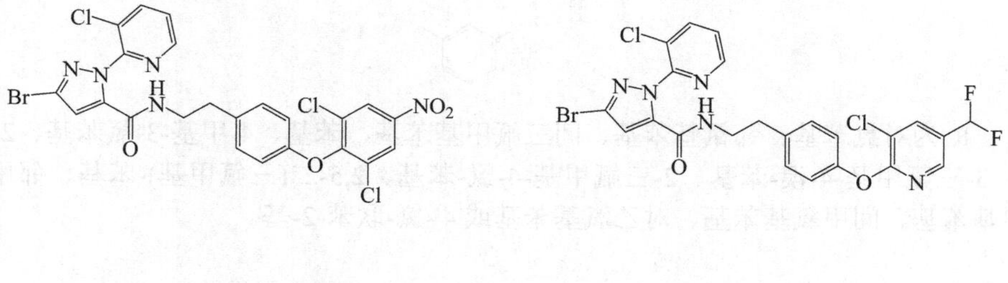

（2）吡唑酰胺类化合物及其用途

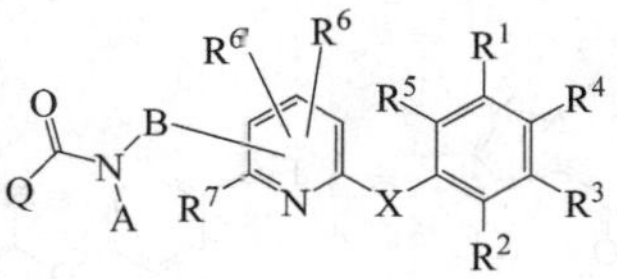

式中：Q 选自

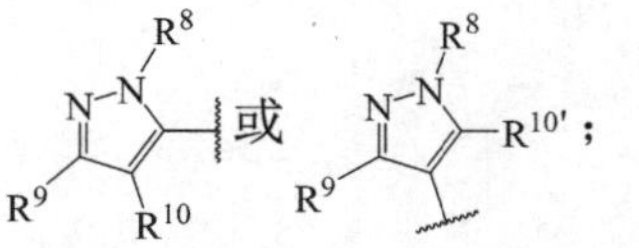

当 Q(C＝O)NAB—连接在吡啶环的 5 位时，化合物如通式Ⅰ所示；当 Q(C＝O)NAB—连接在吡啶环的 3 位时，化合物如通式Ⅲ所示：

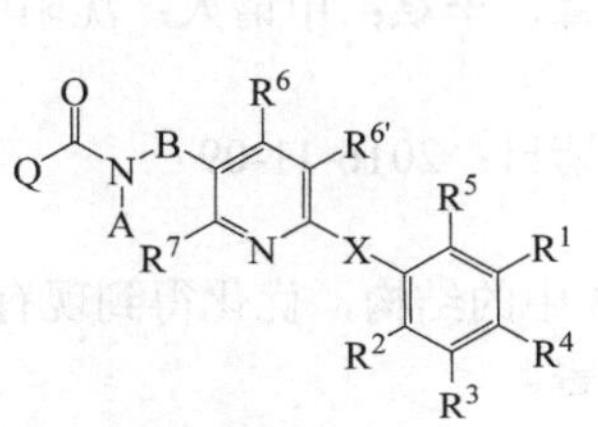

Ⅰ 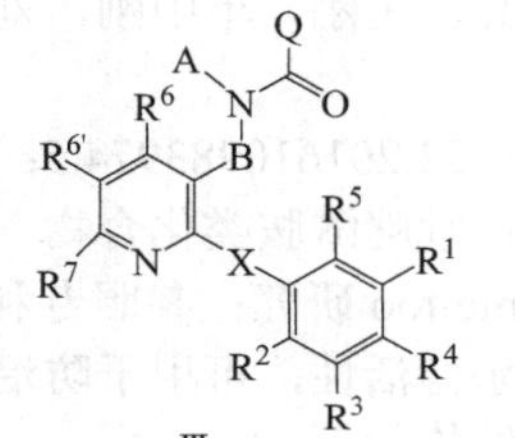　　　Ⅲ

式中，A 为氢；B 选自酰胺氮与吡啶环 3 或 5 位碳直接相连的碳氮单键、$—CH_2CR_aR_b—$；R_a、R_b 分别为氢；X 选自 O 或 S；R^1、R^2、R^3、R^4、R^5 分别选自氢、卤素、C_1～C_{12} 烷基、卤代 C_1～C_{12} 烷基；R^6、$R^{6'}$、R^7 分别为氢；R^8 选自 C_1～C_8 烷基、被 1～5 个独立选自以下基团进一步取代的吡啶基：氢、卤素；R^9 选自卤素、C_1～C_8 烷基；R^{10} 选自氢、卤素；$R^{10'}$选自 C_1～C_8 烷基；

且该发明不包括如下 3 个化合物：

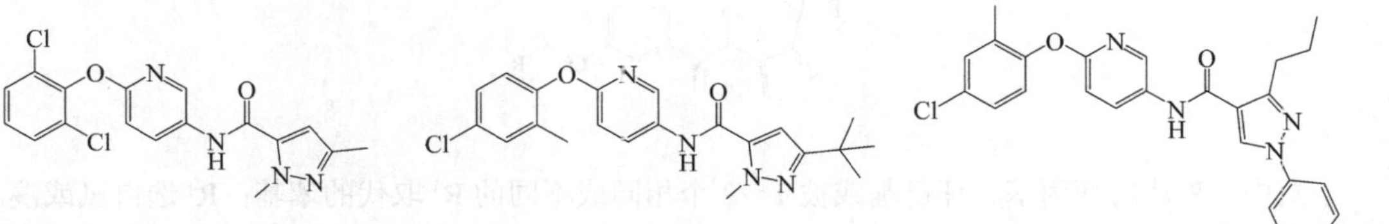

发明人：关爱莹，杨帆，王军锋，陈伟，李轲轲，孙旭峰，陈宣明，谢勇，宋玉泉，刘长令；申请人：中国中化股份有限公司，沈阳化工研究院有限公司；当前权利人：沈阳中化农药化工研发有限公司

中国专利号：ZL201410131285.2；中国专利申请日：2014-04-02

化合物类型：吡唑酰胺类化合物

发明思路：me-too 研究，采用中间体衍生化法替换法（用活性中间体芳氧吡啶乙胺中间体替换唑虫酰胺结构中的一部分）或衍生法（以活性中间体芳氧吡啶乙胺中间体为基础进行衍生）。

用途：具有广谱的杀菌、杀虫活性，对黄瓜霜霉病、小麦白粉病、玉米锈病、水稻稻瘟病、黄瓜灰霉病等多种病菌都有很好的防效。特别对玉米锈病在较低剂量下仍具有很好的防治效果。同时，该发明的部分化合物还具有较好的杀虫活性，可用于防治黏虫、小菜蛾、桃蚜和朱砂叶螨等。

代表化合物结构如下：

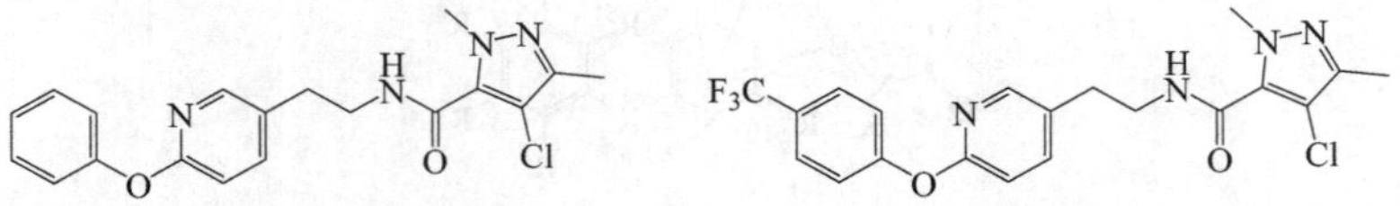

（3）一种吡唑酰胺类化合物及应用

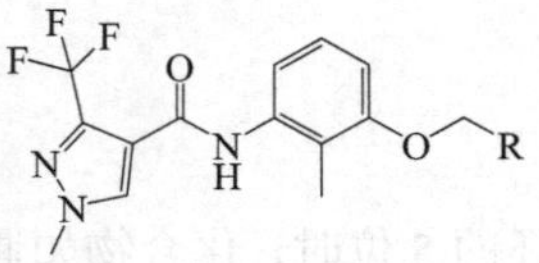

式中，R 选自环丙基。

发明人：吕亮，王刚，单中刚，刘吉永，王军锋，李斌；申请人：沈阳中化农药化工研发有限公司

中国专利号：ZL201610983974.5；中国专利申请日：2016-11-09

化合物类型：吡唑酰胺类化合物

发明思路：me-too 研究；参照专利 JP62249975 中的结构，优化得到现有化合物。

用途：具有杀菌活性，可用于防治植物真菌病害。

代表化合物结构如下：

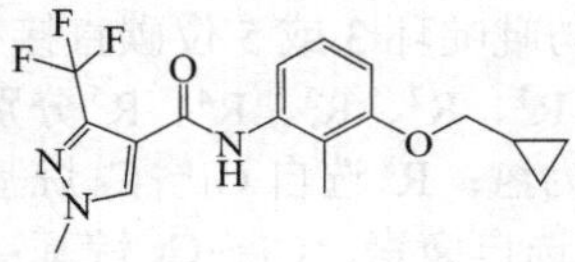

（4）吡唑酰胺类化合物及其应用

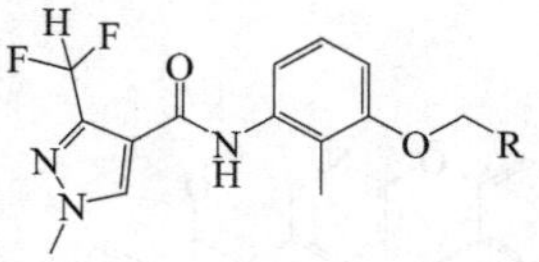

式中，R 选自环丙基、环己基或被 1～2 个相同或不同的 R^1 取代的苯基；R^1 选自氯或溴。

发明人：吕亮，王刚，单中刚，刘吉永，王军锋，李斌；申请人：沈阳中化农药化工研发有限公司

中国专利号：ZL201610983986.8；中国专利申请日：2016-11-09

化合物类型：吡唑酰胺类化合物

发明思路：me-too 研究；参照专利 CN103313971A 中的结构，优化得到现有化合物。

用途：具有杀菌活性，可用于防治植物真菌病害。

代表化合物结构如下：

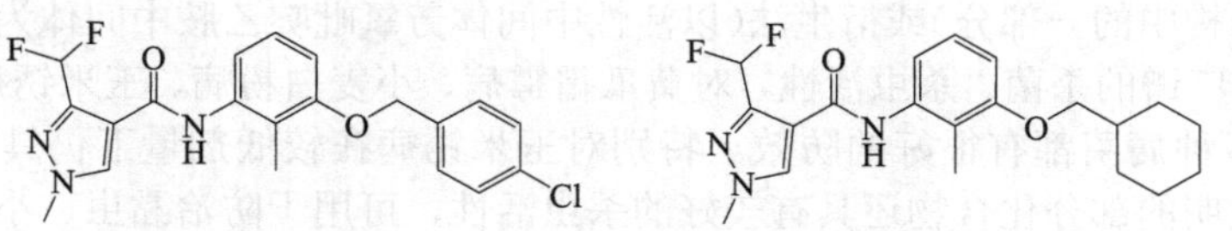

（5）一种吡唑酰胺类化合物及其应用

式中，R^1选自C_1～C_3烷基或C_3～C_6环烷基；R^2选自C_3～C_8烷基或C_3～C_6环烷基。

发明人：王刚，吕亮，单中刚，刘吉永，李志念，李斌；申请人：沈阳中化农药化工研发有限公司

中国专利号：ZL201610983987.2；中国专利申请日：2016-11-09

化合物类型：吡唑酰胺类化合物

发明思路：me-too 研究；参照专利 JP62249975 中的结构，优化得到现有化合物。

用途：具有杀菌活性，可用于防治植物真菌病害。

代表化合物结构如下：

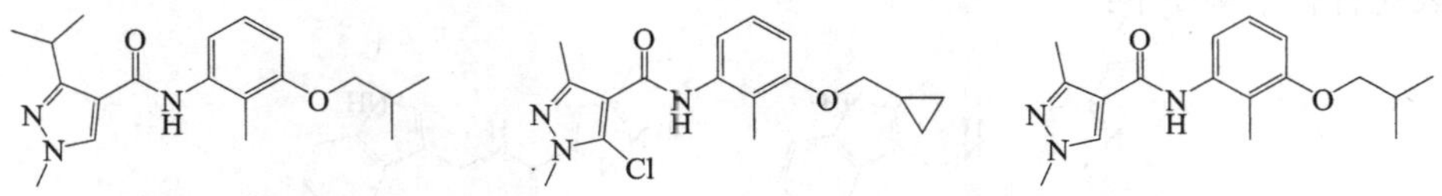

（6）吡唑酰胺类化合物及其用途

式中，R^1选自氢、C_1～C_6烷基或R^7；R^2选自卤素、C_1～C_6烷基、C_3～C_6环烷基或R^7；R^3选自氢或C_1～C_6烷基；m选自1～3的整数；R^4选自卤素或C_1～C_6烷基；n选自0～4的整数；X选自氢、卤素或硝基；Y选自O或NR^6；R^5、R^6可相同或不同，分别选自氢、C_1～C_6烷基或R^7；或者，当Y选自NR^6时，NR^6与R^5组成吗啉、哌嗪或哌啶；R^7选自未取代的或被1～4个独立选自以下基团取代的苯基或吡啶基：卤素。

发明人：刘长令，王立增，李志念，伍强，兰杰，迟会伟；申请人：中国中化股份有限公司，沈阳化工研究院有限公司

中国专利号：ZL201010535131.1；中国专利申请日：2010-11-03

化合物类型：吡唑酰胺类化合物

发明思路：me-too 研究；采用中间体衍生化法中的替换法，以唑虫酰胺为先导，保留吡唑羧酸部分，使用独特中间体对其进行替换，优化得到现有化合物。

用途：具有广谱杀菌活性，对黄瓜霜霉病、玉米锈病、小麦白粉病、水稻稻瘟病等病害有效，特别是对黄瓜霜霉病、玉米锈病防效更好，在很低的剂量下就可以获得很好的效果。

代表化合物结构如下：

（7）基于吲哚环的吡唑酰胺类化合物作为农用杀菌剂的用途

式中，X 选自氢、氯、溴、碘；R^1 选自氢、甲基、乙基、正丙基、苯基；R^2 选自氢、氯、溴、碘、氰基、甲氧基；R^3 选自氢、甲基。

发明人：黄家兴，解晓平，周君仪；申请人：中国农业大学

中国专利号：ZL201410728192.8；中国专利申请日：2014-12-04

化合物类型：吡唑酰胺类化合物

发明思路：me-too 研究；将新颖中间体苄基吲哚引入吡唑酰胺类结构中，得到该化合物。

用途：具有杀菌活性，对灰霉病原菌、稻瘟病原菌、芦笋茎枯病原菌、茄绵疫病原菌、辣椒疫霉具有一定的抑制效果，特别是对灰霉病菌效果较好。

代表化合物结构如下：

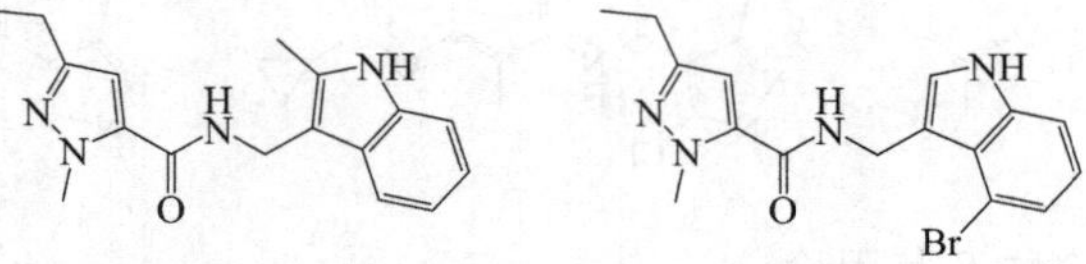

（8）一种吡唑酰胺类化合物及用途

式中，R^1 选自氢；R^2 选自氢或 $C_1 \sim C_3$ 烷基。

发明人：吕亮，王刚，单中刚，吴沙沙，陈宣明，杨辉斌，李斌；申请人：中国中化股份有限公司，沈阳化工研究院有限公司

中国专利号：ZL201310606349.5；中国专利申请日：2013-11-25

化合物类型：吡唑酰胺类化合物、SDHI 类化合物

发明思路：me-too 研究；在专利 WO2009127722A1 公开化合物基础上引入缬氨酸并优化得到现有化合物。

用途：具有杀菌活性，可用于防治真菌病害。

代表化合物结构如下：

（9）一种吡唑酰胺类化合物及其用途

式中，R^1选自氢或甲基；R^2选自甲基、乙基、丙基或异丙基。

发明人：吕亮，李玉钢，周继中，吴沙沙，王斌，刘鹏，杨辉斌，李斌；申请人：中国中化股份有限公司，沈阳化工研究院有限公司

中国专利号：ZL201310606443.0；中国专利申请日：2013-11-25

化合物类型：吡唑酰胺类化合物、SDHI类化合物

发明思路：me-too研究；参照专利JP62249975中的结构，进行优化得到现有化合物。

用途：具有杀菌活性，可用于防治真菌病害。

代表化合物结构如下：

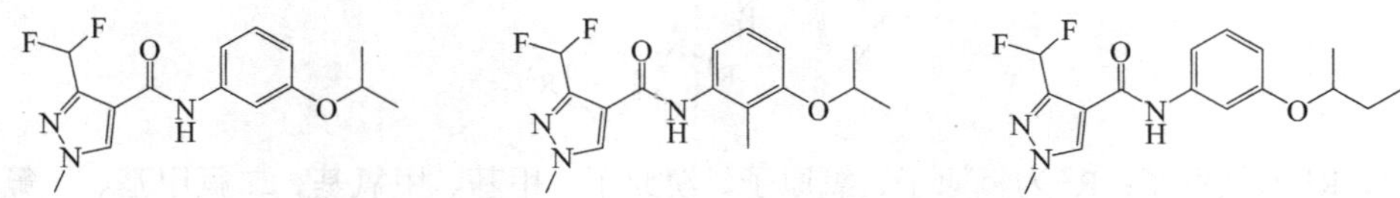

（10）一种吡唑酰胺类化合物及其用途

式中，R^1选自二氟甲基；R^2选自氯。

发明人：王刚，吕亮，李志念，刘吉永，兰杰，吴沙沙，杨辉斌，李斌；申请人：沈阳中化农药化工研发有限公司

中国专利号：ZL201811496747.5；中国专利申请日：2018-12-07

化合物类型：吡唑类化合物、酰胺类化合物

发明思路：me-too研究（JPS62249975A）。

用途：具有杀菌活性，可用于防治真菌病害。

（11）一种酰胺类化合物及其制备方法和用途

式中，R^1选自C_1～C_6的烷基；R^2、R^3、R^4、R^5分别独立地选自氢；R^6选自C_2～C_{12}的烷基；Q选自；R^8选自C_1～C_3的烷基、C_1～C_3的卤代烷基或C_3～C_6的环烷基；R^9选自氢、卤素或甲基；其中，当R^8选自二氟甲基时，R^9不为氢。

发明人：吕亮，王刚，单中刚，刘吉永，孙芹，王军锋，李斌；申请人：沈阳中化农药化工研发有限公司

中国专利号：ZL201680004319.9；中国专利申请日：2016-05-04

化合物类型：酰胺类化合物

发明思路：me-too研究；参照专利JP62249975中的结构，优化得到现有化合物。

用途：具有杀菌活性，可用于防治真菌病害。

代表化合物结构如下：

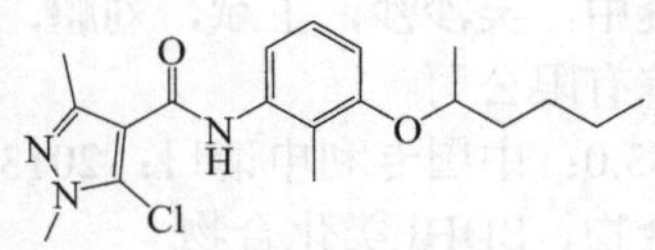

（12）含二芳胺基的吡唑甲酰胺类化合物及其在农药中的应用

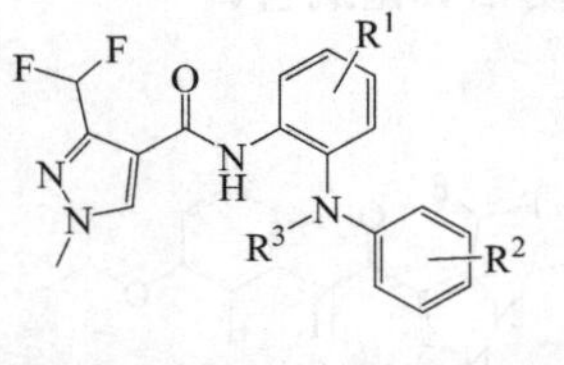

式中，R^1 为氢原子；R^2 为氟原子、氯原子、溴原子、甲基、甲氧基、二氟甲基、三氟甲基、三氟甲氧基或环丙烷基；R^3 为氢原子、甲基、乙基、丙基或异丙基。

发明人：侯太平，张肖肖，金洪，陶科；申请人：四川大学

中国专利号：ZL201610019343.1；中国专利申请日：2016-01-12

化合物类型：琥珀酸脱氢酶抑制剂、吡唑酰胺

发明思路：me-too 研究；以杀菌剂氟唑菌酰胺为先导化合物，采用活性亚结构拼接方法，将具有杀菌活性的二芳胺基结构引入其中取代联苯基，获得该发明化合物角度分析为替换法。

用途：具有杀菌活性，该发明部分化合物对水稻纹枯病、小麦纹枯病和油菜菌核病有较好的防治效果。

代表化合物结构如下：

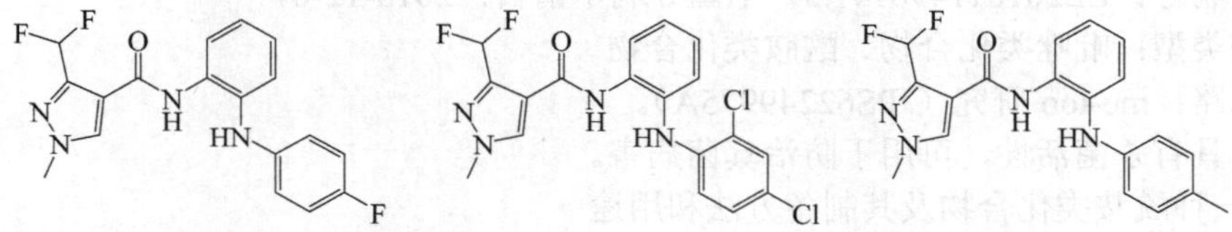

（13）吡唑酰胺类化合物及其制备法与用途

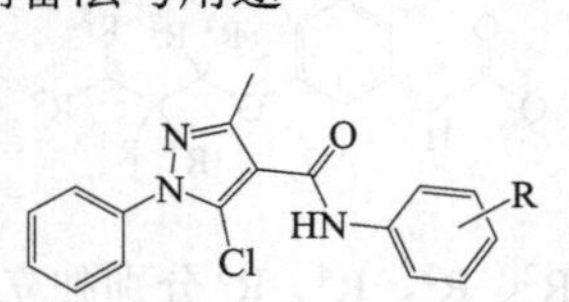

式中，结构式为如下任一：

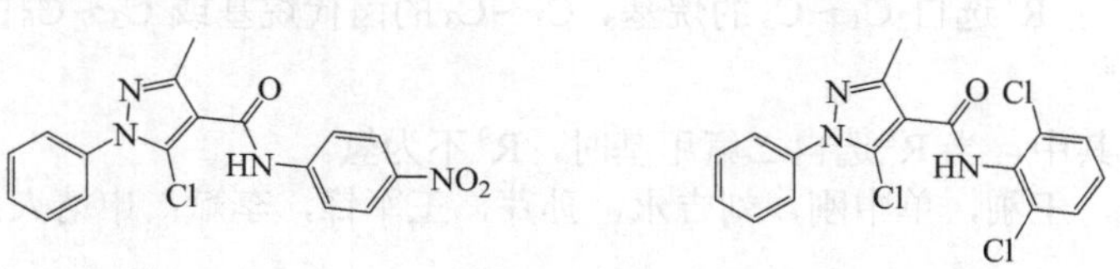

发明人：孙娜波，汪乔，刘幸海；申请人：浙江树人大学

中国专利号：ZL201510973617.6；中国专利申请日：2015-12-21

化合物类型：吡唑酰胺

发明思路：me-too 研究；以吡唑酰胺类化合物为先导，以芳基吡唑羧酸和取代苯胺为原料

进行替换从而获得该发明化合物。

用途：具有杀菌活性和除草活性，该发明部分化合物对番茄晚疫病、番茄猝倒病、黄瓜褐斑病、黄瓜灰霉病、黄瓜纹枯病等具有良好的防效。该发明部分化合物对稗草、油菜有良好防效。

（14）*N*-吡唑基甲酰苯胺类化合物，其中间体、组合物、制备方法及应用

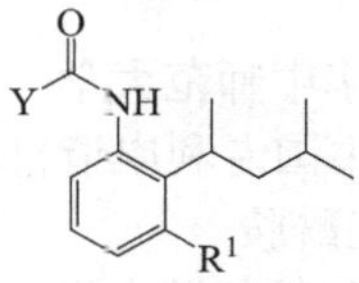

式中，所述的 Y 为 Y_1 或 Y_3；

所述的 Y_1 为 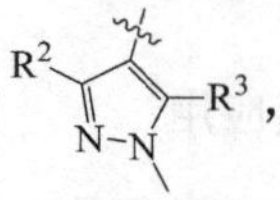 ，所述的 Y_3 为

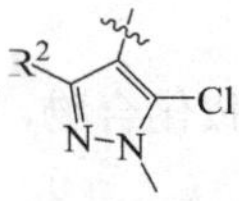

所述的 R^1 为氟；所述的 R^2 为甲基、二氟甲基或三氟甲基；所述的 R^3 为氢。

发明人：吕龙，冯骁，唐庆红，芦昕婷；申请人：中国科学院上海有机化学研究所

中国专利号：ZL201510086455.4；中国专利申请日：2015-02-16

化合物类型：*N*-吡唑基甲酰苯胺类

发明思路：me-too 研究；以吡唑酰胺类农药的 *N*-吡唑基甲酰苯胺为母核结构，参考 penthiopyrad 的结构将噻吩环替换为苯环，并对吡唑环的取代基进行替换，得到具有杀菌活性的 *N*-吡唑基甲酰苯胺类化合物。

用途：具有杀菌活性，对黄瓜灰霉病、玉米大斑病、花生褐斑病、葡萄黑痘病、苹果黑星病、油菜菌核病、小麦全蚀病、番茄晚疫病、小麦纹枯病、烟草赤星病有良好的防治作用，尤其在防治水稻纹枯病方面效果显著。

代表化合物结构如下：

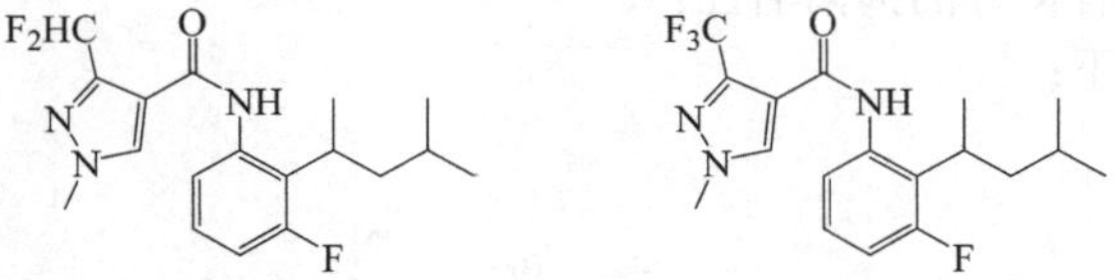

（15）吡唑酰胺类化合物及其应用和杀菌剂

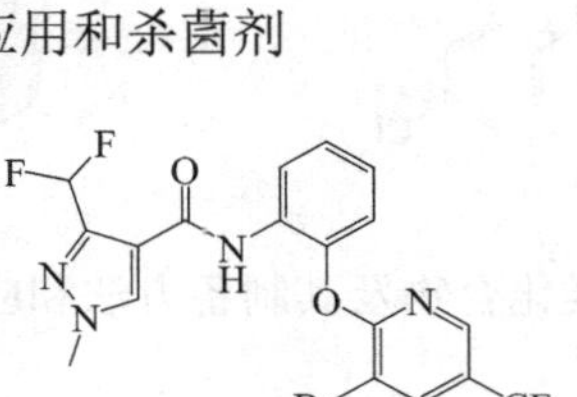

发明人：杨光富，李华；申请人：华中师范大学

中国专利号：ZL201811555478.5；中国专利申请日：2018-12-19

化合物类型：SDHI 类、二芳醚吡唑酰胺

发明思路：me-too 研究。

用途：具有杀菌活性，对大豆锈病、三米锈病、小麦白粉病和黄瓜白粉病均具有显著的防效。

（16）吡唑酰胺类化合物及其应用和杀菌剂

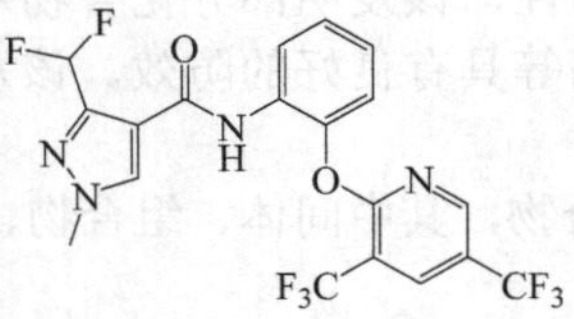

发明人：杨光富，李华；申请人：华中师范大学

中国专利号：ZL201811409094.2；中国专利申请日：2018-11-23

化合物类型：SDHI 类、二芳醚吡唑酰胺

发明思路：me-too 研究；在吡唑酰胺的基础上引入二芳醚结构得到。

用途：具有杀菌活性，在低浓度下对大豆锈病、玉米锈病、小麦白粉病、黄瓜白粉病和水稻纹枯病具有显著的防效。

（17）一种 2-吡唑酰胺环己烷基磺酰胺化合物，制备方法及其应用

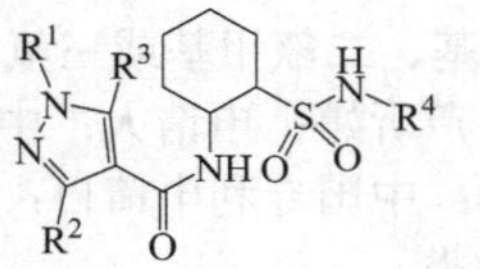

发明人：李兴海，王闽龙，纪明山，祁之秋，秦培文，谷祖敏，张杨，李修伟；申请人：沈阳农业大学

中国专利号：ZL201810477024.4；中国专利申请日：2018-05-18

化合物类型：吡唑酰胺类、环己烷磺酰胺类

发明思路：me-too 研究，在已报道的芳基磺酰胺类农药或活性化合物和吡唑酰胺类化合物的基础上，根据亚活性拼接原理，将 2-氨基环己烷基磺酰胺与吡唑羧酸经 EDCI/HOBT 酰胺化法合成了一类 2-吡唑酰胺环己烷基磺酰胺类化合物。

用途：对灰霉菌具有良好的抑菌活性。

代表化合物结构如下：

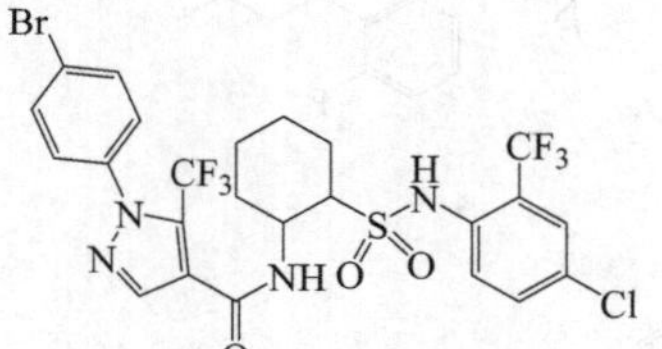

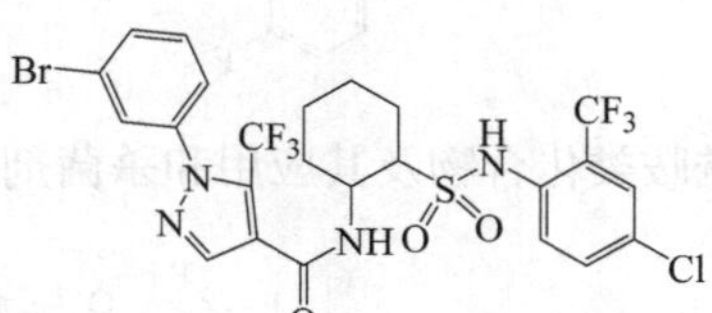

（18）一种含硅原子吡唑酰胺类化合物及其制备方法和应用及一种杀菌剂

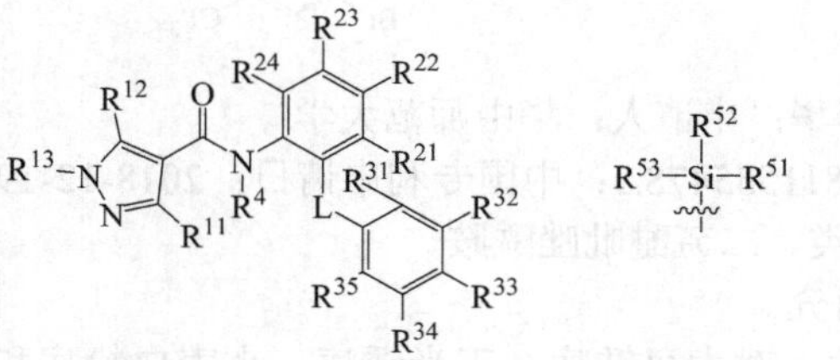

具体为 10 个含有硅原子的吡唑酰胺类化合物，具体见专利权利要求书部分，如下为部分化

合物结构：

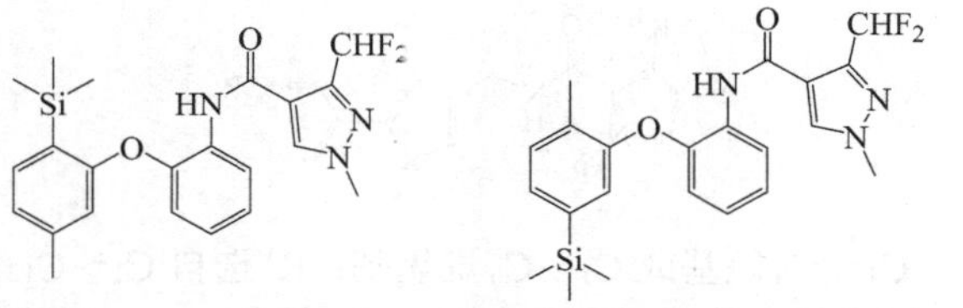

发明人：杨光富，黄铭威，魏阁；申请人：华中师范大学

中国专利号：ZL202010760463.3；中国专利申请日：2020-07-31

化合物类型：吡唑酰胺、SDHI

发明思路：me-too 研究；在吡唑酰胺杀菌剂结构基础上引入含硅基团得到。

用途：具有杀菌活性，对大豆锈病具有很好的防效。

代表化合物结构如下：

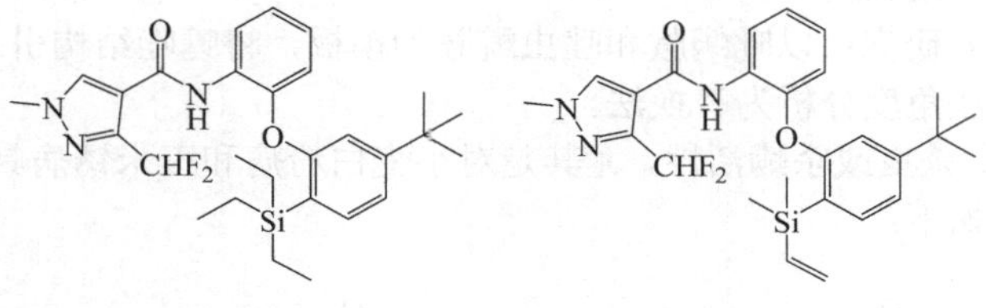

（19）吡唑酰胺类化合物及其制备方法与应用

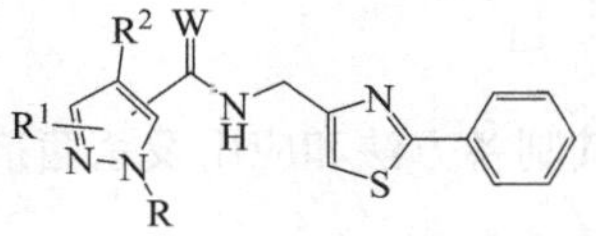

式中，R 选自 C_1～C_{12} 烷基、C_2～C_{12} 链烯基、C_2～C_{12} 链炔基、C_3～C_8 环烷基或苯基；R^1 选自 C_1～C_{12} 烷基、C_2～C_{12} 链烯基、C_2～C_{12} 链炔基、C_3～C_8 环烷基或苯；R^2 选自氢、卤素、C_1～C_{12} 烷基、C_2～C_{12} 链烯基、C_2～C_{12} 链炔基或 C_3～C_8 环烷基；R^1 和 R^2 可以彼此连接，与吡唑环的两个碳形成 C_4～C_8 的环烷；W 选自氧或硫。

发明人：柳爱平，黄明智，李建明，王晓光，刘卫东，陈小阳，何莲，项军，裴晖，黄丹灵；申请人：湖南化工研究院有限公司

中国专利号：ZL201510704893.2；中国专利申请日：2015-10-26

化合物类型：吡唑酰胺类

发明思路：me-too 研究；以吡螨胺、唑虫酰胺为模板，将噻唑等结构引入吡唑酰胺结构中而得。

用途：具有杀菌、杀虫或杀螨活性，尤其是对小麦白粉病、黄瓜白粉病、黄瓜灰霉病和玉米锈病具有较好的防治效果。

代表化合物结构如下：

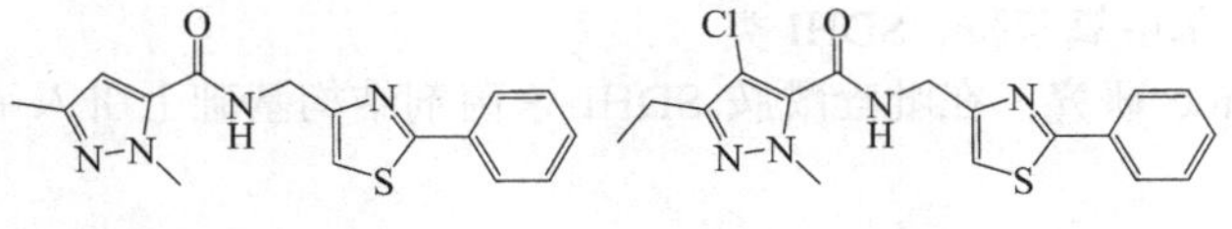

（20）5-吡唑酰胺类化合物及其制备方法与应用

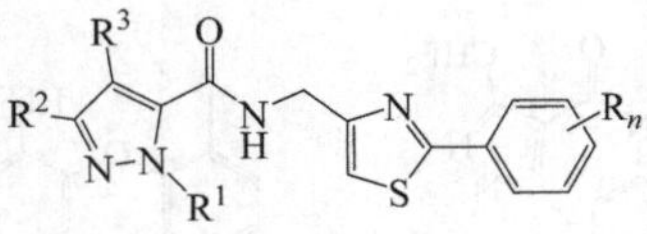

式中，R 选自卤素、C_1～C_6 烷基或 C_1～C_6 烷氧基；R^1 选自 C_1～C_{12} 烷基、C_2～C_{12} 链烯基、C_2～C_{12} 链炔基、C_3～C_8 环烷基或苯基；R^2 选自 C_1～C_{12} 烷基、C_2～C_{12} 链烯基、C_2～C_{12} 链炔基、C_3～C_8 环烷基或苯基；R^3 选自氢、卤素、C_1～C_{12} 烷基、C_2～C_{12} 链烯基、C_2～C_{12} 链炔基或 C_3～C_8 环烷基；R^2 和 R^3 可以彼此连接，与吡唑环的两个碳形成 C_4～C_8 的环烷；

n 代表 1、2、3、4 或 5，当 n 代表 2、3、4 或 5 时，R 可以是相同的或不同的。

发明人：刘卫东，柳爱平，黄丹灵，刘兴平，欧晓明，李微，李建明，任叶果，刘民华，孙炯；申请人：湖南化工研究院有限公司

中国专利号：ZL201510700493.4；中国专利申请日：2015-10-26

化合物类型：吡唑酰胺类

发明思路：me-too 研究；以吡螨胺和唑虫酰胺为模板，将噻唑结构引入吡唑酰胺结构中而得。从中间体衍生化法角度分析为替换法。

用途：具有杀菌、杀虫或杀螨活性，尤其是对小麦白粉病和玉米锈病具有较好的防治效果。

代表化合物结构如下：

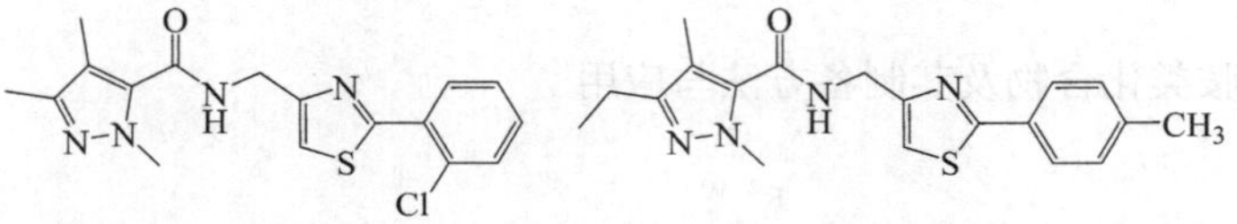

（21）*N*-取代酰胺类化合物及其制备方法和应用及杀菌剂

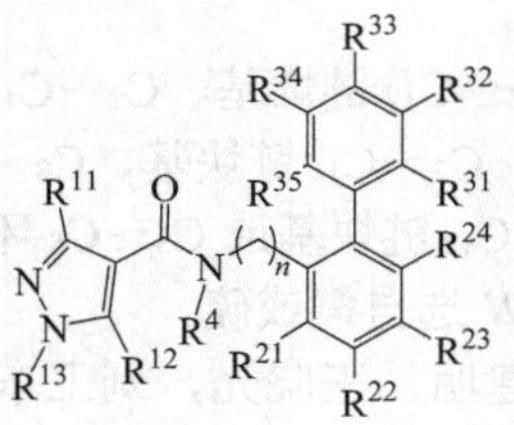

式中，R^{11}、R^{12} 和 R^{13} 各自独立地选自 H、卤素、C_1～C_4 的烷基和由 1～3 个卤素取代的 C_1～C_4 的烷基；R^{21}、R^{22}、R^{23} 和 R^{24} 各自独立地选自 H、卤素、C_1～C_6 的烷基、C_1～C_6 的烷氧基、由 1～3 个卤素取代的 C_1～C_6 的烷基和由 1～3 个卤素取代的 C_1～C_6 的烷氧基；R^{31}、R^{32}、R^{33}、R^{34} 和 R^{35} 各自独立地选自 H、卤素、C_1～C_6 的烷基、C_1～C_6 的烷氧基、由 1～3 个卤素取代的 C_1～C_6 的烷基和由 1～3 个卤素取代的 C_1～C_6 的烷氧基；R^4 为甲氧基、乙氧基、异丙氧基、叔丁氧基；n 为 1～6 的整数。

发明人：杨光富，魏阁；申请人：华中师范大学

中国专利号：ZL201810975100.4；中国专利申请日：2018-08-24

化合物类型：联苯甲氧苄胺、SDHI 类

发明思路：me-too 研究；在吡唑酰胺 SDHI 杀菌剂结构基础上引入甲氧基、亚甲基结构而得。

用途：具有杀菌活性，对琥珀酸脱氢酶和胶孢炭疽病菌具有很好的抑制作用。

代表化合物结构如下：

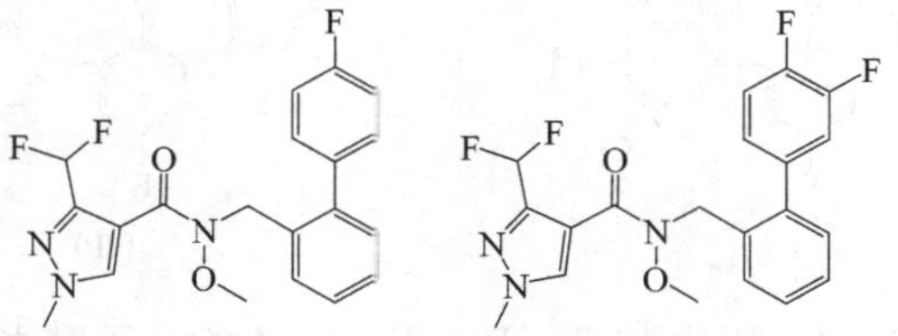

（22）*N*-取代酰胺类化合物及其制备方法和应用和一种杀菌剂

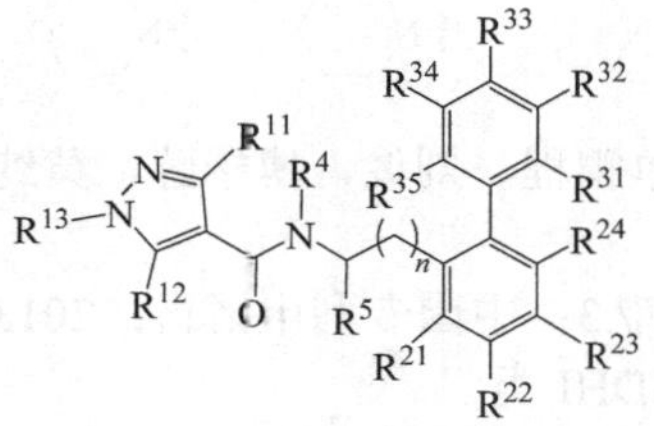

式中，R^{11}、R^{12} 和 R^{13} 各自独立地选自 H、F、Cl、Br、甲基、乙基、正丙基、异丙基、正丁基、异丁基、叔丁基，以及由 1～3 个选自 F、Cl 和 Br 的卤素取代的 C_1～C_4 的烷基；R^{21}、R^{22}、R^{23} 和 R^{24} 各自独立地选自 H，F，Cl，Br，C_1～C_4 的烷基，C_1～C_4 的烷氧基，由 1～3 个选自 F、Cl 和 Br 的卤素取代的 C_1～C_4 的烷基，由 1～3 个选自 F、Cl 和 Br 的卤素取代的 C_1～C_4 的烷氧基；R^{31}、R^{32}、R^{33}、R^{34} 和 R^{35} 各自独立地选自 H，F，Cl，Br，硝基，C_1～C_4 的烷基，C_1～C_4 的烷氧基，苯基，氰基，由 1～3 个选自 F、Cl 和 Br 的卤素取代的 C_1～C_4 的烷基，由 1～3 个选自 F、Cl 和 Br 的卤素取代的 $C_{1\sim4}$ 的烷氧基，且 R^{31}、R^{32}、R^{33}、R^{34} 和 R^{35} 不同时为 H；R^4 选自甲氧基、乙氧基、正丙氧基和异丙氧基；R^5 选自甲基、乙基、正丙基、异丙基；*n* 为 0～3 的整数。

发明人：杨光富，魏阁；申请人：华中师范大学

中国专利号：ZL201810924298.3；中国专利申请日：2018-08-14

化合物类型：联苯甲氧乙胺、SDHI 类

发明思路：me-too 研究；在吡唑酰胺 SDHI 杀菌剂结构基础上引入甲氧基、支链甲基结构而得。

用途：具有杀菌活性，对琥珀酸脱氢酶及孢类炭疽菌具有一定的抑制效果。另外，对黄瓜白粉病和小麦白粉病等真菌病也具有很好的防效。

代表化合物结构如下：

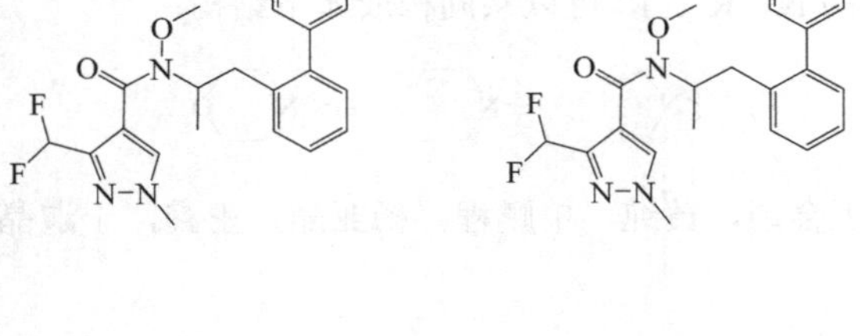

（23）联苯吡菌胺类衍生物的制备及应用

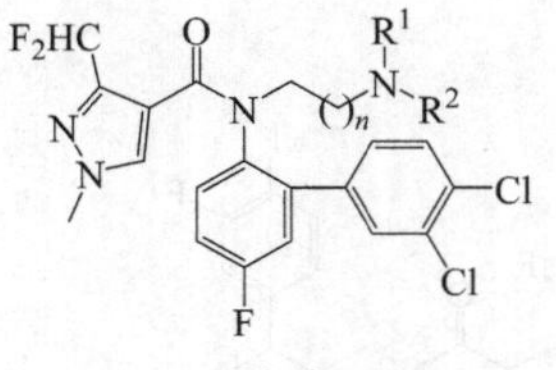

（Ⅰ） 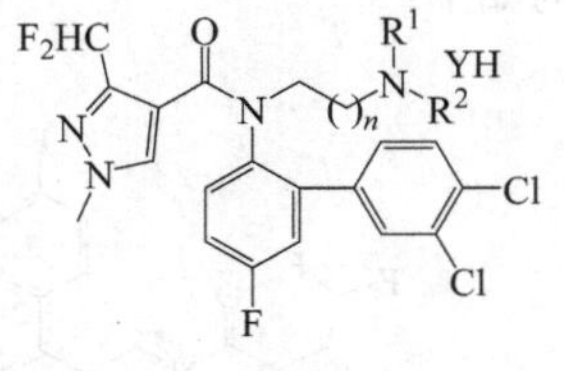　　（Ⅱ）

式中，n=0，1，2，3，4；Y 代表 Cl，Br，F，I，AcO，乙酰水杨酸根，柠檬酸根，水杨酸根，对甲苯磺酸根，硫酸氢根；R^1代表 1～6 个碳原子的烷基；R^2代表 1～6 个碳原子的烷基。或通式(Ⅰ)和通式(Ⅱ)中的 N、R^1、R^2可以共同构成如下结构：

。

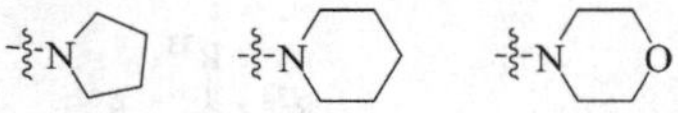

发明人：邹小毛，丁会娟，单鹏程，刘俊，傅翠蓉，黄纯，杨亚喆，王鑫；申请人：南开大学

中国专利号：ZL201310234177.3；中国专利申请日：2013-06-14

化合物类型：吡唑酰胺类、SDHI 类

发明思路：me-too 研究；在联苯吡菌胺基础上，通过引入特定基团，得到现有化合物，使该类化合物的水溶性和脂溶性达到一个很好的平衡，减少生物体外的损失，从而提高药物的利用率。

用途：具有杀菌活性，在 10mg/L 施药量情况下，对番茄早疫病菌、小麦赤霉病菌、马铃薯晚疫病菌、水稻纹枯病菌、辣椒疫霉病菌、黄瓜枯萎病菌、花生褐斑病菌、苹果轮纹病菌、油菜菌核病菌、黄瓜灰霉病菌均具有一定的抑制作用。

代表化合物结构如下：

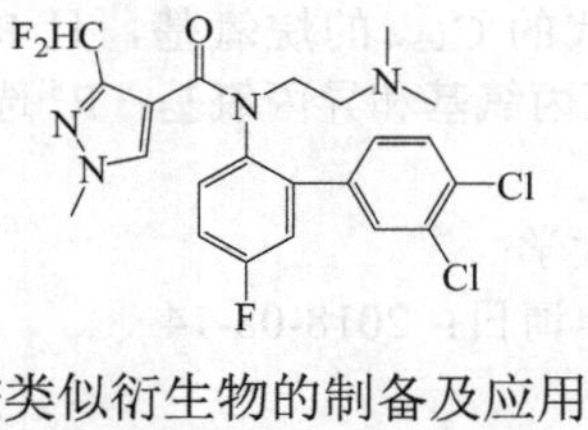

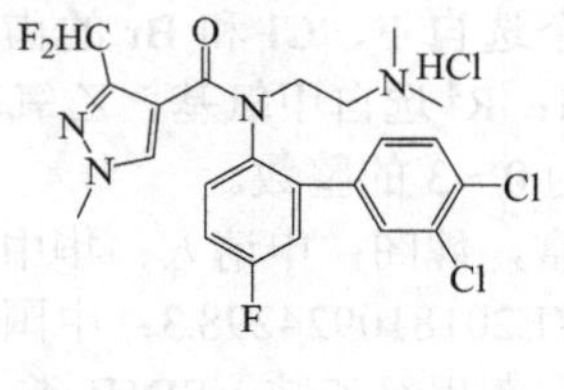

（24）吡噻菌胺类似衍生物的制备及应用研究

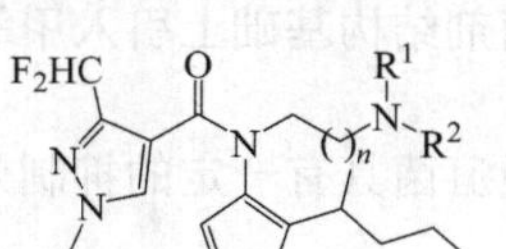

（Ⅰ） 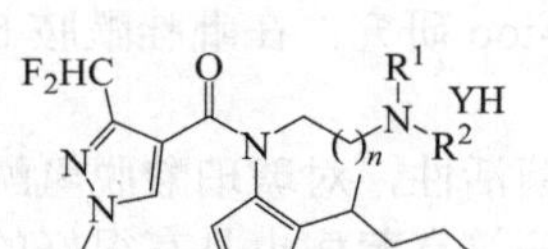　　（Ⅱ）

式中，n=0，1，2，3，4；Y 代表 Cl，Br，F，I，AcO，乙酰水杨酸根，柠檬酸根，水杨酸根，对甲苯磺酸根，硫酸氢根；R^1代表 1～6 个碳原子的烷基；R^2代表 1～6 个碳原子的烷基；或通式(Ⅰ)和通式(Ⅱ)中的 N、R^1、R^2可以共同构成如下结构：

。

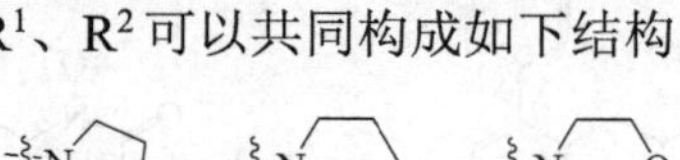

发明人：邹小毛，丁会娟，黄纯，单鹏程，杨亚喆，王鑫，于淑晶；申请人：南开大学

中国专利号：ZL201310234178.8；中国专利申请日：2013-06-14

化合物类型：吡唑酰胺类、SDHI类

发明思路：me-too研究，在吡噻菌胺基础上，通过引入特定基团，得到现有化合物，使该类化合物的水溶性和脂溶性达到一个很好的平衡，减少生物体外的损失，从而提高药物的利用率。

用途：具有杀菌活性，在10mg/L施药量情况下，对番茄早疫病菌、小麦赤霉病菌、马铃薯晚疫病菌、水稻纹枯病菌、辣椒疫霉病菌、黄瓜枯萎病菌、花生褐斑病菌、苹果轮纹病菌、油菜菌核病菌、黄瓜灰霉病菌均具有一定的抑制作用。

代表化合物结构如下：

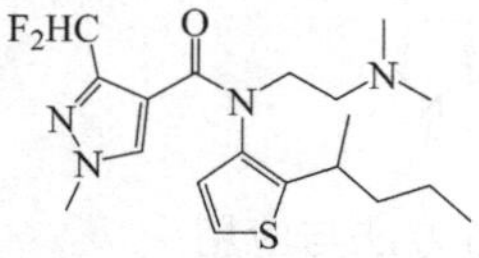

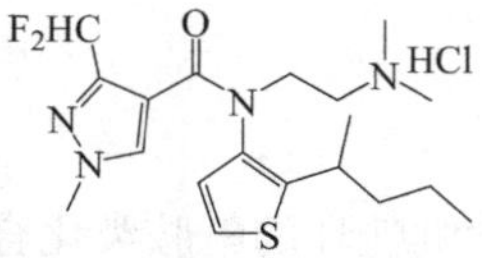

（25）3-卤素二芳胺基吡唑酰胺类化合物及其在农药中的应用

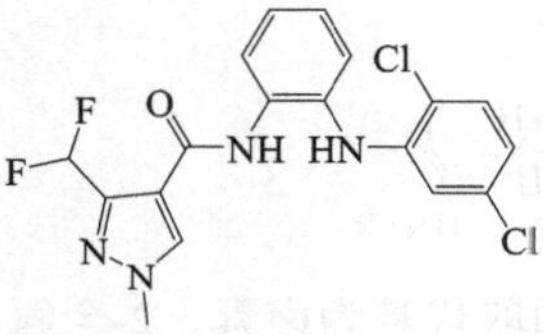

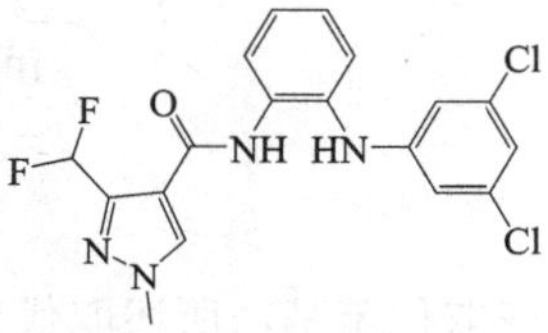

发明人：侯太平，张爱贵，金洪，陶科；申请人：四川大学

中国专利号：ZL201810547375.8；中国专利申请日：2018-05-31

化合物类型：酰胺类、二苯胺类

发明思路：中国专利申请CN201610019343.1公开了一种含二芳胺基的吡唑甲酰胺类化合物，其为本实验室的前期研究，对稻瘟病菌、水稻纹枯病菌、玉米纹枯病菌、小麦纹枯病菌、小麦赤霉病菌、玉米小斑病菌、马铃薯晚疫病菌、烟草炭疽病菌、白粉病菌、番茄灰霉病菌、苹果腐烂病菌、葡萄黑痘病菌和油菜菌核病菌等有一定的抑制作用，但盆栽活性实验表明，在一定浓度下药物的效果好，低浓度效果急剧下降。以氟唑菌酰胺为先导化合物，采用活性亚结构拼接方法，将具有杀菌活性的二芳胺基结构引入其中，经过结构优化发现了低浓度和耐雨水冲刷的结构新颖的化合物。

用途：具有杀菌活性，3-卤素二芳胺基吡唑酰胺类化合物对西瓜枯萎病菌或水稻纹枯病菌具有较好的抑制效果。

（26）一种含吡唑环的酰胺类化合物及其制备方法与应用

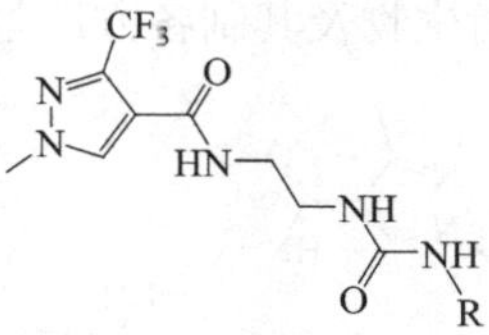

式中，R为苯基或取代苯基，所述取代苯基的取代基为卤素、2-全氟丙基、乙氧基、三氟甲基、三氟甲氧基、三甲基脲基、甲基、甲氧基。

发明人：刘幸海，王翰，金涛，谭成侠，翁建全，武宏科；申请人：浙江工业大学

中国专利号：ZL201711252565.9；中国专利申请日：2017-12-01

化合物类型：吡唑酰胺类

发明思路：结构新颖；利用琥珀酸脱氢酶抑制剂吡唑酰胺类结构，将酰胺键替换成长链的脲结构，得到该类化合物。

用途：具有杀菌活性。所发明的化合物在 50mg/L 浓度下对油菜菌核病菌表现出了较好的抑制作用，抑制率高达 85%。

代表化合物结构如下：

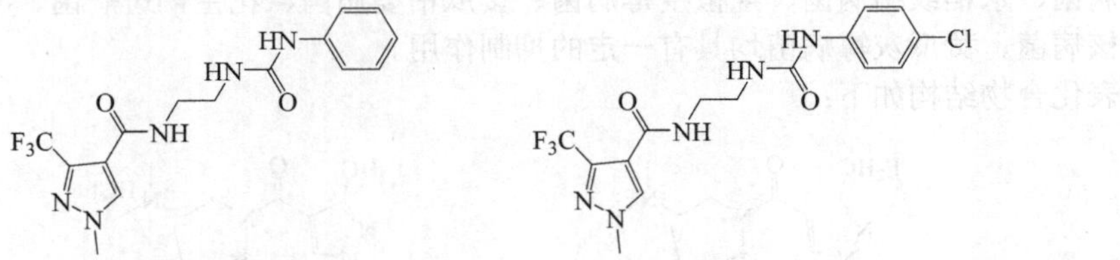

（27）一种新型含吡唑环的酰胺类化合物及其制备方法与应用

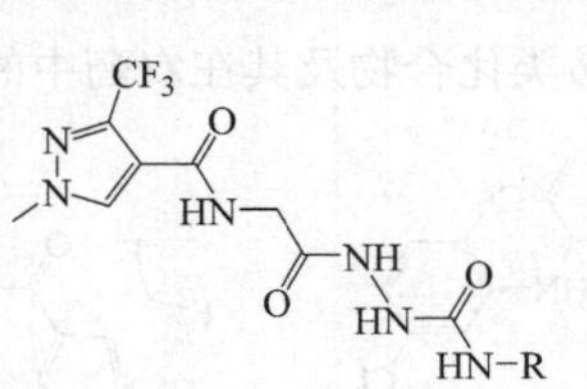

式中，R 为苯基或取代苯基，所述取代苯基的取代基为卤素、2-全氟丙基、氰基、甲基、硝基。

发明人：刘幸海，王翰，金涛，谭成侠，翁建全，武宏科；申请人：浙江工业大学

中国专利号：ZL201711250599.4；中国专利申请日：2017-12-01

化合物类型：吡唑酰胺类

发明思路：结构新颖；利用琥珀酸脱氢酶抑制剂吡唑酰胺类结构，将酰胺键替换成长链的双酰肼结构，得到该类化合物。

用途：具有杀菌活性。所发明的化合物在 50mg/L 浓度下对油菜菌核病菌表现出了较好的抑制性，抑制率高达 85%。

代表化合物结构如下：

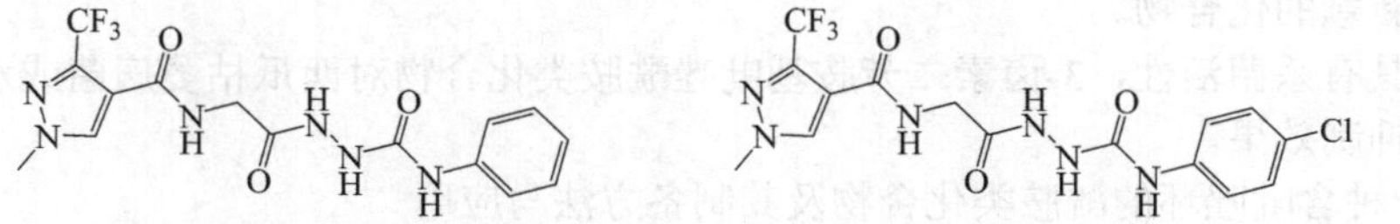

（28）一种新型含吡唑环的酰胺衍生物及其制备方法与应用

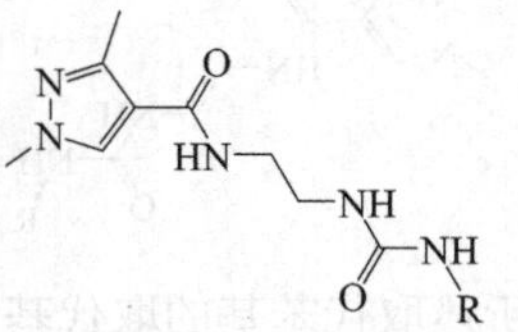

式中，R 为苯基或取代苯基，所述取代苯基的取代基为卤素、2-全氟丙基、乙氧基、三氟甲基、三氟甲氧基、三甲基脲基、甲基、甲氧基。

发明人：刘幸海，王翰，金涛，谭成侠，翁建全，武宏科；申请人：浙江工业大学

中国专利号：ZL201711252582.2；中国专利申请日：2017-12-01

化合物类型：吡唑酰胺类

发明思路：利用琥珀酸脱氢酶抑制剂吡唑酰胺类结构，将酰胺键替换成长链的脲结构，得到该类化合物。

用途：具有杀菌活性。所发明的化合物在 50μg/mL 浓度下对油菜菌核病菌表现出了较好的抑制活性，抑制率高达 86.5%。

代表化合物结构如下：

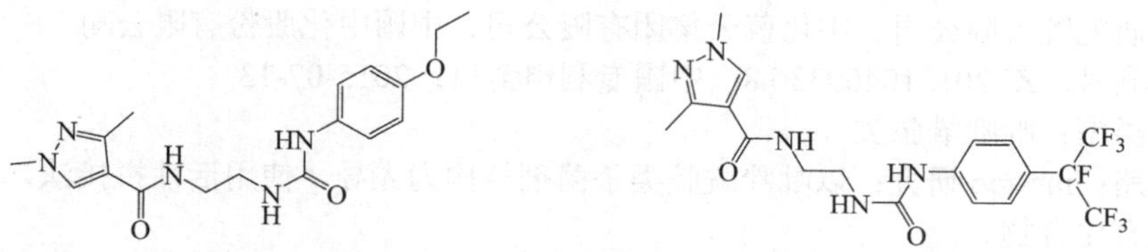

（29）一种(1*H*-吡唑-4-甲酰胺基)苯甲酸乙酯类化合物及其制备方法和应用

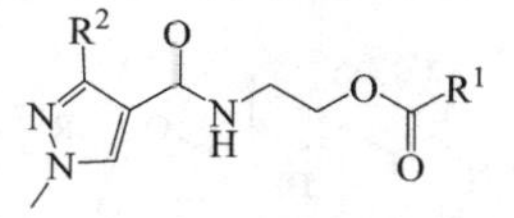

式中，取代基 R^1 为苯基或取代苯基，所述取代苯基苯环上的取代基数量为一个或多个，各个取代基各自独立地选自 H、卤素、C_1～C_4 烷基、C_1～C_4 烷氧基、C_1～C_3 卤代烷基或硝基；取代基 R^2 为甲基、一氟甲基、二氟甲基或三氟甲基。

发明人：刘幸海，郭长飞，金涛，谭成侠，翁建全，武宏科；申请人：浙江工业大学

中国专利号：ZL201911025679.9；中国专利申请日：2019-10-25

化合物类型：吡唑酰胺类

发明思路：根据琥珀酸脱氢酶抑制剂吡唑酰胺类杀菌剂的结构，通过引入柔性链得到该类化合物。

用途：该发明化合物对黄瓜灰霉病菌、黄瓜尖孢镰刀菌、黄瓜棒孢叶斑病菌等均有较好的抑制活性。

代表化合物结构如下：

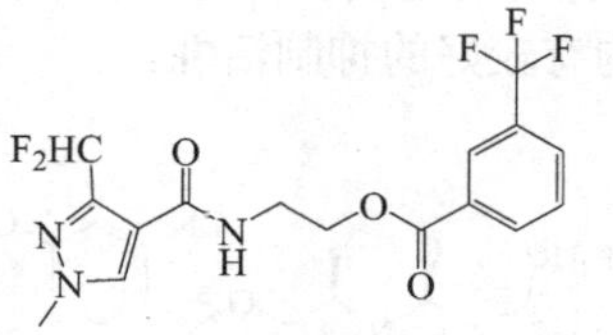

（30）一类含二苯醚结构的吡唑酰胺化合物，其制备方法及应用

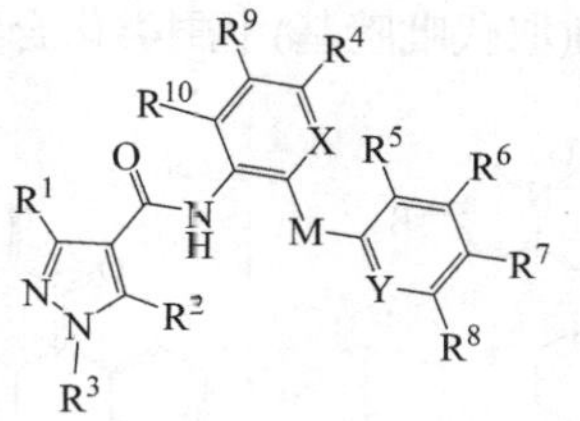

选自以下结构式 1 和结构式 2 所示化合物中的一种或两种：

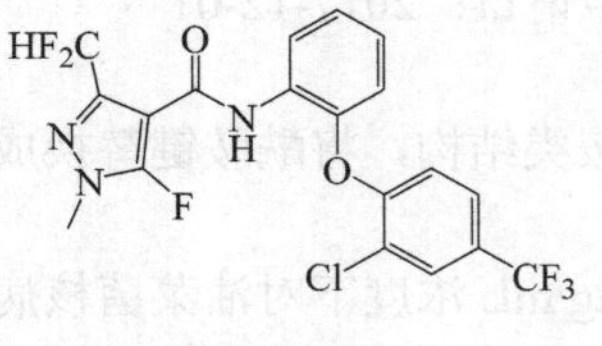

结构式1 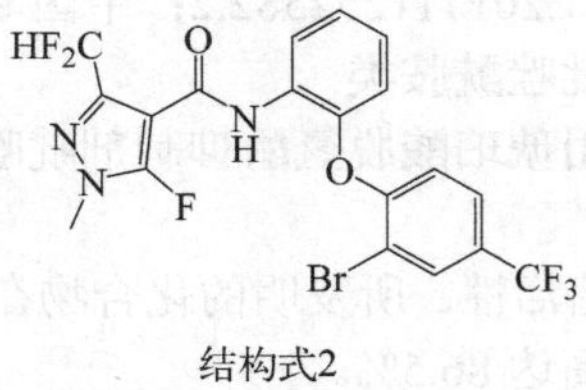　　　　　　　　结构式2

发明人：许天明，胡伟群，孔小林，张蕊蕊，郑志文，朱卫刚，魏优昌，黄红英；申请人：浙江省化工研究院有限公司、中化蓝天集团有限公司、中国中化股份有限公司

中国专利号：ZL201510409336.8；中国专利申请日：2015-07-13

化合物类型：吡唑酰胺类

发明思路：me-too 研究；以吡唑酰胺类杀菌剂结构为先导，使用活性拼接法，引入二苯醚结构得到现有化合物。

用途：具有杀菌活性。尤其适合防治纹枯病、立枯病、白粉病或锈病。

（31）(*S*)-2-(1*H*-吡唑-4-甲酰胺基)苯甲酸丙酯类化合物及其制备方法和应用

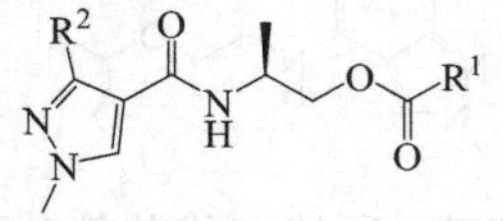

式中，取代基 R^1 为 2-甲基苯基、2,3-二氯苯基、4-三氟甲基苯基、2,4-二氯苯基或苯基，取代基 R^2 为二氟甲基，所述的(*S*)-2-(1*H*-吡唑-4-甲酰胺基)苯甲酸丙酯类化合物用于制备防治黄瓜棒孢叶斑病的杀菌剂；或者是取代基 R^1 为 3-氟苯基、4-三氟甲基苯基或 2,4-二氯苯基，取代基 R^2 为三氟甲基，所述的(*S*)-2-(1*H*-吡唑-4-甲酰胺基)苯甲酸丙酯类化合物用于制备防治黄瓜灰霉病或小麦赤霉病的杀菌剂。

发明人：刘幸海，余玮，金涛，谭成侠，翁建全，武宏科；申请人：浙江工业大学

中国专利号：ZL201911024354.9；中国专利申请日：2019-10-25

化合物类型：吡唑酰胺类

发明思路：me-too 研究；根据琥珀酸脱氢酶抑制剂吡唑酰胺类杀菌剂的结构，引入柔性链，得到该类化合物。

用途：具有杀菌活性。该发明化合物对黄瓜灰霉病菌、黄瓜枯萎病菌、黄瓜棒孢叶斑病菌、苹果轮纹病菌、小麦赤霉病菌等均有较好的抑制活性。

代表化合物结构如下：

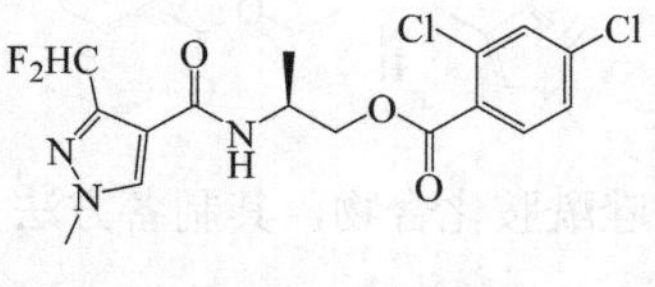

（32）(1, 2, 3, 4-四氢喹啉-1-基)(取代吡唑基)甲酮类化合物及其应用

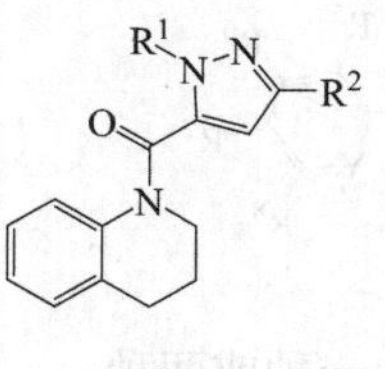

Ⅰ 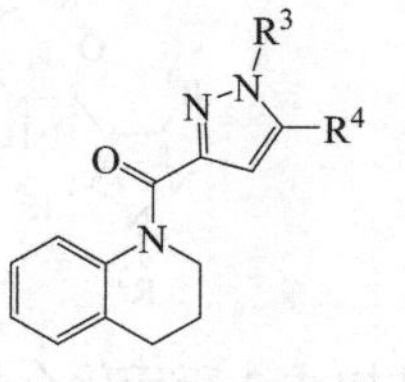　　　　　Ⅱ

式Ⅰ中，R^1为甲基、叔丁基、苯基、2-氯苯基或3-氯吡啶-2-基，R^2为甲基、乙基、丙基、异丙基、苯基、溴、氯、4-氯苯基或4-甲氧基苯基。式Ⅱ中，R^3为甲基、叔丁基、苯基或2-氯苯基，R^4为甲基、丙基、异丙基、苯基、4-氯苯基或4-甲氧基苯基。

发明人：凌云，雷鹏，杨新玲，徐焱，张学博，张小河，徐高飞；申请人：中国农业大学

中国专利号：ZL201510796235.0；中国专利申请日：2015-11-18

化合物类型：取代吡唑基甲酮类化合物

发明思路：me-too研究；将四氢喹啉引入吡唑酰胺类结构中，得到该类化合物。

用途：具有杀菌活性，该发明提供的(1, 2, 3, 4-四氢喹啉-1-基)(取代吡唑基)甲酮类化合物，制备简单，原料易得。对植物病原菌具有抑制作用，尤其对苹果腐烂病菌、番茄灰霉病菌和小麦全蚀病菌效果较好，能够用作农用杀菌剂，防治植物病害。

代表化合物结构如下：

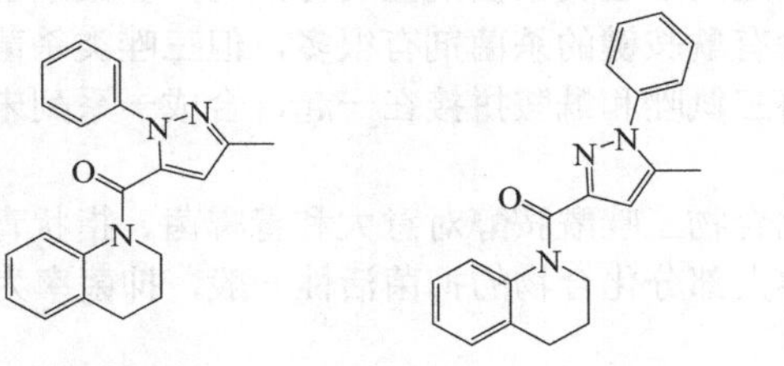

3.2.8 三唑乙酰胺类化合物的创制

（1）一种三唑酰胺酮类杀菌剂，合成方法及其应用

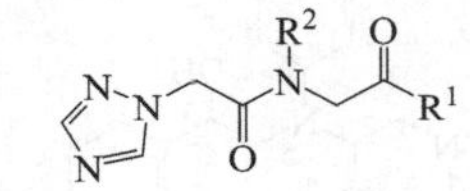

式中，取代基R^1和R^2为苯基、对氯苯基、对溴苯基、对氟苯基、邻氟苯基、邻氯苯基、2,4-二氯苯基、2,4-二氟苯基、叔丁基、邻甲基苯基、间氟苯基、对三氟甲基苯基、邻甲基对氯苯基中的任意一种。

发明人：王龙，杨键，谢益碧，叶斯培，李德江；申请人：三峡大学

中国专利号：ZL201610817065.4；中国专利申请日：2016-09-12

化合物类型：三氮唑，酰胺类

发明思路：目前商品化的三唑类杀菌剂主要特点为大多数杀菌剂的药效团三唑环都连接在碳链上，且分子结构中含有酰胺键的杀菌剂有很多，但三唑类杀菌剂分子结构中含有酰胺键的却很少见报道，该发明将三氮唑和酰胺拼接在一起，合成一系列未见报道的化合物，期待发现高活性化合物。

用途：该发明的系列化合物三唑酰胺酮对意大利青霉菌、指状青霉菌、水稻纹枯病菌、小麦赤霉病菌和稻瘟病菌均表现出了一定的抑制活性，其中对水稻纹枯病菌的抑制活性最好，大部分化合物的抑制率都在80%以上。

代表化合物结构如下：

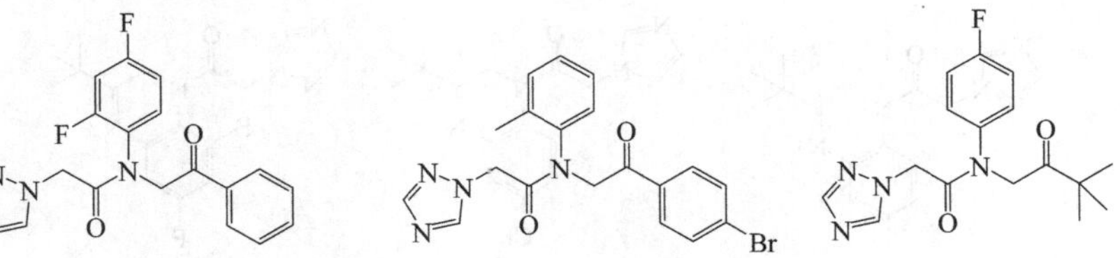

（2）一种三唑酰胺醇类杀菌剂及其合成方法

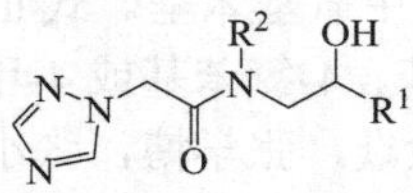

式中，取代基 R^1 和 R^2 为苯基或对氯苯基或对氟苯基或邻氯苯基或邻氟苯基或 2,4-二氯苯基或 2,4-二氟苯基或叔丁基或邻甲基苯基或间氟苯基或对三氟甲基苯基或邻甲基对氯苯基中的任意一种。

发明人：王龙，叶斯培，陈卫丰，刘杨，李德江；申请人：三峡大学

中国专利号：ZL201610850729.7；中国专利申请日：2016-09-23

化合物类型：三氮唑，酰胺类

发明思路：目前商品化的三唑类杀菌剂主要特点为大多数杀菌剂的药效团三唑环都连接在碳链上，且分子结构中含有酰胺键的杀菌剂有很多，但三唑类杀菌剂分子结构中含有酰胺键的却很少见报道，该发明将三氮唑和酰胺拼接在一起，合成一系列未见报道的化合物，期待发现高活性化合物。

用途：该发明系列化合物三唑酰胺醇对意大利青霉菌、指状青霉菌和水稻纹枯菌均表现出了一定的抑制活性，其中大部分化合物的抑菌活性一般，抑菌率为 90%左右，个别化合物抑菌活性较好。

代表化合物结构如下：

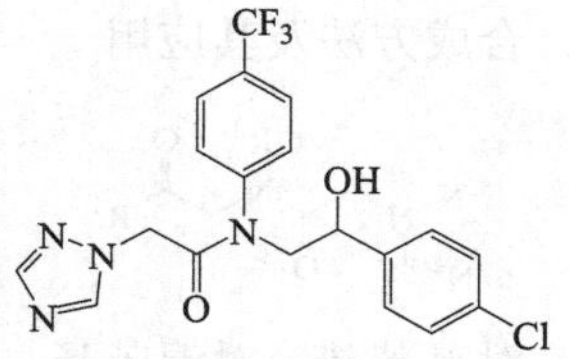

（3）一类 *N*-取代三唑乙酰基叔丁基二氢喹喔啉类衍生物，合成方法及其作为杀菌剂的应用

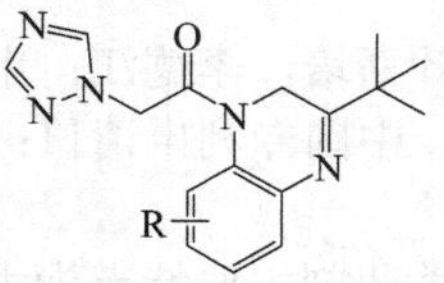

式中，R 为氢、氯、溴、氟、甲基、异辛基；R 取代基位置、个数不固定。

发明人：王龙，余绍强，李永双；申请人：三峡大学

中国专利号：ZL201811361165.6；中国专利申请日：2018-11-15

化合物类型：二氢喹喔啉类

发明思路：在喹喔啉类杀菌剂结构基础上，引入叔丁基和三氮唑得到现有化合物。

用途：对指状青霉菌、意大利青霉菌及稻瘟病菌具有一定的抑制活性。

代表化合物结构如下：

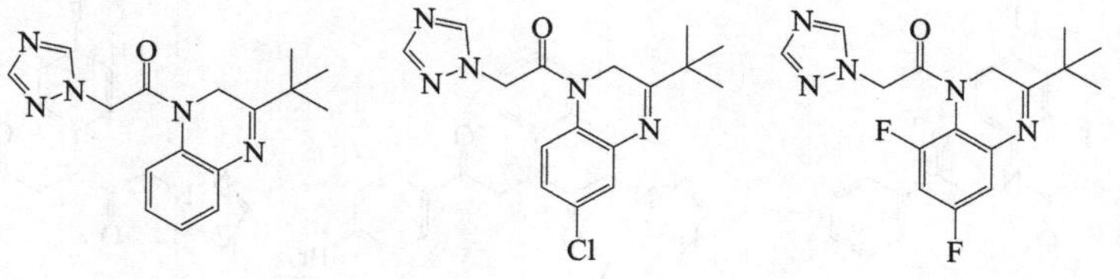

3.2.9 噻唑酰胺类化合物的创制

（1）*N*-(1, 3, 4-噻二唑基)噻唑甲酰胺类化合物及其用途

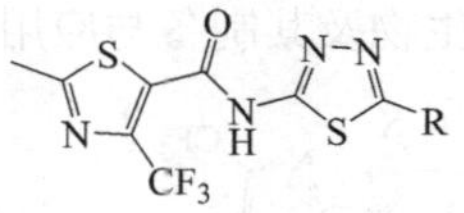

式中，R 为 CH_2CH_3，或 C_6H_5，或 4-ClC_6H_4。

发明人：唐子龙，马宏伟；申请人：湖南科技大学

中国专利号：ZL201310408934.4；中国专利申请日：2013-09-10

化合物类型：噻二唑、噻唑、酰胺

发明思路：me-too 研究；将 1,3,4-噻二唑基引入噻唑甲酰胺类化合物中，得到该类化合物。

用途：具有杀菌活性，可用于防治番茄早疫病、辣椒疫霉病、黄瓜灰霉病、油菜菌核病、水稻纹枯病。

代表化合物结构如下：

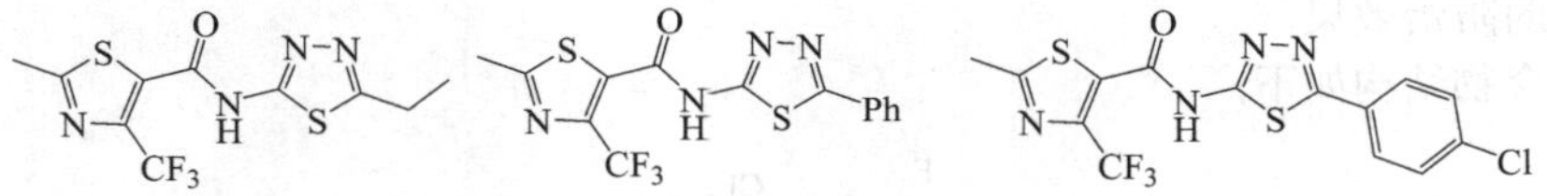

（2）噻唑酰胺类化合物及其制备方法与应用

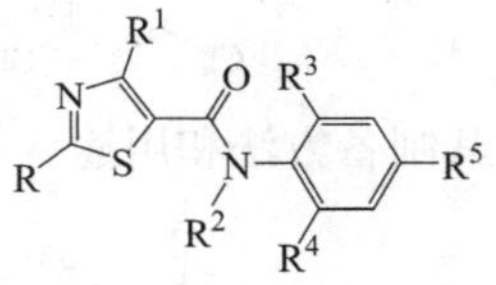

其中通式表示的噻唑酰胺类化合物是：

N-(2,6-二氯-4-(三氟甲基)苯基)-2-溴-4-(三氟甲基)噻唑-5-甲酰胺；

N-(2,6-二氯-4-(三氟甲基)苯基)-2-溴-4-(二氟甲基)噻唑-5-甲酰胺；

N-(2,6-二溴-4-(三氟甲氧基)苯基)-2-溴-4-(三氟甲基)噻唑-5-甲酰胺；

N-(2,6-二溴-4-(三氟甲氧基)苯基)-2-溴-4-(二氟甲基)噻唑-5-甲酰胺；

N-(2,4,6-三氯苯基)-2-溴-4-(三氟甲基)噻唑-5-甲酰胺；

N-(2,6-二溴-4-(三氟甲氧基)苯基)-2-丙基-4-(三氟甲基)噻唑-5-甲酰胺。

发明人：柳爱平，刘卫东，陈昊彬，李建明，黄明智，刘兴平，何莲，胡礼，程立军，陈小阳；申请人：湖南化工研究院有限公司

中国专利号：ZL201710786710.5；中国专利申请日：2014-12-18

化合物类型：噻唑酰胺类

发明思路：me-too 研究；以噻呋酰胺为模板，对其进行结构改造而得。

用途：具有杀菌和/或杀虫/螨、除草活性，尤其是对水稻纹枯病、玉米锈病、黄瓜灰霉病等病害具有很高的活性。

代表化合物结构如下：

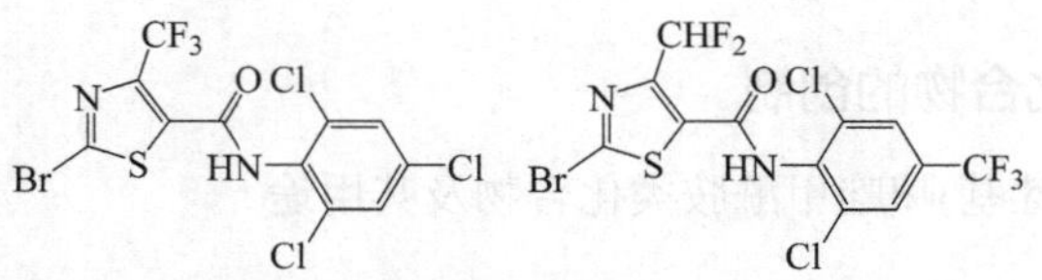

（3）一种含有噻唑环的羧酰胺衍生物及其制备与应用

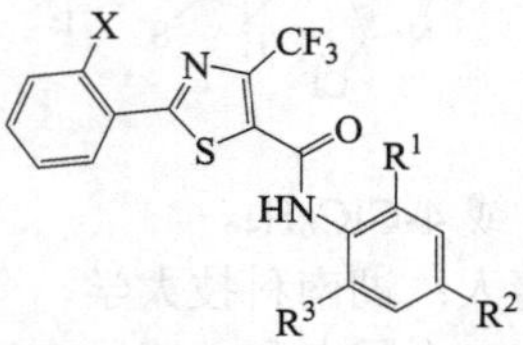

式中，X 为 F 或 Cl；R^1 为甲基、三氟甲基或 Cl；R^2 为 Cl 或 H；R^3 为 H、Br 或 Cl。

发明人：刘幸海，汪乔，董卫莉，李正名，刘艾林，孙娜波；申请人：浙江工业大学

中国专利号：ZL201510951636.9；中国专利申请日：2015-12-17

化合物类型：酰胺衍生物

发明思路：me-too 研究；以琥珀酸脱氢酶抑制剂酰胺类杀菌剂为先导，将吡唑环或吡啶环替换成噻唑环优化得到。

用途：具有杀菌活性。该发明所述化合物对黄瓜灰霉病、黄瓜菌核病和黄瓜细菌性角斑病等具有良好的防治效果。

代表化合物结构如下：

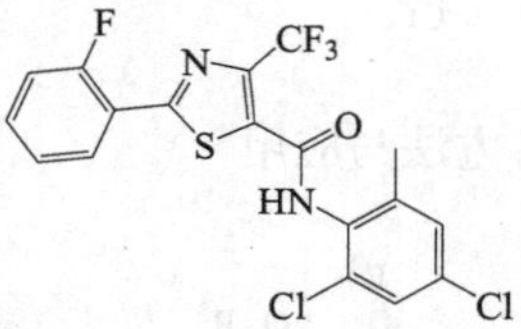

（4）一类氨基噻唑羧酸衍生物及其制备方法和用途

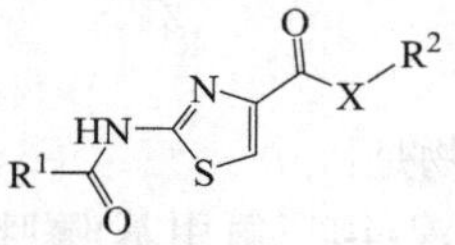

式中，X 为 NH；

当 R^1 选自 3-三氟甲基-5-甲基吡唑-1-亚甲基时，R^2 选自 H、1,2,3,4-四氢萘-1-基、2,2-二氟乙基、异丙基；当 R^1 选自 3-溴-1-(3-氯吡啶-2-基)-1*H*-吡唑-5-基时，R^2 选自 H、2,2-二氟乙基；当 R^1 选自叔丁氧基时，R^2 选自异丙基、2,2-二氟乙基、环丙基、1,2,3,4-四氢萘-1-基、环己基、5-甲基噻唑-2-基、炔丙基。

发明人：范志金，李凤云，石凯，杨俊超，郭晓凤，张雨晴，宗广宁，朱玉洁，陈来，马刘勇，钱晓琳；申请人：南开大学

中国专利号：ZL201410809128.2；中国专利申请日：2014-12-17

化合物类型：氨基噻唑类

发明思路：以氨基噻唑羧酸为先导，分别将两边酰胺化得到现有化合物。

用途：具有杀菌、抗植物病毒、植物激活活性，可防治番茄早疫病、黄瓜灰霉病、花生褐斑病、小麦赤霉病、马铃薯晚疫病、苹果轮纹病、水稻纹枯病、油菜菌核病、烟草花叶病毒病等病害。

代表化合物结构如下：

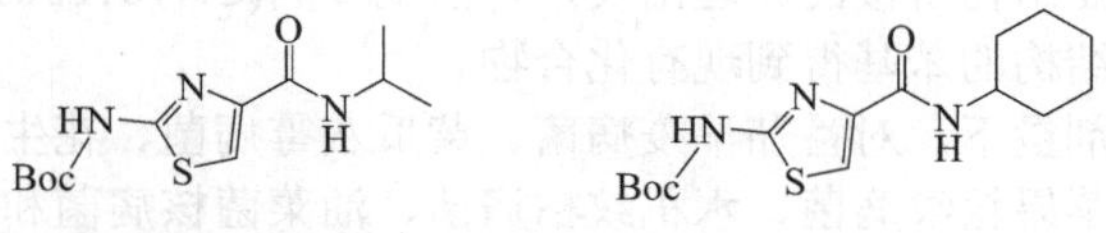

3.2.10 噻二唑酰胺类化合物的创制

（1）1, 2, 3-噻二唑类衍生物及其合成方法和用途

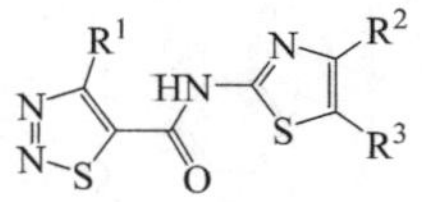

选自以下化合物：

4-甲基-*N*-(4′-甲基噻唑-2′-基)-1, 2, 3-噻二唑-5-甲酰胺、4-甲基-*N*-(4′, 5′-二甲基噻唑-2′-基)-1, 2, 3-噻二唑-5-甲酰胺、*N*-(噻唑-2′-基)-1, 2, 3-噻二唑-5-甲酰胺、*N*-(4′-甲基噻唑-2′-基)-1, 2, 3-噻二唑-5-甲酰胺、*N*-(5′-甲基噻唑-2′-基)-1, 2, 3-噻二唑-5-甲酰胺、*N*-(4′, 5′-二甲基噻唑-2′-基)-1, 2, 3-噻二唑-5-甲酰胺。

发明人：范志金，杨知昆，张海科，左翔；申请人：南开大学

中国专利号：ZL200810054335.6；中国专利申请日：2008-08-28

化合物类型：噻二唑类

发明思路：me-too 研究；以[1, 2, 3]-噻二唑作为先导，引入噻唑结构得到现有化合物。

用途：具有杀菌、杀虫、除草和抗烟草花叶病毒活性，在 50mg/L 剂量下，对番茄早疫病菌、花生褐斑病菌、苹果轮纹病菌、黄瓜灰霉病菌、水稻纹枯病菌、小麦赤霉病菌、马铃薯晚疫病菌等表现出一定的抑制作用；在 50mg/L 剂量下，所有化合物对黏虫、蚕豆蚜和小菜蛾的致死率在 50%左右；在 5mg/L 剂量下，所有化合物对蚊幼虫的抑制作用大于 80%；所有化合物对单子叶杂草活性较低，对双子叶杂草活性较好；在 100mg/L 剂量下，呈现出一定的诱导烟草抗烟草花叶病毒的活性。

代表化合物结构如下：

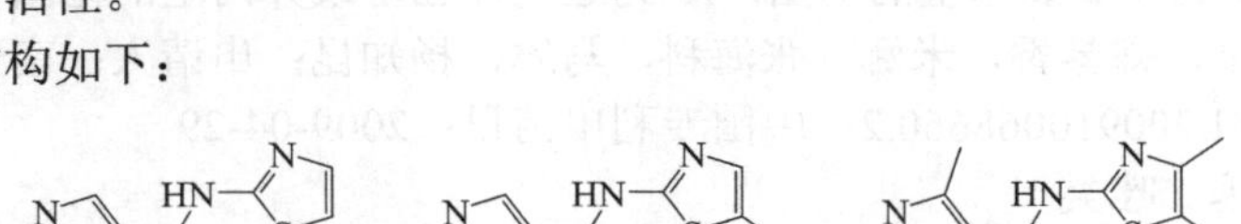

（2）噻二唑类杂环化合物及其合成方法和用途

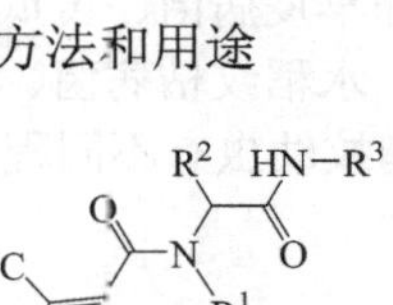

式中，R^1 为苯基或经取代基单取代或双取代的苯基，所述取代基为选自甲基、卤素的基团；R^2 为选自苯基、邻氯苯基、间氯苯基、对氯苯基、邻氟苯基、间氟苯基、对氟苯基、邻三氟甲基苯基、间三氟甲基苯基、对三氟甲基苯基、邻硝基苯基、间硝基苯基、对硝基苯基、邻甲基苯基、间甲基苯基、对甲基苯基、对羟基苯基的基团；R^3 为选自环己基或异丙基的基团。

发明人：范志金，左翔，米娜，张海科，马琳，杨知昆；申请人：南开大学

中国专利号：ZL200910068659.X；中国专利申请日：2009-04-29

化合物类型：噻二唑类

发明思路：从活性亚结构拼接的原理出发，将前期专利(CN101250167A)中的 R^1 基团由烷基改变成含苯基或取代结构的苯基得到现有化合物。

用途：在 50mg/L 剂量下，对番茄早疫病菌、黄瓜灰霉病菌、花生褐斑病菌、小麦赤霉病菌、马铃薯晚疫病菌、苹果轮纹病菌、水稻纹枯病菌、油菜菌核病菌和禾谷丝核菌等表现出一定的抑制作用；对烟草花叶病毒呈现出一定的钝化活性、保护活性、治疗活性和诱导烟草抗烟草花叶病毒的活性。

代表化合物结构如下：

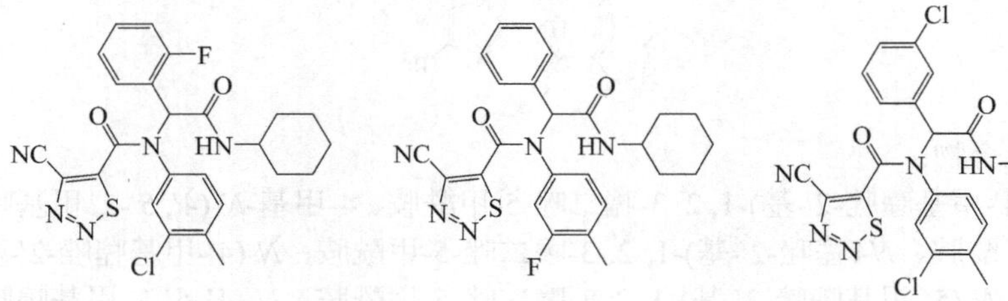

（3）一类 1, 2, 3-噻二唑甲酰胺衍生物的制备和用途

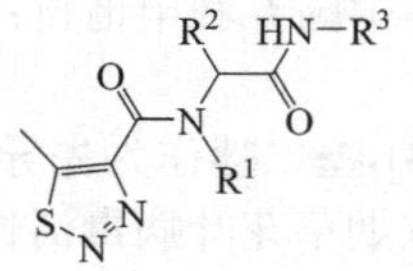

式中，R^1 为 C_3～C_6 的环烷基、经取代基双取代的苯基，所述取代基为选自甲基或卤素的基团；R^2 为选自苯基、对羟基苯基、间羟基苯基、邻羟基苯基、对硝基苯基、间硝基苯基、邻硝基苯基、对氯苯基、间氯苯基、邻氯苯基、对氟苯基、间氟苯基、邻氟苯基、对甲苯基、间甲苯基、邻甲苯基、2, 6-二氯苯基的基团；R^3 为选自环己基或异丙基的基团。

发明人：范志金，郑琴香，米娜，张海科，马琳，杨知昆；申请人：南开大学

中国专利号：ZL200910068660.2；中国专利申请日：2009-04-29

化合物类型：噻二唑类

发明思路：利用 5-甲基-1, 2, 3-噻二唑-4-甲酸进行了深入衍生得到现有化合物。

用途：在 50mg/L 剂量下，对番茄早疫病菌、黄瓜灰霉病菌、花生褐斑病菌、小麦赤霉病菌、马铃薯晚疫病菌、苹果轮纹病菌、水稻纹枯病菌、油菜菌核病菌和禾谷丝核菌等表现出一定的抑制作用；对甜菜夜蛾、小菜蛾和蚊幼虫有不同程度的杀虫活性；在 500mg/L 剂量下，呈现出一定的抗烟草花叶病毒活性。

代表化合物结构如下：

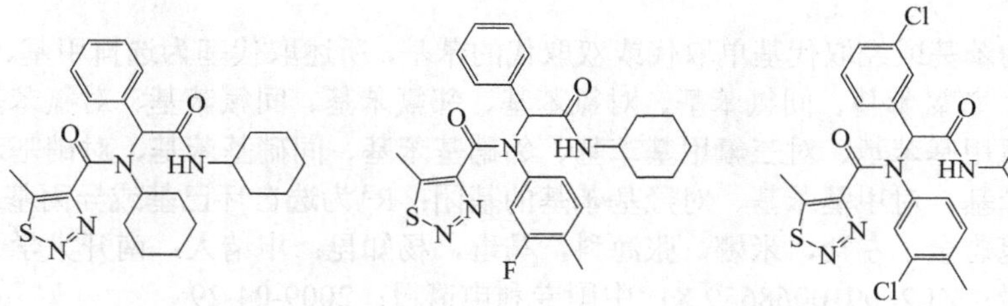

（4）含 4-(1, 1, 2, 2-四氟乙氧基)-3, 5-二氯苯胺基的 4-甲基-1, 2, 3-噻二唑的衍生物及其合成方法和用途

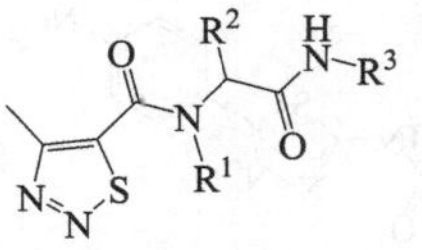

式中，R^1 为 4-(1, 1, 2, 2-四氟乙氧基)-3, 5-二氯苯基；R^2 为选自苯基、邻氯苯基、间氯苯基、对氯苯基、邻氟苯基、间氟苯基、对氟苯基、邻三氟甲基苯基、间三氟甲基苯基、对三氟甲基苯基、邻硝基苯基、间硝基苯基、对硝基苯基、邻甲基苯基、间甲基苯基、对甲基苯基、间羟基苯基、对羟基苯基、邻甲氧基苯基、间甲氧基苯基、对甲氧基苯基的基团；R^3 为选自环己基、异丙基的基团。

发明人：范志金，王守信，王唤，付一峰，米娜，黄杰，李岳东，房震，赵晖，国丹丹；申请人：南开大学

中国专利号：ZL201010270390.6；中国专利申请日：2010-09-02

化合物类型：噻二唑类

发明思路：以[1, 2, 3]-噻二唑为先导，从活性亚结构拼接的原理出发，引入 4-(1, 1, 2, 2-四氟乙氧基)-3, 5-二氯苯胺得到现有化合物。

用途：在 50mg/L 剂量下，对番茄早疫病菌、黄瓜灰霉病菌、花生褐斑病菌、小麦赤霉病菌、马铃薯晚疫病菌、苹果轮纹病菌、水稻纹枯病菌、油菜菌核病菌和禾谷丝核菌等表现出一定的抑制作用；在 200mg/L 剂量下，对小菜蛾表现出一定的杀虫活性；在 2mg/L 剂量下，对蚊幼虫表现出一定的杀虫活性；对烟草花叶病毒呈现出一定的钝化活性、保护活性、治疗活性和诱导烟草抗烟草花叶病毒的活性。

代表化合物结构如下：

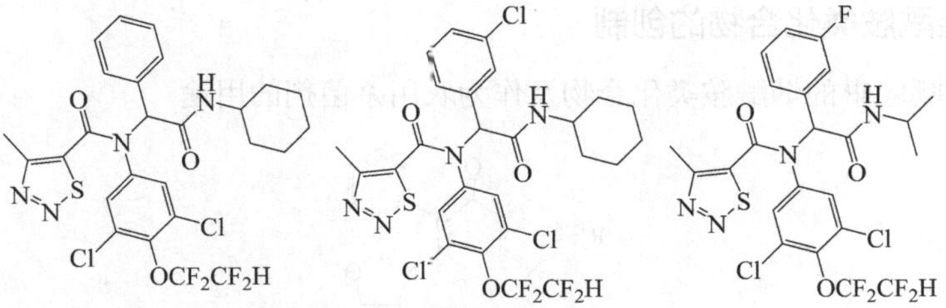

（5）一种含噻二唑的酰胺类衍生物及其制备和应用

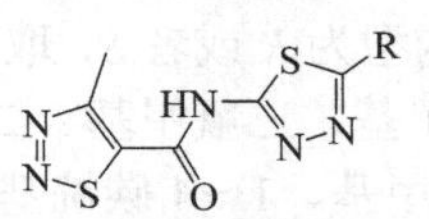

式中，R 为（2, 4-二氯苯氧基）甲基、呋喃基、间甲苯基、邻氯苯基、邻氟苯基、邻甲苯基、对氯苯基、苯基、对硝基苯基或对甲氧基苯基。

发明人：刘幸海，翁建全，谭成侠；申请人：浙江工业大学

中国专利号：ZL201210497864.X；中国专利申请日：2012-11-29

化合物类型：含噻二唑酰胺类衍生物

发明思路：me-too 研究；以噻酰菌胺为先导，将苯环结构替换成为 1,3,4-噻二唑结构，得到现有化合物。

用途：具有杀菌活性。该发明所述化合物可用于防治小麦赤霉病、马铃薯晚疫病、苹果轮

纹病、黄瓜枯萎病、花生褐斑病等。

代表化合物结构如下：

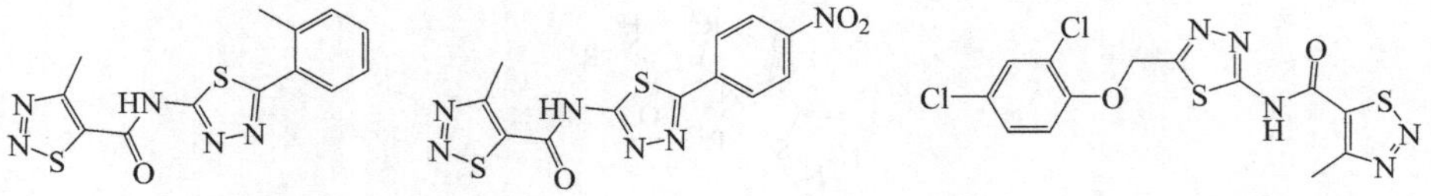

（6）新型[1, 2, 3]噻二唑衍生物及其合成方法和用途

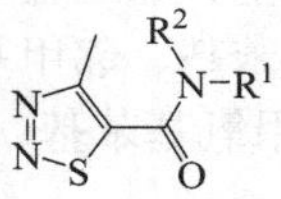

式中，R^1 是 H，R^2 是 1, 3-噻唑-2-基、5-甲基-1, 3-噻唑-2-基或 5-乙基-1, 3, 4-噻二唑-2-基。

发明人：范志金，石祖贵，刘秀峰，范志银，艾应伟；申请人：南开大学

中国专利号：ZL200610013185.5；中国专利申请日：2006-02-20

化合物类型：噻二唑类

发明思路：me-too 研究；以[1, 2, 3]-噻二唑作为先导，通过修饰和优化得到现有化合物。

用途：具有杀菌活性，在 50mg/L 剂量下，对黄瓜枯萎病菌、小麦赤霉病菌、水稻曲病菌、油菜菌核病菌、苹果腐烂病菌、香蕉炭疽病菌、黄瓜炭疽病菌、棉花黄萎病菌和马铃薯晚疫病菌等表现出一定的抑制作用。

代表化合物结构如下：

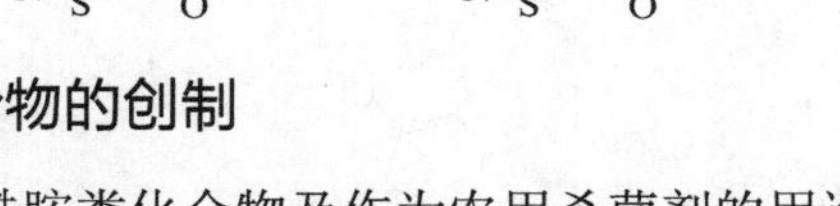

3.2.11 吡啶酰胺类化合物的创制

（1）含手性噁唑啉的烟酰胺类化合物及作为农用杀菌剂的用途

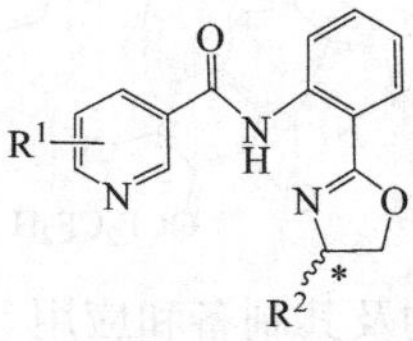

式中，噁唑啉环上手性碳的立体构型为 *R* 或者 *S*，取代基 R^1，在吡啶 2 位取代，分别代表：氢、卤素、甲基、羟基、氨基、二氟甲基、三氟甲基、二氟甲氧基、三氟甲氧基；

取代基 R^2 分别代表：甲基、羟亚甲基、1～4 碳烷基、苯基和苄基。

发明人：李圣坤，李挡挡，肖泰峰，张莎莎；申请人：南京农业大学

中国专利号：ZL201610762194.8；中国专利申请日：2016-08-29

化合物类型：噁唑啉烟酰胺类、吡啶酰胺类

发明思路：me-too 研究；该发明在琥珀酸脱氢酶抑制剂(SDHI)类杀菌剂啶酰菌胺的基础上，引入了噁唑啉单元，并研究了手性对这类化合物的影响。

用途：具有杀菌活性，对油菜菌核病菌、水稻纹枯病菌和番茄灰霉病菌有抑制作用，其中噁唑啉环上 4 位的立体构型为 *R* 构型时，抑菌活性要好于 *S* 构型的对映异构体，当噁唑啉环上 4 位为乙基取代基，且构型为 *R* 时，抑菌活性最为明显，对水稻纹枯病菌、番茄灰霉病菌和油

菜菌核病菌的抑制中浓度分别低至 0.58mg/L、0.43mg/L 和 2.07mg/L。

代表化合物结构如下：

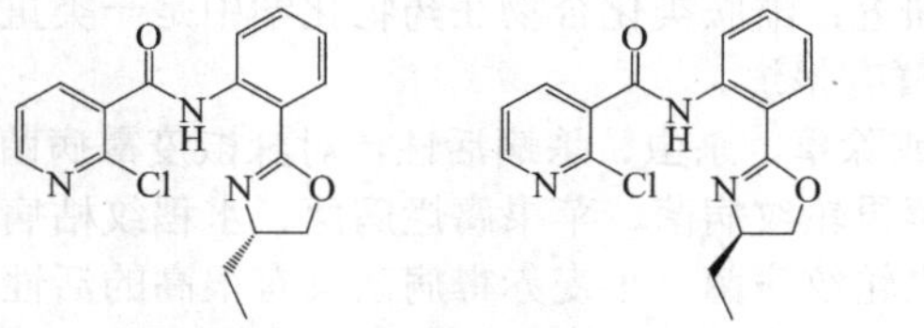

（2）含稠杂环结构的化合物及其制备方法和应用以及具有杀菌活性

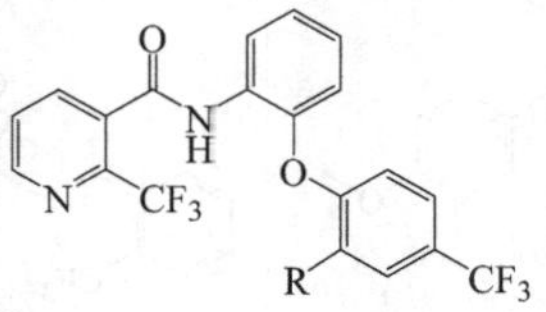

其中，R 选自氟、氯、溴、碘、CF_3、CHF_2、CH_2F、CH_2CF_3、$CH_2CH_2CF_3$、$C(CF_3)_3$。

发明人：杨光富，李华；申请人：华中师范大学

中国专利号：ZL201910682479.4；中国专利申请日：2019-07-26

化合物类型：SDHI 类；二芳醚酰胺

发明思路：me-too 研究；在 SDHI 酰胺的基础上引入二苯醚得到。

用途：具有杀菌活性，该发明通过引入含三氟甲基吡啶结构和二苯醚片段，设计出了具有广泛活性的含三氟甲基吡啶的酰胺类化合物，该含三氟甲基吡啶酰胺类化合物能够作为全新的琥珀酸脱氢酶抑制剂或杀菌剂。

代表化合物结构如下：

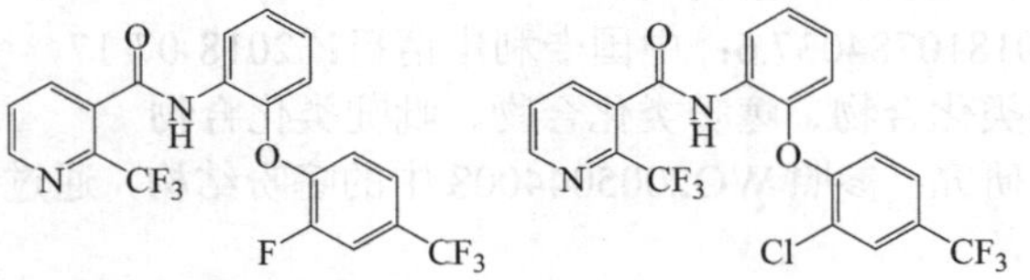

（3）*N*-吡啶酰胺类化合物及其制备方法与应用

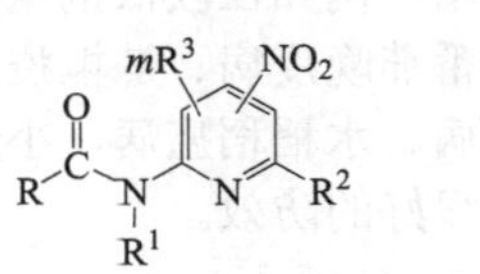

式中，R 代表 C_1～C_{26} 烷基、C_2～C_{26} 链烯基、C_2～C_{26} 链炔基、C_3～C_{12} 环烷基，其中氢原子部分或全部可以被选自下列中相同或不同的取代基取代：卤素、硝基、氰基、氨基、巯基、羧基、醛基、C_1～C_{12} 烷基等；

R^1 和 R^2、R^3 是相同的或不同的，R^1 代表氢；R^2 代表氨基、C_1～C_{12} 烷基氧基、C_1～C_{12} 烷基硫基、C_1～C_{12} 烷基氨基、二(C_1～C_{12})烷基氨基、C_2～C_{12} 链烯基氧基、C_2～C_{12} 链烯基氨基、C_3～C_8 环烷基氧基、C_3～C_8 环烷基硫基、C_3～C_8 环烷基氨基或 C_6～C_{12} 芳基氧基；R^3 代表氢、卤素、硝基、氰基或 C_1～C_{12} 烷基；*m* 代表 0，1 或 2。

发明人：柳爱平，刘兴平，何莲，黄路，李建明，庞怀林，白建军，高岗，余一平，左金江；申请人：湖南化工研究院

中国专利号：ZL201310187234.7；中国专利申请日：2013-05-20

同族专利：WO2014187298A1

化合物类型：吡啶芳酰胺类

发明思路：me-too 研究；酰胺类化合物在药物化学中是一类重要化合物，但具有生物活性的 *N*-吡啶酰胺类化合物鲜有报道。

用途：具有杀菌和/或除草、杀虫、杀螨活性，对辣椒疫霉病菌、烟草赤星病菌、黄瓜灰霉病菌、油菜菌核病菌、苹果轮纹病菌、苹果腐烂病菌、水稻纹枯病菌具有一定抑制作用，尤其是对辣椒疫霉病菌、苹果轮纹病菌、小麦赤霉病菌具有很高的活性；同时对阔叶杂草和单子叶杂草具有一定活性；部分化合物对黏虫、豆蚜和棉红蜘蛛具有一定灭杀活性。

代表化合物结构如下：

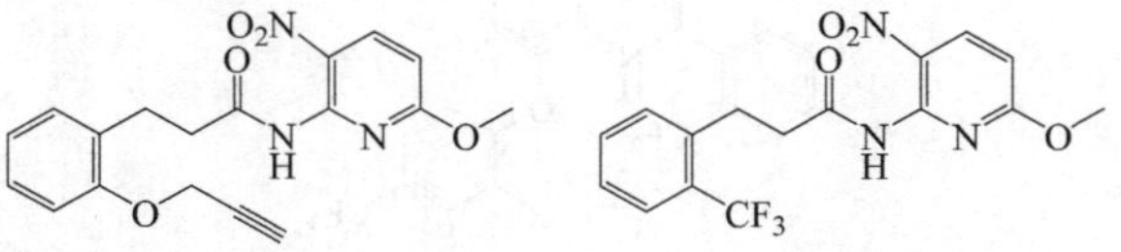

（4）酰胺类化合物及其制备方法和应用

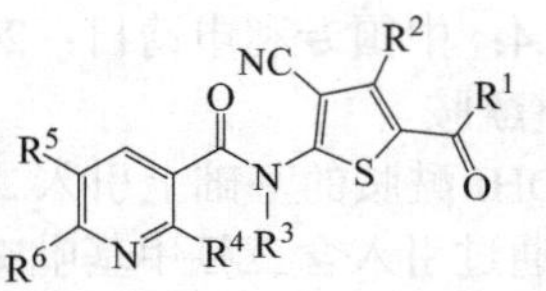

式中，R^1、R^2、R^3、R^4、R^5、R^6 的具体结构见专利权利要求书部分。

发明人：徐靖博，吴鸿飞，孙芹，徐利保，李志念，程学明，孙宁宁，郭春晓，于海波；申请人：沈阳中化农药化工研发有限公司

中国专利号：ZL201810784037.6；中国专利申请日：2018-07-17

化合物类型：酰胺类化合物、噻吩类化合物、吡啶类化合物

发明思路：me-too 研究；参照 WO2005044008 中的噻吩结构，通过进一步衍生得到该类化合物。

用途：具有杀菌活性，尤其是对多种作物上由卵菌纲、担子菌、子囊菌和半知菌类等多种真菌引起的病害具有良好的防治作用，例如在较低剂量下对黄瓜霜霉病、黄瓜灰霉病、黄瓜炭疽病、黄瓜白粉病、番茄早疫病、番茄晚疫病、辣椒疫病、葡萄霜霉病、葡萄白腐病、苹果轮纹病、苹果斑点落叶病、水稻纹枯病、水稻稻瘟病、小麦锈病、小麦叶斑病、小麦白粉病、油菜菌核病、玉米小斑病等病害都有很好的防效。

代表化合物结构如下：

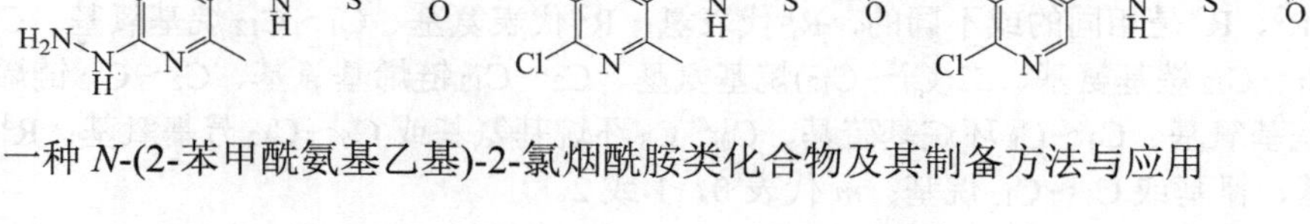

（5）一种 *N*-(2-苯甲酰氨基乙基)-2-氯烟酰胺类化合物及其制备方法与应用

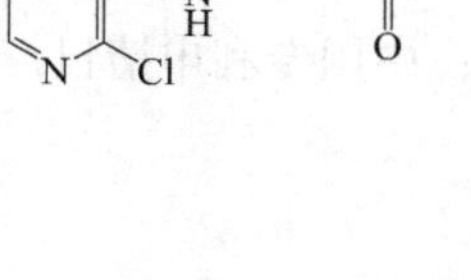

式中，R 为苯基或取代苯基，所述取代苯基苯环上的取代基数量为一个或多个，各个取代基各自独立地选自卤素、硝基、C_1～C_4烷基、C_1～C_4烷氧基或C_1～C_3卤代烷基，所述C_1～C_3卤代烷基优选为三氟甲基。

发明人：刘幸海，余玮，汪乔，谭成侠，翁建全，武宏科；申请人：浙江工业大学

中国专利号：ZL201911025662.3；中国专利申请日：2019-10-25

化合物类型：吡啶酰胺类

发明思路：me-too 研究；根据琥珀酸脱氢酶抑制剂啶酰菌胺的结构，通过引入柔性链得到该类化合物。

用途：该发明化合物在 50mg/L 浓度下对油菜菌核病菌和马铃薯晚疫病菌表现出较好的抑制活性。

代表化合物结构如下：

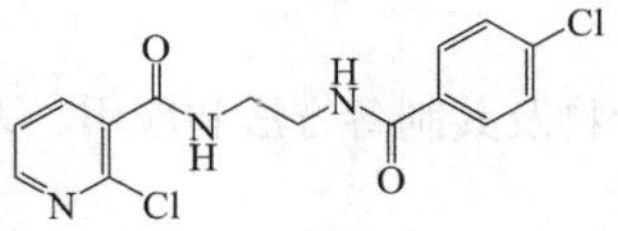

（6）一种吡啶酰胺类化合物及用途

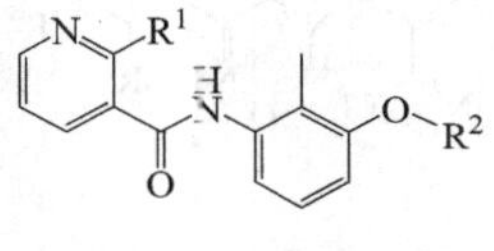

式中，R^1选自氯；R^2选自C_1～C_8烷基。

发明人：王刚，杨辉斌，兰杰，郝泽生，李志念，陈霖，李斌；申请人：沈阳中化农药化工研发有限公司

中国专利号：ZL201811495999.6；中国专利申请日：2018-12-07

化合物类型：吡啶类化合物、酰胺类化合物

发明思路：me-too 研究；以啶酰菌胺为先导，参照 WO2016131739A1 中的结构，通过优化得到该类化合物。

用途：具有杀菌活性，可用于防治真菌病害。

代表化合物结构如下：

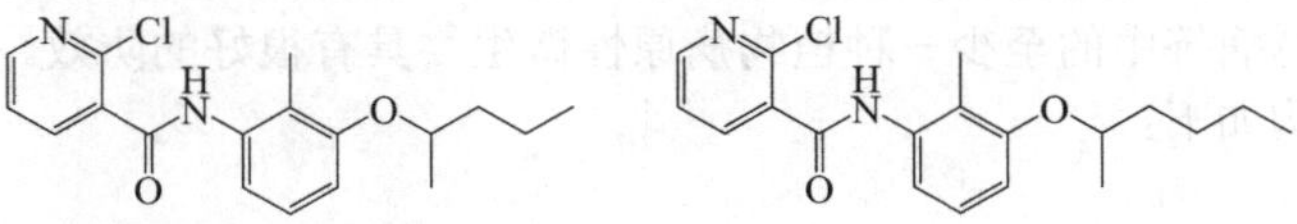

（7）一种吡啶酰胺类化合物及用途

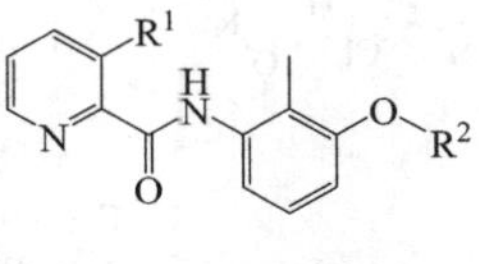

式中，R^1选自三氟甲基；R^2选自 2-戊基或 2-己基。

发明人：王刚，杨辉斌，兰杰，郝泽生，李志念，陈霖，李斌；申请人：沈阳中化农药化工研发有限公司

中国专利号：ZL201811496746.0；中国专利申请日：2018-12-07

化合物类型：吡啶类化合物、酰胺类化合物

发明思路：me-too 研究；参照 JP58096069 中的结构，通过优化得到该类化合物。

用途：具有杀菌活性，可用于防治真菌病害。

代表化合物结构如下：

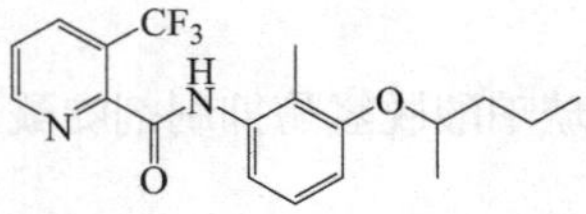

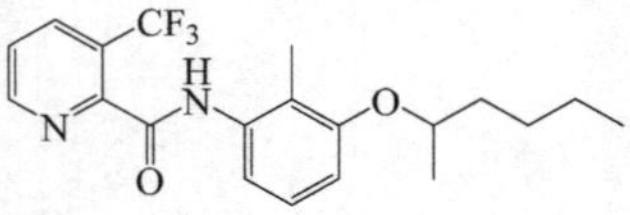

（8）含吡啶酰胺类结构的化合物及其制备方法和应用、杀菌剂

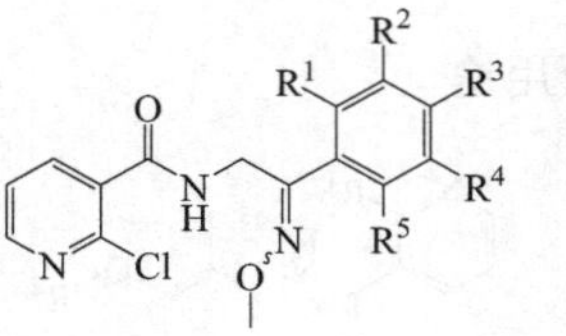

共选自 75 个化合物，具体参见专利权利要求书部分。

发明人：杨光富，黄远晖，魏阁，朱晓磊，张璞，吴耀军，熊姿；申请人：江苏中旗科技股份有限公司

中国专利号：ZL202210842411.X；中国专利申请日：2022-07-18

化合物类型：酰胺类化合物

发明思路：me-too 研究；卵菌引起的霜霉病、疫病、根腐病等具有破坏性强、发病迅速、传播快、再侵染次数多等特点，但是现有技术中报道的吡啶酰胺类结构只能在高浓度下才具有较好的活性。本发明为了克服现有技术存在的缺陷，提供一种在低浓度下就具有良好杀菌活性的新化合物。

用途：本发明提供的化合物对真菌病害有较高防效，特别是对黄瓜霜霉病、黄瓜白粉病、小麦白粉病、小麦锈病等中的至少一种植物病原性微生物具有很好的防效。

代表化合物结构如下：

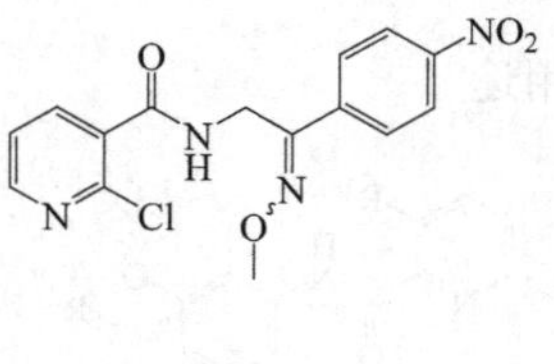

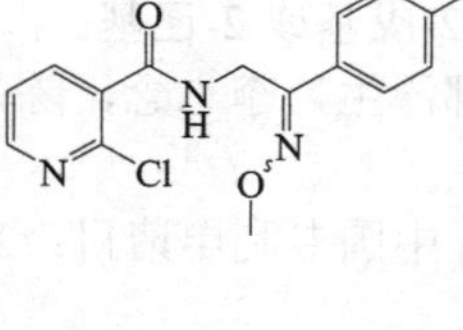

（9）一种(*S*)-2-(2-氯烟酰氨基)丙基丙酸酯类衍生物及其制备方法和应用

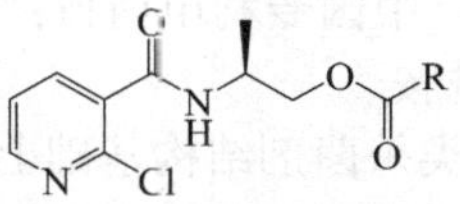

式中，R 为吡啶基、卤素取代的吡啶基、苯基或取代苯基，所述取代苯基的苯环上的取代基数量为一个或多个，各个取代基各自独立地选自卤素、C_1～C_4烷基、C_1～C_4卤代烷基、C_1～C_4烷氧基或硝基。

发明人：刘幸海，余玮，汪乔，谭成侠，翁建全，武宏科；申请人：浙江工业大学

中国专利号：ZL201911024351.5；中国专利申请日：2019-10-25

化合物类型：吡啶酰胺类

发明思路：me-too 研究；根据琥珀酸脱氢酶抑制剂啶酰菌胺杀菌剂的结构，通过引入柔性链得到该类化合物。

用途：该发明化合物对油菜菌核病菌、小麦赤霉病菌、黄瓜灰霉病菌和苹果轮纹病菌均有较好的抑菌活性。

代表化合物结构如下：

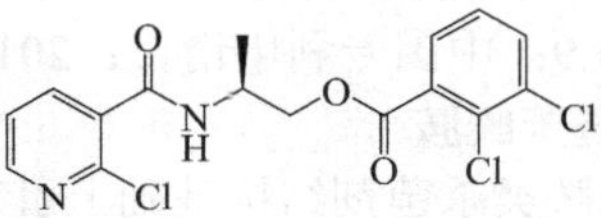

3.2.12 吡嗪酰胺类化合物的创制

（1）含碘元素的吡嗪酰胺类化合物及其制备方法和应用以及杀菌剂

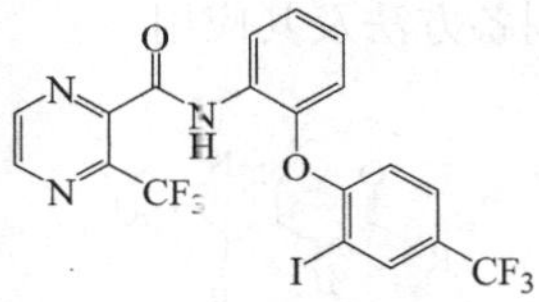

发明人：杨光富，李华，熊力；申请人：华中师范大学

中国专利号：ZL201710953310.9；中国专利申请日：2017-10-13

化合物类型：SDHI 类、二芳醚酰胺类

发明思路：me-too 研究；在酰胺类杀菌剂结构基础上引入二芳醚结构而得。

用途：具有杀菌活性，该含碘元素的吡嗪酰胺类化合物能够作为琥珀酸脱氢酶抑制剂，对大豆锈病和玉米锈病具有很好的防效。

（2）含有三氟甲基的吡嗪酰胺类化合物及其制备方法和应用以及杀菌剂

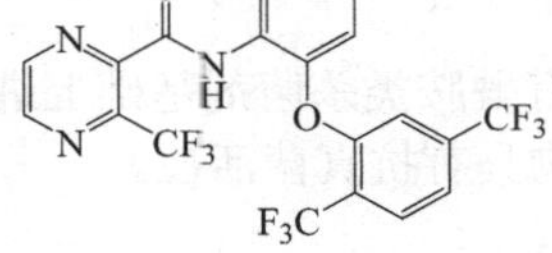

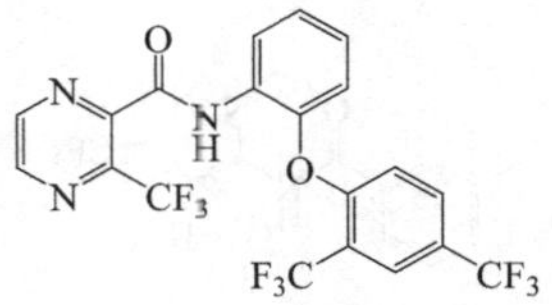

发明人：杨光富，李华，熊力；申请人：华中师范大学

中国专利号：ZL201710954103.5；中国专利申请日：2017-10-13

化合物类型：SDHI 类、二芳醚酰胺

发明思路：me-too 研究；在酰胺类杀菌剂结构基础上引入二芳醚结构而得。

用途：具有杀菌活性，该吡嗪酰胺类化合物能够作为琥珀酸脱氢酶抑制剂，对大豆锈病和玉米锈病具有很好的防效。

（3）一种吡嗪酰胺类化合物及其制备方法和应用以及一种杀菌剂

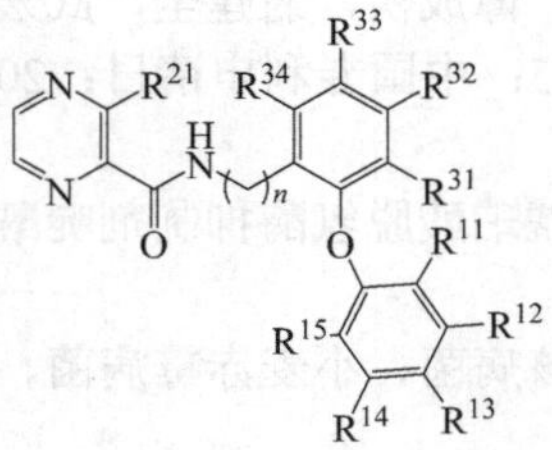

发明人：杨光富，李华，熊力；申请人：华中师范大学

中国专利号：ZL201611004241.9；中国专利申请日：2016-11-15

化合物类型：SDHI 类、二芳醚苄酰胺

发明思路：me-too 研究；在酰胺类杀菌剂结构基础上引入二芳醚结构而得。

用途：具有杀菌活性，对大豆锈病和玉米锈病具有很好的防效。

3.2.13 苯基（磺）酰胺类化合物的创制

（1）含氟吡唑酰胺类衍生物、制备方法及其应用

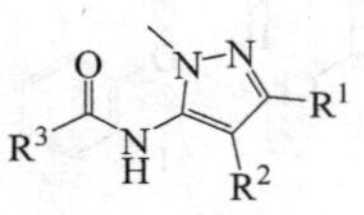

式中，R^1为三氟甲基、二氟甲基；R^2为氢、氯、氟、溴、碘；R^3为 3-吡啶基、4-吡啶基、2-氯-3-吡啶基、2-氟-3-吡啶基、6-氟-3-吡啶基、2-甲基-3-吡啶基、6-甲基-3-吡啶基、2-三氟甲基-3-吡啶基、6-三氟甲基-3-吡啶基、苯基、2-氯苯基、3-氯苯基、4-氯苯基、2-氟苯基、3-氟苯基、4-氟苯基、2-甲基苯基、3-甲基苯基、4-甲基苯基、2-甲氧基苯基、3-甲氧基苯基、4-甲氧基苯基、2-三氟甲基苯基、3-三氟甲基苯基、4-三氟甲基苯基。

发明人：徐攻，王伟，徐丹；申请人：西北农林科技大学

中国专利号：ZL202010071859.7；中国专利申请日：2020-01-21

化合物类型：吡唑酰胺类

发明思路：me-too 研究；在已有酰胺类杀菌剂基础上进行替换衍生而获得。

用途：该含氟吡唑酰胺类衍生物具有抗真菌活性。

代表化合物结构如下：

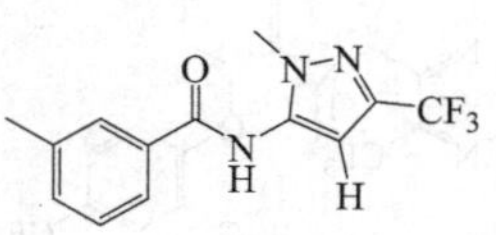

（2）一类 1, 2, 3-三唑-5-胺类化合物作为农用杀菌剂的应用

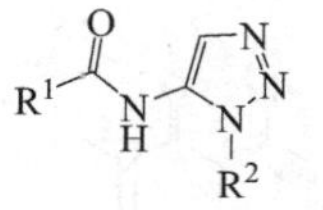

式中：

R^1 选自：2-Cl-C_6H_3、2-CH_3-C_6H_3、1-CH_3-3-CHF_2-4-pyrazole；

R^2 选自：4-Cl-phenyl、4-F-phenyl、3,4-Cl_2-phenyl、3-Cl-4-F-phenyl、3,4,5-F_3-phenyl、4-CH_3O-phenyl、4-Cl-benzyl（注：pyrazole 为吡唑基，phenyl 为苯基，benzyl 为苄基）。

发明人：叶永浩，王兴，严威，李天喜；申请人：南京农业大学

中国专利号：ZL201710085238.2；中国专利申请日：2017-02-15

化合物类型：三氮唑酰胺类

发明思路：me-too 研究；该发明基于 SDHI 类杀菌剂的母核结构，引入具有良好生物活性的 1, 2, 3-三唑基团，合成了一系列 1, 2, 3-三唑-5-酰胺类化合物。

用途：具有杀菌活性，对马铃薯干腐病菌、番茄灰霉病菌、小麦纹枯病菌、小麦全蚀病菌、油菜菌核病菌、番茄早疫病菌、黄瓜炭疽病菌、水稻恶苗病菌、辣椒疫霉病菌有一定的抑制作用，具有一定的开发潜力。

代表化合物结构如下：

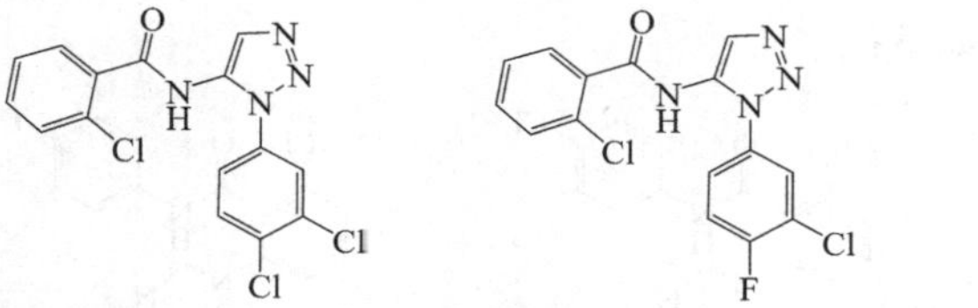

（3）一类含氮含硫磺酰亚胺衍生物及其制备方法和用途

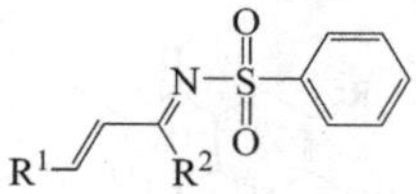

式中，R^1 选自 2-(4′-叔丁基氧羰基哌啶)噻唑-4-基、4-甲基噻唑-5-基、噻唑-4-基、3,4-二氯异噻唑-5-基；R^2 选自 4-甲氧基苯基、苯基、4-硝基苯基、甲基、环丙基、叔丁基。

发明人：范志金，朱玉洁，郭晓凤，陈来，钱晓琳，马刘勇，张乃楼，王海霞，裴钰，徐京华；申请人：南开大学

中国专利号：ZL201610402509.8；中国专利申请日：2016-06-06

化合物类型：磺酰亚胺类，噻唑类

发明思路：将磺酰亚胺类与杂环乙烯类组合得到现有化合物。

用途：具有杀虫、杀菌活性，可抑制或防治番茄早疫病菌、黄瓜灰霉病菌、花生褐斑病菌、小麦赤霉病菌、马铃薯晚疫病菌、苹果轮纹病菌、水稻纹枯病菌、油菜菌核病菌、禾谷丝核菌、蚕豆蚜等。

代表化合物结构如下：

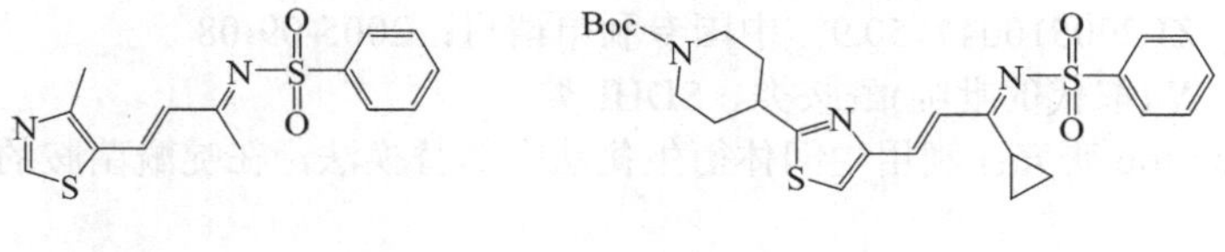

（4）一种用于小麦全蚀病病菌抑制的2-(1, 2, 4-三氮唑)苯甲酰芳胺类活性化合物

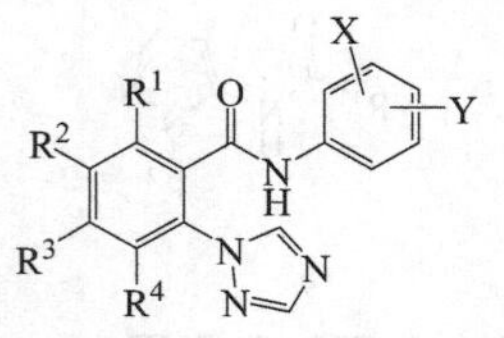

所述R^1、R^3、R^4为H、F、Cl、Br、I、CN、NO_2、CF_3、CHO、C_1～C_4烷基或C_1～C_4卤代烷基或O-R^5；所述R^2为H、F、Cl、Br、I、CN、CF_3、CHO、C_1～C_4烷基或C_1～C_4卤代烷基或O-R^5；X为F、Cl、Br、I、CN、NO_2、CF_3或$COOR^6$；Y为H、F、Cl、Br、I、CN、NO_2、CF_3或$COOR^6$；R^5为C_1～C_4烷基或C_1～C_4卤代烷基；R^6为C_1～C_4烷基或C_1～C_4卤代烷基。

发明人：程绎南，李洪连，郭线茹，蒋振华，苏子洋，张蒙萌，孙连省，申国富，马艺超；申请人：河南农业大学

中国专利号：ZL202010066605.6；中国专利申请日：2020-01-20

化合物类型：苯甲酰芳胺类

发明思路：me-too研究；将1,2,4-三氮唑引入苯甲酰胺结构，得到了一类对小麦全蚀病有优异活性的2-(1,2,4-三氮唑)苯甲酰芳胺类化合物。

用途：具有杀菌活性，对小麦全蚀病病菌具有很好的抑制效果，可应用于小麦全蚀病的防治。

代表化合物结构如下：

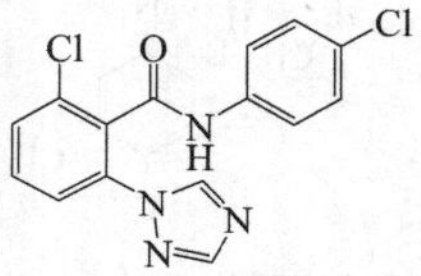

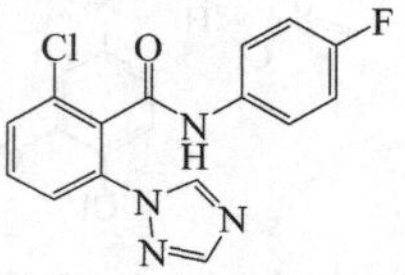

（5）*N*-(取代的吡啶)酰胺类化合物及其制备与应用

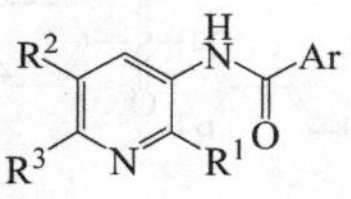

式中，R^1选自氯、溴、氟、氰基或C_1～C_3烷基、C_1～C_3烷氧基、C_1～C_3卤代烷氧基、苯基、卤代苯基或卤代苯氧基；

R^2、R^3可相同或不同，分别选自氢、氯、溴、氟、氰基或C_1～C_3烷基、C_1～C_3烷氧基、C_1～C_3卤代烷氧基、苯基、卤代苯基或卤代苯氧基；

Ar选自如下所示的Q_1、Q_2、Q_9或Q_{10}：

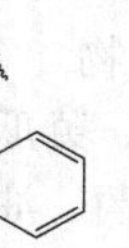

Q_1 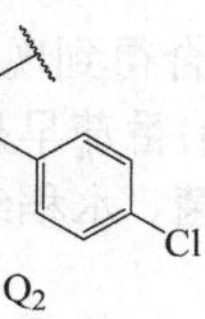　　Q_2 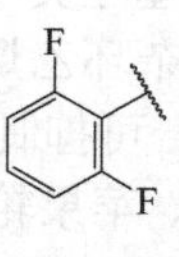　　Q_9 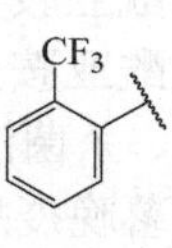　　Q_{10}

发明人：刘长令，迟会伟，李志念，欧阳津，罗艳梅；申请人：沈阳化工研究院

中国专利号：ZL200510047150.9；中国专利申请日：2005-09-08

化合物类型：*N*-(取代的吡啶)酰胺类、SDHI类

发明思路：me-too研究；利用中间体衍生化法中的替换法，在啶酰菌胺的基础上，通过替

换和衍生得到。

用途：具有杀菌活性。对水稻稻瘟病、小麦白粉病、黄瓜白粉病、黄瓜霜霉病、黄瓜灰霉病等病害都有很好的防效，尤其对白粉病具有优异的活性。

代表化合物结构如下：

3.2.14 其他酰胺类化合物的创制

（1）一种取代的酰胺类化合物与用途

式中，Q 选自 2-三氟甲基苯基或被 1～4 个 Y 所取代的吡啶基；Y 选自氟、氯、溴、碘、CN、甲基、CHF_2 或 CF_3；Q 选自被 1～4 个 Y 所取代的吡啶基时，吡啶基还可被 1～3 个下述基团所取代的苯基取代：氟、氯、甲基、乙基、CHF_2 或 CF_3；R^2 选自氟、氯、溴或 CF_3。

发明人：杨吉春，吴峤，班兰凤，谢勇，孙芹，刘长令；申请人：沈阳中化农药化工研发有限公司

中国专利号：ZL201510502062.7；中国专利申请日：2015-08-14

化合物类型：酰胺类化合物、四氢异喹啉类化合物

发明思路：me-too 研究；参照具有医药活性的四氢异喹啉类化合物的结构，利用中间体衍生化法，使用芳基吡啶羧酸中间体进行替换，得到该类化合物。

用途：具有杀菌、杀虫、杀螨活性，对黄瓜霜霉病、玉米锈病、小麦白粉病、水稻稻瘟病等病害具有优良的防治效果，特别是对玉米锈病防效更好，对蚜虫和朱砂叶螨也有优良的防治效果，尤其是对朱砂叶螨在很低的剂量下就可以获得很好的效果。

（2）一种具有抗菌活性的氰氟酰胺化合物及其制备方法和应用

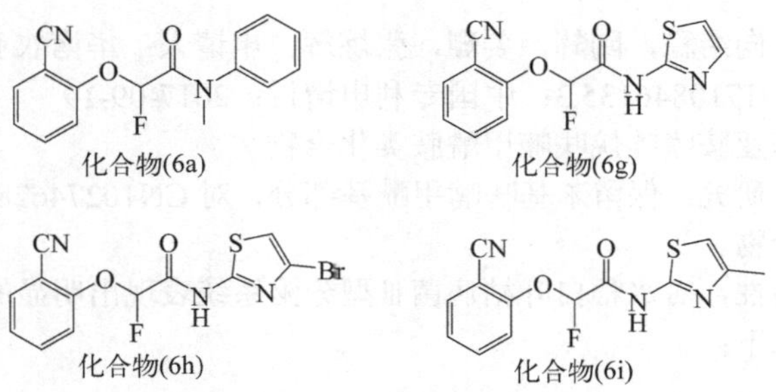
化合物(6a) 化合物(6g) 化合物(6h) 化合物(6i)

发明人：汤日元，邓建超，林非，徐莉，朱柱；申请人：华南农业大学

中国专利号：ZL201810318735.7；中国专利申请日：2018-04-11

化合物类型：苯氧乙酰胺类

发明思路：me-too 研究；在丙酰胺的 2-位引入氟原子，同时将 JPS62153273A 中的吡唑环

替换为苯环或噻唑环得到。

用途：对柑橘青霉菌、小麦赤霉菌、香蕉炭疽菌、荔枝炭疽菌、番茄枯萎菌、稻瘟病菌具有抑制活性。

（3）一种 1, 3, 4-噻(噁)二唑-吩嗪-1-甲酰胺类化合物的制备方法和应用

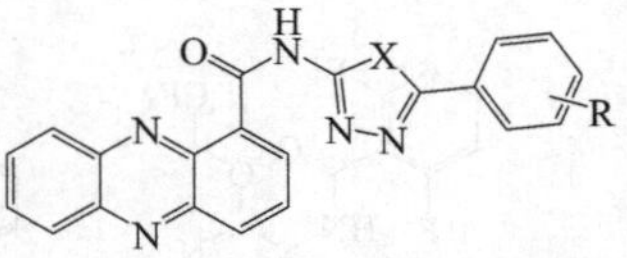

式中，R 选自氢、卤素、碳原子总数为 1～4 的烷基或碳原子总数为 1～4 的烷氧基中至少一种；X 为 O 或 S。

发明人：崔紫宁，向绪稳，何敏，吴伟生；申请人：华南农业大学

中国专利号：ZL201711085061.2；中国专利申请日：2017-11-07

化合物类型：吩嗪甲酰胺类

发明思路：me-too 研究；由申嗪霉素与噻二唑或噁二唑胺反应得到。

用途：具有杀菌活性，可抑制禾谷镰刀菌、立枯丝核菌、稻梨孢菌和辣椒疫霉菌。

代表化合物结构如下：

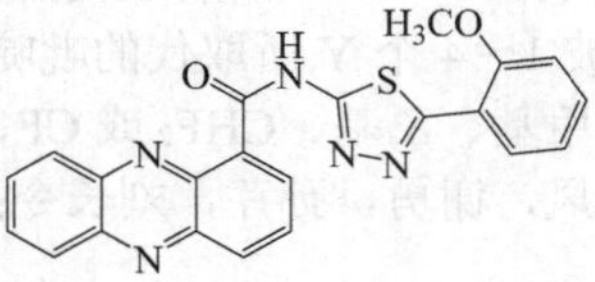

（4）一种氰基亚胺噻唑烷呋喃甲酰胺类化合物及其制备方法和应用

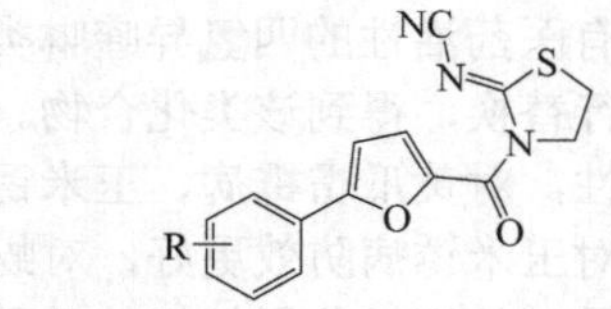

式中，R 选自氢、卤素、硝基、碳原子总数为 1～4 的烷基、碳原子总数为 1～4 的烷氧基中的一种或多种。

发明人：崔紫宁，向绪稳，陶辉，姜珊，张炼辉；申请人：华南农业大学

中国专利号：ZL201710846135.3；中国专利申请日：2017-09-19

化合物类型：氰基亚胺噻唑烷呋喃甲酰胺类化合物

发明思路：me-too 研究；保留苯基呋喃甲酰基部分，对 CN102746282A 的五元杂芳环进行替换，得到本申请化合物。

用途：具有杀菌活性，对水稻白叶枯病菌Ⅲ型分泌系统表现出明显的抑制作用。

代表化合物结构如下：

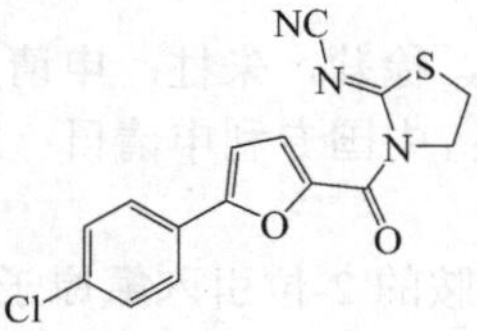

（5）氘代戊 4-烯基-*N*-糠基-*N*-咪唑-1-基羰基-DL-高丙氨酸酯制备及杀菌活性

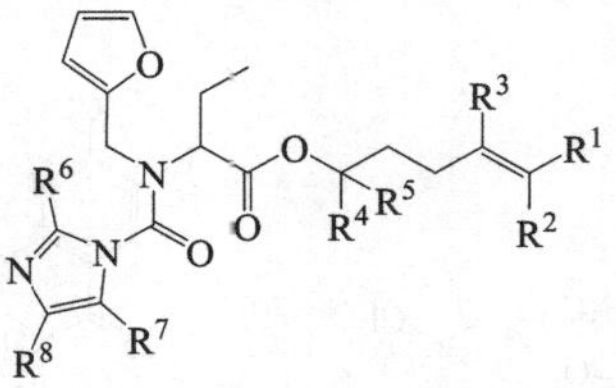

式中，R^1～R^8 中至少一个为氘，其余为氢。

发明人：安杰，李恒朝，韩敏晖，张学博，丁宇轩，严子涵；申请人： 中国农业大学

中国专利号：ZL201810360623.8；中国专利申请日：2018-04-20

化合物类型：氘代戊 4-烯基-*N*-糠基-*N*-咪唑-1-基羰基-DL-高丙氨酸酯类化合物

发明思路：以糠胺和丁炔酸甲酯为起始原料，经过取代和三步缩合反应得到。

用途：具有杀菌活性，该发明利用经济成本低廉的方法首次实现了氘标记的戊 4-烯基-*N*-糠基-*N*-咪唑-1-基羰基-DL-高丙氨酸酯的合成。四种氘标记的戊 4-烯基-*N*-糠基-*N*-咪唑-1-基羰基-DL-高丙氨酸酯结构新颖，且具有良好的离体杀菌活性，尤其对水稻恶苗病菌、水稻稻瘟病菌具有明显的抑制效果。

代表化合物结构如下：

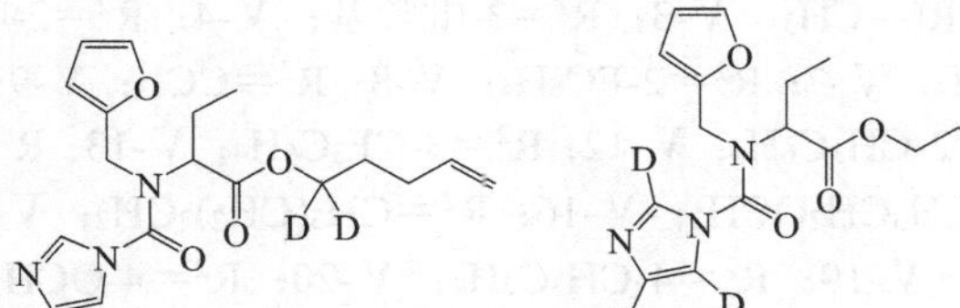

（6）2-酰胺基乙磺酰胺化合物、制备方法和作为杀菌剂、除草剂的用途

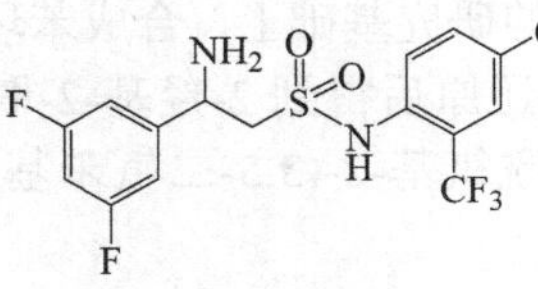

(1) 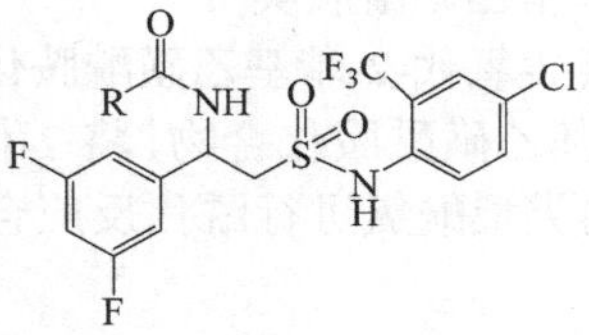　　(2)

式中，R 选自以下基团中的任意一种：

$CH_3CH_2CH_2CH_2CH_2CH_2CH_2$、$CH_3CH_2CH_2$、$CH_3CH_2CH_2CH_2CH_2CH_2$、$CH_3CHBr$、$CH_3CH_2$、$BrCH_2CH_2$、$CH_3$、$ClCH_2$、$CH_3CHCl$、$CH_3CH_2CH_2CH_2CH_2$ 等。

发明人：李兴海，王闽龙，纪明山，祁之秋，秦培文，谷祖敏，张杨，李修伟；申请人：沈阳农业大学

中国专利号：ZL201710368242.X；中国专利申请日：2017-05-23

化合物类型：乙磺酰胺类

发明思路：参考商品化的磺酰胺类杀菌剂品种磺菌胺、甲磺菌胺、氰霜唑、吲唑磺菌胺等。结合候选杀菌剂品种环己磺菌胺等对磺酰胺基左右两边进行了替换衍生，得到了具有良好杀菌除草活性的 2-酰胺基乙磺酰胺系列化合物。

用途：具有除草、杀菌活性，对番茄灰霉、水稻纹枯、水稻稻瘟、玉米大斑、小麦根腐、禾谷镰刀、辣椒疫霉等病原菌有抑制作用。此外，对反枝苋、苘麻、稗草、马唐等常见单子叶

杂草和双子叶杂草亦具有抑制生长的作用。

代表化合物结构如下：

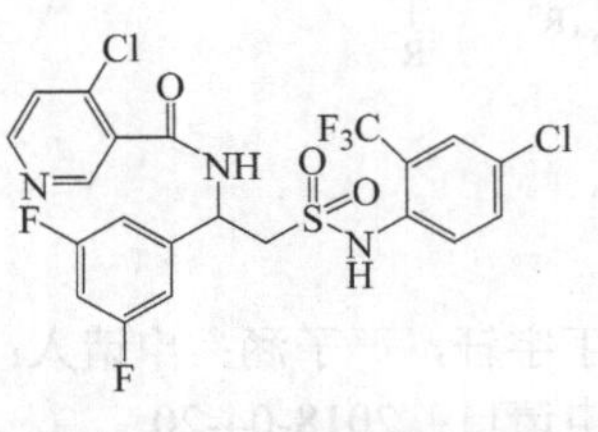

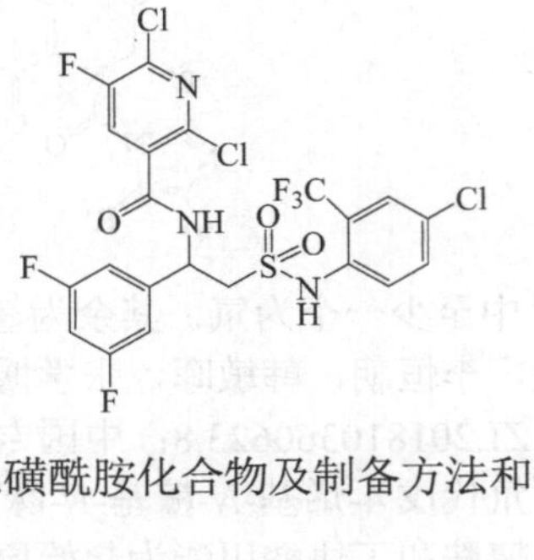

（7）2-氧代、2-羟基与2-酰氧基-2-取代苯基乙磺酰胺化合物及制备方法和作为杀菌剂的用途

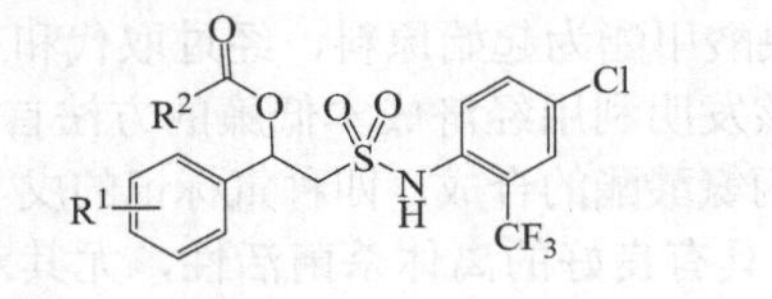

V

式中，V-1～V-20：R^1=3, 5-F_2；

V-1：R^2=C_2H_5；V-2：R^2=CH_3；V-3：R^2=3-吡啶基；V-4：R^2=2-呋喃基；V-5：R^2=2-ClC_6H_4；V-6：R^2=3-FC_6H_4；V-7：R^2=2-FC_6H_4；V-8：R^2=CCl_3；V-9：R^2=$CHCl_2$；V-10：R^2=3-$CH_3C_6H_4$；V-11：R^2=2-$CH_3C_6H_4$；V-12：R^2=3-$CF_3C_6H_4$；V-13：R^2=2-$CF_3C_6H_4$；V-14：R^2=3-ClC_6H_4；V-15：R^2=$CH_3CH_2OCH_2$；V-16：R^2=$CH_3(CH_2)_2CH_2$；V-17：R^2=$ClCH_2CH_2$；V-18：R^2=2, 4-$(CH_3)_2C_6H_3$；V-19：R^2=4-$CH_3C_6H_4$；V-20：R^2=4-$OCH_3C_6H_4$。

发明人：李兴海，芮朋，纪明山，祁之秋，谷祖敏，张杨，李修伟；申请人：沈阳农业大学

中国专利号：ZL201610140209.7；中国专利申请日：2016-03-11

化合物类型：苯基乙磺酰胺类

发明思路：在其2-氧代-2-苯基乙磺酰胺化合物的研究基础上，合成苯环上带有不同取代基的2-氧代-2-取代苯基乙磺酰胺化合物，将2-位羰基还原后得到2-羟基-2-取代苯基乙磺酰胺化合物，进一步与不同类型酰氯进行酰化反应合成2-酰氧基-2-(3,5-二氟苯基)乙磺酰胺系列化合物V。

用途：具有杀菌活性，用于多种番茄灰霉、水稻纹枯、水稻稻瘟、玉米大斑、禾谷镰刀、辣椒疫霉、黄瓜褐斑、黄瓜镰刀、瓜果腐霉等病原菌与农业植物病害的防治。

代表化合物结构如下：

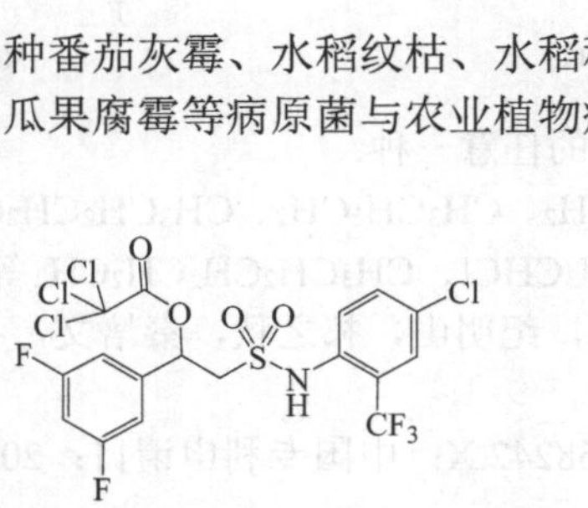

（8）一种取代的吡唑乙酰胺类化合物及其制备方法和应用

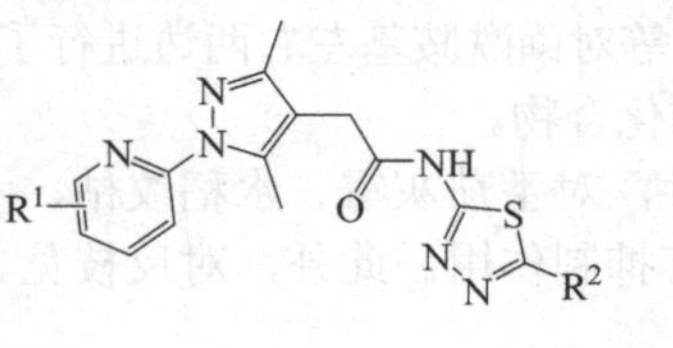

式中，R^1取代基为卤素，R^1取代基取代位置在吡啶环上的3位或6位；

R^2取代基为C_1～C_{10}的烷基或取代芳环，所述的取代基为单取代或多取代。

发明人：谭成侠，吴克崇，吴贯中；申请人：浙江工业大学，江苏云帆化工有限公司

中国专利号：ZL201610485315.9；中国专利申请日：2016-06-23

化合物类型：吡唑乙酰胺类

发明思路：me-too研究；采用活性亚结构拼接的方法，将吡啶联吡唑乙酰基结构单元与不同取代1,3,4-噻二唑-2-胺进行拼接，从而得到该化合物。

用途：具有杀菌、除草活性。该发明化合物对赤霉病菌、疫霉病菌、稻瘟病菌、灰霉病菌、白粉病菌、马唐、狗尾草、稗、苘麻、反枝苋、凹头苋表现出较强的抑制活性。

代表化合物结构如下：

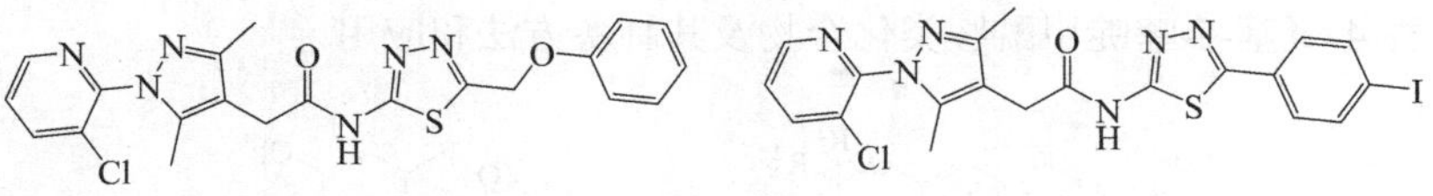

（9）噁唑酰胺类化合物及其制备方法和应用、一种杀菌剂

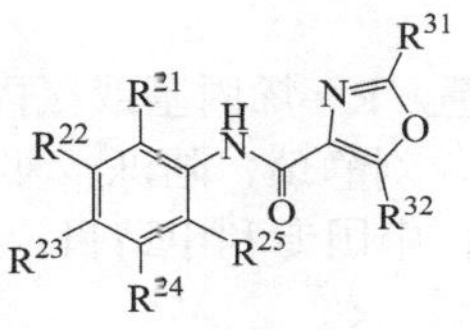

式中各取代基定义具体参见专利中权利要求书部分。

发明人：杨光富，李华，宋用军；申请人：华中师范大学

中国专利号：ZL202010313745.9；中国专利申请日：2020-04-20

化合物类型：二苯醚类，SDHI类，噁唑酰胺类

发明思路：me-too研究；在氯苯醚酰胺的氨基基础上引入噁唑酰氯得到。

用途：具有杀菌活性，对黄瓜霜霉病、黄瓜白粉病具有很好的活性。

代表化合物结构如下：

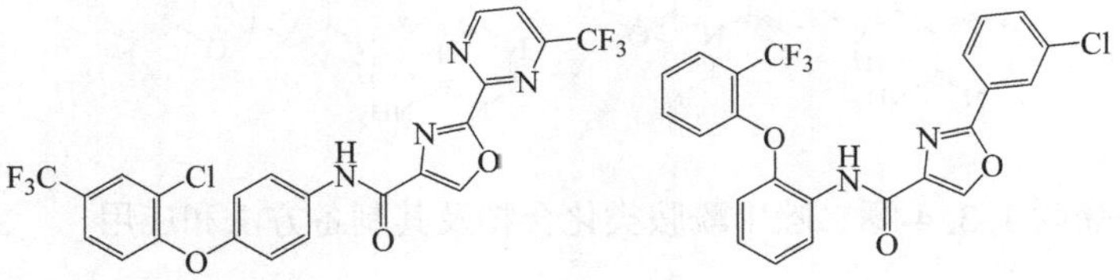

（10）一种羧酰胺类化合物及其制备方法和用途

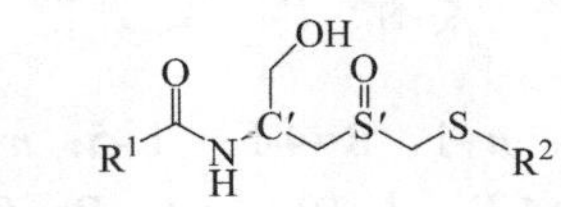

式中，R^1独立选自5-甲基吡嗪-2-基，5-甲基尿嘧啶-1-亚甲基，尿嘧啶-4-基，香豆素-3-基，5-溴呋喃-2-基，喹喔啉-6-基等；R^2独立选自$C_{1\sim8}$烷基；C′和S′的手性均独自为*S*或*R*构型。

发明人：席真，程晓峰，王勇，曹力强，陈文彬；申请人：南开大学

中国专利号：ZL200510122239.7；中国专利申请日：2005-12-08

化合物类型：羧酰胺类

发明思路：在羧酰胺类化合物基础上，提供了一种结构新颖的含有手性碳和硫的新型羧酰胺类似物。

用途：对黄瓜立枯病、黄瓜枯萎病、番茄灰霉病、辣椒疫病等多种植物病原菌有抑制作用。

代表化合物结构如下：

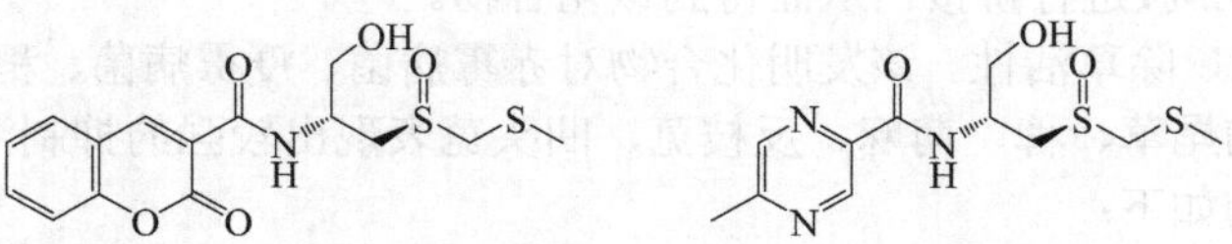

（11）一种4-氨基-5-嘧啶甲酰胺类化合物及其制备方法和应用

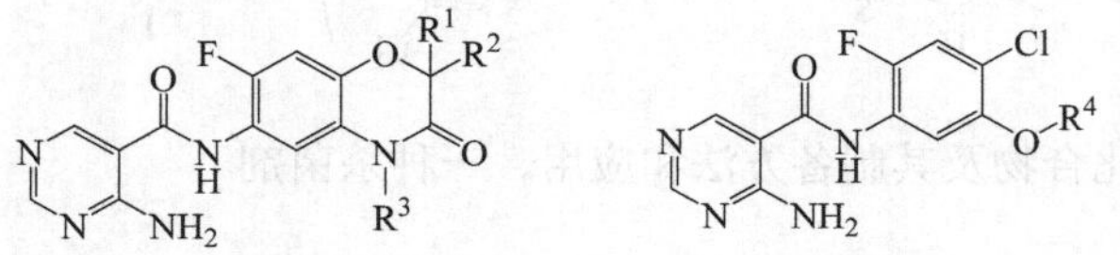

式中，R^1=氢，R^2=氢，R^3=炔丁基，R^4=烯丙基或氟丙基。

发明人：李华斌，夏喆，陈天昊，刘静琦，陆泺，邓佳颖；申请人：南开大学

中国专利号：ZL202110537275.9；中国专利申请日：2021-05-18

化合物类型：嘧啶甲酰胺类

发明思路：me-too研究；基于SDHI类杀菌剂和PPO类除草剂的结构，设计合成得到现有化合物。

用途：在50mg/L的剂量下，对供试菌种(番茄早疫、小麦赤霉、水稻稻瘟、辣椒疫霉、油菜菌核、黄瓜灰霉、水稻纹枯、蓖麻枯萎)均表现出一定的活性，且部分对水稻稻瘟病菌具有超过90%的抑制活性，对油菜菌核病菌具有超过60%的抑制活性。

代表化合物结构如下：

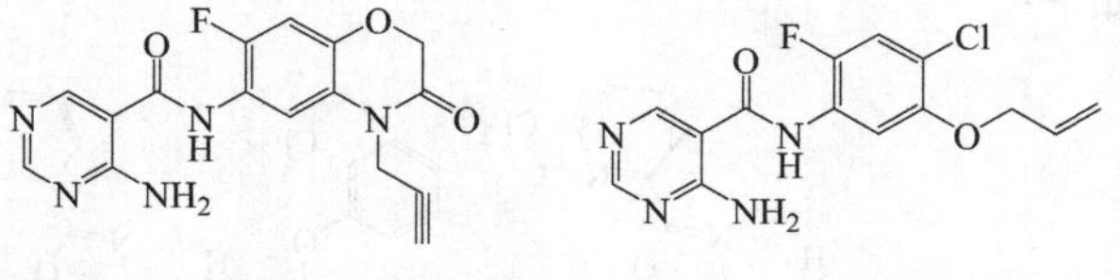

（12）一类呋喃联1, 3, 4-噁二唑甲酰胺类化合物及其制备方法和应用

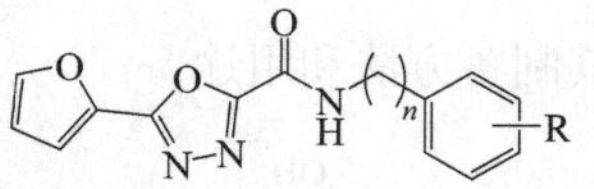

式中，Ⅰ-1：n=1，R=4-Cl；Ⅰ-2：n=1，R=4-F；Ⅰ-5：n=1，R=3-F；Ⅰ-6：n=1，R=2-F；Ⅰ-7：n=1，R=4-CF_3；Ⅰ-8：n=2，R=4-F；Ⅰ-10：n=1，R= OCF_3；Ⅰ-11：n=1，R=2, 4-Cl_2；Ⅰ-13：n=1，R=2, 6-F_2；Ⅰ-14：n=1，R=4-H。

发明人：谷文，杨子辉，孙月，刘青松，王石发，孙雪宝，孙露，陈霖霖；申请人：南京林业大学

中国专利号：ZL202110518652.4；中国专利申请日：2021-05-12

化合物类型：呋喃类、1, 3, 4-噁二唑甲酰胺类

发明思路：me-too 研究；以琥珀酸脱氢酶抑制剂为先导，利用呋喃联 1, 3, 4-噁二唑甲酸酯，用带芳香环的取代氨基进行连接，得到该类化合物。

用途：在离体条件下，对番茄灰霉病菌、油菜菌核病菌和番茄早疫病菌具有较好的抑制活性，可用于防治农业或林业植物真菌病害。

代表化合物结构如下：

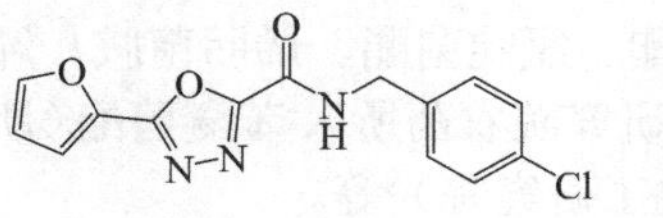

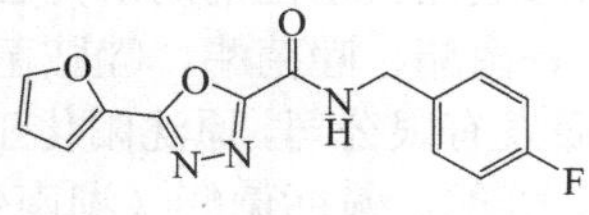

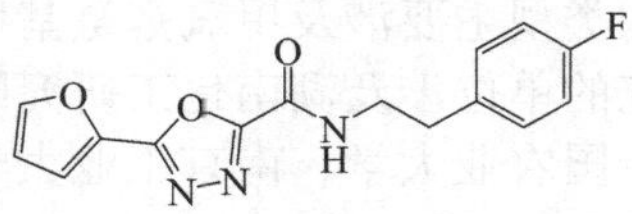

（13）一种 2-(2-吡啶基)-1,3-噁唑酰胺类衍生物及其制备方法和应用

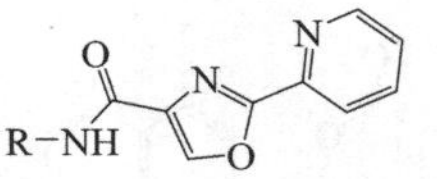

式中，R 为取代苯基；所述取代苯基的苯环上的取代基为一个或多个，各个取代基各自独立地选自 C_1～C_5 烷基、C_1～C_3 烷氧基或卤素。

发明人：谭成侠，陈澍，张冬林，邹文倩，陶敏，马天扬；申请人：浙江工业大学

中国专利号：ZL201910526902.1；中国专利申请日：2019-06-18

化合物类型：酰胺类

发明思路：me-too 研究；在酰胺类结构基础上进行替换优化得到该类化合物。

用途：该发明化合物对黄瓜灰霉病菌和水稻纹枯病菌表现出了较好的抑制活性。

代表化合物结构如下：

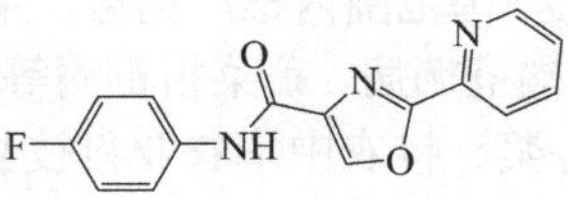

3.3 甲氧基丙烯酸酯类化合物

截至 2023 年底公开了 22 个拥有中文或英文通用名称的甲氧基丙烯酸酯类杀菌剂，具体分类与通用名称如下：

二氢噁嗪类杀菌剂（dihydrodioxazine fungicides，1 个）：氟嘧菌酯（fluoxastrobin）。

甲氧基乙酰胺类杀菌剂（methoxyacetamide fungicides，1 个）：mandestrobin。

甲氧基丙烯酸酯类杀菌剂（methoxyacrylate fungicides，10 个）：嘧菌酯（azoxystrobin）、吡氟菌酯（bifujunzhi）、丁香菌酯（coumoxystrobin）、烯肟菌酯（enoxastrobin）、氟菌螨酯（flufenoxystrobin）、甲香菌酯（jiaxiangjunzhi）、啶氧菌酯（picoxystrobin）、唑菌酯（pyraoxystrobin）、苯醚菌酯、苯噻菌酯。

甲氧基氨基甲酸酯类杀菌剂（methoxycarbamate fungicides，3 个）：吡唑醚菌酯（pyraclostrobin）、唑胺菌酯（pyrametostrobin）、氯啶菌酯（triclopyricarb）。

肟乙酰胺类杀菌剂（oximinoacetamide fungicides，4 个）：醚菌胺（dimoxystrobin）、烯肟菌胺（fenaminstrobin）、苯氧菌胺（metominostrobin）、肟醚菌胺（orysastrobin）。

肟乙酸酯类杀菌剂（oximinoacetate fungicides，3 个）：醚菌酯（kresoxim-methyl）、肟菌酯（trifloxystrobin）、氟肟菌酯。

国内对甲氧基丙烯酸酯类杀菌剂的研究也很广泛，目前已商品化或开发中的甲氧基丙烯酸酯类杀菌剂主要有丁香菌酯、唑菌酯、唑胺菌酯、氯啶菌酯、烯肟菌胺、烯肟菌酯、氟菌螨酯（沈阳中化农药化工研发有限公司，原沈阳化工研究院农药所）、苯醚菌酯（浙江省化工研究院）、苯噻菌酯（华中师范大学）、氟肟菌酯（湖南化工研究院）等。

创制中的新化合物细分结构类型主要涉及甲氧基氨基甲酸酯类、肟乙酰胺类、肟乙酸酯类、甲氧基丙烯酸酯类等。研究的单位涉及湖南化工研究院有限公司、浙江工业大学、沈阳中化农药化工研发有限公司、中国农业大学、南京工业大学、河北大学、长沙理工大学、南开大学等。

3.3.1 丁香菌酯的创制

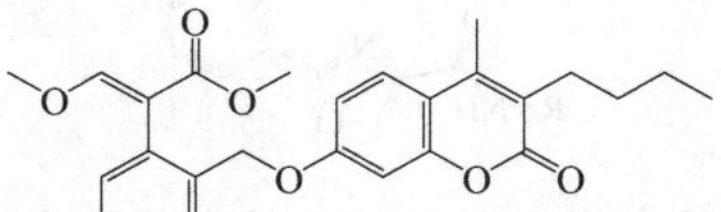

化合物专利名称：苯并吡喃酮类化合物及其制备与应用

中国专利号：ZL200480020125.5；申请日：2003-11-11；授权日：2008-01-23

专利发明人：刘长令，关爱莹，张弘，张明星，李正名，李淼，李林，李志念，侯春青；申请人：沈阳化工研究院

该发明采用中间体衍生化法，以天然产物香豆素为原料，进行衍生或者替换。经过多年研究，发明了杀菌剂丁香菌酯，英文通用名 coumoxystrobin，获得中、美、欧、日等多地发明专利。丁香菌酯由吉林省八达农药有限公司开发，于 2010 年获准新农药临时登记(LS20100039)，2016 年获准正式登记(PD20161260)，已在全国范围内推广销售，主要用于防治苹果树腐烂病、水稻纹枯病、玉米大斑病、小麦纹枯病、柑橘疮痂病、蔬菜霜霉病等多种病害。曾获中国专利奖优秀奖、中国石油和化学工业技术发明奖一等奖、神农中华农业科技奖一等奖等多项奖励。

3.3.1.1 创制过程[1,2]

以环境相容的天然产物为模板开展优化研究，是实现农药绿色化的重要途径。香豆素（又称苯并吡喃酮）等是广泛分布于植物界中的次生代谢物质，环境相容性好，具有一定的生物活性[3-5]，且毒性低、分子量小、易于合成和结构多样化衍生。因此，为了寻找活性优异、环境友好的新型杀菌剂，以 β-酮酸酯为原料，采用中间体衍生化法，以香豆素为模板或中间体进行衍生，并引入天然产物甲氧基丙烯酸酯类杀菌剂片段，设计合成含两个天然产物片段的新型化合物，经优化发现先导化合物（以香豆素为主，属于衍生）；或者用取代香豆素环非等排替换甲氧基丙烯酸酯类杀菌剂如醚菌酯结构中的取代苯基，也就是将两个天然产物片段香豆素与甲氧基丙烯酸酯类结合在一起，后经进一步替换也即═CH—替换═N—等优化研制了先导化合物（以甲氧基丙烯酸酯为主，属于替换），随后对先导化合物开展进一步优化研究（图 3-10），期望获得结构新颖、效果好、成本低、专利权稳定、与环境相容、市场潜力大的新农药品种[2,6-7]。

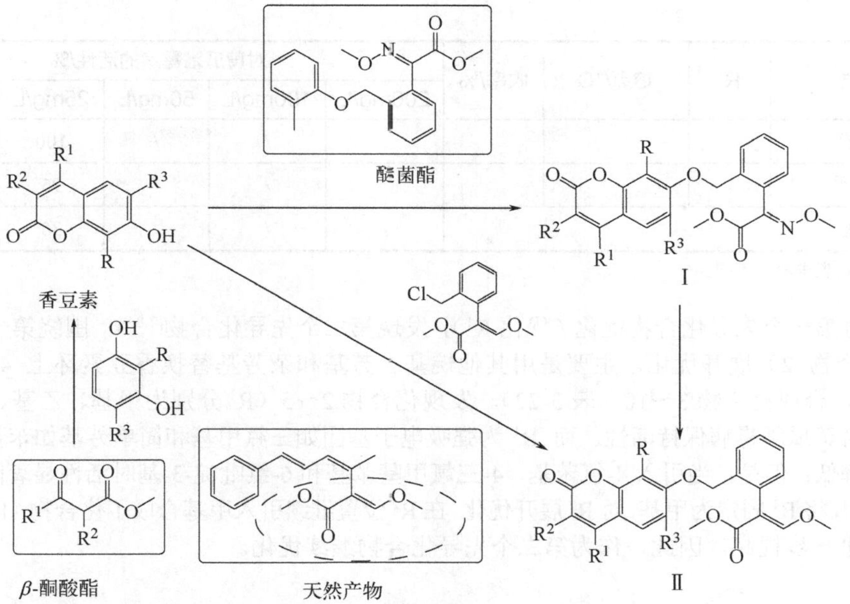

图 3-10　苯并吡喃酮(香豆素)类化合物设计思路

（1）第一个先导化合物的发现[2,8,9]　基于上述设计思路（图 3-10），为了验证设计理念是否可行，用 8-甲基香豆素环替换醚菌酯结构中的邻甲苯基，设计并合成了通式Ⅰ化合物，生测结果显示该类化合物具有一定的杀菌活性；随后又将其中的活性基团(*E*)-2-(甲氧氨基)-2-苯基乙酸甲酯（OE）替换为(*E*)-3-甲氧基-2-苯基丙烯酸甲酯（MA），得到通式Ⅱ化合物，结果发现两个含有(*E*)-3-甲氧基-2-苯基丙烯酸甲酯（MA）的化合物都有活性，特别是化合物 2 在 25mg/L 对黄瓜霜霉病防效达 97%，效果与啶氧菌酯相当，显著优于醚菌酯（表 3-21），值得作为第一个先导化合物继续优化研究。此处发现的通式Ⅱ所示的先导化合物也可理解为以香豆素为模板或中间体进行衍生，然后引入天然产物甲氧基丙烯酸酯类杀菌剂片段而获得。

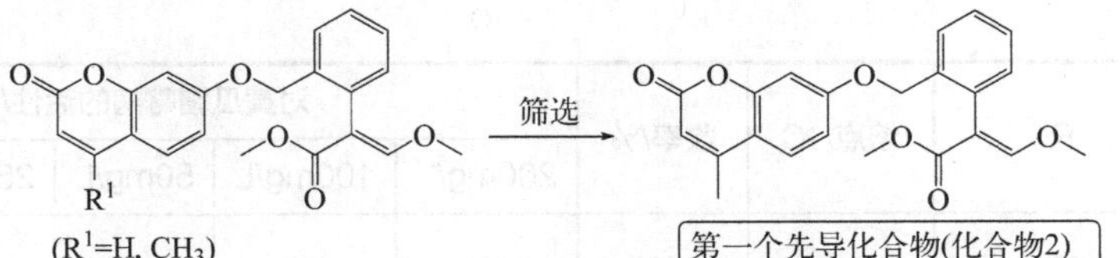

(R^1=H, CH_3)　筛选　第一个先导化合物(化合物2) 防效97% (25mg/L)

表 3-21　香豆素类化合物 1 和化合物 2 化学结构、理化性质与杀菌活性

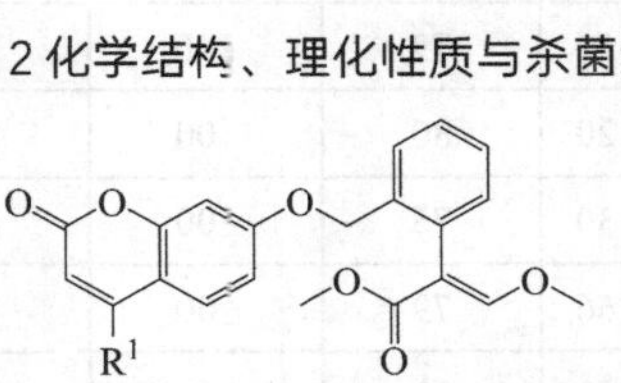

化合物	R^1	熔点/°C	收率/%	对黄瓜霜霉病的活性/%				
				200mg/L	100mg/L	50mg/L	25mg/L	6.25mg/L
1	H	室温下液体，无法测定熔点	77	100	100	70	50	0
2 (第一个先导化合物)	CH_3	118～119	80	100	100	100	97	45

续表

化合物	R^1	熔点/°C	收率/%	对黄瓜霜霉病的活性/%				
				200mg/L	100mg/L	50mg/L	25mg/L	6.25mg/L
嘧菌酯				/	/	/	100	95
啶氧菌酯				/	/	/	95	50
醚菌酯				/	/	/	35	0

注："/" 代表未测，下同。

（2）对第一个先导化合物优化（优化 R^1），发现第二个先导化合物[2,8,9]　围绕第一个先导化合物（化合物 2）展开优化，主要是用其他烷基、芳基和杂芳基替换香豆素环上 4 位的甲基（$R^1=CH_3$），合成化合物 3～10（表 3-22）。发现化合物 2～5（R^1 分别为甲基、乙基、正丙基和异丙基）对黄瓜霜霉病保持活性。而 R^1 为强吸电子基团如三氟甲基和简单芳基如苯基时，杀菌活性有所降低；但是，当引入 4-氯苯基、4-三氟甲基苯基和 6-氯吡啶-3-基时活性显著降低。考虑成本等原因，将 R^1 固定为甲基，对 R^2 展开优化。在 R^2 位置继续引入甲基合成了化合物 11（表 3-23），活性得到进一步提高，因此，作为第二个先导化合物继续优化。

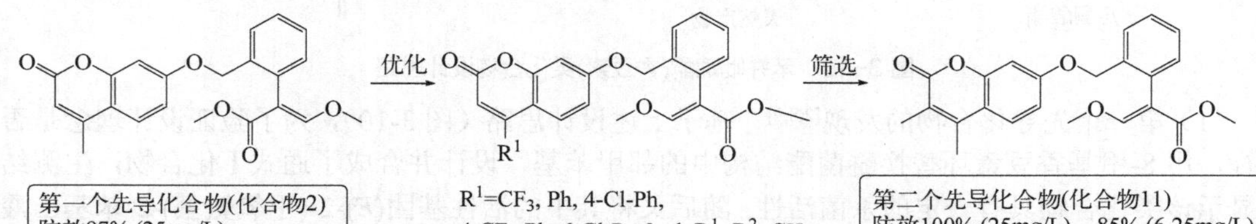

表 3-22　香豆素类化合物 2 至化合物 10 化学结构、理化性质与杀菌活性

化合物	R^1	熔点/°C	收率/%	对黄瓜霜霉病的活性/%				
				200mg/L	100mg/L	50mg/L	25mg/L	6.25mg/L
2(第一个先导化合物)	CH_3	118～119	80	100	100	100	97	50
3	C_2H_5	155～156	79	100	100	100	100	50
4	C_3H_7	119～120	80	100	100	100	95	55
5	i-C_3H_7	129～130	75	100	100	100	95	50
6	CF_3	165～166	79	100	95	80	70	50
7	Ph	131～133	83	100	100	80	60	50
8	4-Cl-Ph	151～152	81	70	/	/	/	/
9	4-CF_3-Ph	161～162	76	85	70	/	/	/
10	6-Cl-Py-3-yl	167～168	75	90	80	75	40	0
嘧菌酯				/	/	/	100	95

（3）对第二个先导化合物继续优化(固定 R^1 为 CH_3，优化 R^2)，发现丁香菌酯[2,8,9] 发现当将化合物 11 中 R^2 位置的甲基替换为乙基和正丙基时，活性明显降低；继续引入正丁基时，杀菌活性最好，在 6.25mg/L 浓度对黄瓜霜霉病防效 95%；继续延长烷基链至正己基时，活性又回归到甲基水平。而当 R^2 位置替换为氟或氯时，活性也较甲基有不同程度下降。至此发现了 SYP-3375(化合物 14)，也就是丁香菌酯。

第二个先导化合物(化合物11)
防效100% (25mg/L)、85% (6.25mg/L)

优化

R^1=CH_3, R^2=CH_3, C_2H_5, C_3H_7, n-C_4H_9, n-C_6H_{13}, Cl, F;
R^1 或 R^2 合并成饱和五元环或六元环

筛选

n-C_4H_9

丁香菌酯(化合物14)
防效95% (6.25mg/L)

表 3-23　香豆素类化合物 11 至化合物 17 化学结构、理化性质与杀菌活性

R^2

化合物	R^2	熔点/°C	收率/%	对黄瓜霜霉病的活性/%				
				200mg/L	100mg/L	50mg/L	25mg/L	6.25mg/L
11(第二个先导化合物)	CH_3	121～122	76	100	100	100	100	85
12	C_2H_5	133～134	79	100	100	80	20	0
13	C_3H_7	143～144	78	100	80	30	20	0
14(丁香菌酯)	n-C_4H_9	117～118	78	100	100	100	100	95
15	n-C_6H_{13}	76～77	75	100	100	100	100	80
16	Cl	164～165	84	100	100	100	100	75
17	F	163～164	83	100	100	100	95	60
嘧菌酯				/	/	/	100	95

接着，进一步将 R^1、R^2 合并成五元环或者六元环，结果均导致活性降低甚至消失（表 3-24）。

表 3-24　香豆素类化合物 18 至化合物 21 化学结构、理化性质与杀菌活性

R　R^2　R^1

化合物	取代基			熔点/°C	收率/%	对黄瓜霜霉病的活性/%				
	R^1	R^2	R			200mg/L	100mg/L	50mg/L	25mg/L	6.25mg/L
18	$CH_2CH_2CH_2$		H	140～142	69	/	/	/	100	40
19	$CH_2CH_2CH_2CH_2$		H	114～116	71	/	/	/	100	75

续表

化合物	取代基			熔点/°C	收率/%	对黄瓜霜霉病的活性/%				
	R^1	R^2	R			200mg/L	100mg/L	50mg/L	25mg/L	6.25mg/L
20	$CH_2CH_2CH_2$		CH_3	190～192	68	0	/	/	/	/
21	$CH_2CH_2CH_2CH_2$		CH_3	170～172	62	50	/	/	/	/
嘧菌酯						/	/	/	100	95

（4）对其他取代基进行筛选[2,8-10] 尽管至此已发现了具有良好活性的化合物 14(丁香菌酯)，但是前述优化均发生在香豆素环中的吡喃酮环上，为了进一步寻找最优结构，仍然进行了后续更全面的优化。

发明人在化合物 14 基础上，进一步在香豆素环中的苯环上引入取代基（化合物 22～26，表 3-25），变换甲氧基丙烯酸酯药效团的种类（化合物 27～32，表 3-26）以及香豆素环羟基的取代位置（化合物 33～36，表 3-27）。生测结果表明，向 R 和 R^3 位置引入 CH_3、$COCH_3$ 或 $C(=NOCH_3)CH_3$ 时，对活性提高没有贡献；Q 为 (*E*)-3-甲氧基-2-苯基丙烯酸甲酯(MA)时，活性远远优于(*E*)-2-(甲氧亚氨基)-2-苯基乙酸甲酯(OE)、(*E*)-2-甲氧亚氨基-*N*-甲基-2-苯基乙酰胺(OA)和甲氧基(苯基)甲酸甲酯(MC)；当香豆素环羟基由 7-位替换为 4-、6-、或者 8-位时，杀菌活性急剧降低甚至消失。

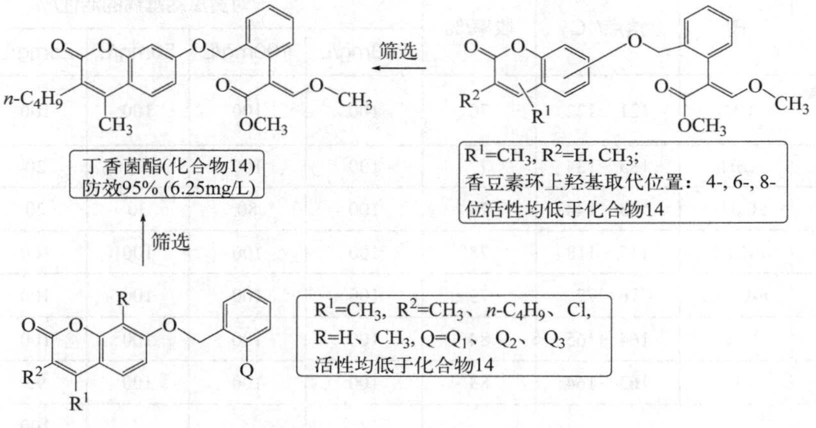

筛选

丁香菌酯(化合物14)
防效95% (6.25mg/L)

$R^1=CH_3$, $R^2=H$, CH_3;
香豆素环上羟基取代位置：4-, 6-, 8-位活性均低于化合物14

筛选

$R^1=CH_3$, $R^2=CH_3$、n-C_4H_9、Cl,
R=H、CH_3, $Q=Q_1$、Q_2、Q_3
活性均低于化合物14

表 3-25 香豆素类化合物 22 至化合物 26 化学结构、理化性质与杀菌活性

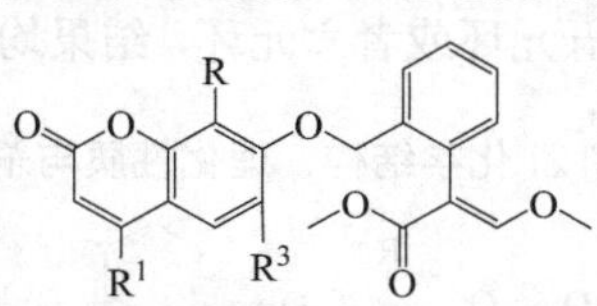

化合物	取代基			熔点/°C	收率/%	对黄瓜霜霉病的活性/%				
	R^1	R	R^3			200mg/L	100mg/L	50mg/L	25mg/L	6.25mg/L
22	Ph	CH_3	H	146～147	77	95	90	90	50	30
23	CH_3	$COCH_3$	H	166～167	80	60	/	/	/	/
24	CH_3	AA	H	184～185	82	30	/	/	/	/
25	CH_3	H	$COCH_3$	171～172	79	90	85	80	50	0

续表

化合物	取代基			熔点/°C	收率/%	对黄瓜霜霉病的活性/%				
	R^1	R	R^3			200mg/L	100mg/L	50mg/L	25mg/L	6.25mg/L
26	CH_3	H	AA	室温下液体，无法测定熔点	78	80	/	/	/	/
嘧菌酯						/	/	/	100	95

注："AA"代表 $C(=NOCH_3)CH_3$。

表 3-26　香豆素类化合物 27 至化合物 32 化学结构、理化性质与杀菌活性

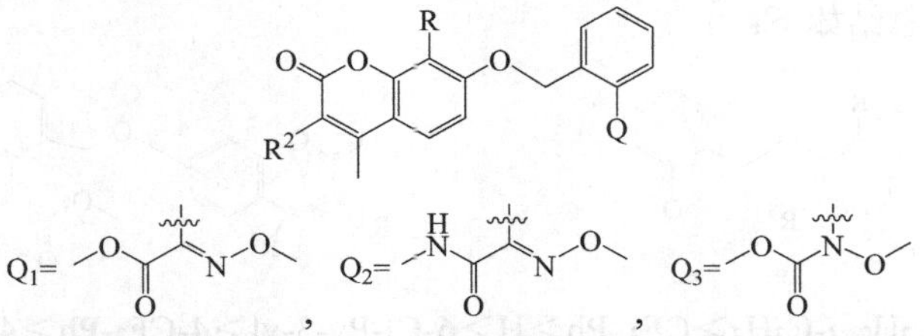

化合物	取代基			熔点/°C	收率/%	对黄瓜霜霉病的活性/%				
	R^2	R	Q			200mg/L	100mg/L	50mg/L	25mg/L	6.25mg/L
27	Cl	H	Q_1	173～174	85	100	100	90	85	65
28	CH_3	CH_3	Q_1	185～186	83	95	85	60	50	40
29	CH_3	CH_3	Q_2	179～180	90	95	85	30	20	0
30	CH_3	H	Q_3	131～133	68	100	100	100	85	65
31	n-C_4H_9	H	Q_3	室温下液体，无法测定熔点	70	100	100	90	75	50
32	CH_3	CH_3	Q_3	144～146	69	90	80	75	50	0
嘧菌酯						/	/	/	100	95

表 3-27　香豆素类化合物 33～36 化学结构、理化性质与杀菌活性

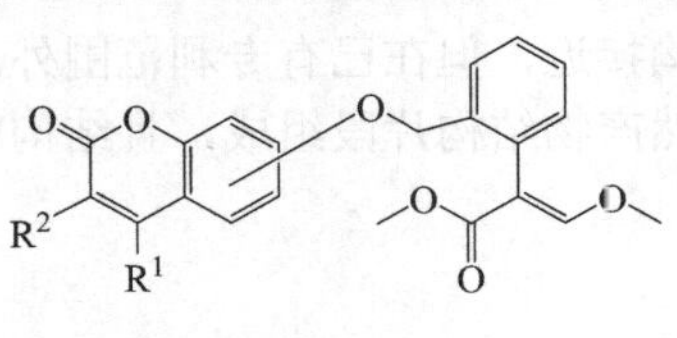

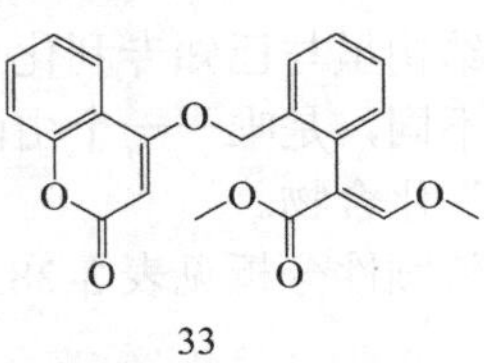

33

化合物	取代基			熔点/°C	收率/%	对黄瓜霜霉病的活性/%				
	R^1	R^2	香豆素环羟基取代位置			200mg/L	100mg/L	50mg/L	25mg/L	6.25mg/L
33	—	H	4-	150～151	82	85	70	30	0	0
34	4-CH_3	H	6-	182～183	79	85	60	30	0	0

续表

化合物	取代基			熔点/°C	收率/%	对黄瓜霜霉病的活性/%				
	R^1	R^2	香豆素环羟基取代位置			200mg/L	100mg/L	50mg/L	25mg/L	6.25mg/L
35	4-CH_3	CH_3	6-	159～160	77	70	/	/	/	/
36	4-CH_3	CH_3	8-	124～125	75	0	/	/	/	/
嘧菌酯						/	/	/	100	95

结构与活性关系总结如下：

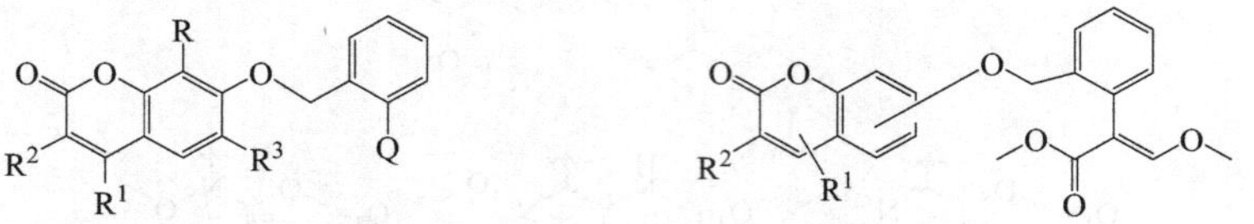

R^1：CH_3, C_2H_5, C_3H_7, i-C_3H_7＞CF_3, Ph＞H＞6-Cl-Py-3-yl＞4-CF_3-Ph＞4-Cl-Ph；

R^2：n-C_4H_9＞CH_3＞C_6H_{13}＞Cl＞F＞H＞C_2H_5, C_3H_7；

R^1和R^2：3-C_4H_9-4-CH_3＞3,4-$(CH_3)_2$＞3-C_6H_{13}-4-CH_3＞3,4-$CH_2CH_2CH_2CH_2$＞3,4-$CH_2CH_2CH_2$；

R：H＞CH_3≫$COCH_3$＞C(＝$NOCH_3$)CH_3；

R^3：H＞$COCH_3$＞C(＝$NOCH_3$)CH_3；

Q：

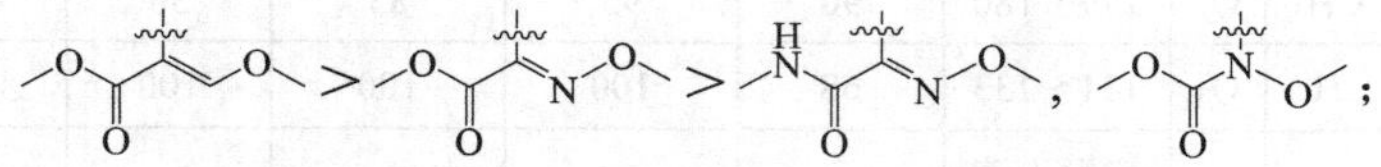

香豆素环上羟基的取代位置：7-位＞4-位、6-位＞8-位。

至此确定 SYP-3375 为活性最优的化合物。项目先后设计并合成了 600 多个新化合物[11]，然后，经过大量的室内和田间生物活性测定、合成方法和工艺研究、各种性能测试与安全评价等，历经 11 年最终成功开发了天然源杀菌剂 SYP-3375，并获得中文通用名称丁香菌酯。

3.3.1.2 知识产权分析

该发明化合物结构虽与已知专利化合物结构接近，但在已有专利范围外。丁香菌酯与已有农药品种结构显著不同，是唯一一个由两个天然产物结构片段组成，且结构中仅含碳、氢、氧三种元素的“绿色”化合物。

（1）新颖性　新颖性分析见表 3-28。

表 3-28　该专利与已有技术对比表

该专利：CN1823052A(沈阳化工研究院，申请日：2004-11-04；公开日：2006-08-23)	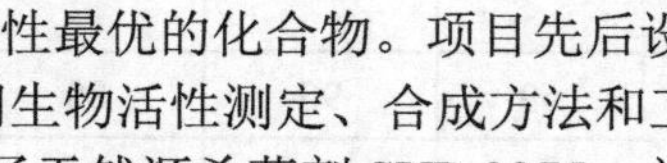 通式	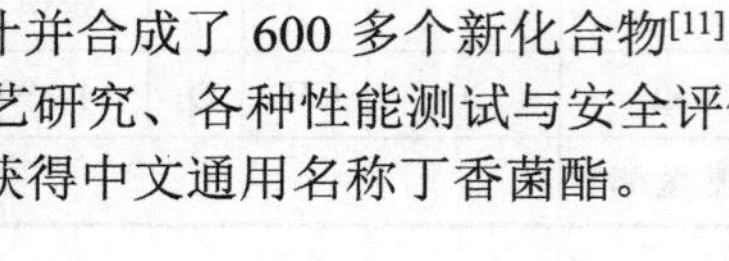 代表化合物丁香菌酯(专利中化合物 402)

续表

接近的已有技术 JP04-182461 A(SHIONOGI & CO，申请日：1990-11-16；公开日：1992-06-30)	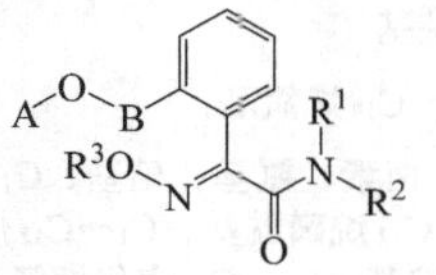 通式 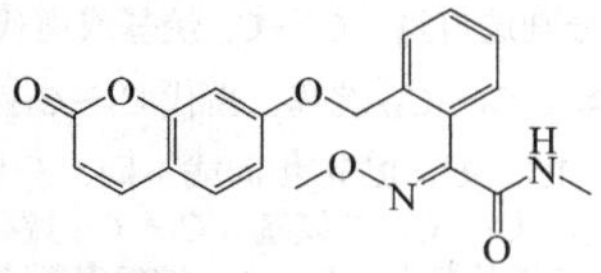 代表化合物(列表化合物 51，JP51) 无任何生物活性公开
同类商品化/开发中品种	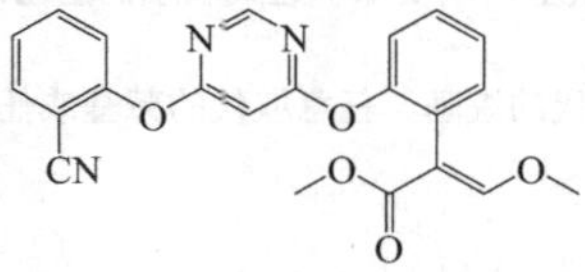 嘧菌酯 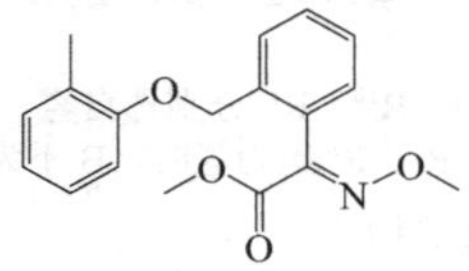　　醚菌酯 十多个甲氧基丙烯酸酯类品种

（2）创造性　该专利 CN1823052A 说明书第 28 页记载，50mg/L 剂量下，对黄瓜霜霉病保护活性比较测试，该发明测试化合物(编号 402，丁香菌酯)防效为 100%，而 JP04-182461 A 中化合物 51(JP51)防效仅为 20%(表 3-29)。进一步对丁香菌酯降低浓度测试，在 6.25mg/L 剂量下，丁香菌酯对黄瓜霜霉病保护活性仍达 95%[2]。

表 3-29　防治黄瓜霜霉病活性比较试验(50mg/L)

化合物	1	2	5	6	12	26	37	52	402	409	414	JP51
防效/%	100	100	100	100	100	100	100	100	100	100	100	20

（3）核心化合物专利　丁香菌酯核心化合物专利与授权保护范围如表 3-30 所示。

表 3-30　原沈阳化工研究院申请的丁香菌酯核心化合物专利

序号	公开号	专利号	法律状态
1	CN1616448A	ZL200310105079.6	专利权到期失效
2	CN1823052A	ZL200480020125.5	专利权到期失效
3	WO2005044813A1		
4	US2007037876A1	US7642364B2	授权有效
5	JP2007510674A	JP4674672B2	授权后失效
6	EP1683792A1	EP1683792B1	授权有效

授权保护范围(中国专利)

一种苯并吡喃酮类化合物，如通式(I)所示：

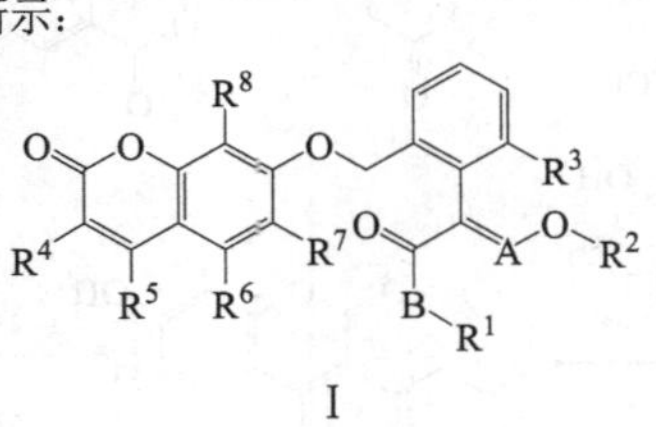

I

A 选自 CH 或 N；

B 选自 O、S 或 NR^9；

R^9 选自氢或 C_1～C_{12} 烷基；

R^1、R^2分别选自氢、$C_1\sim C_{12}$烷基或卤代$C_1\sim C_{12}$烷基； R^3选自氢、$C_1\sim C_{12}$烷基、卤代$C_1\sim C_{12}$烷基或$C_1\sim C_{12}$烷氧基； R^4、R^5、R^6、R^7、R^8可相同或不同，分别选自氢、卤素、氰基、硝基、$C_1\sim C_{12}$烷基、$C_2\sim C_{12}$烯基、炔基、$C_1\sim C_{12}$卤代烷基、$C_1\sim C_{12}$烷氧基、$C_1\sim C_{12}$烷硫基、$C_1\sim C_{12}$烷磺酰基、$C_1\sim C_{12}$烷基羰基、$C_1\sim C_{12}$烷氧基$C_1\sim C_{12}$烷基、$C_1\sim C_{12}$烷氧基羰基、$C_1\sim C_{12}$烷氧基羰基$C_1\sim C_{12}$烷基、$C_1\sim C_{12}$卤代烷氧基$C_1\sim C_{12}$烷基、任意取代氨基$C_1\sim C_{12}$烷基、任意取代的芳氧基、任意取代的芳$C_1\sim C_{12}$烷基氧基、任意取代的芳基、杂芳基、任意取代的芳基$C_1\sim C_{12}$烷基、杂芳基$C_1\sim C_{12}$烷基、杂芳基$C_1\sim C_{12}$烷氧基，以及如下通式表示的基团：R^{11} NOR^{10}； 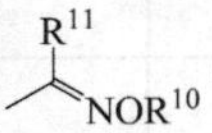 其中，R^{10}、R^{11}分别选自氢、任意取代的烷基、任意取代的芳基或任意取代的芳基$C_1\sim C_{12}$烷基；当R^3、R^4、R^5、R^6、R^7、R^8均为氢时，B不为NR^9 及其立体异构体

3.3.1.3 合成方法

以间苯二酚、乙酰乙酸乙酯等便宜易得中间体为起始原料（取代苄氯购买），经取代、合环、缩合三步常规易操作的反应，得到丁香菌酯（图3-11）[11]。

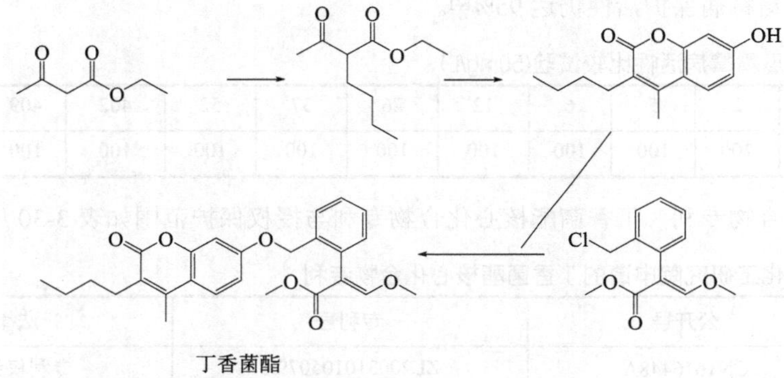

丁香菌酯

图3-11 丁香菌酯合成路线-1

如果取代苄氯自己合成，则以二甲苯、乙酰乙酸乙酯、间苯二酚和氯丁烷等为起始原料，经系列常规易于工业化的反应，得到丁香菌酯（图3-12）[6]。

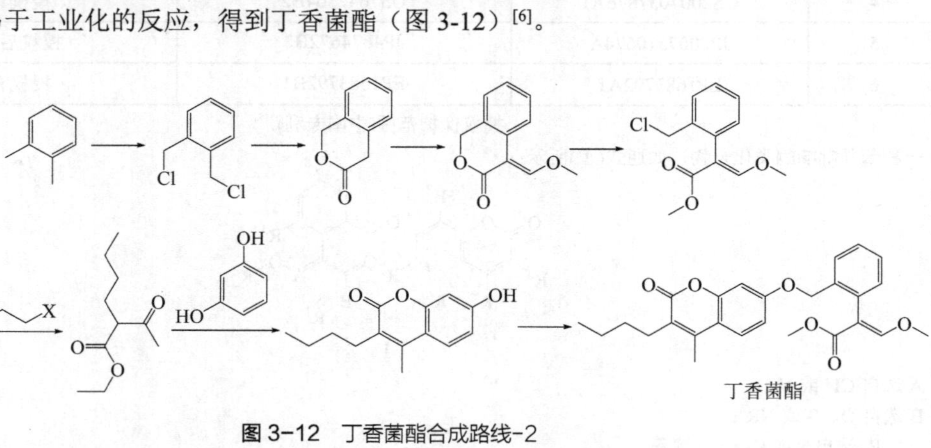

丁香菌酯

图3-12 丁香菌酯合成路线-2

3.3.1.4 组合物专利

丁香菌酯部分组合物专利见表 3-31。

表 3-31 丁香菌酯组合物专利

序号	公开号	发明名称	申请人	B 组分
1	CN101485307A	一种含有丁香菌酯与三唑类杀菌剂的农用杀真菌组合物	吉林省八达农药有限公司	三唑类杀菌剂
2	CN102283215A	一种含丁香菌酯的杀菌组合物	陕西上格之路生物科学有限公司	烯酰吗啉、甲霜灵、精甲霜灵、苯霜灵、霜霉威、三乙膦酸铝、霜脲氰、氰霜唑、氟吡菌胺
3	CN102283225A	一种含丁香菌酯和保护性杀菌剂的杀菌组合物	陕西上格之路生物科学有限公司	代森锰锌、代森锌、代森联、丙森锌
4	CN102293215A	一种含丁香菌酯和咪鲜胺的杀菌组合物	陕西上格之路生物科学有限公司	咪鲜胺
5	CN102318621A	一种杀菌组合物	陕西上格之路生物科学有限公司	噻呋酰胺、三环唑、稻瘟酰胺、春雷霉素
6	CN102334504A	一种含有丁香菌酯和三唑类杀菌剂的杀菌组合物	陕西上格之路生物科学有限公司	三唑类杀菌剂
7	CN102349531A	一种含丁香菌酯和苯并咪唑类杀菌剂的杀菌组合物	陕西上格之路生物科学有限公司	甲基硫菌灵、多菌灵、苯菌灵
8	CN102388888A	一种含丁香菌酯和咯菌腈的杀菌组合物	陕西上格之路生物科学有限公司	咯菌腈
9	CN102388890A	一种含丁香菌酯和嘧菌环胺的杀菌组合物	陕西上格之路生物科学有限公司	嘧菌环胺
10	CN102388891A	一种含丁香菌酯和乙嘧酚的杀菌组合物	陕西上格之路生物科学有限公司	乙嘧酚
11	CN102578108A	一种含烯丙苯噻唑的杀菌组合物	广西田园生化股份有限公司	烯丙苯噻唑
12	CN102626099A	一种含壬菌酮和甲氧基丙烯酸酯类杀菌剂的杀菌组合物	陕西上格之路生物科学有限公司	壬菌酮
13	CN102696646A	一种含克菌丹的杀菌组合物	陕西上格之路生物科学有限公司	克菌丹
14	CN102715187A	含毒氟磷和甲氧基丙烯酸酯类杀菌剂的杀菌组合物	广西田园生化股份有限公司	毒氟磷

3.3.1.5 作用机理

通过抑制线粒体复合物Ⅲ的细胞色素 b 和 c 之间的电子传递而阻止 ATP 的合成，从而抑制其线粒体呼吸而发挥抑菌作用[12]。

3.3.1.6 毒理学与安全评价

对哺乳动物进行了急性经口、经皮、皮刺、眼刺、Ames、染色体、微核、亚慢性及慢性毒性与致癌合并试验，两代两窝繁殖试验，环境和非靶标生物毒性试验及残留试验（表 3-32）。试验结果表明丁香菌酯属低毒化合物，无“三致”，对哺乳动物、环境及非靶标生物安全，低残留[13,14]。

表 3-32　唑菌酯相关登记产品信息表

测试科目	结论
大鼠急性经口	雄性大鼠：LD_{50}＞1260mg/kg 雌性大鼠：LD_{50}＞926mg/kg
大鼠急性经皮	低毒。雄性大鼠：LD_{50}＞2150mg/kg， 雌性大鼠：LD_{50}＞2150mg/kg
兔眼单次刺激试验	中度刺激性
兔皮肤单次刺激试验	中等刺激性
豚鼠皮肤致敏试验	弱致敏性
细菌回复突变试验(Ames)	阴性
小鼠嗜多染红细胞微核试验	阴性
小鼠睾丸精母细胞染色体畸变试验	阴性
13 周大鼠饲喂亚慢性毒性试验	对SD大鼠的13周喂饲给药最大无作用剂量组雌雄鼠均为500mg/kg饲料，计算平均化学品摄入为雄性：（45.1±3.6）mg/（kg·d），雄性：（62.8±8.0）mg/（kg·d）
大鼠慢性毒性与致癌合并试验	给药 1～42 周结果，未见异常
大鼠两代两窝繁殖试验	对大鼠系统毒性的最大无作用剂量为：F0、F1 代雌雄鼠均为 200mg/kg。相当于化学品摄入量：F0 代雄鼠为（19.2±1.8）mg/（kg·d）；F0 代雌鼠为（21.7±2.0）mg/（kg·d）；F1 代雄鼠为（19.0±2.1）mg/（kg·d）；F1 代雌鼠为（22.7±2.3）mg/（kg·d）。
大鼠致畸试验	对 SD 大鼠无致畸作用
天敌赤眼蜂急性毒性试验	对玉米螟赤眼蜂成蜂的风险性等级为“低风险性”
蚯蚓急性毒性试验	对蚯蚓的 LC_{50}(14d)：＞100mg/kg 土壤干重，急性毒性为“低毒级”
土壤微生物毒性试验	对微生物的毒性为“低毒级”

3.3.1.7　登记情况

目前国内登记丁香菌酯系列产品 5 个，商品名武灵士(20%丁香菌酯悬浮剂)、亨尔(40%丁香菌酯·戊唑醇悬浮剂)、乐涂(0.15%丁香菌酯悬浮剂)、享彩(65%丁香菌酯·代森联悬浮剂)，具体登记信息如表 3-33。

表 3-33　丁香菌酯相关登记产品信息表

登记证号	农药名称	剂型	总含量	登记作物	防治对象	用药量(制剂量)	施用方法	登记证持有人
PD20201064	丁香菌酯·代森联	水分散粒剂	65%	柑橘	疮痂病	1250～2500 倍液	喷雾	吉林省八达农药有限公司
PD20161261	丁香菌酯	悬浮剂	20%	苹果树	腐烂病	130～200 倍液	涂抹	吉林省八达农药有限公司

续表

登记证号	农药名称	剂型	总含量	登记作物	防治对象	用药量（制剂量）	施用方法	登记证持有人
PD20172631	丁香菌酯	悬浮剂	0.15%	苹果树	腐烂病	1～1.5 倍液	涂抹	吉林省吉享农业科技有限公司
PD20184039	丁香·戊唑醇	悬浮剂	40%	苹果树	褐斑病	2000～2700 倍液	喷雾	吉林省八达农药有限公司
				小麦	纹枯病	25～30mL/亩	喷雾	
				玉米	大斑病	30～40mL/亩	喷雾	
PD20161260	丁香菌酯	原药	96%	—	—	—	—	吉林省八达农药有限公司

3.3.1.8 应用效果

丁香菌酯具有保护作用、治疗作用和良好的持效性，同时对病菌具有铲除作用。田间试验结果表明：丁香菌酯及其混剂产品可有效防治苹果树腐烂病、水稻纹枯病、稻瘟病、水稻菌核秆腐病、小麦纹枯病、小麦锈病、小麦赤霉病、黄瓜霜霉病、葡萄霜霉病、玉米大斑病、柑橘疮痂病、花生叶斑病、桃枝枯病、大蒜叶枯病等众多病害，如对苹果树腐烂病的防效及病疤的平均愈合效果均显著优于嘧菌酯、代森铵；同等剂量下对稻瘟病的防效显著优于嘧菌酯和三环唑，且增产显著，并具有一定的作物生长调节作用。部分田间试验结果如下：

（1）防治苹果树腐烂病田间试验[15, 16]　20%丁香菌酯悬浮剂对苹果树腐烂病有非常优异的防治效果。在 1500mg/L、1000mg/L、500mg/L 的处理剂量下，先刮涂苹果树腐烂病病斑，再对刮涂部位进行涂抹处理，在当年秋季进行病斑复发率调查。三个处理剂量在河南的防效分别为 100%、96.38%、82.53%；在辽宁的防效分别为 100%、97.3%、88.51%。显著优于对照药剂 25%嘧菌酯悬浮剂在相同剂量下对苹果树腐烂病的防效，也同样优于另一个对照药剂 45%代森铵水剂的防效。在试验剂量下，对苹果树安全，对非靶标生物无不良影响。

（2）20%丁香菌酯·辛菌胺悬浮剂防治苹果枝干轮纹病田间试验[17]　在生产上以枝干涂抹配合喷雾的方式使用 20%丁香菌酯·辛菌胺悬浮剂 1000mg/L、500mg/L、333.3mg/L 对苹果枝干轮纹病的防治效果分别为 88.12%、85.18%、82.24%，显著优于其他对照药剂处理的防治效果。

（3）防治水稻纹枯病田间试验[18]　20%丁香菌酯悬浮剂对水稻纹枯病在 45g/hm^2 剂量下的防效略低于嘧菌酯在 225g/hm^2 的防效，优于多种三唑类杀菌剂如苯醚甲环唑等，显著优于噻呋酰胺、井冈霉素、咪鲜胺等。

（4）防治稻瘟病田间试验[7]　20%丁香菌酯悬浮剂可有效防治稻瘟病，在使用剂量为 50g (a.i.)/hm^2、100g (a.i.)/hm^2、200g (a.i.)/hm^2 时，防效分别为 72.15%、92.66%、93.71%。

（5）防治黄瓜霜霉病田间试验[7,19]　丁香菌酯在有效成分 100g/hm^2 的处理剂量下，对黄瓜霜霉病的防效与对照药剂烯肟菌酯和嘧菌酯相当。

（6）防治葡萄霜霉病田间试验[20]　使用 45%丁香菌酯·烯酰吗啉悬浮剂 2000 倍液在葡萄霜霉病发生初期喷雾防治巨峰葡萄霜霉病效果理想，3 次用药后 7d 防治效果为 84.62%，与 50%烯酰吗啉可湿性粉剂 1500 倍液，和 18.7%烯酰·吡唑酯水分散粒剂 800 倍相比差异不显著，显著好于 20%丁香菌酯悬浮剂 2000 倍液和 80%乙磷铝可湿性粉剂 600 倍液。丁香菌酯在巨峰葡萄上连续施用 3 次，未发现药害现象和其他异常表现。

（7）防治花生叶斑病田间试验[21]　20%丁香菌酯和 40%丁香·戊唑醇在花生生育期对叶斑病均有一定的防治效果，其中 20%丁香菌酯防效最高，达 78.23%，其次为 40%丁香·戊唑醇，同时每亩产量与对照相比均增产。

参考文献

[1] 关爱莹，刘长令，李志念，等. 杀菌剂丁香菌酯的创制经纬. 农药, 2011, 50(2): 90-92.

[2] Guan A Y, Liu C L, Li M, et al. Design, synthesis and structure-activity relationship of novel coumarin derivatives. Pest Manag. Sci., 2011, 67: 647-655.

[3] 刘长令，韩亮，李正名. 以天然产物为先导化合物开发的农药品种——除草剂. 农药, 2004, 43(1): 1-4.

[4] 化工部农药信息总站. 国外农药品种手册. 北京：化工部农药信息总站, 1996: 90.

[5] 刘长令. 世界农药大全：除草剂卷. 北京：化学工业出版社, 2002.

[6] 刘长令，关爱莹，李淼，等. 中间体衍生化法与新农药创制. 农药, 2019, 58(3): 157-164.

[7] 刘长令，关爱莹，谢勇. 中间体衍生化法与新农药创制. 北京：化学工业出版社, 2020: 117-141, 144-145.

[8] Liu C L, Li M, Guan AY, et al. Design, synthesis and fungicidal activity of novel (*E*)-methyl 2-{2-[(coumarin-7-yloxy)methyl]phenyl}-3-methoxyacrylates. Nat. Prod. Commun., 2007, 2: 845-848.

[9] Guan A Y, Liu C L, Li M, et al. Synthesis and bioactivity of novel coumarin derivatives. Nat Prod Commun, 2011, 6: 1917-1920.

[10] Guan A Y, Liu C L, Li Z N, et al. Synthesis and bioactivity of novel coumarin derivatives containing (*E*)-methyl 2-(methoxyimino)-2-phenylacetates. Chin. J. Chem., 2011, 22: 663-666.

[11] 刘长令，关爱莹，张弘，等. 苯并吡喃酮类化合物及其制备与应用. WO2005044813, 2005-05-19.

[12] 刘长令，杨吉春. 现代农药手册. 北京：化学工业出版社, 2018.

[13] 丁琦，贾福艳，陈光，等. 苹果与土壤中丁香菌酯的残留分析. 农药, 2012, 51(1): 53-54.

[14] 丁琦，贾福艳，陈光，等. 丁香菌酯在水稻及稻田环境中的残留检测方法与消解动态. 贵州农业科学, 2013, 41(8): 106-108.

[15] 陈亮，刘君丽，司乃国，等. 丁香菌酯对苹果树腐烂病的防治. 农药, 2009, 48(6): 402-404.

[16] 司乃国，刘君丽，陈亮. 新型杀菌剂丁香菌酯应用技术. 新农业, 2010(10): 46-47.

[17] 范昆，张国福，付丽，等. 丁香菌酯与辛菌胺混配对 2 种苹果枝干病害的联合生物活性及田间防效. 农药, 2020, 59(12): 928-932.

[18] 宋益民，刁亚梅，顾春燕，等. 10 种杀菌剂防治水稻纹枯病的田间药效比较. 现代农药, 2012, 11(2): 54-56.

[19] 李淼，刘长令，张明星，等.丁香菌酯 SYP-3375 的设计、合成及杀菌活性. 农药学学报, 2010, 12(4): 453-457.

[20] 柳玉芳. 几种杀菌剂防治葡萄霜霉病田间试验效果. 烟台果树, 2014(2): 54-55.

[21] 行恒山，林开创. 几种不同杀菌剂对花生叶斑病的防效试验. 河南农业, 2019(22): 36-37.

3.3.2 唑菌酯的创制

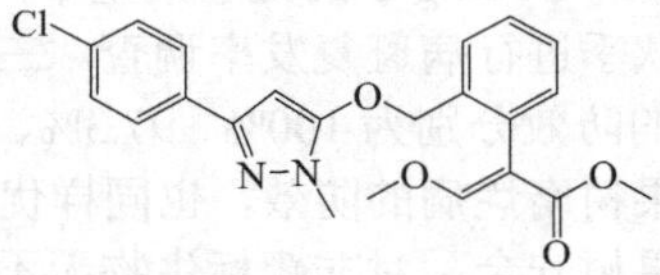

化合物专利名称：取代唑类化合物及其制备与应用

中国专利号：ZL200410021172.3；申请日：2004-02-20；授权日：2007-03-21

专利发明人：刘长令，李林，张弘，李淼，张明星，关爱莹，侯春青，李志念；申请人：沈阳化工研究院

该发明采用中间体衍生化法，以天然产物片段 β-酮酸酯为原料合成新中间体取代吡唑，替代杀菌剂丁香菌酯化学结构中的香豆素部分。经过多轮 DSTA 即“设计-合成-测试-分析”研究，最终发明了杀菌剂唑菌酯，英文通用名 pyraoxystrobin，获中、美、欧、日、巴西等地发明专利。唑菌酯由沈阳科创化学品有限公司开发，于 2009 年获准新农药临时登记(LS20091072)，2018 年获准正式登记(PD20181599)，已在全国范围内推广销售，主要用于防治霜霉病、白粉病、稻瘟病、炭疽病等多种病害，更具有其他产品所不具备的兼防虫害、抗植物病毒和促进植物生长的活性，实现了多种病害包括病毒病、虫害等的综合防治，增产增收效果显著。

3.3.2.1 创制过程

吡唑类化合物具有广泛的生物活性，很多公司在对 strobilurin 类化合物的改造过程中，将吡唑环引入此类化合物中，发现了许多杀菌活性较高的化合物，其中含吡唑环的 strobilurin 类化合物具有优异的杀菌活性，其商品化品种唑菌胺酯或吡唑醚菌酯(pyraclostrobin)，是巴斯夫公司 2000 年发现、2002 年上市的非常广谱的杰出杀菌剂。因此，为了寻找活性更优的新杀菌剂，在研究丁香菌酯的过程中，其中间体 β-酮酸酯可与肼、羟胺等很多原料反应生成新的中间体——含羟基的五元或六元杂环如吡唑、异噁唑、嘧啶等。这些中间体，可与其他中间体进一步反应生成新的中间体或新化合物。因此，以中间体 β-酮酸酯为原料，合成取代吡唑中间体，替代杀菌剂丁香菌酯化学结构中的香豆素部分。发现含有吡啶基吡唑的甲氧基丙烯酸酯类先导化合物(1997 年)，具有很好的杀菌活性，性能接近但略低于商品化品种。随后对先导化合物开展进一步优化研究，发现用苯环替代吡啶得到的化合物活性更优，再经结构活性研究，选定多个高活性化合物，其生物活性均优于同类商品化品种。经田间试验、毒性试验以及成本核算，最后确定唑菌酯(SYP-3343)为候选品种进行商业化开发（图 3-13）[1-4]。

丁香菌酯

β-酮酸酯

I

I-1
先导化合物

Ⅱ

唑菌酯 (SYP-3343)

图 3-13　唑菌酯的发现过程

（1）先导化合物的发现　基于上述设计思路（图 3-13），结合甲氧基丙烯酸酯类化合物结构，利用吡唑中间体，通过“中间体衍生化法”设计合成了多个如通式Ⅰ所示的化合物，经生测筛选发现化合物Ⅰ-1(1997 年)，具有很好的杀菌活性，性能接近但略低于商品化品种（表 3-34），并作为先导化合物展开后续优化。

（2）吡唑环上取代基的结构优化　对吡唑环上取代基的优化分三部分进行（表 3-34）：

首先对吡唑环上 R^1 展开了优化，合成了一系列结构如通式Ⅰ($R=CH_3$，R^2=H 或 CH_3)所示的化合物，发现当将 R^1 位置的吡啶环替换为噻吩环、呋喃环时，活性有所降低；当 R^1 位置的吡啶环替换为取代苯基时，根据苯环上取代基的不同活性有变化，当 R^2=H 时，苯环对位为氯、溴、氟和硝基等吸电子基团时活性较好，当 $R^2= CH_3$ 时，苯环对位为氯时活性较好。对活性好的化合物进行活性、成本等方面的比较，最终将 R^1 选定为对氯苯基。

然后对 R^2 进行优化，合成了一系列结构如通式Ⅰ($R=CH_3$，R^1=取代苯基)所示的化合物，发现该结构中 R^2 位置为氢和甲基时，对活性的影响不大，综合以上对 R^1 的讨论，发现当 R^2=H、R^1=对氯苯基(SYP-3343)时，杀菌活性最好，在 3.12mg/L 浓度对黄瓜霜霉病防效达到 100%，至此发现了 SYP-3343，也就是最终开发的唑菌酯。

最后，在保持结构中 R^2=H、R^1=对氯苯基及 $R^2=CH_3$、R^1=对甲氧基苯基的条件下，又考察了 R 对活性的影响，将 R 的甲基替换为异丙基，合成化合物 I-33 和 I-34，结果导致活性大大降低。

（3）寻找最优结构的深入优化　前述优化均发生在吡唑环上，为了更全面深入地优化，变换结构中药效团甲氧基丙烯酸酯的种类，合成了结构如Ⅱ所示的化合物（表 3-35）。

表 3-34 化合物Ⅰ-1 至Ⅰ-34 的杀菌活性结果

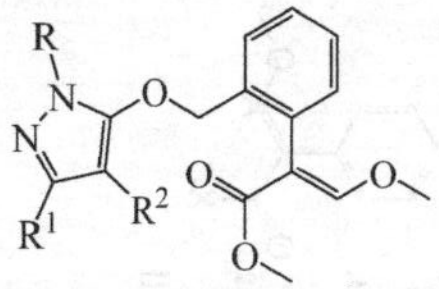

Ⅰ

编号	取代基			防效/%								
	R^1	R^2	R	RB	CGM	CDM				WPM		
				400mg/L	400mg/L	400mg/L	25mg/L	6.25mg/L	3.12mg/L	400mg/L	12.5mg/L	1.56mg/L
Ⅰ-1 先导化合物	6-Cl-pyridin-3-yl	H	Me	100	85	98	100	100	0	100	20	/
Ⅰ-2	6-CF_3CH_2O-pyridin-3-yl	H	Me	40	0	60	/	/	/	100	40	/
Ⅰ-3	thiophen-2-yl	H	Me	0	0	100	100	0	0	70	0	/
Ⅰ-4	furan-2-yl	H	Me	0	0	0	/	/	/	0	/	/
Ⅰ-5	Ph	H	Me	0	0	100	0	0	0	100	0	0
Ⅰ-6	4-Cl-Ph	H	Me	100	100	100	100	100	100	100	75	0
Ⅰ-7	4-Br-Ph	H	Me	70	0	100	100	85	60	100	100	10
Ⅰ-8	4-F-Ph	H	Me	50	100	100	100	100	75	30	/	/
Ⅰ-9	4-Me-Ph	H	Me	0	0	100	0	0	0	100	35	0
Ⅰ-10	4-*t*-Bu-Ph	H	Me	100	50	100	15	/	/	70	/	/
Ⅰ-11	3,4-Me_2-Ph	H	Me	100	50	100	100	40	35	100	100	80
Ⅰ-12	2,4-Me_2-Ph	H	Me	100	50	100	100	70	20	100	100	80
Ⅰ-13	2,4-Cl_2-Ph	H	Me	0	0	100	100	45	20	100	100	0
Ⅰ-14	4-MeS-Ph	H	Me	90	0	100	100	35	0	0	/	/
Ⅰ-15	4-MeO-Ph	H	Me	100	50	95	90	15	0	100	65	0
Ⅰ-16	2-MeO-Ph	H	Me	100	50	100	50	0	0	100	100	35

续表

编号	取代基			防效/%								
	R^1	R^2	R	RB	CGM	CDM				WPM		
				400mg/L	400mg/L	400mg/L	25mg/L	6.25mg/L	3.12mg/L	400mg/L	12.5mg/L	1.56mg/L
Ⅰ-17	2-Cl-Ph	H	Me	0	0	100	100	0	0	100	100	40
Ⅰ-18	4-CF_3CH_2O-Ph	H	Me	0	0	100	90	0	0	60	/	/
Ⅰ-19	4-NO_2-Ph-Ph	H	Me	99	0	100	100	70	50	100	100	95
Ⅰ-20	4-(4-Cl-Ph) -Ph	H	Me	0	0	100	100	0	0	100	95	0
Ⅰ-21	4-PhO-Ph	H	Me	0	0	100	100	0	0	0	/	/
Ⅰ-22	Ph	Me	Me	0	0	100	100	60	40	100	100	55
Ⅰ-23	4-Cl-Ph	Me	Me	0	0	95	0	0	0	100	100	100
Ⅰ-24	4-Me-Ph	Me	Me	0	0	100	100	75	40	100	100	45
Ⅰ-25	3,4-Me_2-Ph	Me	Me	100	50	100	100	85	30	100	100	70
Ⅰ-26	2,4-Me_2-Ph	Me	Me	100	50	100	100	98	80	100	100	90
Ⅰ-27	2,5-Me_2-Ph	Me	Me	100	50	100	80	0	0	100	50	0
Ⅰ-28	4-Et-Ph	Me	Me	0	0	100	100	60	20	100	100	0
Ⅰ-29	4-*t*-Bu-Ph	Me	Me	50	50	95	20	0	0	90	10	0
Ⅰ-30	4-MeO-Ph	Me	Me	100	100	100	100	96	55	100	100	95
Ⅰ-31	4-EtO-Ph	Me	Me	100	100	100	50	0	0	100	100	65
Ⅰ-32	4-CF_3CH_2O-Ph	Me	Me	100	100	100	40	0	0	100	100	65
Ⅰ-33	4-Cl-Ph	H	$CH(CH_3)_2$	0	0	0	/	/	/	100	30	/
Ⅰ-34	4-MeO-Ph	Me	$CH(CH_3)_2$	0	0	90	0	/	/	0	/	/
嘧菌酯				100	100	100	100	95	100	100	100	60
醚菌酯				100	100	/	35	0	0	100	100	100

注：pyridin 为吡啶，thiophen 为噻吩，furan 为呋喃。RB 为水稻稻瘟病，CGM 为黄瓜灰霉病，CDM 为黄瓜霜霉病，WPM 为小麦白粉病，下同。

表 3-35　化合物Ⅱ-1 至Ⅱ-36 的杀菌活性结果

编号	取代基			防效/%									
				RB		CGM		CDM			WPM		
	R^1	R^2	X	25mg/L	0.92mg/L	25mg/L	0.92mg/L	400mg/L	25mg/L	6.25mg/L	400mg/L	6.25mg/L	1.56mg/L
Ⅱ-1	Ph	H	O	0	/	0	/	95	70	/	70	/	/
Ⅱ-2	4-Cl-Ph	H	O	80	/	80	50	100	90	80	100	40	/
Ⅱ-3	4-$C(CH_3)_3$-Ph	H	O	100	80	100	60	95	0	/	0	/	/
Ⅱ-4	3,4-$(CH_3)_2$-Ph	H	O	100	50	100	80	98	40	/	100	30	/
Ⅱ-5	2,4-$(CH_3)_2$-Ph	H	O	100	0	100	100	95	90	65	100	65	/
Ⅱ-6	4-CH_3O-Ph	H	O	0	/	100	0	98	50	/	100	10	/
Ⅱ-7	2-CH_3O-Ph	H	O	100	50	0	/	50	/	/	100	90	40
Ⅱ-8	2-Cl-Ph	H	O	100	0	100	0	80	30	/	100	75	45
Ⅱ-9	4-Cl-Ph	CH_3	O	50	/	100	100	100	100	100	100	100	98
Ⅱ-10	4-CH_3-Ph	CH_3	O	50	/	100	100	95	60	/	100	100	100
Ⅱ-11	3,4-$(CH_3)_2$-Ph	CH_3	O	100	80	100	100	100	75	70	100	100	60
Ⅱ-12	2,4-$(CH_3)_2$-Ph	CH_3	O	100	80	100	100	100	100	98	100	100	75
Ⅱ-13	2,5-$(CH_3)_2$-Ph	CH_3	O	100	100	100	60	100	80	40	100	40	20
Ⅱ-14	4-C_2H_5-Ph	CH_3	O	50	/	100	80	98	70	50	100	100	100
Ⅱ-15	4-$C(CH_3)_3$-Ph	CH_3	O	50	/	0	/	40	/	/	70	/	/
Ⅱ-16	4-CH_3O-Ph	CH_3	O	100	80	100	50	100	55	15	100	85	30
Ⅱ-17	4-C_2H_5O-Ph	CH_3	O	100	50	100	50	100	40	/	100	100	50

续表

编号	取代基			防效/%									
				RB		CGM		CDM			WPM		
	R^1	R^2	X	25mg/L	0.92mg/L	25mg/L	0.92mg/L	400mg/L	25mg/L	6.25mg/L	400mg/L	6.25mg/L	1.56mg/L
Ⅱ-18	4-CF_3CH_2O-Ph	CH_3	O	100	80	50	/	80	0	/	100	70	15
Ⅱ-19	Ph	H	NH	0	/	/	/	100	100	70	50	/	/
Ⅱ-20	4-Cl-Ph	H	NH	0	/	/	/	100	100	60	100	40	0
Ⅱ-21	4-$C(CH_3)_3$-Ph	H	NH	100	50	100	50	80	0	/	0	/	/
Ⅱ-22	3,4-$(CH_3)_2$-Ph	H	NH	100	50	100	80	100	100	85	100	100	40
Ⅱ-23	2,4-$(CH_3)_2$-Ph	H	NH	100	50	100	100	100	100	70	100	100	30
Ⅱ-24	4-CH_3O-Ph	H	NH	100	80	100	0	98	30	/	100	0	/
Ⅱ-25	2-CH_3O-Ph	H	NH	100	0	0	/	75	10	/	100	100	45
Ⅱ-26	2-Cl-Ph	H	NH	0	/	100	0	90	40	/	100	90	55
Ⅱ-27	4-Cl-Ph	CH_3	NH	0	/	100	/	80	40	/	100	100	85
Ⅱ-28	4-CH_3-Ph	CH_3	NH	0	/	100	100	65	/	/	100	95	40
Ⅱ-29	3,4-$(CH_3)_2$-Ph	CH_3	NH	100	80	100	100	100	100	40	100	100	55
Ⅱ-30	2,4-$(CH_3)_2$-Ph	CH_3	NH	100	50	100	100	100	100	100	100	100	65
Ⅱ-31	2,5-$(CH_3)_2$-Ph	CH_3	NH	100	100	100	100	100	100	50	100	40	0
Ⅱ-32	4-C_2H_5-Ph	CH_3	NH	100	0	100	80	50	/	/	100	100	90
Ⅱ-33	4-$C(CH_3)_3$-Ph	CH_3	NH	100	100	100	40	95	20	/	100	0	0
Ⅱ-34	4-CH_3O-Ph	CH_3	NH	100	50	80	50	98	85	55	100	100	75
Ⅱ-35	4-C_2H_5O-Ph	CH_3	NH	100	100	100	50	98	20	/	100	100	70
Ⅱ-36	4-CF_3CH_2O-Ph	CH_3	NH	80	50	100	50	100	80	30	100	100	40
嘧菌酯				100	/	/	/	100	100	95	100	100	60
醚菌酯				100	/	100	/	/	35	0	100	100	100

在结构Ⅱ中药效团 A=N，X=O(OE)时，变换 R、R^1、R^2，得到当 R=CH_3、R^1=对氯苯基、R^2=甲基时，杀菌活性最好，在 6.25mg/L 浓度对黄瓜霜霉病防效为 100%；在结构Ⅱ中药效团 A=N，X=NH(OA)时，变换 R、R^1、R^2，得到当 R=CH_3、R^1=2,4-二甲基苯基、R^2=甲基时，杀菌活性最好，在 6.25mg/L 浓度对黄瓜霜霉病防效亦为 100%。将这两个化合物与 SYP-3343 进行降低浓度的活性比较，最终发现 SYP-3343 的活性最好，说明当甲氧基丙烯酸酯为(*E*)-3-甲氧基-2-苯基丙烯酸甲酯(MA)时，活性优于(*E*)-2-(甲氧亚氨基)-2-苯基乙酸甲酯(OE)、(*E*)-2-甲氧亚氨基-*N*-甲基-2-苯基乙酰胺(OA)。

经田间试验、毒性试验以及成本核算，最后确定唑菌酯(SYP-3343)为候选品种进行商业化开发。

3.3.2.2 知识产权分析

该发明化合物结构虽与已知专利化合物结构相似，但仍存在明显的不同，在已有专利范围外。

（1）新颖性　新颖性分析见表 3-36。

表 3-36　该专利与已有技术对比表

该专利： CN1657524A(沈阳化工研究院，申请日：2004-02-20；公开日：2005-08-24)	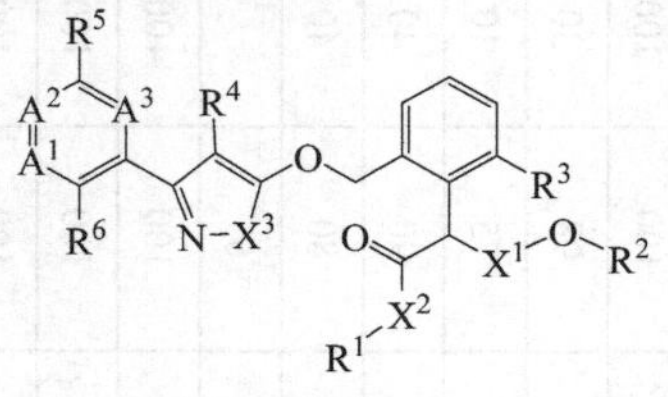 通式 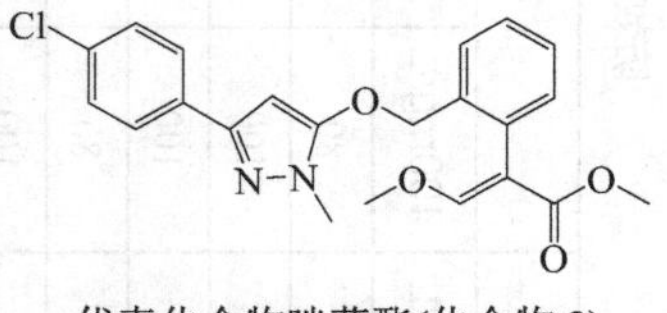　　代表化合物唑菌酯(化合物 2)
接近的已有技术与同类商品化/开发中品种	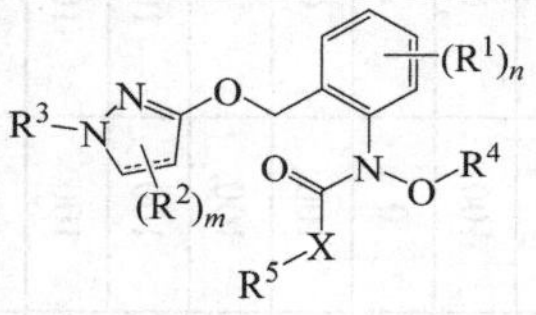 通式 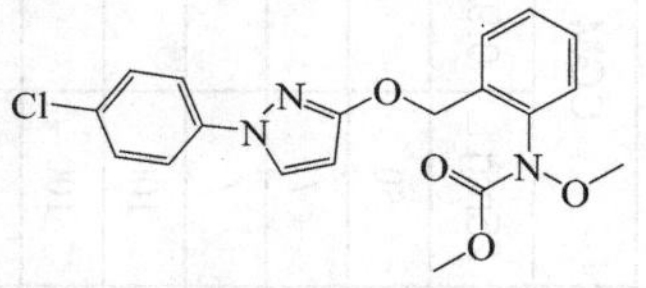　　代表化合物吡唑醚菌酯(化合物 2) CN1154692A(巴斯夫公司，申请日：1995-06-21；公开日：1997-07-16)。与该发明结构差别大(苯环和苄氧基在吡唑环上的取代位置明显不同)
	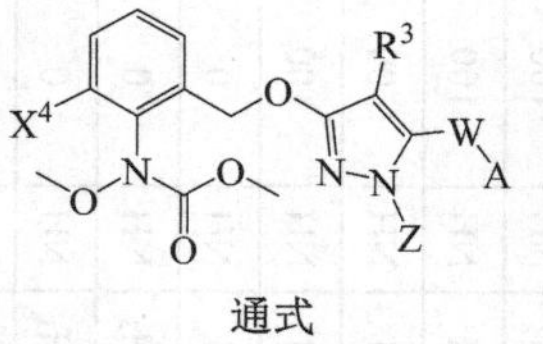 通式 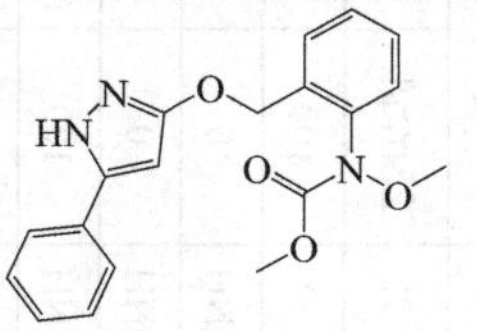　　代表化合物(化合物 135) WO9933812(罗纳普朗克公司，申请日：1998-12-23；公开日：1999-07-08)。未在中国申请专利保护，与该发明结构差别大(苯环和苄氧基在吡唑环上的取代位置明显不同)
	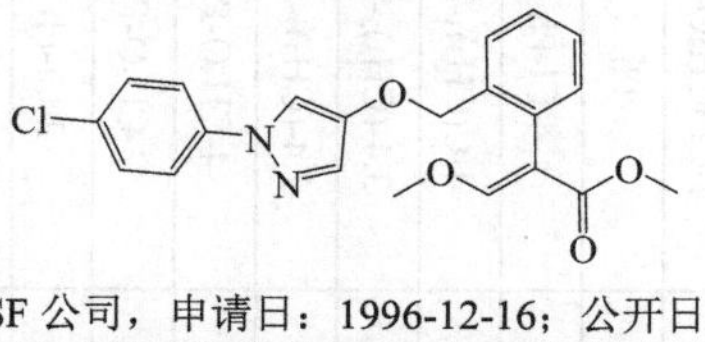 WO9724332 (A1)(BASF 公司，申请日：1996-12-16；公开日：1997-07-10)。未在中国申请专利保护，与该发明结构差别大(苯环和苄氧基在吡唑环上的取代位置明显不同)

续表

接近的已有技术与同类商品化/开发中品种	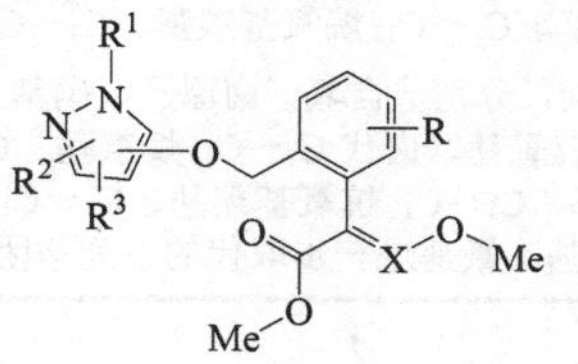 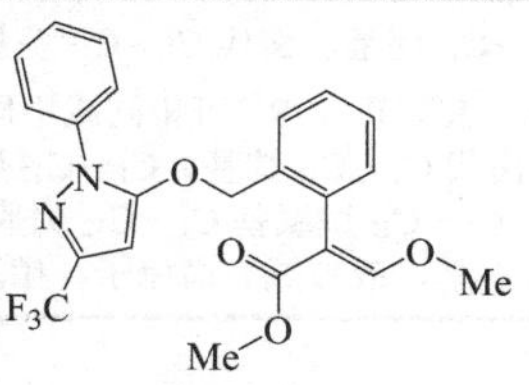 通式　　　代表化合物 WO 9400436 A(Korea Research Institute of Chemical Technology，申请日：1993-06-23；公开日：1994-01-06)。未在中国申请专利保护，与该发明结构差别大(苯环和苄氧基在吡唑环上的取代位置明显不同)

（2）创造性　专利 CN100503576C 说明书第 23 页生物活性测定实施例记载，该发明测试化合物(编号 2，唑菌酯)在 50mg/L 剂量下，对黄瓜霜霉病、小麦白粉病防效 100%；在 100mg/L 剂量下，对苹果轮纹病、小麦赤霉病、油菜菌核病、葡萄白腐病、苹果斑点落叶病、番茄早疫病、番茄晚疫病、玉米小斑病、葡萄霜霉病等防效超过 80%。

（3）核心化合物专利　唑菌酯核心化合物专利与授权保护范围如表 3-37 所示。

表 3-37　原沈阳化工研究院申请的唑菌酯核心化合物专利

序号	公开号	专利号	法律状态
1	CN1906171A	ZL200580001873.3	授权有效
2	CN1657524A	ZL200410021172.3	专利权到期失效
3	WO2005080344A1		
4	US2008108668A1	US7795179B2	授权有效
5	JP2007523097A	JP4682315B2	授权后失效
6	EP1717231A1	EP1717231B1	授权有效
7	BRPI0507743A	BRPI0507743B1	授权有效

授权保护范围(中国专利)

一种取代唑类化合物，如通式(Ⅰ)所示：

结构式为：

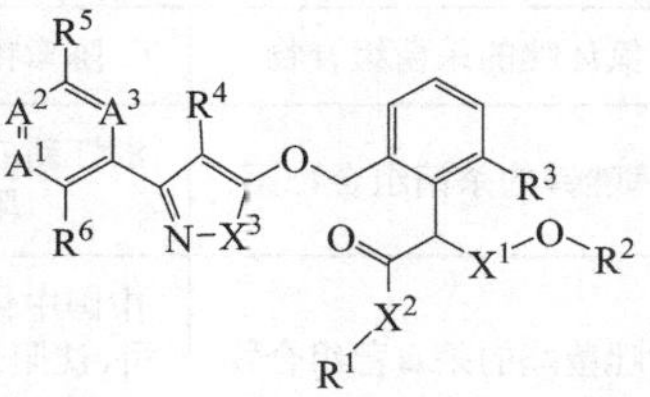

(Ⅰ)

式中：

X^1 选自 CH 或 N，X^2 选自 O 或 NR^7，X^3 选自 O 或 NR^8；

A^1 选自 N 或 CR^9，A^2 选自 N 或 CR^{10}，A^3 选自 N 或 CR^{11}，A^1、A^2、A^3 中最多只有一个为 N；

R^1、R^2 可相同或不同，分别选自氢、C_1～C_{12} 烷基或卤代 C_1～C_{12} 烷基；

R^3 选自氢、卤原子、C_1～C_{12} 烷基、卤代 C_1～C_{12} 烷基或 C_1～C_{12} 烷氧基；

R^7 选自氢；

续表

R^8选自 C_1～C_{12}烷基、卤代 C_1～C_{12}烷基、C_1～C_{12}烷氧基羰基、C_1～C_{12}烷氧基羰基 C_1～C_{12}烷基； R^4、R^5、R^6、R^9、R^{10}、R^{11}可相同或不同，分别选自氢、卤原子、硝基、氰基、$CONH_2$、CH_2CONH_2、CH_2CN、C_1～C_{12}烷基、卤代 C_1～C_{12}烷基、C_1～C_{12}烷氧基、卤代 C_1～C_{12}烷氧基、C_1～C_{12}烷硫基、C_1～C_{12}烷磺酰基、C_1～C_{12}烷基羰基、C_1～C_{12}烷氧基 C_1～C_{12}烷基、C_1～C_{12}烷氧基羰基、C_1～C_{12}烷氧基羰基 C_1～C_{12}烷基、C_1～C_{12}卤代烷氧基 C_1～C_{12}烷基，或被氢、卤原子、硝基、氰基进一步取代的下列基团：苯基、苯氧基、苄基或苄氧基

3.3.2.3 合成方法

以对氯苯乙酮为起始原料，经过三步单元反应合成唑菌酯，产品含量≥95%，总收率 77.5%（以对氯苯乙酮计）（图 3-14）[2,5-7]。

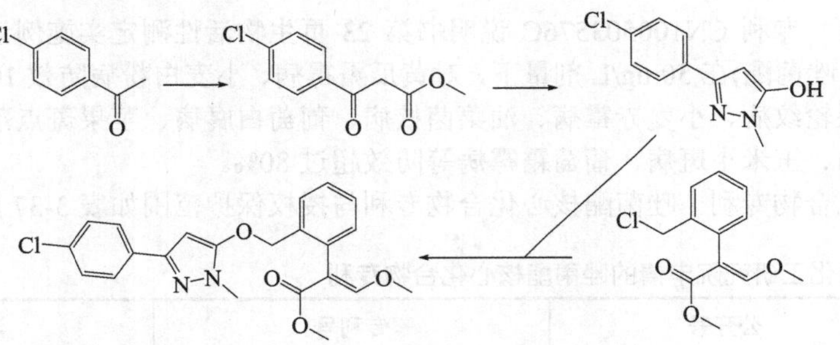

图 3-14 唑菌酯的合成路线

3.3.2.4 组合物专利

唑菌酯部分组合物专利见表 3-38。

表 3-38 唑菌酯组合物专利

序号	公开号	发明名称	申请人	B 组分
1	CN101406191A	一种杀真菌组合物	中国中化集团、沈阳化工研究院	三唑类、硫代氨基甲酸盐类、甲氧基丙烯酸酯类、氨基甲酸酯类、抗生素类或酰胺类化合物
2	CN101779674A	含有四氟醚唑的杀菌组合物	陈章艳，游文莉	四氟醚唑
3	CN101779676A	含有氟环唑的杀菌组合物	陈章艳，游文莉	氟环唑
4	CN101953346A	含噻唑锌的杀菌组合物	浙江新农化工股份有限公司	噻唑锌
5	CN102106355A	一种含唑菌酯的杀真菌组合物	中国中化股份有限公司、沈阳化工研究院有限公司	百菌清
6	CN102626099A	一种含壬菌铜和甲氧基丙烯酸酯类杀菌剂的杀菌组合物	陕西上格之路生物科学有限公司	壬菌铜
7	CN102919256A	一种含氟吡菌胺的复配杀菌剂及其应用	河北省农林科学院植物保护研究所	氟吡菌胺
8	CN102948422A	一种含有唑菌酯与嘧霉胺的杀菌组合物	海利尔药业集团股份有限公司	嘧霉胺

续表

序号	公开号	发明名称	申请人	B组分
9	CN102960349A	一种含有唑菌酯与噻酰菌胺的杀菌组合物	海利尔药业集团股份有限公司	噻酰菌胺
10	CN103004772A	一种含有唑菌酯与嘧菌环胺的杀菌组合物	海利尔药业集团股份有限公司	嘧菌环胺
11	CN103004819A	一种含有氟吡菌胺的杀菌剂组合	王学权	氟吡菌胺
12	CN103039460A	一种含有唑菌酯与肟菌酯的杀菌组合物	海利尔药业集团股份有限公司	肟菌酯
13	CN103070182A	一种含有唑菌酯与氯啶菌酯的杀菌组合物	海利尔药业集团股份有限公司	氯啶菌酯
14	CN103081942A	一种含有唑菌酯与硅氟唑的杀菌组合物	海利尔药业集团股份有限公司	硅氟唑
15	CN103141484A	含有吡噻菌胺的杀菌组合物	海南正业中农高科股份有限公司	吡噻菌胺
16	CN103190421A	含有环氟菌胺的杀菌组合物	海南正业中农高科股份有限公司	环氟菌胺
17	CN103202301A	一种含有唑菌酯与嘧菌胺的杀菌组合物	海利尔药业集团股份有限公司	嘧菌胺
18	CN103355316A	一种含有啶菌噁唑与唑菌酯的杀菌组合物	海利尔药业集团股份有限公司	啶菌噁唑

3.3.2.5 作用机理

该药为真菌线粒体的呼吸抑制剂，其作用机理是通过与细胞色素 bc_1 复合体的结合，抑制线粒体的电子传递，从而破坏病菌能量合成，起到杀菌作用[8]。

3.3.2.6 毒理学与安全评价

急性经口 LD_{50}(mg/kg)：雌大鼠 1022、雄大鼠 1000、雌小鼠 2599、雄小鼠 2170。大鼠急性经皮 LD_{50}＞2150mg/kg(雄、雌)。对兔眼、兔皮肤单次刺激强度均为轻度刺激性。对豚鼠致敏性试验为弱致敏。Ames、微核、染色体试验结果均为阴性[8]。

3.3.2.7 登记情况

目前国内登记唑菌酯系列产品 2 个，商品名百达通（25%氟吗·唑菌酯悬浮剂），具体登记信息如表 3-39。

表 3-39 唑菌酯相关登记产品信息表

登记证号	农药名称	剂型	总含量	登记作物	防治对象	用药量(制剂量)	施用方法	登记证持有人
PD20181598	氟吗·唑菌酯	悬浮剂	25%	黄瓜	霜霉病	27～53mL/亩	喷雾	沈阳科创化学品有限公司
				人参	疫病	40～60mL/亩	喷雾	
PD20181599	唑菌酯	原药	95%	—	—	—	—	沈阳科创化学品有限公司

3.3.2.8 应用效果

唑菌酯具有广谱的杀菌活性，同时具有保护和治疗作用，对黄瓜、水稻、番茄、西瓜、油菜、葡萄、棉花、苹果、小麦等的稻瘟病、纹枯病、稻曲病、小麦赤霉病、小麦白粉病、小麦锈病、玉米小斑病、玉米锈病、棉花枯萎病、黄萎病、油菜菌核病、黄瓜枯萎病、黄瓜黑星病、黄瓜炭疽病、黄瓜霜霉病、黄瓜白粉病、番茄灰霉病、番茄叶霉病、苹果树腐烂病、苹果轮纹病、苹果斑点落叶病等均有良好的防效，同时还具有很好的抗病毒活性、杀虫活性和显著促进植物生长调节的作用[8-13]。

参考文献

[1] 李淼，刘长令，李志念，等. 杀菌剂唑菌酯的创制经纬. 农药, 2011, 50(3): 173-174.

[2] Miao Li, Chang-Ling Liu, Lin Li, et al. Design, synthesis and biological activities of new strobilurin derivatives containing substituted pyrazoles. Pest Manag. Sci., 2010, 66: 107–112.

[3] 刘长令，关爱莹，谢勇. 中间体衍生化法与新农药创制. 北京：化学工业出版社, 2020.

[4] 芦志成，张鹏飞，李慧超，等. 中国农药创制概述与展望. 农药学学报, 2019, 21(增刊 1): 551-579.

[5] 刘长令，郝树林，李淼. 5-羟基取代吡唑的制备方法. CN102382056A, 2012-03-21.

[6] 吴鸿飞，刘淑杰，杨浩. 一种成盐法制备唑菌酯的方法. CN103387540A, 2013-11-13.

[7] 吴鸿飞，杨浩，孙克. 一种制备唑菌酯的方法. CN103102308A, 2013-05-15.

[8] 刘长令，杨吉春. 现代农药手册. 北京：化学工业出版社, 2018.

[9] 王丽，石延霞，李宝聚，等. 唑菌酯对 8 种蔬菜病原菌的生物活性. 农药学学报, 2008, 10(4): 417-422.

[10] 王丽颖，刘君丽，孙芹，等. 唑菌酯与苯醚甲环唑混剂对瓜类炭疽病的防治. 农药, 2015, 54(7): 530-532.

[11] 陈亮，刘君丽，司乃国，等. 创制杀菌剂唑菌酯生物活性及作用特性研究. 粮食安全与植保科技创新, 2009: 690-695.

[12] 张英彪，郭冰，欧军，等. 25%唑菌酯·氟吗啉 SC 对马铃薯晚疫病的田间防效. 农药, 2015, 54(1): 73-75.

[13] 李淼，李慧超，刘长令. 取代唑类化合物作为抗植物病毒剂的应用. CN104430368A, 2015-03-25.

3.3.3 唑胺菌酯的创制

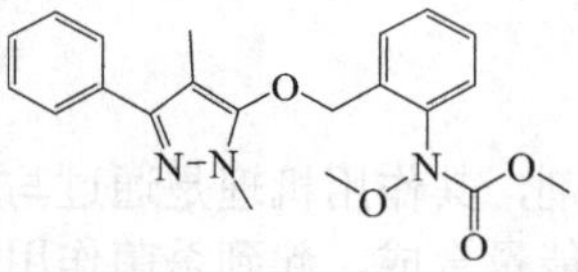

化合物专利名称：一种芳基醚类化合物及其制备与应用

中国专利号：ZL200510046515.6；申请日：2005-05-26；授权日：2008-10-22

专利发明人：刘长令，李淼，张弘，耿丽文，周德峰，罗艳梅，崔东亮；申请人：沈阳化工研究院

唑胺菌酯是在唑菌酯基础上参照吡唑醚菌酯的化学结构对甲氧基丙烯酸酯部分进行替换优化得到的，英文通用名 pyrametostrobin，获中、美、欧、日、巴西等地发明专利。唑胺菌酯由沈阳科创化学品有限公司于 2011 年获准新农药临时登记(LS20110235)，对担子菌、子囊菌、接合菌及半知菌引起的大多数植物病害具有很好的防治作用，如霜霉病、白粉病、锈病、疫病等，与氰霜唑、戊唑醇和苯醚甲环唑之间无交互抗性，适用于黄瓜、小麦、玉米、苹果等作物。

3.3.3.1 创制过程

吡唑醚菌酯是巴斯夫公司 2000 年发现、2002 年上市的非常广谱的杀菌剂，且具有保护作用、治疗作用、内吸传导性和耐雨水冲刷性能，应用范围较广，可用于防治谷物上的叶枯病、锈病和条纹病，花生上的褐斑病，大豆上的褐纹病、紫斑病和锈病，葡萄上的霜霉病和白粉病，马铃薯和番茄上的晚疫病和早疫病，香蕉上的黑条叶斑病、柑橘疮痂病和黑斑病以及草坪上的菌核病和猝倒病[1]。至 2005 年，吡唑醚菌酯已在 50 多个国家的 100 多种作物上登记，2005 年销售额超过 5 亿美元，2007 年该产品的销售额达 5 亿欧元，入市 3 年便迅速成长为公司的主打产品。其中，拉美地区亚洲大豆锈病(*Phakopsora pachyrhizi*)的暴发有力地推动了吡唑醚菌酯的发展。

经文献检索发现甲氧基氨基甲酸酯类化合物的非甲氧基氨基甲酸酯部分结构变化相对报道比较少，主要集中在取代苯氧亚甲基，还有芳环取代氧亚甲基及肟醚等类型，尚有较大的改造空间。因此，为了发现性能优异的新型 *N*-甲氧基氨基甲酸甲酯类化合物，在唑菌酯的基础上，结合吡唑醚菌酯的结构特点，通过“中间体衍生化法”的替换法，对唑菌酯的丙烯酸酯片段进行等价替换，经过对吡唑环取代基的进一步结构优化，发现了唑胺菌酯（图 3-15）[2]。

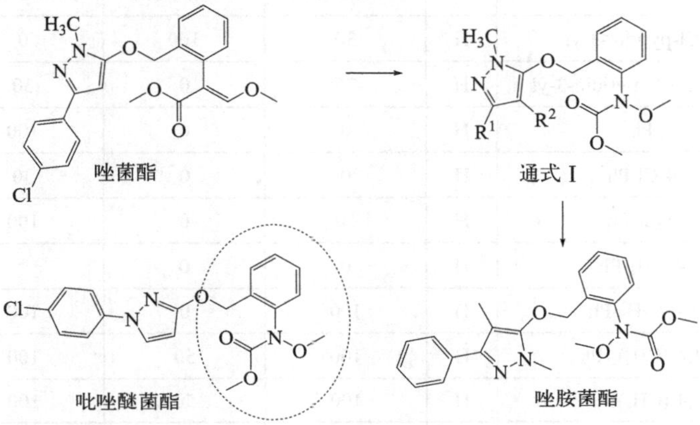

图 3-15　唑胺菌酯的发现过程

基于上述设计思路，设计并合成了一系列新型 *N*-甲氧基氨基甲酸甲酯类化合物，该类化合物杀菌谱广、杀菌活性高，对霜霉病、白粉病、稻瘟病等有优异的防治效果[3]。

由表 3-40 中数据可知，对照药剂嘧菌酯、醚菌酯和吡唑醚菌酯在 400mg/L 浓度下均具有很好的杀菌活性，在此浓度下化合物Ⅰ-1 至Ⅰ-18 对四种病害的活性与对照药剂相当或低于对照药剂。对水稻稻瘟病来说，R^1 为苯基取代的化合物活性整体优于吡啶基取代的化合物，苯环上取代基为 2 个甲基(Ⅰ-8、Ⅰ-9、Ⅰ-15、Ⅰ-16)或 4 位为甲氧基(Ⅰ-11、Ⅰ-18)取代的化合物活性最好，在 400mg/L 浓度下具有 100%的活性；该类化合物对黄瓜灰霉病来说防治效果均不理想，仅化合物Ⅰ-1(R^1=6-Cl-pyridin-3-yl，R^2=H)在 400mg/L 浓度下具有 100%的防治效果；对黄瓜霜霉病，R^1 为吡啶基取代的化合物活性仍没有苯基取代的化合物活性好，从普筛结果来看，苯环 4 位为氯取代的化合物(Ⅰ-4、Ⅰ-13)对黄瓜霜霉病防效较差；对小麦白粉病，R^1 为苯基和吡啶基取代的化合物均具有较好的效果，苯环 4 位为氯(Ⅰ-4、Ⅰ-13)和叔丁基(Ⅰ-7、I-17)取代不利于对小麦白粉病的防治。

从表 3-41 可以看出，R^2 为甲基的化合物(Ⅰ-12、Ⅰ-14、Ⅰ-15、Ⅰ16 和Ⅰ-18)对黄瓜霜霉病和小麦白粉病的杀菌活性优于 R^2 为氢的化合物(Ⅰ-3、Ⅰ-5、Ⅰ-6、Ⅰ-7、Ⅰ-8、Ⅰ-9、Ⅰ-10 和Ⅰ-11)。化合物 I-14(R^1=4-CH_3-Ph，R^2= CH_3)和Ⅰ-16[R^1=2,4- $(CH_3)_2$-Ph，R^2= CH_3]在 12.5mg/L 下对黄瓜霜霉病的防治效果达到 95%以上，与嘧菌酯相当，明显高于醚菌酯；化合物 I-12(R^1=Ph，R^2= CH_3)、I-14(R^1=4-CH_3-Ph，R^2= CH_3)和 I-15(R^1=3,4-$(CH_3)_2$-Ph，R^2= CH_3)在 1.56mg/L 下对小麦白粉病的防治效果达到 95%以上，与醚菌酯相当，明显高于嘧菌酯和吡唑醚菌酯。由此可看出，R^1 为苯基的化合物活性优于 R^1 为吡啶基的化合物，当 R^2 为甲基时，苯环上无取代基或为甲基取代有助于杀菌活性的提高；化合物Ⅰ-12(唑胺菌酯)对黄瓜霜霉病和小麦白粉病均具有很好的防治效果，可进行进一步研究开发。

表 3-40　化合物 Ⅰ-1 至 Ⅰ-18 的杀菌活性普筛结果

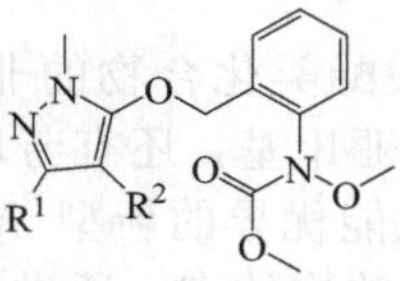

化合物	R^1	R^2	防治效果/%			
			水稻稻瘟病	黄瓜灰霉病	黄瓜霜霉病	小麦白粉病
Ⅰ-1	6-Cl-pyridin-3-yl	H	30	100	0	100
Ⅰ-2	6-CF_3CH_2O-pyridin-3-yl	H	70	0	30	90
Ⅰ-3	Ph	H	0	0	100	100
Ⅰ-4	4-Cl-Ph	H	0	0	30	70
Ⅰ-5	4-Br-Ph	H	50	0	100	100
Ⅰ-6	4-CH_3-Ph	H	0	0	*	98
Ⅰ-7	4-*t*-C_4H_9-Ph	H	100	0	100	0
Ⅰ-8	3,4-$(CH_3)_2$-Ph	H	100	50	100	100
Ⅰ-9	2,4-$(CH_3)_2$-Ph	H	100	50	100	100
Ⅰ-10	2,4-Cl_2-Ph	H	0	0	100	100
Ⅰ-11	4-CH_3O-Ph	H	100	80	98	100
Ⅰ-12	Ph	CH_3	0	0	100	100
Ⅰ-13	4-Cl-Ph	CH_3	50	0	0	40
Ⅰ-14	4-CH_3-Ph	CH_3	0	0	100	100
Ⅰ-15	3,4-$(CH_3)_2$-Ph	CH_3	100	50	100	100
Ⅰ-16	2,4-$(CH_3)_2$-Ph	CH_3	100	50	100	100
Ⅰ-17	4-*t*-C_4H_9-Ph	CH_3	0	0	0	0
Ⅰ-18	4-CH_3O-Ph	CH_3	100	0	100	100
嘧菌酯			100	/	100	100
醚菌酯			100	100	/	100
吡唑醚菌酯			/	/	100	/

注：*代表苗死亡；喷施浓度为 400mg/L；pyridin 为吡啶。

表 3-41　部分化合物的杀菌活性复筛结果

化合物	黄瓜霜霉病/%		小麦白粉病/%		
	25mg/L	12.5mg/L	25mg/L	6.25mg/L	1.56mg/L
Ⅰ-1	0	0	100	100	60
Ⅰ-2	0	0	50	0	0
Ⅰ-3	40	0	80	30	0

续表

化合物	黄瓜霜霉病/%		小麦白粉病/%		
	25mg/L	12.5mg/L	25mg/L	6.25mg/L	1.56mg/L
Ⅰ-5	100	20	100	85	50
Ⅰ-6	0	0	50	0	0
Ⅰ-7	0	0	/	/	/
Ⅰ-8	100	40	100	85	50
Ⅰ-9	70	30	100	85	20
Ⅰ-10	100	20	100	100	80
Ⅰ-11	30	0	40	10	0
Ⅰ-12	100	60	100	100	100
Ⅰ-14	100	95	100	100	95
Ⅰ-15	80	50	100	100	100
Ⅰ-16	100	100	100	100	65
Ⅰ-18	55	15	100	85	30
嘧菌酯	100	98	100	90	60
醚菌酯	35	10	100	100	100
吡唑醚菌酯	/	/	100	98	75

3.3.3.2 知识产权分析

该发明化合物结构虽与已知专利化合物结构相似，但存在显著的不同，在已有专利范围外。

（1）新颖性　新颖性分析见表 3-42。

表 3-42　该专利与已有技术对比表

该专利： CN1869034A(沈阳化工研究院，申请日：2005-05-26；公开日：2006-11-29)	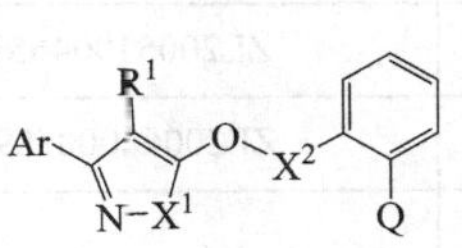 通式 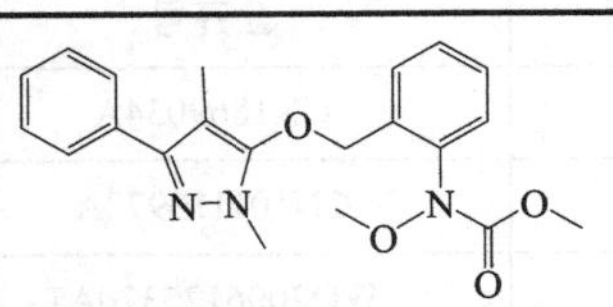 代表化合物唑胺菌酯(化合物 63)
接近的已有技术与同类商品化/开发中品种	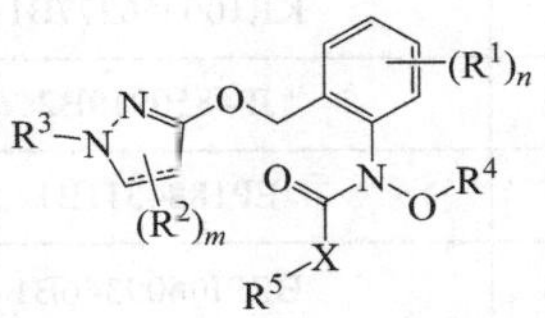 通式 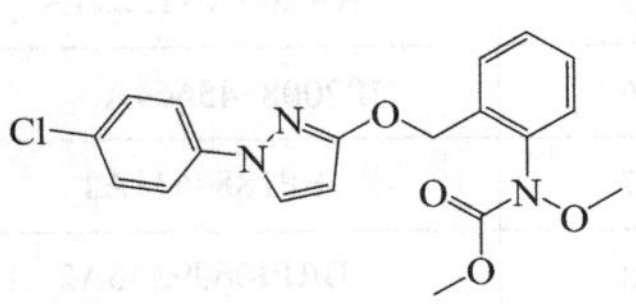 代表化合物吡唑醚菌酯(化合物 2) CN1154692A(巴斯夫公司，申请日：1995-06-21；公开日：1997-07-16)，与该发明结构差别大(苯环和苄氧基在吡唑环上的取代位置明显不同)

接近的已有技术与同类商品化/开发中品种	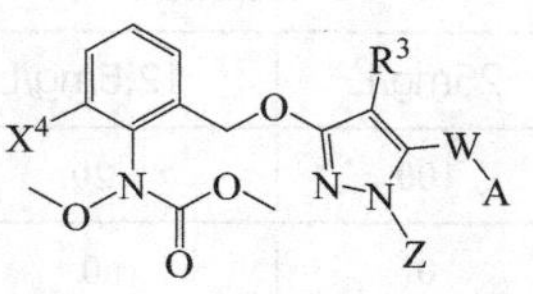 通式 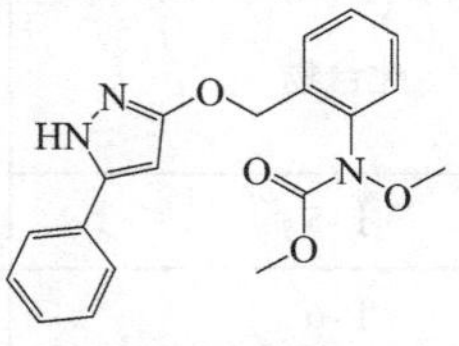　代表化合物(化合物135) WO9933812A1(罗纳普朗克公司，申请日：1998-12-23；公开日：1999-07-08)，与该发明结构差别大
	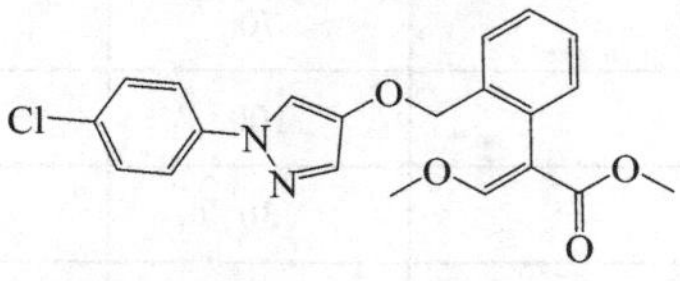 WO9724332 A1 (BASF 公司，申请日：1996-12-16；公开日：1997-07-10)，与该发明结构差别大(苯环和苄氧基在吡唑环上的取代位置明显不同)
	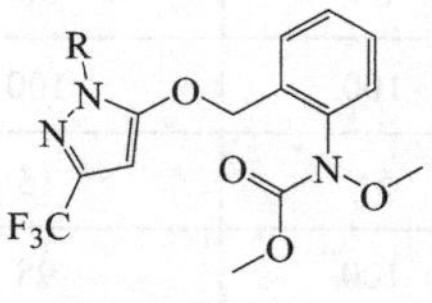 通式 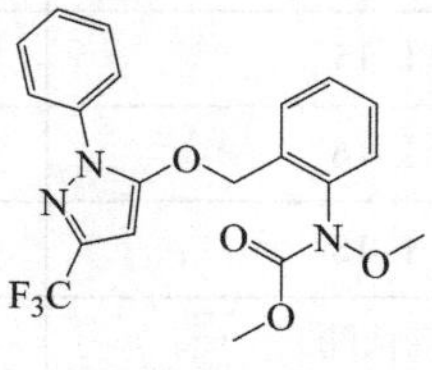　代表化合物 《农药学报》, 2004, 6(1)：17-21。与该发明结构差别大

（2）创造性　专利 CN1869034A 说明书第 21～22 页生物活性测定实施例记载，该发明测试化合物(编号 63，唑胺菌酯)在 500mg/L 剂量下，对黄瓜霜霉病、小麦白粉病防效 100%；在 600mg/L，对黏虫、小菜蛾、桃蚜、淡色库蚊致死率达 85%以上。

（3）核心化合物专利　唑胺菌酯核心化合物专利与授权保护范围如表 3-43 所示。

表 3-43　原沈阳化工研究院申请的唑胺菌酯核心化合物专利

序号	公开号	专利号	法律状态
1	CN1869034A	ZL200510046515.6	授权有效
2	CN101119972A	ZL200680005095.X	授权有效
3	WO2006125370A1		
4	US2008275070A1	US7786045B2	授权有效
5	KR20070112291A	KR100956277B1	授权有效
6	JP2008545664A	JP4859919B2	授权后失效
7	EP1884511A1	EP1884511B1	授权有效
8	BRPI0609346A2	BRPI0609346B1	授权有效
授权保护范围(中国专利)			
一种芳基醚类化合物，其特征如通式 I 所示：			

续表

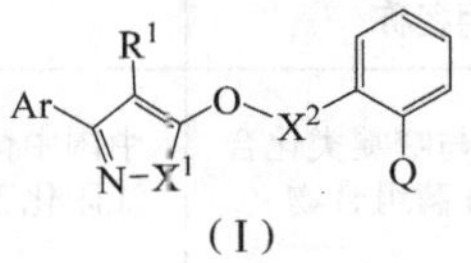

式中：

X^1 选自 O、S 或 NR^2；

X^2 选自 CH_2；

R^1 选自氢、卤原子、硝基、氰基、$CONH_2$、CH_2CONH_2、CH_2CN、C_1～C_{12} 烷基、卤代 C_1～C_{12} 烷基、C_1～C_{12} 烷氧基、卤代 C_1～C_{12} 烷氧基、C_1～C_{12} 烷硫基、C_1～C_{12} 烷磺酰基、C_1～C_{12} 烷基羰基、C_1～C_{12} 烷氧基 C_1～C_{12} 烷基、C_1～C_{12} 烷氧基羰基、C_1～C_{12} 烷氧基羰基 C_1～C_{12} 烷基、C_1～C_{12} 卤代烷氧基 C_1～C_{12} 烷基、氨基 C_1～C_{12} 烷基；

R^2 选自氢、C_1～C_{12} 烷基、卤代 C_1～C_{12} 烷基、C_1～C_{12} 烷氧基羰基或 C_1～C_{12} 烷氧基羰基 C_1～C_{12} 烷基；

Q 选自 Q_4：

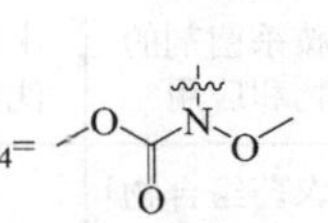

Ar 选自取代或未取代的苯基、吡啶基、呋喃、噻吩或噻唑，其取代基选自 1～2 个卤素、C_1～C_3 烷基、C_1～C_3 烷硫基或 C_1～C_3 卤代烷氧基

3.3.3.3 合成方法

以邻硝基甲苯为原料，经还原、酰化、甲基化、溴化得到溴化物，苯丙酮与碳酸二甲酯经甲氧羰基化反应得到 4155A，然后与甲基肼合环制得 4155B，即吡唑醇，然后与溴化物反应得到粗品，后经结晶得到合格产品，共计 7 步反应和一步产品精制（图 3-16）[2]。

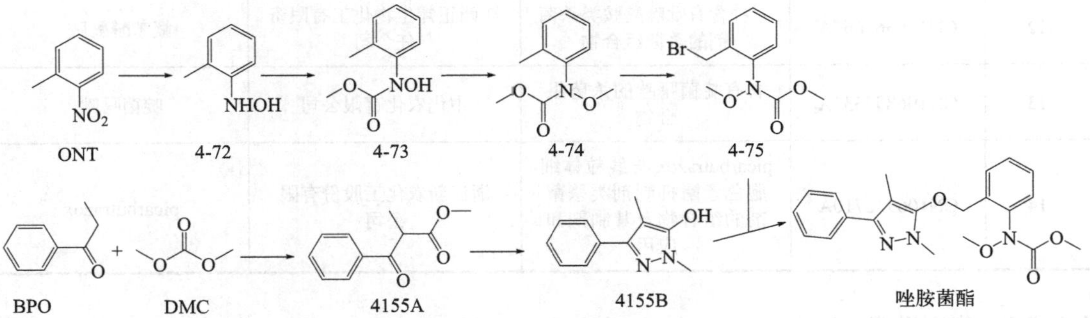

图 3-16 唑胺菌酯的合成路线

3.3.3.4 组合物专利

唑胺菌酯部分组合物专利见表 3-44。

表 3-44 唑胺菌酯组合物专利

序号	公开号	发明名称	申请人	B 组分
1	CN101953351A	含唑胺菌酯的杀真菌组合物	中国中化股份有限公司、沈阳化工研究院有限公司	苯醚甲环唑等三唑类、抑霉唑、咪鲜胺或噁咪唑等

续表

序号	公开号	发明名称	申请人	B 组分
2	CN101953352A	含唑胺菌酯与嘧啶类化合物的杀真菌组合物	中国中化股份有限公司、沈阳化工研究院有限公司	嘧菌环胺、乙嘧酚、嘧菌腙、氟嘧菌胺、氟苯嘧啶醇等
3	CN102626099A	一种含壬菌铜和甲氧基丙烯酸酯类杀菌剂的杀菌组合物	陕西上格之路生物科学有限公司	壬菌铜
4	CN103004819A	一种含有氟吡菌胺的杀菌剂组合	王学权	氟吡菌胺
5	CN104054733A	一种含有硝苯菌酯与唑胺菌酯的杀菌组合物	海利尔药业集团股份有限公司	硝苯菌酯
6	CN104542659A	一种含吡噻菌胺杀菌剂的杀真菌组合物和应用	中国中化股份有限公司、沈阳化工研究院有限公司	吡噻菌胺
7	CN105265434A	含有咯菌腈的农药组合物	中化农化有限公司	咯菌腈
8	CN105432639A	一种防治蔬菜病害的杀菌组合物及应用	河北省农林科学院植物保护研究所	氟唑菌酰胺
9	CN105638697A	含有甲氧基丙烯酸酯类杀菌剂的农药组合物及其应用	中化农化有限公司	tolprocarb
10	CN105981724A	含喹啉铜的杀菌组合物	中化农化有限公司	喹啉铜
11	CN106489968A	一种含有唑胺菌酯与啶酰菌胺的杀菌组合物	广东中迅农科股份有限公司	啶酰菌胺
12	CN106561667A	一种含有吡唑酰胺类杀菌剂的杀菌组合物	江西正邦生物化工有限责任公司	氟苯醚酰胺
13	CN106852332A	含有啶菌噁唑的杀菌组合物	中化农化有限公司	啶菌噁唑
14	CN106922710A	picarbutrazox 与线粒体细胞色素酶抑制剂类杀菌剂的组合物及其制剂和应用	浙江新农化工股份有限公司	picarbutrazox

3.3.3.5 作用机理

真菌线粒体呼吸抑制剂，其作用机理是通过与细胞色素 bc_1 复合体的结合，抑制线粒体的电子传递，从而破坏病菌能量合成，起到杀菌作用[4]。

3.3.3.6 毒理学与安全评价

大鼠急性经口 LD_{50}(mg/kg)：＞5010(雄)，＞4300(雌)；大鼠急性经皮 LD_{50}(mg/kg)：＞2150(雄、雌)。对兔眼为轻度至中度刺激性。对兔皮肤无刺激性。Ames、微核、染色体试验结果均为阴性。致敏试验为弱致敏物。鸟类急性经口毒性 LD_{50}＞5000mg/kg。对斑马鱼急性毒性 LC_{50}(96h) 0.44mg/L。对虹鳟鱼的急性毒性 LC_{50}(96h)10.5μg/L。蜜蜂急性经口毒性 LC_{50}(mg/L)：(24h)＞10000，(48h)＞10000。蜜蜂急性接触毒性 LD_{50}(μg/只)：(24h)＞500，(48h)＞500。对微生物的

毒性为“低毒级”[4]。

3.3.3.7 登记情况

目前国内登记唑胺菌酯产品 2 个（均已过期），具体登记信息如表 3-45。

表 3-45 唑胺菌酯相关登记产品信息表

登记证号	农药名称	剂型	总含量	登记作物	防治对象	用药量(制剂量)	施用方法	登记证持有人
LS20110235	唑胺菌酯	原药	95%	—	—	—	—	沈阳科创化学品有限公司
LS20110249	唑胺菌酯	悬浮剂	20%	黄瓜	白粉病	16.7～33.3mL/亩	喷雾	沈阳科创化学品有限公司

3.3.3.8 应用效果

唑胺菌酯具有高效广谱的杀菌活性，对黄瓜、小麦、玉米、苹果、葡萄、苦瓜、辣椒、番茄、甜瓜、草莓、四季豆及豇豆等上的担子菌、子囊菌、接合菌及半知菌引起的大多数植物病害具有很好的防治作用，如霜霉病、白粉病、锈病和疫病等。与腈菌唑、戊唑醇和苯醚甲环唑之间无交互抗性[4]。

对小麦白粉病具有优异的保护活性和治疗活性，及很好的内吸传导性；内吸性强，在植株体内及叶片间表现出较好的横向、跨层及向顶传导能力，但其向基传导性较差；对黄瓜白粉病菌的孢子萌发、菌丝生长、分生孢子梗及分生孢子的形成具有显著的抑制作用；对黄瓜白粉病和黄瓜霜霉病的持效期为 7～10d，光稳定性较好，经紫外光照射 4h 以内的光稳定系数在 1.00～0.26 之间；施药后 30min 以上降雨对药效影响微弱，耐雨水冲刷性较好[5-8]。

部分田间试验结果如下：

（1）防治黄瓜白粉病田间试验[8] 25%福美双·唑胺菌酯悬浮剂和 25%百菌清·唑胺菌酯悬浮剂在 200mg/L 有效剂量下对黄瓜白粉病的防效分别为 79.59%和 79.08%，略低于 20%唑胺菌酯悬浮剂在 100mg/L 有效剂量下的防效，略高于 25%乙嘧酚悬浮剂在同等剂量下的防效。

（2）防治小麦白粉病田间试验[8] 25%福美双·唑胺菌酯悬浮剂和 25%百菌清·唑胺菌酯悬浮剂在 250～500mg/L 有效剂量下对小麦白粉病的防效与唑胺菌酯在 100mg/L 有效剂量下的防效相当，均达到 91%～98%之间，优于其他药剂在试验剂量下的防效。

（3）防治番茄灰霉病田间试验[9] 50%啶酰菌胺水分散粒剂与 20%唑胺菌酯悬浮剂以有效成分质量 1∶3 的比例进行混配后，对番茄灰霉病表现出良好的防治效果，且均显著高于对照药剂嘧霉胺。

（4）防治柑橘炭疽病田间试验[10] 20%唑胺菌酯·咪鲜胺悬浮剂对柑橘炭疽病有良好的防治作用。其 400mg/L 处理的防治效果达 87.81%，200mg/L 处理的防治效果为 84.56%，与 25%咪鲜胺乳油 333mg/L 的防治效果(85.74%)相当。

参考文献

[1] 侯春青，李志念，刘长令．新型 Strobin 类杀菌剂唑菌胺酯．农药, 2002, 41(6): 41-43, 34.

[2] 刘长令，关爱莹，谢勇．中间体衍生化法与新农药创制．北京：化学工业出版社, 2020.

[3] 刘长令，李淼，张弘，等．一种芳基醚类化合物及其制备与应用. CN1869034A, 2006-11-29.

[4] 刘长令，杨吉春．现代农药手册．北京：化学工业出版社, 2018.

[5] 曹秀凤，刘君丽，李志念，等．新杀菌剂唑胺菌酯的作用特性．农药, 2010, 49(5): 323-325, 343.

[6] 司乃国，刘君丽，李志念，等．新杀菌剂唑胺菌酯及其应用技术．新农业, 2011, 4: 50-51.

[7] 孟润杰，王文桥，刘长令，等. 唑胺菌酯对黄瓜白粉病的作用方式及其内吸传导性. 植物保护学报, 2009, 36(3): 287-288.
[8] 单忠刚，孙芹，李志念. 创制品种唑胺菌酯混剂的应用. 农药, 2014, 53(8): 594-596.
[9] 赵建江，陈治芳，韩秀英，等. 啶酰菌胺与唑胺菌酯混配对灰葡萄孢毒力的增效作用. 农药学学报, 2015, 17(4) : 417-424.
[10] 赵杰，陈宣明，遇露，等. 唑胺菌酯与咪鲜胺混剂对柑橘炭疽病的药效试验. 农药, 2016, 55(4): 290-291, 303.

3.3.4 氯啶菌酯的创制

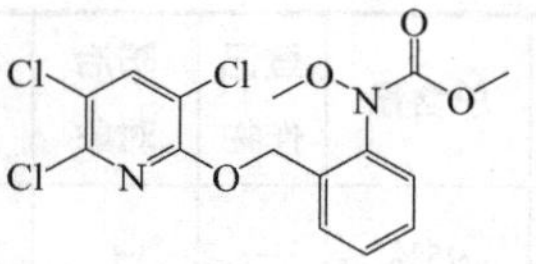

化合物专利名称：*N*-(2-取代苯基)-*N*-甲氧基氨基甲酸酯类化合物及其制备与应用

中国专利号：ZL200510045856.1；申请日：2005-02-06；授权日：2008-10-01

专利发明人：杨春河，耿丽文，周德锋，张弘，崔东亮，李志念，王良清，臧寿国，张则勇；申请人：沈阳化工研究院

氯啶菌酯是由沈阳化工研究院创制的甲氧基丙烯酸酯类杀菌剂，英文通用名 triclopyricarb，获得中国、美国、欧洲发明专利。氯啶菌酯由江苏宝灵化工股份有限公司开发，于 2012 年获准新农药临时登记(LS20120039)，2016 年获准正式登记(PD20161257)，主要用于防治小麦白粉病以及水稻稻曲病、稻瘟病、纹枯病等。

3.3.4.1 创制过程

从氯啶菌酯的结构以及专利检索推测：其是用取代吡啶中间体，在保留甲氧基丙烯酸酯药效团的情况下，对甲氧基丙烯酸酯类杀菌剂其他部分进行替换，从而发现含吡啶的甲氧基丙烯酸酯类先导化合物，然后对先导化合物进行优化而获得。实验代号 SYP-7017(中文通用名：氯啶菌酯)。

3.3.4.2 知识产权分析

该品种为 me-too 研究，在巴斯夫专利(US5981532A，申请日：1998-07-07；公开日：1999-11-09)公开和授权范围内，但相关专利并没有具体公开氯啶菌酯的结构，属于选择性发明。

（1）新颖性　新颖性分析见表 3-46。

表 3-46　该专利与已有技术对比表

该专利： CN1814590A(沈阳化工研究院，申请日：2005-02-06；公开日：2006-08-09)	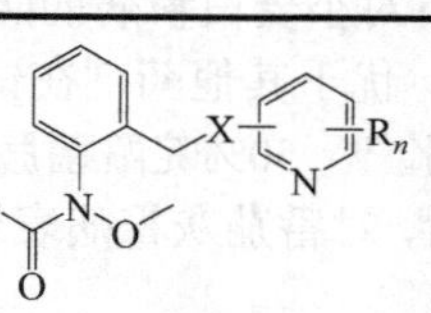 通式 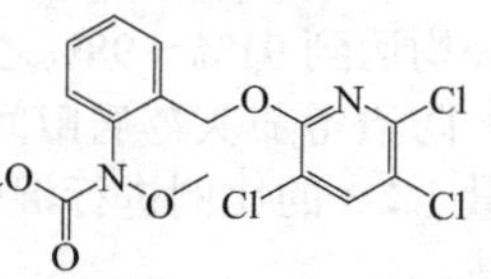　　代表化合物氯啶菌酯(化合物 13)
接近的已有技术与同类商品化/开发中品种	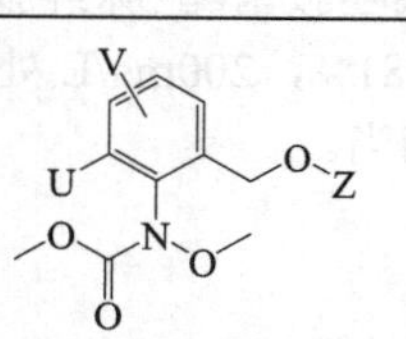 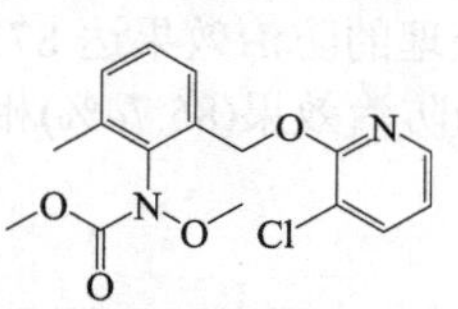 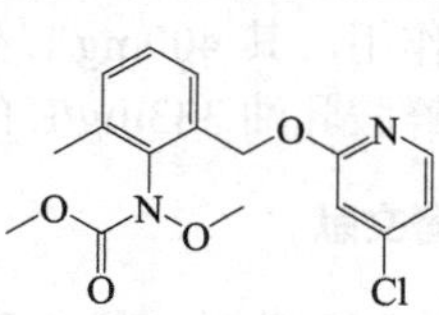 通式(U 是卤素、C_1～C_2烷基或 C_1～C_2卤代烷基) WO9911129A1(杜邦，申请日：1998-08-27；公开日：1999-03-11)公开了如上通式及具体化合物，与氯啶菌酯的差别在于苯环上的 U 不选自氢，Z 代表的吡啶环上取代基数量不同

接近的已有技术与同类商品化/开发中品种	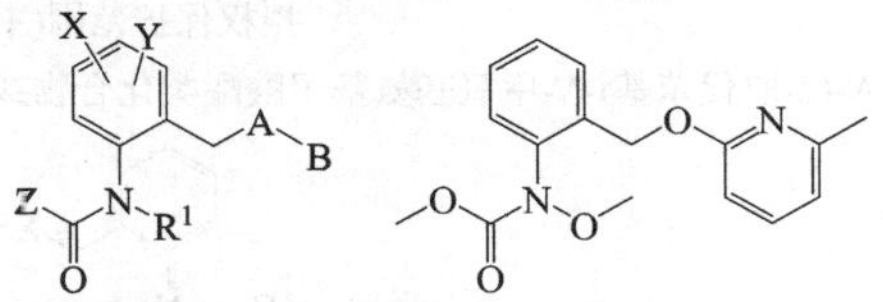 通式(Z 是甲氧基; X 和 Y 各自独立地选自氢等; R[1] 为 *O*-烷基; A 是 O; B 可选自未取代的和取代杂芳基、杂环基等) US5981532A(巴斯夫，申请日：1998-07-07；公开日：1999-11-09)公开了通式及具体化合物。氯啶菌酯虽在其专利公开和授权范围内(相关专利未在中国申请专利保护)，但相关专利并没有具体公开氯啶菌酯的结构

（2）创造性　该专利中未记载已有技术中公开化合物的活性数据，但是记载了与商品化药剂醚菌酯的平行对比数据。

专利 CN1814590A 记载，该发明测试化合物(编号 13，氯啶菌酯)对小麦白粉病在 0.78mg/L 剂量下保护防效达 100%，而商品化对照药剂醚菌酯在 3.125mg/L、0.78mg/L 剂量下保护防效分别为 70%、15%（表 3-47）。氯啶菌酯对小麦白粉病的保护防效明显优于对照药剂，氯啶菌酯对小麦白粉病的治疗活性在 3.125mg/L、6.25mg/L 剂量下治疗效果分别达 70%、100%，而商品化对照药剂醚菌酯在 3.125mg/L、6.25mg/L 剂量下治疗效果分别为 15%、75%（表 3-48），氯啶菌酯对小麦白粉病的治疗效果优于对照药剂。

表 3-47　对小麦白粉病的保护防效[1]　　单位：%

化合物	12.5mg/L	6.25mg/L	3.125mg/L	1.56mg/L	0.78mg/L
13(氯啶菌酯)	100	100	100	100	100
醚菌酯	100	98	70	40	15
空白对照	0				

表 3-48　对小麦白粉病的治疗效果[1]　　单位：%

化合物	12.5mg/L	6.25mg/L	3.125mg/L	1.56mg/L	0.78mg/L
13(氯啶菌酯)	100	100	70	35	10
醚菌酯	100	75	15	10	0
空白对照	0				

（3）核心化合物专利　氯啶菌酯核心化合物专利与授权保护范围如表 3-49 所示。

表 3-49　原沈阳化工研究院申请的氯啶菌酯核心化合物专利

序号	公开号	专利号	法律状态
1	CN1814590A	ZL200510045856.1	授权有效
3	WO2006081759A1		
4	EP1845086A1	EP1845086B1	授权有效
5	US2009048309A1	US7666884B2	授权有效

续表

授权保护范围(中国专利)
通式Ⅰ所示的 *N*-(2-取代苯基)-*N*-甲氧基氨基甲酸酯类化合物或其盐:
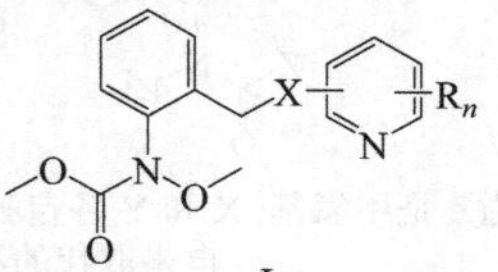
Ⅰ
式中:
X 选自 O;
1<*n*≤4，R 可以相同或不同，分别选自卤素或氰基

3.3.4.3 合成方法

以 *N*-(2-溴甲基苯基)-*N*-甲氧基氨基甲酸甲酯和三氯吡啶醇钠为起始原料，经缩合反应制得目标物(图 3-17)[2]。

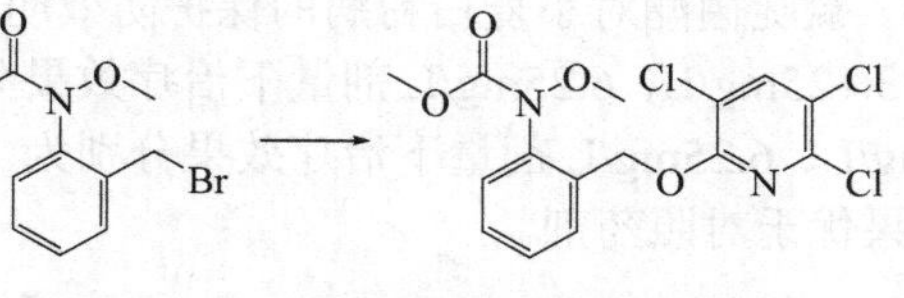

图 3-17 氯啶菌酯合成路线 1

邻硝基苄溴为起始原料，经缩合、还原等四步化学反应制得目标物(图 3-18)[2]。

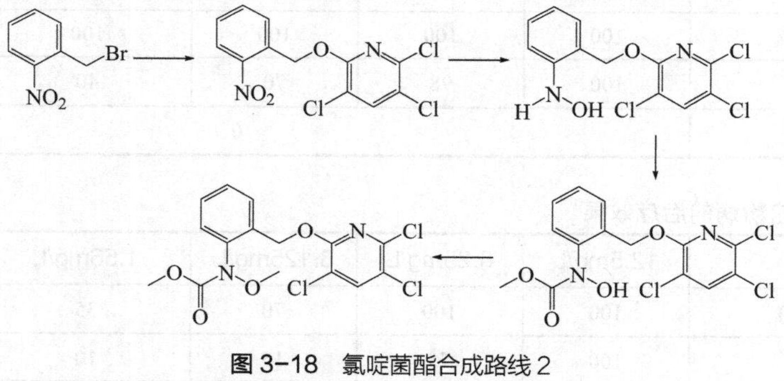

图 3-18 氯啶菌酯合成路线 2

经如下反应制得目标物(图 3-19)[3]:

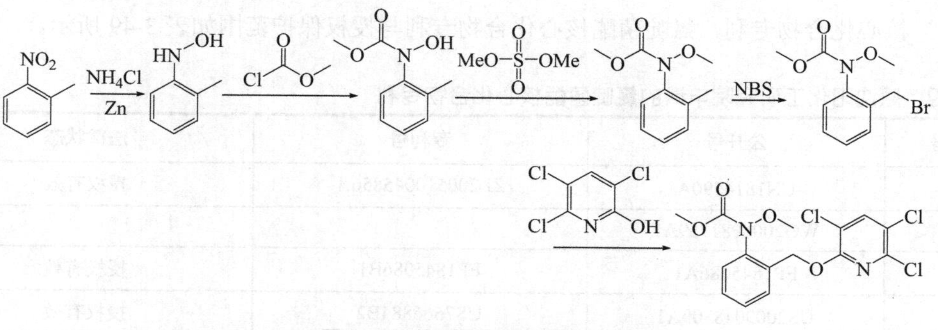

图 3-19 氯啶菌酯合成路线 3

3.3.4.4 组合物专利

氯啶菌酯部分组合物专利见表 3-50。

表 3-50 氯啶菌酯组合物专利

序号	公开号	发明名称	申请人	B 组分
1	CN101258852A	氯啶菌酯、咪鲜胺杀菌组合物	江苏宝灵化工股份有限公司	咪鲜胺
2	CN101258853A	氯啶菌酯、唑类杀菌剂组合物及用途	江苏宝灵化工股份有限公司	唑类杀菌剂
3	CN101258854A	氯啶菌酯、保护性杀菌剂组合物及用途	江苏宝灵化工股份有限公司	保护性杀菌剂
4	CN101326916A	氯啶菌酯的杀菌组合物及用途	江苏宝灵化工股份有限公司	甲霜灵
5	CN101427684A	一种含有氯啶菌酯与三唑类杀菌剂的杀真菌组合物	中国中化集团公司、沈阳化工研究院	戊唑醇、烯唑醇、氟环唑、腈菌唑、三唑酮、丙环唑或噁醚唑
6	CN101700029A	一种含氯啶菌酯和多菌灵的杀菌组合物	安徽省农业科学院植物保护研究所	多菌灵
7	CN102484997A	防治葡萄病害的多用途杀菌剂	江苏丘陵地区镇江农业科学研究所	苯醚甲环唑
8	CN102669159A	一种防治霜霉病的杀菌剂及其制备方法与应用	卞毓平	三苯基醋酸锡、菌科清、异菌脲四元组合物
9	CN102715176A	一种含氰烯菌酯和氯啶菌酯的杀菌组合物	安徽省农业科学院植物保护与农产品质量安全研究所	氰烯菌酯
10	CN102960351A	一种含有烯肟菌酯与氯啶菌酯的杀菌组合物	海利尔药业集团股份有限公司	烯肟菌酯
11	CN102986722A	一种含有硅氟唑与氯啶菌酯的杀菌组合物	海利尔药业集团股份有限公司	硅氟唑
12	CN103004820A	一种含有吡唑醚菌酯与氯啶菌酯的杀菌组合物	海利尔药业集团股份有限公司	吡唑醚菌酯
13	CN103070182A	一种含有唑菌酯与氯啶菌酯的杀菌组合物	海利尔药业集团股份有限公司	唑菌酯
14	CN103563969A	防治植物病害的一种杀菌组合物	江苏丰源种业有限公司	硅氟唑
15	CN103651492A	一种含异菌脲和氯啶菌酯的杀菌组合物及应用	李视辉	异菌脲
16	CN104054730A	一种含氯啶菌酯和噻呋酰胺的杀菌组合物及其应月	安徽省农业科学院植物保护与农产品质量安全研究所	噻呋酰胺

3.3.4.5 作用机理

线粒体呼吸抑制剂，通过抑制细胞色素 b 和 c 之间电子转移中线粒体的呼吸而致效[3]。

3.3.4.6 毒理学与安全评价

大鼠急性经口 LD_{50}（雌、雄）为 5840mg/kg，大鼠急性经皮 LD_{50}（雌、雄）＞2150mg/kg，大鼠急性吸入 LC_{50}（雌、雄）＞5000mg/kg。对家兔眼睛和皮肤有轻度刺激性，豚鼠皮肤弱致敏性。在 Ames 基因突变、染色体突变、微核试验及畸形试验中均为阴性。对大鼠 13 周喂饲 NOEL：雌性（51.6±2.9）mg/（kg·d），雄性（61.1±4.7）mg/（kg·d）。鹌鹑 LD_{50}＞2150mg/kg，鹌鹑饲喂 LC_{50}＞2000mg/kg，斑马鱼 LC_{50}（96h）2.21mg/L，大型水蚤 LC_{50}（48h）0.0837mg（a.i.）/L，绿藻 EC_{50}（72h）0.54mg（a.i.）/L，蜜蜂急性经口 LC_{50}（48h）2680.6mg/L，蜜蜂急性接触 LD_{50}（48h）＞100μg/只。对家蚕 LC_{50}（96h）1001.7mg/L[3,4]。

3.3.4.7 登记情况

目前国内登记氯啶菌酯系列产品 3 个，具体登记信息见表 3-51。

表 3-51 氯啶菌酯相关登记产品信息表

登记证号	农药名称	剂型	总含量	登记作物	防治对象	用药量（制剂量）	施用方法	登记证持有人
PD20161258	氯啶菌酯	乳油	15%	小麦	白粉病	15～25mL/亩	喷雾	江苏宝灵化工股份有限公司
PD20180174	氯啶菌酯	悬浮剂	20%	小麦	白粉病	15～25mL/亩	喷雾	江苏宝灵化工股份有限公司
PD20161257	氯啶菌酯	原药	95%	—	—	—	—	江苏宝灵化工股份有限公司

3.3.4.8 应用效果

氯啶菌酯高效广谱，具有预防及治疗作用，对由子囊菌、担子菌及半知菌引起的小麦白粉病、稻瘟病、稻曲病、瓜类白粉病、番茄白粉病、苹果锈病、西瓜炭疽病、花卉白粉病等多种病害表现出优异的防治效果[4,5]。

田间试验结果表明：

（1）防治小麦白粉病田间药效试验[6, 7] 15%氯啶菌酯乳油对小麦白粉病防治效果好，而且持续期长，药后 19d 防效均达 70%以上。

（2）防治水稻纹枯病田间药效试验[8] 15%氯啶菌酯·戊唑醇悬浮剂用于防治水稻纹枯病具有较好的效果，在 66.67g/亩剂量下防效达 84.75%。试验过程中，水稻生长安全。

（3）防治水稻稻瘟病田间药效试验[9] 15%氯啶菌酯乳油在 150g（a.i.）/hm^2 防治水稻稻瘟病的效果，药后 10 天达 89.64%，优于对照药剂 20%三环唑可湿性粉剂，在 100g（a.i.）/hm^2 处理与对照药剂 20%三环唑防效相当（83%），低剂量处理差于对照药剂（75.86%）。

（4）防治油菜菌核病田间药效试验[10] 15%氯啶菌酯乳油对油菜菌核病有良好的防治效果，防效随药量增加而提高。每亩用 15%氯啶菌酯乳油 40mL、60mL 防效分别为 63.36%、68.32%。15%氯啶菌酯乳油 40mL 与 80%多菌灵可湿性粉剂 80g 处理间差异不显著，而 15%氯啶菌酯乳油 60mL 极显著地优于 80%多菌灵可湿性粉剂 80g 处理。在所试药量范围内氯啶菌酯对油菜生长安全。

参考文献

[1] 杨春河，耿丽文，周德锋，等. *N*-(2-取代苯基)-*N*-甲氧基氨基甲酸酯类化合物及其制备与应用. CN1814590A, 2006-08-09.
[2] 巩小涵. 杀菌剂中的新宠——氯啶菌酯. 农药快讯, 2020, 23: 41-42.
[3] 刘长令，杨吉春. 现代农药手册. 北京：化学工业出版社, 2018.

[4] 虞卉，黄坤敏. 新颖甲氧丙烯酸酯类杀菌剂——氯啶菌酯. 世界农药, 2012, 34(2): 54-55.
[5] 李轲轲，司乃国，刘君丽. 新杀菌剂氯啶菌酯及其应用技术. 新农业, 2011(7): 48-49.
[6] 姜观曙，颜军烨，陆加荣，等. 15%氯啶菌酯 EC 防治小麦白粉病试验. 大麦与谷类科学, 2013, 30(2): 61-62.
[7] 黄志宽，高波，陈永恩. 不同药剂防治小麦白粉病效果研究. 现代农业科技, 2013(17): 161, 163.
[8] 邹燕敏，汤露萍. 15%氯啶菌酯·戊唑醇 SC 防治水稻纹枯病试验简报. 上海农业科技, 2010(2): 117, 119.
[9] 黄坤敏. 氯啶菌酯对稻曲病和稻瘟病的防治效果. 湖北农业科学, 2010, 49(10): 2427-2428.
[10] 施根龙. 氯啶菌酯防治油菜菌核病田间药效试验. 安徽农学通报(上半月刊), 2009, 15(1): 164, 124.

3.3.5 烯肟菌酯的创制

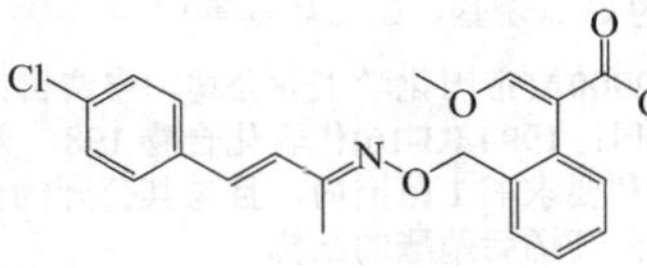

化合物专利名称：不饱和肟醚类杀虫、杀真菌剂

中国专利号：ZL98113756.3；申请日：1998-02-10；授权日：2001-03-07

专利发明人：李宗成，张立新，史思迪（Steven.H.Shaber），李志念，张弘，刘长令，李斌；申请人：化工部沈阳化工研究院（现为沈阳中化农药化工研发有限公司）、美国罗门哈斯公司（后并入陶氏益农，现美国科迪华公司）

烯肟菌酯为沈阳化工研究院与美国罗门哈斯共同合作研发的甲氧基丙烯酸酯类杀菌剂，是国内开发的第一个甲氧基丙烯酸酯类杀菌剂，实验代号 SYP-Z071，英文通用名 enoxastrobin，获得了中国发明专利，专利权人为化学工业部沈阳化工研究院与美国罗门哈斯，但在欧洲、美国等专利权利人均为美国罗门哈斯。烯肟菌酯由沈阳科创化学品有限公司开发，于 2002 年获准新农药临时登记，2007 年获准正式登记(PD20070339)，已在全国范围内推广销售。烯肟菌酯对黄瓜和葡萄霜霉病、小麦白粉病、小麦锈病、番茄灰霉病、番茄疫病、黄瓜炭疽病、水稻稻瘟病、苹果黑星病等有良好的防治效果，于发病前或发病初期喷雾，对黄瓜生长无药害。曾获中国石油和化学工业技术发明一等奖，获辽宁省技术发明二等奖、中国专利奖优秀奖等奖项。

3.3.5.1 创制过程

烯肟菌酯是沈阳化工研究院 1997 年以天然抗生素为先导化合物研制的一种新型甲氧基丙烯酸酯类杀菌剂[1]。

3.3.5.2 知识产权分析

该品种为 me-too 研究，在帝国化学工业公司 CN1042900A（申请日：1989-11-21；公开日：1990-06-13；授权公告日：1994-03-16）公开权利要求 1 范围内；同时在日本农药株式会社专利 CN1088384A（申请日：1990-08-22，优先权日：1989-08-22；公开日：1994-06-29）权利要求书 1 公开范围内；属于选择性发明。

（1）新颖性　新颖性分析见表 3-52。

表 3-52　该专利与已有技术对比表

该专利：CN1191670A(化工部沈阳化工研究院与美国罗门哈斯公司联合申请，申请日：1998-02-10；公开日：1998-09-02)	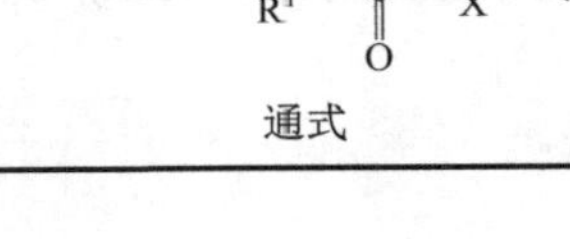 通式	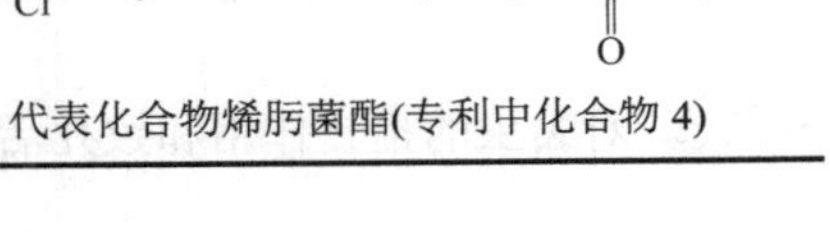 代表化合物烯肟菌酯(专利中化合物 4)

续表

接近的已有技术与同类商品化/开发中品种	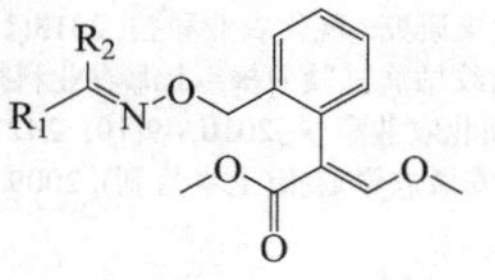 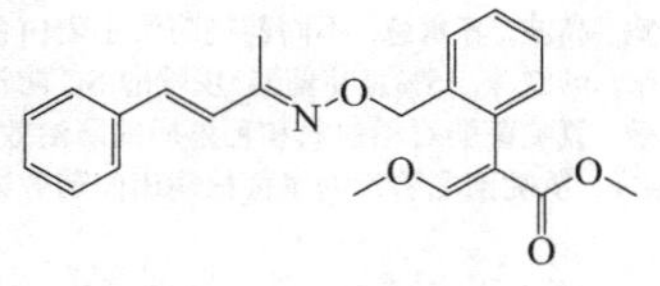 通式(R^1和R^2可以相同或不同，为$C_{1\sim6}$烷基、$C_{2\sim6}$烯基等)　代表化合物(专利中化合物198) CN1042900A(帝国化学工业公司，申请日：1989-11-21；公开日：1990-06-13；授权公告日：1994-03-16)代表化合物198，无具体活性数据公开。烯肟菌酯虽在其公开权利要求书1范围内，且与其公开的化合物198结构相似，但相关专利并没有具体公开烯肟菌酯的结构
	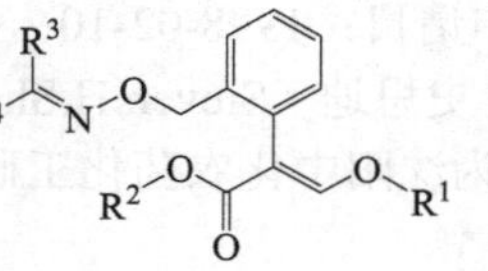 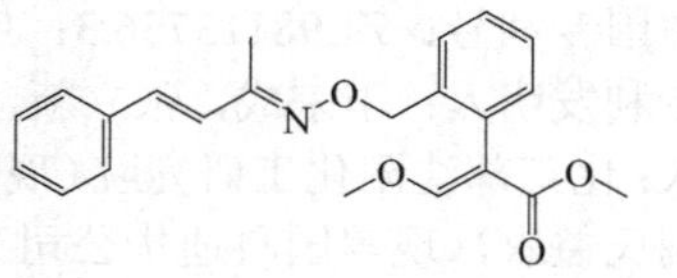 通式(R^1和R^2分别独立地代表一个低级烷基；R^3和R^4分别独立地代表一个烷基，具有1～5个取代基的苯基链烯基，这些取代基可独立地选自卤素原子等)　代表化合物(专利中表1化合物119) CN1088384A(日本农药株式会社，申请日：1990-08-22，优先权日：1989-08-22；公开日：1994-06-29)代表化合物119号，对稻瘟病在200mg/L控制率在95%～100%；烯肟菌酯虽在其公开权利要求书1范围内，且与其公开的化合物119结构相似，但相关专利并没有具体公开烯肟菌酯的结构

（2）创造性　该专利CN1191670A（说明书第11页实施例16、17）记载，该发明部分测试化合物对黄瓜灰霉病、黄瓜霜霉病、小麦纹枯病、小麦白粉病、水稻稻瘟病、小麦颖枯病、黄瓜炭疽病、番茄晚疫病、小麦锈病的活性测试，其中化合物4即烯肟菌酯，结果表明该发明化合物对相关病害的具有良好的防效（表3-53）。同时，部分化合物对黏虫具有一定的拒食作用和致死活性（表3-54）。

① 对植物各种真菌病害测试结果。

表3-53　部分化合物对植物各种真菌病害测试结果[2]

化合物编号	黄瓜灰霉病	黄瓜霜霉病	小麦纹枯病	小麦白粉病	稻瘟病	小麦颖枯病	黄瓜炭疽病	番茄晚疫病	小麦锈病
4 (烯肟菌酯)	A	A	B	A	B	A	A	A	A

注：待测化合物浓度为100mg/L。活性分级如下：A(防效为90%～100%)，B(防效为70%～90%)。

② 对黏虫的拒食作用和致死活性。

表 3-54　部分化合物对黏虫的拒食作用和致死活性[2]

化合物编号	施药浓度	24h		48h		5d	
		死亡率/%	取食率/%	死亡率/%	取食率/%	死亡率/%	取食率/%
4（烯肟菌酯）	500mg/L	0	3	40	5	80	10
	120mg/L	0	15	0	25	0	40
空白对照	—	0	100	0	100	0	100

（3）核心化合物专利　烯肟菌酯核心化合物专利与授权保护范围如表 3-55 所示。

表 3-55　沈阳化工研究院与美国罗门哈斯公司联合申请的烯肟菌酯核心化合物专利

序号	公开号	申请人	专利号	法律状态
1	CN1191670A	化工部沈阳化工研究院与美国罗门哈斯公司	ZL98113756.3	已过专利期
2	US6177462	美国罗门哈斯公司	US6177462B	已过专利期
3	EP0936213A1		EP0936213B	已过专利期
4	AU1544899A			未进入实审
5	BR9900561A			未进入实审
6	JPH11315057A			未进入实审
7	KR19990046320A			未进入实审

授权保护范围(中国专利)

不饱和肟醚类杀虫、杀真菌剂，其特征在于该发明具有通式(Ⅰ)的化合物及其立体异构体：

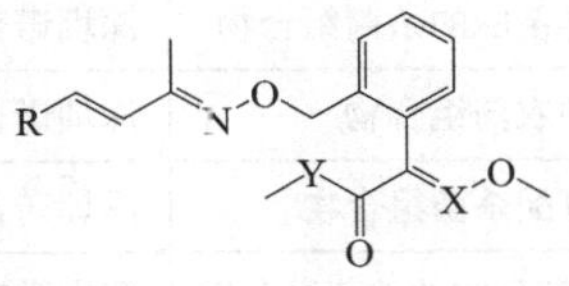

(Ⅰ)

式中，R 选自

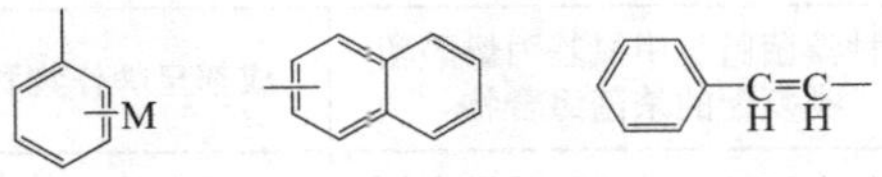

X 选自 CH 或 N；

Y 选自 O 或 NH；

M 选自卤素、C_1～C_4 烷基、C_1～C_4 烷氧基、卤代 C_1～C_4 烷基

3.3.5.3　合成方法

以邻二甲苯和对氯苯甲醛为原料，经如下反应制得目的物（图 3-20）[3]。

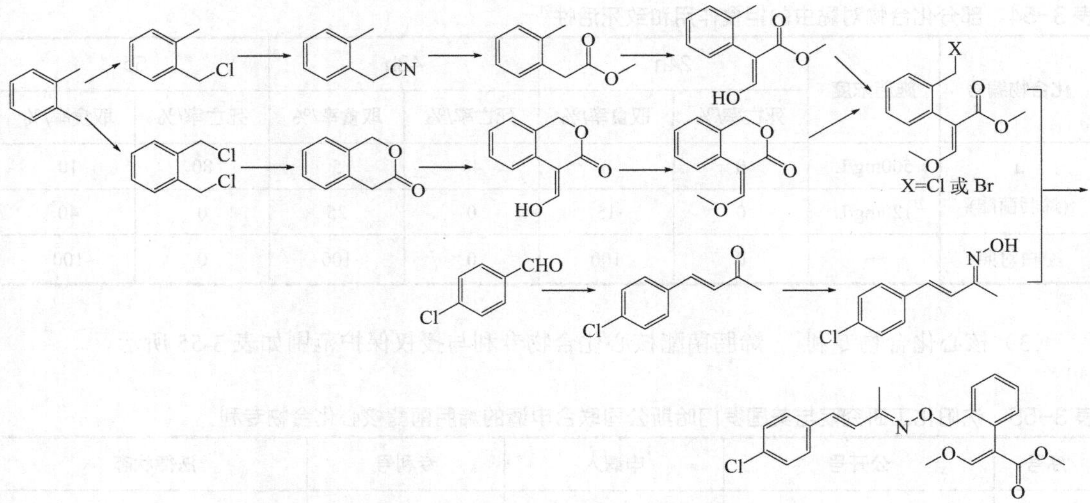

图 3-20 烯肟菌酯合成路线

3.3.5.4 组合物专利

烯肟菌酯部分组合物专利见表3-56。

表 3-56 烯肟菌酯组合物专利

序号	公开号	发明名称	申请人	B组分
1	CN101433199A	杀菌组合物	中国中化集团公司、沈阳化工研究院	百菌清
2	CN101595882A	一种含有甲氧基丙烯酸酯类杀菌剂的农药组合物	深圳诺普信农化股份有限公司	克菌丹
3	CN101595887A	一种含有咪鲜胺的杀菌组合物	深圳诺普信农化股份有限公司	咪鲜胺
4	CN101595889A	一种含有异菌脲的杀菌组合物	深圳诺普信农化股份有限公司	异菌脲
5	CN101617657A	一种农药组合物	深圳诺普信农化股份有限公司	苯酰菌胺
6	CN101617659A	一种复配杀菌组合物	深圳诺普信农化股份有限公司	戊菌唑
7	CN101647454A	一种含有嘧菌环胺的杀菌组合物	深圳诺普信农化股份有限公司	嘧菌环胺
8	CN101690480A	一种含有甲氧基丙烯酸酯类杀菌剂的农药组合物及其应用	深圳诺普信农化股份有限公司	稻瘟酰胺
9	CN101690490A	一种溴菌腈与甲氧基丙烯酸酯类复配的杀菌组合物	成都皇牌作物科学有限公司	溴菌腈
10	CN101697729A	一种含环丙唑醇的杀菌组合物	成都皇牌作物科学有限公司	环丙唑醇
11	CN101708001A	含有活化酯的杀菌组合物	深圳诺普信农化股份有限公司	活化酯
12	CN101755749A	一种增效农药组合物	深圳诺普信农化股份有限公司	氟酰胺
13	CN101755761A	基于氟喹唑的增效农药组合物	深圳诺普信农化股份有限公司	氟喹唑
14	CN101755784A	一种杀卵菌组合物	深圳诺普信农化股份有限公司	异丙菌胺
15	CN101755798A	含有氟啶胺的杀菌组合物	陈章艳	氟啶胺

续表

序号	公开号	发明名称	申请人	B 组分
16	CN101779636A	一种含四氟醚唑的杀菌组合物	深圳诺普信农化股份有限公司	四氟醚唑
17	CN101926333A	一种含有烯肟菌酯和环丙唑醇的杀菌组合物	青岛海利尔药业有限公司	环丙唑醇
18	CN101953346A	含噻唑锌的杀菌组合物	浙江新农化工股份有限公司	噻唑锌
19	CN101953348A	一种含百菌清等防治塑料大棚黄瓜霜霉病的热烟雾剂	山东农业大学	百菌清
20	CN101953355A	一种含霜脲氰等防治塑料大棚黄瓜霜霉病的热烟雾剂	山东农业大学	霜脲氰

3.3.5.5 作用机理

该药为真菌线粒体的呼吸抑制剂，其作用机理是通过与细胞色素 bc_1 复合体结合，抑制线粒体的电子传递，从而破坏病菌能量合成，起到杀菌作用。具有显著促进植物生长、提高产量、改善作物品质的作用[3]。

3.3.5.6 毒理学与安全评价

原药急性经口 LD_{50}(mg/kg)：雄大鼠 1470、雌大鼠 1080。急性经皮 LD_{50}＞2000mg/kg，对眼睛轻度刺激，对皮肤无刺激性，皮肤致敏性为轻度。致突变试验：Ames 试验、小鼠骨髓细胞染色体试验、小鼠睾丸细胞染色体畸变试验均为阴性。雄、雌大鼠(13 周)亚慢性喂饲试验无作用剂量分别为 47.73mg/(kg·d)和 20.72mg/(kg·d)。25%乳油急性经口 LD_{50}(mg/kg)：雄大鼠 926，雌大鼠 750。急性经皮 LD_{50}＞2150mg/kg，对眼睛中度刺激性，对皮肤无刺激性，皮肤致敏性为轻度[3]。

25%乳油对斑马鱼 LC_{50}(96h)为 0.29mg/L；雄性、雌性鹌鹑 LD_{50}(7d)分别为 837.5mg/kg 和 995.3mg/kg；蜜蜂 LD_{50}＞200μg/只；桑蚕 LC_{50}＞5000mg/L。该制剂对鱼高毒[3]。

3.3.5.7 登记情况

目前国内登记烯肟菌酯系列产品 5 个，具体登记信息如表 3-57 所示。

表 3-57 烯肟菌酯相关登记产品信息表

登记证号	农药名称	剂型	总含量	登记作物	防治对象	用药量(制剂量)	施用方法	登记证持有人
PD20096896	烯肟·霜脲氰	可湿性粉剂	25%	葡萄	霜霉病	27～53g/亩	喷雾	沈阳科创化学品有限公司
PD20096615	烯肟·氟环唑	悬浮剂	18%	苹果	斑点落叶病	900～1800 倍液	喷雾	沈阳科创化学品有限公司
PD20095298	烯肟·多菌灵	可湿性粉剂	28%	小麦	赤霉病	48～95g/亩	喷雾	沈阳科创化学品有限公司
PD20070340	烯肟菌酯	乳油	25%	黄瓜	霜霉病	27～53g/亩	喷雾	沈阳科创化学品有限公司
PD20070339	烯肟菌酯	原药	90%	—	—	—	—	沈阳科创化学品有限公司

3.3.5.8 应用效果

烯肟菌酯杀菌谱广，杀菌活性高，具有预防及治疗作用，是第一类能同时防治白粉病和霜霉病的药剂[4-6]。同时还对黑星病、炭疽病、斑点落叶病、马铃薯晚疫病等具有非常好的防效[7]。与现有的杀菌剂无交互抗性[3]。对黄瓜霜霉病、白粉病、炭疽病、黑星病，小麦白粉病、赤霉病，水稻纹枯病、稻瘟病，番茄早疫病、晚疫病、灰霉病，苹果树腐烂病、斑点落叶病等植物病害均有防治作用[1]。

田间试验结果表明：烯肟菌酯及其混剂对小麦白粉病、小麦锈病、小麦赤霉病，黄瓜霜霉病、黄瓜白粉病，葡萄霜霉病，白菜霜霉病，苹果斑点落叶病、苹果白粉病、苹果轮纹病，马铃薯晚疫病等均有较好防治效果[4-14]。

参考文献

[1] 司乃国, 刘君丽, 陈亮. 新型杀菌剂烯肟菌酯应用技术. 新农业, 2010(7): 42.

[2] 李宗成, 张立新, 史蒂夫·H·塞伯, 等. 不饱和肟醚类杀虫、杀真菌剂. CN1191670A, 1998-09-02.

[3] 刘长令, 杨吉春. 现代农药手册. 北京: 化学工业出版社, 2018.

[4] 司乃国, 刘君丽, 陈亮, 等. 创制杀菌剂烯肟菌胺生物活性及应用(Ⅰ)——小麦白粉病. 农药, 2008, 47(10): 712-714.

[5] 司乃国, 刘君丽, 李志念, 等. 创制杀菌剂烯肟菌酯生物活性及应用研究(Ⅰ)——黄瓜霜霉病. 农药, 2003, 42(10): 36-38.

[6] 郭建国, 王春明, 吕和平, 等. 甲氧基丙烯酸酯类杀菌剂对葡萄霜霉病的防效评价. 中国果树, 2013, 2: 38-40.

[7] 吕忠宁. 新杀菌剂烯肟菌酯对马铃薯晚疫病的防治效果. 农药, 2007, 46(6): 422-424.

[8] 王军锋, 司乃国, 单中刚, 等. 18%烯肟菌酯·氟环唑悬浮剂防治小麦锈病田间药效试验研究//中国化工学会农药专业委员会第十八届年会论文集. 广西南宁, 2018: 486-488.

[9] 佟振轩. 烯肟菌酯对黄瓜霜霉病的防治效果. 辽宁农业科学, 2006(增刊): 129-130.

[10] 雷琼. 25%烯肟菌酯乳油对黄瓜白粉病的防治效果. 北方园艺, 2010(16): 167-168.

[11] 刘君丽, 司乃国, 陈亮, 等. 创制杀菌剂烯肟菌酯生物活性及应用研究. 农药, 2003, 42 (12): 32-33.

[12] 周凤琴, 汪红. 烯肟菌酯对白菜霜霉病的防治效果. 农药, 2006, 45 (6): 422-423, 426.

[13] 孙芹, 兰杰, 李志念, 等. 烯肟菌酯防治苹果病害的混剂筛选. 农药, 2020, 59 (3): 228-230.

[14] 孙芹, 兰杰, 司乃国. 18%烯肟菌酯·氟环唑悬浮剂防治苹果树病害的田间应用. 农药, 2019, 58 (12): 905-907.

3.3.6 烯肟菌胺的创制

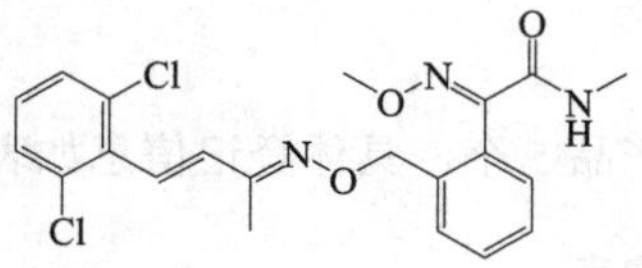

化合物专利名称：不饱和肟醚类杀菌剂

中国专利号：ZL00110143.9；申请日：2000-02-24；授权日：2003-07-16

专利发明人：张立新，刘冬青，史蒂夫·H·塞伯；申请人：沈阳化工研究院

烯肟菌胺为沈阳化工研究院与美国罗门哈斯(现科迪华)共同合作研发的甲氧基丙烯酸酯类杀菌剂。实验代号 SYP-1620，英文通用名 fenaminstrobin，获得了中国发明专利。烯肟菌胺由沈阳科创化学品有限公司开发，于 2004 年获准新农药临时登记(LS20041760)，2009 年获准正式登记(PD20095214)，已在全国范围内推广销售。烯肟菌胺杀菌谱广、杀菌活性高，对水稻纹枯病、稻瘟病，小麦条锈病、叶斑病和其他锈病，大麦条锈病、叶斑病和其他锈病，大麦和小麦白粉病，黄瓜白粉病，苹果白粉病，葡萄白粉病，小麦纹枯病和颖枯病，番茄、黄瓜、葡萄灰霉病，黄瓜炭疽病，苹果黑星病，黄瓜、葡萄霜霉病，马铃薯和番茄疫病等植物病害均有防治作用，兼具保护和治疗作用，与环境有良好的相容性，持效期长。曾获中国石油和化学工业联合会技术发明奖二等奖。

3.3.6.1 创制过程

在天然产物 strobilurin A 和相关专利报道的基础上，设计合成了新化合物（烯肟菌酯），经过筛选发现其具有很好的活性，并在烯肟菌酯的基础上，经优化研究发明了烯肟菌胺(即 SYP-1620)[1]。

3.3.6.2 知识产权分析

该品种为 me-too 研究，不仅在巴斯夫专利 US5194662A（申请日：1991-06-27；授权公告日：1993-03-16）和帝国化学工业公司专利 US5221691A（申请日：1992-01-29；授权公告日：1993-06-22）范围内，也在化工部沈阳化工研究院与美国罗门哈斯公司联合申请的专利 CN1191670A（申请日：1998-02-10；公开日：1998-09-02）范围内。属典型的选择性发明。

（1）新颖性　新颖性分析见表 3-58。

表 3-58　该专利与已有技术对比表

该专利： CN1309897A(沈阳化工研究院，申请日：2000-02-24；公开日：2001-08-29；授权公告日：2003-07-16)	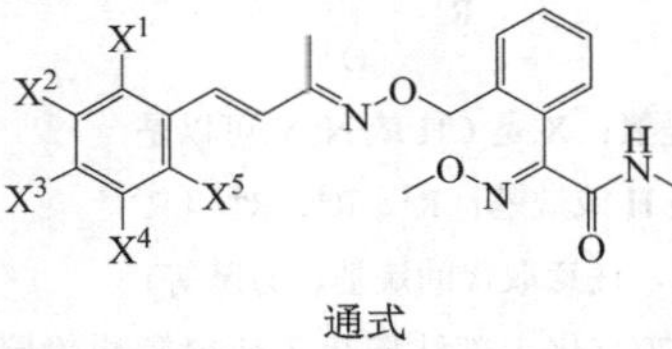 通式 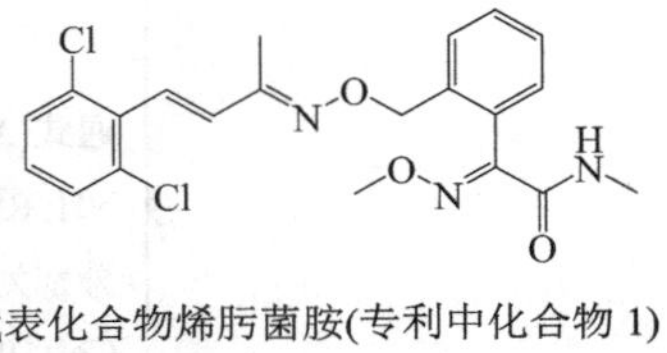 代表化合物烯肟菌胺(专利中化合物 1)
接近的已有技术与同类商品化/开发中品种	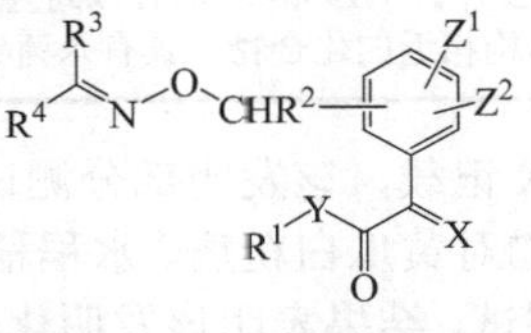 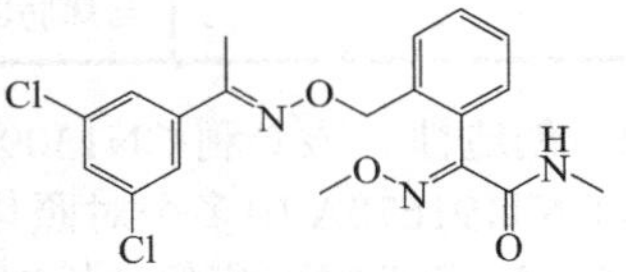 表Ⅲ-249 号 通式(X 是 N-C_1～C_4 烷氧基); Y 是 NR^5; R^1, R^2 和 R^5 为氢或 C_1～C_4 烷基; Z^1 和 Z^2 分别为 H; R^3 和 R^4 可相同或不同地选自 直链或支链 C_1～C_{10} 烷基, 取代或未取代烷基- C_2～C_4 烯基等。 US5194662A(巴斯夫，申请日：1991-06-27；授权公告日：1993-03-16)代表化合物表Ⅲ-249 号。烯肟菌胺在其权利要求书 1 授权范围内，但与其公开的化合物结构差别比较大
	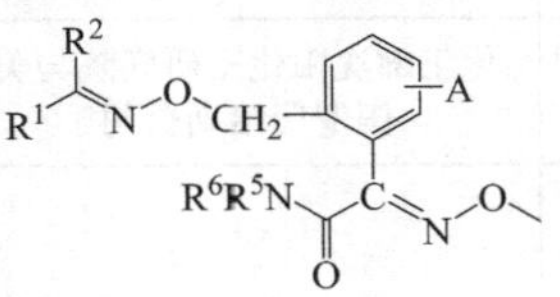 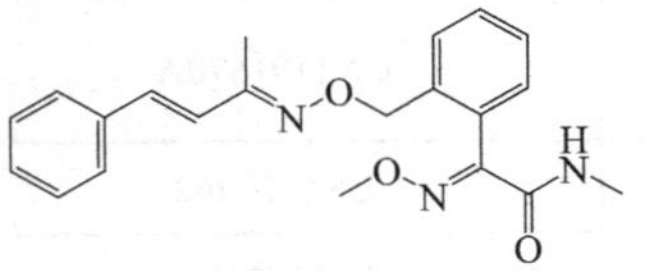 表Ⅰ-198 号 通式(A 是 H; R^1 和 R^2 可相同或不同，选自任意取代的烷基，任意取代的烯基等; R^5 和 R^6 各自独立地选自 H 或 C_1～C_4 烷基) US5221691A(帝国化学工业公司，申请日：1992-01-29；授权公告日：1993-06-22)。烯肟菌胺虽在其公开权利要求保护范围内，且与其公开的化合物表Ⅰ-198 结构相似，但相关专利并没有具体公开烯肟菌胺的结构

续表

接近的已有技术与同类商品化/开发中品种	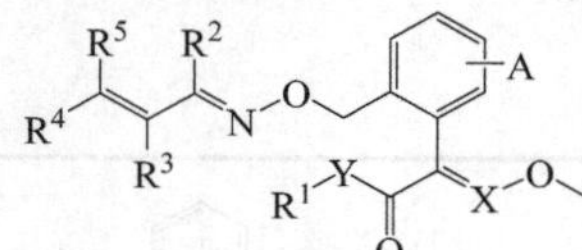 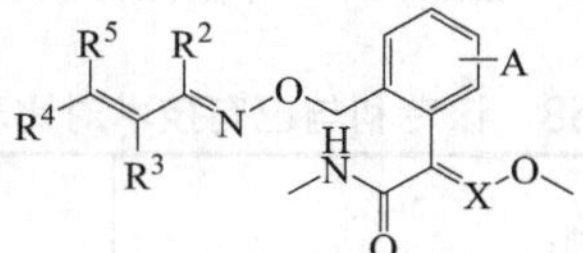 通式(X—Y 为═$NOCH_3$; R^1 为 1～4 个碳原子的烷基; R^2 为 1～4 个碳原子的烷基; R^3 为取代或未取代的杂芳基烯基)　　表 2-136 号 US6355634B1(拜耳，申请日：1995-06-07；授权公告日：2002-03-12)公开了化合物表 2-136 号，具有一定的杀菌活性。烯肟菌胺与其结构差别大(在于 R^3 取代基的不同)
	通式(A 是氢；X 是 CH 或 N; Y 可以是 NH; R^1 是 H 或烷基；R^2、R^3、R^4 和 R^5 分别为氢、任意取代的烷基、芳基等)　　R^4 为取代苯基的多个化合物 CN1191670A(化工部沈阳化工研究院与美国罗门哈斯公司联合申请，申请日：1998-02-10；公开日：1998-09-02)。烯肟菌胺在该专利授权范围内，且公开了多个与烯肟菌胺结构相近的化合物，具有杀菌/杀虫活性；但未公开烯肟菌胺

（2）创造性　该专利 CN1309897A 记载，该发明部分测试化合物(化合物 1)，即烯肟菌胺，与专利 CN1191670A 中多个对照化合物对黄瓜白粉病、水稻稻瘟病、黄瓜灰霉病、小麦叶锈病、小麦白粉病、黄瓜炭疽病的活性对比测试，结果表明该发明化合物对相关病害具有良好的防效，明显优于对照化合物。化合物 17 和 19 也表现出了良好的防效。

（3）核心化合物专利　烯肟菌胺核心化合物专利与授权保护范围如表 3-59 所示。

表 3-59　化工部沈阳化工研究院与美国罗门哈斯公司联合申请的烯肟菌胺核心化合物专利

序号	公开号	申请人	专利号	法律状态
1	CN1309897A	沈阳化工研究院	ZL00110143.9	已过专利期
2	WO2002012172、AU8120001A、US6303818B1	罗姆哈斯公司(后并入陶氏益农，现美国科迪华公司)	US6303818B1	已过专利期
3	CN1191670A	化工部沈阳化工研究院与美国罗门哈斯公司	ZL98113756.3	已过专利期
4	US6177462	美国罗门哈斯公司	US6177462B	已过专利期
5	EP0936213A1		EP0936213B	已过专利期
6	AU1544899A			未进入实审
7	BR9900561A			未进入实审
8	JPH11315057A			未进入实审
9	KR19990046320A			专利权终止

续表

授权保护范围(中国专利)
不饱和肟醚类杀菌剂，其特征在于该发明具有通式(Ⅰ)所示的不饱和肟醚结构及其立体异构体： 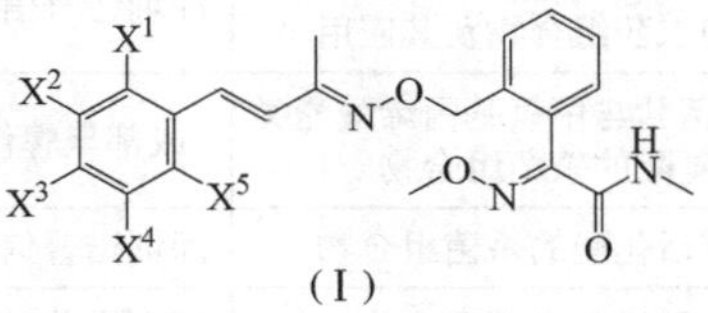 (Ⅰ) 式中： X^1～X^5选自氢、卤素、烷基、烷氧基、硝基、卤烷基。 卤素包括氟、氯、溴和碘

3.3.6.3 合成方法

以2,6-二氯苯甲醛为原料经如下反应合成烯肟菌胺（图3-21）[2,3]。

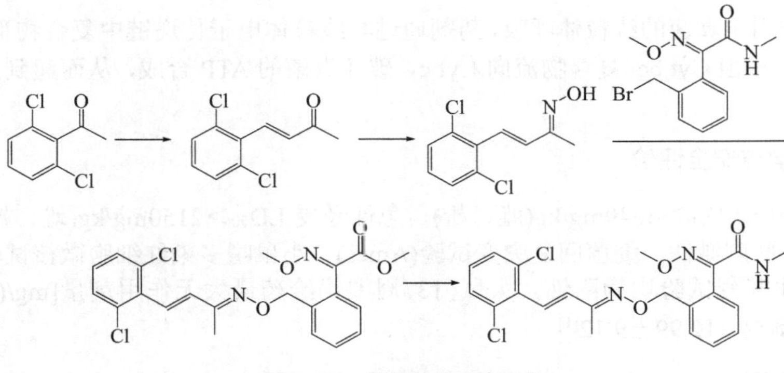

图3-21 烯肟菌胺合成路线

3.3.6.4 组合物专利

烯肟菌胺部分组合物专利见表3-60。

表3-60 烯肟菌胺组合物专利

序号	公开号	发明名称	申请人	B组分
1	CN101595882A	一种含有甲氧基丙烯酸酯类杀菌剂的农药组合物	深圳诺普信农化股份有限公司	克菌丹
2	CN101595883A	一种农药组合物及其应用	深圳诺普信农化股份有限公司	乙嘧酚、乙嘧酚磺酸酯、二甲嘧酚
3	CN101595887A	一种含有咪鲜胺的杀菌组合物	深圳诺普信农化股份有限公司	咪鲜胺
4	CN101595889A	一种含有异菌脲的杀菌组合物	深圳诺普信农化股份有限公司	异菌脲
5	CN101617657A	一种农药组合物	深圳诺普信农化股份有限公司	苯酰菌胺
6	CN101617659A	一种复配杀菌组合物	深圳诺普信农化股份有限公司	戊菌唑
7	CN101647454A	一种含有嘧菌环胺的杀菌组合物	深圳诺普信农化股份有限公司	嘧菌环胺

续表

序号	公开号	发明名称	申请人	B 组分
8	CN101690480A	一种含有甲氧基丙烯酸酯类杀菌剂的农药组合物及其应用	深圳诺普信农化股份有限公司	稻瘟酰胺
9	CN101690490A	一种溴菌腈与甲氧基丙烯酸酯类复配的杀菌组合物	成都皇牌作物科学有限公司	溴菌腈
10	CN101708001A	含有活化酯的杀菌组合物	深圳诺普信农化股份有限公司	活化酯
11	CN101755749A	一种增效农药组合物	深圳诺普信农化股份有限公司	氟酰胺
12	CN101755784A	一种杀卵菌组合物	深圳诺普信农化股份有限公司	异丙菌胺
13	CN101971812A	一种含丁子香酚的杀菌组合物	陕西汤普森生物科技有限公司	丁子香酚
14	CN101999375A	一种含十三吗啉的杀菌组合物	陕西美邦农药有限公司	十三吗啉
15	CN102172240A	一种含有噻霉酮和甲氧基丙烯酸酯类杀菌剂的杀菌组合物	陕西西大华特科技实业有限公司	噻霉酮

3.3.6.5 作用机理

烯肟菌胺作用于真菌的线粒体呼吸，药剂通过与线粒体电子传递链中复合物Ⅲ(Cyt bc_1 复合物)结合，阻断电子由 Cyt bc_1 复合物流向 Cyt c，破坏真菌的 ATP 合成，从而起到抑制或杀死真菌的作用[1]。

3.3.6.6 毒理学与安全评价

原药急性经口 LD_{50}＞4640mg/kg(雌、雄)，急性经皮 LD_{50}＞2150mg/kg(雌、雄)，对兔眼有中度刺激，无皮肤刺激性。细菌回复突变试验(Ames)、小鼠嗜多染红细胞微核试验、小鼠睾丸精母细胞染色体畸变试验均为阴性。大鼠 13 周喂饲给药最大无作用剂量[mg/(kg·d)]：雄性 106.01±9.31，雌性 112.99±9.12[1]。

3.3.6.7 登记情况

目前国内登记烯肟菌胺系列产品 9 个，商品名稻跃(25%烯肟·三环唑悬浮剂)、爱可(20%烯肟·戊唑醇悬浮剂)、靓友(24%苯甲·烯肟悬浮剂)、腾收(45%烯肟·苯·噻虫悬浮种衣剂)，具体登记信息如表 3-61。

表 3-61 烯肟菌胺相关登记产品信息表

登记证号	农药名称	剂型	总含量	登记作物	防治对象	用药量(制剂量)	施用方法	登记证持有人
PD20172682	烯肟·三环唑	悬浮剂	25%	水稻	稻瘟病	60～90g/亩	喷雾	沈阳科创化学品有限公司
PD20096616	烯肟·戊唑醇	悬浮剂	20%	柑橘树	疮痂病	1000～2000 倍液	喷雾	沈阳科创化学品有限公司
				花生	叶斑病	30～40mL/亩	喷雾	
				黄瓜	白粉病	33～50mL/亩	喷雾	
				水稻	稻曲病	40～53mL/亩	喷雾	
				水稻	稻瘟病	50～67mL/亩	喷雾	
				水稻	纹枯病	33～50mL/亩	喷雾	
				小麦	锈病	13～20mL/亩	喷雾	

续表

登记证号	农药名称	剂型	总含量	登记作物	防治对象	用药量(制剂量)	施用方法	登记证持有人
PD20182963	烯肟·戊唑醇	可分散油悬浮剂	24%	水稻	纹枯病	35～50mL/亩	喷雾	沈阳科创化学品有限公司
PD20095214	烯肟菌胺	原药	98%	—	—	—	喷雾	沈阳科创化学品有限公司
PD20181502	烯肟·氟环唑	悬浮剂	36%	香蕉	叶斑病	1000～1500倍液	喷雾	沈阳科创化学品有限公司
PD20183644	苯甲·烯肟	悬浮剂	24%	马铃薯	早疫病	30～50mL/亩	喷雾	沈阳科创化学品有限公司
				西瓜	蔓枯病	30～40mL/亩	喷雾	沈阳科创化学品有限公司
PD20172783	烯肟·苯·噻虫	悬浮种衣剂	45%	小麦	纹枯病	400～800g/100kg种子	种子包衣	沈阳化工研究院(南通)化工科技发展有限公司
				小麦	蚜虫	400～800g/100kg种子	种子包衣	
				玉米	丝黑穗病	400～500g/100kg种子	种子包衣	
				玉米	蚜虫	400～500g/100kg种子	种子包衣	
PD20141533	烯肟·戊唑醇	悬浮剂	20%	水稻	纹枯病	30～50mL/亩	喷雾	沈阳化工研究院(南通)化工科技发展有限公司
PD20095213	烯肟菌胺	乳油	5%	黄瓜（温棚）	白粉病	53～107mL/亩	喷雾	沈阳科创化学品有限公司
				小麦	白粉病	750～1500倍液	喷雾	

3.3.6.8 应用效果

烯肟菌胺杀菌谱广，活性高，具有保护作用、治疗作用、叶片渗透性和向上移动能力，持效期较长[4-6]；对由鞭毛菌、接合菌、子囊菌、担子菌及半知菌引起的多种植物病害有良好的防治效果，对白粉病、锈病防治效果卓越。可用于防治小麦锈病、小麦白粉病、水稻纹枯病、稻曲病、黄瓜白粉病、黄瓜霜霉病、葡萄霜霉病、苹果斑点落叶病、苹果白粉病、香蕉叶斑病、番茄早疫病、梨黑星病、草莓白粉病、向日葵锈病等多种植物病害。同时，对作物生长性状和品质有明显的改善作用，并能提高产量。

田间试验结果表明：烯肟菌胺及其部分混剂对小麦白粉病、小麦锈病、小麦纹枯病，瓜类白粉病，苹果斑点落叶病、苹果白粉病、苹果轮纹病，水稻纹枯病、稻瘟病、稻曲病，辣椒白粉病，番茄早疫病，西瓜蔓枯病等具有较高防效[5-7]。

参考文献

[1] 刘长令, 杨吉春. 现代农药手册. 北京: 化学工业出版社, 2018.

[2] 张立新，刘冬青，史蒂夫·H·塞伯. 不饱和肟醚类杀菌剂. CN1309897A, 2001-08-29.
[3] http://www.jsppa.com.cn/news/yanfa/4199.html.
[4] 李志念，王力钟，张弘，等. 4 种 Strobilurin 类杀菌剂防治小麦白粉病的活性研究. 农药, 2004, 43(8): 370-371.
[5] 司乃国，刘君丽，陈亮，等. 创制杀菌剂烯肟菌胺生物活性及应用(Ⅰ)——小麦白粉病. 农药, 2008, 47(10): 712-714.
[6] 司乃国，金春兰，刘君丽，等. 创制杀菌剂烯肟菌胺生物活性及应用研究(Ⅱ)——瓜类白粉病. 农药, 2009, 48(1): 10-12.
[7] 司乃国，刘君丽，杨瑞秀，等. 新杀菌剂烯肟菌胺(SYP-1620)对苹果病害的防治效果. 农药, 2008, 47(8): 561-562, 568.

3.3.7 苯醚菌酯的创制

该品种为 BASF 专利 DE3545319(US4914128) 列表化合物，因此浙江省化工研究院未进行化合物专利申请，而是申请了组合物及其制备方法保护，核心组合物专利申请信息如下：

组合物专利名称：甲氧基丙烯酸甲酯类化合物杀菌剂

中国专利号：ZL03120882.7；申请日：2003-03-25；授权日：2005-05-18

专利发明人：许天明，陈定花，孔小林，朱卫钢，郑昀红；申请人：浙江省化工研究院

苯醚菌酯(试验代号 ZJ-0712)是国家“九五”期间由浙江省化工研究院开发的甲氧基丙烯酸甲酯类杀菌剂。该化合物包含在巴斯夫 1987 年申请的专利 DE3545319(US4914128)中，浙江省化工研究院进行详尽研究，并实现了产业化。在中国及部分国家申请了组合物和制备方法专利并获得授权。该药剂对作物上的白粉病、霜霉病、炭疽病等病害有良好的生物活性，可作为瓜类、果树、蔬菜、小麦、烟草和花卉等作物的杀菌剂。其作用机理为线粒体呼吸抑制剂。于 2008 年获准新农药临时登记(LS20082961)，2015 年获准正式登记(PD20151573)。

3.3.7.1 知识产权分析

该化合物包含在巴斯夫 1987 年申请的专利 DE3545319(US4914128)中，为该专利列表化合物 113，浙江省化工研究院进行详尽研究，并实现了产业化。后续浙江省化工研究院有限公司陆续申请了组合物和制备方法专利，对苯醚菌酯进行外围专利保护。

浙江省化工研究院申请的含有苯醚菌酯的核心专利见表 3-62。

表 3-62 浙江省化工研究院申请的含苯醚菌酯的核心专利

序号	专利类型	公开号	专利号	法律状态
1	组合物和制备方法专利	CN1456054A	ZL03120882.7	专利权到期失效
2		WO2004084632A1		
3		BRPI0409037A		
4		AU2004224838A1		
5		TR200503847T1		
6		ZA200508026B		授权
7	组合物专利	CN1915019A	ZL200510060416.3	授权有效
8		CN107616181A	ZL201610561251.6	授权有效
9		CN109418271A		公开后视撤
10		CN105454233A		公开后视撤
11		CN102224824A	ZL201110104913.4	授权有效

3.3.7.2 合成方法

以邻甲基苯乙酸甲酯与甲酸甲酯为起始原料，经过甲酰化反应形成烯醇盐，再甲基化反应得到(*E*)-2-(2-甲基苯基)-3-甲氧基丙烯酸甲酯的粗品，不需精馏分离。粗品经 NBS 溴化得到(*E*)-2-(2-溴甲基苯基)-3-甲氧基丙烯酸甲酯，然后与2,5-二甲基苯酚缩合得到最终产品苯醚菌酯。该工艺原料易得，各步反应收率都比较高（图 3-22）[1,2]。

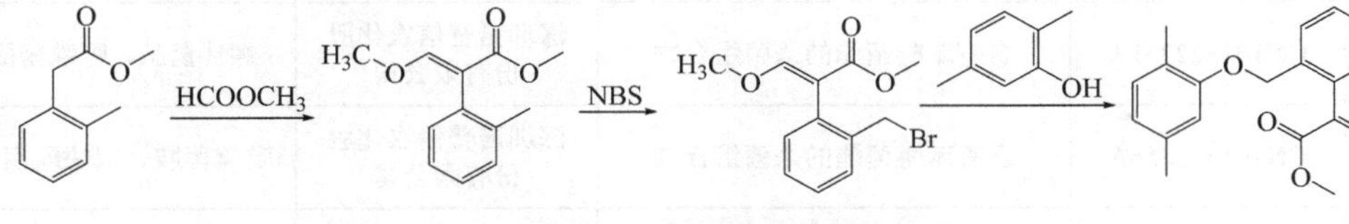

$HCOOCH_3$　　NBS

图 3-22　苯醚菌酯的合成路线

3.3.7.3 组合物专利

苯醚菌酯部分组合物专利见表 3-63。

表 3-63　苯醚菌酯组合物专利

序号	公开号	发明名称	申请人	B 组分
1	CN101543218A	苯醚菌酯与三唑类杀菌剂组合物及用途	陕西标正作物科学有限公司	苯醚甲环唑、戊唑醇或己唑醇
2	CN101632360B	含有苯醚菌酯和苯醚甲环唑的杀菌组合物	陕西上格之路生物科学有限公司	苯醚甲环唑
3	CN101669474A	一种含苯醚菌酯的杀菌组合物	山东兆丰年生物科技有限公司	嘧啶核苷类抗菌素
4	CN101669486A	一种含苯醚菌酯的杀菌组合物	深圳诺普信农化股份有限公司	噻霉酮
5	CN101669495A	一种含有苯醚菌酯的杀菌组合物	山东兆丰年生物科技有限公司	丙森锌或烯酰吗啉
6	CN101697721A	一种含有环丙唑醇和苯醚菌酯的杀菌组合物	陕西上格之路生物科学有限公司	环丙唑醇
7	CN101720770B	一种含苯醚菌酯与噻菌灵的杀菌组合物	陕西美邦农资贸易有限公司	噻菌灵
8	CN101720776A	一种农药组合物	深圳诺普信农化股份有限公司	咪鲜胺、咪鲜胺锰盐
9	CN101779644A	一种含苯醚菌酯的杀菌组合物	陕西美邦农资贸易有限公司	代森锌、代森锰锌、丙森锌或代森联
10	CN101779646A	一种含苯醚菌酯与多菌灵的杀菌组合物	陕西美邦农资贸易有限公司	多菌灵
11	CN101779656B	一种含氟硅唑与苯醚菌酯的杀菌组合物	陕西美邦农资贸易有限公司	氟硅唑
12	CN101785461A	一种含乙嘧酚与苯醚菌酯的杀菌组合物	陕西美邦农资贸易有限公司	乙嘧酚

续表

序号	公开号	发明名称	申请人	B 组分
13	CN101785467A	一种含苯醚菌酯与甲基硫菌灵的杀菌组合物	陕西美邦农资贸易有限公司	甲基硫菌灵
14	CN101785471A	一种含苯醚菌酯与咪鲜胺锰盐的杀菌组合物	陕西美邦农资贸易有限公司	咪鲜胺锰盐
15	CN101822251A	含有苯醚菌酯的杀菌组合物	深圳诺普信农化股份有限公司	螺环菌胺、噁唑菌酮
16	CN101822256A	含有苯醚菌酯的杀菌组合物	深圳诺普信农化股份有限公司	吡噻菌胺、双炔酰菌胺
17	CN101822259A	含有苯醚菌酯的杀菌组合物	深圳诺普信农化股份有限公司	噻唑菌胺、咪唑菌酮
18	CN101822263A	含有苯醚菌酯的杀菌组合物	深圳诺普信农化股份有限公司	氟啶胺、氟啶酰菌胺、苯噻菌胺
19	CN101971828A	一种含苯醚菌酯与丁吡吗啉的杀菌组合物	陕西汤普森生物科技有限公司	丁吡吗啉
20	CN101984812A	含有苯醚菌酯和井冈霉素 A 的杀菌剂	江苏省绿盾植保农药实验有限公司	井冈霉素 A
21	CN101984813A	含有苯醚菌酯和春雷霉素的杀菌剂	江苏省绿盾植保农药实验有限公司	春雷霉素
22	CN102017953A	含有苯醚菌酯和丙环唑的杀菌剂	江苏省绿盾植保农药实验有限公司	丙环唑
23	CN102224820A	一种含有苯醚菌酯和啶酰菌胺的杀菌组合物	中化蓝天集团有限公司，浙江省化工研究院有限公司	啶酰菌胺

3.3.7.4 作用机理

与嘧菌酯(azoxystrobin)和啶氧菌酯(picoxystrobin)一样，苯醚菌酯也属于醌外部抑制剂(quinone outside inhibitor，QoI)，其杀菌谱广，具有良好的保护、治疗和渗透作用，对由子囊菌、鞭毛菌和半知菌引起的植物病害均有非常高的杀菌活性[3, 4]。

3.3.7.5 毒理学与安全评价

苯醚菌酯属低毒化合物，对哺乳动物、家蚕、鹌鹑和蜜蜂低毒，但对斑马鱼高毒[5]，见表 3-64。

表 3-64　苯醚菌酯原药与制剂毒性数据

测试对象	测试科目	结论
苯醚菌酯原药	雌雄大鼠急性经口（LD_{50}）	＞5000mg/kg
	雌雄大鼠急性经皮（LD_{50}）	＞2000mg/kg
	家兔皮肤刺激试验	无
	豚鼠皮肤致敏试验	Ⅰ级弱致敏

续表

测试对象	测试科目	结论
苯醚菌酯原药	Ames 试验	阴性
	小鼠骨髓多染红细胞微核试验	阴性
	小鼠睾丸精母细胞染色体畸变试验	阴性
	大鼠亚慢性经口毒性试验	雌雄大鼠最大无作用剂量均为 10mg/kg
苯醚菌酯 10%悬浮剂	雌雄大鼠急性经口（LD_{50}）	＞5000mg/kg
	雌雄大鼠急性经皮（LD_{50}）	＞2000mg/kg
	家兔皮肤刺激试验	无
	家兔眼睛刺激试验	有轻度刺激
	家蚕	LC_{50}＞573.90mg/L 为低毒
	鹌鹑	LD_{50}＞2000mg/kg 为低毒
	蜜蜂	LD_{50}＞100μg 蜂为低毒
	斑马鱼	LC_{50}＞0.026mg/L 为高毒

3.3.7.6 登记情况

目前国内登记苯醚菌酯系列产品 3 个，具体登记信息如表 3-65。

表 3-65 苯醚菌酯相关登记产品信息表

登记证号	农药名称	剂型	总含量	登记作物	防治对象	用药量（制剂量）	施用方法	登记证持有人
PD20161013	苯菌·氟啶胺	悬浮剂	40%	黄瓜	霜霉病	20～30mL/亩	喷雾	江西禾田科技有限公司
PD20151574	苯醚菌酯	悬浮剂	10%	黄瓜	白粉病	5000～10000 倍液	喷雾	江西禾田科技有限公司
PD20151573	苯醚菌酯	原药	98%	—	—	—	—	江西禾田科技有限公司

3.3.7.7 应用效果

含毒介质法试验结果表明：在离体条件下苯醚菌酯对各病菌靶均有杀菌活性，在 30μg/mL 处理浓度下，苯醚菌酯对小麦赤霉病、黄瓜灰霉病、桃灰霉病、辣椒炭疽病、棉红腐病、麦全蚀病、瓜枯萎病、苹果轮纹病、烟草赤星病、油菜菌核病、花生褐斑病、水稻稻瘟病、瓜类炭疽病、山核桃枝枯病和草莓灰霉病的抑菌率均在 50%以上[6-9]。

田间试验结果表明：苯醚菌酯及其部分混剂对黄瓜白粉病、葡萄霜霉病、苹果白粉病、小麦白粉病、黄瓜霜霉病、黄瓜炭疽病、西瓜炭疽病、荔枝霜疫霉病和芒果炭疽病等具有较好防效[6-9]。

参考文献

[1] 沈剑仕，曹根法，张新忠，等. 苯醚菌酯的合成方法. 农药, 2014, 53(10): 718-719, 725.
[2] 尚雁，黄林，谭海军. 甲氧基丙烯酸酯类杀菌剂苯醚菌酯及其开发. 浙江化工, 2019, 50(6): 12-17.
[3] Dave W B, John M C, Jeremy R G, et al. The strobilurin fungicides. Pest Manag Sci, 2002, 58(7): 649-662.

[4] 许天明. 新型高效杀菌剂——苯醚菌酯. 世界农药, 2006, 28(6): 51-52.
[5] 苯醚菌酯. 农药学科与管理, 2009, 30(3): 61.
[6] 陈定花，胡伟群，朱卫刚，等. 新型广谱杀菌剂 10%苯醚菌酯 SC(ZJ0712)应用技术. 农药, 2006, 45(3): 162-166.
[7] 陈定花，朱卫刚，胡伟群，等. 苯醚菌酯·戊唑醇防治白粉病生物活性. 农药, 2009, 48(07): 527-529.
[8] 陈定花，朱卫刚，胡伟群，等. 新型广谱杀菌剂苯醚菌酯(ZJ0712)生物活性. 农药, 2006, 45(01): 18-21.
[9] 许天明，陈定花，孔小林，等. 甲氧基丙烯酸甲酯类化合物杀菌剂. ZL03120882.7, 2003.

3.3.8 苯噻菌酯的创制

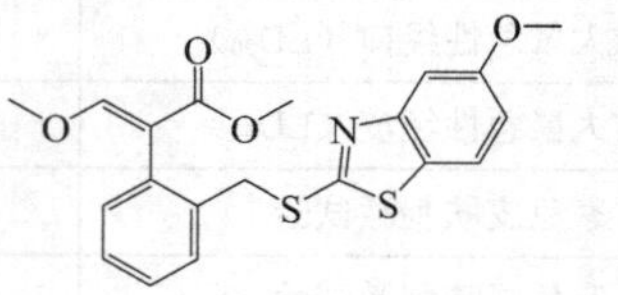

专利 CN1789253A 中化合物 40 即为苯噻菌酯，但是被驳回而未获得授权，转而以制剂专利形式申请保护，具体信息如下：

专利名称：一种甲氧基丙烯酸酯类杀菌剂，制备方法及用途

中国专利号：ZL200810047642.1；申请日：2008-05-08；授权日：2010-07-21

专利发明人：杨光富，赵培亮，黄伟，刘祖明；申请人：华中师范大学

该发明通过活性亚结构拼接方法，将 strobilurins 和苯并噻唑两类具有生物活性的结构单元结合起来，经过多年深入研究，发明了苯噻菌酯，试验代号 Y5247。可广泛用于防治蔬菜和瓜果类白粉病、霜霉病、灰霉病、褐斑病、黑星病，玉米小斑病，水稻稻曲病，柑橘蒂腐病，油菜菌核病等。多次田间药效试验表明：苯噻菌酯可以用于防治多种病害，特别是对黄瓜白粉病和黄瓜霜霉病表现出了优异的防效，其防效优于或与进口杀菌剂嘧菌酯相当，但原药成本、亩用药成本均低于嘧菌酯，已经获得中国发明专利。

3.3.8.1 创制过程

strobilurins 类杀菌剂是人们以天然产物为先导化合物设计合成的一类新型高效、广谱、安全性高的杀菌剂，现已成当今世界杀菌剂市场最活跃、最有发展潜力的新一代杀菌剂。苯并噻唑衍生物由于具有广泛的杀菌、除草等活性而受到人们极大的关注。因此，通过活性亚结构拼接方法，将这两类具有生物活性的结构单元结合起来，设计合成了一种新型的甲氧基丙烯酸酯类杀菌剂，经过多年深入研究，筛选出一系列高活性化合物，其中苯噻菌酯(Y5247)表现出了很好的特性，各类指标均达到了成药水平[1,2]。

3.3.8.2 知识产权分析

（1）新颖性　新颖性分析见表 3-66。

表 3-66　该专利与已有技术对比表

该专利： CN1789253A(华中师范大学，申请日：2005-12-28；公开日：2006-06-21)	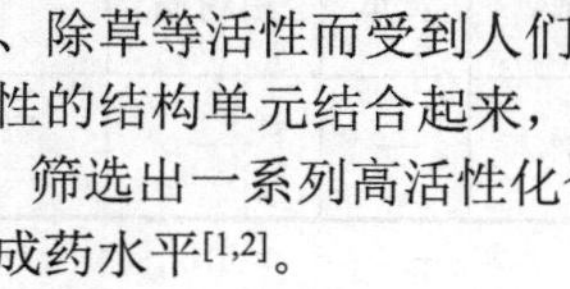 通式 I 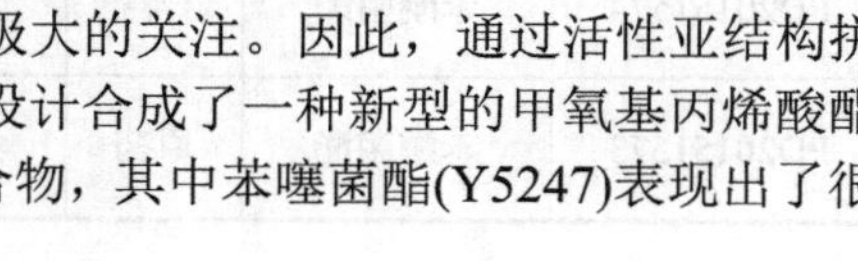　　代表化合物苯噻菌酯 （列表化合物 40）

续表

接近的已有技术 US5192357A (Schering Agrochemicals Limited，申请日：1988-07-08；公开日：1993-03-09)	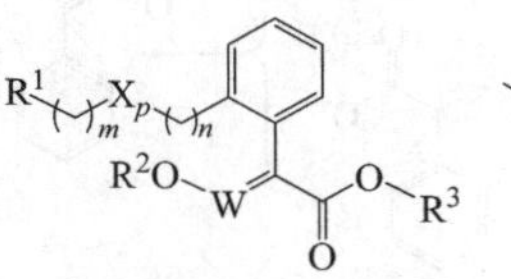 通式(W 为 CH; R^2 和 R^3 为烷基; R^1 任选自取代的杂芳基或杂环基等; *m* 为 0; *n* 为 1; X 为 S, *p* 为 1) 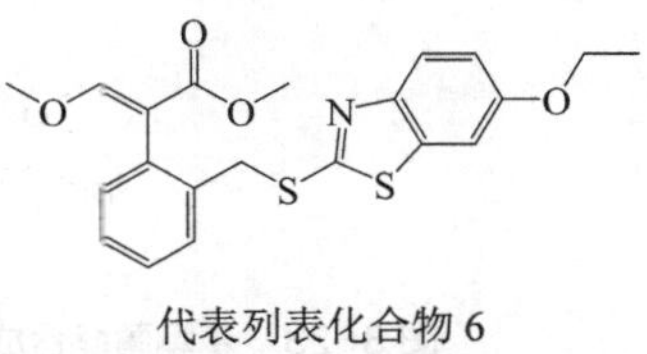 代表列表化合物 6 (具有杀菌活性) 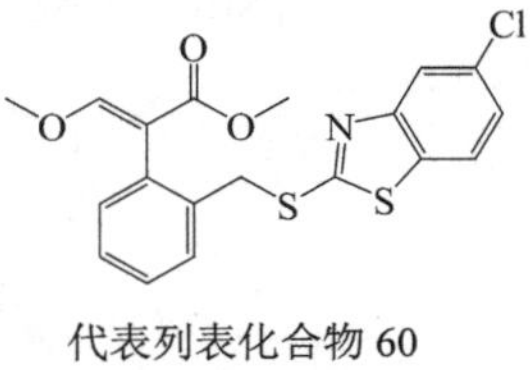 代表列表化合物 60 (具有杀菌活性)
同类商品化/开发中品种	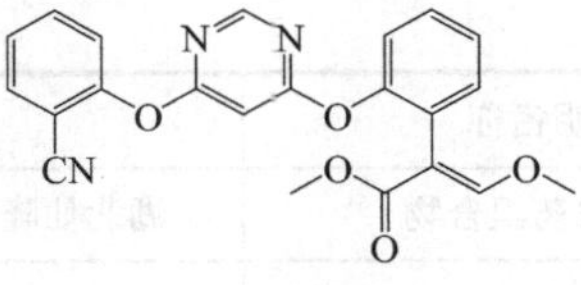 嘧菌酯 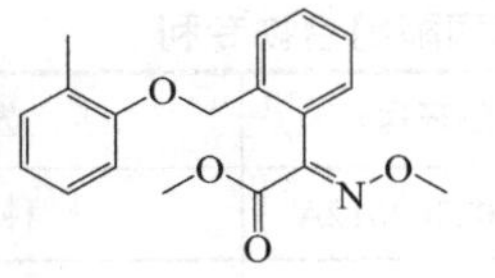 醚菌酯 十多个甲氧基丙烯酸酯类品种

（2）核心专利　苯噻菌酯核心化合物专利与授权保护范围如表 3-67 所示。

表 3-67　华中师范大学申请的苯噻菌酯核心化合物专利

序号	专利类型	公开号	专利号	法律状态
1	化合物专利	CN178925A		驳回
2		WO2007073637A1		
1	制剂专利	CN101268780A	ZL200810047642.1	失效
2		WO2009135407A1		
3		EP2301925A1	EP09741682A	
4		US12843899	US9422254	失效
授权保护范围(中国专利：制剂专利) 一种甲氧基丙烯酸酯类杀菌剂，其特征是该杀菌剂至少含有如下有效成分结构式(I)化合物： I				

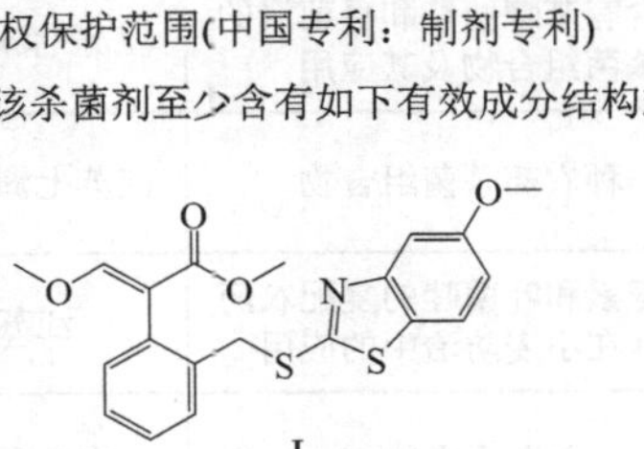

3.3.8.3　合成方法

以 4-甲氧基-2-硝基苯胺为起始原料，经重氮化、合环、取代等常规易操作的反应，得到苯噻菌酯（图 3-23）[2]。

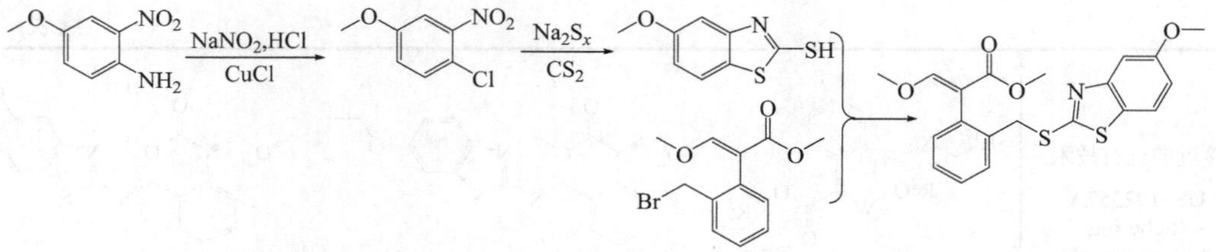

图 3-23 苯噻菌酯合成路线

3.3.8.4 组合物专利

苯噻菌酯部分组合物专利见表 3-68。

表 3-68 苯噻菌酯组合物专利

序号	公开号	发明名称	申请人	B 组分
1	CN102302012A	一种农药组合物	湖北仙隆化工股份有限公司	腈菌唑
2	CN103027054A	含有苯噻菌酯和嘧菌酯的具有杀菌作用的组合物	湖北仙隆化工股份有限公司	嘧菌酯
3	CN103190413A	一种含有苯噻菌酯和灭菌唑的杀菌组合物	江苏七洲绿色化工股份有限公司	灭菌唑
4	CN103548840A	一种含有苯噻菌酯和苯醚甲环唑的杀菌组合物及其应用	江苏七洲绿色化工股份有限公司	苯醚甲环唑
5	CN103828817A	一种含有苯噻菌酯和氟环唑的杀菌组合物	江苏七洲绿色化工股份有限公司	氟环唑
6	CN104054718A	一种治理油菜菌核病抗药性的方法	南京农业大学	氟啶胺
7	CN104222110A	一种含有苯噻菌酯和烯酰吗啉的杀菌组合物及其应用	江苏七洲绿色化工股份有限公司	烯酰吗啉
8	CN104222122A	一种含有苯噻菌酯和霜脲氰的杀菌组合物及其应用	江苏七洲绿色化工股份有限公司	霜脲氰
9	CN104351209A	一种含有苯噻菌酯和丙环唑的杀菌组合物及其应用	江苏七洲绿色化工股份有限公司	丙环唑
10	CN104920384A	一种含有苯噻菌酯和百菌清的杀菌组合物及其应用	江苏七洲绿色化工股份有限公司	百菌清
11	CN104920402A	一种农药杀菌组合物	江苏七洲绿色化工股份有限公司	丙森锌、代森锌或代森锰锌
12	CN106172423A	井冈霉素和叶菌唑的复配农药及其在小麦防治中的应用	江苏东南植保有限公司	井冈霉素与叶菌唑
13	CN106172438A	杀菌组合物	广东中迅农科股份有限公司	甲氧基丙烯酸酯类杀菌剂
14	CN106900727A	含苯噻菌酯和乙蒜素的活性化合物结合物	佛山市瑞生通科技有限公司	乙蒜素
15	CN107156140A	一种含苯噻菌酯和四氟醚唑的杀菌组合物及其用途	安徽省农业科学院烟草研究所	四氟醚唑

续表

序号	公开号	发明名称	申请人	B 组分
16	CN107333774A	一种用于防治作物枯萎病的杀菌组合物及其应用	李萍	噁霉灵
17	CN107347896A	一种防治水稻纹枯病的杀菌组合物	广西南宁乐蕊生物科技有限责任公司	氟唑菌酰胺
18	CN107372537A	含有苯噻菌酯和噻唑锌的增效组合物	佛山市瑞生通科技有限公司	噻唑锌
19	CN107484761A	一种含苯噻菌酯和苯霜灵的杀菌组合物	安徽古尔特科技有限公司	苯霜灵
20	CN107484762A	一种含苯噻菌酯和氟唑环菌胺的杀菌组合物	安徽古尔特科技有限公司	氟唑环菌胺
21	CN108064850A	一种含苯噻菌酯和氟酰胺的农药组合物及其应用	华中师范大学	氟酰胺
22	CN108064851A	一种含苯噻菌酯和咯菌腈的农药组合物及其应用	华中师范大学	咯菌腈
23	CN108064852A	一种含苯噻菌酯和井冈霉素的农药组合物及其应用	华中师范大学	井冈霉素
24	CN108064853A	一种含苯噻菌酯和啶酰菌胺的农药组合物及其应用	华中师范大学	啶酰菌胺
25	CN108064854A	一种含苯噻菌酯和氟菌唑的农药组合物及其应用	华中师范大学	氟菌唑

3.3.8.5 作用机理

苯噻菌酯与嘧菌酯等甲氧基丙烯酸酯类杀菌剂作用机理相同，为线粒体呼吸链细胞色素 bc_1 复合物抑制剂[3]。

3.3.8.6 毒理学与安全评价

对哺乳动物进行了急性经口、经皮、皮刺、眼刺、致敏、Ames、环境和非靶标生物毒性试验等，结果见表 3-69[4]。

表 3-69 苯噻菌酯原药与制剂毒性数据

测试科目	结论
大鼠急性经口	LD_{50}＞5000mg/kg
大鼠急性经皮	LD_{50}＞5000mg/kg
兔眼单次刺激试验	轻度刺激性
兔皮肤单次刺激试验	无刺激性
豚鼠皮肤致敏试验	弱致敏性
细菌回复突变试验(Ames)	阴性
大鼠致畸试验	对大鼠无致畸作用

续表

测试科目	结论
斑马鱼急性毒性试验	LC_{50}(96h) : 0.043mg(a.i.)/L
鹌鹑急性经口毒性试验	LC_{50}＞1100mg/kg
蜜蜂急性接触毒性试验	LC_{50}(48h)＞100μg(a.i.)/只
家蚕 96h 饲喂毒性试验	LC_{50}(48h)＞300mg/kg 桑叶

3.3.8.7 应用效果

苯噻菌酯具有保护作用、治疗作用，以及良好的持效性、内吸输导性和耐雨水冲刷性[3,5]。

苯噻菌酯防治小麦白粉病有较好的保护作用和治疗作用，EC_{50} 值分别为 0.991μg/mL 和 1.823μg/mL，保护作用显著好于治疗作用。苯噻菌酯在小麦体内的输导性较差，且不能被小麦根系吸收并输导。苯噻菌酯在小麦叶片上具有很好的黏着性，耐雨水冲刷。苯噻菌酯防治小麦白粉病的持效性显著好于对照药剂嘧菌酯。25μg/mL 的苯噻菌酯处理 14d 后接种，其防治效果仍达 72.48%。

苯噻菌酯单剂及苯噻菌酯与氟啶胺（1∶1）复配剂对油菜菌核病均有良好的田间防治效果，施药量为 150g/hm² 时，防效分别能达到 68%和 74%，对照药剂异菌脲对油菜菌核病也有一定的防效，但防治效果显著低于苯噻菌及其混剂[3]。

参考文献

[1] 刘玉超，钱刚，李勇，等. 苯噻菌酯的合成. 中国化工学会农药专业委员会第十七届年会论文集, 2016.

[2] 杨光富，赵培亮，黄伟，等. 一种甲氧基丙烯酸酯类杀菌剂、制备方法及用途. CN101268780A, 2008-05-08.

[3] 徐从英. 苯噻菌酯生物活性及防治油菜菌核病的应用研究. 南京：南京农业大学, 2015.

[4] 刘长令，刘鹏飞，李淼. 世界农药大全：杀菌剂卷. 2 版. 北京：化学工业出版社, 2022.

[5] 徐从英，侯毅平，王建新，等. 新型杀菌剂苯噻菌酯的抑菌活性及生物学特性. 农药学学报, 2014, 16(6): 667-672.

3.3.9 氟菌螨酯的创制

Cl, O, F_3C, O, OCH_3, OCH_3

化合物专利名称：取代的对三氟甲基苯醚类化合物及其制备与应用

中国专利号：ZL200510046765.X；申请日：2005-06-28；授权日：2008-12-17

专利发明人：刘长令，迟会伟，崔东亮，李淼，李志念，罗艳梅；申请人：沈阳化工研究院

该发明采用中间体衍生化法，用除草剂的中间体取代苯酚对甲氧基丙烯酸酯类化合物的非甲氧基丙烯酸酯部分进行替换，经过结构优化引入合成二苯醚类除草剂乙氧氟草醚(oxyfluorfen)过程中产生的副产物 2-氯-4-三氟甲基苯酚，发明了 SYP-3759，中文通用名氟菌螨酯。获得中国、美国、欧盟、韩国、日本、巴西等地发明专利。兼具高杀菌活性和杀螨活性，但公司拥有该类杀菌剂品种较多，再加上当时认为杀螨市场小，故未产业化。

3.3.9.1 创制过程

间三氟甲基苯酚是合成氟吡酰草胺(picolinafen)和吡氟酰草胺(diflufenican)的一个重要中间体，利用中间体衍生化法的替换法，将甲氧基丙烯酸酯类化合物如啶氧菌酯、嘧螨酯结构中的

吡啶环或嘧啶环替换成间三氟甲基苯酚得到化合物Ⅰ-1，发现该化合物具有很好的杀菌活性，因此，作为先导化合物进一步优化，在优化过程中引入合成二苯醚类除草剂乙氧氟草醚(oxyfluorfen)过程中产生的一个副产物2-氯-4-三氟甲基苯酚，得到化合物SYP-3759（图3-24）[1]。

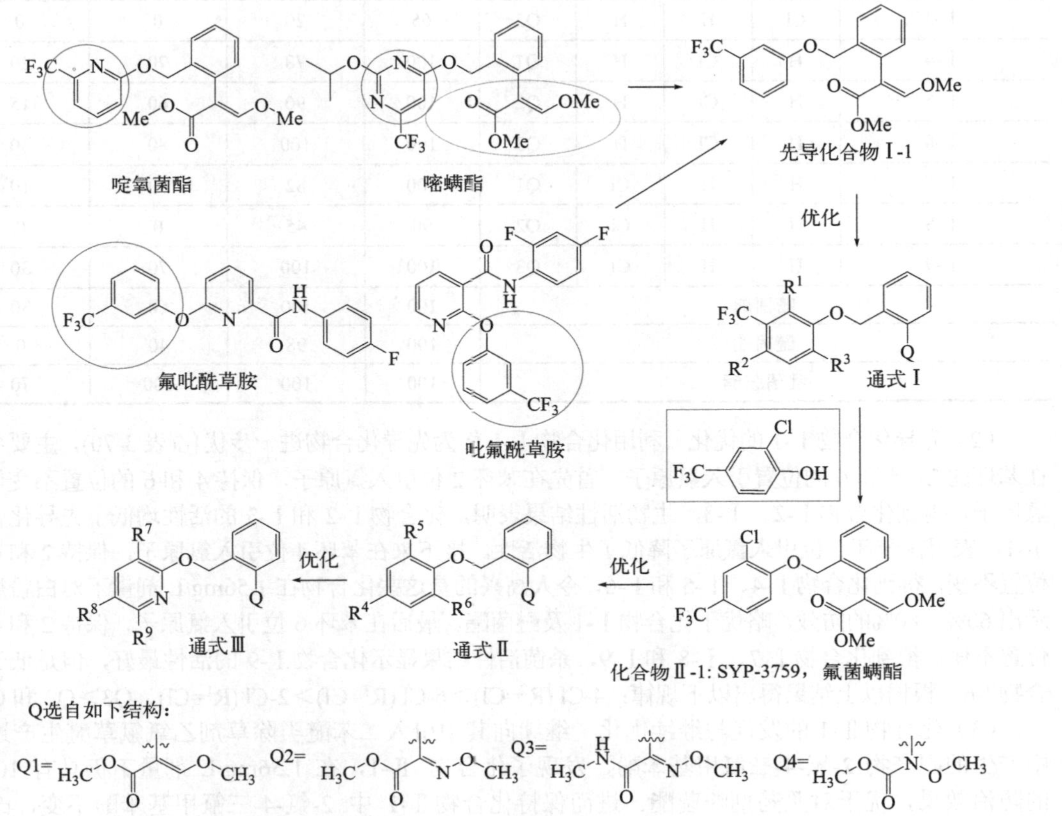

图3-24 氟菌螨酯的发现过程

（1）先导化合物的发现 由于氟原子的独特性质，许多含氟化合物表现出显著的生物活性，首先将间三氟甲基苯酚引入甲氧基丙烯酸酯类化合物中得到化合物Ⅰ-1，在防治小麦白粉病上表现出良好的生物活性，将作为先导化合物继续被优化研究（表3-70）。

表3-70 化合物Ⅰ-1至Ⅰ-9防治小麦白粉病的结果

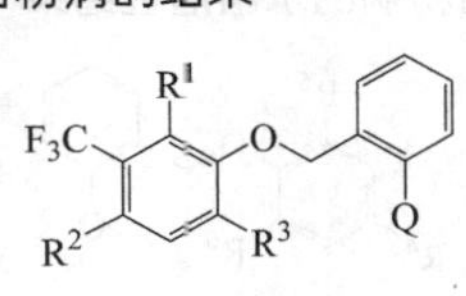

通式Ⅰ

编号	R^1	R^2	R^3	Q	防效/%			
					25mg/L	6.25mg/L	1.56mg/L	0.39mg/L
Ⅰ-1(先导化合物)	H	H	H	Q1	100	60	50	40
Ⅰ-2	Cl	H	H	Q1	60	0	0	0

续表

编号	R^1	R^2	R^3	Q	防效/%			
					25mg/L	6.25mg/L	1.56mg/L	0.39mg/L
Ⅰ-3	Cl	H	H	Q2	65	20	0	0
Ⅰ-4	H	Cl	H	Q1	100	78	70	20
Ⅰ-5	H	Cl	H	Q2	100	90	60	15
Ⅰ-6	H	Cl	H	Q3	100	100	80	30
Ⅰ-7	H	H	Cl	Q1	100	82	50	10
Ⅰ-8	H	H	Cl	Q2	90	45	0	0
Ⅰ-9	H	H	Cl	Q3	100	100	70	30
嘧菌酯					100	100	60	30
醚菌酯					100	98	40	0
唑菌胺酯					100	100	100	70

（2）先导化合物Ⅰ-1的优化　利用化合物Ⅰ-1作为先导化合物进一步优化(表3-70)，主要考虑在苯环的2、4和6的位置引入氯原子。首先在苯环2位引入氯原子，保持4和6的位置不变仍为氢原子，得到化合物Ⅰ-2、Ⅰ-3，生物活性结果表明，化合物Ⅰ-2和Ⅰ-3的活性均低于先导化合物Ⅰ-1，表明在苯环2位引入氯原子降低了生物活性。接下来在苯环4位引入氯原子，保持2和6的位置不变，得到化合物Ⅰ-4、Ⅰ-5和Ⅰ-6，令人高兴的是这些化合物在1.56mg/L剂量下对白粉病显示出60%～80%的防效，略优于化合物Ⅰ-1及醚菌酯。最后在苯环6位引入氯原子，保持2和4的位置不变，得到化合物Ⅰ-7、Ⅰ-8和Ⅰ-9，杀菌活性结果显示化合物Ⅰ-9的活性最好，但是低于化合物I-6。根据以上结果得出以下规律：4-Cl (R^2=Cl)＞6-Cl (R^3=Cl)＞2-Cl (R^1=Cl)、Q3＞Q2和Q1。

（3）化合物Ⅱ-1的发现与继续优化　继续向其中引入二苯醚类除草剂乙氧氟草醚生产过程中产生的副产物2-氯-4-三氟甲基苯酚，发现了化合物 Ⅱ-1，在1.56mg/L剂量下仍具有100%的防治效果，优于对照药剂嘧菌酯。进而保持化合物Ⅱ-1 中 2-氯-4-三氟甲基苯酚不变，改变Q1为Q2、Q3、Q4得到化合物Ⅱ-2、Ⅱ-3和Ⅱ-4，发现化合物Ⅱ-2和Ⅱ-3的活性优于Ⅱ-4，与Ⅱ-1相差不大，重要的是化合物Ⅱ-2、Ⅱ-3和Ⅱ-4的活性优于嘧菌酯和醚菌酯。接下来将化合物Ⅱ-1中的三氟甲基变为甲基得到化合物Ⅱ-5、Ⅱ-6、Ⅱ-7，但是活性降低了，说明三氟甲基的活性高于甲基。最后将三氟甲基变为CN(Ⅱ-8、Ⅱ-9、Ⅱ-10)和NO_2(Ⅱ-11)，但这些化合物的活性均低于Ⅱ-1到Ⅱ-3的活性(表3-71)。

表3-71　化合物Ⅱ-1至Ⅱ-11防治小麦白粉病的杀菌活性结果

R^5 O Q R^4 R^6

通式Ⅱ

编号	R^4	R^5	R^6	Q	防效/%			
					25mg/L	6.25mg/L	1.56mg/L	0.39mg/L
Ⅱ-1(SYP-3759)	CF_3	Cl	H	Q1	100	100	100	85
Ⅱ-2	CF_3	Cl	H	Q2	100	100	100	80

续表

编号	R^4	R^5	R^6	Q	防效/%			
					25mg/L	6.25mg/L	1.56mg/L	0.39mg/L
Ⅱ-3	CF_3	Cl	H	Q3	100	100	100	85
Ⅱ-4	CF_3	Cl	H	Q4	100	95	65	10
Ⅱ-5	CH_3	Cl	H	Q1	100	85	50	40
Ⅱ-6	CH_3	Cl	H	Q2	100	95	60	20
Ⅱ-7	CH_3	Cl	H	Q3	100	40	20	0
Ⅱ-8	CN	Cl	H	Q1	100	100	15	0
Ⅱ-9	CN	Cl	Cl	Q1	50	0	0	0
Ⅱ-10	CN	Br	Br	Q1	60	20	0	0
Ⅱ-11	NO_2	H	H	Q1	90	50	0	0
嘧菌酯					100	100	60	30
醚菌酯					100	98	40	0
唑菌胺酯					100	100	100	70

尽管已发现了 SYP-3759，但是为了发现活性更优的化合物，继续对左面芳环部分展开优化。3-氯-5-三氟甲基吡啶-2-醇和 3,5,6-三氯吡啶-2-醇是农药领域常用的杂环中间体，将其引入甲氧基丙烯酸酯类化合物中设计合成了化合物Ⅲ-1 至Ⅲ-6，这些化合物的活性很好（表 3-72），但均低于化合物Ⅱ-1 到Ⅱ-3。

表 3-72 化合物Ⅲ-1 至Ⅲ-6 防治小麦白粉病的杀菌活性结果

通式Ⅲ

编号	R^7	R^8	R^9	Q	防效/%			
					25mg/L	6.25mg/L	1.56mg/L	0.39mg/L
Ⅲ-1	Cl	CF_3	H	Q1	100	100	90	40
Ⅲ-2	Cl	CF_3	H	Q2	100	100	90	30
Ⅲ-3	Cl	CF_3	H	Q3	100	100	80	20
Ⅲ-4	Cl	Cl	Cl	Q1	100	100	100	40
Ⅲ-5	Cl	Cl	Cl	Q2	100	100	100	45
Ⅲ-6	Cl	Cl	Cl	Q3	100	100	98	20
嘧菌酯					100	100	60	30
醚菌酯					100	98	40	0
唑菌胺酯					100	100	100	70

综上，化合物Ⅱ-1 到Ⅱ-3 均具有优异的杀菌活性，选出Ⅱ-1、Ⅱ-3 进行深入研究，结果如表 3-73。

表 3-73 化合物Ⅱ-1 和Ⅱ-3 防治小麦白粉病的田间试验结果

化合物	剂量/(mg/L)	病指	防效/%
Ⅱ-1 200g/L 悬浮剂	135	2.7	93.1
	45	5.9	84.9
	30	7.1	81.8
Ⅱ-3 200g/L 悬浮剂	135	3.2	91.7
	45	7.5	81.0
	30	8.4	78.3
唑菌胺酯 250g/L 悬乳剂	135	3.5	91.0
	45	5.1	86.8
	30	4.9	87.5
三唑酮 150g/L 可湿性粉剂	135	5.2	86.6

3.3.9.2 知识产权分析

该品种属于 Zeneca 专利范围内化合物，属于 me-too 研究，但为非列表化合物，活性显著优于专利代表化合物及同类商品化品种醚菌酯。属于选择性发明。

（1）新颖性　新颖性分析见表 3-74。

表 3-74 该专利与已有技术对比表

该专利： CN1887847A(沈阳化工研究院， 申请日： 2005-06-28；公开日：2007-01-03)	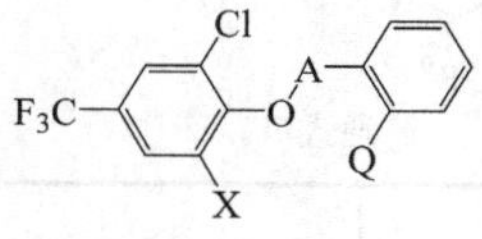 通式 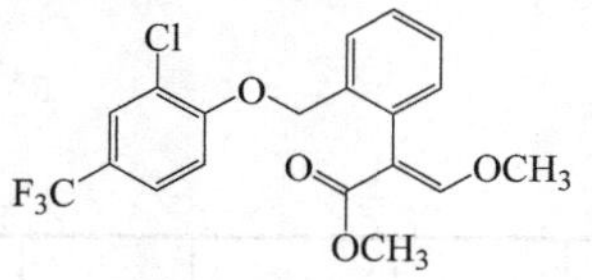　代表化合物 1
接近的已有技术与同类商品化/开发中品种 US5438059A (Zeneca Limited， 申请日： 1993-07-06；公开日：1995-08-01)	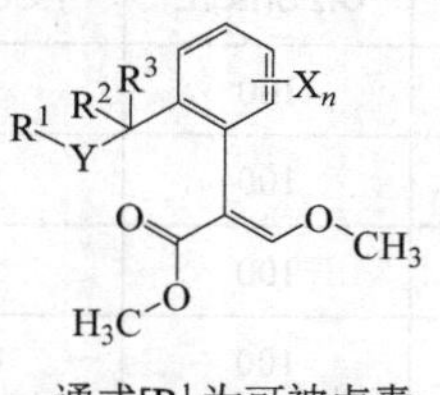 通式[R^1 为可被卤素、卤代($C_{1\sim4}$)烷基等基团任意取代的苯基; Y 为 O; R^2 和 R^3 均为 H; *n* 为 0] 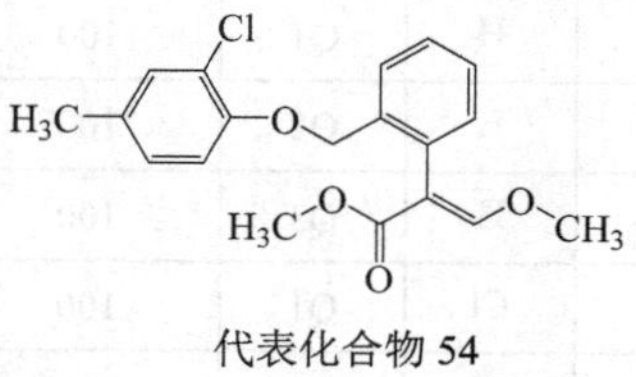　代表化合物 54 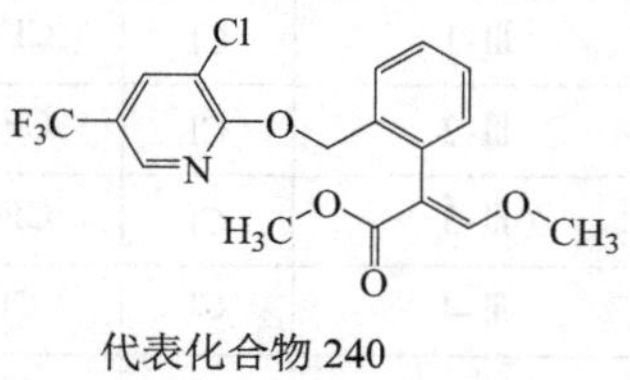　代表化合物 240 氟菌螨酯在 Zeneca 专利范围内，且与 Zeneca 专利通式及代表化合物结构相近，但为非列表化合物

（2）创造性　专利 CN101119961C 说明书第 9～10 页生物活性测定实施例记载，该发明测试化合物（编号 1，氟菌螨酯）对黄瓜霜霉病、小麦白粉病、小麦根腐病、黄瓜炭疽病、小麦颖枯病、小麦叶锈病、水稻稻瘟病等具有较好防效，并与商品化品种醚菌酯进行了对小麦白粉病的保护活性和治疗活性比较。结果表明，均明显优于醚菌酯；氟菌螨酯还对桃蚜、朱砂叶螨显示了较高的杀虫杀螨活性，特别对朱砂叶螨，在 10mg/L 剂量下，与对照药剂哒螨酮活性相当，申请人进一步合成了与氟菌螨酯结构最为接近的专利 US6653258 中化合物 54、240，并与氟菌螨酯进行了杀菌杀螨活性对比试验（表 3-75）。

表 3-75　对朱砂叶螨的致死率　　单位：%

浓度	150mg/L	50mg/L	10mg/L
化合物 1(氟菌螨酯)	100	100	86.4
US6653258 化合物 54	55.6	50	37.3
US6653258 化合物 240	37.3	34.8	31.3

（3）核心化合物专利　氟菌螨酯核心化合物专利与授权保护范围如表 3-76 所示。

表 3-76　沈阳化工研究院申请的氟菌螨酯核心化合物专利

序号	公开号	专利号	法律状态
1	CN1887847A	ZL200510046765.X	授权有效
2	CN101119961A	ZL200680005094.5	授权有效
3	EP1897866A1	EP1897866B1	授权有效
4	US2008188468A1	US7947734B2	授权有效
5	KR20070112880A	KR100963911B1	授权有效
6	JP2008546815A	JP4723642B2	授权后失效
7	BRPI0612552A2	BRPI0612552B1	授权有效

授权保护范围(中国专利)

一种取代的对三氟甲基苯醚类化合物，如通式(Ⅰ)所示：

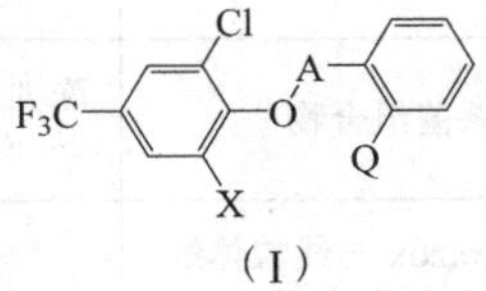

（Ⅰ）

式中：

Q 选自如下所示的 Q_1、Q_2、Q_3、Q_4 或 Q_5：

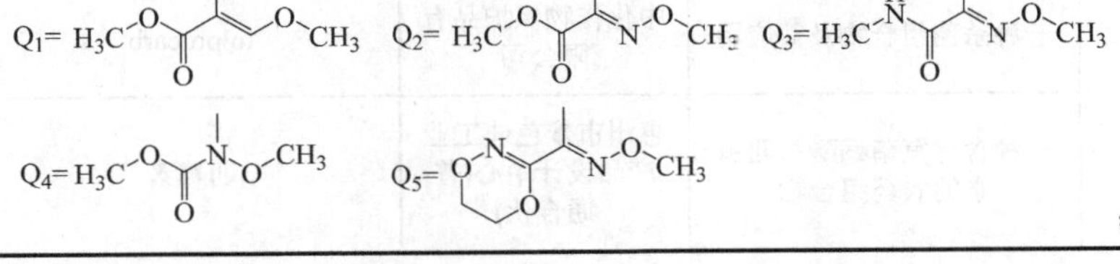

；

续表

A 选自 CH_2 或 [嘧啶结构式]； 当 A= [嘧啶结构式] 时，嘧啶的 4-位与氧相连，6-位氧与苯环相连，$Q=Q_1$； X 选自氢、卤素、氰基、硝基、C_1～C_{12} 烷基、C_1～C_{12} 卤代烷基、C_1～C_{12} 烷氧基、C_1～C_{12} 烷硫基、C_1～C_{12} 烷氧基 C_1～C_{12} 烷基、C_1～C_{12} 烷氧基羰基 C_1～C_{12} 烷基或 C_1～C_{12} 卤代烷氧基 C_1～C_{12} 烷基

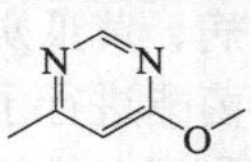

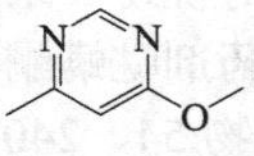

3.3.9.3 合成方法

氟菌螨酯的合成路线如下，其中，中间体 2-氯-4-三氟甲基苯酚是由 3,4-二氯三氟甲苯碱解得到的，其化学反应式如图 3-25 所示[2]。此合成工艺路线简单，步骤短，收率高，后处理容易，成本低，该路线可以实现工业化生产。

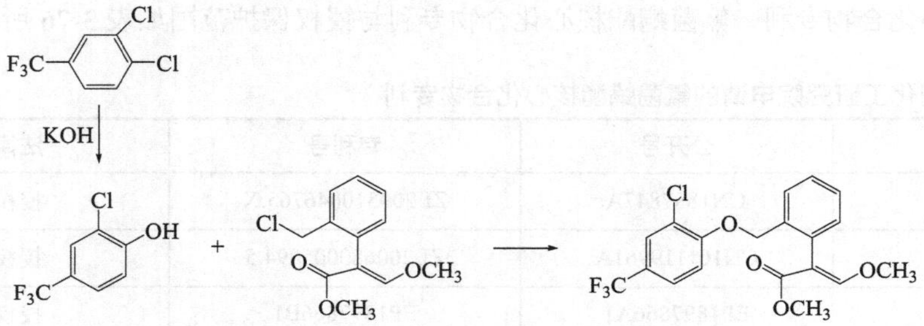

图 3-25 氟菌螨酯的合成路线

3.3.9.4 组合物专利

氟菌螨酯部分组合物专利见表 3-77。

表 3-77 氟菌螨酯组合物专利

序号	公开号	发明名称	申请人	B 组分
1	CN104957142A	杀菌组合物	深圳诺普信农化股份有限公司	吡唑萘菌胺
2	CN106922710A	picarbutrazox 与线粒体细胞色素酶抑制剂类杀菌剂的组合物及其制剂和应用	浙江新农化工股份有限公司	picarbutrazox
3	CN107333780A	一种杀菌组合物及其应用	中化作物保护品有限公司	tolprocarb
4	CN108308189A	一种含有氟菌螨酯与四霉素的农药组合物	惠州市梦芭迪工业产品设计中心(普通合伙)	四霉素

续表

序号	公开号	发明名称	申请人	B 组分
5	CN108371184A	一种含有丙硫唑和氟菌螨酯的杀菌组合物	惠州市锦恒工业模具设计合伙企业(普通合伙)	丙硫唑
6	CN109090110A	含有香芹酚与氟菌螨酯的杀菌组合物	刘西芳	香芹酚
7	CN109090111A	含有辛菌胺与氟菌螨酯的杀菌组合物	刘西芳	辛菌胺
8	CN110476978A	含有氟菌螨酯与丁子香酚的杀菌组合物	刘西芳	丁子香酚
9	WO2015049168A1	杀真菌组合物	先正达参股股份有限公司	(结构式: F, F, H, O, N, R, R^6, Q, N, N)
10	WO2020044215A1	novel insecticidal combinations	UPL	双酰胺类杀虫剂、拟除虫菊酯杀虫剂三元组合物
11	WO2021148643A1	fungicidal compositions	先正达	(结构式: N, A, N, HO, R^1, O, R^2, O, R^3)

3.3.9.5 作用机理

该药为真菌线粒体呼吸抑制剂，其作用机理是通过与细胞色素 bc_1 复合体结合，抑制线粒体的电子传递而阻止细胞的合成，从而抑制其线粒体呼吸而发挥抑菌作用[2]。

3.3.9.6 毒理学与安全评价

大鼠急性经口 LD_{50}＞5000mg/kg，大鼠急性经皮 LD_{50}＞5000mg/kg。对兔皮肤无刺激，对兔眼睛无刺激，对大鼠无皮肤致敏性。Ames 试验、微核试验、染色体试验均为阴性[2]。

3.3.9.7 应用效果

氟菌螨酯具有高效广谱的杀菌活性，兼具预防及治疗活性且持效期长，具有一定的内吸活性。对担子菌、子囊菌、接合菌及半知菌引起的大多数植物病害具有很好的防治作用，如小麦白粉病、小麦叶锈病、黄瓜白粉病、黄瓜黑星病、黄瓜炭疽病、玉米小斑病及水稻纹枯病等。氟菌螨酯与四氟醚唑、三唑酮、氟菌唑混配还可用于防治橡胶白粉病[3]。氟菌螨酯对朱砂叶螨成螨具有一定的活性，其处理后 72h 对朱砂叶螨的 LC_{50} 为 5.451mg/L，明显高于炔螨特，但低于嘧螨酯和哒螨酮[4]。对苹果红蜘蛛和柑橘红蜘蛛具有很好的防效。

田间试验部分结果显示如下：

（1）防治柑橘红蜘蛛田间验证试验[1,4] 氟菌螨酯对柑橘红蜘蛛具有较好的防效果，在 100～200mg/L 下可以控制柑橘红蜘蛛的危害，明显高于哒螨酮，与嘧螨酯 50～100mg/L 相当。

（2）防治苹果红蜘蛛田间验证试验[1,4] 氟菌螨酯对苹果红蜘蛛具有良好的防效和持效，在100～150mg/L下处理21d的防效明显优于哒螨酮，表明具有较好的持效性。但其总体防效低于对照药剂嘧螨酯。

参考文献

[1] 刘长令，关爱莹，谢勇. 中间体衍生化法与新农药创制. 北京：化学工业出版社，2020.
[2] 刘长令，杨吉春. 现代农药手册. 北京：化学工业出版社，2018.
[3] 杨意伯，谭志琼，郑服丛，等. 9种杀菌剂二元复配对橡胶白粉病的增效试验. 农药，2011, 50(3): 223-225, 232.
[4] 张弘，李志念，兰杰，等. 创制杀螨剂SYP-3759的杀螨活性研究. 世界农药(增刊)，2009, 31(I): 46-48.

3.3.10 氟肟菌酯的创制

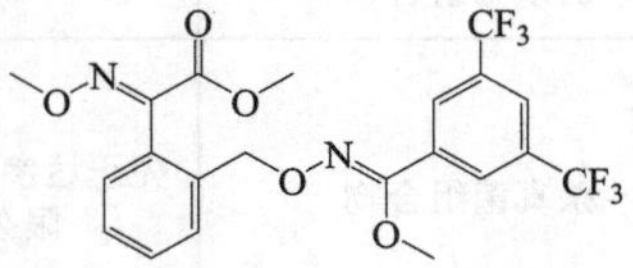

化合物专利名称：具生物活性的含双三氟甲基苯基的甲氧丙烯酸酯类化合物及其制备方法

中国专利号：ZL200510031418.X；申请日：2005-04-05；授权日：2008-11-05

专利发明人：柳爱平，黄明智，陈灿，张承来，王晓光，王永江，庞怀林，胡礼，欧晓明，刘兴平；申请人：湖南化工研究院

以双三氟苯甲醛为原料，进行衍生从而构建含肟中间体，再对甲氧基丙烯酸酯类结构进行替换，发明了氟肟菌酯(HNPC-A4008)，获得了中国专利。该化合物目前没有登记，主要用于防治黄瓜白粉病、小麦白粉病和水稻稻瘟病等多种病害。研究表明，该化合物具有杀菌活性高、作用迅速、毒性低、对作物安全等特点。

3.3.10.1 创制过程

在专利WO9616047A1中公开了由巴斯夫公司研制、日本曹达公司开发的含嘧啶结构的第一个也是唯一一个商品化的甲氧基丙烯酸酯类杀螨剂fluacrypyrim。fluacrypyrim具有较高的杀螨活性，但它需要在250mg/L这样比较高的剂量下才能对部分病害具有杀菌活性，可见其杀螨活性还不够优异。同样，在EP472300中公开了由瑞士诺华公司研发的具有单三氟甲基苯基结构的一个商品化的甲氧基丙烯酸酯类杀菌剂trifloxystrobin（图3-26）。该化合物作为杀菌剂很有用，但这种化合物没有杀螨活性。

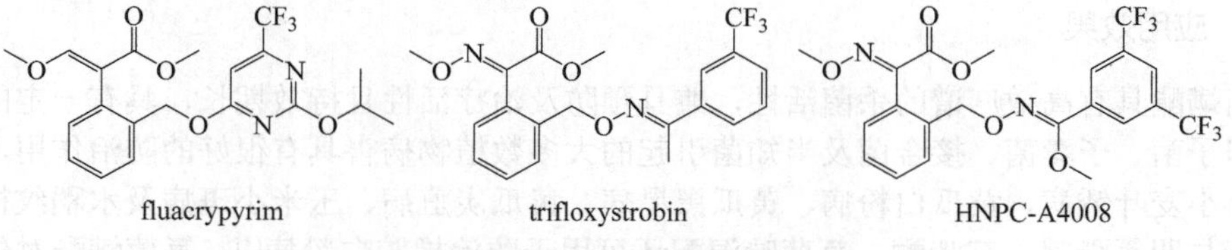

fluacrypyrim　trifloxystrobin　HNPC-A4008

图3-26 甲氧基丙烯酸酯类化合物

为了获得具有较高杀螨活性和/或杀虫活性的甲氧基丙烯酸酯类化合物；获得在更小剂量下就可以控制各种真菌病害的甲氧基丙烯酸酯类化合物；获得在更小剂量下就可以控制各种真菌病害，同时还具有较高杀螨和/或杀虫活性的化合物，主要对含三氟甲基苯基的甲氧丙烯酸酯类化合物进行了深入研究，最后通过结构设计，进行活性筛选得到了氟肟菌酯[1]。

3.3.10.2 知识产权分析

该发明化合物结构与已知专利化合物结构接近，虽在已有专利范围之内，但不是列表化合物，属于选择性发明。

（1）新颖性　新颖性分析见表 3-78。

表 3-78　该专利与已有技术对比表

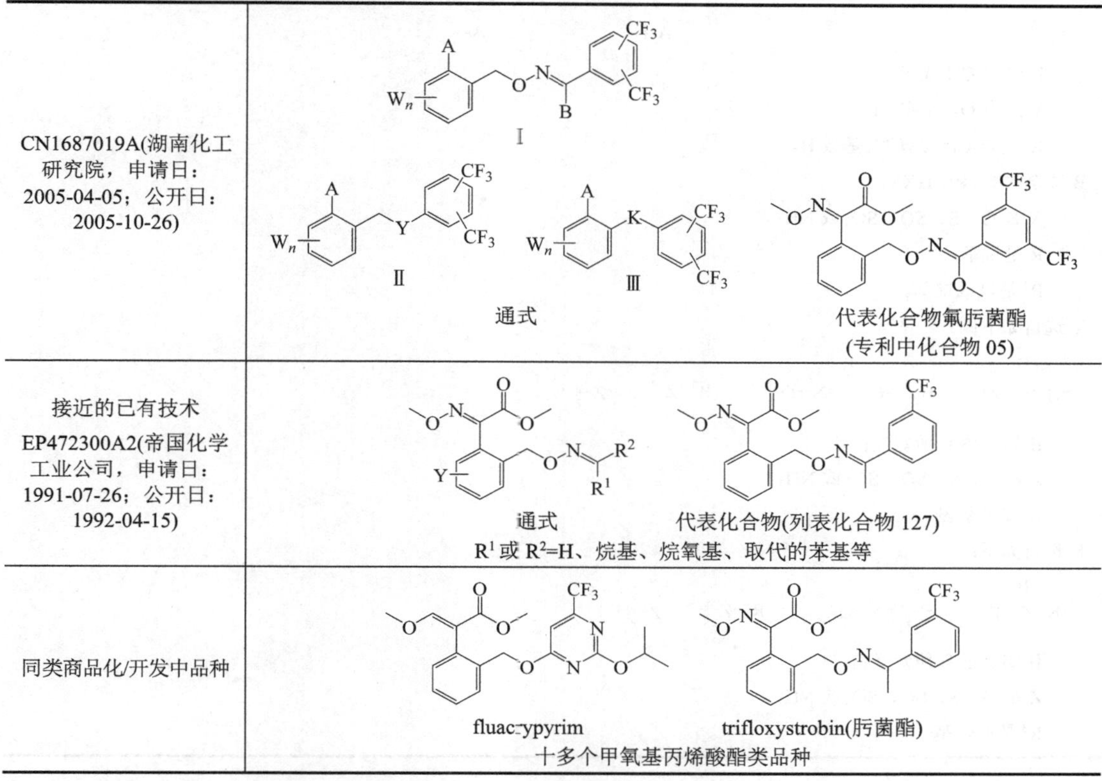

CN1687019A(湖南化工研究院，申请日：2005-04-05；公开日：2005-10-26)	Ⅰ　Ⅱ　Ⅲ 通式 代表化合物氟肟菌酯 (专利中化合物 05)
接近的已有技术 EP472300A2(帝国化学工业公司，申请日：1991-07-26；公开日：1992-04-15)	通式　代表化合物(列表化合物 127) R^1 或 R^2=H、烷基、烷氧基、取代的苯基等
同类商品化/开发中品种	fluacrypyrim　trifloxystrobin(肟菌酯) 十多个甲氧基丙烯酸酯类品种

（2）创造性　该专利 CN1687019A 说明书第 23～25 页记载，25mg/L 剂量下，该发明测试化合物（编号 05，氟肟菌酯）对小麦白粉病、水稻稻瘟病的杀菌活性能达到 90%以上，与肟菌酯相当。

（3）核心化合物专利　氟肟菌酯核心化合物专利与授权保护范围如表 3-79 所示。

表 3-79　湖南化工研究院申请的氟肟菌酯核心化合物专利

序号	公开号	专利号	法律状态
1	CN1687019A	ZL200510031418.X	授权有效

授权保护范围(中国专利)

具杀真菌、杀螨、杀虫生物活性的含双三氟甲基苯基的甲氧丙烯酸酯类化合物，其特征用通式(Ⅰ)、(Ⅱ)、(Ⅲ)表示：

Ⅰ　Ⅱ　Ⅲ

其中：

A 选自以下基团：

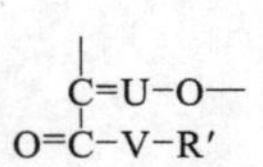

A-1 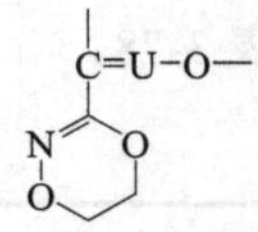　A-3

U 选自 CH 或 N；

V 选自 O、S 或 NH；

R′选自 C_1～C_6 的烷基或 H。

B 选自 XR、R^1CHXR；

X 是 O、S、SO、SO_2 或 NH；

R 是烷基；

R^1 是氢或烷基。

Y 选自如下：

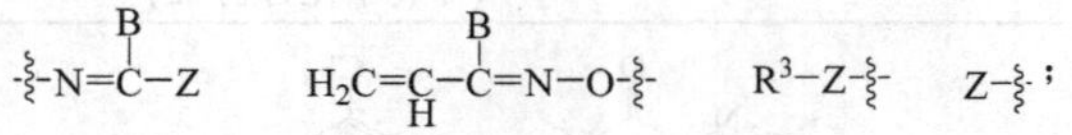

B 如上述 B 所定义；

Z 是 O、S、SO、SO_2 或 NH；

R^3 是亚烷基。

K 选自如下：

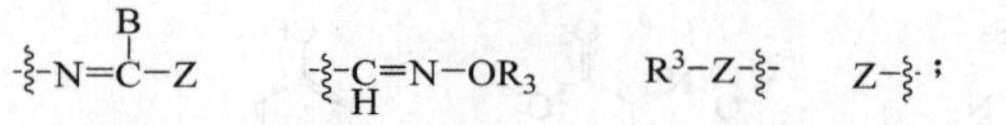

B 如上述 B 所定义；

Z 是 O、S、SO、SO_2 或 NH；

R^3 是亚烷基

3.3.10.3 合成方法

以 3,5-双三氟苯甲醛及甲氧基丙烯酸酯中间体为起始原料，经取代、氯化、缩合等易操作的反应，得到氟肟菌酯（图 3-27）[2]。

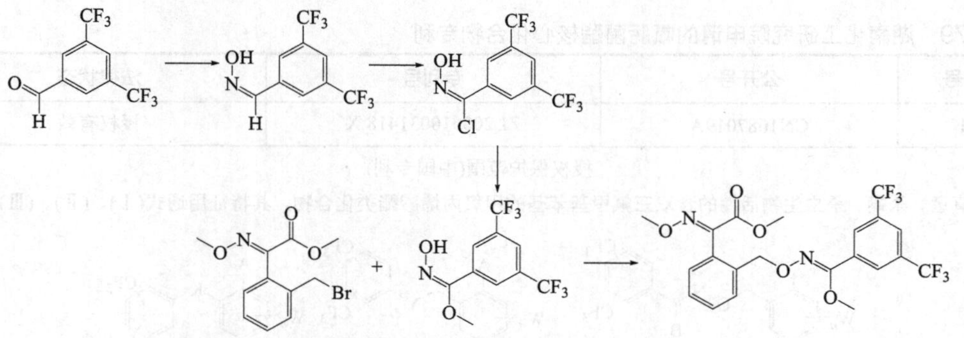

图 3-27　氟肟菌酯合成路线

3.3.10.4 毒理学与安全评价

对哺乳动物进行了急性经口、经皮、皮刺、眼刺、Ames 试验[3]。大鼠急性经口：雄性大鼠 LD_{50} 316mg/kg，雌性大鼠 LD_{50} 147mg/kg；急性经皮：雄性大鼠 LD_{50} 1780mg/kg，雌性大鼠 LD_{50} 2150mg/kg；对兔眼无刺激性；对兔皮肤无刺激性；细菌回复突变试验(Ames)阴性。

3.3.10.5 应用效果

氟肟菌酯具有保护、治疗作用，内吸作用较弱[3]。氟肟菌酯对小麦白粉病的保护活性 EC_{50} 为 0.37μg/mL，对黄瓜白粉病的保护活性 EC_{50} 为 1.21μg/mL。氟肟菌酯对小麦白粉病的治疗活性 EC_{50} 为 4.50μg/mL，对黄瓜白粉病的治疗活性 EC_{50} 为 1.68μg/mL。氟肟菌酯、嘧菌酯、肟菌酯、苯氧菌酯对小麦白粉病的内吸作用 EC_{50} 均为 39.06μg/mL。

部分田间应用效果如下[3]：

（1）防治黄瓜霜霉病田间试验　10%氟肟菌酯乳油在 100～400g (a.i.)/hm^2 剂量下，对黄瓜霜霉病的防治效果在 89.46%～94.98%。随着施药浓度的增大，防治效果逐渐升高。

（2）防治黄瓜白粉病田间试验　10%氟肟菌酯乳油用 5、10、20g (a.i.)/hm^2 第三次施药后 7d 的防效分别为 73.22%、53.96%、86.54%，在试验剂量范围内对黄瓜安全。

（3）防治水稻穗颈瘟病田间试验　10%氟肟菌酯乳油用 40、60、80g (a.i.)/hm^2 第二次施药后 10d 的防效分别为 68.25%、74.98%、76.43%，在试验剂量范围内对水稻安全。

参考文献

[1] 张俐, 欧晓明, 雷满香, 等. 新杀菌剂氟肟菌酯对几种作物病原菌的生物活性研究. 现代农药, 2012, 11(4): 15-18.

[2] 柳爱平, 黄明智, 陈灿, 等. 具生物活性的含双三氟甲基苯基的甲基丙烯酸酯类化合物及其制备方法. CN200510031418.X, 2005-04-05.

[3] 张俐. 新杀菌剂 HNPC-A4008 的生物活性及应用研究. 长沙: 湖南农业大学, 2005.

3.3.11 甲氧基氨基甲酸酯类化合物的创制

（1）含乙烯基肟醚基的氨基甲酸酯类杀菌化合物

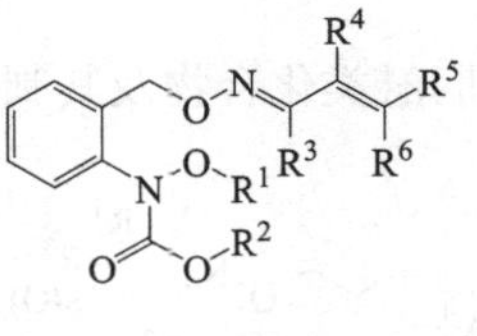

式中，R^1、R^2、R^3 是烷基；R^4、R^5 分别是氢或烷基；R^6 是取代的芳基或取代的杂芳基。

发明人：刘卫东，杜升华，张承来，兰世林，毛春晖，黄路，王晓光；申请人：湖南化工研究院

中国专利号：ZL200610031469.7；中国专利申请日：2006-04-05

同族专利：WO2007112618A1

化合物类型：甲氧基丙烯酸酯类、肟醚类

发明思路：me-too 研究；在甲氧基丙烯酸酯类杀菌、杀虫剂结构基础上引入肟醚结构而得；从中间体衍生化法角度分析为替换法。

用途：具有杀菌活性，对小麦赤霉病菌、辣椒疫霉病菌、稻瘟病菌、小麦白粉病菌、油菜菌核病菌具有一定抑制作用。

代表化合物结构如下：

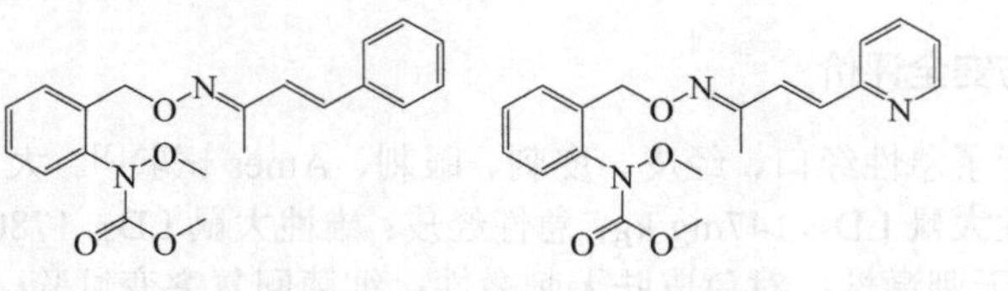

（2）具有杀菌活性的*N*-取代苯基氨基甲酸酯类化合物及其制备方法

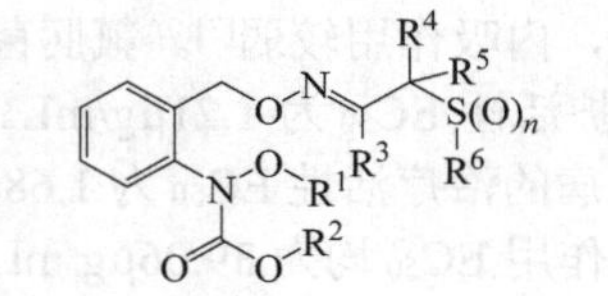

式中，R^1、R^2、R^6是烷基；R^4、R^5分别是氢或烷基；R^3是取代的芳基或取代的杂芳基；*n*是0或1。

发明人：刘卫东，王晓光，张承来，毛春晖，柳爱平，盛书祥，黄路；申请人：湖南化工研究院有限公司

中国专利号：ZL03124795.4；中国专利申请日：2003-09-05

化合物类型：氨基甲酸酯类

发明思路：me-too 研究；在氨基甲酸酯杀菌结构基础上引入肟硫醚结构而得。

用途：具有杀菌活性，对黄瓜灰霉病、黄瓜霜霉病、水稻稻瘟病、水稻纹枯病、番茄晚疫病、黄瓜炭疽病、小麦白粉病、小麦锈病具有很好的防效。

代表化合物结构如下：

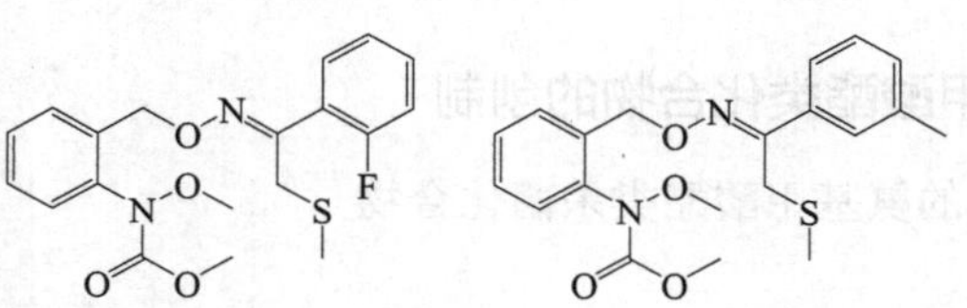

（3）具有杀菌活性的含硫不饱和肟醚类化合物及其制备方法

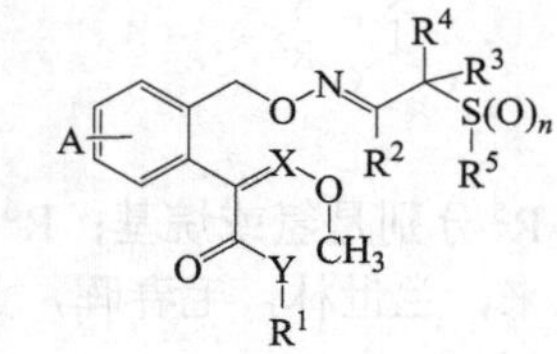

式中，A是氢，卤素，氰基，C_1～C_6的烷基，C_1～C_6的烷氧基，C_1～C_6的卤代烷基，C_1～C_6的卤代烷氧基；X是CH或N；Y是O，S，NR^6；R^1、R^6是氢或C_1～C_4的烷基；

R^2是苯基、萘基、呋喃基、吡啶基、嘧啶基、哒嗪基、苯并呋喃基、噻唑基、苯并噻唑基、吡唑基，各基团被任选一个或多个下述基团取代：卤素、C_1～C_4的烷基、C_1～C_4的烷氧基、C_1～C_4的卤代烷基、C_1～C_4的卤代烷氧基、硝基或氰基；

R^3和R^4是H、C_1～C_4的烷基、C_1～C_4的卤代烷基；

R^5是C_1～C_4的烷基、C_2～C_6的烯基、C_2～C_6的炔基、苯基、苯甲基、萘基；

*n*是0、1或2。

发明人：毛春晖，王晓光，黄明智，黄路，陈灿，卢艳芬，柳爱平，张承来，盛书祥，张丽；申请人：湖南化工研究院

中国专利号：ZL02139610.8；中国专利申请日：2002-09-13

同族专利：AU2003297069、WO2004024678

化合物类型：含硫不饱和肟醚类

发明思路：me-too 研究；在甲氧氨基丙烯酸酯杀菌结构基础上引入肟硫醚结构而得。

用途：具有杀菌活性，对黄瓜灰霉病、黄瓜霜霉病、水稻稻瘟病、水稻纹枯病、番茄晚疫病、黄瓜炭疽病、小麦白粉病、小麦锈病具有很好的防效。

代表化合物结构如下：

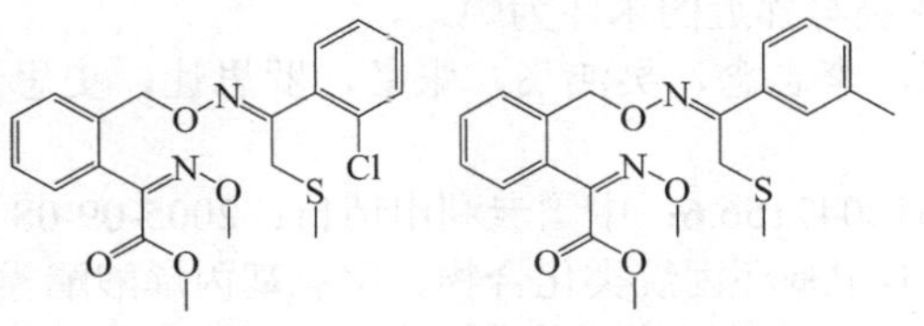

（4）一种甲氧基氨基甲酸酯类化合物及其制备方法与应用

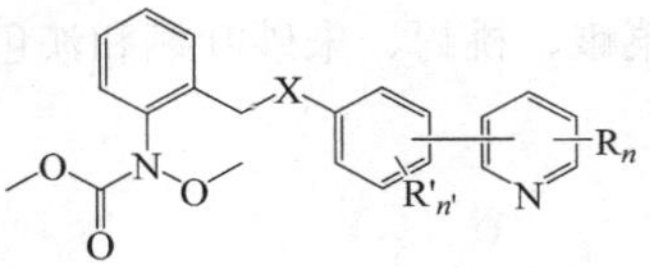

式中，X 为 O、S、COO 或 NH；

R 和 n 分别代表吡啶环上的取代基及取代基的个数，其中 $0 \leqslant n \leqslant 4$，且 n 为自然数，当 $n=0$ 时表示吡啶环上没有取代基 R，当 $0 < n \leqslant 4$ 时，所述吡啶环上的取代基 R 各自独立选自 CH_3、OCH_3、Br、Cl、F、CN、CF_3、NO_2 或 OH，所述的苯环上每个取代基 R'相同或不同；

R'和 n'分别代表苯环上的取代基及取代基的个数，其中 $0 \leqslant n' \leqslant 4$，且 n'为自然数，当 $n'=0$ 时表示苯环上没有取代基 R'，当 $0 < n' \leqslant 4$ 时，所述苯环上的取代基 R'各自独立选自 CH_3、OCH_3、Br、Cl、F、CN、CF_3、NO_2 或 OH，所述的苯环上每个取代基 R'相同或不同；

相对于苯环，取代吡啶基位于苯环上 X 取代基的邻位、间位或对位；相对于吡啶环，取代苯基位于吡啶环上 N 的邻位、间位或对位。

发明人：毛达杰，杜晓华，徐振元；申请人：浙江工业大学

中国专利号：ZL201410088072.6；中国专利申请日：2014-03-11

化合物类型：甲氧基氨基甲酸酯类

发明思路：me-too 研究；在甲氧基丙烯酸酯类杀菌剂的基础上，引入联杂芳环类结构得到。

用途：具有杀菌、除草活性，所发明的化合物可防治黄瓜霜霉病、黄瓜白粉病、黄瓜灰霉病、水稻纹枯病，以及稗草等杂草。

代表化合物结构如下：

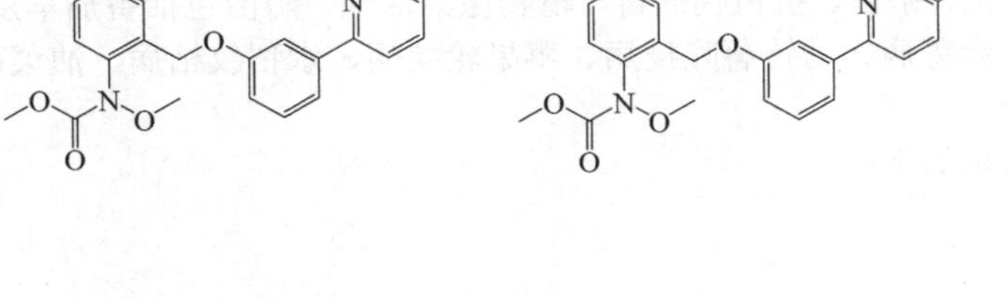

3.3.12 肟乙酸酯类化合物的创制

（1）一种 1-苯基-1-甲基环丙烷类化合物及其应用

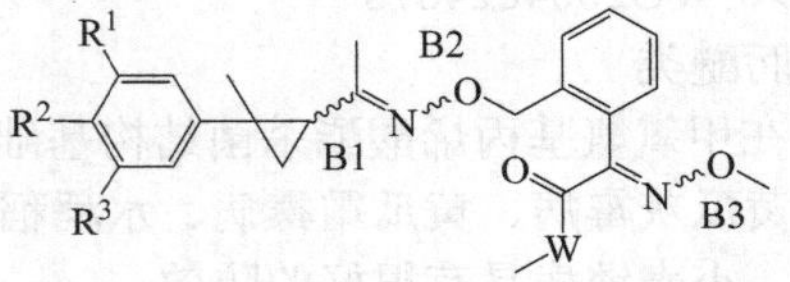

式中，R^1 为甲基；R^2 为氟；R^3 为 H 或甲基；W 为 O 或 NH；B1 键与邻近的苯环为反式；B2 键与 B1 键为反式；B3 键与邻近的苯环为顺式。

发明人：李斌，相东，李志念，吴鸿飞，张弘，罗思让，史思迪；申请人：沈阳化工研究院

中国专利号：ZL200510047156.6；中国专利申请日：2005-09-08

化合物类型：1-苯基-1-甲基环丙烷类化合物、甲氧基丙烯酸酯类化合物

发明思路：me-too 研究；以甲氧基丙烯酸酯类杀菌剂为先导，参考 WO0187826A1 中的结构，通过替换得到现有化合物。

用途：具有优异杀菌、杀虫活性，可用于防治植物病害和虫害。对霜霉病和白粉病具有较好的防治效果，同时对黏虫、小菜蛾、桃蚜、朱砂叶螨和淡色库蚊也有很好的控制效果。

代表化合物结构如下：

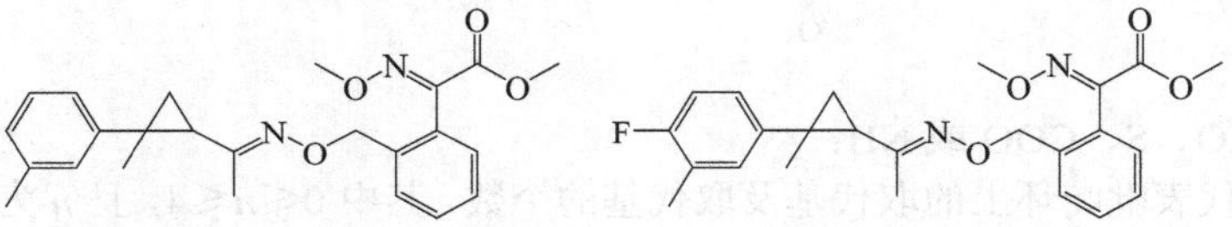

（2）一类异噻唑肟醚甲氧基丙烯酸酯衍生物及其制备方法和用途

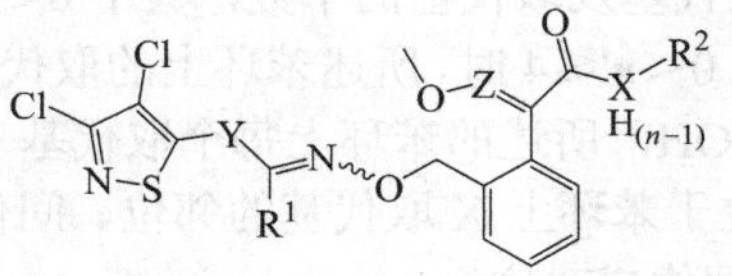

式中，R^1 选自甲基、氢；R^2 选自 1,2-二氟乙基、炔丙基、环丙基、甲基、1-甲硫基-2-甲基丙-2-基、(*R*)-1-甲硫基丙-2-基；X 选自 O、N，$n=1$，2；Y 选自 CHOH—CH_2、$(CH=CH)_m$，$m=0$，1；Z 选自 CH、N。

发明人：范志金，陈来，郭晓凤，朱玉洁，钱晓琳，马刘勇，张乃楼，王海霞，张秩鸣，徐京华，宋胤奇；申请人：南开大学

中国专利号：ZL201610185795.7；中国专利申请日：2016-03-25；同族专利：US10906880B2

化合物类型：异噻唑类

发明思路：me-too 研究；将 3,4-二氯异噻唑环引入甲氧基丙烯酸酯的先导结构中而得。

用途：具有杀虫、杀菌、抗植物病毒、植物激活活性，防治包括番茄早疫病、黄瓜灰霉病、花生褐斑病、小麦赤霉病、马铃薯晚疫病、苹果轮纹病、水稻纹枯病、油菜菌核病、烟草花叶病毒病、蚕豆蚜等。

代表化合物结构如下：

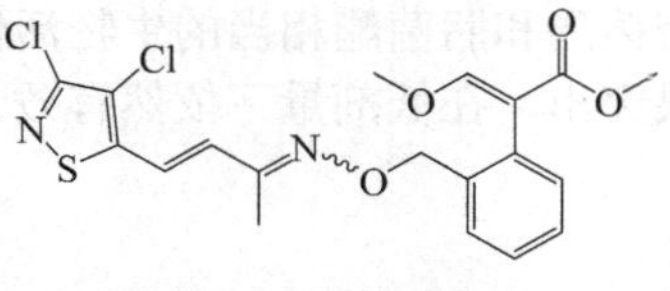

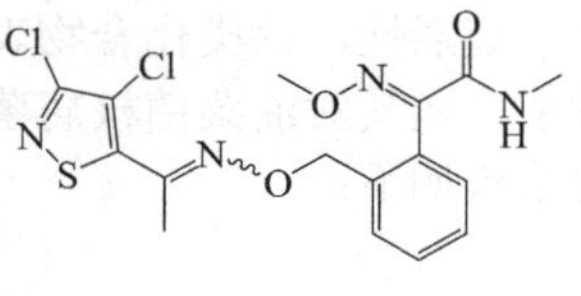

(3) 一种1-(多取代)苯基环丙烷类化合物及其应用

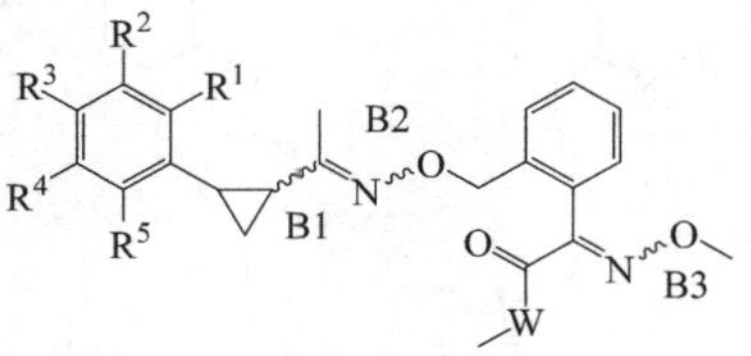

式中，R^1、R^5选自卤素；R^2、R^3、R^4分别选自H或卤素，但R^2、R^3、R^4不同时为H；W选自O；B1键与邻近的苯环为反式；B2键与B1键为反式；B3键与邻近的苯环为顺式。

发明人：相东，李志念，李斌，张弘，吕良忠，黄耀师，罗思让，史思迪；申请人：沈阳化工研究院

中国专利号：ZL200510047158.5；中国专利申请日：2005-09-08

化合物类型：苯基环丙烷类化合物、甲氧基丙烯酸酯类化合物

发明思路：me-too研究（WO0187826A1）；以甲氧基丙烯酸酯类杀菌剂为先导，参考WO0187826A1中的结构，通过替换得到现有化合物。

用途：具有优异杀菌、杀虫活性，可用于防治植物病害和虫害。对霜霉病和白粉病具有较好的防治效果，同时对黏虫、小菜蛾、桃蚜、朱砂叶螨和淡色库蚊也有很好的控制效果。

代表化合物结构如下：

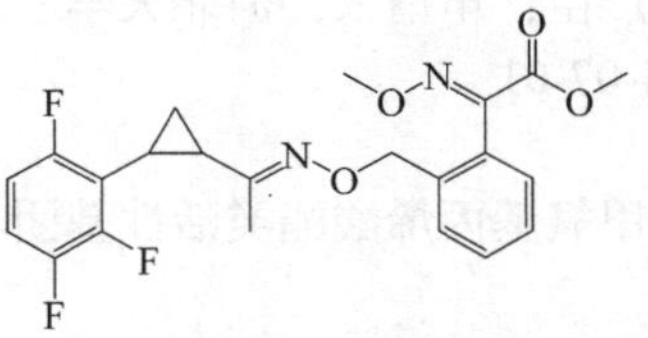

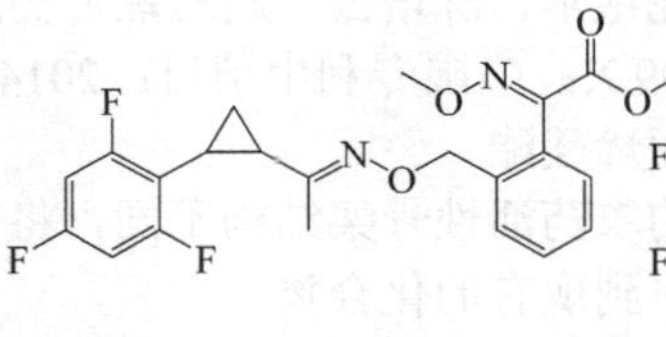

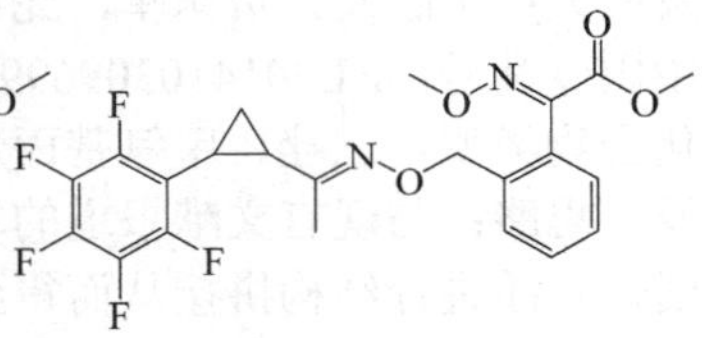

(4) 高活性亚胺基苯乙酸酯类化合物及其制备方法和应用

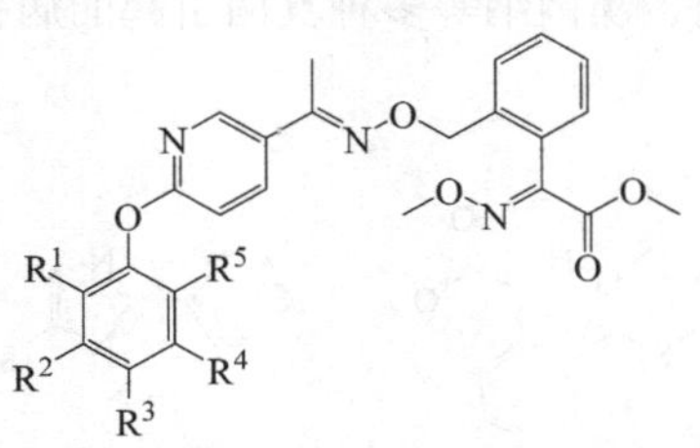

式中，R^1、R^2、R^3、R^4和R^5分别为氢、卤素、硝基、氰基、羟基、氨基、乙酰氨基、甲基酮、C_1～C_{12}烷基、卤代C_1～C_{12}烷基、C_1～C_{12}烷氧基、C_1～C_{12}烷硫基、C_1～C_{12}烷磺酰基、C_1～C_{12}烷基羰基、苄氧基、苯氧基或吡啶氧基。

发明人：覃兆海，杨冬燕；申请人：中国农业大学

中国专利号：ZL201710160407.4；中国专利申请日：2017-03-17

化合物类型：亚氨基苯乙酸酯类化合物

发明思路：me-too研究；以丙二酸二乙酯和取代苯酚为原料构建含有乙酰基的芳氧基吡啶中间体，然后去替换含肟醚的甲氧基丙烯酸酯类杀菌剂的一部分。

用途：具有杀菌活性，该类化合物表现出与嘧菌酯和肟菌酯相当的生物活性，对多数病原菌具有较好的效果，尤其对油菜菌核病菌抑制效果突出，在低剂量下依然有效。

代表化合物结构如下：

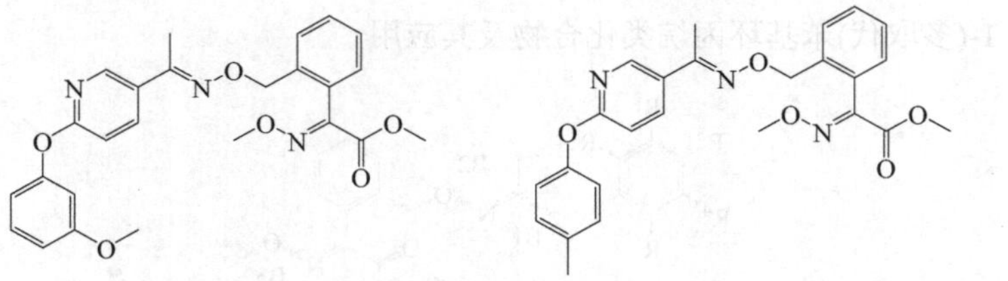

（5）一类含1,2,4-三唑的(*E*)-甲氧基亚氨基苯乙酸甲酯类化合物及其制备方法和用途

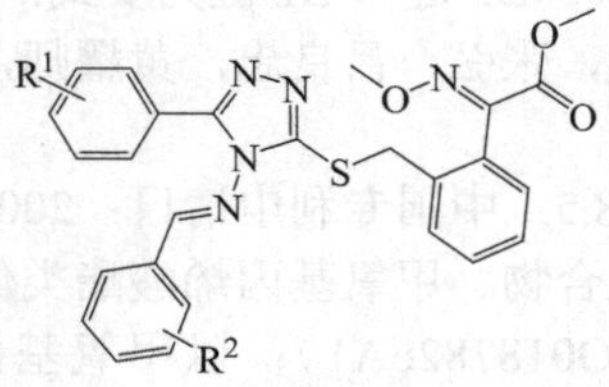

式中，取代基 R^1 独立地选自一个或多个氢；

取代基 R^2 独立地选自一个或多个氢、$C_1 \sim C_4$ 烷基、4-甲氧基、2-甲氧基、3,4-二甲氧基、羟基、氰基、硝基、卤原子。

发明人：王献友，贡东军，庞艳苹，陈培云，赵志磊，吴广臣；申请人：河北大学

中国专利号：ZL201410309699.X；中国专利申请日：2014-07-01

化合物类型：三唑、甲氧基丙烯酸酯

发明思路：与现有文献报道的农药活性骨架结构不同，将甲氧基丙烯酸酯类活性基团与三唑类活性基团进行结构拼接从而得到现有的化合物。

用途：具有杀菌活性，可用于控制对农作物有害的病菌，包括由子囊菌亚门、担子菌亚门、鞭毛菌亚门卵菌纲、半知菌亚门、藻菌纲等多种真菌引起的病害。

代表化合物结构如下：

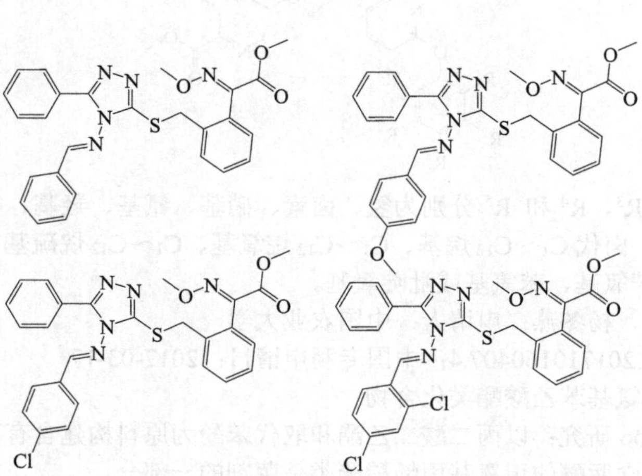

（6）取代芳基醚类化合物及其制备与应用

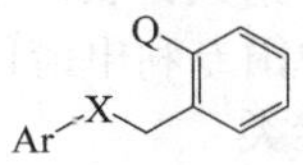

式中，Ar 代表 Ar-1 或 Ar-2：

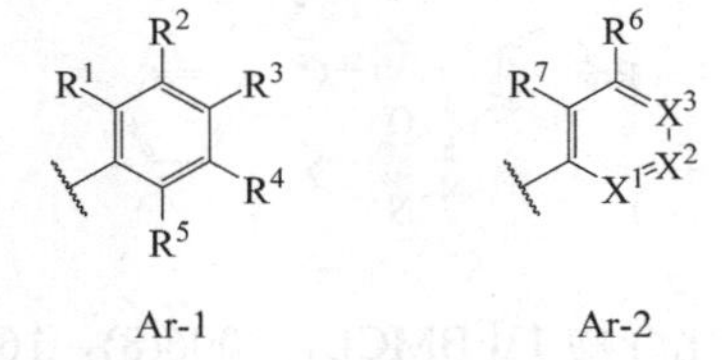

Ar-1　Ar-2

Q 选自如下所示的 Q1、Q2 或 Q3：

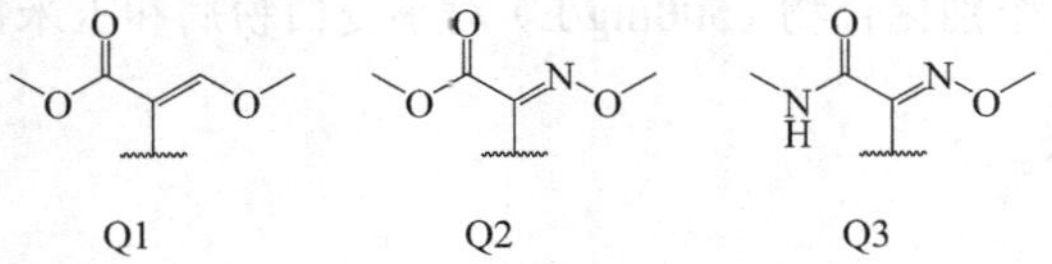

Q1　Q2　Q3

X 选自 O；R^2 选自 CF_3；R^1、R^3、R^5 分别选自氢、氯、溴、氟或氰基；R^4 选自氢或氯；X^1 选自 N；X^2、X^3 分别选自 C—R；其中，R 选自氢或氯；R^6、R^7 分别选自氯。

发明人：刘长令，迟会伟，李淼，李志念，柴宝山，崔东亮，李洋，袁静，张弘，杨吉春，刘远雄，王立增；申请人：沈阳化工研究院

中国专利号：ZL200610134974.4；中国专利申请日：2006-12-22

化合物类型：芳基醚类化合物、甲氧基丙烯酸酯类

发明思路：me-too 研究；利用中间体衍生法中的替换法，通过变换苯环上的取代基位置，特别是氯和三氟甲基的位置以及对苯环进行生物等排替换为吡啶，从而得到现有化合物。

用途：具有杀菌、杀虫活性，该类化合物对葡萄霜霉病、水稻纹枯病、水稻稻瘟病、番茄晚疫病、小麦白粉病、黄瓜白粉病、黄瓜霜霉病、黄瓜灰霉病等病害都有很好的防效。同时具有很好的杀虫活性，对多种害虫如黏虫、小菜蛾等有效。

代表化合物结构如下：

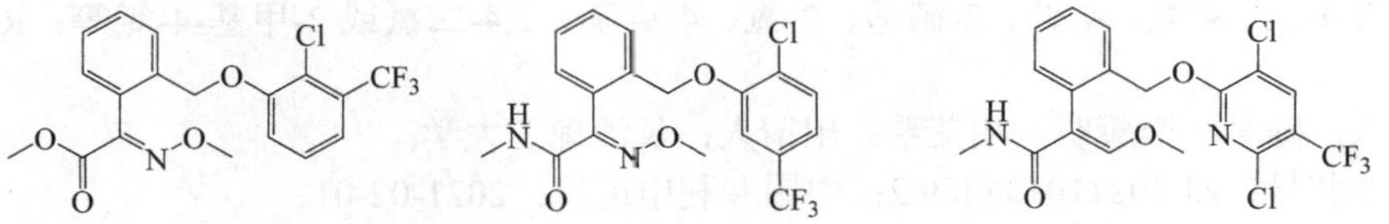

（7）苯乙烯基噁二唑类化合物及其制备方法与应用

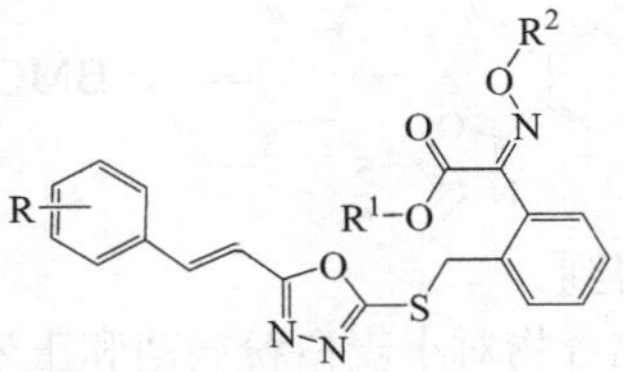

其中，R^1、R^2选自C_1～C_2烷基或C_3～C_4直链烷基；R选自氢、4-溴、2,4-二氯。

发明人：陈平，李康明，胡艾希；申请人：长沙理工大学

中国专利号：ZL202110255825.8；中国专利申请日：2021-03-09

化合物类型：肟醚甲酸酯类、噁二唑类

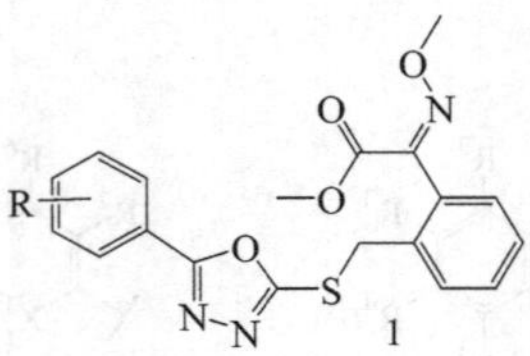

发明思路：me-too研究；在化合物1［BMCL，2006(8)，16：2278-2282］基础上将芳基替换成苯乙烯基得到目标化合物；从中间体衍生化法角度分析为替换法。

用途：具有杀菌活性；化合物对黄瓜灰霉病菌、烟草赤星病菌、小麦赤霉病菌、油菜菌核病菌具有一定的抑制率；个别化合物（500mg/L）对小麦白粉病和玉米锈病的活体杀菌活性（防效）分别为50%和95%。

代表化合物结构如下：

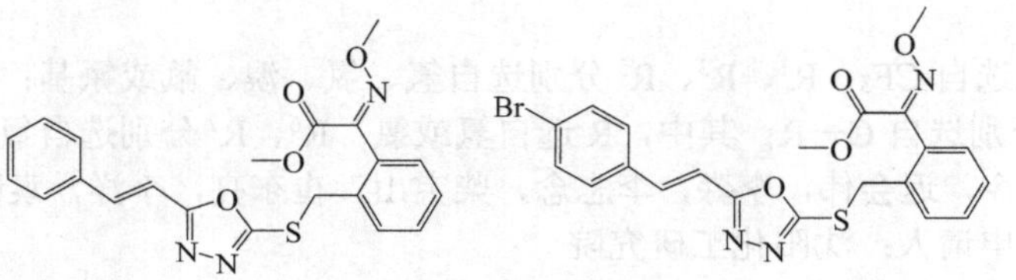

（8）噁二唑类化合物及其制备方法与应用

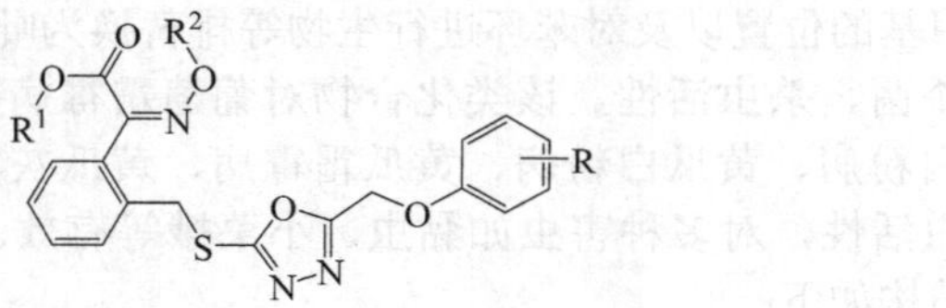

R选自4-氯、4-氟、4-碘、2-硝基、2-氯、4-硝基、2,4-二氯或2-甲基-4-氯等；R^1和R^2选自甲基。

发明人：陈平，李康明，胡艾希；申请人：长沙理工大学；

中国专利号：ZL202110133469.2；中国专利申请日：2021-02-01

化合物类型：甲氧基丙烯酸酯类、噁二唑类

发明思路：me-too研究；［ ，BMCL，2006(8)，16：2278-2282］通过改变苯环与噁二唑环的连接方式得到。

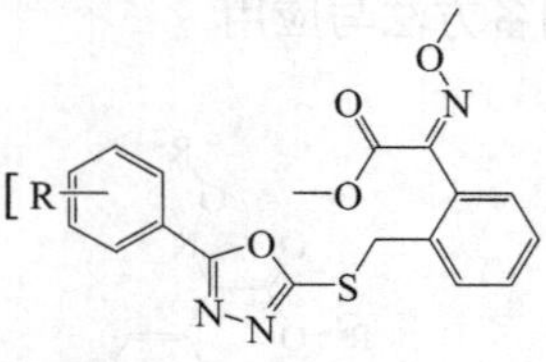

用途：具有杀菌活性，部分化合物对小麦白粉病菌和玉米锈病病菌有较好的抑制作用。

（9）呋喃酚衍生物及其制备方法与应用

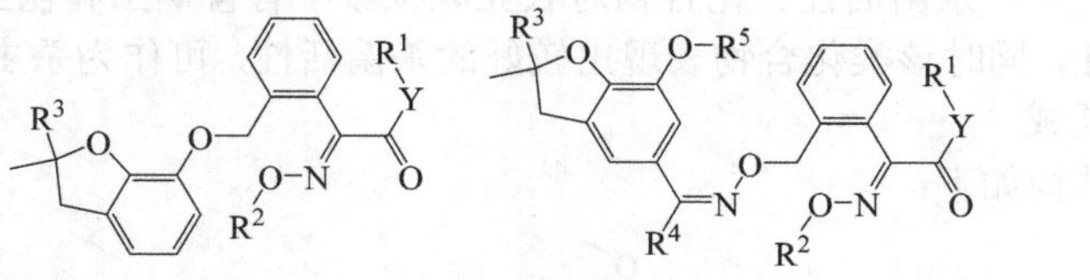

式中，R^1～R^5选自甲基；Y 选自 O 或 NH；以上两个通式所示的 3 个化合物如下：

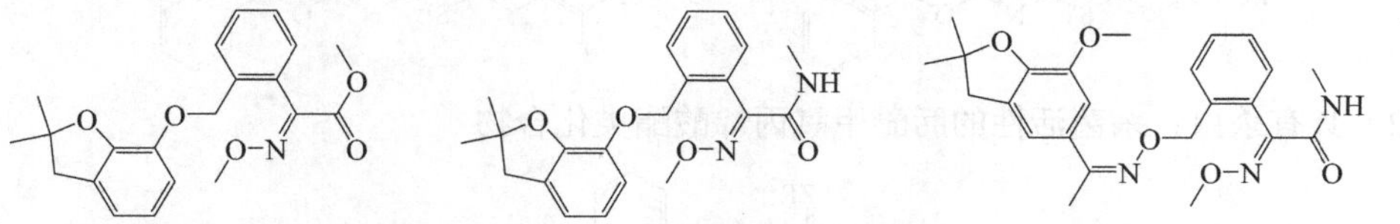

发明人：胡艾希，欧晓明，何莲，李建明，黄路，李康明，叶姣；申请人：湖南加法检测有限公司，湖南大学

中国专利号：ZL202011538705.0；中国专利申请日：2020-12-23

化合物类型：肟醚甲酸酯类、苯并呋喃类

发明思路：me-too 研究；结合肟醚甲酸酯类化合物引入苯并呋喃结构，通过官能团拼接得到。

用途：具有杀菌和杀虫活性，部分化合物对黄瓜灰霉病菌、烟草赤星病菌、小麦赤霉病菌、油菜菌核病菌和辣椒疫霉病菌表现较好的抑制率；个别化合物对蚕豆蚜、黏虫表现了一定的致死率。

3.3.13 其他甲氧基丙烯酸酯类化合物的创制

（1）不饱和烃嘧啶硫醚类化合物及其制备方法与应用

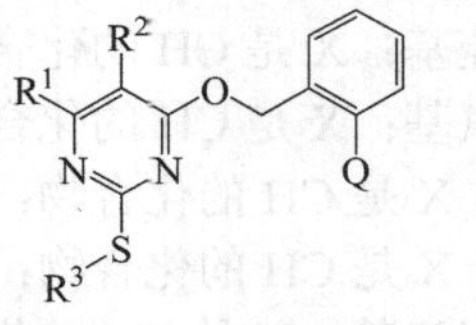

式中，R^1为氢、卤素、C_1～C_{12}烷基、C_3～C_{12}环烷基、卤代C_1～C_{12}烷基、C_1～C_{12}烷氧基中的一种；

R^2为氢、卤素、硝基、氰基、C_1～C_{12}烷基、卤代C_1～C_{12}烷基、C_1～C_{12}烷氧基中的一种；

R^3为C_2～C_{12}链烯基、卤代C_2～C_{12}链烯基、C_2～C_{12}炔基、卤代C_2～C_{12}炔基、C_3～C_{12}环烯基中的一种；

Q 选自 Q1～Q4 所示的基团之一；

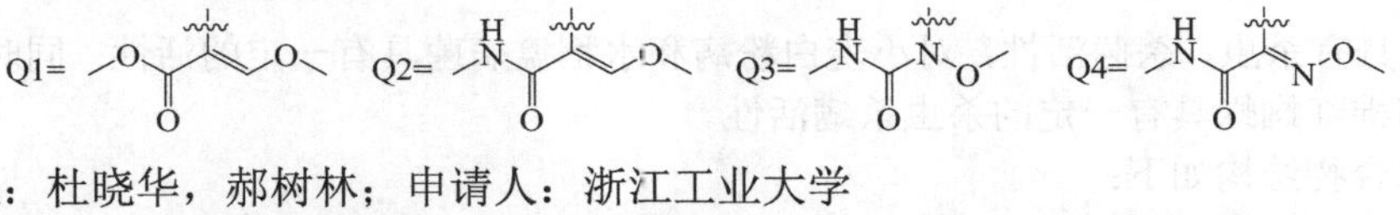

发明人：杜晓华，郝树林；申请人：浙江工业大学

中国专利号：ZL201810160958.5；中国专利申请日：2018-02-27；同族专利：US2020207723A1、WO2019165798A1

化合物类型：甲氧基丙烯酸酯类

发明思路：me-too 研究；以嘧啶甲氧基丙烯酸酯类化合物为先导，通过替换得到现有化

合物。

用途：具有杀虫、杀菌活性。化合物对农业等领域中有害螨虫和昆虫的成虫、幼虫和卵都显示出高杀虫活性，同时该类化合物表现出较好的杀菌活性，可作为杀虫剂和/或杀菌剂广泛应用在农业和其他领域。

代表化合物结构如下：

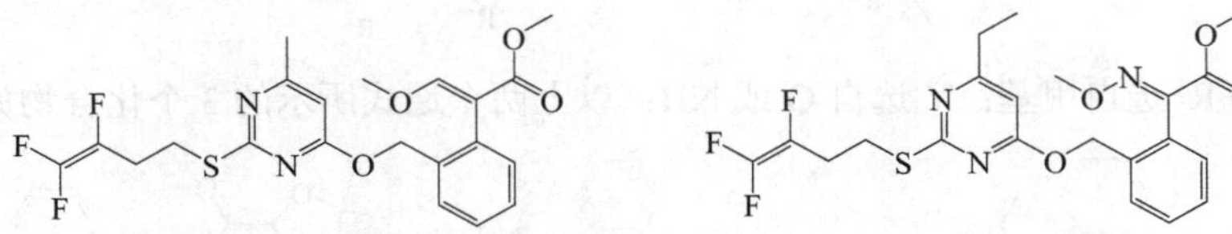

（2）具有杀虫、杀菌活性的肟醚甲氧丙烯酸酯类化合物

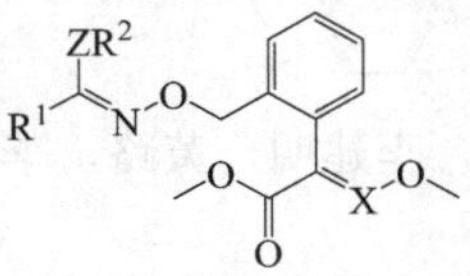

式中：

R^1是4-三氟甲氧基苯基；ZR^2是甲硫基；X是CH的化合物；
R^1是4-三氟甲氧基苯基；ZR^2是甲氧基；X是CH的化合物；
R^1是4-三氟甲氧基苯基；ZR^2是乙氧基；X是CH的化合物；
R^1是4-三氟甲氧基苯基；ZR^2是异丙硫基；X是N的化合物；
R^1是4-三氟甲氧基苯基；ZR^2是甲硫基；X是N的化合物；
R^1是3, 4-二氯苯基；ZR^2是甲氧基；X是N的化合物；
R^1是3, 4-二氯苯基；ZR^2是甲氧基；X是CH的化合物；
R^1是3, 4-二氯苯基；ZR^2是乙氧基；X是CH的化合物；
R^1是3, 4-二氯苯基；ZR^2是甲硫基；X是CH的化合物；
R^1是2, 4-二氯苯基；ZR^2是甲硫基；X是CH的化合物；
R^1是2, 4-二氯苯基；ZR^2是甲氧基；X是CH的化合物；
R^1是4-氟苯基；ZR^2是甲硫基；X是CH的化合物；
R^1是4-氟苯基；ZR^2是乙硫基；X是CH的化合物；
R^1是4-三氟甲基苯基；ZR^2是甲氧基；X是CH的化合物。

发明人：柳爱平，王晓光，何海军，刘兴平，王永江，何莲，黄明智，欧晓明，胡春华，魏振中；申请人：国家农药创制工程技术研究中心

中国专利号：ZL200810143335.3；中国专利申请日：2008-10-16

化合物类型：甲氧基丙烯酸酯类、硫肟醚类

发明思路：me-too研究；将烷氧基、烷硫基、烷氨基引入肟醚甲氧丙烯酸酯类化合物所得。

用途：具有杀虫、杀菌活性，对小麦白粉病和水稻瘟病菌具有一定的活性；同时，对黏虫、黑尾叶蝉和棉红蜘蛛具有一定的杀虫杀螨活性。

代表化合物结构如下：

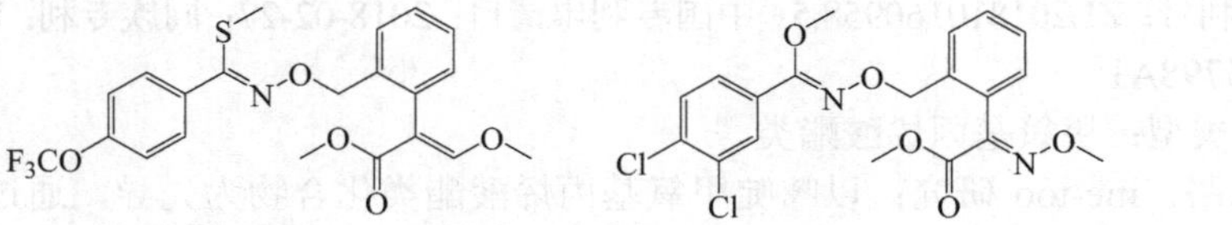

（3）具有杀真菌、杀虫活性的不饱和肟醚类化合物

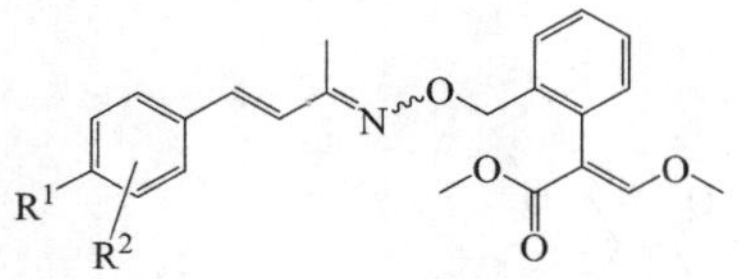

式中，R^1选自卤素，R^2选自 H，碳-碳双键为 *E* 型异构体。

发明人：吕良忠，孙克，司乃国，张弘，王凤宇，赵静，曹巍，李斌；申请人：沈阳化工研究院

中国专利号：ZL03133668.X；中国专利申请日：2003-08-12

化合物类型：甲氧基丙烯酸酯类

发明思路：me-too 研究（US6177462B1、CN1191670A）；以甲氧基丙烯酸酯类化合物为先导，通过衍生和优化得到现有化合物，并合成分离四种不同构型，发现碳碳双键为 *E* 型结构的两个化合物活性最高。

用途：具有杀菌和杀虫活性。可用于防治作物上由藻菌纲、鞭毛菌亚门卵菌纲、子囊菌亚门和半知菌亚门真菌引起的病害，如黄瓜霜霉病和小麦白粉病等。对黏虫和桃蚜也具有一定的活性。

代表化合物结构如下：

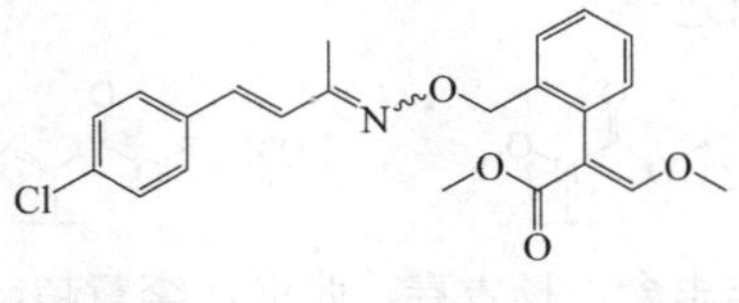

（4）茚取代肟醚类杀菌、杀虫剂

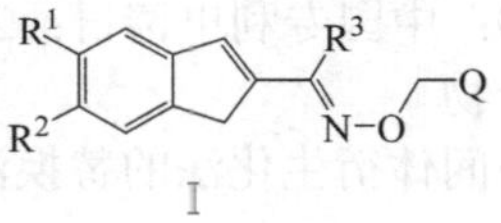

I

其中，R^1为氢、卤素、C_1～C_4烷基或C_1～C_4烷氧基；R^2为氢、卤素、C_1～C_4烷基或C_1～C_4烷氧基；R^3为氢、C_1～C_4烷基、C_3～C_6环烷基、苯基或取代苯基；

Q 选自如下所示基团之一：

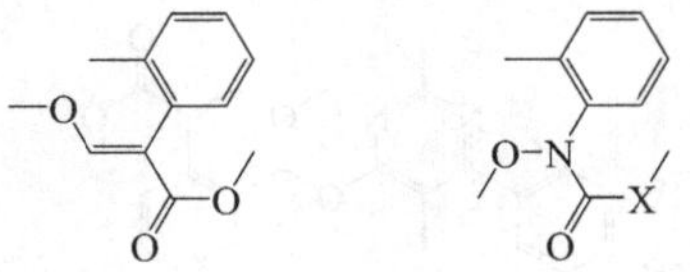

式中，X=O 或 NH。

发明人：吐松，徐龙鹤，张弘，李志念，于春睿，崔东亮；申请人：大连理工大学

中国专利号：ZL200610200228.0；中国专利申请日：2006-03-13

化合物类型：肟醚类化合物

发明思路：me-too 研究；以茚基酮肟为起始原料，经过酯化、酯交换得到；从中间体衍生化法角度分析为替换法。

用途：具有杀菌、杀虫活性，该发明的效果和益处是通式 I 的化合物作为一种高效的杀菌剂能有效地防治多种植物病害，该类化合物具有很高的生物活性因而即使在很低的剂量下仍可

以获得很好的杀菌效果。通式Ⅰ的化合物还是一种有效的杀虫剂，对多种害虫都有很好的防效，特别适合于对害虫的综合防治。

代表化合物结构如下：

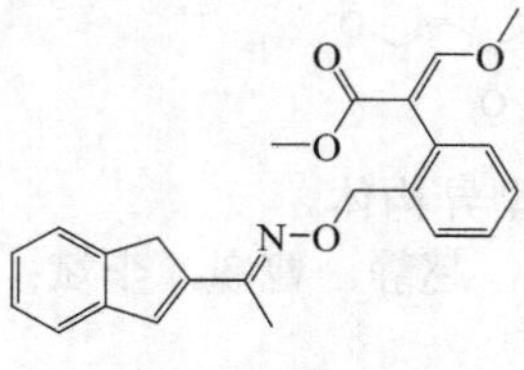

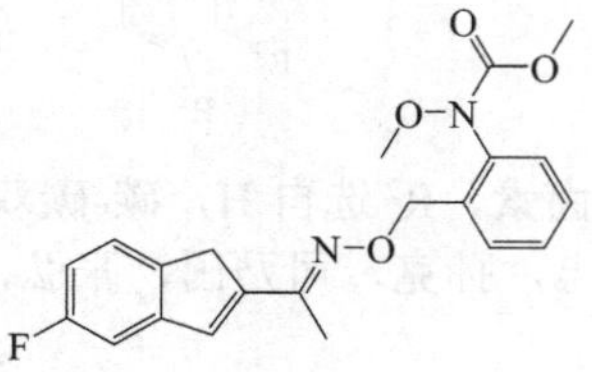

（5）取代嘧啶醚类化合物及其应用

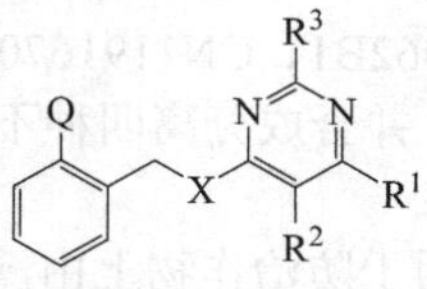

式中，R^1选自未取代的或被1～3个独立选自以下基团取代的苯基：氯、C_1～C_4烷基或C_1～C_3烷氧基；R^2选自氢或C_1～C_4烷基；R^3选自氢、C_1～C_4烷基、C_1～C_3烷氧基或C_1～C_3烷硫基；X选自O；

Q选自Q1～Q4所示的基团之一：

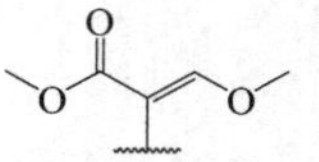

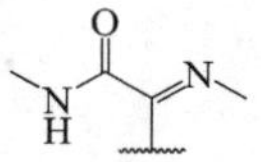

发明人：李淼，刘若霖，李志念，杨吉春，张弘，李慧超，刘长令；申请人：中国中化股份有限公司，沈阳化工研究院有限公司；当前权利人：沈阳中化农药化工研发有限公司

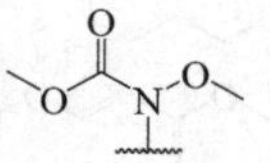

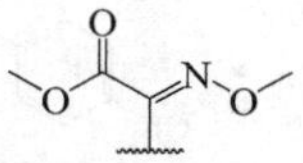

中国专利号：ZL200910083207.9；中国专利申请日：2009-04-29

化合物类型：取代嘧啶醚类化合物

发明类型：me-too研究；采用中间体衍生化法的替换法，以取代苯基嘧啶替换甲氧基丙烯酸酯类杀菌剂的一部分。

用途：杀菌剂、杀虫剂。对农业等领域中的有害病菌表现出良好的杀菌活性，对害虫和螨如朱砂叶螨等也表现出较好的杀螨活性。

代表化合物结构如下：

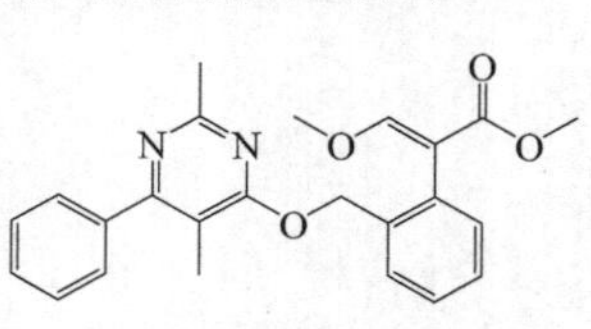

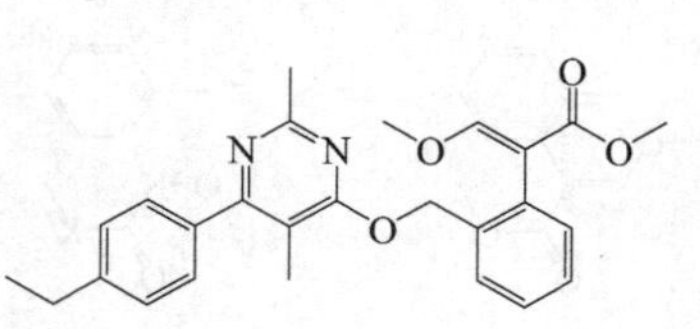

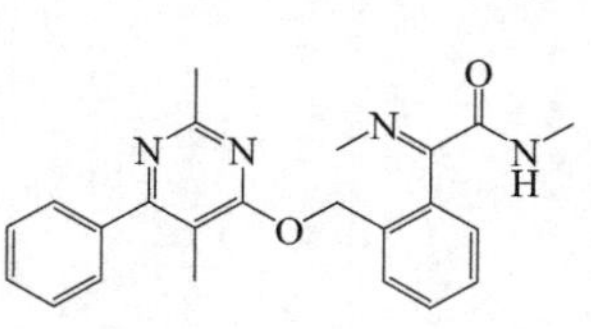

（6）硫醚类杀菌剂

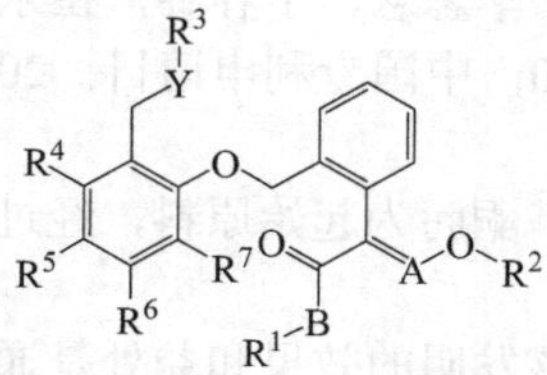

式中，A为N或CH；B为O或NH；Y为O、S、SO或SO_2；R^1、R^2、R^3可相同或不同，

分别为 H、C_1～C_6烷基、卤代 C_1～C_6烷基或 C_2～C_6烯基；R^4、R^5、R^6、R^7可相同或不同，分别为 H、卤素、氰基、C_1～C_3烷基、卤代 C_1～C_3烷基、C_2～C_4烯基或 C_2～C_4炔基。

发明人：刘长令，张明星，李志念，吕良忠，郭胜，侯春青；申请人：沈阳化工研究院

中国专利号：ZL200410021173.8；中国专利申请日：2004-02-20

化合物类型：硫醚类化合物、甲氧基丙烯酸酯类化合物

发明思路：me-too 研究；利用中间体衍生化法中的替换法，使用苄硫酚替换得到。

用途：具有杀菌活性，可用于防治小麦白粉病和黄瓜霜霉病。

代表化合物结构如下：

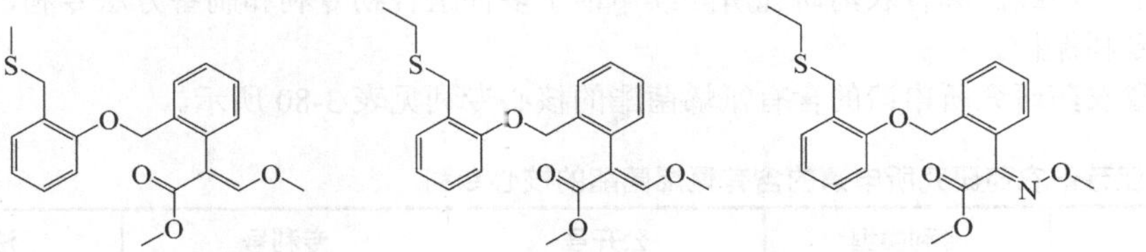

3.4 氨基氰基丙烯酸酯类化合物

截至 2023 年底公开了 2 个拥有中文或英文通用名称的氨基氰基丙烯酸酯类杀菌剂，具体分类与通用名称如下：

氨基氰基丙烯酸酯类杀菌剂（aminocyanoacrylate fungicides，2 个）：benzamacril、氰烯菌酯（phenamacril）。

其中氰烯菌酯曾于 1965 年公开，但并无生物活性报道。江苏省农药研究所（现江苏省农药研究所股份有限公司）发现其具有较好的杀菌活性，进行了开发，并于 2012 年获得农业部正式登记。

新化合物的创制除了江苏省农药研究所股份有限公司继续对该类化合物进行部分优化外，南开大学和华南农业大学等也展开了部分研究。

3.4.1 氰烯菌酯的创制

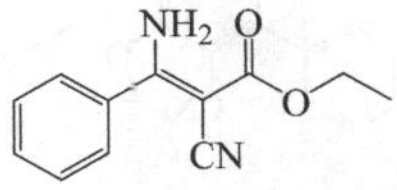

该品种本身已被现有技术公开，并无化合物专利申请，但是 2-氰基-3-取代苯基丙烯酸酯类化合物申请了化合物、组合物及其制备方法保护，相关申请信息如下：

专利名称：2-氰基-3-取代苯基丙烯酸酯类化合物、组合物及其制备方法以及在农作物杀菌剂上的应用

中国专利号：ZL01115593.0；申请日：2001-05-08；授权日：2004-08-04

专利发明人：王凤云，粟寒，倪珏萍，李捷，郭丽琴；申请人：江苏省农药研究所

后续江苏省农药研究所陆续申请了多件组合物专利和制备方法专利，对氰烯菌酯进行外围专利保护，具体信息见知识产权部分。

3.4.1.1 创制过程

氰烯菌酯的结构曾于 1965 年公开，但并无生物活性报道[1]。江苏省农药研究所（现江苏省

农药研究所股份有限公司）发现其具有较好的杀菌活性，进行了开发。英文通用名 phenamacril，CAS 号 39491-78-6。是一种对禾谷镰刀菌具有专化活性的新型杀菌剂。室内和田间试验比较表明，氰烯菌酯防治小麦赤霉病优于多菌灵，防治水稻恶苗病优于咪鲜胺[2]。该化合物作用机理独特，与现有杀菌剂没有交互抗性，其作用于禾谷镰孢菌肌球蛋白-5，可强烈抑制病菌菌丝生长和发育[3]。该品种于 2012 年获得农业部正式登记。

3.4.1.2 知识产权分析

氰烯菌酯的结构曾于 1965 年公开，但并无生物活性报道[1]，因此属于已知化合物，无化合物专利申请。后续江苏省农药研究所陆续申请了多件组合物专利和制备方法专利，对氰烯菌酯进行外围专利保护。

江苏省农药研究所申请的含有氰烯菌酯的核心专利见表 3-80 所示。

表 3-80 江苏省农药研究所申请的含有氰烯菌酯的核心专利

序号	专利类型	公开号	专利号	法律状态
1	组合物专利	CN1559210A	ZL200410014097.8	专利权终止
2	组合物专利	CN1623390A	ZL200410065145.6	授权有效
3	组合物专利	CN101019536A	ZL200710020277.0	授权有效
4	组合物专利	CN104488869A	ZL201410704343.6	授权有效
5	组合物专利	CN105340911A	ZL201510869958.9	授权有效
6	组合物专利	CN107960414A		驳回申请
7	组合物专利	CN109221147A		驳回申请
8	制备方法专利	CN101417962A	ZL200810235717.9	授权有效

3.4.1.3 合成方法

该专利以苯甲醛为起始原料经如下反应制得氰烯菌酯(图 3-28)[4]。

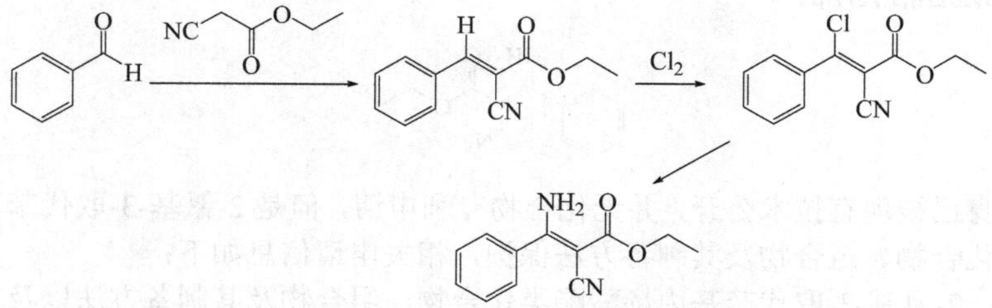

NC–CH₂–COOEt；Cl_2；NH_2；CN

图 3-28 氰烯菌酯合成路线（1）

另有报道以苯腈为起始原料经如下反应制得氰烯菌酯(图 3-29)[5]。

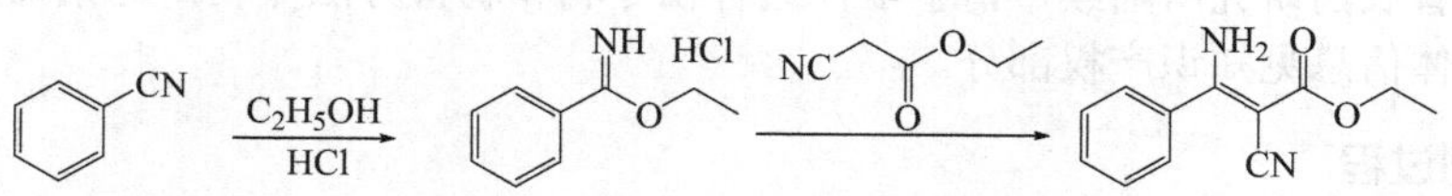

C_2H_5OH / HCl；NH HCl；NC–CH₂–COOEt；NH_2；CN

图 3-29 氰烯菌酯合成路线（2）

3.4.1.4 组合物专利

氰烯菌酯部分组合物专利见表 3-81。

表 3-81 氰烯菌酯组合物专利

序号	公开号	发明名称	申请人	B 组分
1	CN101584329B	一种含氰烯菌酯与丙森锌的增效杀菌组合物	陕西蒲城县美邦农药有限责任公司	丙森锌
2	CN106922700A	一种杀菌组合物	江苏龙灯化学有限公司	picarbutrazox
3	CN108902165A	含有阿扎霉素 F 与氰烯菌酯的杀菌组合物	刘西芳	阿扎霉素 F
4	CN107660536A	一种含有氰烯菌酯与氨基寡糖素的杀菌组合物	海利尔药业集团股份有限公司	氨基寡糖素
5	CN107467050A	一种含胺苯吡菌酮和氰烯菌酯的杀菌组合物及其应用	南京红太阳股份有限公司	胺苯吡菌酮
6	CN109479884A	一种含有苯并烯氟菌唑和氰烯菌酯的组合物	广东中迅农科股份有限公司	苯并烯氟菌唑
7	CN106538534A	一种含苯菌酮和氰烯菌酯的复配组合物	广东中迅农科股份有限公司	苯菌酮
8	CN106719654A	一种含有苯菌酮和氰烯菌酯的农药组合物	广东中迅农科股份有限公司	苯菌酮
9	CN106962345A	一种含氰烯菌酯和苯菌酮的杀菌组合物	南京农业大学	苯菌酮
10	CN101584321A	一种含氰烯菌酯与苯醚甲环唑的杀菌组合物	陕西蒲城县美邦农药有限责任公司	苯醚甲环唑
11	CN103493833B	一种含有氰烯菌酯和苯噻菌胺的杀菌剂组合物	江苏省绿盾植保农药实验有限公司	苯噻菌胺
12	CN106538569A	一种含氰烯菌酯和苯噻菌胺的杀菌组合物及其应用	南京华洲药业有限公司	苯噻菌胺
13	CN106538537A	一种含氰烯菌酯和苯霜灵的杀菌组合物及其应用	南京华洲药业有限公司	苯霜灵
14	CN103493807B	一种含有氰烯菌酯和苯酰菌胺的杀菌剂组合物	江苏省绿盾植保农药实验有限公司	苯酰菌胺
15	CN106070231A	一种含有氰烯菌酯和吡唑萘满基甲酰胺的杀菌组合物	京博农化科技股份有限公司	吡唑萘满基甲酰胺
16	CN104068025B	杀菌组合物在防治农作物赤霉病及赤霉病菌毒素污染中的应用	浙江大学	丙硫菌唑
17	CN106818803A	丙硫唑与氰烯菌酯复配的用于防治小麦赤霉病的杀菌剂	贵州道元生物技术有限公司	丙硫唑
18	CN106538573A	一种含氰烯菌酯和代森铵的杀菌组合物及其应用	南京华洲药业有限公司	代森铵

续表

序号	公开号	发明名称	申请人	B组分
19	CN106538572A	一种含氰烯菌酯和代森锰锌的杀菌组合物及其应用	南京华洲药业有限公司	代森锰锌
20	CN106857523A	一种含丁香菌酯和氰烯菌酯的杀菌组合物	南京农业大学	丁香菌酯
21	CN105815324B	含有啶菌噁唑与氰烯菌酯的杀菌组合物	中化农化有限公司	啶菌噁唑
22	CN106172436A	一种含有氰烯菌酯和啶菌噁唑的杀菌组合物	广东中迅农科股份有限公司	啶菌噁唑
23	CN104996457B	一种含毒氟磷和氰烯菌酯的杀菌组合物及杀菌剂	广西田园生化股份有限公司	毒氟磷
24	CN104186507A	一种防治小麦赤霉病的生物复配杀菌剂及其应用	江苏省绿盾植保农药实验有限公司	多抗霉素

3.4.1.5 作用机理

作用机制独特，初步推测，氰烯菌酯作用于禾谷镰孢菌肌球蛋白-5。氰烯菌酯具有优异的保护和治疗作用，具有内吸及向顶传导活性，可以被植物根部、叶片吸收，在植物导管或木质部以短距离运输方式向上输导。灌根处理发现，氰烯菌酯可以通过小麦根部吸收，并向上输导，但输导速度较慢，分布比较均匀。叶面处理试验表明，氰烯菌酯可被叶片吸收、滞留，并具有向叶片顶端的输导性，但向叶片基部的输导能力较差，在叶片间的跨层输导性也较差。氰烯菌酯可降低禾谷镰孢菌敏感菌株分生孢子的萌发速率，影响其萌发方式，使芽管从分生孢子基部和中间细胞萌发的比例增加；同时氰烯菌酯使敏感菌株分生孢子膨大、畸形，并使其芽管肿胀、扭曲，明显抑制其芽管的伸长生长。但氰烯菌酯对抗性菌株分生孢子芽管伸长的抑制作用很小，致畸作用不明显[4]。

3.4.1.6 毒理学与安全评价

氰烯菌酯原药和25%悬浮剂的毒性试验结果见表3-82～表3-84[6]。

表3-82 氰烯菌酯原药毒性

测试科目	结论
大鼠急性经口	雌、雄大鼠：LD_{50}＞5000mg/kg
大鼠急性经皮	雌、雄大鼠：LD_{50}＞5000mg/kg
兔眼单次刺激试验	无刺激性
兔皮肤单次刺激试验	无刺激性
豚鼠皮肤致敏试验	Ⅰ级，弱致敏性
细菌回复突变试验(Ames)	阴性
小鼠嗜多染红细胞微核试验	阴性
小鼠睾丸精母细胞染色体畸变试验	阴性
13周大鼠饲喂毒性	最大无作用剂量： (44.10±3.04)mg/(kg·d)(雄性) (47.10±3.07)mg/(kg·d)(雌性)

表 3-83 25%氰烯菌酯悬浮剂急性毒性

测试科目	结论
大鼠急性经口	雌、雄大鼠：LD_{50}＞5000mg/kg
大鼠急性经皮	雌、雄大鼠：LD_{50}＞5000mg/kg
兔眼单次刺激试验	无刺激性
兔皮肤单次刺激试验	无刺激性
豚鼠皮肤致敏试验	0 级，弱致敏性

表 3-84 25%氰烯菌酯悬浮剂环境毒性

测试科目	结论
斑马鱼 LC_{50}(96h)	7.70mg/L(中毒)
蜜蜂 LC_{50}(48h)	436mg/L(低毒)
鹌鹑 LD_{50}(7d)	321mg/kg 体重(中毒)
家蚕 LC_{50}(二龄)	536mg/kg 桑叶(低毒)

3.4.1.7 登记情况

目前国内登记氰烯菌酯系列产品 10 个，具体登记信息如表 3-85 所示。

表 3-85 氰烯菌酯相关登记产品信息表

登记证号	农药名称	剂型	总含量	登记作物	防治对象	用药量(制剂量)	施用方法	登记证持有人
PD20152489	氰烯·杀螟丹	可湿性粉剂	20%	水稻	恶苗病	—	浸种	江苏省绿盾植保农药实验有限公司
				水稻	干尖线虫病	—	浸种	
PD20210258	氰烯·戊唑醇	悬浮剂	480g/L	小麦	白粉病	40～60mL/亩	喷雾	江苏省农药研究所股份有限公司
				小麦	赤霉病	40～60mL/亩	喷雾	
				小麦	锈病	40～60mL/亩	喷雾	
PD20141067	氰烯·己唑醇	悬浮剂	20%	小麦	白粉病	110～140mL/亩	喷雾	陕西上格之路生物科学有限公司
				小麦	赤霉病	110～140mL/亩	喷雾	
				小麦	纹枯病	110～140mL/亩	喷雾	
PD20201044	氰烯菌酯·苯醚甲环唑	悬浮剂	30%	草莓	枯萎病	1000～2000 倍液	灌根	江苏省农药研究所股份有限公司
PD20121670	氰烯菌酯	悬浮剂	25%	水稻	恶苗病	2000～3000 倍液	浸种	江苏省农药研究所股份有限公司
				小麦	赤霉病	100～200mL/亩	喷雾	
PD20201080	噁霉灵·精甲霜·氰烯菌酯	种子处理悬浮剂	10%	水稻	恶苗病	175～500mL/100kg 种子	种子包衣	江苏省农药研究所股份有限公司
				水稻	烂秧病	175～500mL/100kg 种子	种子包衣	
				水稻	立枯病	175～500mL/100kg 种子	种子包衣	

续表

登记证号	农药名称	剂型	总含量	登记作物	防治对象	用药量(制剂量)	施用方法	登记证持有人
PD20201040	氰烯菌酯	悬浮剂	15%	草莓	枯萎病	400～660 倍液	灌根	江苏省农药研究所股份有限公司
PD20141746	氰烯·戊唑醇	悬浮剂	48%	小麦	赤霉病	40～60mL/亩	喷雾	江苏省农药研究所股份有限公司
PD20210045	氰烯·戊唑醇	种子处理悬浮剂	480g/L	水稻	恶苗病	6000～8000 倍液	浸种	江苏省农药研究所股份有限公司
PD20121663	氰烯菌酯	原药	95%					江苏省农药研究所股份有限公司

3.4.1.8 应用效果

氰烯菌酯对禾谷镰刀菌野生敏感和多菌灵抗性菌株均有很好的抑制作用，与多菌灵间没有交互抗性。氰烯菌酯对水稻恶苗病菌菌丝生长具有较高的抑菌性，EC_{50} 为 0.1612～0.3136μg/mL，EC_{95} 为 1.2682～6.0455μg/mL。氰烯菌酯不能通过小麦穗颈被吸收或在小麦穗颈中的输导性较差。但是在接种前或接种后 24h，用 500μg/mL 氰烯菌酯喷雾处理的所有麦穗表现青绿，保持健康，防治效果达 100%。说明该杀菌剂对由多菌灵的抗性及敏感菌株引起的小麦赤霉病均有很好的保护和治疗作用。氰烯菌酯对水稻恶苗病菌的抑菌活性比较稳定，持效期 10d 以上[7,8]。

氰烯菌酯能有效防治小麦赤霉病和水稻恶苗病等病害，部分田间试验结果如下：

（1）氰烯菌酯防治小麦赤霉病田间试验[9]　25%氰烯菌酯悬浮剂用于防治小麦赤霉病是有效的，其有效成分 187.5～375g/hm^2 的防效与对照药剂多菌灵有效成分 562.5g/hm^2 防效相当。试验剂量下对小麦生长安全。

（2）氰烯菌酯防治水稻恶苗病田间试验[9]　25%氰烯菌酯悬浮剂对水稻苗期的恶苗病具有很好的防效，以 1000～5000 倍液在 25℃条件下浸种 48h、催芽 48h 后播种，在旱育秧条件下对恶苗病的防效均为 100%；对照药剂 25%咪鲜胺乳油 3000～4000 倍液在 25℃条件下浸种 48h、催芽 48h 后播种，对恶苗病的防效为 77.69%～100%。

25%氰烯菌酯悬浮剂对水稻恶苗病在水稻分蘖末期和抽穗期也具有很好的防效，用 1000～5000 倍浸种，分蘖末期对恶苗病的防效达 96.99%～100%，对照药剂 25%咪鲜胺乳油 3000～4000 倍液对该时期恶苗病的防效为 93.62%～98.64%；抽穗期氰烯菌酯对恶苗病的防效为 76.05%～98.86%，咪鲜胺的防效为 87.45%～93.17%。

参考文献

[1] Nakao H, Soma N, Sunagawa G. Studies on sevenmembered ring compounds. 18. reactions of troponeimine derivatives. Chem. Pharm. Bull., 1965, 13(7): 828-837.

[2] 王凤云，粟寒，倪珏萍，等. 2-氰基-3-取代苯基丙烯酸酯类化合物、组合物及其制备方法以及在农作物杀菌剂上的应用. CN1317483, 2001-10-17.

[3] Hou Y P, Qu X P, Mao X W, et al. Resistance mechanism of *Fusarium fujikuroi* to phenamacril in the field. Pest Manag. Sci., 2018, 74(3): 607-616.

[4] 刘长令，杨吉春. 现代农药手册. 北京：化学工业出版社, 2018.

[5] 曹庆亮, 周健, 马海军. 氰烯菌酯的合成方法改进. 现代农药. 2014, 13(06): 11-12, 17.
[6] 郎玉成, 倪珏萍. 新型杀菌剂——氰烯菌酯(JS399-19). 世界农药, 2007(05): 52-53.
[7] 李恒奎, 周明国, 王建新, 等. 氰烯菌酯防治小麦赤霉病及治理多菌灵抗药性研究. 农药, 2006, 45(2): 92-94, 103.
[8] 刁亚梅, 朱桂梅, 潘以楼, 等. 氰烯菌酯（JS399-19）防治水稻恶苗病的研究. 现代农药, 2006, 5(1): 14-16, 19.
[9] 刁亚梅, 倪珏萍, 马亚芳, 等. 创制杀菌剂氰烯菌酯的应用研究. 植物保护, 2007, 33(4): 121-123.

3.4.2 其他氨基氰基（硝基）丙烯酸酯类化合物的创制

（1）3-吡啶基-3-氨基-2-氰基丙烯酸酯类化合物及其制备方法与应用

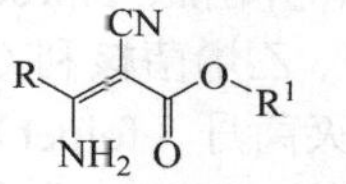

式中，R 为吡啶-2-基、吡啶-3-基或吡啶-4-基；R^1 为乙基或为正丁基。

发明人：曹庆亮，马海军，张洪全，蔡义强，刁亚梅；申请人：江苏省农药研究所股份有限公司

中国专利号：ZL201910146018.5；中国专利申请日：2019-02-27

化合物类型：氰基丙烯酸酯类

发明思路：me-too 研究；将氰基丙烯酸酯类杀菌剂的苯环用吡啶环进行替换得到。

用途：具有杀菌活性，杀菌谱广，活性高，用于防治农作物的病害。

代表化合物结构如下：

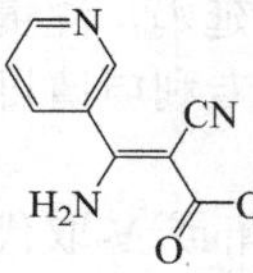

（2）*β*-硝基丙烯酸乙酯类化合物在预防和/或治疗植物病害中的应用

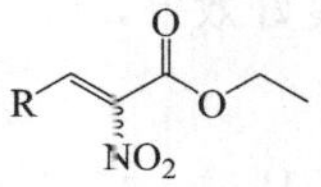

其中，所述 R 为 2-呋喃基、2-噻吩基、2-萘基、苯基或 R^1 取代苯基中的一个；所述 R^1 为卤素、$C_{1\sim6}$ 直链或支链烷氧基、$C_{1\sim6}$ 直链或支链烷酰基、$C_{3\sim6}$ 环烷氧基、苄氧基中的一个或多个。

发明人：崔紫宁，姜珊，宋高鹏，李辉，向绪稳；申请人：华南农业大学

中国专利号：ZL201811435644.8；中国专利申请日：2018-11-28

化合物类型：丙烯酸酯类

发明思路：me-too 研究（US3832387A）；在专利 US3832387A 基础上对 R 取代基进行修饰或替换得到本申请化合物。

用途：具有杀菌活性，作为植物病原菌Ⅲ型分泌系统抑制剂，用于防治水稻白叶枯病。

代表化合物结构如下：

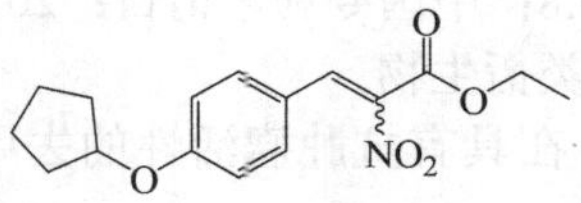

3.5 二羧酰亚胺类化合物

截至2023年底公开了14个拥有中文或英文通用名称的二羧酰亚胺类杀菌剂，具体分类与通用名称如下：

二羧酰亚胺类杀菌剂（dicarboximide fungicides，14个）：乙菌利（chlozolinate）、菌核利（dichlozoline）、菌核净（dimetachlone）、异菌脲（iprodione）、isovaledione、metomeclan、甲菌利（myclozolin）、腐霉利（procymidone）、乙烯菌核利（vinclozolin）、氟氯菌核利（fluoroimide）、敌菌丹（captafol）、克菌丹（captan）、灭菌丹（folpet）、thiochlorfenphim。

新化合物的创制主要集中在如下机构：浙江工业大学、南开大学、西北农林科技大学、中国农业科学院植物保护研究所、湖南化工研究院有限公司、华中师范大学、广西大学等。

（1）基于药物中间体的*N*-取代顺丁烯二酰亚胺化合物及其制备与抗菌活性研究

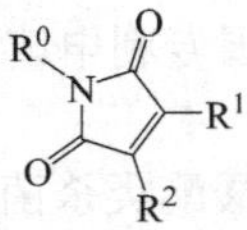

式中，R^1、R^2各自独立为氢、氯、溴、甲基或苯基；R^0为氯苄基、乙醇基、丙醇基、4-羟基苯基或(*R*)-(+)-1-(4-甲氧苯基)乙基。

发明人：陈小龙，陆跃乐，范永仙，李延娟，沈寅初；申请人：浙江工业大学

中国专利号：ZL201710308316.0；中国专利申请日：2017-05-04

化合物类型：*N*-取代顺丁烯二酰亚胺类

发明思路：me-too研究；含顺丁烯二酸酐或*N*-取代顺丁烯二酰亚胺结构的天然产物均具有良好的生物活性，尤其是抗真菌活性，该发明提供一种基于药物中间体的*N*-取代顺丁烯二酰亚胺类化合物。

用途：对水稻纹枯病与菌核病都有良好效果。

代表化合物结构如下：

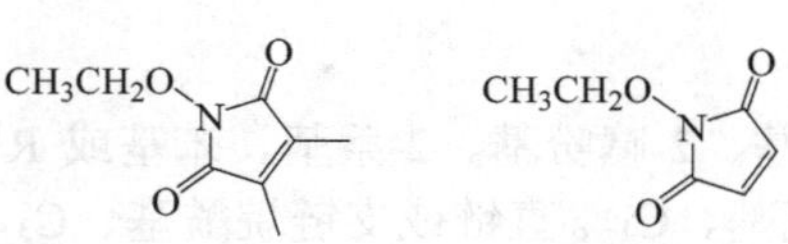

（2）一种去甲斑蝥酰亚胺类衍生物及其制备方法和应用

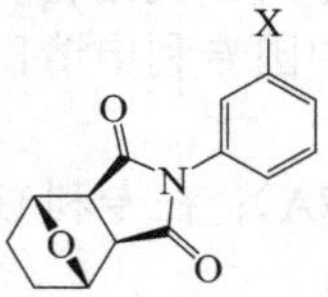

式中，X=Cl，Br。

发明人：张雅林，王阳，孙文博，郑胜礼；申请人：西北农林科技大学

中国专利号：ZL201310398055.8；中国专利申请日：2013-09-04

化合物类型：去甲斑蝥酰亚胺类衍生物

发明思路：天然产物修饰法；在具有抗肿瘤活性的去甲斑蝥素基础上进行衍生获得该化合物。

用途：具有广谱的抑制植物病原真菌的活性，可应用于斑蝥素类农用药剂的制备。

代表化合物结构如下：

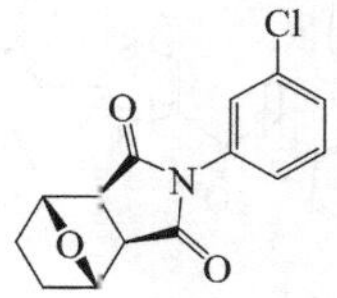

（3）*N*-苯基噻唑酰胺类化合物及其制备方法与应用

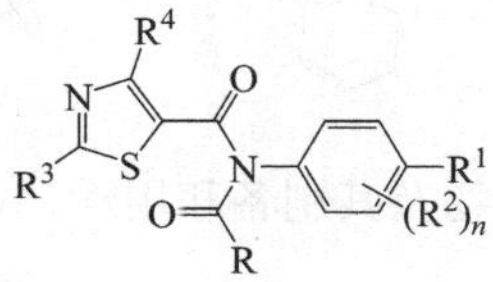

其中，R 选自 C_1～C_{12} 烷基、C_3～C_8 环烷基、C_3～C_8 杂环烷基、苯基、噻唑基；

R^1 选自氢、卤素、氰基、硝基、C_1～C_{12} 烷基或 C_1～C_{12} 烷氧基；

R^2 选自氢、卤素、氰基、硝基、C_1～C_{12} 烷基、C_1～C_{12} 烷氧基；

R^3、R^4 选自相同的或不同的甲基、三氟甲基、二氟甲基或一氟甲基；

n 代表 0、1、2、3 或 4 的整数。

发明人：柳爱平，黄明智，刘卫东，刘民华，欧晓明，裴晖，刘兴平，高德良，黄路，任叶果；申请人：湖南化工研究院有限公司

中国专利号：ZL201611080162.6；中国专利申请日：2016-11-30

化合物类型：噻唑酰胺类

发明思路：me-too 研究；在噻唑酰胺杀菌剂结构基础上继续引入酰基结构而得。

用途：具有杀虫/螨和/或杀菌活性，尤其是对红蜘蛛等螨害和水稻纹枯等病害具有防效。

（4）一种噻唑双酰胺类化合物及其制备方法和应用

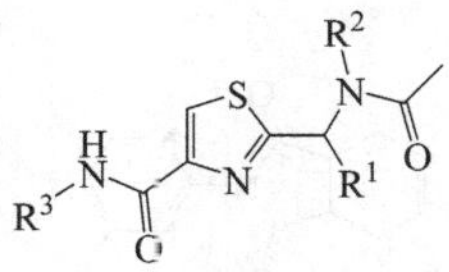

其中，R^1 为 H、甲基、乙基、正丙基、异丙基、环丙基、苯基、卤代苯基；R^2 为 H、甲基、正丙基或苄基；R^3 为取代或未取代的二苯醚基、2-联苯基、3-联苯基、4-联苯基或苯基。

发明人：杨光富，陈宬，沈艳青，熊茂钱；申请人：华中师范大学

中国专利号：ZL201510354904.9；中国专利申请日：2015-06-24

化合物类型：噻唑双酰胺类

发明思路：me-too 研究；利用多组分反应合成具有结构多样性的新型噻唑双酰胺类化合物。

用途：具有杀菌活性，作为新型化合物，为高活性的细胞色素 bc_1 复合物抑制剂，对水稻纹枯病具有一定的活性。

代表化合物结构如下：

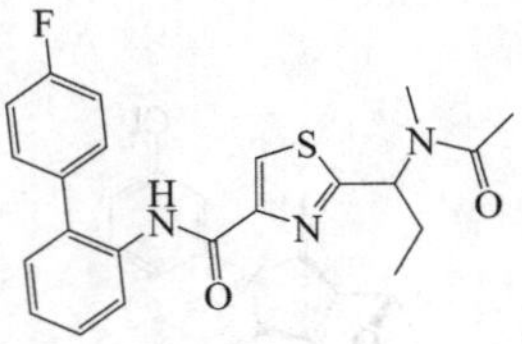

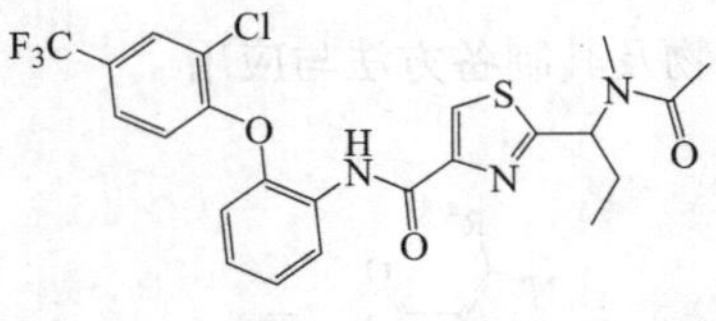

（5）1,2,3,6-四氢酞酰亚胺类化合物及其制备和用途

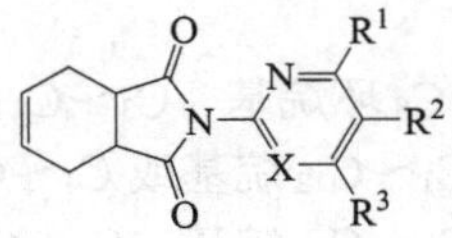

式中，R^1和R^2独立地选自H原子、烷基；R^3独立地选自非取代烷基；X为N原子或CH。

发明人：席真，班树荣，陈文彬，李康，施捷，王勇；申请人：南开大学

中国专利号：ZL200510015167.6；中国专利申请日：2005-09-23

化合物类型：酰亚胺类

发明思路：me-too研究；在已知酰亚胺类化合物的基础上，通过优化和替换得到现有化合物。

用途：具有杀菌活性，在250mg/L的剂量下，对7种供试植物病菌（黄瓜立枯病菌、黄瓜枯萎病菌、番茄灰霉病菌、番茄叶霉病菌、莴笋菌核病菌、辣椒疫病菌、苹果轮纹病菌）均表现出一定的抑制作用。

代表化合物结构如下：

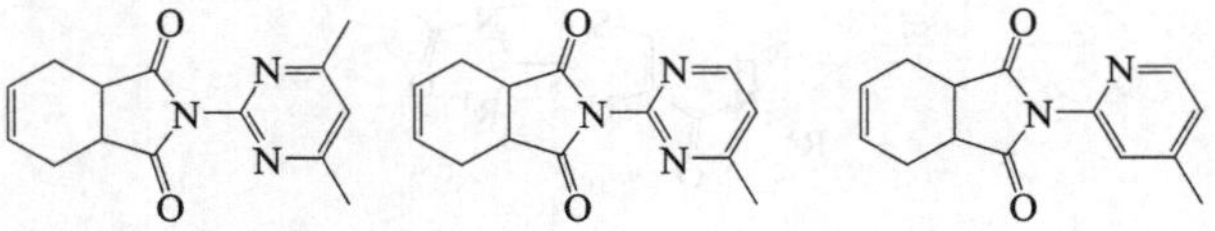

（6）六氢酞酰亚胺类化合物及其制备和用途

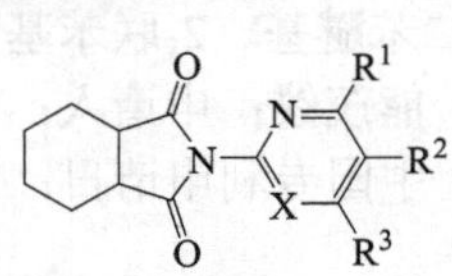

式中，R^1独立地选自烷基；R^2独立地选自H原子；R^3独立地选自卤原子和烷基；X为N原子或CH。

发明人：席真，班树荣，陈文彬，李康，施捷，王勇；申请人：南开大学

中国专利号：ZL200510015168.0；中国专利申请日：2005-09-23

化合物类型：酰亚胺类

发明思路：me-too 研究；在已知酰亚胺类化合物的基础上，通过优化和替换得到现有化合物。

用途：具有杀菌活性，在 250mg/L 的剂量下，对 7 种供试植物病菌(黄瓜立枯病菌、黄瓜枯萎病菌、番茄灰霉病菌、番茄叶霉病菌、莴笋菌核病菌、辣椒疫病菌、苹果轮纹病菌)均表现出一定的抑制作用。

代表化合物结构如下：

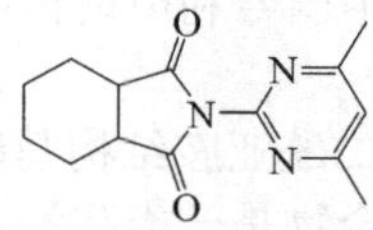

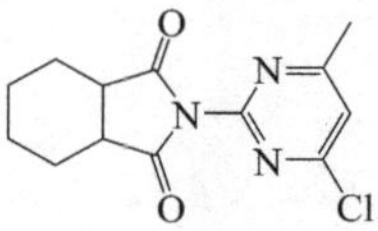

（7）一种酰亚胺类化合物及其制备方法

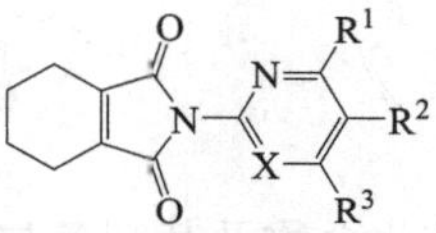

式中，R^1 独立地选自烷基；R^2、R^3 均独立地选自 H 原子、卤原子、烷基；X 为 N 原子或 CH。

发明人：席真，班树荣，王勇，陈文彬，李康，施捷；申请人：南开大学

中国专利号：ZL200510014748.8；中国专利申请日：2005-08-17

化合物类型：酰亚胺类

发明思路：me-too 研究；在已知酰亚胺类化合物的基础上，通过优化和替换得到现有化合物。

用途：具有杀菌活性，在 250mg/L 的剂量下，对 7 种供试植物病菌（黄瓜立枯病菌、黄瓜枯萎病菌、番茄灰霉病菌、番茄叶霉病菌、莴笋菌核病菌、辣椒疫病菌、苹果轮纹病菌）均表现出一定的抑制作用。

代表化合物结构如下：

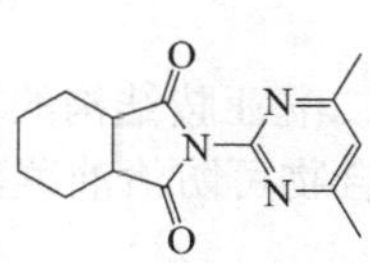

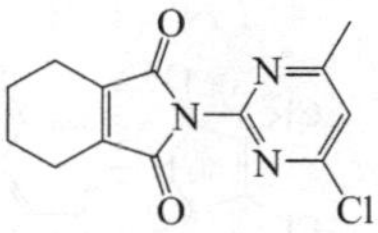

（8）一种 *N*-取代顺丁烯二酰亚胺类化合物及其制备与抗菌应用

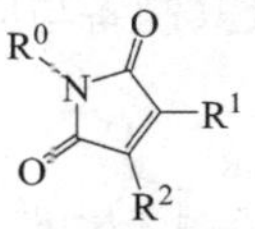

式中，R^1、R^2 各自独立为氢、氯、溴、甲基或苯基；R^0 为下述结构：

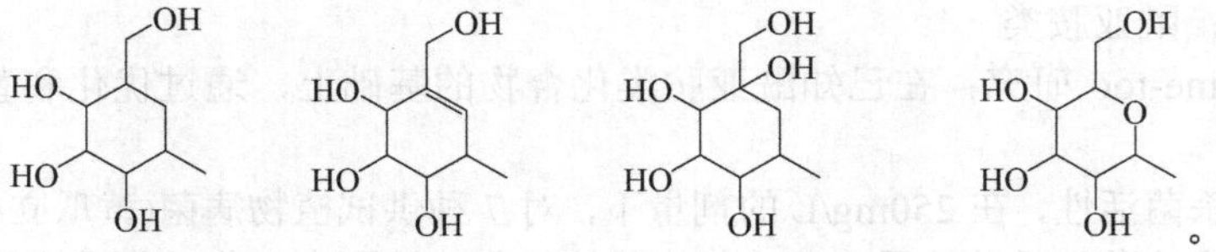

。

发明人：陈小龙，陆跃乐，李忠，范永仙，张丽君，李延娟，沈寅初；申请人：浙江工业大学

中国专利号：ZL201710309129.4；中国专利申请日：2017-05-04

化合物类型：顺丁烯二酰亚胺类

发明思路：me-too 研究；在顺丁烯二酰亚胺结构基础上，通过基团替换得到。

用途：具有杀菌活性。所发明的化合物是一类防治水稻纹枯病、油菜菌核病的高效、安全抗菌剂。

代表化合物结构如下：

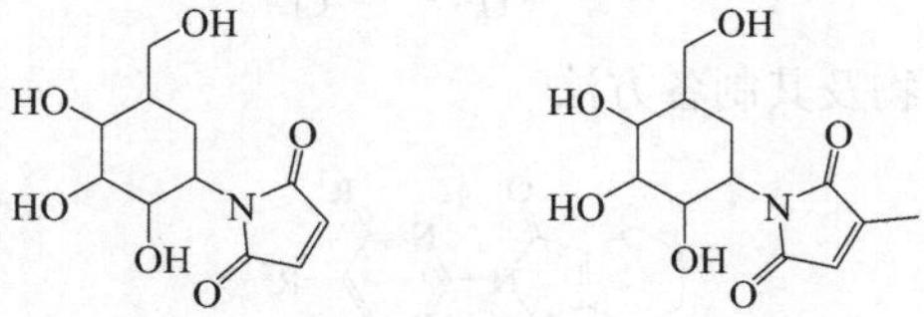

（9）一种 3,4-二氯顺丁烯二酰亚胺化合物及其制备与应用

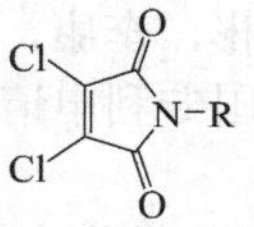

式中，R 为脂肪烃基、苯基、取代苯基或苯烷烃基，所述脂肪烃基为 C_1～C_{16} 直链烃基、支链烃基或环烷烃基；所述取代苯基中的取代基为单取代或多取代；所述取代基为卤素、硝基、C_1～C_8 烷基、2-甲基-3-氯基、2-甲基-5-氯基或 2-甲基-3-硝基。

发明人：范永仙，陈小龙，李福革，嘉晓勤，沈寅初；申请人：浙江工业大学

中国专利号：ZL201310047509.7；中国专利申请日：2013-02-06

化合物类型：二酰亚胺类

发明思路：me-too 研究；在顺丁烯二酰亚胺结构的基础上，引入不同的 *N*-取代基得到。

用途：具有杀菌活性，所发明的化合物可防治油菜菌核病和油菜灰霉病。

代表化合物结构如下：

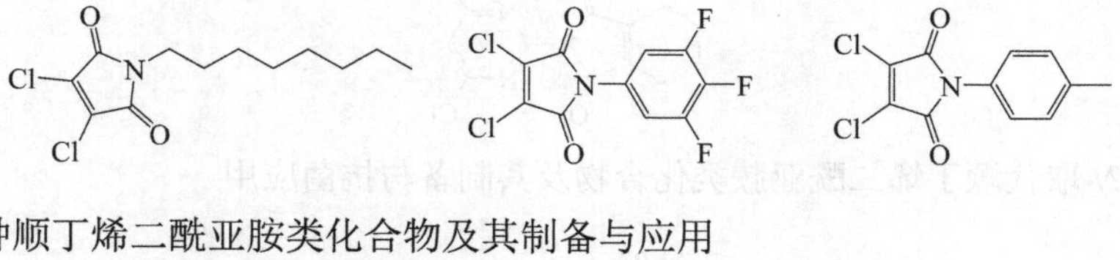

（10）一种顺丁烯二酰亚胺类化合物及其制备与应用

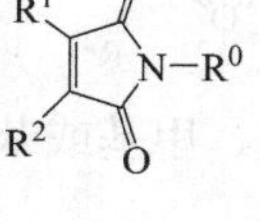

式中，R^0 为对叔丁基苄基、4-(4-甲基苯氧基)苄基；R^1 为氢、甲基、苯基、溴或氯；R^2 为氢、C_1～C_{16} 直链烷基、乙基苯基、溴或氯。

发明人：陈小龙，陆跃乐，范永仙，江文；申请人：浙江工业大学

中国专利号：ZL201510633130.3；中国专利申请日：2015-09-29

化合物类型：顺丁烯二酰亚胺类

发明思路：me-too 研究（JP2000143650A）；根据顺丁烯二酰亚胺结构进行衍生得到。

用途：具有杀菌活性，所发明的化合物对油菜菌核病菌、灰霉病菌和水稻纹枯病菌有较好的抑制效果。

代表化合物结构如下：

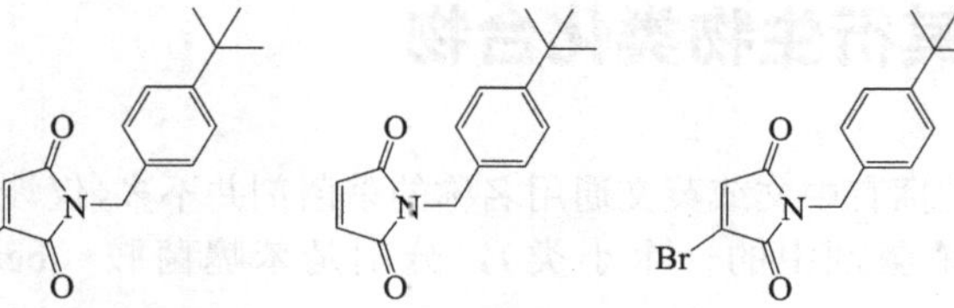

（11）一种顺丁烯二酰亚胺类化合物及其制备与应用

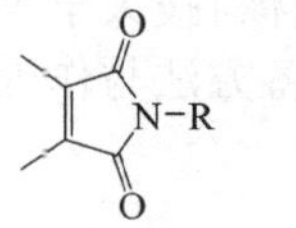

式中，R 为 C_1～C_{16} 的脂肪烃基、苯基或取代苯基：所述脂肪烃基为 C_1～C_{16} 直链烃基、C_1～C_{16} 支链烃基或 C_1～C_{16} 环烷烃，所述取代苯基的取代基为对氯基、3,5-二氯基、2-甲基-3-硝基、苯并咪唑基、3,4,5-三氟基；式中所示的顺丁烯二酰亚胺类化合物不包括下列化合物：R 为异丙基、5-甲基-1-戊烯基、1-甲基-2-己烯基、2-己烯基、1-戊烯基或 2-(2-酮环戊基)-乙基。

发明人：陈小龙，沈振忠，李伟，范永仙，沈寅初；申请人：浙江工业大学

中国专利号：ZL201110249201.1；中国专利申请日：2011-08-26

化合物类型：一种顺丁烯二酰亚胺类化合物

发明思路：me-too 研究；参照专利 CN101462997A，以 *N*-苯基马来酰亚胺为先导进行结构衍生得到。

用途：具有杀菌活性，对油菜菌核病具有一定的杀菌活性。

代表化合物结构如下：

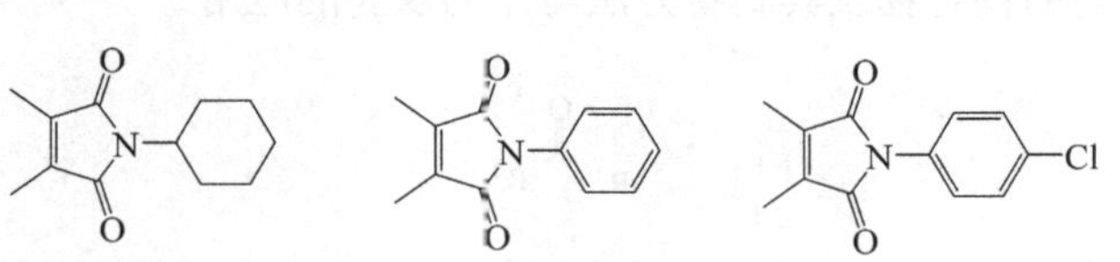

（12）一种 *N*-氨乙基萜品烯马来酰亚胺基咪唑衍生物的合成方法

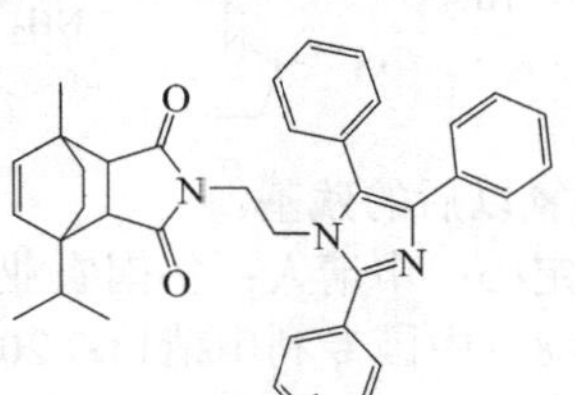

式中，R 为氢、对氟、邻氟、对氯、邻氯、对溴、邻溴、邻硝基、邻甲氧基中的任意一种。

发明人：段文贵，蔺志铎，岑波，林桂汕，刘陆智；申请人：广西大学

中国专利号：ZL201410088268.5；中国专利申请日：2014-03-11

化合物类型：萜品烯、咪唑

发明思路：结构新颖，与现有文献报道具有的农药活性骨架结构不同。

用途：具有抑菌活性，对黄瓜枯萎、苹果轮纹、番茄早疫、花生褐斑和小麦赤霉 5 种病菌表现出不同程度的抑制活性。

3.6 氨基酸及其衍生物类化合物

截至 2023 年底该类拥有中文或英文通用名称的杀菌剂并不多，仅涉及 3 个缬氨酰胺类杀菌剂（同时属于酰胺类杀菌剂中的一个小类），分别是苯噻菌胺（benthiavalicarb）、缬霉威（iprovalicarb）、霜霉灭（valifenalate）。

国内对氨基酸及其衍生物类的研究也逐渐增多，研究单位主要有南开大学、华南农业大学、浙江工业大学、湖南科技大学、西北农林科技大学等。

（1）氨基酸与农药的耦合物及其制备方法与作为农药的应用

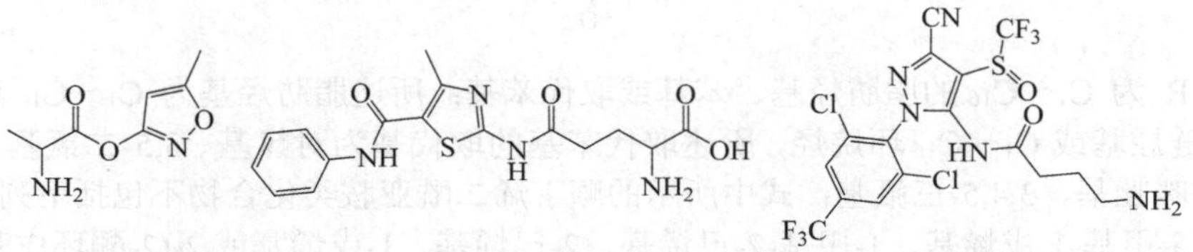

发明人：徐汉虹，李俊凯，江定心；申请人：华南农业大学

中国专利号：ZL201010002384.2；中国专利申请日：2006-08-04

化合物类型：氨基酸类

发明思路：me-too 研究；将氨基酸与噁霉灵、拌种灵和氟虫腈进行偶联，得到耦合物。

用途：具有杀菌、杀虫活性。其在植物体内能在氨基酸为导向基团的介导下，在植物的韧皮部双向输导，并表现出一定的生长点积累性。

（2）氨基酸与农药的耦合物及其制备方法与作为农药的应用

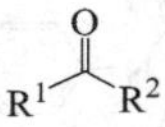

其中，R^1 选自：

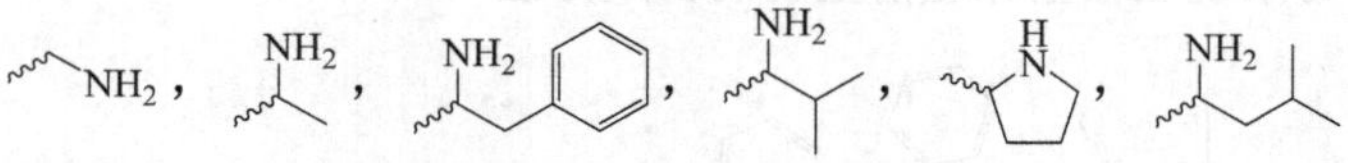

R^2 为嘧菌腙分子中除去亚氨基氢以后的残基。

发明人：徐汉虹，李俊凯，江定心；申请人：华南农业大学

中国专利号：ZL201010002383.8；中国专利申请日：2006-08-04

化合物类型：嘧啶类，氨基酸类

发明思路：me-too 研究；氨基酸与嘧菌腙进行偶联，得到耦合物。

用途：具有杀菌活性，在植物体内能在氨基酸为导向基团的介导下，在植物的韧皮部双向输导，并表现出一定的生长点积累性。

代表化合物结构如下：

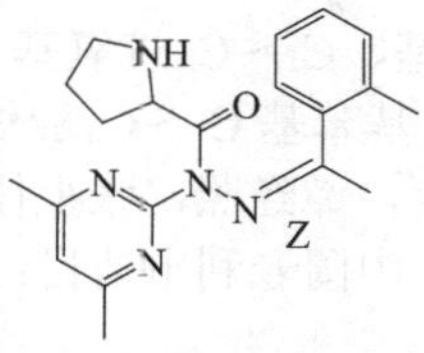

（3）一种 *N*-二取代苯基甲基缬氨酰胺氨基甲酸酯衍生物及应用

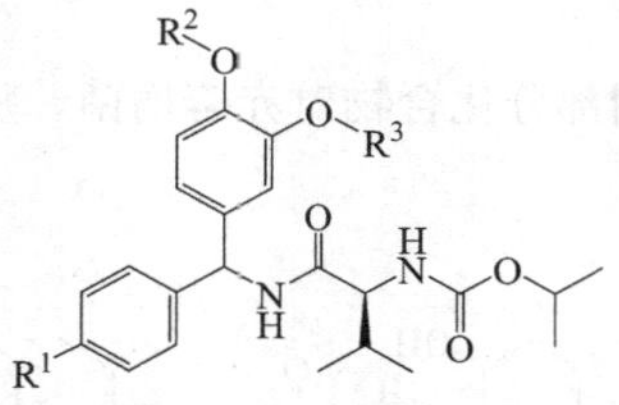

其中，R^1 是氢、卤素、羟基、$C_{1\sim6}$ 烷基、$C_{1\sim6}$ 烷氧基、$C_{2\sim6}$ 烯基、$C_{2\sim6}$ 炔基、卤代 $C_{1\sim6}$ 烷基、卤代 $C_{1\sim6}$ 烷氧基、卤代 $C_{2\sim6}$ 烯基、卤代 $C_{2\sim6}$ 炔基、苄基，所述苄基苯环上的氢任选被 1～5 个选自卤素、羟基、$C_{1\sim6}$ 烷基、$C_{1\sim6}$ 烷氧基、$C_{2\sim6}$ 烯基、$C_{2\sim6}$ 炔基、卤代 $C_{1\sim6}$ 烷基、卤代 $C_{1\sim6}$ 烷氧基、卤代 $C_{2\sim6}$ 烯基、卤代 $C_{2\sim6}$ 炔基的取代基取代；

R^2 是氢、$C_{1\sim6}$ 烷基、$C_{2\sim6}$ 烯基、$C_{2\sim6}$ 炔基、卤代 $C_{1\sim6}$ 烷基、卤代 $C_{2\sim6}$ 烯基、卤代 $C_{2\sim6}$ 炔基、苄基，所述苄基苯环上的氢任选被 1～5 个选自卤素、羟基、$C_{1\sim6}$ 烷基、$C_{1\sim6}$ 烷氧基、$C_{2\sim6}$ 烯基、$C_{2\sim6}$ 炔基、卤代 $C_{1\sim6}$ 烷基、卤代 $C_{1\sim6}$ 烷氧基、卤代 $C_{2\sim6}$ 烯基、卤代 $C_{2\sim6}$ 炔基的取代基取代。

R^3 是氢、$C_{1\sim6}$ 烷基、$C_{2\sim6}$ 烯基、$C_{2\sim6}$ 炔基、卤代 $C_{1\sim6}$ 烷基、卤代 $C_{2\sim6}$ 烯基、卤代 $C_{2\sim6}$ 炔基、苄基，所述苄基苯环上的氢任选被 1～5 个选自卤素、羟基、$C_{1\sim6}$ 烷基、$C_{1\sim6}$ 烷氧基、$C_{2\sim6}$ 烯基、$C_{2\sim6}$ 炔基、卤代 $C_{1\sim6}$ 烷基、卤代 $C_{1\sim6}$ 烷氧基、卤代 $C_{2\sim6}$ 烯基、卤代 $C_{2\sim6}$ 炔基的取代基取代。

发明人：赵卫光，于淑晶，杜秀江，边强，王红学，寇俊杰，张晓，王志鹏，李正名；申请人：南开大学

中国专利号：ZL201310322570.8；中国专利申请日：2013-07-29

化合物类型：缬氨酰胺类、氨基甲酸酯类

发明思路：me-too 研究；将肉桂酰胺类杀菌剂的二苯基部分与缬氨酰氨基甲酸酯类化合物的缬氨酰胺甲酸酯部分相结合而获得。

用途：用于防治植物卵菌纲病害，对霜霉病及疫霉病有很好的防治效果，并且该商品与现在市场上广泛使用的其他类型杀虫剂无交互抗性，而且自身表现出较低的抗药风险。

代表化合物结构如下：

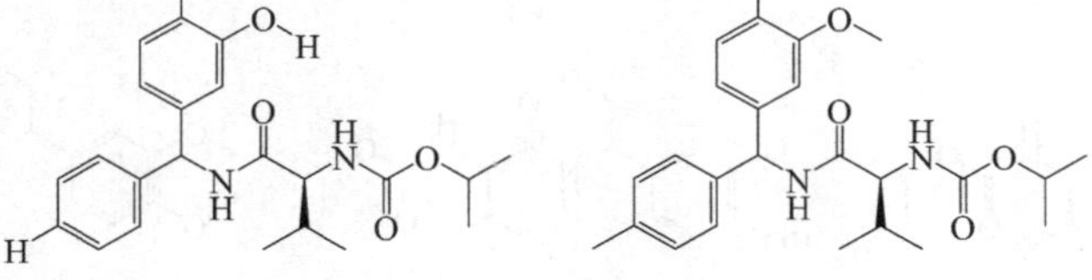

（4）*N*-取代-2-(2-羟基苄基)氨基乙酰胺类化合物及其制备和用途

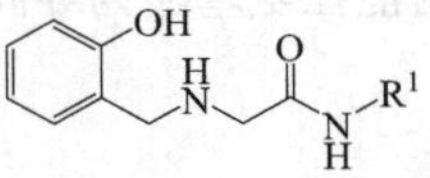

式中，R^1是苯基、C_1～C_3烷基苯基、C_1～C_3烷氧基苯基、苯基C_1～C_3亚烷基、C_1～C_3烷基苯基C_1～C_3亚烷基，或C_1～C_3烷氧基苯基C_1～C_3亚烷基。

发明人：唐子龙，李新兴，齐永存，谭经照，张少伟，彭丽芬；申请人：湖南科技大学

中国专利号：ZL201510947214.4；中国专利申请日：2015-12-17

化合物类型：氨基乙酸衍生物

发明思路：me-too研究；通过将苯酚和氨基乙酰胺基团拼接的方式合成了一些未见报道的新颖酰胺类化合物。

用途：具有杀菌活性，该发明部分化合物对赤霉病菌、疫霉病菌、菌核病菌、灰霉病菌、纹枯病菌或稻瘟病菌有良好活性。

代表化合物结构如下：

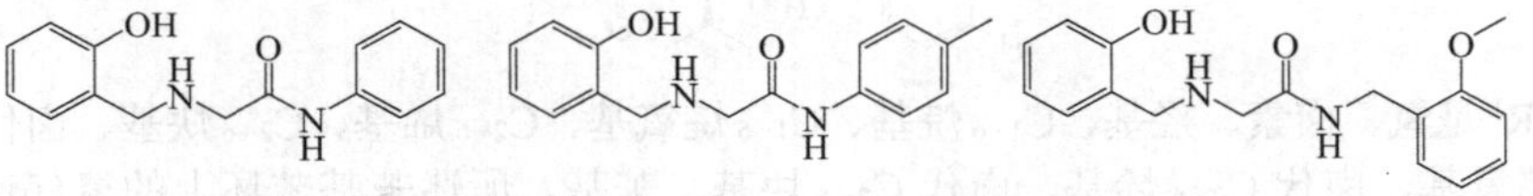

（5）一种*N*-1, 2-二取代乙基缬氨酰胺氨基甲酸酯衍生物及应用

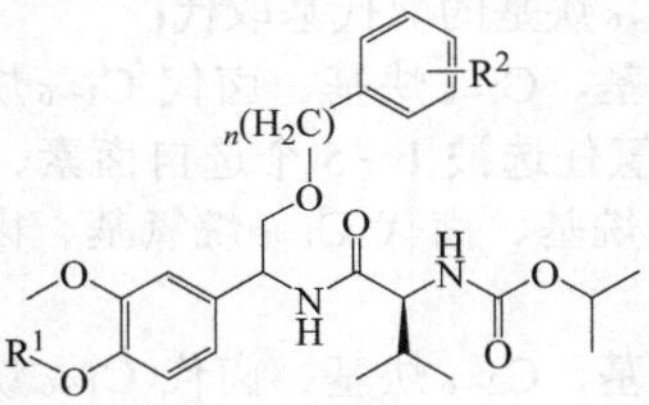

式中，R^1是氢、$C_{1\sim6}$烷基、$C_{2\sim6}$炔基；R^2任选1～5个取代基，选自氢、羟基、卤素、$C_{1\sim6}$烷基、$C_{1\sim6}$烷氧基；*n*是0、1。

发明人：赵卫光，寇俊杰，王志鹏，于淑晶，王红学，边强，鞠国栋；申请人：南开大学

中国专利号：ZL201410280228.0；中国专利申请日：2014-06-20

化合物类型：缬氨酰胺氨基甲酸酯类、羧酸酰胺类

发明思路：me-too研究；在缬氨酰胺氨基甲酸酯类化合物基础上，通过优化和修饰得到现有化合物。

用途：具有杀菌活性，在50mg/L施药量情况下，对黄瓜枯萎病菌、番茄早疫病菌、花生褐斑病菌、小麦赤霉病菌、苹果轮纹病菌、黄瓜灰霉病菌、油菜菌核病菌、辣椒疫霉病菌、水稻纹枯病菌、马铃薯晚疫病菌均具有一定的抑制作用。

代表化合物结构如下：

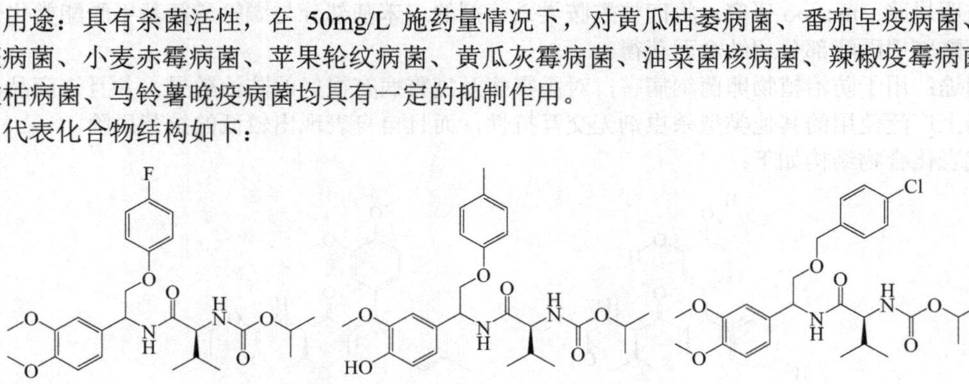

（6）一种含硫氨基酸酰胺氨基甲酸酯衍生物及应用

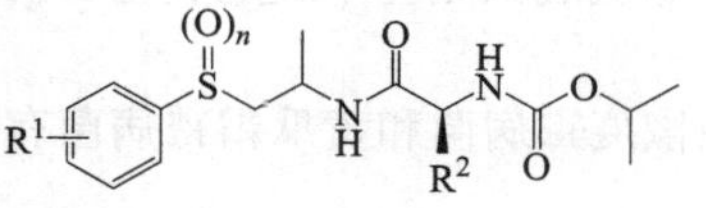

式中，R^1是炔丙氧基；R^2为仲丁基；n为0。

发明人：赵卫光，田雷，杨会会，李建强，于淑晶，高扬；申请人：南开大学

中国专利号：ZL201510340931.0；中国专利申请日：2015-06-18

化合物类型：缬氨酰胺氨基甲酸酯类、羧酸酰胺类

发明思路：me-too 研究；在缬氨酰胺氨基甲酸酯类化合物基础上，通过对氨基部分进行优化得到现有化合物。

用途：具有杀菌活性，对多种植物致病菌具有抑制作用。

代表化合物结构如下：

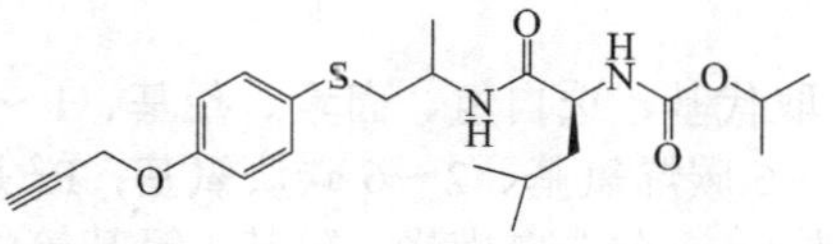

（7）一种(异)亮氨酰胺氨基甲酸酯衍生物及应用

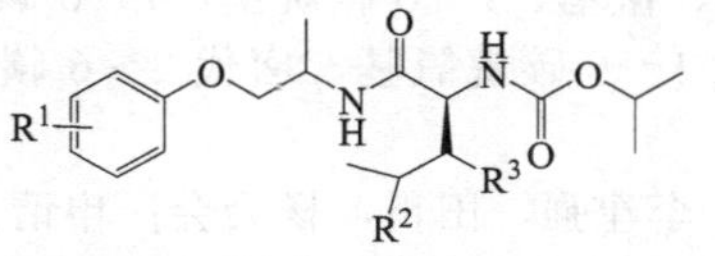

式中，R^1为炔丙氧基；R^2为氢、甲基；R^3为氢、甲基。

发明人：赵卫光，张成，高扬，杨会会，侯艳玲，于淑晶；申请人：南开大学

中国专利号：ZL201510342850.4；中国专利申请日：2015-06-18

化合物类型：缬氨酰胺氨基甲酸酯类、羧酸酰胺类

发明思路：me-too 研究；在缬氨酰胺氨基甲酸酯类化合物基础上，按照类同合成法和活性亚结构拼接法设计并优化得到现有化合物。

用途：具有杀菌活性，对辣椒疫霉病菌和黄瓜霜霉病菌有抑制作用。

代表化合物结构如下：

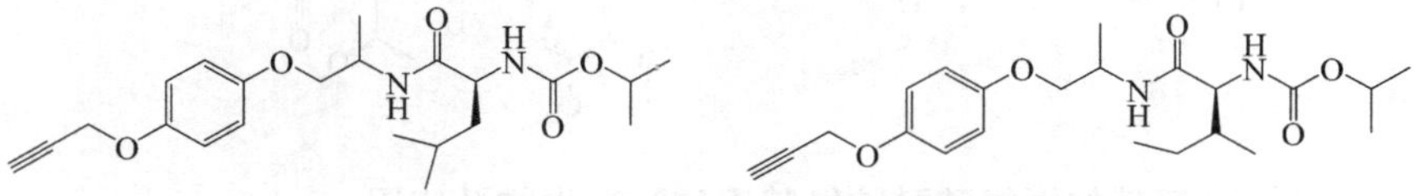

（8）一种 *N*-(1-甲基-2-取代乙基)缬氨酰胺氨基甲酸酯衍生物及应用

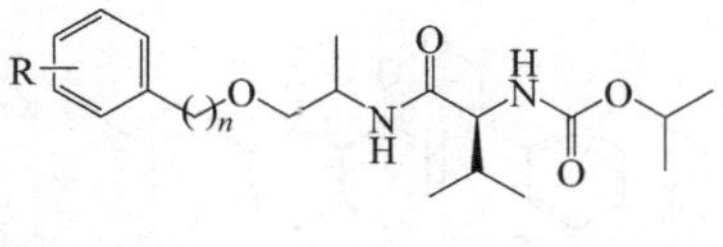

发明人：赵卫光，王志鹏，寇俊杰，王红学，于淑晶，高扬；申请人：南开大学

中国专利号：ZL201510344306.3；中国专利申请日：2015-06-18

化合物类型：缬氨酰胺氨基甲酸酯类、羧酸酰胺类

发明思路：me-too 研究；在缬氨酰胺氨基甲酸酯类化合物基础上，通过对氨基部分进行优化得到现有化合物。

用途：具有杀菌活性，对辣椒疫霉病菌和黄瓜霜霉病菌有抑制作用。

代表化合物结构如下：

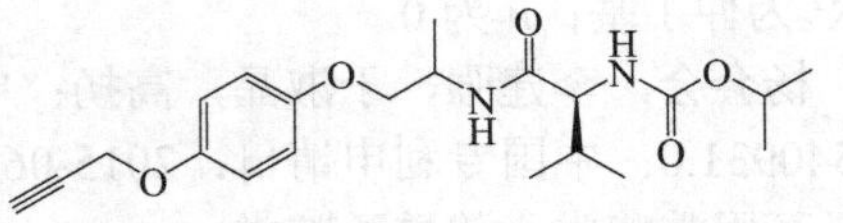

（9）一种苏氨酰胺氨基甲酸酯衍生物及应用

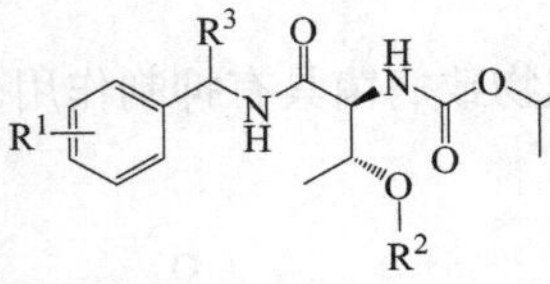

式中，R^1是任选 1～5 个取代基，选自氢、卤素、羟基、1～6 碳烷基、2～6 碳烯基、2～6 碳炔基、1～6 碳烷氧基、2～6 碳烯氧基、2～6 碳炔氧基；R^2是炔丙基、苯基、苄基，所述苯基和苄基苯环上的氢任选被 1～5 个选自卤素、羟基、氰基等的取代基取代；R^3是氢、1～6 碳烷基、2～6 碳烯基、2～6 碳炔基、苯基、苯氧基甲基，所述苯基和苯氧基甲基苯环上的氢任选被 1～5 个选自卤素、羟基、氰基、1～6 碳烷基、1～6 碳烷氧基、2～6 碳烯基、2～6 碳炔基、卤代 1～6 碳烷基、卤代 1～6 碳烷氧基、卤代 2～6 碳烯基、卤代 2～6 碳炔基的取代基取代。

发明人：赵卫光，杜秀江，李建强，田雷，杨会会；申请人：南开大学

中国专利号：ZL201510446216.5；中国专利申请日：2015-07-27

化合物类型：苏氨酸衍生物

发明思路：me-too 研究；在羧酸酰胺类化合物基础上，通过替换和优化得到现有化合物。

用途：具有杀菌活性，对辣椒疫霉病菌和黄瓜霜霉病菌有抑制作用。

代表化合物结构如下：

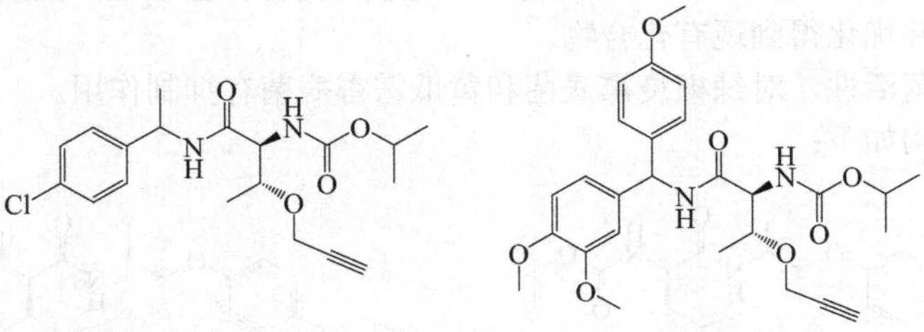

（10）一种含炔丙氧基的缬氨酸酰胺氨基甲酸酯衍生物及应用

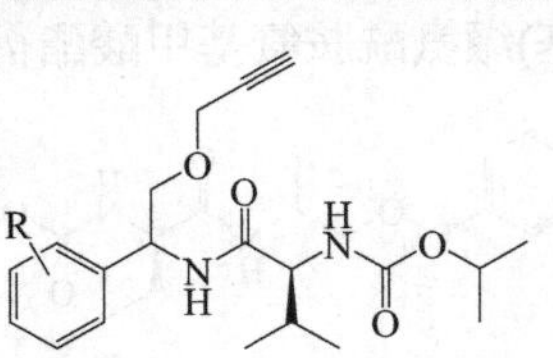

式中，R 为 4-氯、4-溴。

发明人：赵卫光，李建强，田雷，杨会会；申请人：南开大学

中国专利号：ZL201610607953.3；中国专利申请日：2016-07-26

化合物类型：缬氨酸氨基甲酸酯类

发明思路：me-too 研究；在异丙菌胺的氨基部分引入了炔丙氧基，得到现有化合物。

用途：具有杀菌活性，对辣椒疫霉病菌有抑制作用。

代表化合物结构如下：

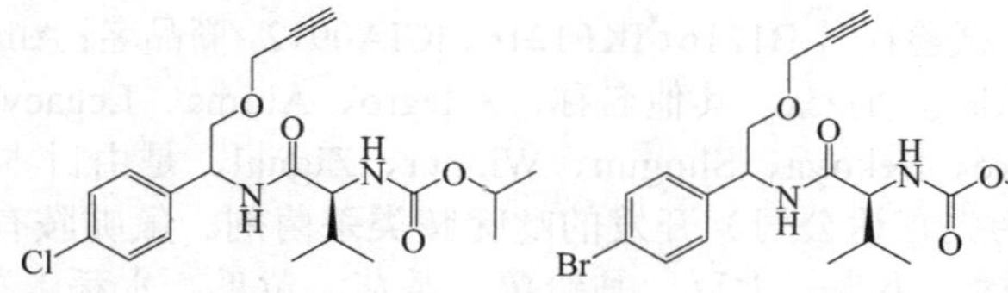

（11）一种双酰氨类化合物

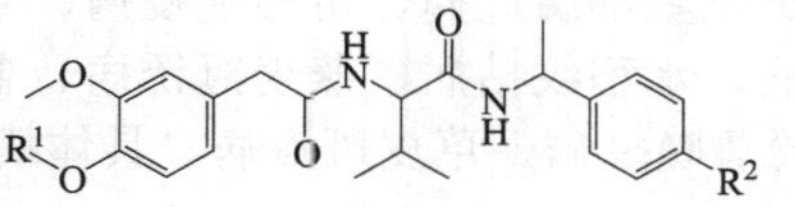

式中，R^1 为 C_1～C_6 的烷基、C_2～C_6 烯基或 C_3～C_6 的炔基；R^2 为 H 或 C_1～C_6 的烷基。

发明人：刘幸海，赵卫光，翁建全；申请人：浙江工业大学

中国专利号：ZL201210093985.8；中国专利申请日：2012-04-01

化合物类型：缬氨酸衍生物

发明思路：me-too 研究；参照专利 CN1226887A，通过对缬氨酰胺结构修饰得到。

用途：具有杀菌和杀虫活性。对番茄早疫病、小麦赤霉病具有防效，对蚊、棉铃虫、玉米螟具有杀虫活性。

代表化合物结构如下

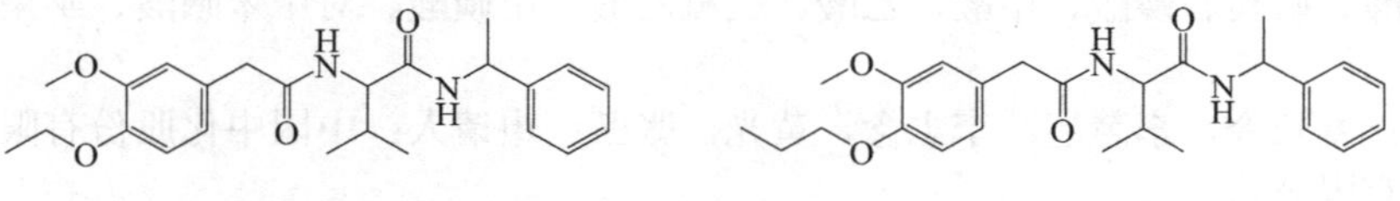

（12）L-焦谷氨酸衍生物及其制备方法和应用

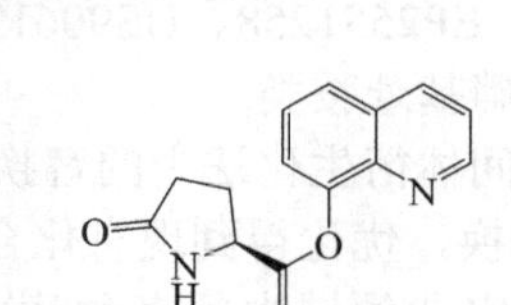

发明人：张继文，吴文君；申请人：西北农林科技大学

中国专利号：ZL201810902492.1；中国专利申请日：2018-08-09

化合物类型：L-焦谷氨酸衍生物

发明思路：天然产物修饰法；在 L-焦谷氨酸基础上进一步衍生获得。

用途：该发明提供的 L-焦谷氨酸衍生物对黄瓜霜霉病、辣椒疫霉病、葡萄霜霉病、番茄晚疫病和马铃薯晚疫病具有良好的防治效果。

3.7 二硝基（二氰基）苯胺类化合物

截至 2023 年底仅公开了 1 个拥有中文或英文通用名称的二硝基（二氰基）苯胺类杀菌剂即氟啶胺。

氟啶胺（fluazinam），试验代号 B1216、IKF1216、ICIA0912，商品名：Allegro 500 F、Certeza、Frowncide、Omega、Shirlan、Tizca，其他名称：Allegro、Altima、Legacy、Mapro、Nando、Nifran、Ohayo、Sagiterre、Sekoya、Shogun、Winner、Zignal，是由日本石原产业研制，由 ICI Agrochemicals（现为先正达公司）开发的吡啶胺类杀菌剂。氟啶胺有广谱的杀菌活性，对葡萄、苹果、梨、柑橘、小麦、大豆、马铃薯、番茄、黄瓜、水稻、茶、草皮等疫霉病、菌核病、黑斑病、黑星病和其他的病原体病害有良好的防治效果。除了杀菌活性外，氟啶胺还显示出对红蜘蛛等的杀螨活性。具体病害如黄瓜灰霉病、黄瓜腐烂病、黄瓜霜霉病、黄瓜炭疽病、黄瓜白粉病、黄瓜茎部腐烂病、番茄晚疫病、苹果黑星病、苹果叶斑病、梨黑斑病、梨锈病、水稻稻瘟病、水稻纹枯病、燕麦冠锈病、葡萄灰霉病、葡萄霜霉病、柑橘疮痂病、柑橘灰霉病、马铃薯晚疫病、草皮斑点病，具体螨类如柑橘红蜘蛛、石竹锈螨、神泽叶螨等。

国内对该类新化合物的创制主要集中在沈阳中化农药化工研发有限公司，发现了双苯菌胺等高活性候选化合物，但是后来由于某些原因未继续开发。

（1）一种取代二苯胺类化合物及其制备与应用

CH_3 H N R^2 R^3 NO_2 R_n

式中，R^2 选自氯、溴、氟；R^3 选自硝基；R 选自氯、溴、氟、氰基、硝基、C_1～C_3 烷基、卤代 C_1～C_3 烷基；n＝1～5；

或与盐酸、硫酸、磷酸、甲酸、乙酸、三氟乙酸、甲磺酸、对甲苯磺酸、苹果酸或柠檬酸形成的盐。

发明人：刘长令，李慧超，李志念，黄光，张弘；申请人：中国中化股份有限公司，沈阳化工研究院有限公司

中国专利号：ZL201010129005.6；中国专利申请日：2010-03-22；同族专利：IN1666MUMNP2012、CN102762530、EP2551258、US9061967、WO2011116671A1

化合物类型：二苯胺类化合物、硝基苯胺类

发明思路：me-too 研究；利用中间体衍生化法中的替换法，以氟啶胺为先导，使用独特中间体 2, 6-二氯-3, 5-二硝基甲苯进行替换，优化得到现有化合物。

用途：具有杀菌、杀虫活性。对农业领域中的多种病菌都表现出很好的活性，尤其是对黄瓜霜霉病，在较低剂量下仍具有很好的防治效果；该类化合物还显示出较好的杀虫杀螨活性。

代表化合物结构如下：

Cl O_2N O_2N H N NO_2 Cl H_3C Cl　　Cl O_2N F_3C H N NO_2 Cl H_3C Cl　　NO_2 O_2N Cl H N NO_2 NO_2 H_3C Cl

（2）取代氰基苯胺类化合物及其应用

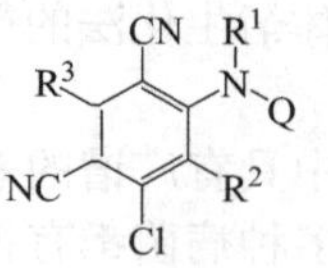

式中，R^1选自氢；R^2、R^3选自氟、氯、溴、碘；Q 选自 2-吡啶基、3-吡啶基、4-吡啶基，并各自任选地被$(R^4)_n$取代，其中R^4选自氟、氯、溴、碘、硝基、氰基、C_1～C_4烷基、卤代C_1～C_4烷基；$n=0$～3；或通式化合物与盐酸、硫酸、磷酸、三氟乙酸、甲磺酸、乙酸、对甲苯磺酸形成的盐。

发明人：李慧超，黄光，李志念，关爱莹，兰杰，郝树林，刘长令；申请人：中国中化股份有限公司，沈阳化工研究院有限公司

中国专利号：ZL201110163314.X；中国专利申请日：2011-06-17

同族专利：CN103547565A、EP2757092A1、JP5931187B2、US8937072B2、WO2012171484A1

化合物类型：氰基苯胺类化合物、百菌清类化合物

发明思路：me-too 研究；使用中间体衍生化法的衍生法，以百菌清为先导，使用氨基吡啶进一步衍生得到现有化合物。

用途：具有杀菌活性。在农业领域中具有广谱的杀菌活性，对黄瓜霜霉病、小麦白粉病、玉米锈病、水稻稻瘟病、黄瓜灰霉病等多种病害都有很好的防效。

（3）含氰基二苯胺类化合物及其应用

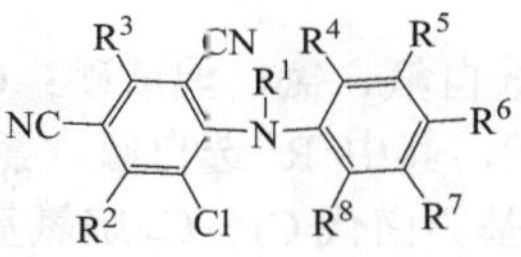

式中，R^1选自氢；R^2、R^3可相同或不同，分别选自卤素、C_1～C_{12}烷氧基、卤代C_1～C_{12}烷氧基、C_1～C_{12}烷基氨基、卤代C_1～C_{12}烷基氨基或C_1～C_{12}二烷基氨基；

R^4、R^8可相同或不同，分别选自氢、卤素、氰基、硝基、$C(=O)NR^9R^{10}$、C_1～C_{12}烷基或卤代C_1～C_{12}烷基、C_1～C_{12}烷氧基羰基；并且当R^4为甲基时，R^8不为硝基，当R^4为硝基时，R^8不为甲基；

R^5、R^7可相同或不同，分别选自氢、卤素、氰基、硝基、C_1～C_{12}烷基或卤代C_1～C_{12}烷基；

R^6选自氢、卤素、氰基、硝基、COOH、CO_2Na、CO_2NH_2、C_1～C_{12}烷基、卤代C_1～C_{12}烷基、C_1～C_{12}烷氧基、卤代C_1～C_{12}烷氧基、C_1～C_{12}烷氧基羰基、$C(=O)NR^9R^{10}$、未取代的或被 1～5 个R^{11}取代的下述基团：芳基氨基羰基，且当取代基的个数大于 1 时，R^{11}可相同或不同；

R^9、R^{10}可相同或不同，分别选自氢或C_1～C_6烷基；

R^{11}选自卤素；

并且，R^4、R^5、R^6、R^7、R^8不同时为氢；当R^6选自氯、硝基、甲基或甲氧基时，R^4、R^5、R^7、R^8不同时为氢；当R^1、R^4、R^7为氢，R^2、R^3、R^6为氯时，R^5、R^8不同时为甲基。

发明人：刘长令，黄光，兰杰，李慧超，李志念，郝树林，宋玉泉，关爱莹，崔东亮；申请人：中国中化股份有限公司，沈阳化工研究院有限公司

中国专利号：ZL201110163457.0；中国专利申请日：2011-06-17；同族专利：IN2161MUMNP2013、

CN103547565A、EP2757092、JP5931187B2、US8937072B2、WO2012171484A1

化合物类型：氰基二苯胺类化合物、百菌清类化合物

发明思路：me-too 研究；使用中间体衍生化法的衍生法，以百菌清为先导，使用取代苯胺进一步衍生得到现有化合物。

用途：具有杀菌活性。在农业领域中具有广谱的杀菌活性，对黄瓜霜霉病、小麦白粉病、玉米锈病、水稻稻瘟病、黄瓜灰霉病等多种病菌都有很好的防效。同时，该发明的部分化合物还具有较好的杀虫活性，可用于防治小菜蛾、黏虫等；部分化合物还具有较好的除草活性，可用于防治狗尾草、稗草等。

代表化合物结构如下：

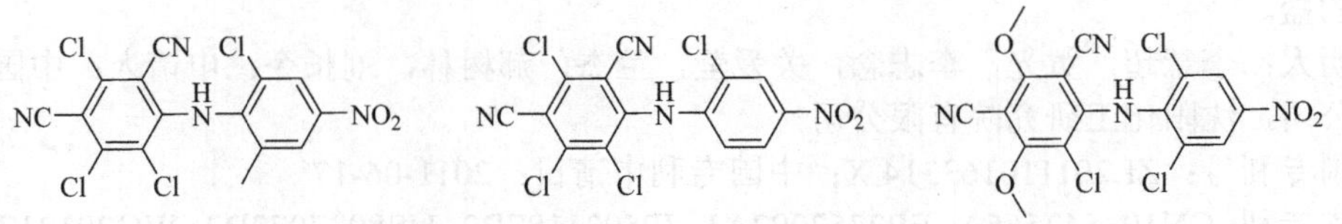

（4）含邻二氰基苯胺类化合物及其应用

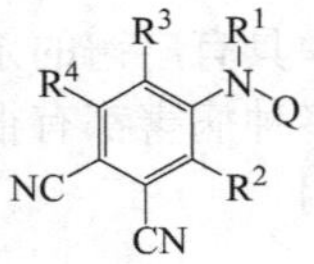

式中，R^1 选自氢；R^2、R^3、R^4 选自氟、氯、溴或碘；Q 选自苯基、2-吡啶基、3-吡啶基或 4-吡啶基，并各自任选地被$(R^5)_n$ 取代，其中 R^5 选自氟、氯、溴、碘、硝基、氰基、C_1～C_4 烷基、卤代 C_1～C_4 烷基、C_1～C_4 烷氧基、卤代 C_1～C_4 烷氧基或 C_1～C_4 烷氧基羰基；n＝1～4；

或通式化合物与盐酸、硫酸、磷酸、三氟乙酸、甲磺酸、乙酸、对甲苯磺酸、钠或钾形成的盐。

发明人：郝树林，姜艾汝，李志念，李慧超，王军锋，关爱莹，梁博，宋玉泉，刘长令；申请人：中国中化股份有限公司，沈阳化工研究院有限公司

中国专利号：ZL201110163460.2；中国专利申请日：2011-06-17；同族专利：CN103547565A、EP2757092、JP5931187B2、US8937072B2、WO2012171484A1

化合物类型：邻二氰基苯胺类化合物、百菌清类化合物

发明思路：me-too 研究；使用中间体衍生化法，以百菌清为先导，使用邻二氰基苯胺类对百菌清进行替换，进一步衍生得到现有化合物。

用途：具有杀菌活性。在农业领域中具有广谱的杀菌活性，对黄瓜霜霉病、小麦白粉病、玉米锈病、水稻稻瘟病、黄瓜灰霉病等多种病害都有很好的防效。同时，该发明的部分化合物还具有较好的杀虫活性，可用于防治蚜虫、朱砂叶螨等。

代表化合物结构如下：

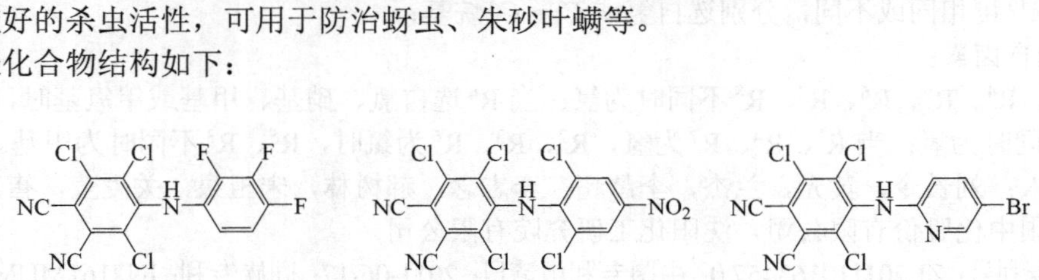

（5）含对二氰基苯胺类化合物及其应用

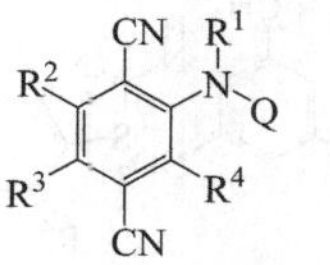

式中，R^1选自氢；R^2、R^3、R^4选自氟、氯、溴或碘；Q选自苯基、2-吡啶基、3-吡啶基或4-吡啶基，并各自任选地被$(R^5)_n$取代，其中R^5选自氟、氯、溴、碘、硝基、氰基、C_1～C_4烷基、卤代C_1～C_4烷基、C_1～C_4烷氧基、卤代C_1～C_4烷氧基或C_1～C_4烷氧基羰基；n＝1～4；

或通式化合物与盐酸、硫酸、磷酸、三氟乙酸、甲磺酸、乙酸、对甲苯磺酸、钠或钾形成的盐。

发明人：郝树林，关爱莹，兰杰，姜艾汝，李志念，李慧超，梁博，崔东亮，宋玉泉，刘长令；申请人：中国中化股份有限公司，沈阳化工研究院有限公司

中国专利号：ZL201110163496.0；中国专利申请日：2011-06-17

化合物类型：对二氰基苯胺类化合物、百菌清类化合物

同族专利：CN103547565A、EP2757092、JP5931187B2、US8937072B2、WO2012171484A1

发明思路：me-too研究；使用中间体衍生化法，以百菌清为先导，使用对二氰基苯胺类对百菌清进行替换，进一步衍生得到现有化合物。

用途：具有杀菌活性。在农业领域中具有广谱的杀菌活性，对黄瓜霜霉病、小麦白粉病、玉米锈病、水稻稻瘟病、黄瓜灰霉病等多种病菌都有很好的防效。特别地，对玉米锈病、水稻稻瘟病、黄瓜灰霉病和黄瓜霜霉病，在较低剂量下仍具有很好的防治效果。同时，该发明的部分化合物还具有较好的杀虫活性，可用于防治小菜蛾、蚜虫等；部分化合物还具有较好的除草活性，可用于防治狗尾草、稗草等。

代表化合物结构如下：

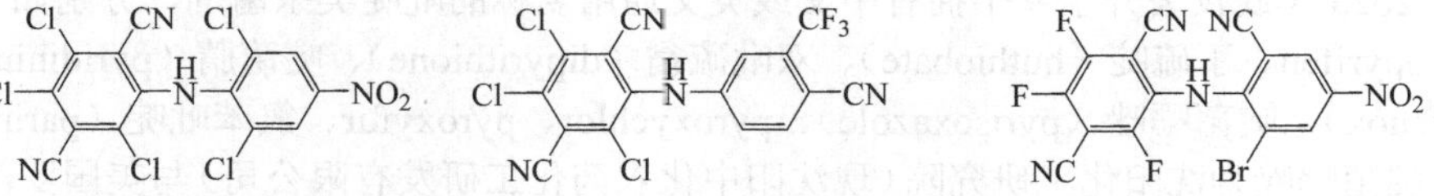

（6）一种取代硝基苯胺类化合物及其应用

；

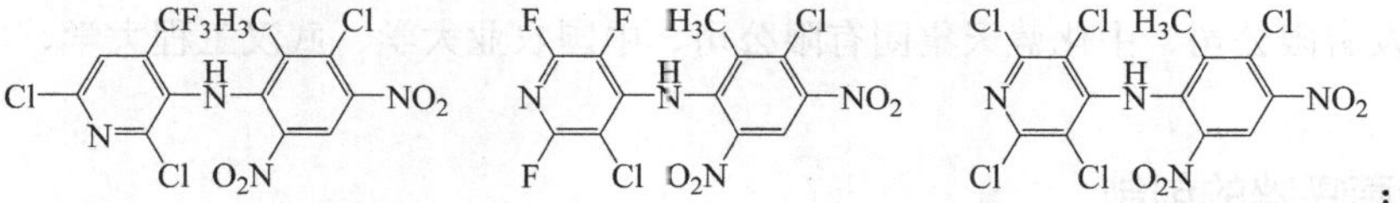

或化合物与盐酸、硫酸、磷酸、三氟乙酸、甲磺酸或对甲苯磺酸形成的盐。

发明人：关爱莹，李慧超，李志念，郝树林，兰杰，刘长令；申请人：中国中化股份有限公司，沈阳化工研究院有限公司；当前权利人：沈阳中化农药化工研发有限公司

中国专利号：ZL201210201966.2；中国专利申请日：2012-06-15

化合物类型：硝基苯胺类化合物、氟啶胺类似物

发明思路：me-too研究；利用中间体衍生化法中的替换法，以氟啶胺为先导，衍生出不同位置的氨基吡啶，再使用二硝基甲苯独特中间体进行替换，优化得到现有化合物。

用途：具有杀菌活性。对水稻稻瘟病、黄瓜霜霉病、黄瓜灰霉病、小麦白粉病和玉米锈病，在较低剂量下仍具有很好的防治效果。

（7）取代芳胺类化合物及其用途

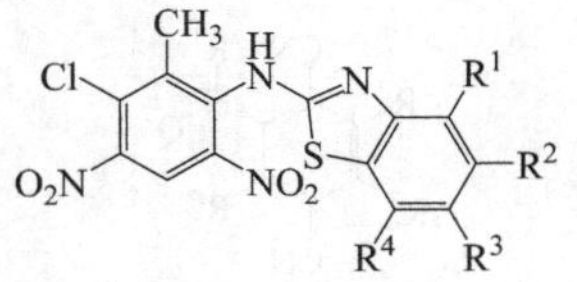

式中，R^1、R^2、R^3、R^4可相同或不同，分别选自H、卤素、CN、NO_2、C_1～C_4烷基、C_1～C_4卤代烷基、C_1～C_4烷氧基或C_1～C_4卤代烷氧基。

发明人：关爱莹，李慧超，孙芹，刘长令，王军锋，孙旭峰，杨帆；申请人：中国中化股份有限公司，沈阳化工研究院有限公司

中国专利号：ZL201310200315.6；中国专利申请日：2013-05-27

化合物类型：芳胺类化合物

发明思路：me-too研究；利用中间体衍生化法，以二硝基甲苯中间体进行衍生得到现有化合物。

用途：具有杀菌活性，可用在农业、林业或卫生上制备防治病菌的药物。

代表化合物结构如下：

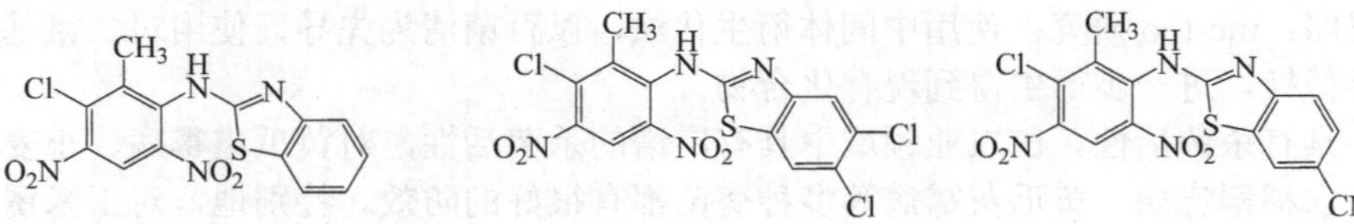

3.8 吡啶类化合物

截至2023年底仅公开了9个拥有中文或英文通用名称的吡啶类杀菌剂，分别如下：

aminopyrifen、丁硫啶（buthiobate）、双吡硫翁（dipyrithione）、啶菌腈（pyridinitril）、啶斑肟（pyrifenox）、啶菌噁唑（pyrisoxazole）、pyroxychlor、pyroxyfur、氯苯吡啶（parinol）。

其中啶菌噁唑为沈阳化工研究院（现沈阳中化农药化工研发有限公司）与美国罗门哈斯（现科迪华）合作开发的杀菌剂。

该类新化合物的研究单位主要集中在浙江工业大学、湖南化工研究院有限公司、沈阳中化农药化工研发有限公司、中化蓝天集团有限公司、中国农业大学、武汉工程大学、华中师范大学等。

3.8.1 啶菌噁唑的创制

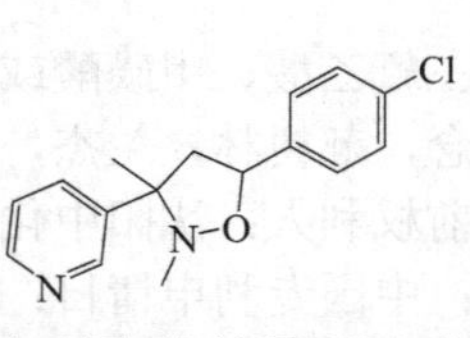

化合物专利名称：用作杀菌剂的杂环取代的异噁唑啉类化合物

中国专利号：ZL99113093.6；申请日：1999-07-14；授权日：2002-09-25

专利发明人：张立新，史蒂芬 H·塞伯，爱德华 M·斯采佩斯，詹姆斯·奎恩；申请人：沈阳化工研究院

啶菌噁唑（试验代号 SYP-Z048）是沈阳化工研究院与美国罗门哈斯合作开发的一种全新

结构的杀菌剂。其对灰霉病有好的防治效果，不仅可有效防治黄瓜、番茄、韭菜、草莓等蔬菜与水果的灰霉病，对小麦和黄瓜白粉病等也有效。该化合物最早为罗门哈斯研制，之后沈阳化工研究院申请了中国专利：用作杀菌剂的杂环取代的异噁唑啉类化合物。目前，沈阳科创化学品有限公司取得了90%啶菌噁唑原药（PD20080773）、25%啶菌噁唑水乳剂（PD20170676）、25%啶菌噁唑乳油（PD20080774）以及其混剂的正式登记。

3.8.1.1 创制过程

灰霉病是危害蔬菜、水果和花卉等作物的重要真菌病害之一，尤其在大棚生产的蔬菜及水果上，灰霉病菌引起花及果实的腐烂，损失严重。

随着环境温度的升高和大棚种植面积的大幅度增加，反季节种植时间进一步提前或延后，形成了更有利于灰霉病发生的低温高湿条件，灰霉病的危害日益加重。

长期以来，灰霉病常用的防治药剂是苯并咪唑类杀菌剂和二甲酰亚胺类杀菌剂，主要品种有多菌灵、苯菌灵、腐霉利、异菌脲、菌核净等。这两类药剂已普遍产生抗性，防效很差。苯氨基嘧啶类杀菌剂是防治灰霉病的新型药剂，主要品种是嘧霉胺，由法国安万特公司1992年开发生产。此类杀菌剂不抑制孢子萌发，能抑制菌管的伸长和菌丝的生长，特点是极易产生抗性。嘧霉胺（施佳乐）1998年登陆中国市场，防治效果比较理想，但是，已经产生抗性。因此，当时国内外市场灰霉病防治品种短缺，开发具有全新作用机制的杀菌剂是防治植物灰霉病的迫切需要。

经罗门哈斯授权，沈阳化工研究院在中国对具全新结构和良好杀菌活性的新化合物啶菌噁唑进行了开发，并实现产业化[1]。

3.8.1.2 知识产权分析

该发明化合物结构新颖，是沈阳化工研究院（现沈阳中化农药化工研发有限公司）与美国罗门哈斯（现科迪华）共同开发的一种新型异噁唑烷类杀菌剂。该化合物最早为罗门哈斯研制，其专利申请日：1999-03-11，授权公告号：US60123783，之后沈阳化工研究院申请了中国专利，申请日期：1999-07-14，专利号：ZL99113093.6。该杀菌剂同时在国外申请的专利属于罗门哈斯，后归美国陶氏益农公司（现美国科迪华公司）。

（1）新颖性 新颖性分析见表3-86。

表3-86 该专利与现有技术对比表

该专利（中国申请）： CN1280767 A(沈阳化工研究院，申请日：1999-07-14；公开日：2001-01-24)	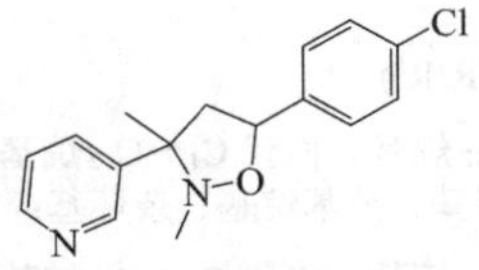 代表化合物啶菌噁唑(Ⅰ)
该专利（国外申请）： US60123783等 (Dow Agrosciences LLC，申请日：1999-03-11；授权日：2001-11-06)	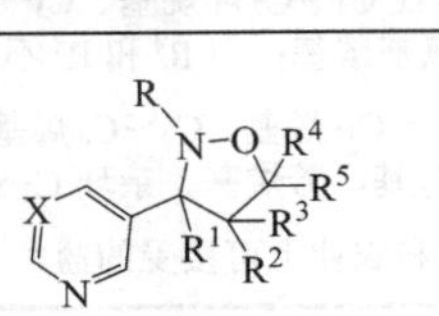 通式 专利名称：Heterocyclic substituted isoxazolidines and their use as fungicides； 发明人：Shaber Steven Howard[US]、Zhang Lixin[CN]、Szapacs Edward Michael[US]、Quinn James Allen[US]

（2）创造性 该专利 CN1280767A 说明书记载，该发明测试化合物 1.4 和 1.4A（异构体：A/B=9/1）的测试结果：在 300g/hm^2 剂量下对小麦白粉病（1.4A）、黄瓜白粉病（1.4）、水稻稻瘟病（1.4）、黄瓜灰霉病（1.4A）、黄瓜霜霉病（1.4A）均显示了 90%～100%的活性。

（3）核心化合物专利 啶菌噁唑核心化合物专利与授权保护范围如表 3-87 所示。

表 3-87 沈阳化工研究院和美国罗门哈斯公司申请的啶菌噁唑核心化合物专利

序号	公开号	专利号	专利权人	法律状态
1	CN1280767A	ZL99113093.6	沈阳化工研究院（现沈阳中化农药化工研发有限公司）	专利权到期失效
2	EP1035122A1	EP1035122B1	美国罗门哈斯公司（现美国科迪华公司）	授权后失效
3	AU1948100A	AU770077B2		授权
4	US6313147B1			授权后失效
5	TWI287013B			授权后失效
6	KR20010006724A	KR100658378B1		授权
7	JP2000281678A			驳回
8	BR0001022A			驳回

授权保护范围（中国专利）

用作杀菌剂的杂环取代的异噁唑啉类化合物，其特征为通式（Ⅰ）所示：

（Ⅰ）

式中 X 是 N 或 CH；

R 是 C_1～C_{12}烷基、卤代 C_1～C_{12}烷基、C_2～C_8烯基、卤代 C_2～C_8烯基、C_2～C_8炔基、卤代 C_2～C_8炔基、C_1～C_{12}烷氧 C_1～C_{12}烷基、C_3～C_7环烷基、卤代 C_3～C_7环烷基、C_3～C_7环烷基 C_1～C_4烷基、芳基烷基、芳氧基 C_1～C_4烷基；

R^1是芳基、杂环基或 $C(R^6R^7R^8)$；

R^2和 R^3各自是氢、C_1～C_{12}烷基、卤代 C_1～C_{12}烷基、C_1～C_{12}烷氧基、卤代 C_1～C_{12}烷氧基、C_3～C_7环烷基、C_3～C_7环烷基 C_1～C_4烷基、芳基、芳基烷基、杂环基；氰基或 C_1～C_4烷氧基羰基；

R^4和 R^5各自是氢、C_1～C_{12}烷基、卤代 C_1～C_{12}烷基、C_2～C_8烯基、卤代 C_2～C_8烯基、C_2～C_8炔基、卤代 C_2～C_8炔基、C_3～C_7环烷基、卤代 C_3～C_7环烷基、C_3～C_7环烷基 C_1～C_4烷基、芳基、芳氧基 C_1～C_4烷基、芳基烷基、杂环基、氰基或 C_1～C_4烷氧基羰基；但 R^4和 R^5不同时为氢；

R^6、R^7和 R^8各自是氢、C_1～C_{12}烷基、C_2～C_8烯基、C_2～C_8炔基、C_1～C_{12}烷氧基 C_1～C_{12}烷基、C_3～C_7环烷基、C_3～C_7环烷基 C_1～C_4烷基、芳基、芳烷基、杂环 C_1～C_4烷基；

及其对映体、立体异构体和农业上可接受的盐

3.8.1.3 合成方法

以烟酸、硝基甲烷、4-氯苯乙酮为原料，经如下反应即可制得目的物（图 3-30）[2]。

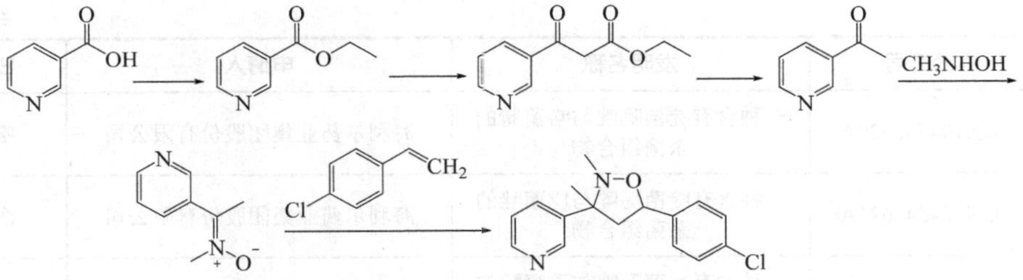

$$\text{nicotinic acid} \rightarrow \text{ethyl nicotinate} \rightarrow \text{ethyl 3-oxo-3-(pyridin-3-yl)propanoate} \rightarrow \text{3-acetylpyridine} \xrightarrow{CH_3NHOH} \text{nitrone} \xrightarrow{\text{4-chlorostyrene } (Cl\text{-}C_6H_4\text{-}CH{=}CH_2)} \text{啶菌噁唑}$$

图 3-30 啶菌噁唑合成路线

3.8.1.4 组合物专利

啶菌噁唑部分组合物专利见表 3-88。

表 3-88 啶菌噁唑部分组合物专利

序号	公开号	发明名称	申请人	B 组分
1	CN101485316A	一种防治灰霉病的复配杀菌剂	中国农业大学	百菌清
2	CN103300015A	一种含有啶酰菌胺与啶菌噁唑的杀菌组合物	青岛奥迪斯生物科技有限公司	啶酰菌胺
3	CN103355316A	一种含有啶菌噁唑与唑菌酯的杀菌组合物	海利尔药业集团股份有限公司	唑菌酯
4	CN103355318A	一种含有啶菌噁唑与氟吗啉的杀菌组合物	海利尔药业集团股份有限公司	氟吗啉
5	CN103355332A	一种含有啶菌噁唑与吡唑醚菌酯的杀菌组合物	海利尔药业集团股份有限公司	吡唑醚菌酯
6	CN103688951A	一种含有氟吡菌酰胺与啶菌噁唑的杀菌组合物	海利尔药业集团股份有限公司	氟吡菌酰胺
7	CN103704220A	一种含有吡噻菌胺的复配杀菌组合物	深圳诺普信农化股份有限公司	吡噻菌胺
8	CN103931626A	含壳寡糖的杀菌组合物	海南正业中农高科股份有限公司	壳寡糖
9	CN103947653A	一种含有粉唑醇和啶菌噁唑的杀菌组合物	姚卫平	粉唑醇
10	CN103947660A	一种含有丙森锌和啶菌噁唑的杀菌组合物	姚卫平	丙森锌
11	CN104012545A	一种含有啶菌噁唑与丙硫菌唑的杀菌组合物	海利尔药业集团股份有限公司	丙硫菌唑
12	CN104521984A	一种含有啶菌噁唑与己唑醇的杀菌组合物	海利尔药业集团股份有限公司	己唑醇
13	CN104521985A	一种含有啶菌噁唑与腈菌唑的杀菌组合物	海利尔药业集团股份有限公司	腈菌唑
14	CN104521986A	一种含有啶菌噁唑与嘧菌环胺的杀菌组合物	海利尔药业集团股份有限公司	嘧菌环胺
15	CN104522042A	一种含有啶菌噁唑与氟硅唑的杀菌组合物	海利尔药业集团股份有限公司	氟硅唑

续表

序号	公开号	发明名称	申请人	B 组分
16	CN104542620A	一种含有啶菌噁唑与咯菌腈的杀菌组合物	海利尔药业集团股份有限公司	咯菌腈
17	CN104542621A	一种含有啶菌噁唑与戊菌唑的杀菌组合物	海利尔药业集团股份有限公司	戊菌唑
18	CN104542622A	一种含有啶菌噁唑与乙嘧酚的杀菌组合物	海利尔药业集团股份有限公司	乙嘧酚
19	CN104542623A	一种含有啶菌噁唑与乙嘧酚磺酸酯的杀菌组合物	海利尔药业集团股份有限公司	乙嘧酚磺酸酯
20	CN104542643A	一种含有啶菌噁唑与四霉素的杀菌组合物	海利尔药业集团股份有限公司	四霉素
21	CN104542649A	一种含有啶菌噁唑与噻呋酰胺的杀菌组合物	海利尔药业集团股份有限公司	噻呋酰胺
22	CN104585183A	一种含有啶菌噁唑与烯肟菌酯的杀菌组合物	海利尔药业集团股份有限公司	烯肟菌酯
23	CN104798790A	一种含有啶菌噁唑和啶氧菌酯的杀菌组合物	陕西上格之路生物科学有限公司	啶氧菌酯
24	CN104798791A	一种含吡唑萘菌胺的杀菌组合物及其应用	深圳诺普信农化股份有限公司	吡唑萘菌胺
25	CN104823985A	一种含啶菌噁唑的杀菌组合物及其应用	深圳诺普信农化股份有限公司	吡氟菌酯
26	CN105309450A	一种双活性组分的杀真菌组合物及其应用	沈阳中化农药化工研发有限公司	吡咯类杀菌剂
27	CN105309455A	一种以吡菌苯威为主要成分的杀菌组合物	深圳诺普信农化股份有限公司	吡菌苯威
28	CN105309457A	一种以胺苯吡菌酮为主要成分的杀菌组合物	深圳诺普信农化股份有限公司	胺苯吡菌酮
29	CN105409974A	含有氟唑菌酰胺和啶菌噁唑的杀菌组合物	广东中迅农科股份有限公司	氟唑菌酰胺
30	CN105638670A	一种含有氟菌唑和啶菌噁唑的杀菌组合物	湖南农大海特农化有限公司	氟菌唑
31	CN105746533A	一种含有啶菌噁唑和四氟醚唑的杀菌组合物	广东中迅农科股份有限公司	四氟醚唑
32	CN105766942A	一种含有啶菌噁唑和硝苯菌酯的杀菌组合物	广东中迅农科股份有限公司	硝苯菌酯

3.8.1.5 作用机理

啶菌噁唑与三唑类杀菌剂作用机理相同，为甾醇脱甲基化抑制剂[2, 3]。

3.8.1.6 毒理学与安全评价

部分毒理学测试结果如下[4]：大鼠急性经口 LD_{50}(mg/kg)：雄 2000、雌 1710。大鼠急性经

皮 LD_{50}＞2000mg/kg(雄、雌)。兔子急性经皮 LD_{50}＞2000mg/kg，对兔皮肤、眼睛均无刺激。对豚鼠皮肤为弱致敏性。Ames 试验结果为阴性。对胎鼠无胚胎毒性和致畸作用。亚慢性毒性研究最大无作用剂量雄性为（17.53±2.15）mg/（kg·d），雌性为（16.57±1.03）mg/（kg·d）。未发现致癌性改变。

3.8.1.7 登记情况

目前国内登记啶菌噁唑系列产品 8 个，具体登记信息如表 3-89。

表 3-89 啶菌噁唑相关登记产品信息表

登记证号	农药名称	剂型	总含量	登记作物	防治对象	用药量(制剂量)	施用方法	登记证持有人
PD20170676	啶菌噁唑	水乳剂	25%	番茄	灰霉病	80～120mL/亩	喷雾	沈阳科创化学品有限公司
PD20210029	啶菌噁唑·啶酰菌胺	悬浮剂	25%	黄瓜	灰霉病	67～93mL/亩	喷雾	山东省青岛凯源祥化工有限公司
PD20201065	啶菌噁唑·咯菌腈	悬浮剂	14%	番茄	灰霉病	71～95mL/亩	喷雾	山东省青岛奥迪斯生物科技有限公司
PD20200227	啶菌噁唑·嘧菌环胺	悬浮剂	25%	番茄	灰霉病	40～60mL/亩	喷雾	海利尔药业集团股份有限公司
PD20093355	啶菌·福美双	悬乳剂	40%	番茄	灰霉病	67～100g/亩	喷雾	沈阳科创化学品有限公司
PD20182221	啶菌·吡唑酯	乳油	28%	番茄	灰霉病	21～25mL/亩	喷雾	山东省青岛奥迪斯生物科技有限公司
PD20080774	啶菌噁唑	乳油	25%	番茄	灰霉病	53～107mL/亩	喷雾	沈阳科创化学品有限公司
PD20080773	啶菌噁唑	原药	90%	—	—	—	—	沈阳科创化学品有限公司

3.8.1.8 应用效果

啶菌噁唑杀菌谱广、杀菌活性高，对番茄灰霉病、番茄叶霉病、黄瓜枯萎病、黄瓜菌核病、黄瓜立枯病、葡萄白腐病等病原菌均有较高的杀菌活性，且具有预防和治疗作用，同时具有良好的内吸传导性，与苯并咪唑类杀菌剂无交互抗性。该药剂对蔬菜灰霉病的防效卓越，可有效防治黄瓜、番茄、韭菜等蔬菜的灰霉病，对小麦和黄瓜白粉病等也有效[5-9]。

参考文献

[1] 程春生，张立新，张宗俭，等．创制高效杀菌剂啶菌噁唑及其产业化．2006 年度国家技术发明奖二等奖，50-51．

[2] 刘长令，杨吉春．现代农药手册．北京：化学工业出版社，2018．

[3] 马建英，马志强，王红刚，等．灰葡萄孢菌对啶菌噁唑的敏感性基线及抗药突变体的诱导与生物学性状．农药学学报，2009，11(1)：141-144．

[4] 严婉静．啶菌噁唑的毒理学研究．中国优秀硕士学位论文全文数据库，2011(S1)：医药卫生科技辑．

[5] 陈凤平, 韩平, 张真真, 等. 啶菌噁唑对番茄灰霉病菌的抑菌作用研究. 农药学学报, 2010, 12(1): 42-48.
[6] 王勇, 王万立, 刘春艳, 等. 啶菌噁唑对多种植物病原真菌的室内毒力测定. 中国植物保护学会 2006 年学术年会论文集, 789-790.
[7] 赵建江, 毕秋艳, 牛慧慧, 等. 氟吡菌酰胺与啶菌噁唑混配对灰葡萄孢的联合毒力. 中国蔬菜, 2019(3): 63-66.
[8] 吴亚玉, 金岩, 肖斌, 等. 25%啶菌噁唑乳油防治番茄灰霉病药效试验. 农药科学与管理, 2022, 23(5): 16-19.
[9] 何献声, 孙利. 40%啶菌噁唑·福美双悬浮剂防治黄瓜灰霉病田间药效试验初探. 农药, 2012, 51(4): 310-311.

3.8.2 其他吡啶类化合物的创制

（1）吡啶氧基苯氧羧酸类化合物与应用

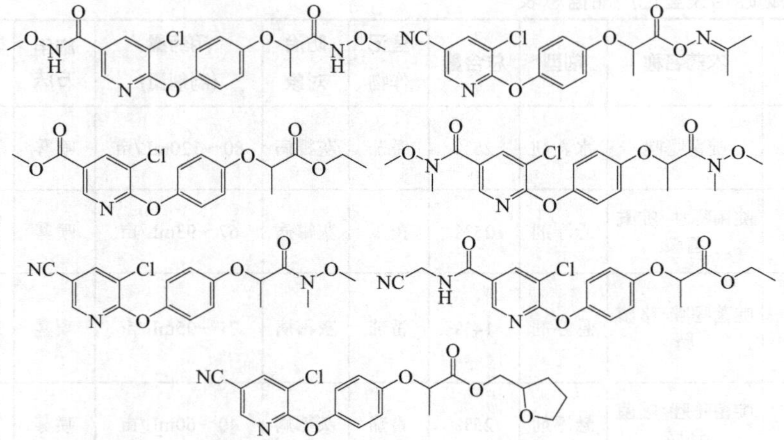

发明人：刘长令，周银平，李志念，刘远雄，张弘；申请人：中国中化集团公司，沈阳化工研究院

中国专利号：ZL200810227710.2；中国专利申请日：2008-11-28

化合物类型：吡啶氧基苯氧羧酸类

发明思路：me-too 研究；在芳氧苯氧羧酸类除草剂的基础上，利用中间体衍生法中的替换法，通过替换得到现有杀菌活性化合物。

用途：具有杀菌活性，可用于防治黄瓜炭疽病。

代表化合物结构如下：

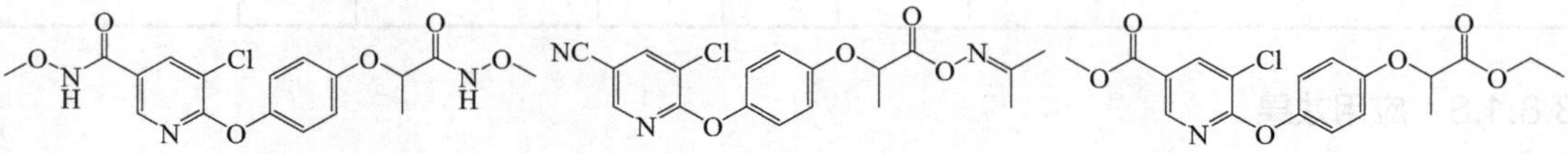

（2）一种烟酸酯类化合物，其制备方法及应用

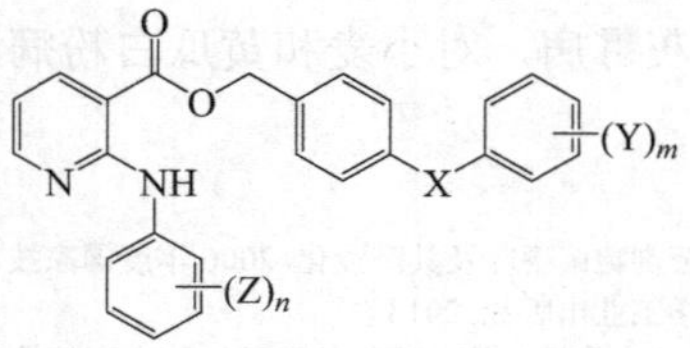

所述烟酸酯类化合物选自以下化合物中的至少一种：

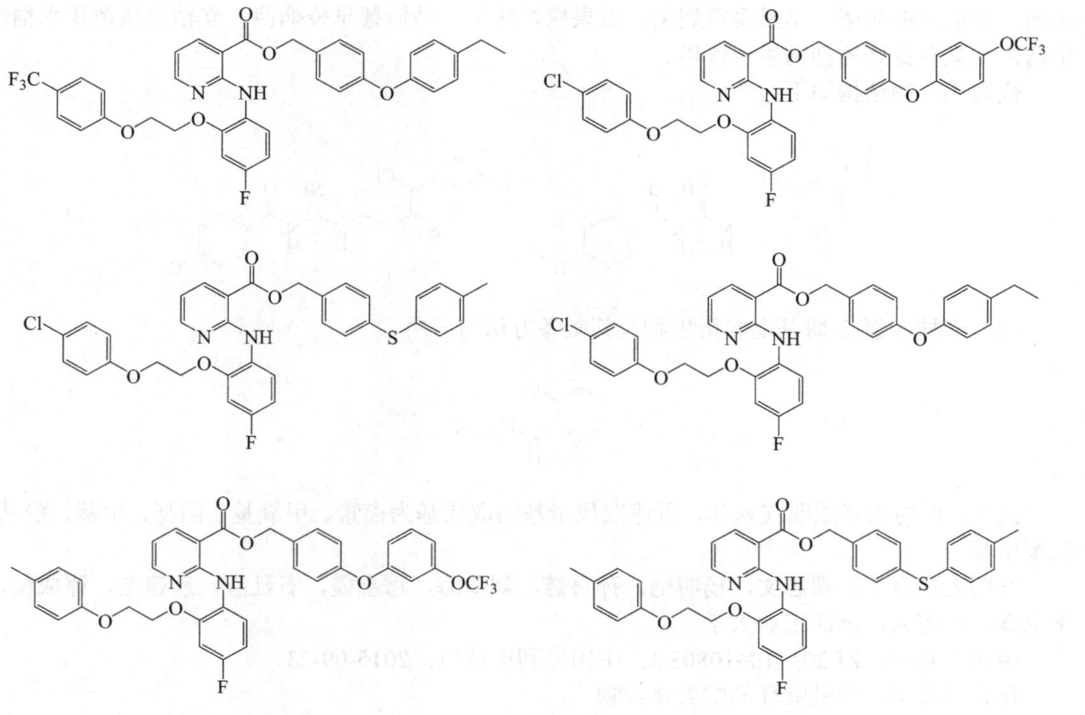

发明人：吴宁捷，钟良坤，胡伟群，许天明，张蕊蕊，魏优昌，黄红英；申请人：浙江省化工研究院有限公司，中化蓝天集团有限公司，中国中化股份有限公司

中国专利号：ZL201810599713.2；中国专利申请日：2018-06-12

化合物类型：烟酸酯类

发明思路：me-too 研究（CN104520273A）；以商品化的杀菌剂啶酰菌胺结构为先导，参照 WO2009107764A1 的 2-氨基烟酸酯类化合物优化得到。

用途：具有杀菌活性。对黄瓜白粉病、黄瓜霜霉病等有防治效果。

（3）含吡啶酰胺的胍基类衍生物及其制备方法与应用

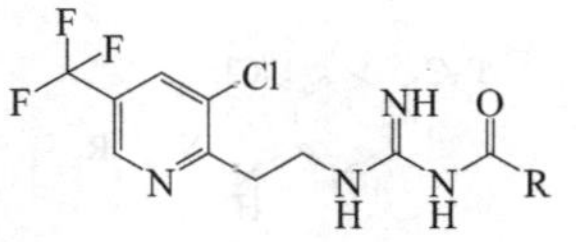

其中，R 为乙基、丙基、异丙基、三氟甲基、呋喃基、吡啶基及带一个取代基的吡啶基、苯基或带有一个取代基的苯基；所述吡啶基可以是 3 位连接或 4 位连接；所述带有一个取代基的吡啶基中的取代基选自卤素、甲基、硝基中的任意一种，取代基可为 2 位取代或 3 位取代；所述带有一个取代基的苯基中的取代基选自卤素、甲基、甲氧基、硝基中的任意一种，取代基可为 2 位取代、3 位取代或 4 位取代。

发明人：中国农业大学；申请人：张建军，梁培博，金淑惠，路慧哲，董燕红

中国专利号：ZL201910930892.8；中国专利申请日：2019-09-27

化合物类型：含吡啶酰胺的胍基类衍生物

发明思路：me-too 研究；通过吡啶乙胺和取代苯甲酰胺进行缩合，再去掉保护基得到。

用途：具有杀菌活性，该发明制备的化合物反应路线简单，产物杀菌谱更广，对油菜菌核

病菌、番茄灰霉病菌、苹果腐霉病菌、瓜果腐烂病菌、马铃薯早疫病菌、立枯丝核菌和水稻纹枯病菌均具有良好的抑制生长作用。

代表化合物结构如下：

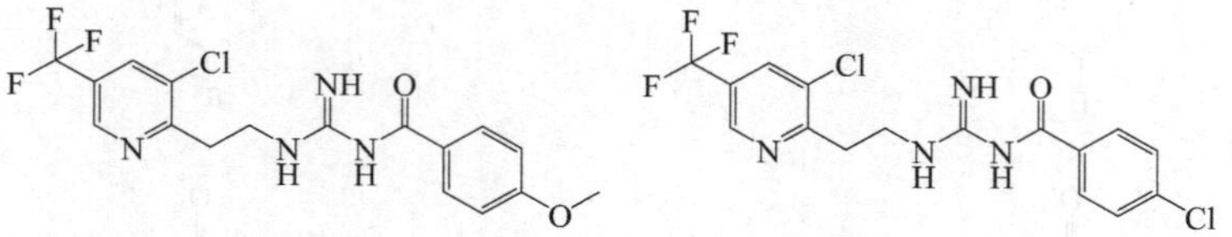

（4）一种3-氯-2-肼基吡啶衍生物及其制备方法与应用

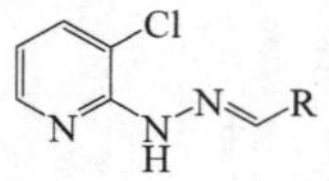

式中，R为苯基或取代苯基，所述取代苯基的取代基为卤素、甲氧基、硝基、甲基、羟基、三氟甲基。

发明人：赵文，翟志文，杨明艳，孙召慧，刘幸海，穆金霞，石延霞，翁建全，谭成侠，李宝聚；申请人：浙江工业大学

中国专利号：ZL201510610803.3；中国专利申请日：2015-09-23

化合物类型：含吡啶环的腙类化合物

发明思路：me-too研究；以2,3-二氯吡啶为原料，衍生得到现有化合物。

用途：具有杀菌活性。该发明的部分化合物对番茄细菌性斑点病表现出了较好的防效，对黄瓜枯萎病菌表现出了较好的抑制性。

代表化合物结构如下：

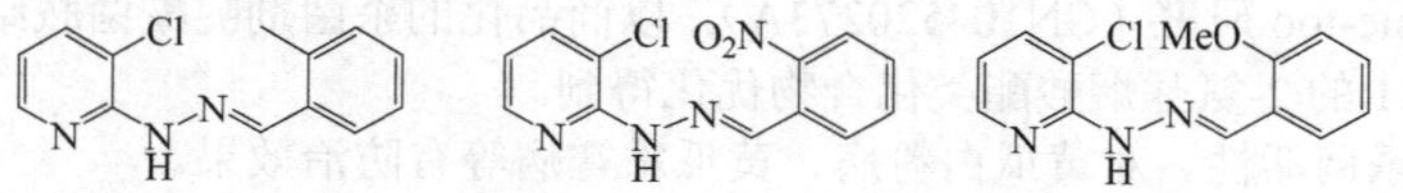

（5）一种3-氯-2-肼基-5-三氟甲基吡啶衍生物及其制备与应用

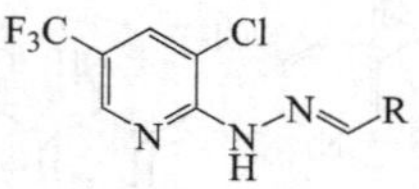

式中，R为呋喃、苯基或取代苯基，所述取代苯基的取代基为卤素、甲氧基、硝基、甲基、三氟甲基。

发明人：赵文，翟志文，杨明艳，孙召慧，刘幸海，闵莉静，石延霞，翁建全，谭成侠，李宝聚；申请人：浙江工业大学

中国专利号：ZL201510610443.7；中国专利申请日：2015-09-23

化合物类型：含吡啶环的腙类化合物

发明思路：me-too研究；以2,3-二氯-5-三氟甲基吡啶为原料，衍生得到现有化合物。

用途：具有杀菌活性。该发明所述化合物对番茄细菌性斑点病表现出了较好的防效，对黄瓜枯萎病菌表现出了较好的抑制性。

代表化合物结构如下：

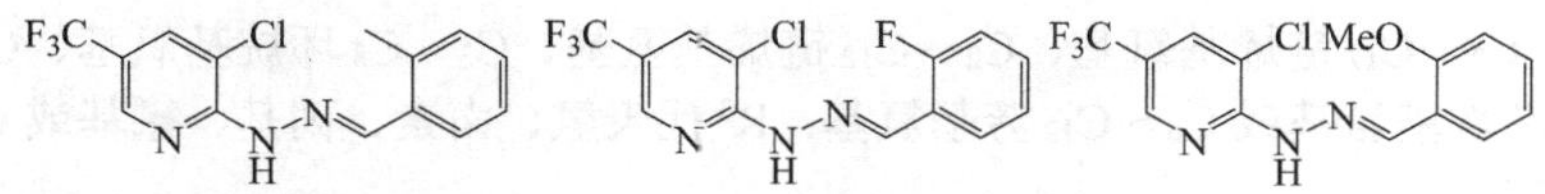

（6）3-氰基-5-(4-吡啶基)-*N*-正丙基-吡啶酮及其制备方法和应用

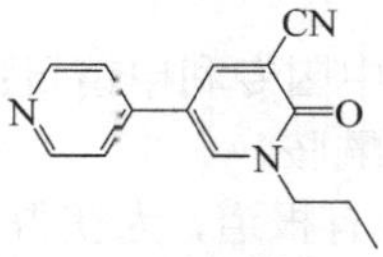

发明人：巨修练，马静，黄龙，葛燕丽，韩新才；申请人：武汉工程大学

中国专利号：ZL201110347378.5；中国专利申请日：2011-11-07

化合物类型：吡啶

发明思路：me-too 研究；结构新颖，吡啶环是一个具有较强药理活性的药效团，在分子中引入吡啶环提供一种 3-氰基-5-(4-吡啶基)-*N*-正丙基-吡啶酮。

用途：具有抑菌活性，可用于控制草坪褐斑病。

（7）噻唑烷基吡啶胺类化合物及其制备方法与应用

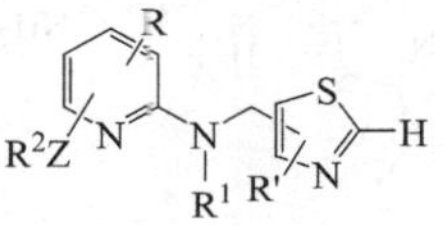

其中，通式表示的噻唑烷基吡啶胺类化合物如下：6-甲氧基-*N*-((噻唑-5-基)甲基)-*N*-甲基-3-硝基吡啶-2-胺；6-甲氧基-*N*-((噻唑-5-基)甲基)-*N*-乙基-3-硝基吡啶-2-胺；6-甲氧基-*N*-((5-溴噻唑-4-基)甲基)-*N*-乙基-3-硝基吡啶-2-胺。

发明人：柳爱平，王晓光，欧晓明，陈昊彬，李建明，刘民华，何莲，刘兴平，任叶果，孙炯；申请人：湖南化工研究院有限公司

中国专利号：ZL201410797924.9；中国专利申请日：2014-12-18

化合物类型：噻唑烷基吡啶胺类

发明思路：me-too 研究；在已有噻唑甲基吡啶杀菌化合物结构基础上进行优化得到该化合物。

用途：具有杀菌、杀螨或除草生物活性，尤其是对病原菌如油菜菌核病菌和黄瓜灰霉病菌等具有很高的活性。

代表化合物结构如下：

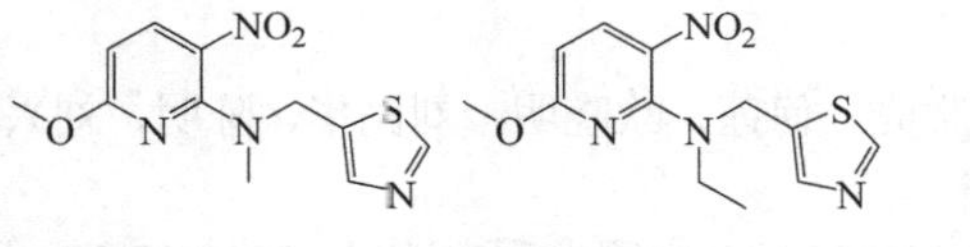

（8）*N*-吡啶(杂)芳酰胺类化合物及其制备方法与应用

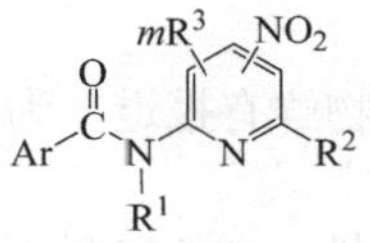

其中，Ar 代表 C_6～C_{12} 芳基或带多至 10 个碳原子的杂芳基；R^1 和 R^2、R^3 是相同的或不同的，R^1 代表氢；R^2 代表氨基、C_1～C_{12} 烷基氧基、C_1～C_{12} 烷基硫基、C_1～C_{12} 烷基氨基、二(C_1～

C_{12})烷基氨基、C_2～C_{12}链烯基氧基、C_2～C_{12}链烯基氨基、C_3～C_8环烷基氧基、C_3～C_8环烷基硫基、C_3～C_8环烷基氨基或C_6～C_{12}芳基氧基；R^3代表氢、卤素、硝基、氰基或C_1～C_{12}烷基；*m*代表0，1或2。

发明人：王晓光，柳爱平，刘兴平，何莲，欧晓明，雷满香，胡礼，高岗，余一平，左金江；申请人：湖南化工研究院

中国专利号：ZL201310187115.1；中国专利申请日：2013-05-20

化合物类型：吡啶芳酰胺类、噻唑酰胺

发明思路：（杂）芳酰胺类化合物鲜有报道，为获得具有独特作用机制的高效、广谱生物活性物质，设计并合成*N*-吡啶（杂）芳酰胺类化合物。

用途：具有杀菌和/或除草、杀虫、杀螨活性，对辣椒疫霉病菌、烟草赤星病菌、黄瓜灰霉病菌、油菜菌核病菌、苹果轮纹病菌、苹果腐烂病菌、水稻纹枯病菌具有一定抑制作用，尤其是对辣椒疫霉病菌、苹果轮纹病菌、小麦赤霉病菌具有很高的活性；同时对阔叶杂草和单子叶杂草具有一定活性；部分化合物对黏虫、豆蚜和棉红蜘蛛具有一定杀虫杀螨活性。

代表化合物结构如下：

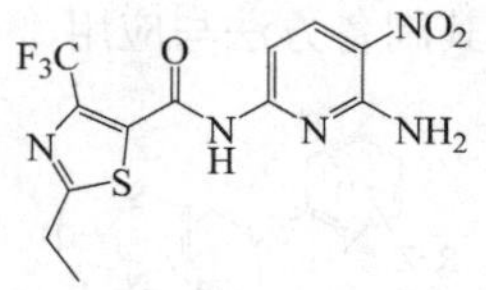

（9）噻唑甲胺基吡啶类化合物及其制备方法

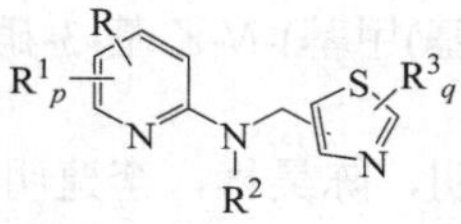

其中，R是硝基；*p*是一个0～3的整数；*q*是一个0～2的整数；

R^1、R^2和R^3是相同的或不同的，并代表(a)氢、卤素、氰基；(b)烷基、烷氧基、烷硫基、链烯基、链烯基氧基、链烯基硫基、炔基、炔基氧基、炔基硫基、芳基、芳基氧基、芳基硫基；(c)NR^4R^5，R^4和R^5是相同的或不同的，并代表氢、烷基、链烯基、炔基、芳基；(d)如在(a)、(b)或(c)中所确定的含义，R^1、R^2或R^3中的氢原子部分或全部可以被选自下列中相同或不同的取代基取代：卤素、硝基、氰基、烷基、链烯基、炔基、芳基、烷氧基、烷硫基、氨基、烷基氨基、二烷基氨基、卤代烷基、链烯基氧基、链烯基硫基、链烯基氨基、链烯基烷基、卤代链烯基、炔基氧基、炔基硫基、炔基氨基、炔基烷基、卤代炔基、芳基氧基、芳基硫基、芳基氨基、芳基烷基、卤代芳基。

发明人：柳爱平，王晓光，何莲，欧晓明，刘民华，陈明，刘兴平，唐明，任叶果，陈昊彬；申请人：湖南化工研究院

中国专利号：ZL201110443914.1；中国专利申请日：2011-12-27；同族专利：US2015051402A1、WO2013097518A1、US9386769B2

化合物类型：噻唑甲氨基吡啶类

发明思路：噻唑甲胺基吡啶类化合物鲜有报道，为获得具有独特作用机制的高效、广谱生物活性物质，设计并合成此类化合物。

用途：具有杀菌、杀虫/螨、除草活性，在低剂量下，对油菜菌核病菌、黄瓜灰霉病菌具有很高的活性，优于甲基硫菌灵、腐霉利，此外对番茄早疫病菌、花生褐斑病菌、棉花枯萎病菌等具有一定的抑制作用；同时对棉红蜘蛛和豆蚜具有一定杀虫杀螨活性，对部分阔叶杂草和单

子叶杂草具有一定活性。

代表化合物结构如下：

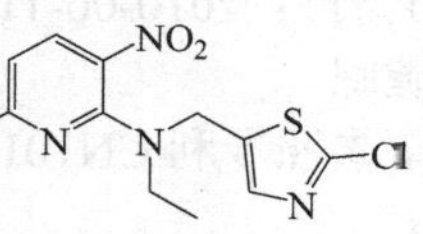

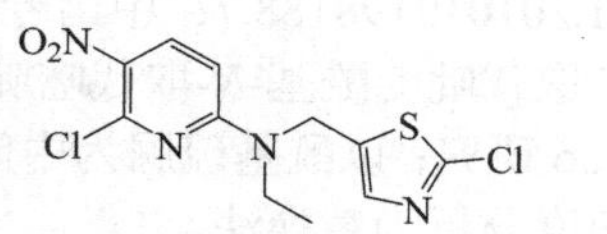

（10）一类取代吡啶化合物及其制备方法

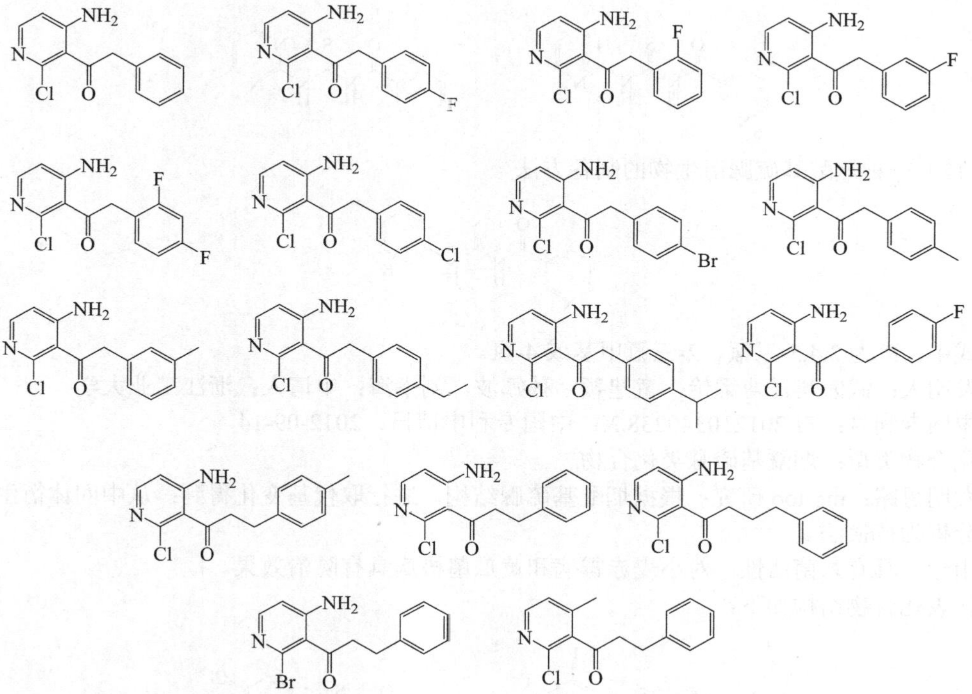

发明人：佘能芳，卓林胜，黄伟，王明书；申请人：华中师范大学

中国专利号：ZL202010792853.9；中国专利申请日：2020-08-07

化合物类型：吡啶乙酮

发明思路：me-too 研究；在啶斑肟的基础上改变羰基的位置得到。

用途：具有杀菌活性，在离体试验中，对香蕉炭疽病、香蕉枯萎病和芒果蒂腐病的防效非常优异。

代表化合物结构如下：

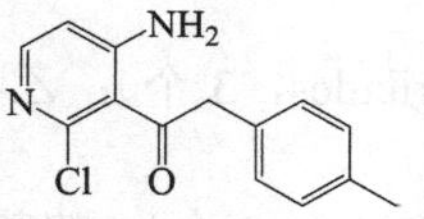

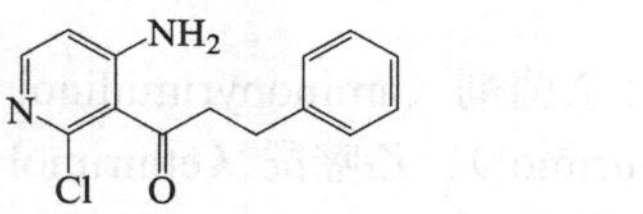

（11）*N*-取代吡啶酰基-*N*-取代嘧啶基硫脲衍生物及其制备和应用

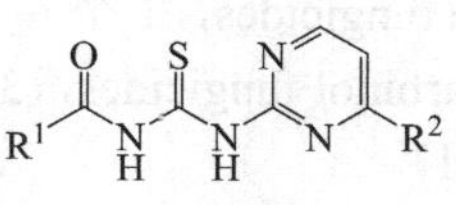

式中，R^1为3-吡啶基或4-吡啶基，R^2为甲基、氢、甲氧基或氯。

发明人：刘幸海，谭成侠，翁建全；申请人：浙江工业大学

中国专利号：ZL201010198188.7；中国专利申请日：2010-06-11

化合物类型：*N*-取代吡啶酰基-*N*-取代嘧啶基硫脲

发明思路：me-too 研究；以酰基硫脲为中间体，参照专利 CN101531622A 进行衍生化得到；从中间体衍生化法角度分析为替换法。

用途：具有杀菌活性，对小麦赤霉病以及马铃薯晚疫病具有一定的杀菌效果。

代表化合物结构如下：

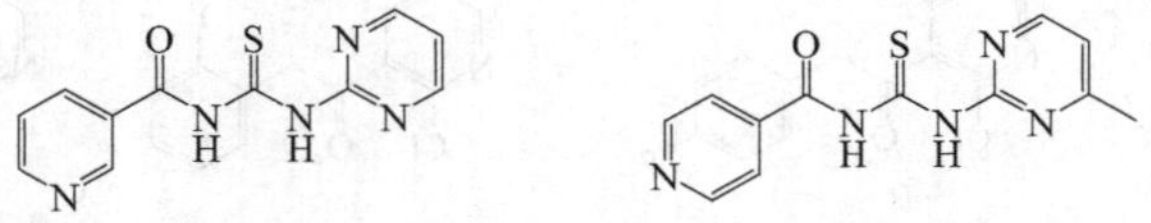

（12）一种烟酰基硫脲衍生物的制备方法

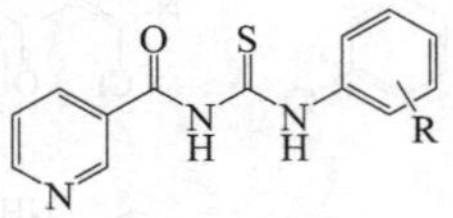

式中，R 为2,4,5-三氟、2-三氟甲基或4-氯。

发明人：武宏科，曹耀艳，童建颖，孙娜波，刘幸海；申请人：浙江工业大学

中国专利号：ZL201210340238.X；中国专利申请日：2012-09-14

化合物类型：烟酰基硫脲类化合物

发明思路：me-too 研究；根据烟酰基硫脲结构，进行取代基变化得到；从中间体衍生化法角度分析为替换法。

用途：具有杀菌活性，对小麦赤霉病和黄瓜菌核病具有防治效果。

代表化合物结构如下：

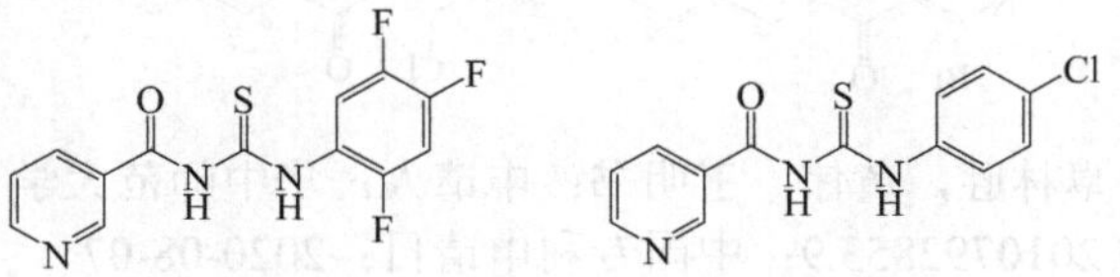

3.9 嘧啶类化合物

截至2023年底公开了拥有中文或英文通用名称的嘧啶类杀菌剂11个，具体分类与名称如下：

氨基嘧啶酚类杀菌剂（aminopyrimidinol fungicides，3个）：乙嘧酚磺酸酯（bupirimate）、二甲嘧酚（dimethirimol）、乙嘧酚（ethirimol）。

苯氨基嘧啶类杀菌剂（anilinopyrimidine fungicides，3个）：嘧菌环胺（cyprodinil）、嘧菌胺（mepanipyrim）、嘧霉胺（pyrimethanil）。

嘧啶胺类杀菌剂（pyrimidinamine fungicides，1个）：氟嘧菌胺（diflumetorim）。

嘧啶甲醇类杀菌剂（pyrimidine carbinol fungicides，3个）：氯苯嘧啶醇（fenarimol）、氟苯嘧啶醇（nuarimol）、嘧菌醇（triarimol）。

嘧啶腙类杀菌剂（pyrimidinone hydrazone fungicides，1个）：嘧菌腙（ferimzone）。

对该类新化合物的研究类型主要围绕嘧啶胺类化合物，嘧啶-2-胺类化合物的研究单位涉及沈阳中化农药化工研发有限公司、沈阳农业大学、西北农林科技大学、河北大学等几家单位；嘧啶-4-胺类化合物的研究主要集中在沈阳中化农药化工研发有限公司，其他如华中师范大学、中化蓝天集团有限公司、浙江省化工研究院有限公司也有少量研究；此外，湖南化工研究院有限公司、浙江省化工研究院有限公司还开展了嘧啶（硫）醚类化合物的研究。

3.9.1 嘧啶-2-胺类化合物的创制

（1）取代嘧啶氨类化合物及其应用

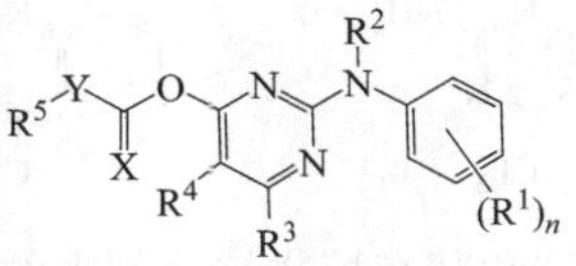

式中，R^1 选自氰基、C_1～C_3 烷基、卤代 C_1～C_3 烷基、C_1～C_3 烷氧基、卤代 C_1～C_3 烷氧基；n 选自 0～4；R^2 选自氢或 C_1～C_3 烷基；R^3 选自氢、卤素、C_1～C_3 烷基、卤代 C_1～C_3 烷基、C_1～C_3 烷氧基或苯基；R^4 选自氢、卤素、C_1～C_8 烷基或卤代 C_1～C_8 烷基；或者 R^3 和 R^4 同与之相连的碳原子一起形成饱和或不饱和三至六元碳环或杂环，所述碳环或杂环上无取代或任选由卤素、C_1～C_3 烷基、卤代 C_1～C_3 烷基、C_1～C_3 烷氧基或卤代 C_1～C_3 烷氧基取代；X 选自 O；Y 选自 O；R^5 选自 C_1～C_{12} 烷基，卤代 C_1～C_{12} 烷基，C_1～C_6 烷氧基 C_1～C_6 烷基，C_1～C_3 烷基氨基 C_1～C_6 烷基，C_1～C_3 二烷基氨基 C_1～C_6 烷基，未取代的或被 1～3 个独立选自以下基团取代的苯基、苄基、吡啶基、嘧啶基、噻吩基、噻唑基或苯并噻唑基：卤素、硝基、氰基、C_1～C_3 烷基、卤代 C_1～C_3 烷基、C_1～C_3 烷氧基、卤代 C_1～C_3 烷氧基等。

发明人：刘长令，柴宝山，李志念，孙旭峰，单中刚，田俊峰；申请人：中国中化股份有限公司，沈阳化工研究院有限公司；当前权利人：沈阳中化农药化工研发有限公司

中国专利号：ZL201010554472.3；中国专利申请日：2010-11-19

化合物类型：取代嘧啶氨类化合物

发明思路：me-too 研究；以乙嘧酚磺酸酯为模板，采用中间体衍生化法的替换法结合衍生法，对氨基部分和磺酸酯部分进行替换得到。

用途：杀菌剂。用于防治在多种植物上由鞭毛菌亚门卵菌纲、担子菌亚门、子囊菌亚门和半知菌亚门等多种病菌引起的病害，而且这些化合物具有很高的生物活性使得在很低的剂量下就可以获得很好的防治效果，尤其是对小麦白粉病等病害活性更优。

（2）含三氟甲基嘧啶氨化合物，制备方法和作为杀菌剂的用途

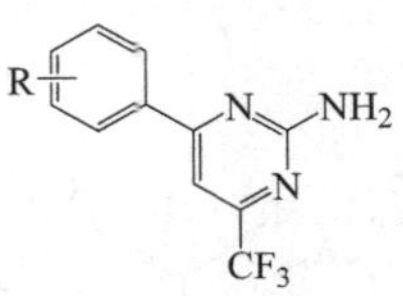

式中，R 为 2-氟，2-甲基，4-乙基，2,4-二甲基，2,5-二甲基，4-三氟甲基，3,4-二氯，2,6-二氟，3,4-二氟，3-氟-4-甲氧基，3-甲氧基-4,5-二氟，3-三氟甲基-4-甲氧基，3,5-双三氟甲基。

发明人：李兴海，纪明山，祁之秋，谷祖敏，张杨，魏松红，王英姿，李修伟；申请人：沈阳农业大学

中国专利号：ZL201210093513.2；中国专利申请日：2012-04-01

化合物类型：三氟甲基嘧啶氨类

发明思路：me-too 研究；参考已有嘧啶胺类商品化品种，同时结合专利 US006818631 中报道的咪唑基三氟甲基嘧啶结构，将活性基团三氟甲基引入嘧啶杂环，合成了新型的 4-取代苯基-6-三氟甲基-2-氨基嘧啶类化合物。

用途：具有杀菌活性，用于防治水稻纹枯、水稻恶苗、玉米大斑、玉米小斑、玉米弯孢、玉米穗腐、玉米顶腐、大豆镰刀根腐、油菜菌核、灰霉、黄瓜枯萎、黄瓜褐斑、黄瓜黑星、辣椒根腐、菜豆炭疽、瓜果腐霉等病害。

代表化合物结构如下：

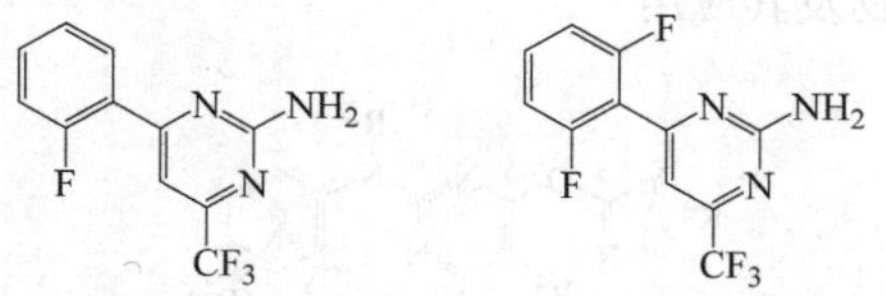

（3）一种三嗪衍生物及制备方法和其在植物抗菌剂中的应用

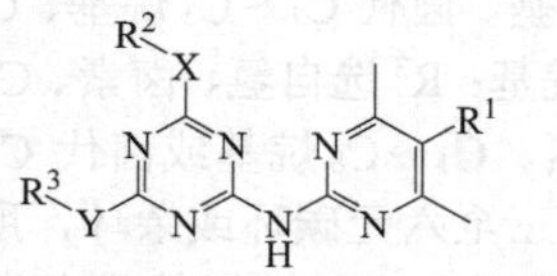

其中，R^1 为氢原子，X、Y 为氨基，R^2 为 4-甲氧基苯基，R^3 为异丙基。

发明人：陈华，李小六，曹克强，苑香果，刘丽，赵建鹏；申请人：河北大学

中国专利号：ZL201010562148.6；中国专利申请日：2010-11-29

化合物类型：三嗪类、嘧啶胺类

发明思路：me-too 研究；该发明以取代三嗪为母体结构，通过衍生合成、活性基团拼接的方法引入嘧啶胺结构得到该类化合物。

用途：具有杀菌活性，该发明的化合物可用于防治苹果树腐烂病。

代表化合物结构如下：

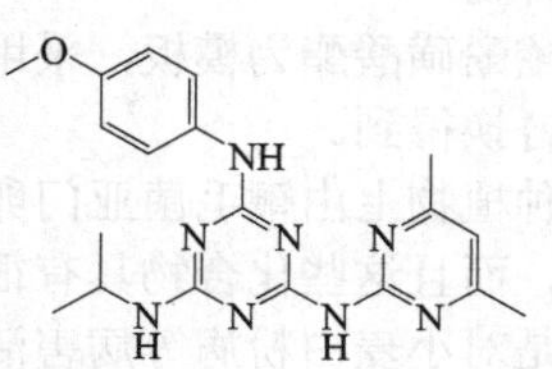

3.9.2 嘧啶-4-胺类化合物的创制

（1）含氟嘧啶类化合物及用途

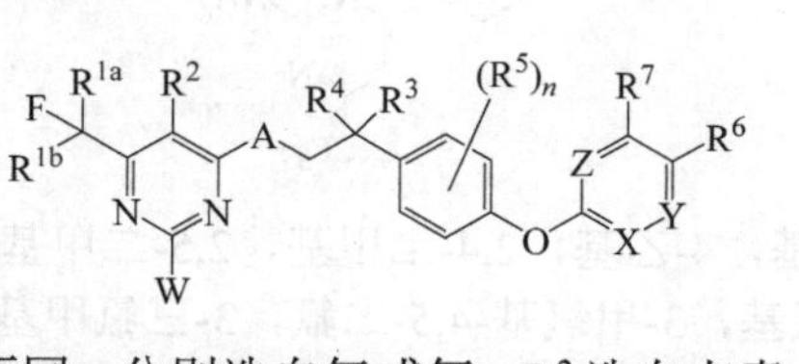

式中，R^{1a}、R^{1b} 可相同或不同，分别选自氢或氟；R^2 选自卤素；R^3、R^4 选自氢；R^5 选自氢；n 选自 0～4 的整数；R^6 选自氢、卤素、硝基或卤代 C_1～C_8 烷基；X 选自 N 或 CR^8；Y 选自 CR^9；Z 选自 CR^{10}；W 选自 H；A 选自 NR^{11}；R^7、R^8、R^9、R^{10} 选自氢、卤素或硝基；R^{11} 选自氢；

或通式化合物与盐酸、硫酸、硝酸、磷酸、甲酸、乙酸、三氟乙酸、草酸、甲磺酸、对甲苯磺酸、苯甲酸、邻苯二甲酸、马来酸、山梨酸、苹果酸或柠檬酸形成的盐。

发明人：刘长令，任兰会，单中刚，王立增，王斌，张金波，孙芹，孙旭峰，冯聪，李志念，宋玉泉；申请人：中国中化股份有限公司，沈阳化工研究院有限公司

中国专利号：ZL201210411642.1；中国专利申请日：2012-10-25；同族专利：CN104684900A、EP2913325、EP3760617、US9770026B2、WO2014063642A1

化合物类型：嘧啶胺类化合物、芳氧苯氧乙胺类化合物

发明思路：me-too 研究；利用中间体衍生化法中的替换法，以氟嘧菌胺和嘧虫胺为先导，参考专利 EP0665225 报道的嘧啶芳氧苯基乙胺结构，使用二氟甲基嘧啶中间体进行替换，得到现有化合物。

用途：具有杀菌、杀虫活性。对黄瓜霜霉病、小麦白粉病、玉米锈病、水稻稻瘟病、黄瓜灰霉病等多种病菌都有很好的防效；特别地，对黄瓜霜霉病、玉米锈病、小麦白粉病在较低剂量下仍具有很好的防治效果。同时，该发明的部分化合物还具有较好的杀虫活性，可用于防治小菜蛾、桃蚜、黏虫、朱砂叶螨等多种虫害。

代表化合物结构如下：

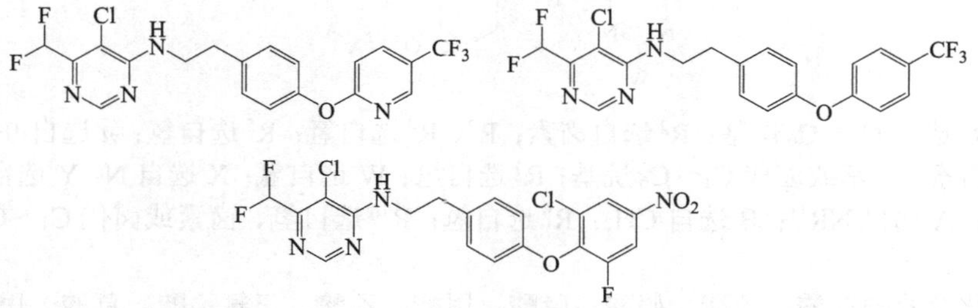

（2）取代芳氧吡啶类化合物及其用途

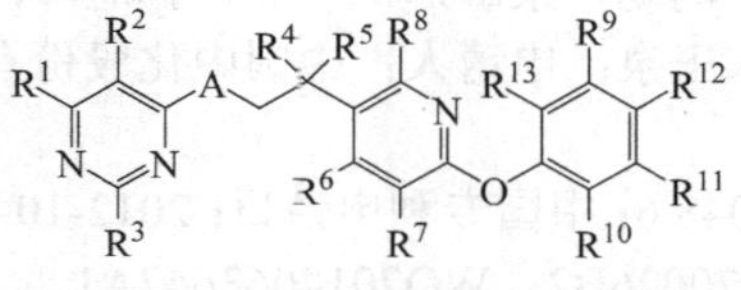

式中，R^1 选自卤素、C_1～C_4 烷基或卤代 C_1～C_4 烷基；R^2 选自卤素；R^3 选自氢或甲基；R^4、R^5 选自氢；R^6、R^7、R^8 选自氢；R^9 选自氢、卤素或 C_1～C_4 烷基；A 选自 NH；R^{10}、R^{11}、R^{12}、R^{13} 可相同或不同，分别选自氢、卤素、C_1～C_4 烷基、卤代 C_1～C_4 烷基、C_1～C_4 烷氧基或卤代 C_1～C_4 烷氧基；

或者，通式化合物与盐酸、硫酸、磷酸、甲酸、乙酸、三氟乙酸、草酸、甲磺酸、对甲苯磺酸、苯甲酸、邻苯二甲酸、马来酸、山梨酸、苹果酸或柠檬酸形成的盐。

发明人：刘长令，关爱莹，周继中，孙旭峰，王斌，陈伟，兰杰，张金波，宋玉泉；申请人：中国中化股份有限公司，沈阳化工研究院有限公司

中国专利号：ZL201210412048.4；中国专利申请日：2012-10-25；同族专利：CN104684900A、EP2913325、EP3760617、US9770026B2、WO2014063642A1

化合物类型：嘧啶胺类化合物、苯氧芳基乙胺类化合物

发明思路：me-too 研究；利用中间体衍生化法中的替换法，以氟嘧菌胺和嘧虫胺为先导，参考专利 WO9404527A1 报道的苯氧芳基乙胺结构，使用嘧啶中间体进行替换，得到现有化合物。

用途：具有杀菌、杀虫活性。在农业领域中具有广谱的杀菌、杀虫活性，对黄瓜霜霉病、小麦白粉病、玉米锈病、水稻稻瘟病、黄瓜灰霉病等多种病菌都有很好的防效。特别地，对黄瓜霜霉病、玉米锈病在较低剂量下仍具有很好的防治效果。同时，该发明的部分化合物还具有较好的杀虫活性，可用于防治黏虫、小菜蛾、桃蚜和朱砂叶螨等。

代表化合物结构如下：

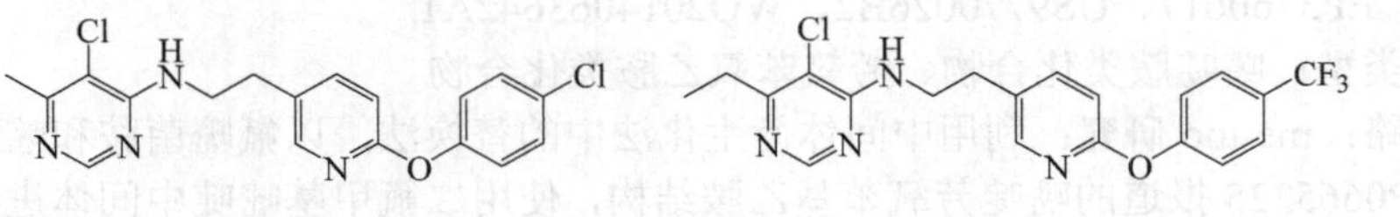

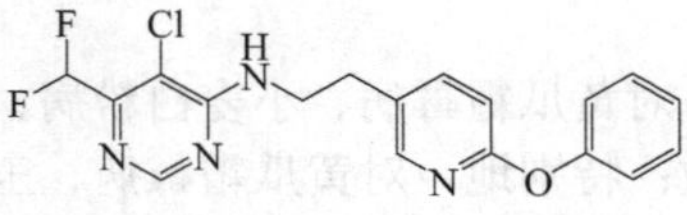

（3）取代嘧啶类化合物及其用途

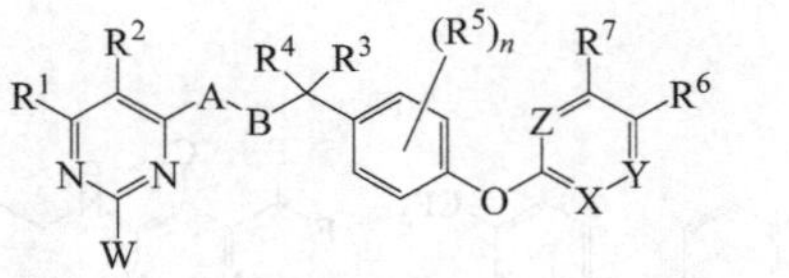

式中，R^1 选自 C_1～C_6 烷基；R^2 选自卤素；R^3、R^4 选自氢；R^5 选自氢；n 选自 0～4 的整数；R^6 选自氢、卤素、氰基或卤代 C_1～C_6 烷基；R^7 选自氢；W 选自氢；X 选自 N，Y 选自 N 或 CR^9，Z 选自 CR^{10}；A 选自 NR^{11}；B 选自 CH_2；R^9 选自氢；R^{10} 选自氢、卤素或卤代 C_1～C_6 烷基；R^{11} 选自氢；

或通式化合物与盐酸、硫酸、硝酸、磷酸、甲酸、乙酸、三氟乙酸、草酸、甲磺酸、对甲苯磺酸、苯甲酸、邻苯二甲酸、马来酸、山梨酸、苹果酸或柠檬酸形成的盐。

发明人：刘长令，王立增，冯聪，朱敏娜，兰杰，孙旭峰，孙芹，张金波，常秀辉，柴宝山，李志念，周银平，王斌，宋玉泉；申请人：中国中化股份有限公司，沈阳化工研究院有限公司

中国专利号：ZL201210413048.6；中国专利申请日：2012-10-25；同族专利：CN104684900A、EP2913325、EP3760617、US9770026B2、WO2014063642A1

化合物类型：嘧啶胺类化合物、苯氧芳基乙胺类化合物

发明思路：me-too 研究；利用中间体衍生化法中的替换法，以氟嘧菌胺和嘧虫胺为先导，使用芳氧苯基乙胺中间体进行替换，得到现有化合物。

用途：具有杀菌、杀虫活性。对黄瓜霜霉病、玉米锈病、小麦白粉病、水稻稻瘟病、黄瓜灰霉病等病害具有优良的防治效果，特别是对黄瓜霜霉病、玉米锈病、水稻稻瘟病等防效更好，对蚜虫、朱砂叶螨、小菜蛾和黏虫也有优良的防治效果，在很低的剂量下就可以获得很好的效果。

代表化合物结构如下：

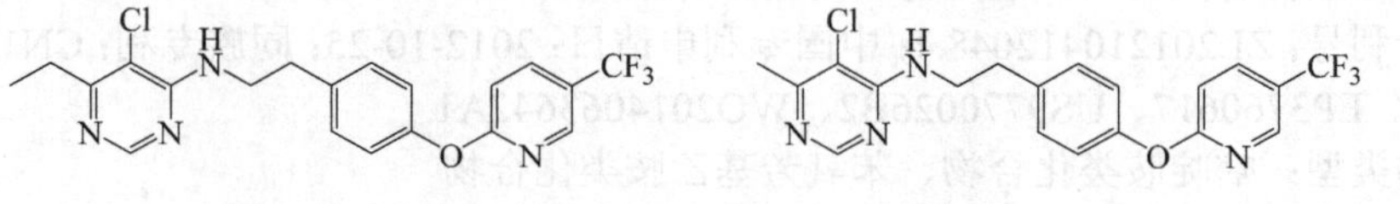

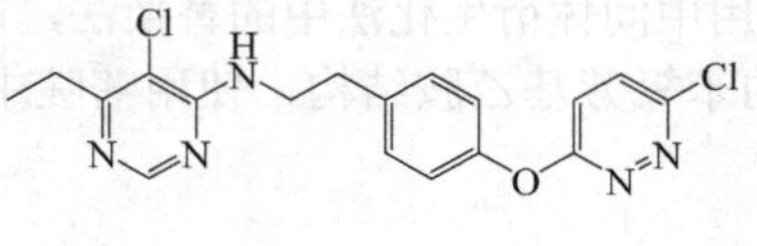

（4）取代的嘧啶胺类化合物及其用途

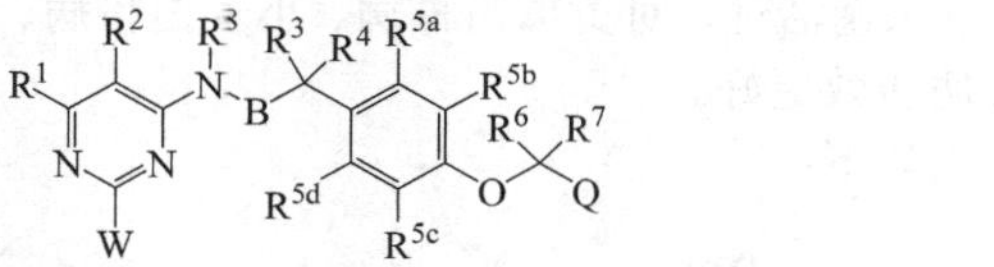

式中，R^1选自C_1～C_6烷基或卤代C_1～C_6烷基；R^2选自氢或卤素；R^3、R^4可相同或不同，分别选自氢或卤素；R^{5a}、R^{5d}各自独立地选自氢、卤素或C_1～C_6烷基；R^{5b}、R^{5c}各自独立地选自氢或卤素；R^6、R^7可相同或不同，分别选自氢或卤素；R^8选自氢；B选自CH_2或CH_2CH_2；W选自氢或C_1～C_6烷基；Q选自取代或未取代的苯基、取代或未取代的吡啶基、取代或未取代的苯甲酰基、取代或未取代的噻唑基，其中取代基团选自：卤素或C_1～C_6烷基。

发明人：王立增，孙旭峰，兰杰，张金波，王斌，关爱莹，周继中，杨帆，宋玉泉，刘长令；申请人：中国中化股份有限公司，沈阳化工研究院有限公司

中国专利号：ZL201310304711.3；中国专利申请日：2013-07-19

化合物类型：嘧啶胺类化合物

发明思路：me-too研究；利用中间体衍生化法中的替换法，以氟嘧菌胺为先导，使用苄氧苯基乙胺中间体进行替换，得到现有化合物。

用途：具有杀菌、杀虫活性。对黄瓜霜霉病、玉米锈病、小麦白粉病、水稻稻瘟病、黄瓜灰霉病等病害具有优良的防治效果，特别是对黄瓜霜霉病、玉米锈病、水稻稻瘟病等防效更好；对小菜蛾、黏虫、蚜虫和朱砂叶螨也有优良的防治效果，在很低的剂量下就可以获得很好的效果。

代表化合物结构如下：

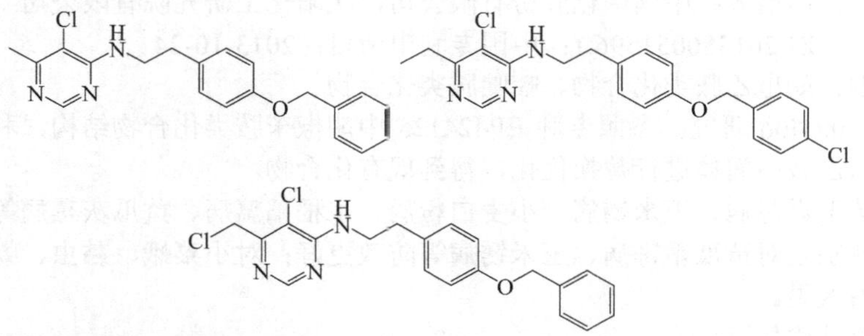

（5）一种吡唑基嘧啶胺类化合物及用途

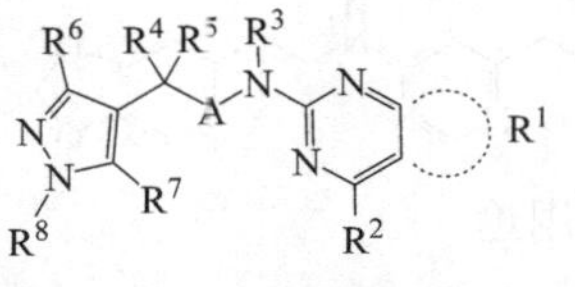

式中，R^1选自与嘧啶环组成的含C、N、O或S的五元或六元环；R^2选自氢或卤素；R^3选自氢；R^4、R^5选自氢；R^6选自氢；R^7选自氢；R^8选自未取代的或被1～5个R^9取代的(杂)芳基；R^9选自卤素、羟基、氨基、氰基、硝基、C_1～C_{12}烷基、卤代C_1～C_{12}烷基、C_1～C_{12}烷氧基、卤代C_1～C_{12}烷氧基或C_3～C_{12}环烷基；A选自$(CH_2)_m$；m选自1或2；或通式化合物的盐。

发明人：孙旭峰，柴宝山，王军锋，杨吉春，王斌，王立增，张金波，关爱莹，刘长令；申请人：中国中化股份有限公司，沈阳化工研究院有限公司

中国专利号：ZL201310687004.7；中国专利申请日：2013-12-13

化合物类型：苯基吡唑乙胺类化合物、嘧啶胺类化合物

发明思路：me-too研究；参考现有技术公开的苯基吡唑苄基嘧啶胺类化合物，利用中间体

衍生化法，使用嘧啶并噻吩和苯基吡唑乙胺中间体进行替换优化，得到现有化合物。

用途：具有广谱杀菌活性，对黄瓜霜霉病、小麦白粉病、玉米锈病等具有优良的防治效果，特别是对黄瓜霜霉病防效更好。

代表化合物结构如下：

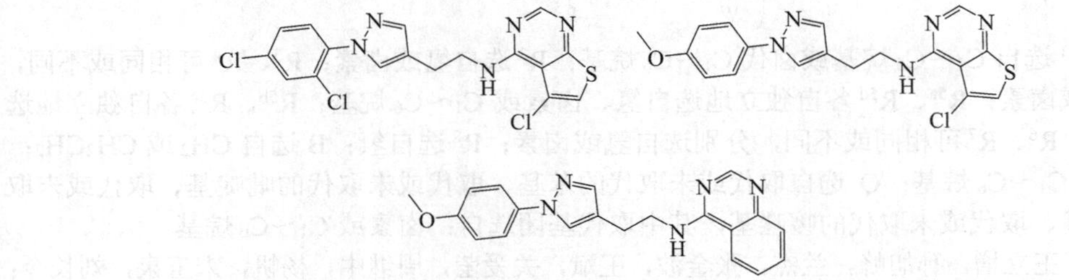

(6) 胡椒乙胺类化合物及其用途

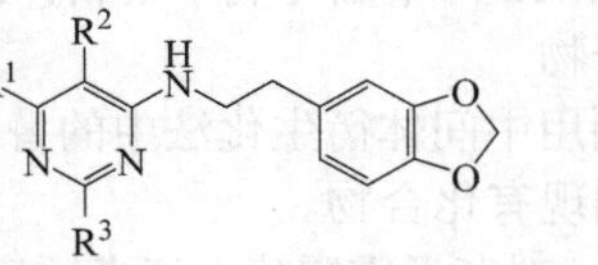

式中，R^1选自卤素、C_1～C_8烷基、多卤代C_1～C_8烷基或C_3～C_8环烷基；R^2选自卤素；R^3选自氢或卤素；或通式化合物的盐。

发明人：刘长令，关爱莹，兰杰，王立增，王斌，朱敏娜，孙芹，任玮静，冯聪，任兰会，柴宝山，李志念；申请人：中国中化股份有限公司，沈阳化工研究院有限公司

中国专利号：ZL201380051596.1；中国专利申请日：2013-10-24

化合物类型：胡椒乙胺类化合物、嘧啶胺类化合物

发明思路：me-too研究；参照专利EP424125中胡椒苄胺类化合物结构，利用中间体衍生化法，使用胡椒乙胺中间体进行替换优化，得到现有化合物。

用途：对黄瓜霜霉病、玉米锈病、小麦白粉病、水稻稻瘟病、黄瓜灰霉病等病害具有优良的防治效果，特别是对黄瓜霜霉病、玉米锈病等防效更好；对小菜蛾、黏虫、蚜虫和朱砂叶螨也有优良的防治效果。

代表化合物结构如下：

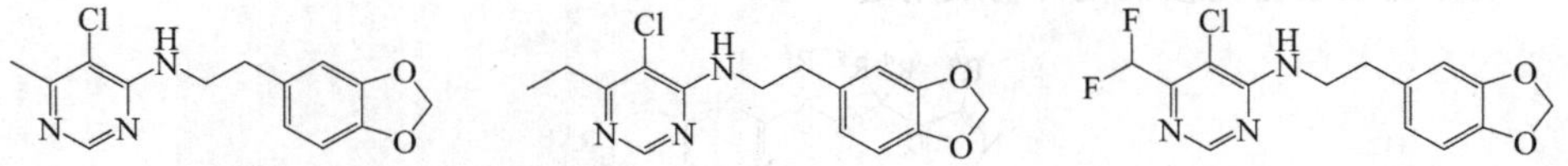

(7) 吡唑基嘧啶胺类化合物及用途

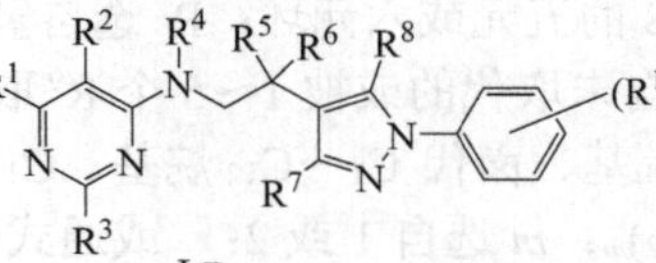

ⅠB　ⅠC

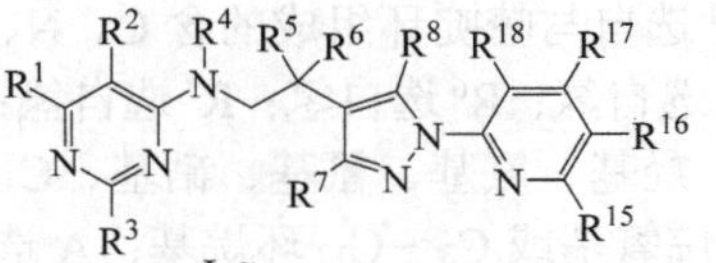

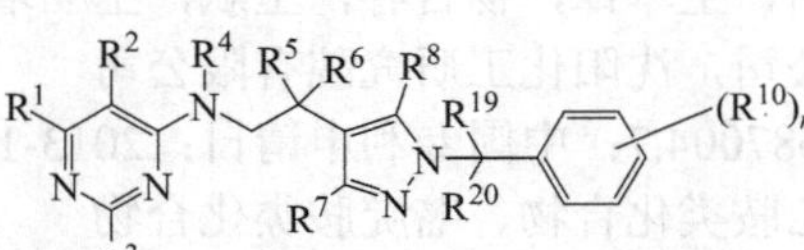

ⅠD

式中，R^1选自卤素、C_1～C_4烷基或卤代C_1～C_4烷基；R^2选自卤素；R^3选自氢、卤素、C_1～C_4烷基或卤代C_1～C_4烷基；R^4选自氢；R^5、R^6分别选自氢；R^7选自氢；R^8选自氢；R^{10}选自卤素、氨基、氰基、硝基、C_1～C_4烷基、卤代C_1～C_4烷基、C_1～C_4烷氧基或卤代C_1～C_4烷氧基；n选自0～5的整数，当n为0时，苯环上无取代基；当n大于1时，R^{10}可相同或不同；R^{15}、R^{16}、R^{17}、R^{18}可相同或不同，分别选自氢或卤素；R^{19}、R^{20}分别选自氢；

或通式ⅠB、ⅠC或ⅠD化合物与盐酸、硫酸、磷酸、甲酸、乙酸、三氟乙酸、草酸、甲磺酸、对甲苯磺酸、苯甲酸、邻苯二甲酸、马来酸、山梨酸、苹果酸或柠檬酸形成的盐。

发明人：刘长令，孙旭峰，赵杰，王立增，李轲轲，张金波，陈宣明，关爱莹，宋玉泉，兰杰，马森，茹李军；申请人：沈阳中化农药化工研发有限公司

中国专利号：ZL201480055875.X；中国专利申请日：2014-12-11

化合物类型：芳基吡唑类化合物、嘧啶胺类化合物

发明思路：me-too研究；参照专利WO9507278Al中的结构，利用中间体衍生化法，使用芳基吡唑乙胺中间体进行替换优化，得到现有化合物。

用途：具有杀菌、杀虫、杀螨活性，对黄瓜霜霉病、小麦白粉病、玉米锈病、黄瓜炭疽病等具有优良的防治效果，特别是对黄瓜霜霉病、小麦白粉病和黄瓜炭疽病防效更好。该发明的化合物同时表现出很好的杀虫活性，部分化合物在很低的剂量下对小菜蛾、黏虫、桃蚜、朱砂叶螨等具有优异的防治效果。

代表化合物结构如下：

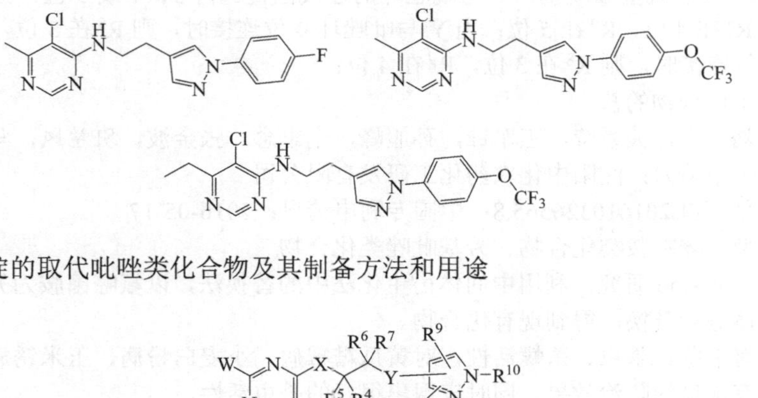

（8）含嘧啶的取代吡唑类化合物及其制备方法和用途

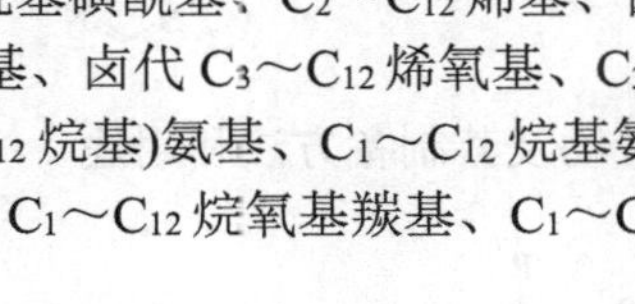

式中，R^1选自氢、卤素、氰基、硝基、氨基、羧基、C_1～C_{12}烷基、卤代C_1～C_{12}烷基、C_3～C_{12}环烷基、C_1～C_{12}烷氧基、卤代C_1～C_{12}烷氧基、C_1～C_{12}烷硫基、卤代C_1～C_{12}烷硫基、C_1～C_{12}烷基亚磺酰基、C_1～C_{12}烷基磺酰基、C_2～C_{12}烯基、卤代C_2～C_{12}烯基、C_2～C_{12}炔基、卤代C_2～C_{12}炔基、C_3～C_{12}烯氧基、卤代C_3～C_{12}烯氧基、C_3～C_{12}炔氧基、卤代C_3～C_{12}炔氧基、C_1～C_{12}烷基氨基、二(C_1～C_{12}烷基)氨基、C_1～C_{12}烷基氨基羰基、卤代C_1～C_{12}烷基氨基羰基、C_1～C_{12}烷氧基羰基、卤代C_1～C_{12}烷氧基羰基、C_1～C_{12}烷氧基C_1～C_{12}烷基或C_1～C_{12}烷硫基C_1～C_{12}烷基；

R^2选自氢、卤素、氰基、硝基、氨基、羧基、甲酰基、C_1～C_{12}烷基、卤代C_1～C_{12}烷基、C_1～C_{12}烷氧基或卤代C_1～C_{12}烷氧基；

R^1和R^2还可与相连的嘧啶环组成含C、N、O或S的五元、六元、七元或八元环；

X选自NR^3；Y选自O或S；

R^3选自氢、羟基、甲酰基、C_1～C_{12}烷基、卤代C_1～C_{12}烷基、C_1～C_{12}烷氧基、卤代C_1～C_{12}烷氧基、C_3～C_{12}环烷基、C_1～C_{12}烷硫基、C_2～C_{12}烯基硫基、C_2～C_{12}烯基、C_2～C_{12}炔基、卤代C_2～C_{12}烯基、卤代C_2～C_{12}炔基等；

R^4、R^5可相同或不同，分别选自氢、卤素、C_1～C_{12}烷基、卤代C_1～C_{12}烷基、C_1～C_{12}烷氧基或卤代C_1～C_{12}烷氧基；其中，R^4、R^5与其相连的C还可以组成C_3～C_8的环；

R^6、R^7可相同或不同，分别选自氢、卤素、C_1～C_{12}烷基、卤代C_1～C_{12}烷基、C_1～C_{12}烷氧基或卤代C_1～C_{12}烷氧基；其中，R^6、R^7与其相连的C还可以组成C_3～C_8的环；m选自0～5的整数；

R^8、R^9可相同或不同，分别选自氢，氰基，卤素，C_1～C_{12}烷基，卤代C_1～C_{12}烷基，C_1～C_{12}烷氧基羰基，卤代C_1～C_{12}烷氧基羰基，未取代的或被1～5个R^{11}取代的(杂)芳基、(杂)芳甲基、(杂)芳基羰基、(杂)芳甲基羰基或(杂)芳氧基羰基；

R^{10}选自C_1～C_{12}烷基，C_3～C_8环烷基，卤代C_1～C_{12}烷基，C_1～C_{12}烷基羰基，卤代C_1～C_{12}烷基羰基，C_1～C_{12}烷基磺酰基，卤代C_1～C_{12}烷基磺酰基，C_1～C_{12}烷氧基羰基，C_1～C_{12}烷氧基C_1～C_{12}烷基，C_1～C_{12}烷氧基羰基C_1～C_{12}烷基，未取代的或被1～5个R^{11}取代的(杂)芳基、(杂)芳甲基、(杂)芳基羰基、(杂)芳甲基羰基或(杂)芳氧基羰基；R^{11}选自卤素、羟基、氨基、氰基、硝基、C_1～C_{12}烷基、卤代C_1～C_{12}烷基、C_1～C_{12}烷氧基等；

R^{12}、R^{13}可相同或不同，分别选自氢、C_1～C_{12}烷基或卤代C_1～C_{12}烷基；

W选自氢、卤素、C_1～C_{12}烷基、卤代C_1～C_{12}烷基、C_3～C_8环烷基、C_1～C_{12}烷氧基、C_1～C_{12}烷硫基或C_1～C_{12}烷基磺酰基；Y与吡唑环的连接位置选自3、4或5位；当Y与吡唑环3位连接时，则R^8在4位，R^9在5位；当Y与吡唑环4位连接时，则R^8在3位，R^9在5位；当Y与吡唑环5位连接时，则R^8在3位，R^9在4位；

或通式所示化合物的盐。

发明人：刘长令，关爱莹，王军锋，孙旭峰，李志念，张金波，班兰凤，马森，兰杰，夏晓丽，杨金龙；申请人：沈阳中化农药化工研发有限公司

中国专利号：ZL201610326565.8；中国专利申请日：2016-05-17

化合物类型：嘧啶胺类化合物、芳基吡唑类化合物

发明思路：me-too研究；利用中间体衍生化法中的替换法，以氟嘧菌胺为先导，使用芳基吡唑乙胺中间体进行替换，得到现有化合物。

用途：具有杀菌、杀虫、杀螨活性，对黄瓜霜霉病、小麦白粉病、玉米锈病、稻瘟病、黄瓜炭疽病等具有优良的防治效果，同时表现出很好的杀虫活性。

代表化合物结构如下：

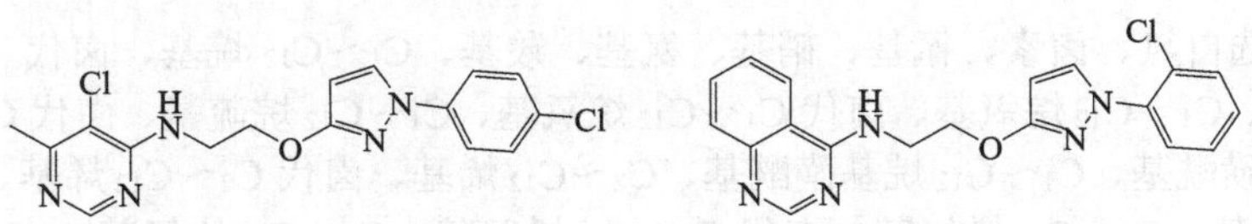

Cl H N O N N Cl N N

H N O N N Cl N N

（9）含嘧啶的取代吡唑类化合物及其制备方法和用途

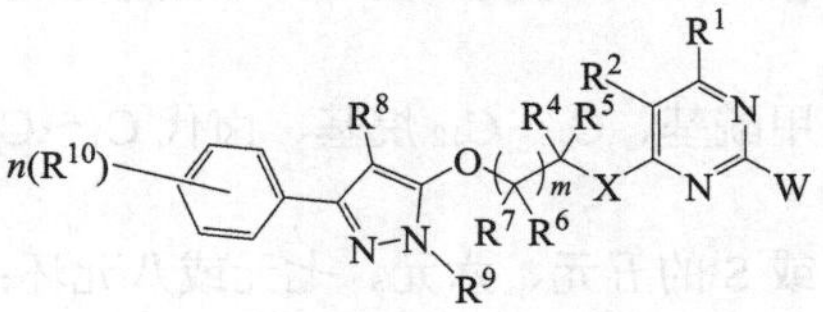

$n(R^{10})$ R^8 O R^4 R^5 m R^7 R^6 X R^2 R^1 N N W N N R^9

I-1

$n(R^{10})$ R^8 O R^4 R^5 m R^7 R^6 N R^3 R^2 R^1 N N W N N R^9

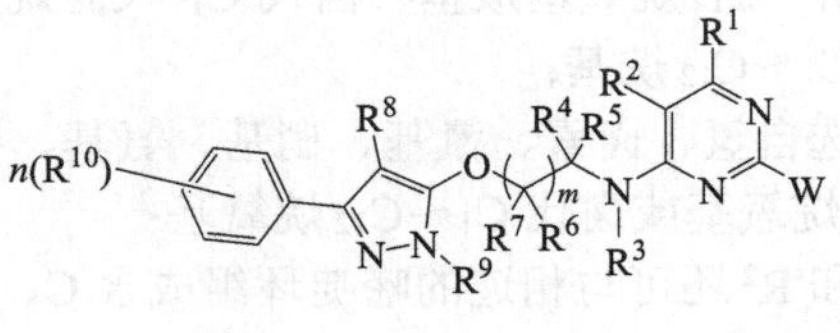

I-1A

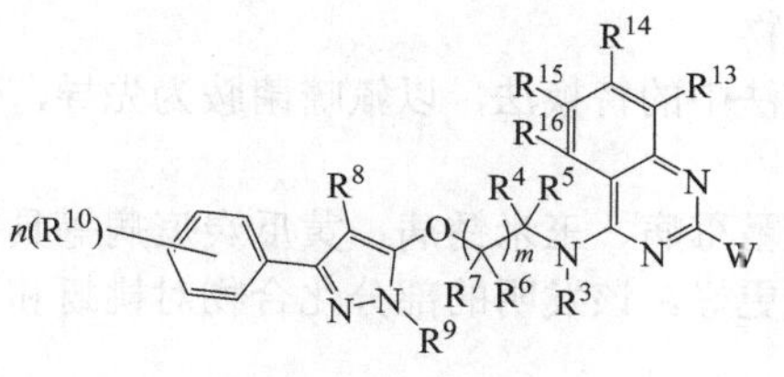

I-1B 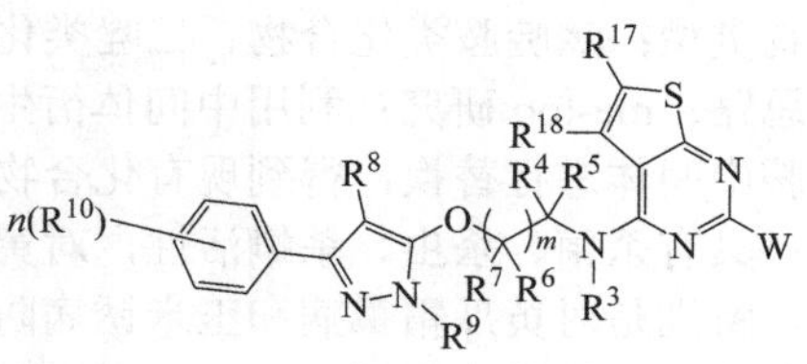　　I-1C

式中，R^4、R^5选自氢；R^6、R^7选自氢；m为1；R^8、R^9相同或不同的分别选自氢、C_1～C_4烷基、卤代C_1～C_4烷基；R^{10}选自卤素、氰基、硝基、C_1～C_4烷基、卤代C_1～C_4烷基；n选自0至5的整数，当n为0时，苯环上无取代基；当n大于1时，R^{10}相同或不同；W选自氢；

且当所述化合物为通式Ⅰ-1A时，R^1选自C_1～C_4烷基或卤代C_1～C_4烷基；R^2选自卤素；

当所述化合物为通式Ⅰ-1A、Ⅰ-1B和Ⅰ-1C时，R^3选自氢；

当所述化合物为通式Ⅰ-1B时，R^{13}、R^{14}、R^{15}或R^{16}分别选自氢；

当所述化合物为通式Ⅰ-1C时，R^{17}、R^{18}分别选自氢。

发明人：关爱莹，杨金龙，李志念，许磊川，王军锋，孙旭峰，刘长令；申请人：沈阳中化农药化工研发有限公司

中国专利号：ZL201610978801.4；中国专利申请日：2016-11-08

化合物类型：嘧啶胺类化合物、芳基吡唑类化合物

发明思路：me-too研究；利用中间体衍生化法中的替换法，以氟嘧菌胺为先导，使用芳基吡唑乙醇胺中间体进行替换，得到现有化合物。

用途：具有杀菌、杀虫、杀螨活性，对黄瓜霜霉病、小麦白粉病、玉米锈病、稻瘟病、黄瓜炭疽病等具有优良的防治效果，同时表现出很好的杀虫活性。

代表化合物结构如下：

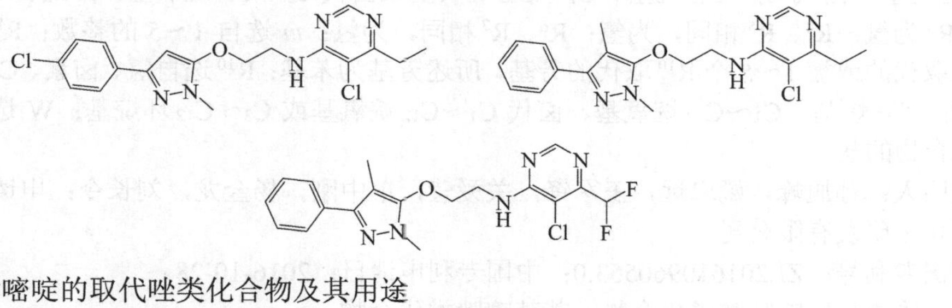

（10）含嘧啶的取代唑类化合物及其用途

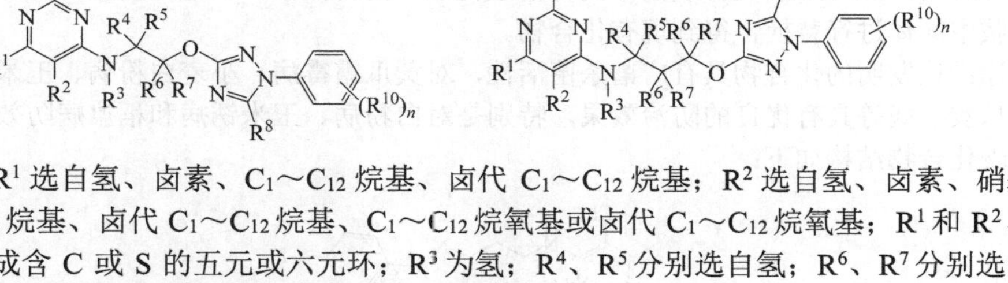

式中，R^1选自氢、卤素、C_1～C_{12}烷基、卤代C_1～C_{12}烷基；R^2选自氢、卤素、硝基、氨基、C_1～C_{12}烷基、卤代C_1～C_{12}烷基、C_1～C_{12}烷氧基或卤代C_1～C_{12}烷氧基；R^1和R^2与相连的嘧啶环组成含C或S的五元或六元环；R^3为氢；R^4、R^5分别选自氢；R^6、R^7分别选自氢；R^8为氢；R^{10}为氢；W为氢；或通式所示化合物的盐。

发明人：刘长令，孙旭峰，王军锋，姚忠远，兰杰，杨金龙，张俊龙，关爱莹；申请人：沈阳中化农药化工研发有限公司

中国专利号：ZL201610720596.1；中国专利申请日：2016-08-25

化合物类型：嘧啶胺类化合物、三唑类化合物

发明思路：me-too 研究；利用中间体衍生化法中的替换法，以氟嘧菌胺为先导，使用苯基三唑丙醇胺中间体进行替换，得到现有化合物。

用途：具有杀菌、杀虫、杀螨活性，对黄瓜霜霉病、玉米锈病、黄瓜炭疽病等具有优良的防治效果，特别是对黄瓜霜霉病和玉米锈病防效更好。该发明的部分化合物对桃蚜和朱砂叶螨同时还表现出一定的杀虫活性。

代表化合物结构如下：

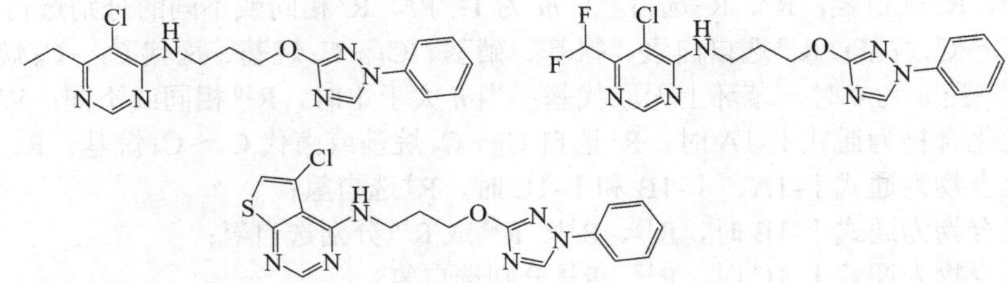

（11）取代嘧啶类化合物及其用途

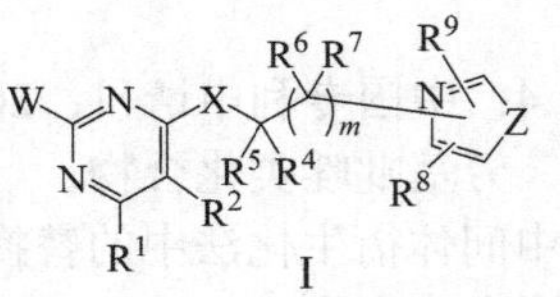

I

R^1 选自氢、卤素、氰基、硝基、氨基、羧基、C_1～C_{12} 烷基、卤代 C_1～C_{12} 烷基、C_3～C_{12} 环烷基、C_1～C_{12} 烷氧基、卤代 C_1～C_{12} 烷氧基、C_1～C_{12} 烷硫基、卤代 C_1～C_{12} 烷硫基、C_1～C_{12} 烷基亚磺酰基或 C_1～C_{12} 烷基磺酰基；R^2 选自氢、卤素、氰基、硝基、氨基、羧基、甲酰基、C_1～C_{12} 烷基、卤代 C_1～C_{12} 烷基、C_1～C_{12} 烷氧基或卤代 C_1～C_{12} 烷氧基；X 选自 NR^3 或 O；Z 为 S；R^3 为氢；R^4、R^5 相同，为氢；R^6、R^7 相同，为氢；m 选自 1～5 的整数；R^8 选自氢；R^9 选自未取代的或被 1～5 个 R^{10} 取代的芳基，所述芳基为苯基；R^{10} 选自氢、卤素、C_1～C_{12} 烷基、卤代 C_1～C_{12} 烷基、C_1～C_{12} 烷氧基、卤代 C_1～C_{12} 烷氧基或 C_3～C_{12} 环烷基；W 选自氢；或通式 I 化合物的盐。

发明人：孙旭峰，姚忠远，王军锋，关爱莹，单中刚，杨金龙，刘长令；申请人：沈阳中化农药化工研发有限公司

中国专利号：ZL201610960553.0；中国专利申请日：2016-10-28

化合物类型：嘧啶胺类化合物、苯基噻唑类化合物

发明思路：me-too 研究；利用中间体衍生化法中的替换法，以氟嘧菌胺为先导，使用苯基噻唑乙胺中间体进行替换，得到现有化合物。

用途：该发明的化合物具有广谱杀菌活性，对黄瓜霜霉病、小麦白粉病、玉米锈病、稻瘟病、黄瓜炭疽病等具有优良的防治效果，特别是对白粉病、玉米锈病和稻瘟病防效更好。

代表化合物结构如下：

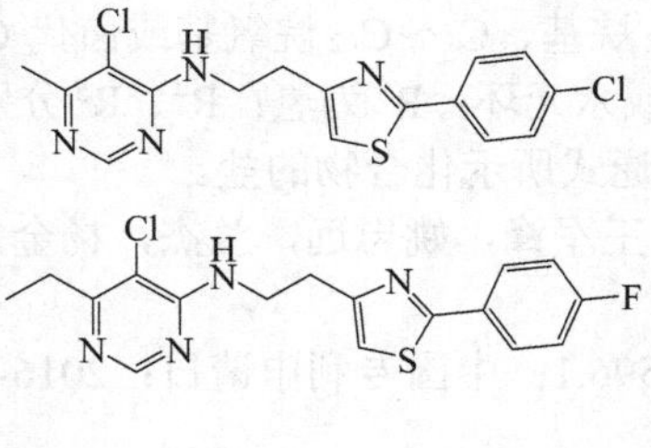

（12）含哌啶的嘧啶类化合物及用途

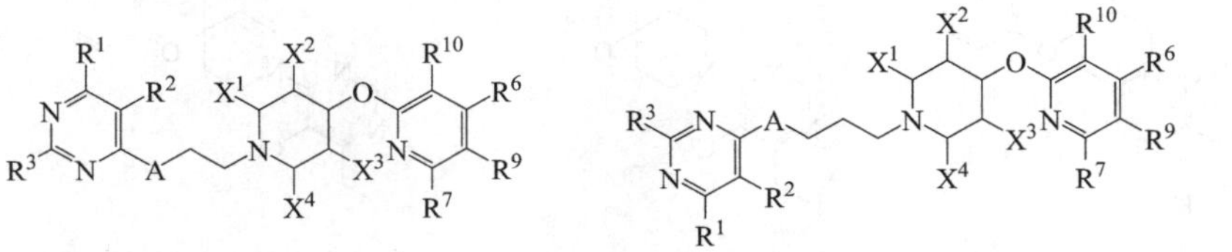

式中，R^1选自 C_1～C_4烷基或卤代 C_1～C_4烷基；R^2选自卤素；R^3选自氢；X^1、X^2、X^3、X^4分别选自氢；R^6选自氢；R^7、R^9、R^{10}可相同或不同，分别选自氢、C_1～C_4烷基或卤代 C_1～C_4烷基；A 选自 NH；或者，通式与盐酸、硫酸、磷酸、甲酸、乙酸、三氟乙酸、草酸、甲磺酸、对甲苯磺酸、苯甲酸、邻苯二甲酸、马来酸、山梨酸、苹果酸或柠檬酸形成的盐。

发明人：王立增，王秀丽，兰杰，关爱莹，常秀辉；申请人：沈阳中化农药化工研发有限公司

中国专利号：ZL201811166990.0；中国专利申请日：2018-10-08

化合物类型：嘧啶胺类化合物、哌啶类化合物

发明思路：me-too 研究；利用中间体衍生化法中的替换法，以氟嘧菌胺为先导，使用取代吡啶氧基哌啶乙胺中间体进行替换，得到现有化合物。

用途：具有杀菌、杀虫、杀螨活性，对黄瓜霜霉病、玉米锈病、小麦白粉病、水稻稻瘟病和炭疽病有优良的防治效果，特别对黄瓜霜霉病和玉米锈病防效更好；对小菜蛾、蚜虫和朱砂叶螨等也具有优良的防治效果。

代表化合物结构如下：

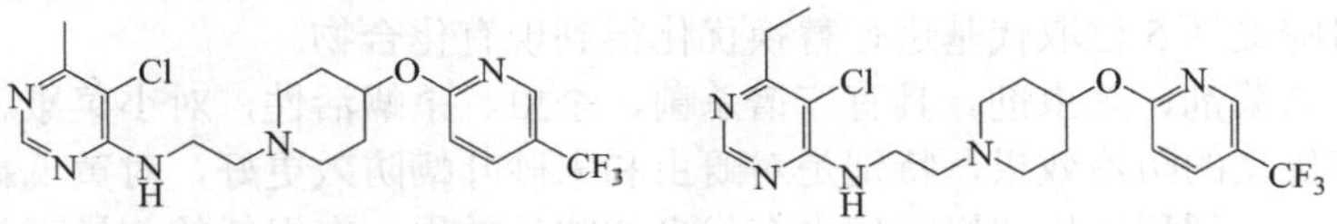

（13）含嘧啶的螺环类化合物及其用途

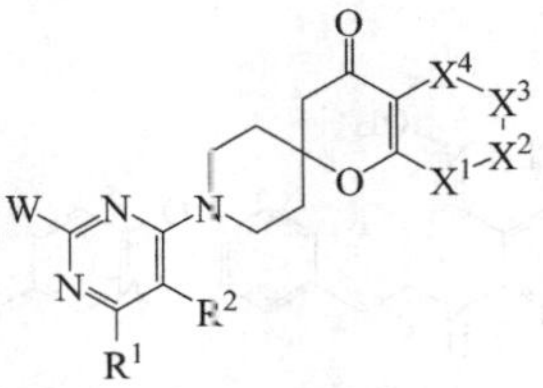

式中，各取代基定义具体参见专利权利要求书部分。

发明人：关爱莹，杨金龙，孙芹，芦志成，兰杰，刘长令；申请人：沈阳中化农药化工研发有限公司

中国专利号：ZL201811013143.0；中国专利申请日：2018-08-31

化合物类型：嘧啶胺类化合物、螺环类化合物

发明思路：me-too 研究；参考 WO2007054580A1 中具有医药活性的螺环化合物，利用中间体衍生化法中的替换法，以嘧啶胺类杀菌剂为模板进行替换得到该类化合物。

用途：具有杀菌活性，对黄瓜霜霉病、小麦白粉病、玉米锈病、稻瘟病、黄瓜炭疽病等具有优良的防治效果。

代表化合物结构如下：

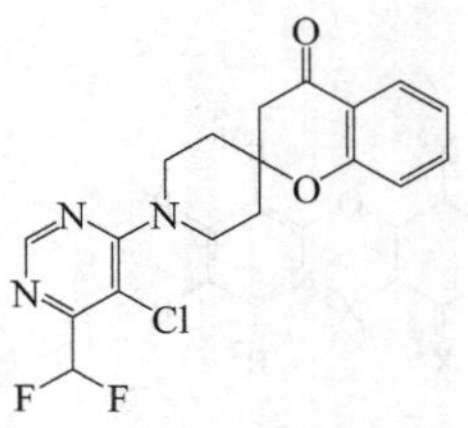

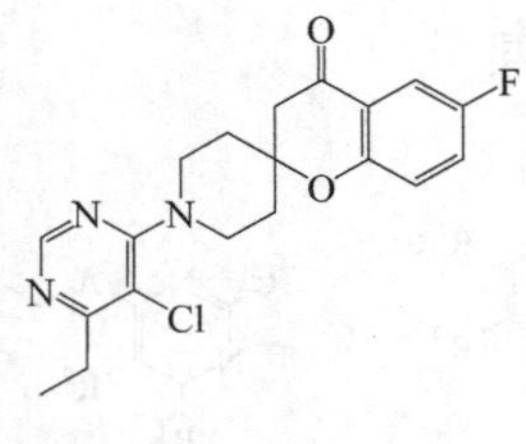

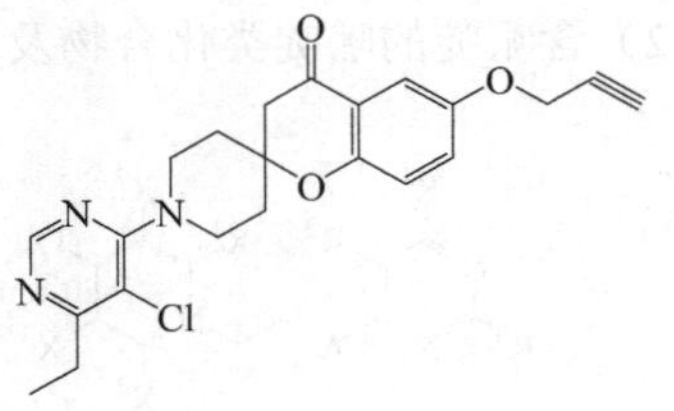

（14）含肟基的嘧啶类化合物及其用途

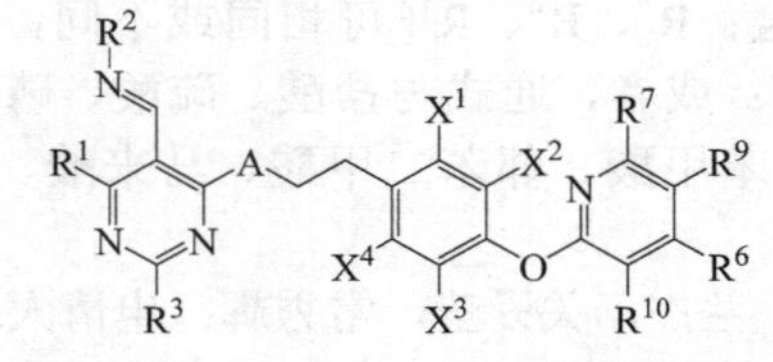

式中，R^1 选自卤素；R^2 选自羟基或 C_1～C_4 烷氧基；R^3 为氢；X^1、X^2、X^3、X^4 为氢；R^6 为氢；R^7 为氢；R^9 选自卤代 C_1～C_4 烷基；R^{10} 选自氢或卤素；A 为 NH；

或通式化合物与盐酸、硫酸、磷酸、甲酸、乙酸、三氟乙酸、草酸、甲磺酸、对甲苯磺酸、苯甲酸、邻苯二甲酸、马来酸、山梨酸、苹果酸或柠檬酸形成的盐。

发明人：王立增，关爱莹，范晓溪，孙旭峰，王军锋，杨帆，李轲轲，单中刚，刘长令；申请人：沈阳中化农药化工研发有限公司

中国专利号：ZL201510309294.0；中国专利申请日：2015-06-08

化合物类型：含肟基的嘧啶类化合物

发明思路：me-too 研究；利用中间体衍生化法中的替换法，在发明人自己专利 WO2014063642A1 基础上，重点对嘧啶环 5 位取代基进行替换优化得到现有化合物。

用途：用作杀菌剂、杀虫剂。具有广谱杀菌、杀虫、杀螨活性，对小菜蛾、黏虫、蚜虫和朱砂叶螨等具有优良的防治效果，特别是对蚜虫和朱砂叶螨防效更好，对黄瓜霜霉病、玉米锈病、小麦白粉病、水稻稻瘟病和炭疽病也有优良的防治效果，在很低的剂量下就可以获得很好的效果。

代表化合物结构如下：

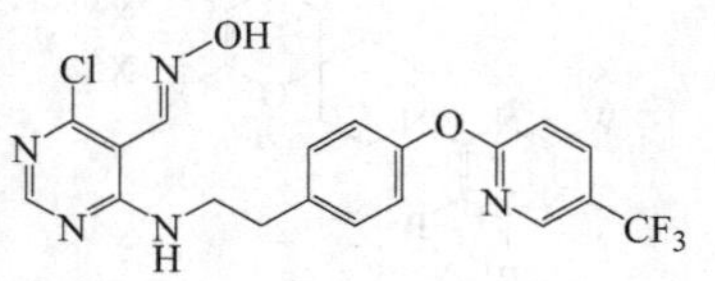

（15）氨基甲酸酯类化合物及其制备方法和用途

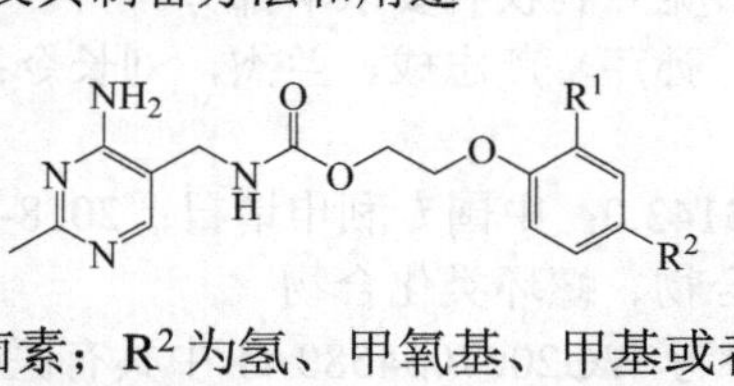

其中，R^1 为氢、甲基或者卤素；R^2 为氢、甲氧基、甲基或者卤素。

发明人：贺红武，贺军波；申请人：华中师范大学

中国专利号：ZL201610807599.9；中国专利申请日：2016-09-07

化合物类型：氨基甲酸酯类

发明思路：在氨基甲酸酯杀菌剂结构基础上引入 4-氨基-2-甲基嘧啶苄基结构而得；从中间

体衍生化法角度分析为衍生法或替换法。

用途：具有杀菌活性，对水稻纹枯病、黄瓜灰霉病、小麦赤霉病、番茄早疫病、烟草赤星病和黄瓜炭疽病具有很好的防治效果，尤其对水稻纹枯病菌、黄瓜灰霉病菌的抑制作用较突出。

代表化合物结构如下：

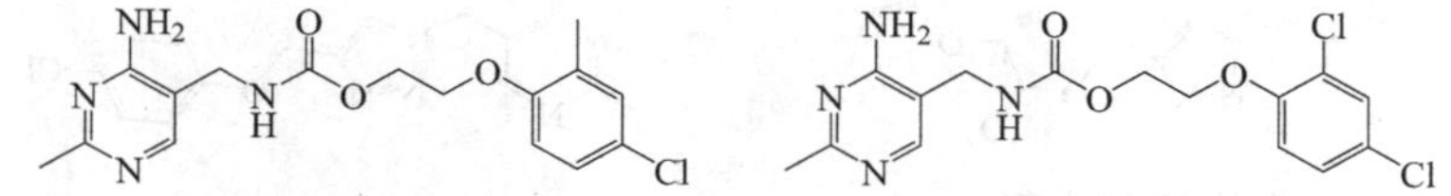

（16）具有杀菌活性的2-甲基-4-氨基-5(取代-1,2,3-三唑基)甲基嘧啶衍生物，其制备方法及应用

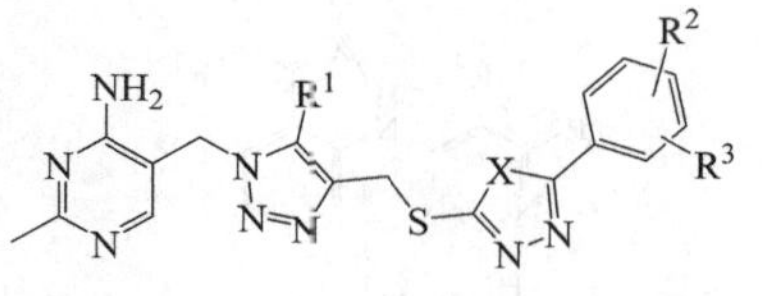

其中，X为O或S；R^1表示氢；R^2表示H、卤素、硝基或$C_{1\sim4}$烷基；R^3表示H、卤素、硝基、CF_3、甲氧基或$C_{1\sim4}$烷基，R^2与R^3位置可互换。

发明人：贺红武，王威，贺军波，张林，朱国中，郭新娟，邹鹏，谭效松，彭浩；申请人：华中师范大学

中国专利号：ZL201410082965.X；中国专利申请日：2014-03-07

化合物类型：甲基嘧啶类

发明思路：在嘧啶甲基三唑杀菌剂结构基础上引入噻二唑结构而得。

用途：具有杀菌活性，该发明化合物对小麦赤霉病菌、水稻纹枯病菌、黄瓜灰霉病菌、番茄早疫病菌、烟草赤星病菌和黄瓜炭疽病菌具有抑制作用。

代表化合物结构如下：

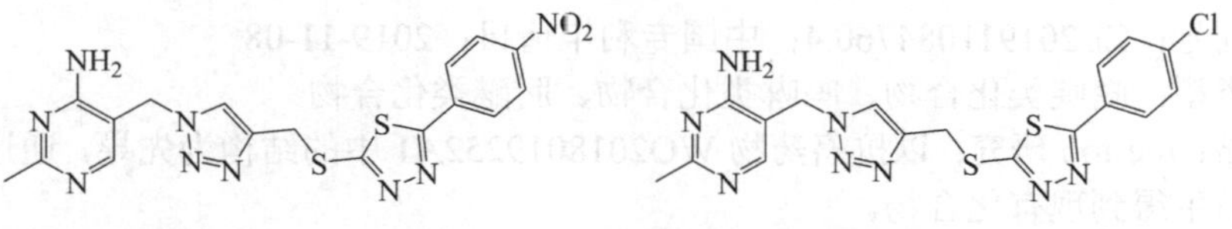

（17）2-甲基-4-氨基-5-(取代-1*H*-1, 2, 3-三唑基)甲基嘧啶衍生物的制备及杀菌活性

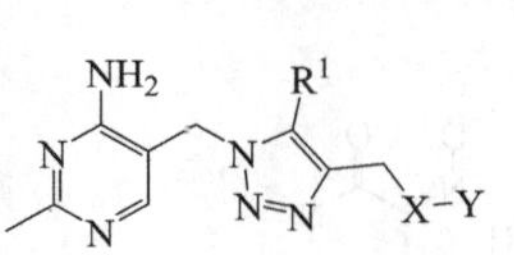

其中，R^1代表H或I；X表示O或NH；Y表示苯基或取代苯基、苯甲酰基或取代苯甲酰基、苯氧乙酰基或取代苯氧乙酰基；在Y所涉及的苯环上的取代基为：H、卤素、硝基、氰基、CF_3、$C_{1\sim4}$烷基、甲氧基、$C_{1\sim2}$羧酸基或羧酸酯基；取代基在苯环任意位置上的单取代或多取代，取代基相同或不相同。

发明人：贺红武，贺军波，王芳，王晓果，谭效松，彭浩；申请人：华中师范大学

中国专利号：ZL201210331267.X；中国专利申请日：2012-09-10

化合物类型：甲基嘧啶类

发明思路：在嘧啶甲基三唑杀菌剂结构基础上引入苯氧乙酸或苯醚结构而得。

用途：具有杀菌活性，对黄瓜细菌性角斑病、番茄细菌性斑点病、黄瓜褐斑病、黄瓜霜霉病、水稻纹枯病、小麦赤霉病、番茄早疫病、黄瓜灰霉病、烟草赤星病和黄瓜炭疽病具有显著的抑制作用。

代表化合物结构如下：

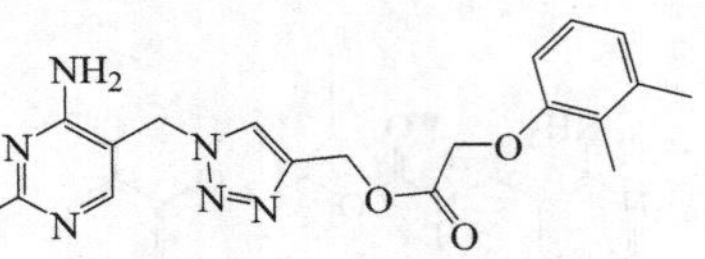

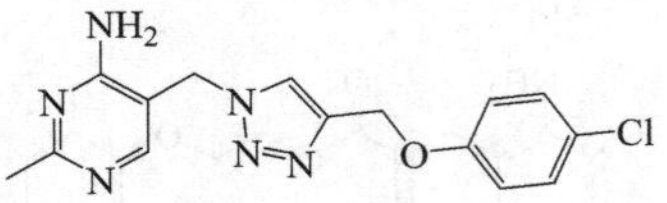

（18）一种嘧啶衍生物及其应用

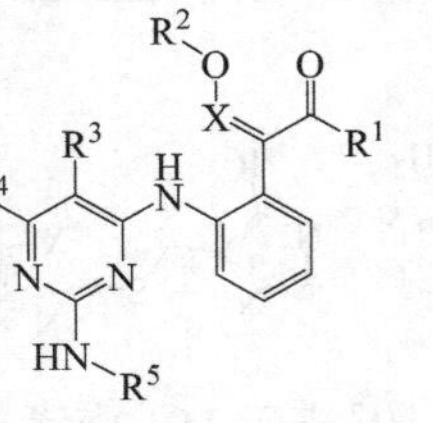

式中，X 选自 N；R^1 选自 NR^6R^7；R^2 选自 H、C_1～C_{12} 烷基、卤代 C_1～C_{12} 烷基；R^3 与 R^4 选自 H、卤素、羟基、氨基、氰基、C_1～C_{12} 烷基、卤代 C_1～C_{12} 烷基、C_1～C_{12} 烷氧基 C_1～C_{12} 烷基、卤代 C_1～C_{12} 烷氧基 C_1～C_{12} 烷基、C_1～C_{12} 烷硫基 C_1～C_{12} 烷基、卤代 C_1～C_{12} 烷硫基 C_1～C_{12} 烷基、C_1～C_{12} 烷氧基羰基 C_1～C_{12} 烷基、卤代 C_1～C_{12} 烷氧基羰基 C_1～C_{12} 烷基、C_1～C_{12} 烷硫基羰基 C_1～C_{12} 烷基、卤代 C_1～C_{12} 烷硫基羰基 C_1～C_{12} 烷基；R^5 选自未取代或被 1～5 个 R^8 取代的苯基、吡啶基；R^6、R^7 相同或不同地分别选自氢、羟基、氨基、C_1～C_{12} 烷基、卤代 C_1～C_{12} 烷基；或 R^6、R^7 与其相连的 N 还可以组成哌啶基、吗啉基或哌嗪基；R^8 选自 H、氟、氯、溴、硝基、氰基、甲基、甲氧基、哌啶基、吗啉基、哌嗪基或甲基哌嗪基。

发明人：冉兆晋，柴宝山，毕弋，王婉秋，焦佳媛，吴依蒙，王云华，王芳，魏婷婷，赵宪成，石凯强；申请人：沈阳化工研究院有限公司

中国专利号：ZL201911084760.4；中国专利申请日：2019-11-08

化合物类型：嘧啶类化合物、吗啉类化合物、肟醚类化合物

发明思路：me-too 研究；以抗癌药物 WO2018019252A1 中的结构为先导，通过使用肟醚类结构及逆行衍生得到现有化合物。

用途：具有杀菌活性和抗肿瘤活性。

代表化合物结构如下：

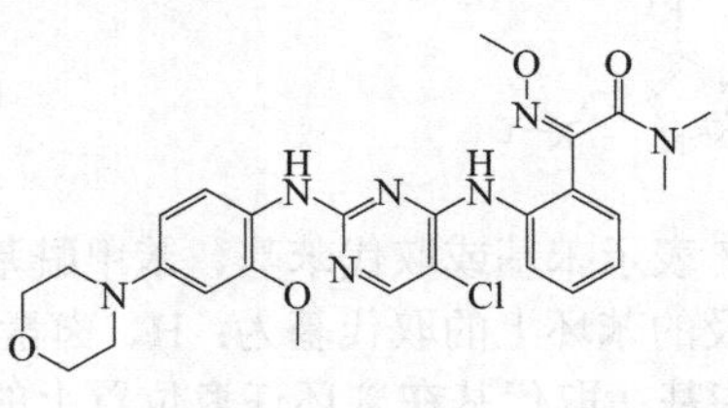

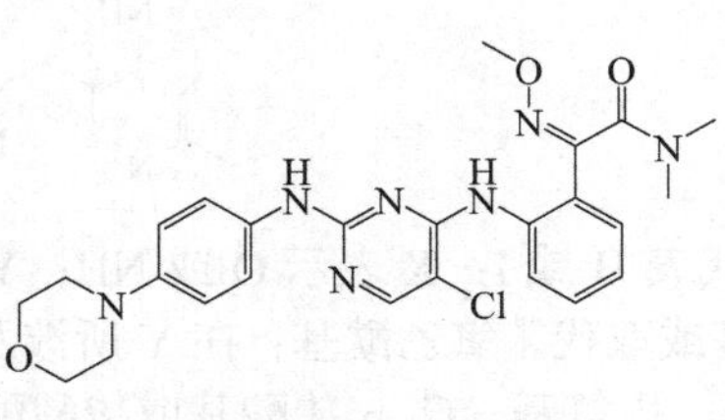

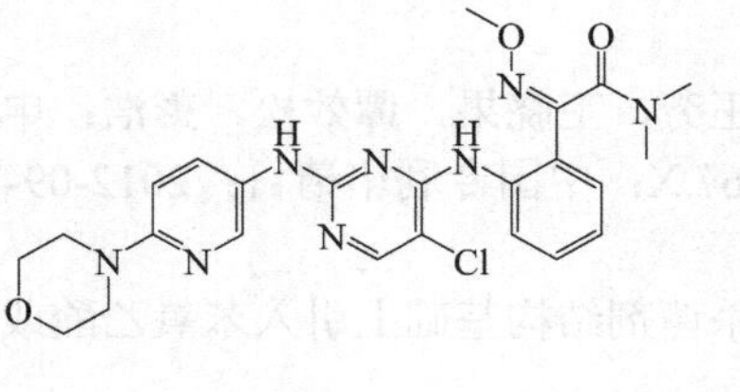

(19）含嘧啶的哌啶胺类化合物及其制备方法和用途

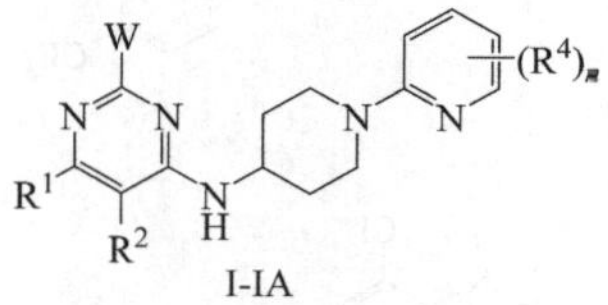

其中，W 为氢；

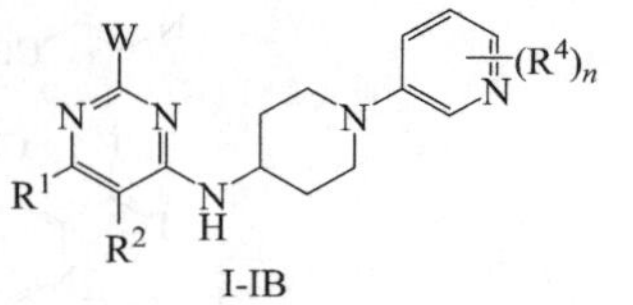

当含哌啶的嘧啶胺类化合物为通式 I-IA 时，R^1 为甲基，R^2 为氯，$(R^4)_n$ 选自 3-Cl、5-Cl、3-NO_2；或 R^1 为乙基，R^2 为氯，$(R^4)_n$ 选自 3-F、3-Cl、4-Cl、6-Cl、3-NO_2、3,5-Cl_2、3-Cl-5-CH_3、3-Cl-5-CF_3；或 R^1 为乙基，R^2 为氟，$(R^4)_n$ 选自 3-Cl-5-CF_3、3, 5-Cl_2；或 R^1 为二氟甲基，R^2 为氯，$(R^4)_n$ 选自 3-Cl、4-Cl、5-Cl、6-Cl、3-NO_2、3-Cl-5-CF_3；

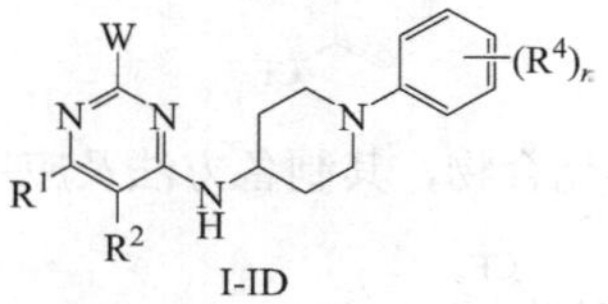

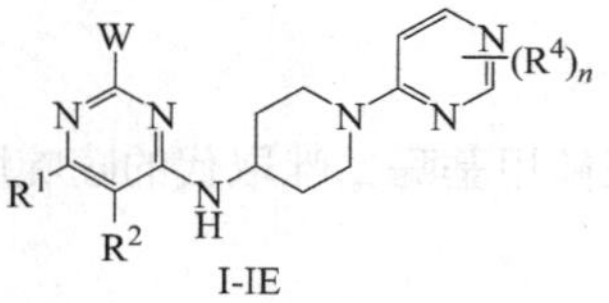

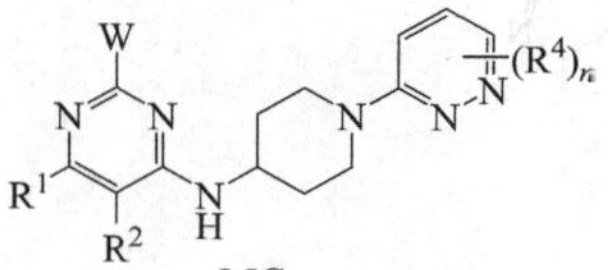

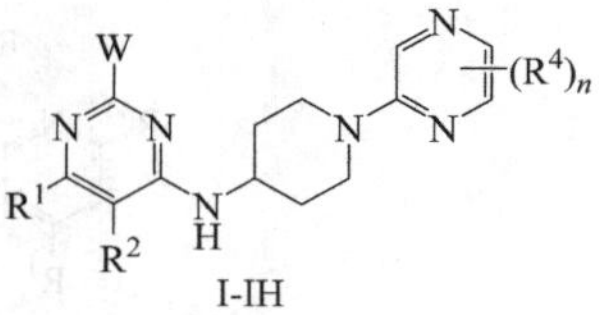

当含哌啶的嘧啶胺类化合物为通式 I-IB 时，R^1 为乙基，R^2 为氯，$(R^4)_n$ 为 2-Cl；

当含哌啶的嘧啶胺类化合物为通式 I-ID 时，R^1 为甲基，R^2 为氯，$(R^4)_n$ 为 2-Cl-4-CF_3；或 R^1 为乙基，R^2 为氯，$(R^4)_n$ 选自 2, 4-$(NO_2)_2$、2-NO_2-3-Cl、2-NO_2-5-CH_3、2-Cl-4-CF_3；或 R^1 为乙基，R^2 为氟，$(R^4)_n$ 选自 2, 4-$(NO_2)_2$、2-Cl-4-CF_3；或 R^1 为二氟甲基，R^2 为氯，$(R^4)_n$ 选自 2-NO_2-3-Cl、2-NO_2-5-CH_3、2-Cl-4-CF_3；

当含哌啶的嘧啶胺类化合物为通式 I-IE 时，R^1 选自甲基、乙基、二氟甲基，R^2 为氯，$(R^4)_n$ 为 6-Cl；

当含哌啶的嘧啶胺类化合物为通式 I-IG 时，R^1 为甲基，R^2 为氯，$(R^4)_n$ 为 6-Cl；或 R^1 为乙基，R^2 为氯，$(R^4)_n$ 为 4-Cl-5-$NHCOCH_3$；或 R^1 为二氟甲基，R^2 为氯，$(R^4)_n$ 选自 6-Cl；

当含哌啶的嘧啶胺类化合物为通式 I-IH 时，R^1 选自甲基、乙基、二氟甲基，R^2 为氯，$(R^4)_n$ 为 3-Cl。

发明人：关爱莹，杨金龙，常秀辉，张鹏飞，王军锋，王立增，张俊龙，杨萌，孙庚，刘长令；申请人：沈阳中化农药化工研发有限公司

中国专利号：ZL202011175409.9；中国专利申请日：2020-10-28

化合物类型：嘧啶类化合物、哌啶类化合物

发明思路：me-too 研究；采用中间体衍生化法中的替换法，以氟嘧菌胺为先导，使用取代苯基哌啶-4-氨基中间体进行替换，得到现有化合物。

用途：具有杀螨、杀虫活性，对小菜蛾、朱砂叶螨等具有优良的防治效果。同时具有杀菌活性，对黄瓜霜霉病、小麦白粉病、黄瓜炭疽病等具有优良的防治效果。

代表化合物结构如下：

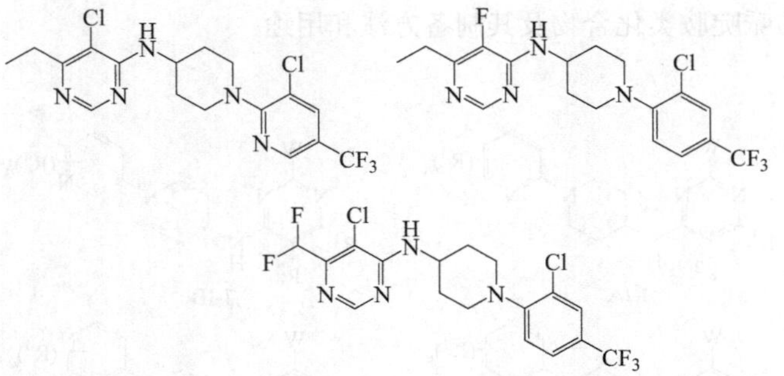

（20）一种含三氟甲基噁二唑取代的嘧啶胺类化合物，其制备方法及应用

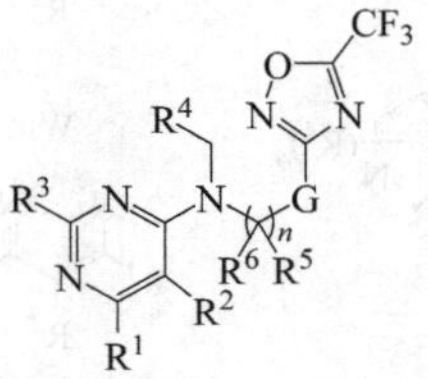

式中，R^1选自氢、C_1～C_{20}烷基、卤代C_1～C_{20}烷基、C_3～C_{20}环烷基、卤代C_3～C_{20}环烷基、C_1～C_{20}烷氧基、卤代C_1～C_{20}烷氧基、C_1～C_{20}烷硫基、卤代C_1～C_{20}烷硫基、卤素、硝基、氰基、羟基、巯基、R1a至R1d所示结构的取代基中的一种取代基，

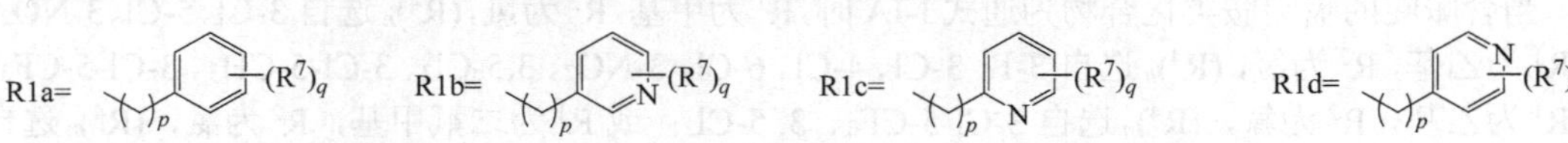

式中，R^7独立地选自氢、C_1～C_{20}烷基、卤代C_1～C_{20}烷基、C_3～C_{20}环烷基、卤代C_3～C_{20}环烷基、C_1～C_{20}烷氧基、卤代C_1～C_{20}烷氧基、C_1～C_{20}烷硫基、卤代C_1～C_{20}烷硫基、卤素、硝基、氰基、羟基或巯基，p独立地选自0～4的整数，q独立地选自0～4的整数；

R^2选自氢、C_1～C_{20}烷基、卤代C_1～C_{20}烷基、C_3～C_{20}环烷基、卤代C_3～C_{20}环烷基、C_1～C_{20}烷氧基、卤代C_1～C_{20}烷氧基、C_1～C_{20}烷硫基、卤代C_1～C_{20}烷硫基、卤素、硝基或氰基；

R^3选自氢、C_1～C_{20}烷基、卤代C_1～C_{20}烷基、C_3～C_{20}环烷基、卤代C_3～C_{20}环烷基、氨基、C_1～C_{20}烷基氨基、C_3～C_{20}环烷基氨基、苯基或苯基氨基；

R^4选自氢、C_1～C_{20}烷基、卤代C_1～C_{20}烷基、C_3～C_{20}环烷基、卤代C_3～C_{20}环烷基、C_1～C_{20}烷基羰基、C_1～C_{20}烷基磺酰基、甲酰基或羟基；

R^5、R^6为氢，n为1或2；

G选自G-1至G-17所示结构的取代基中的一种取代基：

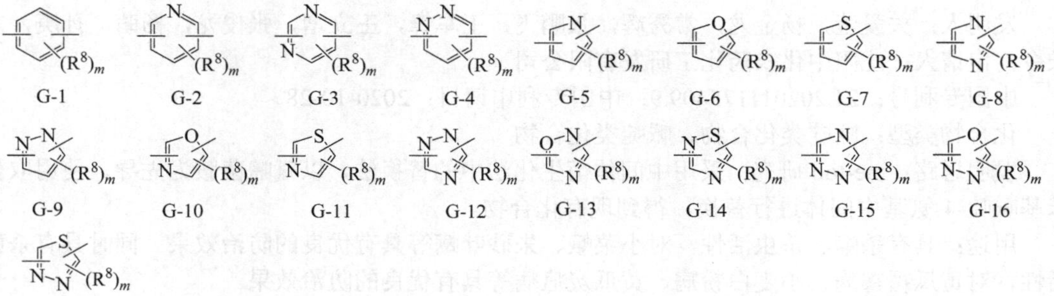

式中，R^8 独立地选自氢、C_1～C_{20} 烷基、卤代 C_1～C_{20} 烷基、C_3～C_{20} 环烷基、卤代 C_3～C_{20} 环烷基、C_1～C_{20} 烷氧基、卤代 C_1～C_{20} 烷氧基、C_1～C_{20} 烷硫基、卤代 C_1～C_{20} 烷硫基、卤素、硝基、氰基、羟基或巯基；m 独立地选自 0～4 的整数。

发明人：吴宁捷，邢家华，许天明，魏优昌，郁季平，黄红英；申请人：浙江省化工研究院有限公司，中化蓝天集团有限公司，中国中化股份有限公司

中国专利号：ZL201811502223.2；中国专利申请日：2018-12-10

化合物类型：含三氟甲基噁二唑的嘧啶胺类化合物

发明思路：me-too 研究；在以嘧虫胺为先导化合物基础上，进行活性结构拼接，得到该类化合物。

用途：具有杀菌活性和杀虫活性。测试表明化合物对东方黏虫、苜蓿蚜、朱砂叶螨、棉铃虫、小菜蛾、斜纹夜蛾、草地贪夜蛾等具有优异的杀虫活性，尤其是对苜蓿蚜，比嘧虫胺活性高。同时对水稻纹枯病、大豆锈病、黄瓜白粉病、黄瓜霜霉病等也具优异的防治效果。

代表化合物结构如下：

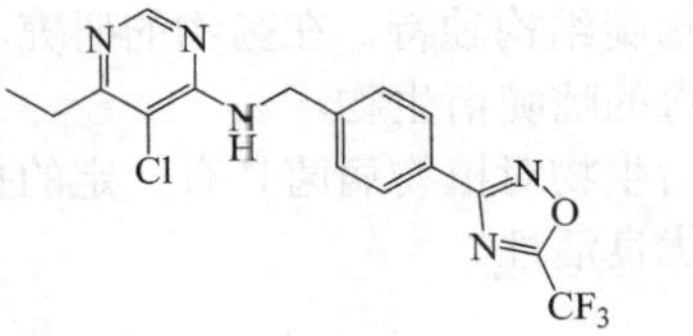

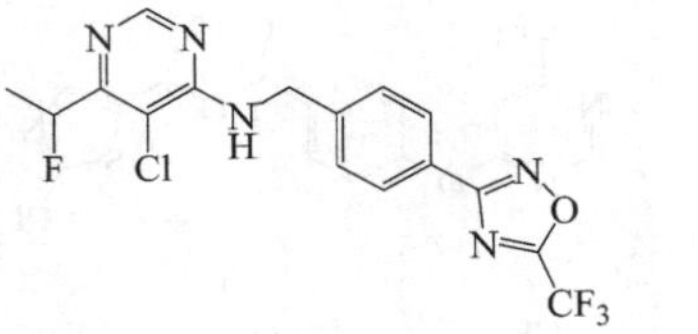

3.9.3 嘧啶（硫）醚类化合物的创制

（1）一种嘧啶衍生物及其制备方法和用途

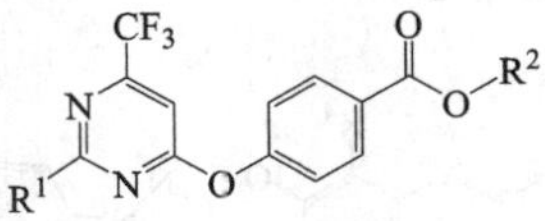

式中所示化合物具体如下：

A.2,4-二氯苄基 4-((2-甲基-6-(三氟甲基)嘧啶-4-基)氧)苯甲酸酯；

B.2-氟苄基 4-((2-甲基-6-(三氟甲基)嘧啶-4-基)氧)苯甲酸酯；

C.2-甲基苄基 4-((2-甲基-6-(三氟甲基)嘧啶-4-基)氧)苯甲酸酯；

D.2-氯苄基 4-((2-甲基-6-(三氟甲基)嘧啶-4-基)氧)苯甲酸酯；

E.4-硝基苄基 4-((2-甲基-6-(三氟甲基)嘧啶-4-基)氧)苯甲酸酯；

F.2-氯-6-氟苄基 4-((2-甲基-6-(三氟甲基)嘧啶-4-基)氧)苯甲酸酯；

G.3-甲氧基苄基 4-((2-甲基-6-(三氟甲基)嘧啶-4-基)氧)苯甲酸酯；

I.(6-氯吡啶-3-基)甲基 4-((2-甲基-6-(三氟甲基)嘧啶-4-基)氧基)苯甲酸酯；

J.4-((2-甲基-6-(三氟甲基)嘧啶-4-基)氧基)苯甲酸烯丙酯；

K.(2-氯噻唑-5-基)甲基 4-((2-甲基-6-(三氟甲基)嘧啶-4-基)氧基)苯甲酸酯；
L.2,4-二氯苄基 4-((6-(三氟甲基)嘧啶-4-基)氧基)苯甲酸酯；
M.2-氟苄基 4-((6-(三氟甲基)嘧啶-4-基)氧基)苯甲酸酯；
N.2-甲基苄基 4-((6-(三氟甲基)嘧啶-4-基)氧基)苯甲酸酯；
O.2-氯苄基 4-((6-(三氟甲基)嘧啶-4-基)氧基)苯甲酸酯；
P.4-硝基苄基 4-((6-(三氟甲基)嘧啶-4-基)氧基)苯甲酸酯；
Q.2-氯-6-氟苄基 4-((6-(三氟甲基)嘧啶-4-基)氧基)苯甲酸酯；
R.3-甲氧基苄基 4-((6-(三氟甲基)嘧啶-4-基)氧基)苯甲酸酯；
T.(6-氯吡啶-3-基)甲基 4-((6-(三氟甲基)嘧啶-4-基)氧基)苯甲酸酯；
U.4-((6-(三氟甲基)嘧啶-4-基)氧基)苯甲酸烯丙酯；
V.(2-氯噻唑-5-基)甲基 4-((6-(三氟甲基)嘧啶-4-基)氧基)苯甲酸酯。

发明人：吴文能，唐雪梅，安建松，潘年娟，费强，陈海江；申请人：贵阳学院

中国专利号：ZL202210813917.8；中国专利申请日：2022-07-11

化合物类型：嘧啶醚类

发明思路：me-too 研究；嘧啶结构独特，在药物的研究与应用中有资源优势，提供一种能够抗植物病原细菌、真菌和病毒的嘧啶衍生物。

用途：本发明制备的嘧啶衍生物对植物病菌具有一定的抑制作用，其中部分目标化合物在抗植物病菌和病毒方面表现出优良活性。

代表化合物结构如下：

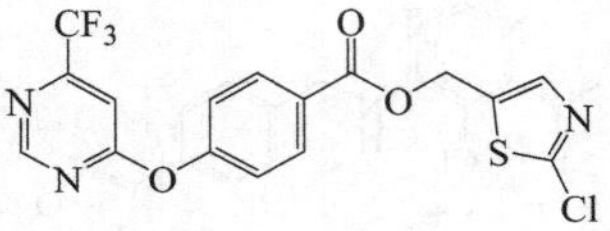

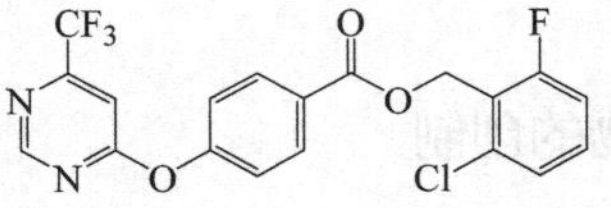

（2）吡唑基嘧啶醚类化合物及其用途

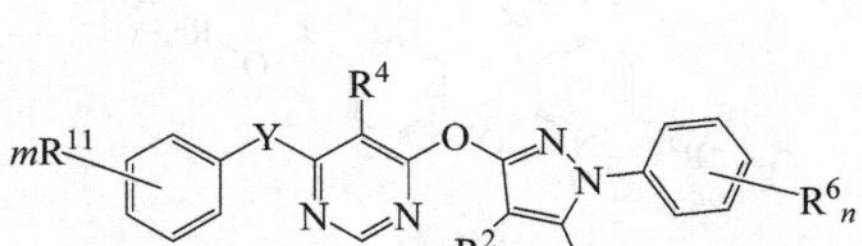

I -1B

R^2 选自氢、氰基、卤素、C_1～C_4 烷基、C_3～C_6 环烷基、卤代 C_1～C_4 烷基、C_1～C_4 烷氧基羰基、卤代 C_1～C_4 烷氧基羰基；

R^3 选自氢、氰基、卤素、C_1～C_4 烷基、C_3～C_6 环烷基、卤代 C_1～C_4 烷基、C_1～C_4 烷氧基羰基、卤代 C_1～C_4 烷氧基羰基；

n 选自 0～5 的整数；Y 选自 NH、O 或 S；

R^4 选自氢、卤素、氨基、C_1～C_4 烷基、卤代 C_1～C_4 烷基、C_1～C_4 烷氧基、C_1～C_4 卤代烷氧基、C_3～C_6 环烷基、C_1～C_4 烷氧基、C_1～C_4 烷硫基、C_1～C_4 烷基亚磺酰基、C_1～C_4 烷基磺

酰基、C_1～C_4 烷基氨基、二（C_1～C_4）烷基氨基、二（C_1～C_4）烷基氨基羰基氨基、C_1～C_4 烷基羰基氨基、卤代 C_1～C_4 烷基羰基氨基、C_1～C_4 烷氧基羰基羰基氨基、C_1～C_4 烷氧基 C_1～C_4 烷基氨基、C_1～C_4 烷基磺酰基氨基或 C_1～C_4 烷基氨基羰基氨基；

R^6、R^{11} 可相同或不同，分别选自氢、卤素、羟基、氨基、氰基、硝基、C_1～C_4 烷基、卤代 C_1～C_4 烷基、C_1～C_4 烷氧基、卤代 C_1～C_4 烷氧基、C_3～C_6 环烷基、C_1～C_4 烷基氨基、卤代 C_1～C_4 烷基氨基、二（C_1～C_4 烷基）氨基、卤代二（C_1～C_4 烷基）氨基、C(=O)NR^{7}R^8、C_1～C_4 烷硫基、卤代 C_1～C_4 烷硫基、C_1～C_4 烷基磺酰基、卤代 C_1～C_4 烷基磺酰基、C_1～C_4 烷基羰基等。

R^7、R^8 可相同或不同，分别选自氢、C_1～C_4 烷基或卤代 C_1～C_4 烷基；

m 选自 0～5 的整数。

发明人：刘长令，夏晓丽，王军锋，孙旭峰，兰杰，关爱莹，魏思源，杨金龙；申请人：沈阳中化农药化工研发有限公司

中国专利号：ZL201610463158.1；中国专利申请日：2016-06-23

化合物类型：嘧啶醚类化合物

发明思路：me-too 研究；采用中间体衍生化法的替换法，参考嘧菌酯的结构，使用芳基吡唑中间体进行衍生再优化得到现有化合物。

用途：具有杀菌活性，对黄瓜霜霉病、小麦白粉病、玉米锈病等具有优良的防治效果。

代表化合物结构如下：

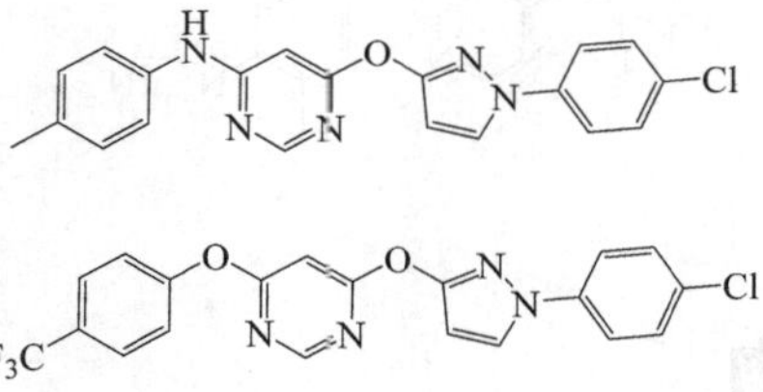

（3）一类含多氟嘧啶芳基脒类化合物，其制备方法及应用

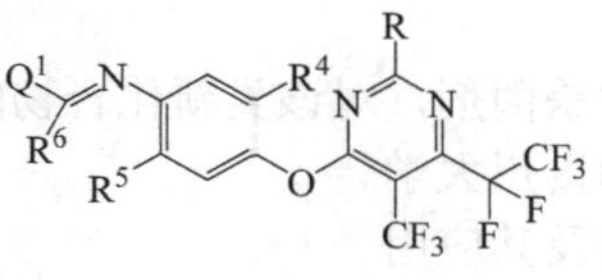

式中，R^4、R^5 独立地选自氢、卤素、硝基、氰基、C_1～C_{20} 烷基、C_1～C_{20} 卤代烷基、C_1～C_{20} 环烷基、C_1～C_{20} 卤代环烷基、C_1～C_{20} 烷氧基、C_1～C_{20} 卤代烷氧基、C_1～C_{20} 烷硫基、C_1～C_{20} 卤代烷硫基；

R^6 选自氢、C_1～C_{20} 烷基、C_1～C_{20} 卤代烷基、C_1～C_{20} 烷氧基、C_1～C_{20} 卤代烷氧基、C_1～C_{20} 烷硫基、C_1～C_{20} 卤代烷硫基；

R 选自氢、C_1～C_{20} 烷基、C_1～C_{20} 卤代烷基、C_1～C_{20} 烷氧基、C_1～C_{20} 卤代烷氧基、C_1～C_{20} 环烷基、C_1～C_{20} 卤代环烷基、C_1～C_{20} 烷硫基、C_1～C_{20} 卤代烷硫基；被选自卤素、硝基、氰基、C_1～C_{20} 烷基、C_1～C_{20} 卤代烷基、C_1～C_{20} 环烷基、C_1～C_{20} 卤代环烷基中的至少一个取代的苯基；被选自卤素、硝基、氰基、C_1～C_{20} 烷基、C_1～C_{20} 卤代烷基、C_1～C_{20} 环烷基、C_1～C_{20} 卤代环烷基等中的至少一个取代的吡啶基、吡唑基、噻吩基、呋喃基或噻唑基；

Q^1选自以下Q^1-1至Q^1-4所述结构中的一种：

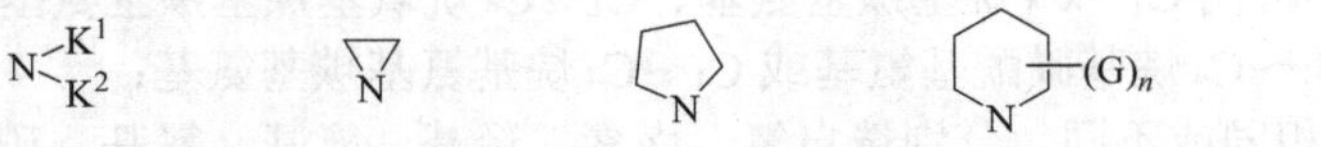

Q^1-1　Q^2-1　Q^3-1　Q^4-1

其中，K^1、K^2独立选自氢、C_1～C_{20}烷基、C_1～C_{20}卤代烷基；G独立地选自氢、羟甲基、卤代羟甲基、C_1～C_{20}烷基、C_1～C_{20}卤代烷基；*n*选自0～5的整数。

发明人：许天明，胡伟群，郑志文，张蕊蕊，黄红英，朱卫刚，孔小林，魏优昌；申请人：浙江省化工研究院有限公司，中化蓝天集团有限公司

中国专利号：ZL201610977885.X；中国专利申请日：2016-11-08

化合物类型：芳基醚类、芳基脒类

发明思路：me-too研究；以专利WO2012090969A1等中公开的结构为基础，将嘧啶基团引入其中，再经优化得到现有化合物。

用途：具有杀菌活性。适合用于防治植物病害，如白粉病、锈病、霜霉病、疫病和叶枯病等。

代表化合物结构如下：

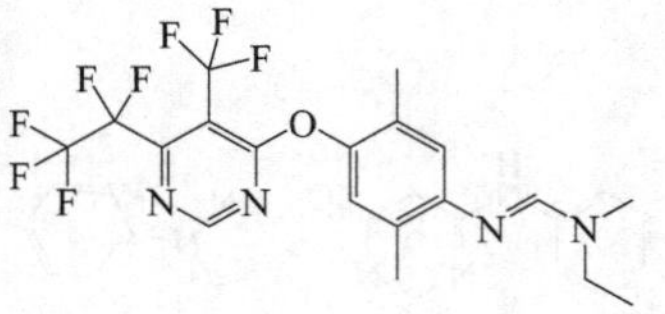

3.10　哌嗪类化合物

截至2023年底仅公开了1个拥有中文或英文通用名称的哌嗪类杀菌剂，即嗪氨灵（triforine）。

国内尚无该类商品化或开发中杀菌剂，对该类新化合物的研究主要集中在沈阳中化农药化工研发有限公司、青岛科技大学和贵州大学。

（1）一种哌嗪苯二腈类化合物及其应用

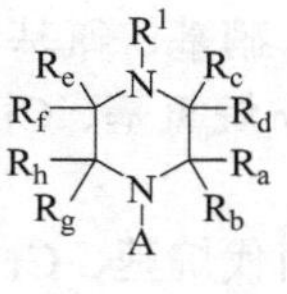

式中，A选自A1、A2或A3：

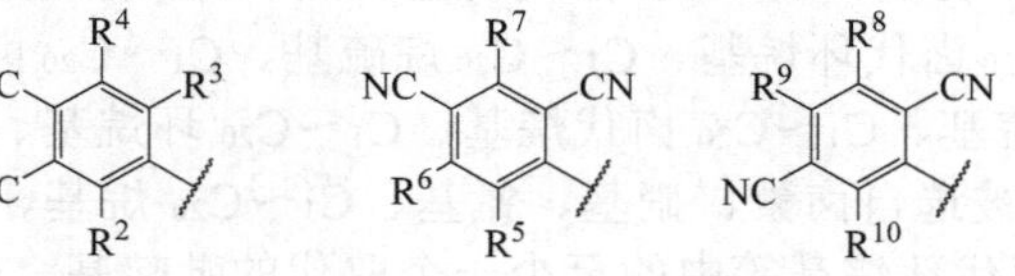

A1　A2　A3

R_a、R_b、R_c、R_d、R_e、R_f、R_g、R_h选自氢；

R^1选自C_1～C_{12}烷氧基、卤代C_1～C_{12}烷氧基、C_1～C_{12}烷氧基C_1～C_{12}烷基、卤代C_1～C_{12}烷氧基C_1～C_{12}烷基、C_1～C_{12}烷基羰基、卤代C_1～C_{12}烷基羰基、C_1～C_{12}烷氧基羰基、卤代C_1～C_{12}烷氧基羰基或Q；

Q选自未取代或被$(R^{11})_n$取代的苯甲酰基，其中R^{11}选自卤素；n=1、2、3、4或5；

R^2、R^3、R^4、R^5、R^6、R^7、R^8、R^9、R^{10}可相同或不同，分别选自卤素；

但不包括以下化合物：通式中，R_a、R_b、R_c、R_d、R_e、R_f、R_g和R_h均为氢，R^1为叔丁氧基羰基，A选自A3且R^8、R^9、R^{10}均为氟。

发明人：关爱莹，徐英，李志念，黄光，兰杰，刘长令；申请人：中国中化股份有限公司，沈阳化工研究院有限公司

中国专利号：ZL201410126032.6；中国专利申请日：2014-03-31

化合物类型：哌嗪类化合物、百菌清类化合物

发明思路：me-too研究；使用中间体衍生化法的衍生法，以百菌清为先导，继续引入哌嗪进一步衍生得到现有化合物。

用途：具有杀菌活性，对黄瓜霜霉病、小麦白粉病、玉米锈病、水稻稻瘟病、黄瓜灰霉病等多种病菌都有很好的防效。特别地，对黄瓜霜霉病、水稻稻瘟病，在较低剂量下仍具有很好的防治效果。

代表化合物结构如下：

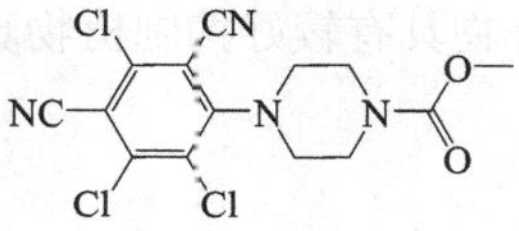

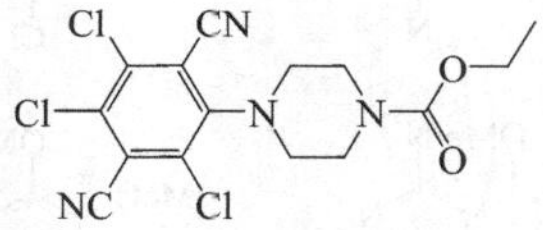

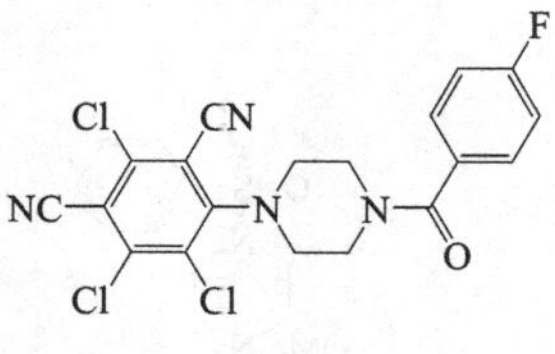

（2）一种含氟吡啶哌嗪咪唑脲及其应用

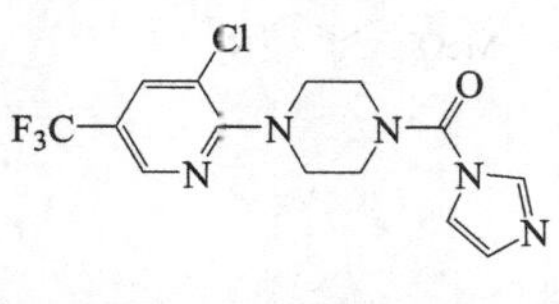

发明人：王明慧，朱红彬，彭壮，许良忠；申请人：青岛科技大学

中国专利号：ZL201810668834.8；中国专利申请日：2018-06-25

化合物类型：吡啶类、哌嗪类、咪唑类

发明思路：将含氟吡啶、哌嗪和咪唑甲酰基(咪唑类杀菌剂的结构片段)结合在一起得到该

类化合物。

用途：具有杀菌活性，对番茄早疫病菌、黄瓜枯萎病菌、花生褐斑病菌、苹果轮纹病菌、辣椒疫霉菌具有较好的抑制活性。

（3）4-(4-取代哌嗪)-5, 6, 7-三烷氧基喹唑啉类化合物及其制备方法和应用

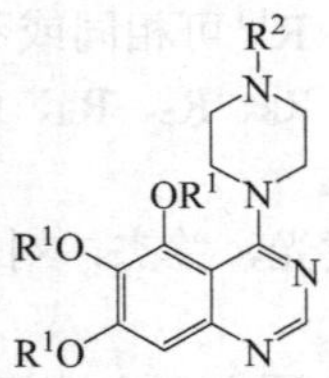

一种 4-(4-取代哌嗪)-5,6,7-三烷氧基喹唑啉类化合物，其特征在于所述的 4-(4-取代哌嗪)-5,6,7-三烷氧基喹唑啉类化合物

发明人：杨松，张英，薛伟，向红梅，王培义，胡德禹，张秋云，金林红，尹娟，冉义江；申请人：贵州大学

中国专利号：ZL201210446473.5；中国专利申请日：2012-11-09

化合物类型：喹啉类、哌嗪类

发明思路：me-too 研究；以喹唑啉结构作为骨架，在 4-位上连接含取代基的哌嗪进行活性基团拼接。

用途：具有杀菌活性，该类化合物具有较好抑制植物真菌活性的作用。

代表化合物结构如下：

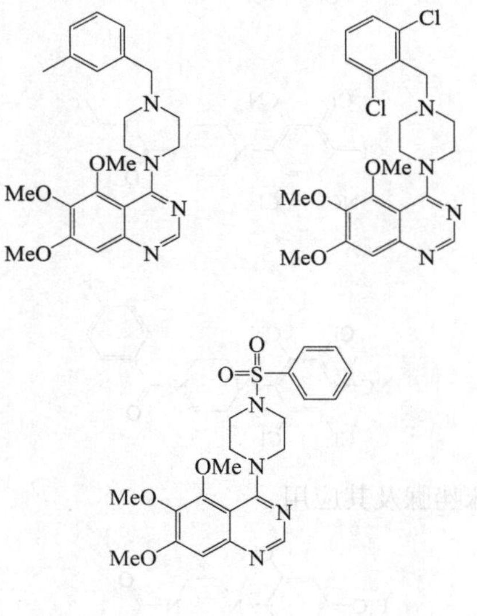

3.11 哒嗪酮类化合物

截至 2023 年 12 月公开了 2 个拥有中文或英文通用名称的哒嗪类杀菌剂，分别为 pyridachlometyl 和哒菌酮（diclomezine）。

国内尚无该类商品化或开发中杀菌剂，对该类新化合物的研究主要集中在沈阳中化农药化工研发有限公司和华东理工大学。

（1）哒嗪酮类化合物及其应用

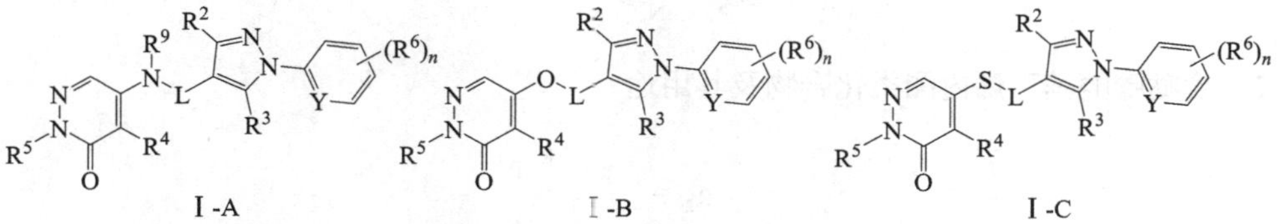

Ⅰ-A　　Ⅰ-B　　Ⅰ-C

式中，R^2、R^3 相同或不同，分别选自氢、羟基、氰基、卤素、C_1～C_{12} 烷基、C_3～C_8 环烷基、卤代 C_1～C_{12} 烷基、C_1～C_{12} 烷氧基、卤代 C_1～C_{12} 烷氧基、C_1～C_{12} 烷基羰基、卤代 C_1～C_{12} 烷基羰基、C_1～C_{12} 烷硫基、卤代 C_1～C_{12} 烷硫基、C_1～C_{12} 烷基亚磺酰基、卤代 C_1～C_{12} 烷基亚磺酰基、C_1～C_{12} 烷基磺酰基、卤代 C_1～C_{12} 烷基磺酰基、C_1～C_{12} 烷基羰基氧基、卤代 C_1～C_{12} 烷基羰基氧基、C_1～C_{12} 烷氧基羰基或卤代 C_1～C_{12} 烷氧基羰基；R^4 选自卤素；R^5 选自 C_1～C_{12} 烷基、卤代 C_1～C_{12} 烷基、C_1～C_{12} 烷氧基 C_1～C_{12} 烷基、羟基 C_1～C_{12} 烷基、C_1～C_{12} 烯基、C_1～C_{12} 炔基、C_1～C_{12} 烷氧基羰基 C_1～C_{12} 烷基或二甲氨基 C_1～C_{12} 烷基；R^6 选自氢、卤素、羟基、氨基、氰基、硝基、C_1～C_{12} 烷基、卤代 C_1～C_{12} 烷基、C_1～C_{12} 烷氧基、卤代 C_1～C_{12} 烷氧基、C_3～C_{12} 环烷基、C_1～C_{12} 烷基氨基、卤代 C_1～C_{12} 烷基氨基、二(C_1～C_{12} 烷基)氨基、卤代二(C_1～C_{12} 烷基)氨基、C(=O)NR^7R^8、C_1～C_{12} 烷硫基、卤代 C_1～C_{12} 烷硫基、C_1～C_{12} 烷基磺酰基、卤代 C_1～C_{12} 烷基磺酰基、C_1～C_{12} 烷基羰基、卤代 C_1～C_{12} 烷基羰基、C_1～C_{12} 烷氧基羰基、卤代 C_1～C_{12} 烷氧基羰基、C_1～C_{12} 烷氧基 C_1～C_{12} 烷基、卤代 C_1～C_{12} 烷氧基 C_1～C_{12} 烷基、C_1～C_{12} 烷硫基 C_1～C_{12} 烷基、卤代 C_1～C_{12} 烷硫基 C_1～C_{12} 烷基、C_1～C_{12} 烷氧基羰基 C_1～C_{12} 烷基、卤代 C_1～C_{12} 烷氧基羰基 C_1～C_{12} 烷基、C_1～C_{12} 烷硫基羰基 C_1～C_{12} 烷基、卤代 C_1～C_{12} 烷硫基羰基 C_1～C_{12} 烷基、C_1～C_{12} 烷基羰基氧基、卤代 C_1～C_{12} 烷基羰基氧基、C_1～C_{12} 烷氧基羰基氧基、卤代 C_1～C_{12} 烷氧基羰基氧基、C_1～C_{12} 烷基磺酰基氧基、卤代 C_1～C_{12} 烷基磺酰基氧基、C_1～C_{12} 烷氧基 C_1～C_{12} 烷氧基或卤代 C_1～C_{12} 烷氧基 C_1～C_{12} 烷氧基；n=1～3；

R^7、R^8 相同或不同，分别选自氢、C_1～C_{12} 烷基或卤代 C_1～C_{12} 烷基；

L 为键、C_1～C_{12} 直链饱和烷基链、C_1～C_{12} 直链不饱和烷基链、C_1～C_{12} 支链饱和烷基链或 C_1～C_{12} 支链不饱和烷基链；

R^9 选自氢、羟基、甲酰基、C_1～C_{12} 烷基、卤代 C_1～C_{12} 烷基、C_1～C_{12} 烷氧基、卤代 C_1～C_{12} 烷氧基、C_3～C_8 环烷基等；

Y 选自 CH 或 N。

发明人：刘长令，关爱莹，孙芹，杨金龙，李志念，孙旭峰，夏晓丽，马森，杨帆；申请人：沈阳中化农药化工研发有限公司

中国专利号：ZL201610915189.6；中国专利申请日：2016-10-20；同族专利：WO2018072736、CN109689644

化合物类型：哒嗪酮类化合物、芳基吡唑类化合物

发明思路：me-too 研究；利用中间体衍生化法中的替换法，以哒螨灵为先导，使用芳基吡唑中间体进行替换，得到现有化合物。

用途：具有广谱杀菌、杀虫、杀螨活性，对黄瓜霜霉病、小麦白粉病、玉米锈病、稻瘟病、黄瓜炭疽病等具有优良的防治效果。

代表化合物结构如下：

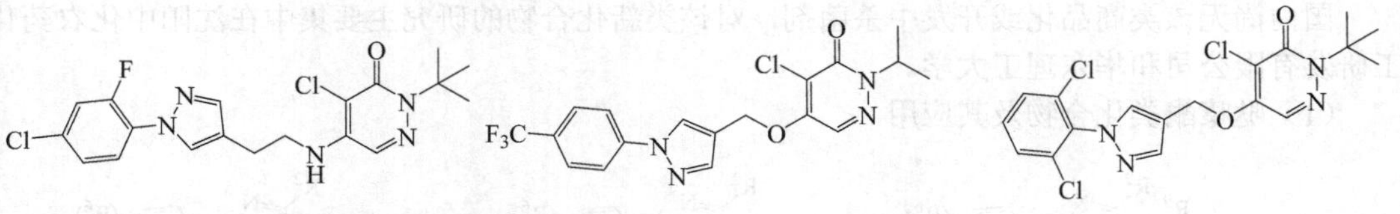

（2）含哒嗪酮基丁烯内酯类化合物及其用途

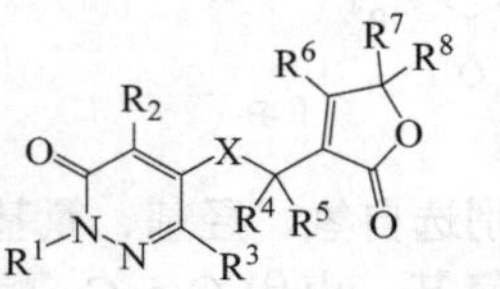

式中，R^1选自氢、C_1～C_4烷基或苄基；R^2选自卤素；R^3选自氢；R^4、R^5各自独立选自氢、氰基或C_1～C_4烷基；R^6选自苯基；R^7和R^8与相连的碳原子组成饱和五元或六元碳环；X选自O或S。

发明人：关爱莹，王明安，孙芹，杨金龙，赵宇；申请人：沈阳中化农药化工研发有限公司

中国专利号：ZL201810373876.9；中国专利申请日：2018-04-24

化合物类型：哒嗪酮类化合物

发明思路：me-too研究；采用中间体衍生化法的替换法，参考CN104370891A中丁烯内酯结构并合成相关中间体，替换哒螨灵中的苄基得到该类化合物。

用途：具有杀菌活性，对多种病菌显示出优异的活性。

代表化合物结构如下：

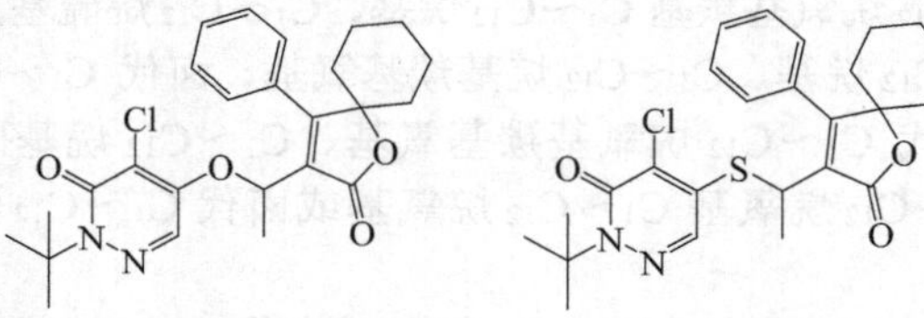

（3）哒嗪酮异噁唑甲醚类化合物及其应用

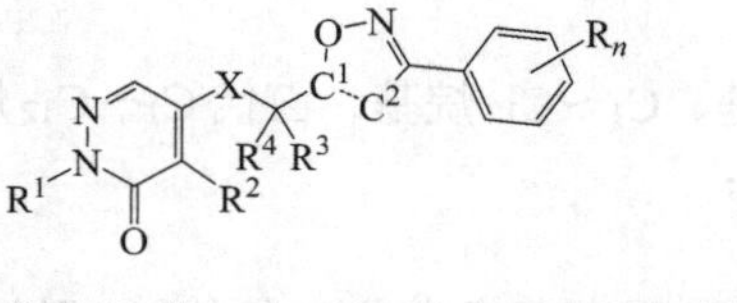

式中，R^1选自氢、C_1～C_{12}烷基、卤代C_1～C_{12}烷基；R^2选自卤素；R^3、R^4分别选自氢；R选自卤素、硝基、C_1～C_{12}烷基、卤代C_1～C_{12}烷基、C_1～C_{12}烷氧基、卤代C_1～C_{12}烷氧基；n=0、1、2；X选自O；碳原子C^1和C^2通过单键或双键相连。

发明人：李慧超，关爱莹，王军锋，杨萌，单忠刚，杨金龙，刘长令；申请人：沈阳中化农药化工研发有限公司

中国专利号：ZL201911043927.2；中国专利申请日：2019-10-30

化合物类型：哒嗪酮类化合物、异噁唑类化合物

发明思路：me-too研究；利用中间体衍生法的替换法，参考US4929617A中的结构，进一步替换得到该类化合物。

用途：具有杀菌活性，尤其是对黄瓜霜霉病、小麦白粉病和玉米锈病等具有优异的防治

效果。

代表化合物结构如下：

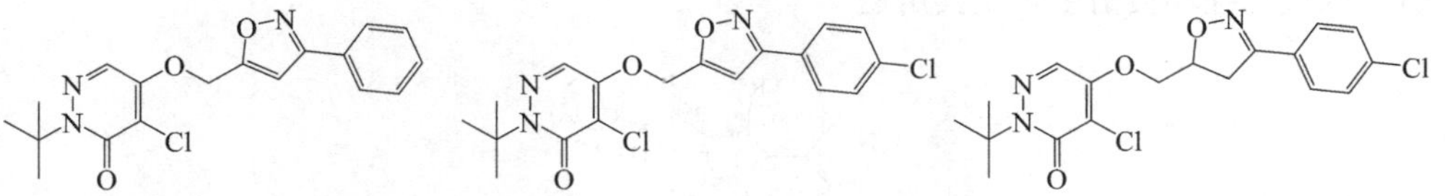

（4）哒嗪酮类化合物及其用途

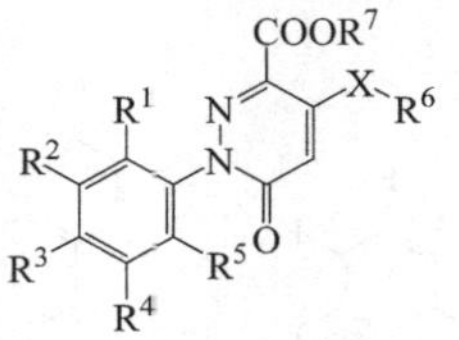

式中，R^1～R^5独立选自氢、C_1～C_6烷基、C_1～C_6烷氧基、卤素和卤代C_1～C_6烷基；X为氧；R^6为H；R^7为H或C_1～C_3烷基。

发明人：徐玉芳，赵振江，朱维平，韩景龙，李洪林，曹贤文，李宝聚，石延霞，钱旭红；申请人：华东理工大学

中国专利号：ZL201210328143.6；中国专利申请日：2012-09-06；同族专利：WO2014036952A1

化合物类型：哒嗪酮衍生物

发明思路：me-too研究；以哒嗪酮结构为基础，通过取代苯基，取代酯结构变化衍生得到现有化合物。

用途：该类化合物对黄瓜蔓枯病、黄瓜褐斑病、黄瓜细菌性角斑病、番茄晚疫病、水稻纹枯病、黄瓜灰霉病、黄瓜枯萎病具有较好的防效。

代表化合物结构如下：

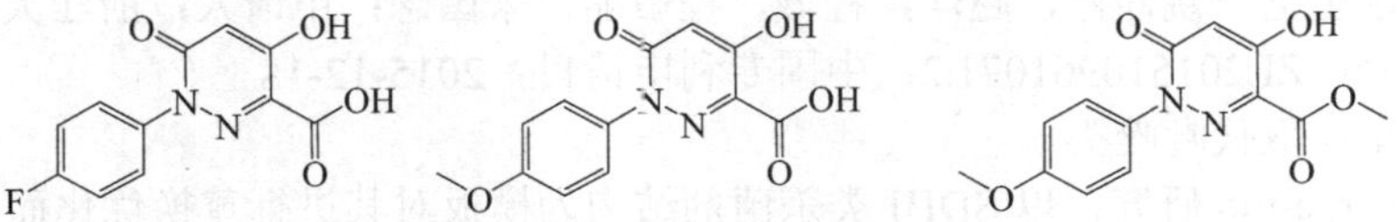

3.12 吡唑（啉酮）类化合物

截至2023年底仅公开了18个拥有中文或英文通用名称的吡唑类杀菌剂，主要分为吡唑酰胺类（同时属于酰胺类杀菌剂）和氨基吡唑啉酮类，具体名称如下：

吡唑酰胺类杀菌剂（pyrazole carboxamide fungicides，17个）：苯并烯氟菌唑（benzovindiflupyr）、联苯吡菌胺（bixafen）、氟苯醚酰胺（flubeneteram）、氟茚唑菌胺（fluindapyr）、氟苯吡菌胺（fluxapyroxad）、福拉比（furametpyr）、inpyrfluxam、isoflucypram、吡唑萘菌胺（isopyrazam）、氟唑菌苯胺（penflufen）、吡噻菌胺（penthiopyrad）、氟唑菌酰羟胺（pydiflumetofen）、pyrapropoyne、氟唑环菌胺（sedaxane）、唑虫酰胺（tolfenpyrad）、氟苯醚酰胺（flubeneteram）、氯苯醚酰胺。

氨基吡唑啉酮类杀菌剂（aminopyrazolinone fungicides，1个）：胺苯吡菌酮（fenpyrazamine）。

国内涉足该类新化合物的研究较多，目前涉及的研究单位还有如浙江工业大学、浙江大学、

河南省农业科学院植物保护研究所、南京工业大学、海南大学、贵州大学、安徽农业大学、南京工业大学、上海师范大学、沈阳中化农药化工研发有限公司、南开大学、西华大学等。

（1）取代吡唑环类衍生物及其用途

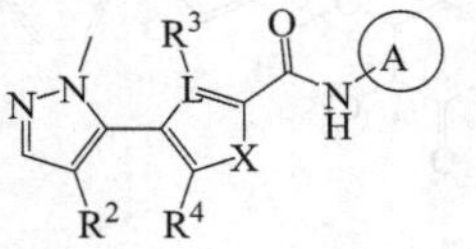

其中，环 A 为下列 A1～A8 中的一种。

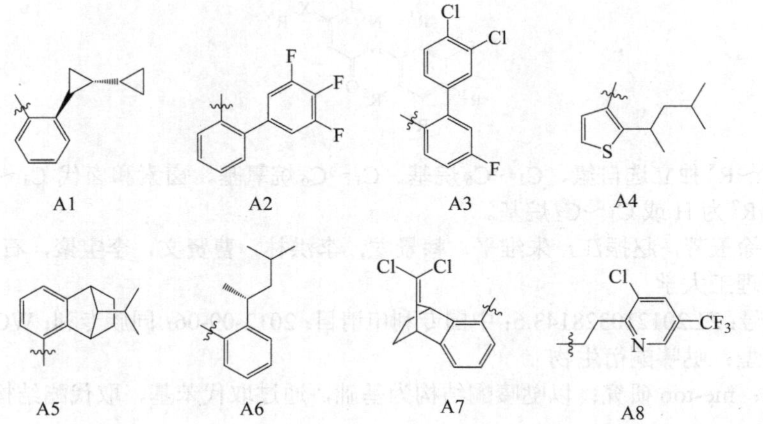

A1　A2　A3　A4

A5　A6　A7　A8

R^2 为 H、卤素、$C_{1\sim3}$ 烷基、卤代 $C_{1\sim3}$ 烷基；R^3 为 H、卤素、硝基、氨基、氰基、$C_{1\sim4}$ 烷基、卤代 $C_{1\sim4}$ 烷基、卤代 $C_{1\sim4}$ 烷氧基；R^4 为 H、卤素、硝基、氨基、氰基、$C_{1\sim4}$ 烷基、卤代 $C_{1\sim4}$ 烷基、卤代 $C_{1\sim4}$ 烷氧基；X 为 O、S、N；L 为 CH、N：当 L=N 时，R^3 不存在。

发明人：赵金浩，姚停停，赵洋，程城，程敬丽，朱国念；申请人：浙江大学

中国专利号：ZL201510961071.2；中国专利申请日：2015-12-18

化合物类型：取代吡唑类

发明思路：me-too 研究；以 SDHI 类杀菌剂结构为模板对其进行替换优化而得。

用途：可用于防治灰霉病、根腐病、黑斑病、水稻纹枯病、菌核病或稻瘟病。

代表化合物结构如下：

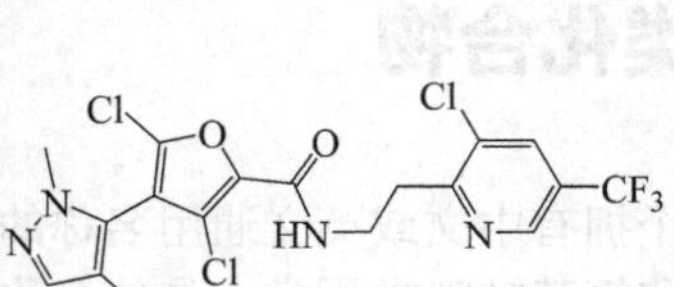

（2）一种双杂环化合物，制备方法及其应用

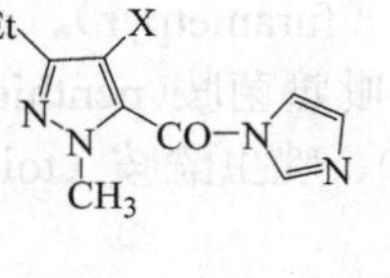

式中，X 代表 H 或 NO_2、Cl、Br。

发明人：谭成侠，沈德隆，翁建全，曹耀艳；申请人：浙江工业大学

中国专利号：ZL200410093045.4；中国专利申请日：2004-12-10

化合物类型：吡唑酰胺类

发明思路：me-too 研究；结合专利 US5201932A 及吡唑酰胺类杀菌剂的结构，将咪唑环引入其中得到该类化合物。

用途：具有杀菌活性和杀虫活性。所发明的化合物对水稻稻瘟病菌、黄瓜灰霉病菌、小麦白粉病菌有不同的抑制作用，对叶蝉有着一定的杀虫活性。

代表化合物结构如下：

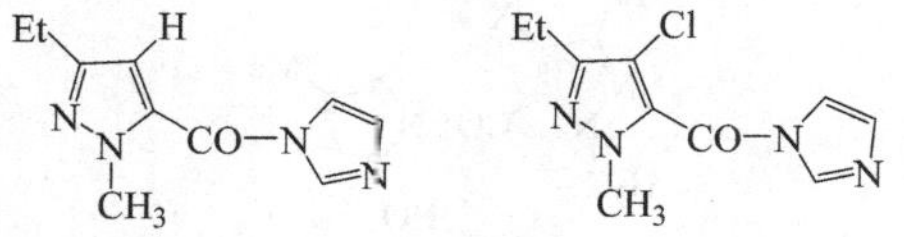

（3）一种含吡唑双杂环化合物，制备方法及其应用

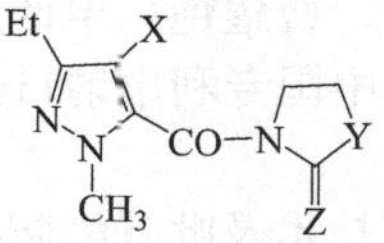

式中，X 代表 H 或吸电子基团，优选为 H、NO_2、Cl、Br；Y、Z 各自独立为 O 或 S。

发明人：谭成侠，沈德隆，翁建全，曹耀艳；申请人：浙江工业大学

中国专利号：ZL-200410093331.0；中国专利申请日：2004-12-21

化合物类型：吡唑酰胺类

发明思路：me-too 研究；结合现有技术及吡唑酰胺类杀菌剂的结构，将噻唑烷酮结构引入其中得到该类化合物。

用途：具有杀菌活性和杀虫活性。所发明的化合物对水稻稻瘟病菌、黄瓜灰霉病菌、小麦白粉病菌有不同的抑制作用，对叶蝉有着一定的杀虫活性。

代表化合物结构如下：

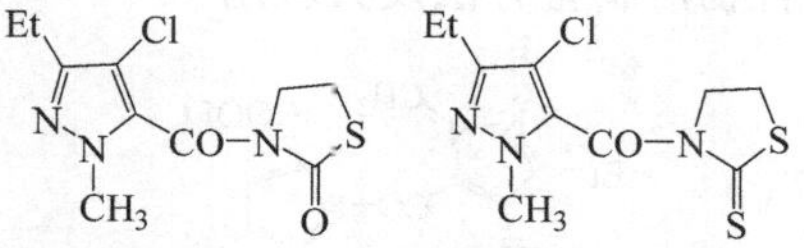

（4）一种含吡唑和苯并咪唑双杂环化合物，制备方法及其用途

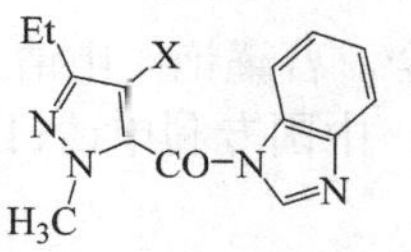

式中，X 代表 H 或吸电子基团，优选下列之一：H、NO_2、Br、Cl。

发明人：谭成侠，沈德隆，翁建全，曹耀艳；申请人：浙江工业大学

中国专利号：ZL200410099089.8；中国专利申请日：2004-12-25

化合物类型：吡唑酰胺类

发明思路：me-too 研究；结合现有技术及吡唑酰胺类杀菌剂的结构，将苯并咪唑结构引入其中得到该类化合物。

用途：具有杀菌活性。所发明的化合物对水稻稻瘟病菌、黄瓜灰霉病菌、小麦白粉病菌有不同的抑制作用，对叶蝉有着一定的杀虫活性。

代表化合物结构如下：

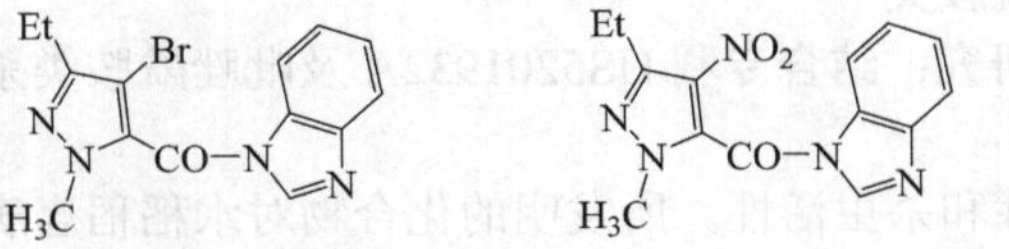

(5) 一种含吡唑和5-吡唑酮双杂环化合物，制备方法及其应用

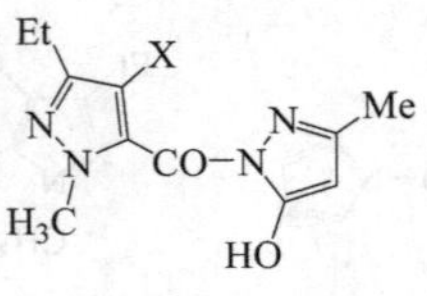

式中，X代表H或NO_2、Cl、Br。

发明人：谭成侠，沈德隆，翁建全，曹耀艳；申请人：浙江工业大学

中国专利号：ZL200410099090.0；中国专利申请日：2004-12-25

化合物类型：吡唑酰胺类

发明思路：me-too研究；结合现有技术及吡唑酰胺类杀菌剂的结构，将另一吡唑结构引入其中得到该类化合物。

用途：具有杀菌活性。所发明的化合物对水稻稻瘟病菌、黄瓜灰霉病菌、小麦白粉病菌具有一定的抑制作用，对叶蝉有着一定的杀虫活性。

代表化合物结构如下：

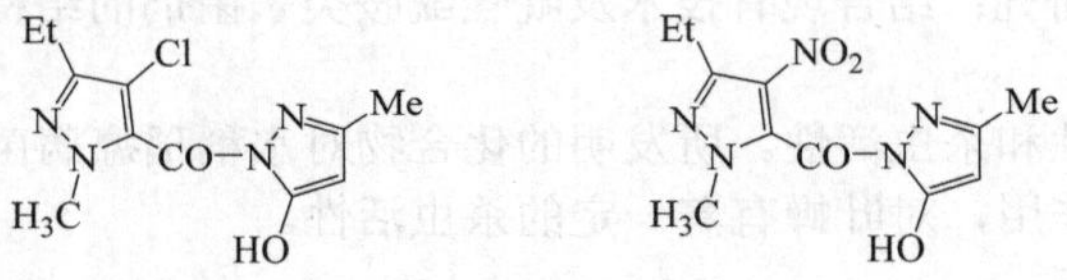

(6) 一种含双吡唑杂环化合物，制备方法及其应用

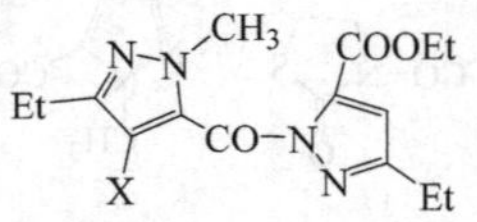

式中，X代表H、NO_2、Cl、Br。

发明人：谭成侠，沈德隆，翁建全，曹耀艳；申请人：浙江工业大学

中国专利号：ZL200410099092.X；中国专利申请日：2004-12-25

化合物类型：吡唑酰胺类

发明思路：me-too研究；结合现有技术及吡唑酰胺类杀菌剂的结构，将另一吡唑结构引入其中得到该类化合物。

用途：具有杀菌活性。所发明的化合物对水稻稻瘟病菌、黄瓜灰霉病菌、小麦白粉病菌具有一定的抑制作用，对叶蝉有着一定的杀虫活性。

代表化合物结构如下：

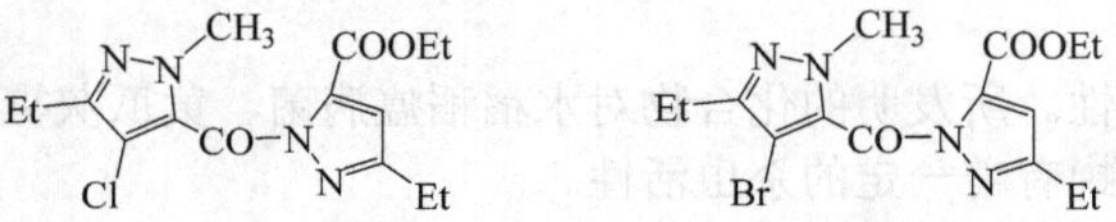

（7）一种 1, 5-二芳基-3-甲酸酯吡唑类化合物，制备方法及用途

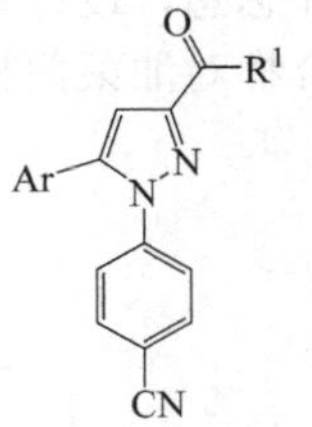

式中，Ar 为 4′-氟苯基，所述的 R^1 为 OMe。

发明人：马毅辉，霍好胜，郭梅燕，张永超，高新菊，王恒亮；申请人：河南省农业科学院植物保护研究所

中国专利号：ZL201610279252.1；中国专利申请日：2016-04-29

化合物类型：芳基吡唑羧酸酯

发明思路：me-too 研究；在已知吡唑-3-甲酰类化合物结构基础上，通过优化吡唑-3-甲酸酯骨架中 1 位和 5 位上的两个芳基上的取代基，同时优化和甲酰基相连的烷氧基，从而获得该类化合物。

用途：具有杀菌活性。对小麦全蚀病菌显示出较强的抑制作用。

代表化合物结构如下：

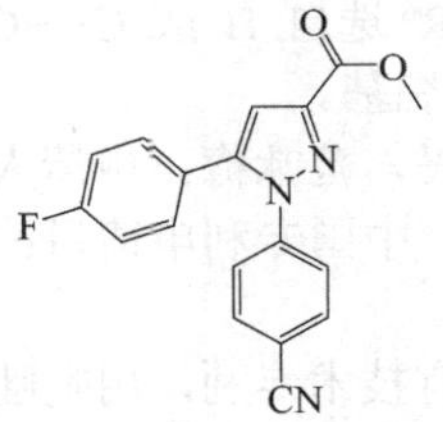

（8）一种含噻唑硫酮或噁唑烷酮的 *N*-取代乙酰氧吡唑类化合物，制备方法及用途

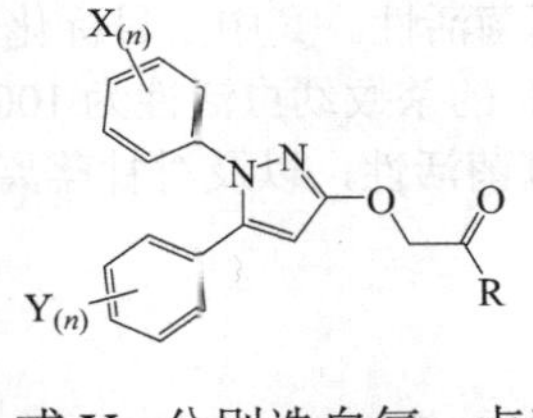

其中，$X_{(n)}$或 $Y_{(n)}$中 n=1～5，$X_{(n)}$或 $Y_{(n)}$分别选自氢、卤素、氰基、硝基、C_1～C_6烷基、C_2～C_6烯基、C_2～C_6炔基、C_1～C_6卤代烷基、C_1～C_6烷氧基、C_1～C_6卤代烷氧基、C_1～C_6烷硫基、C_1～C_6烷氧基羰基、C_1～C_6烷基氨基，其中所述的卤代基中的卤素选自氟、氯、溴或碘中的一种或几种；R 选自以下基团之一：

发明人：朱红军，刘媛媛，李玉峰，何广科，宋广亮，陈凯，倪珏萍；申请人：南京工业大学

中国专利号：ZL201110063707.3；中国专利申请日：2011-03-17

化合物类型：噻唑烷（硫）酮类、吡唑类

发明思路：me-too 研究；以吡唑氧乙酸类化合物、噻唑硫酮和噁唑烷酮为基础，按照生物分子电子等排原理和活性官能团拼接设计思想，设计并合成了该类化合物。

用途：具有杀菌活性，该发明的化合物对油菜菌核病菌、蔬菜灰霉病菌、小麦纹枯病菌、稻瘟病菌、赤霉病菌具有抑制作用。

代表化合物结构如下：

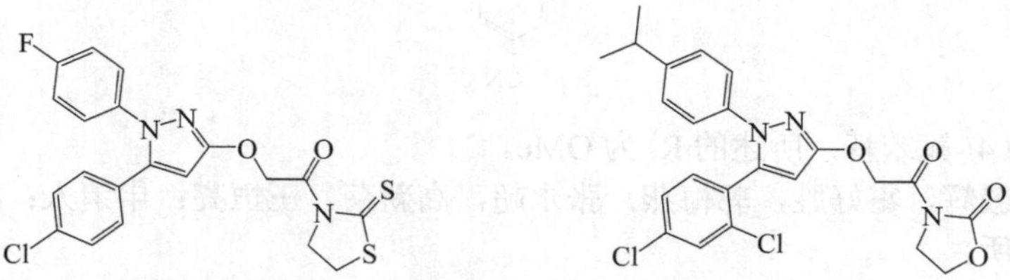

（9）一种新型苯甲酰基嘧啶脲类化合物及其制备和应用

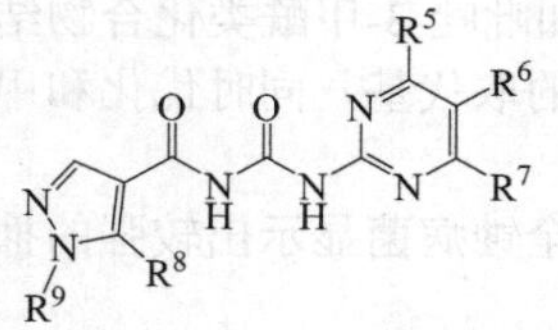

式中，R^5、R^8 独立地选自卤素；R^6 选自 H 或 C_1～C_{10} 烷基；R^7 选自 C_1～C_{10} 的烷氨基或 C_1～C_{10} 卤代烷氧基；R^9 选自 C_1～C_{10} 烷基。

发明人：孙然锋，陈佩琦，宋祥民，范咏梅；申请人：海南大学

中国专利号：ZL201810910821.7；中国专利申请日：2018-08-10

化合物类型：嘧啶脲类

发明思路：me-too 研究；结合现有技术专利，用吡唑甲酰基替换苯甲酰基或者将嘧啶环引入已知的吡唑酰基脲类结构中，获得该类化合物。

用途：具有杀菌活性和杀虫活性，该发明提供的一系列新型苯甲酰基嘧啶基脲类化合物表现出优秀的杀黏虫、杀蚊和广谱抗真菌活性。其中，目标化合物 2 在 0.5μg/mL 的杀蚊幼虫活性为 100%，目标化合物 7 在 0.25μg/mL 的杀蚊幼虫活性为 100%。目标化合物 19 和目标化合物 25 在 50μg/mL 时，表现出了广谱的抗真菌活性，以及对甘蓝离体叶片具有一定的保护性作用效果。

代表化合物结构如下：

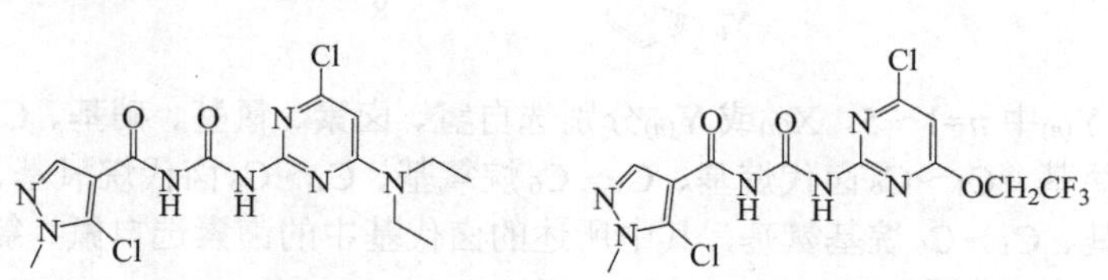

（10）一种双吡唑希夫碱化合物及其制备方法及其作为杀菌剂的应用

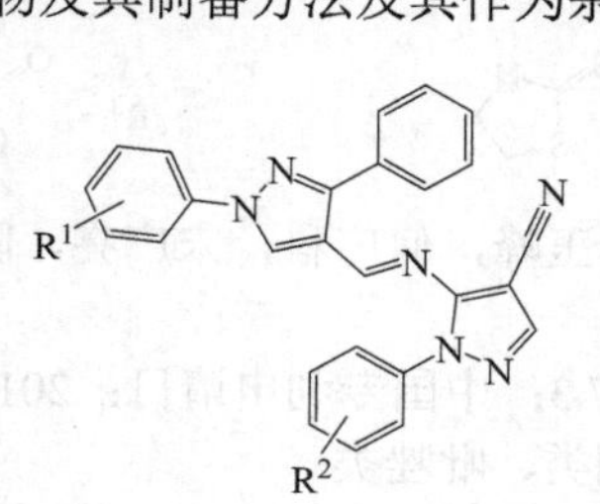

式中，R^1为H、4-CH_3、4-F、4-Cl中的任意一个；R^2为H、4-CH_3、4-F、4-Cl中的任意一个。

发明人：吕献海，操海群，肖金京，任自立，褚明杰；申请人：安徽农业大学

中国专利号：ZL201510350618.5；中国专利申请日：2015-06-23

化合物类型：双吡唑希夫碱类

发明思路：me-too研究；在已报道希夫碱类衍生物的基础上，将两个吡唑基团以希夫碱做桥进行连接，以期增强化合物的生物活性。

用途：具有杀菌活性，对赤霉菌、油菜菌核菌和梨黑星菌有良好的抑制作用。

代表化合物结构如下：

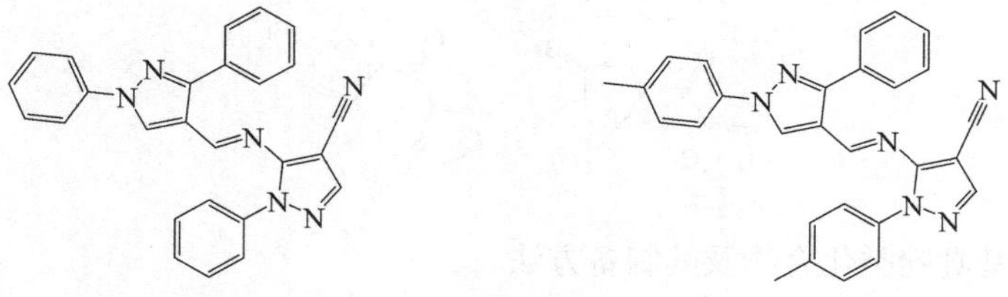

（11）一类双杂环化合物及其合成方法和应用

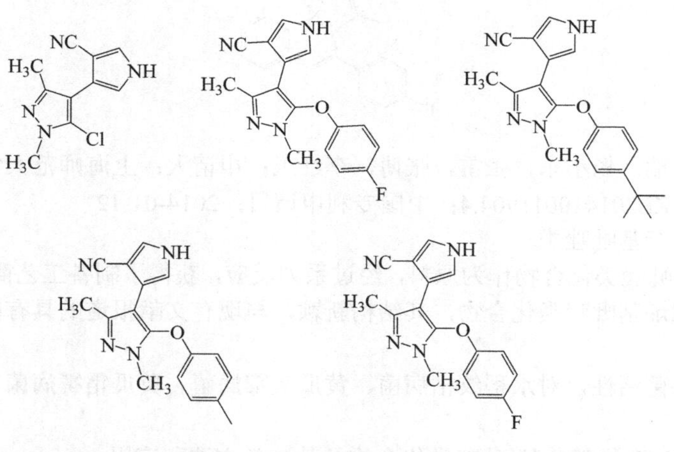

发明人：王子时，高金胜，张爽，宫艳波，胡毓婕；申请人：黑龙江大学

中国专利号：ZL201310611097.5；中国专利申请日：2013-11-26

化合物类型：吡咯类、吡唑类

发明思路：me-too研究，参考咯菌腈的结构，用苯基吡唑醚结构进行替换从而得到该类化合物。

用途：具有杀菌活性，可用于防治黄瓜霜霉病和水稻纹枯病。

（12）吡唑酰胺类化合物及其应用

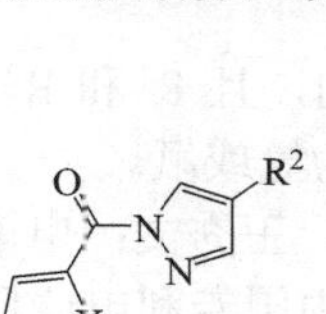

式中，X独立地为氧原子或硫原子；R^1为氢原子；R^2为溴原子。

发明人：唐孝荣，王雪松，高素美，杨建，高扬，徐志宏，张燕，王玲；申请人：西华

大学

中国专利号：ZL201510059961.4；中国专利申请日：2015-02-05

化合物类型：吡唑

发明思路：me-too 研究；参考已知吡唑酰胺类化合物结构，对杂环进行替换而得。

用途：具有杀菌活性，对水稻纹枯病菌、小麦赤霉病菌、玉米小斑病菌、油菜菌核病菌、番茄灰霉病菌、马铃薯晚疫病菌、瓜类炭疽病菌、葡萄白腐病菌、柑橘绿霉病菌和苹果轮纹病菌具有抑制作用。

代表化合物结构如下：

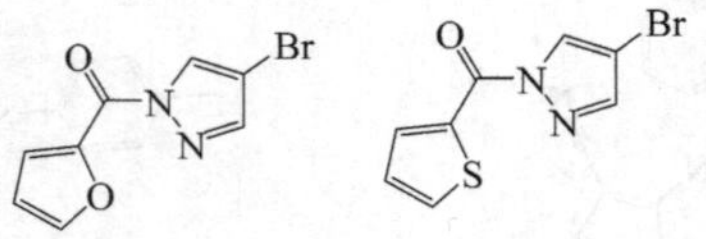

（13）卤代烯基吡唑类化合物及其制备方法

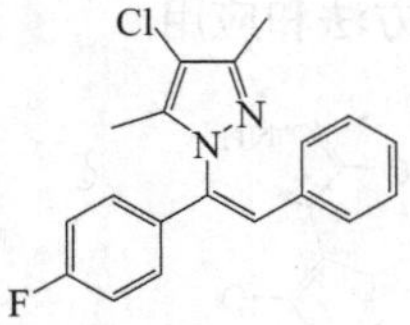

发明人：任天瑞，杨小东，张雷，张博，李红玉；申请人：上海师范大学

中国专利号：ZL201410011904.4；中国专利申请日：2014-01-12

化合物类型：芳基吡唑类

发明思路：以吡唑类化合物作为原料，经过系列反应，获得了制备工艺简单、杀菌活性高、对环境友好的卤代烯基吡唑类化合物，其结构新颖，与现有文献报道的具有的农药活性骨架结构不同。

用途：具有杀菌活性，对水稻纹枯病菌、黄瓜灰霉病菌、黄瓜霜霉病菌、黄瓜白粉病菌具有抑制作用。

（14）多卤代 5-(2-羟基苯基)吡唑类化合物及其制备方法和应用

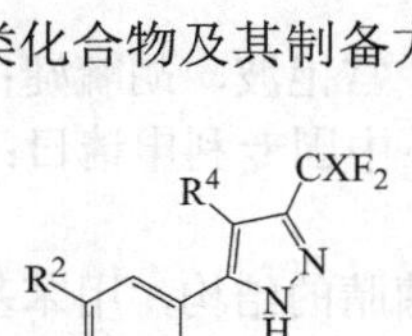

其中，R^1、R^2、R^3和R^4相同或不同，且R^1和R^2各自为氢、卤素、C_1～C_5的烷基或C_1～C_5的烷氧基，R^3和R^4各自为卤素，X为氢或氟。

发明人：张爱东，王吉利，周雅情，王秀文；申请人：华中师范大学

中国专利号：ZL201811358328.5；中国专利申请日：2018-11-15

化合物类型：苯基吡唑

发明思路：me-too 研究；依据 IspD 酶抑制剂 pseudilin 的研究现状，采用生物电子等排的研究策略，参照具有 IspD 抑制活性 pseudilin 类似物结构，对其进行结构改造从而获得该类化合物。

用途：具有杀菌活性，该发明化合物对小麦壳针孢菌具有 100%的杀菌活性，对辣椒疫霉菌具有 85%以上的杀菌活性，部分多卤代 5-(2-羟基苯基)吡唑类化合物同时对腐霉病和/或灰霉病和/或小麦赤霉病具有较高的杀菌活性。

代表化合物结构如下：

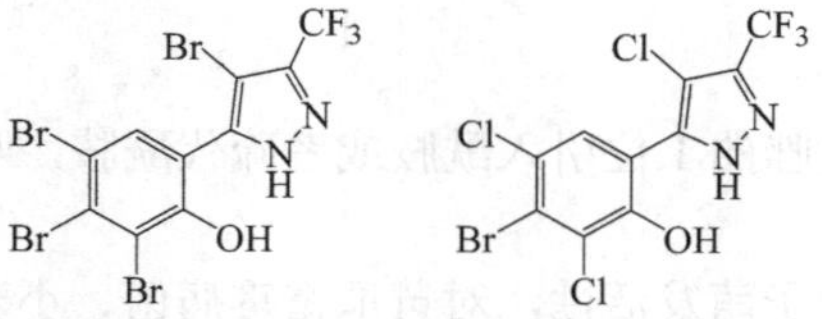

（15）具有杀菌活性的 α-(吡唑甲酸基)乙酰苯胺类化合物

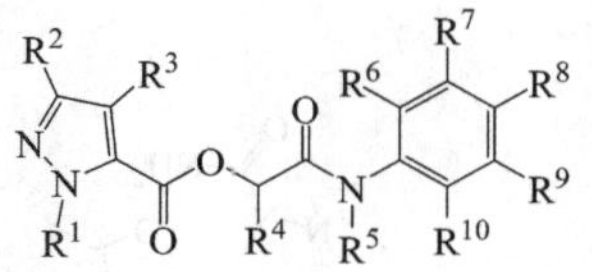

其中，R^1 选自 C_1～C_4 烷基、具有一个碳碳双键的 C_2～C_6 烯基、具有一个碳碳三键的 C_2～C_6 炔基、苄基或 4-氯苄基；R^2 选自 C_1～C_6 烷基或卤代 C_1～C_6 烷基；R^3 选自 H、卤素、硝基、C_1～C_4 卤烷基或 C_1～C_4 烷氧基；R^4、R^5 分别选自 H 或 C_1～C_4 烷基；R^6、R^7、R^8、R^9、R^{10} 分别选自 H、卤素、C_1～C_3 烷基、卤代 C_1～C_3 烷基、C_1～C_3 烷氧基、C_3～C_6 环烷氧基、硝基或氰基；及其立体异构体。

发明人：李斌，张珂良，李志念，王力钟，邹军，贾永刚，刘振龙，吴鸿飞；申请人：沈阳化工研究院

中国专利号：ZL200310119040.X；中国专利申请日：2003-12-12

化合物类型：酰胺类化合物、吡唑类化合物

发明思路：me-too 研究；在已知 α-(苯甲酸类)乙酰苯胺类化合物基础上用吡唑羧酸替换相应的苯甲酸部分而得。

用途：具有杀菌活性。可用于防治作物上由藻菌纲引起的病害，尤其对霜霉病有效。

代表化合物结构如下：

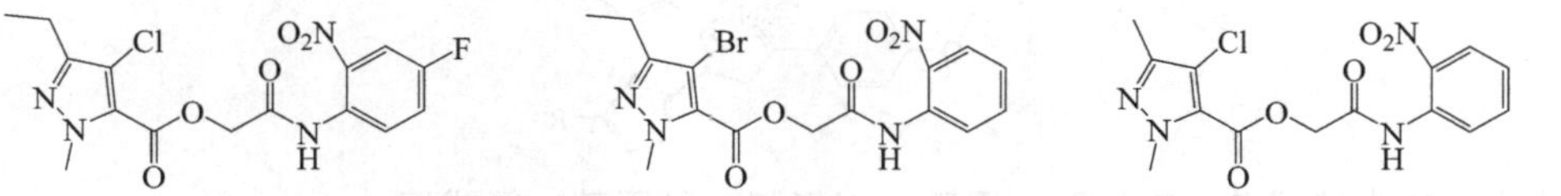

（16）5-杂环取代的吡唑类化合物及其在农药中的应用

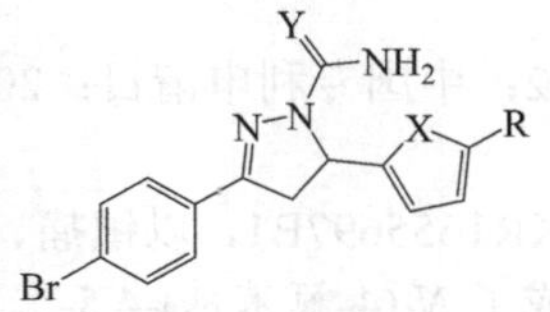

式中，X 为氧或硫；Y 为氧或硫；R 为氢、甲基、甲氧基、羟甲基、氯或溴。

发明人：唐孝荣，钱伟烽，刘辉，肖婷婷，程玮，陆童，张婷婷，蒋文静，张燕，谷明阳，冯璨；申请人：西华大学

中国专利号：ZL201911355568.4；中国专利申请日：2019-12-25

化合物类型：5-杂环取代的吡唑类化合物

发明思路：me-too 研究；参照（KR1655697B1，；），在医药安替比林母体结构上吡唑的 1 位引入酰胺或者硫代酰胺，吡唑 5 位引入呋喃环或者噻吩环得到目标化合物。

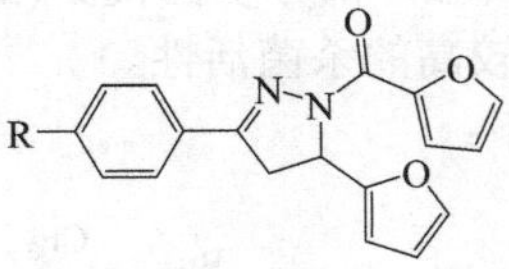

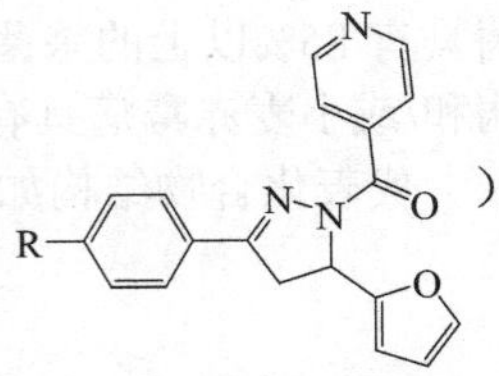

用途：具有杀菌和促进种子萌发活性，对黄瓜霜霉病菌、小麦白粉病菌、小麦叶锈病菌、稻瘟病菌、棉花黄萎病菌或柑橘炭疽病菌具有抑制活性；也可用于黄瓜种子、青椒种子、番茄种子或芹菜种子等促进发芽。

代表化合物结构如下：

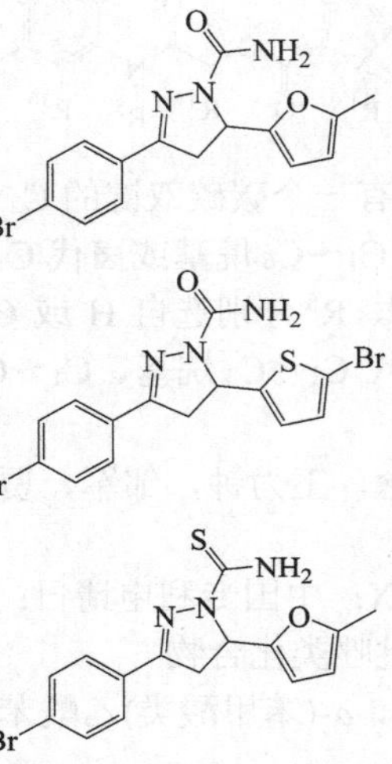

（17）*N*-(4-氟苯基)-4, 5-二氢吡唑类化合物及其在农药中的应用

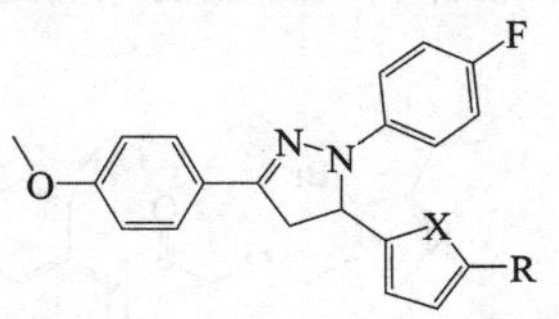

式中，X 为氧或硫，R 为氢、甲基、甲氧基、羟甲基、氯或溴。

发明人：唐孝荣，程玮，钱伟烽，刘辉，肖婷婷，陆童，张婷婷，蒋文静，曾义，巫学双，金双，谷明阳；申请人：西华大学

中国专利号：ZL201911355628.2；中国专利申请日：2019-12-25

化合物类型：芳基连吡唑类

发明思路：me-too 研究；参照 KR1655697B1，以镇痛、消炎和退热作用的医药安替比林为母环结构，引入噻吩或者呋喃环合成了 *N*-(4-氟苯基)-4,5-二氢吡唑类化合物。

用途：可杀菌和促进种子萌发，对黄瓜霜霉病菌、小麦白粉病菌、小麦叶锈病菌、稻瘟病菌、棉花黄萎病菌或柑橘炭疽病菌有较好的抑制活性；对黄瓜种子、青椒种子、番茄种子或芹菜种子具有促进萌发作用。

代表化合物结构如下：

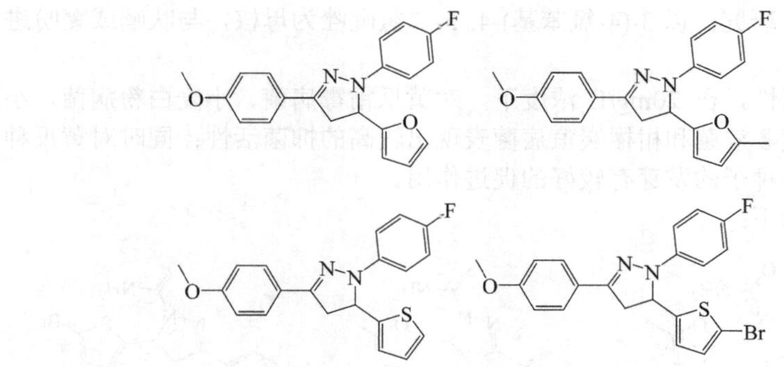

（18）3-(4-甲氧苯基)吡唑类化合物及其在农药中的应用

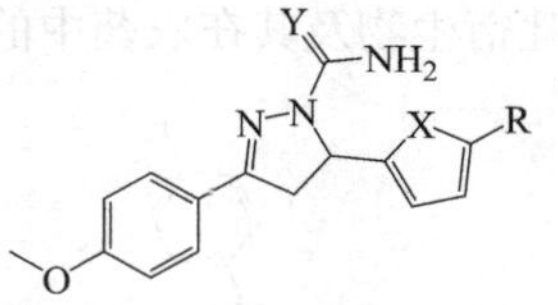

式中，X 为氧或硫；Y 为氧、硫或氮；R 为氢、甲基、甲氧基、羟甲基、氯或溴。

发明人：唐孝荣，肖婷婷，钱伟烽，刘辉，程玮，张婷婷，陆童，蒋文静，李维一，徐小敏，巫学双，周杰；申请人：西华大学

中国专利号：ZL201911357383.7；中国专利申请日：2019-12-25

化合物类型：吡唑类

发明思路：me-too 研究；以 3-(4-甲氧苯基)-4, 5-二氢吡唑为母核，与呋喃或噻吩进行亚结构拼接得到现有化合物。

用途：具有杀菌活性，在 20mg/L 浓度下，对黄瓜霜霉病菌、小麦白粉病菌、小麦叶锈病菌、稻瘟病菌、棉花黄萎病菌和柑橘炭疽病菌表现出较高的抑菌活性；同时对黄瓜种子、青椒种子、番茄种子和芹菜种子的发芽有较好的促进作用。

代表化合物结构如下：

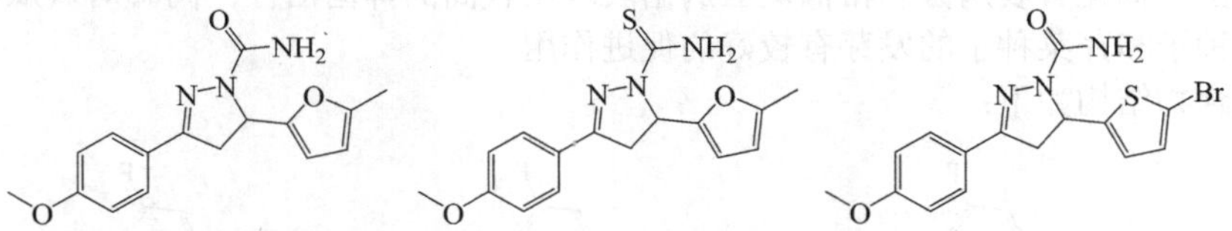

（19）1, 3, 5-三取代-4, 5-二氢吡唑衍生物及其在农药中的应用

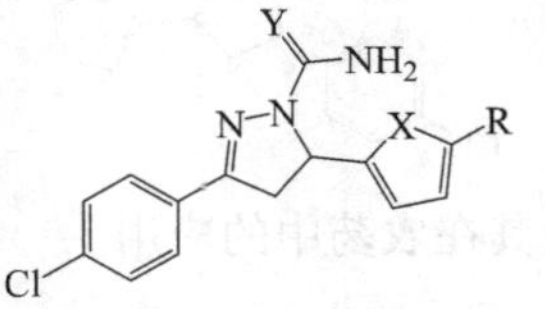

式中，X 为氧或硫；Y 为氧、硫或氮；R 为氢、甲基、甲氧基、羟甲基、氯或溴。

发明人：唐孝荣，张婷婷，刘辉，程玮，肖婷婷，陆童，蒋文静，钱伟烽，曾义，金双，魏豪；申请人：西华大学

中国专利号：ZL201911355583.9；中国专利申请日：2019-12-25

化合物类型：吡唑类

发明思路：me-too 研究；以 3-(4-氯苯基)-4, 5-二氢吡唑为母核，与呋喃或噻吩进行亚结构拼接得到现有化合物。

用途：具有杀菌活性，在 20mg/L 浓度下，对黄瓜霜霉病菌、小麦白粉病菌、小麦叶锈病菌、稻瘟病菌、棉花黄萎病菌和柑橘炭疽病菌表现出较高的抑菌活性；同时对黄瓜种子、青椒种子、番茄种子和芹菜种子的发芽有较好的促进作用。

代表化合物结构如下：

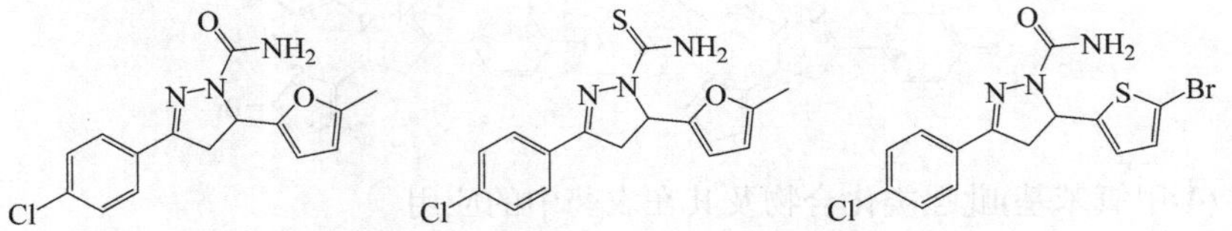

（20）3-(4-氯苯基)-4, 5-二氢吡唑衍生物及其在农药中的应用

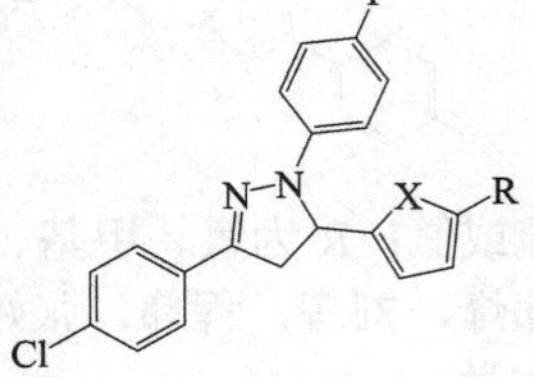

式中，X 为氧或硫；R 为氢、甲基、甲氧基、羟甲基、氯或溴。

发明人：唐孝荣，钱伟烽，刘辉，程玮，肖婷婷，陆童，张婷婷，蒋文静，李唯一，冯璨，赵月鑫，马兰；申请人：西华大学

中国专利号：ZL201911357366.3；中国专利申请日：2019-12-25

化合物类型：吡唑类

发明思路：me-too 研究；以 3-(4-氯苯基)-4, 5-二氢吡唑为母核，与呋喃或噻吩进行亚结构拼接得到现有化合物。

用途：具有杀菌活性，在 20mg/L 浓度下，对黄瓜霜霉病菌、小麦白粉病菌、小麦叶锈病菌、稻瘟病菌、棉花黄萎病菌和柑橘炭疽病菌表现出较高的抑菌活性；同时对黄瓜种子、青椒种子、番茄种子和芹菜种子的发芽有较好的促进作用。

代表化合物结构如下：

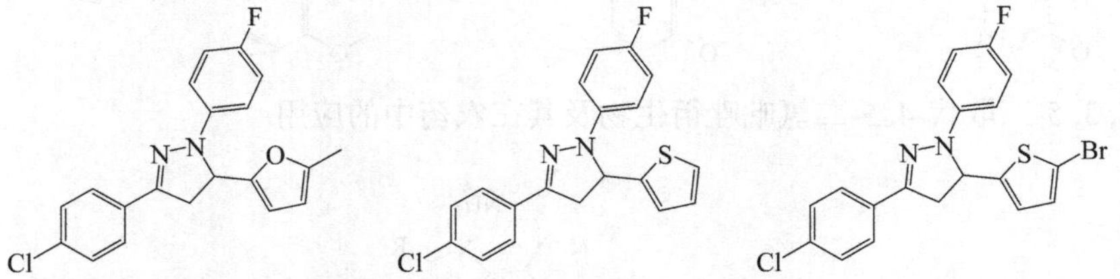

（21）4, 5-二氢吡唑类化合物及其在农药中的应用

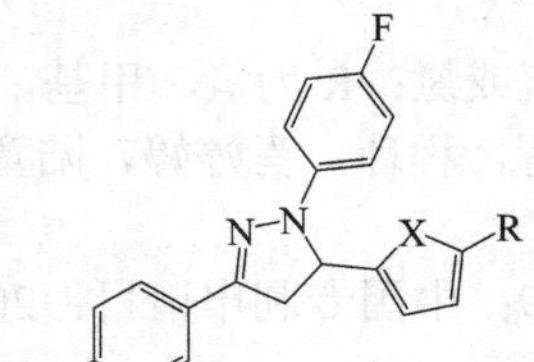

式中，X 为氧或硫；R 为氢、甲基、甲氧基、羟甲基、氯或溴。

发明人：唐孝荣，陆童，钱伟烽，刘辉，肖婷婷，程玮，张婷婷，蒋文静，张燕，陈彬贤，张铭格，张宇晴；申请人：西华大学

中国专利号：ZL201911355605.1；中国专利申请日：2019-12-25

化合物类型：吡唑类

发明思路：me-too 研究；以 3-(4-溴苯基)-4, 5-二氢吡唑为母核，与呋喃或噻吩进行亚结构拼接得到现有化合物。

用途：具有杀菌活性，在 20mg/L 浓度下，对黄瓜霜霉病菌、小麦白粉病菌、小麦叶锈病菌、稻瘟病菌、棉花黄萎病菌和柑橘炭疽病菌表现出较高的抑菌活性；同时对黄瓜种子、青椒种子、番茄种子和芹菜种子的发芽有较好的促进作用。

代表化合物结构如下：

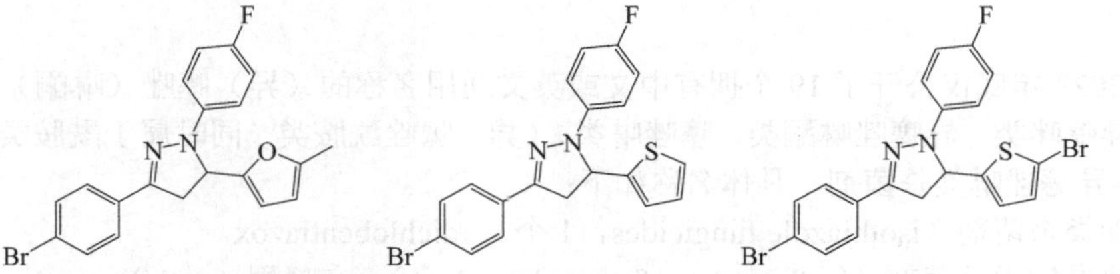

（22）取代吡唑(硫)酮类化合物及其用途

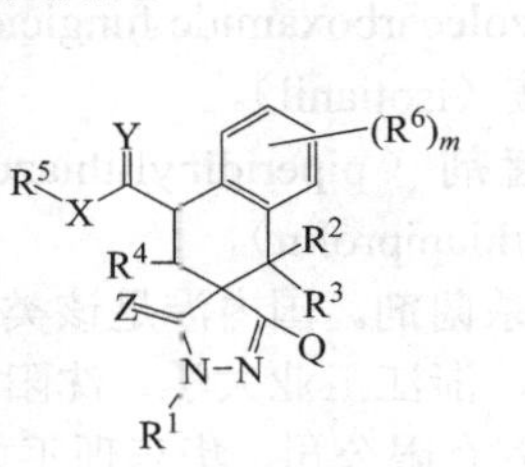

式中：

R^1 选自氢、C_1～C_8 烷基；R^2、R^3 分别选自氢、卤素、C_1～C_8 烷基；R^4 选自氢、卤素、C_1～C_8 烷基；R^5 选自氢、C_1～C_8 烷基、卤代 C_1～C_8 烷基、C_1～C_8 烷氧基 C_1～C_8 烷基；R^6 选自卤素、硝基、氰基、C_1～C_8 烷基、卤代 C_1～C_8 烷基；m=0～4；X 选自 O、S 或 NR^{13}；Y、Z 选自 O 或 S；Q 选自氢、C_1～C_8 烷基、卤代 C_1～C_8 烷基或被$(R^7)_n$ 各自独立取代的下述基团：苯基、萘基、苄基、吡啶基；R^7 选自卤素、硝基、氰基、C_1～C_8 烷基、卤代 C_1～C_8 烷基；n=0～5；R^{13} 选自氢、氰基、羟基、C_1～C_8 烷基、卤代 C_1～C_8 烷基、C_3～C_8 环烷基、C_1～C_8 烷氧基；或者 R^5NR^{13} 组成四氢吡咯基、哌啶基、吗啉基或 *N*-甲基哌嗪基。

发明人：刘长令，李淼，李志念，柴宝山，宋玉泉，孙旭峰，王军锋，梁博；申请人：中国中化股份有限公司，沈阳化工研究院有限公司

中国专利号：ZL201110278500.8；中国专利申请日：2011-09-19

化合物类型：吡唑(硫)酮类化合物

发明思路：采用中间体衍生法的直接合成法，在芳基吡唑甲氧基丙烯酸酯类化合物基础上，进一步反应合环得到现有结构新颖的化合物。

用途：具有杀菌、杀虫活性。对黄瓜霜霉病、小麦白粉病、玉米锈病、番茄晚疫病、黄瓜灰霉病、水稻稻瘟病、黄瓜炭疽病等多种病菌都有很好的防治效果。特别对黄瓜霜霉病，在较

低剂量下仍具有很好的防治效果。同时，该发明的部分化合物还具有较好的杀虫活性，可用于防治小菜蛾、甜菜夜蛾等。

代表化合物结构如下：

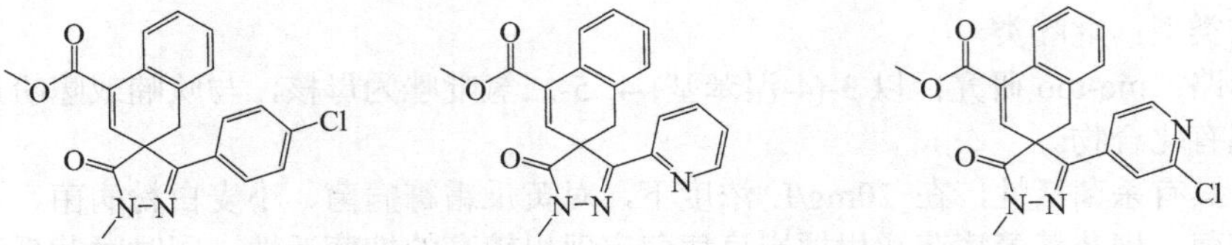

3.13 （异）噻唑（啉酮）类化合物

截至2023年底仅公开了19个拥有中文或英文通用名称的（异）噻唑（啉酮）类杀菌剂，主要分为异噻唑类、异噻唑啉酮类、噻唑啉类、（异）噻唑酰胺类（同时属于酰胺类杀菌剂）和哌啶-噻唑-异噁唑啉类杀菌剂，具体名称如下：

异噻唑类杀菌剂（isothiazole fungicides，1个）：dichlobentiazox。

异噻唑啉酮类杀菌剂（isothiazolone fungicides，1个）：辛噻酮（octhilinone）。

噻唑啉类杀菌剂（thiazolidine fungicides，2个）：flutianil、thiadifluor。

（异）噻唑酰胺类杀菌剂（thiazolecarboxamide fungicides，3个）：噻唑菌胺（ethaboxam）、噻呋酰胺（thifluzamide）、异噻菌胺（isotianil）。

哌啶-噻唑-异噁唑啉类杀菌剂（piperidinyl-thiazole-isoxazoline fungicides，2个）：fluoxapiprolin、氟噻唑吡乙酮（oxathiapiprolin）。

国内尚无该类商品化或开发中杀菌剂。国内涉足该类新化合物研究的较多，目前涉及的研究单位如华中师范大学、南开大学、浙江工业大学、沈阳中化农药化工研发有限公司、辽宁科技大学、湖南大学、湖南化工研究院有限公司、华东理工大学、山东师范大学、中国海洋大学、中国农业大学等。

（1）一种仲胺类化合物及其制备和应用

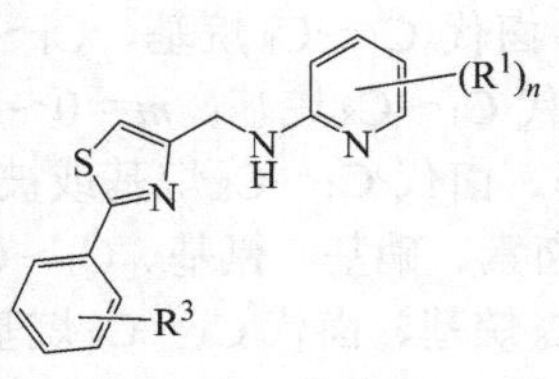

式中，R^1选自氢、卤素、硝基、氰基、C_1～C_6烷基或C_1～C_6卤代烷基；

n选自0～4之间的整数，当n为大于1的整数时，R^1可选自相同或不同的基团；

R^3选自氢、卤素、硝基、氰基、C_1～C_6烷基、C_1～C_6卤代烷基、C_1～C_6烷氧基、C_1～C_6卤代烷氧基、C_1～C_6烷硫基、C_1～C_6烷磺酰基、C_1～C_6烷基羰基、C_1～C_6烷氧基C_1～C_{12}烷基、C_1～C_6烷氧基羰基、C_1～C_6烷氧基羰基C_1～C_6烷基或C_1～C_6卤代烷氧基C_1～C_6烷基。

发明人：英君伍，陈霖，李志念，刘成利，单中刚，雷光月，杨辉斌，李斌；申请人：沈阳中化农药化工研发有限公司

中国专利号：ZL201611139070.0；中国专利申请日：2016-12-12

化合物类型：吡啶类化合物、苯基噻唑类化合物

发明思路：me-too 研究；利用苯基噻唑类中间体替换现有技术如 CN103288722 中的杂环部分而得。

用途：具有杀菌活性，可用于防治病害。

代表化合物结构如下：

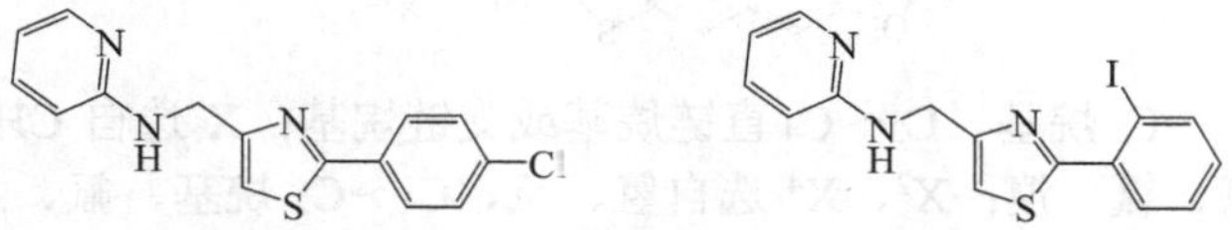

（2）一种含哌啶噻唑类化合物在制备杀菌剂中的应用及其制备方法

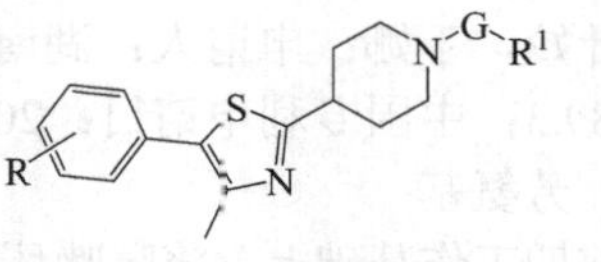

式中，R 为甲基、卤素、三氟甲基及叔丁基中的一种；R^1 为 4-氯苯基、4-甲基苯基、4-硝基苯基、金刚烷基及 4-三氟甲基苯基中的一种；G 选自下列基团(a1)及(a2)中的一种 。

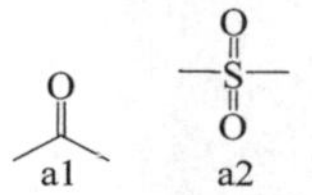

a1 a2

发明人：丁成荣，潘亚运，殷许，谭成侠，吕井辉，张国富；申请人：浙江工业大学

中国专利号：ZL201710651654.4；中国专利申请日：2017-08-02

化合物类型：含哌啶噻唑类

发明思路：me-too 研究；在杀菌剂氟噻唑吡乙酮的结构基础上，保留哌啶基噻唑部分对其他部分进行替换得到。

用途：具有杀菌活性。该发明的化合物针对防治黄瓜霜霉病和水稻纹枯病具有较好的效果。

代表化合物结构如下：

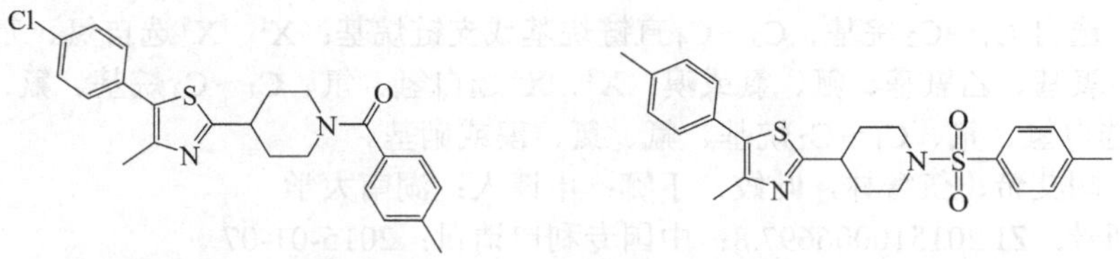

（3）2-(2-苄亚肼基)-4-(苯并呋喃-5-基)噻唑及其制备方法与应用

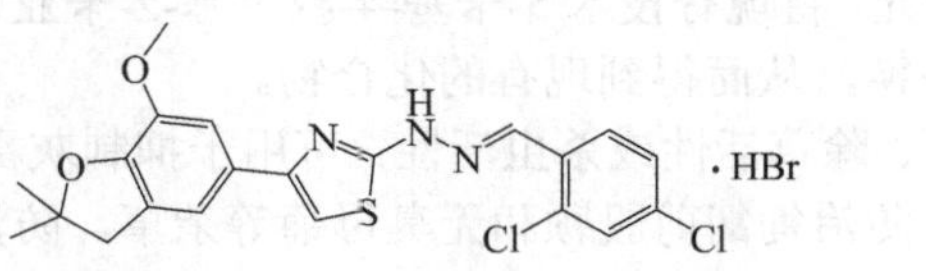

发明人：胡艾希，魏莉，叶姣，沈芳，李婉，欧晓明；申请人：湖南大学

中国专利号：ZL201310109794.0；中国专利申请日：2013-04-01

化合物类型：噻唑、苯并呋喃

发明思路：me-too 研究；将现有技术中噻唑与苯环之间的连接基团由亚氨基替换为亚肼基，并进行取代基替换及制备成盐从而得到本申请的化合物。

用途：具有杀菌活性，对油菜菌核病菌和小麦白粉病菌具有一定的抑制效果。

（4）5-胡椒基-4-烷基-2-芳氨基噻唑及其制备方法与应用

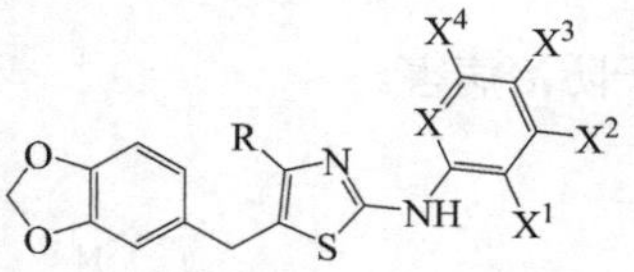

式中，R 选自 C_1～C_2 烷基、C_3～C_4 直链烷基或支链烷基；X 选自 CH 或 N；X^1 选自氢、氘、C_1～C_2 烷基、氟、氯、溴；X^2、X^4 选自氢、氘、C_1～C_2 烷基、氟、氯、溴、三氯甲基、三溴甲基或三氟甲基；X^3 选自氢、氘、C_1～C_2 烷基、氟、氯、溴、三氯甲基、三溴甲基、三氟甲基；所述盐选自盐酸盐、氢溴酸盐、硫酸盐、磷酸盐或硝酸盐。

发明人：胡艾希，伍智林，叶姣，丁娜；申请人：湖南大学

中国专利号：ZL201510006689.3；中国专利申请日：2015-01-07

化合物类型：噻唑、胡椒基、芳氨基

发明思路：me-too 研究；在前期工作基础上，将噻唑环 5 位苄基替换为胡椒苄基而得。

用途：具有良好的杀菌活性或杀虫活性，可抑制灰霉病菌、稻瘟病菌等致病菌，可杀灭埃及伊蚊、桃蚜、地中海实蝇、烟青虫、巢菜修尾蚜等害虫。

代表化合物结构如下：

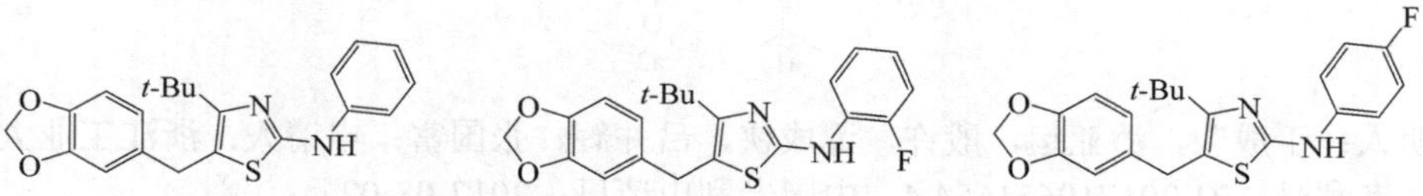

（5）5-胡椒基-4-烷基-2-苄亚氨基噻唑及其制备方法与应用

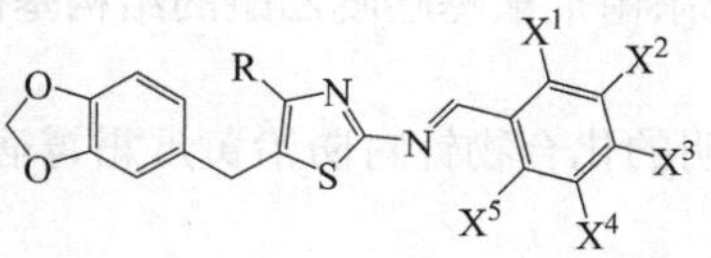

式中，R 选自 C_1～C_2 烷基、C_3～C_4 直链烷基或支链烷基；X^1、X^5 选自氢、氘、C_1～C_2 烷基、羟基、甲氧基、乙氧基、氟、氯或溴；X^2、X^4 选自氢、氘、C_1～C_2 烷基、氟、氯、溴、碘或硝基；X^3 选自氢、氘、C_1～C_2 烷基、氟、氯、溴或硝基。

发明人：胡艾希，伍智林，叶姣，丁娜；申请人：湖南大学

中国专利号：ZL201510006697.8；中国专利申请日：2015-01-07

化合物类型：噻唑、胡椒、苄亚胺

发明思路：me-too 研究，将现有技术 5-苄基-4-叔丁基-2-苄亚氨基噻唑类化合物中苄基替换为胡椒基并进行取代基替换，从而得到现有的化合物。

用途：具有杀菌活性、除草活性或杀虫活性，可用于抑制灰霉病菌、晚疫病菌、稻瘟病菌、小麦壳针孢菌等病原菌，防治匍匐剪股颖和无臭母菊等杂草，防治埃及伊蚊、桃蚜、巢菜修尾蚜、银叶粉虱、黏虫等害虫。

代表化合物结构如下：

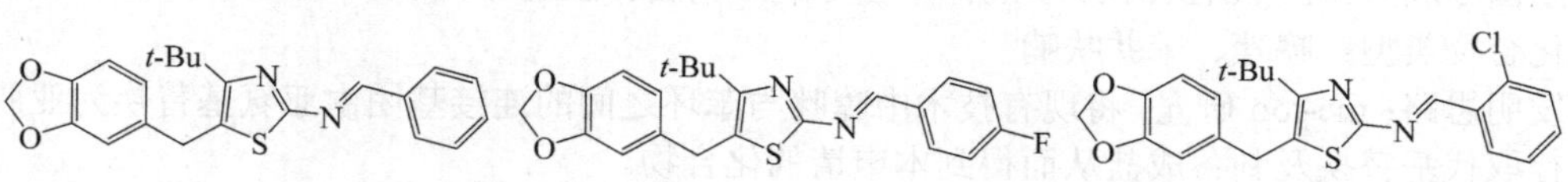

（6）含稠杂环结构的化合物及其制备方法和应用以及杀菌剂

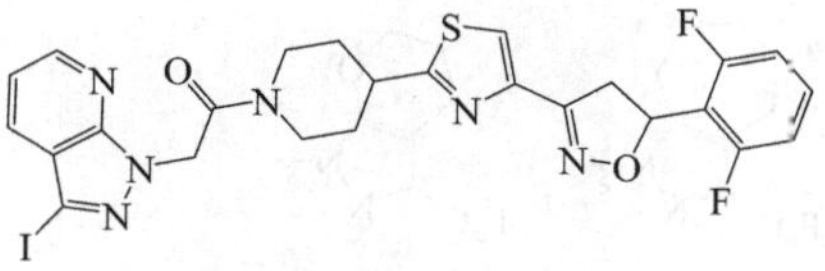

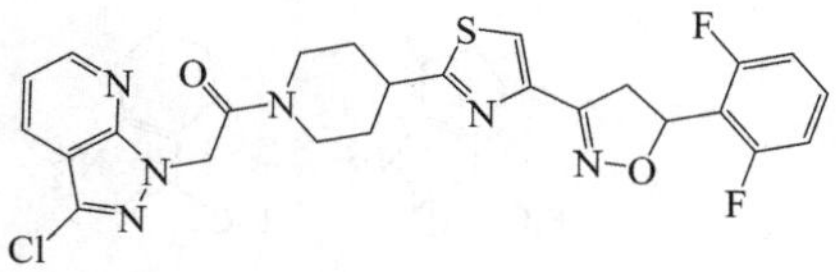

发明人：杨光富，李建龙；申请人：华中师范大学

中国专利号：ZL201910749699.4；中国专利申请日：2019-08-14

化合物类型：氟噻唑吡乙酮类似物

发明思路：me-too 研究；在氟噻唑吡乙酮的基础上引入吡啶并吡唑得到。

用途：具有杀菌活性，对致病疫霉、辣椒疫霉、终极腐霉、烟草疫霉、荔枝霜疫霉、黄瓜霜霉病菌等多种卵菌病原菌引起的植物病害具有一定的防治效果，明显优于常规卵菌病害防治药剂烯酰吗啉。

（7）含稠杂环结构的化合物及其制备方法和应用以及杀菌剂

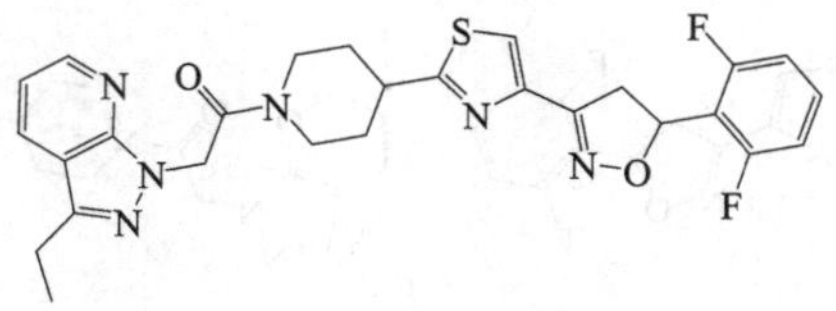

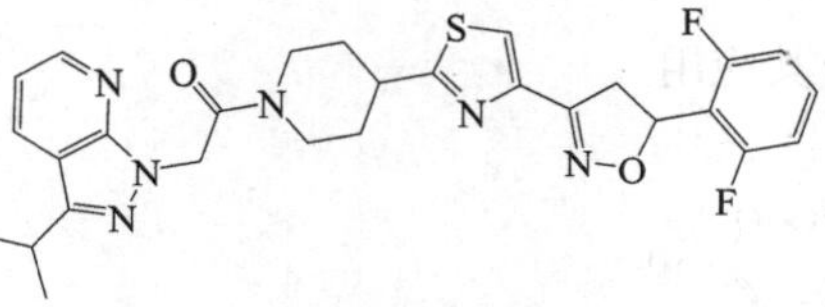

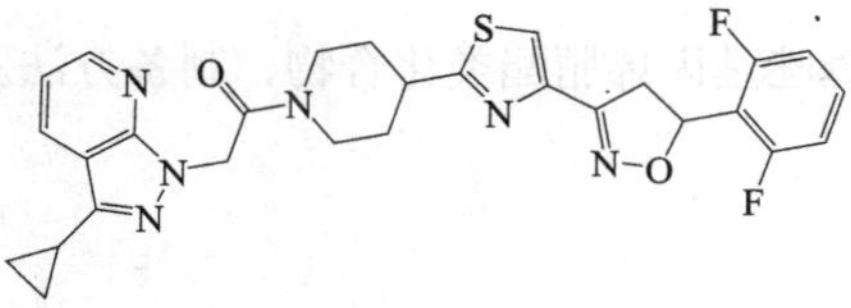

发明人：杨光富，李建龙；申请人：华中师范大学

中国专利号：ZL201910750322.0；中国专利申请日：2019-08-14

化合物类型：氟噻唑吡乙酮类似物

发明思路：me-too 研究；在氟噻唑吡乙酮的基础上引入吡啶并吡唑得到。

用途：具有杀菌活性，对致病疫霉、辣椒疫霉、终极腐霉、烟草疫霉、荔枝霜疫霉、黄瓜霜霉病菌等多种卵菌病原菌引起的植物病害具有一定的防治效果，明显优于常规卵菌病害防治药剂烯酰吗啉。

代表化合物结构如下：

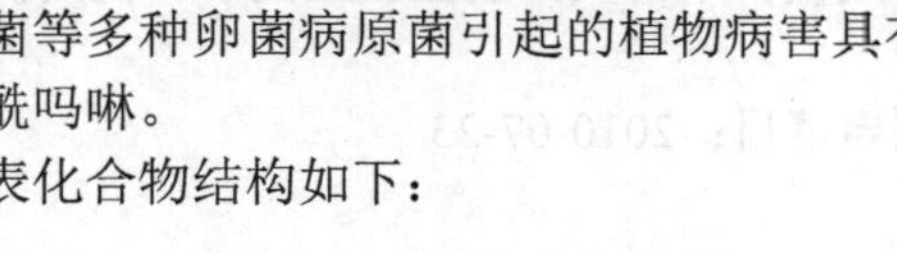

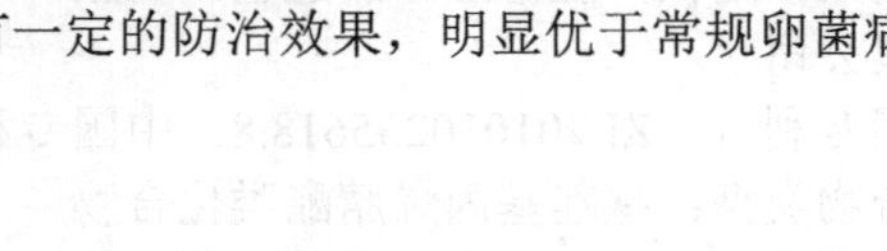

（8）含环烷并吡唑结构的化合物及其制备方法和应用以及杀菌剂

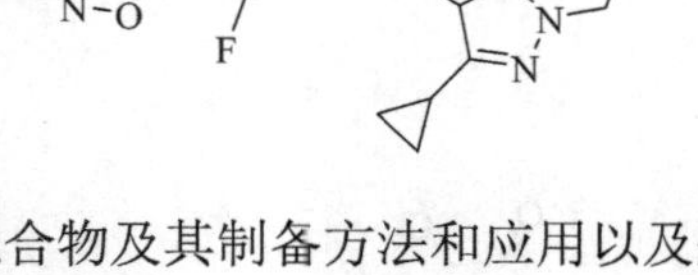

式中，R 为以下基团中的任意一种：

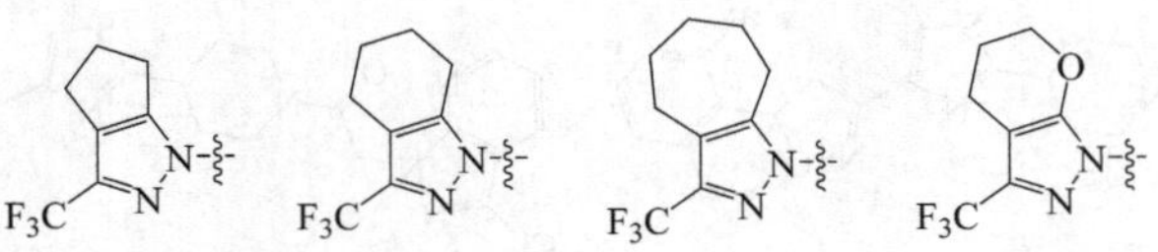

发明人：杨光富，李建龙；申请人：华中师范大学

中国专利号：ZL201910368260.7；中国专利申请日：2019-05-05

化合物类型：氟噻唑吡乙酮类似物

发明思路：me-too 研究；在氟噻唑吡乙酮的基础上引入稠环吡唑得到。

用途：具有杀菌活性，对致病疫霉、辣椒疫霉、终极腐霉、烟草疫霉、荔枝霜疫霉、黄瓜霜霉病菌等多种卵菌病原菌引起的植物病害具有一定的防治效果，明显优于常规卵菌病害防治药剂烯酰吗啉。

代表化合物结构如下：

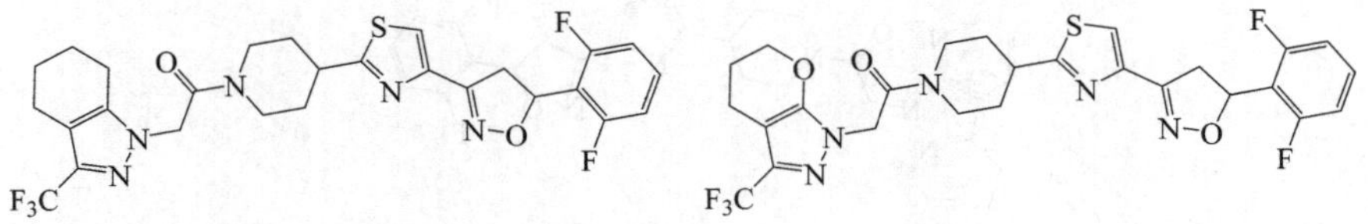

（9）噻唑基丙烯腈酯类化合物、制备方法及其应用

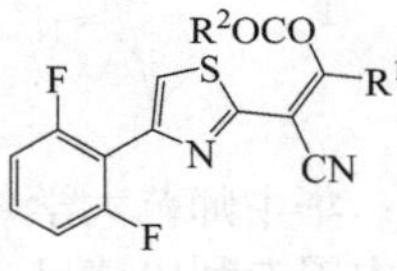

式中，R^1 为 C_1～C_{10} 的烷基，C_1～C_5 的卤代烷基，C_3～C_6 环烷基，苯基，苄基或对硝基苯基；R^2 为 C_1～C_{10} 的烷基，C_1～C_5 的卤代烷基，苄基。

发明人：陆棋，沈德隆，翁建全，杨鹏，谭成侠；申请人：浙江工业大学、杭州杭氧化医工程有限公司

中国专利号：ZL201010235618.8；中国专利申请日：2010-07-23

化合物类型：噻唑基丙烯腈酯类化合物

发明思路：me-too 研究；参照专利 CN1216530A，通过对丙烯腈衍生物的结构修饰得到。

用途：具有除草活性以及杀菌活性，对枯萎病菌、纹枯病菌有一定的抑制活性，对稗草和凹头苋具有一定的除草活性。

代表化合物结构如下：

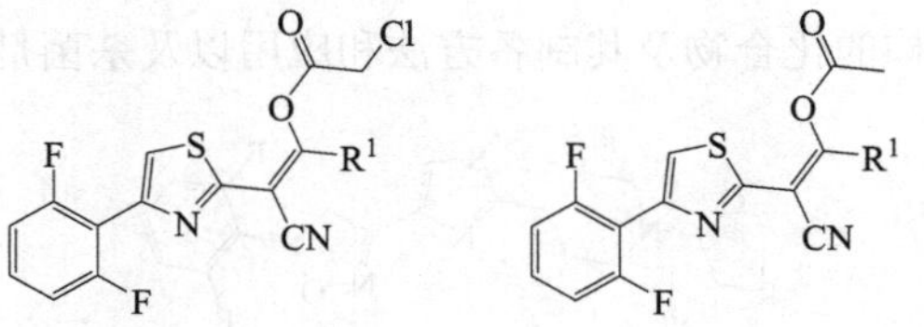

（10）5-(1, 2, 4-三唑-1-基)-2-苄氨基噻唑衍生物及其作为杀菌剂的应用

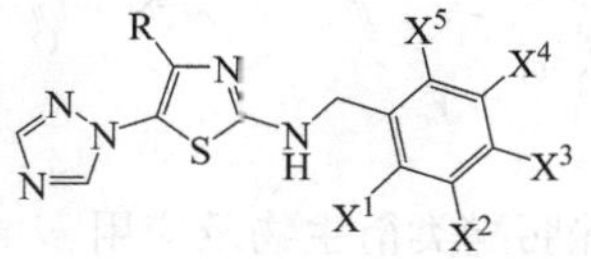

其中，R 选自：C_1～C_2 烷基、C_3～C_4 直链或支链烷基；X^1 选自：氢、氘、甲基、乙基、C_3～C_4 直链烷基或支链烷基；X^2、X^4 选自：氢、氘、甲基、乙基、氟、氯、溴、硝基；X^3 选自：氢、氘、甲基、乙基、C_3～C_4 直链烷基或支链烷基；X^5 选自：羟基、甲氧基、乙氧基；

盐选自：盐酸盐、氢溴酸盐、硫酸盐、磷酸盐、甲磺酸盐、苯磺酸盐、对甲苯磺酸盐。

发明人：欧晓明，谢选青，何莲，裴晖，高德良，叶姣，胡艾希；申请人：湖南化工研究院有限公司

中国专利号：ZL201410797955.4；中国专利申请日：2014-12-18

化合物类型：苄氨基噻唑类

发明思路：me-too 研究；在前期工作基础上对三唑噻唑胺杀菌剂结构进行优化而得。

用途：具有杀菌活性，对油菜菌核病具有很好的防效。

代表化合物结构如下：

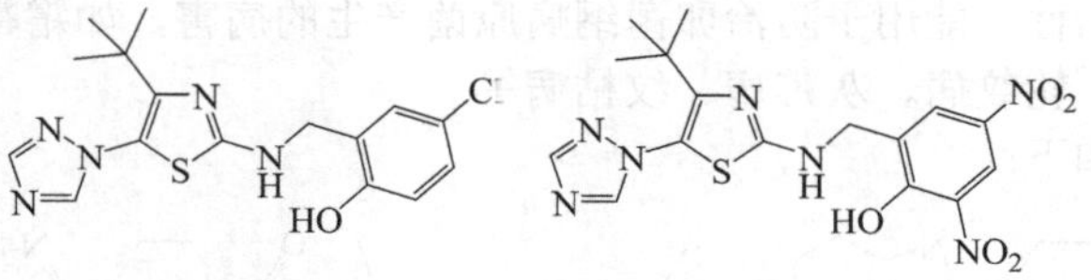

（11）含稠杂环结构的化合物及其制备方法和应用以及具有杀菌活性

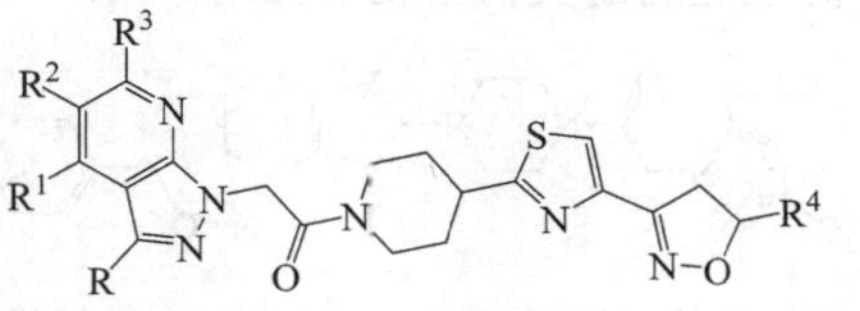

其中，R 选自 CH_3、CN、CHO、CH_2OH、$CH(OH)CH_3$、CH_2CH_2OH、CH_2OCH_3、$CH(CH_3)OCH_3$、$CH_2CH_2OCH_3$、CH═NOH、CH═$NOCH_3$、CH_2NHCH_3、$CH_2N(CH_3)_2$ 等；R^1、R^2 和 R^3 均为 H；R^4 为 2,6-二氟苯基或 2-氯-6-[(甲基磺酰基)氧基]苯基。

发明人：杨光富，李建龙，周立明；申请人：华中师范大学

中国申请号：ZL202010760478.X；中国专利申请日：2020-07-31

化合物类型：吡啶并吡唑、噻唑哌啶

发明思路：me-too 研究；在氟噻唑吡乙酮的氯乙酰基基础上引入吡啶并吡唑得到。

用途：具有杀菌活性，对致病疫霉、大豆疫霉、辣椒疫霉、荔枝霜疫霉、黄瓜霜霉病菌等多种卵菌病原菌引起的植物病害具有一定的防治效果，明显优于常规卵菌病害防治药剂烯酰吗啉。

代表化合物结构如下：

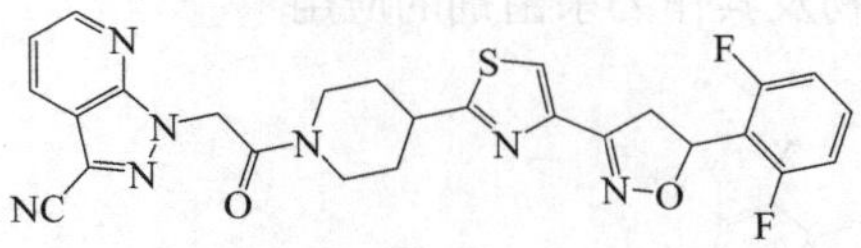

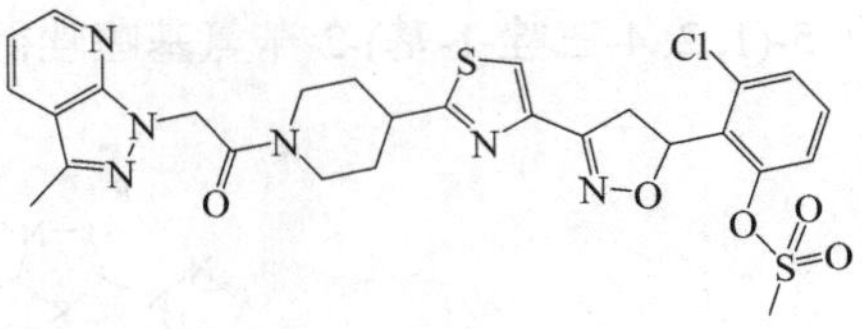

（12）一种哌啶基四氢苯并噻唑肟醚类衍生物及应用

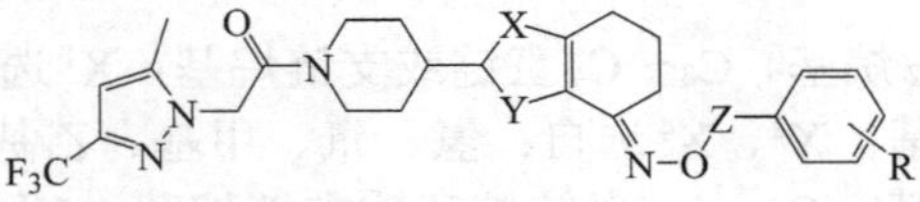

其中，X、Y 分别为 N、S；Z 为 CH_2、CO、$CHCH_3$；R 任选 1～5 个取代基，选自氢、羟基、氰基、卤素、$C_{1\sim6}$ 烷基、$C_{1\sim6}$ 烷氧基、$C_{2\sim6}$ 烯基、$C_{2\sim6}$ 炔基、卤代 $C_{1\sim6}$ 烷基、卤代 $C_{1\sim6}$ 烷氧基、卤代 $C_{2\sim6}$ 烯基、卤代 $C_{2\sim6}$ 炔基、苄氧基、苯基，所述苄氧基和苯基苯环上的氢任选被 1～5 个选自卤素、羟基、$C_{1\sim6}$ 烷基、$C_{1\sim6}$ 烷氧基、$C_{2\sim6}$ 烯基、$C_{2\sim6}$ 炔基、卤代 $C_{1\sim6}$ 烷基、卤代 $C_{1\sim6}$ 烷氧基、卤代 $C_{2\sim6}$ 烯基、卤代 $C_{2\sim6}$ 炔基的取代基取代。

发明人：赵卫光，边强，赵瑞琪，彭星洁；申请人：南开大学

中国专利号：ZL202010689526.0；中国专利申请日：2020-07-17

化合物类型：哌啶基噻唑类

发明思路：me-too 研究；以氟噻唑吡乙酮为先导，用哌啶基四氢苯并噻唑肟醚结构替代原有基团得到现有化合物。

用途：具有杀菌活性，能用于防治卵菌纲病原菌产生的病害，如霜霉病、晚疫病、霜疫病等；也适用于菌核病、轮纹病、灰霉病、纹枯病等。

代表化合物结构如下：

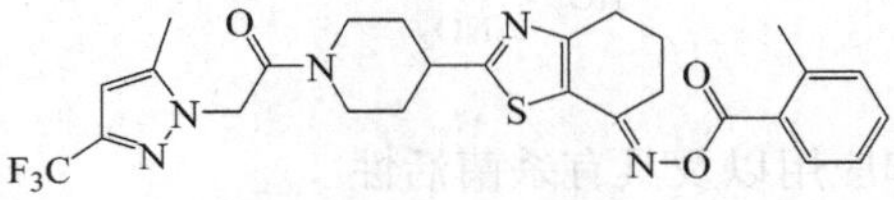

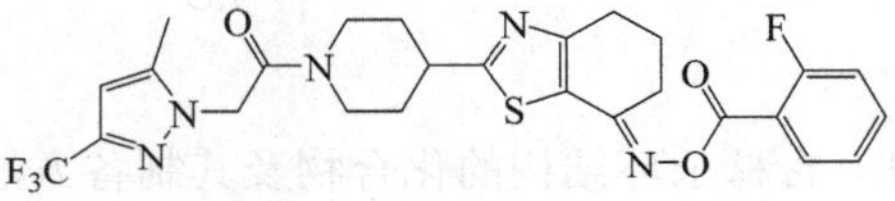

（13）一种哌嗪基四氢苯并噻唑肟醚类衍生物及应用

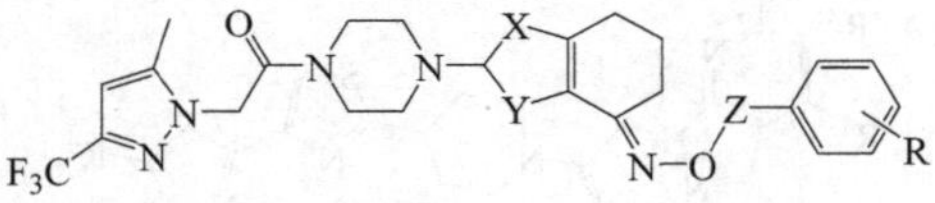

其中，X、Y 分别为 N、S；Z 为 CH_2、CO、$CHCH_3$；R 任选 1～5 个取代基，选自氢、羟基、氰基、卤素、$C_{1\sim6}$ 烷基、$C_{1\sim6}$ 烷氧基、$C_{2\sim6}$ 烯基、$C_{2\sim6}$ 炔基、卤代 $C_{1\sim6}$ 烷基、卤代 $C_{1\sim6}$ 烷氧基、卤代 $C_{2\sim6}$ 烯基、卤代 $C_{2\sim6}$ 炔基、苄氧基、苯基，所述苄氧基和苯基苯环上的氢任选被 1～5 个选自卤素、羟基、$C_{1\sim6}$ 烷基、$C_{1\sim6}$ 烷氧基、$C_{2\sim6}$ 烯基、$C_{2\sim6}$ 炔基、卤代 $C_{1\sim6}$ 烷基、卤代 $C_{1\sim6}$ 烷氧基、卤代 $C_{2\sim6}$ 烯基、卤代 $C_{2\sim6}$ 炔基的取代基取代。

发明人：赵卫光，边强，彭星洁，赵瑞琪；申请人：南开大学

中国专利号：ZL202010688884.X；中国专利申请日：2020-07-17

化合物类型：哌啶基噻唑类

发明思路：me-too 研究；以氟噻唑吡乙酮为先导，用哌嗪基四氢苯并噻唑肟醚结构替代原有基团得到现有化合物。

用途：具有杀菌活性，能用于防治卵菌纲病原菌产生的病害，如霜霉病、晚疫病、霜疫霉病等；也适用于菌核病、轮纹病、灰霉病、纹枯病等。

代表化合物结构如下：

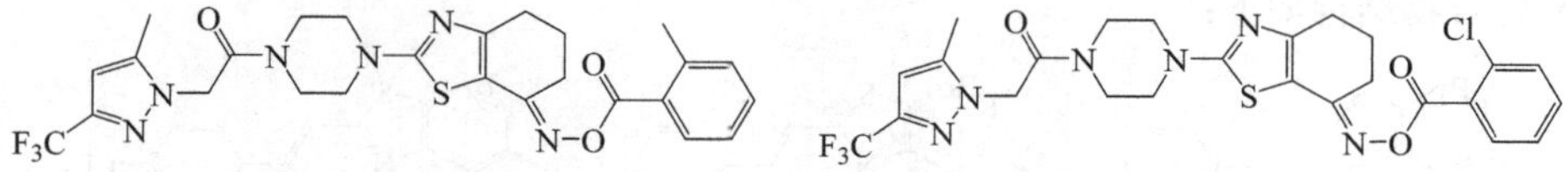

（14）一种含双酰胺结构的哌啶噻唑类衍生物及其制备方法和应用

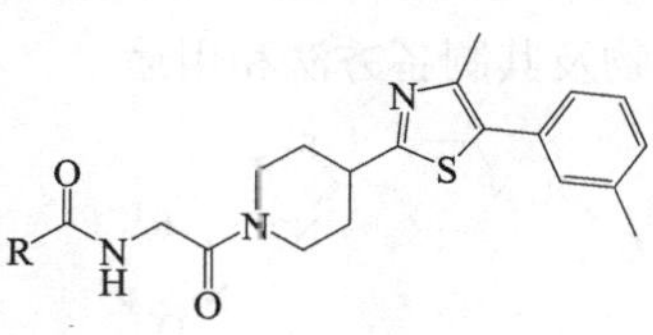

式中：

R 为苯基或取代苯基，所述取代苯基的取代基有 1 个或 1 个以上，取代基为三氟甲基、氟、氯、溴、甲基、甲氧基中的一种。

发明人：丁成荣，殷许，潘亚运，张国富，吕井辉；申请人：浙江工业大学

中国专利号：ZL201811279559.7；中国专利申请日：2018-10-30

化合物类型：含哌啶噻唑杂环

发明思路：me-too 研究；根据氟噻唑吡乙酮等结构，通过替换杂环等方法，得到该类化合物。

用途：具有杀菌、杀虫活性。该发明化合物用于黄瓜灰霉病、水稻纹枯病、马铃薯晚疫病的防治，具有良好的杀菌活性，也可用于黏虫、蚕豆蚜、棉红蜘蛛等虫害的防治。

代表化合物结构如下：

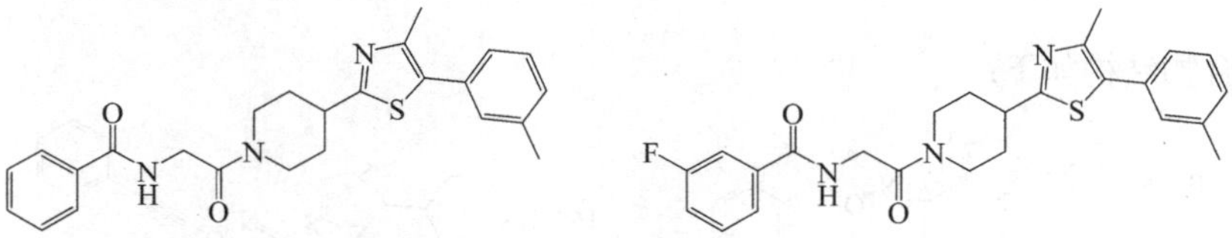

（15）一种含溴代噻唑环的类二苯乙烯化合物及其合成方法和应用

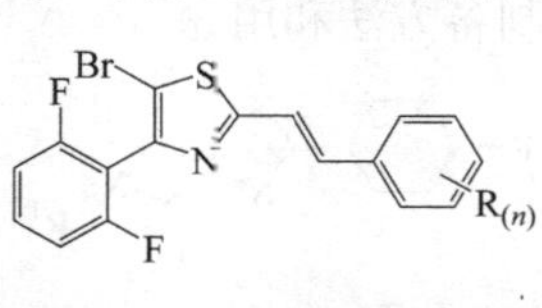

式中，苯环上的 H 被取代基 R 单取代、多取代或不被取代；n 为 0～5 的整数，优选为 1～2 的整数，表示苯环上取代基 R 的个数；n=0 时，表示苯环上的 H 不被取代；n=1 时，表示苯环上的 H 被取代基 R 单取代；n=2～5 时，表示苯环上的 H 被取代基 R 多取代，不同取代位置上的取代基 R 相同或者不同；所述取代基 R 为氢、C_1～C_8 的烷基或 C_1～C_8 卤代烷基、C_1～C_3 的烷氧基、卤素、硝基或氰基。

发明人：翁建全，章俊辉，周智勇，周亮，朱亚波，刘幸海；申请人：浙江工业大学

中国专利号：ZL201810630849.5；中国专利申请日：2018-06-19

化合物类型：二苯乙烯类

发明思路：me-too 研究；根据紫檀芪等二苯乙烯类天然产物结构，通过替换杂环等方法，得到该类化合物。

用途：具有杀菌活性。该发明化合物对小麦赤霉病菌、黄瓜蔓枯病菌、番茄灰霉病菌及水

稻纹枯病菌具有一定的抑制活性。

代表化合物结构如下：

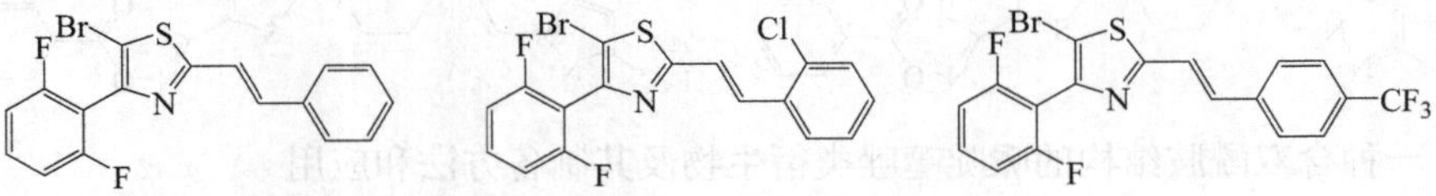

（16）一类噻唑酮肟醚类衍生物及其制备方法和用途

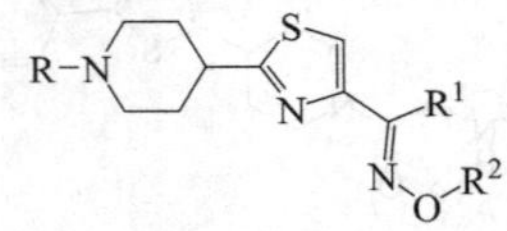

式中，R 选自叔丁氧羰基、H、H·HCl、3-溴-1-(3-氯吡啶-2-基)-1*H*-吡唑-5-羰基；R^1 选自甲基、3, 4-二甲氧基苯基；R^2 选自氢、炔丙基、2-氯吡啶-5-亚甲基、5-氯-1, 2, 3-噻二唑-4-亚甲基、3-苯基-2-丙炔-1-基、七氟异丙基、3, 4-二氯异噻唑-5-亚甲基。

发明人：范志金，李凤云，王海霞，朱玉洁，郭晓凤，宗广宁，陈来，钱晓琳，马刘勇，宋胤奇，徐京华，王家然；申请人：南开大学

中国专利号：ZL201410809127.8；中国专利申请日：2014-12-17

化合物类型：噻唑哌啶类

发明思路：以噻唑化合物为先导，将肟醚基团引入得到现有化合物。

用途：具有杀菌、杀虫、抗植物病毒、植物激活活性，对番茄早疫病菌、黄瓜灰霉病菌、花生褐斑病菌、小麦赤霉病菌、马铃薯晚疫病菌、苹果轮纹病菌、水稻纹枯病菌、油菜菌核病菌、禾谷丝核菌等具有一定的抑制活性，另外对烟草花叶病毒、蚕豆蚜也有一定的防治效果。

代表化合物结构如下：

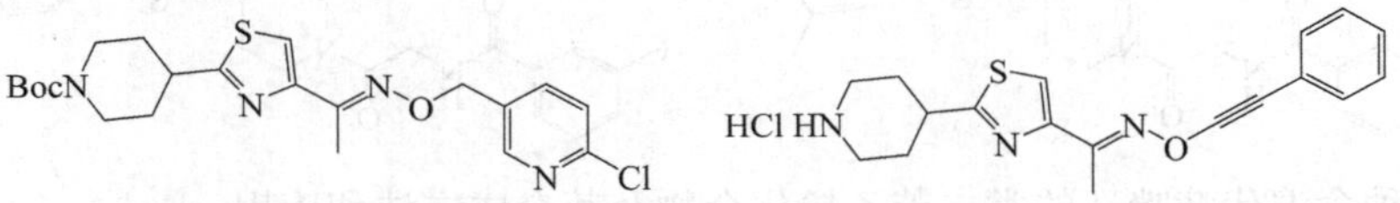

（17）一类哌啶噻唑衍生物及其制备方法和用途

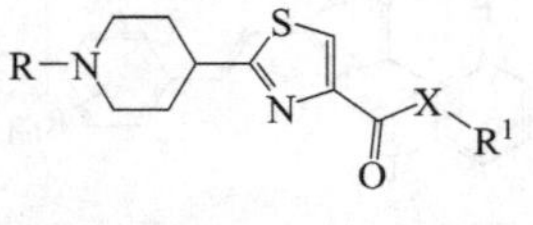

式中，R 选自 H、H·HCl、2-(5*H*)呋喃酮-4-基、2-氯吡啶-5-亚甲基、炔丙基、三氟甲磺酰基或 $\mathrm{-C(=O)R^2}$，R^2 选自甲基、乙氧基、叔丁氧羰基、三氟甲基、苯并-1, 2, 3-噻二唑-7-基、3, 4-二氯异噻唑-5-基、3-溴-1-(3-氯吡啶-2-基)-1*H*-吡唑-5-基、4-甲基-1, 2, 3-噻二唑-5-基、环己基、环丙基、2-甲基-4-三氟甲基噻唑-5-基、2-氯吡啶-5-基；X 选自 O、NH；R^1 选自 2, 2-二氟乙基、异丙基、炔丙基、环己基、环丙基、1, 1-二氯烯丙基、5-溴吡啶-2-基、1, 2, 3, 4-四氢萘-1-基。

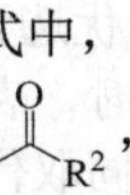

发明人：范志金，李凤云，张雨晴，石凯，马刘勇，郭晓凤，钱晓琳，宗广宁，朱玉洁，陈来；申请人：南开大学

中国专利号：ZL201410809130.X；中国专利申请日：2014-12-17

化合物类型：噻唑哌啶类

发明思路：me-too 研究；以氟噻唑吡乙酮为模板，进行替换得到现有化合物。

用途：具有杀菌、杀虫、抗植物病毒、植物激活活性，对番茄早疫病菌、黄瓜灰霉病菌、花生褐斑病菌、小麦赤霉病菌、马铃薯晚疫病菌、苹果轮纹病菌、水稻纹枯病菌、油菜菌核病菌、禾谷丝核菌具有一定的抑制活性，另外对烟草花叶病毒、蚕豆蚜、小菜蛾也有一定的防治效果。

代表化合物结构如下：

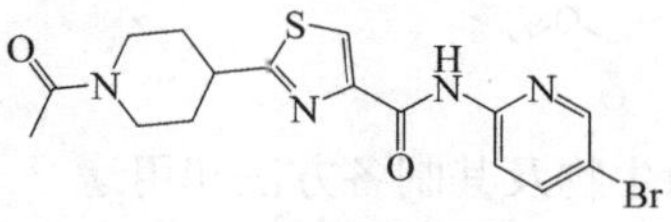

（18）一类噻唑醛肟醚类化合物及其制备方法和用途

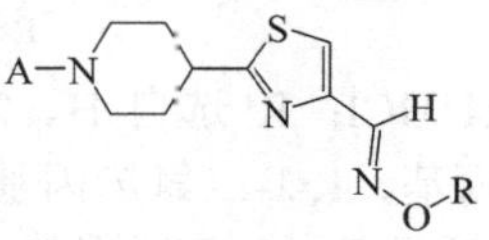

式中具体结构式如下：

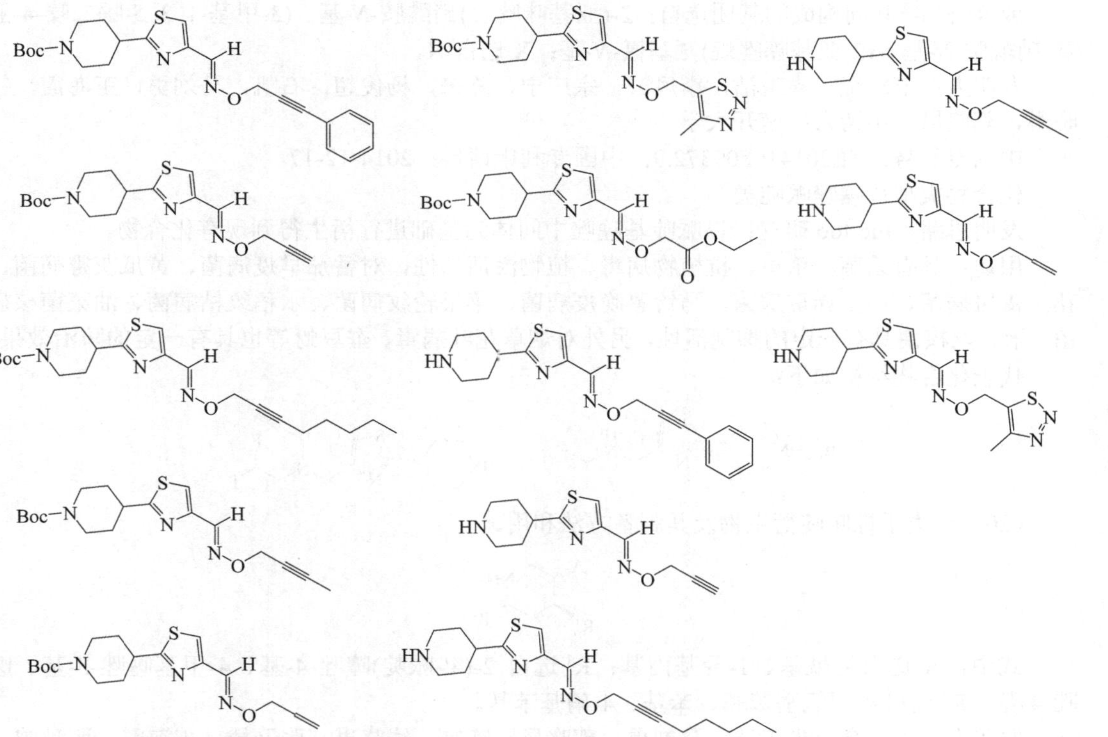

发明人：范志金，朱玉洁，郭晓凤，王海霞，李凤云，宋胤奇，徐京华，王家然，钱晓琳，马刘勇，陈来，宗广宁；申请人：南开大学

中国专利号：ZL201410809371.4；中国专利申请日：2014-12-17

化合物类型：噻唑哌啶类

发明思路：以噻唑化合物为先导，将肟醚基团引入得到现有化合物；从中间体衍生化法角度分析为衍生法。

用途：具有杀虫、杀菌、抗植物病毒、植物激活活性，对番茄早疫病菌、黄瓜灰霉病菌、花生褐斑病菌、小麦赤霉病菌、马铃薯晚疫病菌的苹果轮纹病菌、水稻纹枯病菌、油菜菌核病菌、禾谷丝核菌等具有一定的抑制活性，另外对烟草花叶病毒、蚕豆蚜等也具有一定的防治效果。

代表化合物结构如下：

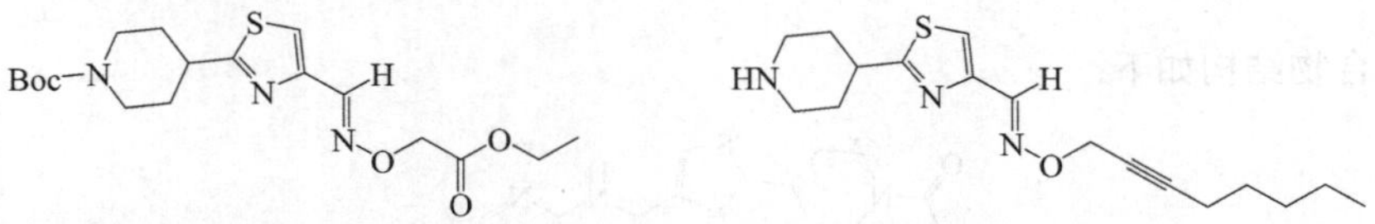

（19）一类含氮杂环的噻唑衍生物及其制备方法和用途

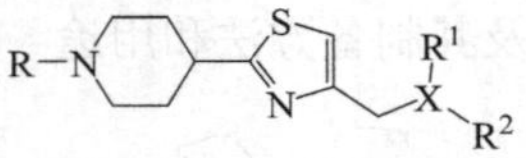

式中，R 选自叔丁氧羰基、H、H·HCl；R^1 选自 H、2, 2-二氟乙基、环丙基、炔丙基；R^2 选自 H、2, 2-二氟乙基、环丙基、炔丙基、1, 1-二氯烯丙基、环己基、异丙基、氰基、3-苯基丙炔-2-基、2-丁炔-1-基、2-辛炔-1-基、烯丙基、3-乙氧羰基-2-丙烯-1-基、乙氧羰基亚甲基、乙氧羰基、乙氧羰基乙基、2(5*H*)呋喃酮-4-基；

或 R^1 和 R^2 共同构成的基团选自：2-(亚基咪唑烷)硝酰胺-*N*-基、(3-甲基-1, 3, 5-噁二嗪-4-亚基)硝酰胺-*N*-基、(2-亚基噻唑烷)氨基氰-*N*-基；X 选自 N。

发明人：范志金，朱玉洁，李凤云，宗广宁，陈来，杨俊超，石凯，马刘勇，王海霞，钱晓琳，郭晓凤；申请人：南开大学

中国专利号：ZL201410809372.9；中国专利申请日：2014-12-17

化合物类型：噻唑哌啶类

发明思路：me-too 研究；以哌啶基噻唑中间体为基础进行衍生得到现有化合物。

用途：具有杀菌、杀虫、抗植物病毒、植物激活活性，对番茄早疫病菌、黄瓜灰霉病菌、花生褐斑病菌、小麦赤霉病菌、马铃薯晚疫病菌、苹果轮纹病菌、水稻纹枯病菌、油菜菌核病菌、禾谷丝核菌具有一定的抑制活性，另外对烟草花叶病毒、蚕豆蚜等也具有一定的防治效果。

代表化合物结构如下：

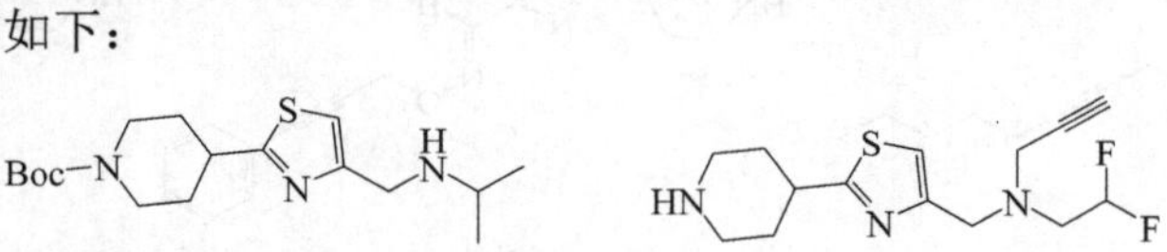

（20）一类手性哌啶衍生物及其制备方法和用途

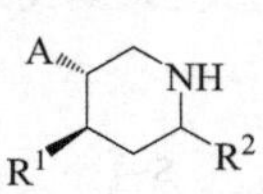

式中，A 选自丙酰基、1-羟基丙基；R^1 选自 2-(4′-哌啶)噻唑-4-基、4-甲基噻唑-5-基、噻唑-4-基；R^2 选自 4-甲氧基苯基、苯基、4-硝基苯基。

发明人：范志金，朱玉洁，马刘勇，郭晓凤，陈来，钱晓琳，张乃楼，王海霞，张秩鸣，徐京华；申请人：南开大学

中国专利号：ZL201610402572.1；中国专利申请日：2016-06-06

化合物类型：噻唑哌啶类

发明思路：利用农药分子设计的原理，将噻唑引入含氮杂环基团的哌啶类化合物中得到现有化合物。

用途：具有杀菌、杀虫活性，对番茄早疫病菌、黄瓜灰霉病菌、花生褐斑病菌、小麦赤霉

病菌、马铃薯晚疫病菌、苹果轮纹病菌、水稻纹枯病菌、油菜菌核病菌、禾谷丝核菌具有一定的抑制活性，另外对蚕豆蚜等也具有一定的防治效果。

代表化合物结构如下：

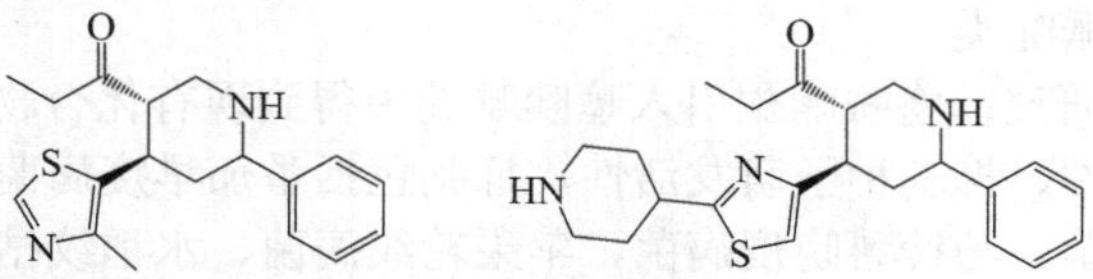

（21）一类氨基噻唑羧酸衍生物及其制备方法和用途

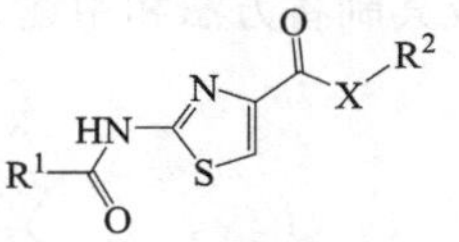

式中，X 为 O；当 R^1 为 3-三氟甲基-5-甲基吡唑-1-亚甲基时，R^2 选自乙基、炔丙基；当 R^1 为叔丁氧羰基时，R^2 选自炔丙基、2, 2, 2-三氟乙基、2-吡啶亚甲基。

发明人：范志金，李凤云，石凯，杨俊超，郭晓凤，张雨晴，宗广宁，朱玉洁，陈来，马刘勇，钱晓琳；申请人：南开大学

中国专利号：ZL201710950931.1；中国专利申请日：2014-12-17

化合物类型：噻唑类

发明思路：对氨基噻唑羧酸结构分别两边进行衍生化得到现有化合物；从中间体衍生化法角度分析为衍生法。

用途：具有杀菌活性、杀虫活性、植物激活活性及抗烟草花叶病毒活性，对番茄早疫病菌、黄瓜灰霉病菌、花生褐斑病菌、小麦赤霉病菌、马铃薯晚疫病菌、苹果轮纹病菌、水稻纹枯病菌、油菜菌核病菌、禾谷丝核菌等具有一定的抑制活性，另外对烟草花叶病毒、蚕豆蚜等也具有一定的防治效果。

代表化合物结构如下：

（22）一类噻唑哌啶呋喃酮衍生物及其制备方法和用途

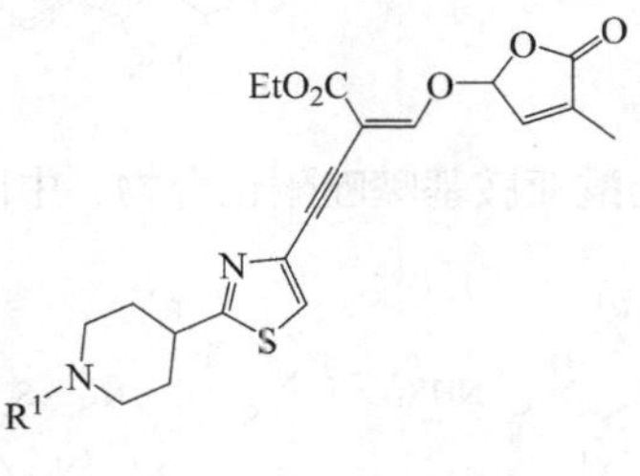

式中相关化合物结构为：

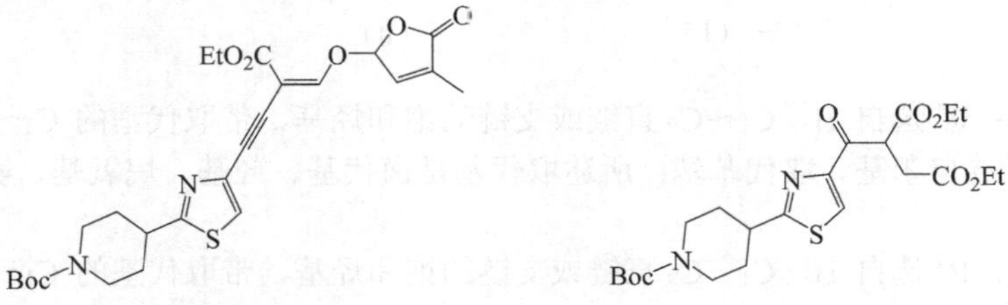

发明人：范志金，朱玉洁，周爽，赵斌，杨冬燕，吴启凡，张乃楼，郭晓凤，于斌，刘秀梅，王海霞，韩雪；申请人：南开大学

中国专利号：ZL201810446042.6；中国专利申请日：2018-05-07

化合物类型：噻唑哌啶类

发明思路：me-too 研究；将呋喃酮引入噻唑哌啶中得到现有化合物。

用途：具有杀菌活性、抑制种子萌发活性，抑制包括番茄早疫病菌、黄瓜灰霉病菌、花生褐斑病菌、小麦赤霉病菌、马铃薯晚疫病菌、苹果轮纹病菌、水稻纹枯病菌、油菜菌核病菌、禾谷丝核菌等的活性。

（23）一类异噻唑联噻唑衍生物及其制备方法和用途

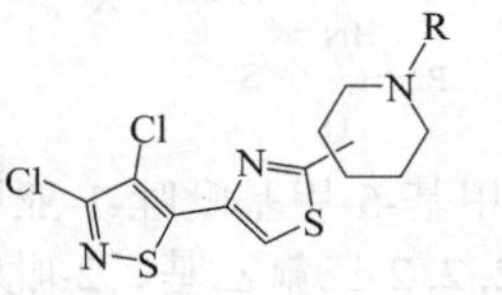

发明人：范志金，吴启凡，陈来，刘秀梅，郭晓凤，杨冬燕，张乃楼，于斌，赵斌，朱玉洁；申请人：南开大学

中国专利号：ZL201810840741.9；中国专利申请日：2018-07-26

化合物类型：异噻唑类、噻唑类

发明思路：me-too 研究；将 3, 4-二氯异噻唑与哌啶基噻唑相结合得到现有化合物。

用途：具有杀菌、杀虫活性等，抑制包括番茄早疫病菌、黄瓜灰霉病菌、花生褐斑病菌、小麦赤霉病菌、马铃薯晚疫病菌、苹果轮纹病菌、水稻纹枯病菌、油菜菌核病菌、禾谷丝核菌等的活性。

代表化合物结构如下：

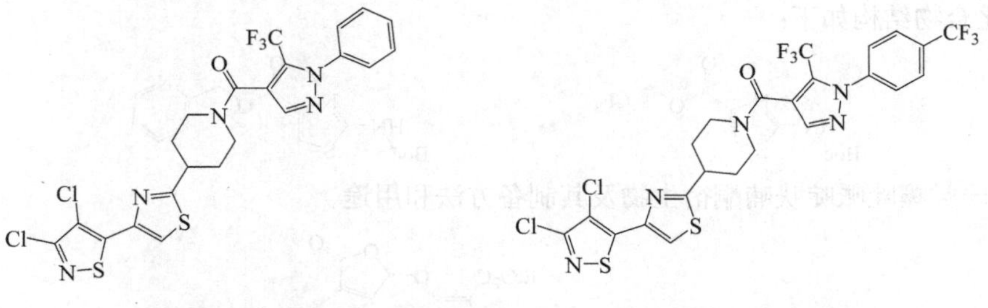

（24）含 1, 2, 3-噻二唑母环的酰亚胺基噻唑酮化合物、中间体及其制备方法和应用

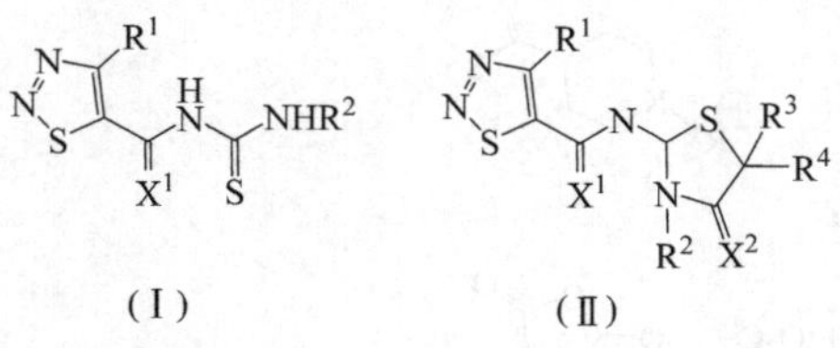

（Ⅰ）　　（Ⅱ）

式（Ⅰ）中：R^1 选自 H、C_1～C_9 直链或支链的饱和烃基、带取代基的 C_1～C_9 直链或支链的饱和烃基；R^2 选自苯基、取代苯基；所述取代基是卤代基、羟基、烷氧基、氨基、氰基或硝基；X^1 为 O。

式（Ⅱ）中：R^1 选自 H、C_1～C_9 直链或支链的饱和烃基、带取代基的 C_1～C_9 直链或支链

的饱和烃基；R^2选自苯基、取代苯基；R^3、R^4选自 H；或者 R^3和 R^4单键合并构成如下双键结构：

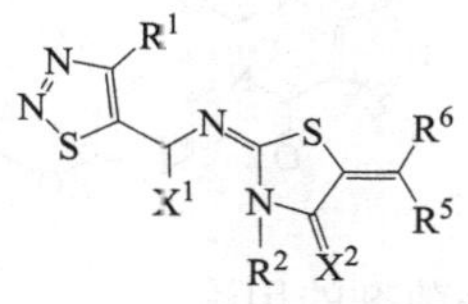

其中，R^5、R^6各自独立地选自以下基团：H、苯基、取代苯基；所述取代基是卤代基、羟基、烷氧基、氨基、氰基或硝基；X^1为 O，X^2为 O。

发明人：彭延庆，李建国，李宝聚，徐玉芳，宋恭华，闫新敏，张淼；申请人：华东理工大学

中国专利号：ZL201110027500.0；中国专利申请日：2011-01-25

化合物类型：噻二唑类

发明思路：me-too 研究；以噻二唑类化合物结构为基础，通过引入硫脲结构衍生得到现有化合物。

用途：该系列化合物对植物病害(如水稻纹枯病、水稻白叶枯病、水稻稻瘟病、番茄斑点病、瓜类炭疽病、瓜类白粉病等)有高的抗病诱导活性。

代表化合物结构如下：

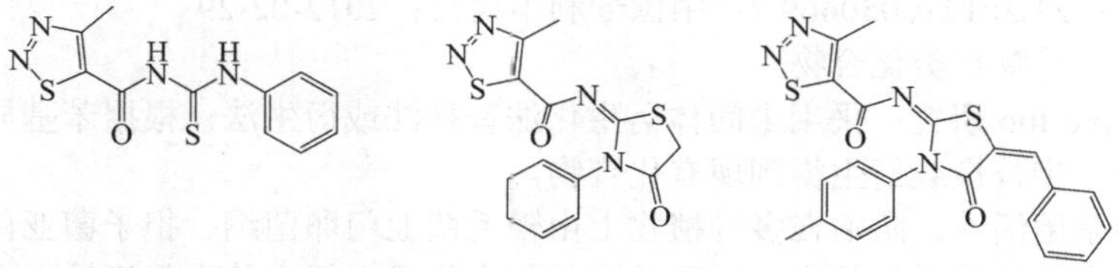

（25）一种异噻唑并嘧啶酮类化合物及其用途

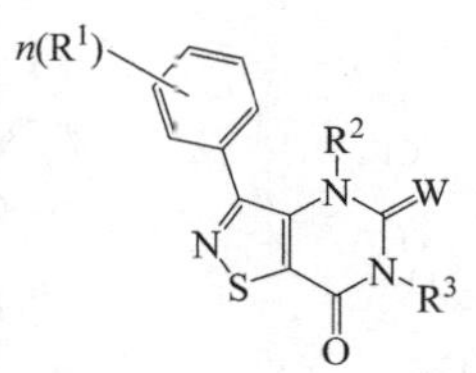

式中，R^1选自氢；R^2选自氢；R^3选自未取代的或被 1～3 个 R^4取代的苯基，且当取代基的个数大于 1 时，R^4相同或不同；R^4选自卤素或 C_1～C_3烷氧基；W 选自 O 或 S。

发明人：康卓，张静，孙芹，关爱莹，梁博，李淼，王军锋，宋玉泉，刘长令；申请人：中国中化股份有限公司，沈阳化工研究院有限公司

中国专利号：ZL201210050319.6；中国专利申请日：2012-02-29

化合物类型：异噻唑并嘧啶酮类化合物

发明思路：me-too 研究；采用中间体衍生化法衍生法。根据苯基异噻唑类羧酸酯的结构，通过进一步衍生合环得到新的异噻唑并嘧啶酮类结构，并优化得到现有化合物。

用途：具有杀菌、杀虫活性。对农业领域中的多种病菌都表现出很好的活性，尤其是对水稻稻瘟病、黄瓜霜霉病、黄瓜灰霉病、玉米锈病，在较低剂量下仍具有很好的防治效果；该类化合物还显示出较好的杀虫活性。

代表化合物结构如下：

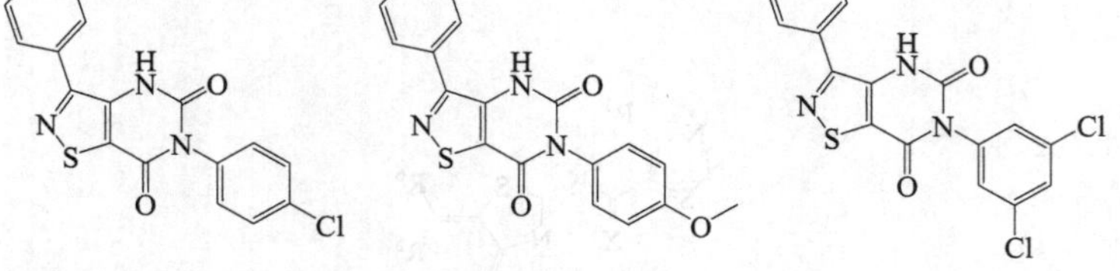

（26）异噻唑类化合物及其作为杀菌剂的用途

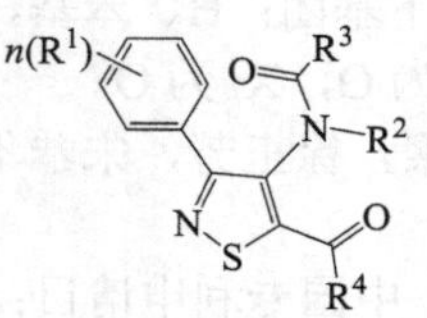

式中，R^1选自氢；R^2选自氢或C_1～C_3烷基羰基；R^3选自C_1～C_6烷基或卤代C_1～C_3烷基；R^4选自OCH_2CH_3；

或通式化合物与盐酸、硫酸、磷酸、三氟乙酸、草酸、4-甲苯磺酸、苹果酸、马来酸或水杨酸形成的盐。

发明人：康卓，张静，孙芹，李淼，王军锋，关爱莹，刘长令；申请人：中国中化股份有限公司，沈阳化工研究院有限公司

中国专利号：ZL201210050469.7；中国专利申请日：2012-02-29

化合物类型：异噻唑类化合物

发明思路：me-too研究；采用中间体衍生化法替换法或衍生法。根据苯基异噻唑类羧酸酯的结构，通过进一步替换或衍生得到现有化合物。

用途：具有杀菌活性。防治在多种植物上由鞭毛菌亚门卵菌纲、担子菌亚门、子囊菌亚门和半知菌亚门等多种病菌引起的病害，而且这些化合物具有很高的生物活性，在很低的剂量下就可以获得很好的效果，尤其是对水稻稻瘟病、黄瓜灰霉病等病害活性更优。

代表化合物结构如下：

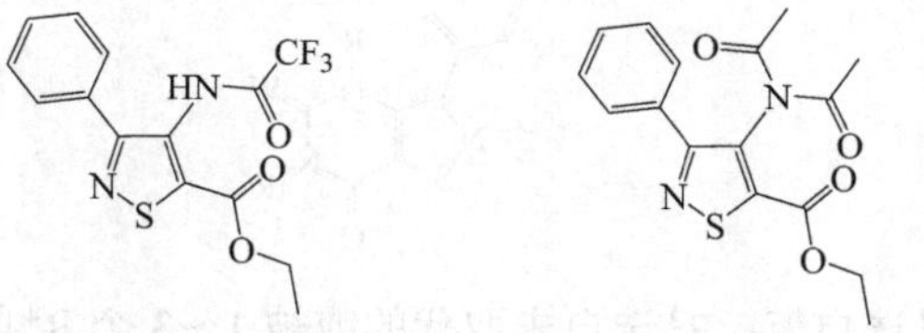

（27）一种异噻唑啉酮类化合物及其作为杀菌剂的用途

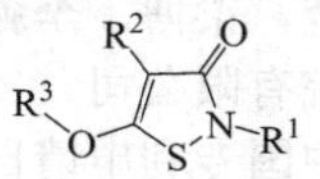

式中，R^1选自甲基；R^2选自氢、氟、氯、溴或碘；

R^3选自4-(CF_3O)-Ph、4-(PhO)-Ph、

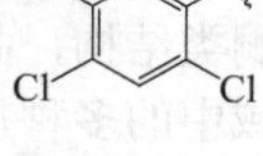

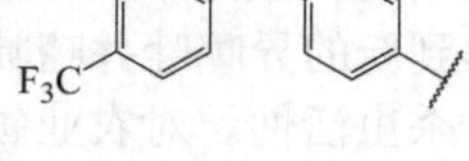

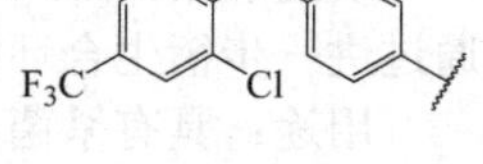

或 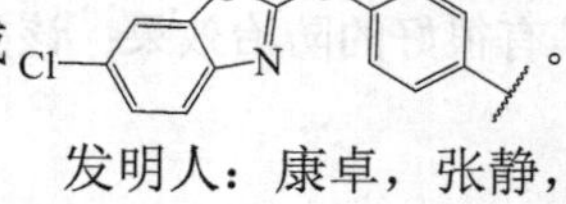 。

发明人：康卓，张静，周继中，关爱莹，王军锋，徐英，李淼，刘长令；申请人：中国中

化股份有限公司，沈阳化工研究院有限公司

中国专利号：ZL201210272124.6；中国专利申请日：2012-08-01

化合物类型：异噻唑啉酮类化合物、二芳醚类化合物

发明思路：me-too 研究；利用中间体衍生化法中的替换法，参考专利 EP1223171A1 报道的异噻唑啉酮类结构，使用芳氧苯氧中间体进行替换，得到现有化合物。

用途：具有杀菌活性。对农业领域中的多种病菌都表现出很好的生物活性，尤其是对小麦白粉病、水稻稻瘟病、黄瓜灰霉病，在较低剂量下仍具有很好的防治效果。

代表化合物结构如下：

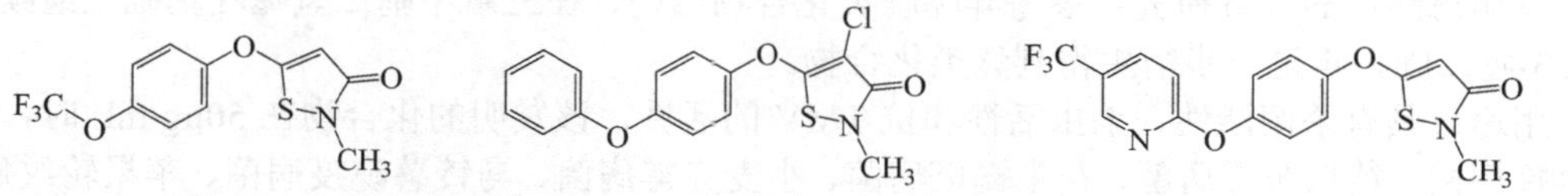

(28) 一类 3, 4-二氯异噻唑衍生物及其制备方法和用途

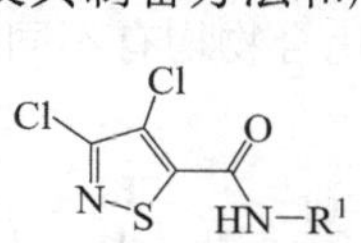

式中，R^1 为选自 4, 6-二甲氧基嘧啶-2-基、2, 6-二甲氧基嘧啶-4-基、4-乙氧羰基-1, 2, 3-噻二唑-5-基、1, 4-吡嗪-2-基、3, 5-二溴吡啶-4-基、4, 6-二氯嘧啶-2-基、3-溴-1, 4-吡嗪-2-基、4-甲基噻唑-2-基、2, 6-二氯吡啶-4-基、吡啶-2-基、2, 6-二氯-4-(1, 1, 2, 2-四氟乙氧基)苯-1-基、4-甲基-5-溴吡啶-2-基、3-氯-5-三氟甲基吡啶-2-基、5-甲基噻唑-2-基、2-氯-4-(1, 1, 2, 3, 3, 3-六氟丙基)-5-氰基-苯-1-基、5-乙氧羰基噻唑-2-基、4, 5-二甲基噻唑-2-基。

发明人：陈晓燕，刘细平，范志金，梁小文，李岳东，毛武涛，李娟娟，王盾，王曙华，周立峰，姬晓恬，华学文，黄亮文；申请人：江西天人生态股份有限公司，南开大学

中国专利号：ZL201210436798.5；中国专利申请日：2012-11-06

化合物类型：异噻唑、酰胺

发明思路：me-too 研究；以异噻菌胺为先导化合物，用其他杂环替换苯环设计合成了一类酰胺化合物，期待发现高活性化合物。

用途：具有杀菌活性、杀虫活性、抗烟草花叶病毒活性，该发明的化合物在 50μg/mL 时，对番茄早疫病菌、黄瓜灰霉病菌、花生褐斑病菌、小麦赤霉病菌、马铃薯晚疫病菌、苹果轮纹病菌、水稻纹枯病菌、禾谷丝核菌和油菜菌核病菌均有不同程度的抑制活性。该发明合成的大部分化合物对蚜虫、小菜蛾和叶螨具有不同程度的活性。该发明的 3, 4-二氯异噻唑衍生物部分具有较好的直接抗烟草花叶病毒（TMV）的活性以及诱导烟草抗 TMV 的活性。

代表化合物结构如下：

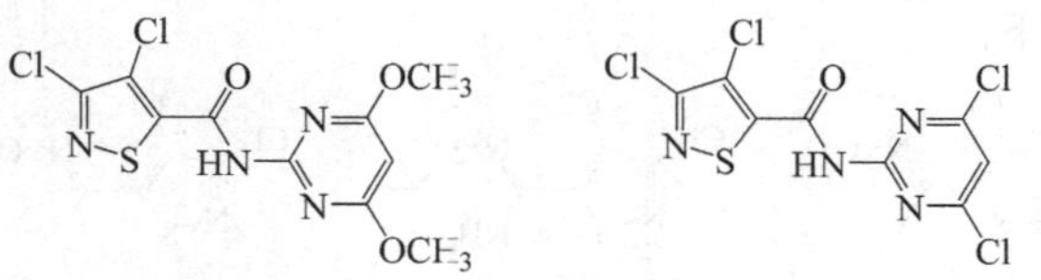

(29) 一类含 4, 5-二氢噻唑醇酸酯的 3, 4-二氯异噻唑衍生物及其制备方法和用途

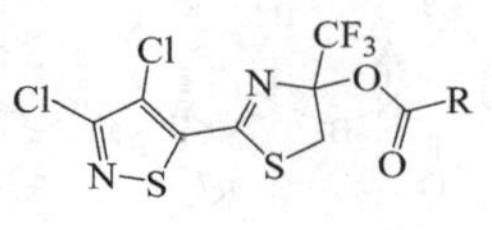

式中，R 选自环己基、间甲苯基、对甲苯基、邻甲氧基苯基、间甲氧基苯基、对甲氧基苯基、间氯苯基、对氯苯基、邻氟苯基、间氟苯基、对氟苯基、邻三氟甲苯基、间三氟甲苯基、对三氟甲苯基、邻硝基苯基、对硝基苯基、邻溴苯基、对氰基苯基、呋喃-2-基、噻吩-2-基、3-溴-1-(3-氯吡啶-2-基)-吡唑-5-基、吡啶-2-基、吡啶-3-基、吡啶-4-基、6-氯吡啶-3-基。

发明人：范志金，宗广宁，李凤云，李岳东，李娟娟，姬晓恬，陈来，朱玉洁，刘超伦，程胜名；申请人：南开大学

中国专利号：ZL201310512189.8；中国专利申请日：2013-10-25

化合物类型：噻二唑、噻唑啉

发明思路：me-too 研究；参考异噻唑类化合物结构，在三氟甲基二氢噻唑基础上继续引入 1, 2, 3-噻二唑，再进一步衍生得到该类化合物。

用途：具有杀菌活性、杀虫活性和抗 TMV 的活性，该发明的化合物在 50μg/mL 时，对番茄早疫病菌、黄瓜灰霉病菌、花生褐斑病菌、小麦赤霉病菌、马铃薯晚疫病菌、苹果轮纹病菌、水稻纹枯病菌、禾谷丝核菌和油菜菌核病菌均有不同程度的抑制活性。该发明的化合物对黏虫有一定的毒杀作用。该发明合成的所有化合物均有不同程度的抗 TMV 活性。

代表化合物结构如下：

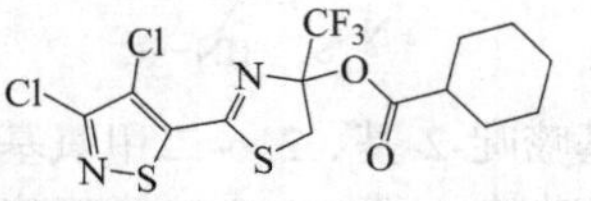

（30）一类异噻唑肟醚衍生物及其制备方法和用途

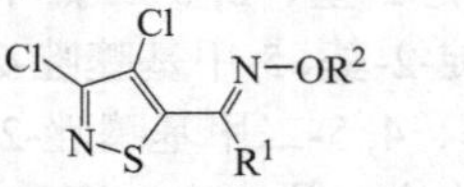

式中，R^1 选自氢、氨基、甲基；R^2 选自氢、甲基、乙基、2-氯乙基、烯丙基、炔丙基、2-丁炔-1-基、2-辛炔-1-基、2-三氟甲基苯甲酰基。

发明人：范志金，陈来，徐京华，宋胤奇，王家然，张雨晴，宗广宁，李凤云，朱玉洁，马刘勇，钱晓琳，郭晓凤；申请人：南开大学

中国专利号：ZL201410809129.7；中国专利申请日：2014-12-17

化合物类型：异噻唑、肟醚

发明思路：me-too 研究；将异噻唑和肟醚连接到一个分子中，合成了一类异噻唑肟醚衍生物。

用途：具有杀菌活性、杀虫活性和抗 TMV 活性，该发明化合物在 50μg/mL 时，对番茄早疫病菌、黄瓜灰霉病菌、花生褐斑病菌、小麦赤霉病菌、马铃薯晚疫病菌、苹果轮纹病菌、水稻纹枯病菌、禾谷丝核菌和油菜菌核病菌均有不同程度的抑制活性。该发明部分化合物对蚕豆蚜毒杀作用较弱。该发明的大部分化合物具有较好的抗 TMV 的活性。

代表化合物结构如下：

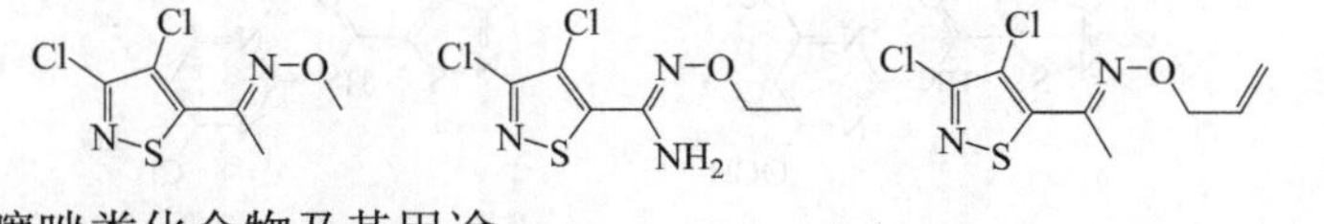

（31）一种异噻唑类化合物及其用途

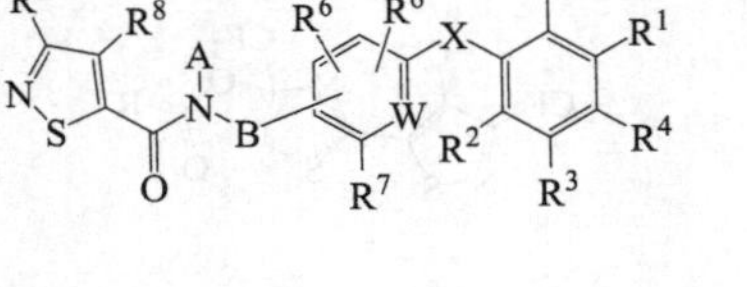

式中，各取代基定义参见权利要求书部分。

发明人：杨帆，关爱莹，赵杰，杨吉春，班兰凤，姚忠远，孙芹，刘长令；申请人：沈阳中化农药化工研发有限公司

中国专利号：ZL201510592095.5；中国专利申请日：2015-09-17

化合物类型：异噻唑类化合物、二芳醚类化合物

发明思路：me-too 研究；以唑虫酰胺为模板，采用中间体衍生化法的替换法，使用异噻唑中间体羧酸进行替换，并对二芳醚部分进行优化得到该类化合物。

用途：具有杀菌、杀虫活性，对玉米锈病、水稻稻瘟病、黄瓜霜霉病、黄瓜炭疽病等多种病菌都有很好的防效。特别地，对黄瓜霜霉病、黄瓜炭疽病在较低剂量下仍具有很好的防治效果。同时，该发明的部分化合物还具有较好的杀螨活性，可用于防治朱砂叶螨等。

代表化合物结构如下：

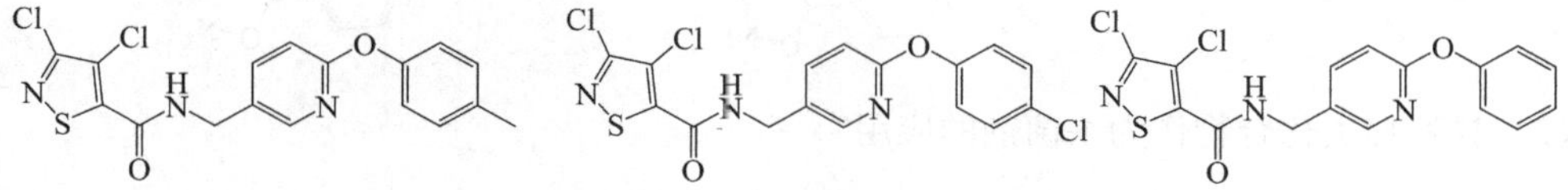

3.14 （异）噁唑（啉）类化合物

截至 2023 年底公开了多个拥有中文或英文通用名称的（异）噁唑（啉）类杀菌剂，具体分类和名称如下：

噁唑类杀菌剂（oxazole fungicides，1 个）：metazoxolon。

噁唑烷二酮类杀菌剂（oxazolidinedione fungicides，1 个）：噁唑菌酮（famoxadone）。

噁唑烷酮类杀菌剂（oxazolidinone fungicides，1 个）：噁霜灵（oxadixyl）。

异噁唑类杀菌剂（isoxazole fungicides，2 个）：肼菌酮（drazoxolon）、噁霉灵（hymexazol）。

此外，如下 4 个含有异噁唑环的二羧酰亚胺类杀菌剂按照以往的分类标准，也归为异噁唑类：乙菌利（chlozolinate）、菌核利（dichlozoline）、甲菌利（myclozolin）、乙烯菌核利（vinclozolin）。啶菌噁唑也曾被归类为此类。

国内除了啶菌噁唑外，尚无结构中含有（异）噁唑（啉）类的商品化或开发中杀菌剂，涉足该类新化合物研究的不多，目前主要有沈阳中化农药化工研发有限公司、华南理工大学、中化蓝天集团有限公司、河南师范大学等少数几家单位。

（1）用作杀菌剂的芳基取代的异噁唑啉类化合物

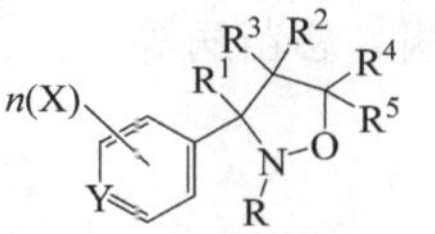

式中，X 选自氢、卤素、氰基、硝基、C_1～C_4 烷氧基、C_1～C_4 烷基或卤 C_1～C_4 烷基；n 为 1～5 的整数；Y 选自碳或氮；R 选自 C_1～C_{12} 烷基、卤 C_1～C_{12} 烷基、C_2～C_8 烯基、卤 C_2～C_8 烯基、C_2～C_8 炔基或卤 C_2～C_8 炔基；R^1 选自氢、C_1～C_5 烷基、卤 C_1～C_5 烷基、C_2～C_5 烯基、卤 C_2～C_5 烯基、C_2～C_5 炔基或卤 C_2～C_5 炔基；R^2、R^3、R^5 可相同或不同，分别选自氢、C_1～C_5 烷基、卤 C_1～C_5 烷基、C_1～C_5 烷氧基、卤 C_1～C_5 烷氧基或 C_3～C_7 环烷基；R^4 选自苯基或吡啶基，环上不被取代或最多被 3 个下述基团所取代：卤素、氰基、硝基、三卤甲基、C_1～C_4 烷基或 C_1～C_6 烷氧基；但是当 X＝4-C1、n＝1、Y＝C 时，R^4≠4-氯苯基。

发明人：程春生，李志念，张宝砚，李涛，张弘；申请人：沈阳化工研究院

中国专利号：ZL200410020467.9；中国专利申请日：2004-04-27

化合物类型：异噁唑啉类化合物

发明思路：me-too 研究；参考专利 US4066770 和 CN1091444 中报道的具有杀菌活性的 2-芳基-3-吡啶基异噁唑啉类化合物进一步优化而得。

用途：具有杀菌活性。对黄瓜灰霉病、甜椒灰霉病、番茄叶霉病、花生黑斑病等有效，可以单独使用或与其他活性组分混合用作农用杀菌剂。根据作物及病害的不同，采用叶面喷雾、种子处理、土壤处理等方法。

代表化合物结构如下：

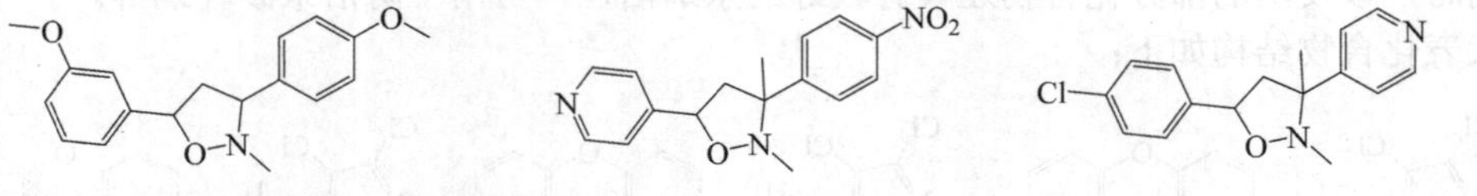

（2）异噁唑类化合物作为杀菌剂的应用

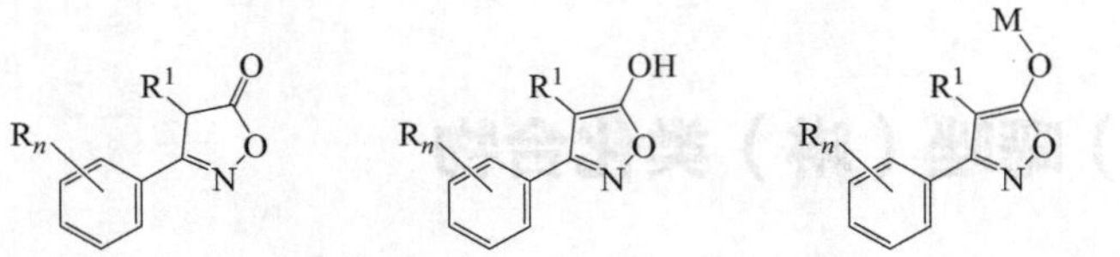

Ⅰ Ⅱ Ⅲ

式中，R 选自氢、卤素、氰基、硝基、C_1～C_{12} 烷基、C_2～C_{12} 烯基、C_2～C_{12} 炔基、C_1～C_{12} 卤代烷基、C_1～C_{12} 烷氧基、C_1～C_{12} 卤代烷氧基、C_1～C_{12} 烷硫基、C_1～C_{12} 烷基磺酰基、C_1～C_{12} 烷氧基羰基、C_1～C_{12} 烷氧基羰基 C_1～C_{12} 烷基、氨基；R^1 选自氢、卤素、氰基、硝基、C_1～C_{12} 烷基、C_1～C_{12} 烷氧基、C_1～C_{12} 烷氧基羰基或 C_1～C_{12} 烷氧基羰基 C_1～C_{12} 烷基；n 选自 1～5；M 选自碱金属、碱土金属。

发明人：刘长令，李淼，张弘，李林，李志念；申请人：沈阳化工研究院

中国专利号：ZL200510047152.8；中国专利申请日：2005-09-08

化合物类型：异噁唑类化合物

发明思路：me-too 研究；采用中间体衍生化法衍生法或替换法。参考专利 US3781438A 和 EP396215 中报道的具有杀线虫活性的异噁唑啉类化合物合成该类化合物。

用途：具有杀菌活性。可用于防治在各种作物上由鞭毛菌亚门卵菌纲、担子菌亚门、子囊菌亚门和半知菌亚门等多种病菌引起的病害，在很低剂量下就有很好的防效，如葡萄和黄瓜的白粉病、霜霉病，水稻纹枯病、稻瘟病、恶苗病等。

代表化合物结构如下：

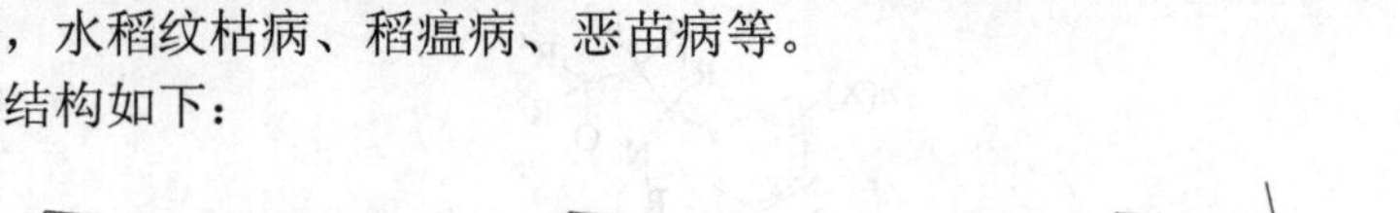

（3）一种含吡啶异噁唑杀菌剂的制备方法及应用

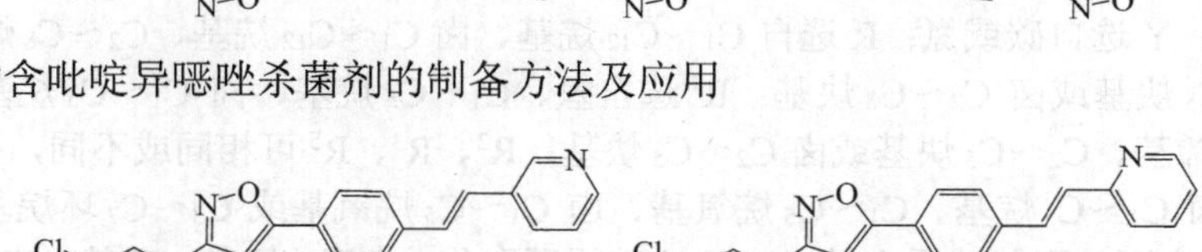

发明人：何道航，林兴东；申请人：华南理工大学

中国专利号：ZL202110461809.4；中国专利申请日：2021-04-27

化合物类型：含吡啶基异噁唑类化合物

发明思路：me-too 研究；异噁唑类和吡啶化合物广泛存在于农药、医药和天然产物分子结构中，成功应用于杀菌剂、除草剂等农用化学品的开发。通过生物电子等排原理将苯环替换成吡啶环[，Helvetica Chimica Acta，1967, 50(3): 906-957]，以商品化农药中活性片段的合理选择和组合发现结构新颖的杀菌剂，首先以取代丙烯酮为原料进行衍生合成新颖的噁唑环中间体，再经溴化、Arbuzov 反应和 Witting-Horner 反应得到目标化合物。

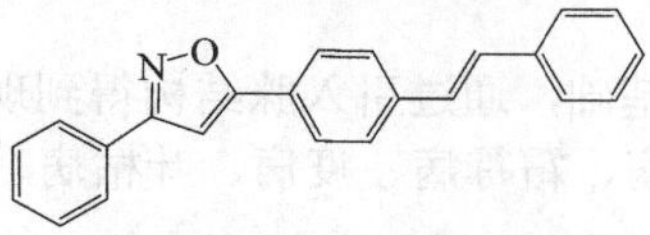

用途：具有杀菌活性，对灰霉菌有良好的抑制活性，与多菌灵相当。

（4）一种含异噁唑二苯乙烯杀菌剂的制备方法及应用

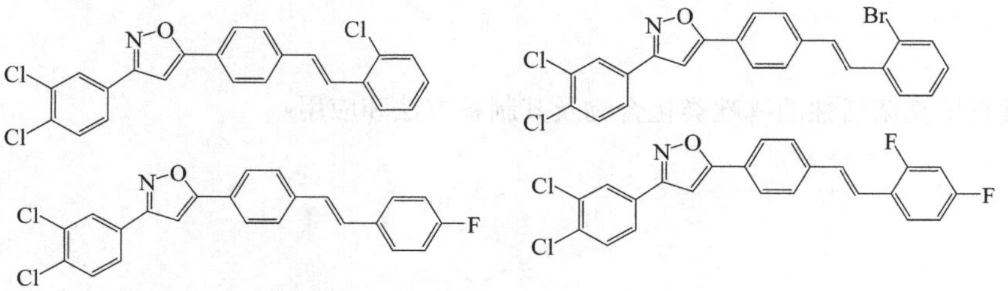

发明人：何道航，林兴东；申请人：华南理工大学

中国专利号：ZL202110460363.3；中国专利申请日：2021-04-27

化合物类型：异噁唑二苯乙烯类

发明思路：me-too 研究[，Helvetica Chimica Acta, 1967, 50(3): 906-957]；天然产物作为具有新颖作用方式和适度降解性质的活性物质的丰富来源，一直以来都是药物研发的重要领域之一。植物次级代谢产物天然二苯乙烯类化合物具有易于合成的结构单元及多样的生物活性。最广为人知的当数白藜芦醇，因其作为植保素保护植物免受病原微生物的侵入而引起研究者的兴趣。异噁唑类化合物具有广谱而优良的生物活性，包括抗菌、抗寄生虫、除草、抗神经痛、杀虫等，然而其合成却存在着原料结构复杂或价格昂贵、反应条件严苛、区域选择性不易控制等难点。对天然产物的结构骨架二苯基乙烯进行改造引入卤素，同时引入异噁唑类结构设计合成了结构新颖的化合物。

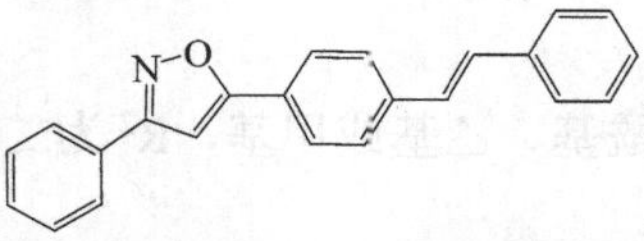

用途：具有杀菌活性，对灰霉菌有良好的抑制活性，与多菌灵相当。

（5）一类含取代芳基联异噁唑芳基脒类化合物，其制备方法及应用

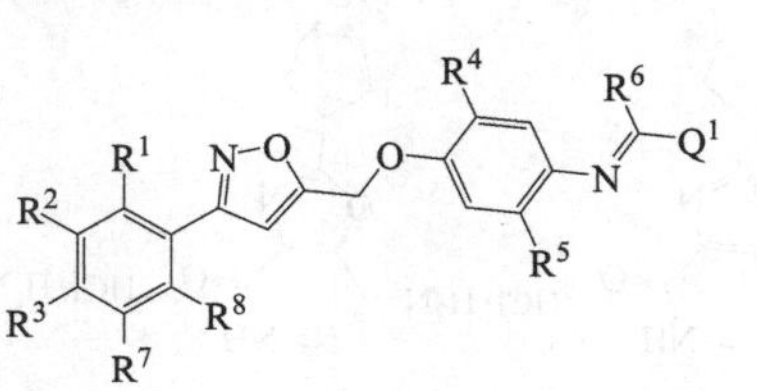

式中，R^1、R^2、R^3、R^7、R^8独立地选自氢、卤素、甲基、甲氧基；R^4、R^5为甲基；R^6为氢；Q^1为 ╱╲N╱ 。

发明人：许天明，胡伟群，钟良坤，张蕊蕊，孔小林，朱卫刚；申请人：浙江省化工研究院有限公司，中化蓝天集团有限公司，中国中化股份有限公司

中国专利号：ZL201610973367.0；中国专利申请日：2016-11-07

化合物类型：含氮五元杂环的醚类、芳基脒类

发明思路：me-too 研究；以芳基异噁唑中间体为基础，通过引入脒结构得到现有化合物。

用途：具有杀菌活性。适合用于防治白粉病、锈病、霜霉病、疫病、叶枯病、叶斑病、灰霉病、黑星病、全蚀病和根腐病中的至少一种。

代表化合物结构如下：

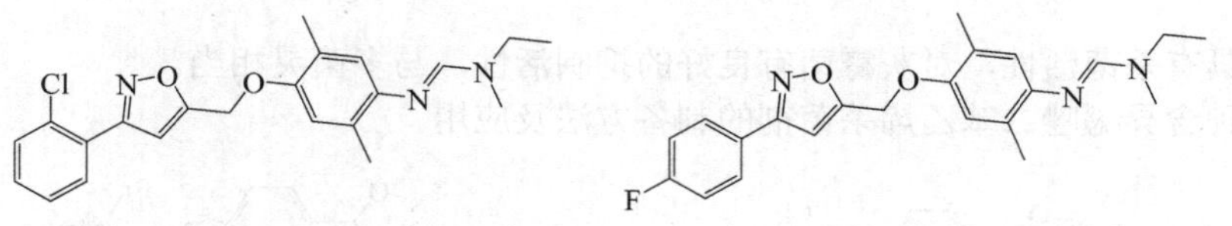

（6）具有抗真菌活性的噁唑类化合物及其制备方法和应用

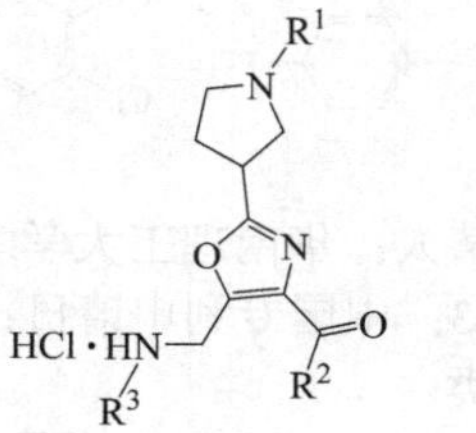

式中，R^1为丙酰基、异丙基、乙酰基、乙基或甲基，R^2为二甲氨基或甲氨基，R^3为氢或甲基。

发明人：陈耿炎，廖尽香，刘铁勇，李伟，毛龙飞，姜玉钦，徐桂清；申请人：河南师范大学

中国专利号：ZL201510180416.0；中国专利申请日：2015-04-16

化合物类型：噁唑、四氢吡咯

发明思路：me-too 研究；采用活性亚结构拼接法，将吡咯烷与噁唑环键合形成该发明结构新颖的化合物。

用途：具有抗真菌活性，对烟草白粉病菌或棉花炭疽病菌具有一定的防治作用。

代表化合物结构如下：

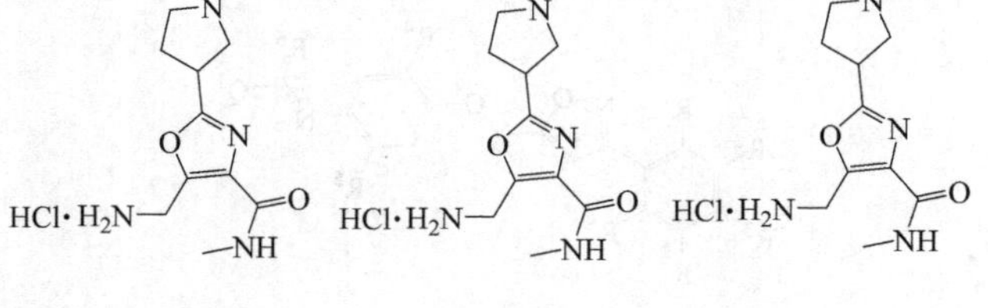

3.15 咪唑（咻酮）类化合物

截至 2023 年底仅公开了 12 个拥有中文或英文通用名称的咪唑（咻酮）类杀菌剂，具体分类和名称如下：

咪唑类杀菌剂（imidazole fungicides，9 个）：氯咪巴唑（climbazole）、克霉唑（clotrimazole）、咪菌腈（fenapanil）、抑霉唑（imazalil）、噁咪唑（oxpoconazole）、稻瘟酯（pefurazoate）、咪鲜胺（prochloraz）、氟菌唑（triflumizole）、氯康唑（viniconazole）。

咪唑啉类杀菌剂（imidazoline fungicides，1 个）：果绿啶（glyodin）。

咪唑啉酮类杀菌剂（imidazolinone fungicides，1 个）：咪唑菌酮（fenamidone）。

氰基咪唑类杀菌剂（cyanoimidazole fungicides，1 个）：氰霜唑（cyazofamid）。

国内尚无该类商品化或开发中杀菌剂，对该类新化合物的研究涉足较少，主要为华中师范大学、上海市农药研究所、沈阳农业大学、湖南科技大学。

（1）2-(1*H*-1,2,4-三唑-1-基)-5-呋喃亚甲基咪唑啉酮衍生物及杀菌活性

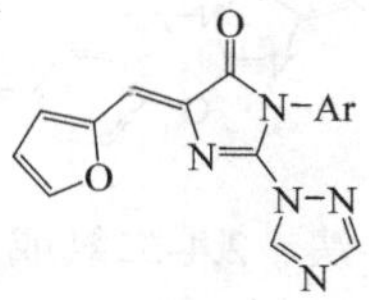

其中，Ar 为苯基，或取代基为 3-氯、4-氯或 4-甲基的取代苯基。

发明人：丁明武，刘钊杰，宿亚丽，朱麟；申请人：华中师范大学

中国专利号：ZL03154266.2；中国专利申请日：2002-01-04

化合物类型：咪唑啉酮类

发明思路：me-too 研究；在咪唑啉酮类杀菌剂结构基础上引入呋喃亚甲基结构而得。

用途：具有杀菌活性，对稻瘟菌、水稻纹枯菌、芦笋褐斑菌、苹果轮纹菌、小麦赤霉菌及棉花枯萎菌具有良好的抑制活性。

代表化合物结构如下：

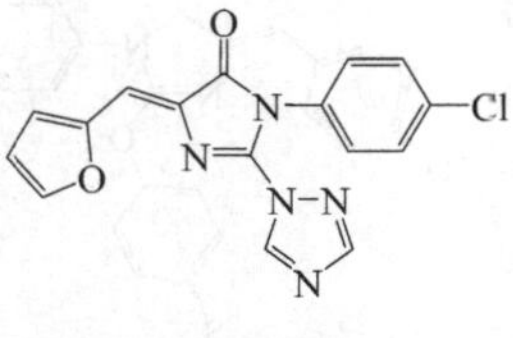

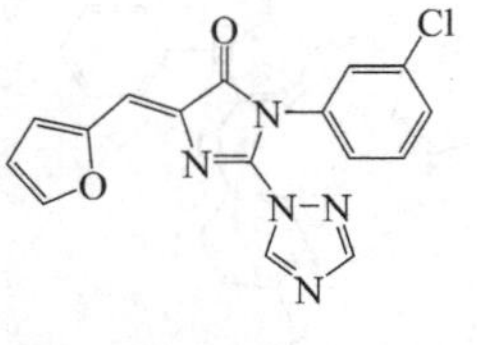

（2）具有杀菌活性的 2-(4-甲硫苯氧基)-5-呋喃亚甲基咪唑啉酮衍生物

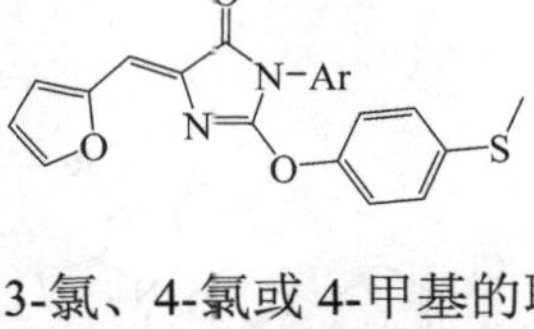

其中，Ar 为苯基，或取代基为 3-氯、4-氯或 4-甲基的取代苯基。

发明人：丁明武，刘钊杰，孙勇，朱麟；申请人：华中师范大学

中国专利号：ZL03143772.9；中国专利申请日：2002-01-04

化合物类型：咪唑啉酮类

发明思路：me-too 研究；在呋喃亚甲基咪唑啉酮类杀菌剂结构基础上引入苯酚结构而得。

用途：具有杀菌活性，对稻瘟菌、水稻纹枯菌、芦笋褐斑菌、苹果轮纹菌、小麦赤霉菌及棉花枯萎菌具有良好的抑制活性。

代表化合物结构如下：

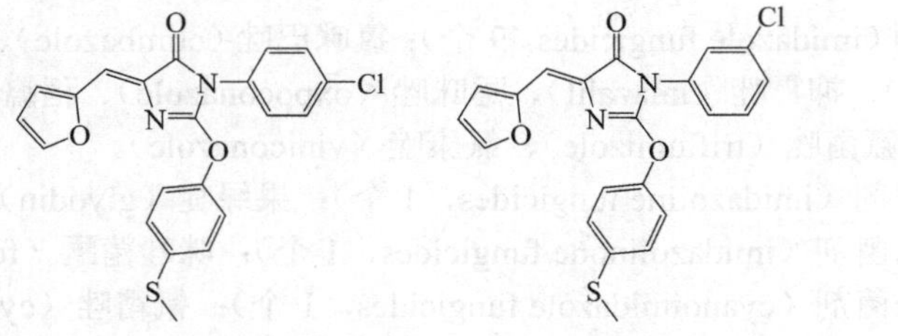

（3）具有杀菌活性的 2-(4-甲硫苯氧基)咪唑啉酮衍生物及其制备方法

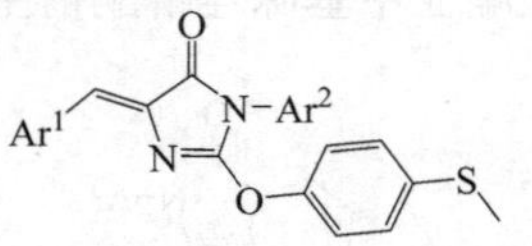

其中，Ar^1 为 2-氯、3-氯、4-氯、3-溴、2,4-二氯或 4-甲氧基的取代苯基；Ar^2 为 3-氯、4-氯或 4-甲基的取代苯基。

发明人：丁明武，刘钊杰，孙勇，朱麟；申请人：华中师范大学

中国专利号：ZL02115405.8；中国专利申请日：2002-01-04

化合物类型：咪唑啉酮类

发明思路：me-too 研究；在亚甲基咪唑啉酮杀菌剂结构基础上引入取代苯结构而得。

用途：具有杀菌活性，对稻瘟菌、水稻纹枯菌、芦笋褐斑菌、苹果轮纹菌、小麦赤霉菌及棉花枯萎菌具有良好的抑制活性。

代表化合物结构如下：

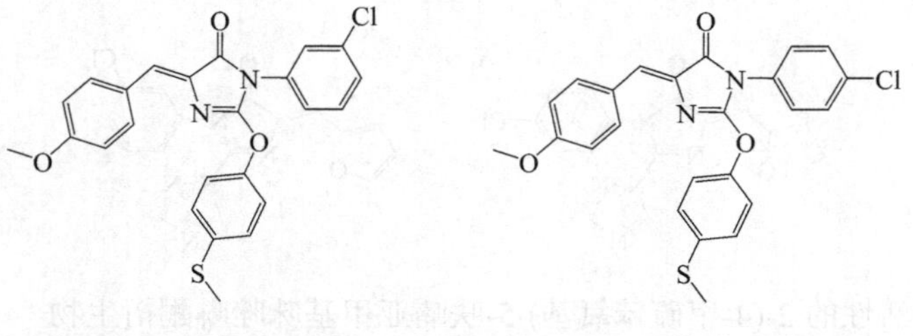

（4）2,4-二氧代咪唑啉类环己烷磺酰胺化合物，其制备方法和作为杀真菌剂、杀细菌剂的应用

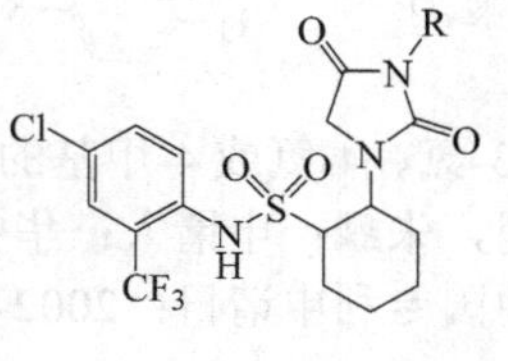

其中，R 选自 C_1～C_{20} 烷基、取代或未取代的苄基、取代或未取代的苯乙基、2-噻吩乙基、2-吡啶乙基、吗啉-*N*-乙基中的任意一种，烷基可以是直链烷基、支链烷基或环烷基；

其中，取代苄基中取代基为卤素、三氟甲基、甲氧基中的一种；取代的苯乙基中取代基为卤素、三氟甲基、甲氧基中的一种。

发明人：李兴海，张珅，刘伟，何璐，王凯，纪明山，祁之秋，沈玉霞；申请人：沈阳农业大学

中国专利号：ZL202010198265.2；中国专利申请日：2020-03-19

化合物类型：2,4-二氧代咪唑啉类

发明思路：me-too 研究；在已报道的磺酰胺类杀菌剂和咪唑啉酮类除草剂的基础上，进一步衍生替换，合成得到了一类具有杀菌、除草活性的 2,4-二氧代咪唑啉类环己烷磺酰胺化合物。

用途：具有杀菌活性，对灰霉、核盘、辣椒疫霉、水稻纹枯、水稻稻瘟、禾谷镰刀等真菌有抑制作用，用于其病害的防治；对白菜软腐、柑橘溃疡、辣椒疮痂、梨火疫病、番茄溃疡等细菌有抑制作用，用于其病害的防治。

代表化合物结构如下：

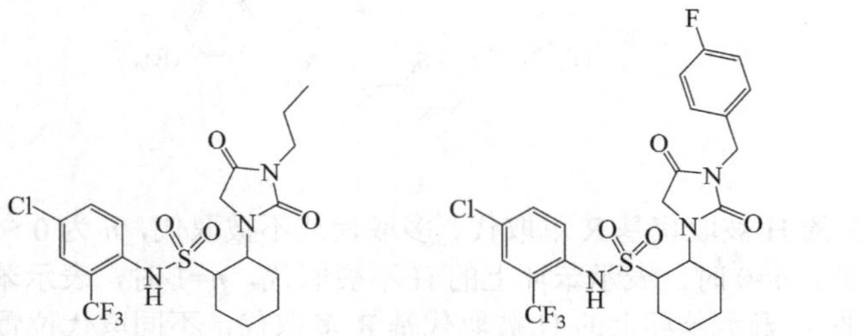

（5）芳基咪唑啉类化合物及其制备方法和用途

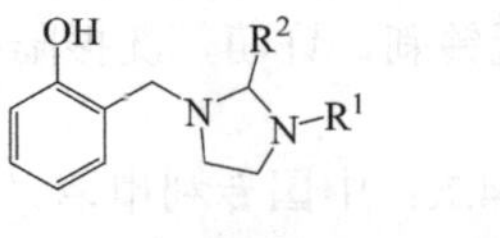

式中，R^1 是 C_1～C_2 烷基苯基或 C_1～C_2 烷氧基苯基；R^2 是硝基苯基或 C_1～C_4 烷基。

发明人：唐子龙，姚园，代宁宁，汪明，万义超，焦银春，彭丽芬，张少伟；申请人：湖南科技大学

中国专利号：ZL201810154154.4；中国专利申请日：2018-02-22

化合物类型：芳基咪唑啉

发明思路：以 *N*-杂缩醛为原料合成一类新型 1-(2-羟基苄基)-2-(烷基或硝基苯基)-3-芳基咪唑啉类化合物。

用途：具有杀菌活性，该发明部分化合物用于抑制小麦赤霉病菌、黄瓜灰霉病菌、辣椒疫霉病菌、油菜菌核病菌、水稻纹枯病菌或稻瘟病菌。

代表化合物结构如下：

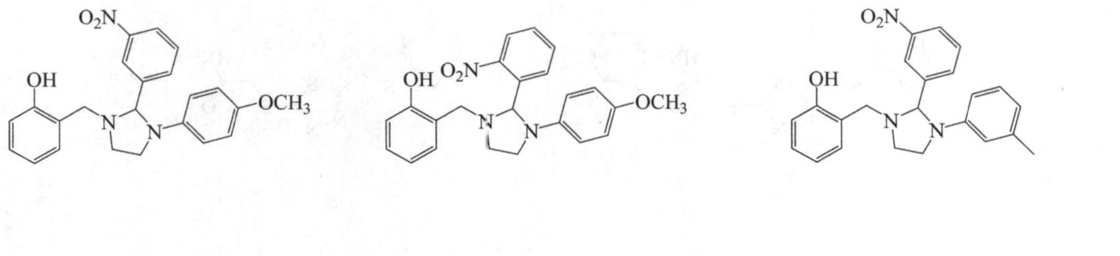

3.16 噻二唑类化合物

截至 2023 年底该类拥有中文或英文通用名称的杀菌剂涉及如下 4 个，涉及 1 个杀真菌剂和 3 个杀细菌剂。

1,2,4-噻二唑类（1,2,4-thiadiazole fungicides，1 个）：氯唑灵（etridiazole）。

1,3,4-噻二唑类（1,3,4-thiadiazole fungicides，3 个）：噻菌铜（thiodiazole-copper）、噻唑锌（zinc thiazole）、噻森铜（saisentong）。

国内对噻二唑类的研究也日益增多，主要研究单位有南开大学、浙江工业大学、湖南科技大学、利尔化学股份有限公司、西北农林科技大学、华南农业大学、西北师范大学、陕西科技大学、青岛科技大学、广西师范学院、中国农业大学、南通大学等。

（1）一种含嘧啶、噻二唑环和酰胺结构的硫醚类化合物及其应用

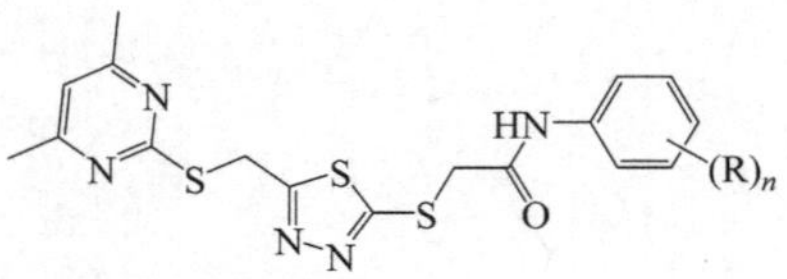

式中，苯环上的 H 被取代基 R 单取代、多取代或不被取代，n 为 0～5 的整数，n 表示苯环上取代基 R 的个数，n=0 时，表示苯环上的 H 不被取代，n=1 时，表示苯环上的 H 被取代基 R 单取代，n=2～5 时，表示苯环上的 H 被取代基 R 多取代，不同取代位置上的取代基 R 相同或不同，所述取代基 R 为 C_1～C_8 的烷基、C_1～C_3 的烷氧基、卤素或硝基，所述卤素为 F、Cl、Br 或 I。

发明人：翁建全，朱亚波，阮铃莉，许萌，沈振陆；申请人：浙江工业大学、浙江工业大学上虞研究院有限公司

中国专利号：ZL201610114304.X；中国专利申请日：2016-03-01

化合物类型：硫醚类化合物

发明思路：在 1,3,4-噻二唑结构的基础上，通过随机引入嘧啶、乙酰胺等基团得到。

用途：具有杀菌活性。该发明对该类化合物进行了黄瓜炭疽病菌、灰葡萄孢菌、水稻纹枯病菌的杀菌活性测定，普筛浓度为 50mg/L，从测定结果表明，苯环上 H 不被取代的化合物(I)对所有供试菌种均表现出一定的抑制活性；化合物 Ia[$(R)_n$=邻氯]、Id[$(R)_n$=邻甲基]、Ie[$(R)_n$=间甲基]、If[$(R)_n$=对甲基]对黄瓜炭疽病菌的抑制率均在 50%以上，其中 Ie 的抑制率为 77.31%；化合物 Id、Ie、If 对灰葡萄孢菌的抑制率均在 50%以上，其中 Ie 的抑制率均大于 60%；化合物 Id、Ie 对水稻纹枯病菌的抑制率均在 40%以上。

代表化合物结构如下：

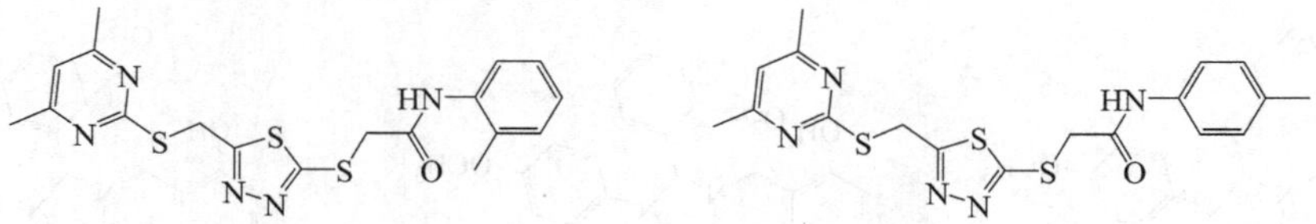

（2）噁唑噻二唑类有机铜化合物及其制备方法、制剂及在防治农业植物病害中的用途

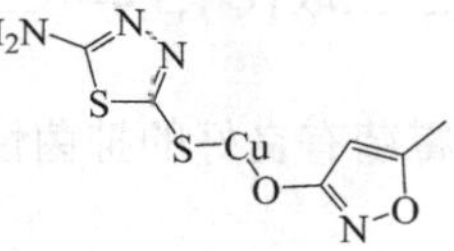

发明人：王永华，张慧晓，刘蒙蒙，周伟，王高学，段金友；申请人：西北农林科技大学

中国专利号：ZL201110401897.5；中国专利申请日：2011-12-06

化合物类型：噁唑噻二唑类有机铜化合物

发明思路：me-too 研究；参考细菌剂噻唑锌或噻菌铜结构，将噁霉灵引入其中获得该类化合物。

用途：能防治镰刀霉菌、丝囊霉菌、腐霉菌和伏革菌引起的病害。

（3）一种 2-取代苄硫基-5-(4,6-二甲基嘧啶-2-)硫甲基-1,3,4-噻二唑类化合物及其应用

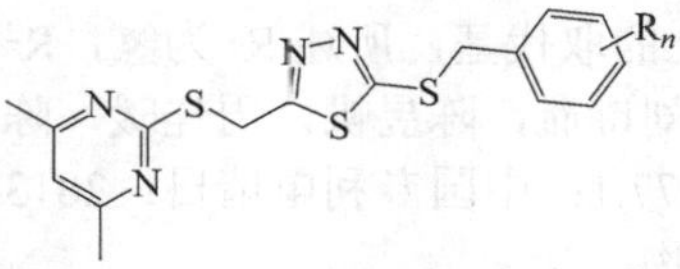

式中，苯环上的 H 被取代基 R_n 单取代、多取代或不被取代，n 为 0～5 的整数，n 表示苯环上取代基 R 的个数，n=0 时，表示苯环上的 H 不被取代，n=1 时，表示苯环上的 H 被取代基 R 单取代，n=2～5 时，表示苯环上的 H 被取代基 R_n 多取代，不同取代位置上的取代 R 相同或不同，所述取代基 R 为 C_1～C_4 的烷基、烷氧基、氰基、卤素或硝基，所述卤素为 F、Cl、Br 或 I。

发明人：翁建全，戴小强，阮铃莉，刘幸海，谭成侠；申请人：浙江工业大学

中国专利号：ZL201610114507.9；中国专利申请日：2016-03-01

化合物类型：1,3,4-噻二唑类化合物

发明思路：嘧啶类化合物为先导，连接噁二唑硫醚，优化得到。

用途：具有杀菌活性。该发明所述化合物对灰葡萄孢菌、尖孢镰刀菌、真菌尖孢炭疽菌、草莓炭疽菌或胶孢炭疽菌均表现出较好的抑菌活性。

代表化合物结构如下：

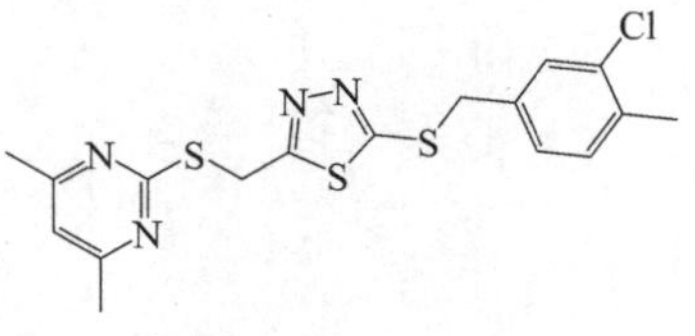

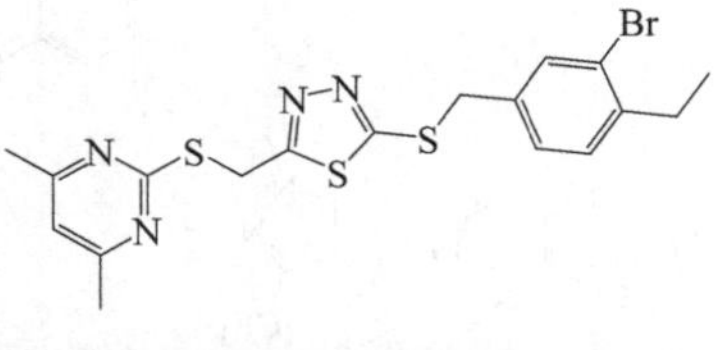

（4）含呋喃环 2,5-二取代-1,3,4-噻二唑类化合物在制备致病疫霉菌抑菌剂中的应用

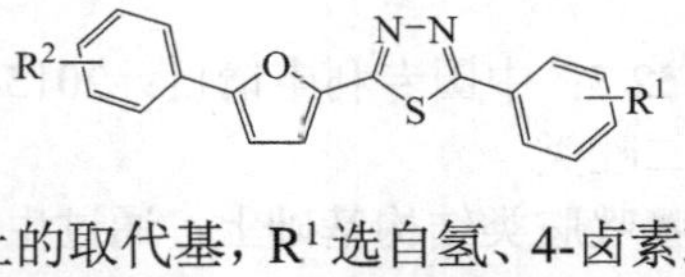

式中，R^1 或 R^2 为相应苯环上的取代基，R^1 选自氢、4-卤素或 4-烷氧基（碳原子数为 1～4）；R^2 选自氢、2-卤素、4-卤素或 3-硝基，且 R^1 与 R^2 不同时为氢。

发明人：崔紫宁，陈昱帆，程莹莹，周佳暖，刘诗胤，陈少华；申请人：华南农业大学

中国专利号：ZL201310631983.4；中国专利申请日：2013-11-29

化合物类型：噻二唑类化合物

发明思路：me-too 研究；将现有 2,5-二取代-1,3,4-噁二唑类化合物的 1,3,4-噁二唑变为 1,3,4-噻二唑得到。

用途：具有杀菌活性，对致病疫霉菌有良好的抑菌性。

代表化合物结构如下：

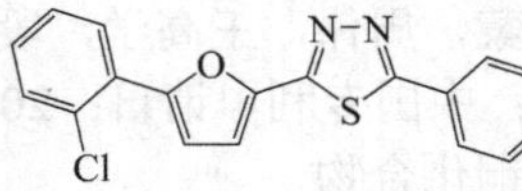

（5）一种含呋喃环 2, 5-二取代-1, 3, 4-噻二唑类化合物及其制备方法和应用

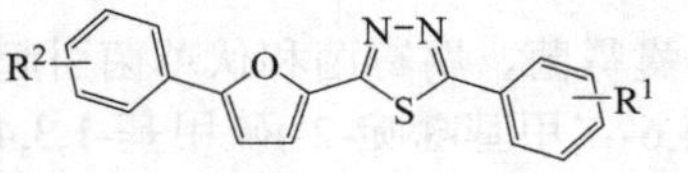

式中，R^1 或 R^2 为相应苯环上的取代基，所述 R^1 为氢，R^2 为 4-氟基。

发明人：崔紫宁，程莹莹，刘诗胤，陈昱帆，周佳暖，陈少华；申请人：华南农业大学

中国专利号：ZL201310629477.1；中国专利申请日：2013-11-29

化合物类型：噻二唑类化合物

发明思路：me-too 研究；将现有 2,5-二取代-1,3,4-噁二唑类化合物的 1,3,4-噁二唑变为 1,3,4-噻二唑得到。

用途：具有杀菌活性，杀菌谱广，对所选择测试的 40 种菌株普遍有较好的防效，其中对苹果腐烂菌、苹果黑斑菌、链核盘孢菌、长孢状刺盘孢菌、链格孢菌、茄链格孢菌的防效均大于 95%。

代表化合物结构如下：

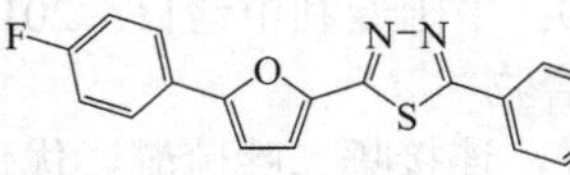

（6）一种含氟噻唑芳香酰胺类化合物及其用途

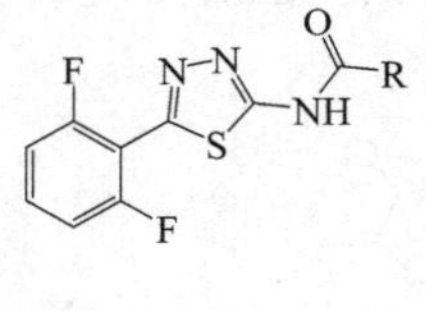

式中，R 为 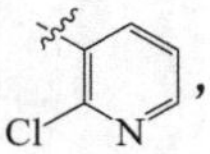 ， 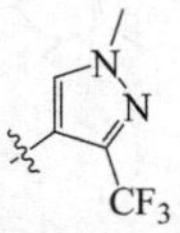 。

发明人：王明慧，胡娆，张潇文，陈格新，许良忠，冯继收，牛淑妍；申请人：青岛科技大学

中国专利号：ZL201510741352.7；中国专利申请日：2015-11-04

化合物类型：噻唑胺类、噻二唑类

发明思路：me-too 研究；在噻唑胺类结构基础上，通过生物等排、活性基团替换修饰等方法，得到该类化合物。

用途：具有杀菌活性，该发明化合物对小麦赤霉病菌和花生褐斑病菌，具有较好抑制作用。

代表化合物结构如下：

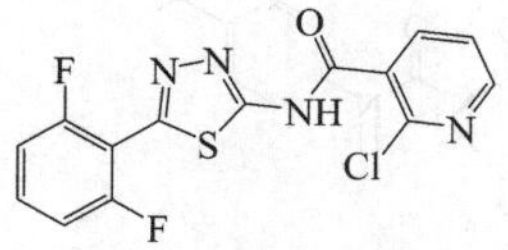

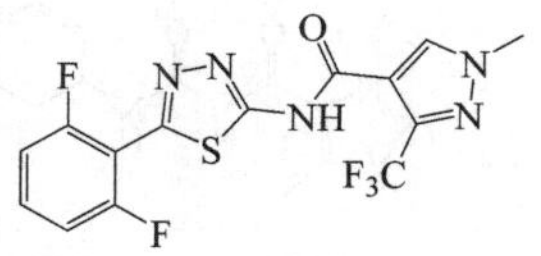

（7）噻二唑类噻唑啉酮化合物及其制备方法和应用

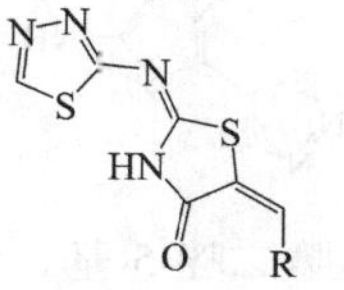

式中，R 选自 4-氰基苯基（$-C_6H_4-CN$）、4-氟苯基（$-C_6H_4-F$）、4-氯苯基（$-C_6H_4-Cl$）或 4-二甲氨基苯基（$-C_6H_4-N(CH_3)_2$）。

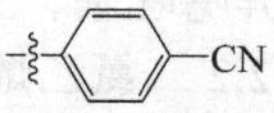

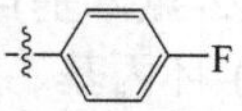

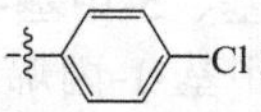

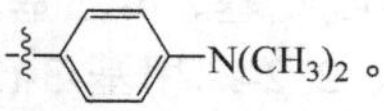

发明人：甘春芳，董新，黄燕敏，崔建国，展军颜；申请人：广西师范学院

中国专利号：ZL201710932057.9；中国专利申请日：2017-10-10

化合物类型：噻二唑，噻唑啉酮

发明思路：利用活性拼接法，将噻二唑和噻唑啉酮连接在一起，合成一系列新颖化合物，期待发现高活性化合物。

用途：具有杀菌活性，对番茄早疫病菌、稻瘟病菌等的生长增殖具有良好的抑制作用。

代表化合物结构如下：

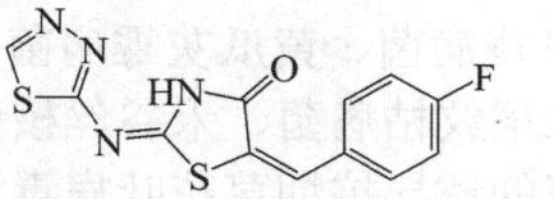

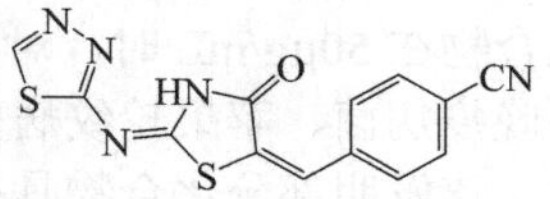

（8）一类 5-甲基-1, 2, 3-噻二唑-4-甲酰脲类化合物及其制备方法和用途

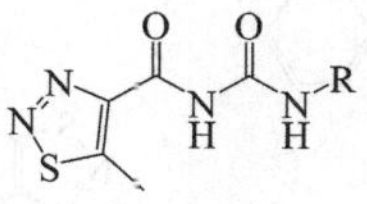

式中，R 选自噻唑-2-基、对溴苯基、对乙基苯基、4-氯-2-甲基苯基、嘧啶-2-基、6-甲基苯并噻唑-2-基、1-萘基、对氯苯基、间氯苯基等。

发明人：范志金，赵晖，国丹丹，黄杰，房震，李岳东，付一峰，王守信，王唤，米娜；申请人：南开大学

中国专利号：ZL201110071423.9；中国专利申请日：2011-03-24

化合物类型：噻二唑，甲酰脲

发明思路：me-too 研究；用 5-甲基-1,2,3-噻二唑替换苯环合成新的噻二唑甲酰基脲类化合物，期待发现高活性化合物。

用途：具有杀虫活性、杀菌活性和抗病毒活性，该发明的部分化合物对小菜蛾、斜纹夜蛾及蚊幼虫有较好活性。部分化合物在 50μg/mL 时，对番茄早疫病菌、黄瓜灰霉病菌、花生褐斑病菌、小麦赤霉病菌、马铃薯晚疫病菌、苹果轮纹病菌、水稻纹枯病菌、禾谷丝核菌、油菜菌核病菌有良好活性。该发明合成的大部分双(5-甲基-1, 2, 3-噻二唑-4-甲酰脲)类化合物具有很好的抗烟草花叶病毒活性。

代表化合物结构如下：

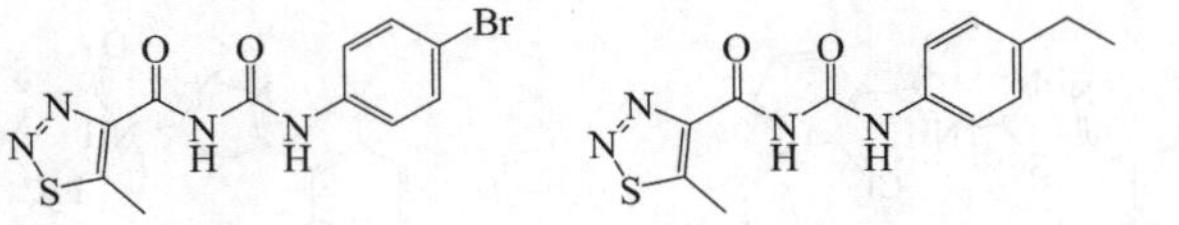

（9）一类 1, 2, 3-噻二唑联-1, 3, 4-噻二唑类化合物及其制备方法和用途

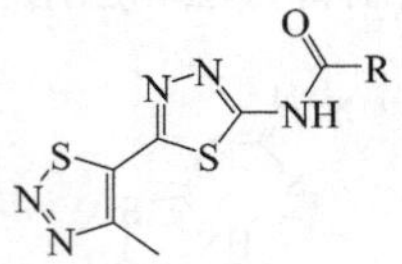

式中，R 选自苯基、4-甲基-1, 2, 3-噻二唑-5-基、环丁基、环己基、4-吡啶基、4-三氟甲基苯基、3, 6-二氯-2-吡啶基、4-乙基苯基、5-甲基-3-(2-氯苯基)-4-异噁唑基、5-甲基-3-苯基-4-异噁唑基、4-氟苯基、2, 2-二甲基-3-(2-甲基-1-丙烯基)-环丙基、3-(2,2 二氯乙烯基)-2, 2-二甲基环丙基、2-氟苯基等。

发明人：范志金，张聚方，王守信，黄杰，张正财，付一峰，房震，李岳东，国丹丹，赵晖；申请人：南开大学

中国专利号：ZL201110071395.0；中国专利申请日：2011-03-24

化合物类型：噻二唑，酰胺类

发明思路：将 1, 2, 3-噻二唑、1, 3, 4-噻二唑和酰胺两种基团连接在同一分子中，期待发现高活性化合物。

用途：具有杀菌活性、诱导抗病活性和杀虫活性，该发明的部分化合物对小菜蛾和蚊幼虫有较好活性。部分化合物在 50μg/mL 时，对番茄早疫病菌、黄瓜灰霉病菌、花生褐斑病菌、小麦赤霉病菌、马铃薯晚疫病菌、苹果轮纹病菌、水稻纹枯病菌、禾谷丝核菌、油菜菌核病菌有不同程度的抑制活性。该发明部分化合物具有良好的诱导抗烟草花叶病毒活性。

代表化合物结构如下：

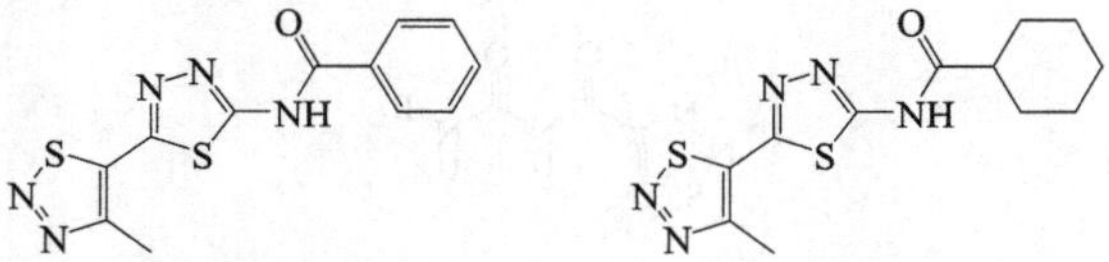

（10）4-甲基-1, 2, 3-噻二唑脲类衍生物及其制备方法和用途

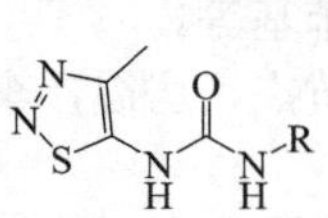

式中，R 为选自 5-氯吡啶-2-基、5-溴吡啶-2-基、4-甲基-3-硝基-5-溴吡啶-2-基、3-溴吡啶-4-基、4, 6-二甲氧基嘧啶-2-基、2, 6-二甲氧基嘧啶-4-基、4-甲氧基-6-氯嘧啶-2-基、4-甲基-嘧啶-2-基、5-氯吡嗪-2-基等。

发明人：范志金，张正财，王守信，黄杰，张聚方，付一峰，赵晖，国丹丹，李岳东，房震；申请人：南开大学

中国专利号：ZL201110071437.0；中国专利申请日：2011-03-24

化合物类型：噻二唑、脲

发明思路：me-too 研究；将噻苯隆（TDZ）的噻二唑和苯环进行了替换，在噻二唑基团的

4 位引入甲基的同时，将苯环衍生成了各种不同的杂环，制备了一系列未见报道的 1-(4 甲基-1,2,3-噻二唑-5-基)-3-杂环基脲新化合物，期待发现高活性化合物。

用途：具有杀菌活性和除草活性，该发明的部分化合物在 50μg/mL 时，对番茄早疫病菌、黄瓜灰霉病菌、花生褐斑病菌、小麦赤霉病菌、马铃薯晚疫病菌、苹果轮纹病菌、水稻纹枯病菌、禾谷丝核菌、油菜菌核病菌有不同程度的抑制活性。该发明部分化合物对马唐、狗尾草、鳢肠和反枝苋具有较好的除草活性。

代表化合物结构如下：

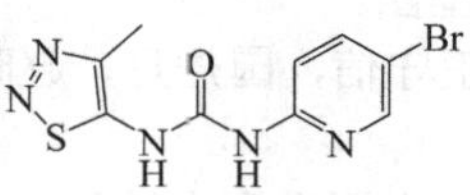

（11）一类 1, 2, 3-噻二唑甲酰脲类化合物及其制备方法和用途

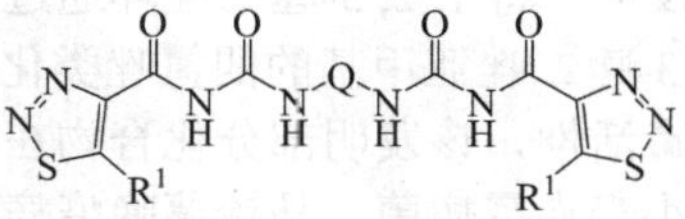

式中，R[1] 为甲基；Q 选自苯-1, 2-二基、苯-1, 3-二基、苯-1, 4-二基、吡啶-3, 4-二基、吡啶-3, 5-二基、吡啶-2, 3-二基、吡啶-2, 4-二基、吡啶-2, 5-二基、吡啶-2, 6-二基、噻吩-3, 4-二基、呋喃-3, 4-二基、1, 2, 5-噁二唑-3, 4-二基、5, 6-二氰基吡嗪-2, 3-二基、5-溴吡嗪-2, 3-二基。

发明人：范志金，国丹丹，范谦，杨维清，付一峰，赵晖，王守信，王唤，米娜；申请人：利尔化学股份有限公司，南开大学

中国专利号：ZL201110108876.4；中国专利申请日：2011-04-29

化合物类型：噻二唑，甲酰脲

发明思路：me-too 研究；将苯甲酰脲的一个芳环用 1, 2, 3-噻二唑取代，同时在分子中引入卤素原子，设计合成了一类高活性 4-取代-1, 2, 3-噻二唑甲酰脲类化合物和双(4-取代-1, 2, 3-噻二唑-5-甲酰脲)类化合物，期待发现高活性化合物。

用途：具有杀虫活性、杀菌活性和抗植物病毒活性，该发明的部分化合物在 50μg/mL 时，对番茄早疫病菌、黄瓜灰霉病菌、花生褐斑病菌、小麦赤霉病菌、马铃薯晚疫病菌、苹果轮纹病菌、水稻纹枯病菌、禾谷丝核菌、油菜菌核病菌有不同程度的抑制活性。该发明部分化合物对小菜蛾和蚜幼虫具有良好活性。该发明部分化合物具有很好的抗烟草花叶病毒活性。

代表化合物结构如下：

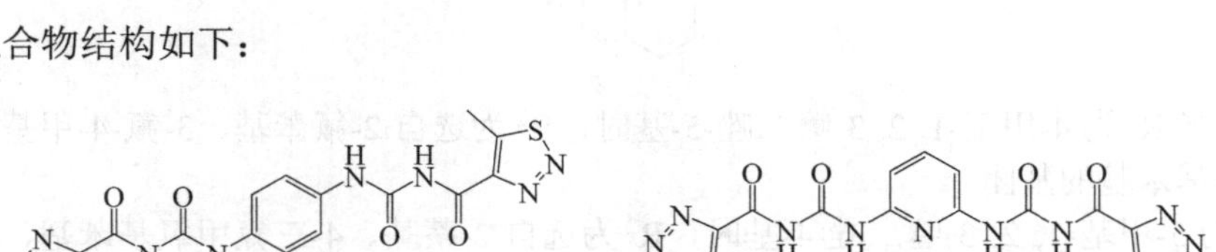

（12）一类含 1, 2, 3-噻二唑亚甲基的四氮唑类化合物及其制备方法和用途

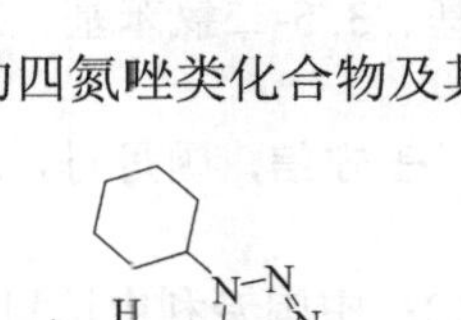

式中，当 R^1 为4-甲基-1, 2, 3-噻二唑-5-基时，R^2 为选自邻甲氧基苯基、间甲氧基苯基、对甲氧基苯基、间氯苯基、对氯苯基、邻氟苯基、间氟苯基、对氟苯基、间硝基苯基、对硝基苯基、间甲基苯基、对甲基苯基、邻三氟甲基苯基、间三氟甲基苯基、对三氟甲基苯基、对羟基苯基、间羟基苯基的基团；

当 R^1 为5-甲基-1, 2, 3-噻二唑-4-基时，R^2 为选自邻甲氧基苯基、间甲氧基苯基、对甲氧基苯基、间氯苯基、对氯苯基、邻氟苯基、间氟苯基、对氟苯基、邻硝基苯基、间硝基苯基、对硝基苯基、邻甲基苯基、间甲基苯基、对甲基苯基、间三氟甲基苯基、对三氟甲基苯基、邻羟基苯基、对羟基苯基、间羟基苯基的基团。

发明人：范志金，王盾，黄杰，王守信，国丹丹，赵晖，李岳东，房震，姬晓恬，华学文，范润珍；申请人：南开大学

中国专利号：ZL201110249091.9；中国专利申请日：2011-08-29

化合物类型：噻二唑、四氮唑

发明思路：通过 Ugi 四组分反应，将1, 2, 3-噻二唑环通过亚甲基和四氮唑环同时引入一个分子中，设计合成了一类含1, 2, 3-噻二唑亚甲基的四氮唑类化合物，期待发现高活性化合物。

用途：具有杀菌活性和抗病毒活性，该发明部分化合物在50μg/mL时，对番茄早疫病菌、黄瓜灰霉病菌、花生褐斑病菌、小麦赤霉病菌、马铃薯晚疫病菌、苹果轮纹病菌、水稻纹枯病菌、禾谷丝核菌和油菜菌核病菌有较好的抑制活性。该发明的部分化合物具有显著的抗植物病毒和诱导植物对植物病毒病害产生抗性的效果。

代表化合物结构如下：

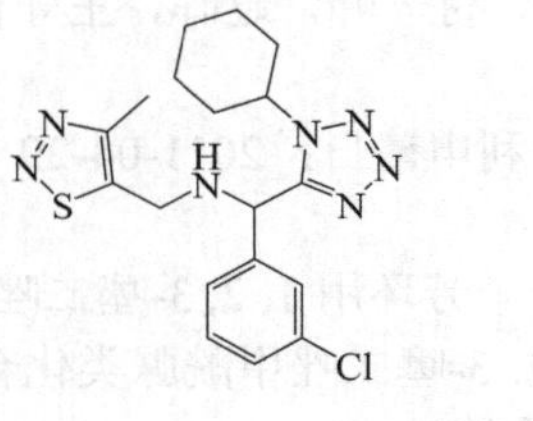

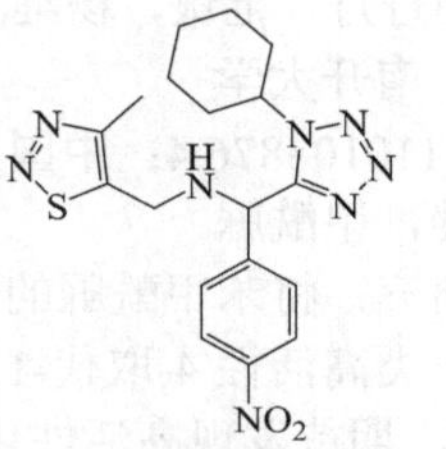

（13）含甲基-1, 2, 3-噻二唑的四氮唑类化合物及其制备方法和用途

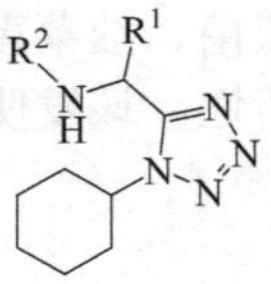

式中，当 R^1 为4-甲基-1, 2, 3-噻二唑-5-基时，R^2 为选自2-氟苯基、3-氟-4-甲基苯基、3-氯苯基、对乙基苯基的基团；

当 R^1 为5-甲基-1, 2, 3-噻二唑-4-基时，R^2 为选自2-萘基、4-三氟甲氧基苯基、4-氯苯基、4-乙基苯基、4-溴苯基、1-萘基、4-三氟甲基苯基、4-硝基苯基、3, 5-二氯-4-1, 1, 2, 2-四氟乙氧基苯基、3-氟-4-甲基苯基、3-氯苯基、3, 5-二氯苯基、2-氯苯基、3, 4-二氯苯基、2-氟苯基、2-甲基-4-氯苯基的基团。

发明人：范志金，王盾，黄杰，王守信，国丹丹，赵晖，李岳东，房震，姬晓恬，华学文，范润珍；申请人：南开大学

中国专利号：ZL201110249092.3；中国专利申请日：2011-08-29

化合物类型：噻二唑、四氮唑

发明思路：通过 Ugi 四组分反应，将 1, 2, 3-噻二唑环通过亚甲基和四氮唑环同时引入一个分子中，设计合成了一类含 1, 2, 3-噻二唑亚甲基的四氮唑类化合物，期待发现高活性化合物。

用途：具有杀菌活性和抗病毒活性，该发明部分化合物在 50μg/mL 时，对番茄早疫病菌、黄瓜灰霉病菌、花生褐斑病菌、小麦赤霉病菌、马铃薯晚疫病菌、苹果轮纹病菌、水稻纹枯病菌、禾谷丝核菌和油菜菌核病菌有较好的抑制活性。该发明的部分化合物具有显著的抗植物病毒和诱导植物对植物病毒病害产生抗性的效果。

代表化合物结构如下：

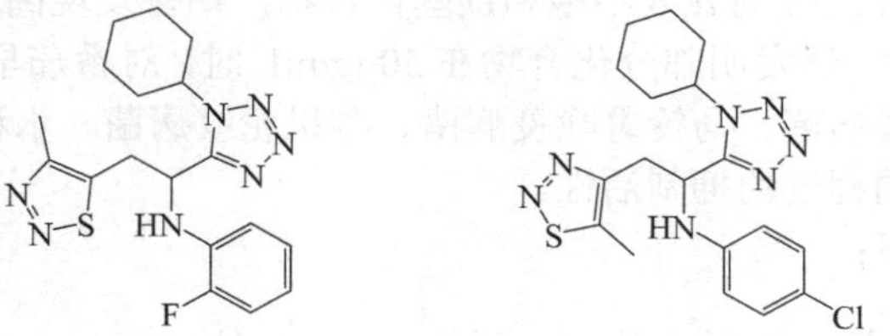

（14）一类 α-甲氧亚氨基-5-甲基-1, 2, 3-噻二唑-4-甲基羧酸酯衍生物及其制备方法和用途

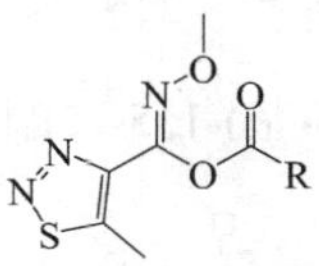

式中，R 为选自 2-三氟甲基苯基、4-三氟甲基苯基、4-硝基苯基、3-硝基苯基、2-硝基苯基、3-氯苯基、4-氯苯基、2-氯苯基、2, 6-二氯苯基、3, 5-二甲基苯基、4-甲基苯基、2-氟苯基、2-甲氧基苯基、3-甲基苯基、2-甲基苯基、3-甲氧基苯基、4-乙基苯基的基团。

发明人：范志金，国丹丹，王治文，王盾，赵晖，李岳东，房震，姬晓恬，华学文，毛武涛，黄杰；申请人：南开大学

中国专利号：ZL201210096834.8；中国专利申请日：2012-04-05

化合物类型：噻二唑、羧酸酯

发明思路：me-too 研究；将 1, 2, 3-噻二唑环引入甲氧亚氨基甲酯分子中，设计合成了一类 α-甲氧亚氨基-5-甲基-1, 2, 3-噻二唑-4-甲基羧酸酯衍生物，期待发现高活性化合物。

用途：具有杀菌活性和杀螨活性，该发明部分化合物在 50μg/mL 时，对番茄早疫病菌、黄瓜灰霉病菌、花生褐斑病菌、小麦赤霉病菌、马铃薯晚疫病菌、苹果轮纹病菌、水稻纹枯病菌、禾谷丝核菌和油菜菌核病菌有不同程度的抑制活性。该发明的部分化合物有不同程度的杀螨活性。

代表化合物结构如下：

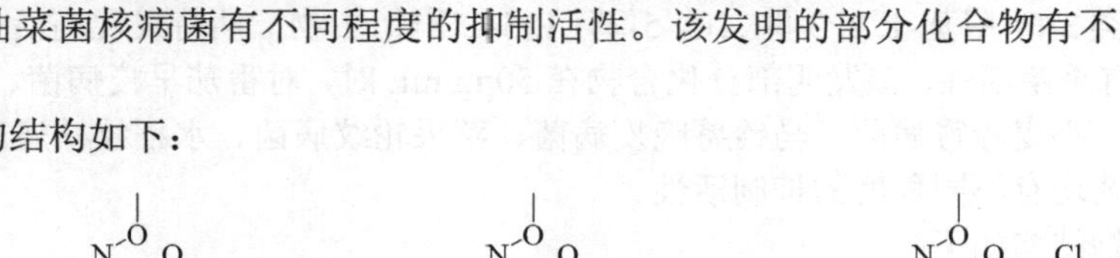

（15）一类 4-(4-甲基-1, 2, 3-噻二唑-5-基)-3-烯-2-酮衍生物及其制备方法和用途

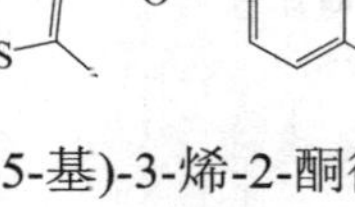

式中，R^1 为选自苯基、4-硝基苯基、4-甲氧基苯基、4-氯苯基、2, 4-二氯苯基的基团，R^2 为选自氢、乙基、丙基的基团。

发明人：范志金，国丹丹，王盾，王治文，赵晖，李岳东，房震，姬晓恬，华学文，毛武涛，特蒂安娜·卡林丽娜，莫则林·余瑞·余瑞维奇，贝尔斯卡娅·娜特丽娅·帕沃洛娃，巴库勒夫·瓦西里耶·阿勒克什维奇；申请人：南开大学

中国专利号：ZL201210096835.2；中国专利申请日：2012-04-05

化合物类型：噻二唑

发明思路：利用 Adol 反应，将 1,2,3-噻二唑环引入 α, β 不饱和羰基化合物分子中，设计合成了一类含甲基-1, 2, 3-噻二唑的 α, β 不饱和羰基化合物，期待发现高活性化合物。

用途：具有杀菌活性，该发明部分化合物在 50μg/mL 时，对番茄早疫病菌、黄瓜灰霉病菌、花生褐斑病菌、小麦赤霉病菌、马铃薯晚疫病菌、苹果轮纹病菌、水稻纹枯病菌、禾谷丝核菌和油菜菌核病菌均有不同程度的抑制活性。

代表化合物结构如下：

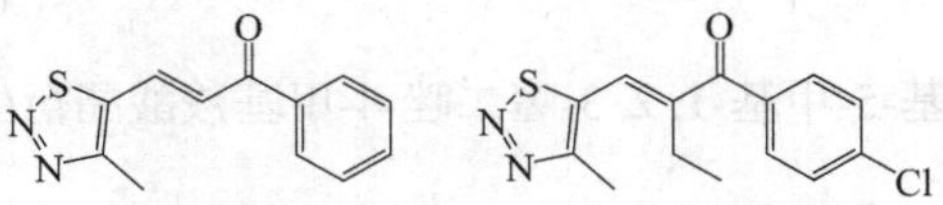

（16）一类 3-(4-甲基-1, 2, 3-噻二唑-5-基)-1, 5-二酮衍生物及其制备方法和用途

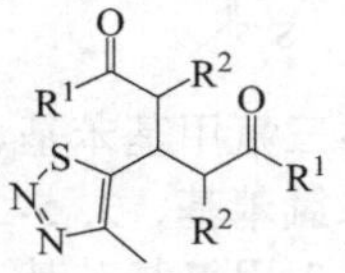

式中，R^1 为选自苯基、4-硝基苯基、4-甲氧基苯基、4-氯苯基、2,4-二氯苯基的基团；R^2 为选自氢、乙基、丙基的基团。

发明人：范志金，国丹丹，毛武涛，王盾，王治文，赵晖，李岳东，房震，姬晓恬，华学文，特蒂安娜·卡林丽娜，莫则林·余瑞·余瑞维奇，贝尔斯卡娅·娜特丽娅·帕沃洛娃，巴库勒夫·瓦西里耶·阿勒克什维奇；申请人：南开大学

中国专利号：ZL201210096833.3；中国专利申请日：2012-04-05

化合物类型：噻二唑

发明思路：该发明利用 Michael 反应，将 1, 2, 3-噻二唑环引入 1, 5 二羰基化合物分子中，设计合成了一类 3-(4-甲基-1, 2, 3-噻二唑-5-基)-1, 5-二酮衍生物，期待发现高活性化合物。

用途：具有杀菌活性，该发明部分化合物在 50μg/mL 时，对番茄早疫病菌、黄瓜灰霉病菌、花生褐斑病菌、小麦赤霉病菌、马铃薯晚疫病菌、苹果轮纹病菌、水稻纹枯病菌、禾谷丝核菌和油菜菌核病菌均有不同程度的抑制活性。

代表化合物结构如下：

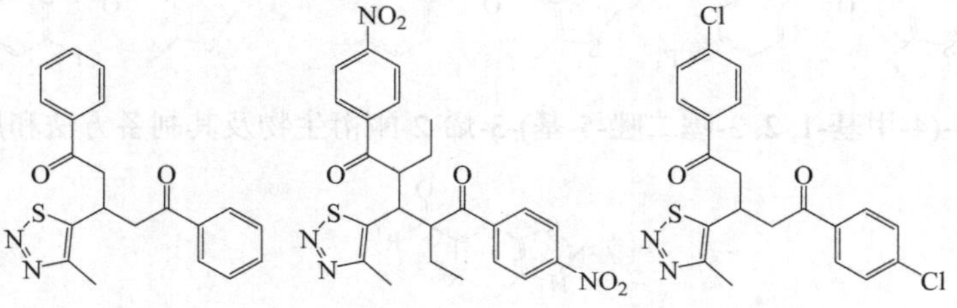

（17）一类α-甲氧亚氨基-4-甲基-1,2,3-噻二唑-5-甲基羧酸酯衍生物及其制备方法和用途

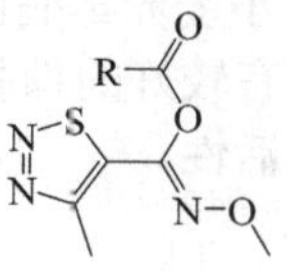

式中，R为选自2-氯苯基、4-氯苯基、3-氟苯基、2-三氟甲基苯基、3-甲氧基苯基、2-甲基苯基、2-氟苯基、3-甲基苯基、3, 5-二甲基苯基、4-氟苯基、3-氯苯基、4-甲基苯基、3-硝基苯基、2-硝基苯基、3-三氟甲基苯基、4-三氟甲基苯基、4-硝基苯基、6-氯吡啶-3-基、4-叔丁基苯基、环丙基、2-环戊基亚乙基、呋喃-2-基、环己基、2-氯吡啶-3-基、噻吩-2-基、环丁基、1-萘基亚甲基、4-氰基苯基、吡啶-3-基的基团。

发明人：范志金，国丹丹，王治文，王盾，毛武涛，赵晖，李岳东，房震，姬晓恬，华学文，黄杰；申请人：南开大学

中国专利号：ZL201210097076.1；中国专利申请日：2012-04-05

化合物类型：噻二唑、羧酸酯

发明思路：me-too研究；将1, 2, 3-噻二唑环引入甲氧亚氨基羧酸酯分子中，设计合成了一类α-甲氧亚氨基-4-甲基-1, 2, 3-噻二唑-5-甲基羧酸酯衍生物，期待发现高活性化合物。

用途：具有杀菌活性和杀螨活性，该发明部分化合物在50μg/mL时，对番茄早疫病菌、黄瓜灰霉病菌、花生褐斑病菌、小麦赤霉病菌、马铃薯晚疫病菌、苹果轮纹病菌、水稻纹枯病菌、禾谷丝核菌和油菜菌核病菌有较好的抑制活性。在200mg/L剂量下，该发明部分化合物有不同程度的杀螨活性。

代表化合物结构如下：

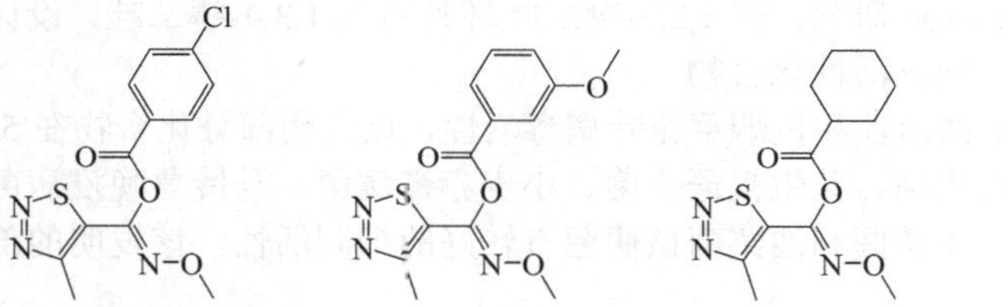

（18）一类5-氯-1,2,3-噻二唑-4-丙烯酸衍生物及其制备方法和用途

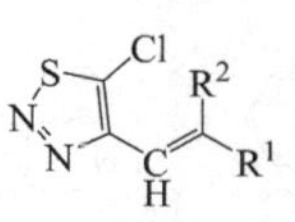

式中，R^1选自CN、乙氧羰基；R^2为选自甲氨基羰基、乙氧羰基、氨基羰基、肼基羰基、苯氨基羰基、4-溴苯氨基羰基、甲氧羰基、2,5-吡嗪氨基羰基的基团；或者 R^1、R^2共同组成—$CO(CH_2)_3CO$—。

发明人：范志金，特蒂安娜·卡林丽娜，王盾，华学文，姬晓恬，毛武涛，莫则林·余瑞·余瑞维奇，贝尔斯卡娅·娜特丽娅·帕沃洛娃，巴库勒夫·瓦西里耶·阿勒克什维奇；申请人：南开大学

中国专利号：ZL201210271147.5；中国专利申请日：2012-08-01

化合物类型：噻二唑，丙烯酸

发明思路：me-too研究；在1,2,3-噻二唑环外引入双键，设计合成了一类5-氯-1,2,3-噻二唑-4-丙烯酸衍生物，期待发现高活性化合物。

用途：具有杀菌活性和抗烟草花叶病毒活性，该发明部分化合物在 50μg/mL 时，对番茄早疫病菌、黄瓜灰霉病菌、花生褐斑病菌、小麦赤霉病菌、马铃薯晚疫病菌、苹果轮纹病菌、水稻纹枯病菌、禾谷丝核菌和油菜菌核病菌有较好的抑制活性。该发明的大部分 5-氯-1, 2, 3-噻二唑-4-丙烯酸衍生物具有较好的抗 TMV 的活性。

代表化合物结构如下：

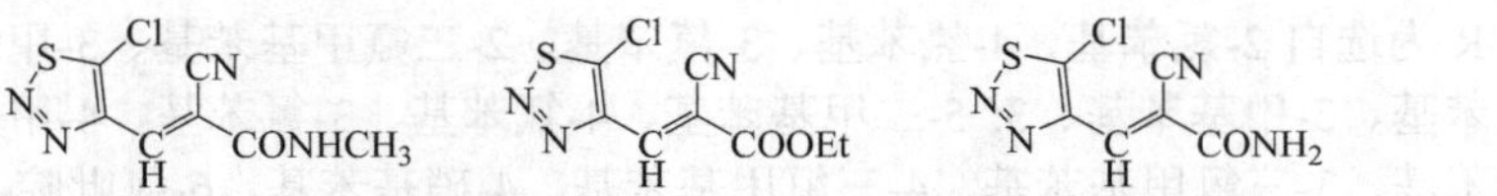

(19) 一类 5-甲基-1,2,3-噻二唑联-1,3,4-噻二唑衍生物及其制备方法和用途

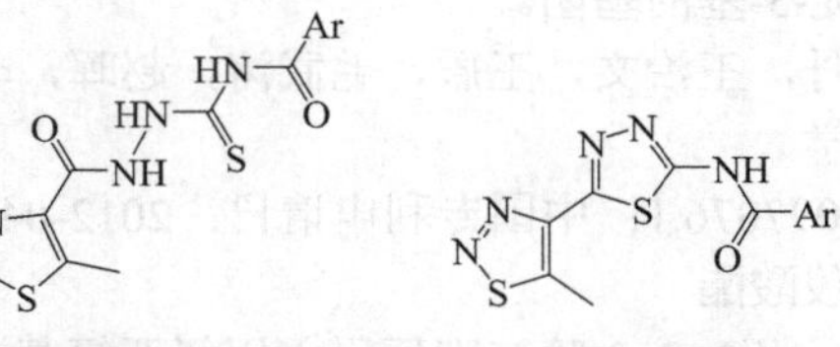

式中，Ar 为选自苯基、4-氟苯基、3-氟苯基、2-硝基苯基、4-硝基苯基、3-氯苯基、4-氯苯基、4-甲基苯基、3-甲基苯基、3-甲氧基苯基的基团。

发明人：范志金，特蒂安娜·卡林丽娜，华学文，王盾，姬晓恬，毛武涛，莫则林·余瑞·余瑞维奇，贝尔斯卡娅·娜特丽娅·帕沃洛娃，巴库勒夫·瓦西里耶·阿勒克什维奇；申请人：南开大学

中国专利号：ZL201210271180.8；中国专利申请日：2012-08-01

化合物类型：噻二唑

发明思路：me-too 研究；在 1,2,3-噻二唑环外引入 1,3,4-噻二唑，设计合成了一类双噻二唑类化合物，期待发现高活性化合物。

用途：具有杀菌活性和抗烟草花叶病毒活性，该发明部分化合物在 50μg/mL 时，对番茄早疫病菌、黄瓜灰霉病菌、花生褐斑病菌、小麦赤霉病菌、马铃薯晚疫病菌、苹果轮纹病菌、水稻纹枯病菌、禾谷丝核菌和油菜菌核病菌有较好的抑制活性。该发明的部分化合物具有较好的抗 TMV 的活性。

代表化合物结构如下：

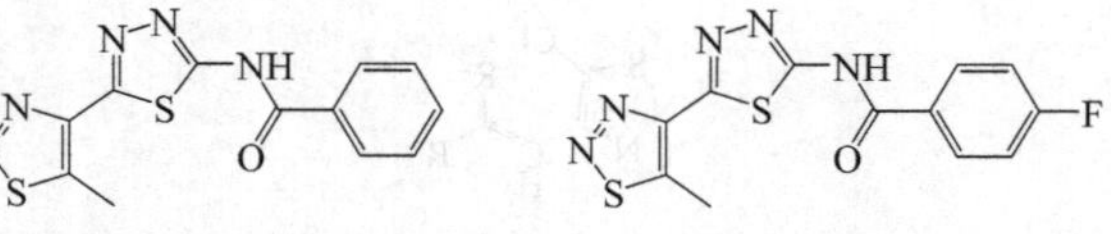

(20) 一类 5-甲基-1, 2, 3-噻二唑联-1, 3, 4-噁二唑衍生物及其制备方法和用途

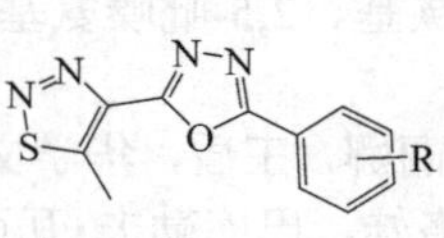

式中，R 为选自 H、3-氟、4-氯、3-氯、2-氯、2-硝基、3-硝基、4-硝基、2-甲基、3-甲基、4-甲基、2-甲氧基、3-甲氧基的基团。

发明人：范志金，特蒂安娜·卡林丽娜，毛武涛，华学文，王盾，姬晓恬，莫则林·余瑞·余瑞维奇，贝尔斯卡娅·娜特丽娅·帕沃洛娃，巴库勒夫·瓦西里耶·阿勒克什维奇；申请人：南开大学

中国专利号：ZL201210271276.4；中国专利申请日：2012-08-01

化合物类型：噻二唑、噁二唑

发明思路：在 1, 2, 3-噻二唑环外引入 1, 3, 4-噁二唑，设计合成了一类联杂环化合物，期待发现高活性化合物。

用途：具有杀菌活性和抗烟草花叶病毒活性，该发明部分化合物在 50μg/mL 时，对番茄早疫病菌、黄瓜灰霉病菌、花生褐斑病菌、小麦赤霉病菌、马铃薯晚疫病菌、苹果轮纹病菌、水稻纹枯病菌、禾谷丝核菌和油菜菌核病菌有较好的抑制活性。该发明的大部分化合物具有较好的抗 TMV 的活性。

代表化合物结构如下：

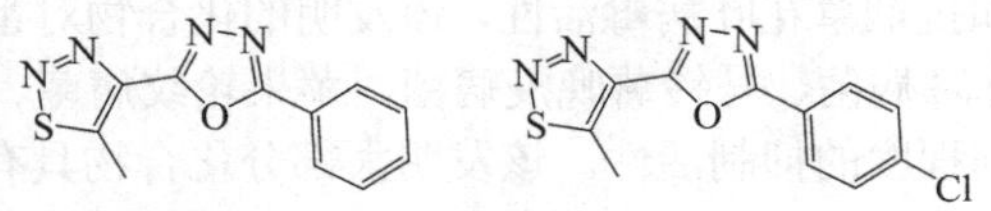

（21）一类含 1, 2, 3-噻二唑的吡啶类衍生物及其制备方法和用途

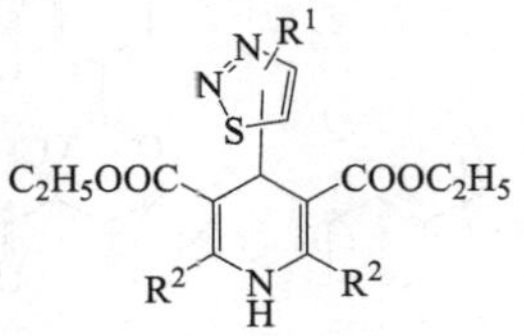

式中，R^1 选自甲基；R^2 选自甲基。

发明人：范志金，李凤云，宗广宁，华学文，李娟娟，李岳东，房震，姬晓恬；申请人：南开大学

中国专利号：ZL201310005530.0；中国专利申请日：2013-01-08

化合物类型：噻二唑，羧酸酯

发明思路：将 1, 2, 3-噻二唑环引入吡啶分子中，设计合成了一类含 1, 2, 3-噻二唑的吡啶衍生物，期待发现高活性化合物。

用途：具有杀菌活性、杀虫活性和抗烟草花叶病毒活性，该发明的化合物在 50μg/mL 时，对番茄早疫病菌、黄瓜灰霉病菌、花生褐斑病菌、小麦赤霉病菌、马铃薯晚疫病菌、苹果轮纹病菌、水稻纹枯病菌、禾谷丝核菌和油菜菌核病菌均有不同程度的抑制活性。该发明合成的部分化合物对黏虫有较好的杀虫活性。该发明的化合物具有较好的抗 TMV 的活性以及诱导活性。

代表化合物结构如下：

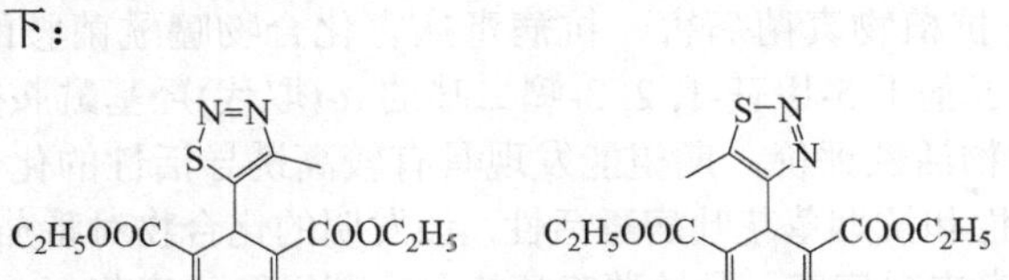

（22）基于 5-甲基-1, 2, 3-噻二唑的 α-(取代)羟基酰胺衍生物及其制备方法和用途

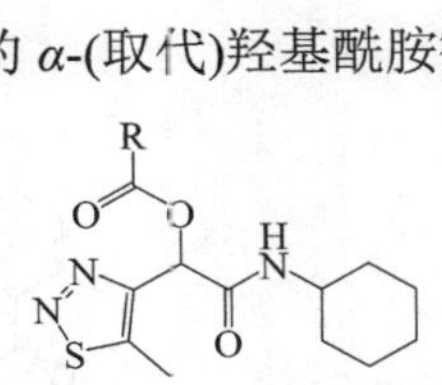

式中，R 选自 6-氯吡啶-3-基、2-氯吡啶-3-基、2-硝基苯基、3-硝基苯基、呋喃-2-基、2-氟苯基、3-氟苯基、2-三氟甲基苯基、3-三氟甲基苯基、4-三氟甲基苯基、2-氯苯基、3-氯苯基、4-

氯苯基、2-甲氧基苯基、3-甲氧基苯基、4-甲氧基苯基、2-甲基苯基、3-甲基苯基、4-甲基苯基。

发明人：范志金，李岳东，房震，李娟娟，刘超伦，姬晓恬，华学文，毛武涛，李凤云，宗广宁；申请人：南开大学

中国专利号：ZL201310155460.7；中国专利申请日：2013-05-02

化合物类型：噻二唑

发明思路：在诱导抗植物真菌病害、抗病毒病害化合物噻酰菌胺的基础上，利用多组分Passerini反应设计合成了基于5-甲基-1, 2, 3-噻二唑的α-(取代)羟基酰胺衍生物，并对合成的新化合物进行了系统的生物活性评价，期望能发现具有较高诱导活性的化合物。

用途：具有杀菌活性和抗烟草花叶病毒活性，该发明的化合物对番茄早疫病菌、黄瓜灰霉病菌、花生褐斑病菌、小麦赤霉病菌、马铃薯晚疫病菌、苹果轮纹病菌、水稻纹枯病菌、禾谷丝核菌和油菜菌核病菌均有不同程度的抑制活性。该发明大部分化合物具有较好的抗TMV的活性。

代表化合物结构如下：

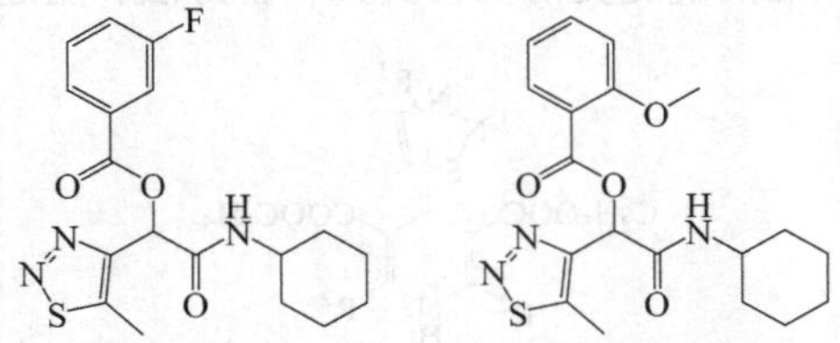

（23）一类含4-甲基-1, 2, 3-噻二唑的α-(取代)羟基酰胺衍生物及其制备方法和用途

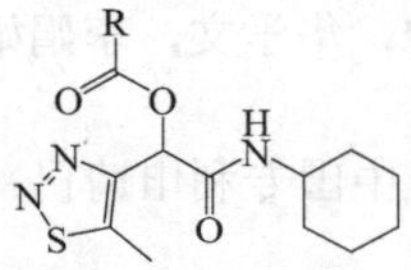

式中，R选自4-氰基苯基、4-氯苯基、2-氯苯基、3-氯苯基、3-氟苯基、3-硝基苯基、4-硝基苯基、3-甲氧基苯基、2-羟基苯基、2-甲基苯基。

发明人：范志金，李岳东，陈旭艳，李娟娟，房震，姬晓恬，华学文，毛武涛，宗广宁，李凤云；申请人：南开大学

中国专利号：ZL201310155456.0；中国专利申请日：2013-05-02

化合物类型：噻二唑

发明思路：在诱导抗植物真菌病害、抗病毒病害化合物噻酰菌胺的基础上，利用多组分Passerini反应设计合成了基于5-甲基-1, 2, 3-噻二唑的α-(取代)羟基酰胺衍生物，并对合成的新化合物进行了系统的生物活性评价，期望能发现具有较高诱导活性的化合物。

用途：具有杀菌活性和抗烟草花叶病毒活性，该发明的化合物对番茄早疫病菌、黄瓜灰霉病菌、花生褐斑病菌、小麦赤霉病菌、马铃薯晚疫病菌、苹果轮纹病菌、水稻纹枯病菌、禾谷丝核菌和油菜菌核病菌均有不同程度的抑制活性。该发明大部分化合物具有较好的抗TMV的活性。

代表化合物结构如下：

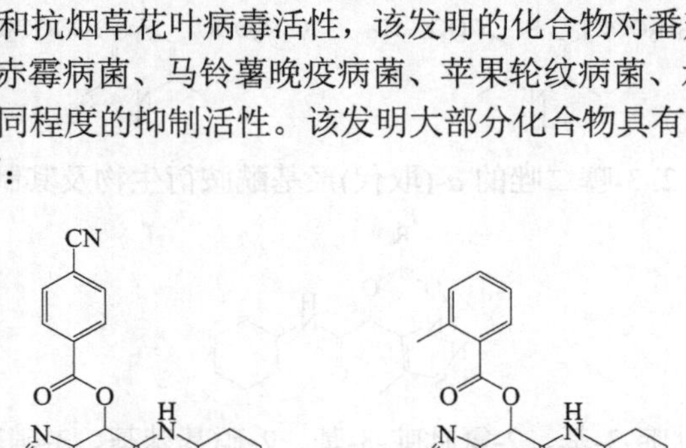

（24）一类含 4-甲基-1, 2, 3-噻二唑的甲脒衍生物及其制备方法和用途

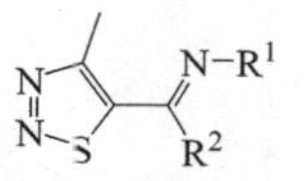

式中，R^1 选自 2-乙氧基乙基、5-甲基噻唑-2-基、3-氯-4-甲基苯基、4, 6-二甲氧基嘧啶-2-基、2-丁基、2-甲基-6-吡啶基、3-吡啶亚甲基、环丙基、2-甲氧基苯基、5-乙基-1, 3, 4-噻二唑-2基、4-(4-硝基苯基)噻唑-2-基、5-正己基噻唑-2-基；

R^2 选自 1*H*-咪唑-1-基、1*H*-1, 2, 4-三唑-1-基、*N*-(2, 5-二氯苯基)、*N*-环己基、*N*-叔丁基、*N*-苄基、*N*-(4-甲基苄基)、*N*-(4-甲氧基苄基)、*N*-(4-氟苄基)、*N*-(2-甲氧基苄基)、*N*-(2-乙氧基乙基)、*N*-丙基、*N*-(2-氯苯基)、*N*-(吡啶-2-基)，*N*-(3-氯苯基)、*N*-(4-甲氧基苯基)、*N*-(2-甲基苯基)、*N*-(2-溴苯基)、*N*-(3-溴苯基)、*N*-(4-溴苯基)、*N*-(3-甲基苯基)、*N*-(2-三氟甲基苯基)、甲硫基、*S*-(2-甲基苯基)、*S*-(4-氯苯基)、*S*-(2-氟苯基)、*S*-(4-溴苯基)、*S*-(4-氟苯基)。

发明人：范志金，房震，陈旭艳，李娟娟，李岳东，姬晓恬，华学文，毛武涛，宗广宁，李凤云，刘超伦，周漓轲，程胜名；申请人：南开大学

中国专利号：ZL201310155458.X；中国专利申请日：2013-05-02

化合物类型：噻二唑、甲脒

发明思路：将 1, 2, 3-噻二唑环引入缩氨基脲类杀虫剂先导分子中，设计合成了一类含 4-甲基-1, 2, 3-噻二唑的甲脒衍生物，并进行了系统的生物活性的筛选，以期为新农药的创制研究提供环境友好的超高效新型候选化合物。

用途：该发明的化合物对番茄早疫病菌、黄瓜灰霉病菌、花生褐斑病菌、小麦赤霉病菌、马铃薯晚疫病菌、苹果轮纹病菌、水稻纹枯病菌、禾谷丝核菌和油菜菌核病菌均有不同程度的抑制活性。该发明大部分化合物具有较好的抗 TMV 的活性。

代表化合物结构如下：

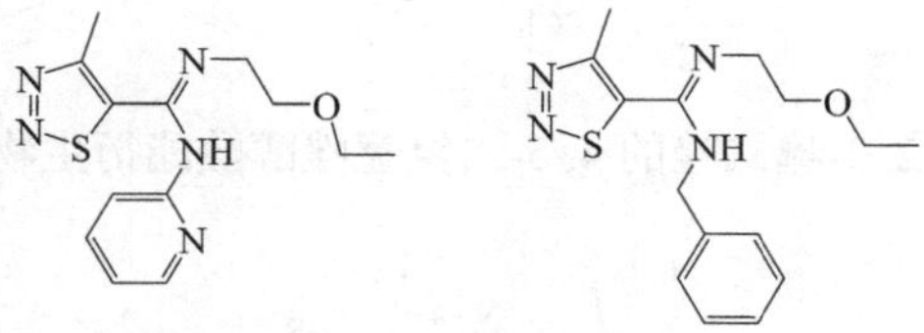

（25）一种含吡啶的噻二唑类化合物及其制备与应用

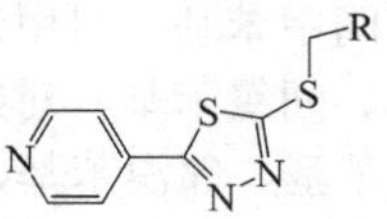

式中，R 为 3,4-二氯苯基、3-氯苯基、3-氰基苯基、4-溴苯基、4-甲氧基苯基、4-叔丁基苯基、3-氟苯基或 2-氟苯基

发明人：刘幸海，孙召慧，杨明艳，谭成侠，翁建全；申请人：浙江工业大学

中国专利号：ZL201310663980.9；中国专利申请日：2013-12-10

化合物类型：含吡啶的噻二唑类

发明思路：在异烟酸结构的基础上，引入噻二唑硫醚结构得到。

用途：具有杀菌活性，所发明的化合物可防治番茄细菌性斑点病、黄瓜枯萎病、番茄灰霉病。

代表化合物结构如下：

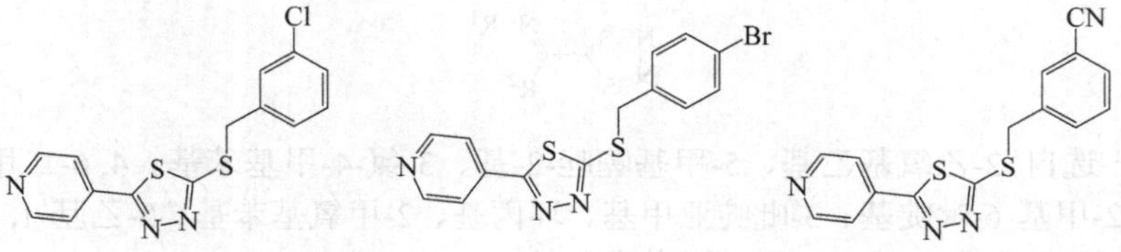

（26）一种 1, 3, 4-噻二唑硫醚衍生物及其制备方法和应用

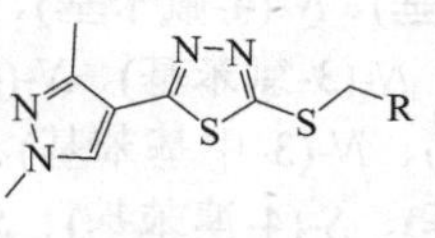

式中，R 为 C_1～C_{14} 烷基、苯基或取代苯基，所述取代苯基的取代基为卤素、甲氧基、氰基或 C_1～C_9 烷基。

发明人：刘幸海，翟志文，赵文，孙召慧，杨明艳，翁建全，谭成侠，刘旭锋；申请人：浙江工业大学

中国专利号：ZL201610613236.1；中国专利申请日：2016-07-28

化合物类型：吡唑类化合物

发明思路：以噻二唑为骨架，引入吡唑环进行衍生化得到。

用途：该发明化合物对灰霉菌、炭疽菌、苹果轮纹病菌和水稻纹枯病菌均表现出抑制活性。

代表化合物结构如下：

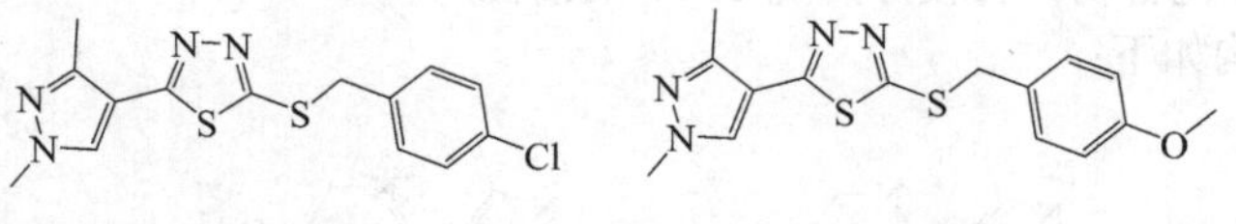

（27）一类含 4-甲基-1, 2, 3-噻二唑的 4, 5-二氢噻唑醇酸酯衍生物及其制备方法和用途

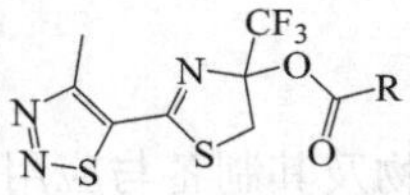

式中，R 选自环己基、邻甲苯基、间甲苯基、对甲苯基、对乙基苯基、邻甲氧基苯基、间甲氧基苯基、对甲氧基苯基、邻氯苯基、间氯苯基、对氯苯基、邻氟苯基、间氟苯基、对氟苯基、邻硝基苯基、间硝基苯基、对硝基苯基、邻溴苯基、对氰基苯基、对乙酰氨基苯基、对 *N,N*-二甲氨基苯基、呋喃-2-基、噻吩-2-基、5-甲基-3-邻氯苯基-异噁唑-4-基、3-溴-1-(3-氯吡啶-2-基)-吡唑-5-基、吡啶-2-基、吡啶-3-基、吡啶-4-基、2-氯吡啶-3-基。

发明人：范志金，毛武涛，刘超伦，李娟娟，姬晓恬，华学文，宗广宁，李凤云，房震，李岳东；申请人：南开大学

中国专利号：ZL201310155459.4；中国专利申请日：2013-05-02

化合物类型：噻二唑，噻唑

发明思路：将三氟甲基的二氢噻唑和 1, 2, 3-噻二唑衍生物连接到一个分子中，该发明设计合成了一类新颖噻二唑衍生物，期待发现高活性化合物。

用途：该发明的部分化合物对番茄早疫病菌、黄瓜灰霉病菌、花生褐斑病菌、小麦赤霉病

菌、马铃薯晚疫病菌、苹果轮纹病菌、水稻纹枯病菌、禾谷丝核菌和油菜菌核病菌有较好的抑制活性。该发明大部分化合物具有较好的抗 TMV 的活性。该发明部分化合物对黏虫有一定防治效果。

代表化合物结构如下：

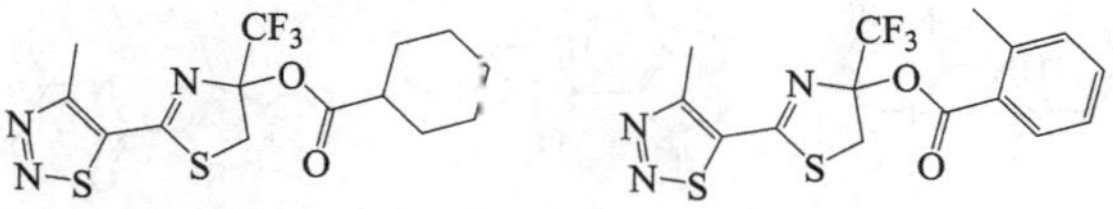

（28）含嗯二唑环的噻二唑衍生物及其合成方法和生物活性

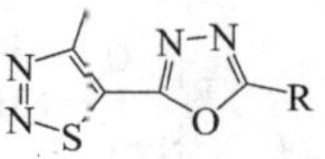

式中，R 分别是 4-甲基苯基、4-甲氧基苯基、3-甲基苯基、2-甲氧基苯基、4-甲基-2-苯基-2*H*-1, 2, 3-三唑-5-基、吡啶-2(1*H*)-酮-5-基、1-(4-氯苯基)-5-正丙基-1*H*-吡唑-4-基、2-氯-6-甲基吡啶-3-基、2-氯吡啶-5-基、2-甲基噻吩-5-基、正庚基、1-苯基乙烯-2-基、4-甲基-1, 2, 3-噻二唑-5-基、呋喃-2-基或 1-甲基-5-乙基-1*H*-吡唑-3-基。

发明人：范志金，石祖贵，刘秀峰，徐政专，左翔，马琳，王海英，陈建宇；申请人：南开大学

中国专利号：ZL200710056435.8；中国专利申请日：2007-01-12

化合物类型：噻二唑类、1, 3, 4-嗯二唑类

发明思路：利用生物电子等排原理将嗯二唑和噻二唑两个活性基团同时引入同一分子中设计得到现有化合物。

用途：在 50mg/L 剂量下，对黄瓜枯萎病菌、小麦赤霉病菌、水稻稻曲病菌、油菜菌核病菌、苹果腐烂病菌、香蕉炭疽病菌、黄瓜炭疽病菌、棉花黄萎病菌、马铃薯晚疫病菌等表现出一定的抑制作用。

代表化合物结构如下：

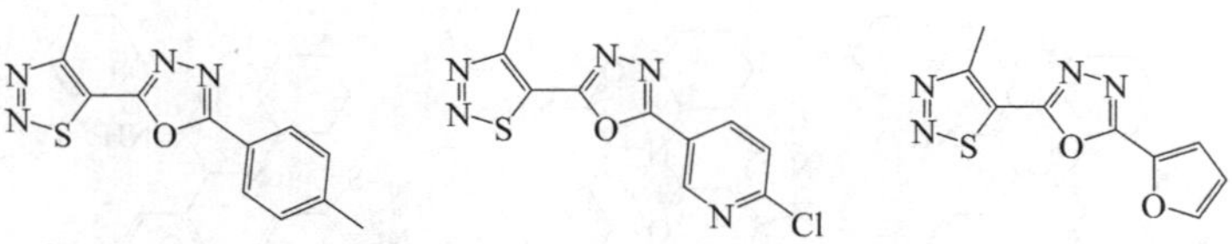

（29）[1, 2, 3]噻二唑衍生物及其合成方法和用途

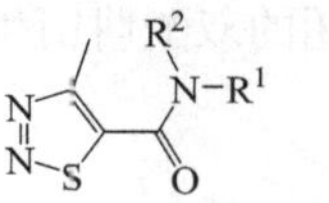

式中，R^1 是 H 时，R^2 是 4-甲基嘧啶-2-基、嘧啶-2-基或 4, 6-二甲氧基嘧啶-2-基；R^1 是正丙基时，R^2 是 4-甲基嘧啶-2-基。

发明人：范志金，石祖贵，刘秀峰，范志银，艾应伟；申请人：南开大学

中国专利号：ZL200710110980.0；中国专利申请日：2006-02-20

化合物类型：噻二唑类

发明思路：以[1, 2, 3]-噻二唑作为先导，通过修饰和优化得到现有化合物。

用途：在 50mg/L 剂量下，对黄瓜枯萎病菌、小麦赤霉病菌、水稻稻曲病菌、油菜菌核病

菌、苹果腐烂病菌、香蕉炭疽病菌、黄瓜炭疽病菌、棉花黄萎病菌、马铃薯晚疫病菌等表现出一定的抑制作用。

代表化合物结构如下：

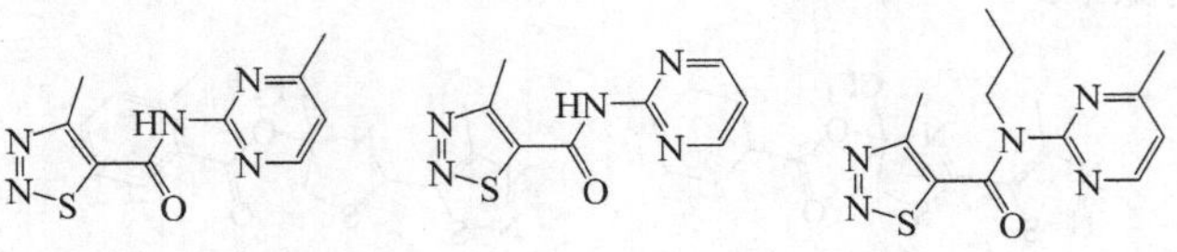

（30）含噻二唑的杂环化合物及其合成方法和用途

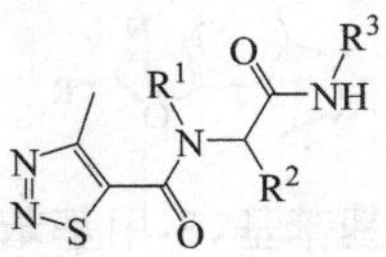

式中，R^1 为 C_3～C_6 的环烷基；R^2 为选自苯基、2, 6-二氯苯基、4-羟基苯基、3-硝基苯基、4-氟苯基、4-三氟甲基苯基、3-氟苯基、2-三氟甲基苯基、2-氟苯基、4-氯苯基、3-三氟甲基苯基、2-硝基苯基的基团；R^3 为 C_3～C_6 的环烷基。

发明人：范志金，左翔，吴琼，张海科，马琳，杨知昆，郑琴香，贾俊超；申请人：南开大学

中国专利号：ZL200810052547.0；中国专利申请日：2008-03-28

化合物类型：噻二唑类

发明思路：以[1, 2, 3]-噻二唑作为先导，通过修饰和优化得到现有化合物。

用途：在 50mg/L 剂量下，对番茄早疫病菌、花生褐斑病菌、苹果轮纹病菌、黄瓜灰霉病菌、水稻纹枯病菌、小麦赤霉病菌、马铃薯晚疫病菌等表现出一定的抑制作用；在 500mg/L 剂量下，呈现出一定的诱导烟草抗烟草花叶病毒的活性。

代表化合物结构如下：

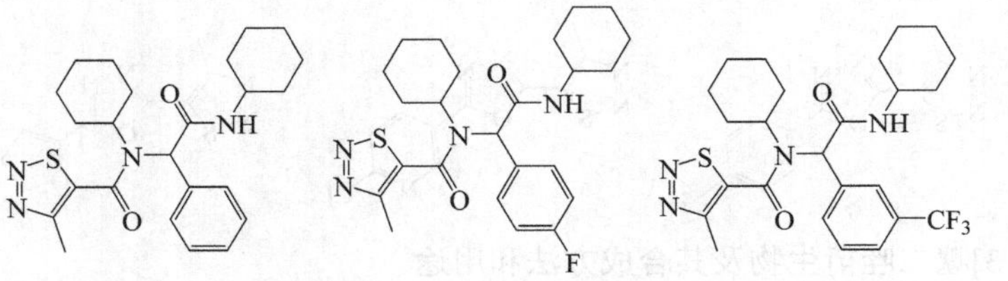

（31）一种含 1, 2, 3-噻二唑活性基团的双酰肼衍生物及其制备方法和用途

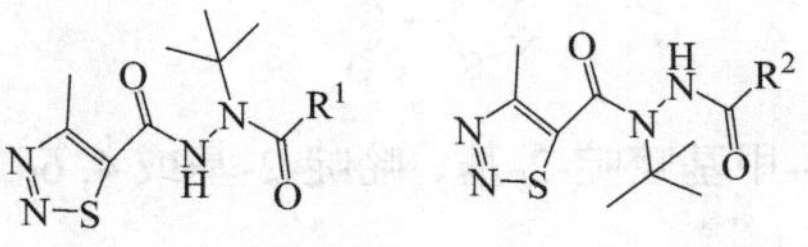

式中，R^1 选自苯基、2-甲基苯基、3-甲基苯基、4-甲基苯基、2-甲氧基苯基、3-甲氧基苯基、4-甲氧基苯基、2-氯苯基、3-氯苯基、4-氯苯基、2-氟苯基、3-氟苯基、4-氟苯基、2-三氟甲基苯基、3-三氟甲基苯基等；

R^2 选自 2-甲基苯基、3-甲基苯基、4-甲基苯基、2-甲氧基苯基、3-甲氧基苯基、4-甲氧基苯基、2-氯苯基、3-氯苯基、4-氯苯基、2-氟苯基、3-氟苯基、4-氟苯基、2-三氟甲基苯基、3-三

氟甲基苯基、4-三氟甲基苯基、2-硝基苯基、3-硝基苯基、4-硝基苯基等。

发明人：范志金，王唤，杨知昆，米娜，左翔，郑琴香，国丹丹，赵晖；申请人：南开大学

中国专利号：ZL200910069470.2；中国专利申请日：2009-06-26

化合物类型：三唑类

发明思路：以现有二芳酰肼类昆虫生长调节剂为先导化合物，根据构效关系和生物电子等排、活性亚结构拼接等农药设计的原理和手段，对现有二芳酰肼类昆虫生长调节剂进行进一步结构优化，设计合成了一系列含 4-甲基-1, 2, 3-噻二唑-*N*-叔丁基的双酰肼类化合物。

用途：在 200mg/L 剂量下，对番茄早疫病菌、花生褐斑病菌、苹果轮纹病菌、黄瓜灰霉病菌、水稻纹枯病菌、小麦赤霉病菌、马铃薯晚疫病菌等表现出一定的抑制作用；呈现出一定的抗烟草花叶病毒和诱导烟草产生抗烟草花叶病毒的活性。

代表化合物结构如下：

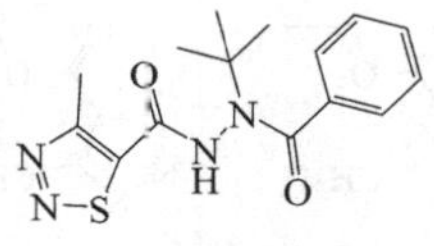

（32）双(4-甲基-1, 2, 3-噻二唑-5-甲酰脲)类化合物及其制备方法和用途

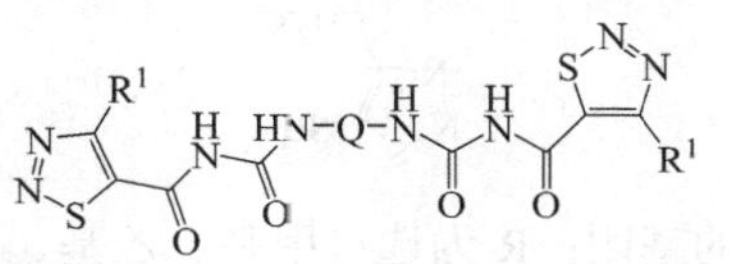

式中，R^1 为甲基；Q 选自苯-1, 2-二基、苯-1, 3-二基、苯-1, 4-二基、吡啶-3, 4-二基、吡啶-3, 5-二基、吡啶-2, 3-二基、吡啶-2, 4-二基、吡啶-2, 5-二基、吡啶-2, 6-二基、噻吩-3, 4-二基、呋喃-3, 4-二基、1, 2, 5-噁二唑-3, 4-二基、5, 6-二氰基吡嗪-2, 3-二基、5-溴吡嗪-2, 3-二基。

发明人：范志金，国丹丹，范谦，杨维清，付一峰，赵晖，王守信，王唤，米娜；申请人：利尔化学股份有限公司，南开大学

中国专利号：ZL201010198539.4；中国专利申请日：2010-06-12

化合物类型：噻二唑类

发明思路：将苯甲酰脲的一个芳环用 1, 2, 3-噻二唑取代，同时在分子中引入卤素原子，得到现有化合物。

用途：在 50mg/L 剂量下，对番茄早疫病菌、黄瓜灰霉病菌、花生褐斑病菌、小麦赤霉病菌、马铃薯晚疫病菌、苹果轮纹病菌、水稻纹枯病菌、油菜菌核病菌和禾谷丝核菌等表现出一定的抑制作用；在 5mg/L 剂量下，对小菜蛾和蚊幼虫表现出一定的杀虫活性；对烟草花叶病毒呈现出一定的钝化活性、保护活性、治疗活性和诱导烟草产生抗烟草花叶病毒的活性。

代表化合物结构如下：

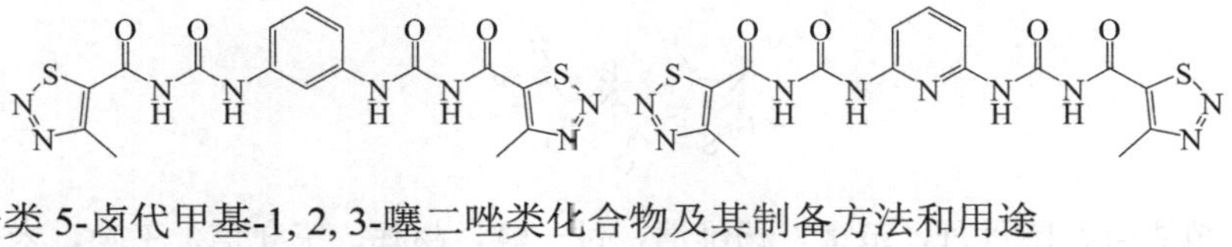

（33）一类 5-卤代甲基-1, 2, 3-噻二唑类化合物及其制备方法和用途

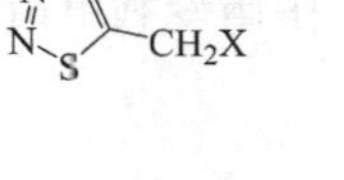

具体为5-碘甲基-1, 2, 3-噻二唑-4-甲酸乙酯或5-二溴甲基-1, 2, 3-噻二唑-4-甲酸乙酯。

发明人：范志金，王守信，付一峰，赵晖，国丹丹，王唤，米娜，黄杰；申请人：南开大学

中国专利号：ZL201010236695.5；中国专利申请日：2010-07-27

化合物类型：噻二唑类

发明思路：以[1, 2, 3]-噻二唑作为先导，通过引入卤原子得到现有化合物。

用途：具有杀菌、抗烟草花叶病毒活性，在 50mg/L 剂量下，对番茄早疫病菌、黄瓜灰霉病菌、花生褐斑病菌、小麦赤霉病菌、马铃薯晚疫病菌、苹果轮纹病菌、水稻纹枯病菌、油菜菌核病菌和禾谷丝核菌等表现出一定的抑制作用；对烟草花叶病毒呈现出一定的钝化活性、保护活性、治疗活性和诱导烟草产生抗烟草花叶病毒的活性。

代表化合物结构如下：

CH_2I　　$CHBr_2$

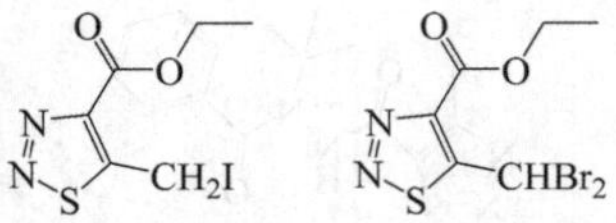

（34）一类4-卤代甲基-1, 2, 3-噻二唑类化合物及其制备方法和用途

CH_2X　R

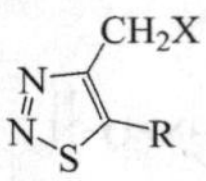

式中，X 分别为选自 F、I 的基团；R 为选自甲基、乙基、甲氧羰基、乙氧羰基的基团。

发明人：范志金，赵晖，付一峰，王守信，国丹丹，王唤，米娜，黄杰；申请人：南开大学

中国专利号：ZL201010236733.7；中国专利申请日：2010-07-27

化合物类型：噻二唑类

发明思路：以[1, 2, 3]-噻二唑作为先导，通过引入卤原子得到现有化合物。

用途：具有杀菌、抗烟草花叶病毒活性，在 50mg/L 剂量下，对番茄早疫病菌、黄瓜灰霉病菌、花生褐斑病菌、小麦赤霉病菌、马铃薯晚疫病菌、苹果轮纹病菌、水稻纹枯病菌、油菜菌核病菌和禾谷丝核菌等表现出一定的抑制作用；对烟草花叶病毒呈现出一定的钝化活性、保护活性、治疗活性和诱导烟草产生抗烟草花叶病毒的活性。

代表化合物结构如下：

CH_2F　　CH_2I　　CH_2I

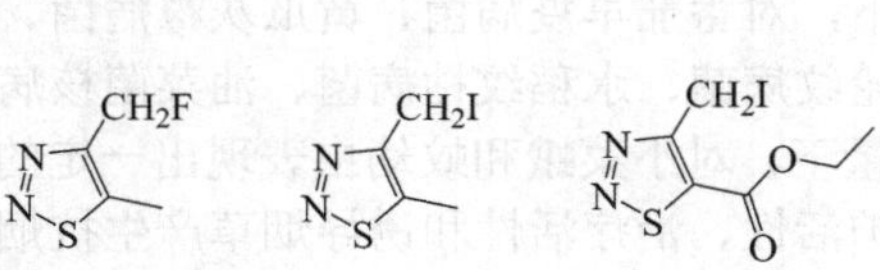

（35）4-甲基-1, 2, 3-噻二唑-5-甲酰脲类化合物及其制备方法和用途

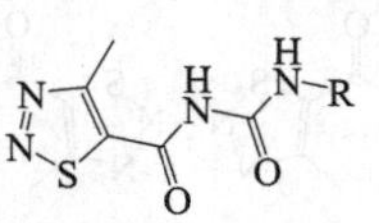

发明人：范志金，国丹丹，范谦，杨维清，付一峰，赵晖，王守信，王唤，米娜；申请人：利尔化学股份有限公司，南开大学

中国专利号：ZL201010198528.6；中国专利申请日：2010-06-12

化合物类型：噻二唑类

发明思路：me-too 研究；以[1, 2, 3]-噻二唑作为先导，引入甲酰脲类结构得到现有化合物。

用途：具有杀菌、杀虫和抗烟草花叶病毒活性，在 50mg/L 剂量下，对番茄早疫病菌、黄瓜灰霉病菌、花生褐斑病菌、小麦赤霉病菌、马铃薯晚疫病菌、苹果轮纹病菌、水稻纹枯病菌、油菜菌核病菌和禾谷丝核菌等表现出一定的抑制作用；在 200mg/L 剂量下，对小菜蛾表现出一定的杀虫活性；在 5mg/L 剂量下，对蚊幼虫表现出一定的杀虫活性；对烟草花叶病毒呈现出一定的钝化活性、保护活性、治疗活性和诱导烟草产生抗烟草花叶病毒的活性。

代表化合物结构如下：

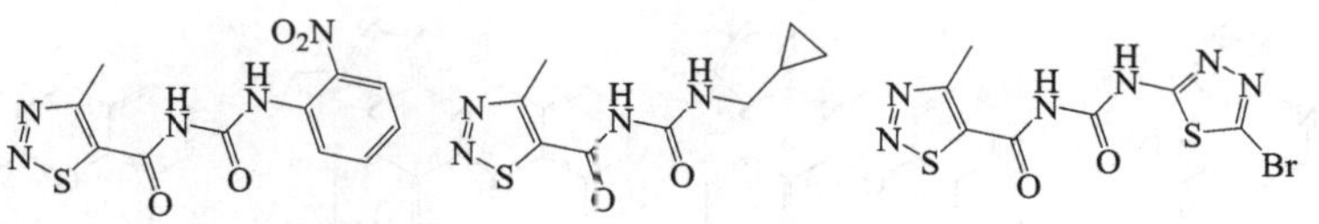

（36）具有杀菌活性的 2-（(1, 3, 4-噻二唑基）氨甲基）苯酚化合物

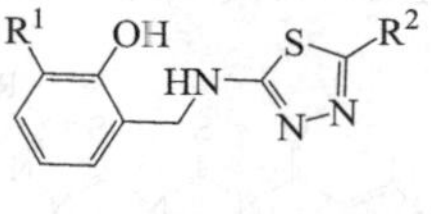

式中，苯环上有取代基 R^1，噻二唑环上有取代基 R^2；当取代基 R^1 是—H 时：R^2 是—CH_3 或是—CH_2CH_3 或是 *n*-Pr 或是 *i*-Pr 或是—C_6H_5 或是 *o*-$CH_3OC_6H_4$ 或是 *m*-$CH_3C_6H_4$ 或是 *p*-$CH_3OC_6H_4$ 或是 *p*-ClC_6H_4；当取代基 R^1 是—CH_3 时：R^2 是—CH_3 或是—CH_2CH_3 或是 *n*-Pr 或是 *i*-Pr 或是 *p*-ClC_6H_4 或是 *p*-$CH_3OC_6H_4$。

发明人：唐子龙，常书红，刘汉文；申请人：湖南科技大学

中国专利号：ZL201110170049.8；中国专利申请日：2011-06-23

化合物类型：噻二唑

发明思路：在已知氨甲基苯酚类活性化合物基础上，引入 2-(1, 3, 4-噻二唑)基得到该类化合物。

用途：具有杀菌活性，可用于控制黄瓜灰霉病菌、小麦赤霉病菌、辣椒疫霉病菌和烟草赤星病菌。

代表化合物结构如下：

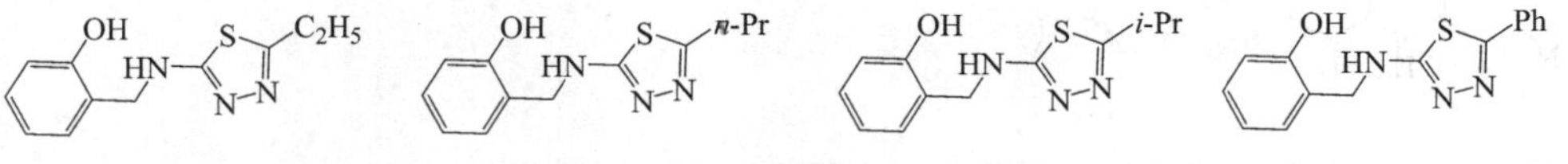

（37）具有杀菌活性的 3-(1, 3, 4-噻二唑基)-1, 3-苯并噁嗪类化合物

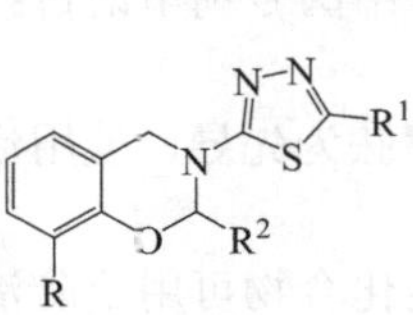

式中，苯环上有取代基 R，噻二唑环上有取代基 R^1，噁嗪环 2-位上有 R^2；

当取代基 R 是—CH_3 时：R^1 是—CH_3，R^2 或是 4-$NO_2C_6H_4$—或是 2-$NO_2C_6H_4$—；或者，R^1 是—C_2H_5，R^2 或是 4-$NO_2C_6H_4$—或是 2-$NO_2C_6H_4$—；或者，R^1 是—C_3H_7，R^2 或是 4-$NO_2C_6H_4$—或是 2-$NO_2C_6H_4$—。

发明人：唐子龙，常书红，刘汉文；申请人：湖南科技大学

中国专利号：ZL201110249356.5；中国专利申请日：2011-08-28

化合物类型：苯并噁嗪、噻二唑

发明思路：me-too 研究，将现有技术中苯并噁嗪 N 原子上连接的基团由苯环替换为噻二唑，并进行结构衍生从而得到现有的化合物。

用途：具有杀菌活性，可用于控制辣椒疫霉病菌、小麦赤霉病菌、油菜菌核病菌、烟草赤星病菌、黄瓜灰霉病菌等。

代表化合物结构如下：

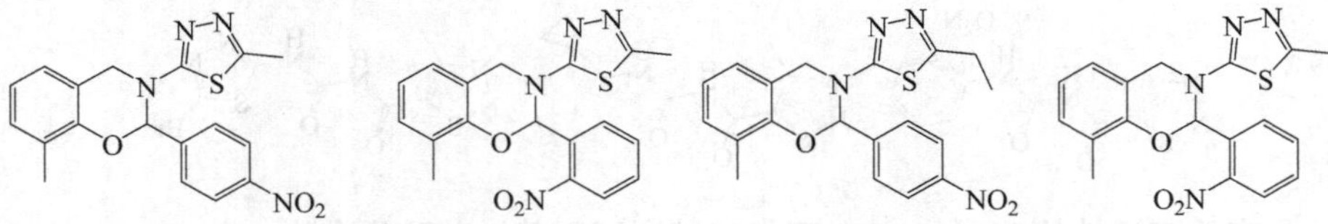

（38）*N*-4-甲基-1,2,3-噻二唑-4-酰基-*N*-取代 1,3,4-噻二唑基硫脲衍生物及其制备和应用

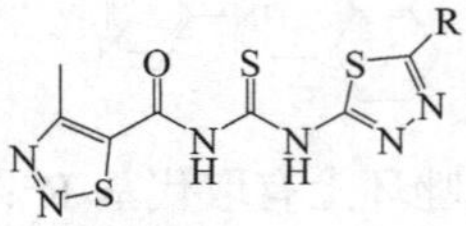

式中化合物选自如下结构：

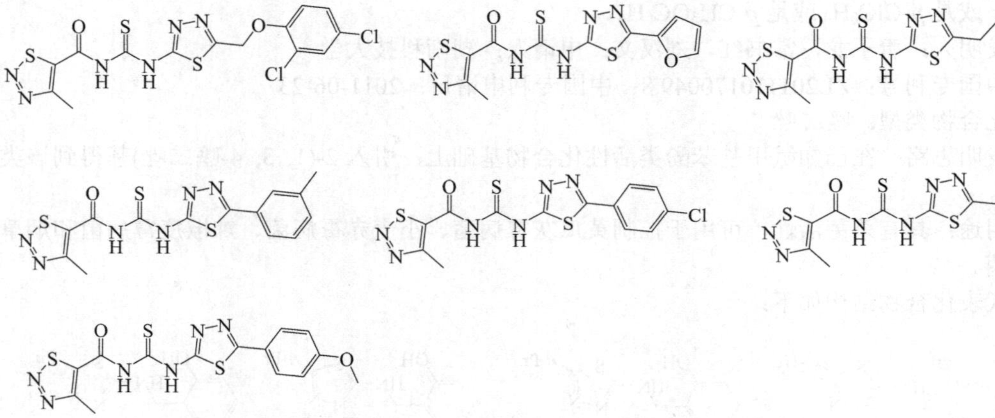

发明人：刘幸海，谭成侠，翁建全；申请人：浙江工业大学

中国专利号：ZL201210497600.4；中国专利申请日：2012-11-29

化合物类型：硫脲衍生物类

发明思路：me-too 研究；以噻酰菌胺为先导，使用活性亚结构拼接法，将酰基硫脲结构通过替换得到现有化合物。

用途：具有杀菌活性。该发明所述化合物可用于防治小麦赤霉病、马铃薯晚疫病、苹果轮纹病、黄瓜枯萎病、花生褐斑病等。

（39）*N*-4-甲基-1, 2, 3-噻二唑-4-酰基-*N*-取代苯基硫脲衍生物及其制备和应用

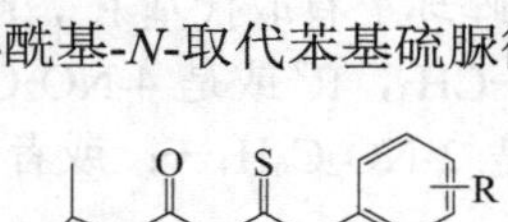

式中，R 为 2, 5-二氯、4-硝基。

发明人：刘幸海，翁建全，谭成侠；申请人：浙江工业大学

中国专利号：ZL201210497931.8；中国专利申请日：2012-11-29

化合物类型：噻二唑酰基苯基硫脲类

发明思路：me-too 研究；以噻酰菌胺为先导，使用活性亚结构拼接法，将酰基硫脲结构通过替换得到现有化合物。

用途：具有杀菌活性。该发明所述化合物可用于防治马铃薯晚疫病。

代表化合物结构如下：

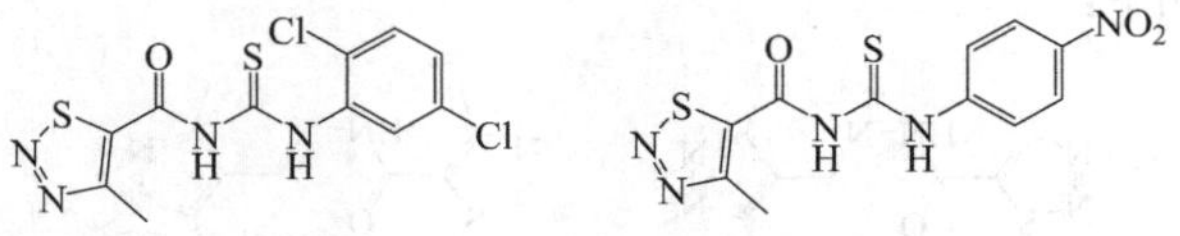

（40）含 4-二氟甲基-1, 2, 3-噻二唑结构的吡唑化合物的制备与应用

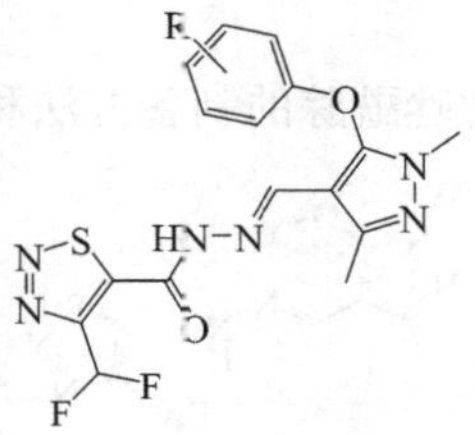

式中，R = 3-Br、4-Br、4-Cl 或 3-F。

发明人：戴红，郑丹丹，缪何一，周逸开，严瑞健，张燕，施磊，张海军，李建华，王杨，张紫婵，陈辰；申请人：南通大学

中国专利号：ZL202010624539.X；中国专利申请日：2020-07-01

化合物类型：吡唑类化合物

发明思路：通过 1, 3-二甲基-5-芳氧基吡唑-4-甲醛与 4-二氟甲基-1, 2, 3-噻二唑-5-酰肼缩合得到。

用途：具有杀菌活性，所述含 4-二氟甲基-1, 2, 3-噻二唑结构的吡唑化合物对植物病菌显示出良好的杀菌效果。

代表化合物结构如下：

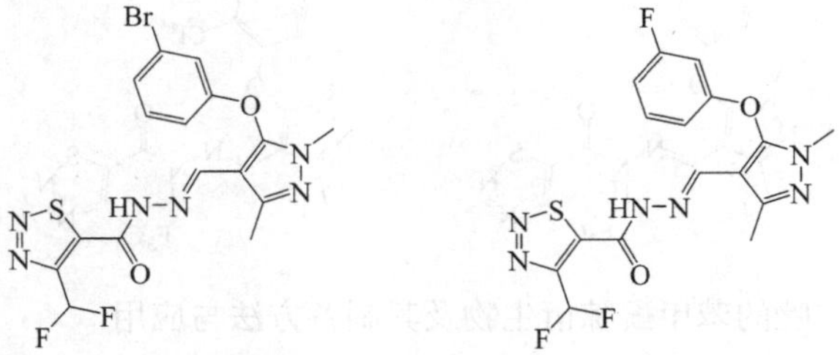

（41）一种含噻二唑杂环单元的吡唑类衍生物及其制备方法和用途

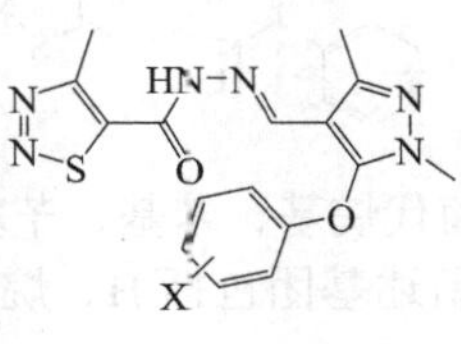

式中，X=4-F、4-Br、2, 4-F_2、4-Cl 等。

发明人：戴红，郑丹丹，缪何一，周逸开，严瑞健，张燕，施磊，张海军，张紫婵，王杨，王凯，陈辰；申请人：南通大学

中国专利号：ZL202010623176.8；中国专利申请日：2020-07-01

化合物类型：吡唑类衍生物

发明思路：通过吡唑醛与噻二唑酰肼反应得到。

用途：具有杀菌活性，所述一种含噻二唑杂环单元的吡唑类衍生物对植物病菌展现优良的防治作用。

代表化合物结构如下：

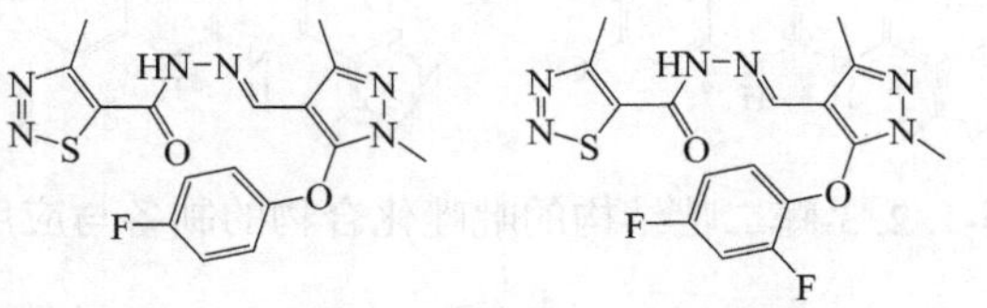

（42）含三氟甲基噻二唑单元的吡唑酰腙的制备方法和应用

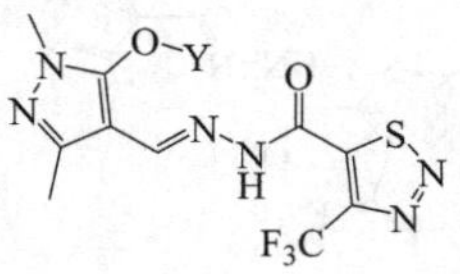

式中，Y=3-ClC_6H_4、3-BrC_6H_4、2, 4-$F_2C_6H_3$、2, 4-$Cl_2C_6H_3$ 等。

发明人：戴红，郑丹丹，缪何一；申请人：南通大学

中国专利号：ZL202010622844.5；中国专利申请日：2020-07-01

化合物类型：吡唑酰腙类化合物

发明思路：me-too 研究；通过三氟甲基噻二唑酰肼与吡唑醛缩合得到。

用途：具有杀菌活性，所述含三氟甲基噻二唑单元的吡唑酰腙对植物病菌表现出优良的防治效果。

代表化合物结构如下：

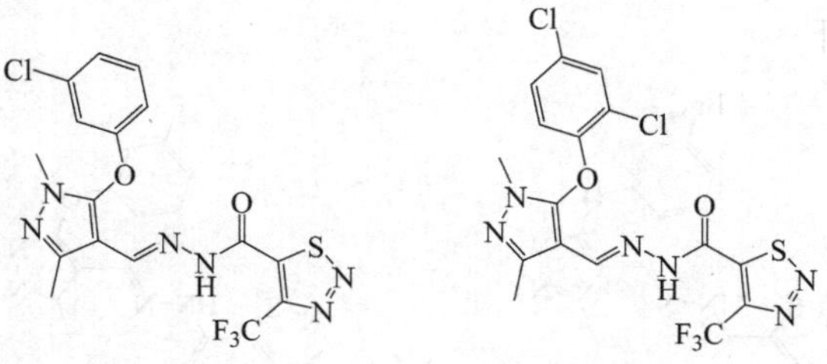

（43）含 1, 2, 3-噻二唑的苯甲酰腙衍生物及其制备方法与应用

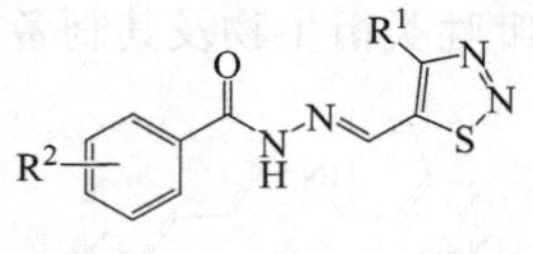

其中，R^1 为 H、C_1～C_{10} 烷基、卤代烷基、苯基、苄基、卤素、硝基、噻唑或吡啶；R^2 为苯环上的单取代基团或二取代基团，所述基团包括 H、烷基、卤素、烷氧基、环氧基、萘基、

硝基或三氟甲基。

发明人：杨新玲，张景朋，凌云，秦耀果，段红霞，杜少卿，李文浩；申请人：中国农业大学

中国专利号：ZL201510765295.6；中国专利申请日：2015-11-11

化合物类型：苯甲酰腙衍生物

发明思路：根据活性亚结构拼接设计原理，将 1, 2, 3-噻二唑分子和水杨酸衍生物通过脱酰腙键而得。

用途：具有杀菌活性，在农业生产中可以用于防治苹果腐烂病、水稻纹枯病、瓜果腐霉病、番茄灰霉病、番茄早疫病和水稻恶苗病。

代表化合物结构如下：

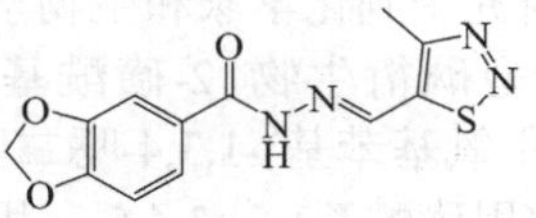

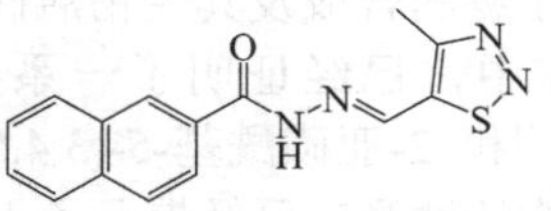

3.17 噁二唑类化合物

截至 2023 年底该类拥有中文或英文通用名称的杀菌剂仅有甲磺酰菌唑，是贵州大学精细化工研究开发中心开发的防治植物真菌和细菌性病害的新颖杀菌剂。

国内对噁二唑类新化合物的研究也较多，主要研究单位有贵州大学、青岛科技大学、浙江工业大学、华南理工大学、河南理工大学、湖南大学、南京林业大学等。

3.17.1 甲磺酰菌唑的创制

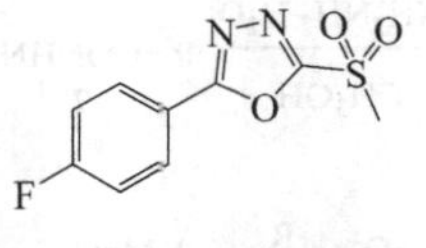

专利名称：一类防治作物细菌病害的噁二唑砜类化合物

中国专利号：ZL201110314246.2；申请日：2011-10-17；授权日：2014-04-23

专利发明人：徐维明，韩菲菲，贺鸣，陈学海，潘昭喜，王建，佟茂国；申请人：贵州大学

甲磺酰菌唑可防治烟草青枯病、水稻白叶枯病、水稻细菌性条斑病等，其效果要比噻森铜好。

3.17.1.1 创制过程

青枯菌是一种土传植物病原菌，由于其杀伤力强、寄主范围广、地理分布广，被列为世界上破坏性最强的植物病原菌之一。1896 年，Smith 证明，马铃薯、番茄和茄子等许多重要作物的青枯病都是由青枯菌引起的。1908 年，人们还发现了青枯菌可引起烟草萎蔫病。青枯菌是一种复杂的细菌，属于蛋白质细菌家族，目前常用无机杀菌剂（如铜制剂）等传统杀菌剂进行处理。这些传统杀菌剂的效力有限以及在寄主烟草和番茄植株中产生抗性，造成病害控制不足和巨大的经济损失。致病性植物细菌每年在全世界造成数十亿美元的经济损失，寻找更有效的抗菌剂仍然是农药研究面临的一个重大挑战[1]。

砜类化合物是一类重要的生物活性化合物，具有抗菌、杀虫、除草、抗肿瘤、抗炎、抗 HIV-1

和抗结核菌等广泛的活性。有证据表明，这些化合物的关键特征是连接到砜上的五元或六元杂环。对这些杂环的修饰已经开展，例如，Joachim 等制备了 2-((4-氯苄基)磺酰基)-5-(甲基磺酰基)-1,3,4-噻二唑，该化合物在 10mg/kg 浓度下对葡萄霜霉病具有良好的抑制活性；Assmann 等报道了 2,4-二溴-5-甲基-1-((2-甲基-5-硝基苯基)磺酰基)-1*H*-咪唑，该化合物在 $50g/hm^2$ 剂量下对晚疫霉和葡萄孢霉表现出较强的活性；Yuan 等还制备了 2-(5-乙基-1-甲基-1*H*-吡唑-3-基)-5-(甲基磺酰基)-1,3,4-噁二唑，该化合物对芦笋茎枯病菌具有中等抑制活性。这类结构类型的第一种商业化杀菌剂是氧化萎锈灵(oxycarboxin)，由美国 Uniroyal 公司于 1966 年开发。近几十年来人们对这类化合物进行了深入的研究，相继开发出甲苯氟磺胺(tolylfluanid)、抑菌灵(dichlofluanid)、氰霜唑(cyazofamid)、吲唑磺菌胺(amisulbrom)、烯丙苯噻唑(oryzaemate)等砜类杀菌剂投入市场。

近年来，砜类衍生物的合成及其生物活性的研究受到化学家和生物学家的广泛关注，在宋宝安团队之前的工作中，已经证明了一系列新型砜衍生物 2-磺酰基-5-(3,4,5-三甲氧基苯基)-1,3,4-噁二唑(Ⅰ)[2,3]和 2-亚磺酰基-5-(3,4,5-三甲氧基苯基)-1,3,4-噁二唑(Ⅱ)[4]具有抗真菌活性，进一步的体外生物活性测定已经揭示了Ⅰa[2-(甲磺酰基)-5-(3,4,5-三甲氧基苯基)-1,3,4-噁二唑]和Ⅱa[2-(苄基亚磺酰基)-5-(3,4,5-三甲氧基苯基)-1,3,4-噁二唑]对 10 种真菌具有很高的抗真菌活性[半数效应浓度(EC_{50})=19.9～93.3μg/mL]。结构-活性关系(SAR)分析表明，2-(甲磺酰基)-1,3,4-噁二唑基团对抗真菌活性至关重要。

为了开发高活性、高移动性和易于获得的植物细菌抑制剂，发明人合成了一系列新的 2-(甲基/乙基磺酰基)-1,3,4-噁二唑砜衍生物(图 3-31)[2]，并对其抗菌活性进行了评估。目标化合物在 200μg/mL 时表现出不同的抗菌活性，在 39.8、60.3、47.9 和 32.1μg/mL 浓度下，**5′c**、**5′h**、**5′i** 和 **5′j** 在体外对青枯病菌菌丝生长的抑制率约为 50%(EC_{50})。田间试验表明，化合物 **5′j** 的防治效果优于市售有机铜杀菌剂噻森铜。目前的研究表明，含有 1,3,4-噁二唑的砜衍生物可用于开发潜在的农用化学品。

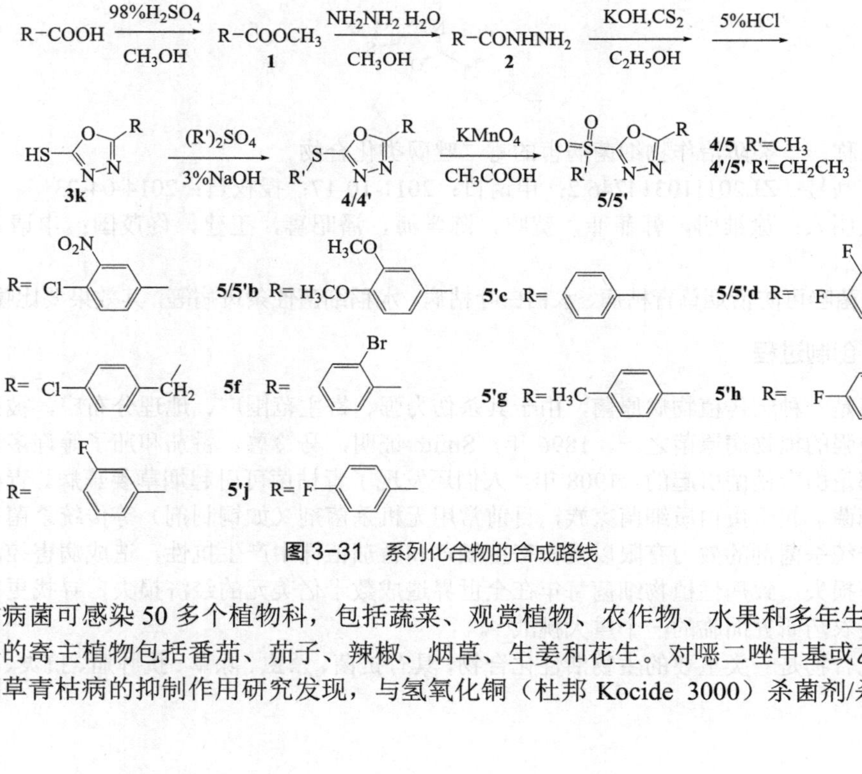

R−COOH $\xrightarrow[CH_3OH]{98\%H_2SO_4}$ R−COOCH$_3$ (**1**) $\xrightarrow[CH_3OH]{NH_2NH_2 \cdot H_2O}$ R−CONHNH$_2$ (**2**) $\xrightarrow[C_2H_5OH]{KOH,CS_2}$ $\xrightarrow{5\%HCl}$ **3k** $\xrightarrow[3\%NaOH]{(R')_2SO_4}$ **4/4′** $\xrightarrow[CH_3COOH]{KMnO_4}$ **5/5′**

4/5 R′=CH$_3$　**4′/5′** R′=CH$_2$CH$_3$

5/5′a R= 4-Cl-3-NO_2-C$_6$H$_3$　**5/5′b** R= 3,4-(H$_3$CO)$_2$C$_6$H$_3$　**5′c** R= C$_6$H$_5$　**5/5′d** R= 3,4-F$_2$C$_6$H$_3$

5/5′e R= 4-Cl-C$_6$H$_4$CH$_2$　**5f** R= 2-Br-C$_6$H$_4$　**5′g** R= 4-H$_3$C-C$_6$H$_4$　**5′h** R= 3,4-F$_2$C$_6$H$_3$

5′i R= 3-F-C$_6$H$_4$　**5′j** R= 4-F-C$_6$H$_4$

图 3-31　系列化合物的合成路线

青枯病菌可感染 50 多个植物科，包括蔬菜、观赏植物、农作物、水果和多年生木本植物，全球重要的寄主植物包括番茄、茄子、辣椒、烟草、生姜和花生。对噁二唑甲基或乙基砜类化合物对烟草青枯病的抑制作用研究发现，与氢氧化铜（杜邦 Kocide 3000）杀菌剂/杀细菌剂相比，砜类化合物的抗菌活性并不令人满意。结果表明，化合物 **5′c**、**5′h**、**5′i** 和 **5′j** 对烟草青枯病具有明显的抑制作用，在 500 或 200μg/mL 浓度下，其防治效果接近 100%，与最有效的杀菌剂氢氧化铜（杜邦 Kocide 3000）相当（在 200μg/mL 浓度下，防治效果为 100%）。苯环上不同取代基的差异极大地影响了化合物对烟草青枯病的抗菌活性，例如，当 R=3-氟苯基或 4-氟苯基时，抗菌活性明显增加。而当 R 被引入其他取代苯基时，化合物在 200μg/mL 浓度下对烟草青枯病的抑制率为 0%～46.7%。进一步的测定表明，**5′c**、**5′h**、**5′i** 和 **5′j** 能显著抑制烟草青枯病，EC_{50} 值分别为 39.8、60.3、47.9 和 32.1μg/mL，这些化合物具有良好的抗细菌活性，甚至优于氢氧化铜（商业药剂 Kocide 3000）（EC_{50}=45.9μg/mL）。这一发现表明，**5′c**、**5′h**、**5′i** 和 **5′j** 有望成为新抗菌剂的先导结构。

在 1,3,4-噁二唑环中引入了不同的取代基，当 R 固定且 R′=甲基或乙基时，未观察到显著的活性变化。当 R 为苯基或 3-或 4-氟取代苯基时，相应的目标化合物具有优异的活性，一些标题化合物表现出与噻森铜相当的活性。根据相关的数据，推导了抗菌活性与不同苯基（取代基的类型、位置和数量）的关系，得出了三个主要结论：第一，在苯基的相同取代位置，吸电子基团的抗菌活性优于给电子基团，例如，在 500μg/mL 浓度下，**5′d**（R=3,4-二氟苯基）对烟草青枯病的抑制率分别为 52.0%和 46.7%，而在相同条件下，**5′b**（R=3,4-二甲氧基苯基）仅为 9.3%和 2.8%；化合物 **5′j**（R=4-氟苯基）对烟草青枯病的 EC_{50} 为 32.1μg/mL，在 500μg/mL 时对烟草青枯病的抑制率为 100%，将氟基团改为 H 或 CH_3，**5′c**（R=4-苯基）的 EC_{50} 为 39.8μg/mL，**5′g**（R=4-甲基苯基）在 500μg/mL 时的抑制率为 39.0%。第二，与苯基上相同取代基相比，单取代基的活性高于多取代基。例如，在 500μg/mL 时，**5′j**（R=4-氟苯基）对烟草青枯病的抑制率为 100%，而 **5′h**（R=2,4-二氟苯基）的 EC_{50} 为 60.3μg/mL，**5e**（R=4-氯苄基）在 500μg/mL 时的抑制率为 31.0%。第三，也是最后一点，苯基上具有相同取代基的化合物，位于 3 位或 4 位通常对烟草青枯病的抑制率较高。例如，**5′i**（R=3-氟苯基）对烟草青枯病的 EC_{50} 为 47.9μg/mL，**5′j**（4-氟苯基）对烟草青枯病的 EC_{50} 为 32.1μg/mL。

化合物在温室条件下的体内抗菌活性显示，化合物 **5′c** 的防治效果为 34.6%，低于对照 $Cu(OH)_2$（41.9%），其他化合物 **5′j** 和噻森铜对烟草青枯病的防治效果明显优于 $Cu(OH)_2$，分别为 85.5%和 92.7%。化合物 **5′c**、**5′j** 和噻森铜在第二次处理后 14 天的防治效果均显著，而 $Cu(OH)_2$ 几乎不起作用。在第三次处理后的 21 天，受试化合物和噻森铜仍然表现出一定的控制作用，而 $Cu(OH)_2$ 完全不起作用。总的来说，在供试化合物中，化合物 **5′j** 和噻森铜的效果要好于其他化合物，并且化合物 **5′j** 对烟草青枯病具有持久和稳定的防治效果。

防治烟草青枯病的田间试验结果显示，在第 7 天、14 天和 21 天，在 405g（活性成分）hm^2 可湿性粉剂剂量下，**5′j** 的抑制率分别为 65.3%、68.8%和 71.9%，杀菌效果优于市售杀菌剂噻森铜；此外，化合物 **5′j** 对烟草是安全的，类似于商业杀菌剂，在烟草的地上部分没有观察到明显的伤害。采用方差分析（ANOVA）对数据进行统计分析（差异最小），结果显示，对同一处理在不同时间进行比较，**5′j** 和噻森铜在喷施后第 7 天、第 14 天和第 21 天没有差异（$p>0.05$）。

综上所述，在先导化合物 Ia 的基础上设计并合成了一系列含有 1,3,4-噁二唑部分的新型砜类化合物，目标化合物 **5′c**、**5′h**、**5′i** 和 **5′j** 在体内外对烟草青枯病的防治活性均优于市售杀菌剂氢氧化铜和噻森铜。抗菌试验表明，当 3 位或 4 位为吸电子基团取代的苯基连接到噁二唑的 5 位时，相应的化合物表现出良好的抗菌活性。田间试验表明，化合物 **5′j** 的防效优于市售杀菌剂噻森铜。需要对这些化合物作为候选杀菌剂的生物效应、作物安全性和毒性进行进一步的研究。

3.17.1.2 知识产权分析

该发明化合物结构为已知专利化合物，为新用途专利。

（1）新颖性　分析见表 3-90。

表 3-90　该专利与已有技术对比表

该专利：CN102499247A (贵州大学，申请日：2011-10-17；公开日：2012-06-20)	通式(用途专利)　代表化合物甲磺酰菌唑[专利中化合物 2-(甲基砜基)-5-(4-氟苯基)-1,3,4-噁二唑]
接近的现有技术 DE4033412A1(Bayer A.G,德国，申请日：1990-10-20；公开日：1992-04-23)	通式　代表化合物甲磺酰菌唑(列表化合物 6) 专利 DE4033412A1 中列表化合物 6 即甲磺酰菌唑，专利中虽然介绍了部分化合物在 100mg/L 下对葡萄孢菌试验(豆类)/保护性试验数据，但化合物 6 无杀细菌活性数据公开

（2）创造性　该专利 CN102499247A 说明书记载，该发明测试化合物[2-(甲基砜基)-5-(4-氟苯基)-1,3,4-噁二唑，甲磺酰菌唑]对黄瓜细菌性角斑病、水稻白叶枯病的活性优于对照药剂或相当。

（3）核心化合物专利　甲磺酰菌唑核心化合物专利与授权保护范围如表 3-91 所示。

表 3-91　贵州大学申请的甲磺酰菌唑核心化合物专利

序号	公开号	专利号	法律状态
1	CN102499247B	ZL201110314246.2	专利权终止
授权保护范围(中国专利)			
式(I)所示的噁二唑砜类化合物用于防治或抑制斑点型细菌病害、叶枯型细菌病害、青枯型细菌病害、枯萎型细菌病害、溃疡型细菌病害、腐烂型细菌病害或畸型细菌病害 式(I) 式(I)中： R 选自氢、卤素、C_1～C_5 烷基、C_1～C_2 卤代烷基、C_1～C_3 烷氧基、硝基或氰基； n 选自 1～5； R^2 选自氢、C_1～C_5 烷基、C_1～C_2 卤代烷基、C_2～C_5 烯基、C_2～C_5 的酯基、苄基或取代苄基，所述取代苄基是 4-甲基苄基、3-甲基苄基、2-甲基苄基、3, 4-二甲基苄基、2, 4-二甲基苄基、2, 6-二甲基苄基、4-氟苄基、3-氟苄基、2-氟苄基、3, 4-二氟苄基、2, 4-二氟苄基、2, 6-二氟苄基、4-氯苄基、3-氯苄基、2-氯苄基、3, 4-二氯苄基、2, 4-二氯苄基、2, 6-二氯苄基、4-甲氧基苄基、3-甲氧基苄基、2-甲氧基苄基、3, 4-二甲氧基苄基、2, 4-二甲氧基苄基、2, 6-二甲氧基苄基			

3.17.1.3　合成方法

经如下反应制得甲磺酰菌唑（图 3-32）[1]。

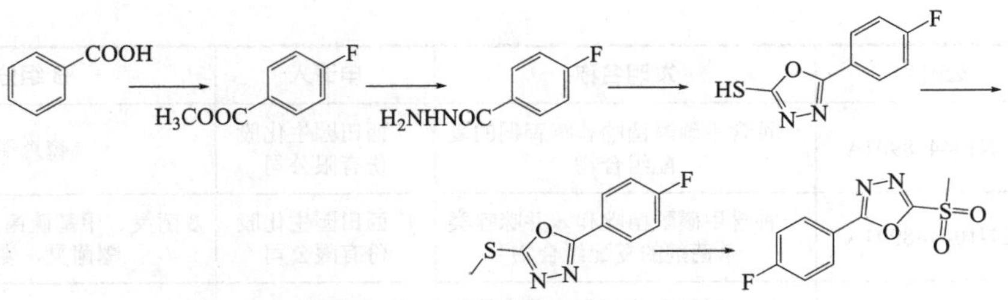

$$\text{苯甲酸(COOH)} \rightarrow \text{4-氟苯甲酸甲酯}(H_3COOC) \rightarrow \text{4-氟苯甲酰肼}(H_2NHNOC) \rightarrow \text{5-(4-氟苯基)-1,3,4-噁二唑-2-硫醇(HS)} \rightarrow \text{2-(4-氟苯基)-5-甲硫基-1,3,4-噁二唑} \rightarrow \text{甲磺酰菌唑}$$

图 3-32　甲磺酰菌唑合成路线

3.17.1.4　组合物专利

甲磺酰菌唑部分组合物专利见表 3-92。

表 3-92　甲磺酰菌唑组合物专利

序号	公开号	发明名称	申请人	B 组分
1	CN104488893A	一种含甲磺酰菌唑和植物生长调节剂的复配组合物及制剂	广西田园生化股份有限公司	芸苔素内酯、复硝酚钠、胺鲜酯、萘乙酸钠、三十烷醇、赤霉素、氯吡脲、多效唑、吲哚乙酸、抗倒酯、矮壮素、甲哌鎓、调环酸、羟烯腺嘌呤、氯化胆碱、抗倒胺、6-苄氨基嘌呤
2	CN104488894A	一种含甲磺酰菌唑和氟啶酰菌胺的复配组合物及杀菌剂	广西田园生化股份有限公司	氟啶酰菌胺
3	CN104488895A	一种含甲磺酰菌唑和三氯异氰尿酸的复配组合物	广西田园生化股份有限公司	三氯异氰尿酸
4	CN104488896A	含甲磺酰菌唑和甲氧基丙烯酸酯类杀菌剂的复配组合物及制剂	广西田园生化股份有限公司	吡唑醚菌酯、啶氧菌酯、氟嘧菌酯、醚菌酯、肟菌酯、烯肟菌酯、烯肟菌胺、醚菌胺、肟醚菌胺、丁香菌酯
5	CN104488897A	含甲磺酰菌唑和氨基甲酸酯类杀菌剂的复配组合物及制剂	广西田园生化股份有限公司	霜霉威盐酸盐、乙霉威、苯噻菌胺、异丙菌胺
6	CN104488898A	含甲磺酰菌唑和辛菌胺醋酸盐的复配组合物及杀菌剂	广西田园生化股份有限公司	辛菌胺醋酸盐
7	CN104488899A	一种含甲磺酰菌唑和噻唑锌的复配组合物及制剂	广西田园生化股份有限公司	噻唑锌
8	CN104488900A	一种含甲磺酰菌唑和新烟碱类杀虫剂的复配组合物	广西田园生化股份有限公司	吡虫啉、呋虫胺、啶虫脒、噻虫啉、烯啶虫胺或氯噻啉
9	CN104488901A	一种含甲磺酰菌唑和抗生素类杀菌剂的复配组合物及制剂	广西田园生化股份有限公司	春雷霉素、硫酸链霉素、井冈霉素、多抗霉素、梧宁霉素、灭瘟素、抗菌霉素、宁南霉素、嘧肽霉素、水合霉素
10	CN104488902A	含甲磺酰菌唑与嘧啶类或喹啉类杀菌剂的复配组合物	广西田园生化股份有限公司	①嘧啶类杀菌剂：嘧菌环胺、嘧霉胺、乙嘧酚、氟嘧菌胺、嘧菌腙；②喹啉类杀菌剂：二氰蒽醌、苯氧喹啉、噁喹酸

续表

序号	公开号	发明名称	申请人	B 组分
11	CN104488903A	一种含甲磺酰菌唑和噻森铜的复配组合物	广西田园生化股份有限公司	噻森铜
12	CN104488904A	一种含甲磺酰菌唑和苯并咪唑类杀菌剂的复配组合物	广西田园生化股份有限公司	多菌灵、甲基硫菌灵、苯菌灵、噻菌灵、麦穗宁
13	CN104488905A	一种含甲磺酰菌唑和乙蒜素的复配组合物及制剂	广西田园生化股份有限公司	乙蒜素
14	CN104488906A	一种含甲磺酰菌唑和噻霉酮的复配组合物及杀菌剂	广西田园生化股份有限公司	噻霉酮
15	CN104488907A	一种含甲磺酰菌唑和丙硫菌唑的复配组合物及杀菌剂	广西田园生化股份有限公司	丙硫菌唑
16	CN104488908A	一种含甲磺酰菌唑和叶枯唑的复配组合物及制剂	广西田园生化股份有限公司	叶枯唑
17	CN104488909A	一种含甲磺酰菌唑和嘧菌酯的复配组合物及制剂	广西田园生化股份有限公司	嘧菌酯
18	CN104488910A	含甲磺酰菌唑和三唑类杀菌剂的复配组合物及制剂	广西田园生化股份有限公司	苯醚甲环唑、氟环唑、戊唑醇、己唑醇、四氟醚唑、烯唑醇、腈苯唑、氟硅唑、腈菌唑、戊菌唑、丙环唑、三唑醇、联苯三唑醇、三唑酮、环丙唑醇、叶菌唑、氟喹唑、糠菌唑、灭菌唑、亚胺唑、种菌唑、硅氟唑
19	CN104488911A	一种含甲磺酰菌唑的杀虫杀菌组合物及制剂	广西田园生化股份有限公司	毒死蜱、二嗪磷、丁硫克百威
20	CN104488926A	一种含甲磺酰菌唑和噻呋酰胺的复配组合物及制剂	广西田园生化股份有限公司	噻呋酰胺

3.17.1.5 作用机理

针对高杀菌活性的候选药物甲磺酰菌唑，采用 activity-based protein profiling (ABPP)策略，系统研究了其作用机制，确定甲磺酰菌唑的靶标为二氢硫辛酸琥珀酰转移酶(DLST)，为 DLST 抑制剂的研究提供了重要参考，也为 DLST 作为杀菌剂靶标以及基于其进行杀菌剂的创制打下良好的基础[5]。

3.17.1.6 毒理学与安全评价

哺乳动物毒性：大鼠急性经口 LD_{50}＞383mg/kg。大鼠急性经皮和吸入 LD_{50}＞2000mg/kg。对家兔急性皮肤中等刺激，对豚鼠皮肤弱致敏[6]。

生态毒性：对日本鹌鹑急性经口 LD_{50}＞2000mg/kg，对赤子爱胜蚓蜜蜂急性接触 LC_{50}(14d)为 138mg (a.i.)/kg 干土，对羊角月牙藻急性毒性 EC_{50}(72h)为 2.54mg (a.i.)/L，对大型溞的半数效应浓度 EC_{50} (48h)为 2.31mg (a.i.)/L[6]。

3.17.1.7 应用效果

甲磺酰菌唑对水稻白叶枯病、玉米茎基腐病有较好的田间防治效果。

20%甲磺酰菌唑悬浮剂每公顷150g有效成分的使用量防效可达84.84%，3%中生菌素可湿性粉剂防效达74.49%，20%叶枯唑可湿性粉剂防效达82.61%[7]。

20%甲磺酰菌唑悬浮剂40g/亩的防治效果均高于72%农用链霉素3000倍液的防治效果，对玉米茎基腐病有较好的治疗和预防效果。而且，试验过程中发现，施用20%甲磺酰菌唑悬浮剂后，原有已腐烂的病株，二次药后调查时从原来病株根病长出新的分蘖[8]。

参考文献

[1] Xu W M, Han F F, He M, et al. Inhibition of Tobacco Bacterial Wilt with sulfone derivatives containing an 1,3,4-oxadiazole moiety. J. Agric.Food Chem., 2012, 60: 1036-1041.

[2] Li P, Yin J, Xu W M, et al. Synthesis, antibacterial activities, and 3D-QSAR of sulfone derivatives containing 1, 3, 4-oxadiazole moiety. Chemical Biology & Drug Design, 2013, 82(5): 546-556.

[3] Chen C J, Song B A, Yang S, et al. Synthesis and antifungal activities of 5-(3,4,5-trimethoxyphenyl)-2-sulfonyl-1,3,4-thiadiazole and 5-(3,4,5-trimethoxyphenyl)-2-sulfonyl-1,3,4-oxadiazole derivatives. Bioorg. Med. Chem., 2007, 15: 3981-3989.

[4] Liu F, Luo X Q, Song B A, et al. Synthesis and antifungal activity of novel sulfoxide derivatives containing trimethoxyphenyl substituted 1,3,4-thiadiazole and 1,3,4-oxadiazole moiety. Bioorg. Med. Chem., 2008, 16: 3632-3640.

[5] 吴剑，宋宝安. 聚焦农药创制热点，研发具有国际竞争力的农药新品种. 中国农药工业协会. 2021-08-19. http://www.jsppa.com.cn/news/yanfa/5287.html.

[6] 徐维明，杨松，胡德禹，等. 含甲磺酰菌唑的农药乳油. CN104336011A, 2015-02-11.

[7] 汪金蓉，张责云，字磊. 20%甲磺酰菌唑悬浮剂防治水稻白叶枯病药效试验总结. 临沧科技, 2015(03): 34-35.

[8] 陈云，李毅. 东海县20%甲磺酰菌唑悬浮剂防治玉米茎基腐病的药效分析. 南方农业, 2019, 13(15): 34-35.

3.17.2 其他噁二唑类化合物的创制

（1）一种2-取代苄硫基-5-(4,6-二甲基嘧啶-2-)硫甲基-1,3,4-噁二唑类化合物及其应用

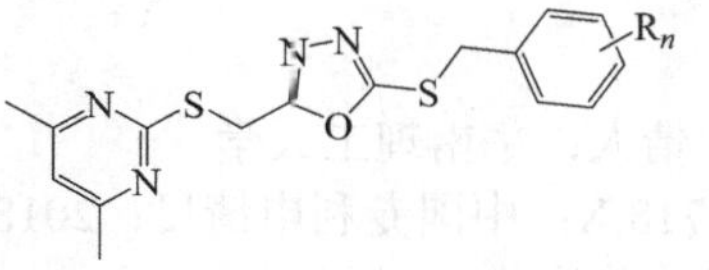

式中，苯环上的H被取代基R_n单取代、多取代或不被取代，n为0～5的整数，n表示苯环上取代基R的个数，n=0时，表示苯环上的H不被取代，n=1时，表示苯环上的H被取代基R单取代，n=2～5时，表示苯环上的H被取代基R_n多取代，不同取代位置上的取代R相同或不同，所述取代基R为C_1～C_4的烷基、烷氧基、氰基、卤素或硝基，所述卤素为F、Cl、Br或I。

发明人：翁建全，戴小强，阮铃莉，刘幸海，谭成侠；申请人：浙江工业大学

中国专利号：ZL201610114421.6；中国专利申请日：2016-03-01

化合物类型：1,3,4-噁二唑类化合物

发明思路：鉴于嘧啶、硫醚、1,3,4-噁二唑均具有良好生物活性，利用活性亚结构拼接方法，设计合成兼具三者结构的新型化合物。

用途：具有杀菌活性。该发明所述化合物对灰葡萄孢菌、尖孢镰刀菌、尖孢炭疽菌、草莓炭疽病菌或胶孢炭疽菌均表现出较好的抑菌活性。

代表化合物结构如下：

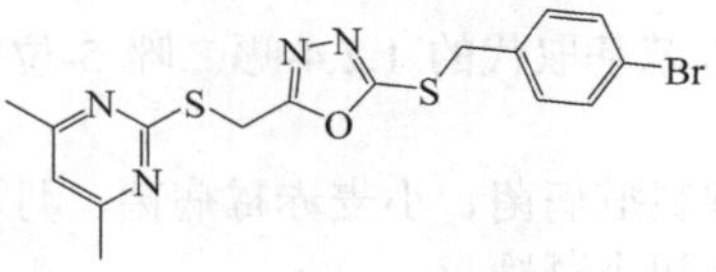

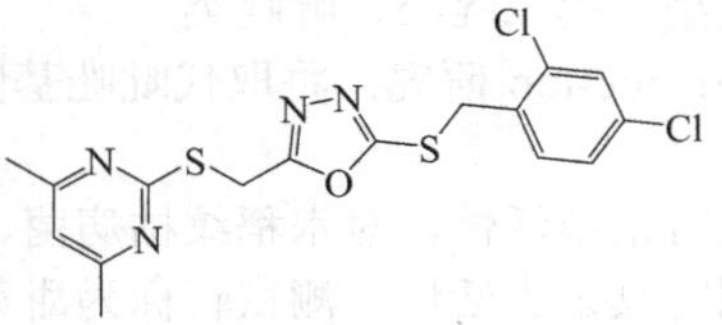

（2）一种含1, 3, 4-噁二唑环二苯乙烯酰胺杀菌剂及其制备方法和应用

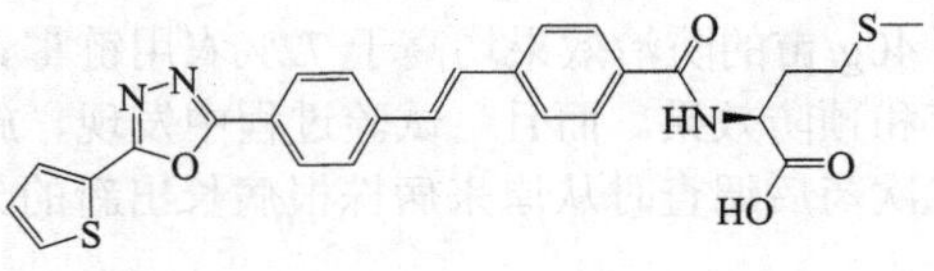

发明人：何道航，文岚；申请人：华南理工大学

中国专利号：ZL201810299371.2；中国专利申请日：2018-03-30

化合物类型：1, 3, 4-噁二唑环、二苯乙烯酰胺类化合物

发明思路：二苯乙烯类中间体广泛应用于杀菌剂、消毒剂、染料、颜料等的制作。1,3,4-噁二唑具有广泛的生物活性，如抗菌、抗结核、抗炎、抗惊厥、镇痛、镇静催眠、麻醉和杀虫等活性；此外，有噁二唑活性结构单元的化合物还具有抗癌活性、HIV-1 整合酶抑制活性和酪氨酸酶抑制活性。通过药效团拼接将噁二唑活性结构单元和二苯乙烯结合起来设计合成得到酰胺类化合物。

用途：具有杀菌活性，对灰霉菌和炭疽菌具有良好的抑制效果。

（3）一种含二苯乙烯基的琥珀酸脱氢酶抑制剂及其制备方法和应用

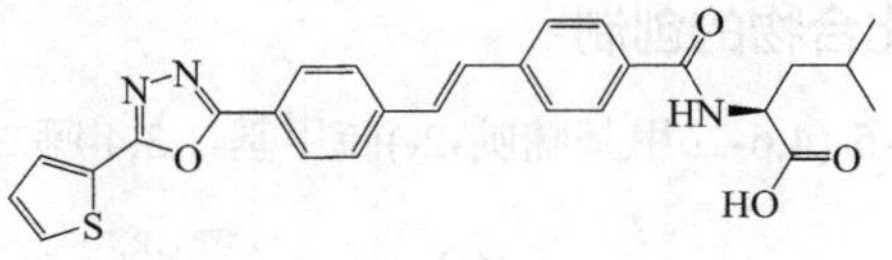

发明人：何道航，文岚；申请人：华南理工大学

中国专利号：ZL201810297718.X；中国专利申请日：2018-03-30

化合物类型：二苯乙烯酰胺类化合物

发明思路：二苯乙烯类中间体广泛应用于杀菌剂、消毒剂、染料、颜料等的制作。该发明应用中间体引入噻吩噁二唑环设计合成 SDHI 化合物，表现了良好的杀菌活性。

用途：具有杀菌活性，能够有效防治灰霉病。

（4）一种含氟苯基噁二唑连吡唑类杀虫杀菌剂

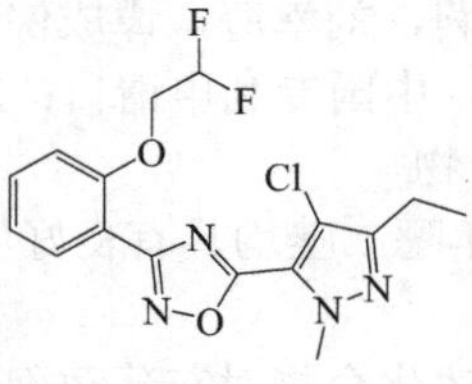

发明人：王明慧，孙鉴昕，许良忠，胡娆，崔焕奇；申请人：青岛科技大学

中国专利号：ZL201810754684.2；中国专利申请日：2018-07-11

化合物类型：噁二唑类、吡唑类

发明思路：me-too 研究；将取代吡唑基团引入苯基取代的 1,2,4-噁二唑 5-位得到本申请化合物。

用途：具有杀菌活性，对水稻纹枯病菌、辣椒炭疽病菌、小麦赤霉病菌、月季霜霉病菌离体活性好，同时具杀虫活性，测试靶标为甜菜夜蛾和小菜蛾。

（5）一种含氟氰亚胺噻唑烷取代的嗯二唑类杀虫杀菌剂

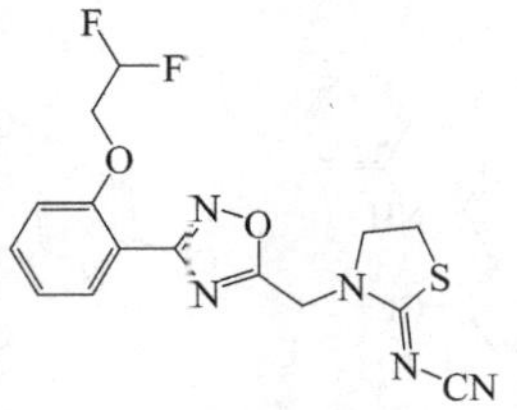

发明人：许良忠，刘连才，胡娆，崔焕奇，王明慧；申请人：青岛科技大学

中国专利号：ZL201810755325.9；中国专利申请日：2018-07-11

化合物类型：嗯二唑类、新烟碱类

发明思路：me-too 研究；通过活性基团拼接技术，将活性基团氰亚胺噻唑烷引入 1,2,4-嗯二唑 5-位上，将二氟乙氧基苯基引入 3-位上而得。

用途：具有杀菌活性，对水稻纹枯病菌、辣椒炭疽病菌、小麦赤霉病菌、月季霜霉病菌具有抑制作用，同时具杀虫活性，测试靶标为甜菜夜蛾和小菜蛾。

（6）一种含邻苯甲酰磺酰亚胺基的 1, 2, 4-嗯二唑类杀虫剂

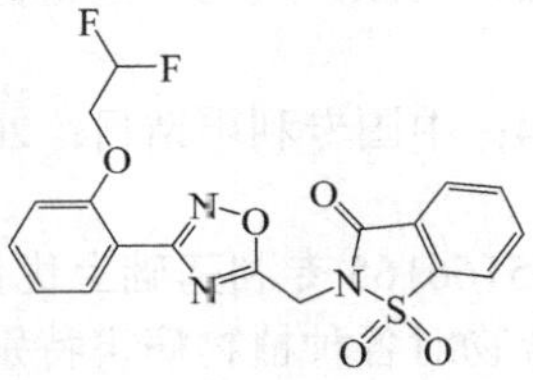

发明人：许良忠，孙鉴昕，王明慧，胡娆，崔焕奇；申请人：青岛科技大学

中国专利号：ZL201810756735.5；中国专利申请日：2018-07-11

化合物类型：嗯二唑类、糖精类

发明思路：me-too 研究；将苯基嗯二唑结构与糖精结合得到本申请化合物。

用途：具有杀菌活性，对水稻纹枯病菌、辣椒炭疽病菌、小麦赤霉病菌、月季霜霉病菌具有抑制作用；具有杀虫活性，50mg/L 剂量下对小菜蛾和甜菜夜蛾具有一定的效果。

（7）含乙砜基吡啶联 1, 2, 4-嗯二唑取代苯甲酰胺类化合物及其制备方法和应用

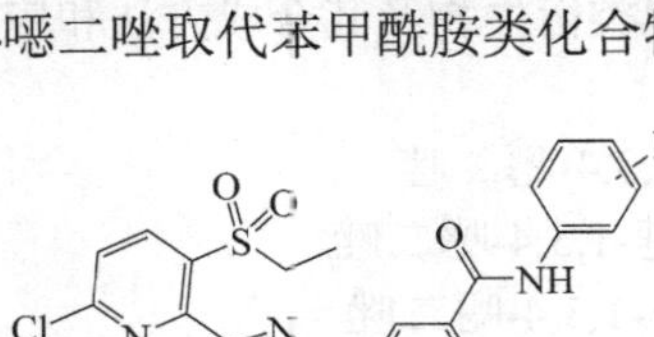

式中，最右端的苯环上的 H 被取代基 R 单取代、多取代或不取代，单取代或多取代的取代基 R 各自独立地选自烷基、取代烷基或卤素，R 为 2-甲基、4-甲基、2,4-二甲基、4-叔丁基、3-三氟甲基、3-氯-2-甲基、2-氟、4-氟、2,6-二氟、2-氯、3-氯、4-氯或 4-溴。

发明人：谭成侠，戴立，杨森，田晓雨，任朝丽；申请人：浙江工业大学

中国专利号：ZL202010933205.0；中国专利申请日：2020-09-08

化合物类型：间二酰胺类

发明思路：me-too 研究；在间二酰胺类杀虫化合物基础上，将酰胺键环化得到。

用途：具有杀菌活性，可以防治水稻纹枯病菌、小麦赤霉病菌、苹果褐斑病菌、黄瓜灰霉

病菌。

代表化合物结构如下：

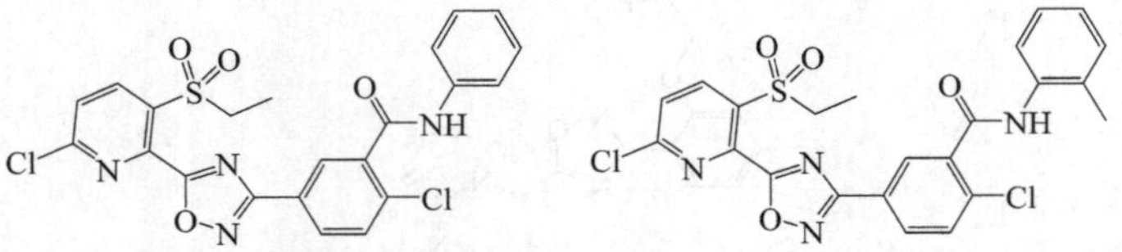

（8）2-取代基-5-(2, 4-二氯苯基)-1, 3, 4-噁二唑类衍生物及其合成方法和应用

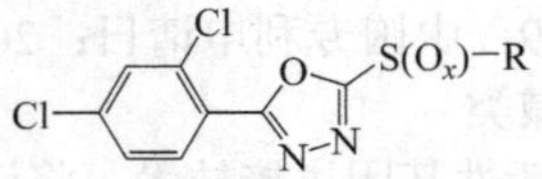

式中，x 为 0 或者 2，当 x 为 0 时，为硫醚类化合物；当 x 为 2 时，为砜类化合物；R 是氢、三氟甲基、$C_{1\sim5}$ 烷基、$C_{2\sim5}$ 烯基、$C_{2\sim5}$ 酯基或 C_6 的芳香环基团；上述 C_6 的芳香环基上可被 1 个或多个独立选自下列取代基的基团所取代：羟基、卤原子、氰基、硝基、$C_{1\sim5}$ 烷基、$C_{1\sim5}$ 烷氧基。

发明人：徐维明，宋宝安，杨松，何江，贺鸣，胡德禹，金林红，赵云，王贞超，柏松，王建；申请人：贵州大学

中国专利号：ZL201010168265.4；中国专利申请日：2010-05-11

化合物类型：噁二唑类

发明思路：me-too 研究；在 US5166165 专利基础上优化而来。

用途：具有杀菌活性，该类化合物对各种植物病害特别是土传病害有较好的抑制活性和应用前景。

代表化合物结构如下：

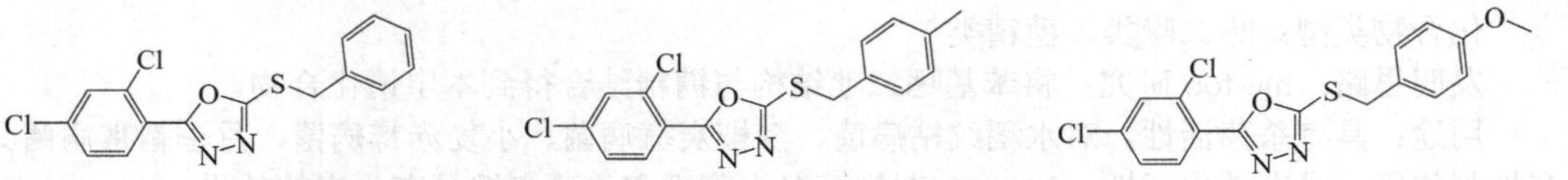

（9）一类含 2, 5-取代杂环基砜类衍生物及其合成方法和应用

该专利保护如下具体化合物：

1-16. 2-(乙基磺酰基)-5-甲基-1,3,4-噁二唑

1-17. 2- (甲基磺酰基)-5-甲氧基-1,3,4-噁二唑

1-18. 2-(乙基磺酰基)-5-甲氧基-1,3,4-噁二唑

1-19. 2-(甲基磺酰基)-5-环己基-1,3,4-噁二唑

1-20. 2-(乙基磺酰基)-5-环己基-1,3,4-噁二唑

1-25. 2-(甲基磺酰基)-5-(呋喃-2-基)-1,3,4-噁二唑

1-26. 2-(乙基磺酰基) -5- (呋喃-2-基)-1,3,4-噁二唑

1-27. 2-(甲基磺酰基) -5-(对氯苄基)-1,3,4-噁二唑

1-28. 2-(乙基磺酰基) -5-(对氯苄基)-1,3,4-噁二唑。

发明人：杨松，徐维明，宋宝安，陈卓，胡德禹，何江，贺鸣，薛伟，潘昭喜；申请人：贵州大学

中国专利号：ZL201010272710.1；中国专利申请日：2010-09-06

化合物类型：噁二唑类

发明思路：me-too 研究；在 US5166165 专利基础上利用计算机辅助设计，以几丁质酶为作物靶点，采用分子对接法优化而来。

用途：具有杀菌活性，该发明部分化合物对小麦赤霉病菌、辣椒枯萎病菌、苹果腐烂病菌具有抑制活性。

代表化合物结构如下：

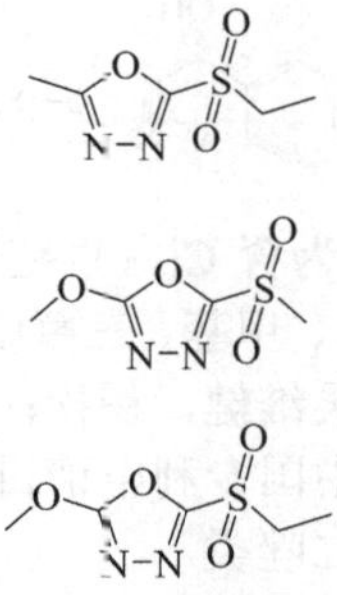

（10）1-取代-5-三氟甲基-4-吡唑联 1, 3, 4-噁二唑硫醚或砜类衍生物及其应用

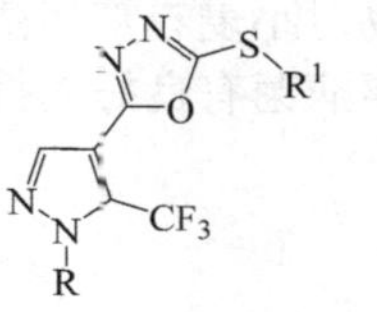

A

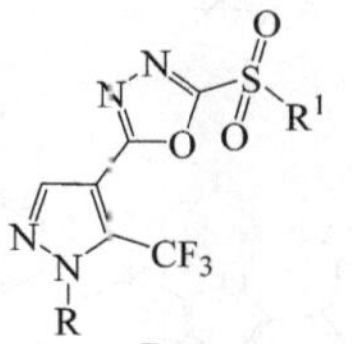

B

式中，R 选自甲基、苯基；R^1 选自烷基、烯基、苄基、取代苄基、取代杂环亚甲基。

发明人：杨松，张滕滕，叶意强，周翔，薛伟，吴志兵，陈玉婷；申请人：贵州大学

中国专利号：ZL201510257365.7；中国专利申请日：2015-05-20

化合物类型：噁二唑硫醚类

发明思路：me-too 研究；在前期合成的 1-取代吡唑联噁二唑类化合物基础上，继续在吡唑环 5-位引入三氟甲基而得。生化法角度分析为替换法。

用途：具有杀菌活性，该类化合物对植物细菌或植物真菌病害具有一定的抑制作用。

代表化合物结构如下：

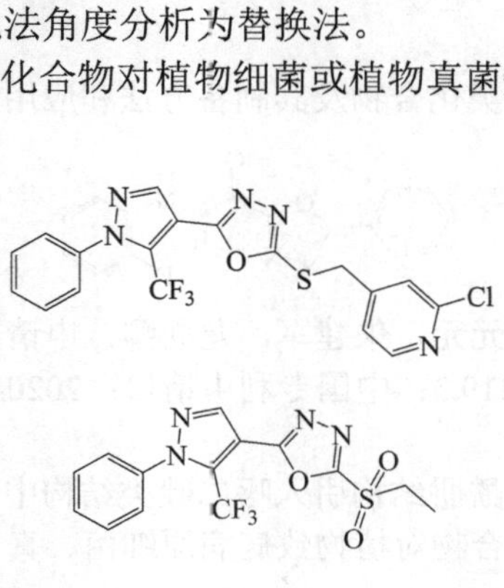

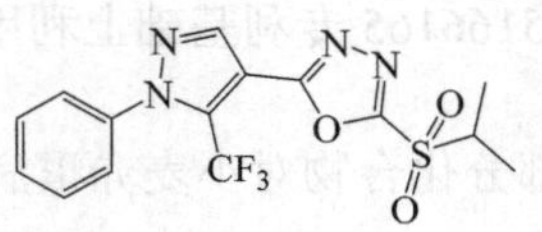

（11）一类含“1, 3, 4-噁二唑硫醚”的扁桃酸衍生物及其应用

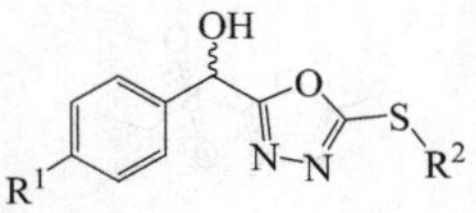

式中，R^1为 H、甲基、氟或氯，R^2为含 $C_{1\sim3}$直链烷基、含 $C_{1\sim4}$支链烷基、丙烯基或单取代苄基，其中单取代苄基的取代基为硝基、甲基、三氟甲基、甲氧基、三氟甲氧基、氟、氯或溴。

发明人：吴志兵，周翔，杨文清，吴维健，杨松；申请人：贵州大学

中国专利号：ZL201810745190.8；中国专利申请日：2018-07-09

化合物类型：扁桃酸衍生物类、噁二唑类

发明思路：在前期研究发现的含取代苯基的噻二唑、噁二唑硫脒及砜类化合物结构中，在苯环与噁二唑间引入一个亚甲基而得。

用途：具有杀菌活性，部分化合物对小麦赤霉病菌、辣椒枯萎病菌、马铃薯晚疫病菌、油菜菌核病菌、茄子黄萎病菌和蓝莓根腐病菌有良好的抑制效果。

代表化合物结构如下：

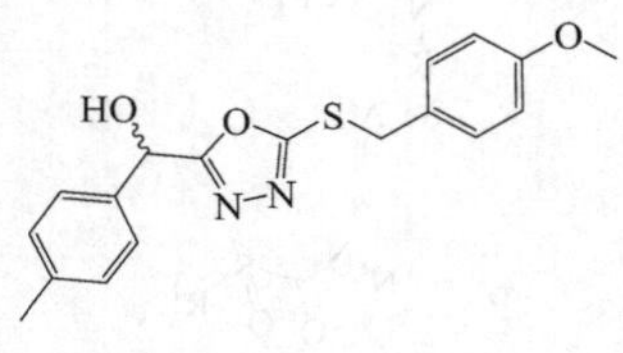

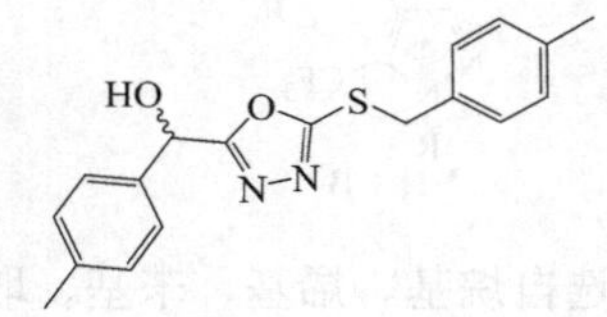

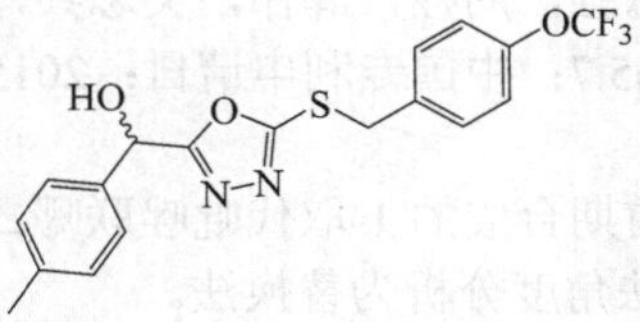

（12）一类 1,3,4-噁二唑酰肼类化合物及其制备方法和应用

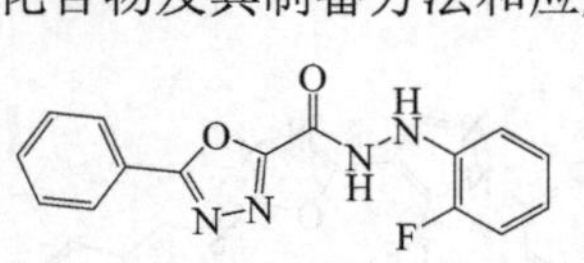

发明人：杨松，王培义，吴元元，朱建军，龙周卿；申请人：贵州大学

中国专利号：ZL202010341219.3；中国专利申请日：2020-04-24

化合物类型：噁二唑酰肼类

发明思路：me-too 研究；将酰肼结构引入噁二唑类结构中。

用途：具有杀菌活性，该化合物对植物致病病原细菌、真菌及卵菌具有良好的抑制作用，

对病原菌如水稻白叶枯病菌、小麦赤霉病菌、辣椒枯萎病菌、油菜菌核病菌、油菜炭疽病菌、马铃薯晚疫病菌和蓝莓根腐病菌等具有良好的抑制效果。

（13）2-苯基-5-(3, 4-二甲基)吡咯基-1, 3, 4-噁二唑及制备方法

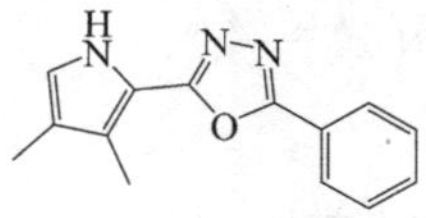

发明人：王元，吴伟娜，李飞飞，贾磊，蔡红新；申请人：河南理工大学

中国专利号：ZL201310289153.8；中国专利申请日：2013-07-01

化合物类型：吡咯、噁二唑

发明思路：在现有的医用吡咯-1, 3, 4-噁二唑化合物基础上，进行取代基替换，并将其用作农业杀菌剂，从而得到现有的化合物。

用途：具有杀菌活性，可用于防治小麦纹枯病。

（14）5-苯基-1, 3, 4-噁二唑衍生物及其制备方法与应用

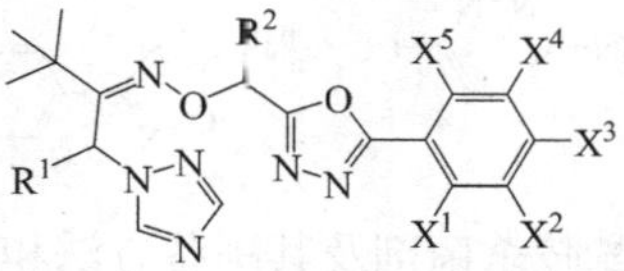

式中，R^1、R^2 选自氢、C_1～C_2 烷基、C_3～C_4 直链或支链烷基；X^1、X^5 选自氢、甲基、乙基、羟基、甲氧基、乙氧基、氟、氯、溴、硝基、氨基；X^2、X^4 选自氢、C_1～C_2 烷基、C_3～C_4 直链或支链烷基、羟基、甲氧基、乙氧基、氟、氯、溴、硝基、氨基；X^3 选自氢、甲基、乙基、羟基、甲氧基、乙氧基、氟、氯、溴、硝基、氨基。

发明人：叶姣，肖梦武，胡艾希，欧晓明；申请人：湖南大学

中国专利号：ZL201410833923.5；中国专利申请日：2014-12-29

化合物类型：三唑、肟醚、噁二唑

发明思路：利用活性基团拼接方法，将农药的活性基肟醚和 1, 3, 4-噁二唑引入 1, 2, 4-三唑类化合物中，从而得到现有化合物。

用途：具有较好的杀菌活性，可用于制备杀菌剂，防治水稻纹枯病、黄瓜灰霉病、油菜菌核病、小麦赤霉病等。

代表化合物结构如下：

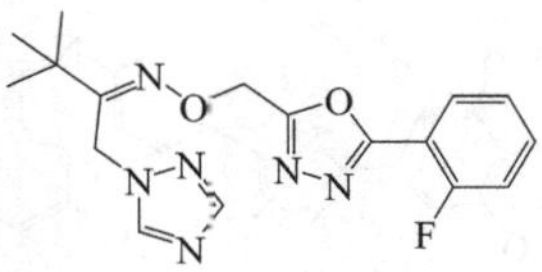

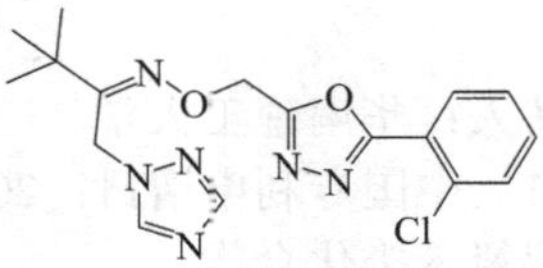

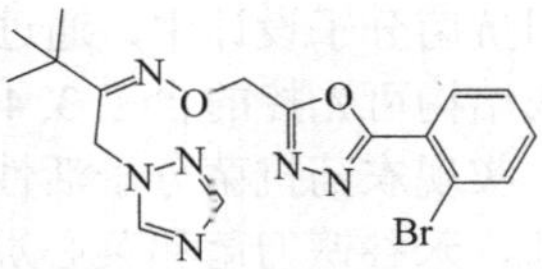

（15）一种噁二唑类化合物及其制备方法和应用

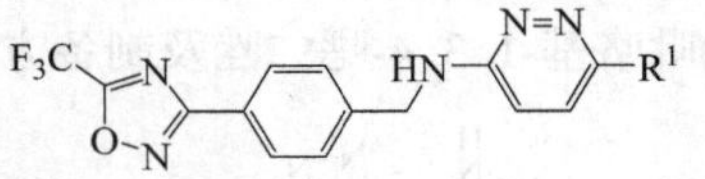

式中，R^1 选自 Cl、CH_3SO_2。

发明人：汤方；申请人：南京林业大学

中国专利号：ZL201910500464.1；中国专利申请日：2019-06-10

化合物类型：噁二唑类

发明思路：me-too 研究；以噁二唑类化合物为基础，通过引入哒嗪环得到现有化合物。

用途：具有杀菌活性，对大豆锈病、小麦锈病、玉米锈病、黄瓜炭疽病等引致的病害有效，特别是对大豆锈病、小麦褐锈病防效更好，在很低的剂量下就可以得到很好的效果。

代表化合物结构如下：

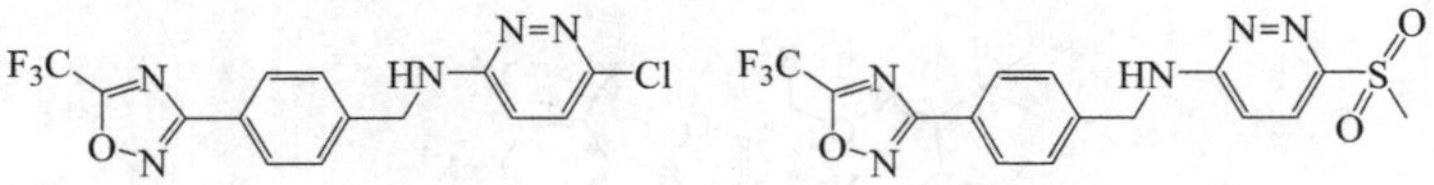

（16）一种含噻吩环二苯乙烯酰胺杀菌剂及其制备方法和应用

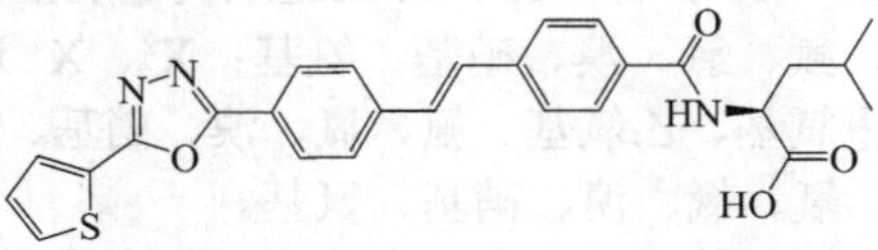

发明人：何道航，文岚；申请人：华南理工大学

中国专利号：ZL201810297684.4；中国专利申请日：2018-03-30

化合物类型：1, 3, 4-噁二唑环、二苯乙烯酰胺类化合物

发明思路：鉴于噻吩环结构的独特性和良好的生物药理活性，采用活性基团拼接法将噻吩基团引入二苯基乙烯的农药分子骨架结构中，设计合成能够防治灰霉病的新结构。

用途：具有杀菌活性，对灰霉菌有良好的抑制作用。

（17）一种防治植物真菌病害的光控杀菌剂及应用

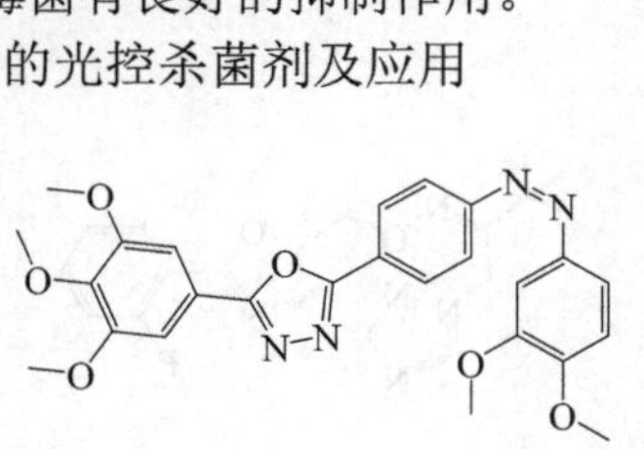

发明人：何道航，帅建波；申请人：华南理工大学

中国专利号：ZL201910548613.1；中国专利申请日：2019-06-24

化合物类型：含噁二唑基团的偶氮苯类化合物

发明思路：将光控思路引入农用抗菌分子设计中，通过将抗菌活性药效片段 1, 3, 4-噁二唑基团与光开关偶氮苯基团结合，合成结构可光控的含 1, 3, 4-噁二唑偶氮苯衍生物。利用自然因子——光来控制化合物活性的开闭，实现农药抗菌分子活性的精准可控。

用途：具有杀菌活性，对灰霉菌、禾谷镰刀菌和菜心炭疽菌具有较好的抑制作用。

（18）1, 2, 4-噁二唑联吡啶取代苯甲酰胺类化合物及其制备方法和应用

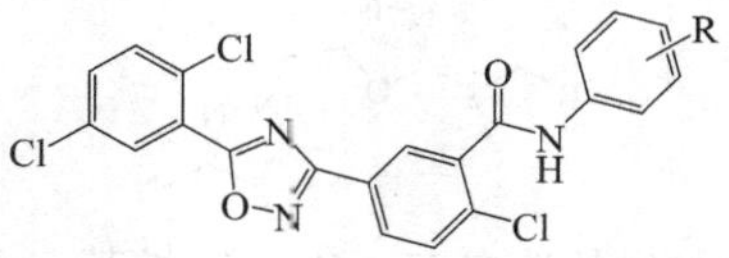

式中，苯环上的H被取代基单取代或多取代，单取代或多取代的取代基R各自独立地选自H、烷基、取代烷基、卤素。

发明人：谭成侠，邹文倩，杨森，戴立，田晓雨，任朝丽；申请人：浙江工业大学

中国专利号：ZL202010548717.5；中国专利申请日：2020-06-16

化合物类型：间苯二酰胺类

发明思路：在间苯二酰胺类杀虫剂结构的基础上，将酰胺键环化成1, 2, 4-噁二唑，得到该类化合物。

用途：具有杀菌活性。所发明的化合物在50mg/L浓度下对油菜菌核病、黄瓜灰霉病、水稻纹枯病表现出了较好的防治效果，有的化合物对病菌抑制率为80%以上。

代表化合物结构如下：

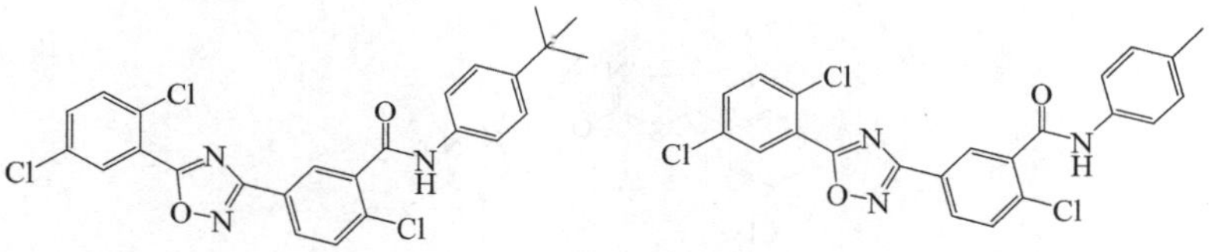

（19）一种含吡啶的噁二唑类化合物及其制备与应用

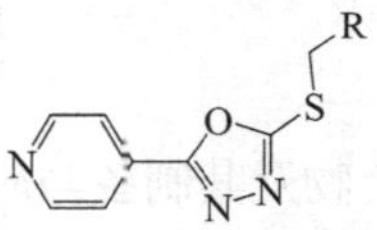

式中，R为C_1～C_6烷基、C_2～C_6烯基、C_1～C_6烷氧羰基、任选取代的苯基、任选取代的五元或六元杂芳基，所述取代基选自一个或多个氢、C_1～C_6烷基、氰基、C_1～C_6烷氧基、C_1～C_6烷硫基、氰基、卤素。

发明人：刘幸海，孙召慧，杨明艳，谭成侠，翁建全；申请人：浙江工业大学

中国专利号：ZL201310663884.4；中国专利申请日：2013-12-10

化合物类型：含吡啶的噁二唑类

发明思路：me-too研究；在异烟酸结构的基础上，引入噁二唑硫醚结构得到。

用途：具有杀菌活性，所发明的化合物可防治番茄细菌性斑点病、黄瓜枯萎病、番茄灰霉病。

代表化合物结构如下：

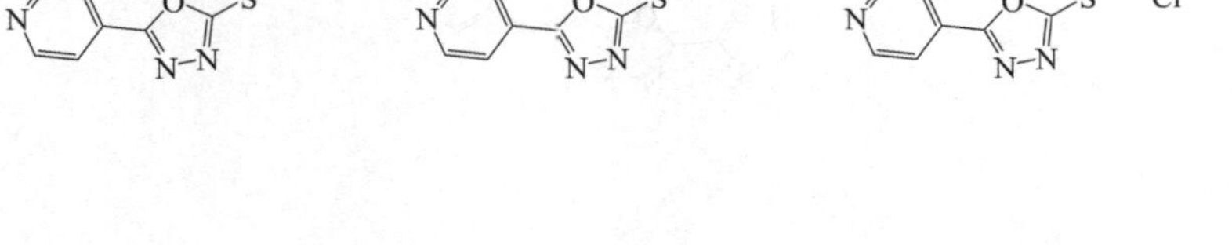

（20）一种含吡唑环的噁二唑类化合物及其制备与应用

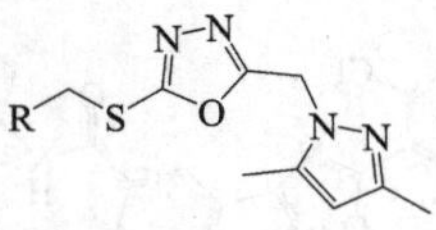

式中，R 为取代苯基，所述取代基选自 H、C_1～C_6 烷基、卤素、氰基、硝基。

发明人：刘幸海，童建颖，孙娜波，谭成侠，翁建全，曹耀艳；申请人：浙江工业大学

中国专利号：ZL201210324845.7；中国专利申请日：2012-09-05

化合物类型：一种含吡唑环的噁二唑类化合物

发明思路：me-too 研究；以噁二唑结构为核心，引入吡唑环衍生化得到。

用途：具有杀菌活性。该发明所述的含吡唑环的噁二唑类化合物可用于防治黄瓜褐斑病、黄瓜细菌性角斑病、黄瓜蔓枯病、黄瓜霜霉病、黄瓜菌核病。

代表化合物结构如下：

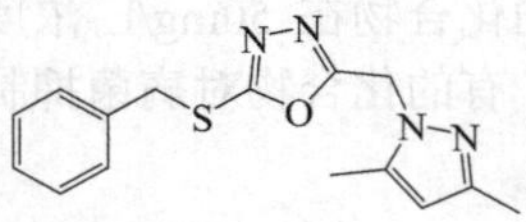

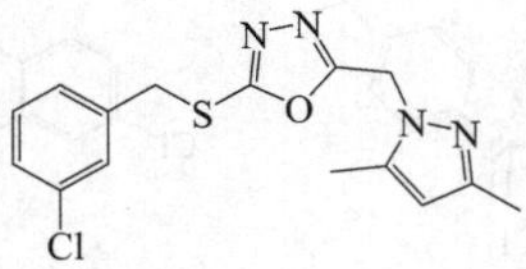

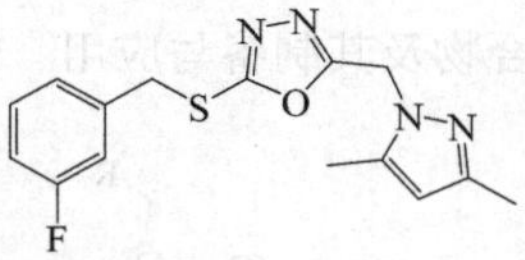

（21）一种含噻二唑的噁二唑类化合物及其制备与应用

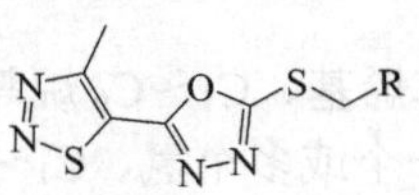

式中，R 为邻氯苯基、邻氟苯基、间氟苯基、对氟苯基、邻甲基苯基、苯基、2, 4-二氯苯基。

发明人：武宏科，童建颖，孙娜波；申请人：浙江工业大学

中国专利号：ZL201210324830.0；中国专利申请日：2012-09-05

化合物类型：一种噻二唑类化合物

发明思路：me-too 研究；以噁二唑为核心，引入 1, 2, 3-噻二唑杂环衍生化得到。

用途：具有杀菌活性。该发明所述的噻二唑类化合物可防治黄瓜褐斑病、黄瓜细菌性角斑病、黄瓜蔓枯病、黄瓜霜霉病、黄瓜菌核病等。

代表化合物结构如下：

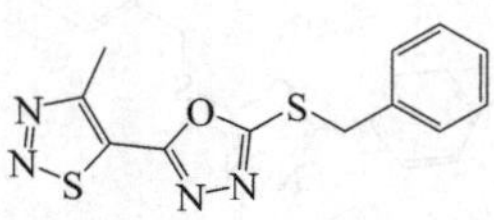

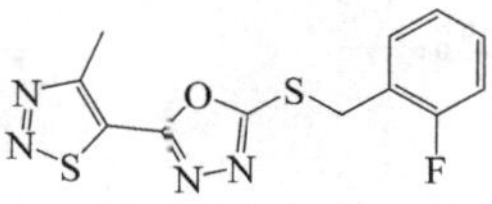

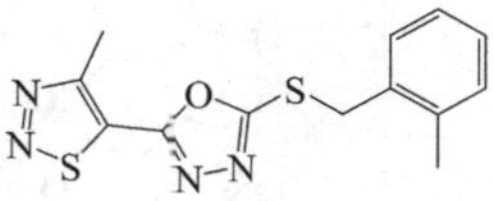

（22）含乙硫基吡啶联1,2,4-噁二唑取代苯甲酰胺类化合物及其制备方法和应用

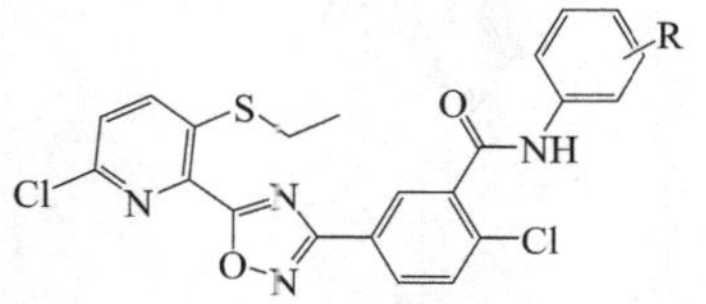

式中，最右端的苯环上的H被取代基R单取代、多取代或不被取代，单取代或多取代的取代基R各自独立地选自烷基、取代烷基或卤素，式中的R为2-甲基、4-叔丁基、2, 4-二甲基、3-三氟甲基、3-氯-2-甲基、2-氟、4-氟、2, 6-二氟、2-氯、3-氯、4-氯或4-溴。

发明人：谭成侠，田晓雨，杨森，戴立，任朝丽；申请人：浙江工业大学

中国专利号：ZL202010933204.6；中国专利申请日：2020-09-08

化合物类型：间二酰胺类

发明思路：在间二酰胺类杀虫化合物基础上，将酰胺键环化得到。

用途：具有杀菌活性，可以防治小麦赤霉病菌、苹果褐斑病菌、黄瓜灰霉病菌。

代表化合物结构如下：

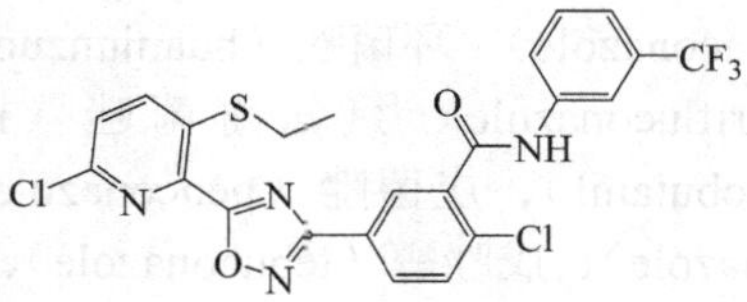

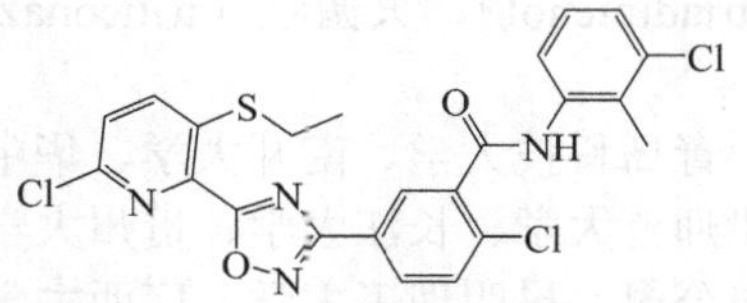

（23）吡唑联1,2,4-噁二唑取代苯甲酰胺类化合物及其制备方法和应用

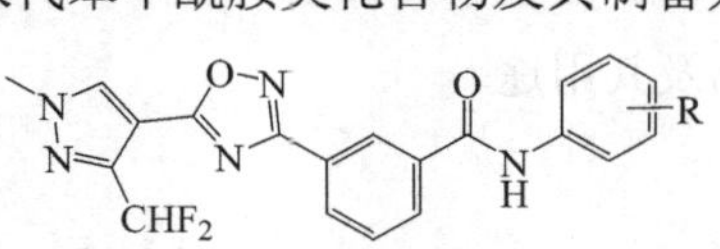

式中，R为取代基，最右端苯环上的H被取代基R单取代或多取代，但单取代或多取代的取代基R为2-甲基、3-甲基、4-甲基、4-叔丁基、3-三氟甲基、2-氟、3-氟、4-氟、2-氯、3-氯、4-氯、4-溴、4-碘、2,4-二甲基、2,6-二甲基、3-氯-2-甲基或2,4-二氯。

发明人：谭成侠，杨森，戴立，任朝丽，田晓雨；申请人：浙江工业大学

中国专利号：ZL202110251018.9；中国专利申请日：2021-03-08

化合物类型：2-苯基吡啶类、噁二唑类

发明思路：在间二酰胺类杀虫化合物基础上，将酰胺键环化得到。

用途：在50mg/L浓度下，通过该发明的制备方法得到的目标产物表现出良好抑菌活性，

其中 7h 对水稻纹枯病菌抑制率达 100%。

代表化合物结构如下：

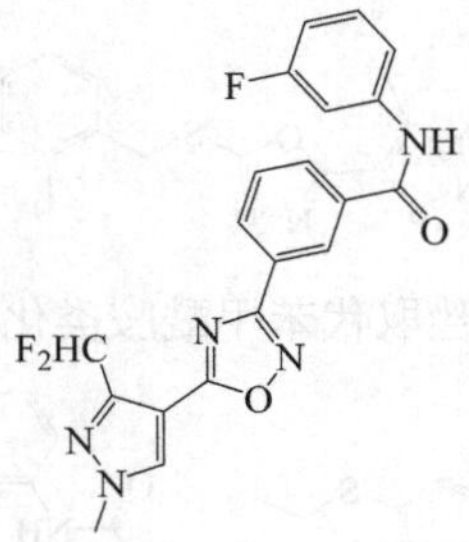

3.18 三唑类化合物

截至 2023 年底公开了 36 个拥有中文或英文通用名称的三唑类杀菌剂，具体分类与通用名称如下：

三唑类杀菌剂（triazole fungicides，36 个）：氧环唑（azaconazole）、联苯三唑醇（bitertanol）、糠菌唑（bromuconazole）、环丙唑醇（cyproconazole）、苄氯三唑醇（diclobutrazol）、苯醚甲环唑（difenoconazole）、烯唑醇（diniconazole）、*R*-烯唑醇（diniconazole-M）、氟环唑（epoxiconazole）、乙环唑（etaconazole）、腈苯唑（fenbuconazole）、三氟苯唑（fluotrimazole）、氟喹唑（fluquinconazole）、氟硅唑（flusilazole）、粉唑醇（flutriafol）、呋菌唑（furconazole）、呋醚唑（furconazole-*cis*）、己唑醇（hexaconazole）、环菌唑（huanjunzuo）、亚胺唑（imibenconazole）、种菌唑（ipconazole）、ipfentrifluconazole、氯氟醚菌唑（mefentrifluconazole）、叶菌唑（metconazole）、腈菌唑（myclobutanil）、戊菌唑（penconazole）、丙环唑（propiconazole）、quinconazole、硅氟唑（simeconazole）、戊唑醇（tebuconazole）、四氟醚唑（tetraconazole）、三唑酮（triadimefon）、三唑醇（triadimenol）、灭菌唑（triticonazole）、烯效唑（uniconazole）、uniconazole-P。

湖南大学、浙江工业大学、青岛科技大学、南开大学、华中师范大学、沈阳中化农药化工研发有限公司、三峡大学、天津师范大学、长江大学、贵州大学、西北大学、常州大学、扬州大学、海利尔药业集团股份有限公司、昆明理工大学、广西大学、中国农业大学等多家机构参与了该类新化合物的研究。

（1）一种取代肟醚类化合物及其用途

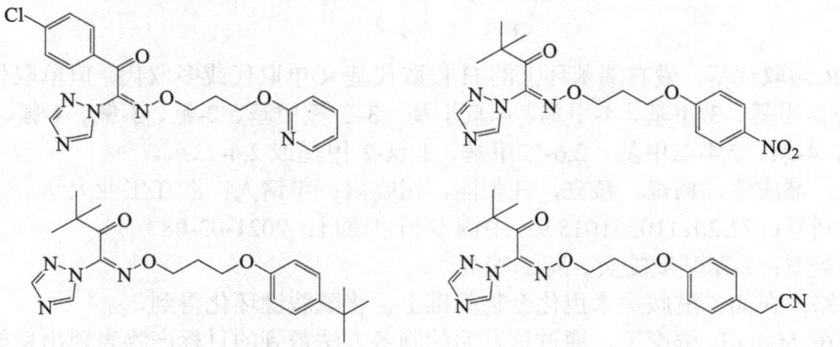

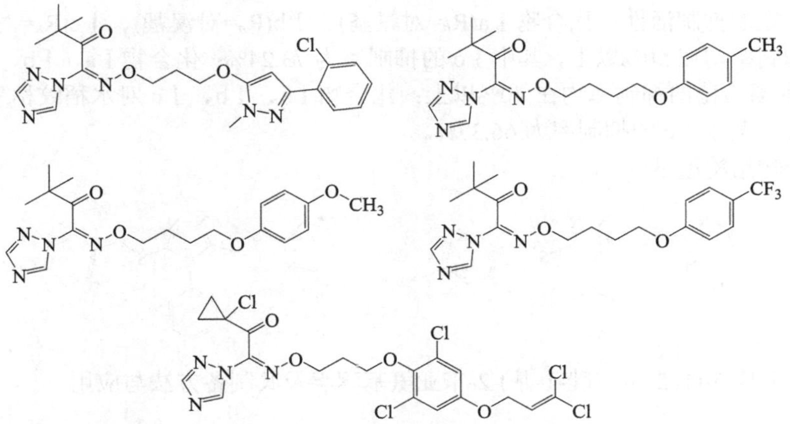

发明人：吴峤，杨吉春，单中刚，张静静，李志念，关爱莹，孙芹，刘长令；申请人：中国中化股份有限公司，沈阳化工研究院有限公司

中国专利号：ZL201410041909.1；中国专利申请日：2014-01-28

化合物类型：肟醚类化合物、三唑类化合物

发明思路：me-too 研究；参照专利 DE3005899 中的结构，利用中间体衍生化法，使用芳氧烷基醇中间体进行替换优化，得到现有化合物。

用途：具有杀菌活性，对黄瓜霜霉病、玉米锈病、小麦白粉病、水稻稻瘟病等病害具有优良的防治效果。

代表化合物结构如下：

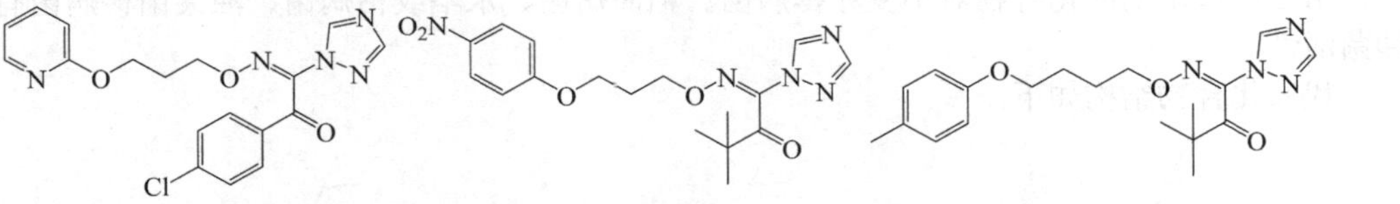

（2）一种 4-苯基-3-((4,6-二甲基嘧啶-2-基硫代)甲基)-5-苄硫基三唑类化合物及其应用

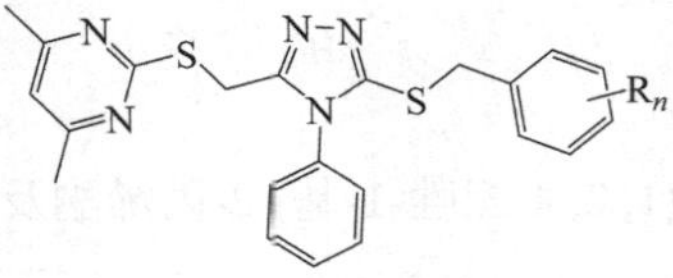

式中，苯环上的 H 被取代基 R_n 单取代、多取代或不被取代，n 为 0～5 的整数，n 表示苯环上取代基 R 的个数，n=0 时，表示苯环上的 H 不被取代，n=1 时，表示苯环上的 H 被取代基 R 单取代，n=2～5 时，表示苯环上的 H 被取代基 R_n 多取代，不同取代位置上的取代 R 相同或不同，所述取代基 R 为 C_1～C_8 的烷基、C_1～C_3 的烷氧基、氰基、卤素或硝基，所述卤素为 F、Cl、Br 或 I。

发明人：翁建全，朱亚波，阮铃莉，刘幸海，谭成侠；申请人：浙江工业大学

中国专利号：ZL201610114481.8；中国专利申请日：2016-03-01

化合物类型：三唑类化合物

发明思路：鉴于嘧啶、硫醚、1,3,4-噁二唑均具有良好生物活性，利用活性亚结构拼接方法，设计合成兼具三者结构的新型化合物。

用途：具有杀菌活性。该发明所述化合物对黄瓜炭疽病菌、灰葡萄孢菌、水稻纹枯病菌的杀菌活性测定结果表明（普筛浓度为 50mg/L），苯环上 H 不被取代的化合物(I)对所有供试菌

种均表现出一定的抑制活性；化合物Ⅰa(R_n=对氰基)、Ⅰb(R_n=对溴基)、Ⅰc(R_n=对氯基)对黄瓜炭疽病菌的抑制率均在50%以上，其中Ⅰc的抑制率为73.24%；化合物Ⅰa、Ⅰb、Ⅰc、Ⅰh(R_n=邻氯基)对灰葡萄孢菌的抑制率均在40%以上；化合物Ⅰa、Ⅰb、Ⅰc对水稻纹枯病菌的抑制率均在50%以上，其中Ⅰc的抑制率为66.37%。

代表化合物结构如下：

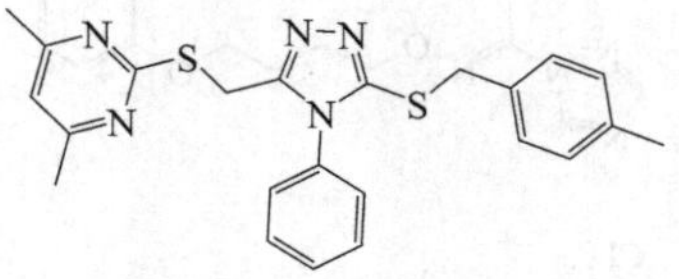

（3）4-叔丁基-5-(1, 2, 4-三唑-1-基)-2-苄亚氨基噻唑及其制备方法与应用

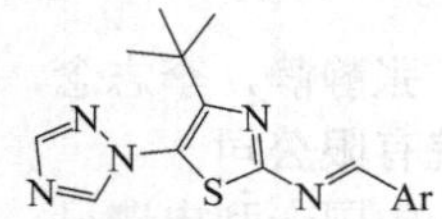

其中，Ar 选自苯基，2-羟基苯基，2-羟基-5-溴苯基，2-羟基-3,5-二溴苯基，2-羟基-3,5-二碘苯基，2-羟基-3,5-二氯苯基，4-二甲氨基苯基，4-甲氧基苯基，4-乙氧基苯或2,4-二氯苯基。

发明人：胡艾希，覃智，陈平，叶姣；申请人：湖南大学

中国专利号：ZL200910043920.0；中国专利申请日：2009-07-17

化合物类型：三唑类、噻唑亚胺类

发明思路：该发明化合物以噻唑氨基为母体，通过衍生合成得到该类化合物。

用途：该发明的化合物对小麦赤霉病菌、稻曲病菌、水稻纹枯病菌、油菜菌核病菌有较好抑菌活性。

代表化合物结构如下：

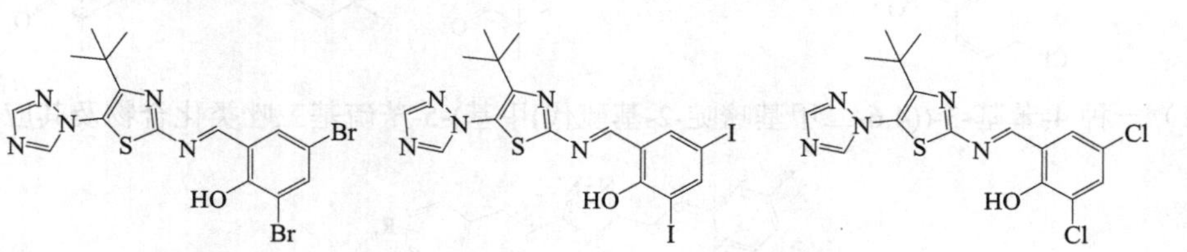

（4）1-呋喃酚醚基-3-苯基-2-(1, 2, 4-三唑-1-基)-2-丙烯酮及其应用

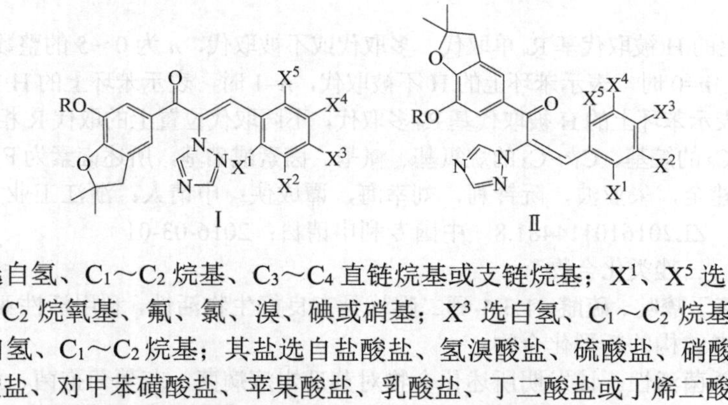

Ⅰ　　　Ⅱ

式中，R 选自氢、C_1～C_2烷基、C_3～C_4直链烷基或支链烷基；X^1、X^5选自氢、C_1～C_2烷基、羟基、C_1～C_2烷氧基、氟、氯、溴、碘或硝基；X^3选自氢、C_1～C_2烷基、氟、氯、溴或碘；X^2、X^4选自氢、C_1～C_2烷基；其盐选自盐酸盐、氢溴酸盐、硫酸盐、硝酸盐、磷酸盐、甲磺酸盐、苯磺酸盐、对甲苯磺酸盐、苹果酸盐、乳酸盐、丁二酸盐或丁烯二酸盐。

发明人：胡艾希，李婉，杨子辉，叶姣；申请人：湖南大学

中国专利号：ZL201510025509.6；中国专利申请日：2015-01-19

化合物类型：三氮唑、丙烯酮

发明思路：以苯并呋喃和三氮唑为原料，合成一系列未见报道的化合物，期待发现高活性化合物。

用途：具有杀菌活性，1-呋喃酚醚基-3-苯基-2-(1, 2, 4-三唑-1-基)-2-丙烯酮对晚疫病菌、稻瘟病菌和小麦壳针孢菌有良好的抑制活性，尤其是对稻瘟病菌有极好的抑制活性。

代表化合物结构如下：

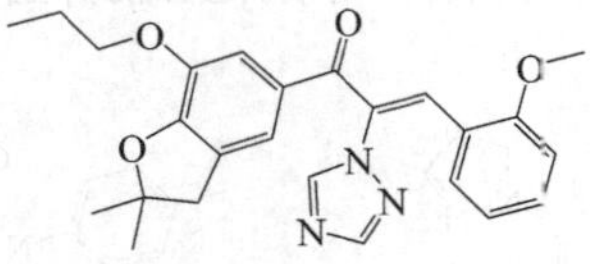

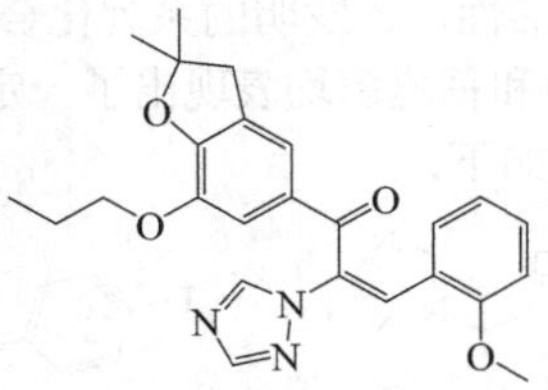

（5）1-呋喃酚醚基-3-苯基-2-(1, 2, 4-三唑-1-基)-2-丙烯醇及其应用

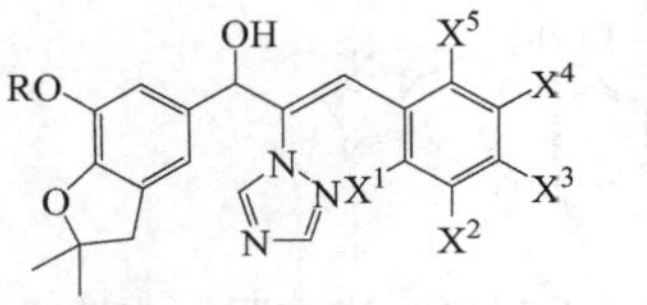

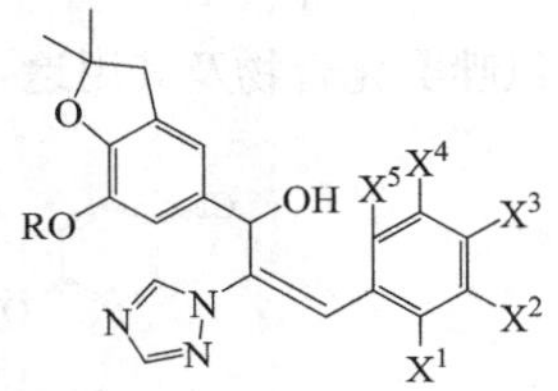

式中，R 选自氢、C_1～C_2烷基、C_3～C_4直链烷基或支链烷基；X^1、X^5 选自氢 C_1～C_2 烷基、羟基、C_1～C_2 烷氧基、氟、氯、溴、碘或硝基；X^3 选自氢、C_1～C_2 烷基、氟、氯、溴或碘；X^2、X^4 选自氢、C_1～C_2 烷基；

其盐选自盐酸盐、氢溴酸盐、硫酸盐、硝酸盐、磷酸盐、甲磺酸盐、苯磺酸盐、对甲苯磺酸盐、苹果酸盐、乳酸盐、丁二酸盐或丁烯二酸盐。

发明人：胡艾希，杨子辉，李婉，叶姣，闫忠忠；申请人：湖南大学

中国专利号：ZL201510025727.X；中国专利申请日：2015-01-19

化合物类型：三氮唑、丙烯醇

发明思路：以苯并呋喃和三氮唑为原料，合成一系列未见报道的化合物，期待发现高活性化合物。

用途：具有杀菌活性和杀虫活性。

代表化合物结构如下：

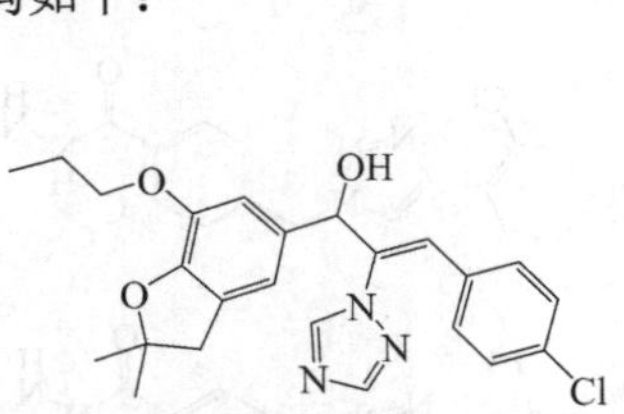

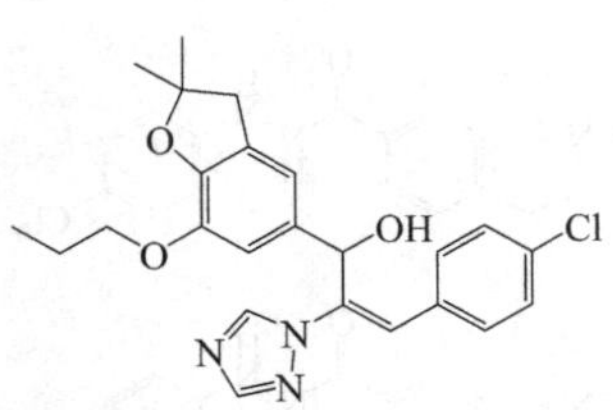

（6）一种三唑吡咯烷酮类杀菌剂，合成方法及其应用

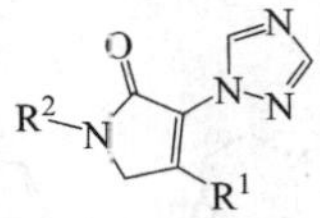

式中，取代基 R^1 和 R^2 为苯基、对溴苯基、对氯苯基、对氟苯基、对甲基苯基中的任意一种。

发明人：王龙，杨键，叶斯培，李德江；申请人：三峡大学

中国专利号：ZL201610817094.0；中国专利申请日：2016-09-12

化合物类型：三氮唑、酰胺

发明思路：me-too 研究；目前商品化的三唑类杀菌剂主要特点为大多数杀菌剂的药效团三唑环都连接在碳链上，且分子结构中含有酰胺键的杀菌剂有很多，但三唑类杀菌剂分子结构中含有酰胺键的却很少见报道，该发明将三氮唑和酰胺拼接在一起，合成一系列未见报道的化合物，期待发现高活性化合物。

用途：具有杀菌活性，该发明的系列化合物三唑吡咯烷酮在 100mg/L 下对意大利青霉菌、指状青霉菌、水稻纹枯菌和稻瘟菌均表现出了一定的抑制活性，个别化合物抑菌活性达到了较高水平。

代表化合物结构如下：

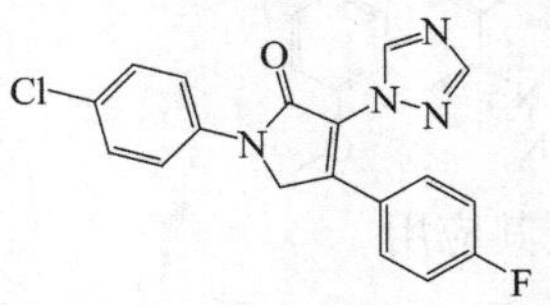

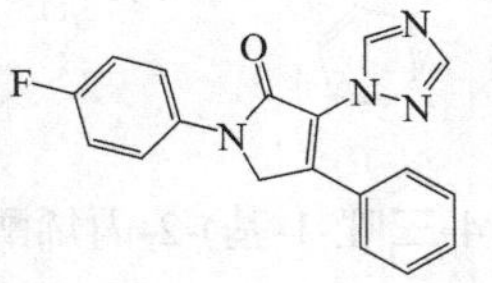

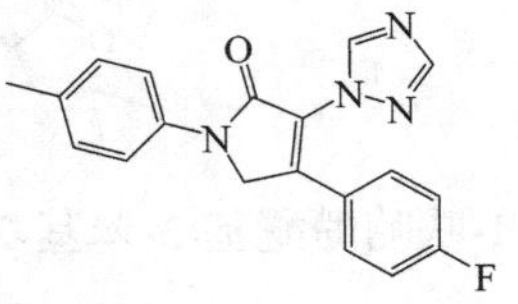

（7）含芳醚双三氮唑类化合物及其用途

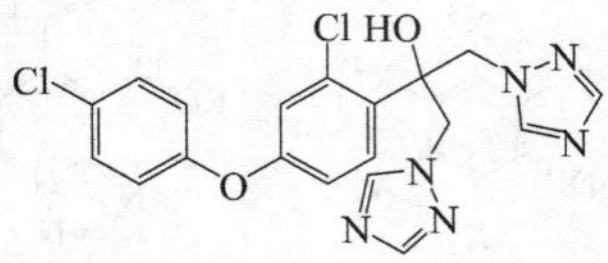

发明人：许良忠，吴华龙，胡志强，朱琪，于观平，毕文照；申请人：青岛科技大学；当前权利人：杭州宇龙化工有限公司

中国专利号：ZL200610140836.7；中国专利申请日：2006-10-12

化合物类型：二苯醚类、三唑类

发明思路：me-too 研究；在含苯醚结构的三唑类杀菌剂中引入第二个三唑，形成含双三氮唑结构的本申请化合物。

用途：具有杀菌活性，杀菌谱广，对多种病原真菌均具有较好的抑制作用，抑菌效果与嗯醚唑、戊唑醇相当。

（8）一类 1, 2, 3-三氮唑酰肼或酰胺类化合物及其制备方法和应用

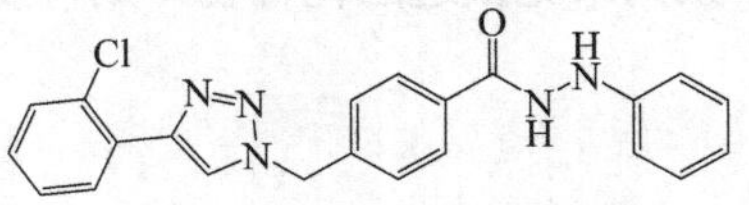

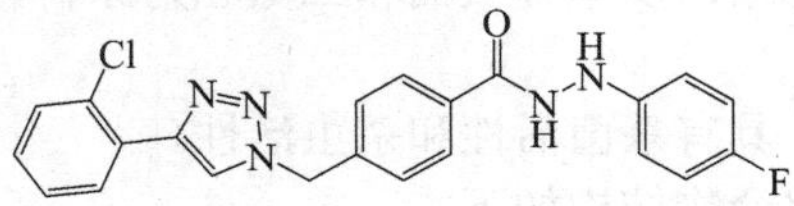

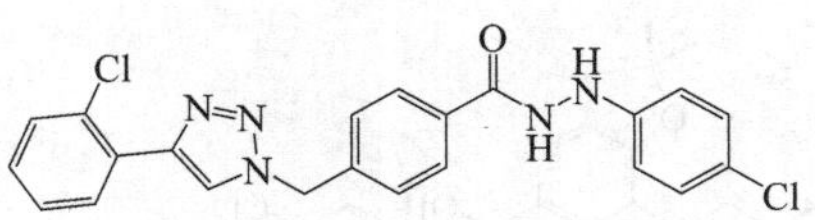

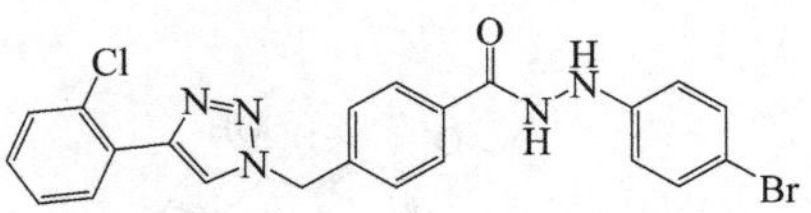

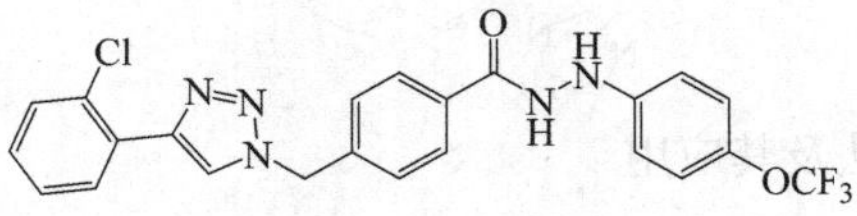

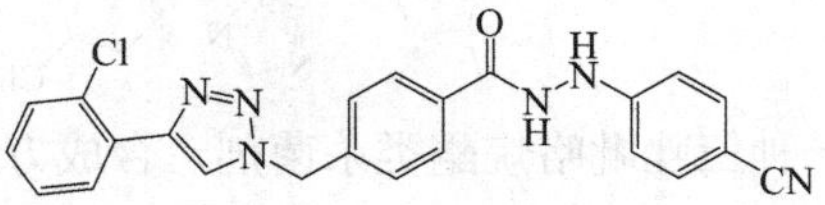

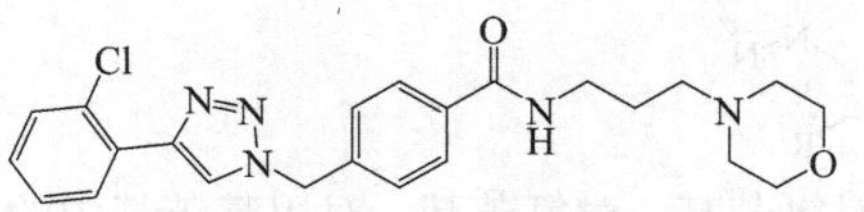

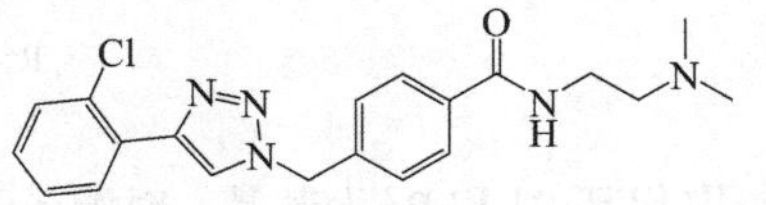

发明人：王培义，丁月，龙周卿，张玲，吉庆田；申请人：贵州大学

中国专利号：ZL202110059431.5；中国专利申请日：2021-01-15

化合物类型：三氮唑酰肼类、酰胺类

发明思路：该发明以取代的苯甲酸和苯肼为原料，合成取代苯基和苯亚甲基结构的 1,2,3-三氮唑酰肼或酰胺类化合物，以期发现新的先导化合物。

用途：具有杀菌活性，该类化合物对小麦赤霉病菌、葡萄座腔菌、水稻纹枯病菌、水稻白叶枯病菌、柑橘溃疡病菌和猕猴桃溃疡病菌等具有良好的抑制效果。

代表化合物结构如下：

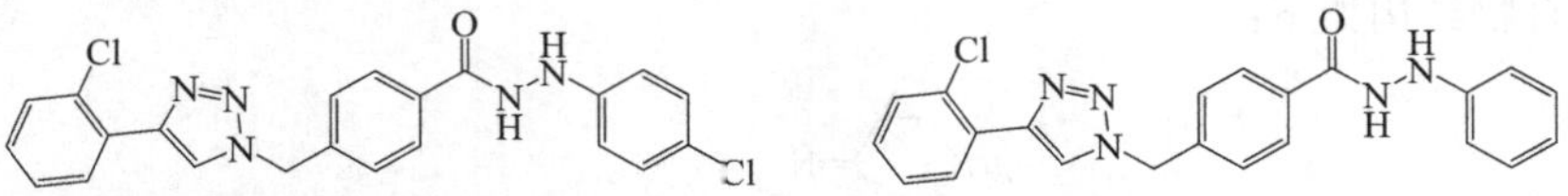

（9）三唑类化合物及其制备与应用

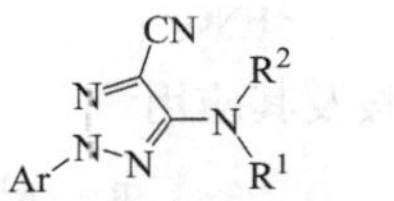

式中，Ar 为苯基或经取代基单取代或双取代的苯基，所述取代基为选自甲氧基、甲基、三氟甲基、硝基或卤素的基团；R^1 与 R^2 与相连的 N 原子一并形成选自四氢化吡咯基、氮杂环己基、3-氯苯基哌嗪基、3-氯苯基哌啶基、3-甲氧基苯基哌嗪基、3-甲氧基苯基哌啶基或金雀花碱基的基团；

条件是：所述 1, 2, 3-三唑类化合物不是 2-苯基-5-(四氢吡咯-1-基)-2*H*-1, 2, 3-三唑-4-腈、2-苯基-5-(哌啶-1-基)-2*H*-1, 2, 3-三唑-4-腈、2-(4-氯苯基)-5-[4-(3-甲氧基苯基)哌嗪-1-基]-2*H*-1, 2, 3-三唑-4-腈、2-(4-甲氧基苯基)-5-(哌啶-1-基)-2*H*-1, 2, 3-三唑-4-腈。

发明人：范志金，张海科，米娜，贝尔斯卡娅·娜特丽娅·帕沃洛娃，巴库勒夫·瓦西里耶·阿勒克什维奇；申请人：南开大学

中国专利号：ZL200810053717.7；中国专利申请日：2008-07-02

化合物类型：三唑类

发明思路：将具有生物活性的天然胺类化合物引进三唑类化合物中得到现有化合物。

用途：具有杀菌、杀虫、除草和抗烟草花叶病毒活性，在 50mg/L 剂量下，对番茄早疫病菌、花生褐斑病菌、苹果轮纹病菌、黄瓜灰霉病菌、水稻纹枯病菌、小麦赤霉病菌、马铃薯晚疫病菌等表现出一定的抑制作用；在 100mg/L 剂量下，所有化合物对黏虫和蚜虫的抑制作用大于 60%；在 5mg/L 剂量下，所有化合物对蚊幼虫的抑制作用大于 80%；在 750g/hm^2 施药剂量下，所有化合物对单子叶杂草稗草和马唐的抑制作用小于 30%，对双子叶杂草油菜和苋菜的抑制作用大于 60%；在 500mg/L 剂量下，呈现出一定的诱导烟草产生抗烟草花叶病毒的活性。

代表化合物结构如下：

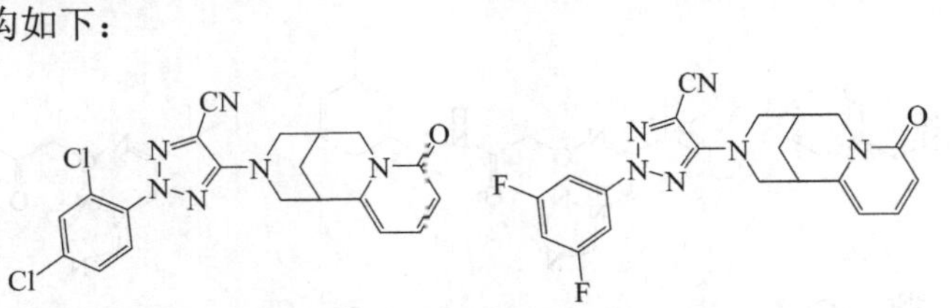

（10）1-(1, 2, 4-三唑-1-基)酮肟醚及其作为制备杀菌剂的应用

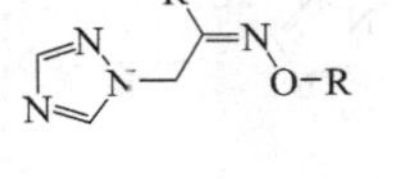

式中，R^1 选自 C_1～C_2 烷基、C_3～C_4 直链或支链烷基；R 选自 $Y(CH_2)_n$，Y＝氟、氯、溴或碘，n＝1、2、3、4、5 或 6。

发明人：叶姣，玄文静，胡艾希；申请人：湖南大学

中国专利号：ZL201110112389.5；中国专利申请日：2011-05-03

化合物类型：三唑、肟醚

发明思路：me-too 研究，在现有技术公开的肟醚类化合物的基础上，将与氧原子连接的基团替换为卤素取代的烷基。

用途：具有杀菌活性，可用于防治小麦白粉病。

代表化合物结构如下：

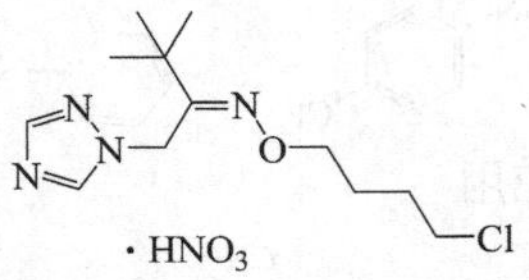

· HNO_3 Cl

（11）1-(1, 2, 4-三唑基)酮肟醚酰胺及其应用

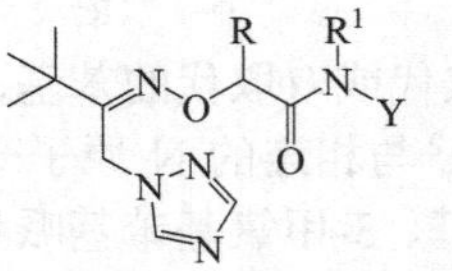

式中，R 选自氢、C_1～C_2 烷基、C_3～C_4 直链或支链烷基；R^1 选自氢、C_1～C_2 烷基、C_3～C_4 直链或支链烷基；Y 选自 Ar 或 $ArCH_2$，Ar＝苯基、2-氟苯基、2-氯苯基、2-溴苯基、2-碘苯基、2-(三氟甲基)苯基、3-甲基苯基、3-氟苯基、3-氯苯基、3-溴苯基、3-碘苯基、3-(三氟甲基)苯基、3-甲氧基苯基、4-氟苯基、4-溴苯基、4-碘苯基、4-(三氟甲基)苯基、4-甲氧基苯基、2, 3-二甲基苯基、3, 4-二甲基苯基、3, 5-二甲基苯基、2, 6-二甲基苯基、2, 3-二氯苯基、3, 4-二氯苯基、3, 5-二氯苯基、2, 6-二氯苯基。

发明人：叶姣，玄文静，胡艾希，刘臻彧；申请人：湖南大学

中国专利号：ZL201110154877.2；中国专利申请日：2011-06-10

化合物类型：三唑、肟醚

发明思路：me-too 研究，在现有技术公开的三唑酮肟醚化合物的基础上进行取代基 R、R^1、Y 衍生从而得到现有的化合物。

用途：具有杀菌活性，可用于抑制稻瘟病菌、水稻纹枯病菌、黄瓜灰霉病菌、油菜菌核病菌、小麦赤霉病菌、辣椒疫霉病菌，同时具有除草活性，可防治苘麻、刺苋、藜、马唐、稗和狗尾。

代表化合物结构如下：

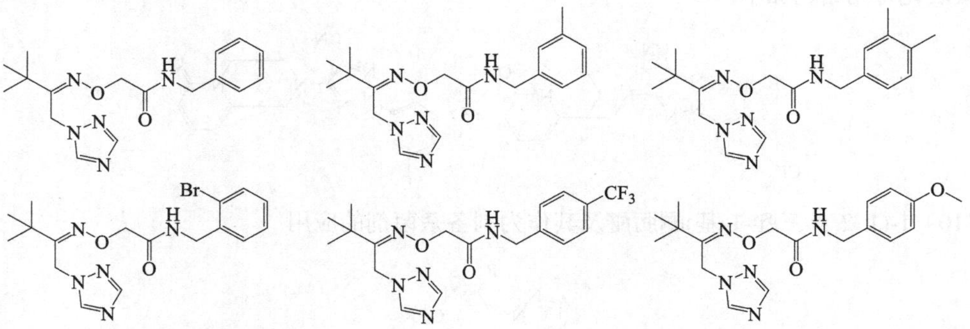

（12）具有杀菌活性的4-叔丁基-5-（1,2,4-三唑-1-基）-2-酰氨基噻唑及制备方法

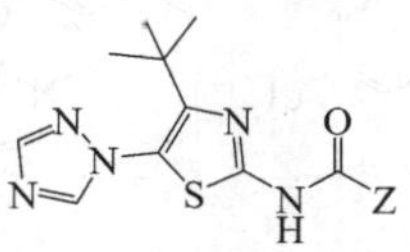

式中，Z选自C_1～C_2烷基、C_3～C_4直链或支链烷基、含氯C_1～C_2的烷基、含氯C_3～C_4的直链或支链烷基，或式Ⅱ所示的芳基：

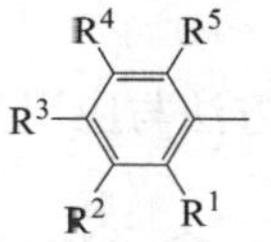

Ⅱ

式Ⅱ中R^1、R^5选自H、甲基、乙基、甲氧基、乙氧基、氟、氯、溴、硝基或三氟甲基；R^2、R^4选自H、甲基、乙基、羟基、甲氧基、乙氧基、氟、氯、溴、硝基、三氟甲基或乙酰氨基；R^3选自H、甲基、乙基、羟基、甲氧基、乙氧基、氟、氯、溴、硝基、三氟甲基或乙酰氨基；盐选自盐酸盐、氢溴酸盐、硫酸盐、磷酸盐或硝酸盐。

发明人：叶姣，孙晓潇，胡艾希，邱慎意，欧晓明；申请人：湖南大学

中国专利号：ZL201210528020.7；中国专利申请日：2012-12-10

化合物类型：三唑

发明思路：me-too研究；在现有技术公开的三唑连噻唑化合物的基础上进行结构衍生。

用途：具有杀菌活性，可用于控制水稻纹枯病菌、黄瓜灰霉病菌、油菜菌核病菌、辣椒疫霉病菌。

代表化合物结构如下：

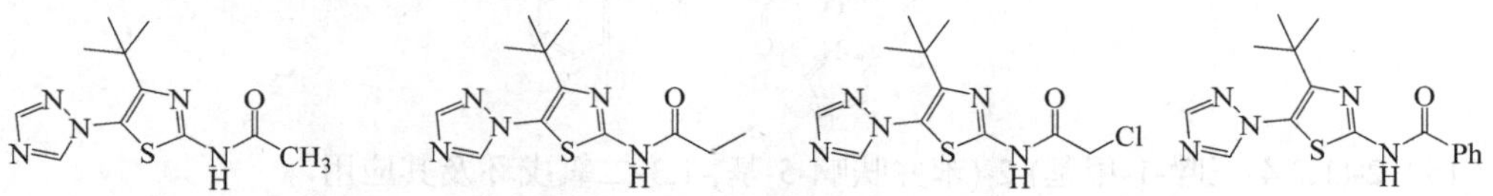

（13）2-[1-(1,2,4-三唑-1-基)丁基-2-亚甲胺氧基]乙酰肼及其制备方法与应用

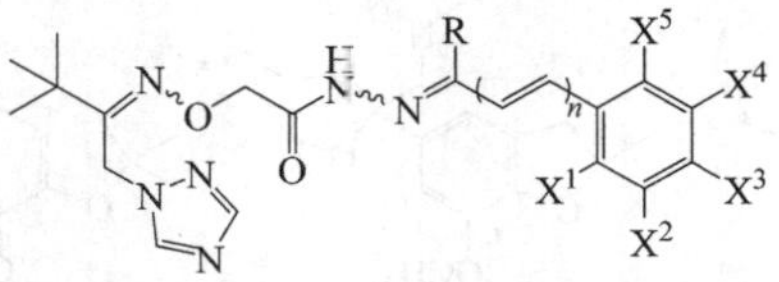

式中，R选自氢、C_1～C_2烷基、C_3～C_4直链或支链烷基；式中X^1、X^5选自氢、甲基、乙基、羟基、甲氧基、乙氧基、氟、氯、溴、硝基；X^2、X^4选自氢、C_1～C_2烷基、C_3～C_4直链或支链烷基、羟基、甲氧基、乙氧基、氟、氯、溴、硝基；X^3选自氢、甲基、乙基、羟基、甲氧基、乙氧基、氟、氯、溴、硝基、二甲氨基、三氟甲基或三氟甲氧基；n选自0或1。

发明人：叶姣，谢选青，胡艾希，欧晓明，李贝贝；申请人：湖南大学

中国专利号：ZL201310079967.9；中国专利申请日：2013-03-13

化合物类型：三唑、肟醚

发明思路：在现有技术公开的三唑肟醚化合物的基础上，在肟醚与苯基基团间插入酰腙基团从而得到现有的化合物。

用途：具有杀菌活性，可用于控制水稻纹枯病菌、辣椒疫霉病菌等。

代表化合物结构如下：

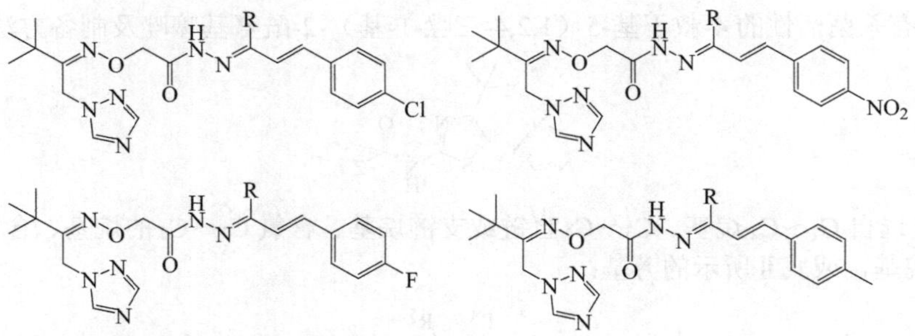

(14) N′-吡啶亚甲基乙酰肼及其制备方法与应用

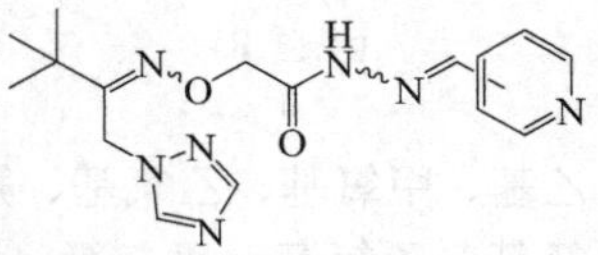

式中，吡啶基选自 2-吡啶基、3-吡啶基或 4-吡啶基。

发明人：胡艾希，李贝贝，叶姣；申请人：湖南大学

中国专利号：ZL201310080016.3；中国专利申请日：2013-03-13

化合物类型：三唑

发明思路：利用拼合原理将农药的活性基团肟醚和酰腙引入 1,2,4-三唑类化合物中，从而得到现有的化合物。

用途：具有杀菌活性，可用于防治水稻纹枯病菌。

代表化合物结构如下：

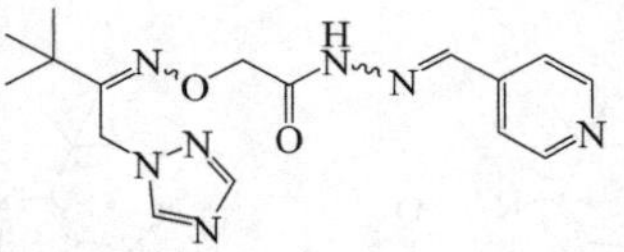

(15) 2-(1,2,4-三唑-1-甲基)-2-(苯并呋喃-5-基)-1,3-二氧戊环及其应用

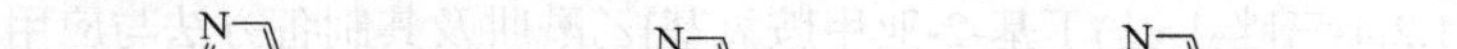

发明人：胡艾希，李婉，唐建刚，欧晓明，戴明崇；申请人：湖南大学

中国专利号：ZL201310247669.6；中国专利申请日：2013-06-20

化合物类型：三唑

发明思路：在现有技术公开的环唑类化合物的基础上，进行取代基衍生或替换从而得到现有的化合物。

用途：具有杀菌活性，可用于防治油菜菌核病、烟草赤星病。

代表化合物结构如下：

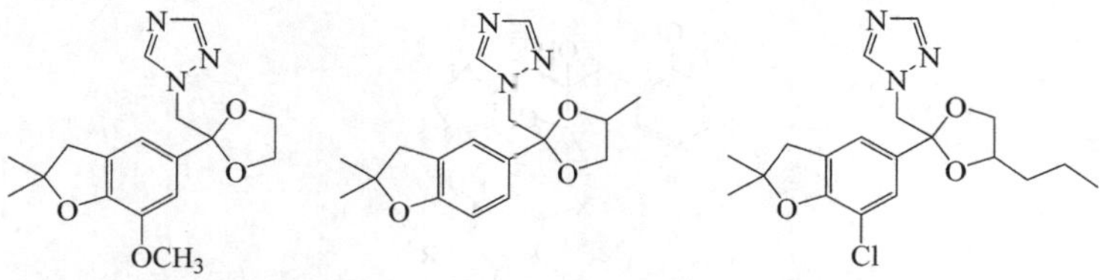

（16）一种双三氮唑取代苯二甲酸酯类化合物，制备方法和用途

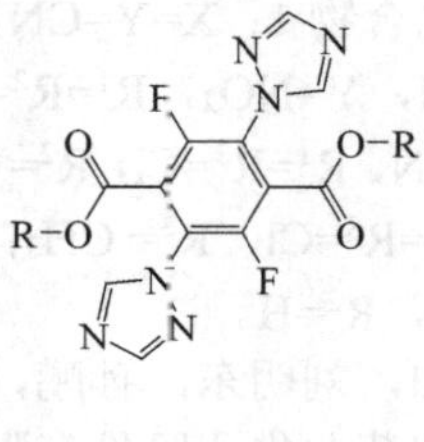

式中，R 可以为甲基或乙基。

发明人：陈圣春，屠秋利，钱俊峰，陈群，何明阳；申请人：常州大学

中国专利号：ZL201510484499.2；中国专利申请日：2015-08-07

化合物类型：三氮唑

发明思路：结构新颖，两个三氮唑同时连接于苯环的对位，与现有文献报道的具有的农药活性骨架结构不同。

用途：具有杀菌活性，对小麦纹枯病菌、水稻稻瘟病菌和油菜菌核病菌具有极好的抑菌活性，最小抑菌浓度范围在 8～10μg/mL。

代表化合物结构如下：

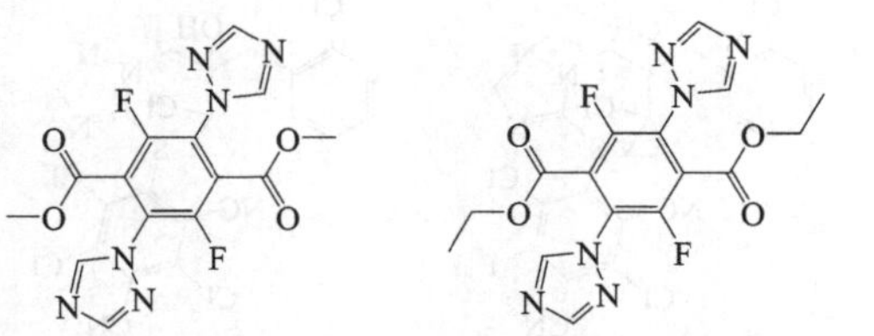

（17）一种含苯骈三唑的新三唑有机化合物，制备方法及应用

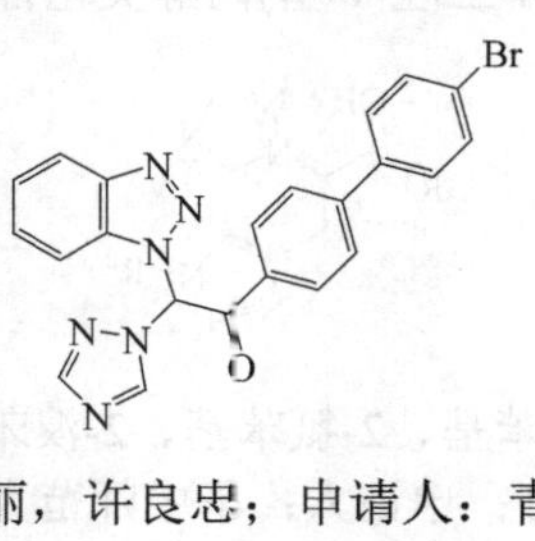

发明人：万均，张书圣，李春丽，许良忠；申请人：青岛科技大学

中国专利号：ZL200510104480.7；中国专利申请日：2005-11-07

化合物类型：三唑类

发明思路：me-too 研究，在现有技术公开的三唑类化合物基础上进行替换从而得到现有化合物。

用途：具有杀菌活性，可用于防治小麦赤霉病、番茄早疫病、花生褐斑病、苹果轮纹病及芦笋茎枯病等。

（18）一种硫醚三氮唑类化合物或其作为农药可接受的盐，组合物及其用途

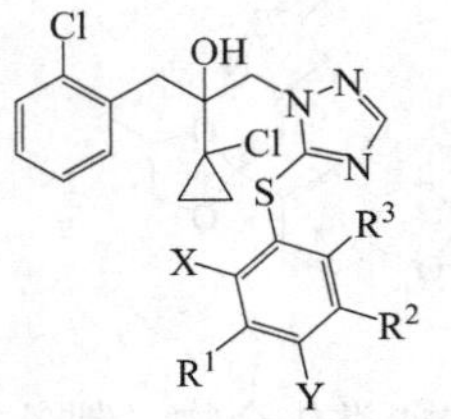

具体为如下 9 个化合物，分别为化合物 1：X=Y=CN，$R^1=R^2=R^3=Cl$；化合物 2：X=Y=CN，$R^1=CH_3$，$R^2=R^3=Cl$；化合物 3：X=CN，$Y=NO_2$，$R^1=R^2=R^3=Cl$；化合物 4：X=CN，$Y=CH_3$，$R^1=CH_3$，$R^2=R^3=Cl$；化合物 5：X=Y=CN，$R^1=R^3=Cl$，$R^2= CH_3$；化合物 6：X=Y=CN，$R^1=R^3=Cl$，$R^2= F$；化合物 7：X=CN，$Y=CF_3$，$R^1=R^3=Cl$，$R^2= CH_3$；化合物 8：$X=R^3=CN$，$R^1=R^2=Y=Cl$；化合物 9：X=CN，$Y=NO_2$，$R^1=R^3=Cl$，$R^2=H$。

发明人：葛家成，杨春河，邢阳阳，刘明东，孙鹏，胡堂路，马娥，李丽，张志刚，胡亚卓，白光耀，李建国；申请人：海利尔药业集团股份有限公司

中国专利号：ZL202010055338.2；中国专利申请日：2020-01-17

化合物类型：丙硫菌唑类、三唑硫芳醚类

发明思路：me-too 研究；在丙硫菌唑的三唑硫酚羟基基础上引入苯基得到。

用途：具有杀菌活性，对玉米锈病、小麦白粉病具有很好的活性，且该发明的具有硫醚三氮唑类结构的化合物具有比已知化合物更高的生物活性，能够有效杀菌并且对作物有足够的安全性。

代表化合物结构如下：

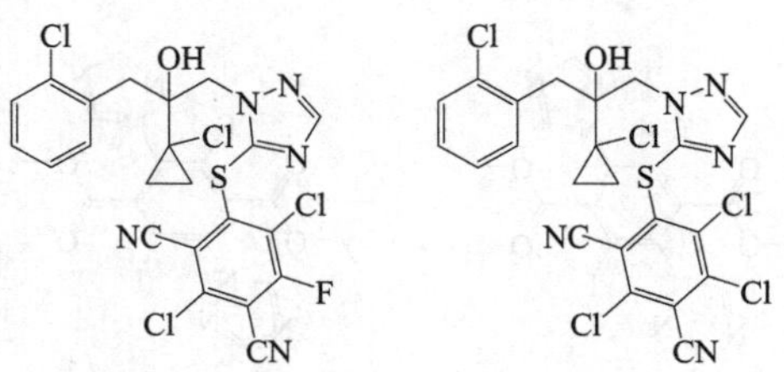

（19）3-(1,2,3-三唑-4-基)-2-(1,2,4-三唑-1-基)丙醇类化合物及其制备方法与用途

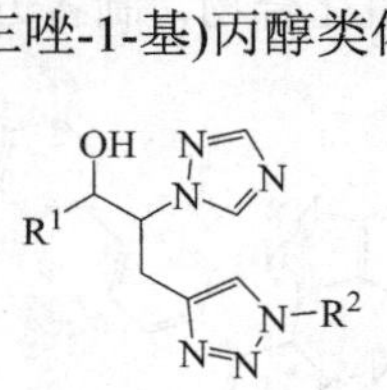

其中，R^1 为叔丁基；R^2 为 2-氟苯基、2-氯苯基、2-溴苯基。

发明人：丁明武，刘德立，袁玎；申请人：华中师范大学

中国专利号：ZL201610129157.3；中国专利申请日：2016-03-08

化合物类型：三唑类

发明思路：me-too 研究；在三唑醇杀菌剂结构基础上引入苯基三唑结构而得。

用途：具有杀菌活性，对柑橘绿霉病菌、小麦赤霉病菌、稻瘟病菌和棉花枯萎病菌具有良好的抑制活性。

代表化合物结构如下：

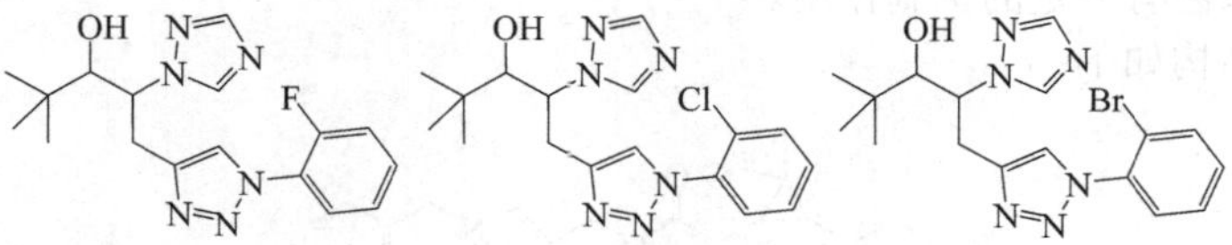

（20）4-邻烷氧芳基-1, 2, 3-三唑衍生物及合成方法和应用

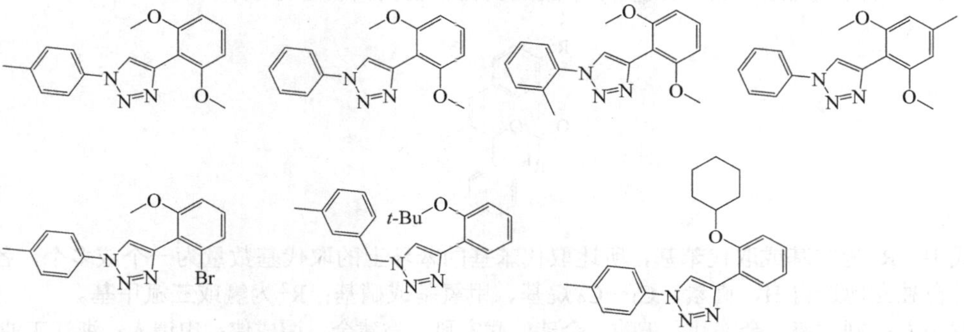

发明人：江玉波，董鲜，杨健华，肖铁波，刘耀文，任永生，陈俊宇；申请人：昆明理工大学

中国专利号：ZL201910661275.2；中国专利申请日：2019-07-22

化合物类型：三氮唑类

发明思路：以 1, 4-二取代-1, 2, 3-三氮唑为基础，通过金属催化选择性合成得到现有化合物。

用途：具有杀菌活性，对导致三七根腐病的三个致病菌株尖孢镰刀菌、腐皮镰刀菌和毁坏柱孢霉均有一定抑制作用。

代表化合物结构如下：

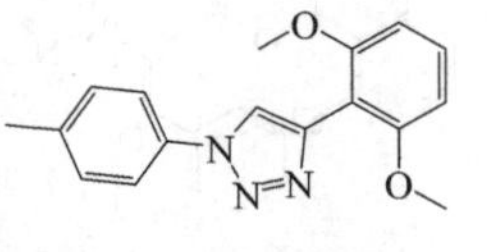

（21）菪酸基 1, 2, 3-三唑化合物及其制备方法和应用

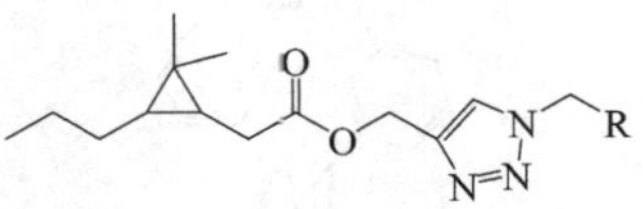

式中，R 为苯基、邻甲苯基、间甲苯基、对甲苯基、2, 6-二甲基苯基、间氟苯基、2, 6-二氟苯基、邻氯苯基、间氯苯基、对氯苯基、2, 6-二氯苯基、邻甲氧基苯基、间甲氧基苯基、邻硝基苯基、间硝基苯基、对溴苯基、对氰基苯基、对甲硫基苯基、对乙烯基苯基、α-Cl-β-吡啶基甲基、α-Cl-β-噻唑基甲基等。

发明人：段文贵，康国强，林桂汕，岑波，刘陆智；申请人：广西大学

中国专利号：ZL201910732773.1；中国专利申请日：2019-08-09

化合物类型：1, 2, 3-三唑类

发明思路：将 3-蒈烯的双键氧化开环得到含有环丙烷和羧基的蒈酮酸，再引入 1, 2, 3-三唑得到现有化合物。

用途：具有杀菌活性，在 50mg/L 的浓度下，对水稻纹枯病菌、苹果轮纹病菌和小麦赤霉病菌 3 种植物病原菌有一定的抑制作用。

代表化合物结构如下：

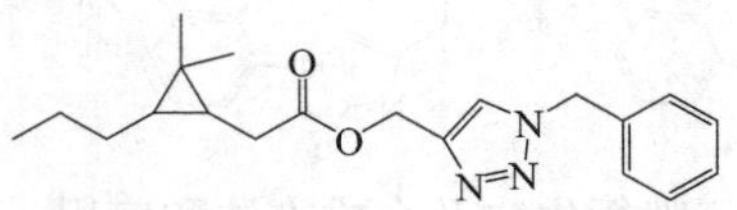

（22）一种新型含三唑的烯丙基苯甲酸酯类化合物及其制备方法和应用

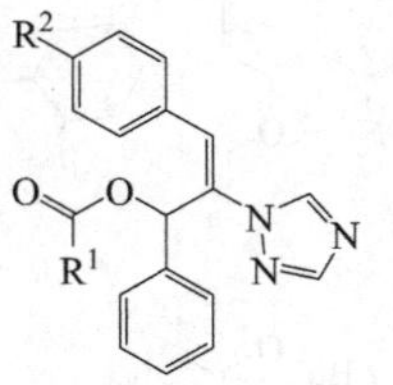

式中，R^1 为苯基或取代苯基，所述取代苯基的苯环上的取代基数量为一个或多个，各个取代基各自独立地选自 H、卤素、C_1～C_4 烷基、甲氧基或硝基；R^2 为氢或三氟甲基。

发明人：刘幸海，余陈升，王翰，余玮，武宏科，翁建全，谭成侠；申请人：浙江工业大学

中国专利号：ZL202010504490.4；中国专利申请日：2020-06-05

化合物类型：三唑类

发明思路：me-too 研究。根据烯效唑等三唑类杀菌剂的结构，将叔丁基酰基进行芳基酰基替换，得到该类化合物。

用途：具有杀菌活性。该发明化合物在 50mg/L 浓度下对油菜菌核病菌有较好的抑制率。

代表化合物结构如下：

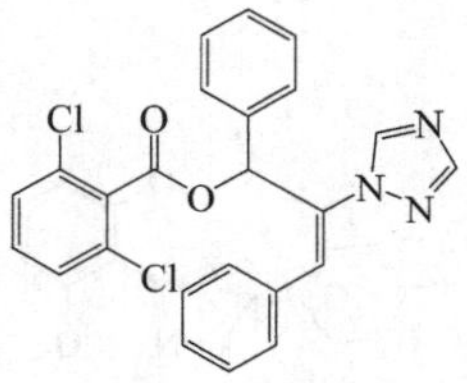

（23）一种含吡啶的三唑类化合物作为杀菌剂的应用

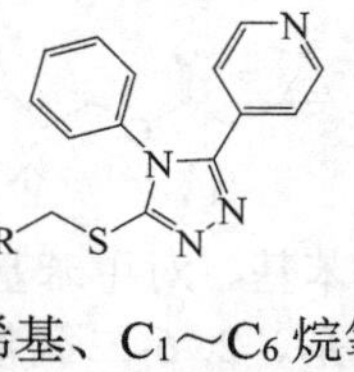

式中，R 为 C_1～C_6 烷基、C_2～C_6 烯基、C_1～C_6 烷氧羰基、苯基、五元或六元杂芳基，所述苯基或杂芳基任选地被一个或多个 C_1～C_6 烷基、氰基、C_1～C_6 烷氧基、C_1～C_6 烷硫基、卤素取代，优选的 R 为 2, 4-二氯苯基、3-氰基苯基、2-氟苯基、2-氯吡啶基、3-氯苯基、4-叔丁基

苯基、4-甲氧基苯基、2-氯苯基、4-氯苯基、3-氟苯基、2-甲基苯基、烯丙基或乙氧羰基。

发明人：刘幸海，孙召慧，杨明艳，谭成侠，翁建全；申请人：浙江工业大学

中国专利号：ZL201310663929.8；中国专利申请日：2013-12-10

化合物类型：含吡啶的三唑类

发明思路：在异烟酸结构的基础上，引入三唑硫醚结构得到。

用途：具有杀菌活性，所发明的化合物可防治番茄细菌性斑点病、黄瓜枯萎病、番茄灰霉病。

代表化合物结构如下：

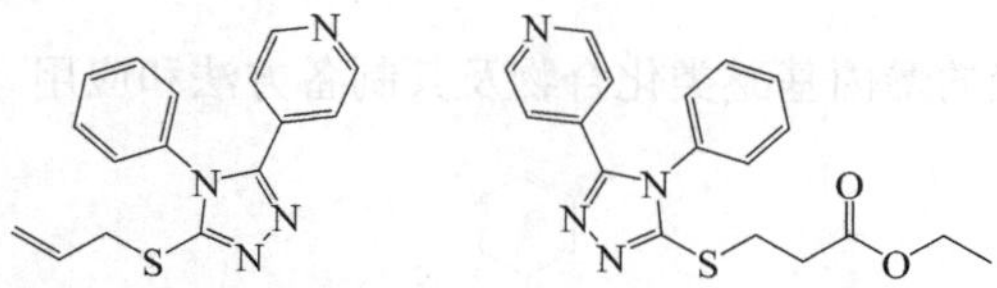

（24）一种1,2,4-三唑硫醚衍生物及其制备与应用

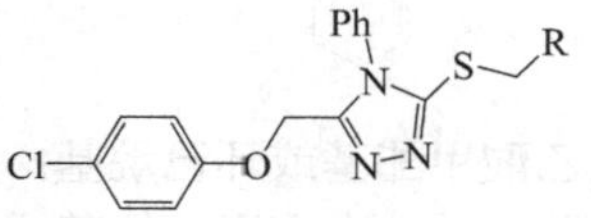

式中，R为C_1～C_{14}直链或支链烷基、苯基或取代苯基，所述取代苯基的取代基为卤素、甲氧基、氰基或C_1～C_9直链或支链烷基

发明人：刘幸海，翟志文，杨明艳，闵莉静，石延霞，李宝聚，张永刚，孙召慧；申请人：浙江工业大学

中国专利号：ZL201510598524.X；中国专利申请日：2015-09-18

化合物类型：三唑硫醚类

发明思路：me-too研究；根据三唑类化合物的结构，进行衍生得到。

用途：具有杀菌活性，所发明的化合物在100μg/mL浓度下对终极腐霉表现出了较好的抑制性，抑制率高达66.67%，对棒孢菌表现出了良好的抑制性，抑制率高达61.31%。

代表化合物结构如下：

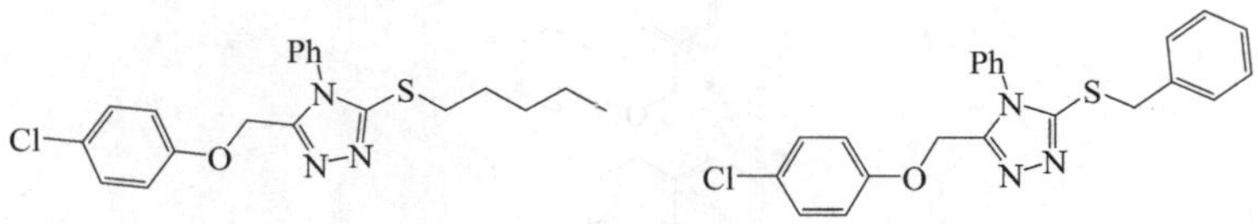

（25）一种含氟的三唑类化合物的制备方法及应用

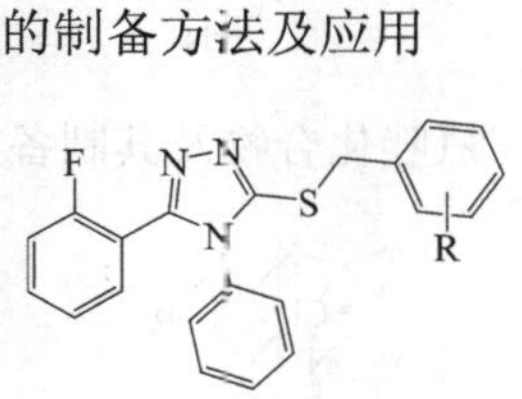

式中，R为C_1～C_4烷氧基，C_1～C_4烷基，氰基，卤素。

发明人：刘幸海，童建颖，李宝聚，石延霞，曹耀艳；申请人：浙江工业大学

中国专利号：ZL201210226304.0；中国专利申请日：2012-07-03

化合物类型：一种含氟的三唑类化合物

发明思路：me-too 研究。根据三唑类化合物的结构进行衍生化得到。

用途：具有杀菌活性。该发明化合物对黄瓜霜霉病、黄瓜细菌性角斑病、黄瓜褐斑病、黄瓜菌核病等均具有较好的防治效果。

代表化合物结构如下：

（26）一种新型含三唑的烯丙基醚类化合物及其制备方法和应用

式中，R 为苯基、取代苯基、乙酸甲酯基或环己烷基；所述取代苯基的苯环上的取代基数量为一个或多个，各个取代基各自独立地选自卤素、氰基或 C_1～C_4 烷基。

发明人：刘幸海，康胜杰，王翰，余玮，武宏科，翁建全，谭成侠；申请人：浙江工业大学

中国专利号：ZL202010505059.1；中国专利申请日：2020-06-05

化合物类型：三唑类

发明思路：me-too 研究；根据烯效唑等三唑类杀菌剂的结构，将相关基团替换，得到该类化合物。

用途：具有杀菌活性。该发明化合物能抑制黄瓜枯萎病菌。

代表化合物结构如下：

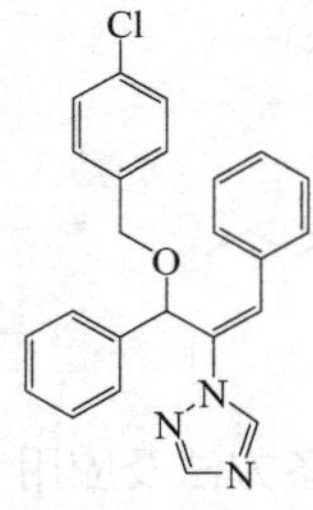

（27）一种含氯代环丙烷的芳基三氮唑化合物及其制备方法与应用

其中，X 为 C═O 或 CHOH；R 为取代苯基，所述取代苯基中的取代基选自下述基团中的任意一种：卤素、甲基、甲氧基、硝基、三氟甲基、氨基和乙酰氨基。

发明人：张建军，许一仁，谭伟明，梁晓梅，段留生，王道全；申请人：中国农业大学

中国专利号：ZL201310608461.2；中国专利申请日：2013-11-26

化合物类型：芳基三氮唑化合物

发明思路：前期研究发现环的大小对此类化合物活性影响较大，用六元环替代十二元环其杀菌活性有所提高，结合丙硫菌唑等含环丙基的三唑类杀菌剂设计而得。

用途：具有杀菌活性，该发明的化合物对油菜菌核病菌、茄绵疫病菌、番茄灰霉病菌、苗床立枯病菌、稻瘟病菌、芦笋茎枯病菌、小麦赤霉病菌、腐霉病菌等均具有良好的生长抑制作用。

代表化合物结构如下：

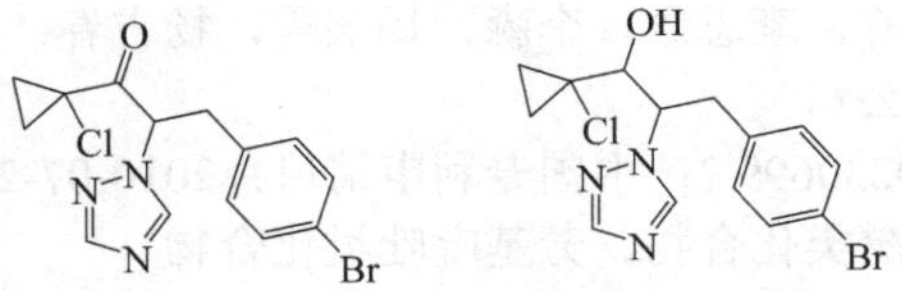

（28）对引起水稻病害的细菌具有杀菌作用的三氮唑磺酸酯类化合物

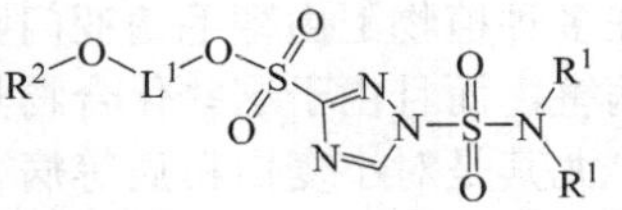

其中，L^1 为任选被卤素取代的亚苯基；R^1 为甲基；R^2 为任选被取代基取代的苯基、任选被取代基取代的吡啶基或任选被取代基取代的萘基，R^2 中的取代基各自独立地选自氰基、甲基、甲氧基、CF_3 或卤素。

发明人：杨光富，程华；申请人：华中师范大学

中国专利号：ZL201710184364.3；中国专利申请日：2017-03-24

化合物类型：三氮唑磺酸酯类

发明思路：me-too 研究；地克珠利衍生物。

用途：可作为杀菌剂使用，对引起水稻病害的细菌具有有效的杀菌作用，在防治水稻细菌性病害上获得优异的效果。

代表化合物结构如下：

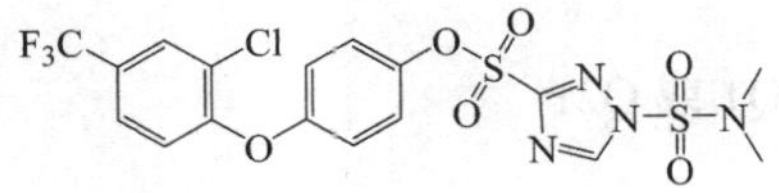

3.19 三唑啉（硫）酮类化合物

截至 2023 年底公开了 2 个拥有中文或英文通用名称的三唑啉（硫）酮类杀菌剂，fluoxytioconazole 和丙硫菌唑（prothioconazole）。

目前只有沈阳中化农药化工研发有限公司、南开大学、西华大学等少数机构在继续研究中。

（1）取代三唑啉酮醚类化合物及其应用

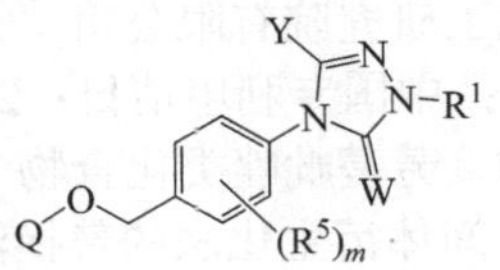

式中，Q 选自如下所示的 Q1 或 Q2：

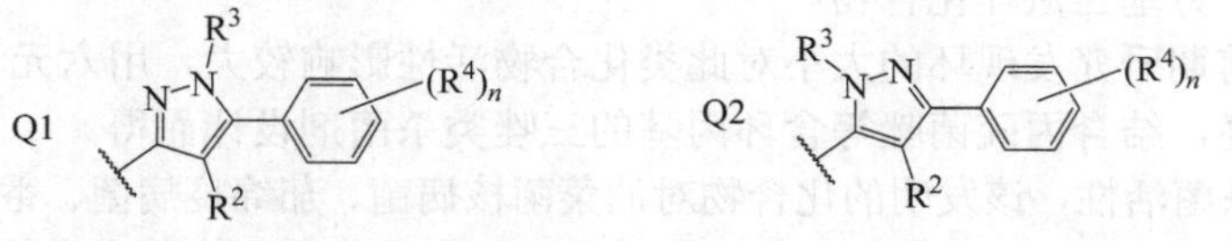

式中，W 选自 O；R^1 选自甲基；R^2 选自氢或甲基；R^3 选自氢或甲基；R^4 选自卤素、甲基或叔丁基；R^5 选自卤素、硝基、氰基等；$n=0\sim1$；$m=0$；Y 选自氯或 OR^6；R^6 选自甲基。

发明人：刘长令，姜美峰，李志念，李淼，杨瑞秀，杨吉春；申请人：中国中化股份有限公司，沈阳化工研究院有限公司

中国专利号：ZL201010230699.2；中国专利申请日：2010-07-20

化合物类型：三唑啉酮醚类化合物、芳基吡唑类化合物

发明思路：me-too 研究；采用中间体衍生化法的衍生法，参考专利 WO9933812A1 中三唑啉酮类结构合成对苄卤基三唑啉酮中间体，与芳基吡唑直接合成现有化合物。

用途：具有杀菌活性。防治在多种植物上由鞭毛菌亚门卵菌纲、担子菌亚门、子囊菌亚门和半知菌亚门等多种病菌引起的病害，而且由于这些化合物具有很高的生物活性，因而在很低的剂量下就可以获得很好的效果，尤其是对小麦白粉病等病害活性更优。

代表化合物结构如下：

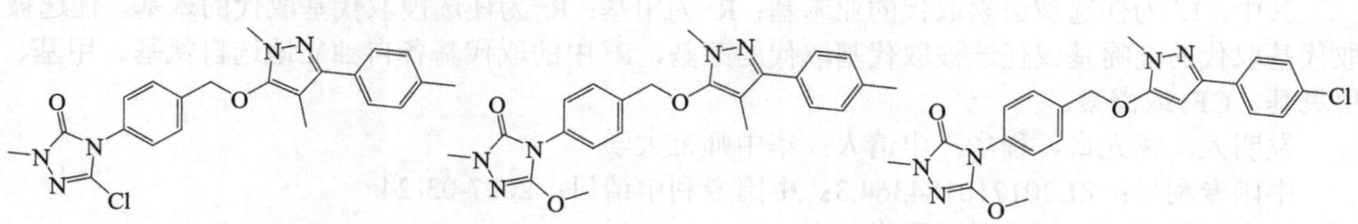

（2）取代三唑啉酮醚类化合物及其作为杀菌、杀虫、杀螨剂的用途

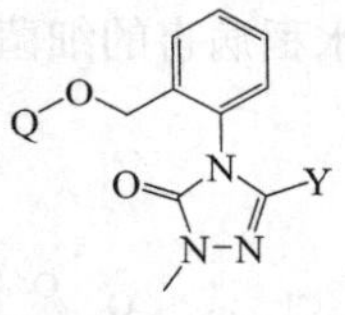

式中，Q 选自如下所示的 Q1 或 Q2：

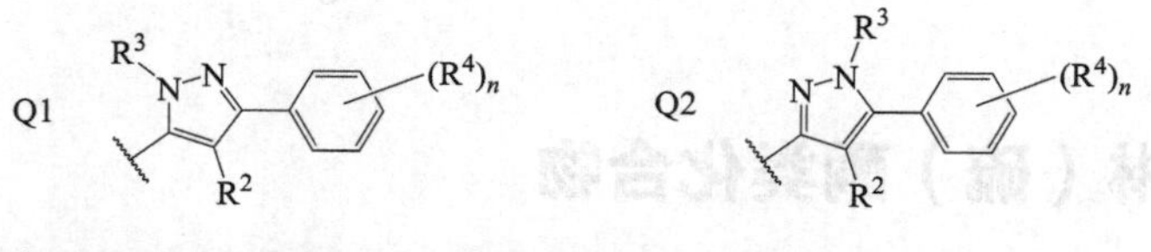

当 Q 选自 Q1 时，R^2 选自氢或甲基，R^3 选自氢、甲基或乙基；

当 Q 选自 Q2 时，R^2 选自甲基，R^3 选自甲基；

R^4 选自卤素、甲基、乙基、异丙基或叔丁基；

$n=0\sim3$；Y 选自 Cl 或 CH_3O。

发明人：杨吉春，姜美峰，单中刚，张静静，梁博，李淼，兰杰，宋玉泉，刘长令；申请人：中国中化股份有限公司，沈阳化工研究院有限公司

中国专利号：ZL201110199762.5；中国专利申请日：2011-07-18

化合物类型：三唑啉酮类化合物、芳基吡唑类化合物

发明思路：me-too 研究；采用中间体衍生化法的替换法，参考 WO9823155A1 中的三唑啉

酮类结构，使用芳基吡唑中间体进行替换，得到现有化合物。

用途：具有杀菌、杀虫活性。用于防治在多种植物上由鞭毛菌亚门卵菌纲、担子菌亚门、子囊菌亚门和半知菌亚门等多种病菌引起的病害，而且由于这些化合物具有很高的生物活性，因而在很低的剂量下就可以获得很好的效果. 尤其是对水稻稻瘟病和小麦白粉病等病害活性更优，同时该类化合物还表现出一定的杀虫、杀螨活性。

代表化合物结构如下：

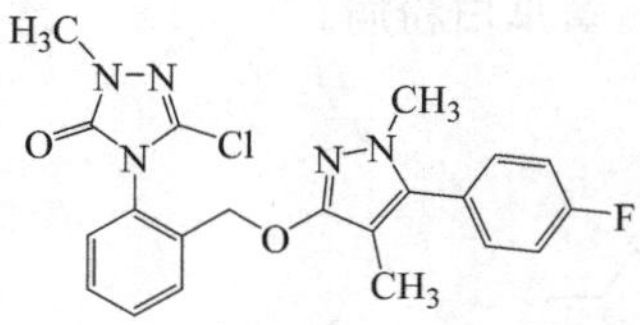

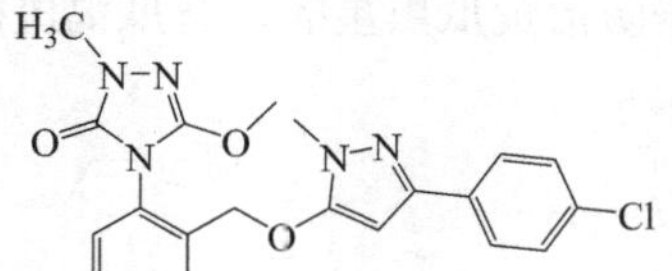

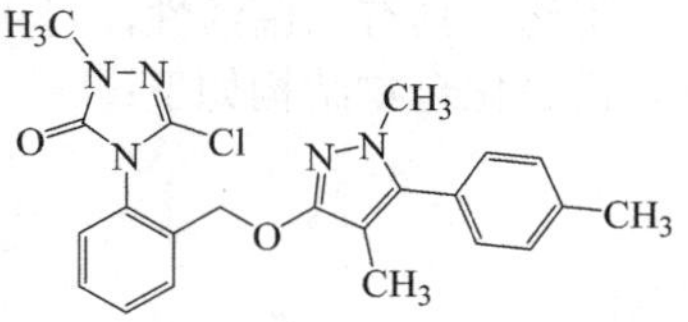

（3）一种含腙的三唑啉酮类化合物及其用途

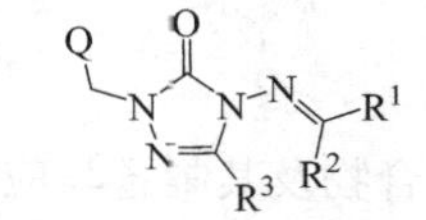

式中，R^1 选自取代或未取代的苯基、噻吩基、吡唑基或吡啶基，所述的取代基选自 1～3 个下述基团：氟、氯、溴、NO_2、羟基、甲基、乙基、CF_3 或 CH_3O，或者所述的取代基选自 1～2 个卤素取代的苯基；R^2 为 H；R^3 选自甲基、乙基或环丙基；Q 选自 Q1 或 Q2；

所述的 Q1 选自如下通式 Qa 到 Qh 所示的基团之一：

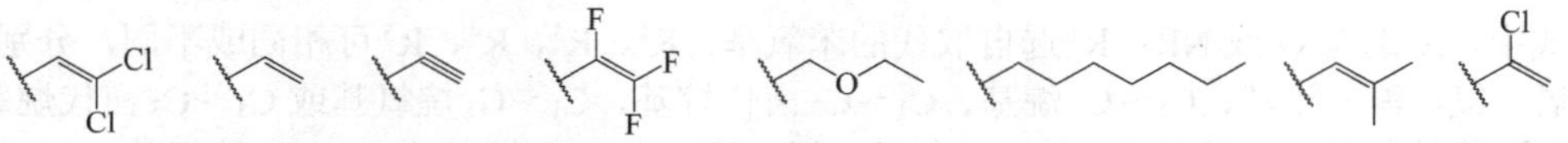

所述的 Q2 选自取代或未取代的苯基或噻唑基，所述的取代基选自 1～4 个下述基团：氟、氯、溴、CN 或 NO_2。

发明人：杨吉春，吴峤，单中刚，姜美峰，梁博，李志念，王军锋，刘长令；申请人：中国中化股份有限公司，沈阳化工研究院有限公司

中国专利号：ZL201110273461.2；中国专利申请日：2011-09-15

化合物类型：三唑啉酮类化合物、腙类化合物

发明思路：me-too 研究；采用中间体衍生化法的替换法，参照 WO9518123A1 中的结构，使用噻吩等进行替换得到新的中间体，进一步衍生得到现有化合物。

用途：具有杀菌、杀虫活性。防治农业领域的病虫害，而且由于这些化合物具有很高的生物活性，因而在很低的剂量下就可以获得很好的效果。

代表化合物结构如下：

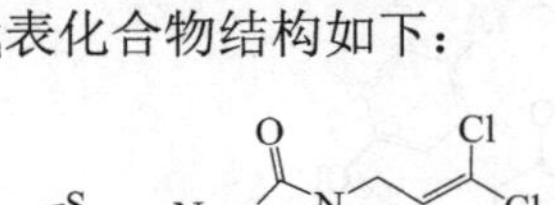

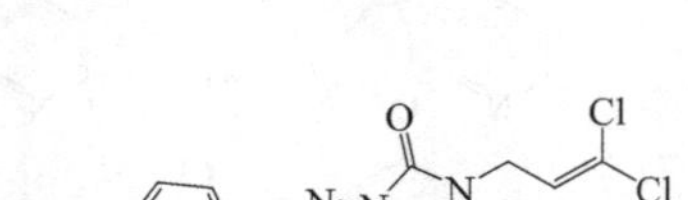

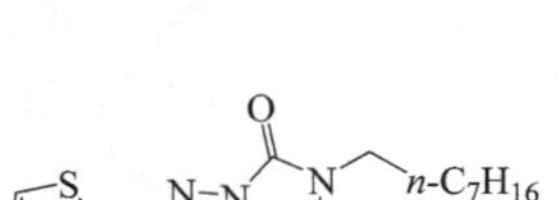

（4）一种三唑酮类化合物的制备与应用

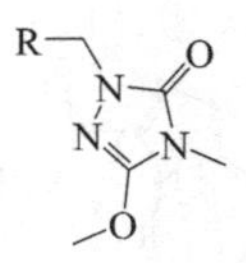

式中，R 为正癸基；或者 R 为对氟苯基、对溴苯基、4-氰基苯基、间氯苯基、对甲氧基苯基、间氟苯基。

发明人：孙娜波，金建忠，雷超；申请人：浙江树人大学

中国专利号：ZL201510058058.6；中国专利申请日：2015-02-02

化合物类型：三唑酮

发明思路：在现有技术公开的三唑酮的基础上进行结构衍生，从而得到现有化合物。

用途：具有杀菌活性，可用于防治黄瓜黑星病、黄瓜褐斑病、黄瓜白粉病。

代表化合物结构如下：

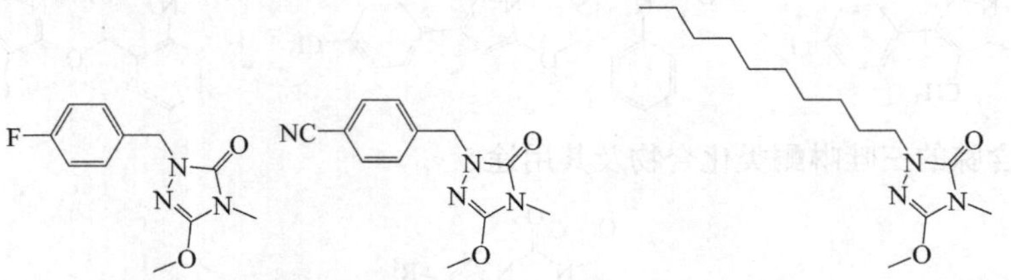

（5）取代的嗯二唑或三唑硫酮类化合物及其制备与应用

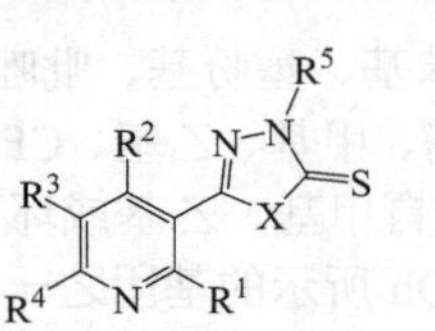

式中，X 选自 O 或 NR；R^1 选自取代的苯氧基；R^2、R^3、R^4、R^5 可相同或不同，分别选自氢、氯、氟、溴、氰基、C_1～C_3 烷基、C_1～C_3 卤代烷基、C_1～C_3 烷氧基或 C_1～C_3 卤代烷氧基；R 选自取代的苯基，取代基选自 0～5 个氯、氟、溴、C_1～C_3 烷基或 C_1～C_3 烷氧基。

发明人：刘长令，迟会伟，崔东亮，李志念；申请人：沈阳化工研究院

中国专利号：ZL200510047151.3；中国专利申请日：2005-09-08

化合物类型：嗯二唑类化合物、三唑硫酮类化合物

发明思路：me-too 研究；采用中间体衍生化法中的衍生法，利用二芳醚中间体，结合三唑硫酮的结构，通过衍生得到。

用途：兼具杀菌、杀虫活性。对水稻稻瘟病、小麦白粉病、黄瓜白粉病、黄瓜霜霉病、黄瓜灰霉病等病害都有很好的防效，尤其对白粉病具有优异的活性。该发明的化合物同时具有很好的杀虫活性，尤其对朱砂叶螨有特效。该发明的化合物适合防治各种作物上的病害和虫害。

代表化合物结构如下：

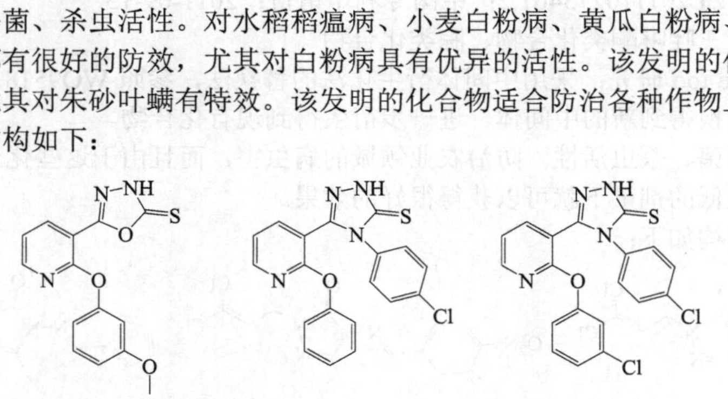

（6）一种三唑酮类化合物及其用途

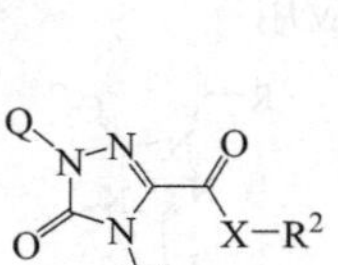

式中，Q 选自未取代的或被 1～2 个独立选自以下基团进一步取代的苯基：卤素；R^1 选自 C_1～C_2 烷基或被 1～2 个独立选自以下基团进一步取代的苯基：卤素；R^2 选自氢或 C_1～C_2 烷基；X 选自 O 或 NR^3；R^3 选自被 1～2 个独立选自以下基团进一步取代的吡啶亚甲基：被 1～2 个三氟甲基独立取代的苯氧基。

发明人：刘长令，王秀丽，王军锋，杨帆，班兰凤，杨吉春，姚忠远，赵杰；申请人：沈阳中化农药化工研发有限公司

中国专利号：ZL201510592126.7；中国专利申请日：2015-09-17

化合物类型：三唑酮类化合物

发明思路：me-too 研究；采用中间体衍生化法的衍生法，使用芳基三唑酮羧酸中间体进行衍生得到该类化合物。

用途：具有杀菌活性，对黄瓜霜霉病、玉米锈病、黄瓜炭疽病以及水稻稻瘟病等病害活性较好。

代表化合物结构如下：

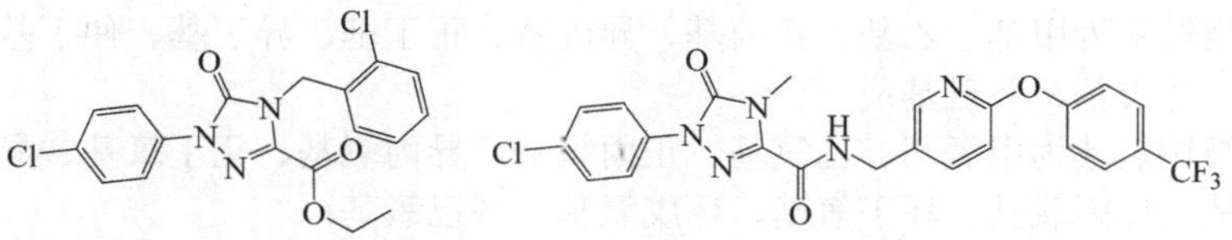

（7）1, 2, 4-三唑环并[4, 3-*a*]稠合哌嗪的曼尼希碱类衍生物及其制备方法和应用

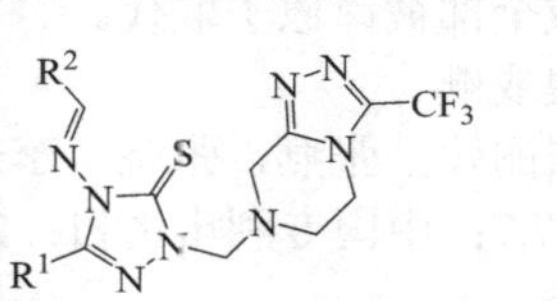

式中，R^1 是 CH_3 或 CF_3；R^2 是杂芳基或具有 1～3 个取代基的杂芳基，该取代基是低级烷基、低级卤代烷基、苯基、取代苯基、卤素原子，所述的取代是单取代或多取代，取代苯基上的取代基为低级烷基、低级卤代烷基或卤素原子，杂芳基是含 1 个或多个 N、O、S 杂原子的五元环或六元环中的呋喃、噻吩、吡唑、咪唑、三唑、吡啶、嘧啶、吡嗪、哒嗪；所述"低级烷基"为甲基、乙基、正丙基、异丙基、正丁基、异丁基、仲丁基、叔丁基、环丙基、环丁基、环戊基或环己基；所述"低级卤代烷基"的碳骨架与上述"低级烷基"相同，在此前提下低级卤代烷基是在低级烷基上的氢原子部分或全部被卤原子取代；所述的卤素原子为氟、氯、溴或碘。

发明人：王宝雷，李正名，张燕；申请人：南开大学

中国专利号：ZL201610993675.X；中国专利申请日：2016-11-11

化合物类型：哌嗪类、曼尼希碱类

发明思路：利用活性片段拼接原理和药物衍生化法，取自西他列汀中 1, 2, 4-三唑环并[4, 3-*a*]稠合哌嗪片段，设计合成了一系列 1, 2, 4-三唑环并[4, 3-*a*]稠合哌嗪的曼尼希(Mannich)碱类衍生物。

用途：具有杀菌活性，对黄瓜枯萎病菌、花生褐斑病菌、苹果轮纹病菌、小麦纹枯病菌、番茄早疫病菌和小麦赤霉病菌等植物病菌有高的离体抑制活性，可用于控制植物菌害和草害。

代表化合物结构如下：

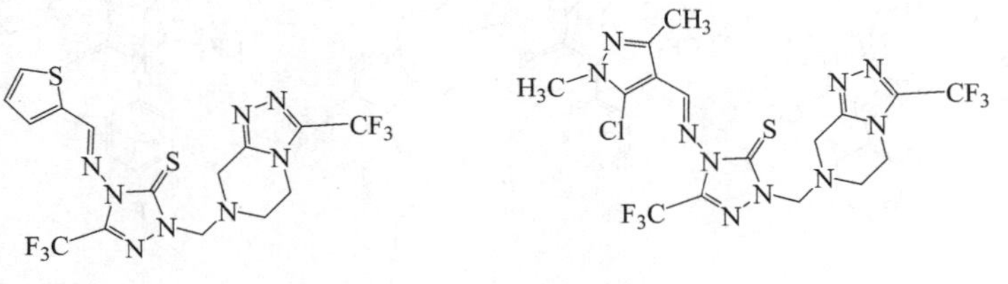

（8）含三氟甲基和哌嗪的三唑 Mannich 碱类化合物及其制备与应用

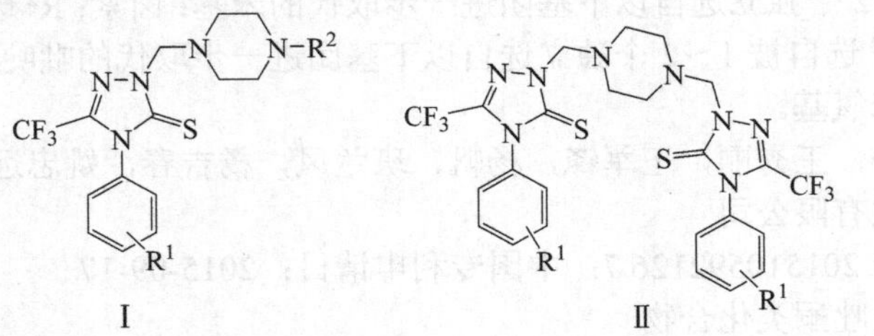

I　　II

R^1 是 H、单取代或多取代的低级烷基、低级卤代烷基、低级烷氧基、卤素、硝基、氰基；

R^2 是低级烷基、苄基、取代苄基、苯基、取代苯基、嘧啶基、取代嘧啶基、吡啶基、取代吡啶基，所述取代苄基、取代苯基、取代嘧啶基和取代吡啶基上的取代基是低级烷基或低级卤代烷基或卤素原子，所述的取代是单取代或多取代；

上述的低级烷基为甲基、乙基、正丙基、异丙基、正丁基、异丁基、仲丁基、叔丁基、环丙基、环丁基、环戊基、环己基；

上述的低级烷氧基为甲氧基、乙氧基、正丙氧基、异丙氧基、正丁氧基、异丁氧基、仲丁氧基、叔丁氧基、环丙氧基、环丁氧基、环戊氧基、环己氧基；

上述的低级卤代烷基的碳骨架与之所定义的低级烷基中的相同，在此前提下低级卤代烷基在低级烷基上的氢原子可以部分或全部被卤原子取代。

上述的卤素原子为氟、氯、溴或碘。

发明人：王宝雷，李正名，张丽媛，张燕，张晓，李永红；申请人：南开大学

中国专利号：ZL201510603487.7；中国专利申请日：2015-09-17

化合物类型：哌嗪类、三唑类

发明思路：将活性片段三唑、三氟甲基、哌嗪环通过 Mannich 等反应组合在一起，合成一系列新衍生物。

用途：适合对各种作物上的菌害和草害进行综合防治，以及抑制 KARI 酶活性。

代表化合物结构如下：

通式Ⅰ化合物：

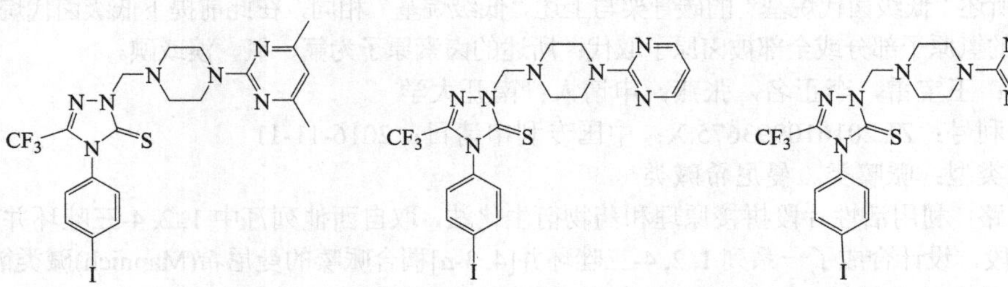

通式Ⅱ化合物：

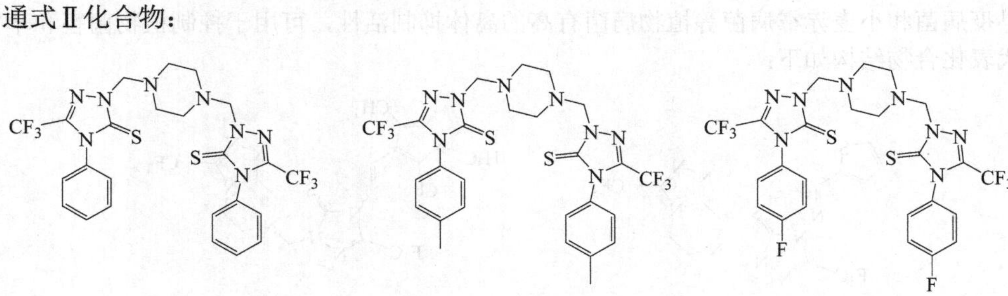

（9）含(杂)芳基和哌嗪的1,2,4-三唑硫酮衍生物及制备方法和应用

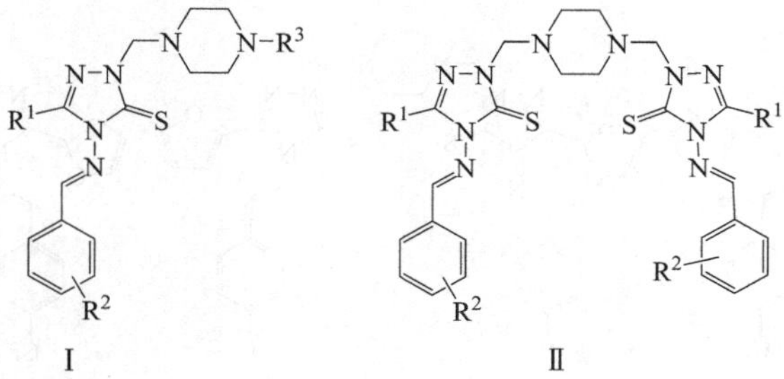

R^1是单取代、多取代、未取代的芳基或杂芳基，该取代基是低级烷基、低级烷氧基、低级卤代烷基、卤素原子、硝基、氰基；杂芳基是含1个或多个N、O、S杂原子的五元环或六元环，包括呋喃、噻吩、吡唑、咪唑、三唑、吡啶、嘧啶、吡嗪、哒嗪；芳基主要是苯基；

R^2是H或单取代或多取代的官能团，其中的官能团包括低级烷基、低级卤代烷基、硝基、氰基、烷氧基、卤素原子；

R^3是低级烷基、苄基、取代苄基、苯基、取代苯基、嘧啶基、取代嘧啶基、吡啶基、取代吡啶基，所述取代苄基、取代苯基、取代嘧啶基和取代吡啶基上的取代基是低级烷基、低级卤代烷基或卤素原子，所述的取代是单取代或多取代；

上述低级烷基为甲基、乙基、正丙基、异丙基、正丁基、异丁基、仲丁基、叔丁基、环丙基、环丁基、环戊基、环己基；

上述低级烷氧基为甲氧基、乙氧基、正丙氧基、异丙氧基、正丁氧基、异丁氧基、仲丁氧基、叔丁氧基、环丙氧基、环丁氧基、环戊氧基、环己氧基；

上述低级卤代烷基的碳骨架与之所定义的低级烷基中的相同，在此前提下低级卤代烷基在低级烷基上的氢原子可以部分或全部被卤原子取代；

所述的卤素原子为氟、氯、溴或碘。

发明人：王宝雷，李正名，张丽媛，张燕，张晓；申请人：南开大学

中国专利号：ZL201510603490.9；中国专利申请日：2015-09-17

化合物类型：哌嗪类、三唑硫酮类

发明思路：活性结构拼接，三唑与哌嗪拼接。

用途：具有杀菌活性，适用于对各种作物上的菌害进行综合防治，其对黄瓜枯萎病菌、花生褐斑病菌、苹果轮纹病菌、小麦纹枯病菌有较高的离体抑制活性。

代表化合物结构如下：

通式I化合物：

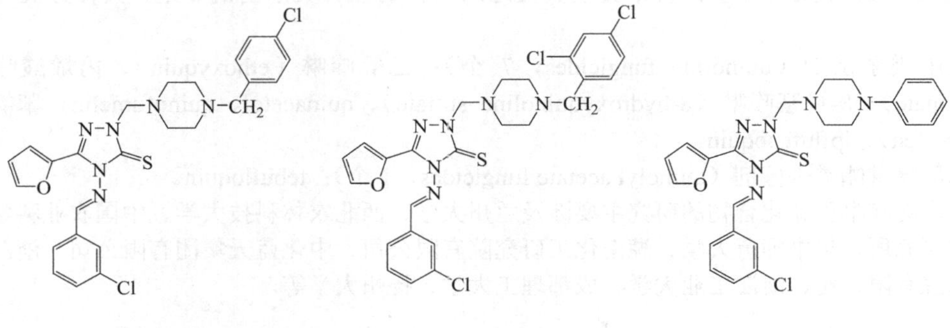

通式Ⅱ化合物：

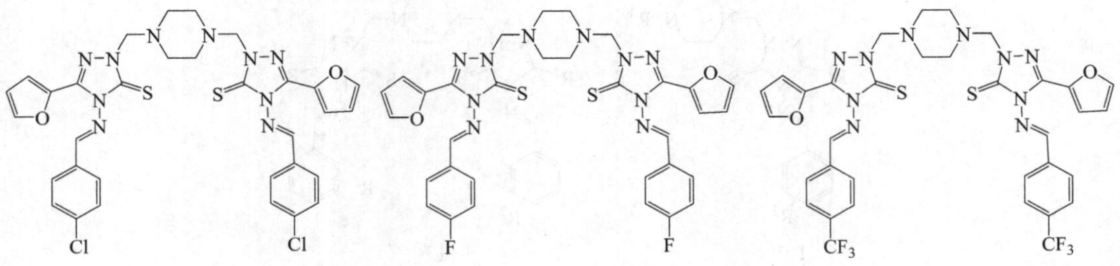

（10）5-取代基-1, 2, 4-三唑-硫酮席夫碱类化合物及其制备方法和应用

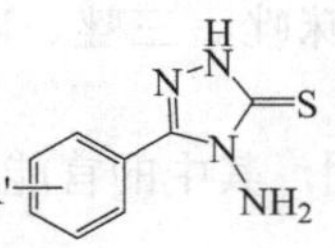

其中，所述 R'为 3-CH_3、2-OCH_3、3-OCH_3 或 4-OCH_3。

发明人：任莹辉，齐乐，李谋翠，杨斌；申请人：西北大学

中国专利号：ZL202011064264.5；中国专利申请日：2020-09-30

化合物类型：三唑席夫碱类化合物

发明思路：通过取代三氮唑与 3, 5-二甲基-4-羟基苯甲醛在冰乙酸中回流反应得到。

用途：具有杀菌活性，该类化合物可作为农作物抗真菌药物，能影响真菌细胞壁的合成，从而抑制真菌的生长和增殖，最终起到抑菌或杀菌的作用。

代表化合物结构如下：

3.20 （异）喹啉类化合物

截至 2023 年底公开了拥有中文或英文通用名称的喹啉类杀菌剂 8 个，具体分类与名称如下：

喹啉类杀菌剂（quinoline fungicides，7 个）：乙氧喹啉（ethoxyquin）、丙烯酸喹啉酯（halacrinate）、8-羟基喹啉（8-hydroxyquinoline sulfate）、quinacetol、quinofumelin、苯氧喹啉（quinoxyfen）、ipflufenoquin。

乙酸喹啉酯类杀菌剂（quinolyl acetate fungicides，1 个）：tebufloquin。

国内对喹啉类新化合物的研究主要涉及兰州大学、西北农林科技大学、中国农业科学院植物保护研究所、华中师范大学、湖南化工研究院有限公司、中化蓝天集团有限公司、浙江省化工研究院有限公司、浙江工业大学、成都理工大学、扬州大学等。

（1）噁唑喹啉类有机铜化合物及其制备方法、制剂及在防治农业植物病害中的用途

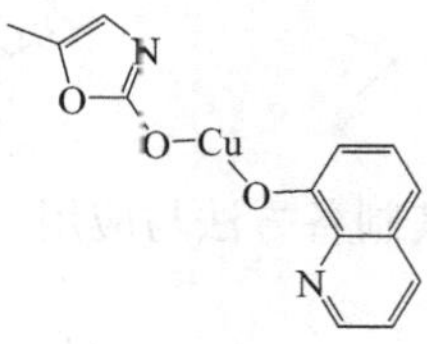

发明人：王永华，张慧晓，刘蒙蒙，周伟，王高学，段金友；申请人：西北农林科技大学

中国专利号：ZL201110401840.5；中国专利申请日：2011-12-06

化合物类型：噁唑喹啉类有机铜化合物

发明思路：参考有机铜制剂结构，引入喹啉和噁唑环结构而获得。

用途：能防治镰刀霉菌、丝囊霉菌、腐霉菌和伏革菌引起的病害；具有良好的成本优势。

（2）一种喹啉类化合物及其制备方法和在防治植物病害中的用途

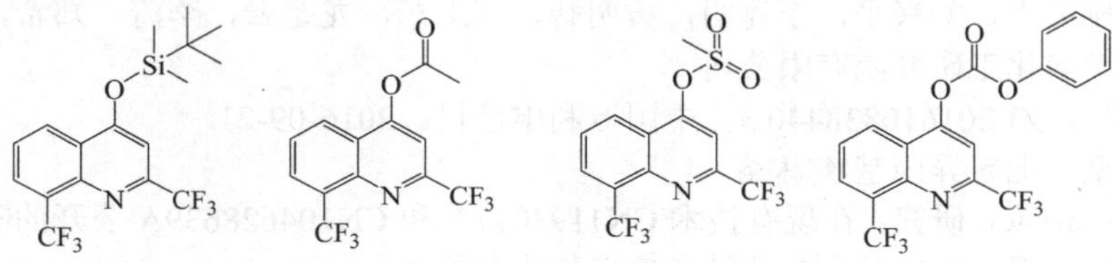

发明人：刘映前，杨冠洲，马强，冯建雄，彭静文，李俊采，张晓帅，杨程杰，徐小山；申请人：兰州大学

中国专利号：ZL201810291712.1；中国专利申请日：2018-03-30

化合物类型：喹啉类

发明思路：在天然产物奎宁基础上进一步结构优化与衍生。

用途：该类化合物对棉花枯萎病菌、小麦赤霉菌、油菜菌核菌、立枯丝核菌和稻瘟病菌引起的植物病害以及对西葫芦白粉病和黄瓜白粉病具有优异的防治效果。

（3）3-(1*H*-咪唑-1-基)喹啉衍生物的制备与杀菌活性

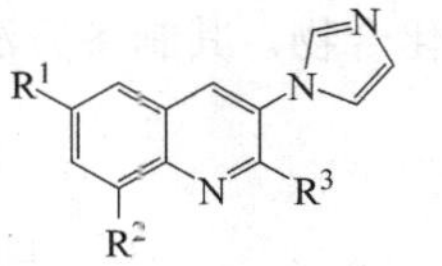

其中，R^1为H或氯；R^2为H或氯；R^3为甲基、叔丁基、苯基。

发明人：丁明武，刘德立，和平；申请人：华中师范大学

中国专利号：ZL201110306404.X；中国专利申请日：2011-10-11

化合物类型：喹啉类、咪唑类

发明思路：在喹啉杀菌剂结构基础上引入咪唑结构而得。

用途：具有杀菌活性，对柑橘绿霉菌、小麦颖枯病菌、小麦赤霉病菌和小麦立枯病菌具有良好的抑制作用。

代表化合物结构如下：

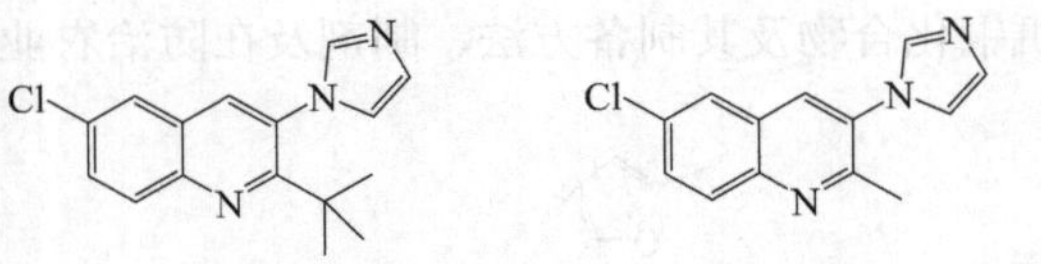

（4）七氟异丙基喹啉类化合物及其制备方法与应用

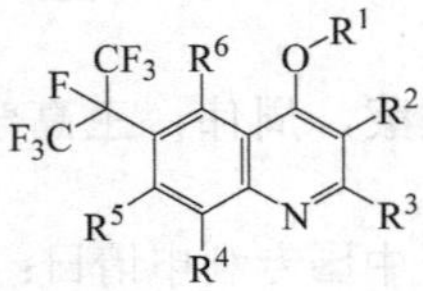

其中，R^1 选自 COR、炔丙基或烯丙基，其中 R 代表环戊基氧基、四氢呋喃-3-基氧基或四氢呋喃-2-基氧基；且烯丙基中氢原子部分或全部可以被选自下列中相同或不同的取代基取代：卤素、C_1～C_6 烷基、C_1～C_6 卤代烷基；R^2 和 R^3、R^4、R^5、R^6 选自相同的或不同的基团，氢或 C_1～C_6 烷基。

发明人：柳爱平，刘兴平，李建明，黄明智，刘卫东，龙楚云，李涛，郑希，胡礼，刘民华；申请人：湖南化工研究院有限公司

中国专利号：ZL201610838440.3；中国专利申请日：2016-09-21

化合物类型：七氟异丙基喹啉类

发明思路：me-too 研究；在现有技术 CN1193017A 和 CN104628639A 公开的喹啉类化合物基础上进行改造而得。中间体衍生化法角度分析为替换法。

用途：具有杀菌和/或杀虫/螨活性，尤其是对白粉病等病害和蚜虫等虫害具有很高的活性。

代表化合物结构如下：

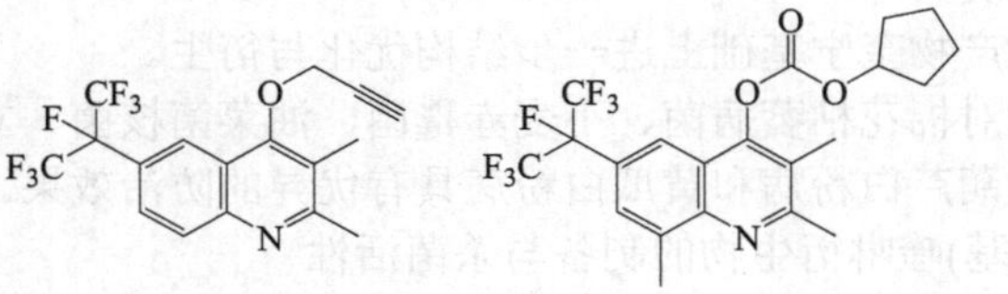

（5）一类含七氟异丙基喹啉醚类化合物，其制备方法及应用

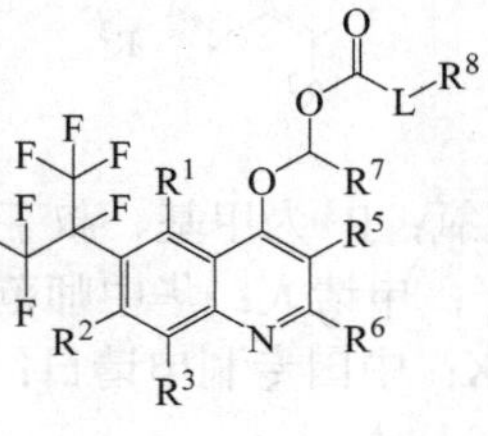

式中，R^1、R^2 为氢；R^3 选自氢、卤素、C_1～C_4 烷基；R^5、R^6 独立地选自氢、卤素、C_1～C_4 烷基、C_1～C_4 烷氧基；R^7 选自氢、C_1～C_6 烷基；L 为氧，且 R^8 选自 C_1～C_6 烷基。

发明人：许天明，胡伟群，钟良坤，张蕊蕊，黄红英，魏优昌；申请人：浙江省化工研究院有限公司，中化蓝天集团有限公司，中国中化股份有限公司

中国专利号：ZL201711125828.X；中国专利申请日：2017-11-15

化合物类型：喹啉类化合物

发明思路：me-too 研究（DE2621828A1）；在喹啉酯类杀菌剂结构基础上替换乙酰基为烷基醚结构而得；从中间体衍生化法角度分析为替换法。

用途：具有杀菌活性。该发明所述化合物具有较好的杀菌活性，尤其对于水稻稻瘟病和黄瓜白粉病有良好的效果，具备良好的商业价值。

代表化合物结构如下：

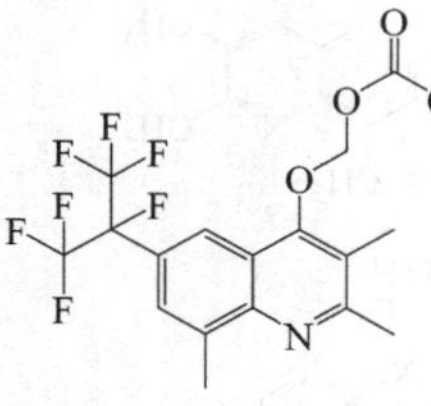

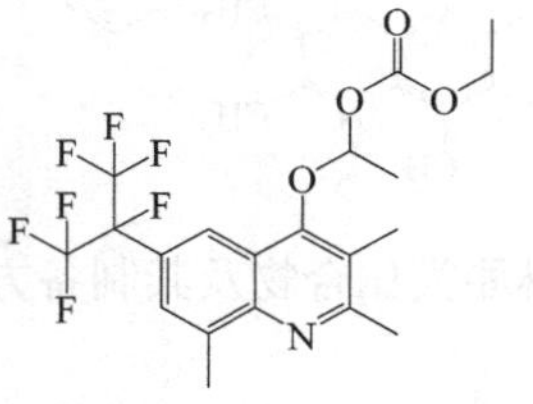

（6）一类含七氟异丙基喹啉类化合物，其制备方法及应用

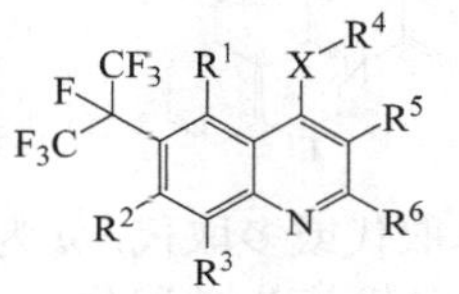

其特征在于所述喹啉类化合物选自以下结构式中的一种：

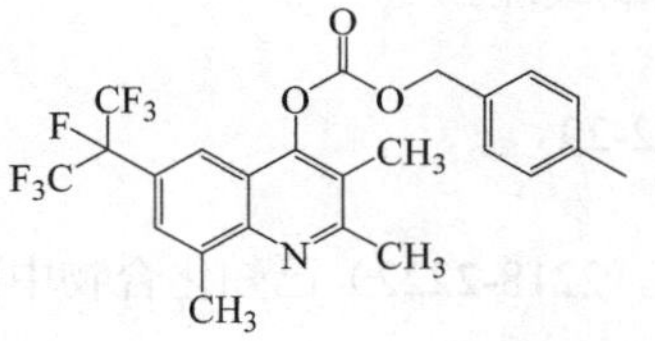

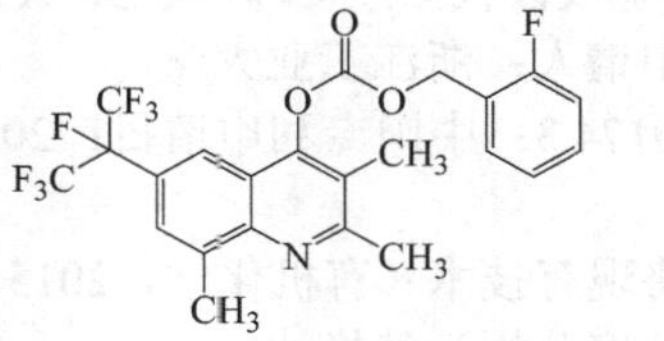

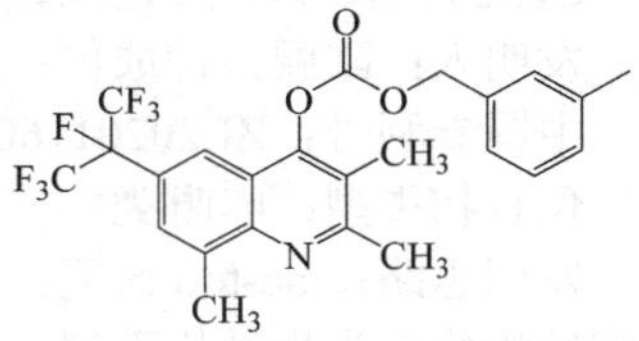

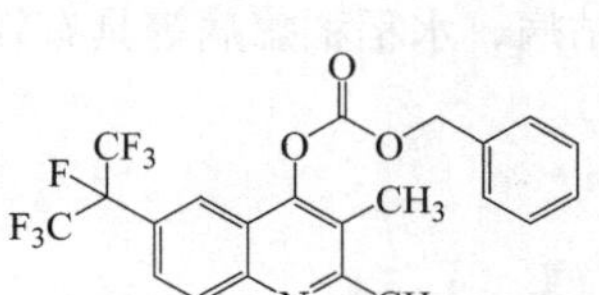

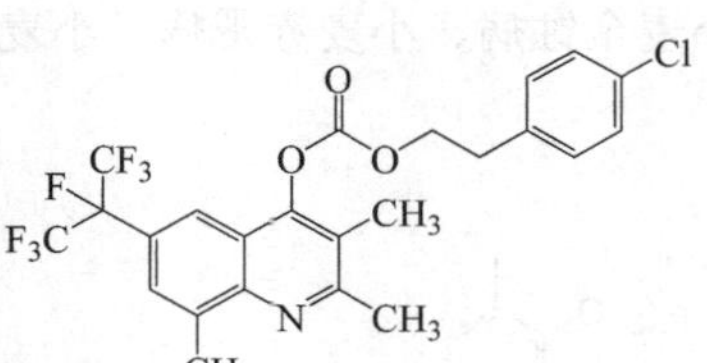

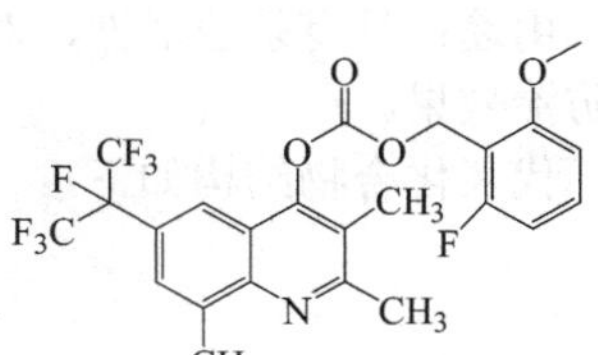

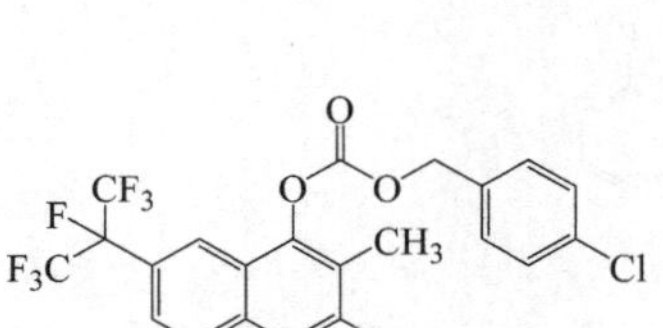

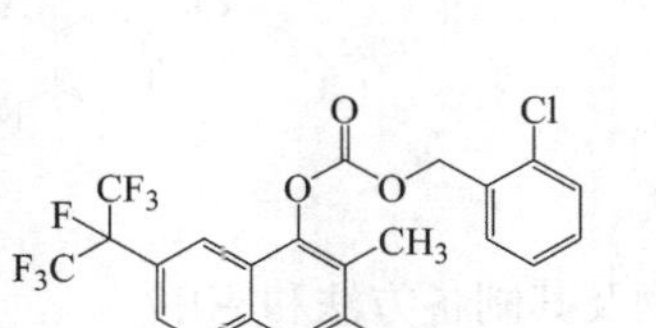

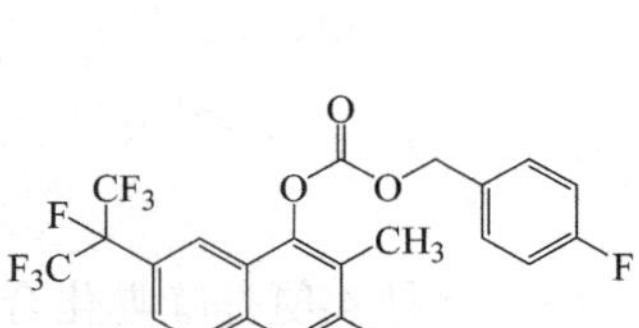

发明人：许天明，胡伟群，孔小林，郑志文，张蕊蕊，朱卫刚，陈杰，黄红英；申请人：浙江省化工研究院有限公司，中化蓝天集团有限公司

中国专利号：ZL201310571013.X；中国专利申请日：2013-11-13

化合物类型：喹啉类

发明思路：me-too 研究（DE2621828A1）；在喹啉酯类杀菌剂结构基础上替换乙酰基为碳酸酯结构得到了该专利化合物。

用途：具有杀菌活性。对水稻稻瘟病、黄瓜白粉病具有好的防效。

代表化合物结构如下：

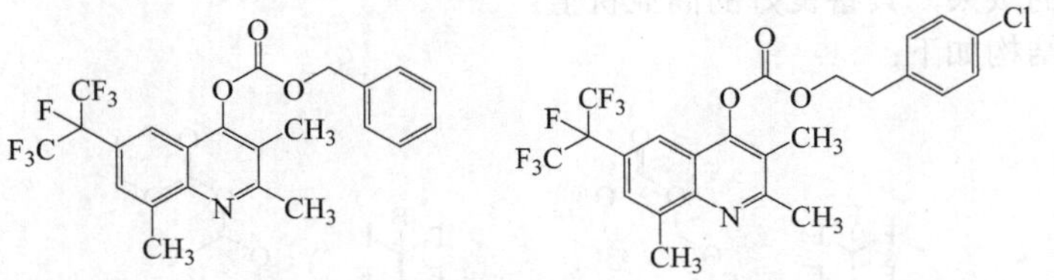

(7) 一种含氟喹啉酯类化合物及其制备方法和应用

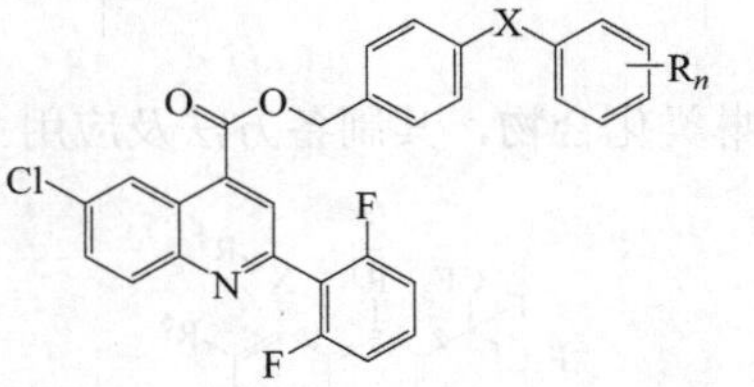

式中，苯环上的 H 被取代基 R 单取代或多取代：n 为 1～3 的整数，n 表示苯环上取代基 R 的个数；n=1 时，表示苯环上的 H 被取代基 R 单取代；n=2～3 时，表示苯环上的 H 被取代及 R 多取代，不同取代位置上的取代基 R 相同或不同；取代基 R 选自氢、卤素、C_1～C_4 烷基、C_1～C_4 烷氧基、卤代 C_1～C_4 烷基或卤代 C_1～C_4 烷氧基；X 选自氧或硫。

发明人：陈丽，谭成侠；申请人：浙江工业大学

中国专利号：ZL202011600174.3；中国专利申请日：2020-12-29

化合物类型：喹啉类

发明思路：me-too 研究；将现有技术（有机化学，2015，35，2218-2222）已知化合物中的酰胺结构修改为酯结构而得。角度分析为替换法。

用途：具有杀菌活性，对小麦全蚀病、小麦赤霉病、小麦纹枯病、水稻稻瘟病等具有较好的防治效果。

代表化合物结构如下：

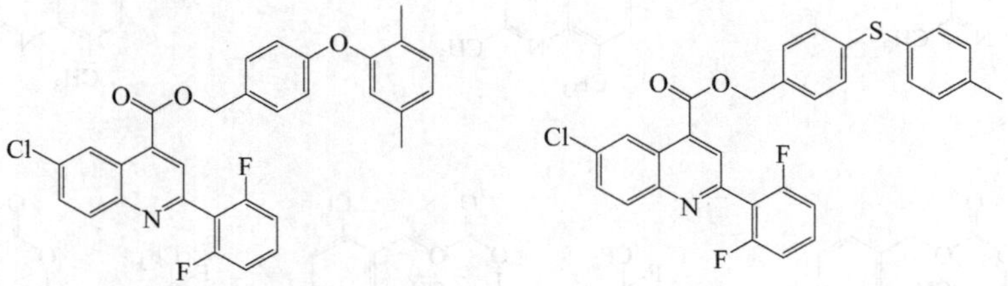

(8) 一种 4-氨基喹啉化合物及其制备方法和应用

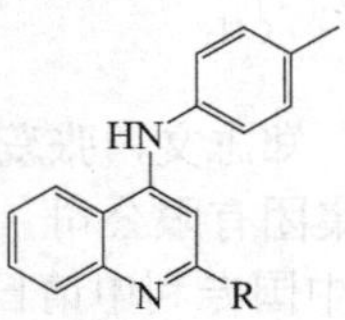

其中，R 基选自下述环状基团中的任意一种：

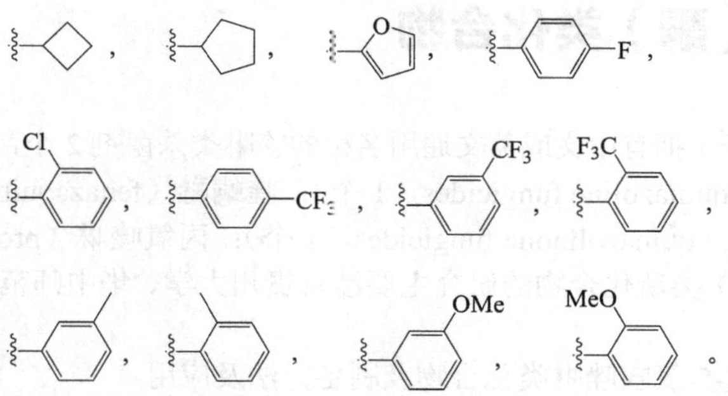

发明人：杨锐，秦天洪，李卓霖，谢佳玲，何仁霄；申请人：成都理工大学
中国专利号：ZL201910809412.2；中国专利申请日：2019-08-29
化合物类型：喹啉类
发明思路：以 4-氨基喹啉类化合物为基础，通过在 2 位引入其他取代基得到现有化合物。
用途：具有杀菌活性，在 5mg/L 浓度下，对苹果轮纹病菌、白菜黑斑病菌、玉米弯孢病菌、水稻稻瘟病菌、烟草赤星病菌和棉花枯萎病原菌有一定抑制作用。
代表化合物结构如下：

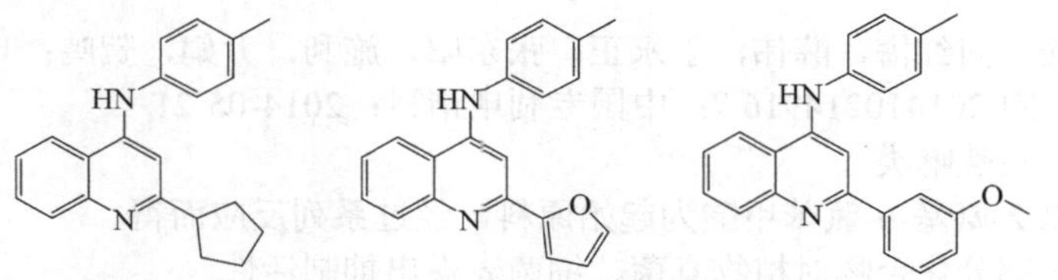

（9）*N'*-取代苯亚甲基-1,2,3,4-四氢喹啉基-1-(硫代)酰肼类化合物及其制备方法和应用

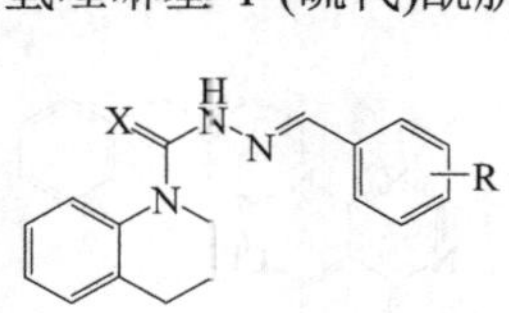

其中，R 为氢，C_1～C_4 烷基，C_1～C_4 烷氧基，羟基，卤素，三氟甲基，氰基，硝基，苯氧基，或苄氧基；R 的取代方式为单取代或多取代；X 为氧或硫。
发明人：凌云，雷鹏，杨新玲，徐焱，张学博，张小河，徐高飞；申请人：中国农业大学
中国专利号：ZL201510434634.2；中国专利申请日：2015-07-22
化合物类型：酰肼类化合物
发明思路：将具有优良生物活性的 1, 2, 3, 4-四氢喹啉片段引入取代苯甲醛缩氨基（硫）脲类化合物中而得。
用途：具有杀菌活性，尤其对苹果腐烂病菌、水稻纹枯病菌、小麦全蚀病菌具有明显的抑制效果，可以作为杀菌剂用于上述植物病害的防治。
代表化合物结构如下：

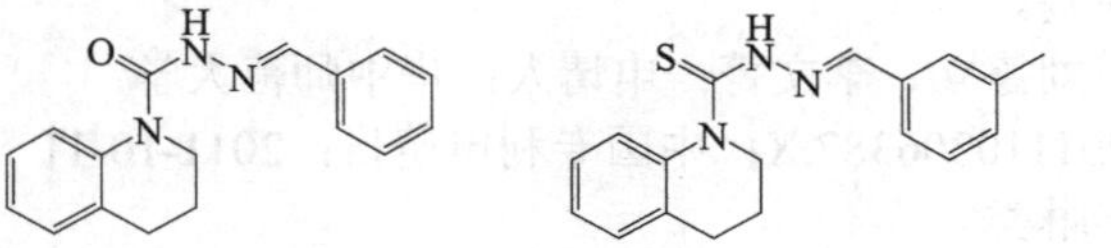

3.21 喹唑啉（酮）类化合物

截至2023年底公开了拥有中文或英文通用名称的喹啉类杀菌剂2个，具体分类与名称如下：

喹唑啉类杀菌剂（quinazoline fungicides，1个）：喹螨醚（fenazaquin）。

喹唑啉酮类杀菌剂（quinazolinone fungicides，1个）：丙氧喹啉（proquinazid）。

国内对喹唑啉（酮）类新化合物的研究主要涉及贵州大学、华中师范大学、华东理工大学、浙江师范大学等。

（1）一种4-*N*-取代-5-氯喹唑啉类化合物及制备方法及应用

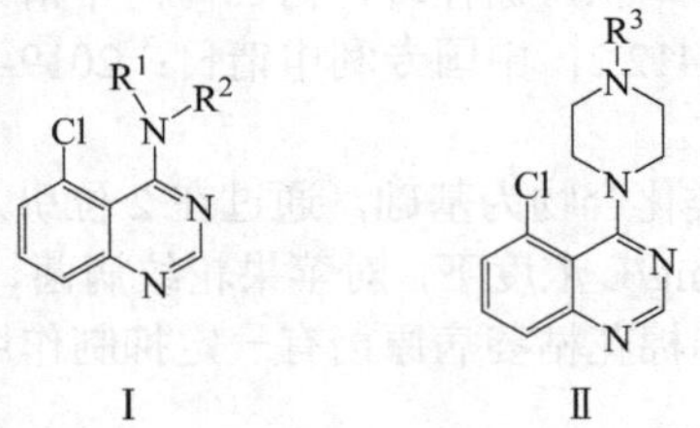

I　　Ⅱ

发明人：杨松，向红梅，薛伟，丁永正，张东阳，施利，尹娟，贺鸣；申请人：贵州大学

中国专利号：ZL201410214916.7；中国专利申请日：2014-05-21

化合物类型：喹唑啉类

发明思路：以2-氨基-6-氯苯甲酸为起始原料，经过系列反应而得。

用途：该发明部分化合物对植物真菌、细菌表现出抑制活性。

代表化合物结构如下：

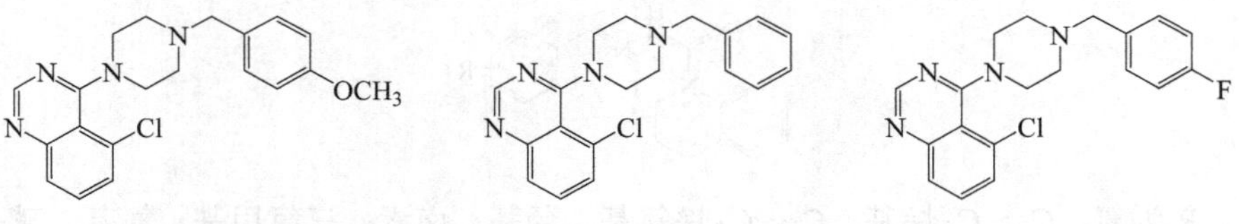

（2）2-(1*H*-咪唑-1-基)喹唑啉衍生物的制备与杀菌活性

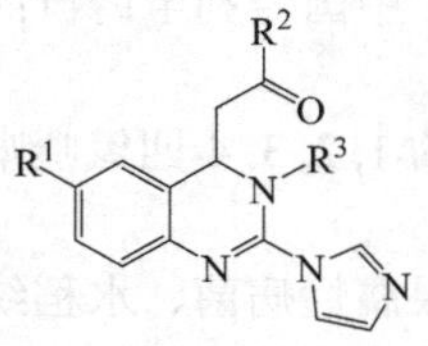

其中，R^1为H或氯；R^2为甲基或叔丁基；R^3为异丙基、正丁基、苯基或取代苯基，取代基为4-氯、4-氟或3-甲基。

发明人：丁明武、刘德立、李文菁；申请人：华中师范大学

中国专利号：ZL201110306387.X；中国专利申请日：2011-10-11

化合物类型：喹唑啉类

发明思路：me-too 研究；在苯基喹喔啉杀菌剂结构基础上引入咪唑而得。

用途：具有杀菌活性，对柑橘绿霉菌及柑橘青霉菌具有良好的抑制活性。

代表化合物结构如下：

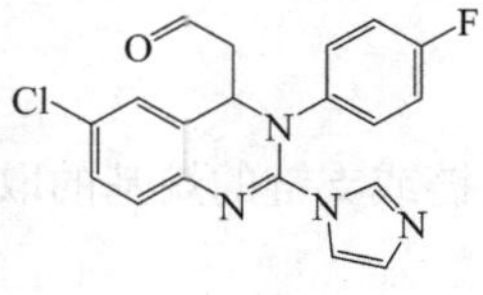

（3）一种具有抗菌活性的 3, 4-二氢喹唑啉衍生物及其合成方法和应用

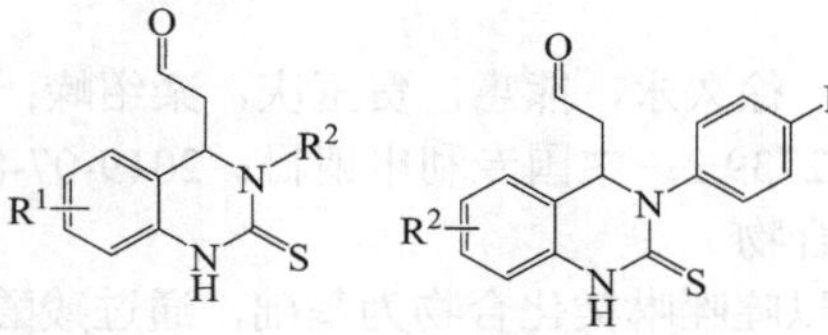

式中，R^1 选自氢、氯、溴或甲基；R^2 选自甲基、丙基、丁基或者苄基；R^3 选自氢、氯、溴、甲氧基或者甲基。

发明人：谢建武，董建连；申请人：浙江师范大学

中国专利号：ZL201810067928.X；中国专利申请日：2018-01-24

化合物类型：3, 4-二氢喹唑啉类

发明思路：me-too 研究；喹啉类衍生物在农用方面，具有抗烟草花叶病毒、杀菌、杀螨活性等，该类化合物在医药和农药中比较重要，主要以取代的肉桂醛与伯胺为原料，一锅法直接合成 3, 4- 二氢喹唑啉衍生物。

用途：具有杀菌活性，部分化合物对黄瓜灰霉病和小麦赤霉病菌具有抑制活性。

代表化合物结构如下：

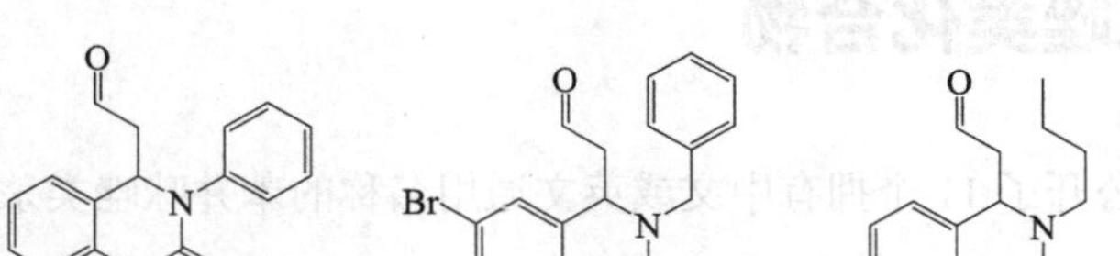

（4）喹唑啉基羧酸酯类衍生物及其抗菌用途

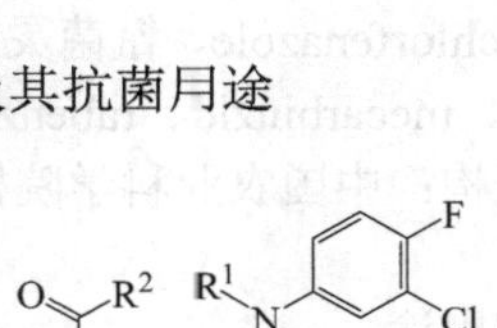

式中，R^1 为氢或 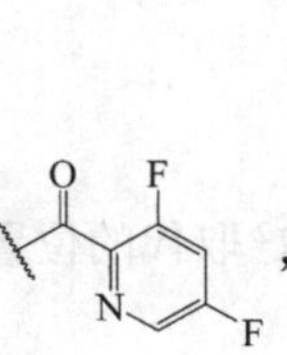 ，R^2 为 C_4～C_9 的碳环基或碳杂环基，取代的 C_4～C_9 的碳环

基或碳杂环基，或取代的 C_1～C_{10} 直链或支链的烷基；其中，所述碳杂环基的杂原子选自：氮，氧或硫中一种或两种以上，杂原子个数为 1～3 的整数；所述取代的 C_4～C_9 的碳环基或碳杂环基的取代基选自：卤素，C_1～C_3 的烷基，C_1～C_3 的烷氧基，苯基，硝基或 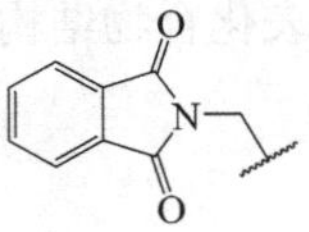 中一种或两种以上；所述取代的 C_1～C_{10} 直链或支链的烷基的取代基选自：吡啶基，苯基， 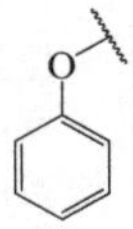 或 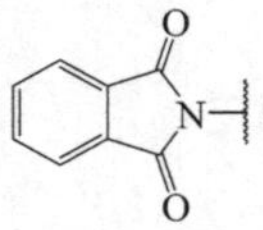 中一种或两种以上。

发明人：黄青春，章先飞，徐久永，熊惠，贾玉庆，栾绍嵘；申请人：华东理工大学

中国专利号：ZL201910602739.2；中国专利申请日：2019-07-05

化合物类型：喹唑啉类化合物

发明思路：me-too 研究；以喹唑啉类化合物为基础，通过羧酸酯衍生得到现有化合物。

用途：该发明提供的 4, 6, 7-三取代喹唑啉基羧酸酯类衍生物可作为植物病原真菌（番茄灰霉病菌、小麦赤霉病菌、香蕉煤纹病菌、香蕉枯萎病菌、花生白绢病菌和/或苹果轮纹病菌）的抑制剂。

代表化合物结构如下：

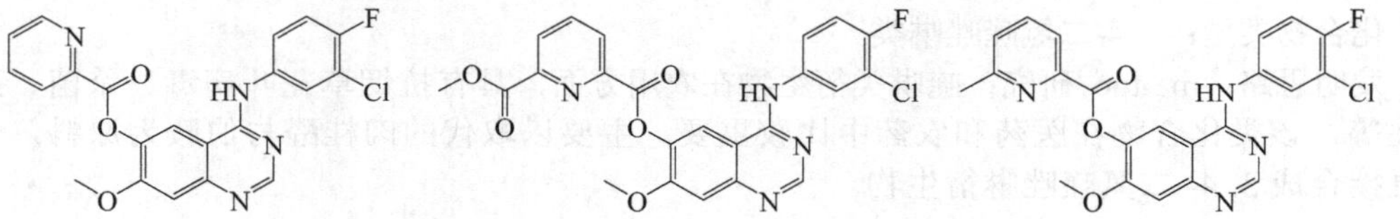

3.22 苯并咪唑类化合物

截至 2023 年底公开了 11 个拥有中文或英文通用名称的苯并咪唑类杀菌剂，具体分类与通用名称如下：

苯并咪唑类杀菌剂（benzimidazole fungicides，11 个）：阿苯哒唑（albendazole）、苯菌灵（benomyl）、多菌灵（carbendazim）、chlorfenazole、氰菌灵（cypendazole）、咪菌威（debacarb）、dimefluazole、麦穗宁（fuberidazole）、mecarbinzid、rabenzazole、噻菌灵（thiabendazole）。

新化合物的创制主要涉及如下机构：中国农业科学院植物保护研究所、兰州大学、西北农林科技大学、武汉工程大学等。

苯并咪唑衍生物及其制备方法和用途

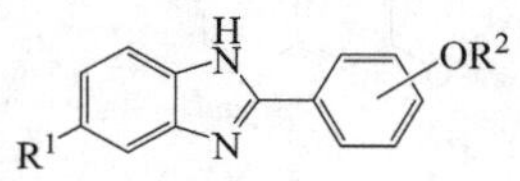

式中，R^1 选自 H、F、Cl、Br、CH_3、NO_2 中的一种，OR^2 取代的位置为邻位、间位和对位中的一种，且 R^2 选自以下基团的任意一种：

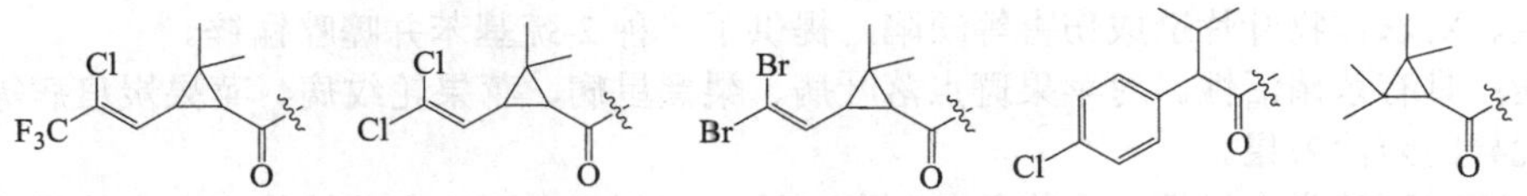

发明人：梅向东、司伟杰、宁君、张涛、张兰祥、董梦雅；申请人：中国农业科学院植物保护研究所

中国专利号：ZL201310473947.X；中国专利申请日：2013-10-11

化合物类型：苯并咪唑类、菊酯类

发明思路：me-too 研究；在已知苯基苯并咪唑类化合物结构基础上继续衍生而得。

用途：具有杀菌和杀线虫活性。可以作为杀菌剂，防治多种病原菌，也可以用于防治线虫，主要防治植物寄生线虫，如根结线虫，南方根结线虫（*Meloidogyne incognita*）、爪哇根结线虫（*M. javanica*）、花生根结线虫（*M. arenaria*）和北方根结线虫（*M. hapla*）。

代表化合物结构如下：

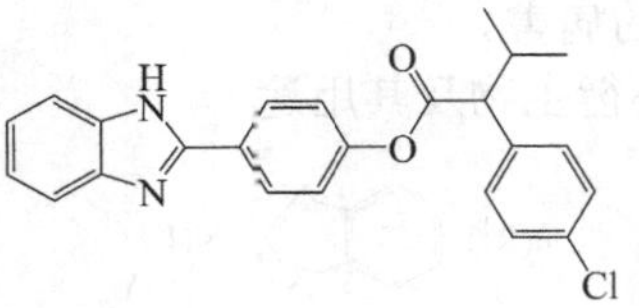

3.23 苯并（异）噻唑类化合物

截至 2023 年底公开了 5 个拥有中文或英文通用名称的苯并（异）噻唑类杀菌剂，具体分类与通用名称如下：

苯并异噻唑类杀菌剂（benzoisothiazole fungicides，1 个）：烯丙苯噻唑（probenazole）。

苯并噻二唑类杀菌剂（benzothiadiazole fungicides，1 个）：活化酯（acibenzolar）。

苯并噻唑类杀菌剂（benzothiazole fungicides，3 个）：bentaluron、苯噻硫氰（benthiazole）、chlobenthiazone。

新化合物的创制主要涉及如下机构：浙江工业大学、西北农林科技大学、中国科学院上海有机化学研究所、青岛农业大学、山东省联合农药工业有限公司、海南大学、河南省新乡市农业科学院等。

（1）2-巯基苯并噻唑锰锌及其制备方法、应用

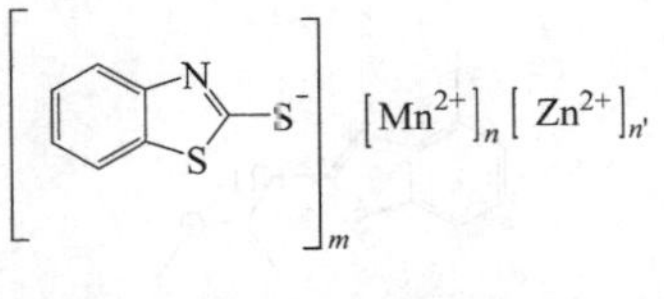

式中，m、n、n'为正整数，并且 $m=2(n+n')$，$n:n'=1:1\sim9:1$。

发明人：王振军，张栩，王利敏，刘红彦，程森祥，李梦娇；申请人：河南省新乡市农业科学院

中国专利号：ZL201210553866.6；中国专利申请日：2012-12-19；同族专利：EP2937340B1、US9499501B2

化合物类型：代森锰锌类似物

发明思路：me-too 研究；在具有良好抑菌效果的 2-巯基苯并噻唑锰基础上，为了改良其储

存不稳定、对农作物叶片造成伤害等缺陷，提供了一种2-巯基苯并噻唑锰锌。

用途：具有杀菌活性。对苹果斑点落叶病、梨黑星病、苹果轮纹病、苹果炭疽病等多种病害具有优异的防治效果。

（2）噻唑噁唑类有机铜化合物及其制备方法、制剂及在防治农业植物病害中的用途

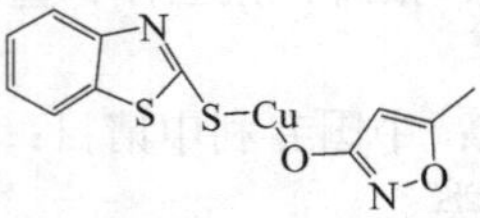

发明人：王永华，张慧晓，刘蒙蒙，周伟，王高学，段金友；申请人：西北农林科技大学

中国专利号：ZL201110402981.9；中国专利申请日：2011-12-06

化合物类型：噻唑噁唑类有机铜化合物

发明思路：me-too研究；参考有机铜制剂结构，引入苯并噻唑和噁霉灵结构而获得。

用途：对细菌高效，使铜离子的释放能达到杀死致病菌的浓度，尤其能防治镰刀霉菌、丝囊霉菌、腐霉菌和伏革菌属引起的病害。

（3）*N*-烷氧(硫)烷基苯并杂环衍生物及其用途

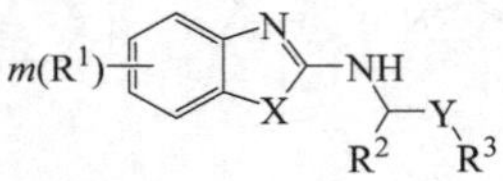

式中，R^1选自氢；C_1～C_8的烷基；或任选被氰基、卤素、苯环、C_1～C_4烷氧基或C_1～C_4烷硫基取代的C_1～C_8烷基，C_3～C_8链烯基或C_3～C_8炔基；$m=0$～4。X选自S或O。Y选自O或S。R^2选自氢；C_1～C_8的烷基；或任选被氰基、卤素、苯环、C_1～C_4烷氧基或C_1～C_4烷硫基取代的C_1～C_8烷基，C_3～C_8链烯基或C_3～C_8炔基。R^3选自C_1～C_8的烷基；或任选被氰基、卤素、苯环、C_1～C_4烷氧基或C_1～C_4烷硫基取代的C_1～C_8烷基，C_3～C_8链烯基或C_3～C_8炔基；或由选自下列的1～3个取代基任选取代的苯基：卤素，C_1～C_8烷基，C_3～C_8环烷基，羟基，C_1～C_4烷氧基，C_1～C_4卤代烷基，C_1～C_4卤代烷氧基，C_1～C_4卤代烷硫基，C_1～C_4卤代烷基磺酰基，羧基，硝基，氰基，苯基，苯氧基，苯甲酰基。

发明人：魏少鹏，姬志勤；申请人：西北农林科技大学

中国专利号：ZL201310670142.4；中国专利申请日：2013-12-03

化合物类型：*N*-烷氧(硫)烷基苯并杂环衍生物

发明思路：me-too研究；在中间体2-氨基苯并噻唑基础上的衍生。

用途：用作农用杀菌剂。

代表化合物结构如下：

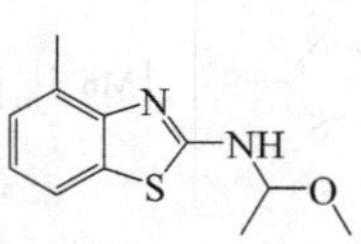

（4）一类含氟苯并噻唑磺酰类化合物，制备及应用

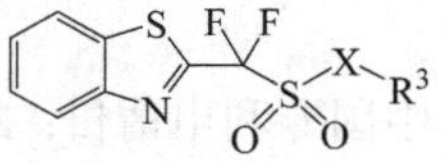

式中，R^3代表X(R^1)(R^2)；X代表N、S或O，并且当X代表S或O时，R^2不存在；

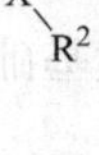

当 X 代表 N 时，R^1 代表 H、C_1～C_8 烃基、苯基或苄基；R^2 代表 H、C_1～C_8 烃基、苯基或苄基；

或者 $N(R^1)(R^2)$ 代表含 N 的五到七元杂环基；所述的含 N 的五到七元杂环基为环己胺、环戊胺、六氢吡啶、吡咯烷或咪唑基；

当 X 代表 S 或 O 时，R^1 代表 H、C_1～C_8 烃基、苯基或苄基，R^2 不存在，并且当 X 代表 O 时，$R^1 \neq H$。

发明人：肖吉昌，张忠，陈庆云，田伟生；申请人：中国科学院上海有机化学研究所

中国专利号：ZL200710173706.8；中国专利申请日：2007-12-28

化合物类型：苯并噻唑磺酰类

发明思路：结合已有的苯并噻唑类农药品种和含氟农药品种，合成了一类含氟苯并噻唑磺酰胺类化合物，具有一定的杀菌活性。

用途：具有除草、杀菌活性，对小麦白粉病、小麦颖枯病、小麦赤霉病、水稻立枯病、水稻纹枯病、番茄早疫病、番茄晚疫病、马铃薯晚疫病等有很好的防治效果；对多种害虫如棉蚜、小菜蛾幼虫、绿棉铃虫、果蝇等有效，而且可以去除早熟禾、拟南芥等杂草。

代表化合物结构如下：

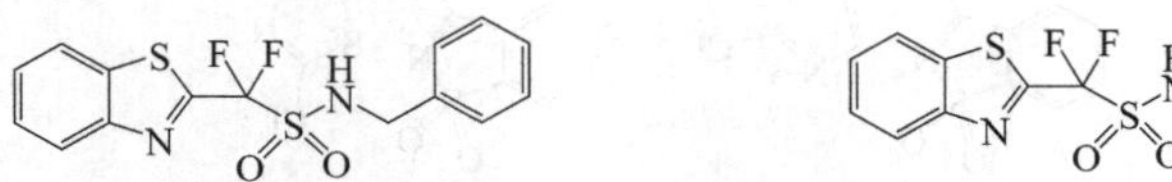

（5）一类苯并噻唑酰基硫脲类化合物及其制备与杀菌用途

式中，R^1 选自 6-甲氧基、6-硝基、5-硝基、4-硝基；R^2 选自环己基、环丙基、2-氯-吡啶-5-基、3-三氟甲基苯基、萘-2-基。

发明人：郝双红，王传平，姚晓芳；申请人：青岛农业大学

中国专利号：ZL202010003268.6；中国专利申请日：2020-01-03

化合物类型：苯并噻唑酰基硫脲类

发明思路：me-too 研究；以苯并噻唑为原料，同时引入酰基硫脲基活性基团，设计合成了一类苯并噻唑酰基硫脲类化合物。

用途：具有杀菌活性，防治番茄灰霉病及苹果腐烂病。

代表化合物结构如下：

（6）一种取代的苯并异噻唑类化合物及其制备方法与用途

（Ⅰ）

式中，R^1 为氰基、甲基、乙基、丙基、异丙基、正丁基、异丁基、环丙基、氰基甲基、甲

氧基；R^2为氢；n为4；J为2-氯-5-基噻唑或3，4-二氯-5-基异噻唑；

取代的苯并异噻唑类化合物的盐是由通式(Ⅰ)所示取代的苯并异噻唑类化合物与盐酸、硫酸、磷酸、甲酸、乙酸、三氟乙酸、草酸、甲磺酸、对甲苯磺酸、苯甲酸、邻苯二甲酸、马来酸、富马酸、山梨酸、苹果酸或柠檬酸形成。

发明人：许辉，唐剑峰，迟会伟，刘莹，乔思佳，吴建挺，韩君；申请人：山东省联合农药工业有限公司

中国专利号：ZL201810100072.1；中国专利申请日：2018-02-01

化合物类型：糖精类化合物、苯并异噻唑

发明思路：me-too研究，在WO2010054926A1和JP2010260811基础上进一步替换或衍生得到。

用途：具有杀菌、杀虫、杀螨活性。100mg/L对稻瘟病、番茄灰霉病、黄瓜霜霉病、辣椒炭疽病、小麦赤霉病具有较好的防治效果；600mg/L对小菜蛾、桃蚜、朱砂叶螨具有一定的致死效果。

代表化合物结构如下：

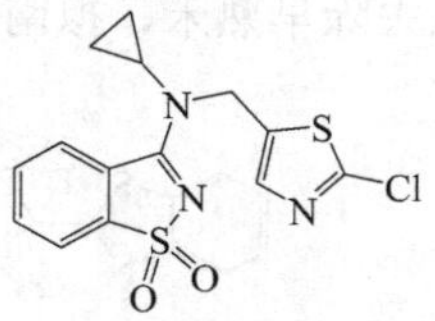

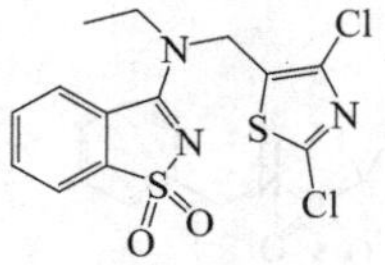

（7）一种取代苯并噻唑C2烷基化衍生物及其应用

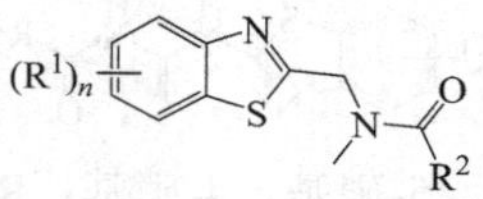

式中，苯并噻唑环上的H被取代基R^1单取代、多取代或不被取代；n为0～4的整数，n表示苯并噻唑环上取代基R^1的个数；n=0时，表示苯并噻唑环上的H不被取代；n=1时，表示苯并噻唑环上的H被取代基R^1单取代；n=2～4时，表示苯并噻唑环上的H被取代基R^1多取代，不同取代位置上的取代基R^1相同或不同；所述取代基R^1为氢、C_1～C_3的烷基、C_1～C_2的烷氧基、芳基或卤素；R^2为氢或C_1～C_3的烷基。

发明人：陆棋，翁建全，庞凯胜，刘幸海；申请人：浙江工业大学

中国专利号：ZL201811197930.5；中国专利申请日：2018-10-15

化合物类型：苯并噻唑类

发明思路：me-too研究；在苯并噻唑结构基础上进一步衍生修饰。

用途：具有杀菌活性。该发明化合物对立枯丝核菌表现出较强的抑制活性。

代表化合物结构如下：

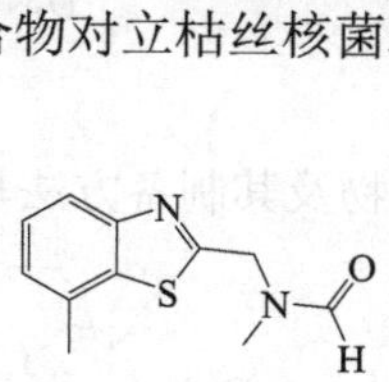

（8）一种4-甲基苯并噻唑衍生物，制备方法及其用途

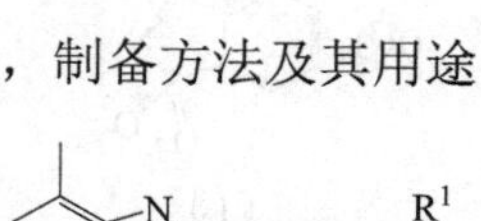

式中，R^1、R^2 各自独立选自 C_1～C_3 的烷基、苯基或取代苯基：所述取代苯基苯环上的取代基为 1 个或 2 个，所述的取代基独立选自 C_1～C_3 的烷基、F、Cl、Br、硝基或甲氧基；并且 R^1、R^2 不同时为甲基。

发明人：翁建全，刘会君，刘幸海，谭成侠，曹耀艳；申请人：浙江工业大学

中国专利号：ZL201010266621.6；中国专利申请日：2010-08-30

化合物类型：苯并噻唑类化合物

发明思路：me-too 研究；以苯并噻唑为母体进行衍生化得到。

用途：具有杀菌活性，对枯萎病菌、纹枯病菌有一定的杀菌活性。

代表化合物结构如下：

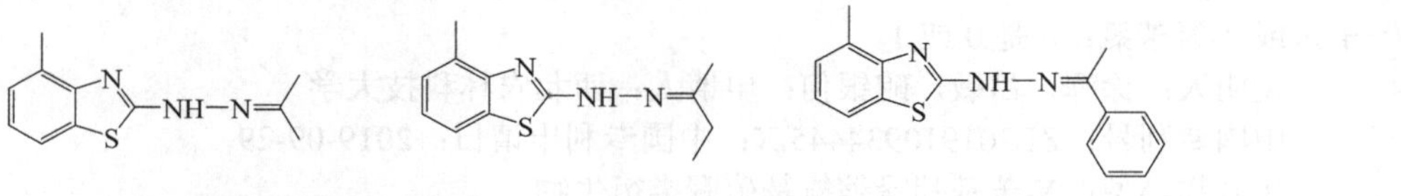

（9）一种苯并噻唑酮类化合物及其应用

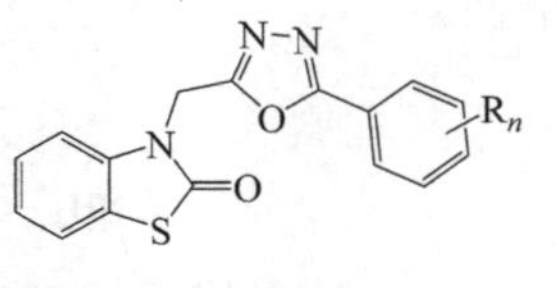

式中，苯环上的 H 被取代、多取代或不被取代，n 为 0～5 的整数，n 表示苯环上取代基 R 的个数，n=0 时，表示苯环上的 H 不被取代，n=1 时，表示苯环上的 H 被取代基 R 单取代，n=2～5 时，表示苯环上的 H 被取代基 R 多取代，不同取代位置上的取代基 R 可以相同或不同，所述取代基 R 为 C_1～C_8 的烷基、C_1～C_3 的烷氧基、卤素或硝基，所述卤素为 F、Cl、Br、I。

发明人：翁建全，刘幸海，黄华，曹耀艳；申请人：浙江工业大学

中国专利号：ZL201110422283.5；中国专利申请日：2011-12-16

化合物类型：一种苯并噻唑酮类化合物

发明思路：me-too 研究；以苯并噻唑酮为母体进行衍生化得到。

用途：具有杀菌活性，对小麦赤霉病和黄瓜霜霉病具有一定的防治效果。

代表化合物结构如下：

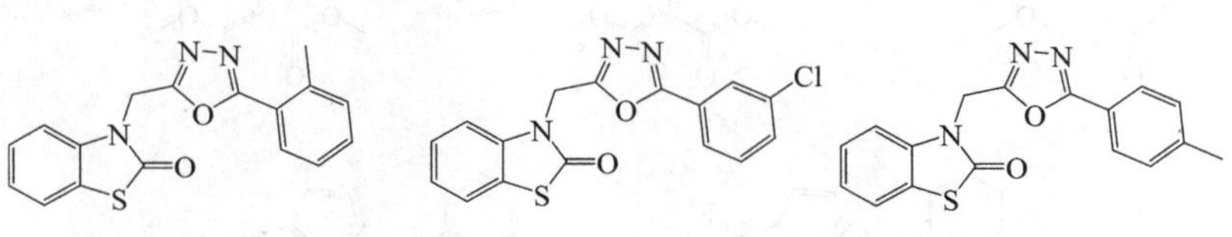

3.24 吲哚类化合物

截至 2023 年底吲哚类拥有中文或英文通用名称的商品化或开发中的杀菌剂仅有 1 个，即吲唑磺菌胺（amisulbrom）。

新化合物的创制主要涉及如下机构：华南农业大学、西北农林科技大学、河南科技大学、沈阳中化农药化工研发有限公司、江苏大学、浙江工业大学等。

（1）一种 *N*-苄基吲哚缩氨基硫脲类衍生物，制备及应用

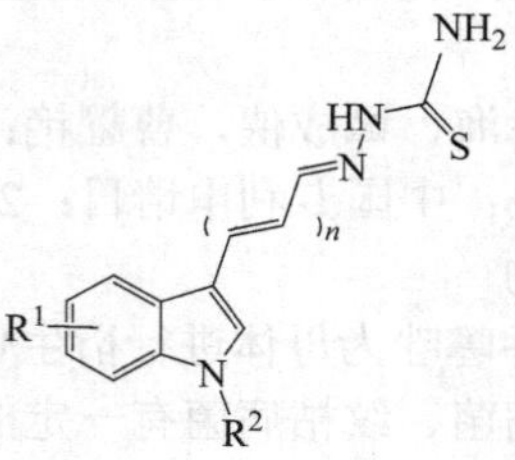

R^1 是 H、5-CN、6-CH_3 或 7-CH_3；R^2 是 H、苄氯、4-氟苄溴、4 氯苄氯、4-溴苄溴、4-甲基苄氯或 2-氯苄氯；*n* 是 0 或 1。

发明人：徐晖，吕敏，鲍银何；申请人：西北农林科技大学

中国专利号：ZL201910934445.X；中国专利申请日：2019-09-29

化合物类型：*N*-苄基吲哚缩氨基硫脲类衍生物

发明思路：在吲哚基础上进一步引入苄基。

用途：具有高效、低毒的抑菌活性。

代表化合物结构如下：

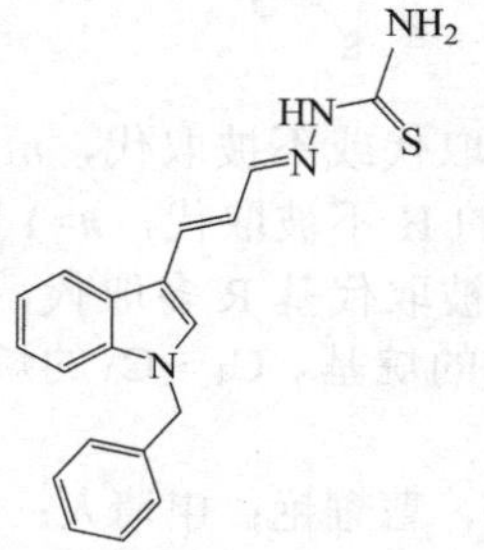

（2）一种吲哚类化合物及其制备方法和应用

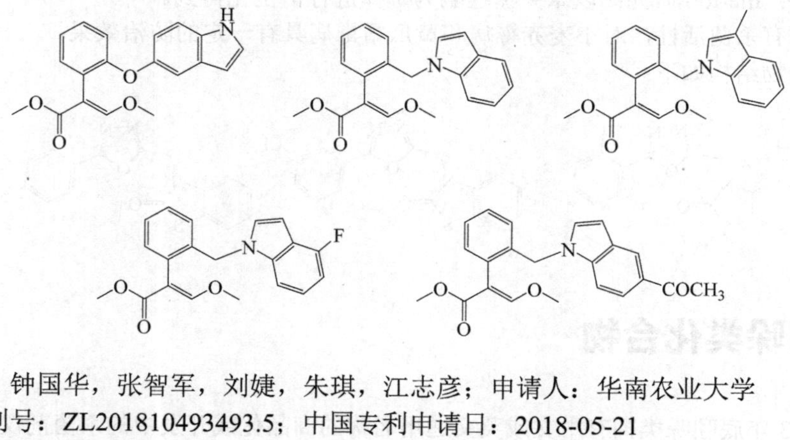

发明人：钟国华，张智军，刘婕，朱琪，江志彦；申请人：华南农业大学

中国专利号：ZL201810493493.5；中国专利申请日：2018-05-21

化合物类型：吲哚类

发明思路：me-too 研究；将吲哚与甲氧基丙烯酸酯活性基团进行拼接得到本申请化合物。

用途：具有杀菌活性，用于防治水稻纹枯病。

（3）生长素与农药的耦合物及其制备方法与作为农药的应用

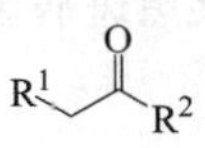

其中，R^1 选自下列基团：

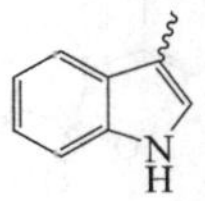

R^2 选自下列基团：

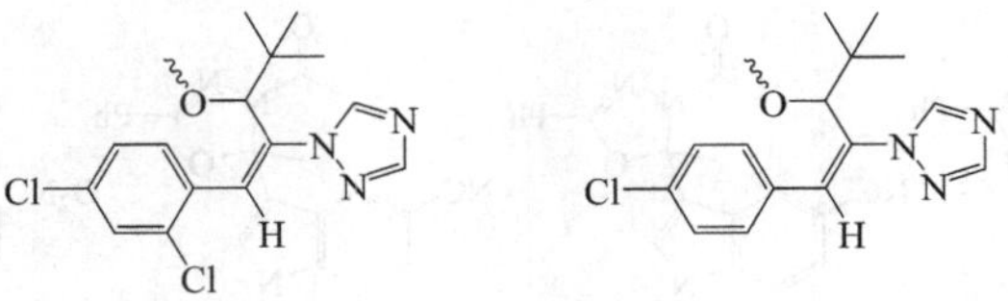

发明人：徐汉虹，李俊凯，江定心；申请人：华南农业大学

中国专利号：ZL200610036933.1；中国专利申请日：2006-08-04

化合物类型：吲哚类

发明思路：me-too 研究；将三唑类杀菌剂与吲哚乙酸耦合而得。

用途：具有杀菌活性，对水稻纹枯病具有防治效果。

代表化合物结构如下：

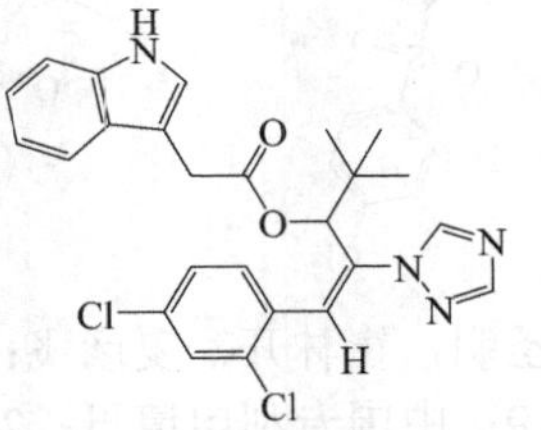

（4）*N*-取代苯磺酰基-3-丙酰基吲哚类衍生物制备方法及应用

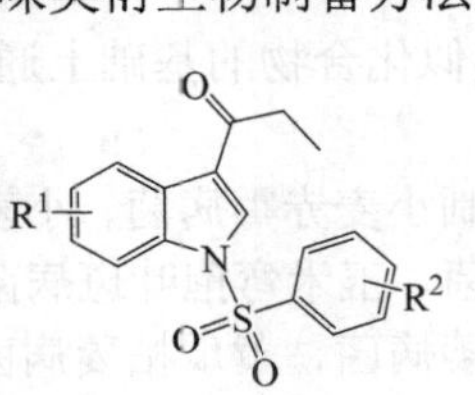

式中，R^1 选自 H、6-Me 或 5-CN，R^2 选自 *p*-Me、*m*-NO_2、*p*-Cl 或 *p*-OMe；或者 R^1 为 5-CN，R^2 为 *p*-Et。

发明人：陈根强，车志平，田月娥，胡梅，王宇；申请人：河南科技大学

中国专利号：ZL201510485695.1；中国专利申请日：2015-08-10

化合物类型：苯磺酰基、吲哚

发明思路：在现有的苯磺酰基-3-丙酰基吲哚类化合物的基础上进行基团取代或衍生得到现有化合物。

用途：具有显著的抗菌活性，能够用于抑制植物病原真菌，尤其可用于防治以下病害：小麦赤霉病菌、小麦根腐病菌、小麦茎基腐病菌、水稻稻瘟病菌、玉米大斑病菌、玉米小斑病菌、

玉米弯孢叶斑病菌、油菜菌核病菌、烟草枯萎病菌、烟草疫霉病菌、烟草赤星病菌、棉花枯萎病菌、黄瓜枯萎病菌、番茄灰霉病菌、白菜黑斑病菌。

代表化合物结构如下：

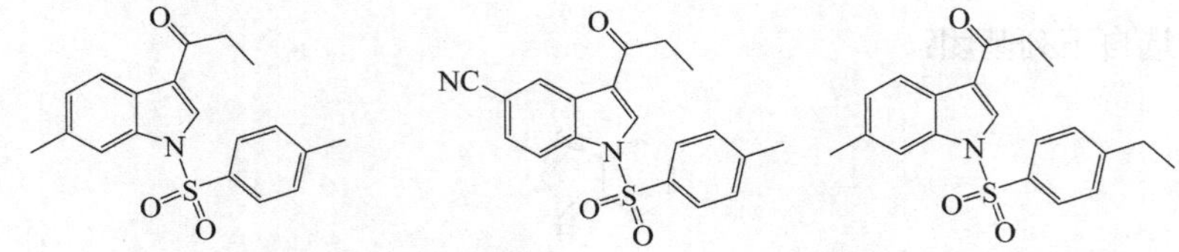

（5）噁唑啉类衍生物、制备方法及其在制备植物病原真菌抗菌剂方面的应用

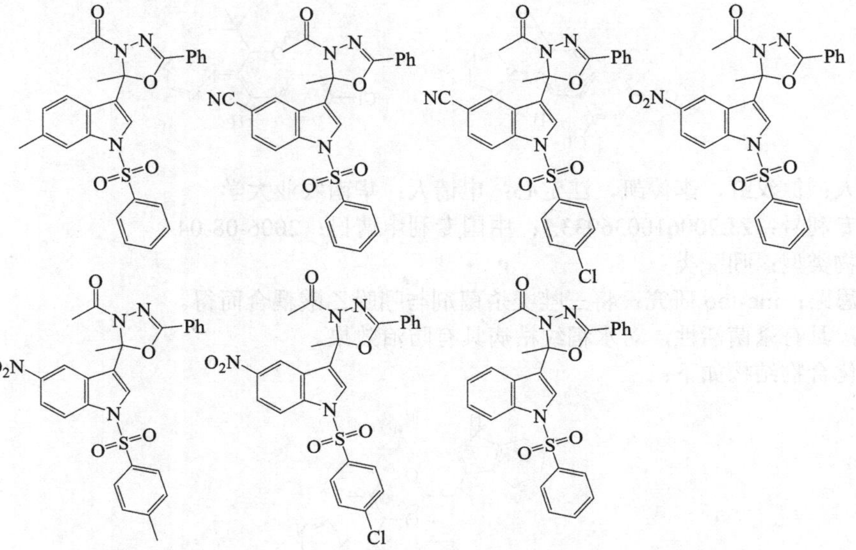

发明人：田月娥，车志平，刘圣明，崔林开，夏彦飞；申请人：河南科技大学

中国专利号：ZL201510601292.9；中国专利申请日：2015-09-18

化合物类型：吲哚、噁唑啉

发明思路：在现有技术公开的类似化合物的基础上通过等排或同系物替换或衍生等得到现有化合物。

用途：具有杀菌活性，可用于抑制小麦赤霉病菌、小麦根腐病菌、小麦茎基腐病菌、水稻稻瘟病菌、玉米大斑病菌、玉米小斑病菌、玉米弯孢叶斑病菌、油菜菌核病菌、烟草枯萎病菌、烟草疫霉病菌、烟草赤星病菌、棉花枯萎病菌、黄瓜枯萎病菌、番茄灰霉病菌、白菜黑斑病菌。

代表化合物结构如下：

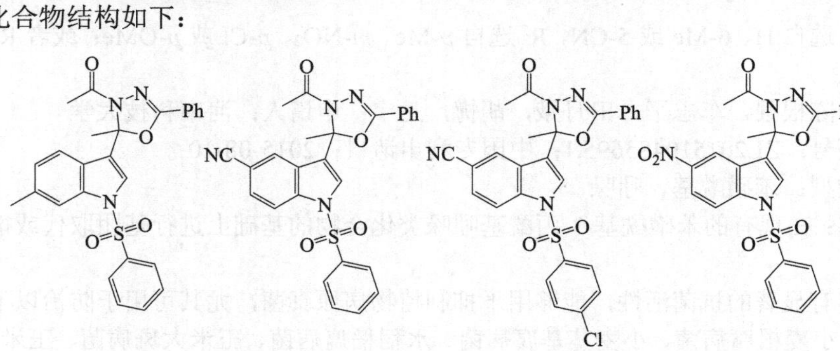

（6）取代吲哚类化合物及其应用

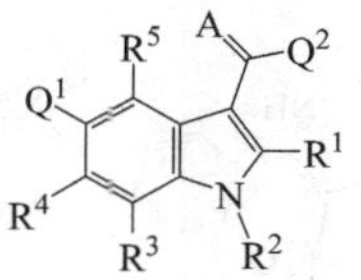

式中，Q^1选自氢、F、Cl、未取代的或被1～3个取代基进一步取代的吡啶基氧基，所述的取代基各自独立地选自Cl或CF_3；A选自O或NR^6；Q^2选自氢；R^1选自Cl；R^2选自氢；R^3选自氢或卤素；R^4、R^5分别选自氢；R^6选自未取代的或被1～5个甲基进一步取代的苯基羰基氧基。

发明人：刘长令，刘远雄，李志念，杨吉春，张弘；申请人：中国中化股份有限公司，沈阳化工研究院有限公司

中国专利号：ZL200810227713.6；中国专利申请日：2008-11-28

化合物类型：吲哚类化合物

发明思路：me-too研究；采用中间体衍生化法的衍生法，参考专利JP02085251中的吲哚结构，通过衍生得到现有化合物。

用途：兼具杀菌、杀虫活性。防治各种作物上的病害，尤其对水稻稻瘟病的防效更为突出。部分化合物还具有杀虫和杀螨活性，可用于防治各种作物上害虫和螨。

代表化合物结构如下：

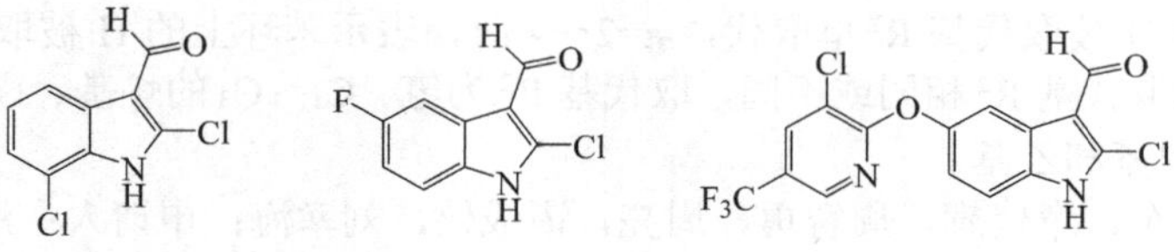

（7）一种吲哚螺吡啶并香豆素类化合物及其制备方法与应用

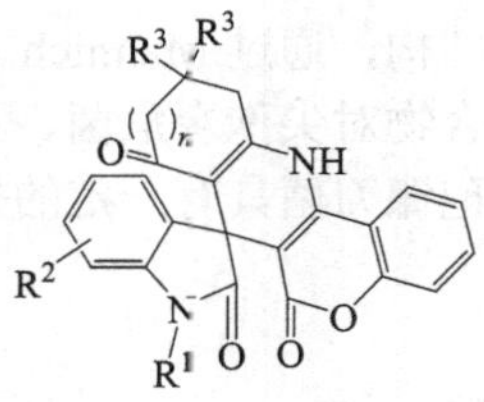

共选自12个化合物，具体参见专利权利要求书部分。

发明人：仰榴青，陈礼，张敏，夏梅，赵婷；申请人：江苏大学

中国专利号：ZL202110129894.4；中国专利申请日：2021-01-29

化合物类型：吲哚螺吡啶衍生物

发明思路：吲哚螺吡啶衍生物是具有多取代、多手性中心的杂环化合物，多存在于天然产物中，且具有独特的生理和药理活性。通过发展新的合成方法高效构建了吲哚螺吡啶并香豆素类化合物。

用途：具有杀菌活性，对花生褐斑、苹果轮纹、小麦纹枯、西瓜炭疽、水稻恶苗具有抑制活性。

代表化合物结构如下：

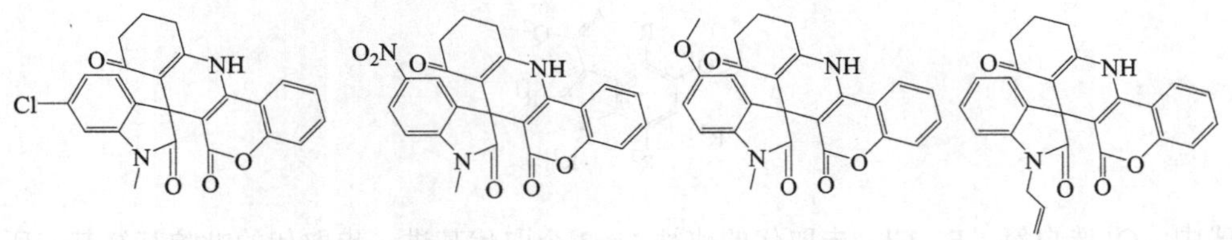

（8）一种吲哚甲基苯胺类化合物及其应用

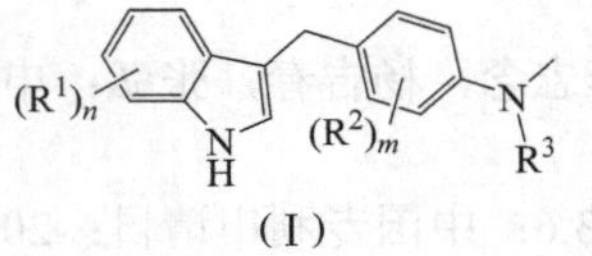

（Ⅰ）

式中，吲哚环上的 H 被取代基 R^1 单取代、多取代或不被取代，n 为 0～6 的整数，n 表示吲哚环上取代基 R^1 的个数，n=0 时，表示吲哚环上的 H 不被取代，即表示吲哚环上没有取代基，n=1 时，表示吲哚环上的 H 被取代基 R^1 单取代，n=2～6 时，表示吲哚环上的 H 被取代基 R^1 多取代，不同取代位置上的取代基 R^1 相同或不同，所述取代基 R^1 为氢、C_1～C_5 的烷基、C_1～C_3 的烷氧基、芳基或卤素；式（Ⅰ）中，苯环上的 H 被取代基 R^2 单取代、多取代或不被取代，m 为 0～4 的整数，m 表示苯环上取代基 R^2 的个数，m=0 时，表示苯环上的 H 不被取代，m=1 时，表示苯环上的 H 被取代基 R^2 单取代，m=2～4 时，表示苯环上的 H 被取代基 R^2 多取代，不同取代位置上的取代基 R^2 相同或不同，取代基 R^2 为氢、C_1～C_3 的烷基、卤素；式（Ⅰ）中，取代基 R^3 为氢、甲基和乙基。

发明人：翁建全，章俊辉，周智勇，周亮，谭成侠，刘幸海；申请人：浙江工业大学，杭州杭氧化医工程有限公司

中国专利号：ZL201810628851.9；中国专利申请日：2018-06-19

化合物类型：吲哚类

发明思路：根据吲哚类化合物的结构，通过 Mannich 反应，得到该类化合物。

用途：具有杀菌活性。该发明化合物对尖孢炭疽菌、草莓炭疽病菌、灰葡萄孢菌均表现出一定的抑制活性，部分化合物也对尖孢镰刀菌具有一定的抑制作用。

代表化合物结构如下：

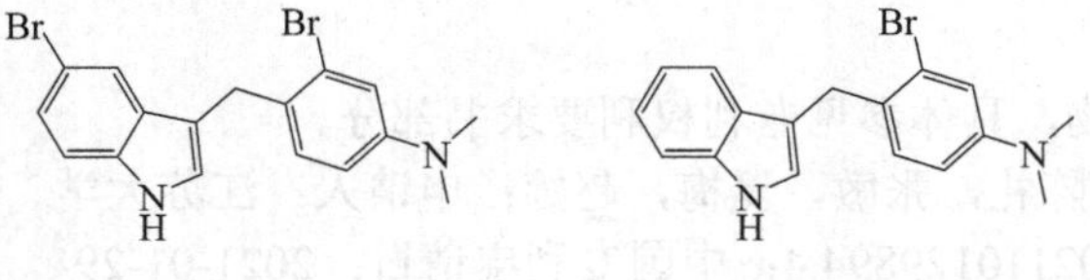

3.25 嘧啶并异噁唑类化合物

截至 2023 年底尚无含有嘧啶并异噁唑类亚结构的拥有中文或英文通用名称的商品化或开发中的杀菌剂。

新化合物的创制单位主要为沈阳中化农药化工研发有限公司。

（1）含嘧啶并环的取代六元杂环类化合物及其制备方法和用途

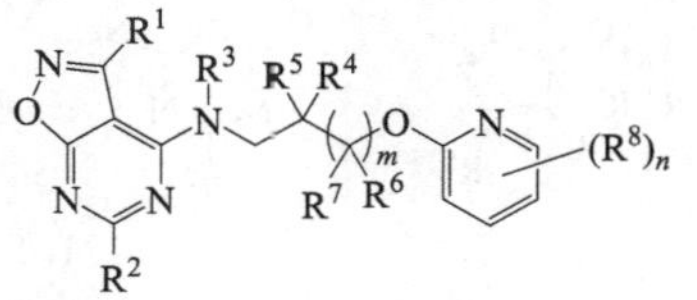

式中，R^1选自氢、C_1～C_4烷基、卤代 C_1～C_4烷基、C_3～C_6环烷基、C_1～C_4烷氧基、卤代 C_1～C_4烷氧基、C_1～C_4烷硫基、卤代 C_1～C_4烷硫基、C_1～C_4烷基亚磺酰基、C_1～C_4烷基磺酰基、C_2～C_4烯基、卤代 C_2～C_4烯基、C_2～C_4炔基或卤代 C_2～C_4炔基；

R^2选自氢、卤素、C_1～C_4烷基、卤代 C_1～C_4烷基、C_3～C_6环烷基、C_1～C_4烷氧基、C_1～C_4烷硫基或 C_1～C_4烷基磺酰基；

R^3选自氢、羟基、甲酰基、C_1～C_4烷基、卤代 C_1～C_4烷基、C_1～C_4烷氧基、卤代 C_1～C_4烷氧基、C_3～C_6环烷基、C_1～C_4烷硫基、C_2～C_4烯基硫基、C_2～C_4烯基、C_2～C_4炔基、卤代 C_2～C_4烯基、卤代 C_2～C_4炔基、C_1～C_4烷氧基 C_1～C_4烷基、卤代 C_1～C_4烷氧基 C_1～C_4烷基、C_1～C_4烷硫基 C_1～C_4烷基、卤代 C_1～C_4烷硫基 C_1～C_4烷基、C_1～C_4烷基亚磺酰基、卤代 C_1～C_4烷基亚磺酰基、C_1～C_4烷基磺酰基、卤代 C_1～C_4烷基磺酰基、C_1～C_4烷基氨基磺酰基、二（C_1～C_4烷基）氨基磺酰基；

R^4、R^5为相同或不同，分别选自氢、卤素、C_1～C_4烷基、卤代 C_1～C_4烷基、C_1～C_4烷氧基或卤代 C_1～C_4烷氧基；

R^6、R^7为相同或不同，分别选自氢、卤素、C_1～C_4烷基、卤代 C_1～C_4烷基、C_1～C_4烷氧基或卤代 C_1～C_4烷氧基；

m 选自 0～4 的整数；

R^8选自卤素、羟基、氨基、氰基、硝基、C_1～C_4烷基、卤代 C_1～C_4烷基、C_1～C_4烷氧基、卤代 C_1～C_4烷氧基等；

R^9、R^{10}为相同或不同，分别选自氢、C_1～C_4烷基或卤代 C_1～C_4烷基；

并且通式中，n 选自 1～4 的整数，当 $n=1$ 时，R^8不选自甲基；或通式所示的化合物与盐酸、硫酸、磷酸、甲酸、乙酸、三氟乙酸、草酸、甲磺酸、对甲苯磺酸、苯甲酸、邻苯二甲酸、马来酸、富马酸、山梨酸、苹果酸或柠檬酸形成的盐。

发明人：李淼，杨吉春，赵杰，杨帆，张俊龙，孙金强，孙庚，刘长令；申请人：沈阳中化农药化工研发有限公司

中国专利号：ZL201611028153.2；中国专利申请日：2016-11-18

化合物类型：嘧啶胺类化合物

发明思路：me-too 研究；采用中间体衍生化法中的替换法，将嘧啶胺类化合物结构中的基团进行替换，得到现有化合物。

用途：具有杀菌、杀虫活性，对黄瓜霜霉病、小麦白粉病、玉米锈病、稻瘟病、黄瓜炭疽病等具有优良的防治效果，同时表现出很好的杀虫活性。

代表化合物结构如下：

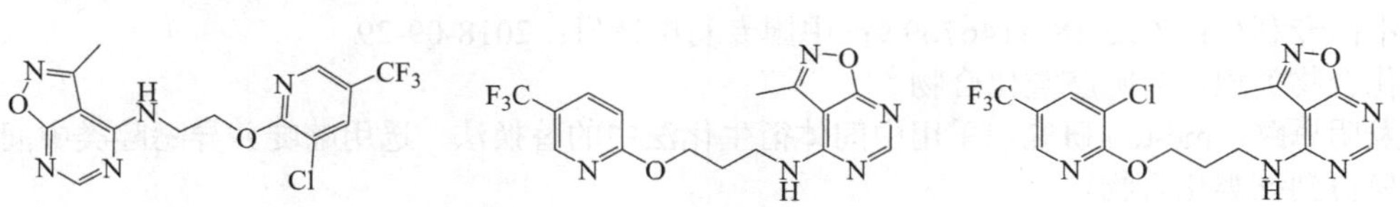

（2）含嘧啶并环的取代五元杂环类化合物及其制备方法和用途

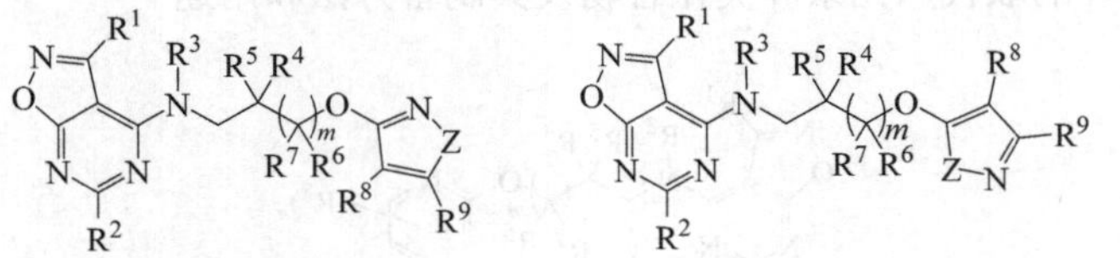

Ⅰ-1　　Ⅰ-3

式中，R^1选自C_1～C_6烷基；R^2选自氢；R^3选自氢；R^4、R^5分别选自氢；R^6、R^7分别选自氢；m选自0～4的整数；R^8选自氢；R^9选自氢或被1～5个R^{11}取代的苯基；R^{11}选自卤素；Z选自NR^{10}；R^{10}选自C_1～C_6烷基或被1～5个R^{11}取代的苯基；或通式Ⅰ-1、Ⅰ-3所示化合物的盐。

发明人：李淼，杨吉春，李志念，杨帆，孙芹，孙金强，孙庚，刘长令；申请人：沈阳中化农药化工研发有限公司

中国专利号：ZL201611028528.5；中国专利申请日：2016-11-18

化合物类型：嘧啶胺类化合物

发明思路：me-too研究；采用中间体衍生化法中的替换法，将嘧啶胺类化合物结构中的相关基团用芳基吡唑中间体替换，得到现有化合物。

用途：具有杀菌活性，对黄瓜霜霉病、小麦白粉病、玉米锈病、稻瘟病、黄瓜炭疽病等具有优良的防治效果。

代表化合物结构如下：

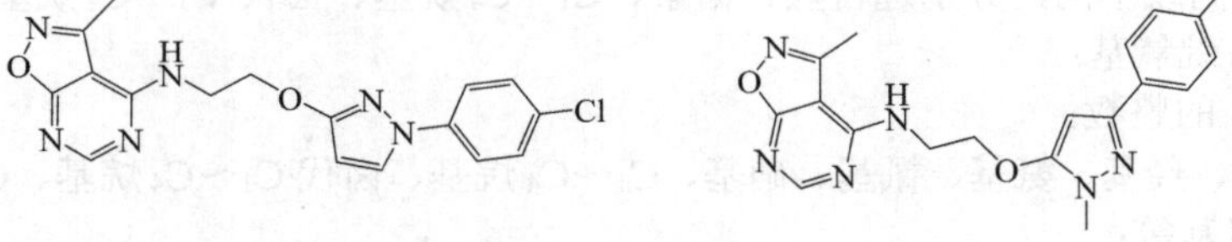

（3）含嘧啶并环类化合物及其制备方法和用途

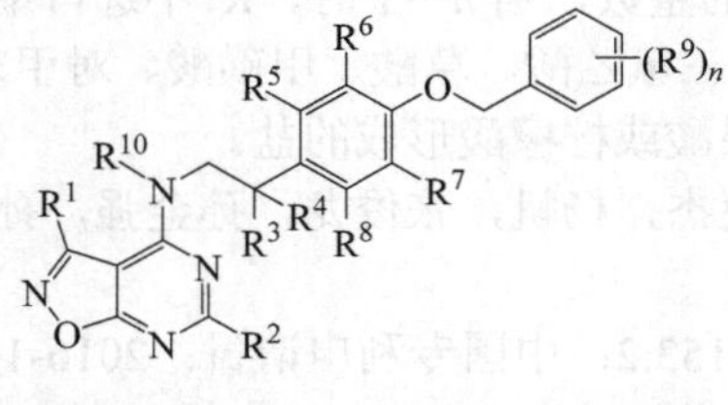

式中，R^1选自C_1～C_4烷基；R^2为氢；R^3、R^4分别为氢；R^5、R^6、R^7、R^8分别选自氢；R^{10}为氢；R^9选自卤素、C_1～C_4烷基；n选自1～5的整数；或通式所示化合物与盐酸、硫酸、磷酸、甲酸、乙酸、三氟乙酸、草酸、甲磺酸、对甲苯磺酸、苯甲酸、邻苯二甲酸、马来酸、富马酸、苹果酸或柠檬酸形成的盐。

发明人：李淼，杨吉春，孙芹，吴峤，兰杰，刘长令；申请人：沈阳中化农药化工研发有限公司

中国专利号：ZL201811146769.9；中国专利申请日：2018-09-29

化合物类型：嘧啶胺类化合物

发明思路：me-too研究；采用中间体衍生化法中的替换法，选用嘧啶并异噁唑类中间体进行替换得到该类化合物。

用途：具有杀菌活性，对黄瓜霜霉病、小麦白粉病等具有优良的防治效果。

代表化合物结构如下：

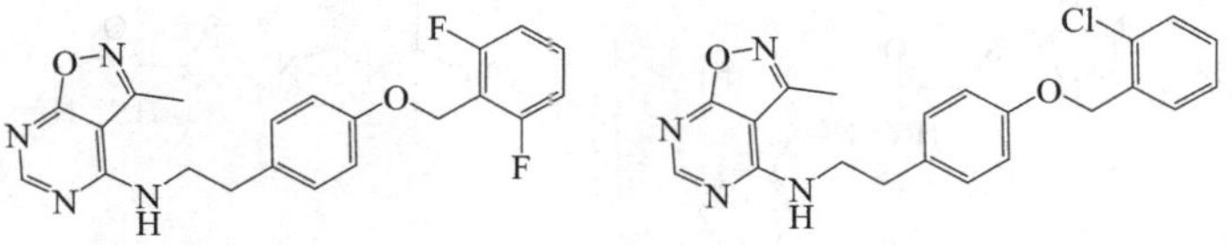

3.26 三唑并嘧啶类化合物

截至 2023 年底公开了 2 个拥有中文或英文通用名称的三唑并嘧啶类杀菌剂：唑嘧菌胺（ametoctradin）和 mepitriflufenpyr。

新化合物的创制研究主要在华中师范大学和河北大学。

（1）2-烷氧羰基甲硫基三唑并嘧啶类化合物及其制备

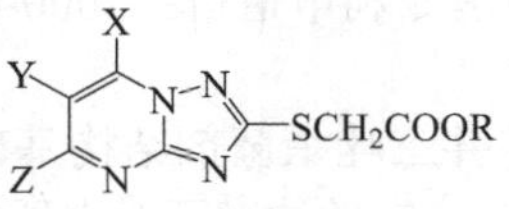

其中，X 和 Z 表示烷基、三氟甲基、卤素或烷氧基；Y 表示氢、烷基或卤素；R 表示甲基或乙基。

发明人：杨光富，刘祖明，卿湘华，陆爱红，庄农波；申请人：华中师范大学

中国专利号：ZL03142825.8；中国专利申请日：2000-06-22

化合物类型：三唑并嘧啶类

发明思路：me-too 研究；在嘧啶并三唑杀菌剂结构基础上引入巯基乙酸而得。

用途：具有杀菌活性，对水稻纹枯病菌具有良好的活性。

代表化合物结构如下：

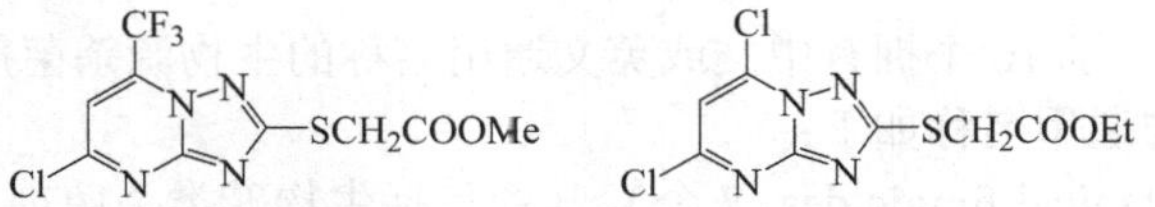

（2）三唑并嘧啶硫代乙酰腙类化合物的合成及活性

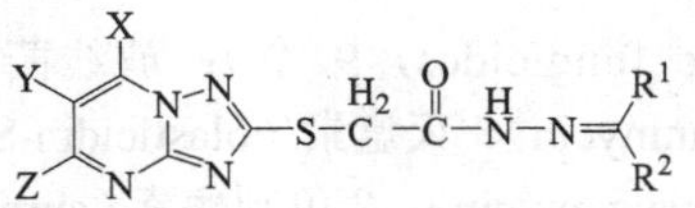

其中，X、Z 表示氢、除甲基外的烷基、三氟甲基、烷氧基、卤素，Y 表示氢、烷基、三氟甲基、烷氧基、卤素；R^1 表示烷基；R^2 表示氢、烷基、芳基、杂环芳基。

发明人：杨光富，刘祖明，卿湘华，陆爱红，庄农波；申请人：华中师范大学

中国专利号：ZL00114649.1；中国专利申请日：2000-06-22

化合物类型：三唑并嘧啶类

发明思路：me-too 研究；在嘧啶并三唑杀菌剂结构基础上引入巯基乙酸结构而得。

用途：具有杀菌活性，对水稻纹枯病菌具有良好的活性。

代表化合物结构如下：

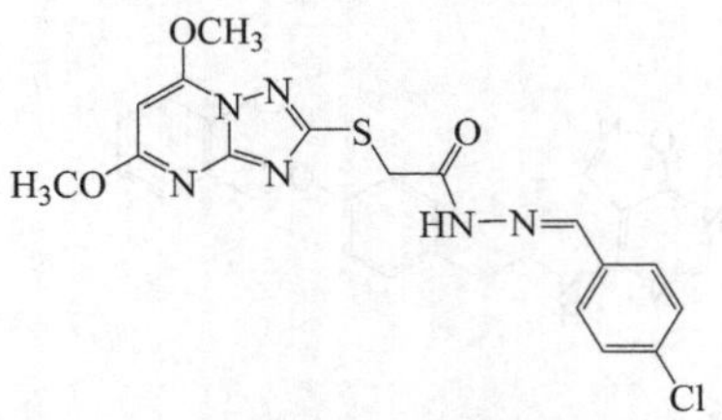

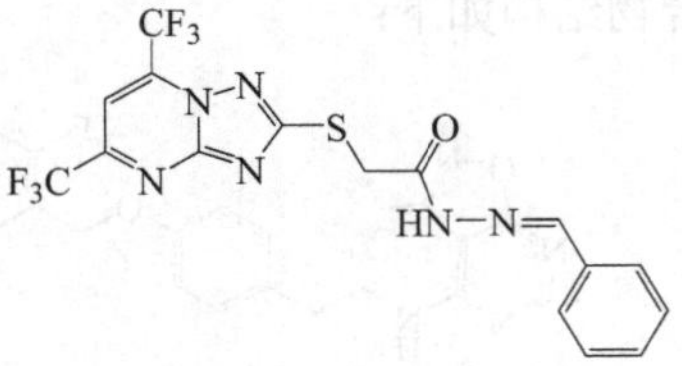

（3）一类双杂环化合物的合成及活性

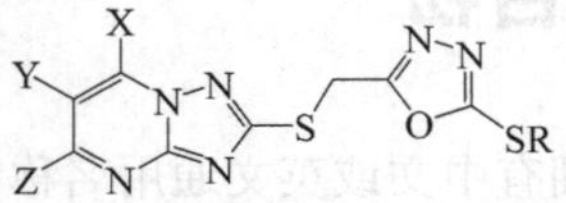

其中，X、Y、Z 表示氢、烷基、三氟甲基、烷氧基、卤素；R 表示烷基、卤代烷基、苄基、对氯苄基、对硝基苄基。

发明人：杨光富，刘祖明，卿湘华，陆爱红，庄农波；申请人：华中师范大学

中国专利号：ZL00114648.3；中国专利申请日：2000-06-22

化合物类型：三唑并嘧啶类

发明思路：me-too 研究；在嘧啶并三唑杀菌剂结构基础上引入噁二唑甲基结构而得。

用途：具有杀菌活性，在 50～200mg/L 的浓度下对水稻纹枯病菌具有显著的专一性杀灭活性。

代表化合物结构如下：

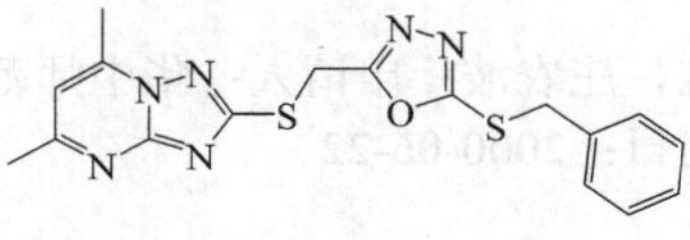

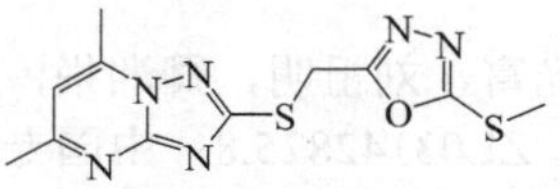

3.27 生物源杀菌剂

截至 2023 年底公开了 16 个拥有中文或英文通用名称的生物源杀菌剂，包括植物源和抗生素两大类，具体分类与通用名称如下：

植物源杀菌剂（botanical fungicides，7 个），其中包括生物碱类杀菌剂 2 个：大蒜素（allicin）、香芹酚（carvacrol）、香芹酮（carvone）、蛇床子素（osthol）、茴蒿素（santonin）、小檗碱（berberine）、血根碱（sanguinarine）。

抗生素类杀菌剂（antibiotic fungicides，9 个）：放线菌酮（cycloheximide）、灰黄霉素（griseofulvin）、宁南霉素（ningnanmycin）、灭瘟素（blasticidin-S）、链霉素（streptomycin）、井冈霉素（validamycin）、春雷霉素（kasugamycin）、金色制酶素（aureofungin）、纳他霉素（natamycin）。

国内对生物源杀菌剂的研究也很广泛。目前已商品化或开发中的该类杀菌剂主要有上海交通大学和上海农乐生物制品股份有限公司联合开发的申嗪霉素，上海市农药研究所的长川霉素、金核霉素、井冈霉素，中国科学院成都生物研究所和国家医药管理局四川抗菌素工业研究所联合开发的宁南霉素，中国农科院生防所的中生菌素，江苏省苏科植物保护技术开发中心的蛇床子素，沈阳化工学院的苯丙烯菌酮。

在新化合物的创制方面也有广泛的探索，涉及黄酮类（研究单位涉及西北农林科技大学、浙江大学宁波理工学院、华南农业大学、陕西师范大学等）；生物碱类（兰州大学、南开大学、

西北农林科技大学、陕西科技大学、华中农业大学、云南民族大学等)；肉桂酸类（西北农林科技大学、华中师范大学等)；苯并吡喃（酮）类（南开大学、西北农林科技大学、华南农业大学、青岛农业大学、陕西师范大学、沈阳药科大学、西华大学等)；萜类（云南民族大学、华南农业大学、贵州省中国科学院天然产物化学重点实验室、南京农业大学等)；抗生素类（长江大学、浙江大学、上海交通大学、南京农业大学、湖南化工研究院有限公司、西北农林科技大学、中国农业大学等)；呫吨酮类（华南农业大学、中国农业科学院烟草研究所等)；蒽醌类（中国农业科学院烟草研究所、云南民族大学等)；含糖基类（南开大学、浙江工业大学、中国农业大学等)；呋喃并色满类（湖南大学等)；以及其他生物源类杀菌剂。

3.27.1 申嗪霉素的创制

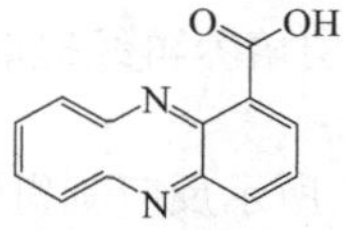

专利名称：生物农药促生拮抗菌 M18 及其制备方法

中国专利号：ZL00119857.2；申请日：2000-08-31；授权日：2004-03-10

专利发明人：许煜泉，冯镇泰；申请人：上海交通大学、上海农乐生物制品股份有限公司

申嗪霉素一种高效、低毒、与环境相容性好的生物杀菌剂，该产品是经微生物发酵获得的次生代谢产物，其主要的有效成分为吩嗪-1-羧酸(phenazine-1-carboxylic acid)，CAS 号 2538-68-3，是由上海交通大学和上海农乐生物制品股份有限公司研发的一种新型微生物源农药。1930 年 Fritz 等从芽孢杆菌细菌代谢物中得到吩嗪-1-羧酸，1975 年 Aizenman 等发现该化合物在有效剂量下，对各种真菌均有抑制效果，后续国外又有对其杀菌活性的报道。中国最早由欧进国等于 1982 年报道了其合成方法。1997 年，上海交通大学从上海郊区甜瓜根际周围的土壤中，分离得到一株对多种植物病原菌具有强大抑菌作用的荧光假单胞菌株 M18。科研人员经过多年研究，从荧光假单胞菌株 M18 的发酵液中提取纯化并鉴定了主要的抗菌活性物质，其化学结构为已知具有生物活性的化合物吩嗪-1-羧酸，后经进一步研究实现了产业化。

3.27.1.1 创制过程

针对当时农业种植结构调整中急需解决的问题，1996 年，在上海市科技兴农项目管理办公室的支持下，上海交通大学生命科学技术学院的研究人员着手开展研究，旨在研制开发广谱、高效、安全并在国际上具有领先水平的生物新农药。1997 年，上海交通大学从上海郊区甜瓜根际周围的土壤中，分离到一株对多种植物病原菌具有强大广谱抑菌作用的荧光假单胞菌株 M18。科研人员经过多年研究，从荧光假单胞菌株 M18 的发酵液中提取纯化并鉴定了主要的抗菌活性物质，通过紫外、红外、质谱和核磁共振等分析，已确定其化学结构为吩嗪-1-羧酸，并进一步试验证明，生物合成的吩嗪-1-羧酸活性与化学合成的吩嗪-1-羧酸的理化特性和生理活性完全相同。尽管吩嗪-1-羧酸化合物及杀菌活性都有文献可查，但作为农药登记未见报道[1]。

3.27.1.2 知识产权分析

该化合物申请《利用促生拮抗菌 M18 衍生菌株制备杀菌剂的方法》，申请日期：2006-01-19，获得了授权：ZL200610023459.9，专利权人：上海交通大学。

3.27.1.3 合成方法

（1）生物方法

① 以环丙烷-1-羧酸-1-氨基(1-aminocyclopropane-1-carboxylate, ACC)为唯一氮源筛选促生

细菌，并在含有 ACC 的平板上反复验证各菌株的脱氨酶活性。

② 运用同步法筛选出黄瓜枯萎病原菌的拮抗菌，将黄瓜枯萎病原菌培养 3 天，用直径为 8mm 的打孔器取出长满菌丝的琼脂片，接种在马铃薯葡萄糖(PDA)平板的中央，经 28℃培养 2 天，然后将具有 ACC 脱氨酶活性的各菌株分别点接于距病原菌中心的 2cm 处，一块平板可同时测试 4 个不同的菌株，经 28℃培养 4 天后观察抑菌效果，制成菌株，重复三次，选出对黄瓜枯萎病原菌具有最强抑制作用的菌株。

③ 用异步法制备具有广谱抑制真菌性病原物能力的目标细菌 M18。

④ 将该目标细菌置于经 0.105MPa 高压灭菌 30min 的培养基上，28℃振荡培养 4 天，得到促生拮抗菌 M18；所述的培养基的配方为(重量百分数)：甘油 1.5%、蛋白胨 2%、磷酸氢二钾 0.03%、硫酸镁 0.15%，余量为水，pH 7。

利用促生拮抗菌 M18 于发酵罐中深层培养再经提取纯化而到目标物申嗪霉素[2]。

（2）化学合成法

① 以邻硝基苯胺为原料经如图 3-33 所示反应制得[3]：

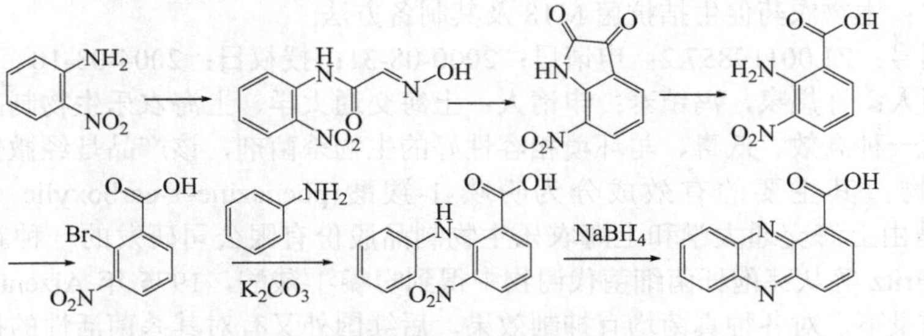

图 3-33 申嗪霉素合成路线（1）

② 以邻苯二酚等为原料经如图 3-34 所示反应制得[4]：

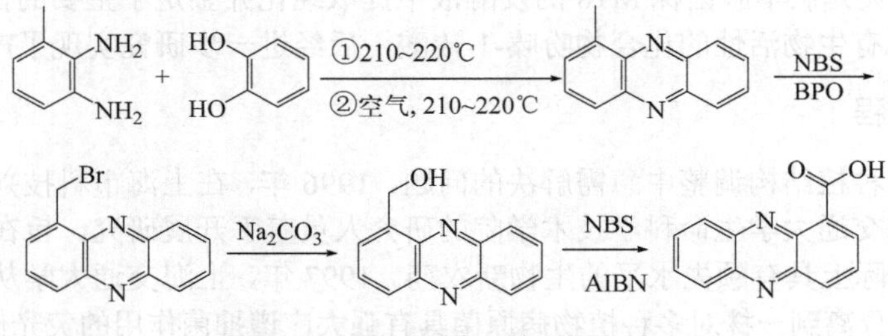

图 3-34 申嗪霉素合成路线（2）

③ 以邻苯二酚等为原料经如图 3-35 所示反应制得[5]：

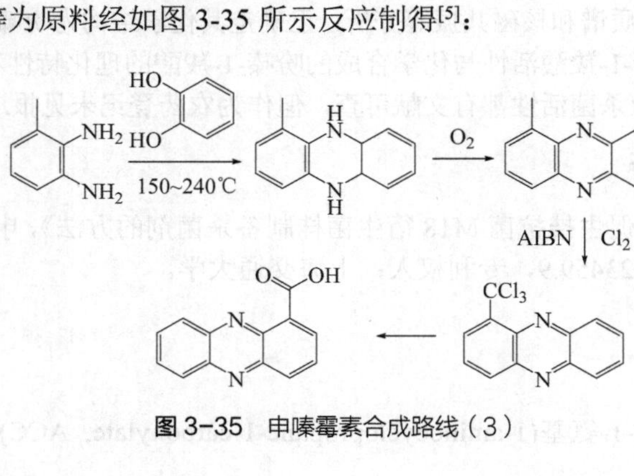

图 3-35 申嗪霉素合成路线（3）

3.27.1.4 组合物专利

申嗪霉素部分组合物专利见表 3-93。

表 3-93 申嗪霉素组合物专利

序号	公开号	发明名称	申请人	B 组分
1	CN102812956B	一种杀菌组合物	北京燕化永乐农药有限公司	春雷霉素
2	CN103155936B	一种含有申嗪霉素的植物病害防治组合物	深圳诺普信农化股份有限公司	甲基硫菌灵、多菌灵、苯菌灵、噻菌灵、咪鲜胺中的一种
3	CN103271050A	一种复配杀菌剂	北京燕化永乐农药有限公司	吡唑醚菌酯
4	CN103271094A	一种复配杀菌剂	北京燕化永乐农药有限公司	梧宁霉素
5	CN103583525B	一种含有申嗪霉素的农药组合物	长江大学	氨基寡糖素、芸苔素内酯
6	CN103651430B	一种复配杀菌剂	北京燕化永乐生物科技股份有限公司	纳他霉素
7	CN103907644A	一种杀菌组合物	北京燕化永乐生物科技股份有限公司	嘧啶核苷类抗菌素
8	CN103947663A	含有申嗪霉素的杀菌组合物	深圳诺普信农化股份有限公司	吡唑醚菌酯
9	CN103960244B	含有申嗪霉素的杀菌组合物	深圳诺普信农化股份有限公司	嘧菌酯
10	CN103960245B	含有申嗪霉素的杀菌组合物	深圳诺普信农化股份有限公司	肟菌酯
11	CN103960251B	基于申嗪霉素的杀菌组合物	深圳诺普信农化股份有限公司	三唑类化合物
12	CN104041496B	一种复配杀菌剂	北京燕化永乐生物科技股份有限公司	宁南霉素
13	CN104054727A	含申嗪霉素的杀菌组合物	北京燕化永乐生物科技股份有限公司	多抗霉素
14	CN104186551A	嘧啶核苷类抗菌素和申嗪霉素生物杀菌组合物及其应用	江苏省绿盾植保农药实验有限公司	嘧啶核苷类抗菌素

3.27.1.5 作用机理

申嗪霉素具有抗菌、抗肿瘤和抗寄生虫活性，无内吸性，并能促进植物生长，杀菌谱较广。其抗菌活性至少有两方面的机理[6]：一是此类化合物在病原菌细胞内被还原的过程中会产生有毒的超氧离子和过氧化氢，能够氧化谷胱甘肽和转铁蛋白，产生高细胞毒性的羟自由基；二是由于吩嗪类化合物能够被 NADH 还原，成为电子传递的中间体，扰乱了细胞内正常的氧化还原稳态($NADH/NAD^+$等)，影响能量的产生，从而抑制微生物的生长。目前有关申嗪霉素更深入的抗菌作用机理尚不明确。

3.27.1.6 毒理学与安全评价

申嗪霉素原药和制剂部分毒性试验结果见表 3-94 和表 3-95[1]。

表 3-94 申嗪霉素原药毒性

测试科目	结论
细菌回复突变试验(Ames)	阴性
小鼠嗜多染红细胞微核试验	阴性
小鼠睾丸精母细胞染色体畸变试验	阴性
大鼠经口 90 天毒性试验	雌性：阈作用剂量 3.69mg/kg，无作用剂量 0.369mg/kg 雄性：阈作用剂量 2.71mg/kg，无作用剂量 0.271mg/kg

表 3-95 1%申嗪霉素悬浮剂毒性

测试科目	结论
大鼠急性经口	雌、雄大鼠：LD_{50}＞5000mg/kg
大鼠急性经皮	雌、雄大鼠：LD_{50}＞2000mg/kg
兔眼单次刺激试验	无刺激性
兔皮肤单次刺激试验	无刺激性
豚鼠皮肤致敏试验	弱致敏性

3.27.1.7 登记情况

目前国内登记申嗪霉素系列产品 5 个，具体登记信息如表 3-96。

表 3-96 申嗪霉素相关登记产品信息表

登记证号	农药名称	剂型	总含量	登记作物	防治对象	用药量（制剂量）	施用方法	登记证持有人
PD20121152	申嗪霉素	悬浮剂	1%	辣椒	疫病	80～120g/亩	喷雾	江西珀尔农作物工程有限公司
				水稻	纹枯病	50～70g/亩	喷雾	
PD20180977	申嗪·噻呋	悬浮剂	30%	水稻	纹枯病	8～10g/亩	喷雾	江苏好收成韦恩农化股份有限公司
PD20110315	申嗪霉素	悬浮剂	1%	黄瓜	灰霉病	100～120mL/亩	喷雾	上海农乐生物制品股份有限公司
				黄瓜	霜霉病	100～120mL/亩	喷雾	
				辣椒	疫病	50～120mL/亩	喷雾	
				水稻	稻曲病	60～90mL/亩	喷雾	
				水稻	稻瘟病	60～90mL/亩	喷雾	
				水稻	纹枯病	50～70mL/亩	喷雾	
				西瓜	枯萎病	500～1000 倍液	灌根	
				小麦	赤霉病	100～120mL/亩	喷雾	
				小麦	全蚀病	100～200mL/100kg 种子	拌种	

续表

登记证号	农药名称	剂型	总含量	登记作物	防治对象	用药量（制剂量）	施用方法	登记证持有人
PD20110314	申嗪霉素	原药	95%	—	—	—		上海农乐生物制品股份有限公司
PD20131515	申嗪霉素	悬浮剂	1%	辣椒	疫病	50～120mL/亩	喷雾	湖北天泽农生物工程有限公司
				水稻	纹枯病	50～70mL/亩	喷雾	
				西瓜	枯萎病	500～1000 倍液	灌根	

3.27.1.8 应用效果

室内试验表明，申嗪霉素对瓜类、蔬菜、棉花、水稻和小麦等作物的枯萎病、疫病、纹枯病、蔓枯病和赤霉病等均有效[7]。

经盆栽和多地小区药效试验，申嗪霉素使用浓度 0.001%时，对枯萎性根腐和茎腐病害的防治效果可达 80%以上。

防治西瓜枯萎病、辣椒枯萎病的田间药效试验结果表明，通过苗期的灌根和发病初期叶面的喷雾，申嗪霉素对西瓜枯萎病的防治效果为 75%～80%，对甜椒疫病的防治效果为 73%～80%。对甜瓜蔓枯病的大田治疗试验表明，在发病初期的病斑上，涂布 1%申嗪霉素悬浮剂，能达到理想的治疗效果，治疗效果可达到 80%以上[1]。

参考文献

[1] 许煜泉. 绿色微生物源抗菌剂申嗪霉素(M18). 精细与专用化学品, 2004, (20): 8-9+17.
[2] 于秋生, 何剑飞, 於慧利, 等. 一种高产申嗪霉素的发酵培养基的制备方法和发酵培养基. CN111485009, 2020-08-04.
[3] 李宗成, 季秀芳, 谢思勉, 等. 一种制备吩嗪-1-羧酸的方法. CN104829544, 2015-08-12.
[4] 朱红军, 展秋英, 朱晓林, 等. 一种合成吩嗪-1-羧酸的方法. CN104045601, 2014-09-17.
[5] 朱红军, 朱晓林, 何广科, 等. 一种合成申嗪霉素方法. CN103304496, 2013-09-18.
[6] 方运玲, 孙爽, 申阅, 等. 微生物源农药申嗪霉素的研制与应用. 农药学学报, 2014,16(04): 387-393.
[7] 沈丽娟. 高效、广谱、安全生物杀菌剂——申嗪霉素. 世界农药, 2011,33(03): 58.

3.27.2 长川霉素的创制

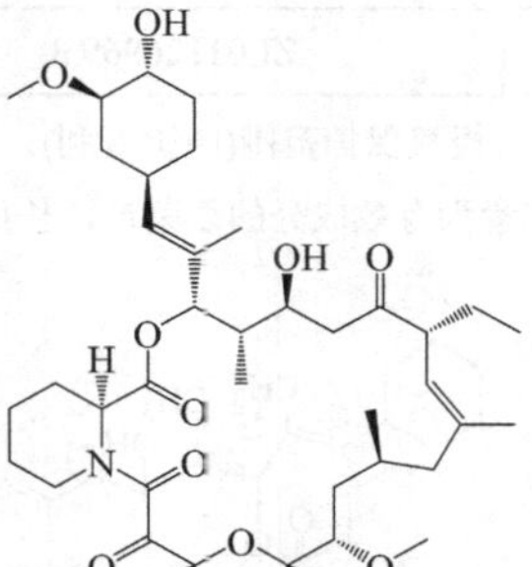

专利名称：长川霉素农用杀菌剂及其制备方法和应用

中国专利号：ZL01126969.3；申请日：2001-10-08；授权日：2004-11-10

专利发明人：陶黎明，倪长春，沈寅初，张云桦，顾学斌，徐文平，吴霞，王磊，祁秀明，沈宙，顾必文；申请人：上海市农药研究所

该发明是关于以长川霉素为有效成分的农业园艺杀菌剂和其制备方法以及该杀菌剂的应用。长

川霉素为上海市农药研究所从广西梧州地区采集的土样内，分离得到一株编号为 SPRI-2098 的放线链霉菌，经过培养分离从而开发的新颖生物杀菌剂。试验代号为：SPRI-2098，其于 2000 年申请专利，对黄瓜灰霉病、玉米小斑病、菌核病、白粉病等多种真菌病害有较好的防治效果，可广泛用于草莓、番茄、黄瓜等经济作物，可替代多菌灵、甲基硫菌灵、腐霉利等抗性严重的农药。2004 年由上海南申科技开发有限公司获得临时登记后由顺毅股份有限公司在 2007 年获得临时登记。

3.27.2.1 创制过程

在筛选新农用抗生素的过程中，从广西梧州地区采集的土样内，分离得到一株编号为 SPRI-2098 的放线链霉菌，其发酵产物对黄瓜灰霉病、玉米小斑病等真菌病害有较好的防治效果。通过对 SPRI-2098 菌株的代谢产物作进一步的研究，从中分离出 2098 生物活性组分即为长川霉素[1]。

3.27.2.2 知识产权分析

（1）新颖性和创造性　长川霉素与子囊霉素(ascomycin)平面结构相同，子囊霉素在 1962 年 *The Joumal of antibiotic*（第 15 期 231 页）报道由链霉菌 KKS317 经发酵产生，具有防治分枝杆菌 607、黑根霉、米曲霉、白色假丝酵母、趾间发癣霉、须发癣霉等的作用。长川霉素经 SPRI 98520 的放线链霉菌发酵产生。尽管子囊霉素产生菌和 SPRI 98520 菌株均属于链霉菌吸水类群（*Streptomyces hygroscopicus*），但二者无论从形态特征、培养特征及生理生化特征比较均有很大的差异，且 SPRI 98520 形态特征、培养特征及生理生化特征均与已知种生黑孢链霉菌很相似，因此 SPRI 98520 也被定名为生黑孢链霉菌广西变种，因而通过 SPRI 98520 培养而得到长川霉素是具有新颖性的[1]。

同时长川霉素对土曲霉、棕曲霉、出芽短梗霉、变色曲霉、黑曲霉、球毛壳霉、拟青霉、绳状青霉、根霉、毛霉、绿色木霉、交链孢霉、大肠杆菌、灰霉病菌、抗性灰霉病菌、瓜类炭疽病菌、水稻白叶枯病菌、玉米小斑病菌、稻瘟病菌、棉花枯萎病菌、稻胡麻斑菌、小麦赤霉病菌、稻纹枯病菌、菌核病菌、早疫病菌、梨轮纹病菌、马铃薯晚疫病菌、黄瓜霜霉病、瓜类白粉病菌等具有很好的抑制效果。

（2）核心化合物专利　长川霉素核心化合物专利与授权保护范围如表 3-97 所示。

表 3-97　原上海市农药研究所申请的长川霉素核心化合物专利

序号	公开号	专利号	法律状态
1	CN1364414A	ZL01126969.3	2015 年 11 月 25 日专利权终止

授权保护范围(中国专利)

一种农用杀菌剂，其特征在于它是以长川霉素为有效成分的杀菌剂，长川霉素的分子式为：$C_{43}H_{69}NO_{12}$，其平面结构如下：

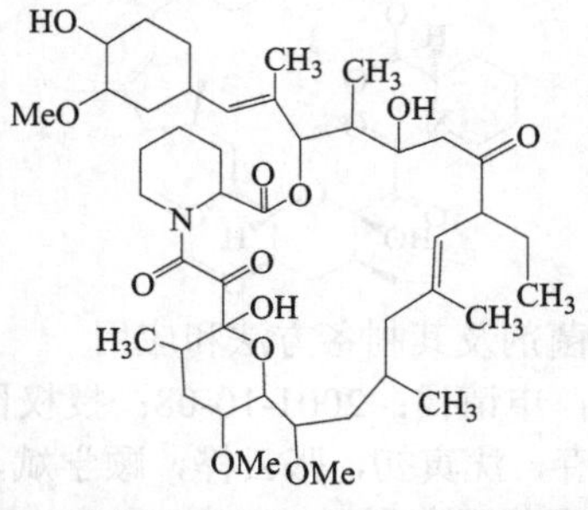

分子量为 791，熔点为 148～152℃；生产长川霉素所用的菌株是生黑孢链霉菌广西变种 SPRI 98520 菌株（*Streptomyces melanosporofaciens* var.*guangxicus*），保藏编号为 CGMCC NO.0638

3.27.2.3 合成方法[4]

一般采用孢子悬液接入种子罐培养，然后进行罐发酵，放罐，料液过滤，滤渣丙酮浸泡，浸泡液树脂层析，洗脱液浓缩、萃取，制成微生物源杀菌剂长川霉素。

以葡萄糖3%、淀粉5%、花生饼粉1%、黄豆饼粉2%、蛋白胨0.1%、酵母膏0.4%、氯化钠0.2%、硫酸镁0.5%、硝酸铵0.2%、磷酸氢二钾0.05%的比例制成培养基，pH调节到7.2，消毒灭菌。将上述SPRI 98520菌种接种于该培养基中，在250mL三角摇瓶中装50mL，在28℃下振荡培养40h；以此培养物为种子，以20%的比例接种于上述100kg培养基组成的发酵培养液中，28℃通气搅拌培养90h。取该发酵培养液，过滤，得滤渣20kg，用60kg 80%含水丙酮搅拌浸泡8h，将菌丝体破壁后，再与80kg滤液合并，通过5kg HP20型大孔吸附树脂；然后用5kg 40%丙酮洗涤树脂，再用10kg 80%丙酮解吸。解吸液10kg浓缩后得500g黄色油状物Ⅰ(含长川霉素20%)。取Ⅰ100g通过硅胶层析，用正己烷：甲醇以20：1的比例展开，收集活性组分，浓缩该组分得22g淡黄色粉末Ⅱ(含长川霉素85%)。取Ⅱ10g，用甲醇溶解、结晶，得淡黄色结晶Ⅲ约8g(含长川霉素99%)。

3.27.2.4 组合物专利

长川霉素部分组合物专利见表3-98。

表3-98 长川霉素组合物专利

序号	公开号	发明名称	申请人	B组分
1	CN107980790A	一种含有苯菌酮和长川霉素的农用杀菌组合物	海利尔药业集团股份有限公司	苯菌酮
2	CN108271799B	一种含有吡唑醚菌酯的杀菌组合物	浙江永太科技股份有限公司	吡唑醚菌酯
3	CN108294004B	一种含有啶氧菌酯的杀菌组合物	浙江永太科技股份有限公司	啶氧菌酯

3.27.2.5 毒理学与安全评价

对哺乳动物进行了急性经口、经皮、皮刺、眼刺、Ames、染色体、微核试验、亚慢性及慢性毒性等试验[3]，结果详见表3-99。

表3-99 长川霉素毒性数据

测试科目	结论
大鼠急性经口	雄性大鼠：LD_{50} 270mg/kg 雌性大鼠：LD_{50} 126mg/kg
大鼠急性经皮	低毒。雄性大鼠：LD_{50}＞2000mg/kg， 雌性大鼠：LD_{50}＞2000mg/kg
兔眼单次刺激试验	无刺激性
兔皮肤单次刺激试验	无刺激性
细菌回复突变试验(Ames)	阴性
小鼠嗜多染红细胞微核试验	阴性
小鼠睾丸精母细胞染色体畸变试验	阴性
大鼠饲喂亚慢性毒性试验	对大鼠的最大无作用剂量为6.5mg/kg
大鼠致畸试验	对SD大鼠无致畸作用

3.27.2.6 登记情况

目前国内登记长川霉素系列产品 4 个（均已过期），具体登记信息详见表 3-100。

表 3-100　长川霉素相关登记产品信息表

登记证号	农药名称	剂型	总含量	登记作物	防治对象	用药量（制剂量）	施用方法	登记证持有人
LS20041957	长川霉素	乳油	1%	番茄	灰霉病	—	喷雾	上海南申科技开发有限公司
LS20090369	长川霉素	乳油	1%	番茄	灰霉病	400～800mL/亩	喷雾	顺毅股份有限公司
LS20041956	长川霉素	原药	94%	—	—	—	—	上海南申科技开发有限公司
LS20072567	长川霉素	原药	94%	—	—	—	—	顺毅股份有限公司

3.27.2.7 应用效果

长川霉素对大棚温室中的黄瓜灰霉病、玉米小斑病、菌核病、白粉病等真菌病害有较好的防治效果。在试验中发现长川霉素虽有根部内吸作用，但无叶片内吸传导作用。在番茄灰霉病的防治过程中，其推荐剂量为 30～60g (a.i.)/hm^2[2-4]。

参考文献

[1] Arai T, Kouama Y, Suenaga T, et al. Ascomycin, anantifungal antibiotic. J Antibiot, 1962, 15: 231-232.
[2] 陶黎明，顾学斌，倪长春，等. 长川霉素的研究. 农药, 2002, 41(12): 11-13.
[3] 顾学斌，王磊. 新颖生物杀菌剂——长川霉素. 世界农药, 2007, 19(6): 51.
[4] 陶黎明，倪长春，沈寅初，等. 长川霉素农用杀菌剂及其制备方法和应用. CN1364414, 2002-08-21.

3.27.3 宁南霉素的创制

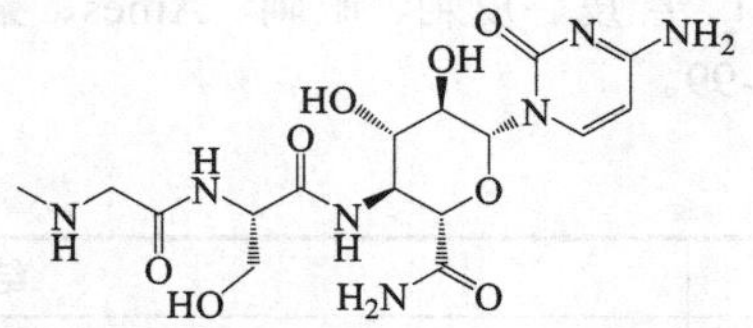

专利名称：一种抗生素新农药——宁南霉素

中国专利号：ZL93104287.9；申请日：1993-04-23；授权日：1997-11-05

专利发明人：胡厚芝，向固西，陈家任，陈维新，吴林森，徐生林；申请人：中国科学院成都生物研究所，国家医药管理局四川抗菌素工业研究所

该发明是通过分离链霉菌 16A-6 菌株（诺尔斯链霉菌的一个新变种，也称诺尔斯链霉菌西昌变种，*Streptomyces noursei* var. *xichangensis*）发酵液得到了一种新结构的胞嘧啶核苷肽型新抗生素，即为宁南霉素，英文通用名 ningnanmycin，于 1997 年获得中国专利，1998 年准新农药临时登记（LS981485）并由黑龙江强尔生化技术开发有限公司（现德强生物股份有限公司）实现大批量工业化生产并商品化，在全国各农业生产基地推广应用。宁南霉素适于防治烟草花叶病、辣椒花叶病、番茄病毒病、西瓜病毒病、香蕉病毒病、木瓜病毒病、胡椒病毒病、玉米病毒病以及大豆根腐病、水稻白叶枯病、小麦白粉病、各种蔬菜白粉病、花卉白粉病。“八五”

和“九五”国家攻关分别通过由农业部和中国科学院主持的专家鉴定，获中国科学院科技进步三等奖和国家三部委颁发的攻关成果奖。宁南霉素为低毒、低残留，对环境无污染的广谱性生物农药，2000 年通过 ISO9002 产品质量认证，被科技部列为“十五”期间国家科技成果重点推广产品，被农业部评为国家级安全用药产品。2001 年获国家五部委批准的国家重点新产品证书，被烟草总公司评为烟草行业公告产品。2002 年被国家计委列为生物高新技术产业化工程。

3.27.3.1 创制过程

中国科学院成都生物研究所于 1993 年从四川省宁南县土壤中分离得到诺尔斯链霉菌西昌变种（*Streptomyces noursei* var. *xichangensis*），对其进行发酵培养，从发酵液中分离得到一种 L-丝氨酸胞嘧啶核苷肽型新抗生素，即宁南霉素。

3.27.3.2 知识产权分析

国外于 1962 年报道了其同分异构体谷氏菌素（gougerotin）[1]，对其化学结构和性质进行了深入的研究，发现谷氏菌素中的丝氨酸为 D 型，而新分离的宁南霉素则是 L 型丝氨酸，同时宁南霉素也是首次从诺尔斯链霉菌西昌变种中分离得到。宁南霉素与谷氏菌素两者的生物活性差异显著，详见表 3-101[2]。

表 3-101 宁南霉素、庆丰霉素、谷氏菌素的抗菌活性比较

植物病原菌	抗菌活性 MIC/（μg/mL）		
	宁南霉素	庆丰霉素	谷氏菌素
水稻稻瘟病菌	400	200	＞500
水稻纹枯病菌	50	400	
水稻小球菌核病菌	25	200	
水稻白叶枯黄杆菌	6.25	100	

注：MIC 指最小抑菌浓度（minimal inhibitory concentration）。

宁南霉素核心化合物专利与授权保护范围如表 3-102 所示。

表 3-102 宁南霉素核心化合物专利

序号	公开号	专利号	法律状态
1	CN1093869A	ZL93104287.9	专利权终止（2013-06-19）

授权保护范围(中国专利)

用微生物发酵技术生产的抗生素农药，其特征是：其产生菌 16A-6 菌株是诺尔斯链霉菌的一个新变种，定名为诺尔斯链霉菌西昌变种(*Streptomyces noursei* var. *xichangensis*)，保藏号为：CGMCC NO.0194；其分子量为 444[质谱法]，分子式为 $C_{16}H_{25}N_7O_8$，结构式为：

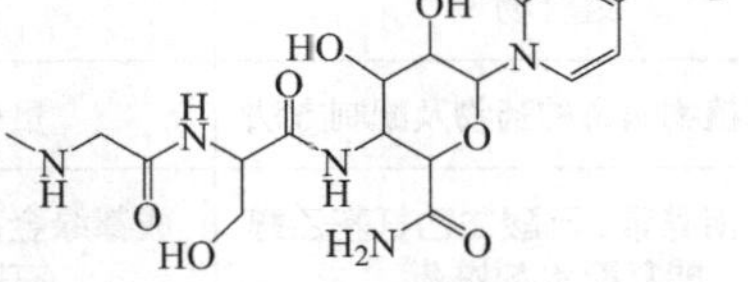

3.27.3.3 合成方法[3,4]

宁南霉素为诺尔斯链霉菌西昌变种发酵的次级代谢产物，其出发种株的生产能力是发酵工业生产中要解决的关键技术。四川金珠生态农业科技有限公司研发中心对宁南霉素生产菌种采用紫外线、亚硝基胍、吖啶黄、^{32}P 重复处理和交叉处理等物理和化学手段进行常规诱变育种和原生质体细胞融合，构建适合规模生产的高产菌株，现菌种生产水平，摇瓶发酵单位由出发种株 8000U/mL 提高到 12000U/mL，进一步提高并稳定在 20000U/mL 以上。其中获得一株编号为 16-1 的突变菌株运用在 20t 生产发酵罐，发酵水平显著提高。

四川金珠生态农业有限公司与四川大学及上海某生物工程公司合作，对发酵工厂进行全方位的技术改造，对发酵过程实现全程自动控制，以 16-1 的突变菌株为生产种株，通过摇瓶对发酵条件进行优化及 20t 生产罐进行多批生产试验，取得了一系列的发酵控制工艺参数，使其生产稳定，发酵水平稳定在 17000U/mL 以上。

放罐发酵液经快速热处理、酸化、过滤、浓缩，通过对后处理工艺进行完善优化，其发酵有效成分收率达 85%，加入适量酯类助剂明显提高产品的稳定性。

具体操作如图 3-36 所示：

发酵工艺流程：将 4℃冰箱保存的高产菌种冻干管转接于试管斜面，在 28℃下培养；待生长出丰富的灰色孢子后，再转接于茄子瓶，置于 28℃下培养 14 天左右；将生长丰富的灰色孢子用无菌水洗涤，制成菌悬液，用压差法接种于 5t 的种子罐，罐温控制在（28±1）℃，罐压 0.05MPa，搅拌速度 200r/min，培养 34h 左右；转种于 20t 罐发酵，罐温 27～28℃，罐压 0.05MPa，搅拌速度 120r/min，发酵 36h 左右。

后处理工艺流程：放罐发酵液经快速热处理、酸化、过滤，明显提高后处理的过滤速度和产品质量；浓缩液快速热处理后，加入适量酯类有机溶剂，明显提高水剂的产品稳定性。

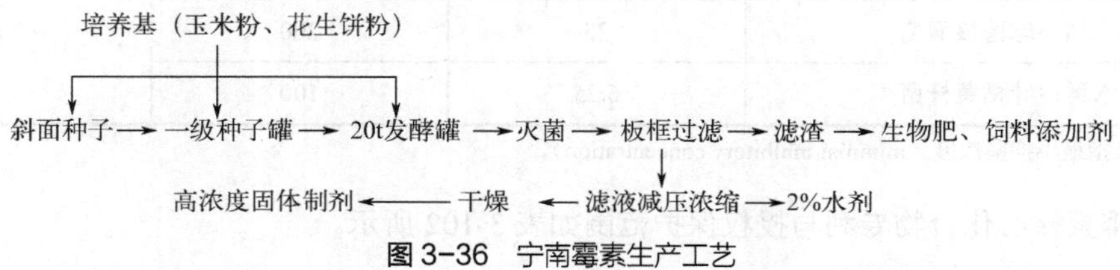

图 3-36 宁南霉素生产工艺

3.27.3.4 组合物专利

宁南霉素部分组合物专利见表 3-103。

表 3-103 宁南霉素组合物专利

序号	公开号	发明名称	申请人	B 组分
1	CN101297648A	一种含有菇类蛋白多糖的杀菌剂组合物	北京燕化永乐农药有限公司	菇类蛋白多糖
2	CN101438718A	一种抗植物病毒的药物及配制方法	贵州大学	香椿提取物
3	CN101703049A	一种宁南霉素、己酸二乙氨基乙醇酯复配水剂农药	成都绿金高新技术股份有限公司	己酸二乙氨基乙醇酯

续表

序号	公开号	发明名称	申请人	B 组分
4	CN101978827A	宁南霉素组合物及其制备方法	黑龙江强尔生化技术开发有限公司	两种宁南霉素类似物
5	CN102067839A	嘧菌酯和宁南霉素的复配农药	德强生物股份有限公司	嘧菌酯
6	CN102067840A	氟菌唑和宁南霉素的复配农药	德强生物股份有限公司	氟菌唑
7	CN102067843A	戊唑醇和宁南霉素的复配农药	德强生物股份有限公司	戊唑醇
8	CN102067855A	多抗霉素和宁南霉素的复配农药	德强生物股份有限公司	多抗霉素
9	CN102160549A	嘧菌环胺和宁南霉素的复配农药	德强生物股份有限公司	嘧菌环胺
10	CN102197819A	一种杀菌组合物及其用途	江苏宝灵化工股份有限公司	精甲霜灵
11	CN102293205A	蛇床子素与宁南霉素复配杀菌剂	江苏省绿盾植保农药实验有限公司	蛇床子素
12	CN102349538A	一种抗植物病毒的农药组合物	广西田园生化股份有限公司	毒氟磷
13	CN102550590A	一种用于防治辣椒病毒病的组合农药	李学员	盐酸吗啉胍
14	CN102657219A	含毒氟磷的超低容量液剂	广西田园生化股份有限公司	毒氟磷
15	CN103202299A	一种防治植物病毒病的农药组合物	海利尔药业集团股份有限公司	嘧肽霉素
16	CN103300023A	农药组合物	北京燕化永乐农药有限公司	梧宁霉素
17	CN103329904A	一种含乙嘧吩磺酸酯和宁南菌素的杀菌组合物及应用	崔淑华	乙嘧吩磺酸酯
18	CN103348986A	一种含有戊菌唑和宁南霉素的杀菌组合物及其应用	中华人民共和国黄岛出入境检验检疫局	戊菌唑
19	CN103444719A	一种抑制褐孢霉菌菌丝体生长的组合物	南京通泽农业科技有限公司	L-苹果酸和茶皂素
20	CN103444723A	一种杀菌组合物	南京泽朗医药科技有限公司	烯唑醇和腈菌唑
21	CN103444730A	一种生物源杀菌组合物	南京泽朗医药科技有限公司	丹酚酸 B 和苦参碱
22	CN103548892A	一种抗植物病毒的复配增效组合物及用途	贵州大学	香椿树皮提取物
23	CN103651391A	一种防治黄瓜白粉病的杀菌组合物	青岛星牌作物科学有限公司	己唑醇
24	CN103858885A	防治苹果病害的杀菌组合物及其应用	山东省烟台市农业科学研究院	抑霉唑
25	CN103918658A	一种含有氰霜唑的复配杀菌组合物	深圳诺普信农化股份有限公司	氰霜唑

续表

序号	公开号	发明名称	申请人	B组分
26	CN103947658A	一种含有噻呋酰胺的杀菌组合物	深圳诺普信农化股份有限公司	噻呋酰胺
27	CN103960261A	杀菌组合物	深圳诺普信农化股份有限公司	噻呋酰胺

3.27.3.5 作用机理

宁南霉素具有良好的防治烟草TMV的作用。宁南霉素对TMV的预防太短时间和太长时间效果都不好，5天左右效果最佳。宁南霉素防治TMV，则是发病时间越短进行防治药效越好。宁南霉素对TMV具有钝化作用，但钝化作用在短时间就很有效，而较长时间的作用效果不佳。因此，宁南霉素对TMV的作用并非对病毒粒子本身的直接破坏，因为钝化试验结果显示宁南霉素并不能阻止TMV衣壳蛋白在侵染叶片中合成，但是短时间的钝化却能有效地保持烟草叶片的多肽组分，说明宁南霉素对TMV的抑制有一定时效性。可能宁南霉素对TMV病毒的钝化或防治是一个复杂的过程[5-8]。

进一步研究表明宁南霉素对原生质体内TMV正义链、负义链的积累起到了一定的抑制作用，且根据试验结果推测很有可能是负义链长度发生变化。宁南霉素同样也对TMV的增殖起到了抑制作用，根据试验结果对宁南霉素的作用方式做出如下猜测：宁南霉素通过对负义链的长度进行改变，对负义链积累的抑制，进而减少了病毒正义链RNA的合成，而由于外壳蛋白亚基因组的合成是基于正义链RNA的量进行，相应的，外壳蛋白亚基因组的量也相对减少，同样的，外壳蛋白的减少导致病毒RNA没有了保护，最终不断降解，并由此达到了减少病毒扩增的目的。

另有研究表明，宁南霉素通过影响茶假拟盘多毛孢菌菌株GZHS-2017-01的RNA降解、多类*N*-聚糖生物合成、氨基酸生物合成等，从而发挥其抑菌作用。

3.27.3.6 毒理学与安全评价

宁南霉素对人、畜低毒，无致癌、致畸、致突变作用，基本无致敏作用[9]。具体毒性数据见表3-104。

表3-104 宁南霉素毒性数据

测试科目	结论
小鼠急性经口	LD_{50} 6485mg/kg
小鼠腹腔注射	LD_{50} 103.6mg/kg
小鼠急性经皮	LD_{50}＞10000mg/kg
大鼠急性经口	LD_{50} 5492mg/kg
大鼠腹腔注射	LD_{50} 126.1mg/kg
鲫鱼急性毒性	LC_{50} 3323mg/L

3.27.3.7 登记情况

目前国内登记宁南霉素系列产品15个，商品名独揽(2%水剂)、德当(2%水剂)、乘可(2%水剂)、溃扬(4%水剂)、德紫(8%水剂)、亮叶(8%水剂)、独锐(8%水剂)、宁朴(10%可溶粉剂)、德双（25%宁南·嘧菌酯悬浮剂）、德普尔（30%宁南霉素·戊唑醇悬浮剂）、德叶（29%宁南·氟菌唑可湿性粉剂)，具体登记信息如表3-105。

表3-105　宁南霉素相关登记产品信息表

登记证号	农药名称	剂型	总量	登记作物	防治对象	用药量（制剂量）	施用方法	登记证持有人
PD20097120	宁南霉素	母药	40%	—	—	—	—	德强生物股份有限公司
PD20097121	宁南霉素	水剂	2%	大豆	根腐病	60～80mL/亩	播前拌种	德强生物股份有限公司
				水稻	条纹叶枯病	200～333mL/亩	喷雾	
PD20097122	宁南霉素	水剂	8%	番茄	病毒病	75～100mL/亩	喷雾	德强生物股份有限公司
				辣椒	病毒病	75～104mL/亩	喷雾	
				苹果树	斑点落叶病	2000～3000倍液	喷雾	
				水稻	黑条矮缩病	45～60mL/亩	喷雾	
				烟草	病毒病	42～63mL/亩	喷雾	
PD20110754	宁南霉素	可溶粉剂	10%	黄瓜	白粉病	50～75g/亩	喷雾	德强生物股份有限公司
PD20141965	宁南·戊唑醇	悬浮剂	30%	香蕉	叶斑病	1200～2000倍液	喷雾	德强生物股份有限公司
PD20151353	宁南霉素	水剂	8%	番茄	病毒病	75～100g/亩	喷雾	黑龙江省佳木斯兴宇生物技术开发有限公司
PD20171892	宁南·氟菌唑	可湿性粉剂	29%	黄瓜	白粉病	15～20g/亩	喷雾	德强生物股份有限公司
PD20180223	宁南霉素	水剂	8%	烟草	病毒病	63～83mL/亩	喷雾	四川金珠生态农业科技有限公司
PD20180387	宁南霉素	母药	40%	—	—	—	—	四川金珠生态农业科技有限公司
PD20180623	宁南霉素	水剂	4%	水稻	条纹叶枯病	133～167mL/亩	喷雾	四川金珠生态农业科技有限公司
PD20180828	宁南霉素	水剂	2%	辣椒	病毒病	300～417mL/亩	喷雾	四川金珠生态农业科技有限公司
PD20180891	宁南·嘧菌酯	悬浮剂	25%	黄瓜	霜霉病	30～40mL/亩	喷雾	德强生物股份有限公司
PD20212690	宁南霉素	可溶液剂	8%	水稻	黑条矮缩病	60～70mL/亩	喷雾	山东惠民中联生物科技有限公司
				番茄	病毒病	85～100mL/亩	喷雾	
PD20211921	氨基寡糖素·宁南霉素	可溶液剂	8%	番茄	病毒病	75～100mL/亩	喷雾	佛山市盈辉作物科学有限公司
PD20230411	宁南霉素	可溶液剂	8%	水稻	条纹叶枯病	67～83mL/亩	喷雾	浙江吉顺植物科技有限公司

3.27.3.8 应用效果

宁南霉素对烟草花叶病毒具有保护、治疗及钝化作用[10,11]。

田间试验结果表明：宁南霉素及混剂产品可有效防治烟草病毒病、番茄病毒病、棉花枯萎病、棉花黄萎病、核桃细菌性黑斑病、苹果腐烂病、玉米丝黑穗病、水稻条纹叶枯病、小麦白粉病、辣椒疫病、桃树穿孔病等众多病害[12-19]。

参考文献

[1] 芦志成，张鹏飞，李慧超，等. 中国农药创制概述与展望. 农药学学报, 2019, Z1: 8-36.
[2] 向固西，胡厚芝，陈家任，等. 一种新的农用抗生素——宁南霉素. 微生物学报, 1995(05): 57-63.
[3] 胡厚芝，陈家任. 防治作物病毒病新农药：宁南霉素. 精细与专用化学品, 2003, 11(1): 14-16.
[4] 江孝民，王瑾，李彬. 宁南霉素产业化研究进展. 第二十届全国植保信息交流暨农药械交流会论文集, 2004: 289-291.
[5] 秦世荣. 宁南霉素用于防治烟草花叶病毒 TMV 侵染机理的探讨. 成都：四川大学, 2004.
[6] 王冠中. 嘧肽霉素和宁南霉素抗烟草花叶病毒分子机理研究. 沈阳：沈阳农业大学, 2016.
[7] 蔡学建，陈卓，宋宝安，等. 2%宁南霉素水剂对烟草花叶病毒的抑制及作用机制的初步研究. 农药, 2008, 47(1): 37-40.
[8] 王雪. 宁南霉素对茶假拟盘多毛孢的抑菌活性及作用机制的研究. 贵阳：贵州大学, 2020.
[9] 胡厚芝，向固西，陈家任，等. 一种抗生素新农药——宁南霉素. CN1093869, 1994-10-26.
[10] 蔡学建，陈卓，宋宝安，等. 2%宁南霉素水剂对烟草花叶病毒的抑制及作用机制的初步研究. 2008, 47(1): 37-40.
[11] 邓光兵，万波，胡厚芝，等. 宁南霉素对烟草花叶病毒的生物活性. 应用与环境生物学报, 2004, 10(6): 695-698.
[12] 贾建伟. 8%宁南霉素防治烟草病毒病田间试验. 种子世界, 2011(1): 25.
[13] 毛红辉. 2%宁南霉素防治棉花枯、黄萎病药效试验. 农村科技, 2012(10): 44.
[14] 曾博，邓学基，赵飞，等. 2%宁南霉素水剂防治核桃细菌性黑斑病田间试验. 湖北林业科技, 2017, 46(2): 43-44, 83.
[15] 孙茂贵，徐先祥，沈言根. 4%宁南霉素水剂防治小麦白粉病的效果. 农技服务, 2009, 26(3): 89, 124.
[16] 徐玉霞. 8%宁南霉素 AS 防治番茄病毒病田间药效试验. 上海农业科技, 2013(5): 80.
[17] 李世芳. 8%宁南霉素防治苹果腐烂病试验. 现代园艺, 2014(20): 10.
[18] 曹建华，王宜娟，王永国. 8%宁南霉素水剂防治辣椒病毒病田间药效示范. 蔬菜, 2014(5): 10-11.
[19] 赵吉晨，邵燕丽，张平云. 8%宁南霉素水剂防治桃树穿孔病效果试验. 上海农业科技, 2013(4): 128, 146.

3.27.4 金核霉素的创制

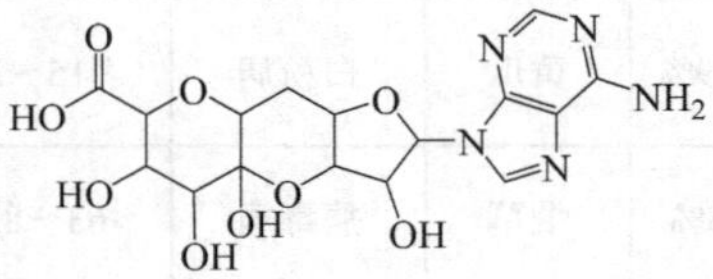

专利名称：新抗生素金核霉素的制备方法和农用杀菌剂

中国专利号：ZL87100250.7；申请日：1987-03-18；授权日：1995-12-06

专利发明人：戴仙文，李国良，邬芷华，陆迪生，王和平，李梓健，周良玮，陈小峰，陈文祥；申请人：上海市农药研究所

金核霉素是由上海农药研究所发现并开发的微生物源杀菌剂。它由金色链霉菌苏州变种 SP371(*Streptomyces aureus* var. *suzhouneusisn* var. Yen)经培养发酵而得，并通过了大量的田间药效安全性试验，确认了该药剂作为农用杀菌剂对多种细菌病害的优异效果及对人畜与环境的安全性。金核霉素由上海农乐生物制品股份有限公司负责产业开发，94%原药及 30%可湿性粉剂分别于 2002 年和 2003 年获得农业部的临时登记，登记号分别为 LS20021932 和 LS20031504。

3.27.4.1 创制过程

金色链霉菌苏州变种 SP-371 菌株于 1981 年 6 月在中国江苏省苏州市东山地区土壤中分离得到，在中国微生物菌种保藏管理委员会的编号为 CGMCC NO. 0122。通过分离金色链霉菌苏州变种 SP-371 的发酵物，并经过生物活性研究发现了对多种细菌病害具有优异效果的金核霉素[1]。

3.27.4.2 知识产权分析

金核霉素是由金色链霉菌苏州变种 SP371(*Streptomyces aureus* var. *suzhouneusisn* var. Yen)经培养发酵而得。金色链霉菌苏州变种 SP371 在 1982 年已经被公开，因此在专利中仅授权了制备方法（表 3-106）。

表 3-106 原上海市农药研究所申请的金核霉素制备方法专利

序号	公开号	专利号	法律状态
1	CN87100250A	ZL87100250.7	专利权终止（1997-05-07）

授权保护范围(中国专利)

一种新抗生素金核霉素的制备方法，该抗生素具有下述理化性质：

（1）形状：白色长方形片状结晶

（2）熔点：146℃以上(分解变褐色)

（3）分子量：425(据 FAB-MS)

（4）分子式：$C_{16}H_{19}N_5O_9 \cdot H_2O$

（5）化学结构式：

3.27.4.3 合成方法

先培养金色链霉菌苏州变种 SP-371(该菌株在中国微生物菌种保藏管理委员会的编号为 CGMCC NO.0122)，再从这些培养物中经树脂交换分离、稀酸解吸、溶剂提取而制得[1]。

3.27.4.4 组合物专利

金核霉素部分组合物专利见表 3-107。

表 3-107 金核霉素组合物专利

序号	公开号	发明名称	申请人	B 组分
1	CN109662097A	一种防治柑橘溃疡病的农药组合物	广西壮族自治区农业科学院园艺研究所	中生菌素
2	CN110313483A	一种金核霉素与三氟苯嘧啶混配农药制剂	厉俊凡	三氟苯嘧啶
3	CN105638686A	一种含琥胶肥酸铜的复配杀菌组合物	陕西美邦药业集团股份有限公司	琥胶肥酸铜
4	CN108432782A	一种杀菌组合物	杜桂香	异长叶烯酮肟内酰胺
5	CN107743970A	含补骨脂素与金核霉素的杀菌组合物	惠州市支持网知识产权运营有限公司	补骨脂素
6	CN105475303A	一种含春雷霉素和金核霉素的农药组合物	陕西麦可罗生物科技有限公司	春雷霉素
7	CN107711858A	一种含金核霉素和溴菌腈的复配组合物	邓杵娇	溴菌腈

续表

序号	公开号	发明名称	申请人	B 组分
8	CN107711860A	一种含金核霉素和水合霉素的复配组合物	张锡林	水合霉素
9	CN107668049A	一种含金核霉素和蛇床子素的复配组合物	张颂忠	蛇床子素
10	CN107517988A	一种含金核霉素和噻霉酮的复配组合物	惠州市无龄康态健康科技有限公司	噻霉酮
11	CN105994305A	一种水乳剂杀菌组合物及其制备方法	林王强	苯醚双唑和四霉素
12	CN105851024A	一种杀菌剂组合物及其应用	泉州绿邦贸易有限公司	苯醚双唑和四霉素
13	CN105494370A	一种含金核霉素和梧宁霉素的农药组合物	陕西麦可罗生物科技有限公司	梧宁霉素
14	CN103843784A	一种新型的农药组合物	青岛百草汇中草药研究所	乙蒜素
15	CN103843788A	一种含有金核霉素的新型农药组合物	丁守英	辛菌胺
16	CN103843798A	一种含有金核霉素与甲氧基丙烯酸酯类杀菌剂的农药组合物	青岛恒润源通果蔬专业合作社	甲氧基丙烯酸酯类杀菌剂
17	CN102239856A	一种含有金核霉素与辛菌胺的农药组合物	海利尔药业集团股份有限公司	辛菌胺
18	CN102239872A	一种含有金核霉素农药组合物	海利尔药业集团股份有限公司	苯并咪唑类杀菌剂
19	CN102228036A	一种含有甲氧基丙烯酸酯类杀菌剂的农药组合物	青岛海利尔药业有限公司	甲氧基丙烯酸酯类杀菌剂
20	CN102228037A	一种含有甲氧基丙烯酸酯类杀菌剂的农药组合物	青岛海利尔药业有限公司	甲氧基丙烯酸酯类杀菌剂
21	CN102217613A	一种含有金核霉素和乙蒜素的农药组合物	青岛海利尔药业有限公司	乙蒜素
22	CN100594790C	鱼藤酮与抗生素杀菌剂混配农药制剂	华南农业大学	鱼藤酮
23	CN1613312A	含金核霉素与井冈霉素的农用杀菌剂，其制备方法及应用	上海市农药研究所	井冈霉素
24	CN1411727A	印楝素与抗生素杀菌剂混配农药制剂	华南农业大学	印楝素

3.27.4.5 毒理学与安全评价[2]

对人畜安全性：原药与制剂对人畜均十分安全。原药对大、小鼠急性经口 LD_{50}＞5000mg/kg；急性经皮 LD_{50}＞2000mg/kg；对家兔、豚鼠的皮肤和眼睛无刺激和致敏作用。其对大鼠的蓄积系数大于 5，属低蓄积化学品。Ames 试验、小鼠骨髓染色体及睾丸初级精母细胞畸变试验均呈阴性。对大鼠致畸及繁殖试验的无作用剂量为 160mg/(kg·d)，90 天及一年喂养试验的无作用剂量为 14mg/(kg·d)。IRC 小鼠致癌试验中，当剂量高至 274mg/(kg·d)并历经 78 周，亦未发现有致癌作用。又经大鼠代谢动力学研究表明，金核霉素经口吸收较差，排泄较快，肝肾中无明显残留。

对有益生物的毒性：30%金核霉素可湿性粉剂对鹌鹑 LD_{50}(7d)为 240.1mg/kg，为低毒；对斑马鱼 LC_{50}(48h)为 5.06mg/L，对蜜蜂 LC_{50}(48h)为 72.7mg/L，为中等风险性。但对家蚕 LC_{50}(二龄)为 12.9mg/kg 桑叶，属高风险性，使用时应注意避免药剂飘移到桑树上。

对作物的安全性：该药剂对扬花期的水稻有一定的药害，主要症状为白穗，故在扬花期不得使用。

3.27.4.6 登记情况

目前国内登记金核霉素系列产品 2 个（已过期），具体登记信息如表 3-108。

表 3-108 金核霉素相关登记产品信息表

登记证号	农药名称	剂型	总含量	登记作物	防治对象	用药量（制剂量）	施用方法	登记证持有人
LS20031504	30%金核霉素	可湿性粉剂	30%	柑橘	溃疡病	—	喷雾	上海农乐生物制品股份有限公司
LS20021932	金核霉素	原药	94%	—	—	—	—	上海农乐生物制品股份有限公司

3.27.4.7 应用效果

金核霉素具有预防和治疗作用，而且具有耐雨水冲刷、对紫外光稳定等性能[1]。

对由黄单胞杆菌(*Xanthomonas*)引起的细菌性病害有很好的药效，如柑橘溃疡病、水稻细菌性条斑病以及水稻白叶枯病等。特别对甜橙、年橘、椪橘、红橙、雪橙、广柑、柠檬等橘科植物的溃疡病有效，并对叶、茎、梢、果实均十分安全，同时还具有使病斑叶复绿的功能。一般使用浓度为 150～300mg/L[2]。

参考文献

[1] 戴仙文, 李国良, 邬芷华, 等. 新抗生素金核霉素的制备方法和农用杀菌剂. CN87100250, 1988-10-5.
[2] 陶黎明, 徐文平. 新颖微生物源杀菌剂——金核霉素. 世界农药, 2005, 27(3): 45-46.

3.27.5 井冈霉素的创制

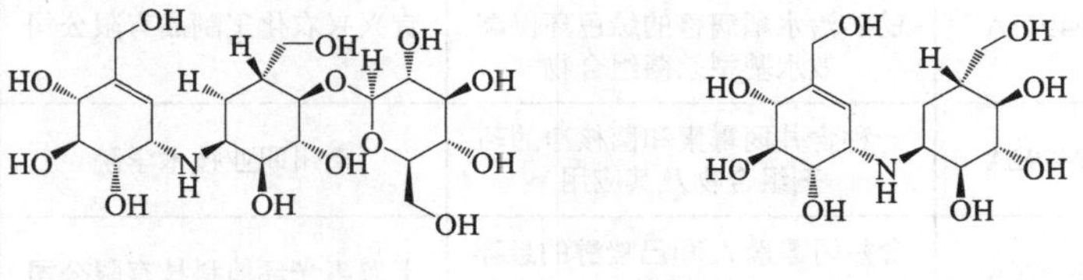

井冈霉素A

井冈霉素B

井冈霉素 A：$C_{20}H_{35}NO_{13}$，497.5，37248-47-8

井冈霉素 B：$C_{14}H_{25}NO_{8}$，335.4，38665-10-0(井冈羟胺 A)

井冈霉素(jinggangmycin)是于 20 世纪 70 年代由我国上海农药所研制开发的水溶性抗生素-葡萄糖苷类杀菌剂。研究人员在井冈山地区分离到一种吸水链霉菌，由其产生的抗生素因地得名为井冈霉素[1]。井冈霉素属于氨基糖苷化合物，包括八种组分，主要活性成分为A组分，D组分活性最低[2, 3]。目前市场上销售的井冈霉素农药以组分A计量。

井冈霉素作为绿色环保的农用抗生素，是一种内吸性强、选择性高的抗生素类农药，具有防治效果好、药物残留低、无生态污染等优点，其已被四十多年大规模的田间使用充分验证。用于防治水稻纹枯病和稻曲病，麦类纹枯病，棉花、人参、豆类和瓜类立枯病，玉米大斑病、小斑病等[4]。

井冈霉素生产可分为以下几个工艺阶段[5]：

沙土孢子→母斜面孢子→子斜面孢子→种子液→发酵液→预处理（酸化、过滤）→精制（薄膜浓缩）→成品检验→成品包装。

3.27.5.1 组合物专利

井冈霉素部分组合物专利见表3-109。

表3-109 井冈霉素组合物专利

序号	公开号	发明名称	申请人	B组分
1	CN114342938A	一种含井冈霉素的杀菌组合物	浙江省桐庐汇丰生物科技有限公司	噻霉酮
2	CN113698241A	一种含有井冈霉素和腐植酸钠的药肥合剂	安徽省神农农业技术开发有限公司	腐植酸钠
3	CN113598174A	一种含井冈霉素和草酸二丙酮胺铜的药剂组合物	信阳农林学院	草酸二丙酮胺铜
4	CN113598177A	一种含寡肽和井冈霉素的抑制松材线虫的组合物	浙江省林业科学研究院	寡肽
5	CN113383778A	一种含井冈霉素的杀菌组合物	浙江省桐庐汇丰生物科技有限公司	纳米银
6	CN111903672A	一种悬浮剂用助剂及井冈霉素与多菌灵复配悬浮剂	南京太化化工有限公司	多菌灵
7	CN110663690A	一种含井冈霉素的组合物在防治小麦赤霉病中的应用	浙江省桐庐汇丰生物科技有限公司	噻呋酰胺
8	CN110402929A	一种含井冈霉素的杀菌组合物及其应用	浙江省桐庐汇丰生物科技有限公司	特基拉芽孢杆菌
9	CN110250183A	一种包含乙蒜素和井冈霉素的组合物及其用途	海南正业中农高科股份有限公司	乙蒜素
10	CN109964941A	一种含有井冈霉素A和嘧菌酯的防治水稻病害的绿色环保高效水基型杀菌组合物	宜兴兴农化工制品有限公司	嘧菌酯
11	CN109874792A	一种含井冈霉素和菌核净的药剂组合物及其应用	亳州职业技术学院	菌核净
12	CN109644996A	含井冈霉素A和己唑醇的悬浮剂组合物	上海惠光环境科技有限公司	己唑醇
13	CN108812698A	一种含井冈霉素的杀菌组合物及其应用	浙江省桐庐汇丰生物科技有限公司	贝莱斯芽孢杆菌
14	CN108651524A	一种井冈霉素和枯草芽孢杆菌的复配制剂及其制备和应用	武汉楚强生物科技有限公司	枯草芽孢杆菌

续表

序号	公开号	发明名称	申请人	B 组分
15	CN108651464A	井冈霉素 A 和叶菌唑的复配杀菌剂的悬浮剂及其制备方法	南京南农农药科技发展有限公司	叶菌唑
16	CN108522544A	一种含井冈霉素的杀菌组合物及其应用	浙江省桐庐汇丰生物科技有限公司	哈茨木霉菌
17	CN108477176A	一种含吩乙霉素与井冈霉素的杀菌组合物及其应用	佛山市瑞生通科技有限公司	吩乙霉素
18	CN108142425A	一种含氟唑活化酯与叶菌唑及井冈霉素 A 的杀菌组合物	上海泰禾国际贸易有限公司	氟唑活化酯、叶菌唑
19	CN108064852A	一种含苯噻菌酯和井冈霉素的农药组合物及其应用	华中师范大学	苯噻菌酯
20	CN107535488A	井冈霉素和氟环唑复配的农药悬浮剂及其制备方法	四川利尔作物科学有限公司	氟环唑
21	CN107296047A	一种含吡唑萘菌胺和井冈霉素的杀菌组合物及其应用	南京红太阳股份有限公司	吡唑萘菌胺
22	CN106937635A	一种含氟唑菌酰羟胺和井冈霉素的杀菌组合物	陕西上格之路生物科学有限公司	氟唑菌酰羟胺

3.27.5.2 作用机理

具有很强的内吸杀菌作用，主要干扰和抑制菌体细胞正常生长，并导致死亡。是防治水稻纹枯病的特效药，50mg/L 浓度的防效可达 90%以上，持效期可达 20d 左右。在水稻任何生育期使用都不会引起药害[4]。

3.27.5.3 毒理学与安全评价

大、小鼠急性经口 LD_{50} 均大于 2000mg/kg，皮下注射 LD_{50} 均大于 1500mg/kg。5000mg/kg 涂抹大鼠皮肤无中毒反应。对鱼类低毒，鲤鱼 LC_{50}(96h)＞40mg/L[4]。

3.27.5.4 登记情况

目前国内登记井冈霉素系列产品超过 200 个，其中部分登记信息如表 3-110。

表 3-110　井冈霉素相关登记产品信息表

登记证号	农药名称	剂型	总含量	登记作物	防治对象	用药量（制剂量）	施用方法	登记证持有人
PD20131219	井冈霉素	可溶粉剂	28%	水稻	稻曲病	30～40g/亩	喷雾	浙江省桐庐汇丰生物科技有限公司
				水稻	纹枯病	14～17g/亩	喷雾	
PD20131195	井冈·多黏菌	可湿性粉剂	—	水稻	纹枯病	40～60g/亩	喷雾	浙江省桐庐汇丰生物科技有限公司
				草莓	枯萎病	1000～1200 倍液	灌根	

续表

登记证号	农药名称	剂型	总含量	登记作物	防治对象	用药量（制剂量）	施用方法	登记证持有人
PD20130927	井冈·枯芽菌	可湿性粉剂	—	水稻	稻曲病	100～120g/亩	喷雾	江苏省苏科农化有限责任公司
				水稻	纹枯病	100～120g/亩	喷雾	
PD20130887	井冈霉素	水剂	13%	杭白菊	根腐病	390～585g/hm^2	灌根	浙江省桐庐汇丰生物科技有限公司
				棉花	立枯病	1000～1500倍液	灌根	
				水稻	稻曲病	35～50mL/亩	喷雾	
				水稻	纹枯病	42～50mL/亩	喷雾	
				玉米	大斑病	60～70mL/亩	喷雾	
				苹果树	轮纹病	1000～1500倍液	喷雾	
				辣椒	立枯病	0.8～1mL/m^2	泼浇	
PD20130871	井冈·蜡芽菌	水剂	—	水稻	稻曲病	125～150mL/亩	喷雾	浙江省桐庐汇丰生物科技有限公司
				水稻	纹枯病	85～100mL/亩	喷雾	
PD20130758	井冈·戊唑醇	可湿性粉剂	14%	水稻	稻曲病	45～65g/亩	喷雾	浙江省桐庐汇丰生物科技有限公司
				水稻	纹枯病	30～50g/亩	喷雾	
PD20130703	井冈·丙环唑	微乳剂	10%	直播水稻（南方）	稻曲病	20～40g/亩	喷雾	南京南农农药科技发展有限公司
				直播水稻（南方）	纹枯病	30～40g/亩	喷雾	
PD20130543	井冈·丙环唑	可湿性粉剂	24%	枇杷树	叶斑病	稀释1000～1500倍	喷雾	浙江钱江生物化学股份有限公司
				枇杷树	胡麻色斑病	1000～1500倍液	喷雾	
				水稻	稻曲病	30～45g/亩	喷雾	
				水稻	稻瘟病	30～45g/亩	喷雾	
				水稻	纹枯病	30～45g/亩	喷雾	
				白术	铁叶病	30～45g/亩	喷雾	
PD20180245	井冈·戊唑醇	悬浮剂	15%	小麦	赤霉病	40～50mL/亩	喷雾	通州正大农药化工有限公司
				水稻	稻曲病	72～88mL/亩	喷雾	
				水稻	稻瘟病	72～88mL/亩	喷雾	
				水稻	纹枯病	72～88mL/亩	喷雾	
PD20173265	井冈·蛇床素	可溶液剂	12%	水稻	纹枯病	50～60mL/亩	喷雾	江苏省溧阳中南化工有限公司

续表

登记证号	农药名称	剂型	总含量	登记作物	防治对象	用药量（制剂量）	施用方法	登记证持有人
PD20173192	井冈·嘧菌酯	悬浮剂	28%	水稻	稻曲病	20～30mL/亩	喷雾	浙江省桐庐汇丰生物科技有限公司
				水稻	稻瘟病	20～30mL/亩	喷雾	
				水稻	纹枯病	10～14mL/亩	喷雾	
				葡萄	白腐病	1000～1500 倍液	喷雾	
				葡萄	霜霉病	1000～1500 倍液	喷雾	
				葡萄	黑痘病	1000～1500 倍液	喷雾	
PD20121997	井冈·香菇糖	水剂	2.75%	水稻	纹枯病	25～50mL/亩	喷雾	辽宁山水益农科技有限公司
PD20172406	井冈霉素	水剂	8%	水稻	纹枯病	80～100mL/亩	喷雾	广东茂名绿银农化有限公司
PD20172294	井冈·噻呋	悬浮剂	15%	水稻	纹枯病	50～60mL/亩	喷雾	南京南农农药科技发展有限公司
PD20121477	井冈霉素	水剂	8%	水稻	纹枯病	50～100mL/亩	喷雾	武汉科诺生物科技股份有限公司
PD20121433	井冈·蜡芽菌	水剂	2.5%	水稻	纹枯病	100～200mL/亩	喷雾	成武县晨晖环保科技有限公司
PD20171806	井冈霉素	水剂	24%	水稻	稻曲病	25～30mL/亩	喷雾	浙江省桐庐汇丰生物科技有限公司
				水稻	纹枯病	25～30mL/亩	喷雾	
PD20121279	井冈·硫酸铜	水剂	4.5%	水稻	纹枯病	100～135mL/亩	喷雾	成武县晨晖环保科技有限公司

3.27.5.5 应用效果

井冈霉素对水稻纹枯病、水稻稻曲病、水稻稻瘟病、茭白纹枯病、玉米纹枯病、小麦纹枯病、烟草靶斑病、小麦茎基腐病、白术立枯病等具有较好防治效果[7-12]。

参考文献

[1] 沈寅初. 井冈霉素研究开发 25 年. 植物保护, 1996,22(4): 44-45.

[2] Kameda Y, Asano N, Yamaguchi T, et al. Validamycin G and validoxylamine G, new members of the validamycins. The Journal of Antibiotics, 1986,39(10): 1491-1494.

[3] Asano N, Kameda Y, Matsui K, et al. Validamycin H a new pseudo-tetrasaccharide antibiotic. The Journal of Antibiotics, 1990,43(8): 1039-1041.

[4] 刘长令, 杨吉春. 现代农药手册. 北京: 化学工业出版社, 2018.

[5] 陈明兆. 井冈霉素规模化生产工艺优化研究. 杭州: 浙江工业大学, 2015.

[6] 廖玲玲, 王红梅, 瞿洁, 等. 24%井冈霉素 A 水剂防治水稻纹枯病试验简报. 上海农业科技, 2017(6): 115.

[7] 焉山.2%井冈霉素·8 亿个/g 蜡质芽孢杆菌悬浮剂防治水稻纹枯病药效试验. 现代化农业, 2022(1): 13-14.

[8] 司兆胜, 陈继光, 宋显东, 等. 10%井冈霉素·丙环唑微乳剂防治水稻纹枯病效果研究. 现代农业科技, 2016(19): 115-116.

[9] 孙光忠, 方国斌, 匡辉, 等. 井冈霉素对茭白纹枯病的防治效果. 广西植保, 2019, 32(3): 24-25.

[10] 马欣, 寇宝石, 李继博, 等. 新农药 8%井冈霉素可溶液剂对烟草靶斑病的防治效果. 安徽农业科学, 2022, 50(11) : 133-134.

[11] 潘娅梅, 夏明聪, 陈瑞雪, 等. 6%井冈霉素·枯草芽孢杆菌可湿性粉剂对小麦茎基腐病的田间防效. 农药, 2021, 60(9): 678-681.

[12] 韩群营, 黄明生, 胡刚, 等. 5 种杀菌剂防治稻曲病的田间试验研究.农药科学与管理, 2020, 41(2): 41-43, 40.

3.27.6 蛇床子素的创制

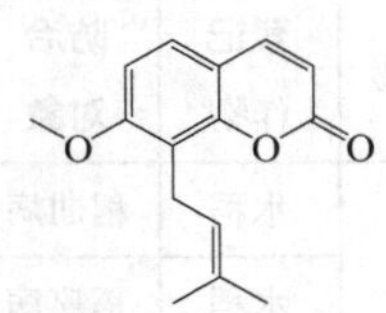

专利名称：蛇床子素在农业上的应用

中国专利号：ZL01127083.7；申请日：2001-08-08；授权日：2003-09-03

专利发明人：石志琦，范永坚，王裕中；申请人：江苏省苏科植物保护技术开发中心

该发明涉及含有不同浓度蛇床子素的药物的用途，尤其是涉及以它为主要成分的蛇床子提取物在杀虫、杀菌、果蔬保鲜和食品防腐领域中的应用。研究表明蛇床子素不仅对菜青虫、小菜蛾、蚜虫等害虫和夜蛾卵块有作用，而且对植物病原真菌如黄瓜白粉病菌、葡萄霜霉病菌、辣椒疫霉病菌、小麦赤霉病菌等都具有显著的抑制作用。2001 年 8 月，江苏省苏科植物保护技术开发中心首次申请了蛇床子素在农药领域的应用，并于 2003 年 9 月 3 日授权。2001 年 10 月，武汉绿世纪生物工程有限责任公司申请了蛇床子乙酸乙酯提取物用于制备农药的专利，并于 2004 年 5 月 26 日授权。截至 2023 年 12 月蛇床子素已经获得 17 家公司的 20 个登记。

3.27.6.1 创制过程

蛇床子素早在 1950 年被分离并鉴定结构[1]，蛇床子素被发现以后主要是报道了其具有多种医药活性，被广泛用作中药材和作为注射液。江苏省苏科植物保护技术开发中心则是首次测试了其在农作物病菌上的活性，掀起了蛇床子素在农业上应用的高潮。

3.27.6.2 知识产权分析

蛇床子素化合物结构早在 1950 年就公开了，后续专利均为应用专利，其早期主要被报道为医药活性。1992 年湛江医学院医药科技开发中心提出中国第一件涉及蛇床子素的专利申请，请求保护包含蛇床子素等成分的蛇床子提取物作为防治骨质疏松症的制品，随后又相继公开了一些涉及疾病的防治专利，2001 年 8 月江苏省苏科植物保护技术开发中心首次申请了蛇床子素在农药领域的应用，为国内首件蛇床子素用作农药的专利[2]。随后在 2001 年 10 月份武汉绿世纪生物工程有限责任公司申请了蛇床子乙酸乙酯提取物用于制备农药的专利。后续申请的相关专利均为组合物或者制剂专利。

蛇床子素用途专利与授权保护范围如表 3-111 所示。

表 3-111 江苏省苏科植物保护技术开发中心申请的蛇床子素用途专利

序号	公开号	专利号	法律状态
1	CN1329825A	ZL01127083.7	授权（现专利权已终止）
授权保护范围(中国专利)			
蛇床子素作为杀虫杀菌剂在农业上的应用			

3.27.6.3 合成方法

蛇床子素原药为 10%母药，登记公司为康欣生物科技有限公司和内蒙古清源保生物科技有限公司，主要由蒸馏水、乙醇、丙酮、氯仿等浸泡提取。

3.27.6.4 组合物专利

蛇床子素部分组合物专利见表 3-112。

表 3-112 蛇床子素组合物专利

序号	公开号	发明名称	申请人	B 组分
1	CN100356851C	蛇床子素苏云金杆菌复配杀虫剂	江苏省农业科学院	苏云金杆菌
2	CN100409747C	蛇床子素及其复配物在制备防治水稻稻曲病农药中的应用	江苏省农业科学院	腈菌唑
3	CN100488361C	丁香酚、蛇床子素复配生物杀菌剂	江苏省农业科学院	丁香酚
4	CN101331876B	蛇床子素复配物在制备防治水稻稻曲病农药中的应用	江苏省农业科学院	井冈霉素
5	CN101347116A	一种蛇床子素与农用抗生素的复配剂及其用途	武汉天惠生物工程有限公司，武汉绿世纪生物工程有限责任公司	井冈霉素、春雷霉素或农用链霉素
6	CN101455203B	蛇床子素和多菌灵的复配组合物及其应用	王英姿	多菌灵
7	CN101589716B	蛇床子素与苦参碱的复配杀虫剂及其应用	王英姿	苦参碱
8	CN102007908B	防治作物白粉病的植物源杀菌剂	江苏农林职业技术学院	乙蒜素
9	CN102293205A	蛇床子素与宁南霉素复配杀菌剂	江苏省绿盾植保农药实验有限公司	宁南霉素
10	CN102578116B	苦参碱和蛇床子素组合物用于制备植物源复配杀菌剂的应用	山西德威生化有限责任公司，杨凌农科大无公害农药研究服务中心	苦参碱
11	CN103081912B	苦皮藤素与蛇床子素复配的杀虫剂及其制备方法	浙江农林大学	苦皮藤素
12	CN103141488B	印楝素与蛇床子素复配的杀虫剂及其制备方法	浙江农林大学	印楝素
13	CN103355322B	一种复配生物杀虫剂及其应用	山东省烟台市农业科学研究院	印楝素
14	CN103601714B	蛇床子素水剂制备方法及其组合物	陕西康禾立丰生物科技药业有限公司	戊唑醇
15	CN103636683B	含苦参和蛇床子提取物的农药组合物及其制备方法和应用	成都新朝阳作物科学有限公司	苦参提取物
16	CN103875670B	丁子香酚和蛇床子素的复配组合物及其应用	山东省烟台市农业科学研究院	丁子香酚
17	CN103875675B	蛇床子素和抑霉唑的复配组合物及其应用	山东省烟台市农业科学研究院	抑霉唑
18	CN104186495B	一种啶菌噁唑-蛇床子素悬浮乳剂及其制备方法	青岛农业大学	啶菌噁唑
19	CN104255732A	一种含有暗罗素和蛇床子素的复合杀菌剂及其应用	江苏省绿盾植保农药实验有限公司	暗罗素
20	CN104304255B	一种用于大蒜上的杀菌剂	南京科维邦农药有限公司	嘧霉胺
21	CN104304256B	一种用于防治灰霉病的组合物	青岛青知企业管理咨询有限公司	嘧霉胺
22	CN104351181A	有效成分为大蒜素和蛇床子素的微囊悬浮剂	山东中大药业有限公司	大蒜素

续表

序号	公开号	发明名称	申请人	B 组分
23	CN104351187B	有效成分为蛇床子素和嘧霉胺的复合杀菌剂	青岛青知企业管理咨询有限公司	嘧霉胺
24	CN104488869B	一种 2-氰基-3-氨基-3-苯基丙烯酸乙酯与蛇床子素的杀菌组合物	江苏省农药研究所股份有限公司	2-氰基-3-氨基-3-苯基丙烯酸乙酯
25	CN104686517A	含香芹酚和蛇床子素的农药组合物及其应用	成都新朝阳作物科学有限公司	香芹酚
26	CN105052959B	蛇床子素和噻呋酰胺的复配组合物及其应用	山东省烟台市农业科学研究院	噻呋酰胺

3.27.6.5 作用机理[3-5]

采用苯胺蓝染色法对白粉病菌菌丝进行染色，发现在蛇床子素处理的叶片上，能够成功入侵的分生孢子菌丝生长受抑制，形成的子实层稀薄，产孢量也明显少于对照。说明蛇床子素不仅影响白粉病菌的入侵，也减少了进入下一侵染循环的分生孢子数，有可能影响白粉病菌的再侵染。

蛇床子素有着较广谱的抑菌活性，且对辣椒疫霉病菌（细胞壁主要成分为纤维素）和小麦赤霉病菌（细胞壁主要成分为几丁质）均有显著的抑制作用。

3.27.6.6 毒理学与安全评价

蛇床子素急性毒性数据见表 3-113[6]。

表 3-113 1%蛇床子素水乳剂毒性数据

测试科目	结论
大鼠急性经口	LD_{50}＞5000mg/kg（雄性和雌性）
大鼠急性经皮	LD_{50}＞5000mg/kg（雄性和雌性）
兔眼刺激性	无刺激
兔皮肤刺激性	无刺激
豚鼠皮肤变态反应	无致敏

3.27.6.7 登记情况

目前国内登记蛇床子素系列产品 20 个，具体登记信息见表 3-114。

表 3-114 蛇床子素相关登记产品信息表

登记证号	农药名称	剂型	总含量	登记作物	防治对象	用药量（制剂量）	施用方法	登记证持有人
PD20121586	蛇床子素	水乳剂	1%	黄瓜（保护地）	白粉病	150～200g/亩	喷雾	江苏省苏科农化有限责任公司
				西葫芦	白粉病	150～250mL/亩	喷雾	
PD20182865	蛇床子素	微乳剂	1%	三七	白粉病	150～180mL/亩	喷雾	云南南宝生物科技有限责任公司
				芍药	白粉病	150～180mL/亩	喷雾	
				枸杞	白粉病	150～180mL/亩	喷雾	

续表

登记证号	农药名称	剂型	总含量	登记作物	防治对象	用药量（制剂量）	施用方法	登记证持有人
PD20171623	蛇床子素	水乳剂	1%	小麦	白粉病	150～200mL/亩	喷雾	成都绿金生物科技有限责任公司
PD20183068	蛇床子素	水乳剂	1%	黄瓜	霜霉病	150～200mL/亩	喷雾	山东惠民中联生物科技有限公司
				葡萄	白粉病	200～220mL/亩	喷雾	
PD20172589	蛇床子素	可溶液剂	0.4%	草莓	白粉病	100～125mL/亩	喷雾	成都新朝阳作物科学股份有限公司
PD20152294	蛇床子素	水乳剂	0.5%	十字花科蔬菜叶菜	菜青虫	100～120mL/亩	喷雾	江苏江南农化有限公司
PD20151196	蛇床子素	可溶液剂	0.4%	豇豆	白粉病	600～800 倍液	喷雾	保定市亚达益农农业科技有限公司
PD20121347	蛇床子素	母药	10%	—	—	—	—	康欣生物科技有限公司
PD20150189	苦参·蛇床素	水剂	1.5%	番茄	灰霉病	40～50mL/亩	喷雾	山西德威本草生物科技有限公司
				花卉	白粉病	30～35mL/亩	喷雾	
				辣椒	炭疽病	30～35mL/亩	喷雾	
				葡萄	霜霉病	800～1000 倍液	喷雾	
PD20173265	井冈·蛇床素	可溶液剂	12%	水稻	纹枯病	50～60mL/亩	喷雾	江苏省溧阳中南化工有限公司
PD20150155	蛇床子素	母药	10%	—	—	—	—	内蒙古清源保生物科技有限公司
PD20150223	蛇床子素	水乳剂	1%	水稻	稻曲病	150～175mL/亩	喷雾	安徽省锦江农化有限公司
PD20131868	井冈·蛇床素	可湿性粉剂	6%	水稻	纹枯病	50～60g/亩	喷雾	江苏省溧阳中南化工有限公司
PD20150150	蛇床子素	水乳剂	1%	黄瓜	霜霉病	50～60mL/亩	喷雾	内蒙古清源保生物科技有限公司
PD20141075	蛇床子素	水乳剂	1%	水稻	稻曲病	127～167mL/亩	喷雾	安徽黑包公有害生物防控有限公司
PD20171092	蛇床子素	粉剂	1%	仓储原粮	谷蠹	25～75g/1000kg 原粮	拌粮	康欣生物科技有限公司
				仓储原粮	书虱	25～75g/1000kg 原粮	拌粮	
				仓储原粮	玉米象	25～75g/1000kg 原粮	拌粮	
PD20171466	蛇床子素	可溶液剂	1%	葡萄	白粉病	1000～2000倍液	喷雾	陕西康禾立丰生物科技药业有限公司

续表

登记证号	农药名称	剂型	总含量	登记作物	防治对象	用药量（制剂量）	施用方法	登记证持有人
PD20121348	蛇床子素	乳油	0.4%	茶树	茶尺蠖	100～120g/亩	喷雾	康欣生物科技有限公司
				十字花科蔬菜	菜青虫	80～120g/亩	喷雾	
PD20171161	蛇床子素	水乳剂	1%	黄瓜（保护地）	白粉病	150～200mL/亩	喷雾	河南一田农业发展有限公司
PD20182169	蛇床子素	可溶液剂	0.4%	甘蓝	菜青虫	100～200mL/亩	喷雾	杨凌馥稷生物科技有限公司
				水稻	纹枯病	365～415mL/亩	喷雾	

3.27.6.8 应用效果

文献报道了蛇床子素对众多植物病原菌都有很好的抑制活性[3,7]。蛇床子素对向日葵菌核病病菌的毒力最强，其 EC_{50} 值为 3.628μg/mL，相关系数为 0.9429；对西瓜蔓枯病病菌的毒力次之，其 EC_{50} 值是 3.940μg/mL，相关系数为 0.9925；对葡萄灰霉病病菌的毒力居第 3 位，其 EC_{50} 值为 4.153μg/mL，相关系数为 0.9888；对葡萄炭疽病、棉花枯萎病的毒力也较强，其 EC_{50} 值分别为 5.569、4.996μg/mL，相关系数分别为 0.9377、0.9621；对玉米茎基腐病菌的毒力最弱，EC_{50} 值为 11.371μg/mL，相关系数为 0.8307。另外蛇床子素对南瓜白粉病还具有一定的预防和治疗活性。

田间试验结果表明：蛇床子素对黄瓜白粉病、南瓜病毒病及菜青虫等在田间表现出了优异的防效[9,10]。

参考文献

[1] Mao Y D, Parks L M. Identification of osthole in Hseh Tsuang seed. Journal of the American Pharmaceutical Association, 1950, 39(2): 107.
[2] 赵静雪，齐悦如. 蛇床子素在我国的专利申请现状分析. 中国科技信息, 2021(10): 15-17, 19, 10.
[3] 周威. 蛇床子素对南瓜白粉病的防治效果与作用模式. 南京：南京师范大学, 2007.
[4] 李彩霞，周威，纪明山，等. 蛇床子素对南瓜白粉病菌侵染的影响. 农药学学报, 2007, 9(1): 49-53.
[5] 石志琦，沈寿国，徐朗莱，等. 蛇床子素对植物病原真菌抑制机制的初步研究. 农药学学报, 2004, 6(4): 28-32.
[6] 石志琦. 蛇床子素作为杀菌剂的活性研究. 南京：南京农业大学, 2008.
[7] 蒋晶晶，王春明，杜蕙蛇. 蛇床子素对 6 种植物病原真菌的毒力测定. 甘肃农业科技, 2017(11): 33-35.
[8] 王春梅，吴桂本，王英姿，等. 蛇床子素防治黄瓜白粉病研究. 江苏农业科学, 2005, 33(4): 57-58.
[9] 孙以文，王春梅，陈浩. 蛇床子素防治南瓜病毒病效果的研究. 现代农药, 2005, 4(6): 23-24.
[10] 赵学平，王强，吴长兴，等. 蛇床子素防治菜青虫药效试验. 浙江农业科学, 2005(04): 310-311.

3.27.7 苯丙烯菌酮的创制

HO

专利名称：用于防治植物病害的补骨脂酚

中国专利号：ZL200810010224.5；申请日：2008-01-25；授权日：2011-05-18

发明人：关丽杰，邵红，蔡丽丽，邵双，李海燕；申请人：沈阳化工学院

苯丙烯菌酮(isobavachalcone)是由沈阳化工大学从补骨脂种子提取物中筛选得到的一种有效抑菌成分，沈阳同祥生物农药有限公司对该产品进行了登记，对苹果腐烂病菌、苹果轮纹病

菌、水稻稻瘟病菌、水稻纹枯病菌、黄瓜枯萎病菌、小麦赤霉病菌、黄瓜炭疽病菌、辣椒疫霉病菌等具有很好的抑菌活性。补骨脂酚新功能的发现，可以为具有自主知识产权的植物源生物农药的开发提供理论依据。

3.27.7.1 创制过程

1968 年，Bhalla 等从补骨脂中分离了五种新的黄酮类化合物，其中就包括苯丙烯菌酮。1979 年，国内朱大元等对补骨脂的化学成分进行了分析鉴定，得到该化合物[1-3]。

3.27.7.2 知识产权分析

该化合物为已知化合物，该专利申请为补骨脂酚用于防治植物病害的用途专利。

该专利 CN101219932A 说明书第 3 页记载，5 种药剂补骨脂酚、福美胂、代森锌、甲基硫菌灵和多菌灵对苹果腐烂病菌菌丝生长的抑制作用 EC_{50} 值分别为 6.12mg/L、8.93mg/L、26.18mg/L、9.16mg/L、10.47mg/L。补骨脂酚对苹果腐烂病菌菌丝生长的抑制作用最好。

补骨脂酚用途专利与授权保护范围如表 3-115 所示。

表 3-115　沈阳化工学院申请的补骨脂酚用途专利

序号	公开号	专利号	法律状态
1	CN101219932A	ZL200810010224.5	授权有效
授权保护范围(中国专利)			
补骨脂酚用于防治植物病害的用途，其特征在于：该补骨脂酚作为杀菌剂对苹果腐烂病菌、苹果轮纹病菌、水稻稻瘟病菌、水稻纹枯病菌、黄瓜枯萎病菌、小麦赤霉病菌、黄瓜炭疽病菌和辣椒疫霉病菌具有抑制活性			

3.27.7.3 合成方法[4]

补骨脂酚是将 5kg 补骨脂种子粉碎，用 70%乙醇在室温条件下浸提，固液比为 1∶5，提取 4 次，每次 3h，合并提取液，减压旋转蒸发后得浸膏 1200g。将所得浸膏悬浮于水中，依次用石油醚、四氯化碳、氯仿、正丁醇进行系统溶剂萃取，得到石油醚部分 98g、四氯化碳部分 139g、氯仿部分 32g、正丁醇部分 30g、水部分 14g。

四氯化碳部分经硅胶柱(100～200 目，700g，6.0cm×80cm)，用氯仿∶乙酸乙酯(1∶0，20∶1，10∶1，5∶1)梯度洗脱，经反复纯化得到补骨脂酚(24mg)。

3.27.7.4 组合物专利

苯丙烯菌酮部分组合物专利见表 3-116。

表 3-116　补骨脂酚组合物专利

序号	公开号	发明名称	申请人	B 组分
1	CN109303074A	防治植物病害的混合制剂及其应用	于海峰	农用抗生素、酰胺类化合物、三唑类化合物、甲氧基丙烯酸酯类化合物、氨基酸衍生物类化合物、磺酰胺类化合物、二方酮类化合物、肟醚类化合物、异噁唑啉类化合物、苯并咪唑类化合物、有机氯类化合物、苯基吡咯类化合物、咪唑类化合物、稻瘟灵、福美双、代森锰锌、噁霉灵、蛇床子素、氨基寡糖素、壳多糖、菇类蛋白多糖中的一种或几种

3.27.7.5 登记情况

目前国内登记补骨脂酚系列产品 2 个，具体登记信息如表 3-117。

表 3-117 补骨脂酚相关登记产品信息表

登记证号	农药名称	剂型	总含量	登记作物	防治对象	用药量（制剂量）	施用方法	登记证持有人
PD20190058	补骨脂种子提取物	微乳剂	0.2%	黄瓜	细菌性角斑病	40～80mL/亩	喷雾	沈阳同祥生物农药有限公司
				茶树	茶饼病	750～1500 倍液	喷雾	
				苹果树	腐烂病	200～600 倍液	涂抹	
				水稻	稻瘟病	45～60mL/亩	喷雾	
PD20190058	补骨脂种子提取物	母药	1.5%	—	—	—	—	沈阳同祥生物农药有限公司

3.27.7.6 应用效果

补骨脂酚对苹果腐烂病菌、苹果轮纹病菌、水稻稻瘟病菌、水稻纹枯病菌、黄瓜炭疽病菌、黄瓜枯萎病菌、小麦赤霉病菌、辣椒疫霉病菌等几种常见植物病原菌菌丝生长均有抑制作用[4-7]。

参考文献

[1] Bhalla V K, Nayak U R, Dev S. Some new flavonoids from *Psoralea corylifolia*. Tetrahedron Lett., 1968, 9(20): 2401-2406.
[2] 朱大元，陈政雄，周炳南，等. 补骨脂化学成分的研究. 药学学报, 1979, 14(10): 605-611.
[3] 芦志成，张鹏飞，李慧超，等.中国农药创制概述与展望. 农药学学报, 2019, 21(5-6): 551-580.
[4] 关丽杰，邵红，蔡丽丽，等. 用于防治植物病害的补骨脂酚. CN101219932, 2008-07-16.
[5] 刘澄瑾，张洪雨，孙礼雪，等. 苯丙烯菌酮诱导烟草抗烟草花叶病毒(TMV)及对几种防御酶活性的影响.农药, 2022, 61(10): 767-770.
[6] 朱友理，何东兵，吴小美，等. 植物源农药 0.2%苯丙烯菌酮微乳剂对稻瘟病的田间防效. 基层农技推广, 2019, 7(5): 28-30.
[7] 陈环球，程正甫，陈吉中，等. 0.2%苯丙烯菌酮微乳剂防治水稻稻瘟病和纹枯病药效试验. 湖北植保, 2020(1): 20-22.

3.27.8 其他生物源杀菌剂的创制

3.27.8.1 黄酮类化合物

（1）一种黄酮衍生物及其制备方法与应用

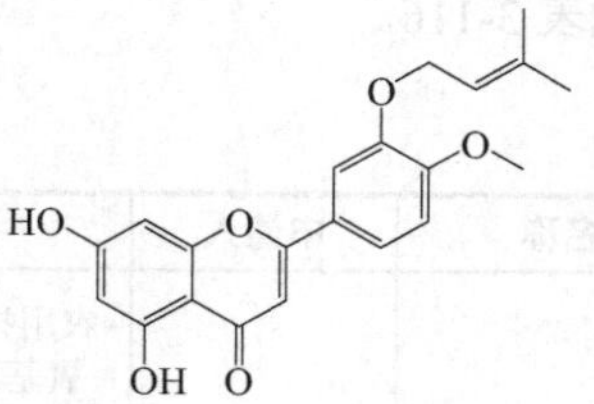

发明人：李春远，丁唯嘉；申请人：华南农业大学

中国专利号：ZL201910993286.0；中国专利申请日：2019-10-18

化合物类型：黄酮类

发明思路：天然产物，对球黑孢霉(*Nigrospora sphaerica*)ZMT05 进行发酵培养后的提取物。

用途：对香蕉炭疽菌、柑橘青霉菌具有一定的抑制活性。

（2）3-(2-呋喃基)色原酮类化合物及其制备方法和抗植物真菌的应用

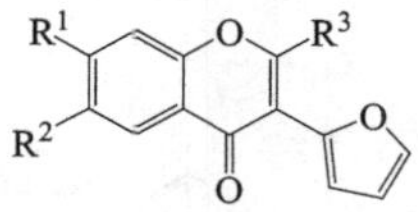

式中，R^1 为氢或羟基或甲氧基或甲基或氟或氯或溴或硝基；R^2 为氢或羟基或甲氧基或甲基或氟或氯或溴或硝基；R^3 为氢或 C_1～C_6 烷基或芳基中的任意一种，所说芳基为苯基或萘基或呋喃基或噻吩基或吡咯基或蒽基或菲基，以及含羟基或甲氧基或甲基或氟或氯或溴或硝基取代基的苯基或萘基或呋喃基或噻吩基或吡咯基或蒽基或菲基。

发明人：张尊听，韩杰，王涛，张瑾，李晨晨，冯斯琪；申请人：陕西师范大学

中国专利号：ZL201610220171.4；中国专利申请日：2016-04-11

化合物类型：色原酮

发明思路：me-too 研究；以 3-取代的色原酮类为母核，合成一系列未见报道的化合物，期待发现新活性化合物。

用途：本发明化合物对苹果腐烂病菌、苹果炭疽病菌、番茄灰霉病菌、番茄早疫病菌、马铃薯干腐病菌具有一定的抑制活性。

代表化合物结构如下：

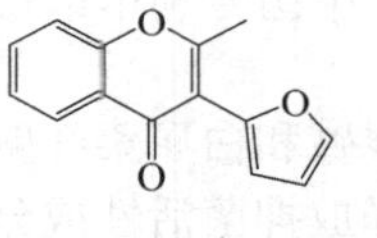

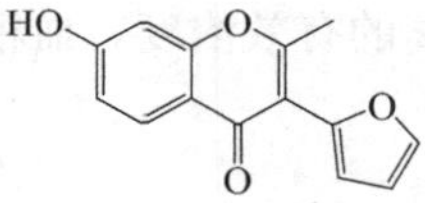

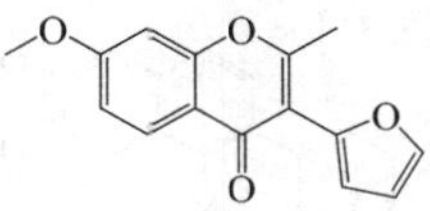

3.27.8.2 生物碱类化合物

（1）白屈菜红碱醇化物及其制备方法和在植物杀菌剂药物中的应用

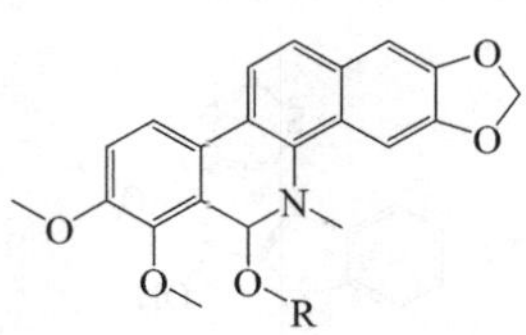

R 选自氢原子、烷基、环烷基、链烯基、链炔基、不饱和的单环烃基、芳基或杂环取代基。

发明人：周乐，苗芳，杨新娟，马艳妮，郑峰，张琦 ；申请人：西北农林科技大学

中国专利号：ZL201210098553.6；中国专利申请日：2012-04-06

化合物类型：白屈菜红碱醇化物

发明思路：天然产物修饰，对血根碱和白屈菜红碱进行结构修饰。

用途：可将其作为活性成分应用于植物杀菌药物的制备，具有更好的化学稳定性和更强的抗植物病原菌活性。

代表化合物结构如下：

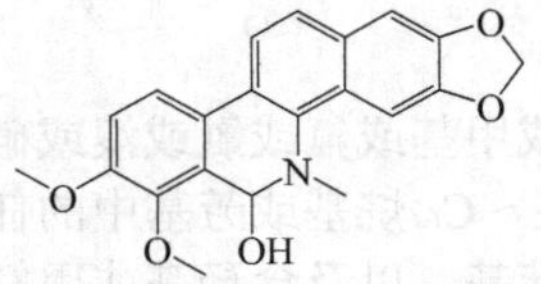

（2）血根碱醇化物及其制备方法和在植物杀菌剂药物中的应用

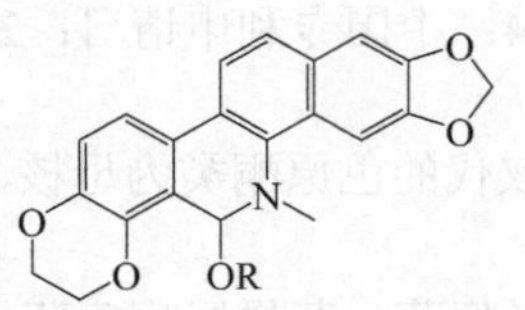

R 选自氢原子、烷基、环烷基、链烯基、链炔基、不饱和的单环烃基、芳基或杂环取代基。

发明人：周乐，苗芳，杨新娟，马艳妮，郑峰，张琦；申请人：西北农林科技大学

中国专利号：ZL201210098632.7；中国专利申请日：2012-04-06

化合物类型：血根碱醇化物

发明思路：天然产物修饰，对血根碱和白屈菜红碱进行结构修饰。

用途：血根碱醇化物是通过缓慢释放抑菌活性成分——血根碱而发挥抗菌作用的，容易透过细胞膜并在病原体细胞内积聚到较高的有效浓度。血根碱醇化物具有更好的化学稳定性和更强的抗植物病原菌活性。

代表化合物结构如下：

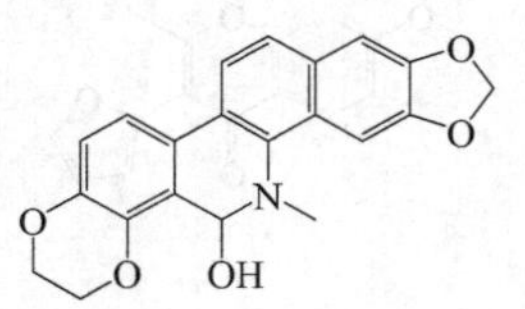

（3）一种含硫二苯并呋喃型生物碱及其制备方法和应用

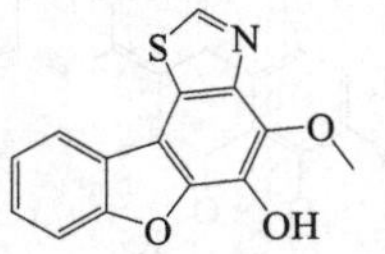

发明人：郭兰萍，杨健，王升，杨小龙，高原，李渊；申请人：中国中医科学院中药研究所

中国专利号：ZL202110393805.7；中国专利申请日：2021-04-13

化合物类型：苯并呋喃、生物碱

发明思路：天然产物提取；从酵母诱导花楸树悬浮细胞中提取。

用途：对烟草赤星病病原菌长柄链格孢菌具有明显抑制作用。

（4）具有杀菌活性的防己诺林碱-氨基甲酸酯类衍生物

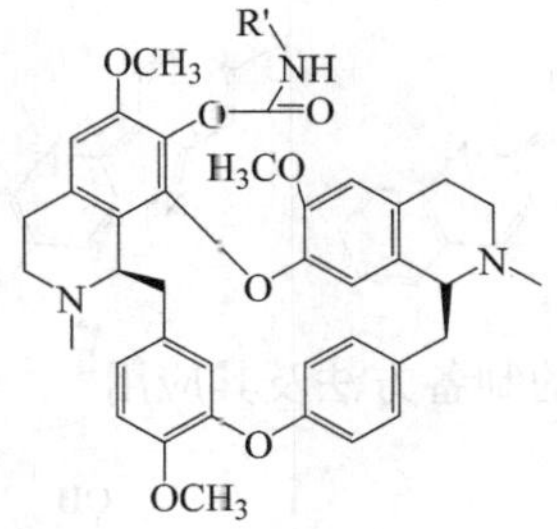

式中，R′为乙基、丙基、异丙基、叔丁基、苯基、邻甲基苯基、间甲基苯基、对甲基苯基、对甲氧基苯基、对三氟甲基苯基或对三氟甲氧基苯基。

发明人：徐胜臻，曹敏惠，王齐，汤保贺；申请人：华中农业大学

中国专利号：ZL201910547717.0；中国专利申请日：2019-06-21

化合物类型：防己诺林碱-氨基甲酸酯类

发明思路：天然产物修饰，让防己诺林碱与异氰酸酯发生加成反应得到防己诺林碱-氨基甲酸酯类衍生物，具有良好的杀菌活性。

用途：对小麦赤霉病菌、茶树拟茎点霉菌有较好的抑制作用。

代表化合物结构如下：

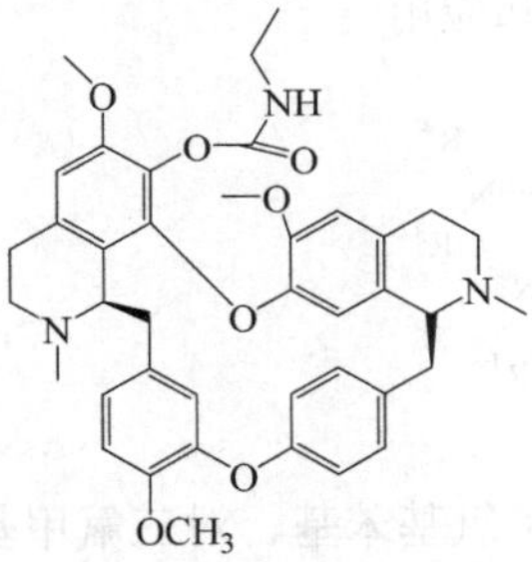

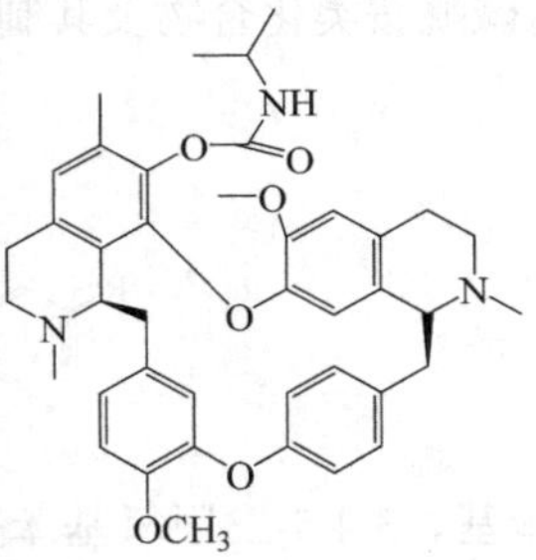

（5）白叶藤碱 D 环衍生物在制备防治或抗植物病害的药物中的应用

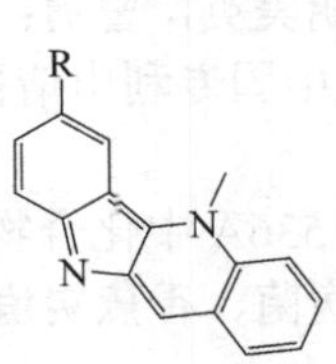

发明人：刘映前，陈永甲，刘华，彭静文，赵中敏，朱佳凯，周锐，燕银芳，王仁轩，尹晓丹，孙钰，马鲲原；申请人：兰州大学

中国公开号：CN112438271A；中国专利申请日：2019-09-03

化合物类型：白叶藤碱 D 环衍生物

发明思路：天然产物修饰；在白叶藤碱的基础上对 D 环进行修饰得到现有化合物。

用途：具有杀菌活性。对油菜菌核病菌、番茄灰霉病菌、小麦赤霉病菌、立枯丝核病菌四种病原菌表现出潜在的抑制活性，尤其是对番茄灰霉病菌具有优异的抑菌效果。

代表化合物结构如下：

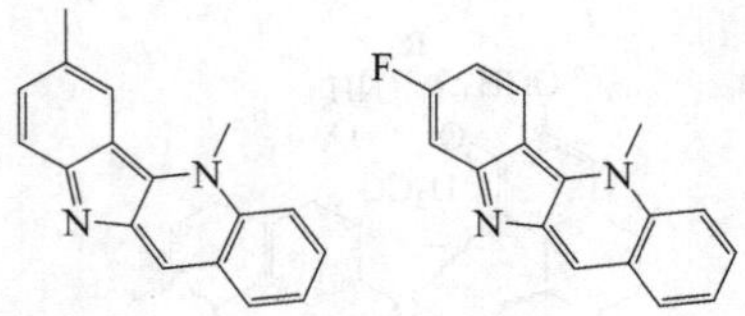

（6）一种色酮生物碱类化合物的制备方法及其应用

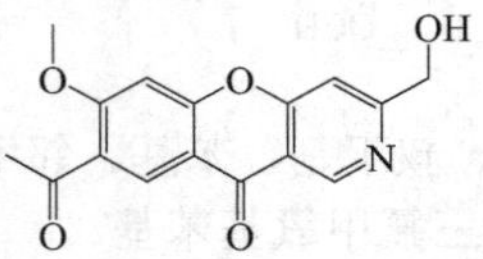

发明人：胡秋芬，李银科，杨光宇，周敏，汪伟光，董淼，黄海涛，刘欣，孔维松，李晶，王晋，许永；申请人：云南民族大学

中国专利号：ZL202110541220.5；中国专利申请日：2021-05-18

化合物类型：色酮生物碱类化合物

发明思路：天然产物提取；以天然产物鹤庆唐松草为原料提取分离得到了一种新的色酮生物碱类化合物。

用途：具有杀菌活性，该化合物对烟草黑胫病具有很好的防治效果。

（7）一种骆驼蓬碱酰胺类化合物及其制备方法和应用

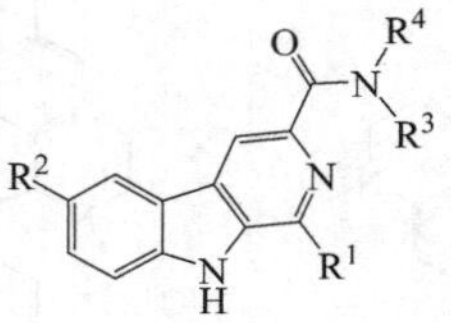

式中，R^1 选自苯基、3,4,5-三甲氧基苯基、对甲氧基苯基、对三氟甲基苯基或对氯苯基；R^2 选自氢或溴；R^3 选自氢或乙基；R^4 选自乙基、2-吡啶基、邻氯苯基、4,6-二甲基嘧啶基或对三氟甲基苯基。

发明人：钟国华，刘婕，张智军，胡美英，曾勇；申请人：华南农业大学

中国专利号：ZL201510049667.5 ；中国专利申请日：2015-01-30

化合物类型：骆驼蓬碱类

发明思路：me-too 研究；对 US4371536A 中化合物进行优化而得。

用途：具有杀菌活性。对水稻纹枯病菌、香蕉炭疽病菌、草莓灰霉病菌、西瓜枯萎病菌及番茄早疫病菌具有较好的抑制活性。

代表化合物结构如下：

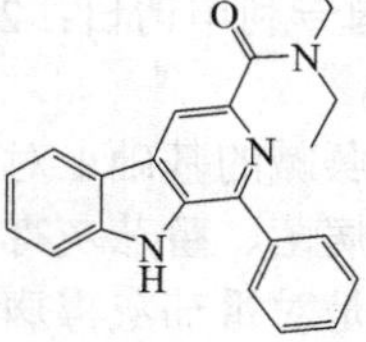

3.27.8.3 苯并吡喃（酮）类化合物

（1）3-香豆素甲酸类化合物及作为制备植物病原菌抗菌剂的应用

合成了 28 个目标化合物，具体参见该专利权利要求部分。

发明人：耿会玲，史晨燕，李浩鹏，刘睿媛；申请人：西北农林科技大学

中国专利号：ZL201710579398.2；中国专利申请日：2017-07-17

化合物类型：3-香豆素甲酸类

发明思路：天然产物修饰；对天然产物 3-香豆素甲酸进行衍生。

用途：可抑制植物病原菌生长活性。

代表化合物结构如下：

（2）一种双香豆素衍生物及其制备方法与应用

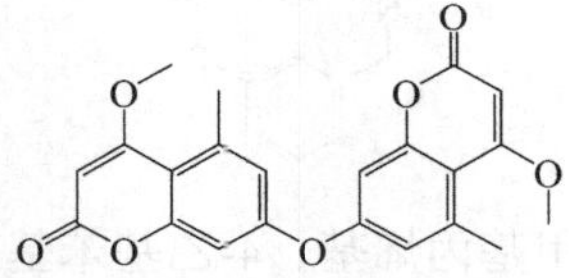

发明人：李春远，丁唯嘉；申请人：华南农业大学

中国专利号：ZL201710676473.7；中国专利申请日：2017-08-09

化合物类型：香豆素类

发明思路：天然产物；对棒曲霉(*Aspergillus clavatus*)R7 进行发酵培养后的提取物。

用途：具有杀菌活性，对番茄枯萎菌、柑橘青霉菌或香蕉炭疽菌具有一定的抑制效果。

（3）一种氯代异香豆素衍生物及其制备方法与应用

发明人：李春远，丁唯嘉；申请人：华南农业大学

中国专利号：ZL201610736201.7；中国专利申请日：2016-08-26

化合物类型：异香豆素衍生物

发明思路：天然产物

用途：具有杀菌活性，对香蕉炭疽病菌和水稻纹枯病菌具有很强的抑制作用。

（4）非天然 3, 4-二氢异香豆素衍生物的制备和用途

式中，R 选自 2, 3-二氯苯基、2, 5-二氯苯基、3, 5-二氯苯基、2, 3-二氟苯基、3, 4-二氟苯基、3, 5-二氟苯基。

发明人：范志金，瓜勒姆·瓜弟尔，那斯姆·汗山·拉姆；申请人：南开大学

中国专利号：ZL200710110582.9；中国专利申请日：2005-12-14

化合物类型：香豆素类

发明思路：在异香豆素的基础上将其转化为结构新颖的 3, 4-二氢衍生物。

用途：具有杀菌除草活性，在 50mg/L 剂量下，对芦笋茎枯病菌、花生褐斑病菌、番茄早疫病菌、小麦赤霉病菌和苹果轮纹病菌表现出一定的抑制作用；在 750g/hm^2 剂量下，对油菜表现出一定的生长抑制作用。

代表化合物结构如下：

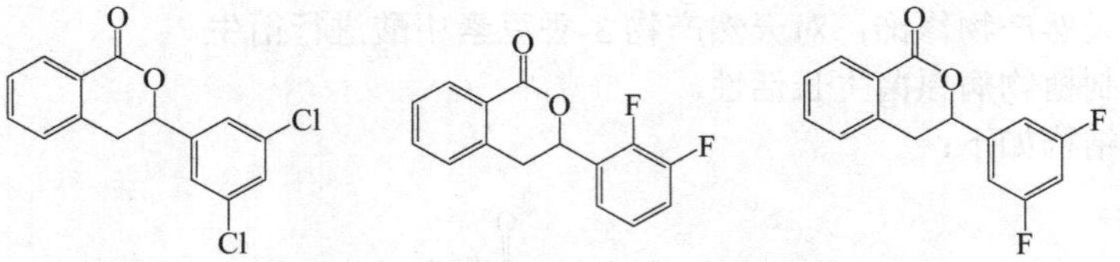

（5）一类新型 *N*-取代胺基香豆素及其除草与杀菌用途

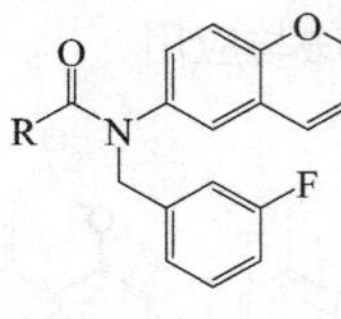

式中，R 选自甲基乙烯基、2-甲基丙烯基、4-乙基苯基、苯氧基、3-溴苯基、噻吩-3-基、4-叔丁基苯基。

发明人：魏艳，郝双红；申请人：青岛农业大学

中国专利号：ZL201711303401.4；中国专利申请日：2017-12-11

化合物类型：香豆素类

发明思路：me-too 研究；基于活性亚结构拼接思想，以香豆素为骨架，在其 6-位引入氨基，然后在氨基上接上间氟苄基，最后将氨基用不同酰基酰化，合成了一类新型 *N*-取代胺基香豆素类化合物。

用途：具有杀菌活性，对番茄灰霉病、苹果腐烂病等有一定的防治作用，可有效防除马唐、反齿苋等杂草。

代表化合物结构如下：

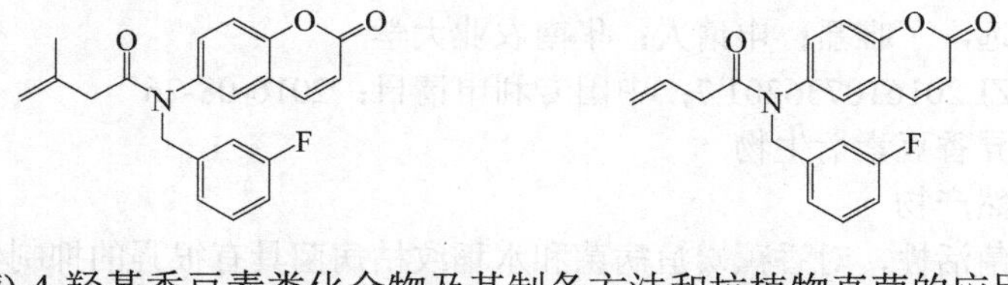

（6）3-(2-呋喃)-4-羟基香豆素类化合物及其制备方法和抗植物真菌的应用

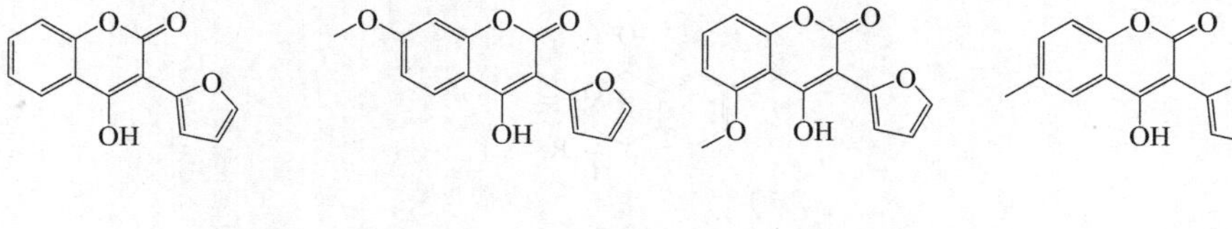

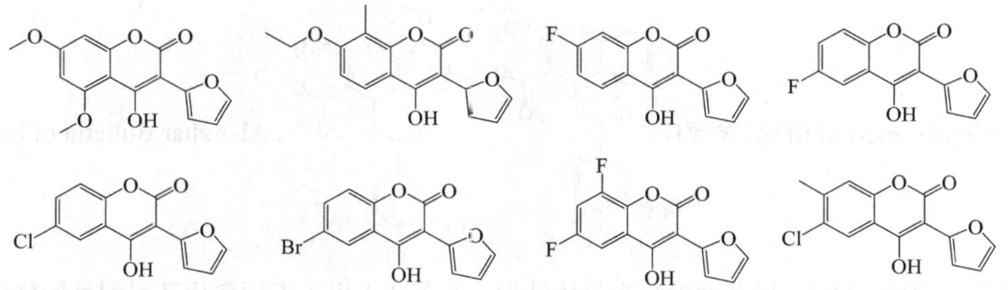

发明人：彭菊芳，张尊听，张瑾；申请人：陕西师范大学

中国专利号：ZL201810141135.8；中国专利申请日：2018-02-11

化合物类型：香豆素类、呋喃类

发明思路：me-too 研究；香豆素及其衍生物是一类极其重要的杂环化合物，广泛存在于自然界植物、动物和微生物体内或次级代谢产物中，以天然产物香豆素为基础通过引入呋喃环衍生得到目标化合物。

用途：具有杀菌活性，对茄病镰孢菌、胶孢炭疽菌、苹果黑腐皮壳菌、灰葡萄孢菌、稻梨孢菌具有抑制活性。在 100mg/L 的浓度下部分化合物对胶孢炭疽菌、茄病镰孢菌、胶孢炭疽菌、苹果黑腐皮壳菌、茄病镰孢菌和苹果黑腐皮壳菌的抗菌活性显著优于噁霉灵。

代表化合物结构如下：

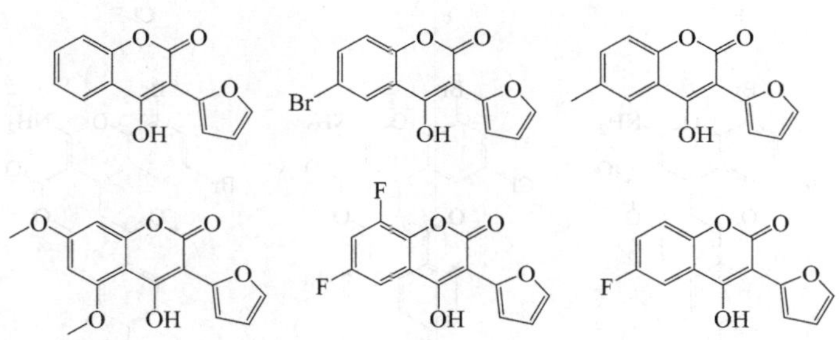

（7）2-氨基苯并吡喃类化合物及其在农药中的应用

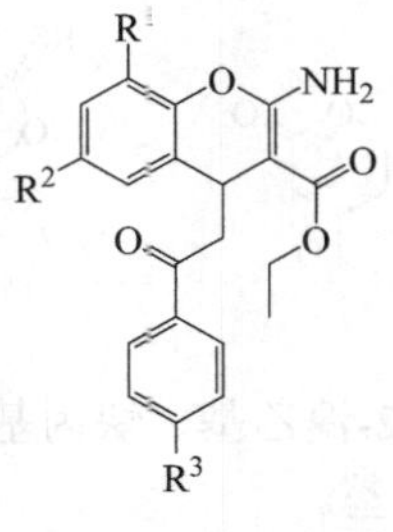

其中，R^1 为氢原子、氯原子或溴原子；R^2 为氯原子或溴原子；R^3 为氟原子、氯原子或甲基。

发明人：唐孝荣，陆童，严映坤，程玮，肖婷婷，张婷婷，王静文，蒋文静，邓字权，曾林；申请人：西华大学

中国专利号：ZL202110264913.4；中国专利申请日：2021-03-11

化合物类型：2-氨基苯并吡喃类

发明思路：me-too 研究；参照[， ，Al-Azhar Bulletin of Science，1996, 7(2)：1217-1227]，以苯并呋喃为母体结构，在苯环上引入不同取代基得到目标化合物。

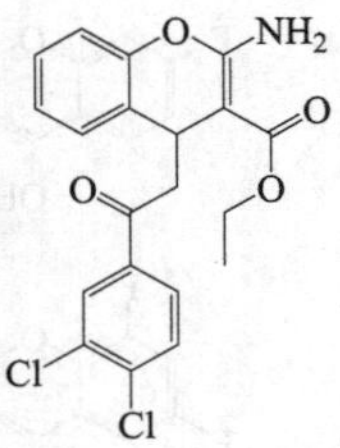

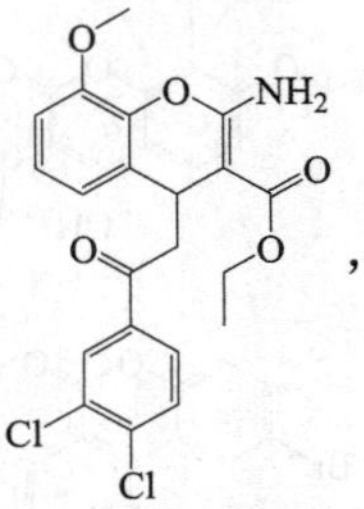

用途：具有杀虫和杀菌活性，对黏虫 3 龄幼虫、朱砂叶螨成螨、蚕豆蚜 3 龄若蚜表现了较好的致死率；对水稻白叶枯病菌、白菜软腐病菌、甘薯瘟病菌、猕猴桃溃疡病菌、烟草青枯病菌表现了一定的抑制率。

代表化合物结构如下：

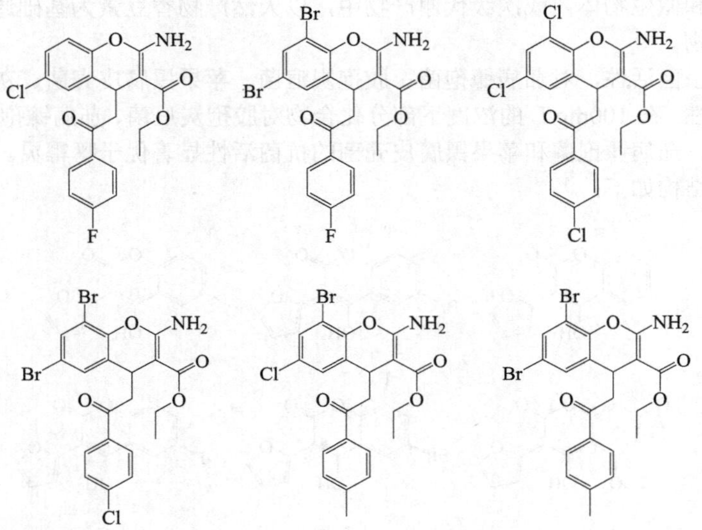

（8）一类新型香豆素并噁唑硫醚衍生物及其除草与杀菌用途

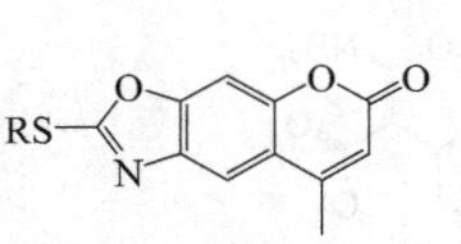

Ⅰa 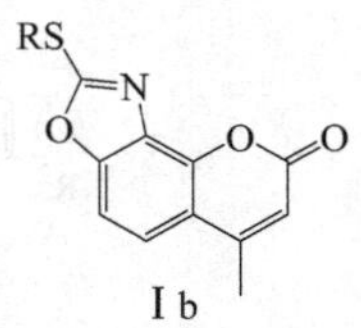　　Ⅰb

式中，Ⅰa 中 R 选自环己基甲基、2-溴乙基、炔丙基、乙氧基羰基丙基、2-氟苄基；Ⅰb 中 R 选自异丁基、炔丙基、乙氧基羰基丙基。

发明人：郝双红，徐洪蕾，魏艳；申请人：青岛农业大学

中国专利号：ZL201810180916.8；中国专利申请日：2018-03-06

化合物类型：香豆素并噁唑硫醚类

发明思路：羟甲香豆素（7-羟基-4-甲基香豆素、4-甲基伞形酮）的农药活性相关研究多样，有杀虫、杀螨、抑菌及除草作用，以其为先导化合物在 7-位羟基处构建苯并杂环，并在杂环上引入硫原子，进一步提高生物活性，得到此类化合物。

用途：对苹果腐烂病菌、番茄灰霉病菌、柑橘炭疽病菌和棉花枯萎病菌菌丝生长有一定抑制作用；同时对马唐、反枝苋根茎的生长有一定的抑制作用。

代表化合物结构如下：

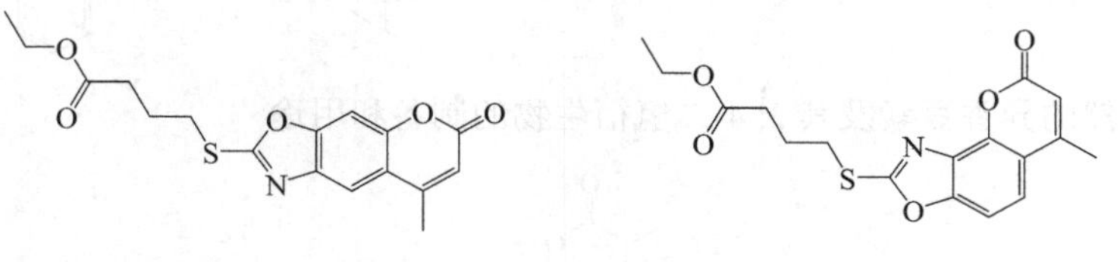

（9）蛇床子素衍生物及其制备方法和应月

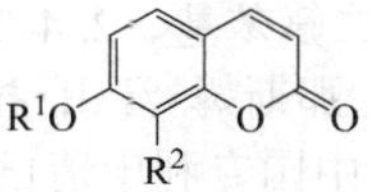

式中，R^1 是氢或 C_1～C_4 烷基，R^2 代表

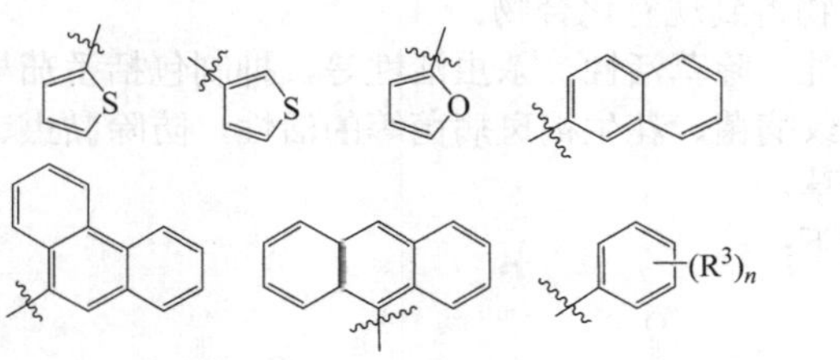

R^3 为氢、C_1～C_4 烷基、卤素、硝基或三氟甲基；n 为 1、2 或 3。

发明人：钱珊，王周玉，杨羚羚，赖朋，高成，何其明，杜波，唐青青，任丹，杨锡良；申请人：成都新朝阳作物科学股份有限公司

中国专利号：ZL201810379344.6；中国专利申请日：2018-04-25

化合物类型：香豆素类结构

发明思路：me-too 研究；参照（Rasayanam ,1937, 1: 93-100, 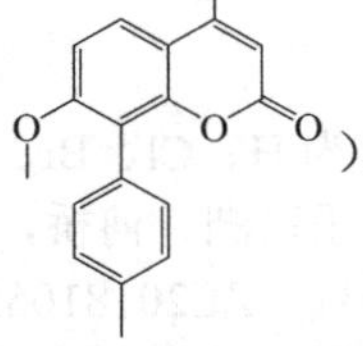 ）。蛇床子素又名甲氧基欧芹酚，其化学名为 7-甲氧基-8-异戊烯基香豆素，核心结构由苯环和吡喃酮环组成，是从蛇床子、欧前胡等中草药中提取得到的，是蛇床子的主要活性成分，也属于香豆素类化合物。蛇床子素具有解痉、降血压、抗心律失常、增强免疫功能等作用。蛇床子素同时也是很好的植物源杀虫剂，其作用方式以触杀作用为主、胃毒作用为辅，药液通过体表吸收进入昆虫体内，作用于害虫神经系统，导致害虫肌肉非功能性收缩，最终因衰竭而死。以蛇床子素为先导化合物进行官能团替换得到目标化合物。

用途：具有杀菌和调节植物生长活性，对草莓炭疽病、马铃薯晚疫病、苹果轮纹病、苹果斑点落叶病、猕猴桃褐斑病或草莓灰霉病具有较好的防治效果。

代表化合物结构如下：

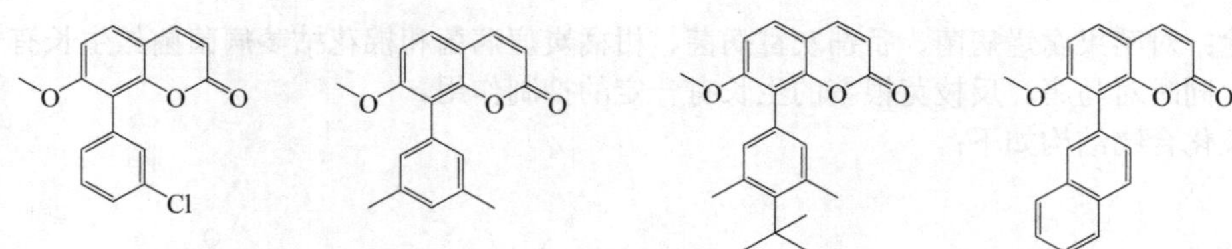

（10）非天然的异香豆素及其 3, 4-二氢衍生物的制备和用途

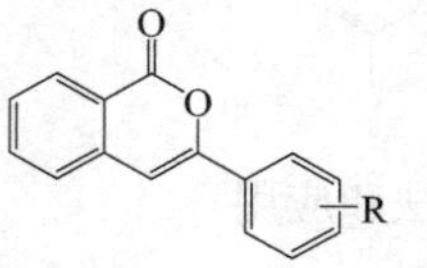

式中，R 选自 3, 5-二氟苯基、3, 4-二氟苯基、2, 4-二氟苯基、2, 3-二氟苯基。

发明人：范志金，瓜勒姆·瓜弟尔，那斯姆·汗山·拉姆；申请人：南开大学

中国专利号：ZL200510122353.X；中国专利申请日：2005-12-14

化合物类型：异香豆素类

发明思路：me-too 研究；根据文献报道的异香豆素结构，对其苯基部分进行卤代以及由它们转化的 3, 4-二氢衍生物得到现有化合物。

用途：具有杀菌活性、除草活性、杀虫活性等，抑制包括番茄早疫病菌、小麦赤霉病菌、芦笋茎枯病菌、苹果轮纹病菌、花生褐斑病菌等的活性，防除黏虫、蚊子幼虫、苋菜、油菜、稗草、马唐等害虫及杂草。

代表化合物结构如下：

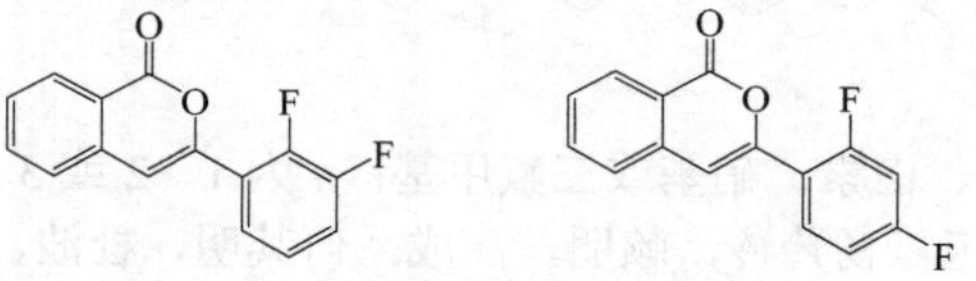

（11）一种苯并吡喃类化合物及其制备方法和应用

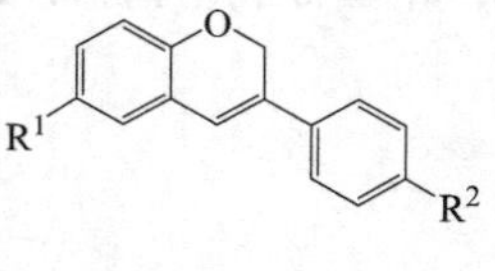

式中，R^1 为 H、Cl、Br；R^2 为 H、Cl、Br。

发明人：乐贵洲，何桥，吴瑶，张祖民；申请人：四川农业大学

中国专利号：ZL201810550598.X；中国专利申请日：2018-05-31

化合物类型：苯并吡喃类

发明思路：me-too 研究；在已报道的具有广泛活性的苯并吡喃类化合物基础上，得到了一种苯并吡喃类化合物。

用途：具有杀菌活性，对草莓灰霉病、西瓜枯萎病、马铃薯早疫病、烟草刺星病均具有一定抑制作用。

代表化合物结构如下：

3.27.8.4 萜类化合物

（1）一种倍半萜衍生物及其制备方法与应用

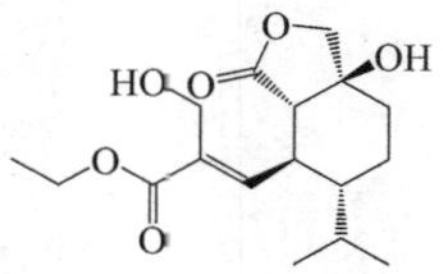

发明人：李春远，丁唯嘉，熊亚红，冯楠楠，蔡佳纯；申请人：华南农业大学

中国专利号：ZL202110018105.X；中国专利申请日：2021-01-07

化合物类型：倍半萜类

发明思路：天然产物提取，对木霉（*Trichoderma* sp .09）进行发酵培养后得到的提取物。

用途：具有杀菌活性，对荔枝炭疽菌和番茄枯萎菌有较好的抑制效果。

（2）倍半萜类化合物及其衍生物在制备防治小麦赤霉病药物中的应用

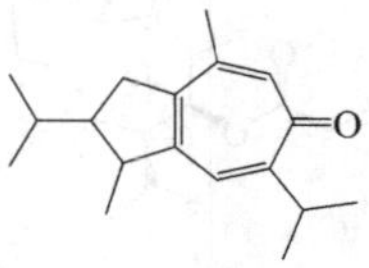

发明人：黄烈军，郝小江，陈亮，蹇军友，金军，王立平，苑春茂，顾玮；申请人：贵州省中国科学院天然产物化学重点实验室

中国专利号：ZL202010090869.5；中国专利申请日：2020-02-13

化合物类型：倍半萜类化合物

发明思路：本领域已经发现倍半萜类化合物及其衍生物在抗菌、抗肿瘤方面有一定的活性，但是至今为止，尚没有关于将倍半萜类化合物应用于小麦赤霉病防治中的相关研究报道。该发明介绍了基于倍半萜类母体结构通过化学反应衍生物得到的目标化合物在制备防治小麦赤霉病药物中的应用。

用途：对小麦赤霉病菌具有抑制活性。

（3）手性 8-羟基升补身烷倍半萜酰胺类化合物及作为农用杀菌剂的用途

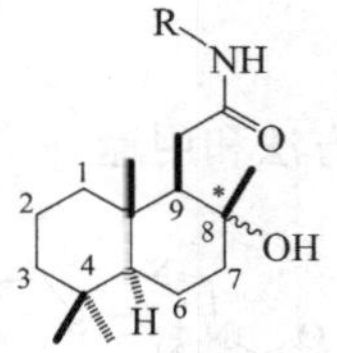

式中，8 位的立体构型为 *R* 或者 *S*；

取代基 R 选自：$C_{1\sim19}$ 的开链或环状脂肪取代基；苄基；苯环上有甲基、羟基、甲氧基、卤素、二氟甲基或三氟甲基取代的苄基；苄位有 $C_{1\sim6}$ 烃基取代的苄基；苯乙基；苯环上有甲基、羟基、甲氧基、卤素、硝基、二氟甲基或三氟甲基取代的苯乙基；3-吲哚乙基等。

发明人：李圣坤，李挡挡，张莎莎；申请人：南京农业大学

中国专利号：ZL201610762193.3；中国专利申请日：2016-08-29

化合物类型：手性补身烷基杂环类

发明思路：Drimane 类杂倍半萜烯具有广泛的生物活性，虽然在农药化学中的研究较少，但具有潜在的抗菌活性，此发明发现手性 8-羟基升补身烷倍半萜酰胺类化合物具有较好的抑菌活性。

用途：具有杀菌活性，手性 8-羟基-升补身烷倍半萜酰胺类化合物(8 位为 *R* 构型)对植物病原菌有较好的抑制作用。4-氟取代酰胺化合物对油菜菌核病菌和番茄灰霉病菌均表现出了强烈的抑制作用；而 4-氟取代酰胺化合物中 8 位由原来的 *R* 构型变为 *S* 构型后，对小麦赤霉病菌的抑制活性有显著提高。

代表化合物结构如下：

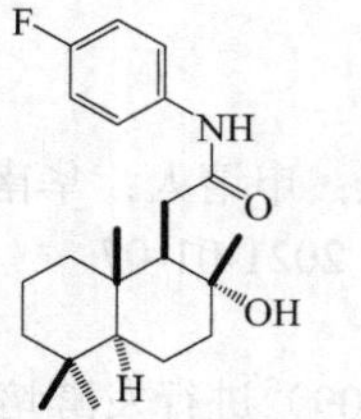

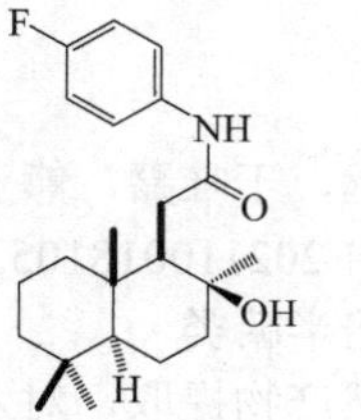

（4）倍半萜类衍生物在制备防治小麦赤霉病药物中的应用

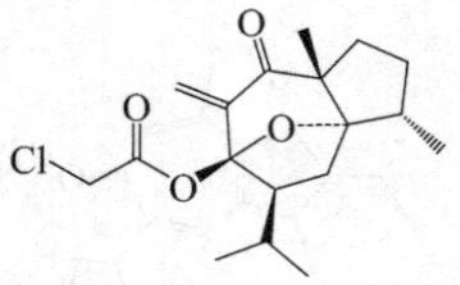

发明人：黄烈军，郝小江，陈亮，蹇军友，金军，王立平，苑春茂，顾玮；申请人：贵州省中国科学院天然产物化学重点实验室

中国专利号：ZL202110225360.1；中国专利申请日：2020-02-13

化合物类型：倍半萜类

发明思路：天然产物修饰；倍半萜(sesquiterpenes)是指分子中含 15 个碳原子的天然萜类化合物，含有三个异戊二烯单元，具有链状、环状等多种骨架结构。倍半萜多为液体，主要存在于植物的挥发油中，倍半萜的衍生物种类很多，如醇、酮、内酯等衍生物广泛存在于挥发油中，倍半萜类化合物及其衍生物在抗菌、抗肿瘤方面有一定的活性。以天然产物倍半萜为原料衍生得到目标化合物。

用途：具有杀菌活性，对小麦赤霉病菌具有抑制作用。

3.27.8.5 抗生素类化合物

（1）申嗪霉素三唑衍生物及其制备方法和用途

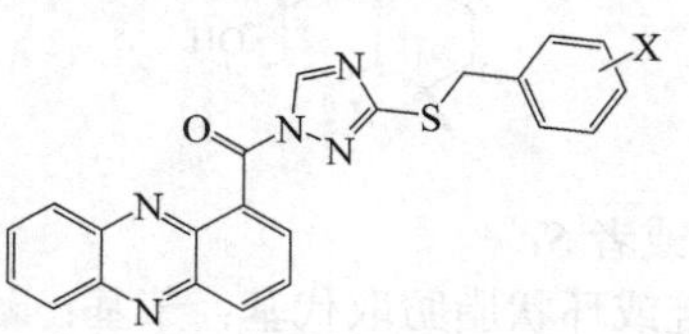

选自以下化合物：

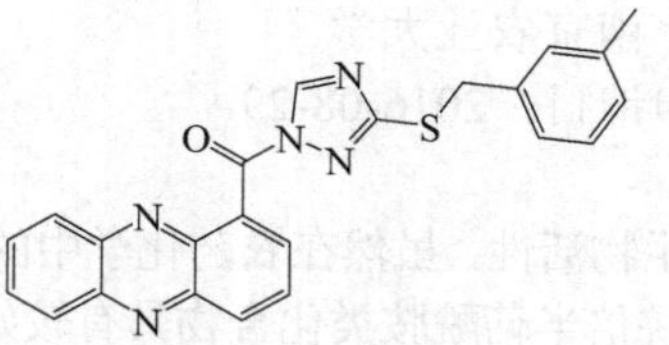

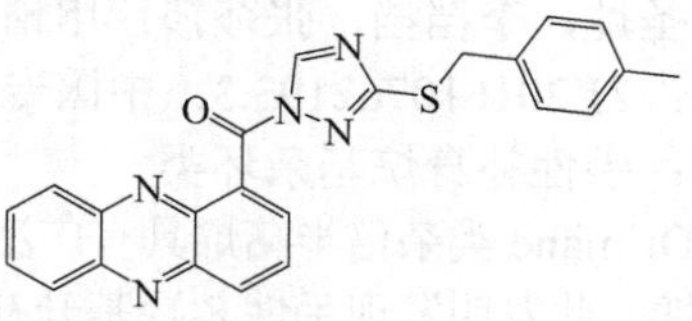

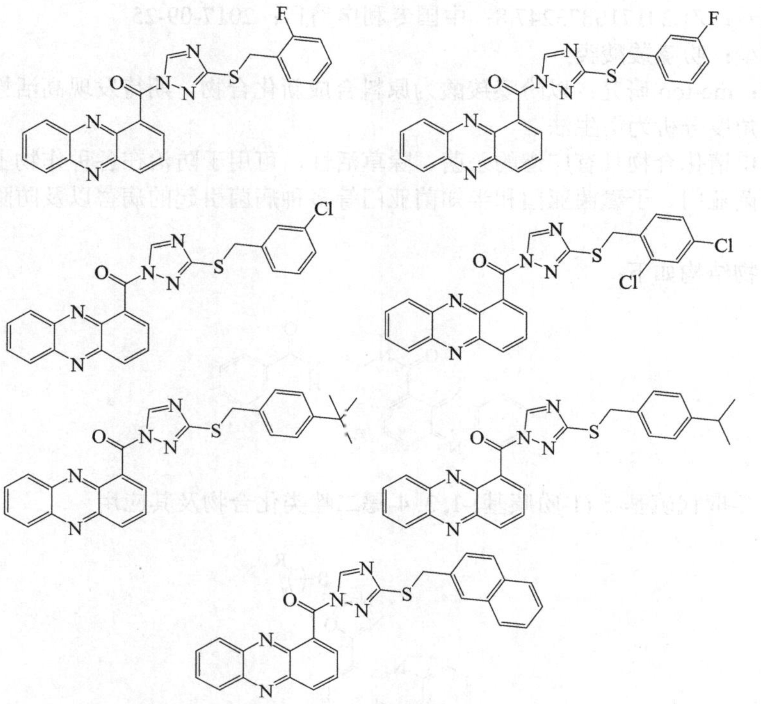

发明人：徐志红，张卫，李俊凯；申请人：长江大学

中国专利号：ZL201911128939.5；中国专利申请日：2019-11-18

化合物类型：申嗪霉素类、三唑类

发明思路：me-too 研究；以申嗪霉素为母体结构，与 1*H*-1, 2, 4-三唑-3-硫醇进行活性亚结构拼接得到现有化合物。

用途：具有杀菌活性，可用来防治水稻纹枯病、番茄早疫病、西瓜枯萎病、小麦赤霉病、水稻稻瘟病和辣椒疫病。

（2）吩嗪-1-羧酸双酰胺类化合物及其应用

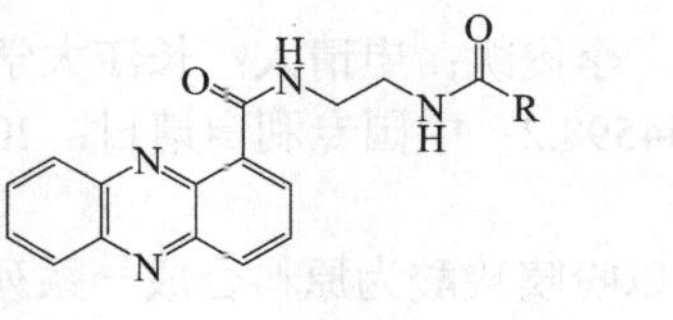

式中，R 选自 A、B 或 C。

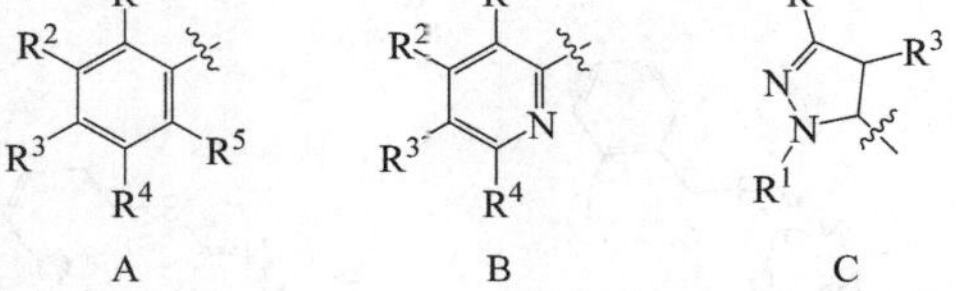

R^1、R^2、R^3、R^4、R^5 选自氢、卤素、三氟甲基、硝基。

发明人：李俊凯，朱祥，吴清来，余林花；申请人：长江大学

中国专利号：ZL201710873247.8；中国专利申请日：2017-09-25

化合物类型：吩嗪羧酸类

发明思路：me-too 研究；以吩嗪羧酸为原料合成新化合物，期待发现高活性化合物；从中间体衍生化法角度分析为衍生法。

用途：本申请化合物具有广谱的杀菌、除草活性，可用于防治在各种作物上由鞭毛菌亚门卵菌纲、担子菌亚门、子囊菌亚门和半知菌亚门等多种病菌引起的病害以及防除禾本科以及双子叶等杂草。

代表化合物结构如下：

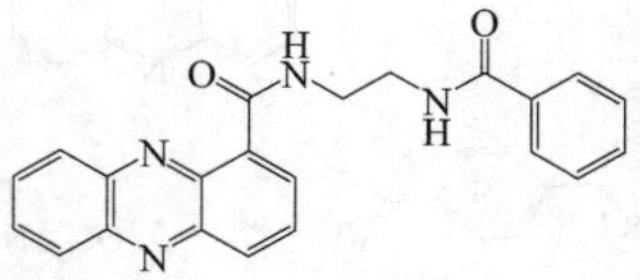

（3）一种 2-取代硫基-5-(1-吩嗪基)-1, 3, 4-噁二唑类化合物及其应用

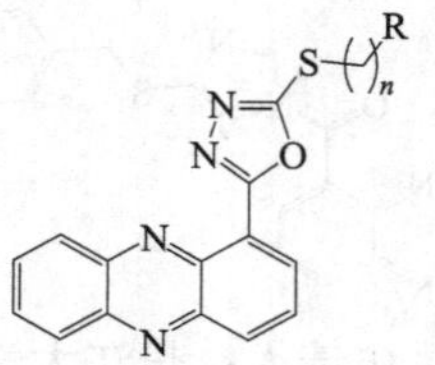

I

式 I 中，n 为 1～2，R 选自 A、B 和 C。

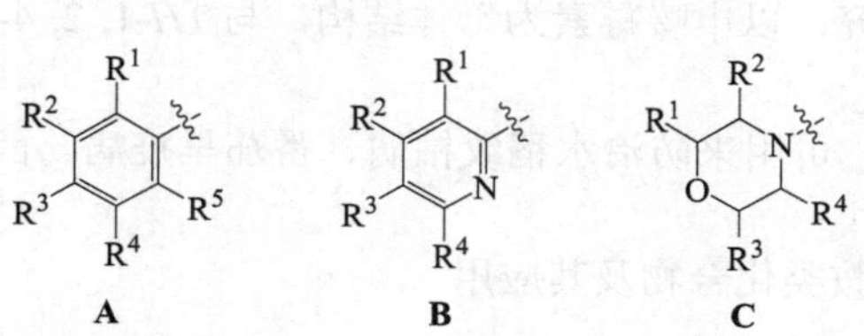

A B C

发明人：吴清来，鲁星亮，李俊凯；申请人：长江大学

中国专利号：ZL201710554598.2；中国专利申请日：2017-07-10

化合物类型：吩嗪类

发明思路：me-too 研究；以吩嗪羧酸为原料合成一系列化合物，期待发现高活性化合物。

用途：该发明化合物具有广谱的杀菌活性，可用于防治在各种作物上由鞭毛菌亚门卵菌纲、担子菌亚门、子囊菌亚门和半知菌亚门等多种病菌引起的病害。

代表化合物结构如下：

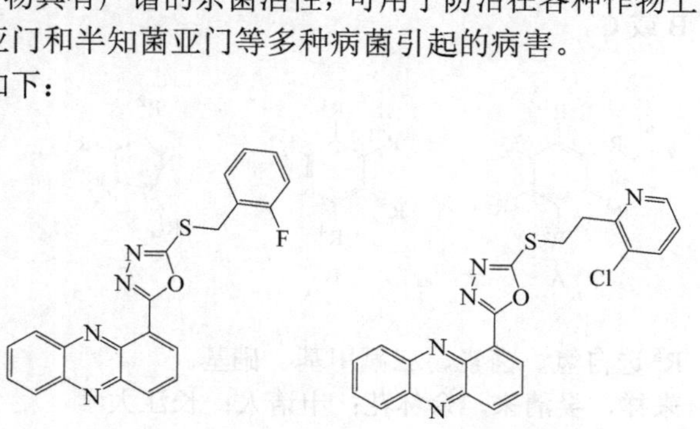

（4）吩嗪-1-甲酰胺类化合物及其应用

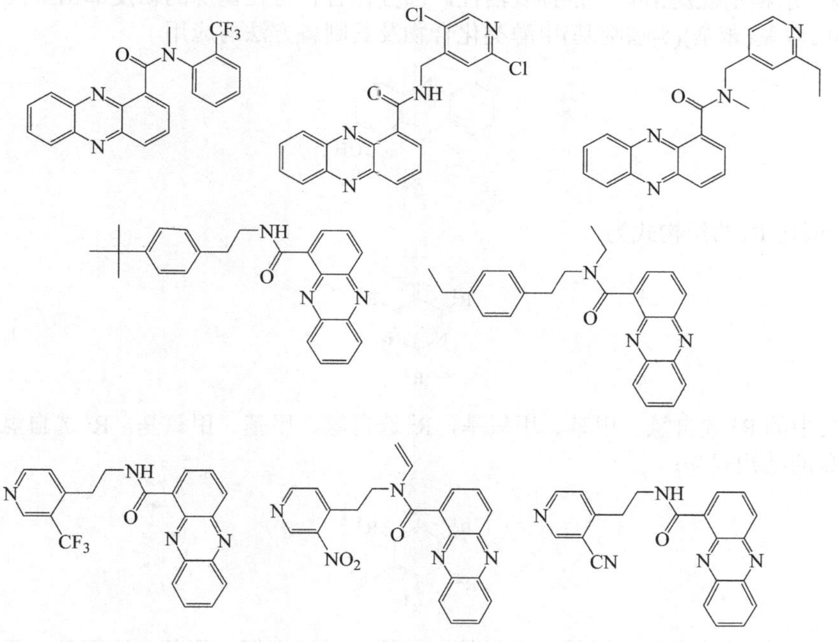

发明人：吴清来，秦川，李俊凯；申请人：长江大学

中国专利号：ZL201710585069.9；中国专利申请日：2017-07-18

化合物类型：吩嗪类结构

发明思路：me-too 研究，天然产物吩嗪-1-羧酸(PCA)具有独特的化学结构和优良的农用杀菌活性，对水稻纹枯病、西瓜枯萎病、辣椒疫病、小麦全蚀病、西瓜炭疽病、油菜菌核病等病原菌具有广谱性农用抗菌活性，对人畜和环境无害，是一种安全、高效、环境友好的微生物源绿色农药。基于吩嗪-1-羧酸进行合理结构改造和修饰，改善其理化性质。采用活性亚结构拼接的方法，将吩嗪-1-羧酸与具有良好杀菌活性的化合物片段进行拼接，设计并合成了一系列吩嗪-1-甲酰胺类化合物。

用途：该类化合物可防治由鞭毛菌亚门卵菌纲、担子菌亚门、子囊菌亚门和半知菌亚门真菌引起的病害。在 200mg/L 浓度时对水稻纹枯病菌、番茄早疫病菌、西瓜枯萎病菌、小麦赤霉病菌、水稻稻瘟病菌具有较好的抑制率。

（5）申嗪霉素的氨基酸衍生物及其杀菌用途

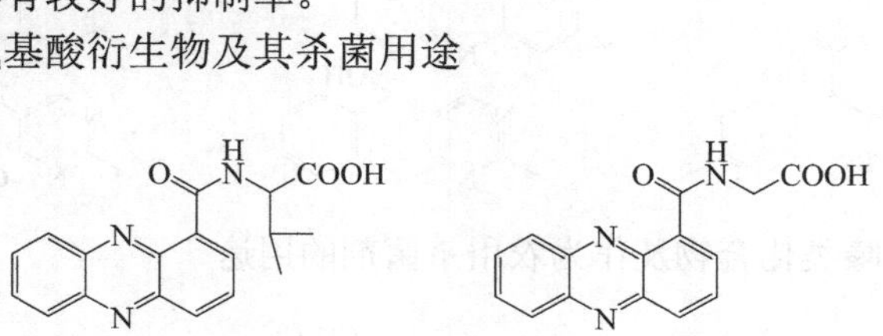

发明人：徐志红，李俊凯，黄迪；申请人：长江大学

中国专利号：ZL201810159227.9；中国专利申请日：2018-02-26

化合物类型：申嗪霉素

发明思路：me-too 研究；将植物体内氨基酸与申嗪霉素相结合合成新化合物，期待发现的新化合物既有申嗪霉素杀菌活性又有植物韧皮部传导的特性。

用途：本申请部分化合物对水稻纹枯病菌、小麦赤霉病菌、番茄早疫病菌、西瓜枯萎病菌、辣椒疫病菌、水稻稻瘟病菌有一定抑制活性。部分化合物可在蓖麻的韧皮部由上向下传导。

（6）1-吩嗪基(苯基)(5-嘧啶基)甲醇类化合物及其制备方法与应用

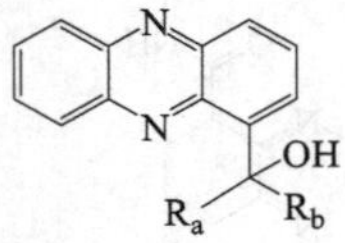

式中，所述 R_a 的结构式为：

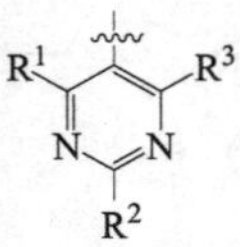

所述 R_a 中的 R^1 选自氢、甲基、甲氧基，R^2 选自氢、甲基、甲氧基，R^3 选自氢；

所述 R_b 的结构式为：

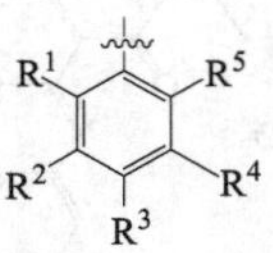

所述 R_b 中的 R^1 选自氢、甲基、甲氧基、乙基，R^2 选自氢、甲基、甲氧基、氟、氯、溴，R^3 选自氢、甲基、甲氧基、叔丁基、苯氧基、氟、氯、溴，R^4 选自氢、甲基、乙基、甲氧基、氟、氯，R^5 选自氢、甲基、甲氧基、氟、氯、溴。

发明人：吴清来，汤显军；申请人：长江大学

中国专利号：ZL201811072358.X；中国专利申请日：2018-09-14

化合物类型：吩嗪-1-羧酸类

发明思路：me-too 研究；在吩嗪-1-羧酸的基础上，采用活性亚结构拼接的方法，将嘧啶醇结构引入吩嗪-1-羧酸结构中得到现有化合物。

用途：具有杀菌活性，对水稻纹枯、西瓜枯萎、番茄早疫、水稻稻瘟、油菜菌核、小麦赤霉、小麦白粉等病菌具有较好的杀菌活性。

代表化合物结构如下：

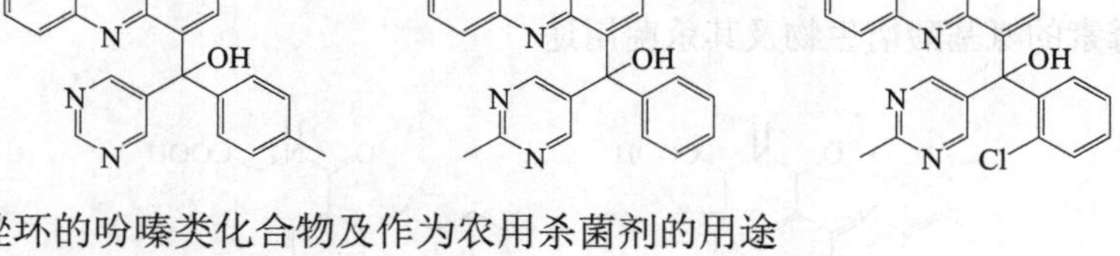

（7）含噁唑环的吩嗪类化合物及作为农用杀菌剂的用途

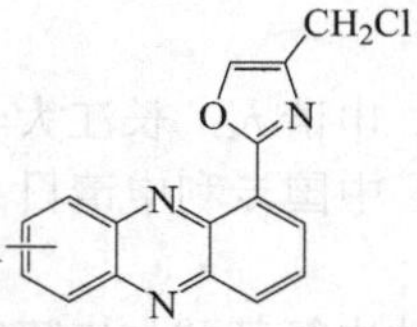

式中，R 选自氢、卤素、甲基、羟基、氨基、苯基、苯氧基、二氟甲基、三氟甲基、1～6

碳烷氧基，以及可同时含有 2～4 个 R 所代表的取代基。

发明人：叶永浩，陈议亮，严威；申请人：南京农业大学

中国专利号：ZL201910956284.4；中国专利申请日：2019-10-09

化合物类型：噁唑吩嗪类

发明思路：me-too 研究；参考已报道的吩嗪类活性化合物和含噁唑官能团的农药品种，将含噁唑官能团引入吩嗪母核结构中，合成了一系列含噁唑环的吩嗪类化合物。

用途：具有杀菌活性，对水稻纹枯病菌、油菜菌核病菌、小麦赤霉病菌具有不错的抑制率。

代表化合物结构如下：

CH_2Cl F N N O N CH_2Cl Cl N N O N

（8）木霉菌素 C8 不饱和酸酯衍生物及其用途

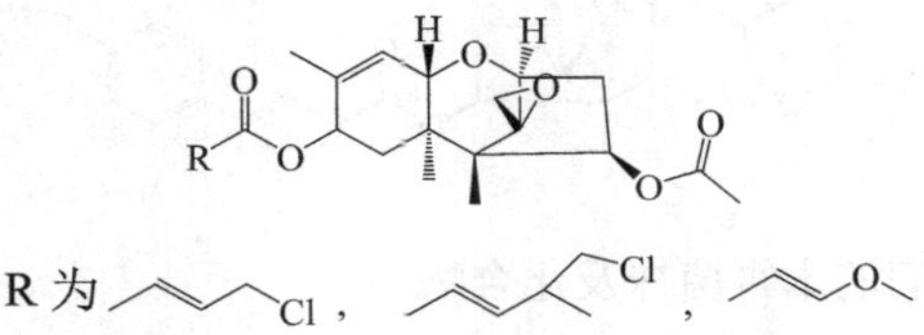

H O H O R O O O

R 为 Cl ， Cl ， O

发明人：程敬丽，姚停停，黎小亮，赵金浩，章初龙，林福呈；申请人：浙江大学

中国专利号：ZL201410018923.X；中国专利申请日：2014-01-15

化合物类型：木霉菌素类

发明思路：me-too 研究；对具有杀菌活性的木霉菌素 C8 不饱和酸酯进行继续优化。

用途：可用于防治小麦赤霉病、小麦白粉病、黄瓜灰霉病、水稻纹枯病、水稻稻瘟病。

代表化合物结构如下：

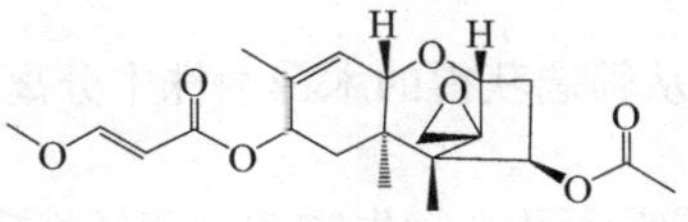

H O H O O O O O O

（9）木霉菌素 C8 肟醚类衍生物及其用途

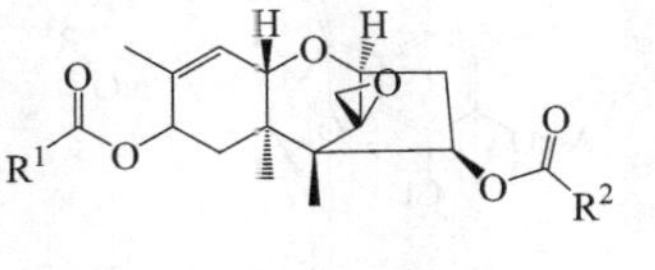

H O H O R^1 O O O O R^2

R^1 为甲基、乙基、正丙基、异丙基、叔丁基、正戊基；

R^2 为：

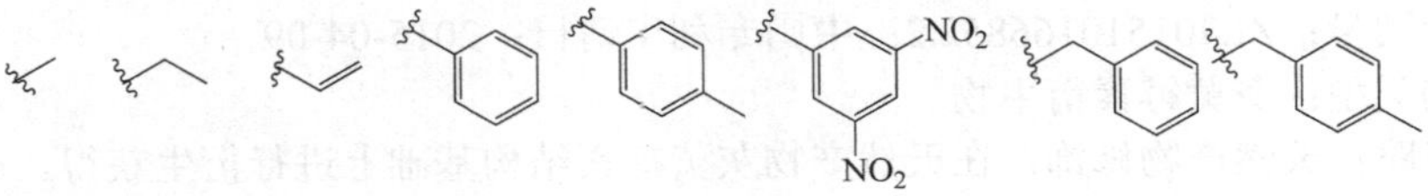

NO_2 NO_2

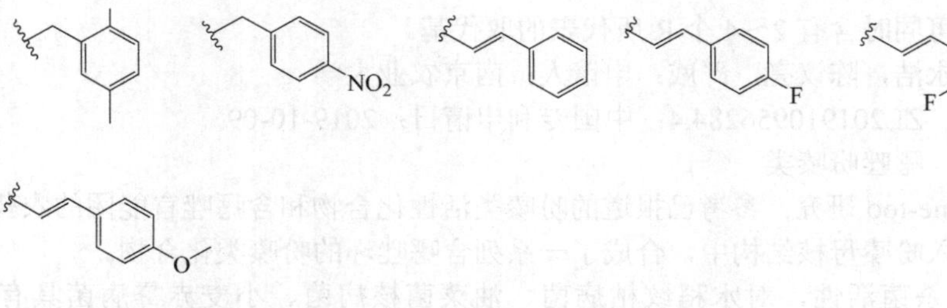

发明人：赵金浩，程敬丽，郑敏，黎小亮，章初龙，王国平，林福呈；申请人：浙江大学
中国专利号：ZL201310482552.6；中国专利申请日：2013-10-15
化合物类型：木霉菌素类
发明思路：me-too 研究；对具有杀菌活性的木霉菌素 C8 不饱和酸酯进行继续优化。
用途：可用于小麦赤霉病、油菜菌核病、黄瓜灰霉病、辣椒疫霉病、小麦白粉病等的防治。
代表化合物结构如下：

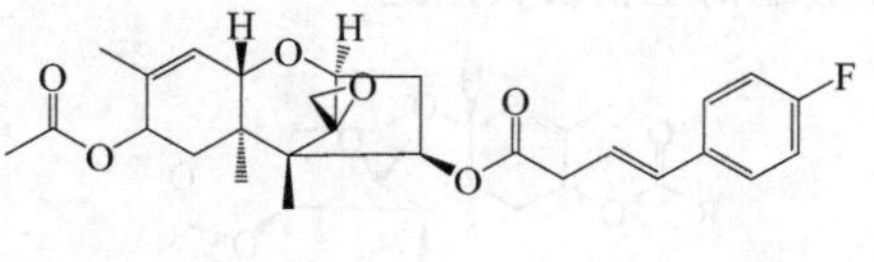

（10）用于防治辣椒疫病的木霉菌株及化合物

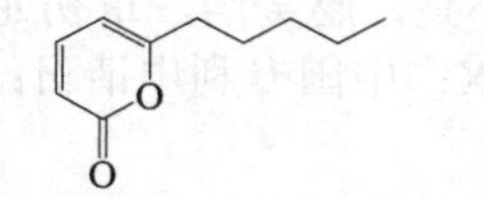

发明人：张敬泽；申请人：浙江大学
中国专利号：ZL201310264340.0；中国专利申请日：2013-06-27
化合物类型：吡喃酮类
发明思路：天然产物提取；从筛选获得的木霉菌株中分离纯化获得。
用途：对辣椒疫霉病有效。
（11）灰黄霉素衍生物、灰黄霉素及其衍生物的抗菌活性应用

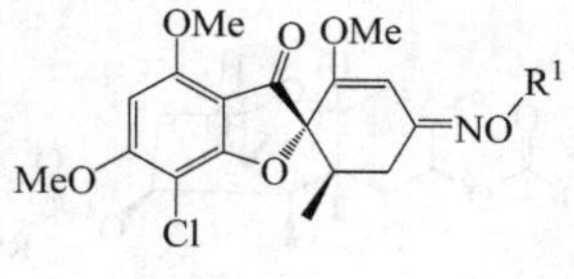

式中，R^1 代表乙酰基、丙酰基、丁酰基、戊酰基、卤代乙酰基或丙烯酰基。
发明人：高锦明，白育斌，张鞍灵，李定；申请人：西北农林科技大学
中国专利号：ZL201510166852.2；中国专利申请日：2015-04-09
化合物类型：灰黄霉素衍生物
发明思路：天然产物修饰；在天然产物灰黄霉素结构基础上进行衍生获得。

用途：灰黄霉素衍生物用于制备抗植物病原菌剂，以及灰黄霉素可用于制备抗苹果炭疽病、番茄灰霉病、番茄早疫病的药物。

代表化合物结构如下：

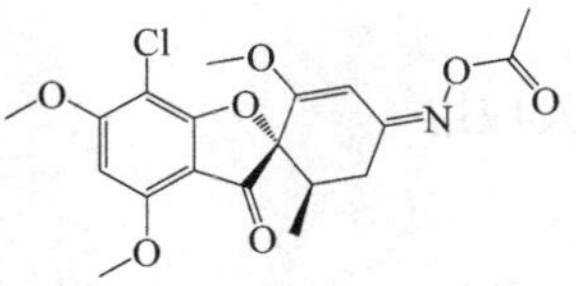

（12）一种喹诺酮基噁唑烷酮类化合物及其制备方法和用途

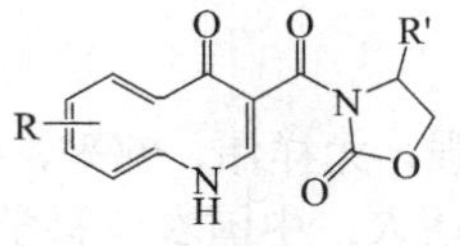

HB

其中，R 选自下述的基团：烷基、烷氧基、芳基、卤素、氰基、三氟甲基或硝基；R'选自下述的基团：异丙基、苯基或苯甲基。

其中，所述烷基优选 C_1～C_{12} 烷基，所述烷氧基优选 C_1～C_3 烷氧基；所述芳基具有本领域中通用的含义，比如苯基、取代苯基、萘基、杂环芳基(包括呋喃基、噻吩基、吡咯基、吡啶基等)等；所述卤素指氟、氯、溴或碘。

发明人：傅滨，白慧，兰文捷，陈张鹏飞，覃兆海；申请人：中国农业大学

中国专利号：ZL202110372743.1；中国专利申请日：2021-04-07

化合物类型：喹诺酮基噁唑烷酮化合物

发明思路：将喹诺酮和噁唑烷酮通过酰胺键连接而得。

用途：具有杀菌活性，该发明的喹诺酮基噁唑烷酮化合物对各种真菌均有良好的抑制活性，尤其对番茄晚疫病菌和黄瓜灰霉病菌具有显著的抑制活性，优于商品药剂噁唑菌酮。

代表化合物结构如下：

3.27.8.6 呫吨酮类化合物

一种呫吨酮衍生物及其制备方法与应用

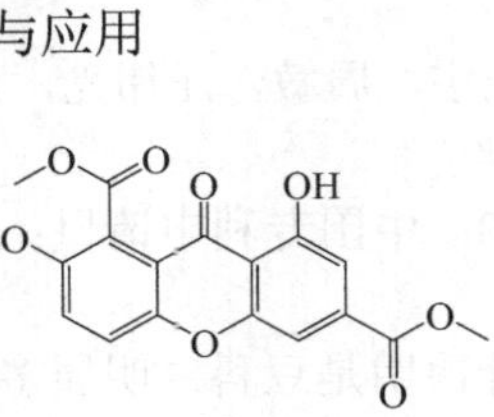

发明人：李春远，丁唯嘉；申请人：华南农业大学

中国专利号：ZL201410314695.0；中国专利申请日：2014-07-02

化合物类型：氧杂蒽类

发明思路：天然产物提取；从红树内生真菌菌株发酵培养液中提取获得。

用途：具有杀菌活性，对大豆疫霉、荔枝霜疫霉、小麦赤霉具有很强的抑制作用。

3.27.8.7 蒽醌类化合物

（1）蒽醌类化合物、制备方法及应用

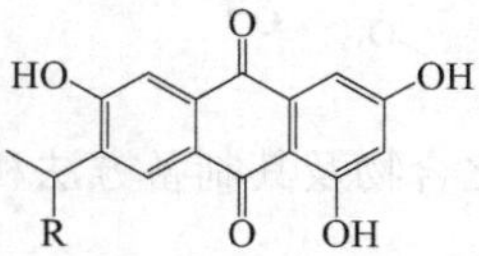

式中，R 基团选自酮基或羟基。

发明人：赵栋霖，张成省，李义强，尤祥伟，邹平，徐茜，陈志厚，孟晨，袁源，徐辰生，林伟，荆常亮，廖锦建，徐宗昌；申请人：中国农业科学院烟草研究所、福建省烟草公司南平市公司

中国专利号：ZL201710665686.X；中国专利申请日：2017-08-07

化合物类型：蒽醌类化合物

发明思路：天然产物提取；提取自海洋真菌 *Fusarium equiseti* GLY27，所述海洋真菌 *Fusarium equiseti* GLY27 的保藏号是 CGMCC 14348。

用途：具有杀菌活性。用于预防和治疗由植物病原细菌引起的植物病害，其中所述植物病原细菌为丁香假单胞杆菌（*Pseudomonas. syringae*）、燕麦食酸菌（*Acidovorax. avenae*）、胡萝卜软腐欧文氏菌（*Erwinia carotovora*）。

代表化合物结构如下：

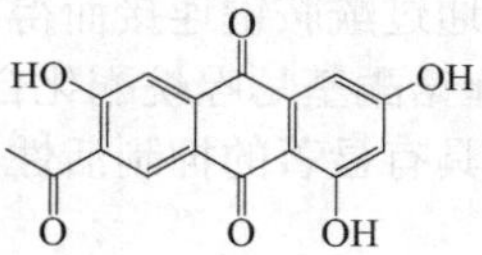

（2）一种抗烟草黑胫病活性化合物及其制备方法和应用

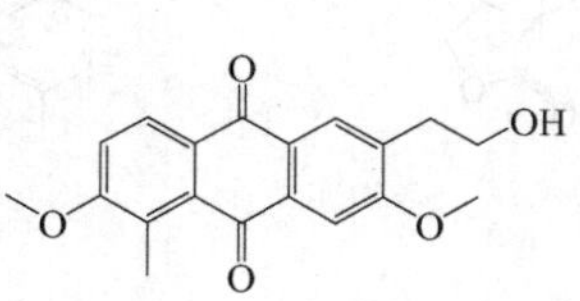

发明人：李银科，胡秋芬，杨光宇，周敏，汪伟光，董淼，黄海涛，刘欣，孔维松，李晶，王晋，许永；申请人：云南民族大学

中国专利号：ZL202110547616.0；中国专利申请日：2021-05-19

化合物类型：蒽醌类

发明思路：天然产物提取；耳叶决明是豆科决明属多年生亚灌木状披散草本植物，该植物具有广泛的药用价值，主治目赤肿痛、头晕头胀等。本专利化合物是从耳叶决明中提取得到的一种结构新颖的新型蒽醌类化合物。

用途：具有杀菌活性，对烟草黑胫病具有较好的抑制活性。

3.27.8.8 含糖基类化合物

（1）一类糖基取代的京尼平衍生物及其制备和应用

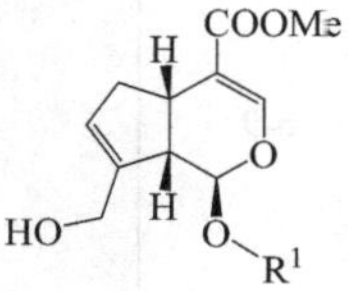

I-a 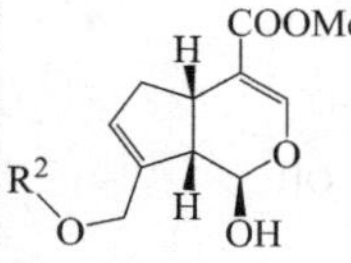　　I-b

式中，通式I-a和I-b为表3-118、表3-119中所示结构的化合物。

表3-118　通式I-a中R^1所代表的基团

编号	R^1	编号	R^1
I-a-1	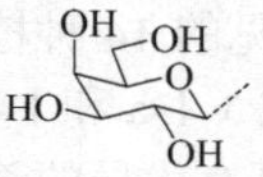	I-a-5	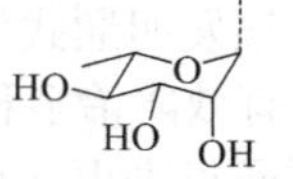
I-a-2		I-a-7	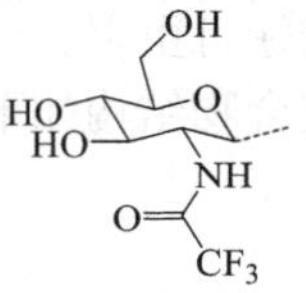
I-a-3	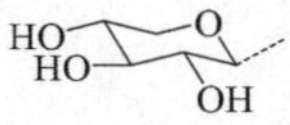	I-a-8	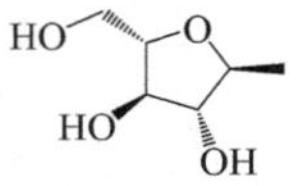
I-a-4	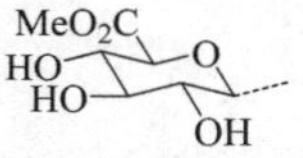	I-a-9	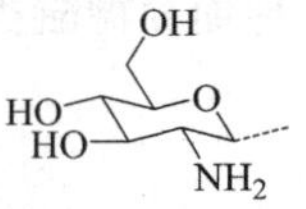

表3-119　通式I-b中R^2所代表的基团

编号	R^2	编号	R^2
I-b-2	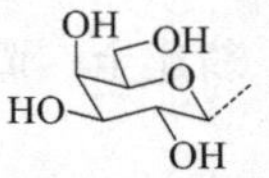	I-b-6	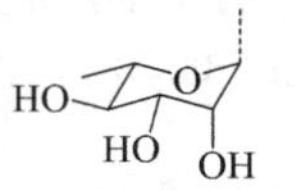
I-b-3	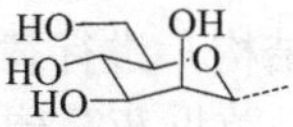	I-b-7	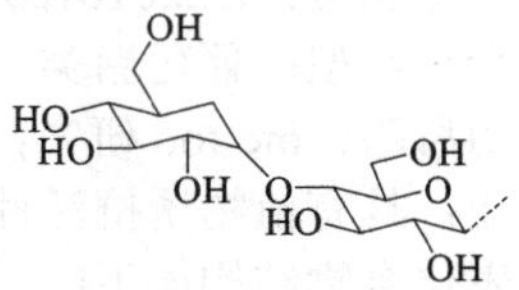
I-b-4	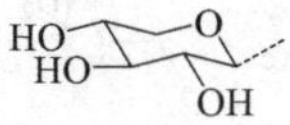	I-b-8	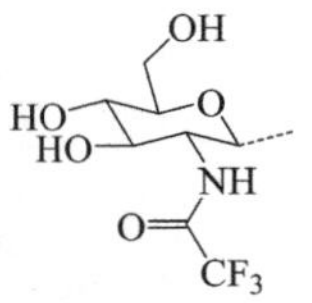

续表

编号	R^2	编号	R^2
I-b-5	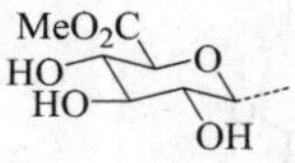	I-b-9	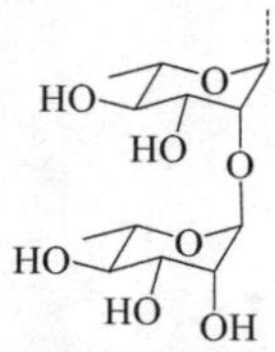

发明人：汪清民，夏青，刘玉秀，董建洋，王强，王兹稳，宋红健，李玲；申请人：南开大学

中国专利号：ZL201710967653.0；中国专利申请日：2017-10-16

化合物类型：京尼平衍生物

发明思路：me-too 研究；以京尼平为基础，将其进行糖基取代衍生化得到现有化合物。

用途：该发明通式（Ⅰ-a 和Ⅰ-b）中的部分化合物对常见的 14 种植物致病菌具有一定的抑制活性，可有效防治多种作物的真菌细菌病害。该发明通式（Ⅰ-a 和Ⅰ-b）中的部分化合物对常见的 4 种鳞翅目害虫（小菜蛾、黏虫、玉米螟和棉铃虫）具有优异的杀虫活性，可有效防治多种作物的鳞翅目虫害。

代表化合物结构如下：

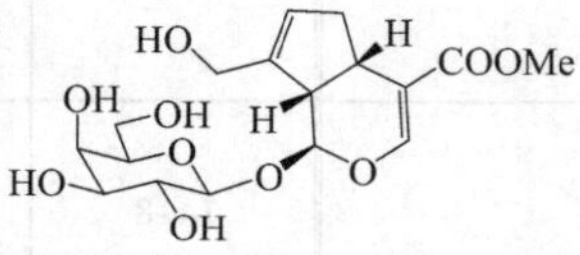

（2）一种葡萄糖醚类化合物及其制备与应用

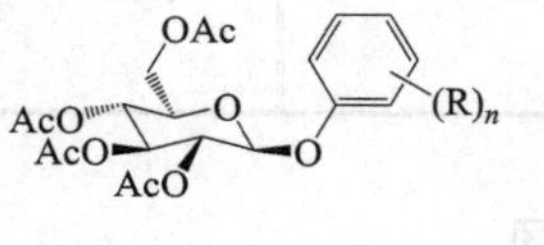

式中，R 为甲氧基、硝基、氨基、羧基、醛基、甲酰基、C_1～C_3的烷基、卤素及被卤素取代的 C_1～C_3的烷基，n 为 1～5。

发明人：刘幸海，沈钟华，杨明艳，余玉叶，孙召慧，翁建全，谭成侠；申请人：浙江工业大学

中国专利号：ZL201610906239.4；中国专利申请日：2016-10-18

化合物类型：葡萄糖类

发明思路：me-too 研究；根据甲壳素以及二苯醚类等结构，进行替换，得到该类化合物。

用途：具有植物诱抗活性，可以有效防治黄瓜褐斑病、黄瓜灰霉病和黄瓜炭疽病等。

代表化合物结构如下：

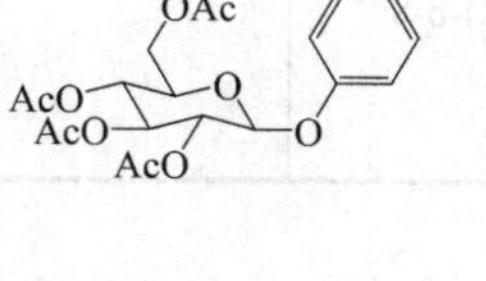

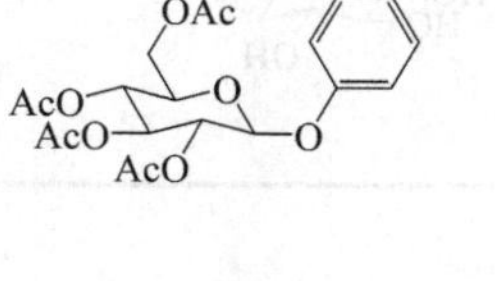

（3）一种葡萄糖酰胺类化合物及其制备与应用

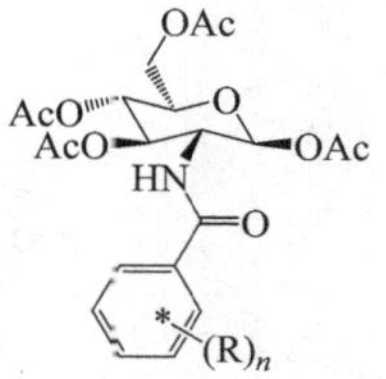

式中，R 为甲氧基、硝基、氨基、羟基、C_1～C_4 的烷基或卤素，*n* 为取代基个数，*n* 为 1 或 2。

发明人：刘幸海，沈钟华，杨明艳，余玉叶，孙召慧，翁建全，谭成侠；申请人：浙江工业大学

中国专利号：ZL201610906223.3；中国专利申请日：2016-10-18

化合物类型：葡萄糖类

发明思路：me-too 研究；在活性化合物 3-氨基-6-(羧基甲基)四氢-2*H*-吡喃葡萄糖基础上进行衍生获得。

用途：具有植物诱抗活性，可诱导植物产生主动免疫，对烟草花叶病毒、稻瘟病病菌、黑胫病病菌、核盘霉菌、炭疽病病菌等具有广谱活性。

代表化合物结构如下：

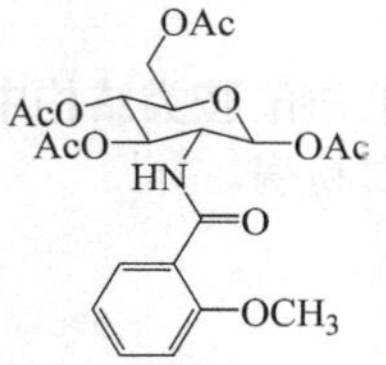

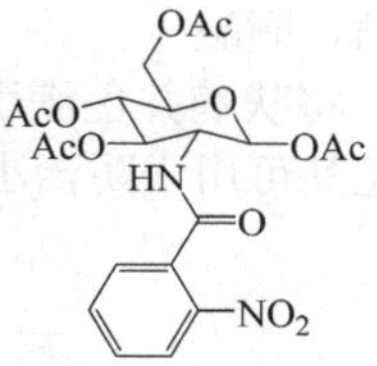

（4）含稀有糖基的肟酯类化合物及其制备方法与应用

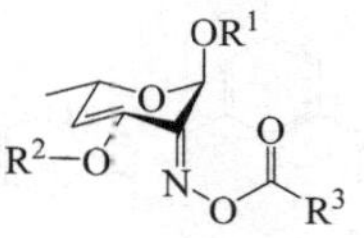

其中，R^1 为甲基、烯丙基或对甲氧基苯基；R^2 为乙酰基、苯甲酰基、氯乙酰基或丙酰基；R^3 为带有 1～3 个取代基的苯基、吡啶基或萘基，所述带有 1～3 个取代基的苯基中的取代基选自下述基团中的任意一种：卤素、甲基、甲氧基、硝基、三氟甲基和七氟异丙基；所述带有 1～3 个取代基的苯基，当为单取代时，取代基为 2 位取代、3 位取代或 4 位取代；当为双取代时，取代基为 2,4 位双取代、3,4 位双取代、2,5 位双取代、2,6 位双取代、3,5 位双取代；当为三取代时，取代基为 2,4,5 位三取代。

发明人：张建军，姜锐，梁晓梅，王道全；申请人：中国农业大学

中国专利号：ZL201710181957.4；中国专利申请日：2017-03-24

化合物类型：含稀有糖基的肟酯化合物

发明思路：me-too 研究；将糖结构引入肟类结构中合成糖基肟酯类化合物。

用途：具有杀菌活性，所示化合物及其制剂对番茄灰霉病菌、芦笋茎枯病菌、西瓜炭疽病菌、苹果轮纹病菌、立枯丝核病菌、玉米大斑病菌、小麦赤霉病菌、烟曲霉菌具有良好的抑制

作用。

代表化合物结构如下：

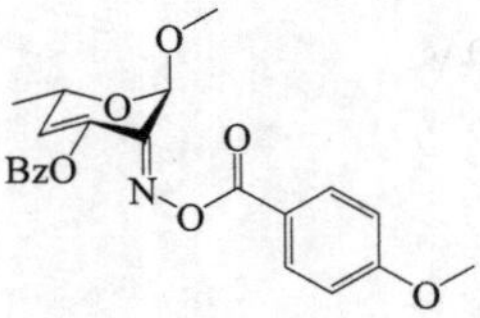

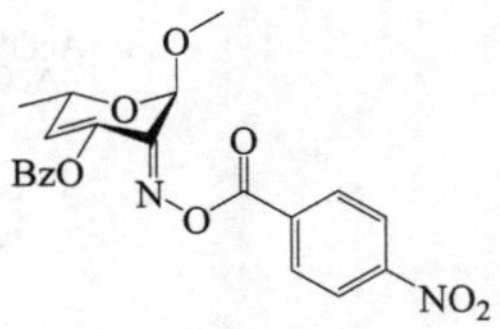

3.27.8.9 呋喃并色满类化合物

（1）呋喃并色满-6-肟衍生物及其制备方法与应用

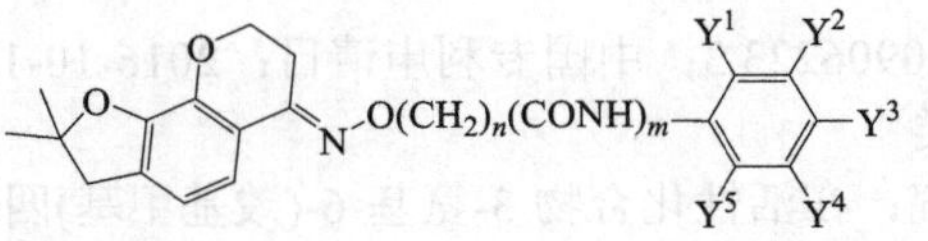

式中，Y^1、Y^5 选自氢、甲基、甲氧基、氟或硝基；Y^3 选自氢、甲氧基或氰基；Y^2、Y^4 选自氢、氟或甲基；n 选自 1；m 选自 0 或 1。

发明人：胡艾希，戴明崇，欧晓明，李建明；申请人：湖南大学

中国专利号：ZL201510622481.4；中国专利申请日：2015-09-28

化合物类型：呋喃并色满、肟醚

发明思路：me-too 研究；将呋喃并色满引入肟醚酰胺类结构中而获得。

用途：具有杀菌活性，尤其可用于防治小麦白粉病。

代表化合物结构如下：

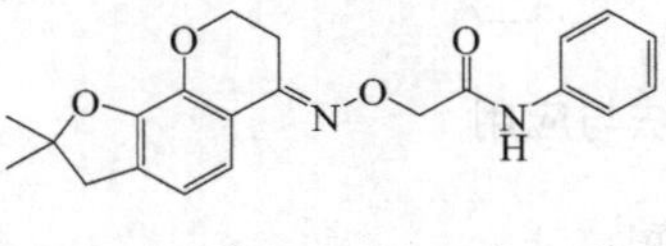

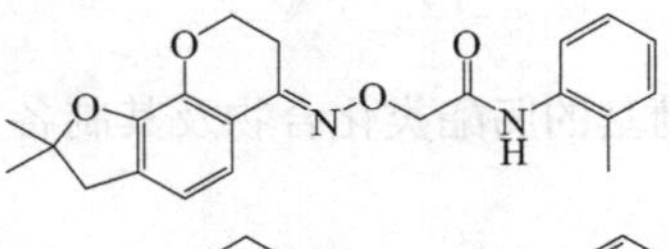

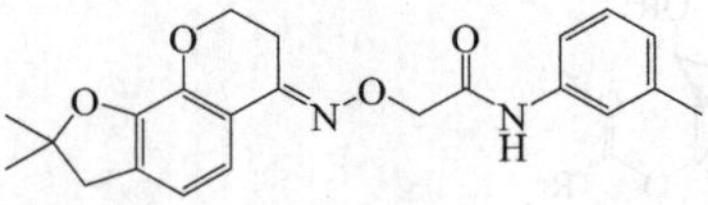

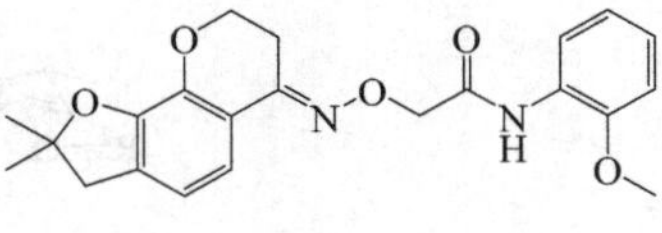

（2）呋喃并色满肟烯/炔丙基醚及其制备方法与应用

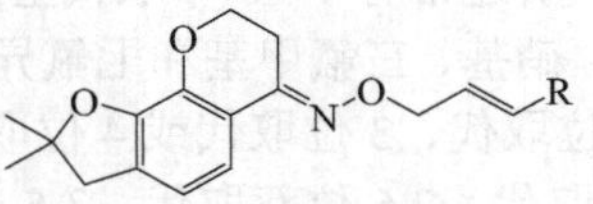

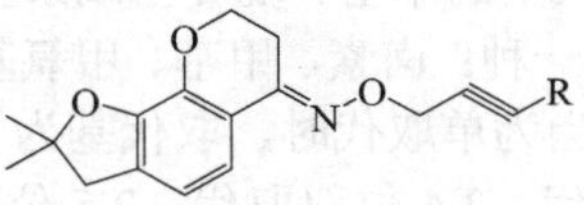

式中，R 选自，氢、C_1～C_2 烷基、C_3～C_4 直链或 C_3～C_4 支链烷基。

发明人：胡艾希，易阳杰，戴明崇，欧晓明，何莲；申请人：湖南大学

中国专利号：ZL201510622482.9；中国专利申请日：2015-09-28

化合物类型：呋喃并色满、肟醚

发明思路：me-too 研究；将呋喃并色满引入肟醚类结构中而获得。

用途：具有杀菌活性，可用于防治小白粉病。

代表化合物结构如下：

（3）呋喃并色满肟噻唑甲醚及其制备方法与应用

式中，Y^1选自氟、氯、溴或碘；Y^2选自氢；其盐选自盐酸盐、氢溴酸盐、硫酸盐、硝酸盐、磷酸盐、甲磺酸盐、苯磺酸盐、对甲苯磺酸盐、苹果酸盐、乳酸盐、丁二酸盐或丁烯二酸盐。

发明人：胡艾希，张蒙，戴明崇，欧晓明，裴晖；申请人：湖南大学

中国专利号：ZL201510623799.4；中国专利申请日：2015-09-28

化合物类型：呋喃、肟醚、噻唑

发明思路：me-too 研究；将呋喃并色满引入肟醚类结构中而获得。

用途：具有杀菌活性，可用于防治水稻纹枯病。

代表化合物结构如下：

3.27.8.10 大环类化合物

（1）一种改进的氮杂大环内酯化合物及其制备方法和用途

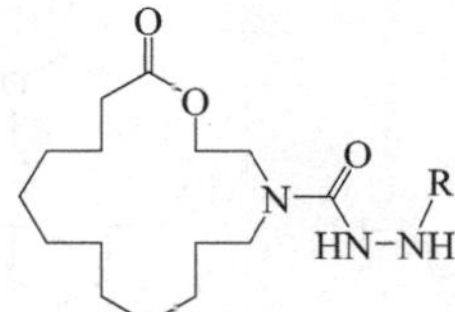

其中，R 为氢原子 H、酰基取代 C＝O-R′、磺酰基取代 $S(=O)_2$-R″中的一种；

所述 R′为烷基、卤素或带有 0～1 个取代基的苯基，苯基的取代基为卤素、烷基、甲氧基、硝基中的一种；苯基为单取代，取代基为 3 位取代或 4 位取代；

R″为烷基、带有 0～2 个取代基的苯基或甲酸甲酯取代的噻吩基中的一种，苯基的取代基为卤素、甲氧基中的一种，苯基为单取代，取代基为 2 位取代或 4 位取代，苯基为双取代，取代基为 2,4 位取代。

发明人：董燕红，张斌，张建新，蒋文奇，付文涛，李天；申请人：中国农业大学

中国专利号：ZL201610064403.1；中国专利申请日：2016-01-29

化合物类型：*N*-烃氧基新烟碱类似物

发明思路：以 13-氮杂-1, 15-十五内酯类化合物为母体进行修饰而得。

用途：具有较好的杀菌和杀虫活性。

代表化合物结构如下：

（2）农药用含氨基甲酸酯或脲类结构的氮杂大环内酯化合物及其制备方法和用途

I

其中，n=1 或 5；当 n=1 时，所述通式(Ⅰ)化合物为 9-氮杂-1,11-十一内酯衍生物；当 n=5 时，所述通式(Ⅰ)化合物为 13-氮杂-1,15-十五内酯衍生物；

R 为甲氧基、丙氧基、苄氧基、OR^1、SR^2 或 NHR^3 中的一种，所述 R^1、R^2、R^3 为取代苯基。

发明人：董燕红，宁磊，郭冰怡，白云龙，张鑫，王慧昀，刘澍雨；申请人：中国农业大学

中国专利号：ZL201810344070.7；中国专利申请日：2018-04-17

化合物类型：含氨基甲酸酯或脲类结构的氮杂大环内酯化合物

发明思路：以 13-氮杂-1, 15-十五内酯类化合物为母体进行结构修饰，获得含氨基甲酸酯或脲类结构的氮杂大环内酯化合物。

用途：具有杀菌活性，该发明中，含氨基甲酸酯基团的氮杂大环内酯化合物和含脲类结构的氮杂大环内酯化合物均具有较好的杀菌和群体感应活性，且其活性优于母体，可用于制备新型农药。

代表化合物结构如下：

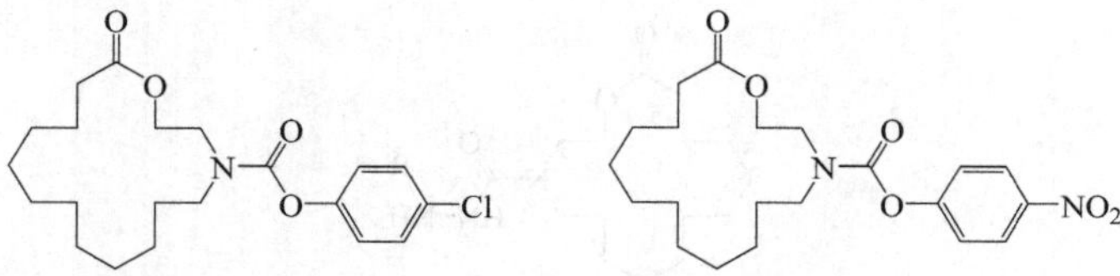

（3）含取代基的 9-氮杂-1, 11-十一内酯化合物及其制备和应用

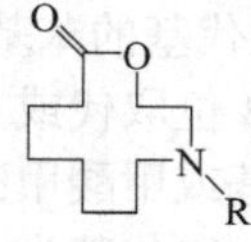

其中，R 为氢、亚硝基、氨基、取代甲酰基、取代 1,3,4-噁二唑基、$-NH-C(=O)-NH-R^1$；所述取代甲酰基中的取代基选自卤素、苯氧基、肼基；所述取代 1,3,4-噁二唑基中的取代基选自氨基；所述 R^1 为取代苯基、取代苄基、C_1～C_{10} 烷基、取代 C_1～C_{10} 烷基；所述取代苯基中的取代基选自单取代或双取代的卤素、单取代或双取代的硝基、单取代或双取代的三氟甲基、单取代或双取代的 C_1～C_5 烷基；所述取代苄基中的取代基选自单取代或双取代的卤素、单取代或双取代的硝基、单取代或双取代的三氟甲基、单取代或双取代的 C_1～C_5 烷基；所述取代 C_1～C_{10} 烷基

中的取代基选自卤素、硝基、三氟甲基。

发明人：董燕红，郭依涵，赵鑫，张建新，张斌，宁磊；申请人：中国农业大学

中国专利号：ZL201610888911.1；中国专利申请日：2016-10-11

化合物类型：含取代基的9-氮杂-1,11-十一内酯化合物

发明思路：以前期研究具有较好杀菌活性的13-氮杂-1, 15-十五内酯类化合物为基础进行改造而得。

用途：具有杀菌活性，所述的化合物对番茄早疫病菌、黄瓜灰霉病菌、苹果腐烂病菌、苹果轮纹病菌、水稻纹枯病菌、小麦赤霉病菌、油菜菌核病菌具有一定的抑制作用。

代表化合物结构如下：

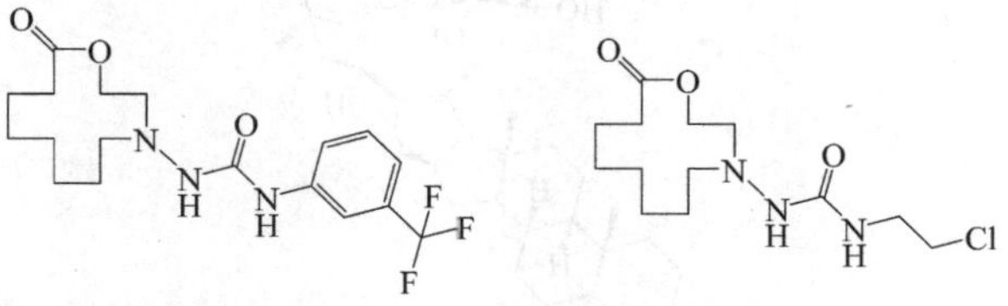

（4）一种大环内酯类化合物及其制备和应用

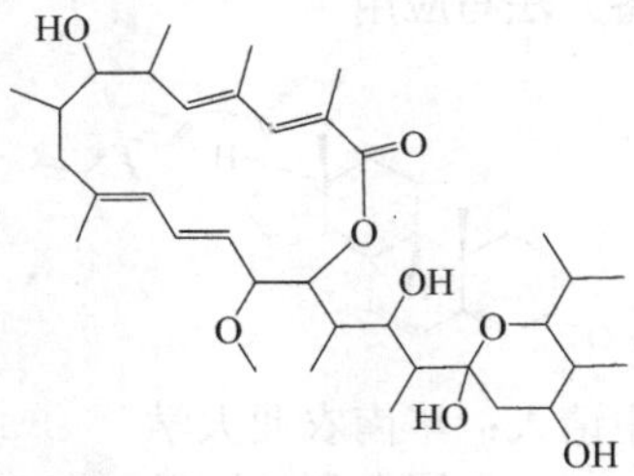

发明人：陶黎明，魏刚，王丽云，周瑜，张道敬，薛陕，田黎，徐文平；申请人：华东理工大学

中国专利号：ZL201010185451.9；中国专利申请日：2010-05-26

化合物类型：大环内脂类

发明思路：以十六元环大环内酯类化合物 bafilomycin K 结构为基础，通过结构衍生得到现有化合物。

用途：对稻瘟病菌、黄瓜灰霉病菌、番茄灰霉病菌、水稻纹枯病菌、瓜类炭疽病菌、玉米小斑病菌、小麦赤霉病菌等植物病原真菌具有抑制作用。

3.27.8.11 其他生物源化合物

（1）一种化合物及其应用

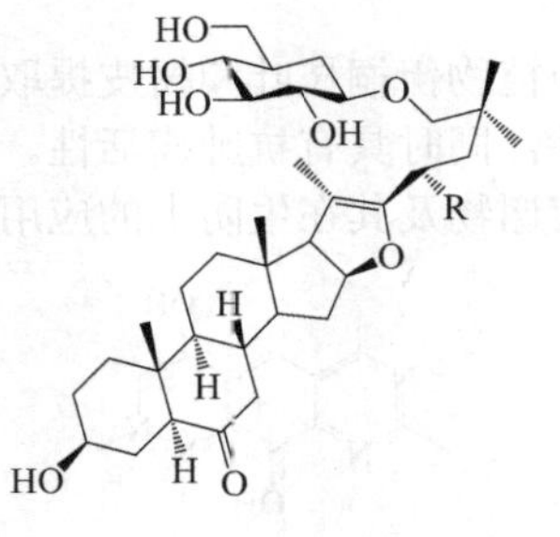

式中，R＝H 或者 OH。

发明人：任战军，许静，张存莉，韩清芳，巩文秀，刘晓丽，薛静；申请人：西北农林科技大学

中国专利号：ZL201410040867.X；中国专利申请日：2014-01-28

化合物思路：一种甾族化合物

发明类型：天然产物提取；从植物黑刺蒺藜中提取分离获得。

用途：该发明的化合物具有促进植物生长、提高作物产量和品质以及增强植物抗性的活性。

代表化合物结构如下：

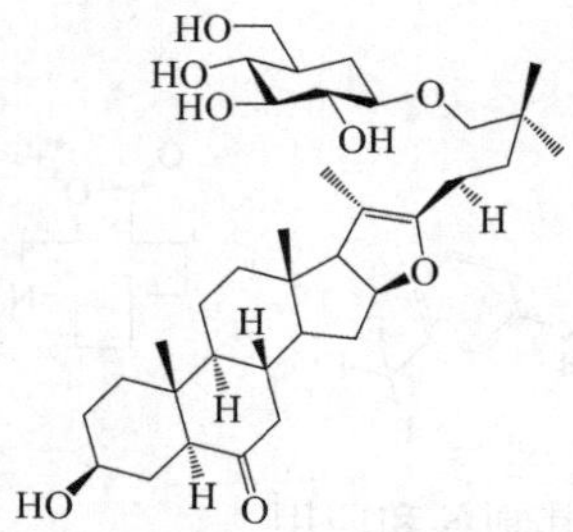

（2）一种甾酮衍生物及其制备方法与应用

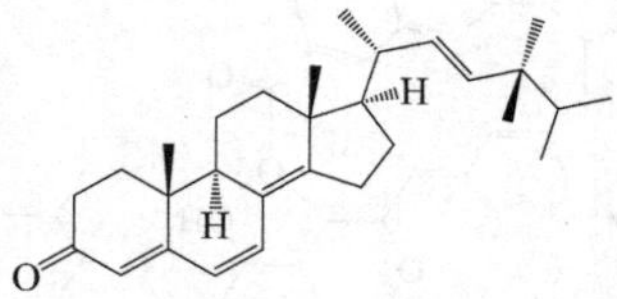

发明人：李春远，丁唯嘉；申请人：华南农业大学

中国专利号：ZL201710676487.9；中国专利申请日：2017-08-09

化合物类型：甾酮类

发明思路：天然产物提取；对棒曲霉(*Aspergillus clavatus*)R7 进行发酵培养后的提取物。

用途：对柑橘青霉病菌、番茄枯萎病菌或香蕉炭疽病菌具有一定的抑制活性。

（3）苯酚类化合物及其制备方法和应用

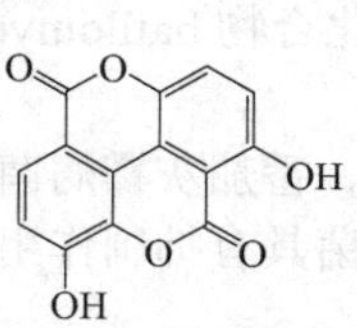

发明人：徐汉虹，唐文伟，魏孝义，曾东强，龙丽萍；申请人：华南农业大学

中国专利号：ZL201110127018.4；中国专利申请日：2009-10-12

化合物类型：苯酚类

发明思路：天然产物提取；由植物伊桐枝叶和树皮提取物获得。

用途：具有杀菌、除草剂活性，同时具有抗肿瘤活性。

（4）一种克里本类芽孢杆菌代谢物及其在生防上的应用

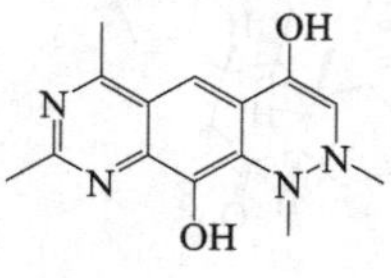

发明人：廖美德，舒灿伟，胡亮亮，赵鹏飞，郑文博；申请人：华南农业大学

中国专利号：ZL201810967804.7；中国专利申请日：2018-08-23

化合物类型：稠环类

发明思路：天然产物；一种克里本类芽孢杆菌代谢物。

用途：具有杀菌活性。广谱，尤其对水稻纹枯病菌、玉米小斑病菌、玉米大斑病菌等植物病原真菌具有显著的抑菌活性。

（5）一种肉桂酸衍生物及其制备方法和应用

通式化合物可选自：

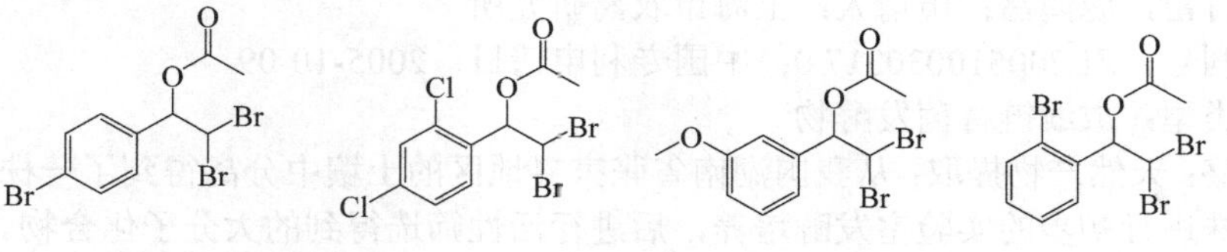

发明人：彭浩，贺红武，齐瑞林，蔡萌；申请人：华中师范大学

中国专利号：ZL201910645274.9；中国专利申请日：2019-07-17

化合物类型：肉桂酸类似物

发明思路：在肉桂酸结构的基础上直接衍生得到

用途：具有杀菌活性。

（6）一种柠檬醛苯丁酸肟酯类化合物及其合成方法和应用

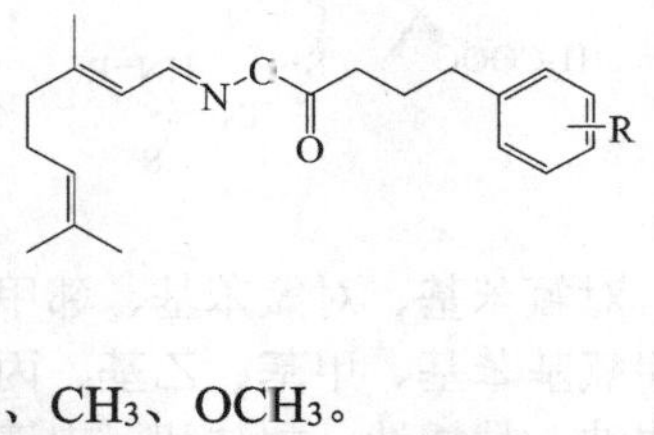

式中，R 为 I、Br、Cl、NO_2、CH_3、OCH_3。

发明人：马飞，李培武，喻理，张奇，张文；申请人：中国农业科学院油料作物研究所

中国专利号：ZL202010559402.0；中国专利申请日：2020-06-18

化合物类型：柠檬醛衍生物、肟醚酯

发明思路：me-too 研究；柠檬醛是天然的单萜化合物，是广谱抗菌剂，对黄曲霉真菌具有一定的抑制作用，但生物利用度低，油水分布 lg$P$ 为 3.0，水溶性差、易挥发，需要进一步提高抑制效果和生物利用效率。该发明利用活性官能团分子拼接原理，制备了一类柠檬醛苯丁酸肟酯类杀菌剂化合物。

用途：具有抑菌活性，可有效抑制黄曲霉菌生长和抑制黄曲霉毒素生物合成。

代表化合物结构如下：

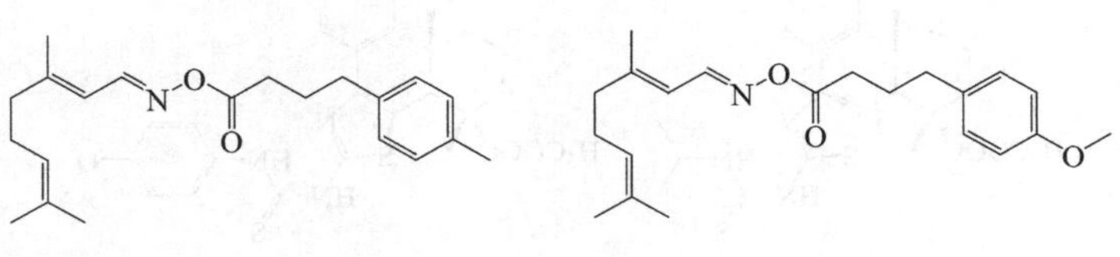

（7）一种新的大分子化合物，其制备方法及应用

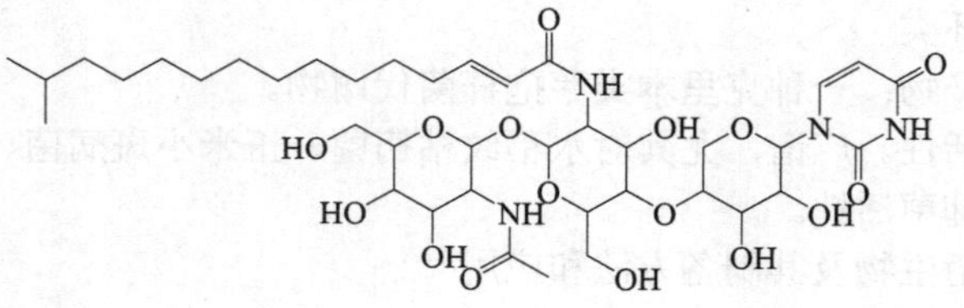

发明人：陶黎明，徐文平，沈宙，王磊，顾学斌，郭磊，杨星，旷文丰，倪长春，陆迪生，郑佳玲，张育雷，庞鸿昌；申请人：上海市农药研究所

中国专利号：ZL200510030317.0；中国专利申请日：2005-10-09

化合物类型：放线链霉菌发酵物

发明思路：天然产物提取；从我国湖南省张家界地区的土壤中分离得到了一株放线链霉菌，经过对该菌株进行初步的实验室发酵培养，后进行活性筛选得到的大分子化合物。

用途：具有杀菌活性。对玉米小斑病菌、灰霉病菌、水稻纹枯病菌、稻瘟病菌、黑斑病菌、梨黑心病菌、黑豆病菌、芦笋茎枯病菌、梨轮纹病菌、马铃薯早疫病菌、棉花枯萎病菌、瓜类炭疽病菌、白色念珠菌、清酒酵母、水稻白叶枯病菌具有较好的抑制活性。

（8）一种去氢枞酸基B环并噻唑-硫脲化合物的合成方法

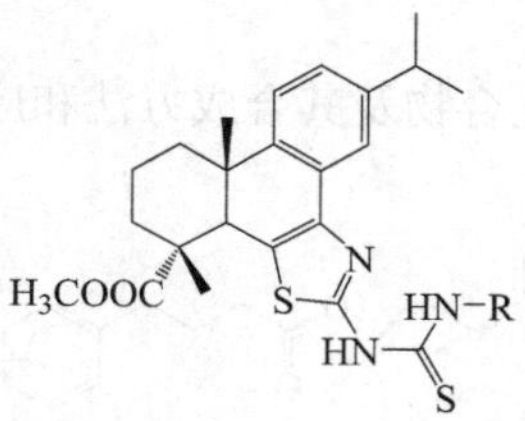

式中，R为苯基、间氟苯基、对氟苯基、对氯苯基、邻甲苯基、间甲苯基、对甲苯基、邻甲氧基苯基、间甲氧基苯基、对甲氧基苯基、甲基、乙基、丙基、异丙基的任意一种。

发明人：段文贵，陈乃源，岑波，林桂汕，刘陆智；申请人：广西大学

中国专利号：ZL201610471188.7；中国专利申请日：2016-06-24

化合物类型：噻唑、硫脲

发明思路：me-too研究；以松香为原料合成一系列未见报道的化合物，期待发现高活性化合物。

用途：具有杀菌活性。本申请大部分化合物对多种测试病原菌具有一定的抑制活性。总体上看，该类化合物对苹果轮纹病菌具有较好的抑制活性。

代表化合物结构如下：

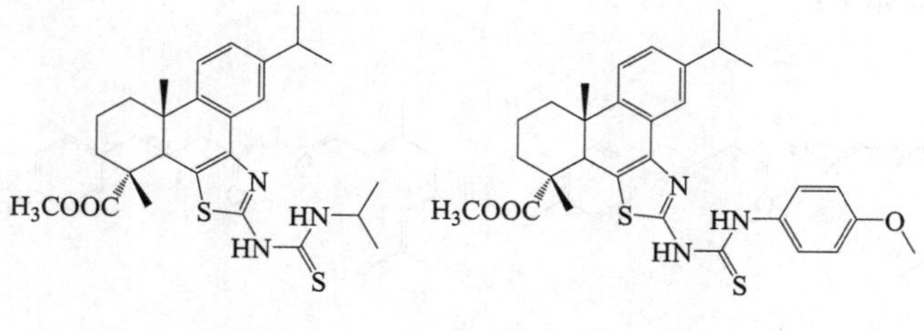

（9）一种没食子酸衍生的农用杀菌剂及用途

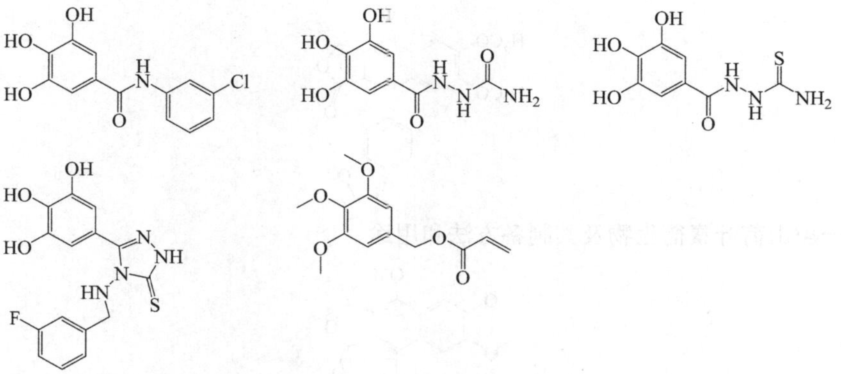

发明人：王周玉，何其明，钱珊，杨羚羚，任丹，杨锡良，杜波，谭平；申请人：西华大学，成都新朝阳作物科学有限公司

中国专利号：ZL201710811095.9；中国专利申请日：2017-09-11

化合物类型：没食子酸衍生物

发明思路：me-too 研究；以没食子酸为原料合成新化合物。

用途：具有杀菌活性，由没食子酸衍生物制成的农用杀菌剂可以抑制多种作物有害菌，尤其对苹果斑点落叶病菌、苹果轮纹病菌、立枯丝核菌、草莓炭疽病菌、马铃薯晚疫病菌等有较好的抑菌效果。

（10）一类木脂素类衍生物及其制备方法和用途

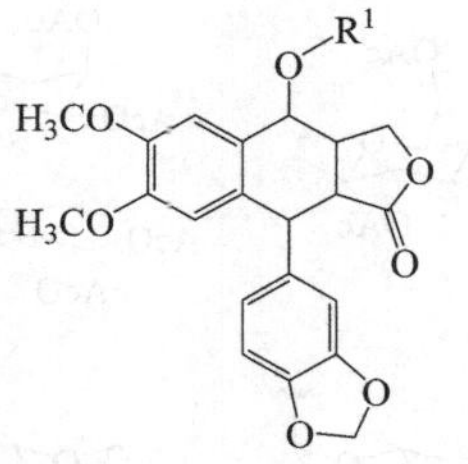

式中，R^1选自炔丙基、5-氯-1, 2, 3-噻二唑-4-亚甲基、1, 1-二氯烯丙基、环丙基甲基、2-丁炔基、3-苯基-2-丙炔基、2-辛炔基、4-甲基-1, 2, 3-噻二唑-5-羰基。

发明人：范志金，姬晓恬，余建华，李娟娟，华学文，宗广宁，李凤云，刘超伦，朱玉洁，陈来；申请人：南开大学

中国专利号：ZL201310435785.0；中国专利申请日：2013-09-18

化合物类型：木脂素

发明思路：me-too 研究；从具有诱导抗病活性的天然产物木脂素类化合物出发，设计并合成一类新颖的木脂素类衍生物，同时进行了系统的生物活性的筛选和评价，以期为新农药的创制研究提供候选化合物。

用途：该发明的化合物在 50μg/mL 时，对番茄早疫病菌、黄瓜灰霉病菌、花生褐斑病菌、小麦赤霉病菌、马铃薯晚疫病菌、苹果轮纹病菌、水稻纹枯病菌、禾谷丝核菌和油菜菌核病菌均有不同程度的抑菌活性。该发明的部分化合物具有较好的抗 TMV 的活性，该发明的部分化合物具有较好的抗肿瘤活性。

代表化合物结构如下：

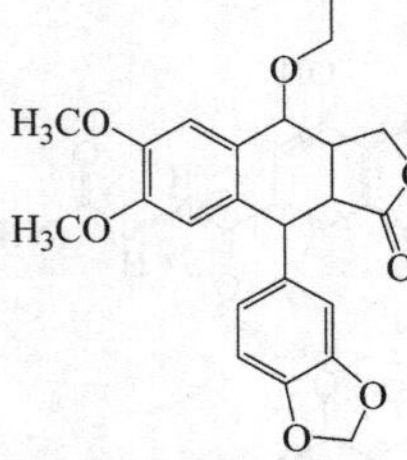

（11）一类山荷叶素衍生物及其制备方法和用途

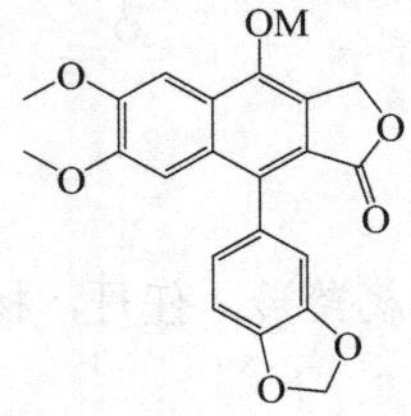

式中：

M 选自：

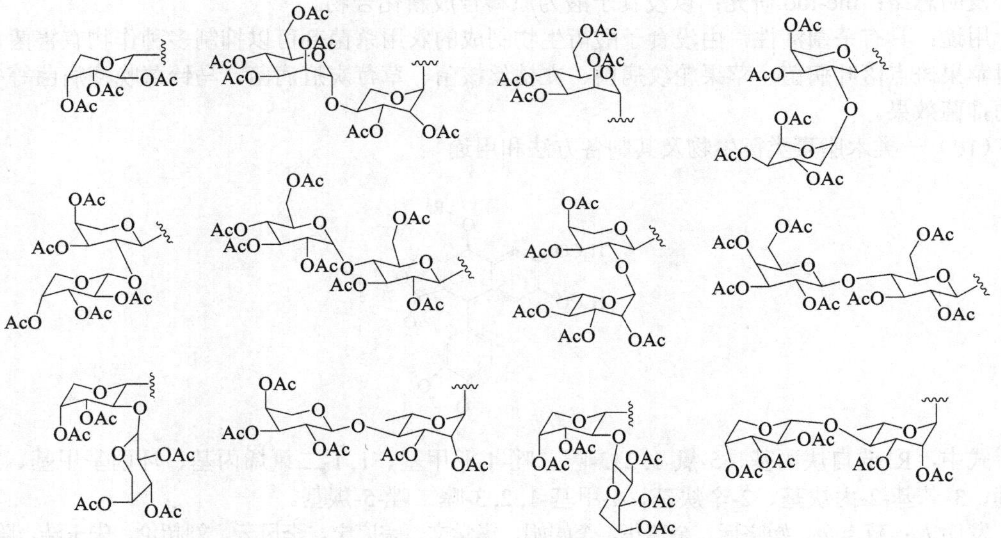

或选自：

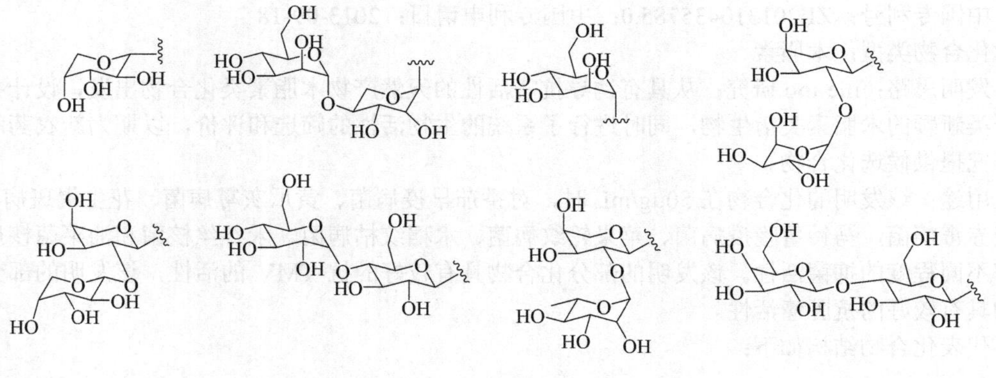

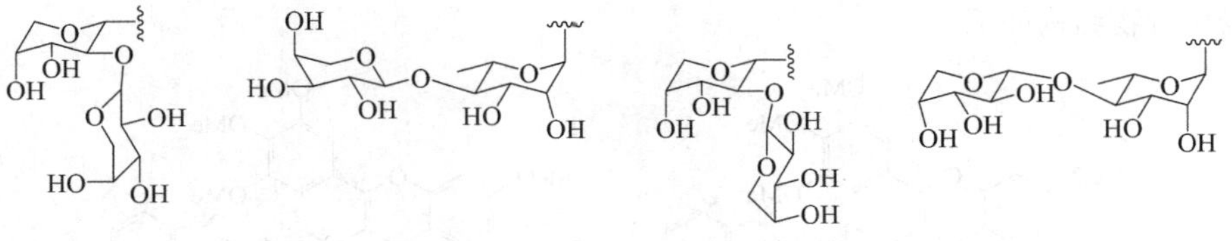

发明人：范志金，姬晓恬，余建华，宗广宁，李凤云，朱玉洁，陈来，杨俊超，石凯；申请人：南开大学

中国专利号：ZL201410209767.5；中国专利申请日：2014-05-19

化合物类型：山荷叶素、糖苷

发明思路：me-too 研究；采用拼接法，将山荷叶素和糖苷连接到一个分子中，合成了一系列山荷叶素糖苷类化合物，同时进行了系统的生物活性筛选和评价，以期为新农药、免疫调节活性药物和抗肿瘤药物的创制研究提供候选化合物。

用途：该发明化合物在 50μg/mL 时，对番茄早疫病菌、黄瓜灰霉病菌、花生褐斑病菌、小麦赤霉病菌、马铃薯晚疫病菌、苹果轮纹病菌、水稻纹枯病菌、禾谷丝核菌和油菜菌核病菌均有不同程度的抑菌活性。该发明的部分化合物具有较好的抗 TMV 的活性。该发明大部分化合物具有很好的抗脑肿瘤活性。该发明的山荷叶素糖苷类化合物Ⅱ和Ⅲ可以作为免疫失调治疗的药物或辅助药物。

代表化合物结构如下：

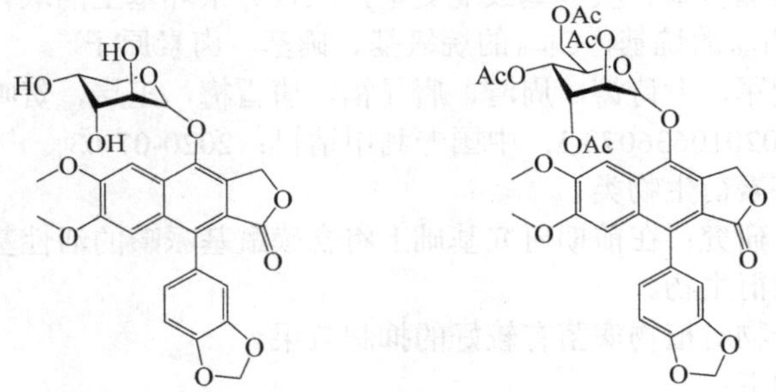

（12）一种含苯并咪唑磺酰胺杨梅素衍生物、制备方法及用途

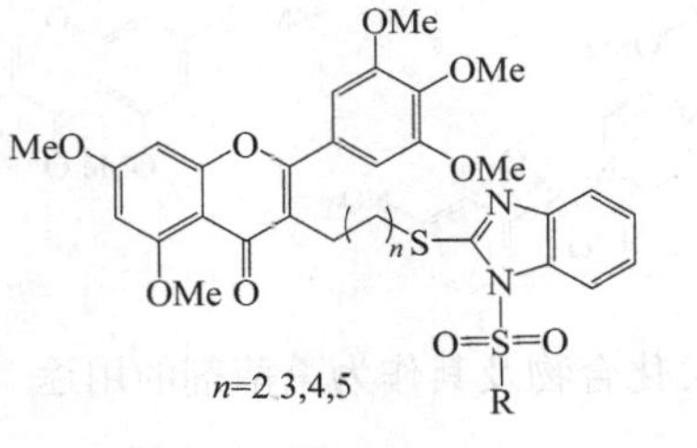

发明人：薛伟，陈梅，尹诗涛，詹文亮，胡蝶，周然，贺鸣，卢平；申请人：贵州大学

中国专利号：ZL202011277100.0；中国专利申请日：2020-11-16

化合物类型：杨梅素类

发明思路：me-too 研究；杨梅素具有一定的农药方面生物活性，将含苯并咪唑磺酰胺的活性基团引入杨梅素中合成含苯并咪唑磺酰胺杨梅素衍生物。

用途：具有抗病毒活性，该发明对抗烟草花叶病毒有较好的效果。

代表化合物结构如下：

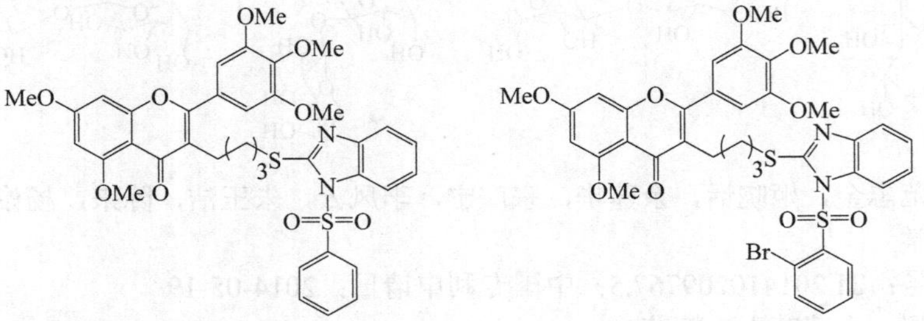

（13）一种含磺酰基哌嗪的杨梅素衍生物，制备方法及用途

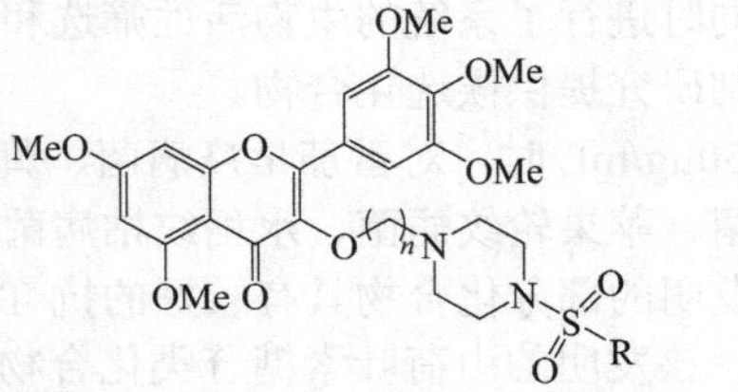

其中，R 为取代苯基或取代芳杂环基；n 为碳链中碳的个数，分别为 3 或 4；所述的取代苯基为苯环上邻、间、对位含有一个或一个以上的 $C_{1\sim6}$ 的烷基、$C_{1\sim6}$ 的烷氧基、硝基、卤素原子；所述的取代芳杂环基为噻吩基、呋喃基或吡啶基，取代芳杂环基上的取代基为邻、间、对位含有一个或一个以上的 $C_{1\sim6}$ 的烷基、$C_{1\sim6}$ 的烷氧基、硝基、卤素原子。

发明人：薛伟，贺军，尹诗涛，周清，唐显福，唐雪梅，王岚，贺鸣；申请人：贵州大学

中国专利号：ZL202010636073.5；中国专利申请日：2020-07-03

化合物类型：杨梅素衍生物类

发明思路：me-too 研究；在前期研究基础上将含磺酰基哌嗪的活性基团引入杨梅素中合成含磺酰基哌嗪的杨梅素衍生物。

用途：该发明化合物对植物病菌有较好的抑制效果。

代表化合物结构如下：

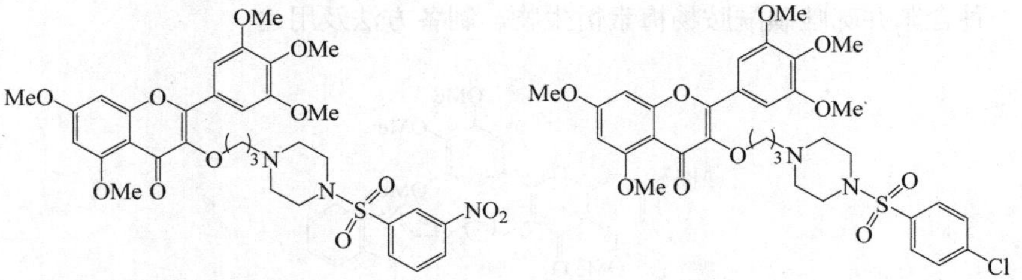

（14）手性补身烷基杂环类化合物及其作为杀菌剂的用途

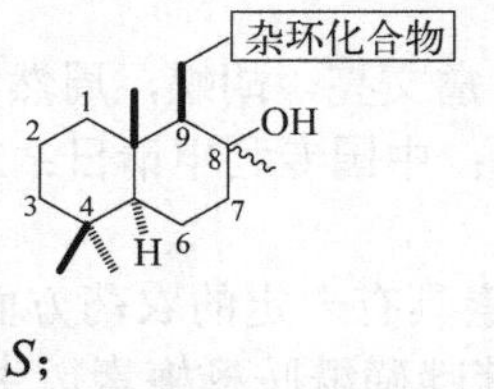

式中，8 位的立体构型为 R 或者 S；

杂环化合物包括异噁唑啉、异噁唑、吡唑啉、嘧啶、苯并咪唑并嘧啶或二氮杂䓬等。

发明人：李圣坤，张莎莎，李挡挡，宋泽华；申请人：南京农业大学

中国专利号：ZL201710820166.1；中国专利申请日：2017-09-08

化合物类型：手性补身烷基杂环类

发明思路：天然产物修饰；drimane 类杂倍半萜烯具有广泛的生物活性，虽然在农药化学中的研究较少，但具有潜在的抗菌活性，向 drimane 骨架上引入多样性的杂环，发现这类化合物具有较好的抗真菌活性。

用途：具有杀菌活性，对水稻纹枯病菌、油菜菌核病菌、番茄灰霉病菌和小麦赤霉病菌具有一定的抑制作用，可用于相关病害的防治。

代表化合物结构如下：

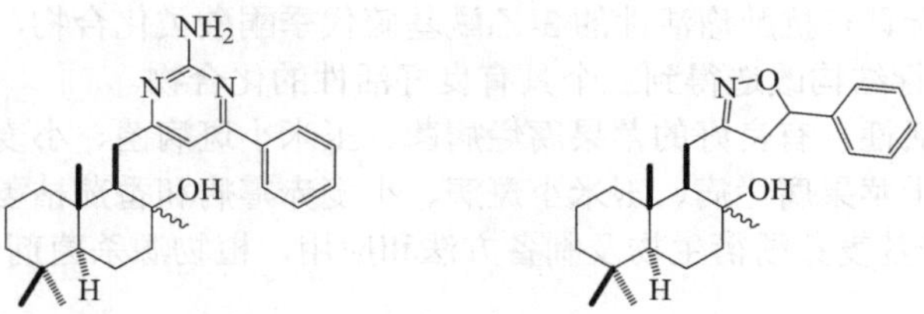

（15）手性补身烷并噁嗪酮类化合物及其作为杀菌剂的用途

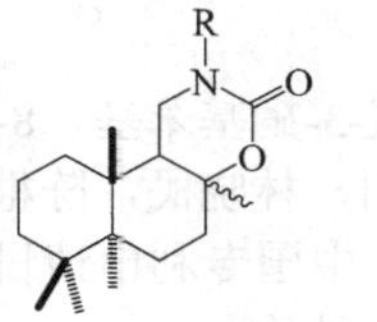

式中，R 选自 C_1～C_{18} 的开链或环状脂肪烃基；苄基；苯环上有甲基、羟基、甲氧基、硝基、卤素、二氟甲基或三氟甲基取代的苄基；苄位有 C_1～C_6 烃基取代的苄基；苯乙基；苯环上有甲基、羟基、甲氧基、卤素、硝基、二氟甲基或三氟甲基取代的苯乙基；卤素；吡啶亚甲基；吡啶环上有甲基、羟基、甲氧基、硝基、卤素、咪唑基、吡唑基、二氟甲基或三氟甲基取代的吡啶亚甲基。

发明人：李圣坤，李挡挡，张莎莎，宋泽华，王国通，张璐，臧传丽；申请人：南京农业大学

中国专利号：ZL201710820167.6；中国专利申请日：2017-09-08

化合物类型：噁嗪酮类

发明思路：me-too 研究；参考天然产物 drimenal 的生物活性，前期研究发现了手性 8-羟基升补身烷倍半萜酰胺类化合物具有较好的抑菌活性，在此基础上，进一步得到了手性补身烷并噁嗪酮类化合物。

用途：具有杀菌活性，对番茄灰霉病、番茄早疫病有一定防治效果。

代表化合物结构如下：

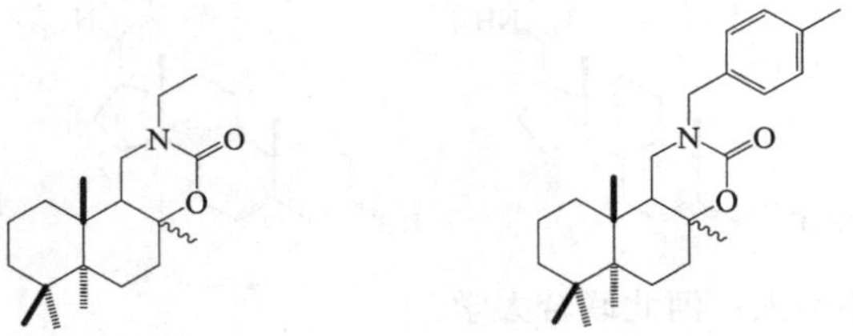

（16）3-乙酰基硫代季酮酸衍生物在防治植物病原菌的杀菌剂中的应用

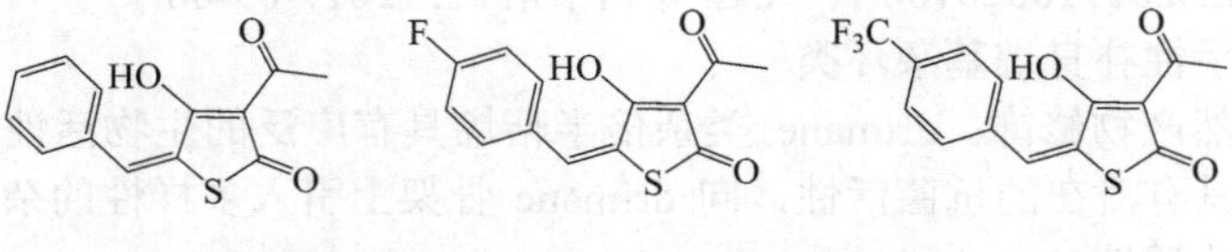

发明人：花日茂，吕培，陈议亮，吴祥为；申请人：安徽农业大学

中国专利号：ZL201710433223.0；中国专利申请日：2017-06-09

化合物类型：乙酰基硫代季酮类

发明思路：me-too 研究；以具有广泛生物活性的 4-羟基-5*H*-呋喃-2-酮为母体结构的季酮酸天然产物为启发，结合具有抗肿瘤活性的 3-乙酰基硫代季酮酸类化合物，针对 3-乙酰基硫代季酮酸 5 位-CH_2 部位进行结构改造得到三个具有良好活性的化合物。

用途：具有杀菌活性，有良好的苹果腐烂病菌、玉米小斑病菌、小麦赤霉病菌和番茄枯萎病菌抑制活性，可用于苹果腐烂病、玉米小斑病、小麦赤霉病和番茄枯萎病的防治。

（17）一种 3-磺酰基麦芽酚衍生物及制备方法和应用，植物源杀菌剂

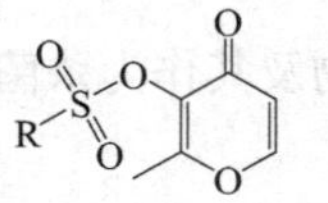

式中，R 选自 4-叔丁基苯基、4-氯-3-硝基苯基、8-喹啉基中的任意一种。

发明人：田月娥，车志平，刘圣明，林晓民，陈根强；申请人：河南科技大学

中国专利号：ZL201910110125.2；中国专利申请日：2019-02-11

化合物类型：磺酸酯类，麦芽酚类结构

发明思路：天然产物修饰；麦芽酚(商品名 Maltol，学名 2-甲基-3-羟基-4*H*-吡喃-4-酮)天然存在于麦芽以及菊苣、落叶松、针叶松树皮等中。麦芽酚是一种焦香型香味增效剂，广泛应用于饮料、糖果、酒类、烟草、香精等中，是仅次于香兰素的第二大食用香料品种。以麦芽酚为起始原料经过衍生化得到 3-磺酰基麦芽酚衍生物。

用途：用于防治卵菌病害，其中部分化合物对辣椒疫霉菌的抑制效果优于对照药剂苯酰菌胺。

代表化合物结构如下：

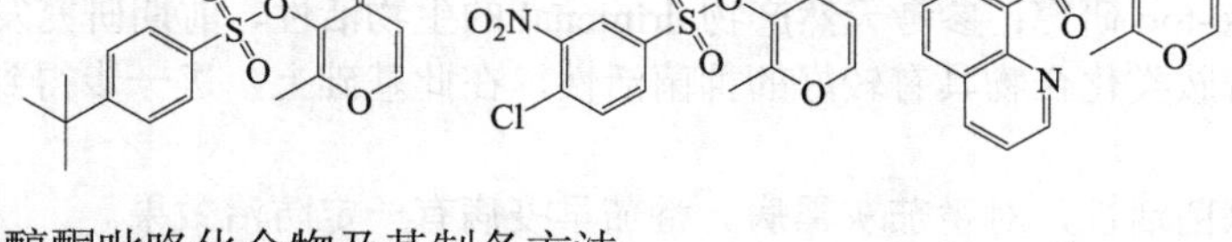

（18）孕甾烯醇酮吡咯化合物及其制备方法

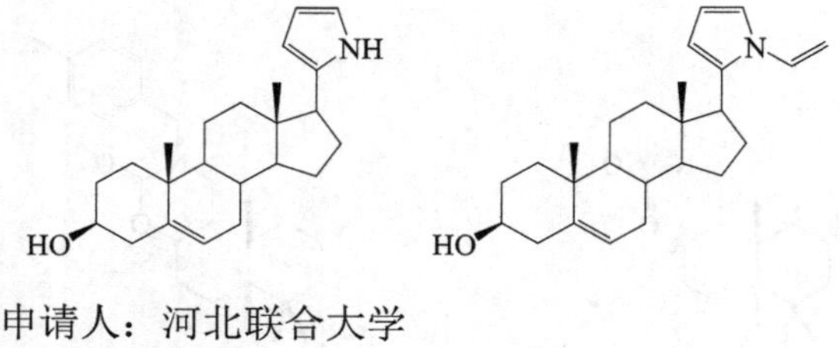

发明人：刘焕梅；申请人：河北联合大学

中国专利号：ZL201110165134.5；中国专利申请日：2011-06-20

化合物类型：孕甾烯醇酮、吡咯

发明思路：天然产物修饰；以天然产物孕甾烯醇酮为原料，经过系列反应衍生获得。

用途：化合物对小麦赤霉病菌、辣椒枯萎病菌、苹果腐烂病菌具有抑制作用。

（19）一种六氢吡咯[2,3]并吲哚类化合物及其制备方法和在杀菌活性中的应用

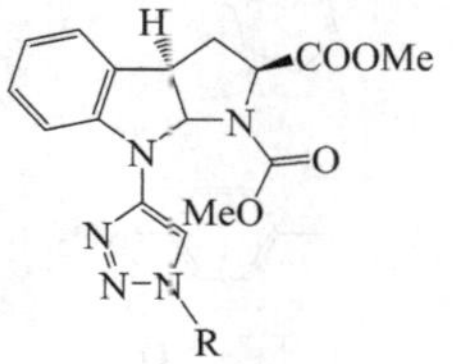

式中，R 为烃类取代基：甲基、乙基、正丙基、正丁基、正戊基、异丙基、烯丙基。

发明人：白红进，李龙波，张继文；申请人：塔里木大学

中国专利号：ZL201210584424.8；中国专利申请日：2012-12-28

化合物类型：吲哚、六氢吡咯

发明思路：天然产物修饰；对蜡梅种子提取物中的六氢吡咯[2,3]并吲哚类生物碱进行结构衍生，从而得到该申请的化合物。

用途：具有杀菌活性，对大白菜软腐病菌、猕猴桃溃疡病菌、水稻白叶枯病菌等具有抑制活性。

代表化合物结构如下：

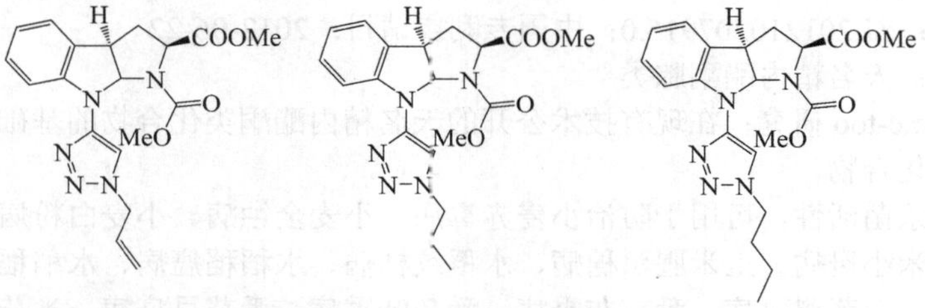

（20）具杀菌活性的天名精内酯酮腙类衍生物及其用途

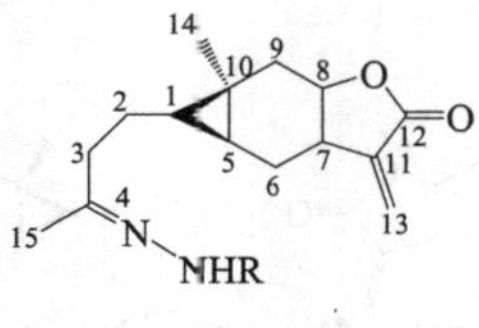

式中，R 为

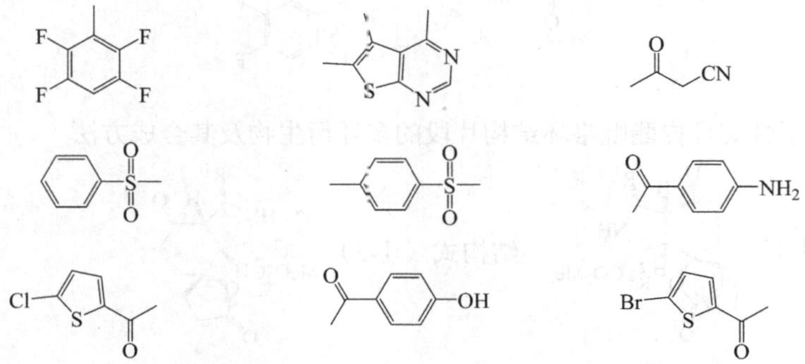

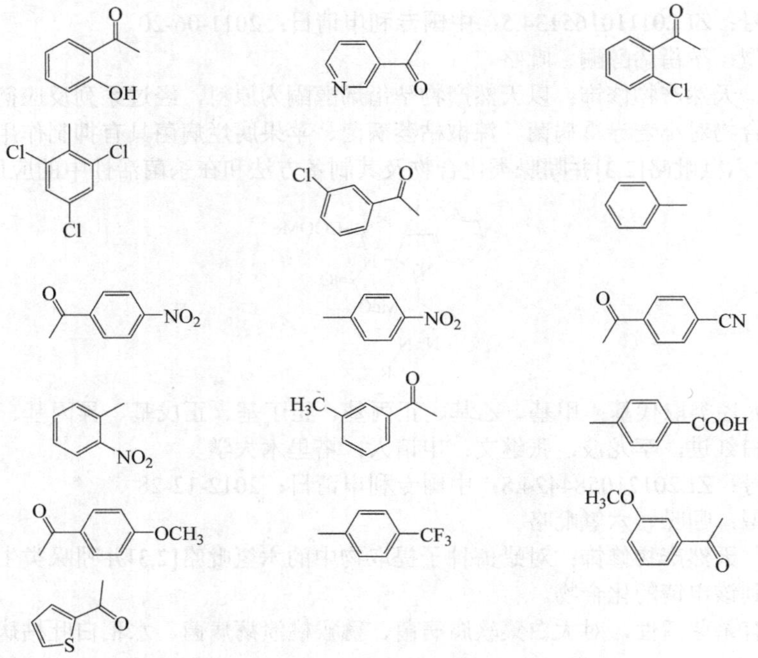

发明人：冯俊涛，蔡崇林，任双喜，王豪，张秀云，张兴；申请人：西北农林科技大学

中国专利号：ZL201210207915.0；中国专利申请日：2012-06-22

化合物类型：天名精内酯酮腙类

发明思路：me-too 研究；在现有技术公开的天名精内酯酮类化合物的基础上，进行结构衍生从而得到现有化合物。

用途：具有杀菌活性，可用于防治小麦赤霉病、小麦全蚀病、小麦白粉病、小麦纹枯病、玉米大斑病、玉米小斑病、玉米腥黑穗病、水稻纹枯病、水稻稻瘟病、水稻稻曲病、棉花立枯病、辣椒疫霉病、白菜黑斑病、番茄灰霉病、番茄叶霉病、番茄早疫病、番茄晚疫病、黄瓜炭疽病、黄瓜霜霉病、黄瓜枯萎病或苹果炭疽病。

代表化合物结构如下：

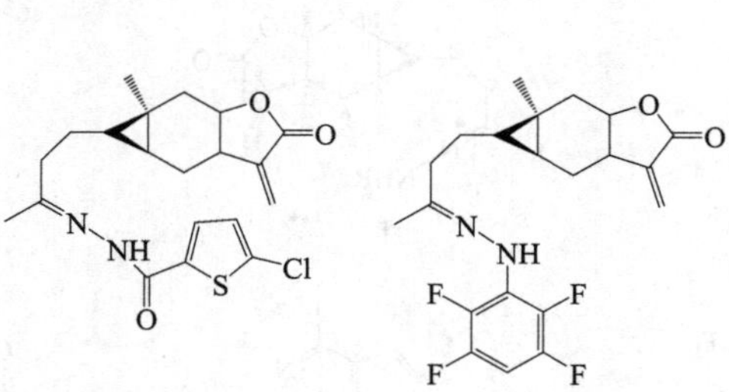

（21）具有手性螺环内酯吡咯环结构片段的多环衍生物及其合成方法

结构式（Ⅰ-1）

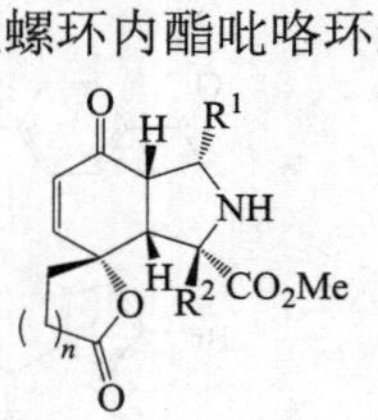

结构式（Ⅰ-2）

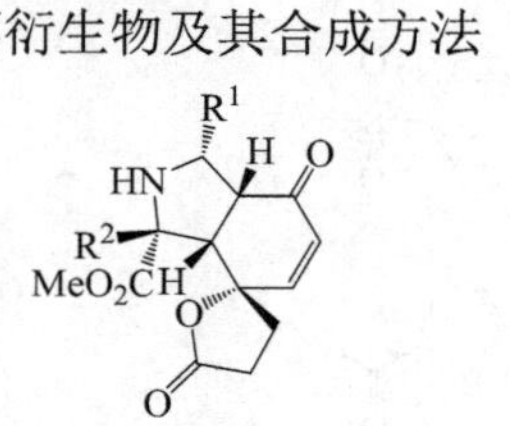

结构式（Ⅱ-1） 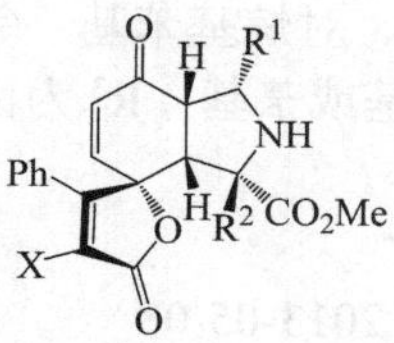　　结构式（Ⅱ-2）

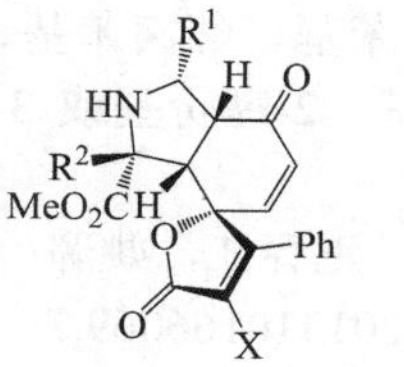

结构式（Ⅲ-1） 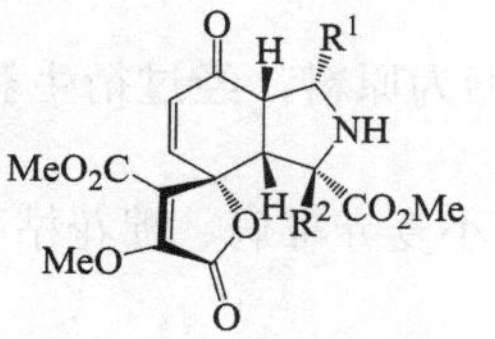　　结构式（Ⅲ-2）

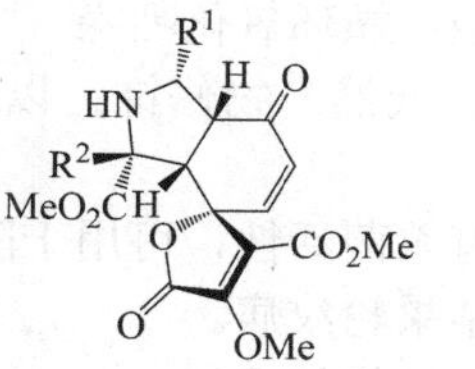

结构式（Ⅳ-1） 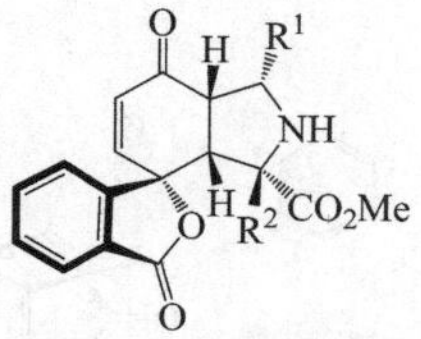　　结构式（Ⅳ-2）

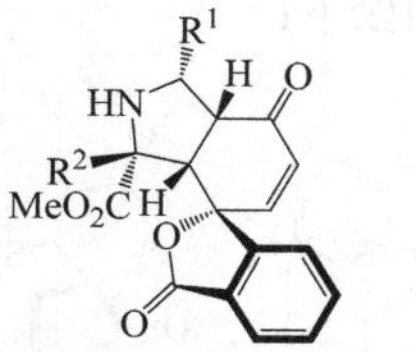

式中，R^1为对卤苯基、邻卤苯基、间卤苯基、邻三卤甲基苯基、对三卤甲基苯基、对甲酸甲酯苯基、邻甲酸甲酯苯基、间甲酸甲酯苯基、对硝基苯基、邻硝基苯基、苯基、对甲基苯基、邻甲基苯基、2-萘基、1-萘基、2-呋喃基、3-呋喃基、2-噻吩基、3-噻吩基、环己基、环戊基、C_1～C_9的直链烷基或C_1～C_9的支链烷基；R^2为氢、C_1～C_6的直链烷基或C_1～C_6的支链烷基；X为卤素；n为1或2。

发明人：陶海燕，王春江，刘康；申请人：武汉大学

中国专利号：ZL201310096957.6；中国专利申请日：2013-03-25

化合物类型：螺环内酯吡咯

发明思路：天然产物修饰；以环己二烯酮丁内酯为原料，经过衍生获得螺环内酯吡咯环结构。

用途：具有杀菌活性，可用于防治棉花炭疽病、小麦赤霉病、棉花枯萎病、黄瓜灰霉病、水稻纹枯病、苹果轮纹病。

代表化合物结构如下：

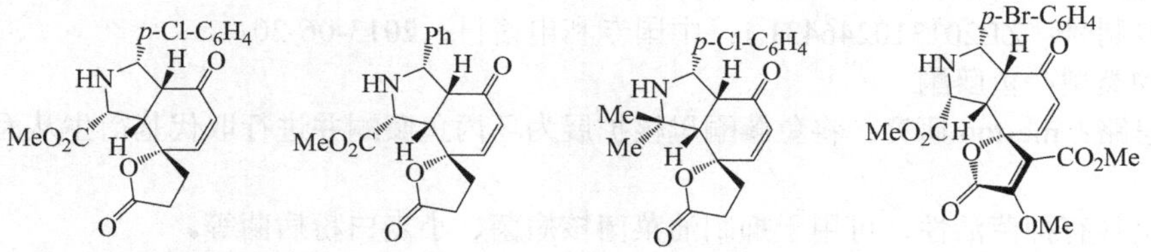

（22）具有手性螺环氧化吲哚结构片段的多环衍生物及其合成方法

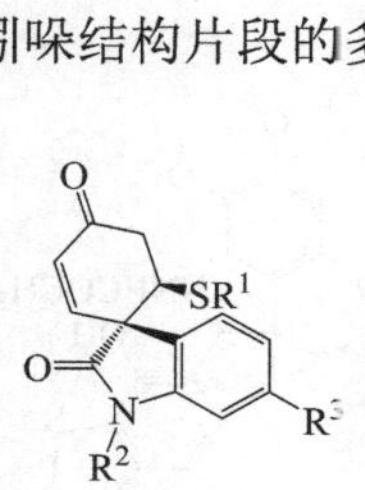

（Ⅰ-1） 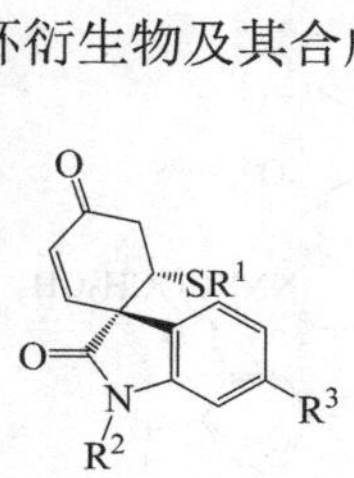　　（Ⅰ-2）

式中，R^1为对卤苯基、邻卤苯基、间卤苯基、苯基、对烷基苯基、邻烷基苯基、间烷基苯基、2-萘基、1-萘基、2-噻吩基或 3-噻吩基；R^2为甲基或苄基；R^3为卤素、烷氧基、烷基或氢。

发明人：陶海燕，王春江，姚璐；申请人：武汉大学

中国专利号：ZL201310166069.7；中国专利申请日：2013-05-08

化合物类型：螺环氧化吲哚

发明思路：天然产物修饰；以环己二烯酮丁内酯为原料，经过衍生获得螺环内酯吡咯环结构。

用途：具有杀菌活性，可用于防治棉花炭疽病、小麦赤霉病、棉花枯萎病、黄瓜灰霉病、水稻纹枯病、苹果轮纹病。

代表化合物结构如下：

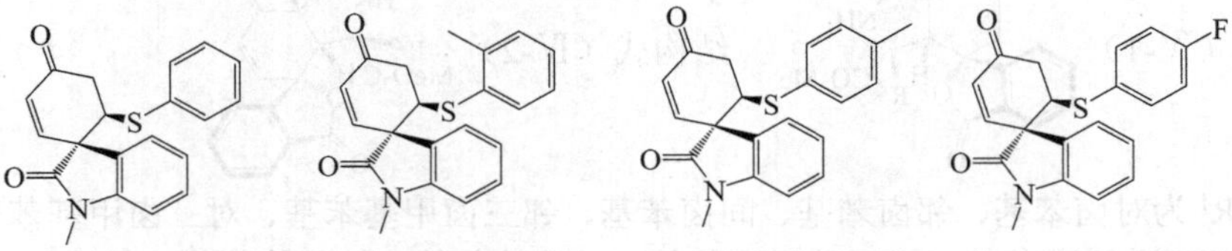

（23）环丙鱼藤酰肼及其制备方法与应用

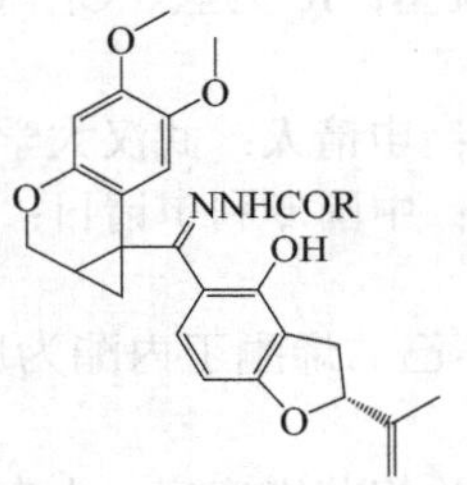

式中，R 选自氢、C_1～C_2烷基、C_3～C_4直链烷基或支链烷基、卤代C_1～C_2烷基、卤代C_3～C_4直链烷基或支链烷基。

发明人：叶姣，张翠央，胡艾希，欧晓明；申请人：湖南大学

中国专利号：ZL201310246431.1；中国专利申请日：2013-06-20

化合物类型：鱼藤酮

发明思路：me-too 研究；将鱼藤酮母核扩展为环丙鱼藤酮并进行取代基衍生从而得到现有的化合物。

用途：具有抑菌活性，可用于抑制油菜菌核病菌、小麦白粉病菌等。

代表化合物结构如下：

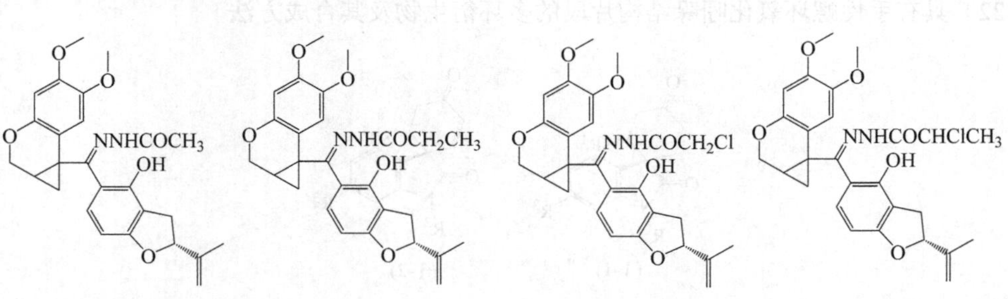

（24）2-(丙烯-2-基)-2, 3-二氢-4-苯并呋喃酚及其制备方法与应用

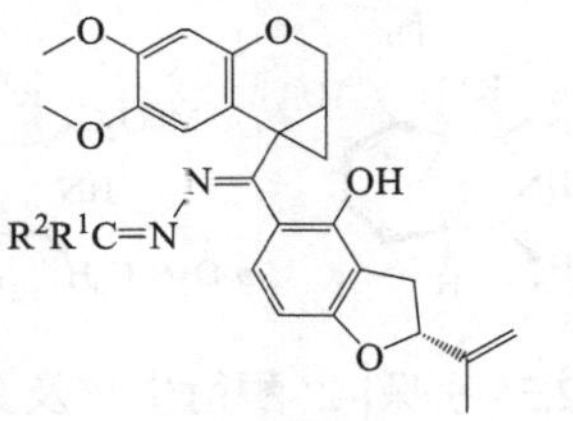

式中，R^1 选自氢、C_1～C_2 烷基、C_3～C_6 直链烷基、C_3～C_6 支链烷基或 C_3～C_6 脂环基；R^2 选自氢、C_1～C_2 烷基、C_3～C_6 直链烷基、C_3～C_6 支链烷基或 C_3～C_6 脂环基、苄基或苯基。

发明人：胡艾希，叶姣，张翠央，欧晓明；申请人：湖南大学

中国专利号：ZL201310247667.7；中国专利申请日：2013-06-20

化合物类型：鱼藤酮

发明思路：me-too 研究；在现有的鱼藤酮衍生物（5,6-二甲氧基-1,1*a*,2,7*b*-四氢环丙并[*c*]苯并吡喃-7*b*-基）[(*R*)-4-羟基-2-(丙烯-2-基)-2,3-二氢苯并呋喃-5-基]甲酮的基础上，对其共轭的羰基进行结构修饰，引入活性双腙基团从而得到现有的化合物。

用途：具有杀菌活性，可用于防治小麦白粉病、油菜菌核病。

代表化合物结构如下：

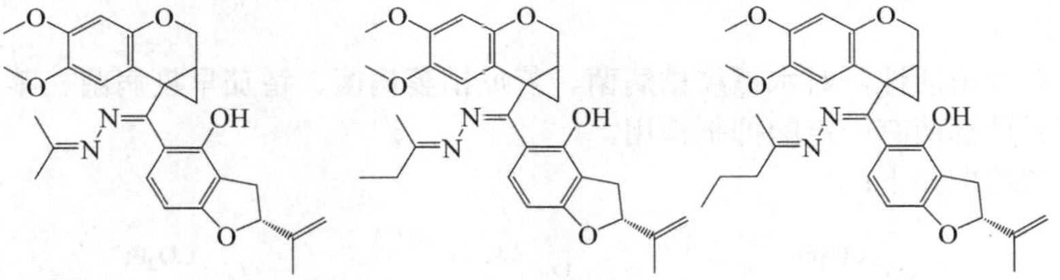

（25）具有氮杂癸二烯结构片段的桥环衍生物及其合成方法

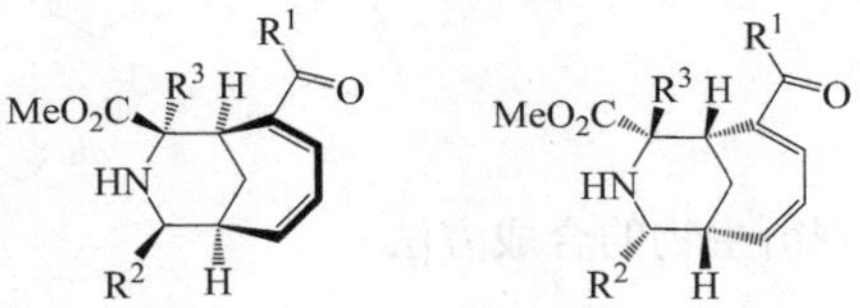

R^1 为苯基、对甲基苯基、间甲基苯基、邻甲基苯基、对甲氧基苯基、对氯苯基、对三氟甲基苯基、1-萘基、2-呋喃基、2-噻吩基或甲基；

R^2 为对氯苯基、对溴苯基、对硝基苯基、苯基、对甲基苯基、邻甲基苯基、对甲氧基苯基、间甲氧基苯基、1-萘基、2-呋喃基、2-噻吩基、正丙基或苯乙烯基；

R^3 为甲基或氢。

发明人：王春江，李清华，陶海燕；申请人：武汉大学

中国专利号：ZL201310436649.3；中国专利申请日：2013-09-22

化合物类型：氮杂癸二烯

发明思路：me-too 研究；将医药领域的具有氮杂癸二烯结构片段的桥环衍生物进行结构衍生，从而得到现有化合物。

用途：具有抑菌活性，可用于防治棉花炭疽病、小麦赤霉病、棉花枯萎病、黄瓜灰霉病、水稻纹枯病、苹果轮纹病。

代表化合物结构如下：

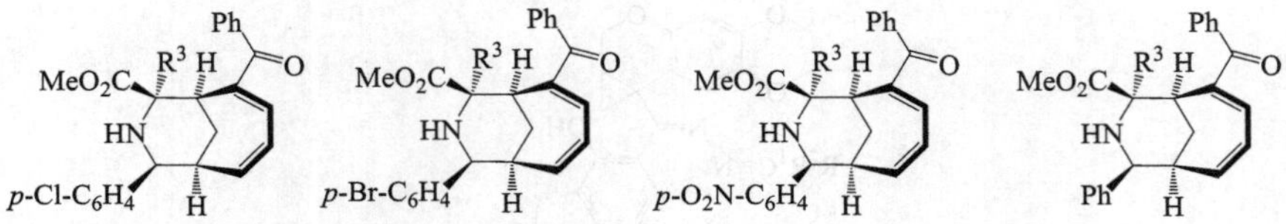

（26）4,5-二羟基-3*H*-螺[呋喃-2,3′-吲哚]-2′-酮衍生物及其合成方法和应用

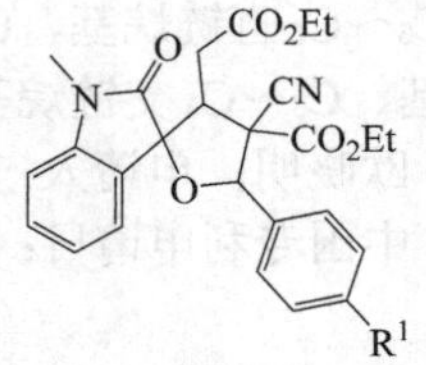

其中，R^1选自氢、甲基、三氟甲基、氯或溴。

发明人：谢建武，张雪；申请人：浙江师范大学

中国专利号：ZL201410026948.4；中国专利申请日：2014-01-21

化合物类型：螺[呋喃-2,3′-吲哚]

发明思路：me-too研究；在靛红上构造一个呋喃杂环，形成螺[呋喃-2,3′-吲哚]-2′-酮衍生物，并研究其农药活性。

用途：具有抑菌活性，对水稻纹枯病菌、苦瓜枯萎病菌、番茄早疫病菌、苹果腐烂病菌、小麦赤霉病菌五种真菌有一定的抑制作用。

代表化合物结构如下：

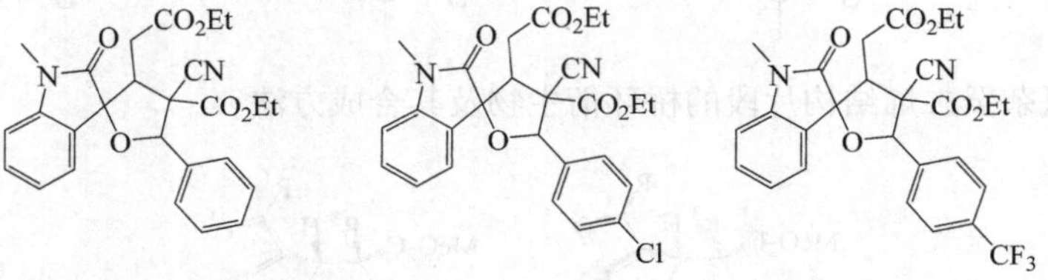

（27）一种去氢枞酸基硫脲衍生物的合成方法

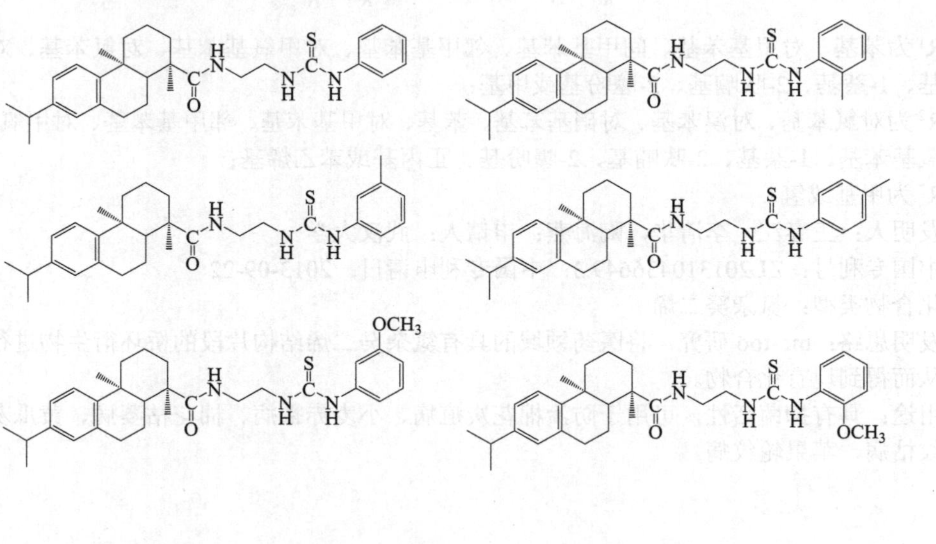

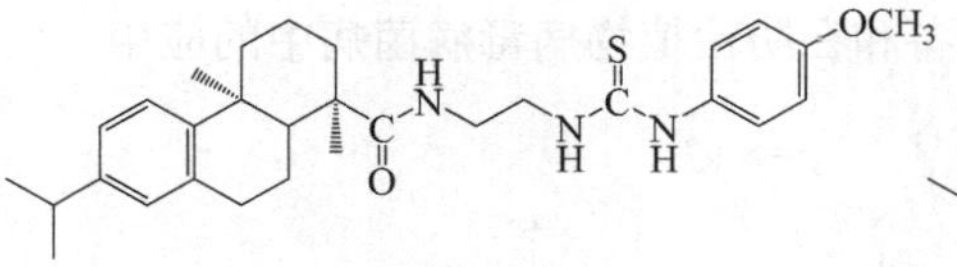

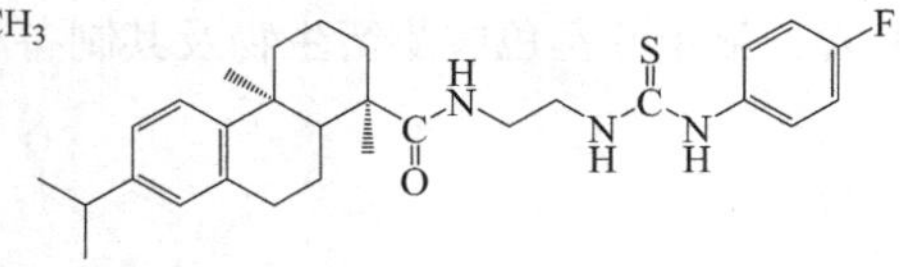

发明人：段文贵，闵方倩，林桂汕，岑波，刘陆智；申请人：广西大学

中国专利号：ZL201410088383.2；中国专利申请日：2014-03-11

化合物类型：去氢枞酸

发明思路：me-too 研究；在现有的脱氢松香基硫脲化合物基础上对与去氢枞酰基相连的取代基进行变换和/或修饰。

用途：具有抑菌活性，可用于抑制苹果轮纹病菌、黄瓜枯萎病菌、花生褐斑病菌、番茄早疫病菌、小麦赤霉病菌。

（28）色胺酮衍生物及其制备和在防治植物病毒病菌病中的应用

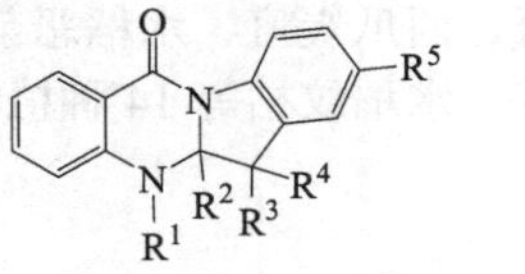

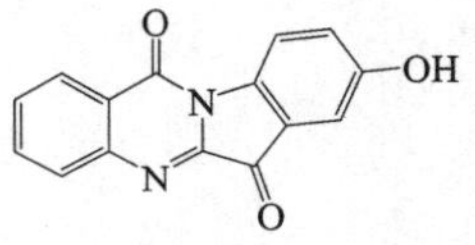

I-1 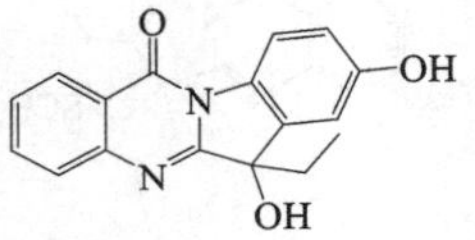　I-2 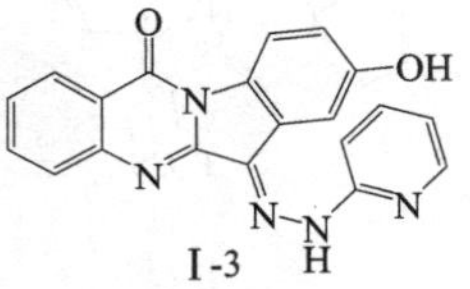　I-3 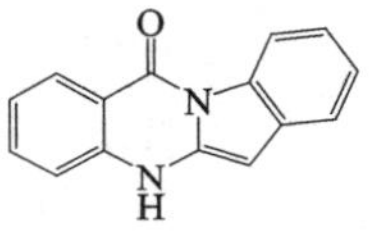　I-4

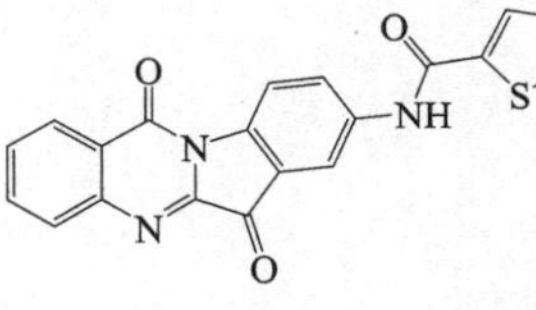

I-5 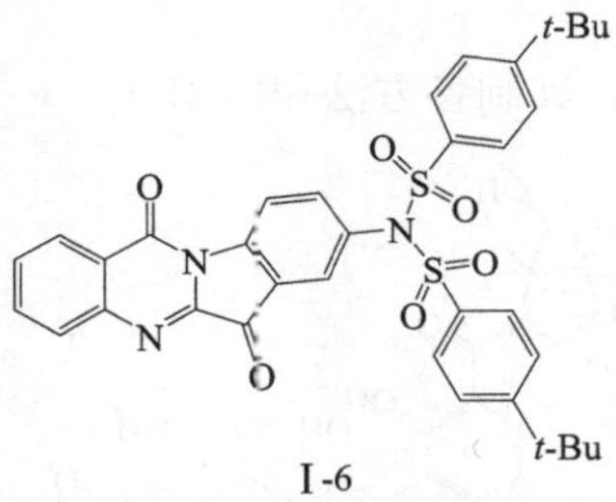　I-6 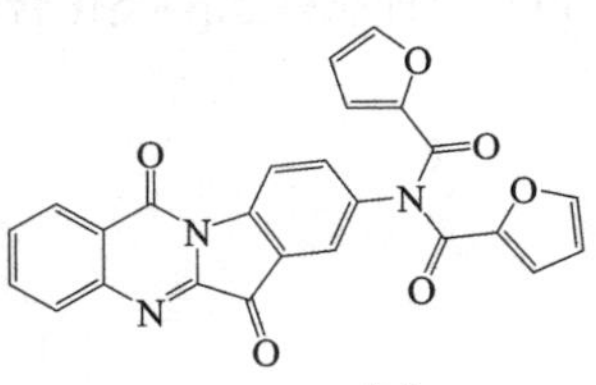　I-7

发明人：汪清民，郝亚男，刘玉秀，王兹稳，宋红健，李永强；申请人：南开大学

中国专利号：ZL201911344244.0；中国专利申请日：2019-12-24

化合物类型：色胺酮类

发明思路：天然产物修饰；以存在于植物中的具有抗癌、抗人体病菌和消炎活性的色胺酮为起始原料，进行结构改造获得农药活性物质。

用途：具有杀菌和抗病毒活性，能很好地抑制烟草花叶病毒(TMV)，以及黄瓜枯萎、花生褐斑、苹果轮纹、小麦纹枯、玉米小斑、西瓜炭疽、水稻恶苗、番茄早疫、小麦赤霉、水稻稻瘟、辣椒疫霉、油菜菌核、黄瓜灰霉、水稻纹枯等 14 种植物病菌的活性。

代表化合物结构如下：

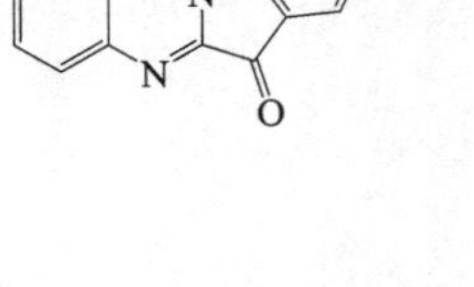

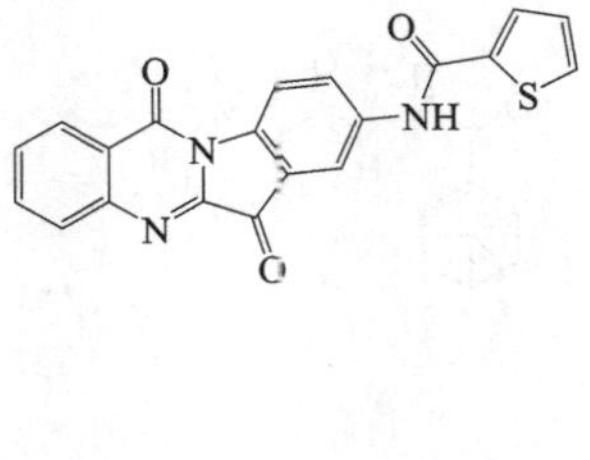

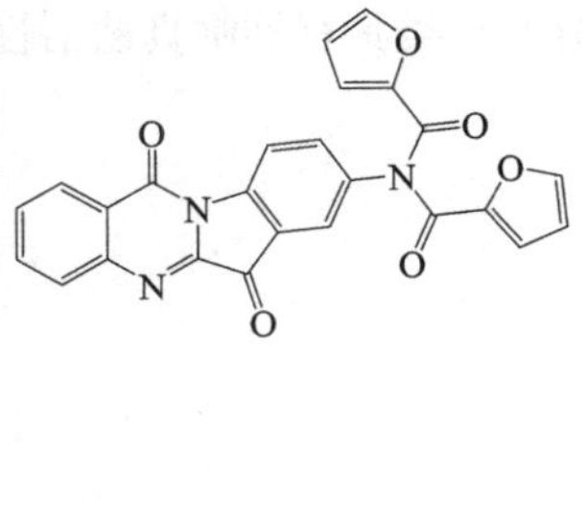

（29）含三氟甲硫基色胺酮衍生物及其制备和在防治植物病毒病菌病中的应用

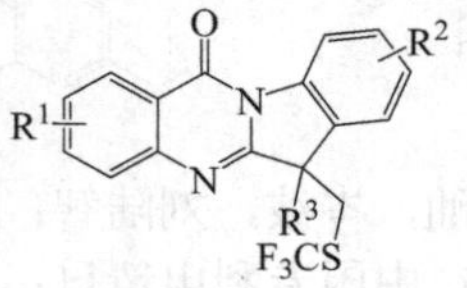

发明人：汪清民，郭金铖，王兹稳，刘玉秀，宋红健，李永强；申请人：南开大学

中国专利号：ZL201911344245.5；中国专利申请日：2019-12-24

化合物类型：色胺酮类

发明思路：天然产物修饰；以存在于植物中的具有抗癌、抗人体病菌和消炎活性的色胺酮为起始原料，进行结构改造获得的农药活性物质。

用途：具有很好的抗植物病毒和病菌活性，能很好地抑制烟草花叶病毒(TMV)，以及黄瓜枯萎、花生褐斑、苹果轮纹、小麦纹枯、玉米小斑、西瓜炭疽、水稻恶苗、番茄早疫、小麦赤霉、马铃薯晚疫、辣椒疫霉、油菜菌核、黄瓜灰霉、水稻纹枯等 14 种植物病菌的活性。

代表化合物结构如下：

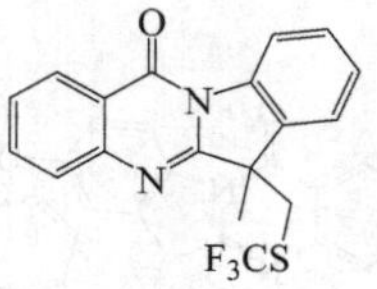

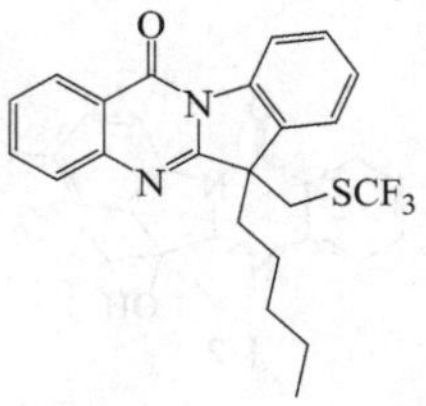

（30）一种氧杂蒽酮类化合物，其制备方法和应用

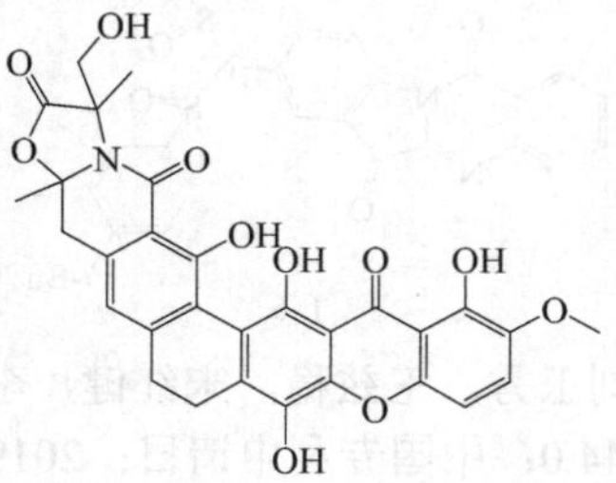

发明人：刘玲丽，严雯，赵建邦，杨正中，刘洪飞；申请人：西北农林科技大学

中国专利号：ZL201910221684.0；中国专利申请日：2019-03-22

化合物类型：氧杂蒽酮类

发明思路：天然产物提取，从链霉菌发酵液中分离得到。

用途：对苹果腐烂病菌、马铃薯干腐病菌、小麦赤霉病菌、番茄灰霉病菌、稻瘟病菌、苹果炭疽病菌有较好的抑菌活性。该发明的化合物在抗植物病原真菌作为农用抗生素方面具有开发应用潜力。

（31）一类具有抑制真菌活性的桃金娘烯醛基双酰肼化合物的合成方法

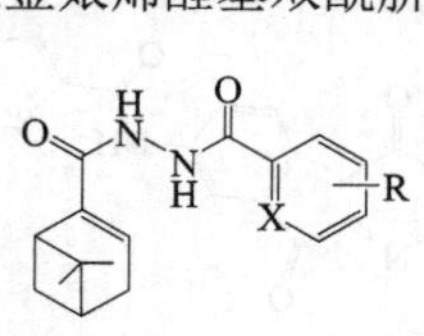

式中，X 表示碳或氮，R 为氢、甲基、氯、溴、硝基中的任意一种。

发明人：段文贵，王晓宇，李宝谕，岑波，林桂汕；申请人：广西大学

中国专利号：ZL202110267880.9；中国专利申请日：2021-03-12

化合物类型：桃金娘烯醛基、双酰肼

发明思路：me-too 研究。桃金娘烯醛，又名香桃木烯醛，存在于多种药用植物精油中，但含量较低，在植物体内由 α-蒎烯转化而来，具有除草、抗癌、抑菌、杀虫、抗氧化、消炎等多种生物活性；另外，双酰肼基团不仅是重要的有机合成结构单元，还作为开发新型药物和农用化学品的重要药效团，已有大量文献报道了关于双酰肼衍生物的生物活性，包括抗病毒、抗肿瘤、抗疟疾、杀虫、杀菌、除草等活性。在苯环上引入不同取代基或通过生物电子等排引入吡啶环，利用活性官能团拼接合成了桃金娘烯醛基双酰肼化合物。

用途：具有杀菌活性，对多种植物病原真菌具有优良的广谱抑制活性。在用药浓度为 50mg/L 时，部分化合物体现出相对广谱且优异的抑菌活性，对花生褐斑病菌、苹果轮纹病菌和水稻纹枯病菌的相对抑制率高于 93%，优于或相当于阳性对照药物百菌清。

代表化合物结构如下：

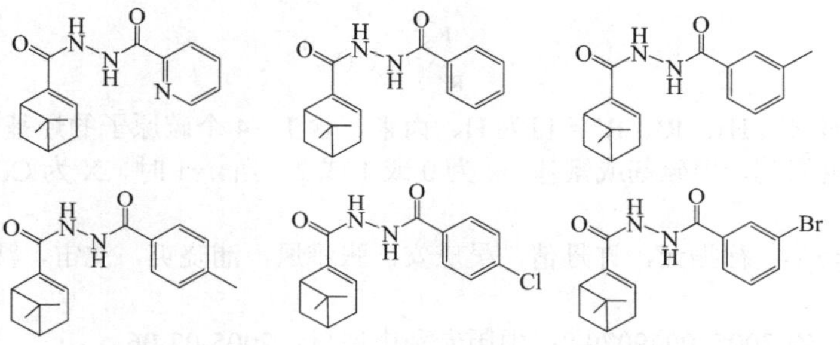

（32）抗马铃薯环腐病菌的槲皮素衍生物及其合成方法和应用

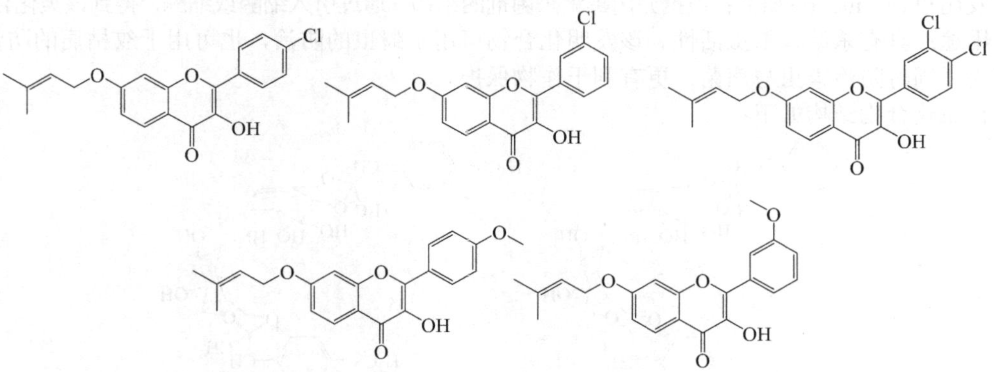

发明人：蔡瑾，杜贝贝；申请人：山西大学

中国专利号：ZL202110365374.3；中国专利申请日：2021-04-06

化合物类型：槲皮素

发明思路：me-too 研究；参照(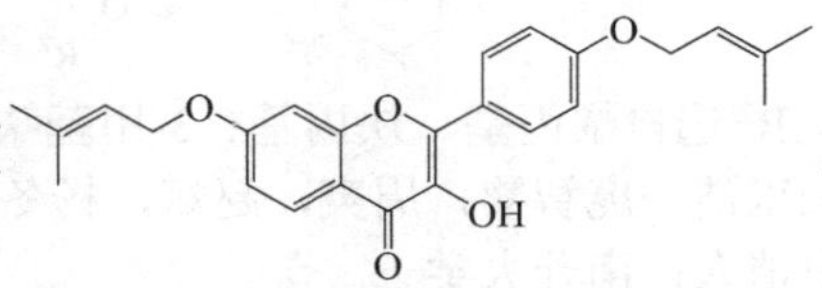 , JP61048511B)以槲皮素为先导化合物通过官能团替换或者衍生得到槲皮素衍生物。

用途：具有杀菌活性，该槲皮素衍生物对马铃薯环腐病菌有强烈的抗菌效果，对马铃薯环腐病有明显的预防及治疗作用，可显著降低发病植株的病情指数，并提高其生长参数。

代表化合物结构如下：

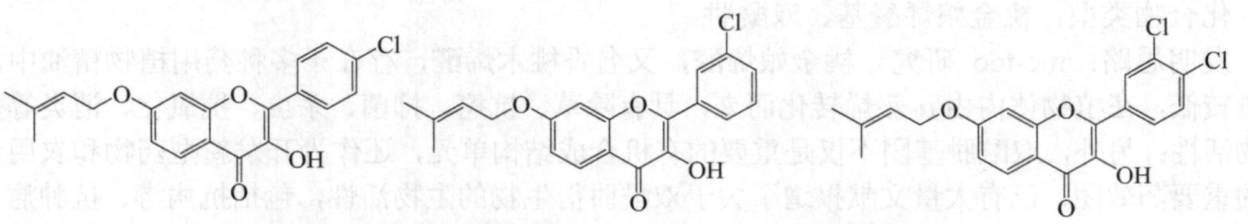

（33）井冈羟胺 A-4,7,4′,7′-二缩醛或酮类化合物及其制备与应用

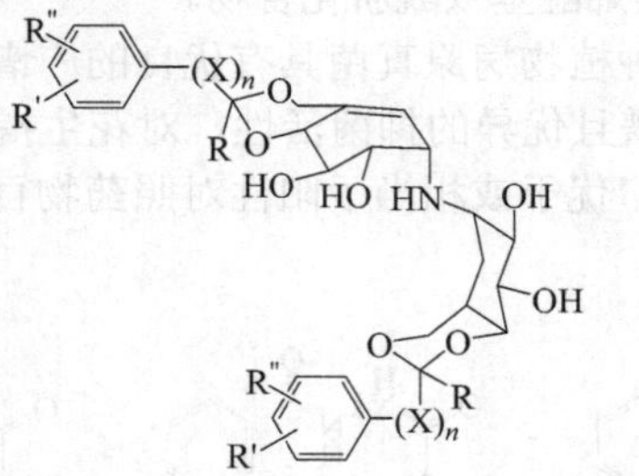

式中，R 为 H 或 CH_3；R′、R″各自为 H、卤素、含 1～4 个碳原子的烃基、含 1～3 个碳原子的烷氧基、乙酰氨基、甲硫基或氰基；n 为 0 或 1 或 2；当 n=1 时，X 为 CH_2；当 n=2 时，X 为 CH_2 或 CH。

发明人：杜晓华，徐振元，许丹倩，吴庆安，张雅凤，浦晓英，沈宙，沈寅初；申请人：浙江工业大学

中国专利号：ZL200510049079.8；中国专利申请日：2005-02-06

化合物类型：井冈霉素类

发明思路：me-too 研究；根据井冈霉素杀菌剂的结构，通过引入缩醛或缩酮，得到该类化合物。

用途：具有杀菌、杀虫活性。该发明化合物可用于蚜虫的防治，也可用于纹枯病的防治，还可用于同时防治害虫与病菌，更有利于作物保护。

代表化合物结构如下：

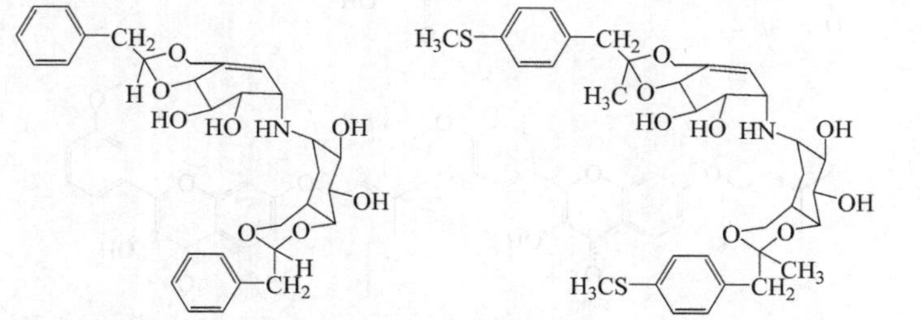

（34）一类独脚金内酯衍生物及其制备方法和用途

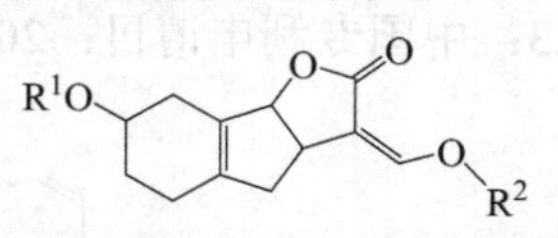

式中，R^1 选自甲基；R^2 选自烯丙基、炔丙基、3-甲基呋喃-2(5*H*)-酮-5-基。

发明人：范志金，朱玉洁，庞智黎，周爽，赵斌，杨冬燕，马德君，吴启凡，张乃楼，郭晓凤，于斌，刘秀梅；申请人：南开大学

中国专利号：ZL201810446043.0；中国专利申请日：2018-05-07

化合物类型：氢化茚酮类

发明思路：me-too 研究；根据 CN104053655A 报道的结构衍生化得到现有化合物。

用途：具有杀菌活性，可促使种子萌发等，抑制包括番茄早疫病菌、黄瓜灰霉病菌、花生褐斑病菌、小麦赤霉病菌、马铃薯晚疫病菌、苹果轮纹病菌、水稻纹枯病菌、油菜菌核病菌、禾谷丝核菌等病菌。

代表化合物结构如下：

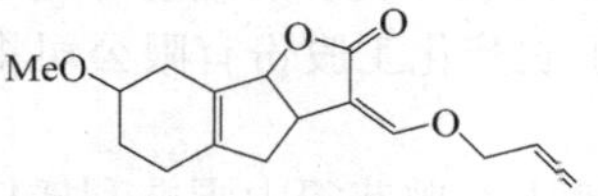

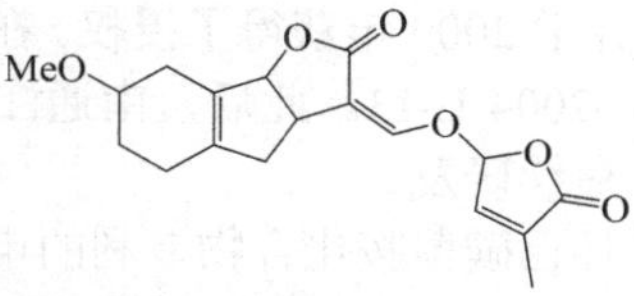

（35）一种含天然丁烯内酯类骨架的化合物，制备及其应用

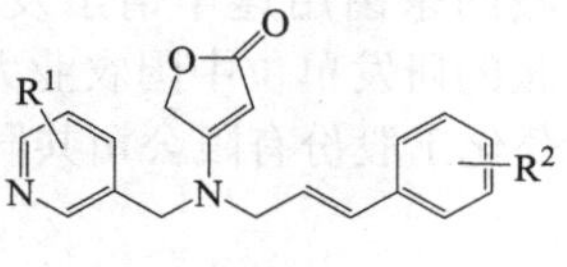

式Ⅰ-1 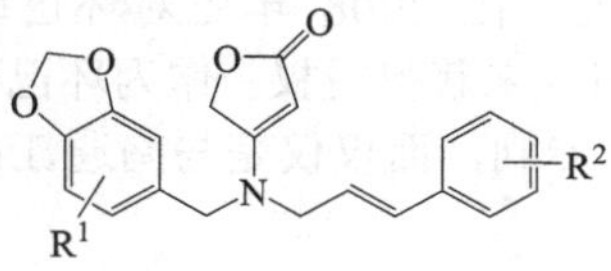　　式Ⅰ-2

式中，R^1 为氢、卤素、硝基或氰基，又或为取代或未取代的羟基、氨基、羧基、酯基、巯基、酰氨基、脲基、C_1～C_5 直链或支链烷基、C_1～C_5 烷氧基。

R^2 为氢、卤素、硝基或氰基，又或为取代或未取代的羟基、氨基、羧基、酯基、巯基、酰氨基、脲基、苯基、芳基、芳杂基，又或为取代或未取代的 C_1～C_5 直链或支链烷基，又或为取代或未取代的 C_1～C_5 烷氧基，又或为取代或未取代的 C_6～C_{30} 芳基、稠环、稠杂环。

发明人：段红霞，朱凯，杨朝凯，路星星，李慧琳，韩清，凌云，李想；申请人：中国农业大学

中国专利号：ZL202010585616.5；中国专利申请日：2020-06-24

化合物类型：具有天然丁烯内酯骨架结构的新颖化合物

发明思路：me-too 研究；以新烟碱类杀虫剂氟吡呋喃酮为模板，借助于多片段跃迁融合策略获得一种含吡啶环或胡椒环的丁烯内酯骨架结构的新颖化合物。

用途：具有杀菌活性，该发明提供的化合物作为植物病原真菌抑制剂表现出良好的抑制真菌活性和多重的抑菌谱。

代表化合物结构如下：

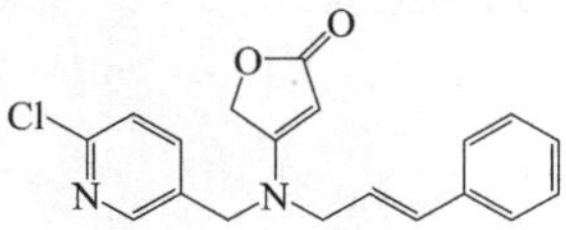

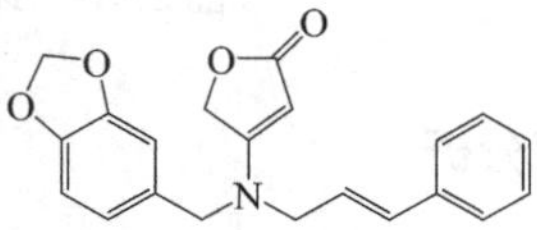

3.28 其他杀菌类化合物

3.28.1 环己酰菌胺的创制

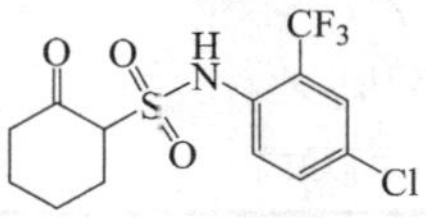

化合物专利名称：2-氧代环烷基磺酰胺，其制备方法和作为杀菌剂的用途

专利发明人：王道全、李兴海、梁晓梅、杨新玲、陈馥衡；申请人：中国农业大学

中国专利号：ZL200510085408.4；申请日：2005-07-20；授权日：2009-05-13

环己磺菌胺是由中国农业大学以环十二烷衍生物为研究基础，自主研发的磺酰胺类新型杀菌剂，实验代号：WL-ⅡA-12，英文通用名：chesulfamide，CAS 登记号：925234-67-9，用于防治番茄灰霉病、油菜菌核病及黄瓜褐斑病、黑星病等。以该化合物为代表的系列化合物在 2005 年申请了发明专利，并于 2009 年获得了授权。在中国农业大学后续的专利申请以及发表的文章中，代号为 CAUWL-2004-L-13。此后，南通江山农药化工股份有限公司将该化合物命名为环己磺菌胺，并进行了后续研发。

中国农业大学是环己磺菌胺化合物专利的申请人，曾获得中国专利授权，但是因未缴纳专利年费，该专利已经在 2012 年 9 月 19 日终止，目前环己磺菌胺化合物本身并未受到任何专利的保护。中国农业大学在 2008 年还对环己磺菌胺的杀菌用途申请了发明专利（申请号：200810223952.4），但并未获得授权。作为环己磺菌胺的研发单位中国农业大学，目前并未单独持有该化合物的相关专利，而仅仅是与南通江山农药化工股份有限公司共同持有 1 件环己磺菌胺制备方法的专利。

环己磺菌胺未取得登记。

3.28.1.1 创制过程

在环十二烷衍生物作为农药的研究中发现（图 3-37）：单取代环十二烷基本无农药活性，而双取代环十二烷有较好的农药活性。其中，*α*-胺磺酰基环十二酮具有较好的杀菌活性。但胺磺酰基氮原子上必须保留 1 个氢原子，即其中 1 个 R 应为氢才有较好的活性。也就是说，十二元环上的 2 个取代基，1 个为氢键受体，1 个为氢键给体时，活性较好。构效关系研究表明相应的六元或七元环衍生物活性略优于十二元环衍生物。从获得原料的难易程度及价格因素考虑，最终选定了 *N*-(2-三氟甲基-4-氯苯基)-*α*-氧代环己基磺酰胺作为进一步研究开发的对象，并通过田间试验、毒理学研究等工作证实了该化合物是一个具有开发前景的农用杀菌剂。

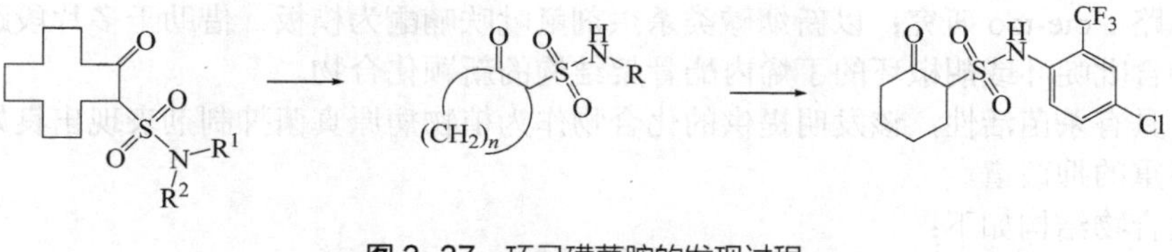

图 3-37 环己磺菌胺的发现过程

3.28.1.2 知识产权分析

该发明化合物结构新颖，虽与已知化合物结构相似，但仍存在明显的不同，为已有专利范围外发明。

（1）新颖性 新颖性分析见表 3-120。

表 3-120 该专利与现有技术对比表

该专利：CN1900059A (中国农业大学，申请日：2005-07-20；公开日：2007-01-24)	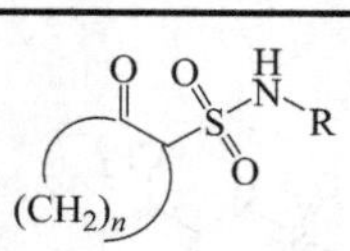 通式	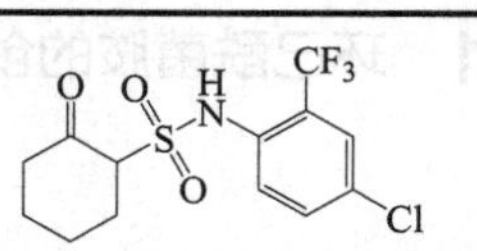 代表化合物环己磺菌胺(化合物 WL-ⅡA-12)

续表

同类商品化/开发中品种	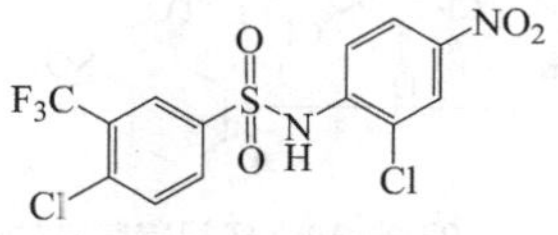 磺菌胺 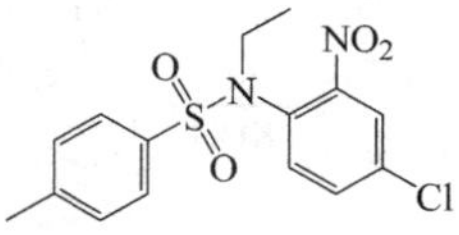 甲磺菌胺
接近的现有技术 1： Kozlov N G, Papova L A, Tychinskaya L Yu. Zhurnal Obshchei Khimii,1995, 65(8): 1370-1373	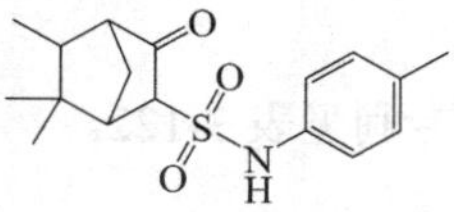 CAS：174315-80-1 公开了该化合物的制备方法
接近的现有技术 2： Cremlyn Richard J, Wu Luke. Phosphorus and Sulfur and Silicon and the Related Elements, 1988, 39(3-4): 165-171	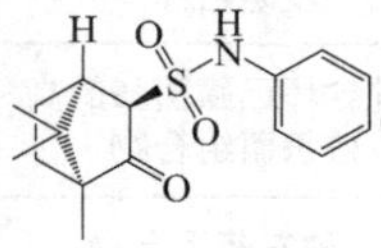 CAS：122437-14-3 公开了该化合物的制备方法
接近的现有技术 3： Frerejacque. Compt. rend. 1928, 187: 894-896; Frerejacque M. Annali di Chimica Applicata 1930, 14: 147-226	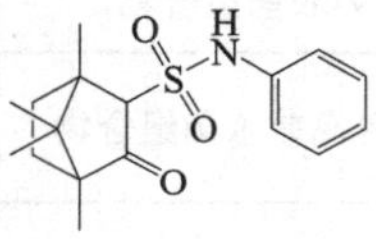 CAS：873989-66-3 相关化合物的制备与构型研究

（2）创造性　专利 CN100486961C 说明书生物活性测定实例记载，该发明测试化合物(编号化合物 WL-ⅡA-12，环己磺菌胺)的杀菌活性：对油菜菌核病菌的 EC_{50} 为 47.50mg/L，EC_{90} 为 191.65mg/L；对黄瓜灰霉病菌的抑制活性 EC_{50} 为 2.12mg/L，EC_{90} 为 16.31mg/L。

（3）核心化合物专利　环己磺菌胺核心化合物专利与授权保护范围如表 3-121 所示。

表 3-121　中国农业大学申请的环己磺菌胺核心化合物专利

序号	公开号	专利号	法律状态
1	CN100486961C	ZL200510085408.4	失效
授权保护范围(中国专利) 下述通式 WL-Ⅱ所示的 2-氧代环烷基磺酰胺系列化合物 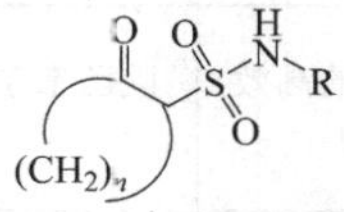 WL-Ⅱ WL-Ⅱ 式中 n=4，5；R 为带有 0～2 个取代基的苯基，取代基是 F、Cl、Br、CH_3、CH_3O、CF_3			

3.28.1.3　合成方法

以环己酮为起始原料，经过磺化与碱化反应制得中间体 2-氧代环己基磺酸钾，该中间体再经草酰氯氯化后，与 2-三氟甲基-4-氯苯胺反应制得环己磺菌胺（图 3-38）[1-3]。

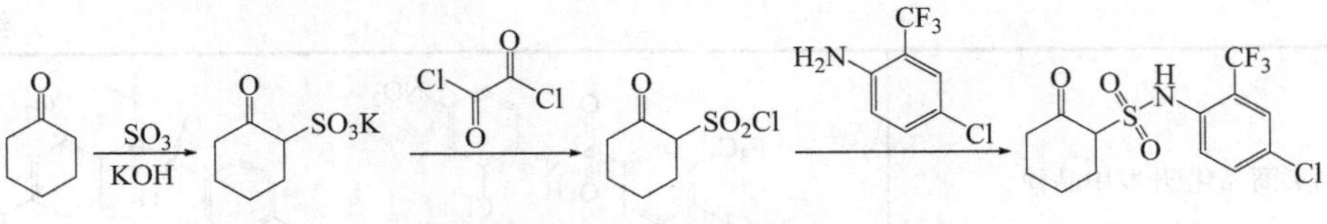

图 3-38　环己磺菌胺的合成路线

3.28.1.4　组合物专利

环己磺菌胺部分组合物专利见表 3-122。

表 3-122　环己磺菌胺组合物专利

序号	公开号	发明名称	申请人	B 组分
1	CN103583562A	一种含环己磺菌胺的高效杀菌组合物	陕西美邦农药有限公司	氟环唑
2	CN103583536A	一种农药组合物	陕西美邦农药有限公司	吡唑醚菌酯
3	CN103583534A	一种含环己磺菌胺的高效农药组合物	陕西美邦农药有限公司	代森联、代森锰锌、丙森锌、代森锌
4	CN103583521A	一种高效杀菌组合物	陕西美邦农药有限公司	醚菌酯、嘧菌酯、肟菌酯、苯醚菌酯、醚菌胺、啶氧菌酯
5	CN103621512A	一种高效农药组合物	陕西美邦农药有限公司	戊唑醇、苯醚甲环唑、己唑醇、丙环唑、环唑醇、戊菌唑、丙硫菌唑
6	CN103621550A	一种含环己磺菌胺的农药组合物	陕西美邦农药有限公司	二氰蒽醌、三乙膦酸铝、活化酯、百菌清、克菌丹
7	CN103621515A	一种含环己磺菌胺的农药组合物	陕西美邦农药有限公司	稻瘟灵、稻瘟酰胺、烯丙苯噻唑
8	CN103621561A	一种含环己磺菌胺的高效杀菌组合物	陕西美邦农药有限公司	三唑酮、嘧啶核苷类抗菌素、氰烯菌酯、溴菌腈
9	CN103621520A	一种含环己磺菌胺的杀菌组合物	陕西美邦农药有限公司	多抗霉素、春雷霉素、井冈霉素之一
10	CN103621527A	一种含环己磺菌胺的杀菌组合物	陕西美邦农药有限公司	氟菌唑、多抗霉素、咪鲜胺或其盐、多菌灵、甲基硫菌灵
11	CN104430363A	一种含硝苯菌胺的高效杀菌组合物	陕西韦尔奇作物保护有限公司	乙嘧酚、乙嘧酚磺酸酯、克菌丹、二氰蒽醌、氯苯嘧啶醇或螺环菌胺
12	CN105409981A	一种含苯并烯氟菌唑的杀菌组合物	陕西美邦农药有限公司	苯并烯氟菌唑
13	CN106857518A	一种含环己磺菌胺和环氟菌胺的杀菌组合物及其应用	南京华洲药业有限公司	环氟菌胺
14	CN106857591A	一种含环己磺菌胺和苯噻菌胺的杀菌组合物及其应用	南京华洲药业有限公司	苯噻菌胺

续表

序号	公开号	发明名称	申请人	B 组分
15	CN106889086A	一种含环己磺菌胺和噻呋酰胺的杀菌组合物及其应用	南京华洲药业有限公司	噻呋酰胺
16	CN106889075A	一种含环己磺菌胺和腈苯唑的杀菌组合物及其应用	南京华洲药业有限公司	腈苯唑
17	CN106889074A	一种含环己磺菌胺和氟唑菌酰胺的杀菌组合物及其应用	南京华洲药业有限公司	氟唑菌酰胺
18	CN106900711A	一种含环己磺菌胺和苯霜灵的杀菌组合物及其应用	南京华洲药业有限公司	苯霜灵
19	CN106900713A	一种含环己磺菌胺和咯菌腈的杀菌组合物及其应用	南京华洲药业有限公司	咯菌腈
20	CN106900716A	一种含环己磺菌胺和氟啶胺的杀菌组合物及其应用	南京华洲药业有限公司	氟啶胺
21	CN106900717A	一种含环己磺菌胺和氯苯嘧啶醇的杀菌组合物及其应用	南京华洲药业有限公司	氯苯嘧啶醇

3.28.1.5 作用机理

微观形态学研究和细胞膜通透性实验表明：环己磺菌胺作用于菌丝细胞膜。通过测定环己磺菌胺对灰霉菌中生物大分子（DNA、蛋白质、多糖和脂类）的影响以及环己磺菌胺与 DNA 的相互作用，发现环己磺菌胺使菌丝中 DNA 和多糖含量降低，且和 DNA 具有一定的结合作用。对环己磺菌胺作用下番茄植株中水杨酸含量及苯丙氨酸解氨酶（PAL）和过氧化物酶（POD）活性变化的研究表明：环己磺菌胺能诱导植株产生系统抗病性，进一步解释了环己磺菌胺的田间药效高于室内生测效果的结果。环己磺菌胺对于某些抗性菌株（例如抗多菌灵、异菌脲、乙霉威和嘧霉胺的灰霉病菌）仍表现出良好的活性，说明环己磺菌胺的作用机制有别于这些市售杀菌剂[4]。

3.28.1.6 毒理学与安全评价

50%可湿性粉剂对大鼠急性经口毒性 LD_{50} 为 1470mg/kg（雌）、2150mg/kg（雄），对大鼠急性经皮毒性 LD_{50}＞2000mg/kg（雌、雄）。对眼和皮肤均无刺激性。Ames 试验、小鼠睾丸染色体致畸试验及小鼠骨髓微核试验中该剂均表现阴性，说明该杀菌剂无“三致”性[5]。

3.28.1.7 应用效果

环己磺菌胺具有较强的预防、治疗和渗透活性，具有较好的持效性。根据田间试验结果，环己磺菌胺的制剂如可湿性粉剂、乳油用于防治番茄灰霉病，黄瓜褐斑病、黑星病等。50%环己磺菌胺可湿性粉剂使用药效与 50%异菌脲可湿性粉剂、75%百菌清乳油、40%菌核净可湿性粉剂、12.5%腈菌唑乳油相当[4,6]。

参考文献

[1] 王道全, 李兴海, 梁晓梅, 等. 2-氧代环烷基磺酰胺, 其制备方法和作为杀菌剂的用途. CN1900059A, 2005-07-20.

[2] 梁晓梅, 张建军, 张海滨, 等. 环己磺菌胺的合成方法. CN102838514A, 2012-09-18.

[3] 芦志成，张鹏飞，李慧超，等. 中国农药创制概述与展望. 农药学学报, 2019, 21(5-6): 551-579.
[4] 张海滨，张建军，闫晓静，等. 创制杀菌剂——环己磺菌胺. 农药, 2012, 51(04): 287-288.
[5] 中国农业大学，南通江山农药化工股份有限公司. 新颖杀菌剂——环己磺菌胺. 世界农药, 2012,34(03): 56.
[6] 王猛. 50%环己磺菌胺水分散粒剂防治番茄灰霉病田间药效试验. 广西植保, 2019, 32(01): 28-29.

3.28.2 唑醚磺胺酯的创制

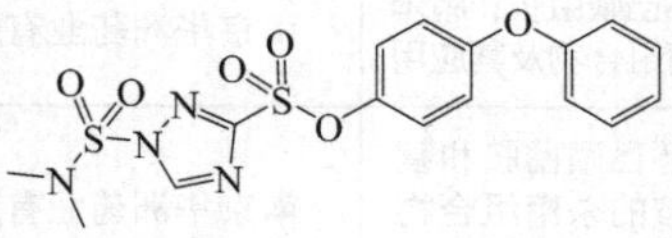

化合物专利名称：一种杀菌化合物、杀菌剂组合物和制剂及其应用
中国专利号：ZL201610003201.6；申请日：2016-01-05；授权日：2018-12-04
专利发明人：杨光富、程华；申请人：华中师范大学

3.28.2.1 知识产权分析

该化合物为 me-too 研究。已知专利 US5527818A 通式中 A 基团，可以选自取代的苯基、萘、吡啶等多种基团；相关环上的取代基可以为氢基、卤素、烷基、烷氧基、苯基、苯氧基等等。该发明化合物 I 为列表化合物（编号 260），而化合物Ⅱ结构尽管也在已有专利 US5527818A 保护范围之内，但并没有具体公开，属于选择性发明。

（1）新颖性　分析见表 3-123。

表 3-123　该专利与已有技术对比表

该专利：CN105693638A（华中师范大学，申请日：2016-01-05；公开日：2016-06-22）	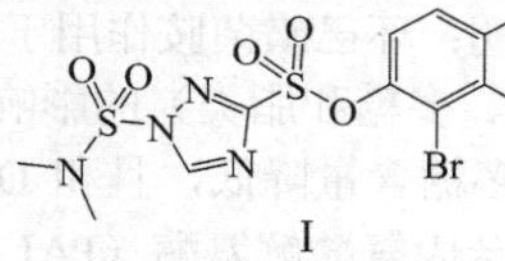 I 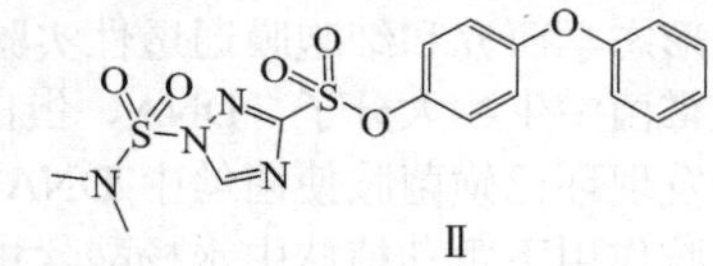　Ⅱ 唑醚磺胺酯
接近的已有技术：US5527818A（Mitsubishi Chemical Corporation，申请日：1994-03-08；公开日：1996-06-18）	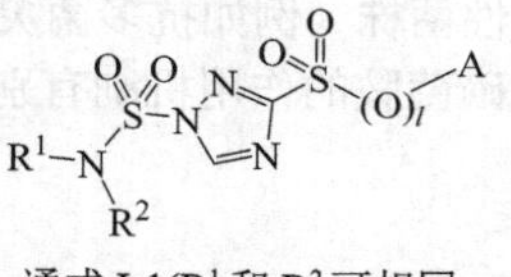 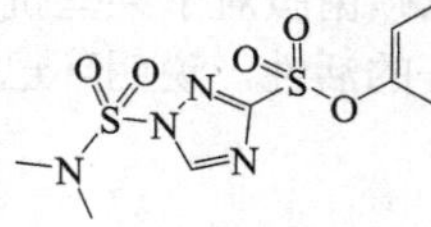 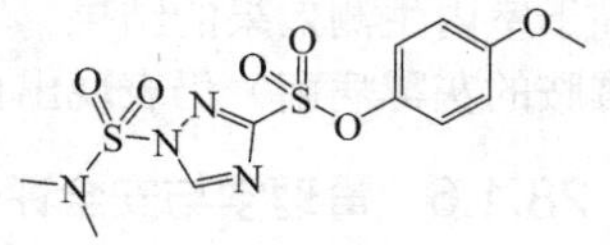 通式 I-1(R^1 和 R^2 可相同或不同选自低级烷基; l 为 1; A 任选自包括可被苯氧基 (X_m) 等基团在内的任意基团进一步取代的苯基等; m 是整数 1 等)　列表化合物 1　列表化合物 51 唑醚磺胺酯在该专利范围内，且与其中列表化合物 1 和 51 等结构类似，差别主要在于 X_m 的不同。唑醚磺胺酯为非列表化合物
同类商品化品种	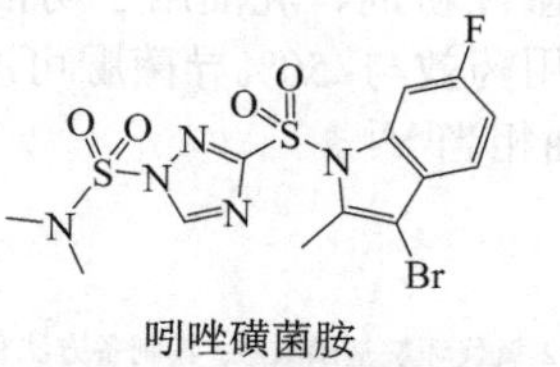 吲唑磺菌胺

（2）创造性　该专利CN105693638A说明书第10～11页记载，该发明测试化合物 (编号Ⅱ，唑醚磺胺酯) 对黄瓜霜霉病的防治效果EC_{50}为13.57mg/L；200mg/L下对水稻纹枯病防治效果为67.5%，对黄瓜霜霉病的防治效果为100%。

（3）核心化合物专利　唑醚磺胺酯核心化合物专利与授权保护范围如表3-124所示。

表3-124　华中师范大学申请的唑醚磺胺酯核心化合物专利

序号	公开号	专利号	法律状态
1	CN105693638A	ZL201610003201.6	授权有效
2	WO2017118193A1		
3	US20200275658A1	US7642364B2	有效
4	EP3385255A1	EP1683792B1	有效
授权保护范围(中国专利)			
一种杀菌化合物，其特征在于，该杀菌化合物的结构如式(Ⅱ)所示： 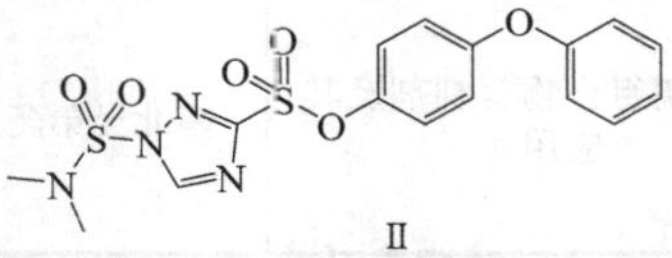 Ⅱ			

3.28.2.2　合成方法

以苯酚、对氟硝基苯等便宜易得中间体为起始原料(取代苄氯购买)，经取代、还原、重氮化等反应得到中间体Ⅰ，以3-巯基-1,2,4-三唑为原料，经氧化偶联、取代、氯化反应得中间体Ⅱ，Ⅰ和Ⅱ反应得到唑醚磺胺酯(图3-39)[1]。

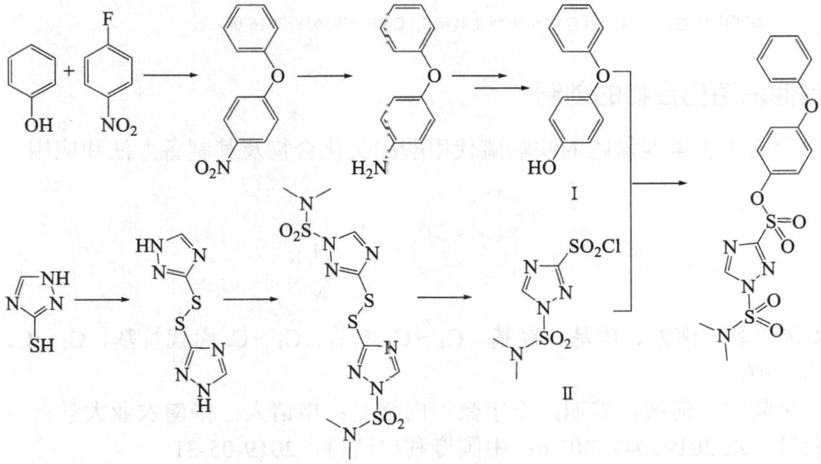

图3-39　唑醚磺胺酯合成路线

3.28.2.3　组合物专利

唑醚磺胺酯部分组合物专利见表3-125。

表 3-125 唑醚磺胺酯组合物专利

序号	公开号	发明名称	申请人	B 组分
1	CN107232217A	一组杀菌剂组合物及其应用	泰安市农业科学研究院	中生菌素
2	CN109430280A	一种含唑醚磺胺酯和吡唑醚菌酯的杀菌组合物及其应用	成都格瑞赛斯科技有限公司	吡唑醚菌酯
3	CN109430281A	一种含唑醚磺胺酯和嘧菌酯的杀菌组合物及其应用	成都格瑞赛斯科技有限公司	嘧菌酯
4	CN109430286A	一种含唑醚磺胺酯和代森锰锌的杀菌组合物及其应用	成都格瑞赛斯科技有限公司	代森锰锌
5	CN109511662A	一种含唑醚磺胺酯和百菌清的杀菌组合物及其应用	成都格瑞赛斯科技有限公司	百菌清
6	CN109511663A	一种含唑醚磺胺酯和多抗霉素的杀菌组合物及其应用	成都格瑞赛斯科技有限公司	多抗霉素
7	CN111727974A	一种杀菌组合物、制剂及其应用	南北兄弟药业投资有限公司	咪鲜胺、氟环唑、烯唑醇、菌核净、苯醚甲环唑、氟噻唑吡乙酮或氟啶胺等

3.28.2.4 应用效果

唑醚磺胺酯对黄瓜霜霉病、水稻稻枯病具有保护活性[1]。采用孢子悬浮液喷雾接种法测定药剂的生物活性，唑醚磺胺酯对黄瓜霜霉病病菌具有良好的防治效果，EC_{50} 值为 13.57mg/L；在 200mg/L 下，对水稻纹枯病的防效为 67.5%。

参考文献

[1] 杨光富，程华. 一种杀菌化合物、杀菌剂组合物和制剂及其应用. CN105693638, 2016-06-22.

3.28.3 其他杀菌化合物的创制

（1）一种含 1, 2, 3, 4-四氮唑的呋喃硫代甲酸酯类化合物及其制备方法和应用

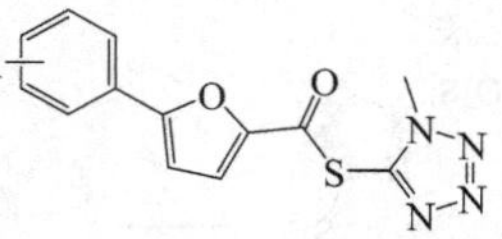

式中，R 选自氢、卤素、硝基、羟基、C_1～C_4 烷基、C_1～C_4 卤代烷基、C_1～C_4 烷氧基或三氟甲氧基中的一种。

发明人：崔紫宁，何敏，姜珊，李宇豪，向绪稳；申请人：华南农业大学

中国专利号：ZL201910473201.6；中国专利申请日：2019-05-31

化合物类型：苯基呋喃类、四氮唑类

发明思路：me-too 研究；在已报道的四氮唑类杂环农药活性化合物的基础上，引入 5-苯基-2-呋喃环结构，得到了一类含 1, 2, 3, 4-四氮唑的呋喃硫代甲酸酯类化合物。

用途：具有杀菌活性，对水稻白叶枯病菌和水稻细菌性条斑病菌具有很好的抑制作用。

代表化合物结构如下：

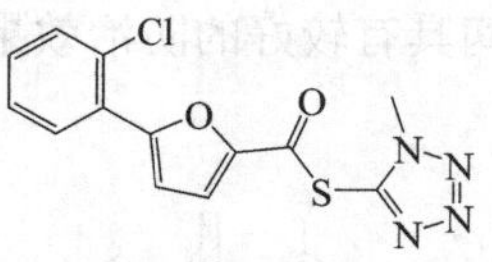

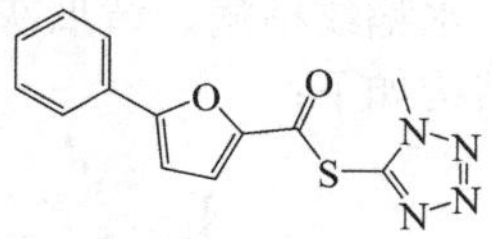

（2）*β*-羰基烯胺类化合物及作为制备植物病原菌抗菌剂的应用

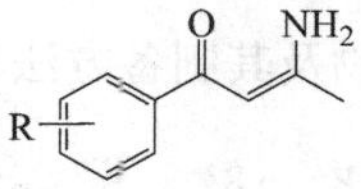

R 为氢、卤素、甲基、甲氧基、三氟甲基、叔丁基、环己基、杂环取代基。

发明人：耿会玲、于新池、逯媛琳、曹浩强、周博航、赵忠；申请人：西北农林科技大学

中国专利号：ZL201510705388.X；中国专利申请日：2015-10-26

化合物类型：*β*-羰基烯胺类

发明思路：以 *β*-二酮为原料进行衍生获得 *β*-羰基烯胺类化合物。

用途：具有显著抑菌活性。

代表化合物结构如下：

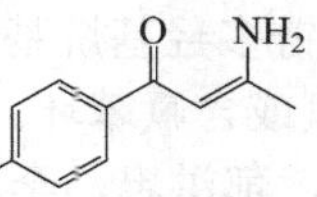

（3）2-庚基-5-己基呋喃-3-羧酸及其制备方法

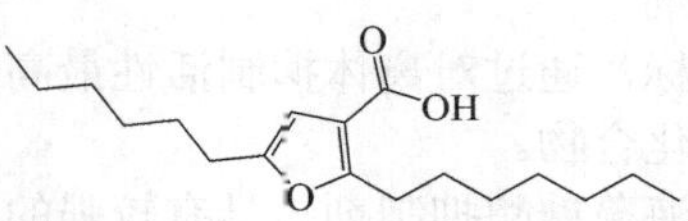

发明人：钟建江、王晓英、许煜泉、徐燕；申请人：上海交通大学

中国专利号：ZL201010181486.5；中国专利申请日：2010-05-24

化合物类型：呋喃羧酸类

发明思路：天然产物，由假单胞菌 SJT25 发酵液制备得到。

用途：具有杀菌活性，对水稻纹枯病菌有活性。

（4）芳胺取代-1, 2, 3, 4-噻三唑衍生物，其制备方法和用途

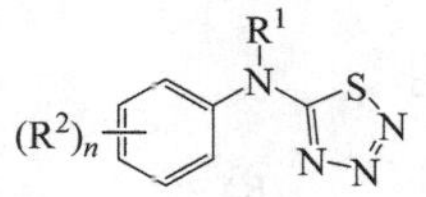

式中，R^1 选自 H；R^2 各自独立选自 H、C_1～C_6 烷基、羟基、卤代 C_1～C_6 烷基、C_1～C_6 烷氧基、卤代 C_1～C_6 烷氧基、卤素、硝基和 C_1～C_6 烷氧基羰基；*n* 为 1 或 2。

发明人：徐玉芳，赵振江，朱维平，田振林，贾晓彤，李洪林，曹贤文，李宝聚，石延霞，钱旭红；申请人：华东理工大学

中国专利号：ZL201210328088.0；中国专利申请日：2012-09-06

化合物类型：噻三唑类化合物

发明思路：该发明参考现有文献报道的植物抗病激活剂，利用计算机辅助药物设计及生物活性筛选的方法，寻找到以噻三唑为母体的一系列衍生物。

用途：该发明的化合物对植物的多种病害，如黄瓜蔓枯病、黄瓜褐斑病、黄瓜细菌性角斑

病、番茄晚疫病、水稻纹枯病、黄瓜灰霉病和黄瓜枯萎病具有较好的防治效果。

代表化合物结构如下：

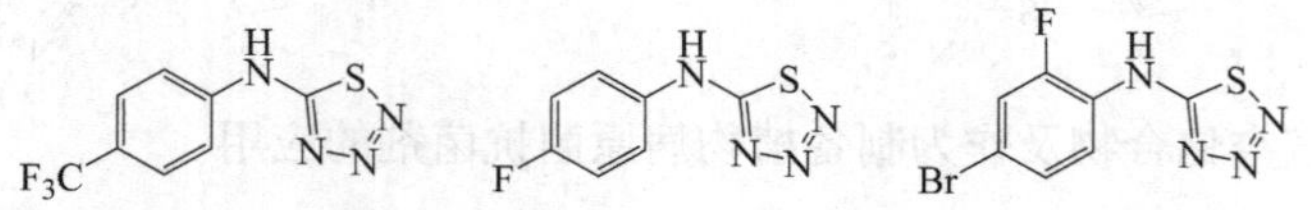

（5）*N*-苯基-2-噁(噻)唑胺含氟衍生物及其制备方法与应用

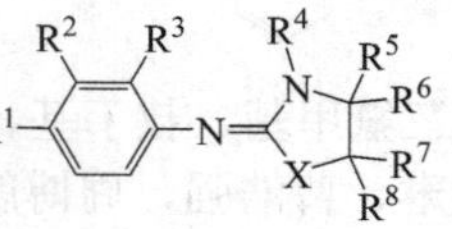

式中：

一种 *N*-苯基-2-噁(噻)唑胺含氟衍生物，其特征在于：

其中，X 为氧或硫；

R^1、R^2、R^3 分别为氢、氟、氯、羟基或氨基中的一种；

R^4 为烷基或氢；

R^5、R^6、R^7、R^8 分别为羟甲基、直链多羟基烷基、含氟苯环或氢中的一种；

R^1～R^3 和 R^5～R^8 中至少有一个为氟或含氟苯环。

发明人：钱旭红，宋恭华，李志斌，郁洪忠，李忠，刘志；申请人：华东理工大学

中国专利号：ZL00127297.7；中国专利申请日：2000-11-07

化合物类型：海藻糖酶抑制剂

发明思路：以海藻糖酶为靶标，通过对离体抑制活性最高的 trehazolin 为基础，对 2-氨基噁（噻）唑环进行修饰得到现有化合物。

用途：该类化合物作为新型海藻糖酶抑制剂，具有较强的离体海藻糖酶抑制活性和强烈的杀灭野果蝇卵及幼虫的能力[半数抑制浓度（IC_{50}）达 3.6～38.2mg/L]，同时具有一定的水稻纹枯病菌抑菌活性，并可明显地抑制野果蝇成虫的飞行能力。

代表化合物结构如下：

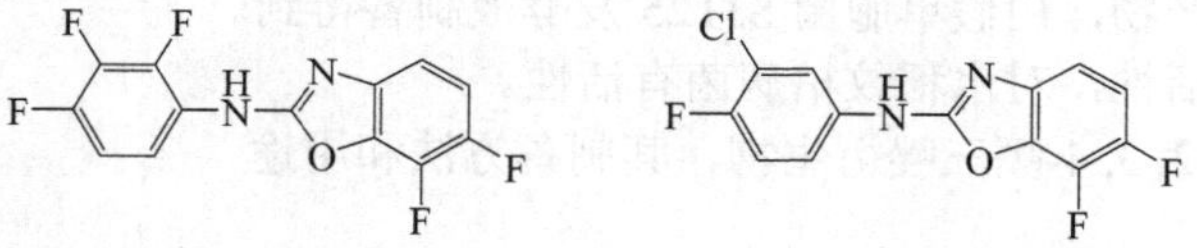

（6）胺类化合物作为杀菌剂的应用

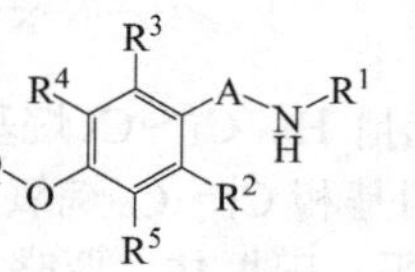

式中，A 选自 CH_2、CH_2CH_2、$CH_2CH_2CH_2$ 或 $CH(CH_3)$；R^1 选自氢或叔丁基氧基羰基；R^2、R^3、R^4、R^5 分别独立地选自氢；Q 选自 R^6；R^6 选自未取代的或被 1～5 个独立选自以下基团进一步取代的苯基、苯基 C_1～C_8 烷基、吡啶基、嘧啶基、哒嗪基：卤素、硝基、C_1～C_8 烷基、卤代 C_1～C_8 烷基、C_1～C_8 烷氧基、C_1～C_8 烷氧基羰基或 C_1～C_8 烷基氨基羰基；或选自噻唑甲基、吡啶甲基。

发明人：王立增，孙旭峰，兰杰，张金波，李志念，关爱莹，刘长令；申请人：中国中化

股份有限公司，沈阳化工研究院有限公司

中国专利号：ZL201310219167.2；中国专利申请日：2013-06-04

化合物类型：乙胺类化合物

发明思路：me-too 研究；参照 US20110054173 专利报道的芳基乙胺类中间体，进行优化得到现有化合物。

用途：具有杀菌活性。适用于农业领域病害防治，对黄瓜霜霉病、玉米锈病、小麦白粉病、水稻稻瘟病、黄瓜灰霉病等病害具有优良的防治效果，特别是对黄瓜霜霉病防效更好，在很低的剂量下就可以获得很好的效果。

代表化合物结构如下：

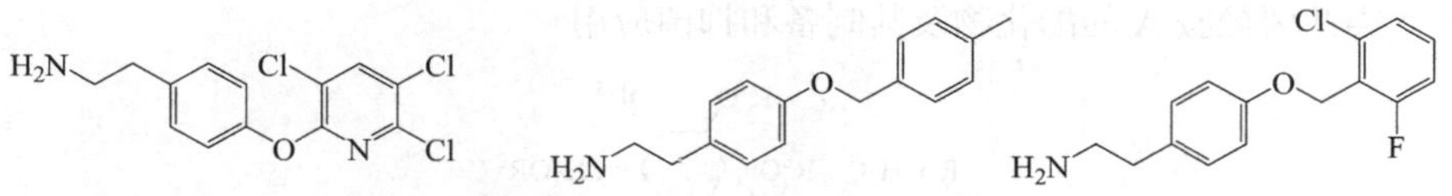

（7）一种卤苯基芳香胺取代去甲斑蝥素及其制备方法和应用

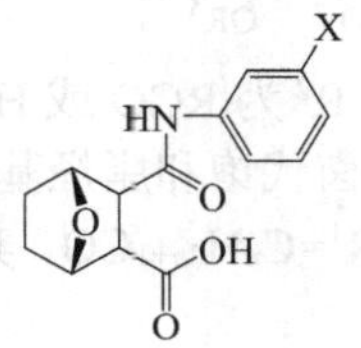

其中，X=Cl、Br、I。

发明人：张雅林，王阳，孙文博，郑胜礼；申请人：西北农林科技大学

中国专利号：ZL201310637548.2；中国专利申请日：2013-11-29

化合物类型：卤苯基芳香胺取代去甲斑蝥素

发明思路：me-too 研究；在具有抗肿瘤活性的去甲斑蝥素基础上进行衍生获得该化合物。

用途：该类化合物具有广谱的抑制植物病原真菌的活性，可用于制备斑蝥素类农用药剂。

代表化合物结构如下：

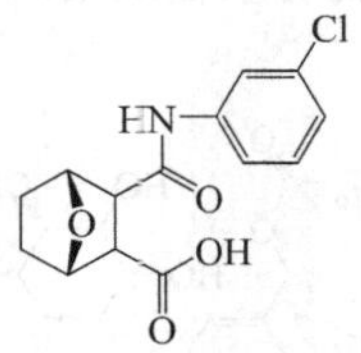

（8）一种 1-金刚烷甲酸-2-(取代苯甲酰氧基)乙酯类化合物作为杀菌剂的应用

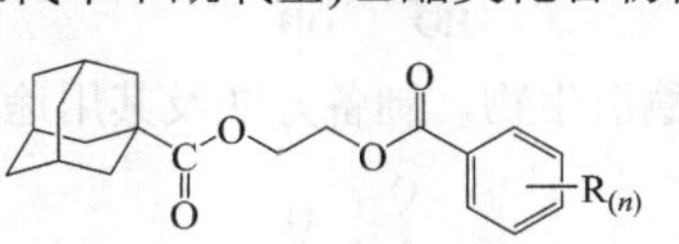

式中，苯环上的 H 被取代基 R 单取代、二取代或不被取代；n 为 0～2 的整数，n 表示苯环上取代基 R 的个数；n=0 时，表示苯环上的 H 不被取代；n=1 时，表示苯环上的 H 被取代基 R 单取代；n=2 时，表示苯环上的 H 被取代基 R 二取代，不同取代位置上的取代基 R 相同或不同；所述取代基 R 为氢、C_1～C_3 的烷氧基、C_1～C_2 的卤代烷基或卤素。

发明人：翁建全，孔瑶蕾，庞凯胜，刘幸海；申请人：浙江工业大学

中国专利号：ZL201910792551.9；中国专利申请日：2019-08-26

化合物类型：金刚烷类

发明思路：鉴于金刚烷和酯类化合物均具有良好的农药活性，利用活性亚结构拼接方法设计合成该发明化合物。

用途：具有杀菌活性。该发明化合物特别对番茄早疫病菌、小麦赤霉病菌、油菜菌核病菌以及黄瓜灰霉病菌等真菌有较好的抑制效果。

代表化合物结构如下：

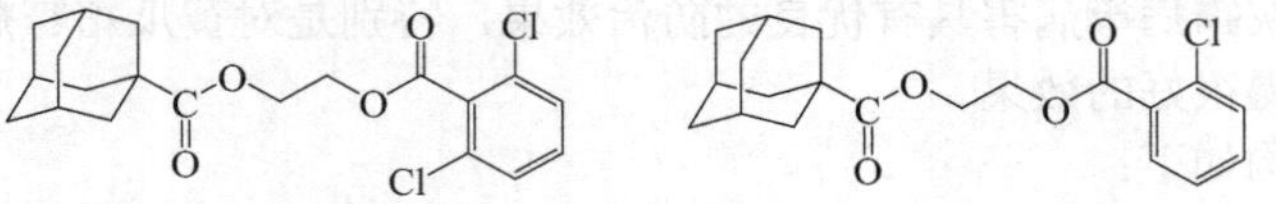

（9）一类井冈羟胺 A 的酯化物及其制备和抑菌应用

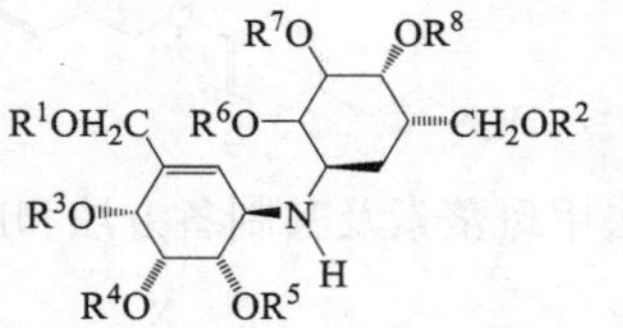

其中，R^1～R^8 中，其中 R^1 为 RCO，R^2 为 RCO 或 H，其中 R 为 C_1～C_{21} 的饱和脂烃基或者 C_1～C_{21} 的不饱和脂烃基或者 C_1～C_{21} 的卤代饱和脂烃基，其他基团为 H；

当 R 为 C_1～C_{21} 的饱和脂烃基，则 R^1=C_nH_{2n+1}CO，其中 n=1～21，R^2～R^8=H；或者 R^1= R^2= C_nH_{2n+1}CO，其中 n=1～21，R^3～R^8=H；

当 R 为 C_1～C_{21} 的不饱和脂烃基，则 R^1=C_nH_{2n+1}CO，其中 n=1～21，R^2～R^8=H；

当 R 为 C_1～C_{21} 的卤代饱和脂烃基，则 R^1=$C_nH_{2n+1-m}X_m$CO，其中 n=1～21，$m \leqslant 2n$，R^2～R^8=H，X=F、Cl、Br 或 I。

发明人：范永仙，陆跃乐，陈小龙，蔡晓青，李剑锋，杨珊珊；申请人：浙江工业大学

中国专利号：ZL201910158002.6；中国专利申请日：2019-03-02

化合物类型：井冈霉素类

发明思路：对井冈霉素 A 中井冈羟胺 A 结构进行修饰得到该类化合物。

用途：具有杀菌活性。该发明化合物对水稻纹枯病菌有较好的抑制率。

代表化合物结构如下：

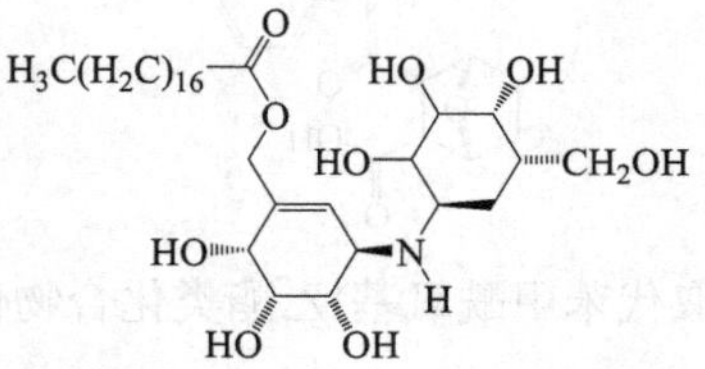

（10）*N*-烃氧羰基-2-噻唑烷酮衍生物，制备方法及其用途

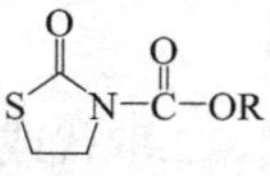

其中，R 代表 C_1～C_5 的链烷基、C_1～C_5 的卤代烷基或芳基。

发明人：翁建全，沈德隆，谭成侠，曹耀艳；申请人：浙江工业大学

中国专利号：ZL200410093330.6；中国专利申请日：2004-12-21

化合物类型：噻唑类

发明思路：me-too 研究；参考已知具有生物活性的 *N*-取代-2-噻唑烷酮衍生物结构，以 2-

噻唑烷酮为基础进行衍生构建*N*-烷氧羰基-2-噻唑烷酮衍生物。

用途：具杀菌活性，对多种植物病菌有一定的抑制作用。

代表化合物结构如下：

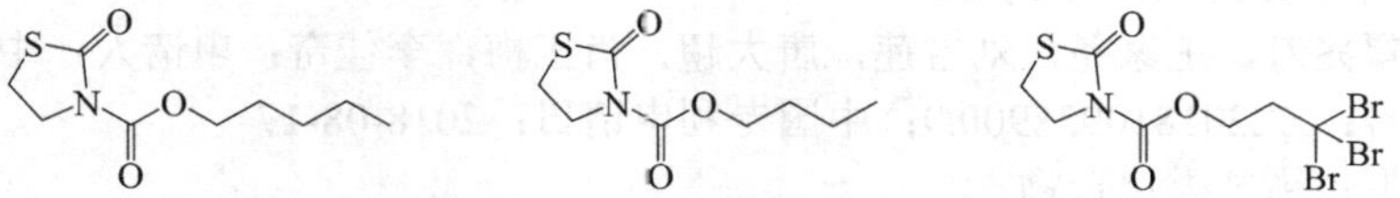

（11）*N*-(2-乙酸)水杨酰腙稀土配合物及其制备方法和用途

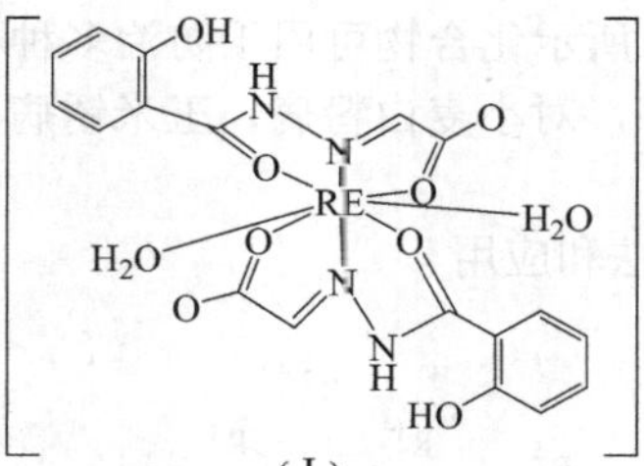

（I）

结构通式（I）表示的*N*-（2-乙酸）水杨酰腙稀土配合物。其中，RE = Pr、Nd、Eu、Dy、Yb、Er 或 Y；nH_2O 为配合物中的结晶水，n 为 0～5。

发明人：何水样，李恒欣，张维萍，刘峰；申请人：西北大学

中国专利号：ZL201110191307.0；中国专利申请日：2011-07-08

化合物类型：水杨酰腙稀土配合物

发明思路：me-too 研究；稀土盐和*N*-(2-乙酸)水杨酰腙在乙醇水溶液中加热回流反应得到。

用途：具有杀菌活性，该发明制备方法简单，制备得到的稀土配合物对苹果腐烂病菌、小麦条锈病菌等具有良好的抑菌活性。

（12）一类三苯基鏻盐化合物及其制备方法与应用

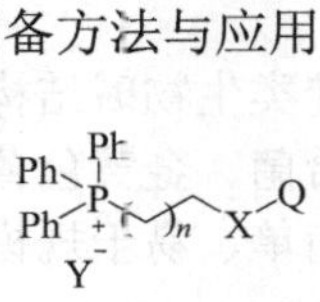

式 I

所述式 I 中，X 选自 CH_2；Y 选自卤素；所述卤素选自氯、溴和碘中的任意一种；n 为 0～16 的整数；Q 选自下述式 I a 或式 I b；

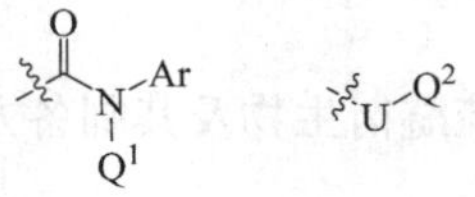

式 I a　　式 I b

所述式 I a 中，Ar 选自下述 A_1，Q^1 为 H；所述式 I b 中 U 为 COO，Q^2 选自 C_1；

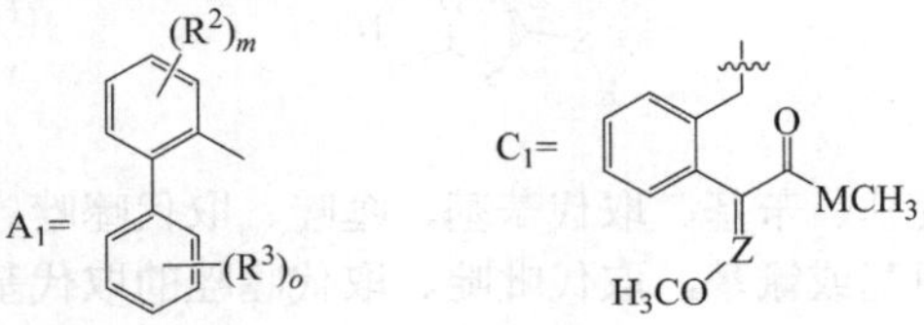

其中，所述式A_1中，R^2为氢和卤素中的至少一种；R^3选自C_1～C_8的烷基、C_1～C_8的烷硫基、卤素和氰基中的至少一种；

所述卤素选自氟、氯、溴和碘中的任一种；*o*为0～4的整数；*m*为0～4的整数；

所述式C_1中，Z为N，M为O。

发明人：覃兆海，王家尧，刘雪莲，唐大超，肖玉梅，李佳奇；申请人：中国农业大学

中国专利号：ZL201810938900.9；中国专利申请日：2018-08-17

化合物类型：鏻盐类化合物

发明思路：以2-碘苯胺为起始原料，经联苯反应，两步缩合反应得到一种三苯基鏻盐类化合物。

用途：具有杀菌活性，所得式Ⅰ所示化合物可用于防治多种植物上由卵菌、担子菌、子囊菌和半知菌类等多种病菌引起的病害，对小麦白粉病、玉米锈病、西瓜炭疽病等效果尤佳，在低浓度下即可取得很好的防治效果。

（13）一类酞嗪化合物及合成方法和应用

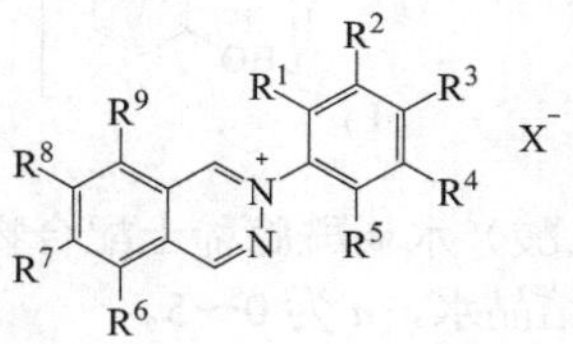

其中，R_n(n=1, 2, 3…9)是相同或不同的氢、链状或环状烃基、烃氧基、卤素、羟基、硝基、氰基、三氟甲基、酰氧基、酰氨基或酰基。X^-为卤素负离子、硫酸根、磷酸根、磷酸氢根、有机酸根或磺酸根。

发明人：周乐，崔志明；申请人：西北农林科技大学

中国专利号：ZL201911292875.2；中国专利申请日：2019-12-16

化合物类型：酞嗪化合物

发明思路：参考天然季铵型苯并菲啶类生物碱结构构建了酞嗪化合物。

用途：对猕猴桃溃疡病菌、大肠埃希菌、金黄色葡萄球菌表现出显著的抑制活性。具有抗菌活性强、抗菌谱广、环境友好、结构简单、易于规模化的显著优点。

代表化合物结构如下：

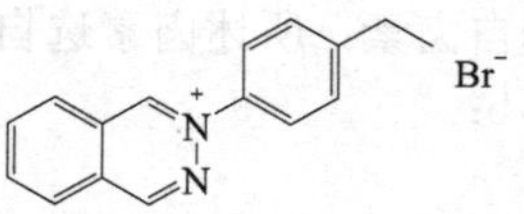

（14）一种1, 2, 4-三唑并噻二唑硫醚衍生物及其制备方法和应用

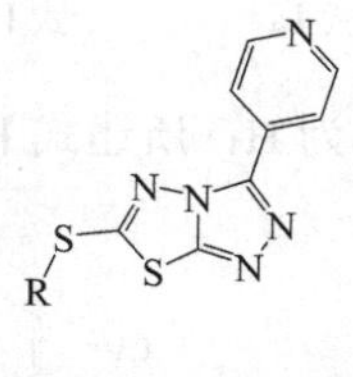

式中，R为C_1～C_{14}烷基、苄基、取代苄基、噻唑、取代噻唑、吡啶或取代吡啶，所述取代苄基的取代基为卤素、甲基或氰基，取代吡啶、取代噻唑的取代基均为卤素。

发明人：刘幸海，赵文，翟志文，孙召慧，翁建全，谭成侠，刘旭锋，丁晓民；申请人：浙江工业大学

中国专利号：ZL201610606991.7；中国专利申请日：2016-07-28

化合物类型：1, 2, 4-三唑并噻二唑硫醚衍生物

发明思路：在三唑并噻二唑母核结构基础上，继续引入吡啶环而得。

用途：具有杀菌活性。该发明所述的 1,2,4-三唑并噻二唑硫醚衍生物即 1,2,4-三唑并[3,4-*b*][1,3,4]噻二唑硫醚衍生物在100mg/L浓度下对终极腐霉(比如番茄猝倒病菌)表现出了较好的抑制性，抑制率高达100%，如该发明得到的化合物I-1、化合物I-3及化合物I-4制得的杀菌剂对终极腐霉菌有明显抑制效果。

代表化合物结构如下：

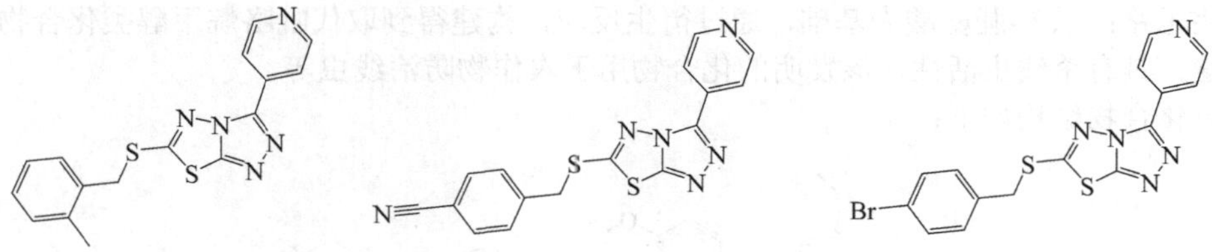

（15）*β*-咔啉类化合物及其合成方法，以及含有该化合物的药物及应用

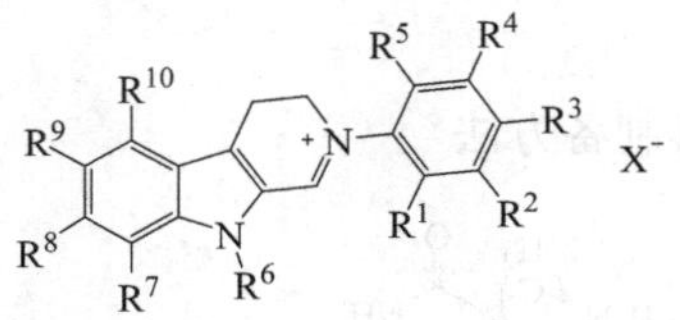

式中，R^1～R^5为氢、卤素、硝基、三氟甲基、羟基；R^6为氢或者甲基；R^7～R^{10}为氢；X^-为卤素负离子；所述化合物不为：

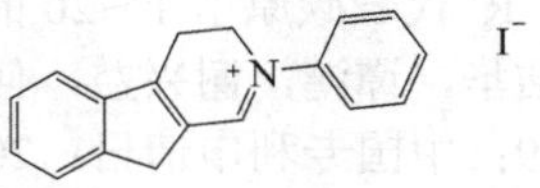

发明人：周乐，侯哲，周搏航，朱丽飞，杨新娟；申请人：西北农林科技大学

中国专利号：ZL201510966178.6；中国专利申请日：2015-12-22

化合物类型：*β*-咔啉类

发明思路：天然产物修饰，以天然产物*β*-咔啉作为母体，进行衍生修饰而获得。

用途：此类化合物对多种植物病具有显著的抑制活性，具有作为有效成分用于制备植物抗菌剂的潜力。

代表化合物结构如下：

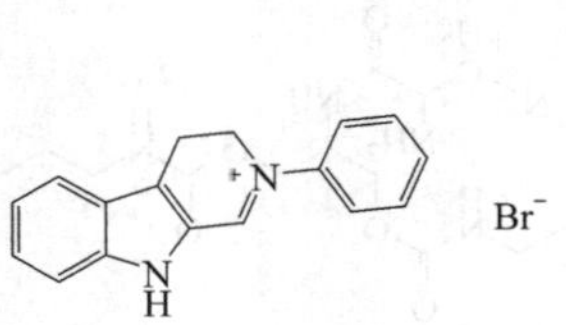

（16）*N*-取代苄基-*α*,*α*-二取代苯基-2-吡咯烷甲醇衍生物及其制备方法和农用组合物

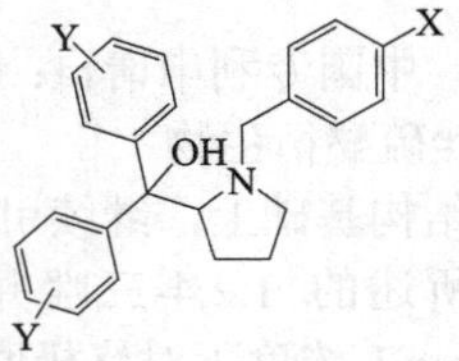

其中，X 为甲基、甲氧基中的一种；Y 为氢、甲基、甲氧基、氟、硝基中的一种或两种。

发明人：薛思佳，李学飞；申请人：上海师范大学

中国专利号：ZL200710044355.0；中国专利申请日：2007-07-30

化合物类型：吡咯烷甲醇类

发明思路：以 L-脯氨酸为基础，通过衍生反应，构建得到取代吡咯烷甲醇类化合物。

用途：具有杀线虫活性，该发明的化合物用于农作物防治线虫等。

代表化合物结构如下：

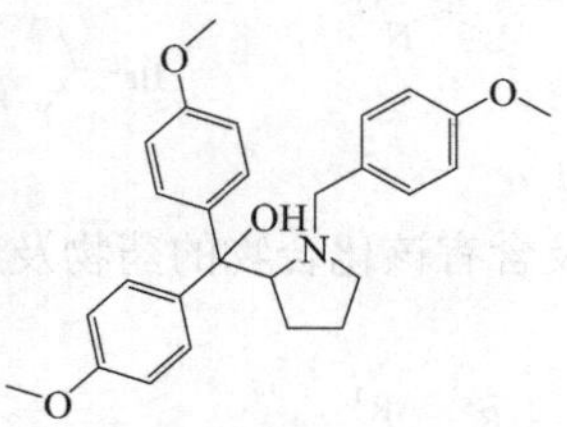

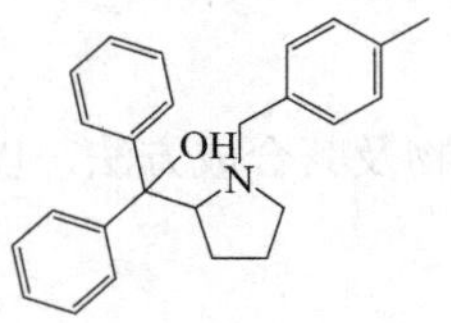

（17）氟化双季铵盐二胺及其制备方法

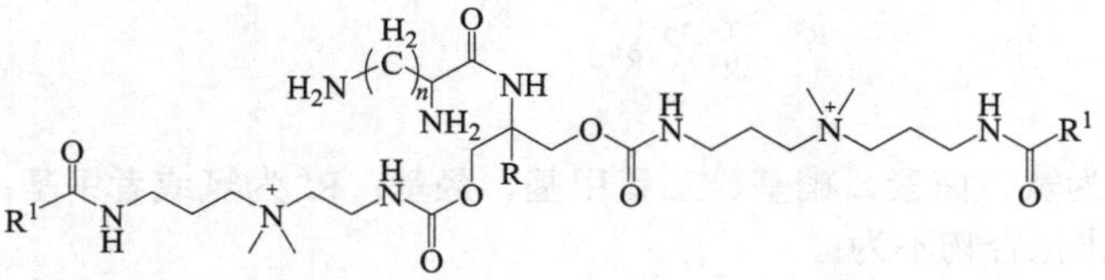

其中，R 代表氢原子或者甲基，R^1 代表碳原子 1～20 的含氟烷基，*n* 为 1～6 的整数。

发明人：钟银屏，罗建斌，李洁华，谭鸿，谢兴益，何成生，樊翠蓉；申请人：四川大学

中国专利号：ZL200610021959.9；中国专利申请日：2006-09-28

化合物类型：酰胺类、双季铵盐类

发明思路：me-too 研究；该发明克服单季铵盐引入聚合物会导致革兰氏阴性菌不敏感和吸水率增加，甚至溶于水，不能作为本地材料使用等问题，还衍生合成了双季铵盐。

用途：具有杀菌活性，该发明中双季铵盐类化合物对细菌具有较好的抗菌活性，尤其是对革兰氏阴性菌较为敏感，可以作为合成聚酰胺的原料，也可以作为合成聚氨酯时的扩链剂，很容易引入聚合物中，增加高分子材料的抑菌效果。

代表化合物结构如下：

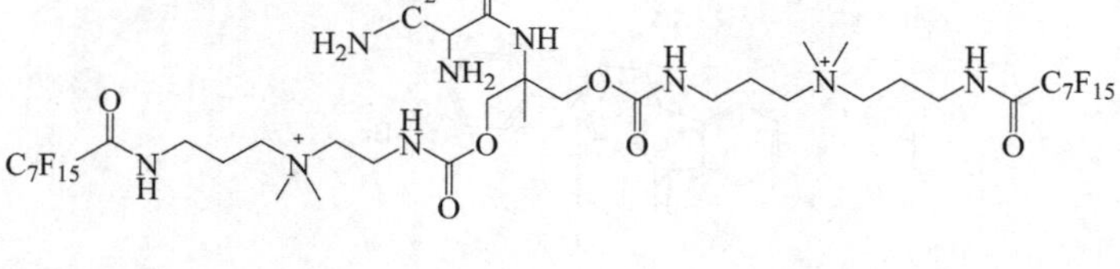

（18）含丁烯内酯结构的苄氨基二硫代甲酸酯类化合物，其制备方法及其用途

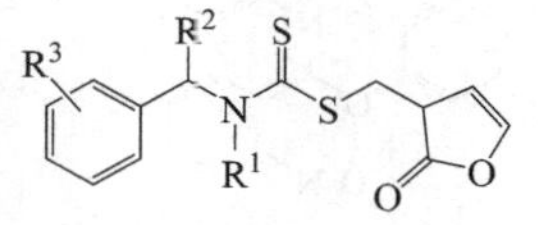

其中，R^1 为氢；R^2 为氢；R^3 为 *o*-OCH_3、*m*-OCH_3、*p*-F、*p*-CH_3 或 *m*,*p*-二氟。

发明人：刘宏民，王晓娟，郑甲信，徐海伟，郭琳琳，陈广威，郭晓，郑晨星；申请人：郑州大学

中国专利号：ZL201110076158.3；中国专利申请日：2011-03-29

化合物类型：丁烯内酯类、硫代甲酸酯类

发明思路：me-too 研究；该发明以二硫代甲酸酯类结构为基础，利用活性官能团拼接设计原理，设计并合成了该类化合物。

用途：具有杀菌活性，该发明的化合物具有抗真菌活性、杀细菌活性，可以用于农业领域防治相关病害。

代表化合物结构如下：

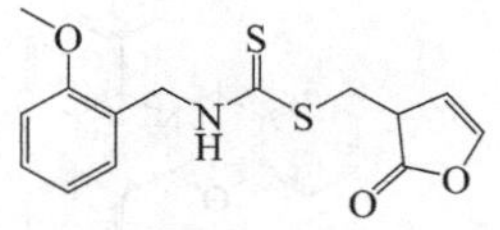

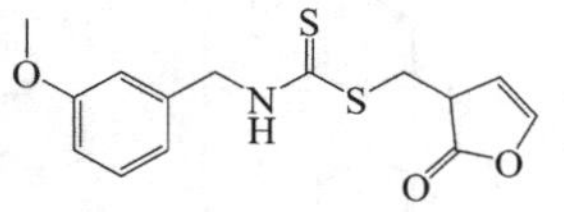

（19）具杀虫杀菌活性的 2, 3-二芳基取代-3, 4-二氢-2*H*-1, 3-苯并噁嗪

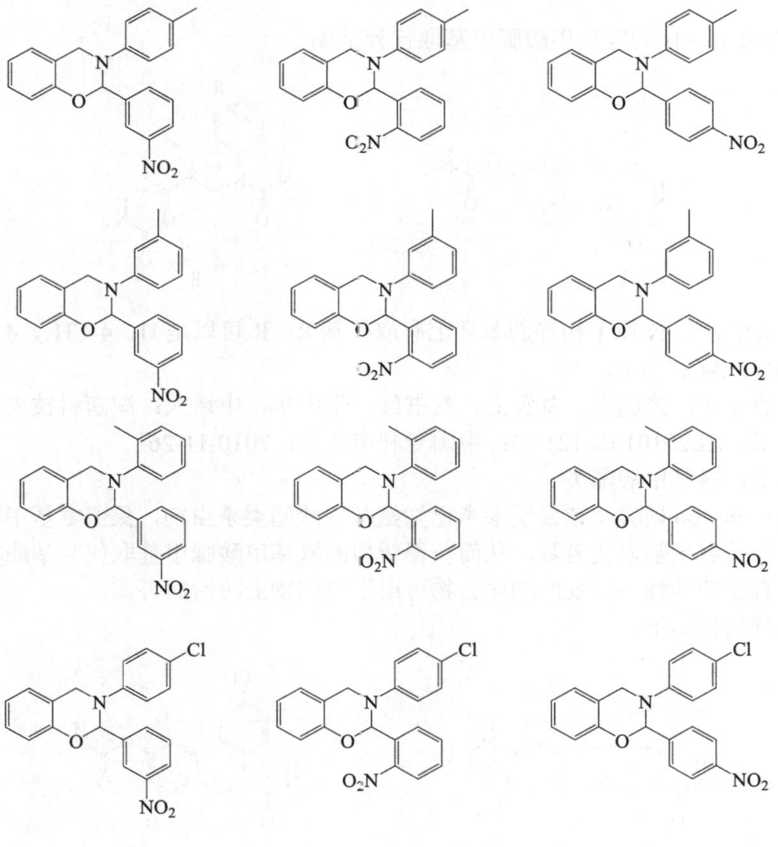

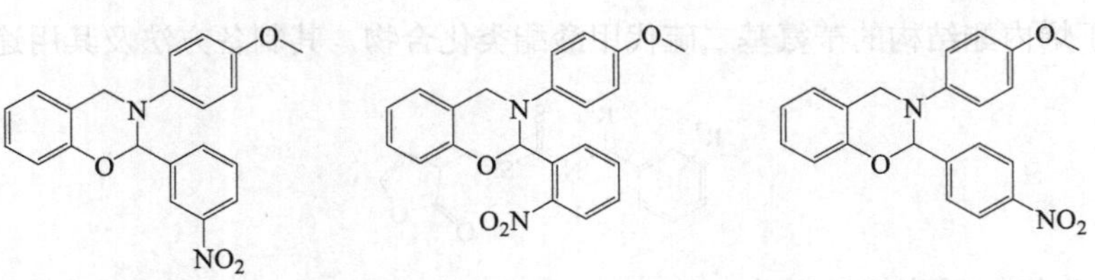

发明人：唐子龙，陈卫文，刘汉文；申请人：湖南科技大学

中国专利号：ZL200910044074.4；中国专利申请日：2009-08-08

化合物类型：苯并噁嗪类

发明思路：在已知具有医用方面的杀菌、抗肿瘤和抗癌活性3-取代-3, 4-二氢-2*H*-1, 3-苯并噁嗪类化合物基础上，进一步衍生获得2, 3-二取代-3, 4-二氢-2*H*-1, 3-苯并噁嗪类化合物。

用途：该发明的化合物对小麦赤霉病菌、辣椒疫霉病菌、水稻纹枯病菌、油菜菌核病菌、烟草赤星病菌等有较好的抑制活性。

代表化合物结构如下：

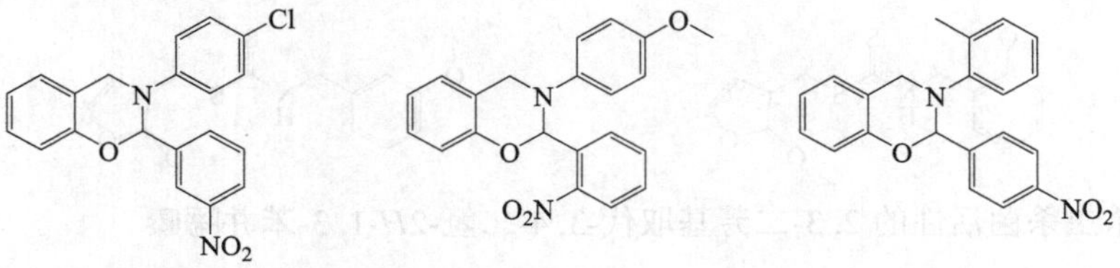

（20）具有杀菌活性的氨基甲酸脲甲基取代芳基酯

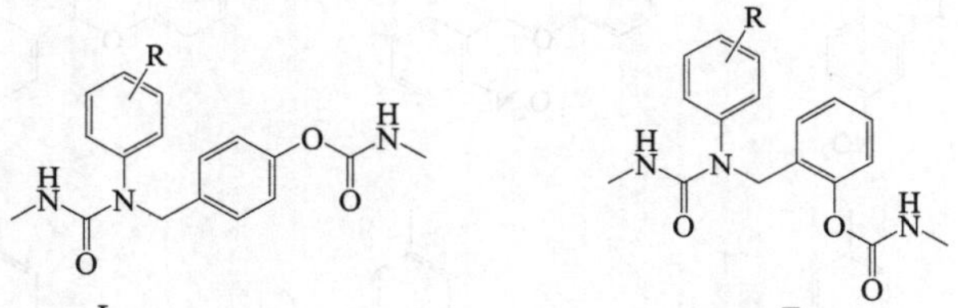

式Ⅰ和式Ⅱ中，与N原子相连的苯环上有取代基R；R可以是H、4-CH_3、4-CH_3O、4-Cl、2-CH_3、2-CH_3O、2-Cl、3-Cl。

发明人：唐子龙，张超逸，刘汉文，常书红，朱中华；申请人：湖南科技大学

中国专利号：ZL201010561213.3；中国专利申请日：2010-11-26

化合物类型：氨基甲酸酯类

发明思路：me-too研究；该发明参考已知氨基甲酸酯类杀虫剂，保留氨基甲酸酯基团，将酯部分替换为芳基脲甲基取代芳基，从而获得新型的氨基甲酸脲甲基取代芳基酯类化合物。

用途：具有杀菌活性，该发明的化合物可用于农作物上防治病害。

代表化合物结构如下：

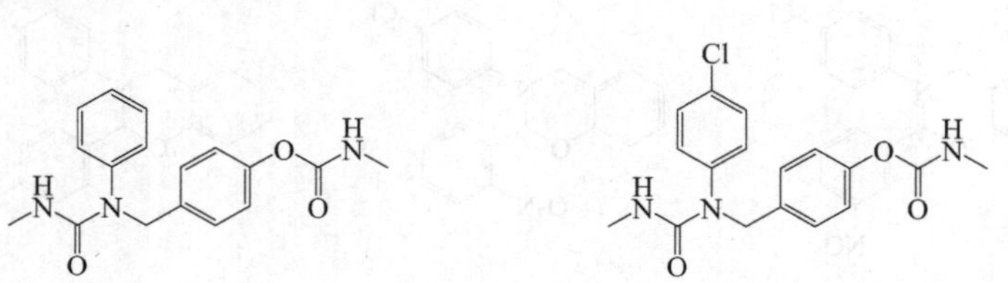

（21）一种萘二甲酰亚胺芳基脲类化合物及其用途

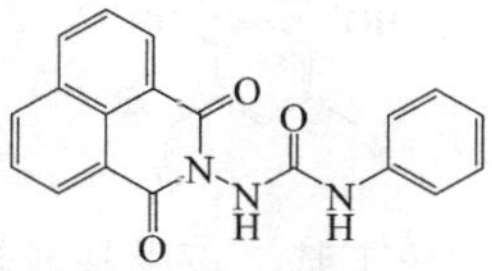

发明人：许良忠，王明慧，张金龙，段崇庆，苏龙杰；申请人：青岛科技大学
中国专利号：ZL201510134278.2；中国专利申请日：2015-03-26
化合物类型：萘二甲酰亚胺类、芳基脲类
发明思路：该发明以萘二酸酐为原料，经过衍生合成，引入脲类结构，得到该类化合物。

用途：具有杀菌活性，该发明化合物对农业常见真菌病害如枯萎病、炭疽病、苹果轮纹病、花生褐斑病等具有优良的防治效果，对辣椒疫霉病防效尤为突出。可以用于苹果、花生、大豆、小麦防治相关病害，同时具有增产作用。

（22）一种具噻吩和炔烯键的化合物，其制备方法和其用途

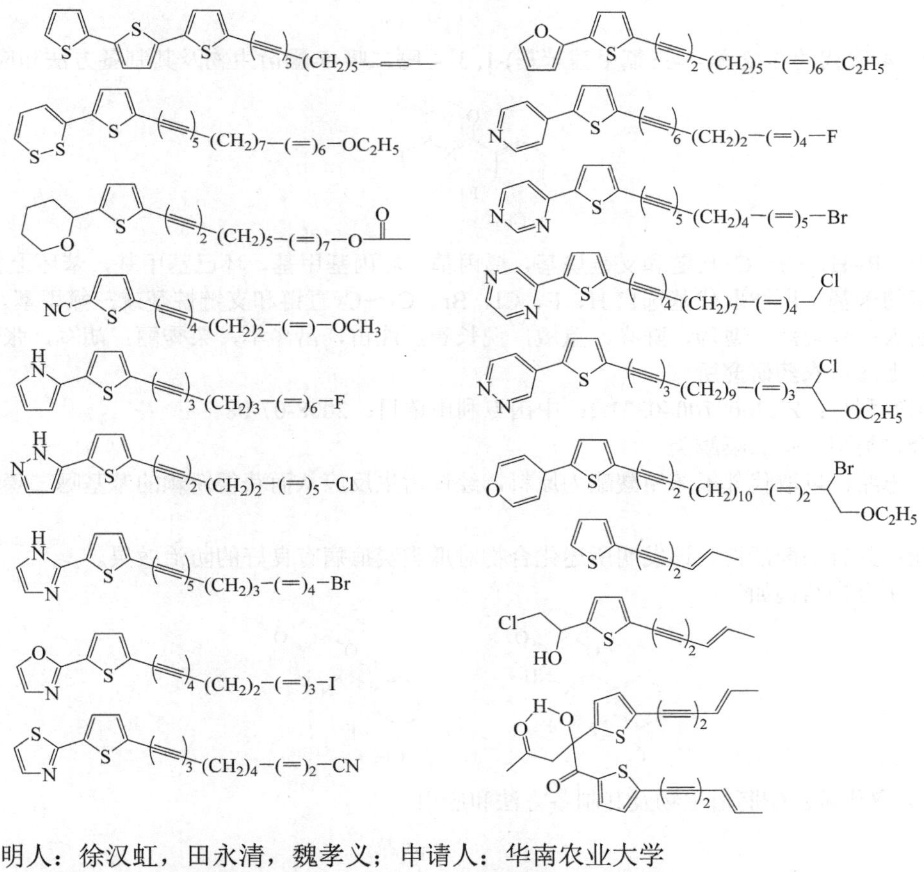

发明人：徐汉虹，田永清，魏孝义；申请人：华南农业大学
中国专利号：ZL200510012140.1；中国专利申请日：2005-07-08
化合物类型：噻吩类
发明思路：me-too 研究；保留噻吩和炔键，对其他取代基和炔键个数进行变化。
用途：具有杀菌、杀虫、除草活性，在光照条件下的活性大幅度提高。

（23）2, 4-二羟基-5-甲基苯乙酮及其衍生物的合成及作为杀菌剂的应用

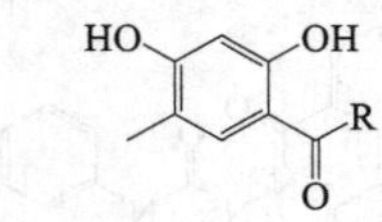

式中，R 为乙基、丙基、正丁基、异丁基、正戊基或叔戊基。

发明人：高锦明，师伟，张鞍灵；申请人：西北农林科技大学

中国专利号：ZL201410177356.2；中国专利申请日：2014-04-29

化合物类型：2, 4-二羟基-5-甲基苯乙酮及其衍生物

发明思路：已知化合物或者已知化合物的 me-too 衍生物。

用途：对水稻稻瘟病菌、番茄灰霉病菌、番茄早疫病菌、苹果腐烂病菌、苹果炭疽病菌具有一定的抑制效果。

代表化合物结构如下：

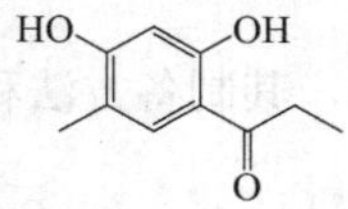

（24）4-取代的 2-(2-氟-3-三氟甲基苯基)-1, 3, 4-噁二嗪-5-酮衍生物及其制备方法和应用

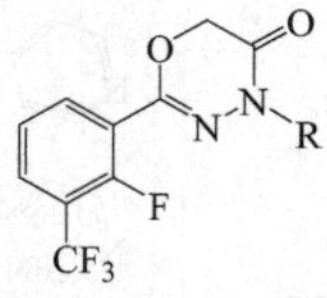

式中，R=H，C_1～C_7 直链和支链烷基，烯丙基，环丙基甲基，环己基甲基，苯环上含 1～5 个取代基的苄基，所述取代基选自 H、F、Cl、Br、C_1～C_5 直链和支链烷基或三氟甲基。

发明人：袁莉萍，曹瑾，陈亮，董敏，倪长春，沈宙，吕冬华，栗秀丽，胡军，张一宾；申请人：上海市农药研究所

中国专利号：ZL200810040331.2；中国专利申请日：2008-07-08

化合物类型：噁二嗪酮类

发明思路：以取代邻氟苯甲酸酯为原料，经过衍生反应从而获得新颖的苯基噁二嗪酮类化合物。

用途：具有杀菌活性。该发明所述化合物对瓜类炭疽病有良好的防治效果。

代表化合物结构如下：

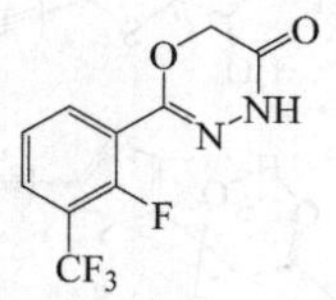

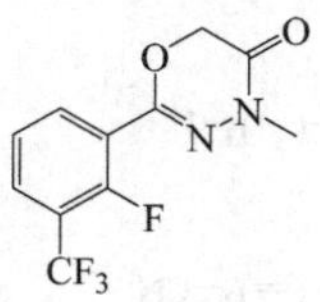

（25）取代苯乙酮肟衍生物及其制备方法和应用

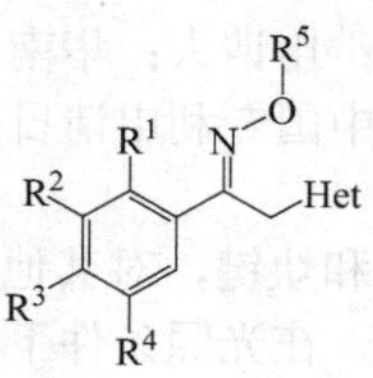

式中，R^1、R^2、R^3、R^4=H，F，Cl，Br，C_1～C_5直链或支链烷基，C_1～C_5直链烷氧基，三氟甲基，三氟甲氧基，芳氧基；

R^5=C_2～C_5直链或支链烷基，烯丙基，炔丙基，环烷基，*N*-亚甲基邻苯二甲酰亚氨基，取代乙酰苯氨基，其取代基是Cl、C_1～C_5烷基；

Het=含1～3个选自N或O的杂原子的五元环或六元环。

发明人：袁莉萍，陈亮，倪长春，曹瑾，程瑜，张一宾，沈宙；申请人：上海市农药研究所

中国专利号：ZL02112336.5；中国专利申请日：2002-07-01

化合物类型：肟醚，三唑，咪唑

发明思路：me-too研究；在现有技术公开的取代苯乙酮衍生物基础上替换衍生而得。

用途：具有杀菌活性。对稻瘟病、纹枯病、瓜炭疽病、瓜白粉病、菌核病具有较好的防治效果。

代表化合物结构如下：

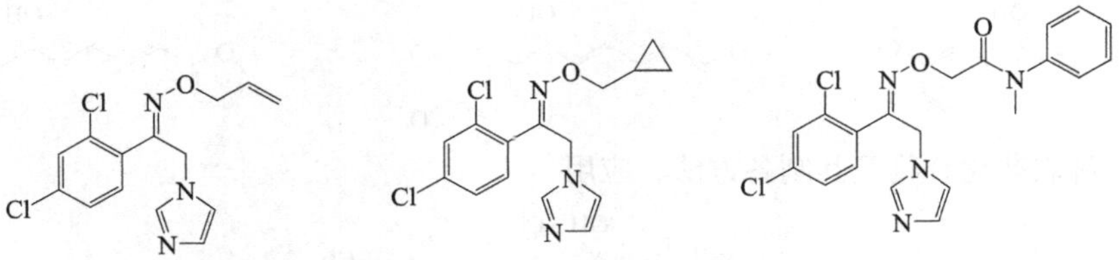

（26）2, 4-二乙酰基间苯三酚酯类化合物及其杀菌的应用

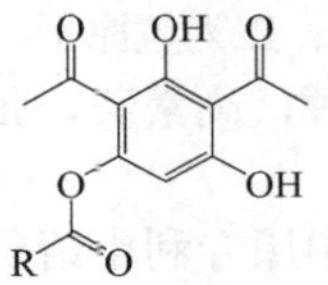

式中，R为甲基、乙基或环丙基。

发明人：高锦明，师伟，邓杉，张鞍灵；申请人：西北农林科技大学

中国专利号：ZL201710015720.9；中国专利申请日：2017-01-10

化合物类型：2, 4-二乙酰基间苯三酚酯类

发明思路：me-too研究；以一种由生防荧光假单胞杆菌产生的酚类抗生素2, 4二乙酰基间苯三酚为原料加以改造而制得。

用途：对水稻稻瘟病菌、番茄灰霉病菌、番茄早疫病菌、苹果腐烂病菌、苹果炭疽病菌和马铃薯干腐病菌六种植物病原菌有很强的抑制作用。

代表化合物结构如下：

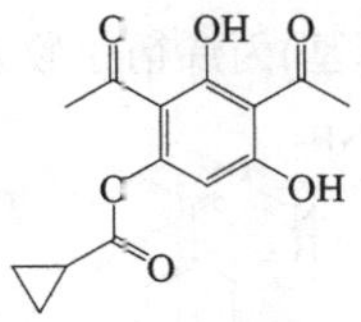

（27）2, 4-戊二烯-1-醇类化合物及其制备方法、应用

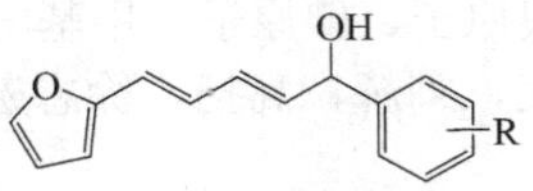

式中，R 选自氟原子、氯原子、溴原子、碘原子、甲基、甲氧基或硝基，R 可以为一取代或二取代。

发明人：唐孝荣，高扬，杨建，刘辉，高素美，徐志宏，李唯一，曾义，张燕，王玲；申请人：西华大学

中国专利号：ZL201510890040.2；中国专利申请日：2015-12-07

化合物类型：呋喃烯醇类化合物

发明思路：me-too 研究；将呋喃环引入 2, 4-戊二烯-1-醇分子结构中，合成一些新颖的 2, 4-戊二烯-1-醇衍生物。

用途：该发明部分化合物对植物病原真菌，包括水稻纹枯病菌、小麦赤霉病菌、玉米小斑病菌、油菜菌核病菌、番茄灰霉病菌、葡萄白腐病菌、瓜类炭疽病菌、苹果轮纹病菌、柑橘绿霉病菌和马铃薯晚疫病菌具有较好的抑制活性。

代表化合物结构如下：

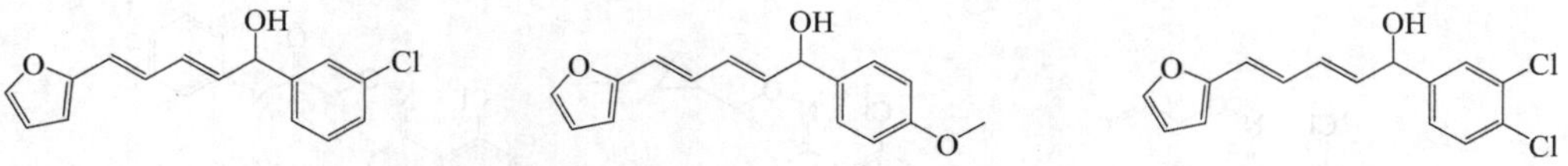

（28）一种农药化合物及其制备方法、应用

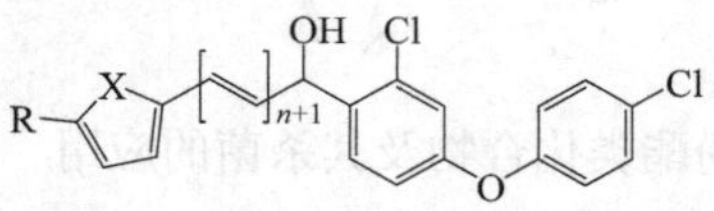

式中，n=0 或 1；X 为氧原子或硫原子；R 为氢原子、氯原子、溴原子、甲基、甲氧基中的一种。

发明人：唐孝荣，高扬，杨建，刘辉，高素美，张燕，徐志宏，曾义，李唯一，王玲；申请人：西华大学

中国专利号：ZL201510890100.0；中国专利申请日：2015-12-07

化合物类型：烯醇类化合物、二苯醚

发明思路：me-too 研究；在杂环烯醇分子中引入二苯醚结构，合成一些新颖的取代二苯醚结构衍生物。

用途：该发明部分化合物对植物病原真菌，包括水稻纹枯病菌、小麦赤霉病菌、玉米小斑病菌、油菜菌核病菌、番茄灰霉病菌、葡萄白腐病菌、瓜类炭疽病菌、苹果轮纹病菌、柑橘绿霉病菌和马铃薯晚疫病菌具有较好的抑制活性。

代表化合物结构如下：

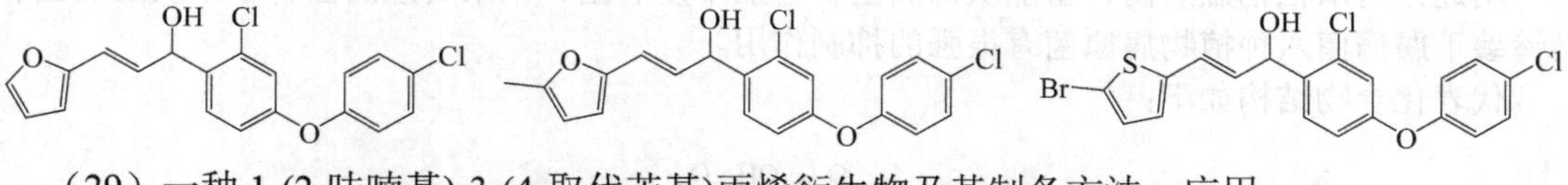

（29）一种 1-(2-呋喃基)-3-(4-取代苯基)丙烯衍生物及其制备方法、应用

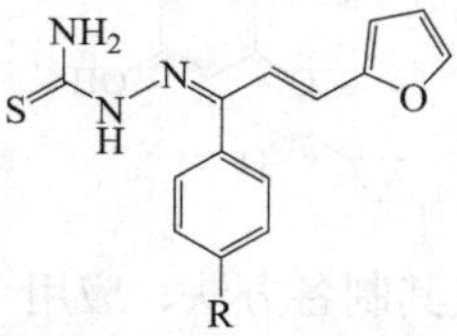

式中，R 为氟原子、氯原子、溴原子、碘原子、甲基、甲氧基、硝基或苯基。

发明人：唐孝荣，杨建，高素美，刘辉，高扬，徐志宏，张燕，李唯一，杜泉，王玲；申请人：西华大学

中国专利号：ZL201510891262.6；中国专利申请日：2015-12-07

化合物类型：丙烯类、氨基硫脲类

发明思路：me-too 研究；利用活性拼接法将氨基硫脲和不饱和酮连接起来，合成具有杀菌活性的化合物。

用途：该发明部分化合物对植物病原真菌，包括水稻纹枯病菌、小麦赤霉病菌、玉米小斑病菌、油菜菌核病菌、番茄灰霉病菌、葡萄白腐病菌、瓜类炭疽病菌、苹果轮纹病菌、柑橘绿霉病菌和马铃薯晚疫病菌具有较好的抑制活性。

代表化合物结构如下：

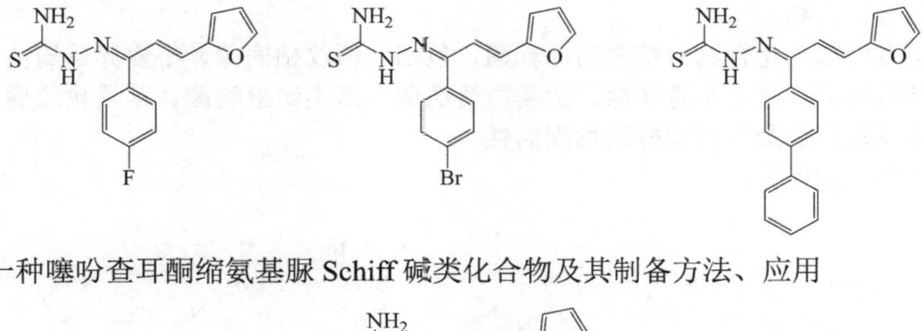

（30）一种噻吩查耳酮缩氨基脲 Schiff 碱类化合物及其制备方法、应用

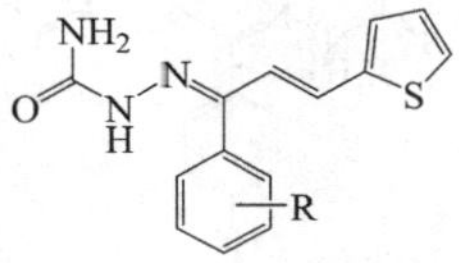

式中，R 为氟原子、氯原子、溴原子、碘原子、甲基、甲氧基或苯基，R 为一取代或二取代。

发明人：唐孝荣，杨建，高素美，刘辉，高扬，徐志宏，李唯一，曾义，张燕，王玲；申请人：西华大学

中国专利号：ZL201510898516.7；中国专利申请日：2015-12-07

化合物类型：噻吩、氨基硫脲、查耳酮

发明思路：me-too 研究；将噻吩环引入 Schiff 碱的分子结构中，合成了一些噻吩查耳酮缩氨基脲 Schiff 碱衍生物，发现了一些结构新颖、活性优异的活性化合物或活性先导化合物。

用途：该发明部分化合物对植物病原真菌，包括水稻纹枯病菌、小麦赤霉病菌、玉米小斑病菌、油菜菌核病菌、番茄灰霉病菌、葡萄白腐病菌、瓜类炭疽病菌、苹果轮纹病菌、柑橘绿霉病菌和马铃薯晚疫病菌具有较好的抑制活性。

代表化合物结构如下：

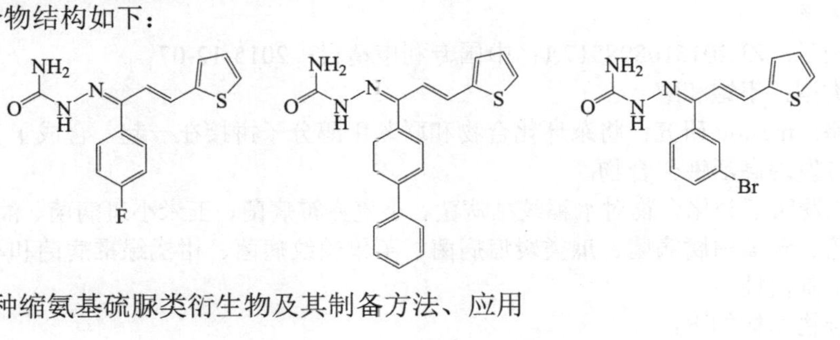

（31）一种缩氨基硫脲类衍生物及其制备方法、应用

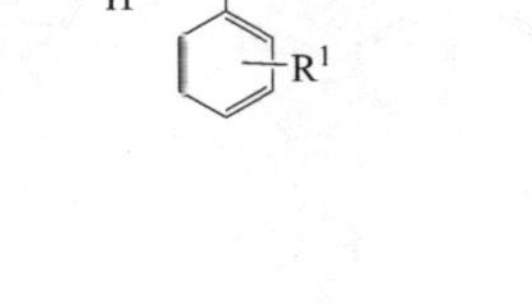

式中，R^1为氟原子、氯原子、溴原子、碘原子、甲基、甲氧基或硝基；R^2为氢原子、氯原子、溴原子或甲基。

发明人：唐孝荣，杨建，高素美，刘辉，高扬，李唯一，曾义，徐志宏，张燕，王玲；申请人：西华大学

中国专利号：ZL201510898518.6；中国专利申请日：2015-12-07

化合物类型：噻吩、氨基硫脲、查耳酮

发明思路：me-too 研究；采用生物活性基团拼接原理，将氨基硫脲和噻吩查耳酮类化合物拼接在一起，设计合成了一些缩氨基硫脲类衍生物，发现了一些结构新颖、活性优异的活性化合物或活性先导化合物。

用途：该发明部分化合物对植物病原真菌，包括水稻纹枯病菌、小麦赤霉病菌、玉米小斑病菌、油菜菌核病菌、番茄灰霉病菌、葡萄白腐病菌、瓜类炭疽病菌、苹果轮纹病菌、柑橘绿霉病菌和马铃薯晚疫病菌具有较好的抑制活性。

代表化合物结构如下：

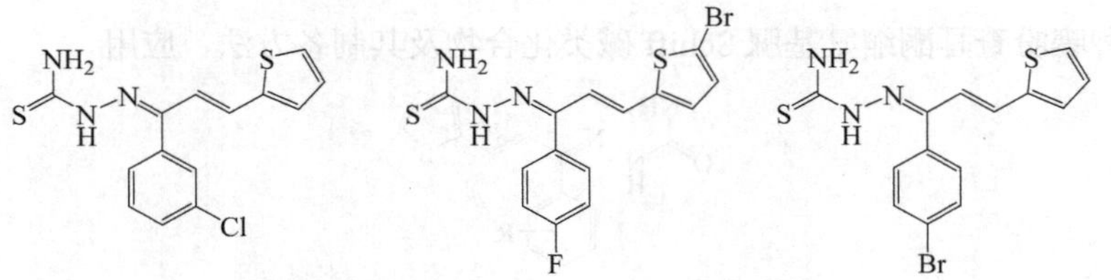

（32）一种联苯甲醇类化合物及其制备方法、应用

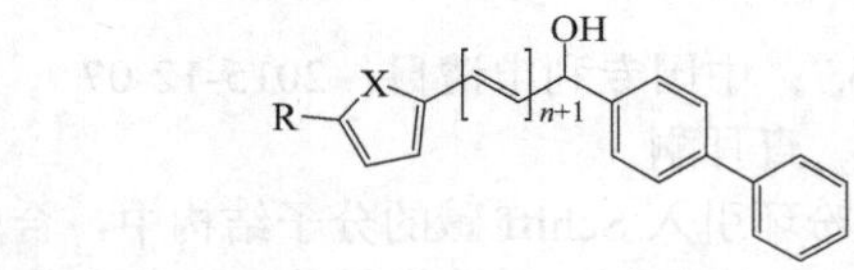

式中，n=0 或 1；X 为氧原子或硫原子；

R 为氢原子、氯原子、溴原子、甲基或甲氧基。

发明人：唐孝荣，高扬，杨建，刘辉，高素美，李唯一，曾义，徐志宏，张燕，王玲；申请人：西华大学

中国专利号：ZL201510898517.1；中国专利申请日：2015-12-07

化合物类型：不饱和醇

发明思路：me-too 研究；将杂环化合物和联苯甲醇分子拼接在一起，合成了一些不饱和醇衍生物，期待发现高活性化合物。

用途：该发明部分化合物对水稻纹枯病菌、小麦赤霉病菌、玉米小斑病菌、油菜菌核病菌、番茄灰霉病菌、葡萄白腐病菌、瓜类炭疽病菌、苹果轮纹病菌、柑橘绿霉病菌和马铃薯晚疫病菌有较好的抑制活性。

代表化合物结构如下：

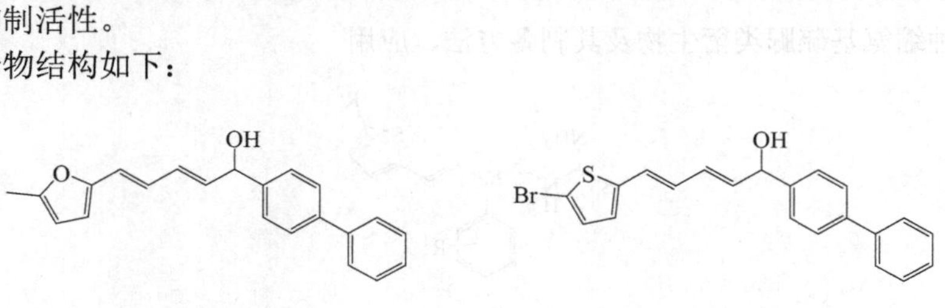

（33）噻吩丙烯醇类化合物及其制备方法、应用

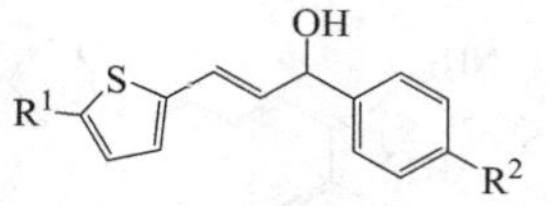

式中，R^1为氯原子、溴原子、甲基或甲氧基；R^2为氟原子、氯原子、溴原子、碘原子、甲基、甲氧基或硝基。

发明人：唐孝荣，高扬，杨建，刘辉，高素美，徐志宏，张燕，李唯一，杜泉，王玲；申请人：西华大学

中国专利号：ZL201510890377.3；中国专利申请日：2015-12-07

化合物类型：苯甲醇、丙烯醇

发明思路：me-too 研究；在不饱和醇的基础上引入噻吩杂环，合成了一些丙烯醇衍生物，期待发现高活性化合物。

用途：该发明部分化合物对水稻纹枯病菌、小麦赤霉病菌、玉米小斑病菌、油菜菌核病菌、番茄灰霉病菌、葡萄白腐病菌、瓜类炭疽病菌、苹果轮纹病菌、柑橘绿霉病菌和马铃薯晚疫病菌有较好的抑制活性。

代表化合物结构如下：

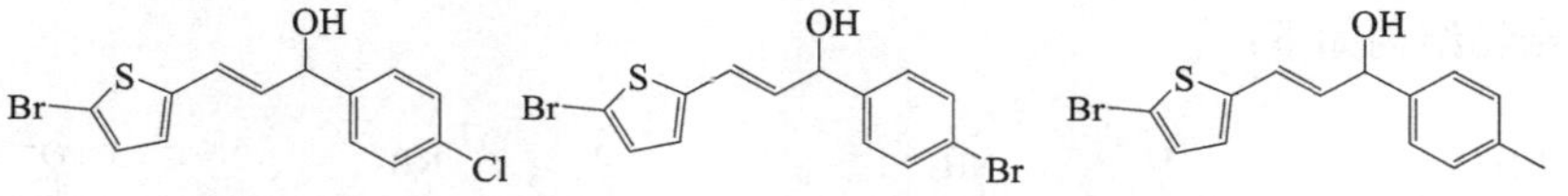

（34）一种缩氨基脲类化合物及其制备方法、应用

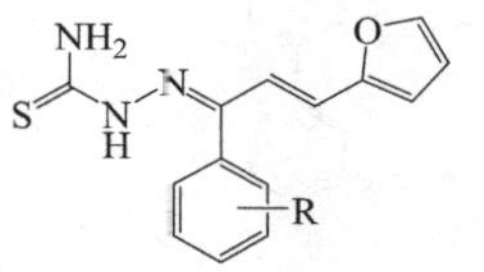

式中，R 为氟原子、氯原子、溴原子。

发明人：唐孝荣，杨建，高素美，刘辉，高扬，徐志宏，曾义，张燕，杜泉，王玲；申请人：西华大学

中国专利号：ZL201510891848.2；中国专利申请日：2015-12-07

化合物类型：缩氨基脲类

发明思路：me-too 研究；将氨基硫脲和查耳酮类似物组合在一起，合成了一些缩氨基脲衍生物，期待发现高活性化合物。

用途：该发明部分化合物对水稻纹枯病菌、小麦赤霉病菌、玉米小斑病菌、油菜菌核病菌、番茄灰霉病菌、葡萄白腐病菌、瓜类炭疽病菌、苹果轮纹病菌、柑橘绿霉病菌和马铃薯晚疫病菌有较好的抑制活性。

代表化合物结构如下：

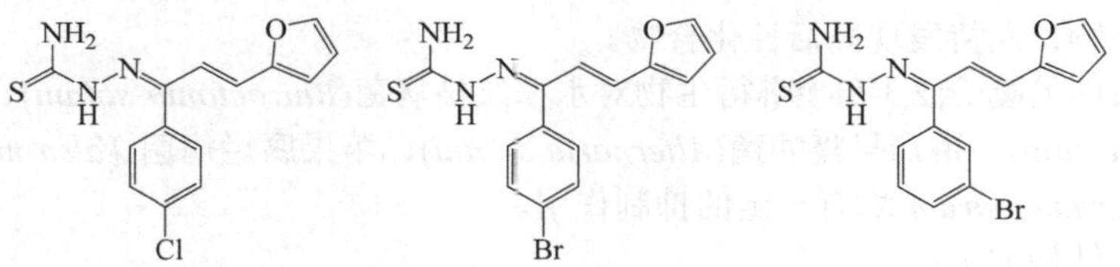

（35）1-(2-呋喃基)-1, 3-戊二烯类化合物及其制备方法、应用

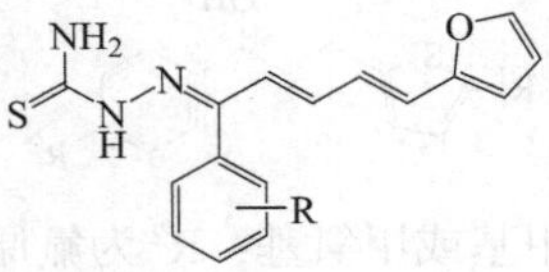

式中，R 为氟原子、氯原子、溴原子、碘原子、甲基、甲氧基、硝基或苯基，R 为一取代或二取代。

发明人：唐孝荣，杨建，高素美，刘辉，高扬，张燕，徐志宏，曾义，李唯一，王玲；申请人：西华大学

中国专利号：ZL201510891192.4；中国专利申请日：2015-12-07

化合物类型：缩氨基脲类

发明思路：me-too 研究；将氨基脲引入 1-(2-呋喃基)-1, 3-戊二烯分子结构中，合成了一些 1-(2-呋喃基)-1, 3-戊二烯化合物，期待发现高活性化合物。

用途：该发明部分化合物对水稻纹枯病菌、小麦赤霉病菌、玉米小斑病菌、油菜菌核病菌、番茄灰霉病菌、葡萄白腐病菌、瓜类炭疽病菌、苹果轮纹病菌、柑橘绿霉病菌和马铃薯晚疫病菌有较好的抑制活性。

代表化合物结构如下：

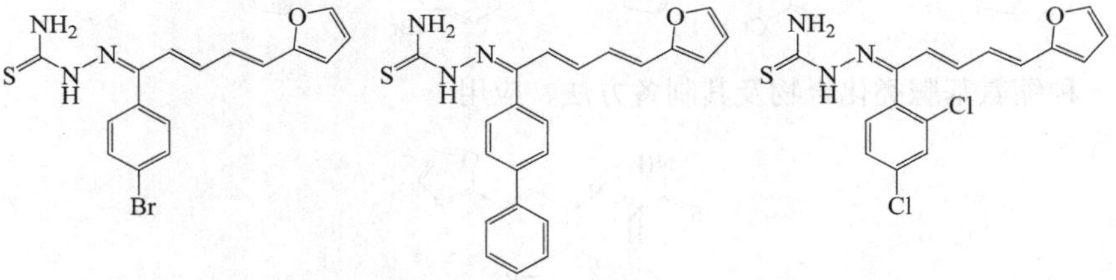

（36）噻吩[2, 3-*b*]喹啉衍生物及其合成方法和应用

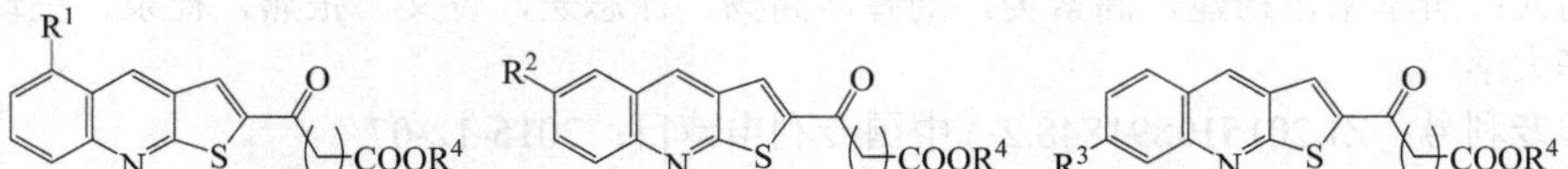

式中，R^1 选自氢、甲基、羟基、甲氧基、氯、溴、硝基；R^2 选自甲基、羟基、甲氧基、氯、溴、硝基；R^3 选自甲基、羟基、甲氧基、氯、溴、硝基；R^4 选自甲基、乙基。

发明人：谢建武，李丹妮，卫培顺；申请人：浙江师范大学

中国专利号：ZL201510998968.2；中国专利申请日：2015-12-25

化合物类型：喹啉、噻吩

发明思路：me-too 研究；采用活性拼接法，将喹啉片段和噻吩片段拼接起来，合成一系列未见报道的化合物，期待发现高活性化合物。

用途：该发明的噻吩[2,3-*b*]喹啉衍生物对水稻纹枯病菌(*Rhizoctonia solani*)、黄瓜枯萎病菌(*Fusarium semitectum*)、番茄早疫病菌(*Alternaria solani*)、苹果腐烂病菌(*Valsa mali*)、苦瓜枯萎病菌(*Fusarium graminearum*)均有一定的抑制作用。

代表化合物结构如下：

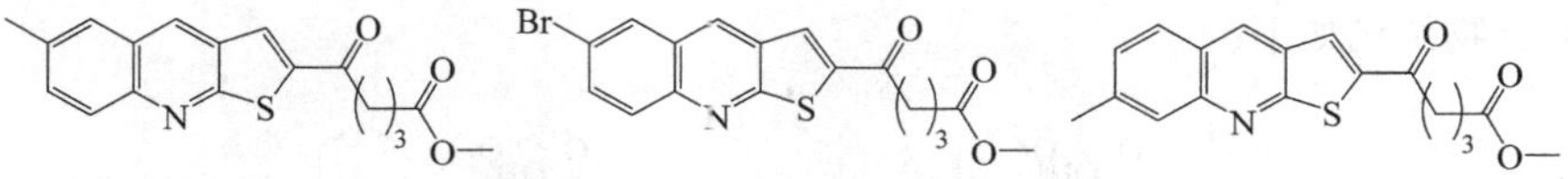

（37）一类含两个手性中心的脒类化合物合成及用途

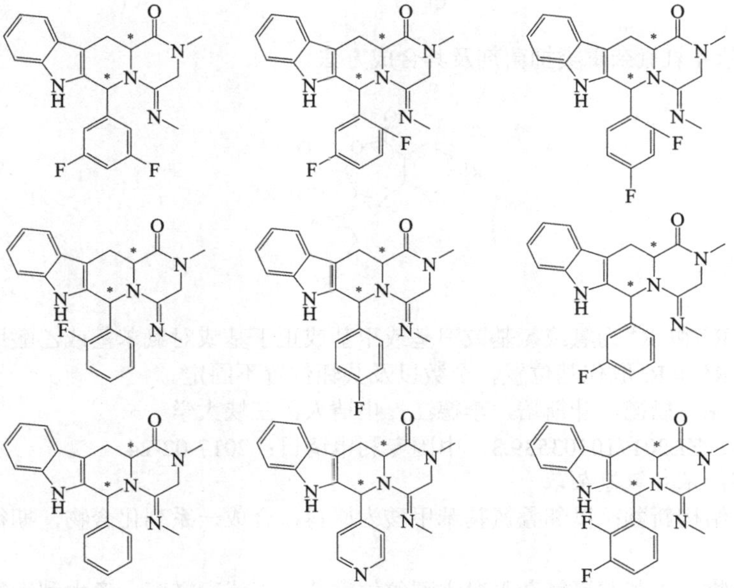

发明人：杨维清，李洪洋，王会镇；申请人：西华大学

中国专利号：ZL201610804063.1；中国专利申请日：2016-09-06

化合物类型：脒类化合物

发明思路：脒类化合物具有广泛的用途，该发明合成一系列手性脒类化合物，期待发现高活性化合物。

用途：具有杀菌活性。该发明可作为杀菌剂的有效成分。用于防治包括但并非仅限于棉花曲叶病毒、水稻白叶枯病菌、柑橘溃疡病菌、辣椒青枯病菌、烟草花叶病毒、芹菜叶斑病菌、黄瓜霜霉病菌、黄瓜白粉病菌、西瓜炭疽病菌、水稻纹枯病菌等。

（38）具有杀菌活性的多取代 2-羟基-1, 2-二氢化萘酮及其制备方法

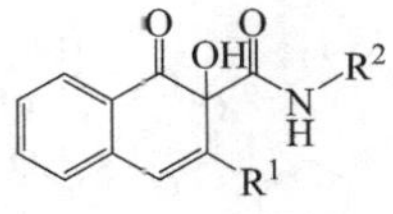

式中，R^1 为 4-氯或 4-溴取代的苯基；R^2 为叔丁基、正丁基或环己基。

发明人：王龙，朝飞，胡为民，刘杨，李德江；申请人：三峡大学

中国专利号：ZL201710081864.4；中国专利申请日：2017-02-15

化合物类型：萘酮

发明思路：以萘酮为原料合成一系列未见报道的化合物，期待发现高活性化合物。

用途：具有杀菌活性，该发明所表示的化合物对指状青霉菌、意大利青霉菌及稻瘟菌具有较好的抑制活性。

代表化合物结构如下：

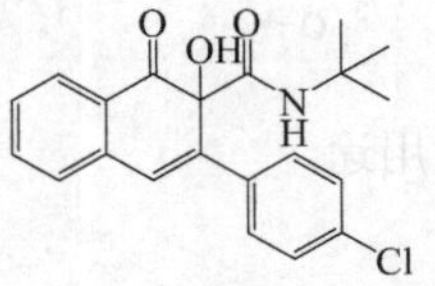

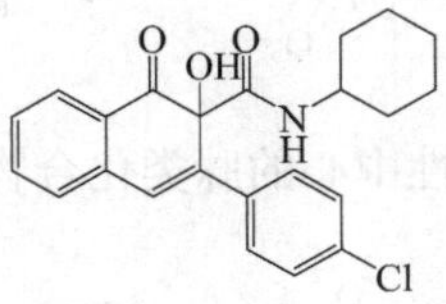

（39）一种苯并氧氮杂䓬类抑菌剂及其合成方法

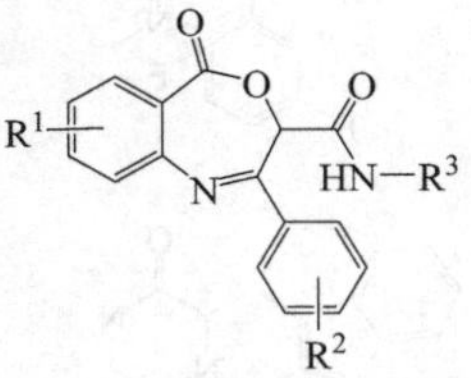

式中，R^1、R^2 和 R^3 为氢或氯基或溴基或甲基或正丁基或对氯苯基或乙酸甲酯基或叔丁基或环己基，R^1、R^2 和 R^3 取代基位置、个数以及共轭位置不固定。

发明人：王龙，杨键，叶斯培，李德江；申请人：三峡大学

中国专利号：ZL201710103539.3；中国专利申请日：2017-02-24

化合物类型：苯并氧氮杂䓬

发明思路：结构新颖；以邻叠氮基苯甲酸为原料，合成一系列化合物，期待发现高活性化合物。

用途：化合物 1,4-苯并氮氧杂䓬对水稻纹枯病菌、指状青霉菌、意大利青霉菌表现出了较好的抑菌活性。

代表化合物结构如下：

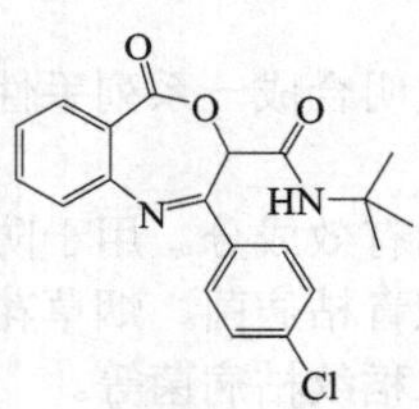

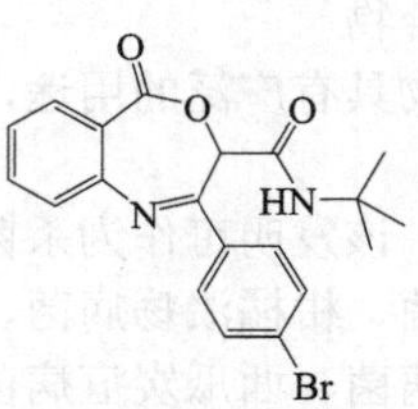

（40）一类含氨基的 *α*-酰氧基羰基酰胺类衍生物，制备方法及其应用

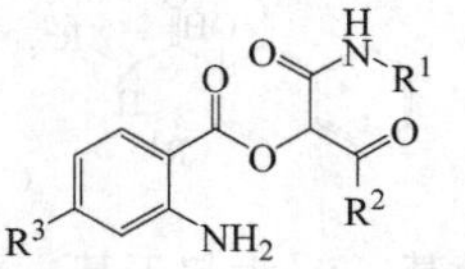

式中，R^1 为叔丁基、正丁基或环己基，R^2 为 4-氯、4-甲基或 4-正辛基取代的苯基，R^3 为氢或氯。

发明人：王龙，杨权力，黄年玉，刘明国，李德江；申请人：三峡大学

中国专利号：ZL201710104465.5；中国专利申请日：2017-02-24

化合物类型：氨基酰氧基羰基酰胺类

发明思路：以氨基羧酸为原料合成一系列未见报道的化合物，期待发现高活性化合物。

用途：具有杀菌活性，对水稻纹枯病菌、指状青霉菌和意大利青霉菌具有较好的抑制活性。

代表化合物结构如下：

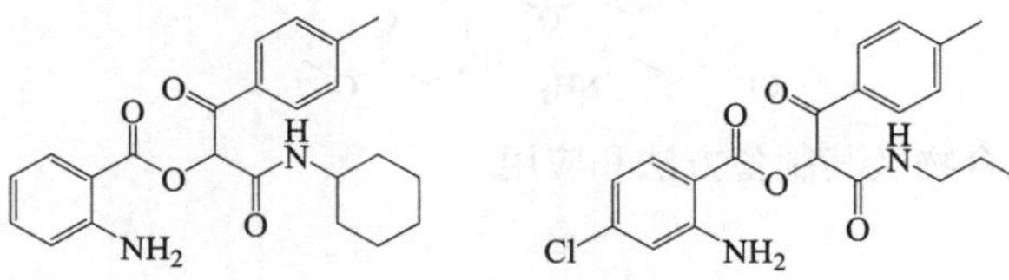

（41）多取代3-羟基-2-苯并氧杂䓬-1-酮衍生物，制备方法及其应用

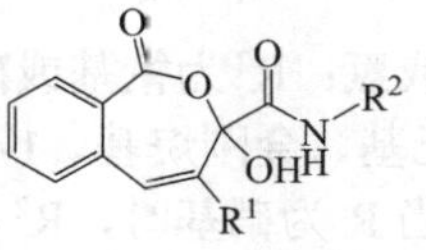

式中，R^1为4-氯或4-溴或4-甲基取代的苯基，R^2为叔丁基、正丁基或环己基。

发明人：王龙，叶斯培，黄年玉，刘明国，李德江；申请人：三峡大学

中国专利号：ZL201710081862.5；中国专利申请日：2017-02-15

化合物类型：氧杂䓬酮类

发明思路：将羟基引入苯并氧杂䓬酮环中，合成一系列未见报道的化合物，期待发现高活性化合物。

用途：该发明化合物对意大利青霉菌、指状青霉菌和稻瘟病菌具有较好的抑制活性。

代表化合物结构如下：

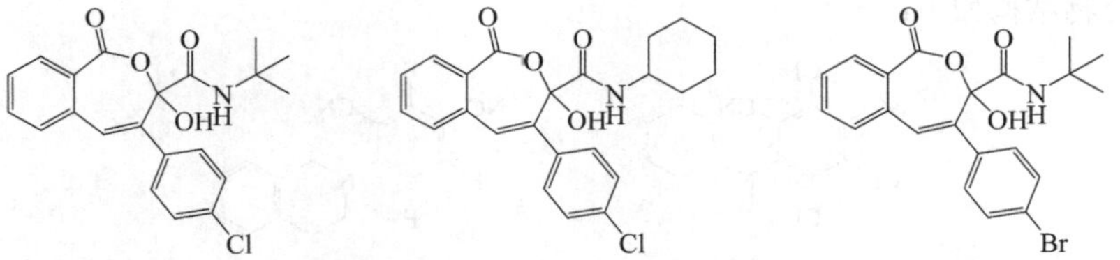

（42）一类氨基双酰氧基酰胺类衍生物，制备方法及其应用

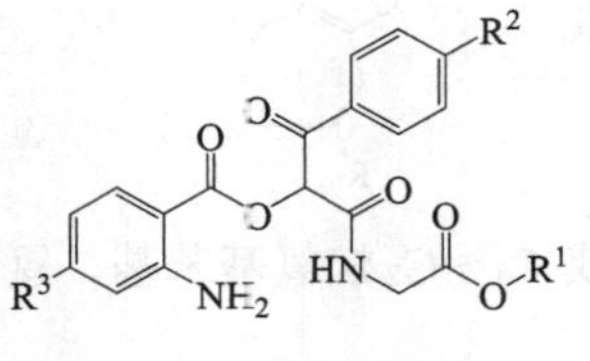

式中，R^1为甲基、乙基或异己基；R^2为氯、异辛基或正庚基；R^3为氢或氯。

发明人：王龙，朝飞，郑开波，张诺诺，李德江；申请人：三峡大学

中国专利号：ZL201710104476.3；中国专利申请日：2017-02-24

化合物类型：氨基双酰氧基酰胺类

发明思路：氨基酰氧基酰胺类杀菌剂目前成熟的研究还比较少，本专利合成了一系列双酰氧基的酰胺类化合物，期待发现高活性化合物。

用途：该发明的化合物对指状青霉菌、意大利青霉菌具有较好的抑制活性。

代表化合物结构如下：

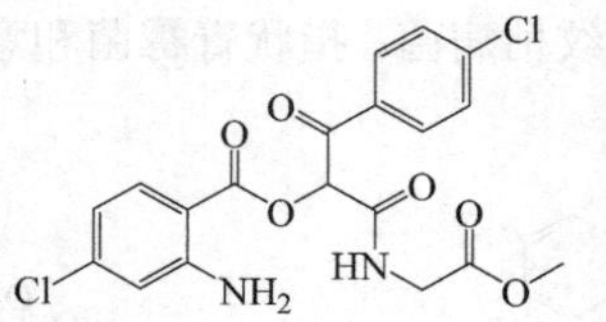

（43）卤代苯胺类化合物及其制备方法和应用

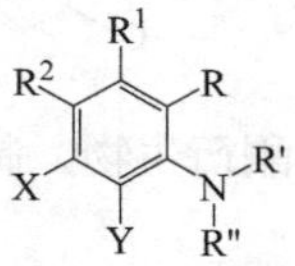

式中，R 为氰基或硝基；R^1 为氟或氯；R^2 为氰基或硝基；X 为氟或氯；Y 为氟或氯；

R '为环戊基、环己基、4-甲基环己基、金刚烷基、1-金刚烷基乙基或 1,2,3,4-四氢异喹啉-2-基；R"为氢原子或无取代基；其中，当 R 为硝基时，R^2 不为氰基；

当 R'为 4-甲基环己基时，R 为氰基，R^1 为氟，R^2 为氰基，X 为氟，Y 为氯，R"为无取代基；R '为 1-金刚烷基乙基时，R 为氰基，R^1 为氯，R^2 为氰基，X 为氯，Y 为氯，R"为氢原子。

发明人：严胜骄，杜璇璇，林军，王兴红；申请人：云南大学

中国专利号：ZL201710241033.9；中国专利申请日：2017-04-13

化合物类型：卤代苯胺

发明思路：me-too 研究；以卤代苯胺为主体结构，合成一系列化合物，期待发现高活性化合物。

用途：具有一定的抑菌杀虫活性，该发明的化合物对三种农业菌(镰刀菌、炭疽菌、烟草疫霉菌)有抑菌活性。

代表化合物结构如下：

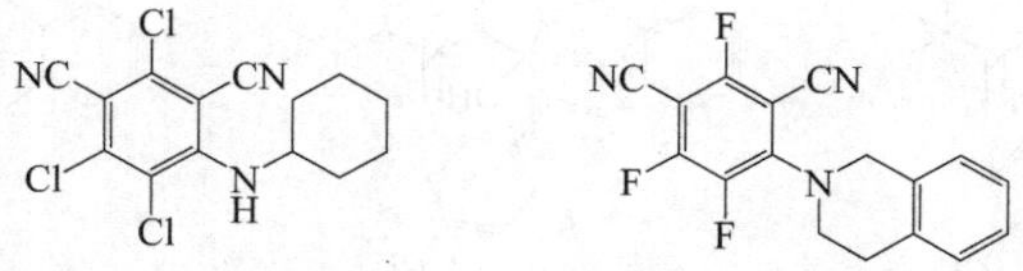

（44）9-芳基-3, 1-苯并噁嗪并二氮杂草类化合物及其制备方法和用途

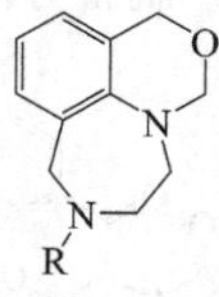

式中，R 是 C_1～C_2 烷基苯基或 C_1～C_2 烷氧基苯基、氯代苯基、苄基、甲基苄基或甲氧基苄基。

发明人：唐子龙，谭经照；申请人：湖南科技大学

中国专利号：ZL201710280110.1；中国专利申请日：2017-04-26

化合物类型：苯并噁嗪

发明思路：me-too 研究；采用活性拼接法，将 3, 1-苯并噁嗪环和二氮杂草基相连接，合成一系列化合物，期待发现高活性化合物。

用途：具有杀菌活性，目标化合物对供试病菌具有良好的抑制活性。其中，化合物 9-(2-乙苯基)-3, 1-苯并噁嗪并二氮杂草、9-(2-甲苯基)-3, 1-苯并噁嗪并二氮杂草对水稻纹枯病菌的抑制率分别为 80.5%和 75.6%；9-(4-甲苯基)-3, 1-苯并噁嗪并二氮杂草对油菜菌核病菌的抑制率

达 78.8%，对水稻纹枯病菌的抑制率达 73.4%，对水稻稻瘟病菌的抑制率达 66.3%，表明该化合物具有一定的广谱性；9-(2-氯苯基)-3, 1-苯并噁嗪并二氮杂䓬对水稻稻瘟病菌的抑制率达 75.9%。

代表化合物结构如下：

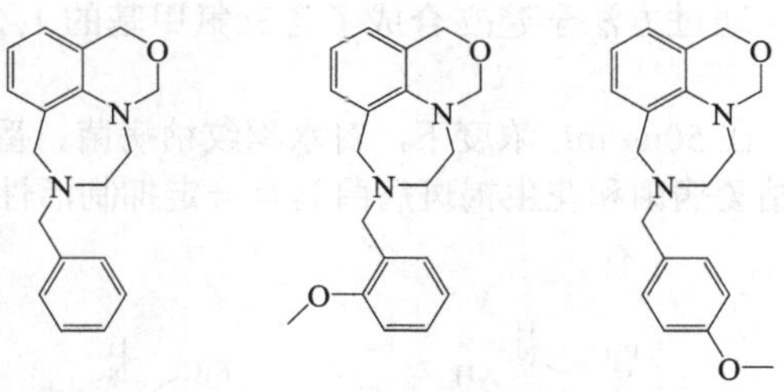

（45）苯并丁内酯类衍生物、合成方法及其制备杀菌剂的应用

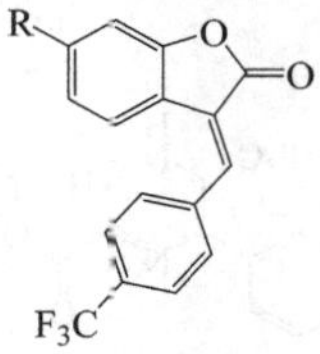

式中，R 选自 F 或 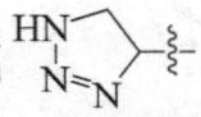 。

发明人：冯俊涛，吴永玲，王德龙，韩立荣，王智辉，周一万，张兴；申请人：杨凌农科大无公害农药研究服务中心

中国专利号：ZL201710807283.4；中国专利申请日：2017-09-08

化合物类型：苯丙丁内酯类

发明思路：me-too 研究；以苯并丁内酯为原料合成新化合物，期待发现高活性化合物。

用途：具有杀菌活性，本申请的苯并丁内酯类衍生物具有较为广谱的强杀菌活性，其 α-亚烯基位取代基电负性强弱对该类化合物的杀菌活性具有重要影响，将 α-亚甲基改造为 α-亚烯基，生成一系列衍生物，所得化合物的杀菌活性均有所提高，且当苯并丁内酯苯环上改造为带含氟基团和具杀菌活性的三唑基团时，杀菌活性大大提高。

代表化合物结构如下：

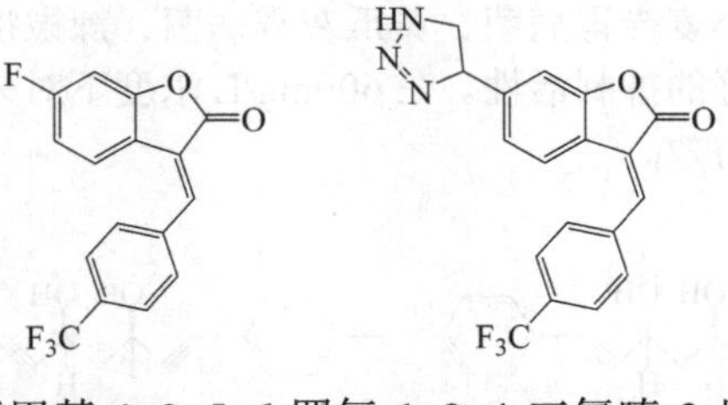

（46）一种 5-芳基-6-三氟甲基-1, 2, 5, 6-四氢-1, 2, 4-三氮嗪-3-甲酸酯化合物及制备方法

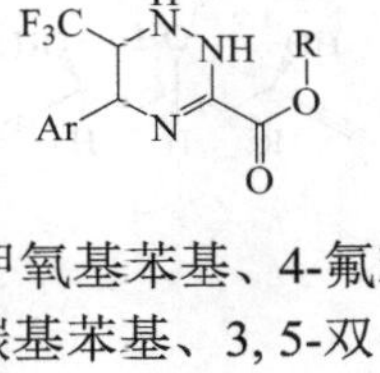

式中，Ar 为苯基、4-甲基苯基、4-甲氧基苯基、4-氟苯基、4-氯苯基、4-溴苯基、4-碘苯基、4-硝基苯基、4-三氟甲基苯基、4-甲氧羰基苯基、3, 5-双（三氟甲基）苯基、3, 4, 5-三氟苯基、

1-萘基、2-萘基、9-蒽基、9-菲基或1-芘基；R为甲基、乙基、丙基、丁基、叔丁基或苄基。

发明人：马军安，陈振，任楠，张发光；申请人：天津大学

中国专利号：ZL201711174570.2；中国专利申请日：2017-11-22

化合物类型：1, 2, 4-三氮嗪

发明思路：结构新颖，通过方法学建立合成了含三氟甲基的1, 2, 5, 6-四氢-1, 2, 4-三氮嗪化合物。

用途：具有杀菌活性，在50μg/mL浓度下，对水稻纹枯病菌、番茄早疫病菌、苹果轮纹病菌、小麦赤霉病菌、黄瓜枯萎病菌和花生褐斑病菌具有一定抑制活性。

代表化合物结构如下：

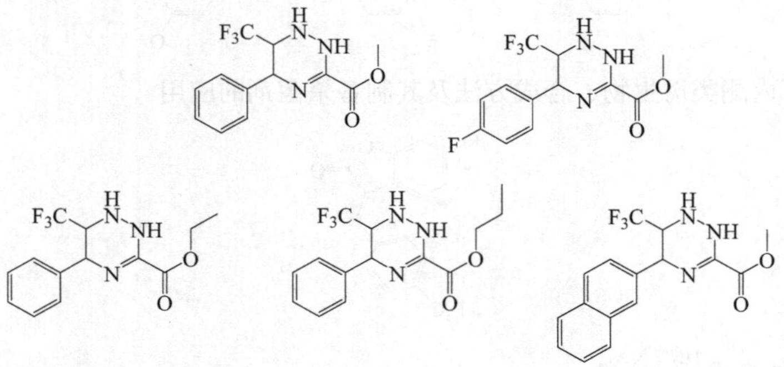

(47) 一种炔基庚二醇类化合物及其制备方法和用途

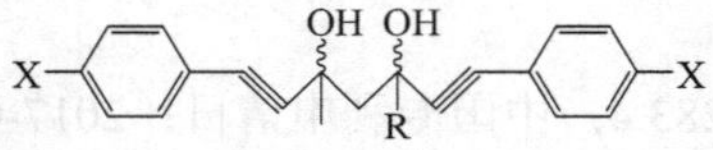

式中，X=H、CH_3、OCH_3或F；R=H或CH_3。

发明人：焦银春，赵文静，邓双，刘万强，马彩霞，何林洪，唐子龙；申请人：湖南科技大学

中国专利号：ZL201810503256.2；中国专利申请日：2018-05-23

化合物类型：炔基壬三醇

发明思路：基于1, 3-二醇类化合物具有潜在的生物活性，合成了一些新颖的炔基庚二醇类化合物，期待发现高活性化合物。

用途：本申请化合物对小麦赤霉病菌、黄瓜灰霉病菌、辣椒疫霉病菌、油菜菌核病菌、水稻纹枯病菌和稻瘟病菌有较好的抑制活性。在600mg/L浓度下对朱砂叶螨抑制率为30%，该类化合物对朱砂叶螨有较好的防效。

代表化合物结构如下：

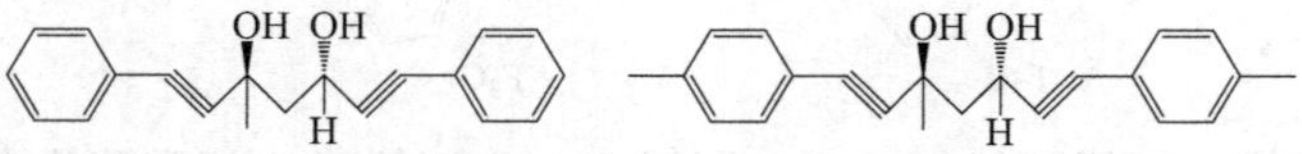

(48) 一种炔基壬三醇类化合物及其制备方法和用途

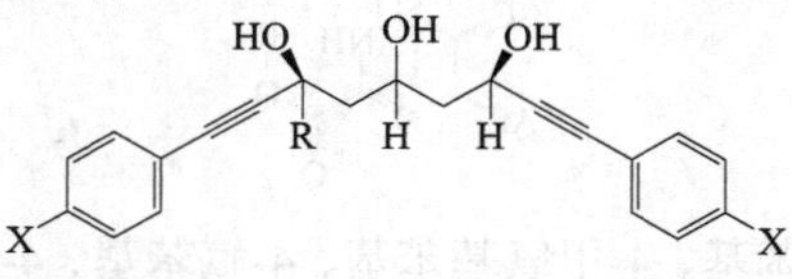

式中，X=CH_3或F；R=CH_3或Ph。

发明人：焦银春，赵文静，马彩霞，邓双，刘万强，曹晨忠；申请人：湖南科技大学

中国专利号：ZL201810527330.4；中国专利申请日：2018-05-23

化合物类型：炔基壬三醇

发明思路：三醇类化合物广泛存在于红藻、人参等天然产物中，由于其在农药、医药等方面有着广范的应用且具有一定的生物活性，而受到大家的广泛关注。本专利基于三醇类化合物利用化学衍生法得到炔基三醇类化合物。

用途：具有杀菌活性，以小麦赤霉病菌、黄瓜灰霉病菌、辣椒疫霉病菌、油菜菌核病菌、水稻纹枯病菌和稻瘟病菌作为杀菌活性测试的供试材料。药品浓度为 50μg/mL。从测试结果可知，目标化合物对供试病菌具有良好的抑制活性。其中，化合物 *syn*-3-甲基-1, 9-二(4-甲基苯)-1, 8-二炔基-3, 5, 7-壬三醇对油菜菌核病菌的抑制率达 75.0%，对小麦赤霉病菌的抑制率达 71.9%；*syn*-3-苯基-1, 9-二(4-氟苯)-1, 8-二炔基-3, 5, 7-壬三醇对油菜菌核病菌的抑制率达 75.0%，对小麦赤霉病菌的抑制率为 78.1%，对水稻稻瘟病菌的抑制率达 81.8%。

代表化合物结构如下：

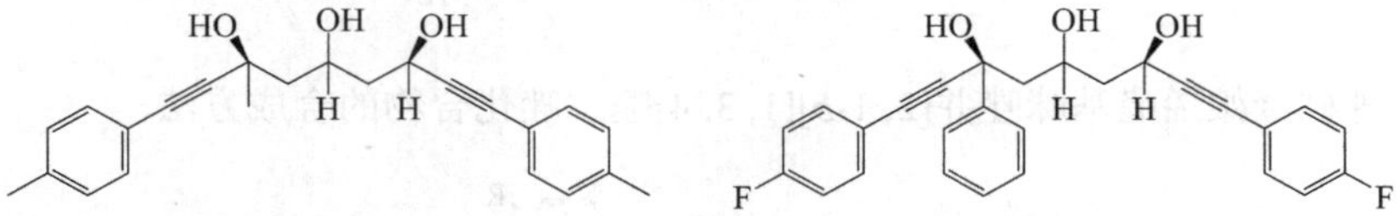

（49）11-取代苄基-3, 1-苯并噁嗪并吡嗪酮类化合物及其制备方法和用途

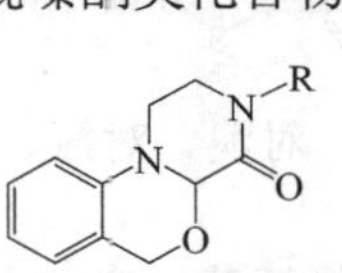

式中，R 是 C_1～C_2 烷基苄基或 C_1～C_2 烷氧基苄基或氯代苄基。

发明人：唐子龙，汪明，代宁宁，万义超；申请人：湖南科技大学

中国专利号：ZL201810428083.2；中国专利申请日：2018-05-07

化合物类型：苯并噁嗪，吡嗪酮类

发明思路：以 2-((取代氨基)乙基氨基)苯甲醇和乙醛酸乙酯为原料合成目标物，期待发现高活性化合物。

用途：本申请化合物对小麦赤霉病菌、黄瓜灰霉病菌、辣椒疫霉病菌、油菜菌核病菌、水稻纹枯病菌和稻瘟病菌有较好的抑制活性。

代表化合物结构如下：

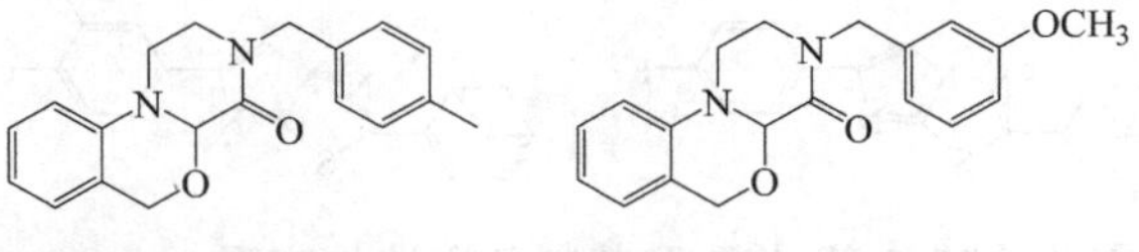

（50）((2-羟基苄基)胺基)苯基脲类化合物及其制备方法和用途

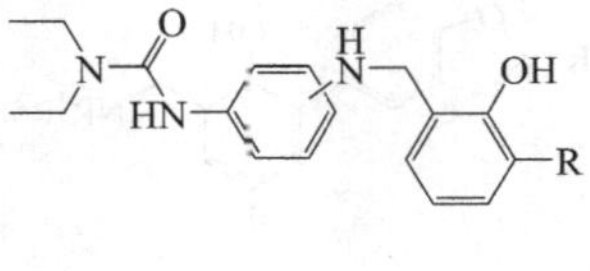

式中，R 是氢原子或甲基。

发明人：唐子龙，代宁宁，焦银春，万义超，彭丽芬；申请人：湖南科技大学

中国专利号：ZL201810654427.1；中国专利申请日：2018-06-22

化合物类型：苯基脲类

发明思路：利用活性拼接法，将邻羟基苄氨基与脲基结合通过微波反应合成新化合物，期待发现高活性化合物。

用途：具有杀菌活性，对供试病菌具有很好的抑制活性。其中，化合物1,1-二乙基-3-(4-((2-羟基苄基)氨基)苯基)脲对菌核病菌的抑制率达94.6%，对水稻纹枯病菌的抑制率达94.2%，对稻瘟病菌的抑制率达72.5%；1,1-二乙基-3-(3-((3-甲基-2-羟基苄基)氨基)苯基)脲对赤霉病菌的抑制率达 80.4%；1,1-二乙基-3-(4-((3-甲基-2-羟基苄基)氨基)苯基)脲对菌核病菌的抑制率达75.6%。

代表化合物结构如下：

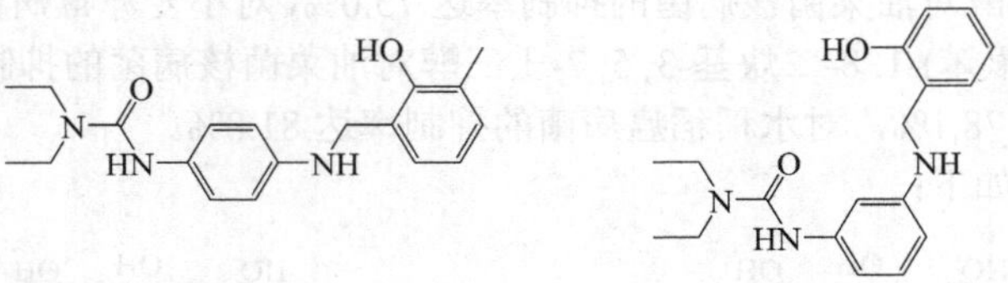

（51）一种桃金娘烯醛基咪唑并[2, 1-*b*][1, 3, 4]噻二唑化合物的合成方法

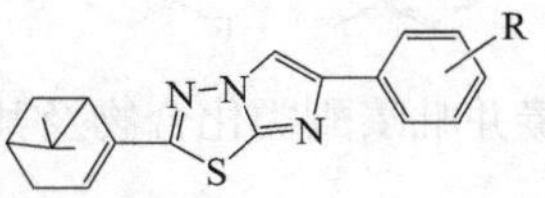

式中，R为氢、对甲氧基、对甲基、对溴、对氯、对氟、对氰基、间硝基、3′,4′二氯、2′,4′二氯中的任意一种。

发明人：岑波，林桂汕，段文贵，杨钰莹；申请人：广西大学

中国专利号：ZL201810451178.6；中国专利申请日：2018-05-11

化合物类型：桃金娘烯醛，噻二唑

发明思路：以噻二唑并咪唑为母核合成新化合物，期待发现高活性化合物。

用途：具有杀菌活性，在50μg/mL浓度下，所得目标化合物对黄瓜枯萎病菌、花生褐斑病菌、苹果轮纹病菌、番茄早疫病菌、小麦赤霉病菌、水稻纹枯病菌、玉米小斑病菌及西瓜炭疽病菌均有一定抑菌活性，其中 f(R=对氟)和 i(R=3′,4′二氯)对小麦赤霉病菌的抑制率均为50.0%。

代表化合物结构如下：

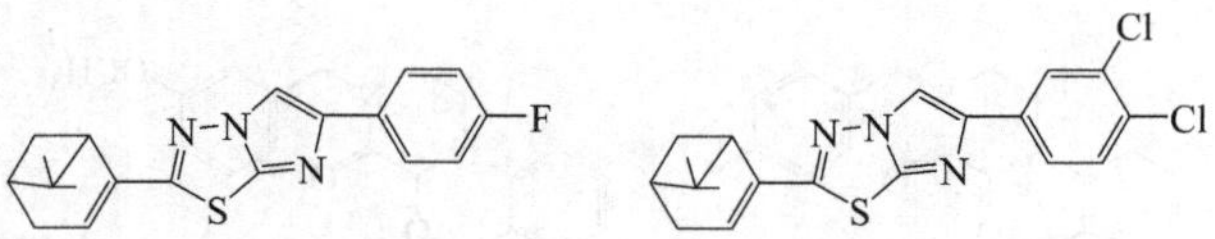

（52）2-氨甲基-6-(苯并呋喃-5-基)苯酚及其制备方法与应用

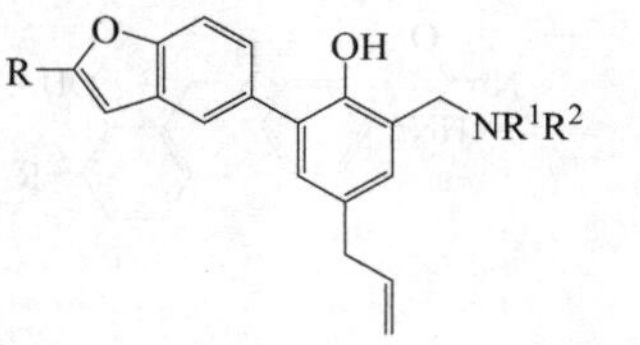

式中，R选自氢、C_1～C_2烷基、C_3～C_4直链烷基或支链烷基；

R^1选自C_1～C_2烷基、C_3～C_4直链烷基或支链烷基；

R^2选自C_1～C_2烷基、C_3～C_4直链烷基或支链烷基；或，

NR^1R^2选自吗啉基、哌啶基、4-羟基哌啶基、4-氨基哌啶基、哌嗪-1-基、4-甲基哌嗪-1-基、4-乙基哌嗪-1-基、4-正丙基哌嗪-1-基、4-异丙基哌嗪-1-基、4-正丁基哌嗪-1-基、4-异丁基哌嗪-1-基、4-仲丁基哌嗪-1-基或4-苯基哌嗪-1-基；

盐选自盐酸盐、氢溴酸盐、磷酸盐、硫酸盐、硝酸盐、甲磺酸盐或对甲苯磺酸盐。

发明人：胡艾希，李康明，林定，闫忠忠，叶姣；申请人：湖南大学

中国专利号：ZL201811048320.9；中国专利申请日：2018-09-10

化合物类型：苯并呋喃

发明思路：me-too研究；以苯并呋喃为基础合成2-氨甲基-6-(苯并呋喃-5-基)苯酚化合物，期待发现良好活性化合物。

用途：具有杀菌活性，4-烯丙基-2-(2-甲基苯并呋喃-5-基)-6-(哌啶-4-甲基)苯酚和4-烯丙基-2-(2-甲基苯并呋喃-5-基)-6-(吗啉-4-甲基)苯酚对辣椒疫霉病菌的抑制率分别为 57.75%和50.72%。4-烯丙基-2-(2-甲基苯并呋喃-5-基)-6-(4-乙基哌嗪-1-甲基)苯酚对黄瓜灰霉病菌和油菜菌核病菌的抑制率分别为51.11%和59.43%。

代表化合物结构如下：

（53）一类氮杂吲哚骨架的噻唑啉衍生物及其制备方法与应用

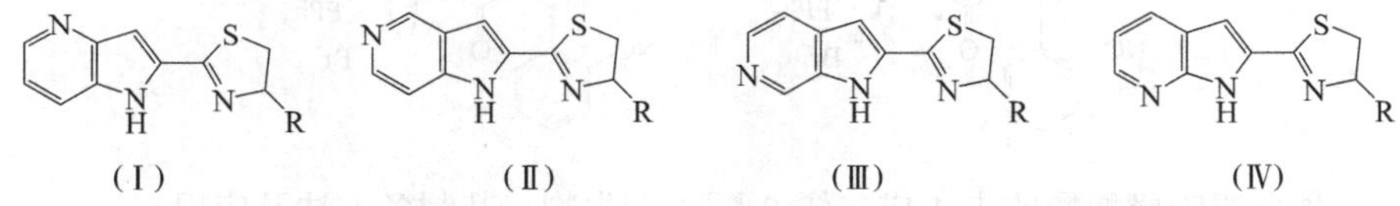

其中，R为含有1～12个碳原子的烷基或芳香基；所述化合物为2-(4-氮杂吲哚基)-4-甲基-噻唑啉，2-(5-氮杂吲哚基)-4-甲基-噻唑啉，2-(6-氮杂吲哚基)-4-苄基-噻唑啉，2-(7-氮杂吲哚基)-4-甲基-噻唑啉，2-(7-氮杂吲哚基)-4-苄基-噻唑啉。

发明人：傅滨，麻红利，候绪和，张振华，覃兆海；申请人：中国农业大学

中国专利号：ZL201410088294.8；中国专利申请日：2014-03-11

化合物类型：噻唑啉衍生物

发明思路：氮杂吲哚环与噻唑环都是具有重要生物活性的杂环结构单位，提供了一种制备氮杂吲哚噻唑化合物的方法，并由此得到了一系列氮杂吲哚噻唑化合物。

用途：植物盆栽活性证明该类衍生物可以抑制真菌引起的植物病害，尤其是对蔬菜灰霉病菌和玉米锈病菌具有良好的抑制作用。

代表化合物结构如下：

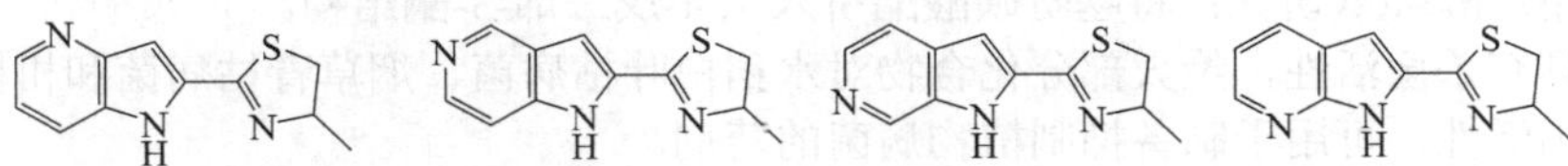

（54）含三苯基鏻阳离子的杀菌杀螨化合物的合成方法与应用

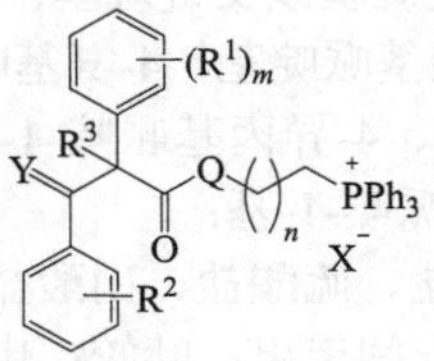

式 I

所述式 I 中，n 是 0～17 个碳的烷基链；X 为 Cl、Br 或 I；Y 为 O、S 或 NOH；Q 为 O、S、NH 或 $NOCH_3$；R^1 选自氢、C_1～C_5 的直链或支链烷基、C_1～C_5 烷氧基中的至少一种，m 为 1～5 的整数；R^2 选自卤素(F、Cl、Br)、NO_2、OCF_3、CN、CF_3 中的至少一种，取代基数量为 1～5 个；R^3 选自 CN、OCH_3 和 OCF_3 中的一种。

发明人：覃兆海，王家尧，刘雪莲，李佳奇，肖玉梅；申请人：中国农业大学

中国专利号：ZL202010472200.2；中国专利申请日：2020-05-29

化合物类型：含三苯基鏻阳离子化合物

发明思路：将甲氧基丙烯酸酯官能团模块和苯基 β-酮腈模块进行变形以及组合衍生，并将具有线粒体靶向功能的三苯基季鏻盐引入组合的分子中而得。

用途：具有杀菌活性，所述化合物中活性成分制成的病菌防治剂、害螨防治剂对农作物、园艺中病菌、害螨具有很好的防治作用。

代表化合物结构如下：

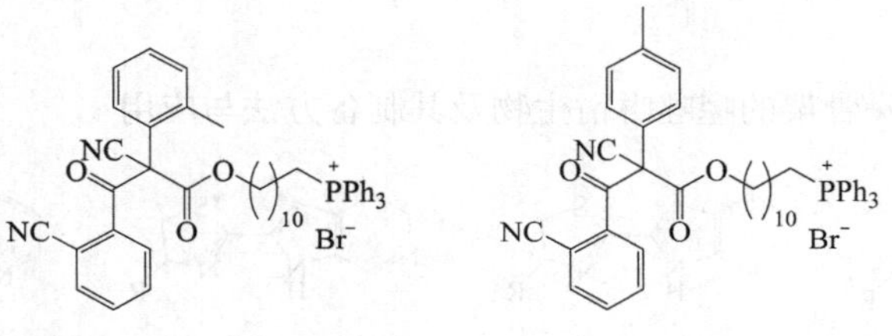

（55）一种含噻吩磺酸酯的 1, 4-戊二烯-3-酮类衍生物，其制备方法及应用

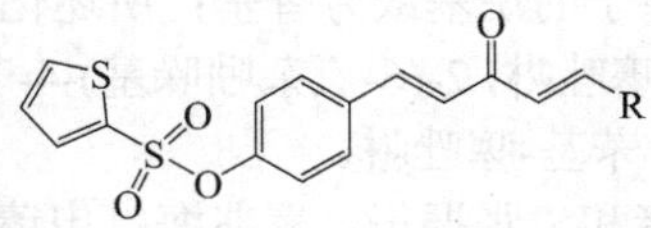

其中，R 为取代苯基或取代芳杂环基；所述的取代苯基为苯环上邻、间、对或前述两位上含有一个及以上 C_1～C_6 的烷基、C_1～C_6 的烷氧基、硝基或卤原子；所述的取代芳杂环基为呋喃基、吡啶基、噻吩基、吡咯基或噻唑基。

发明人：薛伟，郭涛，夏榕娇，苏时军，贺军，陈梅，蒋仕春，汤旭，陈英；申请人：贵州大学

中国专利号：ZL201910323580.0；中国专利申请日：2019-04-22

化合物类型：噻吩磺酸酯类

发明思路：me-too 研究；将噻吩磺酸酯引入 1, 4-戊二烯-3-酮结构。

用途：具有杀菌活性，绝大部分化合物对水稻白叶枯病菌、烟草青枯病菌和柑橘溃疡病菌有较好的抑制活性，可用于制备抑制植物病菌的药剂。

代表化合物结构如下：

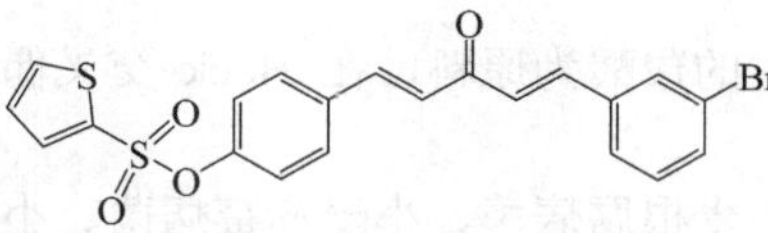

（56）一种噻喃[4, 3-*b*]吲哚类化合物及其制备方法和应用

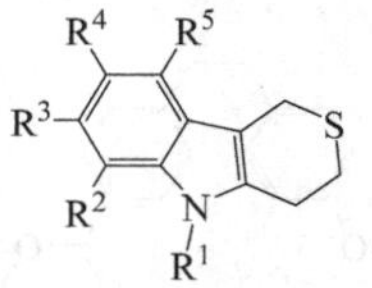

式中，R^1 为氢、$C_{1\sim3}$ 烷基、$C_{1\sim4}$ 烷氧基、卤代 $C_{1\sim4}$ 烷基、卤代 $C_{1\sim4}$ 烷氧基、$(CH_2)_nCOO(CH_2)_mCH_3$、（含 R^7 取代苯甲酰基结构式）或 CH_2-5-(2-巯基-1,3,4-噁二唑)，其中，n 和 m 分别为 1～4 的正整数，且 n 不为 2，m 不为 1；R^7 为氢、卤素或 β-甲氧基丙烯酸甲酯；R^2 为氢、$C_{2\sim4}$ 烷基、$C_{1\sim4}$ 烷氧基、卤代 $C_{1\sim4}$ 烷基或卤代 $C_{1\sim4}$ 烷氧基；R^3 为氢、$C_{1\sim4}$ 烷基、$C_{1\sim4}$ 烷氧基、卤代 $C_{1\sim4}$ 烷基或卤代 $C_{1\sim4}$ 烷氧基；R^4 为氢、$C_{2\sim4}$ 烷基、$C_{3\sim4}$ 烷氧基、卤代 $C_{1\sim4}$ 烷基、卤代 $C_{1\sim4}$ 烷氧基、Cl、硝基、$COOR^9$；R^9 为甲基或 $C_{3\sim4}$ 烷基；R^5 为氢、$C_{2\sim4}$ 烷基、$C_{1\sim4}$ 烷氧基、卤代 $C_{1\sim4}$ 烷基或卤代 $C_{1\sim4}$ 烷氧基。

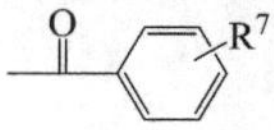

发明人：易欣，张智军，钟国华，刘婕，江志彦，朱琪；申请人：华南农业大学

中国专利号：ZL201810485917.3；中国专利申请日：2018-05-21

化合物类型：噻喃吲哚类

发明思路：me-too 研究；对去氢骆驼蓬碱的骨架进行简化，在保留三元稠环的基础上，减少骨架的刚性，增加分子的柔性，以期望能得到高抑菌活性的化合物。

用途：具有杀菌活性，对水稻纹枯病菌具有很好的抑制菌丝生长活性、离体叶片保护活性、活体保护活性以及活体治疗活性。

代表化合物结构如下：

（57）一种新型苯乙烯类化合物及其在防治农业病害中的应用

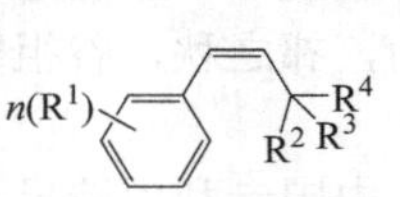

式中，R^1 选自卤素、$C_1\sim C_4$ 烷氧基、$C_1\sim C_4$ 烷基、卤代 $C_1\sim C_4$ 烷基、卤代 $C_1\sim C_4$ 烷氧基；R^2、R^3、R^4 一起形成任选被一个或多个 $C(O)OR_b$ 取代的桥环烷烃，所述桥环选自二环，每条桥上碳原子数为 2 个；R_b 选自 $C_1\sim C_4$ 烷基；n 为 0～5 的整数；

所述化合物不包括（结构式）。

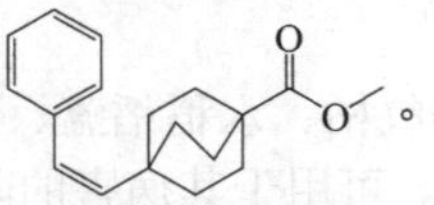

发明人：那日松，郑超，尚睿，成万民，刘佳，李洪连，郭线茹；申请人：河南农业大学

中国专利号：ZL201810191007.4；中国专利申请日：2018-03-08

化合物类型：苯乙烯类

发明思路：利用生物质衍生的羧酸为原料，在 Heck 交叉偶联反应中产生顺式选择性的取代乙烯衍生物。

用途：具有杀菌活性，对小麦根腐病菌、小麦赤霉病菌、小麦纹枯病菌、杏褐腐病菌和辣椒疫霉病菌具有良好的抑制作用。

代表化合物结构如下：

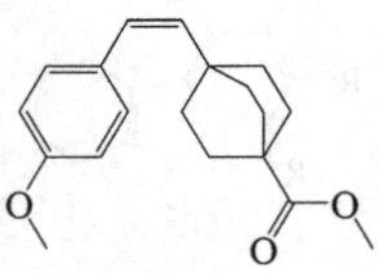

（58）2-酰胺基环烷基磺酰胺化合物及制备方法和作为杀菌、除草剂的用途

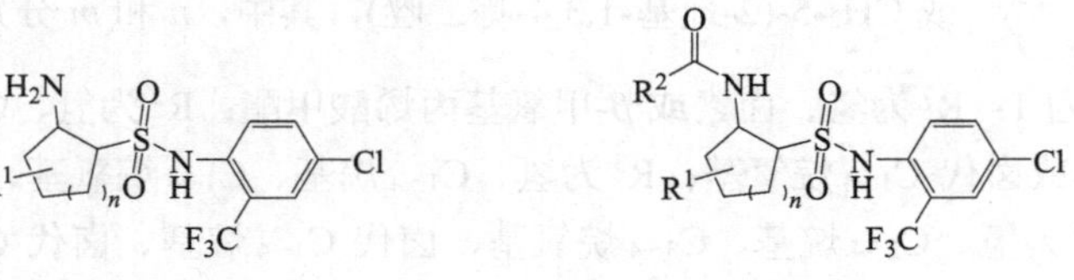

Ⅱ　　Ⅲ

式中，Ⅱ-1：$n=2, R^1=H$；Ⅱ-2：$n=1, R^1=H$；Ⅱ-3：$n=3, R^1=H$；Ⅱ-4：$n=4, R^1=H$；Ⅱ-5：$n=2, R^1=3\text{-}CH_3$；Ⅱ-6：$n=2, R^1=4\text{-}CH_3$；Ⅱ-7：$n=2, R^1=5\text{-}CH_3$；Ⅱ-8：$n=2, R^1=5\text{-}C_2H_5$；Ⅱ-9：$n=2, R^1=5\text{-}n\text{-}C_3H_7$；Ⅱ-10：$n=2, R^1=5\text{-}n\text{-}C_5H_{11}$；Ⅱ-11：$n=2, R^1=5\text{-}C(CH_3)_3$；

R^2 为取代苯基：2-$CH_3OC_6H_4$, 4-$CH_3OC_6H_4$, 2-$CH_3C_6H_4$, 3-$CH_3C_6H_4$, 4-$CH_3C_6H_4$, 2, 3-$(CH_3)_2C_6H_3$, 2, 4-$(CH_3)_2C_6H_3$, 2, 5-$(CH_3)_2C_6H_3$, 3, 5-$(CH_3)_2C_6H_3$, 2-FC_6H_4, 3-FC_6H_4, 2-ClC_6H_4, 3-ClC_6H_4, 4-ClC_6H_4, 2, 4-$Cl_2C_6H_3$, 2, 5-$Cl_2C_6H_3$, 2, 6-$Cl_2C_6H_3$, 3, 4-$Cl_2C_6H_3$, 3, 5-$Cl_2C_6H_3$, 2-$CF_3C_6H_4$, 3-$CF_3C_6H_4$, 2-CH_3O-5-ClC_6H_3；

烷基：CH_3, CH_3CH_2, $CH_3(CH_2)_2$, $CH_3(CH_2)_3$, $CH_3(CH_2)_4$, $CH_3(CH_2)_5$, $CH_3(CH_2)_6$；

卤代烷基：$ClCH_2$, Cl_2CH, CH_3ClCH, $ClCH_2CH_2$, Cl_3C, $BrCH_2$, CH_3BrCH, $BrCH_2CH_2$；

2-烷氧基烷基：CH_3OCH_2, $C_2H_5OCH_2$；

2-烷硫基烷基：CH_3SCH_2, $C_2H_5SCH_2$,$(CH_3)_2CHSCH_2$；

取代吡啶基：2-Cl-吡啶-3-基, 6-Cl-吡啶-3-基, 5-Br-吡啶-3-基, 5-F-吡啶-3-基, 6-F-吡啶-3-基, 2,6-二氯-吡啶-3-基, 2,6-二氯-吡啶-3-基, 5-Br-2-Cl-吡啶-3-基, 4-C_5H_4N 基, 2-(3-CF_3-C_6H_4NH)-吡啶-3-基, 2-OH-吡啶-3-基, 5-OH-吡啶-3-基, 4-CH_3-2-OH-吡啶-3-基, 6-OH-吡啶-2-基, 6-OH-吡啶-3-基。

发明人：李兴海，陈小员，纪明山，祁之秋，谷祖敏，张杨，李修伟；申请人：沈阳农业大学

中国专利号：ZL201610014075.4；中国专利申请日：2016-01-11

化合物类型：环烷基磺酰胺类

发明思路：me-too 研究；在候选创制杀菌剂——环己磺菌胺的基础上，将环烷基磺酰胺(Ⅰ)还原胺化，得到 2-氨基环烷基磺酰胺(Ⅱ)，进一步与合成得到的各种不同取代类型酰氯对接合成新的 2-酰氨基环烷基磺酰胺(Ⅲ)系列化合物。

用途：具有除草、杀菌活性，对番茄灰霉、水稻纹枯、水稻稻瘟、玉米大斑、瓜果腐霉、黄瓜镰刀、辣椒疫霉等病原菌的菌丝生长有抑制作用，可用于其病害的防治；对反枝苋、苘麻、稗草、马唐等单双子叶杂草具有抑制生长的作用。

代表化合物结构如下：

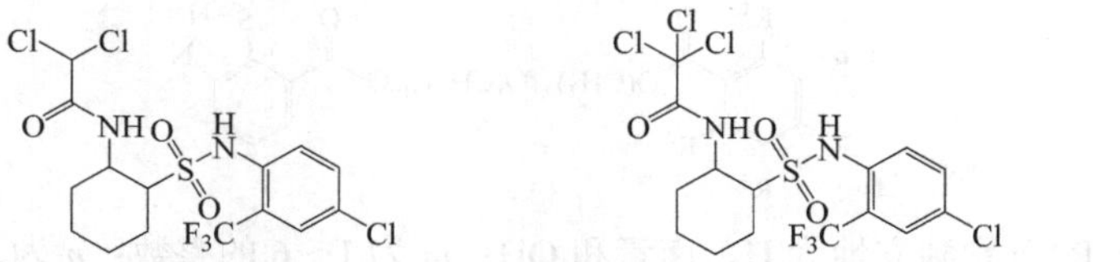

（59）三氟甲基化合物及其制备方法及其在农药中的应用

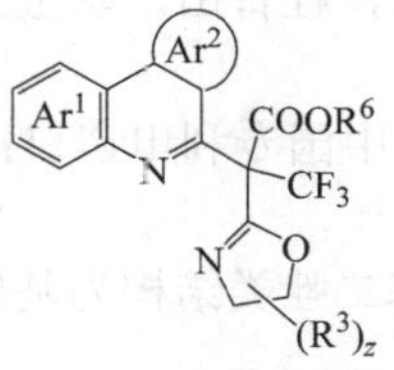

其中，R^6为C_1～C_4烷基；环Ar^1为苯环，且所述苯环被一个或多个R^4基团取代，R^4独立地选自H、卤素、NO_2、取代或未取代的C_1～C_6烷基、取代或未取代的C_1～C_6烷基、取代或未取代的C_1～C_4烷氧基、取代或未取代的C_1～C_4烷硫基、取代或未取代的C_1～C_5酰基、取代或未取代的C_1～C_5酯基；环Ar^2如下所示：

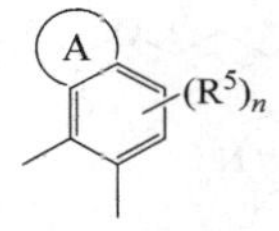

其中，各个R^5独立地选自H、卤素、取代或未取代的C_1～C_6烷基、取代或未取代的C_3～C_{12}环烷基、取代或未取代的C_1～C_4烷氧基、取代或未取代的C_1～C_4烷硫基、取代或未取代的C_6～C_{20}芳基、取代或未取代的C_3～C_{20}杂芳基、取代或未取代的C_1～C_4烷基磺酰基、取代或未取代的C_1～C_5酯基；且n=1、2、3或4；

环A无，或选自取代或未取代的五到十二元碳环，或取代或未取代的五到十二元杂环；所述杂环为环上一个或多个碳原子被杂原子替换，且所述杂原子各自独立地选自O、N或S；

各个R_3独立地选自H、取代或未取代的C_1～C_6烷基、取代或未取代的C_6～C_{20}芳基、取代或未取代的C_6～C_{12}芳基-C_1～C_4烷基；且z=1、2、3或4；

所述的取代是指基团上的氢被选自下组的取代基取代：卤素、C_1～C_3烷基、羟基、氨基、NO_2。

发明人：郭勇，王文贵，陈庆云，孙岩；申请人：中国科学院上海有机化学研究所

中国专利号：ZL201810680642.9；中国专利申请日：2018-06-27

化合物类型：二氢噁唑三氟甲基类、6-取代的氮杂菲类

发明思路：通过自由基反应构建含有三氟甲基的季碳中心的6-取代的氮杂菲化合物。

用途：具有杀菌、除草活性，对黄瓜霜霉病具有较好的防治效果，并对百日草、苘麻、金狗尾草和稗草具有一定除草活性。

代表化合物结构如下：

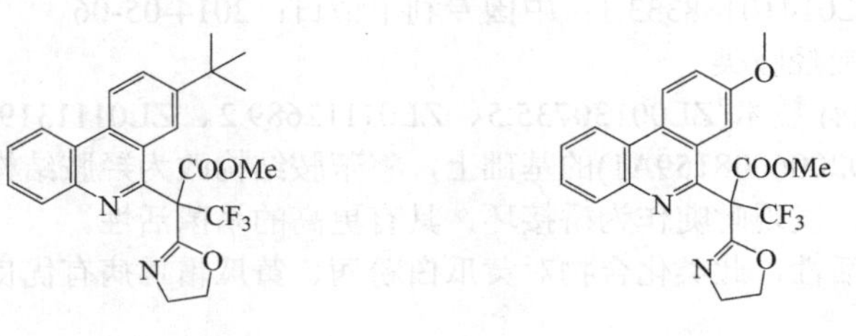

（60）苯并[1, 2, 3]噻二唑-7-羧酸酯衍生物作为植物抗病激活剂的应用

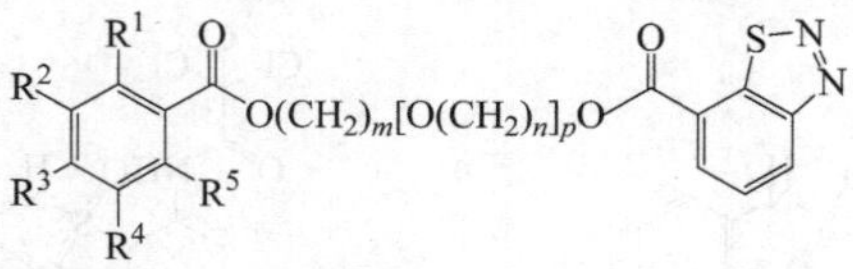

式中，R^1～R^5分别独立地为H、卤素和OH；m为1～6的整数；n为1～5的整数；p为0或1。

发明人：钱旭红，朱维平，赵振江，杜青山，李宝聚，石延霞，徐玉芳；申请人：华东理工大学

中国专利号：ZL201110452667.1；中国专利申请日：2011-12-29

化合物类型：苯并噻二唑类

发明思路：me-too研究；以苯并噻二唑类结构为基础，通过引入连桥结构衍生得到现有化合物。

用途：该系列化合物对植物的多种病害具有一定的防治效果，如对黄瓜蔓枯病、黄瓜褐斑病、黄瓜细菌性角斑病、番茄晚疫病等具有较好的防治效果。

代表化合物结构如下：

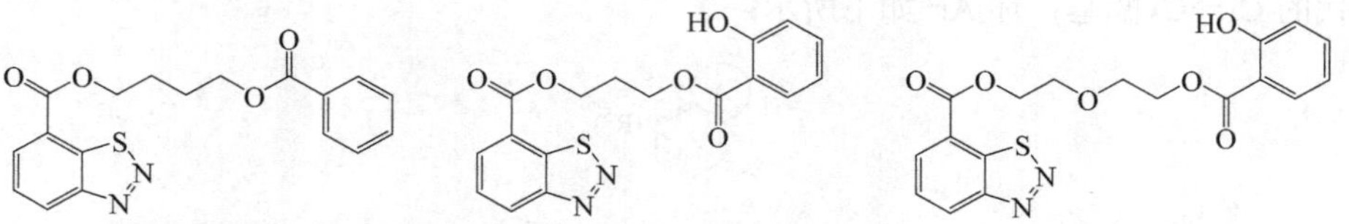

（61）一种含吡啶羟胺类化合物，制备方法及其用途

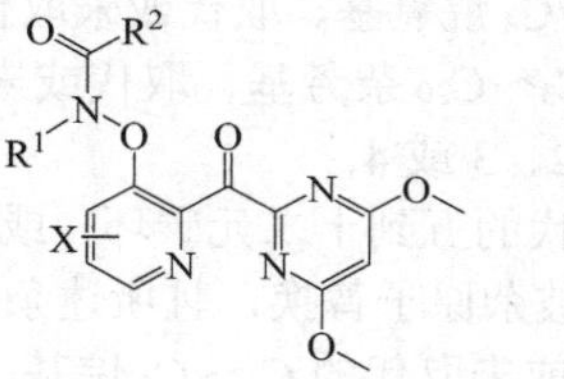

式中，R^1选自C_1～C_4烷基；

R^2选自C_3～C_6环烷基、、、取代苯基、或取代杂环基；

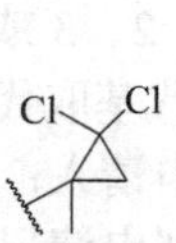

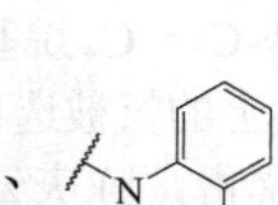

X选自氢、三氟甲基或卤素；所述的杂环基选自吡啶基、噻吩基、呋喃基或吡唑基；

所述的取代苯基的取代基选自氢、C_1～C_4烷基、C_1～C_4烷氧基、三氟甲基或卤素中的一种或多种；所述的取代杂环基的取代基选自氢、C_1～C_4烷基或卤素中的一种或多种。

发明人：吕龙，吕强，唐庆红，芦昕婷，戴明，刘世梦，沈娟；申请人：中国科学院上海有机化学研究所

中国专利号：ZL201410188333.1；中国专利申请日：2014-05-06

化合物类型：吡啶羟胺类

发明思路：在现有技术(ZL00130735.5、ZL01112689.2、ZL01113199.3、ZL03154061.9、ZL03141415.X和WO2006008159A1)的基础上，将苄胺结构改为羟胺结构后，其杀菌活性明显提高。经进一步优化，发现吡啶作为桥接环，具有更高的杀菌活性。

用途：具有杀菌活性，此类化合物对黄瓜白粉病、黄瓜霜霉病有优良的防治作用。

代表化合物结构如下：

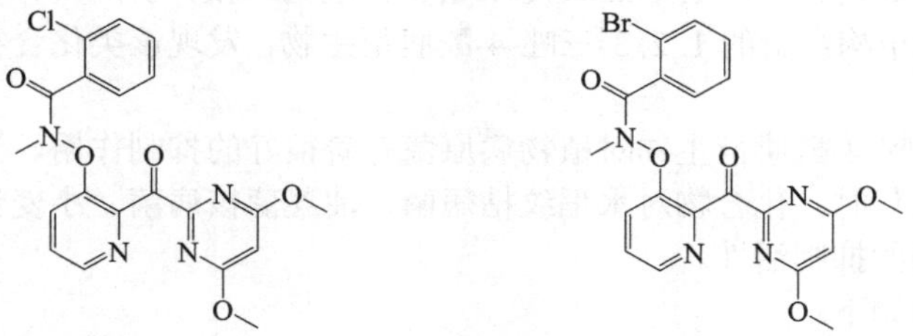

（62）具有杀菌活性的O取代噁二嗪类化合物及其制备方法和用途

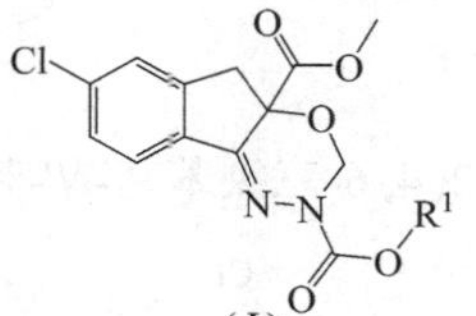

（Ⅰ）

其中，R^1为苯基、2-甲氧基苯基、4-甲硫基苯基、4-甲基苯基、2-仲丁基苯基、4-硝基苯基、4-氯苯基或4-氟苯基。

发明人：黄明智，胡志彬，王晓光，任叶果，尹笃林，裴晖，何莲，柳爱平，项军，罗裴贤；申请人：湖南化工研究院

中国专利号：ZL200910227088.X；中国专利申请日：2009-12-03

化合物类型：取代噁二嗪类化合物

发明思路：me-too研究；以杀虫剂茚虫威的特色中间体为基础进行衍生优化得到。

用途：经生物活性测试表明，该发明通式（Ⅰ）化合物在500mg/L时对小麦白粉病菌(*Erysiphe graminis*)有70%～100%抑菌活性。

代表化合物结构如下：

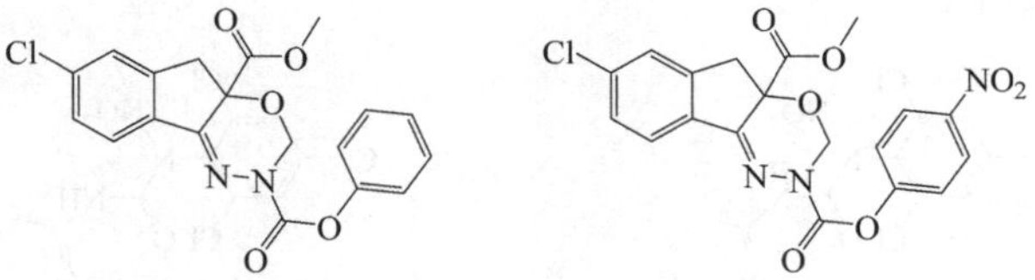

（63）一类1, 2, 3-三唑-4-酰肼衍生物在制备农用杀菌剂中的应用

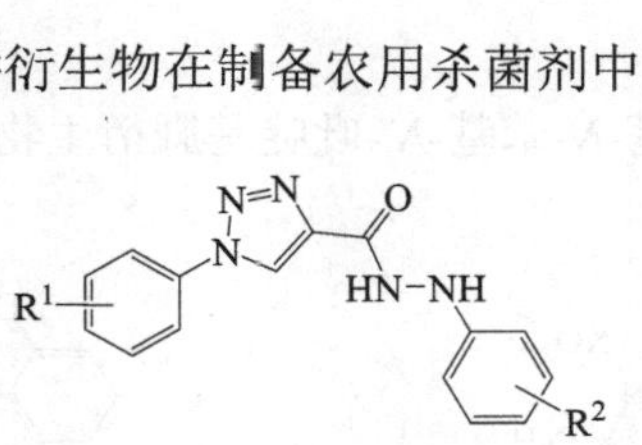

式中，当R^1＝2-Cl时，R^2＝H、2-F、3-F、4-F、2-Cl、3-Cl、4-Cl、2-Br、2, 5-Cl_2、2, 6-Cl_2、3, 5-Cl_2、2, 5-F_2或2, 3-F_2；当R^2＝2, 3-F_2时，R^1＝H、2-Cl、3-Cl、4-Cl、2-F、3-F、4-F或2, 5-Cl_2。

发明人：叶永浩，戴志成，王兴，陈永飞；申请人：南京农业大学

中国专利号：ZL201510319152.2；中国专利申请日：2015-06-08

化合物类型：三唑酰肼类

发明思路：me-too 研究；以 1, 4-二取代-1, 2, 3-三唑为母核，引入具有良好生物活性的苯肼基团，合成了一系列结构全新的 1, 2, 3-三唑-4-酰肼衍生物，发现该类化合物对植物病原菌具有较强的抑制活性。

用途：1, 2, 3-三唑-4-酰肼衍生物对植物病原菌有着很好的抑制作用。当直接与三唑相连的苯环上为邻位卤素取代时，化合物对水稻纹枯病菌、油菜菌核病菌、小麦赤霉病菌和水稻稻瘟病菌均表现出了很强的抑制活性。

代表化合物结构如下：

（64）具有杀菌活性的 *N*-硝基-*N*-2, 4, 6-三氯苯基-*N'*-芳基脲衍生物及其制备方法

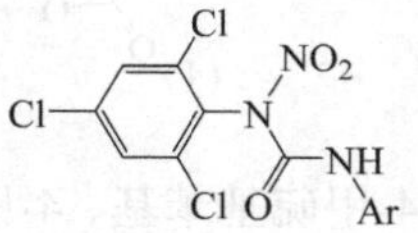

式中，Ar 为 Ph、3-CH_3-Ph、2-C_2H_5OPh、2-NO_2-4-ClPh。

发明人：徐胜臻，陈长水，李建洪，曹敏惠，申晓霞；申请人：华中农业大学

中国专利号：ZL201010535074.7；中国专利申请日：2010-11-03

化合物类型：*N*-硝基三氯苯胺类

发明思路：me-too 研究；参考专利报道过的 *N*-硝基三氯苯胺类化合物的杀菌、除草、植物生长调节活性，结合 *N*-硝基苯基脲衍生物构效关系，合成一种具有杀菌活性的 *N*-硝基-*N*-2, 4, 6-三氯苯基-*N'*-芳基脲衍生物。

用途：具有杀菌活性，对水稻纹枯病菌、油菜菌核病菌具有良好的抑制作用，其中部分化合物对油菜菌核病菌的抑制活性较为突出。

代表化合物结构如下：

（65）具有杀菌活性的 *N*-硝基-*N*-苯基-*N'*-吡啶基脲衍生物及制备方法

式中化合物结构为：

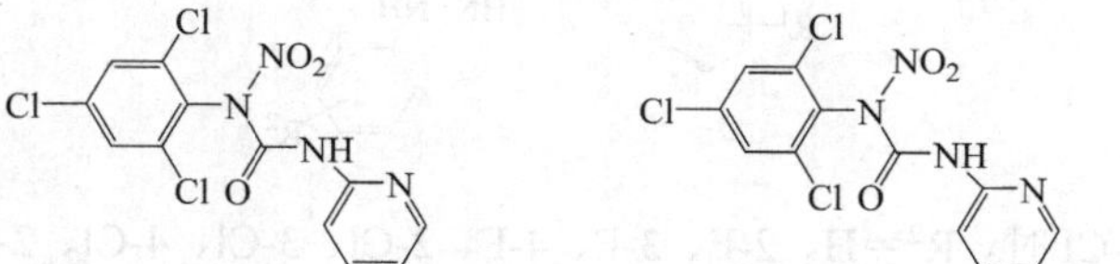

发明人：陈长水，徐胜臻，李雪刚，曹敏惠，熊金萍；申请人：华中农业大学

中国专利号：ZL200910088198.2；中国专利申请日：2009-07-13

化合物类型：*N*-硝基苯基脲类

发明思路：me-too 研究；参考专利报道过的 *N*-硝基三氯苯胺类化合物的杀菌、除草、植物生长调节活性，结合 *N*-硝基苯基脲衍生物构效关系，将吡啶基团引入该结构合成一种具有杀菌活性的 *N*-硝基-*N*-苯基-*N'*-吡啶基脲衍生物。

用途：对水稻纹枯病菌、黄瓜灰霉病菌、小麦赤霉病菌具有良好的抑制活性。

（66）二芳基碘盐类化合物及其用途

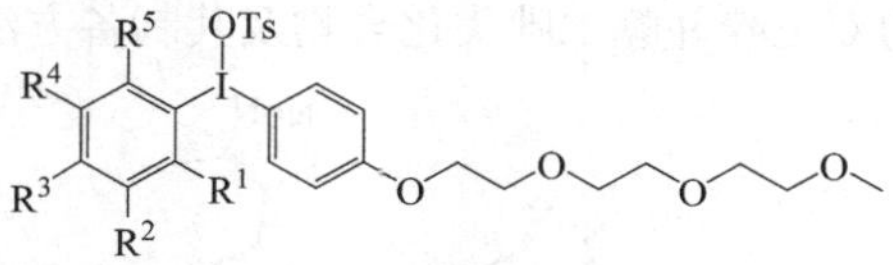

式中，R^1～R^5 分别独立选自氢，卤素，C_1～C_3 烷基，C_1～C_3 烷氧基，卤素取代的 C_1～C_3 烷基，卤素取代的 C_1～C_3 烷氧基或硝基中一种；但不包括下列化合物：

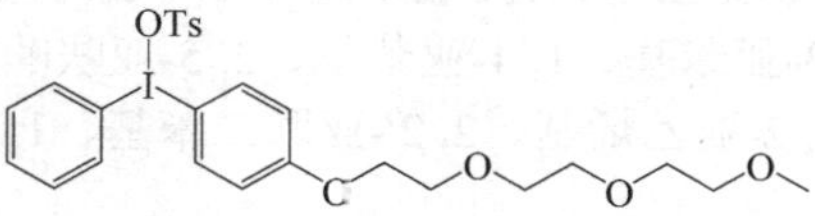

发明人：王利民，徐舒嘉，钱晓飞，吴洵桑，韩建伟，曲大辉，田禾；申请人：华东理工大学

中国专利号：ZL201611188959.8；中国专利申请日：2016-12-21

化合物类型：二芳基碘盐类

发明思路：me-too 研究；以二芳基碘盐为基础，通过苯环优化衍生得到现有化合物。

用途：该发明的化合物对蜡样芽孢杆菌具有较高的抑制活性。

代表化合物结构如下：

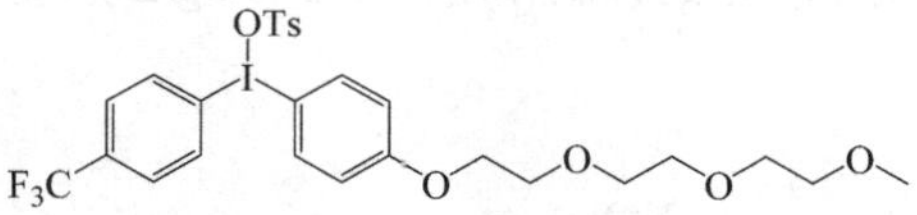

（67）三唑并噻二唑类化合物及其制备方法和用途

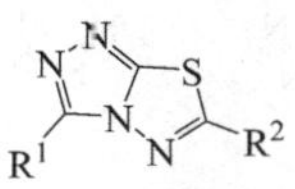

式中，R^1 选自苯基、呋喃-2-基或吡啶-4-基的基团；R^2 为 4-甲基-1, 2, 3-噻二唑-5-基、5-甲基-1, 2, 3-噻二唑-4-基、1-甲基-5-乙基吡唑-3-基、3-苯基-5-甲基-4-异噁唑基。

发明人：范志金，杨知昆，米娜，张海科，马琳，左翔，郑琴香；申请人：南开大学

中国专利号：ZL201010152027.4；中国专利申请日：2008-08-28

化合物类型：噻二唑类

发明思路：me-too 研究；将噻二唑和三唑结构结合在一起并进一步修饰得到现有化合物。

用途：具有杀菌、杀虫、除草和抗烟草花叶病毒活性，在 50mg/L 剂量下，对番茄早疫病菌、花生褐斑病菌、苹果轮纹病菌、黄瓜灰霉病菌、水稻纹枯病菌、黄瓜枯萎病菌、小麦赤霉病菌、马铃薯晚疫病菌等表现出一定的抑制作用；在 50mg/L 剂量下，所有化合物对黏虫、蚕豆蚜和小菜蛾的致死率在 50%左右；在 5mg/L 剂量下，所有化合物对蚊幼虫的抑制率大于 80%；所有化合物对单子叶杂草活性较低，对双子叶杂草活性较好；呈现出一定的诱导烟草抗烟草花

叶病毒的活性。

代表化合物结构如下：

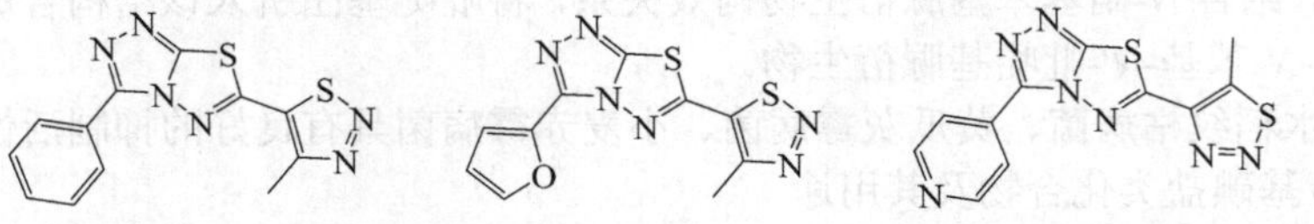

（68）含 1, 2, 3-噻二唑的双三唑并噻二唑类化合物及其制备方法和用途

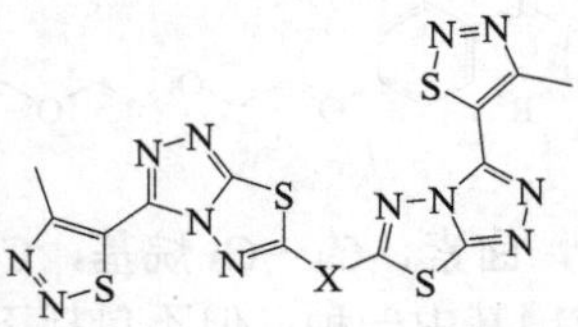

式中，X 为没有或选自 1, 2-亚乙基、1, 3-亚丙基、1, 4-亚丁基、1, 5-亚戊基、1, 6-亚己基、1, 7-亚庚基、1, 2-亚苯基、1, 3-亚苯基、1, 4-亚苯基、2, 5-亚呋喃基、2, 5-亚噻吩基、2, 6-亚吡啶基、顺-1, 2-亚乙烯基、反-1, 2-亚乙烯基、2, 2′-亚联二苯基、1, 1-环丁基、1, 1-二亚甲基环己烷、3, 5-亚咪唑基。

发明人：范志金，王守信，付一峰，张海科，王唤，米娜，国丹丹，赵晖，姜申德，黄云；申请人：南开大学

中国专利号：ZL201010179821.8；中国专利申请日：2010-05-24

化合物类型：噻二唑类

发明思路：me-too 研究；将噻二唑和三唑结构结合在一起并进一步修饰得到现有化合物。

用途：具有杀菌、抗烟草花叶病毒活性，在 50mg/L 剂量下，对番茄早疫病菌、黄瓜灰霉病菌、花生褐斑病菌、小麦赤霉病菌、马铃薯晚疫病菌、苹果轮纹病菌、水稻纹枯病菌、油菜菌核病菌和禾谷丝核菌等表现出一定的抑制作用；在 500mg/L 剂量下，呈现出一定的诱导烟草产生抗烟草花叶病毒的活性。

代表化合物结构如下：

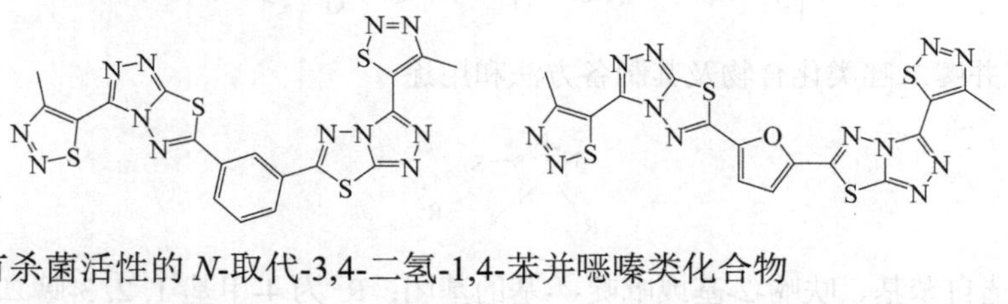

（69）具有杀菌活性的 *N*-取代-3,4-二氢-1,4-苯并噁嗪类化合物

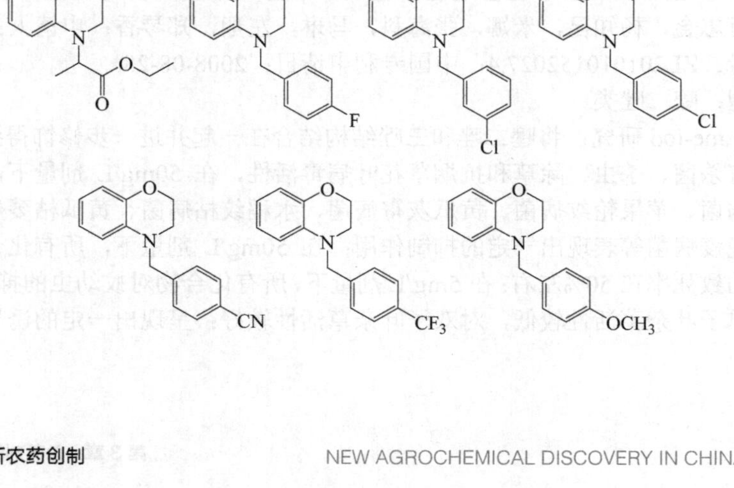

发明人：唐子龙，崔美艳，颜林 ；申请人：湖南科技大学

中国专利号：ZL201110410063.0；中国专利申请日：2011-12-11

化合物类型：二氢苯并噁嗪

发明思路：me-too 研究，参考现有技术报道的 3,4-二氢-1,4-苯并噁嗪类化合物结构，进一步构建 *N*-取代-3,4-二氢-1,4-苯并噁嗪类化合物。

用途：具有杀菌活性，可抑制黄瓜灰霉病菌和辣椒疫霉病菌等。

代表化合物结构如下：

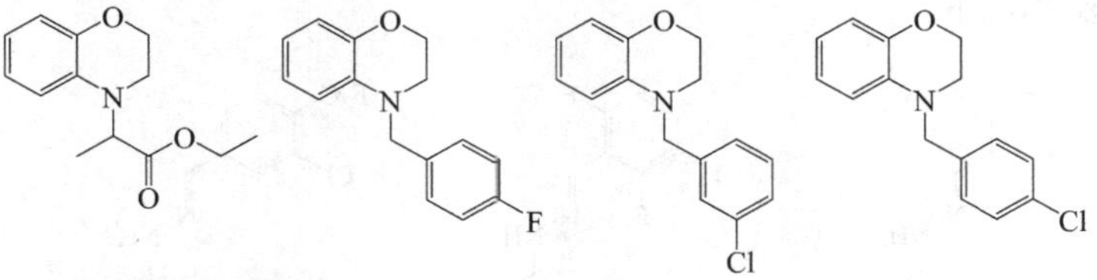

（70）一种杂环化合物及其用途

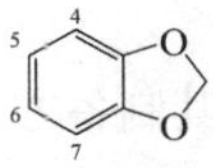

式中，4、5、6、7 位具有 1 个取代基 R^1 和 0～3 个取代基 R^2；其中，R^1 独立选自 COOH、$COOR^3$、CH_2OH、$CH_2O\text{-}R^4$；R^2 独立选自 C_1～C_6 烷基、C_1～C_6 卤代烷基、C_1～C_6 烷氧基、C_1～C_6 卤代烷氧基、羟基、卤素、硝基、氨基、C_1～C_6 烷氨基；

R^3、R^4 独立选自 C_1～C_6 烷基、C_1～C_6 卤代烷基。

发明人：徐玉芳，赵振江，朱维平，李洪林，杜青山，李宝聚，石延霞，钱旭红；申请人：华东理工大学

中国专利号：ZL201310066432.8；中国专利申请日：2013-03-01

化合物类型：杂环化合物

发明思路：me-too 研究；以胡椒环结构为基础，通过苯环取代结构衍生得到现有化合物。

用途：该类化合物对黄瓜蔓枯病、黄瓜褐斑病、黄瓜细菌性角斑病、番茄晚疫病、水稻纹枯病、黄瓜灰霉病、黄瓜枯萎病具有较好的活性。

代表化合物结构如下：

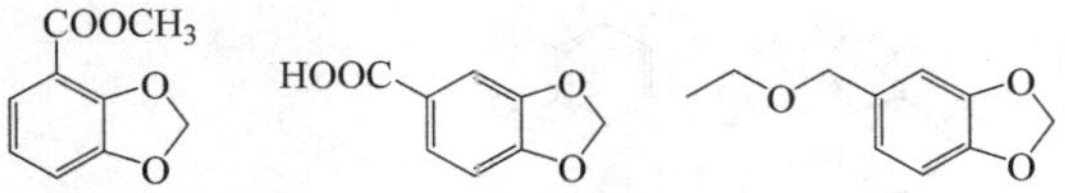

（71）一种吡唑并嘧啶化合物及其用途

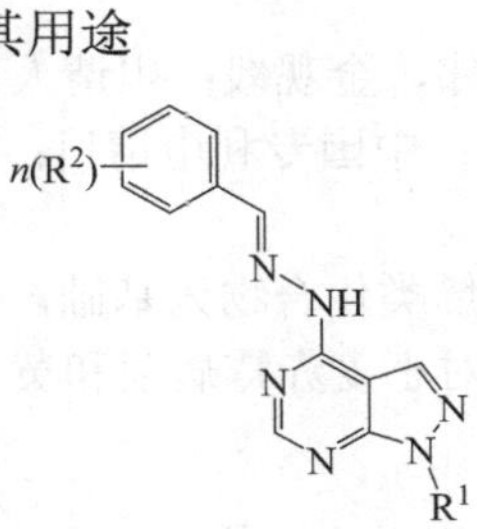

式中，R^1 是甲基；R^2 独立选自 C_1～C_3 烷基、C_1～C_3 卤代烷基、C_1～C_3 烷氧基、C_1～C_3 卤代烷氧基、卤素、硝基；n 是选自 0～5 的整数。

发明人：徐玉芳，赵振江，朱维平，李洪林，李鹏飞，李宝聚，石延霞，钱旭红；申请人：

华东理工大学

中国专利号：ZL201310067016.X；中国专利申请日：2013-03-01

化合物类型：吡唑并嘧啶类似物

发明思路：me-too 研究；以吡唑并嘧啶环结构为基础，通过引入肼基取代结构衍生得到现有化合物。

用途：该类化合物对黄瓜蔓枯病、黄瓜褐斑病、黄瓜细菌性角斑病、番茄晚疫病、水稻纹枯病、黄瓜灰霉病、黄瓜枯萎病有较好的防治效果。

代表化合物结构如下：

（72）含氟和氮杂环的烯烃类化合物及其制备方法和用途

式中，R^1～R^4 分别独立选自氢，C_1～C_3 烷基，C_1～C_3 烷氧基或卤素中一种；或 R^2 和 R^3 组合为二价的苯基，R^1 和 R^4 均为 H；基团 ⌇N A 为下列基团中一种：

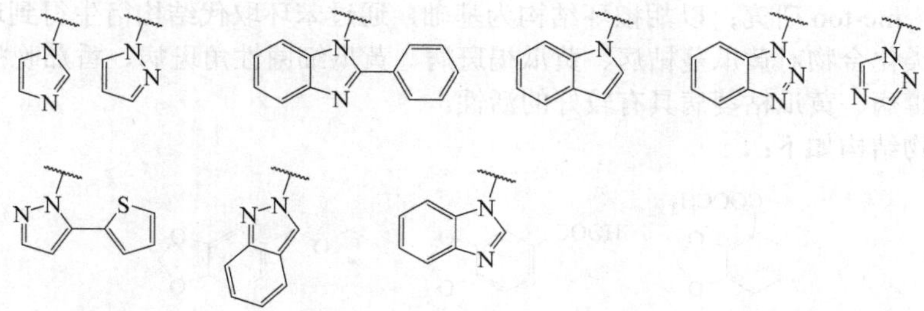

发明人：曹松，熊扬，黄涛，吴伟，金观毅；申请人：华东理工大学

中国专利号：ZL201410134330.X；中国专利申请日：2014-04-04

化合物类型：烯类

发明思路：me-too 研究；以苯乙烯类化合物为基础，通过杂环结构衍生得到现有化合物。

用途：该发明提供的烯类化合物对小麦赤霉病菌和黄瓜灰霉病菌等具有较高的抑制活性。

代表化合物结构如下：

（73）3-(1, 3, 4-噻二唑基)-1, 3-苯并噁嗪-2-酮类化合物及用途

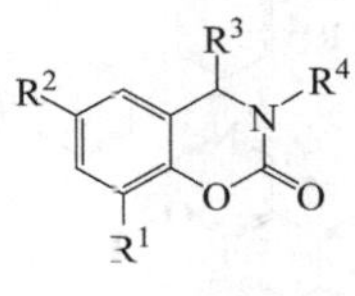

式中，取代基 R^1 是 H，R^2 是 H，R^3 是 H，R^4 是 5-甲基-1, 3, 4 噻二唑基或 5-丙基-1, 3, 4-噻二唑基或 5-异丙基-1, 3, 4-噻二唑基；取代基 R^2 是 Br，R^1 是 H，R^3 是 H，R^4 是 5-甲基-1, 3, 4-噻二唑基或 5-乙基-1, 3, 4-噻二唑基。

发明人：唐子龙，焦文杰；申请人：湖南科技大学

中国专利号：ZL201310417929.X；中国专利申请日：2013-09-14

化合物类型：苯并噁嗪酮

发明思路：me-too 研究，利用活性基团拼接原理，将 1, 3, 4-噻二唑基引入 1, 3-苯并噁嗪-2-酮结构中，获得该发明化合物。

用途：具有很好的杀菌活性，可用于防治番茄早疫病、辣椒疫霉病、黄瓜灰霉病、油菜菌核病、水稻纹枯病和稻瘟病。

代表化合物结构如下：

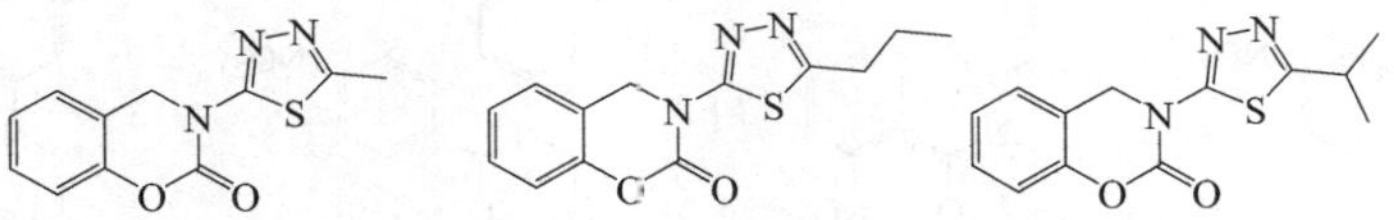

（74）一种杂环化合物及其用途

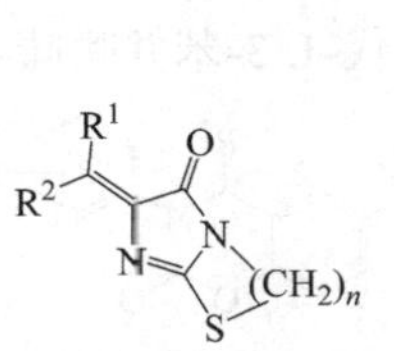

式中，R^1 选自氢、C_1～C_6 烷基、C_3～C_6 环烷基；R^2 选自氢，C_1～C_6 烷基，取代或未取代的 C_6～C_{14} 芳基，五元或六元含氮、氧或硫的杂环；n 是选自 2～4 的正整数。

发明人：徐玉芳，赵振江，朱维平，李洪林，韩景龙，李宝聚，石延霞，钱旭红；申请人：华东理工大学

中国专利号：ZL201310046938.2；中国专利申请日：2013-02-05

化合物类型：杂环化合物

发明思路：me-too 研究；以硫脲结构为基础，通过并环结构衍生得到现有化合物。

用途：该类化合物对黄瓜蔓枯病、黄瓜褐斑病、黄瓜细菌性角斑病、番茄晚疫病、水稻纹枯病、黄瓜灰霉病或黄瓜枯萎病具有较好的防治效果。

代表化合物结构如下：

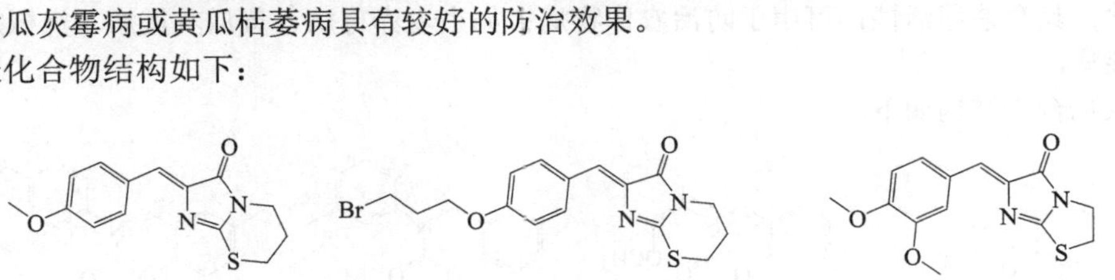

（75）具有杀菌活性的 2, 3-二芳基-1, 3-萘并噁嗪类化合物

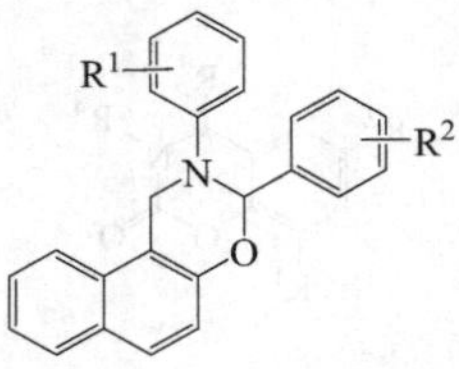

式中，R^1 是 H 时，R^2 是 4-NO_2、2-NO_2 或 3-NO_2；R^1 是 3-CH_3 时，R^2 是 4-NO_2、2-NO_2 或 3-NO_2；R^1 是 4-CH_3 时，R^2 是 4-NO_2、2-NO_2 或 3-NO_2；R^1 是 2-CH_3O 时，R^2 是 4-NO_2、2-NO_2 或 3-NO_2；R^1 是 4-Cl 时，R^2 是 4-NO_2、2-NO_2 或 3-NO_2。

发明人：唐子龙，马红伟，王恋；申请人：湖南科技大学

中国专利号：ZL201410251185.3；中国专利申请日：2014-06-09

化合物类型：萘并噁嗪

发明思路：me-too 研究；在现有技术公开苯并噁嗪化合物的基础上，对其进行结构衍生，将苯并噁嗪替换为萘并噁嗪，从而得到现有的化合物。

用途：可抑制病原菌如小麦赤霉病菌、黄瓜灰霉病菌、辣椒疫霉病菌、油菜菌核病菌、水稻纹枯病菌和稻瘟病菌等。

代表化合物结构如下：

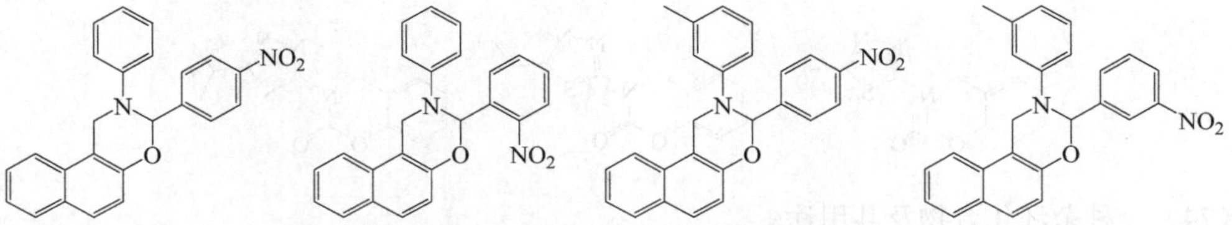

（76）具有杀菌活性的 3, 4(6)-二取代-1, 3-苯并噁嗪-2-酮类化合物

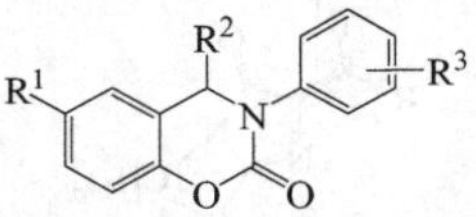

式中，取代基 R^1 是 CH_3、R^2 是 H 时，R^3 是 H，或者是 3-CH_3，或者是 4-CH_3，或者是 2-OCH_3，或者是 4-Cl；

取代基 R^1 是 H，R^2 是 CH_3 时，R^3 是 3-CH_3，或者是 4-CH_3，或者是 2-OCH_3，或者是 3-OCH_3，或者是 4-Cl。

发明人：唐子龙，焦文杰，王恋，颜林；申请人：湖南科技大学

中国专利号：ZL201410250784.3；中国专利申请日：2014-06-09

化合物类型：苯并噁嗪酮

发明思路：me-too 研究；在现有技术公开苯并噁嗪酮类化合物的基础上，进行取代基替换从而得到现有的化合物。

用途：具有杀菌活性，可用于防治农作物病害如小麦赤霉病、黄瓜灰霉病、辣椒疫霉病、油菜菌核病。

代表化合物结构如下：

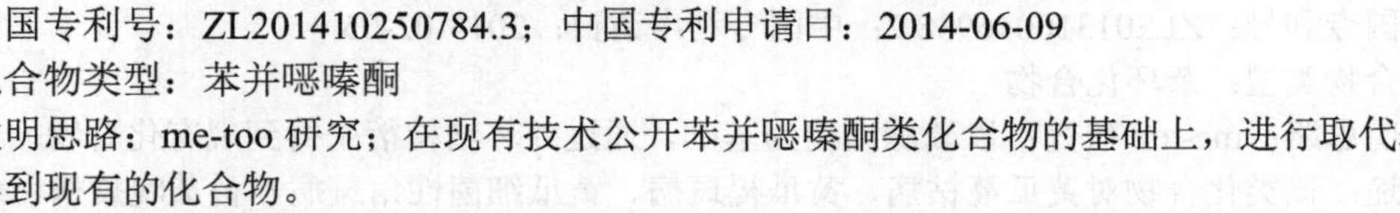

（77）*N*-芳基取代吡咯烷酮衍生物及其用途

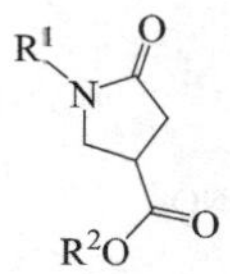

式中，R^1为取代苯基，R^2为氢或三氟乙基；所述取代苯基的取代基选自下列基团中一种或两种以上：C_1～C_5支链或直链烷基，C_1～C_5支链或直链含氟烷基，卤素，硝基，C_1～C_3含氟烷氧基等；取代基个数为1～5的整数；其中R^3为C_1～C_3烷氧基。

发明人：徐玉芳，赵振江，朱维平，徐峥，朱浩骏，李洪林，曹贤文，李宝聚，石延霞，钱旭红；申请人：华东理工大学

中国专利号：ZL201210321423.4；中国专利申请日：2012-09-03

化合物类型：吡咯烷酮

发明思路：me-too研究；以吡咯烷酮类结构为基础，通过取代酯结构变化衍生得到现有化合物。

用途：其中一些化合物具有较好的植物抗病激活活性，如对水稻稻瘟病、水稻纹枯病、黄瓜白粉病、黄瓜炭疽病、黄瓜赤霉病、黄瓜蔓枯病、黄瓜褐斑病、黄瓜细菌性角斑病、番茄晚疫病或玉米小斑病等具有一定的防治效果。

代表化合物结构如下：

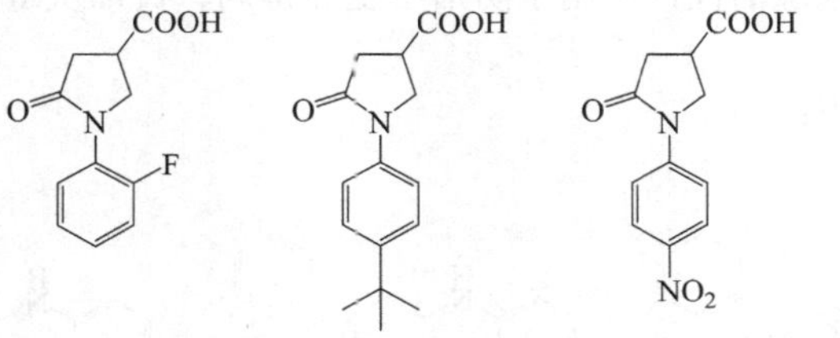

（78）具有杀菌活性的1-酰氨基-2-芳基-2,4-二氢-3,1-苯并噁嗪类化合物及其用途

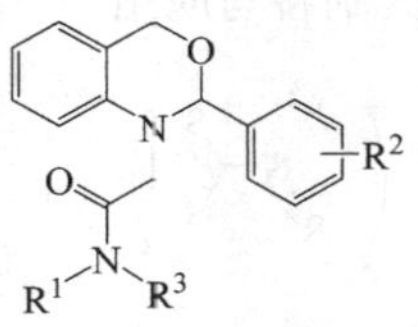

式中，R^1是C_6H_5，R^3是H时，R^2是4-NO_2或3-NO_2；R^1是2-$CH_3C_6H_5$，R^3是H时，R^2是3-NO_2；R^1是2-$CH_3OC_6H_5$，R^3是H时，R^2是4-NO_2或2-NO_2或3-NO_2；R^1是4-$CH_3C_6H_5$，R^3是H时，R^2是4-NO_2或3-NO_2；R^1是4-$CH_3OC_6H_5$，R^3是H时，R^2是4-NO_2或3-NO_2；R^1是3-$CH_3OC_6H_5$，R^3是H时，R^2是4-NO_2；R^1是4-ClC_6H_5，R^3是H时，R^2是4-NO_2。

发明人：唐子龙，王恋，黄婷婷，高文蕾，骆茜梓；申请人：湖南科技大学

中国专利号：ZL201510309383.5；中国专利申请日：2015-06-08

化合物类型：苯并噁嗪

发明思路：在现有的1,3-苯并噁嗪化合物的基础上，进行结构改造得到现有的1-酰氨基-2-芳基-2,4-二氢-3,1-苯并噁嗪类。

用途：具有较好的杀菌活性，尤其可用于抑制小麦赤霉病菌、黄瓜灰霉病菌、辣椒疫霉病菌、油菜菌核病菌、水稻纹枯病菌和稻瘟病菌。

代表化合物结构如下：

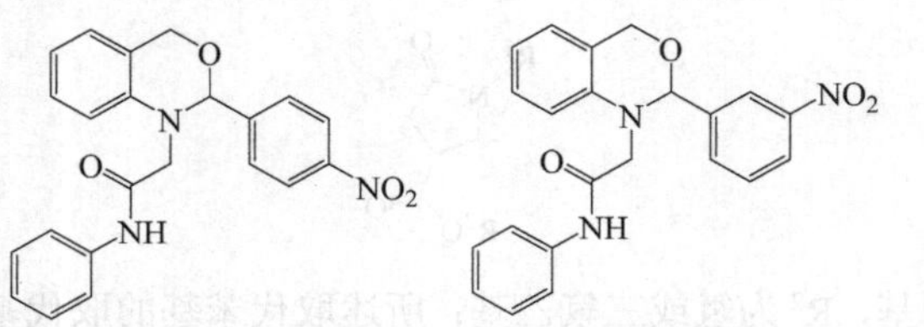

（79）具有杀菌活性的 2-(芳氨基乙基氨基)苯甲醇类化合物及其用途

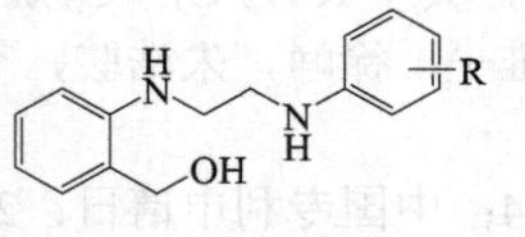

式中，R 为 H，或 o-CH_3，或 m-CH_3，或 p-CH_3，或 m-OCH_3，或 p-OCH_3，或 p-Cl。

发明人：唐子龙，李新兴，蔡兰琼，谭经照；申请人：湖南科技大学

中国专利号：ZL201510309406.2；中国专利申请日：2015-06-08

化合物类型：乙二胺、苯甲醇

发明思路：在研究邻氨基苯甲醇与溴乙酰芳胺的烷基化反应过程中，合成了芳胺基取代乙酰芳胺类化合物，其是一种合成 3,1-苯并噁嗪类化合物的重要中间体。进一步对其用四氢铝锂还原获得新型的 2-(芳氨基乙基氨基)苯甲醇类化合物。

用途：具有较好的杀菌活性，可用于防治小麦赤霉病、黄瓜灰霉病、辣椒疫霉病、油菜菌核病。

代表化合物结构如下：

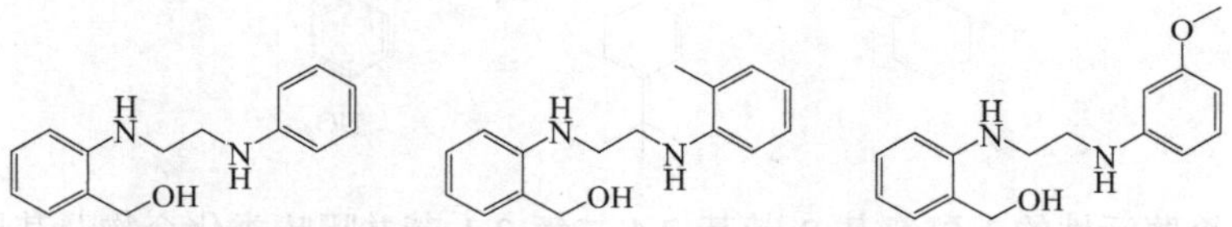

（80）二硫代氨基甲酸铜衍生物及其制备与应用

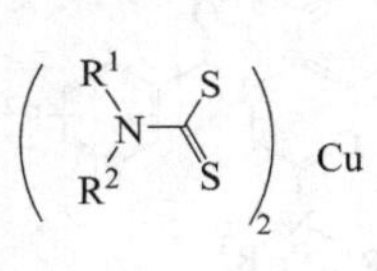

选择如下化合物：

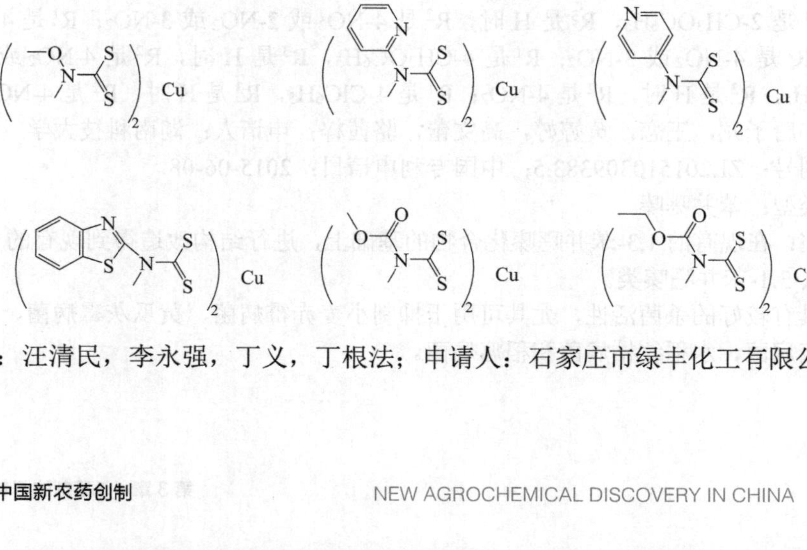

发明人：汪清民，李永强，丁义，丁根法；申请人：石家庄市绿丰化工有限公司，丁义，

李永强

中国专利号：ZL201610041347.X；中国专利申请日：2016-01-22

化合物类型：二硫代氨基甲酸铜

发明思路：me-too 研究；参考二硫代氨基甲酸酯类杀菌剂制备其铜盐。

用途：具有杀菌活性。该发明的二硫代氨基甲酸铜衍生物表现出很好的杀菌活性，能够抑制辣椒炭疽病菌、水稻稻瘟病菌、小麦白粉病菌、黄瓜白粉病菌等病原菌，对苹果树腐烂病、梨树腐烂病具有比甲基硫菌灵更优异的防治效果。

（81）杀生物的肟醚类化合物

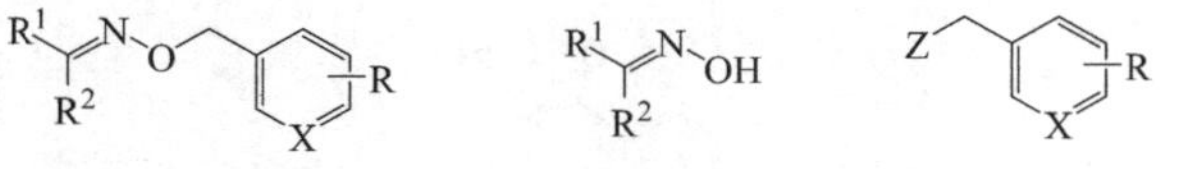

其中，R^1 和 R^2 可以是相同或不同的，代表 H、C_1～C_6 烷基、C_3～C_8 环烷基、芳基或杂芳基、芳基羰基、烷基羰基、烷基氢硫基、氰基；R^1 和 R^2 也可以连结在一起形成一个亚烷基链；如前所确定的含义中，必要时，还可选自下列相同或不同的一个或多个取代基：C_1～C_6 烷基，C_6～C_{12} 芳基或 C_6～C_{12} 杂芳基，卤素，硝基，氰基，羟基，C_1～C_6 烷基氧基，C_6～C_{12} 芳基氧基，烷基氢硫基，芳基氢硫基，甲二氧基；R 代表 C_1～C_6 烷基，C_6～C_{12} 芳基氧基，卤素；X 代表 C 或 N。

发明人：柳爱平，龙胜佑，欧晓明，梁骥，任训和；申请人：湖南化工研究院

中国专利号：ZL98112665.0；中国专利申请日：1998-10-07

化合物类型：肟醚类

发明思路：me-too 研究；在肟醚杀菌剂结构基础上引入吡啶苄基结构而得。

用途：具有杀菌活性，对稻瘟病菌、稻纹枯病菌、油菜菌核病菌、棉立枯病菌或麦类赤霉病菌显示了优良的抑制活性，而有些化合物则对黏虫、豆蚜和叶蝉等害虫表现出优良的杀虫活性，还有些化合物同时显示了一定的除草活性和生长调节活性。

代表化合物结构如下：

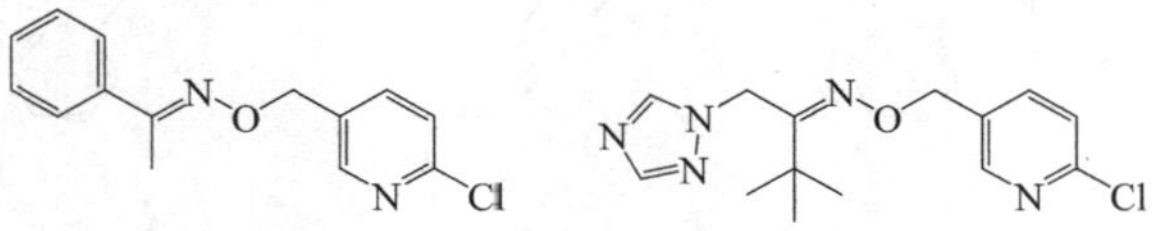

（82）地克珠利衍生物及其应用和含有该衍生物的杀菌剂

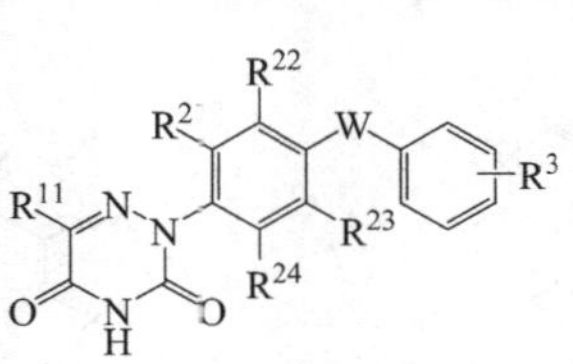

其中，R^{11}、R^{21}、R^{24} 为氢、烷基；R^{22} 和 R^{23} 为 H、烷基、卤素；R^3 为 H、硝基、烷基、卤代烷基、卤素、烷氧/硫基；W 为氧、酯。

发明人：杨光富，熊力；申请人：华中师范大学

中国专利号：ZL201610387500.4；中国专利申请日：2016-06-02

化合物类型：地克珠利类、苯基三嗪酮类

发明思路：me-too 研究；在研究三嗪苯乙腈类地克珠利抗球虫药物结构基础上而得。

用途：具有杀菌活性，防治水稻纹枯病、黄瓜灰霉病、黄瓜霜霉病和黄瓜白粉病等。

代表化合物结构如下：

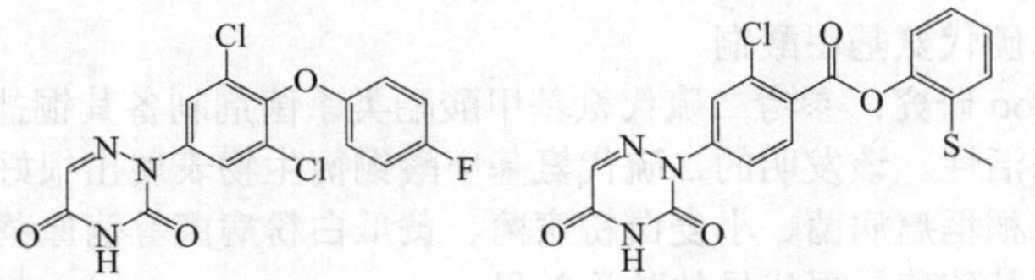

（83）化合物及其制备方法和用途

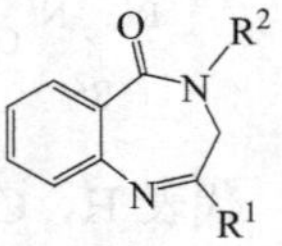

其中，R^1为叔丁基、取代苯基；R^2为取代苯基。

发明人：丁明武，王龙，任志林；申请人：华中师范大学

中国专利号：ZL201510432229.7；中国专利申请日：2015-07-21

化合物类型：稠杂环类、苯并二氮杂䓬-5-酮类

发明思路：me-too 研究；在苯并二氮杂䓬-5-酮杀菌剂结构基础上引入苯基结构而得。

用途：具有杀菌活性，对马铃薯晚疫病菌、葡萄霜霉病菌、小麦白粉病菌、番茄早疫病菌和稻瘟病菌具有很好的抑制作用。

代表化合物结构如下：

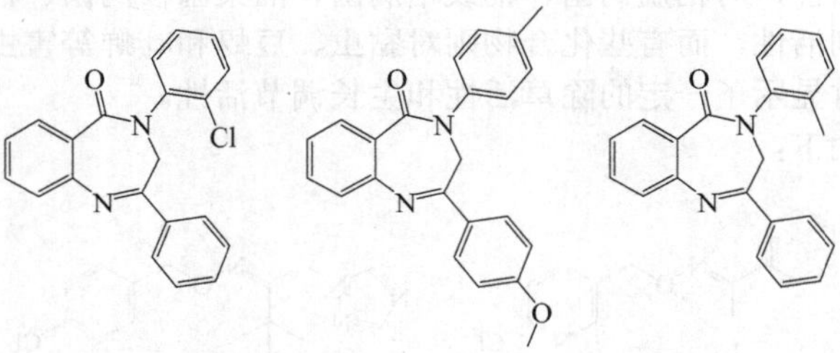

（84）具有杀菌活性的 2, 3, 4, 7-多取代吡啶并[4, 3-*d*]嘧啶衍生物及制备

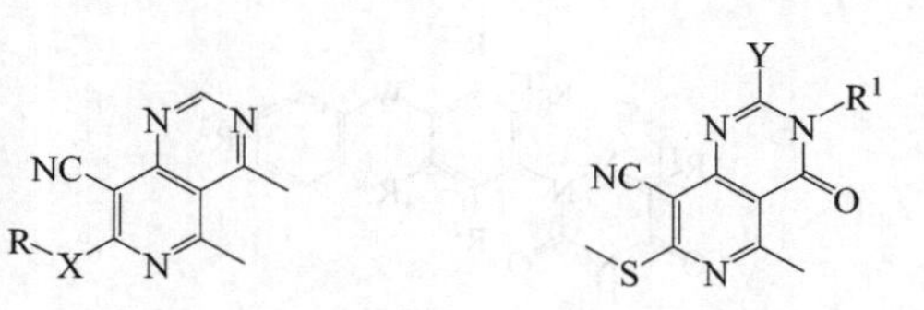

其中，R 表示 C_1～C_2的烷基，苯基或取代苯基，苯基 C_1～C_4烷基或取代苯基 C_1～C_4烷基；X 表示 O、S、NH，但当 R 为 Me 时，X 不为 S；Y 表示六氢吡啶基，吗啡啉基，单取代或双取代烷氨基；R^1表示 C_1～C_6的烷基，杂环基为吡啶、噻吩或呋喃的杂环取代 C_1～C_2烷基，苯基 C_1～C_3烷基或取代苯基 C_1～C_3烷基，苯基或取代苯基。

发明人：贺红武，莫文妍，任青云；申请人：华中师范大学

中国专利号：ZL200810048290.1；中国专利申请日：2008-07-04

化合物类型：吡啶并嘧啶类

发明思路：在前期工作基础上，继续对具有杀菌除草活性的易取代吡啶并嘧啶类化合物进行结构修饰和改造而得。

用途：具有杀菌活性，对棉花枯萎病菌、水稻纹枯病菌、黄瓜灰霉病菌、小麦赤霉病菌、苹果轮纹病菌、棉花炭疽病菌、黄瓜菌核病菌、黄瓜褐斑病菌、黄瓜黑星病菌、辣椒疫病病菌等多种病原菌具有显著的抑制作用。

代表化合物结构如下：

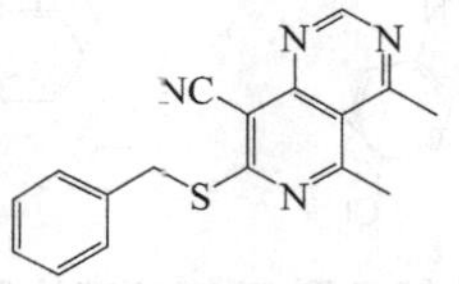

（85）具有光学活性的取代的四氢咔唑衍生物及其合成方法

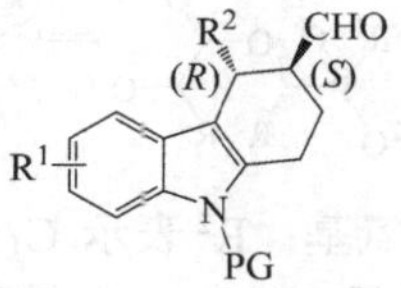

其中，R^1为氢、5-甲基、5-甲氧基、5-氟、5-氯、5-溴、7-甲基、5,7-二甲基或者 6-氯-7-甲基；R^2为甲基、乙基、丙基、丁基、异丙基或者三甲基硅基；PG 为甲基、苄基、3,4-二甲氧基苄基或者 4-溴苄基。

发明人：肖文精，曹宜菊；申请人：华中师范大学

中国专利号：ZL200910060436.9；中国专利申请日：2009-01-06

化合物类型：四氢咔唑类

发明思路：me-too 研究；在四氢咔唑杀菌剂结构基础上引入苄基结构而得。

用途：具有杀菌活性，对棉花枯萎病菌、水稻纹枯病菌、黄瓜灰霉病菌、小麦赤霉病菌、苹果轮纹病菌、棉花炭疽病菌具有显著的抑制作用。

代表化合物结构如下：

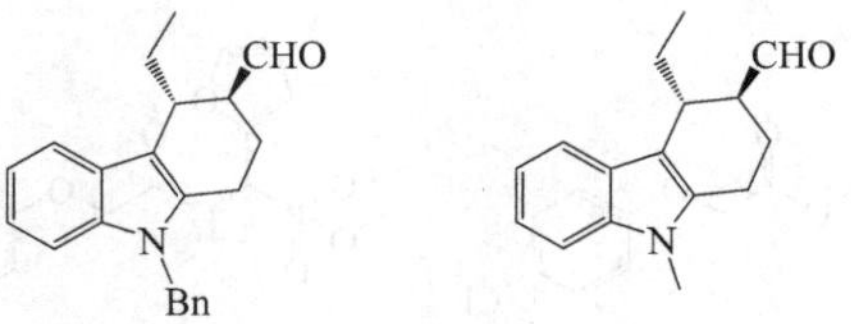

（86）具有杀菌活性的 2-取代 6*H*-咪唑并[1,2-*b*]-1,2,4-三唑-6-酮及其制备方法

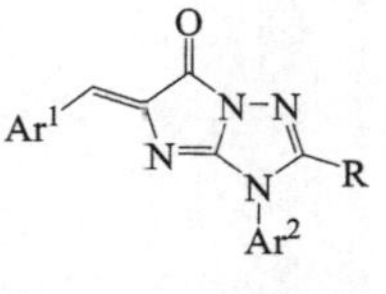

其中，Ar^1 为苯基，或取代基为 4-氯或 4-甲氧基的取代苯基；Ar^2 为苯基，或取代基为 4-氯的取代苯基；R 为甲基或苯基。

发明人：丁明武，肖文精，付伯桥；申请人：华中师范大学

中国专利号：ZL200510019145.7；中国专利申请日：2005-07-22

化合物类型：咪唑并三唑类

发明思路：me-too 研究；在咪唑啉酮杀菌剂结构基础上直接衍生而得。

用途：具有杀菌活性，对黄瓜灰霉病菌、油菜菌核病菌、稻瘟病菌、小麦赤霉病菌、甜菜褐斑病菌及棉花枯萎病菌具有良好的抑制活性。

代表化合物结构如下：

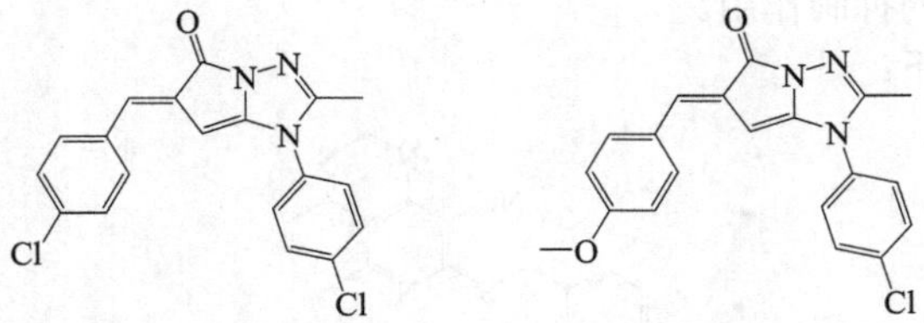

（87）具有杀菌杀虫活性的取代苯氧乙酰氧基烃基次膦酸酯和膦酸酯盐

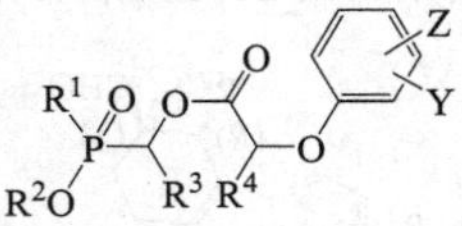

其中，R^1 表示 C_1～C_4 的烷基或烷氧基；R^2 表示 C_1～C_4 的烷基、M，M 为 Li、Na、K 或 NH_4^+；R^1 与 R^2 相同或者不相同；R^3 表示 H，C_1～C_4 烷基，CCl_3，苯基，呋喃基，取代基为卤素、NO_2、C_1～C_4 的烷基、烷氧基、烷硫基或 OCH_2O 的取代苯基；R^4 表示 H 或 C_1～C_4 的烷基；Z、Y 表示 H、NO_2、卤素、C_1～C_4 烷基、烷氧基、烷硫基或 CF_3，Z 与 Y 相同或不相同。

发明人：贺红武，王涛，李艳军，沈平，陈婷，廖桂红，莫文妍；申请人：华中师范大学

中国专利号：ZL200510018549.4；中国专利申请日：2005-04-14

化合物类型：膦酸酯类、次膦酸酯类

发明思路：me-too 研究；在苯氧乙酸除草剂结构基础上引入膦酸酯结构而得。

用途：具有杀虫、杀菌、除草活性，对棉花枯萎病、稻瘟病、黄瓜灰霉病、小麦赤霉病、油菜菌核病和甜菜褐斑病有防治效果，亦对红蜘蛛、朱砂叶螨、水稻褐飞虱、苜蓿蚜和黏虫有效。

代表化合物结构如下：

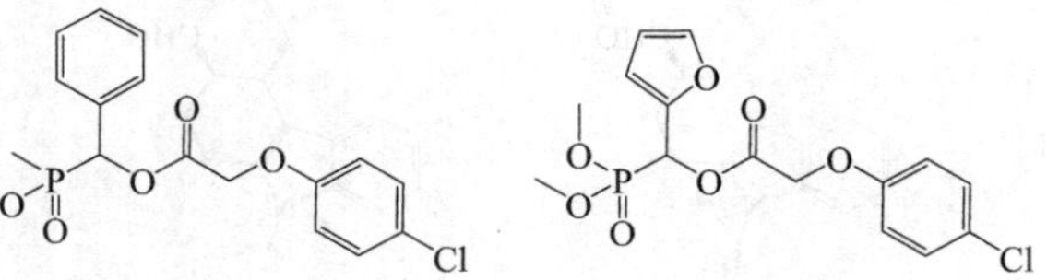

第 4 章

除草剂的创制

中国农田化学除草起始于 20 世纪 50 年代后期，大致经历了三个阶段。

（1）准备阶段　20 世纪 50 年代，中国有关专家、学者开始在报刊、书籍和讲学中介绍西方工业国家开展化学除草的情况，如 2,4-滴、2 甲 4 氯(MCPA)等除草剂的应用技术等，为中国开展化学除草工作作了前期准备和技术引进。

（2）试验、示范和局部地区推广阶段　20 世纪 50 年代后期，黑龙江省开始试验、示范 2,4-滴类除草剂防除麦田杂草；60 年代初，黑龙江省农垦部门成立了全国化学除草领导小组，推动了全国化学除草工作。一些科研、教学单位开始研制合成除草剂，广东、湖南、上海、北京、辽宁、吉林等省(市)开始试验使用五氯酚钠(PCP)、2 甲 4 氯、敌稗(propanil)和除草醚(nitrofen)防除水稻田杂草，青海、宁夏等省(区)开始使用燕麦灵(barban)防除麦田杂草野燕麦，黑龙江省试验示范使用利谷隆(linuron)防除大豆田杂草，至此稻田、麦田和大豆田化学除草有所发展；70 年代，上海、江苏开始试验、示范使用绿麦隆(chlortoluron)防除麦田杂草，并在长江流域麦田示范推广。湖南省使用伏草隆(fluometuron)防除棉田杂草获得成功。同时，草甘膦(glyphosate)防除果、桑、茶园杂草和免耕地杂草在一些地区取得较好效果，并大面积示范推广。化学除草在稻、麦、棉、大豆等作物田和果园有了较大发展，1975 年，中国农田化学除草面积达到 170 万公顷。

（3）广泛试验、全面推广、深入研究阶段　20 世纪 80 年代以后，随着农村经济和科学技术的发展，化学除草工作进入了快速发展阶段。到 2000 年，在中国登记的除草剂品种，分属磺酰脲类、酰胺类、三嗪类等 20 个类型。制剂登记总数达到 1214 个，其中国内厂家登记制剂数为 1078 个，占总数的 88.8%。但当时除草剂的产量与杀虫剂相比还有很大差距，据统计 1997 年除草剂原药的产量为 6.7 万吨，杀虫剂为 27.5 万吨，分别占农药总产量（39.5 万吨）的 17% 和 69.6%。

进入 21 世纪之后，中国农药产业结构持续调整，农业生产需求的满足度得到不断提高，除草剂和杀菌剂所占比重逐年提高。到 2014 年，中国农药产量为 374.4 万吨，除草剂、杀菌剂和杀虫剂占农药总产量的比例分别为 70%、9%和 21%。有机磷类、磺酰脲类和杂环类等除草剂市场占有率迅速上升，达到除草剂产量的 70%以上。截至 2020 年 11 月，中国原药（含母药）登记总数达到 1795 个，涉及几乎所有结构类型的品种，制剂（含单剂和混剂）总数达到了 9362 个。

中国农药生产量、销售量和使用量不断增加，农药生产水平不断提高，生产能力已达到世界领先水平。但中国新农药创制起步晚，创制能力相对薄弱，创制品种也比较少。据不完全统计，截至 2019 年 7 月底，中国开发或自主创制并获得过登记的农药新品种有 54 个，其中除草剂只有 10 个。值得期待的是，经过几十年的发展，中国新农药创制水平得到了很大提高，近年来中国除草剂研发公司紧跟国际步伐，在除草剂创制方面取得显著进步，尤其是以青岛清原作物科学有限公司为代表的研发团队，研发出一批很有潜力的新除草剂如环吡氟草酮、双唑草酮、三唑磺草酮、苯唑氟草酮、氟草啶、氟氯氨草酯、氟砜草胺、溴噁草松、噁唑草啶、甲氧嘧草肟、氟溴草醚，另外沈阳中化农药化工研发有限公司也开发了有望成为农药行业“重磅炸弹”的苯嘧草唑。随着环境生态和健康安全的要求越来越高，随着国内外公司对知识产权的重视程度越来越高，未来除草剂发展的趋势是兼顾抗性治理的同时，一定要满足“安全性高、效果好、成本低、知识产权稳定、市场潜力大”五要素。

4.1 磺酰脲类化合物

磺酰脲类除草剂由美国杜邦公司首次发现，它标志着除草剂进入了超高效时代，除草剂的用量由以前的 1～3kg (a.i.)/hm^2 变为 1～200g (a.i.)/hm^2。

其创制经纬详情请参阅 G. Levitt 博士在 *ACS Symp. Ser.* 443, *Synthesis and Chemistry of Agrochemicals* Ⅱ(1991)中第 16～31 页撰写的 *Discovery of the sulfonylurea herbicides* 一文。

杜邦公司的 Henry J. Gerjovich 曾向脲类除草剂灭草隆(monuron)的苯环和脲之间引入 SO_2 基团合成化合物 **4-1**，他还发现芳基磺酰异氰酸酯和 *N*,*N*-二烷基酰胺反应生成芳基磺酰亚胺(**4-2**)，虽然没有观察到这些化合物的生物活性，但他认为这种化学反应值得进一步研究。后来 Levitt 博士进入杜邦公司，时任其主管的 Henry J. Gerjovich 就建议他合成芳基磺酰异氰酸酯衍生物，1957 年 Levitt 用苯磺酰异氰酸酯和 *N*-(4-氯苯基)甲酰胺反应，与和烷基酰胺反应不同的是没有产生化合物 **4-3**，而是得到了化合物 **4-4**，但这个化合物没有值得重视的生物活性（图 4-1）。

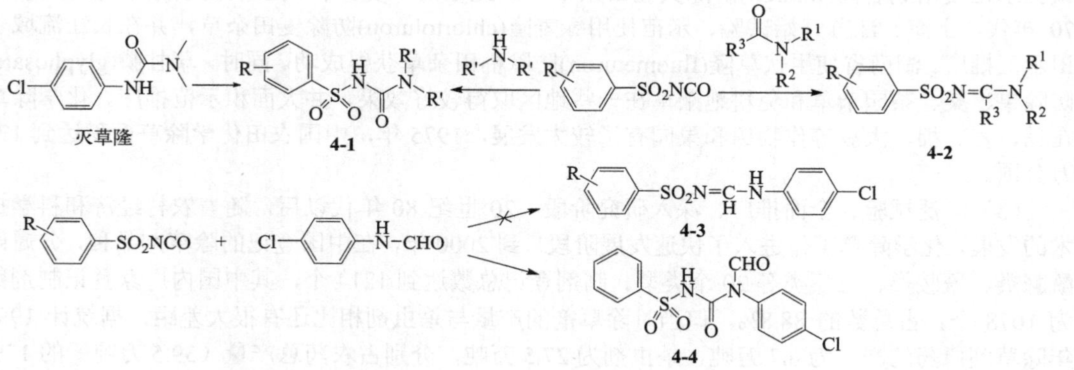

灭草隆 4-1 4-2 4-3 4-4

图 4-1 磺酰脲类化合物的创制经纬 1

直到 1973 年，一个昆虫学家(S.S.Sharp)在研究新生测方法时发现化合物 **4-4** 可使螨类不育，并建议合成一些化合物 **4-4** 的类似物。Levitt 博士于是合成了一些没有醛基的化合物如 **4-5** 和 **4-6**，发现 **4-5** 活性比 **4-4** 稍高，其他化合物活性均不如化合物 **4-4**，但化合物 **4-6** 在 2kg (a.i.)/hm^2 剂量下具有弱的植物生长调节活性。在与他的主管 Raymond W. Luckenbaugh 讨论这一发现时，其主管鼓励他应该多做些工作，并给他一份公司合成的所有磺酰脲类化合物(**1-A**、**1-B**、**1-C** 和 **1-D**)与室内活性结果。Levitt 博士发现这些化合物中含杂环的化合物只有两个。因为杂环化合物具有多种生物活性，因此 Levitt 博士决定合成含杂环的磺酰脲类化合物，并于 1975 年合成了化合物 **4-7**，此化合物可谓真正的先导化合物，其活性是化合物 **4-6** 的 1000 倍。随后先导优化开始，于 1976 年发现磺酰脲类除草剂中第一个商品化品种氯磺隆(**4-8**)。以后经更进一步的优化，发现了许多其他磺酰脲类除草剂（图 4-2）。

1-A 1-B 1-C 1-D Hy= 4-4 4-5 R=Cl; 4-6 R=CN(1973) 4-7(1975) 4-8 (1976)

许多其他磺酰脲类除草剂

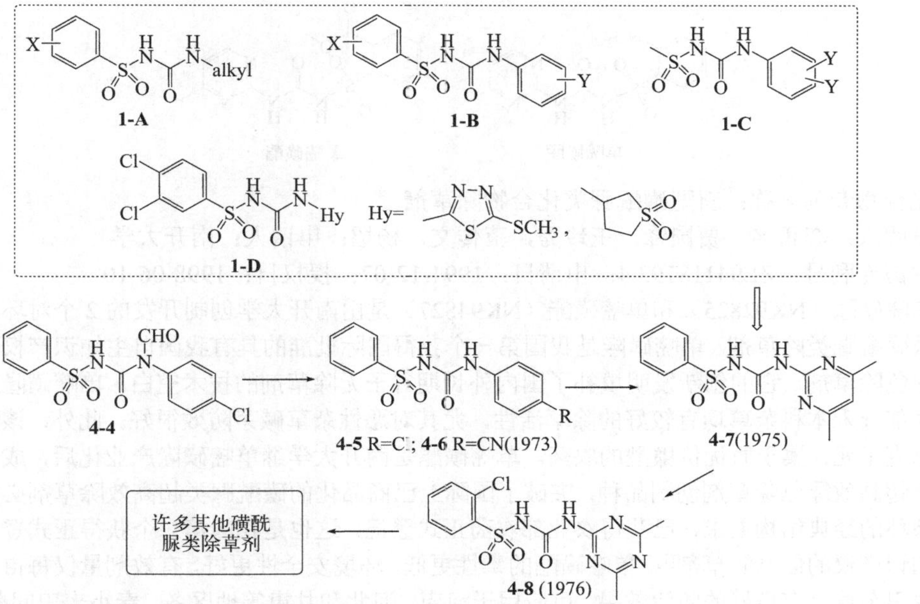

图 4-2　磺酰脲类化合物的创制经纬 2

alkyl 为烷基

截止到 2023 年 12 月，磺酰脲类除草剂共公开了 41 个品种，可分为三小类，其中三嗪磺酰脲类 12 个，包括氯磺隆(chlorsulfuron)、醚磺隆(cinosulfuron)、胺苯磺隆(ethametsulfuron)、碘甲磺隆钠盐(iodosulfuron-methyl sodium)、iofensulfuron、甲磺隆(metsulfuron-methyl)、氟磺隆(prosulfuron)、噻吩磺隆(thifensulfuron-methyl)、醚苯磺隆(triasulfuron)、苯磺隆(tribenuron-methyl)、氟胺磺隆(triflusulfuron-methyl)、三氟甲磺隆(tritosulfuron)；嘧啶磺酰脲类 26 个，包括酰嘧磺隆(amidosulfuron)、四唑嘧磺隆(azimsulfuron)、苄嘧磺隆(bensulfuron-methyl)、氯嘧磺隆(chlorimuron-ethyl)、环丙嘧磺隆(cyclosulfamuron)、乙氧磺隆(ethoxysulfuron)、啶嘧磺隆(flazasulfuron)、氟吡磺隆(flucetosulfuron)、氟啶嘧磺隆(flupyrsulfuron-methyl-sodium)、甲酰氨基嘧磺隆(foramsulfuron)、氯吡嘧磺隆(halosulfuron-methyl)、唑吡嘧磺隆(imazosulfuron)、甲基二磺隆(mesosulfuron-methyl)、嗪吡嘧磺隆(metazosulfuron)、单嘧磺隆(monosulfuron)、单嘧磺酯(monosulfuron-ester)、烟嘧磺隆(nicosulfuron)、嘧苯胺磺隆(orthosulfamuron)、环氧嘧磺隆(oxasulfuron)、氟嘧磺隆(primisulfuron-methyl)、丙嗪嘧磺隆(propyrisulfuron)、吡嘧磺隆(pyrazosulfuron-ethyl)、砜嘧磺隆(rimsulfuron)、甲嘧磺隆(sulfometuron-methyl)、磺酰磺隆(sulfosulfuron)、三氟啶磺隆钠(trifloxysulfuron-sodium)；还有 3 个含三唑酮结构的也归为此类，它们是氟唑磺隆(flucarbazone-sodium)、丙苯磺隆(propoxycarbazone-sodium)、噻酮磺隆(thiencarbazone-methyl)。这些化合物的作用机理相同，都是乙酰乳酸合成酶(ALS)抑制剂。目前，氯磺隆、甲磺隆和胺苯磺隆在我国已被禁用。

国内开发的磺酰脲类除草剂的思路主要是针对现有商品化品种的 me-too 研究，从中间体衍生的角度分析主要为替换法和衍生法。参与研究的单位主要有南开大学、湖南化工研究院、沈阳中化农药化工研发有限公司（原沈阳化工研究院农药所）、江苏省激素研究所以及海利尔药业集团股份有限公司等。其中南开大学开发的单嘧磺隆和单嘧磺酯（均获正式登记），以及湖南化工研究院创制的甲硫嘧磺隆获得登记（临时登记已过期）。

4.1.1 单嘧磺隆和单嘧磺酯的创制

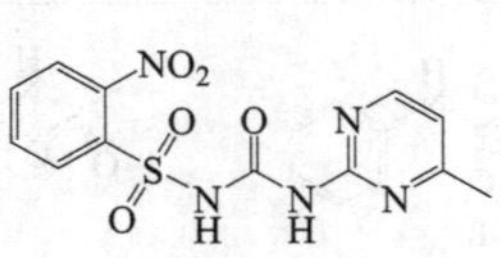

单嘧磺隆 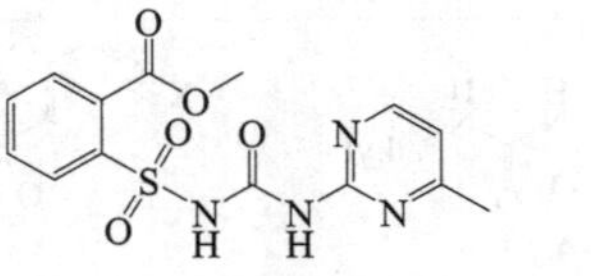　　　　单嘧磺酯

化合物专利名称：新型磺酰脲类化合物除草剂

发明人：李正名，贾国锋，王玲秀，范传文，杨炤；申请人：南开大学

中国专利号：ZL94118793.4；申请日：1994-12-07；授权日：1998-06-10

单嘧磺隆（NK92825）和单嘧磺酯（NK94827）是由南开大学创制开发的 2 个对环境友好的超高效磺酰脲类除草剂。单嘧磺隆是我国第一个获得国际批准的具有我国自主知识产权的新型超高效绿色除草剂，它的创新发明填补了国内外长期谷子无除草剂的技术空白。单嘧磺隆对阔叶杂草和大部分禾本科杂草均有较好的除草活性，尤其对恶性杂草碱茅防效很好。此外，该药成本仅仅为每克 1 元，属于质优价廉型的农药。单嘧磺酯是南开大学继单嘧磺隆产业化后，成功开发的另一个超高效绿色除草剂创制品种，突破了国际上已商品化的磺酰脲类超高效除草剂必须含有双取代杂环的经典结构要求，已获得农业部农药正式登记，这也是我国第二个获得正式登记的具有自主知识产权的创制除草剂[1]。单嘧磺酯的毒性更低，环境安全性更好，有效剂量仅每亩 1～1.5g，对小麦田杂草具有良好的防治效果，可应用于河南、河北和甘肃等地区冬、春小麦田间藜、萹蓄、荠菜、播娘蒿等杂草的防治，对小麦田最常见的后茬作物玉米安全。与常规除草剂相比，单嘧磺酯属于超高效除草剂，可大幅度减少进入环境中的化学物质，其极低的毒性又可大幅度降低对有益动植物的生态影响。同时新的除草剂品种问世，对于除草剂的更新换代，避免单一除草剂长期使用对环境带来的不良影响和杂草草相变化对农业生产的危害，具有较大的社会和环境效益。河北兴柏农业科技有限公司已将这两个产业化品种正式登记，其中包括：单嘧磺隆原药（登记证号 PD20070369）、单嘧磺酯原药（登记证号 PD20130372）和 10%单嘧磺隆可湿性粉剂（登记证号 PD20070368，商品名为“麦谷宁”）、10%单嘧磺酯可湿性粉剂（登记证号 PD20130371）。多年来基于对环境友好的超高效磺酰脲除草剂单嘧磺隆、单嘧磺酯的创制和开发研究系列成果，李正名院士团队获得 2003 年天津市发明专利金奖、2004 年天津市技术发明一等奖、2006 年全国发明创业奖、2007 年国家技术发明奖二等奖、2013 年天津市科技重大成就奖等多个奖项。

4.1.1.1 创制过程

20 世纪 80 年代初美国杜邦公司报道了一类新的磺酰脲类除草剂，其作用靶标——乙酰乳酸合成酶（ALS）是植物和微生物体内所特有的一种酶。该类除草剂对温血动物无毒的特点和它的超低用量（每亩 1～2g）大大改善了对环境的影响，因此该类除草剂一经问世，迅速在国际上掀起一股研发热潮。据了解杜邦公司合成了此类新结构约 6 万个，申请专利约 400 件，已覆盖了几乎所有可能的设计范围及知识产权。磺酰脲类除草剂也因此成为农药创制史上的一个里程碑。其发明人 G. Levitt 博士根据 20 年来研究磺酰脲类除草剂的实践经验，总结了其构效关系的四点重要结论：①分子中含有脲桥；②在脲桥间位须有两个取代基；③在脲桥对位不能有任何取代基；④分子中须有一个杂环系统。

自 20 世纪 90 年代初，南开大学元素有机化学研究所李正名院士课题组开始对磺酰脲类除草剂进行深入和系统构效关系研究，先后设计、合成了 900 多个磺酰脲类新化合物，从中间体衍化法分析主要是替换法，采用单取代杂环替换两个取代基，先后筛选出 5 个具有超高效除草活性的单取代磺酰脲类新结构[92825（单嘧磺隆）、9285、94827（单嘧磺酯）、01806 和 01808]，从而发现具有单取代杂环的新型磺酰脲分子同样具有很高的除草活性，总结并提出了磺酰脲分子除草活性三要素，修正和发展了国际上公认的磺酰脲构效关系理论：①在磺酰脲分子中存在一个分子内氢键，它促使脲桥和杂环之间形成一个新的共轭体系；②羰基氧、磺酰氧和杂环氮原子共同形成了一个三负电子中心的系统；③在苯环中磺酰脲桥和关键的邻位取代基之间存在一个空穴。

4.1.1.2 知识产权分析

单嘧磺隆在杜邦公司专利US4169719A［申请日：1977-10-06；公开日：1979-10-02）范围内（通式Ⅰ中：R^3和R^6分别选自氢、氟、氯、溴、碘、C_1～C_4烷基、C_1～C_4烷氧基、硝基、三氟甲基、氰基、$CH_3S(O)_n$或$CH_3CH_2S(O)_n$；R^4选自氢、氟、氯、溴或甲基；R^5选自氢、氟、氯、溴、甲基或甲氧基；R^7选自氢、氟、氯、溴、C_1～C_2烷基或C_1～C_2烷氧基；W选自O或者S；X选自氢、氟、氯、溴、甲基、乙基、C_1～C_3烷氧基、三氟甲基、CH_3S或CH_3OCH_2；Z选自甲基或甲氧基］，当R^3选自硝基，R^4、R^5、R^6、R^7选自氢，W选自氧，X选自氢，Z选自甲基时即为单嘧磺隆，因此单嘧磺隆最终是以组合物专利形式CN1028314C公开。

单嘧磺酯在杜邦公司专利EP0030138（申请日：1980-11-28；公开日：1981-06-10）范围内（通式Ⅱ中：R为C_1～C_{12}烷基；W为O；X为H、Cl、CH_3、OCH_3、OCH_2CH_3或$OCH_2CH_2OCH_3$；Y为H、Cl、CH_3、C_1～C_4烷基等；Z为CH或N），但非列表化合物，为选择性发明。

（1）新颖性　新颖性分析见表4-1。

表4-1　本专利与已有技术对比表

磺酰脲类化合物	最接近的已有技术	同类商品化品种
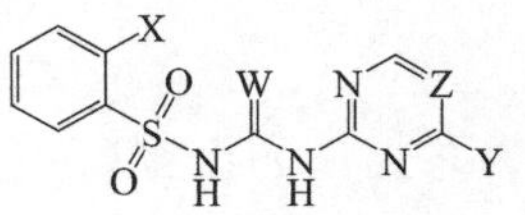 通式	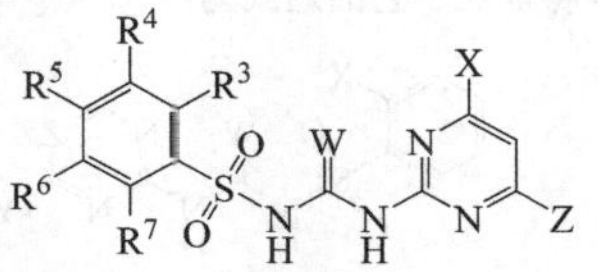 通式Ⅰ（US4169719A） 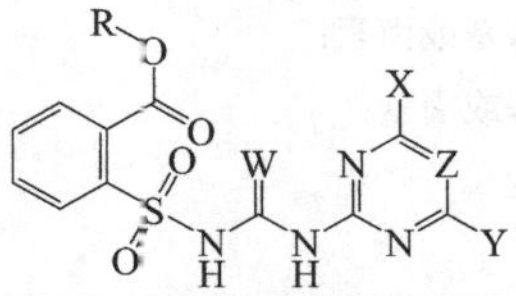 通式Ⅱ（EP0030138）	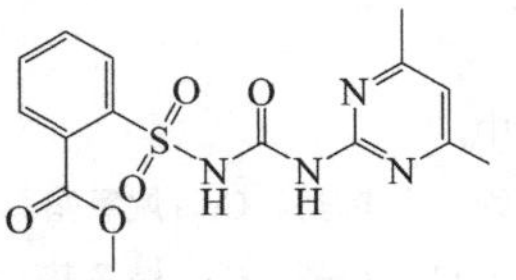 甲嘧磺隆
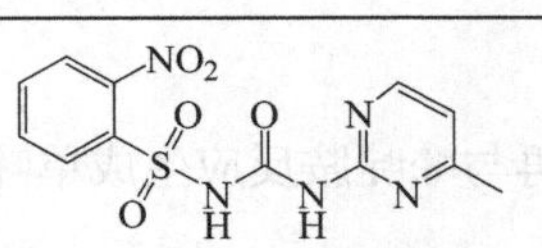 代表化合物单嘧磺隆	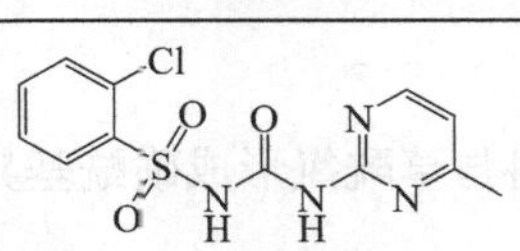 （US4169719A 列表化合物）	
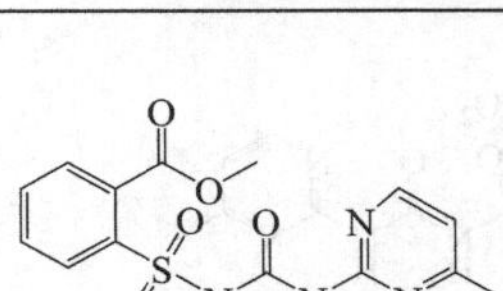 代表化合物单嘧磺酯	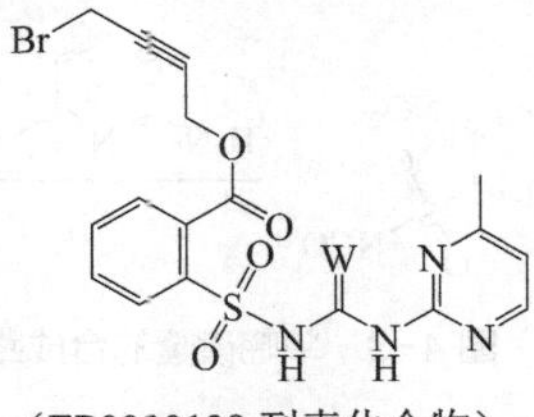 （EP0030138 列表化合物）	
区别：与传统磺酰脲除草剂相比，嘧啶部分为单取代	US4169719A	十多个：苄嘧磺隆、氯磺隆、甲磺隆等

（2）创造性　专利 CN1028314C、CN1106393A 中公开了单嘧磺隆和单嘧磺酯对油菜 IC_{50} 值相比氯磺隆提高了 1.7 倍以上（表 4-2）。表明该发明化合物与已有技术相比，具有突出的实质性特点和显著的进步。

表 4-2　氯磺隆、单嘧磺隆和单嘧磺酯比较试验（IC_{50}）

化合物	IC_{50}/(mol/L)	r
单嘧磺隆	4.13×10^{-7}	0.96
单嘧磺酯	3.80×10^{-7}	0.99
氯磺隆	7.27×10^{-7}	0.99

（3）核心化合物专利　单嘧磺隆是通过组合物专利 CN1028314C 公开的，单嘧磺酯作为核心化合物见专利 CN1106393A，其核心化合物专利及授权范围详见表 4-3。

表 4-3　核心化合物专利

序号	公开号	专利号	法律状态
1	CN1028314C	ZL93101976.1	授权，已过专利期
2	CN1106393A	ZL94118793.4	授权，已过专利期

授权保护范围（中国专利）

一种具有除草活性的磺酰脲化合物，其特征在于它的通式为：

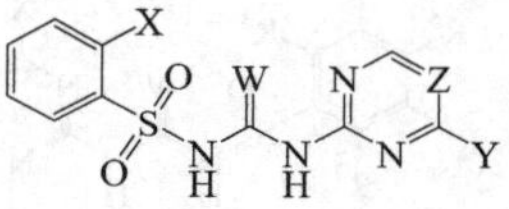

其中，

X 为 $C_{1\sim4}$ 烷基、$C_{1\sim4}$ 烷氧基、$C_{1\sim4}$ 烷氧羰基或卤素；

Y 为 $C_{1\sim4}$ 烷基、$C_{1\sim4}$ 烷氧基、$C_{1\sim4}$ 烷硫基或卤素；

Z 为 N 或 CH；

W 为 O 或 S

4.1.1.3　合成方法

以邻硝基苯磺酰胺为起始原料与草酰氯形成磺酰基异氰酸酯再与嘧啶胺反应生成单嘧磺隆（图 4-3）。

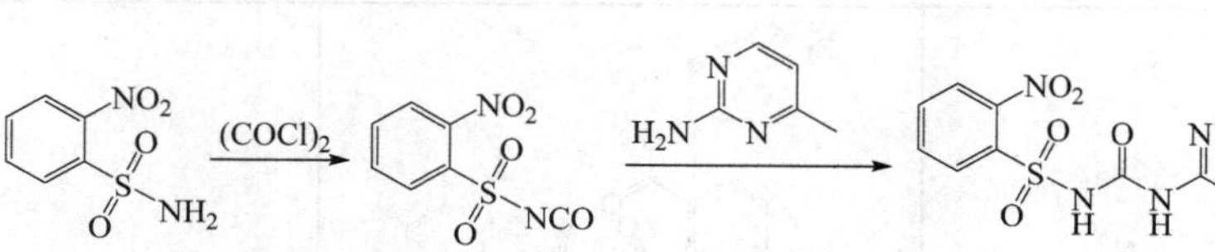

图 4-3　单嘧磺隆的合成路线

以邻乙氧羰基苯磺酰胺为起始原料与草酰氯形成磺酰基异氰酸酯再与嘧啶胺反应生成单嘧磺酯（图 4-4）。

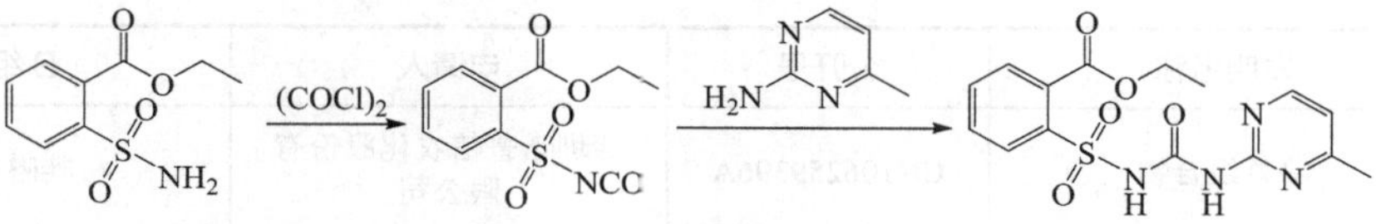

$$\text{methyl/ethyl 2-sulfamoylbenzoate (Ar–}SO_2NH_2\text{)} \xrightarrow{(COCl)_2} \text{Ar–}SO_2NCO \xrightarrow{H_2N\text{–(4-methylpyrimidin-2-yl)}} \text{Ar–}SO_2NHC(O)NH\text{–(4-methylpyrimidin-2-yl)}$$

图 4–4 单嘧磺酯的合成路线

4.1.1.4 组合物专利

单嘧磺酯、单嘧磺隆截至 2023 年 1 月公开了 32 件组合物专利，详见表 4-4。

表 4–4 单嘧磺酯、单嘧磺隆申请的组合物专利

序号	发明名称	公开号	申请人	B 组分
1	含有单嘧磺酯的复配除草组合物及其应用	CN113367148B	江苏瑞邦农化股份有限公司	异丙隆
2	一种含三唑磺草酮与单嘧磺酯的除草组合物	CN112273391A	青岛奥迪斯生物科技有限公司	三唑磺草酮
3	增效除草组合物	CN105682463B	龙灯农业化工国际有限公司	烯草酮(clethodim)或烯禾啶(sethoxydim)
4	一种含有单嘧磺酯和丙炔氟草胺的除草组合物	CN110150309A	安徽省四达农药化工有限公司	丙炔氟草胺
5	一种玉米田除草的农药组合物	CN109673651A	广西壮族自治区农业科学院玉米研究所	砜吡草唑
6	一种谷子播后苗前除草剂配方	CN109329296A	张路生	扑草净
7	一种含有砜嘧磺隆和单嘧磺酯的除草组合物	CN108967435A	海利尔药业集团股份有限公司	砜嘧磺隆
8	一种含有单嘧磺酯和氯吡嘧磺隆除草组合物	CN108902167A	海利尔药业集团股份有限公司	氯吡嘧磺隆
9	一种含有单嘧磺酯的除草组合物	CN108294037A	海利尔药业集团股份有限公司	烟嘧磺隆
10	一种协同性除草组合物	CN108207983A	江苏龙灯化学有限公司	氟氯吡啶酸
11	一种含有单嘧磺酯和丙炔氟草胺的除草组合物	CN108184885A	海利尔药业集团股份有限公司	丙炔氟草胺
12	一种含苯唑草酮、单嘧磺酯的玉米苗后除草组合物	CN108064874A	海利尔药业集团股份有限公司	苯唑草酮
13	一种含氟丁酰草胺与单嘧磺酯的混合除草剂	CN107771842A	南京华洲药业有限公司	氟丁酰草胺
14	一种含唑啉草酯的除草剂组合物及其应用	CN104904735B	山东滨农科技有限公司	唑啉草酯
15	一种除草剂组合物及其应用	CN105028444B	南开大学	特丁津和二氯喹啉酸
16	一种除草剂组合物及其应用	CN105028445B	南开大学	特丁津和硝磺草酮
17	一种除草剂组合物及其应用	CN105076177B	南开大学	特丁津和 2, 4-滴丁酯

续表

序号	发明名称	公开号	申请人	B组分
18	除草组合物	CN106259396A	深圳诺普信农化股份有限公司	唑啉草酯
19	一种含草铵膦与单嘧磺隆的除草组合物及其应用	CN106070312A	南京华洲药业有限公司	草铵膦
20	一种含有氟唑磺隆和单嘧磺酯的除草组合物	CN103749510B	广东中迅农科股份有限公司	氟唑磺隆
21	一种含有氟唑磺隆和单嘧磺隆的除草组合物	CN103749511B	广东中迅农科股份有限公司	氟唑磺隆
22	增效除草组合物	CN104273149B	江苏龙灯化学有限公司	高效氟吡甲禾灵、精吡氟禾草灵中的至少一种
23	增效除草组合物	CN104273151B	江苏龙灯化学有限公司	精噁唑禾草灵、精喹禾灵中的至少一种
24	一种含有单嘧磺隆和杀草胺的除草组合物	CN103651479B	许亚萍	杀草胺
25	一种唑嘧磺草胺与单嘧磺酯的除草组合物	CN104488940A	京博农化科技股份有限公司	唑嘧磺草胺
26	单嘧磺隆和炔草酯除草组合物	CN103636645A	广东中迅农科股份有限公司	炔草酯
27	增效除草组合物	CN103329919A	江苏龙灯化学有限公司	高效氟吡甲禾灵、精噁唑禾草灵、精吡氟禾草灵和精喹禾灵中的至少一种
28	旱田除草剂组合物及其田间除草方法	CN102960358A	南开大学	三嗪类除草剂
29	单嘧磺酯类化合物的复配除草剂组合物	CN101161072B	南开大学	乙羧氟草醚、使它隆、噻吩磺隆、苯磺隆、2，4-滴及其衍生物、扑草净、乙草胺、扑灭津、莠去津、燕麦畏、异丙甲草胺、苄嘧磺隆或2甲4氯钠等
30	一种防除小麦田阔叶杂草的组合物	CN101455201A	安徽华星化工股份有限公司	4-氯-2-氧化苯并噻唑-3-基乙酸乙酯
31	含有单嘧磺隆的除草组合物	CN1413462A	广西金燕子农药有限公司	除磺酰脲类外的一种或两种除草剂
32	除草组合物和除草方法	US4622060A	Meiji Seika Kaisha Ltd	抗生素 SF-1293 物质及其盐

4.1.1.5　毒理学与安全评价

单嘧磺隆毒性：对大鼠（雄、雌）急性经口毒性 LD_{50}＞4650mg/kg；对大鼠（雄、雌）急性经皮毒性 LD_{50}＞4650mg/kg。对大耳白兔皮肤无刺激，对眼睛有轻微刺激，24h 恢复。致敏强度Ⅰ级，属弱致敏性。Ames 试验阴性，微核或骨髓细胞染色体畸变阴性，显性致死或生殖细胞染色体畸变阴性。对有益生物和环境的影响：对蜜蜂低毒，LD_{50}＞200μL/蜂；对鹌鹑低毒，LD_{50}＞2000mg/kg；对斑马鱼低毒，LC_{50}（96h）58.68mg/L；对桑蚕低毒，LC_{50}＞5000mg/kg。对鱼、鸟、蜜蜂低毒，对家蚕低风险。

单嘧磺酯毒性：对大鼠（雄、雌）急性经口毒性 LD_{50}＞10000mg/kg；对大鼠（雄、雌）急性经皮毒性 LD_{50}＞10000mg/kg。对大耳白兔皮肤无刺激，对眼睛有轻微刺激，24h 恢复。致敏强度 I 级，属弱致敏性。Ames 试验阴性，微核或骨髓细胞染色体畸变阴性，显性致死或生殖细胞染色体畸变阴性。对有益生物和环境的影响：对蜜蜂低毒，LD_{50}＞200μL/蜂，对鹌鹑低毒 LD_{50}＞2000mg/kg，对斑马鱼低毒 LC_{50}（96h）64.68mg/L，对桑蚕低毒 LC_{50}＞5000mg/kg。对鱼、鸟、蜜蜂低毒，对家蚕低风险。

两个品种在 pH 值小于 7 的土壤内，在温湿度适宜的条件下，其土壤残留半衰期小于 20d，在 pH 值大于 7 的可耕土壤残留半衰期将随 pH 值的增大而明显延长，但较氯磺隆土壤残留半衰期明显要短。在推荐剂量范围内，单嘧磺酯的安全间隔期短于单嘧磺隆。

4.1.1.6 应用效果

单嘧磺酯、单嘧磺隆和纯乙酰乳酸合成酶靶酶对接，从 K_i（抑制剂常数）活性曲线证明这两化合物具有相似的作用机制，都是超高效 ALS 抑制剂。通过大量的田间试验说明两者对除草表现有时有所不同。对禾本科杂草的活性：两个品种对一年生禾本科杂草如马唐、稗草、碱茅、硬草等在田间适宜条件下以 30～60g/hm^2 应用，表现出很高活性，对多年生禾本科杂草活性较低。单嘧磺酯对马唐、稗草的活性高于单嘧磺隆。对阔叶杂草的活性：两个品种对一年生阔叶杂草如播娘蒿、荠菜、米瓦罐、藜、马齿苋、反枝苋在田间适宜条件下以 18～45g/hm^2 应用，表现出很好活性，对猪殃殃、婆婆纳、麦家公、泽漆和田旋花等多年生阔叶杂草活性低。单嘧磺酯的活性明显高于单嘧磺隆。单嘧磺酯钠与单嘧磺酯一样，对单、双子叶靶标杂草均有很高的活性，二者的 EC_{50} 差异不大。因此，单嘧磺酯钠盐化后，其活性保持不变[2]。

10%单嘧磺隆可湿性粉剂防除麦田恶性杂草碱茅、硬草：单嘧磺隆可湿性粉剂以有效成分 45～60g/hm^2 用于冬小麦苗后 2～4 叶期茎叶处理，可有效防除麦田碱茅、硬草，并兼治麦田阔叶杂草。对北方麦田的恶性杂草碱茅能有效控制。

44%单嘧·扑灭可湿性粉剂（谷友）防除谷田杂草：44%单嘧·扑灭用于夏谷子田播后苗前土壤处理，对其他除草剂均十分敏感的谷子很完全，现为我国谷子田专用除草剂。在较好的土壤墒情条件下，对马唐、稗草、牛筋草、狗尾草、谷莠、反枝苋、藜、马齿苋、铁苋菜均可有效防除。

10%单嘧磺酯可湿性粉剂（麦庆）防除冬、春小麦田杂草：10%单嘧磺酯可湿性粉剂有效成分 18～30g/hm^2 用于冬小麦返青后或春小麦浇苗水前，茎叶处理，也可土壤处理。在较好的土壤墒情条件下，可有效防除播娘蒿、荠菜、米瓦罐、藜、萹蓄、卷茎蓼、看麦娘等小麦田主要杂草。

10%单嘧磺隆可湿性粉剂亦可用于玉米田防除杂草，但在施用剂量下对玉米田间禾本科杂草株数防效只有 33.4%～44.6%，对阔叶杂草的防效达到了 72.3%～89.9%[3]。

4.1.1.7 登记情况

单嘧磺隆、单嘧磺酯开始由天津市绿保农用化学科技开发有限公司于 1999 年获准新农药单嘧磺隆（LS991690）、10%单嘧磺隆可湿性粉剂（LS991691）、18.2%单嘧·乙可湿性粉（LS20011210）、44%单嘧·扑灭可湿性粉剂（LS20031844）临时登记；于 2013 年获得了单嘧磺酯（LS20041087）、10%单嘧磺酯可湿性粉剂（LS20041086）的临时登记。而后分别于 2007 年和 2013 年由河北兴柏农业科技有限公司取得单嘧磺隆原药及 10%可湿性粉剂和单嘧磺酯原药及10%可湿性粉剂的正式登记，详见表4-5。

表4-5　单嘧磺隆、单嘧磺酯相关登记产品信息表

登记证号	农药名称	剂型	总含量	登记作物	防治对象	亩用药量(制剂量)	施用方法
PD20070368	单嘧磺隆	可湿性粉剂	10%	冬小麦田	一年生阔叶杂草	30～40g	茎叶喷雾
				谷子田	一年生阔叶杂草	10～20g	土壤喷雾
PD20070369	单嘧磺隆	原药	90%	—	—	—	—
PD20130372	单嘧磺酯	原药	90%	—	—	—	—
PD20130371	单嘧磺酯	可湿性粉剂	10%	春小麦田	一年生阔叶杂草	12～15g(西北地区)	茎叶喷雾
				冬小麦田	一年生阔叶杂草	12～15g	茎叶喷雾

参考文献

[1] 南开大学农药国家工程研究中心. 单取代磺酰脲类超高效创制除草剂——单嘧磺隆与单嘧磺酯. 世界农药, 2006, 28(1): 49-50.
[2] 寇俊杰, 鞠国栋, 李正名. 单嘧磺酯钠盐的合成及除草活性. 农药学学报, 2013, 15(3): 356-358.
[3] 胡运霞. 新型除草剂单嘧磺隆防除夏玉米田间杂草试验. 农药, 2010, 49(2): 150-151.

4.1.2　甲硫嘧磺隆的创制

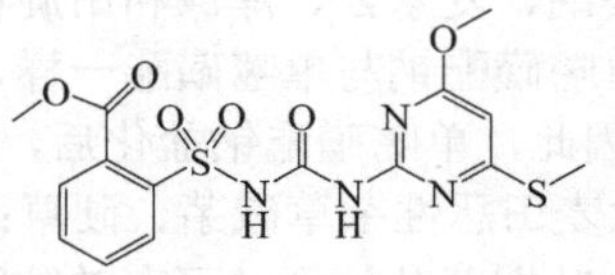

化合物专利名称：具除草活性的含烷硫基或丙烯(炔)氧基磺酰脲类化合物及其制备方法

中国专利号：ZL00113423.X；申请日：2000-05-11；授权日：2003-11-19

专利发明人：黄明智，黄路，陈灿，赵利辉，雷满香，吴添智，余淑英；申请人：湖南化工研究院

甲硫嘧磺隆是由湖南化工研究院创制的磺酰脲类除草剂，通过引入易降解的甲硫基于磺酰脲类母核，有效缩短了残留期，同时保留了磺酰脲类高效低毒的特点，一定程度上解决了磺酰脲类除草剂残效期较长的问题。甲硫嘧磺隆是一种超高效小麦田广谱除草剂，当用量为30～45g/hm^{2}剂量时，可有效防除小麦田的小藜等双子叶杂草，对一些禾本科杂草具有优良的防除效果，活性与日本公司开发的烟嘧磺隆相当，对小麦安全用药成本约为每公顷15元，具有较强的市场竞争力。该化合物于2000年5月申请了中国发明专利，并于2003年11月获得中国发明专利(ZL00113423.X)。湖南海利化工股份有限公司取得了该农药的临时登记证，包括甲硫嘧磺隆原药(LS20060244)及10%甲硫嘧磺隆可湿性粉剂(LS20060229)。

4.1.2.1　创制过程

磺酰脲类除草剂的开发始于20世纪70年代末期，1978年首先开发出氯磺隆(chlorsulfuron)，接着开发出甲磺隆、甲嘧磺隆、氯嘧磺隆、苯磺隆、苄嘧磺隆等一系列品种[1]。此类除草剂发展极快，已在各种作物田使用，有些已成为一些作物田的主要除草剂品种，并且新的品种还在不断商品化，目前已经有30多个品种推向市场[2]。经多年使用发现，磺酰脲除草剂最突

出的问题是残效期太长，易产生残留药害，在我国由于其长残留而引起的对后茬作物的药害时有发生，因此，低残留、对环境友好的新品种的研发成为当务之急[3]。甲硫嘧磺隆是湖南化工研究院对磺酰脲类化合物进行结构修饰而得到的高效除草剂，通过引入易降解的甲硫基团，有效缩短了残留期，同时又保持了磺酰脲类化合物高效、低毒的特点，已在中国获得临时登记。

初步试验表明，甲硫嘧磺隆可应用于小麦田除草，对小麦田大部分单、双子叶杂草均有较好的防效，但其残留对后茬作物有一定的影响，与其他农药混配扩大其应用范围和除草谱的同时可提高安全性。通过室内生测方法研究新型除草剂甲硫嘧磺隆对后茬作物玉米的安全性，结果表明，当甲硫嘧磺隆浓度低于 5mg/L 时，对后茬玉米无影响；但当浓度高于 15mg/L 时，其对后茬玉米有明显的药害，建议与其他农药混配使用以提高其对后茬作物的安全性。

4.1.2.2 知识产权分析

该专利化合物与 US4394506A 及 EP0030138 公开的化合物结构以及商品化品种甲嘧磺隆、氯嘧磺隆结构相似，为 me-too 发明。

（1）新颖性　新颖性分析见表 4-6。

表 4-6　该专利与已有技术对比表

该专利：CN1323789A （湖南化工研究院，申请日：2000-05-11；公开日：2003-11-09）	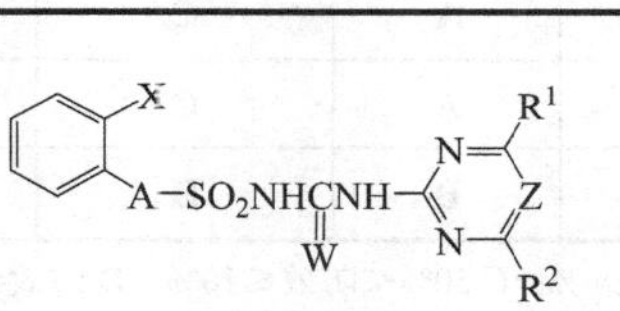 通式 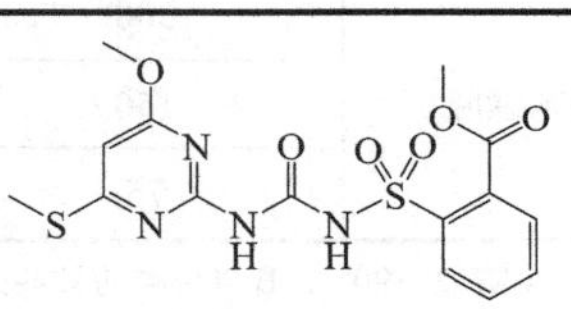　　代表化合物甲硫嘧磺隆 （专利中化合物 61）
接近的已有技术 1： EP0030138（杜邦，申请日：1980-11-28；公开日：1981-06-10）	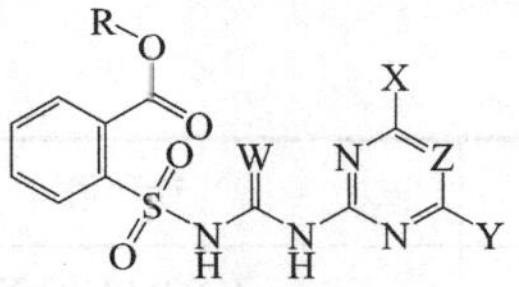 （R 为烷基、炔基； Z 为 C 或 N； X 为烷基、烷氧基； Y 为烷基、炔基等） 通式 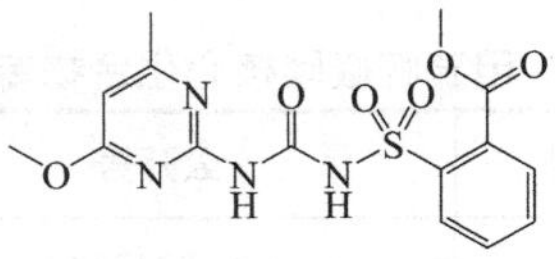　　列表化合物
接近的已有技术 2： US4394506A（杜邦，申请日：1979-11-30；公开日：1983-07-19）	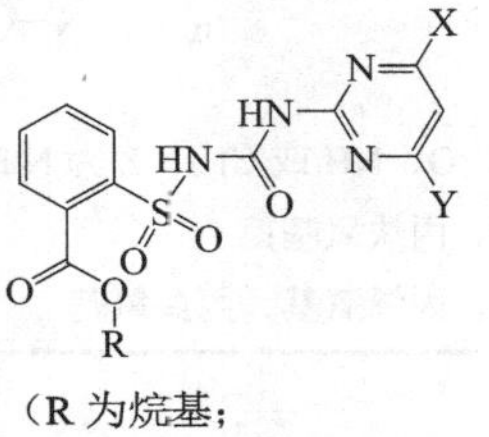 （R 为烷基； X、Y 为 H、氯、甲基、甲氧基或乙氧基等） 通式 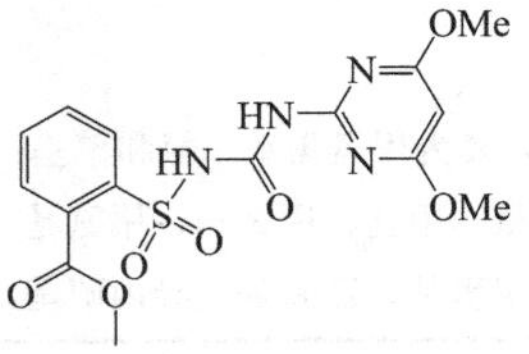　　列表化合物

续表

同类商品化/开发中品种	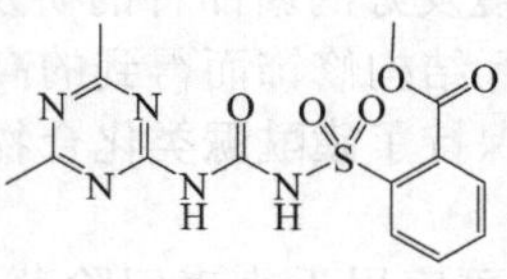 甲嘧磺隆 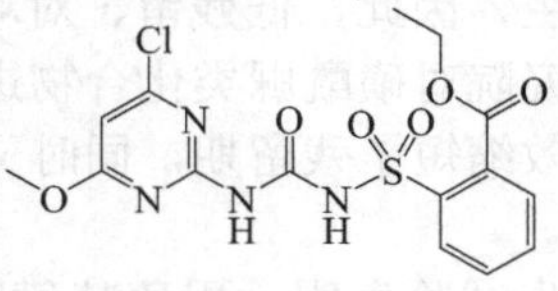　氯嘧磺隆 30 多个磺酰脲类品种

（2）创造性　该专利 CN1323789A 说明书第 11 页记载，该发明测试化合物（编号 61，甲硫嘧磺隆）对马齿苋、遏蓝菜抑制率相对于对照药剂胺苯磺隆具有一定的优势，具体见表 4-7。

表 4-7　除草活性比较试验

化合物	用量/(g/hm²)	鳢肠	马齿苋	遏蓝菜	稗	马唐	千金子
61	300	A	B	B	B	B	A
	150	A	B	B	B	B	A
	75	B	B	B	C	B	B
胺苯磺隆	300	A	C	D	A	A	A
	150	A	C	D	A	A	A
	75	B	D	D	B	B	B

注：A 防效＞90%；B 70%＜防效≤90%；C 50%＜防效≤70%；D 防效≤50%。

（3）核心化合物专利　核心化合物仅申请了中国专利，于 2003 年获得授权，但已过专利期（表 4-8）。

表 4-8　甲硫嘧磺隆核心化合物专利

序号	公开号	专利号	法律状态
1	CN1323789A	ZL00113423.X	授权，已过专利期
授权保护范围(中国专利)			
一种含烷硫基、丙烯氧基或丙炔氧基磺酰脲类化合物，其特征在于它的通式为： 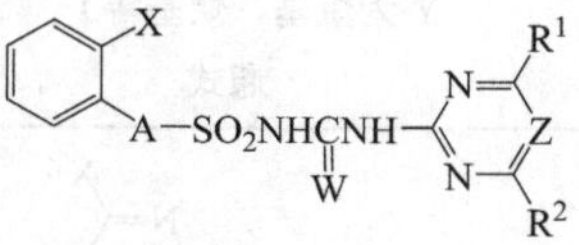 式中，X 为甲氧羰基、氯和硝基；A 为单键、O、NH 或 CH_2；Z 为 N 或 CH；W 为 O； R^1 为氯、甲基、甲氧基、甲氨基、丙烯氧基、丙炔氧基； R^2 为甲硫基、乙硫基、异丙硫基、正丙硫基、丙烯氧基、丙炔氧基			

4.1.2.3　合成方法

以 2-氨基-4-氯-6-甲氧基嘧啶为起始原料经甲硫化再与苯磺酰异氰酸酯反应，得到甲硫嘧磺隆（图 4-5）[4]。

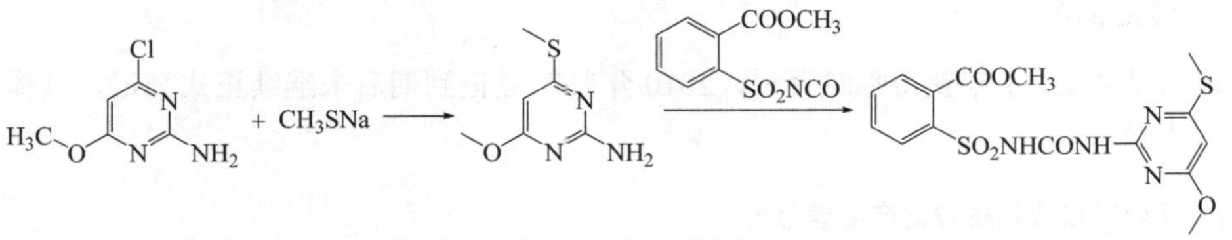

图 4-5 甲硫嘧磺隆的合成路线

4.1.2.4 组合物专利

甲硫嘧磺隆截止到 2023 年 1 月申请了 5 件组合物专利（表 4-9）。

表 4-9 甲硫嘧磺隆组合物专利汇总表

序号	公开号	发明名称	申请人	B 组分
1	CN101375683A	除草剂甲硫嘧磺隆的复配水分散粒剂及制备方法	国家农药创制工程技术研究中心	异丙隆
2	CN103749512A	一种含有氟唑磺隆和甲硫嘧磺隆的除草组合物	广东中迅农科股份有限公司	氟唑磺隆
3	CN106259400A	一种含甲硫嘧磺隆与丙酯草醚的除草组合物	孙长恩	丙酯草醚
4	CN106342856A	三甲苯草酮和甲硫嘧磺隆复配水分散粒剂	安徽久易农业股份有限公司	三甲苯草酮
5	CN108935501A	一种小麦田除草剂组合物	浙江中山化工集团股份有限公司	苄嘧磺隆

4.1.2.5 毒理学与安全评价

对哺乳动物进行了急性经口、经皮、皮刺、眼刺、Ames、染色体、微核、亚慢性及环境和非靶标生物毒性等试验。试验结果表明甲硫嘧磺隆属低毒化合物，无“三致”作用，对哺乳动物安全（表 4-10）[5]。

表 4-10 甲硫嘧磺隆毒性数据

测试科目	结果
大鼠急性经口	LD_{50}＞4640mg/kg
大鼠急性经皮	低毒，LD_{50}＞10000mg/kg
兔眼单次刺激试验	无刺激性
兔皮肤单次刺激试验	无刺激性
豚鼠皮肤致敏试验	无致敏性
细菌回复突变试验(Ames)	阴性
小鼠骨髓细胞微核试验	阴性
小鼠睾丸细胞染色体畸变试验	阴性
13 周大鼠饲喂亚慢性毒性试验	对 SD 大鼠的 13 周喂饲给药最大无作用剂量为 151mg/(kg·d)
大鼠慢性毒性与致癌合并试验	给药 1～42 周结果，未见异常

4.1.2.6 登记情况

甲硫嘧磺隆 2006 年获得临时登记，2010 年临时登记到期后未继续正式登记，具体登记信息详见表 4-11。

表 4-11 甲硫嘧磺隆相关登记产品信息表

登记证号	农药名称	剂型	总含量	登记作物	防治对象	亩用药量（制剂量）	施用方法	登记证持有人
LS20060244	甲硫嘧磺隆	原药	95%	—	—	—	—	湖南海利化工股份有限公司
LS20060229	甲硫嘧磺隆	可湿性粉剂	10%	春小麦	一年生阔叶杂草及禾本科杂草	15～20g(东北地区)	喷雾	湖南海利化工股份有限公司

4.1.2.7 应用效果

甲硫嘧磺隆在用药量为 30～45g (a.i.)/hm^2 时能有效防除小麦田蓼、铁苋菜、藜、反枝苋等双子叶杂草，防效在 90%左右，对稗草等单子叶杂草的防效也达到 70%以上（表 4-12）。

表 4-12 甲硫嘧磺隆对小麦田主要杂草的株防效试验结果（辽宁辽中） 单位：%

杂草	30g (a.i.)/hm^2		45g (a.i.)/hm^2	
	15d	30d	15d	30d
稗草	75.5	72.9	77.3	79.3
藜	90.7	90.3	91.9	92.4
铁苋菜	93.1	92.9	94.4	94.7
蓼	89.2	89.8	92.3	91.7
反枝苋	93.2	92.5	94.6	94.2

参考文献

[1] 刘长令. 磺酰脲类除草剂. 农药, 2002, 41(3): 44-45.
[2] 李王景，李秀峰. 磺酰脲除草剂的研发进展. 河北化工, 2005, 28(5): 4-6.
[3] 张玉聚，张德胜，张俊涛，等. 磺酰脲类除草剂的药害与安全应用. 农药, 2003, 2(6): 42-44.
[4] 庞怀林，杨剑波，黄明智,等. 甲硫嘧磺隆的合成与除草活性. 农药, 2007, 46(2): 86-88.
[5] 新农药介绍. 农药科学与管理, 2006, 25(8): 60.

4.1.3 其他磺酰脲类化合物的创制

其他磺酰脲类化合物的创制包括以下几个：由南开大学基于单嘧磺隆和单嘧磺酯进一步优化研究得到的一系列化合物；江苏省激素研究所在丙苯磺隆基础上采用碘代苯替换原有苯环的研究；沈阳中化农药化工研发有限公司（原沈阳化工研究院农药所）在嘧苯胺磺隆（orthosulfamuron）基础上采用中间体衍生化替换法，用鱼尼丁类化合物的中间体邻氨基苯甲酸酯替换邻氨基苯甲酰胺部分得到的氨基磺酰脲类化合物；深圳大学在现有磺酰脲除草剂如甲酰胺磺隆基础上优化得到的磺酰脲类化合物。具体如下：

（1）酰脲化合物及除草活性

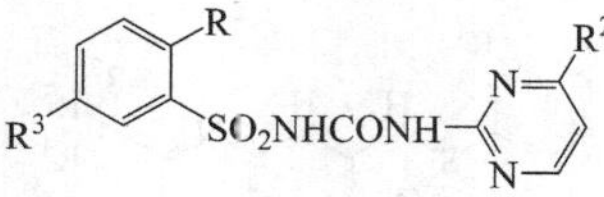

其中，R^1 为甲氧羰基；R^2 为甲基、甲氧基、乙氧基、甲硫基或氯；R^3 为硝基、碘、甲酰氨基、乙酰氨基或三氟乙酰氨基。

发明人：李正名，穆小丽，范志金，李永红，刘斌，赵卫光，王建国，王素华，王宝雷；申请人：南开大学

中国专利号：ZL200510013913.8；中国专利申请日：2005-06-27

化合物类型：磺酰脲类

发明思路：me-too 研究，在单嘧磺隆和单嘧磺酯基础上进一步研究得到。

用途：具有优良的除草活性，而且对作物表现出优良的选择性，特别可防除玉米田中的阔叶杂草。

代表化合物结构如下：

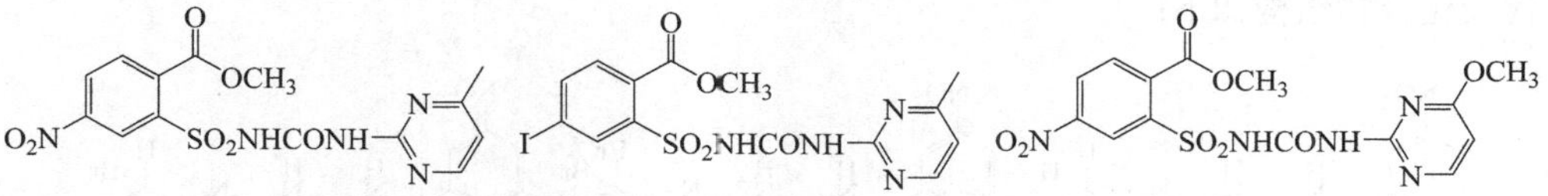

（2）新结构磺酰脲化合物水溶盐的除草剂组合物

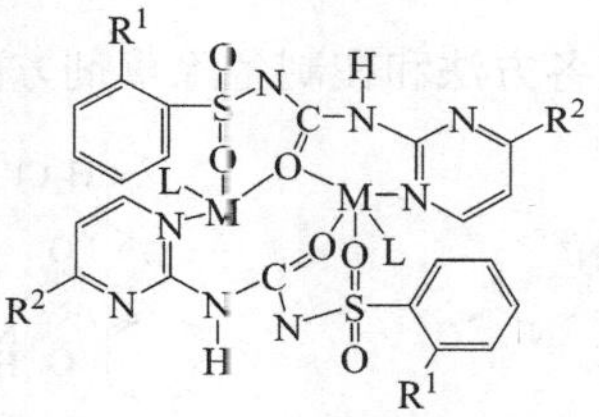

其中，R^1 选自 NO_2、Cl、CH_3、F、Br 或 I；R^2 选自 CH_3、CH_3O、F、Cl、Br、I 或 NO_2；M 为 Na、K、Mg、Ca、Mn、Zn、Cu 或 Fe 等；L 为 H_2O、甲醇、乙醇或 DMSO 等。

发明人：李正名，郑占英，李永红，王素华，童军，严东文，陈建宇，寇俊杰，刘幸海，张树军；申请人：南开大学

中国专利号：ZL200710151155.5；中国专利申请日：2007-12-21

化合物类型：磺酰脲类、水溶盐类

发明思路：me-too 研究；在磺酰脲结构基础上引入金属离子，形成络合物。

用途：具有除草活性，为一种新结构磺酰脲化合物水溶盐的除草剂组合物，对阔叶类杂草具有很高的除草活性。

代表化合物结构如下：

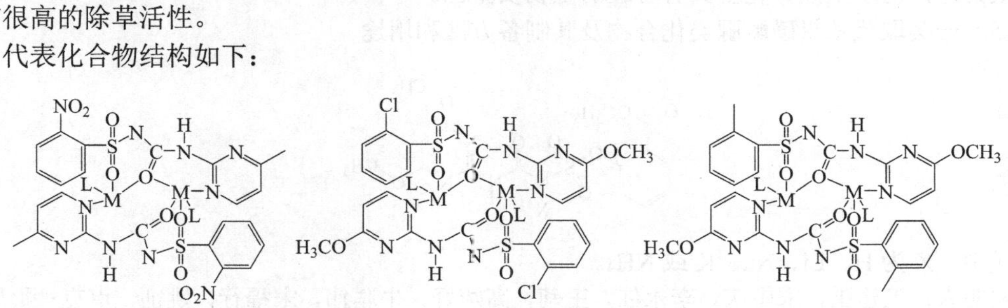

（3）磺酰脲类化合物及其制备方法和用途

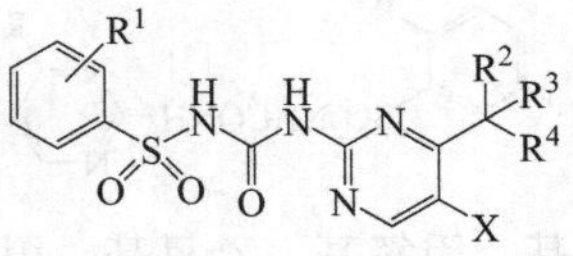

式中，R^1 为硝基、C_1～C_4 烷氧羧基；R^2、R^3 独立地选自氢原子或溴原子；R^4 为溴原子、CN、SCN、C_2～C_{12} 的烷氧基、氨基、烷硫基、酰氧基、芳氧基等；X 为溴原子。

发明人：席真，班树荣，李正名，崔东亮，张弘，罗丁，牛聪伟，陈文彬，吴丽欢；申请人：南开大学

中国专利号：ZL200410019224.3；中国专利申请日：2004-05-11

化合物类型：磺酰脲类

发明思路：me-too 研究；参照磺酰脲类结构，尤其是在嘧啶 5 位引入卤原子，从而与现有技术有所区别。

用途：具有除草活性。

代表化合物结构如下：

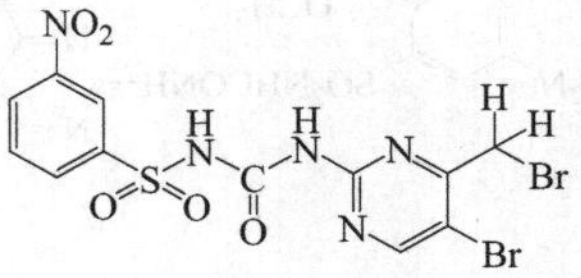

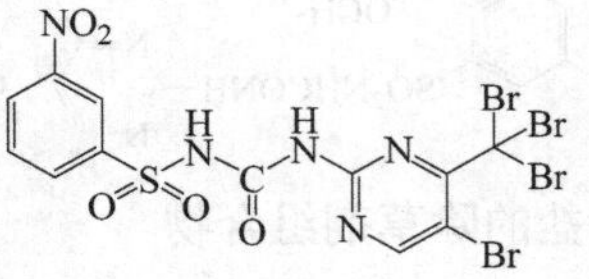

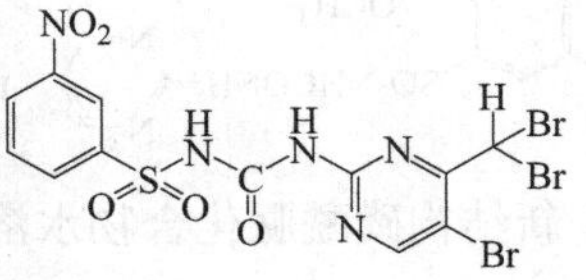

（4）一类磺酰脲化合物及其制备方法和在制备除草剂方面的用途

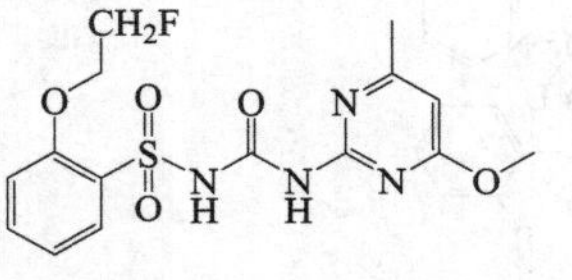

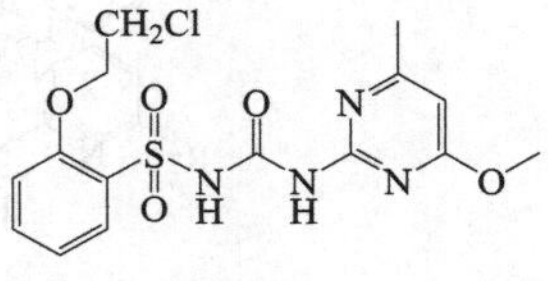

发明人：王建国，李永红；申请人：南开大学

中国专利号：CN110642791A；中国专利申请日：2019-10-11

化合物类型：磺酰脲类

发明思路：me-too 研究；在现有磺酰脲类化合物结构基础上，通过替换得到该类化合物。

用途：具有除草活性，在 7.5～15g/hm^2 的剂量下，对油菜、反枝苋、稗草、马唐、弯叶画眉、水稗草、无芒雀麦、牛筋草、狗尾草、碱茅、披碱草、黄顶菊、苦荬菜、马齿苋、牵牛、苘麻、紫花苜蓿、荠、灰灰菜、蒲公英和蓼有很好的防除效果，在 15g/hm^2 剂量下茎叶处理或者土壤处理，对于大豆、花生具有合理的生物安全性。

（5）一类取代苯氧磺酰脲类化合物及其制备方法和用途

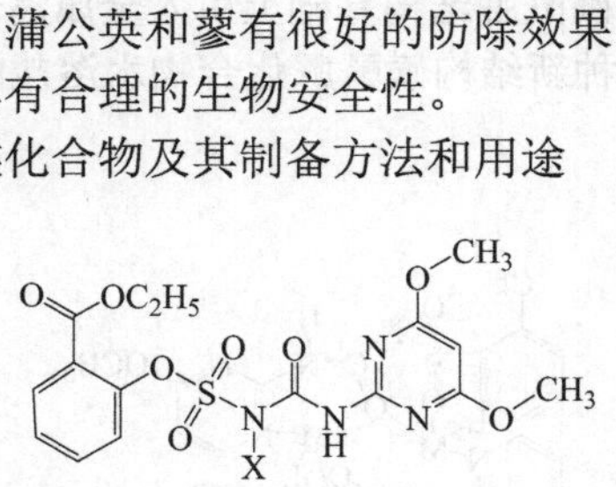

式中，X 为 H、Li、Na、K 或 NH_4。

发明人：王建国，宋国庆，李永红，王莉，高婕妤，牛聪伟，宋福行，姚征，卢克·顾达特，

李正名；申请人：南开大学

中国专利号：ZL201710928333.4；中国专利申请日：2017-09-27

化合物类型：苯氧磺酰脲类

发明思路：me-too 研究；在乙氧嘧磺隆结构基础上制备的盐。

用途：具有除草活性，对双子叶杂草反枝苋、播娘蒿、油菜有很好的选择性抑制效果，可用于制备高效除草剂。也具有一定的抗真菌活性，对医学致病真菌白色念珠菌、酿酒酵母菌、近平滑假丝酵母菌具有很好的抑制效果。

代表化合物结构如下：

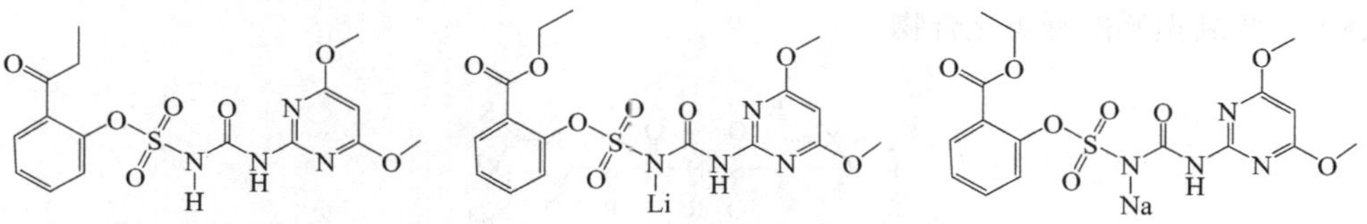

（6）磺酰胺基羰基三唑啉酮化合物及其制备方法和应用

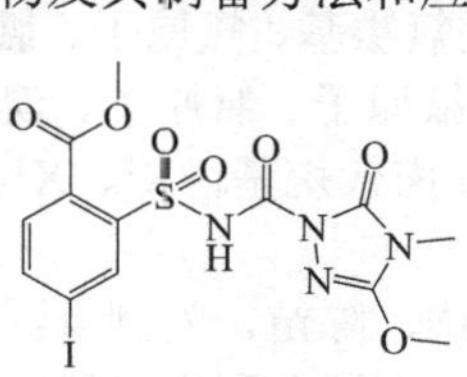

发明人：孔繁蕾，王智敏，杨斌；申请人：江苏省农用激素工程技术研究中心有限公司，江苏省激素研究所股份有限公司

中国专利号：ZL201410183314.X；中国专利申请日：2014-04-30

化合物类型：磺酰脲类除草剂、丙苯磺隆类似物

发明思路：me-too 研究；在拜耳专利 US5534486A 专利范围内，但非列表化合物。

用途：该发明的化合物对小麦、水稻、玉米等作物的田间杂草的防除活性高、安全性高，特别是对于凹头苋、鳢肠、碎米莎草等田间杂草有明显的防效，对千金子、硬稃稗、马唐等田间杂草也有一定的防效。在 15～90g/hm^2 剂量下对凹头苋、鳢肠、碎米莎草均有较佳的防效（80%以上），对千金子、硬稃稗、马唐有一定防效（5%～75%）。该发明的化合物在 7.5～120g/hm^2 剂量下对小麦均安全，在 7.5～15g/hm^2 剂量下对玉米和水稻安全。

（7）具有除草活性的氨基磺酰脲类化合物及其应用

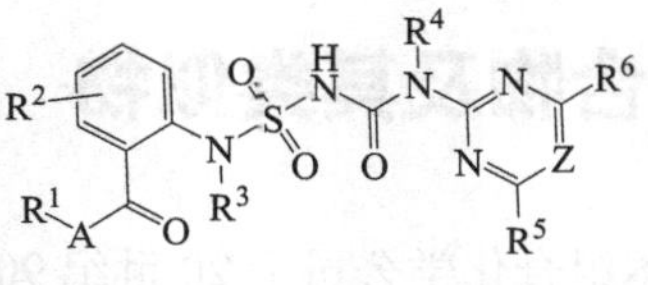

式中，A 选自 O 或 S；R^1 选自 CH_3、CH_2CH_3、$CH(CH_3)_2$、CH_2CF_3 或 CH_2CH_2Cl；R^2 选自 CH_3 或 Cl；R^3 和 R^4 选自 H；R^5 和 R^6 选自甲氧基；Z 选自 CH；

或其钠盐。

发明人：刘长令，柴宝山，崔东亮，何晓敏，张弘，吴峤；申请人：中国中化股份有限公司，沈阳化工研究院有限公司

中国专利号：ZL200910092609.5；中国专利申请日：2009-09-21

化合物类型：氨基磺酰脲类化合物

发明思路：me-too 研究；以除草剂嘧苯胺磺隆为先导，以鱼尼丁类化合物中间体为原料，

替换优化，得到现有化合物。

用途：具有除草活性。对阔叶杂草具有很好的除草活性，尤其对苘麻防除效果优异，在很低的剂量下就可以获得很好的效果。同时该类化合物对玉米、水稻和小麦表现出较好的安全性。

代表化合物结构如下：

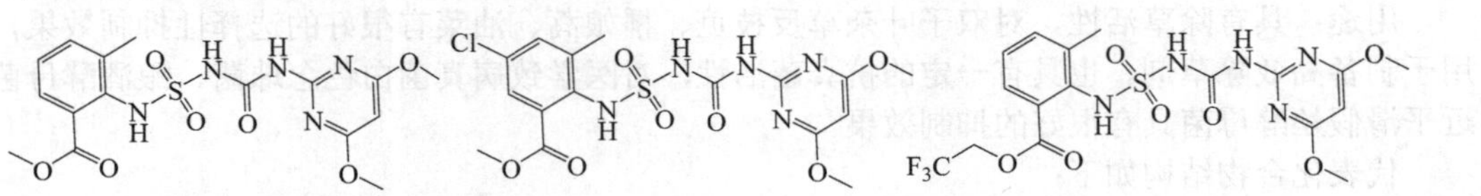

（8）一种新型磺酰脲类化合物

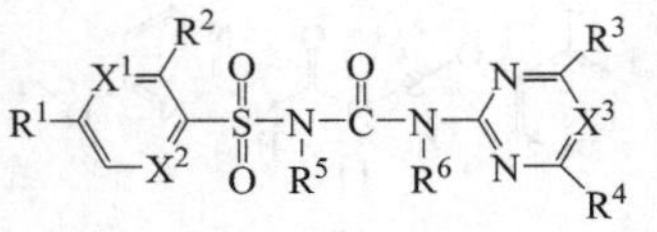

式中，R^1 为氨基；R^2 为 C_1～C_4 烷氧羰基、氟原子、氯原子、溴原子、碘原子、硝基或 C_1～C_4 卤代烷氧羰基；R^3、R^4 为氢原子、氟原子、氯原子、溴原子、碘原子、C_1～C_4 烷氧基、C_1～C_4 卤代烷氧基、C_1～C_4 烷基或 C_1～C_4 卤代烷基；X^1、X^2、X^3 为 N 或 CH；R^6 为氢原子；R^5 为氢原子、钠离子或钾离子。

发明人：王明良，杨海朋，林小雄，陈苗，刘剑洪；申请人：深圳大学

中国专利号：ZL201310694756.6；中国专利申请日：2013-12-16

化合物类型：磺酰脲类

发明思路：me-too 研究；在现有磺酰脲类除草剂如甲酰胺磺隆的基础上，进行替换，得到现有的化合物。

用途：具有除草活性，可用于控制马齿苋、藜、三叶草和马唐等，适用于大豆、小麦等田间除草。

代表化合物结构如下：

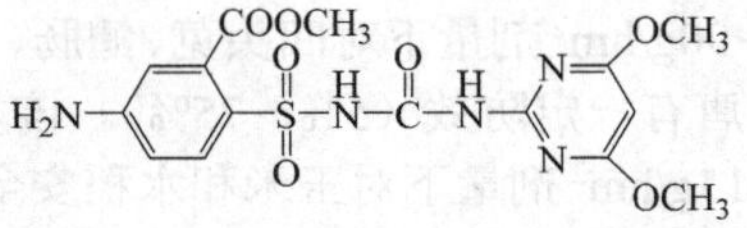

4.2 嘧啶水杨酸类化合物及其类似物

嘧啶水杨酸类除草剂是由日本组合化学公司于 20 世纪 90 年代初首先开发成功的一类新的 ALS 抑制剂，可以防除水稻田和旱作物地杂草。其研制的过程是随机筛选与模拟合成结合。发现史如下：

如图 4-6 所示，日本组合化学公司科研人员在随机合成中发现化合物(Ⅰ)并没有什么活性，经过对比、分析研究发现，已有化合物如Ⅲ、Ⅳ和Ⅴ分子结构中均含有羧酸酯基团，并将羧酸酯基团引入化合物Ⅰ结构中，得化合物(Ⅵ)，生测结果显示该化合物并没有除草活性。此时又通过比较分析(主编猜测：几乎所有磺酰脲类除草剂均含有与2-位相连的4,6-二取代的嘧啶基团，而不是 4-位相连的 2,6-二取代的嘧啶基团)，将化合物(Ⅵ)中嘧啶内氮原子的位置进行了调整，得化合物(Ⅶ)，生测结果显示该化合物(Ⅶ)与化合物(Ⅵ)相比，活性虽有明显的提高，但仍很弱。

在化合物(Ⅶ)的基础上，通过进一步的研究发现化合物(Ⅶ)分子结构中的间三氟甲基苯氧基可能对活性的提高不利，因此合成了化合物(Ⅷ)，生测结果显示该化合物具有很好的除草活性，这就是嘧啶水杨酸类除草剂的先导化合物。通过先导优化，产生了该类除草剂中第一个商品化品种：嘧草硫醚（pyrithiobac-sodium）。进一步通过结构的修饰、衍生等发现了嘧草醚、双草醚、环酯草醚等。

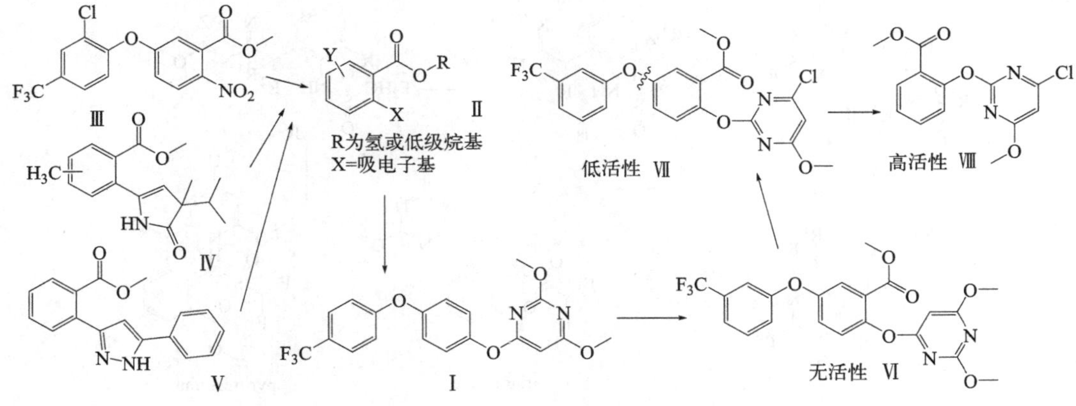

R为氢或低级烷基
X=吸电子基
低活性 Ⅶ
高活性 Ⅷ
无活性 Ⅵ

图 4-6　嘧啶水杨酸类化合物创制过程

作为嘧啶水杨酸类化合物中重要的一类是带有磺酰胺的 pyrimisulfan 和 triafamone，其母体结构同样起源于嘧啶水杨酸类除草剂，其发现过程如图 4-7 所示，德国先灵公司（现拜耳）在 1991 年首先提出了Ⅰ所示结构，这是最早的母体结构，尚未在苯环上引入磺酰氨基。该结构所示化合物在很大剂量下[1kg (a.i.)/hm^2]对大马蓼、猪殃殃、鼠尾看麦娘、燕麦草、野燕麦、苘麻、黄香附、稗草等杂草具有一定的防治和除草活性，但是不能达到优异的除草效果。随后，先灵公司（现拜耳）在 1993 年公开了结构Ⅱ，在结构Ⅰ基础上增加了磺酰胺基团，并初步探索了在 A 环为（取代）吡啶环和（取代）噻唑、吡唑、噻吩等各种五元杂环，Z 为 N 或 CH，R^3、R^4 为 OCH_3 的情况下，该类化合物的活性情况。结果表明在 250g (a.i.)/ hm^2 剂量下，当 R^1 为 CF_3、CH_2CN 时，表现出较好的除草活性。这说明新引入的磺酰胺结构有助于提高它的除草性能。在此基础上，为了进一步提高其除草性能，可以在 R^1～R^4 为各种不同基团时或在 A 环上再引入其他基团来考察。但从多篇相关专利中发现前者收效甚微，而后者在增加选择余地的同时无疑又增加了优化难度。此时，在亚甲基上做文章似乎成了不二选择。先灵公司（现拜耳）就主要研究了在亚甲基上引入不同取代基 R^2 时的活性情况（结构Ⅲ）：R^2=OCH_3, OH, $S(O_2)Ph$, S(O)Ph, SPh, $S(O_2)CH_2CH_3$，$S(O)CH_2CH_3$, SCH_2CH_3, $S(O_2)CH_3$，$S(O)CH_3$，SCH_3。而 R^1 的选取则主要集中在 CH_3，CH_2CN, CH_2Ph, CF_3，CH_2Cl, CH_2CF_3，$NHCO_2CH_3$，$CH_2CO_2CH_3$。特殊的，当 R^1 为 CF_3、R^2 为 OH 时，在 16g/hm^2 的用量下，对鸭舌草和萤蔺的杀死率仍在 90%以上。但是，毒性测试却表明该化合物对小鼠存在致畸毒性，因此，还要继续寻找高活性、低毒的结构。不过，生物活性测试结果也显示出不管母体结构中是三嗪环还是嘧啶环，都有一定的除草活性。1999 年日本组合化学公司（KUMIAI）的中谷昌央等将各种卤代甲磺酰氨基引入，并同时对苯环和亚甲基进行修饰，甚至于从亚甲基上衍生出了酮、羟基、肟、异噁唑环结构（结构Ⅳ），应该说这是对原结构较大的改造，均保持了较高的活性，通过后续的优化修饰，最终让该类化合物的除草活性有了较大提高，并且通过了毒性试验。从而直接促成了该磺酰胺类第一个水稻田除草剂 pyrimisulfan 的诞生。

在 2006 年拜耳收购了先灵公司，其借鉴了先灵公司前期研究成果合成了一系列新的磺酰胺化合物，性能优于 pyrimisulfan，且对磺酰脲类除草剂产生抗性的杂草同样具有优异效果，并从中发现了 triafamone。在 20g (a.i.)/hm^2 下，作为苗前处理剂，对臂形草、黄香附、碎米莎草、光头稗、千金子、阔叶牵牛及大田果菁的防效在80%以上，属于优异级别；同样剂量下，作为茎叶处理剂，对臂形草、黄香附和碎米莎草的杀死率达 100%；对阔叶杂草如阔叶牵牛和大田果菁的杀死率也达100%。可以看出，作为茎叶处理剂具有尤其突出的除草性能。

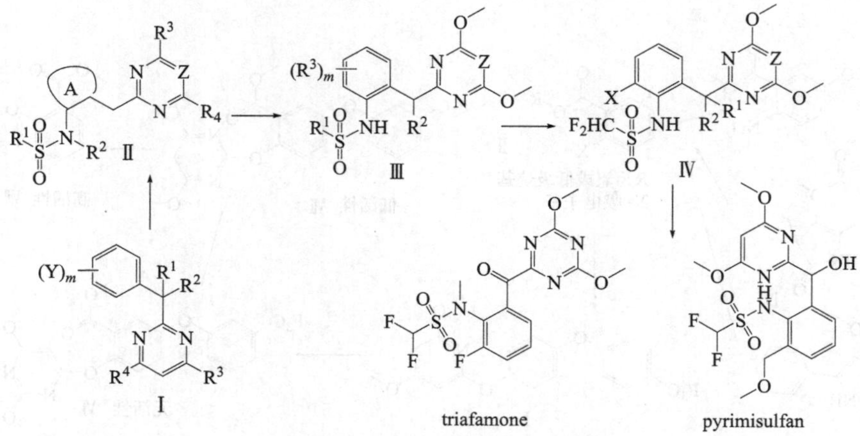

图 4-7　嘧啶磺酰胺类除草剂创制

此类到目前为止共发现 9 个化合物，其中嘧草硫醚、双草醚和嘧草醚由日本组合化学公司开发；嘧啶肟草醚和环酯草醚由韩国 LG 化学和汽巴-嘉基（现先正达）公司开发；丙酯草醚、异丙酯草醚和氯胺嘧草醚由中国科学院上海有机化学研究所和浙江省化工研究院共同开发；氟嘧啶草醚由常州市信德农业科技有限公司开发。以上化合物均为乙酰乳酸合成酶（ALS）抑制剂。

中国对该类化合物研究的主要单位有上海有机所、浙江化工研究院、沈阳中化农药化工研发有限公司、湖南化工研究院、华中师范大学、中国农业大学以及常州市信德农业科技有限公司等，其创制思路基本为在现有商品化品种上的 me-too 研究，大都保持了母体结构，当然也有对其局部结构的衍生化。从中间体衍生化方法角度分析该类化合物的创制主要为替换法和衍生法。中国科学院上海有机化学研究所和浙江化工研究院于 1998 年在嘧草醚的基础上通过优化研究，共同开发出了丙酯草醚（试验代号 ZJ0273）和异丙酯草醚（试验代号 ZJ0702），可以有效防除冬油菜田的一年生单子叶杂草和双子叶杂草，2005 年在丙酯草醚基础上经过进一步的衍生优化发现了氯胺嘧草醚（ZJ1835），对棉花安全性良好，可用于棉花田防除多种阔叶杂草，填补了中国在棉花田除草剂研究上的空白。常州市信德农业科技有限公司以双草醚作为先导化合物自主研发的氟嘧啶草醚是选择性水稻田除草剂，可防除稗草、红脚稗、双穗雀稗、稻稗等水稻田多种禾本科杂草及阔叶杂草，同时对水稻作物具有高度的安全性，对稗草等杂草的防除非常有效，对环境友好，低毒。

4.2.1　丙酯草醚和异丙酯草醚的创制

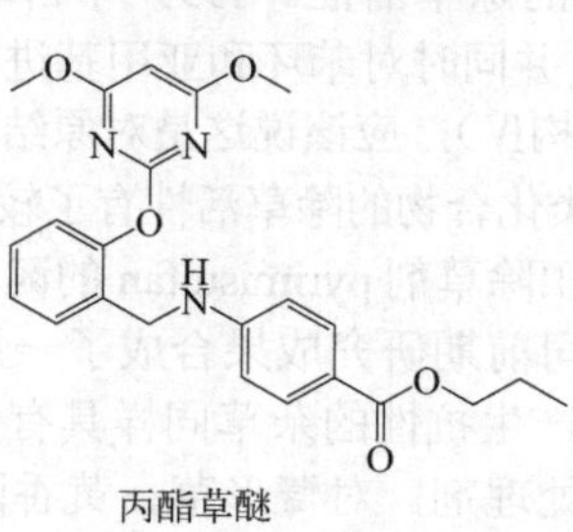

丙酯草醚 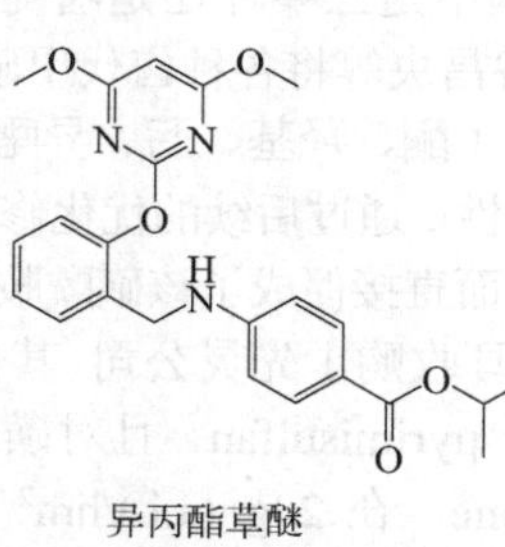　　　　异丙酯草醚

化合物专利名称：2-嘧啶氧基苄基取代苯基胺类衍生物

中国专利号：ZL00130735.5；申请日：2000-10-16；授权日：2003-11-12

专利发明人：吕龙，吴军，陈杰，凌文，彭伟立，毛礼胜，王国超，李明智；申请人：浙江省化工研究院，中国科学院上海有机化学研究所

丙酯草醚和异丙酯草醚是中国科学院上海有机化学研究所吕龙课题组和浙江省化工研究院共同研发的全新嘧啶苄胺类除草剂，在嘧啶水杨酸类除草剂的基础上，进一步优化研究而得到，英文通用名分别为 pyribambenz-propyl 和 pyribambenz-isopropyl，已获得中、美、欧、日等多地发明专利。2003 年，山东侨昌化学有限公司最早获得 95%丙酯草醚原药的临时登记（LS20031544），2014 年获得 95%丙酯草醚原药（PD20141891）和 95%异丙酯草醚原药（PD20141888），以及 10%丙酯草醚乳油（PD20141890）和 10%异丙酯草醚乳油（PD20141889）的正式登记；2015 年，又取得了 10%丙酯草醚悬浮剂（PD20151586）和 10%异丙酯草醚悬浮剂（PD20151334）的正式登记。丙酯草醚和异丙酯草醚可以有效防除冬油菜田一年生单子叶杂草和双子叶杂草，如日本看麦娘、稗草、碎米荠和繁缕等。两者对后茬作物安全，是我国首次研发的一次性处理单双子叶杂草的油菜田除草剂。

4.2.1.1 创制过程

该类化合物最早是由日本组合化学公司随机筛选发现的化合物 1，再运用分子的生物合理设计和组合化学技术，参考已报道的具有除草活性的嘧啶水杨酸类化合物（如 US4906285A）的结构优化得到了嘧啶氧基邻位有甲酸甲酯基团的低活性化合物 2，后来参考硫代水杨酸类化合物（如 US4932999A）的结构将三氟甲基苯氧基去掉后，发现了具有很好活性的化合物 3，并以其作为先导化合物，对苯甲酸酯部分和嘧啶部分进行改造，再经过一系列的衍生合成与筛选得到了丙酯草醚和异丙酯草醚（图 4-8）[1-7]。

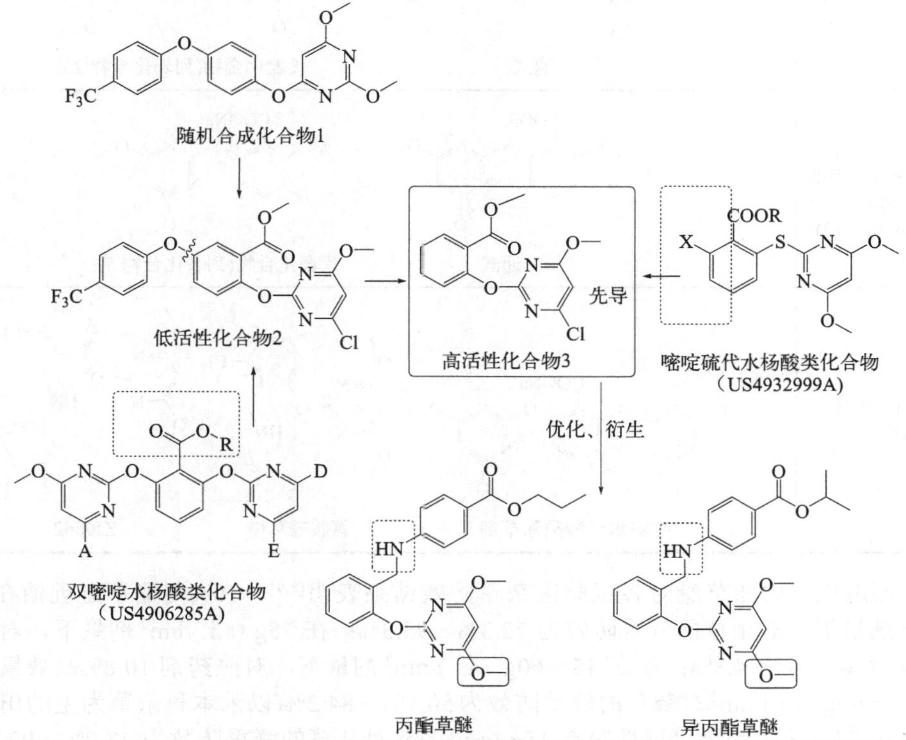

图 4-8 丙酯草醚与异丙酯草醚的创制过程

4.2.1.2 知识产权分析

该发明化合物结构虽与已知专利化合物有部分结构接近，但在已有专利范围外。整体而言，丙酯草醚、异丙酯草醚与已有嘧啶水杨酸类农药品种结构显著不同，知识产权稳定。

（1）新颖性　与已有技术相比，引入了苄胺结构，具有显著的新颖性（表 4-13）。

表 4-13　丙酯草醚与异丙酯草醚的新颖性

专利信息	通式与代表化合物
该专利：CN1348690A(浙江省化工研究院；中国科学院上海有机化学研究所，申请日：2000-10-16；公开日：2002-05-15)	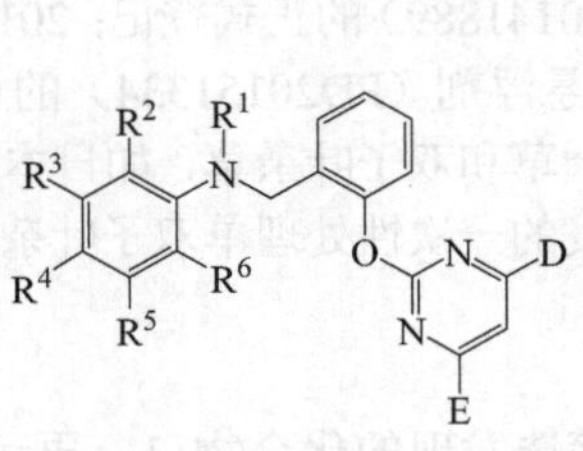 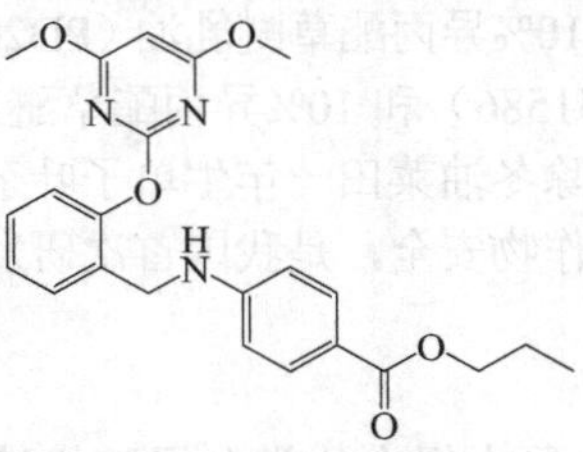 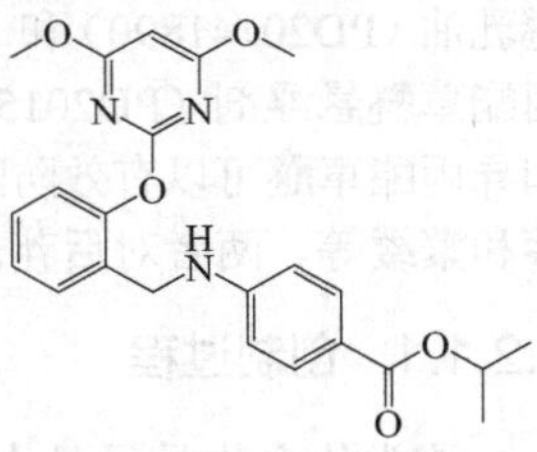 通式　代表化合物丙酯草醚　代表化合物异丙酯草醚
接近的已有技术(US4906285A，申请日：1988-12-21；公开日：1990-03-06)	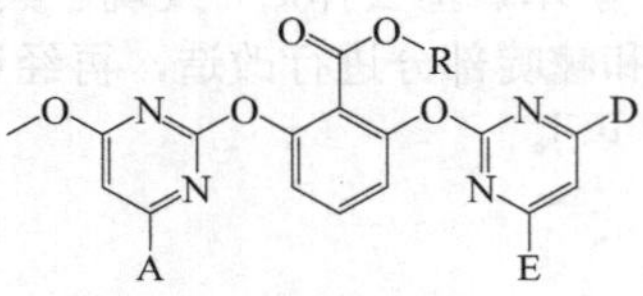 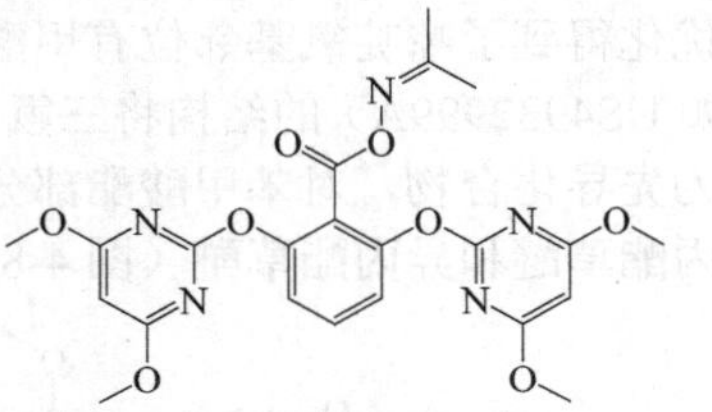 通式　代表化合物(列表化合物 23)
接近的已有技术(US4932999A，申请日：1989-10-02；公开日：1990-06-12)	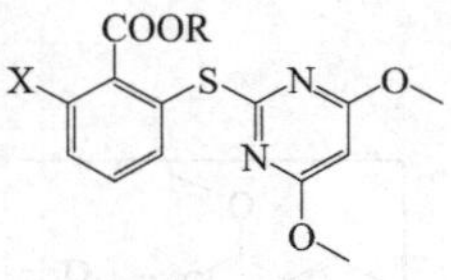 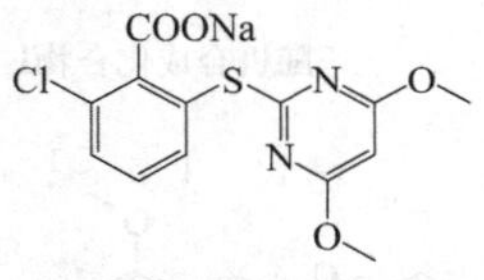 通式　代表化合物(列表化合物 5)
同类商品化/开发中品种	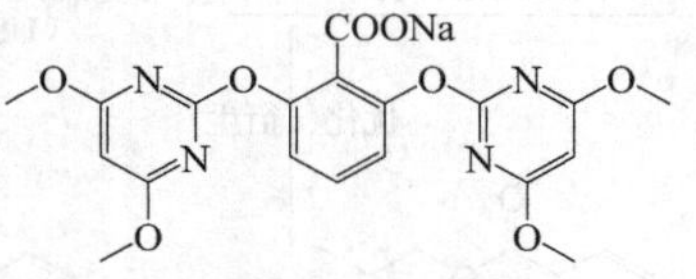 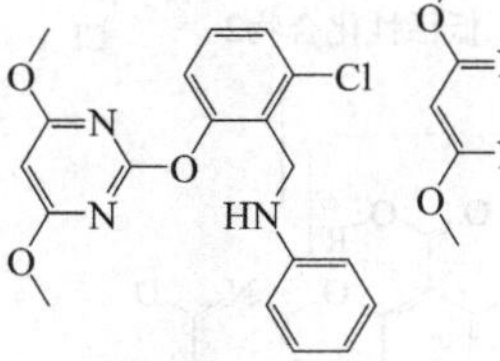 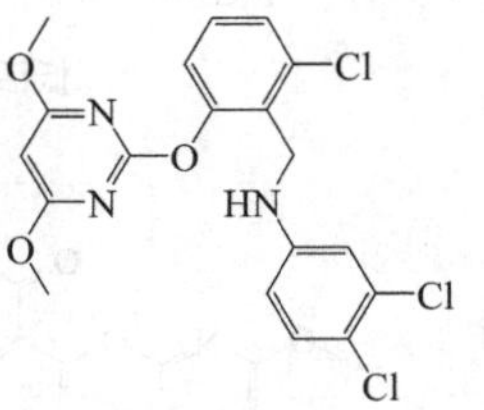 嘧啶水杨酸类除草剂　氯胺嘧草醚　ZJ0862

（2）创造性　丙酯草醚对各试验区杂草防效结果表明[8,9]，10%丙酯草醚乳油在 52.5g (a.i.)/hm^2 剂量下，对杂草的鲜重防效为 72.3%～93.3%；在 75g (a.i.)/hm^2 剂量下，对杂草的鲜重防效为 84.6%～94.8%；而在 45～60g (a.i.)/hm^2 剂量下，对照药剂 10.8%高效氟吡甲禾灵乳油 45～60g (a.i.)/hm^2 对杂草的鲜重防效为 50.1%～84.2%(以禾本科杂草为主的田块杂草防效较高)；25%胺苯磺隆可湿性粉剂 15g (a.i.)/hm^2 对杂草的鲜重防效为 47.9%～92.0%[6]；可见，10%丙酯草醚乳油对油菜田杂草的防效明显优于高效氟吡甲禾灵，与胺苯磺隆相比略

优或持平。

（3）核心化合物专利　丙酯草醚与异丙酯草醚申请了国内外专利 10 件，详见表 4-14。

表 4-14　丙酯草醚和异丙酯草醚核心化合物专利

序号	公开号	专利号
1	CN1348690A	ZL00130735.5
2	JP2004512326A	JP4052942B2
3	WO0234724A1	
4	EP1327629A1	EP1327629B1
5	US2003220198A1	US6800590B2
6	CA2425984A1	CA2425984 C
7	KR20030061820A	KR100511489B1
8	AT378320T	
9	AU2045802A	
10	BR0114812A	

授权保护范围(中国专利)

一种 2-嘧啶氧基苄基取代苯基胺类衍生物如通式所示：

D 和 E 可以是相同的或者不同的基团，分别为氢、卤素、C_1～C_4 烷基、C_1～C_4 烷氧基或 C_1～C_4 卤代烷基；

R^1 为氢、C_1～C_4 烷酰基、C_1～C_4 卤代烷酰基、苯酰基或 C_1～C_4 烷氧乙酰基；

R^2 为氢、卤素、C_1～C_4 烷基或三氟甲基；

R^3 为氢、卤素、C_1～C_4 烷基、三氟甲基、硝基或氰基；

R^4 为氢、卤素、C_1～C_4 烷基、C_1～C_4 烷氧基、C_1～C_4 烷酯基、三氟甲基、氰基、羧基或其他碱金属盐、碱土金属盐、过渡金属或有机铵盐；

R^5 为氢或卤素；

R^6 为氢、卤素或 C_1～C_4 烷基

4.2.1.3　合成方法

以对氨基苯甲酸、水杨醛、4,6-二甲氧基-2-甲砜基嘧啶为原料，先将对氨基苯甲酸与正丙醇或异丙醇反应得到对氨基苯甲酸酯，再与水杨醛反应得到 4-(2-羟基亚苄氨基)苯甲酸正（异）丙酯，然后用 KBH_4 还原双键得到 4-(2-羟基苄氨基)苯甲酸正（异）丙酯，最后在碱性条件下与 4,6-二甲氧基-2-甲砜基嘧啶得到丙酯草醚、异丙酯草醚（图 4-9）[10]。

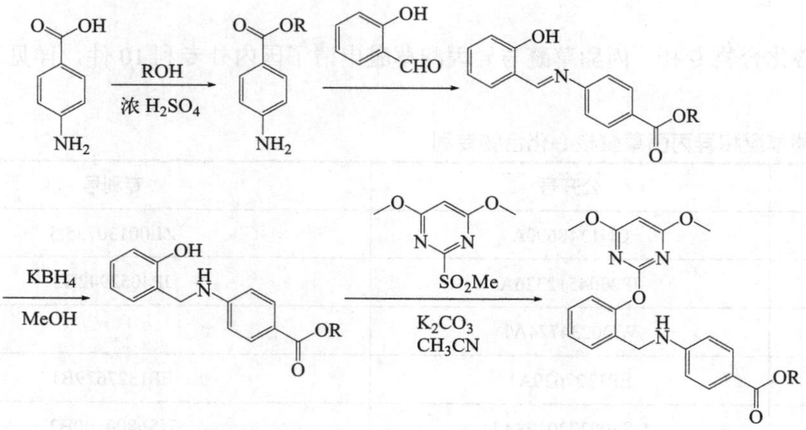

图 4-9　丙酯草醚、异丙酯草醚合成路线

4.2.1.4　组合物专利

丙酯草醚、异丙酯草醚申请了组合物专利 21 件，详见表 4-15。

表 4-15　丙酯草醚、异丙酯草醚组合物专利汇总表

序号	公开号	发明名称	申请人	B 组分
1	CN100333641C	含丙酯草醚或异丙酯草醚和草除灵的油菜田除草剂组合物	浙江化工科技集团有限公司、中国科学院上海有机化学研究所	草除灵
2	CN100358422C	含丙酯草醚或异丙酯草醚和乙酰辅酶 A 羧化酶抑制剂的油菜田除草剂组合物	中国科学院上海有机化学研究所、浙江化工科技集团有限公司	精喹禾灵、精吡氟禾草灵、吡氟氯禾灵、精噁唑禾草灵、烯禾啶等乙酰辅酶 A 羧化酶抑制剂至少一种
3	CN103004771A	一种用于防除油菜田杂草的活性组合物及其除草剂	中化蓝天集团有限公司、浙江省化工研究院有限公司	二氯吡啶酸、高效氟吡甲禾灵
4	CN104430367A	一种油菜田除草组合物	广东中迅农科股份有限公司	氨氯吡啶酸、高效氟吡甲禾灵
5	CN104488877A	一种含有氨氯吡啶酸的除草组合物	广东中迅农科股份有限公司	氨氯吡啶酸、烯草酮
6	CN106259400B	一种含甲硫嘧磺隆与丙酯草醚的除草组合物	孙长恩	甲硫嘧磺隆
7	CN106305856A	一种葡萄专用除草剂	铜仁市万山区米贡山高效农业科技有限公司	氟乐灵、二甲戊乐灵、乙氧氟草醚、青鲜素、天然抑制剂、中药抑制剂
8	CN106665588A	一种油菜田除草组合物	安徽众邦生物工程有限公司	吡唑草胺
9	CN106689141A	丙酯草醚和喹禾糠酯复配除草组合物及其制剂和应用	合肥星宇化学有限责任公司	喹禾糠酯
10	CN107897188A	一种含异丙酯草醚和氯氟吡氧乙酸的小麦田除草组合物	安徽众邦生物工程有限公司	氯氟吡氧乙酸

续表

序号	公开号	发明名称	申请人	B 组分
11	CN107960418A	一种含异丙酯草醚和双氟磺草胺的小麦田除草组合物	安徽众邦生物工程有限公司	双氟磺草胺
12	CN110476990A	一种复配除草剂	侨昌现代农业有限公司	异丙隆
13	CN112075433B	一种包含吡唑草胺、异丙酯草醚和氯酯磺草胺的除草组合物	安徽省农业科学院植物保护与农产品质量安全研究所	吡唑草胺、氯酯磺草胺
14	CN1273021C	含丙酯草醚或异丙酯草醚的油菜田除草剂组合物	浙江化工科技集团有限公司、中国科学院上海有机化学研究所	精喹禾灵、精吡氟禾草灵、吡氟氯禾灵、精噁唑禾草灵、烯禾啶等乙酰辅酶 A 羧化酶抑制剂，乙草胺、甲草胺、萘丙酰草胺、杀草胺、异丙甲草胺等氯代酰胺类除草剂，胺苯磺隆和草除灵
15	CN1331394C	含丙酯草醚或异丙酯草醚和氯代酰胺类除草剂的油菜田除草剂组合物	中国科学院上海有机化学研究所、浙江化工科技集团有限公司	乙草胺、甲草胺、萘丙酰草胺、杀草胺、异丙甲草胺等氯代酰胺类除草剂至少一种
16	CN1513321A	含丙酯草醚或异丙酯草醚的油菜田除草剂组合物	浙江化工科技集团有限公司、中国科学院上海有机化学研究所	精喹禾灵、精吡氟禾草灵、吡氟氯禾灵、精噁唑禾草灵、烯禾啶等乙酰辅酶 A 羧化酶抑制剂，乙草胺、甲草胺、萘丙酰草胺、杀草胺、异丙甲草胺等氯代酰胺类除草剂，胺苯磺隆和草除灵
17	CN1839693A	含丙酯草醚或异丙酯草醚和草除灵的油菜田除草剂组合物	浙江化工科技集团有限公司、中国科学院上海有机化学研究所	草除灵
18	CN1853470A	含丙酯草醚或异丙酯草醚和氯代酰胺类除草剂的油菜田除草剂组合物	中国科学院上海有机化学研究所、浙江化工科技集团有限公司	氯代酰胺类除草剂
19	CN1853471A	含丙酯草醚或异丙酯草醚和乙酰辅酶 A 羧化酶抑制剂的油菜田除草剂组合物	中国科学院上海有机化学研究所、浙江化工科技集团有限公司	乙酰辅酶 A 羧化酶抑制剂

4.2.1.5 作用机理

丙酯草醚可能属于前体农药(pre-herbicide)，其作用机理不同于嘧啶水杨酸类除草剂双草醚。其对离体乙酰乳酸合成酶（ALS）活性影响很小或无作用，但在活体条件下，对 ALS 具有较强的抑制作用，可以使植物体内必需的支链氨基酸合成受阻，所以仍属于 ALS 抑制剂[11-13]。

4.2.1.6 毒理学与安全评价

对哺乳动物进行了急性经口、经皮、皮刺、眼刺、Ames、染色体、微核、亚慢性及慢性毒性试验。试验结果表明丙酯草醚和异丙酯草醚属于低毒化合物，无“三致”，对哺乳动物、环境及非靶标生物安全，丙酯草醚原药和制剂的毒性可见表4-16和表4-17。

表4-16 丙酯草醚原药的毒理学试验结果

测试科目	结论
大鼠急性经口	LD_{50}＞5000mg/kg，低毒
大鼠急性经皮	LD_{50}＞2000mg/kg，低毒
兔眼单次刺激试验	轻微至中度刺激性
兔皮肤单次刺激试验	无刺激性
豚鼠皮肤致敏试验	属Ⅰ级弱致敏性
细菌回复突变试验(Ames)	阴性
小鼠骨髓微核畸变试验	阴性
小鼠睾丸精母细胞染色体畸变试验	阴性
大鼠亚慢性试验 （13周大鼠喂食毒性试验）	雄性417.82±37.03mg/(kg·d)； 雌性76.55±4.40mg/(kg·d)

表4-17 丙酯草醚制剂的毒理学试验结果

试验项目	结果
大鼠急性经口	LD_{50}＞5000mg/kg，低毒
大鼠急性经皮	LD_{50}＞2000mg/kg，低毒
兔眼刺激试验	无刺激性
兔皮肤刺激试验	无刺激性
豚鼠皮肤致敏试验	属Ⅰ级弱致敏性

4.2.1.7 登记情况

丙酯草醚系列现有登记产品6个，商品名油力(10%乳油制剂)、油达(10%异丙酯草醚悬浮剂、10%异丙酯草醚乳油)，具体登记信息见表4-18。

表4-18 丙酯草醚、异丙酯草醚相关登记产品信息表

登记证号	农药名称	剂型	总含量	登记作物	防治对象	亩用药量(制剂量)	施用方法	登记证持有人
PD20141891	丙酯草醚	原药	98%	—	—	—	—	首建科技有限公司
PD20141890	丙酯草醚	乳油	10%	冬油菜(移栽田)	一年生杂草	40～50g	茎叶喷雾	侨昌现代农业有限公司
PD20141889	异丙酯草醚	乳油	10%	冬油菜(移栽田)	一年生杂草	35～50g	茎叶喷雾	侨昌现代农业有限公司

续表

登记证号	农药名称	剂型	总含量	登记作物	防治对象	亩用药量(制剂量)	施用方法	登记证持有人
PD20151586	丙酯草醚	悬浮剂	10%	油菜田	一年生禾本科杂草及部分阔叶杂草	30～45mL	茎叶喷雾	侨昌现代农业有限公司
PD20141888	异丙酯草醚	原药	98%	—	—	—	—	首建科技有限公司
PD20151334	异丙酯草醚	悬浮剂	10%	油菜田	一年生禾本科杂草及部分阔叶杂草	30～45mL	茎叶喷雾	侨昌现代农业有限公司

4.2.1.8 应用效果

不同地区的田间试验结果表明，丙酯草醚和异丙酯草醚及其混剂产品对油菜田主要杂草看麦娘、日本看麦娘等禾本科杂草及大部分的阔叶杂草如牛繁缕、繁缕、雀舌草、扬子毛茛具有很好的防除效果，其对杂草的防效明显优于对照药剂吡氟氯禾灵和精禾草灵，与胺苯磺隆略优或持平。施药后观察发现，丙酯草醚和异丙酯草醚及其混剂产品对不同供试品种油菜均无明显的药害，对整个生育期的油菜均表现安全[14]。

参考文献

[1] 芦志成, 张鹏飞, 李慧超, 等. 中国农药创制概述与展望. 农药学学报, 2019, 21(Z1): 551-579.
[2] 杨子辉, 田昊. 我国新型高效除草剂品种研发述评. 生物加工过程, 2019, 17(02): 207-213, 226.
[3] 陈燕玲. 中国自主创制的农药品种及登记情况. 现代农药, 2017, 16(03): 1-9.
[4] 中国科学院上海有机化学研究所. 新型高效油菜田除草剂——丙酯草醚及异丙酯草醚. 科技成果数据库, 2011.
[5] 唐庆红, 陈杰, 吕龙. 新型高效油菜田除草剂丙酯草醚的创制研究. 农药, 2005, 44(11): 19-25.
[6] 佚名. 我国研制成高效低毒低农本新型除草农药. 农药, 2004(04): 156.
[7] 苏少泉. 新的 ALS 抑制剂——嘧啶水杨酸类除草剂. 农药译丛, 1997, 19(3): 14-18.
[8] 朱旭东, 杨晋, 吴璀献, 等. 10%丙酯草醚 EC 防除直播油菜田杂草试验简报. 上海农业科技, 2006(01): 124.
[9] 朱旭东, 杨晋, 吴璀献, 等. 10%丙酯草醚 EC 防除直播油菜田杂草试验. 农作物药害预防及控制技术研讨会论文集, 2005: 3.
[10] 吕龙, 吴军, 陈杰, 等. 2-嘧啶氧基苄基取代苯基胺类衍生物. CN1127293C, 2003-11-12.
[11] 张帆, 田甜, 吴灵通, 等. 先导类油菜田除草剂丙酯草醚的作用机理研究. 第九届全国杂草科学大会论文摘要集, 2009: 1.
[12] 金宗来, K. Subrahmaniyan, 叶庆富, 等. 新型高效除草剂丙酯草醚对油菜、大小麦的生理作用研究. 中国作物学会 2005 年学术年会论文集, 2005: 7.
[13] 陈杰, 袁军, 刘继东, 等. 新型除草剂丙酯草醚的作用机理. 植物保护学报, 2005, 32(1): 48-52.
[14] 唐庆红, 陈杰, 沈国辉, 等. 油菜田新型除草剂丙酯草醚的应用技术. 植物保护学报, 2006, 33(3): 328-332.
[15] 付群梅, 陈杰, 王静华, 等. 10%丙酯草醚悬浮剂防除油菜田杂草试验. 农药, 2005, 44(7): 331-333.
[16] 陈林芳, 杜剑峰, 周建平, 等. 10%油喜(异丙酯草醚)乳油防除冬季移栽油菜田间杂草试验研究. 上海农业科技, 2005(03): 108-109.
[17] 徐光曙, 袁斌, 赵飞, 等. 10%丙酯草醚 SC 防除移栽油菜田杂草的研究. 华夏星火, 2005(05): 20-21.
[18] 袁斌, 赵飞, 徐光曙, 等. 10%异丙酯草醚 SC 防除移栽油菜田杂草的研究. 华夏星火, 2005(Z1): 48-49.

4.2.2 氯胺嘧草醚的创制

H_3CO OCH_3 N N O N H Cl

化合物专利名称：新的 2-嘧啶氧基-, *N*-芳基-苄胺衍生物，它们的方法和用途

专利号：WO0234724A1；申请日：2001-09-13

专利发明人：吕龙，陈杰，吴军，凌文，毛礼胜，李明智，蔡娴，彭伟立，吴勇，吴声敢，王红军，王国超，崔虎，韩世东，邱维莲，王永华；申请人：浙江省化工研究院，中国科学院上海有机化学研究所

氯胺嘧草醚(ZJ1835)可用于防除多种棉花田主要杂草。

4.2.2.1 创制过程

浙江化工科技集团有限公司（原浙江省化工研究院，国家南方农药创制中心浙江基地）和中国科学院上海有机化学研究所于 1997 年底涉足嘧啶类除草剂的结构改造和优化，积极开展合作，通过分子的合理设计和组合化学技术合成了上千个新化合物，经过一系列室内生物活性筛选，发现了一类具有全新结构和很高除草活性的农药先导化合物 2-嘧啶氧基-*N*-芳基苄胺类化合物，它是由嘧啶水杨酸类除草剂衍生而来的（图 4-10）[1,2]。

H_3CO OCH_3 N N O N H R → H_3CO OCH_3 N N O N H Cl

图 4-10 氯胺嘧草醚的设计思路

4.2.2.2 知识产权分析

该发明化合物结构虽与已知专利化合物结构接近，但在已有专利范围外。

（1）新颖性 新颖性分析见表 4-19。

表 4-19 该专利与已有技术对比表

专利信息	通式与代表化合物	
该专利：WO0234724A1 (中国科学院上海有机化学研究所、浙江省化工研究院，申请日：2001-09-13)	D E N N O 2 3 1 R^1 4 5 6 N R^3 X $(R^2)_n$ 通式	H_3CO OCH_3 N N O N H Cl 氯胺嘧草醚(ZJ1835) (专利中化合物 2)
同类商品化/开发中品种	MeO N N OMe O CO_2Na O N N OMe OMe 双草醚	OCH_3 N N H_3CO O N H O O 丙酯草醚

（2）创造性 徐小燕硕士学位论文[3]中记载，氯胺嘧草醚杀草谱较广，与 4 种棉花田常规芽前处理除草剂相比，氯胺嘧草醚的杀草谱与乙草胺相当，高于氟乐灵和二甲戊灵，低于敌草隆；该化合物持效期在 60 天以上，持效期较长。

（3）核心化合物专利　核心化合物专利及授权范围见表 4-20。

表 4-20　氯胺嘧草醚核心化合物专利汇总

序号	公开号	专利号	法律状态
1	WO0234724A1		
2	AT378320T		
3	AU2045802A		
4	BR0114812A		
5	CA2425984A1	CA2425984C	已失效
6	DE60131437T2		
7	EP1327629A1	EP1327629B1	缔约国失效
8	JP2004512326A	JP4052942B2	未缴费而取消
9	KR20030061820A	KR100511489B1	未付年费
10	MXPA03001972A		
11	PL361309A1	PL216218B1	授权有效
12	US2003220198A1	US6800590B2	授权有效

授权保护范围(美国专利)

一种 2-嘧啶氧基-*N*-芳基苄胺衍生物，如通式所示：

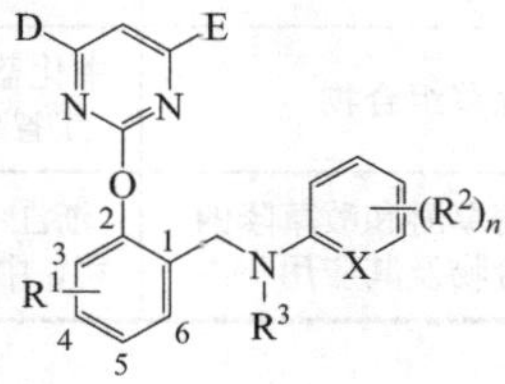

D 或者 E 为氢、卤素、C_1～C_4 烷基、C_1～C_4 烷氧基、C_1～C_4 卤代烷基或 C_1～C_4 卤代烷氧基，D 和 E 可以是相同的或者不同的基团；

R^1 为氢、卤素、C_1～C_4 烷基、C_1～C_4 烷氧基，它在苯环上可处于 3、4、5、6 位中的任何一个位置；

R^2 为氢、卤素、C_1～C_4 烷基、C_1～C_4 烷氧基、C_1～C_4 胺甲酰基、C_1～C_4 烷氧羰基、C_1～C_4 卤代烷基、氰基、硝基、羧基或其他碱金属盐、碱土金属盐或有机铵盐、C_1～C_4 烷酰氨基、C_1～C_4 卤代烷酰氨基、吡啶酰氨基、噻吩酰氨基、噻唑酰氨基、嘧啶酰氨基、6-(4,6-二甲氧基-2-嘧啶基)氧基、苯或取代苯甲酰氨基、苯并或溴代苯并化合物；所述的取代基选自卤素、C_1～C_4 烷基、C_1～C_4 烷氧基、三氟甲基、氰基、硝基，可位于苯环的邻、间、对位；R^2 可以位于苯环的邻、间、对位；n=1～3；

R^3 为氢、C_1～C_4 烷酰基、C_1～C_4 卤代烷酰基或 C_1～C_4 烷氧乙酰基；

X 为 CH 或 N

4.2.2.3　合成方法

以 2-氯-6-氟苯甲醛为起始原料，经水解、还原氨化、缩合等常规易操作的反应，得到氯胺嘧草醚(图 4-11)[4]。

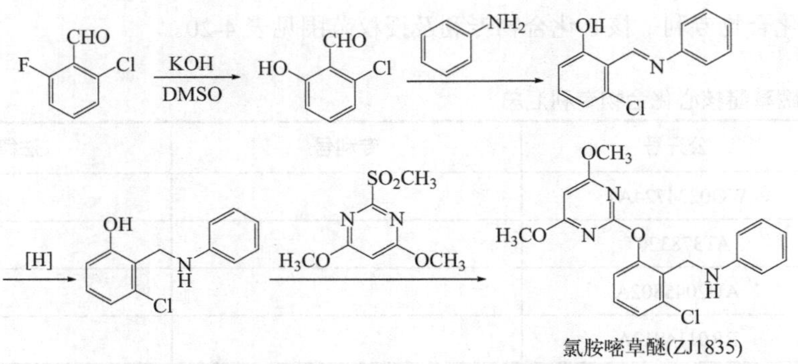

图 4-11　氯胺嘧草醚合成路线

4.2.2.4　组合物专利

截至 2022 年 12 月，公开了 5 件含氯胺嘧草醚的组合物专利，详见表 4-21。

表 4-21　氯胺嘧草醚组合物专利汇总表

序号	公开号	发明名称	申请人	B 组分
1	CN108935481A	一种含有氯胺嘧草醚和异丙甲草胺的除草剂组合物	海利尔药业集团股份有限公司	异丙甲草胺
2	CN101611710B	一种用于棉花田除草的活性组合物及其除草剂	中化蓝天集团有限公司，浙江省化工研究院有限公司	乙草胺
3	CN102007911B	一种用于棉花田除草的活性组合物及其除草剂	中化蓝天集团有限公司，浙江省化工研究院有限公司	二甲戊灵
4	CN104412984A	一种除草组合物	中化蓝天集团有限公司，浙江省化工研究院有限公司	乙氧氟草醚和酰胺类除草剂
5	CN105123728B	一种含氯胺嘧草醚和敌草隆的活性组合物及其应用	浙江省化工研究院有限公司，中化蓝天集团有限公司	敌草隆

4.2.2.5　作用机理

对该类结构代表性品种丙酯草醚的作用机理研究发现，该类药剂作用机制是抑制植物体内必需的支链氨基酸合成，仍然属于 ALS 抑制剂，但其作用方式不同于磺酰脲类和嘧啶水杨酸类除草剂等典型的 ALS 抑制剂，它类似于前体农药，即在植物体内通过代谢活化来发挥作用。嘧啶苄胺类化合物在植物体内可以代谢为嘧啶苯甲醛衍生物与嘧啶苯甲酰胺衍生物。这些代谢产物都是 ALS 直接抑制剂，对 ALS 具有离体和活体抑制活性。所以嘧啶苄胺类化合物在植物体内通过生物活化为这些活性化合物，抑制活体 ALS 活性，阻碍支链氨基酸的生物合成，减缓植物生长，达到除草目的[5,6]。

4.2.2.6　毒理学与安全评价

按照 GB/T 15670—2017《农药登记毒理学试验方法》系列标准和 HJ/T 153—2004《化学品测试导则》中农药相关卫生毒理学试验方法，开展了 98%氯胺嘧草醚原药和 20%氯胺嘧草醚悬浮剂相关急性、亚慢性和致突变试验。结果表明，原药急性 6 项显示药剂均为低毒、无刺激、弱致敏物，Ames 试验和 6 项致突变试验均为阴性，雌雄大鼠亚慢性（90d）经口毒性最大无作用剂量为 77.37mg/（kg·d）和 73.55mg/（kg·d）。制剂急性 6 项也均为低毒、无刺激、弱致敏物[7,8]。具体结果见表 4-22 和表 4-23。

表 4-22　20%氯胺嘧草醚悬浮剂卫生毒理学试验结果

测试科目	结论
急性经口试验	LD_{50}＞5000mg/kg
急性经皮试验	LD_{50}＞2000mg/kg
眼睛刺激试验	刺激指数为 0
皮肤刺激试验	刺激指数为 0
急性吸入毒性试验	LC_{50}＞5000mg/m^3
致敏试验	0

表 4-23　98%氯胺嘧草醚原药卫生毒理学试验结果

测试科目	结果
急性经口试验	LD_{50}＞5000mg/kg
急性经皮试验	LD_{50}＞2000mg/kg
眼睛刺激试验	刺激指数为 0
皮肤刺激试验	刺激指数为 0
急性吸入毒性试验	LC_{50}＞2060mg/m^3
致敏试验	致敏率为 0
细菌回复突变试验（Ames）	阴性
体外哺乳动物细胞基因畸变试验	阴性
体外哺乳动物细胞基因突变试验	阴性
小鼠骨髓嗜多染红细胞微核试验	阴性
亚慢性试验	大鼠经口毒性（90d）最大无作用剂量为 77.37（雌）、73.55（雄）mg/（kg·d）

4.2.2.7　应用效果

（1）室内活性　处理后 30 天调查鲜重防效结果表明，氯胺嘧草醚在 7.5～240g（a.i.）/hm^2 剂量处理下，对阔叶杂草荠菜和反枝苋的除草活性为 45.12%～84.28%，对禾本科杂草狗尾草和稗草的除草活性为 18.77%～58.74%[9,10]。

吸收传导试验（活性炭隔离法）结果表明，氯胺嘧草醚根层处理时茎、根生长抑制率分别为 10.50%和 22.81%，芽层处理时茎、根生长抑制率分别为 51.53%和−29.64%。可见，药剂氯胺嘧草醚可以通过胚根和胚芽吸收进入植株体内，且胚芽吸收量大于胚根；同时胚根吸收后有向上传导的趋势，而胚芽吸收后向下传导性差。在 0.0625～4mg/L 剂量范围内，不同温度环境对氯胺嘧草醚活性有一定影响，其除草活性随温度升高有下降趋势。

氯胺嘧草醚在不同土壤湿度条件下处理活性差异明显，当土壤含水量在 15%的干燥土壤条件下，活性明显降低，土壤含水量在 30%～40%之间处理活性最高，偏湿或偏干条件下活性均有所下降。

氯胺嘧草醚在 37.5g/hm^2 剂量下，对稗草、早熟禾和狗尾草的除草活性为 80%；对苘麻和马唐的除草活性为85%；对芥菜、小藜、酸模叶蓼和牛筋草的除草活性为90%；对反枝苋、金狗尾和异型莎草的除草活性为95%。

氯胺嘧草醚在75、150和225g/hm^{2}剂量下对棉花苗前处理，在棉花子叶期至4～5真叶期的生长前期有 20%～50%的生长抑制作用，但随着棉花的生长，后期能恢复正常。至棉花6叶期到开花前期，在150g/hm^{2}剂量范围内，各处理株高、鲜重、叶片大小和颜色等生长指标均恢复正常，无任何可见药害症状，但提高剂量至225g/hm^{2}时仍有轻度生长抑制作用。因此氯胺嘧草醚不会影响棉花出苗和后期生长，而且具有蹲苗作用，可见，氯胺嘧草醚在低于150g/hm^{2}剂量下苗前土壤处理对棉花具有一定安全性。而且氯胺嘧草醚对不同棉花品种安全性试验表明，在150g/hm^{2}剂量处理下对4个品种的目测和鲜重抑制率为−9.99%～8.50%，均具有安全性。

（2）田间应用效果　氯胺嘧草醚各剂量处理区棉花未发现任何药害症状。收获后测产结果表明各处理棉花产量随除草效果的增强而增加，与空白对照相比增产效果明显。氯胺嘧草醚在60～180g/hm^{2}剂量处理下，对马唐、牛筋草、狗尾草、马齿苋和反枝苋具有较好的防效，在120～180g/hm^{2}剂量处理下杂草防效显著高于低剂量处理，且与对照药剂乙草胺900g/hm^{2}剂量处理下杂草防效没有极显著差异，对杂草的防效两者相当或略低于乙草胺[11]。

参考文献

[1] Lv, L, Chen, J, Wu, J, et al. New 2-pyrimidinyloxy-*N*-aryl-benzylamine derivatives, their process and uses, WO0234724A1, 2002-05-02

[2] 徐小燕，陈杰，董德臻，等. 新型除草剂ZJ1835和二甲戊乐灵混用配方筛选. 农药, 2011, 50(4): 300-301.

[3] 徐小燕，创制除草剂氯胺嘧草醚生物活性及应用、开发研究. 杭州：浙江大学, 2015.

[4] 吕龙，吴军，陈杰，等. 2-嘧啶氧基苄基取代苯基胺类衍生物. CN1348690A, 2000-10-16.

[5] 陈杰，袁军，刘继东，等. 新型除草剂丙酯草醚的作用机理. 植物保护学报, 2005, 32(1): 48-52.

[6] 刘继东. 嘧啶苄胺类化合物除草作用机制的研究.杭州：浙江大学, 2003.

[7] 汪建良，刘芳，徐小燕，等. 氯胺嘧草醚原药的急性毒性试验研究. 浙江化工, 2013, 44(6): 4-6.

[8] 汪建良，纪磊，岑江杰，等. 氯胺嘧草醚原药亚慢性经口毒性试验. 农药, 2015, 54(4): 286-288.

[9] 徐小燕，唐伟，姚燕飞，等.土壤环境因子对氯胺嘧草醚除草活性的影响. 农药学学报, 2015, 17(3):357 -361.

[10] 徐小燕，董德臻，台文俊，等. *N*-苯基-2-(4,6-二甲氧基-2-嘧啶氧基)-6-氯-苄胺(ZJ1835)的除草活性研究. 农药学学报, 2011, 13(4): 427-430.

[11] 徐小燕，彭伟立，许勇华，等. 棉田除草剂氯胺嘧草醚田间使用技术研究. 植物保护, 2017, 43(6): 213-217.

4.2.3 氟嘧啶草醚的创制

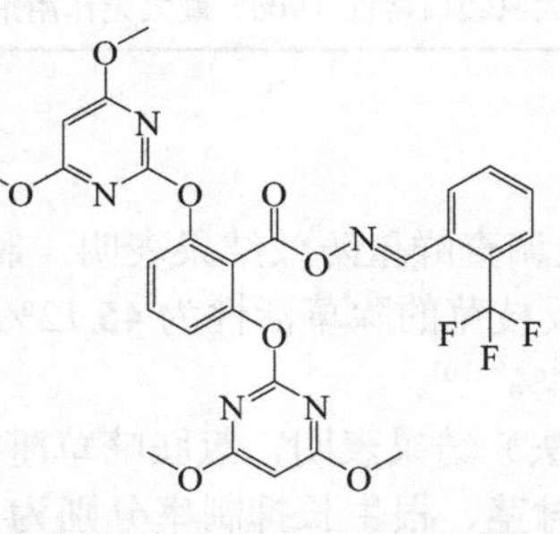

化合物专利名称：具有除草活性的氟嘧肟草醚类化合物及其制备方法

发明人：李国富，于俊祥，徐德锋；申请人：金坛市信德农业科技有限公司

当前权利人：常州市信德农业科技有限公司

中国专利号：ZL201310310166.9；申请日：2013-07-22；授权日：2015-11-18

氟嘧啶草醚，英文通用名 pyriflubenzoxim（曾用名 fluoropyribenzoxim），是常州市信德农业科技以双草醚作为先导化合物自主研发的一种嘧啶水杨酸类除草剂，为乙酰乳酸合成酶（ALS）抑制剂。氟嘧啶草醚是选择性水稻田除草剂，可防除稗草、红脚稗、双穗雀稗、稻稗等

水稻田多种禾本科杂草及阔叶杂草，同时对水稻作物具有高度的安全性，对稗草等杂草的防除非常有效，对环境友好，低毒。

4.2.3.1 创制过程

氟嘧啶草醚在双草醚基础上结合嘧啶肟草醚结构，通过对肟处的替换优化得到（图 4-12）。

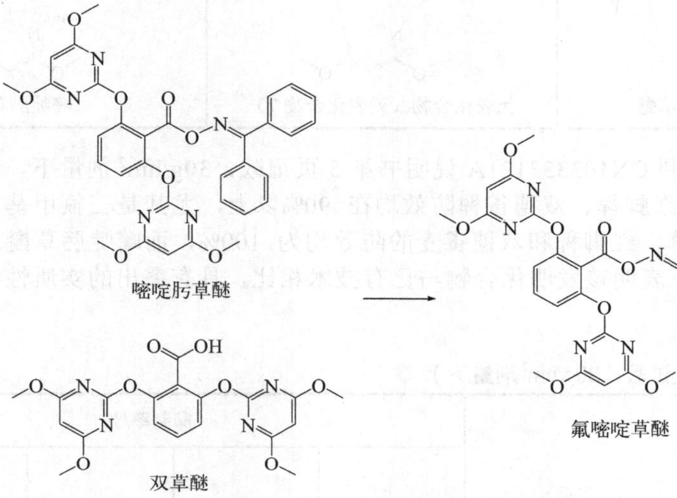

嘧啶肟草醚

双草醚

氟嘧啶草醚

图 4-12 氟嘧啶草醚的创制思路

4.2.3.2 知识产权分析

氟嘧啶草醚尽管与韩国乐喜株式会社公开的专利 CN1111623A 的权利范围非常相似，但非专利范围内化合物，为 me-too 发明。

（1）新颖性　分析见表 4-24。

表 4-24　该专利与已有技术对比表

该专利：CN103333121A (金坛市信德农业科技有限公司，申请日：2013-07-22；公开日：2013-10-02)	最接近的已有技术：CN1111623A (韩国乐喜株式会社，申请日：1994-11-11；公开日：1995-11-15)	同类商品化品种
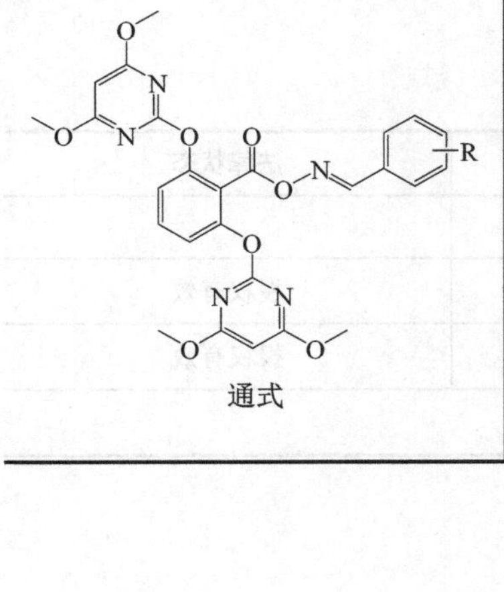 通式	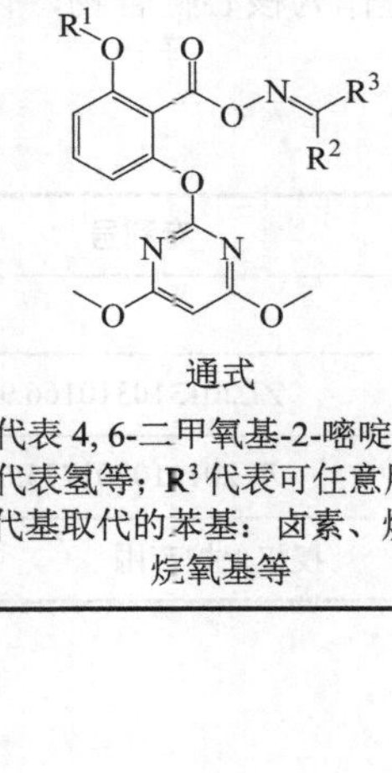 通式 R^1 代表 4, 6-二甲氧基-2-嘧啶基等；R^2 代表氢等；R^3 代表可任意用如下取代基取代的苯基：卤素、烷基、烷氧基等	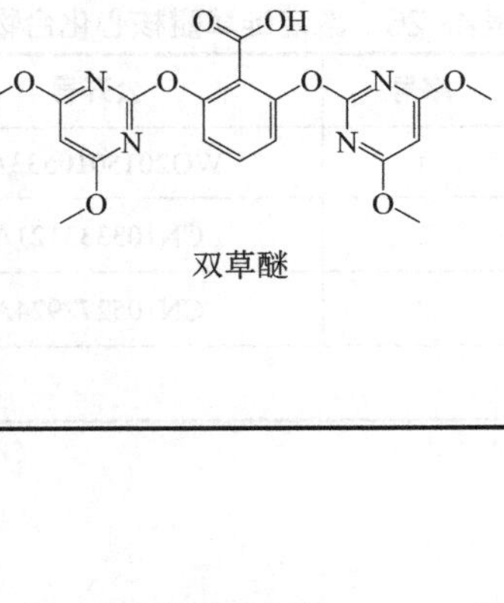 双草醚

续表

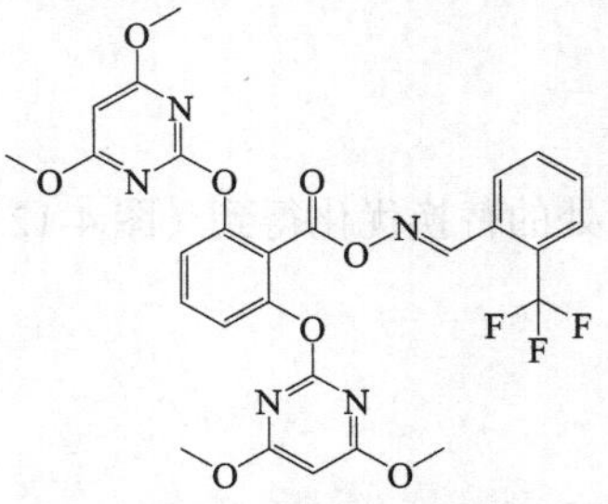 代表化合物氟嘧啶草醚	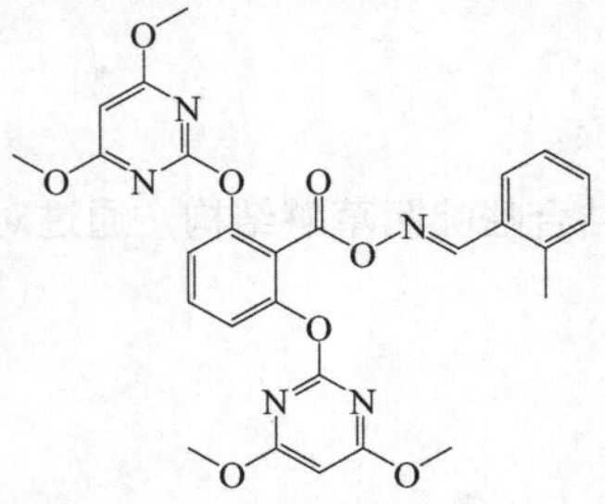 代表化合物（列表化合物 7）	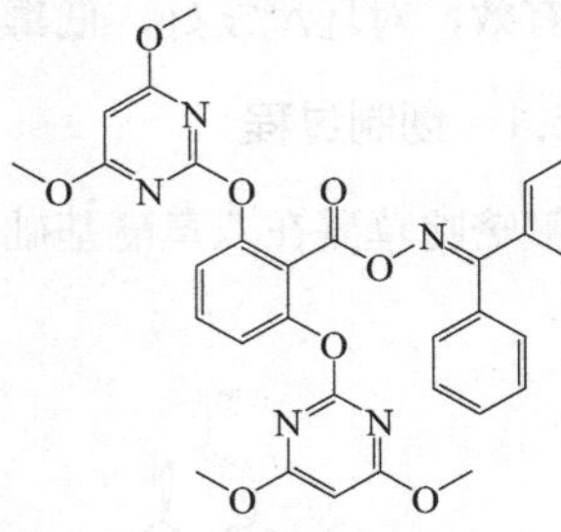 嘧啶肟草醚

（2）创造性　专利 CN103333121A 说明书第 5 页记载，30g/hm^2 剂量下，该发明测试化合物对稗草、稻稗、红脚稗、双穗雀稗防效均在 90%以上，尤其是三氟甲基在邻位化合物（氟嘧啶草醚）对稗草、红脚稗和双穗雀麦的防效均为 100%，而嘧啶肟草醚对杂草的防效不足 60%（表 4-25）。表明该发明化合物与已有技术相比，具有突出的实质性特点和显著的进步。

表 4-25　除草活性比较试验（30g/hm^2 剂量下）

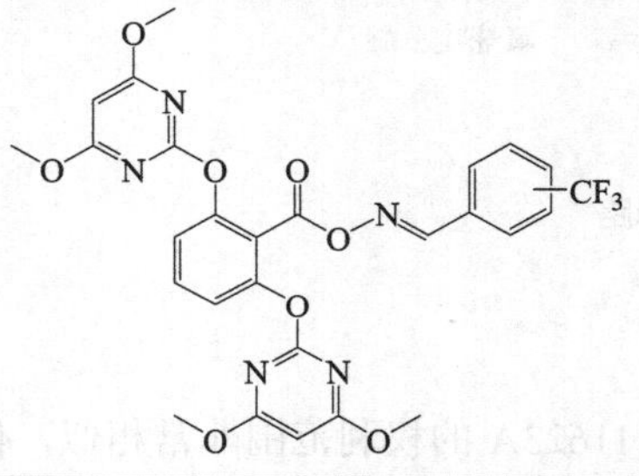	抑制率/%			
	稗草	稻稗	红脚稗	双穗雀稗
邻位	100	98	100	100
间位	96	95	95	100
对位	95	94	98	100
嘧啶肟草醚	56	49	56	59
五氟磺草胺	100	78	82	85

（3）核心化合物专利　氟嘧啶草醚作为核心化合物，化合物专利共申请了 3 件，授权范围较小（表 4-26）。

表 4-26　氟嘧啶草醚核心化合物专利

序号	公开号	专利号	法律状态
1	WO2015010533A1		
2	CN103333121A	ZL201310310166.9	授权有效
3	CN105272924A	ZL201510701775.6	授权有效
授权保护范围			

续表

一种具有除草活性的化合物，其结构通式如下：
其中，R 为邻、间、对位三氟甲基

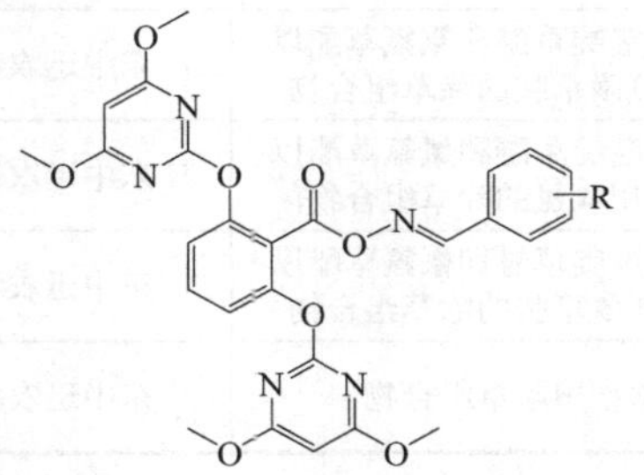

4.2.3.3 合成方法

以邻三氟甲基苯甲醛为原料，经过与盐酸羟胺反应后再与双草醚酸缩合得到氟嘧啶草醚（图 4-13）。

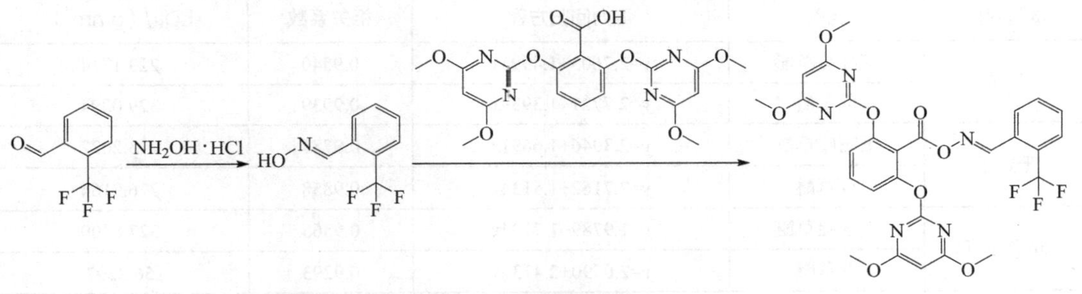

$NH_2OH \cdot HCl$

图 4-13 氟嘧啶草醚的合成

4.2.3.4 组合物专利

氟嘧啶草醚截至 2022 年 12 月共公开了 9 件组合物专利（表 4-27）。

表 4-27 氟嘧啶草醚组合物专利

序号	公开号	发明名称	申请人	B 组分
1	CN114097801A	一种防治水面浮萍和槐叶苹混生危害的除草组合物及其应用	江苏省农业科学院	唑草酮
2	CN110278953B	含氟嘧啶草醚及双唑草腈的除草剂组合物及其应用	河南省农业科学院植物保护研究所	双唑草腈
3	CN109497071A	含氟嘧啶草醚与氯氟吡啶酯的除草剂组合物及其应用	青岛瀚生生物科技股份有限公司	氯氟吡啶酯
4	CN108041048A	含氟嘧啶草醚和灭草松的农药组合物及其应用	江苏省农用激素工程技术研究中心有限公司，南京高恒生物科技有限公司	灭草松
5	CN107616185A	一种含甲基二磺隆和氟嘧啶草醚的除草剂组合物	安徽蓝田农业开发有限公司	甲基二磺隆

续表

序号	公开号	发明名称	申请人	B组分
6	CN106689152A	含有氟嘧啶草醚和氰氟草酯以及五氟磺草胺的除草组合物	广东中迅农科股份有限公司	氰氟草酯和五氟磺草胺
7	CN106359390A	含有氟嘧啶草醚和氰氟草酯以及2甲4氯的除草组合物	广东中迅农科股份有限公司	氰氟草酯和2甲4氯
8	CN106305733A	含有氟嘧啶草醚和氰氟草酯以及噁唑酰草胺的除草组合物	广东中迅农科股份有限公司	氰氟草酯和噁唑酰草胺
9	CN106070222A	水稻田除草组合物	广东中迅农科股份有限公司	氰氟草酯、氯氟吡氧乙酸或其异辛酯

4.2.3.5 应用效果

氟嘧啶草醚对稗草、千金子、鳢肠、丁香蓼、鸭舌草和碎米莎草均有一定的杀草效果，与双草醚相比，氟嘧啶草醚对千金子和稗草的杀草活性高于双草醚，对其他杂草的杀草活性均低于双草醚（表4-28）。

表4-28 氟嘧啶草醚对6种杂草的毒力回归方程及LD_{90}

试验对象	药剂	毒力回归方程	相关系数	LD_{90}/（g/hm^2）
稗草	氟嘧啶草醚	y=2.7603+1.4993x	0.9540	223.1714
	双草醚	y=2.7727+1.3939x	0.9939	329.0294
千金子	氟嘧啶草醚	y=2.3946+1.6691x	0.9783	213.2022
	双草醚	y=2.7162+1.5134x	0.9858	226.9164
碎米莎草	氟嘧啶草醚	y=1.9789+1.7104x	0.9865	327.8409
	双草醚	y=2.0590+2.4130x	0.9293	56.2207
鳢肠	氟嘧啶草醚	y=1.9308+1.9124x	0.9901	188.3864
	双草醚	y=2.5997+2.1076x	0.9657	55.8443
鸭舌草	氟嘧啶草醚	y=2.1241+1.7197x	0.9932	261.5437
	双草醚	y=2.2328+1.7116x	0.9977	231.9769
丁香蓼	氟嘧啶草醚	y=1.9624+1.9976x	0.9831	145.2541
	双草醚	y=2.8301+1.9205x	0.9910	62.6864

随着药剂浓度的提高，氟嘧啶草醚对稗草体外ALS活性的抑制率也随之提高。当将0.100mg /L氟嘧啶草醚水溶液加入稗草ALS粗提液中，对ALS活性的抑制率达90%以上。以100mg/L氟嘧啶草醚喷雾水稻和稗草，施药后1、4、7天剪取地上部组织测定其ALS活性，结果表明，水稻体内ALS活性于氟嘧啶草醚处理后1天就受到100%的抑制，随后ALS活性又逐渐恢复，处理后4、7天的抑制率分别下降到77.04%、35.50%；而稗草体内ALS活性于氟嘧啶草醚处理后逐渐受到抑制，处理后1天抑制率仅为13.17%，但处理后4、7天的抑制率均达100%[1]。

每亩用30%氟嘧啶草醚可湿性粉剂20g + 2.5%五氟磺草胺乳油100mL在田间通过对1～3叶杂草施药5天后，稗草叶片开始出现失绿症状，随后症状严重，杂草先后枯黄死亡，对水稻生长没有影响，安全可靠，对稗草用药后20天的防效达到100%[2]。

30%氟嘧啶草醚可湿性粉剂20g +50%丙草胺乳油125mL在田间通过对1～3叶杂草施药5天后，稗草叶片开始出现失绿症状，随后症状严重，杂草先后枯黄死亡，对水稻生长没有影响，安全可靠，对稗草用药后 20 天的防效达到 100%[3]。

试验药剂 20%氰氟草酯＋5%氟嘧啶草醚可分散油悬浮剂在苗床上推荐使用剂量 0.2～0.25mL/m^2，本田最适使用剂量为 100～120mL/亩，对水稻安全。该药剂对水稻田稗草有较好的防效，对不同叶龄稗草用药后 15 天的防效均达到 90%以上。试验药剂在田间稗草 5～6 叶期，此时水稻 9 叶期，用药后对水稻产生了抑制作用，建议在水稻分蘖期使用，水稻生育转换期（9 叶）及其以后不建议使用[4]。

参考文献

[1] 潘以楼，姚克兵．氟嘧啶草醚对稻田杂草的活性及作用机制．杂草学报，2020，38(3)：62-67．

[2] 董福长．30%氟嘧啶草醚 WP 20g+2.5%五氟磺草胺 100 毫升/亩乳油防治水稻稗草药效试验报告．农民致富之友，2019(12)：142．

[3] 董福长．30%氟嘧啶草醚 WP20g+125 毫升丙草胺(50%)乳油防治水稻稗草药效试验报告．农民致富之友，2019(5)：129．

[4] 顾鑫，李国富，丁俊杰，等．20%氰氟草酯+5%氟嘧啶草醚可分散油悬浮剂对寒地水稻田稗草的防治效果及安全性研究．北方水稻，2018，48(4)：11-14．

4.2.4 其他嘧啶类化合物的创制

（1）2-嘧啶氧（硫）基苯甲酸基乙酰胺类化合物及其应用

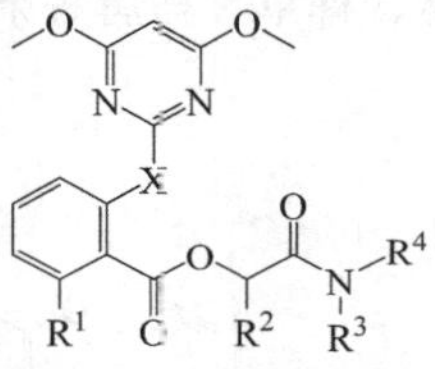

其中，X 选自氧或硫；R^1 选自 H 或卤素；R^2 选自 H；R^3 选自 C_1～C_6 烷基，苯基或被 C_1～C_6 烷基、C_1～C_6 烷氧基、C_1～C_3 烷氧羰基、硝基、卤素、苄基、苯氧基进一步取代的苯基，C_1～C_3 烷基或 C_1～C_3 烷氧基取代的嘧啶基；R^4 选自 H 或 C_1～C_6 烷基；当 R^3、R^4 同时为烷基时，R^3 与 R^4 可同所连接的氮原子一起形成五元或六元环，环上的 1～2 个碳原子可被氧、氮原子取代。

发明人：李斌，冀海英，崔东亮，蓝玉明，袁静；申请人：沈阳化工研究院

中国专利号：ZL200710010857.1；中国专利申请日：2007-04-06

化合物类型：嘧啶氧（硫）苯甲酸类化合物，乙酰胺类化合物

发明思路：me-too 研究；以已知嘧啶水杨酸除草剂为先导，通过衍生引入乙酰氨基而得到。

用途：具有除草活性，可防治苘麻、稗草、马唐等杂草，对大豆、棉花、花生、油菜、玉米等作物安全。

代表化合物结构如下：

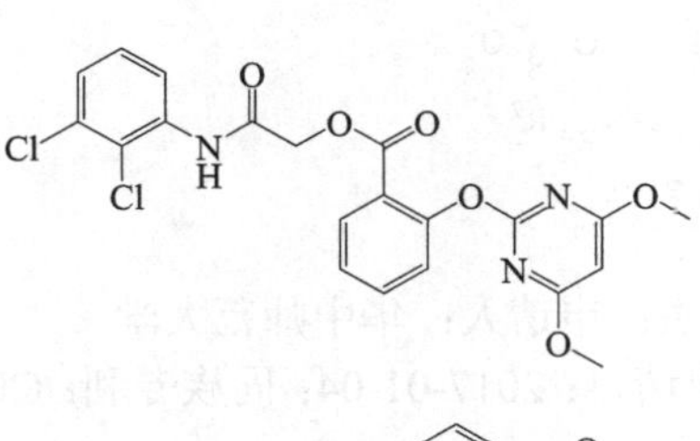

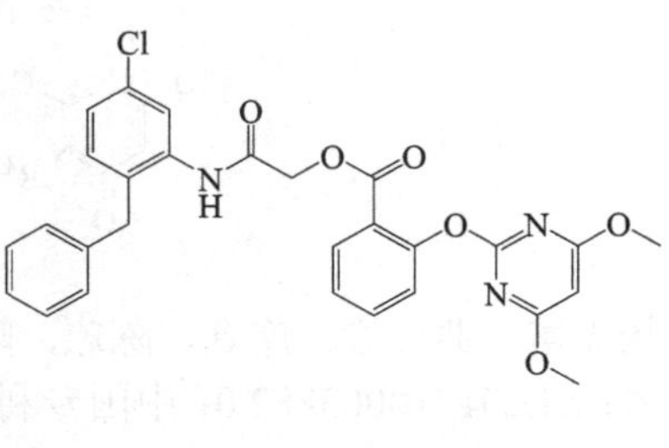

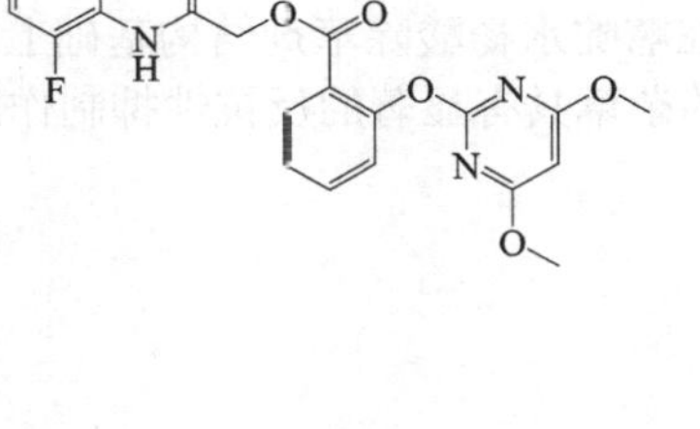

（2）2-嘧啶氧(硫)基苯甲酸基烯酸酯类化合物及其应用

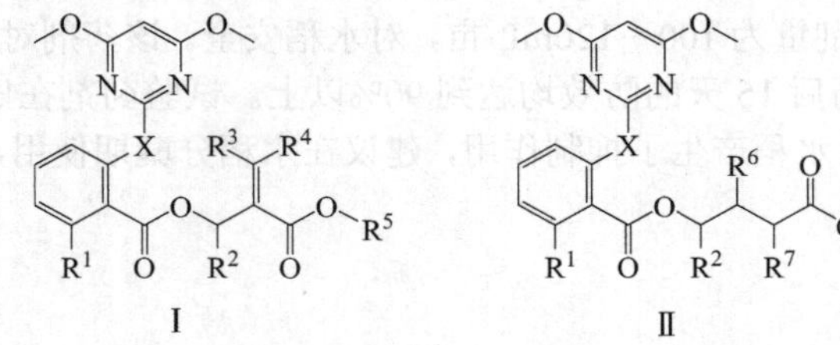

I　　II

式中，X 选自氧或硫；R^1选自氢或卤素；R^2、R^3、R^4、R^6、R^7分别选自氢或C_1～C_6烷基；R^5选自C_1～C_6烷基、C_3～C_6烯基或C_3～C_6炔基；R^6与R^7基团为顺式或反式。

发明人：李斌，冀海英，崔东亮，白丽萍，张弘；申请人：沈阳化工研究院

中国专利号：ZL200710010858.6；中国专利申请日：2007-04-06

化合物类型：嘧啶氧(硫)基苯甲酸类、烯酸酯类化合物

发明思路：me-too 研究；以已知嘧啶水杨酸除草剂为先导，通过衍生引入相关基团而得到。

用途：具有除草活性，可防除苘麻、稗草、马唐等杂草，对大豆、棉花、花生、油菜、玉米等作物安全。

代表化合物结构如下：

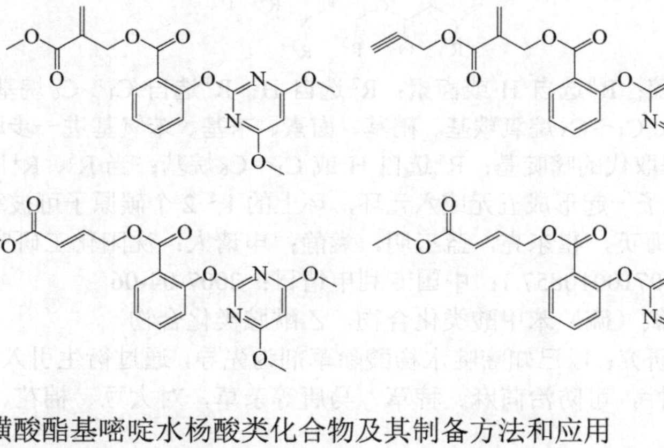

（3）一种 6-磺酸酯基嘧啶水杨酸类化合物及其制备方法和应用

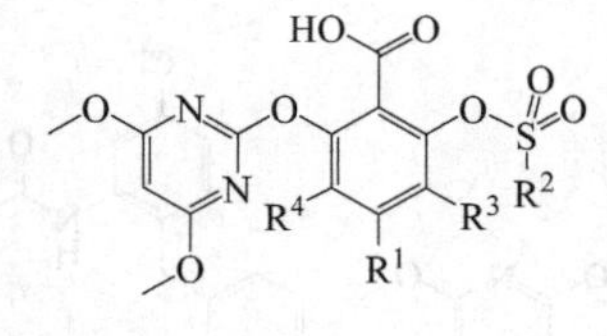

发明人：杨光富，曲仁渝，席真，陈琼，陈杰；申请人：华中师范大学

中国专利号：ZL201710003882.0；中国专利申请日：2017-01-04；同族专利：CN106831609A

化合物类型：嘧啶水杨酸类

发明思路：me-too 研究；在嘧啶水杨酸除草剂结构基础上，引入取代磺酸酯结构。

用途：对除草剂产生抗性的杂草具有显著的反抗性抑制作用，从而能够防治乙酰羟酸合成酶突变导致的杂草抗性植株。

代表化合物结构如下：

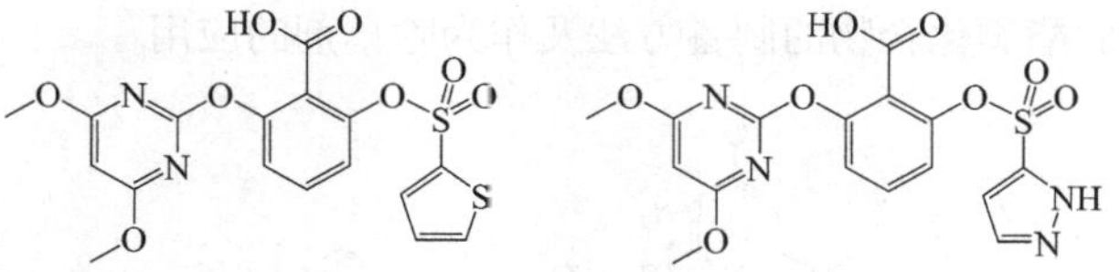

（4）具有除草活性的4-芳氧(硫或氨)基嘧啶衍生物及其制备

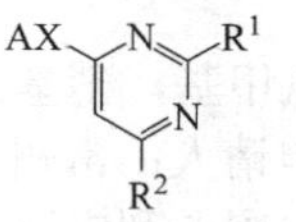

式中，A为苯环或含1～3个氧、硫、氮原子的芳杂环，该芳杂环选自A_1～A_4所示的取代基：

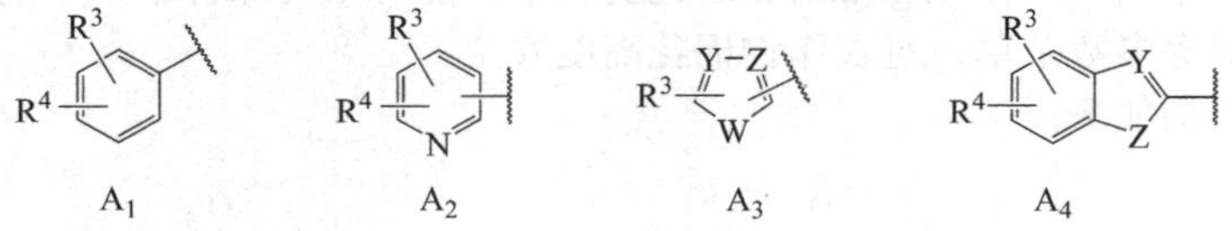

X为O、$S(O)_n$、NR^5，其中n=0、1、2；Y、Z、W=O、S、N、CH、NR^6；

R^1、R^2为卤素，烷基，烷氧基，烷氨基，烷硫基，芳氧基；R^3、R^4为氢，卤素，硝基，氨基，烷基，芳基，烷氧基，烷硫基，磺酰基，磺酸基，醛基，苯氧(硫或氨)基，含1～3个氧、硫、氮原子的芳杂环氧（硫或氨）基，$C(R^7)=NOR^8$，$(CH_2)_mCO_2R^9$（m=0～10）；

R^5、R^6为氢，烷基，芳基，酰基，磺酰基；R^7为氢，烷基；R^8、R^9为氢，烷基，芳基，氨基。

发明人：李斌，柏再苏，周大炜，张立新，刘长令，雷新，郭桂文，胡性之，李宗成；申请人：化学工业部沈阳化工研究院

中国专利号：ZL95112057.3；中国专利申请日：1995-10-17

化合物类型：4-芳氧(硫或氨)基嘧啶衍生物，嘧啶水杨酸类

发明思路：me-too；以嘧啶水杨酸类除草剂为先导，通过4-卤嘧啶中间体进行替换得到现有化合物。

用途：具有除草活性。活性广谱，可用于果园、森林、草场等中除去稗草、马唐、狗尾草、油菜、萝卜、苘麻等不需要的植物。

代表化合物结构如下：

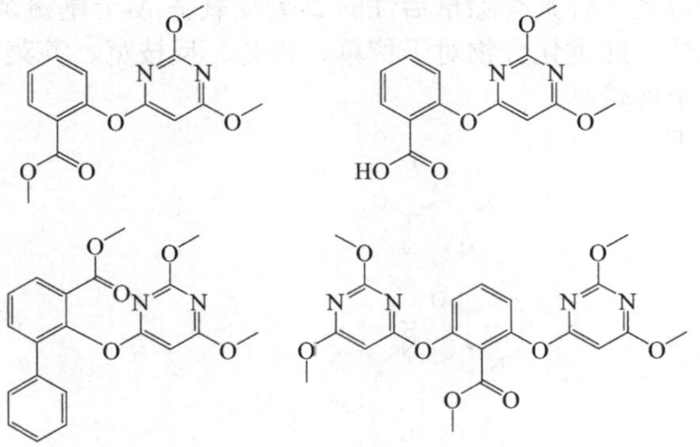

（5）嘧啶水杨酸肟酯类化合物的制备方法及作为除草剂的应用

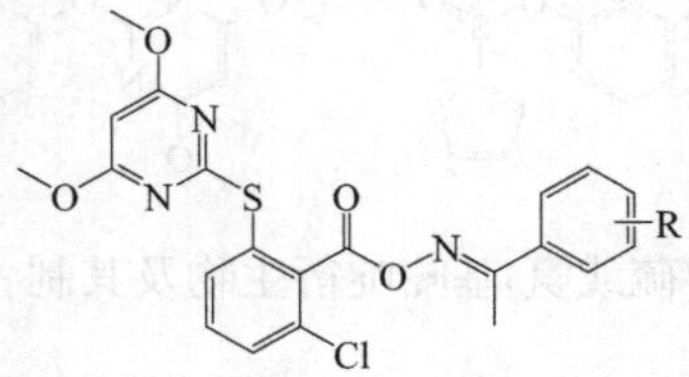

式中，R 为邻、间、对位甲基，三氟甲基，硝基，氟或 2,4-二甲氧基。

发明人：徐德锋，徐祥建，胡航；申请人：常州大学

中国专利号：ZL201910692337.6；中国专利申请日：2019-07-30

化合物类型：嘧啶水杨酸类

发明思路：me-too 研究；在嘧啶水杨酸类化合物的基础上，通过衍生得到现有化合物。

用途：具有除草活性，在 45g (a.i.)/hm^2 施药量下，能有效防除稗草、牛筋草、狗尾草、反枝苋、马齿苋、藜等多数杂草，对农作物棉花高度安全。

代表化合物结构如下：

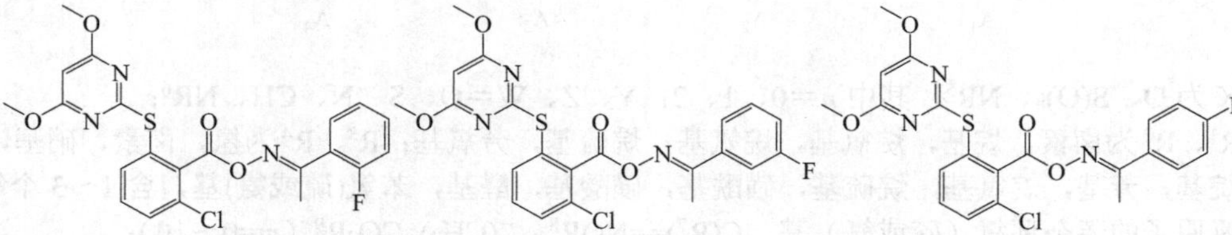

（6）2-嘧啶氧基-*N*-芳基氮杂苄胺类化合物，其制备方法、在除草剂中的应用

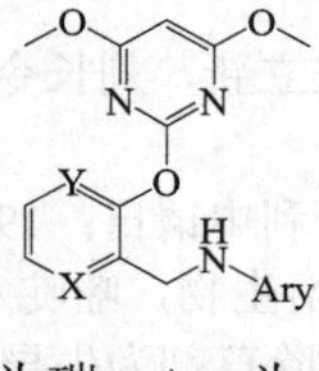

式中，X 和 Y 中一个为氮，另一个为碳；Ary 为 4-正丙氧羰基苯基。

发明人：吕龙，杨征敏，唐庆红，付群梅；申请人：中国科学院上海有机化学研究所

中国专利号：ZL201510198936.4；中国专利申请日：2015-04-22

化合物类型：2-嘧啶氧基-*N*-芳基氮杂苄胺类

发明思路：me-too 研究；在丙酯草醚和异丙酯草醚结构的基础上，用吡啶替换苯环，并对苯环取代基进行替换，得到一种具有除草活性的 2-嘧啶氧基-*N*-芳基氮杂苄胺类化合物。

用途：具有除草活性，此类化合物对于稗草、鳢肠、反枝苋、芥菜和马齿苋的除草效果优异，对于作物大豆的安全性较高。

代表化合物结构如下：

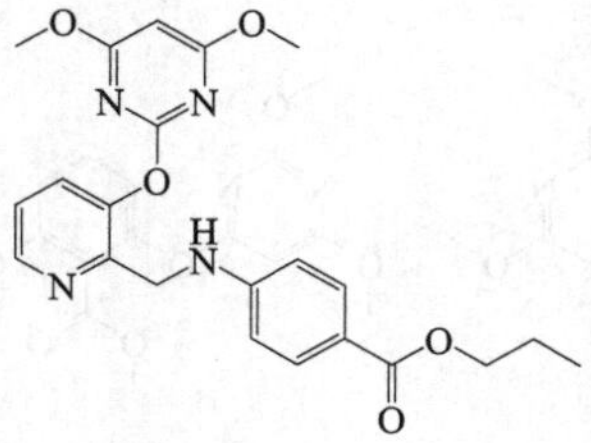

（7）5-多氟烷基取代的2-氨基噻唑类化合物，其合成方法及应用

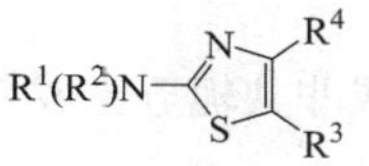

式中，R^1和R^2相同或不同，并且各自表示氢原子、C_1～C_4烷基，或在环上被R^{57}、R^{58}、R^{59}、R^{60}、R^{61}取代的苄基；所述取代基R^{57}、R^{58}、R^{59}、R^{60}、R^{61}相同或不同，并且选自氢原子、羟基、卤原子、C_1～C_4烷基或卤代C_1～C_4烷基；R^3为多氟烷基取代基；R^4表示氢原子、C_1～C_4烷基、$CR^5R^6R^7$；R^6、R^7分别表示氢原子或C_1～C_4烷基，并且R^5=R^3；但当R^3为六氟异丙基时，R^5为七氟异丙基；并且当R^1、R^2和R^4均为氢原子时，R^3不为三氟甲基。

或选自如下结构：

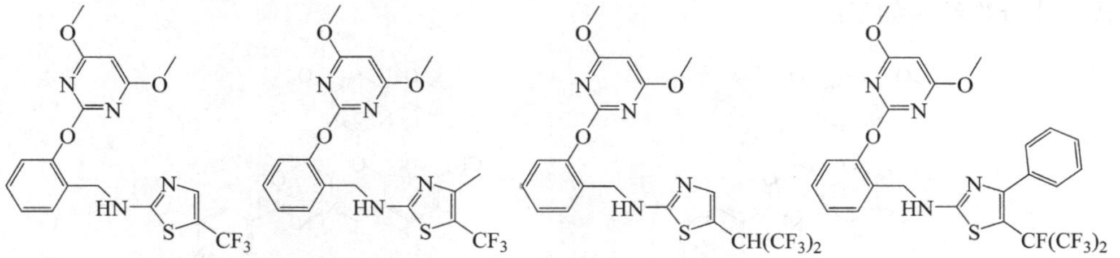

发明人：吕龙，齐卿卿；申请人：中国科学院上海有机化学研究所

中国专利号：ZL201010220927.8；中国专利申请日：2010-07-07

化合物类型：2-氨基噻唑类

发明思路：me-too研究；用5-三氟甲基取代的2-氨基噻唑替换已知化合物中取代的苯胺而得到。

用途：具有除草活性，此类化合物对稗草、马唐、狗尾草、反枝苋、芥菜具有一定抑制作用。

代表化合物结构如下：

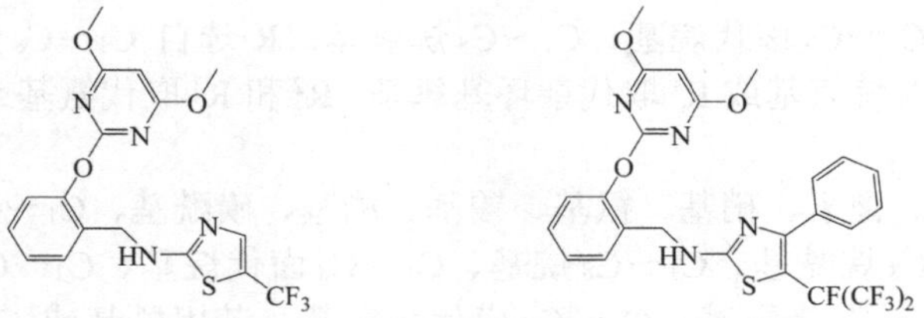

（8）*N*-(2-嘧啶氧基)苄基杂环类化合物，其制备方法及用途

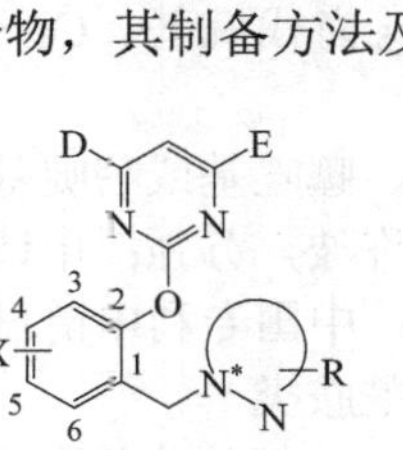

式中，D或E为C_1～C_4烷氧基或C_1～C_4卤代烷氧基；X为氢、卤素、硝基、C_1～C_8烷基、C_1～C_8卤代烷基或C_1～C_8烷氧基；R为氢、卤素、硝基、氰基、羧基、酯基、磺酰基、C_1～C_8烷酰氨基、C_1～C_8烷磺酰氨基、C_1～C_8卤代烷酰氨基、C_1～C_8卤代烷磺酰氨基、

C_1～C_8 烷酰基、C_1～C_8 烷基、C_1～C_8 卤代烷基、苯基、杂环基、C_1～C_8 烷氧基、苯氧基或杂环氧基；

N*—N 表示以 N—N 键相连的共轭或非共轭五元或六元杂环。

发明人：吕龙，吕强，唐庆红，戴明，付群梅；申请人：中国科学院上海有机化学研究所

中国专利号：ZL200810201026.7；中国专利申请日：2008-10-10

化合物类型：2-嘧啶氧基苄基杂环类

发明思路：me-too 研究；在嘧啶水杨酸类除草剂结构基础上，将芳基苄胺结构改为 N—N 环类结构而得。

用途：具有除草活性，在较低剂量下对禾本科杂草和阔叶杂草具有良好的控制效果，而且在较低剂量下对玉米、水稻、油菜等目标作物安全。

代表化合物结构如下：

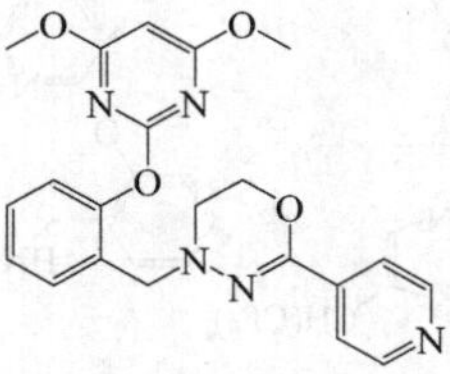

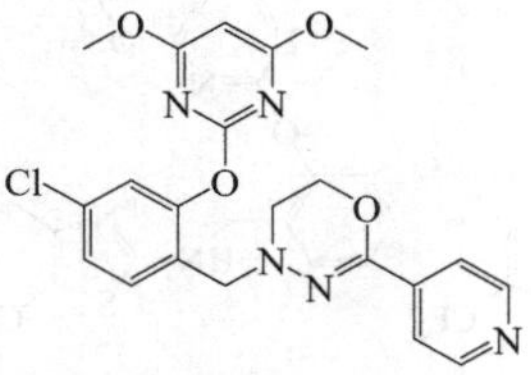

（9）*N*-(2-嘧啶氧基)苄基酰胺类化合物，其制备方法及用途

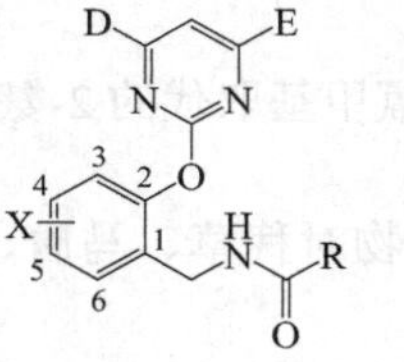

式中，D 或 E 选自卤素、羟基、C_1～C_4 烷氧基或 C_1～C_4 卤代烷氧基；X 选自氢、卤素、硝基、C_1～C_8 烷基、C_1～C_8 卤代烷基、C_1～C_8 烷氧基；R 选自 C_1～C_8 烷基、R^1 取代苯基、R^1 取代杂环基、C_1～C_8 烷氧基或 R^1 取代杂环基氧基，R^2 和 R^3 取代氨基或 R^1 取代杂环基磺酰氨基；

其中，R^1 选自氢、卤素、硝基、氰基、羧基、酯基、磺酰基、C_1～C_8 烷酰氨基、C_1～C_8 卤代烷酰氨基、C_1～C_8 烷酰基、C_1～C_8 烷基、C_1～C_8 卤代烷基、C_1～C_8 烷氧基、苯基或杂环基；R^2 选自氢、C_1～C_8 烷酰基、C_1～C_8 卤代烷酰基、苯甲酰基或 C_1～C_8 烷基；R^3 选自酯基、磺酰基、C_1～C_8 烷基、C_1～C_8 卤代烷基、C_1～C_8 烷氧基、C_1～C_8 烷酰基、苯基或杂环基；

所述的杂环基是吡啶基、噻吩基、噻唑基或嘧啶基。

发明人：吕龙，唐庆红，吕强，许波，苏强；申请人：中国科学院上海有机化学研究所

中国专利号：ZL200810201027.1；中国专利申请日：2008-10-10

化合物类型：嘧啶氧基类，苄基酰胺类

发明思路：me-too 研究；在前期嘧啶氧基苄基取代芳基胺类衍生物中引入酰胺基团而得。

用途：具有除草活性，在较低剂量 37.5～75g/hm^2 对禾本科杂草和阔叶杂草具有良好的控制效果；而且在剂量 75～50g/hm^2 下对玉米、水稻、油菜等目标作物表现安全。

代表化合物结构如下：

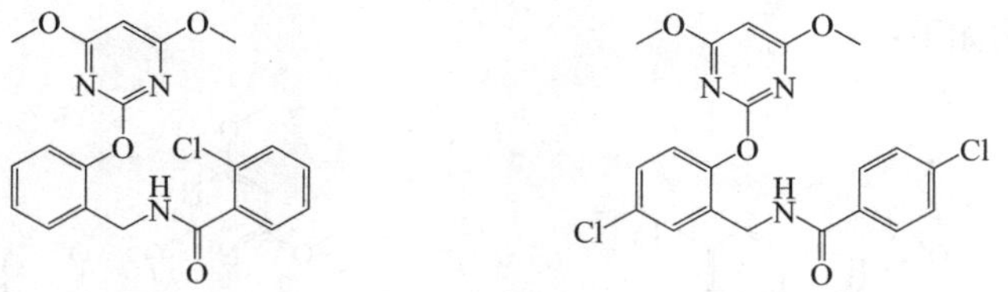

（10）嘧啶水杨酸类衍生物及其制备方法与应用

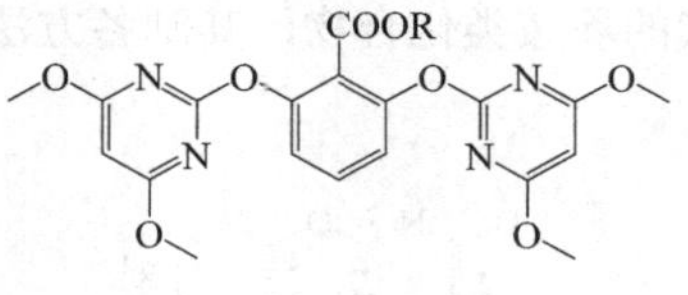

式中，R 为—CH_2CF_3或—$(CH_2)_2CH=CH_2$。

发明人：李婉，杨子辉，武世杰；申请人：河北大学

中国专利号：ZL201810856681.X；中国专利申请日：2018-07-31

化合物类型：嘧啶水杨酸类、嘧啶醚

发明思路：me-too 研究；以双草醚为先导化合物，对羧酸官能团进行衍生得到目标化合物。

用途：具有除草活性，用于防治双子叶杂草、单子叶杂草等，在 15g/hm^2 时对农作物上的杂草如双子叶杂草、单子叶杂草等具有除草活性，特别是对藜和马唐具有较好的防效。

代表化合物结构如下：

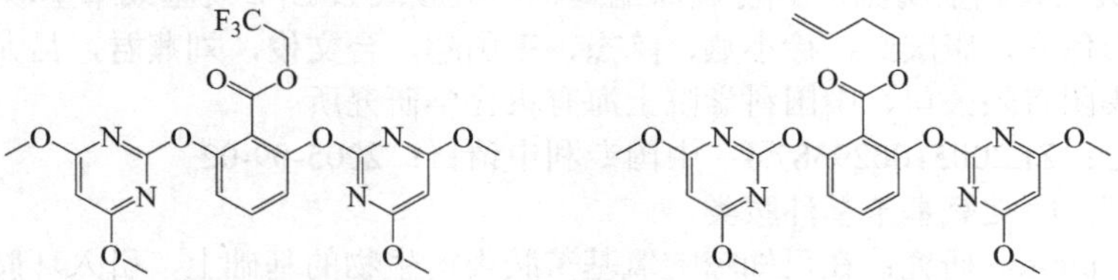

（11）羟酰胺缩合酯类化合物，其制备方法及用途

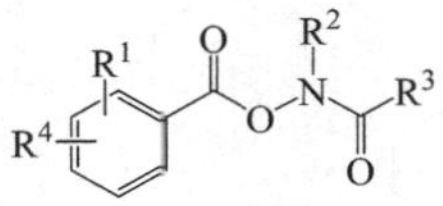

式中，R^1、R^4 选自氢、羟基、巯基、硝基、卤素、C_1～C_8 的烷基、C_1～C_8 的烷氧基、苯氧基、苯巯基、杂环基、取代杂环氧基或取代杂环巯基；R^2 选自氢、C_1～C_8 的烷基、苯基或取代苯基；R^3 选自氢、C_1～C_8 的烷基、C_1～C_8 的烷氧基、C_1～C_8 的烷氨基、苯基或取代苯基；其中上述取代基为卤素、C_1～C_8 的烷基或 C_1～C_8 的烷氧基。

发明人：吕龙，吕强，唐庆红，付群梅，王学跃，台文俊，吕沛，刘军；申请人：中国科学院上海有机化学研究所

中国专利号：ZL200610116821.7；中国专利申请日：2006-09-30

化合物类型：羟酰胺缩合酯类，嘧啶水杨酸类

发明思路：me-too 研究；在现有嘧啶水杨酸中间体的基础上进行衍生化，引入羟酰胺而得。

用途：具有除草活性，该发明化合物对稗草、马唐、狗尾草、芥菜等禾本科杂草和阔叶杂草都具有良好的控制效果。

代表化合物结构如下：

（12）*N*-2-嘧啶氧基苄基取代的环胺类化合物，其制备方法及用途

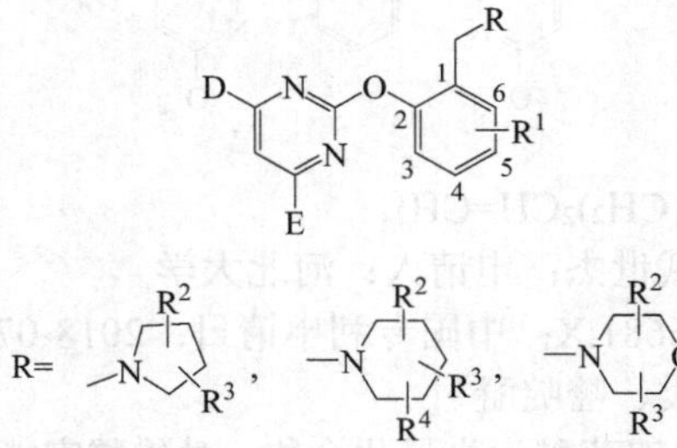

式中，D 和 E 为卤素、C_1～C_4烷基、C_1～C_4烷氧基、C_1～C_4卤代烷基或 C_1～C_4卤代烷氧基；R^1为氢、卤素、硝基、C_1～C_4烷基、羟基、甲苯氧基或 C_1～C_4烷氧基，R^1位于苯环的 6 位位置；R^2、R^3、R^4为氢、卤素、硝基、氰基、羟基、C_1～C_4烷基、C_1～C_4卤代烷基、C_1～C_4烷氧基、甲酸及其碱金属盐、甲酸 $C_{1\sim6}$酯基、甲酰胺或 N-$C_{1\sim4}$烷基或苯基取代甲酰胺。

发明人：彭伟立，唐庆红，徐小燕，陈杰，王国超，台文俊，刘燕君，吕龙；申请人：浙江省化工科技集团有限公司、中国科学院上海有机化学研究所

中国专利号：ZL200510029387.4；中国专利申请日：2005-09-02

化合物类型：嘧啶氧基苄基环胺类

发明思路：me-too 研究；在已知嘧啶氧基苄胺类衍生物的基础上，引入环胺类结构，即用环胺替代取代的苯胺而得。

用途：对稗草、马唐、牛筋草、狗尾草等禾本科杂草都具有良好的控制效果。

代表化合物结构如下：

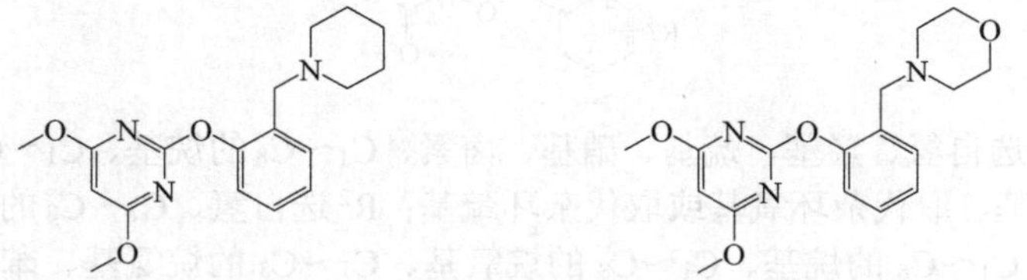

（13）2-嘧啶氧基苯甲酸[2-(嘧啶氨基甲基)]苯酯类化合物，其制备方法及用途

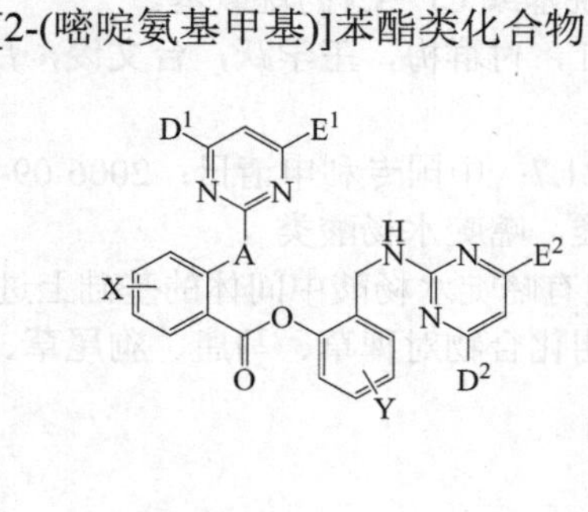

式中，D^1、D^2、E^1或E^2选自卤素、C_1～C_4烷基或C_1～C_4烷氧基；X 选自氢、卤素、硝基、氰基或C_1～C_8烷氧基；Y 选自氢、卤素或C_1～C_8烷基；A 选自 O 或 S。

发明人：吕龙，陈杰，唐庆红，王华，付群梅，吕强，王学跃，彭伟立；申请人：中国科学院上海有机化学研究所，浙江化工科技集团有限公司，上海中科侨昌作物保护科技有限公司

中国专利号：ZL200510029384.0；中国专利申请日：2005-09-02

化合物类型：嘧啶氨基甲基苯酯类、嘧啶醚、嘧啶水杨酸类

发明思路：me-too 研究；在吕龙等报道的一类新的嘧啶氧基苄基取代芳基胺类衍生物（ZL00130735.5、ZL01112689.2、ZL01113199.3、CN1513321A 和 CN1488626A）的基础上，进一步衍生替换，得到 2-嘧啶氧基苯甲酸[2-(嘧啶氨基甲基)]苯酯化合物。

用途：具有除草活性，对农田的稗草、马唐、牛筋草、狗尾草、芥菜、反枝苋等禾本科杂草和阔叶杂草都具有良好的控制效果。

代表化合物结构如下：

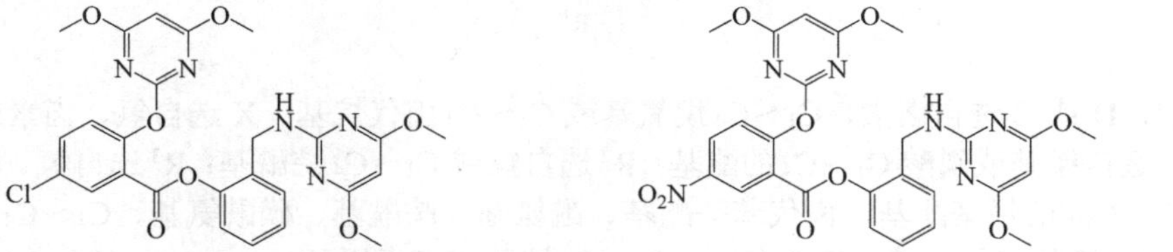

(14) 苄胺类化合物，其制备方法及用途

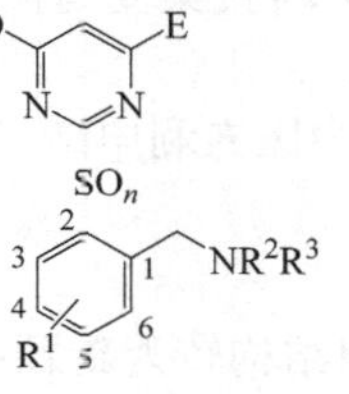

式中，D 或 E 为氢、卤素、C_1～C_4烷基、C_1～C_4烷氧基、C_1～C_4卤代烷基或C_1～C_4卤代烷氧基；R^1为氢、卤素、硝基、C_1～C_4烷基或C_1～C_4烷氧基，它在苯环上可处于 3、4、5、6 位中的任何一个位置；R^2和R^3为氢、C_1～C_4烷基、C_1～C_4卤代烷基、CH_2COOCH_3、芳香基取代C_1～C_4烷基、苯基、R^5和/或R^6取代的苯基或萘基或者杂环基；所述的杂环基是吡啶基、吡啶甲撑基、噻吩基、噻唑基或嘧啶基；或R^2与R^3及 N 共同构成环上碳原子数为 2～7 的环氨基；n=0～2；R^5或R^6为氢、卤素、硝基、羟基、甲基、乙基、叔丁基、氯甲基、甲氧基、三氟甲基、三氟甲氧基、乙氧基、氰基或苯氧基。

发明人：王国超，唐庆红，付群梅，傅荣幸，董德臻，彭伟立，陈杰，吕龙；申请人：浙江省化工科技集团有限公司，中国科学院上海有机化学研究所

中国专利号：ZL200510029386.X；中国专利申请日：2005-09-02

化合物类型：苄胺类

发明思路：me-too 研究；在吕龙等报道的一类嘧啶氧基苄胺类衍生物（ZL00130735.5、ZL00130736.3、ZL01112689.2、ZL00131340.1、ZL01113199.3、CN1513321A）的基础上，结合嘧草硫醚(pyrithiobac-sodium，KIH-2031，EP315889)的结构，合成了 2-嘧啶巯基或者亚砜基、砜基苄胺类衍生物。

用途：具有除草活性，对农田的稗草、马唐、牛筋草、狗尾草、芥菜、反枝苋、早熟禾、假高粱等禾本科杂草和阔叶杂草都具有良好的控制效果，其中对芥菜和反齿苋效果相对更好。

代表化合物结构如下：

（15）2-嘧啶氧基-*N*-芳基-7-腈基或磷酸酯基苄胺类化合物，其制备方法及用途

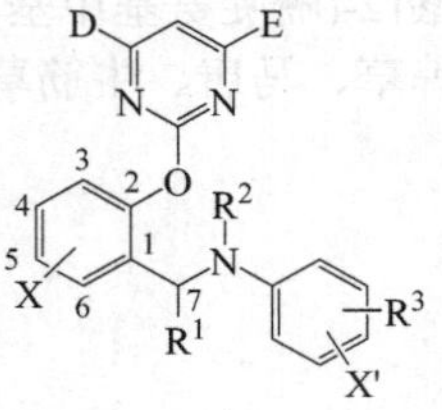

式中，D 或 E 选自卤素、C_1～C_4 烷氧基或 C_1～C_4 卤代烷基；X 选自氢、卤素或 C_1～C_4 烷氧基；R^1 选自氰基或磷酸 C_1～C_4 的酯基；R^2 选自氢或 C_1～C_4 烷酰基；R^3 选自氢、脲基、卤素、羧基、C_1～C_{10} 的烃基酯基、卤代苯基酯基、酰氨基、胺酰基、磺酰氨基、C_1～C_4 烷氧基、苯基或 C_1～C_4 烷基取代苯基；X'选自氢、C_1～C_4 烷基或卤素原子。

发明人：吕龙，陈杰，王华，唐庆红，彭伟立，董德臻，王国超，吕强；申请人：中国科学院上海有机化学研究所，浙江化工科技集团有限公司，上海中科侨昌作物保护科技有限公司

中国专利号：ZL200510029385.5；中国专利申请日：2005-09-02；同族专利：CN1746161A，CN100361978C

化合物类型：嘧啶氧基芳基类

发明思路：尽管为 me-too 研究，但结构较为新颖；在嘧啶氧基苄胺类衍生物的基础上，进一步衍生替换，合成了一类 2-嘧啶氧基-*N*-芳基-7-氰基或磷酸酯基苄胺化合物。

用途：具有除草活性，对农田的稗草、马唐、牛筋草、狗尾草、芥菜、马齿苋等杂草都具有良好的控制效果。

代表化合物结构如下：

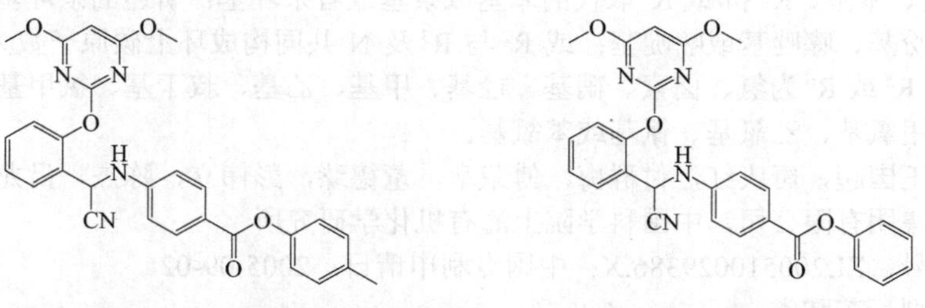

（16）[*N*-(2-嘧啶氧基)苄氨基苯基]磺酰胺类化合物，其制备方法及用途

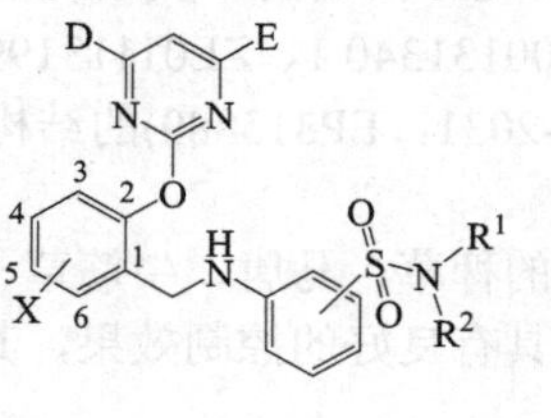

式中，D 或 E 为 C_1～C_4 烷氧基或 C_1～C_4 卤代烷氧基；X 为氢、卤素、硝基、C_1～C_8 烷基、C_1～C_8 卤代烷基、C_1～C_8 烷氧基；R^1、R^2 为氢、卤素、硝基、苯基、卤代或 C_1～C_4 烷基取代苯基、吡啶基、噻吩基、噻唑基或嘧啶基。

发明人：吕龙，陈杰，唐庆红，吕强，徐小燕，金志平，景竹，黄玉；申请人：中国科学院上海有机化学研究所，浙江化工科技集团有限公司，上海中科侨昌作物保护科技有限公司

中国专利号：ZL200510029382.1；中国专利申请日：2005-09-02；同族专利：CN1743318A，CN100343236C

化合物类型：嘧啶氧基芳基类

发明思路：me-too 研究；在嘧啶氧基苄胺类衍生物的基础上，进一步替换，得到[*N*-(2-嘧啶氧基)苄氨基苯基]磺酰胺化合物。

用途：具有除草活性，在较低剂量 37.5～75g/hm² 对禾本科杂草和阔叶杂草具有良好的控制效果；在剂量 75～150g/hm² 下对玉米、水稻、油菜等目标作物表现安全。

代表化合物结构如下：

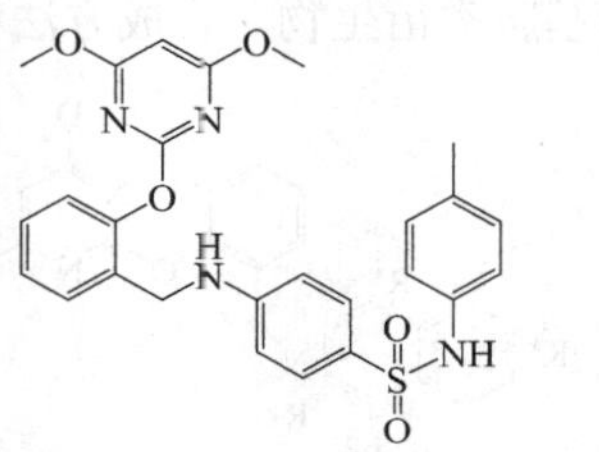

（17）2-嘧啶氧基-*N*-脲基苯基苄胺类化合物，其制备方法及用途

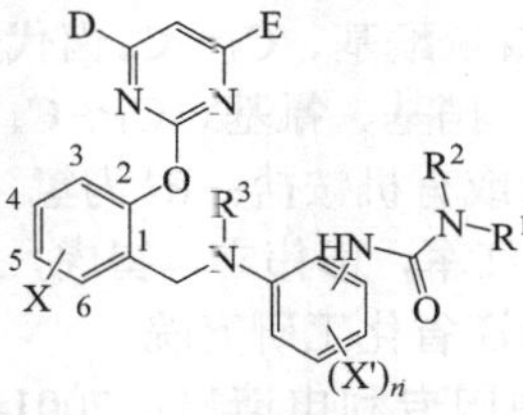

式中，D 或 E 为氢、卤素、C_1～C_4 烷基、C_1～C_4 烷氧基、C_1～C_4 卤代烷基或 C_1～C_4 卤代烷氧基；X 为氢、卤素、硝基、氰基、羧基、酯基、磺酰基、C_1～C_8 烷基、C_1～C_8 卤代烷基、C_1～C_8 烷氧基、C_1～C_8 烷酰基、C_1～C_8 烷酰氨基、C_1～C_8 卤代烷酰氨基；R^1、R^2 为氢、酯基、磺酰基、C_1～C_8 烷基、C_1～C_8 取代烷基、C_1～C_8 烷氧基、C_1～C_8 烷酰基、苯基、取代苯基或杂环基，或者 R^1、R^2 相连为 $(CH_2)_mZ(CH_2)_k$，其中 Z 为 CH_2，*m*、*k* 为 1～6 的整数；

X′为 H、H_2N-C(=O)-$N(R^2)$-R^1、卤素原子、羧基、酯基、C_1～C_8 烷酰基、C_1～C_8 烷基、C_1～C_8 卤代烷基、C_1～C_8 烷氧基；*n* 为 1～4 的整数；R^3 为氢、C_1～C_8 烷酰基、C_1～C_8 卤代烷酰基、苯甲酰基、取代苯甲酰基、C_1～C_8 烷基；

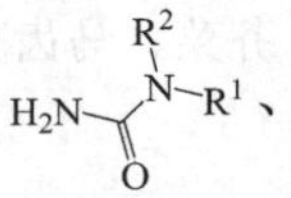

所述的杂环基是吡啶基、噻吩基、噻唑基或嘧啶基；所述的取代苯基上的取代基为单取代、二取代或多取代的卤素、硝基、氰基、羧基、酯基、磺酰基、C_1～C_8 烷基、C_1～C_8 卤代烷基、C_1～C_8 烷氧基、C_1～C_8 烷酰基或 C_1～C_8 烷酰氨基。

发明人：吕龙，陈杰，吴勇，金志平，徐小燕，袁军，张艳，王永华；申请人：中国科学院上海有机化学研究所，浙江省化工科技集团有限公司

中国专利号：ZL03141415.X；中国专利申请日：2003-07-04；同族专利：CN1208325C，

CN1488626A，WO2005068434A1

化合物类型：嘧啶氧基类、脲基苯基苄胺类

发明思路：me-too 研究；在嘧啶氧基苄基取代芳基胺类衍生物基础上，进一步衍生替换，得到 2-嘧啶氧基-*N*-脲基苯基苄胺化合物。

用途：具有除草活性，对农田的稗草、马唐、牛筋草、狗尾草、芥菜、反枝苋、马齿苋等杂草都具有良好的控制效果。

代表化合物结构如下：

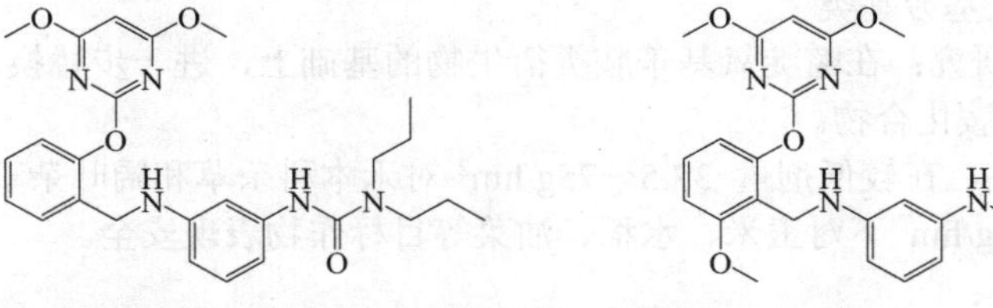

（18）2-嘧啶氧基苄基取代萘基胺类衍生物，合成方法和用途

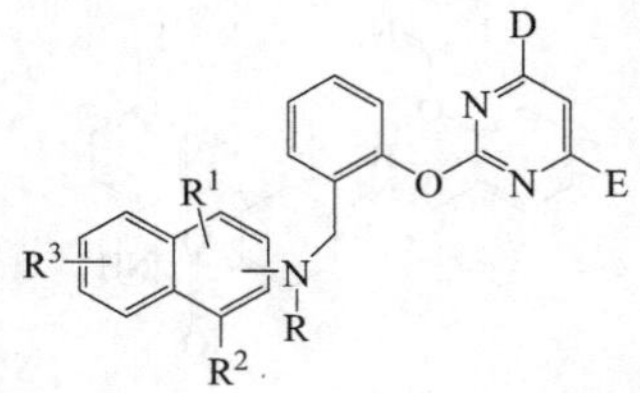

式中，D 和 E 可以是相同的或不同的基团，分别为氢、卤素、C_1～C_4 烷基、C_1～C_4 烷氧基或 C_1～C_4 卤代烷基；R 为氢、C_1～C_4 烷酰基、C_1～C_4 卤代烷酰基、苯酰基或 C_1～C_4 烷氧乙酰基；R^1 为氢或卤素；R^2 为氢、卤素、硝基、氰基、C_1～C_4 烷氧基、C_1～C_4 烷酯基、羧基或其碱金属盐、碱土金属盐、过渡金属盐或有机铵盐；R^3 为氢、卤素或硝基。

发明人：吴军，吕龙，陈杰，王红军，彭伟立，崔虎，韩世栋，邱维莲，吴声敢；申请人：中国科学院上海有机化学研究所，浙江省化工研究院

中国专利号：ZL01112689.2；中国专利申请日：2001-04-20；同族专利：CN1147479C、CN1347876A

化合物类型：嘧啶氧基苄基类

发明思路：尽管为 me-too 研究，但结构新颖；在嘧啶水杨酸化合物和 2-嘧啶氧基苄基取代苯基胺类衍生物(CN00130735.5)的基础上，通过中间体衍生替换，引入萘基基团，得到 2-嘧啶氧基苄基取代萘基胺类衍生物。

用途：具有除草活性，对农田的稗草、马唐、牛筋草、狗尾草、芥菜、马齿苋有一定防除作用。

代表化合物结构如下：

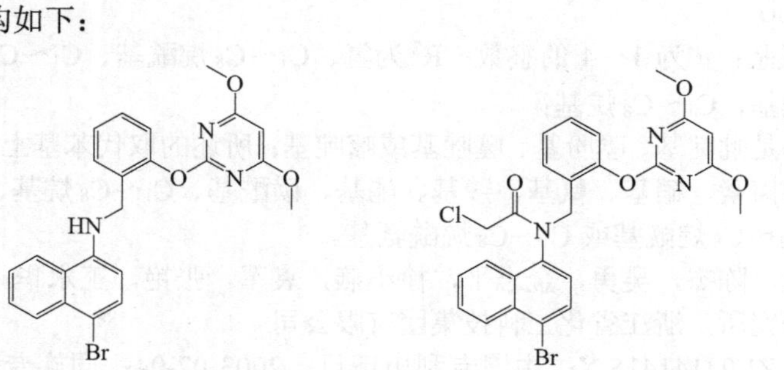

（19）一种嘧啶类化合物，其制备方法及用途

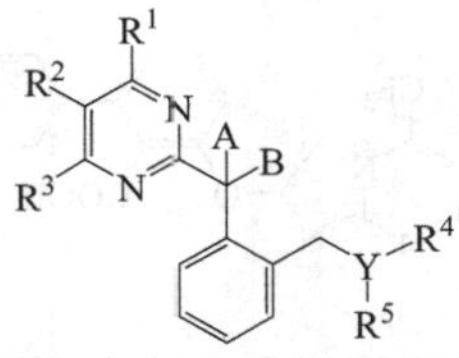

式中，R^1、R^2 或 R^3 分别表示氢或 C_1～C_4 烷氧基；A 或 B 分别表示氢或羟基，或 A 和 B 一起表示氧原子；Y 表示氮原子；R^4 表示氢或者被卤素、硝基或 C_1～C_4 卤代烷基单取代的苯基；R^5 表示氢、甲酰基或卤素单取代的苯甲酰基。

发明人：吕龙，吕强，唐庆红，戴明，杨波，许锟，付群梅，芦昕婷；申请人：中国科学院上海有机化学研究所

中国专利号：ZL200810201736.X；中国专利申请日：2008-10-24

化合物类型：嘧啶苄基类化合物

发明思路：尽管为 me-too 研究，但结构较为新颖；在嘧啶氧基苄基取代芳基胺类衍生物(ZL00130735.5、ZL01112689.2、ZL01113199.3、CN1513321A 和 CN1488626A)的基础上，将氧桥改为羰基、羟基亚甲基等一系列结构，得到了具有一定的除草、杀菌生物活性的嘧啶类化合物。

用途：具有杀菌、除草活性，对稗草、反枝苋、马齿苋、芥菜等有一定的防除效果，对黄瓜白粉病也有良好的防治效果。

代表化合物结构如下：

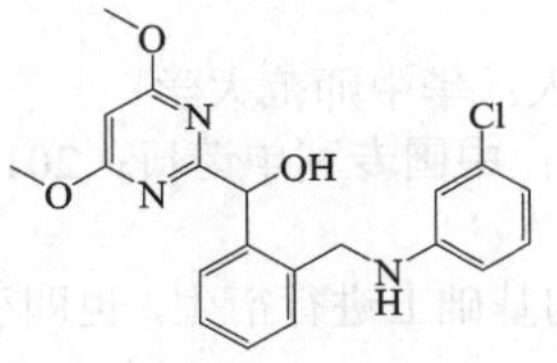

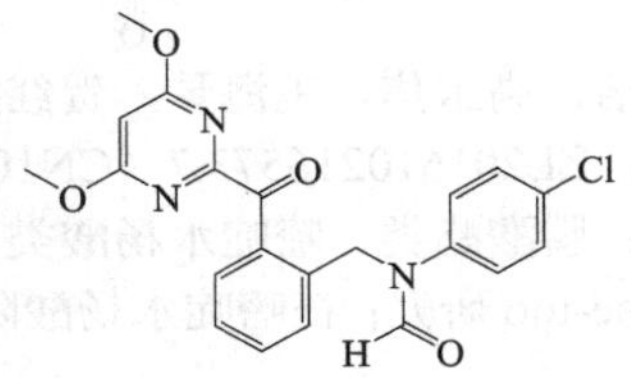

（20）一种三唑并嘧啶类化合物及其合成和应用

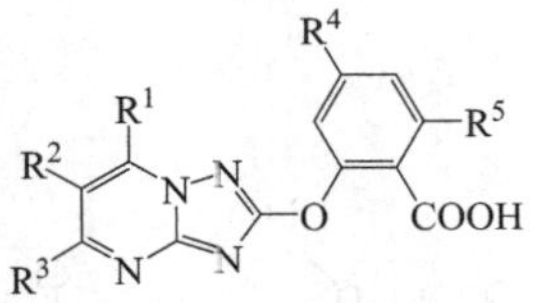

其中，R^1 为氢、甲基或三氟甲基；R^2 为氢、卤素或甲基；R^3 为苯基，C_1～C_5 的烷基、三氟甲基或卤素取代的苯基，呋喃基，C_1～C_5 的烷基或卤素取代的呋喃基，噻吩基，C_1～C_5 的烷基、三氟甲基或卤素取代的噻吩基，吡咯基，C_1～C_5 的烷基、三氟甲基或卤素取代的吡咯基；R^4 为氢，甲基，三氟甲基，或 C_1～C_5 的烷基、三氟甲基或卤素取代的苯基；R^5 为卤素，甲基，三氟甲基，苯基，或卤素、甲基、三氟甲基、硝基、苯基、叔丁基或甲氧基取代的苯基。

发明人：杨光富，刘玉超，陈琼，席真，牛聪伟；申请人：华中师范大学

中国专利号：ZL201310584987.1；中国专利申请日：2013-11-19；同族专利：CN104650084

化合物类型：三唑并嘧啶类，水杨酸类

发明思路：尽管为 me-too 研究，但结构较为新颖，用三唑并嘧啶类除草剂结构的一部分替换了嘧啶水杨酸结构中的嘧啶部分，然后进行了进一步研究而得。

用途：具有除草活性，对抗性杂草具有较好的活性。

代表化合物结构如下：

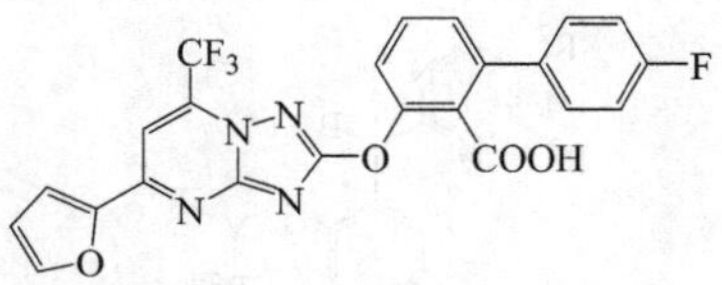

（21）含嘧啶环的膦酸酯类化合物及其制备方法和用途

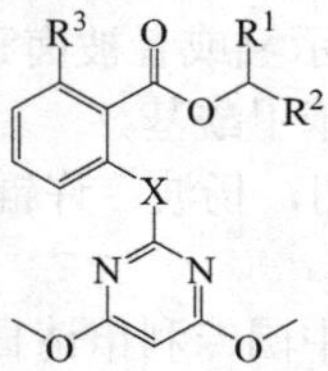

其中，X 为 O 时，R^3 为 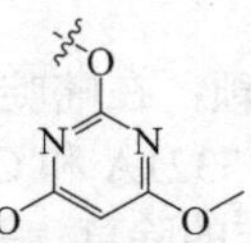 ；X 为 S 时，R^3 为氯；R^1 为甲基、苯基、4-甲氧基苯基、4-甲基苯基、4-硝基苯基、3-氯苯基、4-氯苯基、2,4-二氯苯基、2-溴苯基、4-溴苯基、4-氟苯基或 2-呋喃基；R^2 为 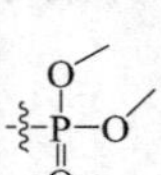 、 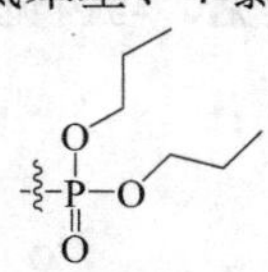 、 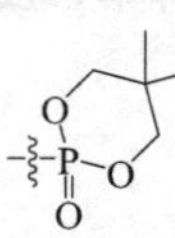 。

发明人：彭浩，高玉焦，王海琴，贺红武；申请人：华中师范大学

中国专利号：ZL201610216573.7（CN105693771）；中国专利申请日：2016-04-08

化合物类型：膦酸酯类、嘧啶水杨酸类

发明思路：me-too 研究；在嘧啶水杨酸除草剂结构基础上进行衍生，也即引入膦酸酯结构，得到了新化合物。

用途：具有除草活性，在 150g (a.i.)/hm^2 剂量下，对稗草、狗尾草、反枝苋的防效为 60%～85%。

代表化合物结构如下：

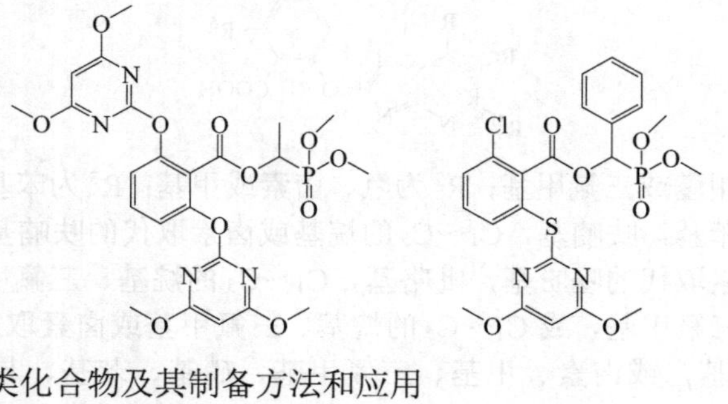

（22）嘧啶水杨酸类化合物及其制备方法和应用

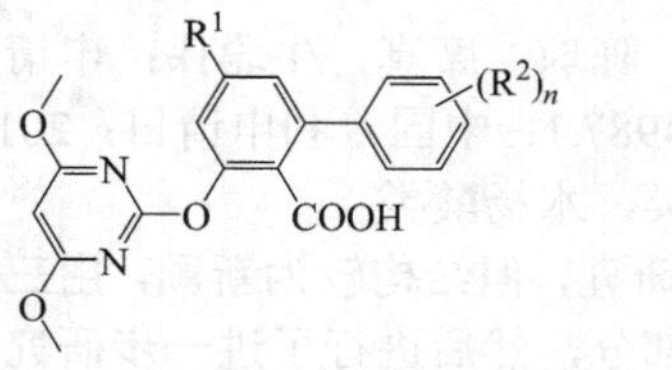

其中，R^1 为甲基或三氟甲基；R^2 选自氢、甲基、卤素、硝基、甲氧基和三氟甲基中的至少一种；n 为 0、1、2、3、4 或 5。

发明人：杨光富，刘玉超，陈琼，陈杰，崔海兰，唐伟；申请人：华中师范大学

中国专利号：ZL201310162400.8（CN104140397）；中国专利申请日：2013-05-06

化合物类型：嘧啶水杨酸类

发明思路：me-too 研究；在嘧啶水杨酸类除草剂结构基础上，用取代的苯基替换了 H 或者卤素而得。

用途：具有除草活性，可有效防治抗性杂草，尤其对播娘蒿和耳叶水苋等顽固性抗性杂草具有良好的效果。

代表化合物结构如下：

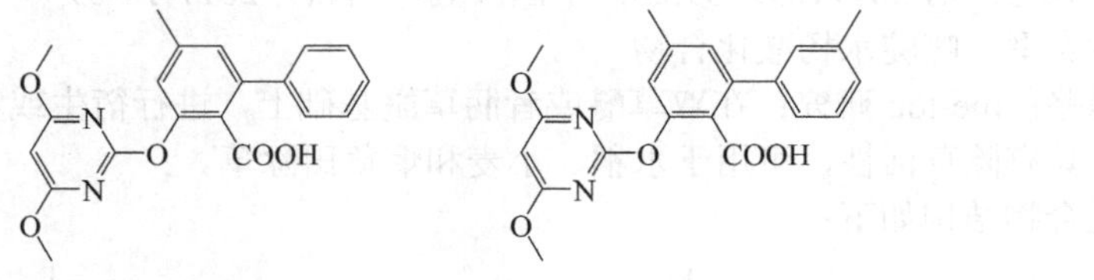

（23）一类 8-(4,6-二甲氧基嘧啶氧基)-2-取代苯并哒嗪-1-酮衍生物的合成及除草活性

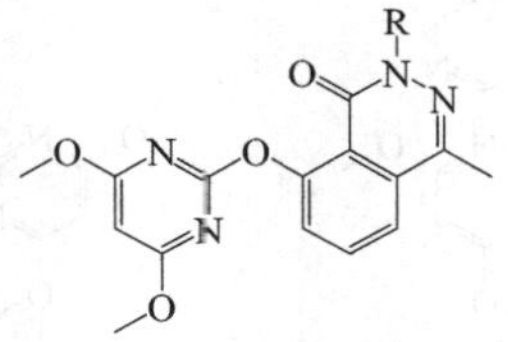

其中，R 表示氢、烷基、烯丙基、$CH_2COOC_2H_5$、$CH_2COOC_4H_9$-t、COPh(4-Et)、CH_2Ph(2-F-4-Br)、CH_2Ph(2,6-F_2)、CH_2Ph(2,4-F_2)、CH_2Ph(3-F)、CH_2Ph(2-Br)、CH_2Ph(3-Br)、CH_2Ph(4-Br)、CH_2Ph(4-Me)、CH_2Ph(4-Cl)、CH_2Ph(2-NO_2-5-Me)、CH_2Ph(2-Cl)、CH_2Ph(3-Cl)、CH_2Ph(2-Me)或 1,3-二氧戊环-2-甲基。

发明人：杨光富，李元祥，刘祖明；申请人：华中师范大学

中国专利号：ZL200610019747.7；中国专利申请日：2006-07-28；同族专利：CN1903853A，CN100402524C

化合物类型：苯并哒嗪酮类，嘧啶水杨酸类

发明思路：尽管为 me-too 研究，但结构较为新颖；以嘧啶水杨酸为先导，进行进一步的环合，再衍生得到现有化合物。

用途：具有除草活性，在 300g (a.i.)/hm^2 的剂量下对稗草、马唐、狗尾草、芥菜、反枝苋和小藜具有显著的除草活性。

代表化合物结构如下：

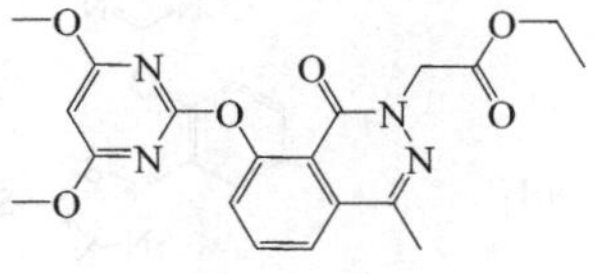

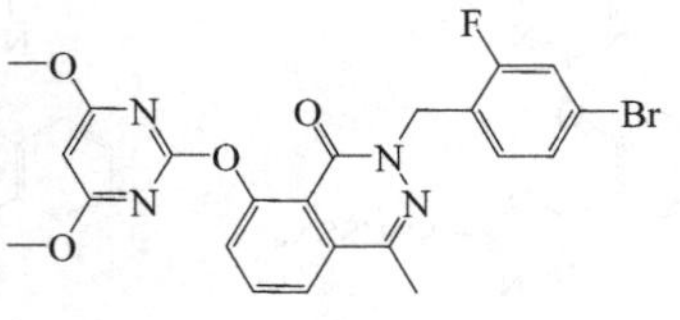

（24）一种嘧啶水杨酸肟酯的合成及作为除草剂的应用

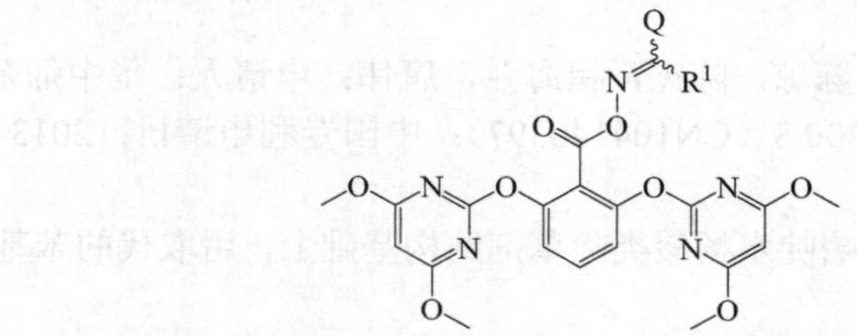

式中，R^1表示甲基或取代苯基，所述的取代苯基是4-甲苯基、3, 4-二甲苯基、2, 3-二氯苯基、3-硝基-4-甲苯基；Q为吡啶-4-基或2-氯吡啶-4-基。

发明人：覃兆海，张磊，车传亮，杨冬燕，刘雪莲；申请人：中国农业大学

中国专利号：ZL201710929598.6；中国专利申请日：2017-10-09

化合物类型：嘧啶水杨酸化合物

发明思路：me-too研究；在双草醚或者肟草醚基础上，进行衍生或者替换而得。

用途：具有除草活性，可用于水稻、小麦和烟草田除草。

代表化合物结构如下：

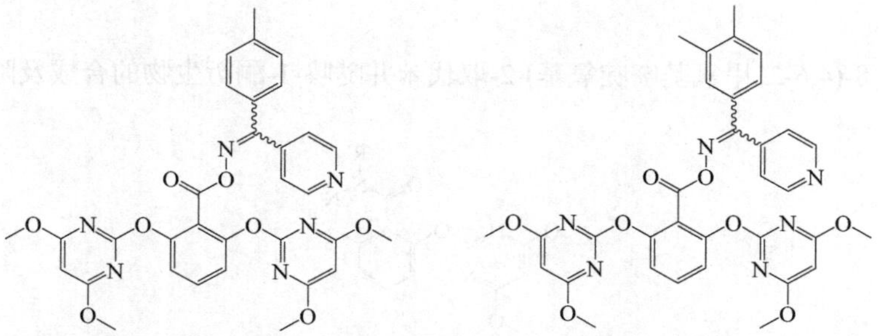

（25）取代苯基偶联的1, 3, 4-噻(噁)二唑衍生物制备，及其作为除草剂

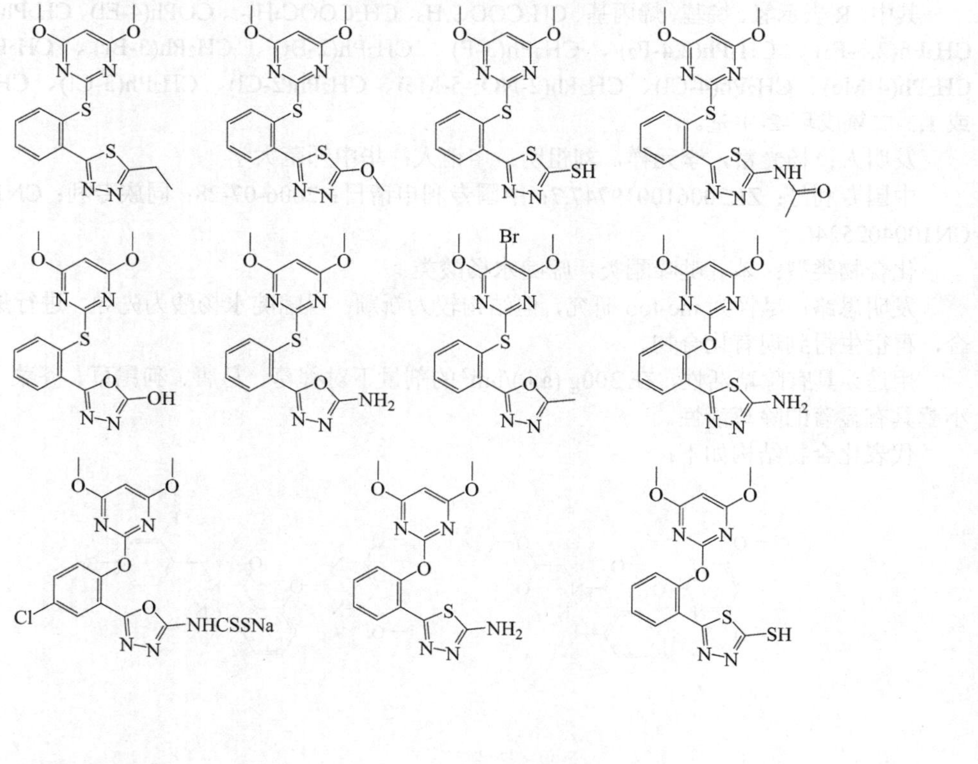

发明人：张大永，田庆海，陆明若，吴晓明；申请人：中国药科大学，江苏常隆化工有限公司

中国专利号：ZL200810124635.7；中国专利申请日：2008-08-28

化合物类型：苯基噻二唑类、苯基噁二唑类、嘧啶水杨酸衍生物

发明思路：me-too 研究；在嘧啶水杨酸中间体的基础上，与氨基脲或者氨基硫脲或含肼中间体进行进一步反应，最后合环，得到目标化合物。

用途：具有除草活性，该发明的化合物对阔叶杂草，如大马蓼、绿苋、藜、苘麻等，以及多年生和一年生莎草科杂草，如紫莎草、稗、马唐属杂草、狗尾草等均有效果。可以用于稻、小麦、棉花、玉米等作物防除上述杂草。

代表化合物结构如下：

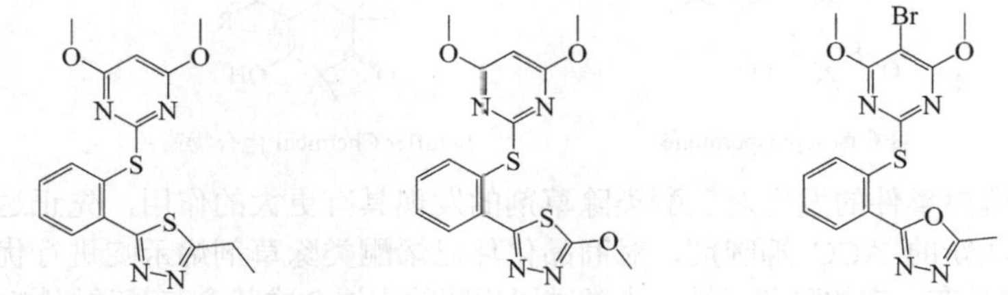

（26）一种 2-嘧啶氧基苯甲酸衍生物及其制备方法和一种水面杂草除草剂

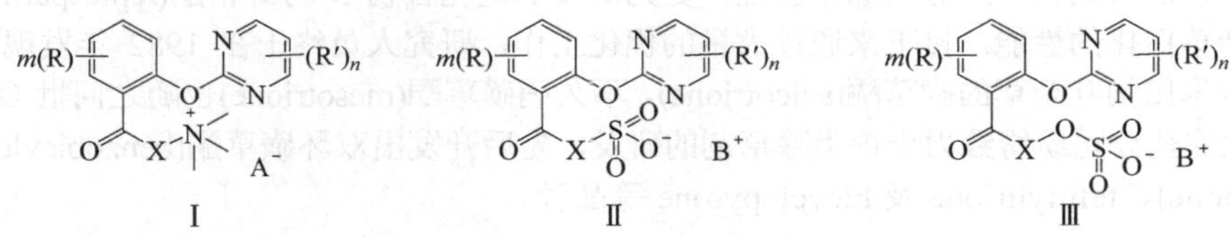

式中，m=1；n=1；R 和 R′独立地选自 H、F、Cl 或甲氧基；A 为 Cl、Br 或 OH；B 为 Na 或 K；式Ⅰ和式Ⅲ中 X 为十二烷基，Ⅱ中 X 为十五烷基。

发明人：郭维，郑绿茵，吴勇权，李勋，范小林；申请人：赣南师范大学

中国专利号：ZL201710330102.3；中国专利申请日：2017-05-11

化合物类型：嘧啶氧基苯甲酸、嘧啶水杨酸类

发明思路：me-too 研究。利用嘧啶水杨酸中间体，进一步衍生得到含有阴阳离子的酯类化合物。

用途：具有除草活性，以该发明提供的 2-嘧啶氧基苯甲酸衍生物作为水面杂草除草剂。在 2-嘧啶氧基苯甲酸衍生物水面浓度为 $0.5g/m^2$ 的条件下，72h 对稻田稗草的防除效果达 78%，对稻田耳叶水苋的防除效果达 57%。

代表化合物结构如下：

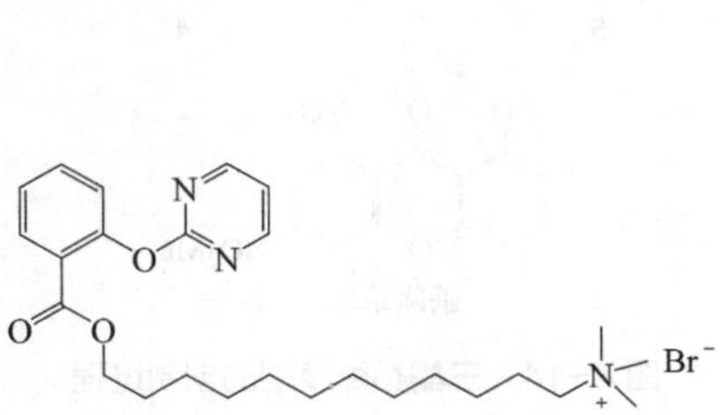

4.3 三酮类化合物

三酮类化合物是 4-羟基苯基丙酮酸双氧化酶(HPPD)抑制剂，其创制过程如下：1977 年先正达(原 Stauffer Chemical，后被 ICI 收购)在加州西部研究中心的研究人员发现在红千层树(*Callistemon citrinus*)下很少有杂草生长，经过对红千层树提取物进行分析，研究人员发现了具有除草活性的化合物，并进一步确定其结构为已知的天然产物纤精酮(leptospermone)，这个化合物具有中等的除草活性，杀草谱也较窄，用量至少为 1000g/hm^2。先正达接着对纤精酮进行了优化，合成了一些类似物，并在 1980 年将这些化合物和纤精酮的除草活性申请了专利。

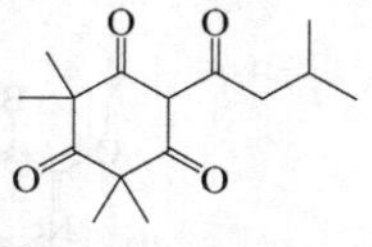

纤精酮 leptospermone 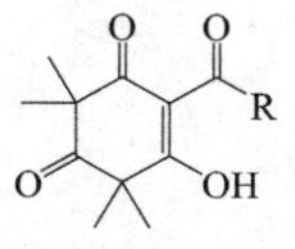　　Stauffer Chemical 化合物通式

接下来一件偶然事件的发生对三酮类除草剂的发现具有更大的作用，先正达西部研究中心的化学家为了发现新的 ACC 抑制剂，对商品化环己烯酮类除草剂烯禾啶进行优化，合成了化合物 **1**，该化合物具有一定的除草活性，当尝试用相同的方法合成其含苯基类似物时，却并没有得到目标化合物 **2**，而是得到了具有三酮结构的化合物 **3**，化合物 **3** 完全没有除草活性，但幸运的是该化合物对硫代氨基甲酸酯类除草剂具有解毒作用，通过进一步的优化合成化合物 **4** 和 **5**，前者除草活性较差，后者则具有中等的除草活性，更为重要的是化合物 **5** 与纤精酮(leptospermone)具有同样的使杂草白化的性能。接下来通过大量的优化工作，研究人员终于在 1982 年发现了可以选择性防除玉米田阔叶杂草的磺草酮(sulcotrione)，不久硝磺草酮(mesotrione)也随之问世（图 4-14）。随后，各大农药公司纷纷致力于该类除草剂的研发，先后开发出双环磺草酮(benzobicylon)、环磺酮(tembotrione)、tefuryltrione 及 bicyclopyrone 等品种。

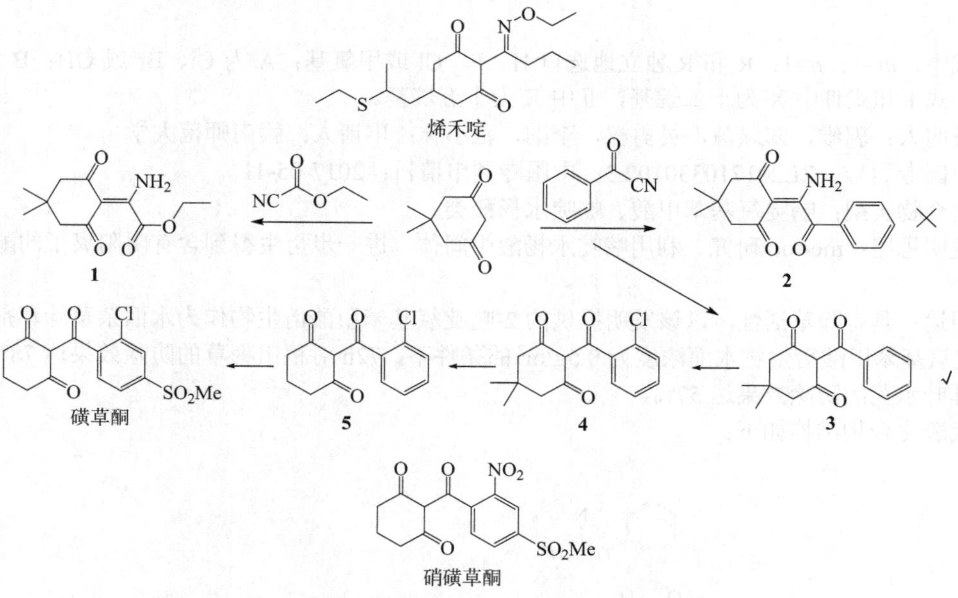

烯禾啶　1　2　3　4　5　磺草酮　硝磺草酮

图 4-14　三酮类除草剂的创制过程

三酮类除草剂国外共开发了 9 个品种：双环磺草酮（benzobicylon）、硝磺草酮（mesotrione）、磺草酮（sulcotrione）、环磺酮（tembotrione）、磺苯呋草酮（tefuryltrione）、氟吡草酮（bicyclopyrone）、fenquinotrione、lancotrione、dioxopyritrione。

双环磺草酮（试验代号：SAN-1315、SAN-1315H、SB-500）是 SDS 生物技术公司研制的三酮类除草剂。

硝磺草酮（试验代号：ZA 1296，商品名称：Callisto，其他名称：米斯通）是捷利康公司开发的三酮类除草剂。

磺草酮（试验代号：ICI A0051，商品名称：Galleon、Mikado）是由捷利康公司开发的三酮类除草剂。

环磺酮（试验代号：AE 0172747，商品名称 Laudis、Soberan、Auxo 和 Hydris）是由拜耳公司开发的三酮类除草剂。

磺苯呋草酮由拜耳、HOKKO（日本北兴化学株式会社）和 Zen-Noh（日本农协经营的国际贸易公司）联合研发，2010 年以 Get-Star 为商品名在日本登记用于水稻上。

氟吡草酮由先正达公司开发，其主要用于玉米和甘蔗田，在苗前和苗后对苘麻、苋菜、黍、马唐和稗草等具有很好的防除效果。

fenquinotrione（试验代号：KIH-3653、KUH-110，商品名称：Maslao）是由日本组合化学株式会社开发的水稻田除草剂，2018 年在日本上市。

lancotrione（试验代号：SL-261）是日本石原产业株式会社开发并于 2019 年上市的水田除草剂，在有效剂量下，对水稻安全，对野稗、藨草及慈姑具有很好的防效。

dioxopyritrione 是由先正达公司开发的芳酰基环己二酮类（或哒嗪酮类）除草剂。

国内近年对该类除草剂研究也比较多，研究单位主要有华中师范大学、山东先达农化股份有限公司、清原农冠、东阳光、沈阳中化农药化工研发有限公司（原沈阳化工研究院农药所）、浙江化工研究院及东北农业大学等。研究思路主要是保持环己酮结构替换或者衍生苯甲酰基部分，如变为苯并嘧啶酮、苯并吡嗪、喹唑啉、肉桂基或者在苯基上引入胺或者醚的结构等；另外还有在环己酮基础上衍生烯胺等。从中间体衍生化角度看基本为替换法和衍生法。目前已有两个品种获得登记，分别为华中师范大学开发（转让山东先达农化）的喹草酮（PD20201132）以及北京法盖银科技有限公司开发的二氯喹啉草酮（PD20184028），另外还有华中师范大学开发中的甲基喹草酮。

4.3.1 喹草酮和甲基喹草酮的创制

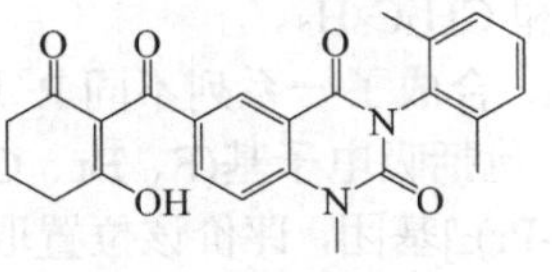

代表化合物喹草酮 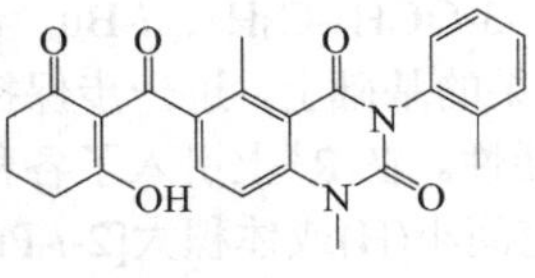　　代表化合物甲基喹草酮

化合物专利名称：三酮类化合物及其制备方法和应用

发明人：杨光富，王大伟，陈琼；申请人：华中师范大学

中国专利号：ZL201310516269.0；申请日：2013-10-25；授权日：2016-11-09

当前权利人：山东先达农化股份有限公司，潍坊先达化工有限公司

喹草酮、甲基喹草酮均为华中师范大学杨光富教授课题组创制的以对羟苯基丙酮酸双氧化酶(HPPD)为作用靶标的新型除草剂。喹草酮是由山东先达农化股份有限公司和华中师范大学杨光富教授合作，潜心多年，从数千个化合物中筛选发现，并历时多年反复的室内及大田实验后，成功创制出的一个可以用于高粱、玉米、甘蔗和小麦田防除杂草的，超安全、超高效、无交互抗性的具有全新分子骨架的专利除草剂，拥有完全自主知识产权，在全球范围内首次实现了

HPPD 抑制剂类除草剂应用于高粱田防除单双子叶杂草，解决了野糜子、虎尾草等高粱田恶性杂草防控的技术问题。已申请中国专利 20130516269.0，国际 PCT 专利 PCT/CN2014/078005，并已经在欧盟、美国、印度、阿根廷、墨西哥和尼日利亚等国家和地区申请专利。喹草酮杀草谱广，对多种阔叶杂草及禾本科杂草高效，对狗尾草防效卓越，且速效性好。

4.3.1.1 创制过程

在之前的研究中[1]，课题组设计并合成了一系列新型的含三酮的喹唑啉-2,4-二酮衍生物，在喹唑啉-2,4-二酮环的 N-1 位衍生多种取代基。根据合成的除草化合物活性和作物选择性数据，甲基是 N-1 位的最优取代基。此外，先导化合物 I-f 在 150g/hm² 时，不仅杀草谱广，而且对玉米和小麦也有较好的选择性。为了发现活性更优的化合物，通过对含有喹唑啉-2,4-二酮三酮类化合物进行了全面的优化，合成了一系列新型含喹唑啉-2,4-二酮的三酮衍生物（图 4-15）。生物活性试验表明，新合成的化合物在 37.5～150g/hm² 的剂量下，对阔叶杂草和单子叶杂草均表现出良好的除草活性。值得注意的是，与硝磺草酮相比，某些化合物对作物的选择性显著提高。

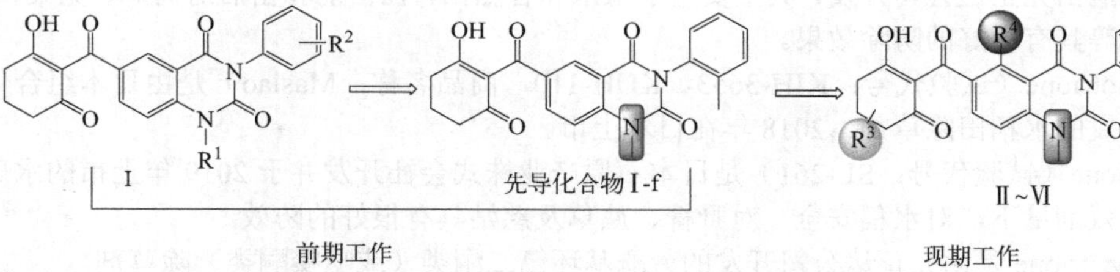

I　先导化合物Ⅰ-f　Ⅱ~Ⅵ

前期工作　现期工作

图 4-15　喹草酮和甲基喹草酮的设计

对除草活性及构效进行讨论[2]。前期研究发现化合物Ⅰ-f 值得进一步优化，R^1 是乙基基团的化合物Ⅰ-h 与化合物Ⅰ-f 的除草活性基本相等。R^1 为 *n*-Pr 的化合物Ⅰ-i 的除草活性低于化合物Ⅰ-h。在 R^1 上太小或空间上过大的取代基对目标化合物的活性不利，例如，化合物Ⅰ-g (R^1= H)、Ⅰ-k (R^1 = *n*-Bu)和Ⅰ-m ($R^1 = CH_2C_6H_5$)对 6 种试验杂草几乎无活性。这些化合物的除草活性较差的一个原因可能是它们不易进入杂草或在杂草中快速降解。然而，当在苄基上引入一个吸电子的(Ⅰ-n, F)或给电子(Ⅰ-o, OCH_3)基团时，除草剂活性通常表现为增强效应(Ⅰ-n 和Ⅰ-o＞Ⅰ-m)。因此，在这个位置上的构效关系可以概括如下：CH_3 和 CH_2CH_3＞*n*-Pr＞$CH_2CH{=}CH$＞CH_2-2-F-C_6H_4、CH_2-3-OCH_3-C_6H_4、*i*-Bu、*n*-Bu、H 和 $CH_2C_6H_5$。

在上述 SAR 结果的基础上，进一步保持 $R^1 = CH_3$，合成了一系列不同 R^2 取代位的新化合物，进一步探索其除草活性。在 R^2 上引入了各种取代基，包括吸电子基(F、Br、OCF_3、CF_3 和 NO_2)、供电子体(OCH_3)、空间小(H)或体积大[2-*i*-Pr 和 2, 6-(*i*-Pr)₂]基团，评价该位置取代基对除草活性的影响。当单一基团被引入 R^2 时，大多数情况下，在邻位上有取代基的化合物比在对位和间位上有等效取代基的化合物具有更高的活性和更广的除草效果。尤其是邻位取代为供电子基(Ⅰ-f, CH_3；Ⅱ-h, OCH_3)的化合物除草活性比具有吸电子基团(Ⅰ-c Cl；Ⅱ-b F；Ⅱ-e Br；Ⅱ-k CF_3；Ⅱ-n OCF_3)的化合物活性要高。受此启发，在邻位上引入不同尺寸的取代基，结果表明空间位阻对除草活性有显著的影响。邻位取代基体积较大的化合物Ⅱ-s [R^2 = 2,6-(*i*-Pr)$_2$]则表现出活性降低效应，或对狗尾草和苘麻几乎不起作用。进一步优化发现了喹草酮(Ⅵ-a)和甲基喹草酮(Ⅵ-d)(表 4-29)。

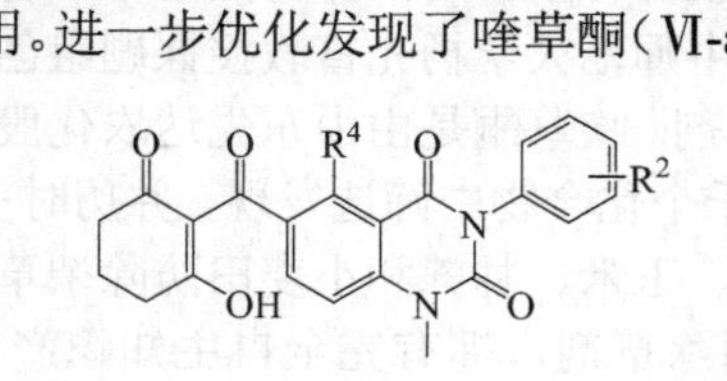

表 4-29 化合物Ⅵ-a～Ⅵ-d 的结构及苗后除草活性 单位：%

化合物	R^2	R^4	剂量/(g/hm²)	EC	SF	DS	AR	EP	AJ
Ⅵ-a	2-CH_3	CH_3	150	100	100	100	100	100	100
			75	100	100	100	100	100	100
			37.5	100	100	100	100	100	97.5
Ⅵ-b	2-OCH_3	CH_3	150	100	100	100	100	100	100
			75	100	100	100	100	100	100
			37.5	97.5	92.5	100	95	95	97.5
Ⅵ-c	2-CF_3	CH_3	150	100	100	100	100	100	100
			75	97.5	97.5	95	95	95	90
			37.5	90	95	90	90	90	90
Ⅵ-d	2,6-$(CH_3)_2$	CH_3	150	100	100	100	100	100	100
			75	100	100	100	100	95	100
			37.5	95	95	100	95	87.5	97.5
硝磺草酮			150	85	20	95	100	100	100
			75	75	0	60	100	100	100
			37.5	30	0	30	100	100	100

注：EC=稗草，SF=狗尾巴草，DS=马唐，AR=反枝苋，EP=莲草，AJ=苘麻。

4.3.1.2 知识产权分析

（1）新颖性 该发明的结构尽管与 WO2010089993A1 公开结构（R^1 为烷基、烯基、炔基、芳基或杂芳基；R^2 为烷基、卤代烷基、烷氧基、卤代烷氧基等）、fenquinotrione 有所类似，但也具有显著区别，具有显著的新颖性（表 4-30）。

表 4-30 该专利与已有技术对比表

该专利： CN104557739A（华中师范大学，申请日：2013-10-25；公开日：2015-04-29）	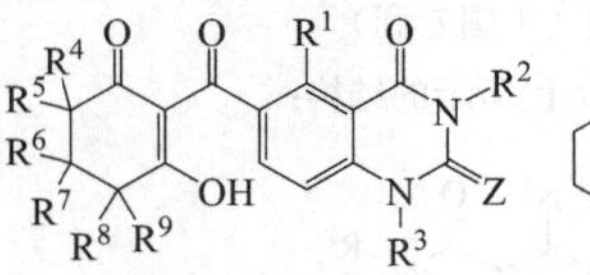 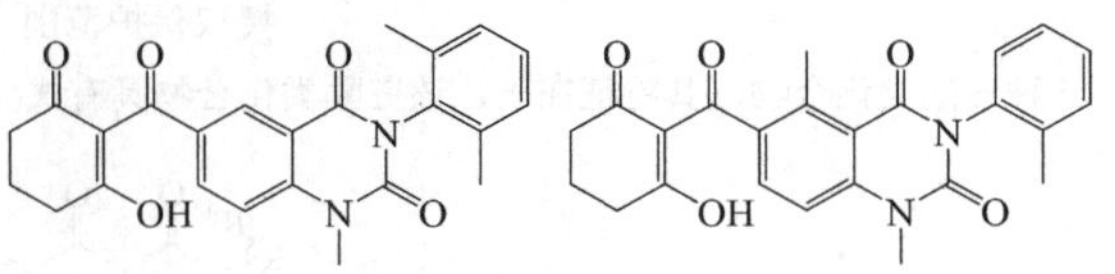 通式　　喹草酮和甲基喹草酮（专利中化合物 34 和 82）
接近的现有技术： WO2010089993A1（Kumiai Chemical Industry CO. LTD.，申请日：2010-02-02；公开日：2010-08-12）	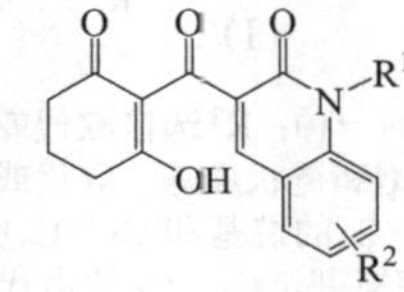 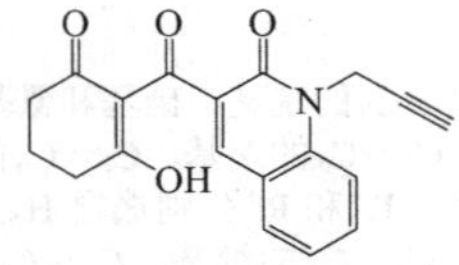 通式　　代表化合物（列表化合物 I-12）

续表

同类商品化品种	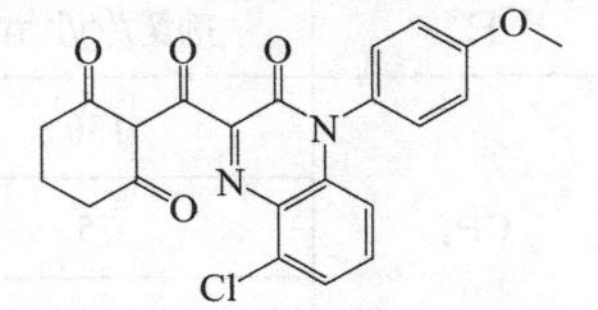 日本组合化学株式会社开发的水稻田除草剂 fenquinotrione

（2）创造性　专利 CN104557739A 说明书记载，在 75、37.5g/hm^2 剂量下，对稗草、马唐、狗尾草、反枝苋的除草活性比较测试，该发明测试化合物（编号 34，喹草酮）防效均优于对照药剂硝磺草酮（表 4-31）。表明该发明化合物与已有技术相比，具有突出的实质性特点和显著的进步。

表 4-31　除草活性比较试验　　单位：%

化合物	剂量/（g/hm^2）	稗草	马唐	狗尾草	苘麻	反枝苋	鳢肠
34	37.5	65	55	70	30	100	30
	75	80	75	78	50	100	50
硝磺草酮	37.5	50	40	0	100	70	75
	75	70	70	0	100	75	85

（3）核心化合物专利　喹草酮、甲基喹草酮共申请了化合物专利 5 件，已经授权 4 件（表 4-32）。

表 4-32　喹草酮和甲基喹草酮核心化合物专利

序号	公开号	专利号	法律状态
1	CN104557739A	ZL201310516269.0	授权有效
2	WO2015058519A1		
3	US2016264532A1	US9771334B2	因未付费而终止
4	IN201647014440A	IN312664B2	授权有效
5	EP3061755A1	EP3061755B1	授权有效

授权保护范围（中国专利）

一种三酮类化合物，其特征在于，该三酮类化合物具有式（Ⅰ）所示的结构：

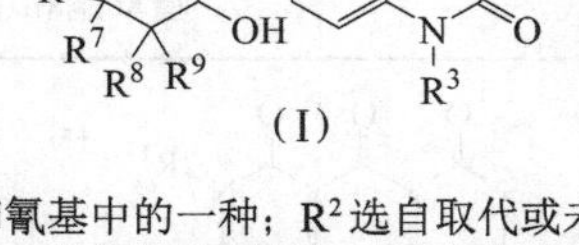

（Ⅰ）

其中，R^1 选自 H、C_1～C_6 的烷基、硝基和氰基中的一种；R^2 选自取代或未取代的苯基、取代或未取代的二环芳烃中的一种；R^3 选自 H、C_1～C_6 的烷基、C_2～C_6 的不饱和链状烃基、取代或未取代的苯基、取代或未取代的苄基中的一种；R^4、R^5、R^6、R^7、R^8 和 R^9 分别选自 H、C_1～C_6 的烷基和 C_1～C_6 的烷氧基中的一种；其中，R^2 和 R^3 中的取代是指用选自卤素、C_1～C_6 的烷基、C_1～C_6 的烷氧基、C_1～C_6 的卤代烷基、硝基和 C_1～C_6 的卤代烷氧基的取代基取代

4.3.1.3 合成方法

以 2-硝基-5-甲基苯甲酸为起始原料，经氧化、酯化、还原、合环等多步反应，得到喹草酮（图 4-16）。

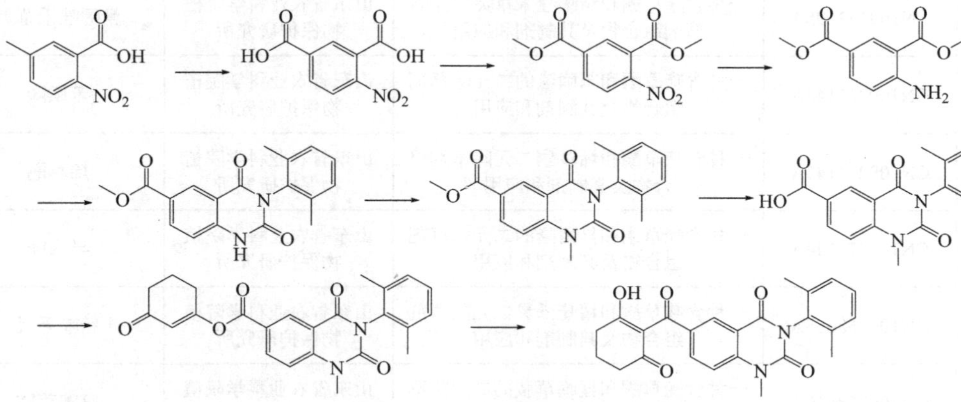

图 4-16 喹草酮的合成路线

4.3.1.4 组合物专利

甲基喹草酮和喹草酮截止到 2022 年 12 月共公开组合物专利 25 件（表 4-33）。

表 4-33 甲基喹草酮和喹草酮组合物专利汇总表

序号	公开号	发明名称	申请人	B 组分
1	CN106665587A	一种含有喹草酮和二氯喹啉酸的除草组合物	广东中迅农科股份有限公司	二氯喹啉酸
2	CN108432769A	一种含喹草酮与苯嘧磺草胺的农药组合物	江西正邦生物化工有限责任公司	苯嘧磺草胺
3	CN108522522A	一种含喹草酮与嗪草酸甲酯的农药组合物	江西正邦生物化工有限责任公司	嗪草酸甲酯
4	CN108782600A	含有草甘膦的增效除草组合物	广东中迅农科股份有限公司	草甘膦
5	CN108935506A	含有草铵膦的增效除草组合物	广东中迅农科股份有限公司	草铵膦
6	CN109006828A	一种含喹草酮和高效氟吡甲禾灵二元除草剂组合物及其制剂和应用	山东省农业科学院植物保护研究所	高效氟吡甲禾灵
7	CN109006829A	一种含喹草酮和烯禾啶二元除草剂组合物及其制剂和应用	山东省农业科学院植物保护研究所	烯禾啶
8	CN109006854A	一种含喹草酮和甲基二磺隆的二元除草剂组合物及其制剂和应用	山东省农业科学院植物保护研究所	甲基二磺隆
9	CN109105381A	一种含喹草酮和氟唑磺隆的二元除草剂组合物及其制剂和应用	山东省农业科学院植物保护研究所	氟唑磺隆

续表

序号	公开号	发明名称	申请人	B组分
10	CN109122694A	一种含喹草酮和甲磺草胺的二元除草剂组合物及其制剂和应用	山东省农业科学院植物保护研究所	甲磺草胺
11	CN109122695A	一种含喹草酮和精噁唑禾草灵二元除草剂组合物及其制剂和应用	山东省农业科学院植物保护研究所	精噁唑禾草灵
12	CN109221142A	一种含喹草酮和苯磺隆的二元除草剂组合物及其制剂和应用	山东省农业科学院植物保护研究所	苯磺隆
13	CN109221143A	一种含喹草酮和烯草酮二元除草剂组合物及其制剂和应用	山东省农业科学院植物保护研究所	烯草酮
14	CN109221144A	一种含喹草酮和异丙隆的二元除草剂组合物及其制剂和应用	山东省农业科学院植物保护研究所	异丙隆
15	CN109258655A	一种含喹草酮和精喹禾灵二元除草剂组合物及其制剂和应用	山东省农业科学院植物保护研究所	精喹禾灵
16	CN109258660A	一种含喹草酮和氟噻草胺的二元除草剂组合物及其制剂和应用	山东省农业科学院植物保护研究所	氟噻草胺
17	CN109329286A	包含HPPD抑制剂类除草剂的二元除草组合物及其应用	青岛清原化合物有限公司	HPPD抑制剂类除草剂
18	CN110037035A	一种含有喹草酮和炔草酯的除草组合物	广东中迅农科股份有限公司	炔草酯
19	CN110402948A	含有噻酮磺隆和喹草酮的增效除草组合物	广东中迅农科股份有限公司	噻酮磺隆
20	CN110463710A	一种防治小麦田杂草的除草组合物	史卫斌	氯氟草醚乙酯
21	CN110946143A	一种含甲磺草胺的除草组合物及其应用	安徽辉隆集团银山药业有限责任公司	甲磺草胺
22	CN111034734A	一种含砜吡草唑的除草组合物及其应用	安徽辉隆集团银山药业有限责任公司	砜吡草唑
23	CN111248218A	一种甲基喹草酮与五氟磺草胺治理水稻田常见杂草组合物及其应用	南京吉星生物技术开发有限公司	五氟磺草胺
24	CN111280171A	一种甲基喹草酮与噁唑酰草胺治理水稻田禾本科杂草组合物及其应用	南京吉星生物技术开发有限公司	噁唑酰草胺
25	CN111789121A	一种悬浮剂除草组合物及其制备方法、除草方法	安徽省化工研究院	异丙甲草胺

4.3.1.5 作用机理

喹草酮可被植物茎叶吸收，通过抑制对羟苯基丙酮双氧化酶(HPPD)的合成，导致酪氨酸积累，使质体醌和生育酚的生物合成受阻，进而影响类胡萝卜素的生物合成[3]。

4.3.1.6 登记情况

喹草酮系列现有登记产品 2 个，具体登记信息见表 4-34。

表 4-34 喹草酮相关登记产品信息表

登记证号	农药名称	剂型	总含量	登记作物	防治对象	亩用药量（制剂量）	施用方法	登记证持有人
PD20201134	喹草酮	悬浮剂	10%	高粱田	一年生杂草	60～100mL	喷雾	辽宁先达农业科学有限公司
PD20201132	喹草酮	原药	98%	—	—	—	—	辽宁先达农业科学有限公司

4.3.1.7 应用效果

（1）室内活性

① 苗前杀草谱。阿拉伯婆婆纳和麦瓶草对喹草酮高度敏感，播娘蒿对其中度敏感，荠菜、硬草、棒头草、麦家公、牛繁缕、野老鹳草、茼草和棒头草均不敏感[GR_{90} 值在 2000g(a.i.)/hm^2 以上]。

② 安全性。在试验所设最高施药剂量有效成分 720g/hm^2 条件下，喹草酮对 3 个供试小麦品种均安全。其中，阿拉伯婆婆纳和麦瓶草在 3 个施药时期均对喹草酮表现出高度敏感，两者与小麦之间的选择性指数均大于 11.3。此外，在播后第 2 天和小麦 1 叶 1 心期施药，小麦和播娘蒿之间的选择性指数大于 4.7；在小麦 2～3 叶期施药，小麦和麦家公之间的选择性指数也大于 2.4。

（2）田间应用效果

① 对小麦田杂草防除效果[4]。田间试验结果表明，在有效成分 120～180g/hm^2 施药剂量下，10%喹草酮悬浮剂应用于小麦田对小麦安全性高，对阿拉伯婆婆纳和麦瓶草的防除效果均优，防效在 92.5%～100%之间，好于对照药剂 50g/L 双氟磺草胺悬浮剂且差异显著。在有效成分 150～300g/hm^2 施药剂量下喹草酮对播娘蒿、猪殃殃等阔叶杂草的防效较低，在 72.9%～80.1%之间，低于对照药剂 50g/L 双氟磺草胺悬浮剂且差异显著。因此喹草酮在小麦田间应用时，在以阿拉伯婆婆纳或麦瓶草为主的地块，推荐于冬前或冬后返青初期使用，施药剂量为有效成分 120～180g/hm^2。

② 对高粱田杂草防除效果[5]。田间试验表明，喹草酮与莠去津复配对高粱田杂草野稷、稗、狗尾草、反枝苋和藜均有很好的防除效果，显著好于其他药剂处理。10%喹草酮悬浮剂单施对这 5 种杂草的防除效果也较好，但小区内杂草死亡不彻底；土壤处理除草剂 50%异甲·莠去津悬浮剂对稗、狗尾草、反枝苋和藜的防除效果很好，但对野稷的防除效果差；常规药剂 37%二氯·莠去津悬浮剂处理对稗、反枝苋和藜的防除效果好，但对野稷和狗尾草的防除效果差。

参考文献

[1] Wang D W, Lin H Y, Cao R J, et al. Design, synthesis and herbicidal activity of novel quinazoline-2,4-diones as 4-hydroxyphenylpyruvate dioxyge-nase inhibitors. Pest Manage Sci., 2014, DOI: 10.1002/ps.3894.

[2] Wang D W, Lin H Y, Cao R J, et al. Synthesis and herbicidal evaluation of triketone-containing quinazoline-2,4-diones. Pest Manage Sci., 2014, DOI: 10.1002/ps.3894.

[3] Mitchell G, Bartlett D W, Fraser T E, et al. Mesotrione: A new selective herbicide for use in maize. Pest Manage Sci., 2001, 57:120-128.

[4] 高兴祥，李建，刘金华，等. 喹草酮在小麦田的杀草谱及应用效果. 农药学学报, 2020, 22(6): 993-1000.

[5] 高兴祥，张纪文，李美，等. 喹草酮与莠去津复配防除杂草效果及对高粱的安全性. 植物保护学报, 2020, 47(6): 1370-1376.

4.3.2 二氯喹啉草酮的创制

O O O N Cl Cl

化合物专利名称：2-(喹啉-8-基)羰基-环己烷-1,3-二酮类化合物

中国专利号：ZL201110119584.0；申请日：2011-05-10；授权日：2012-11-14

专利发明人：孟夏；申请人：北京法盖银科技有限公司

二氯喹啉草酮（quintrione）是由北京法盖银科技有限公司发现、定远县嘉禾植物保护剂有限责任公司开发的三酮类除草剂。二氯喹啉草酮具有双重作用机制，既能抑制 HPPD 活性，又能调控激素水平。对水稻田稗草、马唐、丁香蓼、鳢肠等效果较好，对抗五氟磺草胺的稗草防除突出，具有作用速度快、杀草谱广、安全性高等优势特点，2018 年获准正式登记（PD20184027）。

4.3.2.1 创制过程

二氯喹啉草酮是在巴斯夫除稗剂二氯喹啉酸的基础上衍生得到的。1999 年巴斯夫申请公开了一系列具有除草作用的杂芳酰基环己二酮衍生物，其中包括部分 2-（喹啉-8-基）羰基-环己烷-1, 3-二酮类化合物（通式 1），但只合成了 3 个化合物并且没有给出其除草活性。北京法盖银科技有限公司对结构 1 进行优化，得到系列具有良好除草活性的化合物（通式 2）（图 4-17）[1,2]。

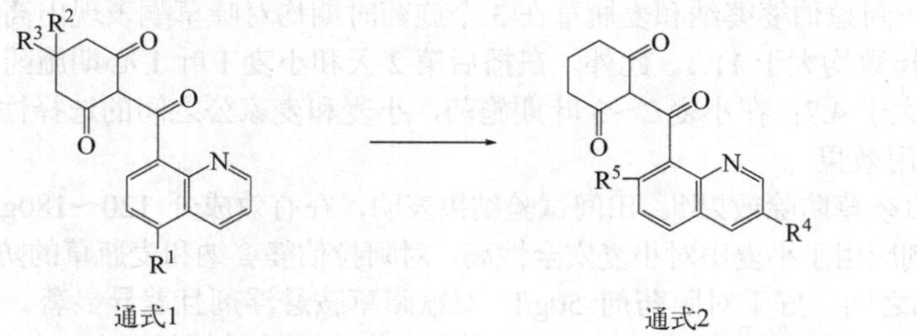

通式1

化合物A: R^1=NO_2, R^2=H, R^3=H;
化合物B: R^1=NO_2, R^2=Me, R^3=Me;
化合物C: R^1=SO_2CH_3, R^2=Me, R^3=Me

通式2

化合物1: R^4=Cl, R^5=Cl;
化合物2: R^4=Br, R^5=Br;
化合物3: R^4=NO_2, R^5=NO_2

图 4-17 二氯喹啉草酮的发现

通过生测试验筛选出比通式 1 具有更优越除草活性的化合物，其对秋熟杂草无芒稗草、西来稗、马唐、鳢肠、陌上菜、异型莎草和碎米莎草等生物活性高，对高龄稗草有特效，对鸭舌草、耳叶水苋草具有一定的抑制作用，但对千金子防治效果差。田间使用时，可在稻田杂草 2～3 叶期喷雾使用，对水稻安全。

4.3.2.2 知识产权分析

该发明化合物结构虽与已知专利 CN1230951A 中化合物结构相似，但在喹啉取代上还是有显著不同，在已有专利范围外。

（1）新颖性　新颖性分析见表 4-35。

表 4-35 该专利与已有技术对比表

该专利： CN102249996B（北京法盖银科技有限公司，申请日：2011-05-10；公开日：2012-11-14）	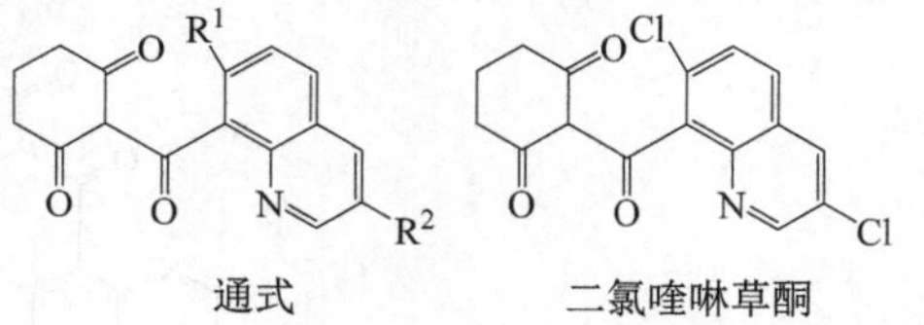 通式 二氯喹啉草酮（专利中化合物 1）

接近的现有技术：CN1230951A（巴斯夫股份有限公司，申请日：1997-09-09；公开日：1999-10-06）	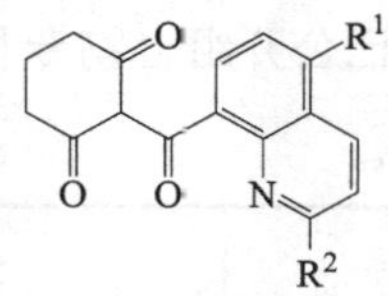 R¹为烷基磺酰基、卤素、硝基、烷基、烷氧基等；R²为卤素、烷基或卤代烷基等 通式	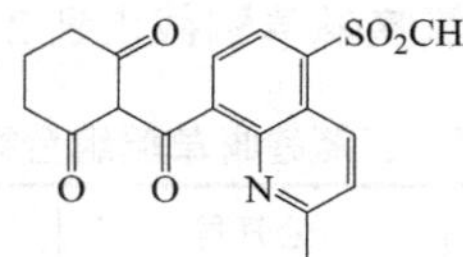 代表化合物 （列表化合物 8.01）

（2）创造性　该专利 CN102249996B 说明书记载，1000g/hm² 剂量下，对稗草、马唐、苘麻、反枝苋进行抑制活性比较测试，该发明测试化合物（二氯喹啉草酮）防效均为 100%，进一步对二氯喹啉草酮降低浓度测试，在 300g/hm² 剂量下，对杂草的抑制率均高于 95%[2]。而巴斯夫申请的专利 CN1230951A 中的列表化合物 8.01 在 2000g/hm² 防效依然低于 90%，因此该发明公开的化合物与已有技术相比，具有突出的实质性特点和显著的进步。

（3）核心化合物专利　二氯喹啉草酮作为核心化合物，仅公开了 CN102249996B（表 4-36）。

表 4-36　二氯喹啉草酮核心化合物专利

序号	公开号	专利号	法律状态
1	CN102249996B	ZL201110119584.0	授权

授权保护范围（中国专利）

通式所示的 2-（喹啉-8-基）羰基-环己烷-1, 3-二酮类化合物或其互变异构体：

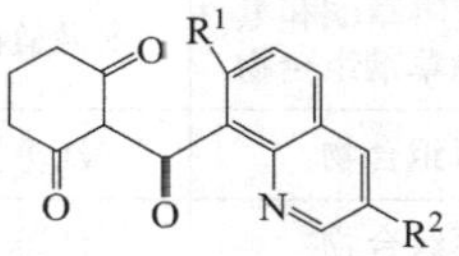

其中，

R^1 选自甲基、氯、溴或硝基；

R^2 选自甲基、氯、溴或硝基

4.3.2.3　合成方法

以 3,7-二氯喹啉-8-酰基氯、3-环己二酮等便宜易得中间体为起始原料，经系列常规易于工业化的反应，得到二氯喹啉草酮（图 4-18）[2]。

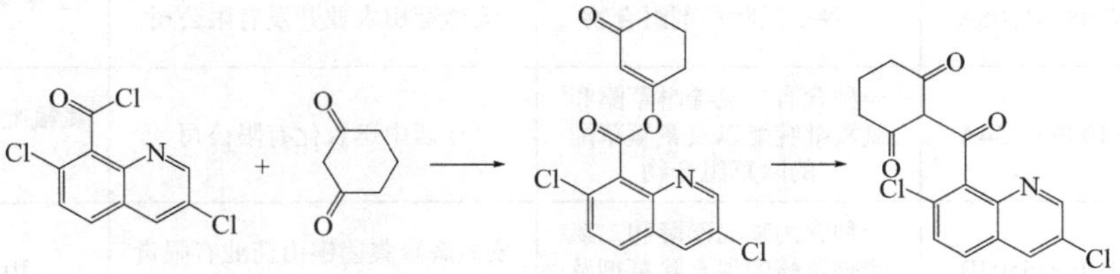

图 4-18　二氯喹啉草酮合成路线

4.3.2.4 组合物专利

二氯喹啉草酮截止到 2022 年 12 月份已公开组合物专利 29 件，详见表 4-37。

表 4-37 二氯喹啉草酮组合物专利汇总表

序号	公开号	发明名称	申请人	B 组分
1	CN105724401A	一种水稻田复合除草剂	湖南大方农化股份有限公司，刘松，张健，宫杰，李宏民，钟爱平	双唑草腈
2	CN105994300A	二氯喹啉草酮与异噁草松的除草组合物	佛山市盈辉作物科学有限公司	异噁草松
3	CN106106457A	二氯喹啉草酮与吡氟酰草胺的除草组合物	佛山市盈辉作物科学有限公司	吡氟酰草胺
4	CN106106458B	二氯喹啉草酮与苯噻酰草胺的除草组合物	佛山市盈辉作物科学有限公司	苯噻酰草胺
5	CN106165689A	二氯喹啉草酮与丙炔噁草酮的除草组合物	佛山市盈辉作物科学有限公司	丙炔噁草酮
6	CN106305739A	一种协同除草组合物	浙江天丰生物科学有限公司	五氟磺草胺
7	CN106376585A	二氯喹啉草酮与禾大壮的除草组合物	佛山市盈辉作物科学有限公司	禾草敌
8	CN106465719A	二氯喹啉草酮与噁唑酰草胺的除草组合物	佛山市盈辉作物科学有限公司	噁唑酰草胺
9	CN106719718A	一种含二氯喹啉草酮的除草组合物	安徽省农业科学院植物保护与农产品质量安全研究所	灭草松和氰氟草酯
10	CN108041046A	一种含二氯喹啉草酮和氟嘧肟草醚的除草剂组合物	安徽蓝田农业开发有限公司	氟嘧肟草醚
11	CN108064849A	一种除草组合物	江苏龙灯化学有限公司	环戊噁草酮
12	CN108064867A	一种除草组合物	江苏龙灯化学有限公司	双唑草腈
13	CN108283180A	一种含有二氯喹啉草酮的除草组合物	合肥红佳科技信息有限公司	三唑磺草酮和莠去津
14	CN108283185A	一种含有二氯喹啉草酮的除草组合物	合肥红佳科技信息有限公司	三唑磺草酮和砜嘧磺隆
15	CN108294022A	一种含有二氯喹啉草酮的油悬浮剂组合物	合肥红佳科技信息有限公司	环磺酮，五氟磺草胺
16	CN108294039A	一种含有二氯喹啉草酮的可湿性粉剂组合物	合肥红佳科技信息有限公司	环磺酮，氯吡嘧磺隆
17	CN108464305A	一种三元除草剂组合物	安徽蓝田农业开发有限公司	2 甲 4 氯钠和氰氟草酯
18	CN108902154A	一种含有二氯喹啉草酮和氯氟吡啶酯以及氰氟草酯的除草组合物	江西中迅农化有限公司	氯氟吡啶酯以及氰氟草酯
19	CN108935504B	一种含丙嗪嘧磺隆和二氯喹啉草酮的混合除草剂及其应用	安徽辉隆集团银山药业有限责任公司	丙嗪嘧磺隆

续表

序号	公开号	发明名称	申请人	B 组分
20	CN109042669B	一种含氯氟吡啶酯和二氯喹啉草酮的混合除草剂及其应用	安徽辉隆集团银山药业有限责任公司	氯氟吡啶酯
21	CN110495464B	一种含二氯喹啉草酮的除草组合物及其应用	安徽尚禾沃达生物科技有限公司	五氟磺草胺和噁嗪草酮
22	CN109042696A	一种含有双唑草腈的除草组合物	广东中迅农科股份有限公司	双唑草腈、噁嗪草酮
23	CN109329286A	包含 HPPD 抑制剂类除草剂的二元除草组合物及其应用	青岛清原化合物有限公司	双唑草酮、环吡氟草酮和/或其盐/酯等衍生物
24	CN109362745A	含有噁唑酰草胺的除草组合物	广东中迅农科股份有限公司	噁唑酰草胺、氰氟草酯
25	CN109362746A	一种含二氯喹啉草酮的除草组合物	安徽众邦生物工程有限公司	精噁唑禾草灵
26	CN109380228A	含有二氯喹啉草酮和氯氟吡啶酯以及敌稗的除草组合物	广东中迅农科股份有限公司	氯氟吡啶酯和敌稗
27	CN110583667A	一种含二氯喹啉草酮的除草组合物及其应用	安徽尚禾沃达生物科技有限公司	双草醚和噁唑酰草胺
28	CN110679596A	含有二氯喹啉草酮和丙嗪嘧磺隆的除草组合物	广东中迅农科股份有限公司	丙嗪嘧磺隆
29	CN110881465A	含有嘧啶肟草醚的除草组合物	江西中迅农化有限公司	嘧啶肟草醚、氰氟草酯

4.3.2.5 作用机理

二氯喹啉草酮是新型水稻田具有双重作用机制的除草剂，其作用机理是：①抑制 HPPD（对羟基苯基丙酮酸双氧化酶）活性；②调控激素水平（包括降低生长素含量和诱导 ABA 积累）。作用方式为茎叶和根系吸收，茎叶吸收为主要作用方式。HPPD 广泛存在于各种有机体内，它在许多生理化合物的生物合成中起着非常重要的作用，并参与植物中质体醌和生育酚的生物合成，同时也参与了大多数生物体中苯丙氨酸的分解代谢。HPPD 可将酪氨酸转化为质体醌，当 HPPD 受到抑制时，会造成植物分生组织中酪氨酸积累和质体醌衰竭，3～5 天内植物分生组织会出现黄化症状，随之引起枯斑，1～2 周后遍及整株，植物白化而逐渐死亡[4]。

4.3.2.6 毒理学与安全评价

二氯喹啉草酮原药和 20%可分散油悬浮剂对大鼠急性经口、经皮 LD_{50} 均＞5000mg/kg；急性吸入 LC_{50}＞2000mg/m³；兔皮肤、眼睛有轻度刺激性；豚鼠皮肤变态反应（致敏性）试验结果为弱致敏性；原药大鼠 90 天亚慢性喂养毒性试验最大无作用剂量：雄性为 2379mg/kg，雌性为 2141mg/kg；4 项致突变试验：Ames 试验、小鼠骨髓细胞微核试验、人体外周血淋巴细胞染色体畸变试验、体外哺乳动物细胞基因突变试验结果均为阴性，未见致突变作用。二氯喹啉草酮原药和20%可分散油悬浮剂均为微毒除草剂[5]。

20%二氯喹啉草酮可分散油悬浮剂对斑马鱼 LC_{50}(96h)为 1.05mg (a.i.)/L；日本鹌鹑 LD_{50} 1490mg (a.i.)/kg；蜜蜂经口 LD_{50}(48h) 63.9μg/蜂，接触 LD_{50}(48h)＞100μg/蜂；家蚕 LC_{50}(食下毒叶法，96h) 2000mg (a.i.)/L。对鱼中毒，对鸟、蜜蜂和蚕低毒。使用时注意远离水产养殖区、河塘等水体施药，禁止在河塘等水体中冲洗施药器具，施药后的田水不得直接排入水体。

4.3.2.7 登记情况

二氯喹啉草酮系列现有登记产品 2 个：二氯喹啉草酮 20%可分散油悬浮剂、二氯喹啉草酮 98%原药，详见表 4-38。

表 4-38 二氯喹啉草酮相关登记产品信息表

登记证号	农药名称	剂型	总含量	登记作物	防治对象	亩用药量(制剂量)	施用方法	登记证持有人
PD20184027	二氯喹啉草酮	可分散油悬浮剂	20%	水稻移栽田	稗草	200～300mL	茎叶喷雾	定远县嘉禾植物保护剂有限责任公司
PD20184028	二氯喹啉草酮	原药	98%	—	—	—	—	定远县嘉禾植物保护剂有限责任公司

4.3.2.8 应用效果

（1）室内活性 二氯喹啉草酮同时兼有土壤和茎叶处理活性，对水稻田稗草、马唐、丁香蓼、鳢肠等效果较好，对抗五氟磺草胺的稗草防效突出，具有作用速度快、杀草谱广、安全性高等优势特点[6-8]。

（2）田间应用效果 2014 年，汪强高等[9]测定了 20%二氯喹啉草酮悬浮剂对稗草和千金子的防除效果，结果表明，20%二氯喹啉草酮悬浮剂在 200mL/亩对稗草效果极好，可示范推广，但对千金子的防效极不理想。对稗草与千金子均较多的田块，防治中建议使用 20%二氯喹啉草酮悬浮剂 200mL/亩加入 20%氰氟草酯乳油 50mL/亩，可达到较好的防治效果[10,11]。

参考文献

[1] M·奥坦, N·高茨, W·冯德尼, 等. 有除草作用的杂芳酰基环己二酮衍生物. CN1230951, 1999-10-06.
[2] 孟夏. 2-(喹啉-8-基)羰基-环己烷-1,3-二酮类化合物. CN102249996A, 2011-11-23.
[3] 詹福康, 杨玉廷, 陆英飞, 等. 二氯喹啉草酮的合成方法. CN108586333A, 2018-09-28.
[4] 王红春, 李小艳, 孙宇, 等. 新型除草剂二氯喹啉草酮的除草活性及对水稻的安全性评价. 江苏农业学报, 2016, 32(01): 67-72.
[5] 二氯喹啉草酮. 农药科学与管理, 2019, 40(02): 62-63.
[6] 孙宇, 李小艳, 贺建荣, 等. 二氯喹啉草酮对不同龄期稻田主要杂草的生物活性. 杂草学报, 2016, 34(01): 56-60.DOI:10.19588/j.issn.1003-935x.2016.01.010.
[7] 王红春, 李小艳, 孙宇, 等. 新型除草剂二氯喹啉草酮的除草活性及对水稻的安全性评价. 江苏农业学报, 2016, 32(01): 67-72.
[8] 李小艳. 二氯喹啉草酮及其复配剂在水稻田中的应用. 南京: 南京农业大学, 2016.
[9] 汪强高, 黄英, 李忠芹. 20%二氯喹啉草酮 SC 防除水稻田稗草和千金子试验. 大麦与谷类科学, 2015, 32(3): 39-40.
[10] 汤云鹤, 韩敏, 李粉华, 等.水稻旱直播田新除草剂防除效果及安全性研究. 现代农业科技, 2016(01): 161, 181.
[11] 朱德涛. 20%二氯喹啉草酮可分散油悬浮剂对水稻移栽田一年生杂草田间药效评价. 安徽农业科学, 2020, 48(03): 131-132, 142.

4.3.3 其他三酮类化合物的创制

（1）含氮杂环取代的苯甲酰基类化合物及其应用

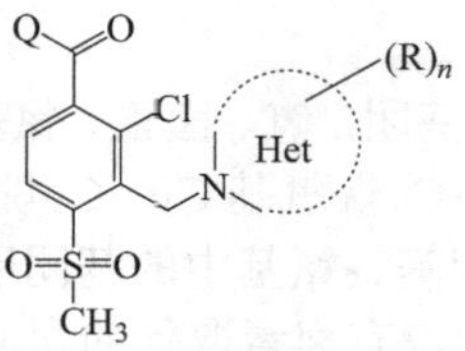

式中，Het 选自 Het-5 至 Het-7 所示的基团之一：

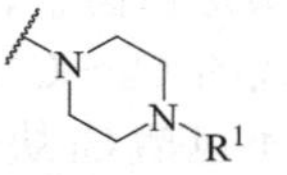

R 选自 C_1～C_3 烷基；n＝0～4；R^1 选自未取代的或被 1～3 个独立选自以下基团取代的吡啶基：氟、氯、溴或三氟甲基；

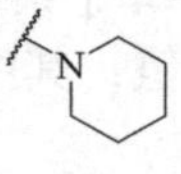

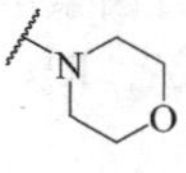

Q 选自所示的基团：

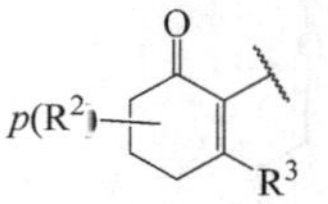

R^2 选自 C_1～C_3 烷基；p＝0～4；当 p＝2 时，位于不同 C 原子上的两个 R^2 可以连接成 CH_2 或$(CH_2)_2$；R^3 选自羟基。

发明人：刘长令，李慧超，崔东亮，徐英，马宏娟，黄光；申请人：中国中化股份有限公司，沈阳化工研究院有限公司

中国专利号：ZL201010554434.8；中国专利申请日：2010-11-19；同族专利：CN103025718，WO2012065573

化合物类型：三酮类化合物、HPPD 抑制剂类化合物

发明思路：me-too 研究；采用中间体衍生化法，以磺草酮为先导，对苯环的 3 位进行衍生，得到现有化合物。

用途：具有除草活性，可以有效地控制稗草、马唐、苘麻、狗尾草、百日草等杂草，在低剂量下就可以获得很好的除草效果。

代表化合物结构如下：

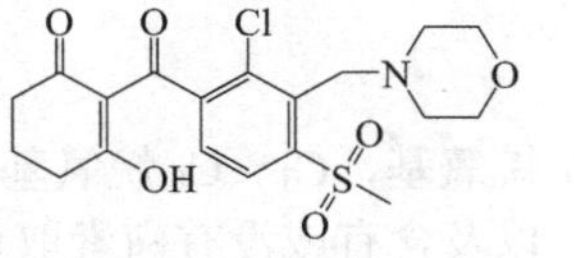

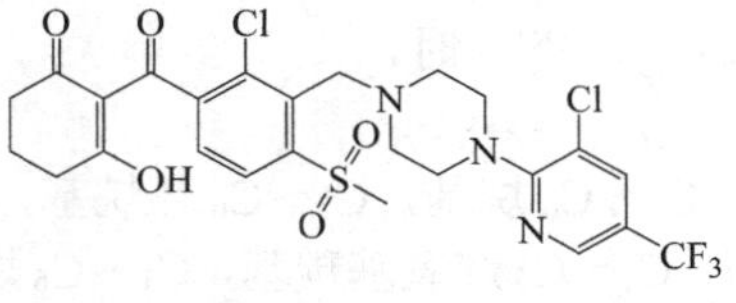

（2）取代的苯甲酰基环己二酮类化合物或其互变异构体、盐，其制备方法、除草组合物及应用

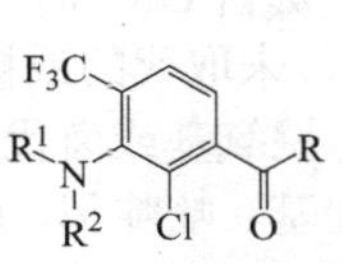

式中，R^1R^2N 代表 N Het（带 R_a），其中，N Het 选自四至八元内酰氨基、哌嗪酮基、吗啉酮基、

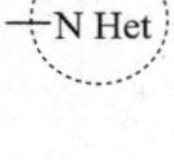

硫代吗啉酮基、咪唑基、吡唑基；

R_a选自以下基团中的一个或多个基团：氢、卤素、氰基、硝基、氨基、C_1～C_6烷基磺酰基、C_1～C_6烷基、卤代C_1～C_6烷基、C_1～C_6烷氧基C_1～C_6烷基、C_1～C_6烷氧基、C_1～C_6烷氨基，以及未取代的或被1～3个独立选自硝基、氰基中的基团所取代的苯基或呋喃基；

或者R^1、R^2中的一个代表含有或没有卤素取代的含0～4个O、S、N的C_1～C_4酰基；另一个代表氢，含有或没有卤素取代的含0～4个O、S、N的C_1～C_8烷基、C_1～C_8烯基或C_1～C_8炔基，未取代或被选自卤素、含有或没有卤素取代的含0～4个杂原子的C_1～C_4烷基中的一个或多个基团所取代的C_3～C_6环烷基；或者R^1、R^2同时为氢；其中，C_1～C_8烯基不包括C_1烯基，C_1～C_8炔基不包括C_1炔基；

R选自下式所示的基团之一：

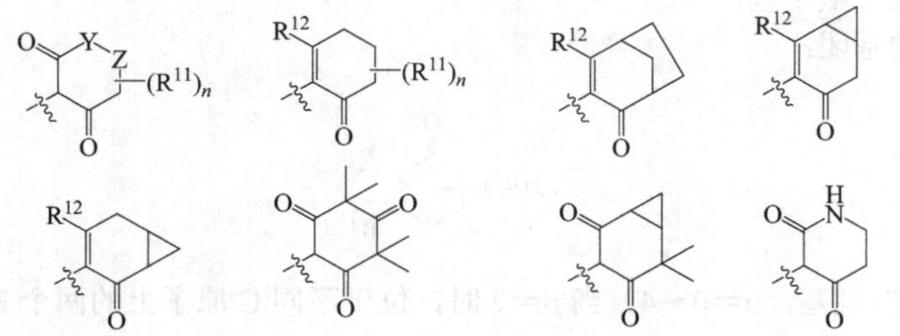

其中，当R代表 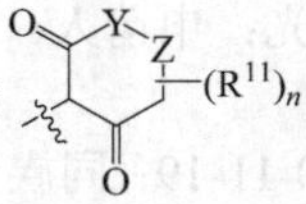 时，Y代表C；Z代表C；

R^{11}选自氢，C_1～C_6烷基，C_3～C_6环烷基，C_1～C_6烷氧基，C_1～C_6烷氧基C_1～C_6烷基，C_1～C_6烷基羰基，C_1～C_6烷氧基羰基，C_1～C_6烷硫基，以及含有或没有卤素取代的苯基、三唑基、噁唑基、噻唑基、咪唑基、噻二唑基、噁二唑基、异噁唑基、噻吩基、呋喃基、吡咯基、吡唑基、吡啶基、嘧啶基或吡嗪基，n=0～6；

或者当n=2时，位于不同C原子上的两个R^{11}连接成CH_2、$(CH_2)_2$、$(CH_2)_3$、$(CH_2)_4$、$O(CH_2)_2O$或$S(CH_2)_3S$；

或者当n=2时，位于同C原子上的两个R^{11}连接成如下基团：$(CH_2)_2$、$O(CH_2)_2O$或$S(CH_2)_3S$；

当R代表 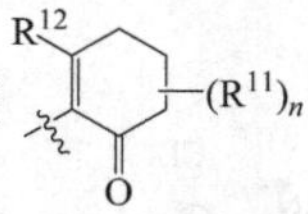 时，

R^{11}选自氢，C_1～C_6烷基，C_3～C_6环烷基，C_1～C_6烷氧基，C_1～C_6烷氧基C_1～C_6烷基，C_1～C_6烷基羰基，C_1～C_6烷氧基羰基，C_1～C_6烷硫基，以及含有或没有卤素取代的苯基、三唑基、噁唑基、噻唑基、咪唑基、噻二唑基、噁二唑基、异噁唑基、噻吩基、呋喃基、吡咯基、吡唑基、吡啶基、嘧啶基或吡嗪基，n=0～6；

R^{12}选自OR^{13}或SR^{13}；其中，当R^{12}选自OR^{13}时，R^{13}选自氢，C_1～C_6烷基，C_1～C_6烷基羰基，C_1～C_6烷基磺酰基，C_1～C_6烯基，未取代的或被1～3个独立选自卤素、硝基、氰基、卤代C_1～C_6烷基、C_1～C_6烷基、C_1～C_6烷氧基或卤代C_1～C_6烷氧基中的基团所取代的苯基、苄基、噻吩基、噻唑基、咪唑基、噻二唑基、嘧啶基、吡唑基羰基、呋喃基羰基、吡咯基羰基、噁唑基羰基、三唑基羰基、噁二唑基羰基、异噁唑基羰基或吡啶基羰基；当R^{12}选自SR^{13}时，R^{13}选自C_1～C_6烷基，未取代的或被1～3个独立选自卤素或C_1～C_6烷基中的基团所取代的苯基或苄基；

当 R 代表 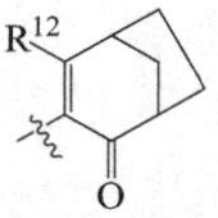 、 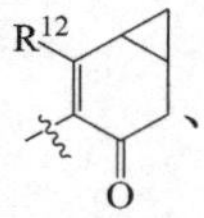 、 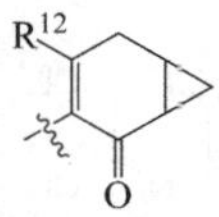 时，

R^{12} 选自 OR^{13} 或 SR^{13}；其中，当 R^{12} 选自 OR^{13} 时，R^{13} 选自氢，C_1～C_6 烷基，C_1～C_6 烷基羰基，C_1～C_6 烷基磺酰基，C_2～C_6 烯基，卤代 C_2～C_6 烯基，未取代的或被 1～3 个独立选自卤素、硝基、氰基、卤代 C_1～C_6 烷基、C_1～C_6 烷基、C_1～C_6 烷氧基或卤代 C_1～C_6 烷氧基中的基团所取代的苯基、苄基、苯甲酰基、苯磺酰基或苯甲酰基甲基；当 R^{12} 选自 SR^{13} 时，R^{13} 选自 C_1～C_6 烷基，未取代的或被 1～3 个独立选自卤素或 C_1～C_6 烷基中的基团所取代的苯基或苄基。

发明人：连磊，征玉荣，何彬，彭学岗，金涛，崔琦，刘娜；申请人：青岛清原化合物有限公司

中国专利号：ZL201710707265.9；中国专利申请日：2017-08-17；同族专利：WO2019033590A1

化合物类型：三酮类化合物，苯甲酰基环己二酮

发明思路：me-too 研究；采用中间体衍生化法，在三酮类除草剂结构基础上引入特殊的含内酰胺的三氟苯甲酰基结构而得。

用途：具有除草活性。该发明所述化合物普遍具有较好的杂草防效，尤其对于玉米、小麦田广泛发生的播娘蒿、苘麻等主要的阔叶杂草有良好的效果，同时对对于 ALS 抑制剂有抗性的播娘蒿等阔叶杂草有很好的活性。另外，经测试该发明化合物在适合的剂量下对直播和移栽水稻田关键杂草也有很好的活性和作物安全性。同时该发明所述化合物很多对结缕草、狗牙根、高羊茅、早熟禾、黑麦草、海滨雀稗等禾本科草有很好的选择性，能防除很多关键禾本科杂草以及阔叶杂草。对不同施药方式下的大豆、棉花、油葵、马铃薯、果树、蔬菜等测试也显示出极好的选择性。

代表化合物结构如下：

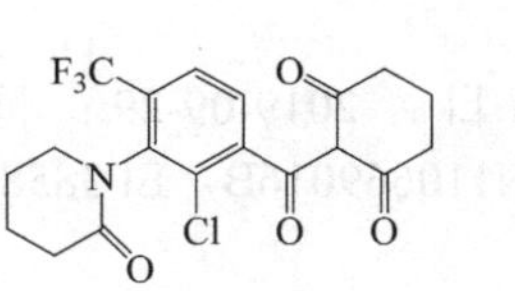

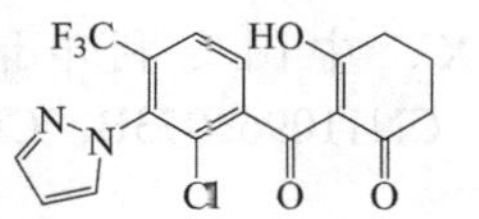

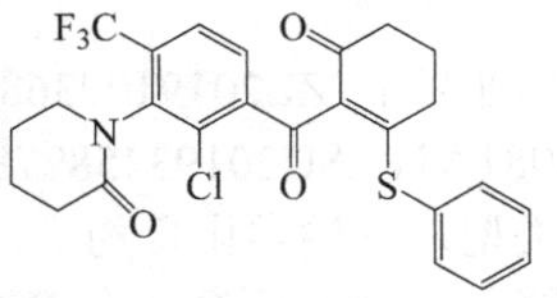

（3）一种含有喹喔啉结构的三酮类化合物，其制备方法及应用

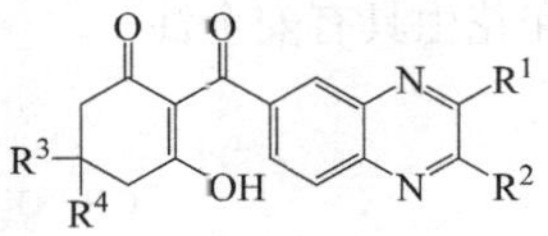

其中，R^1 和 R^2 均为 Cl，R^3 和 R^4 均为 H；或所述 R^1 和 R^2 均为 Cl，R^3 为 CH_3，R^4 为 H；或所述 R^1 和 R^2 均为 Cl，R^3 和 R^4 均为 CH_3；或所述 R^1 和 R^2 均为 Cl，R^3 为 Ph，R^4 为 H。

发明人：付颖，叶非，高爽，郭科良；申请人：东北农业大学

中国专利号：ZL201911193040.1（CN110835321A）；中国专利申请日：2019-11-28

化合物类型：三酮类、喹喔啉类

发明思路：me-too 研究；在三酮类除草剂结构基础上引入喹喔啉结构而得。

用途：具有除草活性，特别是对阔叶杂草和/或禾本科杂草具有优良的防除效果。

代表化合物结构如下：

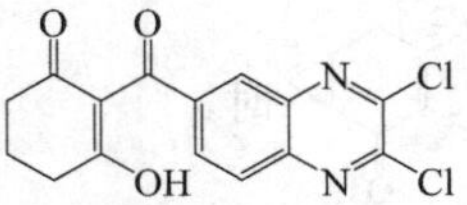

（4）含喹唑啉二酮片段的三酮类化合物及其制备方法和应用以及一种除草剂

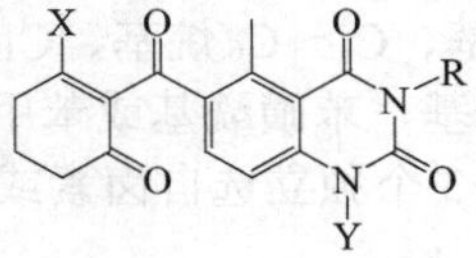

发明人：杨光富，曲仁渝，严耀超，南甲戌，王现全，陈恩昌，张天柱，杜晨；申请人：山东先达农化股份有限公司

中国专利号：ZL201910935191.3；中国专利申请日：2019-09-29

化合物类型：三酮类化合物

发明思路：me-too 研究（WO2017140612A1）。

用途：具有除草活性，该发明提供的三酮类化合物对稗草、狗尾草、马唐、雀麦、野燕麦、节节麦、看麦娘及日本看麦娘等多种难防治的禾本科杂草具有良好防效。

（5）三酮类化合物及其制备方法和应用以及一种除草剂

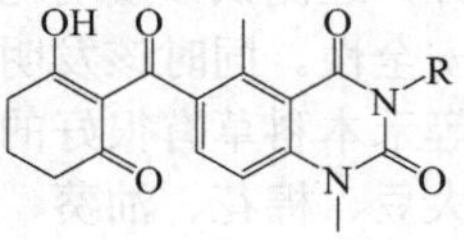

其中，R 为正丙基或环戊基。

发明人：杨光富，曲仁渝，王现全，陈恩昌，张天柱，杜晨；申请人：山东先达农化股份有限公司

中国专利号：ZL201910936805.X；中国专利申请日：2019-09-29；同族专利：WO2020063981A1，AU2019345827B2，CN110963973B，CN110669016B，EP3858818A1

化合物类型：三酮类化合物

发明思路：me-too 研究；在 WO2017140612A1 公开化合物基础上将 R 处的芳基替换为正丙基或环戊基。

用途：具有除草活性，该发明提供的上述三酮类化合物对稗草、狗尾草、马唐、苋菜、藜和苘麻具有很好的防效，且对小麦和花生具有安全性。

代表化合物结构如下：

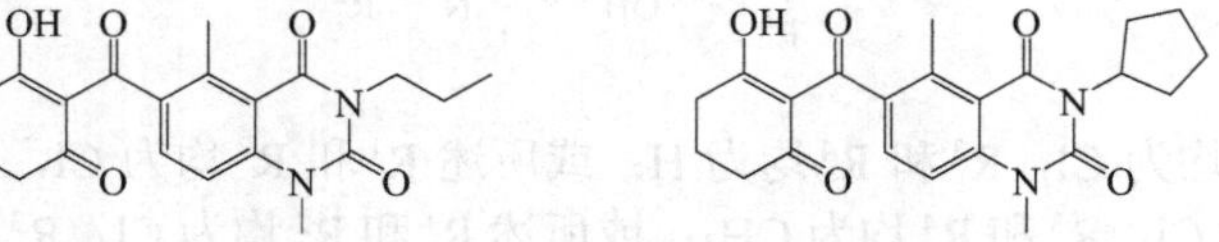

（6）环己三酮类化合物及其制备方法和应用以及一种除草剂

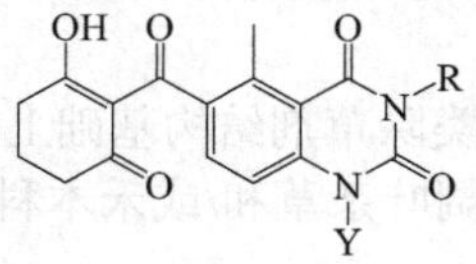

其中，Y 为甲基或乙基；R 为含 C 基团，R 中的 C 原子与母核结构直接连接以构成 C—N 键，且 R 选自：萘基；杂芳基，该基团为不饱和环，具有选自 O、S 及 N 中的 1～5 个杂原子，且成环碳数为 2 至 6，其中该基团任选由 1 或 2 个以上相同或相异的 R^5 取代；杂环并苯基，除与苯基共有的键以外，该基团的杂环部分的成环键均为饱和键，且该基团中具有选自 O、S 及 N 中的 1～5 个杂原子，该基团中的成环碳数为 7～11，且该基团任选由 1 或 2 个以上相同或相异的 R^7 取代；苯并芳杂环基，除与苯基共有的键以外，该基团的芳杂环部分的成环键中含有不饱和键，且该基团中具有选自 O、S 及 N 中的 1～5 个杂原子，该基团的成环碳数为 7～11，以及该基团中的苯基任选由 1 或 2 个以上相同或相异的 R^6 取代；芳杂环并苯基，除与苯基共有的键以外，该基团的芳杂环部分的成环键中含有不饱和键，且该基团中具有选自 O、S 及 N 中的 1～5 个杂原子，该基团的成环碳数为 7～11，以及该基团中的苯基任选由 1 或 2 个以上相同或相异的 R^6 取代；环烷并苯基，除与苯基共有的键以外，该基团的环烷基部分的成环键均为饱和键，该基团中的成环碳数为 7～10，且该基团任选由 1 或 2 个以上相同或相异的 R^6 取代；苯并环烷基，除与苯基共有的键以外，该基团的环烷基部分的成环键均为饱和键，该基团中的成环碳数为 7～12，且该基团任选由 1 或 2 个以上相同或相异的 R^6 取代；

其中，苯并芳杂环基表示其中的芳杂环直接与母核结构上的 N 原子连接，且所述芳杂环与苯环共同形成二环；芳杂环并苯基表示其中的苯环直接与母核结构上的 N 原子连接，且所述苯环与芳杂环共同形成二环；苯并环烷基表示其中的环烷基环直接与母核结构上的 N 原子连接，且所述环烷基环与苯环共同形成二环；环烷并苯基表示其中的苯环直接与母核结构上的 N 原子连接，且所述苯环与环烷基环共同形成二环；

其中，R^5 选自 C_1～C_6 烷基、C_1～C_6 烷氧基、卤素、C_1～C_6 卤烷基、苯氧基和苯硫基中的一种或多种；R^6 选自 C_1～C_6 烷基中的一种或多种；R^7 选自 C_1～C_6 烷基、C_2～C_6 烯基和卤素中的一种或多种，或者 R^7 与成环的碳原子构成酮基。

发明人：杨光富，曲仁渝，严耀超，南甲戌，王现全，陈恩昌，张天柱，杜晨；申请人：山东先达农化股份有限公司

中国专利号：ZL201910936817.2；中国专利申请日：2019-09-29

化合物类型：环己三酮类化合物

发明思路：me-too 研究；在 WO2017140612A1 公开化合物基础上将 R 处的苯基替换为含氮杂环。

用途：具有除草活性，该发明提供的环己三酮类化合物对雀麦、野燕麦、节节麦、看麦娘及日本看麦娘等多种难防治的禾本科杂草具有良好防效。

代表化合物结构如下：

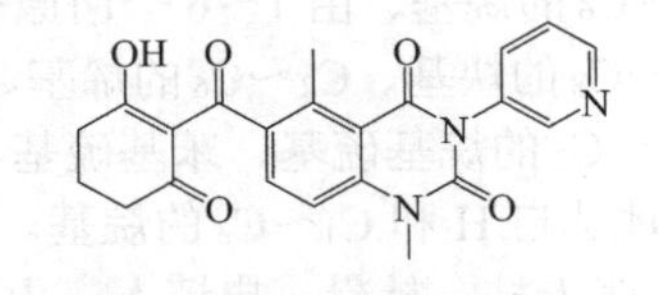

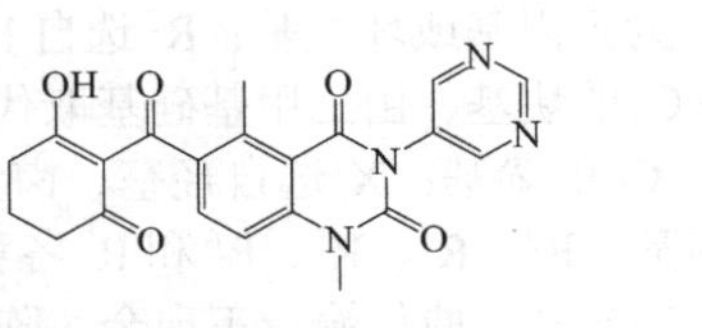

（7）一种含喹唑啉二酮和 N-O 结构的化合物及其制备方法和应用

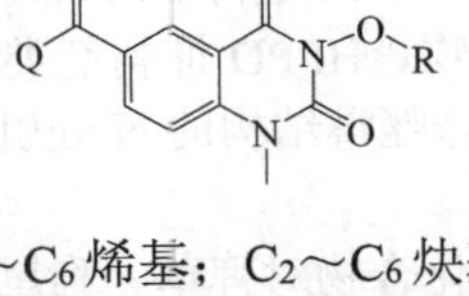

其中，R 选自 C_1～C_{12} 烷基；C_2～C_6 烯基；C_2～C_6 炔基；C_3～C_8 环烷基；C_1～C_6 卤烷基；三甲基硅基 C_2～C_6 炔基；C_1～C_6 烷基磺酰基 C_1～C_6 烷基；C_1～C_6 烷氧基 C_1～C_6 烷基；C_3～

C_8环烷基 C_1～C_6烷基；三甲基硅基 C_1～C_6烷基；氰基 C_1～C_6烷基；C_1～C_6烷氧基羰基 C_1～C_6烷基；杂环基 C_1～C_6烷基，该杂环基 C_1～C_6烷基中的杂环基中具有至少一个氧原子，且成环碳数为2～10；苯基，该苯基任选由1～3个以上相同或相异的R^1取代；其中，R^1选自 C_1～C_6烷基、卤素、C_1～C_6卤烷基、氰基、C_1～C_6烷氧基中的一种或多种；

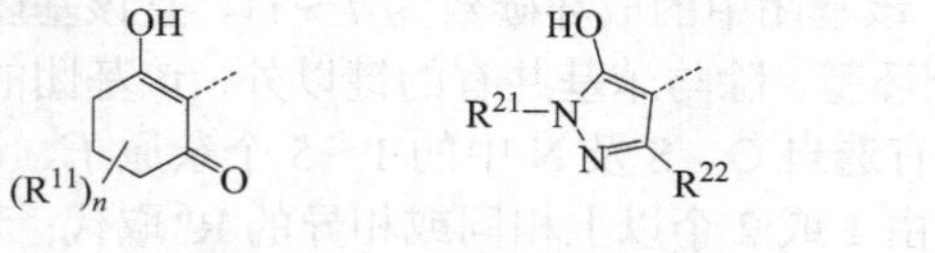

式(Q_1)　　式(Q_2)

Q为式(Q_1)或式(Q_2)所示的基团。

在式(Q_1)中，n个R^{11}各自独立地选自 C_1～C_6的烷基，n为0～6的整数；在式(Q_2)中，R^{21}和R^{22}各自独立地选自H和 C_1～C_6的烷基。

发明人：杨光富，南甲戌，曹俊巧，曲仁渝，王现全，陈恩昌，张天柱，杜晨；申请人：山东先达农化股份有限公司

中国专利号：ZL202011520387.5；中国专利申请日：2020-12-21

化合物类型：含喹唑啉二酮和N-O结构的化合物

发明思路：me-too研究；在前期公开的喹唑啉酮结构基础上引入肟结构或者羟胺结构，形成新的化合物。

用途：具有除草活性，本发明中的化合物对稗草、马唐、苋菜、藜、苘麻5种常见的禾本科和阔叶杂草均具有很好的防除效果，且对棉花具有较好的安全性。

代表化合物结构如下：

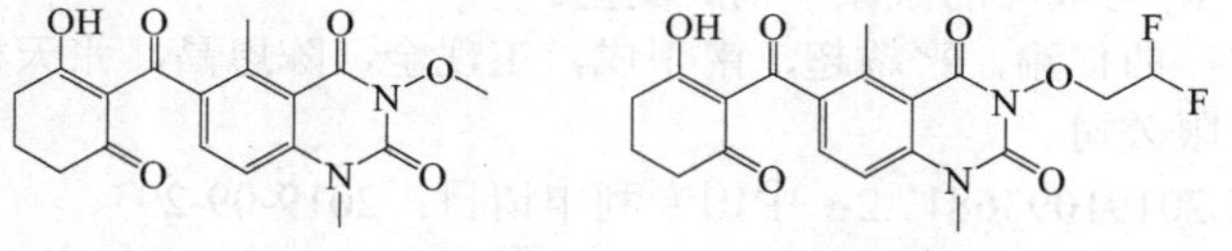

（8）喹唑啉二酮类化合物及其制备方法和应用以及一种除草剂

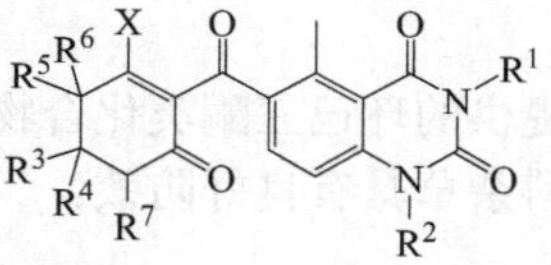

其中，R^1为正丙基或环戊基；R^2选自H、C_1～C_6的烷基、由1～6个卤原子取代的 C_1～C_3的烷基、C_2～C_6的炔基、由三甲基硅基取代的 C_5～C_8的炔基、C_2～C_6的烯基、由1～6个卤原子取代的 C_2～C_6的烯基；X选自羟基、卤素、C_1～C_3的烷基硫基、苯基硫基、C_1～C_3的烷基砜基、苯基砜基；R^3、R^4、R^5、R^6和R^7各种独立地选自H和 C_1～C_3的烷基。

发明人：杨光富，曲仁渝，王现全，陈恩昌，张天柱，杜晨；申请人：山东先达农化股份有限公司

中国专利号：ZL201910935457.4；中国专利申请日：2019-09-29

化合物类型：喹唑啉二酮类化合物、HPPD抑制剂类

发明思路：me-too研究；在前期喹唑啉结构的N处引入烷基或者环烷基从而跳出原有专利范围。

用途：具有除草活性，本发明的化合物对稗草、狗尾草、马唐、苋菜、藜、苘麻6种常见的禾本科和阔叶杂草表现出很好的防除效果，部分化合物对节节麦、野燕麦、雀麦、看麦娘和

日本看麦娘也有很好的防除效果，且对小麦和花生具有一定的安全性。

代表化合物结构如下：

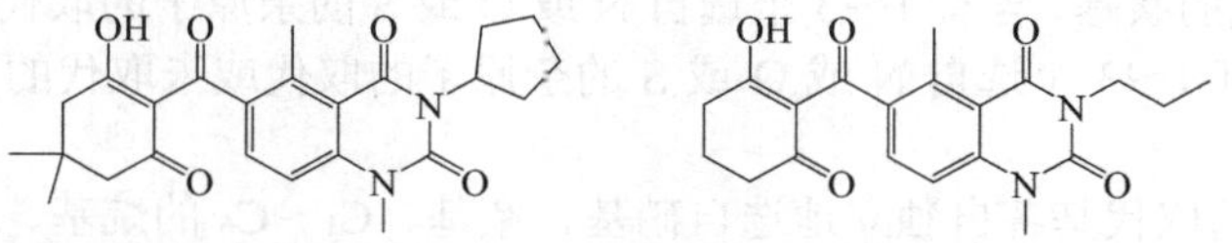

（9）α-C 位置修饰苄基取代的喹唑啉二酮类化合物及其制备方法和应用，HPPD 除草剂

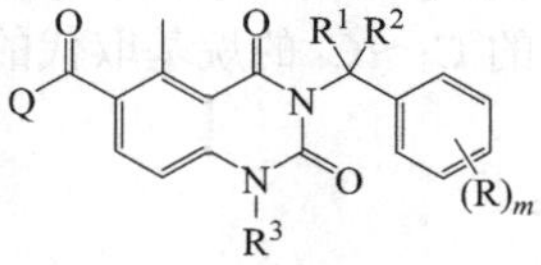

其中，m 个 R 各自独立地选自 C_1～C_6 烷基、卤素、C_1～C_6 卤烷基、C_1～C_6 烷氧基和 C_1～C_6 卤烷氧基，m 为 0～5 的整数；R^1 和 R^2 各自独立地选自 H、C_1～C_3 烷基、C_1～C_3 卤烷基；或者 R^1 和 R^2 共同形成三或四元环结构，且 R^1 和 R^2 不同时为 H；R^3 选自 C_1～C_3 烷基；

Q 为式(Q_1)或式(Q_2)所示的基团：

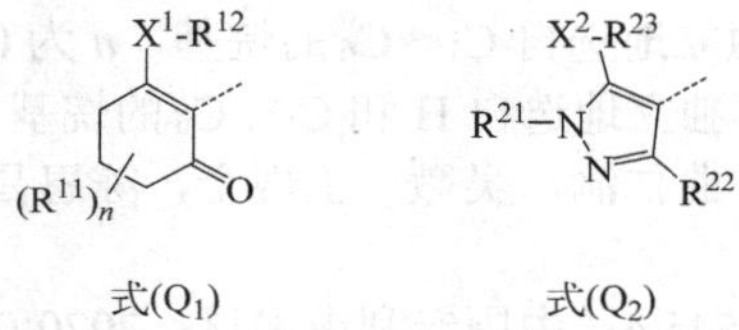

式(Q_1)　　式(Q_2)

在式(Q_1)中，n 个 R^{11} 各自独立地选自 C_1～C_6 烷基，n 为 0～6 的整数；

在式(Q_2)中，R^{21} 和 R^{22} 各自独立地选自 H 和 C_1～C_6 烷基；

在式(Q_1)和式(Q_2)中，X^1 和 X^2 各自独立地为 O 或 S，R^{12} 和 R^{23} 各自独立地选自 H、C_1～C_6 烷基、苯基、C_2～C_6 烯基、C_2～C_6 炔基、$R^1R^2N\text{-}C(O)$、$R^3R^4N\text{-}C(S)$、$R^5\text{-}O\text{-}C(O)\text{-}O\text{-}C(R^6R^7)$。

发明人：杨光富，曲仁渝，南甲戌，王卓，曹俊巧，严耀超，王现全，陈恩昌，张天柱，杜晨；申请人：山东先达农化股份有限公司

中国专利号：ZL202110018717.9；中国专利申请日：2021-01-07

化合物类型：α-C 位置修饰苄基取代的喹唑啉二酮类化合物

发明思路：me-too 研究，在前期喹唑啉结构的 N 处引入芳基苄基而得。

用途：具有除草活性，该发明提供的化合物对稗草、狗尾草、马唐、苋菜、藜、苘麻 6 种常见的禾本科和阔叶杂草具有很好的防效，且对花生和大豆具有一定的安全性。

代表化合物结构如下：

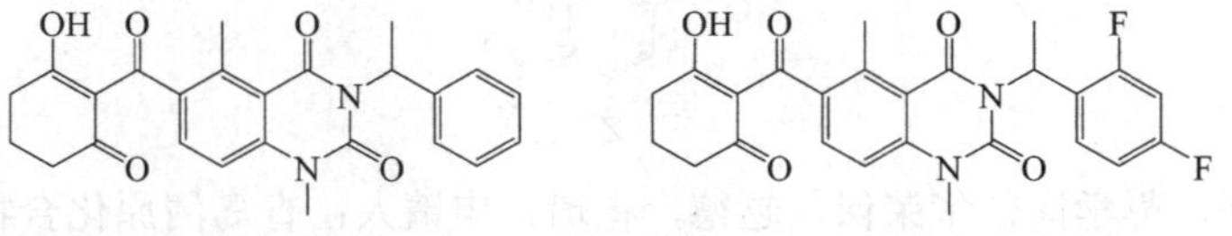

（10）一种含有苯并三嗪酮结构的化合物及其制备方法和应用以及一种除草剂

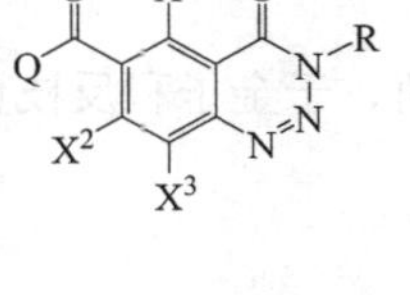

式中，X^1、X^2 和 X^3 各自独立地选自 H、C_1～C_6 的烷基、C_1～C_6 的烷氧基和卤素；

R 选自取代或未取代的 C_1～C_{20} 的烷基、取代或未取代的 C_2～C_{20} 的烯基、取代或未取代的苯基、取代或未取代的萘基、含有 1～3 个选自 N 或 O 或 S 的杂原子的取代或未取代的 C_2～C_{12} 的饱和杂环基、含有 1～3 个选自 N 或 O 或 S 的杂原子的取代或未取代的 C_2～C_{12} 的不饱和杂环基；

R 中任选含有的取代基各自独立地选自硝基、氰基、C_1～C_6 的烷基、C_1～C_{10} 的烷氧基、卤素、含有 1～3 个选自 N 或 O 或 S 的杂原子的 C_2～C_{12} 的饱和杂环基、苯基、由 1～9 个卤素取代的 C_1～C_6 的烷基、由 C_1～C_6 的烷基取代的苯基、由卤素取代的苯基、由 C_1～C_{10} 的烷氧基取代的苯基、由含有 1～9 个卤素的 C_1～C_6 的烷基取代的苯基、硝基取代的苯基、氰基取代的苯基、萘基中的至少一种；

Q 为式(Q_1)或式(Q_2)所示的基团：

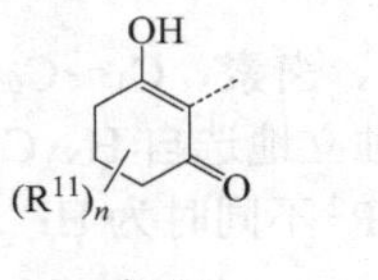

式(Q_1) 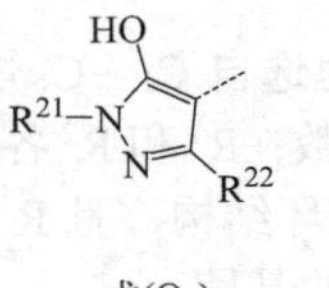　　式(Q_2)

在式(Q_1)中，n 个 R^{11} 各自独立地选自 C_1～C_6 的烷基，n 为 0～6 的整数；

在式(Q_2)中，R^{21} 和 R^{22} 各自独立地选自 H 和 C_1～C_6 的烷基。

发明人：杨光富，严耀超，曲仁渝，吴微，王现全，陈恩昌，张天柱，杜晨；申请人：山东先达农化股份有限公司

中国专利号：ZL202010906545.4；中国专利申请日：2020-09-01

化合物类型：含有苯并三嗪酮结构的化合物

发明思路：me-too 研究；在前期喹唑啉结构基础上将喹唑啉环替换为苯并三嗪酮结构。

用途：具有除草活性，该发明提供的化合物对稗草、狗尾草、马唐、藜、苘麻 5 种常见的禾本科和阔叶杂草表现出非常好的的除草防效，同时，本发明的部分化合物对玉米、花生、大豆和棉花展现出了较好的安全性。

代表化合物结构如下：

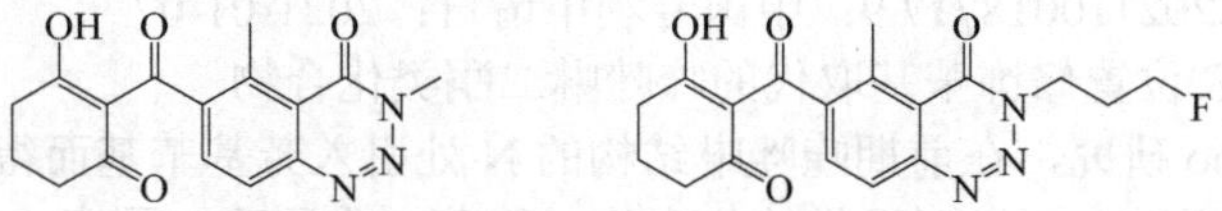

（11）取代的 1, 2, 4-三唑并[4, 3-*a*]吡啶衍生物及其制备方法、除草组合物和应用

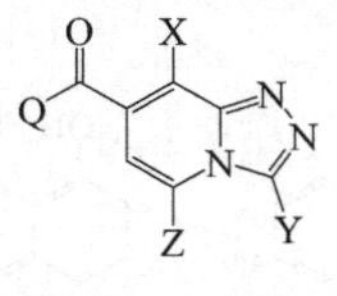

发明人：连磊，彭学岗，华荣保，赵德，崔琦；申请人：青岛清原化合物有限公司

中国公开号：CN112239467A；中国专利申请日：2020-07-17；同族专利：WO2021008607A1

化合物类型：三唑并吡啶，三酮类

发明思路：me-too 研究。

用途：该发明化合物对稗草、马唐、千金子和反枝苋具有很好的防除效果，且对水稻具有一定的安全性。

代表化合物结构如下：

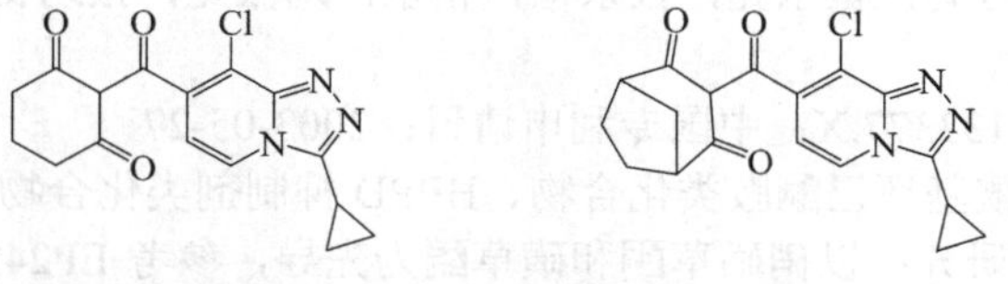

（12）一种含肉桂酰基的三酮类化合物，其制备方法及应用

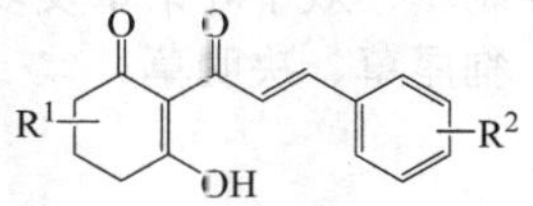

其中，R^1选自 $C_{1\sim6}$ 的烷基中的一种；R^2 选自氢、卤素、R'中的一种；R'为 $C_{1\sim6}$ 烷基、$C_{1\sim6}$ 卤代烷基；R^2 中的卤素为 F、Cl 或 Br 中的一种。

发明人：付颖，叶非，高爽，张帅琦；申请人：东北农业大学

中国专利号：ZL201911191742.6；中国专利申请日：2019-11-28

化合物类型：三酮类化合物、肉桂酰基环己二酮

发明思路：me-too 研究；在三酮类除草剂结构基础上引入肉桂酰基结构而得。

用途：具有除草活性，对苘麻、稗草等单、双子叶杂草具有优异的防治效果。

代表化合物结构如下：

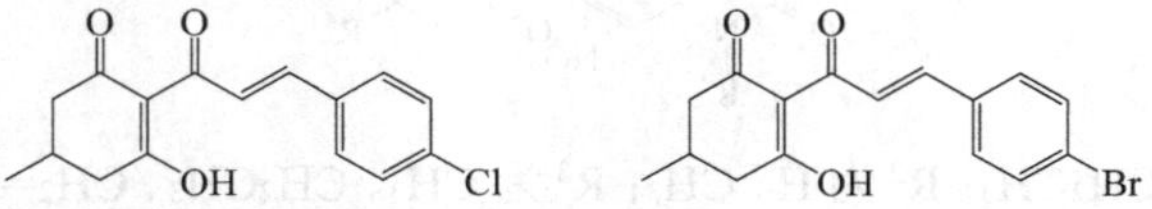

（13）具有除草活性的苯甲酰基环己酮胺类化合物

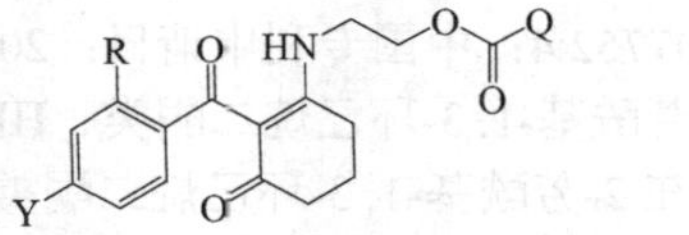

其中，R 选自卤素、CH_3SO_2 或 NO_2；Y 选自卤素、NO_2、CH_3SO_2 或 CF_3SO_2；

Q 选自(C_1～C_4)烷基，或如下所示的取代基团 Q_1 或 Q_2：

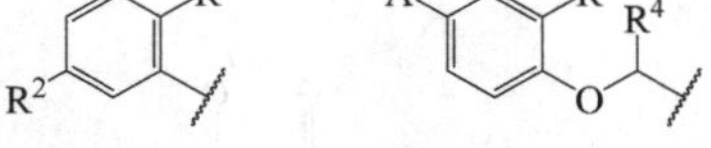

Q_1 Q_2

其中，R^1 选自 H、卤素、CN 或 NO_2；R^2 选自 H、卤素或者由卤素或卤代烷基取代的苯氧基；R^3 选自 H、卤素或 C_1～C_4 烷基；R^4 选自 H 或 C_1～C_4 烷基；A 选自 H 或卤素，或如下所示的基团之一：

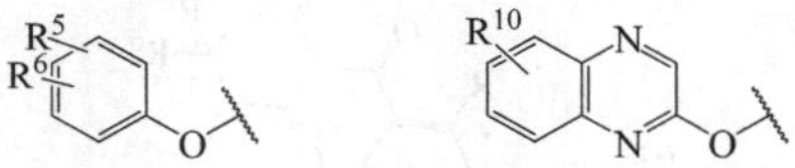

A_1 A_2

其中，R^5、R^6 选自 H、卤素、C_1～C_4 烷基或卤代 C_1～C_4 烷基；R^{10} 选自 H、卤素、CN、

NO_2、C_1～C_4烷基或卤代 C_1～C_4烷基。

发明人：李斌，王世辉，崔东亮，张宗俭，相东，刘振龙，张珂良，徐龙鹤；申请人：沈阳化工研究院

中国专利号：ZL03133377.X；中国专利申请日：2003-05-27

化合物类型：苯甲酰基环己酮胺类化合物、HPPD 抑制剂类化合物

发明思路：me-too 研究；以硝磺草酮和磺草酮为先导，参考 EP249813 中具有除草活性的环己酮胺的结构，结合芳氧苯氧羧酸类除草剂，合成得到相关化合物。

用途：具有除草活性，可有效控制单、双子叶杂草及多年生杂草，尤其对单子叶杂草有卓效，如稗草、马唐、百日草、苘麻、狗尾草、决明草。

代表化合物结构如下：

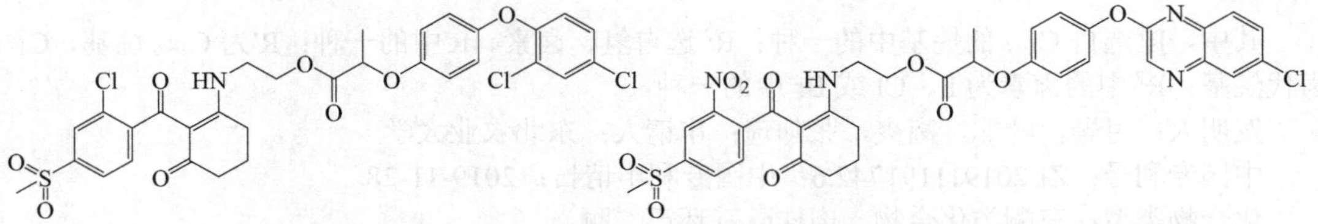

（14）含 2-(6-硝基-3-氧杂-2*H*-苯并[1, 4]噁嗪-7-羟基)环己烷-1, 3-二酮类化合物及除草活性

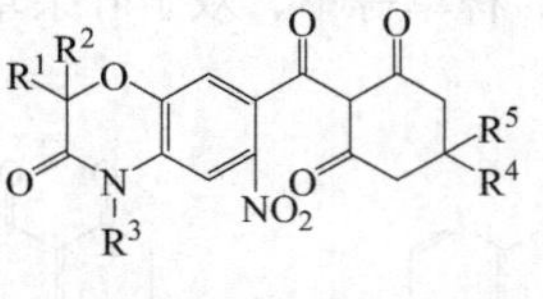

式中，R^1 为 CH_3、CH_2CH_3；R^2 为 H、CH_3；R^3 为 CH_3、CH_2CH_3、CH_2═$CHCH_2$、HC≡CCH_2；R^4、R^5 为 H、CH_3。

发明人：朱有全，李蕾，李军仙；申请人：南开大学

中国专利号：ZL201510407752.4；中国专利申请日：2015-07-09

化合物类型：三酮类、2-芳酰基-1, 3-环己烷二酮类、HPPD 抑制剂类似物

发明思路：me-too 研究；在 2-芳酰基-1, 3-环己烷二酮类化合物的基础上，通过修饰和替换得到现有化合物。

用途：具有除草活性，在 750g/hm^2 施药量下，无论是苗前还是苗后对稗草、油菜、苋菜和马唐均具有一定的除草活性。

代表化合物结构如下：

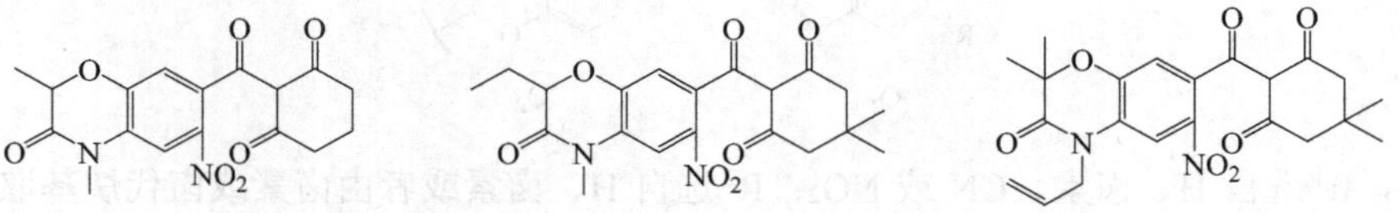

（15）2-(2, 3, 4, 9-四氢-1*H*-咔唑-6-羰基)环己烷-1, 3-二酮类化合物及除草活性

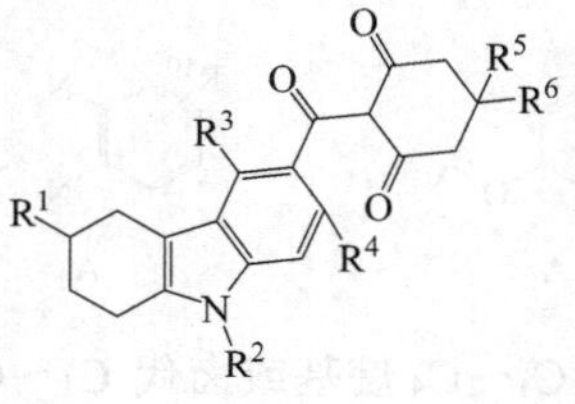

式中，R^1为CH_3、H；R^2为CH_3、CH_2CH_3、$CH_2{=}CHCH_2$；R^3为H、Cl；R^4为H、Cl；R^5为H、CH_3；R^6为H、CH_3。

发明人：朱有全，牛云霞，回立稳，韩廷峰，李浩宇，何敬立，孔祥蕾；申请人：南开大学

中国专利号：ZL201911313610.6；中国专利申请日：2019-12-19

化合物类型：三酮类、HPPD抑制剂类

发明思路：me-too研究；在2-苯并杂环酰基-1, 3-环己二酮类化合物的基础上，通过替换得到该类化合物。

用途：具有除草活性，在187.5g/hm^{2}剂量下，对稗草具有除草活性。

代表化合物结构如下：

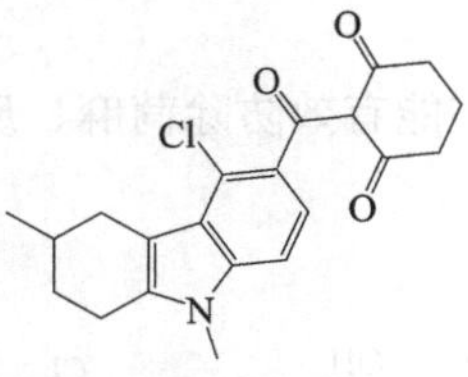

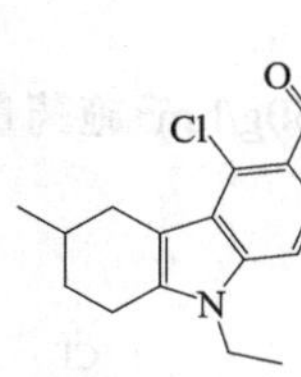

（16）苯并五元杂环类HPPD酶抑制剂或其盐、除草剂组合物、制备方法与用途

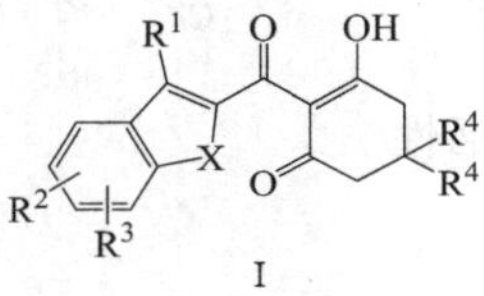

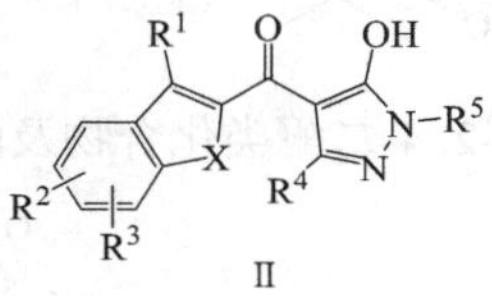

部分化合物列举如下：

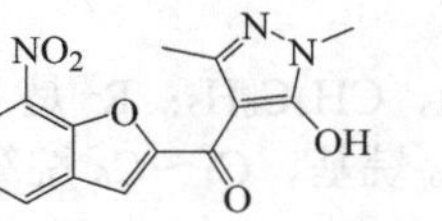

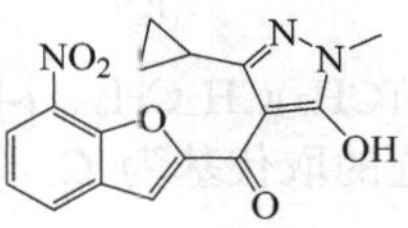

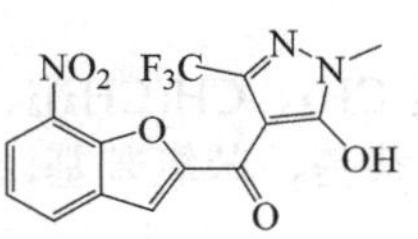

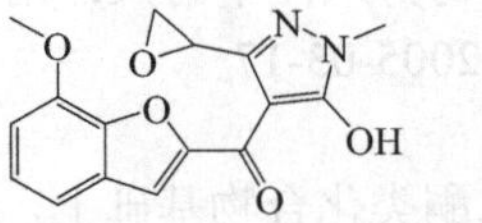

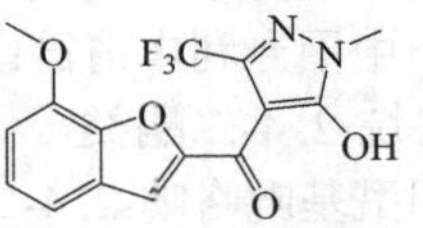

发明人：张大永，王曼曼，黄浩；申请人：中国药科大学

中国专利号：ZL201910653468.3；中国专利申请日：2019-07-18

化合物类型：苯并五元杂环类、HPPD抑制剂类

发明思路：me-too研究；在已知HPPD抑制剂的基础上，用苯并五元杂环替换苯环得到现有化合物。

用途：具有除草活性，在150g/hm^{2}施药量下，能有效防除苘麻、反枝苋、稗草、狗尾、马唐等多数禾本科杂草和阔叶杂草。

代表化合物结构如下：

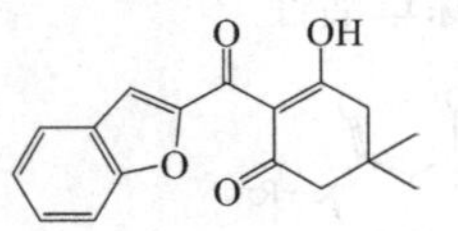

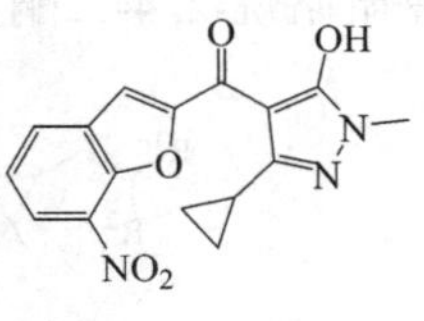

（17）芳氧乙酸类HPPD抑制剂或其盐、除草剂组合物、制备方法与用途

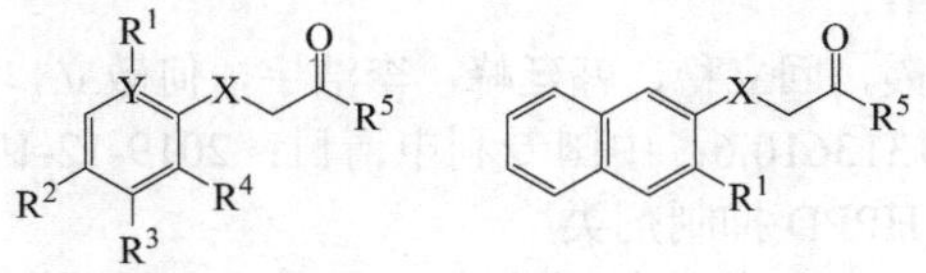

发明人：张大永，王曼曼，黄浩；申请人：中国药科大学

中国专利号：ZL201910653469.8；中国专利申请日：2019-07-18

化合物类型：芳氧乙酸类、HPPD抑制剂类似物

发明思路：me-too研究；在市场化HPPD抑制剂的基础上，引入苯氧羧酸，通过替换得到现有化合物。

用途：具有除草活性，在150g/hm^{2}施药量下，能有效防除苘麻、反枝苋、稗草、狗尾、马唐等多数禾本科杂草和阔叶杂草。

代表化合物结构如下：

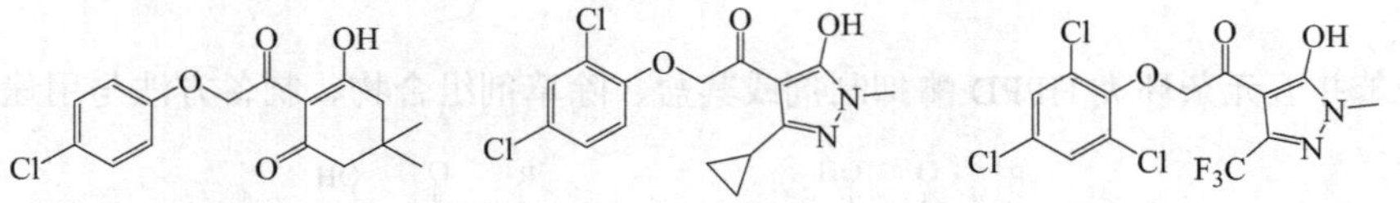

（18）3-酰基吡咯烷-2, 4-二酮类化合物及除草活性

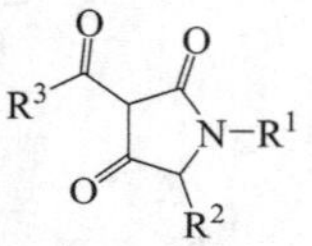

式中，R^1是CH_3、$CH(CH_3)_2$、$CH(CH_3)CH_2CH_3$、*t*-Bu、$CH_2C_6H_5$；R^2是H、CH_3；R^3是任选取代的苯基、萘基、苯氧苯基，任选的取代基为C_1～C_6烷基、C_1～C_6烷氧基；取代基数量为1～5。

发明人：杨华铮，朱有全，邹小毛，胡方中，刘斌，杨秀凤；申请人：南开大学

中国专利号：ZL200510013206.9；中国专利申请日：2005-03-17

化合物类型：三酮类、3-酰基吡咯烷-2, 4-二酮类

发明思路：me-too研究；在3-苯甲酰基吡咯啉-2, 4-二酮类化合物基础上，通过替换得到现有化合物。

用途：具有除草活性，对禾本科杂草有很高的除草活性，而且对作物表现出优良的选择性，对玉米生长安全。

代表化合物结构如下：

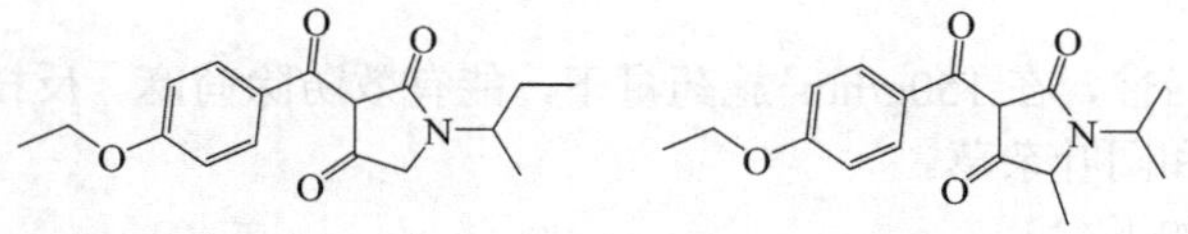

（19）3-取代环丙甲酰基吡咯烷-2, 4-二酮及除草活性

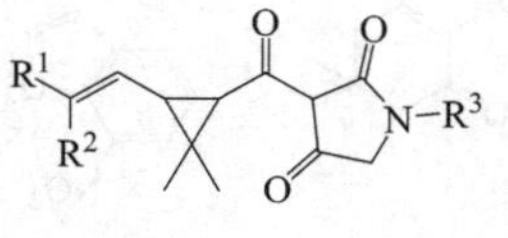

式中，R^1、R^2 选自 CH_3、Cl、Br、CF_3；R^3 选自 $CH(CH_3)_2$、$CH_2CH_2CH_3$、$CH(CH_3)CH_2CH_3$、$CH_2CH_2CH_2CH_3$、$CH_2=CHCH_2$、环丙基。

发明人：朱有全，张金，袁燕伟，谢利芬，杨华铮，邹小毛，胡方中；申请人：南开大学

中国专利号：ZL201010232595.5；中国专利申请日：2010-07-21

化合物类型：HPPD 抑制剂类、三酮类

发明思路：me-too 研究；在 3-苯甲酰基吡咯啉-2, 4-二酮类化合物基础上，通过替换得到现有化合物。

用途：具有除草活性，对作物表现出优良的选择性，对玉米生长安全。在 1000g/hm^2 剂量下，可用于防除玉米田中莎草、马唐、反枝苋、狗尾草等杂草。部分化合物与商品化品种磺草酮相比，施药量为 187.5g/hm^2 时对稗草具有同等水平的除草效果。

代表化合物结构如下：

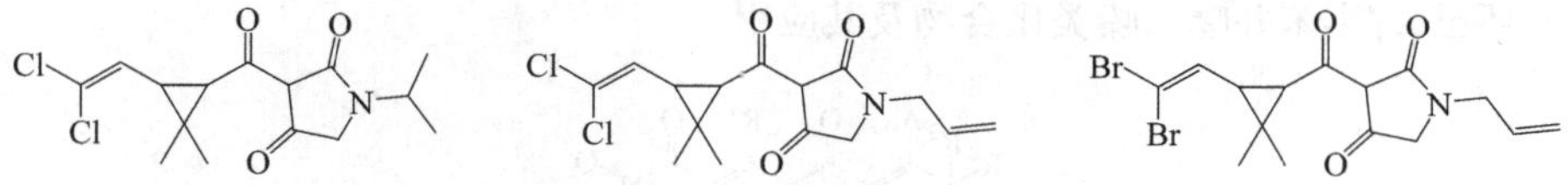

（20）4-羟基-3-酰基-1-烷基-2, 1-苯并噻嗪-2, 2-二氧化物衍生物及应用

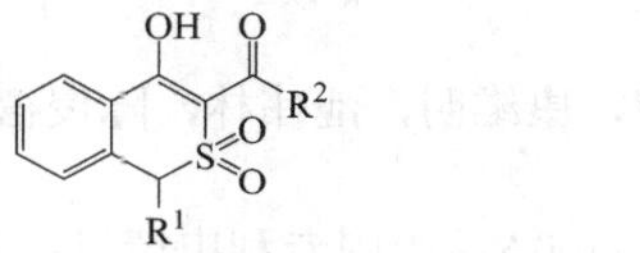

式中，R^1 代表 C_1～C_5 的烷基；R^2 代表 C_1～C_6 的烷基，C_3～C_6 的环烷基，CH_2OAr，Ar 代表 [苯环]-R^3；其中，R^3 代表氢、卤素、硝基、烷基、羟基、烷氧基、巯基、烷巯基或烷磺酸基中的一个或多个。

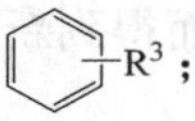

发明人：徐效华，雷康，刘洋，谢龙观；申请人：南开大学

中国专利号：ZL201510053120.2；中国专利申请日：2015-01-28

化合物类型：磺酰胺类

发明思路：me-too 研究；以 2-氨基苯甲酸甲酯为原料，通过磺酰胺化等系列反应而得。

用途：具有除草活性，对阔叶杂草及禾本科杂草具有除草活性；在每亩 100g 施药量情况下，无论是苗前还是苗后对油菜、苋菜、狗尾草、稗草等都有一定的除草活性。

代表化合物结构如下：

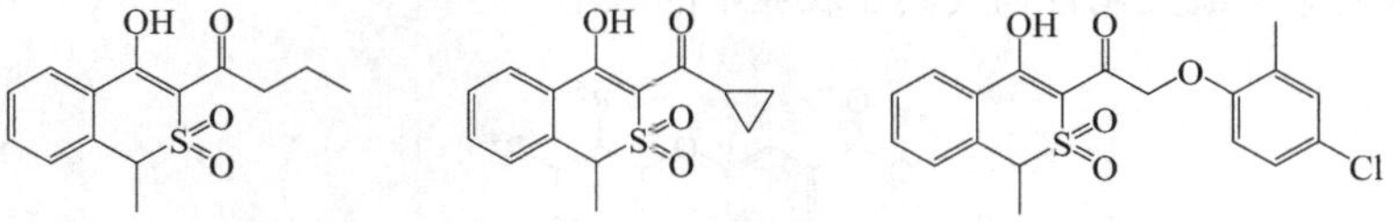

（21）4-羟基-3-苯甲酰基-2-烷基-1, 2-苯并噻嗪-1, 1-二氧化物衍生物

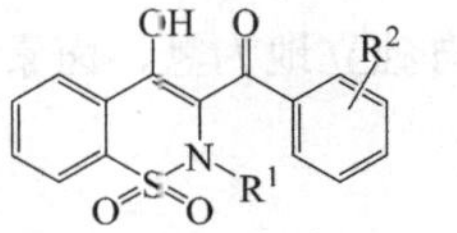

式中，R^1 代表甲基；R^2 代表 2-NO_2，3-NO_2，4-NO_2，2-Br-4-Br，2-Cl-3-Cl，2-Cl-5-Cl，2-Cl-4-F，2-Cl-4-Br，2-F-4-Cl，2-Br-4-F，2-Br-4-Cl，2-Cl-4-NO_2，2-Cl-4-CF_3，4-SO_2Me，2-NO_2-4-Cl，2-NO_2-4-Br。

发明人：徐效华，雷康，吕扬凯，谢龙观；申请人：南开大学

中国专利号：ZL201510675846.X；中国专利申请日：2015-10-16

化合物类型：磺酰胺类

发明思路：在三酮类化合物基础上利用苯并噻嗪环替换环己烯酮，从而得到新化合物。

用途：具有除草活性，伴有白化现象，在每亩 100g 施药量下，无论是苗前还是苗后对稗草、油菜、苋菜和狗尾草均具有一定的除草活性。

代表化合物结构如下：

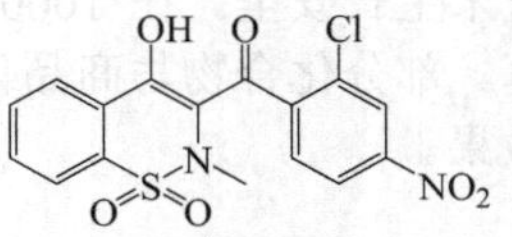

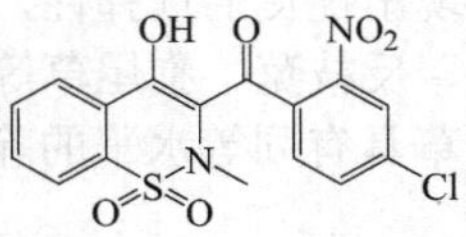

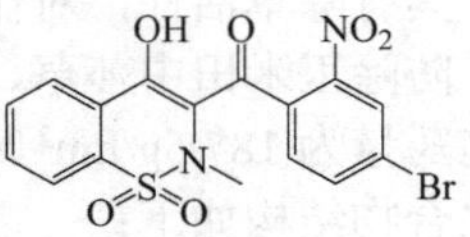

（22）环己二酮-苯并噻二嗪类化合物及其应用

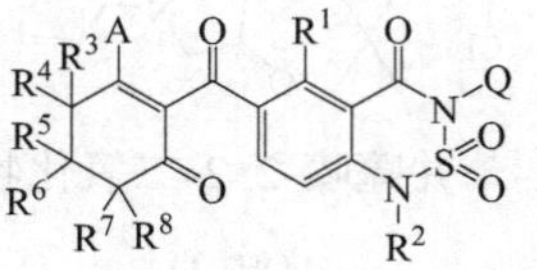

发明人：李义涛，林健，康维明，池伟林，陈俊禧，刘庆容；申请人：东莞市东阳光农药研发有限公司

中国公开号：CN114163400A；中国专利申请日：2021-09-09

化合物类型：环己二酮、三酮、苯并噻二嗪类

发明思路：me-too 研究；在喹草酮结构基础上用苯并噻二嗪环替换喹唑啉环从而得到新化合物。

用途：具有除草活性，该发明化合物在 150g/hm^2 剂量下对苘麻、马齿苋和稗草具有很好的防治效果。

代表化合物结构如下：

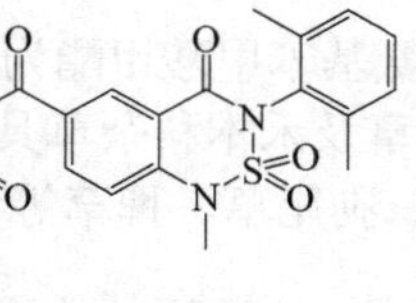

（23）取代的苯甲酰类化合物及其在农业中的应用

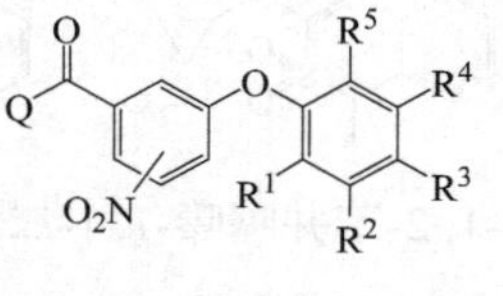

式中，R^1、R^2、R^3、R^4 和 R^5 各自独立地为氢、卤素、$C_{1\sim2}$ 烷基、卤代 $C_{1\sim2}$ 烷基或 $C_{1\sim2}$ 烷氧基；

Q 为以下结构式：

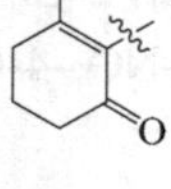

、 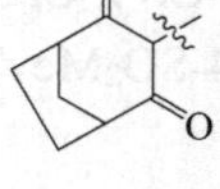 或 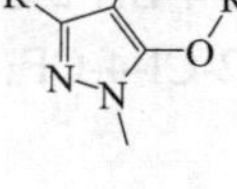 ；

R^a和R^b各自独立地为氢、$C_{1\sim2}$烷基或环丙基。

发明人：李义涛，林健，康维明，张虎，刘鹏飞；申请人：东莞市东阳光农药研发有限公司

中国专利号：ZL202010007574.7；中国专利申请日：2020-01-04

化合物类型：苯甲酰基吡唑，三酮类，吡唑酮类化合物

发明思路：me-too 研究；在硝磺草酮基础上引入苯醚结构。

用途：具有除草活性。该发明化合物在 150～300g (a.i.)/hm² 剂量下对马齿苋、苘麻、稗草、百日草具有较好的防效。另外该发明化合物在低剂量[18.75g (a.i.)/hm²]下对马齿苋仍具有优异的防治效果。

代表化合物结构如下：

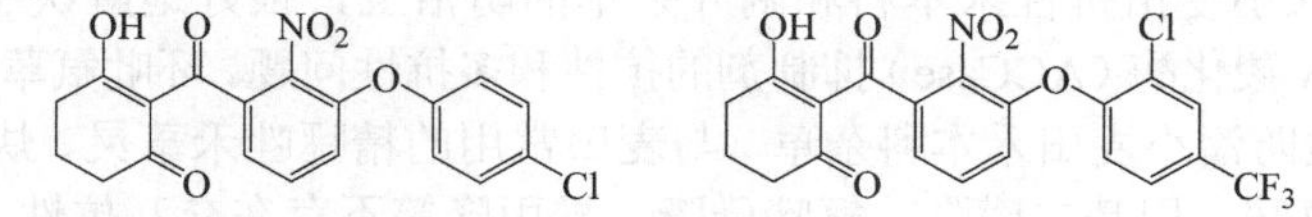

4.4 苯甲酰基吡唑类化合物

苯甲酰基吡唑类除草剂是一种 HPPD 抑制剂，它表现出良好的除草活性，并对农作物有较高的安全性，成为除草剂研究的热点。其研究情况如下：

20 世纪 70 年代，日本三共制药公司报道了苄草唑（pyrazolynate），商品名为“Sanbird”，主要用于水稻田，在 3～4kg（a.i.）/hm² 的剂量下对一年生或多年生的杂草具有较好的防效。苄草唑作为一种前药，在水中分解释放出具有生物活性的分子。通过植物的吸收传导，到达作用靶点进而发挥药效，苄草唑在水中的半衰期与温度和 pH 相关，尤其是在偏碱性的水中半衰期只有 4.3h（T=25℃），在土壤中的降解时间 DT_{50} 为 8～10d，因此严重制约了苄草唑的药效。

1984 年，Kimura 首次报道了苄草酚（pyrazoxyfen）。1985 年，日本石原产业株式会社正式将苄草酚推向市场，商品名为“Paicer”。同样适用于水稻田，在推荐剂量 3kg（a.i.）/hm² 下，对灌溉田的阔叶杂草具有较宽的杀草谱。然而，苄草酚对水稻的安全性受温度的影响，当气温低于 35℃时，对于移栽稻田和直播稻田的水稻不会产生毒副作用；当气温高于 35℃时，则会对水稻产生短暂性药物毒性，因此其在推广过程中受到了严重的限制。

1987 年，日本三菱石油化工和 RhÔne-Poulenc Agro（Bayer Crop Science）首次将吡草酮（benzofenap）商品化，其商品名为“Yukawide”。由于结构的差异性，相较于苄草酚，吡草酮延长了其在土壤中的半衰期，在同等剂量下吡草酮的药效时间可以增加至 50d，而苄草酚的药效时间为 21～35d；同时吡草酮具有更好的作物选择性并且能够有效地避免高温致使其对水稻产生的短暂的药害现象。

苯吡唑草酮（topramezone）是由德国巴斯夫公司开发的玉米田除草剂。2006 年，在北美洲和欧洲同时上市，其商品名分别为“Impact”和“Clio”。在推荐使用剂量 50～75g（a.i.）/hm² 的条件下，它能够有效地防治一年生玉米田中多种阔叶杂草和禾本科杂草，相对于硝磺草酮、磺草酮，其对狗尾草、马齿苋、马唐等杂草的防效几乎可以达到百分之百。同时，与其他类的除草剂如二甲酚草胺、烟嘧磺隆制成混剂，可有效拓宽杀草谱；与三嗪类除草剂或麦草畏制成混剂几乎可以防治所有种属的阔叶杂草。目前，苯吡唑草酮是玉米田最为安全、高效的 HPPD 抑制剂类除草剂，其几乎对所有品种的玉米都表现出高度安全性。

2000 年，安万特公司（现拜耳公司）首次报道了磺酰草吡唑（pyrasulfotole）。2008 年，拜

耳公司在北美洲和澳大利亚同时将其推向市场，其商品名分别是“Huskie”和“Velocity”。其作为苗后除草剂，在 25～50g (a.i.)/hm^2 的剂量下，能够有效地防治常见的阔叶杂草，如繁缕（*Stellaria media*）、藜（*Chenopodium album*）、茄属植物（*Solanum* spp.）、苋属（*Amaranthus* spp.）和苘麻（*Abutilon theophrasti*），但对于部分的一年生禾本科杂草[狗尾草，*Setaria viridis*（L.）Beauv.]的防治效果并不理想。截至目前，其还未见有交互抗性的例子报道。磺酰草吡唑是首个用于谷物田的 HPPD 抑制剂类除草剂，与安全剂（吡唑解草酯）制成混剂能够显著地提高作物抗药性，使其几乎对所有品种的小麦、大麦和黑小麦表现出优异的作物安全性。

2016 年，青岛清原抗性杂草防治有限公司发布了 2 个专利化合物——环吡氟草酮（Pucaoke，商品名“普草克®”）和双唑草酮（Xueying-TM，商品名“雪鹰®”），是国内首次将 HPPD 抑制剂类的新化合物引入小麦田抗性禾本科和阔叶杂草的防治上，很好地解决了乙酰乳酸合成酶（ALS）和乙酰辅酶 A 羧化酶（ACCase）抑制剂的抗性和多抗性问题。环吡氟草酮属于新型 HPPD 类除草剂，可有效地防治小麦田禾本科杂草，与麦田常用的精噁唑禾草灵、炔草酯、唑啉草酯、三甲苯草酮、啶磺草胺、甲基二磺隆、氟唑磺隆、异丙隆等不存在交互抗性，可以有效解决当年抗性及多抗性的看麦娘等禾本科杂草及部分阔叶杂草。双唑草酮对小麦田的阔叶杂草具有突出的防效，且与当前麦田常用的双氟磺草胺、苯磺隆、苄嘧磺隆、噻吩磺隆等乙酰乳酸合成酶(ALS)抑制剂类除草剂，唑草酮、乙羧氟草醚等多酚氧化酶（PPO）抑制剂类除草剂以及 2 甲 4 氯钠、2,4-滴等激素类除草剂不存在交互抗性，可以有效解决抗性以及多抗性的播娘蒿、荠菜、野油菜、繁缕、牛繁缕、麦家公等阔叶杂草。2020 年清原农冠又重磅推出了两个专利化合物三唑磺草酮（tripyrasulfone，商品名为稻裕、稻谷盈、粳杰、赛丹）和苯唑氟草酮（fenpyrazone，商品名为金玉盈、金稳玉）。三唑磺草酮是全球第一例可以安全用于水稻田苗后茎叶处理防治禾本科杂草的 HPPD 抑制剂类除草剂。它可以有效防除水稻田对 ALS 抑制剂、ACCase 抑制剂产生抗性的稗属杂草，以及对 ACCase 抑制剂产生抗性的千金子，且对水稻安全，适用于水稻移栽田和直播田，这对提高全球水稻产量具有非凡意义。苯唑氟草酮用于玉米苗后处理，防除阔叶杂草及禾本科杂草，对狗尾草、马唐、稗草和牛筋草等禾本科杂草有优异的防除效果，对大狗尾草、金色狗尾草、绿色狗尾草、野黍、野糜子、野稷、止血马唐和狗牙根也有优异的防除效果，对抗烟嘧磺隆的杂草依然具有很高的活性，与烟嘧磺隆无交互抗性。苯唑氟草酮对玉米作物高度安全，具有良好的后茬作物安全性。

目前国内除了青岛清原抗性杂草防治有限公司对该类化合物进行研究外，山东先达农化股份有限公司对该类化合物研究也比较多。

4.4.1 环吡氟草酮的创制

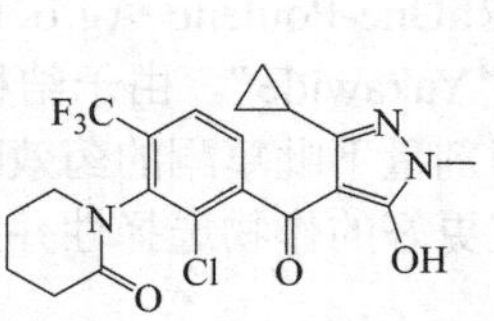

F_3C N N— Cl O OH N O

化合物专利名称：一种吡唑酮类化合物或其盐、中间体

中国专利号：ZL201710563600.2；申请日：2015-11-06；授权日：2019-04-19

专利发明人：连磊，征玉荣，何彬，彭学岗，金涛，崔琦

申请人：青岛清原化合物有限公司

环吡氟草酮（cypyrafluone，商品名为普草克、麦普瑞、虎贲）是青岛清原化合物有限公司自主研发的新型 HPPD 抑制剂类除草剂，是 HPPD 抑制剂首次用于中国小麦田防除禾本科杂草。环吡氟草酮的创制和应用在小麦田除草剂发展史上具有里程碑意义。环吡氟草酮通过抑制 HPPD 的活性，使对羟基苯基丙酮酸转化为尿黑酸的过程受阻，从而导致生育酚及质体醌无法

正常合成，影响靶标体内类胡萝卜素合成，导致叶片发白。环吡氟草酮与当前麦田常用的精噁唑禾草灵、炔草酯、唑啉草酯、三甲苯草酮、啶磺草胺、甲基二磺隆、氟唑磺隆、异丙隆等不存在交互抗性，可以有效防除抗性和多抗性的看麦娘、日本看麦娘、硬草、棒头草、早熟禾等禾本科杂草及部分阔叶杂草。2018 年获得正式登记：95%环吡氟草酮原药（PD20184021）、6%环吡氟草酮可分散油悬浮剂（PD20184019）、25%环吡·异丙隆可分散油悬浮剂（PD20184020）[1]。

4.4.1.1 创制过程

除草剂 pyrasulfotole 是由拜耳公司开发，主要用于防除小麦田阔叶杂草。青岛清原抗性杂草防治有限公司在 pyrasulfotole 结构基础上，利用自有独特中间体，采用中间体衍生化法的替换法，设计并合成了新的化合物，后经衍生化及优化得到目标化合物（图 4-19）。

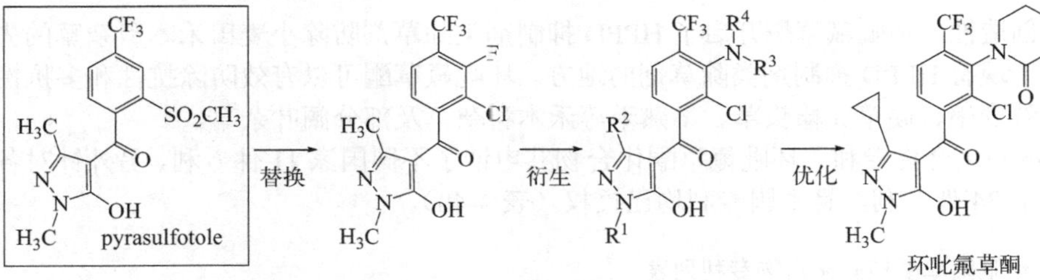

图 4-19 环吡氟草酮的创制思路

4.4.1.2 知识产权分析

（1）新颖性 环吡氟草酮结构尽管与已知专利 WO9746530A1 化合物结构相似，但由于其含有特殊的内酰胺结构，不在已有专利范围内（表 4-39）。

表 4-39 该专利与已有技术对比表

该专利：CN105218449A (青岛清原化合物有限公司，申请日：2015-11-06；公开日：2016-01-06)	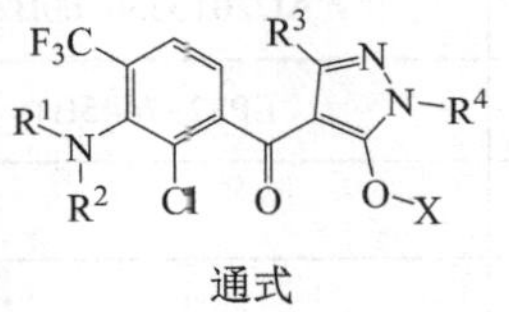 通式	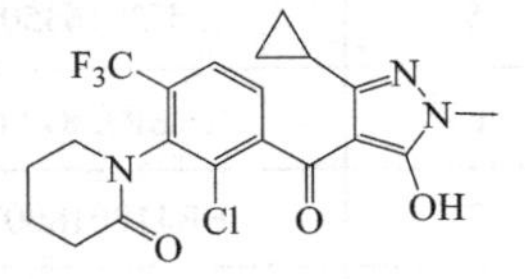 代表化合物环吡氟草酮
接近已有技术：WO9746530A1(Du Pont [US] Patel Kanu Maganbhai [US]，申请日：1997-06-02；公开日：1997-12-11)	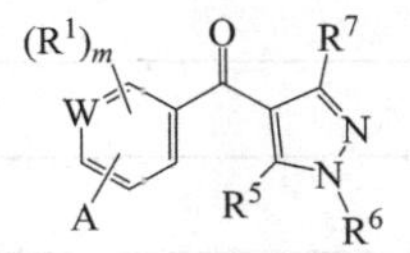 A 为五至十元单环或双稠环；R^1 各自独立选自氢、C_1～C_6 烷基、C_1～C_6 卤代烷基、卤素等；W 为 N 或 CH；R^5 为羟基、巯基、C_1～C_6 烷硫基、卤素等；R^6 为氢、C_1～C_6 烷基、C_1～C_6 卤代烷基、卤素等；R^7 为氢、C_1～C_6 烷基、C_1～C_6 卤代烷基、C_1～C_6 烷氧基、卤素等 通式	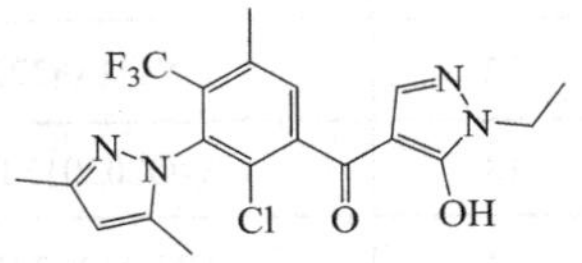 代表化合物

续表

同类商品化/开发中品种	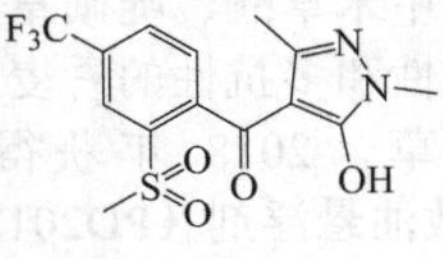 pyrasulfotole 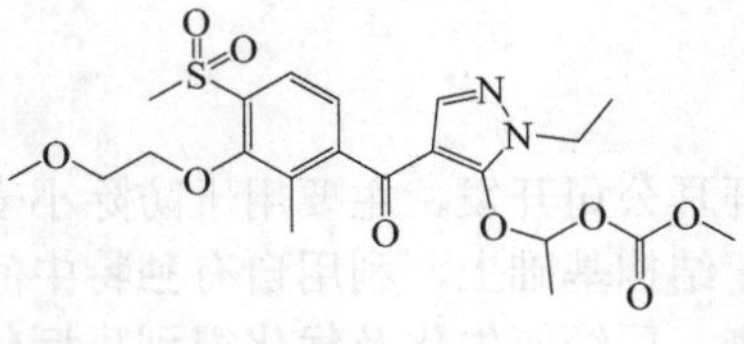 tolpyralate	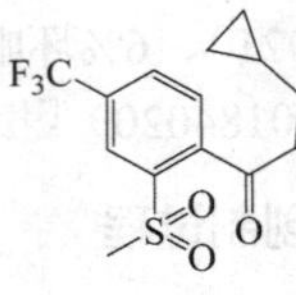 isoxaflutole

（2）创造性　环吡氟草酮开启了HPPD抑制剂类除草剂防除小麦田禾本科杂草的先河，这是显著优于现有HPPD抑制剂类除草剂的地方。环吡氟草酮可以有效防除抗性和多抗性的看麦娘、日本看麦娘、硬草、棒头草、早熟禾等禾本科杂草及部分阔叶杂草。

（3）核心化合物专利　环吡氟草酮化合物共申请了不同国家11件专利，另外针对各种盐及晶型申请了24件专利，且中国专利均已授权（表4-40）。

表4-40　环吡氟草酮核心化合物专利列表

序号	公开号	专利号	法律状态
1	CN105218449A	ZL201510750677.1	授权有效
2	CN107311980A	ZL201710563600.2	授权有效
3	WO2017075910A1		
4	CA2979570A1	CA2979570C	授权有效
5	AU2016350960A1	AU2016350960B2	授权有效
6	EP3287445A1	EP3287445B1	授权有效
7	BR112018007527A2		
8	RU2697417C1		
9	ZA2017006153A		
10	IN201717033107A		
11	US20180055054A1		
12	CN111362911A	ZL201811593040.6	授权有效
13	WO2020133022		
14	CN111362912A	ZL201811593416.3	授权有效
15	WO2020133024		
16	CN111362915A	ZL201811593434.1	授权有效
17	WO2020133012		

续表

序号	公开号	专利号	法律状态
18	CN111362905A	ZL201811592541.2	授权有效
19	WO2020133016		
20	CN111362910A	ZL201811593030.2	授权有效
21	WO2020133019		
22	CN111362917A	ZL201811594736.0	授权有效
23	WO2020133011		
24	CN111362918A	ZL201811594741.1	授权有效
25	WO2020133013		
26	CN111362906A	ZL201811592545.0	授权有效
27	WO2020133014		
28	CN111362907A	ZL201811592569.6	授权有效
29	WO2020133015		
30	CN111362916A	ZL201811594732.2	授权有效
31	WO2020133017		
32	CN111362914A	ZL201811593428.6	授权有效
33	WO2020133025		
34	CN111362919A	ZL201811594964.8	授权有效
35	WO2020133021		

授权保护范围（中国专利）

一种如通式所示的吡唑酮类化合物或其盐：

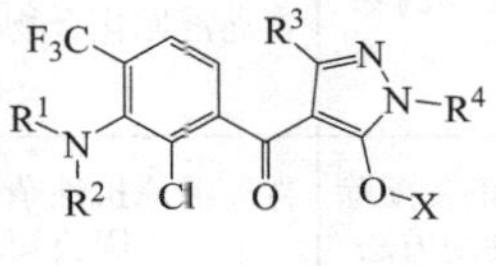

式中，

R^1R^2N 代表未取代或环上被选自氟、氯、甲基、乙基、甲氧基、乙氧基中的一个或多个基团所取代的丁内酰氨基、戊内酰氨基；

R^3 代表氢、$C_{1\sim4}$ 烷基、烯基、炔基、未取代或用 $C_{1\sim4}$ 烷基取代的 $C_{3\sim6}$ 环烷基；

R^4 代表甲基、乙基、正丙基、异丙基、环丙基；

X 代表氢、—$S(O)_nR^6$、R^7、—(C=O)R^8，其中，n 代表 1、2、3，R^6 代表烷基；R^7 代表烷基；R^8 代表烷氧基，烷基，未取代的含有 1～4 个杂原子的三至八元环杂环基，环上未取代的或被选自甲基、乙基、甲氧基、乙氧基中的一个或多个基团所取代的 *N*-烷基吡唑基

4.4.1.3 合成方法

以环丙甲基酮、3-氟-4-三氟甲基苯甲酸等中间体为起始原料，经六步反应得到环吡氟草酮

（图 4-20）。

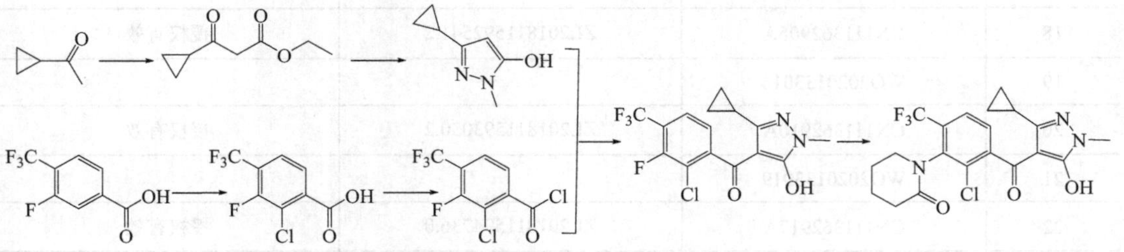

图 4-20　环吡氟草酮的合成路线

4.4.1.4　组合物专利

环吡氟草酮截至 2021 年 10 月份共公开了 20 件组合物专利，详见表 4-41。

表 4-41　环吡氟草酮组合物专利汇总表

序号	公开号	发明名称	申请人	B 组分
1	CN105638703B	一种除草组合物在大麦田中的应用	青岛清原化合物有限公司	一种或多种：①脲类：异丙隆、绿麦隆；②吡啶类：吡氟酰草胺、氟吡酰草胺；③三嗪类：嗪草酮、扑草净、特丁净
2	CN105961398B	一种含有环吡氟草酮和吡草醚的除草组合物	泰安市农业科学研究院，中国农业科学院植物保护研究所	吡草醚
3	CN105961401B	一种含有环吡氟草酮和唑草酮的除草组合物及其应用	泰安市农业科学研究院，青岛清原化合物有限公司	唑草酮
4	CN105994290B	一种含有环吡氟草酮和芳基羧酸类化合物的除草组合物	泰安市农业科学研究院，青岛清原化合物有限公司	芳基羧酸类化合物氯氟吡氧乙酸、氯氟吡氧乙酸异辛酯、氟氯吡啶酯、三氯吡氧乙酸、二氯吡啶酸、氨氯吡啶酸、麦草畏中的一种或几种
5	CN105994354B	含有环吡氟草酮的复配除草组合物及其使用方法	青岛清原抗性杂草防治有限公司	草甘膦或草铵膦
6	CN106035353B	一种含有环吡氟草酮和磺酰胺类化合物的增效除草组合物	泰安市农业科学研究院，中国农业科学院植物保护研究所	磺酰胺类化合物：双氟磺草胺、唑嘧磺草胺的一种或两种
7	CN106070226A	一种环吡氟草酮组合物及其用途	泰安市农业科学研究院	选自 2 甲基 4 氯苯氧羧酸、2 甲基 4 氯苯氧乙酸、2 甲基 4 氯苯酚乙硫酯、MCPB、2 甲基 4 氯苯氧丙酸、2 甲基 4 氯苯氧乙酸钠、2 甲基 4 氯苯氧乙酸异辛酯、2, 4 二氯苯氧乙酸丁酯、2, 4 二氯苯氧乙酸异辛酯、2, 4 二氯苯氧基乙酸、4 (2, 4-二氯苯氧基)丙酸或者上述化合物的盐或水合物中至少一种

续表

序号	公开号	发明名称	申请人	B 组分
8	CN106070230B	一种含有环吡氟草酮和三甲苯草酮的除草组合物及其应用	泰安市农业科学研究院	三甲苯草酮
9	CN106070244B	一种含有环吡氟草酮和砜吡草唑的除草组合物	泰安市农业科学研究院	砜吡草唑
10	CN106172440B	一种含有环吡氟草酮和三氟草嗪的除草组合物	泰安市农业科学研究院，青岛清原化合物有限公司	三氟草嗪
11	CN107810963A	一种含环吡氟草酮的除草组合物及其应用	青岛清原化合物有限公司	选自以下化合物的一种或多种：VLCFA、PPO、PSⅡ、ALS、微管组装、HPPD、PDS、DOXP、脂类合成、EPSPS、GS、PSⅠ、DHP 抑制剂类以及合成激素类等
12	CN108651485A	一种包含唑啉草酯的除草组合物及其用途	南京高正农用化工有限公司	唑啉草酯和氟唑磺隆或啶磺草胺
13	CN108703144A	一种含有环吡氟草酮的三元除草组合物及其应用	青岛清原化合物有限公司	活性成分B和C分别选自以下类型中的任一种化合物和与其不同类型的另一种化合物：PPO 类抑制剂、PSⅡ类抑制剂、ALS 类抑制剂、微管组装抑制剂、PDS 类抑制剂、脂类合成(非乙酰辅酶 A 羧化酶)抑制剂、VLCFA 类抑制剂
14	CN109042675B	包含 HPPD 抑制剂类除草剂的三元除草组合物及其应用	青岛清原化合物有限公司	活性成分B选自以下化合物中的一种或多种：苯唑草酮，硝磺草酮，环磺酮等和/或其盐/酯等衍生物；活性成分C选自以下化合物中的一种或多种：丙草胺，丁草胺，苯噻酰草胺，莎稗磷等和/或其盐/酯等衍生物
15	CN109221216A	一种含嗪吡嘧磺隆与环吡氟草酮的除草组合物及其应用	南京红太阳股份有限公司	嗪吡嘧磺隆
16	CN109329286B	包含 HPPD 抑制剂类除草剂的二元除草组合物及其应用	青岛清原化合物有限公司	选自以下化合物中的一种或多种：草除灵、氟丙嘧草酯、茚草酮、bixlozone、异噁草松、二氯喹啉草酮、喹草酮、噁唑酰草胺、环苯草酮、烯草酮、禾草灵、咪草烟和/或其盐/酯等衍生物
17	CN109418274A	一种三元除草组合物及其应用	青岛清原化合物有限公司	活性成分B为吡氟酰草胺和/或其盐；活性成分C为氟噻草胺和/或其盐
18	CN109819988A	一种环吡氟草酮与绿麦隆治理抗性日本看麦娘组合物及其应用	南京农业大学	绿麦隆

续表

序号	公开号	发明名称	申请人	B 组分
19	CN113057169A	一种含环吡氟草酮的除草组合物及其应用	青岛清原化合物有限公司	选自以下化合物的一种或多种：VLCFA、PPO、PSⅡ、ALS、PDS、DOXP 抑制剂类等
20	CN113142217A	包含 HPPD 抑制剂类除草剂的三元除草组合物及其应用	青岛清原化合物有限公司	活性组分B选自以下化合物中的一种或多种：苯唑草酮，硝磺草酮，环磺酮等和/或其盐/酯等衍生物；活性组分C选自以下化合物中的一种或多种：丙草胺，丁草胺，苯噻酰草胺，莎稗磷等和/或其盐/酯等衍生物

4.4.1.5 登记情况

环吡氟草酮系列现有登记产品 3 个，均为江苏清原农冠杂草防治有限公司所有。具体见表 4-42。

表 4-42 环吡氟草酮相关登记产品信息

登记证号	农药名称	剂型	总含量	登记作物	防治对象	亩用药量（制剂量）	施用方法
PD20184019	环吡氟草酮	可分散油悬浮剂	6%	冬小麦田	一年生禾本科杂草及部分阔叶杂草	150～200mL	茎叶喷雾
PD20184020	环吡·异丙隆	可分散油悬浮剂	25%	冬小麦田	一年生禾本科杂草及部分阔叶杂草	160～250mL	茎叶喷雾
PD20184021	环吡氟草酮	原药	95%	—	—	—	—

4.4.1.6 应用效果

环吡氟草酮结构非常新颖，主要用于小麦田防除多抗性的禾本科杂草及部分阔叶杂草（看麦娘、日本看麦娘、硬草、棒头草、蜡烛草、早熟禾、播娘蒿、野油菜、繁缕、牛繁缕、麦家公及婆婆纳等），尤其是抗性日本看麦娘等，可以很好地解决 ALS 和 ACCase 抑制剂的抗性和多抗性难题，在欧洲等地试验结果与国内一致，应用前景广阔。环吡氟草酮是 HPPD 抑制剂第一次应用于小麦田防除禾本科杂草，与当前小麦田主流除草剂如精噁唑禾草灵、炔草酯、甲基二磺隆、唑啉草酯、啶磺草胺等都不存在交互抗性[2]。

6%环吡氟草酮可分散油悬浮剂登记于冬小麦田防治一年生禾本科杂草及部分阔叶杂草，登记用量为 135～180g/hm^2（制剂用药量 150～200mL/亩），施药方式为茎叶喷雾。大田试验表明：6%环吡氟草酮可分散油悬浮剂制剂用药量 150～300g/亩，在冬小麦 3 叶 1 心期至拔节前茎叶喷雾，对冬小麦不同品种表现出了优异的安全性，对看麦娘、日本看麦娘、硬草等一年生禾本科杂草及牛繁缕、播娘蒿等部分阔叶杂草表现出了优异的防效，因环吡氟草酮是新型 HPPD 抑制剂类除草剂，与当前小麦田常用的禾本科杂草除草剂不存在交互抗性，所以 6%环吡氟草酮可分散油悬浮剂可有效防除当前长江中下游稻麦轮作区抗性、多抗性（ALS、ACCase 和 PSⅡ）的看麦娘、日本看麦娘、硬草、蜡烛草、棒头草、早熟禾等一年生禾本科杂草，以及抗性、多抗性（ALS、PPO 和激素类）的繁缕、牛繁缕、野油菜、荠菜、碎米荠等一年生阔叶杂草。

25%环吡氟草酮·异丙隆可分散油悬浮剂登记于冬小麦田防治一年生禾本科杂草及部分阔

叶杂草，登记用量为 600～937.5g/hm²（制剂亩用药量 160～250mL），施药方式为茎叶喷雾。历经 2015～2018 连续 4 年多地区大田试验表明：环吡氟草酮与异丙隆复配具有扩大杀草谱、提升防治效果、减少用量、提高作物安全性等优点。25%环吡氟草酮·异丙隆可分散油悬浮剂制剂在冬小麦 3 叶 1 心期至拔节前茎叶喷雾，对冬小麦不同品种表现出了优异的安全性，对看麦娘、日本看麦娘、硬草等一年生禾本科杂草及牛繁缕、播娘蒿等部分阔叶杂草表现出了优异的防效，因环吡氟草酮是新型 HPPD 抑制剂类除草剂，与当前小麦田常用的禾本科杂草除草剂不存在交互抗性，所以 25%环吡氟草酮·异丙隆可分散油悬浮剂可有效防除当前长江中下游稻麦轮作区抗性、多抗性（ALS、ACCase 和 PSⅡ）的看麦娘、日本看麦娘、硬草、蜡烛草、棒头草、早熟禾等一年生禾本科杂草，以及抗性、多抗性（ALS、PPO 和激素类）的繁缕、牛繁缕、野油菜、荠菜、碎米荠等一年生阔叶杂草。

环吡氟草酮对各小麦品种均安全，对下茬作物玉米、水稻、花生及大豆在 405g/hm² 剂量下安全，但在施用时仍需要注意如下事项：①施药时间为冬小麦 3 叶 1 心期至拔节前（最佳施药时间为春季）、杂草 2～5 叶期，严禁在小麦 3 叶 1 心前或拔节后使用本品。②最佳施药温度为 10～20℃，施药时温度应不低于 10℃，因其中含有异丙隆，寒潮、大雪来临前不宜使用本品，可在冷尾暖头时用药。高于 25℃禁止施药，施药可能会造成叶尖干枯。③大风天、预计 24 小时内有降雨、降雪或连续阴雨天气禁止用药；降雨间隔期不低于 24 小时，如有中雨及以上级别降雨，间隔 3～5 天用药。④建议使用单喷头电动喷雾器施药，严禁使用喷枪、弥雾机等设备施药。⑤杂草草龄大、密度大时，建议喷匀喷透。⑥环吡氟草酮与 2 甲 4 氯、2,4-滴、唑草酮、乙羧氟草醚复配存在潜在的药害和拮抗风险，不建议混用。⑦施药时避免药液飘移到油菜、蚕豆、白菜等阔叶作物上，以免产生药害。

参考文献

[1] 佚名. 环吡氟草酮. 农药科学与管理, 2018, 39(12): 58.
[2] 张风文, 金涛, 王恒智, 等. 新化合物环吡氟草酮对小麦田杂草的杀草谱与安全性评价. 第十三届全国杂草科学大会论文摘要集. 贵阳, 2017.

4.4.2 双唑草酮的创制

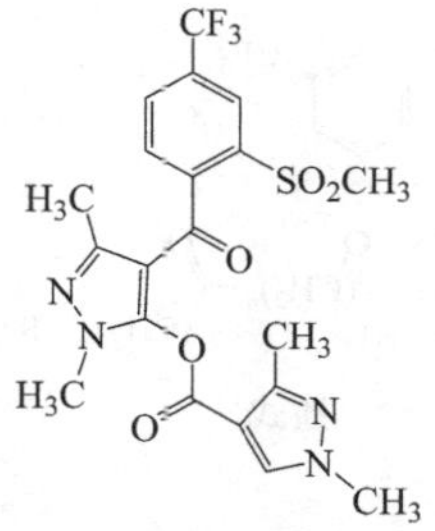

CF_3 SO_2CH_3 H_3C O N N H_3C O CH_3 O N N CH_3

化合物专利名称：一种具有除草活性的 4-苯甲酰吡唑类化合物

中国专利号：ZL201410227591.6；申请日：2014-05-27；授权日：2017-01-18

专利发明人：沈园园，连磊，征玉荣，彭学岗，金涛；申请人：青岛清原化合物有限公司

双唑草酮（其他名称为普草克、麦豹、雪虎、麦欢、满达、锐宝、雪鹰）是青岛清原化合物有限公司自主研发的新型 HPPD 抑制剂类除草剂，是 HPPD 抑制剂第一次应用于中国小麦田防治阔叶草。双唑草酮通过抑制 HPPD 的活性，使对羟基苯基丙酮酸转化为尿黑酸的过程受阻，从而导致生育酚及质体醌无法正常合成，影响靶标体内类胡萝卜素合成，导致叶片发白。双唑草酮具有较高的安全性和复配灵活性，与当前麦田常用的双氟磺草胺、苯磺隆、苄嘧磺隆、噻吩磺隆等 ALS 抑制剂类除草剂，唑草酮、乙羧氟草醚等 PPO 抑制剂类除草剂，以及 2 甲 4 氯

钠、2,4-滴等激素类除草剂之间不存在交互抗性，可高效防除冬小麦田中的一年生阔叶杂草，尤其对抗性和多抗性的播娘蒿、荠菜、野油菜、繁缕、牛繁缕、麦家公等阔叶杂草效果优异。2018 年获得正式登记：96%双唑草酮原药（PD20184018）、10%双唑草酮可分散油悬浮剂（PD20184016）、22%氟吡·双唑酮可分散油悬浮剂（PD20184017）。

4.4.2.1 创制过程

除草剂 pyrasulfotole 由拜耳公司开发，主要用于防除小麦田阔叶杂草。青岛清原抗性杂草防治有限公司在 pyrasulfotole 结构基础上，采用中间体衍生法中的衍生法，进行新药研究，通过引入吡唑酰氯成功地发明了除草剂双唑草酮（图 4-21），已经获准正式登记并推广应用。

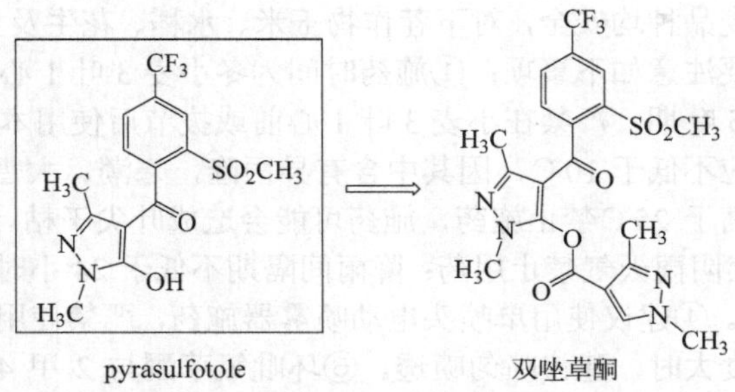

图 4-21 创制思路

4.4.2.2 知识产权分析

（1）新颖性 该发明化合物结构虽与专利 CN1187335C 化合物结构相似，但由于吡唑羟基处吡唑酰氯的引入，与已有技术有显著不同，在已有专利范围外（表 4-43）。

表 4-43 该专利与已有技术对比表

该专利： CN103980202A（青岛清原化合物有限公司，申请日：2014-05-27；公开日：2014-08-13）	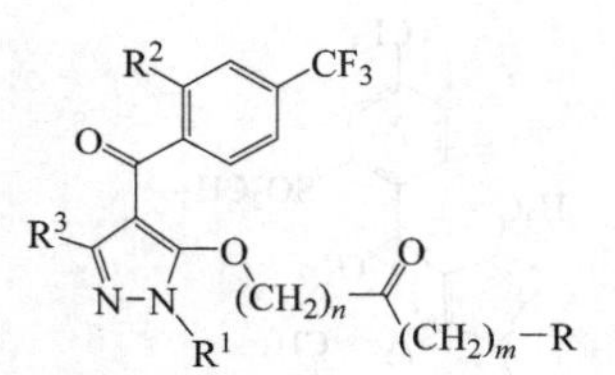 通式	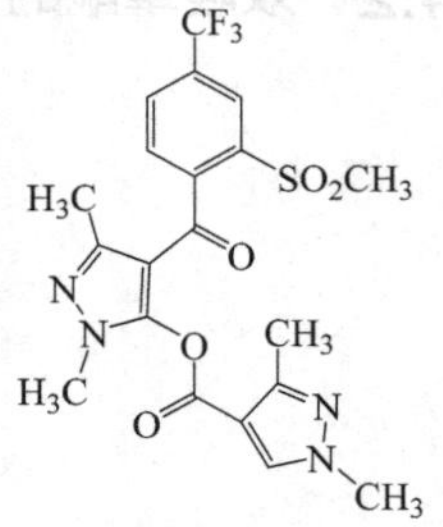 代表化合物双唑草酮
接近的已有技术： CN1187335C（拜耳作物科学有限公司，申请日：2001-03-17；公开日：2005-02-02）	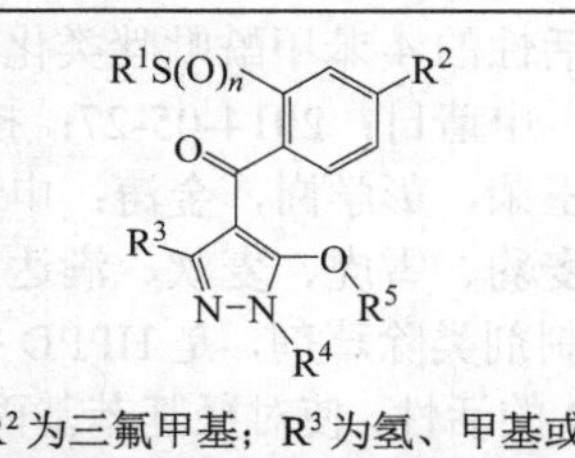 R^1为甲基；R^2为三氟甲基；R^3为氢、甲基或乙基；R^4为甲基或乙基；R^5为氢、取代的烷基羰基甲基、烷基磺酰基、苯磺酰基、苯甲基、苯甲酰基甲基等；n 为 0、1 或 2 通式	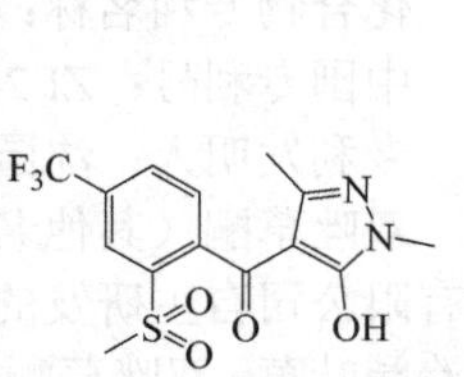 代表化合物（列表化合物 4）

续表

同类商品化/开发中品种	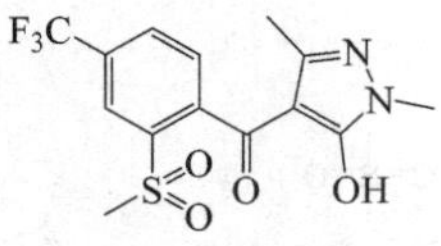 pyrasulfotole 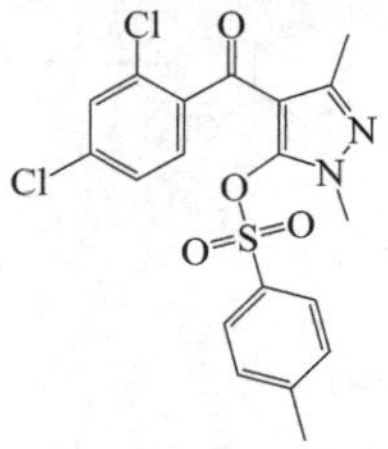　pyrazolynate 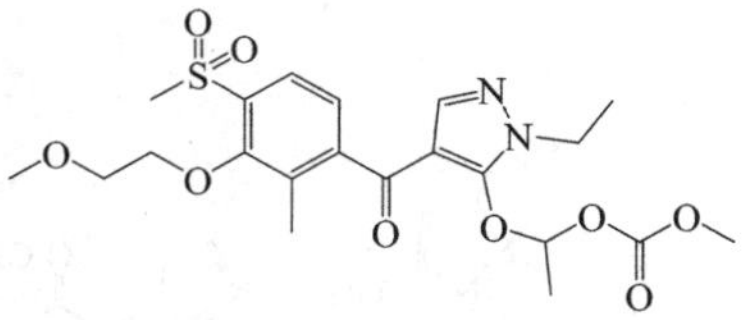　tolpyralate

（2）创造性　专利 CN103980202B 说明书记载，该发明化合物在 30～50g/hm² 剂量下，对玉米田中的苘麻、野油菜、麦家公、稗草、千金子具有较好的防除效果，优于硝磺草酮在 50g/hm² 下防效，与 pyrasulfotole 在 100g/hm² 下防效相当，且对玉米安全。表明该发明化合物与其他技术相比，具有突出的实质性特点和显著的进步。

（3）核心化合物专利　双唑草酮申请了 1 件化合物专利，已经获得授权（表 4-44）。

表 4-44　双唑草酮核心化合物专利

序号	公开号	专利号	法律状态
1	CN103980202A	ZL201410227591.6	授权有效
授权保护范围（中国专利）			
一种具有除草活性的 4-苯甲酰吡唑类化合物，其特征是其化学结构如下式： 其中，R^1 选自氢、甲基或乙基； R^2 选自甲磺酰基、甲氧基或甲硫基； R^3 选自氢、甲基、氟甲基、二氟甲基或三氟甲基； *m*、*n* 均为 0； R 选自下列吡唑环： 其中，R^4、R^5 分别独立地选自氢、C_1～C_3 的烷基、C_1～C_3 的烃氧基、C_1～C_3 的烃氧酰基中的一种； Z 选自氢、甲基或乙基			

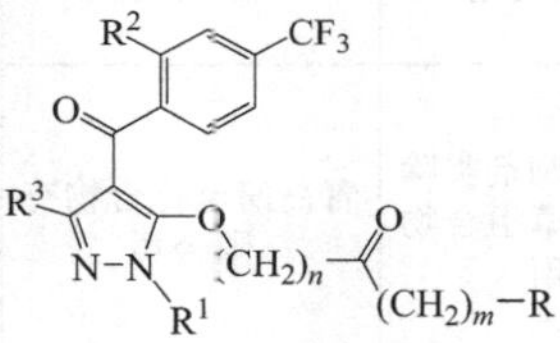

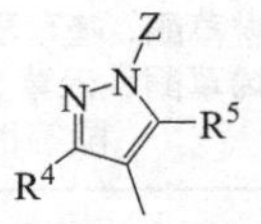

4.4.2.3　合成方法

在 pyrasulfotole 基础上与 1,3-二甲基-4-吡唑酰氯反应即可得到双唑草酮（图 4-22）。

4.4.2.4　组合物专利

双唑草酮截至 2021 年 10 月公开了 17 件组合物专利，详见表 4-45。

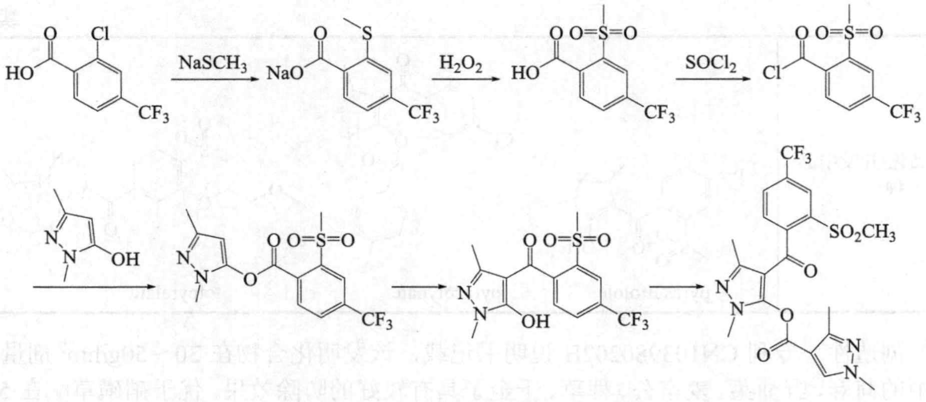

$$\text{HOOC-C}_6\text{H}_3(\text{Cl})(\text{CF}_3) \xrightarrow{NaSCH_3} \text{NaOOC-C}_6\text{H}_3(\text{SCH}_3)(\text{CF}_3) \xrightarrow{H_2O_2} \text{HOOC-C}_6\text{H}_3(\text{SO}_2\text{CH}_3)(\text{CF}_3) \xrightarrow{SOCl_2} \text{ClOC-C}_6\text{H}_3(\text{SO}_2\text{CH}_3)(\text{CF}_3)$$

图 4-22 双唑草酮合成路线

表 4-45 双唑草酮申请的组合物专利

序号	公开号	发明名称	申请人	B 组分
1	CN113142217A	包含 HPPD 抑制剂类除草剂的三元除草组合物及其应用	青岛清原化合物有限公司	活性组分 B 选自以下化合物中的一种或多种：苯唑草酮，硝磺草酮，环磺酮等和/或其盐/酯等衍生物；活性组分 C 选自以下化合物中的一种或多种：丙草胺，丁草胺，苯噻酰草胺，莎稗磷等和/或其盐/酯等衍生物
2	CN113016811A	一种含双唑草酮的除草组合物及其应用	青岛清原化合物有限公司	可选自以下化合物的一种或多种：VLCFA、PPO、PSⅡ、ALS、HPPD、PDS、DOXP 抑制剂类等
3	CN109042675B	包含 HPPD 抑制剂类除草剂的三元除草组合物及其应用	青岛清原化合物有限公司	活性组分 B 选自以下化合物中的一种或多种：苯唑草酮，硝磺草酮，环磺酮等和/或其盐/酯等衍生物；活性组分 C 选自以下化合物中的一种或多种：丙草胺，丁草胺，苯噻酰草胺，莎稗磷等和/或其盐/酯等衍生物
4	CN106070309B	含有双唑草酮的复配除草组合物及其使用方法	江苏清原农冠抗性杂草防治有限公司	草甘膦或草铵膦
5	CN109329286B	包含 HPPD 抑制剂类除草剂的二元除草组合物及其应用	青岛清原化合物有限公司	选自以下化合物中的一种或多种：草除灵、氟丙嘧草酯、苗草酮、bixlozone、异噁草松、二氯喹啉草酮、喹草酮、噁唑酰草胺、环苯草酮、烯草酮、禾草灵、咪草烟和/或其盐/酯等衍生物
6	CN107646848A	一种含双唑草酮的除草组合物及其应用	青岛清原化合物有限公司	选自以下化合物的一种或多种：VLCFA、PPO、PSⅡ、ALS、微管组装、HPPD、PDS、DOXP、脂类合成、EPSPS、GS、PSⅠ、DHP 抑制剂类以及合成激素类等
7	CN109601548A	一种防治小麦田阔叶杂草和禾本科杂草除草剂组合物	河北省农林科学院粮油作物研究所	甲基二磺隆
8	CN109221214A	一种含嗪吡嘧磺隆与双唑草酮的除草组合物及其应用	南京红太阳股份有限公司	嗪吡嘧磺隆

续表

序号	公开号	发明名称	申请人	B组分
9	CN106386823B	一种含双唑草酮与三氟草嗪的除草组合物及其应用	泰安市农业科学研究院	三氟草嗪
10	CN106386814B	一种含双唑草酮与氨氯吡啶酸的增效除草组合物及其应用	泰安市农业科学研究院	氨氯吡啶酸
11	CN105707092B	一种防治小麦田抗药性杂草的增效除草组合物	泰安市农业科学研究院，青岛清原化合物有限公司	砜吡草唑
12	CN105875617B	一种防除小麦田ALS抑制剂抗性杂草的增效除草组合物	泰安市农业科学研究院	吡唑类化合物吡草醚、野燕枯中的一种或两种
13	CN105875618B	一种含双唑草酮与二硝基苯胺类化合物的增效除草组合物	泰安市农业科学研究院	二硝基苯胺类化合物二甲戊灵、氟乐灵、仲丁灵中的一种或几种
14	CN105875620B	一种含双唑草酮与三酮类化合物的增效除草组合物	泰安市农业科学研究院	三酮类化合物苯唑草酮、硝磺草酮、磺草酮中的一种或几种
15	CN107484765A	一种含双唑草酮和苯唑草酮的增效除草组合物	泰安市农业科学研究院	苯唑草酮
16	CN106305754A	含有双唑草酮和二氯喹啉酸以及氯吡嘧磺隆的除草组合物	广东中迅农科股份有限公司	二氯喹啉酸以及氯吡嘧磺隆
17	CN105851009A	一种含双唑草酮与三甲苯草酮的增效除草组合物及其应用	泰安市农业科学研究院	三甲苯草酮

4.4.2.5 登记情况

双唑草酮系列现有登记产品 3 个，均为江苏清原农冠杂草防治有限公司所有。具体见表 4-46。

表 4-46 双唑草酮相关登记产品信息表

登记证号	农药名称	剂型	总含量	登记作物	防治对象	亩用药量(制剂量)	施用方法
PD20184016	双唑草酮	可分散油悬浮剂	10%	冬小麦田	一年生阔叶杂草	20～25mL	茎叶喷雾
PD20184017	氟吡·双唑酮	可分散油悬浮剂	22%	冬小麦田	一年生阔叶杂草	30～50mL	茎叶喷雾
PD20184018	双唑草酮	原药	96%	—	—	—	—

4.4.2.6 应用效果[1]

双唑草酮对小麦田多种阔叶杂草具有除草活性，茎叶处理剂量为 20g/hm^2 时，对播娘蒿、荠菜、麦家公、牛繁缕的鲜重抑制率均高于 90%，对野老鹳、猪殃殃、泽漆的鲜重抑制率在 40%～60%之间，对禾本科杂草几乎没有抑制作用。对照药剂氯氟吡氧乙酸异辛酯主要对小麦田阔叶杂草猪殃殃有很高的除草活性，处理剂量为 80g/hm^2 时，对猪殃殃的鲜重抑制率为 91.2%，对播娘蒿、荠菜、牛繁缕的防效在 60%～79%之间。可以看出，氯氟吡氧乙酸异辛酯与双唑草酮对小麦田阔叶杂草的杀草谱有一定的互补性，二者进行混用，有利于扩大杀草范围。

通过温室盆栽法测定了双唑草酮对不同小麦品种的安全性。试验结果表明，双唑草酮对不同的小麦品种有着较高的安全性，剂量为 375g/hm^2 下，对供试的 20 种小麦的鲜重抑制率在 1.4%～3.3%之间。

10%双唑草酮可分散油悬浮剂登记于冬小麦田防治一年生阔叶杂草，登记用量为 30～37.5g/hm^2（制剂亩用药量 20～25g），施药方式为茎叶喷雾。大田试验表明：10%双唑草酮可分散油悬浮剂 30～60g/hm^2（制剂亩用药量 20～40g）在冬小麦 3 叶 1 心期至拔节前茎叶喷雾，对不同区域的冬小麦品种均表现出了优异的安全性，对荠菜、播娘蒿、牛繁缕等一年生阔叶杂草表现出了优异的防效。

参考文献

[1] 吕学深. 双唑草酮除草活性及对小麦安全性研究. 泰安: 山东农业大学, 2018.

4.4.3 三唑磺草酮和苯唑氟草酮的创制

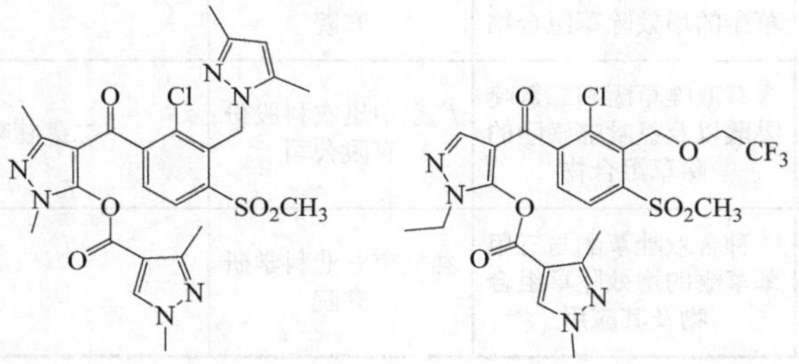

三唑磺草酮　　　　苯唑氟草酮

化合物专利名称：吡唑类化合物或其盐、制备方法、除草剂组合物及用途

中国专利号：ZL201511030167.3；申请日：2015-12-31；授权日：2017-03-22

专利发明人：连磊，征玉荣，何彬，彭学岗，金涛，崔琦；申请人：青岛清原化合物有限公司

三唑磺草酮（tripyrasulfone，其他名称为稻裕、稻谷盈、粳杰、赛丹）是青岛清原化合物有限公司创制的全新专利化合物，是全球第一例可以安全用于水稻田苗后茎叶处理防治禾本科杂草的 HPPD 抑制剂类除草剂。它可以有效防除水稻田对 ALS 抑制剂、ACCase 抑制剂产生抗性的稗属杂草，以及对 ACCase 抑制剂产生抗性的千金子，且对水稻安全，适用于水稻移栽田和直播田，这对提高全球水稻产量具有非凡意义。2019 年，公司基于三唑磺草酮的三款新产品稻裕®、稻谷盈®、粳杰®在全国主要水稻种植区开展了近万亩次的试验示范，充分验证了它们对抗性千金子、宁夏东北地区多抗性稗草、稻稗的优异防效，并得到了广大用户的高度认可。2020 年 1 月 7 日，江苏清原农冠杂草防治有限公司基于三唑磺草酮的 3 个产品在我国获准登记，3 个产品分别为：95%三唑磺草酮原药（PD20190253）、6%三唑磺草酮可分散油悬浮剂（PD20190259）、28%敌稗·三唑磺草酮可分散油悬浮剂（PD20190262）。

苯唑氟草酮（fenpyrazone，商品名为金玉盈、金稳玉）是清原农冠开发的 HPPD 抑制剂类除草剂，用于玉米苗后处理，防除阔叶杂草及禾本科杂草。苯唑氟草酮对狗尾草、马唐、稗草和牛筋草等禾本科杂草有优异的防除效果，对大狗尾草、金色狗尾草、绿色狗尾草、野黍、野糜子、野稷、止血马唐和狗牙根也有优异的防除效果，对抗烟嘧磺隆杂草依然具有很高的活性，与烟嘧磺隆无交互抗性。苯唑氟草酮对玉米作物高度安全，具有良好的后茬作物安全性。2020 年 1 月 7 日获得正式登记：95%苯唑氟草酮原药（PD20190254）、6%苯唑氟草酮可分散油悬浮剂（PD20190260）、25%苯唑氟草酮·莠去津可分散油悬浮剂（PD20190261）。2021、2022 年被全国农业技术推广服务中心分别列入《2021 年农田杂草科学防控技术方案》《2022 年农田杂草科学防除技术方案》，同时被河南、河北、吉林、黑龙江、湖南、湖北等多个省份列入省内植保产品推荐目录。截至 2023 年 1 月，苯唑氟草酮相关产品已在山东、河南、河北、吉林、黑龙江、内蒙古自治区、新疆维吾尔自治区、陕西、山西、宁夏回族自治区、江苏、安徽、湖南、四川等地大面积应用，累计推广约 333 万公顷（5000 万亩）。

4.4.3.1 创制过程

tembotrione（拜耳）和 pyrazolynate（日本三共）是已知的含吡唑酮类 HPPD 抑制剂，主要用于水稻田和玉米田除草。青岛清原抗性杂草防治有限公司在 tembotrione 结构基础上，采用中间体衍生化法中的替换法及衍生法，进行新药研究，并通过优化研究，成功地发明了三唑磺草酮和苯唑氟草酮（图 4-23）。

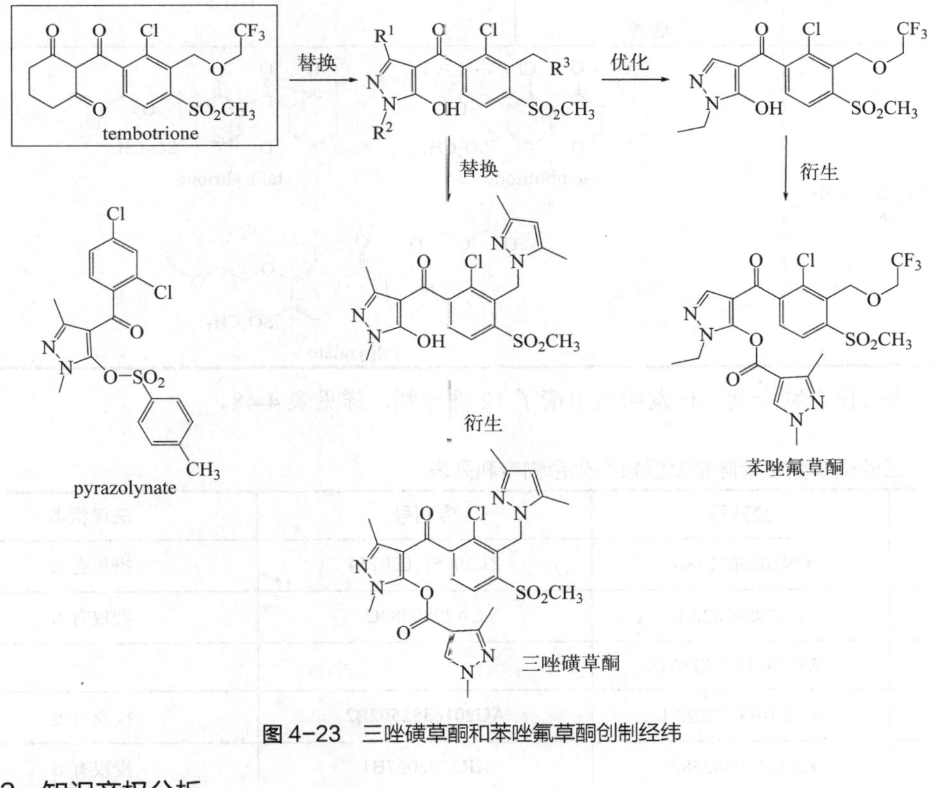

图 4-23　三唑磺草酮和苯唑氟草酮创制经纬

4.4.3.2 知识产权分析

（1）新颖性　该发明化合物结构虽与专利 CN88101455A 化合物结构接近，由于在 5-吡唑羟基处引入吡唑酰氯，与现有技术差异显著，在已有专利范围外（表 4-47）。

表 4-47　该专利与已有技术对比表

该专利：CN105503728A（青岛清原化合物有限公司，申请日：2015-12-31；公开日：2016-04-20）	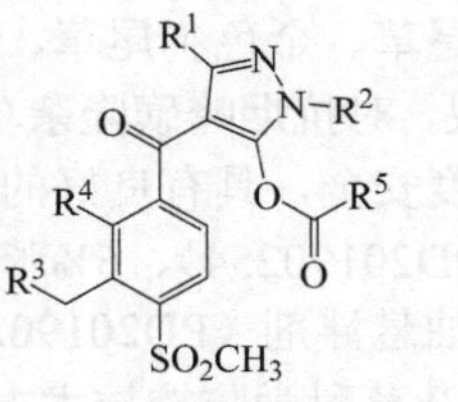 通式	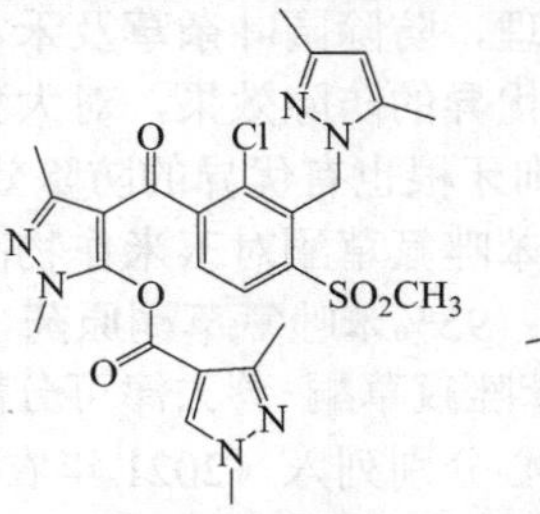 三唑磺草酮（列表化合物 3） 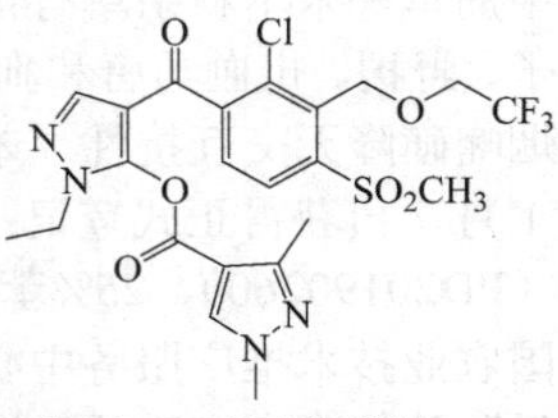　苯唑氟草酮
接近的已有技术：CN88101455A（日产化学工业株式会社，申请日：1988-03-16；公开日：1988-09-28）	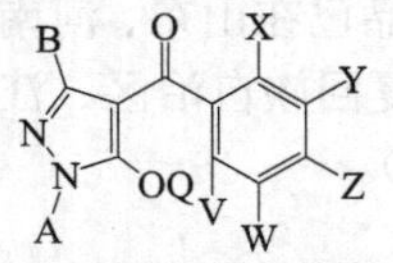 A 是烷基；B 是氢或甲基；X 是烷基、烷氧基或卤素；Y 是烷氧基羰基、CH_2-O-烷基、CH_2-O-卤代烷基、CH_2-哌啶等；Z 是 SO_2CH_3；V 和 W 是氢；Q 是氢、苄基、苯甲酰甲基或甲苯磺酰基 通式	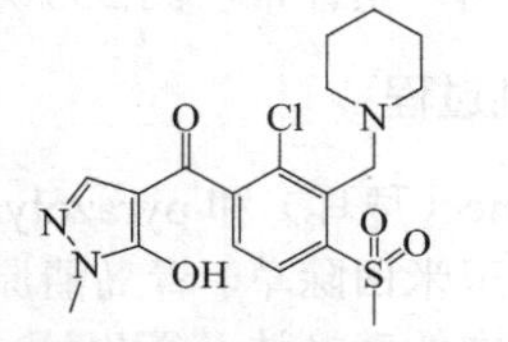 代表化合物（列表化合物 31）
同类商品化/开发中品种	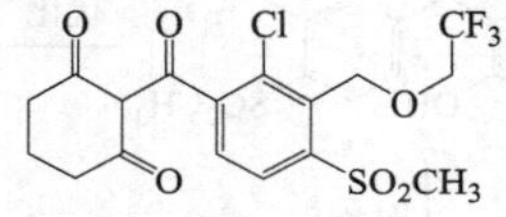 tembotrione 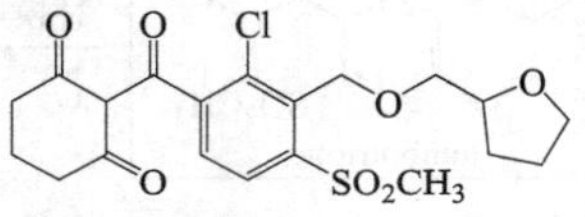　tefuryltrione 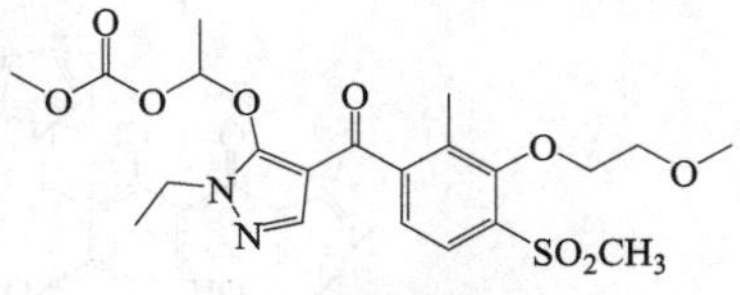　tolpyralate	

（2）核心化合物专利　该发明共申请了 12 件专利，详见表 4-48。

表 4-48　三唑磺草酮和苯唑氟草酮核心化合物专利列表

序号	公开号	专利号	法律状态
1	CN105503728A	ZL201511030154	授权有效
2	CA2980382A1	CA2980382C	授权有效
3	WO2017113509A1		
4	AU2016382562A1	AU2016382562B2	授权有效
5	KR2018098258A	KR2102067B1	授权有效
6	CO2018005848A2		
7	EP3398938A1	EP3398938B1	授权有效

续表

序号	公开号	专利号	法律状态
8	BR112018012921A2		
9	JP2019509251A	JP6695967B2	授权有效
10	RU2688936C1		
11	US2018105513A1	US10556888B2	授权有效
12	IN201747035236A	IN349622B	授权有效

授权保护范围（中国专利）

一种具有式(Ⅰ)结构的吡唑类化合物或其盐：

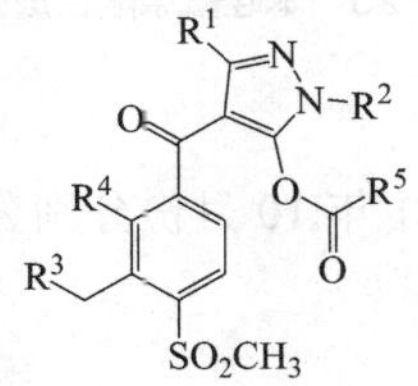

(Ⅰ)

式(Ⅰ)中，R^1代表氢原子或C_1～C_4烷基；
R^2代表C_1～C_3烷基；
R^3代表含O、S、N中一个或多个杂原子的C_1～C_6直链或环状基团；
R^4代表C_1～C_3烷基或卤素；
R^5代表吡唑环或 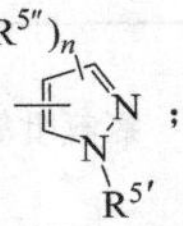 ；

其中，$R^{5'}$代表C_1～C_3烷基；$R^{5''}$代表氢原子，C_1～C_3烷基，C_1～C_3烷氧基或卤素；n是0、1或2，当n为2时，两个$R^{5''}$可以相同也可以不同

4.4.3.3 合成方法

以3-溴甲基-2-氯-4-甲磺酰基苯甲酸、3,5-二甲基吡唑或三氟乙醇等为原料，经过多步反应得到三唑磺草酮和苯唑氟草酮（图4-24和图4-25）。

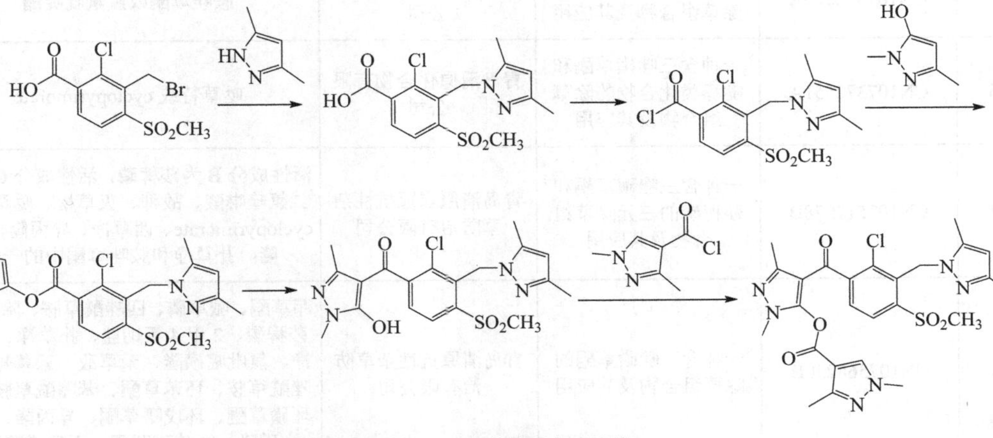

图4-24 三唑磺草酮合成路线

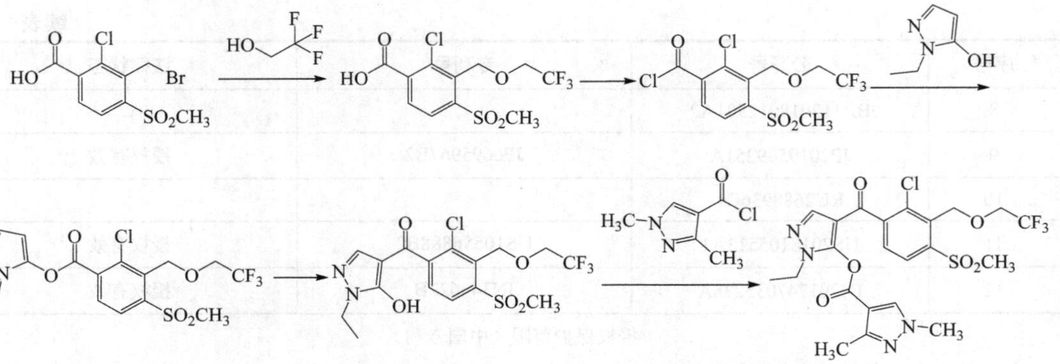

图 4-25　苯唑氟草酮合成路线

4.4.3.4　组合物专利

三唑磺草酮和苯唑氟草酮截至 2021 年 10 月份分别公开了 27 件和 12 件组合物专利，详见表 4-49 和表 4-50。

表 4-49　三唑磺草酮组合物专利汇总表

序号	公开号	发明名称	申请人	B 组分
1	CN106508913B	一种含有三唑磺草酮和三唑酰草胺的除草剂组合物及应用	泰安市农业科学研究院，青岛清原化合物有限公司	三唑酰草胺
2	CN106879598A	一种含三唑磺草酮和氯氟吡氧乙酸的农药组合物及其应用	滁州学院	氯氟吡氧乙酸
3	CN106922676A	环磺酮和三唑磺草酮复配除草组合物及其制剂和应用	合肥星宇化学有限责任公司	环磺酮
4	CN106973910A	一种新型水稻田的农药组合物及其应用	滁州学院	氰氟草酯
5	CN107372525A	一种含三唑磺草酮的除草组合物及其应用	青岛清原化合物有限公司	胺唑草酮或氯氟吡啶酯
6	CN107372551A	一种含三唑磺草酮和哒嗪类化合物的除草组合物及其应用	青岛清原化合物有限公司	哒草特或 cyclopyrimorate
7	CN107517978B	一种含三唑磺草酮和莎稗磷的三元除草组合物及其应用	青岛清原农冠抗性杂草防治有限公司	活性成分 B 为莎稗磷，活性成分 C 选自二氯喹啉酸、敌稗、灭草松、哒草特、cyclopyrimorate、西草净、异丙隆、莎扑隆、扑草净和胺唑草酮中的一种
8	CN107568230B	一种含三唑磺草酮的除草组合物及其应用	青岛清原抗性杂草防治有限公司	茚草酮、哌草磷、四唑酰草胺、除草定、莎稗磷、2 甲 4 氯钠盐、扑草净、西草净、氯吡嘧磺隆、禾草敌、禾草丹、噁唑酰草胺、环苯草酮、苯噻酰草胺、双环磺草酮、环戊噁草酮、异丙隆、吡嘧磺隆、呋喃磺草酮、五氟磺草胺

续表

序号	公开号	发明名称	申请人	B 组分
9	CN107836452B	一种含三唑磺草酮的除草组合物及其应用	青岛清原化合物有限公司	选自以下化合物的一种或多种：VLCFA、PPO、PSⅡ、ALS、微管组装、HPPD、PDS、脂类合成、EPSPS、GS、PSⅠ、DHP 抑制剂类以及合成激素类等
10	CN108077274A	一种具有增效作用的除草组合物	海利尔药业集团股份有限公司	嘧啶肟草醚
11	CN108283180A	一种含有二氯喹啉草酮的除草组合物	合肥红佳科技信息有限公司	二氯喹啉草酮和莠去津
12	CN108283185A	一种含有二氯喹啉草酮的除草组合物	合肥红佳科技信息有限公司	三唑磺草酮和砜嘧磺隆
13	CN108338178A	一种含有三唑磺草酮的除草组合物	合肥红佳科技信息有限公司	环磺酮和烟嘧磺隆
14	CN108391668A	一种含有三唑磺草酮的除草组合物	戌都科利隆生化有限公司	丙嗪嘧磺隆、嗪吡嘧磺隆
15	CN108552185A	一种除草组合物	戌都科利隆生化有限公司	氰氟草酯和芳氧基苯氧基丙酸类除草剂
16	CN108576022A	一种水稻田除草组合物	海利尔药业集团股份有限公司	五氟磺草胺
17	CN108633886A	一种含有三唑磺草酮的除草组合物	合肥红佳科技信息有限公司	环磺酮和氰氟草酯
18	CN109452300B	一种含氯吡嘧磺隆的三元除草组合物及其应用	安徽省农业科学院植物保护与农产品质量安全研究所	氯吡嘧磺隆和吡氟酰草胺
19	CN109479888A	包含 cyclopyrimorate 的三元除草组合物及其应用	青岛清原化合物有限公司	cyclopyrimorate
20	CN109497075A	包含 trifludimoxazin 的三元除草组合物及其应用	青岛清原化合物有限公司	trifludimoxazin、莎稗磷、丙草胺、丁草胺、二氯喹啉酸、敌稗、2 甲 4 氯二甲胺盐、莠去津、硝磺草酮、双唑草酮、苯唑氟草酮、精异丙甲草胺、砜吡草唑、异丙隆、绿麦隆、吡氟酰草胺、辛酰溴苯腈、氯氟吡氧乙酸、氟氯吡啶酯和/或其衍生物
21	CN109526973A	包含砜吡草唑的三元除草组合物及其应用	青岛清原化合物有限公司	砜吡草唑、异噁唑草酮、硝磺草酮、双唑草酮、苯唑氟草酮、嗯草酮、环戊噁草酮、双唑草腈和乙氧氟草醚
22	CN109699668B	一种用于水稻田杂草的三元除草组合物及其应用	安徽省农业科学院植物保护与农产品质量安全研究所	丙嗪嘧磺隆和氟酮磺草胺

续表

序号	公开号	发明名称	申请人	B组分
23	CN109757494B	一种含三唑磺草酮的除草组合物及其应用	青岛清原抗性杂草防治有限公司	邨草酮、除草定、2甲4氯钠盐、扑草净、西草净、氯吡嘧磺隆、禾草敌、禾草丹、噁唑酰草胺、环苯草酮、双环磺草酮、环戊噁草酮、异丙隆、吡嘧磺隆、呋喃磺草酮、五氟磺草胺
24	CN112273391A	一种含三唑磺草酮与单嘧磺酯的除草组合物	青岛奥迪斯生物科技有限公司	单嘧磺酯
25	CN112998022B	一种含三唑磺草酮的除草组合物及其应用	青岛清原化合物有限公司	苯唑氟草酮、异噁唑草酮、环庚草醚
26	CN113016810A	一种含三唑磺草酮的除草组合物及其应用	青岛清原抗性杂草防治有限公司	四唑酰草胺、莎稗磷、苯噻酰草胺
27	CN113180051A	一种含三唑磺草酮的除草组合物及其应用	青岛清原抗性杂草防治有限公司	扑草净、环戊噁草酮、呋喃磺草酮

表 4-50　苯唑氟草酮组合物专利汇总表

序号	公开号	发明名称	申请人	B组分
1	CN106106474A	一种玉米田除草组合物及其用途	泰安市农业科学研究院	活性成分B嗪草酸甲酯，安全剂化合物C为双苯噁唑酸、对异丙基甲苯磺酰胺、吡唑解草酯、呋喃解草唑中一种或多种
2	CN106135220A	一种玉米田除草组合物	泰安市农业科学研究院	活性成分B为苯氧羧酸类除草剂的一种或几种，安全剂化合物C为双苯噁唑酸、对异丙基甲苯磺酰胺、吡唑解草酯、呋喃解草唑中一种或多种
3	CN106259352A	一种玉米田除草组合物及其应用	泰安市农业科学研究院	活性成分B氰草津，安全剂化合物C为双苯噁唑酸、对异丙基甲苯磺酰胺、吡唑解草酯、呋喃解草唑中一种或多种
4	CN106259401A	一种玉米田除草组合物及其应用	泰安市农业科学研究院	活性成分B噻吩磺隆，安全剂化合物C为双苯噁唑酸、对异丙基甲苯磺酰胺、吡唑解草酯、呋喃解草唑中一种或多种
5	CN106577715A	含有苯唑氟草酮和烟嘧磺隆以及氯氟吡氧乙酸的农药组合物	广东中迅农科股份有限公司	烟嘧磺隆以及氯氟吡氧乙酸
6	CN106665599A	含有苯唑氟草酮和异噁唑草酮的除草剂组合物及其应用	泰安市农业科学研究院	异噁唑草酮及安全剂化合物
7	CN106942234A	一种含有苯唑氟草酮和苯嘧磺草胺的除草剂组合物及应用	泰安市农业科学研究院	苯嘧磺草胺

续表

序号	公开号	发明名称	申请人	B 组分
8	CN107897191A	一种含苯唑氟草酮的除草组合物及其应用	青岛清原化合物有限公司	可选自以下化合物的一种或多种：VLCFA、PPO、PSⅡ、ALS、微管组装、HPPD、PDS、脂类合成、EPSPS、GS、PSⅠ、DHP 抑制剂类以及合成激素类等
9	CN109497075A	包含 trifludimoxazin 的三元除草组合物及其应用	青岛清原化合物有限公司	trifludimoxazin、莎稗磷、丙草胺、丁草胺、二氯喹啉酸、敌稗、2 甲 4 氯二甲胺盐、莠去津、硝磺草酮、双唑草酮、精异丙甲草胺、砜吡草唑、异丙隆、绿麦隆、吡氟酰草胺、辛酰溴苯腈、氯氟吡氧乙酸、氟氯吡啶酯和/或其衍生物
10	CN109526973A	包含砜吡草唑的三元除草组合物及其应用	青岛清原化合物有限公司	砜吡草唑、异噁唑草酮或三唑磺草酮
11	CN110973141B	一种除草组合物、除草制剂及其应用	河北省农林科学院粮油作物研究所	氟烯草酸
12	CN112998022B	一种含三唑磺草酮的除草组合物及其应用	青岛清原化合物有限公司	选自以下化合物的一种或多种：苯唑氟草酮、异噁唑草酮、环庚草醚

4.4.3.5 毒理学与安全性评价

苯唑氟草酮严格按照农药登记的各项要求，完成了环境行为、健康风险评估、产品质量研究和药效评价等试验，经农业农村部认定的农药登记试验单位检测和评价，苯唑氟草酮属于安全、低残留、环境相容性好的绿色除草剂[1]。

（1）产品化学试验　苯唑氟草酮按照 NY/T 1860—2016《农药理化性质测定试验导则》系列标准要求进行了产品质量研究，结果显示苯唑氟草酮与水、常见氧化剂、常见还原剂、常见灭火剂和常见溶剂化学相容；对试验包装材料不具有腐蚀性；不具有爆炸性；经 3 年常温储存最终分解率均控制在 5%以内，符合 NY/T 1427—2016《农药常温贮存稳定性试验通则》。

（2）毒理学研究　苯唑氟草酮按照 GB/T 15670—2017《农药登记毒理学试验方法》系列标准要求进行了健康风险评估，结果显示苯唑氟草酮对大鼠急性经口半数致死量＞5000mg/kg、急性经皮半数致死量＞2000mg/kg、急性吸入半数致死浓度＞5000mg/m^3，无致突变性、无致畸性、无繁殖毒性、无致癌毒性；对眼中度刺激性，对皮肤无刺激性、弱致敏性。苯唑氟草酮在鱼体中属低富集性，6%苯唑氟草酮可分散油悬浮剂、25%苯唑氟草酮·莠去津可分散油悬浮剂在玉米、青玉米和秸秆中残留量均低于残留检测限；在土壤中易降解，在水中易光解，土壤表面难光解，在湖泊(河流)水-沉积物系统中易降解；对蜂、鸟、蚕、鱼、蚯蚓、土壤微生物低毒。

4.4.3.6 作用机理研究

苯唑氟草酮属于对羟基苯基丙酮酸双氧化酶(4-hydroxyphenylpyruvate dioxygenase，HPPD)抑制剂，主要通过抑制植物体内控制光合作用关键色素酶的活性，使其底物转化为尿黑酸过程受阻，从而导致生育酚及质体醌无法正常合成，影响靶标体内类胡萝卜素合成，导致叶片发黄、发白，影响植物体内光合作用的正常进行，最终使植物彻底死亡。苯唑氟草酮作为第3代HPPD抑制剂类除草剂，可以通过切断光合作用能量转换、切断维生素合成、破坏叶绿素保护3个途径致杂草死亡，作用机理复杂，杂草很难产生抗性，除草剂使用生命周期长；与烟嘧磺隆等ALS抑制剂类除草剂无交互抗性，能够有效防除对烟嘧磺隆产生严重抗性的恶性杂草；得益于其独特的含氟化学结构，除草更彻底，且不易返青。

4.4.3.7 登记情况

三唑磺草酮和苯唑氟草酮系列分别有3个登记产品，登记公司均为江苏清原农冠杂草防治有限公司，具体见表4-51。

表4-51 三唑磺草酮、苯唑氟草酮相关登记产品信息表

登记证号	农药名称	剂型	总含量	登记作物	防治对象	亩用药量(制剂量)	施用方法
PD20190262	敌稗·三唑磺草酮	可分散油悬浮剂	28%	水稻田（直播）	稗草	200～250mL	茎叶喷雾
PD20190259	三唑磺草酮	可分散油悬浮剂	6%	水稻田（直播）	稗草	115～150mL	茎叶喷雾
				移栽水稻田	稗草	东北地区：200～250mL；其他地区：150～180mL	茎叶喷雾
PD20190253	三唑磺草酮	原药	95%	—	—	—	—
PD20190260	苯唑氟草酮	可分散油悬浮剂	6%	夏玉米田	一年生杂草	75～100mL	茎叶喷雾
PD20190254	苯唑氟草酮	原药	95%	—	—	—	—
PD20190261	苯唑氟草酮·莠去津	可分散油悬浮剂	25%	春玉米田	一年生杂草	200～300mL	茎叶喷雾
				夏玉米田	一年生杂草	150～200mL	茎叶喷雾

4.4.3.8 应用效果

（1）三唑磺草酮[2] 在温室条件下，有效成分120g/hm^{2}的三唑磺草酮对水稻田杂草千金子、稗草、鳢肠、鸭舌草、碎米莎草和稻稗具有良好的防效，干重抑制率可达79%～96%，杀草谱较广；在田间条件下，有效成分135～180g/hm^{2}的三唑磺草酮对抗五氟磺草胺的稗草的目测防效为93%～98%，对千金子的目测防效为84%～95%。

三唑磺草酮处理稗草，典型的症状为叶片发白，自上而下干枯，最终整株枯萎腐烂；处理3～4叶期多抗性稗草，施药后5天，稗草叶片发白，8天全株开始枯萎腐烂；处理高密度稗草，稗草叶片发白枯萎；处理莎草，全部枯萎腐烂。

6%三唑磺草酮可分散油悬浮剂通过茎叶喷雾，防除直播水稻田稗草、移栽水稻田稗草。在直播水稻田，其制剂用药量为每亩 115～150mL；在移栽水稻田，东北地区的制剂用药量为每亩 200～250mL，其他地区的制剂用药量为每亩 150～180mL。

28%敌稗·三唑磺草酮可分散油悬浮剂（25%敌稗+3%三唑磺草酮）通过茎叶喷雾，防除水稻田（直播）稗草，制剂用药量为每亩 200～250mL。

（2）苯唑氟草酮[3] 温室盆栽法对苯唑氟草酮室内生测试验结果表明，苯唑氟草酮对多数玉米田禾本科杂草和部分阔叶杂草均有很好的防治效果。苯唑氟草酮杀草谱更广，通过与其他玉米田常用除草剂比较，苯唑氟草酮对禾本科杂草的防除效果更稳定、均衡。

苯唑氟草酮对玉米安全性试验结果表明，在试验使用剂量下，苯唑氟草酮对 22 种玉米品种安全性较高，未出现白化症状，但不同玉米品种鲜重抑制率之间存在差异。

经过 2 年 4 地田间药效试验，发现苯唑氟草酮对靶标杂草鲜重防效均在 80%以上，可有效防除玉米田马唐、稗草、牛筋草[*Eleusine indica* (L.)Gaertn.]等常见禾本科杂草以及藜（*Chenopodium album* L.）、苘麻（*Abutilon theophrasti* Medicus）、反枝苋（*Amaranthus retroflexus* L.）等一年生阔叶杂草，一般 2～3 天即可见效，5～8 天即可死草，死草速度快，彻底不返青；对作物安全，无药害情况发生，在田间药效试验剂量范围内对天敌和有益生物安全；在推荐剂量下对后茬作物大豆、花生、向日葵、马铃薯等均安全，无药害情况发生。

苯唑氟草酮田间药效试验结果表明，6%苯唑氟草酮可分散油悬浮剂对玉米田杂草狗尾草、马唐、铁苋菜和反枝苋均有较高的防效，对香附子防效差。6%苯唑氟草酮可分散油悬浮剂在 90、135g/hm^2 剂量下对玉米田常见杂草总体株防效高于对比药剂 10%硝磺草酮可分散油悬浮剂 100g/hm^2、75%氯吡嘧磺隆水分散粒剂 20g/hm^2、40g/L 烟嘧磺隆可分散油悬浮剂 60g/hm^2。

参考文献

[1] 高传杰, 张耀中, 金岩, 等. 绿色除草剂苯唑氟草酮的创制及应用. 世界农药, 2023, 45(4): 27-31.

[2] 王恒智, 王豪, 朱宝林, 等. 水稻田除草剂三唑磺草酮的作用特性. 农药学学报, 2020, 22(1): 76-81.

[3] 黄义召. 苯唑氟草酮除草活性及对玉米安全性研究. 泰安: 山东农业大学, 2018.

4.4.4 吡唑喹草酯的创制

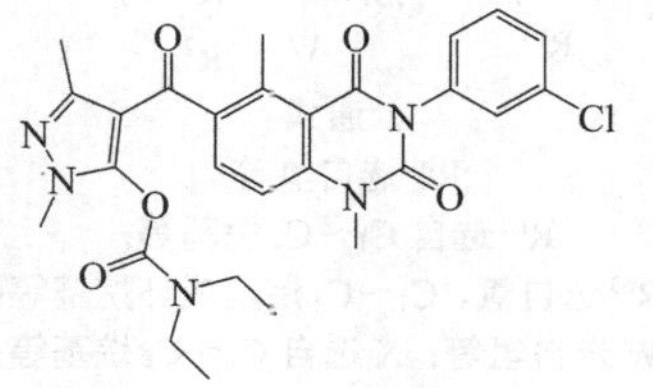

化合物专利名称：一种喹唑啉二酮类化合物及其应用和一种农药除草剂

中国专利号：ZL201910272386.4；申请日：2019-04-04；授权日：2020-12-15

专利发明人：杨光富，何波，王现全；申请人：山东先达农化股份有限公司

当前权利人：辽宁先达农业科学有限公司

吡唑喹草酯（pyraquinate）为辽宁先达农业科学有限公司开发的 HPPD 抑制剂类除草剂，具有超强内吸传导作用，对大龄杂草也有出色的防效，可防除抗性千金子、稗草、虮子草、乱草、稻李氏禾、江稗等杂草。吡唑喹草酯与氰氟草酯、噁唑酰草胺具有不同的作用机制，在氰氟草酯、噁唑酰草胺产生严重抗性情况下吡唑喹草酯的性能表现优异。

4.4.4.1 创制过程

辽宁先达农业科学有限公司在前期与华中师范大学联合开发了喹草酮、甲基喹草酮等喹唑啉二酮类除草剂，因此在前期研究基础上将三酮部分用吡唑酮替换，得到先导化合物，再经过对苯环部分以及吡唑羟基部分的优化或者衍生，从而发现了吡唑喹草酯（图 4-26）。

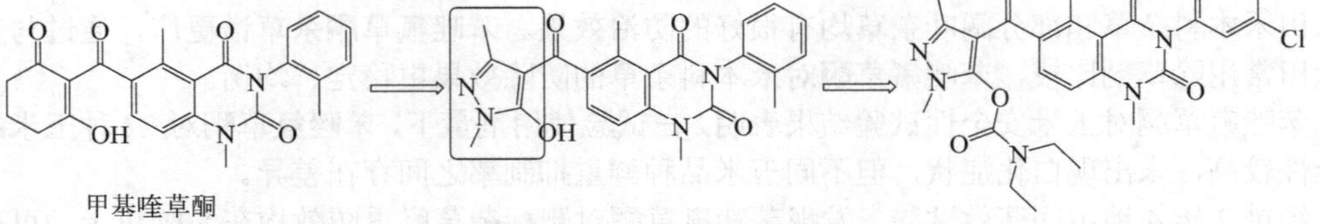

甲基喹草酮

图 4-26 吡唑喹草酯的创制思路

4.4.4.2 知识产权分析

（1）新颖性和创造性 该发明化合物结构与已知专利化合物结构接近，当 R 为 H 时在拜耳 CN108699042A 专利公开范围内，但非列表化合物；当 R 为 *N,N*-二烷基甲酰基取代时在专利范围外（表 4-52）。从专利公开数据看，吡唑喹草酯在每亩 2.5g 时对千金子、茼麻、藜、苋菜等防效 100%，且在田间表现出对千金子很好的防效，而且对水稻安全。

表 4-52 该专利与已有技术对比表

该专利： CN110357860B (山东先达农化股份有限公司，申请日：2019-04-04；公开日：2019-10-22)	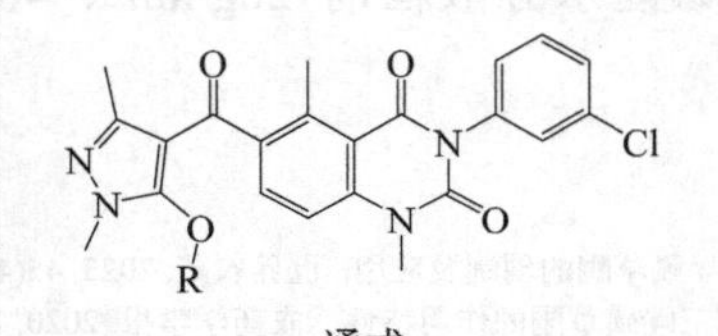 通式	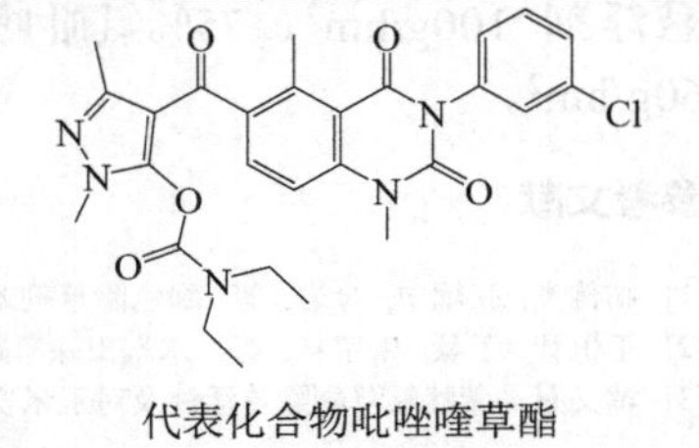 代表化合物吡唑喹草酯
接近的已有技术： CN108699042A (拜耳作物科学股份公司，申请日：2017-02-13；公开日：2018-10-23)	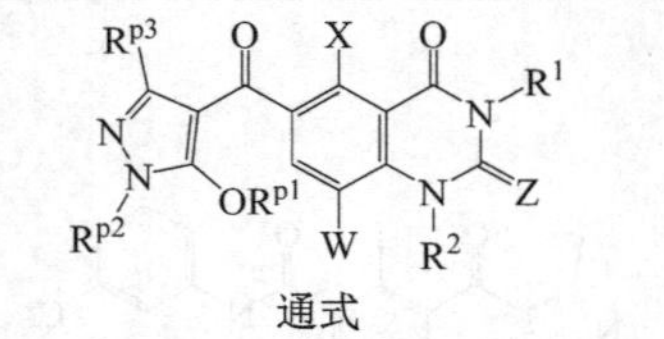 通式 R^{p1} 选自氢等； R^{p2} 选自 C_1～C_4 烷基等； R^{p3} 选自氢、C_1～C_4 烷基或环烷基等； W 选自氢等；X 选自 C_1～C_6 烷基等； Z 选自 O 或 S；R^1 选自被 0～5 个卤素、C_1～C_6 烷基等多种取代基取代的苯基等；R^2 选自 C_1～C_4 烷基等。	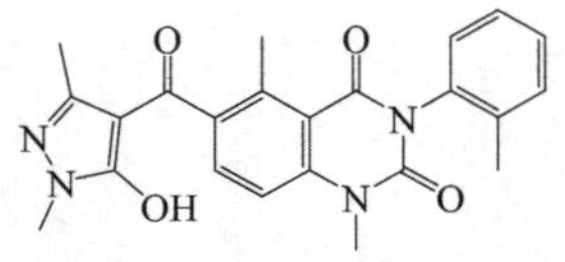 代表化合物（列表化合物 4）
同类商品化/开发中品种	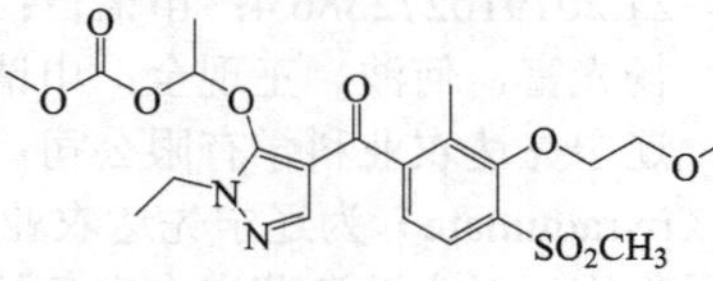 tolpyralate	

（2）核心化合物专利 该类化合物申请了 7 项专利，其中中国专利已经获得授权（表 4-53）。

表 4-53　吡唑喹草酯核心化合物专利

序号	公开号	专利号	法律状态
1	CN110357859A	ZL201910272370.3	授权有效
2	CN110357860A	ZL201910272386.4	授权有效
3	CN110357861A	ZL201910290134.4	授权有效
4	CN110357862A		实质审查
5	JP2021517592A	JP7082709B2	授权有效
6	WO2019196904A1		
7	WO2019196908A1		

授权保护范围（中国专利）

一种喹唑啉二酮类化合物，该化合物具有式（Ⅰ）所示的结构：

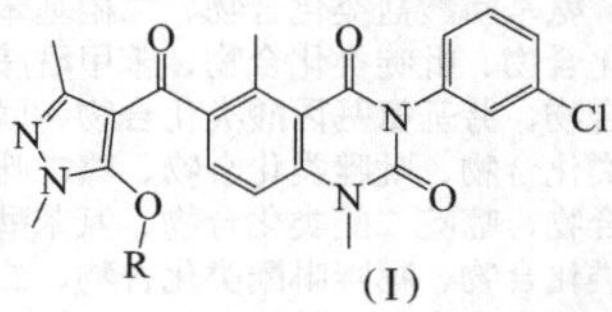

（Ⅰ）

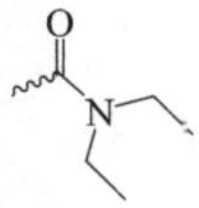

式（Ⅰ-1）：

其中：

R 为 H 或者为式（Ⅰ-1）所示的基团

4.4.4.3　合成方法

以 2-硝基-6-甲基苯甲酸为原料经过多步反应得到吡唑喹草酯（图 4-27）[1]。

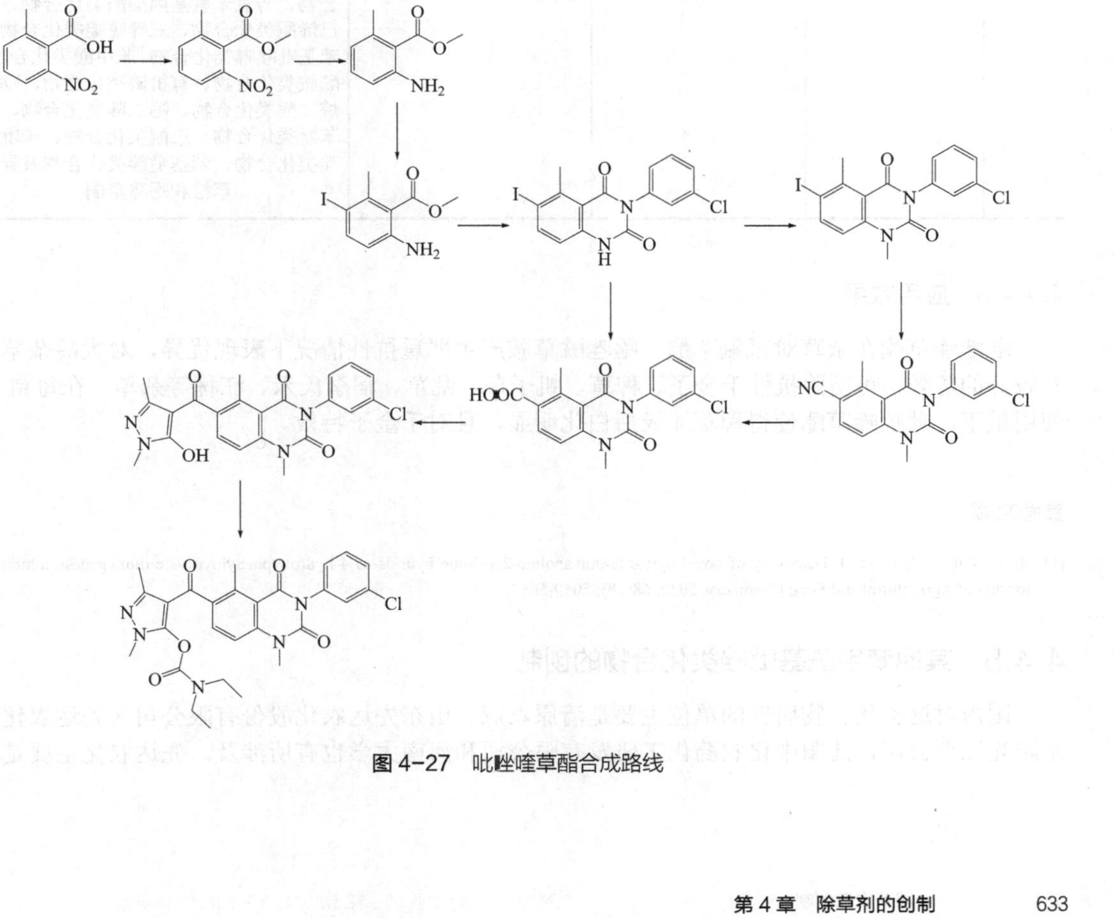

图 4-27　吡唑喹草酯合成路线

4.4.4.4 组合物专利

吡唑喹草酯截至 2023 年 2 月公开了 1 件组合物专利，详见表 4-54。

表 4-54 吡唑喹草酯申请的组合物专利

序号	公开号	发明名称	申请人	B 组分
1	CN111820231A	一种除草组合物及其应用和一种除草剂	山东先达农化股份有限公司	哒嗪酮类化合物、三嗪类化合物、三唑酮类化合物、氨基甲酸酯类化合物、尿嘧啶类化合物、脲类化合物、腈类化合物、磺酰脲类化合物、咪唑啉酮类化合物、磺酰胺类化合物、三唑啉酮类化合物、嘧啶水杨酸类化合物、苯甲酸类化合物、氨基膦酸盐类化合物、二硝基苯胺类化合物、吡啶类化合物、苯甲酰胺类化合物、芳基氨基丙酸类化合物、联吡啶类化合物、吡唑类化合物、噻二唑类化合物、嘧啶二酮类化合物、氮苯酞亚胺类化合物、噁唑啉酮类化合物、二硝基苯酚类化合物、甘氨酸类化合物、乙酰胺类化合物、氧乙酰胺类化合物、氯乙酰胺类化合物、四唑啉酮类化合物、三唑羧基酰胺类化合物、烷基嗪类化合物、芳基吡啶甲酸酯类化合物、吡啶羧酸类化合物、苯氧羧酸类化合物、二硫代磷酸酯类化合物、苯并呋喃类化合物、硫代氨基甲酸酯类化合物、氯甲酸类化合物、芳氧苯氧基丙酸酯类化合物、环己烯酮类化合物、三唑嘧啶类化合物、苯基吡唑啉类化合物、苯甲酸类化合物、酰胺类化合物、有机磷类化合物、噁唑烷二酮类化合物、噁二唑类化合物、二苯醚类化合物、三酮类化合物、苯吡噻唑类化合物、苯基哒嗪类化合物及异噁草松和噁嗪草酮

4.4.4.5 应用效果

吡唑喹草酯在杂草对氰氟草酯、噁唑酰草胺产生严重抗性情况下表现优异，对大龄杂草也有较好的防效，可防除抗性千金子、稗草、虮子草、乱草、稻李氏禾、江稗等杂草。在每亩 5g 使用量下，吡唑喹草酯使得稗草 4 天后白化明显，且对千金子特效。

参考文献

[1] He B, Wu, Yu L K, et al. Discovery of novel pyrazole-quinazoline-2,4-dione hybrids as 4-hydroxyphenylpyruvate dioxygenase inhibitors. Journal of Agricultural and Food Chemistry, 2020, 68(18): 5059-5067.

4.4.5 其他苯甲酰基吡唑类化合物的创制

国内对这类化合物研究的单位主要是清原农冠、山东先达农化股份有限公司（先达农化）、东阳光三个公司，沈阳中化农药化工研发有限公司和河南大学也有所涉及。先达农化主要是将苯甲酰基部分替换为苯并嘧啶酮，从中间体角度看为替换法；清原农冠主要在吡唑5-羟基位置引入酰氯或者在苯环上引入特殊的胺，从中间体衍生化法角度看为衍生法；东阳光则是在环磺酮（tembotrione）、呋喃磺草酮（tefuryltrione）、吡草酮基础上引入苄基醚、苄基胺、苄基杂环等，从中间体衍生化角度分析既有替换法也有衍生法；沈阳中化农药化工研发有限公司是在苯环上形成稠环；河南大学则是在苯唑草酮基础上变化位置。

（1）4-(3-杂环基-1-苯甲酰基)吡唑类化合物或其盐、制备方法、除草剂组合物及用途

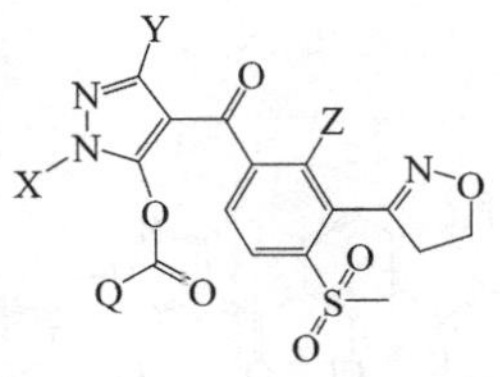

式中，X代表 $C_{1\sim8}$ 烷基或 $C_{3\sim8}$ 环烷基；Y代表氢原子，或不含或含有卤素的 $C_{1\sim8}$ 烷基、$C_{2\sim8}$ 烯基、$C_{2\sim8}$ 炔基或未取代或用 $C_{1\sim8}$ 烷基取代的 $C_{3\sim8}$ 环烷基；Z代表 $C_{1\sim8}$ 烷基、卤素、氰基或 $C_{1\sim8}$ 烷基磺酰基；

Q代表 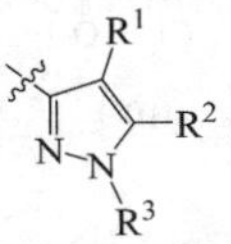 、 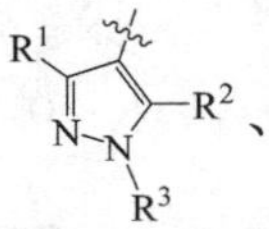 、 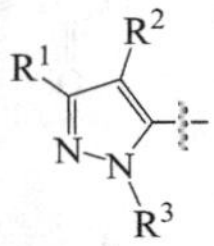 ；

其中，R^1、R^2 分别独立地代表氢、卤素、OR^4、R^5 或(C＝O)-O-R^4；R^3 分别独立地代表氢，或未取代或取代的 $C_{1\sim6}$ 烷基、$C_{2\sim6}$ 烯基或 $C_{2\sim6}$ 炔基；所述“取代的”是指被至少一个如下基团所取代：卤素；

R^5 代表未取代或取代的 $C_{1\sim6}$ 烷基、$C_{2\sim6}$ 烯基、$C_{2\sim6}$ 炔基、$C_{3\sim6}$ 环烷基、苯基或 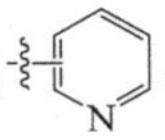 ；所述“取代的”是指被至少一个如下基团所取代：卤素；

R^4 分别独立地代表氢，或未取代或取代的 $C_{1\sim6}$ 烷基、$C_{2\sim6}$ 烯基、$C_{2\sim6}$ 炔基；

所述“取代的”是指被至少一个如下基团所取代：卤素。

发明人：连磊，华荣保，蒋其柏，彭学岗，崔琦；申请人：青岛清原化合物有限公司

中国专利号：ZL201911105871.9；中国专利申请日：2019-11-13

化合物类型：吡唑酮、苯甲酰基吡唑、HPPD抑制剂类、苯唑草酮类似物

发明思路：me-too研究；在苯唑草酮的吡唑羟基基础上引入吡唑酰氯得到。

用途：具有除草活性，可以有效地控制稗草、马唐、绿狗尾草、牛筋草，且对玉米、水稻安全。同时亦可控制对吡嘧磺隆有抗药性的稗草、野慈姑、狼把草、鸭舌草等。

代表化合物结构如下：

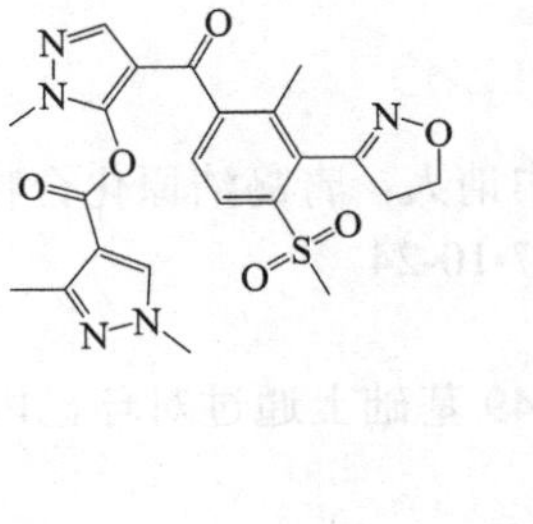

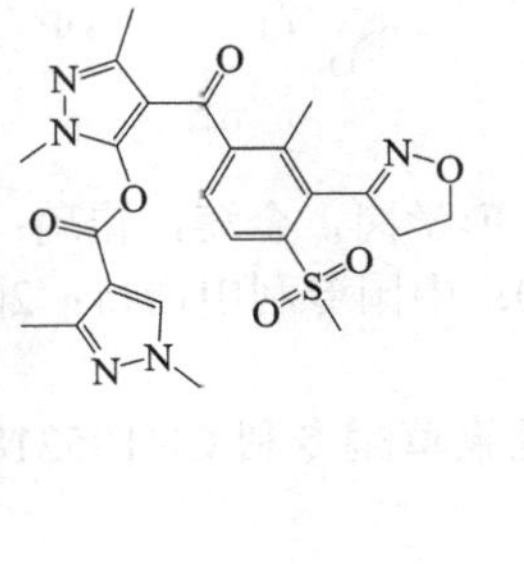

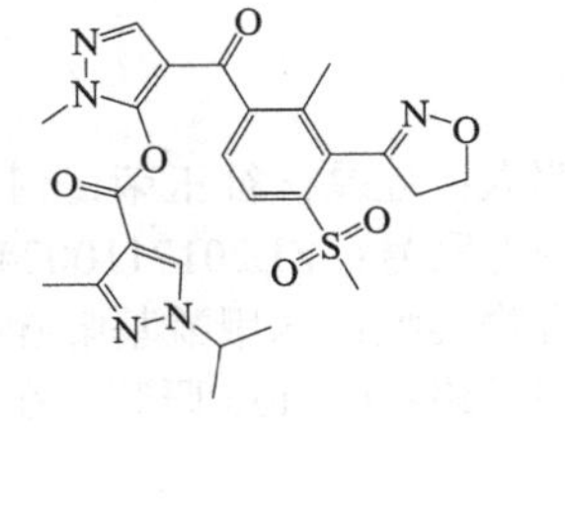

（2）吡唑酮类化合物或其盐、除草剂组合物及用途：

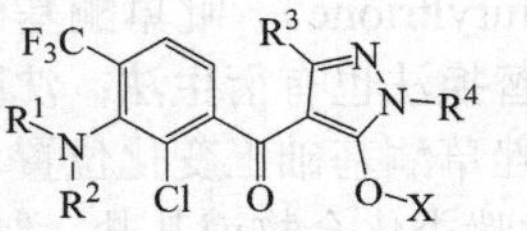

所述化合物选自下述任意一个：

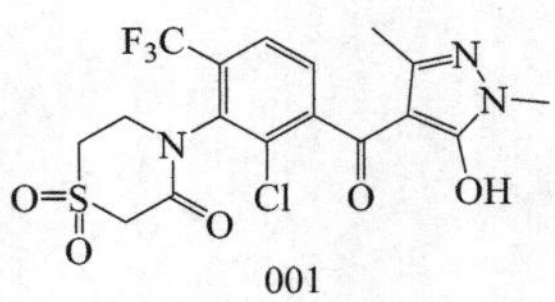

001 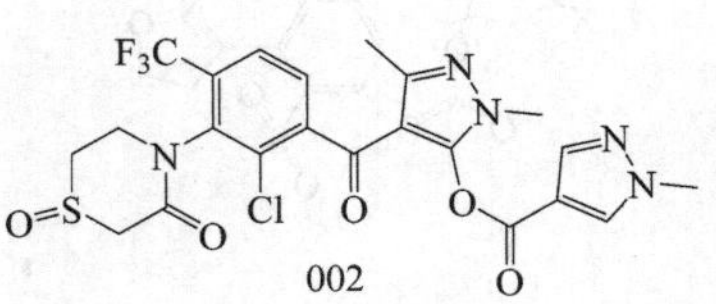 002 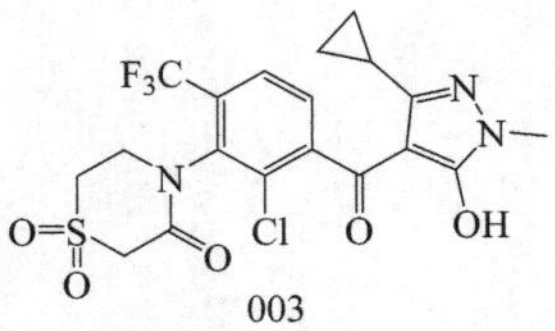 003

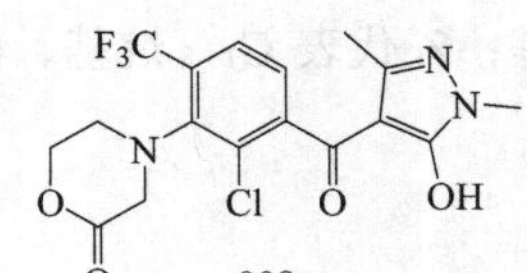

008 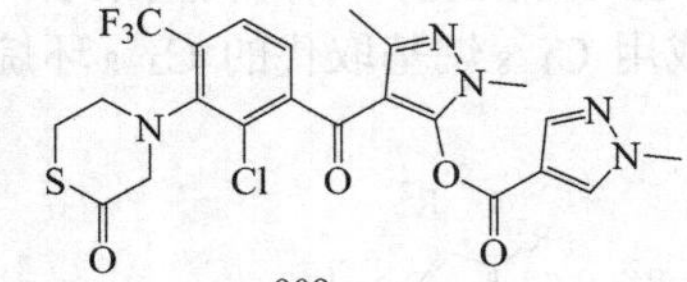 009 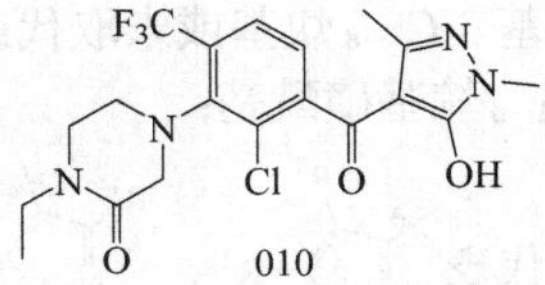 010

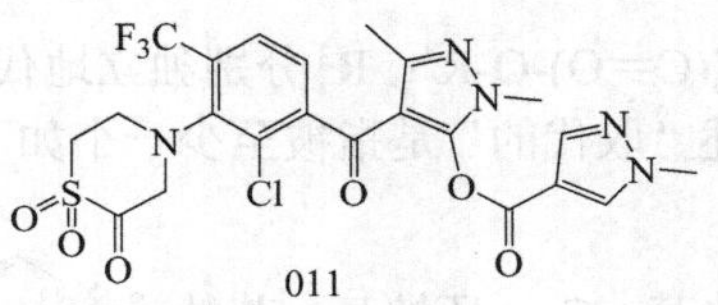

011 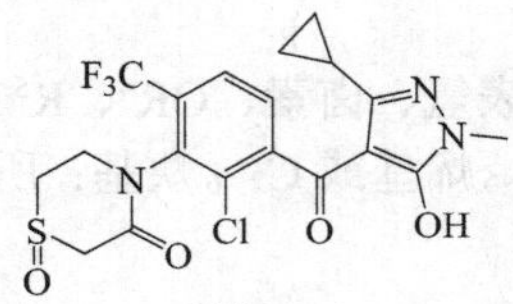 012 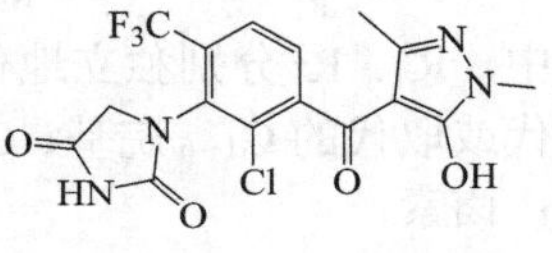 016

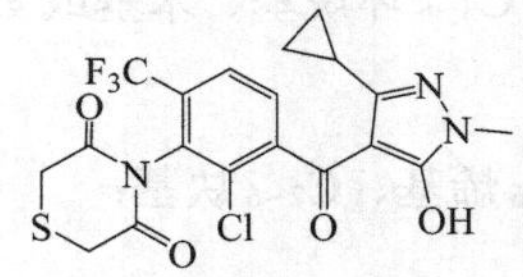

023 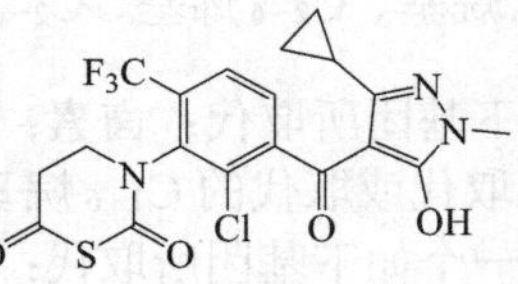 034 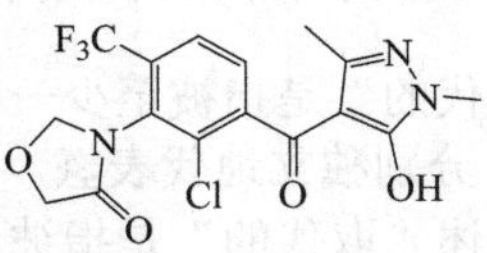 043

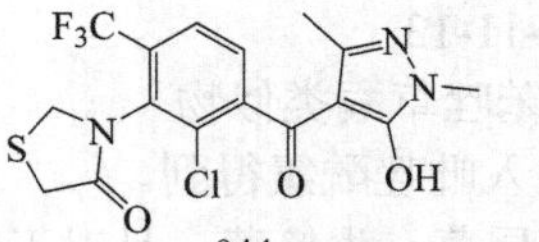

044 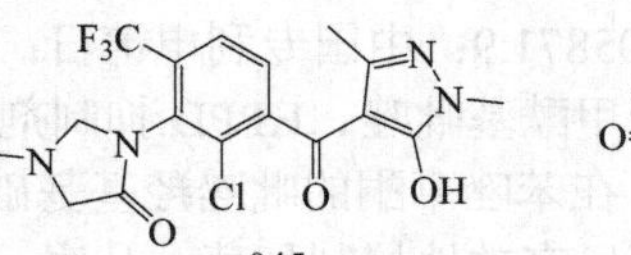 045 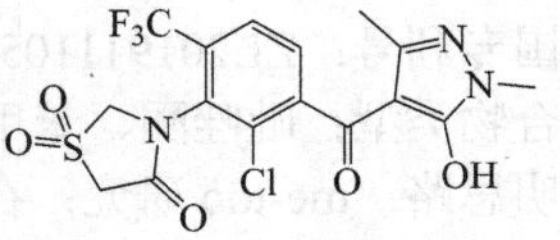 046

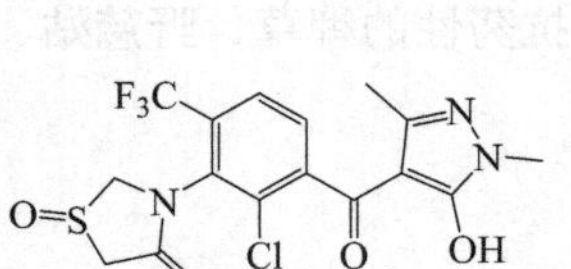

047

发明人：连磊，征玉荣，何彬，彭学岗，金涛，崔琦；申请人：青岛清原化合物有限公司
中国专利号：ZL201711002458.0；中国专利申请日：2017-10-24
化合物类型：苯甲酰基吡唑类
发明思路：me-too 研究；在环吡氟草酮专利 CN105218449 基础上通过对环己内酰胺替换

得到。

用途：具有除草活性，可以防除稗草、千金子、鸭舌草。对水稻安全。同时经过很多测试发现，该发明所述化合物很多对结缕草、狗牙根、高羊茅、早熟禾、黑麦草、海滨雀稗等禾本科杂草有很好的选择性，能防除很多关键禾本科杂草以及阔叶杂草。对不同施药方式下的大豆、棉花、油葵、马铃薯、果树、蔬菜等测试也显示出极好的选择性和商业价值。

代表化合物结构如下：

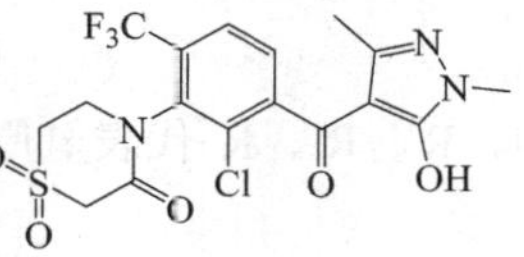

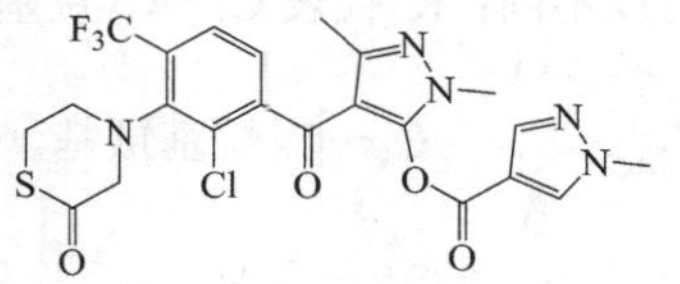

（3）一种吡唑酮类化合物或其盐、除草剂组合物及用途

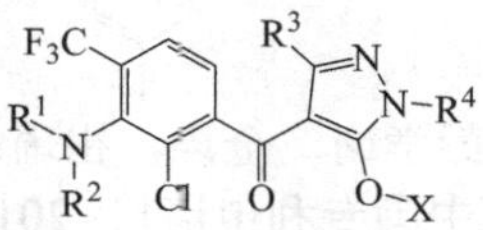

式中，R^1R^2N 代表未取代或环上被选自氟、氯、甲基、乙基、甲氧基、乙氧基中的一个或多个基团所取代的丁内酰氨基、戊内酰氨基；R^3 代表氢、$C_{1\sim4}$ 烷基、$C_{2\sim4}$ 烯基、$C_{2\sim4}$ 炔基、未取代或用 $C_{1\sim4}$ 烷基取代的 $C_{3\sim6}$ 环烷基；R^4 代表甲基、乙基、正丙基、异丙基、环丙基；X 代表—$S(O)_nR^6$、—$(C{=}O)R^8$；

其中，R^6 代表未取代或被选自 $C_{1\sim6}$ 烷基中的一个基团所取代的苯基或吡啶基，n 代表 1～3；R^8 代表 $C_{1\sim6}$ 烷基氨基、$C_{1\sim6}$ 烷硫基、苯基、苯氧基。

发明人：连磊，征玉荣，何彬，彭学岗，金涛，崔琦；申请人：青岛清原化合物有限公司

中国专利号：ZL201711002418.6；中国专利申请日：2017-10-24

化合物类型：苯甲酰基吡唑类

发明思路：me-too 研究，在环吡氟草酮专利 CN105218449 基础上通过对吡唑羟基的替换得到。

用途：具有除草活性，可以防除稗草、千金子、鸭舌草、看麦娘及繁缕等。对水稻、小麦安全。

代表化合物结构如下：

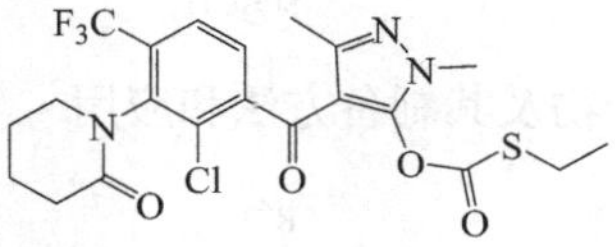

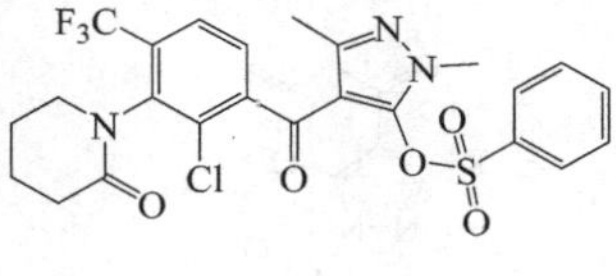

（4）吡唑类化合物或其盐、制备方法、除草剂组合物及用途

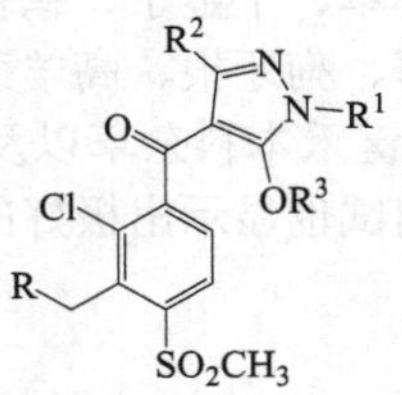

式中，R 代表 [吡唑-1-基结构，取代基 R′、R″、R‴]，其中，R′、R″、R‴代表氢原子，C_1～C_4 烷基，C_1～C_4 卤代烷基或卤素，R′、R″、R‴可以相同也可以不同；R^1 代表 C_1～C_3 烷基；R^2 代表氢原子或 C_1～C_4 烷基；R^3 是氢原子或 C_1～C_6 烷基，[3,6-二氯吡啶-2-甲酰基结构]，C_1～C_6 烷基羰基，C_1～C_6 烷氧基羰基，C_1～C_6 烷氧基羰基亚甲基，C_1～C_4 烷基磺酰基，苯磺酰基，[4-甲基苯磺酰基结构]或苯甲酰基。

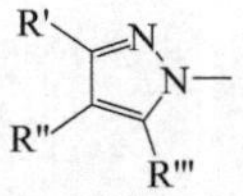

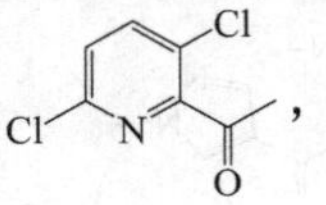

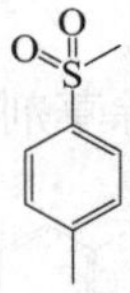

发明人：连磊，征玉荣，何彬，彭学岗，金涛，崔琦；申请人：青岛清原化合物有限公司

中国专利号：ZL201511030167.3；中国专利申请日：2015-12-31；同族专利：PH12017501913、IN201747035174、AU2016382561、CA2979906、EP3293178、JP2019503336、JP6728348、KR20180099738、KR102276572、RU2707086、UA121144、US20180086738、WO2017113508。

化合物类型：HPPD 抑制剂类，苯甲酰基吡唑酮

发明思路：me-too 研究，该专利与三唑磺草酮专利相似，主要区别是 R^3 处的取代。

用途：具有除草活性。该发明所述化合物很多对结缕草、狗牙根、高羊茅、早熟禾、黑麦草、海滨雀稗、稗草、萤蔺、野慈姑、狼把草等杂草有很好的选择性，能防除很多关键禾本科杂草以及阔叶杂草。对不同施药方式下的大豆、棉花、油葵、马铃薯、果树、蔬菜等测试也显示出极好的选择性。

代表化合物结构如下：

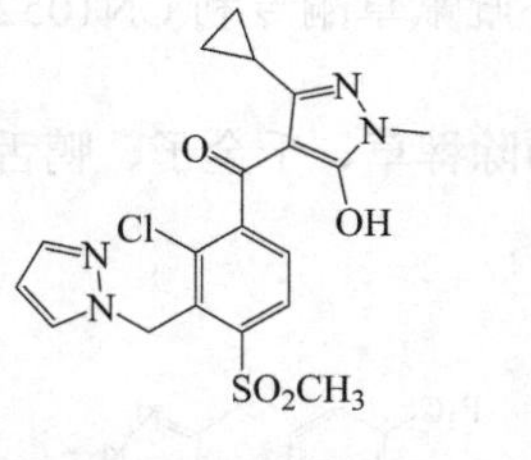

（5）一种 4-苯甲酰吡唑类化合物及其制备方法和应用

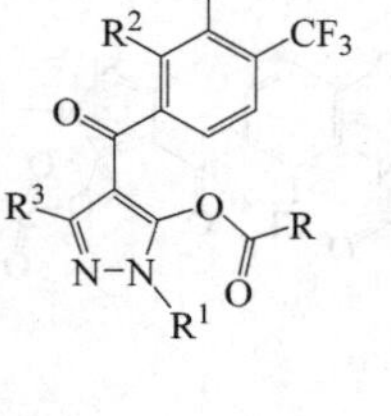

式中，R^1选自甲基、乙基、丙基、异丙基或环丙基；R^2选自 C_1～C_8烷基磺酰基、C_1～C_8烷氧基、C_1～C_8烷硫基、氟、氯或氰基；R^3选自氢、甲基、乙基、丙基、异丙基、环丙基、氟甲基、二氟甲基或三氟甲基；R^4选自氢，氰基，卤素，含有或不含有卤素的 C_1～C_8烷基、C_3～C_8环烷基、C_2～C_8链烯基、C_2～C_8炔基、C_1～C_8烷氧基、C_2～C_8链烯基氧基、C_3～C_8环烷氧基、C_1～C_8烷硫基、C_2～C_8链烯基硫基、C_3～C_8环烷硫基、C_1～C_8烷基酰基、C_1～C_8烷基酰氧基或 C_1～C_8烷基磺酰基，可用 C_1～C_8烷基或 C_1～C_8烷基酰基取代的氨基，苯基氧基；

R 选自 [结构式] 或 [结构式]；

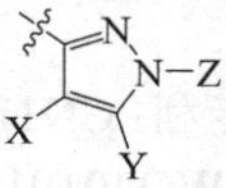

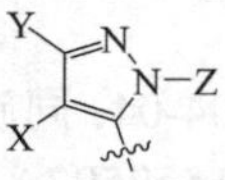

其中 X、Y 分别独立地选自氢，氰基，硝基，卤素，含有或不含有卤素的 C_1～C_8烷基、C_3～C_8环烷基、C_2～C_8链烯基、C_2～C_8炔基、C_1～C_8烷氧基、C_1～C_6烷氧羰基、C_2～C_8链烯基氧基、C_3～C_8环烷氧基、C_1～C_8烷硫基、C_2～C_8链烯基硫基、C_3～C_8环烷硫基、C_1～C_8烷基酰基、C_1～C_8烷基酰氧基或 C_1～C_8烷基磺酰基，可用 C_1～C_8烷基、C_1～C_8烷基酰基及未取代或 C_1～C_8烷氧基取代的苯基取代的氨基，未取代或被选自卤素、C_1～C_8烷基中的一个或多个基团所取代的苯基，吡啶基，呋喃基，苯基酰基，苄基，苄基氧基或吡啶氧基；Z 选自氢，含有或不含有卤素的 C_1～C_8烷基、C_3～C_8环烷基、C_2～C_8链烯基、C_2～C_8炔基或 C_1～C_8烷氧基，苯基或吡啶基。

发明人：连磊，征玉荣，何彬，彭学岗，金涛，崔琦，刘娜；申请人：青岛清原化合物有限公司

中国专利号：ZL201711108041.2；中国专利申请日：2017-11-10；同族专利：WO2019090818A1

化合物类型：HPPD 抑制剂类、苯甲酰基吡唑

发明思路：me-too 研究，在 pyrasulfotole 结构基础上，通过引入吡唑酰氯得到新化合物，该专利与双唑草酮专利相似，区别主要是 R 为 3-吡唑基或 5-吡唑基，双唑草酮则为 4-吡唑基。

用途：具有除草活性。该发明所述化合物普遍具有较好的杂草防效，尤其对于玉米田、水稻田、小麦田广泛发生的杂草稗草、马唐、狗尾草等主要禾本科杂草以及苘麻、蔊菜、鬼针草等杂草有良好的效果；尤其是对 ALS 抑制剂有抗性的蔊菜、播娘蒿、荠菜、麦家公、猪殃殃、繁缕等杂草有极高的活性；该发明的很多化合物对于移栽水稻有选择性并且对抗吡嘧磺隆的稗草、萤蔺、野慈姑等杂草效果优秀。该发明所述化合物很多也对结缕草、狗牙根、高羊茅、早熟禾、黑麦草、海滨雀稗等禾本科草坪有很好的选择性，能防除很多关键禾本科杂草以及阔叶杂草。对不同施药方式下的小麦田、玉米田、高粱田、大豆、棉花、油葵、马铃薯、果树、花生、甘蔗、谷子、油菜、蔬菜等测试也显示出极好的选择性。

代表化合物结构如下：

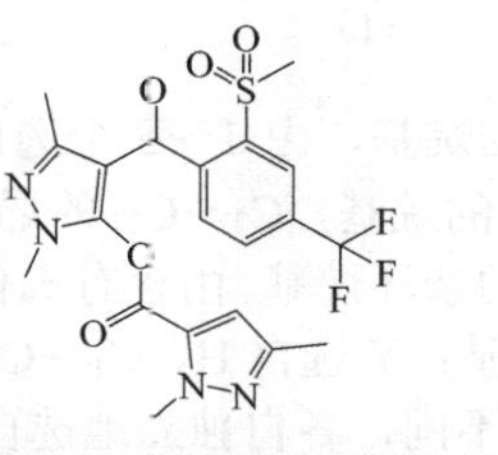

（6）一种含不饱和基的喹唑啉二酮类化合物及其应用和一种农药除草剂

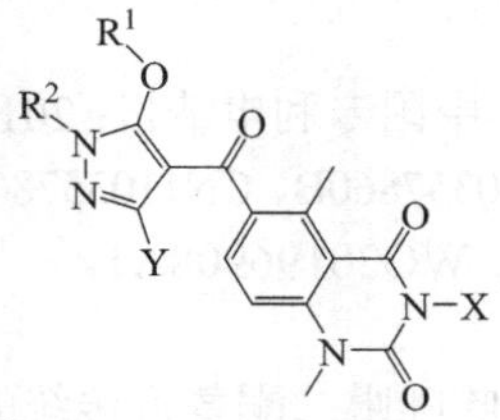

其中，R^1为烯丙基或炔丙基；R^2选自C_1～C_6的烷基；X 选自C_1～C_{12}的烷基，由 1～6 个选自卤素的原子取代的C_6～C_{10}的芳基，由 1～6 个选自卤素的原子取代的C_1～C_{12}的烷基，由C_1～C_3的烷氧基取代的C_1～C_{12}的烷基，C_2～C_{12}的烯基，C_2～C_{12}的炔基，含有选自 O、N、S 中的至少一种杂原子的C_2～C_6的杂环烷基，由含有选自 O、N、S 中的至少一种杂原子的C_2～C_6的杂环烷基取代的C_1～C_{12}的烷基；Y 选自 H、C_1～C_6的烷基。

发明人：杨光富，曲仁渝，何波，南甲戌，严耀超，王现全；申请人：山东先达农化股份有限公司

中国专利号：ZL201910272370.3；中国专利申请日：2019-04-04；同族专利：CN110357860A、CN110357860B、CN110357861A、CN110357862A、JP2021517592A、WO2019196904A1、WO2019196908A1。

化合物类型：喹唑啉二酮类化合物、HPPD 类抑制剂

发明思路：me-too 研究；在前期工作基础上（CN104557739A）将环己二酮替换为羟基吡唑，再经优化得到。

用途：具有除草活性，对水稻田、玉米田和小麦田等农作物种植地中的杂草具有良好的防效，对农作物具有高的安全性。

代表化合物结构如下：

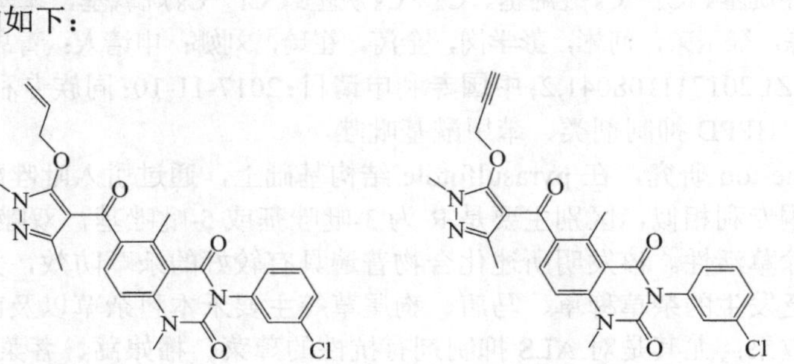

（7）一种吡唑喹唑啉二酮类化合物及其应用和一种农药除草剂

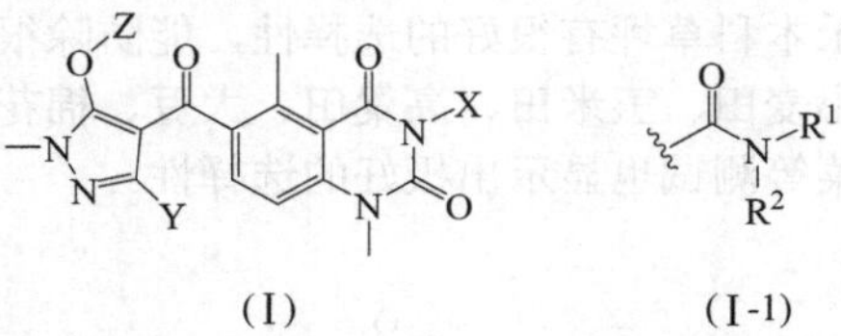

(Ⅰ)　　(Ⅰ-1)

在式(Ⅰ)中，X 选自C_1～C_{12}的烷基，由 1～6 个选自卤素的原子取代的C_1～C_{12}的烷基，由C_1～C_3的烷氧基取代的C_2～C_{12}的烷基，C_2～C_{12}的烯基，C_2～C_{12}的炔基，含有选自 O、N、S 中的至少一种杂原子的C_2～C_{12}的杂环烷基，由含有选自 O、N、S 中的至少一种杂原子的C_2～C_6的杂环烷基取代的C_3～C_{12}的烷基；Y 选自 H、C_1～C_6的烷基；Z 为式(Ⅰ-1)所示的基团，其中，在式(Ⅰ-1)中，R^1和R^2相同或不同，各自独立地选自C_1～C_6的烷基。

发明人：杨光富，曲仁渝，严耀超，南甲戌，王现全；申请人：山东先达农化股份有限公司

中国专利号：ZL201910290134.4；中国专利申请日：2019-04-11；同族专利：CN110357859A、CN110357859B、CN110357860A、CN110357860B、CN110357861A、CN110357861B、CN110357862A、JP2021517592A、WO2019196904A1、WO20196908A1。

化合物类型：三酮类化合物

发明思路：me-too 研究；以取代喹唑啉二酮替换传统的 HPPD 类抑制剂化合物的苯环，并

对吡唑羟基处进行改造得到。

用途：具有除草活性，该发明提供的喹唑啉二酮类化合物具有优异的除草活性和优异的作物安全性。

代表化合物结构如下：

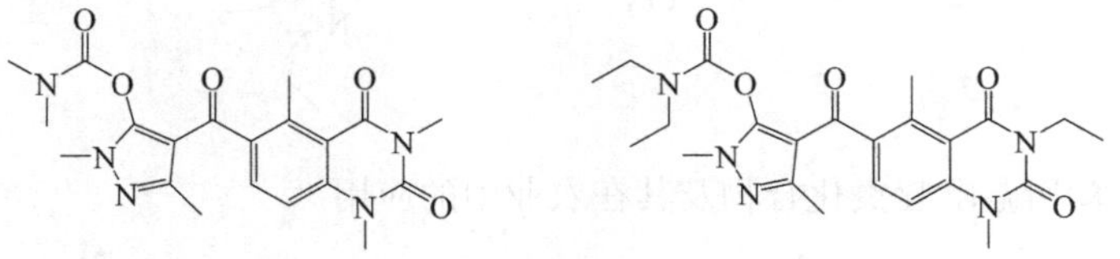

（8）含喹唑啉二酮片段的吡唑类衍生物及其应用和一种农药除草剂

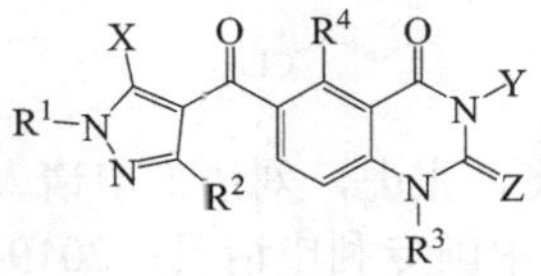

发明人：杨光富，何波，王现全；申请人：山东先达农化股份有限公司

中国公开号：CN110357862A；中国专利申请日：2019-04-11

化合物类型：吡唑类衍生物

发明思路：me-too 研究；以取代喹唑啉二酮替换传统的 HPPD 类抑制剂化合物的苯环，并对吡唑羟基处进行改造得到。

用途：具有除草活性，该发明的吡唑类衍生物具有杀草谱广和对作物安全性高的优点。

代表化合物结构如下：

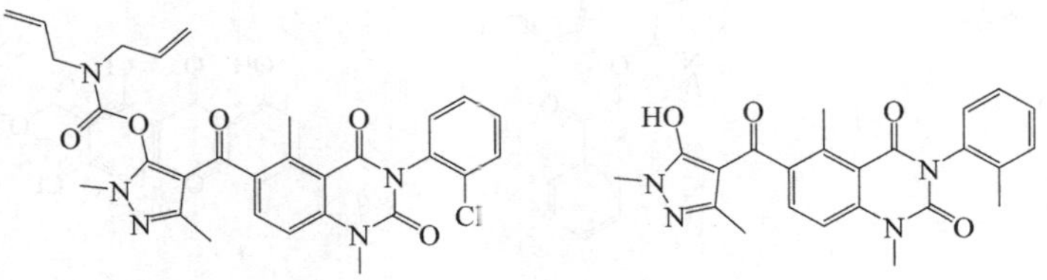

（9）一种稠环酰基类化合物及其应用

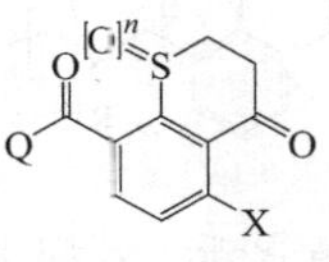

发明人：程岩，杨辉斌，马宏娟，王明欣，崔东亮，英君伍，秦博，王刚，陈霖，孙冰，梁爽，李斌；申请人：沈阳中化农药化工研发有限公司

中国公开号：CN112939958A；中国专利申请日：2019-12-10

化合物类型：稠环酰基类化合物

发明思路：me-too 研究；参照 CN103282354A 中的结构替换修饰而得。

用途：具有除草活性，可用于防治杂草。

代表化合物结构如下：

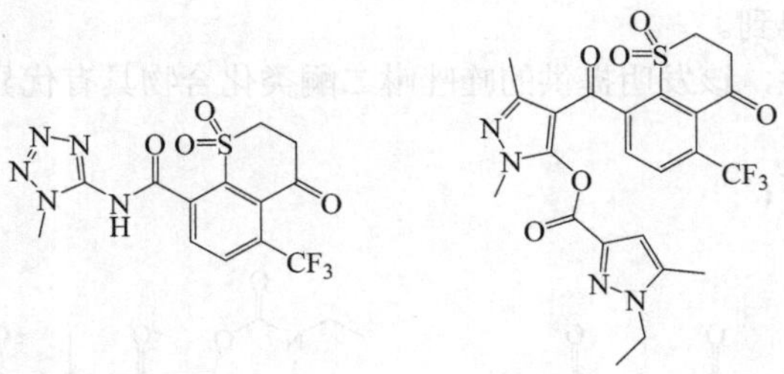

（10）取代的苯甲酰-吡唑类化合物及其在农业中的应用

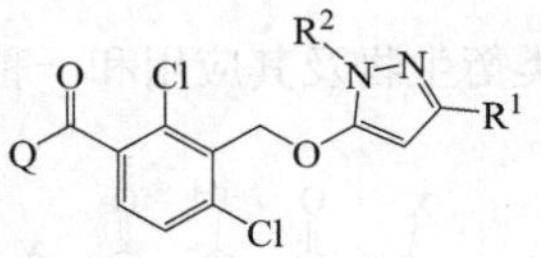

发明人：李义涛，林健，刘鹏飞，张虎，刘倩；申请人：东莞市东阳光农药研发有限公司

中国公开号：CN112142671A；中国专利申请日：2019-06-27

化合物类型：苯甲酰基吡唑、三酮、吡唑酮

发明思路：me-too 研究；在吡草酮（benzofenap）基础上将甲基衍生为苄醚。

用途：具有除草活性。该发明化合物在 300g/hm² 对苘麻、马齿苋和稗草的活性可达 85%～100%；另外对黑麦草也具有很好的除草活性，防效可达 92%以上。

代表化合物结构如下：

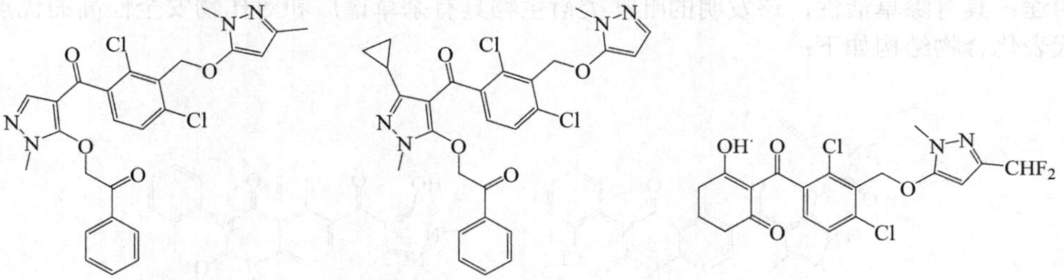

（11）取代的苯甲酰类化合物及其在农业中的应用

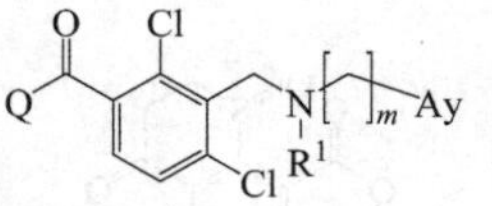

发明人：李义涛，林健，康维明，黄永新，刘鹏飞，张虎；申请人：东莞市东阳光农药研发有限公司

中国公开号：CN112174889A；中国专利申请日：2019-07-03

化合物类型：苯甲酰基吡唑、三酮、吡唑酮

发明思路：me-too 研究；在吡草酮（benzofenap）基础上将甲基衍生为苄胺，从中间体衍生化角度分析为衍生法或者替换法。

用途：具有除草活性。该发明化合物在 300g/hm² 对苘麻、马齿苋和稗草的活性可达 80%～100%。该发明化合物在 150g/hm² 对马齿苋的除草活性在 90%以上，对苘麻和稗草的除草活性在 80%以上。

代表化合物结构如下：

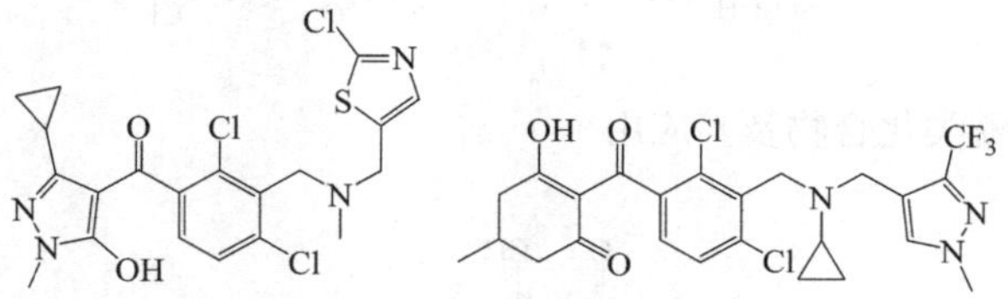

（12）杂环基烷基取代的二氯苯甲酰类化合物及其应用

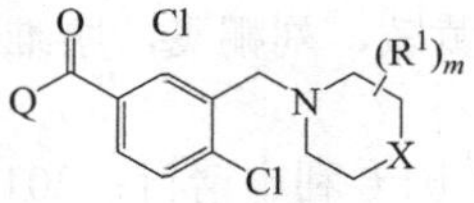

发明人：李义涛，林健，吴庆国，张虎；申请人：东莞市东阳光农药研发有限公司

中国公开号：CN112300092A；中国专利申请日：2020-07-28

化合物类型：苯甲酰基吡唑、三酮、吡唑酮

发明思路：me-too 研究；在吡草酮（benzofenap）中间体基础上将甲基衍生为苄胺。

用途：具有除草活性。该发明化合物在 18.75～300g/hm² 对苘麻、马齿苋、百日草、稗草均具有优异的防治效果。该发明化合物在 75～600g/hm² 对花生安全，与现有技术相比，相同剂量下安全性更高。该发明化合物在 75～300g/hm² 对玉米安全，另外，该发明化合物对水稻、小麦也显示出一定的安全性。

代表化合物结构如下：

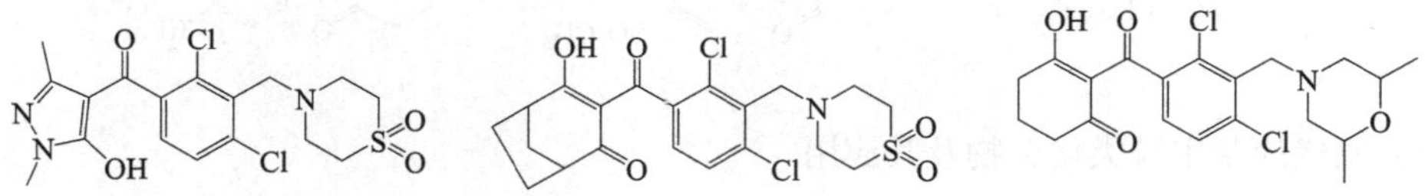

（13）取代的苯甲酰类化合物及其应用

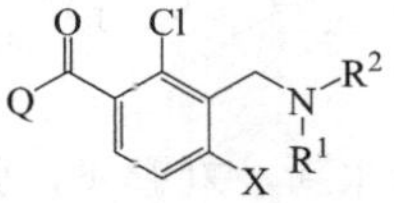

发明人：李义涛，林健，黄敏，吴庆国，刘鹏飞，张虎；申请人：东莞市东阳光农药研发有限公司

中国公开号：CN112409226A；中国专利申请日：2019-08-23

化合物类型：苯甲酰基吡唑、三酮、吡唑酮

发明思路：me-too 研究；在吡草酮（benzofenap）中间体基础上将甲基衍生为苄氨基酰胺或者磺酰胺，或者在已知 HPPD 类除草化合物结构基础上优化而得。

用途：具有除草活性。该发明化合物在 300g/hm² 对苘麻、马齿苋和稗草具有很好的防治效果。

代表化合物结构如下：

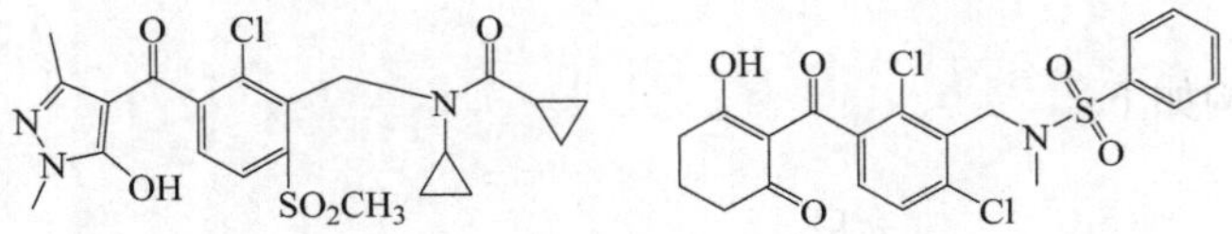

（14）取代的苯甲酰类化合物及其应用

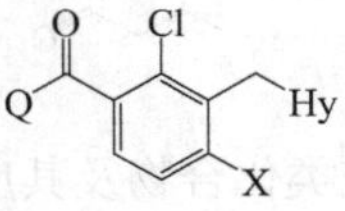

发明人：李义涛，林健，张虎，黄敏，刘鹏飞，康维明；申请人：东莞市东阳光农药研发有限公司

中国公开号：CN112430220A；中国专利申请日：2019-08-26

化合物类型：苯甲酰基吡唑、三酮、吡唑酮

发明思路：me-too 研究；在吡草酮（benzofenap）中间体基础上将甲基衍生为苄基杂环，或者在已知 HPPD 类除草化合物结构基础上优化而得。

用途：具有除草活性。该发明化合物在 300g/hm^2 和 150g/hm^2 对苘麻、马齿苋、稗草和百日草具有很好的防治效果。

代表化合物结构如下：

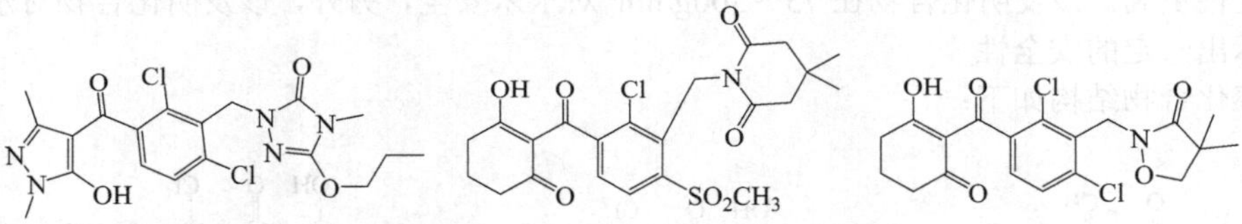

（15）取代的苯甲酰类化合物及其应用

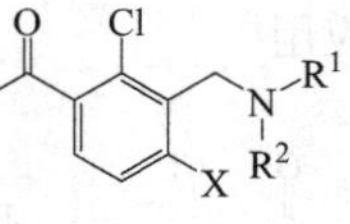

发明人：李义涛，林健，黄敏，黄永新，刘鹏飞，张虎；申请人：东莞市东阳光农药研发有限公司

中国公开号：CN112409263A；中国专利申请日：2020-08-13

化合物类型：苯甲酰基吡唑、三酮、吡唑酮

发明思路：me-too 研究；其权利范围与 CN100386313C 有交叉，尤其是当 Q 为环己烯酮时在其大的权利专利范围内，但非列表化合物。在吡草酮（benzofenap）基础上将甲基衍生为苄胺衍生物，或者将环磺酮（tembotrione）中的 O 替换为 N。

用途：具有除草活性。该发明化合物在 9.375～300g/hm^2 对苘麻、马齿苋、稗草、百日草、狗尾草、田旋花、牛筋草具有很好的防治效果，且该发明化合物对小麦具有较好的安全性。

代表化合物结构如下：

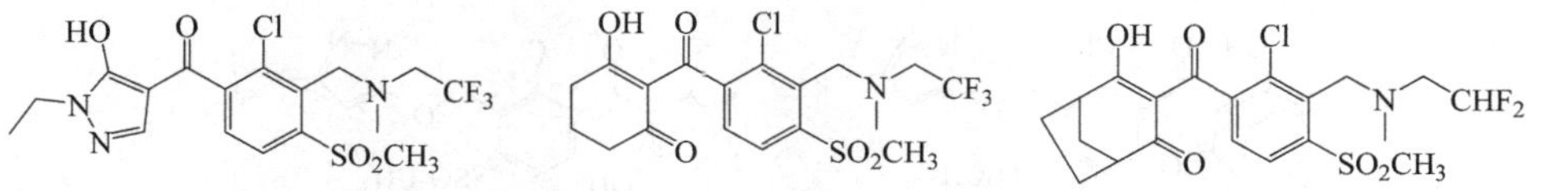

（16）一种苯并噻二嗪衍生物及其在农业中的应用

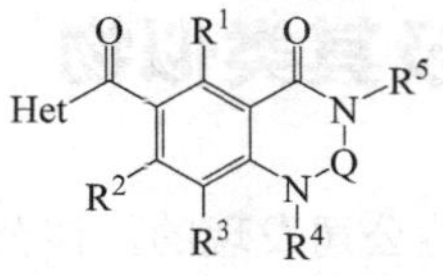

发明人：李义涛，林健，池伟林，康维明，陈俊禧，胡晓云，伍阳；申请人：东莞市东阳光农药研发有限公司

中国公开号：CN114163430A；中国专利申请日：2021-09-09

化合物类型：苯甲酰基吡唑、三酮、吡唑酮、苯并噻二嗪

发明思路：me-too 研究；结合现有技术 WO2017140612 和 CN104557739 公开的具有除草活性的 2, 4-喹唑啉化合物，WO9742185 公开的苯并氧杂硫二氧化物，设计了一类苯并噻二嗪二氧化物衍生物。

用途：具有除草活性。该发明化合物在 150g/hm^2 对苘麻、马齿苋及稗草防效高于 85%。

代表化合物结构如下：

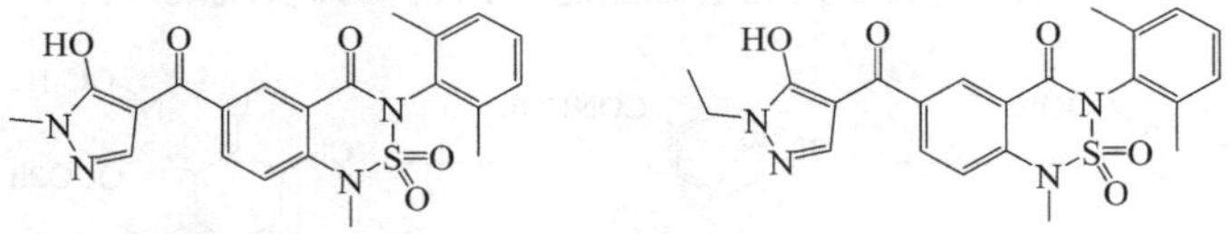

（17）取代的苯甲酰-吡唑类化合物及其在农业中的应用

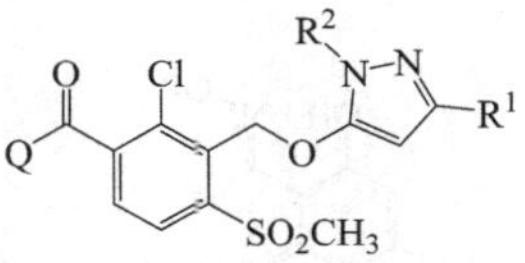

式中，R^1 为 $C_{1\sim4}$ 烷基、卤代 $C_{1\sim4}$ 烷基或 $C_{3\sim6}$ 环烷基；R^2 为 $C_{1\sim6}$ 烷基、卤代 $C_{1\sim4}$ 烷基或苯基；Q 为以下子结构式：

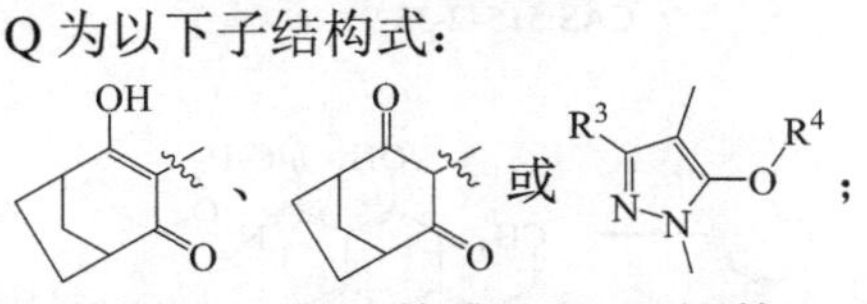

、 或 ；

R^3 为氢、$C_{1\sim4}$ 烷基或 $C_{3\sim6}$ 环烷基；R^4 为氢或 CH_2-CO-苯基；其中所述 CH_2-CO-苯基任选地被 1 个选自 $C_{1\sim4}$ 烷基的取代基所取代。

发明人：李义涛，林健，张虎，刘鹏飞；申请人：东莞市东阳光农药研发有限公司

中国专利号：ZL202080005112.X；中国专利申请日：2020-06-18；同族专利：WO2021000736A1

化合物类型：苯甲酰基吡唑、三酮、环己烯酮、吡唑酮

发明思路：me-too 研究；在环磺酮（tembotrione）、呋喃磺草酮（tefuryltrione）基础上将三氟乙基醚、四氢呋喃醚替换为吡唑醚。

用途：具有除草活性，该发明化合物在 18.75～300g/hm^2 剂量下对苘麻、马齿苋、百日草、稗草的活性可达 80%～100%。

代表化合物结构如下：

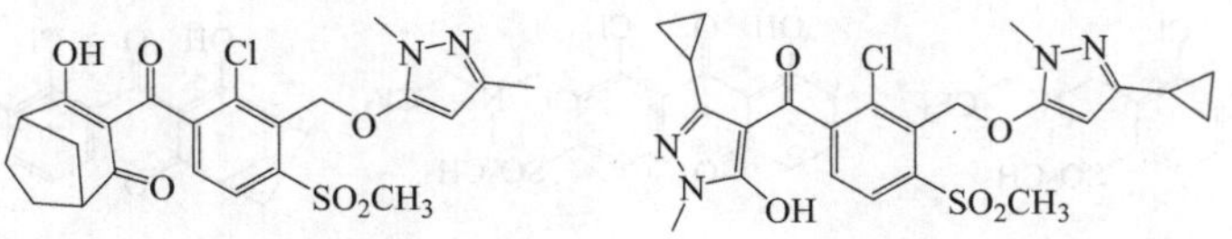

4.5 环己烯酮类化合物及其类似物

环己烯二酮类除草剂是由日本曹达公司发现的，该公司于20世纪60年代初在研究苯甲酸类除草剂的类似物时，探索了化合物**1**与羟胺的反应，发现了杀螨剂苯螨特（**3**，benzoximate）。在此基础上，结合天然产物随机合成了化合物**4**，生测结果表明化合物**4**在$5kg/hm^2$剂量下具有一定的除草活性。他们进行了更进一步的研究，合成了大量的化合物**5**和**6**（X=NR^3、O、CHR^4，Y=CO、SO_2、S、CR^5R^6，Z=NR^7、O、CHR^9；R^3、R^4、R^5、R^6、R^7、R^9均可选自氢、C_1～C_4烷基），并发现化合物**7**在$0.25kg/hm^2$剂量下对某些杂草具有很好的活性，此化合物**7**也许可以称为环己烯二酮类除草剂的先导化合物。进一步研究发现了环己烯二酮类除草剂中第一个商品化品种禾草灭（**8**，alloxydim，1977年上市），随后授权几家公司在日本以外市场使用，禾草灭已经于2003年退出市场。1981年由日本曹达公司开发烯禾啶（**9**，sethoxydim），其活性是禾草灭的3～8倍，这类品种开始具有重要商业化意义。后来开发的烯草酮、丁苯草酮、吡喃草酮、环苯草酮等品种，均是在禾草灭的基础上进行结构修饰发现的。

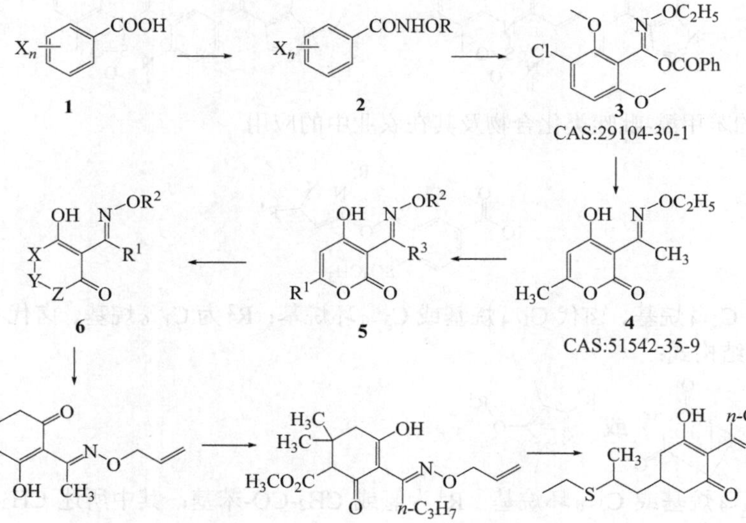

1 **2** **3** CAS:29104-30-1

4 CAS:51542-35-9 **5** **6**

7 CAS:55634-19-0 **8** CAS:55635-13-7 **9** CAS:74051-80-2

目前，有ISO（International Organization for Standardization）通用名的环己烯酮类除草剂共有9个：丁苯草酮（butroxydim）、烯草酮（clethodim）、噻草酮（cycloxydim）、环苯草酮（profoxydim）、烯禾啶（sethoxydim）、吡喃草酮（tepraloxydim）、三甲苯草酮（tralkoxydim）、禾草灭（alloxydim）、cloproxydim。除环苯草酮为水田除草剂外，其他均为旱田除草剂。中国农业上使用较多的是烯禾啶和烯草酮。此类除草剂均为乙酰辅酶A羧化酶（ACCase）抑制剂。

唑啉草酯（pinoxaden）从结构上看也是由环己烯酮替换而来的吡唑酮结构。

国内目前开发的是先达股份的苯丙草酮。

4.5.1 苯丙草酮的创制

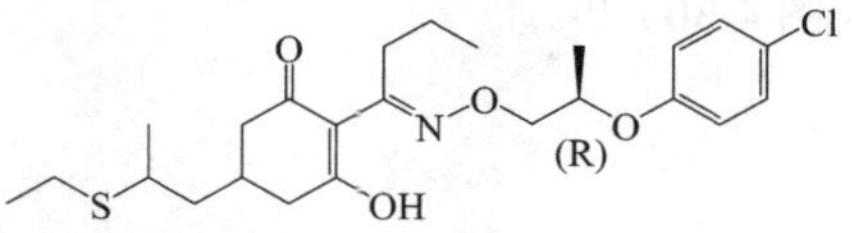

苯丙草酮（商标名：马稗克，CAS 2839324-65-9；英文通用名：feproxydim 或 pheprodim）属于环己烯酮类，是先达股份开发的 ACCase 抑制剂类化合物，高效，具内吸性，杀草谱广，可有效防除水稻田对多类型除草剂产生抗性的禾本科杂草，与五氟磺草胺、氰氟草酯、噁唑酰草胺、二氯喹啉酸等无交互抗性，对抗性稗草、千金子、双穗雀稗特效。

4.5.1.1 创制过程

推测其创制是在其生产的烯草酮（clethodim）中间体基础上结合环苯草酮（profoxydim）结构，从而发现了苯丙草酮的消旋体，通过拆分从而发现了苯丙草酮（图 4-28）。

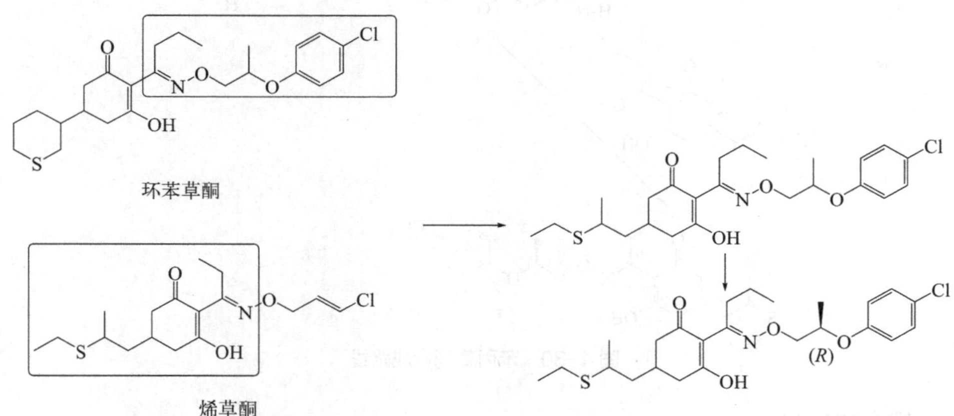

图 4-28 苯丙草酮的创制思路

4.5.1.2 知识产权分析

该产品并没有化合物专利，其消旋体为巴斯夫专利 WO9316062A1（申请日 1993-01-30）中相关化合物（CAS 151915-33-2），*R* 构型仅在组合物专利 CN112655710（申请日 2021-01-29）中公开。与该产品最接近的现有技术是 CN111205208B 代表化合物，二者差别主要是乙基和丙基的区别（图 4-29）。

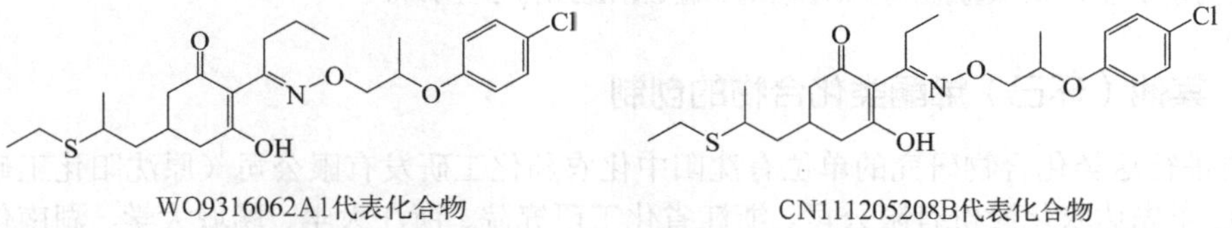

WO9316062A1代表化合物　　CN111205208B代表化合物

图 4-29 现有技术

4.5.1.3 合成方法

对氯苯酚与(*S*)-氯代丙酸甲酯反应后经过还原、甲磺酰化后与乙酰肟酸反应后再经过脱去乙酰基再经缩合得到苯丙草酮（图 4-30）[1]。

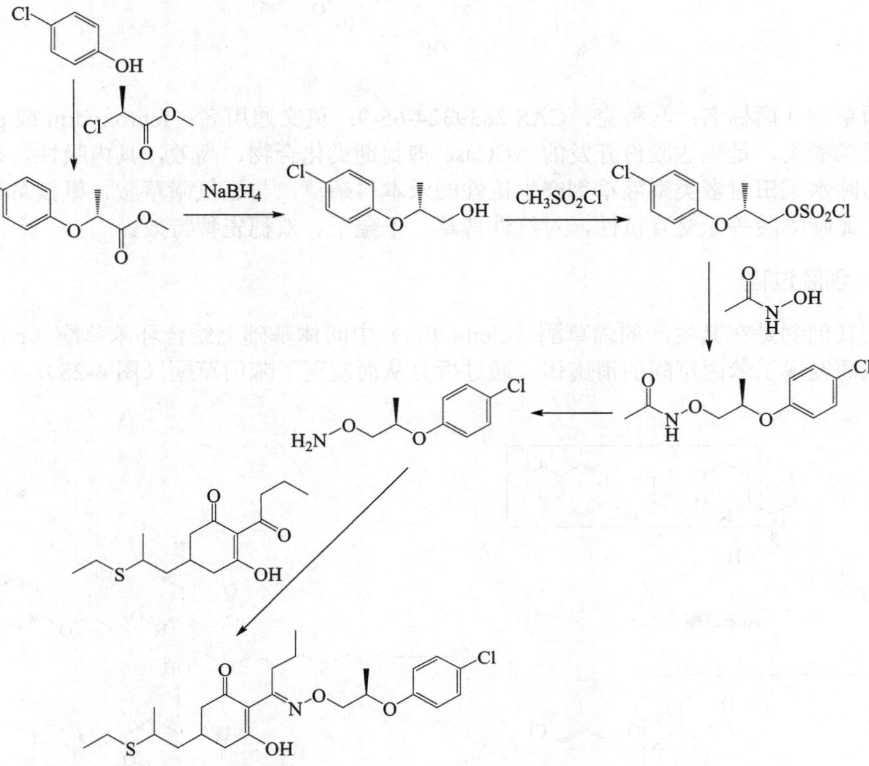

$NaBH_4$ CH_3SO_2Cl

图 4-30 苯丙草酮合成路线

4.5.1.4 组合物专利

苯丙草酮截至 2023 年 2 月公开了 1 件组合物专利，详见表 4-55。

表 4-55 苯丙草酮申请的组合物专利

序号	公开号	发明名称	申请人	B 组分
1	CN112655710A	农药组合物及其应用和除草剂	辽宁先达农业科学有限公司	氰氟草酯

参考文献

[1] 王现全, 刘勇, 孙雪婷, 等. 农药组合物及其应用和除草剂, CN112655710, 2021-04-16.

4.5.2 其他（环己）烯酮类化合物的创制

国内进行这类化合物研究的单位有沈阳中化农药化工研发有限公司（原沈阳化工研究院农药所）、山东先达农化股份有限公司、浙江省化工研究院、浙江大学、聊城大学、湖南化工研究院以及中国药科大学等，沈阳中化农药化工研发有限公司和山东先达农化股份有限公司基本是在现有除草剂如三苯甲草酮、烯草酮和环苯草酮基础上进行 me-too 研究。浙江省化工研究院是引入三氟吡啶二酮结构替代环己酮，聊城大学引入了吡喃酮结构，浙江大学在三酮基础上引入烯草酮肟醚部分，湖南化工研究院则是在唑啉草酯基础上引入特殊的酰氯进行研究，中国药科大学则引入了 5-羟基吡唑替代环己二酮。

（1）一种 5-(3, 4-二取代苯基)-1, 3-环己二酮类化合物及其应用

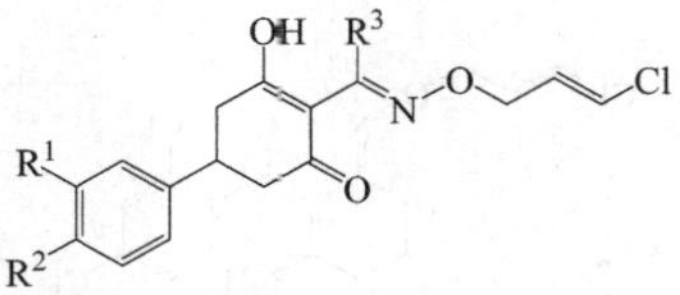

其中，R^1、R^2 分别选自甲基、乙基、甲氧基等；R^3 选自甲基、乙基、丙基或丁基。

发明人：梁爽，刘鹏飞，崔东亮，张振，颜克成，李斌；申请人：沈阳中化农药化工研发有限公司

中国专利号：ZL201510886035.4；中国专利申请日：2015-12-04

化合物类型：环己烯二酮类化合物

发明思路：me-too 研究；在环己烯二酮类除草剂的基础上优化得到。

用途：具有除草活性，而且对作物安全。

代表化合物结构如下：

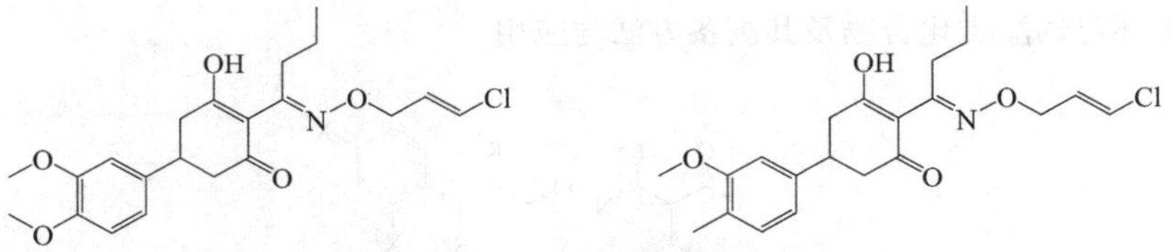

（2）一种含五元杂环的环己烯酮类化合物及其应用

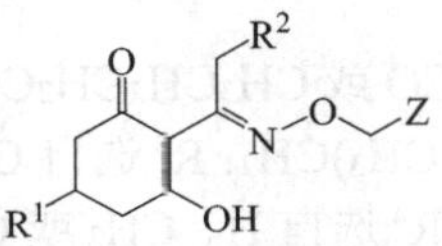

式中，R^1 选自 L1[$CH_3CH_2SCH(CH_3)CH_2$]；R^2 选自甲基或乙基；Z 选自杂环 Z1、Z3、Z7 或 Z8；杂环上的 H 可被一个或多个 X 基团取代；

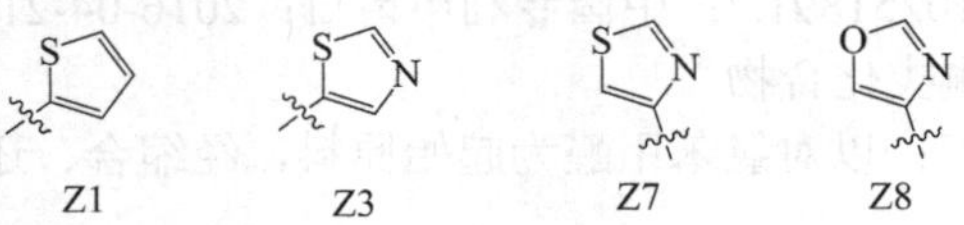

Z1 Z3 Z7 Z8

X 选自卤素、苯基或卤代苯基。

发明人：刘鹏飞，梁爽，马宏娟，刘成利，单彬，张振，李斌；申请人：沈阳中化农药化工研发有限公司

中国专利号：ZL201410768412.X；中国专利申请日：2014-12-12

化合物类型：环己烯酮类化合物

发明思路：me-too 研究；在苯草酮结构基础上对肟醚处取代基进行替换。

用途：除草剂。75～300g (a .i.)/hm^2 对稗草和狗尾草均具有很好的防治效果。

代表化合物结构如下：

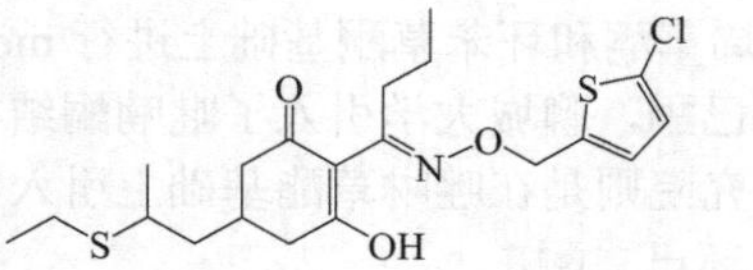

（3）含有环己烯酮和肟醚结构的化合物及其制备方法

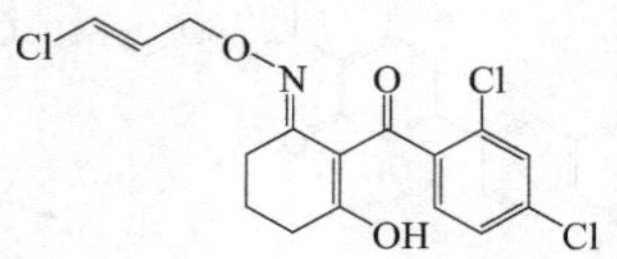

发明人：邹建卫，骆成才，张华星，蒋勇军；申请人：浙江大学宁波理工学院

中国专利号：ZL200910153473.4；中国专利申请日：2009-10-10

化合物类型：环己烯酮肟醚类

发明思路：me-too 研究；在三酮除草剂结构基础上结合了烯草酮的肟醚结构而合成了该发明化合物。

用途：在 750g/hm^2 高剂量下，该发明的化合物对芥菜有较好的除草活性，目测活性为 70%；对反枝苋和鳢肠活性一般，目测活性为 30%～40%。该发明的化合物对禾本科杂草稗草、狗尾草、马唐无效。

（4）一种环己烯酮类化合物及其制备方法与应用

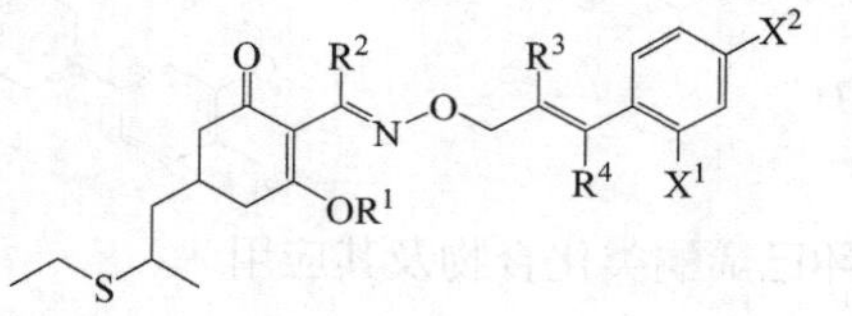

式中，R^1 选自 H、CH_3CO、CH_3CH_2CO 或 $CH_3CH_2CH_2CO$；R^2 选自 CH_3、CH_3CH_2、$CH_3CH_2CH_2$、$(CH_3)_2CH$、$CH_3CH_2CH_2CH_2$ 或 $CH_3CH(CH_3)CH_2$；R^3 选自 CH_3、CH_3CH_2、$CH_3CH_2CH_2$、$(CH_3)_2CH$、$CH_3CH_2CH_2CH_2$ 或 $CH_3CH(CH_3)CH_2$；R^4 选自 H、CH_3 或 Cl；其中，碳碳双键上的 R^3 与 R^4 为顺式或反式；X^1 选自 H、F、Cl、Br 或 I；X^2 选自 F、Cl、Br、I 或硝基。

发明人：王现全，李凯，陈恩昌，宋萍；申请人：潍坊先达化工有限公司

中国专利号：ZL201610251891.7；中国专利申请日：2016-04-21

化合物类型：环己烯酮类化合物

发明思路：me-too 研究；以对氯苯甲醛为起始原料，经缩合、还原、缩合、胺交换、缩合反应得到。

用途：具有除草活性，该发明化合物在 5～20g/hm^2 下对稗草和狗尾草具有较好的防除效果，且对水稻具有一定的安全性。

代表化合物结构如下：

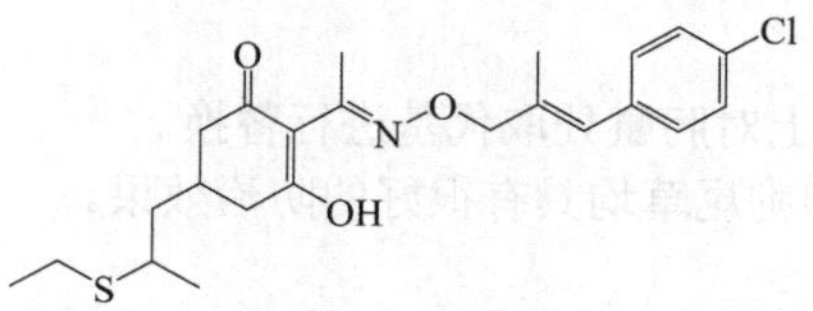

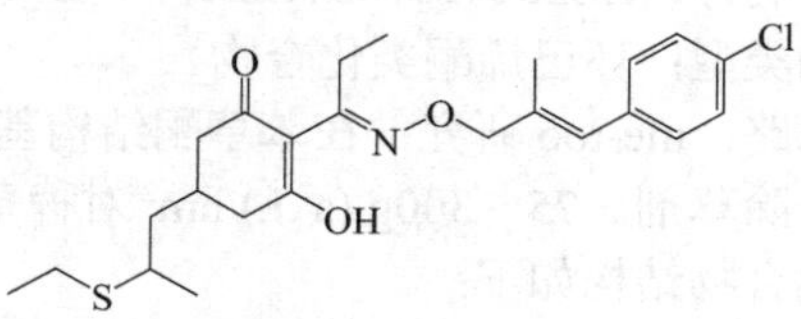

（5）三氟甲基取代的二氢吡啶酮类衍生物，其制备方法及应用

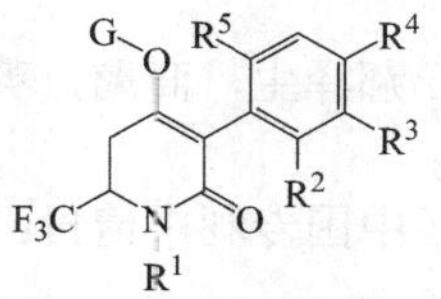

式中，R^1选自氢原子、C_1～C_6烷基、C_1～C_6卤代烷基；R^2、R^3、R^4和R^5独立地选自氢原子、卤原子、C_1～C_6烷基、C_1～C_6卤代烷基、C_1～C_6烷氧基或C_1～C_6卤代烷氧基；G 选自氢或结构式(Ⅱ)所示的取代基：

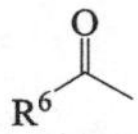

(Ⅱ)

R^6选自C_1～C_6烷基、C_1～C_6卤代烷基、C_1～C_6烷氧基、C_1～C_6卤代烷氧基、苯氧基、苯甲氧基、被1～5个取代基取代的苯基或苄基，所述被1～5个取代基取代的苯基或苄基中的取代基独立地选自氢、卤原子、C_1～C_3烷基、C_1～C_3卤代烷基、C_1～C_3烷氧基、C_1～C_3卤代烷氧基、C_1～C_3烷氧羰基、C_1～C_3卤代烷氧羰基、硝基或氰基。

发明人：冯启，徐小燕，孔小林，陈杰；申请人：中化蓝天集团有限公司，浙江省化工研究院有限公司

中国专利号：ZL201210567774.3；中国专利申请日：2012-12-24

化合物类型：二氢吡啶酮类

发明思路：me-too 研究；在专利 JP11140055 报道的三氟甲基取代吡啶酮类化合物结构基础上进一步衍生，得到现有化合物。

用途：具有除草活性。对稗草、狗尾草具有好的防效。

代表化合物结构如下：

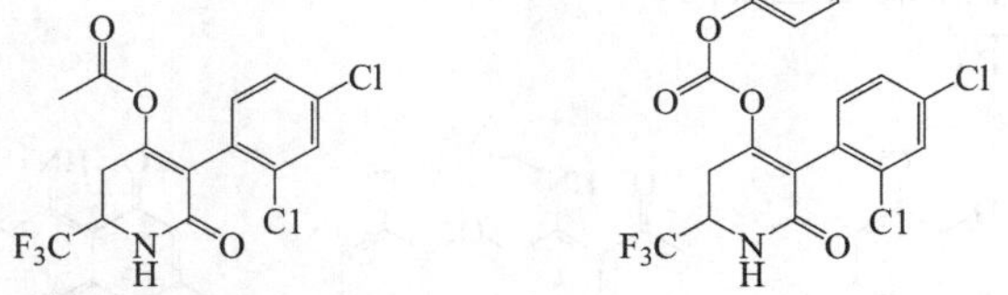

（6）一种羧酸肟酯类化合物及用途

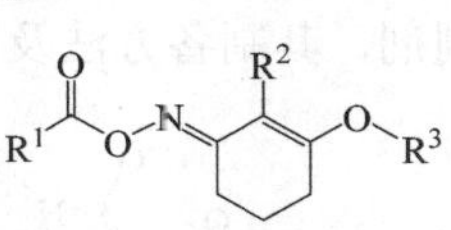

式中，R^1选自C_1～C_6的烷基、C_1～C_6的卤代烷基、C_3～C_6的环烷基、C_3～C_6的环烷基C_1～C_6烷基、C_3～C_6的卤代环烷基、C_1～C_6的烷氧基C_1～C_6的烷基、C_1～C_6的卤代烷氧基C_1～C_6的烷基、C_1～C_6的烷氧基、C_1～C_6的卤代烷氧基、C_3～C_6的环烷氧基、C_3～C_6的卤代环烷氧基、C_3～C_6的环烷基C_1～C_6的烷氧基、苯环、具有1～3个杂原子的五或六元杂环、苯并具有1～3个杂原子的五或六元杂环，所述苯环或杂环上的氢可被一个或多个相同或不同的R^4取代；R^2选自H或C_1～C_{12}的烷基；R^3选自C_3～C_{12}的烷基、C_1～C_6的卤代烷基、C_3～C_6的环烷基、C_3～C_6的环烷基C_1～C_6烷基、C_3～C_6的卤代环烷基或C_3～C_6的环烷基C_3～C_6的环烷基；R^4选自卤素、硝基、氰基、C_1～C_6的烷基、C_1～C_6的卤代烷基、C_3～C_6的环烷基、C_3～C_6的卤代环烷基、C_1～C_6的烷氧基C_1～C_6的烷基、C_1～C_6的卤代烷氧基C_1～C_6的烷基、C_1～C_6的烷

氧基、C_1～C_6的卤代烷氧基、C_3～C_6的环烷氧基、C_3～C_6的卤代环烷氧基或C_3～C_6的环烷基C_1～C_6的烷氧基。

发明人：王刚，杨辉斌，马宏娟，郝泽生，商璐，英君伍，秦博，李斌；申请人：沈阳中化农药化工研发有限公司

中国专利号：ZL201910756575.9；中国专利申请日：2019-08-16

化合物类型：羧酸肟酯类化合物

发明思路：在现有技术 WO2007053755A1 公开结构基础上衍生引入吡啶元素，从而得到羧酸肟酯类化合物。

用途：具有除草活性，对百日草和苘麻等阔叶杂草具有一定的防除效果。

代表化合物结构如下：

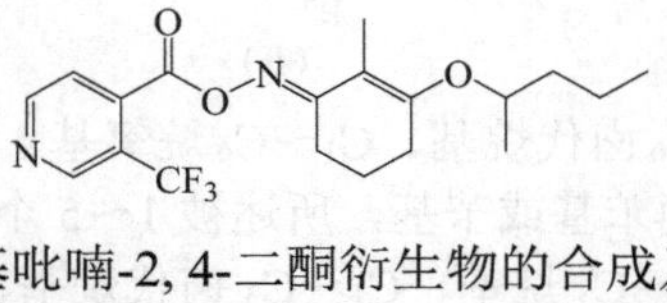

（7）3-(1-氨基亚乙基)-6-甲基吡喃-2, 4-二酮衍生物的合成及其作为除草剂的应用

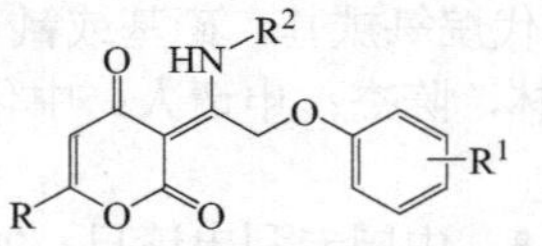

发明人：雷康，柳仁民，周晓芸，王学堃，王世本，陈珂；申请人：聊城大学

中国公开号：CN111072615A；中国专利申请日：2019-11-08

化合物类型：二酮类

发明思路：me-too 研究；利用组合化学原理，将天然产物 Fischerellin A 的活性结构片段与4-羟基-6-甲基吡喃-2-酮进行分子杂化得到现有化合物。

用途：具有除草活性，在 1500g/hm^2 施药量下，对油菜、苋菜和马唐均具有很好的抑制效果，苗前处理效果要优于苗后处理活性。

代表化合物结构如下：

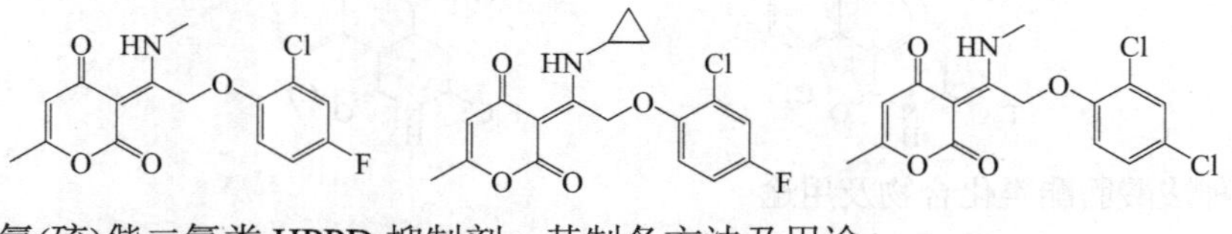

（8）芳氧(硫)偕二氟类 HPPD 抑制剂，其制备方法及用途

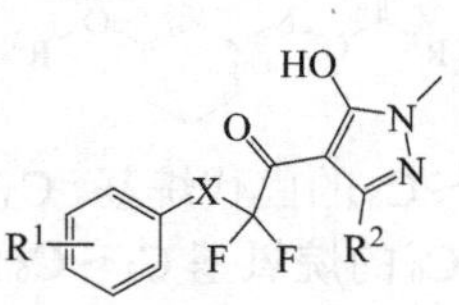

发明人：张大永，黄浩，张建秋，张梦涵；申请人：中国药科大学

中国公开号：CN112679434A；中国专利申请日：2020-12-25

化合物类型：芳氧(硫)偕二氟 HPPD 抑制剂

发明思路：me-too 研究；参照 JP57144262 或 CN110330458A，通过引入二氟乙酸，经过衍生化合成芳氧(硫)偕二氟类 HPPD 抑制剂。

用途：具有除草活性；在 150g (a.i.)/hm^2 剂量下苗后茎叶喷雾处理，部分化合物对供试阔叶

杂草靶标及禾本科杂草（稗草、马唐等五种靶标）均具有较高活性，生长抑制率 70%～100%，靶标植株表现白化，直至死亡，与硝磺草酮活性相当。

代表化合物结构如下：

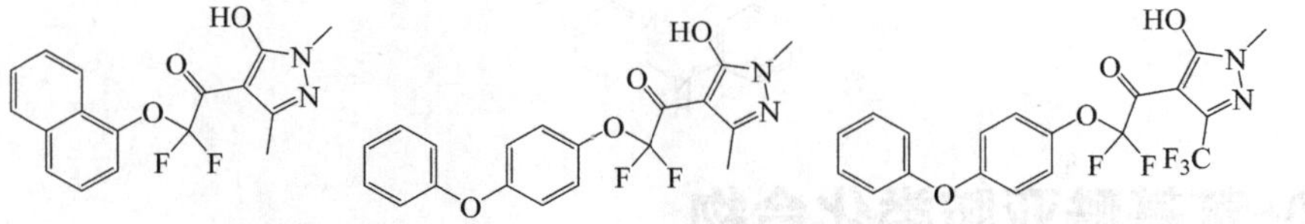

（9）芳烃基氮(氧)乙酰吡唑类 HPPD 抑制剂，其制备方法及用途

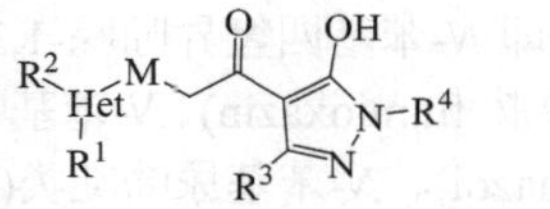

发明人：张大永，张建秋，黄浩，张梦晗；申请人：中国药科大学

中国公开号：CN112625029A；中国专利申请日：2020-12-24

化合物类型：芳烃基氮(氧)乙酰吡唑类 HPPD 抑制剂

发明思路：me-too 研究；参照(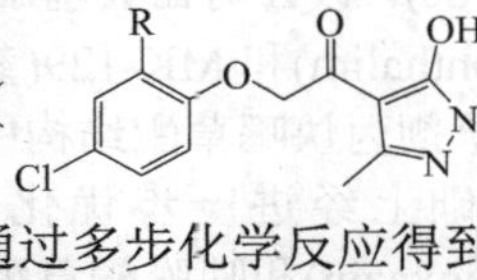 ，JP57144262)内容通过化学衍生化方法，首先合成苯氨基嘧啶醇，再通过多步化学反应得到目标化合物 HPPD 抑制剂。

用途：具有除草活性，部分化合物照在 150g (a.i.)/hm^2 剂量时对反枝苋、马齿苋、苘麻、鳢肠、稗草和马唐表现了较好活性。

代表化合物结构如下：

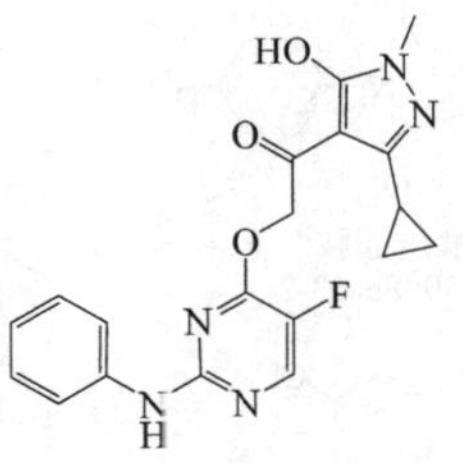

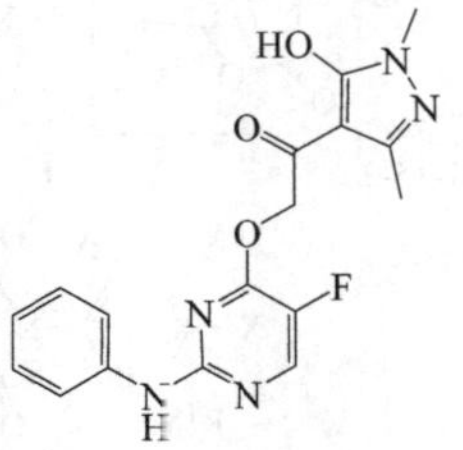

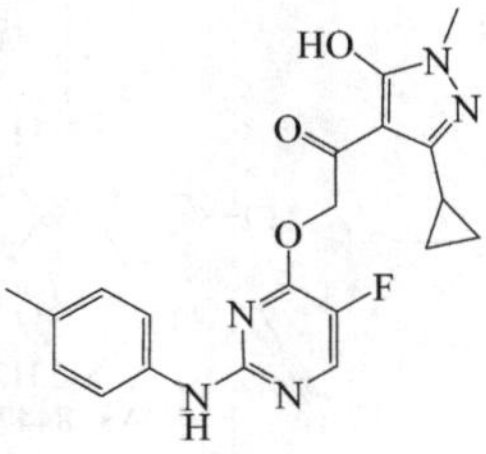

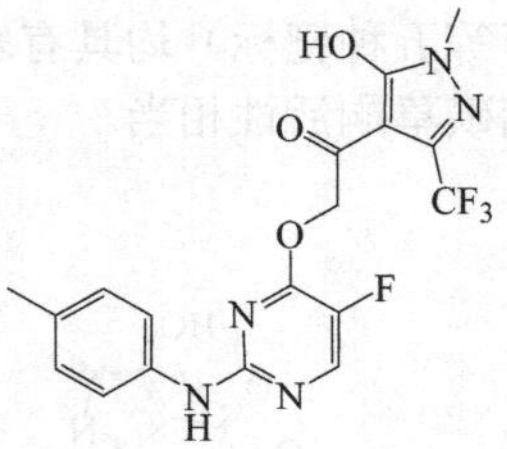

4.6 *N*-苯基酰亚胺类化合物

此类除草剂主要有 11 个品种，其苯环多为四取代的，N 所在杂环有五元环也有六元环。根据 N 所在杂环不同可分为五小类，即 *N*-苯基四氢异吲哚-1,3-二酮类(吲哚酮草酯 cinidon-ethyl、氟烯草酯 flumiclorac-pentyl、丙炔氟草胺 flumioxazin)、*N*-苯基噁唑二酮类(环戊噁草酮 pentoxazone)、*N*-苯基咪唑二酮类(氟唑草胺 profluazol)、*N*-苯基尿嘧啶类(双苯嘧草酮 benzfendizone、氟丙嘧草酯 butafenacil、epyrifenacil、苯嘧磺草胺 saflufenacil、氟嘧硫草酯 tiafenacil)、*N*-苯基硫代三嗪三酮类(三氟草嗪 trifludimoxazin)。以上品种皆为原卟啉原氧化酶(PPO)抑制剂。

此类化合物最早的先导化合物可能是日本三菱化学株式会社(Mitsubishi Chemical Industries Ltd)研发的杀菌剂氟氯菌核利(fluoromide)。该公司在其基础上展开优化，于 1970 年又发现了具有除草活性的化合物氯酞酰亚胺(chlophthalim)和 MK-129(参考 JP48011940)，采用替换法，使用氯酞酰亚胺中间体替换噁二唑酮类除草剂丙炔噁草酮结构中的噁二唑，后继续优化得到了化合物 S-23124。然后在 S-23124 的基础上经进一步优化得到该类其他除草剂如氟烯草酸(flumiclorac-pentyl)、丙炔氟草胺(flumioxazin)和吲哚酮草酯(cinidon-ethyl)；另外通过替换、衍生等方法得到了其他类除草剂如 *N*-苯基噁唑二酮类、*N*-苯基咪唑二酮类、*N*-苯基三唑啉酮类、*N*-苯基哒嗪酮类、*N*-苯基尿嘧啶类以及 *N*-苯基硫代三嗪三酮类除草剂。

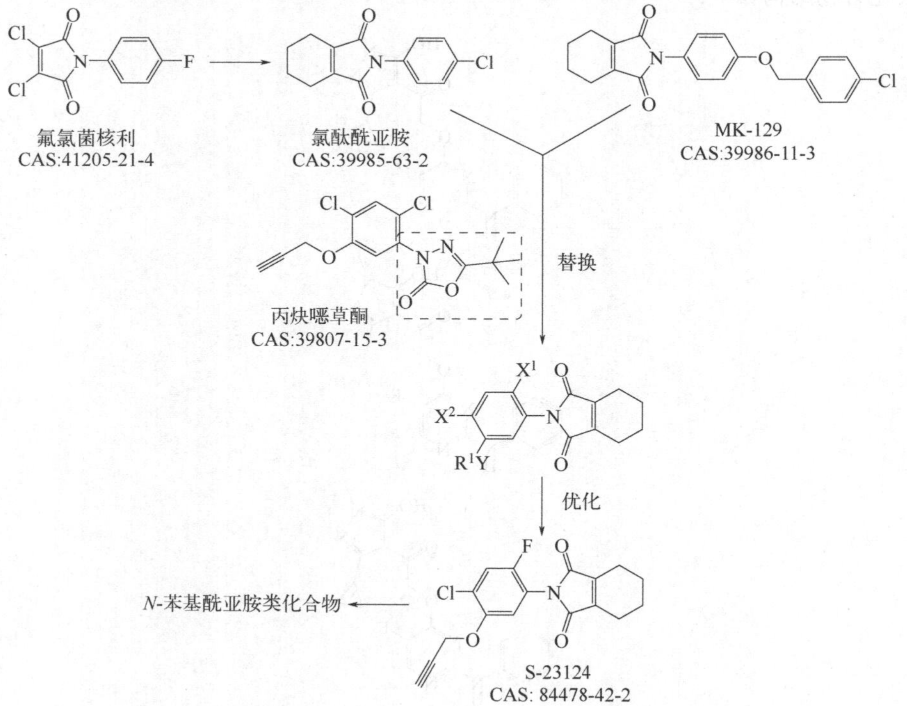

氟氯菌核利
CAS:41205-21-4

氯酞酰亚胺
CAS:39985-63-2

MK-129
CAS:39986-11-3

丙炔噁草酮
CAS:39807-15-3

替换

优化

S-23124
CAS: 84478-42-2

N-苯基酰亚胺类化合物

沈阳中化农药化工研发有限公司的苯嘧草唑和清原农冠的氟草啶均为 *N*-苯基尿嘧啶类化合物。对 *N*-苯基尿嘧啶类化合物研究的单位主要有湖南化工研究院、华中师范大学、南开大学、深圳大学、沈阳中化农药化工研发有限公司（原沈阳化工研究院农药所）、山东先达农化股份有限公司、清原农冠公司，其创制思路基本为在现有商品化品种上的 me-too 研究，大都保持了母体结构，当然也有对其局部结构的衍生化，如沈阳中化农药化工研发有限公司、清原农冠引入了异噁唑啉结构；华中师范大学引入苯并噻唑、磷酸酯等结构。

对该类化合物中报道较多的还有 *N*-苯基四氢异吲哚-1,3-二酮类、*N*-苯基噁唑酮类、*N*-苯基咪唑二酮类、*N*-苯基三唑啉酮类、*N*-苯基硫代三嗪三酮、*N*-苯并三嗪酮、*N*-三唑并哒嗪酮、*N*-苯并嘧啶酮、*N*-吡唑并嘧啶酮以及 *N*-四唑啉酮类化合物。研究的主要单位有湖南化工研究院、华中师范大学、南开大学、深圳大学、中国农业大学、江苏省农药研究所、沈阳中化农药化工研发有限公司（原沈阳化工研究院农药所）、山东先达农化股份有限公司、清原农冠公司等，其创制思路基本为在现有商品化品种上的 me-too 研究，大都保持了母体结构，当然也有对其局部结构的衍生化。

4.6.1 苯嘧草唑的创制

化合物专利名称：一种含异噁唑啉的脲嘧啶类化合物及其用途

中国专利号：ZL201410781642.X；申请日：2014-12-16；授权日：2020-08-04

专利发明人：杨吉春，吴峤，马宏娟，李淼，颜克成，刘长令

申请人：沈阳中化农药化工研发有限公司

苯嘧草唑（SY-1604，isoxafenacil）是在巴斯夫开发的苯嘧磺草胺的关键中间体基础上，通过“中间体衍生化法”进行衍生、优化，从而发明的活性上明显优于苯嘧磺草胺，而且可以有效防除抗草甘膦杂草的全新除草剂，具有自主知识产权，已经相继申请了中国、阿根廷、澳大利亚、加拿大、美国和巴西专利。SY-1604 活性优异、用量低、杀草谱广，可以同时防除抗草甘膦的牛筋草和小飞蓬，且与草甘膦具有明显的增效作用，可有效降低草甘膦的使用量，符合国家农药减量等产业政策。SY-1604 急性经口毒性 LD_{50}＞5000mg/kg。SY-1604 活性得到农药研发巨头先正达公司和拜耳公司的高度认可，明确表示其具有全球开发价值。

4.6.1.1 创制过程

杂草对作物产量的影响明显，当杂草长至 15cm 时，其造成的经济损失为每公顷 73 欧元，杂草仍是农民的头号敌人，除草剂的重要性不言而喻[1-3]。但是随着除草剂的大量使用，除草剂抗性成为当前全球面临的挑战，而抗性杂草的治理也是摆在全世界面前的一道难题。一般而言，单一作用机制的除草剂大量连续使用 3～5 年后，杂草就逐渐产生抗药性。该如何有效应对，延缓抗性是当下除草剂行业中农化企业主体亟待思考和解决的棘手课题。

（1）全球抗除草剂杂草的发展情况　自 20 世纪 50 年代首次在加拿大和美国分别发现抗 2,4-滴的野生胡萝卜和鸭跖草以来，杂草抗性的问题始终伴随着全球农业的发展，是全球农业发展的噩梦。国际抗性杂草调查的统计数据显示（图 4-31），初期，抗性杂草的发展非常缓慢，进入 20 世纪 80 年代中后期，随着全球农药行业的快速发展，抗性杂草以惊人的速度迅速发展[4,5]。截至 2018 年 3 月份，在 69 个国家 92 种作物中，已有 254 种杂草（148 种阔叶杂草和 106 种单子叶杂草）的 490 个生物型对 26 类已知化学除草剂中的 23 类的 163 种除草剂产生了抗药性。

（2）中国除草剂抗性现状　近年来，我国杂草防除面积逐年扩大，除草剂使用量也逐年增加，杂草抗性问题也随之而来，且呈现逐渐加重发生的态势。据统计，中国已有 40 种杂草（22 种双子叶、18 种单子叶）的 60 个生物型对 10 类 31 种化学除草剂产生了抗药性。从作物上看，

水稻、小麦、玉米田除草剂使用最多。按目前杂草抗药性发展趋势，未来3～5年，中国抗性杂草种类将急剧上升；10年后，中国抗性杂草或将大暴发，中国除草剂行业将进入以“减量施用”为特征的抗性管理时代[6]。

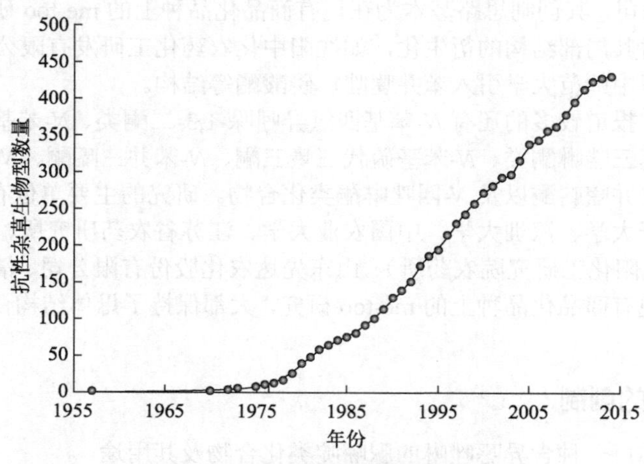

图4-31 抗性杂草发展趋势图

（3）草甘膦抗性杂草 到目前为止全球登记的除草剂共有303个，其中162个除草剂已经产生抗性，抗性产生率53.47%。在162个已产生抗性的除草剂中，105个除草剂的抗性杂草为3个或3个以上。其中目前销售额最高的灭生性除草剂草甘膦抗性尤为严重。由于草甘膦优异的杀草活性、广泛的杀草谱、较低的土壤残留量、较长的控草时间，因此在1974年草甘膦商业化后到现在一直被广泛使用，被称为是最卓越的除草剂。起初草甘膦价格高，只用于高价值的果园等。随着价格的下降，草甘膦被广泛应用于非耕地种植前杂草防除。在1996年转基因作物引入后，草甘膦首次被用于长有作物的田中选择性地杀死杂草，其用量迅速增加。其每年被多次施用（5～10次），由于长时间大量单一地连续使用草甘膦，使用了15年后，在果园发现了首例抗草甘膦杂草（1996年硬直黑麦草和1997年牛筋草），而后抗性杂草发生情况日趋严重，尤其在2005年以后抗性杂草的种类呈现直线上升趋势。到目前已经公布了40多种100多个生物的杂草对草甘膦产生抗性[7]，可见其抗性问题严重性。事实上，除了抗性杂草外，还有10多种杂草如马唐、苘麻、龙葵、蓼、藜等天然就对草甘膦有抗性[8]。我国分别于2006年、2010年报道了小飞蓬、牛筋草对草甘膦产生抗性，尤其是牛筋草已经在我国南方免耕种植区、种植园成为优势杂草和恶性杂草，其抗性蔓延日趋严重，成为难以解决的问题。不同杂草对草甘膦的敏感性有差异，有一些杂草对草甘膦的耐药能力较强，单一使用草甘膦不能有效防除，对这些杂草的防除是亟待解决的问题。

百草枯杀草谱广、见效快、成本低，曾经是防除抗性杂草的利器。百草枯是灭生性除草剂中除了草甘膦以外的最重要的品种，和草甘膦占据了灭生性除草剂绝大部分的市场份额，但是由于对人毒性极大，且无特效解毒药，口服中毒死亡率极高。目前已被20多个国家禁止或者严格限制使用。我国自2016年7月1日停止百草枯水剂在国内销售和使用，百草枯可溶胶剂自2020年9月26日起禁止使用。百草枯的禁用，留下巨大市场空缺。因此，市场上亟需新的替代品种来填补市场空缺。

另外如何有效地应对全球杂草抗性的持续挑战，成为了各大植保公司最现实及最亟需解决的问题之一。一直以来，科研人员都是通过不断开发新的产品来解决已出现的作物保护问题，如毒性、残留、健康影响等，抗性问题亦是如此。纵观除草剂的发展，尽管近

20 年来报道不少新品种，却没有一个新作用机制的除草剂出现[9, 10]。新除草剂成分的研发将越来越难。未来抗性治理的方向在于两点：一是研制新作用机理的化合物，二是除草剂的混用。因此开发一个高效广谱，环境更友好的新除草剂以有效防除草甘膦抗性杂草势在必行。

原卟啉原氧化酶抑制剂类除草剂是以植物细胞中催化叶绿素合成的酶为作用点，确保了动植物之间的选择毒性，因而具有高效、残留期短、选择性强、对非目标生物安全以及对环境污染少的特点。以原卟啉原氧化酶为靶标的除莒剂研究在发达国家方兴未艾，已经成为近年来发展最快的除草剂品种之一，其中尿嘧啶类化合物是其中重要的一个分支，该类化合物用药量低，活性优异。通过查阅大量资料发现，PPO 抑制剂类除草剂抗性报道较少，其中尤以含有尿嘧啶官能团的活性突出，如美国尤尼罗伊尔化学公司开发的 flupropacil、先正达公司开发的氟丙嘧草酯(butafenacil)、巴斯夫公司开发的苯嘧磺草胺(saflufenacil)等均具有共同的含有尿嘧啶的苯甲酸骨架(图 4-32)[11-13]。其中苯嘧磺草胺则是该类除草剂的佼佼者，其活性优异，用量极低，被巴斯夫称为“20 多年来开发最成功的新除草剂”，“代表了阔叶杂草防除的新水平”，能够防除 90 余种阔叶杂草，包括一些对三嗪类、草甘膦及乙酰乳酸合成酶抑制剂存在抗性的杂草。苯嘧磺草胺对抗草甘膦小飞蓬具有较好的防除效果，可替代苯氧羧酸类除草剂 2,4-滴和磺酰脲类除草剂与草甘膦复配，有效降低防治顽固性杂草对草甘膦的使用量，被巴斯夫设定为防治抗草甘膦杂草的重要工具[14-16]。但是苯嘧磺草胺主要防除阔叶杂草，对禾本科杂草防治效果较差，因此不能有效防除我国境内的抗草甘膦的牛筋草。

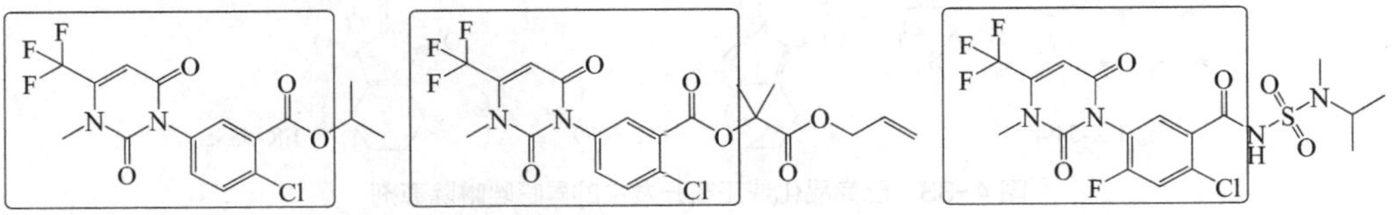

flupropacil　　butafenacil　　saflufenacil

图 4-32　尿嘧啶类除草剂结构

异噁唑啉类化合物是一类具有优良生物活性的化合物，其不仅在医药上有着广泛的应用，在农药上也是一类重要的活性化合物。含有异噁唑啉结构的商品化除草剂目前有 3 个，异噁草酮(clomazone)、苯唑草酮(topramezone)和砜吡草唑(pyroxasulfone)，以及 1 个除草剂安全剂双苯噁唑酸(isoxadifen-ethyl)(图 4-33)：异噁草酮是 1984 年由美国 FMC 公司开发的一种色素抑制芽前类的除草剂，在植物体内抑制叶绿素及叶绿素保护色素的产生，使植物在短期内死亡，主要防除阔叶杂草和禾本科杂草，除大豆田外，还可以用于棉花、木薯、玉米、油菜、甘蔗和烟草田等；苯唑草酮(商品名称 Convey)是巴斯夫开发的环己二酮类除草剂，2006 年首次在加拿大登记用于玉米田苗后除草，2007 年在阿根廷、墨西哥获准登记，用于玉米田除草；砜吡草唑是一个苗前除草剂，用于玉米、大豆和小麦等旱地大田作物的播前耕作，能干扰草类细胞中超长链脂肪酸的生化合成，阻止细胞分裂，从而杀灭害草，用于玉米和大豆作物时，用量约是其他化学除草剂用量的十分之一，而控草时效却是它们的 1.5～2 倍，对人类、动物和环境安全性高，对大多数害草有着极强的控除能力，包括一些对除草剂产生抗性的苋类和水麻草等草类。另外还有正在开发中的化合物，日本组合化学工业株式会社开发的用于水稻田对稗草卓效的 fenoxasulfone，1989 年巴斯夫公司引入 5-苄氧基甲基-5-甲基-3-芳基-1,2-异噁唑啉衍生物，此类化合物具有除草活性，并对水稻具有选择性。在此基础上，韩国化学技术研究所开发出异噁唑啉类除草剂 methiozolin(试验代号 MRC-01)，本剂对芽前至 4 叶期稗草的活性特别好，杀草谱广，对移栽水稻具有良好的选择性。芽前至插秧后 5 天，用量 62.5g/hm^2，对稗草、鸭舌草、节节菜、异型莎草和丁香蓼防效甚好。稗草 2～3 叶期用量 32.5g/hm^2 防效极好，4 叶期需 250g/hm^2。本剂可与苄嘧磺隆、环丙嘧磺隆、四唑嘧磺隆和氯吡嘧磺隆等磺酰脲类除草剂混用。此外，韩国化学技术研究所还开发了 EK-5498、EK-5439 和 EK-5385 等一系列活性较好的除草结构[17]（图 4-33）。该类化合物均具有典型的异噁唑啉官能团，结构新颖，对禾本科杂草活性优异。

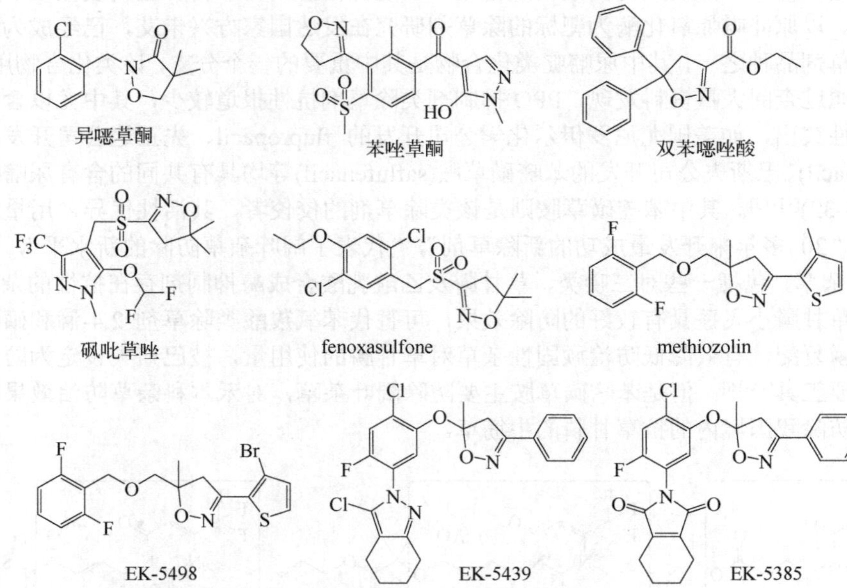

异噁草酮　苯唑草酮　双苯噁唑酸

砜吡草唑　fenoxasulfone　methiozolin

EK-5498　EK-5439　EK-5385

图 4-33　已商品化或正在开发中的异噁唑啉除草剂

刘长令团队在长期的新农药创制研发过程中，总结出了一种行之有效的新农药创新方法——“中间体衍生化法”，包括直接合成法、替换法、衍生法。其本质是从有机合成的角度出发，利用中间体可进行多种反应的特性，把新药创制中先导化合物发明的复杂过程简单化。因为任何一个产品都是由一个或几个原料或中间体经反应而得[18-21]。分析苯嘧磺草胺的衍生过程，应该是以 2-氯-4-氟甲苯为起始原料，经过氧化成酸，硝化、还原、合环成尿嘧啶结构得到。为了获得活性优异并能有效防除抗性杂草的全新结构化合物，同样选用苯嘧磺草胺的初始原料 2-氯-4-氟甲苯为起始原料，经过氧化成醛，后经硝化、肟化、成环衍生得到各种不同取代基的异噁唑啉中间体，后经还原、合环成为尿嘧啶结构（图 4-34）[22,23]。

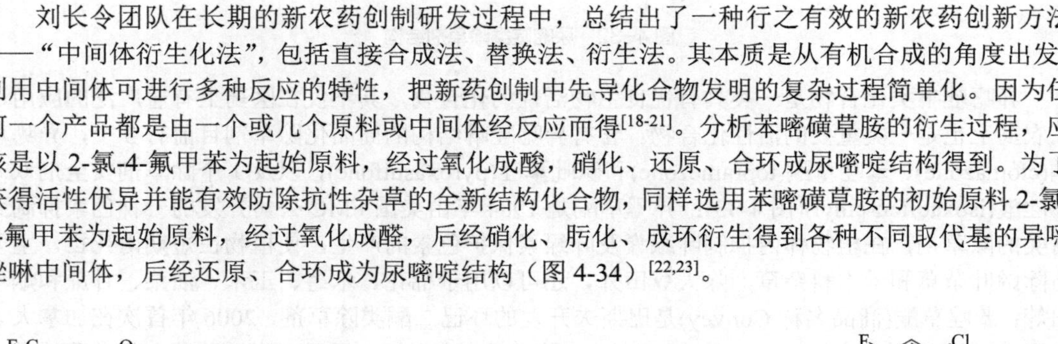

苯嘧磺草胺

图 4-34　异噁唑啉除草剂的创制思路

中间体衍生化法之衍生法（IDM）主要是利用已知的具有活性的化合物或农药品种作为中间体，进行进一步的化学反应，设计合成新化合物，经筛选、优化研究创制新农药品种。因此选用尿嘧啶类除草剂的关键中间体2-氯-4-氟甲苯作为起始中间体进行衍生，经过氧化成醛，后经硝化、肟化、成环衍生得到各种不同取代基的异噁唑啉中间体，后经还原、合环成为尿嘧啶结构。首先是结合methiozolin结构合成苄醚结构异噁唑啉环（化合物**1**）（图4-35），但是除草活性并不突出，意外的是发现其副产物（化合物**2**）具有较为优异的活性，在室内对阔叶杂草百日草和苘麻在7.5g（a.i.）/hm^2杀死效果100%，与苯嘧磺草胺活性相当。但是后续的田间试验结果却非常不理想，分析原因可能是乙酰酯基不稳定，在室外环境下分解，乙酰基脱掉形成了异噁唑啉甲醇结构导致活性降低。为了提高稳定性并保持活性，在设计化合物时考虑将酯基的位置交换一下，也即化合物**3**，令人惊奇的是不仅保持了对阔叶杂草的活性，同时发现对禾本科杂草活性同样优异。这相对于以苯嘧磺草胺为代表的尿嘧啶除草剂来说是突破性进展，因为所有报道的该类除草剂包括苯嘧磺草胺仅对阔叶杂草有效[23]。后续继续对该类化合物进行优化研究，通过将酯氨化得到酰胺类化合物**4**，但是活性降低。通过在酯与异噁唑啉环之间插入烷基得到化合物**6**，该类化合物基本保持了活性，与化合物**3**活性相当。通过氧化将异噁唑啉环衍生为异噁唑类化合物**5**，尽管保持了对阔叶杂草的活性，但是对禾本科活性大大降低。结合化合物的合成成本，重点对化合物**3**进行优化，通过引入不同R^2，最终发现了活性优异、性价比最高的SY-1604[22,23]。

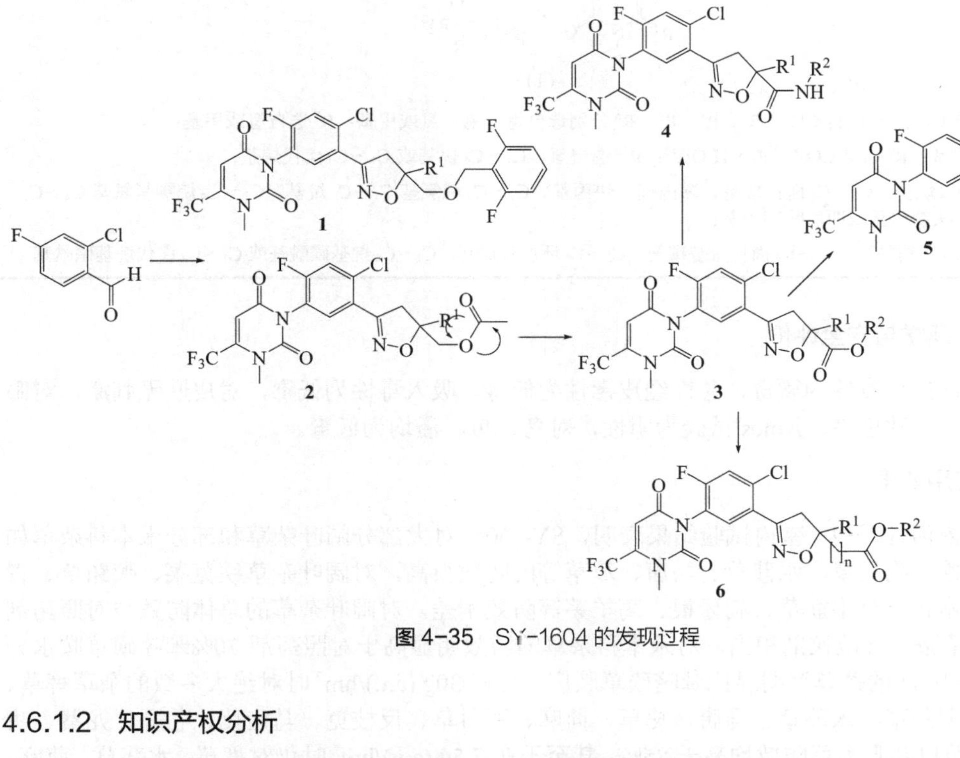

图4-35　SY-1604的发现过程

4.6.1.2　知识产权分析

该发明所涉及化合物尽管保持了传统尿嘧啶除草剂的尿嘧啶结构，但在结构上创造性的引入了异噁唑啉结构，这是已有技术中未公开过的骨架结构，因此具有显著的创新性。该类化合物也表现出了与传统PPO除草剂（仅对阔叶杂草防效优异）效果的显著不同，不仅对阔叶杂草防效优异，还对禾本科杂草和莎草科杂草具有显著的活性，活性显著优于同类品种苯嘧磺草胺。

核心化合物专利见表 4-56。

表 4-56　苯嘧草唑核心化合物专利

序号	公开号	专利号	法律状态
1	CN105753853A	ZL201410781642.X	授权有效
2	CN106536517A	ZL201580034859.7	授权有效
3	US2018230139A1	US10550111B2	授权有效
4	AU2015366689A1	AU2015366689B2	授权有效
5	AR103048A1		实审中
6	BR112017005410A2		授权有效
7	CA2958170A1	CA2958170C	授权有效
8	WO2016095768A1	PCT2015CN97223	

授权保护范围（中国专利）

一种含异噁唑啉的尿嘧啶类化合物，其化合物结构，如通式（I）所示：

（I）

式中，R^1 选自 CF_3；R^2 选自 CH_3；R^3、R^4、R^5、R^6 分别选自氢、氟、氯或甲基；R^7 选自氢或甲基；R^8 选自氢或甲基；R^9 选自 CO_2R^{11} 或 CH_2OR^{12}；R^{10} 选自氢、C_1～C_4 烷基或 C_1～C_4 卤代烷基；

R^{11} 选自 C_1～C_4 烷基、C_1～C_4 卤代烷基、烯丙基、炔丙基、C_1～C_3 烷氧基 C_1～C_3 烷基、C_1～C_4 烷羰基氧基 C_2～C_3 烷基、苄基、呋喃甲基或四氢呋喃甲基；

R^{12} 选自 C_1～C_4 烷基羰基、C_1～C_4 卤代烷基羰基、C_3～C_6 环烷基羰基、C_1～C_4 烷基磺酰基或 C_1～C_4 卤代烷基磺酰基

4.6.1.3　毒理学与安全评价

大鼠急性经口毒性为微毒，急性经皮毒性为低毒，吸入毒性为低毒，对皮肤无刺激，对眼睛中度刺激，无致敏性，Ames 试验为阴性，对鸟、鱼、溞均为低毒。

4.6.1.4　应用效果

（1）室内活性[22,23]　室内试验结果表明，SY-1604 对大部分阔叶杂草和部分禾本科杂草如稗草、看麦娘、狗尾草、水莎草、马唐、苘草等的防效很高，对阔叶杂草铁苋菜、鸭跖草、青葙，以及禾本科杂草牛筋草、狗牙根、高羊茅等防效稍差，对阔叶杂草的总体防效与对照药剂 70%苯嘧磺草胺水分散粒剂相当，对禾本科杂草的防效明显高于对照药剂 70%苯嘧磺草胺水分散粒剂；SY-1604 的杀草谱明显比苯嘧磺草胺广，且在 30g (a.i.)/hm^2 时对绝大多数的杂草稗草、狗尾草、异型莎草、水莎草、马唐、苘草、苘麻、百日草、反枝苋、马齿苋、苍耳、龙葵、决明、野西瓜苗以及野大豆防效均高于 85%，甚至于在 7.5g (a.i.)/hm^2 时仍对稗草、水莎草、苘麻、百日草、马唐、反枝苋、决明、野西瓜苗以及野大豆等防效均高于 80%，明显优于苯嘧磺草胺同等剂量下的防效。SY-1604 在 7.5g (a.i.)/hm^2 时对稗草（2～3 叶期、4～5 叶期）和狗尾草（1～2 叶期）这两种禾本科杂草的防除效果达到 95%，远优于苯嘧磺草胺在 60g (a.i.)/hm^2 时的防效，

同时 SY-1604 对 4 叶期苘麻（1～2 叶期、3～4 叶期），百日草（4 叶期、6 叶期）也均具有很好的防效，略优于苯嘧磺草胺。

更为重要的是 SY-1604 可以有效防除对草甘膦产生严重抗性的小飞蓬和牛筋草：SY-1604 在 60g (a.i.)/hm^2 对小飞蓬和牛筋草防效分别为 98%和 80%，而草甘膦在 2400g (a.i.)/hm^2 防效仅为 25%和 50%。而且 SY-1604 与草甘膦具有显著的增效作用，SY-1604 对百日草的 ED_{50} 值为 5.0g (a.i.)/hm^2，而草甘膦钾盐仅为 557g (a.i.)/hm^2，二者复配使得活性相比草甘膦钾盐提高近 10 倍。SY-1604 对稗草的 ED_{50} 值为 7.7g (a.i.)/hm^2，而草甘膦钾盐仅为 444.9g (a.i.)/hm^2，二者复配使得活性相比草甘膦钾盐提高 6 倍之多。SY-1604 对小飞蓬的 ED_{50} 值为 10g (a.i.)/hm^2，而草甘膦钾盐仅为 2512.8g (a.i.)/hm^2，二者复配使得活性相比草甘膦钾盐提高 10 倍。SY-1604 对牛筋草的 ED_{50} 值为 21.3g (a.i.)/hm^2，而草甘膦钾盐仅为 2494.7g (a.i.)/hm^2，二者复配使得活性相比草甘膦钾盐提高 5 倍之多。因此，SY-1604 与草甘膦混用具有明显的增效作用。

（2）田间应用效果[22]　田间药效试验结果表明，SY-1604 在 60～120g (a.i.)/hm^2 剂量下，对禾本科杂草和阔叶杂草均有较高的防效，对草甘膦抗性杂草小飞蓬和牛筋草也有较高的防效；对阔叶杂草的防效稍低于或与对照药剂 70%苯嘧磺草胺水分散粒剂相当，对禾本科杂草的防效明显高于对照药剂 70%苯嘧磺草胺水分散粒剂；在禾本科杂草和阔叶杂草均匀分布的地块，总体防效明显高于对照药剂 70%苯嘧磺草胺水分散粒剂。

参考文献

[1] Leonard P G. The increasing importance of herbicides in worldwide crop production. Pest Manag. Sci., 2013, 69(10): 1099-1105.

[2] 柏亚罗. 苯嘧磺草胺——防除阔叶杂草的新标杆. http://www.agroinfo.com.cn/other_detail_815.html, 2014-11-07.

[3] 王忠武. 农田杂草抗药性研究进展. 杂粮作物, 2006, 26(2): 130-132.

[4] Jonathan G. Are integrated pest management (IPM) and resistance management synonymous or antagonistic? Pest Manag. Sci., 2015, 71(3): 329-330.

[5] 叶萱. 除草剂抗性现状. 世界农药, 2017, 39(3): 1-6.

[6] 曲耀训. 我国农田杂草抗性现状及综合治理评述.农药市场信息, 2017(4): 6-9.

[7] 于平平. 谁掌握了除草剂抗性的解决方案，谁就掌握了除草剂的未来！ 农资与市场, 2017(10): 79-81.

[8] 彭学岗, 金涛, 张景远. 除草剂面临的挑战及草甘膦复配的意义. 杂草科学, 2013, 31(1): 5-9.

[9] 陈世国, 强胜, 毛婵娟. 草甘膦作用机制和抗性研究进展. 植物保护, 2017, 43(2): 17-24.

[10] 彭学岗. 对草甘膦有恶性抗性杂草的铲除方案. 湖北植保, 2015, 148(1): 64.

[11] Stephen O D. A time for herbicide discovery. Pest Manag. Sci., 2012, 68(4): 493-662.

[12] 马士存, 姜美锋, 张茜, 等. 脲嘧啶类除草剂的研究进展. 农药研究与应用, 2010, 14(1): 1-5.

[13] Selby T P, Ruggiero M, Hong W, et al. Broad-spectrum PPO-inhibiting *N*-phenoxyphenyluracil acetal ester herbicides// Peter Maienfisch, Thomas M S. Discovery and synthesis of crop protection products. ACS Symposium Series 1204. Washington DC: American Chemical Society, 2015: 277-289.

[14] 郑敏. 浅析“20 年来最成功的除草剂”——苯嘧磺草胺. 2016-07-08.

[15] 张晓慷, 张新刚, 王海利. 新型除草剂——苯嘧磺草胺. 今日农药, 2016(8): 50-52.

[16] 赫彤彤, 杨吉春, 刘允萍. 新型除草剂苯嘧磺草胺. 农药, 2011, 50(6): 440-442.

[17] 范玉杰, 赫彤彤, 杨吉春, 等. 具有除草活性的异噁唑啉类化合物的研究进展. 农药研究与应用, 2010, 14(5): 1-5.

[18] 刘长令. 基于生物等排理论的中间体衍生化法及应用// 王静康. 现代化工、冶金与材料技术前沿. 中国工程院化工、冶金与材料工程学部第七届学术会议论文集(上册). 北京: 化学工业出版社, 2010.

[19] 刘长令. 2,6-二氟(氯)苯腈及其衍生物在农药合成中的应用. 农药, 1995, 34 (12): 28-31.

[20] 刘长令. 对氟苯酚的合成及其应用. 有机氟工业, 1996 (1): 9-12.

[21] Guan A Y, Liu C L, Yang X P, et al. Application of the intermediate derivatization approach in agrochemical discovery. Chemical Reviews, 2014(114): 7079-7107.

[22] 刘长令, 关爱莹, 谢勇. 中间体衍生化法与新农药创制. 北京: 化学工业出版社, 2020.

[23] Yang J C, Guan A Y, Wu Q, et al. Design, synthesis and herbicidal evaluation of novel uracil derivatives containing an isoxazoline moiety. Pest Manag Sci, 2020 (76): 3395-3402.

[24] Yang J C, Guan A Y, Wu Q, et al. Discovery of a novel uracil herbicide by using intermediate derivatization approach// Maienfisch P, Mangelinckx S. Recent highlights in the discovery and optimization of crop protection products (1st edition). United States: Academic Press, 2021: 525-534.

4.6.2 氟草啶的创制

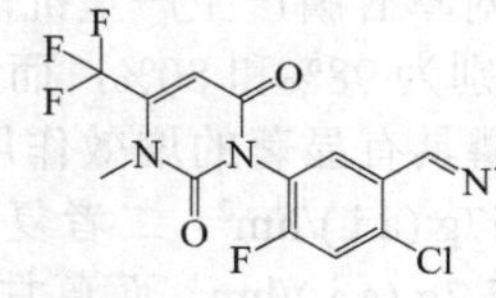

化合物专利名称：一种羧酸衍生物取代的亚氨基芳基化合物及其制备方法、除草组合物和应用

中国专利号：ZL202011462769.7；申请日：2020-12-11；授权日：2022-11-15

专利发明人：连磊，华荣保，彭学岗，赵德，崔琦；申请人：青岛清原化合物有限公司

氟草啶（flufenoximacil）是清原农冠自主研发的新一代触杀型灭生性除草剂，属于 PPO 抑制剂，它具有超广的杀草谱，作用速度极快，施药当天即可见效，对后茬作物有较好的灵活性。此外，氟草啶还具有超高活性，对环境友好。2022 年 4 月，氟草啶在柬埔寨完成全球首登。含该核心成分的首个产品以“快如风”的品牌在国内上市。

4.6.2.1 创制过程

沈阳中化农药化工研发有限公司在 2015 年公开了一类活性优异的含异噁唑啉酯的尿嘧啶类化合物，清原农冠在此基础上也开展了该类化合物的研究并公开了一系列专利，同时结合早期巴斯夫专利 DE4329537A/CN1129936A、US6239074B1 公开的亚氨基肟酸酯类化合物，通过结构替换或者说将异噁唑啉环打开，设计合成了单一旋光性化合物，后经衍生化及优化研究得到了氟草啶（图 4-36）。

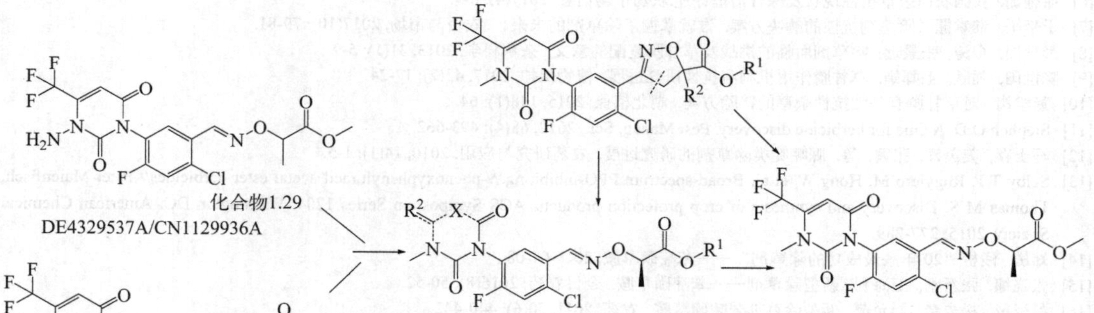

化合物1.29
DE4329537A/CN1129936A

US6239074B1 化合物1.55

图 4-36 氟草啶的创制思路

4.6.2.2 知识产权分析

该发明化合物结构虽与已知专利化合物结构接近，但在已有专利范围外。

（1）新颖性 氟草啶尽管与 CN1129936A、US6239074 专利化合物结构相似，但是由于其为单一的旋光异构体，具有显著的新颖性（表 4-57）。

表 4-57　该专利与已有技术对比表

该专利： CN113105405B（青岛清原化合物有限公司，申请日：2020-12-11；公开日：2021-07-13）	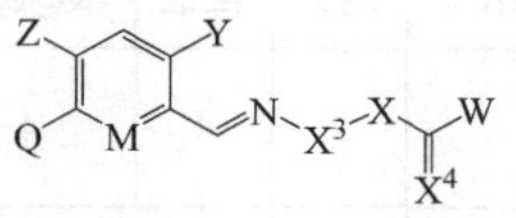 通式	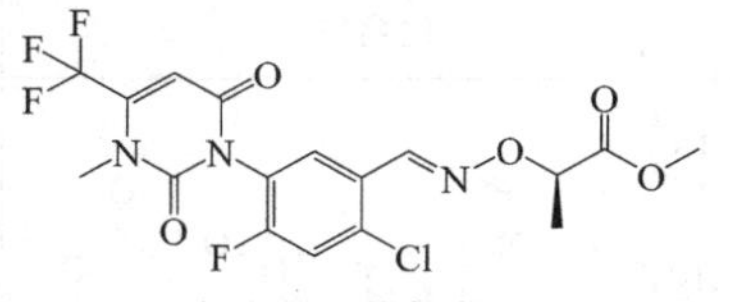 代表化合物氟草啶
接近的已有技术 1： CN1129936A（巴斯夫股份公司，申请日：1994-08-25；公开日：1996-08-28）	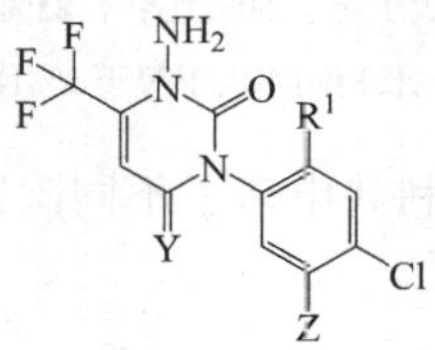 通式 R^1 为氢、氟或氯； Y 为氧或硫； Z 为 CH═N-O-CH_2-CO-O-(C_1～C_6 烷基)、CH═N-O-CH(C_1～C_6 烷基)-CO-O-(C_1～C_6 烷基)等	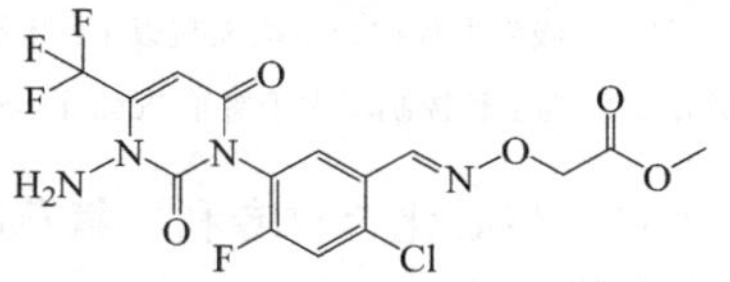 代表化合物（列表化合物 1.23） 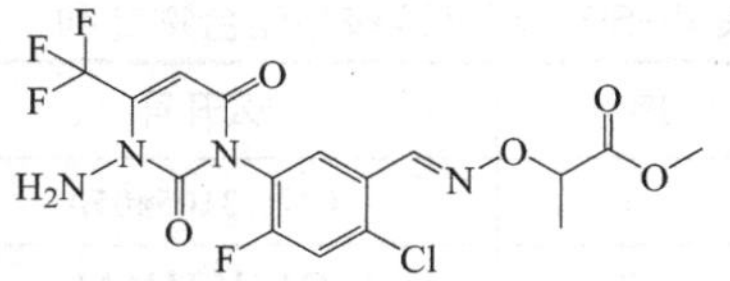 代表化合物（列表化合物 1.29）
接近的已有技术 2： US6239074B1（BASF AG [US]，申请日：1997-01-03；公开日：2001-05-29）	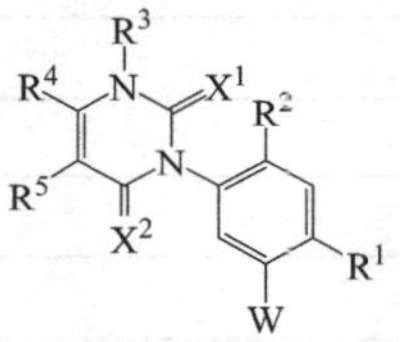 通式 X^1 和 X^2 分别选自氧或硫； W 选自 C（R^8）═X^5；R^8 选自氢、氰基或 C_1～C_6 烷基； X^5 选自 C_1～C_6 烷氧基羰基 C_2～C_6 烷氧基等； R^1 为卤素或氰基； R^2 为氢或卤素； R^3 为氢或 C_1～C_6 烷基； R^4 为氰基、C_1～C_6 烷基或 C_1～C_6 卤代烷基； R^5 为氢、卤素或 C_1～C_6 烷基	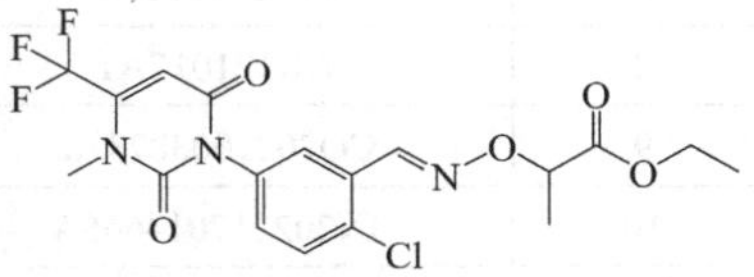 代表化合物（列表化合物 1.55）

（2）创造性　氟草啶在 7.5g/hm^2 对所测杂草马唐、稗草、绿狗尾草、牛筋草、日本看麦娘和反枝苋防效高于 85%，而现有技术化合物在 15g/hm^2 对所测杂草防效均低于 85%（表 4-58）。因此具有显著的创造性。

表 4-58　氟草啶与现有技术活性对比

化合物	剂量/（g/hm^2）	马唐	稗草	绿狗尾草	牛筋草	日本看麦娘	反枝苋
氟草啶	7.5	5	5	5	5	5	5
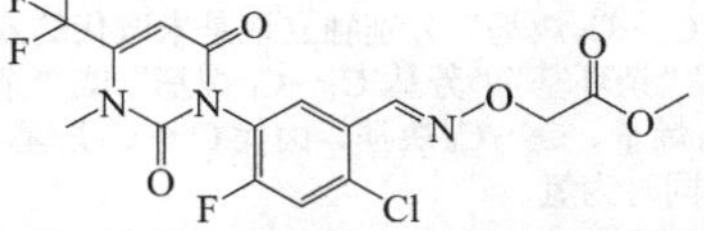	15	3	4	3	3	2	—

续表

化合物	剂量/（g/hm²）	马唐	稗草	绿狗尾草	牛筋草	日本看麦娘	反枝苋
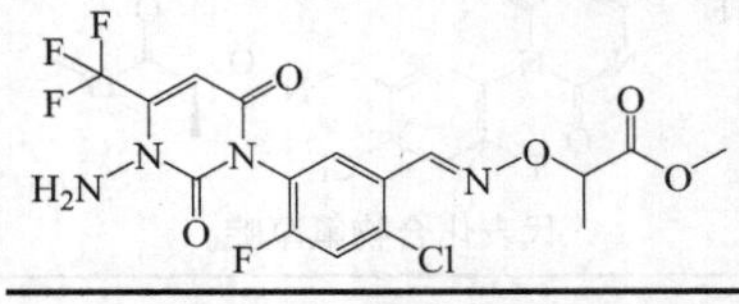	15	3	4	4	3	3	—
	7.5	—	1	—	2	—	2

注：5 级为生长控制率在 85%以上；4 级为生长控制率大于等于 60%且小于 85%；3 级为生长控制率大于等于 40%且小于 60%；2 级为生长控制率大于等于 20%且小于 40%；1 级为生长控制率大于等于 5%且小于 20%；0 级为生长控制率小于 5%。

（3）核心化合物专利　氟草啶化合物专利共申请了不同国家 10 件专利，中国专利已授权（表 4-59）。

表 4-59　氟草啶核心化合物专利

序号	公开号	专利号	法律状态
1	CN113105405A	ZL202011462769.7	授权有效
2	CA3167434A1		
3	WO2021139482A1		
4	AU2020420734A1		
5	BR112022013644A2		
6	KR2022125795A		
7	EP4089078A1		
8	AR121017A1		
9	CO2021003873A2		
10	IN202217014665A		

授权保护范围（中国专利）

一种羧酸衍生物取代的亚氨基芳基化合物，如通式(Ⅰ)所示：

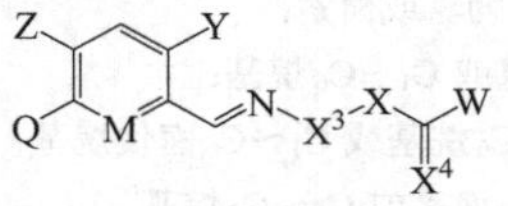

(Ⅰ)

Q 代表 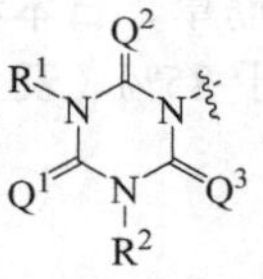　　、 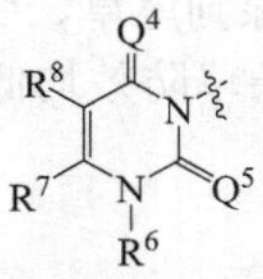　　或 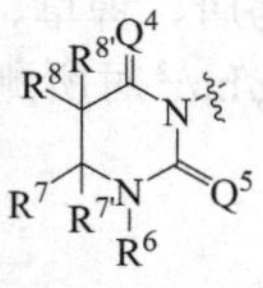　　；

Y 代表卤素、卤代 C_1～C_8 烷基或氰基；Z 代表卤素；M 代表 CH 或 N；X 代表 CX^1X^2-(C_1～C_8 烷基)$_n$、(C_1～C_8 烷基)-CX^1X^2-(C_1～C_8 烷基)$_n$ 或 $(CH_2)_r$；

X^1、X^2 分别独立地代表氢、卤素、羟基 C_1～C_8 烷基、C_1～C_8 烷基、C_2～C_8 烯基、C_2～C_8 炔基、C_3～C_8 环烷基、C_3～C_8 环烷基 C_1～C_8 烷基、C_1～C_8 烷氧基、C_1～C_8 烷硫基、C_1～C_8 烷基氨基、卤代 C_1～C_8 烷氧基、卤代 C_1～C_8 烷硫基、C_1～C_8 烷氧基 C_1～C_8 烷基、卤代 C_1～C_8 烷氧基 C_1～C_8 烷基、C_1～C_8 烷基氨基 C_1～C_8 烷基、芳基、杂环基、芳基 C_1～C_8 烷基或杂环基 C_1～C_8 烷基，其中，所述“C_1～C_8 烷基”“C_2～C_8 烯基”或“C_2～C_8 炔基”分别独立地是未取代的或被卤素所取代的，所述“C_3～C_8 环烷基”“C_3～C_8 环烷基 C_1～C_8 烷基”“芳基”“杂环基”“芳基 C_1～C_8 烷基”或“杂环基 C_1～C_8 烷基”分别独立地是未取代的或被选自卤素、C_1～C_8 烷基、C_2～C_8 烯基、C_2～C_8 炔基、卤代 C_1～C_8 烷基、卤代 C_2～C_8 烯基或卤代 C_2～C_8 炔基中的至少一个基团所取代的；且 X^1、X^2 不同时为氢；

X^3、X^4 分别独立地代表 O、S、NH 或 N-(C_1～C_8)烷基；

Q^1、Q^2、Q^3、Q^4、Q^5 分别独立地代表氧或硫；

W 代表 OX^5、SX^5 或 $N(X^5)_2$；

R^1、R^2 分别独立地代表氢、C_1～C_8 烷基、C_2～C_8 烯基、C_2～C_8 炔基、C_3～C_8 环烷基或 C_3～C_8 环烷基 C_1～C_8 烷基，其中，所述“C_1～C_8 烷基”“C_2～C_8 烯基”或“C_2～C_8 炔基”分别独立地是未取代的或被卤素取代的；

R^6 代表 C_1～C_8 烷基、C_2～C_8 烯基或 C_2～C_8 炔基，其中，所述“C_1～C_8 烷基”“C_2～C_8 烯基”或“C_2～C_8 炔基”分别独立地是未取代的或被选自卤素、C_1～C_8 烷氧基或 C_1～C_8 烷氧羰基中的至少一个基团所取代的；

R^7、$R^{7'}$、R^8、$R^{8'}$ 分别独立地代表氢、C_1～C_8 烷基、卤素、卤代 C_1～C_8 烷基、氨基、羟基 C_1～C_8 烷基或 C_1～C_8 烷氧基；

r 代表 2、3、4、5 或 6；*n* 独立地代表 0 或 1；

X^5 代表氢、C_1～C_8 烷基、C_2～C_8 烯基、C_2～C_8 炔基、C_3～C_8 环烷基、杂环基、芳基、……或……，其中，所述“C_1～C_8 烷基”“C_2～C_8 烯基”或“C_2～C_8 炔基”分别独立地是未取代的或被选自卤素、氰基、C_3～C_8 环烷基、杂环基、芳基、……或……中的至少一个基团所取代的，所述“C_3～C_8 环烷基”“杂环基”或“芳基”分别独立地是未取代的或被选自卤素、氰基、C_1～C_8 烷基、C_2～C_8 烯基、C_2～C_8 炔基、C_3～C_8 环烷基、卤代 C_1～C_8 烷基、卤代 C_2～C_8 烯基、卤代 C_2～C_8 炔基、卤代 C_3～C_8 环烷基或被 C_1～C_8 烷基取代的 C_3～C_8 环烷基中的至少一个基团所取代的；

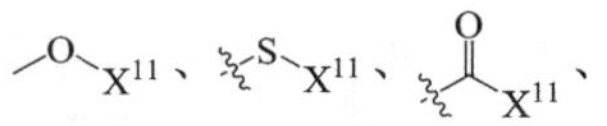

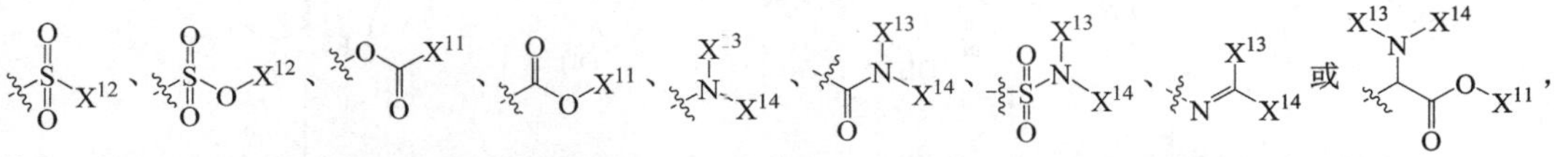

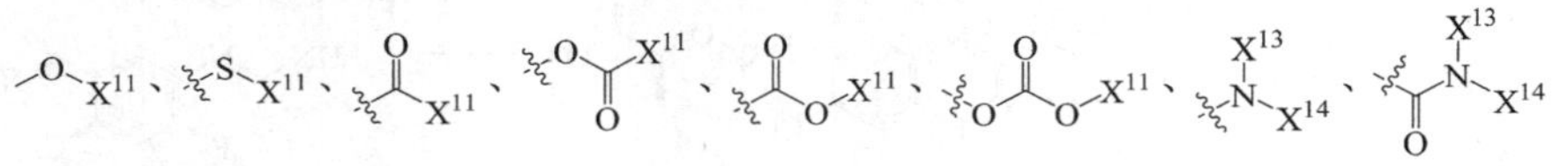

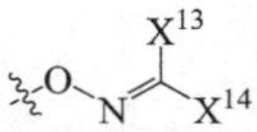

或者 $N(X^5)_2$ 代表……或未取代或被选自氧代或 C_1～C_8 烷基中的至少一个基团所取代的 1-位为氮原子的……、……、……或……；

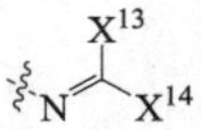

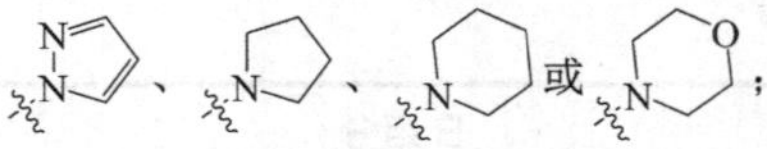

X^{11} 分别独立地代表氢、C_1～C_8 烷基、C_2～C_8 烯基、C_2～C_8 炔基、卤代 C_1～C_8 烷基、卤代 C_2～C_8 烯基、卤代 C_2～C_8 炔基、C_3～C_8 环烷基、C_3～C_8 环烷基 C_1～C_8 烷基或……，其中，所述“C_3～C_8 环烷基”或“C_3～C_8 环烷基 C_1～C_8 烷基”分别独立地是未取代的或被选自卤素、C_1～C_8 烷基、C_2～C_8 烯基、C_2～C_8 炔基、卤代 C_1～C_8 烷基、卤代 C_2～C_8 烯基或卤代 C_2～C_8 炔基中的至少一个基团所取代的；

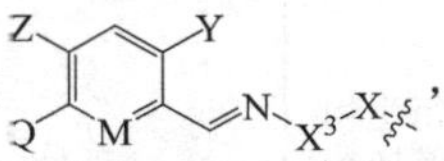

X^{12} 分别独立地代表 C_1～C_8 烷基、C_2～C_8 烯基、C_2～C_8 炔基、卤代 C_1～C_8 烷基、卤代 C_2～C_8 烯基、卤代 C_2～C_8 炔基、C_3～C_8 环烷基或 C_3～C_8 环烷基 C_1～C_8 烷基，其中，所述“C_3～C_8 环烷基”或“C_3～C_8 环烷基 C_1～C_8 烷基”分别独立地是未取代的或被选自卤素、C_1～C_8 烷基、C_2～C_8 烯基、C_2～C_8 炔基、卤代 C_1～C_8 烷基、卤代 C_2～C_8 烯基或卤代 C_2～C_8 炔基中的至少一个基团所取代的；

X^{13}、X^{14} 分别独立地代表氢、C_1～C_8 烷氧基、C_1～C_8 烷氧基 C_1～C_8 烷基、C_1～C_8 烷氧基羰基、C_1～C_8 烷基、C_2～C_8 烯基、C_2～C_8 炔基、C_3～C_8 环烷基、芳基或芳基 C_1～C_8 烷基，或者基团 $CX^{13}X^{14}$ 一起形成五至八元碳环或含氧、硫或氮的杂环，或者基团 $NX^{13}X^{14}$ 一起形成 1-位为氮原子的杂环基，其中，所述“C_1～C_8 烷基”“C_2～C_8 烯基”或“C_2～C_8 炔基”分别独立地是未取代的或被卤素取代的，所述“C_3～C_8 环烷基”“C_3～C_8 环烷基 C_1～C_8 烷基”“芳基”或“芳基 C_1～C_8 烷基”分别独立地是未取代的或被选自卤素、C_1～C_8 烷基、C_2～C_8 烯基、C_2～C_8 炔基、卤代 C_1～C_8 烷基、卤代 C_2～C_8 烯基或卤代 C_2～C_8 炔基中的至少一个基团所取代的，所述“五至八元碳环或含氧、硫或氮的杂环”是未取代的或被选自 C_1～C_8 烷基中的 1～4 个基团所取代的，所述“1-位为氮原子的杂环基”是未取代或被选自氧代或 C_1～C_8 烷基中的至少一个基团所取代的；

所述芳基为苯基或萘基，所述杂环基为 [环氧乙烷基]、[氧杂环丁烷基]、[氮杂环丁烷基]、[四氢呋喃基]、[吡咯烷基]、[1,3-二氧戊环基]、[四氢吡喃基]、[哌啶基]、[1,3-二噁烷基]、[1,4-二噁烷基]、[吗啉基]、[哌嗪基]、[呋喃基]、[噻吩基]、[吡咯基]或[吡啶基]

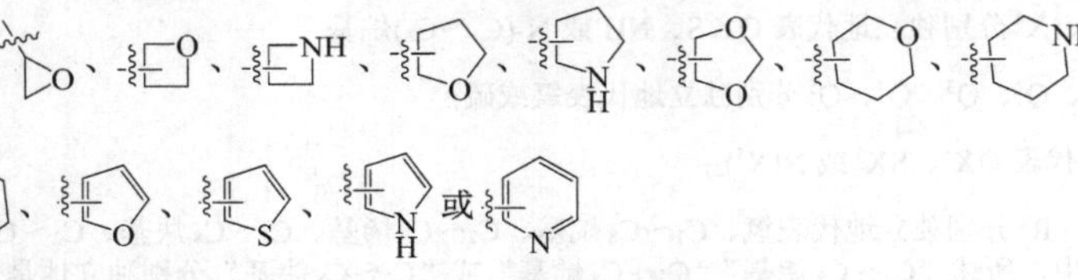

4.6.2.3 合成方法

以 2-氯-4-氟-5-硝基苯甲醛经五步反应得到氟草啶（图 4-37）。

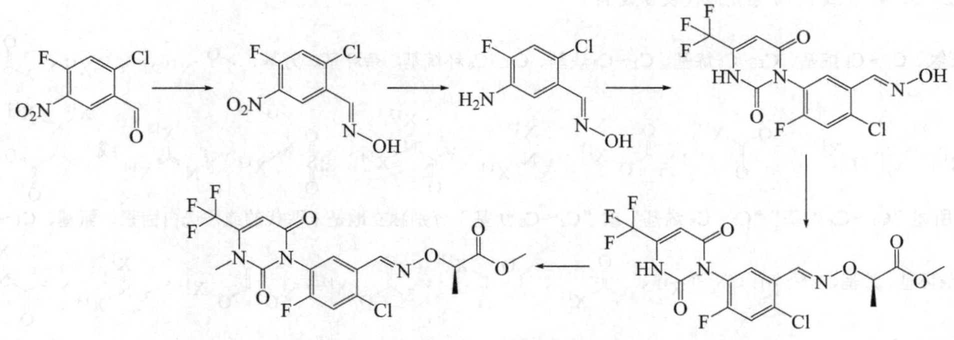

图 4-37 氟草啶的合成路线

4.6.2.4 组合物专利

氟草啶截至 2022 年底共公开了 2 件组合物专利，详见表 4-60。

表 4-60 氟草啶组合物专利汇总表

序号	公开号	发明名称	申请人	B 组分
1	CN114431236A	包含羧酸衍生物取代的氧基亚氨基芳基化合物的三元除草组合物及其应用	青岛清原化合物有限公司	活性成分 B、C 分别选自以下类型中的任一种化合物和与其不同类型的另一种化合物：①VLCFA 抑制剂；②微管组装抑制剂；③EPSPS 抑制剂如草甘膦；④GS 抑制剂；⑤PSⅡ抑制剂；⑥HPPD 抑制剂；⑦DOXP 抑制剂；⑧PDS 抑制剂；⑨PPO 抑制剂；⑩ALS 抑制剂；⑪ACCase 抑制剂；⑫合成激素类；⑬其他除草剂如 tetflupyrolimet、fenoxasulfone、环庚草醚
2	CN114304165A	一种二元除草组合物及其应用	青岛清原化合物有限公司	环庚草醚、trifludimoxazin、苗嗪氟草胺、tetflupyrolimet、二氯异噁草松、dimesulfazet、epyrifenacil、cyclopyrimorate

4.6.2.5 登记情况

2022 年 4 月，氟草啶在柬埔寨完成全球首登。含该核心成分的首个产品以“快如风”品牌在国内上市。

4.6.2.6 应用效果

氟草啶是新一代触杀型灭生性除草剂，它具有超广的杀草谱，作用速度极快，施药当天即可见效，对后茬有较好的安全性。

4.6.3 其他 *N*-苯基酰亚胺类化合物的创制

国内对该类化合物结构类型的研究主要集中在 *N*-苯基尿嘧啶类化合物、*N*-苯基四氢异吲哚-1,3-二酮类、*N*-苯基噁唑酮类、*N*-苯基咪唑二酮类、*N*-苯基三唑啉酮类、*N*-苯基硫代三嗪三酮、*N*-苯并三嗪酮、*N*-三唑并哒嗪酮、*N*-苯并嘧啶酮、*N*-苯基吡唑、*N*-吡唑并嘧啶酮以及 *N*-四唑啉酮类化合物。研究的主要单位有湖南化工研究院、华中师范大学、南开大学、深圳大学、中国农业大学、江苏省农药研究所、沈阳中化农药化工研发有限公司（原沈阳化工研究院农药所）、山东先达农化股份有限公司、清原农冠公司等，其创制思路基本为在现有商品化品种上的 me-too 研究，大都保持了母体结构，当然也有对其局部结构的衍生化。如沈阳中化农药化工研发有限公司、清原农冠引入了异噁唑啉结构；华中师范大学引入苯并噻唑、磷酸酯等结构。

（1）除草的 N^3-取代苯基尿嘧啶类化合物

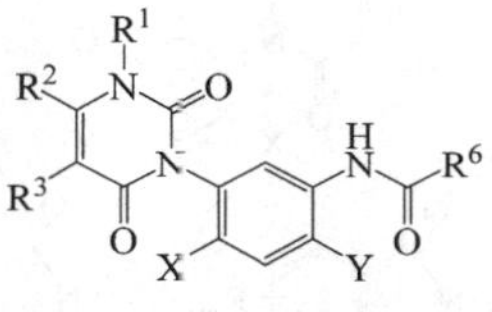

其中，R^1 为 CH_3；R^2 为 CF_3；R^3 为氢；Y 为 Cl；X 为氢，R^6 为 $CH_2OC_6H_4(2\text{-}F)$、$CH(CH_3)OC_6H_4(3\text{-}F)$ 或 $CH(OC_6H_4(3\text{-}F))_2$ 或者 X 为 F，R^6 为 $CH_2OC_6H_4(4\text{-}COOCH_3)$、$CH(CH_3)OC_6H_4(3\text{-}F)$、$CH(CH_3)OC_6H_4(2\text{-}CH_3)$、$CH(CH_3)OC_6H_4(3\text{-}CH_3)$、$CH(CH_3)OC_6H_4(3\text{-}Cl)$ 或 $CH(CH_3)OC_6H_4(4\text{-}CH_3)$ 等。

发明人：黄明智，任叶果，黄路，雷满香，胡礼，任竞，柳爱平，欧晓明，王晓光，刘兴平；申请人：湖南化工研究院

中国专利号：ZL200910209789.0；中国专利申请日：2006-10-19

化合物类型：苯基尿嘧啶类

发明思路：me-too 研究；在苯基尿嘧啶除草剂结构基础上引入芳氧乙酰胺结构而得。

用途：具有除草活性，在苗前苗后使用，能有效控制双子叶杂草。

代表化合物结构如下：

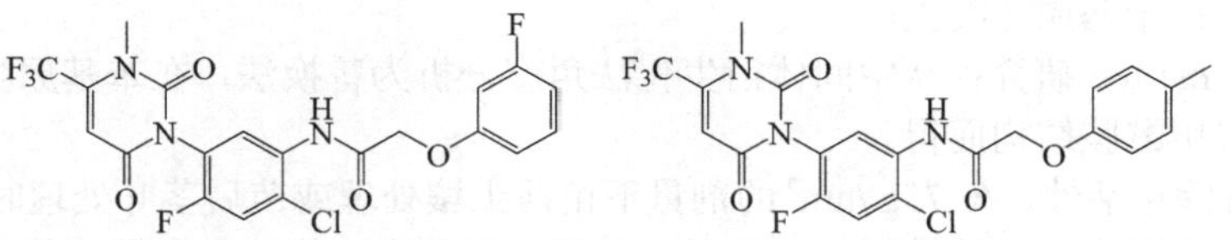

（2）含氨甲基硫代乙酰片段的尿嘧啶类化合物及其制备方法和应用及农药除草剂

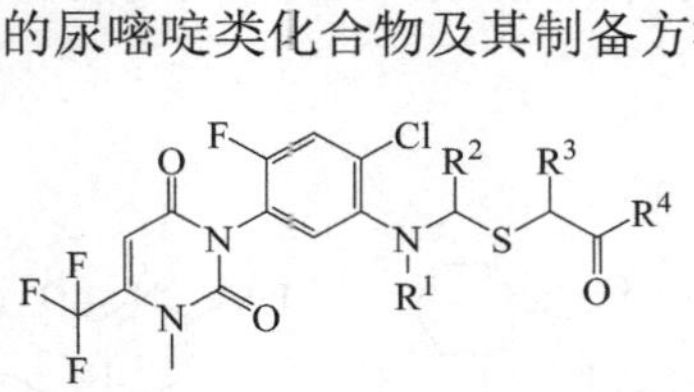

发明人：席真，王大伟，薛志远，于淑一，杨光富，王现全；申请人：山东先达农化股份

有限公司

中国公开号：CN111072573A；中国专利申请日：2019-12-31

化合物类型：吡啶肟酯类化合物

发明思路：me-too 研究；由取代嘧啶和甲醛水溶液及巯基酸、巯基酸酯等反应得到。

用途：具有除草活性，该发明提供的含氨甲基硫代乙酰片段的尿嘧啶类化合物对杂草，特别是对阔叶杂草和/或禾本科杂草具有优良的效果，且对农作物如玉米、小麦、水稻等安全。

代表化合物结构如下：

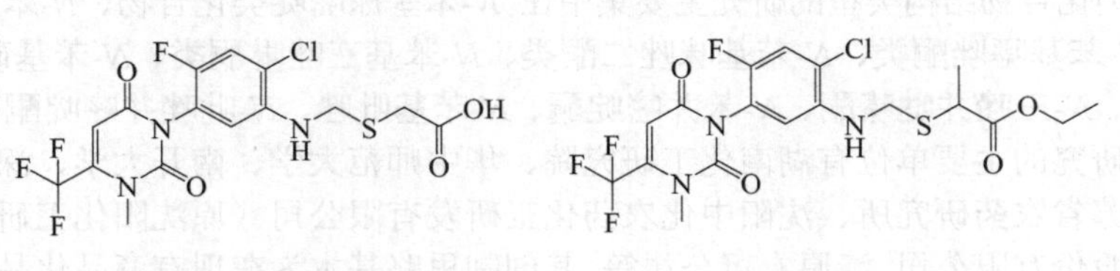

（3）除草的 N^3-取代苯基尿嘧啶类化合物

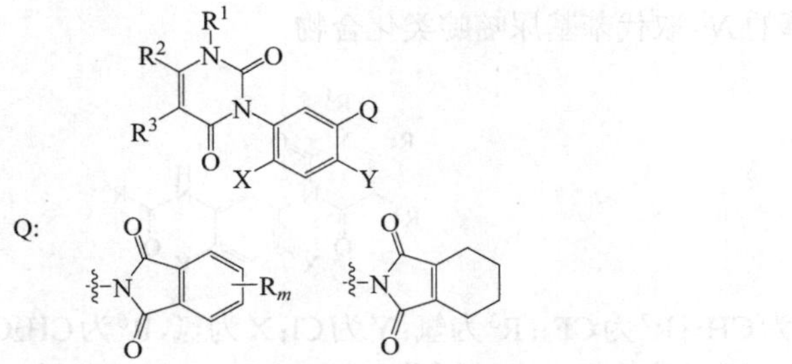

化合物选自如下任一化合物：5,6-二氯-2-(2-氯-5-(3-甲基-2,6-二氧-4-(三氟甲基)-2,3-二氢嘧啶-1(6*H*)-基)苯基)异吲哚啉-1,3-二酮；2-(2-氯-4-氟-5-(3-甲基-2,6-二氧-4-(三氟甲基)-2,3-二氢嘧啶-1(6*H*)-基)苯基)-4,5,6,7-四氢-2*H*-异吲哚-1,3-二酮；2-(2,4-二氯-5-(3-甲基-2,6-二氧-4-(三氟甲基)-2,3-二氢嘧啶-1(6*H*)-基)苯基)异吲哚啉-1,3-二酮；2-(4-氯-3-(3-甲基-2,6-二氧-4-(三氟甲基)-2,3-二氢嘧啶-1(6*H*)-基)苯基)异吲哚啉-1,3-二酮；等。

发明人：黄明智，任叶果，黄路，雷满香，胡礼，任竞，柳爱平，欧晓明，王晓光，刘兴平；申请人：湖南化工研究院

中国专利号：ZL200610032425.6；中国专利申请日：2006-10-19

化合物类型：苯基尿嘧啶类

发明思路：me-too 研究；从中间体衍生化法角度分析为替换法，在苯基尿嘧啶除草剂结构基础上引入邻二甲酰胺结构而得。

用途：具有除草活性，在 75g /hm^2 的剂量下苗前土壤处理或苗后茎叶处理时，对苘麻、藜、凹头苋等双子叶杂草表现出除草活性，防效≥80%；对马唐、稗草和狗尾草等部分单子叶杂草也有一定的防效。

代表化合物结构如下：

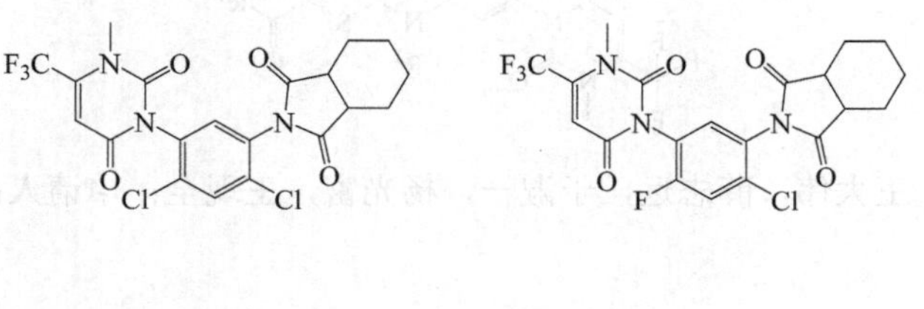

（4）苯甲酸基不饱和羧酸酯类除草剂

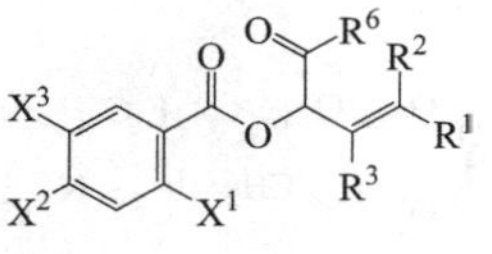

I 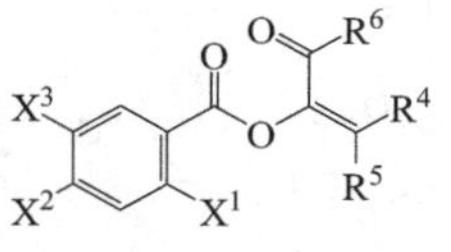　　　　Ⅱ

其中，R^1、R^2、R^3、R^4、R^5分别为H，C_1～C_{12}烷基，卤代C_1～C_{12}烷基，C_3～C_8环烷基，C_2～C_8烯基，C_3～C_{10}炔基，C_1～C_4烷氧C_1～C_4烷基，C_3～C_8环烷氧C_1～C_4烷基，C_2～C_8烯氧C_1～C_4烷基，C_3～C_{10}炔氧C_1～C_4烷基，C_1～C_{12}烷基羰基，C_1～C_8烷氧羰基，C_2～C_8烯氧羰基，C_3～C_{10}炔氧羰基，CN，C_1～C_{10}烷氧基，C_3～C_8环烷氧基，C_2～C_8烯氧基，C_3～C_{10}炔氧基，二烷基氨基，C_1～C_{12}烷基磺酰基，未取代或被下列1～3个基团取代的苯基：卤素，CN，NO_2，三卤甲基或甲基；R^6为OR^7或NR^8R^9，其中，R^7为C_1～C_{12}烷基，C_2～C_{12}烯基，C_3～C_{12}炔基或芳基，R^8和R^9分别为H，C_1～C_{12}烷基或芳基；X^1为NO_2或卤素；X^2为H，CN，NO_2，卤素或卤代C_1～C_6烷基；X^3为卤素，C_1～C_{12}烷基，卤代C_1～C_{12}烷基，C_1～C_{10}烷氧基，C_3～C_8环烷氧基，C_2～C_8烯氧基，C_3～C_{10}炔氧基，C_1～C_8烷氧羰基，C_2～C_8烯氧羰基，C_3～C_{10}炔氧羰基，C_1～C_{12}烷基磺酰氨基，C_1～C_{12}烷基磺酰C_1～C_2烷基氨基，C_1～C_4烷氧羰基C_1～C_2烷氧基，未取代或被下列1～3个基团取代的芳氧基：卤素、三卤代甲基、甲基或芳氧基，或代表Q基团，其中所述Q基团为如下所示的杂环基团：

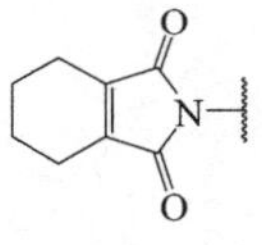

Q_1 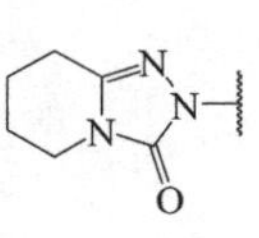　Q_2 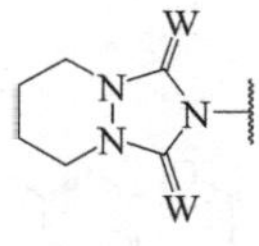　Q_3 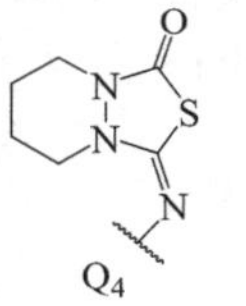　Q_4 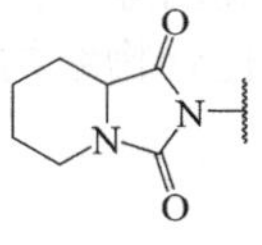　Q_5

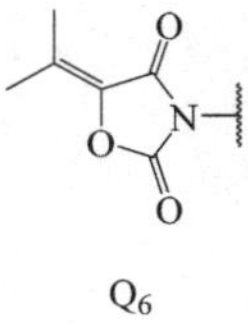

Q_6 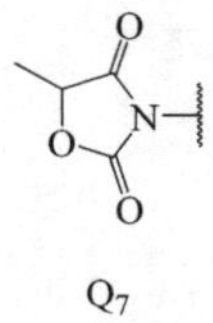　Q_7 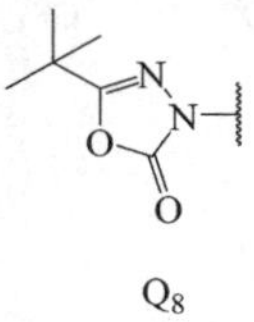　Q_8 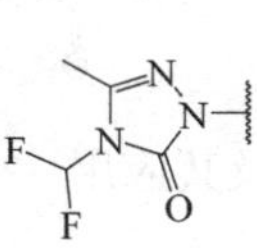　Q_9 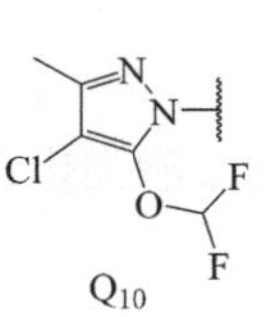　Q_{10} 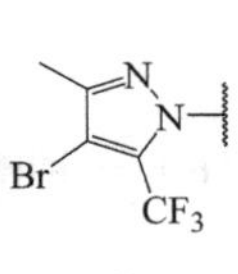　Q_{11}

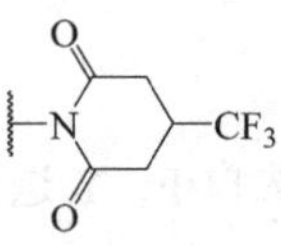

Q_{12} 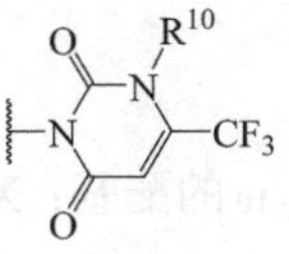　Q_{13} 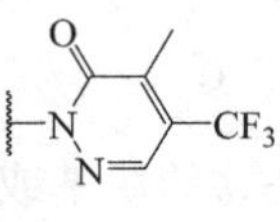　Q_{14} 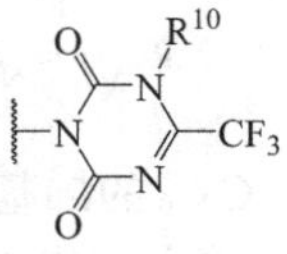　Q_{15} 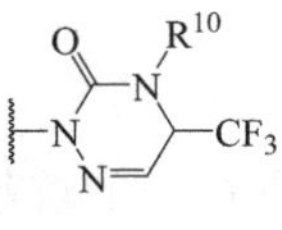　Q_{16} 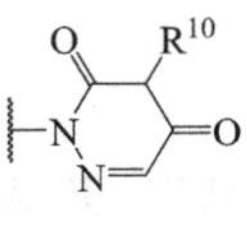　Q_{17}

其中W为O或S；R^{10}为NH_2、OH或C_1～C_{10}烷基；以及化合物(Ⅰ)或(Ⅱ)的立体异构体或农业上可接受的盐。

发明人：李斌，徐基东，徐龙鹤，满瀛，张宗俭；申请人：沈阳化工研究院；当前权利人：沈阳化工研究院

中国专利号：ZL00110478.0；中国专利申请日：2000-05-30

化合物类型：苯甲酰基不饱和羧酸酯类、二苯醚类、苯基尿嘧啶类

发明思路：me-too研究；参考US4902334A中的不饱和羧酸类化合物，结合PPO类除草剂中二苯醚和苯基尿嘧啶类结构优化得到相关化合物。

用途：具有除草活性，可有效控制苗前苗后的单双子叶杂草，如鬼针草、龙葵、蓼、苘麻、

稗草、马唐、绿狗尾、莎草和黑麦草。

代表化合物结构如下：

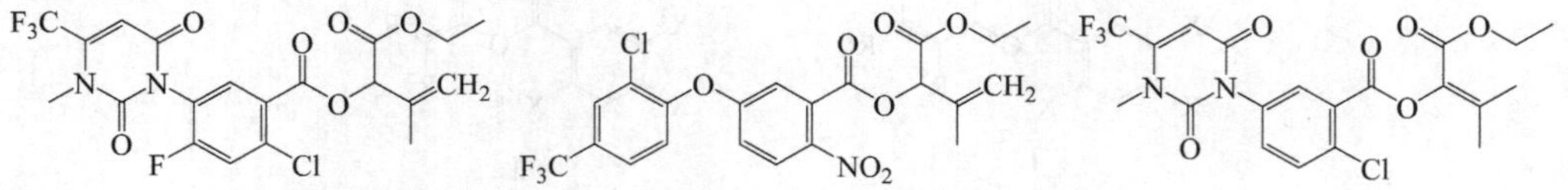

（5）一种含有苯并噁嗪环的嘧啶二酮类化合物及其应用

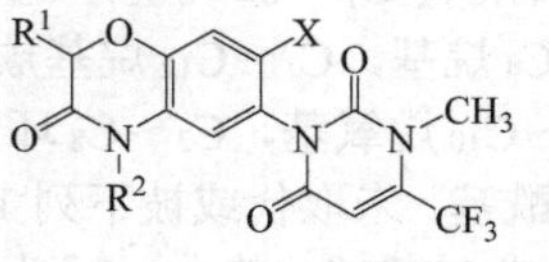

其中，R^1 为甲基；R^2 为 $CH(CH_2CH_3)COOCH_2CH_3$；X 为 F。

发明人：杨光富，左炀；申请人：华中师范大学

中国专利号：ZL201410255420.4；中国专利申请日：2014-06-10

化合物类型：苯并噁嗪类、嘧啶二酮类

发明思路：me-too 研究；在苯并噁嗪除草剂结构基础上优化而得。

用途：具有除草活性，在 37.5g /hm² 时，对苘麻、反枝苋、鳢肠杂草的抑制效果均高于 80%，展现出较高的除草活性及较广的除草谱。

代表化合物结构如下：

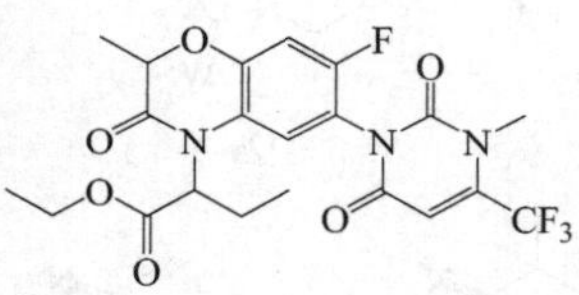

（6）一种嘧啶二酮类化合物及其应用

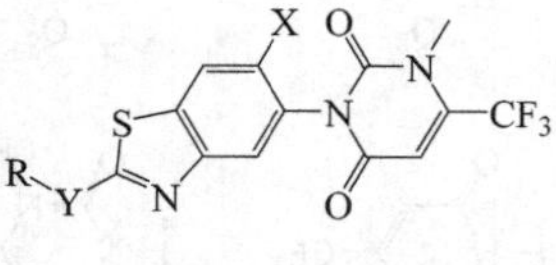

其中，R 选自 $C_{1\sim6}$ 的烷基、$C_{2\sim6}$ 的烯基、$C_{2\sim6}$ 的炔基或 $C_{2\sim10}$ 的酯基；X 选自 F；Y 选自 S。

发明人：杨光富，左炀；申请人：华中师范大学

中国专利号：ZL201410256692.6；中国专利申请日：2014-06-10

化合物类型：嘧啶二酮类、苯并噻唑类

发明思路：me-too 研究；在尿嘧啶类除草剂结构基础上引入苯并噻唑结构而得。

用途：具有除草活性，在低剂量下，对荠菜、反枝苋、苘麻、鳢肠仍然表现出来较好的抑制作用。

代表化合物结构如下：

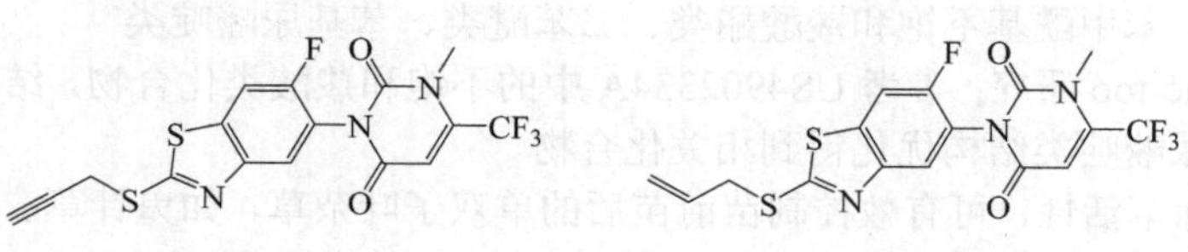

（7）一种异噁唑啉类化合物及其用途

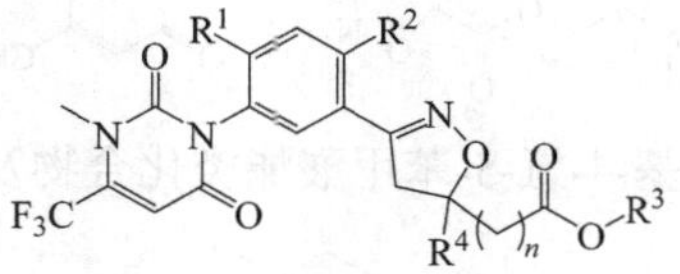

式中，R^1、R^2 分别选自氢、卤素或 C_1～C_6 烷基；R^3 选自氢、C_1～C_6 烷基或 C_1～C_6 卤代烷基；R^4 选自氢、C_1～C_6 烷基或 C_1～C_6 卤代烷基；n 选自 2 或 3。

发明人：杨吉春，关爱莹，崔东亮，吴峤，颜克成，刘长令；申请人：沈阳中化农药化工研发有限公司

中国专利号：ZL201810895414.3；中国专利申请日：2018-08-08

化合物类型：异噁唑啉类化合物

发明思路：me-too 研究；以苯嘧磺草胺为先导，利用中间体衍生化法中的衍生法选用 2-氯-4-氟甲苯为原料经过各种反应制备得到异噁唑啉中间体，再合环衍生得到该类化合物。

用途：该发明的化合物具有很好的除草活性，可以有效地控制稗草、狗尾草、苘麻、百日草等杂草，在低剂量下就可以获得很好的除草效果。

代表化合物结构如下：

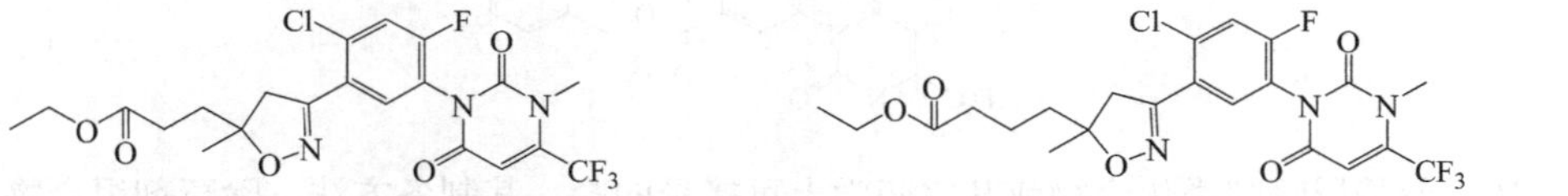

（8）一种异噁唑啉羧酸酯类化合物和应用

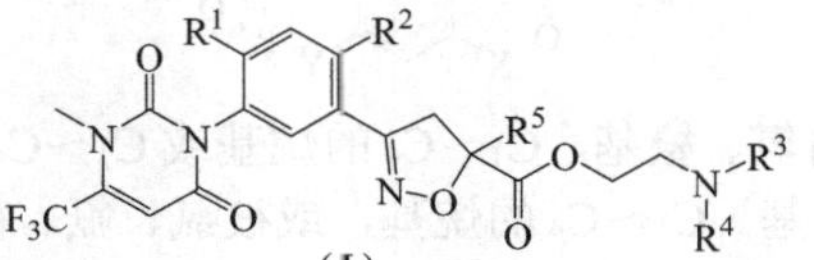

（Ⅰ）

式中，R^1、R^2 可相同或不同，分别选自氢、卤素、C_1～C_6 烷基、C_1～C_6 烷氧基或 C_1～C_6 卤代烷氧基；R^3、R^4 可相同或不同，分别选自 C_1～C_6 烷基或 C_3～C_6 环烷基；R^5 选自氢、C_1～C_6 烷基、C_1～C_6 卤代烷基；

或式(Ⅰ)所示化合物的盐。

发明人：杨吉春，李淼，崔东亮，吴峤，马宏娟，刘长令；申请人：沈阳中化农药化工研发有限公司

中国专利号：ZL201810895630.8；中国专利申请日：2018-08-08

化合物类型：异噁唑啉羧酸酯类化合物

发明思路：me-too 研究；以苯嘧磺草胺为先导，利用中间体衍生化法中的衍生法选用 2-氯-4-氟甲苯为原料经过各种反应制备得到异噁唑啉中间体，再合环衍生得到该类化合物。

用途：该发明的化合物具有很好的除草活性，可以有效地控制稗草、狗尾草、苘麻、百日草等杂草，在低剂量下就可以获得很好的除草效果。

代表化合物结构如下：

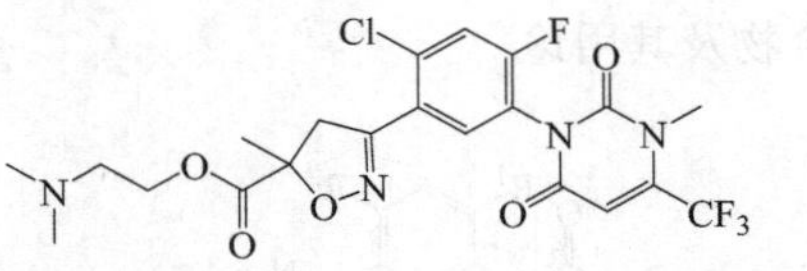

(9) 用作除草剂的1-嘧啶酮基-4-氯-5-苯甲酸酯类化合物及其制备方法

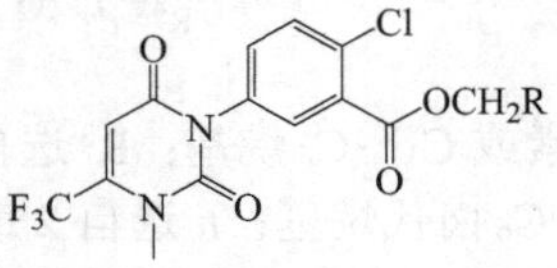

式中，R选自苯基。

发明人：李斌，杨华铮，刘斌，胡方中，邹小毛；申请人：南开大学

中国专利号：ZL200510013324.X；中国专利申请日：2005-04-15

化合物类型：PPO抑制剂类，1-嘧啶酮基-4-氯-5-苯甲酸酯类

发明思路：me-too研究；在1-嘧啶酮基-4-氯-5-苯甲酸酯类化合物基础上，通过替换得到现有化合物。

用途：具有除草活性，可有效控制单双子叶杂草，尤其对阔叶杂草具有很好的防除效果。

代表化合物结构如下：

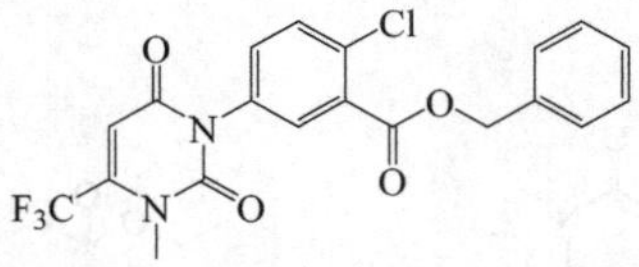

(10) 芳基尿嘧啶类化合物或其农药学上可接受的盐，其制备方法、除草剂组合物

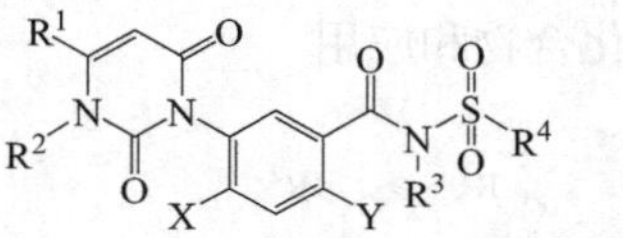

式中，R^1、R^2独立地选自氢、氨基、C_1～C_4的烷基或C_1～C_4的卤代烷基；X、Y独立地选自氢、卤素、硝基、氨基、氰基、C_1～C_4的烷基，或被氯、氟、硝基、氨基、氰基取代的C_1～C_2的烷基；R^3选自氢、氰基或C_1～C_4的烷基；R^4选自取代或未被取代的苯基、取代或未被取代的噁唑基、取代或未被取代的异噁唑基；

所述取代的苯基、所述取代的噁唑基、所述取代的异噁唑基分别被一种或两种以下的基团取代：卤素、硝基、C_1～C_4的烷氧羰基或氰基。

发明人：王明良，尹春慧，何雅慧，罗秋晗，阎思彤；申请人：深圳大学

中国专利号：ZL201811067016.9；中国专利申请日：2018-09-13

化合物类型：芳基尿嘧啶类，PPO抑制剂类

发明思路：me-too研究；在苯嘧磺草胺的基础上，通过替换得到现有化合物。

用途：具有除草活性，在64g/hm^2施药量下，对稗草、马唐、牛筋草、苋菜、马齿苋具有一定的抑制作用。

代表化合物结构如下：

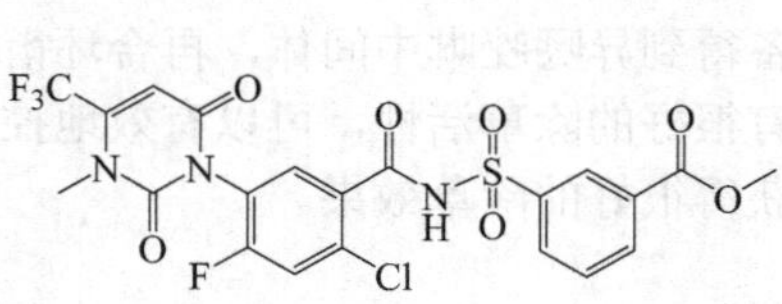

（11）一种芳基尿嘧啶类化合物及其制备方法和农药组合物

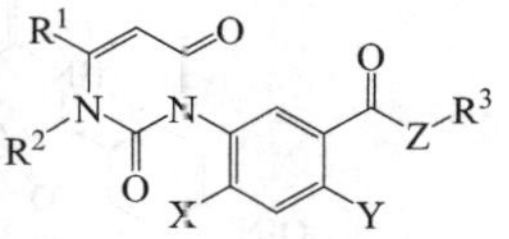

式中，R^1、R^2独立地选自氢、氨基、烷基或卤代烷基，所述烷基和所述卤代烷基的碳原子数为1～4；X、Y独立地选自氢、卤素或氰基；Z选自氧原子或硫原子；其中，当Z为氧原子，R^3为第一取代基团取代的C_1～C_8烷基、第一取代基团取代的C_2～C_8烯基或第一取代基团取代的C_2～C_8炔基；所述第一取代基团为羟基、硝基、氨基或烷基氨基；所述第一取代基团中的所述烷基氨基为碳原子数为1～3的烷基氨基；当Z为硫原子，R^3为第二取代基团取代的C_1～C_8烷基、第二取代基团取代的C_2～C_8烯基或第二取代基团取代的C_2～C_8炔基；所述第二取代基团为羟基、硝基、氨基、烷基氨基或烷氧羰基；所述第二取代基团中的所述烷基氨基为碳原子数为1～3的烷基氨基，所述烷氧羰基为碳原子数为1～3的烷氧羰基。

发明人：王明良，阎思彤，尹春慧，何雅慧，谢晗鑫，常超凡，朱才镇，徐坚，马晨生；申请人：深圳大学

中国专利号：ZL201910469994.4；中国专利申请日：2019-05-31

化合物类型：芳基尿嘧啶，PPO抑制剂类

发明思路：me-too研究；在苯嘧磺草胺的基础上，通过骨架的变化得到该类化合物。

用途：具有除草活性，化合物对禾本科和阔叶草均具有较高的除草活性，对难以防治的牛筋草等杂草有着更突出的除草活性，且对玉米和小麦均有一定的安全性。

代表化合物结构如下：

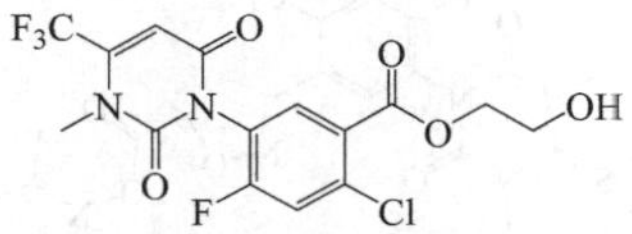

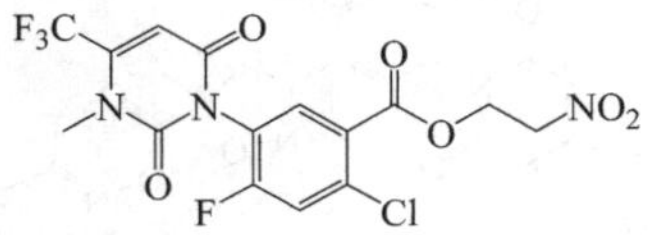

（12）化合物及其制备方法和用途

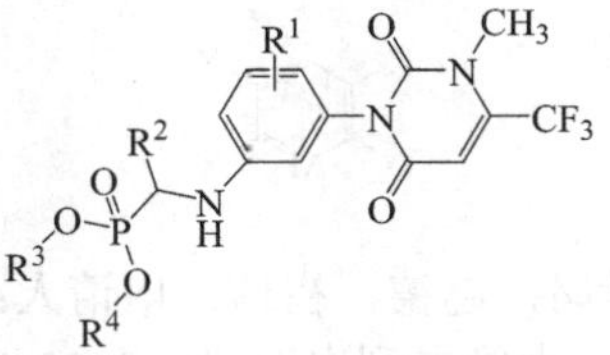

其中，R^1为至少一个F、Cl、Br或氢；R^2为苯基、4-甲基苯基、3-甲基苯基、3-甲氧基苯基、4-氯苯基、2-氯苯基、2,4-二氯苯基、3-溴苯基、4-溴苯基、4-氟苯基、3-氟苯基、3-硝基苯基或者4-硝基苯基；R^3、R^4均为乙基。

发明人：石德清，车建义，陈金龙，何磊恩；申请人：华中师范大学

中国专利号：ZL201510632831.5；中国专利申请日：2015-09-29

化合物类型：嘧啶二酮类

发明思路：me-too研究；在嘧啶二酮类除草剂结构基础上引入磷酸酯结构而得。

用途：具有除草活性，在250g/hm^{2}下，对龙葵、反枝苋、裂叶牵牛显示出100%的除草效果。

代表化合物结构如下：

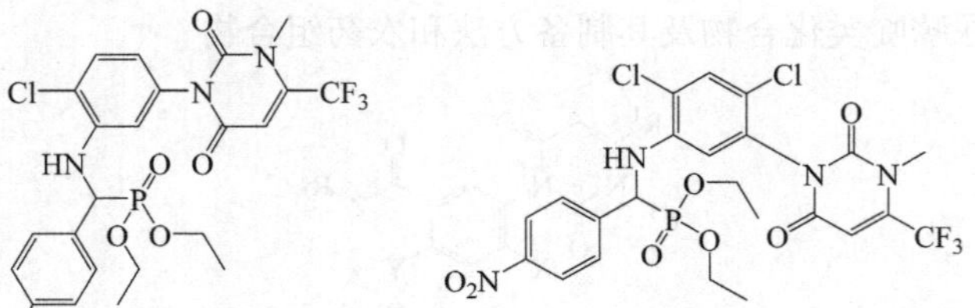

（13）一种异噁唑啉甲酸肟酯类化合物及其制备方法、除草组合物和应用

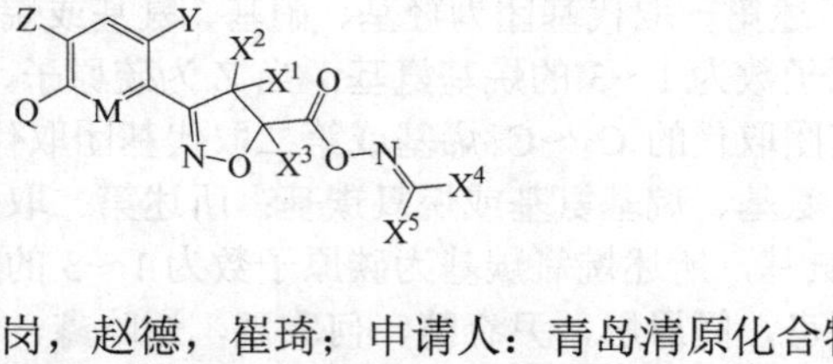

发明人：连磊，华荣保，彭学岗，赵德，崔琦；申请人：青岛清原化合物有限公司

中国公开号：CN113149975A；中国专利申请日：2020-12-17

化合物类型：异噁唑啉甲酸肟酯类，尿嘧啶，三嗪酮，PPO 抑制剂类

发明思路：me-too 研究；在现有技术异噁唑羧酸酯的基础上引入肟酯结构。

用途：具有除草活性，15g/hm² 茎叶处理时对稗草、马唐、狗尾草、千金子、牛筋草、婆婆纳、猪殃殃、苘麻防效高于 85%。

代表化合物结构如下：

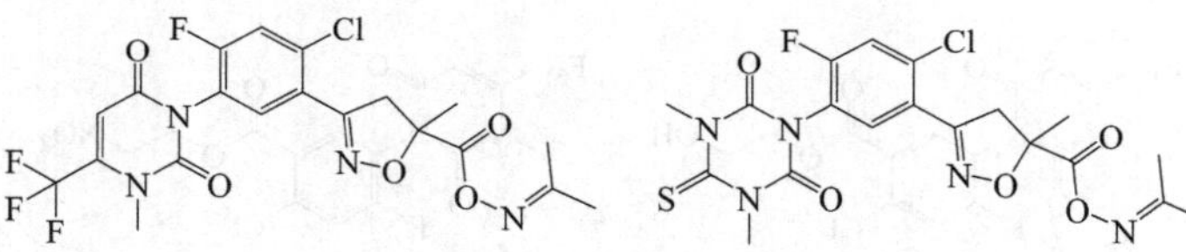

（14）一种含异噁唑啉的化合物及其制备方法、除草组合物和应用

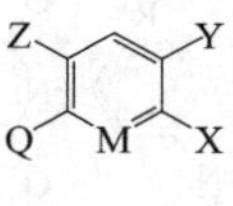

发明人：连磊，华荣保，彭学岗，赵德，崔琦；申请人：青岛清原化合物有限公司

中国公开号：CN113024531A；中国专利申请日：2020-12-16

化合物类型：异噁唑啉，尿嘧啶，三嗪酮，PPO 抑制剂类

发明思路：在 CN105753853A 基础上的 me-too 研究。

用途：具有除草活性，15g/hm² 茎叶处理时对稗草、马唐、狗尾草、千金子、牛筋草、婆婆纳、猪殃殃、苘麻防效高于 85%。

代表化合物结构如下：

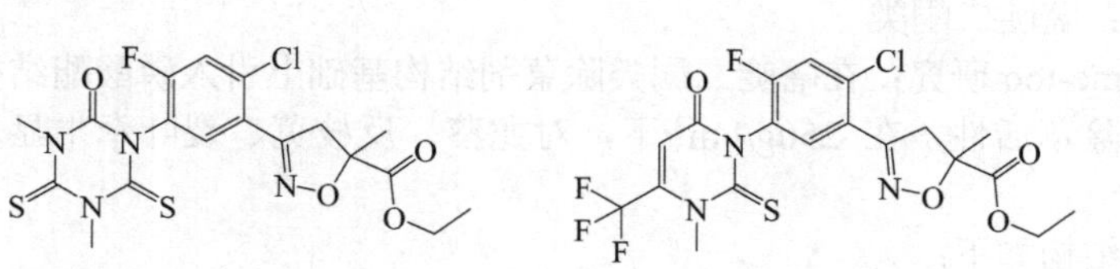

（15）一种含取代异噁唑啉的芳香类化合物及其制备方法、除草组合物和应用

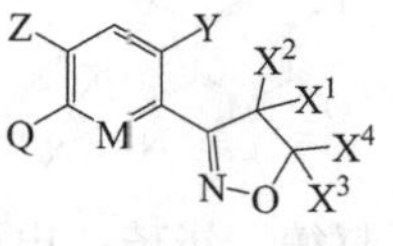

发明人：连磊，彭学岗，华荣保，赵德，崔琦；申请人：青岛清原化合物有限公司

中国公开号：CN112778289A；中国专利申请日：2020-11-04

化合物类型：异噁唑啉，尿嘧啶，三嗪酮，PPO 抑制剂类

发明思路：在 CN105753853A 基础上的 me-too 研究。

用途：具有除草活性，15g/hm² 茎叶处理对日本看麦娘、白酒草、蔊菜、菵草防效高于 85%。

代表化合物结构如下：

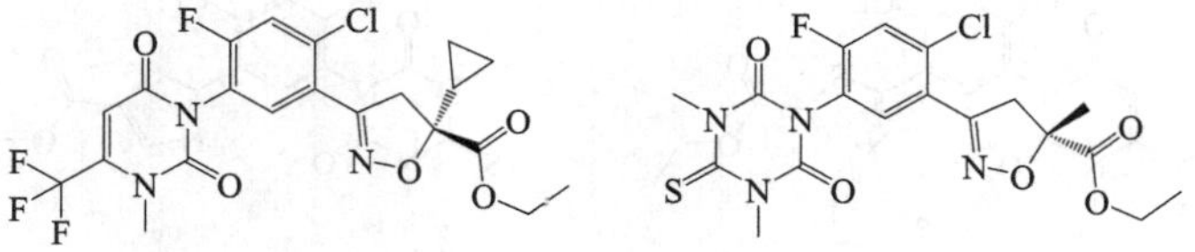

（16）硫代三嗪酮异噁唑啉类化合物及其制备方法和应用、原卟啉原氧化酶抑制剂和除草剂

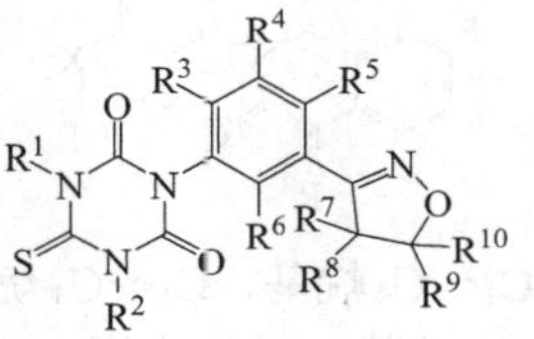

式中，R^1、R^2 各自独立地选自 C_1～C_6 的烷基或 C_1～C_6 的卤代烷基；R^3 为卤素；R^5 为卤素或 CN；R^4、R^6 均为 H；R^7、R^8 各自独立地选自 H、C_1～C_6 的烷基；R^9 为 C_1～C_6 的烷基；R^{10} 选自 C_1～C_6 的烷基、$COOR^{11}$、$CONR^{13}R^{14}$；R^{11} 选自 H、C_1～C_6 的烷基、C_1～C_6 的卤代烷基、C_3～C_6 的烯基、C_3～C_6 的炔基、(C_1～C_6 的烷基)-CO-O-(C_1～C_4 的烷基)、具有 1～4 个取代基 $R^{3'}$的苄基等；其中所述取代基 $R^{3'}$各自独立地选自卤素或 C_1～C_8 的烷基；R^{13}、R^{14} 分别为 H 或 SO_2-N(C_1～C_6 的烷基$)_2$。

发明人：席真，张瑞波，王大伟，于淑一；申请人：南开大学

中国专利号：ZL201910419966.1；中国专利申请日：2019-05-20

化合物类型：硫代三嗪酮类，异噁唑啉类，PPO 抑制剂类

发明思路：me-too 研究；以嘧啶二酮异噁唑啉类化合物作为先导，用硫代三嗪酮替换嘧啶二酮得到该类化合物。

用途：具有除草活性，在 150g/hm² 剂量下，对稗草、马唐、苘麻、苋菜具有较高的除草活性；同时具有一定的作物安全性，尤其是对玉米、水稻等关键农作物具有一定的选择性。

代表化合物结构如下：

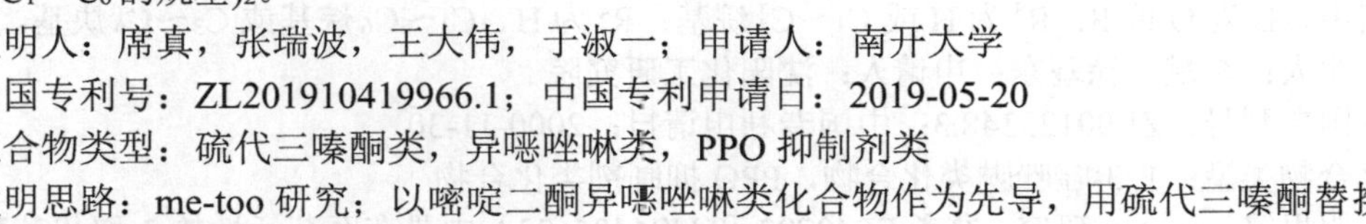

（17）一种取代噻唑芳香环类化合物及其制备方法、除草组合物和应用

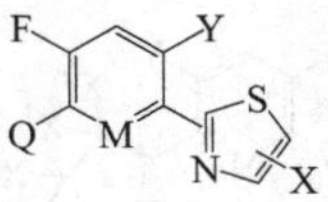

发明人：连磊，彭学岗，华荣保，赵德，崔琦；申请人：青岛清原化合物有限公司

中国公开号：CN112778296；中国专利申请日：2020-11-2

化合物类型：噻唑，尿嘧啶，三嗪酮，PPO 抑制剂类

发明思路：me-too 研究；在现有技术 CN100482648C 噻唑的基础上引入酯基。

用途：具有除草活性，15g/hm² 茎叶处理时对稗草、马唐、狗尾草、日本看麦娘、萵草、婆婆纳、猪殃殃、苘麻、反枝苋等防效高于 85%。

代表化合物结构如下：

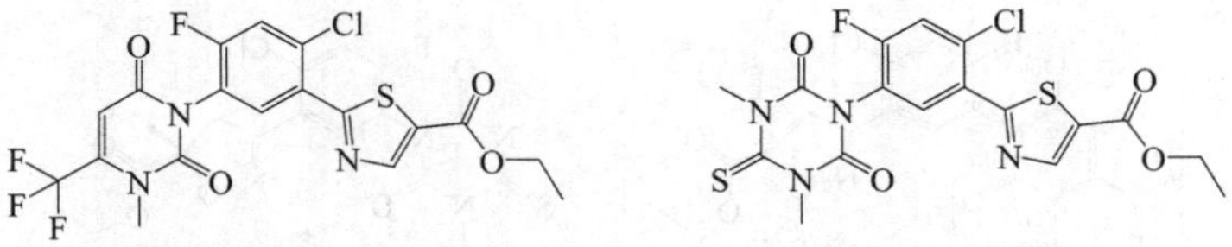

（18）具有除草活性的 3-(2-氟-4, 5, 6-取代苯基)-1, 3-喹唑啉-2, 4-二酮类化合物

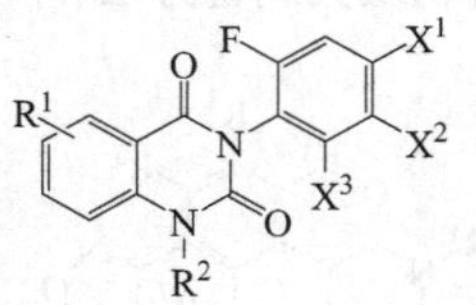

其中，R^1 为 H；R^2 为 H，CN，C_1～C_4 烷基，C_1～C_4 烷氧 C_1～C_2 烷基，C_3～C_6 炔基，C_1～C_4 烷氧羰基或 C_1～C_4 烷氧羰基 C_1～C_2 烷基；X^1 为卤素；X^2 为 H，C_3～C_6 炔氧基，C_1～C_4 烷氧羰基或 C_1～C_4 烷氧羰基 C_1～C_2 烷氧基；X^3 为 H；X^1 和 X^2 还可形成如下所示的苯并六元杂环：

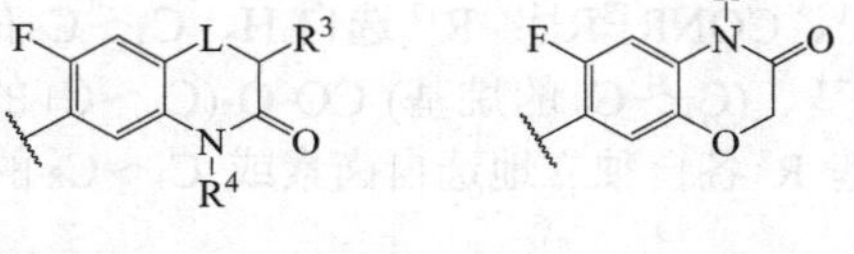

其中，L 为 O 或 S；R^3 为 H 或 C_1～C_4 烷基；R^4 为 H、C_1～C_6 烷基或 C_3～C_6 炔基。

发明人：李斌，徐基东；申请人：沈阳化工研究院

中国专利号：ZL00123348.3；中国专利申请日：2000-11-30

化合物类型：1, 3-喹唑啉类化合物，PPO 抑制剂类化合物

发明思路：me-too 研究；参考 EP40793 和 US4405623A 中具有医药活性的 3-取代苯基-1, 3-喹唑林-2, 4-二酮类化合物和除草剂丙炔氟草胺的结构，拼接得到相关化合物。

用途：具有除草活性。可有效控制单、双子叶杂草及多年生杂草，如稗草、万寿菊、苘麻、绿狗尾草。

代表化合物结构如下：

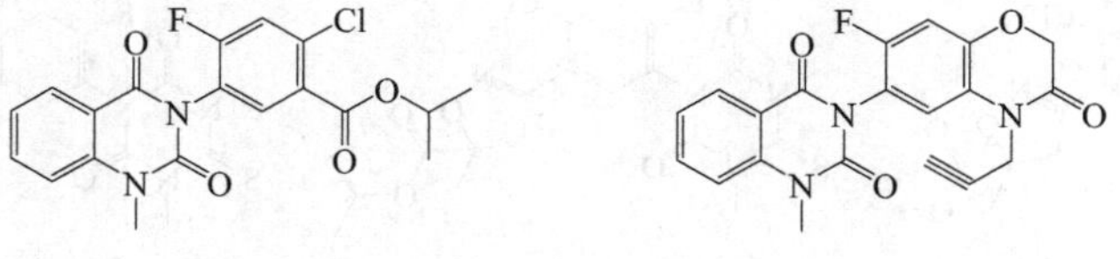

（19）含吡啶并嘧啶二酮的苯并噁嗪酮类化合物及其制备方法和应用和除草剂组合物

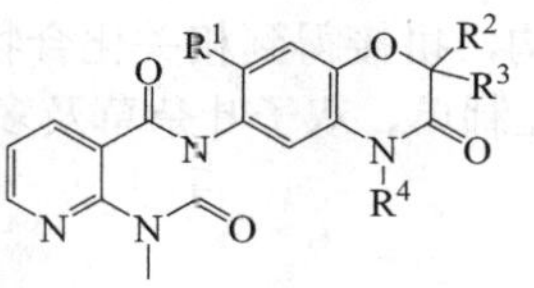

（I）

式中，R^1为F、Cl、Br、I或H；R^2和R^3各自独立地为H、卤素或C_1～C_6的烷基中的一种；R^4为C_1～C_6的烃基、C_1～C_6的卤代烃基、C_1～C_6的醚基、氰基或C_1～C_3的烷氰基、三甲基硅炔基或C_1～C_3的烷氧基取代的苄基。

发明人：席真，王现全，王大伟；申请人：山东先达农化股份有限公司

中国专利号：ZL201710252172.1；中国专利申请日：2017-04-18

化合物类型：含吡啶并嘧啶二酮的苯并噁嗪酮类化合物

发明思路：me-too研究；在丙炔氟草胺基础上，通过将四氢异吲哚二酮替换为吡啶并嘧啶二酮结构而得到。

用途：具有除草活性，该发明提供的结构如式(Ⅰ)所示的苯并噁嗪酮类化合物在苗前/苗后均具有防治杂草的作用，且对农作物具有一定的安全性。

代表化合物结构如下：

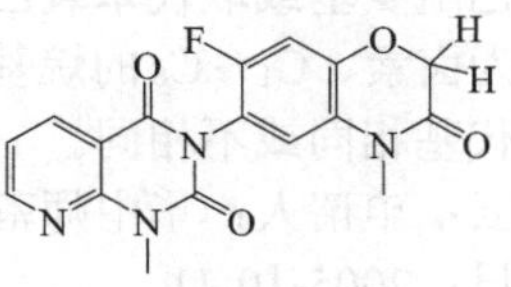

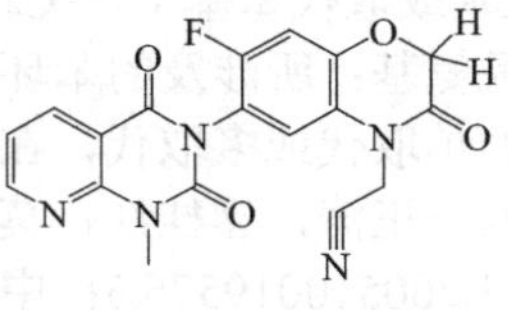

（20）具有除草活性的3-(2-氟-4, 5, 6-取代苯基)-1, 3-苯并嘧啶-4-酮类化合物

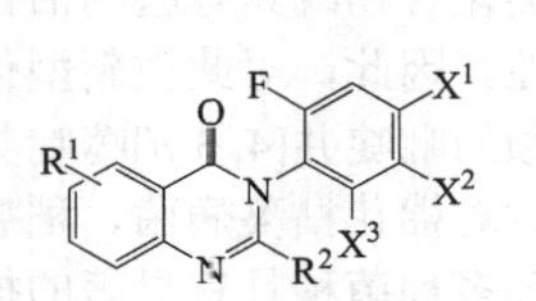

式中，R^1为H，卤素，C_1～C_4烷基，卤代C_1～C_3烷基，C_1～C_3烷氧基，硝基或CN；R^2为H，C_1～C_4烷基或卤代C_1～C_3烷基；X^1为卤素或CN；X^2为H，卤素，C_1～C_6烷氧基，C_2～C_6烯氧基，C_3～C_6炔氧基，C_1～C_4烷氧羰基或C_1～C_4烷氧羰基C_1～C_2烷氧基；X^3为H或卤素；当X^3为H时，X^1和X^2可成环与苯基形成如下所示的苯并六元杂环：

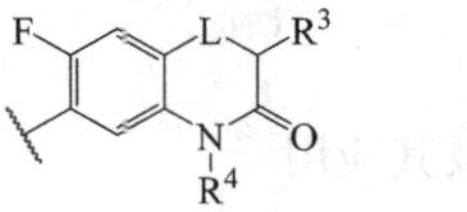

其中，L为O；R^3为H或C_1～C_4烷基；R^4为H，C_1～C_6烷基，卤代C_1～C_6烷基，C_3～C_6烯基，C_3～C_6炔基或C_1～C_4烷氧C_1～C_2烷基。

发明人：李斌，徐基东；申请人：沈阳化工研究院

当前权利人：沈阳化工研究院；中国专利号：ZL00123349.1；中国专利申请日：2000-11-30

化合物类型：1, 3-苯并嘧啶-4-酮类化合物，PPO 抑制剂类化合物

发明思路：me-too 研究；参考 EP183458 中具有杀菌活性的 3-取代苯基-1, 3-苯并嘧啶-4-酮类化合物和除草剂丙炔氟草胺的结构，拼接得到相关化合物。

用途：具有除草活性。可有效控制单、双子叶杂草及多年生杂草，如稗草、万寿菊、苘麻、绿狗尾。

代表化合物结构如下：

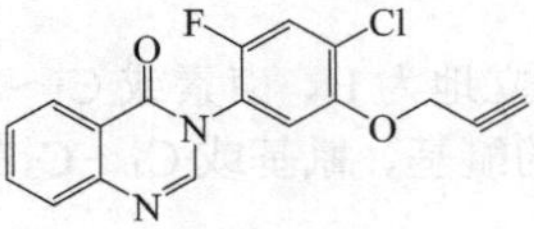

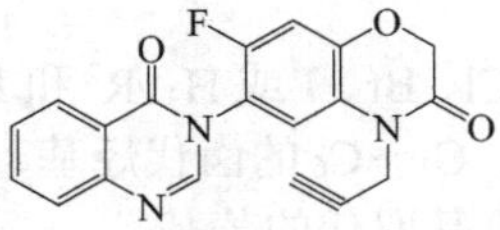

（21）一类具有杀菌除草活性的多取代吡啶并[4,3-*d*]嘧啶及制备

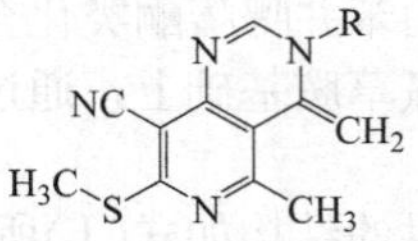

其中，R 表示 C_1～C_6 的烷基、卤素取代烷基、烯基或炔基；杂环基为吡啶、噻吩或呋喃的杂环取代 C_1～C_4 烷基；杂环基为吡啶并[4,3-*d*]嘧啶的稠杂环取代 C_1～C_6 烷基；羟基 C_1～C_4 烷基；苯基 C_1～C_4 烷基或取代苯基 C_1～C_4 烷基；苯氧乙酰氨基或取代苯氧乙酰氨基、苯氧丙酰氨基或取代苯氧丙酰氨基；所涉及的苯环上的取代基为卤素、C_1～C_6 的烷基或烷氧基，取代基在苯环任一位置上的单取代或多取代，在苯环上的取代基相同或不相同。

发明人：贺红武，王涛，廖桂红，莫文妍，任青云；申请人：华中师范大学

中国专利号：ZL200510019576.3；中国专利申请日：2005-10-11

化合物类型：吡啶并嘧啶类

发明思路：吡啶并[4, 3-*d*]嘧啶类化合物既具有医药活性又具有农药活性，特别是在医药研究方面显示了广泛的生理和药理活性。因此，对此类新型化合物的农药活性进行更进一步的研究，从而设计合成了一系列结构新颖的吡啶并[4, 3-*d*]嘧啶类化合物。

用途：具有杀菌或者除草活性。对棉花枯萎病菌、稻瘟病菌、黄瓜灰霉病菌、小麦赤霉病菌、油菜菌核病菌、甜菜褐斑病菌等多种菌种具有显著的抑制作用，同时对单子叶或双子叶植物的生长具有显著的抑制作用。

代表化合物结构如下：

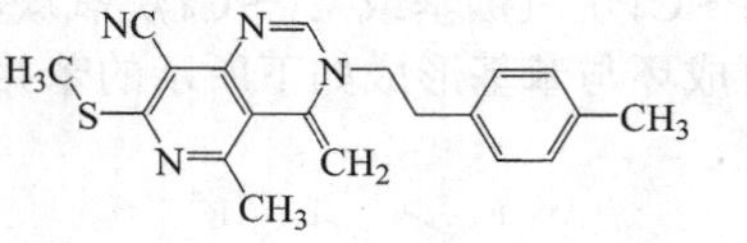

（22）吡唑并嘧啶酮类化合物及其应用

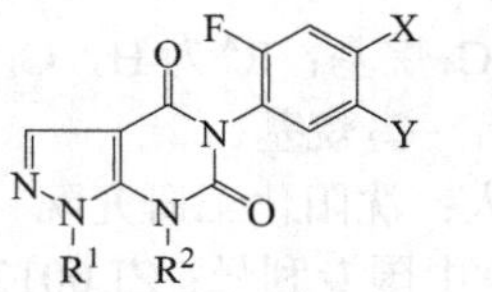

式中，R^1选自C_1～C_4烷基；R^2选自C_1～C_2烷基；X 和 Y 形成如下所示的苯并六元杂环：

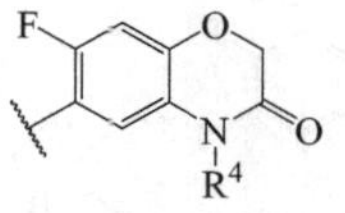

其中，R^4选自 C_1～C_6烷基、卤代 C_1～C_6烷基、C_1～C_6环烷基、C_3～C_6烯基或 C_3～C_6炔基。

发明人：李斌，王世辉，崔东亮，相东，徐基东，杨华铮；申请人：沈阳化工研究院

中国专利号：ZL200510046127.8；中国专利申请日：2005-03-29

化合物类型：吡唑并嘧啶酮类化合物，PPO 抑制剂类化合物

发明思路：me-too 研究；参考 JP57167902 中的吡唑并嘧啶酮结构，对苯基亚胺类 PPO 抑制剂除草剂丙炔氟草胺进行替换得到相关化合物。

用途：具有除草活性。可有效控制单、双子叶杂草，如苘麻、稗草、马唐、绿狗尾、决明和百日草。

代表化合物结构如下：

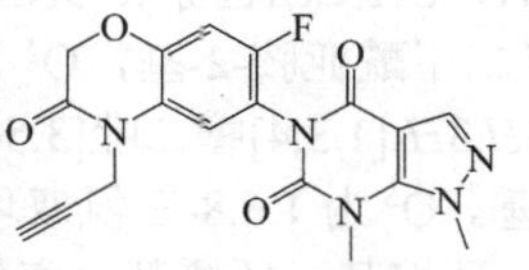

（23）一种环烷烃并嘧啶二酮类化合物及其制备方法和应用以及一种农药除草剂

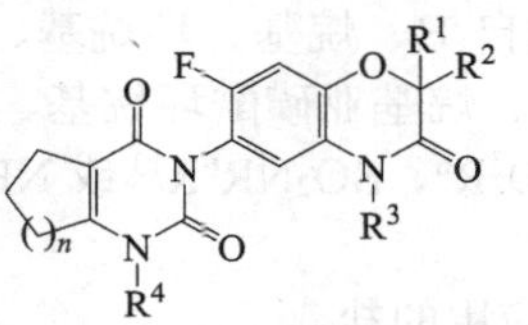

式中，n=1、2 或 3；R^1和R^2各自独立地选自 H、卤素和C_1～C_6的烷基；R^3选自 H、C_1～C_6的烷基、C_1～C_6的卤代烷基、C_2～C_6的酯基、C_1～C_6的烷氧基、C_1～C_4的烷氧基取代的C_2～C_{12}的烷基、氰基、氰基取代的C_2～C_6的烷基、C_2～C_6的炔基、炔基取代的C_3～C_6的烷基、C_2～C_6的烯基、烯基取代的C_3～C_6的烷基、三甲基硅炔基取代的C_6～C_{12}的烷基、C_1～C_4的烷氧基取代的苄基；R^4选自C_1～C_3的烷基。

发明人：席真，张瑞波，王大伟；申请人：南开大学

中国专利号：ZL201910294735.2；中国专利申请日：2019-04-21

化合物类型：环烷烃并嘧啶二酮类，苯并噁嗪类，PPO 抑制剂类

发明思路：me-too 研究；在已知的原卟啉原氧化酶(PPO)抑制剂类似物的基础上，通过修饰和替换得到该类化合物。

用途：具有除草活性，在 150g/hm² 剂量下，对多种阔叶杂草和禾本科杂草表现出优异的除草活性；相较于商品化药剂丙炔氟草胺具有明显更高的作物安全性。

代表化合物结构如下：

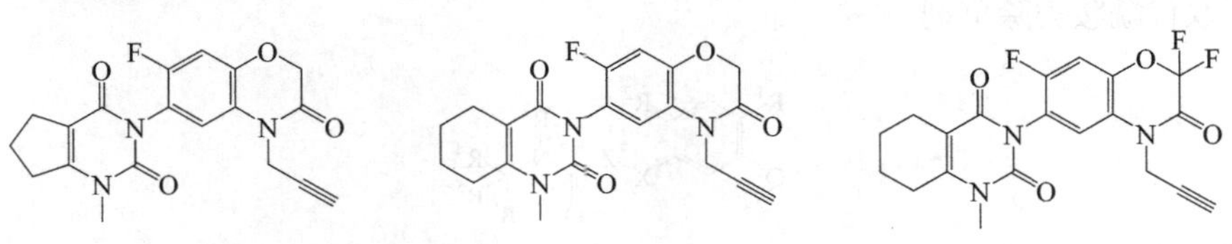

（24）取代三唑、咪唑、吡唑类除草剂

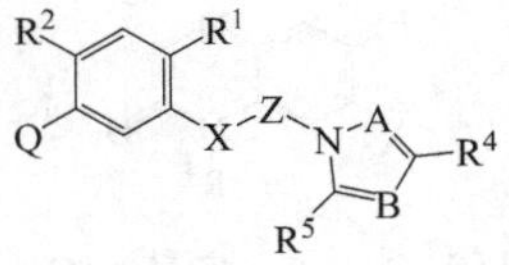

其中，R^1 选自 H、F、Br、Cl、NO_2 或 CN；R^2 选自 F、Cl、Br、H 或 CN；R^4、R^5 分别选自 H、卤素、CN、烷基、环烷基、卤代烷基、烷氧基、烷硫基、烷基磺酰烷基、烷基亚磺酰烷基、烷基磺酰环烷基、烷基亚磺酰环烷基、CO_2R^6、$CONR^6R^{13}$、OR^6、SR^6、SO_2R^6、NR^6R^{13}、$SO_2NR^6R^{13}$、芳基、杂芳基、芳烷基或杂芳烷基；A 选自 N；B 选自 N；Z 选自 O、$CH(R^3)$、CO、CS、$CONR^{12}$ 或 $CSNR^{12}$；当 Z 为 $CH(R^3)$时，X 可选自 O、S、NR^{12}、CO_2、$OCH(R^6)CO_2$、$SCH(R^6)CO_2$、CH=C(卤素)CO_2、CH_2CH(卤素)CO_2、CONH、$OCH(R^6)CONH$、$SCH(R^6)CONH$、CH=C(卤素)CONH 或 CH_2CH(卤素)CONH；当 Z 为 O 时，X 可选自 CO、$OCH(R^6)CO$、$SCH(R^6)CO$、CH=C(卤素)CO 或 CH_2CH(卤素)CO；当 Z 为 CO、CS、$CONR^{12}$ 或 $CSNR^{12}$ 时，X 可选自 O、S、CO、$OCH(R^6)$、CH=C(卤素)、CH_2CH(卤素)、CONH、$OCH(R^6)CONH$、$SCH(R^6)CONH$、CH=C(卤素)CONH、CH_2CH(卤素)CONH 或 NR^{12}；Q 选自 Q^1，Q^2，Q^3，Q^4 或 Q^5，其中 Q^1 为 4,5,6,7-四氢邻苯二甲酰亚胺-2-基，Q^2 为 5,6,7,8-四氢-1,2,4-三唑[4,3-*a*]吡啶-3(2*H*)-酮-1-基，Q^3 为 5,6,7,8-四氢-1*H*,3*H*-[1,3,4]噻二唑[3,5-*a*]哒嗪亚胺-1-基，Q^4 为 4,5,6,7-四氢咪唑[1,5-*a*]吡啶-1,3(2*H*,5*H*)-二酮-2-基，Q^5 为 1,6,8-三氮双环[4.3.0]-壬烷-7,9-二酮-8-基；R^3 选自 H、CN、卤素、烷基、烯基、炔基、环烷基、环烯基、卤代烷基、卤代烯基、卤代炔基、烷氧基、烷硫基、烷基磺酰烷基、烷基亚磺酰烷基、烷基磺酰环烷基、烷基亚磺酰环烷基、芳基、芳烷基、杂芳基、杂芳烷基；R^6 选自 H、烷基、环烷基、烷氧基、烷硫基、烷基磺酰烷基、烷基亚磺酰烷基、烷基磺酰环烷基、烷基亚磺酰环烷基、芳基或芳烷基；R^{12} 选自 H、烷基、CO_2R^6、$CONR^6R^{13}$、OR^6、SR^6、SO_2R^6、$SO_2NR^6R^{13}$ 或 NR^6R^{13}；R^{13} 选自 H、烷基、芳基或芳烷基；

及其与酸所生成的可在农业上应用的盐。

发明人：刘长令，张宗俭，刘晓楠，理查·捷考布森，马克·毛威希尔；申请人：沈阳化工研究院

中国专利号：ZL00110501.9；中国专利申请日：2000-06-08

化合物类型：取代五元氮杂环类、*N*-苯基酞酰亚胺类

发明思路：me-too 研究；以 *N*-苯基酞酰亚胺类化合物为先导，采用中间体衍生化法中替换法或衍生法，使用五元氮杂环中间体通过替换/衍生得到现有研究。

用途：具有除草活性。可用于防除小麦、玉米和大豆田中的鬼针草、龙葵、蓼、苘麻等杂草。

代表化合物结构如下：

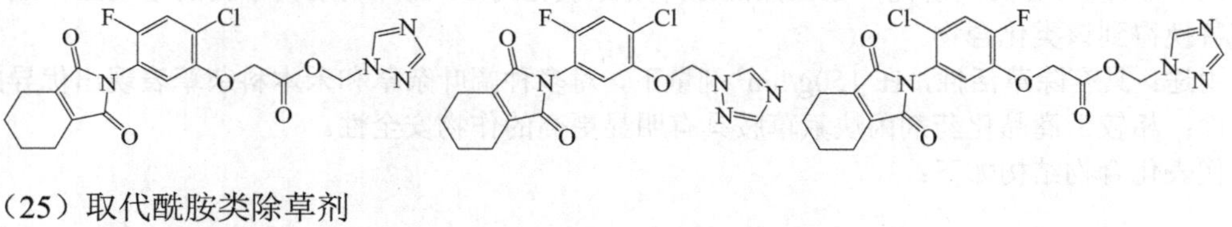

（25）取代酰胺类除草剂

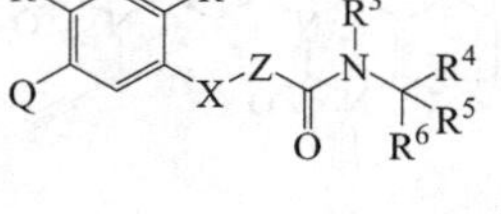

其中，R^1为H、F、Br、Cl、NO_2或CN；R^2为F、Cl、Br、H或CN；R^3为H、CN、C_1～C_6烷基或卤代C_1～C_6烷基；R^4和R^5可相同或不同，分别为H、CO_2R^3、$CONHR^3$、$CHR^3CO_2R^3$、$CHR^3CONR^3R^7$、卤素、C_1～C_6烷基、卤代C_1～C_6烷基、C_1～C_6烷氧基或C_1～C_6烷硫基；R^6为H、卤素、CN、CO_2R^3、$CONR^3R^7$、OR^3、SR^3、SO_2R^3、NR^3R^7、$SO_2NR^3R^7$或C_1～C_6烷基；R^7为H、C_1～C_6烷基、卤代C_1～C_6烷基或COR^3；X—Z为CH＝C(卤素)或CH_2CH(卤素)；当X为O、S、NR^7或CO_2时，Z为CHR^3或CHR^3CONH；Q为Q_1，即4,5,6,7-四氢邻苯二甲酰亚胺-2-基；

及其在农业上可应用的盐。

发明人：刘长令，刘晓楠，秦宵然，聂开晟，张宗俭；申请人：沈阳化工研究院

中国专利号：ZL03143374.X；中国专利申请日：2003-09-29

化合物类型：酰胺类化合物、*N*-苯基酞酰亚胺类化合物

发明思路：me-too研究；参考JP60123469中的*N*-苯基酞酰亚胺类化合物，使用取代酰胺进行了替换得到相关化合物。

用途：具有除草活性。用于防除小麦、玉米和水稻田中的反枝苋、龙葵、大马蓼、苘麻。

代表化合物结构如下：

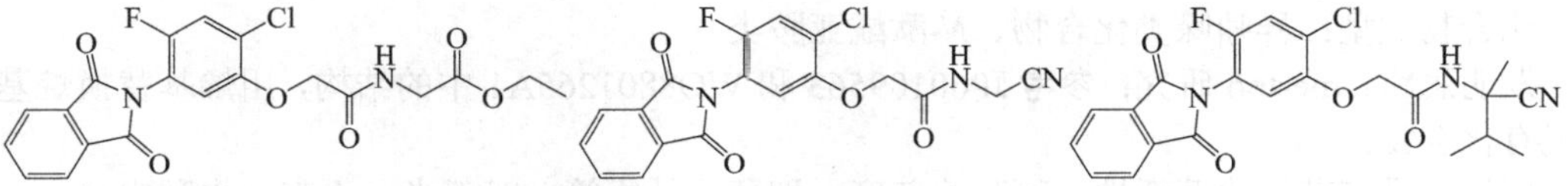

(26) 3-苯甲酸基丙烯酸酯类化合物及其应用

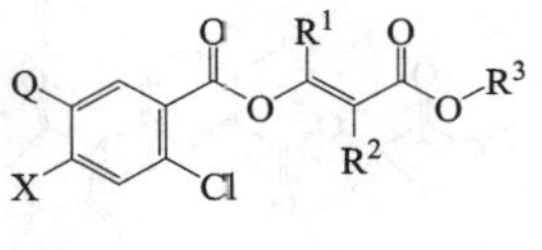

其中，Q选自Q_1：

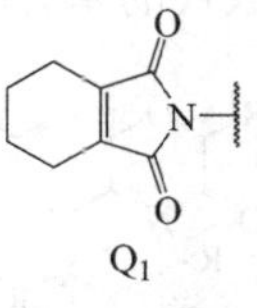

Q_1

X选自H或F；R^1选自甲基或三氟甲基；R^2选自H或甲基；R^3选自C_1～C_6烷基。

发明人：李斌，张勇，崔东亮，于海波，罗艳梅，相东；申请人：中国中化集团公司，沈阳化工研究院

中国专利号：ZL200710175626.6；中国专利申请日：2007-10-09

化合物类型：丙烯酸酯类化合物，*N*-酞酰亚胺类，PPO抑制剂类化合物

发明思路：me-too研究；以二苯醚类除草剂吲哚酮草酯为先导，参考US4781750A中的结构，通过替换得到现有化合物。

用途：具有除草活性，可防治苘麻、稗草、狗尾草等，并且对大豆安全。

代表化合物结构如下：

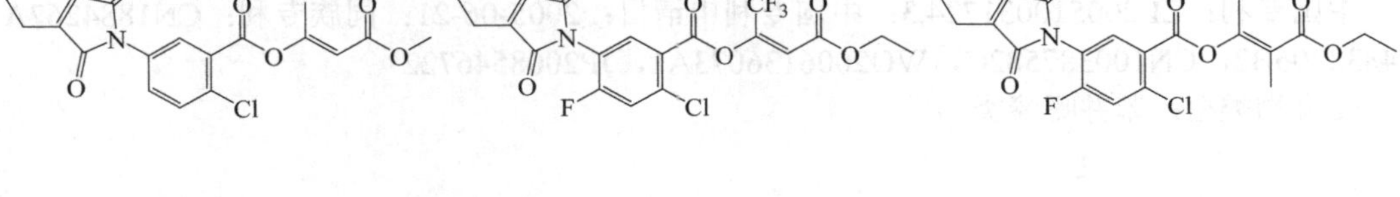

（27）异吲哚类化合物及其应用

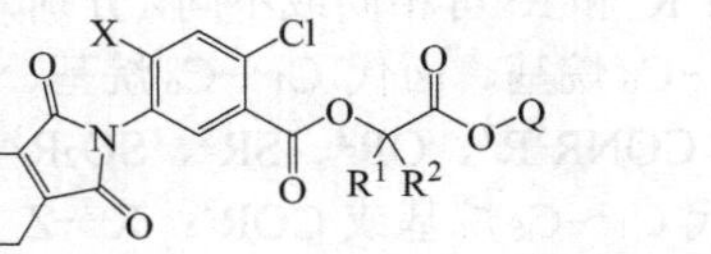

式中，X 选自 H、F；R^1、R^2 分别选自 H 或甲基；Q 选自如下基团之一：

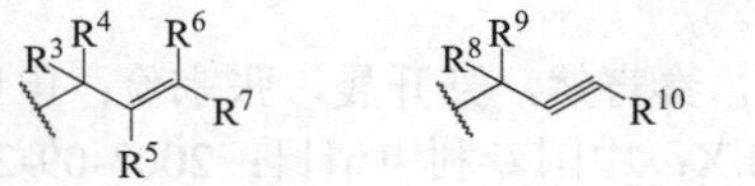

其中 R^3、R^8 选自 H；R^4、R^5、R^6、R^7、R^9、R^{10} 分别选自 H 或甲基。

发明人：李斌，张勇，崔东亮，于海波，袁静，白丽萍；申请人：中国中化集团公司，沈阳化工研究院

中国专利号：ZL200710175629.X；中国专利申请日：2007-10-09；同族专利：WO2009046665A1

化合物类型：异吲哚类化合物、*N*-酞酰亚胺类

发明思路：me-too 研究；参考 JP60109563 和 WO8801265A1 中的结构，用烯基替换烷基得到现有化合物。

用途：具有苗后除草活性，可防治苘麻、稗草、马唐等，对玉米、小麦、水稻安全。

代表化合物结构如下：

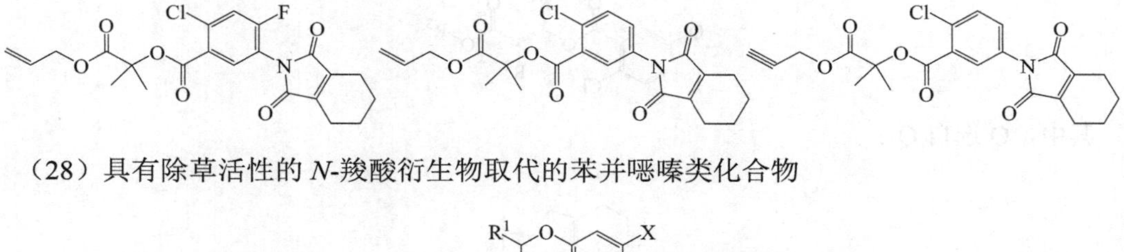

（28）具有除草活性的 *N*-羧酸衍生物取代的苯并噁嗪类化合物

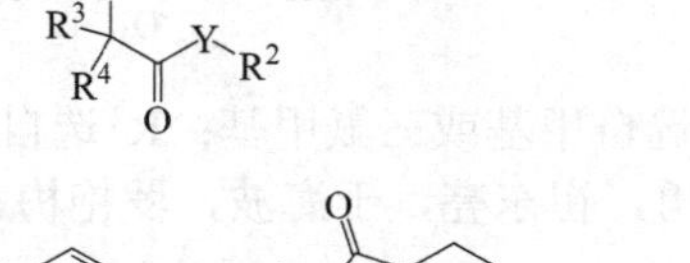

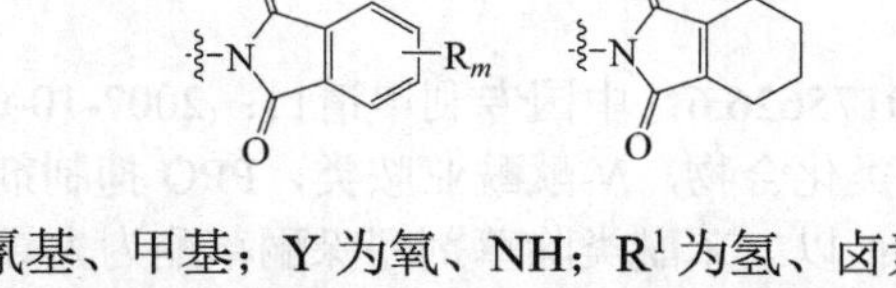

Het:

其中，X 为氢、卤素、氰基、甲基；Y 为氧、NH；R^1 为氢、卤素、甲基、苯基；R^2 为 C_1～C_4 烷基、C_1～C_4 烷氧烷基；R^3、R^4 为相同或不同的氢、C_1～C_8 烷基、苯基、卤代苯基；R_m 为相同或不同的氢、C_1～C_4 烷基、硝基、卤素取代基，其中 *m* 表示取代基的数目，可选 1、2、3 或 4。

发明人：黄明智，任叶果，雷满香，柳爱平，欧晓明，黄路，任竞，胡礼，侯仲轲，王晓光；申请人：湖南化工研究院

中国专利：ZL200510031724.3；中国专利申请日：2005-06-21；同族专利：CN1884267A，JP4838306B2，CN100387582C，WO2006136073A1，JP2008546722

化合物类型：苯并噁嗪类

发明思路：me-too 研究；在苯并噁唑类除草剂结构基础上引入邻二甲酰亚胺结构而得。

用途：具有除草活性，在 $15g/hm^2$ 的剂量下苗前土壤处理或 $7.5g/hm^2$ 的剂量下苗后茎叶处理时，对大部分阔叶的杂草防效≥90%，对部分单子叶杂草也有一定的防效，对玉米、小麦、花生等一种或多种作物具有一定的安全性。

代表化合物结构如下：

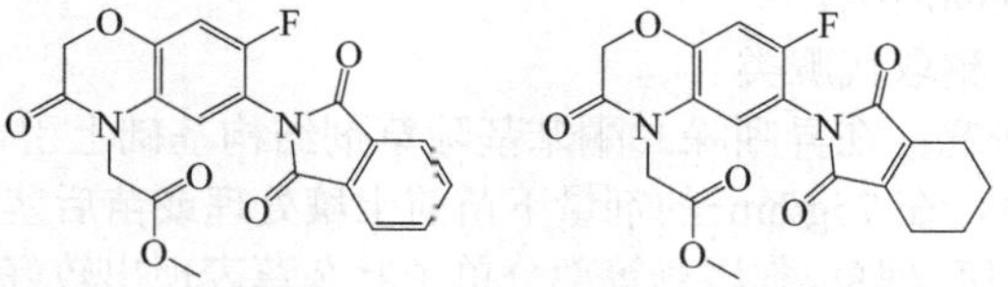

（29）具有除草活性的 *N*-异吲哚二酮取代苯基酰胺类化合物

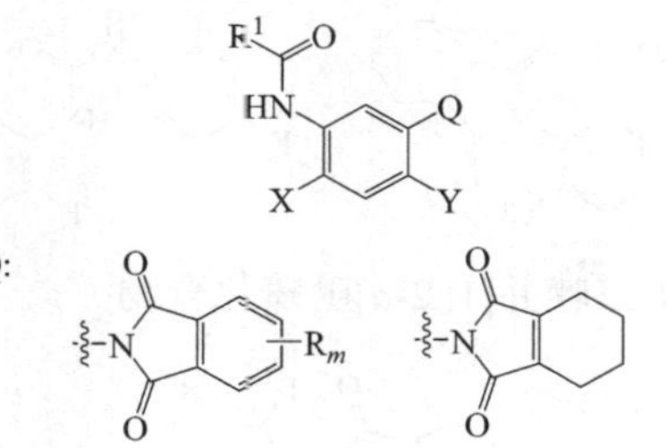

其中，X 为氢，卤素中的氯、氟；Y 为氢，卤素中的氟、氯、溴；R^1 为 C_1～C_6 卤代烷基，卤代苯基；R_m 为相同或不相同的氢，C_1～C_4 烷基，氨基，卤素；*m* 表示取代基的数目，可选 1、2。

发明人：任叶果，黄明智，王晓光，雷满香，黄路，胡礼，任竞，柳爱平，欧晓明，黄可龙；申请人：湖南化工研究院

中国专利号：ZL200510032426.6；中国专利申请日：2005-11-24；同族专利：CN100465160C、CN1970540A、WO2007059662A1

化合物类型：苯基酰胺类

发明思路：me-too 研究；在异吲哚二酮苯基除草剂结构基础上引入酰胺结构而得。

用途：具有除草活性，在 $75g/hm^2$ 的剂量下苗前土壤处理或苗后茎叶处理时，对苘麻、藜、凹头苋等双子叶杂草和马唐、稗草、狗尾草等部分单子叶杂草表现出较好的除草活性，防效≥80%。

代表化合物结构如下：

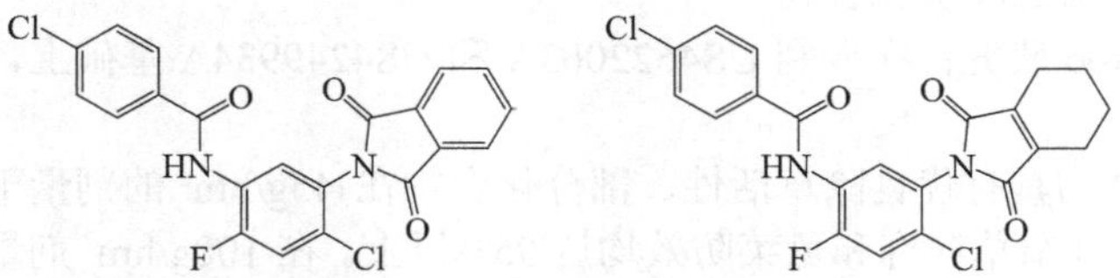

（30）具有除草活性的 *N*-异吲哚二酮取代脲类化合物

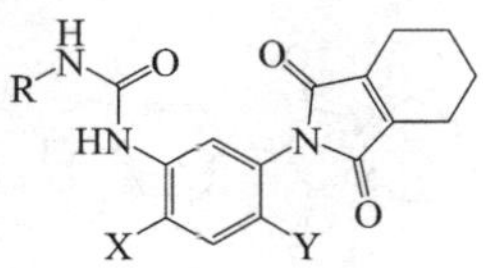

其中，X 为氢、氰基、甲基、氯、氟；Y 为氢、氟、氯；R 为取代苯甲酰基，单取代或多取代苯基。

发明人：王晓光，黄明智，任叶果，黄路，雷满香，任竞，胡礼，欧晓明，柳爱平，黄可龙；申请人：湖南化工研究院

中国专利号：ZL200510032425.1；中国专利申请日：2005-11-24；同族专利：CN100424074C、CN1970539A、WO2007059663A1

化合物类型：吲哚二酮取代脲类

发明思路：me-too 研究；在异吲哚二酮苯基除草剂结构基础上引入苯基脲结构而得。

用途：具有除草活性，在 $75g/hm^2$ 的剂量下苗前土壤处理或苗后茎叶处理时，对苘麻、藜、凹头苋等双子叶杂草和马唐、稗草、狗尾草等部分单子叶杂草表现出较好的除草活性，防效≥80%。

代表化合物结构如下：

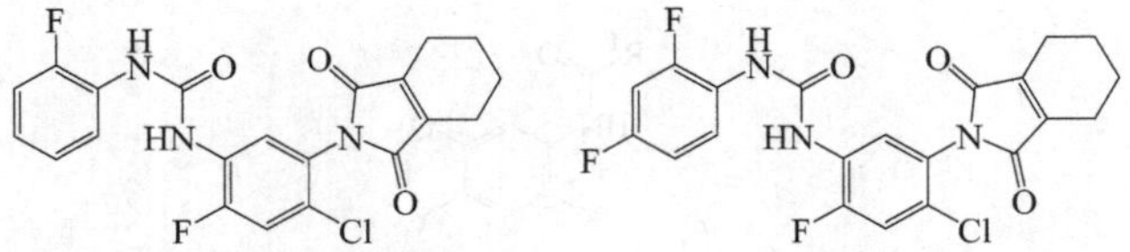

（31）2-取代吡啶基-1, 2, 4-三唑并[1, 2-*a*]哒嗪化合物

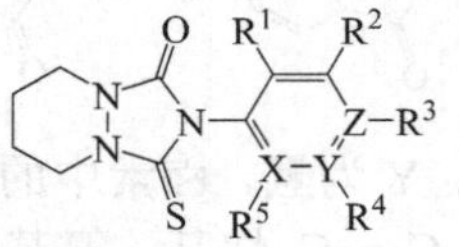

式中，X 为 N，Y 为 C，Z 为 C，R^1 和 R^2 均为 H，R^3 为 CF_3，R^4 为 H；或者，X 为 N，Y 为 C，Z 为 C，R^1 至 R^4 均为 H；或者，X 为 N，Y 为 C，Z 为 C，R^1 和 R^2 均为 H，R^3 为 F，R^4 为 H；或者，X 为 N，Y 为 C，Z 为 C，R^1 和 R^2 均为 H，R^3 为 Me，R^4 为 H；或者，X 为 N，Y 为 C，Z 为 C，R^1 和 R^2 均为 H，R^3 为 Br，R^4 为 H；或者，X 为 N，Y 为 C，Z 为 C，R^1 和 R^2 均为 H，R^3 为 Cl，R^4 为 H；或者，X 为 N，Y 为 C，Z 为 C，R^1 为 Br，R^2 为 H，R^3 为 Br，R^4 为 H；或者，X 为 N，Y 为 C，Z 为 C，R^1 为 F，R^2 至 R^4 均为 H；或者，X 为 C，Y 为 N，Z 为 C，R^1 至 R^3 和 R^5 均为 H；或者，X 为 C，Y 为 N，Z 为 C，R^1 和 R^2 均为 H，R^3 为吗啉基，R^5 为 H；或者，X 为 C，Y 为 N，Z 为 C，R^1 和 R^2 均为 H，R^3 为 Cl，R^5 均为 H；或者，X 为 C，Y 为 C，Z 为 N，R^1 为 H，R^2 为 OCH_3，R^4 至 R^5 均为 H。

发明人：刘尚钟，张浩，吕聪，刘克昌，刘瑞全，王毅，欧俊军；申请人：中国农业大学

中国专利号：ZL201310712212.8；中国专利申请日：2013-12-20

化合物类型：六氢哒嗪类化合物

发明思路：me-too 研究；在专利 US4622063A 和 US4249934A 基础上，将苯环替换为其他含氮杂环而得。

用途：该类化合物具有优良除草活性，部分化合物在 $45g/hm^2$ 的剂量下苗前土壤处理或苗后茎叶处理时，对阔叶杂草苘麻和苋菜防效均达 95%以上。在 $100g/hm^2$ 剂量下土壤处理对三种作物均安全，茎叶处理对玉米安全性好，对大豆、棉花有药害。

代表化合物结构如下：

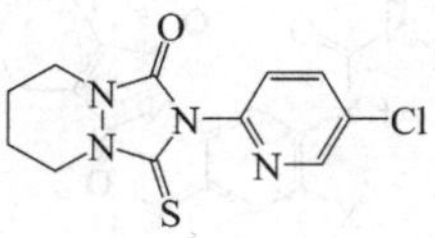

（32）取代苯基稠杂环类超高效除草剂

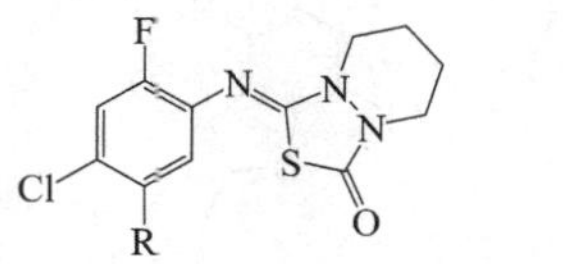

化合物选自如下任一化合物：

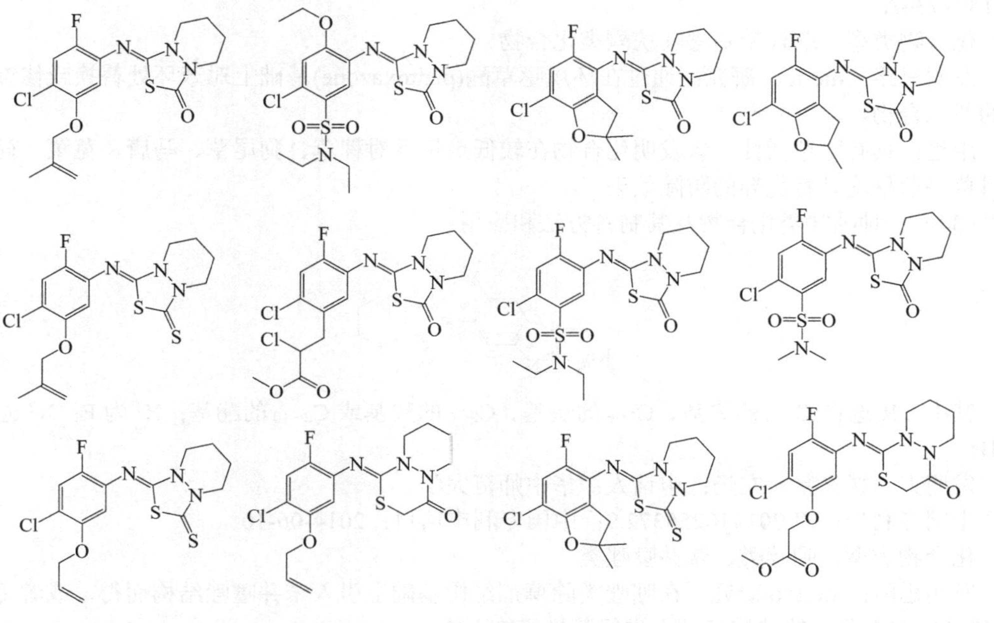

发明人：王正权，李葆奇，李彦龙，王俊春；申请人：王正权；当前权利人：江苏剑牌农化股份有限公司

中国专利号：ZL200310104881.3；中国专利申请日：2003-10-21；同族专利：CN1259321C，CN1609110A

化合物类型：取代苯基稠杂环类化合物

发明思路：me-too 研究；在氟噻甲草酯(fluthiacet-methyl)基础上对苯环及杂环处的简单修饰。

用途：具有除草活性，该发明提供的化合物对稗草、马唐、狗尾草、苋菜和苘麻具有一定的防除效果，尤其对阔叶杂草苋菜和苘麻具有更好的活性。

（33）取代苯基噁唑烷酮类除草剂

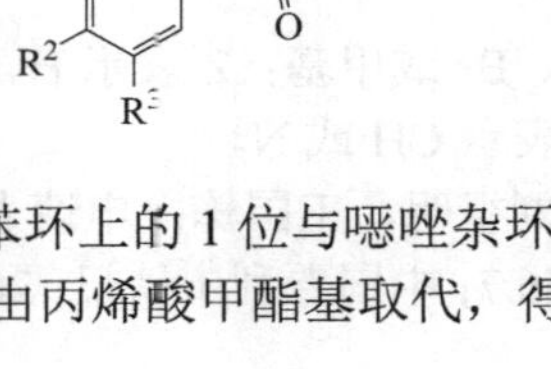

其特征在于本除草剂的分子结构苯环上的 1 位与噁唑杂环相连接，2、4 位分别由氟原子和氯原子取代，5、6 位连接呋喃或 5 位由丙烯酸甲酯基取代，得到三个除草剂：

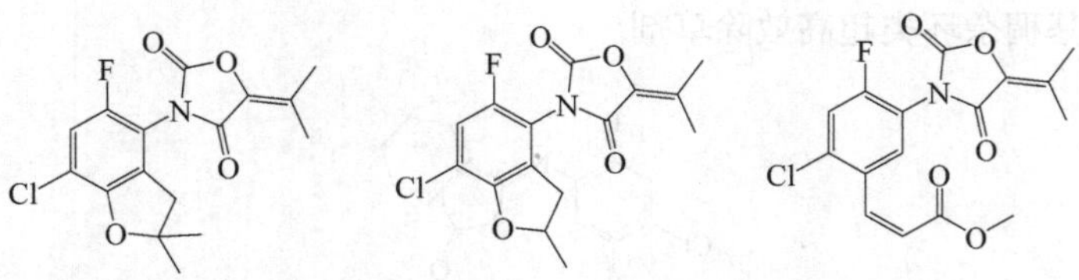

发明人：李彦龙，王俊春；申请人：王正权；当前权利人：江苏剑牌农化股份有限公司

中国专利号：ZL01117477.3；中国专利申请日：2001-04-28；同族专利：CN1190428C，CN1327734A

化合物类型：取代苯基噁唑烷酮类化合物

发明思路：me-too 研究；通过在环戊噁草酮(pentoxazone)基础上对苯环处替换或修饰而得到的新化合物。

用途：具有除草活性，该发明化合物在较低剂量下对稗草、狗尾草、马唐、苋菜、苘麻、百日草等杂草均具有优异的防除效果。

（34）一种吲唑类化合物及其制备方法和应用

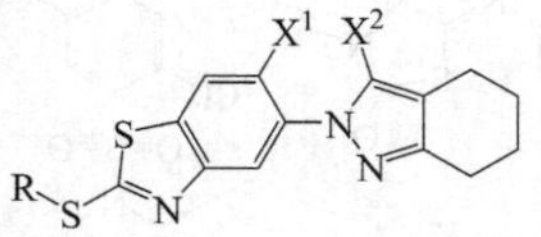

其中，R 选自 $C_{2\sim6}$ 的烯基、$C_{2\sim6}$ 的炔基、$C_{2\sim6}$ 的羧基或 $C_{2\sim10}$ 的酯基；X^1 为 F；X^2 选自 Cl 或 Br。

发明人：杨光富，左炀；申请人：华中师范大学

中国专利号：ZL201410255372.9；中国专利申请日：2014-06-10

化合物类型：吲唑类、苯并噻唑类

发明思路：me-too 研究；在吲唑类除草剂结构基础上引入苯并噻唑结构而得，或者可能在 DE4241658A1 公开的结构基础上进行替换修饰而得。

用途：具有除草活性，150g/hm^2 时，对反枝苋、鳢肠、苘麻表现出较好的抑制活性，抑制率高于 80%。

代表化合物结构如下：

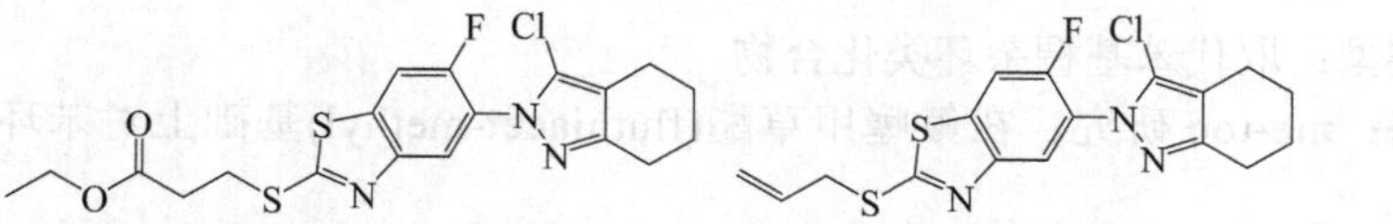

（35）一类 4-取代甲氧基丙烯酸酯类-1,2,4-三唑啉酮衍生物的合成及除草活性

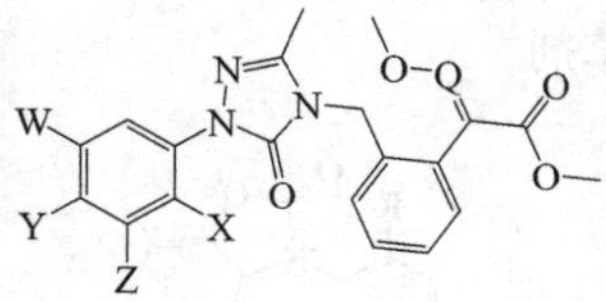

其中，X、Y 表示 H、F、Cl、Br 或甲基；Z 表示 H、Cl；W 表示 H、甲磺酰氨基、乙磺酰氨基、苯磺酰氨基、甲氧基；Q 表示 CH 或 N。

发明人：杨光富，骆焱平，刘祖明，王国栋；申请人：华中师范大学

中国专利号：ZL200810046856.7；中国专利申请日：2008-01-31；同族专利：CN101230044A，

CN100575347C

化合物类型：三唑啉酮类、甲氧基丙烯酸酯类

发明思路：me-too 研究；利用活性亚结构拼接方法，把具有杀菌活性的甲氧基丙烯酸酯结构单元拼接在三唑啉酮上，采用类同合成法对三唑啉酮结构进行修饰而得。

用途：具有除草活性，在 300g/hm^2 剂量下对稗草、马唐、狗尾草、芥菜、反枝苋和小藜具有显著的除草活性。

代表化合物结构如下：

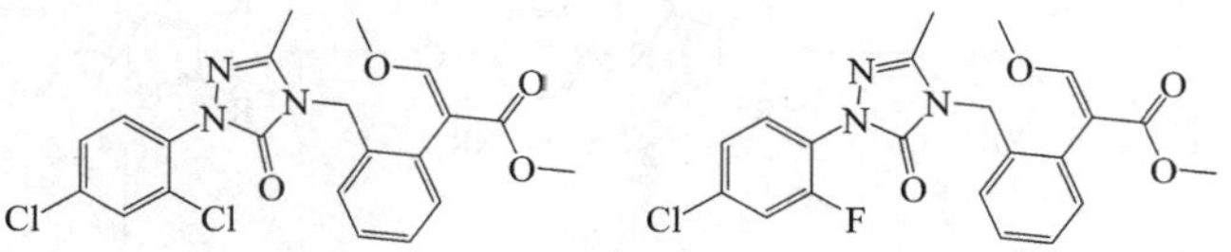

（36）异喹啉酮类化合物及其应用

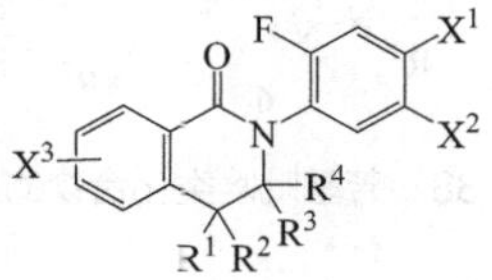

式中，R^1 选自 H、卤素、C_1～C_4 烷基、卤代 C_1～C_3 烷基、C_1～C_4 烷羰基或卤代 C_1～C_4 烷羰基；R^2 选自 H、C_1～C_4 烷基、卤代 C_1～C_3 烷基或者与 R^3 共同形成单键；当 R^2 与 R^3 共同形成单键时，R^4 选自卤素、羟基、C_1～C_3 烷氧基、卤代 C_1～C_3 烷氧基、C_1～C_4 烷基羧酸酯基或卤代 C_1～C_4 烷基羧酸酯基；当 R^2 与 R^3 未共同形成单键时，R^4 与 R^3 共同形成基团═O；X^1 选自 Cl；X^2 选自 C_1～C_6 烷氧基、C_3～C_6 环烷氧基、C_2～C_6 烯氧基、C_3～C_6 炔氧基、C_1～C_6 烷氧羰基、C_2～C_6 烯氧羰基或 C_3～C_6 炔氧羰基；X^3 选自 H、卤素、C_1～C_4 烷基、卤代 C_1～C_3 烷基、硝基或 CN；X^1X^2 还可形成六元杂环，该杂环与苯环结构稠合，形成如下结构的双环基团：

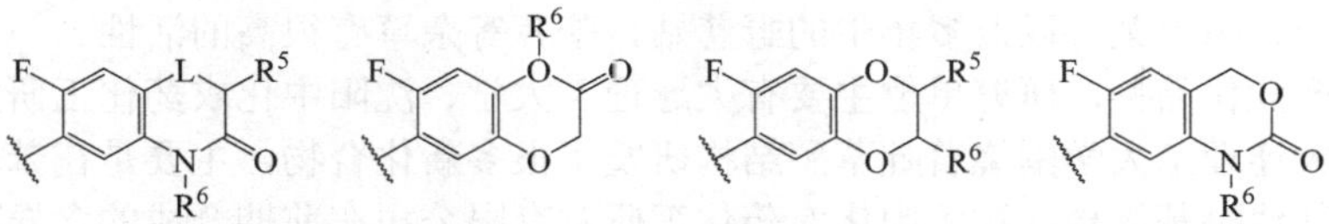

其中，L 选自 O 或 S；R^5 选自 H 或 C_1～C_4 烷基；R^6 选自 C_1～C_6 烷基、C_3～C_6 烯基或 C_3～C_6 炔基。

发明人：李斌，吴鸿飞，崔东亮，于海波，徐基东，杨华铮；申请人：沈阳化工研究院

中国专利号：ZL200510046126.3；中国专利申请日：2005-03-29

化合物类型：异喹啉酮类化合物，PPO 抑制剂类化合物

发明思路：me-too 研究；参考 EP415642 中的异喹啉酮结构，对苯基亚胺类 PPO 除草剂环戊噁草酮和丙炔氟草胺进行替换得到相关化合物。

用途：具有除草活性。有效控制多种单、双子叶杂草，如苘麻、稗草、马唐和百日草。

代表化合物结构如下：

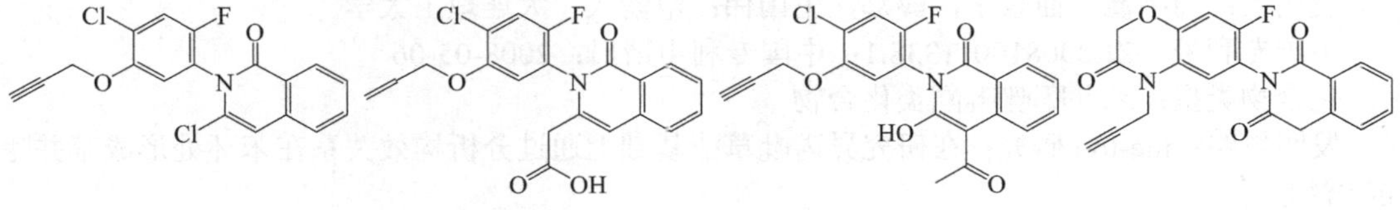

4.7 芳基吡唑类化合物

苯基吡唑类化合物可能是在 *N*-苯基酞酰亚胺类和噁二唑酮类除草剂的基础上，组合优化发现的（图 4-38）：

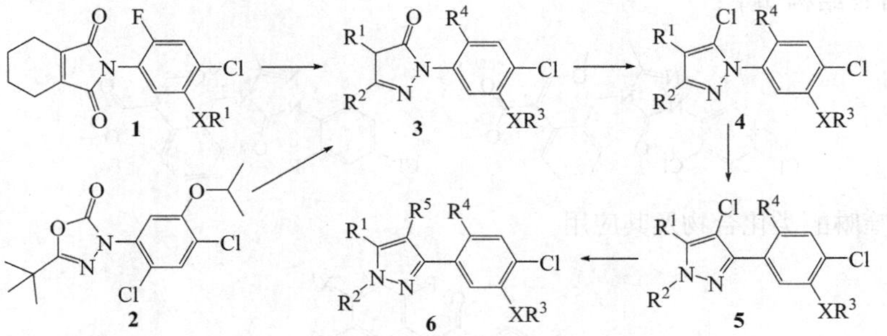

图 4-38 芳基吡唑类化合物的创制

化合物 **1** 和化合物 **2** 分别为 *N*-苯基酞酰亚胺类和噁二唑酮类除草剂。由化合物 **1** 和 **2** 可设计化合物 **3**、**4**。调整化合物 **4** 中杂原子 N 的位置，得化合物 **5**。对化合物 **5** 进一步优化合成化合物 **6**，最终发现此类化合物中第一个商品化品种吡草醚（pyraflufen-ethyl）。

双唑草腈（pyraclonil）有一个特殊的吡唑联吡啶结构，为水稻田除草剂，最初系德国先令公司（现为拜耳公司）发现的具有吡唑并吡啶环的新颖结构化合物，并于 1992 年 10 月 12 日申请专利（WO9408999）。双唑草腈为原卟啉原氧化酶（PPO）抑制剂，是一种触杀型除草剂，通过植物神经中原卟啉原氧化酶积聚发挥药效作用，能有效抑制稗草、阔叶杂草和莎草以及耐磺酰脲类除草剂的杂草。用于水稻田，对稗草和同时发生的一年生具芒碎米莎草、萤蔺、牛毛毡，阔叶杂草雨久花、陌上菜，以及多年生的野慈姑、荸荠等杂草有很高的活性。

国内尚无产业化品种，研究单位主要有大连理工大学、沈阳中化农药化工研发有限公司、海利尔公司：大连理工大学围绕着吡草醚结构研发了很多新化合物，主要是在苯环处形成苯并杂环或者引入其他醚基结构；沈阳中化农药化工研发有限公司在前期合成的含异噁唑啉的尿嘧啶结构基础上引入了芳基吡唑结构；海利尔利用双唑草腈的中间体形成亚胺结构得到一些新的化合物。具体专利如下：

（1）一种除草剂及其制备方法

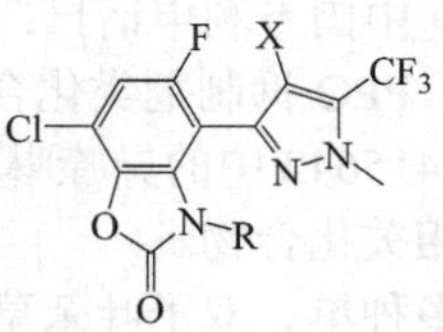

其中，X 为氢或卤素；R 为氢或 C_1～C_3 的烷烃基或烯丙基。

发明人：周宇涵，曲景平，薛娜，王国伟；申请人：大连理工大学

中国专利号：ZL200810011338.1；中国专利申请日：2008-05-06

化合物类型：苯并噁唑啉酮类化合物

发明思路：me-too 研究；在研究异丙吡草酯基础上通过分析构效关系在苯环处形成苯并噁唑啉酮得到。

用途：具有除草活性，该发明提供的化合物在 150g/hm^2 或 600g/hm^2 剂量下，对狗尾草的抑制率为 50%～80%，对马唐的抑制率为 45%～80%，对苘麻的抑制率为 75%～100%。

代表化合物结构如下：

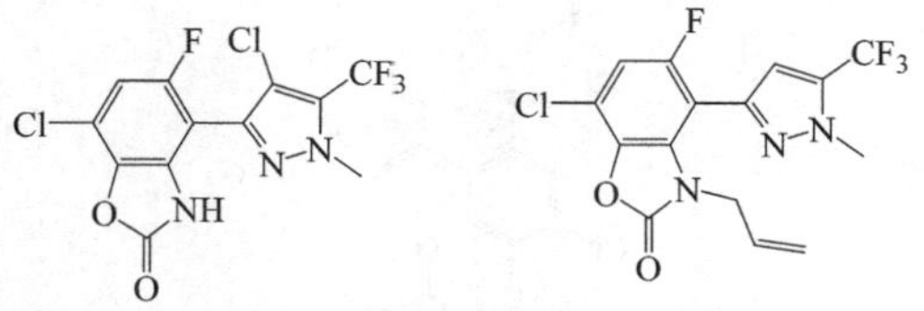

（2）苯并噁唑类除草剂及其制备方法

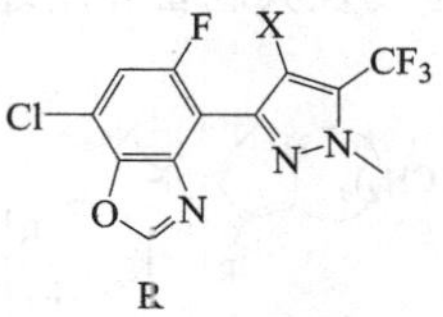

其中，X 为氢、氯或溴原子；R 为 H、CH_3、OCH_3 或 OCH_2-CH＝CH_2。

发明人：周宇涵，曲景平，薛娜，王国伟；申请人：大连理工大学

中国专利号：ZL200810011437.X；中国专利申请日：2008-05-12；同族专利：CN101279972A

化合物类型：苯并噁唑类化合物

发明思路：me-too 研究；在研究异丙吡草酯基础上在苯环处形成苯并噁唑酮得到。

用途：具有除草活性，对 2～3 叶期的马唐、狗尾草、苘麻具有较好的防效。

代表化合物结构如下：

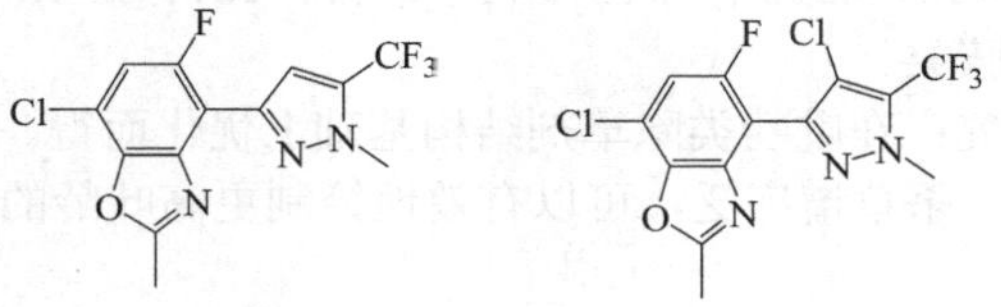

（3）取代苯基异噁唑类除草剂

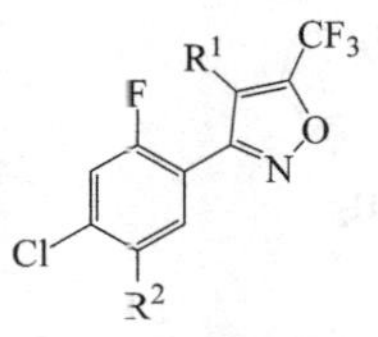

其中，R^1 为 H 时，R^2 为 OCH_2COOCH_3、$OCH_2COOC_2H_5$、$OCH_2CON(C_2H_5)_2$、$OCH_2C(CH_3)$＝CH_2、$OCOOC_2H_5$、OCH_3、$CH(OCOCH_3)_2$、CHO；

R^1 为 Cl 时，R^2 为 $CH(OCOCH_3)_2$、CHO、$COOCH_3$、$COOC_2H_5$、$COOCH(CH_3)_2$、$CON(C_2H_5)_2$、$CONHC_6H_5$。

发明人：周宇涵，苗蔚荣；申请人：王正权；当前权利人：江苏剑牌农化股份有限公司

中国专利号：ZL200510119757.3；中国专利申请日：2002-09-28；同族专利：AU2003242087A1、CN100409748C、CN1233631C、CN1402979A、CN1939127A、WO2004028253A1

化合物类型：取代苯基异噁唑类化合物

发明思路：me-too 研究；在吡草醚结构的基础上又结合异丙吡草酯的基团进行结构拼接得到新的化合物，同时进行优化得到。

用途：具有除草活性，对禾本科杂草稗草、狗尾草，以及阔叶杂草苘麻、苋菜具有一定的防除效果。

代表化合物结构如下：

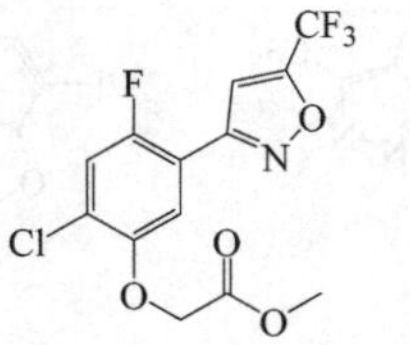

（4）一种含吡唑基取代的吡唑衍生物及其制备和用途

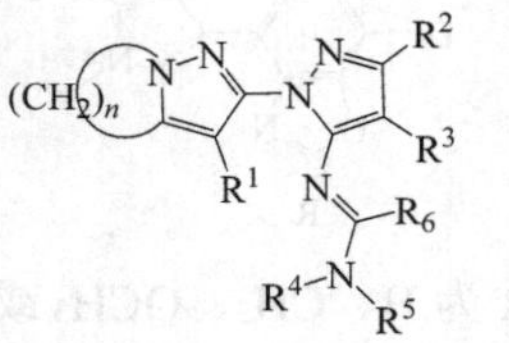

其中，R^1 选自氯；R^2 选自氢；R^3 选自氰基；R^4、R^5 可相同或不同，分别选自氢、甲基、乙基；R^6 选自氢、甲基、乙基、未取代或被 1～4 个独立选自以下基团取代的苯基：卤素、CN、NO_2、羟基；n=4。

发明人：王旭，姚明磊，谭立春，李建国，阎修维，张志刚，杨春河，葛尧伦；申请人：海利尔药业集团股份有限公司

中国专利号：ZL201710694653.8；中国专利申请日：2017-08-15

化合物类型：吡唑亚胺类

发明思路：me-too 研究；在吡唑类除草剂结构基础上优化而得。

用途：具有除草活性，杀草谱广泛，可以有效地控制更高叶龄的重要杂草，对栽培作物具有一定的安全性。

代表化合物结构如下：

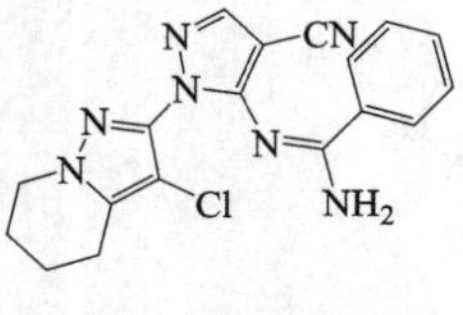

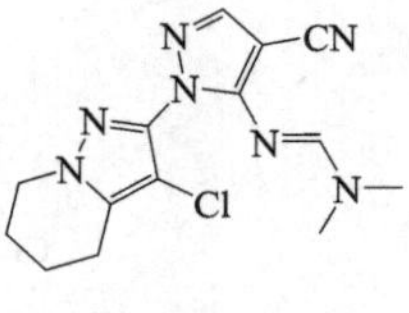

（5）一种取代的吡唑基吡唑磺酰胺类化合物或其作为农药可接受的盐、组合物及其用途

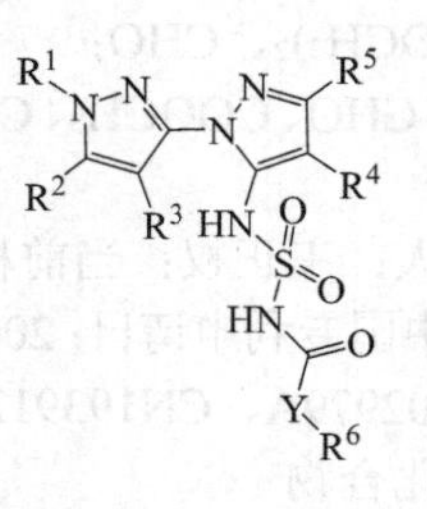

式中，R^1 表示 H、C_1～C_4 烷基；R^2 表示 H、C_1～C_4 烷基；或者，R^1 和 R^2 一起形成基团—$(CH_2)_m$—，m 表示 4；Y 表示 NH、CH_2；R^3 表示 H 或者卤素；R^4 表示 H、卤素、$CONH_2$ 或 CN；

R^5表示H或者卤素；R^6表示C_1～C_4烷基、C_3～C_6环烷基、C_3～C_6杂环烷基，或苯基、噻唑基、嘧啶基，或被1～3个独立选自卤素、硝基、氰基、C_1～C_4烷基、卤代C_1～C_4烷基、C_1～C_4烷羰基、C_1～C_4烷氧基羰基取代的苯基、噻唑基、嘧啶基。

发明人：杨春河，李建国，邢阳阳，王旭，刘明东，马娥，耿丽文，葛家成；申请人：海利尔药业集团股份有限公司

中国专利号：ZL201910476270.2；中国专利申请日：2019-06-03

化合物类型：吡唑磺酰胺类

发明思路：me-too研究；在磺酰胺和吡唑除草剂的基础上将二者结合起来得到。

用途：具有除草活性，对水田常见杂草尤其是阔叶杂草具有很好的除草活性。

代表化合物结构如下：

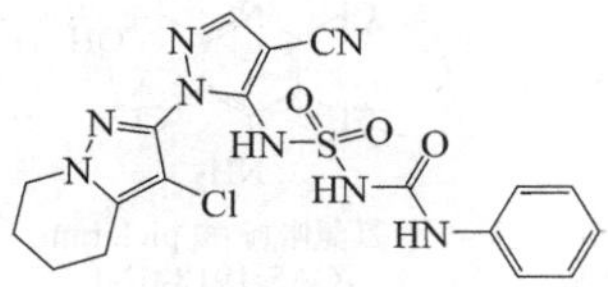

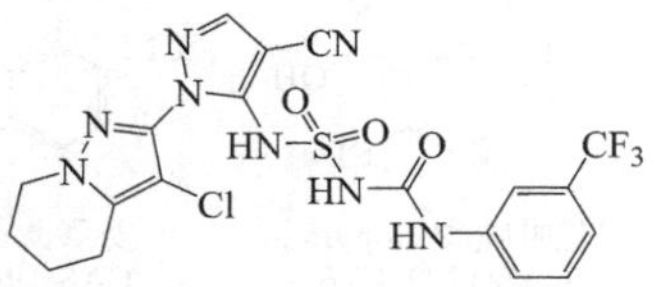

（6）一种取代的吡唑基吡唑磺酰脲类化合物或其作为农药可接受的盐、组合物及其用途

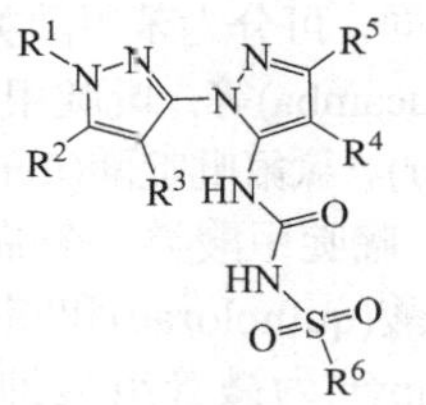

式中，R^1表示H、C_1～C_4烷基；R^2表示H、C_1～C_4烷基；或者，R^1和R^2一起形成基团—$(CH_2)_m$—，m表示4；R^3表示H或者卤素；R^4表示H、CN、卤素、NO_2、$COOR^1$、$CONR^1R^2$；R^5表示H或者卤素；R^6表示未取代的或被1～5个独立选自氟、氯、溴、硝基、氰基、甲基、乙基、丙基、3-三氟丙基、3-三氯丙基、三氟甲基、三氯甲基、甲氧基、乙氧基、甲酰基、乙酰基、甲氧基羰基、乙氧基羰基、甲氨基羰基、乙氨基羰基、羧基、醛基、羟基取代的苯基、噻唑基、苯氨基、苯甲基。

发明人：杨春河，李建国，邢阳阳，王旭，刘明东，葛家成；申请人：海利尔药业集团股份有限公司

中国专利号：ZL201910270092.8；中国专利申请日：2019-04-04

化合物类型：吡唑磺酰脲类

发明思路：me-too研究；在磺酰胺和吡唑除草剂的基础上将二者结合起来得到。

用途：具有除草活性，对水田常见杂草具有很好的除草活性。

代表化合物结构如下：

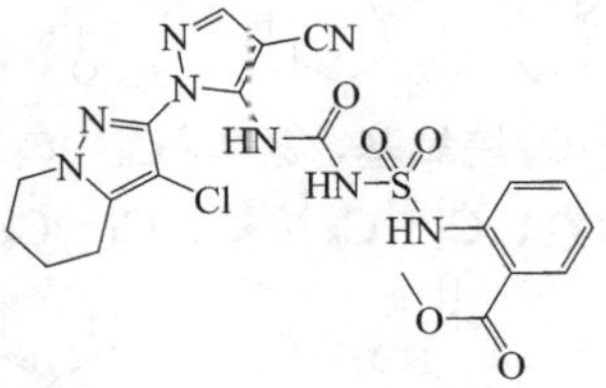

4.8 芳基甲酸类化合物及其衍生物

20 世纪 60 年代初，3,6-二氯吡啶-2-羧酸被首次合成报道，但并未发现其除草活性，之后苯甲酸类激素类除草剂麦草畏率先被开发为除草剂，这使陶氏益农公司意识到吡啶类化合物可能也具有除草活性，于是通过替换和优化得到了除草剂氨氯吡啶酸，其作用机理同植物生长激素类似物（图 4-39）。后续在老品种 2,4-二氯苯氧乙酸基础上，推出三氯吡氧乙酸（绿草定），用于非耕地类杂草的防除，其余大部分品种也都是在其基础上陆续替换衍生得到的。

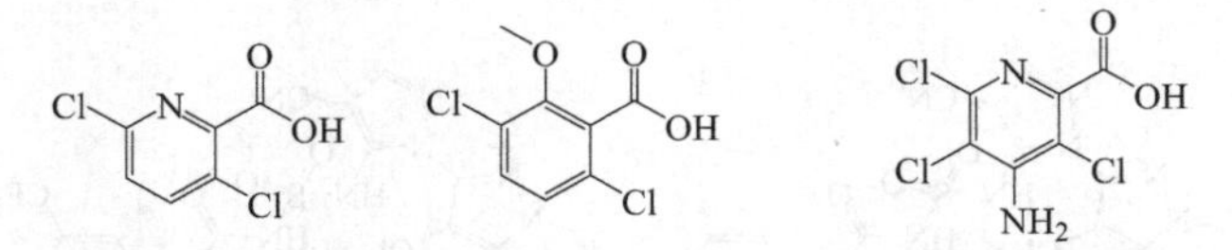

二氯吡啶酸 clopyralid
CAS:1702-17-6

麦草畏 dicamba
CAS:1918-00-9

氨氯吡啶酸 picloram
CAS:1918-02-1

图 4-39 芳基甲酸类化合物代表化合物

芳基甲酸类除草剂根据芳基种类不同，可分为苯甲酸类、吡啶甲酸类、嘧啶甲酸类和喹啉甲酸类 4 小类。苯甲酸类品种包括麦草畏(dicamba)等；吡啶甲酸类包括氯氨吡啶酸(aminopyralid)、二氯吡啶酸(clopyralid)、氟硫草定(dithiopyr)、氯氟吡啶酸(florpyrauxifen)、氟氯吡啶酸(halauxifen)、氨氯吡啶酸(picloram)、噻草啶(thiazopyr)；嘧啶甲酸类 1 个品种为氯丙嘧啶酸(aminocyclopyrachlor)；喹啉甲酸类 2 个品种分别为二氯喹啉酸(quinclorac)和喹草酸(quinmerac)。上述 11 个品种中除了氟硫草定(dithiopyr)和噻草啶(thiazopyr)为微管组装抑制剂外，其余皆为合成生长激素类除草剂。

目前主要研究单位有先达农化、清原农冠、华中师范大学、东阳光等，结构设计主要是在陶氏益农产品氟氯吡啶酸(halauxifen)基础上，对酸部分进行改变，形成肟酯、酰胺、杂环或其他特殊结构；或者将吡啶部分换成嘧啶。华中师范大学还报道了 5-嘧啶羧酸结构具有除草活性。具体专利如下：

（1）取代的嘧啶芳酯衍生物及其制备方法、除草组合物和应用

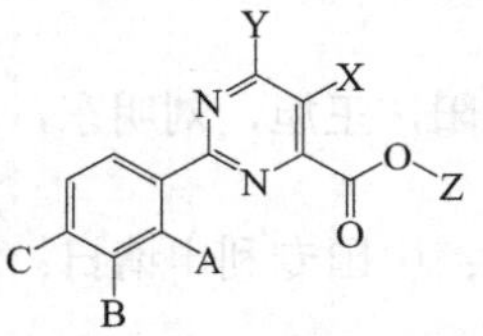

式中，X 代表 C_1～C_8 烷基、C_1～C_8 烷氧基、C_1～C_8 烷硫基、卤素、C_2～C_8 烯基或 C_2～C_8 炔基；

Y 代表硝基或 NR^1R^2，其中 R^1 代表 H、未取代或任选地被 1 个 R^{11} 取代的 C_1～C_8 烷基、COR^{12}、OR^{13}、SO_2R^{14}、$NR^{15}R^{16}$ 或 $N{=}CR^{17}R^{18}$；R^2 代表 H、C_1～C_8 烷基或 COR^{12}；或者 NR^1R^2 代表 $N{=}CR^{21}NR^{22}R^{23}$、、、或；

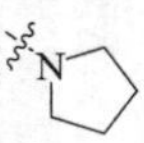

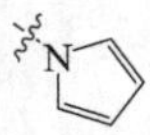

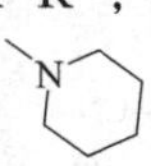

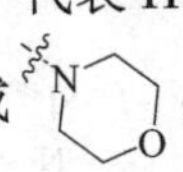

其中 R^{11} 独立地代表羟基，C_1～C_8 烷氧基，氨基，C_1～C_8 烷基氨基，二（C_1～C_8 烷基氨基），C_1～C_8 烷氧基羰基，未取代或被卤素、C_1～C_8 烷基、C_1～C_8 烷氧基、硝基中的 1～3 个基团所取代的苯基、萘基、、、、、或；

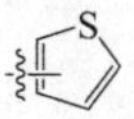

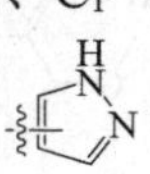

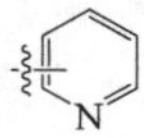

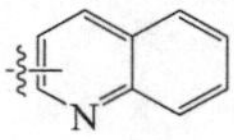

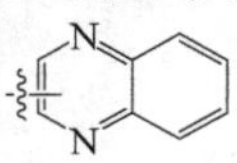

R^{12}代表H、C_1～C_8烷基或C_1～C_8烷氧基；R^{13}代表H、C_1～C_8烷基、苄基或$CHR^{31}C(O)OR^{32}$；R^{31}代表H或C_1～C_8烷基；R^{32}代表H或C_1～C_8烷基；R^{14}代表C_1～C_8烷基；R^{15}代表H、C_1～C_8烷基、甲酰基或C_1～C_8烷基酰基；R^{16}代表H或C_1～C_8烷基；R^{17}代表H或C_1～C_8烷基；R^{18}代表H或C_1～C_8烷基；R^{21}代表H或C_1～C_8烷基；R^{22}、R^{23}分别独立地代表H或C_1～C_8烷基；

Z代表未取代或取代的芳基或杂芳基，所述"芳基"是指苯基或萘基，"杂芳基"是指[structure]、[structures]、[structures]，其中，其被选自卤素，硝基，氰基，氰硫基，未取代或被选自卤素、C_1～C_6烷基中的1、2或3个基团所取代的苯基、苄基或苯氧基，含有或不含有卤素的C_1～C_6烷基、C_2～C_6烯基、C_2～C_6炔基、C_3～C_6环烷基或C_3～C_6环烷基C_1～C_6烷基，OR″，SR″，(C_1～C_6)烷基—OR″，(C_1～C_6)烷基—SR″，COR″，COOR″，COSR″，SOR″，SO_2R''，OCOR″，SCOR″，以及被选自氢、C_1～C_6烷基、C_2～C_6烯基、C_2～C_6炔基、C_3～C_6环烷基或C_3～C_6环烷基C_1～C_6烷基中的一个或两个基团所取代的氨基或氨基羰基中的0、1、2或3个基团所取代；

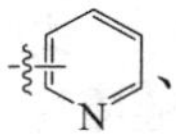

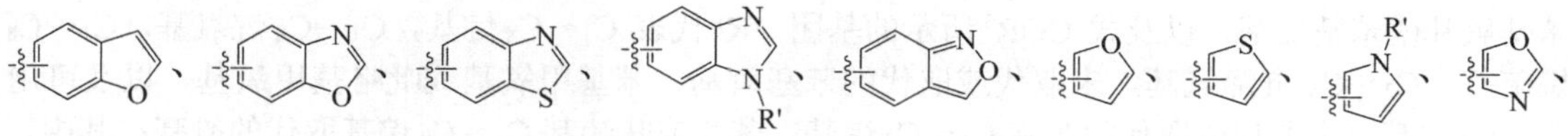

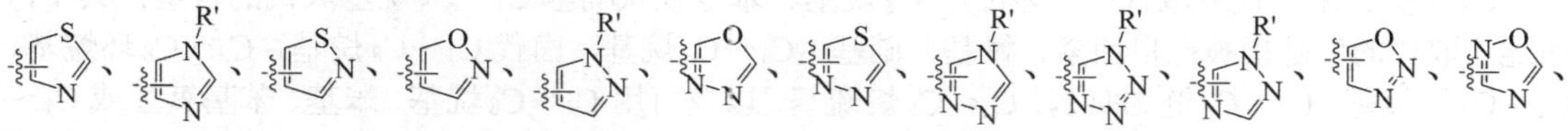

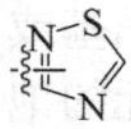

R′分别独立地代表氢，含有或不含有氟、氯、溴的C_1～C_6烷基、C_2～C_6烯基、C_3～C_6环烷基C_1～C_6烷基、C_1～C_6烷氧基C_1～C_6烷基、C_1～C_6烷氧基羰基、C_1～C_6烷基磺酰基或C_1～C_6烷基羰基；R″分别独立地代表氢，含有或不含有卤素的C_1～C_6烷基、C_2～C_6烯基、C_2～C_6炔基、C_3～C_6环烷基或C_3～C_6环烷基C_1～C_6烷基；A代表卤素或氨基；B代表氢，卤素，含有或不含有卤素取代的C_1～C_6烷氧基、C_1～C_6烷硫基、C_1～C_8烷基氨基或二（C_1～C_8烷基氨基）；C代表卤素或卤代C_1～C_8烷基。

发明人：连磊，彭学岗，华荣保，赵德，崔琦；申请人：青岛清原化合物有限公司

中国专利号：ZL201811641741.2；中国专利申请日：2018-12-29

化合物类型：芳基嘧啶酯、激素类化合物

发明思路：me-too研究，在陶氏益农公开的一系列专利基础上将嘧啶酯处进行替换。

用途：该发明所述化合物普遍具有较好的杂草防效，尤其对于玉米田、水稻田、小麦田广泛发生的杂草稗草、马唐、狗尾草等主要禾本科杂草以及苘麻、蔊菜、鬼针草等主要的阔叶杂草有良好的效果，尤其是对对ALS抑制剂有抗性的蔊菜、播娘蒿、荠菜、麦家公、猪殃殃、繁缕等阔叶杂草有极高的活性；该发明所述化合物很多对结缕草、狗牙根、高羊茅、早熟禾、黑麦草、海滨雀稗等禾本科草坪有很好的选择性，能防除很多关键禾本科杂草以及阔叶杂草。对不同施药方式下的甘蔗、大豆、棉花、油葵、马铃薯、果树、蔬菜等测试也显示出极好的选择性。

代表化合物结构如下：

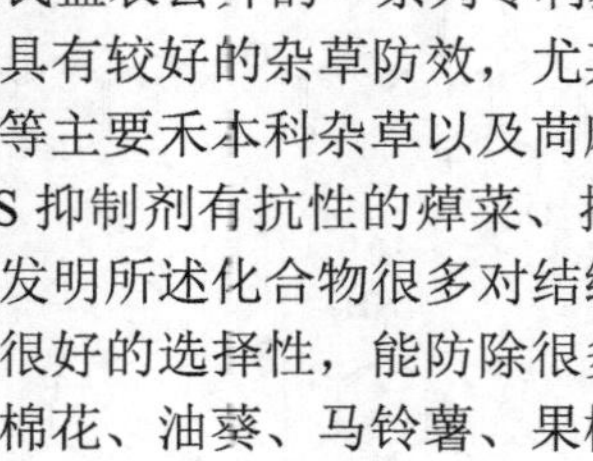

（2）取代的含氮杂芳环甲酸亚胺酯衍生物及其制备方法、除草组合物和应用

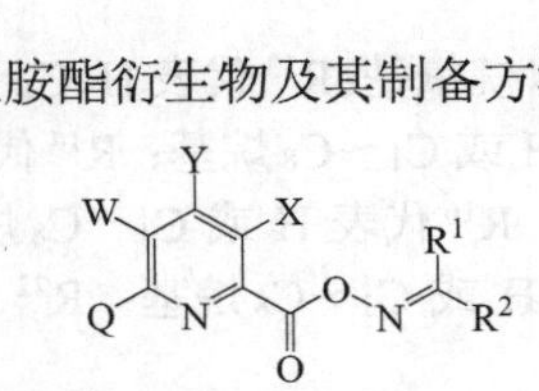

式中，R^1 和 R^2 独立地代表 H，卤素，氰基，硝基，C_1～C_8 烷基，卤代 C_1～C_8 烷基，C_2～C_8 链烯基，C_3～C_8 环烷基，C_1～C_8 烷氧基，C_1～C_8 烷硫基，未取代或取代的苯基、萘基、苄基、苯基氧基或苯基硫基，以及式 COR^5 所示的基团；R_5 代表 C_1～C_8 烷基，C_1～C_8 烷氧基，C_1～C_8 烷硫基，C_2～C_8 链烯氧基，未取代或取代的苯基氧基、苯基甲氧基或吡咯基甲氧基，以及可用 C_1～C_8 烷基、未取代或取代的苯基 C_1～C_8 烷基、苯基或呋喃基 C_1～C_8 烷基取代的氨基；其中，所述"取代的"是指被选自卤素，氰基，硝基，C_1～C_8 烷基，卤代 C_1～C_8 烷基，C_3～C_8 环烷基，C_1～C_8 烷氧基，C_2～C_8 链烯氧基，C_1～C_8 烷硫基，以及可用 C_1～C_8 烷基、苯基、苯基氧基或 C_1～C_8 酰基取代一个或多个基团的氨基；或 R^1 和 R^2 连接形成五元或六元饱和环；Y 代表 H、硝基或 NR^3R^4；其中 R^3 和 R^4 独立地代表 H、C_1～C_8 烷基或 C_1～C_8 酰基，或 R^3R^4N 代表五元或六元的饱和环或五元的不饱和环；W 代表 H、卤素、C_1～C_8 烷氧基、C_1～C_8 烷基或卤代 C_1～C_8 烷基；X 代表卤素、C_1～C_8 烷氧基、C_1～C_8 烷基、卤代 C_1～C_8 烷基、C_2～C_8 链烯基、C_2～C_8 炔基或氰基；

Q 选自卤素，含有或不含有卤素的 C_1～C_6 烷基或 C_3～C_5 环烷基，苯基，2,3-二氢化茚基或萘基，或选自、、、或的杂芳基，芳基或杂芳基是未取代的或取代的，其中一个或多个取代基选自如下基团：卤素、氰基、芳基氧基、C_1～C_8 烷基、C_1～C_8 烷氧基、卤代 C_1～C_8 烷基、卤代 C_1～C_8 烷氧基、C_1～C_8 酰基、C_1～C_8 烷基硫代或苯基；且排除以下具体化合物：

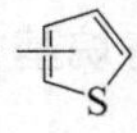

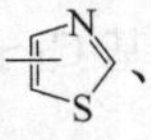

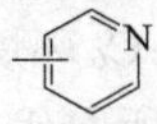

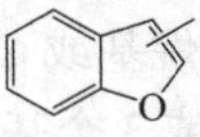

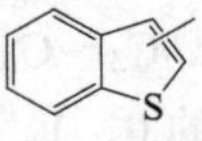

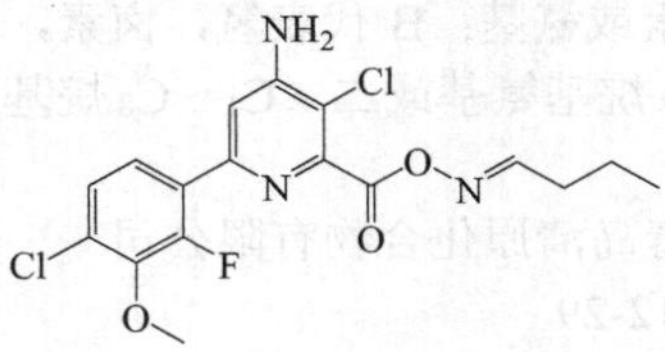

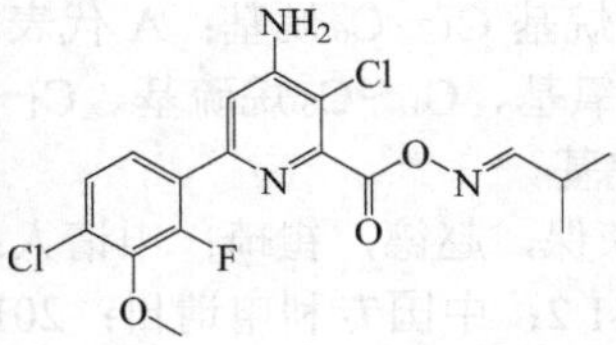

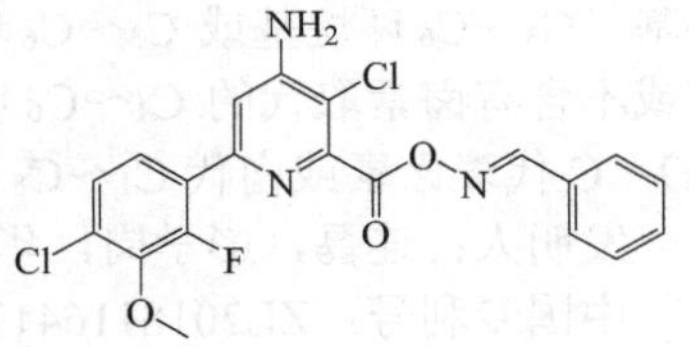

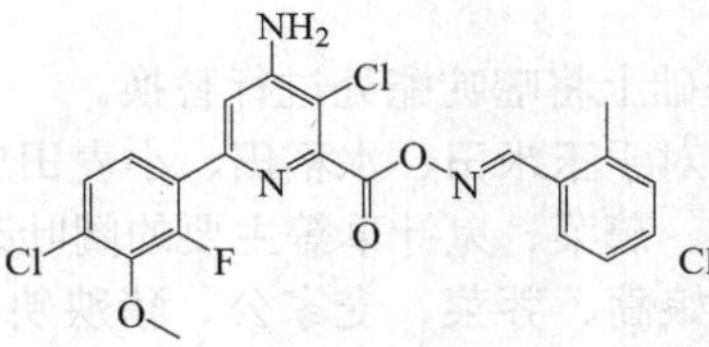

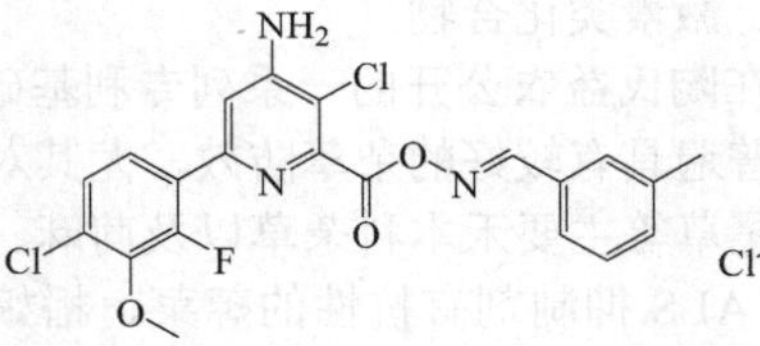

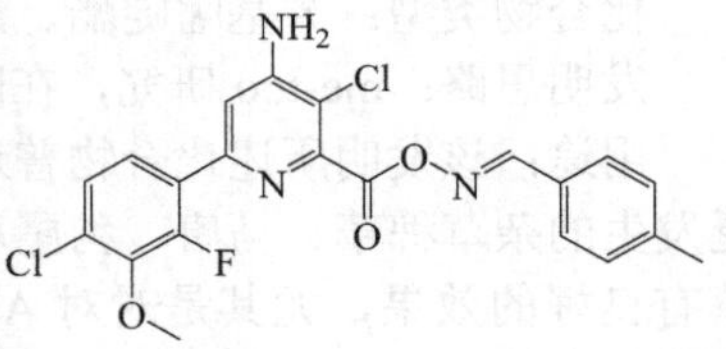

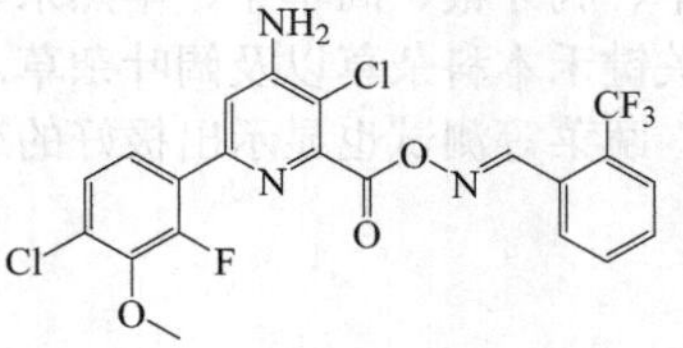

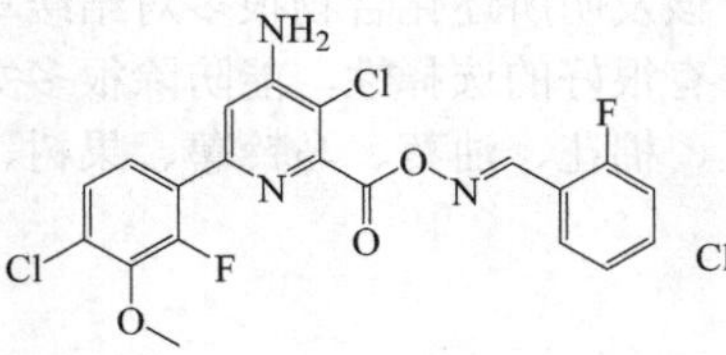

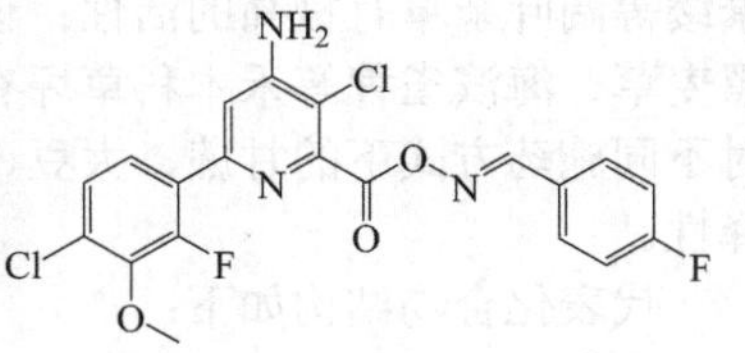

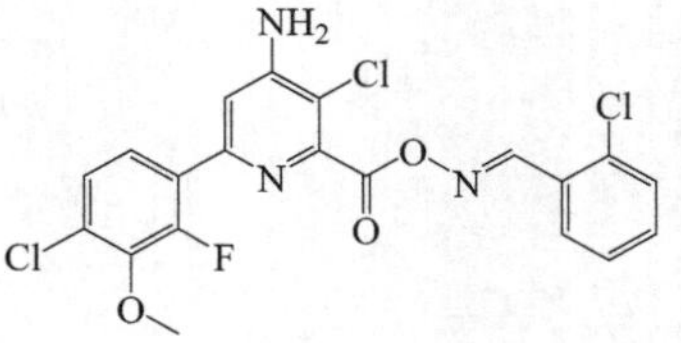

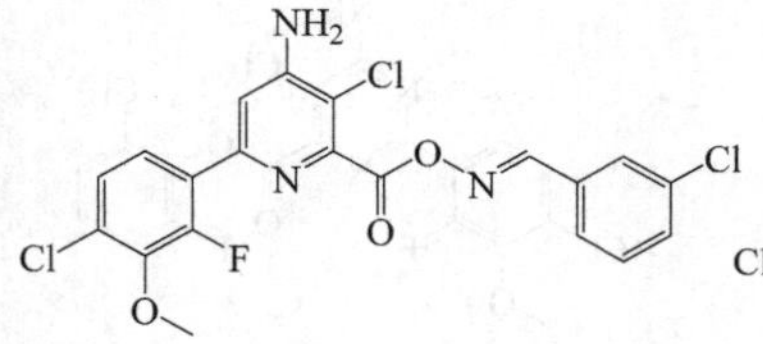

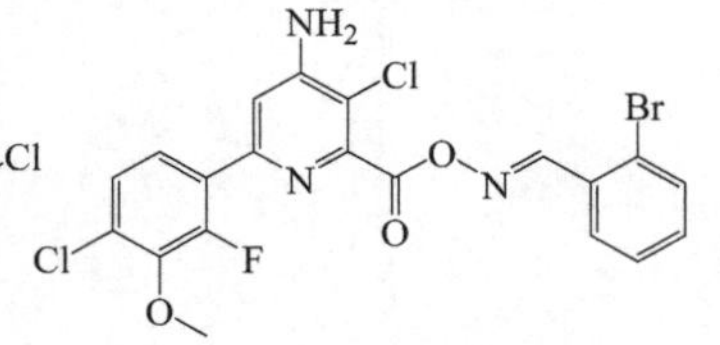

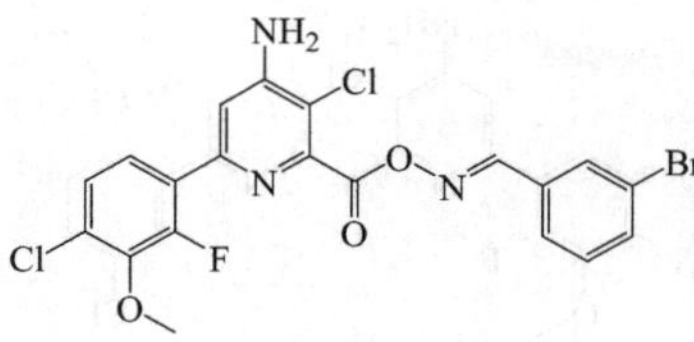

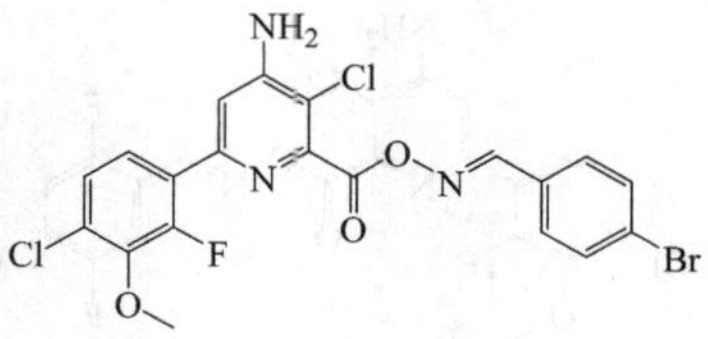

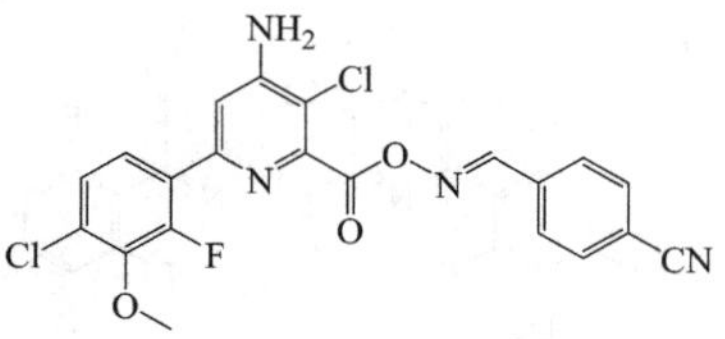

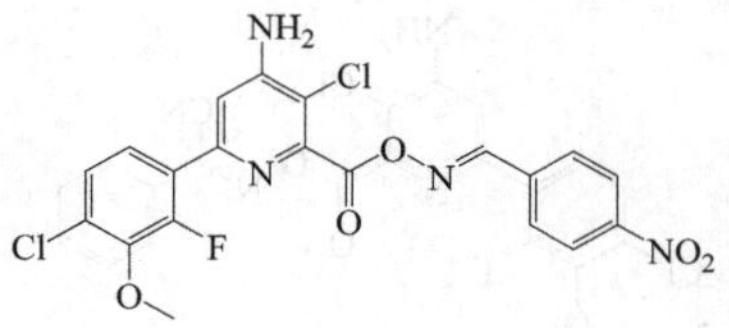

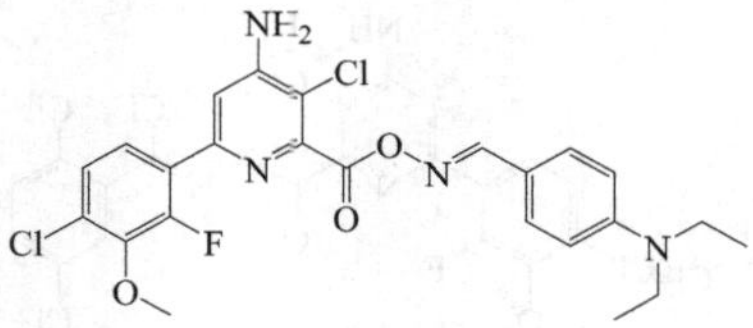

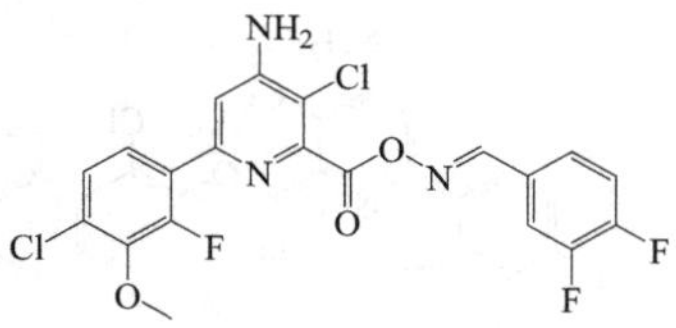

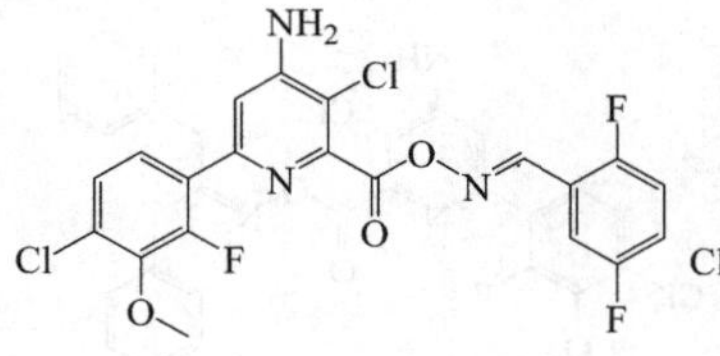

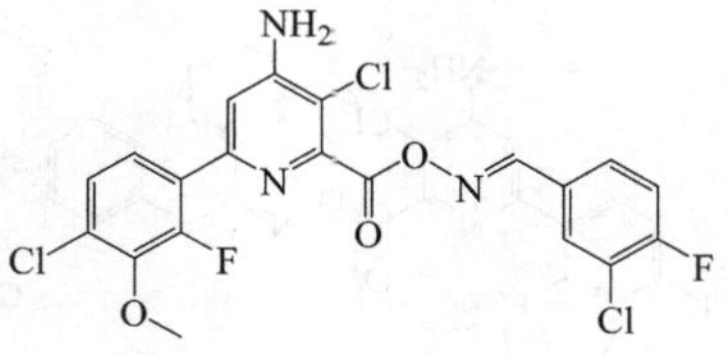

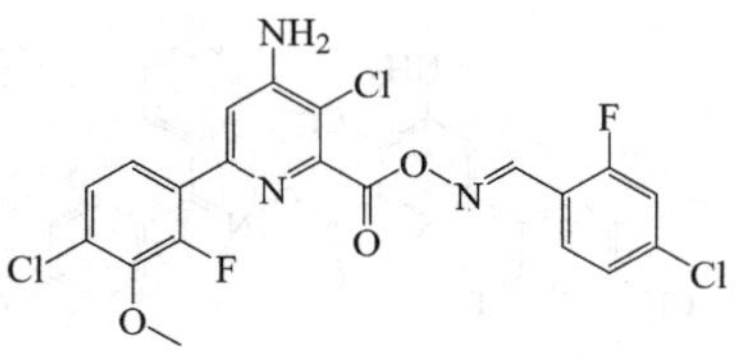

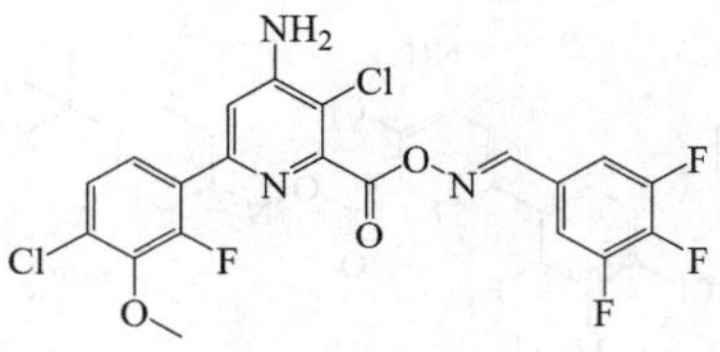

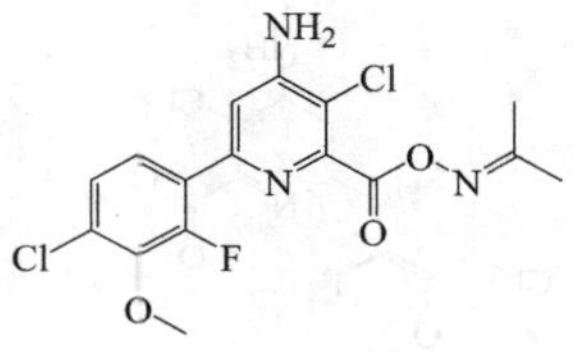

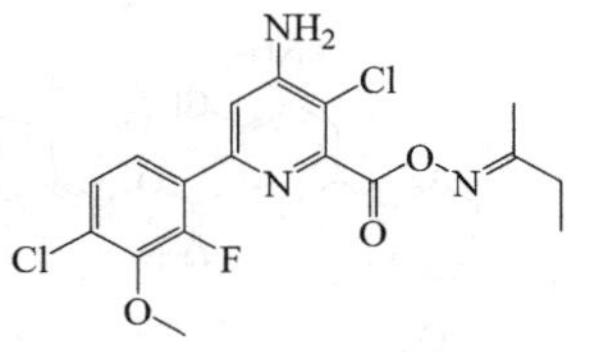

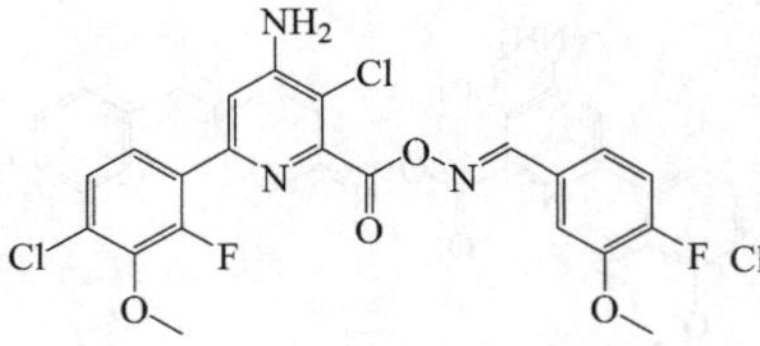

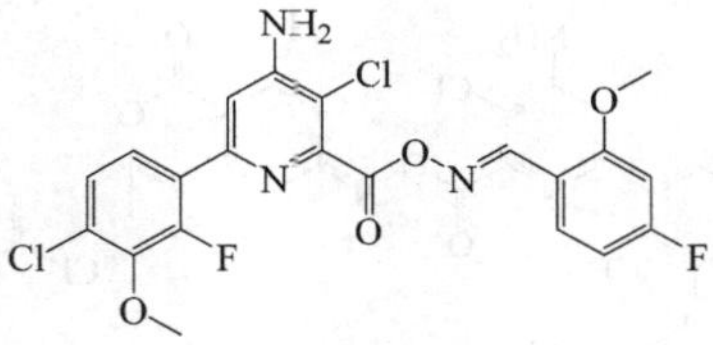

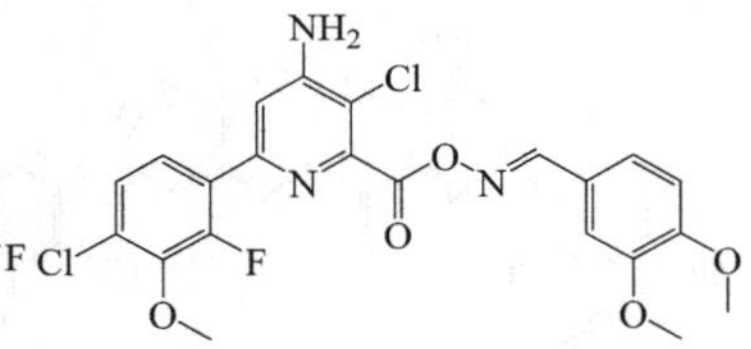

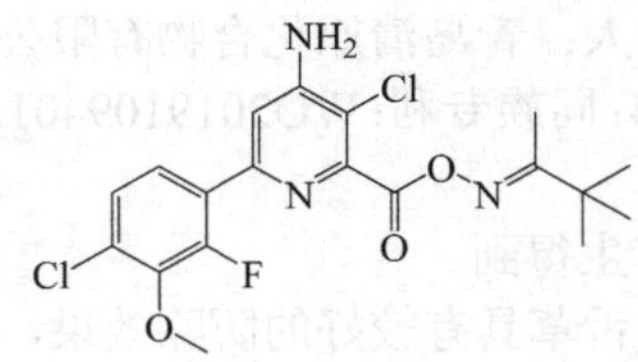

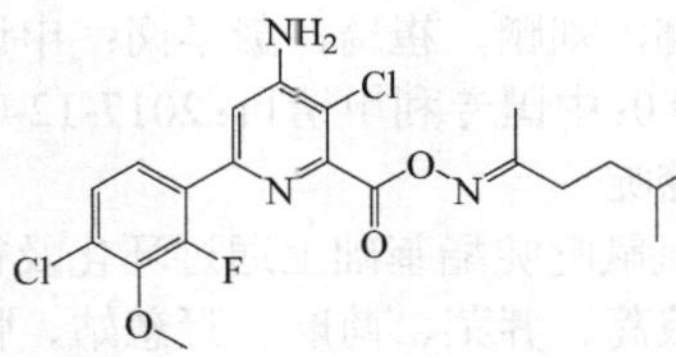

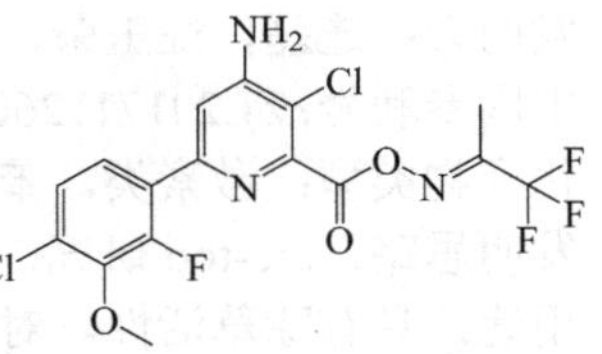

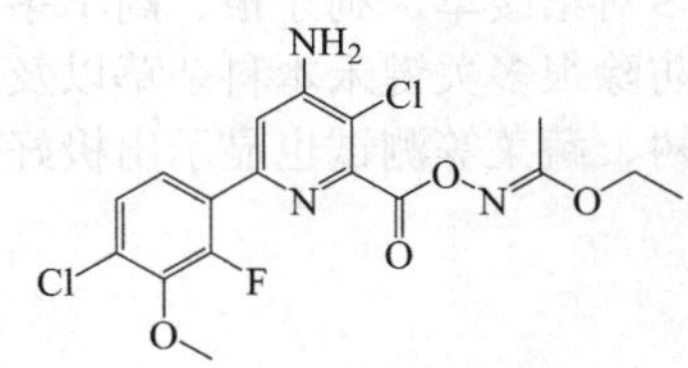

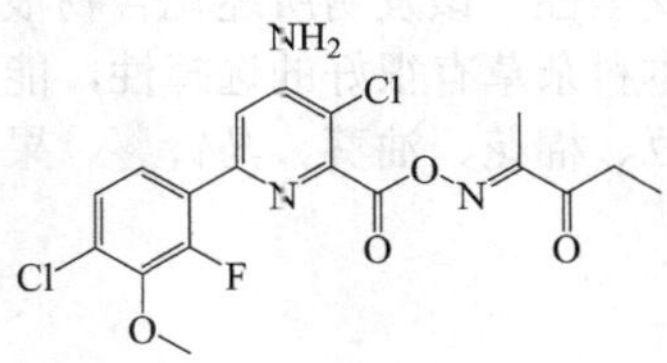

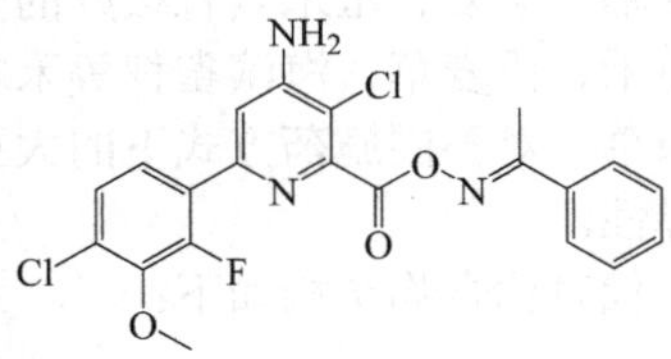

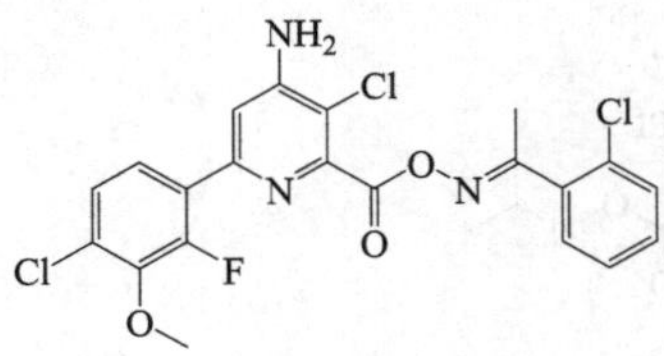

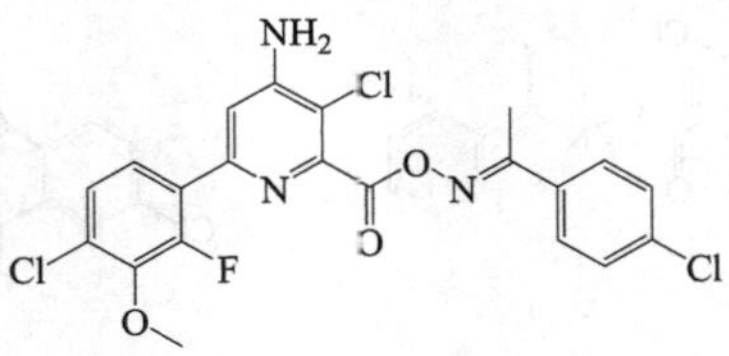

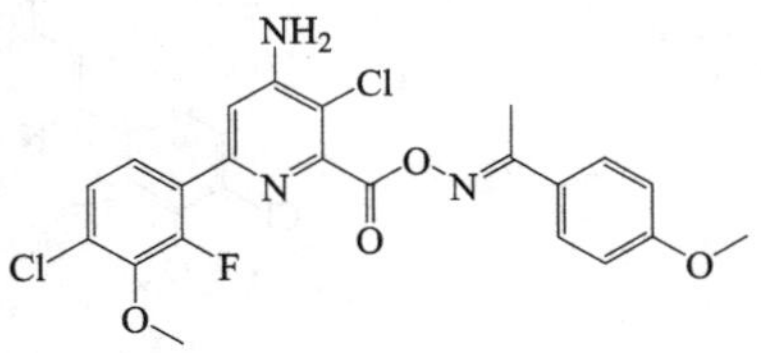

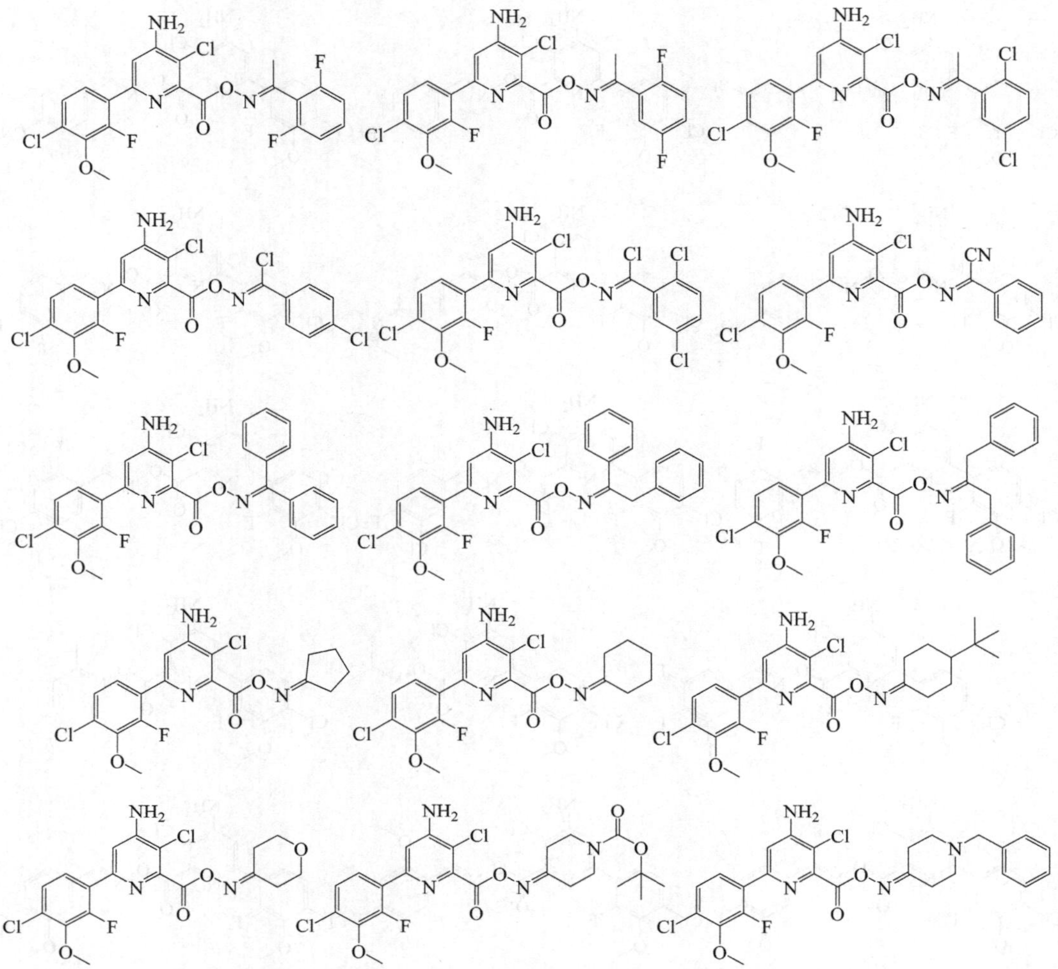

发明人：连磊，征玉荣，刘娜，刘鹏，崔琦，彭学岗；申请人：青岛清原化合物有限公司

中国专利号：ZL201711260779.0；中国专利申请日：2017-12-04；同族专利：WO2019109401A1

化合物类型：激素类，苯基嘧啶

发明思路：me-too 研究；在氯氟吡啶酯基础上通过环化及衍生得到。

用途：具有除草活性。对播娘蒿、荠菜、苘麻、野慈姑、鸭舌草具有较好的防除效果，且对水稻、小麦、玉米具有很好的安全性。该发明所述化合物很多对结缕草、狗牙根、高羊茅、早熟禾、黑麦草、海滨雀稗等禾本科杂草有很好的选择性，能防除很多关键禾本科杂草以及阔叶杂草。对不同施药方式下的大豆、棉花、油葵、马铃薯、果树、蔬菜等测试也显示出极好的选择性。

代表化合物结构如下：

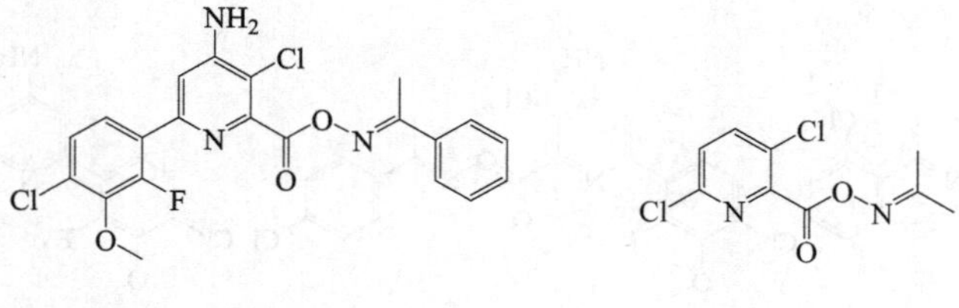

（3）取代的嘧啶甲酰基肟衍生物及其制备方法、除草组合物和应用

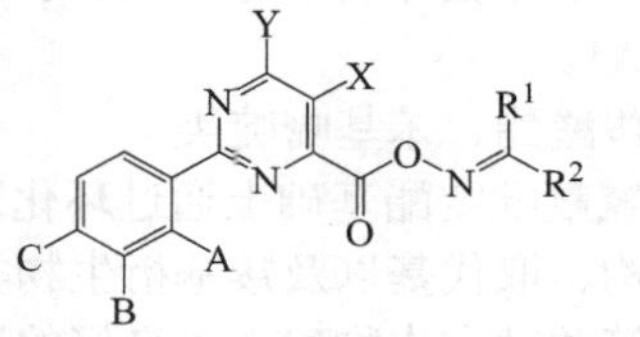

式中，R^1 和 R^2 独立地代表 H，卤素，氰基，硝基，C_1～C_8 烷基，卤代 C_1～C_8 烷基，C_2～C_8 链烯基，C_3～C_8 环烷基，C_1～C_8 烷氧基，C_1～C_8 烷硫基，未取代或取代的苯基、萘基、苄基、苯氧基或苯硫基，以及式 COR^5 所示的基团；其中 R^5 代表 C_1～C_8 烷基，卤代 C_1～C_8 烷基，C_2～C_8 链烯基，C_3～C_8 环烷基，C_1～C_8 烷氧基，C_2～C_8 链烯氧基，C_3～C_8 环烷氧基，C_1～C_8 烷硫基，C_2～C_8 链烯基硫基，C_3～C_8 环烷硫基，苯氧基，苄氧基，吡咯基甲氧基，以及可用 C_1～C_8 烷基、未取代或取代的苯基或苯基 C_1～C_8 烷基或呋喃基 C_1～C_8 烷基取代的氨基；其中，所述"取代的苯基、萘基、苄基、苯氧基或苯硫基" "取代的苯基或苯基 C_1～C_8 烷基或呋喃基 C_1～C_8 烷基"分别是指被选自卤素、氰基、硝基、C_1～C_8 烷基、卤代 C_1～C_8 烷基、C_3～C_8 环烷基、C_1～C_8 烷氧基、C_2～C_8 链烯氧基、C_1～C_8 烷硫基、C_2～C_8 链烯基，以及可用 C_1～C_8 烷基、苯基、苯基氧基、C_1～C_8 酰基或 C_2～C_8 链烯基取代的氨基中的一个或多个基团所取代的"苯基、萘基、苄基、苯氧基或苯硫基""苯基或苯基 C_1～C_8 烷基或呋喃基 C_1～C_8 烷基"；或 R^1 和 R^2 连接形成五元或六元饱和环；X 代表 C_1～C_8 烷基、C_1～C_8 烷氧基、C_1～C_8 烷硫基、卤素、C_2～C_8 链烯基、C_2～C_8 炔基；Y 代表硝基或 NR^3R^4，其中 R^3 代表 H，任选地被 1～2 个 R^{11} 取代的 C_1～C_8 烷基，COR^{12}，硝基，OR^{13}，SO_2R^{14}，$NR^{15}R^{16}$，$N{=}CR^{17}R^{18}$；R^4 代表 H，任选地被 1～2 个 R^{11} 取代的 C_1～C_8 烷基或 COR^{12}；或者 NR^3R^4 代表 $N{=}CR^{21}NR^{22}R^{23}$，$N{=}CR^{24}OR^{25}$，未取代或被 1～2 个独立选自卤素、C_1～C_8 烷基、C_1～C_8 烷氧基、卤代 C_1～C_8 烷氧基、C_1～C_8 烷硫基、卤代 C_1～C_8 烷硫基、氨基、C_1～C_8 烷基氨基、二(C_1～C_8 烷基氨基)、C_1～C_8 烷氧基羰基中的基团所取代的、、、或；

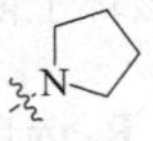

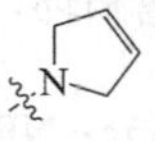

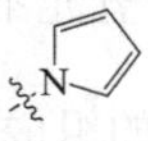

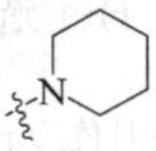

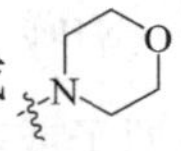

其中 R^{11} 独立地代表卤素，羟基，C_1～C_8 烷氧基，卤代 C_1～C_8 烷氧基，C_1～C_8 烷硫基，卤代 C_1～C_8 烷硫基，氨基，C_1～C_8 烷基氨基，二(C_1～C_8 烷基氨基)，C_1～C_8 烷氧基羰基，未取代或被卤素、C_1～C_8 烷基、C_1～C_8 烷氧基、硝基中的 1～3 个基团所取代的苯基、萘基、、、、、或；R^{12} 代表 H、C_1～C_8 烷基、卤代 C_1～C_8 烷基或 C_1～C_8 烷氧基；R^{13} 代表 H、C_1～C_8 烷基、卤代 C_1～C_8 烷基、苯基、苄基或 $CHR^{31}C(O)OR^{32}$；R^{31} 代表 H、C_1～C_8 烷基或 C_1～C_8 烷氧基；R^{32} 代表 H、C_1～C_8 烷基或苄基；R^{14} 代表 C_1～C_8 烷基、卤代 C_1～C_8 烷基；R^{15} 代表 H、C_1～C_8 烷基、甲酰基、C_1～C_8 烷基酰基、卤代 C_1～C_8 烷基酰基或 C_1～C_8 烷氧基羰基；R^{16} 代表 H、C_1～C_8 烷基；R^{17} 代表 H、C_1～C_8 烷基；R^{18} 代表 H、C_1～C_8 烷基；R^{21}、R^{24} 分别独立地代表 H 或 C_1～C_8 烷基；R^{22}、R^{23} 分别独立地代表 H 或 C_1～C_8 烷基；R^{25} 代表 C_1～C_8 烷基；A 代表卤素、氨基；B 代表氢，卤素，含有或不含有卤素取代的 C_1～C_8 烷氧基、C_1～C_8 烷硫基、C_1～C_8 烷基氨基、二(C_1～C_8 烷基氨基)；C 代表卤素、卤代 C_1～C_8 烷基。

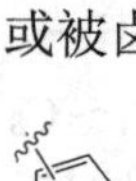

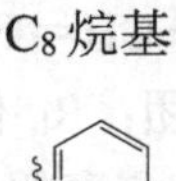

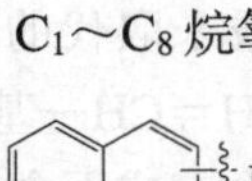

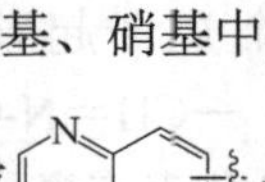

发明人：连磊，张辽宁，崔琦，程传斌，刘鹏；申请人：青岛清原化合物有限公司

中国专利号：ZL201810729510.0；中国专利申请日：2018-07-05；同族专利：IN202147004703、AU2018430945、WO2020006869A1。

化合物类型：激素类、嘧啶羧酸酯、苯基嘧啶类

发明思路：me-too 研究，在氯氟吡啶酯基础上通过环化及衍生得到。与对照化合物相比，该发明的化合物通过改变母环结构、取代基以及羧基衍生物类型等，明显提高了作物安全性和除草活性，尤其是对玉米、水稻等关键农作物建立了良好的选择性。

用途：具有除草活性。该发明所述化合物普遍具有较好的杂草防效，尤其对玉米田、水稻田、小麦田广泛发生的杂草稗草、马唐、狗尾草等主要禾本科杂草以及苘麻、蕣菜、鬼针草等主要的阔叶杂草有良好的效果；对对 ALS 抑制剂有抗性的蕣菜、播娘蒿、荠菜、麦家公、猪殃殃、繁缕等阔叶杂草有极高的活性。同时该发明所述化合物很多对结缕草、狗牙根、高羊茅、早熟禾、黑麦草、海滨雀稗等禾本科杂草有很好的选择性，能防除很多关键禾本科杂草以及阔叶杂草。对不同施药方式下的大豆、棉花、油葵、马铃薯、果树、蔬菜等测试也显示出极好的选择性。

代表化合物结构如下：

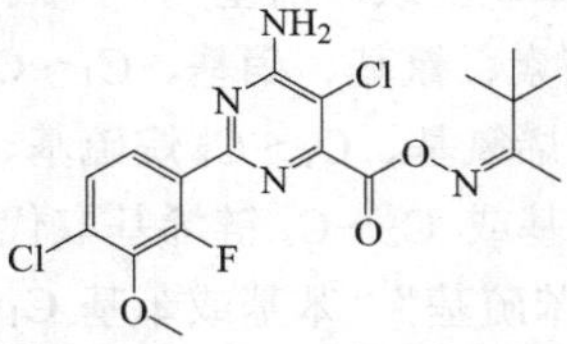

（4）一种取代的含氮杂芳环甲酰胺衍生物及其除草组合物和用途

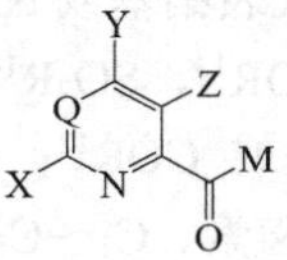

式中，M 代表 $-N\,Het$（R_a）；Het 选自五元不饱和环，该环上除含有 1-位上的 N 原子外，还含有 1、2 或 3 个以下原子或基团作为环的组成部分：NR_b；R_a 选自以下基团中的一个或多个基团：氢，卤素，羟基，氨基，含有或不含有卤素的 C_1～C_8 烷基、C_2～C_8 烯基、C_2～C_8 炔基、C_3～C_8 环烷基、C_2～C_8 烯基 C_1～C_8 烷基、C_2～C_8 炔基 C_1～C_8 烷基或 C_3～C_8 环烷基 C_1～C_8 烷基，以及未取代或取代的芳基；或者相邻两个 R_a 一起形成未取代的—CH＝CH-CH＝CH—、—$CH_2CH_2CH_2CH_2$—、—N＝CH-CH＝CH—、—CH＝N-CH＝CH—基团；R_b 代表氢，C_1～C_8 烷基；Q 代表 N 或 C-R″；其中，R″代表氢；X 代表卤素，含有或不含有卤素的 C_3～C_8 环烷基，未取代或取代的芳基；Y 代表 NR^1R^2，其中 R^1 代表 H，任选地被 1～2 个 R^{11} 取代的 C_1～C_8 烷基、C_2～C_8 烯基或 C_2～C_8 炔基，未取代或取代的芳基或杂芳基，COR^{12}；R^2 代表 H，任选地被 1～2 个 R^{21} 取代的 C_1～C_8 烷基或 COR^{22}；其中 R^{11}、R^{21} 独立地代表卤素，未取代或取代的芳基或杂芳基；R^{12}、R^{22} 独立地代表 H、C_1～C_8 烷基、卤代 C_1～C_8 烷基、C_1～C_8 烷氧基、苯基、苯氧基或苄氧基；Z 代表卤素；其中，所述“芳基”是指苯基，“杂芳基”是 呋喃基 或 噻吩基；其可被选自卤素，含有或不含有卤素的 C_1～C_8 烷基、C_2～C_8 烯基、C_2～C_8 炔基、C_3～C_8 环烷基、C_3～C_8 环烷基 C_1～C_8 烷基、C_1～C_8 烷氧基、C_1～C_8 烷硫基中的至少一个基团所取代。

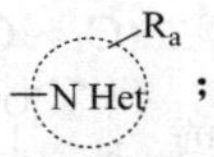

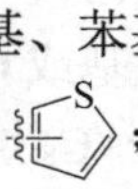

发明人：连磊，华荣保，崔琦，张辽宁，刘娜；申请人：青岛清原化合物有限公司

中国专利号：ZL201811286571.0；中国专利申请日：2018-10-31；同族专利：WO2020087694A1

化合物类型：激素类，芳基嘧啶，芳基吡啶

发明思路：me-too 研究；在氯氟吡啶酯基础上通过环的变化及羧酸处衍生得到。

用途：具有除草活性。该发明所述化合物普遍具有较好的杂草防效，尤其对于玉米田、水稻田、小麦田广泛发生的苘麻、鬼针草等主要的阔叶杂草有良好的效果，对 ALS 抑制剂有抗性的麦家公、猪殃殃、繁缕等阔叶杂草有极高的活性。该发明所述化合物及其组合物很多也对结缕草、狗牙根、高羊茅、早熟禾、黑麦草、海滨雀稗等禾本科杂草有很好的选择性，能防除很多关键禾本科杂草以及阔叶杂草。对不同施药方式下的小麦、玉米、水稻、甘蔗、大豆、棉花、油葵、马铃薯、果树、蔬菜等测试也显示出极好的选择性。

代表化合物结构如下：

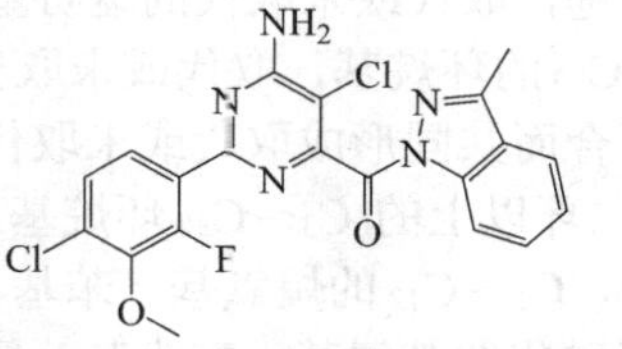

（5）一种取代的嘧啶-4-甲酸衍生物及其除草组合物和用途

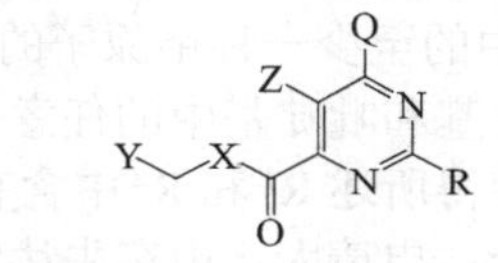

式中，X 代表 O；Y 代表未取代或被选自以下基团中的 1 种或 2 种取代基所取代的苯基：卤素；Z 代表卤素；Q 代表 NH_2 或 （呋喃-2-基甲基氨基）；R 代表 （4-氯-2-氟-3-甲氧基苯基）。

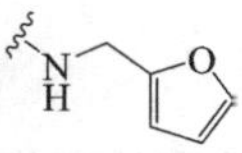

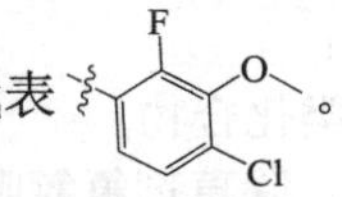

发明人：连磊，征玉荣，张辽宁，刘鹏，崔琦，王法国，刘娜；申请人：青岛清原化合物有限公司

中国专利号：ZL201810529799.1；中国专利申请日：2018-05-29；同族专利：WO2019227771A1，IN202017051176

化合物类型：激素类，嘧啶羧酸酯

发明思路：me-too 研究；在现有技术基础上对 Q 处进行衍生。

用途：该发明所述化合物普遍具有较好的杂草防效，尤其对于玉米田、水稻田、小麦田广泛发生的苘麻、鬼针草等主要的阔叶杂草有良好的效果，尤其是对抗 ALS 抑制剂的麦家公、猪殃殃、繁缕等阔叶杂草有极高的活性。该发明所述化合物及其组合物也对结缕草、狗牙根、高羊茅、早熟禾、黑麦草、海滨雀稗等禾本科杂草有很好的选择性，能防除很多关键禾本科杂草以及阔叶杂草。对不同施药方式下的小麦、玉米、水稻、甘蔗、大豆、棉花、油葵、马铃薯、果树、蔬菜等测试也显示出极好的选择性。

代表化合物结构如下：

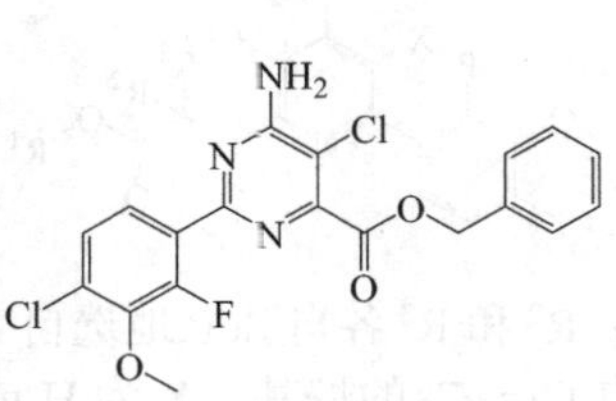

（6）含氟氯吡啶肟酯结构的化合物及其制备方法和应用及一种除草剂

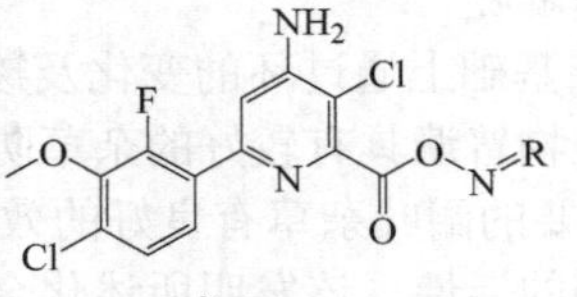

式(Ⅰ) 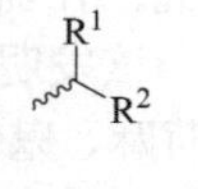　　式(Ⅰ-1)

在式(Ⅰ)中，R 为式(Ⅰ-1)所示的基团，在式(Ⅰ-1)中，R^1 和 R^2 各自独立地选自 H，氰基，卤素，取代或未取代的 C_1～C_{30} 的烷基，取代或未取代的 C_1～C_{30} 的烷氧基，取代或未取代的 C_3～C_{30} 的环烷基，取代或未取代的不含有或者含有选自 N、O 和 S 中的至少一种杂原子的 C_5～C_{30} 的芳基，取代或未取代的吡啶基，取代或未取代的噻吩基，取代或未取代的含有选自 N、O 和 S 中的至少一种杂原子的 C_4～C_{30} 的环烷基，取代或未取代的羰基-苯基，取代或未取代的羰基-C_1～C_{12} 烷基，或者 R^1 和 R^2 环合而共同形成取代或未取代的不含有或者含有选自 N、O 和 S 中的至少一种杂原子的单环或者二环以上的 C_3～C_{30} 环烷基，且 R^1 和 R^2 不同时为 H；其中的取代基选自卤素、C_1～C_{12} 的烷基、C_1～C_{12} 的烷氧基、苯基、C_1～C_{12} 的烷基-苯基、由 1～6 个卤素取代的苯基、由 1～6 个卤素取代的苯氧基、噻吩基、氰基、硝基、由 1～6 个卤素取代的 C_1～C_{12} 的烷基、由 C_1～C_{12} 烷基取代的氨基、C_1～C_{12} 酯基，或者取代基中的两个环合而共同形成不含有或者含有选自 N、O 和 S 中的至少一种杂原子的 C_2～C_{12} 的环烷基，或者取代基中的两个环合而共同形成选自苯基、噻吩基和吡啶基中的任意一个基团；或者上述 R^1 和 R^2 中的碳原子与氧原子一起形成碳氧双键而使得所述 R^1 和 R^2 中含有羰基基团。

发明人：杨光富，李克建，王现全；申请人：山东先达农化股份有限公司

中国专利号：ZL201880047028.7；其他专利：CN111094245A、CN109485600A 和 WO2019047978A1；中国专利申请日：2018-09-11

化合物类型：吡啶肟酯类化合物

发明思路：me-too 研究；除草剂氟氯吡啶酯的酯处变化为肟酯结构。

用途：具有除草活性，在低浓度下，该发明提供的化合物对苘麻、反枝苋、鳢肠等阔叶杂草均具有较高的除草活性，并且除草活性普遍与对照药剂的效果相当。特别地，该发明提供的化合物在低浓度下对禾本科杂草马唐和狗尾草的除草活性比对照药剂对禾本科杂草的除草活性更高，对抗噁唑酰草胺的稗草依然有效，且对作物的安全性高。

代表化合物结构如下：

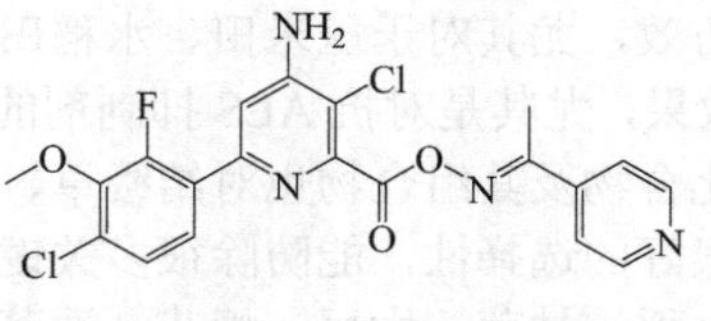

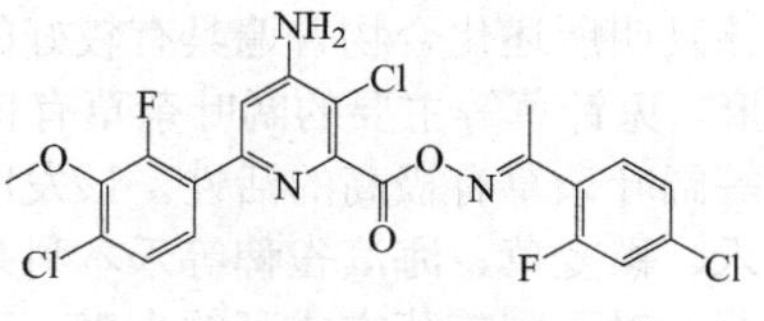

（7）苯基吡啶衍生物及其应用和除草剂

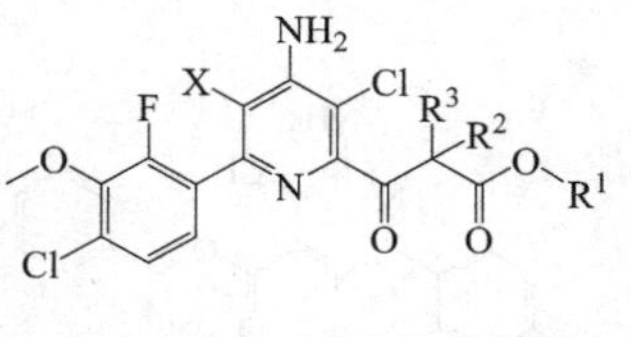

式中，R^1 选自 C_1～C_6 的烷基；R^2 和 R^3 各自独立地选自 H、卤素、C_1～C_4 的烷基、$COOR^1$ 和 COR^4 中的至少一种，且 R^4 选自 C_1～C_4 的烷基；X 为 H 或卤素。

发明人：王现全，宋萍，张天柱，李凯，陈恩昌；申请人：山东先达农化股份有限公司

中国专利号：ZL201710273955.8；中国专利申请日：2017-04-25

化合物类型：苯基吡啶衍生物

发明思路：me-too 研究；以氟氯吡啶酯为起始原料与相对应的酯进行衍生得到。

用途：具有除草活性，该发明提供的苯基吡啶衍生物在保证对田间农作物中的杂草具有优异的防治效果的前提下，还对田间农作物具有明显优异的安全性。特别地，该发明提供的苯基吡啶衍生物对蔬菜类农作物例如茄子、辣椒等具有明显优于现有技术提供的药剂的安全性。

代表化合物结构如下：

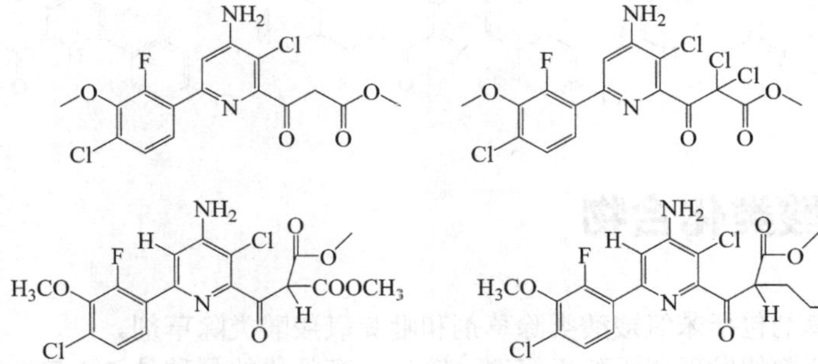

（8）取代的吡啶甲酸吡啶亚甲基酯衍生物及其制备方法、除草组合物和应用

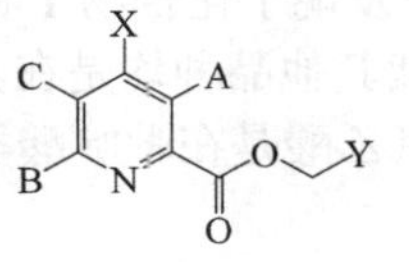

其中，A 代表 C_1～C_8 烷基、卤代 C_1～C_8 烷基、C_1～C_8 烷氧基、C_1～C_8 烷硫基、卤素、氰基、C_2～C_8 烯基或 C_2～C_8 炔基；B 代表未取代或取代的苯基；C 代表氢、卤素、C_1～C_8 烷氧基、C_1～C_8 烷基、卤代 C_1～C_8 烷基、C_2～C_8 烯基或 C_2～C_8 炔基；X 代表 NR^1R^2，其中 R^1 代表 H、未取代或任选地被 1 个 R^{11} 取代的 C_1～C_8 烷基、C_3～C_8 环烷基、苯基或 COR^{12}；R^2 代表 H 或 C_1～C_8 烷基；其中 R^{11} 独立地代表苯基，被 C_1～C_8 烷氧基羰基中的 1 个基团所取代的 HN，或未取代或被卤代 C_1～C_6 烷基中的 1 个基团所取代的 O、S 或 N；R^{12} 代表 C_1～C_{18} 烷基或 C_1～C_8 烷氧基；Y 代表未取代或取代的吡啶基；基团 B 中所述“取代的”是指被选自卤素、C_1～C_8 烷基、OR″、SR″、未取代或被选自 R″中的一个或两个基团所取代的氨基中的至少一个基团所取代；基团 Y 中所述“取代的”是指被选自卤素，硝基，氰基，氰基 C_1～C_8 烷基，巯基，羟基，羟基 C_1～C_8 烷基，羧基，甲酰基，含有或不含有卤素的 C_1～C_8 烷基、C_2～C_8 烯基、C_2～C_8 炔基、C_3～C_8 环烷基、C_3～C_8 环烷基 C_1～C_8 烷基、C_1～C_8 烷基取代的 C_3～C_8 环烷基、OR″、SR″、(C_1～C_8)烷基-OR″、(C_1～C_8)烷基-SR″、COR″、COOR″、COSR″、SO_2R″、OCOR″或 SCOR″，未取代或被选自含有或不含有卤素的 R″或 COR″中的一个或两个基团所取代的氨基中的至少一个基团所取代；R″分别独立地代表 C_1～C_8 烷基、C_2～C_8 烯基或 C_2～C_8 炔基。

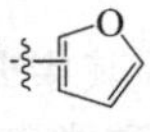

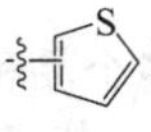

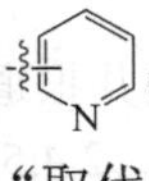

发明人：连磊，华荣保，彭学岗，赵德；申请人：青岛清原化合物有限公司

中国专利号：ZL202010551468.5；中国专利申请日：2020-06-17；同族专利：CN112110852A，WO2020253696A1

化合物类型：吡啶羧酸，激素类除草剂

发明思路：me-too 研究；在 CN103442570 基础上将苯基替换为吡啶基。

用途：具有除草活性，$320g/hm^2$ 苗后处理时对鸭舌草、野慈姑、香附子、水竹叶等防效高于 85%，且对水稻安全。田间 $15g/hm^2$ 对对 ALS 抑制剂有抗性药性的野慈姑、鸭舌草、异型莎草防效高于 90%。该发明化合物能够解决抗性杂草，对阔叶草、莎草科杂草效果更优秀，且对水稻的选择指数更高。

代表化合物结构如下：

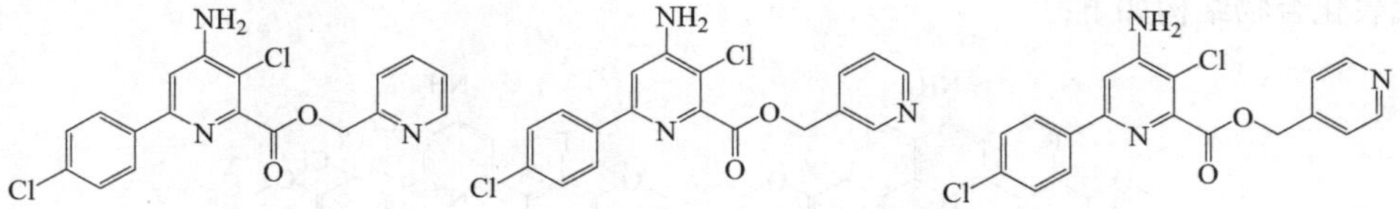

4.9 芳氧羧酸类化合物

芳氧羧酸类除草剂包括苯氧羧酸类除草剂和吡啶氧羧酸类除草剂。

苯氧羧酸类除草剂的发现属于随机筛选，第一个商品化的品种是 2,4-滴，在其除草活性被发现之前，外国人 Zimmerman P. W.在 1943 年研究植物激素过程中，发现卤代苯氧乙酸类化合物可促进细胞伸长。第二年，Hamner 等发现了化合物 **1** 和 **2** 在高浓度下，具有良好的除草效果，故后来被美国 Amchem 公司开发。后续其他品种均是在其基础上进行衍生优化得到的。吡啶氧羧酸类除草剂三氯吡氧乙酸和氯氟吡氧乙酸是在吡啶酸类除草剂和 2,4-二氯苯氧乙酸(2,4-滴)的基础上发现的（图 4-40）。

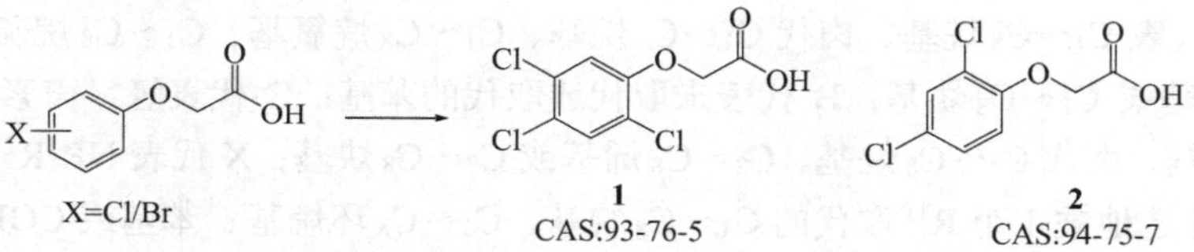

X=Cl/Br

1 CAS:93-76-5

2 CAS:94-75-7

图 4-40 吡啶氧羧酸类除草剂的发现

苯氧羧酸类共报道多个品种，其中苯氧乙酸类有 6 个：4-CPA、2,4-D、3,4-DA、MCPA、MCPA-thioethyl、2,4,5-T；苯氧丁酸类有 5 个：4-CPB、2,4-DB、3,4-DB、MCPB、2,4,5-TB；苯氧丙酸类有 8 个：cloprop、4-CPP、dichlorprop、dichlorprop-P、3,4-DP、fenoprop、mecoprop、mecoprop-P。吡啶氧羧酸类除草剂包括两个品种，即三氯吡氧乙酸(triclopyr)和氯氟吡氧乙酸(fluroxypyr)。以上均为激素类除草剂。

国内清原农冠开发的氟氯氨草酯正在产业化开发中。该类除草剂国内研究单位主要有青岛清原、山东先达、中国农业大学、华中师范大学和浙江工业大学等。

4.9.1 氟氯氨草酯的创制

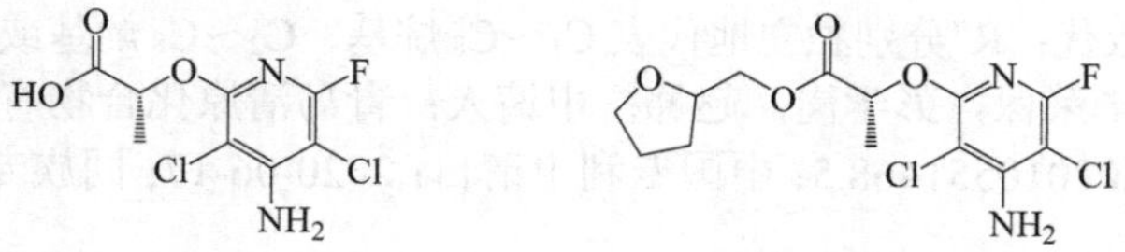

化合物专利名称：*R* 型吡啶氧基羧酸及其盐、酯衍生物、制备方法、除草组合物和应用

中国专利号：ZL201911321469.4；申请日：2019-12-20；授权日：2021-08-27

专利发明人：连磊，彭学岗，华荣保，张景远，崔琦；申请人：青岛清原化合物有限公司

氟氯氨草酯（fluchloraminopyr-tefuryl）是清原农冠自主研发的新一代内吸传导型、长持效灭生性除草剂，它拥有非常广阔的杀草谱，能够有效防除多种草甘膦抗性及耐性杂草如小飞蓬、鸭跖草、田旋花、牛筋草、稻李氏禾、问荆、芦苇、加拿大一枝黄花等，同时对林地、非耕地难防的小灌木以及藤本类等杂草具有优异防效。在低温天气下效果稳定，持效期是现有草甘膦的 1.5～2 倍以上。

4.9.1.1　创制过程

除草剂氯氟吡氧乙酸（fluroxypyr）是由美国陶氏益农公司开发的，主要用于小麦、大麦、玉米、果园、牧场、林地、草坪等地防除阔叶杂草。青岛清原抗性杂草防治有限公司在氯氟吡氧乙酸结构基础上，通过对专利 US4110104A 中消旋化合物进行优化研究，成功开发了活性更广谱的 *R* 型旋光活性化合物，从而开发了氟氯氨草酯（图 4-41）。

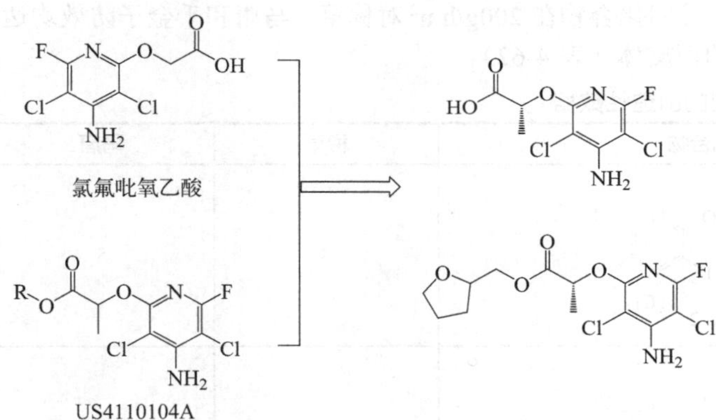

图 4-41　氟氯氨草酯创制思路

4.9.1.2　知识产权分析

该发明化合物结构中羧酸类化合物相关消旋体已经在专利 US4110104A 中公开，但未提及旋光异构体以及酯类化合物，因此该发明具有新颖性，另外该发明化合物与现有技术相比活性有显著的提升，因此具创造性。

（1）新颖性　氟氯氨草酯为现有技术的旋光异构体，具有新颖性（表 4-61）。

表 4-61　该专利与已有技术对比表

该专利：CN111377856A(青岛清原化合物有限公司，申请日：2019-12-20；公开日：2020-07-07)	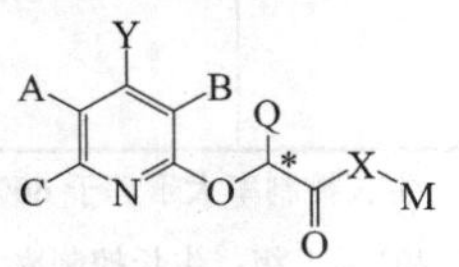 通式	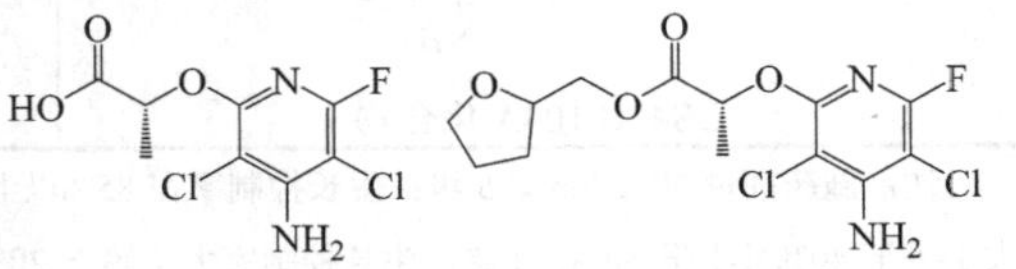 代表化合物氟氯氨草酯

续表

接近的现有技术：US4110104A (Dow Chemical CO，申请日：1976-12-23；公开日：1978-08-29)	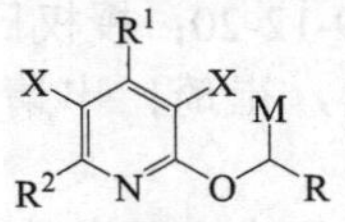 通式 X 可选自氯、溴或氟； R 可选自 COOH 或羧酸盐等； M 可选自氢或低级烷基； R^1 代表氢、含有 1～4 个碳原子的低级烷基、氨基或含有 1～4 个碳原子的低级烷基氨基； R^2 代表氢、X、低级烷基、氨基或低级烷基氨基等	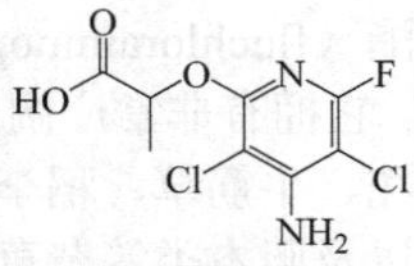 代表化合物
同类商品化/开发中品种	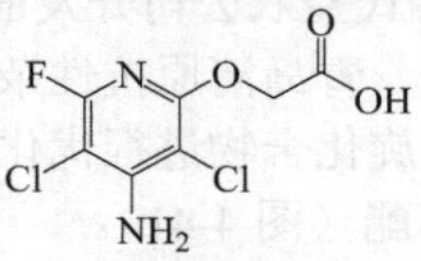 氯氟吡氧乙酸	

（2）创造性　该发明化合物在 200g/hm² 对稗草、马唐和千金子防效均达到了 5 级，显著优于 US4110104A 中的消旋体（表 4-62）。

表 4-62　专利化合物的创造性数据

化合物	稗草	马唐	千金子
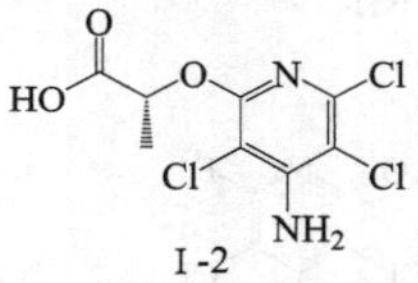 Ⅰ-2	5	5	5
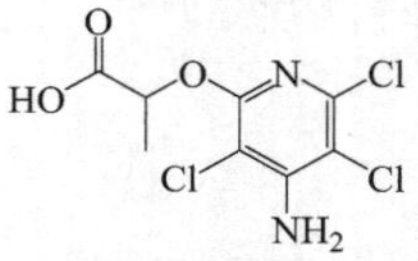 US4110104A 化合物	2	3	3
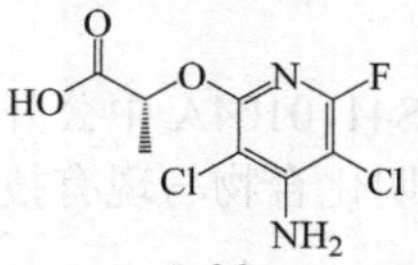 Ⅰ-26	5	5	5
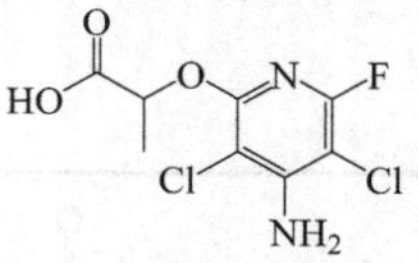 US4110104A 化合物	2	3	3

注：施药剂量 200g/hm²。5 级：生长控制率在 85%以上；4 级：生长控制率大于等于 60%且小于 85%；3 级：生长控制率大于等于 40%且小于 60%；2 级：生长控制率大于等于 20%且小于 40%；1 级：生长控制率大于等于 5%且小于 20%；0 级：生长控制率小于 5%。

（3）核心化合物专利　氟氯氨草酯化合物专利共申请了不同国家12件专利，中国专利已授权（表4-63）。

表4-63　氟氯氨草酯核心专利

序号	公开号	专利号	法律状态
1	CN111377856A	ZL201911321469.4	授权有效
2	CO2021008276A2		
3	WO2020135235A1		
4	CA3122138A1		
5	AU2019415587A1		
6	EP3904341A1		
7	BR112021012447A2		
8	JP2022515285T		
9	US2022098153A1		
10	AR117524A1		
11	IN202117026389A		
12	ZA202104064A		授权有效

授权保护范围（中国专利）

一种如式Ⅰ所示的*R*型吡啶氧基羧酸及其盐、酯衍生物：

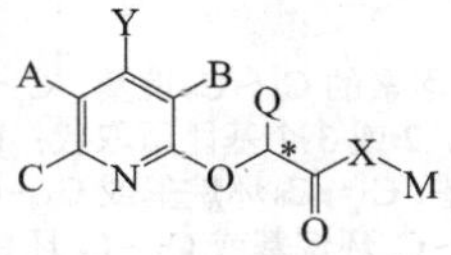

式中，所述羧酸为

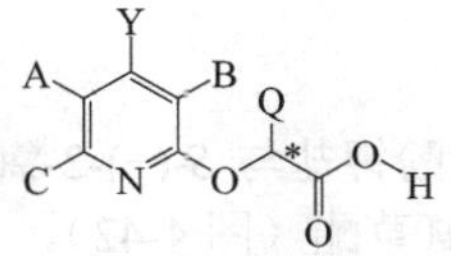

Ⅰ

式中，

A、B分别独立地代表卤素、C_1～C_8烷基或C_3～C_8环烷基；

C代表氢、卤素或C_1～C_8烷基；

Q代表卤素，氰基，氰基C_1～C_8烷基，羟基C_1～C_8烷基，氨基，硝基，甲酰基，不含或含有卤素的C_1～C_8烷基、C_2～C_8烯基、C_2～C_8炔基、C_3～C_8环烷基、C_1～C_8烷氧基、C_1～C_8烷硫基、C_1～C_8烷基羰基、C_1～C_8烷氧基羰基、C_1～C_8烷基氨基C_1～C_8烷基或C_1～C_8烷氧基C_1～C_8烷基，或未取代或取代的芳基、未取代或取代的杂芳基、未取代或取代的芳基C_1～C_8烷基、未取代或取代的杂芳基C_1～C_8烷基；

Y代表NR^1R^2，其中R^1代表H，任选地可被1～2个R^{11}取代的C_1～C_8烷基、C_2～C_8烯基或C_2～C_8炔基，或COR^{12}；R^2代表H或C_1～C_8烷基；其中R^{11}独立地代表未取代或被卤代C_1～C_8烷基中的1～3个基团所取代的苯基、未取代或被卤代C_1～C_8烷基中的1～3个基团所取代的（呋喃基）；R^{12}代表H、C_1～C_8烷基或苯基；所述盐为金属盐、铵盐；

续表

所述酯为 [化学结构式]，式中：

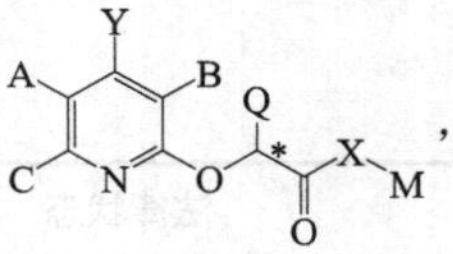

X 代表 O 或 S；

M 代表不含或含有卤素的 C_1～C_{18} 烷基、C_2～C_8 烯基、C_2～C_8 炔基、C_3～C_8 环烷基、C_3～C_8 环烷基 C_1～C_8 烷基、—（C_1～C_8 烷基）-Z、[结构式]、[结构式] 或 [结构式]，或未取代或取代的杂环基、未取代或取代的芳基、未取代或取代的杂芳基；

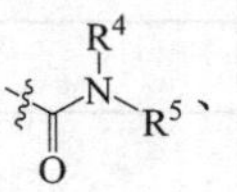

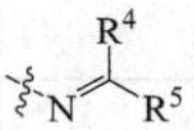

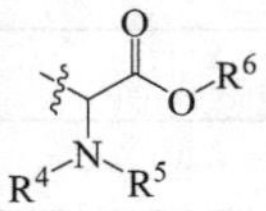

Z 代表 [结构式]、[结构式]、[结构式]、[结构式]、[结构式]、[结构式]、氰基、硝基，或未取代或取代的杂环基、未取代或取代的芳基、未取代或取代的杂芳基；

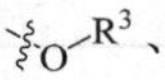

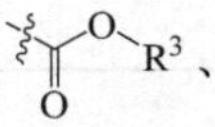

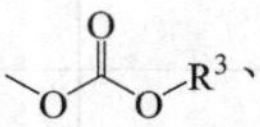

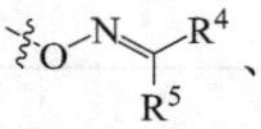

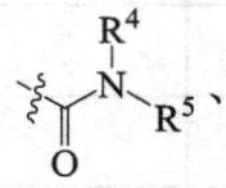

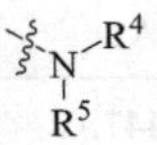

R^3 分别独立地代表 C_1～C_8 烷基、C_2～C_8 烯基、C_2～C_8 炔基、C_3～C_8 环烷基或 C_3～C_8 环烷基 C_1～C_8 烷基；

R^4、R^5、R^6 分别独立地代表氢、C_1～C_8 烷基、C_1～C_8 烯基、C_1～C_8 炔基、C_3～C_8 环烷基、C_3～C_8 环烷基 C_1～C_8 烷基或 C_1～C_8 烷氧基羰基；

所述“杂环基”是指 [结构式]、[结构式] 或 [结构式]；

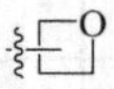

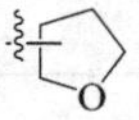

所述“芳基”是指苯基或萘基；

所述“杂芳基”是指 [结构式]、[结构式]、[结构式]、[结构式]、[结构式]、[结构式]、[结构式]、[结构式]、[结构式] 或 [结构式]，

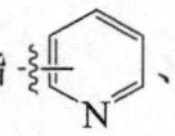

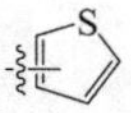

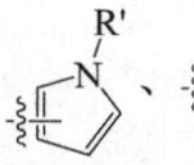

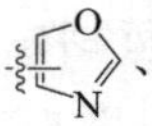

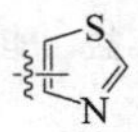

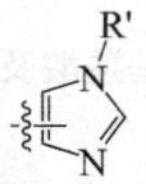

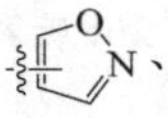

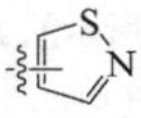

其中，其被选自卤素，氰基，或含有或不含有卤素的 C_1～C_6 烷基、C_2～C_6 烯基、C_2～C_6 炔基、C_3～C_6 环烷基、C_3～C_6 环烷基 C_1～C_6 烷基、OR″或 SR″中的 0、1、2 或 3 个基团所取代；R′分别独立地代表氢，或含有或不含有氟、氯或溴的 C_1～C_6 烷基、C_2～C_6 烯基、C_2～C_6 炔基、C_3～C_6 环烷基或 C_3～C_6 环烷基 C_1～C_6 烷基；R″分别独立地代表氢、C_1～C_6 烷基、C_2～C_6 烯基、C_2～C_6 炔基、C_3～C_6 环烷基或 C_3～C_6 环烷基 C_1～C_6 烷基

4.9.1.3 合成方法

通过 2-氟-3,5-二氯-4-氨基-6-吡啶酚钾盐与 *S*-(−)-2-氯丙酸甲酯缩合反应后水解得到氟氯氨草酸，通过与四氢糠醇缩合得到氟氯氨草酯（图 4-42）。

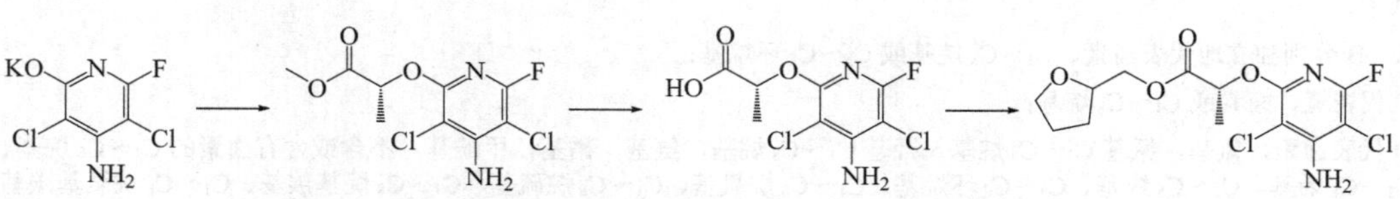

图 4-42 氟氯氨草酯的合成路线

4.9.1.4 组合物专利

氟氯氨草酯截至 2022 年 11 月份共公开了 3 件组合物专利，详见表 4-64。

表 4-64　氟氯氨草酯组合物专利汇总表

序号	公开号	发明名称	申请人	B 组分
1	CN113661995A	包含 *R* 型吡啶氧基羧酸衍生物和合成激素类抑制剂的除草组合物及其应用	青岛清原化合物有限公司	激素类嘧啶羧酸苄酯类化合物如三氯吡氧乙酸、2 甲 4 氯、麦草畏、氨氯吡啶酸、氯氨吡啶酸、氯氟吡氧乙酸、氯氟吡啶酯、氟氯吡啶酯、二氯喹啉酸、二氯吡啶酸
2	CN112273395A	包含 *R* 型吡啶氧基羧酸衍生物的除草组合物及其应用	青岛清原化合物有限公司	草甘膦、草铵膦、敌草快、百草枯或其酸/盐中的一种或多种
3	CN112438265A	一种包含 *R* 型吡啶氧基羧酸衍生物的除草组合物及其应用	青岛清原化合物有限公司	①ALS 抑制剂：五氟磺草胺、双草醚、吡嘧磺隆、烟嘧磺隆、双氟磺草胺、砜嘧磺隆、咪草烟、甲基咪草烟、甲氧咪草烟、甲嘧磺隆、氯酯磺草胺； ②ACCase 抑制剂：氰氟草酯、炔草酯、唑啉草酯、烯草酮、烯禾啶、精喹禾灵、精吡氟禾草灵、高效氟吡甲禾灵； ③PSⅡ抑制剂：莠去津、异丙隆、绿麦隆、敌草隆、灭草松、溴苯腈、敌稗； ④HPPD 抑制剂：环吡氟草酮、双唑草酮、苯唑氟草酮、三唑磺草酮、呋喃磺草酮、硝磺草酮、环磺酮、苯唑草酮、异噁唑草酮、双环磺草酮； ⑤PDS 抑制剂：吡氟酰草胺、氟咯草酮； ⑥DOXP 抑制剂：异噁草松； ⑦PPO 抑制剂：唑草酮、氟磺胺草醚、乙羧氟草醚、乙氧氟草醚、乳氟禾草灵、三氟羧草醚、丙炔氟草胺、甲磺草胺、苯嘧磺草胺、噁草酮、丙炔噁草酮

4.9.1.5　登记情况

2022 年 4 月，氟氯氨草酯在柬埔寨完成了全球首登，含该核心成分的首个产品以“冠虎”的品牌在国内上市。

4.9.1.6　应用效果

相比于传统灭生性除草剂，氟氯氨草酯具有更稳定的杀草谱、控草期较长、良好的低温效果稳定性、可以与基因编辑和转基因的抗除草剂作物种子配套使用等特点，它能够有效防除多种草甘膦抗性及耐性杂草如小飞蓬、鸭跖草、田旋花、牛筋草、稻李氏禾、问荆、芦苇等，同时对林地、非耕地难防的小灌木以及藤本类等杂草具有优异防效。一般田间亩使用量为 15～50g。“冠虎”的有效成分是 5%氟氯氨草酯+25%草甘膦，杀草谱更广，除草更彻底，控草时间更久，可达 45～60 天，在低温 12～15℃表现稳定。轻松覆盖果园、林木、田埂、荒地等多种复杂场景。

4.9.2　其他芳氧羧酸类化合物的创制

该类除草剂国内研究单位主要有青岛清原农冠、山东先达农化股份有限公司、中国农业大学、华中师范大学、浙江工业大学、江苏省农药研究所等。清原农冠主要是在三氯吡氧乙酸和氯氟吡氧乙酸基础上对乙酸部分进行衍生；山东先达农化股份有限公司主要是苯氧丁酸衍生物；其他均为苯氧乙酸衍生物。具体如下：

（1）吡啶氧基硫酯衍生物及其制备方法、除草组合物和应用

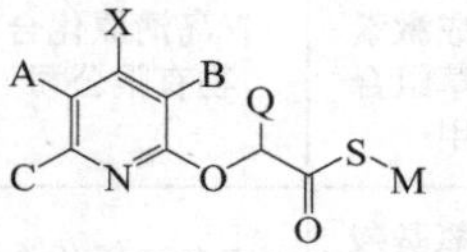

式中，A、B 分别独立地代表卤素、含有或不含有卤素的 C_1～C_8 烷基或 C_3～C_8 环烷基；C 代表氢、卤素、C_1～C_8 烷基或卤代 C_1～C_8 烷基；Q 代表卤素，氰基，氰基 C_1～C_8 烷基，羟基 C_1～C_8 烷基，氨基，硝基，甲酰基，不含或含有卤素的 C_1～C_8 烷基、C_2～C_8 烯基、C_2～C_8 炔基、C_3～C_8 环烷基、C_1～C_8 烷氧基、C_1～C_8 烷硫基、C_1～C_8 烷基羰基、C_1～C_8 烷氧基羰基、C_1～C_8 烷基氨基 C_1～C_8 烷基或 C_1～C_8 烷氧基 C_1～C_8 烷基，苄基，萘基，，，，，，被选自 C_1～C_6 烷基中 0、1 或 2 个基团所取代的，或被选自 C_1～C_6 烷基、卤代 C_1～C_6 烷基、卤素和 C_1～C_6 烷氧基中的 0、1、2 或 3 个基团所取代的苯基；M 代表不含或含有卤素的 C_1～C_{18} 烷基、C_2～C_8 烯基、C_2～C_8 炔基、C_3～C_8 环烷基、C_3～C_8 环烷基 C_1～C_8 烷基、—(C_1～C_8 烷基)—R、、、、、或，

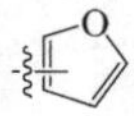

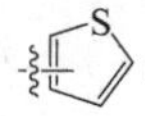

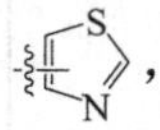

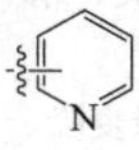

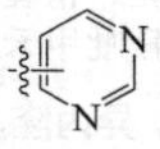

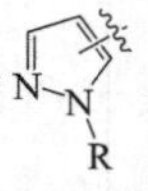

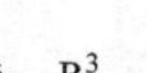

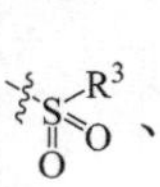

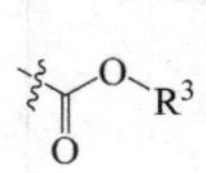

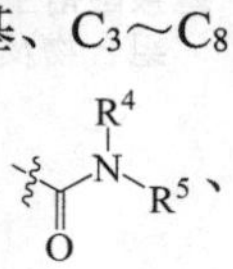

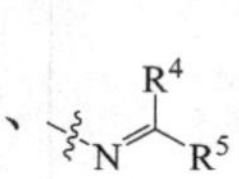

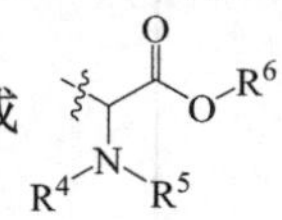

以及，，萘基，，，，，被选自 C_1～C_6 烷基中 0、1 或 2 个基团所取代的，或被选自如下基团中 0、1、2 或 3 个基团所取代的苯基：C_1～C_6 烷基、卤代 C_1～C_6 烷基、卤素、C_1～C_6 烷氧基和被选自氢、C_1～C_6 烷基中的一个或两个基团取代的氨基；R 代表、、、、、、氰基或硝基；

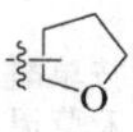

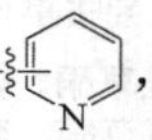

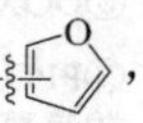

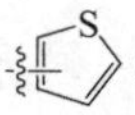

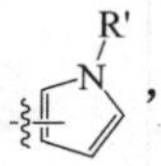

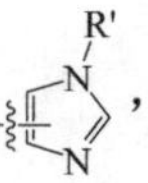

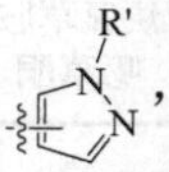

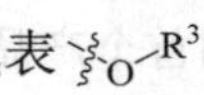

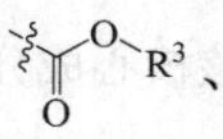

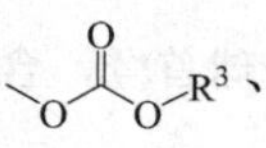

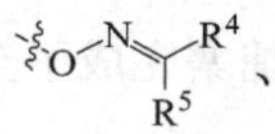

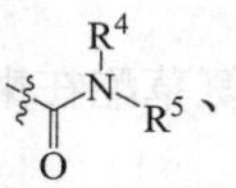

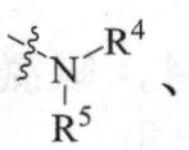

R^3 分别独立地代表 C_1～C_8 烷基、C_2～C_8 烯基、C_2～C_8 炔基、C_3～C_8 环烷基或 C_3～C_8 环烷基 C_1～C_8 烷基；R^4、R^5、R^6 分别独立地代表氢、C_1～C_8 烷基、C_2～C_8 烯基、C_2～C_8 炔基、C_3～C_8 环烷基、C_3～C_8 环烷基 C_1～C_8 烷基或 C_1～C_8 烷氧基羰基；X 代表 NR^1R^2，其中 R^1 代表 H，任选地可被 1～2 个 R^{11} 取代的 C_1～C_8 烷基、C_2～C_8 烯基或 C_2～C_8 炔基，COR^{12} 取代；R^2 代表 H；其中 R^{11} 独立地代表未取代或被卤素、C_1～C_8 烷基、卤代 C_1～C_8 烷基中的 1～3 个基团所取代的苯基或；R^{12} 代表 H、C_1～C_{18} 烷基或苯基；R′分别独立地代表氢，含有或不含有氟、氯、溴的 C_1～C_6 烷基、C_2～C_6 烯基或 C_2～C_6 炔基。

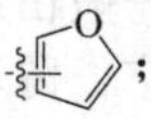

发明人：连磊，彭学岗，华荣保，张景远，崔琦；申请人：青岛清原化合物有限公司

中国专利号：ZL201811609358.9；中国专利申请日：2018-12-27

化合物类型：吡啶氧基硫酯衍生物，激素类除草剂

发明思路：me-too 研究，在氯氟吡氧乙酸（fluroxypyr）、三氯吡氧乙酸（triclopyr）基础上通过衍生研究得到。

用途：该发明所述化合物普遍具有较好的杂草防效，尤其对于玉米田、水稻田、小麦田广泛发生的稗草、马唐、狗尾草等主要禾本科杂草以及苘麻、蕼菜、鬼针草等主要的阔叶杂草有良好的效果；对于对 ALS 抑制剂有抗性的蕼菜、播娘蒿、荠菜、麦家公、猪殃殃、繁缕等阔叶杂草有极高的活性；对生产中面临严重挑战的抗 ALS 抑制作用机理的杂草有优秀的活性，能够解决日益严重的抗性问题；对结缕草、狗牙根、高羊茅、早熟禾、黑麦草、海滨雀稗等禾本科草坪有很好的选择性；对不同施药方式下的小麦、玉米、水稻、甘蔗、大豆、棉花、油葵、马铃薯、果树、蔬菜等测试也显示出极好的选择性。

代表化合物结构如下：

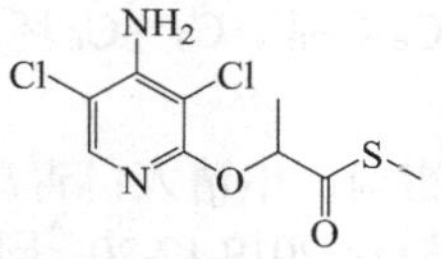

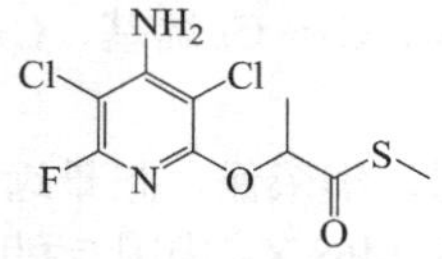

（2）吡啶氧基羧酸肟衍生物，其制备方法、除草组合物和应用

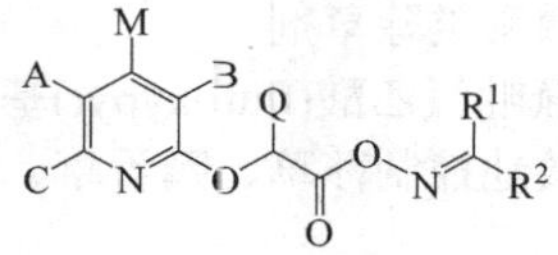

式中，A、B 分别独立地代表卤素、含有或不含有卤素的 C_1～C_8 烷基、C_3～C_8 环烷基；C 代表氢、卤素、C_1～C_8 烷基或卤代 C_1～C_8 烷基；Q 代表卤素，氰基，氰基 C_1～C_8 烷基，羟基 C_1～C_8 烷基，氨基，硝基，甲酰基，不含或含有卤素的 C_1～C_8 烷基、C_2～C_8 烯基、C_2～C_8 炔基、C_3～C_8 环烷基、C_1～C_8 烷氧基、C_1～C_8 烷硫基、C_1～C_8 烷基羰基、C_1～C_8 烷氧基羰基、C_1～C_8 烷基氨基 C_1～C_8 烷基或 C_1～C_8 烷氧基 C_1～C_8 烷基，或未取代或取代的芳基、未取代或取代的杂芳基、未取代或取代的芳基 C_1～C_8 烷基、未取代或取代的杂芳基 C_1～C_8 烷基；R^1 和 R^2 独立地代表 H，卤素，硝基，氰基，C_1～C_8 烷基，卤代 C_1～C_8 烷基，C_2～C_8 烯基，C_3～C_8 环烷基，C_1～C_8 烷氧基，C_1～C_8 烷硫基，未取代或取代的芳基，未取代或取代的苄基，未取代或取代的杂芳基，未取代或取代的芳基氧基，未取代或取代的芳基硫基，未取代或取代的杂芳基氧基，未取代或取代的杂芳基硫基，或 COR^5 所示的基团；其中 R^5 代表 C_1～C_8 烷基，卤代 C_1～C_8 烷基，C_2～C_8 烯基，C_3～C_8 环烷基，C_1～C_8 烷氧基，C_2～C_8 烯氧基，C_3～C_8 环烷氧基，C_1～C_8 烷硫基，C_2～C_8 烯基硫基，C_3～C_8 环烷硫基，未取代或取代的芳基氧基，未取代或取代的杂芳基氧基，未取代或取代的芳基 C_1～C_8 烷基氧基，未取代或取代的杂芳基 C_1～C_8 烷基氧基，未取代或取代的芳基 C_1～C_8 烷基硫基，未取代或取代的杂芳基 C_1～C_8 烷基硫基，未取代或取代的芳基硫基，未取代或取代的杂芳基硫基，或可用 C_1～C_8 烷基、未取代或取代的芳基、未取代或取代的杂芳基、未取代或取代的芳基 C_1～C_8 烷基或未取代或取代的杂芳基 C_1～C_8 烷基取代的氨基；或 R^1 和 R^2 连接形成五元或六元饱和碳环；M 代表 NR^3R^4，其中 R^3 代表 H，任选地可被 1～2 个 R^{11} 取代的 C_1～C_8 烷基、C_2～C_8 烯基或 C_2～C_8 炔基，或 COR^{12}；R^4 代表 H 或 C_1～C_8 烷基；其中 R^{11} 独立地代表未取代或被卤代 C_1～C_6 烷基中的 1～3 个基团所取代的苯基、未取代或被卤代 C_1～C_6 烷基中的 1～3 个基团所取代的 [结构式]；R^{12} 代表 H、C_1～C_{18} 烷基或苯基；所述“芳基”是指苯基或萘基，“杂芳基”是指 [结构式]、[结构式]、[结构式]、[结构式]、[结构式]、[结构式]、

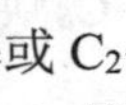

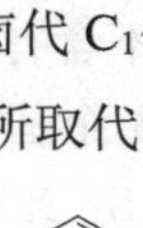

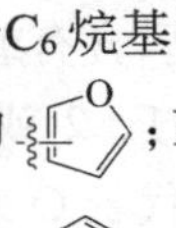

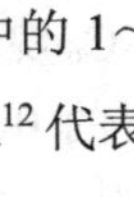

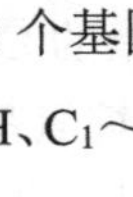

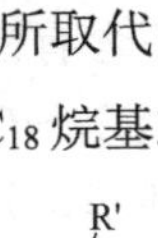

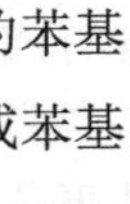

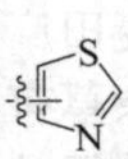

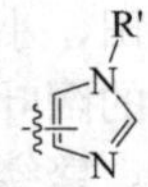

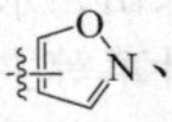

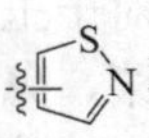

、、、或，其中，其被选自卤素，硝基，氰基，羟基，巯基，含有或不含有卤素的 C_1～C_6 烷基、C_2～C_6 烯基、C_2～C_6 炔基、C_3～C_6 环烷基、C_3～C_6 环烷基 C_1～C_6 烷基、OR″或 SR″，以及被选自氢、C_1～C_6 烷基、C_2～C_6 烯基、C_2～C_6 炔基、C_3～C_6 环烷基、C_3～C_6 环烷基 C_1～C_6 烷基、苯基、苯氧基、COR″和 OR″中的一个或两个基团所取代的氨基中的 0、1、2 或 3 个基团所取代；R′分别独立地代表氢，或含有或不含有氟、氯或溴的 C_1～C_6 烷基、C_2～C_6 烯基、C_2～C_6 炔基、C_3～C_6 环烷基或 C_3～C_6 环烷基 C_1～C_6 烷基；R″分别独立地代表氢、C_1～C_6 烷基、C_2～C_6 烯基、C_2～C_6 炔基、C_3～C_6 环烷基或 C_3～C_6 环烷基 C_1～C_6 烷基。

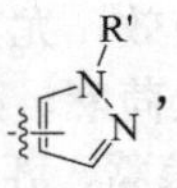

发明人：连磊，彭学岗，华荣保，张景远，崔琦；申请人：青岛清原化合物有限公司

中国专利号：ZL201911321468.X；中国专利申请日：2019-12-20；同族专利：IN202147028131A，BRPI2112563A2，WO2020135236A1

化合物类型：吡啶氧基羧酸，激素类除草剂

发明思路：me-too 研究，在氯氟吡氧乙酸(fluroxypyr)基础上通过衍生得到。

用途：具有除草活性。可以有效地控制莎草、鸭舌草、萤蔺和野慈姑，且对水稻安全。

代表化合物结构如下：

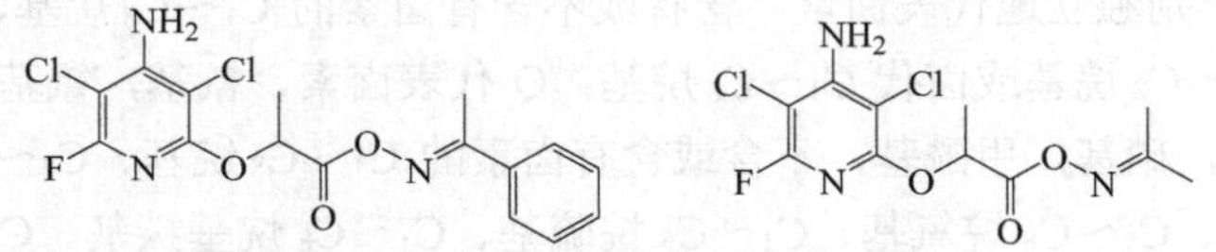

（3）吡啶氧基羧酸酯衍生物及其制备方法、除草组合物和应用

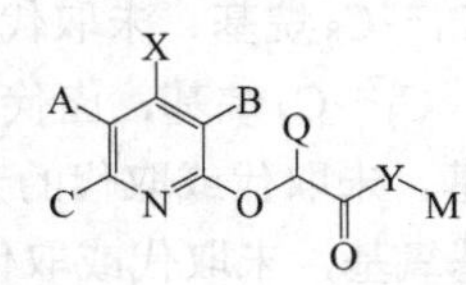

其中，A、B 分别独立地代表卤素、含有或不含有卤素的 C_1～C_8 烷基、C_3～C_8 环烷基；C 代表氢、卤素、C_1～C_8 烷基、卤代 C_1～C_8 烷基；Q 代表卤素、氰基、氰基 C_1～C_8 烷基、羟基 C_1～C_8 烷基、氨基、硝基、甲酰基、不含或含有卤素的 C_1～C_8 烷基、不含或含有卤素的 C_2～C_8 烯基、不含或含有卤素的 C_2～C_8 炔基、不含或含有卤素的 C_3～C_8 环烷基、C_1～C_8 烷氧基、C_1～C_8 烷硫基、C_1～C_8 烷基羰基、C_1～C_8 烷氧基羰基、C_1～C_8 烷基氨基 C_1～C_8 烷基、C_1～C_8 烷氧基 C_1～C_8 烷基、苯基 C_1～C_8 烷基、萘基、、、、、，以及被 C_1～C_6 烷基、C_2～C_6 烯基、C_2～C_6 炔基中的 0、1、2 或 3 个基团所取代的，被卤素、含有或不含有卤素的 C_1～C_6 烷基、含有或不含有卤素的 C_2～C_6 烯基、含有或不含有卤素的 C_2～C_6 炔基、C_1～C_6 烷氧基中的 0、1、2 或 3 个基团所取代的苯基；M 代表(C_1～C_6)烷基—R，R 代表杂环基、芳基、杂芳基；Y 代表 O 或 S；X 代表 NR^1R^2，其中 R^1 代表 H、任选地可被 1 个 R^{11} 取代的 C_1～C_8 烷基、任选地可被 1 个 R^{11} 取代的 C_2～C_8 烯基、任选地可被 1 个 R^{11} 取代的 C_2～C_8 炔基、COR^{12}；R^2 代表 H、C_1～C_8 烷基；其中 R^{11} 独立地代表未取代或被卤素、C_1～C_8

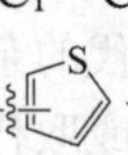

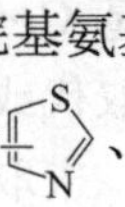

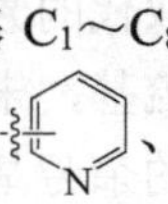

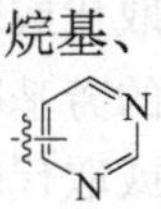

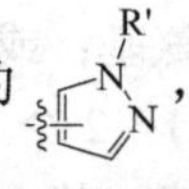

烷基、卤代 C_1～C_8 烷基中的 1～3 个基团所取代的苯基，未取代或被卤素、C_1～C_8 烷基、卤代 C_1～C_8 烷基中的 1～3 个基团所取代的 [呋喃基结构]；R^{12} 代表 H、C_1～C_{18} 烷基、苯基；所述“杂环基”是指 [四氢呋喃基结构]；所述“芳基”是指苯基、萘基；所述“杂芳基”是指 [吡啶基结构]、[呋喃基结构]、[噻吩基结构] 或 [吡唑基结构，N 上连 R′]；其中，所述杂环基、芳基或杂芳基分别独立地被选自卤素，含有或不含有卤素的 C_1～C_6 烷基，含有或不含有卤素的 C_2～C_6 烯基，含有或不含有卤素的 C_2～C_6 炔基中的 0、1、2 或 3 个基团所取代；R′分别独立地代表氢，含有或不含有氟、氯、溴的 C_1～C_6 烷基，含有或不含有氟、氯、溴的 C_2～C_6 烯基，含有或不含有氟、氯、溴的 C_2～C_6 炔基。

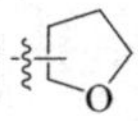

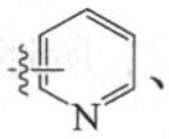

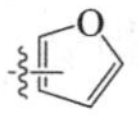

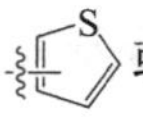

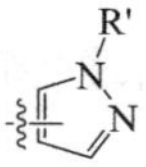

发明人：连磊，彭学岗，华荣保，张景远，崔琦；申请人：青岛清原化合物有限公司

中国专利号：ZL201811609360.6；中国专利申请日：2018-12-27

化合物类型：吡啶氧基羧酸酯，激素类除草剂

发明思路：me-too 研究；在氯氟吡氧乙酸基础上通过衍生得到。

用途：具有除草活性，可以有效地控制稗草（对 ALS 抑制剂类除草剂有抗性）、马唐、鸭舌草（对吡嘧磺隆、五氟磺草胺有抗药性）、苘麻、猪殃殃，且对水稻安全。

代表化合物结构如下：

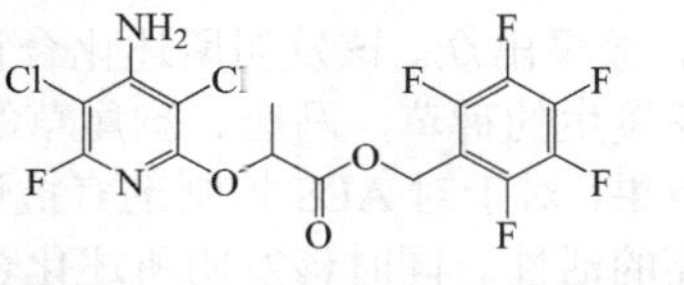

[结构式：4-氨基-3,5-二氯-6-氟吡啶-2-基氧基丙酸五氟苄酯；标注 NH_2、Cl、Cl、F、N、O、O、F、F、F、F、F]

（4）一种吡啶氧基羧酸酯衍生物及其制备方法、除草组合物和应用

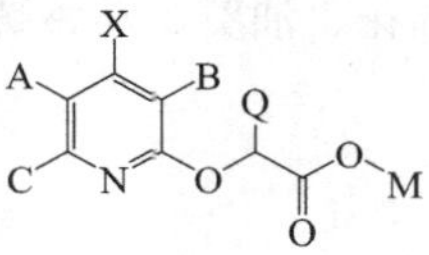

[通式结构：吡啶环上取代基 X、A、B、C，2-位连 O–CH(Q)–C(=O)–O–M]

式中，A、B 分别独立地代表卤素，含有或不含有卤素的 C_1～C_8 烷基或 C_3～C_8 环烷基；C 代表氢、卤素、C_1～C_8 烷基或卤代 C_1～C_8 烷基；Q 代表卤素，氰基，氰基 C_1～C_8 烷基，羟基 C_1～C_8 烷基，氨基，甲酰基，不含或含有卤素的 C_1～C_8 烷基、C_2～C_8 烯基、C_2～C_8 炔基、C_1～C_8 烷氧基、C_1～C_8 烷基羰基、C_1～C_8 烷氧基羰基、C_1～C_8 烷基氨基 C_1～C_8 烷基或 C_1～C_8 烷氧基 C_1～C_8 烷基，芳基，杂芳基，芳基 C_1～C_8 烷基或杂芳基 C_1～C_8 烷基；M 代表(C_1～C_8)烷基—R、卤代(C_1～C_8)烷基—R 或 [结构：–CH(NR^4R^5)–C(=O)–OR^6]；R 代表 [–NR^4R^5]、[–C(=O)OR^3]、[–C(=O)NR^4R^5]、[–OC(=O)OR^3]、[–O–N=CR^4R^5] 或 [–S(=O)$_2R^3$]；R^3 分别独立地代表氢、C_1～C_8 烷基、C_2～C_8 烯基、C_2～C_8 炔基、C_3～C_8 环烷基、C_3～C_8 环烷基 C_1～C_8 烷基、杂环基、芳基、杂芳基、杂环基 C_1～C_8 烷基、芳基 C_1～C_8 烷基或杂芳基 C_1～C_8 烷基；R^4、R^5、R^6 分别独立地代表氢、C_1～C_8 烷基、C_2～C_8 烯基、C_2～C_8 炔基、C_3～C_8 环烷基、C_3～C_8 环烷基 C_1～C_8 烷基、C_1～C_8 烷氧基、C_1～C_8 烷氧基羰基、杂环基、芳基、杂芳基、杂环基 C_1～C_8 烷基、芳基 C_1～C_8 烷基或杂芳基 C_1～C_8 烷基；X 代表 NR^1R^2，其中 R^1 代表 H，任选地可被 1～2 个 R^{11} 取代的 C_1～C_8 烷基、C_2～C_8 烯基或 C_2～C_8 炔

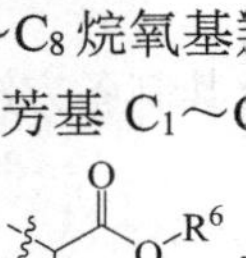

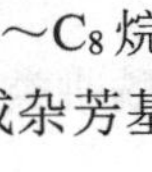

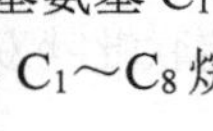

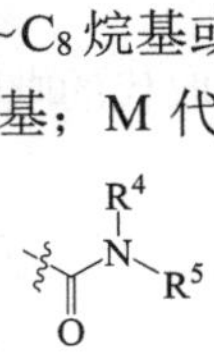

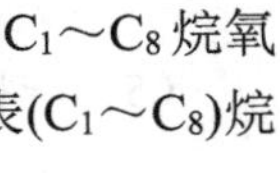

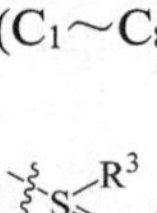

基；R^2代表H，任选地可被1～2个R^{11}取代的C_1～C_8烷基或COR^{12}；其中R^{11}独立地代表未取代或被卤代C_1～C_8烷基中的1～3个基团所取代的苯基或呋喃基；R^{12}代表C_1～C_{18}烷基或苯基；所述“杂环基”是指四氢呋喃基；所述“芳基”是指苯基或萘基；所述“杂芳基”是指吡啶基、嘧啶基、呋喃基、噻吩基、吡咯基、噻唑基或咪唑基；

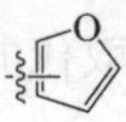

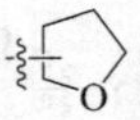

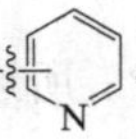

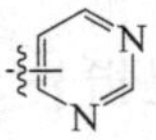

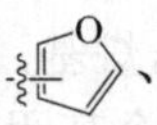

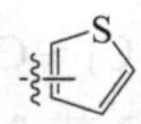

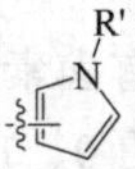

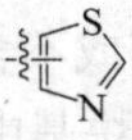

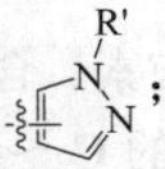

其中，所述“杂环基”、“芳基”或“杂芳基”被选自卤素，以及含有或不含有卤素的C_1～C_6烷基、C_2～C_6烯基、C_2～C_6炔基、OR″或SR″中的0、1、2或3个基团所取代；R′分别独立地代表含有或不含有氟、氯、溴的C_1～C_6烷基、C_2～C_6烯基或C_2～C_6炔基；R″分别独立地代表C_1～C_6烷基。

发明人：连磊，彭学岗，华荣保，张景远，崔琦；申请人：青岛清原化合物有限公司

中国专利号：ZL201811610231.9；中国专利申请日：2018-12-27

化合物类型：吡啶氧基羧酸酯，激素类除草剂

发明思路：me-too研究，在氯氟吡氧乙酸（fluroxypyr）基础上通过衍生得到。

用途：该发明的结构虽然与氯氟吡氧乙酸有些类似，但是却在保留效果的基础上，安全性大幅提高，对水稻田主要禾本科杂草和阔叶草、莎草有良好的选择性，具有良好的商业价值，尤其是对抗ALS抑制剂的杂草，效果出众。该发明所述化合物普遍具有较好的杂草防效，尤其对玉米田、水稻田、小麦田广泛发生的稗草、马唐、狗尾草等主要禾本科杂草以及苘麻、鬼针草等主要的阔叶杂草有良好的效果，对于对ALS抑制剂有抗性的蔊菜、播娘蒿、荠菜、麦家公、猪殃殃、繁缕等阔叶杂草有极高的活性。同时该发明所述化合物及其组合物很多对结缕草、狗牙根、高羊茅、早熟禾、黑麦草、海滨雀稗等禾本科杂草有很好的选择性。对不同施药方式下的小麦、玉米、水稻、甘蔗、大豆、棉花、油葵、马铃薯、果树、蔬菜等测试也显示出极好的选择性。

代表化合物结构如下：

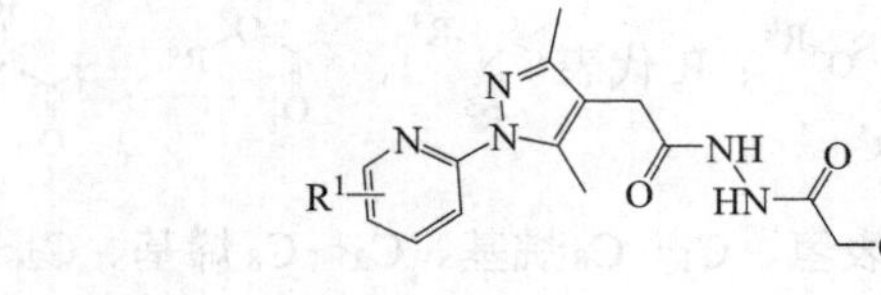

（5）一种取代的吡啶联吡唑双酰肼类化合物及其制备方法和应用

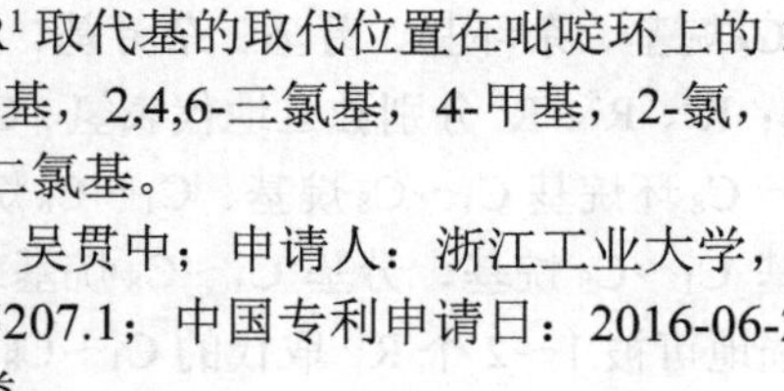

式中，R^1取代基为卤素，R^1取代基的取代位置在吡啶环上的3位或6位上；苯环上的R^2取代基为H，2-硝基，2,6-二甲基，2,4,6-三氯基，4-甲基，2-氯，3-甲基，2,3-二氯基，4-异丁基，3,5-二甲基，2-甲基或2,4-二氯基。

发明人：谭成侠，吴克崇，吴贯中；申请人：浙江工业大学，一帆生物科技有限公司

中国专利号：ZL201610485207.1；中国专利申请日：2016-06-23

化合物类型：吡唑乙酰胺类

发明思路：在研究氯虫苯甲酰胺的吡唑羧酸合成的过程中，通过对吡唑羧酸结构衍生得到的新结构。

用途：具有除草活性。该发明化合物对萝卜、黄瓜、油菜、小麦、高粱和稗草表现出较强的抑制作用。

代表化合物结构如下：

（6）*N*-取代芳酰氨基-*N'*-取代苯氧乙酰硫脲衍生物及其制备和应用

式中，R^1为苯基或者氯取代苯基，R^2为呋喃基、C_1～C_4烷基苯基或者氯取代苯基。

发明人：薛思佳，卞王东；申请人：上海师范大学

中国专利号：ZL200810033969.3；中国专利申请日：2008-02-28

化合物类型：乙酰硫脲类

发明思路：me-too 研究；以苯氧乙酰硫脲为基础，通过活性基团拼接引入其他基团得到该类化合物。

用途：具有除草活性，该发明的化合物对单子叶和双子叶植物，如稗草和油菜均有一定的活性。

代表化合物结构如下：

（7）*N*-2, 4-二氯苯氧乙酰(硫)脲除草剂及制备方法

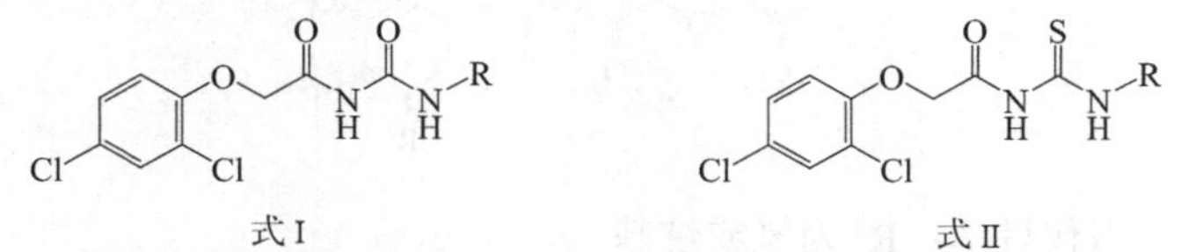

式Ⅰ　　　　式Ⅱ

其中，式Ⅰ中R为2-四氢呋喃甲基、2-吡啶甲基、6-氯-3-吡啶甲基或5-氯-2-噻唑甲基；式Ⅱ中R为2-吡啶甲基、6-氯-3-吡啶甲基或5-氯-2-噻唑甲基。

发明人：薛思佳，杨定荣，陈龙；申请人：上海师范大学

中国专利号：ZL200910201117.5；中国专利申请日：2009-12-15

化合物类型：苯氧乙酰脲类

发明思路：me-too 研究；该发明化合物以苯氧乙酸类结构为母体，通过衍生合成引入（硫）脲结构得到该类化合物。

用途：具有除草、植物生长调节活性。该发明的化合物对芥菜、反枝苋和鳢肠等双子叶杂草具有很高的除草活性，对稗草、马唐、早熟禾均有一定活性，可以用于水稻防除上述杂草。

代表化合物结构如下：

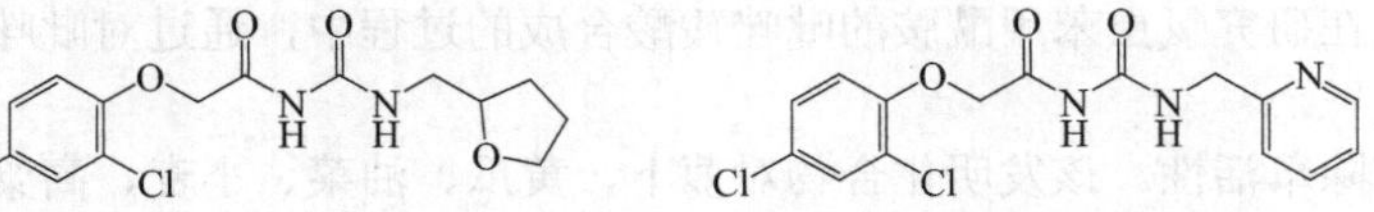

（8）2,4-取代基苯氧丙酰胺类化合物及其制备方法和应用

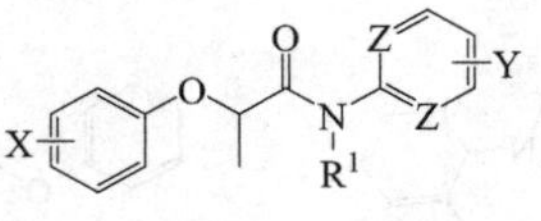

式中，R^1为氢、甲基、乙基、异丙基中的一种；X 为 2, 4-二氯、2-氯-4-氟、2-氯-4-三氟甲基中的一种；Y 为氢、3-三氟甲基、2, 6-二氟、2, 6-二异丙基、4-氟、3, 5-二氟、2, 4-二氟中的一种；Z 是碳原子或氮原子。

发明人：朱大顺，粟寒，黄华强；申请人：江苏省农药研究所

中国专利号：ZL01115594.9；中国专利申请日：2001-05-08

化合物类型：苯氧丙酰胺类

发明思路：me-too 研究；在 2,4-滴丙酸基础上借鉴氯甲酰草胺(clomeprop)酰胺结构形成新的化合物。

用途：具有除草、植物生长调节活性，高浓度下具有除草活性，低浓度下可用作植物生长调节剂。

代表化合物结构如下：

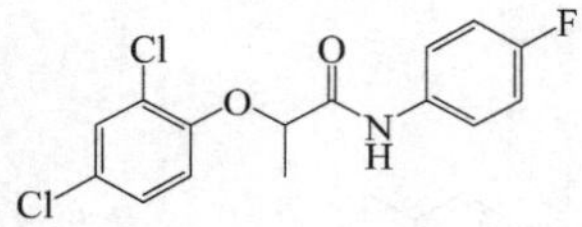

（9）一种香豆素-芳氧羧酸酯类化合物及其在农药上的应用

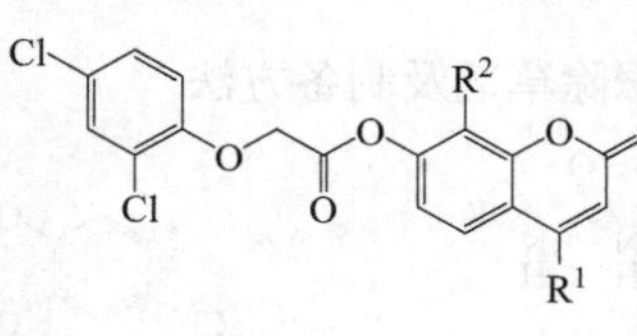

式中，R^1为氢、卤代烷基；R^2为氢或烷基。

发明人：张敏，刘莉，杨乐，夏梅，杨文博，仰榴青；申请人：江苏大学

中国专利号：ZL201611224789.4；中国专利申请日：2016-12-27

化合物类型：香豆素

发明思路：me-too 研究；在 2,4-滴基础上引入香豆素结构合成新化合物。

用途：具有除草活性，尤其对双子叶杂草具有高活性。

代表化合物结构如下：

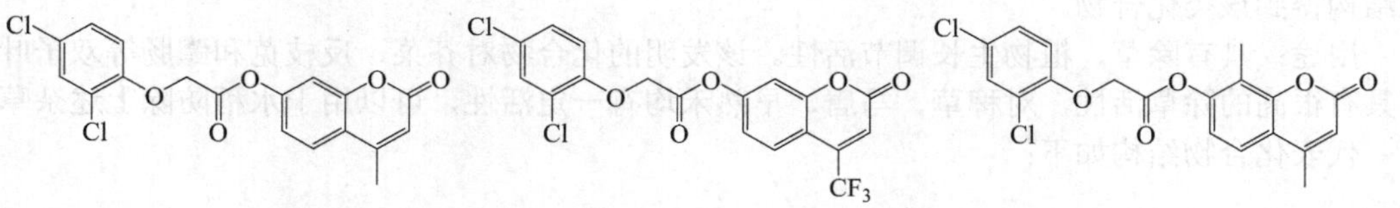

（10）3-(2-芳氧乙酰基)-4-羟基-6-甲基吡喃-2-酮衍生物及其应用

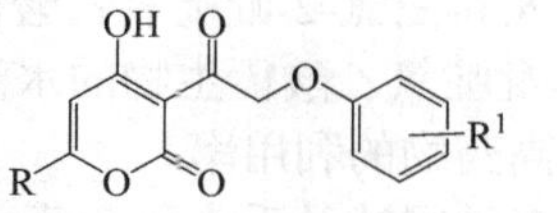

式中，R 代表 C_1～C_5 的烷基；R^1 代表 2-NO_2、3-NO_2、4-NO_2、2-CF_3、3-CF_3、4-CF_3、2-Cl、3-Cl、4-Cl、2-Me、3-Me、4-Me、2-Cl-4-Cl、2-Cl-3-Cl、2-Cl-5-Cl、2-Cl-6-Cl、3-Cl-5-Cl、3-Cl-4-Cl、2-Cl-4-F、2-Cl-4-Br、2-Br-4-Cl、2-Br-4-F、2-Me-4-F、2-Me-4-Cl、2-Me-4-Br。

发明人：雷康，陈珂，王世本，华学文，刘洋，徐效华；申请人：聊城大学

中国专利号：ZL201810696294.4；中国专利申请日：2018-06-29

化合物类型：三酮类，苯氧羧酸衍生物

发明思路：me-too 研究；通过苯氧乙酸与吡喃酮反应衍生得到新的化合物。

用途：具有除草活性，本申请大部分目标化合物对油菜和稗草具有很好的抑制效果。其中，目标化合物Ⅰ-10、Ⅰ-15、Ⅰ-20～Ⅰ-26 在 10μg/mL 的剂量下，对油菜的抑制率达到 90%以上，对稗草也具有很好的抑制效果

代表化合物结构如下：

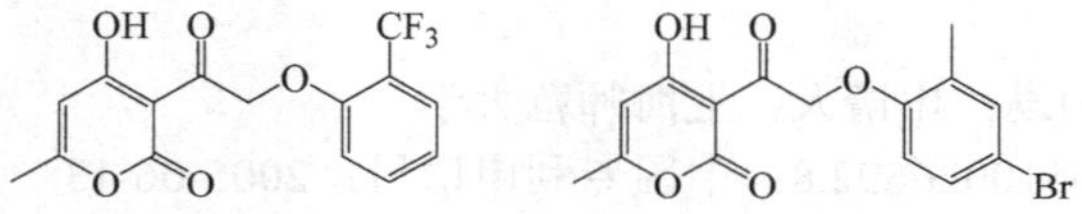

（11）3, 5, 6-三氯-2-吡啶氧乙酸衍生物制备及应用研究

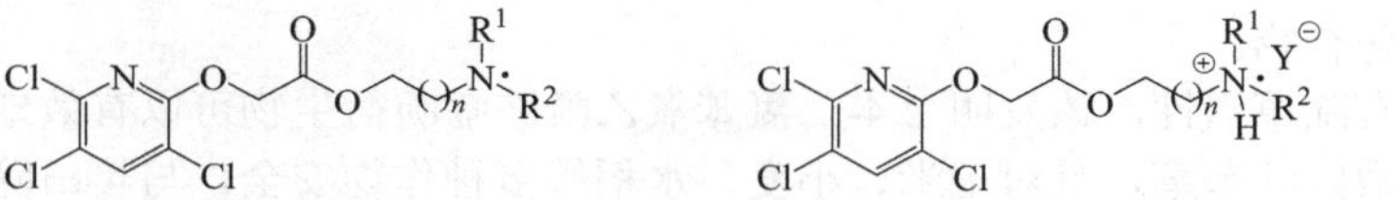

式中，n＝0，1，2，3，4；Y^-代表 Cl^-，Br^-，F^-，I^-，AcO^-，乙酰水杨酸根，柠檬酸根，水杨酸根，对甲苯磺酸根，硫酸氢根；R^1 代表 1～6 个碳原子的烷基、1～6 个碳原子的烷氧基；R^2 代表 1～6 个碳原子的烷基、1～6 个碳原子的烷氧基；或如下具体化合物结构：

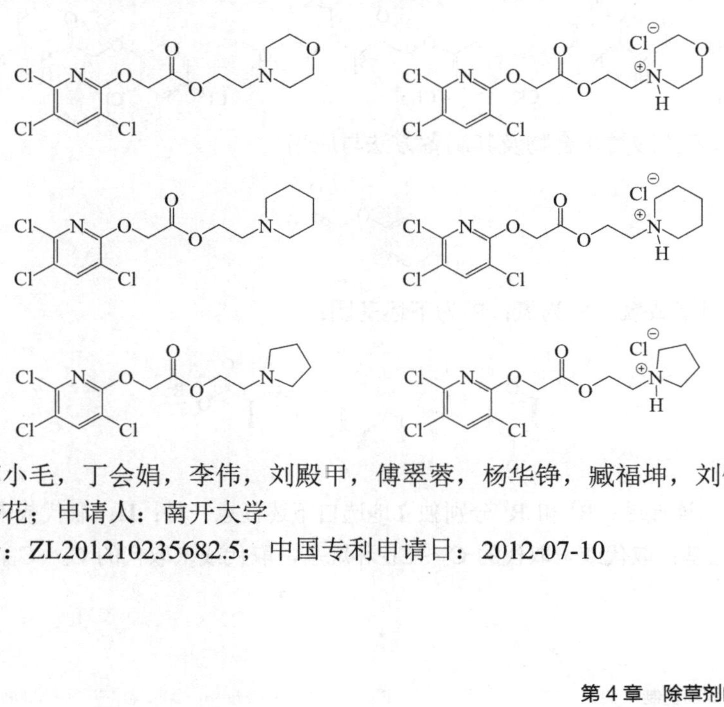

发明人：邹小毛，丁会娟，李伟，刘殿甲，傅翠蓉，杨华铮，臧福坤，刘俊，单鹏程，黄纯，陈森，王瑞花；申请人：南开大学

中国专利号：ZL201210235682.5；中国专利申请日：2012-07-10

化合物类型：吡啶氧乙酸类

发明思路：me-too 研究；在 3, 5, 6-三氯-2-吡啶氧乙酸衍生物基础上，通过引入特定基团，得到现有化合物，使 3, 5, 6-三氯-2-吡啶氧乙酸衍生物的水溶性和脂溶性达到一个很好的平衡，减少其在生物体外的损失，从而提高药物的利用率。

用途：具有除草活性，可防除多种阔叶及禾本科杂草，如油菜、苋菜、稗草、马唐等。

代表化合物结构如下：

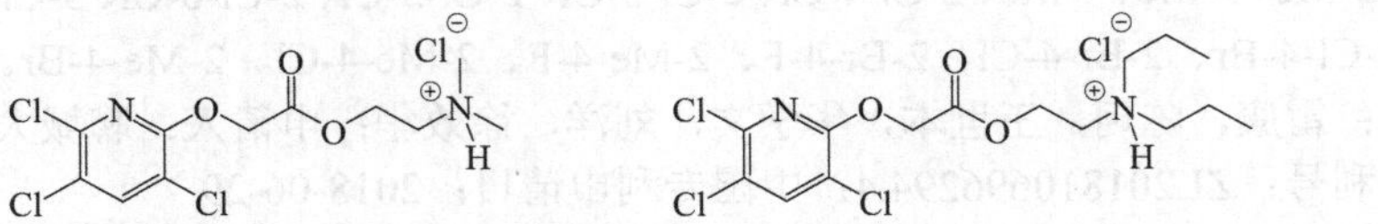

（12）2, 4-二氯苯氧乙酰胺嘧啶衍生物及其制备方法和农药组合物

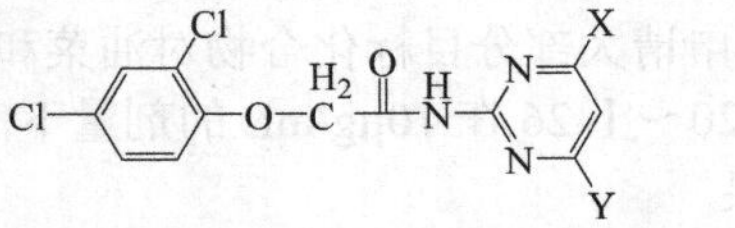

式中，X、Y 各自独立地表示 $C_{1\sim3}$ 烷氧基、$C_{1\sim3}$ 烷基、羟基或卤素，前提是 X 和 Y 不同时为 $C_{1\sim3}$ 烷氧基。

发明人：薛思佳，阎琳；申请人：上海师范大学

中国专利号：ZL200510026692.8；中国专利申请日：2005-06-13

化合物类型：嘧啶酰胺类

发明思路：me-too 研究；在苯氧乙酸类化合物的基础上，通过活性基团拼接引入取代嘧啶胺得到专利外化合物。

用途：具有除草活性，该发明 2,4-二氯苯氧乙酰胺嘧啶衍生物可以有效地防除鳢肠、藜、反枝苋等大多数阔叶杂草，且对玉米、小麦、水稻等多种作物安全。与旱田除草剂活性相比，该化合物在水稻田应用活性更好，且对禾本科杂草的生长也有一定的抑制作用。

代表化合物结构如下：

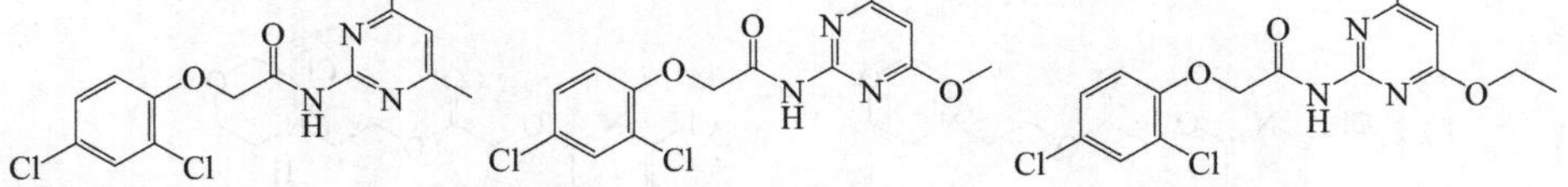

（13）取代苯氧乙酸类化合物及其制备方法与应用

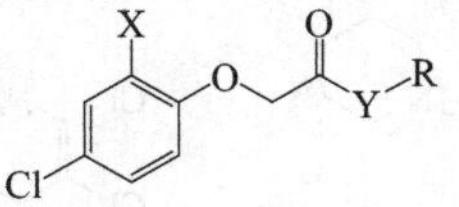

式中，X 为甲基或氯，Y 为氧；R 为下述基团：

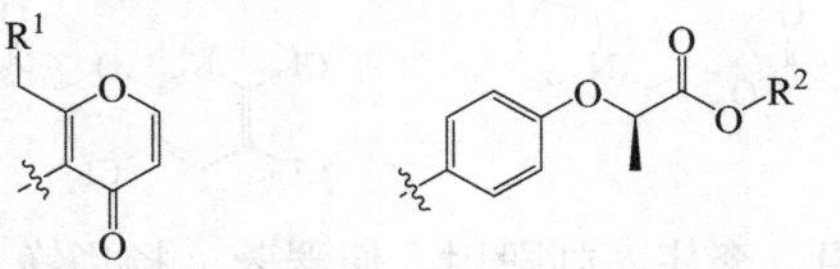

其中，⌇— 表示连接端；R^1 和 R^2 分别独立地选自下述任意一种：H；取代或未取代的 C_1～C_{18} 烷基，如甲基、乙基；取代或未取代的 C_3～C_{18} 环烷基，取代或未取代的 C_2～C_{18} 烯基，取代或未

取代的 C_3～C_{18} 环烯基，取代或未取代的 C_2～C_{18} 炔基，取代或未取代的含氮、氧、硫的 C_1～C_{18} 烷基，取代或未取代的含氮、氧、硫的 C_3～C_{18} 环烷基，取代或未取代的芳基，取代或未取代的杂环。

发明人：曹永松，丁光龙，郭明程，张文兵，耿倩倩，王佰涛，郭栋，张兆鹏，李健强；申请人：中国农业大学

中国专利号：ZL201510744978.3；中国专利申请日：2015-11-05

化合物类型：取代苯氧乙酸类化合物

发明思路：me-too 研究；以取代苯氧乙酸为原料，在其基础上引入了吡喃酮结构。

用途：具有除草活性，所制备的化合物结构新颖，具有活性高、作用迅速、选择性强等诸多优点。该类化合物制备工艺简单，环境友好，反应历程较短。所述化合物对阔叶杂草（如地肤、藜）具有良好的生物活性，部分化合物的生物活性明显高于母体化合物。

代表化合物结构如下：

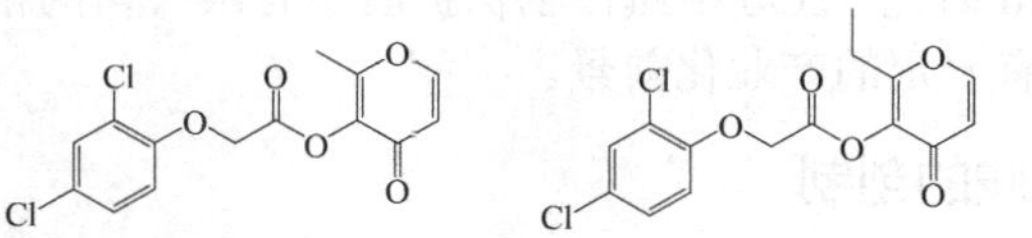

4.10 芳氧苯氧丙酸酯类化合物

芳氧苯氧丙酸酯类除草剂是在 2,4-滴的基础上，通过进一步优化发现的。其发现史（日本化学工业, 1986, 1: 40）如图 4-43：

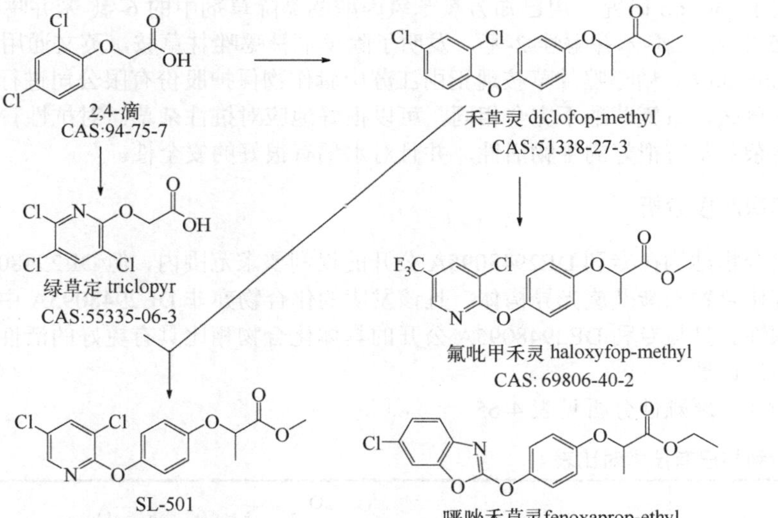

2,4-滴
CAS:94-75-7

禾草灵 diclofop-methyl
CAS:51338-27-3

绿草定 triclopyr
CAS:55335-06-3

氟吡甲禾灵 haloxyfop-methyl
CAS: 69806-40-2

SL-501
CAS:60074-46-6

噁唑禾草灵fenoxaprop-ethyl
CAS: 66441-23-4

吡氟禾草灵fluazifop-butyl
CAS:69806-50-4

喹禾灵 quizalofop-ethyl
CAS: 76578-14-8

图 4-43 芳氧苯氧丙酸酯类化合物的创制过程

道化学公司在研究 2,4-滴类似物时，用吡啶基替换 2,4-滴结构中苯基得到了吡啶氧乙酸类化合物，优化后开发出绿草定(triclopyr)。与此同时赫斯特公司在研究 2,4-滴类似物时发现：将 2,4-滴结构中苯基以二苯醚替换后所得化合物不具激素活性，进一步研究发现了化合物禾草灵(diclofop-methyl)，仅对禾本科杂草有效，而对阔叶杂草无效。禾草灵可谓芳氧苯氧丙酸酯类除草剂的先导化合物。自以上两个除草剂发现后，世界许多公司纷纷加入此领域：日本石原产业公司参照绿草定(triclopyr)和禾草灵的结构设计并合成了化合物 SL-501，该化合物对禾本科杂草的活性比禾草灵高 10 倍以上，后经结构优化，开发出吡氟禾草灵(fluazifop-butyl)。道化学公司、赫斯特公司、日产化学公司分别研制出吡氟氯禾草灵(haloxyfop-methyl)、噁唑禾草灵(fenoxaprop-ethyl)和喹禾灵(quizalofop-ethyl)等。后来开发的氰氟草酯、喹禾糠酯、噁唑酰草胺等芳氧苯氧丙酸酯类除草剂，均是在以前的品种基础上，通过结构优化、替换和衍生发现的。

国内对该类化合物研究比较多，传统的农药研究单位均对该类化合物开展了研究，基本都是在母体结构上的 me-too 研究。江苏中旗作物保护股份有限公司的精噁唑甘草胺、湖南化工研究院的 HNPC-A8169 均有一定的产业化前景。

4.10.1 精噁唑甘草胺的创制

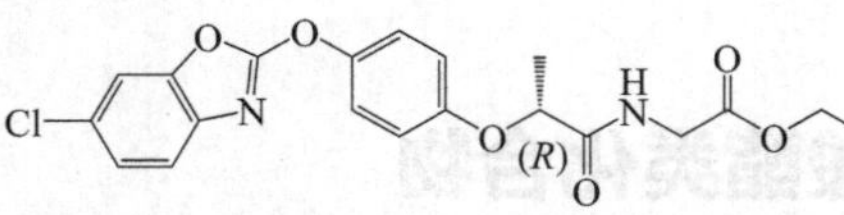

化合物专利名称：具有除草活性的 *N*-取代烷基芳氧苯氧基丙酰胺类化合物及其制备与应用

中国专利号：ZL201610137444.9；申请日：2016-03-11；授权日：2018-12-07

专利发明人：周银平；申请人：周银平；当前专利权人：江苏中旗作物保护股份有限公司

该申请属于 me-too 研究。用已知芳氧苯氧丙酸酯类除草剂中的 6-氯-苯并噁唑-2-基替换专利 DE2948095 中的 5-氯-苯并噁唑-2-基，发明了除草剂精噁唑甘草胺，英文通用名 glyamifop，CAS 号 1935668-06-6。精噁唑甘草胺现正由江苏中旗作物保护股份有限公司进行开发，其作用靶点与噁唑酰草胺、氰氟草酯不完全相同，可以很好地应对抗性杂草。对抗性青稗、毛马唐、千金子及大龄杂草都有很好的生物活性，并且对水稻有很好的安全性。

4.10.1.1 知识产权分析

该发明化合物结构在专利 DE2948095A 公开的权利要求范围内，但 DE2948095A 公开的化合物均为消旋化合物未涉及旋光异构体，且该发明的化合物亦非 DE2948095A 中列表化合物，因此具有新颖性。且与专利 DE2948095A 公开的具体化合物相比具有更好的活性与性能，因此也具有显著的创造性。

（1）新颖性　新颖性分析见表 4-65。

表 4-65　该专利与已有技术对比表

该专利：CN105801513A (周银平，申请日：2016-03-11；公开日：2016-07-27)	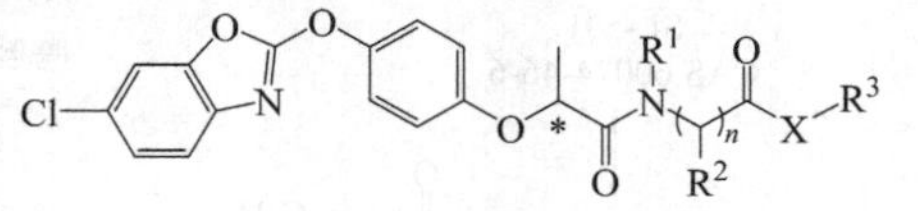 通式 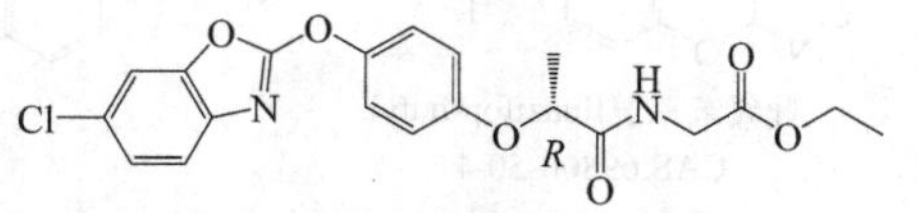 代表化合物精噁唑甘草胺

续表

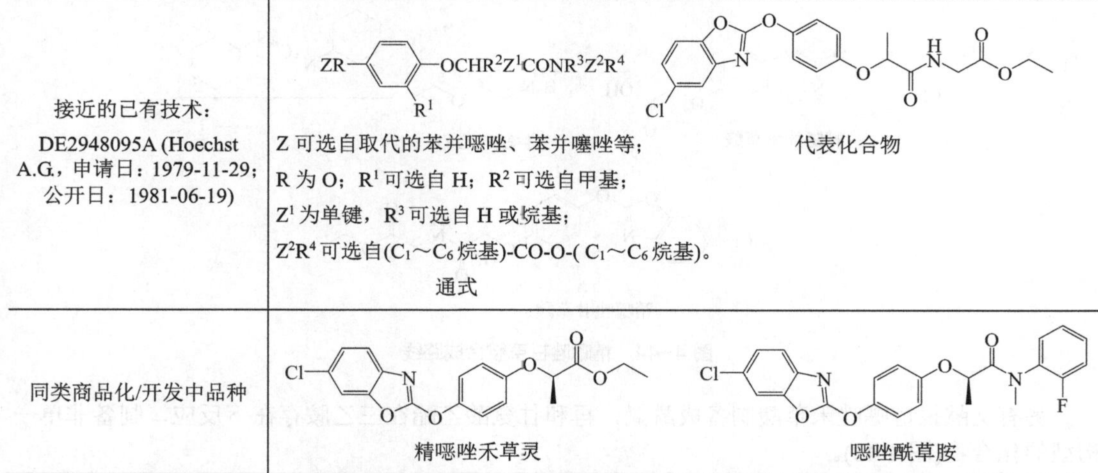

接近的已有技术： DE2948095A (Hoechst A.G.，申请日：1979-11-29；公开日：1981-06-19)	ZR—(苯环，R[1])—$OCHR^2Z^1CONR^3Z^2R^4$ Z 可选自取代的苯并噁唑、苯并噻唑等； R 为 O；R^1 可选自 H；R^2 可选自甲基； Z^1 为单键，R^3 可选自 H 或烷基； Z^2R^4 可选自(C_1～C_6烷基)-CO-O-(C_1～C_6烷基)。 通式 代表化合物
同类商品化/开发中品种	精噁唑禾草灵　　噁唑酰草胺

（2）创造性　该专利说明书记载了 300g/hm² 剂量下对稗草、金色狗尾草、马唐、千金子比较测试结果，该发明测试化合物防效优于 DE2948095 中的化合物。

（3）核心化合物专利　精噁唑甘草胺作为核心化合物的中国专利已授权（表 4-66）。

表 4-66　精噁唑甘草胺核心化合物专利

序号	公开号	专利号	法律状态
1	CN105418532A		发明专利申请公布后的撤回
2	CN105801513B	ZL201610137444.9	授权有效
授权保护范围（中国专利）			

一种化合物，如通式所示：

其具体为如下化合物 1～10 中的任一种：

化合物 1 R^1=CH_3，R^2=H，n=1，X=O，R^3=CH_2CH_3；

化合物 2 R^1=H，R^2=H，n=1，X=O，R^3=CH_2CH_3；

化合物 3 R^1=CH_3，R^2=H，n=1，X=O，R^3=CH_3；

化合物 4 R^1=H，R^2=H，n=1，X=O，R^3=CH_3；

化合物 5 R^1=H，R^2=H，n=1，XR^3=O—N=$CHCH_2CH_3$；

化合物 6 R^1=H，R^2=H，n=1，X=O，R^3=$CH_2CH_2CH_3$；

化合物 7 R^1=H，R^2=H，n=1，X=O，R^3=$CH_2CH_2CH_2CH_3$；

化合物 8 R^1=H，R^2=H，n=1，X=NH，R^3=CH_3；

化合物 9 R^1=H，R^2=H，n=1，X=NH，R^3=CH_2CH_3；

化合物 10 R^1=H，R^2=H，n=1，X=S，R^3=CH_2CH_3

4.10.1.2　合成方法

精噁唑禾草酸和甘氨酸乙酯在二环己基碳二亚胺(DCC)的作用下，脱水得到目标物精噁唑甘草胺(图 4-44)[1]。

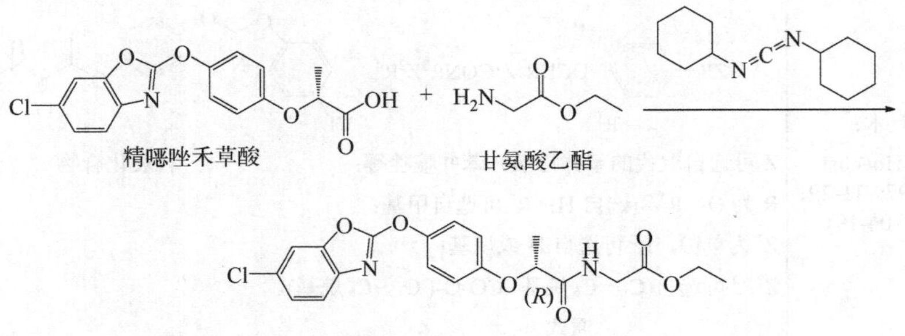

精噁唑禾草酸 + 甘氨酸乙酯 → 精噁唑甘草酸

图 4-44　精噁唑甘草胺合成路线

另有文献报道噁唑禾草酸制备成酰氯，再和甘氨酸乙酯在三乙胺存在下反应，制备非单一构型的化合物(图 4-45)。

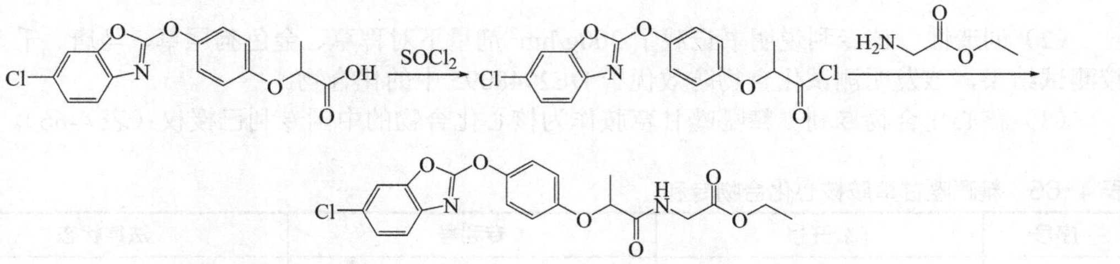

图 4-45　噁唑甘草胺合成路线

4.10.1.3　组合物专利

精噁唑甘草胺截至 2022 年底公开了 4 个组合物专利（表 4-67）。

表 4-67　精噁唑甘草胺组合物专利汇总表

序号	公开号	发明名称	申请人	B 组分
1	CN105660658A	一种氰氟草酯组合物及其应用	李为忠，赵静	氰氟草酯
2	CN105746538A	一种苯达松组合物及其应用	李为忠，赵静	苯达松
3	CN111802395A	一种含有安全剂双苯噁唑酸的精噁唑甘草胺除草组合物	江苏中旗科技股份有限公司	双苯噁唑酸及其盐或酯
4	CN112075437A	一种添加安全剂的精噁唑甘草胺除草组合物	江苏中旗科技股份有限公司	氰氟草酯、双苯噁唑酸及其盐或酯

4.10.1.4　应用效果

可作为水稻田除草剂，对水稻田恶性杂草千金子和稗草等禾本科杂草具有很好的生物活性，尤其对水稻田大龄稗草和对其他除草剂产生抗性的稗草有特效。但其在使用过程中会对水稻产生部分损害，田间混合使用双苯噁唑酸可有效提高其对水稻的安全性。

参考文献

[1] 孙健，孙治清，王兆振，等. 一种具有除草活性的化合物及其制备方法. CN105820134, 2016-08-03.

4.10.2 HNPC-A8169 的创制

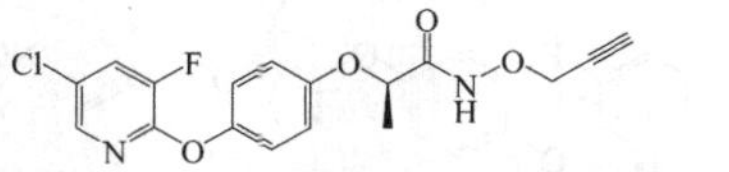

化合物专利名称：具有生物活性的 *N*-氧基芳氧苯氧羧酸酰胺类化合物及其制备方法

中国专利号：ZL201010221128.2；申请日：2010-07-08；授权日：2012-06-20

专利发明人：柳爱平，成四喜，雷满香，姚远，胡志彬，何海军，伍茵茵，项军，刘民华；申请人：湖南化工研究院

利用自主设计、合成的新型炔氧羟胺盐酸盐新型中间体，根据前药理论创制出新型芳氧苯氧丙酸酯类新型除草剂 HNPC-A8169。3 年的温室实验结果表明，HNPC-A8169 在 15～75g(a.i.)/hm^2 剂量下，能有效防除马唐、狗尾、稗等禾本科杂草，对阔叶作物如油菜、棉花、花生等和某些禾本科作物如小麦安全。

4.10.2.1 创制过程

先导化合物的发现是新药创制的关键环节，也是新药设计的必备条件。一般而言，先导发现有随机筛选与定向合理设计 2 种途径。由于对细胞分子生物学的研究还不够透彻，因而基于受体机制知识设计新先导目前还难以实现。根据先导发现的通用方法(天然产物、现有药物、广泛筛选、生理机制研究)[1,2]，利用合成工作中发现的新型中间体以及活性分子的作用机制，进而设计新分子，以期发现新先导也不失为一种朴实而可靠的先导发现途径。

芳氧苯氧丙酸酯类除草剂属乙酰辅酶 A 羧化酶抑制剂，大多芳氧苯氧丙酸酯类除草剂如高效氟吡甲禾灵等主要用于阔叶作物田防除禾本科杂草，而用于禾本科作物田防除禾本科杂草的商品化除草剂较少[3]。

为寻找用于禾本科作物田防除禾本科杂草的新除草剂，根据国内外研究进展和前期的研究工作[4]，利用自主设计、合成的新型炔氧羟胺盐酸盐新型中间体，设计并合成了一系列芳氧苯氧丙酸酯类化合物，并对所合成化合物进行杀虫、除草和杀菌生物活性研究，结果发现所设计并合成的 *N*-烷氧基芳氧苯氧丙酸酰胺类化合物如 HNPC-A8169 (化学名称：*N*-炔丙氧基- (*R*) -2-[4- (5-氯-3-氟-2-吡啶氧基)苯氧基丙酸酰]胺)等不仅具有显著的防除禾本科杂草的活性，同时对禾本科作物如小麦等具有理想的安全性。

4.10.2.2 知识产权分析

该发明化合物结构与已知专利化合物结构接近，但在已有专利范围外。

（1）新颖性　新颖性分析见表 4-68。

表 4-68　该专利与已有技术对比表

该专利：CN101885703A(湖南化工研究院，申请日：2010-07-08；公开日：2012-06-20)	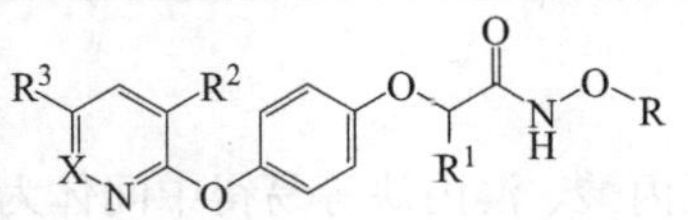 通式 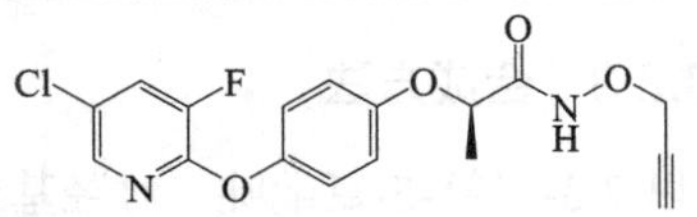　代表化合物 HNPC-A8169(专利中化合物 07)
接近的已有技术 CN86104887A(希巴-盖吉股份公司，申请日：1986-08-05；公开日：1987-12-23)	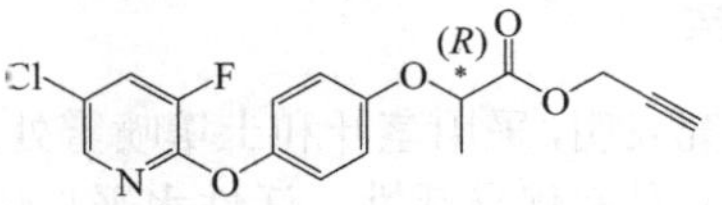 炔草酯

续表

同类商品化/开发中品种	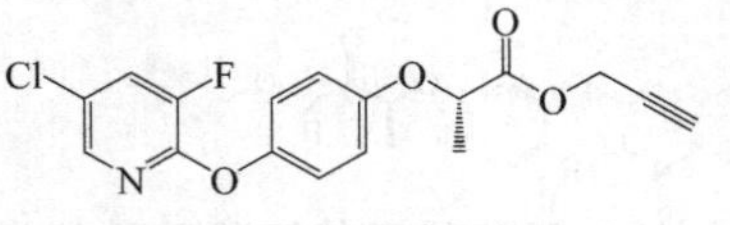 炔草酯 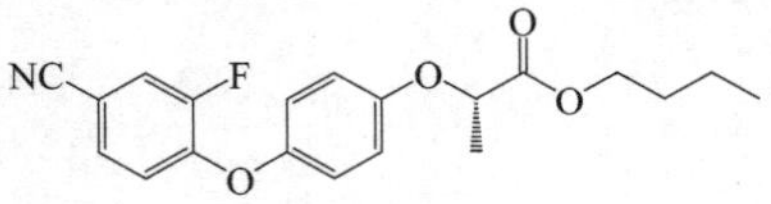　　氰氟草酯

（2）创造性　该专利 CN101885703A 说明书记载，该发明测试化合物(编号 07，HNPC-A8169)与炔草酯的对比试验，防效相当。

（3）核心化合物专利　HNPC-A8169 作为代表的核心化合物的中国专利已经获得授权（表 4-69）。

表 4-69　HNPC-A8169 核心化合物专利

序号	公开号	专利号	法律状态
1	CN101885703B	ZL201010221128.2	授权有效
2	WO2012003748A1		

授权保护范围(中国专利)

具有生物活性的 *N*-氧基芳氧苯氧羧酸酰胺类化合物，其特征在于用通式(I)表示 *N*-氧基芳氧苯氧羧酸酰胺类化合物，排除化合物 A、B、C 和 D：

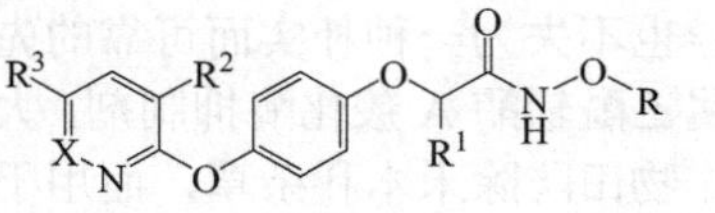

（I）

其中：

R^1 是 H 或 C_1～C_3 烷基；

R^2 和 R^3 是相同的或不同的，并代表 H、卤素、C_1～C_3 烷基、C_1～C_3 卤代烷基；

R 是 C_3～C_6 链炔基、C_3～C_6 卤代链烯基、C_3～C_6 卤代链炔基、C_3～C_6 环烷基甲基、C_3～C_6 卤代环烷基甲基

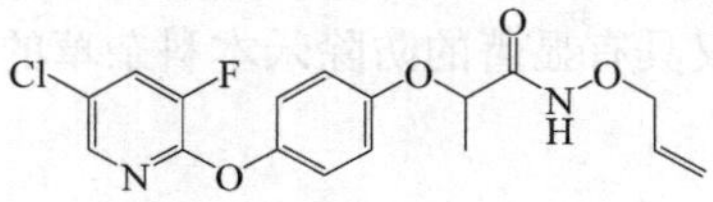

A 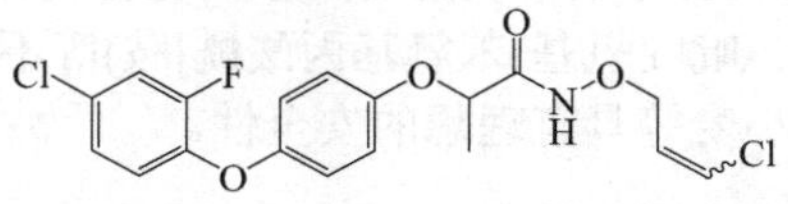　B

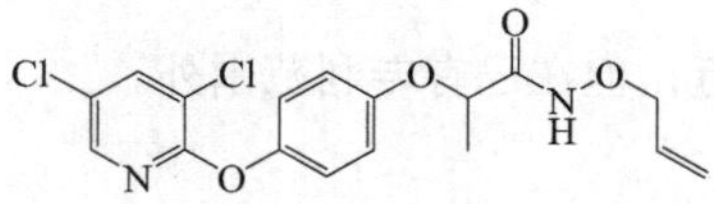

C 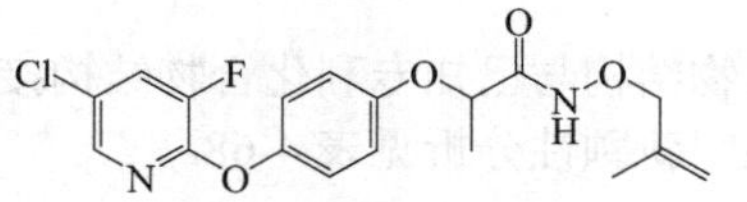　D

4.10.2.3　合成方法

以 2,3-二氟-5-氯吡啶、对羟基苯氧丙酸、溴丙炔等易得中间体为起始原料，经取代、氯化、脱保护等常规易操作的反应，得到 HNPC-A8169 (图 4-46)[4]。

4.10.2.4　应用效果

除草谱试验研究表明，采用茎叶和土壤喷雾处理，结果表明 HNPC-A8169 对禾本科杂草（马唐、稗草、狗尾草）具有优异活性，活性水平与炔草酯相当，但是对阔叶杂草无明显活性。安全性研究表明，无论茎叶喷雾还是土壤处理对双子叶作物（棉花、油菜、大豆）均有一定的安

全性，对单子叶作物小麦也具有一定的安全性。

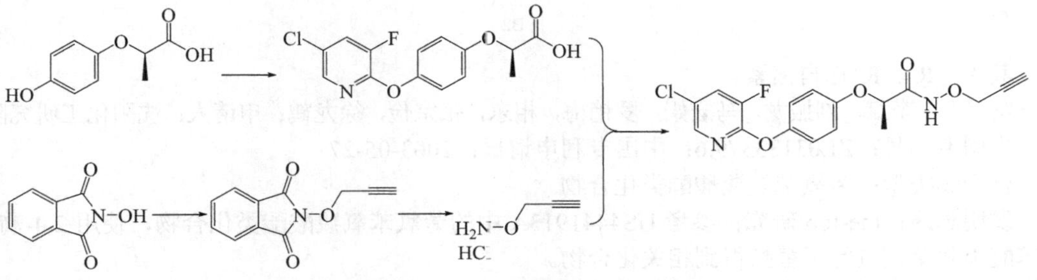

图 4-46 HNPC-A8169 合成路线

土壤特性研究表明，120g(a.i.)/hm^2 剂量下，HNPC-A8169 在土壤中对马唐的残效期约 60 天，与炔草酯基本相当。

参考文献

[1] 刘长令, 韩亮, 李正名. 以天然产物为先导化合物开发的农药品种(3)——除草剂. 农药, 2004, 43(1): 1-4.

[2] 刘长令. 新农药创新方法与应用(1)——中间体衍生化方法. 农药, 2011, 50(1): 20-22.

[3] 张玉聚, 张德胜, 刘周扬, 等. 苯氧羧酸类除草剂的药害与安全应用. 农药, 2003, 42(1): 41-43.

[4] 黄路, 何海军, 刘祈星, 等. 芳氧苯氧羧酸除草剂 HNPC-A8159 的创制研究. 精细化工中间体. 2011, 41(4): 20-23.

4.10.3 其他芳氧苯氧丙酸酯类化合物的创制

国内对该类化合物研究比较多，涉及的公司主要有沈阳中化农药化工研发有限公司（原沈阳化工研究院农药所）、湖南化工研究院、江苏省农药研究所、南开大学、湖南大学、大连理工大学、浙江工业大学、河北大学、三峡大学、长江大学、长沙理工大学、南京工业大学、海利尔药业集团等。化合物主要是对现有品种的羧酸酯部分、酰胺部分修饰。

（1）具有除草活性的芳氧苯氧羧酸酯类化合物

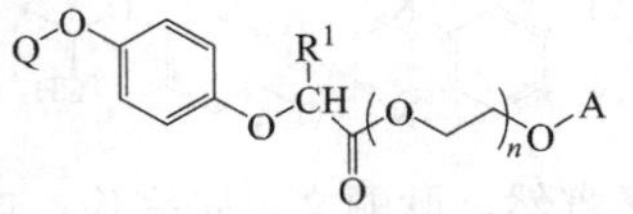

其中，n=1～2；R^1 选自 H、C_1～C_4 烷基；Q 选自如下所示的基团之一：

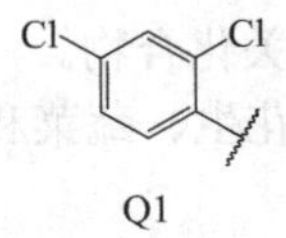

Q1 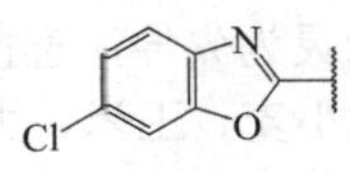　Q2 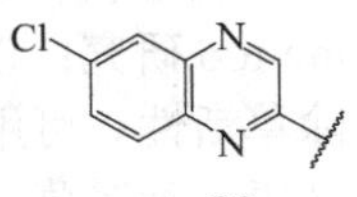　Q3

A 选自如下所示的基团之一：

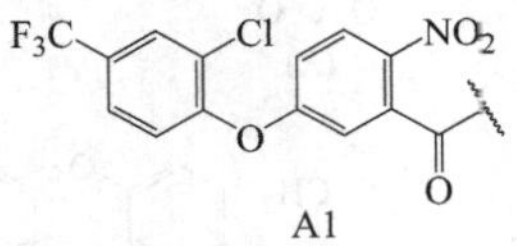

A1 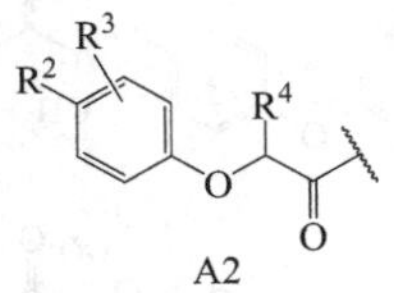　A2

其中，R^3 选自 H、卤素或 CH_3；R^4 选自 H 或 CH_3；R^2 选自卤素或基团 B2:

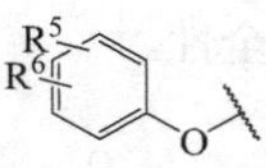

B2

其中，R^5、R^6选自卤素。

发明人：李斌，刘振龙，马宏娟，罗艳梅，相东，张宗俭，徐龙鹤；申请人：沈阳化工研究院；中国专利号：ZL03133379.6；中国专利申请日：2003-05-27

化合物类型：芳氧苯氧羧酸酯类化合物

发明思路：me-too 研究；参考 US4441913A 中的芳氧苯氧羧酸酯类化合物，使用 2,4-滴和二苯醚类除草剂进行了替换得到相关化合物。

用途：具有除草活性。可有效控制单双子叶杂草及多年生杂草，如稗草、马唐、百日草、苘麻、狗尾草、决明草。

代表化合物结构如下：

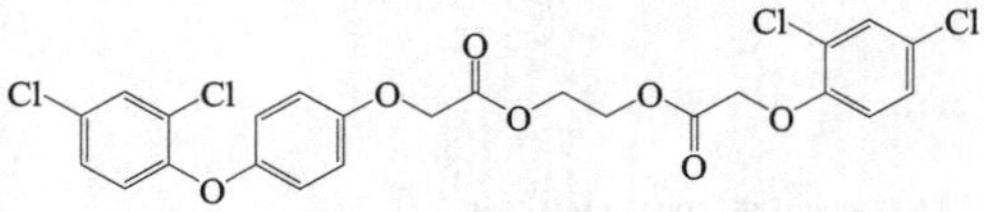

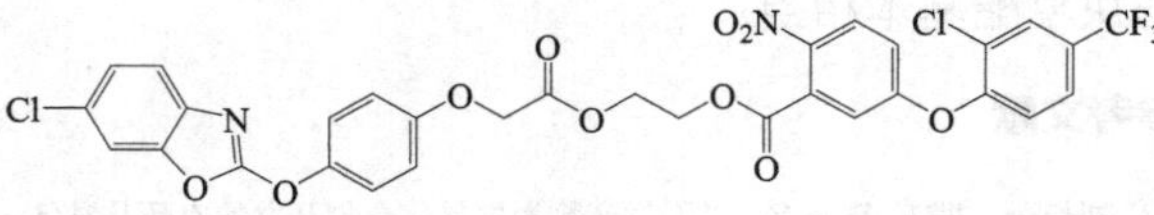

（2）新型羧酸酯类除草剂

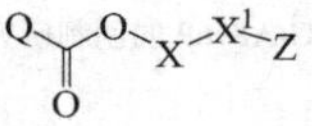

式中，X 选自 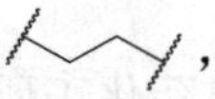 ，，，，；X^1选自 O；Z 选自 Q；其中，R^1、R^2可相同或不同，分别选自 H，溴，氯，氟，C_1～C_6烷基，C_1～C_6烷氧基，C_1～C_6烷硫基，苯基，吡啶或卤代苯基；R^3选自 H，C_1～C_6烷基，C_1～C_6烷氧基，苯基或卤代苯基；Q 选自 Q_1，代表为以下基团：

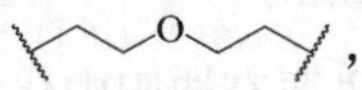

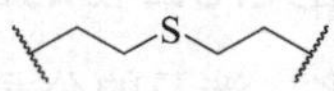

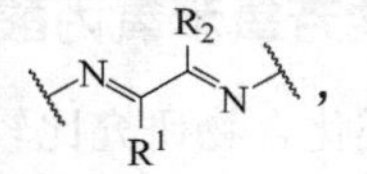

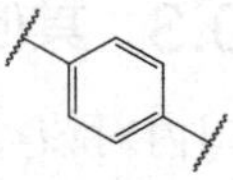

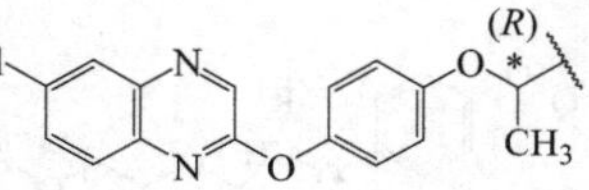

发明人：刘长令，聂开晟，秦宵然，耿丽文，张宗俭；申请人：沈阳化工研究院

中国专利号：ZL03143375.8；中国专利申请日：2003-09-29

化合物类型：芳氧苯氧羧酸类

发明思路：me-too 研究；以精喹禾灵为先导，直接衍生得到相关化合物。

用途：具有除草活性。可用于防除小麦、玉米、大豆、棉花、花生、蔬菜和水稻等田中的杂草，如稗草、马唐、狗尾草、决明、苘麻和百日草。

代表化合物结构如下：

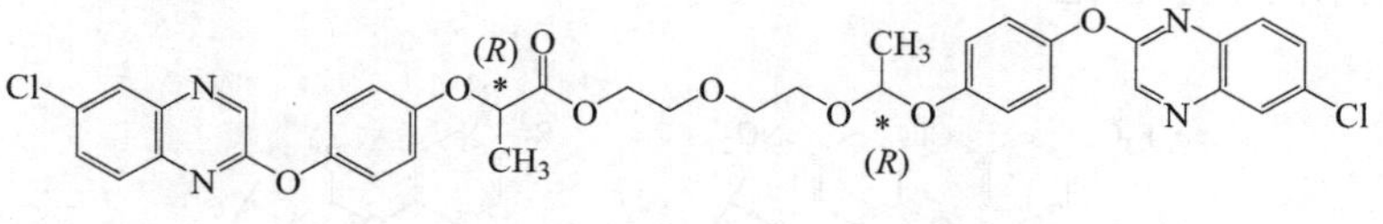

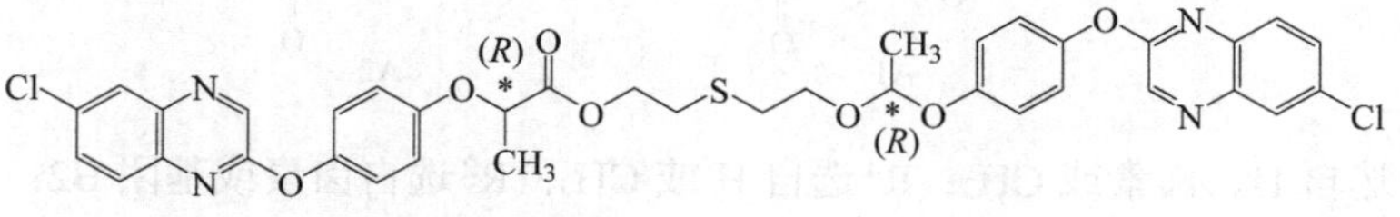

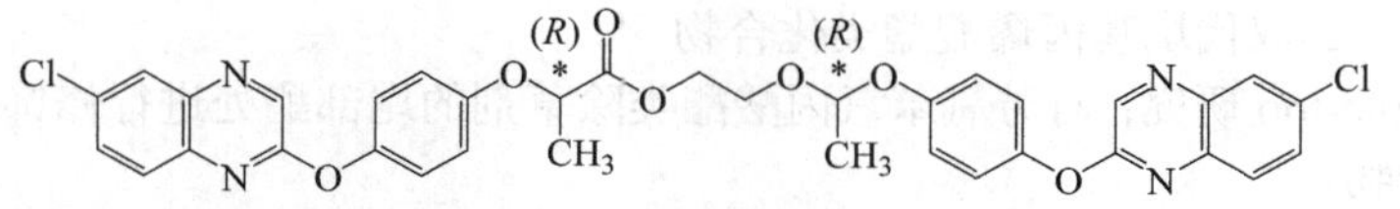

(3) 具有除草活性的 α,β 和 β,γ 不饱和羧酸酯类化合物

I　　Ⅱ

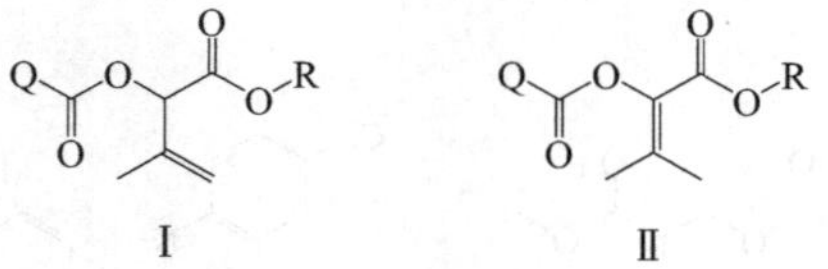

其中，R 选自 H，C_1～C_6 烷基，C_3～C_6 烯基或 C_3～C_6 炔基；Q 选自如下所示基团：

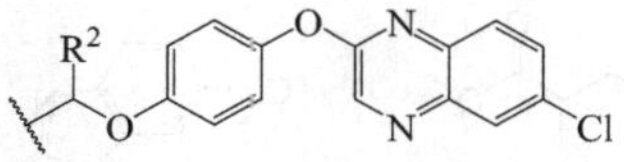

R^2 选自 C_1～C_4 烷基及其立体异构体。

发明人：李斌，相东，崔东亮，马宏娟，张宗俭，白丽萍，徐龙鹤；申请人：沈阳化工研究院

中国专利号：ZL200310119043.3；中国专利申请日：2003-12-12

化合物类型：α,β 和 β,γ 不饱和羧酸酯类化合物

发明思路：me-too 研究；参考 US6251829B1 中的芳氧苯氧羧酸酯类化合物，对其不饱和羧酸酯进行了替换得到相关化合物。

用途：具有除草活性。可有效控制单、双子叶杂草，如苘麻、稗草、马唐、绿狗尾、决明和百日草。

代表化合物结构如下：

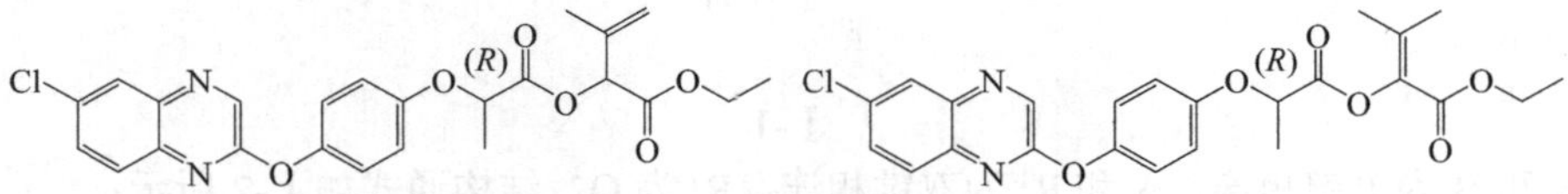

(4) 一种 2-取代烷基丙烯酸酯类化合物及其应用

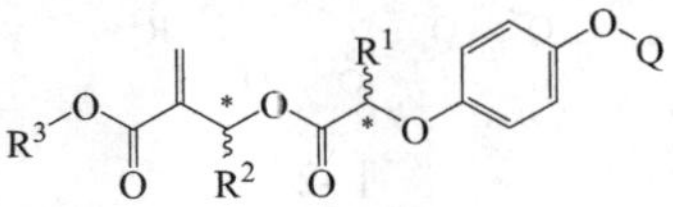

式中，Q 选自如下所示基团之一：

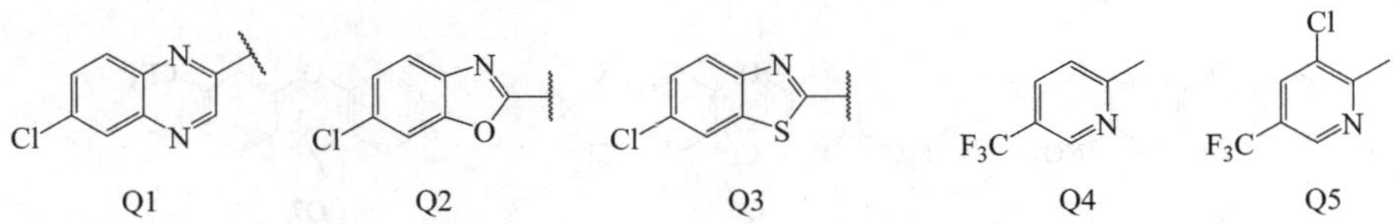

Q1　　Q2　　Q3　　Q4　　Q5

R^1 选自 C_1～C_4 烷基；R^2 选自 H、C_1～C_6 烷基；R^3 选自 C_1～C_6 烷基、C_3～C_6 烯基或 C_3～C_6 炔基；或其立体异构体。

发明人：李斌，于春睿，崔东亮，吴鸿飞，王力钟，徐龙鹤；申请人：沈阳化工研究院；当前权利人：中国中化股份有限公司，沈阳化工研究院有限公司

中国专利号：ZL200510047157.0；中国专利申请日：2005-09-08

化合物类型：2-取代烷基丙烯酸酯类化合物

发明思路：me-too 研究；对芳氧苯氧丙酸酯类除草剂的尾部酯处进行修饰，引入含烯酸酯，从而得到新化合物。

用途：除草剂。在苗后使用可有效控制单子叶杂草。

代表化合物结构如下：

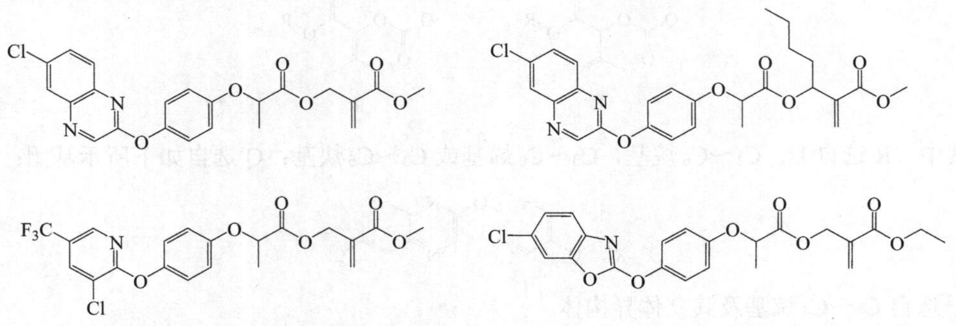

（5）一种羧酸酯类化合物及其用途

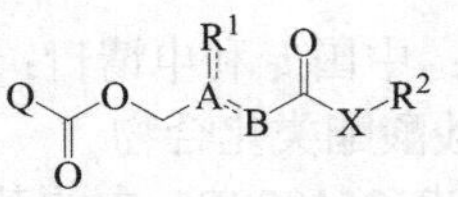

式中，A=B 为碳；A 和 B 为双键相连，A 和 R^1 为单键相连，R^1 为 OR^3，结构通式如Ⅰ-1 所示：

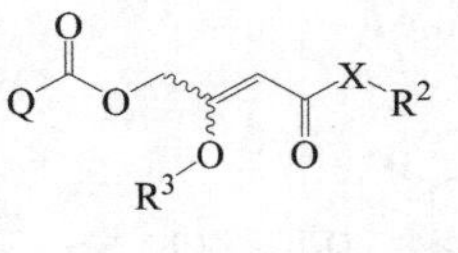

Ⅰ-1

或 A 和 B 为单键相连，A 和 R^1 为双键相连，R^1 为 O，结构通式如Ⅰ-2 所示：

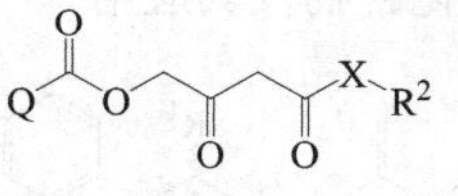

Ⅰ-2

X 选自 O；R^2 选自 C_1～C_{12} 烷基、氰基 C_1～C_{12} 烷基或卤代 C_1～C_{12} 烷基；R^3 选自 C_1～C_{12} 烷基；Q 选自如下所示 Q5～Q16 任意一个基团：

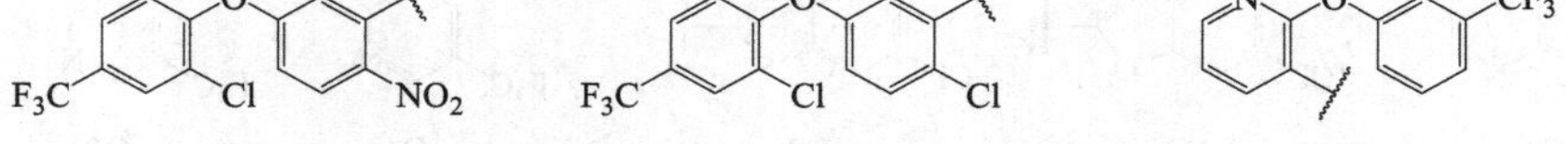

Q5 Q6 Q7

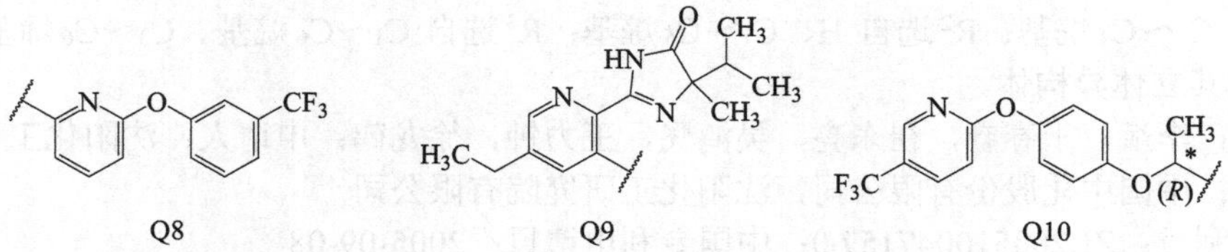

Q8 Q9 Q10

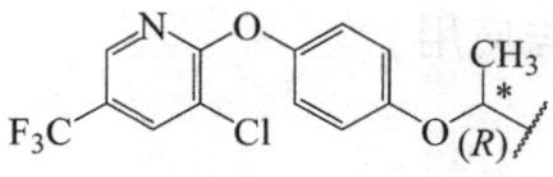

Q11 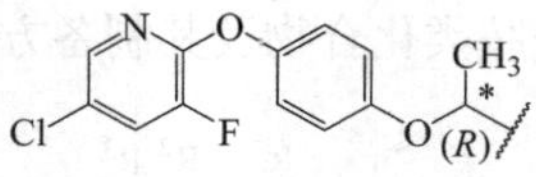 Q12 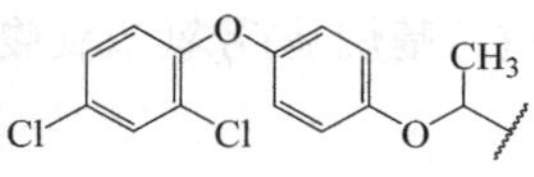 Q13

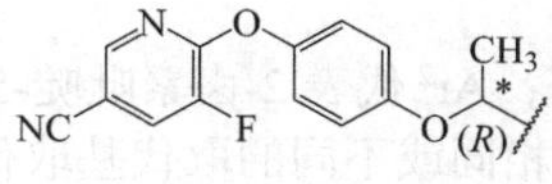

Q14 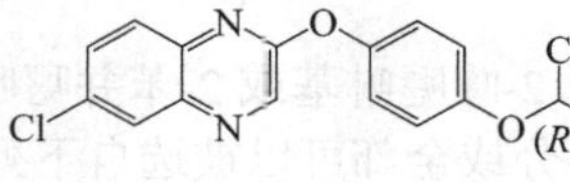 Q15 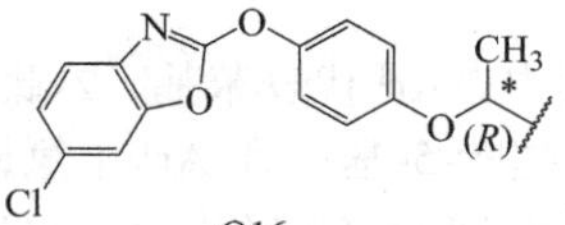 Q16

或其立体异构体。

发明人：刘长令，周银平，崔东亮，刘远雄，孙宝祥，李洋，张志国，连伟祥；申请人：中国中化股份有限公司，沈阳化工研究院有限公司

中国专利号：ZL200910087994.4；中国专利申请日：2009-07-06；同族专利：WO2011003342A1，CN102395556A

化合物类型：芳氧苯氧羧酸酯类化合物

发明思路：me-too 研究；采用中间体衍生化法中的衍生法，在芳氧苯氧羧酸类除草剂的基础上进一步衍生得到现有化合物。

用途：具有除草活性。可以有效地控制稗草、马唐、苘麻等杂草，在低剂量下就可以获得很好的除草效果。

代表化合物结构如下：

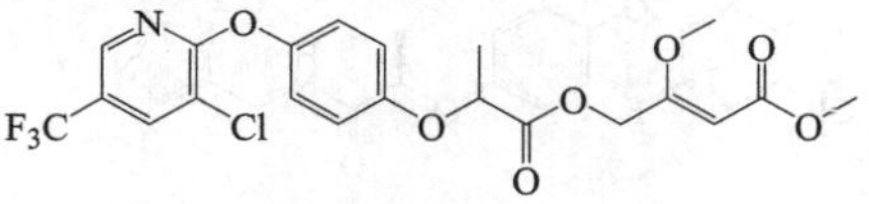

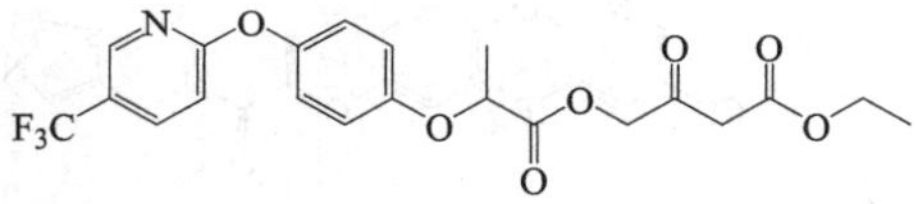

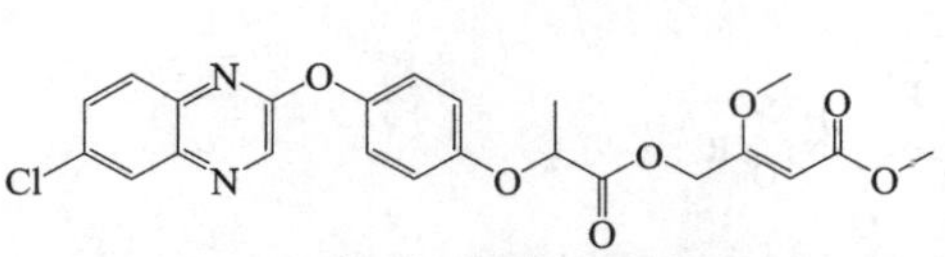

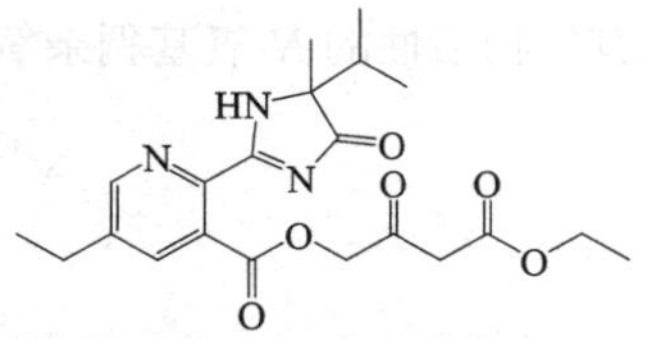

（6）一种 6-氯代苯并噁唑氧基苯氧丙酸烯丙酯类化合物及其作为除草剂的应用

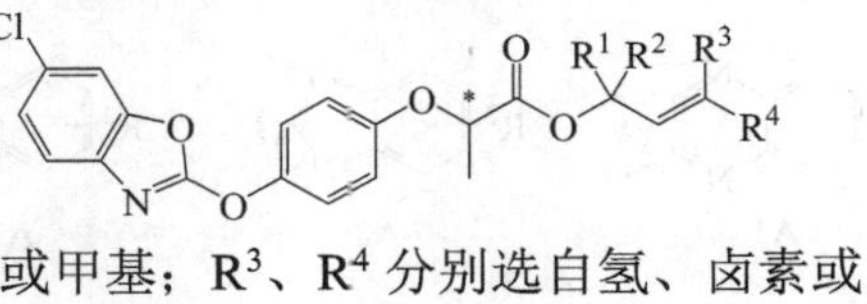

其中，R^1、R^2 分别选自氢或甲基；R^3、R^4 分别选自氢、卤素或甲基；标*的手性碳原子为 *R* 构型。

发明人：李斌，程学明，马宏娟，关爱莹，崔东亮，刘鹏飞；申请人：中国中化股份有限公司，沈阳化工研究院有限公司

中国专利号：ZL201310606528.9；中国专利申请日：2013-11-25

化合物类型：芳氧苯氧丙酸酯类化合物、烯丙酯类化合物

发明思路：me-too 研究；在芳氧苯氧丙酸酯类除草剂噁唑禾草灵的基础上优化得到。

用途：具有除草活性，尤其对稗草具有较好的活性且对水稻安全。

代表化合物结构如下：

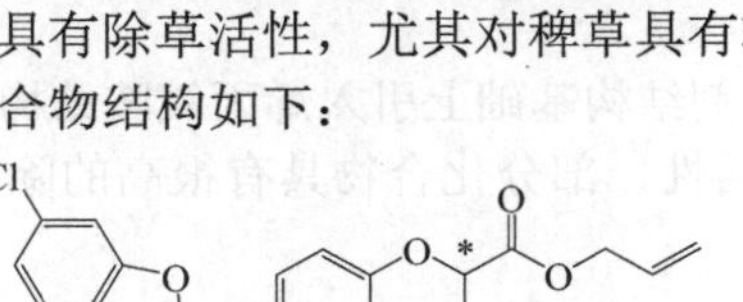

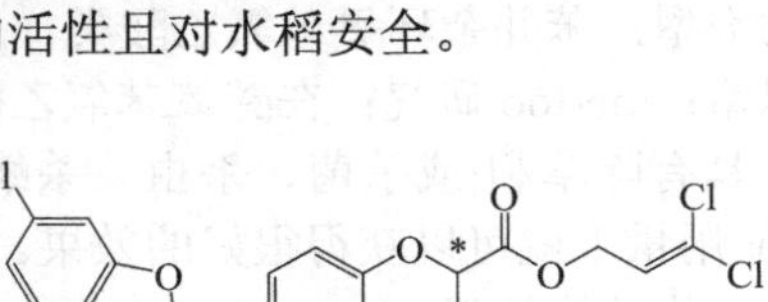

（7）*N*-(芳基烷基)芳氧苯氧羧酸酰胺类化合物及其制备方法与应用

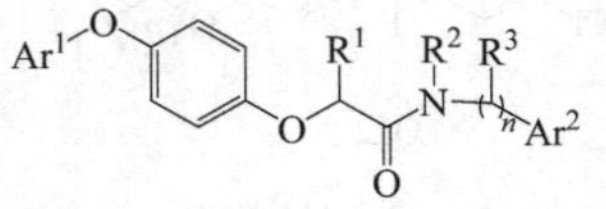

其中，Ar^1代表苯基、2-吡啶基、2-喹喔啉基或2-苯并噁唑基；Ar^2代表2-卤素吡啶-5-基或2-卤素噻唑-5-基；且Ar^1中氢原子部分或全部可以被选自下列中相同或不同的取代基取代：卤素、氰基、C_1～C_6烷基、C_1～C_6烷基氧基或C_1～C_6烷基硫基；R^1和R^2、R^3是相同的或不同的，并代表氢或C_1～C_6烷基；*n*代表1或2、3。

发明人：王晓光，柳爱平，刘祈星，雷满香，任叶果，欧晓明，黄路，韩魁元，高岗，吴曼；申请人：湖南化工研究院

中国专利号：ZL201310273568.6；中国专利申请日：2013-07-02；同族专利：WO2015000392，CN104277033

化合物类型：芳氧苯氧乙酸类

发明思路：me-too研究；在芳氧苯氧乙酸除草剂结构基础上引入芳基烷基结构而得。

用途：具有除草和/或杀菌、杀虫、杀螨生物活性，部分化合物具有很高的除草活性，在15～75g/hm^2用量下就可以获得很好的效果。

代表化合物结构如下：

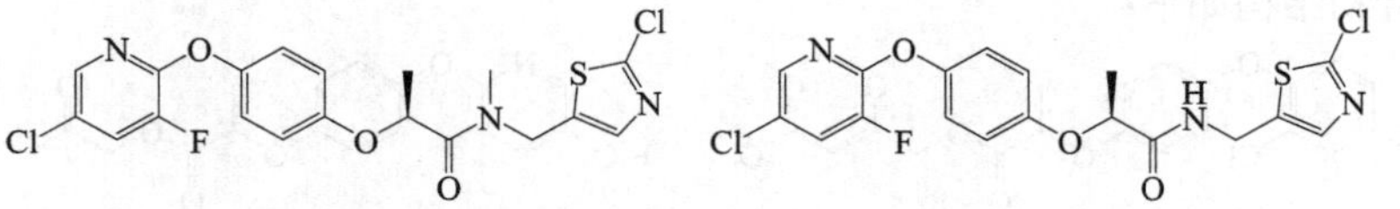

（8）具有生物活性的*N*-氧基稠杂氧苯氧羧酸酰胺类化合物及其制备方法

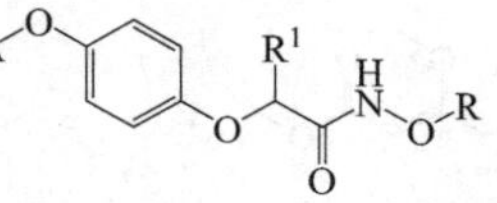

其中，A选自以下基团：

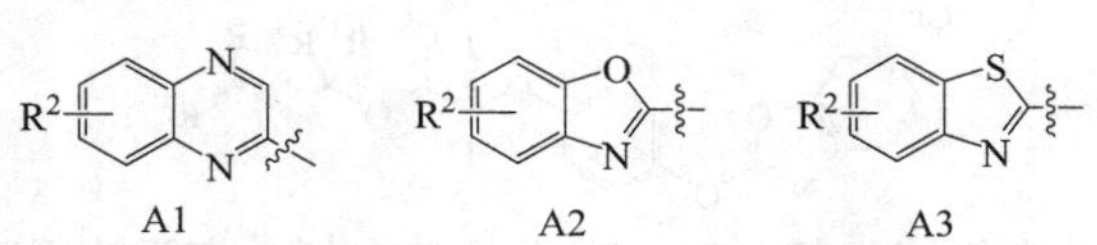

A1　A2　A3

R是C_3～C_6链烯基、C_3～C_6链炔基、C_3～C_6卤代链烯基、C_3～C_6卤代链炔基、C_3～C_6环烷基甲基、C_3～C_6卤代环烷基甲基；R^1是H、C_1～C_3烷基、C_1～C_3卤代烷基；R^2是H、卤素、C_1～C_3烷基、C_1～C_3卤代烷基。

发明人：柳爱平，刘祈星，雷满香，任叶果，裴晖，黄明智，欧晓明，黄路，高岗，余一平；申请人：湖南化工研究院

中国专利号：ZL201310038398.3；中国专利申请日：2013-01-31

化合物类型：苯并杂环氧苯氧乙酸类

发明思路：me-too研究；在芳氧苯氧乙酸除草剂结构基础上引入烯丙氧胺结构而得。

用途：具有除草和/或杀菌、杀虫、杀螨生物活性，部分化合物具有很高的除草活性，在15～75g/hm^2用量下就可以获得很好的效果。

代表化合物结构如下：

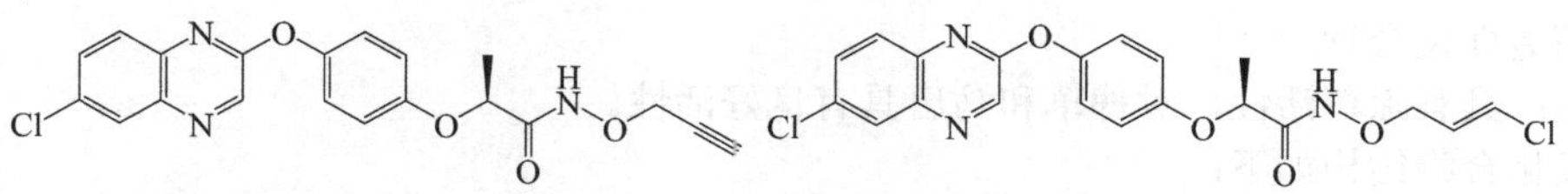

（9）一种丙酸酯类化合物、中间体及其制备方法和含有该化合物的除草剂

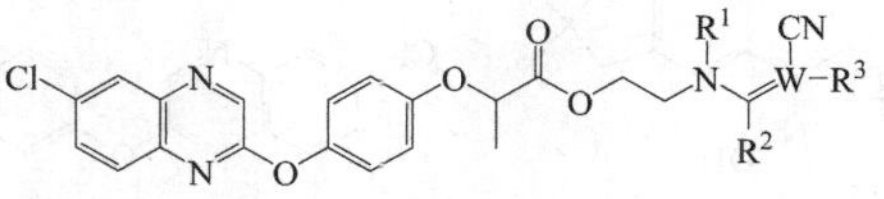

式中，R^1为氢或含1～6个碳原子的烷基；R^2为氢、C_1～C_8烷基、苯基，或被甲基、氟、氯、溴、碘、甲氧基取代的苯基；R^3为氰基、酯基；W为碳。

发明人：王凤云，刁亚梅，刘丽，冯红梅，施娟娟，倪珏萍，马海军，郭丽琴；申请人：江苏省农药研究所股份有限公司；当前专利权人：江苏中旗科技股份有限公司

中国专利号：ZL200510094281.2；中国专利申请日：2005-09-08

化合物类型：芳氧苯氧丙酸酯类

发明思路：me-too研究；对芳氧苯氧丙酸酯类除草剂的尾端酯进行替换得到。

用途：具有除草活性，杀草谱广，对棒头草、牛筋草、狗牙根、千金子、稗草、野燕麦、马唐、狗尾、看麦娘、早熟禾等具有防治效果。

代表化合物结构如下：

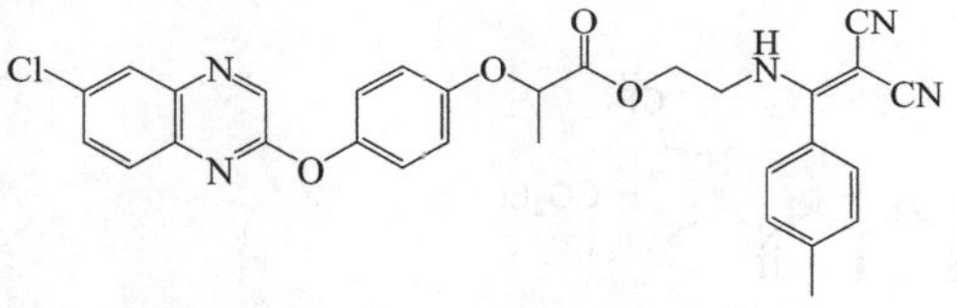

（10）*N*-(2-肟基乙基)酰胺衍生物及其制备方法与应用

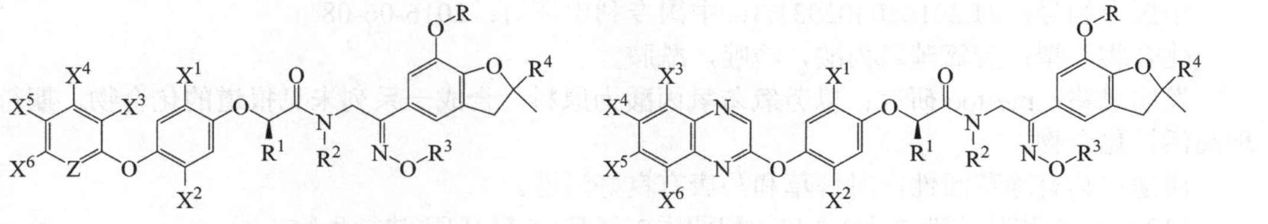

Ⅰ　　Ⅱ

式Ⅰ中，所示*N*-(2-肟基乙基)酰胺衍生物选自：*N*-[2-(7-甲氧基-2,2-二甲基-2,3-二氢苯并呋喃-5-基)-2-肟基乙基]-2-[4-(4-氰基-2-氟苯氧基)苯氧基]丙酰胺、*N*-[2-(7-乙氧基-2,2-二甲基-2,3-二氢苯并呋喃-5-基)-2-肟基乙基]-2-[4-(4-氰基-2-氟苯氧基)苯氧基]丙酰胺、*N*-[2-(7-丙氧基-2,2-二甲基-2,3-二氢苯并呋喃-5-基)-2-肟基乙基]-2-[4- (4-氰基-2-氟苯氧基)苯氧基]丙酰胺等。

式Ⅱ中，所示的*N*-(2-肟基乙基)酰胺衍生物选自：*N*-[2-(7-甲氧基-2,2-二甲基-2,3-二氢苯并呋喃-5-基)-2-肟基乙基]-2-[4-(6-氯喹喔啉-2-基氧基)苯氧基]丙酰胺、*N*-[2-(7-乙氧基-2,2-二甲基-2,3-二氢苯并呋喃-5-基)-2-肟基乙基]-2-[4-(6-氯喹喔啉-2-基氧基)苯氧基]丙酰胺或*N*-[2-(7-丙氧基-2,2-二甲基-2,3-二氢苯并呋喃-5-基)-2-肟基乙基]-2-[4-(6-氯喹喔啉-2-基氧基)苯氧基]丙酰胺。

发明人：胡艾希，陈爱羽，李贝贝，杨子辉，李永红；申请人：湖南大学

中国专利号：ZL201610293757.3；中国专利申请日：2016-05-05

化合物类型：酰胺，肟醚，芳氧苯氧羧酸酯类化合物

发明思路：me-too研究；以芳氧苯氧片段为基础结构，合成一系列未见报道的化合物，期

待发现高活性化合物。

用途：具有除草活性，对稗草和马唐具有良好活性。

代表化合物结构如下：

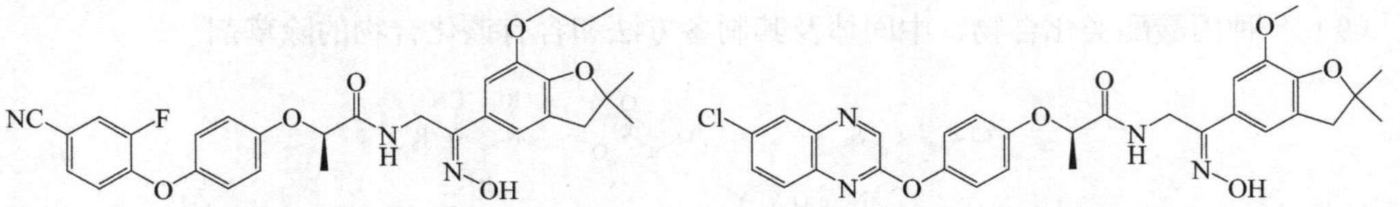

（11）(*R*)-*N*-(噻唑-2-基)-2-[4-(喹喔啉-2-氧基)苯氧基]酰胺衍生物及其制备方法和应用

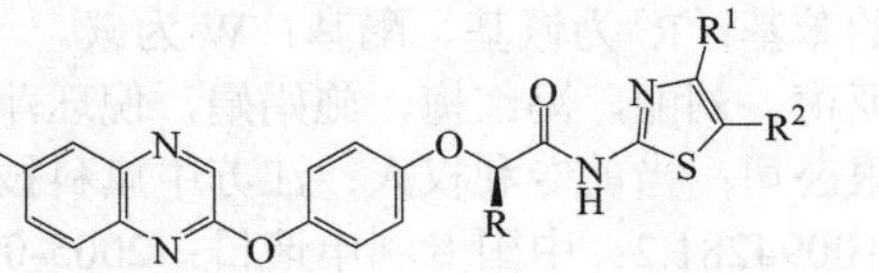

化合物选自：

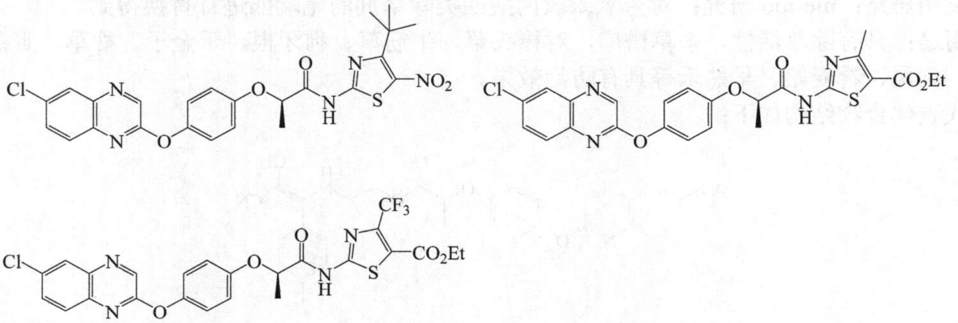

发明人：李婉，杨子辉，胡艾希；申请人：河北大学

中国专利号：ZL201610402931.3；中国专利申请日：2016-06-08

化合物类型：芳氧苯氧丙酸，噻唑，酰胺

发明思路：me-too研究；以芳氧苯氧丙酸为原料，合成一系列未见报道的化合物，期待发现高活性化合物。

用途：具有除草活性，对稗草和马唐有良好活性。

（12）*N*-(5-苄基噻唑-2-基)-2-[4-(喹喔啉-2-氧基)苯氧基]酰胺衍生物

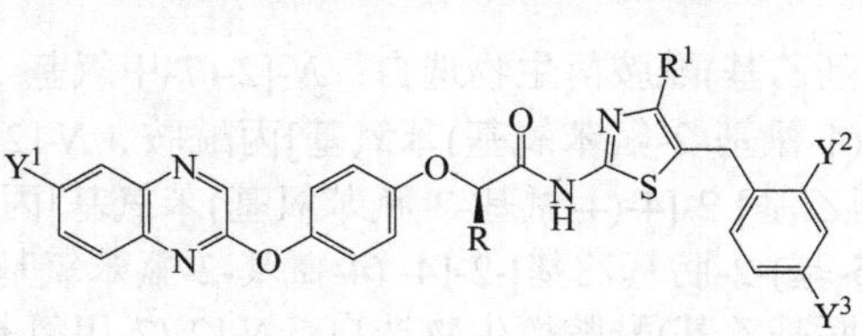

化合物选自：(*R*)-*N*-[4-叔丁基-5-(2,4-二氯苄基)噻唑-2-基]-2-[4-(6-氯喹喔啉-2-氧基)苯氧基]丙酰胺或(*R*)-*N*-[4-叔丁基-5-(4-甲氧基苄基)噻唑-2-基]-2-[4-(6-氯喹喔啉-2-氧基)苯氧基]丙酰胺。

发明人：陈平，杨子辉，胡艾希；申请人：长沙理工大学

中国专利号：ZL201610346683.5；中国专利申请日：2016-05-24

化合物类型：芳氧苯氧丙酸，噻唑

发明思路：me-too研究；以芳氧苯氧为原料，合成一系列未见报道的化合物，期待发现高活性化合物。

用途：具有除草活性，对稗草和马唐有良好活性。

代表化合物结构如下：

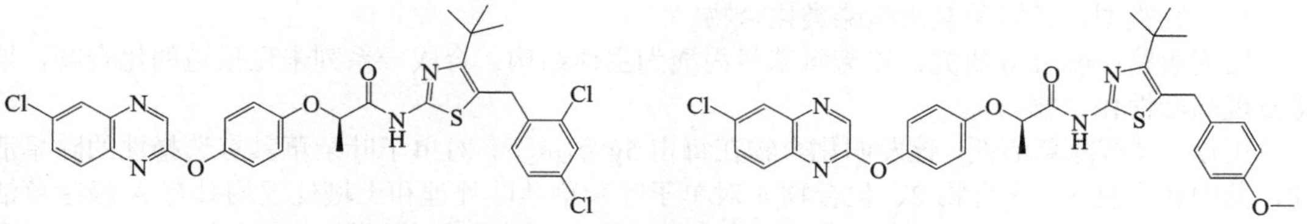

（13）2-[4-(喹喔啉-2-基氧基)苯氧基]酰胺衍生物及其制备方法与应用

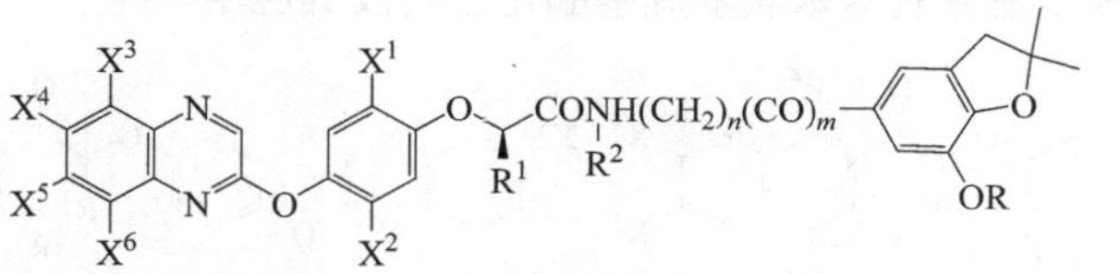

式中，R、R^1选自C_1～C_2烷基、C_3～C_4直链烷基或C_3～C_4支链烷基；R^2选自H、C_1～C_2烷基、C_3～C_4直链烷基或C_3～C_4支链烷基；X^1、X^2、X^3、X^5、X^6选自氢、C_1～C_2烷基；X^4选自氢、C_1～C_2烷基、氟、氯、溴；*n*选自0、1或2；*m*选自0或1。

发明人：胡艾希，陈爱羽，李贝贝，叶姣，欧晓明；申请人：湖南大学

中国专利号：ZL201510534180.6；中国专利申请日：2015-08-27

化合物类型：芳氧苯氧丙酸类

发明思路：me-too研究；以芳氧苯氧羧酸为主体结构，合成一系列未见报道的化合物，期待发现高活性化合物。

用途：具有除草活性，该发明部分化合物在剂量为150g(a.i.)/亩下，对稗草、马唐及狗尾草的防效为100%。

代表化合物结构如下：

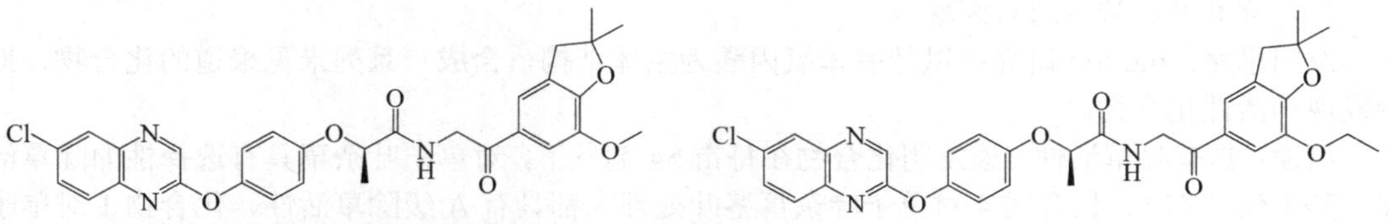

（14）吡啶-3-基芳氧基苯氧基烷酸酯化合物及其应用

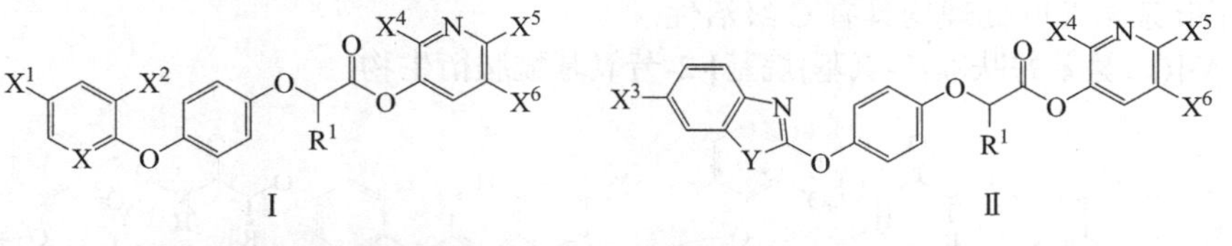

I　　　　II

所述的吡啶-3-基芳氧基苯氧基烷酸酯化合物为*R*型异构体，具体结构式为：

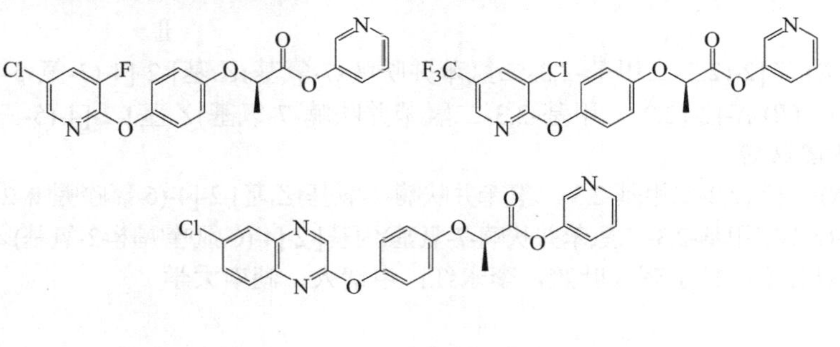

发明人：刘祈星，周海峰，朱瑞，陈蕾；申请人：三峡大学

中国专利号：ZL201611160733.7；中国专利申请日：2016-12-15

化合物类型：芳氧苯氧丙酸酯类化合物

发明思路：me-too 研究；以芳氧苯氧丙酸为主体结构，合成一系列未见报道的化合物，期待发现高活性化合物。

用途：具有除草活性，该发明化合物在每亩 5g 剂量下，对单子叶杂草具有选择性的除草活性，其中化合物 1、化合物 2、化合物 4 对单子叶杂草茎叶处理和土壤处理均具有 A 级除草活性（防效＞90%），化合物 3 对单子叶杂草茎叶处理具有 C 级除草活性（防效 50%～75%）。

（15）四氢异喹啉-2-基芳氧基苯氧基烷基酮化合物及其应用

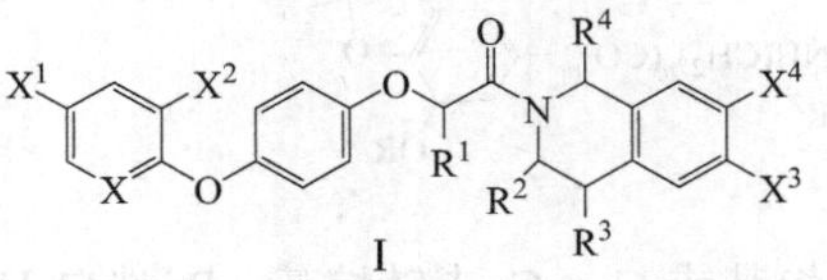

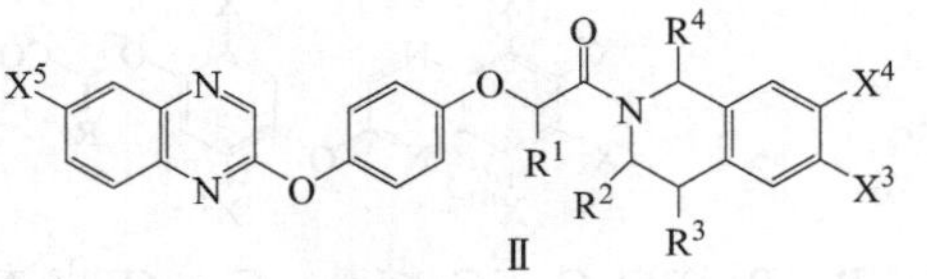

所述的四氢异喹啉-2-基芳氧基苯氧基烷基酮化合物的具体结构式为：

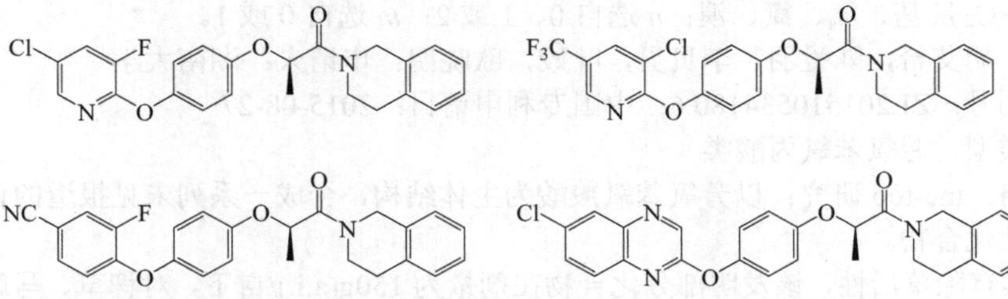

发明人：刘祈星，周海峰，王春琴，陈俊波，彭玉琪；申请人：三峡大学

中国专利号：ZL201611162218.2；中国专利申请日：2016-12-15

化合物类型：芳氧苯氧丙酸

发明思路：me-too 研究；以芳氧苯氧丙酸为主体结构，合成一系列未见报道的化合物，期待发现高活性化合物。

用途：具有除草活性，该发明化合物在每亩 5g 剂量下，对单子叶杂草具有选择性的除草活性，其中化合物 1、化合物 4 对单子叶杂草茎叶处理大都具有 A 级除草活性，化合物 1 对单子叶杂草土壤处理均具有 A 级除草活性，化合物 2 对单子叶杂草茎叶处理均具有 B 级活性，化合物 3 对单子叶杂草茎叶处理均具有 C 级活性。

（16）*N*-[(二氢苯并呋喃-7-氧基)烷基]-2-芳氧基酰胺衍生物

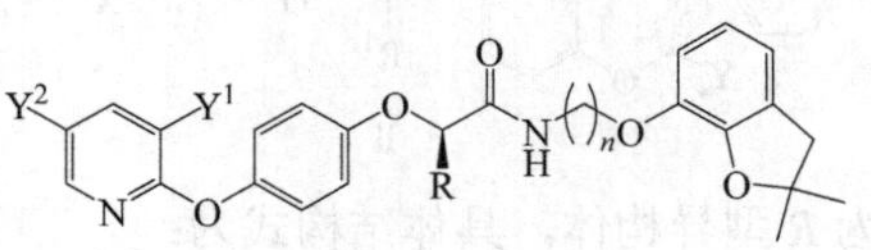

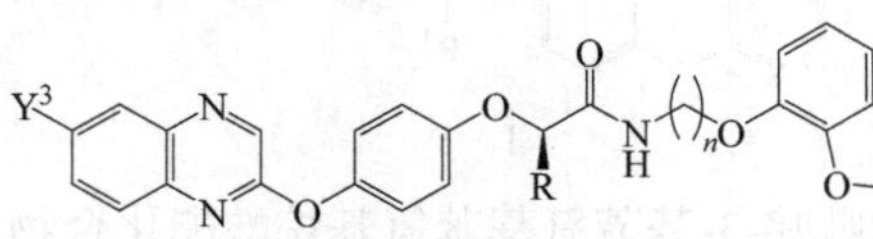

式Ⅰ中，(*R*)-*N*-[2-(2,2-二甲基-2,3-二氢苯并呋喃-7-氧基)乙基]-2-[4-(3-氟-5-氯吡啶-2-氧基)苯氧基]丙酰胺、(*R*)-*N*-[2-(2,2-二甲基-2,3-二氢苯并呋喃-7-氧基)乙基]-2-[4-(5-三氟甲基吡啶-2-氧基)苯氧基]丙酰胺等。

式Ⅱ中，(*R*)-*N*-[2-(2,2-二甲基-2,3-二氢苯并呋喃-7-氧基)乙基]-2-[4-(6-氯喹喔啉-2-氧基)苯氧基]丙酰胺或(*R*)-*N*-[3-(2,2-二甲基-2,3-二氢苯并呋喃-7-氧基)丙基]-2-[4-(6-氯喹喔啉-2-氧基)苯氧基]丙酰胺。

发明人：胡艾希，杨子辉，叶姣，李永红；申请人：湖南大学

中国专利号：ZL201610317327.0；中国专利申请日：2016-05-14；

化合物类型：芳氧苯氧丙酸

发明思路：me-too 研究；以芳氧苯氧丙酸为原料合成化合物，期待发现高活性化合物。

用途：具有除草活性，该发明化合物对马唐和稗草有良好活性。

代表化合物结构如下：

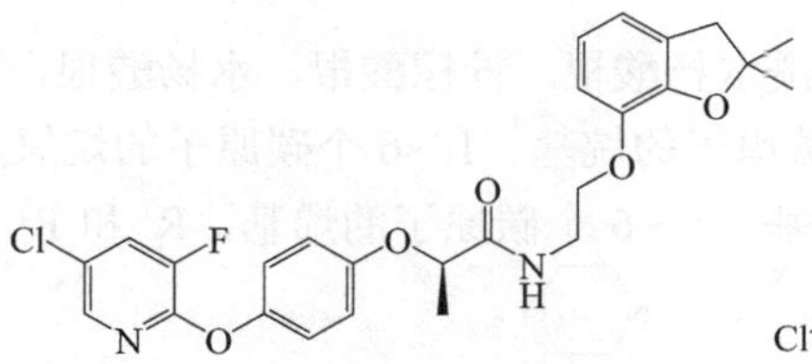

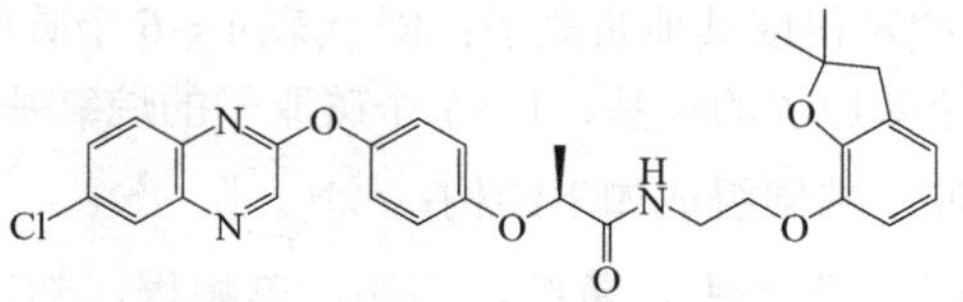

（17）一种水油兼溶的新型芳氧苯氧羧酸酯类衍生物制备及应用研究

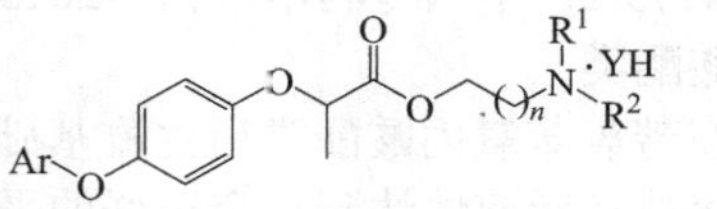

式中，n＝0，1，2，3，4，5；Y 代表 Cl^-，Br^-，F^-，I^-，AcO^-，乙酰水杨酸根，柠檬酸根，水杨酸根，对甲苯磺酸根，硫酸氢根；R^1 代表 1～6 个碳原子的烷基、1～6 个碳原子的烷氧基；R^2 代表 1～6 个碳原子的烷基、1～6 个碳原子的烷氧基，其中 R^1、R^2 不为甲基；或选自如下具体结构：

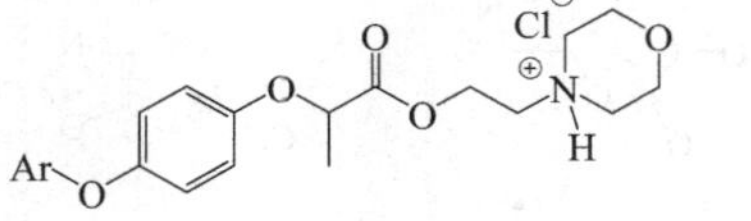

Ar 选自如下基团之一：

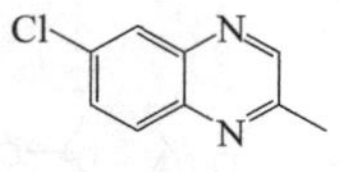

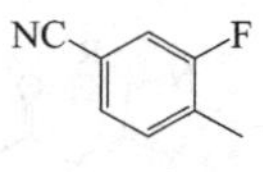

发明人：邹小毛，李伟，丁会娟，刘殿甲，傅翠蓉，杨华铮，臧福坤，单鹏程，刘俊，黄纯，陈森，王瑞花；申请人：南开大学

中国专利号：ZL201210235509.5；中国专利申请日：2012-07-10

化合物类型：芳氧苯氧羧酸酯类

发明思路：me-too 研究；在芳氧苯氧羧酸酯类化合物基础上，通过引入特定基团，得到现有化合物，使该类化合物的水溶性和脂溶性达到一个很好的平衡，减少生物体外的损失，从而提高药物的利用率。

用途：具有除草活性，可防除禾本科杂草，如稗草、马唐等。

代表化合物结构如下：

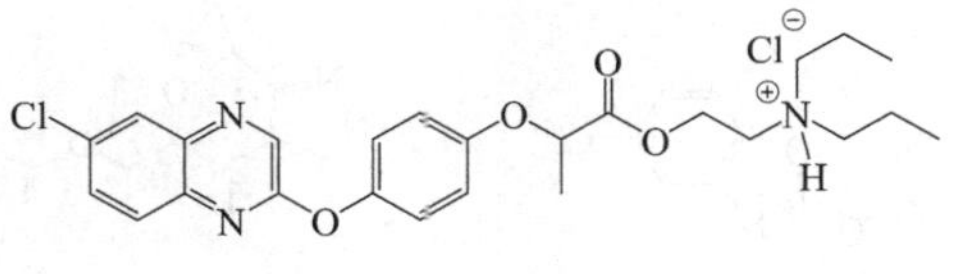

（18）一种水油兼溶的芳氧苯氧丙酸酯类衍生物制备及应用研究

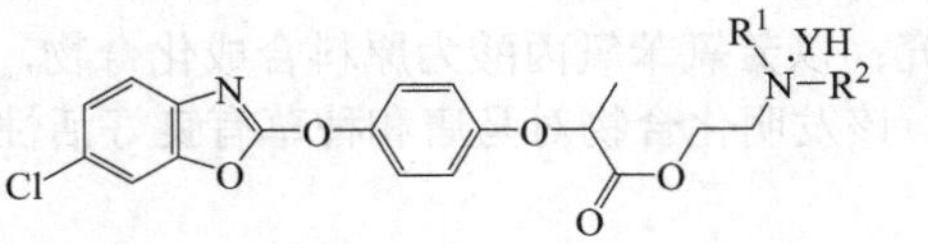

式中，Y 代表 Cl^-，Br^-，F^-，I^-，AcO^-，乙酰水杨酸根，柠檬酸根，水杨酸根，对甲苯磺酸根，硫酸氢根或其他负离子；R^1 代表 1～6 个碳原子的烷基、1～6 个碳原子的烷氧基；R^2 代表 1～6 个碳原子的烷基、1～6 个碳原子的烷氧基、1～6 个碳原子的烯基，R^1 和 R^2 与其连接的“N”原子共同组成如下结构：、、。

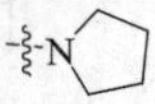

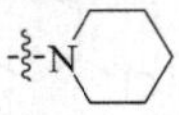

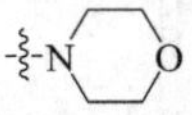

发明人：邹小毛，黄纯，李伟，单鹏程，刘俊，丁会娟，杨亚喆，王鑫；申请人：南开大学

中国专利号：ZL201310234179.2；中国专利申请日：2013-06-14

化合物类型：芳氧苯氧丙酸酯类

发明思路：me-too 研究；在芳氧苯氧丙酸酯类衍生物基础上，通过引入特定基团，得到现有化合物，使该类化合物的水溶性和脂溶性达到一个很好的平衡，减少化合物在生物体外的损失，从而提高药物的利用率。

用途：具有除草活性，可防除禾本科杂草，如稗草、马唐等。

代表化合物结构如下：

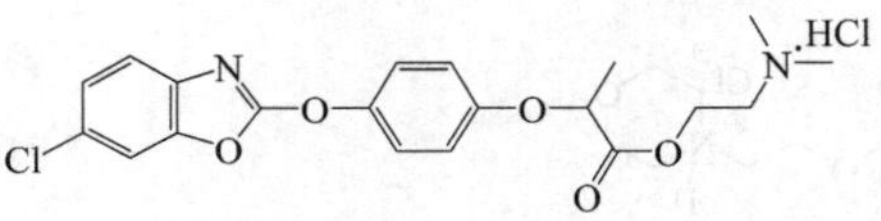

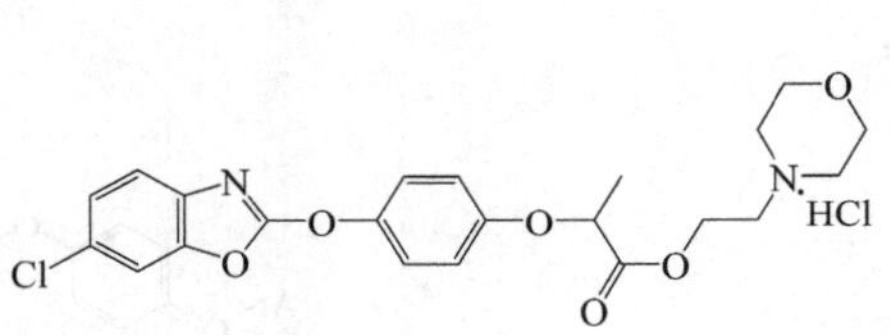

（19）一种 5-氯苯并噁唑衍生物或其作为农药可接受的盐、组合物及其用途

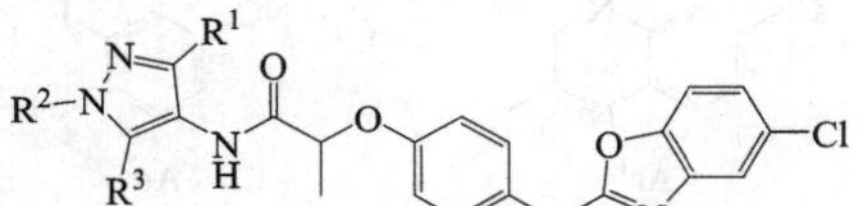

发明人：葛家成，杨春河，胡堂路，邢阳阳，李丽，刘明东，马娥，白光耀；申请人：海利尔药业集团股份有限公司

中国公开号：CN112625035A；中国专利申请日：2019-09-24

化合物类型：芳氧苯氧乙酸类，吡唑胺类

发明思路：me-too 研究；在噁唑草酰胺的乙酰胺基础上引入吡唑胺得到。

用途：具有除草活性，尤其是针对水田常见杂草具有非常优异的除草活性，并对水田作物尤其是水稻有突出的选择性和安全性。

代表化合物结构如下：

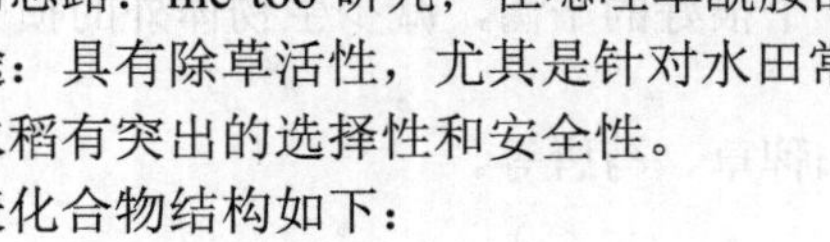

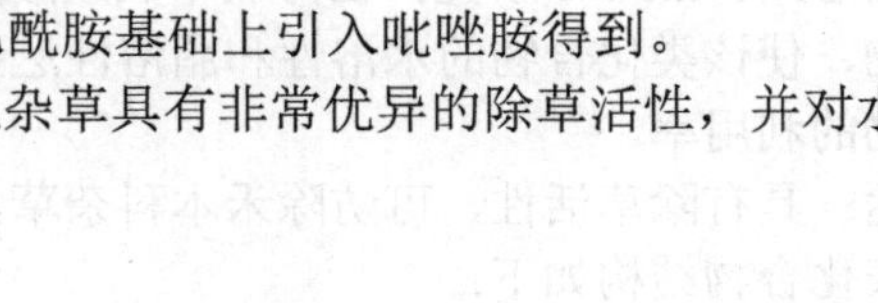

4.11 有机磷类化合物

有机磷类除草剂（organophosphorous herbicides）主要品种有7个，由于结构差异较大，作用机理也不尽相同。草甘膦（glyphosate）是5-烯醇丙酮莽草酸-3-磷酸合成酶（EPSP）抑制剂，莎稗磷（anilofos）为超长链脂肪酸合成抑制剂，双丙氨酰膦（bilanafos）、草铵膦（glufosinate-ammonium）为谷氨酰胺合成酶抑制剂，氯酰草膦（clacyfos）为丙酮酸脱氢酶系（PDHc）抑制剂，抑草磷（butamifos）为微管组装抑制剂，地散磷（bensulide）的作用机理未知。

中国对该类化合物研究较多的单位主要有华中师范大学和南开大学。华中师范大学主要是在2,4-滴基础上引入磷酸酯并成功开发了氯酰草膦，南开大学是在抑草磷基础上开发了双甲胺草磷。

4.11.1 双甲胺草磷的创制

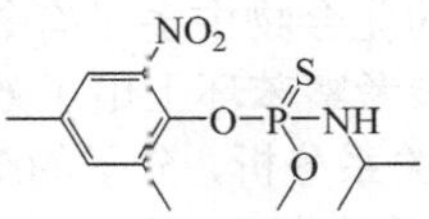

化合物专利名称：水旱田两用硫代磷酰胺酯类除草剂

中国专利号：ZL96114746.6；申请日：1996-11-26；授权日：2000-03-08

专利发明人：杨华铮，邹小毛，程慕茹；申请人：南开大学

双甲胺草磷[开发代号：H9201，化学名：*O*-甲基-*O*-(2-硝基-4,6-二甲基苯基)-*N*-异丙基硫代磷酰胺酯]是一种选择型土壤处理剂，由南开大学元素有机化学研究所创制，可以水旱两用，它主要通过出土过程中的幼芽、幼根和分蘖节等吸收，抑制植物分生组织的生长而发挥药效，从而达到除草目的。双甲胺草磷的产业化开发被列入国家"十五"科技攻关计划及"十一五"科技支撑计划。双甲胺草磷由南通江山农药化工股份有限公司开发，于2005年获准临时登记（LS20051935），可用于大豆、水稻、小麦、玉米、蔬菜等作物，防除多种一年生单、双子叶杂草，如马唐、牛筋草、铁苋菜、马齿苋等。

4.11.1.1 创制过程

回顾双甲胺草磷的研究与开发历程，它是研究人员在了解了分子的物理化学性质与其生理活性密切相关的基础上，再对一系列硫代磷酰胺酯类化合物进行比较系统的定量结构-活性关系（QSAR）研究及人工神经网络分析，通过定量地预测同源物的生物活性来设计、合成的高活性的化合物。这种研究方法可以避免合成过多的化合物，从而提高合成效率。但是一个除草剂的研发，是一个系统工程，它的成功将受多种因素的制约。十多年来，通过对硫代磷酰胺酯类化合物的合成方法、除草活性、结构与活性关系、对作物的安全性、使用方法、应用范围、多年的田间试验、毒性及环境评价以及合成工艺、分析方法、"三废"处理等的研究，并与有关厂家合作，完成了产业化中试研究，取得了临时登记证。

O-芳基-*O*-烷基-*N*-烷基硫代磷酰胺酯类化合物具有除草活性，它们作用于敏感植物的生长点，引起受影响组织的肿胀而死亡。如克蔓磷[*O*-乙基-*O*-(2-硝基-5-甲基苯基) -*N*-仲丁基氨基硫代磷酰胺酯]，甲基胺草磷[*O*-甲基-*O*-(2-硝基-4-甲基苯基) -*N*-异丙基氨基硫代磷酰胺酯]等一些产品曾由日本住友公司商品化，它们具有广谱除草活性，可防除多种一年生禾本科杂草和阔叶杂草，但这类化合物的缺点是其毒性稍高。

为了能定量地弄清这类化合物的结构与活性关系，探索各基团对除草活性的贡献。通过所制备化合物苯环上取代基的亲脂性、电性及空间效应参数，研究了该类化合物对于抑制稗草生长的化学结构与活性关系。

在农药创制研究中发现：药剂分子的电子性、空间性及亲脂性与其生理活性密切相关，从而建立了用物理化学参数作为变数的数学式来表达生物活性的方法，即利用线性自由能关系把生物活性与分子结构因素联系起来，使两者初步建立了一种定量的关系，以预测同系列化合物的最佳结构，从而使结构与活性关系的研究由定性向定量深入。其中最有代表性的就是 Hansch 等所提出的用自由能关系的参数方程来表示药剂的生理活性：

$$\lg 1/C=-k\pi 2+k'\pi+\rho\sigma+\sigma Es+k''$$

式中，k，k'，k''，ρ，σ 均为常数；C 为产生一定生物活性的物质的量浓度；π 为化合物取代基的亲脂性参数；σ 为化合物取代基的电性参数；Es 为化合物取代基的位阻参数。

在结构与活性关系研究中，实验发现化合物的活性与苯环上取代基密切相关，首先对 17 个化合物根据 Hansch 方程进行了初步的定量研究，发现该类化合物抑制稗草生长的活性与苯环上取代基的疏水性 π 值、邻位基团的立体效应 Es 值有关。增加电子效应参数 π 进入相关方程后，相关系数可进一步提高，由于所合成的化合物中多是有邻位取代基的化合物，因此结合 Fujita 提出的邻位效应概念，同时为了进一步考察苯环上电子效应对活性的影响，继续合成了更多的该类化合物，用 29 个化合物进行构效关系分析，分子的疏水性、立体效应及电子性与化合物的除草活性具有密切的关系。由于 Es 的系数为负，似乎应该邻位基团愈大，对活性的贡献愈大，而电负性基团则随着在苯环上位置的不同而有不同的贡献。

利用人工神经网络对构效关系分析，进一步根据化合物的 X-衍射晶体结构数据，进行分子优化和量子化学计算，这样可以较好地从分子整体上来考虑结构与活性的关系，而不单拘泥于从取代基上来考虑。采用量子力学计算得到电子指标，进行多元逐步回归分析（MRA）。

综合回归分析与人工神经网络分析，由此设计出两个新化合物，即 *O*-甲基(或乙基)-*O*-(2-硝基-4,6-二甲基苯基)-*N*-异丙基硫代磷酰胺酯，这两个化合物符合上面的最优条件。

至此确定 *O*-甲基-*O*-(2-硝基-4,6-二甲基苯基)-*N*-异丙基硫代磷酰胺酯即 H-9201 为候选除草剂。项目先后经过大量的室内和田间生物活性测定、合成方法和工艺研究、各种性能测试与安全评价等，历经多年成功开发了有机磷类内吸传导型土壤处理的选择性除草剂，并获得中文通用名称双甲胺草磷[1]。

4.11.1.2 知识产权分析

日本曾开发了硫代磷酸酯类除草剂甲基胺草磷(amiprofos methyl)，该发明化合物结构与现有技术结构接近，但未在其专利范围内。

（1）新颖性　新颖性分析见表 4-70。

表 4-70　该专利与已有技术对比表

该专利： CN1159284A(南开大学，申请日：1996-11-26；公开日：1997-09-17)	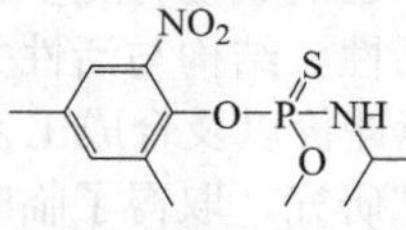 NO_2, S, O, P, NH, O 代表化合物双甲胺草磷
接近的已有技术： US3823004A (Bayer A G，申请日：1971-11-05；公开日：1974-07-09)	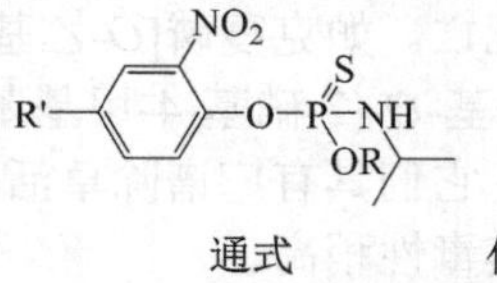 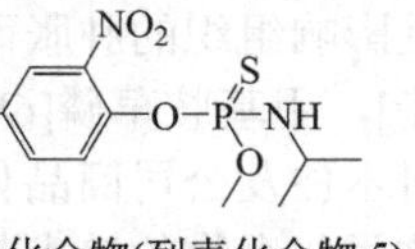 NO_2, R', S, O, P, NH, OR　　NO_2, S, O, P, NH, O 通式　　代表化合物(列表化合物 5) R 和 R'分别选自 C_1～C_4 烷基

续表

同类商品化/开发中品种	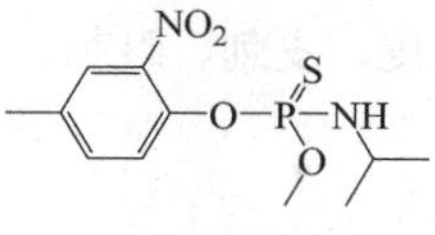 甲基胺草磷 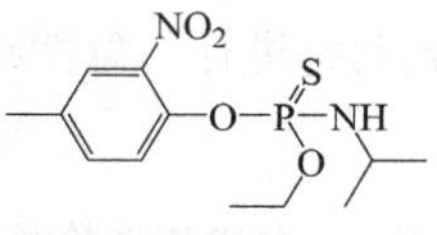　胺草磷

（2）创造性　该专利 CN1159284 A 说明书记载，375g/hm^2 剂量下，对油菜、燕麦、马唐的除草活性高于胺草磷，在 75g/hm^2 剂量下，对稗草、狗尾草、马唐的除草活性高于甲基胺草磷。表明该发明化合物与已有技术相比，具有较好的活性。

（3）核心化合物专利　核心化合物专利已经过专利保护期（表 4-71）。

表 4-71　双甲胺草磷核心化合物专利

序号	公开号	专利号	法律状态
1	CN1159284A	ZL96114746.6	授权失效
授权保护范围			
一种水旱两用硫代磷酰胺酯除草剂，其特征如下所示： 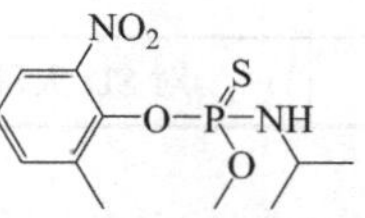			

4.11.1.3　合成方法

以 2,4-二甲基苯酚为起始原料，经硝化、亲核取代等常规易操作的反应，得到双甲胺草磷（图 4-47）[1]。

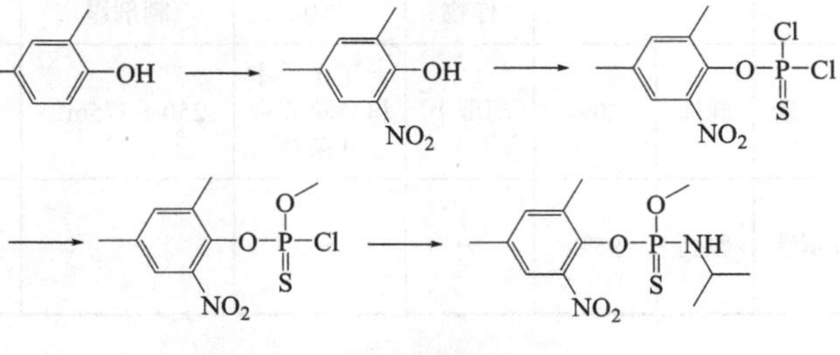

图 4-47　双甲胺草磷合成路线

4.11.1.4　组合物专利

双甲胺草磷截止到 2022 年 12 月共公开了 3 件专利（表 4-72）。

表 4-72　双甲胺草磷组合物专利汇总表

序号	公开号	发明名称	申请人	B 组分
1	CN1969630A	一种水旱两用混配除草剂	南开大学	磺酰脲类除草剂
2	CN1969631A	水旱两用混配除草剂	南开大学	酰胺类除草剂
3	CN107711880A	含有苯氧嘧草胺和双甲胺草磷的结合物以及包含该结合物的除草组合物	浙江永太科技股份有限公司	苯氧嘧草胺

4.11.1.5 毒理学与安全评价

对哺乳动物进行了急性经口、经皮、皮刺、眼刺、Ames、染色体、微核试验、亚慢性试验（表 4-73）。

表 4-73 双甲胺草磷毒性数据

测试科目	结论
大鼠急性经口	大鼠：LD_{50} 2150mg/kg
大鼠急性经皮	大鼠：LD_{50}＞2000mg/kg
兔眼单次刺激试验	轻度激性
兔皮肤单次刺激试验	无刺激性
豚鼠皮肤致敏试验	弱致敏性
细菌回复突变试验(Ames)	阴性
小鼠骨髓红细胞微核试验	阴性
小鼠睾丸精母细胞染色体畸变试验	阴性
13 周大鼠饲喂亚慢性毒性试验	对 SD 大鼠的 13 周喂饲给药最大无作用剂量为 25mg/kg

4.11.1.6 登记情况

双甲胺草磷系列申请了 2 个产品的临时登记，早已过期，具体登记信息见表 4-74。

表 4-74 双甲胺草磷相关登记产品信息表

登记证号	农药名称	剂型	总含量	登记作物	防治对象	亩用药量(制剂量)	施用方法	登记证持有人
LS20051935	双甲胺草磷	乳油	20%	胡萝卜	一年生禾本科杂草和阔叶杂草	250～375mL	喷雾	江苏省南通江山农药化工股份有限公司
LS20051937	双甲胺草磷	原药	95%	—	—	—	—	江苏省南通江山农药化工股份有限公司

4.11.1.7 应用效果

（1）室内活性

① 除草活性。室内生物药效测定采用盆栽法，测定时剂量为 2250g/hm^2，对苜蓿、油菜、苋、燕麦、稗草、马唐用播后苗前毒土法处理和苗后两叶期茎叶法处理。结果表明双甲胺草磷土壤处理除草活性均为 100%，茎叶处理活性有所下降，鲜重抑制率虽较低，但被处理的植株明显受抑制，叶色深绿、植株畸形。对稗草、马唐、燕麦、苋、苜蓿、油菜等进行播后苗前毒土法处理，双甲胺草磷的除草活性略高于胺草磷。对禾本科植物的防除活性高于阔叶植物，在低剂量下双甲胺草磷对禾本科杂草的防除活性略低于除草通，但对阔叶杂草的防效高于除草通。

② 安全性。在室内对大豆、水稻、玉米、小麦、胡萝卜、茴香、芫荽、番茄、黄瓜、葱、油菜、萝卜等多种作物和蔬菜进行了双甲胺草磷的安全性试验，播后苗前土壤处理的结果表明：

在测试的剂量范围内伞形花科蔬菜（胡萝卜、茴香、芫荽）、大豆、水稻、小麦对双甲胺草磷有很好的耐药性，而玉米、番茄、黄瓜、葱、油菜、萝卜等则敏感，虽然对出苗无影响，但对生长有明显的抑制作用，株小、叶色深绿，有的处理株的新叶不长，保持在子叶阶段，植株畸形，有的慢慢地变黄死亡。

（2）田间应用效果 20%双甲胺草磷乳油对胡萝卜田和水稻田的牛筋草、马唐、鳢肠、反枝苋、铁苋菜、稗草、异型莎草等多种一年生禾本科杂草和阔叶杂草有较好防效，对禾本科杂草防效可达 90%以上，对阔叶杂草防效可达 80%以上。在杂草密度发生一般的田块，1 次用药可基本解除杂草的危害，较对照药剂 33%二甲戊灵乳油和 50%丁草胺乳油防除效果明显偏优[2-4]。

参考文献

[1] 杨华铮，邹小毛，王磊光，等.新型除草剂 H-9201 的研究与开发历程. 华中师范大学学报, 2006, 40(4): 532-539.
[2] 戴宝江，任新峰. 双甲胺草磷防除胡萝卜田杂草效果及安全性. 杂草科学, 2007(3): 55.
[3] 吴明，戴宝江，邹小毛. 水旱两用除草剂 20%双甲胺草磷乳油的应用研究. 现代农药, 2004, 3(6): 16-18.
[4] 张敦阳，宋贤利，孙艾萍，等. 20%双甲胺草磷乳油防除胡萝卜、水稻田杂草效果. 农药科学与管理, 2004, 25(7): 21-24.

4.11.2 氯酰草膦的创制

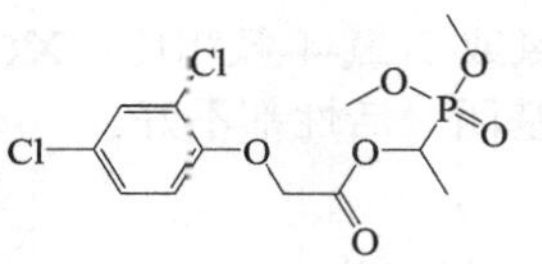

化合物专利名称：具有除草活性的取代苯氧乙酰氧基烃基膦酸酯及制备

中国专利号：ZL97109095.5；申请日：1997-04-30；授权日：2001-01-10

专利发明人：贺红武，刘钊杰，万树青，汪军，王石泉，刘绪峰，陆爱红，胡利民，严刚；申请人：华中师范大学

氯酰草膦（代号为：HW02），英文通用名 clacyfos，属取代苯氧基乙酰氧基烃基膦酸酯类化合物，具有结构新颖、毒性低的特点，并已被生化研究证明为丙酮酸脱氢酶系的强抑制剂，能有效防除玉米、麦田、草坪、果园和茶园中的阔叶杂草及部分单子叶杂草。氯酰草膦由首建科技有限公司开发，于 2007 年获准新农药临时登记（LS20071853），主要对一年生阔叶杂草，如反枝苋、铁苋菜、苘麻等有较好的防效。湖北省科技厅组织专家分别在 2003 年与 2005 年对该发明成果进行了两次成果技术鉴定。专家评价认为：达到国际同类研究先进水平。“创制除草剂氯酰草膦（HW02）的研究与开发” 2009 年获湖北省技术发明一等奖，武汉市科技进步一等奖，相关研究成果也于 2005 年获湖北省自然科学一等奖（新农药的分子设计策略与合成方法学研究）。

4.11.2.1 创制过程[1,2]

丙酮酸脱氢酶复合物(PDHc)是已知的可被一些除草剂活性化合物攻击的靶标酶之一。它在细胞代谢中起着关键作用，催化丙酮酸的氧化脱羧和接下来的辅酶 A(CoA)乙酰化为乙酰辅酶 A。这种复合物由三种酶和一些辅助因子组成。丙酮酸脱羧是这种转化的第一步，这一步是由丙酮酸脱羧酶(PDHc E1)催化的，以硫胺素焦磷酸(TPP)和 Mg^{2+}作为辅助因子促进丙酮酸脱羧；因此，从农用化学设计的角度来看，PDHc E1 是值得关注的。Baillie 等报道了一种利用生物化学推理设计一些 PDHc E1 抑制剂的除草剂。一系列酰基膦酸酯和类似的酰基膦酸酯丙酮酸作为

PDHc 抑制剂已被报道，虽然这些酰基膦酸盐和酰基膦酸盐的活性作为除草剂不足够，但这为 PDHc 抑制剂的合理设计提供了线索。这些发现促使对具有潜在除草剂作用的新型 PDHc 抑制剂进行了研究。

鉴于 Baillie 等的上述工作结果，保留了膦酸酯分子的结构单元，在膦酸酯分子中引入芳基或杂环基团，形成10个系列的 α-氧膦酸衍生物，已合成并有报道。结果表明，在10个系列化合物中，*O,O*-二乙基-*α*-(取代苯氧乙酰氧基)烷基膦酸酯 I。对双叶植物具有显著的除草活性。化合物 I。作为防控阔叶杂草的先导进行了修改，并将其扩展到通用结构 I (图 4-48)。在结构 I 中，有六种不同的取代基，它们可以通过化学修饰而改变。化合物 I 的生化特性有可能因 R^1、R^2、R^3、R^4、X 和 Y 的组合而发生显著的变化。

在前期工作中，已经合成了一些 *α*-(取代苯氧乙酰氧基)烷基膦酸酯，从这些化合物的检测结果中发现，当分子中的 PrO 或 EtO 基团被 MeO 和 H 或 R^4 取代时，除草剂的活性大大提高。这表明较小的 R^1、R^2 和 R^4 基团有利于除草活性的发挥。因此，在结构 I 中保留 R^1、R^2 为甲基，R^4 为 H 等基团，并重点对 R^3、X 和 Y 等进行优化。发现当 R^1、R^2、R^3、R^4 保持不变时，苯环上的 X 和 Y 取代基对活性影响较大。苯氧苯环上有取代基的化合物的除草剂活性大多高于无取代基的化合物。苯环上的取代基为 2,4-二氯或 2-氯-4-氟的时候活性最好，2-甲基-4-氯、4-氯、3-甲基-4-氯次之。然而，有趣的是，在 X 或 Y 的位置引入 2,4-二氟或 2-氟-4-氯导致除草剂活性急剧下降。在 X 或 Y 的位置引入 2,4-二氯或 2-氯-4-氟且不考虑 R^3 部分，则对双子叶植物均表现出显著的除草活性。与 2,4-二氯或 2-氯-4-氟相比，X、Y 等取代基的引入对除草剂的除草活性影响不大，也就是说引入其他基团，活性都不好。

先导化合物 I。 → I

图 4-48　先导化合物 I。的优化

为了比较取代基 R^1、R^2、R^3 和 R^4 的除草活性，测定了一些含有 2,4-二氯取代基化合物对黄瓜的 IC_{50} 值。当 2,4-二氯保持不变时，由于 R^1、R^2 和 R^3 在膦酸基团和 R^4 中的结构变化，对黄瓜的毒性也可以产生很大的差异。抑制活性随着磷和 R^4 上的 R^1 和 R^2 基团大小的增加而降低。当 PrO 或 EtO 基团被更小的 MeO 基团取代时，化合物的抑制能力大大提高。以甲基为 R^1 和 R^2 基团，以 H 为 R^4 表现出较高的抑制活性。相关化合物对黄瓜根和茎生长的抑制活性均高于商品除草剂 2,4-滴。这些结果表明目标化合物 I 本身对黄瓜属植物具有抑制作用，而不是可能的代谢产物 2,4-滴。

在初步生物活性测定的基础上，选择部分化合物在更低剂量进行了苘麻、刺苋、车前草、马唐、狗尾草等植物的苗前和苗后除草剂活性测定。所测化合物对双子叶植物苗后的除草活性明显高于单子叶植物。但在苗前，在 450g/hm² 或小于 450g/hm² 的较低剂量时，对被试植株的除草活性很差。X 和 Y 为 2,4-二氯化合物的除草活性高于为 2-甲基、4-氯和 2-氢、3-三氟甲基。X 和 Y 为 2,4-二氯化合物在 75g/hm² 剂量下对双子叶植物有较强的除草活性。同时也发现，当化合物中与磷相连的 EtO 基团被 MeO 取代时，化合物的除草活性提高。尤其是化合物 I-5（HW02）表现出较好的除草活性。

为了评价化合物 I-5（HW02）苗后的除草活性和除草谱，在剂量为 18.75～450g/hm² 下，对旱莲、反枝苋、苍耳、毛豆蔻、马齿苋和紫花苜蓿等进行了进一步的测试。化合物 I-5（HW02）

在 18.75～450g/hm² 下对阔叶杂草具有较好的苗后除草活性。但在上述的剂量下对单子叶杂草刺豚草和马唐无活性。Ⅰ-5 在 37.5～600g/hm² 剂量下的作物选择性试验，对甘蓝、胡萝卜、小麦、玉米和水稻等作物的选择性进行了测试。在试验作物中，双子叶作物油菜和胡萝卜在 37.5g/hm² 时非常敏感，而小麦、玉米和水稻即使在剂量为 600g/hm² 时也表现出较高的耐药能力。所有被测阔叶植物在苗后低剂量施用下化合物Ⅰ-5 均高度敏感。Ⅰ-5 对阔叶杂草具有广谱除草活性，对小麦、玉米和水稻具有较高的选择性。

至此确定 HW02 为活性最优的化合物。然后，经过大量的室内和田间生物活性测定、合成方法和工艺研究、各种性能测试与安全评价等，并获得中文通用名称氯酰草膦。

4.11.2.2 知识产权分析

有专利公开了 2-（2,4-二氯苯氧基）乙酰氧基甲基（二乙氧基膦酸酯）和 2-（2,4-二氯苯氧基）乙酰氧基甲基（二丙氧基膦酸酯），Trudy Instituta Khimicheskikh Nauk, Akademiya Nauk Kazakhskoi SSR. 1967, 19: 49-55; Izvestiya Akademii Nauk Kazakhskoi SSR, Seriya Khimicheskaya. 1966, 16(4): 74-78 也均公开了类似化合物，但氯酰草膦结构未公开，具有新颖性。

（1）新颖性　新颖性分析见表 4-75。

表 4-75　该专利与已有技术对比表

该专利：CN1197800A (华中师范大学，申请日：1997-04-30；公开日：1998-11-04)	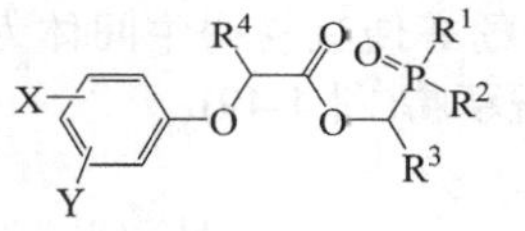 通式	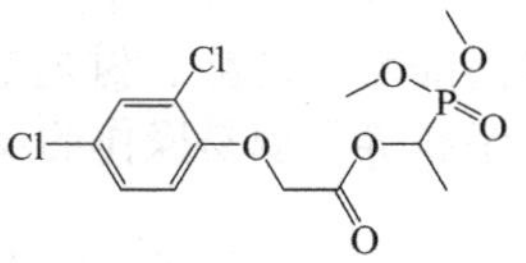 代表化合物氯酰草膦(专利中化合物 1)
接近的已有技术：Teoreticheskie Osnovy Pererabotki Mineral'nogo i Organicheskogo Syr'ya. 1976, 3: 141-144.	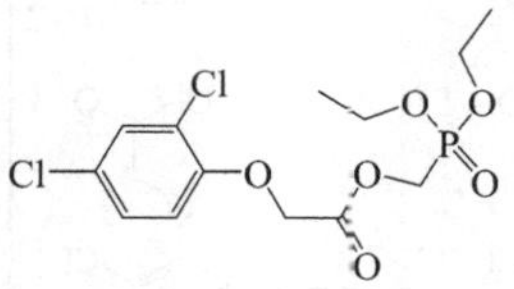 通式	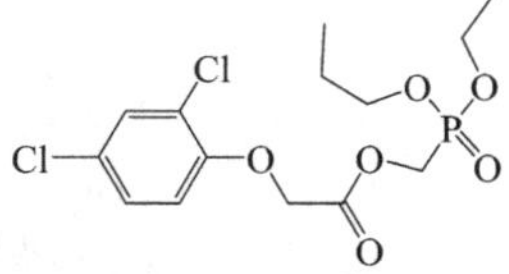 代表化合物(列表化合物 10)，具有除草活性
同类商品化/开发中品种	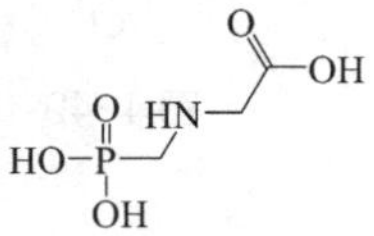 草甘膦	

（2）创造性　该专利 CN1197800A 说明书第 14 页记载，150mg/L 剂量下，该发明测试化合物（编号 1，氯酰草膦）苗前苗后处理均为 100%。

（3）核心化合物专利　核心化合物专利已经过专利期（表 4-76）。

表 4-76　氯酰草膦核心化合物专利

序号		公开号	专利号	法律状态
1		CN1197800A	ZL97109095.5	期限届满
授权保护范围(中国专利)				

续表

通式(Ⅰ)所表示的取代苯氧乙酰氧基烃基膦酸酯或盐
(Ⅰ)
式中： R^1、R^2表示C_1～C_3的烷氧基、OH、ONa、OK、ONH_4；R^1与R^2相同或者不相同； R^3表示H，C_1～C_4烷基或CCl_3，苯基，取代基为卤素、NO_2、CH_3、OCH_3的取代苯基，呋喃基； R^4表示H、C_1～C_4的烷基； X、Y表示H、Cl、Br、NO_2、CH_3，其X与Y相同或者不相同； 但是通式(Ⅰ)的限定条件如下： 当通式(Ⅰ)中R^1、R^2为乙氧基，R_4为H时， 若X、Y为2-Cl、4-Cl，则R^3为CCl_3，取代基为卤素、NO_2、CH_3、OCH_3的取代苯基，呋喃基； 若X、Y为H、4-Cl，则R^3为取代基为卤素、NO_2、CH_3、OCH_3的取代苯基，呋喃基；若X、Y为H、4-CH_3，则R^3为除CCl_3以外的上述所规定的结构

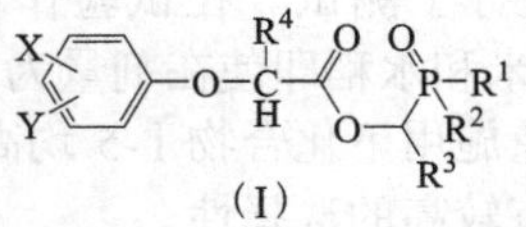

4.11.2.3 合成方法

以磷酸酯、乙醛、氯乙酸、2,4-二氯苯酚等便宜易得中间体为起始原料，经加成、取代、酰化、亲和等常规易操作的反应，得到氯酰草膦(图4-49)。

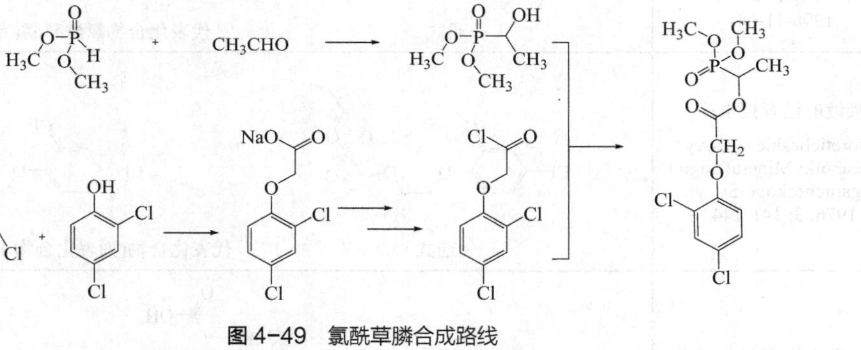

图4-49 氯酰草膦合成路线

4.11.2.4 组合物专利

氯酰草膦截止到2022年底公开了组合物专利6件（表4-77）。

表4-77 氯酰草膦组合物专利汇总表

序号	公开号	发明名称	申请人	B组分
1	CN102440263A	一种复配除草剂及其制备方法、使用方法	华中师范大学，山东侨昌化学有限公司	唑草酮
2	CN102578141A	一种复配除草剂及其制备方法、使用方法	华中师范大学，山东侨昌化学有限公司	烟嘧磺隆
3	CN102578142A	一种二元复配小麦田除草剂及其使用方法	华中师范大学，山东侨昌化学有限公司	苯磺隆

续表

序号	公开号	发明名称	申请人	B 组分
4	CN102771509A	一种含氯酰草膦的除草剂组合物	河南金田地农化有限责任公司	氟唑磺隆、吡草醚、双氟磺草胺、唑嘧磺草胺、啶磺草胺、2,4-滴丁酯、精噁唑禾草灵、燕麦畏、苄嘧磺隆、唑啉草酯、绿麦隆、噻吩磺隆、甲基二磺隆或甲基碘磺隆钠盐
5	CN107691470A	含有苯氧嘧草胺和氯酰草膦的结合物以及包含该结合物的除草组合物	浙江永太科技股份有限公司	苯氧嘧草胺
6	CN111066811A	含氯酰草膦的除草剂组合物及其应用	华中师范大学	氯吡嘧磺隆、甲基碘磺隆钠盐、酰嘧磺隆、氯嘧磺隆、环丙嘧磺隆、氟酮磺隆、氟磺隆、三氟甲磺隆、甲基二磺隆、丙苯磺隆、啶磺草胺、唑嘧磺草胺、双氟磺草胺

4.11.2.5 作用机理

氯酰草膦是一种激素类除草剂，具有内吸传导性，作用机理为丙酮酸脱氢酶系抑制剂。

4.11.2.6 毒理学与安全评价

对哺乳动物进行了急性经口、经皮、皮刺、眼刺、Ames、染色体、微核、亚慢性试验，结果详见表 4-78。环境生物安全性评价：氯酰草膦 30%乳油对斑马鱼 LC_{50}(96h)为 21.79mg/L；鹌鹑急性经口 LD_{50} 雄性为 1999.9mg/kg，雌性为 1790.0mg/kg；蜜蜂急性经口 LD_{50}＞100μg/蜂；家蚕(食下毒叶法，48h) LC_{50}＞10000mg/L (药液浓度)。试验结果表明该药剂对鱼、鸟、蜜蜂和家蚕的毒性均属于低毒。

表 4-78　氯酰草膦毒理学数据

测试科目	结论
大鼠急性经口	雄性大鼠：LD_{50}＞1711mg/kg， 雌性大鼠：LD_{50}＞1467mg/kg
大鼠急性经皮	LD_{50}＞2000mg/kg
兔眼单次刺激试验	轻度刺激性
兔皮肤单次刺激试验	轻度刺激性
豚鼠皮肤致敏试验	弱致敏性
细菌回复突变试验(Ames)	阴性
小鼠骨髓细胞微核试验	阴性
小鼠睾丸精母细胞染色体畸变试验	阴性
13 周大鼠饲喂亚慢性毒性试验	对大鼠的 13 周喂饲给药最大无作用剂量为 1.5mg/(kg·d)

4.11.2.7 登记情况

氯酰草膦系列由首建科技有限公司取得临时登记 2 个，现在已过期，具体登记信息见表 4-79。

表 4-79 氯酰草膦相关登记产品信息表

登记证号	农药名称	剂型	总含量	登记作物	防治对象	亩用药量(制剂量)	施用方法	登记证持有人
LS20071853	氯酰草膦	原药	93%	—	—	—	—	首建科技有限公司
LS20071694	氯酰草膦	乳油	30%	高羊茅草坪	阔叶杂草	90～120mL	喷雾	首建科技有限公司

4.11.2.8 应用效果

（1）室内活性　氯酰草膦 75g/hm^2 时苗后苘麻、刺苋、藜具有高于 90%的防效，显著优于 2,4-滴的防效，但对马唐和狗尾草无活性，且苗前对所测试杂草亦无效。氯酰草膦对小麦、玉米和水稻具有较高的选择性，在 600g/hm^2 时对小麦、玉米和水稻无伤害。

（2）田间应用效果　氯酰草膦 30%乳油经室内活性测定试验和田间药效试验结果表明对草坪(高羊茅)中的阔叶杂草有较好的防治效果。使用药量为有效成分 405～540g/hm^2(折成 30%乳油商品量为 90～120g/亩)，于草坪(高羊茅)中的杂草 2～4 叶期茎叶喷雾。对一年生阔叶杂草，如反枝苋、铁苋菜、苘麻等有较好的防效，对草坪(高羊茅)安全[3]。

参考文献

[1] Hong W H, Tao W, Jun L Y. Synthesis and herbicidal activities of methyl-1-(2,4- dichlorophenoxyacetoxy)alkylphosphonate monosalts. Journal of Organometallic Chemistry, 2005, 690: 2608-2613.

[2] Hong W H, Jun L Y, Hao P, et al. Studies of *O,O*-Dimethyl *r*-(2,4-dichlorophenoxyacetoxy) ethylphosphonate (HW02) as a new herbicide. 1. Synthesis and herbicidal activity of HW02 and analogues as novel Inhibitors of pyruvate dehydrogenase complex. J. Agric. Food Chem, 2011, 59: 4801-4813.

[3] 氯酰草膦(建议名). 农药科学与管理, 2008, 29(4): 58.

4.11.3 其他有机磷类化合物的创制

对该类化合物研究的主要有华中师范大学研究和浙江工业大学，具体专利如下：

（1）具有除草活性的含磷杂环取代苯氧乙(异丙)酰氧基烃基膦酸酯及制备

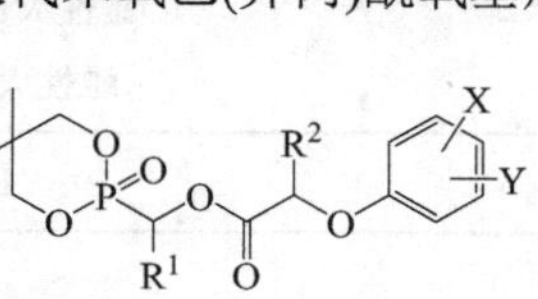

其中，R^1 表示 H，C_1～C_4 烷基，苯基，呋喃基，吡啶基或取代基为甲基、甲氧基、硝基或氯取代的苯基；R^2 表示 H、甲基；X 和 Y 表示 H、卤素、C_1～C_4 烷基或者三氟甲基，X 与 Y 相同或不相同。

发明人：贺红武，王威，左娜，盛锡军，彭浩，谭效松；申请人：华中师范大学

中国专利号：ZL201210307798.5；中国专利申请日：2012-08-27

化合物类型：苯氧乙酸酯类、膦酸酯类

发明思路：me-too 研究；在苯氧乙酸类除草剂结构基础上引入膦酸酯结构而得。

用途：具有除草活性，对阔叶杂草具有一定的活性。

代表化合物结构如下：

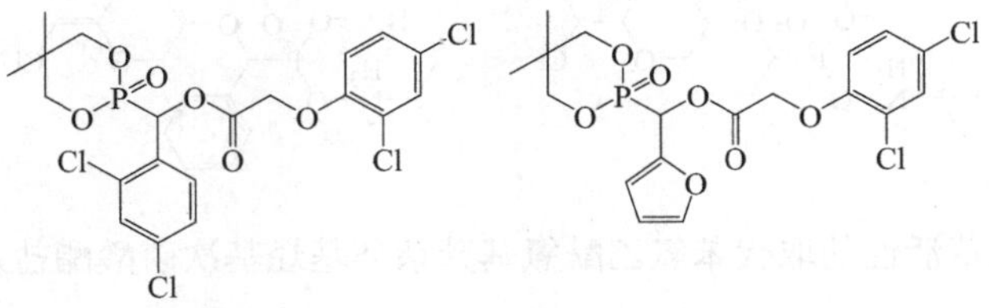

（2）具有除草活性的取代甲酰氧基烃基膦酸酯类光学活性异构体及制备

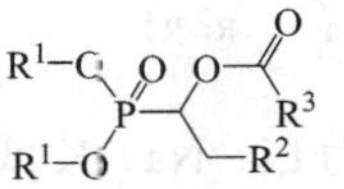

其中，R^1表示C_1～C_4的烷基；R^2表示H或C_1～C_3的烷基；R^3表示CH_2OCH_3，苄基，取代苯基，苯氧甲基或取代苯氧甲基，苯氧乙基或取代苯氧乙基，噻吩基或呋喃基，上述取代苯基上的取代基为卤素、CF_3、C_1～C_4的烷基或烷氧基。

发明人：贺红武，肖文精，刘惠；申请人：华中师范大学

中国专利号：ZL200610019674.1；中国专利申请日：2006-07-20

化合物类型：膦酸酯类、苯氧乙酸类

发明思路：me-too研究；在苯氧乙酸类除草剂结构基础上引入膦酸酯结构得到。

用途：具有除草活性，对单子叶和双子叶杂草具有显著的抑制活性。

代表化合物结构如下：

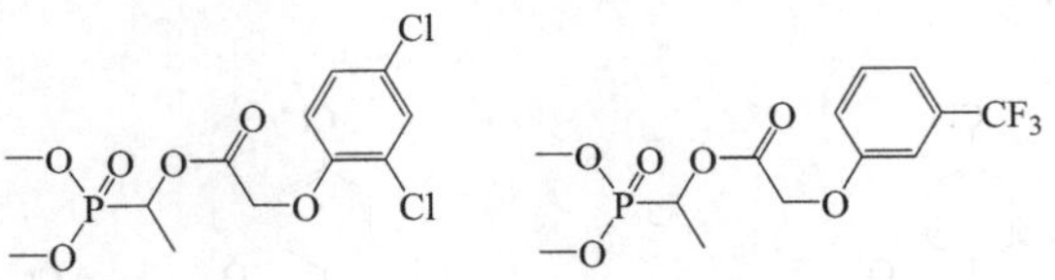

（3）具有除草活性的1-(2, 4-二取代苯氧乙酰氧基)烃基膦酸酯盐及制备

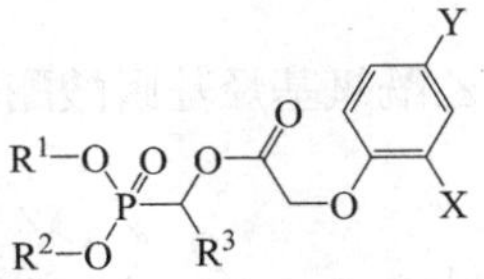

其中，R^1表示甲基；R^2表示叔丁基铵基；X和Y表示氢、卤素或C_1～C_4的烷基，X、Y相同或不同；R^3表示氢、C_1～C_4烷基、苯基或噻吩基。

发明人：贺红武，彭浩，高玲；申请人：华中师范大学

中国专利号：ZL200810048291.6；中国专利申请日：2008-07-04

化合物类型：膦酸酯类、苯氧乙酸类

发明思路：me-too研究；在苯氧乙酸类除草剂结构基础上引入膦酸酯铵盐结构而得。

用途：具有除草活性。对芥菜、决明、反枝苋、马齿苋、卷耳、稗草、马唐、狗尾草等杂草均具有一定的防除效果。

代表化合物结构如下：

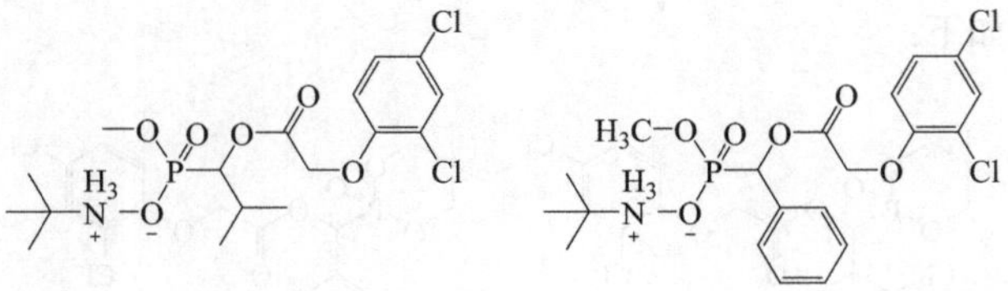

（4）具有杀菌除草活性的取代苯氧乙酰氧基芳杂环基烃基次磷酸酯盐及其制备

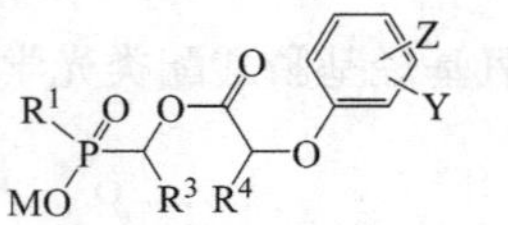

其中，R^1 表示 C_1～C_4 的烷基；M 为 Li、Na、K 或 NH_4^+；R^4 表示 H 或 C_1～C_4 的烷基；R^3 表示 H、C_1～C_4 烷基、苯基、呋喃基、噻吩基、吡啶基或取代苯基，所述的取代苯基是苯基上取代基为卤素、NO_2、C_1～C_4 的烷基或 OCH_2O 的取代苯基；Z 和 Y 表示 H、卤素、C_1～C_4 烷基、CF_3 或 NO_2，Z 与 Y 相同或不相同。

发明人：贺红武，王涛；申请人：华中师范大学

中国专利号：ZL200610110557.6；中国专利申请日：2005-04-26

化合物类型：次膦酸酯铵盐类、苯氧乙酸类

发明思路：me-too 研究；在苯氧乙酸类除草剂结构基础上引入次膦酸酯铵盐结构得到。

用途：具有除草活性和抑菌活性，对棉花枯萎霉菌、稻瘟病菌、黄瓜灰霉病菌、小麦赤霉病菌、油菜菌核病菌、甜菜褐斑病菌等多种菌种具有显著的抑制作用，同时对单子叶或双子叶植物的生长具有显著的抑制作用。

代表化合物结构如下：

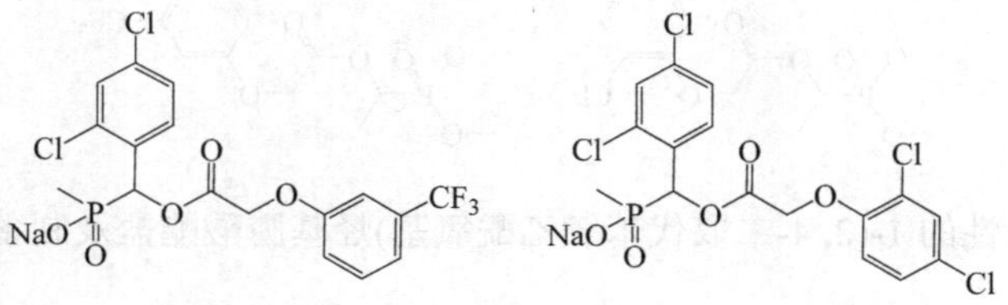

（5）具有除草活性的氟取代苯氧乙酰氧基烃基膦酸酯和盐及制备

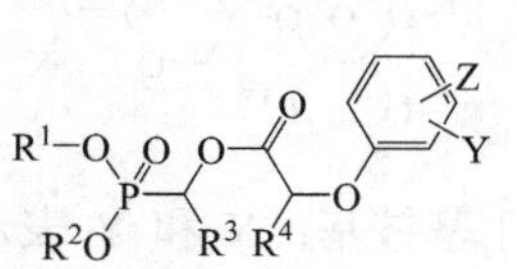

其中，R^1 和 R^2 表示 C_1～C_3 的烷基、H 或 M，M 为 Li、Na、K 或 NH_4^+；R^1 与 R^2 相同或者不相同；R^3 表示 H，C_1～C_4 烷基或取代烷基，苯基，呋喃基，噻吩基，吡啶基，卤素或 NO_2 或 C_1～C_4 的烷氧基或 C_1～C_4 的烷基取代的苯基；R^4 表示 H 或 C_1～C_4 的烷基；Z 和 Y 表示 H、F、CF_3、Cl、NO_2、CH_3、OCH_3 或 SCH_3；Z 与 Y 相同或不相同，但在 Z 和 Y 组合中，至少有一个取代基 Z 或 Y 表示 F 或 CF_3。

发明人：贺红武，陈婷，王涛，李艳军，沈平；申请人：华中师范大学

中国专利号：ZL200410012773.8；中国专利申请日：2004-02-26；同族专利：CN1560058A，

CN100412078C

化合物类型：膦酸酯类、苯氧乙酸类

发明思路：me-too 研究；在苯氧乙酸类除草剂结构基础上引入膦酸酯结构而得。

用途：具有除草活性，对单子叶或双子叶植物的生长具有显著的抑制作用，同时该类化合物对植物兼具有生长调节作用。

代表化合物结构如下：

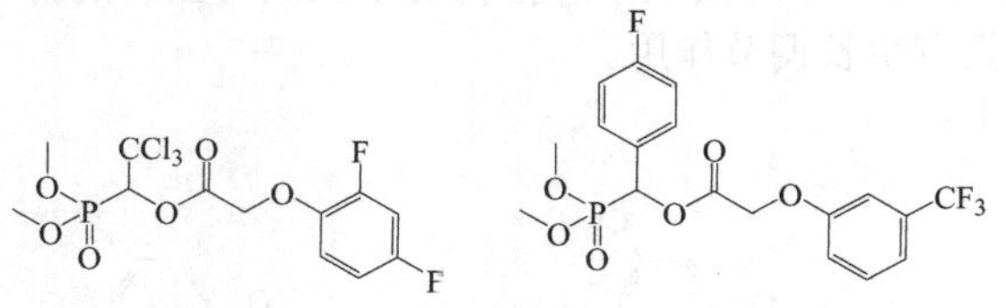

（6）具有杀菌除草活性的取代苯氧乙酰氧基芳杂环基烃基次膦酸酯盐及制备

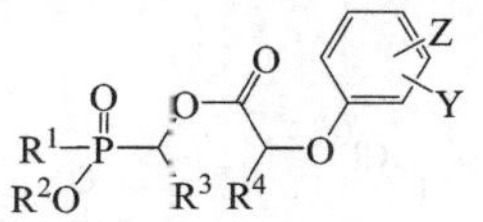

其中，R^3 表示噻吩基、吡啶基或取代苯基，所述的取代苯基是苯基上取代基为 C_2～C_4 烷基、C_2～C_4 烷氧基、C_2～C_4 烷硫基或 OCH_2O 的取代苯基；当 R^3 仅表示上述基团的范围内，R^1 和 R^2 表示 C_1～C_4 的烷基，R^1 与 R^2 相同或者不相同；R^4 表示 H 或 C_1～C_4 的烷基；Z 和 Y 表示 H、C_1～C_4 烷基、不为 F 的卤素、烷氧基、烷硫基或 NO_2，Z 与 Y 相同或不相同。

发明人：贺红武，王涛；申请人：华中师范大学

中国专利号：ZL200510018611.X；中国专利申请日：2005-04-26

同族专利：CN100375748C，CN1687086A

化合物类型：次膦酸酯类、苯氧乙酸类

发明思路：me-too 研究；以苯氧乙酸为先导，将乙酸部分引入次膦酸酯基得到现有化合物。

用途：具有除草活性，对单子叶或双子叶植物的生长具有显著的抑制作用；同时具有抑菌活性，对棉花枯萎病菌、稻瘟病菌、黄瓜灰霉病菌、小麦赤霉病菌、油菜菌核病菌、甜菜褐斑病菌等多种菌种具有显著的抑制作用。

代表化合物结构如下：

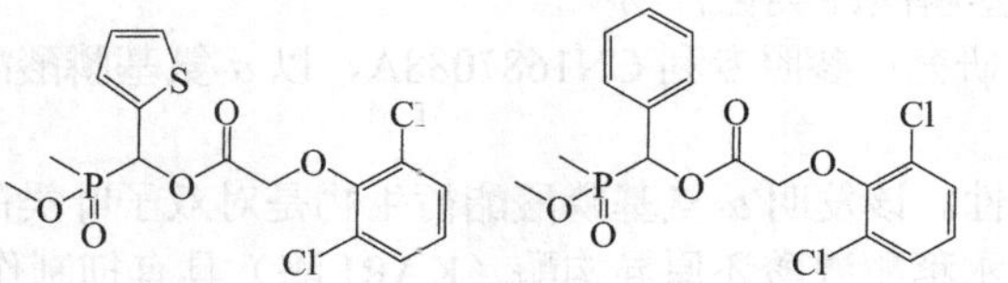

（7）具有除草活性的取代苯氧乙酰氧基烃基次膦酸酯及制备

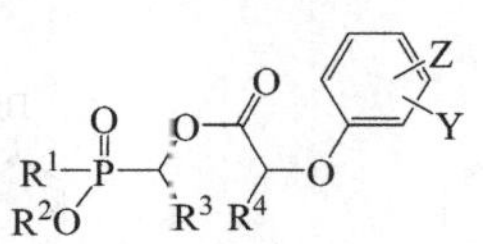

其中，R^1、R^2 表示 C_1～C_3 的烷基；R^1 与 R^2 相同或不相同；R^3 表示 H，C_1～C_4 烷基，CCl_3，呋喃基，苯基，取代基为卤素、NO_2、CH_3、OCH_3、CF_3 的取代苯基；R^4 表示 H，C_1～C_4 的烷

基；X、Y 表示 H，Cl，Br，F，NO_2，CH_3，CF_3，SCH_3；其 X 与 Y 相同或不相同。

发明人：贺红武，刘钊杰，李美强，陆爱红，胡利民，严刚；申请人：华中师范大学

中国专利号：ZL00131149.2；中国专利申请日：2000-11-15；同族专利：CN1351991A，CN1151162C

化合物类型：次膦酸酯类、苯氧乙酸类

发明思路：me-too 研究；以苯氧乙酸为先导，将乙酸部分引入次膦酸酯基得到现有化合物。

用途：具有除草活性，对单子叶或双子叶植物的生长具有显著的抑制作用，可用作除草剂，同时该类化合物对植物具有生长调节作用。

代表化合物结构如下：

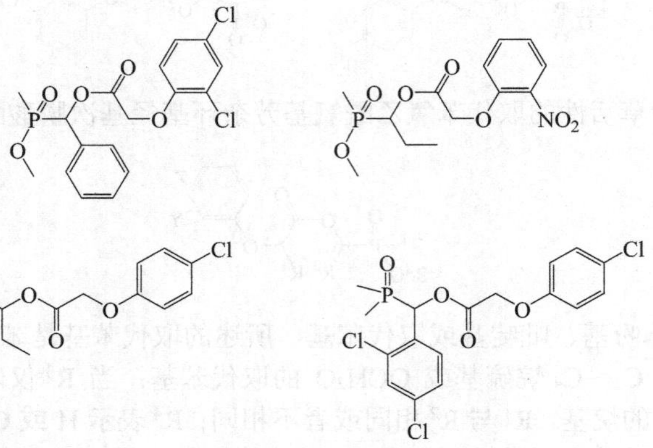

（8）一种 α-氨基膦酸酯衍生物及其制备与应用

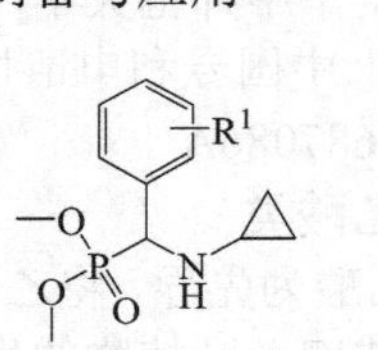

式中，R^1 为氢、4-甲基、2-溴、4-溴或 2-氯。

发明人：刘幸海，刘会君，翁建全，谭成侠，曹耀艳；申请人：浙江工业大学

中国专利号：ZL201010616343.2；中国专利申请日：2010-12-30

化合物类型：α-氨基膦酸酯类化合物

发明思路：me-too 研究；参照专利 CN1687088A，以 α-氨基膦酸酯为先导，通过引入环丙烷结构得到。

用途：具有除草活性。该发明 α-氨基膦酸酯衍生物是对双子叶类的杂草较为敏感的一种新化合物，部分化合物对水稻酮醇酸还原异构酶（KARI 酶）具有抑制作用，且在 100mg/L 条件下对油菜根生长具有一定的抑制活性。

代表化合物结构如下：

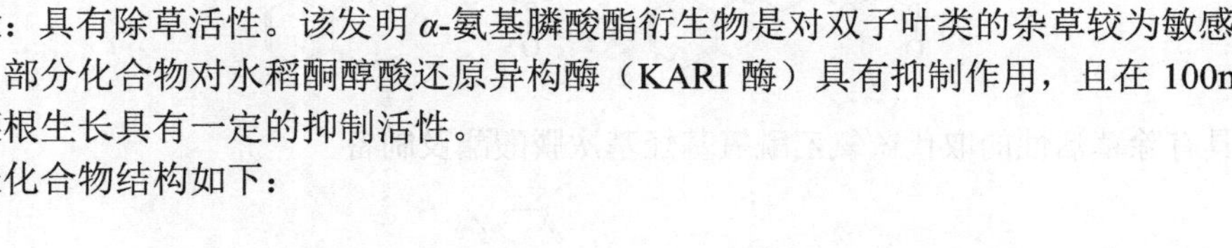

4.12 酰胺类化合物

酰胺键是除草剂分子中最常见的一类结构，目前开发或正在研究中的酰胺类除草剂主要包括*N*-烃基酰胺类、*N*-苯基酰胺类、*N*-噁二唑酰胺、*N*-四唑酰胺、磺酰胺类、氯乙酰胺类等。根据 HRAC (Herbicide Resistance Action Committee) 2020 年公布的除草剂作用机理表，乙草胺(acetochlor)、甲草胺(alachlor)、丁草胺(butachlor)、二甲草胺(dimethachlor)、二甲吩草胺(dimethenamid)、高效二甲吩草胺(dimethenamid-P)、氟噻草胺(flufenacet)、苯噻酰草胺(mefenacet)、吡唑草胺(metazachlor)、异丙甲草胺(metolachlor)、精异丙甲草胺(S-metolachlor)、烯草胺(pethoxamid)、丙草胺(pretilachlor)、毒草胺(propachlor)、异丙草胺(propisochlor)、甲氧噻草胺(thenylchlor)这 16 个氯乙酰胺类品种为超长链脂肪酸合成抑制剂。氟丁酰草胺(beflubutamid)、吡氟酰草胺(diflufenican)和氟吡酰草胺(picolinafen)为八氢番茄红素脱氢酶抑制剂。氯甲酰草胺(clomeprop)为合成生长素类除草剂，异噁唑酰草胺(isoxaben)为纤维素合成抑制剂，炔苯酰草胺(propyzamide)抑制微管组装，敌稗(propanil)为光合作用抑制剂。溴丁酰草胺(bromobutide)、敌草胺(napropamide)、乙氧苯草胺(etobenzanid)、高效麦草伏(flamprop-M)和 tetflupyrolimet 的作用机理未知。

从 2012 年开始各大农药公司逐渐将酰胺类结构引入 HPPD 化合物中，形成了 *N*-噁二唑酰胺、*N*-四唑酰胺化合物，Nissan Chemical（日产化学）成功开发了新除草剂 iptriazopyrid，青岛清原化合物有限公司的氟砜草胺（flusulfinam）也在登记过程中。

4.12.1 氟砜草胺的创制

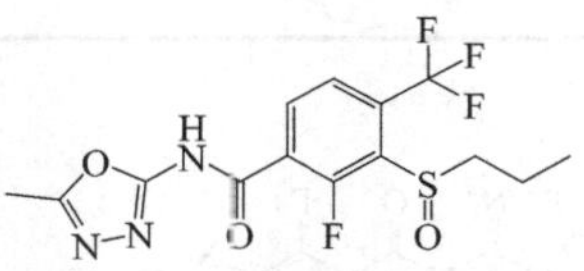

公开号：CN111253333A（实审中）；申请号：CN201911014193.5；申请日：2019-10-23；

化合物专利名称：*N*-(1,3,4-噁二唑-2-基)芳基甲酰胺类或其盐、制备方法、除草组合物和应用

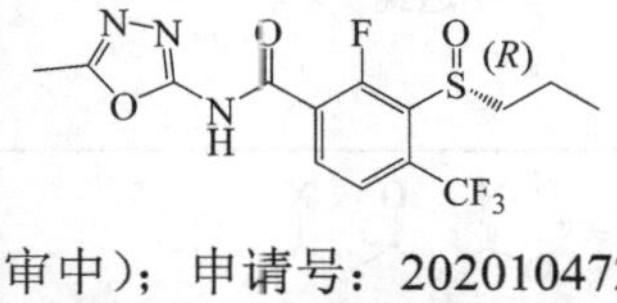

公开号：CN112694452A（实审中）；申请号：202010472859.8；申请日：2020-05-29；

化合物专利名称：一种含手性硫氧化物的芳基甲酰胺类化合物或其盐、制备方法、除草组合物和应用

专利发明人：连磊，华荣保，彭学岗，赵德，崔琦

申请人：青岛清原化合物有限公司

氟砜草胺（flusulfinam）以 *R* 构型为主（80%～100%，CAS 2421252-30-2），另含有 0%～20%的 *S* 异构体（CAS 2421252-74-4），是由清原农冠自主研发的最新一代 HPPD 抑制剂类水稻田除草剂，能有效防治稗草、马唐、千金子和部分阔叶类、莎草科杂草，兼具茎叶、土壤活性。和其他 HPPD 抑制剂类除草剂不同的是，它对水稻极其安全，对粳稻、籼稻安全性没有差异。含该核心成分的首个产品将以稻普瑞®、稻舞®的品牌在中国上市。

4.12.1.1 创制过程

从 2012 年开始各大农药公司陆续公布了不少酰胺类 HPPD 化合物专利，Nissan Chemical

（日产化学）也成功开发了新除草剂 iptriazopyrid，清原农冠也对该类化合物进行了研究，并公开了类似的三唑并吡啶类化合物（CN110870481A，申请日 2018-09-04），后又在拜耳公司专利 CN103596946A（申请日 2012-03-21）基础上加长硫上连接的碳链，并分离出 *R* 型异构体，从而开发了氟砜草胺（图 4-50）。

iptriazopyrid

CN110870481A

CN103596946A

氟砜草胺

图 4-50　氟砜草胺的创制思路

4.12.1.2　知识产权分析

（1）新颖性　该发明化合物的消旋体在已有技术 CN103596946A 权利要求大范围内，但非列表化合物，而且该发明还公开了旋光异构体，与已有技术相比具有新颖性（表 4-80）。

表 4-80　该专利与已有技术对比表

该专利： CN112694452A（青岛清原化合物有限公司，申请日：2020-05-29；公开日：2021-04-23）	通式	代表化合物氟砜草胺
接近的已有技术： CN103596946A（拜耳知识产权有限责任公司，申请日：2012-03-21；公开日：2014-02-19）	通式 A 可选自 CY，R 可选自 C_1～C_6 烷基，X 是硝基、卤素、氰基、C_1～C_6 烷基、卤代 C_1～C_6 烷基，Y 可选自氢、硝基、卤素、氰基、S(O)*ₙ* C_1～C_6 烷基，Z 可选自卤素、氰基、C_1～C_6 烷基、卤代 C_1～C_6 烷基，*n* 可选自 0、1 或 2 等。	代表化合物（列表化合物 2-235）
同类商品化/开发中品种	iptriazopyrid	

（2）创造性　氟砜草胺的 *R* 构型活性最高且对水稻更为安全，与现有技术 CN103596946A 化合物相比，对马唐、绿狗尾草、千金子活性更为优异。

4.12.1.3　合成方法

以 2,3-二氟三氟甲苯、2-氨基-5-甲基-1,3,4-噁二唑等中间体为起始原料，经四步反应得到氟砜草胺消旋体，通过手性拆分可以得到 *R* 型氟砜草胺（图 4-51）。

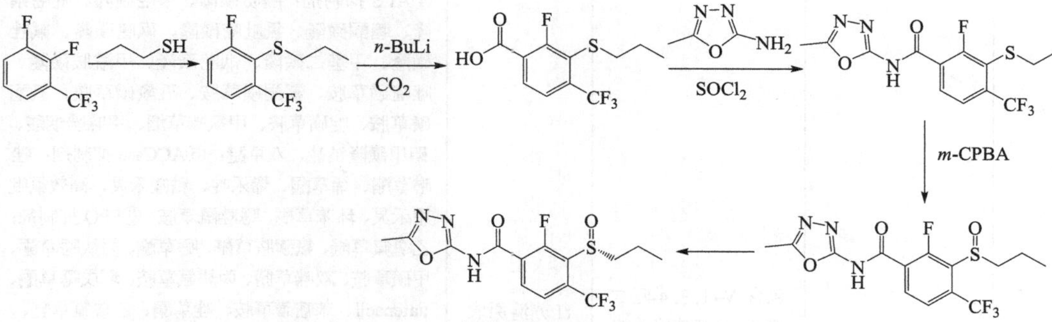

n-BuLi
CO_2
$SOCl_2$
m-CPBA
氟砜草胺

图 4-51　氟砜草胺的合成路线

4.12.1.4　组合物专利

氟砜草胺截至 2022 年 12 月份共公开了 4 件组合物专利，详见表 4-81。

表 4-81　氟砜草胺组合物专利汇总表

序号	公开号	发明名称	申请人	B 组分
1	CN112841200B	包含嘧啶羧酸苄酯类化合物和色素合成抑制剂的除草组合物及其应用	江苏清原农冠杂草防治有限公司	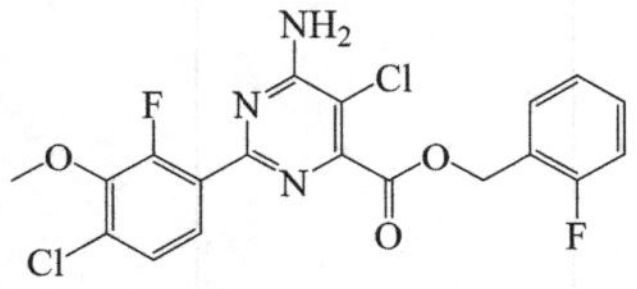
2	CN113367128A	包含 *R* 型噁二唑基芳基甲酰胺类化合物和安全剂的组合物及其应用	江苏清原农冠杂草防治有限公司	选自以下化合物中的至少一种：ⓐ二氯苯基吡唑啉-3-羧酸类化合物；ⓑ二氯苯基吡唑羧酸衍生物；ⓒ三唑羧酸类化合物；ⓓ5-苄基-或5-苯基-2-异噁唑啉-3-羧酸类或 5, 5-二苯基-2-异噁唑啉-3-羧酸类化合物；ⓔ8-喹啉氧基乙酸类化合物；ⓕ(5-氯-8-喹啉氧基)丙二酸类化合物；ⓖ苯氧基乙酸、苯氧基丙酸或芳族羧酸类化合物；ⓗ嘧啶类化合物；ⓘ二氯乙酰胺类化合物；ⓙ二氯丙酮衍生物类化合物；ⓚ氧基亚氨基化合物类化合物；ⓛ噻唑羧酸酯类化合物；ⓜ萘二羧酸衍生物类化合物；ⓝ色满乙酸衍生物类化合物；ⓞ除了对有害植物具有除草作用外还对植物具有安全剂作用的化合物；ⓟ酰基磺酰胺类的化合物

续表

序号	公开号	发明名称	申请人	B组分
3	CN112741096B	包含*N*-(1, 3, 4-噁二唑-2-基)芳基甲酰胺类化合物的除草组合物及其应用	江苏清原农冠杂草防治有限公司	①HPPD抑制剂：硝磺草酮、苯唑草酮、环磺酮、氟吡草酮、呋喃磺草酮、双环磺草酮、双唑草酮、环吡氟草酮、三唑磺草酮、苯唑氟草酮、异噁唑草酮；②PDS抑制剂：吡氟酰草胺、氟吡酰草胺；③DOXP抑制剂：异噁草松；④ALS抑制剂：噻吩磺隆、苄嘧磺隆、吡嘧磺隆、噻酮磺隆、氯吡嘧磺隆、砜嘧磺隆、氟唑磺隆、甲基二磺隆、烟嘧磺隆、甲酰胺磺隆、唑嘧磺草胺、氟酮磺草胺、五氟磺草胺、氯酯磺草胺、啶磺草胺、甲氧咪草烟、甲咪唑烟酸、碘甲磺隆钠盐、双草醚；⑤ACCase抑制剂：唑啉草酯、烯草酮、烯禾啶、精喹禾灵、高效氟吡甲禾灵、环苯草酮、噁唑酰草胺；⑥PPO抑制剂：乙氧氟草醚、氟磺胺草醚、噁草酮、丙炔噁草酮、甲磺草胺、双唑草腈、丙炔氟草胺、环戊噁草酮、tiafenacil、苯嘧磺草胺、唑草酮、乙羧氟草醚、三氟羧草醚、trifludimoxazin；⑦PSⅡ抑制剂：莠去津、特丁津、莠灭净、嗪草酮、氨唑草酮、绿麦隆、异丙隆、除草定、三氟草嗪、cyclopyrimorate、敌稗、哒草特、灭草松、溴苯腈；⑧微管组装抑制剂：仲丁灵、二甲戊灵；⑨VLCFA抑制剂：丁草胺、丙草胺、精异丙甲草胺、氟噻草胺、砜吡草唑、莎稗磷；⑩脂类合成抑制剂：苄草丹、禾草敌、禾草丹；⑪合成激素类：二氯喹啉酸、氯氟吡氧乙酸、氟氯吡啶酯、三氯吡氧乙酸、二氯吡啶酸、氨氯吡啶酸、氯氨吡啶酸、麦草畏、氯氟吡啶酯、2-甲基-4-氯苯氧乙酸、2-甲基-4-氯苯氧乙酸钠、环丙嘧啶酸；⑫EPSPS抑制剂：草甘膦；⑬GS抑制剂：草铵膦、精草铵膦；⑭PSⅠ抑制剂：敌草快；⑮纤维素合成抑制剂：三嗪氟草胺、茚嗪氟草胺；⑯其他除草剂：噁嗪草酮、环庚草醚
4	CN112741097B	包含*N*-(1, 3, 4-噁二唑-2-基)芳基甲酰胺类化合物的除草组合物及其应用	江苏清原农冠杂草防治有限公司	①HPPD抑制剂：硝磺草酮、苯唑草酮、环磺酮、氟吡草酮、呋喃磺草酮、双环磺草酮、双唑草酮、环吡氟草酮、三唑磺草酮、苯唑氟草酮、fenquinotrione、异噁唑草酮；②PDS抑制剂：吡氟酰草胺、氟吡酰草胺、氟丁酰草胺、氟啶草酮；③DOXP抑制剂：异噁草松、bixlozone；④ALS抑制剂：噻吩磺隆、苄嘧磺隆、吡嘧磺隆、噻酮磺隆、氯吡嘧磺隆、嗪吡嘧磺隆、砜嘧磺隆、氟唑磺隆、甲基二磺隆、烟嘧磺隆、甲酰胺磺隆、唑嘧磺草胺、氟酮磺草胺、五氟磺草胺、氯酯磺草胺、啶磺草胺、甲氧咪草烟、甲咪唑烟酸、碘甲磺隆钠盐、双草醚；⑤ACCase抑制剂：唑啉草酯、烯草酮、

续表

序号	公开号	发明名称	申请人	B 组分
4	CN112741097B	包含 *N*-(1, 3, 4-噁二唑-2-基)芳基甲酰胺类化合物的除草组合物及其应用	江苏清原农冠杂草防治有限公司	烯禾啶、精喹禾灵、高效氟吡甲禾灵、精噁唑禾草灵、氰氟草酯、环苯草酮、噁唑酰草胺；⑥PPO 抑制剂：乙氧氟草醚、氟磺胺草醚、噁草酮、丙炔噁草酮、甲磺草胺、双唑草腈、丙炔氟草胺、环戊噁草酮、tiafenacil、苯嘧磺草胺、唑草酮、乙羧氟草醚、三氟羧草醚、trifludimoxazin、epyrifenacil；⑦PSⅡ抑制剂：莠去津、扑草净、西草净、特丁津、莠灭净、嗪草酮、氨唑草酮、绿麦隆、异丙隆、除草定、三氟草嗪、cyclopyrimorate、敌稗、哒草特、灭草松、辛酰溴苯腈、溴苯腈；⑧微管组装抑制剂：仲丁灵、二甲戊灵、氟硫草定；⑨VLCFA 抑制剂：丁草胺、丙草胺、异丙甲草胺、苯噻酰草胺、精异丙甲草胺、氟噻草胺、砜吡草唑、莎稗磷、四唑酰草胺、dimesulfazet、fenoxasulfone；⑩脂类合成(非乙酰辅酶 A 羧化酶)抑制剂：苄草丹、禾草敌、禾草丹；⑪合成激素类：二氯喹啉酸、氯氟吡氧乙酸、氯氟吡氧乙酸异辛酯、氟氯吡啶酯、三氯吡氧乙酸、二氯吡啶酸、氨氯吡啶酸、氯氨吡啶酸、麦草畏、氯氟吡啶酯、2-甲基-4-氯苯氧乙酸、2-甲基-4-氯-苯酚乙硫酯、2-甲基-4-氯苯氧乙酸钠、2-甲基-4-氯苯氧乙酸异辛酯、2,4-二氯苯氧乙酸丁酯、2,4-二氯苯氧乙酸异辛酯、2,4-二氯苯氧基乙酸、2 甲 4 氯二甲铵盐、环丙嘧啶酸；⑫EPSPS 抑制剂：草甘膦；⑬GS 抑制剂：草铵膦、精草铵膦；⑭PSⅠ抑制剂：敌草快；⑮DHP 抑制剂：磺草灵；⑯纤维素合成抑制剂：三嗪氟草胺、茚嗪氟草胺；⑰其他除草剂：噁嗪草酮、环庚草醚、tetflupyrolimet

4.12.1.5 登记情况

2022 年 4 月底，氟砜草胺在柬埔寨首次获得批准登记，之后会在中国上市。

4.12.1.6 应用效果

稻普瑞®、稻舞®（氟砜草胺）是安全、高效、广谱、使用灵活的优秀除草剂，在旱直播水稻田具有非凡表现。稻普瑞®处理，药后 6 天田间几乎所有杂草完全白化，对水稻高度安全，有效防除抗性稗草、千金、马唐、莎草及部分常见阔叶杂草，禾阔双除，速效彻底。

4.12.2 其他酰胺类化合物的创制

N-噁二唑酰胺、*N*-四唑酰胺目前是国外公司的研究热点。从结构角度分析是在三酮、苯甲酰基吡唑等 HPPD 除草剂基础上优化而来。国内对该类化合物研究也基本是在商品化品种上的 me-too 研究，同时也有利用自身特殊羧酸进行衍生。该类化合物研究单位主要有：青岛清原、沈阳中化农药化工研发有限公司（原沈阳化工研究院农药所）、西北农林科技大学或中国农业大

学等。具体专利如下：

（1）杂环基芳基甲酰胺类或其盐、制备方法、除草组合物和应用

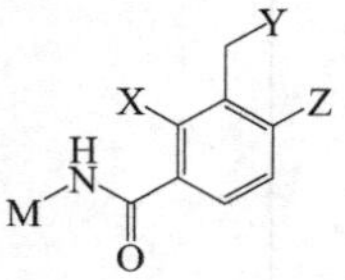

式中，X 代表卤素、巯基、OR^1 或 SR^2；Z 代表不含或含有卤素的 C_1～C_8 烷基、C_2～C_8 烯基、C_2～C_8 炔基、C_3～C_8 环烷基或 C_3～C_8 环烷基 C_1～C_6 烷基，或 $S(O)_mR^2$；R^1 代表氢、C_1～C_8 烷基、C_2～C_8 烯基、C_2～C_8 炔基、C_3～C_8 环烷基或 C_3～C_8 环烷基 C_1～C_6 烷基；R^2 为 C_1～C_8 烷基、C_2～C_8 烯基、C_2～C_8 炔基、C_3～C_8 环烷基或 C_3～C_8 环烷基 C_1～C_6 烷基；

Y 代表被 Ra 取代的 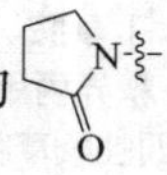 、、、、、、、、或 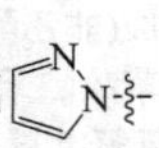 ；

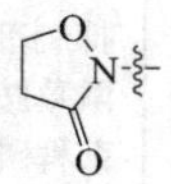

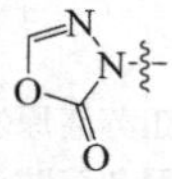

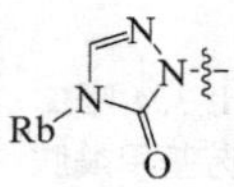

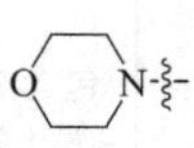

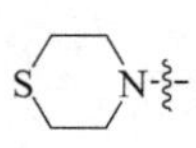

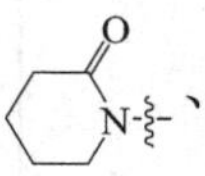

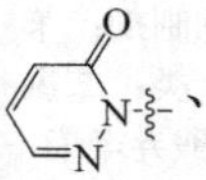

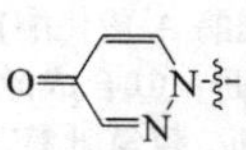

Ra 选自以下基团中的一个或多个基团：氢，卤素，硝基，氨基，氰基，巯基，羟基，羧基，甲酰基，杂芳基，或含有或不含有卤素的 C_1～C_8 烷基、C_2～C_8 烯基、C_2～C_8 炔基、C_3～C_8 环烷基、C_3～C_8 环烷基 C_1～C_6 烷基、C_1～C_8 烷基取代的 C_3～C_8 环烷基、ORc、SRc、CORc、COORc 或 COSRc；Rb 选自氢、C_1～C_8 烷基、C_2～C_8 烯基、C_2～C_8 炔基、C_3～C_8 环烷基、C_3～C_8 环烷基 C_1～C_6 烷基或 C_1～C_8 烷基取代的 C_3～C_8 环烷基；Rc 分别独立地代表 C_1～C_8 烷基、C_2～C_8 烯基、C_2～C_8 炔基、C_3～C_8 环烷基或 C_3～C_8 环烷基 C_1～C_6 烷基；M 代表 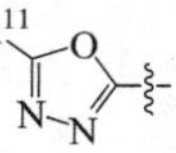 ；R^{11} 表示氢、C_1～C_8 烷基、C_3～C_8 环烷基、C_2～C_8 烯基或 C_2～C_8 炔基；m 为 1 或 2；其中，所述“杂芳基”是指 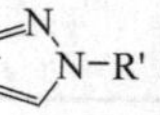 ，前述基团是未取代的；R′代表氢，或含有或不含有卤素的 C_1～C_6 烷基、C_2～C_6 烯基、C_2～C_6 炔基、C_3～C_6 环烷基或 C_3～C_6 环烷基 C_1～C_6 烷基。

发明人：连磊，彭学岗，华荣保，赵德，崔琦；申请人：青岛清原化合物有限公司

中国公开号：CN111484487A；中国专利申请日：2020-01-11；同族专利：WO2020156106A1；

化合物类型：酰胺类，HPPD 类

发明思路：me-too 研究，在 CN103282354A 基础上对苄基取代部分进行替换。

用途：具有除草活性，可以有效地控制稗草、马唐、千金子、播娘蒿及反枝苋，且对小麦、水稻和玉米安全。

代表化合物结构如下：

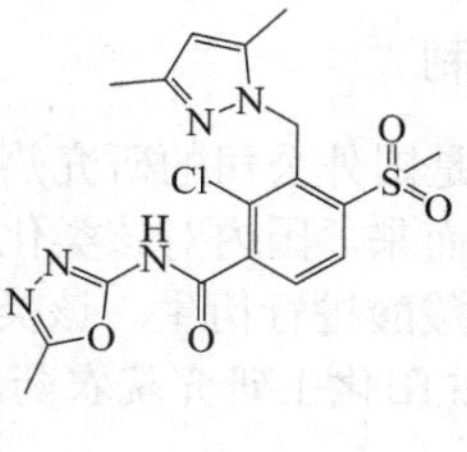

（2）4-吡啶基甲酰胺类化合物或其衍生物、制备方法、除草组合物和应用

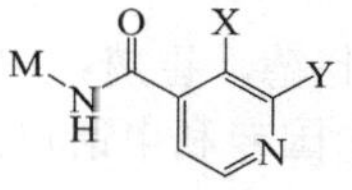

式中，X 代表硝基，卤素，氰基，不含或含有卤素的 C_1～C_8 烷基、C_2～C_8 烯基、C_2～C_8 炔基、C_3～C_8 环烷基或 C_3～C_8 环烷基 C_1～C_6 烷基，OR^1，$S(O)_mR^2$，C_1～C_6 烷基-$(C{=}S)_n$-NR^4R^5，C_1～C_6 烷基-OR^1，C_1～C_6 烷基-$S(O)_mR^2$，NR^4R^5，或芳基；Y 代表不含或含有卤素的 C_1～C_8 烷基、C_2～C_8 烯基、C_2～C_8 炔基、C_3～C_8 环烷基或 C_3～C_8 环烯基，OR^1，$S(O)_mR^2$，NR^4R^5，芳基，杂芳基或杂环基；R^1、R^4、R^5 分别独立地代表氢、芳基、芳基 C_1～C_6 烷基、C_1～C_8 烷基、卤代 C_1～C_8 烷基、C_2～C_8 烯基、卤代 C_2～C_8 烯基、C_2～C_8 炔基或卤代 C_2～C_8 炔基；R^2 为芳基 C_1～C_6 烷基、C_1～C_8 烷基、C_2～C_8 烯基或 C_2～C_8 炔基，其中后 3 个基团被 s 个选自卤素的基团取代；

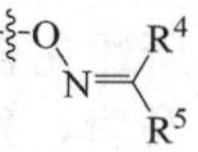

M 代表、、、、或；

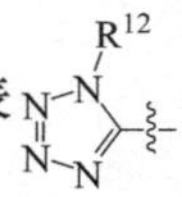

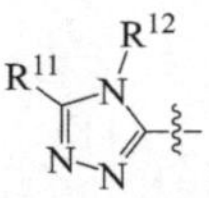

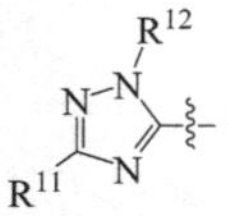

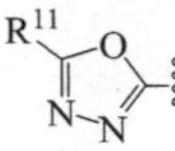

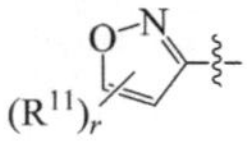

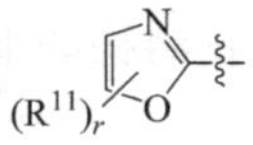

R^{11} 表示氢、C_1～C_8 烷基、C_3～C_8 环烷基、C_2～C_8 烯基或 C_2～C_8 炔基；R^{12} 表示氢、C_1～C_8 烷基、C_2～C_8 烯基或 C_2～C_8 炔基；r 为 1 或 2；m 为 0、1 或 2；n 为 0；s 为 0、1、2 或 3；

其中，所述“杂环基”是指或，所述“芳基”是指苯基、萘基或，

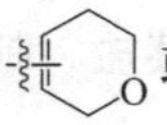

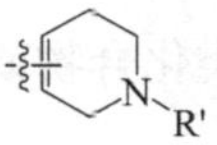

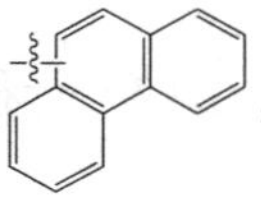

所述“杂芳基”是指、、、、、、、

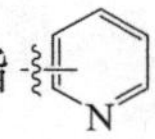

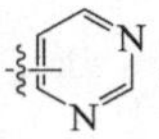

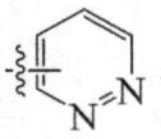

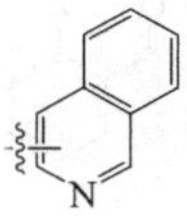

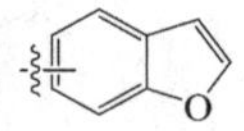

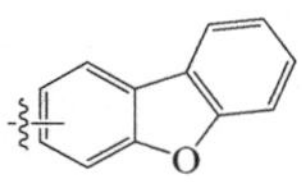

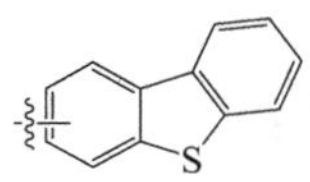

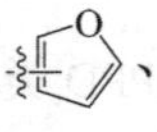

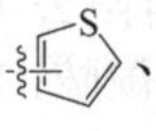

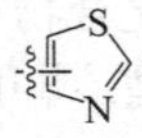

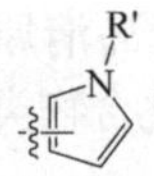

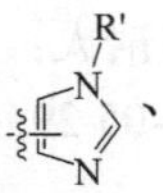

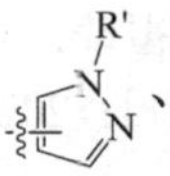

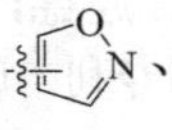

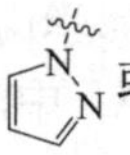

、、、、、、、或；前述基团分别是未取代的或被选自以下基团中的 1～3 个基团所取代：卤素，硝基，氰基，羟基，羟基 C_1～C_6 烷基，羧基，甲酰基，未取代或被选自 C_1～C_6 烷基、C_2～C_6 烯基、C_2～C_6 炔基中的 1～3 个基团所取代的、或苯基，含有或不含有卤素的 C_1～C_6 烷基、C_2～C_6 烯基、C_2～C_6 炔基、C_3～C_6 环烷基、C_3～C_6 环烷基 C_1～C_6 烷基、C_1～C_6 烷基取代的 C_3～C_6 环烷基、OR"、SR"、C_1～C_6 烷基-OR"、C_1～C_6 烷基-SR"、COR"、C_1～C_6 烷基-COR"、COOR"、C_1～C_6 烷基-COOR"、SO_2R"或 C_1～C_6 烷基-SO_2R"，未取代或被选自含有或不含有卤素的 R"、COR"或 COOR"中的一个或两个基团所取代的氨基、氨基 C_1～C_6 烷基或氨基羰基；或相邻两个取代位置与含有或不含有卤素的 OCH_2O 基团相连成环；R'分别独立地代表氢，含有或不含有卤素的 C_1～C_6 烷基、C_2～C_6 烯基或 C_2～C_6 炔基，，C_1～C_6 烷氧基 C_1～C_6 烷基，C_1～C_6 烷氧基羰基或苄基；R"分别独立地代表 C_1～C_6 烷基、C_2～C_6 烯基或 C_2～C_6 炔基，以及未取代的、、苯基或苄基；其中，当 X 为氟时，Y 不为氨基、一甲基氨基、一乙基氨基和一丙基氨基；当 M

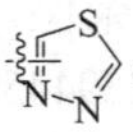

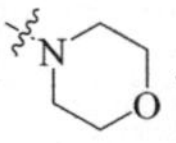

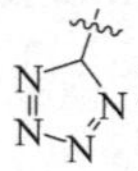

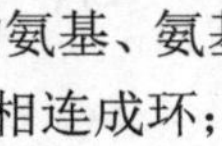

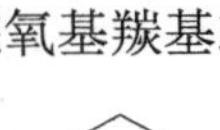

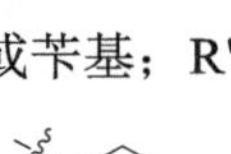

为 ![isoxazolyl] 时，X 和 Y 不同时为甲基。

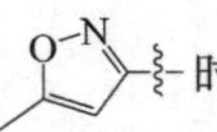

发明人：连磊，华荣保，彭学岗，赵德，崔琦；申请人：青岛清原化合物有限公司

中国专利号：ZL202010035990.8；中国专利申请日：2020-01-14；同族专利：BRPI2113806，CN111434660B，EP3892618A1，IN202117031531，US2023087801A1，WO2020147705A1

化合物类型：酰胺类、芳基吡啶

发明思路：me-too 研究。

用途：具有除草活性，专利中所述化合物普遍具有较好的杂草防效，尤其对于玉米田、水稻田、小麦田广泛发生的稗草、马唐、狗尾草等主要禾本科杂草以及苘麻、荠菜、鬼针草等主要的阔叶杂草有良好的效果，尤其是对对 ALS 抑制剂有抗性的荠菜、播娘蒿、荠菜、麦家公、猪殃殃、繁缕、狗尾草、稗草、马唐、看麦娘、菵草等杂草有极高的活性。同时该发明所述化合物及其组合物很多对结缕草、狗牙根、高羊茅、早熟禾、黑麦草、海滨雀稗等禾本科杂草有很好的选择性，能防除很多关键禾本科杂草以及阔叶杂草。对不同施药方式下的小麦、玉米、水稻、甘蔗、大豆、棉花、油葵、马铃薯、果树、蔬菜等测试也显示出极好的选择性。

代表化合物结构如下：

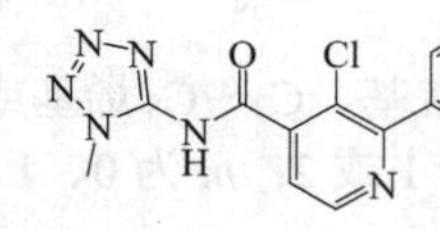

（3）一种含手性硫氧化物的芳基甲酰胺类化合物或其盐、制备方法、除草组合物和应用

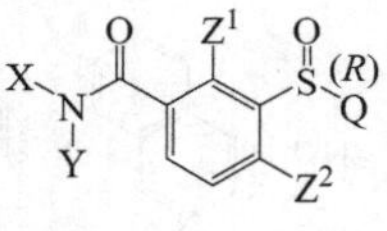

发明人：连磊，华荣保，彭学岗，赵德，崔琦；申请人：青岛清原化合物有限公司

中国公开号：CN112694452A；中国专利申请日：2020-05-29；化合物类型：苯甲酰胺、HPPD 类

发明思路：me-too 研究。

用途：具有优异的除草活性，60g/hm^2 时对稗草、千金子、野慈姑、鸭舌草、牛繁缕、播娘蒿、荠菜、反枝苋、马唐、狗尾草、苘麻防效为 100%，且对小麦、水稻等关键农作物建立了良好的选择性。

代表化合物结构如下：

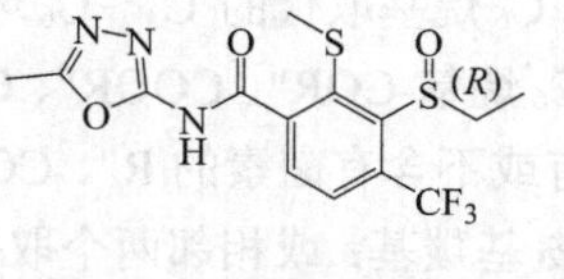

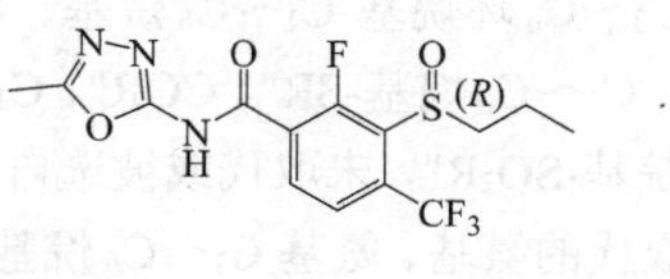

（4）一种吡唑酰胺类化合物及其作为除草剂的用途

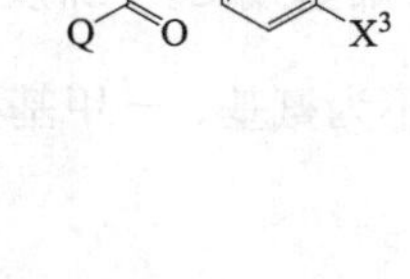

式中，Q 为如下基团 Q1、Q2：

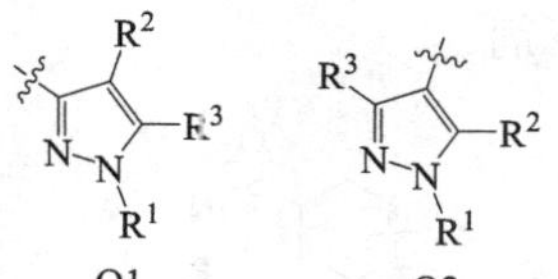

X^1选自卤素或甲基磺酰基；X^2选自氢、四氢呋喃-2-甲氧基甲基、C_1～C_6烷基或Y^1氧基C_1～C_6烷基；X^3选自甲基磺酰基、C_1～C_6烷基或C_1～C_6卤代烷基；Y^1选自C_1～C_6烷基、C_1～C_6卤代烷基或C_1～C_6烷氧基C_1～C_6烷基；R^1选自C_1～C_6烷基；R^2选自氢；R^3选自C_1～C_6烷基。

发明人：杨辉斌，英君伍，马宏娟，秦博，崔东亮，程岩，王刚，孙冰，陈霖，李斌；申请人：沈阳中化农药化工研发有限公司

中国专利号：ZL201811516181.8；中国专利申请日：2018-12-12；同族专利：AR117692A1、CN111303126A 和 WO2020119612A1

化合物类型：苯甲酰胺类化合物、四氮唑类化合物

发明思路：me-too 研究；参照 EP3356334 中的结构，使用吡唑羧酸进行替换得到该类化合物。

用途：具有除草活性，对百日草、苘麻、狗尾草和稗草具有一定的防除效果，且对小麦具有较好的安全性。

代表化合物结构如下：

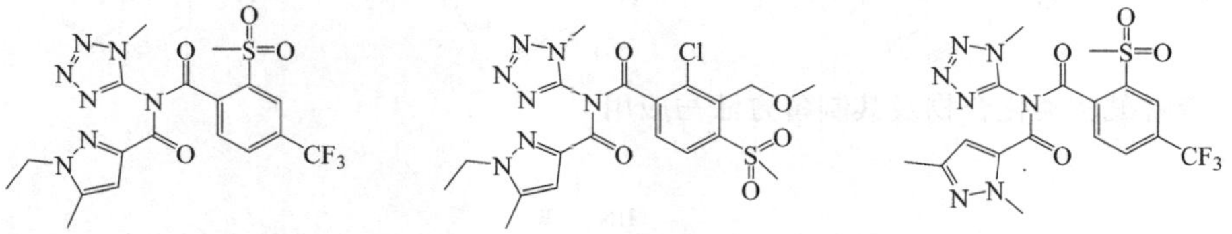

（5）一种苯甲酰胺类化合物及其作为除草剂的用途

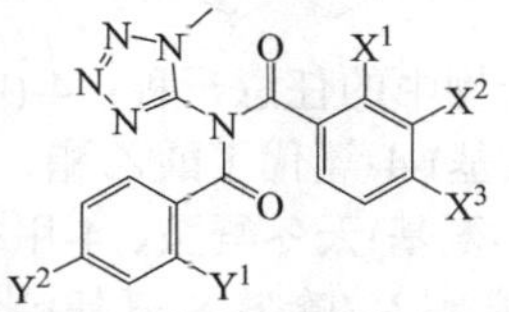

式中，X^1选自卤素；X^3选自卤素或C_1～C_6烷基磺酰基；X^2选自氢、C_1～C_6烷基、C_1～C_6卤代烷基；Y^1选自C_1～C_6烷基磺酰基；Y^2选自C_1～C_6卤代烷基。

发明人：杨辉斌，程岩，崔东亮，英君伍，马宏娟，王刚，陈霖，孙冰，王明欣，梁爽，秦博，李斌；申请人：沈阳中化农药化工研发有限公司

中国专利号：ZL201811516182.2；中国专利申请日：2018-12-12

化合物类型：苯甲酰胺类化合物、四氮唑类化合物

发明思路：me-too 研究，在 EP3356334 化合物基础上进行的结构优化。

用途：具有除草活性，化合物对阔叶杂草和禾本科杂草普遍具有较高防效，且对玉米具有安全性。

代表化合物结构如下：

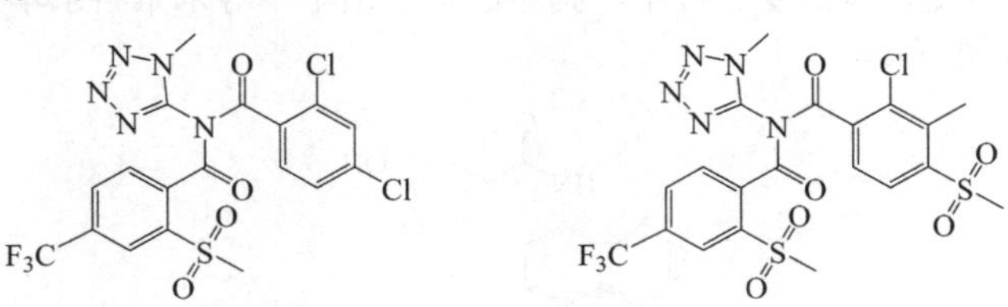

（6）*N*-(杂环甲酰基)磺酰胺除草剂

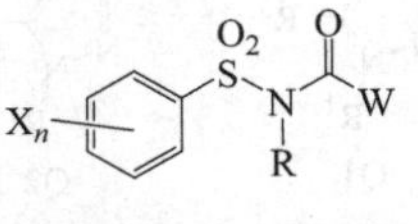

式中，W 为杂环，包括吡啶、嘧啶、呋喃，环上与羰基邻位上由卤 C_1～C_6 烷基取代；R 为 C_3～C_6 链炔基或 C_3～C_6 环氧烷基；X 为卤素、C_1～C_6 烷基、C_1～C_6 卤代烷基、C_1～C_6 烷氧基、C_1～C_6 卤代烷氧基、硝基、氰基或 C_1～C_6 烷氧羰基；*n* 等于 0、1、2 或 3。

发明人：泰斯 C·M，李斌；申请人：沈阳化工研究院

中国专利号：ZL99112943.1；中国专利申请日：1999-05-20

化合物类型：磺酰胺类化合物

发明思路：me-too 研究；参考 JP54027535 中的磺酰胺类化合物，使用杂环替换专利中的苯环得到了相关化合物。

用途：具有除草活性。防治玉米、棉花、水稻、大豆或小麦田单双子叶杂草。

代表化合物结构如下：

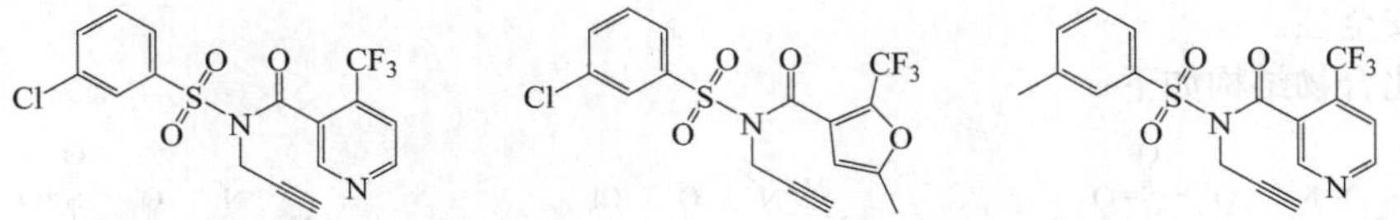

（7）喹啉酰胺类化合物及其制备方法与应用

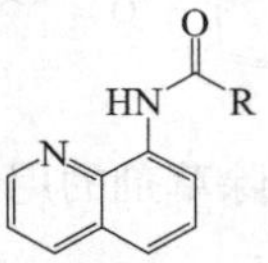

具体的，所示化合物为如下化合物中的任意一种：4-(喹啉-8-氨基)-4-氧代丁酸、4-(喹啉-8-氨基)-4-氧代丁酸甲酯、4-(喹啉-8-氨基)-4-氧代丁酸乙酯、N^2-(叔丁氧羰基)-N^5-(喹啉-8-氨基)谷氨酰胺、N^2-(叔丁氧羰基)-N^4-(喹啉-8-氨基)天冬酰胺、4-甲氧基-*N*-(喹啉-8-氨基)苯甲酸、4-甲氧基-*N*-(喹啉-8-氨基)苯乙酸或 4-甲氧羰基-*N*-(喹啉-8-氨基)苯甲酸。

发明人：段留生，刘少金，于春欣，胡堂路，于莎，周于毅，李召虎；申请人：中国农业大学

中国专利号：ZL201710047153.5；中国专利申请日：2017-01-22

化合物类型：喹啉酰胺类化合物

发明思路：me-too 研究。在现有酰胺植物生长调节剂如环丙酰草胺（cyclanilide）或者现有报道的具有植物生长调节活性的化合物基础上优化而来。

用途：具有除草活性。某些化合物具有特异的油菜素内酯反应，如促进黑暗中拟南芥突变体 det 2-1 下胚轴伸长，促使水稻叶片倾角增大，增强玉米耐盐胁迫的能力等。个别化合物在低浓度就具有很高的响应值，另外在高浓度情况下，还能抑制小麦的株高，延缓生长，提高其抗倒伏的能力。同时在防治野燕麦、节节麦、稗草、狗尾巴草、山羊草等禾本科杂草上具有很好的效果。

代表化合物结构如下：

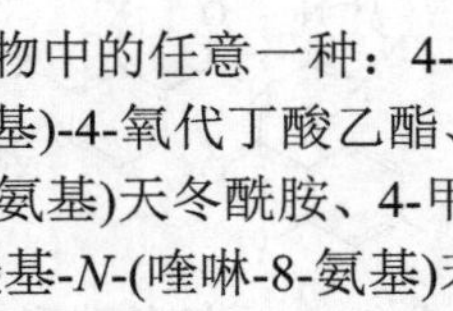

（8）吡唑酰胺类化合物及其制备方法与应用

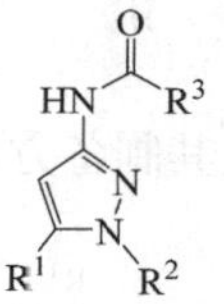

式中，R^1为氢或甲基；R^2为甲基或叔丁氧羰基；R^3为丁酸基、丁酸甲酯基、2-乙酰氧基甲基、2-甲氧基甲基、对甲氧苯基、对甲氧基苯乙基或苯甲酸甲酯。

发明人：段留生，刘少金，于春欣，胡堂路，陶群，周于毅，李召虎；申请人：中国农业大学

中国专利号：ZL201710047100.3；中国专利申请日：2017-01-22

化合物类型：吡唑酰胺类化合物

发明思路：me-too 研究；在 US4772310A 公开的吡唑酰胺类化合物基础上优化合成得到。

用途：除草剂。相关生物活性验证发现其中某些化合物具有特异的油菜素内酯反应，如促进黑暗中拟南芥突变体 det 2-1 下胚轴伸长，促使水稻叶片倾角增大，增强玉米耐盐胁迫的能力等。个别化合物在低浓度就具有很高的响应值，另外在高浓度情况下，还能抑制小麦的株高，延缓生长，提高其抗倒伏的能力。同时在防治野燕麦、节节麦、稗草、狗尾巴草、山羊草等禾本科杂草上具有很好的效果。

代表化合物结构如下：

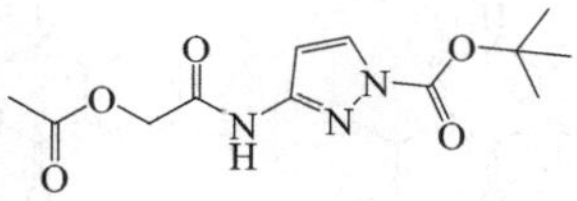

（9）吡啶酰胺类化合物及其制备方法与应用

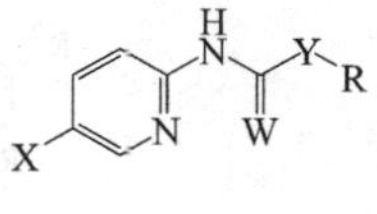

化合物为 3-(5-溴吡啶-2-氨基)-1-丙磺酸。

发明人：段留生，刘少金，于春欣，胡堂路，何彦，周于毅，李召虎；申请人：中国农业大学

中国专利号：ZL201710047155.4；中国专利申请日：2017-01-22

化合物类型：吡啶酰胺类化合物

发明思路：me-too 研究。

用途：植物生长调节活性和除草活性。相关生物活性验证，发现其中某些化合物具有特异的油菜素内酯反应，如促进黑暗中拟南芥突变体 det 2-1 下胚轴伸长，促使水稻叶片倾角增大，增强玉米耐盐胁迫的能力等。个别化合物在低浓度就具有很高的响应值，另外在高浓度情况下，还能抑制小麦的株高，延缓生长，提高其抗倒伏的能力。同时在防治野燕麦、节节麦、稗草、狗尾巴草、山羊草等禾本科杂草上具有很好的效果。

代表化合物结构如下：

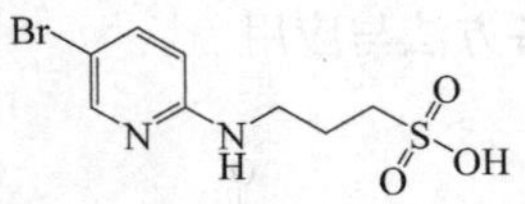

（10）一种取代的噻二嗪酮二氧化物及其制备方法、除草组合物和应用

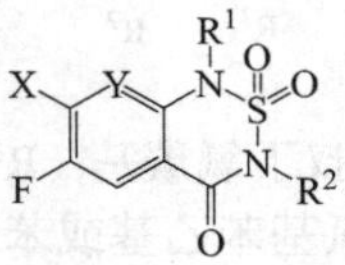

发明人：连磊，华荣保，彭学岗，赵德，崔琦；申请人：青岛清原化合物有限公司

中国公开号：CN112441993A；中国专利申请日：2020-08-25

化合物类型：苯并噻二嗪酮

发明思路：me-too 研究；在专利 US3920641、US3989507、DE2656289 等公开的噻二嗪酮二氧化物基础上优化而得。

用途：具有除草活性。所述化合物对禾本科杂草、阔叶杂草或苋科杂草等具有优异的除草活性，并对大豆、玉米、水稻或小麦等作物具有高选择性。

代表化合物结构如下：

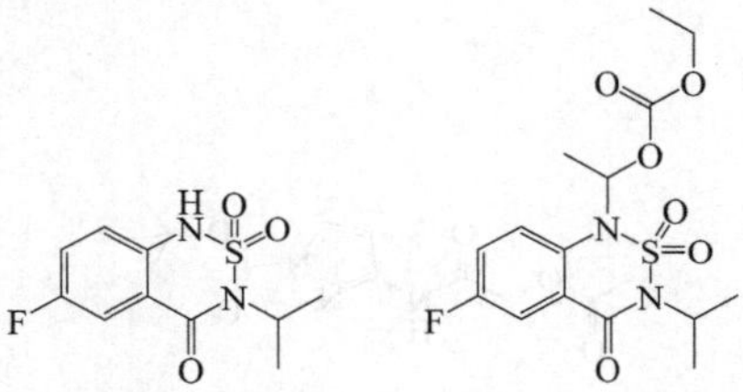

（11）*N*-苄基苯甲酰胺类化合物作为除草剂的用途

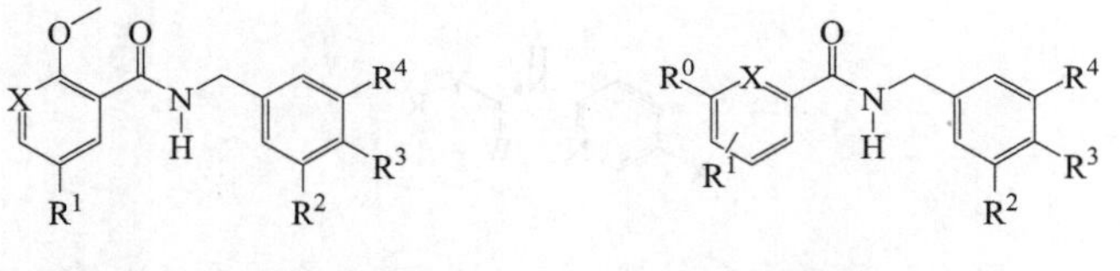

发明人：姬志勤，魏少鹏，张会霞；申请人：西北农林科技大学

中国公开号：CN112203515A；中国专利申请日：2020-09-02

化合物类型：*N*-苄基苯甲酰胺类化合物

发明思路：me-too 研究；在 *N*-苄基苯甲酰胺的基础上通过替换法衍生得到现有化合物。

用途：具有除草活性，对白芥属、芥属杂草以及稗草、眼子菜、鸭舌草等杂草具有良好的防治效果。

代表化合物结构如下：

（12）*N*-(苯甲氧基)-2-氯烟酰胺类化合物及其制备方法和应用

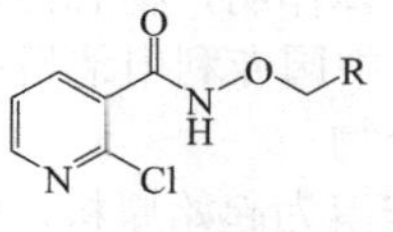

发明人：刘幸海，余陈升，汪乔；申请人：浙江工业大学

中国公开号：CN113004196A；中国专利申请日：2021-03-10

化合物类型：吡啶酰胺类

发明思路：me-too 研究；在 WO9222203A1 公开的化合物结构基础上，替换不同的苄氧基得到。

用途：具有除草活性：在 1mmol/L 的浓度下，所有的目标化合物均对剪股颖的种子有明显的抑制作用，抑制效果达到 100%。随着浓度的下降，即使在浓度达到 100μmol/L 时，目标化合物依然可以表现出良好的除草活性。

代表化合物结构如下：

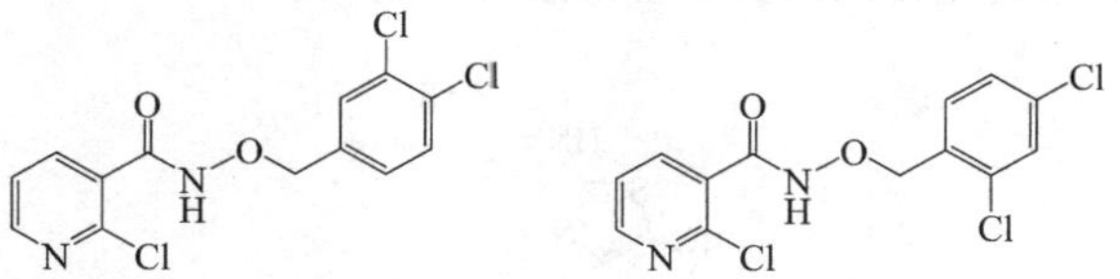

（13）一种 1, 1-环丙烷二羧酸酰胺类化合物及其制备方法和应用

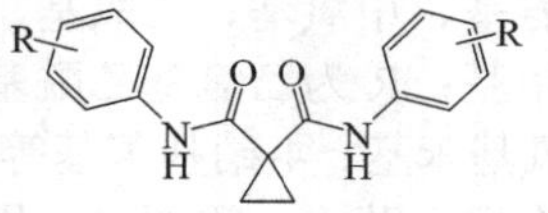

发明人：刘幸海，温勇辉，沈钟华，翁建全，谭成侠；申请人：浙江工业大学

中国公开号：CN112142619A；中国专利申请日：2020-10-20

化合物类型：环丙烷类、酰胺类化合物

发明思路：me-too 研究；在文献报道的环丙烷二羧酸类 KARI 酶抑制剂的基础上，将羧酸替换成酰胺键得到。

用途：具有除草活性，可以防除生菜和剪股颖。

代表化合物结构如下：

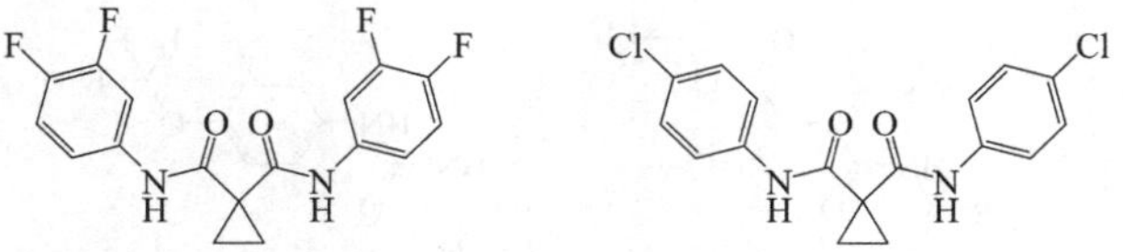

（14）一种苄硫基乙酰胺类化合物及其制备方法与应用

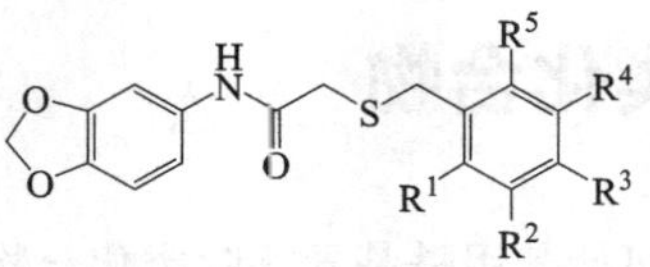

式中，R^1、R^2、R^3、R^4、R^5 分别为氢、甲基、乙基、异丙基、环丙基、叔丁基、三氟甲基、

二氟甲基、一氟甲基、氟、氯、溴、碘、硝基、亚硝基或甲氧基。

发明人：中国农业大学；申请人：谭伟明，杨志昆，朱灵慧，段留生

中国专利号：ZL201911366906.4；中国专利申请日：2019-12-26

化合物类型：苄硫基乙酰胺类化合物

发明思路：me-too 研究；以取代苄溴为起始原料，先与巯基乙酸反应，再经酰氯化，最后与3,4-亚甲基二氧基苯胺缩合得到。

用途：具有除草活性，相关活性研究发现式中所示化合物对植物的生长有很好的调节活性，可有效促进作物根部生长，降低株高，并在高浓度时具有良好的除草效果。

代表化合物结构如下：

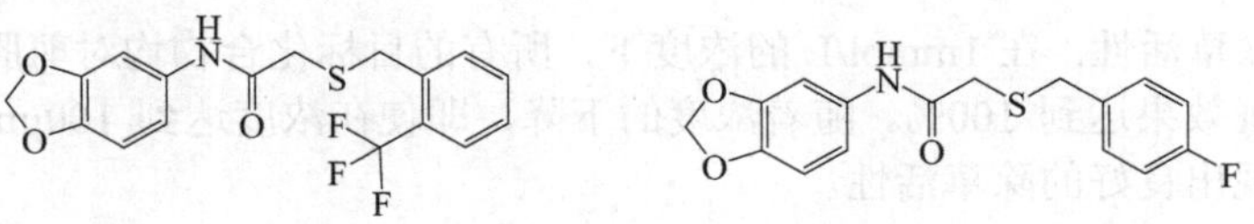

（15）5-取代噻唑酰胺类化合物及其制备方法与应用

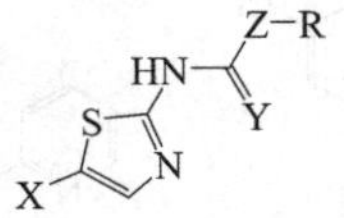

式中，X 为甲基、乙基、异丙基、环丙基、氯甲基、二氯甲基、三氯甲基、丙酰基、甲氧酰基、乙酰氧基、二甲氨基、乙酰氨基、甲氧基、乙氧基、甲硫基、甲基二硫基或硝基；Y 为氢、氧或硫；Z 为氧、亚氨基或亚甲基；R 为乙氧基乙酰基、丙氧基乙酰基、乙磺酰基、2-甲氧基乙基、乙氧基羰基、4-三氟甲氧基苯基、4-硝基苄基等。

发明人：段留生，刘少金，于春欣，蔡杰，梁丽君，周于毅，李召虎；申请人：中国农业大学

中国专利号：ZL201710047436.X；中国专利申请日：2017-01-22

化合物类型：噻唑酰胺类化合物

发明思路：me-too 研究；以 2-氨基噻唑为起始原料，与相应的酯或酸酐缩合得到。

用途：具有除草活性，目标化合物的生物活性试验结果表明，在植物体内，该化合物具有油菜素内酯及除草相关活性。

代表化合物结构如下：

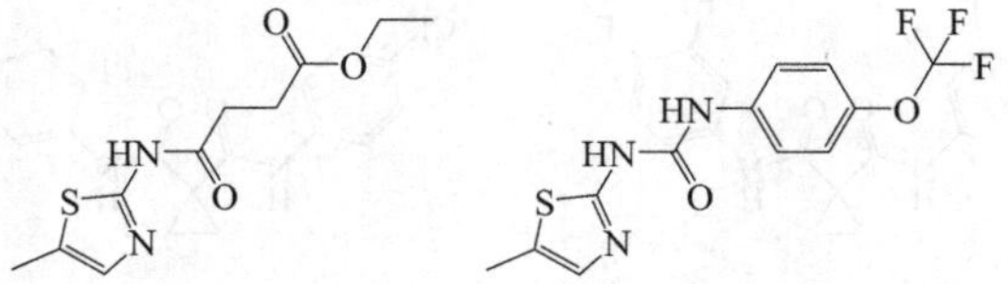

4.13 异噁唑（啉）类化合物

异噁唑（啉）类化合物主要包括苯甲酰基异噁唑类化合物、异噁唑啉类化合物及苯基异噁唑化合物。

已开发或正在开发中的品种主要有如下6个：

异噁氯草酮（试验代号：RPA-201736，通用名称：isoxachlortole）是安万特公司开发的异噁唑酮类除草剂。

异噁唑草酮（试验代号：RPA 201772，通用名称：isoxaflutole，商品名称：Balance、Merlin，其他名称：百农思）是由罗纳-普朗克公司开发的异噁唑类除草剂。

methiozolin（试验代号 SB-201、MRC-01、EK-5229）是韩国化学技术研究所开发的异噁唑啉类除草剂，主要用于苗后处理，对水稻安全，可有效防除4叶龄的杂草，而且低毒，对环境安全，对移栽水稻具有良好的选择性。目前该通用名已经被ISO取消。

fenoxasulfone（试验代号 KIH-1419、KUH-071）是日本组合化学株式会社开发的异噁唑啉类除草剂。当其与苄嘧磺隆混用，可有效防除水稻田里的稗草、鸭舌草、水莎草等；当其与异噁草酮混用，可有效防除水稻田里的稗草、千金子、鸭舌草等。2011年在日本进行了田间试验。

pyroxasulfone（试验代号：KIH-485、KUH-043，商品名称：Sakura、Fierce）是由日本组合化学工业株式会社与庵原化学工业株式会社开发的可有效防除玉米田、大豆田及小麦田禾本科和阔叶杂草的新型苗前除草剂。

rimisoxafen 是杜邦公司开发，后由美国 FMC 公司开发的新型异噁唑除草剂。苗前苗后均具有一定的除草活性。

（1）异噁氯草酮和异噁唑草酮的创制经纬　此类化合物可能是在吡唑类和三酮类除草剂的基础上、组合优化发现的（图4-52）：

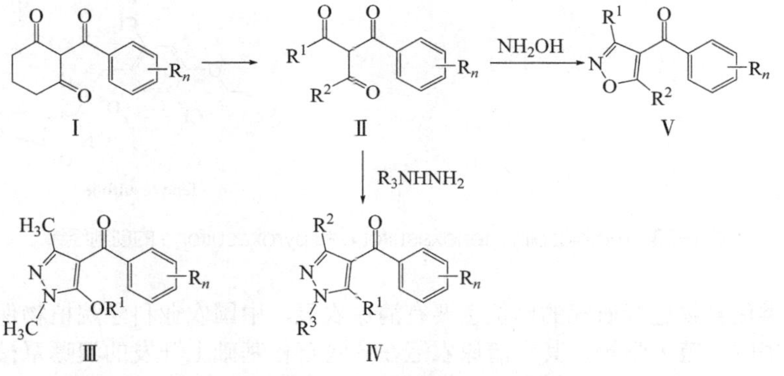

图4-52　异噁氯草酮和异噁唑草酮创制经纬

化合物Ⅰ和化合物Ⅲ分别为三酮类除草剂和吡唑类除草剂。由化合物Ⅰ可设计得化合物Ⅱ，参考化合物Ⅲ，化合物Ⅱ与肼反应即得化合物Ⅳ。化合物Ⅱ与羟胺反应即得化合物Ⅴ。对化合物Ⅴ进行进一步优化，最终发现商品化品种异噁氯草酮和异噁唑草酮。

（2）methiozolin、fenoxasulfone和pyroxasulfone的创制经纬　早在20世纪70年代拜耳公司在研究孟山都开发的乙草胺（acetochlor）结构的基础上报道了化合物Ⅰ，其不仅提高了化合物除草活性而且提高了其对作物的安全性，巴斯夫在化合物Ⅰ的基础上引入异噁唑啉环来替换呋喃环报道了化合物Ⅱ，发现也具有很好的除草活性，韩国化学技术研究所结合前期报道，通过对Q及苯基的变化开发出了methiozolin；组合化学株式会社结合日本曹达公司报道的砜基异噁唑啉（化合物Ⅲ）及卤代异噁唑啉（化合物Ⅳ）在异噁唑啉的3位引入苄硫醚或苄砜基（化合物Ⅴ），其Ar变化较多，包括五元及六元杂环，其后一直对其优化研究，通过结合苯唑草酮（topramezone）引入吡唑结构开发得到了pyroxasulfone；另外可能是考虑引入麦草畏（dicamba）

的结构，引入了2,5-二氯苄基，成功开发出了fenoxasulfone（图4-53）。

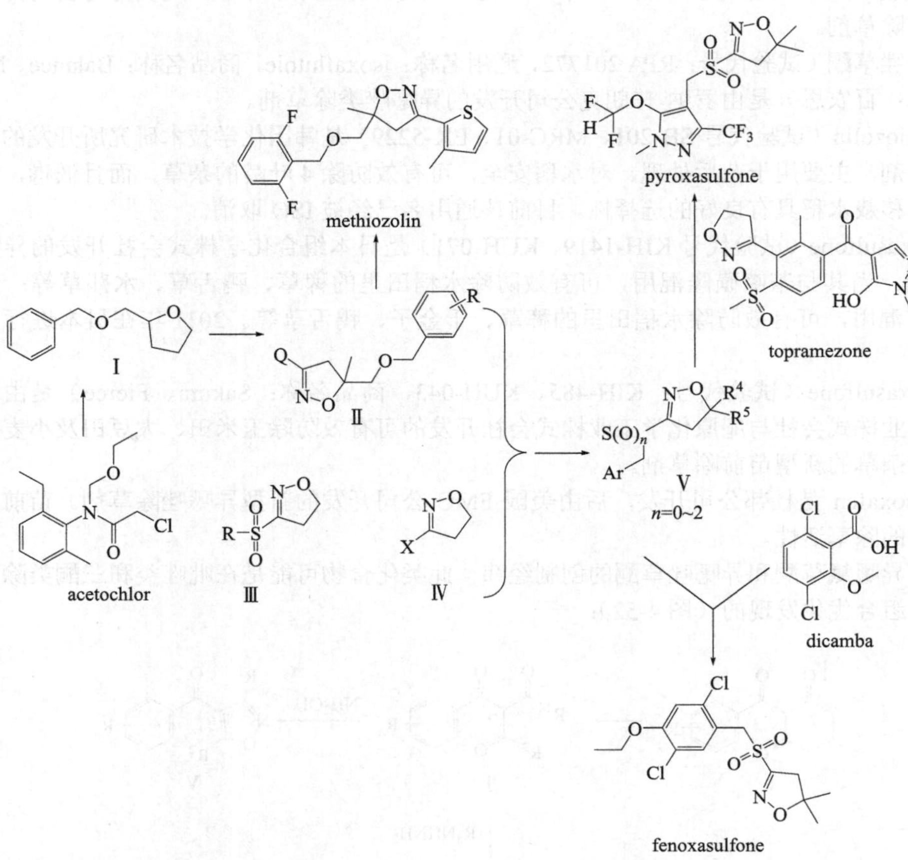

图4-53　methiozolin、fenoxasulfone和pyroxasulfone的创制经纬

国内对该类化合物进行研究的单位主要有清原农冠、中国农业科学院植物保护研究所、中国农业大学及华中师范大学等，其中清原农冠在异噁草松基础上开发的溴噁草松正在登记中。

4.13.1　溴噁草松的创制

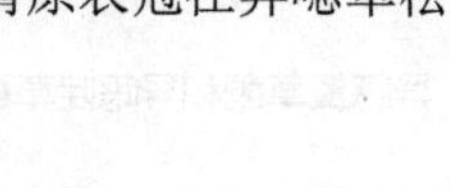

化合物专利名称：一种3-异噁唑烷酮类化合物及其制备方法、除草组合物和应用

中国专利号：ZL202111677946.8；申请日：2021-12-31；公开日：2023-02-21；同族专利：WO2023020274A1（申请日：2022-08-02）

专利发明人：连磊，华荣保，彭学岗；申请人：青岛清原化合物有限公司

溴噁草松（broclozone），脱氧-D-木酮糖磷酸合成酶（DOXP）抑制剂专利化合物，兼具土壤活性和茎叶活性，适用于小麦、水稻、大豆、棉花、花生、油菜、大蒜、西瓜、白菜等许多作物田，具有广泛的作物适用性和灵活的后茬安排，有效防除多花黑麦草、猪殃殃、婆婆纳、牛繁缕、野燕麦、稗草、龙葵、反枝苋、马齿苋等关键抗性杂草，与现有的主流除草剂无交互抗性。

4.13.1.1 创制过程

异噁草松（clomazone）是 1984 年由美国富美实公司开发的一种色素抑制芽前类的除草剂，在 2021 年富美实又上市了二氯异噁草酮（bixlozone），与异噁草松的化学结构高度类似，仅仅在苯环上相差一个氯原子，均在 1981 年的同一篇专利（美国专利 US4405357A）中公开，且活性和作用机理相似。该除草剂为选择性苗前处理剂，可广泛用于果树、蔬菜、棉花、水稻、高粱、大麦、小麦、黑麦、玉米和油菜等作物，防除禾本科杂草和阔叶杂草。其杀草谱广，具有触杀作用，对重要的抗性杂草有效。据估计，销售额峰值可达 4.5 亿～5 亿美元，足可见二氯异噁草酮具有非常可观的市场潜力。清原农冠在二者基础上优化，通过对苯环上取代基的替换发现了溴噁草松（图 4-54）。

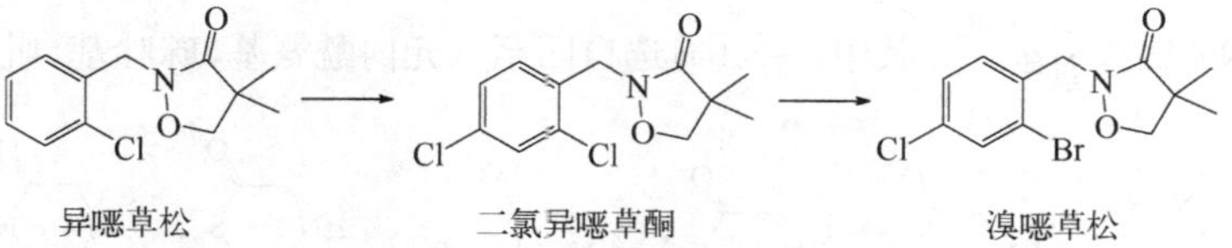

异噁草松　　二氯异噁草酮　　溴噁草松

图 4-54　溴噁草松创制思路

4.13.1.2 知识产权分析

溴噁草松与异噁草松、二氯异噁草酮一样均在 US4405357A（申请日 1981-05-11）专利范围内，但没有在专利中公开具体结构，最接近化合物为专利中 81 号化合物（图 4-55），与已有技术相比仅是氯代替了氟。

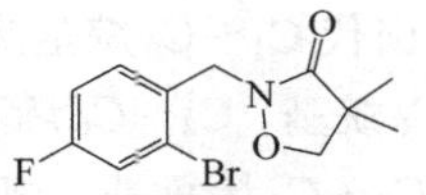

图 4-55　已有技术溴噁草松最接近化合物（81 号化合物）

从创造性角度分析，相对于已有技术异噁草松（clomazone）和二氯异噁草酮（bixlozone）具有更高的活性和更高的安全性。溴噁草松与商业化的异噁草松和二氯异噁草酮相比，具有更好的土壤封闭安全性，且能维持相当甚至更好的除草活性，尤其是对黑麦草、婆婆纳、播娘蒿等麦田关键杂草，以及稗草、千金子等水稻田杂草，具有更大的商业价值。

4.13.1.3 合成方法

与异噁草松合成方法一样，仅将邻氯苄氯替换为 2-溴-4-氯苄氯或者将邻氯苯甲醛替换为 2-溴-4-氯-苯甲醛（图 4-56）。

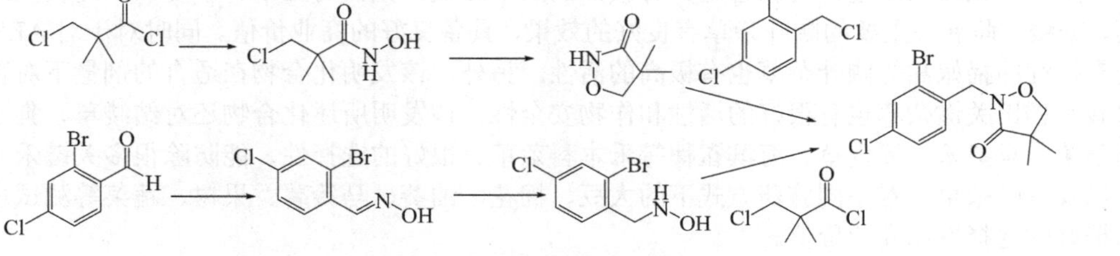

图 4-56　溴噁草松的合成路线

4.13.2 其他异噁唑（啉）类化合物的创制

该类化合物国内研究的单位有清原农冠、中国农业科学院植物保护研究所、中国农业大学、华中师范大学以及东莞东阳光科研发有限公司等。具体专利如下：

（1）取代的苯甲酰基异噁唑类化合物或其互变异构体、盐、制备方法、除草组合物及应用

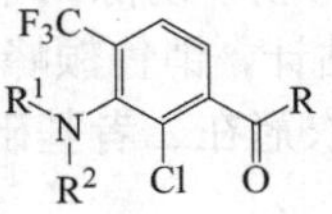

式中，R^1R^2N 代表，其中，选自四至八元内酰氨基、咪唑基、吡唑基、、、、、、、、、、、、、、、、、、、、或；R_b 选自氢、C_1～C_6 烷基、卤代 C_1～C_6 烷基、C_2～C_6 烯基、卤代 C_2～C_6 烯基、C_1～C_6 烷基羰基或卤代 C_1～C_6 烷基羰基；R_a 选自氢、卤素、氨基、C_1～C_6 烷基磺酰基、C_1～C_6 烷基、卤代 C_1～C_6 烷基、C_2～C_6 烯基、卤代 C_2～C_6 烯基、C_1～C_6 烷氧基、卤代 C_1～C_6 烷氧基、C_1～C_6 烷氨基、C_2～C_6 烯氧基、卤代 C_2～C_6 烯氧基、C_2～C_6 烯氨基、卤代 C_2～C_6 烯氨基、C_1～C_6 烷基羰基、卤代 C_1～C_6 烷基羰基、C_1～C_6 烷氧基 C_1～C_6 烷基或卤代 C_1～C_6 烷氧基 C_1～C_6 烷基；R 代表，其中，R^{11} 选自氢、C_1～C_6 烷基、C_3～C_6 环烷基、卤代 C_1～C_6 烷基或 C_1～C_6 烷氧基羰基，n=0～2。

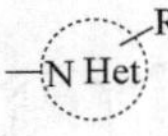

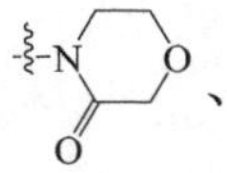

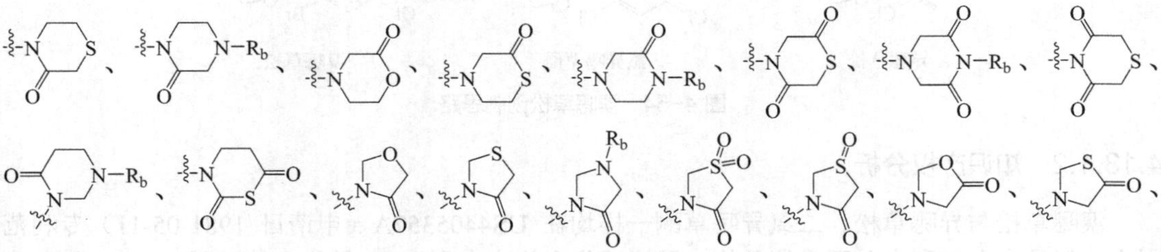

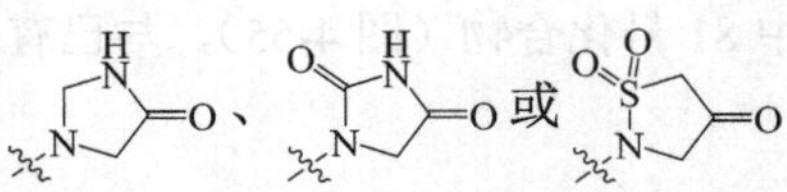

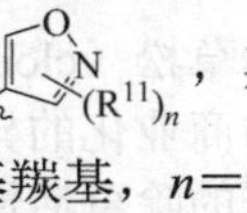

发明人：连磊，征玉荣，何彬，彭学岗，金涛，崔琦，刘娜；申请人：青岛清原化合物有限公司

中国专利号：ZL201711002420.3；中国专利申请日：2017-10-24

化合物类型：苯甲酰基异噁唑类

发明思路：me-too 研究，在环吡氟草酮专利 CN105218449A 基础上通过对吡唑的替换得到了相关化合物。

用途：该发明所述化合物普遍具有较好的杂草防效，尤其对玉米、小麦田广泛发生的播娘蒿、繁缕、苘麻等主要的阔叶杂草有良好的效果，具备良好的商业价值。同时对于对 ALS 抑制剂有抗性的播娘蒿等阔叶杂草也有极高的活性。另外，该发明化合物在适合的剂量下对直播和移栽水稻田关键杂草也有很好的活性和作物安全性。该发明所述化合物还对结缕草、狗牙根、高羊茅、早熟禾、黑麦草、海滨雀稗等禾本科杂草有很好的选择性，能防除很多关键禾本科杂草以及阔叶杂草。对不同施药方式下的大豆、棉花、油葵、马铃薯、果树、蔬菜等测试也显示出极好的选择性和商业价值。

代表化合物结构如下：

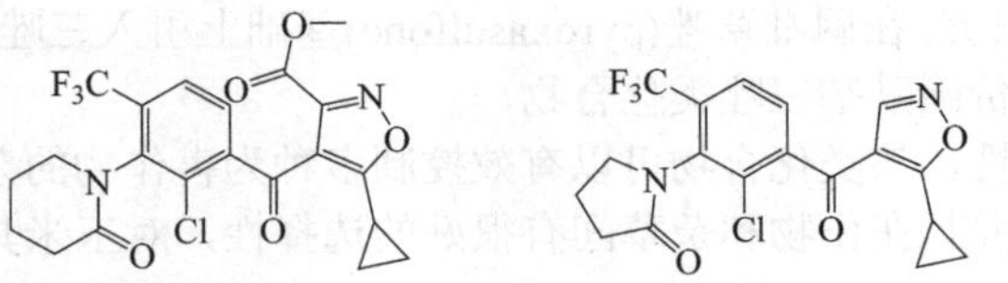

（2）一种二效价磺酰基异噁唑衍生物及其应用

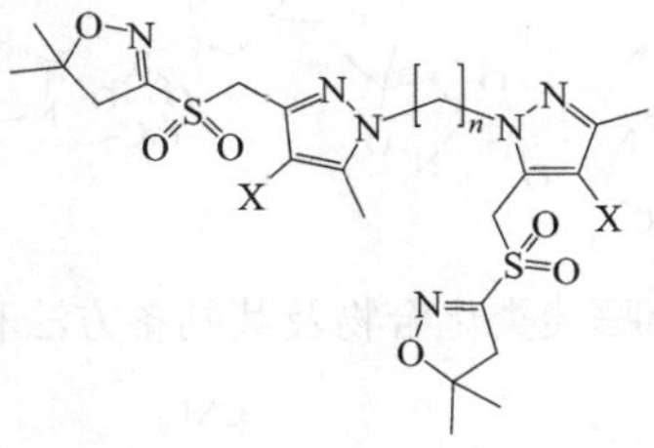

式中，X 为 Cl、Br 或 I；n=2, 3, 4, 5, 6, 7 或 8。

发明人：梅向东，董梦雅，宁君，折冬梅，张涛，张兰祥，司伟杰；申请人：中国农业科学院植物保护研究所

中国专利号：ZL201410834720.8；中国专利申请日：2014-12-25

化合物类型：吡唑、异噁唑啉类

发明思路：me-too 研究；在对砜吡草唑（pyroxasulfone）优化研究过程中得到。

用途：具有除草活性。该类化合物可以有效控制多种为害作物的杂草如马唐、稗草、狗尾草、反枝苋和苍耳等，并且在作物和杂草间有很好的选择性。

代表化合物结构如下：

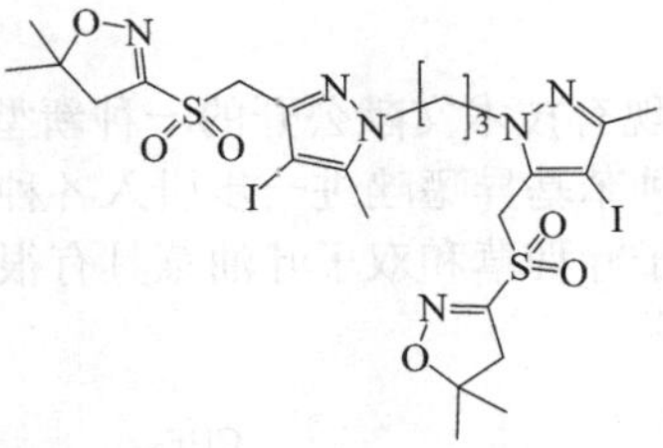

（3）一种多效价磺酰基三唑类化合物及其应用

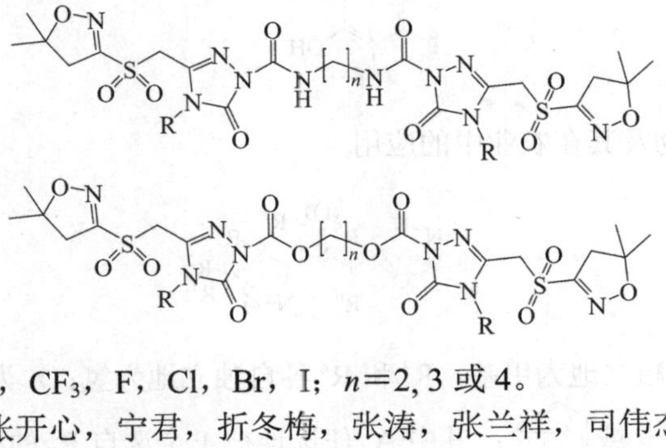

其中，R 为 CH_2CF_3，CF_3，F，Cl，Br，I；n=2, 3 或 4。

发明人：梅向东，张开心，宁君，折冬梅，张涛，张兰祥，司伟杰；申请人：中国农业科学院植物保护研究所

中国专利号：ZL201410834719.5；中国专利申请日：2014-12-25

化合物类型：三唑类、异噁唑啉类

发明思路：me-too 研究，在砜吡草唑(pyroxasulfone)基础上引入三唑啉酮苄基来替换吡唑基，得到了结构新颖的多效价磺酰基三唑类化合物。

用途：具有除草活性，该类化合物可以有效控制多种为害作物的杂草如马唐、稗草、牛筋草、马齿苋和田旋花，并且在作物和杂草间有很好的选择性，对玉米具有较好的安全性。

代表性化合物：

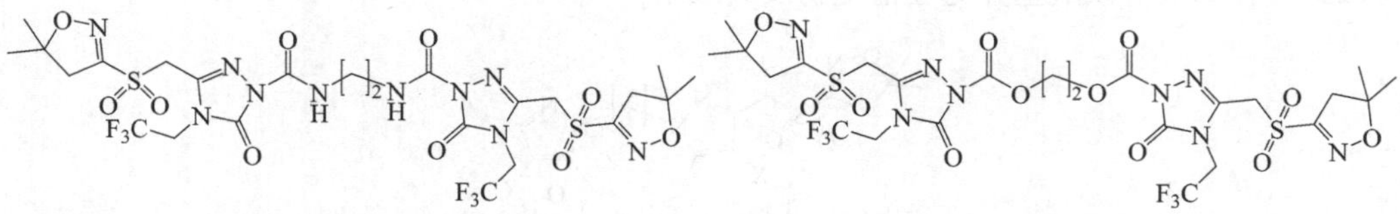

（4）多卤代 5-(2-羟基苯基)异噁唑类化合物及其制备方法和应用

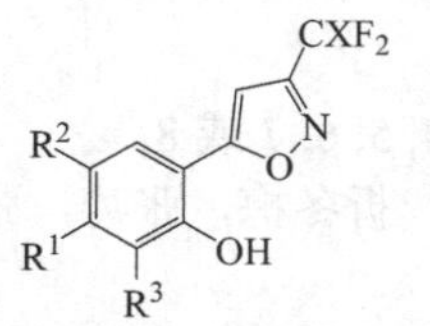

其中，X 为 F，R^1 为 F，R^2 和 R^3 均为 Br；或 X 为 F，R^1 为 Cl，R^2 和 R^3 均为 Br；或 X 为 F，R^1 为 H，R^2 为 F，R^3 为 Br；或 X 为 F，R^1 为 H，R^2 和 R^3 均为 Cl；或 X 为 F，R^1 为 F，R^2 和 R^3 均为 Cl；或 X 为 F，R^1 为 Br，R^2 和 R^3 均为 Cl；或 X 为 F，R^1 为 H，R^2 为 Br，R^3 为 Cl；或 X 为 H，R^1 为 F，R^2 和 R^3 均为 Br；或 X 为 H，R^1 为 F，R^2 和 R^3 均为 Cl。

发明人：张爱东，王吉利，王秀文，周雅倩，石英会；申请人：华中师范大学

中国专利号：ZL201811408395.3；中国专利申请日：2018-11-23

化合物类型：异噁唑类

发明思路：me-too 研究；在现有技术文献公开的一种新型高效 ISPD 蛋白抑制剂苯基异噁唑类化合物基础上，通过合成各种苯基异噁唑进一步引入各种卤素基团而得。

用途：具有除草活性，对单子叶稗草和双子叶油菜具有很好的抑制生长的作用。

代表化合物结构如下：

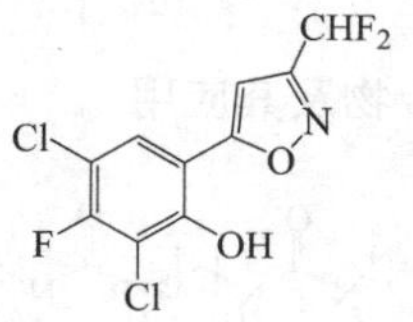

（5）异噁唑啉衍生物及其在农业中的应用

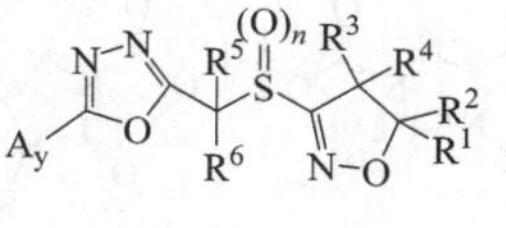

式中，R^1 和 R^2 各自独立地为甲基；R^3 和 R^4 各自独立地为氢；n 为 0、1 或 2；R^5 和 R^6 各自独立地为氢；A_y 为 [苯基] 或 [吡啶基]；其中 A_y 任选地被 1 个选自 R_y 的取代基所取代；R_y 为氟、氯、溴、碘或 NR_aR_b；各 R_a 和 R_b 独立地为氢、—C(=O)—R_c 或—C(=O) —OR_d；各 R_c 独立地为氢、$C_{1\sim6}$ 烷基或卤代 $C_{1\sim4}$ 烷基；各 R_d 独立地为 $C_{1\sim6}$ 烷基。

发明人：李义涛，池伟林，张虎，曾水明，刘新烁，林健；申请人：东莞东阳光科研发有限公司

中国专利号：ZL201710947363.X；中国专利申请日：2017-10-12

当前权利人：宁夏苏融达化工有限公司

化合物类型：异噁唑啉类

发明思路：me-too 研究；以芳基噁二唑结构替换 pyroxasulfone 中的吡唑结构。

用途：具有除草活性。在 300g/hm²，该发明化合物对苘麻、反枝苋、鳢肠和稗草的除草活性均优于 pyroxasulfone，或与 pyroxasulfone 活性相当；在 150g/hm²，该发明化合物对苘麻、反枝苋、鳢肠的除草活性均优于 pyroxasulfone。该发明化合物对苘麻、反枝苋、鳢肠和稗草均具有很好的防治效果。对作物安全，而且对杂草的防治效果优于市售除草剂和结构近似的异噁唑啉类化合物。

代表化合物结构如下：

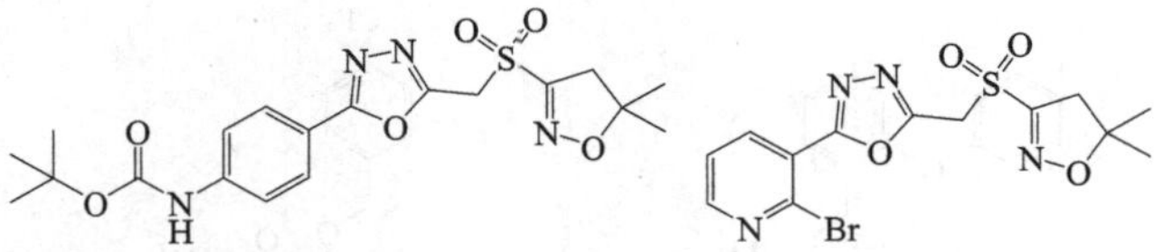

（6）异噁唑啉衍生物及其在农业中的应用

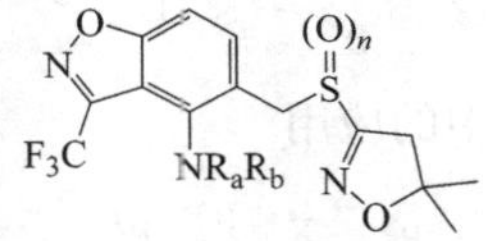

式中，n 为 0、1 或 2；各 R_a 和 R_b 独立地为氢或 C(=O)—R_c；各 R_c 独立地为 $C_{1\sim6}$ 烷基或卤代 $C_{1\sim6}$ 烷基。

发明人：李义涛，张虎，刘倩，池伟林，曾水明，林健；申请人：东莞东阳光科研发有限公司；当前权利人：宁夏苏融达化工有限公司

中国专利号：ZL201711190272.2；中国专利申请日：2017-11-24

化合物类型：异噁唑啉类

发明思路：me-too 研究；以苯并异噁唑结构替换 pyroxasulfone 中的吡唑结构而得。

用途：具有除草活性。此该发明化合物在 150～300g/hm² 对苘麻、反枝苋、鳢肠具有较好的除草活性，且优于 pyroxasulfone；在低剂量下该发明化合物显示出比现有技术更优异的除草活性。

代表化合物结构如下：

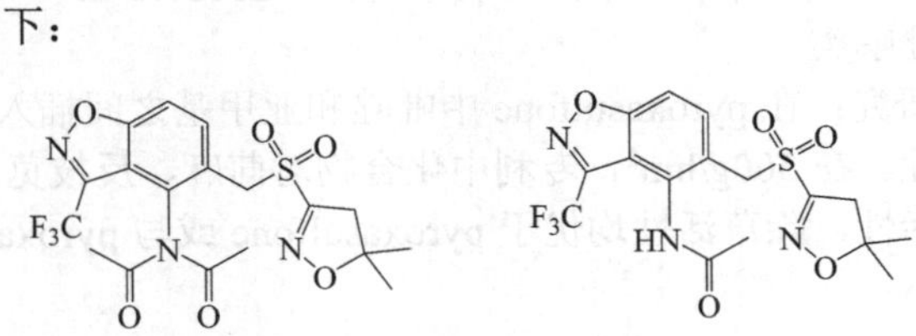

（7）异噁唑啉衍生物及其在农业中的应用

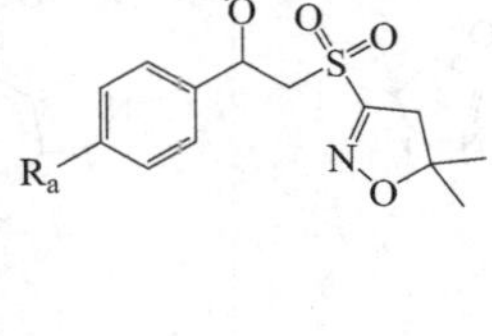

式中，R_a 为氢或氟；R^8 为 $C_{2\sim4}$ 炔基、$C_{6\sim10}$ 芳基 $C_{1\sim3}$ 烷基或 $C_{1\sim9}$ 杂芳基 $C_{1\sim3}$ 烷基；R^8 任选地被 1、2、3、4、5 或 6 个选自氟、氯、溴、碘、硝基、$C_{1\sim4}$ 烷基、卤代 $C_{1\sim4}$ 烷基、$C_{1\sim4}$ 烷氧基、卤代 $C_{1\sim4}$ 烷氧基，或 $C_{6\sim10}$ 芳氧基的取代基所取代。

发明人：李义涛，池伟林，连泽宇，林健；申请人：东莞东阳光科研发有限公司；当前权利人：宁夏苏融达化工有限公司

中国专利号：ZL201710895325.4；中国专利申请日：2017-09-28

化合物类型：异噁唑啉类

发明思路：me-too 研究；以 *α*-炔氧基、芳氧基或者杂芳氧基苯基结构替换 pyroxasulfone 中的吡唑结构而得。

用途：具有除草活性。在 300g (a.i.)/hm²，该发明化合物对苘麻、反枝苋、鳢肠、马唐、稗草和狗尾草具有很好的除草活性，除草活性均优于 pyroxasulfone 或与 pyroxasulfone 活性相当。

代表化合物结构如下：

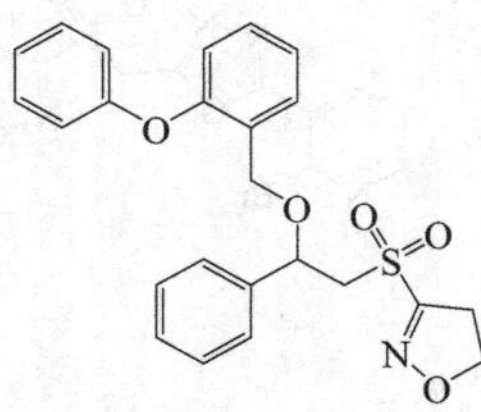

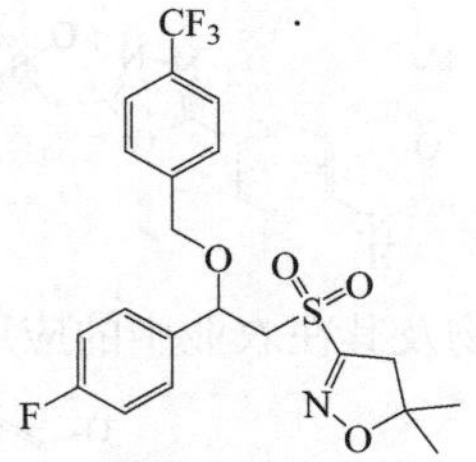

（8）异噁唑啉衍生物及其在农业中的应用

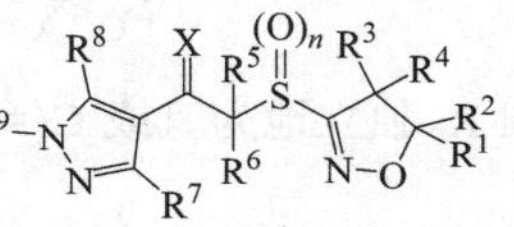

式中，R^1 和 R^2 各自独立地为甲基；R^3 和 R^4 各自独立地为氢；*n* 为 0、1 或 2；R^5 和 R^6 各自独立地为氢；R^7 和 R^8 各自独立地为氢或 $C_{1\sim6}$ 烷基；R^9 为氢或 $C_{1\sim6}$ 烷基；X 为 O 或 NR_a；其中 R_a 为 $C_{1\sim8}$ 烷氧基、$C_{2\sim8}$ 烯氧基或 $C_{6\sim10}$ 芳基 $C_{1\sim6}$ 烷氧基；R_a 任选地被 1、2、3、4、5 或 6 个选自氟、氯、溴、碘、羟基、氰基、硝基、氨基、羧基、$C_{1\sim6}$ 烷基或卤代 $C_{1\sim6}$ 烷基的取代基所取代。

发明人：李义涛，林健，池伟林，曾水明；申请人：东莞东阳光科研发有限公司；当前权利人：宁夏苏融达化工有限公司

中国专利号：ZL201810245922.7；中国专利申请日：2018-03-23

化合物类型：异噁唑啉类

发明思路：me-too 研究；在 pyroxasulfone 中吡唑和亚甲基之间插入羰基或其衍生物而得。

用途：具有除草活性。在 300g/hm²，专利中化合物对苘麻、反枝苋、鳢肠、马唐、稗草和狗尾草具有很好的除草活性，除草活性均优于 pyroxasulfone 或与 pyroxasulfone 活性相当。

代表化合物结构如下：

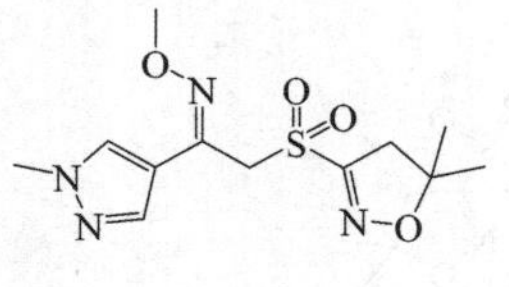

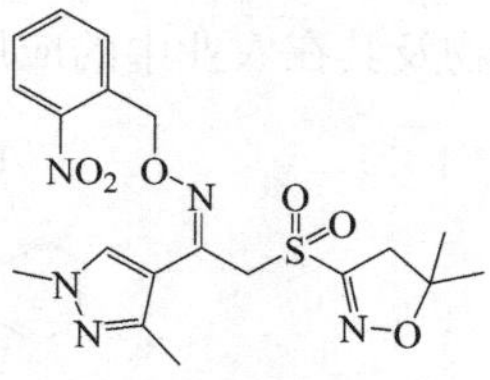

（9）异噁唑啉衍生物及其在农业中的应用

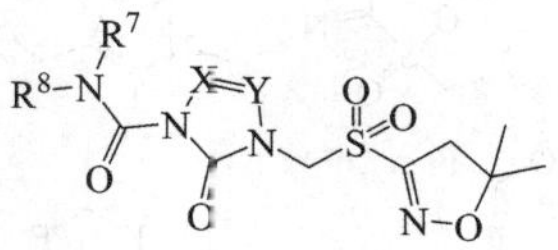

式中，R^7 为 $C_{1\sim4}$ 烷基、$C_{3\sim6}$ 环烷基、$C_{6\sim10}$ 芳基或 $C_{6\sim10}$ 芳基 $C_{1\sim3}$ 烷基；R^8 为 $C_{1\sim5}$ 烷基或 $C_{3\sim6}$ 环烷基；R^7 和 R^8 各自独立任选地被 1 或 2 个选自氟、氯、溴、碘或 $C_{1\sim4}$ 烷基的取代基所取代；X 和 Y 各自独立地为 CH 或 N。

发明人：李义涛，林健，池伟林，曾水明，任佳宁；申请人：东莞东阳光科研发有限公司；当前权利人：宁夏苏融达化工有限公司

中国专利号：ZL201810369659.2；中国专利申请日：2018-04-24

化合物类型：异噁唑啉类

发明思路：me-too 研究；在 pyroxasulfone 类似物研究过程中，引入三唑啉酮这个除草剂活性基团来替换吡唑。

用途：具有除草活性。在 300g/hm²，该发明化合物对苘麻、稗草和狗尾草具有很好的除草活性，除草活性均优于 pyroxasulfone；对反枝苋、鳢肠和马唐的除草活性与 pyroxasulfone 活性相当。

代表化合物结构如下：

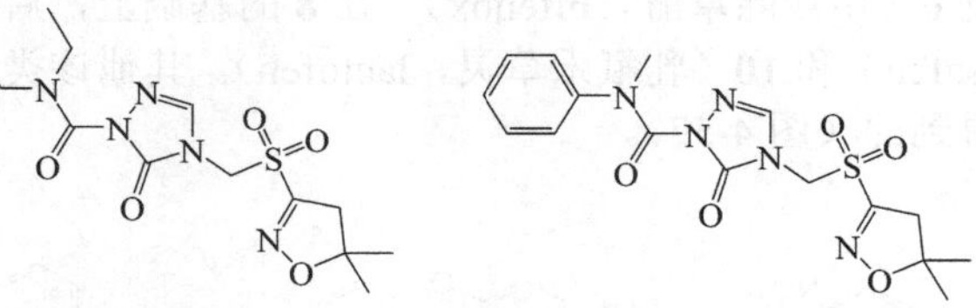

（10）异噁唑啉衍生物及其在农业中的应用

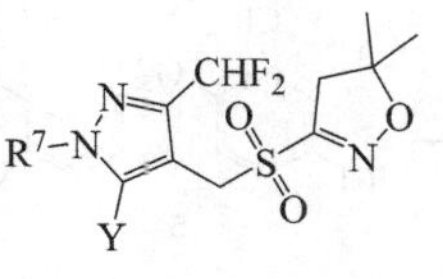

式中，Y 为 $OCHF_2$、OCH_2CHF_2、OCH_2CF_3；R^7 为 CH_3、CH_2CH_3、CH_2CF_3。

发明人：李义涛，林健，池伟林，曾水明，吴双志，刘新烁，张兵兵；申请人：东莞东阳光科研发有限公司；当前权利人：宁夏苏融达化工有限公司

中国专利号：ZL202010097088.9；中国专利申请日：2020-02-17；同族专利：WO2020168997A1

化合物类型：异噁唑啉类

发明思路：me-too 研究；以二氟甲基吡唑替换 pyroxasulfone 中的三氟甲基吡唑而得。

用途：具有除草活性。该发明化合物在 150g/hm² 对苘麻、反枝苋、鳢肠、马唐、稗草和狗尾草的除草活性均优于 pyroxasulfone。该发明化合物对大豆、花生、棉花和油菜均具有很好的安全性。与 pyroxasulfone 相比，同等剂量下，显示出对作物更优异的安全性。

代表化合物结构如下：

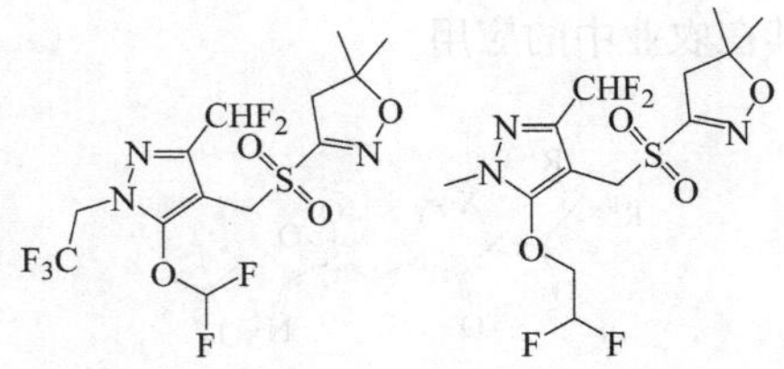

4.14 二苯醚类化合物

二苯醚类化合物是通过随机合成筛选，然后进行结构优化而得到的一类除草化合物。

罗门哈斯公司科研人员在做酚类与氯代硝基苯反应时得到化合物 **1**，进一步研究发现化合物 **2**（除草醚，nitrofen），该除草剂于 1964 年商品化，后发现毒性等问题停产。化合物 **3**（草枯醚，chlornitrofen）是在化合物 **2** 的基础上发现的，化合物 **4** 是在化合物 **2** 与 **3** 的基础上发现的，均由日本三菱化学公司开发。

化合物 **7**（乙氧氟草醚，oxyfluorfen）是在化合物 **5** 的基础上将 2,4-二氯取代苯基优化为 2-氯-4-三氟甲基发现的，罗门哈斯公司科研人员首先合成通式 **5** 的化合物，经优化得到 **7**，在此同时，Mobil（后归罗纳普朗克公司，现为安万特公司）也在进行此类化合物的研究，经研究两公司同时发现化合物 **8**（代号：RH-6201 和 MC-10978，三氟羧草醚，acifluorfen）。后安万特公司又发现化合物 **6**（甲羧除草醚，bifenox）。在 **8** 的基础上，后续又优化得到了化合物 **9**（氟磺胺草醚，fomesafen）和 **10**（乳氟禾草灵，lactofen）。其他该类化合物也是在上述有关化合物的基础上优化得到的（图 4-57）。

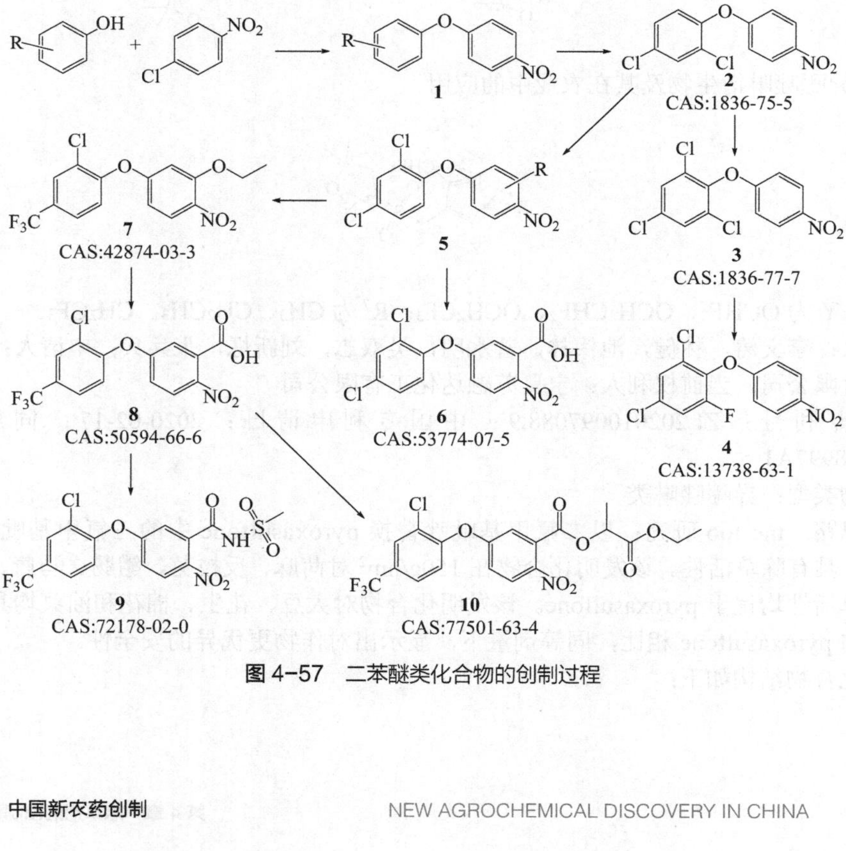

1

2
CAS:1836-75-5

5

3
CAS:1836-77-7

7
CAS:42874-03-3

8
CAS:50594-66-6

6
CAS:53774-07-5

4
CAS:13738-63-1

9
CAS:72178-02-0

10
CAS:77501-63-4

图 4-57 二苯醚类化合物的创制过程

二苯醚类除草剂主要品种有 8 个，分别为苯草醚、三氟羧草醚、甲羧除草醚、氯氟草醚、乙羧氟草醚乙酯、氟磺胺草醚、乳氟禾草灵和乙氧氟草醚。除苯草醚（aclonifen）抑制茄尼基二磷酸合酶（solanesyl diphosphate synthase）外，其余 7 个皆为原卟啉原氧化酶（PPO）抑制剂。

国内研究单位主要有沈阳中化农药化工研发有限公司、大连理工大学及湖南化工研究院等。从结构上看，基本为 me-too 研究，具体专利如下：

（1）一种苯甲酸酯类化合物及其应用

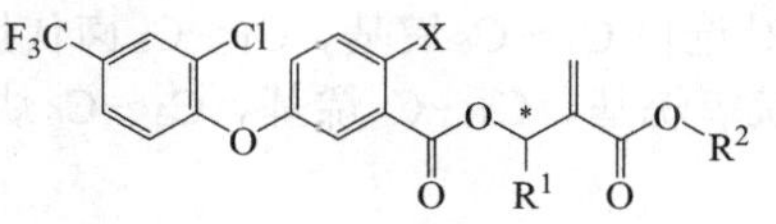

其中，X 选自氯、硝基；R^1 选自 H、C_1～C_6 烷基；R^2 选自 C_1～C_6 烷基、C_3～C_6 烯基或 C_3～C_6 炔基。

发明人：李斌，于春睿，崔东亮，于海波，张弘，徐龙鹤；申请人：沈阳化工研究院

中国专利号：ZL200610047058.7；中国专利申请日：2006-06-28

化合物类型：苯甲酸酯类化合物、二苯醚类

发明思路：me-too 研究；以二苯醚类除草剂乳氟禾草灵为先导，参考 US6251829B1 中丙烯酸酯类结构，通过替换得到现有化合物。

用途：具有除草活性，在较低剂量下苗前、苗后使用可有效控制单、双子叶杂草，尤其对禾本科杂草具有较高防除效果。

代表化合物结构如下：

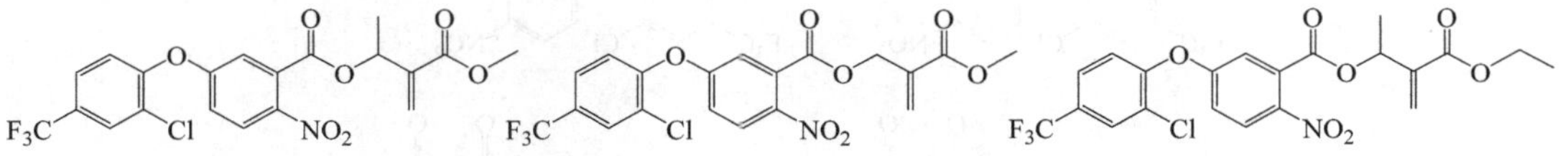

（2）2-氯苯甲酸酯类化合物及其应用

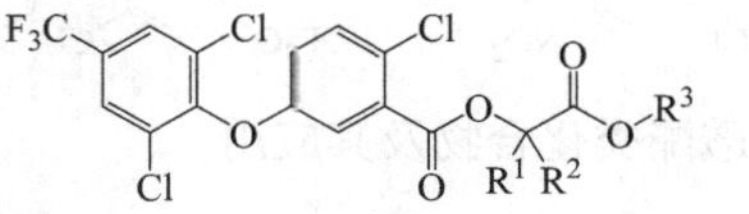

式中，R^1 选自 H 或甲基；R^2 选自 H 或甲基；R^3 选自 C_1～C_3 烷基；当 R^2 选自甲基时，化合物中 R^1、R^2 相连的碳原子为 *S* 或 *R* 构型；或者为含有不同比例的 *S* 和 *R* 构型的混合物。

发明人：李斌，于海波，崔东亮，杨辉斌，孙宝祥，吴鸿飞；申请人：中国中化股份有限公司，沈阳化工研究院有限公司

中国专利号：ZL200810239459.1；中国专利申请日：2008-12-11

化合物类型：苯甲酸酯类化合物、二苯醚类

发明思路：me-too 研究；参考专利 US3957852A 中的二苯醚类结构，通过衍生得到现有化合物。

用途：具有突出的苗后除草活性。

代表化合物结构如下：

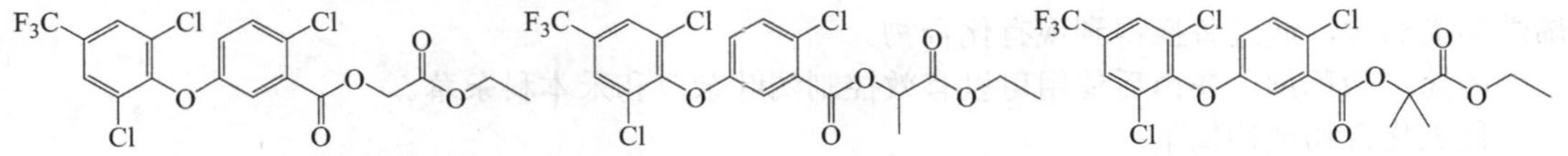

（3）2-苯甲酰基-2-烷基甲酰基乙酸酯类化合物及其应用

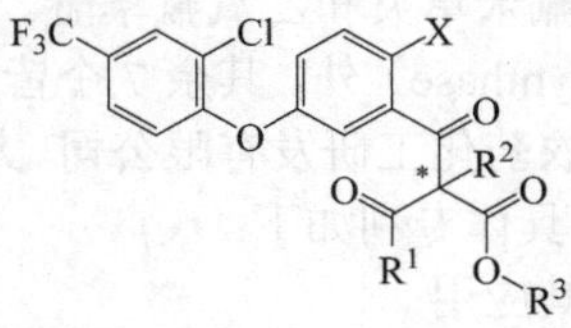

其中，X 选自 NO_2、Cl；R^1 选自 C_1～C_6 烷基、C_1～C_6 卤代烷基；R^2 选自 H、C_1～C_6 烷基；R^3 选自 C_1～C_6 烷基、C_1～C_6 烷氧烷基、C_3～C_6 烯基、C_3～C_6 炔基；

或其立体异构体。

发明人：李斌，于海波，崔东亮，冀海英，李志念；申请人：沈阳化工研究院

中国专利号：ZL200610047059.1；中国专利申请日：2006-06-28

化合物类型：甲酰基乙酸酯类、二苯醚类

发明思路：me-too 研究；以二苯醚类除草剂乳氟禾草灵为先导，参考 US4741769 中甲酰基乙酸酯类结构，通过替换得到现有化合物。

用途：具有除草活性，在较低剂量下苗前、苗后使用可有效控制单、双子叶杂草，尤其对禾本科杂草具有较好防除效果。

代表化合物结构如下：

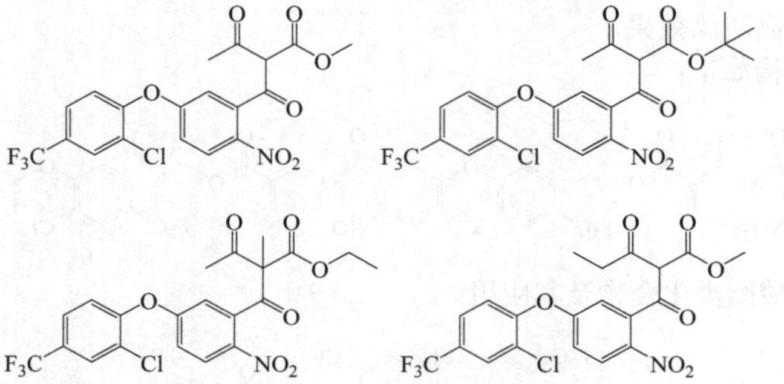

（4）一种 4-苯甲酸基丁烯酸酯类化合物及其应用

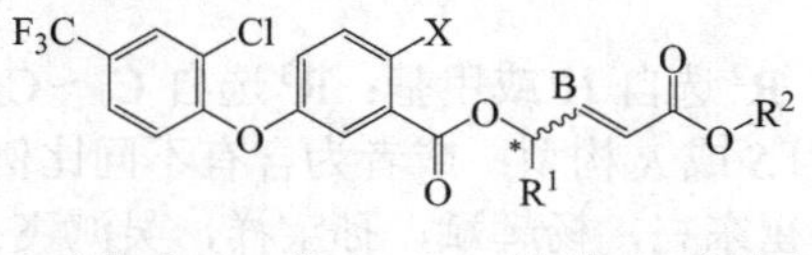

其中，X 选自 NO_2 或 Cl；R^1 选自 H 或 C_1～C_6 烷基；R^2 选自 C_1～C_6 烷基、C_3～C_6 烯基或 C_3～C_6 炔基；

或其立体异构体。

发明人：李斌，于海波，崔东亮，张勇，王力钟，吴鸿飞，杨华铮；申请人：沈阳化工研究院

中国专利号：ZL200510047155.1；中国专利申请日：2005-09-08

化合物类型：丁烯酸酯类化合物、二苯醚类化合物

发明思路：me-too 研究；以二苯醚类除草剂乳氟禾草灵为先导，参考 US6251829B1 中丙烯酸酯类结构，通过替换得到现有化合物。

用途：除草剂。在苗后使用可以有效控制阔叶杂草和禾本科杂草。

代表化合物结构如下：

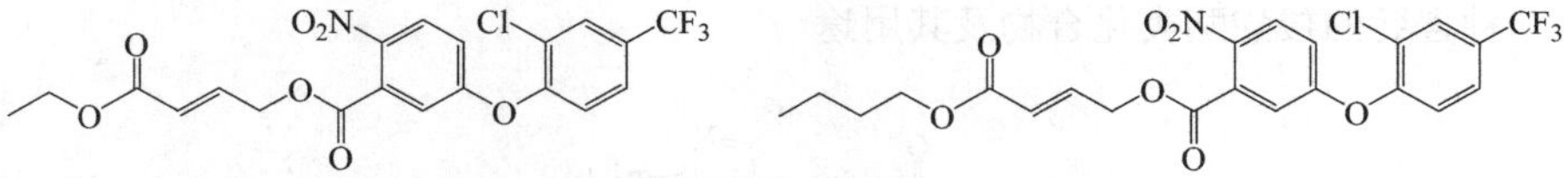

（5）一种芳氧苯甲酸 1, 2-二取代烯丙酯类化合物及其应用

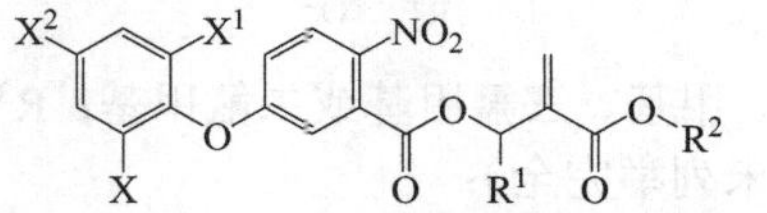

其中，X 选自 H、卤素、三卤甲基、烷基、氰基或硝基；X^1 选自 H、卤素、三卤甲基；X^2 选自三卤甲基、卤素；R^1 选自苯基、取代苯基、C_4～C_6 杂环；R^2 选自 H、C_1～C_6 烷基、C_3～C_6 烯基或 C_3～C_6 炔基；通式中的烷基包括直链或支链烷基。杂环为含 N、S、O 等。

发明人：于春睿，徐龙鹤，崔东亮，张弘，吐松，李斌；申请人：大连理工大学

中国专利号：ZL200510047260.5；中国专利申请日：2005-09-18；同族专利：CN1315778C，CN1749236A

化合物类型：烯丙酯类化合物

发明思路：me-too 研究；在三氟羧草醚结构基础上进行衍生得到新的 1, 2-二取代烯丙酯类化合物。从中间体衍生化角度分析为衍生法。

用途：具有除草活性，通式中化合物在苗前苗后使用可有效控制单、双子叶杂草。该发明化合物对禾本科及阔叶杂草有很高的除草活性。

代表化合物结构如下：

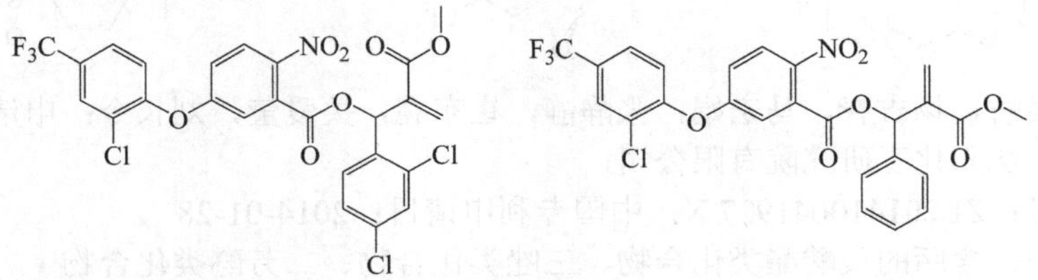

（6）具除草、杀虫或杀菌活性的二苯醚类化合物

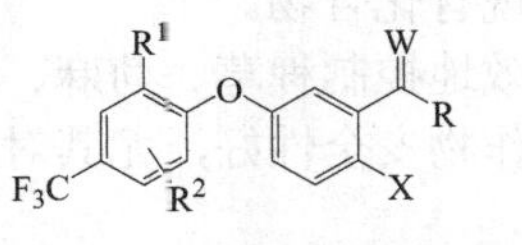

其中，R 代表 C_1～C_{12} 烷氧基，且 R 中氢原子的部分或全部被 $C_{1\sim6}$ 烷基氧基羰基取代；R^1 是硝基；R^2 是氢；X 是氯；W 是氧。

发明人：王晓光，柳爱平，曹丽丹，雷满香，任叶果，周勃，黄路，高德良，陈昊彬，程立军；申请人：湖南化工研究院有限公司

中国专利号：ZL201510098121.9；中国专利申请日：2015-03-05

化合物类型：二苯醚类

发明思路：me-too 研究；在乙氧氟草醚(oxyfluorfen)的羧酸位置上引入乙酸酯得到。

用途：具有除草、杀虫或杀菌生物活性，尤其是对刺苋和龙葵等双子叶杂草具有很高的活性。

代表化合物结构如下：

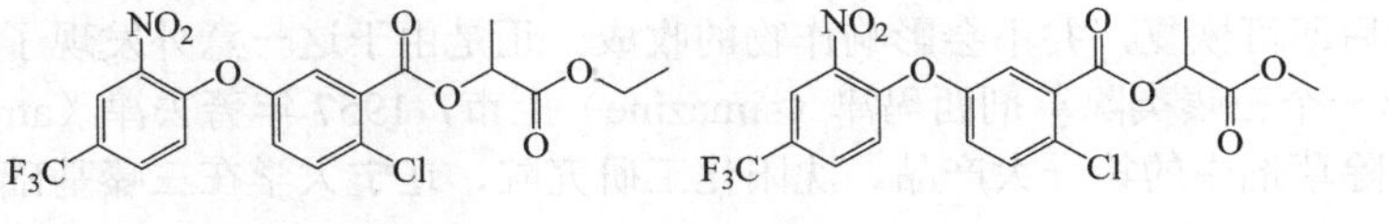

（7）一种含肟的羧酸酯类化合物及其用途

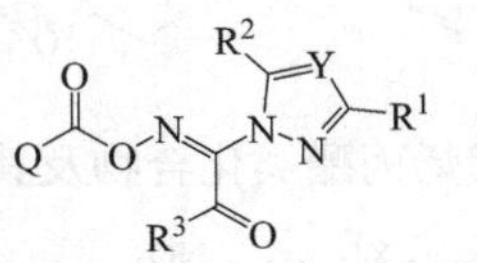

式中，R^1、R^2 分别选自氢、甲基、三氟甲基或二氟甲基；R^3 选自叔丁基；Y 选自 CH 或 N；Q 选自如下所示的基团之一（未列举完全）：

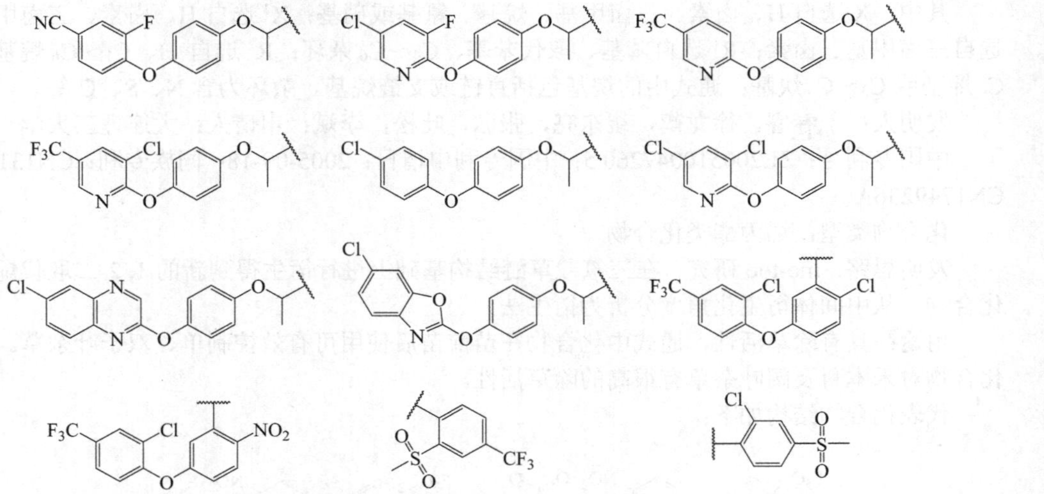

发明人：吴峤，杨吉春，马宏娟，张静静，崔东亮，关爱莹，刘长令；申请人：中国中化股份有限公司，沈阳化工研究院有限公司

中国专利号：ZL201410041927.X；中国专利申请日：2014-01-28

化合物类型：含肟的羧酸酯类化合物、三唑类化合物、二芳醚类化合物

发明思路：me-too 研究；参照专利 DE3005899 中的结构，利用中间体衍生化法，使用除草剂羧酸中间体进行替换优化，得到现有化合物。

用途：具有除草活性，可以有效地控制稗草、苘麻、狗尾草、百日草等杂草，在低剂量下就可以获得很好的除草效果，且对作物安全性好，尤其对玉米、水稻（苗后）安全。

代表化合物结构如下：

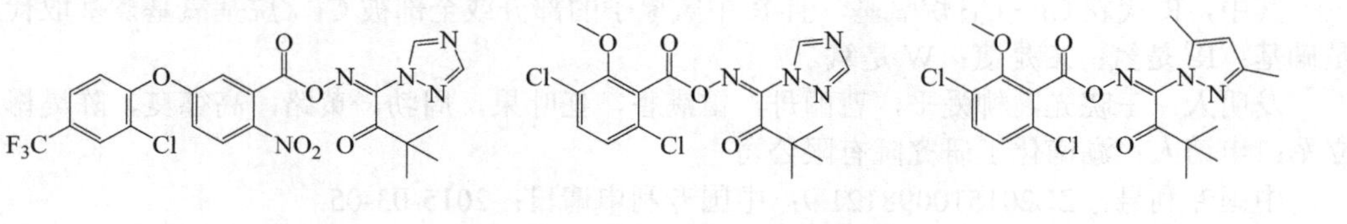

4.15 三嗪类化合物

三嗪类除草剂是随机筛选所得的。莠去津是光合作用抑制剂，其对玉米造成的药害，只是暂时的，一周后即可恢复，并不会影响作物的收成。正是由于这一意外发现了新的玉米田除草剂。1956 年第一个三嗪类除草剂西玛津（simazine）上市，1957 年莠去津（atrazine）上市，该产品是三嗪类除草剂中的第一大产品。沈阳化工研究院、辽宁大学在三嗪基础上引入氟得到氟

代三嗪化合物，其具有较好的除草活性，周银平在三嗪基础上引入咪唑啉酮得到的化合物对稗草、狗尾草、马唐、反枝苋等都有很好的防效。具体如下：

（1）一种具有除草活性的氟代三嗪类化合物及其制备方法

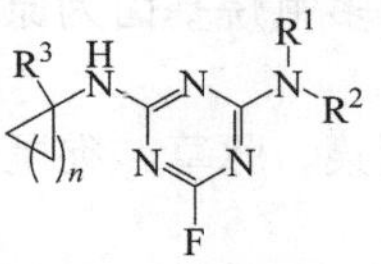

式中，$n=1\sim6$；R^1、R^2可相同或不同，分别选自氢、$C_1\sim C_6$烷基、$C_3\sim C_6$环烷基、羧基、苯基、取代苯基；苯基上的取代基选自 1～3 个如下基团：卤素、硝基、氰基、$C_1\sim C_3$烷基、$C_1\sim C_3$烷氧基或卤代$C_1\sim C_3$烷基；R^3选自氢、$C_1\sim C_6$烷基。

发明人：王瑛，王景国，李学敏，刘君丽，林长福，尉宏伟，苗雨；申请人：中国中化股份有限公司，沈阳化工研究院有限公司

中国专利号：ZL201010535139.8；中国专利申请日：2010-11-03

化合物类型：三嗪类化合物

发明思路：me-tood 研究；以三嗪类除草剂莠去津为先导，通过对氨基部分优化得到现有化合物。

用途：具有除草活性，在苗前和苗后使用，可有效地防除单子叶和双子叶杂草。

代表化合物结构如下：

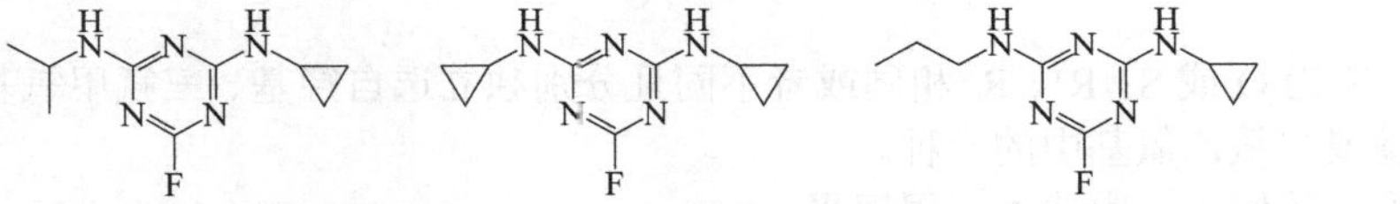

（2）一种具有除草活性的氰基氟代均三嗪类化合物及其制备方法

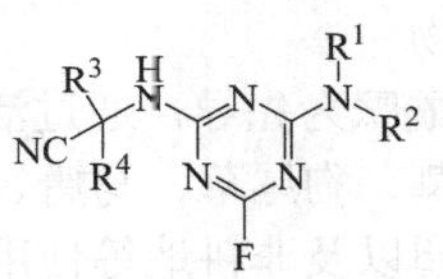

化合物可选自如下任一化合物：

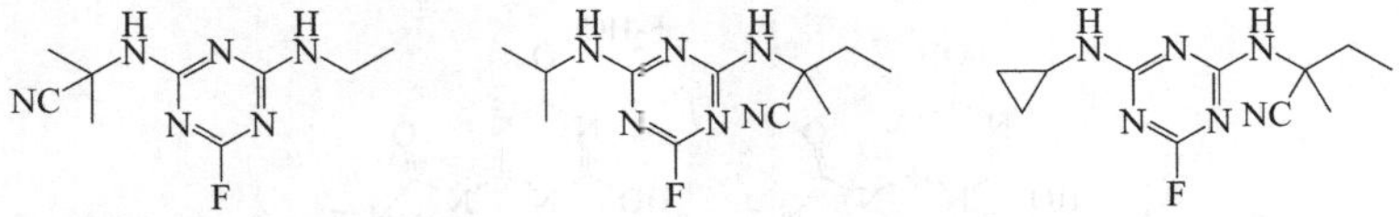

发明人：王瑛，李学敏，尉宏伟，苗雨，林长福，刘君丽；申请人：中国中化股份有限公司，沈阳化工研究院有限公司

中国专利号：ZL201210555028.2；中国专利申请日：2012-12-19

化合物类型：氰基氟代均三嗪类化合物

发明思路：me-too 研究；参考 GB1327060A 中的结构，使用氟原子进行替换得到现有化合物。

用途：具有除草活性和选择性，属于茎叶除草剂，可有效地防除单子叶和双子叶杂草。

（3）一种 6-多氟烷基-1, 3, 5-三嗪类化合物及其合成方法和应用

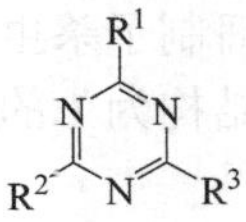

发明人：梁福顺，汪锐，苏忠民；申请人：辽宁大学

中国专利号：ZL201811399325.6；中国专利申请日：2018-11-22

化合物类型：三嗪类

发明思路：me-too 研究；以双胍和多氟烷基卤为原料，在三嗪类除草剂基础上通过新颖合成方法得到现有化合物。

用途：具有除草活性，对灰菜、苋菜、豚草、狗尾草等具有良好的苗期除草活性。

代表化合物结构如下：

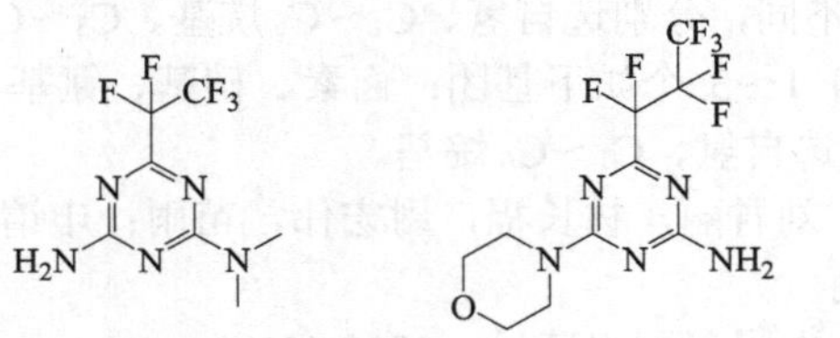

（4）一种化合物、除草组合物及其用途

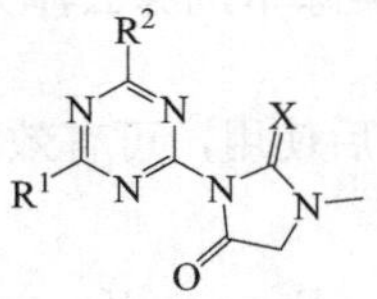

式中，X 为 O 或 S；R^1、R^2 相同或者不同且分别独立选自羟基、三氟甲氧基、三氟乙氧基、二氟甲氧基或二氟乙氧基中的一种。

发明人：周银平；申请人：周银平

中国专利号：ZL202010679811.4；中国专利申请日：2020-07-15

化合物类型：三嗪基咪唑酮衍生物

发明思路：me-too 研究；以乙内酰脲为先导，通过活性基团拼接得到现有化合物。

用途：具有广谱除草活性，对稗草、狗尾草、马唐、反枝苋等都有很好的防效，可以在小麦田、大豆田、水稻田、玉米田、果园以及非耕地等使用，防治各种恶性杂草。

代表化合物结构如下：

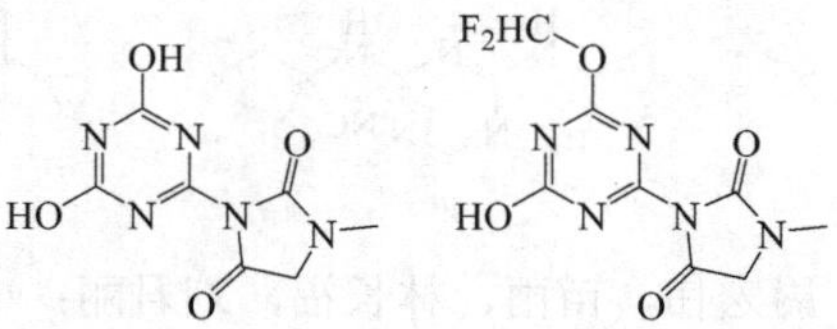

4.16 三唑类化合物

三唑类化合物已商品化品种主要为三唑并嘧啶磺酰胺类化合物。该类除草剂是由美国道农业科学公司发现的，其研制是基于生物等排理论（bioisosteric relationship）。该公司在研究苯甲酰脲类结构时，曾成功运用生物等排理论研制了杀虫剂 EL-131215，并由此设想将 EL-131215 分子结构中的羰基换为磺酰基合成一系列结构为 **1** 的化合物，生测结果发现没有一个化合物具有明显的除草活性（图 4-58）。

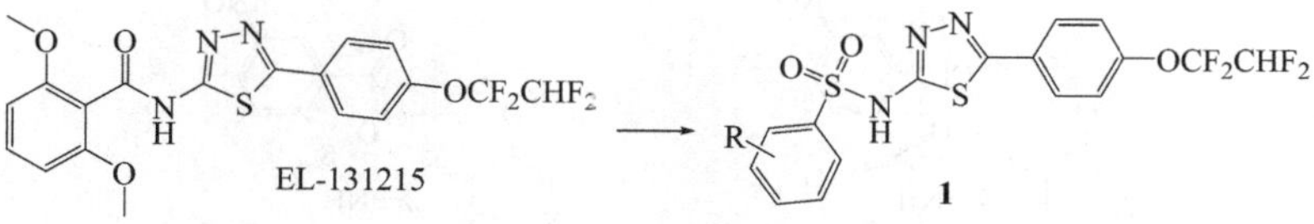

图 4-58 三唑类除草剂的创制经纬

而后以磺酰脲类化合物作为先导化合物，巧妙地利用生物等排理论，成功地研制了三唑并嘧啶磺酰胺类化合物。三唑并嘧啶磺酰胺类除草剂现有 7 个品种：氯酯磺草胺(cloransulam-methyl)、双氯磺草胺(diclosulam)、双氟磺草胺(florasulam)、五氟磺草胺(penoxsulam)、唑嘧磺草胺(flumetsulam)、磺草唑胺(metosulam)和啶磺草胺(pyroxsulam)。所有品种都是由道农业科学公司开发，作用机理都是乙酰乳酸合成酶(ALS)抑制剂。

国内研究三唑并嘧啶磺酰胺类化合物的单位主要有华中师范大学、江西师范大学、深圳大学、黑龙江大学、南通大学；华东理工大学在唑草胺（cafenstrole）基础上引入 Se 合成了一些三唑类化合物；浙江工业大学、江西师范大学还通过 me-too 研究合成了一些三唑类化合物。具体如下：

（1）一种三唑并嘧啶磺酰胺类除草剂及其制备方法和用途

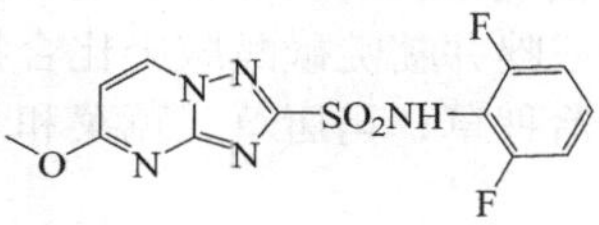

发明人：陈超南，刘祖明，杨光富；申请人：华中师范大学

中国专利号：ZL200910060835.5；中国专利申请日：2009-02-23

化合物类型：三唑并嘧啶磺酰胺类

发明思路：me-too 研究；在三唑并嘧啶磺酰胺类除草剂结构基础上引入其他取代基得到了相关化合物。

用途：具有除草活性，对阔叶杂草小藜、决明、芥菜、反枝苋、鳢肠、卷耳、马齿苋、苘麻和野荠菜具有显著的除草活性。与商品化药剂唑嘧磺草胺（阔草清）相比具有药效高、残留期短、对作物更安全等优点。

（2）三唑并嘧啶磺酰胺类化合物及其制备方法和应用

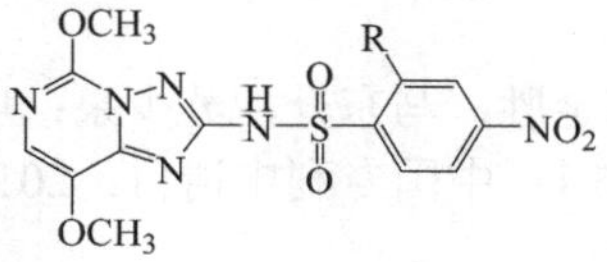

式中，R 为氯原子或甲氧羰基。

发明人：王明良，李定雄，尹春慧，何雅慧，马晨生，朱才镇；申请人：深圳大学

中国专利号：ZL201810442707.6；中国专利申请日：2018-05-10

化合物类型：三唑并嘧啶、磺酰胺

发明思路：me-too 研究；以五氟磺草胺为先导，通过替换芳环，合成一系列新颖化合物。

用途：具有除草活性，本申请部分化合物对苋菜、马齿苋、稗草、马唐具有良好的除草效果，对水稻有较高的安全性。

代表化合物结构如下：

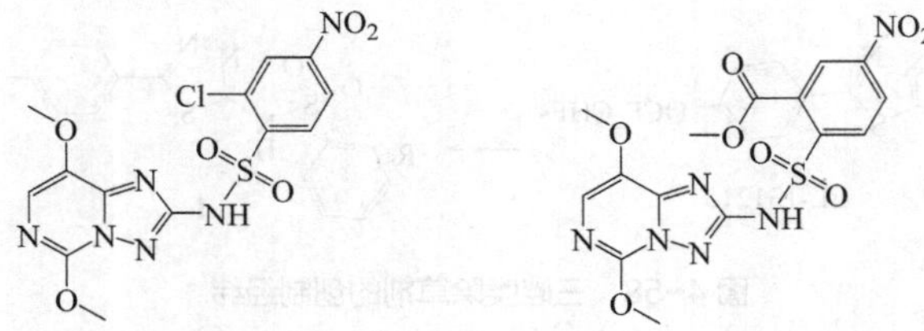

(3) 三唑并嘧啶磺酰胺类化合物及其制备方法和应用

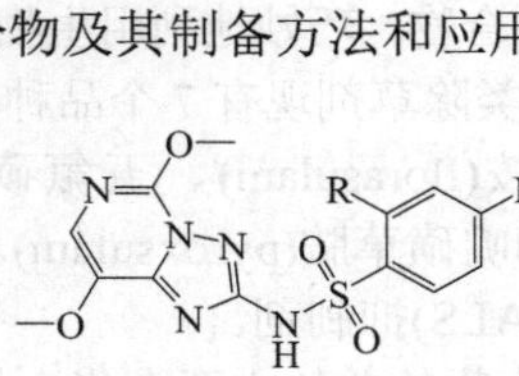

式中，R 为氯原子或甲氧羰基。

发明人：王明良，李定雄，尹春慧，何雅慧，马晨生，朱才镇；申请人：深圳大学

中国专利号：ZL201810442707.6；中国专利申请日：2018-05-10

化合物类型：三唑并嘧啶磺酰胺类化合物

发明思路：me-too 研究；以五氟磺草胺为先导化合物，通过官能团替换在苯环邻位、对位上引入特定基团，得到一种新型的三唑并嘧啶磺酰胺类化合物。

用途：具有除草活性，用于防治稗草、马唐草、苋菜和马齿苋。

代表化合物结构如下：

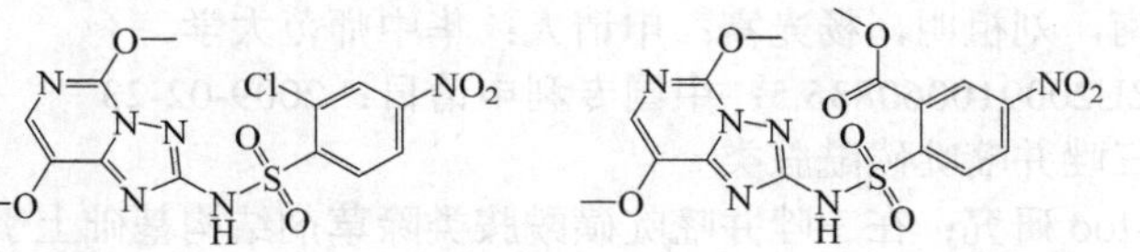

(4) 三唑并嘧啶磺酰胺化合物及合成方法和应用

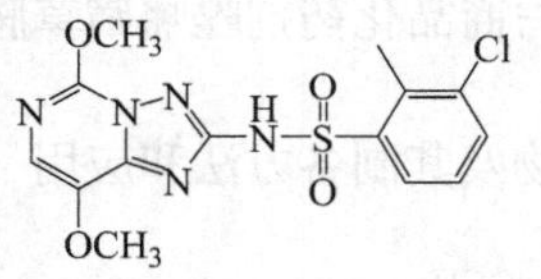

发明人：闫鹏飞，周金枝，高金胜，马东升，苏少泉；申请人：黑龙江大学

中国专利号：ZL201310294235.1；中国专利申请日：2013-07-12

化合物类型：三唑并嘧啶

发明思路：me-too 研究；在现有的三唑并嘧啶磺酰胺化合物的基础上，对其取代基进行常规替换从而得到现有的化合物。

用途：具有除草活性，可防治稗草。

(5) 含三氟甲基吡啶联芳氧基单元的磺酰胺化合物的制备与用途

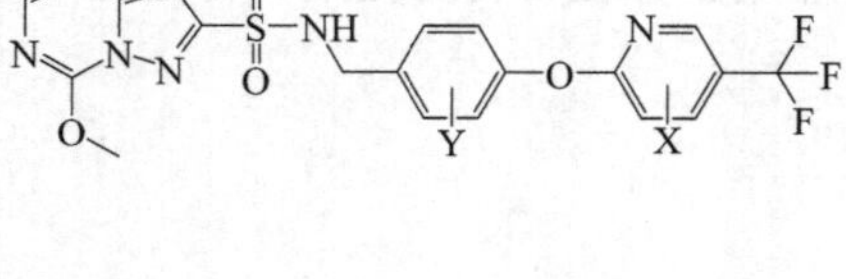

所述化合物选自：

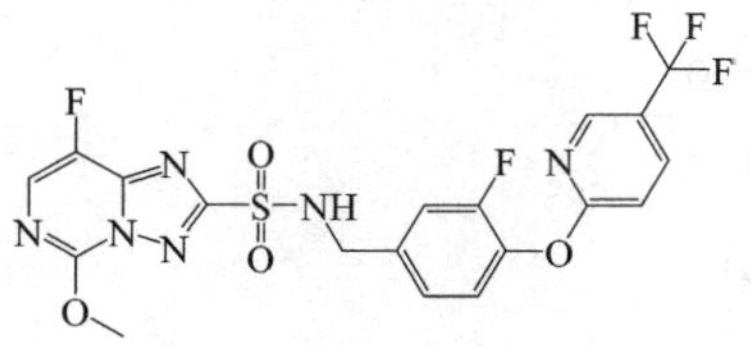

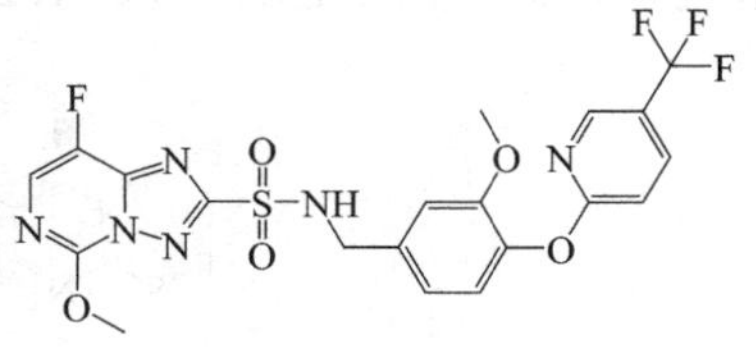

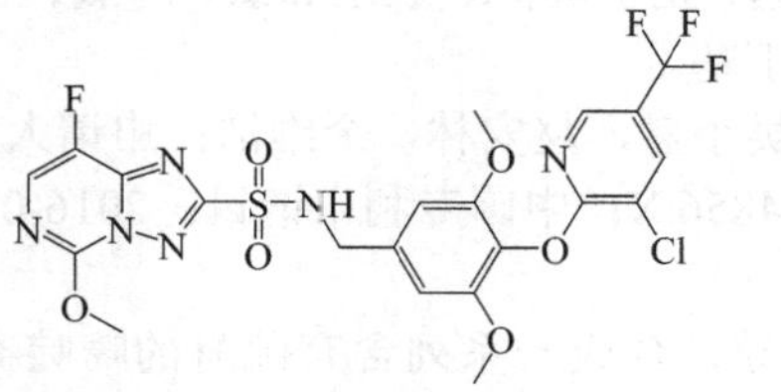

发明人：戴红，郑丹丹，黄雯，邵心依，周逸开，成晓燕，张燕，张海军，施磊，周贝贝；申请人：南通大学

中国专利号：ZL202011067115.4；中国专利申请日：2020-10-05

化合物类型：三氟甲基吡啶联芳氧基，磺酰胺，三唑并嘧啶

发明思路：me-too 研究；通过磺酰氯与三氟甲基吡啶联芳氧基甲基胺反应得到。

用途：具有除草活性，所述含三氟甲基吡啶联芳氧基单元的磺酰胺化合物对芥菜和小藜表现出较好的除草活性，该化合物可用于制备园艺等领域的除草剂。

（6）一种含 3-芳基噁二唑结构的磺酰胺类衍生物及其制备方法和应用

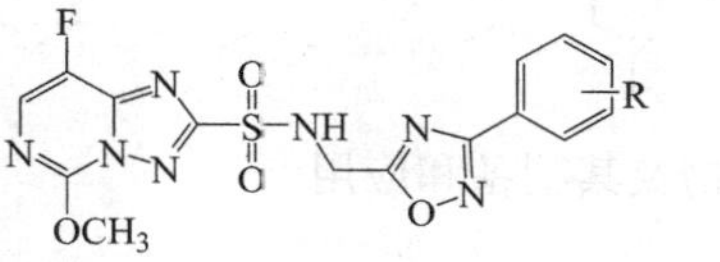

所述化合物选自：

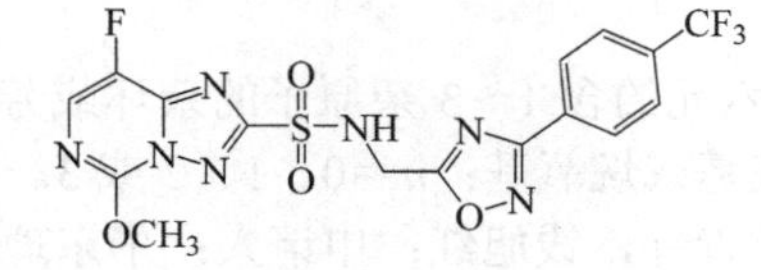

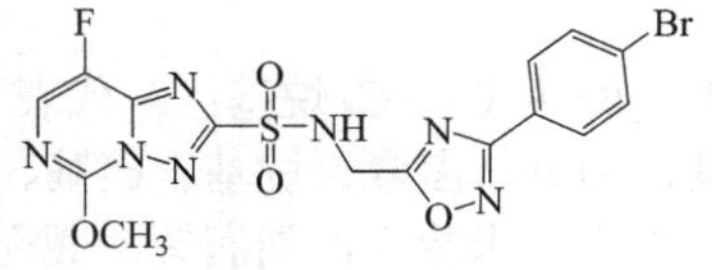

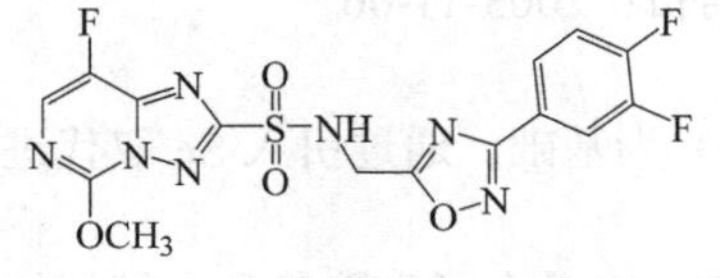

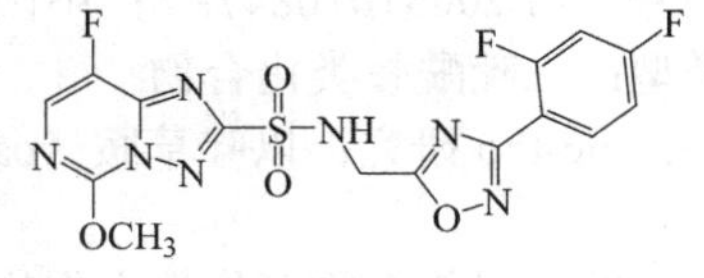

发明人：戴红，郑丹丹，黄雯，周逸开，成晓燕，张燕，施磊，张海军，李建华，周贝贝；申请人：南通大学

中国专利号：ZL202011065484.X；中国专利申请日：2020-09-30

化合物类型：芳基噁二唑、磺酰胺、三唑并嘧啶

发明思路：me-too 研究；通过 3-芳基噁二唑-5-甲基胺与磺酰氯反应得到。

用途：具有除草活性，所述一种含 3-芳基噁二唑结构的磺酰胺类衍生物对芥菜和小藜表现出较好的除草活性。

（7）2-取代苯氧亚甲基嘧啶并[5, 4-*e*]-1, 2, 4-三唑并[1, 5-*c*]嘧啶及其制备方法

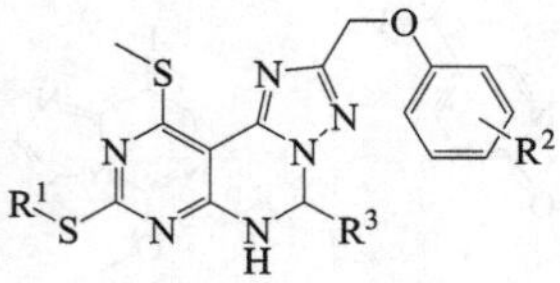

式中，R^1 表示乙基、正丙基、正丁基；R^2 表示邻氯、对氯、邻对二氯；R^3 表示甲基、乙基、正丙基、异丙基、正丁基、异丁基。

发明人：王涛，熊更明，吴小盛，赵安林，余维洁；申请人：江西师范大学

中国专利号：ZL201610344856.X；中国专利申请日：2016-05-22

化合物类型：嘧啶

发明思路：以嘧啶环为先导，合成一系列含有硫醚的嘧啶类化合物，期待发现高活性化合物。

用途：具有除草活性，本申请中的化合物对单子叶和双子叶植物的生长具有显著的抑制作用。

代表化合物结构如下：

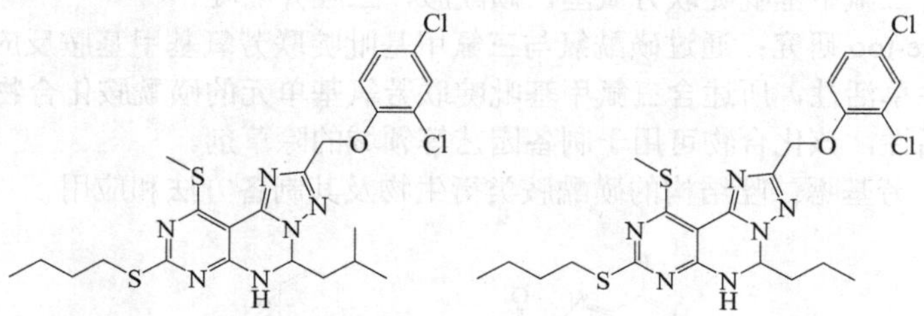

（8）含硒三唑酰胺类化合物及其制备和应用

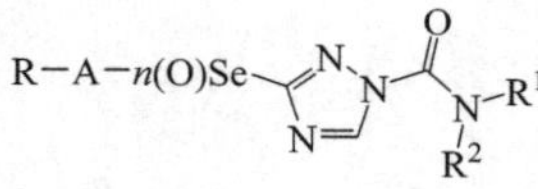

式中，R^1、R^2 为 C_1～C_8 烷基；A 代表五元或六元的含 1～3 杂原子的杂环或芳环；R 代表 A 环上取代基，为氢、卤素、烷基、硝基、卤代烷基或烷氧基；n=0、1、2 或 3。

发明人：李忠，宋恭华，刘润辉，龚秀英，黄青春，钱旭红；申请人：华东理工大学

中国专利号：ZL200310108478.8；中国专利申请日：2003-11-06

化合物类型：三唑酰胺类化合物

发明思路：me-too 研究；以唑草胺（cafenstrole）为基础，通过引入 Se 取代进行修饰得到现有化合物。

用途：该发明所述化合物可作为农作物的除草剂，对千金子和稗草具有较好的抑制效果，与现有技术相比，其具有安全及选择性好等优点。

代表化合物结构如下：

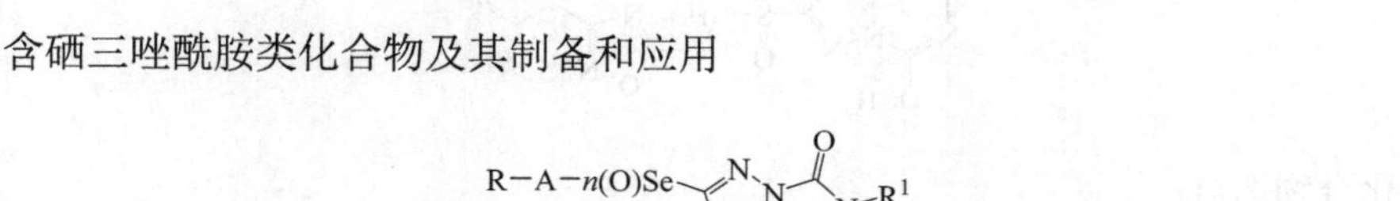

（9）一种含三氟甲基吡唑的三唑类化合物及其制备方法和其应用

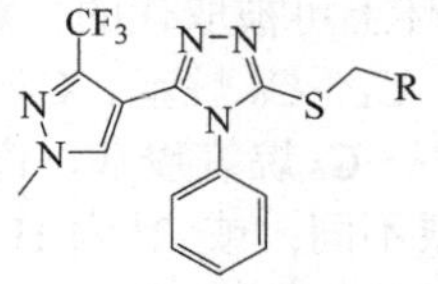

式中，R 选自氰基、乙烯基、苯基、3,4-二氯苯基、2,4-二氯苯基、对氯苯基、间氯苯基、邻氯苯基、邻氟苯基、对溴苯基、对氰基苯基、2-氯-5-噻唑基。

发明人：刘幸海，翟志文，汪乔，孙召慧，翁建全，谭成侠，张永刚；申请人：浙江工业大学

中国专利号：ZL201610606775.2；中国专利申请日：2016-07-28

化合物类型：吡唑类化合物、三唑类化合物

发明思路：利用相关中间体进行进一步反应或衍生得到。

用途：具有除草活性。该发明化合物可抑制萝卜、黄瓜、油菜、小麦、高粱和稗草等活性。

代表化合物结构如下：

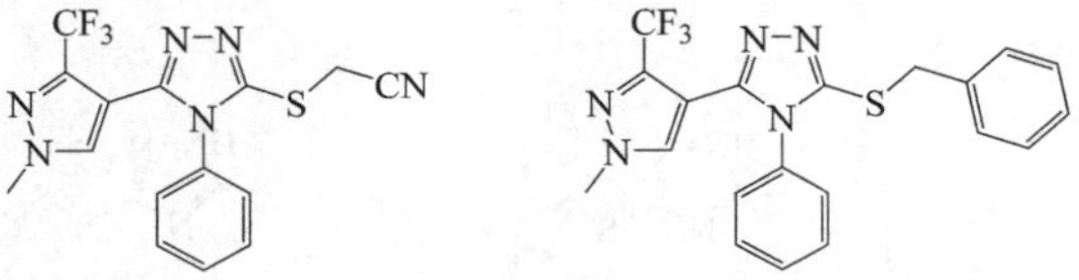

（10）含三唑结构的化合物及其制备方法与作为除草剂的应用

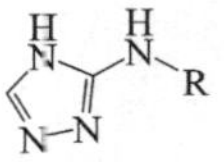

式中，R 表示 *O,O*-二甲基硫代磷酰基或 2,6-二硝基-4-三氟甲基苯基。

发明人：曹永松，丁光龙，耿倩倩，刘瑶，郭明程，段永恒，邓宇芳，张文兵，何顺，李健强；申请人：中国农业大学

中国专利号：ZL201310451042.2；中国专利申请日：2013-09-27

化合物类型：三唑类化合物

发明思路：me-too 研究；以 1,2,4-三氮唑为原料，与亲电试剂经亲电取代反应得到。

用途：具有除草活性，该发明提供的除草剂可用于防除狗尾草、马唐、牛筋草、龙葵、苋菜、苘麻、藜、葎草、地肤、田旋花、铁苋菜、山苦荬和早开堇菜。

代表化合物结构如下：

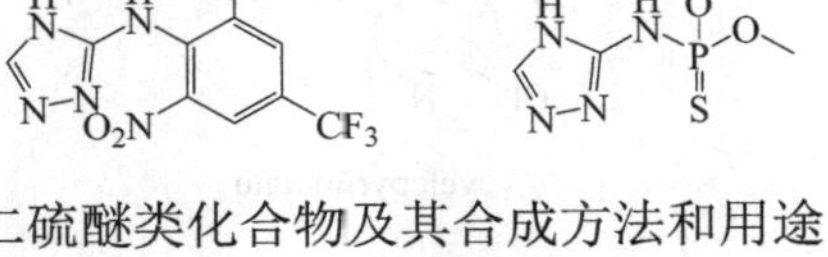

（11）含三唑环的不对称二硫醚类化合物及其合成方法和用途

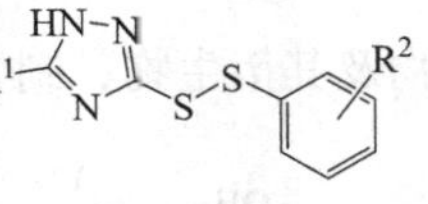

式中，R^1 为 C_1～C_6 烷基、C_1～C_6 烷氧基、C_1～C_6 烷硫基、卤素或硝基、卤代 C_1～C_6 烷基、卤代 C_1～C_6 烷氧基、卤代 C_1～C_6 烷硫基、苯基、3-吡啶基、4-吡啶基；其中所述苯基、3-吡啶

基、4-吡啶基是未取代的或者任选被一个或多个选自下列的基团取代的苯基：卤素、C_1～C_4烷基或卤代C_1～C_4烷基；R^2的位置为苯环上可被取代的任意位置，R^2为H或R^2为苯环上的单取代或多取代基，分别是：卤素、硝基、C_1～C_6烷基、C_1～C_6烷氧羧基、C_1～C_6烷氧基、C_1～C_6烷硫基、卤代C_1～C_6烷基、卤代C_1～C_6烷氧羧基、卤代C_1～C_6烷氧基、卤代C_1～C_6烷硫基，其中，多取代时，取代基可相同或不同；或R^1为H时，R^2的位置为苯环上可被取代的任意位置，R^2为苯环上的单取代基，分别是：硝基、C_1～C_6烷氧羧基、C_1～C_6烷硫基、卤代C_1～C_6烷基、卤代C_1～C_6烷氧羧基、卤代C_1～C_6烷硫基；或R^2为苯环上的多取代基，分别是：卤素、硝基、C_1～C_6烷基、C_1～C_6烷氧羧基、C_1～C_6烷氧基、C_1～C_6烷硫基、卤代C_1～C_6烷氧羧基、卤代C_1～C_6烷氧基、卤代C_1～C_6烷硫基，其中，多取代时，取代基可相同或不同。

发明人：王建国，尚君，王伟民，李永红，牛聪伟，商建丽，李正名，席真，宋海斌；申请人：南开大学

中国专利号：ZL201210055728.5；中国专利申请日：2012-03-06

化合物类型：三唑环类、二硫醚类

发明思路：利用相关中间体进行衍生，三唑环与二硫醚类结合。

用途：具有除草活性，对野生型AtAHAS和油菜根长的生长具有一定的抑制效果。

代表化合物结构如下：

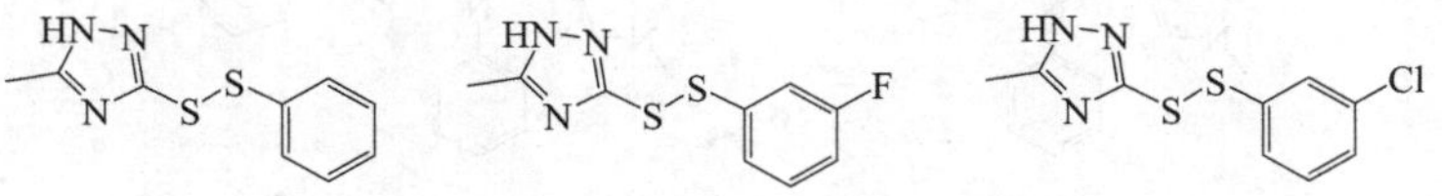

4.17 哒嗪类化合物

哒嗪是含氮杂环中重要的一类化合物，该类化合物因具有不同的生物活性(如杀菌、杀虫、植物生长调节、抗病毒等)而备受关注。在除草活性方面，哒嗪类衍生物应用广泛，显示了良好的发展前景，开发了哒草特(pyridate)、二甲哒草伏(metflurazon)、哒草伏(norflurazon)、杀莠敏(brompyrazon)、杀草敏(chloridazon)、哒草醚(credazine)等商品化品种。cyclopyrimorate 试验代号：H-965、SW-065，是日本三井化学株式会社开发的哒嗪类除草剂，2019年在日本上市。而青岛清原则以cyclopyrimorate为先导化合物，并围绕哒嗪类结构展开了一系列化合物的研究；南开大学则合成了一些三位取代的哒嗪类化合物。

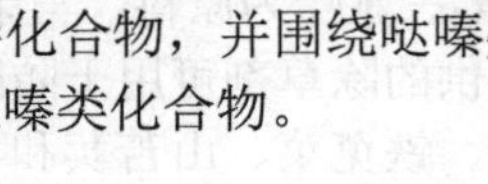

cyclopyrimorate

具体如下：

（1）吡啶环取代的哒嗪醇类化合物及其衍生物、制备方法、除草组合物和应用

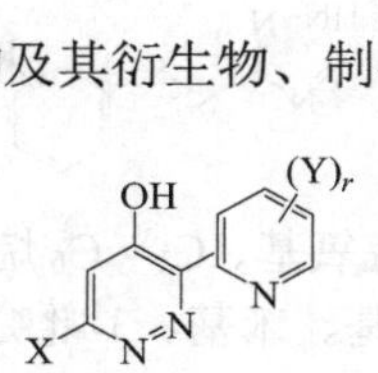

发明人：连磊，征玉荣，华荣保，王建峰，彭学岗，崔琦；申请人：青岛清原化合物有限公司

中国公开号：CN110878081A；中国专利申请日：2018-09-06

化合物类型：吡啶、哒嗪

发明思路：me-too 研究；在哒草特基础上将苯基替换为吡啶基。

用途：具有除草活性，可以有效地控制稗草、狗尾草、马唐、蔊菜、婆婆纳及猪殃殃。

代表化合物结构如下：

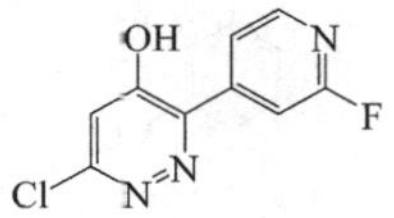

（2）哒嗪醇类化合物及其衍生物、制备方法、除草组合物和应用

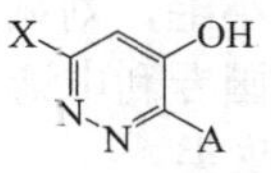

发明人：连磊，征玉荣，华荣保，王建峰，彭学岗，崔琦；申请人：青岛清原化合物有限公司

中国公开号：CN110128352A；中国专利申请日：2018-09-06

化合物类型：哒嗪醇

发明思路：me-too 研究；在哒草特中间体基础上优化而得。

用途：具有除草活性，可以防除稗草、狗尾草、藜、蔊菜、猪殃殃和婆婆纳。

代表化合物结构如下：

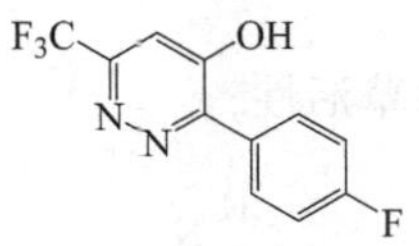

（3）五元环取代的哒嗪醇类化合物及其衍生物、制备方法、除草组合物和应用

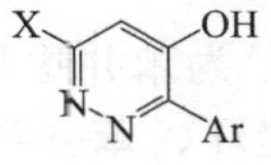

发明人：连磊，征玉荣，华荣保，王建峰，彭学岗，崔琦；申请人：青岛清原化合物有限公司

中国公开号：CN110878086A；中国专利申请日：2018-09-06

化合物类型：哒嗪

发明思路：me-too 研究；在哒草特中间体基础上将苯基替换为五元杂环。

用途：具有除草活性，可以有效地控制稗草、狗尾草、马唐、蔊菜、婆婆纳。

代表化合物结构如下：

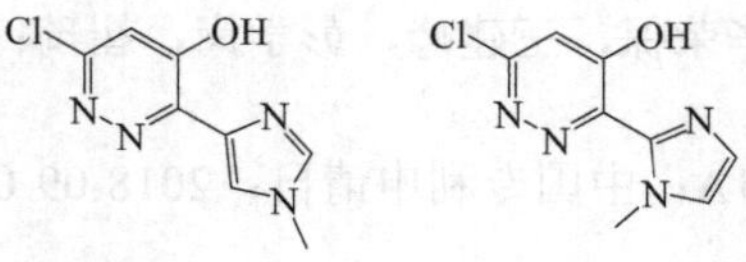

（4）具有除草活性的3-取代氨基哒嗪类衍生物及其制备方法

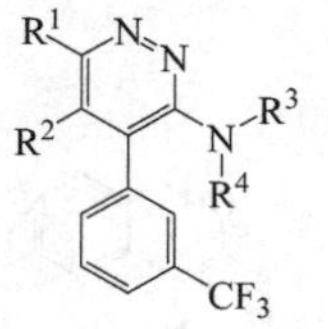

式中，R^1、R^2为H、烷基；R^3为苯基、任选取代的苯基；R^4为H、烷基；苯环上的取代基为烷基、烷氧基、卤代烷基、卤代烷氧基、卤素、烷硫基、卤代烷硫基、氰基、硝基，取代基数量为1～5；所说的烷基是C_1～C_6的烷基。

发明人：杨华铮，许寒，胡绪红，邹小毛，刘斌，朱有全，胡方中；申请人：南开大学

中国专利号：ZL200710057564.9；中国专利申请日：2007-06-06

化合物类型：哒嗪类、3-取代氨基哒嗪类

发明思路：me-too研究；在3-取代氨基哒嗪化合物基础上，通过替换得到现有化合物。

用途：具有除草活性，作为白化除草剂，对一年生禾本科杂草及阔叶杂草有较高的除草活性，而且对禾本科作物表现出优良的选择性。

代表化合物结构如下：

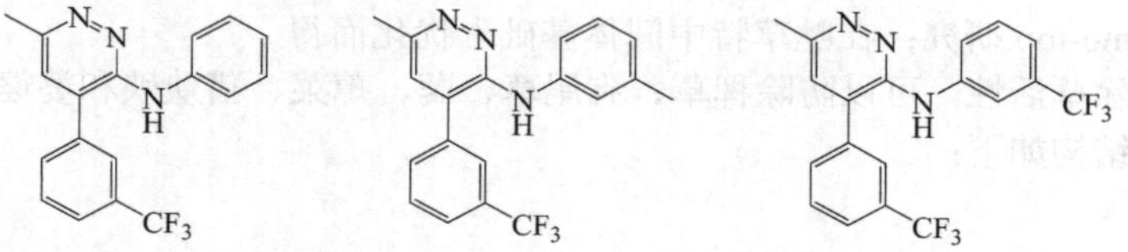

（5）4-取代苯基哒嗪类化合物及除草活性

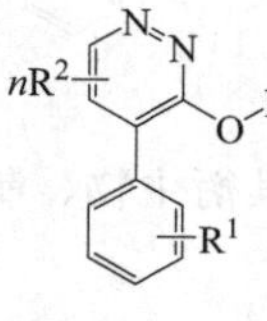

式中，R^1为卤代烷基；R^2为烷基；R^4为苯并噁唑基、苯并噻唑基、嘧啶基，取代的苯并噁唑基、苯并噻唑基、嘧啶基；苯并噁唑环、苯并噻唑环、嘧啶环上的取代基为烷基、卤代烷基、卤代烷氧基、卤素、氰基或硝基，取代基数量为1～5；所述的烷基是C_1～C_6的烷基；n=1或2。

发明人：杨华铮，许寒，邹小毛，胡方中，刘斌，杨秀凤；申请人：南开大学

中国专利号：ZL200510013207.3；中国专利申请日：2005-03-17

化合物类型：哒嗪类、4-取代苯基哒嗪类

发明思路：me-too研究；在3-苯基哒嗪类除草剂基础上，通过替换得到现有化合物。

用途：具有除草活性，作为白化除草剂，对一年生禾本科杂草及阔叶杂草有较高的除草活性。

代表化合物结构如下：

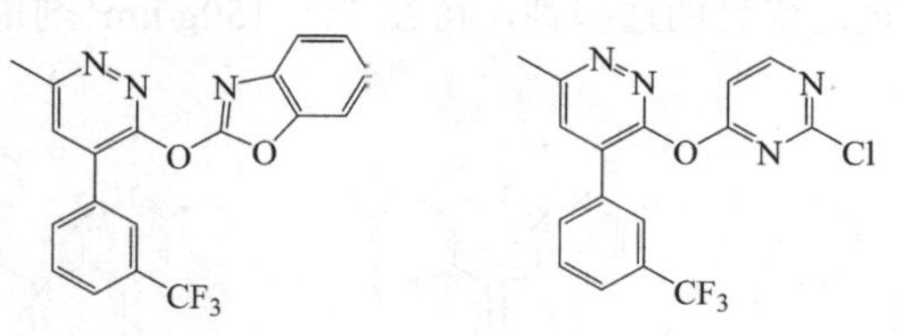

（6）具有除草活性的3-取代氧基哒嗪类衍生物及制备方法

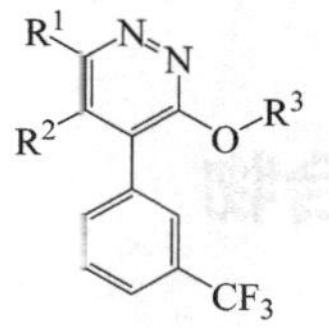

式中，R^1为甲基；R^2为H；R^3是苯基、4-氟苯基、3, 5-二氟苯基、4-氰基苯基、2-氯苯基、4-氯苯基、3, 4-二氯苯基、3-溴苯基、4-溴苯基、3-甲基苯基、4-甲基苯基。

发明人：杨华铮，许寒，胡绪红，邹小毛，刘斌，朱有全，胡方中；申请人：南开大学

中国专利号：ZL200710057565.3；中国专利申请日：2007-06-06

化合物类型：哒嗪类、3-取代氧基哒嗪类

发明思路：me-too 研究；在3-苯基哒嗪类除草剂基础上，通过替换得到现有化合物。

用途：具有除草活性，作为白化除草剂，对一年生禾本科杂草及阔叶杂草有较高的除草活性，而且对禾本科作物表现出良好的选择性，可在75g/hm²剂量下对农田直接施药。

代表化合物结构如下：

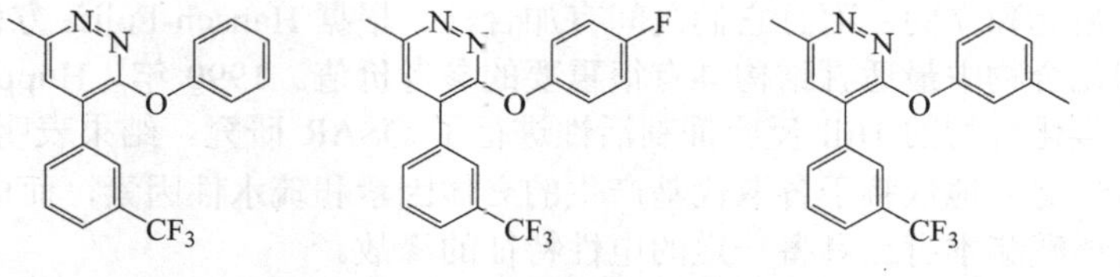

（7）具有除草活性的3-取代氨基哒嗪类衍生物及制备方法

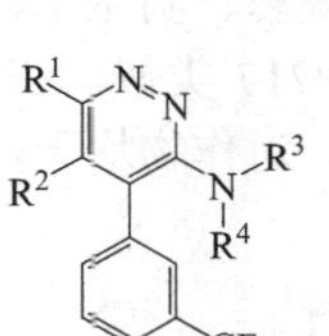

式中，R^1、R^2为H、烷基；R^3为苯基、任选取代的苯基；R^4为H、烷基；苯环上的取代基为烷基、烷氧基、卤代烷基、卤代烷氧基、卤素、烷硫基、卤代烷硫基、氰基、硝基，取代基数量为1～5；所说的烷基是C_1～C_6的烷基。

发明人：杨华铮，胡绪红，邹小毛，刘斌，朱有全，胡方中；申请人：南开大学

中国专利号：ZL200710057564.9；中国专利申请日：2007-06-06

化合物类型：哒嗪类、3-取代氧基哒嗪类

发明思路：me-too 研究；在3-苯基哒嗪类除草剂基础上，通过替换得到现有化合物。

用途：具有除草活性，作为白化除草剂，对一年生禾本科杂草及阔叶杂草有较高的除草活性，而且对禾本科作物表现出优良的选择性，可在75～150g/hm^{2}剂量下对农田直接施药。

代表化合物结构如下：

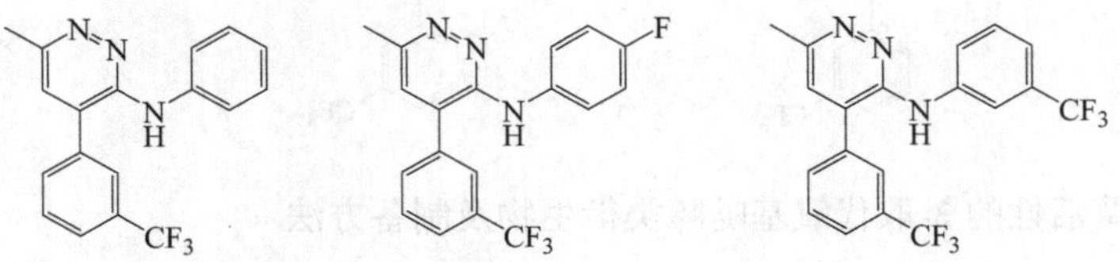

4.18 氰基丙烯酸酯类化合物

氰基丙烯酸酯是一类特殊的PSⅡ电子传递抑制剂，有关这类电子传递抑制剂的研究表明：这类化合物在结构上细微的变化对希尔反应抑制活性影响很显著。例如，酯基侧链中引入带有较大电负性的氧原子的醚结构基团，β 位烷基的立体效应，以及芳环与氨基间的亚甲基数目，这些都能明显地影响氰基丙烯酸酯类化合物的抑制活性。

氰基丙烯酸酯类化合物虽然在化学结构上与许多PSⅡ电子传递抑制剂多有不同，应属于插烯酰胺衍生物，但和酰胺类、苯酚类PSⅡ电子传递抑制剂一样作用于PSⅡ的D1蛋白中QB结合部位，1990年Mcfadden和Phillps通过标记的方法证实了这一点。

在探讨化学结构与生物活性之间关系的过程中，Hansch、Fujita等早在20世纪60年代初就认为，取代基对分子生物活性的影响是电性、立体性和疏水性等分子整体物化性质的变化所引起的，并且根据Hammett自由能关系进一步假设：取代基的电性、立体性和疏水性对分子生物活性的影响是彼此独立的，而且它们之间有加合性。根据Hansch-Fujita方程研究构效关系，对于预测同系列化合物中最适宜结构具有很重要的参考价值。1990年，Huppatz等对三类结构的氰基丙烯酸酯类化合物的Hill反应抑制活性进行了QSAR研究。结果表明这类PSⅡ电子传递抑制剂抑制活性更多地依赖于各取代基产生的立体因素和疏水性因素，而电性的影响较弱。或许这是氰基丙烯酸酯本身已具备一定的电性特征的缘故。

该类化合物国内主要是南开大学和南通大学研究。南开大学开发的NK9717可用于苗后茎叶喷雾处理，对玉米田的优势杂草，如灰藜、狗尾草、马齿苋和反枝苋均有很好的防治效果，且对玉米非常安全。H0306结构与NK-9717类似，在60g/hm^{2}剂量下对荨麻抑制率达100%，在玉米1叶1心期和玉米2叶1心期时，对作物均无药害。

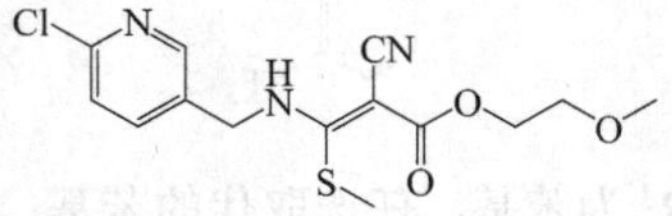

NK-9717

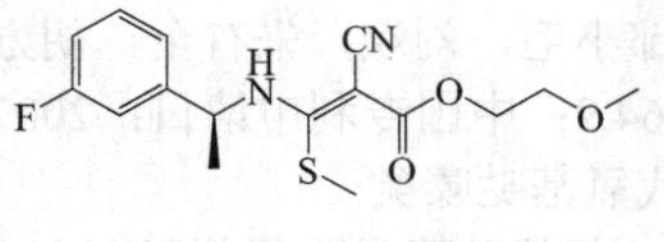

H0306

4.18.1 NK-9717 的创制

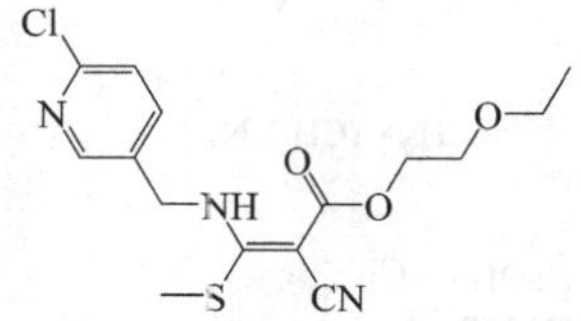

化合物专利名称：含烃硫基吡啶甲胺基的氰基丙烯酸酯类化合物及生物活性

中国专利号：ZL98117840.5；申请日：1998-08-28；授权日：2002-08-14

专利发明人：黄润秋，程慕如，刘昕，赵毅刚，李慧英；申请人：南开大学

NK-9717 是南开大学研发的氰基丙烯酸酯类玉米田除草剂，CAS 号 291302-90-4。

4.18.1.1 知识产权分析

（1）新颖性　新颖性分析见表 4-82。

表 4-82　该专利与已有技术对比表

该专利	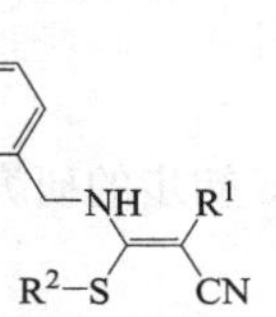 通式　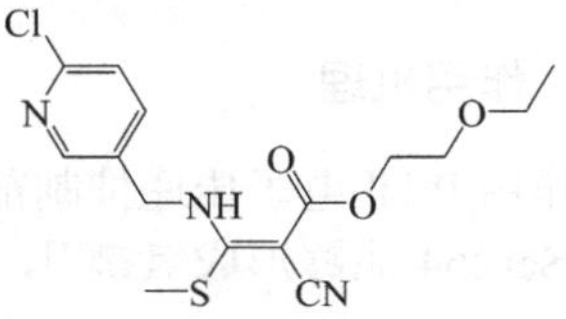 NK-9717
接近的现有技术： 含 2-氯-5-吡啶甲基的双氰基取代乙烯酮缩胺类化合物的合成及生物活性 [高等学校化学学报，1998 (10): 1620-1622]	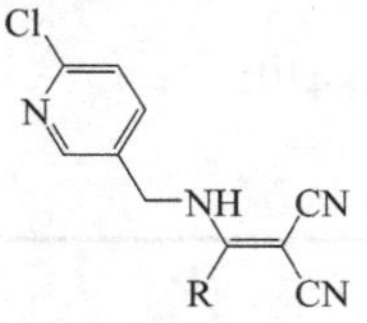 通式　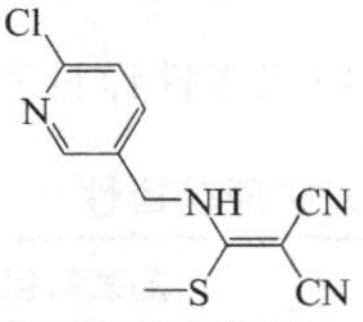 代表化合物(编号 9)

（2）创造性　本申请与已有技术公开的化合物在结构上差异较大，且仅公开了结构最相似的化合物 9 的杀虫活性。

（3）核心化合物专利　核心化合物专利已过专利期（表 4-83）。

表 4-83　NK-9717 核心化合物专利

序号	公开号	专利号	法律状态
1	CN1089089C	ZL98117840.5	授权失效
授权保护范围 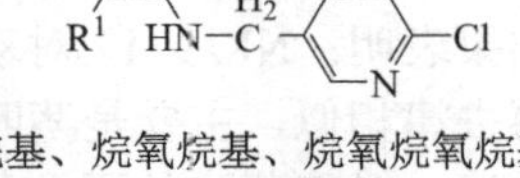 式中：R^1 是 CN、COOX 或 CONY，X 是烷基、烷氧烷基、烷氧烷氧烷基、烷硫烷基，Y 是烷氧烷基；R^2 是烷基或苄基			

4.18.1.2 合成方法

以氰基乙酸、乙二醇单乙醚、二硫化碳等经如下步骤合成 NK-9717，总收率在 70%以上，产品含量大于 98%[1,2]（图 4-59）。

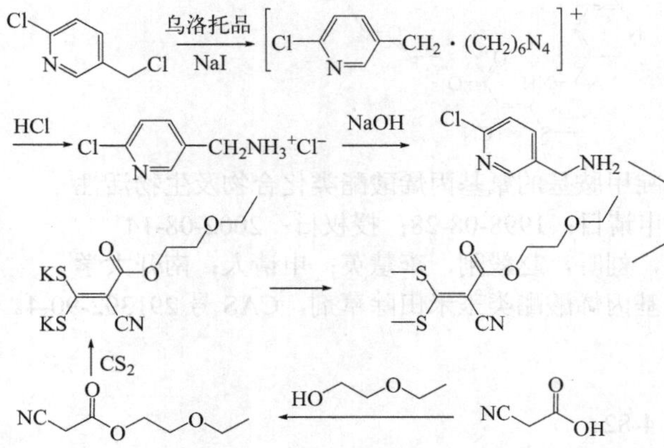

图 4-59 NK-9717 的合成路线

4.18.1.3 作用机理

光合作用 PSⅡ电子传递抑制剂，初步的研究结果表明，NK-9717 吡啶环上的氢和受体蛋白的氨基酸 Ser264 能够形成氢键[1]。

4.18.1.4 毒理学与安全评价

NK-9717 原药毒性详见表 4-84[1]。

表 4-84 NK-9717 原药毒性

测试科目	结论
急性经口	雌、雄大鼠：LD_{50}＞5000mg/kg
急性经皮	雌、雄大鼠：LD_{50}＞2000mg/kg
眼刺激试验	无刺激性
皮肤刺激试验	无刺激性
细菌回复突变试验(Ames)	阴性
小鼠嗜多染红细胞微核试验	阴性
小鼠睾丸精母细胞染色体畸变试验	阴性

4.18.1.5 应用效果

（1）室内活性　室内生测试验结果表明：NK-9717 对双子叶杂草的防效很好，对油菜的防效好于莠去津，对反枝苋的防效与莠去津相似，主要是茎叶处理活性；NK-9717 对单子叶杂草的防效较差，对马唐的防效优于莠去津，对稗草防效不及莠去津[1]。

（2）田间应用效果　田间小区试验结果表明：20% NK-9717 乳油苗后茎叶喷雾处理对玉米田的优势杂草灰藜、狗尾草、铁苋菜和反枝苋有很好的防治效果。对阔叶杂草的防效优于对禾本科杂草的防效。对玉米生长发育没有影响，对玉米安全[1]。NK-9717 以 150g/hm^2 处理，株防效和鲜重防效都在 90%以上，优于或相当于对照药剂莠去津 1140g/hm^2 的防效。

参考文献

[1] 汪清民, 李永红, 刘玉秀, 等. 对玉米田安全的除草剂 NK-9717 的创制研究. 第八届全国新农药创制学术交流会论文集, 2009: 488-493.
[2] 胡方中, 古国贤, 李春晖, 等. 2-氰基-3-烷氧基-3′-芳甲胺基丙烯酸酯的合成及除草活性. CN101659636, 2010-03-03.

4.18.2 其他氰基丙烯酸酯类化合物的创制

该类化合物国内主要是南开大学和南通大学研究。具体化合物专利如下：

（1）含吡啶联邻巯基芳基的氰基丙烯酸酯的制备方法和用途

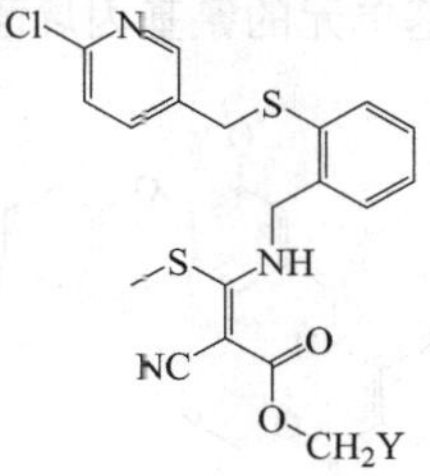

化合物选自：

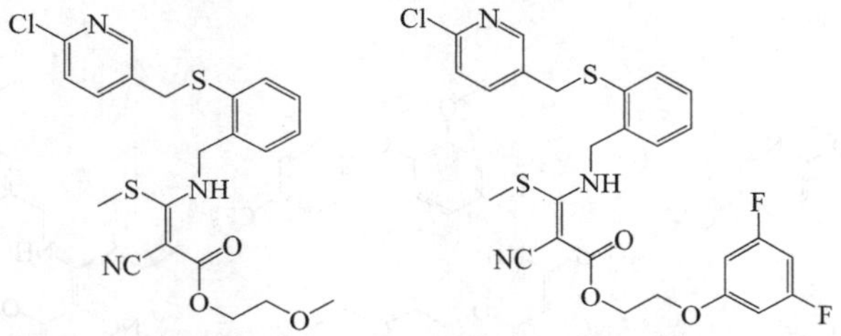

发明人：戴红，郑丹丹，钱程，陈佳，张燕，施磊，顾海鹰，陈翠丽，李金峰，徐红娟，王凯，周贝贝；申请人：南通大学

中国专利号：ZL202010317500.3；中国专利申请日：2020-04-21

化合物类型：吡唑衍生物

发明思路：me-too 研究；通过取代的丙烯酸酯与吡啶连邻巯基芳甲胺化合物反应得到。

用途：具有除草活性，所述含吡啶联邻巯基芳基的氰基丙烯酸酯对杂草显示出优良的除草效果，该化合物可用于制备园艺等领域的除草剂。

（2）含吡啶二芳胺结构的氰基丙烯酸酯化合物的制备和应用

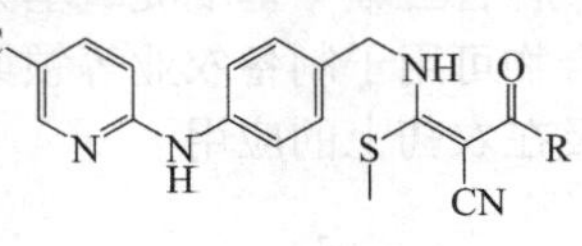

化合物选自：

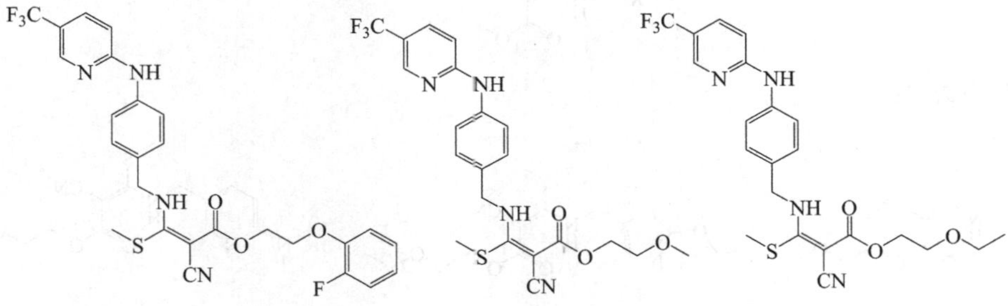

发明人：戴红，石玉军，何海兵，陈佳，李阳，葛书山，叶林玉，方源；申请人：南通大学

中国专利号：ZL201610156675.4；中国专利申请日：2016-03-18

化合物类型：氰基丙烯酸酯类化合物

发明思路：me-too 研究；通过 3, 3-二甲硫基-2-氰基丙烯酸酯与含吡啶基二芳胺苄氨反应得到。

用途：具有除草活性，所述含吡啶基二芳胺结构的氰基丙烯酸酯化合物对阔叶杂草具有较好的防治效果，该化合物可用于制备农业等领域的除草剂。

（3）一种含三氟甲基吡啶氧基芳基单元的氰基丙烯酸酯衍生物的制备和应用

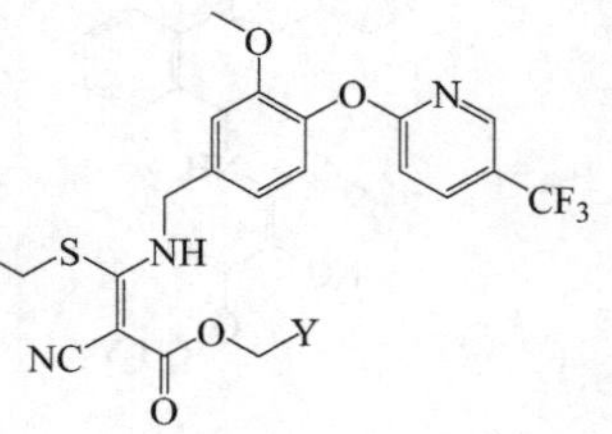

化合物选自：

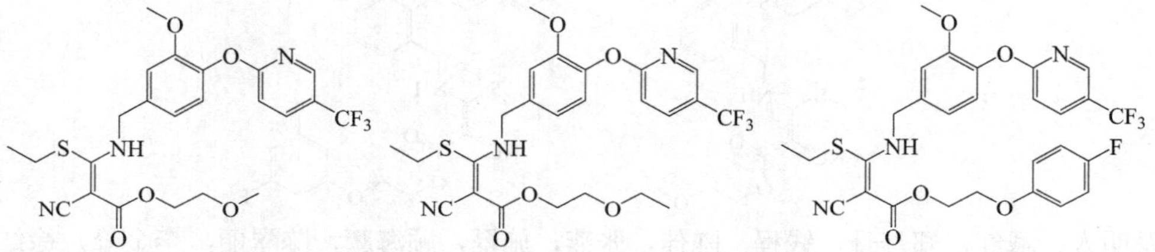

发明人：戴红，倪亚丹，缪何一，陈佳，张燕，施磊，张海军，周环宇，李金峰，钱宏炜；申请人：南通大学

中国专利号：ZL202010277454.9；中国专利申请日：2020-04-10

化合物类型：氰基丙烯酸酯衍生物

发明思路：me-too 研究；通过三氟甲基吡啶氧基芳甲基胺化合物与取代丙烯酸酯缩合得到。

用途：具有除草活性，所述一种含三氟甲基吡啶氧基芳基单元的氰基丙烯酸酯衍生物对杂草展现出良好的除草作用，该化合物可用于制备农业等领域的除草剂。

（4）氰基丙烯酸酯类化合物及在农药上的应用

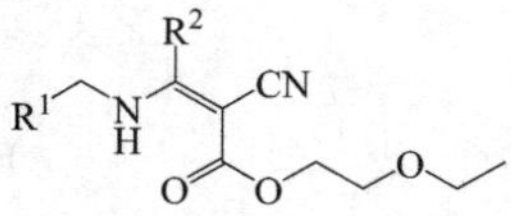

化合物选自：

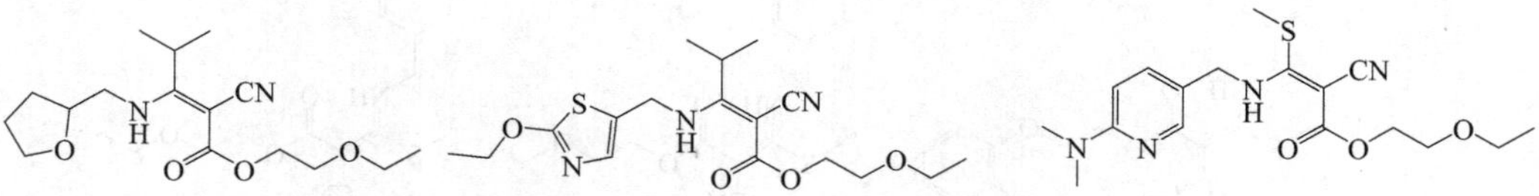

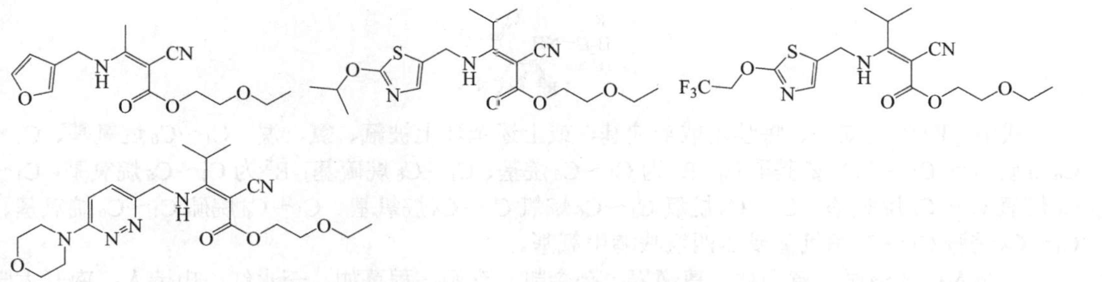

申请人：南开大学；发明人：汪清民，刘玉秀，蔡保理，刘少华，张永林，赵奇奇，李永红，程慕如，黄润秋

中国专利号：ZL200710056935.1；中国专利申请日：2007-03-16；同族专利：CN100471846C、CN101020677A

化合物类型：氰基丙烯酸酯类

发明思路：me too 研究；1985 年法国专利报道了 FR2549829 氰基丙烯酸酯类化合物结构，后来多篇专利和文章[CN1246474A、CN1483320A、CN1760176A、结构化学, 1999, 18(4): 282-285]报道了该类化合物可作为除草剂，同时具有抗肿瘤和抗植物病毒活性。根据生物电子等排原理进行官能团替换或者引入新的基团得到结构新颖的化合物。

用途：具有除草、杀菌、植物生长调节活性和抗植物病毒活性。

（5）氰基丙烯酸酯类化合物及在农药和医药上的应用

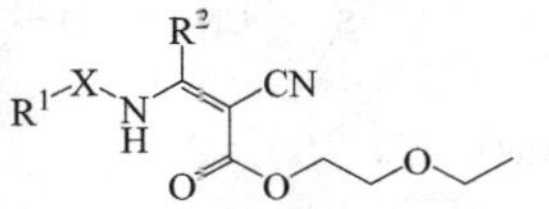

式中，R^1 为苯基、噁唑、异噁唑、噁二唑、喹啉，或上述杂环被氟、氯、溴、C_1～C_6 烷基、取代苯基、C_1～C_6 烷氧基或 C_1～C_6 烷氨基取代；R^2 为 C_1～C_3 烷基、甲硫基；X 为 CH_2 或 NH。

发明人：汪清民，刘玉秀，刘少华，蔡保理，李永红；申请人：南开大学

中国专利号：ZL200910204728.5；中国专利申请日：2009-09-27

化合物类型：氰基丙烯酸酯类

发明思路：me-too 研究；在现有文献基础上通过对氰基丙烯酸酯类化合物结构进行修饰得到结构新颖的化合物。

用途：具有除草、杀菌活性和植物生长调节活性。

代表化合物结构如下：

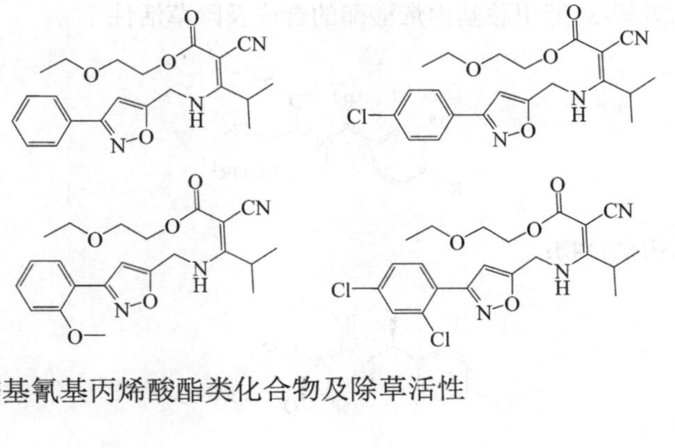

（6）含杂环甲胺基氰基丙烯酸酯类化合物及除草活性

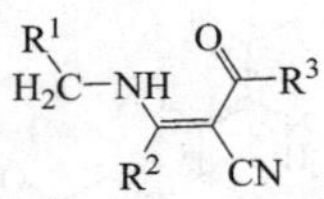

式中，R^1为吡啶基、噻唑基或嘧啶基，或上述杂环上被氟、氯、溴、C_1～C_6烷氧基、C_1～C_6烷硫基或C_1～C_6烷氨基取代；R^2为C_1～C_6烷基、C_1～C_6烷硫基；R^3为C_1～C_6烷氧基、C_1～C_6烷氧C_1～C_6烷氧基、C_1～C_6烷氧C_1～C_6烷氧C_1～C_6烷氧基、C_1～C_6烷硫C_1～C_6烷氧基、C_1～C_6烷胺C_1～C_6烷氧基或2-四氢呋喃甲氧基。

发明人：汪清民，黄润秋，曹焕岩，孙会凯，李姮，程慕如，李永红；申请人：南开大学

中国专利号：ZL03130523.7；中国专利申请日：2003-07-31

化合物类型：丙烯酸酯类

发明思路：me-too研究，在现有技术公开的氰基丙烯酸酯类化合物基础上进行基团替换从而得到现有化合物。

用途：具有除草活性，对阔叶杂草及禾本科杂草有很高的除草活性，而且对作物表现出优良的选择性。

代表化合物结构如下：

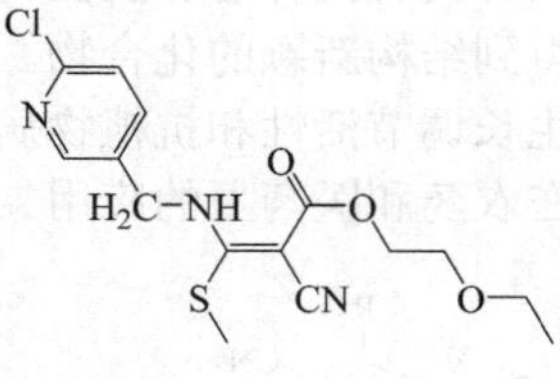

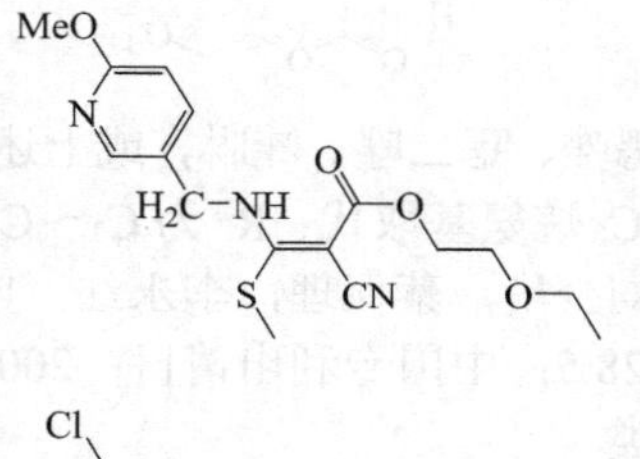

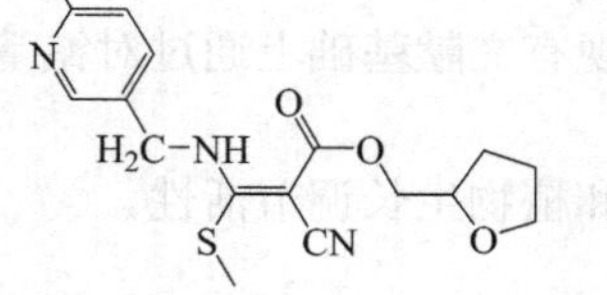

（7）2-氰基-3-烷氧基-3′-芳甲胺基丙烯酸酯的合成及除草活性

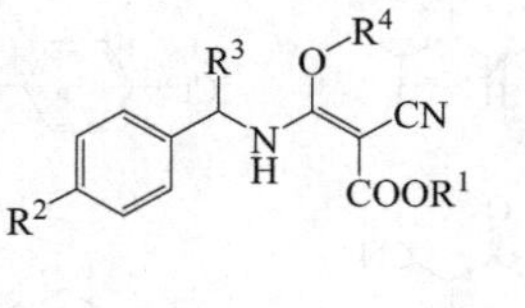

式中选自如下结构化合物：

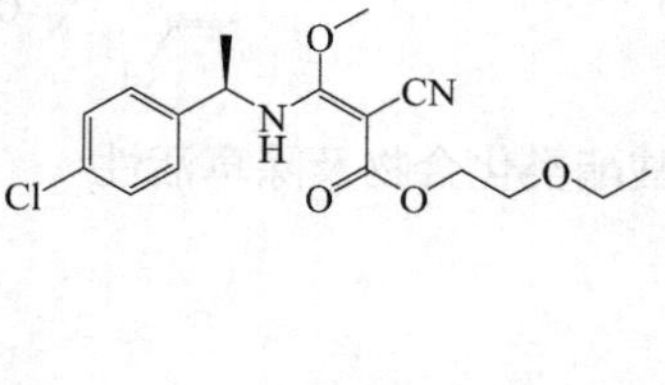

发明人：胡方中，古国贤，李春晖，李俊晓，杨华铮，高颖，邹小毛，刘斌，朱有全；申请人：南开大学

中国专利号：ZL200910068235.3；中国专利申请日：2009-03-24

化合物类型：氰基丙烯酸酯类

发明思路：me-too 研究；在 2-氰基丙烯酸酯类化合物基础上，通过替换得到现有化合物。

用途：具有除草活性，用于防除苗后阔叶杂草及禾本科杂草。

（8）3-取代苯氧苄胺基-2-氰基丙烯酸乙氧乙酯类化合物的合成及除草活性

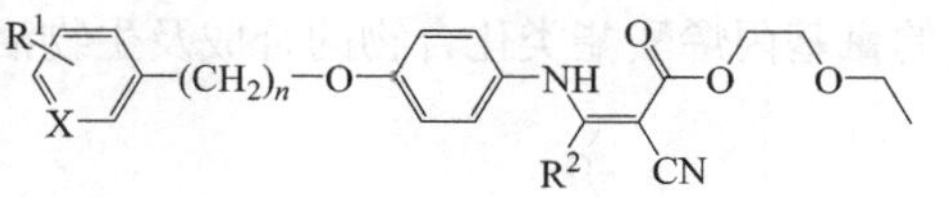

式中，R_1 为 C_1～C_6 烷基、C_1～C_6 烷氧基、卤素、氰基、硝基；X 为 CH 或 N；n＝0 或 1；R_2 为甲氧基、甲硫基、乙基。

发明人：胡方中，李春晖，潘俊辛，李俊晓，古国贤，杨华铮，高颖，邹小毛，李永红，朱有全；申请人：南开大学

中国专利号：ZL200910244838.4；中国专利申请日：2009-12-17

化合物类型：氰基丙烯酸酯类

发明思路：me-too 研究；在氰基丙烯酸酯类化合物基础上，通过用苯氧苄基替换简单基团取代的杂环和苯环，得到现有化合物。

用途：具有除草活性，在苗后处理时对阔叶杂草及禾本科杂草具有非常高的除草活性；在 45～150g/hm^2 剂量下，可防除多种阔叶杂草，如苋菜、苜蓿、苦荬菜、牵牛和苘麻等。

代表化合物结构如下：

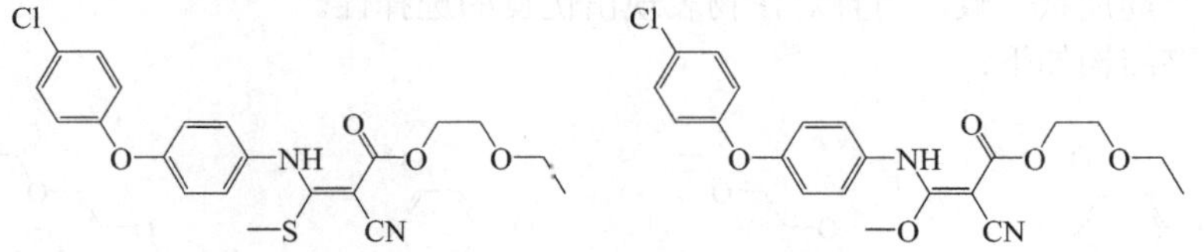

（9）含吡啶甲基苯基醚结构的氰基丙烯酸酯类化合物的合成及其生物活性

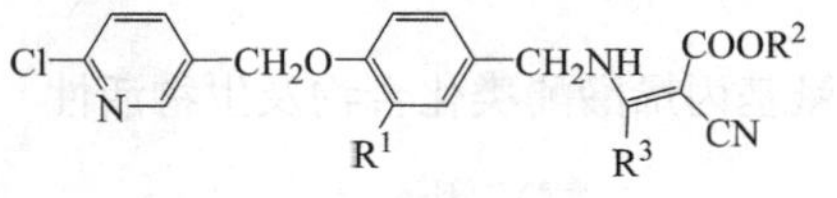

式中，R^1 为 C_1～C_3 烷基、C_1～C_3 烷氧基、卤素或 H；R^2 为 C_1～C_6 烷基、C_1～C_6 烷氧烷基；R^3 为 C_1～C_3 烷硫基、C_1～C_3 烷基。

发明人：方建新，苗文科，王婷婷，吴姗姗，邴贵芳，秦雪；申请人：南开大学

中国专利号：ZL201110251090.8；中国专利申请日：2011-08-30

化合物类型：氰基丙烯酸酯类、二芳基醚类

发明思路：me-too 研究；在氰基丙烯酸酯类和二芳基醚类化合物基础上，用含杂环结构的基团取代二芳基醚结构中的一个苯环得到现有化合物。

用途：具有除草活性，对玉米田中的油荬、反枝苋等阔叶杂草具有很好的除草活性，作用时间长，与其他光合作用除草剂症状一致，而且对作物表现出优良的选择性。

代表化合物结构如下：

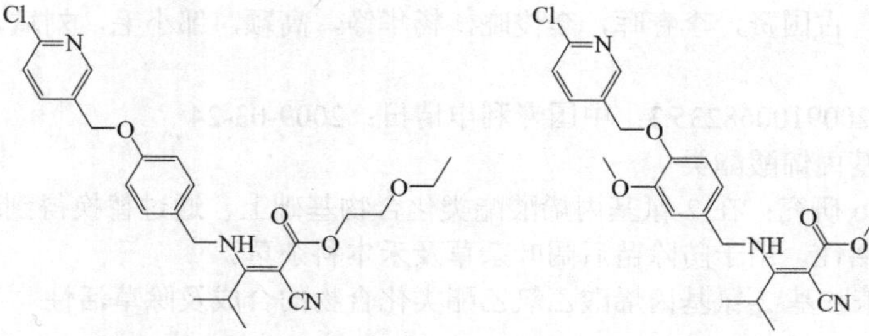

（10）含嘧啶苯醚结构的氰基丙烯酸酯类化合物的合成及生物活性

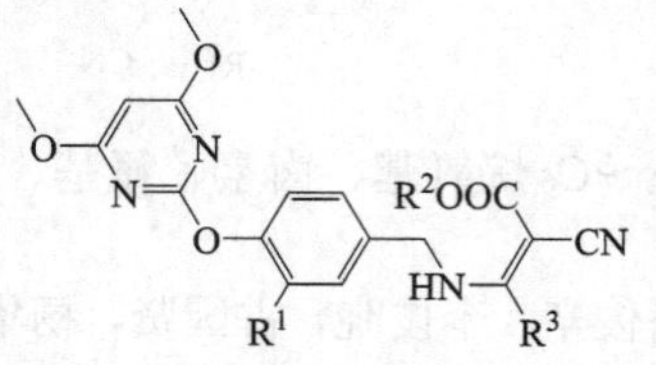

式中，R^1 为 C_1～C_3 烷氧基或 H；R^2 为 C_1～C_6 烷氧烷基；R^3 为 C_1～C_3 烷硫基、C_1～C_3 烷基。

发明人：方建新，苗文科，吴姗姗，王婷婷，邴贵芳，秦雪；申请人：南开大学

中国专利号：ZL201110287568.2；中国专利申请日：2011-09-26

化合物类型：氰基丙烯酸酯类、二芳基醚类

发明思路：me-too 研究；在氰基丙烯酸酯类和二芳基醚类化合物基础上，用含杂环结构的基团取代二芳基醚结构中的一个苯环得到现有化合物。

用途：具有除草活性，对玉米田中的油菜、反枝苋等阔叶杂草具有很好的除草活性，与其他光合作用除草剂症状一致，而且对作物表现出优良的选择性。

代表化合物结构如下：

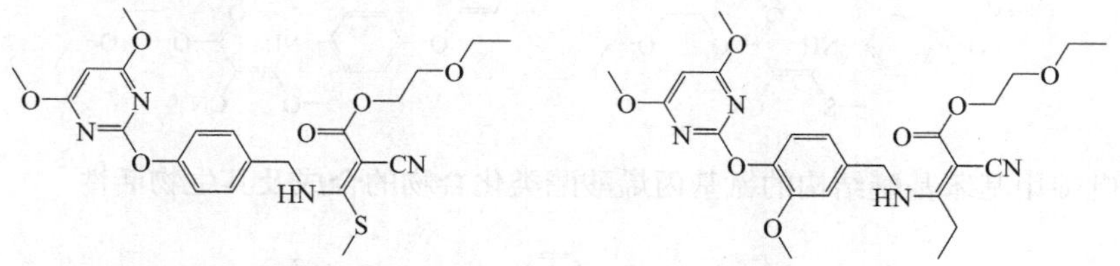

（11）氟代吡啶甲氨基的氰基丙烯酸酯类化合物及生物活性

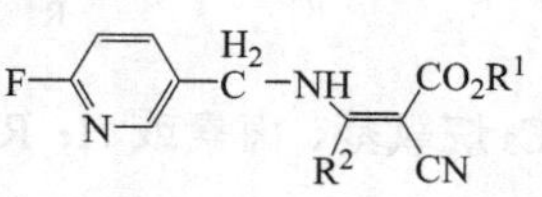

式中，R^1 是 C_2H_4O-(m-CH_3-Ph)、C_2H_4O-(m-NO_2-Ph)等；R^2 是烷基或烷硫基。

发明人：邹小毛，杨华铮，郁丽敏，刘斌，胡方中，高颖，裴江，李华斌，施欢乐，李慧芳；申请人：南开大学

中国专利号：ZL200410019757.1；中国专利申请日：2004-06-28

化合物类型：氰基丙烯酸酯类

发明思路：me-too 研究；在氰基丙烯酸酯类化合物的基础上，通过将吡啶环上的氯原子用氟原子取代引得到该类化合物。

用途：具有除草活性，在每亩 100g 剂量下，对油菜、反枝苋阔叶杂草，以及稗草、马唐等

禾本科杂草具有较高的除草活性，而且对玉米相对安全。

（12）含 1, 2, 3-三氮唑联苯基的氰基丙烯酸酯的制备与应用

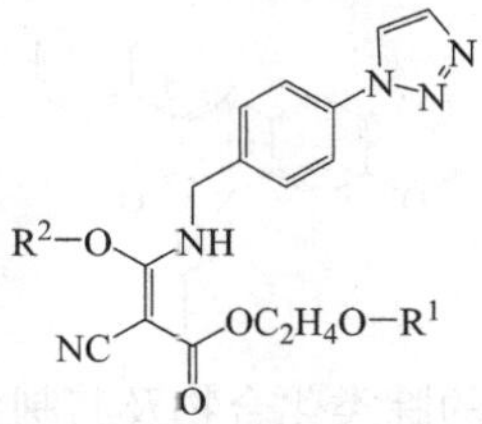

式中，R^1 为 Me、Et 等；R^2 为 Me、Et、*n*-Pr 等

发明人：戴红，钱程，缪何一，周逸开，陈佳，张燕，施磊，张海军，李建华，王杨；申请人：南通大学

中国公布号：CN111892546A；中国专利申请日：2020-09-04

化合物类型：三氮唑、联苯、氰基丙烯酸酯

发明思路：me-too 研究；通过 1, 2, 3-三氮唑联苯基化合物与氰基丙烯酸酯缩合而成。

用途：具有除草活性，所述含 1, 2, 3-三氮唑联苯基的氰基丙烯酸酯对杂草显示出优异的防除作用，该化合物可用于制备农业等领域的除草剂。

代表化合物结构如下：

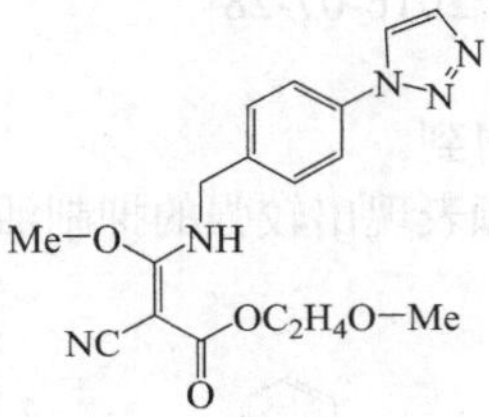

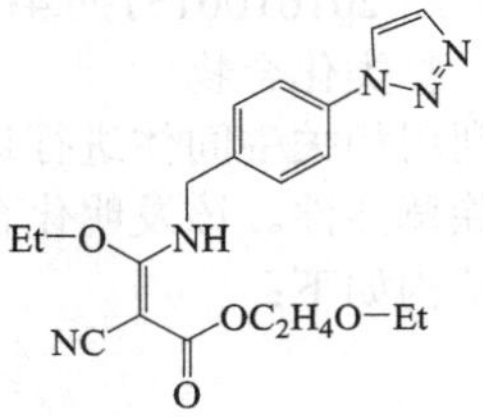

4.19 苯并吡嗪类化合物

苯并吡嗪类化合物，又称喹喔啉类化合物，是一重要的含氮结构的杂环化合物，苯并吡嗪是多种药物的原料，重点应用在农用化学品。其在农药领域已开发了不少品种，如具有超高效、持效长、毒性低、对农作物安全性好等优点的茎叶型除草剂喹禾灵；具有残效期短、低毒环保特点的喹喔啉类有机磷杀虫、杀螨剂喹硫磷。浙江工业大学的刘幸海教授以氯代苯并吡嗪为初始原料，设计合成了很多结构类型的苯并吡嗪结构，且具有除草活性。具体如下：

（1）一种 7-甲氧基-3-苯基喹喔啉-2(1*H*)-酮衍生物及其制备方法与应用

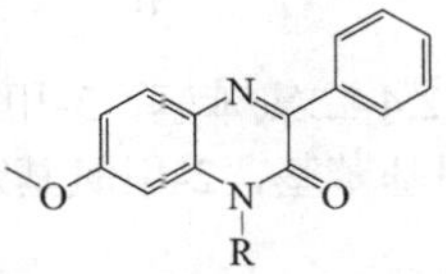

发明人：刘幸海，陈委婷，余玮，康胜杰，蔡彭鹏，武宏科，翁建全，谭成侠；申请人：浙江工业大学

中国公布号：CN111423388A；中国专利申请日：2020-04-29

化合物类型：7-甲氧基-3-苯基喹喔啉-2(1*H*)-酮类

发明思路：利用相关中间体进行进一步反应或衍生得到。

用途：具有除草、杀虫、杀菌活性。

代表化合物结构如下：

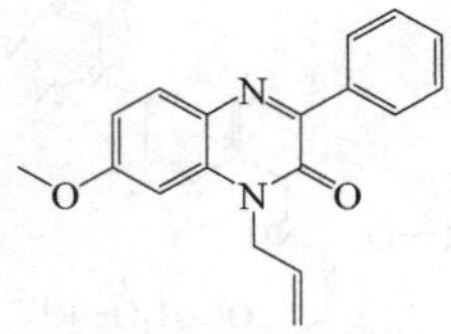

（2）一种含甲氧基苯并吡嗪结构的腙类化合物及其制备方法与应用

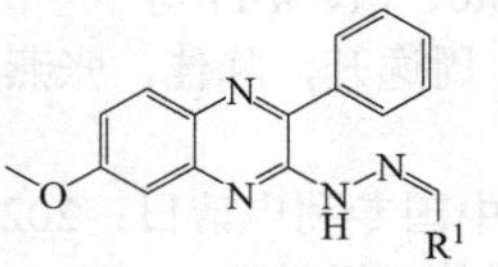

式中，R^1为2,4-二氯苯基，4-三氟甲基苯基，2-羟基苯基，2-硝基苯基，2-氟苯基，4-溴苯基，3-氯苯基，2-甲氧基苯基，3-硝基苯基，3,4-二甲氧基苯基，4-甲基苯基。

发明人：刘幸海，汪乔，孙召慧，沈钟华，谭成侠，翁建全，刘旭锋；申请人：浙江工业大学

中国专利号：ZL201610615196.4；中国专利申请日：2016-07-28

化合物类型：腙类化合物

发明思路：利用相关中间体进行进一步反应或衍生得到。

用途：具有除草活性。该发明化合物对生菜和剪股颖表现出较强的抑制活性。

代表化合物结构如下：

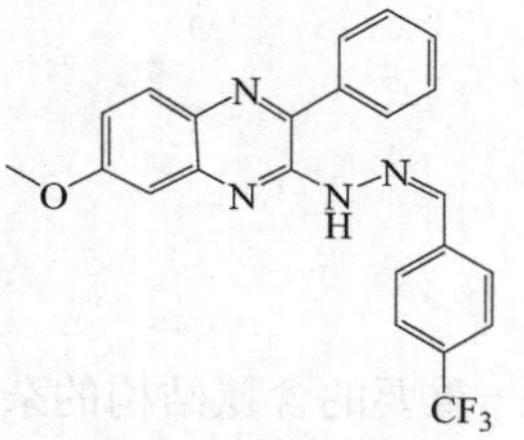

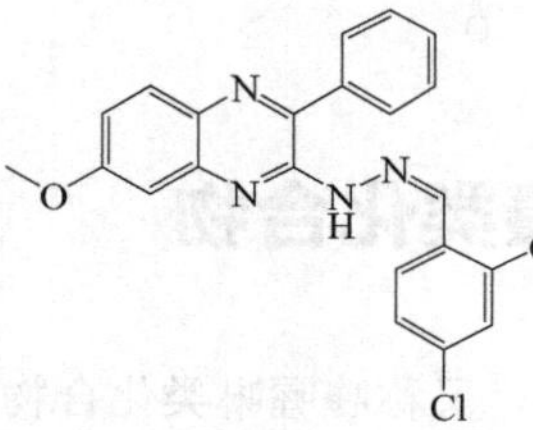

（3）一种含氯苯并吡嗪结构的腙类化合物及其制备方法与应用

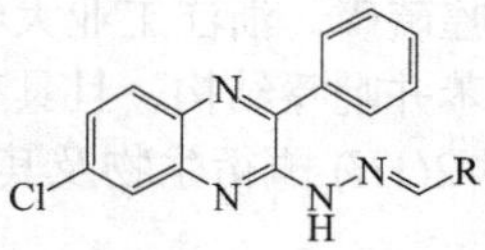

式中，R为3,4,5-三甲氧基苯基，2,4-二氯苯基，3-甲基苯基，2-溴苯基，3-氯苯基，3-硝基苯基，2-氟苯基，4-溴苯基，4-三氟甲基苯基，2-甲氧基苯基，4-氟苯基，3,4-二甲氧基苯基，4-甲基苯基，苯基。

发明人：刘幸海，汪乔，孙召慧，沈钟华，谭成侠，翁建全，刘旭锋；申请人：浙江工业大学

中国专利号：ZL201610605243.7；中国专利申请日：2016-07-28

化合物类型：腙类化合物

发明思路：利用相关中间体进行进一步反应或衍生得到。

用途：具有除草活性。该发明化合物对生菜和剪股颖表现出较强的抑制活性。

代表化合物结构如下：

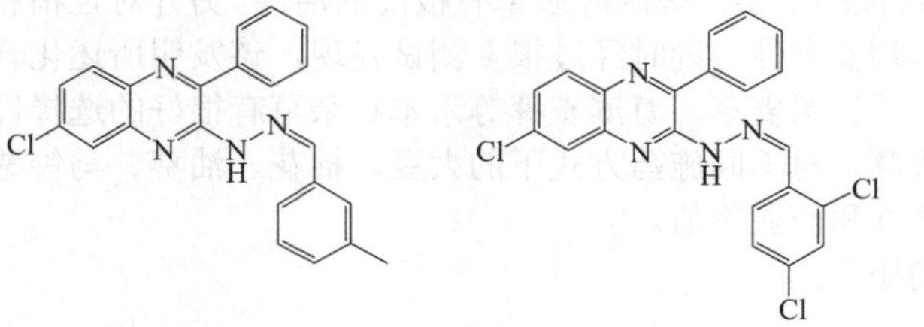

4.20 其他除草类化合物

其他类化合物主要在国外公司新公开的专利尚未商品化的结构基础上的优化研究，或者利用农药品种或者医药品种中间体，通过不同化学反应衍生的随机合成等。具体如下：

（1）取代的苯甲酰基二酮腈类化合物或其互变异构体、盐、制备方法、除草组合物及应用

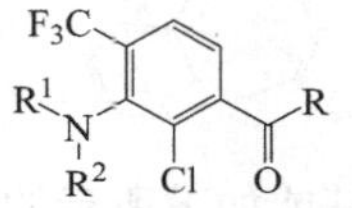

式中，R^1R^2N 代表 N Het（带 R_a），其中，N Het 选自四至八元内酰氨基、咪唑基、吡唑基、……；

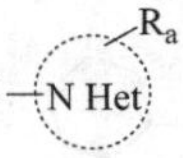

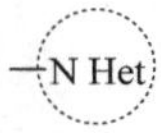

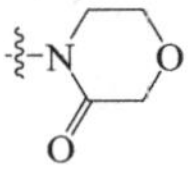

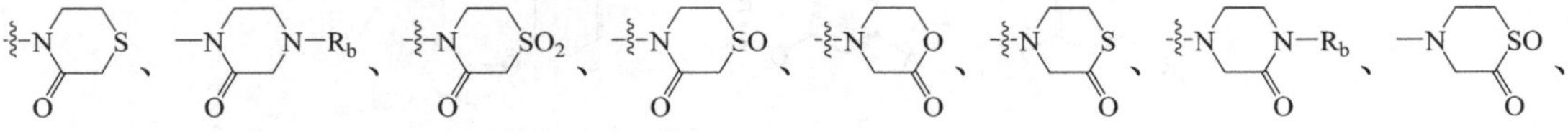

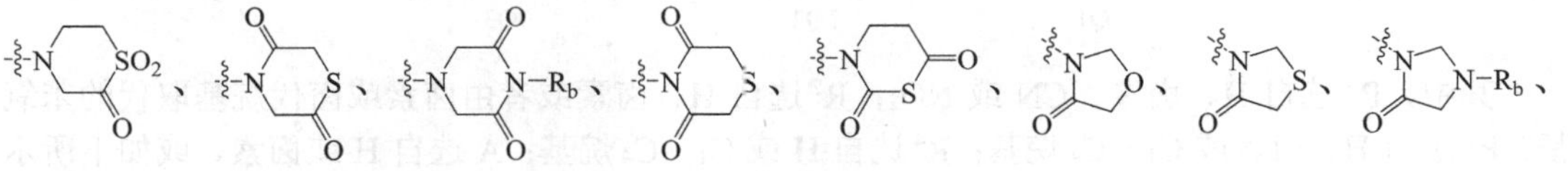

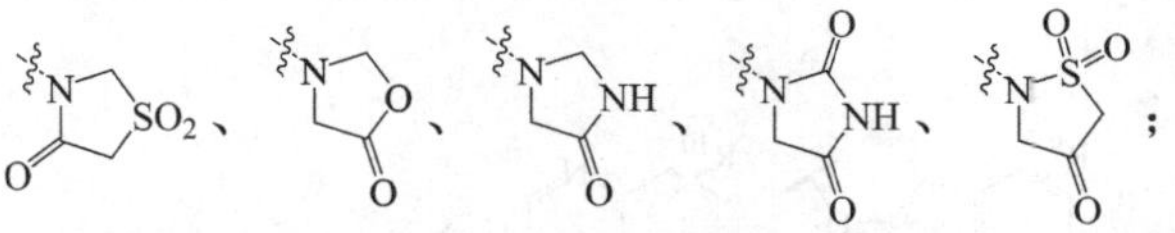

R_a 选自以下基团中的一个或多个基团：氢、C_1～C_6 烷基、C_1～C_6 烷氧基、硝基、氰基、C_1～C_6 烷基磺酰基；R_b 选自氢，C_1～C_6 烷基、C_1～C_6 烷氧基 C_1～C_6 烷基，未取代的或被 1～3 个独立选自氰基、C_1～C_6 烷基、卤代 C_1～C_6 烷基中的基团所取代的苯基或苄基；

R 代表 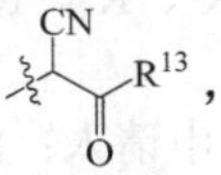 ，其中，R^{13} 选自氢、C_1～C_6 烷基、卤代 C_1～C_6 烷基、C_3～C_6 环烷基。

发明人：连磊，征玉荣，何彬，彭学岗，金涛，崔琦，刘娜；申请人：青岛清原化合物有限公司

中国专利号：ZL201711003067.0；中国专利申请日：2017-10-24；同族专利：WO2019080226

化合物类型：苯甲酰基二酮腈

发明思路：me-too 研究。在专利 WO2011012248A2 公开的一种可作为除草剂的化合物 2-(3-氨基苯甲酰基)-3-环丙基-3-氧基丙腈以及 WO9746530A1 公开的作为除草剂的酮类化合物基础上通过替换苯环上取代基得到新化合物。从中间体衍生化角度分析为替换法。

用途：具有除草活性，该发明所述化合物普遍具有较好的杂草防效，尤其对于玉米、小麦田广泛发生的播娘蒿、苘麻、繁缕等主要的阔叶杂草有良好的效果，具备良好的商业价值。对于对 ALS 抑制剂有抗性的播娘蒿等阔叶杂草有极高的活性。另外对直播和移栽水稻田关键杂草也有很好的活性和作物安全性。同时经过很多测试发现，该发明所述化合物很多对结缕草、狗牙根、高羊茅、早熟禾、黑麦草、海滨雀稗等禾本科杂草有很好的选择性，能防除很多关键禾本科杂草以及阔叶杂草。对不同施药方式下的大豆、棉花、油葵、马铃薯、果树、蔬菜等测试也显示出极好的选择性和商业价值。

代表化合物结构如下：

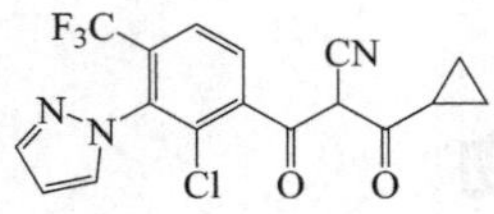

（2）具有除草活性的二苯并环辛烷基羧酸酯类化合物

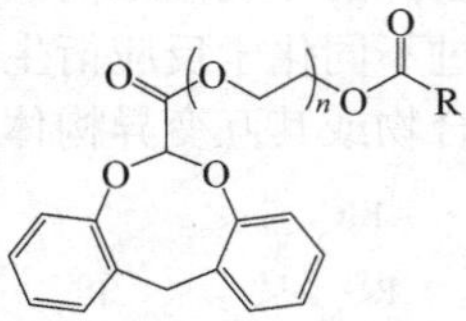

其中，n=1～8；R 选自 C_1～C_4 烷基或如下所示的取代基团 Q1、Q2 或 Q3：

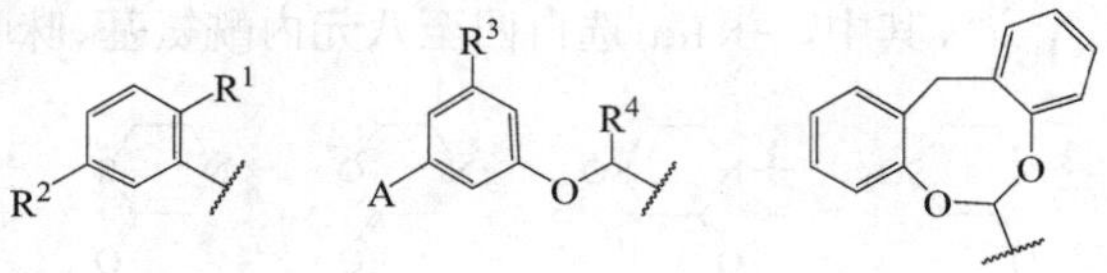

Q1　　Q2　　Q3

其中，R^1 选自 H、卤素、CN 或 NO_2；R^2 选自 H、卤素或者由卤素或卤代烷基取代的苯氧基；R^3 选自 H、卤素或 C_1～C_4 烷基；R^4 选自 H 或 C_1～C_4 烷基；A 选自 H 或卤素，或如下所示的基团之一：

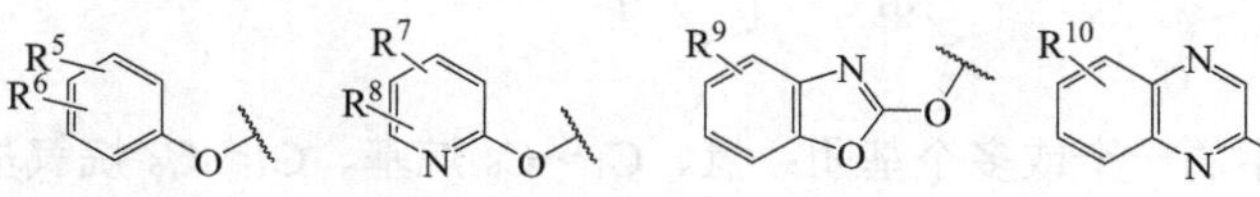

A1　　A2　　A3　　A4

其中，R^5、R^6 选自 H、卤素、C_1～C_4 烷基或卤代 C_1～C_4 烷基；R^7、R^8、R^9、R^{10} 选自 H、卤素、CN、NO_2、C_1～C_4 烷基或卤代 C_1～C_4 烷基；及其立体异构体。

发明人：李斌，相东，马宏娟，张宗俭，刘振龙，王世辉，徐龙鹤；申请人：沈阳化工研究院

中国专利号：ZL03133378.8；中国专利申请日：2003-05-27

化合物类型：二苯并环辛烷基羧酸酯类化合物

发明思路：me-too 研究；参考 US4938790 中的二苯并-1, 3-二氧代-环辛烷-2-羧酸及其酯类化合物，使用芳氧醚类结构进行了替换得到专利范围外的化合物。

用途：具有除草活性。可有效控制单、双子叶杂草及多年生杂草，如稗草、马唐、百日草、苘麻、狗尾草、决明草。

代表化合物结构如下：

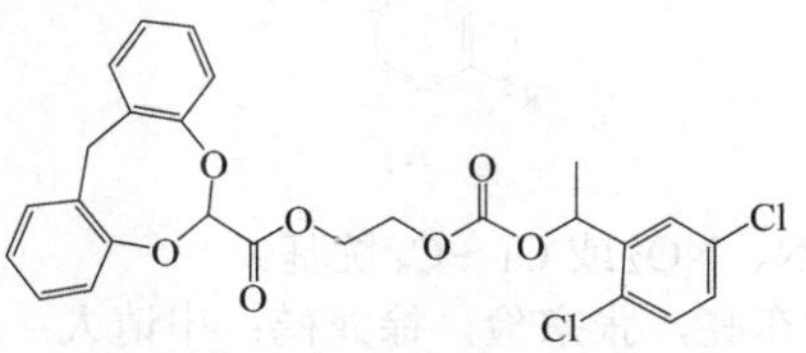

（3）具有除草活性的二苯并-1, 3-二氧代-环辛烷-2-羧酸肟酯类化合物

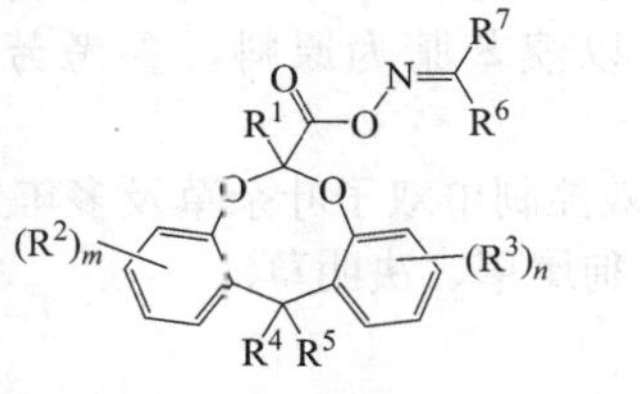

其中，R^1、R^2、R^3为 H 或 C_1～C_4烷基；R^4、R^5为 H，C_1～C_4烷基或R^4与R^5形成C_3或C_4元环；R^6为 H 或C_1～C_6烷基；R^7为C_1～C_8烷基，C_1～C_4烷基羰基或苯基；或R^6与R^7形成C_3～C_7元环；m为 1～3；n为 1～3。

发明人：李斌，劳瑞，思班格勒，满瀛，张宗俭；申请人：沈阳化工研究院

中国专利号：ZL00110733.X；中国专利申请日：2000-07-27

化合物类型：二苯并-1, 3-二氧代-环辛烷-2-羧酸肟酯类

发明思路：me-too 研究；参考 US4938790A 和 US4976770A 中的二苯并-1, 3-二氧代-环辛烷-2-羧酸及其酯类化合物，使用肟类化合物进行了替换得到。

用途：具有除草活性。可有效控制单双子叶杂草及多年生杂草，尤其对多年生杂草有卓效，如鬼针草、龙葵、蓼、苘麻、稗草、马唐、绿狗尾、莎草和黑麦草。

代表化合物结构如下：

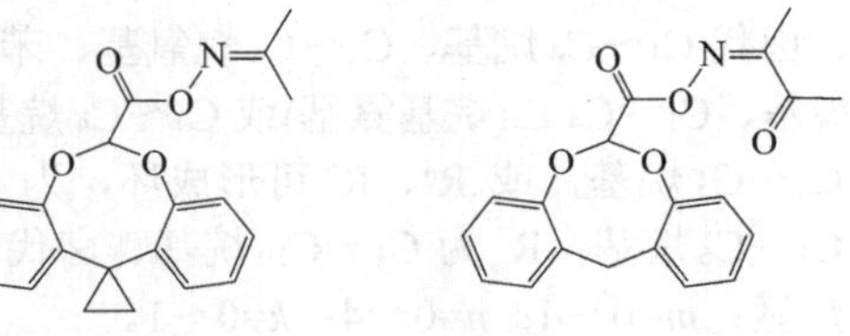

（4）具有除草活性的 2, 6-二溴-4-氰基苯酯类化合物

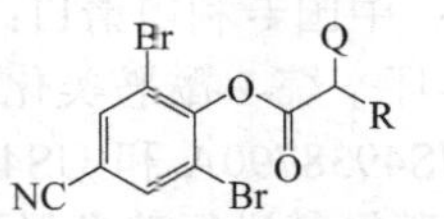

其中，R 选自 H 或C_1～C_4烷基；Q 选自如下所示的取代基团 Q1 或 Q2：

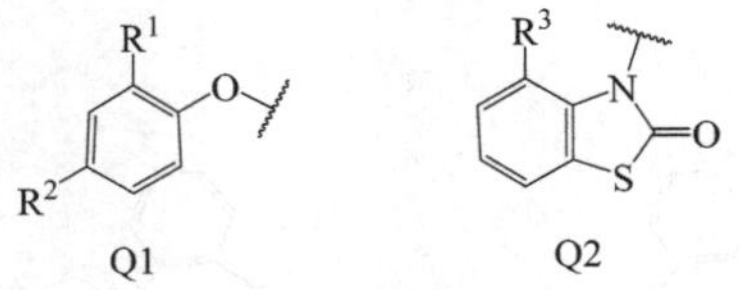

Q1　　Q2

其中，R^1选自 H、卤素、CN、NO_2或C_1～C_4烷基；R^3选自 H 或卤素；R^2选自 H 或卤素，或如下所示的基团 A：

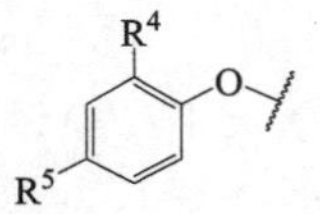

A

R^4、R^5选自H、卤素、CN、NO_2或C_1～C_4烷基。

发明人：李斌，相东，崔东亮，张宗俭，徐龙鹤；申请人：沈阳化工研究院

中国专利号：ZL03133376.1；中国专利申请日：2003-05-27

化合物类型：2,6-二溴-4-氰基苯酯类化合物、芳氧苯氧羧酸酯类化合物

发明思路：me-too 研究；以溴苯腈为原料，参考芳氧苯氧羧酸酯类除草剂和草除灵（benazolin）的结构，拼接得到。

用途：具有除草活性。可有效控制单双子叶杂草及多年生杂草，尤其对单子叶杂草有卓效，如稗草、马唐、百日草、苘麻、狗尾草、决明草。

代表化合物结构如下：

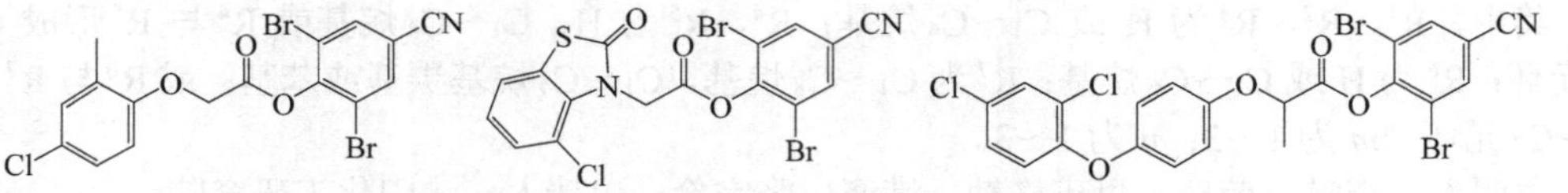

（5）具有除草活性的二苯并-1,3-二氧杂-环辛烷-2-酰胺类化合物

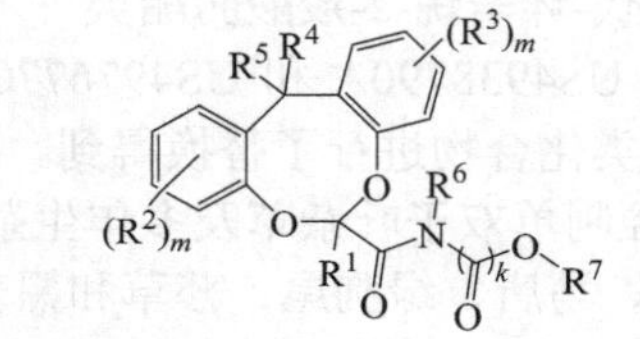

其中，R^1为H、卤素、C_1～C_4烷基或卤代C_1～C_4烷基；R^2、R^3分别为H、卤素、CN、NO_2、CO_2H、NH_2、C_1～C_4烷基、卤代C_1～C_4烷基、C_1～C_4烷氧基、苯氧基、C_1～C_4烷硫基、C_1～C_3烷基羰基、C_1～C_3烷氧羰基、C_1～C_4二(烷基氨基)或C_1～C_4烷基磺酰基；R^4、R^5分别为H、卤素、C_1～C_4烷基或卤代C_1～C_5烷基，或R^4、R^5可形成环，为CH_2CH_2或$CH_2CH_2CH_2$；R^6为H、C_1～C_6烷基或卤代C_1～C_6烷基；R^7为C_1～C_{10}烷基、卤代C_1～C_{10}烷基、C_3～C_{10}环烷基、C_2～C_6烯基或C_3～C_6炔基；m=0～4；n=0～4；k=0～1。

发明人：李斌，相东，张宗俭，崔东亮，满瀛；申请人：沈阳化工研究院

中国专利号：ZL200310119041.4；中国专利申请日：2003-12-12

化合物类型：二苯并-1,3-二氧杂-环辛烷-2-酰胺类化合物

发明思路：me-too 研究；参考 US4938790A 和 US4976770A 中的二苯并-1, 3-二氧代-环辛烷-2-羧酸及其酯类化合物，使用烷氧基氨基进行替换得到。

用途：具有除草活性。可有效控制单双子叶杂草，如苘麻、稗草、马唐、绿狗尾、决明和百日草。

代表化合物结构如下：

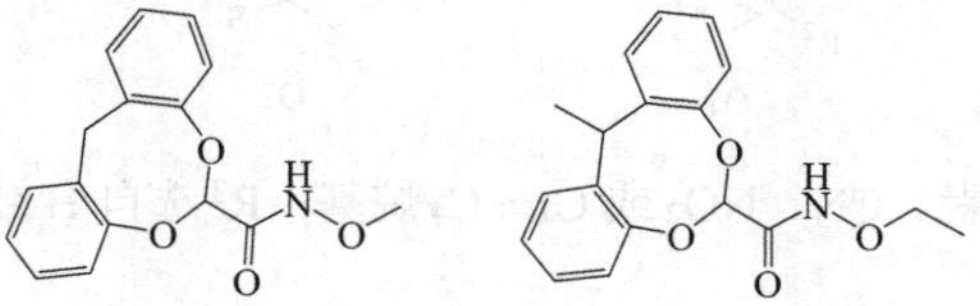

（6）一种异噻唑类化合物及其作为除草剂的用途

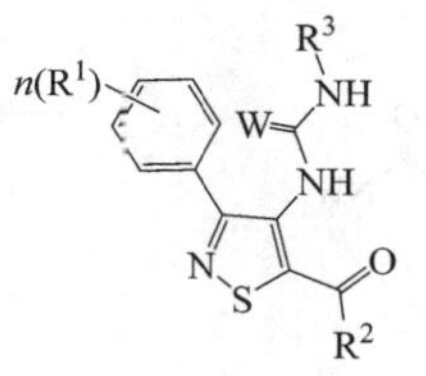

式中，R^1为氢或卤素等，n为1～5；R^2选自C_1～C_3烷氧基；R^3选自CH_3，未取代的或被1～4个R^4进一步取代的苯甲酰基，且当取代基的个数大于1时，R^4可相同或不同；R^4选自卤素；W选自O或S。

发明人：康卓，张静，马宏娟，关爱莹，王正航，刘长令；申请人：中国中化股份有限公司，沈阳化工研究院有限公司

中国专利号：ZL201210050391.9；中国专利申请日：2012-02-29

化合物类型：异噻唑并嘧啶酮类化合物

发明思路：me-too研究；根据苯基异噻唑类羧酸酯的结构，通过进一步衍生得到新的异噻唑脲类结构，并优化得到现有化合物。

用途：具有广谱除草活性，可用于防治多种阔叶杂草（如苘麻、百日草等）、禾本科杂草（如稗草、狗尾草等）。

代表化合物结构如下：

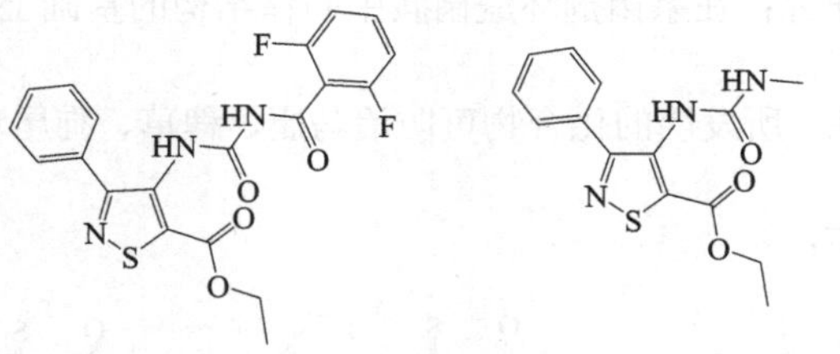

（7）一种芳基联噻唑类化合物和应用

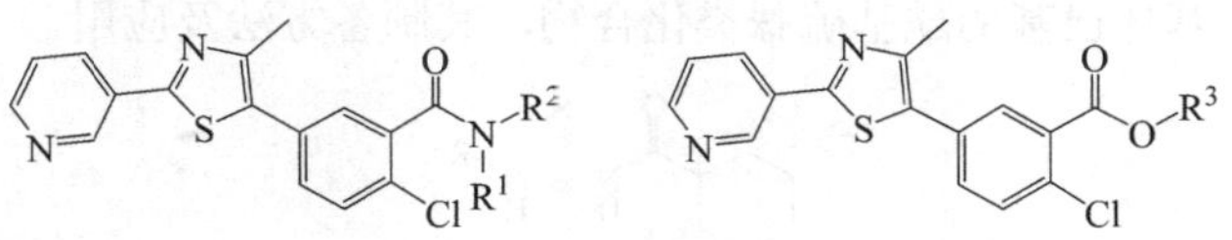

式中，R^1为H或甲基；R^2为甲基、氢、乙基、异丙基、异丁基、丙基、环丙基、环戊基、2-甲基环戊基、环己基、2,2,4,4-四甲基丁基等；R^3为甲基、乙基、丙基、异丁基、环戊基、2-甲基苯基、2,5-二甲基苯基、3-甲基-4-氟苯基、4-乙基苯基或者苯基。

发明人：谭成侠，裴丹，张帆，张冬林；申请人：浙江工业大学

中国专利号：ZL201810737628.8；中国专利申请日：2018-07-06

化合物类型：酰胺类、吡啶基噻唑

发明思路：me-too研究；根据PPO酶抑制剂异丙吡草酯等结构，通过替换杂环等方法，得到该类化合物。

用途：具有除草活性。该发明化合物具有较广的杀草谱，可抑制小麦、高粱、稗草、黄瓜、油菜、萝卜等活性，对双子叶杂草的抑制率较高，尤其是对反枝苋和鳢肠具有明显的抑

制作用。

代表化合物结构如下：

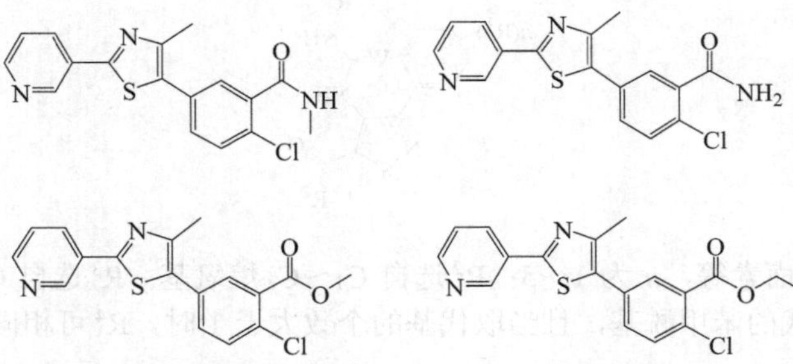

(8) 一种含 1,3,4-噻二唑基团的酰基硫脲类化合物，其制备方法及应用

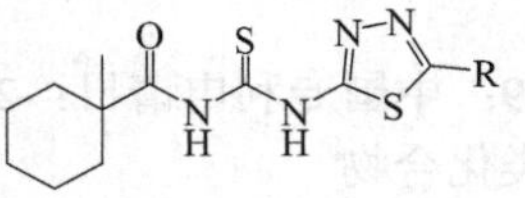

式中，R 代表 1-甲基环己基、氢、甲基、乙基、丙基、羧基、巯基、苯基、2-三氟甲基苯基、2,3,4,5-四氟苯基、呋喃基等。

发明人：谭成侠，孙召慧，黄伟，刘幸海，翁建全；申请人：浙江工业大学

中国专利号：ZL201310305466.8；中国专利申请日：2013-07-19

化合物类型：噻二唑基团的酰基硫脲类

发明思路：me-too 研究；在杀菌剂环酰菌胺中间体结构的基础上，引入不同的噻二唑硫脲结构得到。

用途：具有除草活性，所发明的化合物可防治马唐、稗草、狗尾草、芥菜、苘麻、反枝苋、鳢肠等杂草。

代表化合物结构如下：

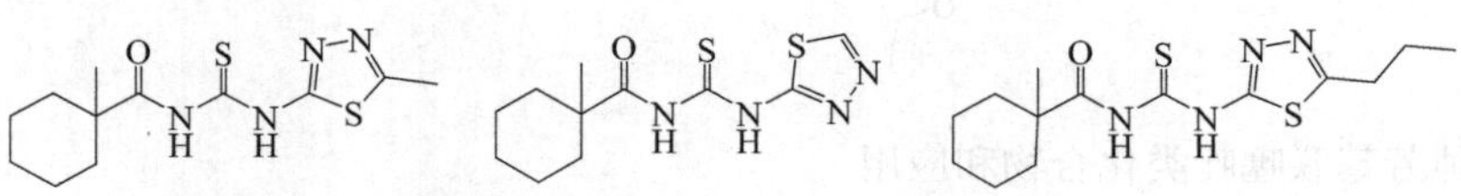

(9) 一种含 1-甲基环己基的酰基硫脲类化合物，其制备方法及应用

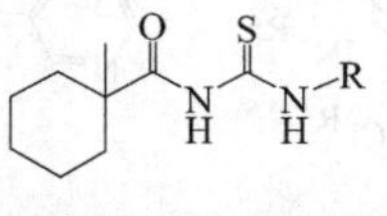

式中，R 代表取代苯基、吡啶基、取代苯并噻唑基、烷基；所述的取代基各自独立选自下列之一：C_1～C_{10} 烷基、C_1～C_{10} 烷氧基、C_1～C_{10} 烷氧羰基、羟基、卤素、硝基、羧基。

发明人：谭成侠，贡云芸，黄伟，刘幸海，翁建全；申请人：浙江工业大学

中国专利号：ZL201310305455.X；中国专利申请日：2013-07-19

化合物类型：酰基硫脲类

发明思路：me-too 研究；在杀菌剂环酰菌胺中间体结构的基础上，引入不同的噻二唑硫脲结构得到。

用途：具有除草活性，所发明的化合物对高粱、小麦、稗草、油菜、萝卜、黄瓜等生长有一定的抑制活性。

代表化合物结构如下：

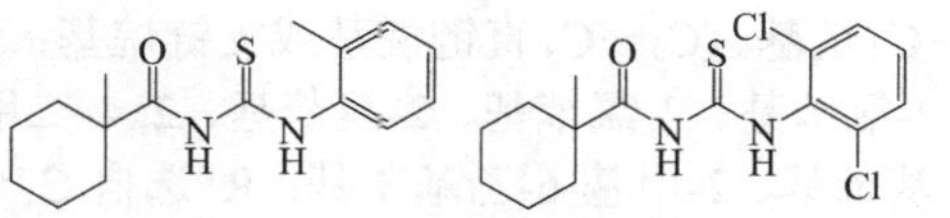

（10）一种含三氟甲基吡唑的噻二唑-2-硫醚类化合物及其制备方法和应用

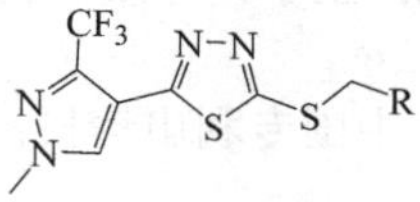

式中，R 为氰基、苯基、3,4-二氯苯基、2,4-二氯苯基、对氯苯基、间氯苯基、邻氯苯基、邻氟苯基、对溴苯基或 2-氯-5-噻唑基。

发明人：刘幸海，翟志文，汪乔，孙召慧，翁建全，谭成侠，张永刚；申请人：浙江工业大学

中国专利号：ZL201610606981.3；中国专利申请日：2016-07-28

化合物类型：噻二唑-2-硫醚类化合物

发明思路：利用相关中间体进行进一步反应或衍生得到。

用途：具有除草活性的新化合物，对萝卜、黄瓜、油菜、小麦、高粱和稗草等生长有一定的抑制活性。

代表化合物结构如下：

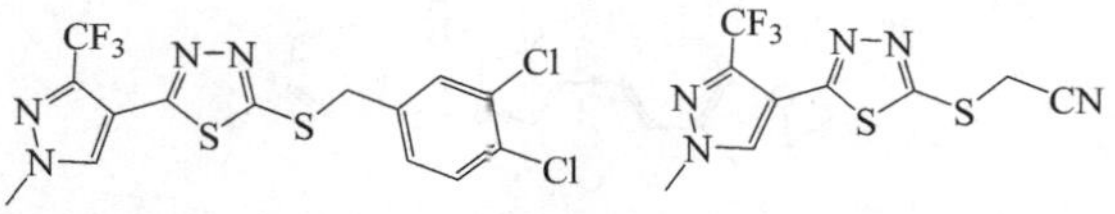

（11）*N*-烷氧(硫)烷基苯并杂环衍生物及其作为除草剂的用途

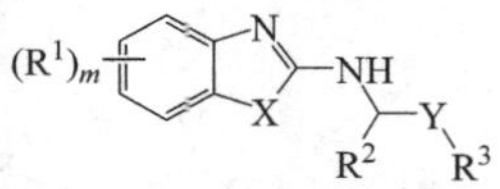

式中，R^1 选自氢或 C_1～C_8 的烷基；m＝0～4；X 选自 S 或 O；Y 选自 O 或 S；R^2 选自氢、C_1～C_8 烷基或任选被氰基、卤素、苯基、C_1～C_4 烷氧基或 C_1～C_4 烷硫基取代的 C_1～C_8 烷基；R^3 选自 C_1～C_8 的烷基；或任选被氰基、卤素、苯基、C_1～C_4 烷氧基或 C_1～C_4 烷硫基取代的 C_1～C_8 烷基；苯基或由选自下列的 1～3 个取代基任选取代的苯基：卤素，C_1～C_8 烷基。

发明人：姬志勤，魏少鹏；申请人：西北农林科技大学

中国专利号：ZL201410195402.1；中国专利申请日：2014-04-30

化合物类型：*N*-烷氧(硫)烷基苯并杂环衍生物

发明思路：me-too 研究；在苯并杂环 2 位引入 *N*-烷氧（硫）烷基而得。

用途：具有很好的除草活性，对稗草、狗尾草、反枝苋等杂草具有显著的抑制作用。

代表化合物结构如下：

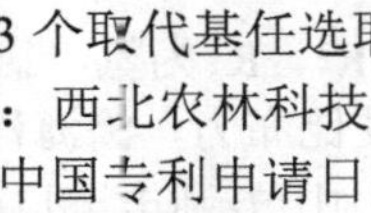

（12）具有除草活性的 5-(2-芳氨基噻唑-4-基)呋喃酚醚类化合物及其制备方法

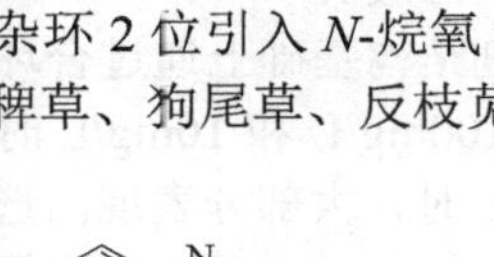

其中，R 选自 H、C_1～C_2 烷基、C_3～C_4 直链烷基或支链烷基；Ar 选自苯基、2-甲基苯基、3-甲基苯基、4-甲基苯基、2-氟苯基、2-氯苯基、2-溴苯基、2, 4-二甲基苯基、3, 4-二甲基苯基、3, 5-二甲基苯基、2, 6-二甲基苯基、2-甲基-6-乙基苯基；R^1 选自 C_1～C_2 烷基、C_3～C_4 直链烷基或支链烷基。

发明人：欧晓明，胡艾希，罗先福，王宇，叶姣，裴晖，雷满香，何莲，易正华，白建军；申请人：湖南化工研究院

中国专利号：ZL201210016277.4；中国专利申请日：2012-01-18

化合物类型：呋喃酚醚类

发明思路：me-too 研究；结合商品化氨基甲酸酯类农药如丁硫克百威等的呋喃酚片段、噻唑和氨基噻唑等药效基团设计而得。

用途：具有除草活性，可作为除草剂用于防除禾本科杂草。

代表化合物结构如下：

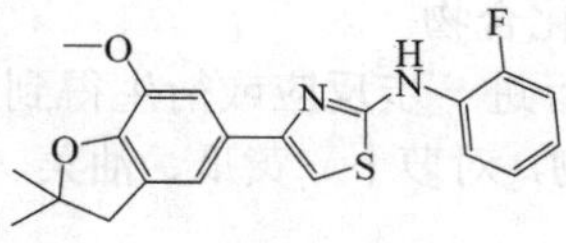

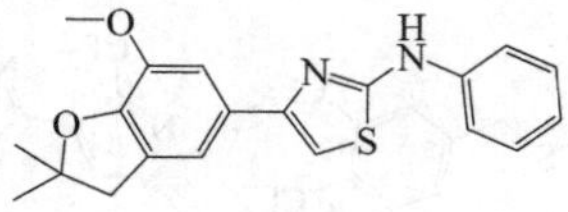

（13）2-苯氧甲基-4*H*-3, 1-苯并噁嗪-4-酮衍生物的合成及生物活性

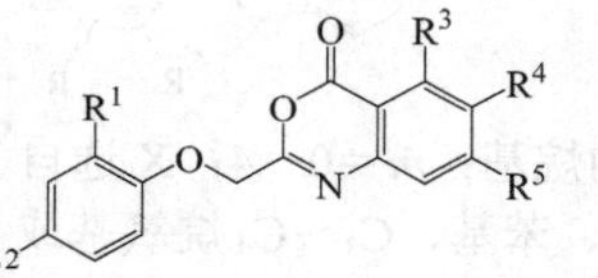

其中，R^1、R^2 为氢、氟、氯；R^3、R^4、R^5 为氢、氯、甲基、甲氧基。

发明人：张爱东，祖木热提古丽·艾比布力，涂海洋，黄小汀；申请人：华中师范大学

中国专利号：ZL201110003704.0；中国专利申请日：2011-01-10

化合物类型：苯并噁嗪类、苯氧乙酸类

发明思路：在苯氧乙酸类除草剂结构基础上通过合环引入苯并噁嗪结构得到。

用途：具有除草活性，在浓度 100mg/L 和 10mg/L 时，表现出非选择性除草活性，除草活性高于商品氰氟草酯；在浓度 1mg/L 时，大部分表现出选择性除草活性，与商品氰氟草酯作用相反，对单子叶植物生长抑制活性降低，对双子叶植物保持良好的除草活性。

代表化合物结构如下：

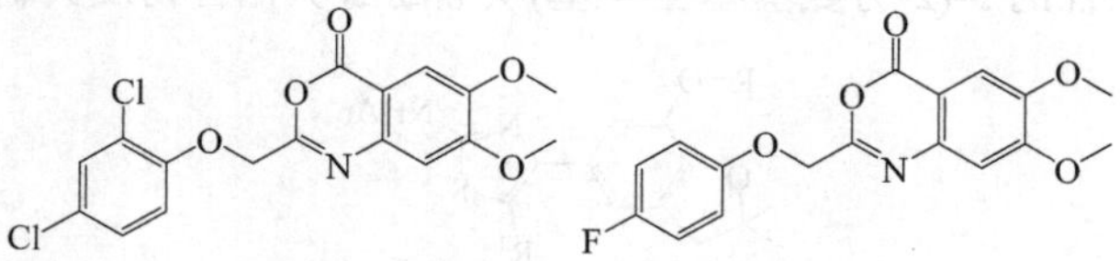

（14）一种海洋真菌来源新型 fusarisetin 类除草剂，其制备方法及应用

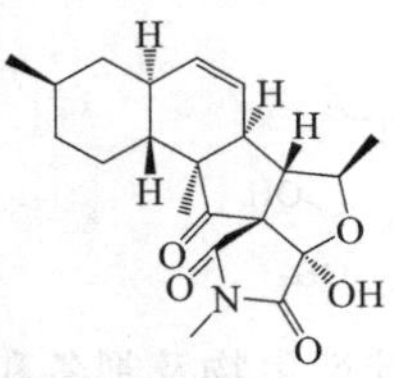

A 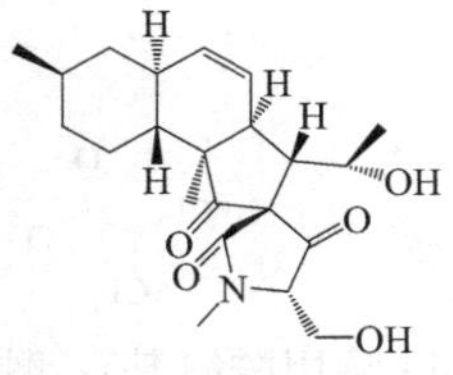　　B

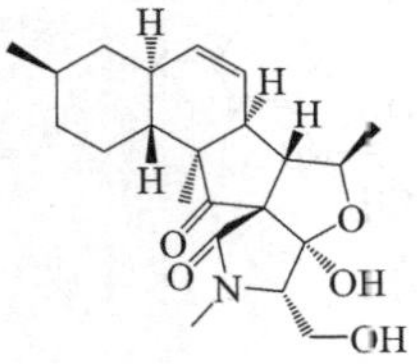

C 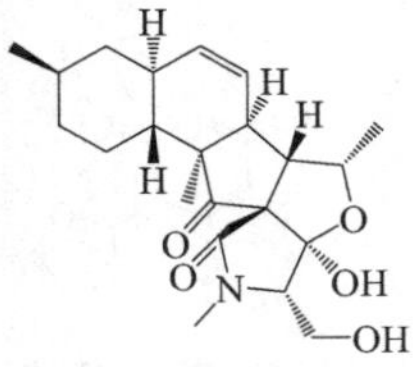　　D

一种海洋真菌来源 fusarisetin 类除草剂，其特征在于，所述除草剂为 fusarisetins C 和 fusarisetins D 中的一种。

发明人：赵栋霖，张成省，苟剑渝，刘明宏，韩小斌，刘京，彭玉龙，李义强，丁飞，张之砚，张翔；申请人：中国农业科学院烟草研究所，贵州省烟草公司遵义市公司

中国专利号：ZL201910379413.8；中国专利申请日：2019-05-08

化合物类型：fusarisetin 类除草剂，天然产物

发明思路：天然产物提取，从海洋真菌木贼镰刀菌当中分离鉴定出两个结构新颖的 fusarisetin 类化合物 fusarisetins C、fusarisetins D 和已知化合物 fusarisetins A 和 fusarisetins B。

用途：具有除草活性；新化合物 fusarisetins C、fusarisetins D 和已知化合物 fusarisetins A、fusarisetins B 对反枝苋等双子叶植物具有除草活性；对反枝苋等双子叶植物种子萌发和根茎生长具有明显的抑制作用，而且对移栽的农作物来说，对幼苗无明显毒副作用。

（15）一种二氯乙酸双羟基季铵盐除草剂，其制备方法及应用

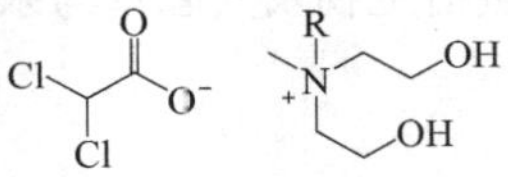

式中，R 为十二烷基、十四烷基、十六烷基。

发明人：李欢欢，马艳，姜伟丽，宋贤鹏，马小艳，胡红岩，任相亮，王丹，马亚杰；申请人：中国农业科学院棉花研究所

中国专利号：ZL201910743628.3；中国专利申请日：2019-08-13

化合物类型：季铵盐类

发明思路：me-too 研究；二氯乙酸属于 α-氯代脂肪酸，是一种光合作用光系统Ⅱ(photosystem Ⅱ，PSⅡ)抑制剂，抑制或阻碍质体醌 QA 与 QB 之间的电子传递。其主要作用靶标是 PSⅡ中 32kDa D1 多肽蛋白。二氯乙酸进入土壤后，易被脱氯菌降解消失，无累积性，低毒安全。由此可见，二氯乙酸可作为开发新除草剂的先导化合物或活性中间体。但是在紫外线辐射下，二氯乙酸很容易光解脱氯失去除草活性，限制其在农业生产方面的应用。因此该专利将其形成季铵盐的形式得到一些新化合物。

用途：具有除草活性。二氯乙酸双羟基季铵盐化合物在有效浓度 10g/L 处理下，对马齿苋、龙葵、藜、苘麻、苍耳、田旋花等阔叶杂草表现出优良的茎叶处理活性；特别是对龙葵、苍耳、

茼麻的防效优于二氯乙酸母药，对马齿苋、藜的防效基本与二氯乙酸母药相当。

代表化合物结构如下：

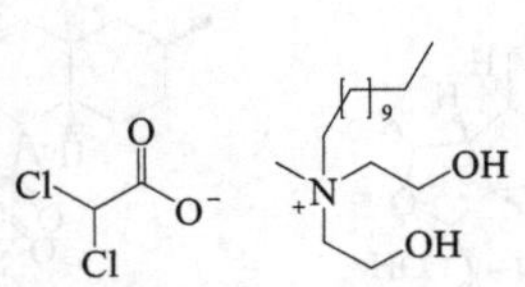

（16）2-(5-邻氯苯基-2-呋喃甲酰氨基)乙酰胺嘧啶衍生物及制备和应用

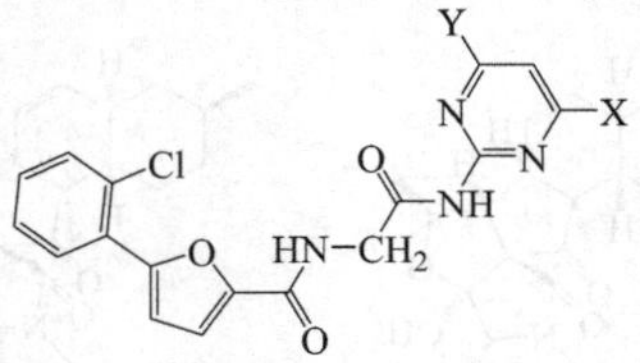

其中，X、Y 选自 C_1～C_2 烷氧基、甲基或氯。

发明人：薛思佳，卞王东；申请人：上海师范大学

中国专利号：ZL200710170863.3；中国专利申请日：2007-11-23

化合物类型：呋喃甲酰胺类、嘧啶胺类

发明思路：me-too 研究；以呋喃甲酰胺结构为基础，通过活性基团拼接引入嘧啶胺结构，得到该类化合物。

用途：具有除草活性，该发明的化合物对单子叶杂草和双子叶杂草均有一定的活性。

代表化合物结构如下：

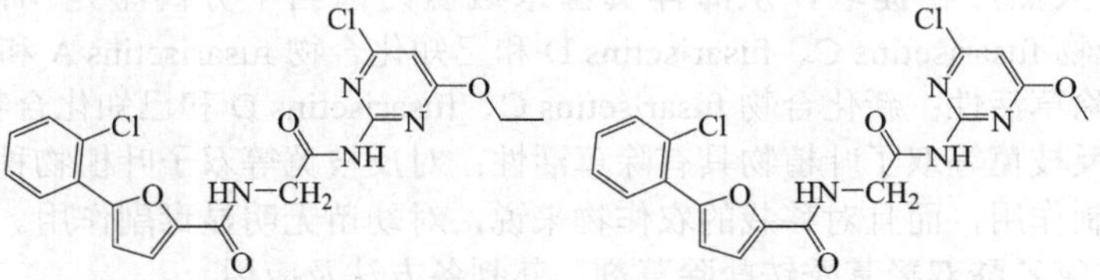

（17）一类新型香豆素并噁唑硫醚衍生物及其除草与杀菌用途

1a　　1b

式中，1a 中 R 选自环己基甲基、2-溴乙基、炔丙基、乙氧基羰基丙基、2-氟苄基；1b 中 R 选自异丁基、炔丙基、乙氧基羰基丙基。

发明人：郝双红，徐洪蕾，魏艳；申请人：青岛农业大学

中国专利号：ZL201810180916.8；中国专利申请日：2018-03-06

化合物类型：香豆素并噁唑硫醚类

发明思路：me-too 研究；对羟甲香豆素（7-羟基-4-甲基香豆素，4-甲基伞形酮）的农药活性相关研究多样，有杀虫、抗动物寄生虫、杀螨、抑菌及除草作用，以其为先导化合物在 7-位羟基处构建苯并杂环，并在杂环上引入硫原子，进一步提高生物活性，得到此类化合物。

用途：具有杀菌、除草活性，对苹果腐烂病菌、番茄灰霉病菌、柑橘炭疽病菌和棉花枯萎病菌菌丝生长有一定抑制作用；同时对马唐、反枝苋种子根茎的生长有一定的抑制作用。

代表化合物结构如下：

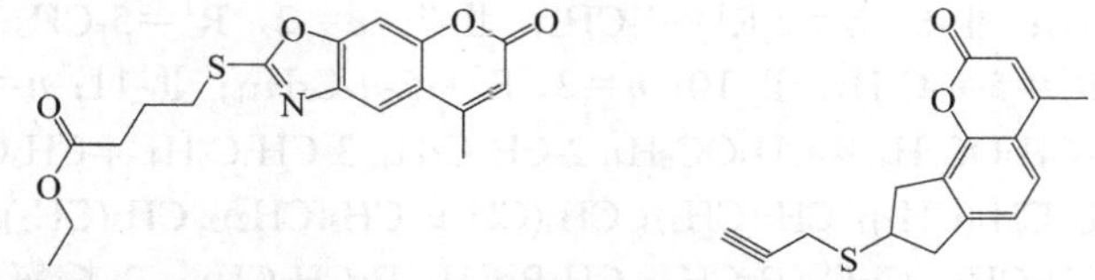

（18）一类新型含氟取代脲基香豆素衍生物及其除草与杀菌用途

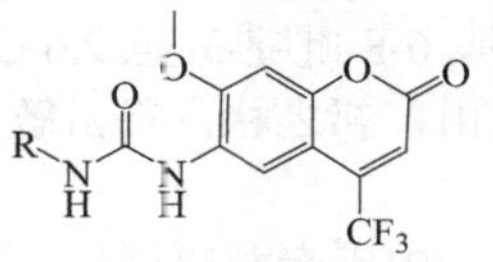

式中，R 选自乙基、丙基、异丙基、叔丁基、正己基、环戊基、环己基、2-甲氧基苯基、3-甲氧基苯基、4-甲氧基苯基、4-三氟甲氧基苯基、3-三氟甲基苯基、4-三氟甲基苯基、3-甲基苯基、苯乙基、2-氯苯基、3-氯苯基、4-氯苯基、3-异丙烯基-二甲基苄基、3-氟苯基。

发明人：郝双红，魏艳，乔丽丽；申请人：青岛农业大学

中国专利号：ZL201810031358.9；中国专利申请日：2018-01-12

化合物类型：香豆素类、脲类

发明思路：me-too 研究；苯基脲类衍生物（phenyl urea derivatives , PUD）是 20 世纪 70 年代合成的一类新型农用生物活性物质。该类物质具有广泛的生物活性，生产上主要用作农作物的杀虫剂（如除虫脲、灭幼脲、氟铃脲等）、杀菌剂（如戊菌隆、三氯均二苯脲、3-三氟甲基-4,4 '-二氯二苯脲）、除草剂（如灭草隆、敌草隆等）及植物生长调节剂（氯吡脲、噻苯隆等）。基于活性亚结构拼接思想，用氟代香豆素衍生物替物苯基脲类衍生物中的苯基而得。

用途：具有杀菌、除草活性。可用来防除杂草马唐及反枝苋，也可抑制番茄灰霉病菌、苹果腐烂病菌及柑橘炭疽病菌。

代表化合物结构如下：

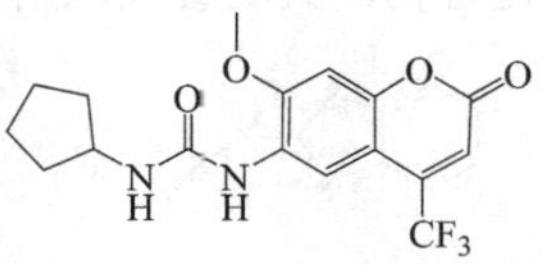

（19）2-酰胺基环烷基磺酰胺化合物及制备方法和作为杀菌、除草剂的用途

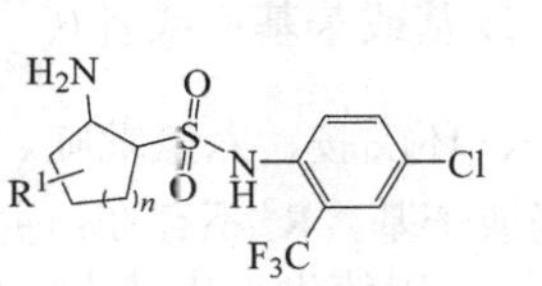

II

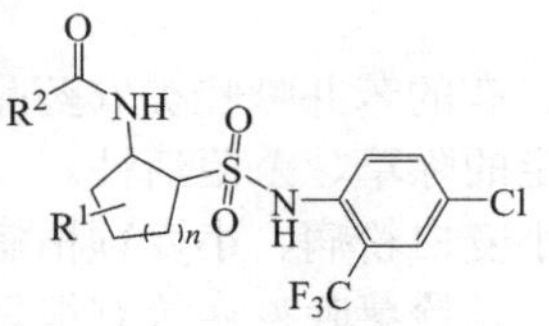

III

式中，Ⅱ-1：n=2，R^1=H；Ⅱ-2：n=1，R^1=H；Ⅱ-3：n=3，R^1=H；Ⅱ-4：n=4，R^1=H；Ⅱ-5：n=2，R^1=3-CH_3；Ⅱ-6：n=2,R^1=4-CH_3；Ⅱ-7：n=2，R^1=5-CH_3；Ⅱ-8：n=2，R^1=5-C_2H_5；Ⅱ-9：n=2，R^1=5-n-C_3H_7；Ⅱ-10：n=2，R^1=5-n-C_5H_{11}；Ⅱ-11：n=2，R^1=5-$C(CH_3)_3$；

R^2为取代苯基：2-$CH_3OC_6H_4$, 4-$CH_3OC_6H_4$, 2-$CH_3C_6H_4$, 3-$CH_3C_6H_4$, 4-$CH_3C_6H_4$, 2, 3-$(CH_3)_2C_6H_3$等；烷基：CH_3, CH_3CH_2, $CH_3(CH_2)_2$, $CH_3(CH_2)_3$, $CH_3(CH_2)_4$, $CH_3(CH_2)_5$, $CH_3(CH_2)_6$；卤代烷基：$ClCH_2$, Cl_2CH, CH_3ClCH, $ClCH_2CH_2$, Cl_3C, $BrCH_2$, CH_3BrCH, $BrCH_2CH_2$；2-烷氧基烷基：CH_3OCH_2, $C_2H_5OCH_2$；2-烷硫基烷基：CH_3SCH_2, $C_2H_5SCH_2$, $(CH_3)_2CHSCH_2$；取代吡啶基：2-Cl-吡啶-3-基, 6-Cl-吡啶-3-基, 5-Br-吡啶-3-基, 5-F-吡啶-3-基, 6-F-吡啶-3-基, 2,6-Cl_2-吡啶-3-基等。

发明人：李兴海，陈小员，纪明山，祁之秋，谷祖敏，张杨，李修伟；申请人：沈阳农业大学

中国专利号：ZL201610014075.4；中国专利申请日：2016-01-11

化合物类型：环烷基磺酰胺类

发明思路：me-too研究；在候选创制杀菌剂——环己磺菌胺的基础上，通过将其酮基还原得到2-氨基环烷基磺酰胺，进一步与各种酰氯反应合成得到的各种不同取代类型酰氯对接合成新的2-酰氨基环烷基磺酰胺系列化合物。

用途：具有除草、杀菌活性，对番茄灰霉、水稻纹枯、水稻稻瘟、玉米大斑、瓜果腐霉、黄瓜镰刀、辣椒疫霉等病原菌的菌丝生长有抑制作用，可用于其病害的防治；对反枝苋、苘麻、稗草、马唐等单双子叶杂草具有抑制生长的作用。

代表化合物结构如下：

Cl Cl O NH S O O H N F_3C Cl　　Cl Cl Cl O NH S O O H N F_3C Cl

（20）一类含氟苯并噻唑磺酰类化合物，其制备及应用

S N F F S O O X R^3

式中，R^3代表X<R^1/R^2；X代表N、S或O；当X代表N时，R^1代表H、C_1～C_8烃基、苯基或苄基，R^2代表H、C_1～C_8烃基、苯基或苄基；或者N<R^1/R^2代表含N的五到七元杂环基；所述的含N的五到七元杂环基为环己胺、环戊胺、六氢吡啶、吡咯烷或咪唑基；当X代表S或O时，R^1代表H、C_1～C_8烃基、苯基或苄基，R^2不存在；并且当X代表O时，R^1≠H。

发明人：肖吉昌，张忠，陈庆云，田伟生；申请人：中国科学院上海有机化学研究所

中国专利号：ZL200710173706.8；中国专利申请日：2007-12-28

化合物类型：苯并噻唑磺酰类

发明思路：me-too研究；结合已有的苯并噻唑类农药品种和含氟农药品种，合成了一类含氟苯并噻唑磺酰类化合物，具有一定的除草、杀菌活性。

用途：具有除草杀菌活性，对小麦白粉病、小麦颖枯病、小麦赤霉病、水稻立枯病、水稻纹枯病、番茄早疫病、番茄晚疫病、马铃薯晚疫病等有很好的防治效果；对多种害虫如棉蚜、小菜蛾幼虫、烟芽夜蛾、果蝇等有效，而且也可以防除早熟禾、拟南芥等杂草。

代表化合物结构如下：

（21）一种新型化合物及其制备方法和应用

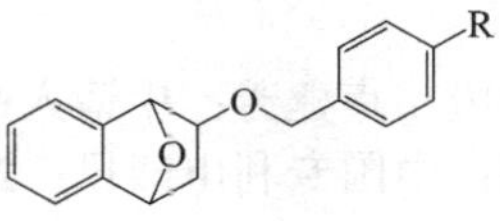

式中，R 为 H 或 F。

发明人：樊保敏，徐歆，周永云，陈景超；申请人：云南民族大学

中国专利号：ZL201510740517.9；中国专利申请日：2015-11-04

化合物类型：醚类化合物

发明思路：me-too 研究；参考杜邦专利(US5234900A)，利用氧杂苯并冰片烯进行不对称硅氢化反应得到相应的醇，再与卤代苄基反应得到目标物。

用途：具有除草活性，对植物的生长点，特别是对正在分裂增生的细胞具有很强的毒杀和抑制作用，同时对单子叶植物和双子叶植物的毒杀或抑制有一定的选择性。

代表化合物结构如下：

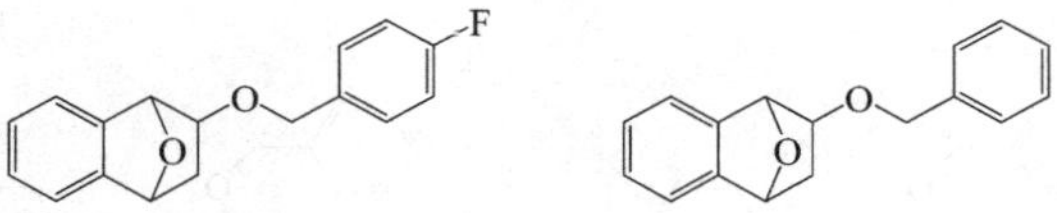

（22）*N*-(2, 3-二氢苯并呋喃-7-氧基)烷醇及其制备方法和应用

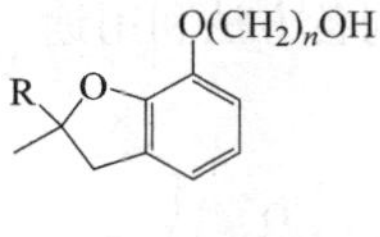

式中，R 为 $C_{1\sim4}$ 直链或支链烷基；*n* 选自 1～6 的任意整数。

发明人：李婉，杨子辉，胡艾希；申请人：河北大学

中国专利号：ZL201610405048.X；中国专利申请日：2016-06-08

化合物类型：苯并呋喃

发明思路：me-too 研究；以苯并呋喃原料，合成一系列未见报道的化合物，期待发现高活性化合物。

用途：具有除草活性，在每亩 100g 剂量下，2-(2,2-二甲基-2,3-苯并呋喃-7-氧基)乙醇对稗草的抑制率为 69.3%。

代表化合物结构如下：

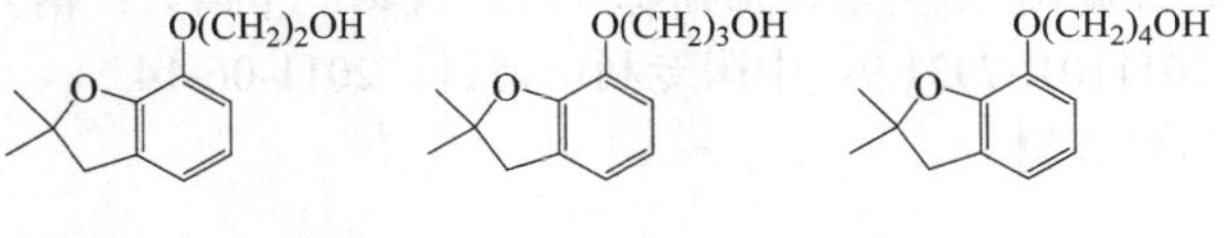

（23）4, 7, 7-三甲基-6-氧杂二环[3.2.1]辛烷-3, 4-二醇苄醚及合成方法

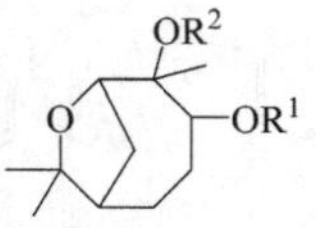

式中，R^1 为苄基、3-甲氧基苄基、4-溴苄基、对甲基苄基、间甲基苄基和邻甲基苄基中的一种；R^2 为氢、苄基、3-甲氧基苄基、4-溴苄基、对甲基苄基、间甲基苄基和邻甲基苄基中的一种。

发明人：黄道战，蓝虹云，余会成，卢建芳；申请人：广西民族大学

中国专利号：ZL201710395481.4；中国专利申请日：2017-05-26

化合物类型：苄醚

发明思路：me-too 研究；(3*R* ,4*R*)-4,7,7-三甲基-6-氧杂二环[3.2.1]辛烷-3, 4-二醇属于单萜氧杂二环醇，自身及其乙酸酯类衍生物对黑麦草、油菜和稗草具有一定的除草活性，但其水溶性大、施药浓度较高，在实际应用中存在易流失、用量大、成本高等不足。鉴于一些 6-氧杂二环[3.2.1]辛烷一元醇的苄醚类化合物能够抑制多种杂草的生长，而且具有药效高、用量少的优点。因此，对(3*R* ,4*R*)-4,7,7-三甲基-6-氧杂二环[3.2.1]辛烷-3,4-二醇进行醚化反应，合成苄醚，提高或改善(3*R* ,4*R*)-4,7,7-三甲基-6-氧杂二环[3.2.1]辛烷-3,4-二醇的除草活性和使用性能。

用途：具有除草活性。该苄醚类化合物具有良好的除草活性，能够抑制稗草、油菜、黑麦草、苘麻等单子叶植物和双子叶植物的生长。

代表化合物结构如下：

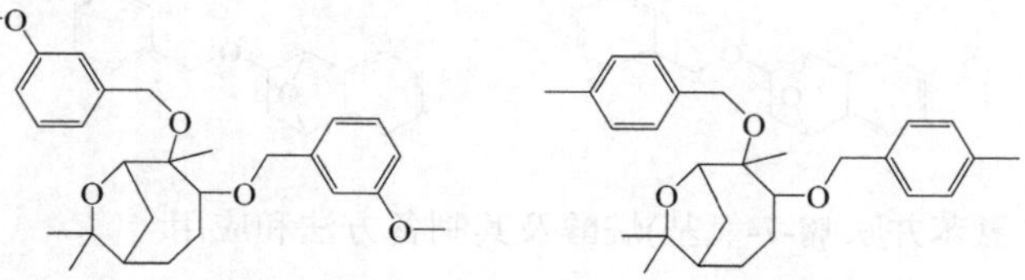

（24）一类吲哚满二酮衍生物及其制备方法和用途

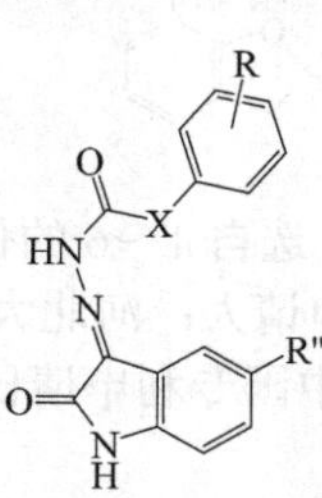

式中，X 为键，R=3，5-F_2，R″=Cl；X 为键，R=2, 5-F_2，R″=Cl；X 为键，R=2, 4-$(OCH_3)_2$，R″=Cl；X 为键，R=2, 6-$(OCH_3)_2$，R″=Cl；X 为键，R=2, 5-F_2，R″=Br；X 为键，R=3，5-F_2，R″=Br；X 为键，R=2, 4-$(OCH_3)_2$，R″=Br；X 为键，R=2, 6-$(OCH_3)_2$，R″=Br；X=OCH_2CH_2，R=2, 4-Cl_2，R″=Cl；X=$(CH_2)_2$，R=3, 4, 5-$(OCH_3)_3$，R″=Cl；X=$(CH_2)_2$，R=4-OCH_3，R″=Cl；X=$(CH_2)_2$，R=3, 4, 5-$(OCH_3)_3$，R″=Br；X=$(CH_2)_2$，R=4-OCH_3，R″=Br。

发明人：范志金，瓜勒姆·瓜弟尔，那斯姆·汗山·拉姆；申请人：南开大学

中国专利号：ZL201110157931.9；中国专利申请日：2011-06-14

化合物类型：吲哚满二酮

发明思路：在吲哚满二酮的分子中引入酰肼和卤素合成一系列新颖化合物，期待发现高活性化合物。

用途：具有除草活性、杀菌活性、杀虫活性、植物生长调节活性和抗病毒活性。该发明部分化合物在50μg/mL时，对番茄早疫病菌、黄瓜枯萎病菌、花生褐斑病菌、小麦赤霉病菌和苹果轮纹病菌有一定的抑菌活性。该发明化合物对黏虫有一定的活性。该发明部分化合物具有很好的黄瓜生根活性。该发明部分化合物具有很好的抗病毒活性，可用于制备抗哺乳动物病毒的药剂。

代表化合物结构如下：

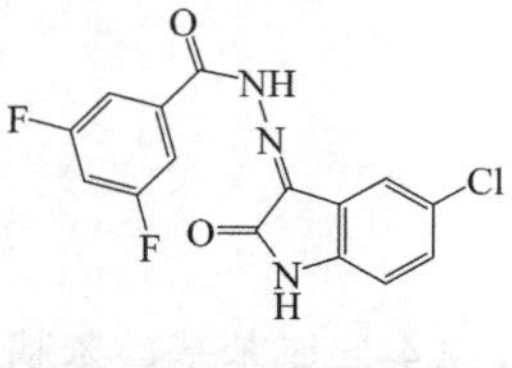

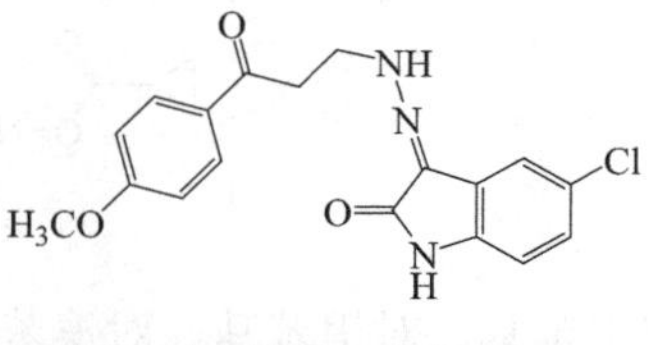

（25）含亚胺结构的4-羟基-2-喹啉酮类化合物及其制备和应用

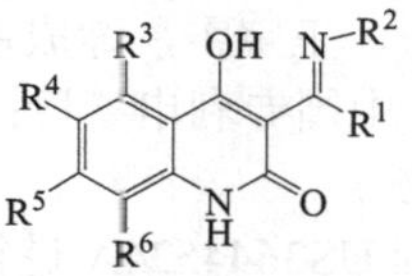

式中，R^1、R^2分别独立地代表氢、1～18碳烷基、1～18碳烯基、1～18碳炔基、3～18碳环烷基、3～18碳环烯基、3～18碳环炔基、苄基、2-吡啶甲基、3-吡啶甲基、4-吡啶甲基、2-呋喃甲基、2-四氢呋喃甲基、3-呋喃甲基、3-四氢呋喃甲基、2-噻吩甲基、3-噻吩甲基、3-噻唑甲基、4-噻唑甲基、5-噻唑甲基、3-噁唑甲基、4-噁唑甲基、5-噁唑甲基、2-异噁唑甲基、4-异噁唑甲基、5-异噁唑甲基、苯基、噻吩基、吡啶基、哒嗪基、呋喃基、三唑基、萘基、色满基、2，3-二氢-1,4-苯并二噁嗪基、4*H*-1,3-苯并二噁嗪基、2,3-二氢-苯并呋喃基、苯并呋喃基、苯并噻唑基、1,3-苯并噁唑基、1,2-苯并异噁唑基或苯并咪唑基，各基团是未取代的，或是被一个或一个以上下述基团取代：卤素、1～4碳烷基、1～4碳烷氧基、1～4碳卤代烷基、1～4碳卤代烷氧基、1～4碳烷氧烷基、1～4碳烷硫基、1～4碳烷基亚磺酰基、1～4碳烷基磺酰基、硝基、氰基、羟基、巯基、羧基、1～4碳烷基羰基。

R^3、R^4、R^5、R^6分别独立地代表代表氢、卤素、1～4碳烷基、1～4碳烷氧基、1～4碳卤代烷基、1～4碳卤代烷氧基、1～4碳烷氧烷基、1～4碳烷硫基、硝基、氰基、羟基、羧基。

发明人：汪清民，刘玉秀，赵华平；申请人：南开大学

中国专利号：ZL201210209306.9；中国专利申请日：2012-06-25

化合物类型：4-羟基-2-喹啉酮类

发明思路：me-too研究；汽巴-嘉基公司在专利EP685466A1中公开了含有3-芳烷氧基和3-芳烷硫基的4-羟基-2-喹啉酮类化合物及其制备方法。巴斯夫公司在专利DE4138820A1中公开了含有3-氨甲酰基和3-硫代氨甲酰基的4-羟基-2-喹啉酮类化合物及其除草活性。拜耳公司在专利WO2003010145A1中公开了含有3-取代苯基的4-羟基-2-喹啉酮类化合物及其除草活性。该发明以4-羟基-2-喹啉酮类为母体引入了含亚胺结构的片段得到结构新颖的化合物。

用途：具有除草和杀菌活性，用于防治油菜、稗草、马唐、拟南芥、早熟禾、反枝苋、黑麦草和繁缕，适用于土壤处理和茎叶处理，尤其适合于茎叶处理；部分化合物在每亩6.25g剂量下抑制率超过80%。同时部分化合物对番茄早疫病菌、葡萄霜霉病菌、小麦白粉病菌、小麦条锈病菌、小麦叶枯病菌、炭疽病菌、灰斑病菌、小麦全蚀病菌、雪霉叶枯病菌具有较好的

抑制率。

代表化合物结构如下：

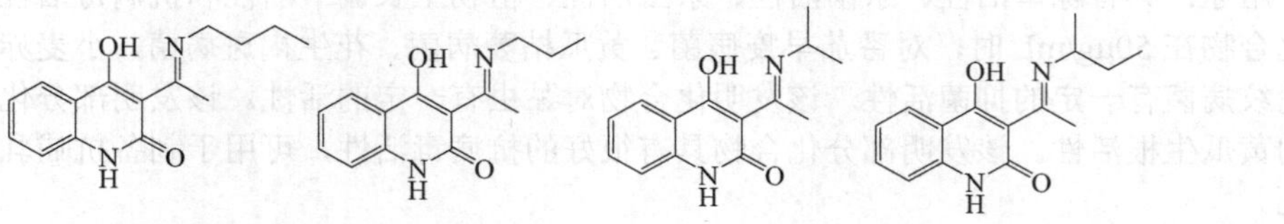

（26）环丙烷肟酯衍生物及其制备方法和用途

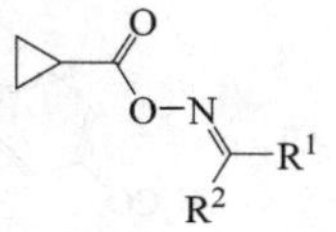

式中，R^1 选自邻甲苯基、对甲苯基、对溴苯基、2,4-二氯苯基、苯基、对甲氧基苯基、邻硝基苯基、呋喃基、3,4-二甲氧基苯基、对氯苯基；R^2 选自 H。

发明人：刘幸海，李正名，张传玉，王宝雷，谭成侠，翁建全；申请人：浙江工业大学

中国专利号：ZL201110075018.4；中国专利申请日：2011-03-28

化合物类型：环丙烷肟酯类化合物

发明思路：me-too 研究；参照专利 US3644524A 进行结构衍生得到。

用途：具有除草活性，对稗草和油菜具有一定的除草活性。

代表化合物结构如下：

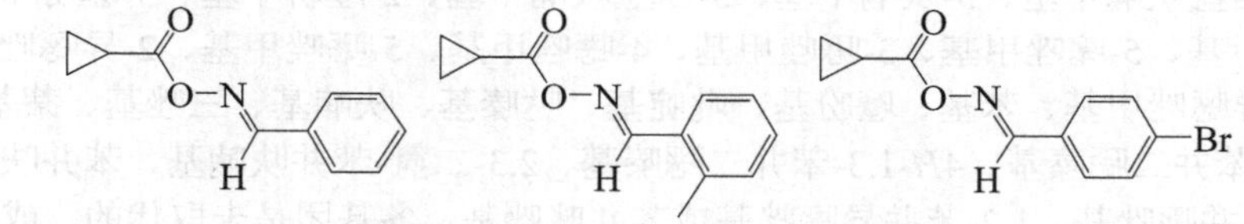

（27）一种肟醚乙酸酯类化合物及其制备方法与除草应用

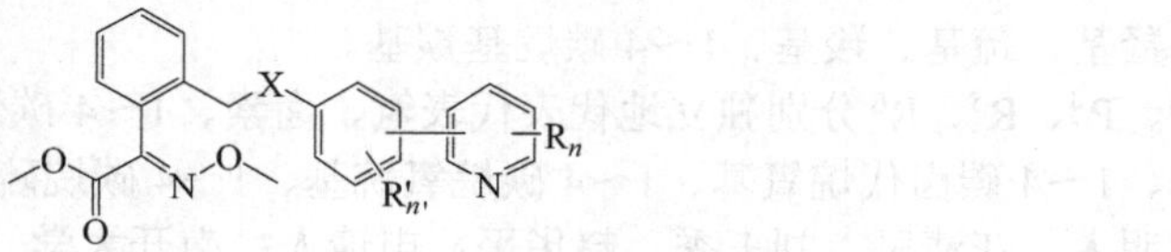

式中，X 为 O、S、COO 或 NH；R 和 n 分别代表吡啶环上的取代基及取代基的个数，其中 $0 \leqslant n \leqslant 4$，且 n 为自然数，当 $n=0$ 时表示吡啶环上没有取代基 R，当 $0<n \leqslant 4$ 时，所述吡啶环上的取代基 R 各自独立选自 CH_3、OCH_3、Br、Cl、F、CN、CF_3、NO_2 或 OH，所述的苯环上每个取代基 R'相同或不同；R'和 n'分别代表苯环上的取代基及取代基的个数，其中 $0 \leqslant n' \leqslant 4$，且 n'为自然数，当 $n'=0$ 时表示苯环上没有取代基 R'，当 $0<n' \leqslant 4$ 时，所述苯环上的取代基 R'各自独立选自 CH_3、OCH_3、Br、Cl、F、CN、CF_3、NO_2 或 OH，所述的苯环上每个取代基 R'相同或不同；相对于苯环，取代吡啶基位于苯环上 X 取代基的邻位、间位或对位，相对于吡啶环，取代苯基位于吡啶环上 N 的邻位、间位或对位。

发明人：杜晓华，毛达杰，徐振元；申请人：浙江工业大学

中国专利号：ZL201410452170.3；中国专利申请日：2014-09-05

化合物类型：甲氧基氨基甲酸酯类，吡啶联苯

发明思路：me-too 研究；在甲氧基丙烯酸酯类化合物基础上，引入联杂芳环类结构得到。

用途：具有除草活性，所发明的化合物可抑制芥菜、小藜、苘麻、反枝苋、鳢肠、马唐、狗尾以及萝卜、黄瓜、油菜、小麦、高粱和稗草等的生长。

代表化合物结构如下：

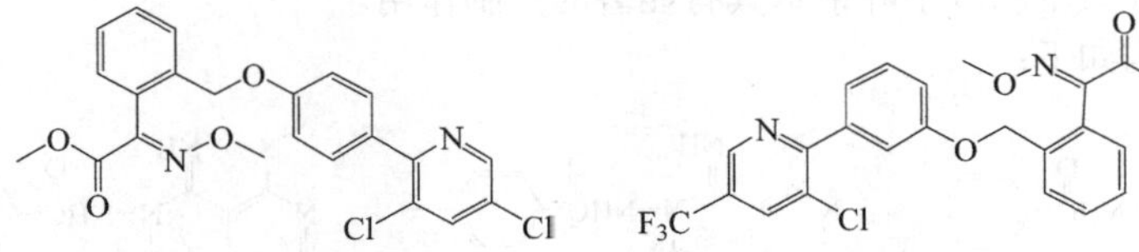

（28）4-(苯并呋喃-5-基)-2-苄亚氨基噻唑作为制备除草剂的应用

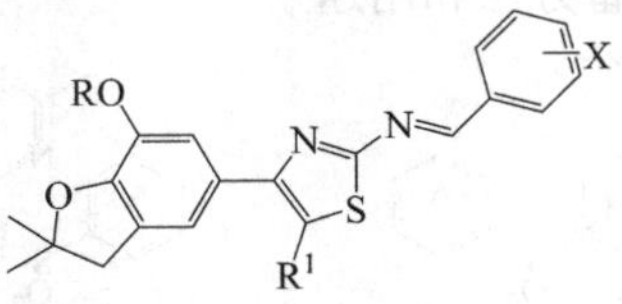

式中，X 选自 2-羟基-5-溴、2-羟基-5-碘、2-羟基-5-氯、2-羟基-3, 5-二氟、2-羟基-3, 5-二氯、2-羟基-3,5-二溴或 2-羟基-3,5-二碘；R 选自 H、C_1～C_2 烷基、C_3～C_4 直链烷基或支链烷基；R^1 选自 H、C_1～C_2 烷基、C_3～C_4 直链烷基或支链烷基。

发明人：胡艾希，沈芳，李贵生，叶姣；申请人：湖南大学

中国专利号：ZL201110102443.8；中国专利申请日：2011-04-25

化合物类型：苯并四氢呋喃、噻唑

发明思路：将具有抗肿瘤活性的化合物作为农业活性成分，并进行结构衍生。

用途：具有除草活性，可用于防治苘麻、刺苋、藜、马唐、稗和狗尾草。

代表化合物结构如下：

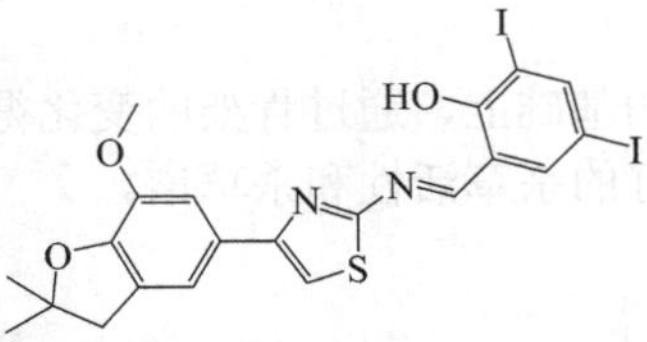

（29）具有除草活性的 3-取代苯甲酰胺基-3,4-二氢-4-亚胺-5-甲硫基-7-烷硫基嘧啶并[4,5-*d*]嘧啶及其制备方法

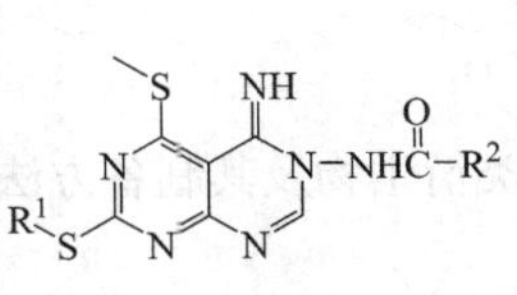

式中，R^1 表示 C_1、C_2、C_3、C_4、C_5、C_{12}、C_{14}、C_{16}、C_{18} 的烷基；R^2 表示苯基、对甲基苯基、对硝基苯基、3,5-二硝基苯基、邻氯苯基、1-萘基亚甲基、2-呋喃基、4-吡啶基。

发明人：王涛，罗劲，徐晓明，刘雪英，顾成浩，王文娟，李志强，汤君，于丹红；申请人：江西师范大学

中国专利号：ZL201110384656.4；中国专利申请日：2011-11-28

化合物类型：嘧啶

发明思路：嘧啶并[4, 5-*d*]嘧啶及其氧代衍生物具有潜在的生物学和药理学活性，如具有抗肿瘤(antitumor)活性、抗病毒(antiviral)活性、抗氧化性(antioxidant)、对 C-Src 酪氨酸激酶(tyrosine kinase)表皮生长因子的交往抗性，因此引起了研究者的极大兴趣，其中在治疗心血管和抗肿瘤方面取得了较好的临床效果，该类化合物是人们合成和研究最多的一类嘧啶并嘧啶类化合物，为了对此类新型化合物的农药活性进行探索性研究，设计合成了一种未见文献报道的新颖的嘧啶并[4,5-*d*]嘧啶类化合物，并对其生物活性进行了测试，且从中寻找具有优良生物活性的化合物。

用途：对单子叶杂草和双子叶杂草具有显著的抑制作用。

代表化合物结构如下：

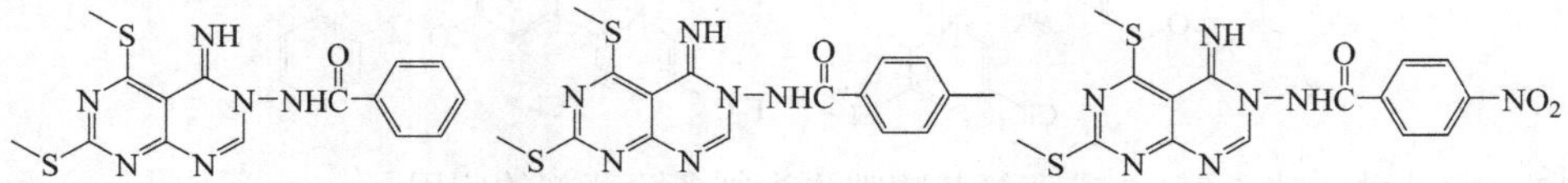

（30）磺酰胺类化合物及其制备方法和用途

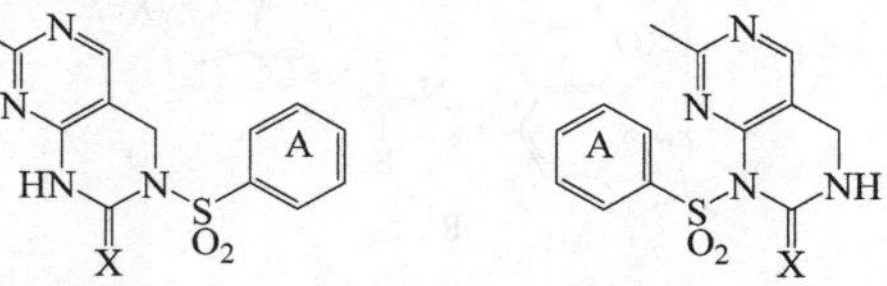

式中，X 是氧原子或是硫原子；环 A 是苯环或具有一个以上取代基的苯环；所述环 A 具有的取代基包括：卤素、硝基、氰基、羟基、磺酸基、酯基、羧基、烷基，或具有一个以上取代基的烷基、烷氧基、芳基、芳氧基、酰基、酰氧基、杂环基；所述卤素包括氟、氯、溴、碘；所述烷基为 $C_{1\sim8}$ 烷基，烷基具有的取代基包括：卤素、羟基、$C_{1\sim6}$ 烷氧基；所述烷氧基为 $C_{1\sim6}$ 烷氧基；所述芳基为 $C_{6\sim14}$ 芳基；所述芳氧基为 $C_{6\sim14}$ 芳氧基；所述酰基包括甲酰基、乙酰基、丙酰基、氨基甲酰基；所述酰氧基包括乙酰氧基、丙酰氧基、甲氧基羰基氧基、乙氧基羰基氧基、丙氧基羰基氧基、丁氧基羰基氧基、氨基甲酰氧基；所述杂环基为五至十元杂环基。

发明人：席真，程晓峰，张弘，崔东亮，牛聪伟，陈文彬，刘婧；申请人：南开大学

中国专利号：ZL200410019223.9；中国专利申请日：2004-05-11

化合物类型：磺酰胺类

发明思路：在磺酰类除草剂的基础上，通过骨架的变化得到该类化合物。

用途：具有除草活性，有良好的杀草活性和杀草谱。

代表化合物结构如下：

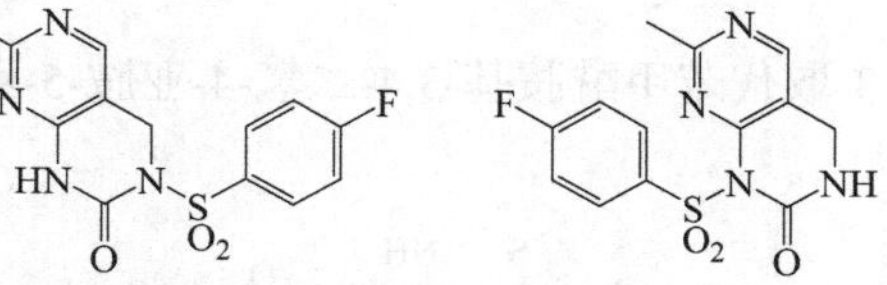

（31）一种基于呋喃酚的噁二唑类衍生物及其制备方法与应用

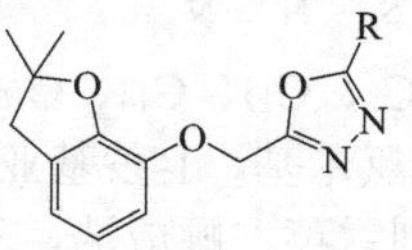

式中，R 选自 4-CN-C_6H_4、4-F-C_6H_4、4-Cl-C_6H_4、3-F-C_6H_4、3-Br-C_6H_4、4-NO_2-C_6H_4、3-NO_2-C_6H_4。

发明人：李婉，李胜男，武世杰，朱华结，田胜尼，冯珂，曹飞，李龙飞；申请人：河北大学

中国专利号：ZL201910360331.9；中国专利申请日：2019-04-30

化合物类型：噁二唑类

发明思路：me-too 研究；在噁二唑类化合物的基础上，引入呋喃酚得到现有化合物。

用途：具有除草活性，在 500mg/L 剂量下，对稗草有一定抑制作用，且不会对作物造成伤害。

代表化合物结构如下：

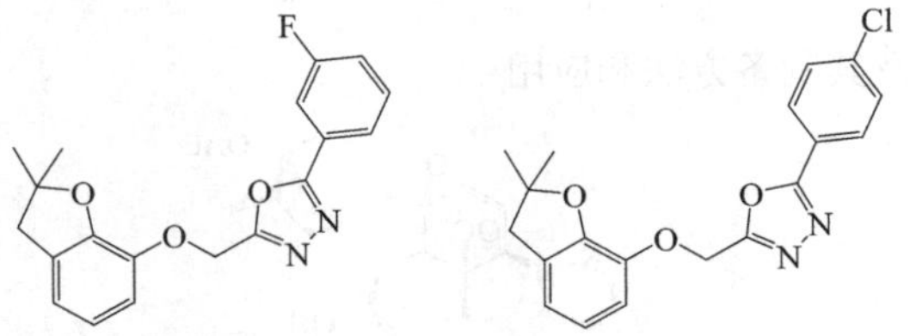

（32）二萜类衍生物及其制备方法与应用

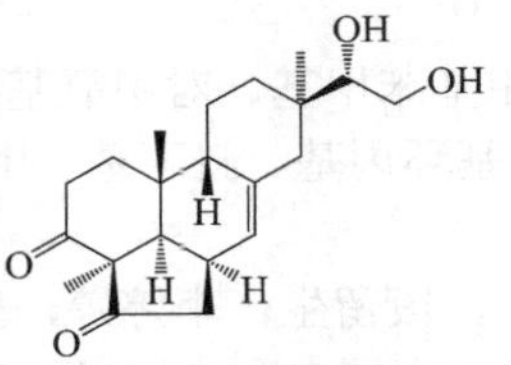

发明人：李建林，陈广通，魏来来，刘迪，端木嘉兴；申请人：南通大学

中国专利号：ZL202011145451.6；中国专利申请日：2020-10-23

化合物类型：二萜衍生物

发明思路：研究学者对生化他感（allelopathy）现象的观察已有很长的历史，但在 1900 年之后才开始真正进行科学的实验和研究。allelopathy 通常指一种植物对其他植物的萌发、生长发育的毒害作用。他感物质是植物体在生命活动中和残体分解产生的初级或次级代谢产物。植物之间通过生化物质（即他感物质）存在相互促进和相互抑制两方面的效应。目前世界上已发现上百种具除草活性的天然化合物，有些已被开发为除草剂推广应用。人工合成的植物毒素和天然植物毒素作用的分子靶位很少有重叠，这样，就可能通过植物源的次级化合物来发现具有新的作用靶位，而且对环境友好的除草剂。该发明运用现代分离分析方法对大灰藓（*Hypnum plumaeforme* Wilson）的次生代谢产物进行了系统研究，获得一种结构新颖的他感活性单体化合物。

用途：具有除草活性，该发明所述二萜衍生物化合物对于植物生长具有较好的抑制作用。

（33）5-氨基吡唑类化合物在调节植物生长方面的应用

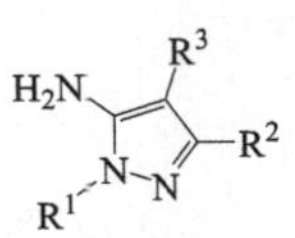

其中，R^1 为氢、烷基、苯基或取代苯基；R^2 为烷基；R^3 为氢或卤素，所述取代苯基为 4-卤代苯基，烷基为甲基、乙基或异丙基，卤素为氟、氯或溴。

发明人：侯士聪，高贵，陈相助，刘晶晶，张媛媛，张雪焱；申请人：中国农业大学

中国专利号：ZL201711326981.9；中国专利申请日：2017-12-13

化合物类型：5-氨基吡唑类化合物

发明思路：me-too 研究；以 2-氨基巴豆腈为起始原料，经关环、卤素化反应得到。

用途：具有除草活性，所示的 5-氨基吡唑类化合物可用于调节植物生长方面，特别是应用于抑制植物生长方面，所示化合物可以作为除草剂使用，通过调节 5-氨基吡唑类化合物的浓度

杀灭公路、铁路等地带的杂草。

代表化合物结构如下：

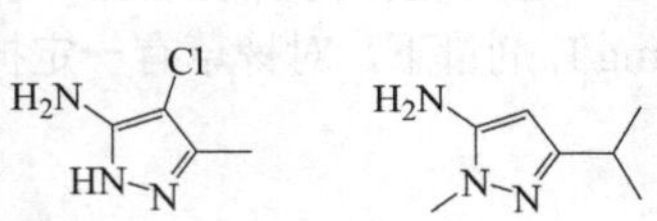

（34）赤霉酸衍生物及其制备方法和应用

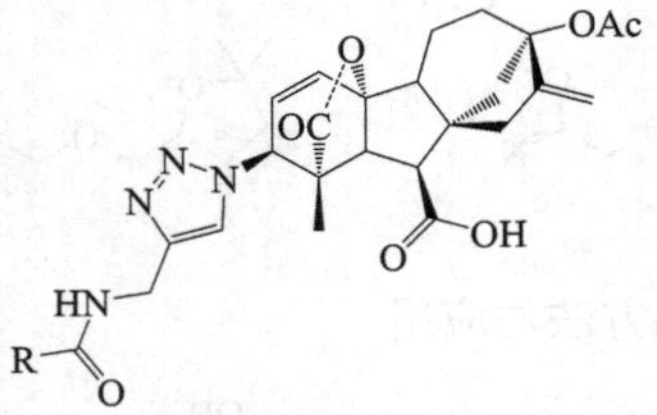

其中，R 为苯基、苯甲基、对甲基苯甲基、对甲氧基苯甲基、对氯苯基、α-萘甲基、对氯邻异丙基苯基、丙基、2, 2, 3, 3-四甲基环丙基、叔丁基、甲基、氯甲基、2-氯吡啶基、3, 6-二氯吡啶基或吡啶基。

发明人：谭伟明，田昊，张建军，段留生，李婷婷，荀洁；申请人：中国农业大学

中国专利号：ZL201611030672.2；中国专利申请日：2016-11-16

化合物类型：赤霉酸衍生物

发明思路：me-too 研究；赤霉素是一种常见的植物激素，属于双萜类化合物，在植物的各个生长发育阶段都具有重要的调控作用，如可以调控植物种子的萌发、茎的伸长等。20 世纪，半矮秆基因的利用降低了赤霉素的含量，使植物株高降低，得到抗倒伏、株型紧凑的优良作物形态，最终获得高产。甲哌鎓、多效唑、烯效唑等赤霉素生物合成抑制剂一直以来都被用来降低株高、调节株型，也给农业生产带来了巨大的经济效益。然而，这些抑制剂的选择性较低，通常会抑制多种酶的活性，而影响植物的多种生理活性。例如烯效唑在抑制贝壳杉烯氧化酶的同时，也会强烈抑制脱落酸 8′-羟基化酶的活性，给粮食作物的穗发育带来副作用。因此，以赤霉素受体为靶标，设计并研发专一性抑制赤霉素信号转导的抑制剂非常必要。

用途：具有除草活性，所得赤霉酸衍生物 CAU2016-GA 对拟南芥下胚轴的生长具有明显的抑制效果。

代表化合物结构如下：

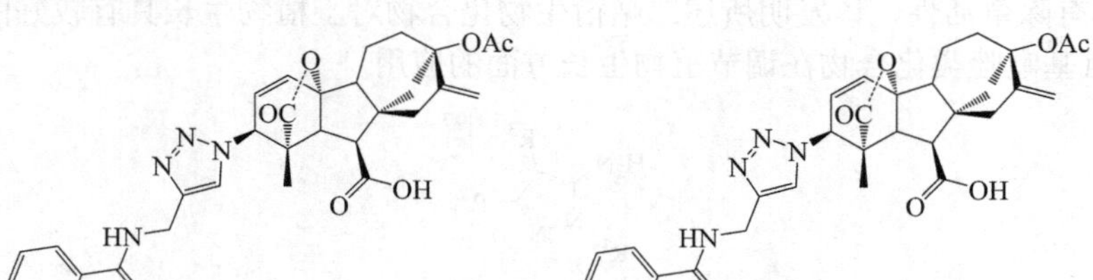

（35）季铵盐甘草次酸阳离子表面活性剂及其制备方法和应用

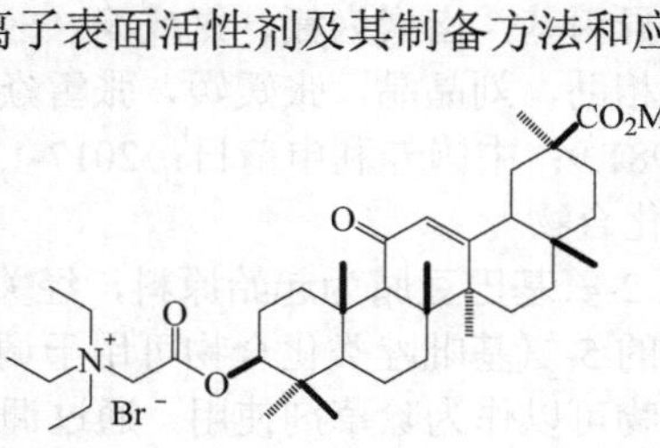

发明人：高玉霞，杜凤沛，刘洋，马悦，赵克非，李子璐；申请人：中国农业大学

中国专利号：ZL201911101755.X；中国专利申请日：2019-11-12

化合物类型：季铵盐甘草次酸阳离子表面活性剂

发明思路：甘草次酸化合物具有以下优点：①从植物中提取分离得到，含量丰富、来源广泛；②刚性的疏水骨架和亲水的羟基、羧基官能团，赋予了此类化合物不同于传统两亲性分子的聚集特性；③良好的生物相容性和易降解性。以天然小分子甘草次酸为疏水骨架，通过对 3 位羟基进行修饰，引入亲水的季铵盐片段，制备了一个新型的季铵盐甘草次酸阳离子表面活性剂，并系统研究了它对液滴在疏水固体表面弹跳行为的抑制效果。该发明的提出可以更好地实现药液在作物叶面的有效持留，为提高农药利用率发展了新的理论与技术。

用途：具有除草活性，该表面活性剂对液滴在疏水固体表面的弹跳行为有较好的调控效果，疏水 PTFE 膜、狗尾草、苣荬菜等叶片表面上，表面活性剂浓度高于 5×10^{-4}mol/L 时，可以明显抑制液滴弹跳，并实现较好的铺展。同时，该发明中的季铵盐甘草次酸阳离子表面活性剂对液滴弹跳行为的调控可以延伸至多种作物叶片，例如小麦、水稻、玉米、甘蓝等叶片，具有很好的普适性。

（36）含哌嗪的 1,3,4-噁二唑 Mannich 碱类化合物及制备与应用

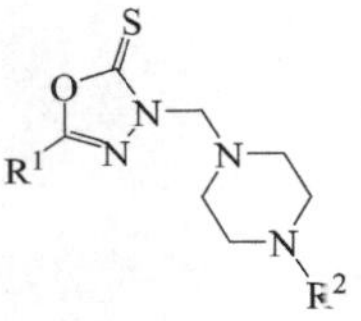

I 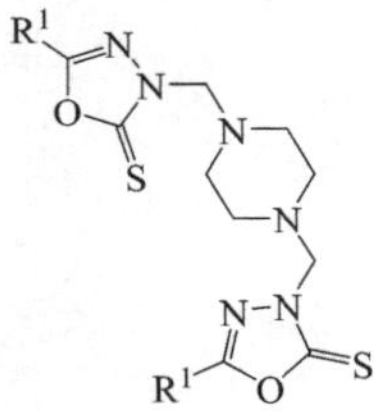　　Ⅱ

式中，R^1 是单取代、多取代、未取代的芳基或杂芳基，该单取代基或多取代基是低级烷基、低级烷氧基、低级卤代烷基、卤素原子、硝基、氰基；杂芳基是含 1 或多个 N、O、S 杂原子的五元环或六元环，包括呋喃、噻吩、吡唑、咪唑、三唑、吡啶、嘧啶、吡嗪、哒嗪；芳基主要是苯基；R^2 是低级烷基、苄基、取代苄基、苯基、取代苯基、嘧啶基、取代嘧啶基、吡啶基、取代吡啶基，所述取代苄基、取代苯基、取代嘧啶基和取代吡啶基上的取代基是低级烷基或低级卤代烷基或卤素原子，所述的取代是单取代或多取代；所述的低级烷基为甲基、乙基、正丙基、异丙基、正丁基、异丁基、仲丁基、叔丁基、环丙基、环丁基、环戊基、环己基；所述的低级烷氧基为甲氧基、乙氧基、正丙氧基、异丙氧基、正丁氧基、异丁氧基、仲丁氧基、叔丁氧基、环丙氧基、环丁氧基、环戊氧基、环己氧基；所述的低级卤代烷基的碳骨架与所定义的低级烷基中的相同，在此前提下低级卤代烷基中低级烷基上的氢原子可以部分或全部被卤素原子取代；所述的卤素原子为氟、氯、溴或碘。

发明人：王宝雷，李正名，张燕，张丽媛，张晓，李永红；申请人：南开大学

中国专利号：ZL201610039702.X；中国专利申请日：2016-01-20

化合物类型：哌嗪类、噁二唑类

发明思路：将 1,3,4-噁二唑和哌嗪环两个重要的药物中间体融入一个分子，设计了一类含哌嗪的 1,3,4-噁二唑 Mannich 碱类化合物。

用途：具有较高的除草活性，特别是对双子叶植物油菜活性显著。同时还具有一定的杀菌活性，对黄瓜枯萎病菌、花生褐斑病菌、苹果轮纹病菌、小麦纹枯病菌、番茄早疫病菌和小麦赤霉病菌等有离体抑制活性，尤其是对小麦纹枯病菌抑菌效果显著。

代表化合物结构如下：

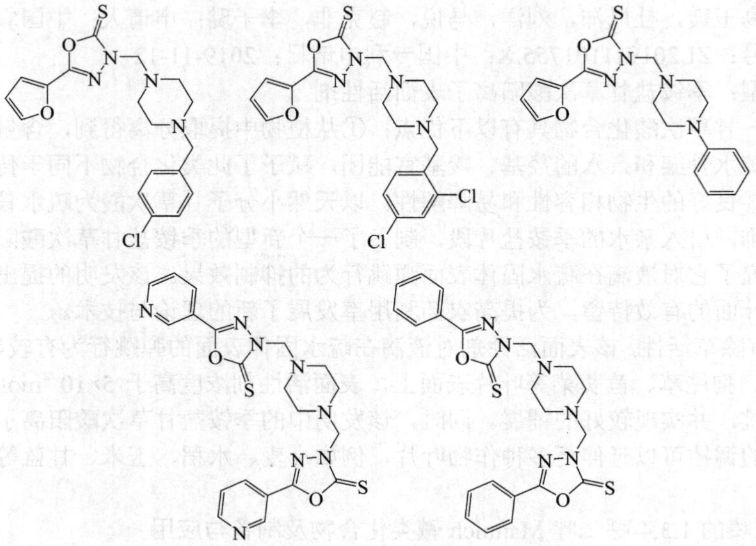

第 5 章 杀虫剂的创制

5.1 中国创制杀虫剂概论

农业是一个生态系统，在这个生态系统旦面，有了作物就有取食作物的其他生物，像昆虫、微生物，也会出现一些取食这些昆虫和微生物的其他生物，它们之间形成了一条食物链。如果说这是一个稳定的生态系统，那么每一种生物在这个生态系统里面都发挥着各自的作用和功能。比如说昆虫可以取食植物，这是它对植物的危害，但是昆虫同时也在帮助植物传粉，昆虫通过传粉来保障植物的生殖，通过传粉来维持生态系统的平衡。植物、植食性昆虫和其他一些天敌昆虫，它们之间形成了一种协同进化关系。一个稳定的生态系统，病虫害的发生相对是很轻的，它们的存在对生物多样性、生态的稳定发挥了重要作用。但是当这个生态系统因为某种原因不再稳定，出现了问题，就有可能导致一些生物，比如植食性昆虫种群快速扩大，这样就形成了病虫害，对农作物产量造成影响。

高效绿色的昆虫防治法是增加粮食产量和减少疾病传播的重要一环。这种共识促使各种昆虫防治手段被不断开发，包括杀虫剂、转基因植物、昆虫天敌和微生物防治等。虽然这些方法都有被应用，但合成杀虫剂由于具有稳定、快速的作用，仍然是有效防治害虫的主要方式。由于环境、毒理学和监管的要求日益严格，限制了老的化学品的使用，也使得新杀虫剂的开发更具挑战性，因此，随着时间的推移，可用的商业化杀虫剂类别不断减少。而有害生物谱的变化和农业实践的改变，需要开发更高效、选择性更高、在环境中持久性较低的新杀虫剂，并开发新的或未被充分利用的作用机制的杀虫剂。

在过去的 70 年中，杀虫剂的化学骨架和生化靶标的多样性一直缓慢而稳定地增长。在 20 世纪 50 年代，杀虫剂主要作用于 3 个生化靶标。2023 年，杀虫剂生化靶标数量已经增加为 24 种，而 32 种不同作用机制化合物属于 59 种不同化学类别。在过去的 20 年中，随着异噁唑啉、线粒体电子传递复合体Ⅱ抑制剂、双酰胺和间双酰胺类杀虫剂的引入，杀虫剂类别有所增长，但昆虫也在迅速进化，市场仍需新的杀虫剂进行补充！

目前国内有 20 余个杀虫剂品种已经取得或正在办理农药登记，其中取得登记的创制杀虫剂品种有 10 余个，如硝虫硫磷、呋喃虫酰肼、氯氟醚菊酯、右旋反式氯丙炔菊酯、哌虫啶、环氧虫啶、丁虫腈、氯噻啉、四氯虫酰胺、苦皮藤素、硫虫酰胺等；环丙氟虫胺、氟氯虫双酰胺、多氟虫双酰胺、噁唑氟虫胺等在办理登记中。以下按创制品种的结构分为菊酯类、双酰肼类、新烟碱类、双酰胺类、有机磷类、吡唑类、生物源类以及其他类等进行介绍。

5.2 菊酯类化合物

截至2023年底公开了60多种拥有中文或英文通用名称的菊酯类杀虫剂，具体分类与通用名称如下：

除虫菊酯类杀虫剂（pyrethrin insecticides，7个）：除虫菊素（pyrethrins）、瓜叶菊素Ⅰ（cinerinⅠ）、瓜叶菊素Ⅱ（cinerinⅡ）、茉酮菊素Ⅰ（jasmolinⅠ）、茉酮菊素Ⅱ（jasmolinⅡ）、除虫菊素Ⅰ（pyrethrinⅠ）、除虫菊素Ⅱ（pyrethrinⅡ）；

拟除虫菊酯类杀虫剂（pyrethroid insecticides，50多个）：氟丙菊酯（acrinathrin）、烯丙菊酯（allethrin）、barthrin、联苯菊酯（bifenthrin）、bioethanomethrin、溴苄呋菊酯（bromethrin）、苄烯菊酯（butethrin）、氯烯炔菊酯（chlorempenthrin）、环虫菊酯（cyclethrin）、乙氰菊酯（cycloprothrin）、氟氯氰菊酯（cyfluthrin）、氯氟氰菊酯（cyhalothrin）、氯氰菊酯（cypermethrin）、苯醚氰菊酯（cyphenothrin）、溴氰菊酯（deltamethrin）、四氟甲醚菊酯（dimefluthrin）、苄菊酯（dimethrin）、右旋烯炔菊酯（empenthrin）、右旋反式氯丙炔菊酯（*d*-trans-chloroprallethrin）、五氟苯菊酯（fenfluthrin）、吡氯氰菊酯（fenpirithrin）、甲氰菊酯（fenpropathrin）、炔呋菊酯（furamethrin）、furethrin、heptafluthrin、右旋七氟甲醚菊酯（*d*-teflumethrin）、炔咪菊酯（imiprothrin）、喃烯菊酯（japothrins）、噻恩菊酯（kadethrin）、甲醚菊酯（methothrin）、甲氧苄氟菊酯（metofluthrin）、momfluorothrin、戊烯氰氯菊酯（pentmethrin）、氯菊酯（permethrin）、苯醚菊酯（phenothrin）、炔丙菊酯（prallethrin）、profluthrin、甲呋炔菊酯（proparthrin）、pyresmethrin、renofluthrin、氯氟醚菊酯（meperfluthrin）、苄呋菊酯（resmethrin）、七氟菊酯（tefluthrin）、环戊烯丙菊酯（terallethrin）、胺菊酯（tetramethrin）、四氟醚菊酯（tetramethylfluthrin）、溴氯氰菊酯（tralocythrin）、四溴菊酯（tralomethrin）、四氟苯菊酯（transfluthrin）；

拟除虫菊酯醚类杀虫剂（pyrethroid ether insecticides，5个）：醚菊酯（etofenprox）、三氟醚菊酯（trifluthrin）、苄螨醚（halfenprox）、protrifenbute、氟硅菊酯（silafluofen）；

拟除虫菊酯异戊酸酯类杀虫剂（pyrethroid isovalerate ester insecticides，8个）：溴灭菊酯（brofenvalerate）、溴氟菊酯（brofluthrinate）、氰戊菊酯（fenvalerate）、*S*-氰戊菊酯（esfenvalerate）、氟氰戊菊酯（flucythrinate）、fluvalinate、氟胺氰菊酯（*tau*-fluvalinate）、戊菊酯（valerate）；

拟除虫菊酯肟类杀虫剂（pyrethroid oxime insecticides，2个）：硫肟醚（sulfoxime）、硫氟肟醚（thiofluoximate）。

国内创制的菊酯类杀虫剂主要有4个，分别是右旋反式氯丙炔菊酯、氯氟醚菊酯、硫肟醚和硫氟肟醚。

江苏扬农化工股份有限公司创制开发的右旋反式氯丙炔菊酯和氯氟醚菊酯，其中右旋反式氯丙炔菊酯于2008年获准正式登记（WP20080056）；氯氟醚菊酯于2008年获准新农药临时登记（WL20080426），2011年获准正式登记（WP20110065），均已在全国范围内推广销售，主要用于卫生杀虫行业。

湖南化工研究院创制的硫肟醚和硫氟肟醚，其中硫氟肟醚于2014年获临时登记（LS20140310），用于防治茶树茶毛虫。

天津大学、广东工业大学等研究机构也开展了该类化合物创制的部分研究。

5.2.1 右旋反式氯丙炔菊酯的创制

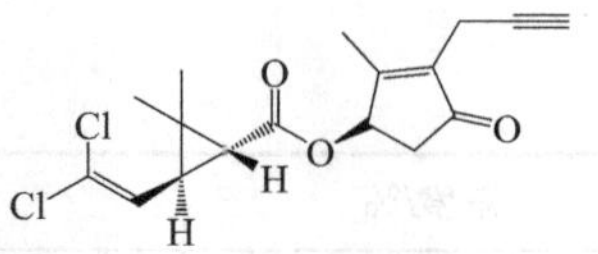

化合物专利名称：一种拟除虫菊酯类化合物及其制备方法和应用

中国专利号：ZL99126022.8；申请日：1999-12-13；授权日：2003-07-23

专利发明人：周景梅，王东朝；申请人：江苏扬农化工股份有限公司

该发明剖析拟除虫菊酯类杀虫剂的结构，根据其构效关系，将其拆分为菊酸和醇部分，然后将菊酸和醇部分分别修饰，组合合成。经过多年研究，发明了杀虫剂右旋反式氯丙炔菊酯，获得中国发明专利。右旋反式氯丙炔菊酯由江苏扬农化工股份有限公司、江苏优士化学有限公司开发，于 2008 年获准正式登记（WP20080056），2017 年江苏扬农化工股份有限公司进行了正式登记（WP20170145），已在全国范围内推广销售，主要用于卫生杀虫行业。

5.2.1.1 创制过程

菊酯类化合物结构可分为菊酸和醇部分，其特征结构为三元环和酯键，保持该特征结构不变，将菊酸和醇部分分别修饰，组合合成。根据文献报道和之前的研究工作，将目光锁定在了含右旋二氯菊酸结构的系列化合物上，最终从中发现右旋反式氯丙炔菊酯这一高效低毒的拟除虫菊酯新品种。

5.2.1.2 知识产权分析

该发明化合物相关结构最早于 1981 年被日本住友化学在相关专利 DE3028290 中报道，后住友化学将其拆分得到了具有杀虫活性的单一异构体（CAS：250346-55-5），在中国等国家申请了专利，中国专利号为 ZL99107053.4（申请日 1999-05-26，优先权日 1998-05-26）。同期江苏扬农化工股份有限公司科研人员也在对该化合物的消旋体进行研究，并在中国申请了与住友结构略有差别的单一异构体右旋反式氯丙炔菊酯的专利。

（1）新颖性　新颖性分析见表 5-1。

表 5-1　该专利与已有技术对比表

该专利： CN1303846A（江苏扬农化工股份有限公司，申请日：1999-12-13；公开日：2001-07-18）	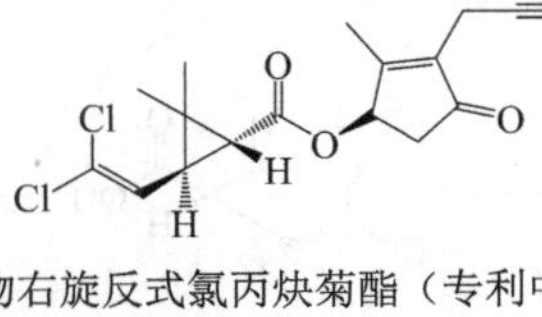 代表化合物右旋反式氯丙炔菊酯（专利中化合物Ⅲ）
同类商品化/开发中品种	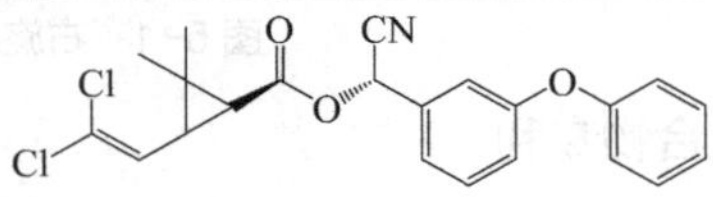 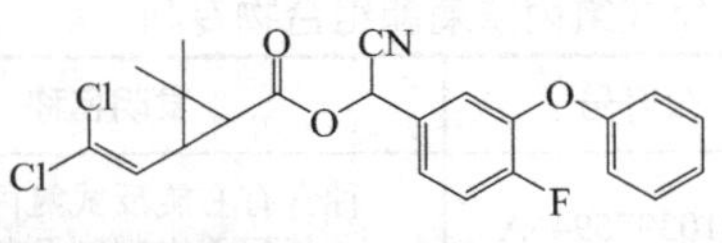 氯氰菊酯和氟氯氰菊酯等几十个拟除虫菊酯类品种

（2）创造性　该专利 CN1303846A 说明书记载，化合物Ⅲ具有很高的杀虫活性（表 5-2、表 5-3）[1]。

表 5-2　药效对比（家蝇）

化合物	浓度/%	KT_{50}	KT_{95}
化合物Ⅲ	0.006	1′48″	4′03″
蚕多克	0.021	2′06″	5′24″

注：KT_{50} 为击倒中时，指一定量的药剂，使生物群体中半数被击倒所需要的时间；KT_{95} 指一定量的药剂，使生物群体中 95%被击倒所需要的时间。余同。

表 5-3　药效对比（德国小蠊）

化合物	浓度/%	KT_{50}	KT_{95}
化合物Ⅲ	0.006	53″	58″
蚕多克	0.025	1′00″	1′48″

（3）核心化合物专利　右旋反式氯丙炔菊酯核心化合物专利与授权保护范围如表 5-4 所示。

表 5-4　江苏扬农化工股份有限公司申请的右旋反式氯丙炔菊酯核心化合物专利

序号	公开号	专利号	法律状态
1	CN1303846A	ZL99126022.8	期满失效
授权保护范围（中国专利）			
一种拟除虫菊酯化合物，如下式所示： 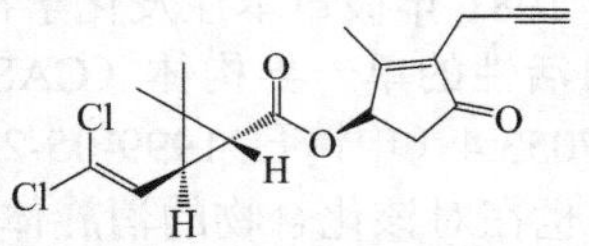			

5.2.1.3　合成方法

以二氯菊酸为原料，经拆分、氯化、酯化三步常规易操作的反应，得到右旋反式氯丙炔菊酯（图 5-1）[1,2]。

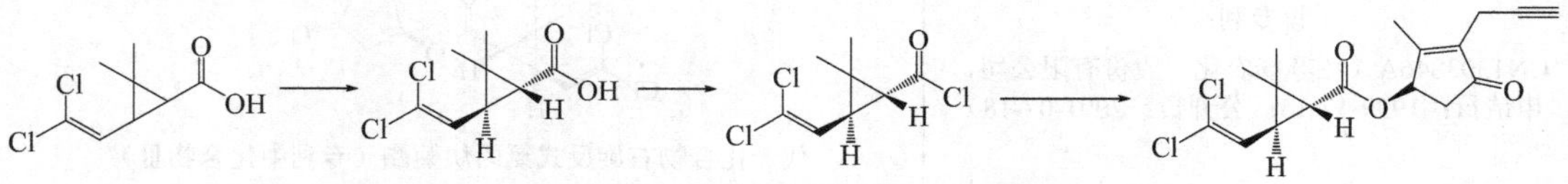

图 5-1　右旋反式氯丙炔菊酯合成路线

5.2.1.4　组合物专利

右旋反式氯丙炔菊酯部分组合物专利见表 5-5。

表 5-5　右旋反式氯丙炔菊酯组合物专利

序号	公开号	发明名称	申请人	B 组分
1	CN103975946A	一种含有右旋反式氯丙炔菊酯的复配杀虫制剂及其应用	江苏扬农化工股份有限公司、江苏优士化学有限公司	致死性菊酯化合物

续表

序号	公开号	发明名称	申请人	B 组分
2	CN102630699A	一种含有右旋反式氯丙炔菊酯的复配杀虫制剂及其应用	江苏扬农化工股份有限公司、江苏优士化学有限公司	致死性菊酯化合物
3	CN106689187A	一种含有残杀威的卫生杀虫组合物及其应用	南通功成精细化工有限公司	残杀威
4	CN107087633A	一种含有甲基嘧啶磷的卫生杀虫组合物及其应用	南通功成精细化工有限公司	甲基嘧啶磷
5	CN110637827A	一种含有啶虫脒和拟除虫菊酯的卫生杀虫组合物	江苏扬农化工股份有限公司	啶虫脒

5.2.1.5 毒理学与安全评价

对哺乳动物进行了急性经口、经皮、皮刺、眼刺试验。试验结果表明右旋反式氯丙炔菊酯经口属低毒化合物，经皮属微毒化合物，无刺激性，无致敏化合物，具体数据如表 5-6 所示。

表 5–6 右旋反式氯丙炔菊酯毒理学与安全评价

测试科目	结论
大鼠急性经口	雄性大鼠：LD_{50}1470mg/kg， 雌性大鼠：LD_{50}794mg/kg
大鼠急性经皮	雄性大鼠：LD_{50}＞5000mg/kg， 雌性大鼠：LD_{50}＞5000mg/kg
大鼠急性吸入	雄性大鼠：LD_{50}4300mg/m^3， 雌性大鼠：LD_{50}4300mg/m^3
兔眼刺激试验	无刺激
兔皮肤刺激试验	无刺激
豚鼠试验	无致敏，无致癌，无致畸
大鼠 90d 亚慢性毒性	最大无作用剂量为 60mg/kg (雄) 和 10mg/kg (雌)

5.2.1.6 登记情况

目前国内已登记右旋反式氯丙炔菊酯系列产品 32 种，多数以气雾剂、水基气雾剂、水乳剂等剂型产品登记，其中江苏优嘉植物保护有限公司登记信息如表 5-7 所示。

表 5–7 右旋反式氯丙炔菊酯相关登记产品信息表

登记证号	农药名称	剂型	总含量	作物/场所	防治对象	用药量(制剂量)	施用方法	登记证持有人
WP20080056	右旋反式氯丙炔菊酯	原药	96%	—	—	—	—	江苏优嘉植物保护有限公司
WP20230026	残杀威·氯丙炔	乳油	5%	室内	蚊	0.05mL/m^3	超低容量喷雾	江苏优嘉植物保护有限公司
					蚊	0.5mL/m^2	喷雾	

续表

登记证号	农药名称	剂型	总含量	作物/场所	防治对象	用药量(制剂量)	施用方法	登记证持有人
WP20230026	残杀威·氯丙炔	乳油	5%	室内	蝇	0.05mL/m³	超低容量喷雾	江苏优嘉植物保护有限公司
					蝇	0.5mL/m²	喷雾	
WP20230016	残杀威·氯丙炔	水分散粒剂	15%	室内	蚊、蝇、跳蚤	0.2g/m²	滞留喷洒	江苏优嘉植物保护有限公司
WP20230013	噁虫酮·氯丙炔	乳油	4%	室内	蚊、蝇	0.05mL/m³	超低容量喷雾	江苏优嘉植物保护有限公司
WP20080057	氯菊酯·氯丙炔	气雾剂	0.35%	卫生	蚊、蝇、蜚蠊	—	喷雾	江苏优嘉植物保护有限公司
WP20150062	氯氰·氯丙炔	水乳剂	6.8%	室外	蚊	30～50 倍液	超低容量喷雾	江苏优嘉植物保护有限公司
					蚊	300～500 倍液	喷雾	
					蝇	30～50 倍液	超低容量喷雾	
					蝇	300～500 倍液	喷雾	

5.2.1.7 应用效果

（1）右旋反式氯丙炔菊酯对致倦库蚊的药效[2] 0.4%蚕多克的 KT_{50} 值（7.9min）大于 0.2%右旋反式氯丙炔菊酯的 KT_{50} 值（6.9min），小于 0.13%右旋反式氯丙炔菊酯的 KT_{50} 值（8.5min），所以右旋反式氯丙炔菊酯对致倦库蚊的药效为蚕多克的 2～3 倍，且二者的致死率均为 100%。

（2）右旋反式氯丙炔菊酯对德国小蠊的药效[2] 0.2%右旋反式氯丙炔菊酯（KT_{50} 为 3.46min）与 0.4%蚕多克（KT_{50} 为 3.21min）的 KT_{50} 值和死亡率相差不大，所以右旋反式氯丙炔菊酯对德国小蠊的药效约为蚕多克的 2 倍。

（3）右旋反式氯丙炔菊酯对蚊、蝇、蜚蠊的药效[3] 气雾剂对蚊、蝇、蜚蠊等卫生害虫的试验发现，该药剂具有卓越的击倒活性，效果优于右旋炔丙菊酯，为胺菊酯的 10 倍以上。

以 0.035%的右旋反式氯丙炔菊酯气雾剂防治蚊子，结果与 0.1%的右旋丙炔菊酯、0.5%胺菊酯效果相当；其对家蝇的击倒活性与 0.1%的右旋丙炔菊酯及 0.4%胺菊酯相当。在常规浓度下，其对蚊子的活性是胺菊酯的 14 倍，对蝇的活性是胺菊酯的 12 倍。但是，与右旋丙炔菊酯和胺菊酯一样，右旋反式氯丙炔菊酯对蚊、蝇的致死活性较差，故应与氯菊酯、苯氯菊酯复配使用。

参考文献

[1] 周景梅，王东朝. 一种拟除虫菊酯类化合物及其制备方法和应用. CN1303846A.
[2] 林彬，黄明高，林永慧，等. 右旋反式氯丙炔菊酯的合成及其药效研究. 中华卫生杀虫药械, 2004, 10(4): 211-213.
[3] 周景梅，秦冬兰. 新颖卫生杀虫剂——右旋反式氯丙炔菊酯. 世界农药, 2006, 28(2): 51.

5.2.2 氯氟醚菊酯的创制

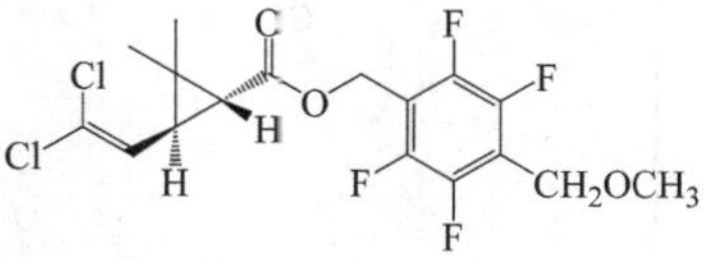

化合物专利名称：一种光学活性的拟除虫菊酯类化合物及其制备方法和应用

中国专利号：ZL200810132612.0；申请日：2008-07-07；授权日：2009-09-30

专利发明人：戚明珠，周景梅，姜友法，朱萍，赵建伟，徐海鹏，孙鹏；申请人：江苏扬农化工股份有限公司、江苏优士化学有限公司

该发明剖析拟除虫菊酯类杀虫剂的结构，根据其构效关系，将其拆分为菊酸和醇部分，然后将菊酸和醇部分分别修饰，组合合成。经过多年研究，发明了杀虫剂氯氟醚菊酯，英文通用名 meperfluthrin。氯氟醚菊酯由江苏扬农化工股份有限公司、江苏优士化学有限公司开发，于 2009 年获准新农药临时登记（WL20080426），2011 年获准正式登记（WP20110065），2009 年也取得了工信部的农药生产许可证（许可证号：HNP32270-12615），已在全国范围内推广销售，主要用于卫生杀虫行业。氯氟醚菊酯重要中间体制备方法获中国专利奖优秀奖。

5.2.2.1 创制过程

菊酯类化合物结构可分为菊酸和醇部分，其特征结构为三元环和酯键，保持该特征结构不变，将菊酸和醇部分分别修饰，组合合成。根据文献报道和之前的研究工作，将目光锁定在了含右旋二氯菊酸结构的系列化合物上，最终从中发现氯氟醚菊酯这一高效低毒的拟除虫菊酯新品种[1]。

5.2.2.2 知识产权分析

该发明化合物结构的消旋体早在 JP2006321795A 等相关专利中有报道，但在中国并没有申请专利。江苏扬农化工科研人员进行了详尽研究，发现单一异构体具有更好的活性，在中国申请了化合物和制备方法专利，并获得了授权。

（1）新颖性　分析见表 5-8。

表 5-8　该专利与已有技术对比表

该专利：CN100545144C (江苏扬农化工股份有限公司、江苏优士化学有限公司，申请日：2008-07-07；公开日：2009-09-30)	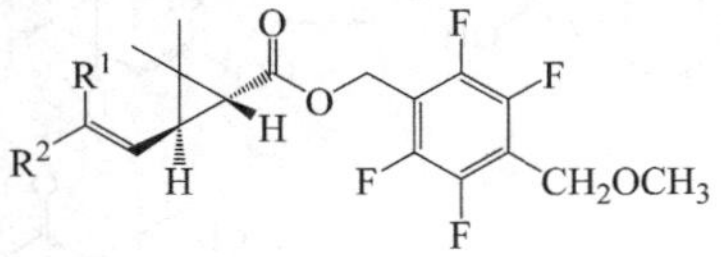 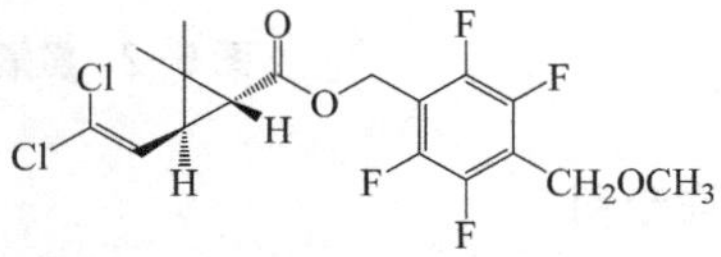 通式及代表化合物氯氟醚菊酯（专利中化合物 1）

续表

同类商品化/开发中品种	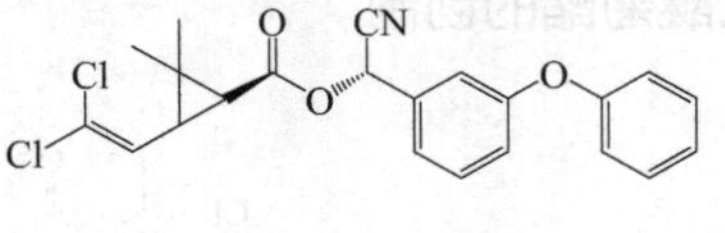 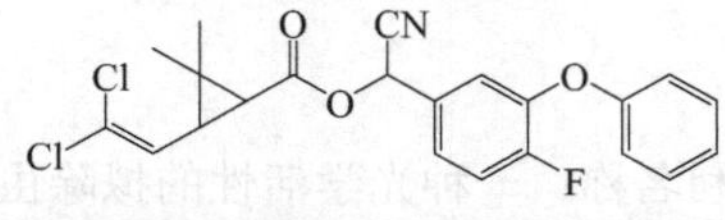 氯氰菊酯和氟氯氰菊酯等几十个拟除虫菊酯类品种

（2）创造性　该专利 CN100545144C 说明书记载，化合物 1 的相对效力在右旋丙烯菊酯的 20 倍以上。

（3）核心化合物专利　氯氟醚菊酯核心化合物专利与授权保护范围如表 5-9 所示。

表 5-9　江苏扬农化工股份有限公司、江苏优士化学有限公司申请的氯氟醚菊酯核心化合物专利

序号	公开号	专利号	法律状态
1	CN100545144C	ZL200810132612.0	授权有效
授权保护范围（中国专利）			
一种拟除虫菊酯化合物，如通式所示： 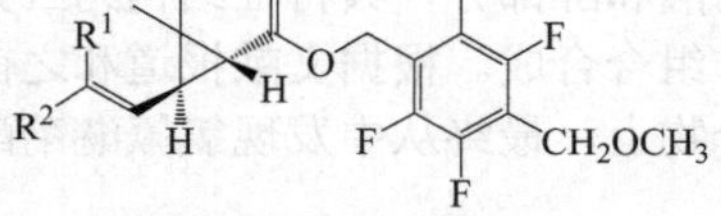 R^1 和 R^2 分别是相同的氯或溴			

5.2.2.3　合成方法

以二氯菊酸为原料，经拆分、氯化、酯化三步常规易操作的反应，得到氯氟醚菊酯（图 5-2）[1,2]。

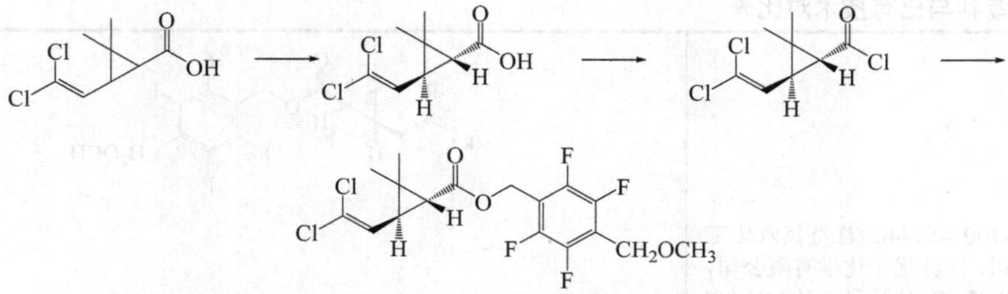

图 5-2　氯氟醚菊酯合成路线

5.2.2.4　组合物专利

氯氟醚菊酯部分组合物专利见表 5-10。

表 5-10 氯氟醚菊酯组合物专利

序号	公开号	发明名称	申请人	B 组分
1	CN101473842A	杀虫组合物	江苏扬农化工股份有限公司、江苏优士化学有限公司	2,3,5,6-四氟-4-甲氧基甲基苄基-3-(3,3,3-三氟-丙烯基)-2,2-二甲基环丙烷羧酸酯
2	CN101953362A	一种含氯氟醚菊酯与联苯菊酯的组合物及其应用	深圳诺普信农化股份有限公司	联苯菊酯
3	CN101953363A	一种含氯氟醚菊酯与噁虫威的组合物及其应用	深圳诺普信农化股份有限公司	噁虫威
4	CN101953368A	一种含氯氟醚菊酯与高效氯氰菊酯的组合物及其应用	深圳诺普信农化股份有限公司	高效氯氰菊酯
5	CN101953369A	一种含氯氟醚菊酯与溴氰菊酯的组合物及其应用	深圳诺普信农化股份有限公司	溴氰菊酯
6	CN101953370A	一种含氯氟醚菊酯与氯氰菊酯的组合物及其应用	深圳诺普信农化股份有限公司	氯氰菊酯
7	CN101953372A	一种含氯氟醚菊酯与马拉硫磷的组合物及其应用	深圳诺普信农化股份有限公司	马拉硫磷
8	CN103168791A	一种含有氯氟醚菊酯的复配杀虫组合物及其应用	江苏扬农化工股份有限公司、江苏优士化学有限公司	氨基甲酸酯类杀虫剂
9	CN103168792A	含有氯氟醚菊酯的复配杀虫组合物及其应用	江苏扬农化工股份有限公司、江苏优士化学有限公司	阿维菌素、甲维盐、茚虫威、溴虫腈、多杀霉素或氯虫苯甲酰胺
10	CN103168793B	一种含有氯氟醚菊酯的复配杀虫组合物及其应月	江苏扬农化工股份有限公司、江苏优士化学有限公司	几丁质合成抑制剂
11	CN103168794A	含有氯氟醚菊酯的复配杀虫组合物及其应用	江苏扬农化工股份有限公司、江苏优士化学有限公司	噻嗪酮、烯啶虫胺、噻虫嗪、啶虫咪、吡虫啉、吡蚜酮
12	CN103168795A	一种含有氯氟醚菊酯的复配杀虫组合物及其应用	江苏扬农化工股份有限公司、江苏优士化学有限公司	高效氯氟氰菊酯、联苯菊酯、溴氰菊酯、甲氰菊酯、氯氰菊酯、高效氯氰菊酯、顺式氯氰菊酯、氰戊菊酯或*S*-氰戊菊酯
13	CN103168797A	含有氯氟醚菊酯的复配杀虫组合物及其应用	江苏扬农化工股份有限公司、江苏优士化学有限公司	有机磷类杀虫剂
14	CN105594728A	含有氯氟醚菊酯与高效氯氰菊酯的卫生杀虫组合物	江苏扬农化工股份有限公司	高效氯氰菊酯
15	CN105685083A	含有氯氟醚菊酯与氟虫腈的卫生杀虫组合物	江苏扬农化工股份有限公司	氟虫腈
16	CN106234405B	一种含有氯氟醚菊酯与醚菊酯的杀虫组合物及其应用	江苏功成生物科技有限公司	醚菊酯

续表

序号	公开号	发明名称	申请人	B 组分
17	CN106857527A	一种含有氯氟醚菊酯的复配杀虫组合物及其应用	新昌县赛因斯生物科技有限公司	啶虫丙醚、甲氧虫酰肼、双丙环虫酯、羟苯丁酯
18	CN109924211A	一种含有氯氟醚菊酯与呋虫胺的卫生杀虫组合物	江苏扬农化工股份有限公司	呋虫胺
19	CN113229291A	组合增效型可湿性杀虫粉剂、制备方法及杀虫剂	南京荣诚生物科技有限公司	顺式氯氰菊酯

5.2.2.5 毒理学与安全评价

对哺乳动物进行了急性经口、经皮、皮刺、眼刺试验。试验结果表明氯氟醚菊酯经口属低毒化合物，经皮属微毒化合物，无刺激性，属于弱致敏化合物[1]。具体数据见表 5-11。

表 5-11 氯氟醚菊酯毒理学与安全评价

测试科目	结论
大鼠急性经口试验	雄性大鼠：LD_{50}＞500mg/kg，雌性大鼠：LD_{50}＞500mg/kg
大鼠急性经皮试验	雄性大鼠：LD_{50}＞5000mg/kg，雌性大鼠：LD_{50}＞5000mg/kg
大鼠急性吸入试验	雄性大鼠：3160mg/m^3，雌性大鼠：3160mg/m^3
兔眼刺激试验	平均指数 48h 后为 0
兔皮肤刺激试验	平均分值为 0(4h)
豚鼠皮肤变态反应试验	致敏性为 0

5.2.2.6 登记情况

目前国内登记氯氟醚菊酯系列产品近 400 个，多数以蚊香、电蚊液、蚊香片等剂型产品登记。部分登记信息如表 5-12。

表 5-12 氯氟醚菊酯相关登记产品信息表

登记证号	农药名称	剂型	总含量	作物/场所	防治对象	用药量（制剂量）	施用方法	登记证持有人
WP20170127	炔丙·氯氟醚	滴加液	8%	—	—	—	—	江苏优嘉植物保护有限公司
WP20190001	氯氟醚菊酯·氯菊酯	水乳剂	10%	室内	蚊、蝇	30mg/m^3	超低容量喷雾	江苏功成生物科技有限公司
WP20210028	残杀威·氯氟醚菊酯	悬浮剂	13%	室内	蝇	400～600μL/m^2	滞留喷洒	江门市大光明农化新会有限公司
WP20210128	高氟氯·氯氟醚	微囊悬浮剂	5%	室内	蚊、蝇、蜚蠊	0.5mL/m^2	滞留喷洒	江苏优嘉植物保护有限公司
WP20130035	氯氟醚菊酯	母药	6%	—	—	—	—	江苏优嘉植物保护有限公司

5.2.2.7 应用效果

（1）氯氟醚菊酯对野外蚊种和敏感蚊种药效[3] 药效测试结果表明无论对野外蚊种还是敏感蚊种，氯氟醚菊酯蚊香与相同浓度四氟甲醚菊酯蚊香相比，在模拟现场的击倒活性相当或稍好。

（2）氯氟醚菊酯对淡色库蚊和家蝇毒力及室内效果[4] 淡色库蚊幼虫浸渍法结果显示，氯氟醚菊酯、四氟甲醚菊酯、四氟苯菊酯和右旋炔丙菊酯对淡色库蚊幼虫 24h 后的 LC_{50} 分别为 0.94、2.28、3.10 和 54μg/L。氯氟醚菊酯对淡色库蚊幼虫的毒杀效果最好，四氟甲醚菊酯、四氟苯菊酯和右旋炔丙菊酯的 LC_{50} 分别是氯氟醚菊酯的 2.43、3.30 和 57.45 倍，即毒杀效果顺序为氯氟醚菊酯＞四氟甲醚菊酯＞四氟苯菊酯＞右旋炔丙菊酯。

淡色库蚊成虫的模拟现场测定结果显示，氯氟醚菊酯、四氟甲醚菊酯、四氟苯菊酯和右旋炔丙菊酯对淡色库蚊成虫的 KT_{50} 分别为 21.30、26.89、53.96、＞60min。氯氟醚菊酯对淡色库蚊成虫的击倒效果最好，四氟甲醚菊酯、四氟苯菊酯和右旋炔丙菊酯分别是氯氟醚菊酯的 1.23、2.48、＞2.75 倍，即击倒效果顺序为氯氟醚菊酯＞四氟甲醚菊酯＞四氟苯菊酯＞右旋炔丙菊酯。

家蝇幼虫饲喂法结果显示，氯氟醚菊酯、四氟甲醚菊酯、四氟苯菊酯和右旋炔丙菊酯对三龄幼虫的 LC_{50} 分别为 4.20、5.81、9.92 和 146.96μg/g。氯氟醚菊酯对家蝇幼虫毒杀效果最好，四氟甲醚菊酯、四氟苯菊酯和右旋炔丙菊酯分别是氯氟醚菊酯的 1.38、2.36 和 34.99 倍，即毒杀效果顺序为氯氟醚菊酯＞四氟甲醚菊酯＞四氟苯菊酯＞右旋炔丙菊酯。

成蝇方箱法测定结果显示，氯氟醚菊酯、四氟甲醚菊酯、四氟苯菊酯和右旋炔丙菊酯对淡色库蚊成虫的 KT_{50} 分别为 7.22、5.05、7.97 和 13.03min。右旋炔丙菊酯对家蝇成虫的击倒效果最差，是氯氟醚菊酯的 1.8 倍；四氟苯菊酯的击倒效果最好，是氯氟醚菊酯的 70%，即击倒效果顺序为四氟苯菊酯＞氯氟醚菊酯＞四氟甲醚菊酯＞右旋炔丙菊酯。

参考文献

[1] 吕杨，戚明珠，周景梅，等. 卫生杀虫剂氯氟醚菊酯的创制研究. 世界农药, 2014, 36(6): 25-28.

[2] 戚明珠，周景梅，姜友法，等. 一种光学活性的拟除虫菊酯类化合物及其制备方法和应用. CN200810132612.0.

[3] 戚明珠，周景梅，姜友法，等. 氯氟醚菊酯的开发及其应用研究. 中华卫生杀虫药械, 2010, 16(3): 172-174.

[4] 李庆凤，高菊芳，谷银芳，等. 氯氟醚菊酯及其他 3 种杀虫剂对淡色库蚊和家蝇毒力及室内效果评价. 中国媒介生物学及控制杂志, 2015, 26(3): 254-257.

5.2.3 硫肟醚的创制

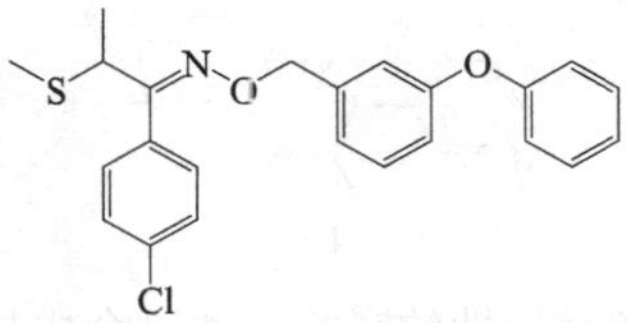

化合物专利名称：杀生物的烷基-取代（杂）-芳基-酮肟-*O*-醚及中间体酮、肟类化合物及其制备方法

中国专利号：ZL99115557.2；申请日：1999-09-10；授权日：2004-07-28

专利发明人：柳爱平，龙胜佑，欧晓明，于正英，黄明智，徐建兵，刘曙东，王永江，侯仲轲，任训和；申请人：湖南化工研究院

该发明以取代苯乙酮为原料，进行衍生或者替换。经过多年研究，发明了硫肟醚（实验代号 HNPC-A9908），获得中国发明专利。硫肟醚由湖南海利化工股份有限公司开发，于 2014 年获临时登记（LS20041355）。作为广谱、速效、低毒、对非靶标生物安全的环境友好型杀虫剂，

有效防治菜青虫、甜菜夜蛾、黏虫等，通过近 12 年的深入研究，成功工业化。

5.2.3.1 创制过程

通过对天然除虫菊酯中酯官能团的结构改造，得到多种具有实用价值的非酯拟除虫菊酯类化合物。第一个具有开发价值的非酯拟除虫菊酯化合物（*E*）-（4-氯苯基）-异丙基酮肟-*O*-（3-苯氧苄基）醚（A）[1-3]就是从氰戊菊酯（B）[4,5]衍生得到的。为寻找新的具有杀虫生物活性的非酯拟除虫菊酯类化合物，尝试将硫或氧等杂原子引入 A 中，通过合成、生物活性测定、结构的进一步优化最后得到对同翅目和鳞翅目害虫都具有显著活性的非酯拟除虫菊酯衍生物 C。文献[6]中报道了 20 个具有通式 D 的 1-单取代苯基-2-甲硫基乙酮 *O*-取代苄基肟。通过改变通式 C 中 Ar、*n*、R^1、R、X 和 L 合成了 96 个 1-芳基含硫（氧）酮 *O*-苄基肟醚。并对其杀虫活性、结构与杀虫活性关系进行了研究。

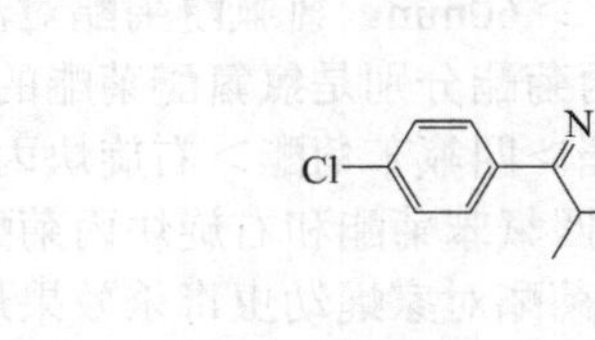

A 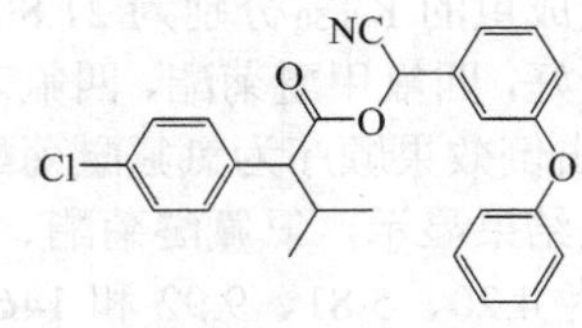　　B

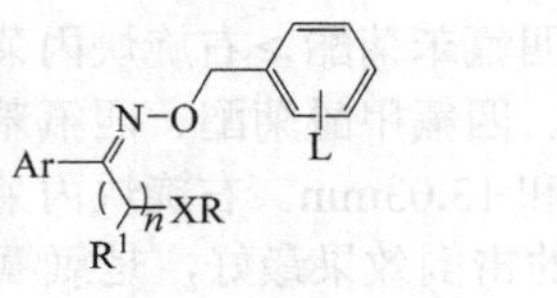

C 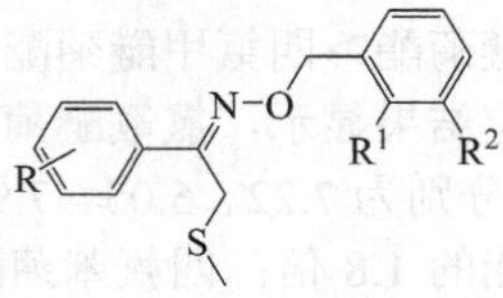　　D

杀虫活性及构效关系：通过表 5-13 可以发现，当目标化合物 C 中 L 为 3-苯氧基或 2-甲基-3-苯基时，Ar 为（取代）苯基，R^1为氢或甲基，*n* 为 1，X 为硫，R 为甲基，即通式 G 和 H 的化合物，对黏虫和叶蝉均具有显著的杀虫活性。

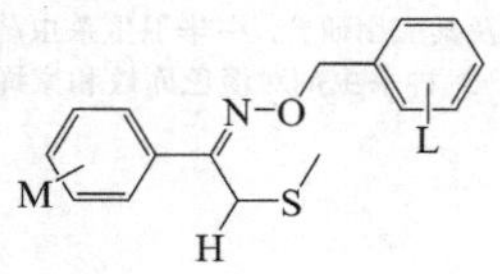

G

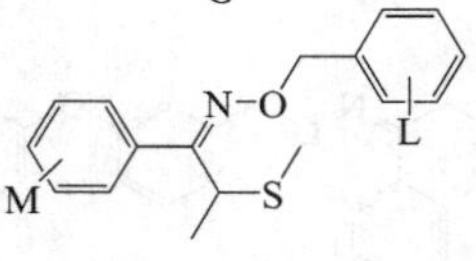

H

为研究化合物（*Z*）/（*E*）构型对活性的影响，通过合成与分离得到 1-（4-氯苯基）-2-甲硫基丙酮-*O*-[（3-苯氧苯基）甲基]肟的（*Z*）体（即 C12）和 *E* 体（即 C38）（表 5-14）。表 5-13 结果表明（*Z*）体具有很高的杀虫活性，而在同一测试浓度下，其 *E* 体则没有显示出杀虫活性。除 C38 外，相关化合物为（*Z*）体。

对通式 G 的化合物，L 为 2-甲基-3-苯基时，活性优于 L 为 3-苯氧基；M 为 4-取代时，活性优于 M 为 3-取代；M 为 3,4-二取代时，活性优于 M 为 2,4-二取代；M 为 4-取代时，其活性顺序为 F＞Cl≥Br，CF_3＞CH_3，同样，M 为 3,4-二取代时，其活性顺序为 3-F-4-CH_3＞3-Br-4-CH_3≥3-Cl-4-CH_3。C54（L＝2-CH_3-3-Ph, M＝4-F），C74（L＝2-CH_3-3-Ph, M＝3-F-4-Cl），C93（L＝2-CH_3-3-Ph, M＝3-F-4-CH_3）对黏虫和叶蝉的活性高于化合物 A 和氰戊菊酯。

表 5-13 目标化合物对黏虫和叶蝉的杀虫活性

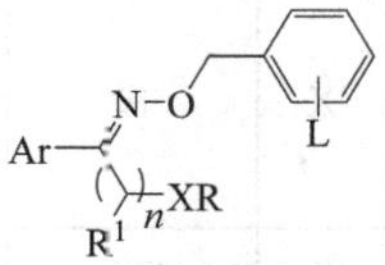

组分	Ar	n	R^1	X	R	L	LC_{50}/(mg/L)	
							Mythimna separata	*Nephotettix cincticeps*
C1	phenyl	1	H	S	CH_3	3-phenoxy	＞200	72
C2	phenyl	1	H	S	CH_2CH_3	3-phenoxy	NA	NA
C3	phenyl	1	H	S	$(CH_2)_2CH_3$	3-phenoxy	NA	NA
C4	phenyl	1	H	S	$CH(CH_3)_2$	3-phenoxy	NA	NA
C5	phenyl	1	H	S	C_6H_5	3-phenoxy	NA	NA
C6	phenyl	1	H	O	CH_3	3-phenoxy	≈500	NA
C7	phenyl	1	H	SO	CH_3	3-phenoxy	NA	NA
C8	phenyl	1	H	SO_2	CH_3	3-phenoxy	NA	NA
C9	4-chlorophenyl	0	H	S	CH_3	3-phenoxy	＞100	≈100
C11	4-chlorophenyl	2	H	S	CH_3	3-phenoxy	NA	≈500
C12	4-chlorophenyl	1	CH_3	S	CH_3	3-phenoxy	7.7	NA
C13	4-chlorophenyl	1	CH_3	S	CH_3	3-phenoxy	NA	NA
C14	4-chlorophenyl	1	CH_2CH_3	S	CH_3	3-phenoxy	NA	NA
C15	2-furyl	1	H	S	CH_3	3-phenoxy	NA	NA
C16	2-pyridyl	1	H	S	CH_3	3-phenoxy	NA	NA
C17	3-pyridyl	1	H	S	CH_3	3-phenoxy	NA	NA
C18	4-pyridyl	1	H	S	CH_3	3-phenoxy	NA	NA
C19	2-thienyl	1	H	S	CH_3	3-phenoxy	NA	NA
C20	2-thiazolyl	1	H	S	CH_3	3-phenoxy	≈1000	＞100
C21	1-naphthyl	1	H	S	CH_3	3-phenoxy	≈80	＞100
C22	2-naphthyl	1	H	S	CH_3	3-phenoxy	NA	＞100
C23	6-OCH_3-2-naphthyl	1	H	S	CH_3	3-phenoxy	NA	≈500
C24	4-chlorophenyl	1	H	S	CH_3	4-Cl	NA	NA
C25	4-chlorophenyl	1	H	S	CH_3	4-$C(CH_3)_3$	NA	NA
C26	4-chlorophenyl	1	H	S	CH_3	4-NO_2	NA	NA
C27	4-chlorophenyl	1	H	S	CH_3	4-$COOC(CH_3)_3$	NA	NA
C28	4-chlorophenyl	1	H	S	CH_3	4-OCH_3	NA	≈500
C30	4-chlorophenyl	1	H	S	CH_3	2,6-Cl_2	NA	NA

续表

组分	Ar	*n*	R^1	X	R	L	LC_{50}/(mg/L)	
							Mythimna separata	*Nephotettix cincticeps*
C31	4-chlorophenyl	1	H	S	CH_3	2,4-$(CH_3)_2$	NA	>20
C32	4-chlorophenyl	1	H	S	CH_3	2,5-$(CH_3)_2$	NA	NA
C36	4-chlorophenyl	1	H	S	CH_3	6-Cl-3-pyridyl	NA	NA
C37	4-chlorophenyl	1	H	S	CH_3	allyl	NA	NA
C38	4-Cl-phenyl	1	CH_3	S	CH_3	3-phenoxy	NA	NA
C39	3-Cl-phenyl	1	CH_3	S	CH_3	3-phenoxy	51	14
C40	4-H-phenyl	1	CH_3	S	CH_3	3-phenoxy	86	—
C41	4-F-phenyl	1	CH_3	S	CH_3	3-phenoxy	11	11
C42	4-Br-phenyl	1	CH_3	S	CH_3	3-phenoxy	18	21
C43	4-CH_3-phenyl	1	CH_3	S	CH_3	3-phenoxy	67	15
C44	4-OCH_2CH_3-phenyl	1	CH_3	S	CH_3	3-phenoxy	6.2	11
C45	3,4-$(CH_3)_2$-phenyl	1	CH_3	S	CH_3	3-phenoxy	>200	25
C46	3-Cl-4-CH_3-phenyl	1	CH_3	S	CH_3	3-phenoxy	<100	13
C47	3,4-Cl_2-phenyl	1	CH_3	S	CH_3	3-phenoxy	<100	13
C48	4-Cl-phenyl	1	CH_3	S	CH_3	2-CH_3-3-C_6H_5	112	10
C49	4-F-phenyl	1	CH_3	S	CH_3	2-CH_3-3-C_6H_5	—	>200
C50	4-OCH_2CH_3-phenyl	1	CH_3	S	CH_3	2-CH_3-3-C_6H_5	32	43
C51	3-F-4-Cl-phenyl	1	CH_3	S	CH_3	2-CH_3-3-C_6H_5	121	19
C52	3-Cl-4-CH_3-phenyl	1	CH_3	S	CH_3	2-CH_3-3-C_6H_5	196	67
C53	4-OCH_3-phenyl	1	H	S	CH_3	3-phenoxy	106	22
C54	4-F-phenyl	1	H	S	CH_3	2-CH_3-3-C_6H_5	1.6	0.78
C61	4-$OCHF_2$-phenyl	1	H	S	CH_3	3-phenoxy	>200	16
C62	4-OCF_3-phenyl	1	H	S	CH_3	3-phenoxy	16	5.3
C63	4-$CH(CH_3)_2$-phenyl	1	H	S	CH_3	3-phenoxy	>200	32
C64	3,4-$(CH_3)_2$-phenyl	1	H	S	CH_3	3-phenoxy	>500	58
C65	2,4-$(CH_3)_2$-phenyl	1	H	S	CH_3	3-phenoxy	32	15
C66	3,4-Cl_2-phenyl	1	H	S	CH_3	3-phenoxy	97	47
C67	2,4-Cl_2-phenyl	1	H	S	CH_3	3-phenoxy	>200	>200
C68	3-Cl-4-CH_3-phenyl	1	H	S	CH_3	3-phenoxy	72	45
C69	2-Cl-4-CH_3-phenyl	1	H	S	CH_3	3-phenoxy	>20	18
C70	3-F-4-Br-phenyl	1	H	S	CH_3	3-phenoxy	27	12
C71	3-F-4-CH_3-phenyl	1	H	S	CH_3	3-phenoxy	5.9	22

续表

组分	Ar	*n*	R^1	X	R	L	LC_{50}/(mg/L)	
							Mythimna separata	*Nephotettix cincticeps*
C72	3-Br-4-CH_3-phenyl	1	H	S	CH_3	3-phenoxy	45	＞50
C73	3,5-$(CF_3)_2$-phenyl	1	H	S	CH_3	3-phenoxy	＞500	＞500
C74	3-F-4-Cl-phenyl	1	H	S	CH_3	2-CH_3-3-C_6H_5	1.4	0.63
C83	2-$OCHF_2$-phenyl	1	H	S	CH_3	2-CH_3-3-C_6H_5	98	1.8
C84	4-OCF_3-phenyl	1	H	S	CH_3	2-CH_3-3-C_6H_5	7.9	2.2
C85	4-$CH(CH_3)_2$-phenyl	1	H	S	CH_3	2-CH_3-3-C_6H_5	74	5.2
C86	3,4-$(CH_3)_2$-phenyl	1	H	S	CH_3	2-CH_3-3-C_6H_5	21	8.1
C87	2,4-$(CH_3)_2$-phenyl	1	H	S	CH_3	2-CH_3-3-C_6H_5	42	8.9
C88	3,4-Cl_2-phenyl	1	H	S	CH_3	2-CH_3-3-C_6H_5	26	4.6
C89	2,4-Cl_2-phenyl	1	H	S	CH_3	2-CH_3-3-C_6H_5	＞10	7.2
C90	3-Cl-4-CH_3-phenyl	1	H	S	CH_3	2-CH_3-3-C_6H_5	8.6	2.6
C91	2-Cl-4-CH_3-phenyl	1	H	S	CH_3	2-CH_3-3-C_6H_5	42	6.0
C92	3-F-4-Br-phenyl	1	H	S	CH_3	2-CH_3-3-C_6H_5	10	0.78
C93	3-F-4-CH_3-phenyl	1	H	S	CH_3	2-CH_3-3-C_6H_5	0.31	1.2
C94	3-Br-4-CH_3-phenyl	1	H	S	CH_3	2-CH_3-3-C_6H_5	5.7	＜10
C95	3,5-$(CF_3)_2$-phenyl	1	H	S	CH_3	2-CH_3-3-C_6H_5	＞500	48
C96	3-Cl-4-F-phenyl	1	H	S	CH_3	2-CH_3-3-C_6H_5	＜10	＜10
A							＞10	27
B	氰戊菊酯						1.8	1.4

注：NA 为没有活性；phenyl 为苯基；chlorophenyl 为氯苯基；furyl 为呋喃基；pyridyl 为吡啶基；thienyl 为噻吩基；thiazolyl 为噻唑基；naphthyl 为萘基。

5.2.3.2 知识产权分析

硫肟醚核心化合物专利与授权保护范围如表 5-14 所示。

表 5-14 湖南化工研究院申请的硫肟醚核心化合物专利

序号	公开号	专利号	法律状态
1	CN1288002A	ZL99115557.2	授权失效
授权保护范围（中国专利）			

杀生物的烷基-芳基或烷基-杂芳基-酮肟-*O*-醚及中间体、肟醚化合物，其特征在于：提供通式Ⅰ所示的一系列烷基-芳基或烷基-杂芳基-酮肟-*O*-醚及中间体、肟醚化合物和通式Ⅱ与通式Ⅲ所示的一系列中间体、肟类化合物：

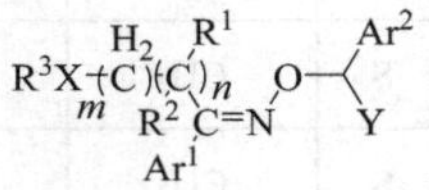

通式Ⅰ，Ⅱ和Ⅲ中

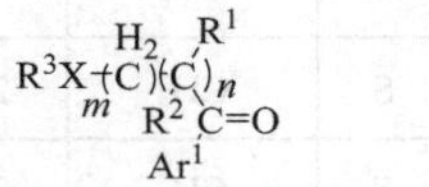

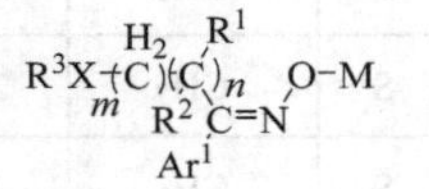

Ⅰ.Ar^1 和 Ar^2 是相同的或不同的，并代表

(a)(C_6～C_{12})芳基或带多至 10 个碳原子的杂芳基；或

(b)如在Ⅰ(a)中所确定的含义，被选自下列中多至 5 个相同或不同的取代基

取代：卤素，硝基，氰基，C_1～C_6 烷基，C_1～C_6 卤代烷基，氰基 C_1～C_6 烷基，杂芳基，杂芳基氧基，杂芳基 C_1～C_4 烷基，杂芳基硫基，杂芳基氧基羰基，杂芳基磺酰基，杂芳基亚磺酰基等；且

① Ⅰ(b)中所述取代基为芳基或杂芳基时，可被一个或多个选自 C_1～C_6 烷基，C_1～C_6 烷氧基，C_1～C_6 卤代烷基，C_1～C_6 卤代烷氧基和卤素的相同或不同的基团取代，杂芳基为带多至 10 个碳原子的杂芳基；

② Ⅰ(b)中所述环烷基可被多至 5 个选自卤素，C_1～C_4 烷基的相同或不同的基团取代；

③ Ⅰ(b)中所述取代基的 2 个代表甲二氧基或乙二氧基，甲二氧基或乙二氧基可带 1 个或 2 个相同或不同的选自卤素和 C_1～C_6 烷基的取代基；

④ Ⅰ(a)和Ⅰ(b)中确定了含义的芳基和杂芳基可以部分或全部氢化，其中 1 个或 2 个 CH_2 基团能被 CO 取代

5.2.3.3 合成方法

以氯苯、间苯氧基苯甲醛等便宜易得中间体为起始原料，经傅-克酰基化、取代、还原、氯化等常规易操作的反应，得到硫肟醚（图 5-3）[7]。

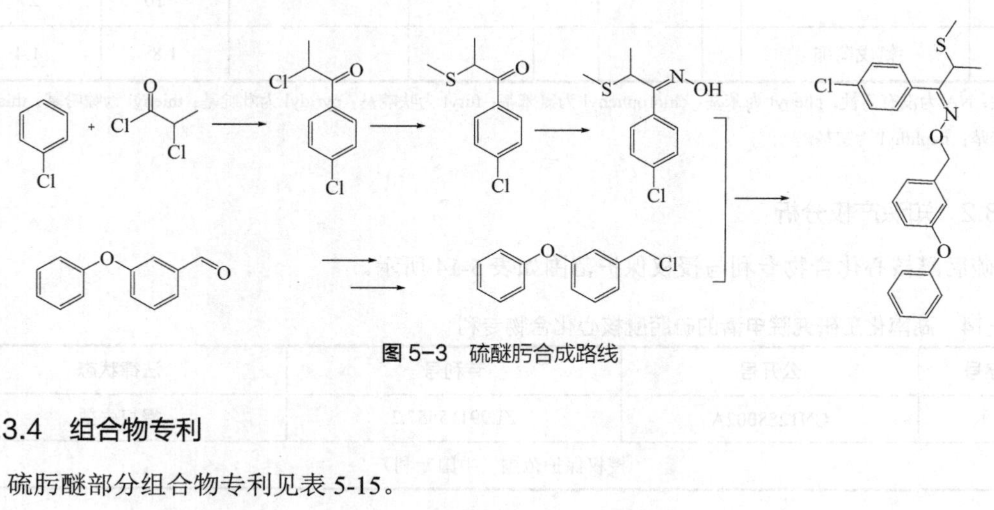

图 5-3 硫醚肟合成路线

5.2.3.4 组合物专利

硫肟醚部分组合物专利见表 5-15。

表 5-15　硫肟醚组合物专利

序号	公开号	发明名称	申请人	B 组分
1	CN108402072A	一种含有硫肟醚和戊吡虫胍的农药组合物	惠州市欧野科技有限公司	戊吡虫胍
2	CN108450476A	一种含硫肟醚和丁虫腈的农药组合物	孙利嫚	丁虫腈
3	CN108935480A	农用杀虫组合物及其应用	青岛瀚生生物科技股份有限公司	氟啶虫酰胺
4	CN109169694A	农用杀虫组合物及其应用	青岛瀚生生物科技股份有限公司	氟虫脲

5.2.3.5　毒理学与安全评价

对哺乳动物进行了急性经口、经皮、皮刺、眼刺、Ames、微核、亚慢性毒性等试验。试验结果表明硫肟醚属低毒化合物[8]。

5.2.3.6　登记情况

目前国内登记硫肟醚系列产品 2 个（已过期），具体登记信息如表 5-16。

表 5-16　硫肟醚相关登记产品信息表

登记证号	农药名称	剂型	总含量	登记作物	防治对象	用药量(制剂量)	施用方法	登记证持有人
LS20041355	硫肟醚	原药	95%	—	—	—	—	湖南海利化工股份有限公司
LS20041356	硫肟醚	水乳剂	10%	十字花科蔬菜	菜青虫	40～60mL/亩	喷雾	湖南海利化工股份有限公司

5.2.3.7　应用效果

杀虫剂 HNPC-A9908 对稻黑尾叶蝉和豆蚜等害虫具有较强的综合毒力和触杀作用，且击倒迅速，但内吸性较差。该药剂对昆虫的杀虫活性随温度升高而增强，表现出正温度效应[9]。

参考文献

[1] Bull M J, Davies J H, Searle J G. Pestic Sci, 1980, 11: 249.
[2] Liu A P, Ou X M, Huang M Z, et al. Pest Manage Sci, 2005, 61: 166.
[3] Liu A P, Long S Y, Ou X M, et al. CN1250046, 2000 [Chem. Abstr. 2000, 133, 362547].
[4] Liu A P, Long S Y, Ou X M, et al. EP1125931, 2000[Chem. Abstr. 2001, 135, 180608].
[5] Liu A P, Long S Y, Ou X M, et al. CN1288002, 2001[Chem. Abstr. 2006, 145, 377046].
[6] 柳爱平，王晓光，欧晓明，等. 新型含硫（氧）肟醚衍生物的合成、杀虫活性及其结构活性关系研究. 有机化学, 2008, 28(10): 1772-1779.
[7] 柳爱平，龙胜佑，欧晓明，等. 杀生物的肟醚类化合物. CN1250046A. 2000-04-12.
[8] 新农药介绍. 农药科学与管理, 2005, 26(3): 47.
[9] 欧晓平，王永江，乔广行，等. 新杀虫剂 HNPC -A9908 对几种鳞翅目昆虫的杀虫活性. 植物保护, 2003, 29(5): 58-61.

5.2.4　硫氟肟醚的创制

S N O F Cl

化合物专利名称：杀虫、杀菌的含硫、氧肟醚类化合物

中国专利号：ZL200310110647.1；申请日：2003-12-12；授权日：2010-01-13

专利发明人：柳爱平，王晓光，欧晓明，刘兴平，黄明智，王永江，裴晖，陈灿；申请人：湖南化工研究院

硫氟肟醚（试验代号 HNPC-A2005）是由湖南化工研究院在已知杀虫剂氰戊菊酯（fenvalerate）和非酯肟醚类菊酯化合物基础上，将异丙基中的一个甲基用甲硫基替换得到的。2014 年，湖南海利化工股份有限公司对 95%硫氟肟醚原药（LS20140310）和 10%硫氟肟醚水乳剂（LS20140311）进行临时登记，均已过期。

5.2.4.1 创制过程

自 1973 年 Elliot 开发出第一种在农药生产上应用的光稳定氯菊酯以来，围绕防治害虫的实际需要，针对天然除虫菊酯和传统的合成拟除虫菊酯具有较高的鱼毒性和许多害虫已对其产生抗性两大不足，人们对拟除虫菊酯进行了卓有成效的研究，研究范围也从初始传统的羧酸酯结构（氰戊菊酯 A）扩展到肟醚、醚、烃等非酯结构[1-5]，并先后成功地开发出肟醚菊酯（B）、醚菊酯、氯醚菊酯、烃菊酯和氟硅菊酯等多个品种。

根据国内外研究进展，国家南方农药创制中心湖南基地、国家农药创制工程技术研究中心、湖南省农用化学品重点实验室、湖南化工研究院自主设计并合成了系列肟醚化合物，并对所合成化合物进行杀虫、除草和杀菌生物活性研究，结果表明所设计的一系列化合物具有显著的杀鳞翅目和同翅目等害虫活性，部分化合物还具有一定的杀菌和（或）除草活性[6-9]。硫氟肟醚，即通过 10 余年的研究，从中筛选出的新型广谱杀虫剂。

（1）先导化合物的发现　肟醚（酯）衍生物不仅在医药上有着广泛的应用，在农药上也是一类重要的活性化合物。该类化合物具有杀虫、杀螨、杀菌、除草、解毒或增效等广谱生物活性，且大多具有高效、低毒、低残留等特点[1,2]。鉴于肟醚化合物的结构与活性特点，为解决拟除虫菊酯类农药高抗性及高鱼毒而限制其在水田中应用的不足，笔者于 1992 年开始了肟醚类化合物的自主设计、合成与生物活性研究。通过对烷基醛肟醚（a）、烷基-烷基酮肟醚（b）、环酮肟醚（c）、芳基醛肟醚（d）、芳基-烷基酮肟醚（e）、杂芳基醛肟醚（f）、杂芳基-烷基酮肟（g）醚等多个系列化合物的研究，于 1997 年底发现了 HNPC-A7077、HNPC-A9835 等芳基-含硫烷基酮肟醚类化合物，具有广谱而高效的杀虫活性，为获得具有更高杀虫活性化合物，笔者选择 HNPC-A9835 为先导化合物进行优化（图 5-4）。

图 5-4　先导化合物 HNPC-A7077 和 HNPC-A9835 的发现

（2）先导化合物 HNPC-A9835 的优化　对先导化合物 HNPC-A9835 的优化分 3 大步进行。

首先对 A 部分即含 S 的烷基 CH_2SCH_3 展开了优化（表 5-17）：①用 O、SO 或 SO_2 替换 CH_2SCH_3 中的 S，发现当 S 被 O 替换后，化合物的杀虫活性明显下降，而 S 被 SO 或 SO_2 替换后，化合物的活性则显著下降；②用 CH_2CH_3、$CH_2CH_2CH_3$ 或 C_6H_5 替换 CH_2SCH_3 中的 CH_3，发现当甲基被乙基、丙基、异丙基或苯基替换后，化合物的杀虫活性显著下降；③用 CH_2CH_2、$CHCH_3$ 替换 CH_2SCH_3 中的 CH_2 或将 SCH_3 直接与肟碳相连（化合物 **15**），发现 $CHCH_3$ 的化合物与母体具有相当的杀虫活性，SCH_3 直接与肟碳相连的化合物的杀虫活性有所下降，而其他化合物的活性则显著下降。基于上述优化研究，选定烷基部分为 CH_2SCH_3 或 $CHCH_3SCH_3$。然后对 B 部分即醚部分的苯氧苯基展开了优化（表 5-18）：用 4-Cl、4-CH $(CH_3)_2$、4-NO_2、4-COO $(CH_3)_3$、4-OCH_3、2-Cl-6-F、2,6-Cl_2、2,4-$(CH_3)_2$、2,5-$(CH_3)_2$、2,3,4,5,6-F_5、3-(4-BrC_6H_5)O、2-CH_3-3-C_6H_5 取代的苄基替换 HNPC-A9835 中的 3-苯氧基苄基，同时还用 6-氯-3-吡啶基甲基和烯丙基替换 HNPC-A9835 中的 3-苯氧基甲基，除 3-(4-BrC_6H_5)O 和 2-CH_3-3-C_6H_5 替换的化合物仍保持高活性外，其余化合物的活性明显下降，有的化合物的杀虫活性甚至显著下降。基于上述优化研究，选择醚部分为 3-苯氧基苄基和 2-甲基-3-苯基苄基。

A B C HNPC-A9835 A的优化 R X Z N O Cl

表 5-17　先导化合物 HNPC-A9835 中片段 A 的优化

Z=CH_2, R=CH_3		活性 a		Z=CH_2, X=S		活性 a		X=S, R=CH_3		活性 a	
序号	X	Ma	Na	序号	R	Ma	Na	序号	Z	Ma	Na
1	S	4	4	1	CH_3	4	4	1	CH_2	4	4
9	O	1	0	5	CH_2CH_3	0	0	2	$CHCH_3$	4	4
10	SO	1	0	6	正丙基	0	0	14	CH_2CH_2	0	1
11	SO_2	0	0	7	异丙基	0	0	15	—	4	4
				8	苯基						

注：Ma, Na：黏虫（*Mythimna separata*，1000mg/L）和叶蝉（*Nephotettix cincticeps*，500mg/L）；防效等级（0～4）：4 为 100%，3 为 90%～<100%，2 为 75%～<90%，1 为 50%～<75%，0 为 0%～<50%。

A B C HNPC-A9835 B的优化 L Cl

表 5-18　先导化合物 HNPC-A9835 中片段 B 的优化

化合物		杀虫活性			
序号	L	*Mythimna separata*		*Nephotettix cincticeps*	
		a	b	a	b
2	3-OPh	4	3	4	4
18	4-Cl	0	—	0	—

续表

化合物		杀虫活性			
		Mythimna separata		*Nephotettix cincticeps*	
序号	L	a	b	a	b
19	4-CH $(CH_3)_2$	0	—	0	—
20	4-NO_2	0	—	0	—
21	4-COO $(CH_3)_3$	0	—	0	—
22	4-OCH_3	0	—	1	—
23	2-Cl-6-F	0	—	1	—
24	2,6-Cl_2	0	—	0	—
25	2,4-$(CH_3)_2$	0	—	4	3
26	2,5-$(CH_3)_2$	0	—	0	—
27	2,3,4,5,6-F_5	3	0	4	3
28	3-(4-BrC_6H_5)O	4	0	4	3
29	2-CH_3-3-C_6H_5	4	4	4	4
30	d	0	—	0	—
31	e		0	—	1

注：a 同表 5-17；b 杀虫活性 100mg/mL；d *O*-benzyl=6-chloro-3-pyridylmethyl；e *O*-benzyl=allyl。

最后对 C 部分即酮的芳基部分 4-氯苯基展开了优化（表 5-19）：①用杂芳环或稠环替换 HNPC-A9835 中的 4-氯苯基，发现当 4-氯苯基被 2-呋喃基、2-噻吩基、2-吡啶基、3-吡啶基、4-吡啶基、2-噻唑基、1-萘基和 2-萘基替换后，除 2-噻唑基和 1-萘基的化合物仍表现出一定的杀虫活性外，其他化合物的活性则显著下降。②用各种取代基替换 4-氯苯基中的 4-氯，发现 4-取代的化合物高于 3-取代的化合物；4-取代的活性顺序为 4-F＞4-Cl＞4-Br，4-CF_3＞4-CH_3；二取代的活性顺序为 3-F-4-CH_3，3-F-4-Cl＞3-Br-4-CH_3＞3-Cl-4-CH_3。基于上述优化研究，选择芳基部分为 4-氯苯基、3-F-4-CH_3 或 3-F-4-Cl。

A B C HNPC-A9835 C的优化 M L

表 5-19　先导化合物 HNPC-A9835 中片段 C 的优化

化合物			LC_{50}/(mg/L)		化合物			LC_{50}/(mg/L)	
序号	M	L	Ma	Na	序号	M	L	Ma	Na
1	4-H	PB	＞200	72	62	4-H	MPB	7.3	2.4
2	4-Cl	PB	57	27	63	4-F	MPB	1.6	0.78
4	3-F-4-Cl	MPB	1.4	0.63	64	4-Br	MPB	12	2.3

续表

化合物			LC_{50}/(mg/L)		化合物			LC_{50}/(mg/L)	
序号	M	L	Ma	Na	序号	M	L	Ma	Na
39	4-Cl	MPB	10	3.2	65	4-CH_3	MPB	10	3.0
42	4-F	PB	64	15	66	4-CH_2CH_3	MPB	13	14
43	4-Br	PB	25	24	67	4-OCH_2CH_3	MPB	9.0	2.0
44	4-CH_3	PB	10	15	68	4-CF_3	MPB	8.0	0.67
45	4-CH_2CH_3	PB	56	11	69	3-CF_3	MPB	12	5.2
46	4-OCH_2CH_3	PB	＞100	38	70	4-$OCHF_2$	MPB	98	1.8
47	4-CF_3	PB	16	1.8	71	4-OCF_3	MPB	7.9	2.2
48	3-CF_3	PB	176	77	72	4-CH $(CH_3)_2$	MPB	74	5.0
49	4-$OCHF_2$	PB	＞200	16	73	3,4-$(CH_3)_2$	MPB	21	8.1
50	4-OCF_3	PB	16	5.3	74	2,4-$(CH_3)_2$	MPB	42	8.9
51	4-CH $(CH_3)_2$	PB	＞200	32	75	3,4-Cl_2	MPB	26	4.6
52	3,4-$(CH_3)_2$	PB	＞500	58	76	2,4-Cl_2	MPB	＞10	7.2
53	2,4-$(CH_3)_2$	PB	32	15	77	3-Cl-4-CH_3	MPB	8.6	2.6
54	3,4-Cl_2	PB	97	47	78	2-Cl-4-CH_3	MPB	42	6.0
55	2,4-Cl_2	PB	＞200	＞200	79	3-F-4-Br	MPB	10	0.78
56	3-Cl-4-CH_3	PB	72	45	80	3-Br-4-CH_3	MPB	0.31	1.2
57	2-Cl-4-CH_3	PB	＞20	18	81	3-F-4-CH_3	MPB	5.7	＜10
58	3-F-4-Br	PB	27	12	82	3-Br-4-CH_3	MPB	＞500	48
59	3-F-4-CH_3	PB	5.9	22	83	3,5-$(CF_3)_2$	MPB	＜10	＜10
60	3-Br-4-CH_3	PB	45	＞50	84	氰戊菊酯(A)		1.8	1.4
61	3,5-$(CF_3)_2$	PB	＞500	＞500	85	肟醚菊酯(B)		＞10	27

注：Ma 和 Na 同表 5-17；PB=3-phenoxy，MPB=2-methyl-3-phenyl，化合物 4 为 HNPC-A2005。

通过对化合物合成的难易程度、合成成本、活性、毒性等的综合比较，选择 HNPC-A9908 和 HNPC-A2005 进行进一步的研究与开发。目前前者已完成产业化开发，并获得其原药与 10% 水乳剂 2 个登记，后者正处于产业化开发阶段。

5.2.4.2 知识产权分析

硫氟肟醚核心化合物专利与授权保护范围如表 5-20 所示。

表 5-20 湖南化工研究院申请的硫氟肟醚核心化合物专利

序号	公开号	专利号	法律状态
1	CN1546462A	ZL200310110647.1	专利权到期失效
2	WO2005056518A1		

授权保护范围（中国专利）
含硫、氧肟醚类化合物，其特征在于所述的含硫、氧肟醚类化合物具体结构为： 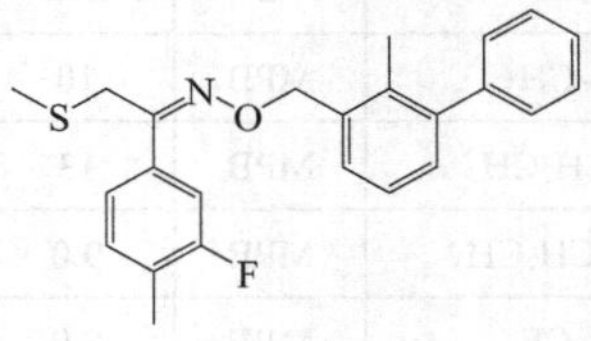I-A 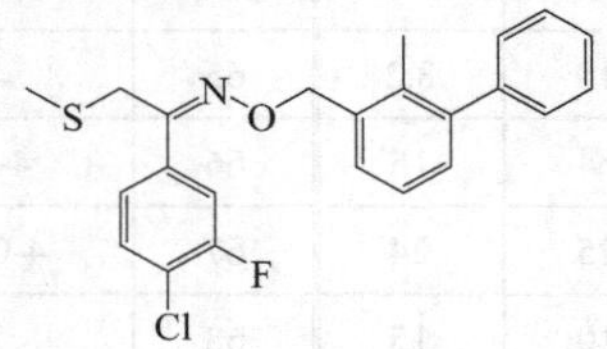　I-B 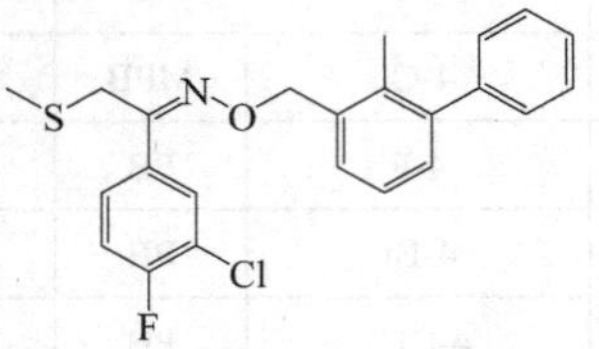　I-C 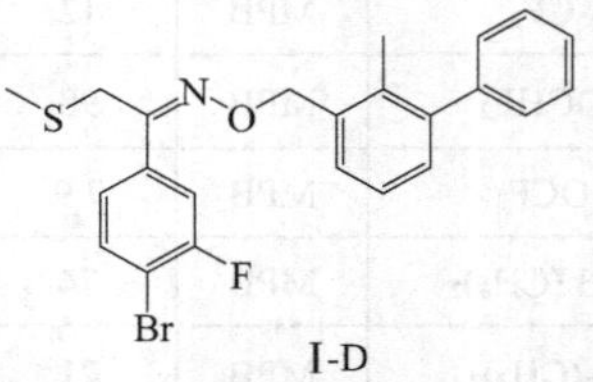I-D 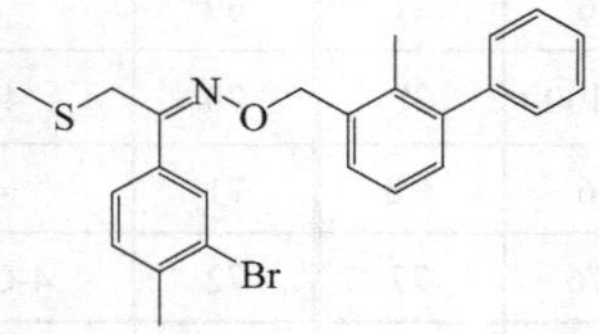　I-E 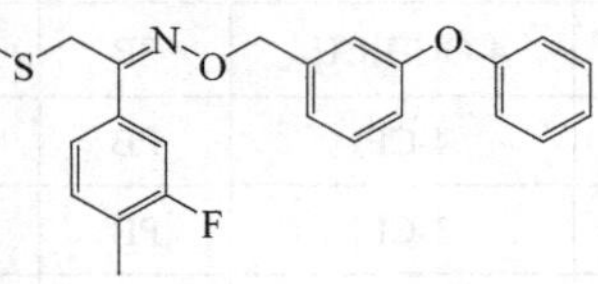　I-F

5.2.4.3　合成方法

以邻氯氟苯为起始原料，经傅-克反应制得 2,4'-二氯-3-氟苯乙酮，经甲硫基化、肟化，最后与 2-甲基-3-苯基氯苄季铵盐反应，得到硫氟肟醚（图 5-5）[10]。

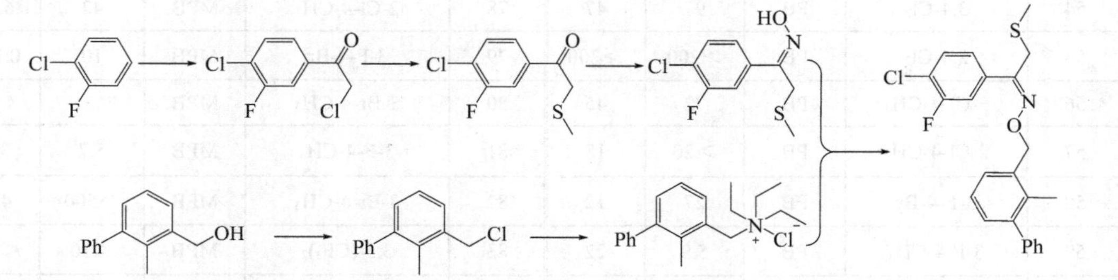

图 5-5　硫氟肟醚合成路线

5.2.4.4　组合物专利

硫氟肟醚部分组合物专利见表 5-21。

表 5-21　硫氟肟醚组合物专利

序号	公开号	发明名称	申请人	B 组分
1	CN101336634A	杀虫剂硫氟肟醚的杀虫组合物	国家农药创制工程技术研究中心	多杀菌素、阿维菌素及其衍生物等大环内酯类杀虫剂
2	CN102228028A	一种含有硫氟肟醚与部分酰胺类农药的杀虫组合物	青岛海利尔药业有限公司	酰胺类化合物
3	CN102228029A	一种含有硫氟肟醚和吡螨胺的杀虫杀螨组合物	青岛海利尔药业有限公司	吡螨胺
4	CN102228044A	一种含有硫氟肟醚的杀虫组合物	青岛海利尔药业有限公司	氨基甲酸酯类杀虫剂农药

续表

序号	公开号	发明名称	申请人	B 组分
5	CN102228056A	一种含有硫氟肟醚和部分有机磷类农药的杀虫组合物	青岛海利尔药业有限公司	有机磷类
6	CN102239867A	一种含有硫氟肟醚的农药复配组合物	海利尔药业集团股份有限公司	几丁质合成抑制剂类化合物
7	CN102239875A	一种含有硫氟肟醚与部分烟碱类化合物的杀虫组合物	海利尔药业集团股份有限公司	烟碱类杀虫剂
8	CN102246772A	含有硫氟肟醚与活化酯的农药组合物	海利尔药业集团股份有限公司	活化酯
9	CN102246778A	一种增效的杀虫组合物及其应用	海利尔药业集团股份有限公司	苯基吡唑类杀虫剂
10	CN103004866A	一种含有硫氟肟醚和甲基嘧啶磷的杀虫组合物	湖南海利化工股份有限公司	甲基嘧啶磷
11	CN103039453A	一种含有硫氟肟醚和环虫腈的杀虫组合物	湖南海利化工股份有限公司	环虫腈
12	CN103053558A	一种含有硫氟肟醚与螺虫乙酯的杀虫组合物	海利尔药业集团股份有限公司	螺虫乙酯
13	CN103734180A	一种含有硫氟肟醚的杀菌杀虫组合物	孙蒙蒙	imicyafos
14	CN104186530A	一种含有灭蝇胺、硫氟肟醚、呋虫胺和氟虫腈的高效杀虫剂	青岛蓝图文化传播有限公司市南分公司	灭蝇胺、呋虫胺和氟虫腈
15	CN104255779A	一种含有氯氰菊酯、辛硫磷、灭蝇胺和硫氟肟醚的高效杀虫剂	青岛润鑫伟业科贸有限公司	氯氰菊酯、辛硫磷、灭蝇胺
16	CN104304289A	一种用于防治刺吸式口器害虫的高效杀虫剂	青岛康和食品有限公司	氟虫腈、螺虫乙酯、生物农药
17	CN104304301A	一种含有氟啶虫胺腈、硫氟肟醚、呋虫胺和螺虫乙酯的高效杀虫剂	青岛康合伟业商贸有限公司	氟啶虫胺腈、呋虫胺和螺虫乙酯
18	CN104304302A	一种含有氟虫双酰胺、呋虫胺、氟啶虫胺腈和硫氟肟醚的高效杀虫剂	青岛康和食品有限公司	氟虫双酰胺、呋虫胺、氟啶虫胺腈
19	CN104322545A	一种含有硫氟肟醚、氟啶虫胺腈、呋虫胺和毒死蜱的高效杀虫剂	青岛康合伟业商贸有限公司	氟啶虫胺腈、呋虫胺和毒死蜱
20	CN104351237A	一种含有氟虫双酰胺、氟啶虫胺腈和硫氟肟醚的高效杀虫剂	青岛康和食品有限公司	氟虫双酰胺、氟啶虫胺腈
21	CN105941442A	一种柑橘杀虫剂组合物	四川丰橙现代农业科技有限公司	阿维菌素、印楝素和丁醚脲
22	CN108029692A	一种含有硫氟肟醚的复配组合物及其应用	湖南化工研究院有限公司	唑螨酯
23	CN108432757A	一种含硫氟肟醚和梅岭霉素的农药组合物	惠州市欧野科技有限公司	梅岭霉素

5.2.4.5 毒理学与安全评价

对哺乳动物进行了急性经口、经皮、皮刺、眼刺、Ames、染色体、微核、亚慢性毒性试验，环境和非靶标生物毒性试验。试验结果（表 5-22）表明硫氟肟醚为低毒化合物，对哺乳动物、环境及非靶标生物安全[10]。

表 5-22　硫氟肟醚毒理学与安全评价

测试科目	结论
大鼠急性经口试验	LD_{50}＞4640mg/kg
大鼠急性经皮试验	LD_{50}＞2000mg/kg
兔眼单次刺激试验	无刺激性
兔皮肤单次刺激试验	无刺激性
豚鼠皮肤致敏试验	无致敏性
细菌回复突变试验(Ames)	阴性
小鼠骨髓细胞微核试验	阴性
小鼠睾丸精母细胞染色体畸变试验	阴性
13 周大鼠饲喂亚慢性毒性试验	对 SD 大鼠的 13 周喂饲给药最大无作用剂量为：雌 4.38mg/(kg·d)，雄 2.32mg/(kg·d)
蜜蜂急性毒性试验	LD_{50} (48h)：9.8mg/L
鹌鹑急性毒性试验	LD_{50} (7d)＞950mg/kg
斑马鱼急性毒性试验	LD_{50} (96h)＞16.0mg/L
家蚕急性毒性试验	LD_{50} (96h)＞0.441mg/L

5.2.4.6 登记情况

目前国内登记硫氟肟醚系列产品 2 种，具体登记信息如表 5-23。

表 5-23　硫氟肟醚相关登记产品信息表

登记证号	农药名称	剂型	总含量	登记作物	防治对象	用药量(制剂量)	施用方法	登记证持有人
LS20140310	硫氟肟醚	原药	95%	—	—	—	—	湖南海利化工股份有限公司
LS20140311	硫氟肟醚	悬浮剂	10%	茶树	茶毛虫	60～90mL/亩	喷雾	湖南海利化工股份有限公司

5.2.4.7 应用效果

硫氟肟醚对鳞翅目、同翅目等多种昆虫表现出明显的触杀、胃毒作用和较宽的杀虫谱，速效性好。在 45～135g(a.i.)/hm^2 剂量下，可用于柑橘、蔬菜、茶叶等作物上，有效防治茶毛虫、茶尺蠖、柑橘潜叶蛾、菜青虫等鳞翅目害虫，有较好的速效性和持效性，对作物及环境安全[10]。

参考文献

[1] 柳爱平，王晓光，欧晓明，等. 杀虫剂硫氟肟醚的创制经纬. 精细化工中间体, 2011, 41(5): 1-6.
[2] 柳爱平，王晓光，欧晓明，等. 新型杀虫剂硫氟肟醚的创制研究. 农药研究与应用, 2008, 12(4): 22-25.
[3] 柳爱平，刘兴平，陈灿，等. 肟醚类衍生物的合成及生物活性研究. 华中师范大学学报, 2004, 38(1): 66-68.
[4] 柳爱平，王晓光，欧晓明，等. 新型含硫（氧）肟醚衍生物的合成、杀虫活性及其结构活性关系研究. 有机化学, 2008, 28(2):1772-1779.
[5] 欧晓明，王永江，裴晖，等. 新农药 HNPC-A2005 对鳞翅目昆虫的活性及应用研究. 中国农学通报, 2005, 21(8): 321-324.
[6] 欧晓明，王永江，裴晖，等. 新农药 HNPC-A2005 对同翅目昆虫的活性及应用研究. 现代农药, 2005, 4(5): 13-17.
[7] 欧晓明，柳爱平，裴晖. 新型杀虫剂 HNPC-A2005 的合成及杀蝇活性. 中华卫生杀虫药械, 2006, 12(4): 279-280.
[8] 廖立华，欧晓明，李涛，等. 硫氟肟醚微囊悬浮剂的制备及微囊化参数. 农药, 2012, 51(6): 427-430.
[9] 李敏，李涛，高恒旭，等. 10%硫氟肟醚·甲基嘧啶磷微囊悬浮剂的制备及其药效试验. 精细化工中间体, 2014, 44(4): 26-29.
[10] 陈明，柳爱平，欧晓明，等. 新型杀虫剂硫氟肟醚的产业化开发. 精细化工中间体, 2014, 44(5): 1-5.

5.2.5 其他菊酯类化合物的创制

（1）一种含二苯醚的菊酰胺化合物及其制备方法与应用

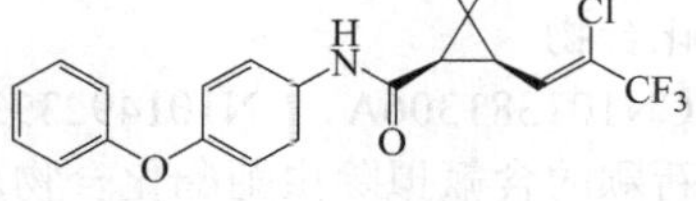

发明人：李婉，杨子辉，伊帅，武世杰；申请人：河北大学

中国专利号：ZL201711399976.0；中国专利申请日：2017-12-22

化合物类型：菊酸

发明思路：me-too 研究；以功夫菊酸为原料合成新化合物，期待发现高活性化合物。

用途：在 500mg/L 的浓度下对黏虫的灭杀率为 80%，具有较高的杀虫活性。

（2）一种具有杀虫作用的 1, 3, 4-噻二唑衍生物及其制备方法和应用

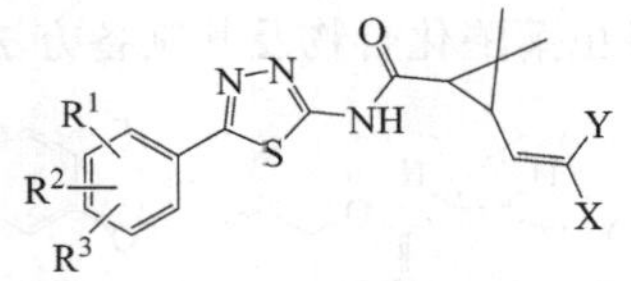

其中，X 为卤原子或者 C_1～C_2 的卤代烷基；Y 为卤原子或者 C_1～C_2 的卤代烷基；R^1 为氢、硝基、C_1～C_2 的烷氧基、卤原子、C_1～C_5 的烷基、氯代甲基、三氟甲基或苯氧基；R^2 为氢、硝基、C_1～C_2 的烷氧基、卤原子、三氟甲基或 C_1～C_5 的烷基；R^3 为氢、硝基、C_1～C_2 的烷氧基、卤原子或 C_1～C_5 的烷基。

发明人：万嵘，王锦堂，韩锋，吴峰，殷利河，王斌；申请人：南京工业大学

中国专利号：ZL200710134537.7；中国专利申请日：2007-11-01

化合物类型：噻二唑类、拟除虫菊酯类

发明思路：me-too 研究；以菊酯类农药中间体为基础，通过活性基团拼接引入噻二唑结构得到该类化合物。

用途：具有杀虫活性，该发明的化合物可用于卫生场所杀灭蚊虫，用于农作物杀灭蚜虫等。

代表化合物结构如下：

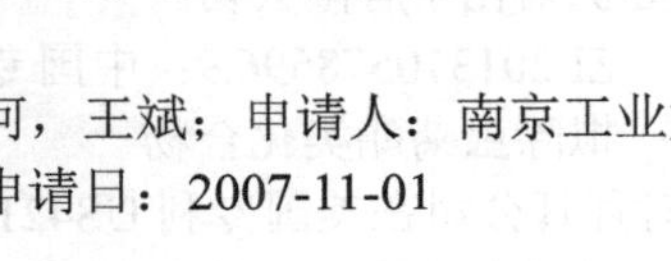

（3）可用于杀虫的酯化合物

式中，Z^1 为氢原子、氰基、乙炔基或硝基；R_1 为氢原子、氰基、卤素原子、羟基、氨基、C_1～C_4 烃基或卤代烃基或基团—$(CH_2)_m$—X—$R^{1'}$，其中 $m=0$ 或 1，X 为氧原子或硫原子，$R^{1'}$ 为 C_1～C_4 烃基或卤代烃基；X^1 为氰基、一氟甲基、二氟甲基、C_2～C_4 的不饱和烃基或卤代烃基；Z^2 为氢原子、氰基、乙炔基或硝基；n 为 1～4 的整数；R^2 为氰基、卤素原子、羟基、硝基、氨基、卤代甲基、C_2～C_4 烃基或卤代烃基或基团— $(CH_2)_q$—X^2—$R^{2'}$，其中 $q=0$ 或 1，X^2 为氧原子或硫原子，$R^{2'}$为卤代甲基、C_2～C_4 烃基或卤代烃基。

发明人：戚明珠，贺书泽，徐海鹏，朱建荣，周景梅，姜友法，吕杨；申请人：江苏扬农化工股份有限公司，江苏优士化学有限公司

中国专利号：ZL201510131118.2；中国专利申请日：2010-01-21

化合物类型：拟除虫菊酯类化合物

发明思路：me-too 研究；在 CN101381306A、CN101492393A 中通过对传统拟除虫菊酯酸、醇部分的结构改造形成了一系列新颖的含氟拟除虫菊酯化合物。

用途：具有杀虫活性，该发明化合物可防治多种害虫，如蚊、蝇、蟑螂等卫生害虫，以及危害农业生产的线虫、螨虫等。

代表化合物结构如下：

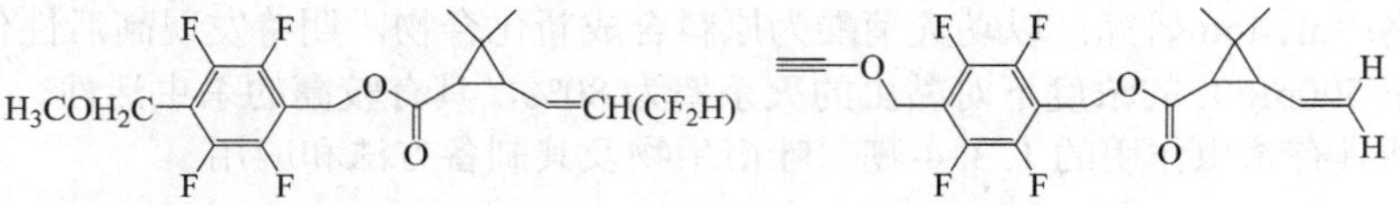

（4）一种单一立体构型的拟除虫菊酯化合物及其制备方法和应用

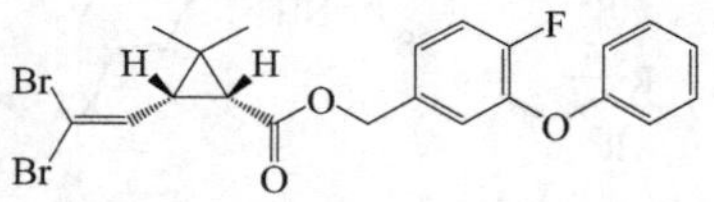

其化学名称为 4-氟-3-苯氧基苄基(1*R*,3*R*)-3-(2,2-二溴乙烯基)-2,2-二甲基环丙烷羧酸酯。

发明人：周景梅，姜友法，贺书泽，李纪平，黄东进，苏玉海；申请人：江苏扬农化工股份有限公司、江苏优嘉化学有限公司

中国专利号：ZL201310578596.9；中国专利申请日：2013-11-18

化合物类型：拟除虫菊酯类化合物

发明思路：对拜耳公司在美国专利 US4218469 中提出的拟除虫菊酯化合物进行大量深入研究发现，其二溴菊酯部分为 1*R*,3*R* 构型的单一旋光异构体，具有更优异的杀虫活性，药效是消旋体的 1.5～1.7 倍。

用途：具有杀虫活性，该发明化合物可防治卫生害虫，如蚊、蝇、蟑螂等。

（5）一种拟除虫菊酯化合物及其制备方法和应用

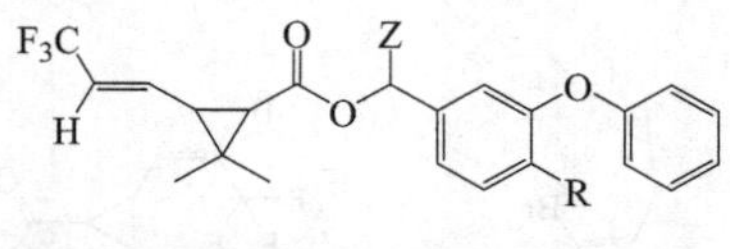

式中，代表性化合物为 *α*-氰基-3-苯氧基苄基-(1*R*,3*S*)-2, 2-二甲基-3-(2-三氟甲基乙烯基)环丙

烷羧酸酯。

发明人：戚明珠，周景梅，姜友法，朱萍，王东朝，杨建文，孙鹏；申请人：江苏扬农化工股份有限公司，江苏优士化学有限公司

中国专利号：ZL201210064535.6；中国专利申请日：2009-03-04

化合物类型：拟除虫菊酯类化合物

发明思路：me-too 研究；对传统拟除虫菊酯类杀虫剂的酸、醇部分进行结构改造，引入氟元素而得。

用途：具有杀虫活性，该发明化合物对蚊、蝇、德国小蠊具有较好的防效。

代表化合物结构如下：

F_3C CN H O O

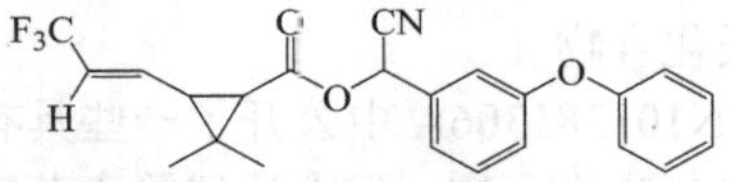

（6）防治动物寄生虫的酯化合物及其制备方法和应用

H_3COH_2C F F F F H O O 1 3 =CH(CF_3)

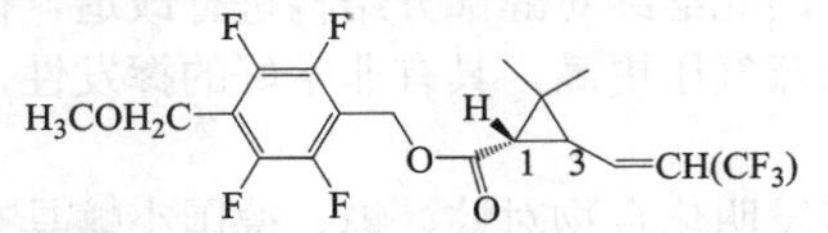

化合物为 2, 3, 5, 6-四氟-4-甲氧甲基苄基-(1*S*)-3-(3, 3, 3-三氟-1-丙烯基)-2, 2-二甲基环丙烷羧酸酯。

发明人：戚明珠，周景梅，姜友法，贺书泽，张东；申请人：江苏扬农化工股份有限公司，江苏优士化学有限公司

中国专利号：ZL201110037542.2；中国专利申请日：2011-02-14

化合物类型：拟除虫菊酯类化合物

发明思路：在 CN101381306A 中通过对传统拟除虫菊酯酸、醇部分的结构改造，形成了一系列新颖的含氟拟除虫菊酯化合物，发现其中一个化合物 2,3,5,6-四氟-4-甲氧甲基苄基-3-(3,3,3-三氟-1-丙烯基)-2,2-二甲基环丙烷羧酸酯的某些特定异构体对动物寄生虫有些非常好的药效，超过现有的菊酯品种。

用途：具有杀虫活性，该发明化合物对蚊、蝇、德国小蠊具有较好的防效。

（7）一种拟除虫菊酯化合物及其制备方法和应用

F_3C O Z H O R

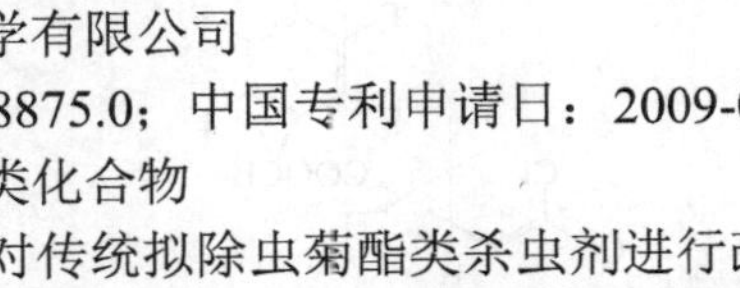

式中，R=F, Z=CN，且该化合物的菊酸部分为右旋反式，该化合物为 *α*-氰基-3-苯氧基-4-氟-苄基-(1*R*,3*S*)-2, 2-二甲基-3-(2-三氟甲基乙烯基)环丙烷羧酸酯。

发明人：戚明珠，周景梅，姜友法，朱浤，王东朝，杨建文，孙鹏；申请人：江苏扬农化工股份有限公司、江苏优士化学有限公司

中国专利号：ZL200910118875.0；中国专利申请日：2009-03-04

化合物类型：拟除虫菊酯类化合物

发明思路：me-too 研究；对传统拟除虫菊酯类杀虫剂进行改造而得。

用途：具有杀虫活性，该发明化合物对蚊、蝇、德国小蠊具有较好的防效。

代表化合物结构如下：

F_3C O CN H O F

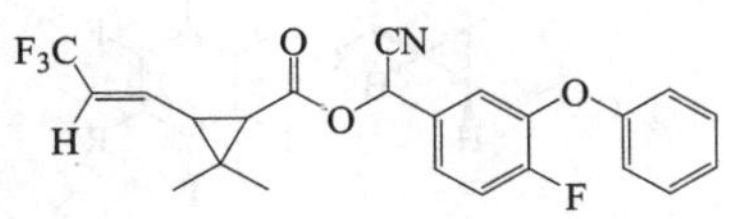

（8）一种拟除虫菊酯化合物及其制备方法和应用

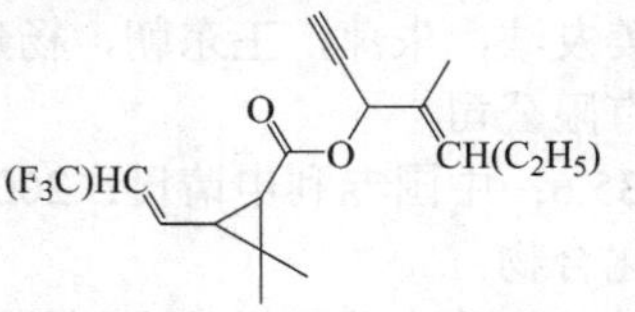

化合物为1-乙炔基-2-甲基戊-2-烯基-3-(3, 3, 3-三氟-1-丙烯基)-2, 2-二甲基环丙烷羧酸酯。

发明人：戚明珠，周景梅，贺书泽，王东朝，姜友法，何红军；申请人：江苏扬农化工股份有限公司

中国专利号：ZL200910148642.5；中国专利申请日：2009-06-25

化合物类型：拟除虫菊酯类化合物

发明思路：me-too研究；CN101381306A中公开了一些具有3-(3, 3, 3-三氟-1-丙烯基)-2, 2-二甲基环丙烷羧酸结构的拟除虫菊酯化合物，但上述拟除虫菊酯化合物在杀虫活性或蒸气压上还或多或少地存在一些缺陷，因此继续对醇部分结构进行改造，得到了本发明化合物。与之前的化合物相比，本发明化合物蒸气压更高，具有非常好的挥发性，在常温挥发的杀虫剂型上具有良好的应用前景。

用途：具有杀虫活性，该发明化合物对蚊、蝇、德国小蠊具有较好的防效。

（9）一种拟除虫菊酯化合物及其制备方法和应用

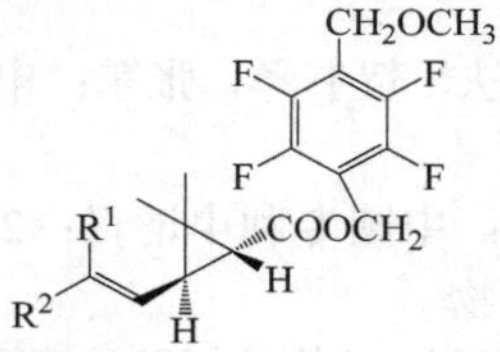

R^1和R^2分别为相同或不相同的氯或溴。

发明人：董兆云，赵建伟，姜友法，王怀明，陈月华；申请人：江苏扬农化工股份有限公司，江苏优士化学有限公司

中国专利号：ZL200810097823.5；中国专利申请日：2008-05-16

化合物类型：拟除虫菊酯类化合物

发明思路：美国专利US4370346A公开的R^1和R^2同时为氯时的拟除虫菊酯消旋化合物，中国专利CN1669429A、CN1669419A曾经提及该消旋化合物可用于控制卫生害虫。对上述化合物进行了深入研究，提出了生物活性远远高出现有技术中拟除虫菊酯化合物的单一光学活性体化合物，并提出了该化合物的制备方法和其在杀虫方面的应用。

用途：具有杀虫活性，该发明化合物对蚊、蝇或德国小蠊有一定的作用。

代表化合物结构如下：

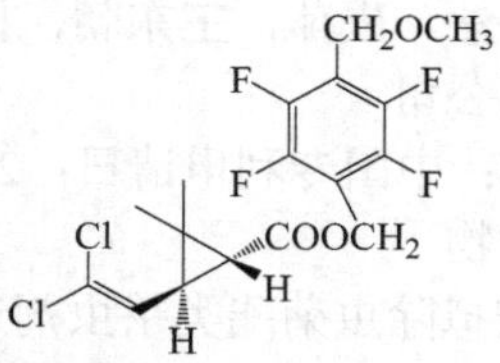

（10）一种拟除虫菊酯化合物及其制备方法和应用

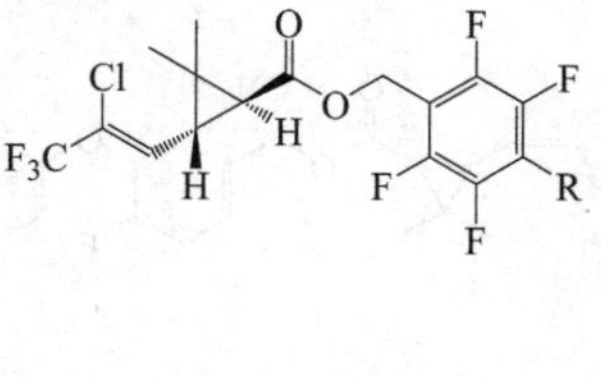

式中，R 为甲氧基甲基，且菊酸部分环丙烷环为反式结构。

发明人：戚明珠，周景梅，姜友法，朱萍，赵建伟；申请人：江苏扬农化工股份有限公司、江苏优士化学有限公司

中国专利号：ZL200810147231.X；中国专利申请日：2008-08-22

化合物类型：拟除虫菊酯类化合物

发明思路：在美国专利 US4370346A 公开的 R^1 为 CF_3、R^2 为 Cl 的化合物基础上，进行异构体拆分和活性比较而得。

用途：具有杀虫活性，该发明化合物在杀蚊、蝇或德国小蠊方面有一定的应用。

代表化合物结构如下：

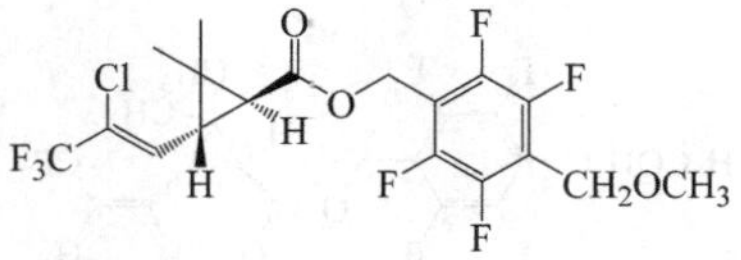

（11）一种具有单一光学活性的拟除虫菊酯类化合物及其制备方法和应用

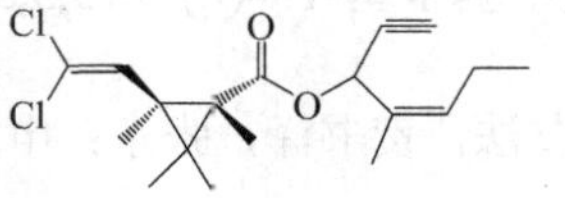

式中，菊酸部分为右旋反式的单一光学异构体。

发明人：戚明珠，周景梅，姜友法，徐海鹏，朱建荣，范剑锋，王明坤；申请人：江苏扬农化工股份有限公司、江苏优士化学有限公司

中国专利号：ZL200810132506.2；中国专利申请日：2008-07-15

化合物类型：拟除虫菊酯类化合物

发明思路：日本专利 JP56092803 中介绍了二氯菊酯的 4 种混合消旋体具有很好的杀虫活性，在此基础上二氯菊酸部分经过拆分后得单一右旋反式旋光异构体，从而合成得到了具有更高杀虫活性的单一旋光异构体。

用途：具有杀虫活性，该发明化合物在杀蚊、蝇或德国小蠊方面有一定的应用。

（12）一种拟除虫菊酯化合物及其制备方法和应用

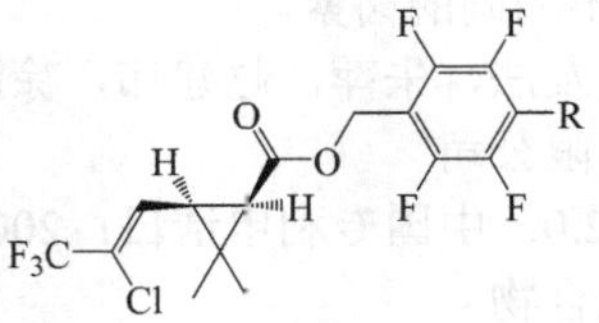

式中，R 为甲氧基甲基(CH_2OCH_3)或者 H 原子。

发明人：戚明珠，周景梅，姜友法，朱萍，赵建伟，徐海鹏，孙鹏；申请人：江苏扬农化工股份有限公司、江苏优士化学有限公司

中国专利号：ZL200810132505.8；中国专利申请日：2008-07-15

化合物类型：拟除虫菊酯类化合物

发明思路：美国专利 US4370346A 首次公开了该类化合物，当 R^1 为氯、R^2 为三氟甲基时即为本发明中化合物 A 的消旋体；而当四氟苄醇的对位上的甲氧基甲基换作 H 时，为化合物 B。

对不同旋光异构体的拟除虫菊酯化合物进行了深入研究，提出了生物活性远远高出现有技术中拟除虫菊酯化合物的单一光学活性体化合物，并提出了该化合物在防治卫生害虫方面的应用。

用途：具有杀虫活性，该发明化合物在杀蚊、蝇或德国小蠊方面有一定的应用。

代表化合物结构如下：

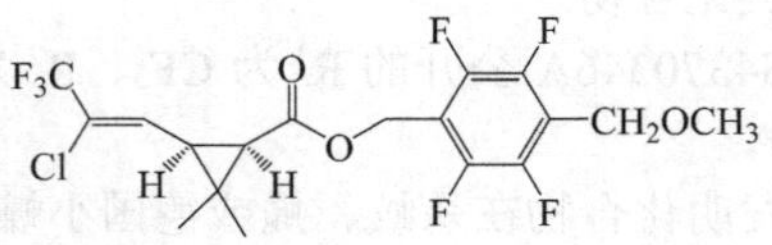

（13）一种拟除虫菊酯化合物及其制备方法和应用

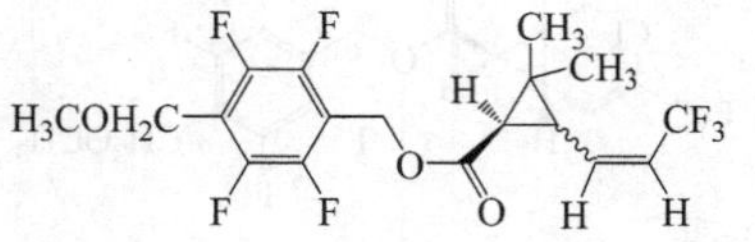

式中，2,3,5,6-四氟-4-甲氧甲基苄基-3-(3,3,3-三氟-1-丙烯基)-2,2-二甲基环丙烷羧酸酯的立体异构体，即 2,3,5,6-四氟-4-甲氧甲基苄基-1*R*-(*Z*)-3-(3,3,3-三氟-1-丙烯基)-2,2-二甲基环丙烷羧酸酯。

发明人：戚明珠，周景梅，姜友法，贺书泽，张东；申请人：江苏扬农化工股份有限公司、江苏优士化学有限公司

中国专利号：ZL200910142187.8；中国专利申请日：2009-06-05

化合物类型：拟除虫菊酯类化合物

发明思路：在前期研究 CN101381306A 获得的含氟拟除虫菊酯化合物基础上，对其中活性较好的一个化合物进行拆分而得。

用途：具有杀虫活性，该发明化合物在杀蚊、蝇或德国小蠊方面有一定的应用。

（14）一种光学活性的拟除虫菊酯类化合物及其制备方法和应用

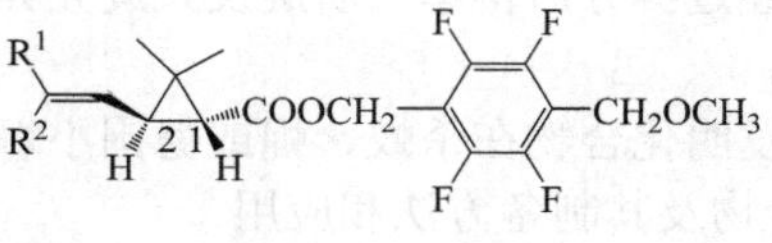

式中，R^1 和 R^2 分别是相同或不相同的卤素。

发明人：戚明珠，周景梅，姜友法，朱萍，赵建伟，徐海鹏，孙鹏；申请人：江苏扬农化工股份有限公司、江苏优士化学有限公司

中国专利号：ZL200810132612.0；中国专利申请日：2008-07-07

化合物类型：拟除虫菊酯类化合物

发明思路：在美国专利 US4370346A 和中国专利 CN1669429A、CN1669419A 述及的消旋化合物基础上，经过拆分并活性比较获得的单一旋光异构体。

用途：具有杀虫活性，该发明化合物在杀蚊、蝇或德国小蠊方面有一定的应用。

代表化合物结构如下：

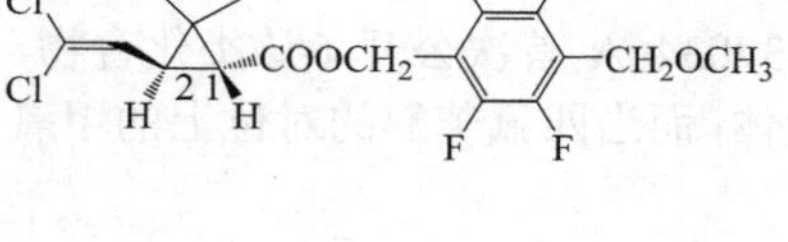

（15）含氮五元杂环酮的功夫菊酰胺化合物，其制备方法及应用

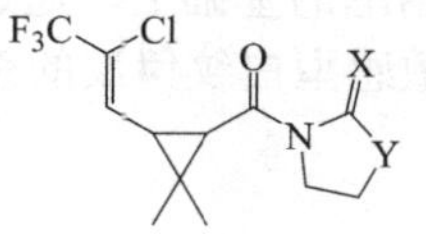

式中：

X 代表 O 或 S，Y 代表 $-N-C(=O)-CH_3$ 或 $-N-S(=O)_2-CH_3$；或者 X 代表 O，Y 代表 S。

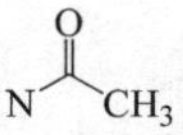

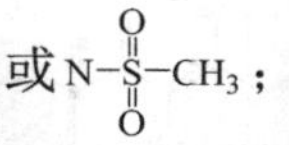

发明人：孙娜波，沈德隆，翁建全，谭成侠；申请人：浙江工业大学
中国专利号：ZL200610155222.6；中国专利申请日：2006-12-14
化合物类型：拟除虫菊酯类化合物
发明思路：me-too 研究；把杂环化合物引入高效氯氟氰菊酯中衍生化得到。
用途：具有杀菌活性及杀虫活性。对黄瓜灰霉病及黏虫具有一定的杀灭作用。
代表化合物结构如下：

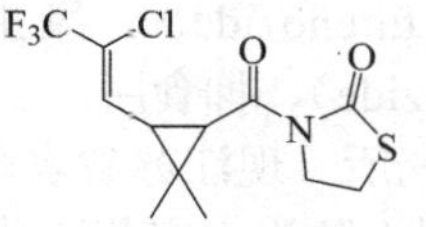

（16）一种新型硫醇菊酯化学修饰物及其制备方法和应用

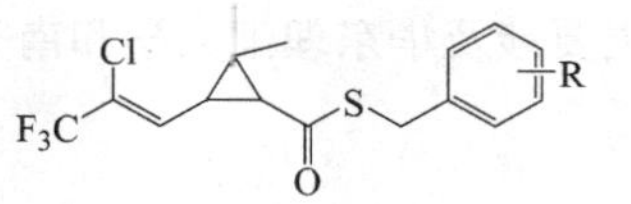

其结构式如下：

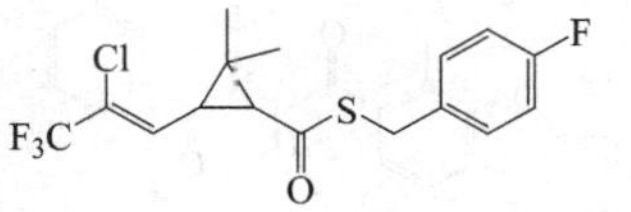

发明人：赵肃清，张炳杰，高美婷，等；申请人：广东工业大学
中国专利号：ZL201910088511.6；中国专利申请日：2019-01-18
化合物类型：菊酯类
发明思路：me-too 研究；在菊酯类衍生物的基础上，用硫替代氧得到现有化合物。
用途：具有杀虫活性，在保持对敏感型白纹伊蚊的杀害作用较良好的同时，对野生型白纹伊蚊的抗性较低。
（17）一种新型含氯联苯菊酯，其制备方法及应用

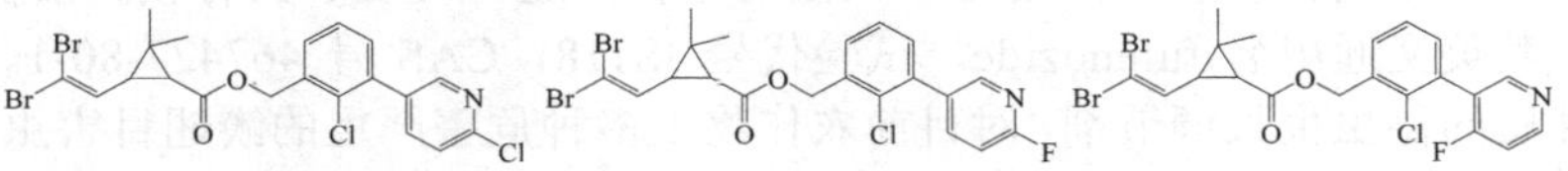

发明人：张焜，杨洋，赵肃清，朱秋燕，林锦斌；申请人：广东工业大学
中国专利号：ZL201910234055.1；中国专利申请日：2019-03-26

化合物类型：菊酯类

发明思路：me-too 研究；在联苯菊酯的基础上，通过修饰和替换得到现有化合物。

用途：具有杀虫活性，在保持对敏感型白纹伊蚊的杀害作用较良好的同时，对野生型白纹伊蚊的抗性较低。

代表化合物结构如下：

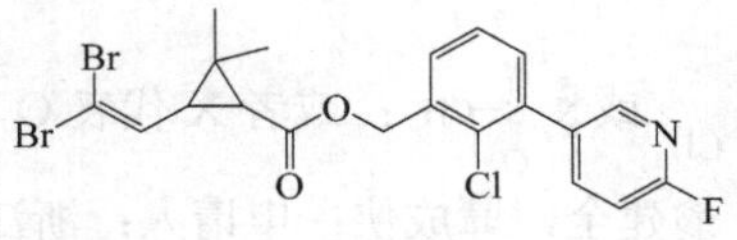

Br Br O O Cl N F

5.3 双酰肼类化合物

截至 2023 年底公开了 6 种拥有中文或英文通用名称的双酰肼类杀虫剂，具体如下：chromafenozide、呋喃虫酰肼（fufenozide）、氯虫酰肼（halofenozide）、甲氧虫酰肼（methoxyfenozide）、虫酰肼（tebufenozide）、抑食肼。

其中呋喃虫酰肼由江苏省农药研究所（现江苏省农药研究所股份有限公司）发现并开发，并于 2004 年获得农业部临时登记，用于防治十字花科蔬菜甜菜夜蛾和茶树茶尺蠖，2012 年获得正式登记用于防治甘蓝甜菜夜蛾。

新化合物的创制除了对该类化合物进行部分优化外，还涉及氨基硫脲类、三嗪酮衍生物、双硫酰肼等结构类型；研究机构主要涉及华东理工大学和南开大学、浙江工业大学、上海工程技术大学、中国农业大学等。

5.3.1 呋喃虫酰肼的创制

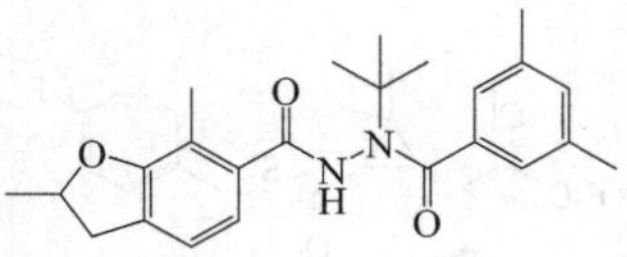

O O N N H O

化合物专利名称：作为杀虫剂的二酰基肼类化合物及制备此种化合物的中间体以及它们的制备方法

中国专利号：ZL01108161.9；申请日：2001-03-26；授权日：2004-08-11

专利发明人：张湘宁，李玉峰，朱丽梅，刘丽云，沙向阳，徐浩，马海军，王凤云，倪珏萍，郭丽琴；申请人：江苏省农药研究所（现江苏省农药研究所股份有限公司）

江苏省农药研究所有限公司暨国家南方农药创制中心江苏基地，其利用分子等排原理和类同合成的方法，通过对双酰肼类化合物分子结构的修饰，合成了一系列保留双酰肼基本构架的具有不同取代基的化合物，并进行了大量的生物筛选，发现了具有较高活性的新化合物呋喃虫酰肼，其英文通用名 fufenozide，试验代号 JS118，CAS 号 467427-80-1。呋喃虫酰肼是具有仿生性质的昆虫生长调节剂，对目前农作物上多种危害严重的鳞翅目害虫如甜菜夜蛾、斜纹夜蛾、小菜蛾、二化螟等都表现出较高的生物活性，对经济作物上一些危害严重的鳞翅目害虫，如茶尺蠖、柑橘潜叶蛾等，同样也表现出较高的生物活性，但对哺乳动物和鸟类、鱼类、蜜蜂毒性极低，对环境友好。于 2004 年获得原药（LS20041554）和 10%悬浮剂

（LS20041537）的临时登记，2012 年获得原药（PD20121672）和 10%悬浮剂（PD20121676）的正式登记。

5.3.1.1 知识产权分析

该化合物是在罗门哈斯开发的虫酰肼（tebufenozide）的基础上改造优化合环得到的，虽属 me-too 研究，但在已有专利范围外。

（1）新颖性 新颖性分析见表 5-24。

表 5-24 该专利与已有技术对比表

该专利	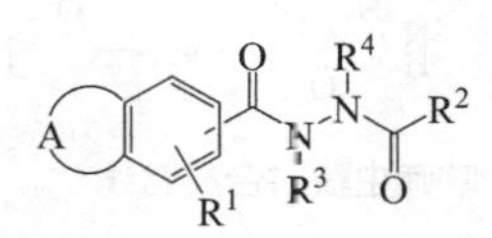 通式 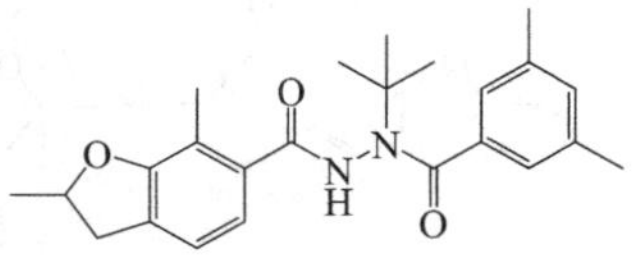	代表化合物呋喃虫酰肼（专利中化合物 **1**）
已有技术 JP03141245 (Ishihara Sangyo Kaisha, Ltd，申请日：1989-10-24；公开日：1991-06-17)	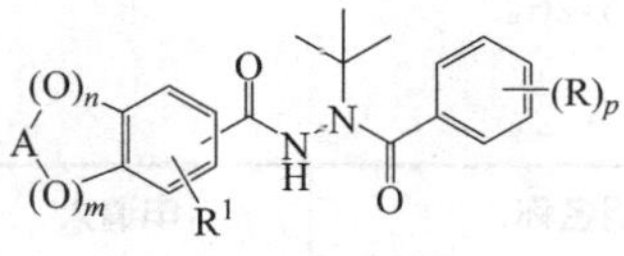 通式 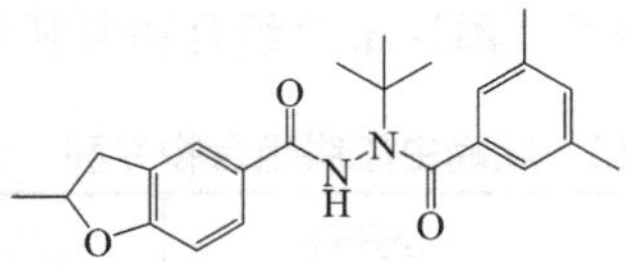	代表化合物
同类商品化/开发中品种	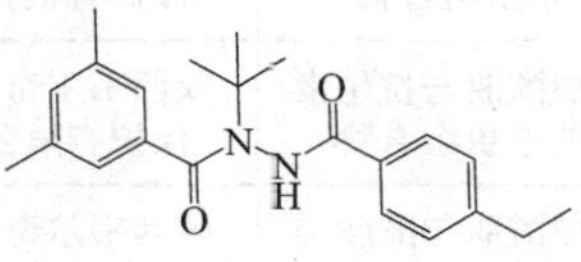 虫酰肼 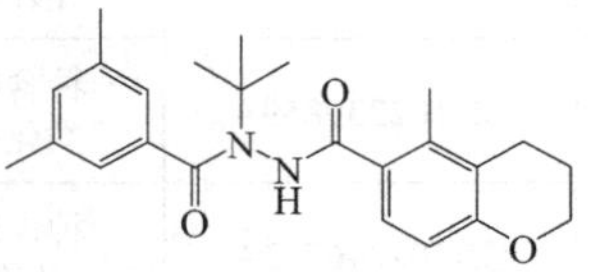	环虫酰肼

（2）创造性 该发明化合物 **1**（呋喃虫酰肼）对小菜蛾、玉米螟 5 龄幼虫、棉铃虫幼虫具有很好的防效，优于对照药剂虫酰肼。

（3）核心化合物专利 呋喃虫酰肼核心化合物专利与授权保护范围如表 5-25 所示。

表 5-25 江苏省农药研究所申请的呋喃虫酰肼核心化合物专利

序号	公开号	专利号	法律状态
1	CN1313276A	ZL01108161.9	专利权终止
授权保护范围（中国专利）			
一种作为杀虫剂的二酰基肼类化合物，该化合物是： 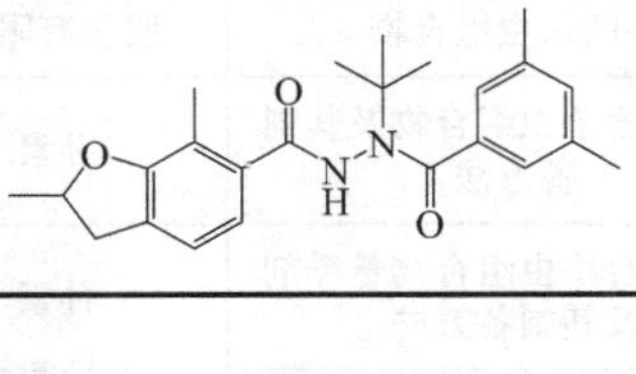			

5.3.1.2 合成方法

以 3-氯-2-甲基苯胺为原料，经重氮化、醚化、克莱森重排和环合、氰基化、水解等反应步骤制备目标化合物呋喃虫酰肼（图 5-6）[1]。

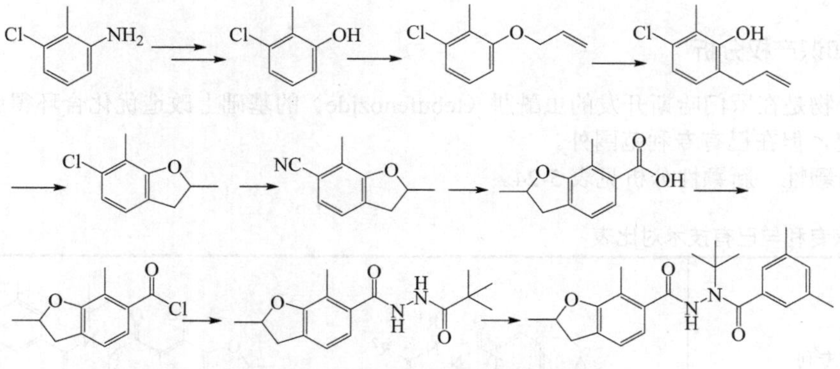

图 5-6　呋喃虫酰肼合成路线

5.3.1.3　组合物专利

呋喃虫酰肼部分组合物专利见表 5-26。

表 5-26　呋喃虫酰肼组合物专利

序号	公开号	发明名称	申请人	B 组分
1	CN102217630A	一种含呋喃虫酰肼与氨基甲酸酯类的杀虫组合物	陕西韦尔奇作物保护有限公司	茚虫威、速灭威、甲萘威、丁硫克百威
2	CN102239859A	一种含呋喃虫酰肼与抗生素类化合物的杀虫组合物	陕西韦尔奇作物保护有限公司	依维菌素、阿维菌素、甲氨基阿维菌素苯甲酸盐、多杀霉素
3	CN102246762A	一种含呋喃虫酰肼与酰胺类化合物的杀虫组合物	陕西韦尔奇作物保护有限公司	氟虫双酰胺、氯虫苯甲酰胺
4	CN102246785A	一种含呋喃虫酰肼与几丁质合成抑制剂的杀虫组合物	陕西韦尔奇作物保护有限公司	氟铃脲、氟啶脲、灭幼脲
5	CN102326548A	一种含呋喃虫酰肼的杀虫组合物	陕西韦尔奇作物保护有限公司	虫螨腈、丁醚脲、氰氟虫腙
6	CN102326582A	一种含呋喃虫酰肼与有机磷类化合物的杀虫组合物	陕西韦尔奇作物保护有限公司	毒死蜱、丙溴磷、三唑磷、马拉硫磷、辛硫磷
7	CN103798239A	一种含有氰虫酰胺与呋喃虫酰肼的杀虫组合物	海利尔药业集团股份有限公司	氰虫酰胺
8	CN103814921A	一种含有螺虫乙酯与呋喃虫酰肼的杀虫组合物	海利尔药业集团股份有限公司	螺虫乙酯
9	CN103814936A	一种含有呋虫胺与呋喃虫酰肼的杀虫组合物	海利尔药业集团股份有限公司	呋虫胺
10	CN104430388A	一种复合杀虫组合物及其制备方法	孙素一	吡蚜酮
11	CN104430402A	一种复合杀虫组合物悬浮剂及其制备方法	孙素一	阿维菌素
12	CN104430403A	一种含甲氨基阿维菌素苯甲酸盐的杀虫组合物及其用途	孙素一	甲氨基阿维菌素苯甲酸盐

续表

序号	公开号	发明名称	申请人	B组分
13	CN104430414A	一种复合杀虫组合物及其制备方法	孙素一	丁虫腈
14	CN104430467A	一种含啶虫脒的杀虫组合物及其用途	孙素一	啶虫脒

5.3.1.4 作用机理

呋喃虫酰肼作为含有苯并呋喃环的*N*-叔丁基双酰肼类化合物，具有双酰肼类化合物所普遍具有的蜕皮激素调控作用[2]。该药通过模拟昆虫蜕皮激素，使甜菜夜蛾等幼虫取食后4～16h开始停止取食，随后开始蜕皮。24h后，中毒幼虫的头壳早熟开裂，蜕皮过程停止，幼虫头部与胸部之间具有淡色间隔，引起早熟、不完全的蜕皮。出现的外部形态变化有头壳裂开，露出表皮没有鞣化和硬化的新头壳，经常形成"双头囊"，不表现出蜕皮或蜕皮失败，直肠突出，血淋巴和蜕皮液流失，末龄幼虫则形成幼虫-蛹的中间态等。中毒幼虫排出后肠，使血淋巴和蜕皮液流失，并导致幼虫脱水和死亡。

呋喃虫酰肼无内吸性，主要以胃毒活性为主，其次为触杀活性，但在胃毒和触杀活性都存在时，综合毒力高于单独两种毒力[3]。另外，呋喃虫酰肼的作用位点和作用方式与有机磷类、菊酯类完全不同，故对抗性害虫也表现出高活性。

5.3.1.5 毒理学与安全评价

呋喃虫酰肼原药大鼠急性经口、急性经皮低毒，对兔皮肤和眼睛无刺激，Ames试验阴性；10%呋喃虫酰肼悬浮剂对鱼、蜜蜂、鹌鹑均为低毒，对家蚕高毒。

5.3.1.6 登记情况

目前国内登记呋喃虫酰肼系列产品2个，具体登记信息如表5-27。

表5-27 呋喃虫酰肼相关登记产品信息表

登记证号	农药名称	剂型	总含量	登记作物	防治对象	用药量/(制剂量/亩)	施用方法	登记证持有人
PD20121672	呋喃虫酰肼	原药	98%	—	—	—	—	江苏省农药研究所股份有限公司
PD20121676	呋喃虫酰肼	悬浮剂	10%	甘蓝	甜菜夜蛾	60～100g	喷雾	江苏省农药研究所股份有限公司

5.3.1.7 应用效果

呋喃虫酰肼对小菜蛾、玉米螟、二化螟、黏虫、甜菜夜蛾、三化螟、棉铃虫、斜纹夜蛾均表现出较好的活性[4]。

参考文献

[1] 李翔，胡嘉斌，田建刚，等. 创制杀虫剂呋喃虫酰肼产业化研究和工艺改进. 现代农药, 2009, 8(02): 20-22.
[2] 张湘宁. 新型昆虫生长调节剂——呋喃虫酰肼. 世界农药, 2005(04): 48-49.
[3] 李玉峰，朱丽梅，倪珏萍，等. JS118的杀虫活性与作用方式研究. 现代农药, 2003(04): 12-13, 46.
[4] 张湘宁，李玉峰，倪珏萍，等. 创新双酰肼类昆虫生长调节剂JS118的合成和生物活性. 农药, 2003, 12: 18-20.

5.3.2 其他双酰肼类化合物的创制

（1）1, 2-烷（芳）酰基芳酰基肼类昆虫生长调节剂及制备和应用

式中，W^1、W^2 为烷基、芳基或芳氧甲基中的一种，且 W^1 和 W^2 中至少一个为芳基；Y、Z为氢；A 为叔丁基；B 为烃氧羰基甲基。

发明人：钱旭红，曹松，张荣，宋恭华，郁洪忠；申请人：华东理工大学

中国专利号：ZL99116835.6；中国专利申请日：1999-09-06

化合物类型：芳酰肼

发明思路：me-too 研究；以芳酰肼为基础，通过取代基优化衍生得到现有化合物。

用途：该系列化合物具有较强的毒杀黏虫活性，其 LC_{50} 达到 6～8mg/L。能广泛地应用于农作物的害虫防治，且制备过程简单易行，为一种具有广阔应用前景的昆虫生长调节剂。

代表化合物结构如下：

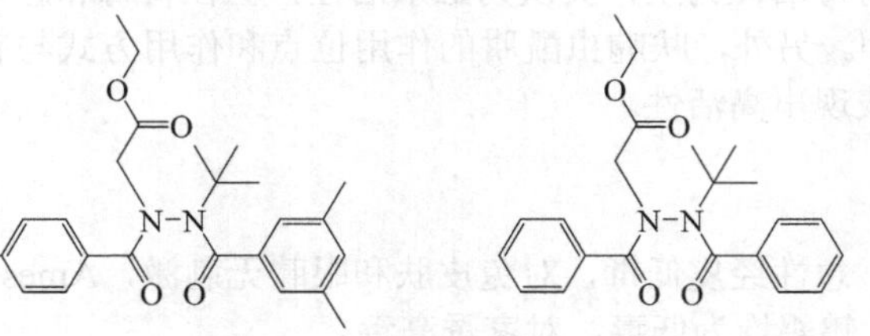

（2）含有磺酰基结构三嗪酮衍生物及其制备方法和在杀虫、杀菌方面的应用

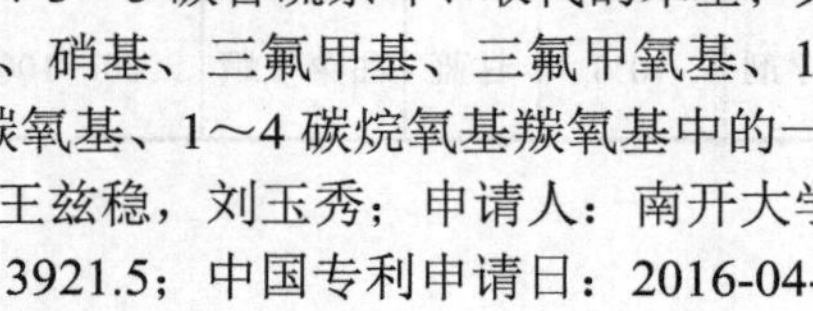

式中，R^1 分别代表 1～12 碳烷基、3～6 碳环烷基、苄基、苯乙基、苯丙基、苯丁基、3～5 碳含氮杂环、3～5 碳含氧杂环、3～5 碳含硫杂环、取代的苯基；其中取代苯基上的取代基可以是氢、羟基、卤素原子、氰基、硝基、三氟甲基、三氟甲氧基、1～4 碳酰氨基、1～5 碳烃基、1～6 碳烷氧基、1～4 碳烷基羰氧基、1～4 碳烷氧基羰氧基中的一种或多种。

发明人：汪清民，杨岩，王兹稳，刘玉秀；申请人：南开大学

中国专利号：ZL201610213921.5；中国专利申请日：2016-04-06

化合物类型：三嗪酮衍生物

发明思路：me-too 研究；在三嗪酮基础上，通过磺酰基衍生化得到现有化合物。

用途：该专利含有的磺酰基结构三嗪酮衍生物对棉铃虫、玉米螟、黏虫表现出很好的杀虫活性，同时对番茄早疫、小麦赤霉、马铃薯晚疫、辣椒疫霉、油菜菌核、黄瓜灰霉、水稻纹枯、黄瓜枯萎、花生褐斑、苹果轮纹、小麦纹枯、玉米小斑、西瓜炭疽和水稻恶苗等植物病害具有防治作用。

代表化合物结构如下：

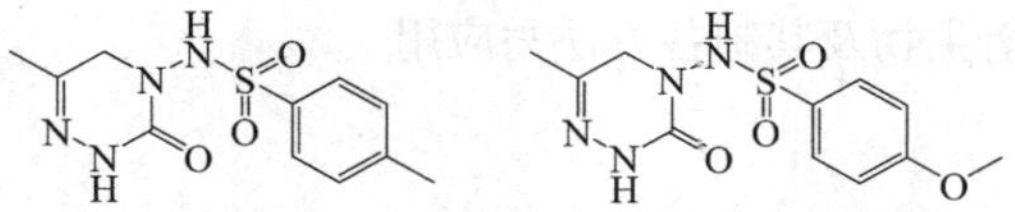

（3）*N*-(2, 3-二氢-2, 4-二甲基苯并呋喃-5-酰基)-*N'*-叔丁基-*N'*-(取代苯甲酰基)肼类杀虫剂的制备及应用

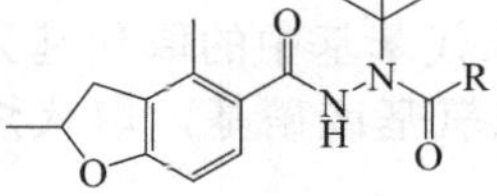

式中，R 为取代芳基。

发明人：汪清民，黄治强，刘玉秀，毛春晖，毕富春，黄润秋；申请人：南开大学

中国专利号：ZL200610129554.7；中国专利申请日：2006-11-23

化合物类型：苯并呋喃类、双酰肼类

发明思路：me-too 研究；双酰肼类化合物具有优异的杀虫活性，1991 年专利 JP03141245A 报道了含有苯并呋喃的双酰肼类化合物具有优异的杀虫活性，在此基础上引入带不同取代基的苯并呋喃得到本发明化合物。

用途：具有杀虫活性，该发明化合物对果类、蔬菜、玉米等作物上的黏虫、蛾类等害虫有较高的抑杀作用。

代表化合物结构如下：

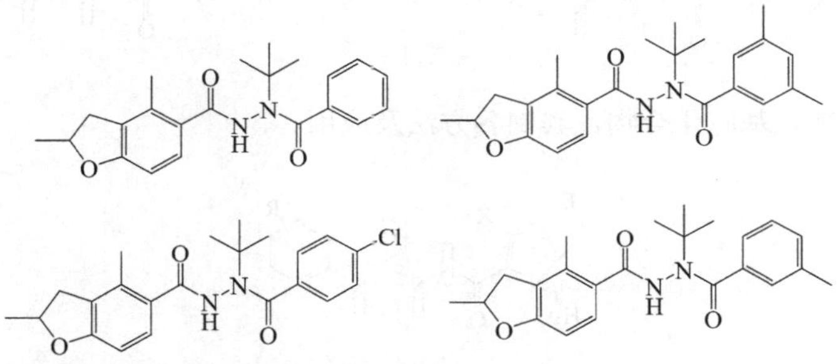

（4）一种具有杀虫活性的烟酰肼类化合物及其制备方法与应用

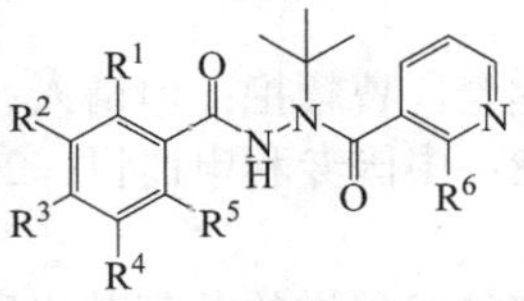

发明人：杜晓华，刘建华，胡崇波，徐振元；申请人：浙江工业大学

中国公开号：CN104193675A；中国专利申请日：2014-07-24

化合物类型：双酰肼类

发明思路：me-too 研究；在双酰肼类昆虫生长调节剂的基础上，引入吡啶杂环结构得到。

用途：具有杀虫活性，所发明的化合物对鳞翅目、双翅目和鞘翅目害虫有灭杀作用。

代表化合物结构如下：

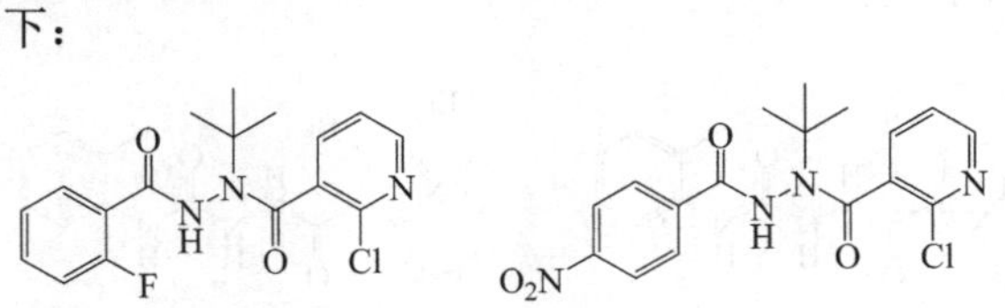

（5）一种新型含羟基嘧啶的酰肼衍生物及其制备方法与应用

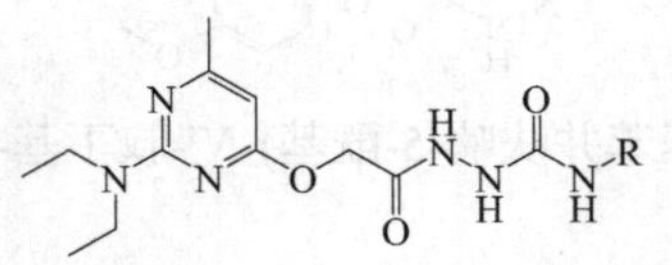

式中，R 为苯基或取代苯基，取代苯基中的取代基为单取代或多取代，取代基为卤素、烷基、取代烷基、烷氧基、取代烷氧基或硝基，取代烷基和取代烷氧基中的取代基为氟或氟。

发明人：刘幸海，翟志文，沈钟华，汪乔，孙召慧，翁建全，谭成侠；申请人：浙江工业大学

中国专利号：ZL201610217353.6；中国专利申请日：2016-04-07

化合物类型：嘧啶双酰肼类化合物

发明思路：me-too 研究；以甲基嘧啶磷为先导，与双酰肼类活性片段进行连接，优化得到。

用途：具有杀虫活性。该发明所述化合物特别是对防治埃及伊蚊有明显的效果。

代表化合物结构如下：

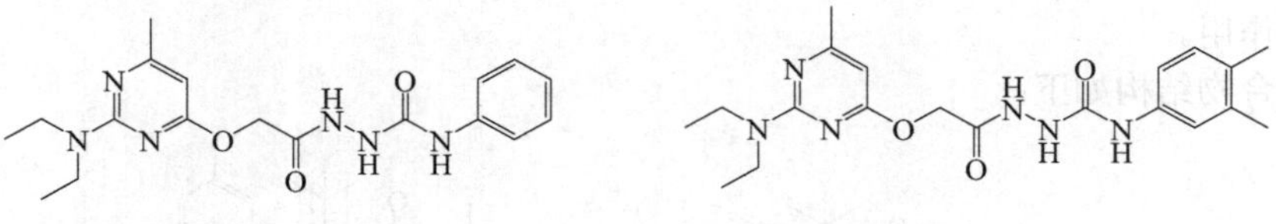

（6）一种含吡唑氨基脲化合物，其制备方法及应用

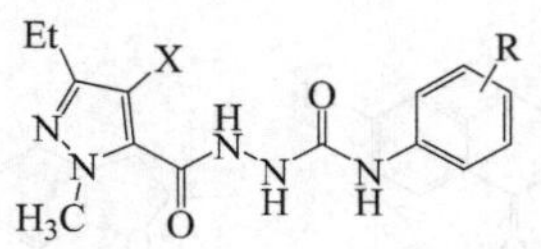

式中，X 代表 Cl 或 Br，R 代表甲基、硝基、氯原子、2, 4-二甲基、3, 4-二甲基、2, 4-二氟、2, 6-二甲基或氢原子。

发明人：谭成侠，沈德隆，翁建全，曹耀艳；申请人：浙江工业大学

中国专利号：ZL200510048935.8；中国专利申请日：2005-01-19

化合物类型：吡唑酰胺类

发明思路：me-too 研究；在现有技术报道的苯基苯甲酰基氨基脲结构基础上，将取代吡唑环代替其中的一个苯甲酰基而得。

用途：具有除草、杀菌、杀虫活性。该发明化合物对马唐、狗尾草、稗草、藜、苘麻、刺苋具有优异的除草活性；对黏虫有一定的杀虫活性；同时对稻瘟病、灰霉病、纹枯病、菌核病、白粉病等具有一定的防效。

代表化合物结构如下：

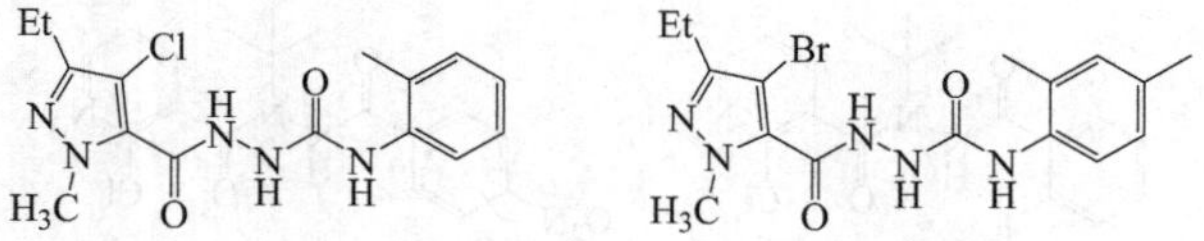

（7）*N*-取代芳氧草酰基-*N,N'*-二酰肼类化合物及制备和应用

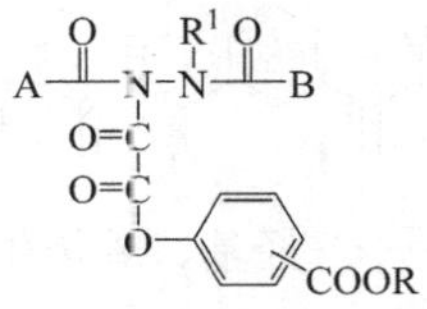

式中，R^1 代表叔丁基；R 代表氢、1～6 碳烷基、苯基或苄基；A、B 分别独立地代表苯基，或是被一个或多个 1～4 碳烷基取代的苯基。

发明人：毛春晖，汪清民，黄润秋，毕富春，刘玉秀；申请人：南开大学

中国专利号：ZL200410019875.2；中国专利申请日：2004-07-05

化合物类型：二酰肼类

发明思路：me-too 研究，在现有技术公开的烷氧基草酰基-*N,N'*-二酰肼类化合物基础上进行基团替换，采用芳氧基替换烷氧基从而得到现有化合物。

用途：具有杀虫活性，可用于防治鳞翅目类、鞘翅目类、异翅目类、双翅目类、直翅目类以及同翅目类害虫，尤其适合于防治鳞翅目类害虫。

代表化合物结构如下：

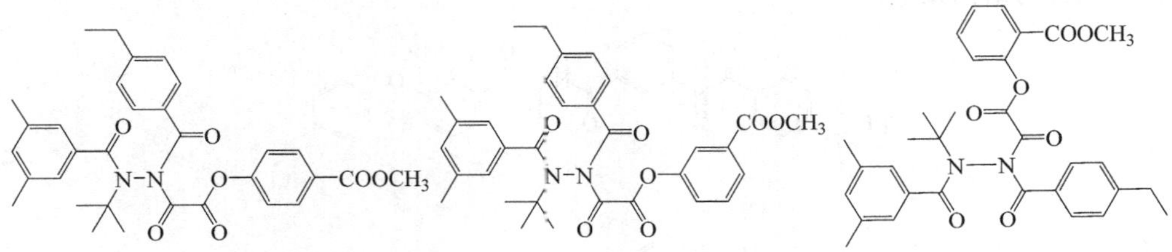

（8）一种双酰肼化合物及其制备方法

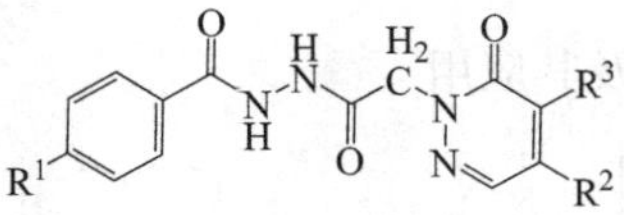

式中，R^1 为 1～4 个碳原子的烷基、1～4 个碳原子的烷氧基、卤素或氢；R^2 为甲氨基、二甲氨基、异丙氨基、丙氨基、丁氨基、吗啉基、哌啶基或丙硫基；R^3 为氯或丙硫基。

发明人：李洪森，张帅，王旭东，朱延亮，牛吉莹，宋文丰；申请人：上海工程技术大学

中国专利号：ZL201310647650.0；中国专利申请日：2013-12-04

化合物类型：双酰肼

发明思路：me-too 研究；在现有技术化合物的基础上引入取代哒嗪酮从而得到现有的化合物。

用途：具有杀虫活性，适合防治卫生害虫如蝇、蚊、跳蚤等，以及农业害虫如稻水象甲、甜菜夜蛾、黏虫等，可以抑制昆虫特别是蚊幼虫等的生长。

代表化合物结构如下：

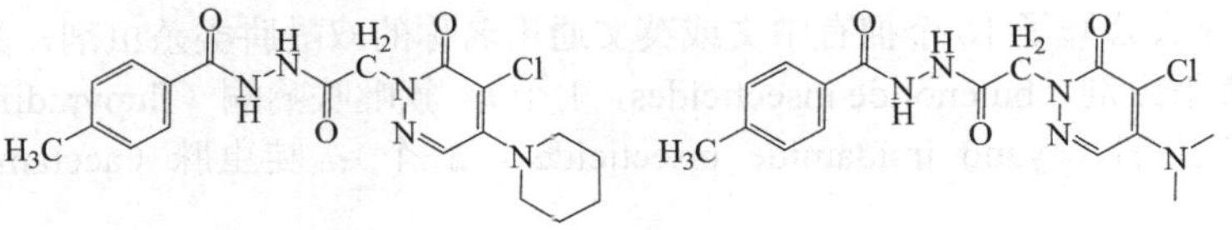

（9）一种3-胺酰双酰肼衍生物及其制备方法和应用

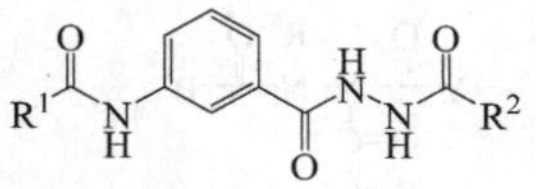

式中，R^1和R^2各自独立地选自C_1～C_5烃基、苯衍生物或杂环衍生物。

所述R^1和R^2选自以下基团：

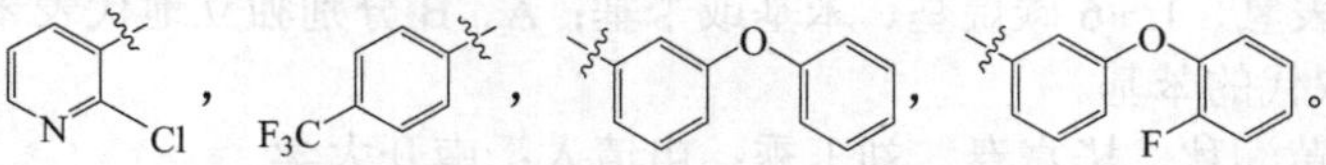

，　，　，　。

发明人：韩丽君，孙家隆，王光华；申请人：中国农业大学

中国专利号：ZL201410764346.9；中国专利申请日：2014-12-11

化合物类型：3-胺酰双酰肼衍生物

发明思路：me-too研究；以氨基苯甲酸乙酯为原料，经过缩合反应，再与水合肼反应，最后再经过缩合反应得到。

用途：具有杀虫活性，该发明公开了这些化合物的结构以及对农业害虫的防治效果，同时公开了这些化合物作为杀虫剂的应用方式。

代表化合物结构如下：

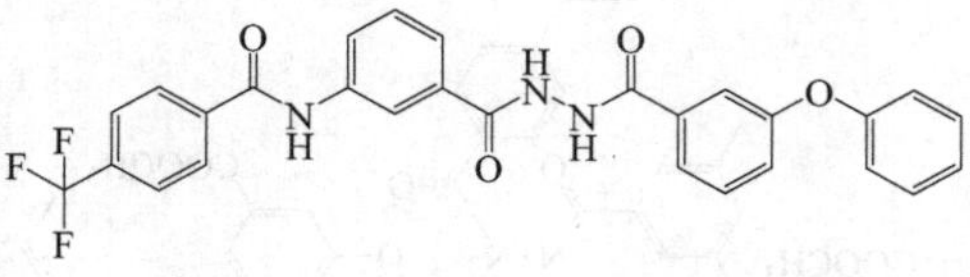

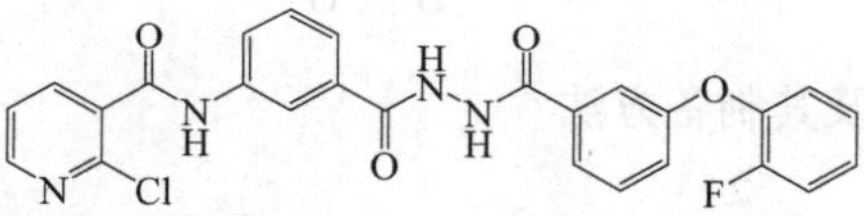

（10）氟苯双酰肼唑类化合物及其应用

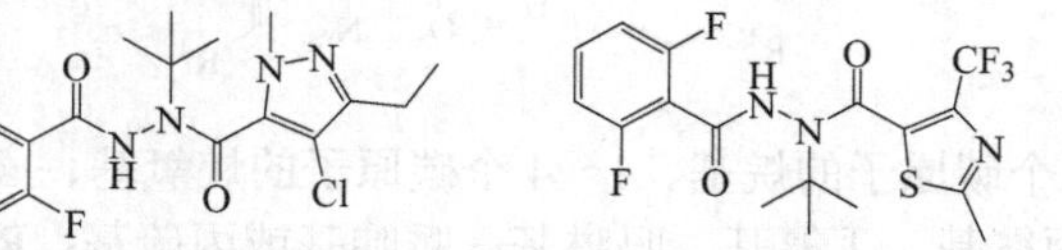

发明人：王明慧，许良忠，韩军军，刘双双，王将，冯梦静；申请人：青岛科技大学

中国专利号：ZL202010034127.0；中国专利申请日：2020-01-14

化合物类型：双酰肼类

发明思路：me-too研究；对双酰肼类化合物的酰氯进行替换得到本申请化合物。

用途：具有杀虫、杀螨活性，对小菜蛾等鳞翅目害虫、有害螨有优良的生物活性。

5.4 新烟碱类化合物

截至2023年底公开了16个拥有中文或英文通用名称的双酰肼类杀虫剂，具体如下：

丁烯内酯类杀虫剂（butenolide insecticides，1个）：氟吡呋喃酮（flupyradifurone）；

氰基脒类杀虫剂（cyano imidamide insecticides，2个）：啶虫脒（acetamiprid）、噻虫啉（thiacloprid）；

硝基胍类杀虫剂（nitroguanidine insecticides，7 个）：噻虫胺（clothianidin）、呋虫胺（dinotefuran）、吡虫啉（imidacloprid）、氯噻啉（imidaclothiz）、噻虫嗪（thiamethoxam）、戊吡虫胍、环氧虫啉；

硝基甲叉杀虫剂（nitromethylene insecticides，4 个）：环氧虫啶（cycloxaprid）、烯啶虫胺（nitenpyram）、nithiazine、哌虫啶（paichongding）；

吡啶亚胺类杀虫剂（pyridylidene insecticides，1 个）：flupyrimin；

砜基亚胺类杀虫剂（sulfoximine insecticides，1 个）：氟啶虫胺腈（sulfoxaflor）。

国内创制的新烟碱类杀虫剂主要有 5 个，分别为氯噻啉、哌虫啶和环氧虫啶、环氧虫啉、戊吡虫胍。

南通江山农药化工股份有限公司开发的氯噻啉，2002 年 10 月获得临时登记（LS20022058），2009 年获正式登记（PD20096024），已在全国范围内推广销售，主要用于防治水稻稻飞虱，茶树小绿叶蝉，小麦、柑橘、甘蓝、烟草蚜虫等。

华东理工大学的哌虫啶和环氧虫啶，其中哌虫啶与江苏克胜集团股份有限公司联合开发，于 2009 年获临时登记（LS20091271），2017 年获正式登记（PD20171719），用于防治小麦蚜虫和水稻稻飞虱；环氧虫啶与上海生农生化制品股份有限公司联合开发，于 2015 年获临时登记（LS20150097），2018 年获正式登记（PD20184014），用于防治甘蓝蚜虫和水稻稻飞虱。

武汉工程大学创制、四川和邦生物科技股份有限公司开发的环氧虫啉，于 2017 年获临时登记（LS20170365），用于防治甘蓝蚜虫。

由中国农业大学创制、合肥星宇化学有限责任公司开发的戊吡虫胍，于 2017 年获临时登记（LS20170094），用于防治甘蓝蚜虫和水稻稻飞虱。

对于该类新化合物，还有贵州大学、南京农业大学、中国农业科学院植物保护研究所、上海师范大学、济南大学、南开大学、内蒙古科技大学、南通大学、湖南化工研究院有限公司、青岛科技大学等研究机构也开展了部分研究。

5.4.1 氯噻啉的创制

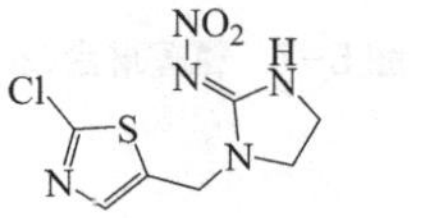

Cl S N NO_2 N H N N

化合物专利名称：一种杀虫剂的组合物及其使用方法

中国专利号：ZL02146519.3；申请日：2002-10-21；授权日：2006-03-29

专利发明人：施永兵，戴宝江，陈锦军，王志敏，杜辉；申请人：南通江山农药化工股份有限公司

该发明对专利报道的化合物进行进一步深入研究，获得杀虫剂氯噻啉，英文通用名 imidaclothiz，获得中国发明专利。氯噻啉由南通江山农药化工股份有限公司开发，2002 年 10 月获得氯噻啉原药及 10%可湿性粉剂登记，已在全国范围内推广销售，主要用于防治刺吸式口器害虫，如蚜虫、叶蝉、飞虱、粉虱及其抗性品系等，同时对鞘翅目、双翅目和鳞翅目害虫也有效，尤其是对水稻二化螟、三化螟毒力比其他烟碱类杀虫剂高，可以广泛用于水稻、小麦、蔬菜、烟草、棉花、果树、茶树等作物，具有高效、广谱、低毒等优点。

5.4.1.1 创制过程

氯噻啉是一种新烟碱类杀虫剂，Okazawa 等[1]对杀虫剂进行 QSAR 分析时提到过该种产品，Tomizawa[2]在讨论结构的微小变化对杀虫剂选择性的影响时对该物质进行了分析，Yomamoto[3]

在讨论有机物结构对杀虫剂的贡献时也分析了相应的物质。此外，Sirinyan[4]在其专利“抗人体寄生虫和螨虫的含水制剂”中也提到了该物质。2008 年，南通江山农药化工股份有限公司获得95%氯噻啉原药（PD20082528）的正式登记。江苏省南通南沈植保科技开发有限公司获得 10%氯噻啉可湿性粉剂（PD20082527）和 40%氯噻啉水分散粒剂（PD20096024）的正式登记。

5.4.1.2 知识产权分析

该化合物及其杀虫活性早在 1986 年公开的欧洲专利 EP192060 中就有报道，后来拜耳公司也研究了其合成方法，南通江山农药化工股份有限公司对其进行了研发并实现了产业化，申请了组合物及其使用方法专利，如表 5-28 所示。

表 5-28 南通江山农药化工股份有限公司申请的氯噻啉核心专利

序号	公开号	专利号	法律状态
1	CN1415205A	ZL02146519.3	专利权终止
授权保护范围（中国专利）			
一种杀虫剂组合物，其特征在于：该组合物是由 1-(2-氯-5-噻唑甲基)-*N*-硝基亚咪唑烷-2-基胺（中文通用名称：氯噻啉）与其他杀虫剂化合物制成，其他杀虫剂化合物是三唑磷或杀虫单			

5.4.1.3 合成方法

2-氯-5-氯甲基噻唑与 2-硝基亚氨基咪唑烷，在反应溶剂中，在催化剂作用下，发生亲电取代反应，产生的氯化氢采用缚酸剂中和，缩合得到氯噻啉产品（图 5-7）[5-7]。

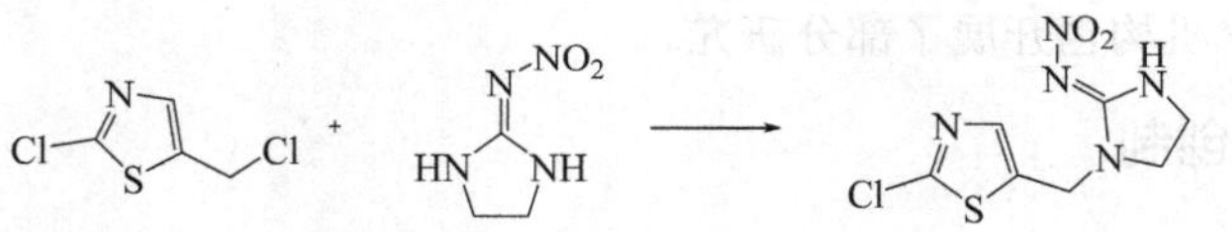

图 5-7 氯噻啉合成路线

5.4.1.4 组合物专利

氯噻啉部分组合物专利见表 5-29。

表 5-29 氯噻啉组合物专利

序号	公开号	发明名称	申请人	B 组分
1	CN103688946A	一种含丁香菌酯和灭菌唑的杀菌组合物及应用	李视辉	磷虫威
2	CN105145616A	一种杀白蚁组合物，含有该组合物的制剂及其应用	南通功成精细化工有限公司	依维菌素
3	CN101632385A	含有吡蚜酮的杀虫组合物	江苏辉丰农化股份有限公司	吡蚜酮
4	CN101658172A	一种含多杀霉素的杀虫组合物及其应用	成都皇牌作物科学有限公司	多杀霉素
5	CN101669502A	含氯代噻唑烟碱类杀虫剂与噻嗪酮的杀虫剂组合物及其制备与应用	江苏省农药研究所股份有限公司	噻虫胺、噻虫嗪

续表

序号	公开号	发明名称	申请人	B组分
6	CN101715781A	一种吡蚜酮和氯噻啉的混合杀虫剂	安徽华星化工股份有限公司	吡蚜酮
7	CN102349505A	含呋虫胺的超低容量液剂	广西田园生化股份有限公司	呋虫胺
8	CN102405927A	一种小麦种衣剂	广东中迅农科股份有限公司	戊唑醇
9	CN102405928A	一种氟虫双酰胺和新烟碱类杀虫剂农药组合物	河南金田地农化有限责任公司	氟虫双酰胺
10	CN102428947A	小麦种衣剂	广东中迅农科股份有限公司	苯醚甲环唑
11	CN102524289A	含有噻虫啉和氯噻啉的增效杀虫组合物	广东中迅农科股份有限公司	噻虫啉
12	CN102524291A	含有氯噻啉和联苯肼酯的增效杀虫组合物	广东中迅农科股份有限公司	联苯肼酯
13	CN102771498A	一种含戊吡虫胍与新烟碱类农药的杀虫组合物	河南金田地农化有限责任公司	戊吡虫胍
14	CN102835417A	含有氯噻啉和氯氟氰菊酯的增效杀虫组合物	广东中迅农科股份有限公司	氯氟氰菊酯
15	CN103238619A	一种噻虫嗪与氯噻啉复配杀虫剂	姚卫平	噻虫嗪
16	CN103250729A	一种氯噻啉与呋虫胺复配杀虫剂	姚卫平	呋虫胺
17	CN103461372B	一种含氯噻啉和乙基多杀菌素的农药杀虫组合物	江苏龙灯化学有限公司	乙基多杀菌素
18	CN103478161A	一种含氯噻啉和甲氧虫酰肼的农药杀虫组合物	江苏龙灯化学有限公司	甲氧虫酰肼
19	CN103621538A	一种含噻虫胺和氯噻啉的增效杀虫组合物及其应用	南京华洲药业有限公司	噻虫胺
20	CN103783075A	含有甲基嘧啶磷的杀虫组合物及其制剂和应用	南通联农农药制剂研究开发有限公司，联合国南通农药剂型开发中心	甲基嘧啶磷
21	CN104186528B	一种含有氯噻啉和烯啶虫胺的农药组合物	广东中迅农科股份有限公司	烯啶虫胺
22	CN104186529A	一种含有氯噻啉和螺虫乙酯的农药组合物	广东中迅农科股份有限公司	螺虫乙酯
23	CN104304303A	一种含有哌虫啶和氯噻啉的杀虫增效组合物	池州弘利农业科技开发有限公司	哌虫啶
24	CN104488900A	一种含甲磺酰菌唑和新烟碱类杀虫剂的复配组合物	广西田园生化股份有限公司	甲磺酰菌唑
25	CN104521979A	含硫代苯甲酰胺和烟碱类杀虫剂的杀虫组合物	广西颐生园生态农业有限公司	硫代苯甲酰胺

5.4.1.5 作用机理

氯噻啉是一种作用于烟酸乙酰胆碱酯酶受体的内吸性杀虫剂[6,8]。

5.4.1.6 毒理学与安全评价

对哺乳动物、斑马鱼、鸟类、蜜蜂等进行了急性经口、经皮、皮刺、眼刺、Ames 等毒性试验，试验结果（表 5-30）表明氯噻啉属低毒化合物，该药对鱼为低毒，对鸟为中等毒，对蜜蜂、家蚕为高毒[8,9]。

表 5-30 氯噻啉毒理学与安全评价

化合物	测试科目	结论
氯噻啉原药	大鼠急性经口	雄性大鼠：LD_{50} 1470mg/kg，雌性大鼠：LD_{50} 1620mg/kg
	大鼠急性经皮	LD_{50}＞2000mg/kg
	兔眼单次刺激试验	无刺激性
	兔皮肤单次刺激试验	无刺激性
	皮肤致敏试验	无致敏性
	小鼠睾丸细胞染色体畸变试验	无致突变性
	大鼠饲喂 90 天亚慢性试验	最大无作用剂量为 1.5mg/(kg·d)
	蚯蚓急性毒性	LD_{50} 4.80（4.31～5.29）mg/kg
10%氯噻啉可湿性粉剂	大鼠急性经口	雄性大鼠：LD_{50} 3690mg/kg，雌性大鼠：LD_{50} 2710mg/kg
	大鼠急性经皮	LD_{50}＞2000mg/kg
	兔眼单次刺激试验	无刺激性
	兔皮肤单次刺激试验	无刺激性
	豚鼠皮肤致敏试验	弱致敏性
	斑马鱼	LC_{50}(48h) 72.16mg/L
	蜜蜂	LC_{50}(48h) 10.65mg/L
	鹌鹑	LD_{50}(7d) 28.87mg/kg
	家蚕	LC_{50}(二龄) 0.32mg/kg 桑叶
40%氯噻啉可湿性粉剂	大鼠急性经口	雄性大鼠：LD_{50} 3690mg/kg，雌性大鼠：LD_{50} 3160mg/kg
	大鼠急性经皮	LD_{50}＞2150mg/kg
	兔眼单次刺激试验	无刺激性
	兔皮肤单次刺激试验	无刺激性
	豚鼠皮肤致敏试验	弱致敏性
	斑马鱼	LC_{50}(96h) 155mg/L
	蜜蜂	LC_{50}(48h) 8.05mg/L
	鹌鹑	LD_{50}(7d) 68.0mg/kg
	家蚕	LC_{50}(二龄) 0.36mg/kg 桑叶

5.4.1.7 登记情况

目前国内登记氯噻啉系列产品 4 个，具体登记信息如表 5-31。

表 5-31 氯噻啉相关登记产品信息表

登记证号	农药名称	剂型	总含量	登记作物	防治对象	用药量(制剂量)	施用方法	登记证持有人
PD20082527	氯噻啉	可湿性粉剂	10%	茶树	小绿叶蝉	20～30g/亩	喷雾	江苏省南通南沈植保科技开发有限公司
				番茄（大棚）	白粉虱	15～30g/亩	喷雾	
				甘蓝	蚜虫	10～15g/亩	喷雾	
				柑橘树	蚜虫	4000～5000 倍液	喷雾	
				水稻	飞虱	10～20g/亩	喷雾	
PD20096024	氯噻啉	水分散粒剂	40%	水稻	稻飞虱	4～5g/亩	喷雾	江苏省南通南沈植保科技开发有限公司
				烟草	蚜虫	4～5g/亩	喷雾	
PD20082528	氯噻啉	原药	95%	—	—	—	—	江苏省南通江山农药化工股份有限公司
PD20211513	氯噻啉	可分散油悬浮剂	20%	小麦	蚜虫	15～25g/亩	喷雾	江苏省南通南沈植保科技开发有限公司

5.4.1.8 应用效果

氯噻啉可广泛用于水稻、小麦、蔬菜、烟草、棉花、果树、茶树等作物防治害虫，如蚜虫、叶蝉、飞虱、蓟马、粉虱及其抗性品系，同时对鞘翅目、双翅目和鳞翅目害虫也有效，尤其对于水稻二化螟、三化螟毒力比其他烟碱类杀虫剂高[10-18]。

参考文献

[1] Okazawa A, Akamatsu M, Nishiwaki H, et al. Three-dimensional quantitative structure-activity relationship analysis of acyclic and cyclic chloronicotinyl insecticides. Pest Manag. Sci., 2000, 56: 509-515.

[2] Tomizawa M, Casida J E. Minor structural changes in nicotinoid insecticides confer differential subtype selectivity for mammalian nicotinic acetylcholine receptors. Brit J Pharmacol, 1999, 127: 115-122.

[3] Yamamoto I, Tamizawa M, Saito T, et al. Structural factors contributing to insecticidal and selective actions of neonicotinoids. Arch Insect Biochem Physiol 1998, 37: 24-32.

[4] Sirinyan K, Hom K, Stocker R H, et al. Wasserhaltige mittel zur bekampfung parasitierender insekten und milben an menschen. WO9941987, 1999-02-10.

[5] 张赟, 金标. 一种氯噻啉的合成方法. ZL201710515303.0, 2017-10-10.

[6] 吴绵园. 新烟碱类杀虫剂氯噻啉、噻虫嗪和噻虫胺的合成工艺研究. 哈尔滨: 哈尔滨理工大学, 2015.

[7] 张海滨, 郭建平, 王建清. 氯噻啉清洁生产工艺优化研究. 农药科学与管理, 2012, 33(1): 22-24.

[8] 戴宝江. 新颖杀虫剂——氯噻啉. 世界农药, 2005, 27(6): 46-47.

[9] 江山. 高效低毒的广谱杀虫剂——氯噻啉. 农村百事通. 2011(05): 30.

[10] 杨引娣. 10%氯噻啉可湿性粉剂防治黄瓜烟粉虱试验. 上海蔬菜, 2014(6): 73.

[11] 李义强. 曹爱华, 任广伟, 等. 氯噻啉对烟蚜的防治效果和烟叶中农药残留规律研究. 中国烟草学报, 2010, 16(04): 63-66.

[12] 任广伟, 王秀芳, 王新伟, 等. 40%氯噻啉水分散粒剂防治烟蚜田间药效试验. 现代农药, 2008, 7(4): 53-55.

[13] 刘凤生, 谭春凤, 廖伟萍. 氯噻啉防治萝卜蚜虫药效试验. 广西农学报, 2009, 24(1): 17-18.

[14] 徐燕, 徐茜, 余鸿燕. 10%氯噻啉可湿性粉剂防治萝卜蚜虫日间药效试验. 广西农业科学, 2007, 38(3): 282-284.

[15] 左培建, 左伯荣. 10%氯噻啉可湿性粉剂防治稻飞虱田间药效试验. 广西植保, 2007, 20: 19-20.

[16] 蓝海清. 氯噻啉防治褐飞虱的田间试验. 广西农学报, 2006, 1(5): 6-7.
[17] 周国义, 俞玮, 郁伟. 10%氯噻啉可湿性粉剂防治甘蓝蚜虫田间药效试验. 农药科学与管理, 2005, 26(11): 13-14.
[18] 任新峰, 吴明, 戴宝江. 10%氯噻啉可湿性粉剂防治茶小绿叶蝉药效试验. 农药科学与管理, 2004, 25(4): 16-17.

5.4.2 哌虫啶的创制

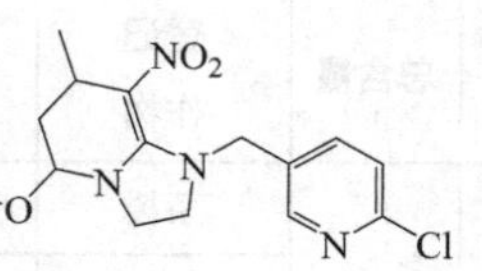

化合物专利名称：硝基亚甲基衍生物及其用途
中国专利号：ZL200410084457.1；申请日：2004-11-23；授权日：2007-01-17
发明人：钱旭红，李忠，田忠贞，黄青春，方继朝，宋恭华；申请人：华东理工大学

哌虫啶(试验代号 IPP-44)是华东理工大学以吡虫啉类似物为先导化合物，通过大量详尽研究，于 2004 年发明，之后克胜集团联合华东理工大学共同研发创制的新烟碱类杀虫剂。2017 年，获得 95%哌虫啶原药(PD20171435)和 10%哌虫啶悬浮剂(PD20171719，用于防治小麦蚜虫和水稻飞虱)的正式登记。

5.4.2.1 创制过程[1,2]

众所周知，吡虫啉中 NO_2 的结构特征在其活性中起着重要作用，所有商业化的烟碱农药中的 NO_2 都是反式构型的，活性作用方式都是基于反式构型的，但一些顺式构型的双环新烟碱类化合物也表现出很高的杀虫活性。在以往的研究中，发现了一些具有顺式构型的新烟碱类化合物，但这些化合物的活性并不优于吡虫啉。对褐飞虱对吡虫啉敏感和抗性靶标的进一步生物测定表明，化合物 2 对抗性靶标具有较高的活性，这意味着进一步的结构修饰可能为抗性管理提供有价值的结果。此外，先前的结果显示小烷基取代基能提高生物活性。为了探索烷基化的影响在先导化合物 2 的六氢咪唑[1,2-*a*]吡啶骨架的 5,6,7-位引入不同的烷基取代基，设计合成了一系列硝基亚甲基类化合物 3（图 5-8）。其中部分候选化合物对豌豆蚜虫具有较高的抗蚜活性，而 4 个活性化合物对吡虫啉抗性褐飞虱的抗蚜活性均高于吡虫啉。

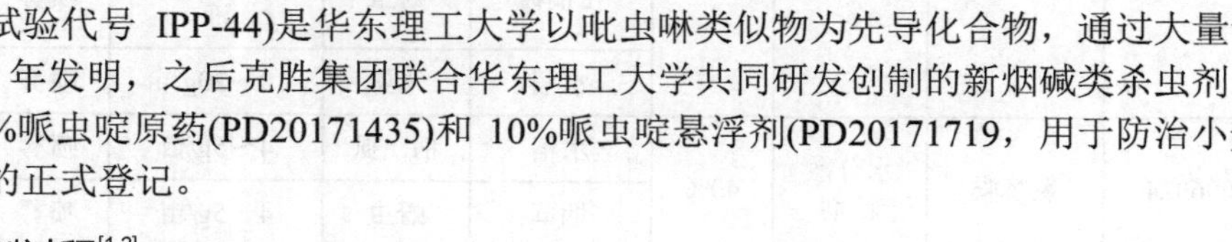

吡虫啉1　　化合物2　　化合物3

图 5-8　硝基亚甲基类化合物的创制

以 2-氯-5-氯-4-甲基吡啶为起始原料，与乙二胺反应，得到 *N*-((5-氯吡啶-2-基)-甲基)乙烷-1,2-二胺(**5**)，通过合环得到中间体 **6**，在 40～50℃的乙腈溶液中，用浓盐酸或冰醋酸催化与各种 *α*,*β*-不饱和醛反应，得到化合物 **7a**～**g**、**9**、**11a**～**b**、**12** 和 **13**。在盐酸催化的二氯甲烷回流中，**7a**～**g** 或 **9** 与各种醇的进一步反应容易进行，得到 **8a**～**y** 或 **10a**～**b**。合成方案如图 5-9 所示。醚类化合物 **8a**～**y** 和 **10a**～**b** 的产率较高。**7a**～**g**、**9**、**11a**～**b**、**12** 和 **13** 的产率相对较低，反应温度应控制在 50℃以下，以抑制羟基清除副产物的形成。在冰乙酸催化下，3 位带一个取代基的 *α*,*β*-不饱和醛与 **6** 反应顺利，而 **2** 位带一个取代基的 *α*,*β*-不饱和醛（包括环己-1-烯醛）仅在浓盐酸存在下与 **6** 反应，而不是在乙酰乙酸存在下。中间体 **6** 难以与在 3 位具有两个取代基的 *a*, *β*-不饱和醛反应，可能是由于两个取代基的空间位阻过大。

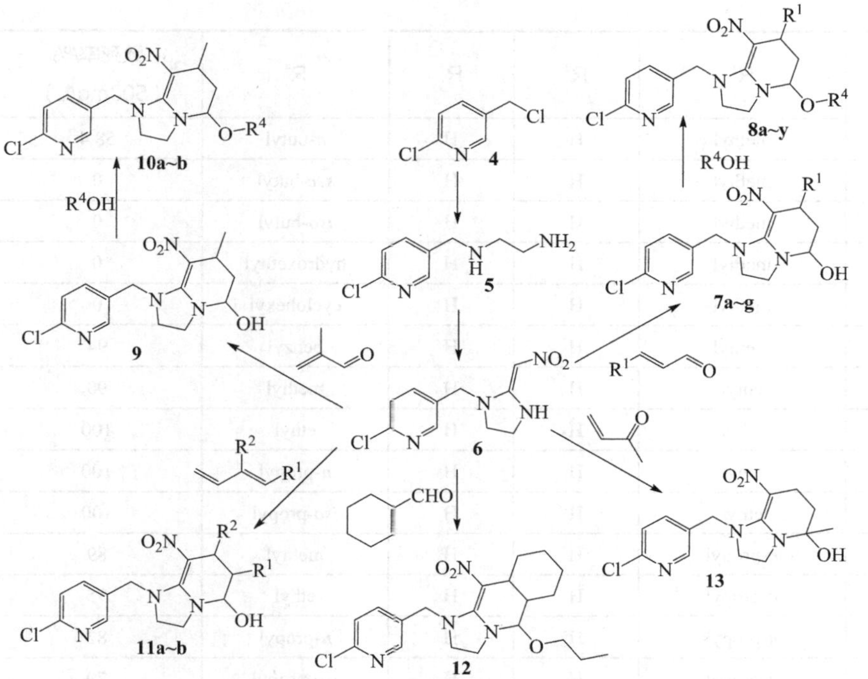

图 5-9　硝基亚甲基类化合物的合成

对化合物 **7a**～**g**，**8a**～**y**、**9**、**10a**～**b**、**11a**～**b**、**12**、**13** 和吡虫啉进行了抗豌豆蚜虫的杀虫活性筛选结果显示，许多化合物对豌豆蚜虫具有显著的杀虫活性，有些化合物的杀虫活性低于吡虫啉（如 **7a**，**8c**，**8n**）。表 5-32 化合物的活性变化很大，取决于四氢吡咯烷的取代类型和模式。

表 5-32　化合物 **7a**～**g**，**8a**～**y**、**9**、**10a**～**b**、**11a**～**b**、**12**、**13** 和吡虫啉抗豌豆蚜虫的杀虫活性

化合物	R^1	R^2	R^3	R^4	致死率/%（500mg/L）	LC_{50} /(mg/L)
7a	methyl	H	H	H	100	31.51
7b	ethyl	H	H	H	100	61.01
7c	*n*-propyl	H	H	H	25	n.t.
7d	*iso*-propyl	H	H	H	0	n.t.
7e	*n*-butyl	H	H	H	85	n.t.
7f	phenyl	H	H	H	30	n.t.
7g	*p*-NO_2-phenyl	H	H	H	0	n.t.
8a	methyl	H	H	methyl	100	50.00
8b	methyl	H	H	ethyl	100	65.43
8c	methyl	H	H	*n*-propyl	100	33.66
8d	methyl	H	H	*iso*-propyl	100	96.18
8e	methyl	H	H	chloroethyl	100	74.7
8f	methyl	H	H	allyl	100	n.t.

续表

化合物	R^1	R^2	R^3	R^4	致死率/%（500mg/L）	LC_{50} /(mg/L)
8g	methyl	H	H	*n*-butyl	58.4	n.t.
8h	methyl	H	H	*sec*-butyl	0	n.t.
8i	methyl	H	H	*iso*-butyl	0	n.t.
8j	methyl	H	H	hydroxethyl	0	0
8k	methyl	H	H	cyclohexyl	0	n.t.
8l	methyl	H	H	benzyl	94	n.t.
8m	ethyl	H	H	methyl	90	n.t.
8n	ethyl	H	H	ethyl	100	48.86
8o	ethyl	H	H	*n*-propyl	100	86.42
8p	ethyl	H	H	*iso*-propyl	100	88.93
8q	*n*-propyl	H	H	methyl	89	n.t.
8r	*n*-propyl	H	H	ethyl	95	n.t.
8s	*n*-propyl	H	H	*n*-propyl	82	n.t.
8t	*n*-propyl	H	H	*iso*-propyl	79	n.t.
8u	*iso*-propyl	H	H	ethyl	72	n.t.
8v	phenyl	H	H	methyl	50	n.t.
8w	phenyl	H	H	ethyl	89	n.t.
8x	phenyl	H	H	*n*-propyl	45	n.t.
8y	phenyl	H	H	*iso*-propyl	0	n.t.
9	H	methyl	H	H	70	n.t.
10a	H	methyl	H	methyl	73	n.t.
10b	H	methyl	H	*iso*-propyl	67	n.t.
11a	methyl	methyl	H	H	50	n.t.
11b	ethyl	methyl	H	H	0	n.t.
12					0	n.t.
13	H	H	methyl	H	90	n.t.
7a[b]	H	H	H	H	100	58.30
吡虫啉					100	7.90

注：n.t.指未测；7a[b]：化合物为以前文章化合物。

在化合物 **2a** 的 7 位引入甲基或乙基取代基得到的类似物 **7a** 和 **7b** 对豌豆蚜虫的杀虫活性具有显著的提高（高达 2 倍），与化合物 **2a** 活性相当。同时，其他取代基的引入对活性不利，与 7-位的烷基相比，相应的类似物 **7a～g** 的杀虫活性依次为甲基（**7a**）＞乙基（**7b**）＞正丁基（**7e**）＞苯基（**7f**）＞正丙基（**7c**）＞异丙基（**7d**）＞*p*-NO_2-苯基（**7g**）。对于 R^4 对活性的影响，在化合物 **7a** 引入长链烷基使其杀虫活性呈下降趋势。化合物 **9**、**10a～b** 和 **13** 是在化合物 **2** 的 6 位或 5 位引入甲基，其活性低于化合物 **2**。化合物 **11a**、**11b** 和 **12a** 是在化合物 **2a** 的 6 位和 7

位引入两个取代基或六元环，使活性降低或没有活性。

综合上述生物活性测定结果，使用了类似防治豌豆蚜虫的方法，进一步评价了化合物**7a**、**8c**、**8d**、**8m**和吡虫啉对敏感和抗吡虫啉褐飞虱的活性。尽管化合物**7a**、**8c**、**8d**和**8m**对敏感褐飞虱的杀虫活性低于吡虫啉，但它们对抗吡虫啉褐飞虱的杀虫活性比吡虫啉高2～3倍。褐飞虱对**8m**表现出一定的交叉抗性，对**7a**、**8c**、**8d**表现出轻微的交叉抗性。

综上所述，合成了一系列5、6、7位烷基取代基的化合物**2**的类似物，并对其杀虫活性进行了初步评价。在7位引入甲基或乙基取代基可提高对豌豆蚜虫和褐飞虱的杀虫活性，对豌豆蚜虫的杀虫活性顺序为甲基（**7a**）＞乙基（**7b**）＞正丁基（**7e**）＞苯基（**7f**）＞正丙基（**7c**）＞异丙基（**7d**）、对硝基苯基（**7g**）。在5位、6位或同时在6位和7位位置引入其他烷基取代基是不可取的，最有利的改变是在7位添加甲基取代基，对豌豆蚜虫的杀虫活性增强，对吡虫啉抗性褐飞虱的杀虫活性高于吡虫啉，对吡虫啉的交叉抗性较弱。

5.4.2.2 知识产权分析

该化合物是在吡虫啉（imidacloprid）类似物基础上衍生、优化而得。虽与已知专利化合物结构类似，但仍具有显著的差异，结构新颖，在已有专利范围外。

（1）新颖性　新颖性分析见表5-33。

表5-33　该专利与已有技术对比表

该专利： CN1631887A（华东理工大学，申请日：2004-11-23；公开日：2005-06-29）	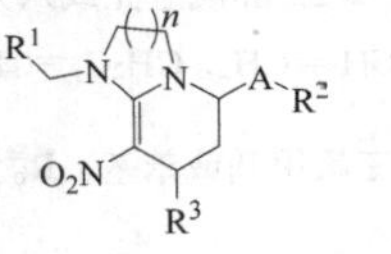 A 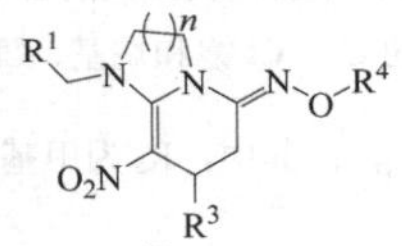　B　通式 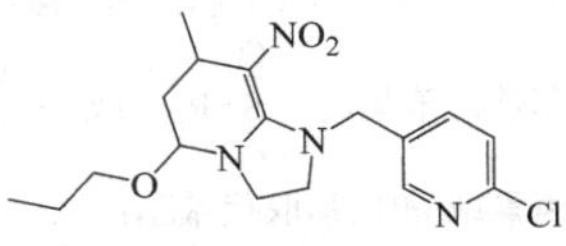　代表化合物哌虫啶
接近的已有技术 JP64003184（申请日：1987-06-26；公开日：1989-01-06）	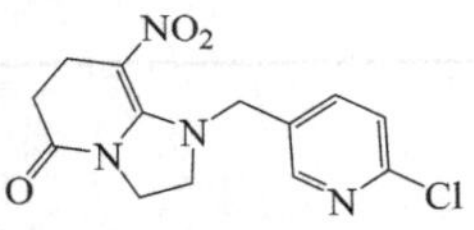 121050-39-3
同类商品化/开发中品种	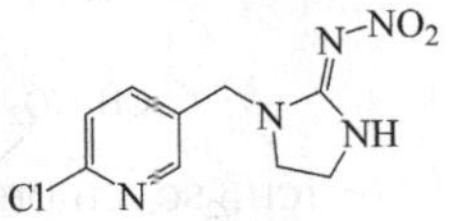 吡虫啉 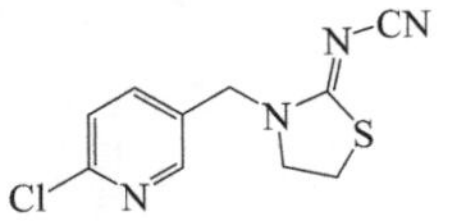　噻虫啉 十多个烟碱类杀虫剂品种

（2）创造性　化合物**7a**、**8c**（哌虫啶）、**8d**、**8m**和吡虫啉对敏感和抗吡虫啉褐飞虱的活性表明，尽管化合物**7a**、**8c**（哌虫啶）、**8d**和**8m**对敏感褐飞虱的杀虫活性低于吡虫啉，但它们对抗吡虫啉褐飞虱的杀虫活性比吡虫啉高2～3倍。

（3）核心化合物专利　华东理工大学2004年申请了与已有专利报道的化学结构不同的新颖的六氢咪唑[1,2-*a*]吡啶类化合物专利CN1631887A，其通式中包含了哌虫啶，但没有具体公开化合物哌虫啶的结构；中国专利CN1631887A的同族专利包括EP1826209、JP2008520595A、US20070281950。后来又申请了有关制备方法专利WO2007101369A1和CN101045728A，其中均具体公开了哌虫啶的化学结构及其制备方法。

哌虫啶核心化合物专利与授权保护范围如表5-34所示。

表 5-34　华东理工大学申请的哌虫啶核心化合物专利

序号	公开号	专利号	法律状态
1	CN1631887A	ZL200410084457.1	专利权终止
2	WO2006056108A1		
3	EP1826209A1	EP1826209	
4	JP2008520595 T	JP4700696B2	授权有效
5	US20070281950A1	US7655665B2	授权有效

授权保护范围（中国专利）

一种硝基亚甲基衍生物，其具有如下结构式：

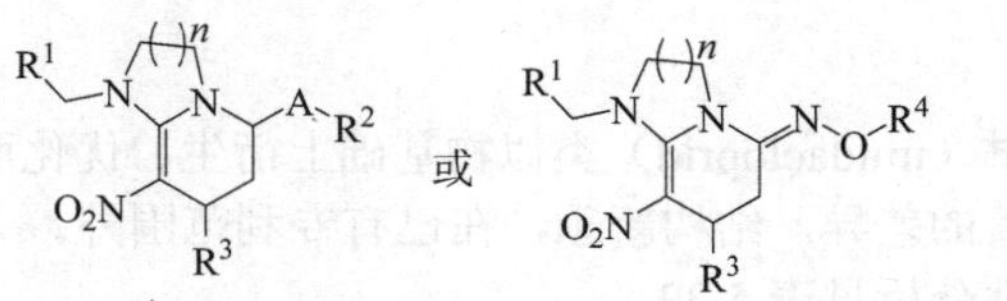

A　或　B

式中：

R^1 为含氮、氧或/和硫五元或六元杂环基，或卤代的含氮、氧或/和硫五元或六元杂环基；

R^2 为 H，C_1～C_8 饱和烷基，卤代的 C_1～C_8 饱和烷基，$CH_2CH{=}CH_2$，$CH_2C{\equiv}CH$，$CH_2CH_2OCH_2CH_3$，$CH_2CH_2OCH_3$，苯基，苄基，$-\overset{O}{\underset{O}{\overset{\|}{\underset{\|}{S}}}}-R_a$ 或 $-\overset{O}{\overset{\|}{C}}-R_b$；其中，$R_a$ 为甲基、三氟甲基或苯基；R_b 为甲基、三氟甲基、吡啶基、苯基或卤素或/和硝基取代苯基；

R^3 为 H 或 C_1～C_3 烷基；R^4 为 H，C_1～C_8 烷基，卤代的 C_1～C_8 烷基，$CH_2CH_2OCH_2CH_3$，或 $CH_2CH_2OCH_3$；A 为 O 或 S；n 为 0 或 1

5.4.2.3　合成方法

以硝基甲烷或二氯乙烯为原料，经多步反应制得目标物（图 5-10），具体反应如下[3,4]：

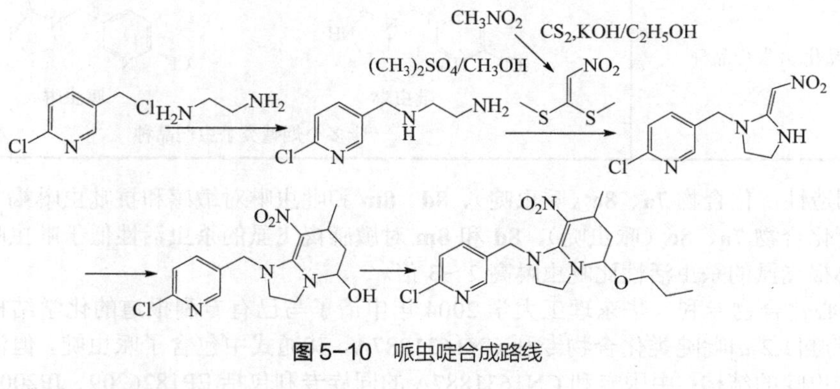

图 5-10　哌虫啶合成路线

5.4.2.4　组合物专利

哌虫啶部分组合物专利见表 5-35。

表 5-35 哌虫啶组合物专利

序号	公开号	发明名称	申请人	B 组分
1	CN101658178A	一种增效杀虫组合物	深圳诺普信农化股份有限公司	唑虫酰胺
2	CN101669492A	一种增效农用杀虫组合物	深圳诺普信农化股份有限公司	阿维菌素或甲氨基阿维菌素苯甲酸盐
3	CN101731244A	一种含有哌虫啶和吡蚜酮的杀虫组合物	陕西上格之路生物科学有限公司	吡蚜酮
4	CN101743981A	一种含有哌虫啶和醚菊酯的杀虫组合物	陕西上格之路生物科学有限公司	醚菊酯
5	CN101755773A	一种含有哌虫啶和噻嗪酮的杀虫组合物	陕西上格之路生物科学有限公司	噻嗪酮
6	CN101779663A	一种含有哌虫啶和毒死蜱的杀虫组合物	陕西上格之路生物科学有限公司	毒死蜱
7	CN101856033A	一种含有哌虫啶和新烟碱农药组合物	江苏克胜集团股份有限公司	吡虫啉、啶虫脒、噻虫嗪、噻虫啉或烯啶虫胺
8	CN101861869A	一种含有哌虫啶的农药组合物	江苏克胜集团股份有限公司	吡蚜酮或噻嗪酮
9	CN101861875A	一种含哌虫啶和有机磷杀虫剂的增效杀虫组合物	江苏克胜集团股份有限公司	丙溴磷
10	CN102017964A	一种含有氟啶虫胺腈和哌虫啶的杀虫组合物	陕西上格之路生物科学有限公司	氟啶虫胺腈
11	CN102405928A	一种氟虫双酰胺和新烟碱类杀虫剂农药组合物	河南金田地农化有限责任公司	氟虫双酰胺
12	CN102599182A	一种杀虫组合物及其应用	深圳诺普信农化股份有限公司	茚虫威
13	CN102771498A	一种含戊吡虫胍与新烟碱类农药的杀虫组合物	河南金田地农化有限责任公司	戊吡虫胍
14	CN103250719A	一种具有增效作用的杀虫组合物	福建新农大正生物工程有限公司	丁醚脲
15	CN103444748A	一种含有氰氟虫腙和哌虫啶的复合杀虫剂	江苏省绿盾植保农药实验有限公司	氰氟虫腙
16	CN103503905A	一种含哌虫啶和联苯菊酯的杀虫组合物	江苏龙灯化学有限公司	联苯菊酯
17	CN103503907A	一种含哌虫啶和溴氰菊酯的杀虫组合物	江苏龙灯化学有限公司	溴氰菊酯
18	CN103503908A	一种含哌虫啶和高效氯氟氰菊酯的杀虫组合物	江苏龙灯化学有限公司	高效氯氟氰菊酯
19	CN103503909A	一种含哌虫啶和氯氰菊酯的杀虫组合物	江苏龙灯化学有限公司	氯氰菊酯
20	CN103503910A	一种含哌虫啶和甲氰菊酯的杀虫组合物	江苏龙灯化学有限公司	甲氰菊酯

续表

序号	公开号	发明名称	申请人	B 组分
21	CN103598189A	一种含有哌虫啶和吡蚜酮的农药组合物	顾爱国	吡蚜酮
22	CN103636618A	一种含有氟啶虫酰胺与哌虫啶的杀虫组合物	广东中迅农科股份有限公司	吡蚜酮
23	CN103636659A	一种含有哌虫啶和呋虫胺的农药组合物	张晓强	呋虫胺
24	CN103783075A	含有甲基嘧啶磷的杀虫组合物及其制剂和应用	南通联农农药制剂研究开发有限公司，联合国南通农药剂型开发中心	甲基嘧啶磷
25	CN103814937A	一种杀虫组合物	深圳诺普信农化股份有限公司	afidopyropen
26	CN103814939A	一种杀虫组合物	深圳诺普信农化股份有限公司	flometoquin
27	CN104012551A	一种含有哌虫啶和丁氟螨酯的农药组合物	广东中迅农科股份有限公司	丁氟螨酯

5.4.2.5 作用机理

哌虫啶是一种新型烟碱类杀虫剂，其杀虫机理主要是作用于昆虫神经轴突触受体，阻断神经传导作用，施药后药物可很快传导到植株各部位，具有比较好的内吸传导功能，对多种刺吸式害虫均具有杀虫速度快、防治效果好、广谱低毒、持效期长等特点。

5.4.2.6 毒性学与安全评价

（1）毒性　对雌、雄大鼠急性经口 LD_{50}＞5000mg/kg；对雌、雄大鼠急性经皮 LD_{50}＞5150mg/kg；经试验对家兔眼睛、皮肤均无刺激性，对豚鼠皮肤有弱致敏性。对大鼠亚慢（91d）经口毒性试验表明：最大无作用剂量为 30mg/（kg·d），对雌、雄小鼠微核或骨髓细胞染色体无影响，对骨髓细胞的分裂也未见明显的抑制作用，显性致死或生殖细胞染色体畸变结果是阴性，Ames 试验结果为阴性。

（2）生态效应　斑马鱼（96h）LC_{50} 93.3mg/L；鹌鹑 LD_{50}（7d）＞500mg/kg；蜜蜂（48h 胃毒）LC_{50} 361mg/L；家蚕（2 龄，食下毒叶法）LC_{50} 758mg/kg 桑叶。对鸟类低毒。对斑马鱼急性毒性为低毒；对家蚕急性毒性为低毒；对蜜蜂风险性为中风险，使用中注意对蜜蜂的影响。

（3）环境行为　哌虫啶在土壤中降解半衰期较短，属于易降解农药，10mg/kg 浓度的哌虫啶对土壤微生物具有一定的毒性作用。哌虫啶在黑土、红壤和棕壤中的吸附平衡时间分别为 12h、12h 和 9h，分配系数 K_d 分别为 23.16、11.24 和 4.68，吸附常数 K_f 分别为 22.03、11.69 和 5.05，K_{oc} 值分别为 1619、2094 和 495，吸附自由能值分别为−16.96、−17.59 和−14.02kJ/mol，Freundlich 和线性等温吸附模型均能较好地描述哌虫啶在土壤中的吸附过程，其吸附能力顺序分别为黑龙江黑土＞福建红壤＞山东棕壤。

5.4.2.7 登记情况

目前国内登记哌虫啶系列产品 3 个，具体登记信息如表 5-36。

表 5-36　哌虫啶相关登记产品信息表

登记证号	农药名称	剂型	总含量	登记作物	防治对象	用药量(制剂量)	施用方法	登记证持有人
PD20183805	吡蚜·哌虫啶	悬浮剂	30%	水稻	稻飞虱	15～20mL/亩	喷雾	江苏克胜集团股份有限公司
PD20171435	哌虫啶	原药	95%	—	—	—	—	江苏克胜集团股份有限公司
PD20171719	哌虫啶	悬浮剂	10%	水稻	稻飞虱	25～35mL/亩	喷雾	江苏克胜集团股份有限公司
				小麦	蚜虫	20～25mL/亩	喷雾	

5.4.2.8　应用效果

哌虫啶可用于果树、小麦、大豆、蔬菜、水稻和玉米等多种作物，主要用于防治同翅目害虫，对稻飞虱具有良好的防治效果。部分田间药效试验结果如下：

10%哌虫啶悬浮剂对白背飞虱的防治效果。结果表明，在白背飞虱 1～2 龄若虫期，用药 25～35mL/亩药后 1d 的防效达 79.3%～82.8%；药后 7d 防效可达到 90.4%～91.9%，药后 15d 的防效维持在 87%[5]。

10%哌虫啶悬浮剂对稻飞虱的防治效果。结果表明，10%哌虫啶悬浮剂对单季晚稻稻飞虱具有良好的防治效果，且速效性、持效性均佳。总体而言，其防效和吡蚜酮接近，但要明显优于毒死蜱，而其不同量之间防效无显著性差异。推荐用量 300g/hm^2，建议与吡蚜酮交替使用[6]。

参考文献

[1] Shao X S, Zhang W W, Peng Y Q, et al. *cis*-Nitromethylene neonicotinoids as new nicotinic family: Synthesis, structural diversity, and insecticidal evaluation of hexahydroimidazo[1,2-*a*]pyridine. Bioorganic & Medicinal Chemistry Letters, 2008, 18: 6513-6516.

[2] 徐晓勇，邵旭升，吴重言，等. 新颖杀虫剂——哌虫啶. 世界农药, 2009, 31(4): 52.

[3] 李璐，邵旭升，吴重言，等. 杀虫剂哌虫啶合成的工艺优化. 现代农药, 2009, 8(2): 16-19.

[4] 吴重言，李忠，吴伟，等. 哌虫啶及其中间体新合成方法研究. 现代农药, 2012, 11(06): 7-11.

[5] 吴爱国，吴重言，孙长锋，等. 哌虫啶悬浮剂对水稻白背飞虱的防治效果. 植物保护, 2011, 37(4): 176-177.

[6] 姚士桐，陆志杰，金周浩，等. 哌虫啶对单季晚稻稻飞虱的防控效果. 浙江农业科学, 2011 (2) : 361-363.

5.4.3　环氧虫啶的创制

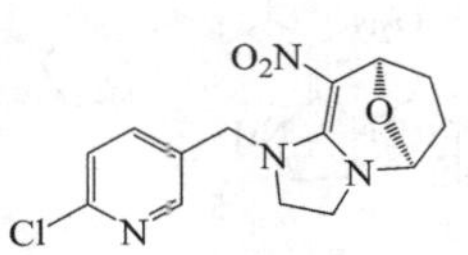

化合物专利名称：二醛构建的具有杀虫活性的含氮或氧杂环化合物及其制备方法

中国专利号：ZL200810207355.2；申请日：2008-12-19；授权日：2013-10-16

发明人：李忠，钱旭红，邵旭升，徐晓勇，陶黎明，宋恭华；申请人：华东理工大学

环氧虫啶(试验代号 IPPA152616)是由华东理工大学创制后转让给上海生农生化制品股份有限公司开发登记的新烟碱类杀虫剂。对半翅目的稻飞虱(褐飞虱、白背飞虱、灰飞虱)，蚜虫(麦蚜、棉蚜、苜蓿蚜、甘蓝蚜虫)等有较高的活性，对鳞翅目类害虫如稻纵卷叶螟、黏虫和小菜蛾等有一定的杀虫效果。适用作物包括水稻、蔬菜、果树、小麦、棉花和玉米等，既可用于茎叶处理，也可进行种子处理。2018 年，97%环氧虫啶原药(PD20184015)和 25%环氧虫啶可湿性粉剂(PD20184014，主要防治甘蓝蚜虫和稻飞虱)获得正式登记。

5.4.3.1 创制过程[1-5]

分子设计的基本原理是使用稠杂环或大块的基团来固定硝基的方向，硝基是新烟碱类化合物中最重要的基团之一。幸运的是，进入这个领域遇到了令人兴奋的杀虫活性，一些新的高活性的新烟碱类化合物碰巧被发现[1-5]。在以前的研究中（图 5-11），发现 6-Cl-PMNI（**1**）能与各种 *α*，*β*-不饱和醛反应，得到具有四氢吡啶固定顺式构型[3]的高杀虫化合物 **2**，与五元芳香醛反应生成的化合物 **3**，其大分子基团向硝基方向固定，杀虫活性高于吡虫啉[5]。值得注意的是，对于 *α*，*β*-不饱和醛和五元芳香醛，6-Cl-PMNI 中的 Cl 或 NI 起亲核中心的作用。

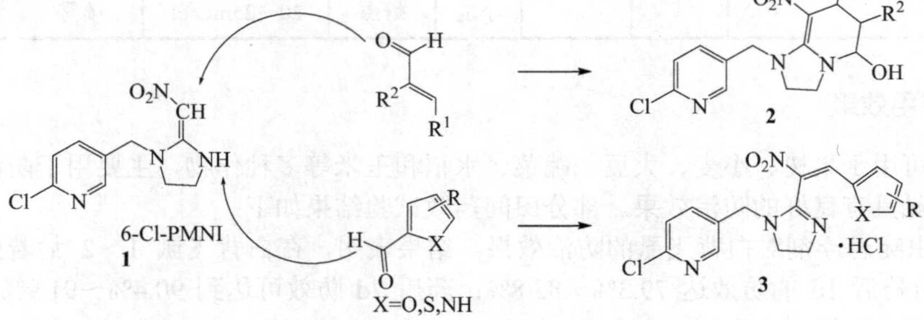

图 5-11 6-Cl-PMNI（1）与 *α*，*β*-不饱和醛和五元芳香醛反应

受上述结果的启发，接下来将注意力转向双醛与 6-Cl-PMNI 的反应，以期将双醛与 6-Cl-PMNI 结合（图 5-12～图 5-15），寻找高杀虫活性的化合物。幸运的是，由于双醛中含有两个亲电醛基，因此在与 6-Cl-PMNI 反应时，双醛的反应不同。为了比较和扩展研究，并报道了由吡虫啉的二醛和亚硝基类似物构建的二价和氧杂环新烟碱类化合物的合成和杀虫活性。

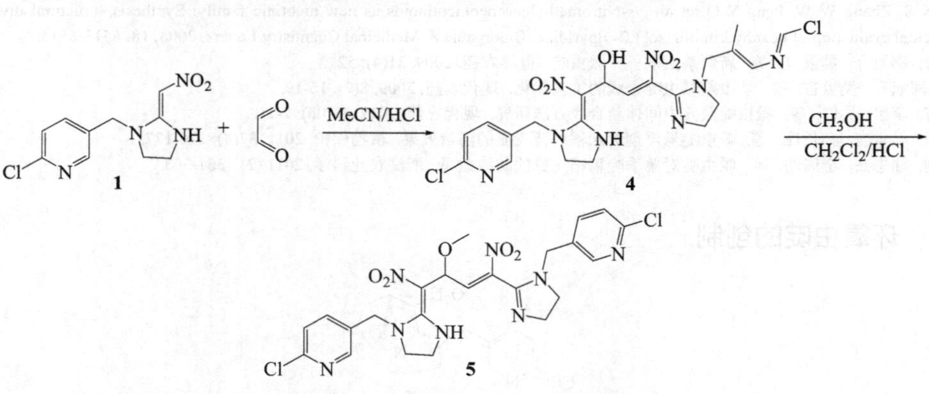

图 5-12 6-Cl-PMNI（1）与双醛反应

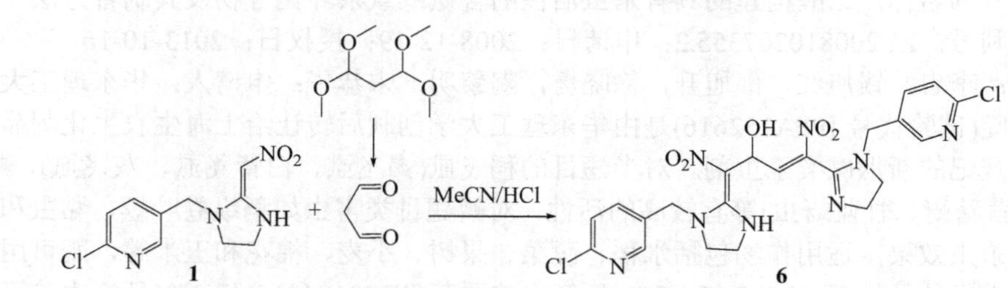

图 5-13 6-Cl-PMNI（1）与丙二醛反应

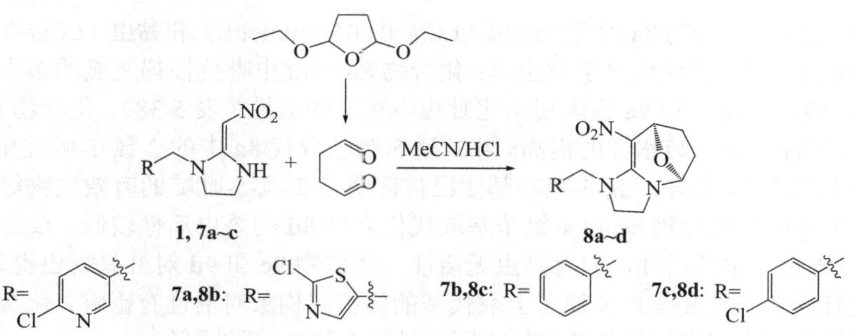

图 5-14　6-Cl-PMNI（1）与丁二醛反应

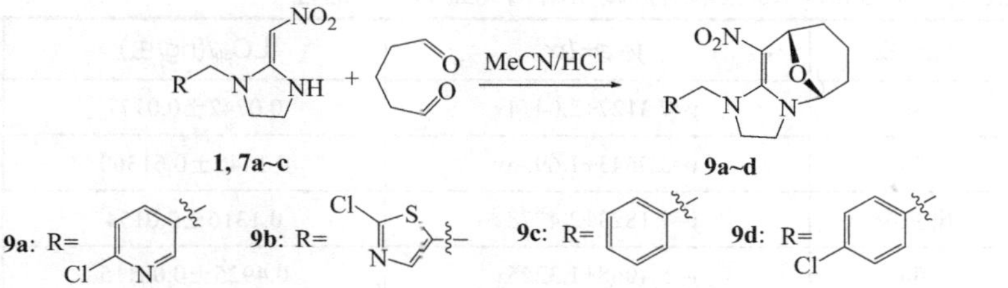

图 5-15　6-Cl-PMNI（1）与戊二醛反应

化合物对豇豆蚜虫和黏虫的杀虫活性见表 5-37。化合物 **4** 在 500mg/L 下对豇豆蚜虫的杀虫活性中等，但对黏虫活性较高，LC_{50} 值为 0.19471mmol/L。醚化产物 **5** 对豇豆蚜虫也具有较高的杀虫活性，化合物 **6** 不仅对豇豆蚜虫表现出高于吡虫啉的杀虫活性，而且对黏虫也有很好的杀虫活性，说明这两种分子以这种方式连接有利于保持杀虫活性。

表 5-37　化合物 4、5、6、8a～d 和 9a～d 与吡虫啉对豇豆蚜虫和黏虫的杀虫活性

化合物	豇豆蚜虫		黏虫	
	致死率/%(500mg/L)	LC_{50}/(mmol/L)	致死率/%(500mg/L)	LC_{50}/(mmol/L)
4	78.1	nt	100	0.19471
5	97.7	nt	100	nt
6	100	0.00951	100	0.02798
8a	100	0.00471	100	0.03873
8b	100	0.00883	100	0.04956
8c	13.6	nt	0	nt
8d	95.7	nt	0	nt
9a	87.3	nt	0	nt
9b	98.2	nt	0	nt
9c	55.6	nt	0	nt
9d	38.9	nt	0	nt
吡虫啉	100	0.03502	100	0.12549
6-Cl-PMNI	100	0.00512	100	0.07087

注：nt 为未测。

由丁二醛合成的化合物**8a**对豇豆蚜虫（LC_{50}=0.00471mmol/L）和黏虫（LC_{50}=0.03873mmol/L）具有显著的杀虫活性，其活性高于吡虫啉；化合物**8a**对吡虫啉抗性褐飞虱的杀虫活性比吡虫啉的LC_{50}值高50倍，化合物**9a**也表现出比吡虫啉更高的活性（表5-38）。化合物**8a**的杀虫活性高于吡虫啉，可能是由于疏水性的提高。用2-氯-5-噻唑取代**8a**中的2-氯-5-吡啶生成类似物**8b**，具有很高的杀虫活性，这与2-氯-5-噻唑基团已被证明是2-氯-5-吡啶的有效生物等位取代物的事实相一致。苄基取代化合物**8c**和4-氯苄基取代化合物**8d**的杀虫活性较低。戊二醛构建的化合物**9a**对豇豆蚜虫有中等活性，但对黏虫无活性。类似物**9c**和**9d**对豇豆蚜虫也表现出弱活性，但对黏虫没有活性。吡虫啉上N原子上取代基的体积或构象对活性有影响，化合物**8a**和**9a**之间环大小和构象的不同可能是其差异的原因，且化合物**8a**活性更优。

表5-38　化合物8a和9a与吡虫啉对抗吡虫啉褐飞虱的杀虫活性

毒株	化合物	$y=a+bx$	LC_{50}/(ng/虫)	毒性比[a]
敏感	**8a**	y=7.3127+2.0474x	0.0742±0.0177	1.77
	9a	y=3.9543+1.6936x	4.1440±0.61360	0.32
	吡虫啉	y=7.1823+2.4778x	0.1316±0.0154	1.00
抗性	**8a**	y=5.4068+1.3225x	0.4925±0.08115	50.00
	9a	y=3.1320+1.4613x	18.9795±2.3501	1.17
	吡虫啉	y=2.5873+1.7930x	22.1614±3.7522	1.00

[a] 毒性比是指吡虫啉的毒性LC_{50}值与化合物LC_{50}值的比值。

综上所述，通过将二醛与吡虫啉的亚硝基类似物结合，设计并合成了一系列二价和氧杂环的新烟碱类化合物。生物活性测定表明，部分化合物对豇豆蚜虫和黏虫具有良好的杀虫活性。进一步的生物活性测定表明，化合物**8a**对吡虫啉抗性褐飞虱的活性比吡虫啉高50倍。丁二醛构建的化合物**8a**比戊二醛构建的化合物**9a**具有更好的活性。最后确定化合物**8a**为活性最优的化合物，最终成功开发了新烟碱类杀虫剂环氧虫啶。

5.4.3.2　知识产权分析

该发明化合物是一种顺式氧桥杂环结构新烟碱杀虫剂，是在吡虫啉类似物基础上进行合环优化得到的。结构新颖，在已有专利范围外。

（1）新颖性　新颖性分析见表5-39。

表5-39　该专利与已有技术对比表

该专利： CN101747320A (华东理工大学，申请日：2008-12-19；公开日：2013-10-16)	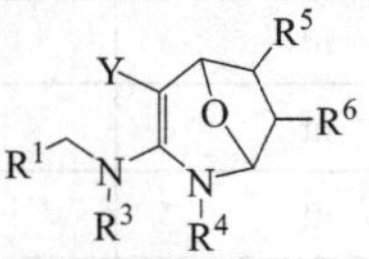 通式	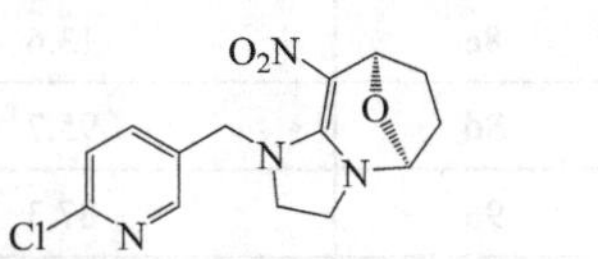 代表化合物环氧虫啶（专利中化合物52）
接近的已有技术 EP192060 (Nihon Tokushu Noyaku Seizo K. K.，申请日：1986-01-17；公开日：1986-08-27)	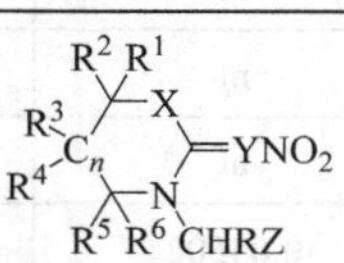 通式 代表化合物11，用于防治刺吸式口器害虫，如蚜虫、叶蝉、飞虱、粉虱等，对鞘翅目、双翅目和鳞翅目也有效	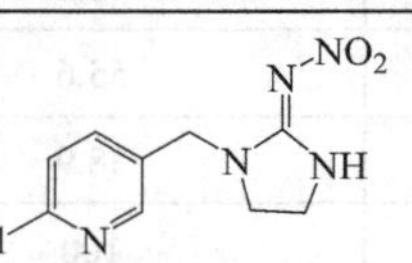 代表化合物吡虫啉（列表化合物11）

续表

同类商品化/开发中品种	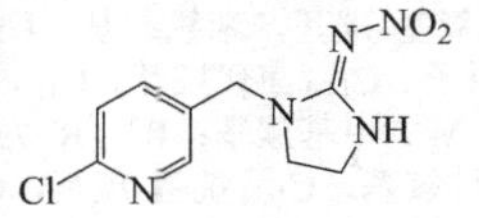 吡虫啉 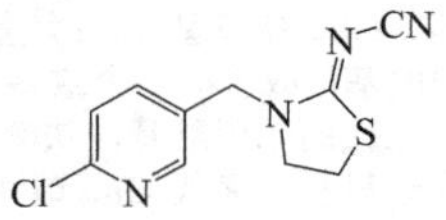　噻虫啉 十多个烟碱类杀虫剂品种

（2）创造性　化合物 **8a**（环氧虫啶）对豇豆蚜虫（LC_{50}=0.00471mmol/L）和黏虫（LC_{50}=0.03873mmol/L）具有显著的杀虫活性，其活性高于吡虫啉。化合物 **8a** 对吡虫啉抗性褐飞虱的活性比吡虫啉高 50 倍。

（3）核心化合物专利　环氧虫啶核心化合物专利与授权保护范围如表 5-40 所示。

表 5-40　华东理工大学申请的环氧虫啶核心化合物专利

序号	公开号	专利号	法律状态
1	CN101747320A	ZL200810207355.2	授权有效
2	CN103518745A	ZL201310398752.3	授权有效
3	CN104557963A	ZL201410690772.2	授权有效
4	WO2010069266A1		
5	JP2012512191T	JP5771150B2	授权有效
6	EP2377845A1	EP2377845B1	授权有效
7	BR2009018359A2	BR2009018359B1	授权有效
8	KR2011097970A	KR1392296B1	授权有效
9	AU2009328851A1	AU2009328851B2	授权有效
10	RU2011129408A	RU2495023C2	授权有效
11	IL213656A	IL213656A0	授权有效
12	IN2011MN01442A	IN282375B	授权有效
13	US20110269751 A1	US8563546 B2	授权有效
授权保护范围（中国专利）			

具有式(C)所示结构的化合物，或者所述化合物的农药学上可接受的盐：

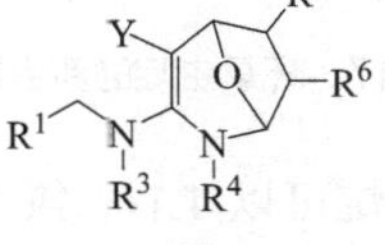

(C)

式中：

R^1 为含氮、氧和/或硫的五元或六元杂环基，卤代的含氮、氧和/或硫的五元或六元杂环基，或者取代或未取代的苯基，其中，所述取代基为选自下组中的一个或多个：卤素，$C_{1\sim4}$ 卤代烷基或 $C_{1\sim4}$ 氯代烷氧基；R^3 和 R^4 各自独立地为 H，$C_{1\sim6}$ 烷基，烯丙基，苄基，$C_{1\sim4}$ 烷氧基-$C_{1\sim4}$ 烷基，$C_{1\sim4}$ 烷氧基-羰基，苯氧羰基，$C_{2\sim6}$ 炔基-羰基，$C_{2\sim3}$ 烯基-羰基，$C_{3\sim6}$ 环烷基-羰基，苯甲酰基，或者被一个或多个选自卤原子、$C_{1\sim4}$ 烷基、$C_{1\sim4}$ 卤代烷基、$C_{1\sim4}$ 烷氧基和 $C_{1\sim4}$ 烷基-羰基的取代基所取代的苯甲酰基，呋喃羰基或 *N*,*N*-二甲基羰基，或者 R^3 和 R^4 共同构成—CH_2—CH_2—，—CH_2—CH_2—CH_2—或—CH_2—XR—CH_2—，式中 X 为杂原子，R 为杂原子上的取代基，选自 H，$C_{1\sim6}$ 烷基，烯丙基，

续表

苄基，苯基，$C_{1\sim4}$ 烷氧基-$C_{1\sim4}$ 烷基，$C_{1\sim4}$ 烷氧基-羰基，苯氧羰基，$C_{2\sim6}$ 炔基-羰基，$C_{2\sim3}$ 烯基-羰基，$C_{3\sim6}$ 环烷基-羰基，苯甲酰基，或者被一个或多个选自卤原子、$C_{1\sim4}$ 卤代烷基、$C_{1\sim8}$ 饱和或不饱和烷基或烷氧基和 $C_{1\sim4}$ 烷基-羰基的取代基所取代的苯甲酰基，呋喃羰基或 *N, N*-二甲基羰基；R^5、R^6 为 H，饱和或不饱和 $C_{1\sim4}$ 烷基，卤素，$C_{1\sim8}$ 饱和或不饱和烷氧基，卤代 $C_{1\sim4}$ 饱和或不饱和烷氧基，$C_{1\sim4}$ 烷基-羰基，$C_{1\sim8}$ 烷基-酯基，$C_{1\sim4}$ 烷基-磺酸酯基，苯基或苄基； Y 为硝基，氰基，三氟甲基，三氟乙酰基或三氟甲磺酰基

5.4.3.3 合成方法

环氧虫啶可以 2-氯-5-氯甲基吡啶为起始原料，经与乙二胺缩合后，与 1,1-二硫甲基-2-硝基乙烯或 1,1-二氯-2-硝基乙烯成环得到(*Z*)-2-氯-5-{[2-(硝基亚甲基)咪唑烷酮-1-基]甲基}吡啶，再与丁二醛环合得到（图 5-16）。环氧虫啶的 2 个对映异构体可通过手性液相色谱柱或超临界流体色谱柱进行分离。

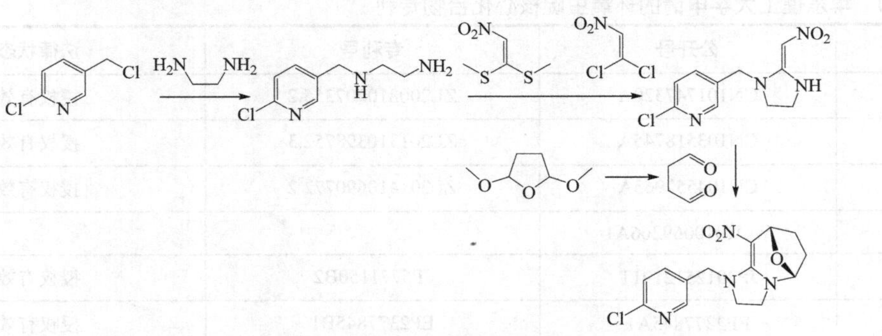

图 5-16 环氧虫啶的合成路线

新开发的环氧虫啶生产工艺以 2-(硝基亚甲基)咪唑烷为起始原料来合成，有 2 条路线（图 5-17）：一条是先与 2-氯-5-氯甲基吡啶缩合后再与丁二醛环合，另一条则是与 2,5-二甲氧基四氢呋喃环合后再与 2-氯-5-氯甲基吡啶缩合。第二条路线直接使用 2-(硝基亚甲基)咪唑烷、2-氯-5-氯甲基吡啶和 2,5-二甲氧基四氢呋喃，适合工业化生产。

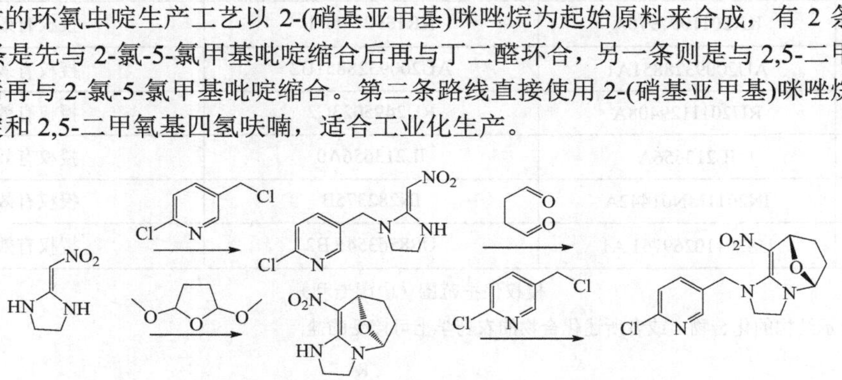

图 5-17 环氧虫啶的新合成路线

其中，中间体 2-(硝基亚甲基)咪唑烷可以 1,1-二氯-2-硝基乙烯或 1,1-二硫甲基-2-硝基乙烯与乙二胺反应环合得到（图 5-18）。其中，1,1-二氯-2-硝基乙烯为生产烯啶虫胺原药的中间体，其与乙二胺反应较易进行，且不会引入杂质，优选以其合成 2-(硝基亚甲基)咪唑烷。

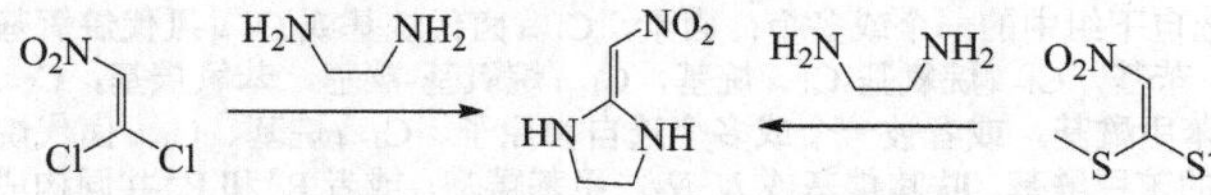

图 5-18 2-(硝基亚甲基)咪唑烷的合成路线

5.4.3.4 组合物专利

环氧虫啶部分组合物专利见表 5-41。

表 5-41 环氧虫啶组合物专利

序号	公开号	发明名称	申请人	B 组分
1	CN102228041A	一种含环氧虫啶和氨基甲酸酯类杀虫剂的杀虫组合物	陕西上格之路生物科学有限公司	氨基甲酸酯类杀虫剂
2	CN102293208A	一种含环氧虫啶和噻嗪酮的杀虫组合物	陕西上格之路生物科学有限公司	噻嗪酮
3	CN102326583A	一种含环氧虫啶和有机磷类杀虫剂的杀虫组合物	陕西上格之路生物科学有限公司	有机磷类杀虫剂
4	CN102326579A	一种含环氧虫啶和拟除虫菊酯类杀虫剂的杀虫组合物	陕西上格之路生物科学有限公司	拟除虫菊酯类杀虫剂
5	CN102326566A	一种含环氧虫啶和吡蚜酮的杀虫组合物	陕西上格之路生物科学有限公司	吡蚜酮
6	CN102396520A	一种含环氧虫啶和有机磷类的杀虫组合物	陕西美邦农药有限公司	毒死蜱、敌敌畏、马拉硫磷
7	CN102396472A	一种含环氧虫啶和激素类的杀虫组合物	陕西美邦农药有限公司	甲氧虫酰肼、虫酰肼
8	CN102405919A	环氧虫啶与甲氨基阿维菌素苯甲酸盐的杀虫剂组合物剂及用途	上海生农生化制品股份有限公司，华东理工大学	甲氨基阿维菌素苯甲酸盐
9	CN102428949A	一种含环氧虫啶和新烟碱类的杀虫组合物	陕西美邦农药有限公司	吡虫啉、啶虫脒、烯啶虫胺、噻虫嗪、噻虫啉、噻虫胺、呋虫胺
10	CN102428939A	一种含环氧虫啶和拟除虫菊酯类的杀虫组合物	陕西美邦农药有限公司	醚菊酯、联苯菊酯、高效氯氟氰菊酯、氰戊菊酯、氟氯氰菊酯、溴氰菊酯、甲氰菊酯
11	CN102440252A	一种含环氧虫啶和吡唑类杀虫剂的杀虫组合物	陕西上格之路生物科学有限公司	吡唑类杀虫剂
12	CN102487954A	一种含环氧虫啶和生物源类的杀虫组合物	陕西美邦农药有限公司	阿维菌素、甲氨基阿维菌素苯甲酸盐、多杀霉素
13	CN102487952A	一种含环氧虫啶和生物源杀虫剂的杀虫组合物	陕西上格之路生物科学有限公司	阿维菌素、甲氨基阿维菌素苯甲酸盐、多杀霉素或乙基多杀菌素
14	CN102524273A	一种含环氧虫啶的杀虫组合物	陕西美邦农药有限公司	噻嗪酮、吡蚜酮
15	CN102657189A	一种含环氧虫啶的杀虫组合物	陕西上格之路生物科学有限公司	鱼尼丁受体抑制剂类杀虫剂
16	CN102771510A	一种含噻唑膦的杀虫组合物	陕西上格之路生物科学有限公司	噻唑膦

续表

序号	公开号	发明名称	申请人	B组分
17	CN102986701A	一种含环氧虫啶和氟啶脲的杀虫组合物及其用途	上海市农业科学院	氟啶脲
18	CN103155933A	环氧虫啶与异丙威杀虫组合物及其制备方法	上海生农生化制品有限公司，华东理工大学	异丙威
19	CN103238609A	一种含环氧虫啶的杀虫组合物	陕西美邦农药有限公司	虫螨腈
20	CN103250714A	一种杀虫组合物	吴江市德佐日用化学品有限公司	氟虫腈和烯啶虫胺
21	CN103262848A	一种含环氧虫啶和生物源杀虫剂的杀虫组合物	陕西上格之路生物科学有限公司	多杀霉素或乙基多杀菌素
22	EP2649879A1	Pesticidal mixtures containing fluxapyroxad	巴斯夫公司	氟唑菌酰胺
23	WO2013160826A1	Pesticidal compositions comprising benzoylurea compound and further pesticidal compound and their uses	BASF SE，BASF Schweiz AG，BASF (China) Company Limited	氟苯脲或特氟苯脲

5.4.3.5 作用机理

环氧虫啶作用机理与其他新烟碱类杀虫剂有所不同，对环氧虫啶分别进行的电生理和同位素标记物取代实验表明，环氧虫啶可以与烟碱乙酰胆碱受体高亲和力结合，同时能够抑制激动剂乙酰胆碱的反应；对美国蜚蠊烟碱乙酰胆碱受体和非洲爪蟾卵母细胞表达的 Nlα1/β2 受体没有激动作用。这些实验表明环氧虫啶可能是烟碱乙酰胆碱受体(nAChRs)的拮抗剂，与吡虫啉等新烟碱类杀虫剂是 nAChRs 的激动剂的作用机理不同，因而不容易与吡虫啉等新烟碱类农药产生交互抗性。

5.4.3.6 毒理学与安全评价

环氧虫啶对小鼠急性经口 LD_{50}=1260mg/kg，大鼠急性经皮 LD_{50}＞5000mg/kg，对大鼠急性吸入 LC_{50}＞2000mg/m^3，Ames 试验呈阴性。环氧虫啶对哺乳动物的急性毒性为低毒。

环氧虫啶对非靶标生物如水蚤类、鱼类、藻类、土壤微生物和其他植物影响甚微，对蜜蜂的安全性是吡虫啉的 10 倍以上，急性接触 LD_{50}（24h）＞0.4μg/只，急性吸入 LC_{50}（48h）= 19.18mg/L；对大型溞（*Daphnia magna*）的急性毒性为 EC_{50}（96h）=14.7mg/L。环氧虫啶对鸟类、蚯蚓（*Eisenia fetida*）和家蚕（*Bombyx mori*）的毒性高、风险大，其中对蚯蚓 LC_{50}（14d）= 10.21mg/kg 干土，对家蚕 3 龄期的急性经口毒性 LC_{50}=0.138mg/L。

5.4.3.7 登记情况

目前国内登记环氧虫啶系列产品 2 个，商品名为稳龙（25%环氧虫啶可湿性粉剂），具体登记信息如表 5-42。

表 5-42　环氧虫啶相关登记产品信息表

登记证号	农药名称	剂型	总含量	登记作物	防治对象	用药量（制剂量）	施用方法	登记证持有人
PD20184015	环氧虫啶	原药	97%	—	—	—	—	—
PD20184014	环氧虫啶	可湿性粉剂	25%	甘蓝	蚜虫	8～16g/亩	喷雾	辽宁众辉生物科技有限公司
				水稻	稻飞虱	16～24g/亩	喷雾	上海生农生化制品股份有限公司

5.4.3.8　应用效果

环氧虫啶主要用来防治刺吸式口器害虫，田间药效试验结果表明，环氧虫啶对水稻褐飞虱、白背飞虱、灰飞虱均高效，对甘蓝蚜虫和黄瓜蚜虫也有良好防效，对稻纵卷叶螟有较好兼防效果，对棉田烟粉虱活性显著高于吡虫啉。部分田间药效试验结果如下：

25%环氧虫啶可湿性粉剂防治稻飞虱田间药效：用 480g/hm^2 25%环氧虫啶可湿性粉剂对水675kg，于稻飞虱低龄若虫盛期均匀喷雾，可获得较好的防治效果，且对水稻和天敌安全。25%环氧虫啶可湿性粉剂可以用于水稻稻飞虱的防治，其防效好，持效期长，速效性试验结果虽比吡虫啉差，但持效性比吡虫啉长，防治效果总体比吡虫啉高，且无药害，对水稻及蜘蛛类天敌杀伤力小[6]。

25%环氧虫啶可湿性粉剂防治稻飞虱田间药效：25%环氧虫啶可湿性粉剂的防治效率高，相较于 25%噻嗪酮可湿性粉剂 450g/hm^2 的效果更佳，差异性显著，值得被应用到稻飞虱的防治工作中去[7]。

25%环氧虫啶可湿粉剂对柑橘木虱田间药效：25%环氧虫啶可湿粉剂对柑橘木虱有较好的防效，用 2000～4000 倍液于柑橘木虱若虫发生始盛期施第一次药，连续施 2 次药（间隔期为15d），第一次药后 7d 的虫口减退率达 59.17%～82.94%，防效达 55.22%～80.46%，第二次药后5d 的虫口减退率达 78.33%～90.87%，防效达 83.75%～93.39%，第二次药后 15d 的虫口减退率达 82.50%～100%，防效达 89.62%～100%[8]。

参考文献

[1] Shao X S, Fu H, Xu X Y, et al. Divalent and oxabridged neonicotinoids constructed by dialdehydes and nitromethylene analogues of imidacloprid: design, synthesis, crystal structure, and insecticidal activitie. J Agric. Food Chem., 2010, 58: 2696-2702.

[2] Tian Z Z, Jiang Z X, Li Z, et al. Syntheses and biological activities of octahydro-1*H*-cyclopenta[*d*]pyrimidine derivatives. J Agric. Food Chem., 2007, 55: 143-147.

[3] Tian Z Z, Shao X S, Li Z, et al. Synthesis, insecticidal activity, and QSAR of novel nitromethylene neonicotinoids with tetrahydropyridine fixed cis configuration and exo-ring ether mod-ification. J Agric. Food Chem., 2007, 55: 2288-2292.

[4] Tian Z Z, Li Z, Huang Q C, et al. Synthesis and bioactivities of novel neonicotinoids dioxolane compounds. J Chem. Res (S), 2006, 10: 620-622.

[5] Shao X S, Li Z, Qian X H, et al. Design, synthesis and insecticidal activities of novel analogues of neonicotinoids: replace-ment of nitromethylene with nitro-conjugated system. J Agric Food Chem, 2009, 57: 951-957.

[6] 栾丽，席春虎，郑仁军. 25%环氧虫啶 WP 防治稻飞虱效果及应用. 农业灾害研究, 2018, 8(1): 10-11.

[7] 余文地. 25%环氧虫啶可湿性粉剂防治稻飞虱田间药效试验. 农业与技术, 2015, 35(24): 30-31.

[8] 王希，王旭明，吴仰辉，等. 环氧虫啶对柑橘木虱的田间防效初探. 湖北植保, 2020(3): 20-22, 39.

5.4.4　环氧虫啉的创制

化合物专利名称：1-(1,2-环氧丙基)-*N*-硝基亚咪唑烷-2-基胺及其制备方法和应用

中国专利号：ZL200810236885.X；申请日：2008-12-17；授权日：2011-03-23

专利发明人：巨修练，卢伦，李黎，李水清；申请人：武汉工程大学、武汉中鑫化工有限公司

当前权利人：河北艾林化工科技有限公司、四川和邦生物科技股份有限公司

环氧虫啉是武汉工程大学与武汉中鑫化工有限公司合作研制，后转让给四川和邦生物科技股份有限公司登记生产的新烟碱类杀虫剂。环氧虫啉是在吡虫啉 (imidacloprid) 基础上，用环氧丙基替换吡啶得到的，英文通用名 cycolxylidin，CAS 号 1185987-44-3。环氧虫啉对刺吸式口器害虫具有较好防治效果。2017 年，获得 95%环氧虫啉原药(LS20170342)和 10%环氧虫啉可湿性粉剂(LS20170365)的临时登记。

5.4.4.1 知识产权分析

环氧虫啉是在吡虫啉 (imidacloprid) 基础上，用环氧丙基替换吡啶得到的，虽属 me-too 研究，但在已有专利范围外。

（1）新颖性　新颖性分析见表 5-43。

表 5-43　该专利与已有技术对比表

该专利：CN101503406A (武汉工程大学，申请日：2008-12-17；公开日：2009-08-12)	HN, N, N, NO_2, O 环氧虫啉
接近的已有技术 CN1119646A (三井东压化学株式会社，申请日：1995-06-02；公开日：1996-04-03)	X^1, X^2, O, ( )n, Y−N, N, N, NO_2 通式 HN, N, N, NO_2, O 代表化合物（编号 4）
同类商品化/开发中品种	O_2N, N, HN, N, N, Cl 吡虫啉 O_2N, N, H, N, HN, O 呋虫胺

（2）创造性　该发明化合物与接近的已有技术 CN1119646A 中化合物结构差异比较多，且具有较好的杀虫活性，室内对小麦蚜虫 LC_{50} 为 6.45mg/L；田间 50mg/L 下对稻飞虱防效为 87%，与吡虫啉同等剂量下防效(85%)相当。

（3）核心化合物专利　环氧虫啉核心化合物专利与授权保护范围如表 5-44 所示。

表 5-44　武汉工程大学等申请的环氧虫啉核心化合物专利

序号	公开号	专利号	法律状态
1	CN101503406A	ZL200810236885.X	因未缴费专利权终止
授权保护范围（中国专利）			

续表

1-(2,3-环氧丙基)-*N*-硝基亚咪唑烷-2-基胺，其结构式为 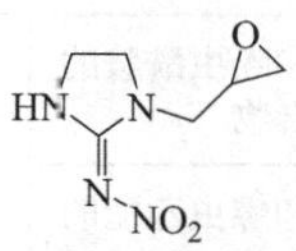

5.4.4.2 合成方法

本申请介绍了两种制备方法：

方法一：以乙二胺和环氧氯丙烷为原料，经两步反应制备目标化合物环氧虫啉（图 5-19）。

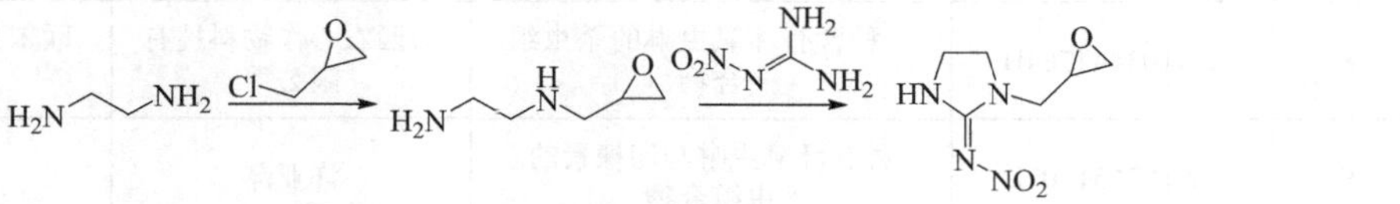

图 5-19 环氧虫啉的合成路线 1

方法二：以 *N*-硝基亚咪唑烷和环氧氯丙烷反应制得（图 5-20）。

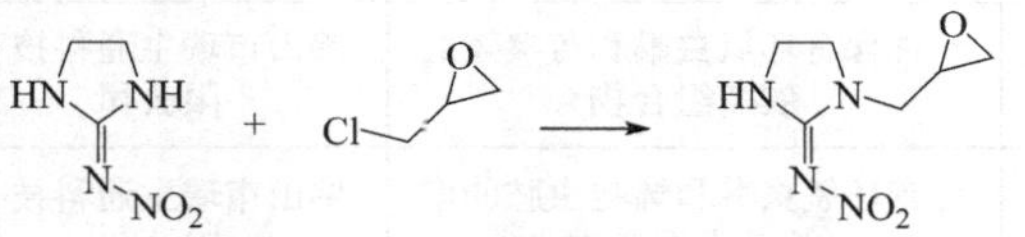

图 5-20 环氧虫啉的合成路线 2

另有文献介绍如下方法（图 5-21）[1]：

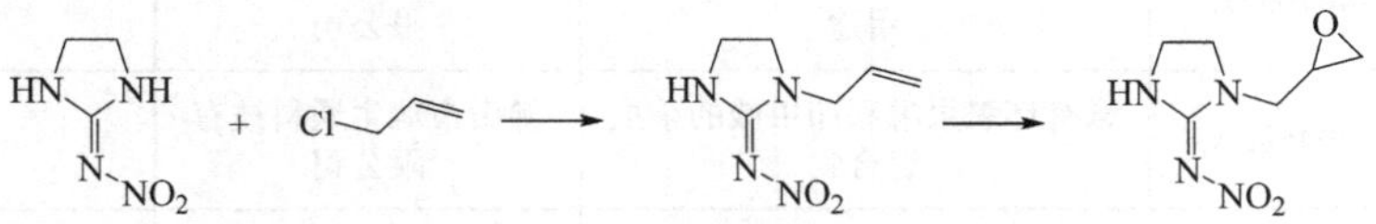

图 5-21 环氧虫啉的合成路线 3

5.4.4.3 组合物专利

环氧虫啉部分组合物专利见表 5-45。

表 5-45 环氧虫啉组合物专利

序号	公开号	发明名称	申请人	B 组分
1	CN103271073B	一种含环氧虫啉和噻嗪酮的杀虫组合物	陕西农心作物科技有限公司	噻嗪酮
2	CN103271074B	一种含环氧虫啉和吡蚜酮的杀虫组合物	陕西农心作物科技有限公司	吡蚜酮
3	CN103283770B	一种含环氧虫啉和氰氟虫腙的杀虫组合物	陕西农心作物科技有限公司	氰氟虫腙

续表

序号	公开号	发明名称	申请人	B 组分
4	CN103300047B	一种含环氧虫啉和唑虫酰胺的杀虫组合物	陕西农心作物科技有限公司	唑虫酰胺
5	CN103314986B	一种含环氧虫啉和螺虫乙酯的杀虫组合物	陕西上格之路生物科学有限公司	螺虫乙酯
6	CN103380779B	一种含环氧虫啉和生物源杀虫剂的杀虫组合物	陕西上格之路生物科学有限公司	阿维菌素、甲氨基阿维菌素苯甲酸盐、多杀霉素、乙基多杀菌素中的一种
7	CN103444761B	一种含有环氧虫啉的杀虫组合物	陕西农心作物科技有限公司	氟啶虫胺腈或呋虫胺
8	CN103444764B	一种含有环氧虫啉的杀虫组合物	陕西农心作物科技有限公司	联苯菊酯或高效氯氟氰菊酯
9	CN103651507B	一种含环氧虫啉与印楝素的杀虫组合物	许亚萍	印楝素
10	CN103651508B	一种杀虫组合物	许亚萍	鱼藤酮
11	CN106942259A	一种含茚虫威与环氧虫啉的杀虫组合物	京博农化科技股份有限公司	茚虫威
12	CN107347903A	一种含有环氧虫啉和苦参碱的农药组合物	佛山市瑞生通科技有限公司	苦参碱
13	CN107372575A	含有环氧虫啉和烯啶虫胺的增效杀虫组合物	佛山市瑞生通科技有限公司	烯啶虫胺
14	CN107396933A	一种包含环氧虫啉和吡丙醚的杀虫组合物	佛山市瑞生通科技有限公司	吡丙醚
15	CN107467055A	包含噻虫嗪的杀虫组合物及其用途	佛山市瑞生通科技有限公司	噻虫嗪
16	CN107494582A	含有环氧虫啉和茚虫威的杀虫组合物	佛山市瑞生通科技有限公司	茚虫威
17	CN107691465A	一种防治柑橘介壳虫的农药组合物	天峨县平昌生态农业有限公司	吡丙醚
18	CN107960423A	一种增效杀虫组合物及其应用	佛山市瑞生通科技有限公司	氯虫苯甲酰胺
19	CN108552211A	一种含有三氟苯嘧啶与环氧虫啉的杀虫组合物及应用	江西正邦生物化工有限责任公司	三氟苯嘧啶
20	CN108782591A	含有环氧虫啉和杀螟丹的杀虫组合物	江苏天容集团股份有限公司	杀螟丹
21	CN108967436A	含有环氧虫啉和杀虫环的杀虫组合物	江苏天容集团股份有限公司	杀虫环

5.4.4.4 作用机理

环氧虫啉属于新烟碱类杀虫剂，作用于昆虫神经系统烟碱乙酰胆碱受体[2]。

5.4.4.5 毒理学与安全评价

环氧虫啉原药大鼠急性经口低毒，雄：LD_{50}＞5000mg/kg；雌：LD_{50}＞4300mg/kg。

5.4.4.6 登记情况

目前国内登记环氧虫啉系列产品 2 个（已过期），具体登记信息如表 5-46。

表 5-46 环氧虫啉相关登记产品信息表

登记证号	农药名称	剂型	总含量	登记作物	防治对象	用药量（制剂量）	施用方法	登记证持有人
LS20170365	环氧虫啉	可湿性粉剂	10%	甘蓝	蚜虫	15～20g/亩	喷雾	四川和邦生物科技股份有限公司
LS20170342	环氧虫啉	原药	95%	—	—	—	—	四川和邦生物科技股份有限公司

5.4.4.7 应用效果

环氧虫啉对刺吸式口器害虫具有较好防治效果[2]。

参考文献

[1] 胡福临. 环氧虫啉工艺优化及其手性选择性. 武汉: 武汉工程大学, 2014.

[2] 巨修练, 胡福临, 王均震, 等. 环氧虫啉的晶体结构及其杀虫活性. 武汉工程大学学报, 2013, 35(12): 17-21.

5.4.5 戊吡虫胍的创制

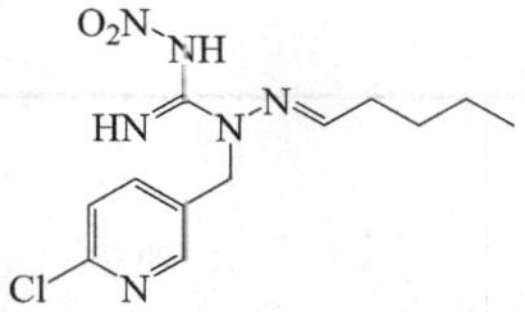

化合物专利名称：硝基缩氨基胍类化合物及其制备方法与其作为杀虫剂的应用

中国专利号：ZL200880105824.8；申请日：2008-11-25；授权日：2012-09-05

专利发明人：覃兆海，马永强，苏旺苍，王蕾，张政，赵邦斌，方江升

申请人：覃兆海

戊吡虫胍是中国农业大学开发的具有多靶标位点的新型杀虫剂，实验代号：ZNQ-08056，英文通用名：guadipyr，CAS 号：1376342-13-0，由合肥星宇化学有限责任公司产业化开发和登记。采用分子设计和活性亚结构相拼接的方法，将新烟碱类（以吡虫啉为代表）与缩氨脲类（以茚虫威为代表）杀虫剂的活性结构组建到同一分子中，获得的兼具新烟碱类和钠离子通道抑制剂特点的杀虫系列化合物。戊吡虫胍结构新颖，急性经口毒性远低于吡虫啉，比食盐还低，对蜜蜂低毒。对豆蚜、棉蚜、菜蚜、桃蚜、稻飞虱和烟粉虱等半翅目蚜科、飞虱科、粉虱科害虫以及棉铃虫、甜菜夜蛾等鳞翅目害虫具有良好的防效，其防治效果与吡虫啉相当，并且对抗吡虫啉的害虫具有很好的杀灭效果。该品种还在欧盟、巴西、美国申请了化合物专利保护。2017年，合肥星宇化学有限责任公司对 96%戊吡虫胍原药和 20%戊吡虫胍悬浮剂进行了临时登记，正式登记在办理中[1]。

5.4.5.1 创制过程

采用分子设计和活性亚结构相拼接的方法，将新烟碱类（以吡虫啉为代表）与缩氨脲类（以茚虫威为代表）杀虫剂的活性结构组建到同一分子中，获得的兼具新烟碱类和钠离子通道抑制剂特点的杀虫系列化合物（图 5-22）。

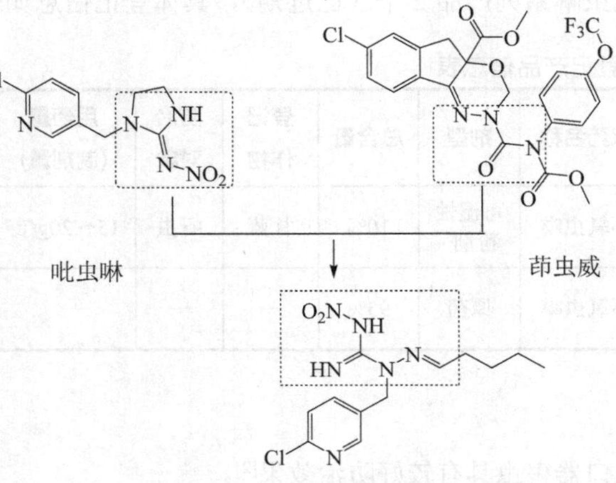

吡虫啉　　茚虫威

戊吡虫胍

图 5-22 戊吡虫胍的发现过程

5.4.5.2 知识产权分析

该发明化合物结构新颖，尽管与文献报道化合物结构类似，但仍具有显著的差异。

（1）新颖性　新颖性分析见表 5-47。

表 5-47 该专利与已有技术对比表

该专利：CN101821232A(中国农业大学，申请日：2008-11-25；公开日：2010-09-01)	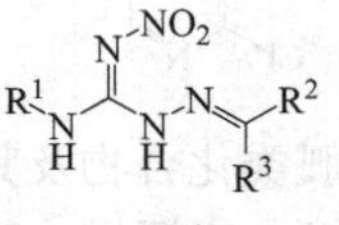 通式 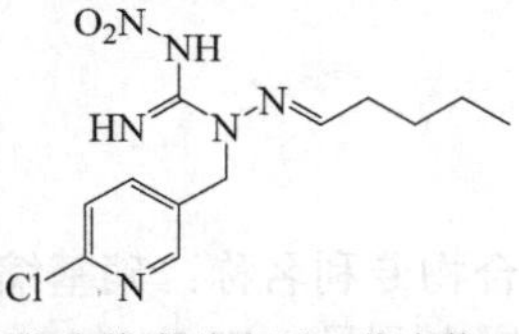　　代表化合物戊吡虫胍（化合物 56）
接近的已有技术 Journal of the American Chemical Society, 1955, 77: 5693-5695	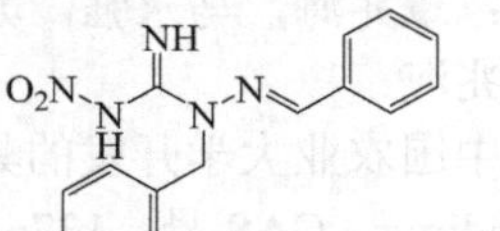
同类商品化/开发中品种	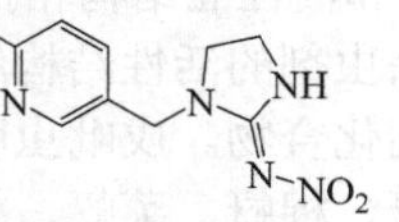 吡虫啉

（2）创造性　专利 CN101821232B 说明书生物活性测定实施例记载，该发明测试化合物（编号 56，戊吡虫胍）的杀虫活性：对蚜虫（600μg/mL）致死率为 100%，对棉铃虫（500μg/mL）致死率为 70%，对甜菜夜蛾（500μg/mL）致死率为 20%。

（3）核心化合物专利　戊吡虫胍核心化合物专利与授权保护范围如表 5-48 所示。

表 5-48　戊吡虫胍核心化合物专利

序号	公开号	专利号	法律状态
1	CN101821232B	ZL200880105824.8	专利权终止
2	AU2008361735A1	AU2008361735B2	授权有效
3	BRPI0818332A2		失效
4	EA201070413A1	EA18139B1	授权有效
5	EP2216324A1	EP2216324B1	授权有效
6	IN2061DELNP2010A		失效
7	US20110306639A1		失效
8	WO2010060231A1		失效

授权保护范围（中国专利）

式 I 所示化合物或其药学上可接受的盐：

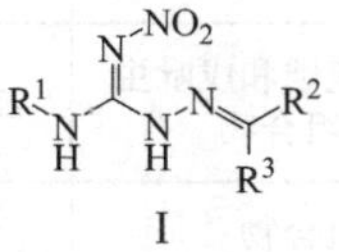

I

其中：

R^1 为 C_1～C_{10} 饱和或不饱和脂肪烃基、苄基、卤代吡啶甲基、卤代噻唑甲基、四氢呋喃甲基或噁唑甲基；R^2 为氢、C_1～C_5 饱和或不饱和脂肪烃基、苯基或吡啶基；R^3 为氢、C_1～C_{10} 饱和或不饱和脂肪烃基、呋喃基、苯基或苄基

5.4.5.3　合成方法

以 1-硝基胍为起始原料，经过与水合肼、戊醛、2-氯-5-氯甲基吡啶反应等步骤合成戊吡虫胍（图 5-23）[2]。

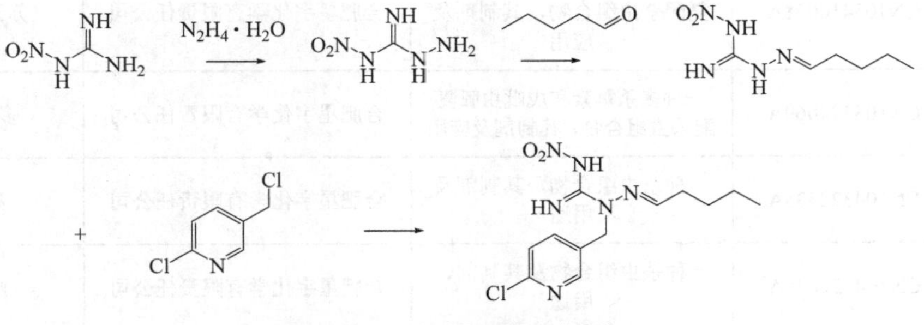

图 5-23　戊吡虫胍的合成路线

5.4.5.4　组合物专利

戊吡虫胍部分组合物专利见表 5-49。

表 5-49　戊吡虫胍组合物专利

序号	公开号	发明名称	申请人	B 组分
1	CN107494583A	一种含藜芦碱的杀虫组合物	惠州市无龄康态健康科技有限公司	藜芦碱

续表

序号	公开号	发明名称	申请人	B组分
2	CN113545346A	一种防治番木瓜蚜虫的增效组合物	广西壮族自治区亚热带作物研究所	丁香酚
3	CN113068698A	一种防治澳洲坚果蚜虫的杀虫组合物	广西壮族自治区亚热带作物研究所	藻酸丙二醇酯
4	CN110477001A	一种农药组合物及其应用	合肥星宇化学有限责任公司	丙硫菌唑
5	CN109997868A	一种防治二斑叶螨、烟粉虱的药剂组合物	山东省农业科学院植物保护研究所	依维菌素
6	CN111345309A	一种杀虫杀菌组合物，其制剂及用途	合肥星宇化学有限责任公司	噻酰菌胺
7	CN111345310A	一种杀虫杀菌组合物，其制剂及用途	合肥星宇化学有限责任公司	吡唑醚菌酯
8	CN109122713A	一种含有亚胺硫磷和戊吡虫胍的农药组合物	江西正邦作物保护有限公司	亚胺硫磷
9	CN110740644A	杀真菌组合物	先正达参股股份有限公司	*N*-苯基脒
10	CN110050796A	一种防治烟粉虱的杀虫剂及其使用方法	山东省农业科学院植物保护研究所	溴氰菊酯
11	CN108782590A	含有戊吡虫胍和杀虫环的杀虫组合物	江苏天容集团股份有限公司	杀虫环
12	CN104824011A	含有吡啶喹唑啉和戊吡虫胍的杀虫组合物	广东中迅农科股份有限公司	吡啶喹唑啉
13	CN105410028A	一种苏云金杆菌和戊吡虫胍复配杀虫组合物，其制剂及应用	合肥星宇化学有限责任公司	苏云金杆菌
14	CN105394069A	一种多杀霉素和戊吡虫胍复配杀虫组合物，其制剂及应用	合肥星宇化学有限责任公司	多杀霉素
15	CN104322535A	一种杀虫组合物，其制剂及用途	合肥星宇化学有限责任公司	氟啶脲
16	CN104336045A	一种杀虫组合物及其制剂、用途	合肥星宇化学有限责任公司	吡蚜酮
17	CN103444763A	一种含有戊吡虫胍的复合杀虫剂	江苏省绿盾植保农药实验有限公司	醚菊酯
18	CN103109840A	一种含有戊吡虫胍和螺螨酯的杀螨组合物及其制剂	合肥星宇化学有限责任公司	螺螨酯
19	CN103202314A	一种防治棉花蚜虫及蓟马的农药组合物的水乳剂	河南省农业科学院植物保护研究所	高效氯氟氰菊酯
20	CN103109839A	一种含有戊吡虫胍和氰氟虫腙的杀虫组合物及其制剂	合肥星宇化学有限责任公司	氰氟虫腙

5.4.5.5 作用机理

戊吡虫胍能够有效抑制 Ca^{2+}通道和 K^{+}通道 I_{peak}（峰值电流），并使通道的激活曲线和失活曲线发生移动，影响 Ca^{2+}通道和 K^{+}通道的门控特性。表明棉铃虫中枢神经细胞上的电压门控 Ca^{2+}通道和 K^{+}通道是戊吡虫胍的潜在作用靶标之一[3]。

5.4.5.6 毒性学与安全评价

雌、雄大鼠急性经口 LD_{50}＞5000mg/kg，属微毒；雌、雄大鼠急性经皮 LD_{50}＞5000mg/kg，属微毒；雌、雄大鼠急性吸入毒性 LC_{50}＞3458mg/m³，属低毒；Ames 试验结果为阴性；对兔眼、皮肤刺激强度为无刺激级；皮肤变态（致敏）强度为 1 级，属弱致敏物；体外哺乳动物细胞基因突变试验结果阴性；细胞体外染色体畸变试验结果阴性；小鼠睾丸染色体畸变试验结果阴性。

戊吡虫胍对斜生栅藻和大型溞的半数有效浓度（EC_{50}）分别为 8.79mg/L 和 10.97mg/L，对家蚕、斑马鱼、赤子爱胜蚓和非洲爪蟾的半数致死浓度（LC_{50}）分别为 2.32mg/L、13.74mg/L、＞100mg/kg 和 19.30mg/L，对赤眼蜂的安全系数为 0.16～0.031，对蜜蜂急性触杀 LD_{50} 和急性摄入毒性 LC_{50} 分别为 51.82μg/蜂和 10.8×10^{3}mg/L，对鹌鹑的急性经口和急性饲喂毒性 LC_{50} 分别为＞1000mg/kg 和＞2000mg/L。按照最新国标 GB/T 31270—2014《化学农药环境安全评价试验准则》系列标准的毒性等级划分，戊吡虫胍除了对家蚕和赤眼蜂为高毒和极高风险外，对其余非靶生物均为低毒[4]。

5.4.5.7 登记情况

目前国内登记戊吡虫胍系列产品 2 个，具体登记信息如表 5-50。

表 5-50 戊吡虫胍相关登记产品信息表

登记证号	农药名称	剂型	总含量	登记作物	防治对象	用药量（制剂量）	施用方法	登记证持有人
LS20170094	戊吡虫胍	悬浮剂	20%	甘蓝	蚜虫	10～15mL/亩	喷雾	合肥星宇化学有限责任公司
				水稻	稻飞虱	20～30mL/亩		
LS20110180	戊吡虫胍	原药	96%	—	杀虫剂	—	—	合肥星宇化学有限责任公司

5.4.5.8 应用效果

田间药效：经过山东、安徽、广西、福建、江西等地的大田试验证实，戊吡虫胍对豆蚜、桃粉蚜、棉蚜、菜蚜、甘蓝桃蚜、油菜桃蚜、稻飞虱、烟粉虱等同翅目蚜科、飞虱科、粉虱科害虫以及棉铃虫、甜菜夜蛾等鳞翅目害虫具有良好的防效，其防治效果与吡虫啉相当，并且对抗吡虫啉的害虫具有很好的杀灭效果。

用于防治各类蔬菜蚜虫、小麦蚜虫、水稻稻飞虱、叶蝉、介壳虫等，用量 45～150g（a.i.）/hm²，防效可达 90%以上[2]。

参考文献

[1] 芦志成，张鹏飞，李慧超，等. 中国农药创制概述与展望. 农药学学报, 2019, 21(5-6): 551-579.
[2] 覃兆海，马永强，苏旺苍，等. 硝基缩氨基胍类化合物及其制备方法与其作为杀虫剂的应用. CN101821232A, 2010-09-01.
[3] 关丹阳，姜笑维，李清亚，等. 戊吡虫胍对棉铃虫中枢神经细胞电压门控钙通道和钾通道的影响. 应用昆虫学报, 2020,57(04): 841-849.
[4] 李冬植，王凯，徐莉，等. 戊吡虫胍对几种非靶标生物的急性毒性. 生态毒理学报, 2016,11(3): 331-337.

5.4.6 其他新烟碱类化合物的创制

（1）具有杀虫活性的含氮桥环化合物及其制备和用途

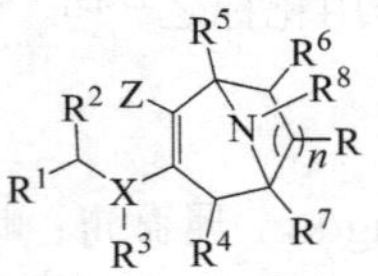

式中，X 为 N；R^1 选自 H、取代或未取代的 $C_{1\sim6}$ 烷基、取代或未取代的 $C_{1\sim6}$ 饱和烷基-O-$C_{1\sim6}$ 饱和烷基、取代或未取代的 $C_{1\sim6}$ 饱和烷基-S-$C_{1\sim6}$ 饱和烷基，其中所述取代基为选自下组中的一个或多个：卤素、$C_{1\sim4}$ 烷基、$C_{1\sim4}$ 烷氧基、$C_{1\sim4}$ 卤代烷基或 $C_{1\sim4}$ 氯代烷氧基；R^2 为 H，卤素，$C_{1\sim6}$ 烷基；R^3 和 R^4 各自独立地为 H，$C_{1\sim6}$ 烷基；或 R^3 和 R^4 共同构成—CH_2—CH_2—、—CH_2—CH_2—CH_2—、—CH_2—CH_2—MR''—或—CH_2—MR''—CH_2—；式中，M 为 N 杂原子；R''为杂原子上的取代基，选自下组：H，$C_{1\sim6}$ 烷基；或 R^3 和 R^4 共同构成—CH_2—CH_2—M—或—CH_2—M—CH_2—；式中，M 为 O 或 S 杂原子；R^5、R^6、R^7 和 R 各自独立地为 H，卤素，$C_{1\sim6}$ 烷基，$C_{1\sim6}$ 烷氧基，$C_{1\sim4}$ 烷氧基-$C_{1\sim4}$ 烷基；

n 为 1 或 2；

R^8 为 H，氰基，$C_{1\sim6}$ 烷基，卤代 $C_{1\sim6}$ 烷基，磺酸基 $C_{1\sim6}$ 烷基，$C_{1\sim6}$ 烷基-羰基-$C_{1\sim6}$ 烷基，$C_{1\sim4}$ 烷氧基-$C_{1\sim4}$ 烷基，$C_{1\sim4}$ 烷氧基-羰基，苯氧羰基，$C_{1\sim6}$ 烷基-羰基，$C_{3\sim6}$ 环烷基-羰基，（结构式），未取代的或被一个或多个选自卤原子、$C_{1\sim4}$ 烷基、氰基、硝基、$C_{1\sim4}$ 卤代烷基，或 $C_{1\sim4}$ 烷氧基的取代基所取代的以下基团：苄基、吡啶基、甲基吡啶基、呋喃基、噻唑基、噁唑基、四氢呋喃基、萘基、苯基、苯氧基苯基、联苯基；

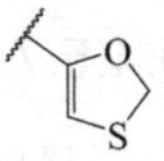

或 R^8 为 YR_aR_b 结构，其中，Y 独立地为 N、S；R_a 和 R_b 各自独立地为 H，$C_{1\sim6}$ 烷基，$C_{1\sim4}$ 烷氧基-羰基，$C_{1\sim6}$ 烷基-羰基，未取代的或被一个或多个选自卤原子、$C_{1\sim4}$ 烷基、氰基、硝基、羟基、甲氨基、$C_{1\sim4}$ 卤代烷基、$C_{1\sim4}$ 烷氧基或 $C_{1\sim4}$ 烷基-羰基的取代基所取代的以下基团：苯基；

Z 为硝基，氰基，$COOCH_3$，醛基，羧基，三氟甲基，三氟乙酰基，或三氟甲磺酰基。

发明人：李忠，徐晓勇，徐仁博，钱旭红，邵旭升，须志平，程家高，宋恭华；申请人：华东理工大学

中国专利号：ZL201410393278.X；中国专利申请日：2014-08-11

化合物类型：吡虫啉类似物

发明思路：以吡虫啉为基础，通过引入氮杂双环衍生得到现有化合物。

用途：所述化合物对同翅目、鳞翅目等农林业害虫，例如蚜虫、飞虱、粉虱、叶蝉、蓟马、棉铃虫、菜青虫、小菜蛾、斜纹夜蛾、黏虫等具有高的杀虫活性。

代表化合物结构如下：

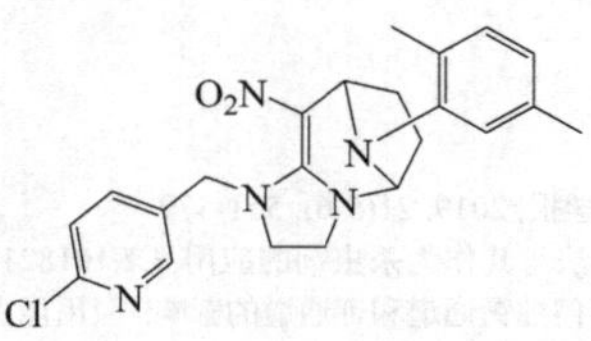

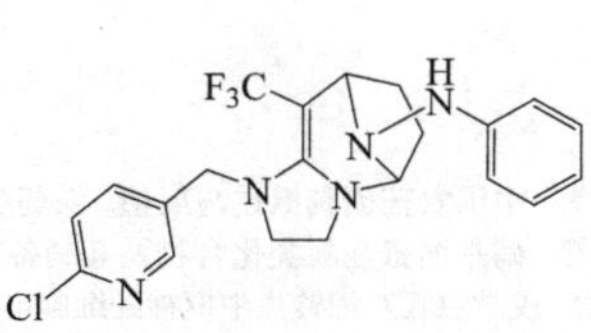

（2）八元氧桥杂环化合物作为杀虫剂增效剂的用途

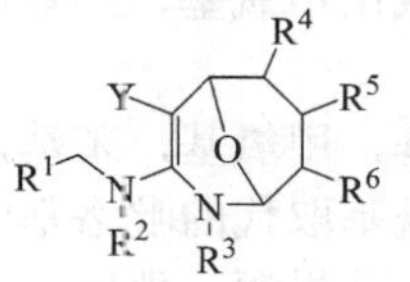

式中：

R^1为 H，$C_{1\sim6}$烷基，$C_{1\sim6}$烷氧基，$C_{1\sim6}$卤代的烷基，$C_{1\sim6}$卤代的烷氧基，含氮、氧和/或硫的五元或六元杂环基，卤代的含氮、氧和/或硫的五元或六元杂环基，或取代或未取代的苯基；所述取代是指被选自下组中的一个或多个取代基所取代：卤素、$C_{1\sim4}$卤代烷基或$C_{1\sim4}$氯代烷氧基；

R^2、R^3各自独立地为 H，$C_{1\sim6}$烷基，烯丙基，苄基，$C_{1\sim4}$烷氧基-$C_{1\sim4}$烷基，$C_{1\sim4}$烷氧基-羰基，苯氧羰基，$C_{2\sim6}$炔基-羰基，$C_{2\sim3}$烯基-羰基，$C_{3\sim6}$环烷基-羰基，苯甲酰基或被一个或多个选自卤原子、$C_{1\sim4}$烷基、$C_{1\sim4}$卤代烷基、$C_{1\sim4}$烷氧基、$C_{1\sim4}$烷基-羰基的取代基所取代的苯甲酰基，呋喃羰基，*N*, *N*-二甲基羰基，或者R^2和R^3共同构成—CH_2—CH_2—或—CH_2—CH_2—CH_2—；

R^4、R^5、R^6各自独立地为 H，饱和或不饱和$C_{1\sim4}$烷基，卤素，$C_{1\sim8}$饱和或不饱和烷氧基，卤代的$C_{1\sim4}$饱和或不饱和烷氧基，$C_{1\sim4}$烷基-羰基，$C_{1\sim8}$烷基-酯基，$C_{1\sim4}$烷基-磺酸酯基，苯基或苄基；

Y 为$C_{1\sim6}$烷基，$C_{1\sim6}$烷氧基，$C_{1\sim6}$卤代的烷基，$C_{1\sim6}$卤代的烷氧基，苄基，硝基，氰基，三氟甲基，三氟乙酰基或三氟甲磺酰基。

发明人：刘泽文，李忠，徐晓勇，张懿熙，邵旭升；申请人：南京农业大学，华东理工大学

中国专利号：ZL201410536626.4；中国专利申请日：2014-10-11；同族专利：WO2016055029A1

化合物类型：吡虫啉类似物

发明思路：以吡虫啉为基础，通过引入氧杂双环衍生得到现有化合物。

用途：对稻飞虱、烟粉虱、棉蚜、美洲大蠊、家蝇等多种害虫防治具有较强的增效作用。

代表化合物结构如下：

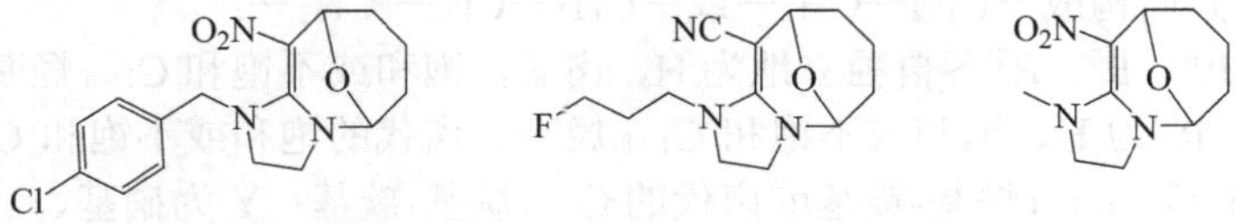

（3）含氮杂环化合物及其用途

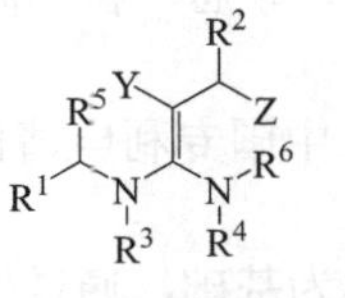

式中，R^1是 H，氟或氯代的甲基或乙基，苯基，氯代苯基，四氢呋喃基，氯代噻唑基或吡啶基，三氟乙酰基或R^7-X—，R^7为氟代的甲基，X 为 NH；R^2为 H，卤素，C_1～C_3烃基，卤代的C_1～C_3烃基或C_1～C_3的烷氧基；R^3和R^4分别独立选自C_1～C_4烃基或卤代的C_1～C_4烃基中一种；R^5和R^6分别独立选自 H，C_1～C_4烃基，卤代的C_1～C_4烃基或C_1～C_3的含氧烷基中一种；Y 是硝基，氰基，三氟乙酰基或三氟甲基磺酰基；Z 是呋喃基，噻吩基，吡咯基，噁唑基，噻唑基，吡啶基，取代的呋喃基、噻吩基、吡咯基、噁唑基、噻唑基或吡啶基，苯基，取代苯基等。

所述取代的呋喃基、噻吩基、吡咯基、噁唑基、噻唑基或吡啶基的取代基选自：甲基，乙基，甲氧基，苯基，Cl，NO_2，CN，或由甲氧基、三氟甲基或乙酰基取代的苯基或吡啶基中一种或两种以上；

所述取代苯基的取代基选自：甲基，甲氧基，苯基，吡啶基，由三氟甲基取代的吡啶基，由甲基取代的呋喃基，或由甲基和乙酰基取代的吡咯基中一种或两种以上。

发明人：李忠，徐晓勇，袁自豪，陆思源，邵旭升，须志平；申请人：华东理工大学

中国专利号：ZL201410667486.4；中国专利申请日：2014-11-20

化合物类型：烯啶虫胺类似物

发明思路：me-too 研究；以烯啶虫胺为基础，通过在双键上引入杂环衍生得到现有化合物。

用途：该发明提供的杀虫剂的化学稳定性更好，同时，对于豆蚜、黏虫、线虫等抗性害虫具有更好的杀灭活性。

代表化合物结构如下：

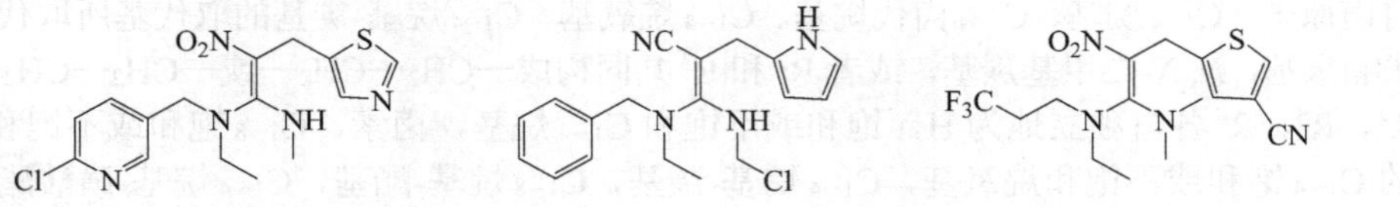

（4）环烯酮构建的二环新烟碱化合物及其制备方法和应用

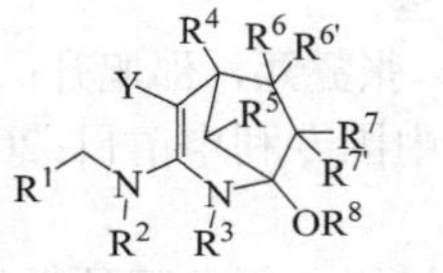

式中，R^1 为含氮、氧和/或硫的五元或六元杂环基，卤代的含氮、氧和/或硫的五元或六元杂环基；R^2、R^3 各自独立地为 H，$C_{1\sim6}$ 烷基或卤代的 $C_{1\sim6}$ 烷基或烯丙基；

或者 R^2 和 R^3 共同构成—CH_2—CH_2—或—CH_2—CH_2—CH_2—；

R^4、R^5、R^6、$R^{6'}$、R^7、$R^{7'}$ 各自独立地为 H，卤素，饱和或不饱和 $C_{1\sim8}$ 烃基或卤代的饱和或不饱和 $C_{1\sim8}$ 烃基；R^8 为 H、饱和或不饱和 $C_{1\sim8}$ 烃基、卤代的饱和或不饱和 $C_{1\sim8}$ 烃基、$C_{1\sim4}$ 烷氧基-$C_{1\sim6}$ 烷基、苄基、$C_{1\sim4}$ 烷基-羰基或卤代的 $C_{1\sim4}$ 烷基-羰基；Y 为硝基、三氟甲基或三氟乙酰基。

发明人：田忠贞，徐晓勇，须志平，李忠，崔书霞，邵旭升；申请人：华东理工大学、济南大学

中国专利号：ZL201210262515.X；中国专利申请日：2012-07-26

化合物类型：吡虫啉类化合物

发明思路：me-too 研究；以吡虫啉为基础，通过引入并环结构衍生得到现有化合物。

用途：该发明的化合物对同翅目、鳞翅目等农林业害虫，例如蚜虫、飞虱、粉虱等具有高杀虫活性。

代表化合物结构如下：

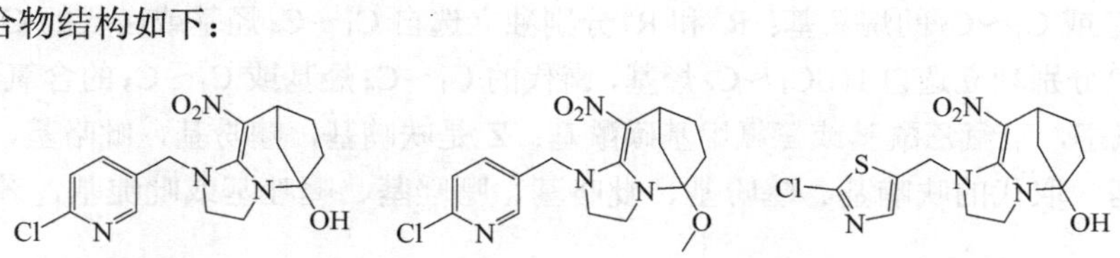

（5）具有杀虫活性的吡咯及二氢吡咯稠环化合物的制备与用途

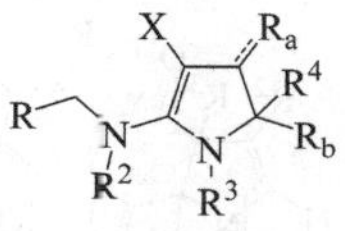

式中，R 为取代或未取代的含氮、氧和/或硫的五元或六元杂环基，所述含氮、氧和/或硫的五元或六元杂环基为吡啶基、噻唑基、嘧啶基、四氢呋喃基或噁唑基，其中当取代时，取代基为选自下组中的一个或多个：卤素、$C_{1\sim4}$烷基、$C_{1\sim4}$卤代烷基或 $C_{1\sim4}$卤代烷氧基；R_a 为 OR^1 或者 O，附加条件是：当 R_a 为 OR^1 时，R_a 与相邻的 C 之间为单键，以及当 R_a 为 O 时，R_a 与相邻的 C 之间为双键；其中，R^1 为 H，或取代或未取代的以下基团：$C_{1\sim6}$烷基，其中当取代时，取代 基为选自下组中的一个或多个：卤素、$C_{1\sim4}$烷基、$C_{1\sim4}$卤代烷基；R^2、R^3 各自独立地为取代或未取代的以下基团：$C_{1\sim6}$烷基，其中当取代时，取代基为选自下组中的一个或多个：卤素、$C_{1\sim4}$烷基、$C_{1\sim4}$卤代烷基；或者 R^2 和 R^3 共同构成—CH_2— $(CH_2)_n$—，其中 n 为 1～3 的整数；R^4 为取代或未取代的以下基团：$C_{1\sim6}$烷基或 $C_{1\sim4}$烷氧基，其中当取代时，取代基为选自下组中的一个或多个：卤素、$C_{1\sim4}$烷基、$C_{1\sim4}$烷氧基、$C_{1\sim4}$卤代烷基，或 $C_{1\sim4}$卤代烷氧基；R_b 为 OR^5，其中，R^5 为 H，或取代或未取代的以下基团：$C_{1\sim6}$烷基，其中当取代时，取代基为选自下组中的一个或多个：卤素、$C_{1\sim4}$烷基、$C_{1\sim4}$卤代烷基；X 为硝基，氰基，或三氟乙酰基；

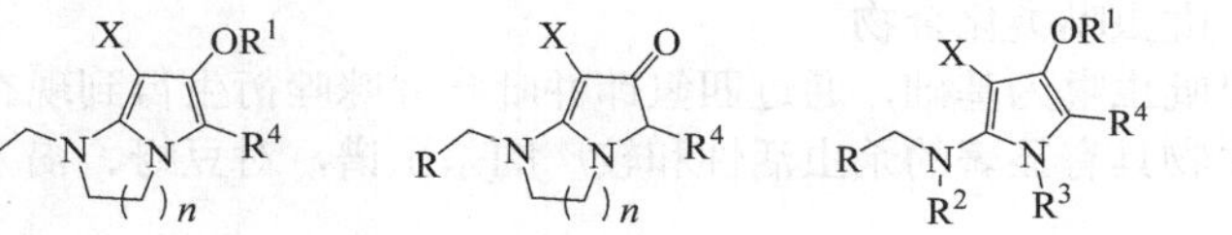

(Ⅱ)　　(Ⅲ)　　(Ⅴ)

式(Ⅱ)、(Ⅲ)或(Ⅴ)中：

R 为取代或未取代的含氮、氧和/或硫的五元或六元杂环基，所述含氮、氧和/或硫的五元或六元杂环基为吡啶基、噻唑基、嘧啶基、四氢呋喃基或噁唑基，其中，当取代时，取代基为选自下组中的一个或多个：卤素、$C_{1\sim4}$卤代烷基或 $C_{1\sim4}$卤代烷氧基；R^1 为 H，或取代或未取代的以下基团：$C_{1\sim6}$烷基，其中当取代时，取代基为一个或多个卤素；R^2、R^3 各自独立地为取代或未取代的以下基团：$C_{1\sim6}$烷基，其中当取代时，取代基选自下组中的一个或多个：卤素、$C_{1\sim4}$烷基、$C_{1\sim4}$卤代烷基；R^4 为取代或未取代的以下基团：$C_{1\sim6}$烷基或 $C_{1\sim4}$烷氧基，其中当取代时，取代基为一个或多个卤素；n 为 1～3 的整数；X 为硝基，氰基，或三氟乙酰基。

发明人：李忠，徐晓勇，叶振君，钱旭红，邵旭升，须志平，曾步兵，宋恭华；申请人：华东理工大学

中国专利号：ZL201110191819.7；中国专利申请日：2011-07-08；同族专利：WO2013007168A1

化合物类型：吡虫啉类似物

发明思路：以吡虫啉结构为基础，通过引入并环结构衍生得到现有化合物。

用途：所述化合物及其衍生物对同翅目、鳞翅目等农林业害虫，如蚜虫、飞虱、粉虱、叶蝉、蓟马、棉铃虫、菜青虫、小菜蛾、斜纹夜蛾、黏虫等具有高杀虫活。

代表化合物结构如下：

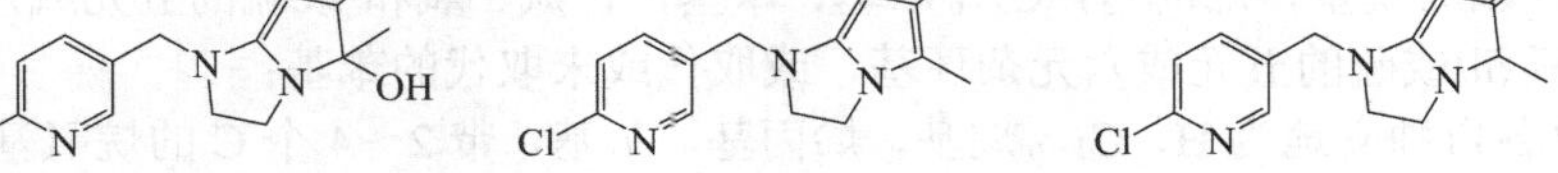

（6）四氢茚并吡咯并咪唑的衍生物及其制备方法和用途

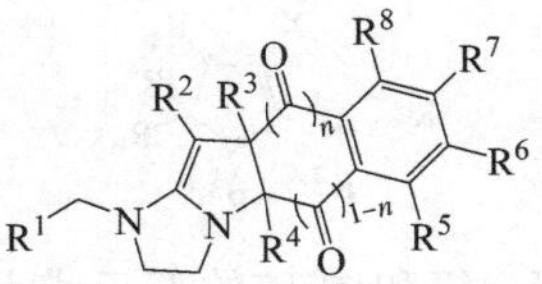

式中，R^1 为四氢呋喃基，氯代噻唑基或氯代吡啶基；R^2 为硝基、氰基或三氟乙酰基；R^3 和 R^4 分别独立选自羟基，C_1～C_4 直链或支链的烷氧基，由羟基或甲氧基取代的 C_1～C_4 直链或支链的烷氧基，卤素，$R^9C(=O)(O)_m$—，$R^{10}R^{11}N$— 中一种；或 R^3 和 R^4 组合为 —O—$(CH_2)_p$—O—；

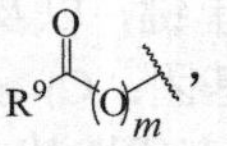

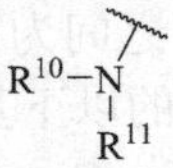

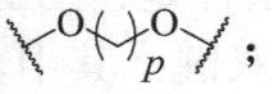

R^5～R^8 分别独立选自氢或 C_1～C_3 直链或支链的烷氧基中一种；n 为 0 或 1；

其中，R^9 为 C_1～C_3 直链或支链的烷基，或由卤素、氰基或三氟甲氧基取代的苯基，取代基个数为 1～3 的整数，m 为 0 或 1；

R^{10} 和 R^{11} 分别独立选自氢，苯基，或由卤素、C_1～C_3 直链或支链的烷基或 C_1～C_3 直链或支链的含氟烷基取代的苯基，取代基个数为 1～3 的整数；p 为 1 或 2。

发明人：邵旭升，李忠，陈南阳，徐晓勇，须志平，程家高；申请人：华东理工大学

中国专利号：ZL201410181612.5；中国专利申请日：2014-04-30

化合物类型：吡虫啉类化合物

发明思路：以吡虫啉为基础，通过四氢茚并吡咯并咪唑衍生得到现有化合物。

用途：该衍生物具有显著的杀虫活性和较广的杀虫谱，对豆蚜、褐飞虱、黏虫、小菜蛾均有一定的活性。

代表化合物结构如下：

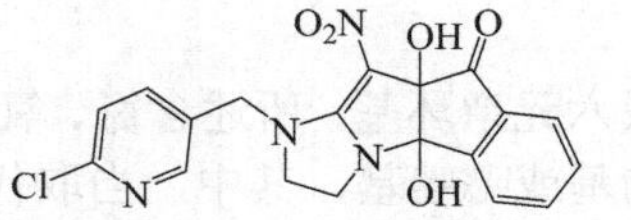

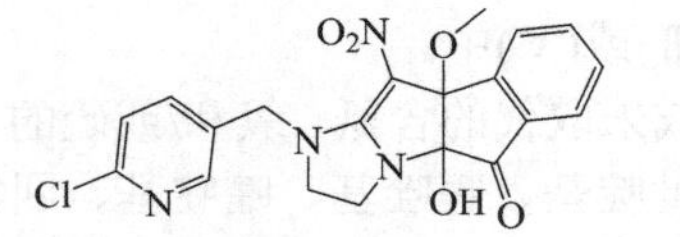

（7）具有杀虫活性的含氮杂环化合物，其制备及用途

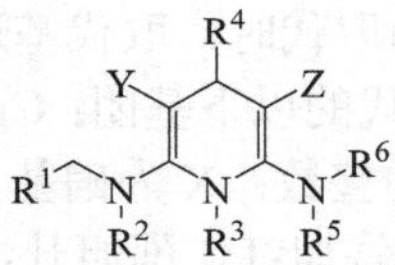

式中，R^1 为含氮、氧和/或硫的五元或六元杂环基，卤代的含氮、氧和/或硫的五元或六元杂环基，或者取代或未取代的苯基，其中，所述取代基为选自下组中的一个或多个：卤素，$C_{1\sim4}$ 卤代烷基或 $C_{1\sim4}$ 氯代烷氧基；

R^2、R^3 各自独立地为 H，$C_{1\sim6}$ 烷基，烯丙基，苄基，带 2～4 个 C 的烷氧基烷基，带 1～3 个 C 的烷氧基羰基，苯氧羰基，带 2～6 个 C 的炔基羰基，带 2～3 个 C 的烯基羰基，带 3～6 个 C 的环烷基羰基，苯甲酰基，呋喃羰基，或 *N*, *N*-二甲基羰基，或者 R^2 和 R^3 共同构成—CH_2—CH_2—或—CH_2—CH_2—CH_2—；—CH_2—XR—CH_2—，其中 X 为选自 N、O，或 S 的杂原子，R 是杂原子上的 $C_{1\sim6}$ 烷基或 $C_{1\sim6}$ 烷氧基；

R^4 为 H，$C_{1\sim6}$ 烷基，烯丙基，$C_{2\sim6}$ 烯基，苄基，含氮、氧和/或硫的五元或六元杂环基，卤代的含氮、氧和/或硫的五元或六元杂环基，或取代或未取代的苯基；

R^5 和 R^6 各自独立地为 H，$C_{1\sim6}$ 烷基，烯丙基，苄基，带 2～4 个 C 的烷氧基烷基，带 1～3

个 C 的烷氧基羰基，苯氧羰基，带 2～6 个 C 的炔基羰基，带 2～3 个 C 的烯基羰基，带 3～6 个 C 的环烷基羰基，苯甲酰基，磺酰基，含氮、氧和/或硫的五元或六元杂环羰基，卤代的含氮、氧和/或硫的五元或六元杂环羰基，或 *N*, *N*-二甲基羰基，或者 R^5 和 R^6 共同构成—CH_2—$(CH_2)_n$—CH_2—，n＝0、1、2、3 或 4；

Y 为硝基，氰基，三氟甲基，三氟乙酰基，或三氟甲磺酰基；Z 为硝基，氰基，酯基，酰氨基，甲羧基，甲羟基，或三氟甲基。

发明人：李忠，钱旭红，杨小宝，徐晓勇，陶黎明，宋恭华，黄青春，李璐，吴宁波；申请人：华东理工大学

中国专利号：ZL200810205009.0；中国专利申请日：2008-12-30；同族专利：WO2010075760A1

化合物类型：吡虫啉类似物

发明思路：以吡虫啉为基础，通过苯连杂环取代进行修饰得到现有化合物。

用途：所述化合物及其衍生物对同翅目、鳞翅目等农林业害虫，例如蚜虫、飞虱、粉虱、叶蝉、蓟马、棉铃虫、菜青虫、小菜蛾、斜纹夜蛾、黏虫等具有高的杀虫活性。

代表化合物结构如下：

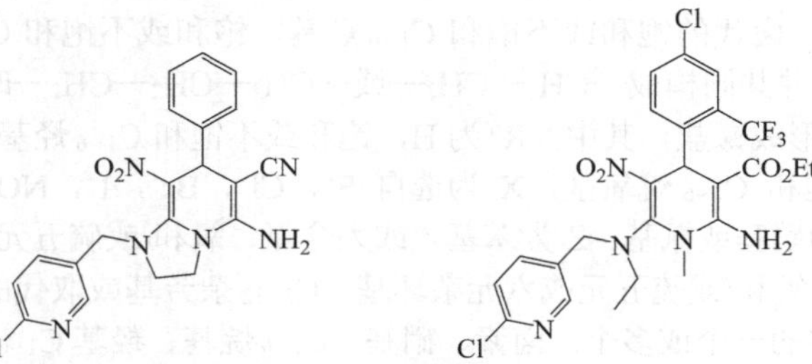

(8) 双联和氧桥杂环新烟碱化合物及其制备方法

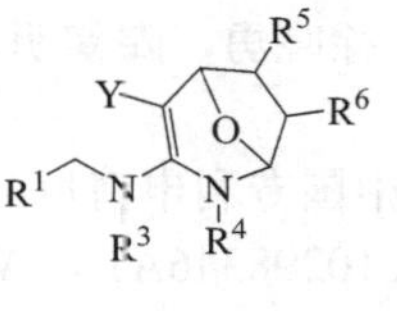

式中代表化合物结构如下：

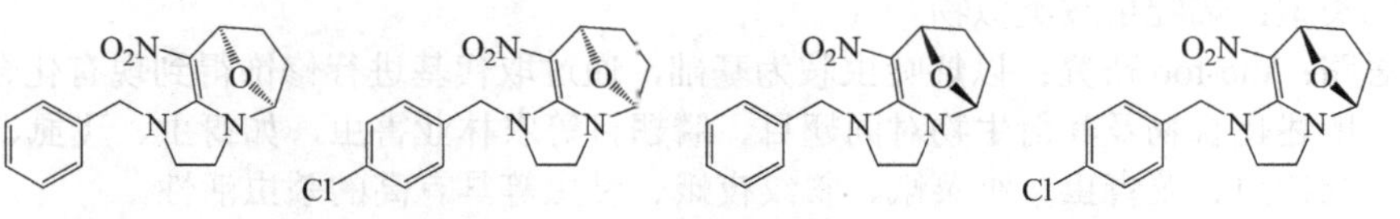

发明人：钱旭红，李忠，邵旭升，徐晓勇，须志平，宋恭华；申请人：华东理工大学

中国专利号：ZL200910258534.3；中国专利申请日：2009-12-09；同族专利：IL220237D0、AU2010330474A1、WO2011069456A1、EP2511279A4、JP2013513553A、CA2783504C、EP2511279A1、US8809319B2、CN102093389A、BRPI1213846A2、CA2783504A1、US2012245126A1、CN102093389B、UA106256C2、CL2012001517A1、JP5600750B2、CO6561790A2、CR20120361A、AU2010330474B2、RU2012127868A、EP2511279B1、KR101504575B1、IN1669MUMNP2012A、ZA201205074A、KR1020120094111A、RU2531920C2、MX2012006663A、IL220237A

化合物类型：吡虫啉类似物类

发明思路：me-too 研究；以吡虫啉结构为基础，通过引入具有手性的桥环结构衍生得到现

有化合物。

用途：所述化合物及其衍生物对同翅目、鳞翅目等农林业害虫，例如蚜虫、飞虱、粉虱、叶蝉、蓟马、棉铃虫、菜青虫、小菜蛾、斜纹夜蛾、黏虫等具有高的杀虫活性。

（9）具有杀虫活性的含氮杂环化合物，其制备及用途

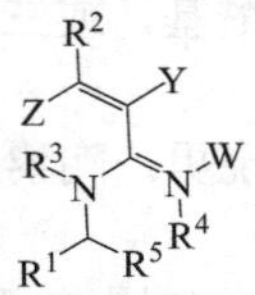

式中，R^1 为含氮、氧和/或硫的五元或六元杂环基，或卤代的含氮、氧和/或硫的五元或六元杂环基，取代或未取代的苯基，其中所述取代基为选自下组中的一个或多个：卤素，$C_{1\sim4}$卤代烷基或 $C_{1\sim4}$氯代烷氧基；R^2 为 H 或 $C_{1\sim6}$烷基或被 F、Cl、Br 取代的 $C_{1\sim6}$烷基；R^3、R^4 各自独立地为 H 或 $C_{1\sim6}$烷基，烯丙基，苄基，$C_{1\sim4}$烷氧基-$C_{1\sim4}$烷基，$C_{1\sim4}$烷氧基-羰基，苯氧羰基，$C_{2\sim6}$炔基-羰基，$C_{2\sim3}$烯基-羰基，$C_{3\sim6}$环烷基-羰基，苯甲酰基或被一个或多个选自卤原子、$C_{1\sim4}$烷基、$C_{1\sim4}$卤代烷基、$C_{1\sim4}$烷氧基，或 $C_{1\sim4}$烷基-羰基的取代基所取代的苯甲酰基，呋喃羰基，*N, N*-二甲基羰基，或者 R^3 和 R^4 共同构成—CH_2—CH_2—或—CH_2—CH_2—CH_2—；R^5 为 H，饱和或不饱和 $C_{1\sim6}$烃基，卤代的饱和或不饱和 $C_{1\sim6}$烃基，饱和或不饱和 $C_{1\sim6}$烷氧基；W 为无，或在 R^3 和 R^4 相互连接并共同构成—CH_2—CH_2—或—CH_2—CH_2—CH_2—时，W 为 R^6，且通过与 R^6 相连的氮原子与 X^-形成鎓盐，其中，R^6 为 H，饱和或不饱和 $C_{1\sim6}$烃基，卤代的饱和或不饱和 $C_{1\sim6}$烃基，饱和或不饱和 $C_{1\sim6}$烷氧基，X^-为选自 F^-，Cl^-，Br^-，I^-，NO_3^-，AcO^-，或 $PhCOO^-$的酸根负离子等；Y 为硝基或氰基；Z 为苯基，或为含氮、氧和/或硫五元或六元杂环基，或取代的苯基，取代的含氮、氧和/或硫五元或六元杂环基，$C_{5\sim12}$杂芳基或取代的 $C_{5\sim12}$杂芳基，其中所述取代基为选自下组中的一个或多个：卤素、硝基、$C_{1\sim6}$烷基、羟基 $C_{1\sim6}$烷基、羟基、$C_{1\sim6}$烷氧基、氨基、$C_{1\sim6}$烷基氨基、未取代的苯基，或被一个或多个选自卤原子、$C_{1\sim4}$烷基、$C_{1\sim4}$卤代烷基、$C_{1\sim4}$烷氧基、$C_{1\sim4}$烷基-羰基、$C_{1\sim4}$烷基氨基，或 $C_{1\sim4}$烷氧基-羰基的取代基所取代的苯基。

发明人：李忠，钱旭红，邵旭升，徐晓勇，陶黎明，宋恭华，黄青春；申请人：华东理工大学

中国专利号：ZL200810032949.4；中国专利申请日：2008-01-23；同族专利：US8232407B2、EP2281812B1、EP2281812A1、US2010298346A1、WO2009094867A1、CN101492444A、AU2008349040A1、AU2008349040B2、EP2281812A4、CN101492444B

化合物类型：烯啶虫胺类似物

发明思路：me-too 研究；以烯啶虫胺为基础，通过取代基进行修饰得到现有化合物。

用途：所述化合物及其衍生物对同翅目、鳞翅目等农林业害虫，如蚜虫、飞虱、粉虱、叶蝉、蓟马、棉铃虫、菜青虫、小菜蛾、斜纹夜蛾、黏虫等具有高的杀虫活性。

代表化合物结构如下：

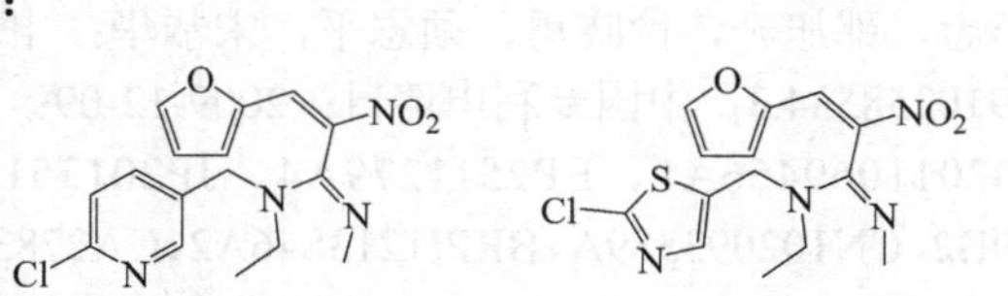

（10）一种苄基磺酰亚胺衍生物及其应用

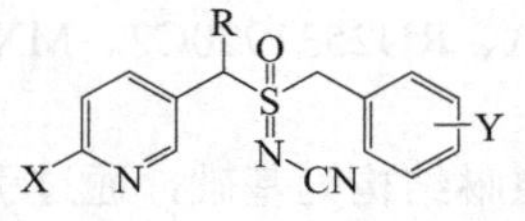

式中，X 为 Cl、CF_3、Br 或 OCF_3；Y 为 OCH_3、OCF_3、F 或 H；R 为 CH_3 或 H。

发明人：梅向东，董梦雅，宁君，张涛，张兰祥，司伟杰；申请人：中国农业科学院植物保护研究所

中国专利号：ZL201310414000.1；中国专利申请日：2013-09-12

化合物类型：新烟碱类化合物、氟啶虫胺腈类似物

发明思路：me-too 研究，在陶氏益农氟啶虫胺腈基础上引入苄基结构。

用途：具有杀虫活性。可以有效杀灭棉蚜、桃蚜、菜蚜、小菜蛾、褐飞虱、朱砂叶螨、按蚊等农业害虫，对人体毒害小，易被环境降解。

代表化合物结构如下：

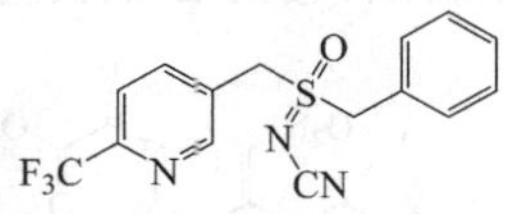

（11）具有杀虫活性的卤代丁烯酸内酯类化合物的制备及用途

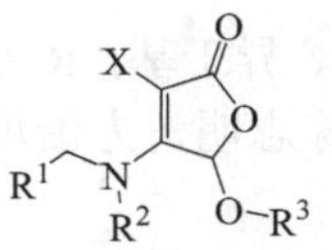

式中，R^1 为吡啶基卤代物，R^2 为 $C_{1\sim6}$ 烷基或 $C_{3\sim4}$ 环烷基，R^3 为卤代 $C_{1\sim6}$ 烷基，X 为氯或溴。

申请人：海利尔药业集团股份有限公司，济南大学

中国专利号：ZL201811323988.X；中国专利申请日：2018-11-08

化合物类型：丁烯酸内酯类，新烟碱类

发明思路：me-too 研究；以新烟碱类杀虫剂为先导进行结构优化而得。

用途：具有杀虫活性，对蚜虫、飞虱、粉虱、叶蝉、蓟马、棉铃虫、菜青虫、小菜蛾、斜纹夜蛾、黏虫等具有很高的杀虫活性。

代表化合物结构如下：

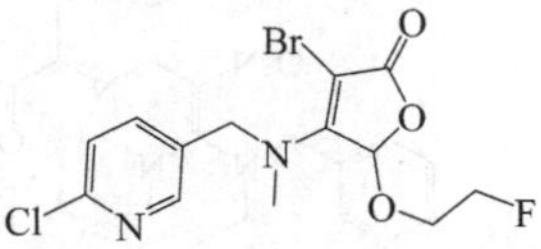

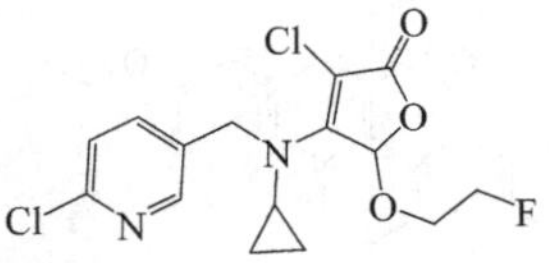

（12）1,5-二取代六氢三嗪杀虫剂及其制备方法

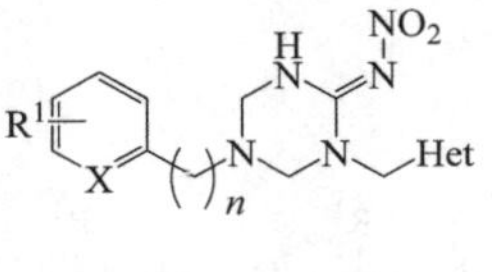

其中，n 为 0～5 中的任一个数；

X 为碳或氮；R^1 为甲基、甲氧基、氟、氯、溴、2,4-二甲基中的一种或两种；Het 为 6-氯-3-吡啶基或 2-氯-5-噻唑基中的一种。

发明人：薛思佳，王海峰，祝俊，施顺发；申请人：上海师范大学、上海生农生化制品有限公司

中国专利号：ZL200910053470.3；中国专利申请日：2009-06-19

化合物类型：新烟碱类、取代三嗪类

发明思路：该发明化合物以取代三嗪类化合物为母体，通过衍生合成引入烟碱类共用中间

体得到该类化合物。

用途：具有杀虫活性，该发明的化合物对小麦生长具有促进活性，在农业中可用于植物生长调节。

代表化合物结构如下：

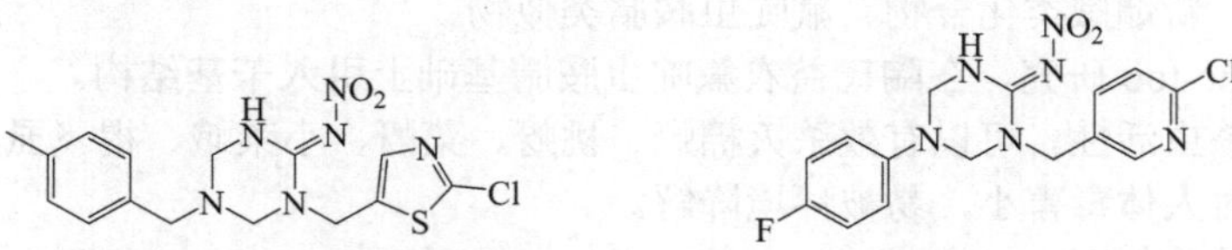

(13) 含 L-α-氨基酸酯的 *Z* 式构型新烟碱类杀虫剂及制备

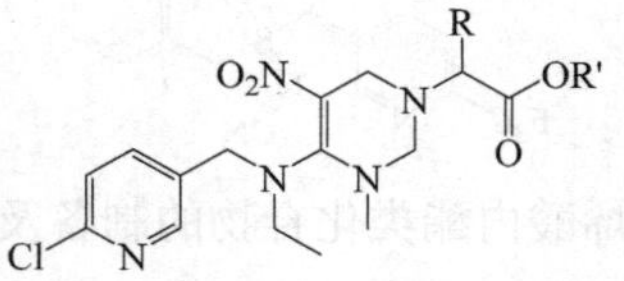

其中，R 为氢、甲基、异丙基、苄基、异丁基；R'为甲基和乙基、正丙基、正丁基中的一种。

发明人：薛思佳，杨定荣，金甲，陈志明，方治坤；申请人：上海师范大学，上海生农生化制品有限公司

中国专利号：ZL200910057324.8；中国专利申请日：2009-05-26

化合物类型：新烟碱类

发明思路：me-too 研究；该发明以 L-α-氨基酸为原料，经衍生合成、活性基团拼接合成了系列含有 L-α-氨基酸酯的 *Z* 式构型新烟碱类化合物。

用途：具有杀虫活性，该发明化合物对稻褐飞虱、黏虫、苜蓿蚜均有较好防治效果，可以用于农业防治上述害虫。

代表化合物结构如下：

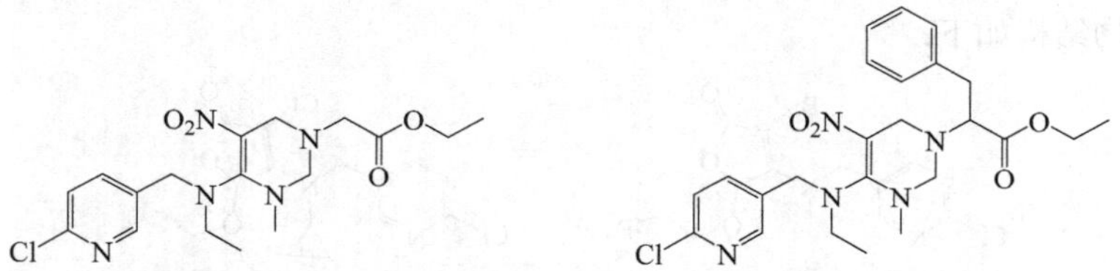

(14) 含氨基酸酯的二效价顺式新烟碱类化合物及其制备方法和应用

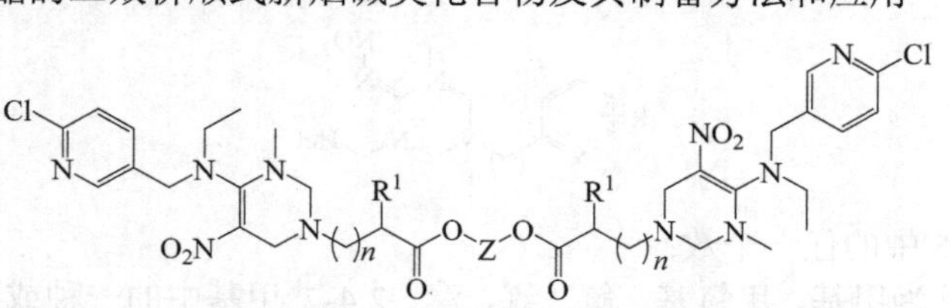

式中，Z 选自$(CH_2)_2$或$(CH_2)_3$；n=0 时，R^1 为 H 或 CH_3；n=1 或 2 时，R^1 为 H。

发明人：薛思佳，方庭；申请人：上海师范大学

中国专利号：ZL201110104403.7；中国专利申请日：2011-04-15

化合物类型：新烟碱类

发明思路：以氨基酸、二醇、甲醛和烯啶虫胺为原料合成了一系列含有氨基酸酯的具有杀虫活性的二效价顺式新烟碱类化合物。

用途：具有杀虫活性，可用于防治桃蚜、朱砂叶螨等。

代表化合物结构如下：

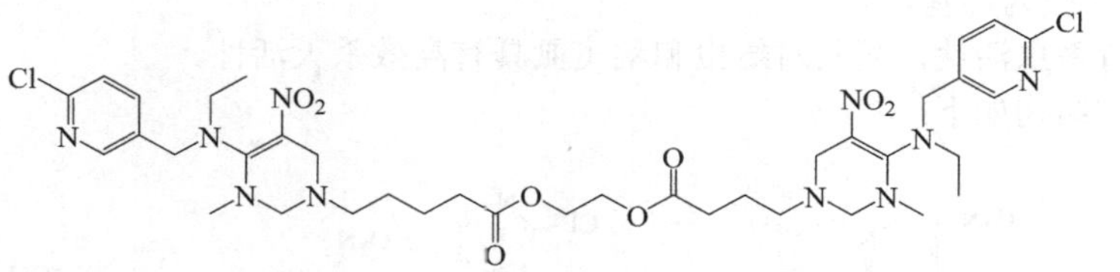

（15）新烟碱噻虫胺类化合物及其制备方法和应用

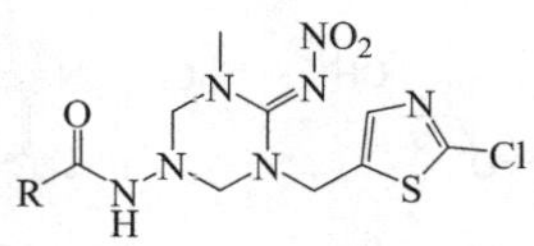

式中，R 为苯甲基、苯基、2-噻吩基、2-呋喃基、3-甲基苯基、4-叔丁基苯基、3-*N,N*-二甲氨基苯基、4-氯苯基。

发明人：薛思佳，马旭波；申请人：上海师范大学

中国专利号：ZL201110106756.0；中国专利申请日：2011-04-15

化合物类型：新烟碱类

发明思路：me-too 研究，在已有技术公开的新烟碱类化合物的基础上，对六氢三嗪上的取代基进行衍生从而得到现有的化合物。

用途：具有杀虫活性，可用于控制稻飞虱、苜蓿蚜等。

代表化合物结构如下：

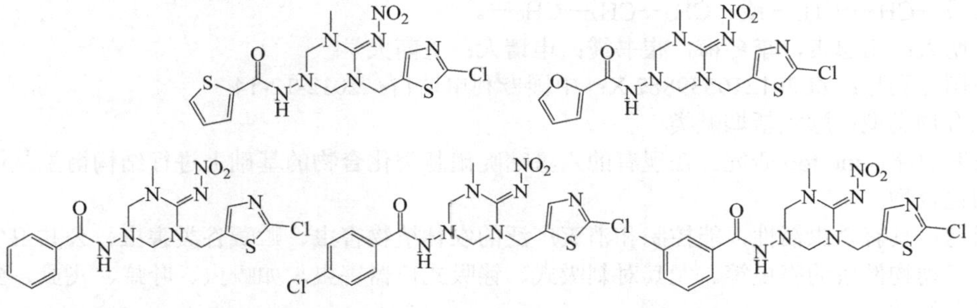

（16）含氨基酸二元醇单酯的顺式烯啶虫胺类似物，其制备及应用

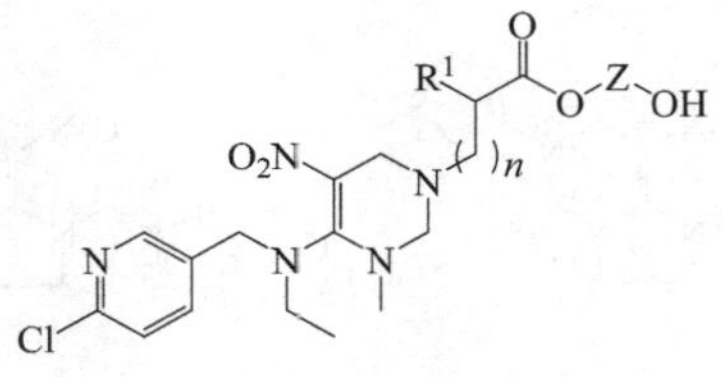

式中，Z 为$(CH_2)_2$，n=0、1、2，R^1=H；或者 n=0，R^1=4-Cl-$C_6H_5CH_2$；Z 为$(CH_2)_3$，n=1，R^1=H；Z 为$(CH_2)_4$，n=0、1，R^1=H；Z 为$(CH_2)_5$，n=2，R^1=H。

发明人：孙传文，方庭，薛思佳；申请人：上海师范大学

中国专利号：ZL201110240335.7；中国专利申请日：2011-08-19

化合物类型：新烟碱类

发明思路：me-too 研究，在已有技术公开的烯啶虫胺类似物的基础上，进行结构衍生，将与 Z 相连的 H 替换为羟基。

用途：具有杀虫活性，尤其对蚜虫和稻飞虱具有高效杀灭活性。

代表化合物结构如下：

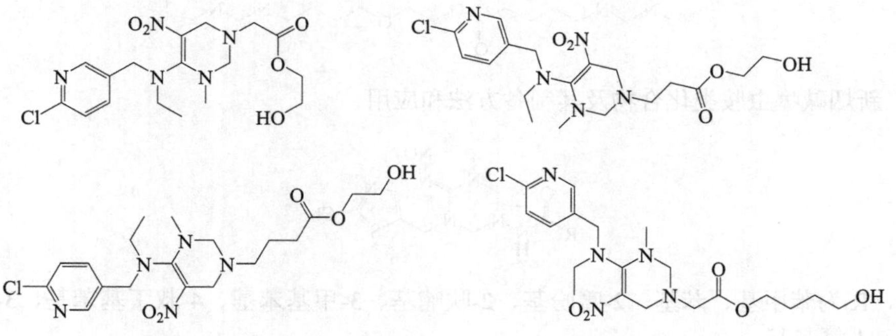

（17）含二硫戊环的顺式新烟碱化合物及其制备方法和应用

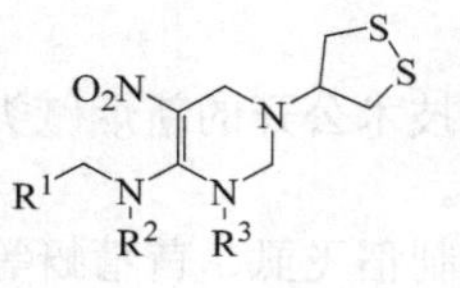

式中，R^1 选自取代或未取代的吡啶基、噻唑基；R^2 为 CH_2CH_3，R^3 为 CH_3，或者 R^2、R^3 共同构成—CH_2—CH_2—或—CH_2—CH_2—CH_2—。

发明人：田忠贞，李冬梅，崔书霞；申请人：济南大学

中国专利号：ZL201210539882.X；中国专利申请日：2012-12-14

化合物类型：顺式新烟碱类

发明思路：me-too 研究；在现有的六氢嘧啶硝基类化合物的基础上进行结构衍生从而得到现有的化合物。

用途：具有杀虫活性，能控制和消灭广泛的农林植物害虫、贮藏谷类害虫、公共卫生害虫以及危害动物健康的害虫等。尤其对刺吸式、锉吸式口器害虫，如蚜虫、叶蝉、飞虱、蓟马、粉虱等有特效。

代表化合物结构如下：

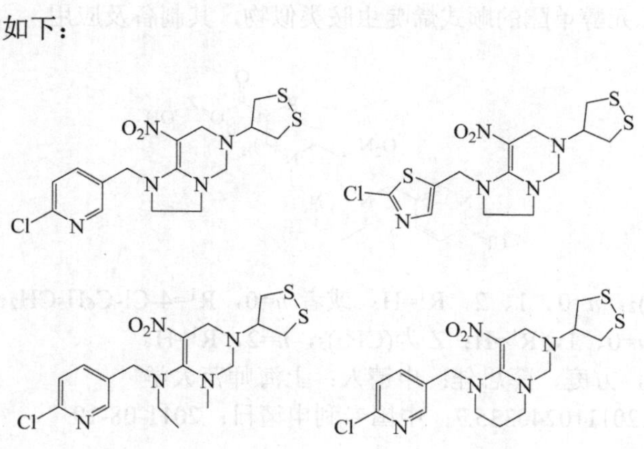

（18）含氟顺式新烟碱化合物及其制备方法和应用

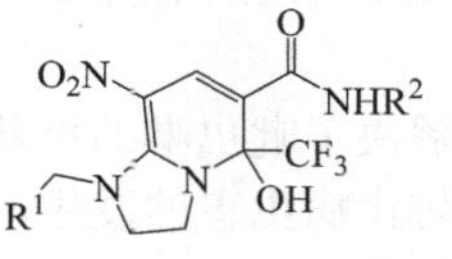

式中，R^1为 Cl-(吡啶基)—；R^2为苯基，或取代基所取代的苯基。

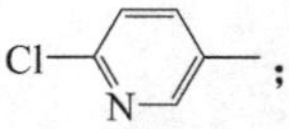

发明人：田忠贞，李冬梅，崔书霞；申请人：济南大学

中国专利号：ZL201310482596.9；中国专利申请日：2013-10-16

化合物类型：含氟二氢吡啶、新烟碱

发明思路：在现有的含氟二氢吡啶化合物的基础上，通过取代基衍生从而得到现有的化合物。

用途：具有杀虫活性，可用于防治飞虱、粉虱、叶蝉。

代表化合物结构如下：

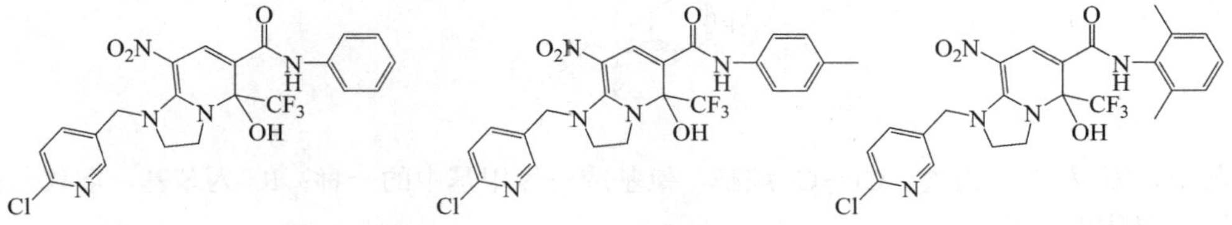

（19）高活性 *N*-烃氧基新烟碱类似物及其制备方法和应用

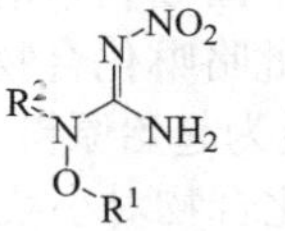

其中，R^1为氢、C_1～C_{10}饱和或不饱和脂肪族烃基、呋喃、苯、取代苯基、苄基、取代苄基、吡啶、咪唑、噁唑、噻唑、C_1～C_5烷氧基或芳氧基；

R^2为C_1～C_{10}饱和或不饱和脂肪族烃基、取代苄基、取代苯基、卤代吡啶甲基、卤代噻唑甲基、四氢呋喃甲基、嘧啶-2-基或取代嘧啶-2-基。

所述R^1和R^2中取代苯基的取代基数目为1～5个，取代基部分或全部被卤素、羟基、氨基或取代氨基取代；所述取代氨基为甲氨基、硝基或氨基；

所述R^1中取代苄基的取代基数目为1～5个，取代基为卤素、氨基、羟基、C_1～C_5烷基或C_1～C_5烷氧基，其中C_1～C_5烷基和C_1～C_5烷氧基中的氢部分或全部被卤素取代；

所述R^2中取代苄基的取代基数目为1～5个，取代基为卤素、硝基、氨基、羟基、氰基、C_1～C_5烷基、C_1～C_5烷硫基或C_1～C_5烷氧基，其中C_1～C_5烷基、C_1～C_5烷硫基或C_1～C_5烷氧基中的氢部分或全部被卤素取代；

所述取代嘧啶-2基的取代基数目为1～3个，取代基为卤素、C_1～C_5烷基、C_1～C_5烷硫基或C_1～C_5烷氧基，其中C_1～C_5烷基、C_1～C_5烷硫基或C_1～C_5烷氧基中的氢部分或全部被卤素取代；

所述R^1中芳氧基为苯氧基或吡啶氧基。

发明人：覃兆海，杨冬燕；申请人：中国农业大学

中国专利号：ZL201710005006.1；中国专利申请日：2017-01-04

化合物类型：*N*-烃氧基新烟碱类似物

发明思路：me-too 研究；以 *N*-羟基邻苯二甲酰亚胺为起始原料，经烷基化、取代、缩合反应得到。

用途：具有杀虫活性，该杀虫剂解决了吡虫啉的抗药性以及对蜜蜂毒害性的问题，可有利地保护农作物、园艺植物、果蔬等，防止病虫害的发生，提高其产量，同时为高活性且对有益生物低毒的杀虫剂的开发探索了一条新路。

代表化合物结构如下：

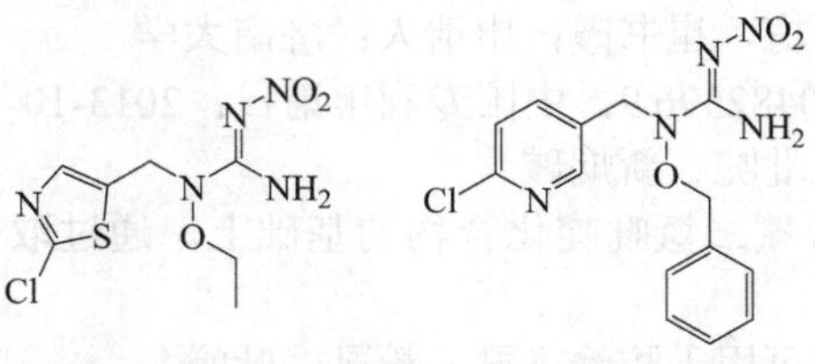

（20）一种含三氟甲基的吡啶基吡咯啉化合物及制备方法和应用

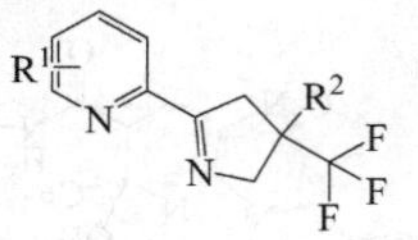

其中，R^1 为 H，卤素，C_1～C_7 烷基，氰基或三氟甲基中的一种；R^2 为苯基，取代苯基或 C_1～C_8 烷基中的一种。

发明人：傅滨，谢磊，武林刚，张振华，李佳奇，覃兆海；申请人：中国农业大学

中国专利号：ZL201610622540.2；中国专利申请日：2016-08-01

化合物类型：含三氟甲基的吡啶基吡咯啉化合物

发明思路：me-too 研究；以取代吡啶为起始原料，经过加成、还原、加成、脱水等反应得到。

用途：具有杀虫活性，该发明所述化合物对小菜蛾和蚜虫具有良好的防治效果，尤其当 R^1 为 4-叔丁基，R^2 为苯基时，对棉蚜具有良好的防治效果，当 R^1 为 5-F、R^2 为苯基，或 R^1 为 5-CF_3、R^2 为苯基时，对小菜蛾具有 100%的抑制率。

代表化合物结构如下：

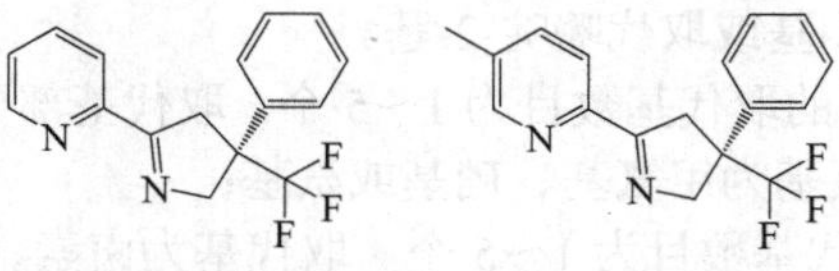

（21）吡啶苯醚类化合物及其制备和应用

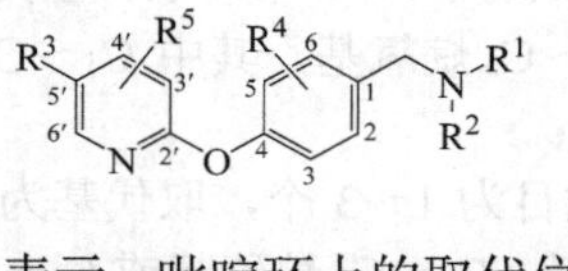

其中，苯环上取代位置以 1～6 表示；吡啶环上的取代位置以 1'～6'表示；R^4 在苯环上的取代位置可为 2,3,5 或 6 位；R^5 在吡啶环上的取代位置可为 3'、4'或 6'位；

R^3 为 F、Cl、Br、NO_2、CN 或 CF_3。R^4、R^5 分别为氢、C_1～C_3 烷基、C_1～C_3 烷氧基、F、Cl 或 Br。

其中，NR^1R^2 中 R^1、R^2 分别为 C_1～C_6 烷基；或 N 与 R^1、R^2 共同组成如下的环状化合物：

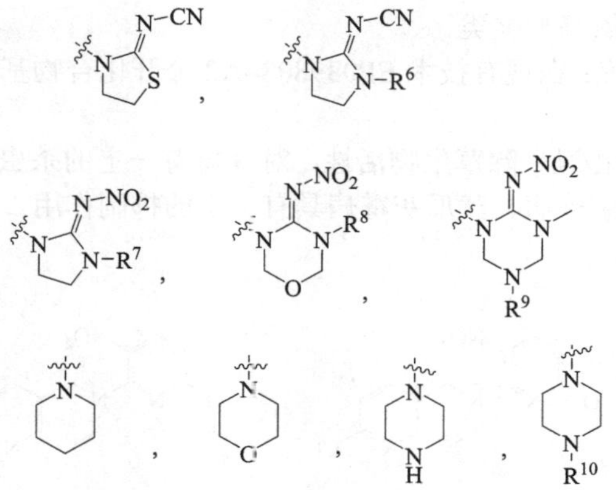

其中，R_6、R_7、R_8 分别为 H 或 C_1～C_4 烷基；R^9 为 H，C_1～C_4 烷基或 C_1～C_4 烷氧基，取代苄基以及取代苄氧基；R^{10} 为 H，C_1～C_4 烷基，羟基取代的 C_1～C_4 烷基，仲胺取代的 C_1～C_4 烷基和取代苯基、取代苄基。

发明人：戴红，石玉军，何海兵，曹宇锋，仲苏林，陈小波，王志芳，曹雄飞；申请人：南通大学，联合国南通农药剂型开发中心

中国公开号：CN104119316A；中国专利申请日：2014-06-25

化合物类型：吡啶苯醚类化合物

发明思路：me-too 研究；通过氯甲基取代的吡啶苯醚与相应的烟碱类中间体缩合得到。

用途：具有杀虫活性，所述吡唑苯醚类化合物对有害昆虫具有好的防治效果，该化合物可用于制备农业等领域的杀虫剂。

代表化合物结构如下：

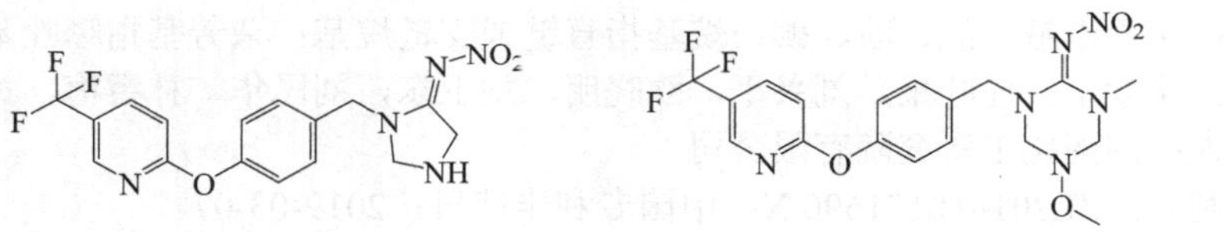

（22）吡啶甲胺基吡啶类化合物及其制备方法

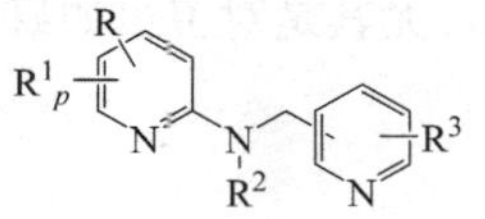

其中，R 是硝基、氰基、C_1～C_3 卤代烷基；p 是 0 或 1；

R^1 代表：①氢、卤素；②烷基、烷氧基、烷硫基、芳基氧基；③NR^4R^5，R^4 和 R^5 是相同的或不同的，并代表氢、烷基；④在①②或③中所确定的含义，R^1 中的氢原子部分或全部被选自下列相同或不同的取代基取代：卤素、芳基、杂芳基、卤代芳基或卤代杂芳基；⑤在①②③或④中确定了含义的芳基和杂芳基可以部分或全部氢化，其中 1 个或 2 个 CH_2 基团能被 CO 取代；

R^2 代表氢或烷基；R^3 是卤素、C_1～C_3 烷基、C_1～C_3 卤代烷基；当 R＝3-NO_2、R^2＝CH_3 时，$R^1{}_p$≠6-Cl、6-H；当 R＝3-NO_2、R^2＝$CH(CH_3)_2$ 时，$R^1{}_p$≠6-H。

发明人：柳爱平，余淑英，刘民华，裴晖，刘兴平，胡志彬，易正华，唐明，左金江，黄明智；申请人：湖南化工研究院

中国专利号：ZL201210031824.6；中国专利申请日：2012-02-13

化合物类型：吡啶甲氨基吡啶类

发明思路：me-too 研究；在现有技术 EP0398084A2 公开化合物基础上进行取代基替换修饰而得。

用途：具有杀菌、杀虫/螨、除草生物活性，对豆蚜有一定的杀虫活性，在低剂量下对褐飞虱有很高的活性；对油菜菌核病、黄瓜灰霉病具有一定的抑制作用。

代表化合物结构如下：

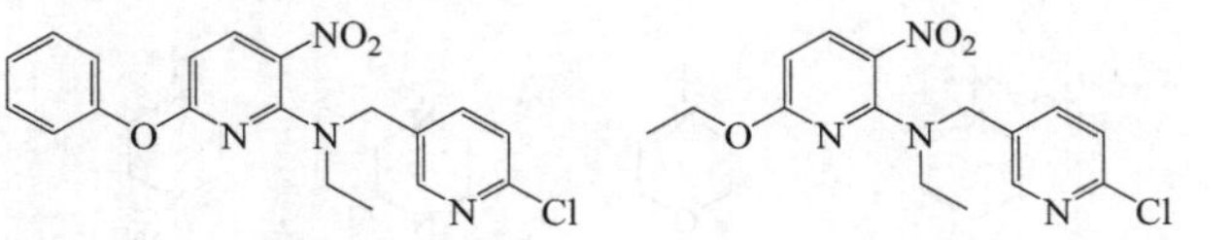

（23）氮杂环并吡啶类化合物及其中间体

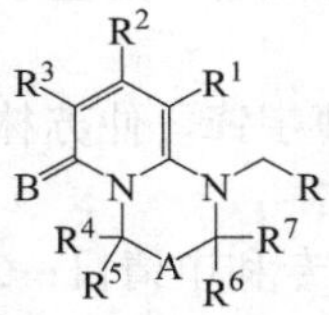

(I)

其中，A 选自 CH_2、CH_2CH_2 或 $CH_2CH_2CH_2$；B 选自 O；R 选自杂芳基；R^1 选自硝基；R^2 选自氢或 C_1～C_{12} 烷基；R^3 选自氢；R^4、R^5、R^6 和 R^7 是相同的，并代表氢；且 R 中氢原子部分或全部可以被选自下列中相同或不同的取代基取代：卤素；

上面给出的化合物(I)中，所用术语不论单独使用还是用在复合词中，代表如下：

取代基：卤素指氟、氯、溴、碘；烷基指直链或支链烷基；杂芳基指噻唑基或吡啶基。

发明人：柳爱平，任叶果，刘兴平，欧晓明，刘卫东，刘民华，林雪梅，黄路，张宁，闫忠忠；申请人：湖南化工研究院有限公司

中国专利号：ZL201910171690.X；中国专利申请日：2019-03-07

化合物类型：氮杂环并吡啶类

发明思路：me-too 研究；在新烟碱类化合物基础上优化衍生得到。

用途：具有杀虫和杀菌生物活性，尤其是对害虫如蚜虫、飞虱等具有高活性，可用于防治蚜虫、飞虱等虫害和菌核病等病害。

代表化合物结构如下：

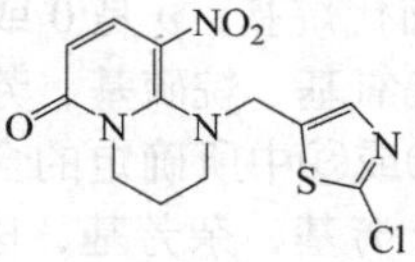

5.5 双酰胺类化合物

截至 2023 年底公开了 14 个拥有中文或英文通用名称的双酰胺类杀虫剂，具体分类与通用

名称如下：

氯虫苯甲酰胺（chlorantraniliprole）、溴氰虫酰胺（cyantraniliprole）、氯氟氰虫酰胺（cyhalodiamide）、环溴虫酰胺（cyclaniliprole）、氟苯虫酰胺（flubendiamide）、氟氯虫双酰胺（fluchlordiniliprole）、pioxaniliprole、四氯虫酰胺（tetrachlorantraniliprole）、四唑虫酰胺（tetraniliprole）、硫虫酰胺（tiorantraniliprole）、溴虫氟苯双酰胺（broflanilide）、环丙氟虫胺（cyproflanilide）、多氟虫双酰胺（piperflanilide）、modoflaner（WHO）。

国内创制的双酰胺类杀虫剂主要有 5 个，分别为四氯虫酰胺、环丙氟虫胺、氟氯虫双酰胺、硫虫酰胺、多氟虫双酰胺。

其中，四氯虫酰胺由沈阳化工研究院（现为沈阳中化农药化工研发有限公司）研制、沈阳科创化学品有限公司开发，于 2013 年获准新农药临时登记（LS20130224），2017 年获准正式登记（PD20171752），已在全国范围内推广销售。常用来防治水稻上的稻纵卷叶螟等，以及蔬菜上的小菜蛾、菜青虫等鳞翅目害虫。

环丙氟虫胺（南通泰禾化工股份有限公司创制）、氟氯虫双酰胺（海利尔药业集团股份有限公司）、硫虫酰胺（青岛科技大学和浙江宇龙生物科技股份有限公司联合开发）、多氟虫双酰胺（沈阳中化农药化工研发有限公司创制），已经获得登记或在登记中。

新化合物的创制除了上述四家公司外，贵州大学、华东理工大学、南开大学、江苏省农药研究所股份有限公司、南京工业大学、江苏中旗科技股份有限公司、浙江省化工研究院有限公司、江苏扬农化工股份有限公司、浙江工业大学、青岛科技大学、武汉工程大学、中国农业大学、湖南化工研究院有限公司等也展开了部分研究。

5.5.1 四氯虫酰胺的创制

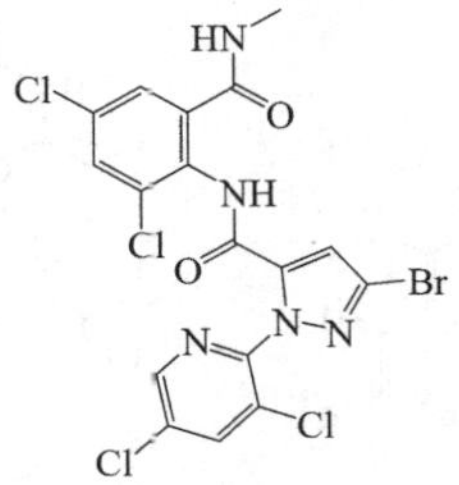

化合物专利名称：1-取代吡啶基-吡唑酰胺类化合物及其应用

中国专利号：ZL200810116198.4；申请日：2008-07-07；授权日：2011-04-13

专利发明人：李斌，杨辉斌，王军锋，于海波，张弘，李志念

申请人：中国中化集团公司，沈阳化工研究院

该发明以氯虫苯甲酰胺为先导化合物，通过对其结构中的苯环取代基、吡唑取代基进行结构修饰，发明了杀虫剂四氯虫酰胺，英文通用名 tetrachlorantraniliprole，获得了中国、美国、欧洲、巴西、印度、印度尼西亚、菲律宾和越南等地发明专利。四氯虫酰胺由沈阳科创化学品有限公司开发，于 2013 年获准新农药临时登记（LS20130224），2017 年获准正式登记（PD20171752），已在全国范围内推广销售。四氯虫酰胺和氯虫苯甲酰胺的靶标害虫也是相同的，常用来防治水稻上的稻纵卷叶螟等，以及蔬菜上的小菜蛾、菜青虫等鳞翅目害虫。获 2016 年第九届中国农药工业协会农药创新贡献奖一等奖。

5.5.1.1 创制过程

沈阳化工研究院有限公司以氯虫苯甲酰胺为先导化合物，通过对其结构中的苯环取代基、吡唑取代基进行结构修饰，于 2008 年发现具有高杀虫活性的化合物 SYP-9080，可用于防治稻纵卷叶螟等以及蔬菜上的小菜蛾、菜青虫等鳞翅目害虫（中文通用名：四氯虫酰胺；10% 悬浮剂）[1]。

5.5.1.2 知识产权分析

该品种属选择性发明，在杜邦专利 CN1419537A（申请日：2001-03-20；公开日：2003-05-21）和 CN1541063A（申请日：2002-08-13；公开日：2004-10-27）保护范围内，同时在中国中化集团公司 CN101298435A（申请日：2007-04-30；公开日：2008-11-05）专利公开范围内。

（1）新颖性　新颖性分析见表 5-51。

表 5-51　该专利与已有技术对比表

该专利： CN101333213A（原沈阳化工研究院有限公司，申请日：2008-07-07；公开日：2008-12-31） PCT 进中国专利 CN102015679 A（原沈阳化工研究院有限公司，申请日：2009-07-03；公开日：2011-04-13）	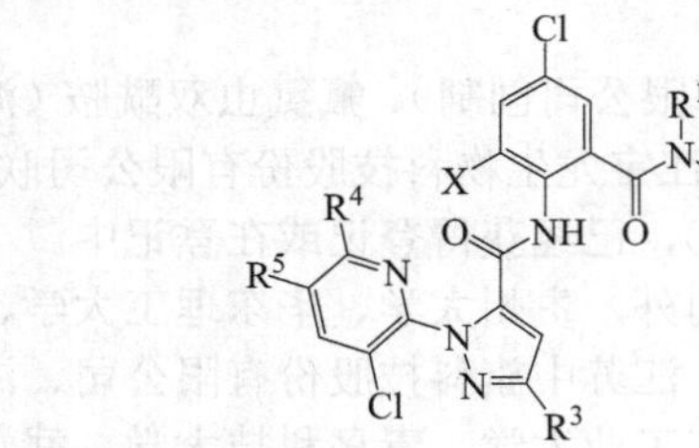 通式 I 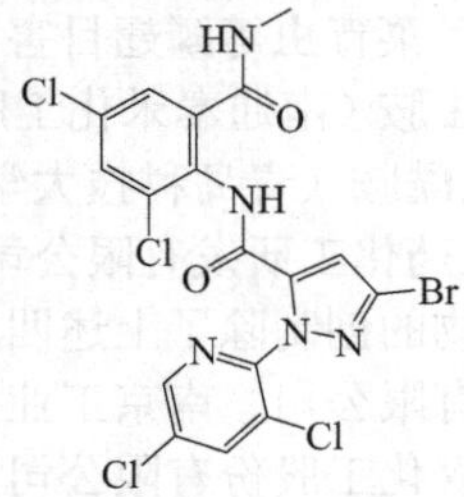　　代表化合物四氯虫酰胺 CN101333213A：化合物 1.25； CN102015679A：化合物 19
接近的已有技术与同类商品化/开发中品种	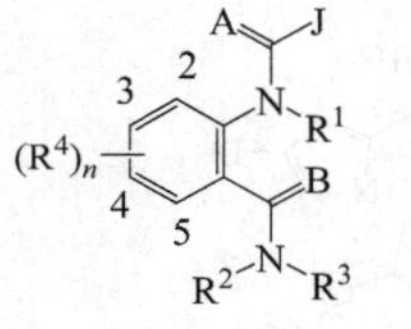 I 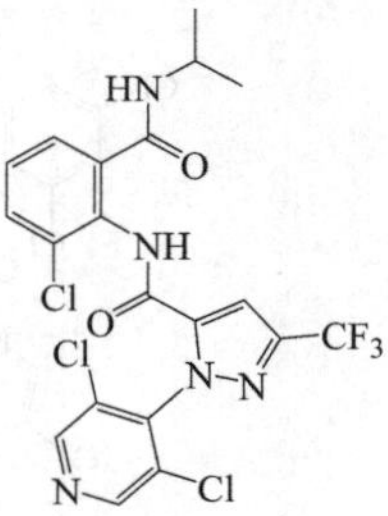　　D114 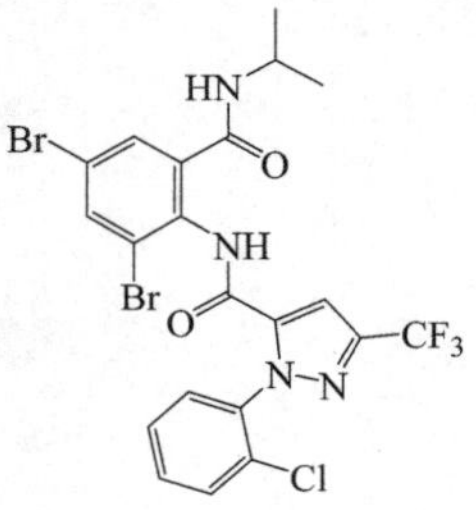　　D210 CN1419537A（杜邦公司，申请日：2001-03-20；公开日：2003-05-21）代表化合物 D114、D210，对小菜蛾具有活性。四氯虫酰胺在其专利授权保护范围内
	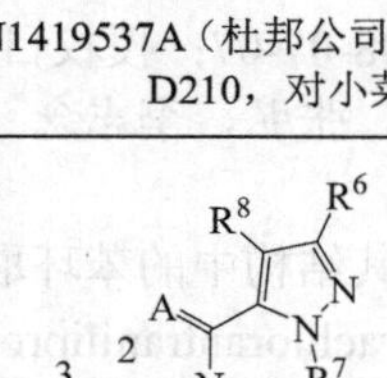 I 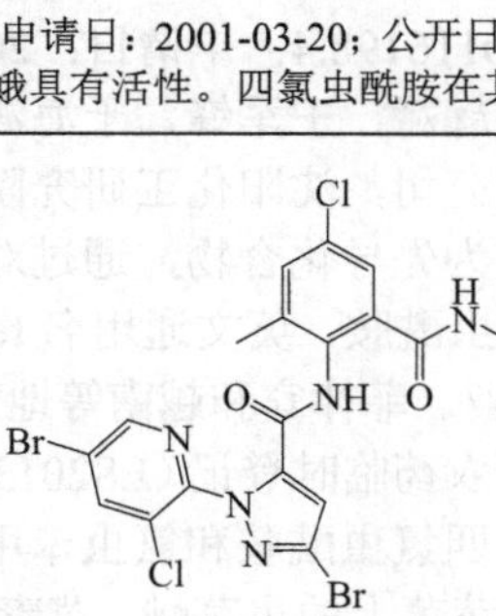　　KC1 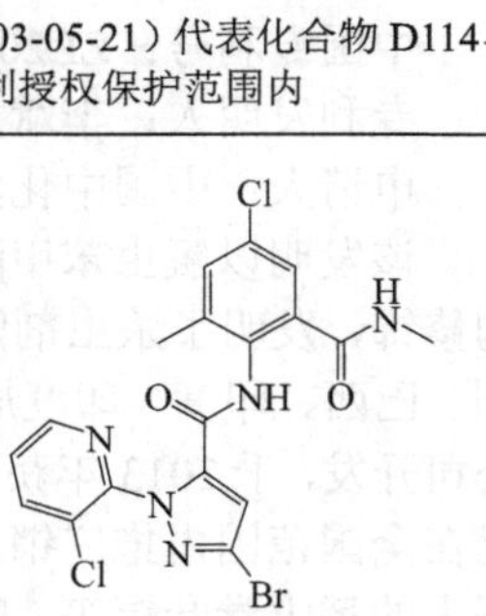　　KC2 CN1541063A（同族专利 US20050075372）（纳幕尔杜邦，申请日：2002-08-13；公开日：2004-10-27）公开了化合物 KC1（化合物 833）和代表化合物氯虫苯甲酰胺（化合物 531）。四氯虫酰胺虽然在其专利授权保护范围内，但该专利并没有具体公开四氯虫酰胺的结构

续表

接近的已有技术与同类商品化/开发中品种	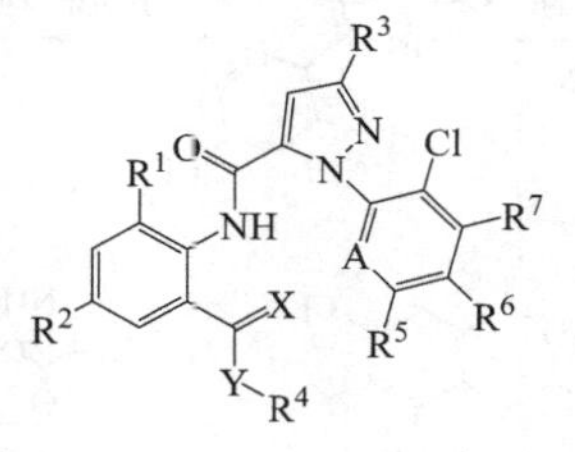 通式 I 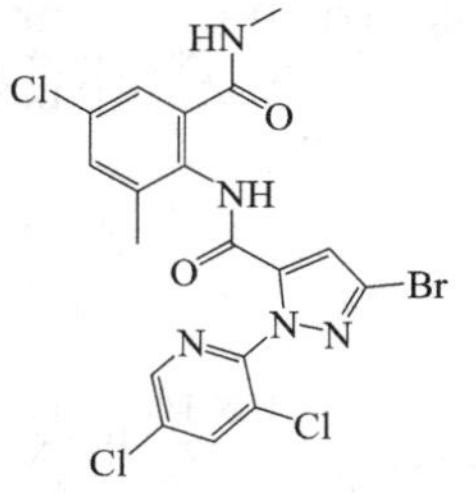　　I-337 CN101298435A（列表化合物 I-337）（中国中化集团公司，申请日：2007-04-30；公开日：2008-11-05）。四氯虫酰胺虽然在其专利授权保护范围内，但该专利并没有具体公开四氯虫酰胺的结构

（2）创造性　该专利 CN101333213A 及 PCT 中国专利 CN102015679A 记载，该发明测试化合物（CN101333213A：化合物 1.25；CN102015679A：化合物 19），即四氯虫酰胺，在 0.3mg/L 浓度时，对甜菜夜蛾活性大大高于相同剂量下的对照化合物 KC1。相同剂量下，对二化螟和稻纵卷叶螟的致死率高于氯虫苯甲酰胺。

（3）核心化合物专利　四氯虫酰胺核心化合物专利与授权保护范围如表 5-52 所示。

表 5-52　原沈阳化工研究院申请的四氯虫酰胺核心化合物专利

序号	公开号	专利号	法律状态
1	CN101333213A	ZL200810116198.4	授权有效
2	CN102015679A	ZL200980114197.9	授权有效
3	WO2010003350A1		
4	BRPI0914217A2	BRPI0914217B1	授权有效
5	US2011046186A1	US8492409B2	授权有效
6	VN26427A1		公开
7	EP2295425A1	EP2295425B1	授权有效

授权保护范围（中国专利）

一种 1-取代吡啶基-吡唑酰胺类化合物，如通式 I 所示：

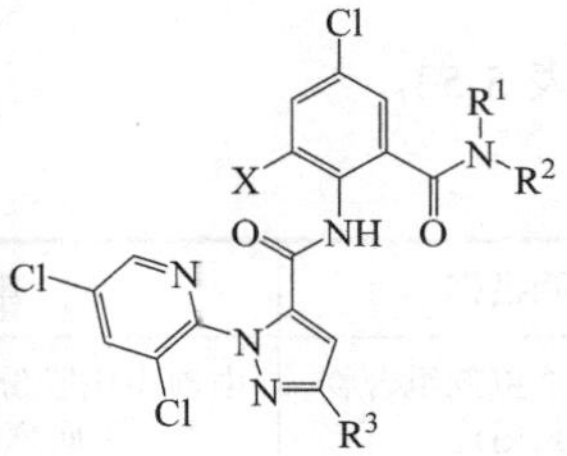

I

式中，R^1 选自 H；R^2 选自 C_1～C_3 烷基；R^3 选自 Br；X 选自 Cl

5.5.1.3　合成方法

方法一：以 2,3,5-三氯吡啶为起始原料，经肼基化、合环、溴化、氧化、水解、酰氯化、缩合等 7 步反应制得目标产品（图 5-24）[1,2]：

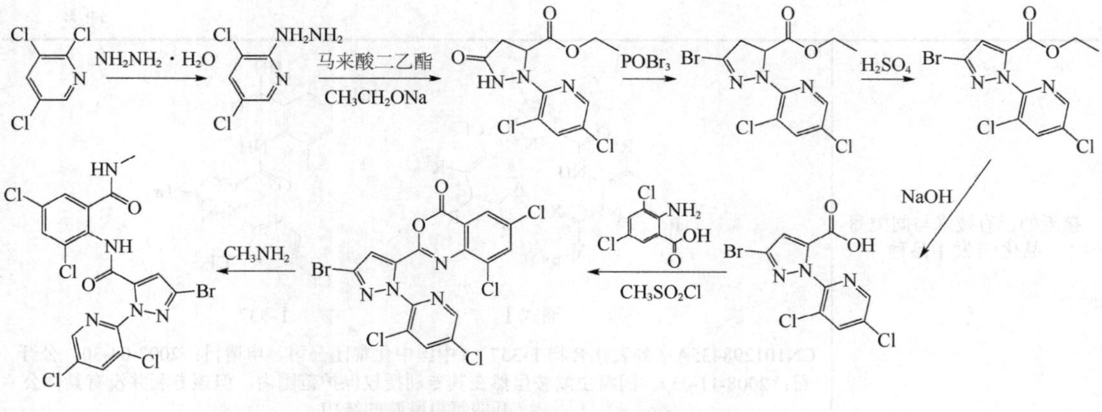

图 5-24 四氯虫酰胺合成工艺路线 1

方法二：以 2,3,5-三氯吡啶为起始原料，经肼基化、合环、溴化、水解、酰氯化（同时氧化）、缩合等 6 步反应制得目标产品（图 5-25）[3]：

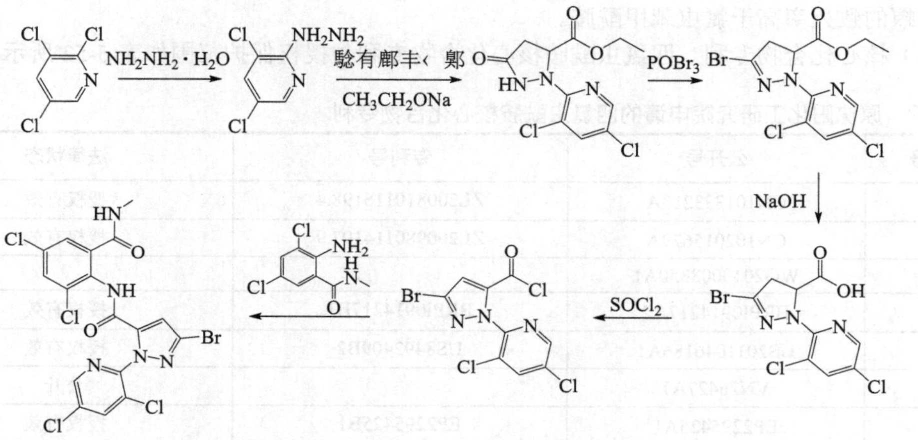

图 5-25 四氯虫酰胺合成工艺路线 2

5.5.1.4 组合物专利

四氯虫酰胺部分组合物专利见表 5-53。

表 5-53 四氯虫酰胺组合物专利

序号	公开号	发明名称	申请人	B 组分
1	CN103155929A	一种二元杀虫剂组合物及其用途	中国中化股份有限公司、沈阳化工研究院有限公司	大环内酯类杀虫剂
2	CN103155935A	二元杀虫剂组合物	中国中化股份有限公司、沈阳化工研究院有限公司	茚虫威或精茚虫威
3	CN103651385A	一种杀虫组合物	北京燕华永乐生物科技股份有限公司	多杀霉素
4	CN103651386A	含溴虫腈的杀虫组合物	北京燕华永乐生物科技股份有限公司	溴虫腈

续表

序号	公开号	发明名称	申请人	B组分
5	CN103651433A	农药组合物	北京燕华永乐生物科技股份有限公司	甲氨基阿维菌素苯甲酸盐
6	CN103651434A	一种复配杀虫剂	北京燕华永乐生物科技股份有限公司	阿维菌素
7	CN103651439A	杀虫组合物	北京燕华永乐生物科技股份有限公司	丁烯氟虫腈
8	CN103688942A	一种杀虫组合物	北京燕华永乐生物科技股份有限公司	甲氧虫酰肼
9	CN103688973A	一种复配杀虫剂	北京燕华永乐生物科技股份有限公司	茚虫威
10	CN103858910A	含氰氟虫腙的杀虫组合物	北京燕华永乐生物科技股份有限公司	氰氟虫腙
11	CN103907634A	一种含有四氯虫酰胺和拟除虫菊酯类的杀虫组合物	陕西汤普森生物科技有限公司	高效氯氟氰菊酯、醚菊酯、溴氰菊酯、甲氰菊酯或联苯菊酯
12	CN103918685A	一种含四氯虫酰胺的杀虫组合物	陕西汤普森生物科技有限公司	氰氟虫腙、甲氧虫酰肼、环虫酰肼、氯虫酰肼或虫酰肼
13	CN103918696A	一种含有四氯虫酰胺和新烟碱类的杀虫组合物	陕西汤普森生物科技有限公司	噻虫嗪、噻虫啉、吡虫啉、烯啶虫胺、噻虫胺、啶虫脒、呋虫胺
14	CN103931620A	一种含有四氯虫酰胺与沙蚕毒素类的杀虫组合物	陕西汤普森生物科技有限公司	杀虫双、杀虫环或杀虫单
15	CN103931630A	一种含四氯虫酰胺的杀虫组合物	陕西汤普森生物科技有限公司	噻嗪酮、螺虫乙酯、吡蚜酮、虫螨腈、环虫腈、乙虫腈或吡丙醚
16	CN103931641A	一种含有四氯虫酰胺与氨基甲酸酯类的杀虫组合物	陕西汤普森生物科技有限公司	茚虫威、异丙威、速灭威、甲萘威或仲丁威
17	CN103931643A	一种含四氯虫酰胺的杀虫组合物	陕西汤普森生物科技有限公司	氟啶虫胺腈、溴氰虫酰胺、氯虫苯甲酰胺、氟虫双酰胺、唑虫酰胺、氟啶虫酰胺
18	CN103960280A	一种含四氯虫酰胺的高效杀虫组合物	陕西汤普森生物科技有限公司	毒死蜱、丙溴磷、马拉硫磷、敌敌畏
19	CN104012539A	氟啶虫酰胺和四氯虫酰胺的复配杀虫剂	青岛翰生生物科技股份有限公司	氟啶虫酰胺
20	CN104012558A	含氰氟虫腙和四氯虫酰胺的复配杀虫剂	青岛翰生生物科技股份有限公司	氰氟虫腙
21	CN104026143A	二元杀虫剂组合物及其用途	沈阳科创化学品有限公司	缩氨基脲类化合物

5.5.1.5 作用机理

作用机制与氯虫苯甲酰胺一样，均为鱼尼丁受体激活剂，与已有的其他作用方式的杀虫剂无交互抗性[4]。

5.5.1.6 毒性学与安全评价

雄大鼠急性经口 LD_{50}＞5000mg/kg，雌、雄大鼠急性经皮 LD_{50}＞2000mg/kg，对家兔眼睛、皮肤均无刺激性，豚鼠皮肤变态反应试验为阴性，Ames 试验、小鼠骨髓细胞微核试验、小鼠睾丸细胞染色体畸变试验均为阴性。对 3 龄期家蚕的 LC_{50} (48h)为 9.48mg/L，鲤鱼 LC_{50}(96h)为 89.11mg/L[4-6]。

5.5.1.7 登记情况

目前国内登记四氯虫酰胺系列产品 2 个，商品名为 9080™（10%四氯虫酰胺悬浮剂），具体登记信息如表 5-54。

表 5-54 四氯虫酰胺相关登记产品信息表

登记证号	农药名称	剂型	总含量	登记作物	防治对象	用药量（制剂量）	施用方法	登记证持有人
PD20171751	四氯虫酰胺	悬浮剂	10%	甘蓝	甜菜夜蛾	30～40g/亩	喷雾	沈阳科创化学品有限公司
				水稻	稻纵卷叶螟	10～20g/亩	喷雾	
				玉米	玉米螟	20～40g/亩	喷雾	
PD20171752	四氯虫酰胺	原药	95%	—	—	—	—	沈阳科创化学品有限公司

5.5.1.8 应用效果

具有渗透性强、内吸传导性好、杀虫谱广、持效期长等特点。主要用于水稻及蔬菜等防治稻纵卷叶螟、小菜蛾、甜菜夜蛾等鳞翅目害虫。

田间试验结果表明：四氯虫酰胺及其混剂产品对瓜绢螟、美国白蛾、甜菜夜蛾、苹果小卷夜蛾、水稻二化螟、稻纵卷叶螟、水稻大螟、玉米螟、苹果蠹蛾等具有较好的杀虫活性[7-10]。

参考文献

[1] 李斌，杨辉斌，王军锋，等. 四氯虫酰胺的合成及其杀虫活性. 现代农药, 2014, 13(03): 17-20.
[2] 李斌，杨辉斌，王军锋，等. 1-取代吡啶基-吡唑酰胺类化合物及其应用. CN101333213A, 1998-09-02.
[3] 杨辉斌，李斌，陈华，等. 一种 1-(3,5-二氯吡啶-2-基)-吡唑甲酰胺类化合物的制备方法. CN102020633A, 2011-04-20.
[4] 刘长令，杨吉春. 现代农药手册. 北京：化学工业出版社, 2017: 963-964.
[5] 谢道燕，杨振国，柴建萍，等. 8 种杀虫剂对朱砂叶螨毒力及家蚕的急性毒性比较. 浙江农业学报, 2018, 30(3): 420-425.
[6] 张琦. 两种双酰胺类农药对家蚕和鲤鱼的毒性安全评价. 基层农技推广, 2020(1): 47-52.
[7] 范晓溪. 10%四氯虫酰胺悬浮剂对甜菜夜蛾的室内毒力测定及田间药效评价. 农药, 2019, 18(4): 39-40, 44.
[8] 宋瑞利，常秀辉. 新型杀虫剂四氯虫酰胺对玉米螟的室内活性及田间药效评价. 农药, 2018, 57(3): 217-218.
[9] 李艳梅. 四氯虫酰胺等多种新药剂防治水稻二化螟田间效果的评价. 上海农业科技, 2015(3): 127-128.
[10] 黄家祥，汪蓓，蔡红菊. 10%四氯虫酰胺 SC 等药剂防治水稻一代二化螟试验. 湖北植保, 2016(1): 7-8, 3.

5.5.2 环丙氟虫胺的创制

化合物专利名称：一种间二酰胺类化合物及其制备方法和应用

中国专利号：ZL201811555432.3；申请日：2018-12-18；授权日：2019-11-26

发明人：吕亮，刘吉永，相君成，马文静，周丽淇，侯爽，倪珏萍，李宗成

申请人：上海泰禾国际贸易有限公司

环丙氟虫胺是南通泰禾化工股份有限公司以双酰胺类杀虫剂为先导化合物创制的间二酰胺结构杀虫剂，归类为 IRAC 分类第 30 组，与现有杀虫剂无交互抗性。其高效、低毒、杀虫谱广、持效期长，现已进入登记试验阶段，可用于防治鳞翅目、鞘翅目和缨翅目害虫等。环丙氟虫胺的研发上市将有效解决二化螟抗性区域无药可用的痛点，市场前景广阔。

5.5.2.1 创制过程[1]

间二酰胺类化合物杀虫谱宽、杀虫活性高、作用机制新颖等优点引起了科研人员广泛的研究兴趣，现有文献中公开的间二酰胺类杀虫化合物超过 20 万个。基于目前的研究现状，从哪个方向进行课题切入很重要，本课题组在课题设计时参考了双酰胺类杀虫剂的研发路径，将环溴虫酰胺结构中环丙甲基引入间二酰胺的骨架中（图 5-26，通式Ⅰ）。

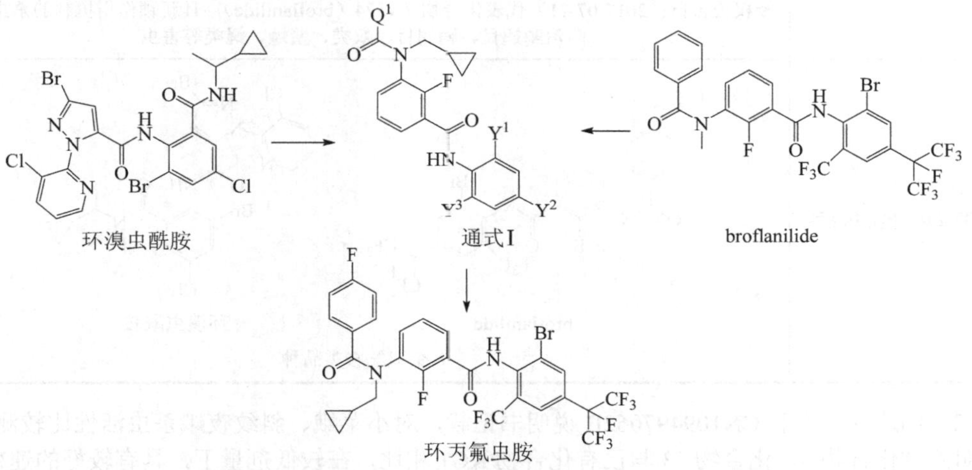

环溴虫酰胺　　通式Ⅰ　　broflanilide

环丙氟虫胺

图 5-26　环丙氟虫胺的创制经纬

对修饰化合物杀虫活性测试结果显示，引入环丙甲基后的化合物对二化螟的杀虫活性显著提高，同时，对鱼、藻、溞的安全性也得到明显改善。鉴于这个结果，本课题组合成了大量的通式Ⅰ化合物，经过多轮构效关系分析，结合安全性评价结果，最终发现了活性优异、综合性能最佳的环丙氟虫胺。

5.5.2.2 知识产权分析

该发明属于 me-too 研究，该化合物在已有专利申请大范围内，但在已有专利授权范围外。

（1）新颖性　新颖性分析见表 5-55。

表 5-55　该专利与已有技术对比表

该专利：CN109497062A（上海泰禾国际贸易有限公司，申请日：2018-12-18；公开日：2019-03-22）	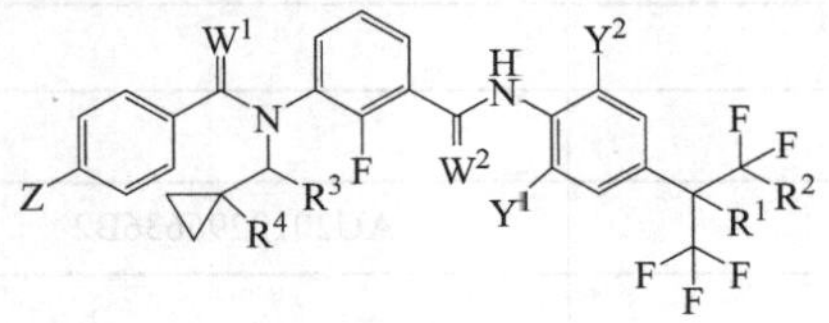 通式	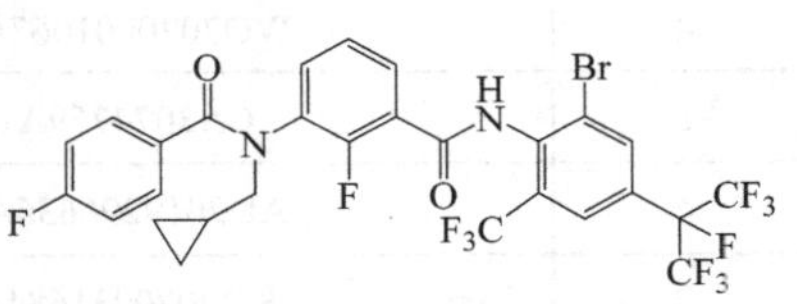 代表化合物环丙氟虫胺（专利中化合物 62）

续表

接近的已有技术 JP2010524684A （MITSUI CHEMICALS AGRO INC，申请日：2008-04-25；公开日：2010-07-22）	通式　代表化合物（列表化合物 7-1574，KC1） 代表化合物（列表化合物 7-1595，KC2） CN102119143A（三井化学 AGRO 株式会社，申请日：2009-06-30；公开日：2011-07-06；授权公告日：2017-07-21）代表化合物 7-1574（broflanilide），具新颖作用机制的杀虫剂，防治鳞翅目、鞘翅目、蚁类、蜚蠊、蝇类等害虫
同类商品化/开发中品种	broflanilide　环溴虫酰胺 8 个双酰胺类品种

（2）创造性　专利 CN109497062B 说明书记载，对小菜蛾、斜纹夜蛾杀虫活性比较测试，该发明测试化合物 4、化合物 23 与已有化合物 KC1 相比，在较低剂量下，具有较好的速效性，具有高效的杀虫活性。

该发明的化合物 4 相比于化合物 KC1，药后 1 天就能达到 30%的防治效果，药后 2 天可以达到 80%的防治效果，具有高效的杀虫活性。

（3）核心化合物专利　环丙氟虫胺核心化合物专利与授权保护范围如表 5-56 所示。

表 5-56　上海泰禾国际贸易有限公司申请的环丙氟虫胺核心化合物专利

序号	公开号	专利号	法律状态
1	CN109497062A	ZL201811555432.3	授权有效
2	CN108586279A		视为撤回
3	CN110028423A		授权有效
4	WO2020001067A1		
5	CA3074759A1		实质审查中
6	AU2019296636A1	AU2019296636B2	授权有效
7	KR2020031684A		驳回通知

续表

序号	公开号	专利号	法律状态
8	IL272620A		实质审查中
9	JP2020535109T	JP6771116B1	授权有效
10	BR112020004919A2		授权有效
11	EP3816150A1		实质审查中
12	US2020178525A1		授权有效
13	IN202027011779A		实质审查中
14	RU2751642C1	RU2751642C1	授权有效
15	PH12020500515A1		实质审查中

授权保护范围（中国专利）

一种间二酰胺类化合物，其特征在于，所述间二酰胺类化合物具有如式Ⅰ所示结构：

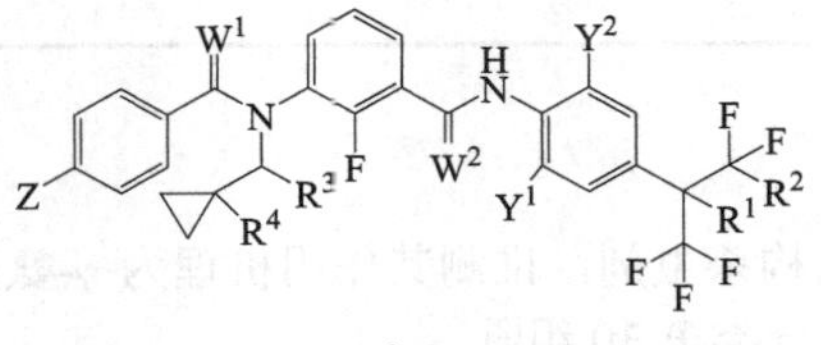

式Ⅰ

其中，Z选自氢、氟、氯、溴、碘、氰基、硝基、三氟甲基、三氟甲氧基、甲磺酰基或三氟甲磺酰基；Y^1选自溴或碘；Y^2选自三氟甲基；R^1选自氟或甲氧基；R^2选自氟或三氟甲基；R^3选自氢、甲基、一氟甲基、一氯甲基或环丙基；R^4选自氢或氯；W^1和W^2独立地为氧原子或硫原子

5.5.2.3 合成方法

通过如下反应制得目的物（图5-27）：

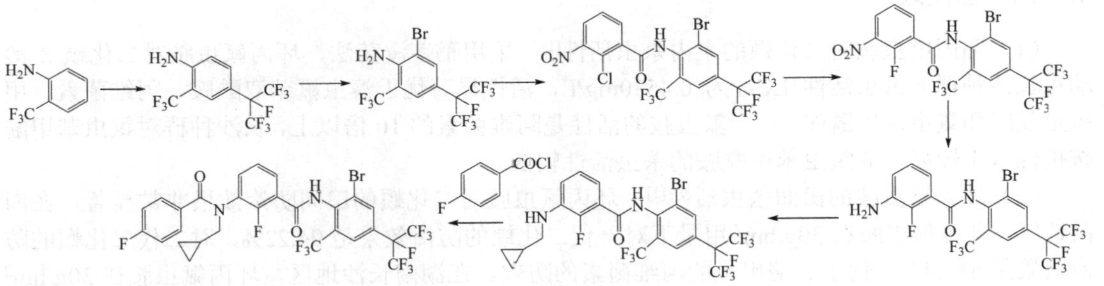

图5-27 环丙氟虫胺合成路线

5.5.2.4 组合物专利

环丙氟虫胺部分组合物专利见表5-57。

表5-57 环丙氟虫胺组合物专利

序号	公开号	发明名称	申请人	B组分
1	CN110810409A	一种含有间二酰胺类化合物的药物组合物及其应用	上海泰禾国际贸易有限公司	其他杀虫剂中任意一种或两种的组合

续表

序号	公开号	发明名称	申请人	B 组分
2	CN110810410A	一种含有间二酰胺类化合物的药物组合物及其应用	上海泰禾国际贸易有限公司	其他杀虫剂或杀菌剂中任意一种或两种的组合
3	CN110810412A	一种含有间二酰胺类化合物的药物组合物及其应用	苏州佳辉化工有限公司	其他杀虫剂或杀菌剂中任意一种或两种的组合
4	CN110810413A	一种含有间二酰胺类化合物的药物组合物及其应用	上海泰禾国际贸易有限公司	其他杀菌剂、杀虫剂或杀螨剂中任意一种或两种的组合
5	CN110810414A	一种含有间二酰胺类化合物的药物组合物及其应用	苏州佳辉化工有限公司	氯虫苯甲酰胺、甲氧虫酰肼、茚虫威、虫螨腈、氰氟虫腙、氟苯虫酰胺、虱螨脲、溴氰虫酰胺、氟虫腈、啶虫丙醚、四氯虫酰胺、乙虫腈、环溴虫酰胺、四唑虫酰胺、氟噁唑酰胺、乙酰虫腈、氰氟虫腙或唑虫酰胺

5.5.2.5 作用机理

环丙氟虫胺为间二酰胺结构杀虫剂，推测其作用机理为 γ-氨基丁酸（GABA）氯离子通道变构酶调节剂，归类为 IRAC 分类第 30 组[2]。

5.5.2.6 毒理学与安全评价

急性经口、经皮、吸入毒性试验结果显示：环丙氟虫胺微毒，对皮肤无刺激性、无致敏性，对眼睛有轻度刺激，但 24h 可恢复。Ames 试验、微核试验、染色体畸变试验、基因突变试验结果均为阴性。环境毒理试验结果显示，环丙氟虫胺对斑马鱼、泥鳅、羊角月牙藻、大型溞、小龙虾、中华绒螯蟹等安全[2]。

5.5.2.7 应用效果

（1）环丙氟虫胺对二化螟的室内杀虫活性[1] 采用稻茎浸药法，环丙氟虫胺对二化螟 3 龄幼虫长沙种群的杀虫活性 LC_{50} 为 0.4530mg/L，活性显著优于溴虫氟苯双酰胺、阿维菌素、甲氧虫酰肼和氯虫苯甲酰胺。环丙氟虫胺的活性是阿维菌素的 10 倍以上，长沙种群对氯虫苯甲酰胺抗性水平较高，故氯虫苯甲酰胺的杀虫活性较低。

（2）环丙氟虫胺的田间杀虫活性[1] 环丙氟虫胺对二化螟的田间防治效果非常显著。在南昌地区，环丙氟虫胺在 30g/hm^2 用量下对一代二化螟的防治效果是 94.22%，对二代二化螟的防治效果是 84.24%，优于 5 倍用量的阿维菌素的防效。在湖南长沙地区，环丙氟虫胺在 30g/hm^2 用量下对一代二化螟的防治效果是 94.19%，与 5 倍用量的阿维菌素的防效相当。江西南昌和湖南长沙地区二化螟对氯虫苯甲酰胺已产生高抗药性，氯虫苯甲酰胺的田间防效不理想。

环丙氟虫胺对稻纵卷叶螟的防治效果也非常显著。在绍兴地区，环丙氟虫胺在 15g/hm^2 用量下对稻纵卷叶螟的防治效果是 92.74%，显著优于 5 倍用量的阿维菌素的防效，与 2 倍用量的氯虫苯甲酰胺的防效相当。

环丙氟虫胺用于防治小菜蛾时具有用量低、速效性好、持效期长的特点，在 15g/hm^2 用量下药后 1d 的防效是 71.87%，药后 3d 防效是 91.68%，优于对照药剂虫螨腈、氯虫苯甲酰胺和阿维菌素，体现了较好的速效性。药后 10d 的防效是 98.12%，优于对照药剂，体现了较好的持效性。整体上，环丙氟虫胺对小菜蛾的田间防效优于虫螨腈、氯虫苯甲酰胺和阿维菌素 2～6 倍用量的活性。

参考文献

[1] 刘吉永, 周丽琪, 相君成, 等. 创制杀虫剂环丙氟虫胺的研究开发. 世界农药, 2021, 43(01): 34-38.

[2] http://www.jsppa.com.cn/news/yanfa/3611.html.

5.5.3 氟氯虫双酰胺的创制

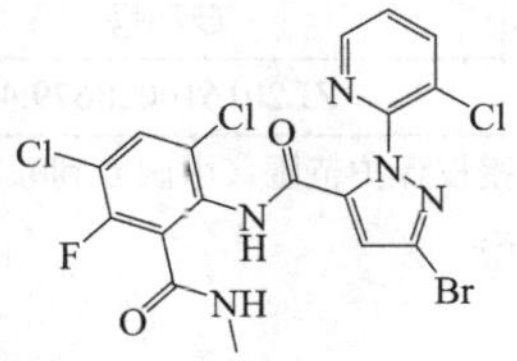

化合物专利名称：取代吡唑酰胺类化合物及其应用

中国专利号：ZL201610028679.4；申请日：2016-01-16；授权日：2021-04-30

专利发明人：张来俊，葛家成，葛尧伦，刘羽，王心怡，白复芹，司国栋，刘晓晨

申请人：海利尔药业集团股份有限公司

氟氯虫双酰胺（fluchlordiniliprole）是由海利尔药业集团自主创制研发的双酰胺类（或吡啶基吡唑类）专利化合物，分子中含有邻甲酰氨基苯甲酰胺类化学结构。

5.5.3.1 知识产权分析

该发明化合物结构虽与已知专利化合物结构接近，但在已有专利范围外。

（1）新颖性 新颖性分析见表 5-58。

表 5-58 该专利与已有技术对比表

该专利： CN106977494A（海利尔药业集团股份有限公司，申请日：2016-01-16；公开日：2017-07-25）	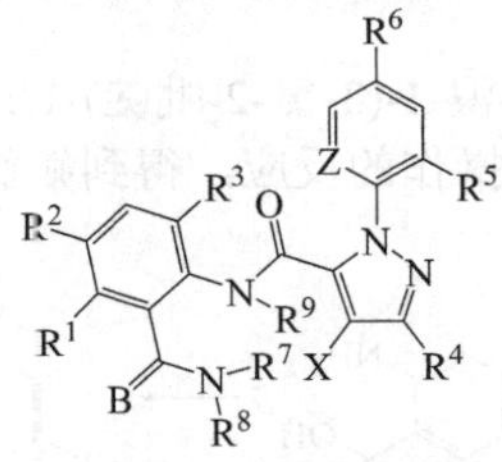 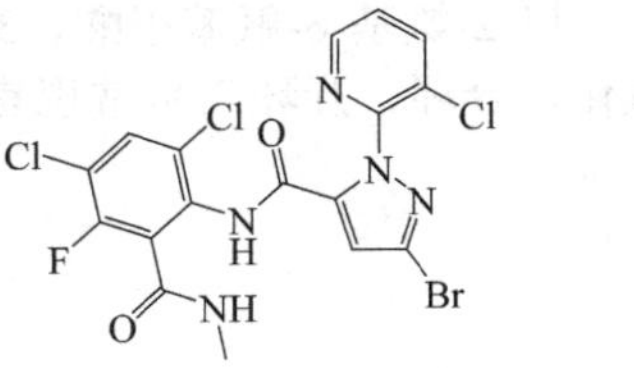 通式 代表化合物氟氯虫双酰胺（专利中化合物 1-2）
接近的已有技术 WO03015519 A1（杜邦，申请日：2002-08-13；公开日：2003-02-27）	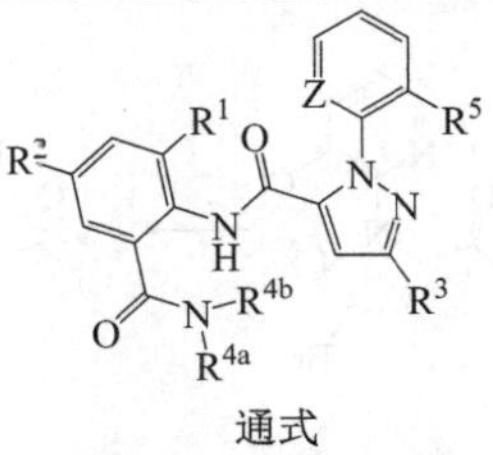 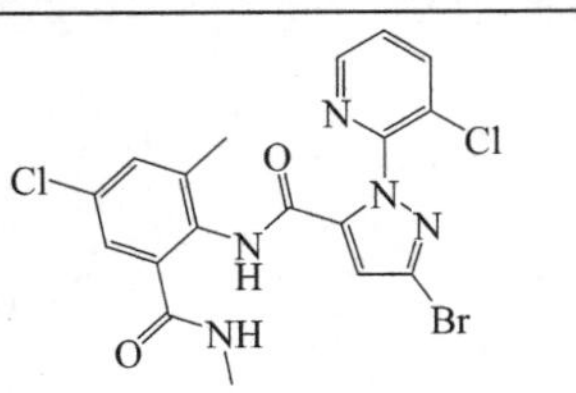 通式 代表化合物（列表化合物 20）
同类商品化/开发中品种	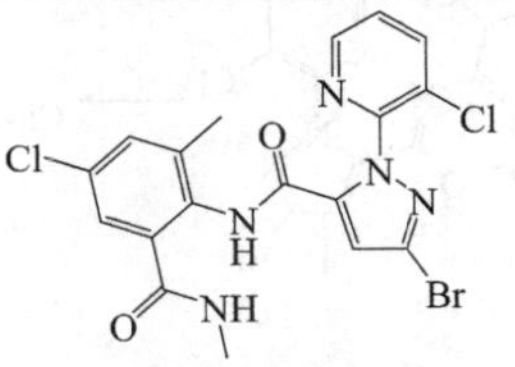 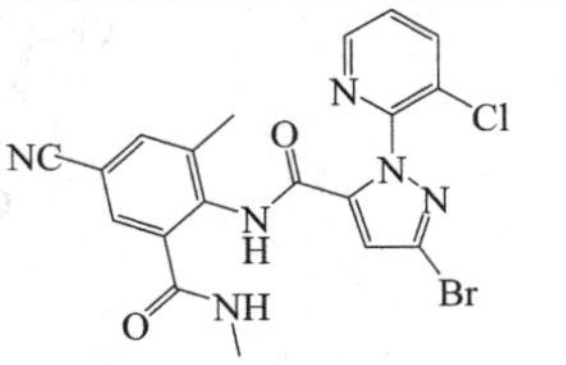 氯虫苯甲酰胺 溴氰虫酰胺

（2）创造性　专利 CN106977494A 说明书记载，该发明测试化合物（编号 1-2，氟氯虫双酰胺）对小菜蛾和二化螟致死活性比较测试中，致死率分别为 90%、100%，而 WO03015519A1 中化合物 20 致死率分别为 28%、50%。

（3）核心化合物专利　氟氯虫双酰胺核心化合物专利与授权保护范围如表 5-59 所示。

表 5-59　海利尔药业集团股份有限公司申请的氟氯虫双酰胺核心化合物专利

序号	公开号	专利号	法律状态
1	CN106977494A	ZL201610028679.4	授权有效
授权保护范围（中国专利）			
一种取代吡唑酰胺类化合物，如通式(Ⅰ)所示： Ⅰ 式中，B 为 O；X 为 H；Z 为 N；R^1 选自 F、Cl、Br、CH_3；R^2,R^3 可相同或不同，分别选自 H、F、Cl、Br、CN、CH_3、$CH_2CH_2CH_3$、CH_2F、CF_2H、CF_3、CH_2Cl、CCl_2H、CCl_3、CFClH；R^4 选自 F、Cl、Br、CN；R^5,R^6 可相同或不同，分别选自 H、F、Cl、Br；R^7 选自 H、CH_3、CH_2CH_3、$CH(CH_3)_2$；R^8 选自 H、CH_3、CH_2CH_3、$CH(CH_3)_2$、$C(CH_3)_3$、H_2C-（四氢呋喃-3-基）；R^9 选自 H 或 CH_3			

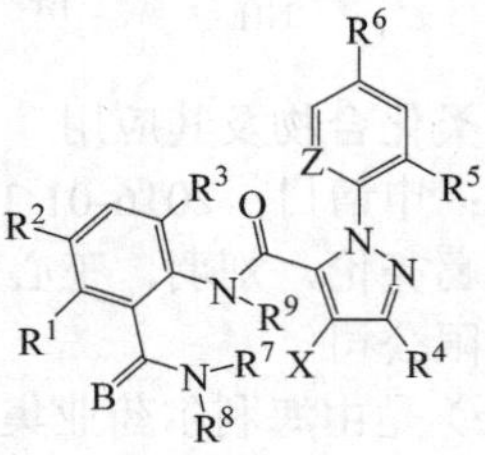

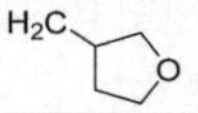

5.5.3.2　合成方法

以 2-氨基-6-氟苯甲酸、3-溴-1-(3-氯-2-吡啶)-1*H*-吡唑-5-羧酸等易得中间体为起始原料，经氯化、合环、开环三步常规易操作的反应，得到氟氯虫双酰胺（图 5-28）[1]。

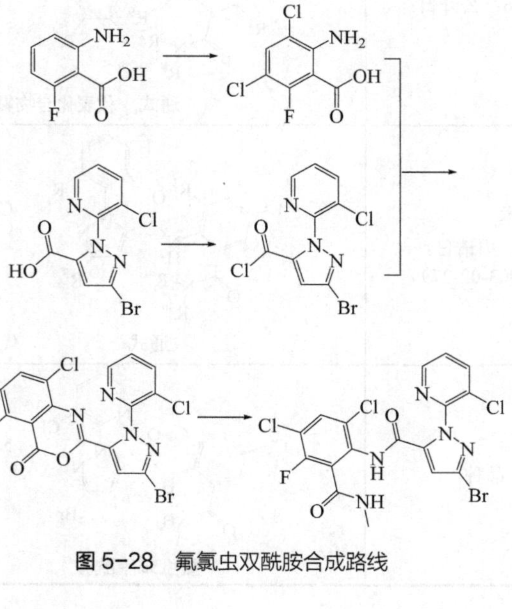

图 5-28　氟氯虫双酰胺合成路线

5.5.3.3 组合物专利

氟氯虫双酰胺部分组合物专利见表 5-60。

表 5-60 氟氯虫双酰胺组合物专利

序号	公开号	发明名称	申请人	B 组分
1	CN109819989A	一种含氟氯虫双酰胺与沙蚕毒素类杀虫剂的组合物	海利尔药业集团股份有限公司	杀虫单、杀虫双、杀虫环、杀螟丹
2	CN109832281A	一种含氟氯虫双酰胺与氨基甲酸酯类杀虫剂的组合物	海利尔药业集团股份有限公司	氨基甲酸酯类杀虫剂
3	CN109845746A	一种含氟氯虫双酰胺与生物源杀虫剂的杀虫组合物	海利尔药业集团股份有限公司	生物源杀虫剂
4	CN109845740A	一种含氟氯虫双酰胺与双酰肼类杀虫剂的杀虫组合物	海利尔药业集团股份有限公司	虫酰肼、甲氧虫酰肼、氯虫酰肼、环虫酰肼
5	CN109907045A	一种含氟氯虫双酰胺与拟除虫菊酯类杀虫剂的组合物	海利尔药业集团股份有限公司	拟除虫菊酯类杀虫剂
6	CN109997860A	一种含氟氯虫双酰胺的杀虫组合物	海利尔药业集团股份有限公司	氟噻虫砜、氰氟虫腙
7	CN111434226A	一种含氟氯虫双酰胺与三氟苯嘧啶的杀虫组合物	海利尔药业集团股份有限公司	三氟苯嘧啶
10	CN112385658A	一种含氟氯虫双酰胺与氟吡呋喃酮的组合物	海利尔药业集团股份有限公司	氟吡呋喃酮
11	CN112616845A	一种含吡唑甲酰胺类杀虫剂的农药组合物及其应用	青岛滕润翔检测评价有限公司	吡唑甲酰胺类杀虫剂
12	CN112970762A	一种含有氟氯虫双酰胺与苯甲酰脲类杀虫剂的组合物	海利尔药业集团股份有限公司	苯甲酰脲类杀虫剂
13	CN112970763A	一种含有氟氯虫双酰胺与苯甲酰脲类杀虫剂的组合物	海利尔药业集团股份有限公司	苯甲酰脲类杀虫剂

5.5.3.4 应用效果

田间试验结果表明：经过 5 年连续的室内生测与田间药效试验验证，氟氯虫双酰胺对多种鳞翅目害虫高效，尤其对甘蓝小菜蛾、甜菜夜蛾、菜青虫，玉米二点委夜蛾、草地贪夜蛾、玉米螟，水稻二化螟、稻纵卷叶螟，棉花棉铃虫，瓜类瓜绢螟，花生棉铃虫、斜纹夜蛾，豆科作物豆荚螟，苹果树卷叶蛾、食心虫，荔枝蒂蛀虫等在低剂量使用下，均有较好的防治效果，田间试验活性显著高于氯虫苯甲酰胺、溴氰虫酰胺等化合物。另外，研究结果表明，氟氯虫双酰胺对缨翅目蓟马（如蓟马、兰花蓟马、烟蓟马、棕榈蓟马等）也有较高的防治活性。针对花生棉铃虫、斜纹夜蛾等鳞翅目害虫，采用 20%氟氯虫双酰胺·甲氧虫酰肼悬浮剂 30g/亩喷雾防治，可以迅速控制害虫为害，死虫率高达 95%以上[2]。

参考文献

[1] 张来俊，葛家成，葛尧伦，等. 取代吡唑酰胺类化合物及其应用. CN106977494A, 2016-01-16.
[2] http://www.jsppa.com.cn/news/yanfa/5108.html.

5.5.4 硫虫酰胺的创制

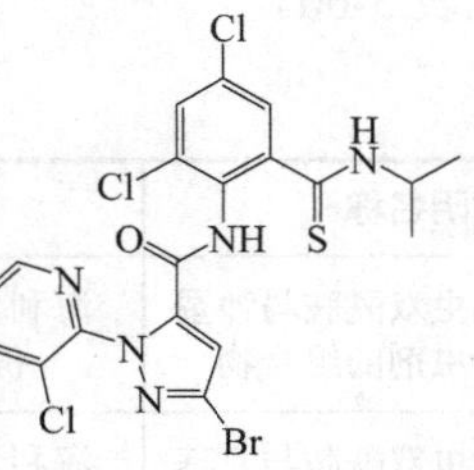

化合物专利名称：3, 5-二卤代硫代苯甲酰胺类杀虫剂

中国专利号：ZL201510541390.8；申请日：2013-01-25；授权日：2016-08-24

专利发明人：许良忠，田帅，王明慧；申请人：青岛科技大学

硫虫酰胺由青岛科技大学和浙江宇龙生物科技股份有限公司（浙江博仕达作物科技有限公司）研究开发，英文通用名 tiorantraniliprole，试验代号 HY366，CAS 号 1442448-92-1。对农业鳞翅目害虫表现出较高活性，室内生物活性测定表明硫虫酰胺对黏虫、小菜蛾、斜纹夜蛾、甜菜夜蛾、二化螟和稻纵卷叶螟均表现出较高的杀虫活性，与氯虫苯甲酰胺相当。田间药效试验表明 10%硫虫酰胺悬浮剂对小菜蛾、斜纹夜蛾、二化螟、稻纵卷叶螟防效高，持效期长，在 45～60g（a.i.）/hm^2 时，对小菜蛾、斜纹夜蛾药后 7d 防效均达 90%以上；药后 15d 对二化螟和稻纵卷叶螟的防效达 80%以上。2021 年，浙江宇龙药业有限公司和浙江宇龙生物科技股份有限公司分别获得 10%硫虫酰胺悬浮剂（PD20211367，防治甘蓝小菜蛾）和 95%硫虫酰胺原药（PD20211355）的正式登记。

5.5.4.1 知识产权分析

该化合物在杜邦公司专利 CN1541063A 权利要求大范围内，为 CN1541063A 中列表化合物 536 结构中的苯甲酰胺的氧原子被硫替换，但并非列表化合物。

（1）新颖性　该发明属于 me-too 研究，新颖性分析见表 5-61。

表 5-61　该专利与已有技术对比表

该专利：CN105153113 A（青岛科技大学；申请日：2013-01-25；公开日：2015-12-16）	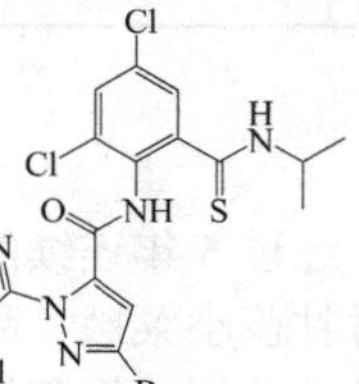 硫虫酰胺
已有技术 CN1541063A（纳幕尔杜邦公司，申请日：2002-08-13；公开日：2004-10-27）	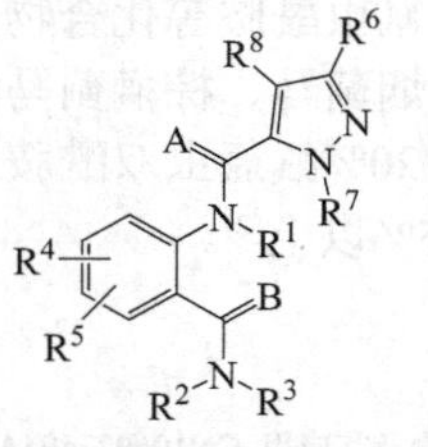 通式　A 和 B 各自独立地是氧或硫 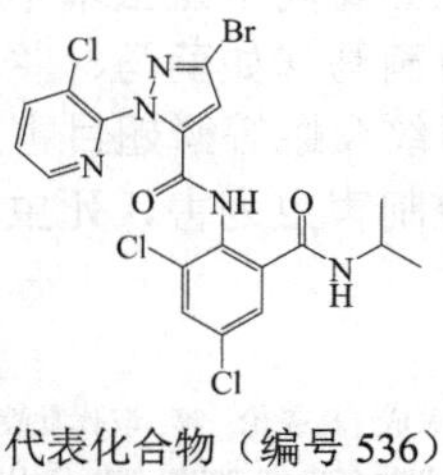　　代表化合物（编号 536）

续表

同类商品化/开发中品种	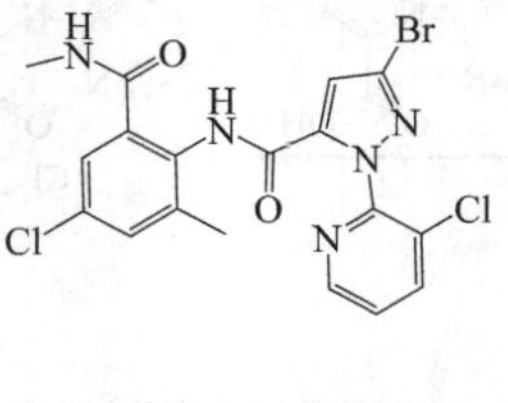 氯虫苯甲酰胺	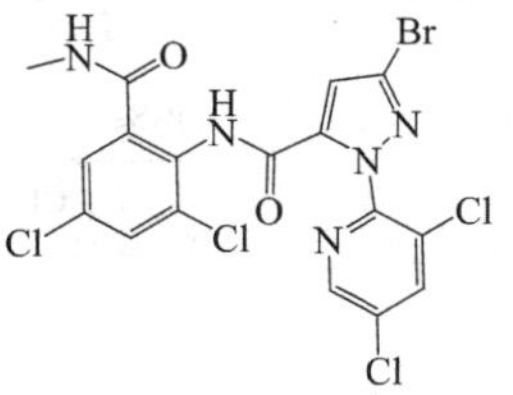 四氯虫酰胺

（2）创造性　该发明的优点和积极效果：与已知邻氨基苯甲酰胺类化合物（如氯虫苯甲酰胺）相比，该发明的3, 5-二卤代硫代苯甲酰胺类杀虫剂对甜菜夜蛾等害虫具有意想不到的高活性。更值得注意的是，氯虫苯甲酰胺在各种溶剂中溶解度均较低，甚至在强极性溶剂 DMF 中溶解度也只有 5%左右，难以配制成水乳剂、微乳剂等绿色剂型制剂，而该发明化合物在多种有机溶剂（如乙腈、乙酸乙酯等）中具有较好的溶解性，不仅可配制水悬剂、可湿性粉剂等常规剂型制剂，而且很容易配制成较高含量的水乳剂、微乳剂等水基环保制剂，克服了氯虫苯甲酰胺剂型单一、有效成分利用率低的弊端。

试验结果表明，该发明化合物硫虫酰胺较氯虫苯甲酰胺对甜菜夜蛾有较高的杀虫活性。

（3）核心化合物专利　硫虫酰胺核心化合物专利与授权保护范围如表 5-62 所示。

表 5-62　青岛科技大学申请的硫虫酰胺核心化合物专利

序号	公开号	专利号	法律状态
1	CN105153113A	ZL201510541390.8	授权有效
授权保护范围（中国专利）			
一种 3,5-二卤代硫代苯甲酰胺类杀虫剂，结构式如下所示： 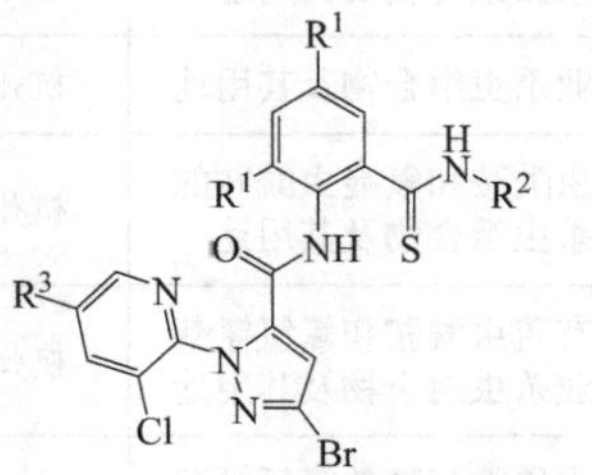 式中，R^1 选自 Cl 或 Br；R^2 选自异丙基；R^3 选自 H			

5.5.4.2　合成方法

以靛红酸酐为原料，经氨化、氯化等反应步骤制备目标化合物硫虫酰胺（图 5-29）。

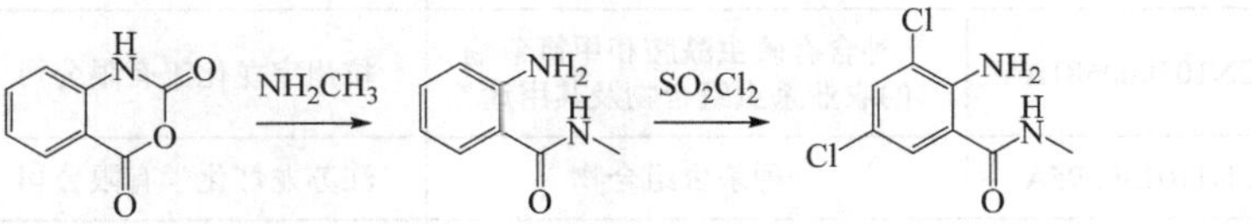

NH_2CH_3　SO_2Cl_2

图 5-29

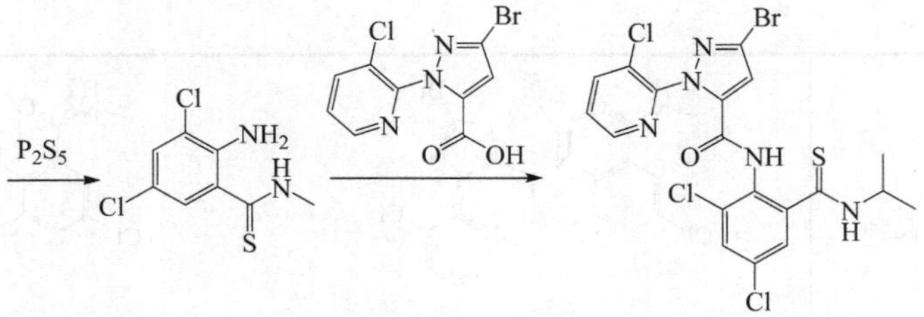

图 5-29　硫虫酰胺的合成路线

5.5.4.3　组合物专利

硫虫酰胺部分组合物专利见表 5-63。

表 5-63　硫虫酰胺组合物专利

序号	公开号	发明名称	申请人	B 组分
1	CN105638708A	一种农业杀虫组合物及其用途	杭州宇龙化工有限公司	苯甲酰脲类杀虫剂
2	CN105794789B	一种含有硫虫酰胺和吡丙醚的农业杀虫组合物及其用途	杭州宇龙化工有限公司	吡丙醚
3	CN111213657A	一种防治跳甲组合物及其应用	江西正邦作物保护有限公司	哒螨灵
4	CN110150307A	一种杀虫组合物	江苏龙灯化学有限公司	丁醚脲
5	CN105707119B	一种含有硫虫酰胺和毒死蜱的农业杀虫组合物及其用途	杭州宇龙化工有限公司	毒死蜱
6	CN105613511B	一种农业杀虫组合物及其用途	杭州宇龙化工有限公司	多杀菌素
7	CN105613562B	一种含有硫虫酰胺和呋虫胺的农业杀虫组合物及其用途	杭州宇龙化工有限公司	呋虫胺
8	CN105638715B	一种农业杀虫组合物及其用途	杭州宇龙化工有限公司	氟啶虫胺腈
9	CN112655713A	含有硫虫酰胺和氟啶虫酰胺的农业杀虫组合物及其用途	杭州宇龙化工有限公司	氟啶虫酰胺
10	CN105766989B	一种含有硫虫酰胺和氟氯氰菊酯的农业杀虫组合物及其用途	杭州宇龙化工有限公司	氟氯氰菊酯
11	CN112715559A	含有硫虫酰胺和高效氯氟氰菊酯的农业杀虫组合物及其用途	杭州宇龙化工有限公司	高效氯氟氰菊酯
12	CN105660646A	一种农业杀虫组合物及其用途	杭州宇龙化工有限公司	高效氯氰菊酯
13	CN110150284A	一种杀虫组合物	江苏龙灯化学有限公司	环虫酰肼
14	CN105685067B	一种农业杀虫组合物及其用途	杭州宇龙化工有限公司	甲氨基阿维菌素苯甲酸盐
15	CN105660681A	一种含有硫虫酰胺和甲氰菊酯的农业杀虫组合物及其用途	杭州宇龙化工有限公司	甲氰菊酯
16	CN110150295A	一种杀虫组合物	江苏龙灯化学有限公司	甲氧虫酰肼
17	CN110150311A	一种杀虫组合物	江苏龙灯化学有限公司	联苯菊酯

5.5.4.4 作用机理

硫虫酰胺是鱼尼丁受体类杀虫剂[1]。

5.5.4.5 毒理学与安全评价

试验结果显示（表 5-64）：硫虫酰胺对哺乳动物低毒，对兔皮肤和兔眼睛无刺激性、对豚鼠皮肤弱致敏性。Ames 试验、微核试验、染色体畸变试验试验结果均为阴性[1]。

表 5-64 硫虫酰胺原药毒性

测试科目	结论
大鼠急性经口	LD_{50}＞5000mg/kg
大鼠急性经皮	LD_{50}＞2150mg/kg
兔眼单次刺激试验	无刺激性
兔皮肤单次刺激试验	无刺激性
豚鼠皮肤致敏试验	弱致敏性
细菌回复突变试验(Ames)	阴性
小鼠嗜多染红细胞微核试验	阴性
小鼠睾丸精母细胞染色体畸变试验	阴性

5.5.4.6 登记情况

目前国内登记硫虫酰胺系列产品 2 个，具体登记信息如表 5-65。

表 5-65 硫虫酰胺相关登记产品信息表

登记证号	农药名称	剂型	总含量	登记作物	防治对象	用药量(制剂量/亩)	施用方法	登记证持有人
PD20211355	硫虫酰胺	原药	95%	—	—	—	—	浙江宇龙生物科技股份有限公司
PD20211367	硫虫酰胺	悬浮剂	10%	甘蓝	小菜蛾	30～40mL	喷雾	浙江宇龙生物科技股份有限公司

5.5.4.7 应用效果

硫虫酰胺对黏虫、小菜蛾、斜纹夜蛾、甜菜夜蛾、二化螟、草地贪夜蛾等具有较好的防效，对美国白蛾也有较好的活性。部分试验结果如下：

硫虫酰胺对美国白蛾的 LC_{50} 值为 0.2623mg/L，硫虫酰胺对美国白蛾的杀虫活性与氯虫苯甲酰胺相当，显著高于虫酰肼[1]。

硫虫酰胺对美国白蛾田间防效：10%硫虫酰胺悬浮剂 50～100mg/L 药后 3、7、14d 的防效均达 85%以上，与 200g/L 氯虫苯甲酰胺悬浮剂 50mg/L 的防效相当，速效性好，持效期长[1]。

硫虫酰胺对草地贪夜蛾田间防效：药后 1d 各处理防效为 61.56%～76.75%，速效性差于对照药剂 5.7%甲氨基阿维菌素苯甲酸盐（甲维盐）微乳剂；药后 7d 各处理防效为 84.84%～95.82%，持效性优于 5.7%甲维盐微乳剂和 200g/L 氯虫苯甲酰胺悬浮剂。10%硫虫酰胺悬浮剂可以有效控制草地贪夜蛾，且持效性较好，建议每亩制剂用量 30mL 左右，防治适期为草地贪夜蛾卵孵盛期及 3 龄幼虫前[2]。

参考文献

[1] 雷启阳, 江雅琴, 吴华龙, 等. 硫虫酰胺对美国白蛾的杀虫活性和田间防效. 农药, 2021, 60(01): 63-65.

[2] 卞康亚, 陈华, 王风良, 等. 10%硫虫酰胺 SC 对草地贪夜蛾的控制效果. 植物保护, 2022, 48(4): 353-357.

5.5.5 多氟虫双酰胺的创制

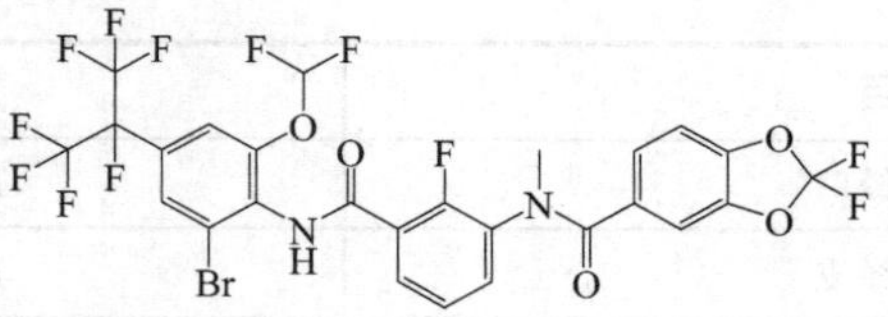

化合物专利名称：一种胡椒酸衍生物及其应用

中国专利号：ZL201910842263.X；申请日：2019-09-06；授权日：2021-12-14

专利发明人：吴鸿飞，徐靖博，刘少武，于海波，班兰凤，徐利保，程学明，郭春晓，孙宁宁；申请人：沈阳中化农药化工研发有限公司

多氟虫双酰胺（piperflanilide）由扬农化工子公司沈阳中化农药化工研发有限公司创制，目前正由扬农化工进行产业化开发。具有高活性、广谱、作用机制新颖等特点。大量的田间药效研究表明，多氟虫双酰胺对鳞翅目的棉铃虫、二化螟、稻纵卷叶螟、玉米螟、黏虫、甜菜夜蛾、小菜蛾、草地贪夜蛾、苹果小卷叶蛾、鞘翅目跳甲、缨翅目蓟马、同翅目粉虱的防效优异。

5.5.6 其他双酰胺类化合物的创制

（1）含杂环酰胺结构的酰腙及肟酯类化合物及其应用

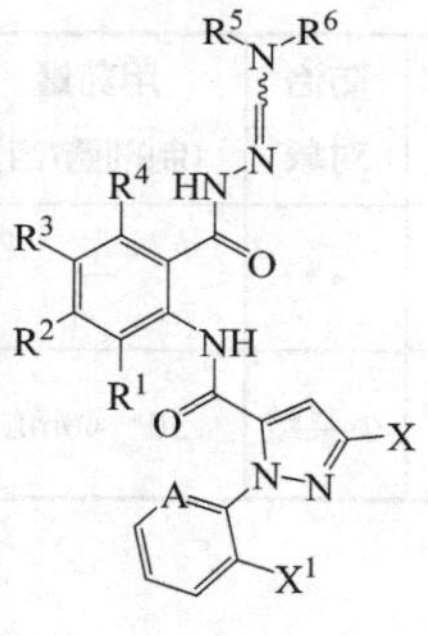

Ⅰ 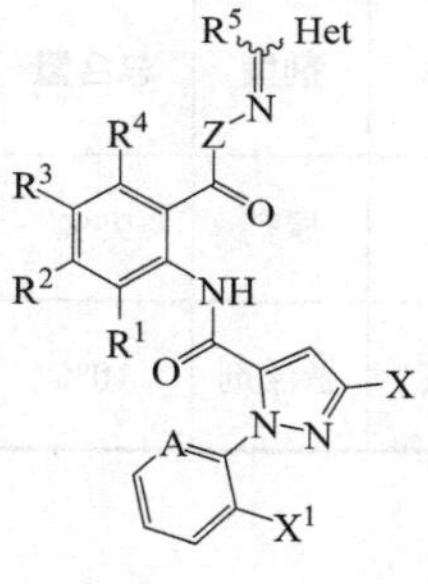　　Ⅱ

式中，X 选自 Cl、Br、甲氧基、乙氧基；X^1 选自 H、卤素原子；A 选自 CH、N；Z 选自 O、NH；R^1、R^2、R^3、R^4 可以相同或不同，分别选自 H、卤素原子、氰基、甲基；R^5 选自 H、甲基、乙基；R^6 选自 H、甲基、乙基；Het 选自呋喃基、吡咯基、噻吩基、吡唑基、咪唑基、哒嗪基、吡啶基、三嗪基、吡嗪基、喹啉基、噻唑啉基、噻唑基、三唑基。

发明人：宋宝安，吴剑，杨松，金林红，岳敏，杰杰乌，王贞超，胡德禹；申请人：贵州大学

中国专利号：ZL201010560706.5；中国专利申请日：2010-11-26

化合物类型：杂环酰胺类、肟酯类、酰腙类

发明思路：me-too 研究；采用活性基团拼接原理，将酰胺结构、酰腙（及肟酯）结构进行拼接，并引入 *N*,*N*-二取代烷基和杂环基团，设计合成一类结构新颖的含酰胺结构的酰腙及肟酯类化合物。

用途：具有杀虫活性，通式Ⅰ，Ⅱ所示的化合物具有优异的杀虫活性，可以用来防治鳞翅目、同翅目及双翅目害虫，对棉铃虫、小菜蛾、甜菜夜蛾、玉米螟、黏虫、斜纹夜蛾、褐飞虱、苜蓿蚜、尖音库蚊等具有很好的防治效果，特别是对小菜蛾、尖音库蚊在 0.25～10mg/L 的剂量下也有很好的致死效果。

代表化合物结构如下：

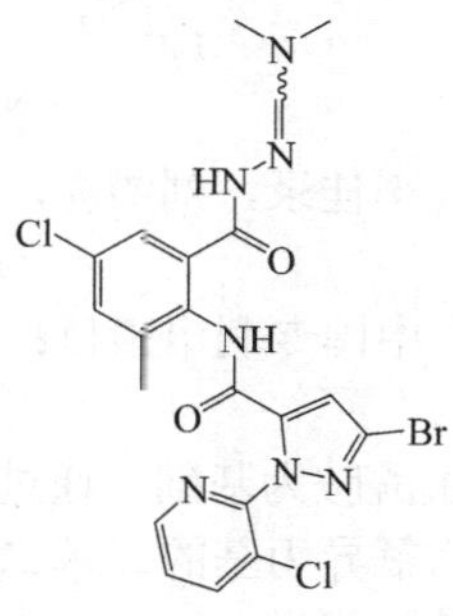

（2）一类酰腙和酰肼衍生物及其应用

一类酰腙和酰肼衍生物，其特征在于选自以下化合物：

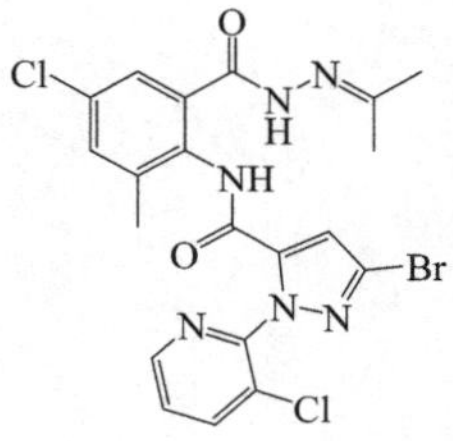

Ⅰ1　　Ⅰ3　　Ⅰ6　　Ⅰ13

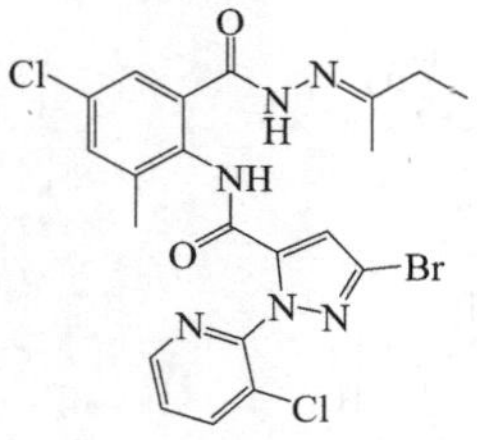

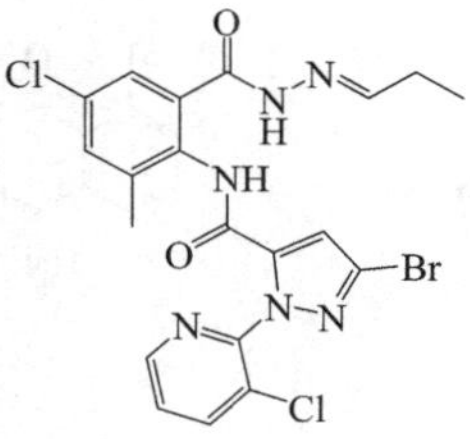

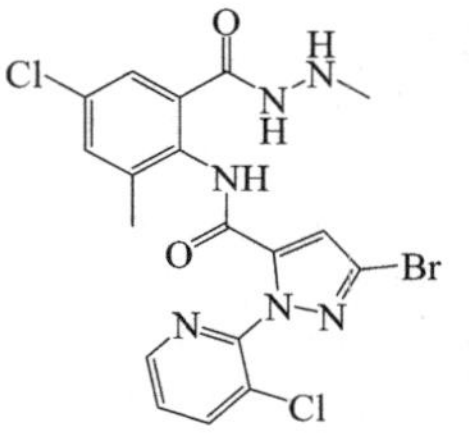

发明人：宋宝安，吴剑，杨松，金林红，岳敏，杰杰乌，王贞超，胡德禹；申请人：贵州大学

中国专利号：ZL201010560727.7；中国专利申请日：2010-11-26

化合物类型：酰腙类、酰肼类

发明思路：me-too 研究；在现有技术双酰胺类化合物基础上继续引入酰腙或酰肼片段。

用途：该类化合物具有广谱杀虫活性，对小菜蛾、棉铃虫、尖音库蚊、黏虫、玉米螟、甜菜夜蛾、斜纹夜蛾害虫均有良好的防治效果，特别是对小菜蛾、棉铃虫、尖音库蚊活性更好，在 1～600μg/mL 的剂量下就可以获得很好的防治效果。

代表化合物结构如下：

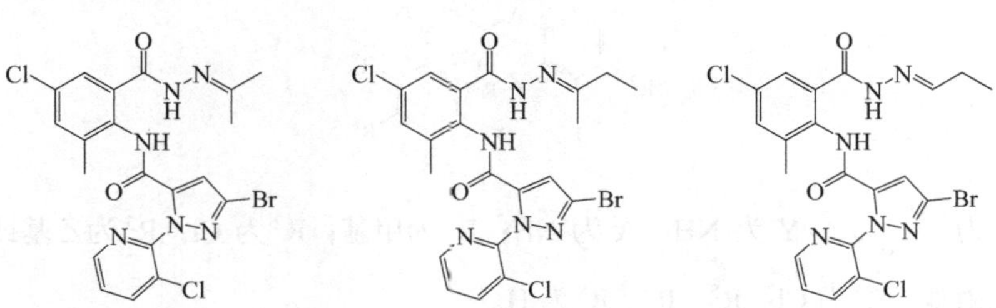

（3）含烷氧基六氟异丙基的邻苯二甲酰胺类化合物及其应用

通式代表化合物结构如下：

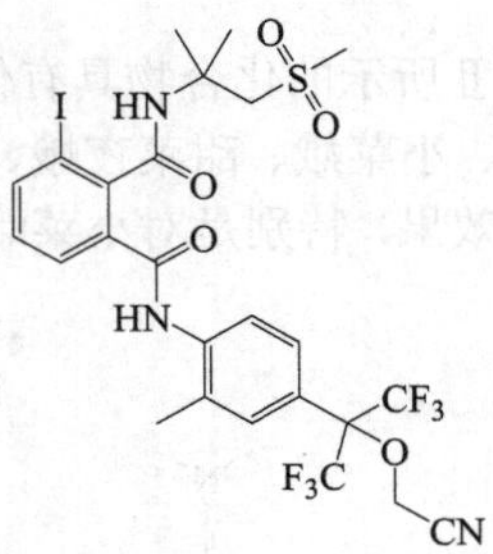

发明人：曹松，赵祥虎，贺菁菁，李佳录，刘熠森，李春梅，徐思学，黄青春；申请人：华东理工大学

中国专利号：ZL201910622796.7；中国专利申请日：2019-07-11

化合物类型：氟苯虫酰胺类似物

发明思路：me-too 研究；以氟苯虫酰胺为基础，通过对七氟异丙基衍生得到现有化合物。

用途：该发明所提供的含烷氧基六氟异丙基的邻苯二甲酰胺类化合物中多个化合物对黏虫具有强烈的杀虫活性，效果与氟苯虫酰胺相当。

（4）含 2′-羟基六氟异丙基的邻苯二甲酰胺类化合物及其用途

通式代表化合物结构如下：

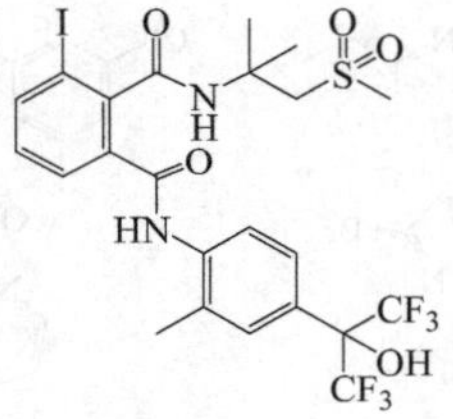

发明人：曹松，吴明熹，黄青春，尹黎霞，吴晶晶；申请人：华东理工大学

中国专利号：ZL201110191776.2；中国专利申请日：2011-07-11

化合物类型：氟虫双酰胺类似物

发明思路：me-too 研究；以氟虫双酰胺结构为基础，通过将七氟异丙基替换为 2′-羟基六氟异丙基结构衍生得到现有化合物。

用途：该发明所提供的含 2′-羟基六氟异丙基的邻苯二甲酰胺类化合物具有强烈的杀虫活性（如对黏虫）。

（5）一类取代苯基吡唑酰胺衍生物及其制备方法和应用

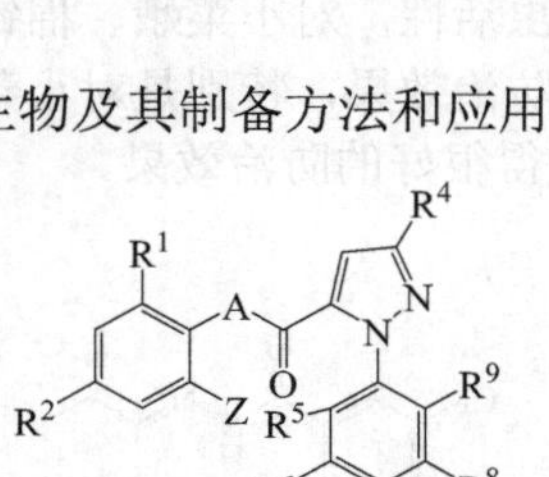

式中，Z 为 $-C(=O)-Y-R^3$；Y 为 NH；A 为 NH；R^1 为甲基；R^2 为 Cl；R^3 为乙基或异丙基；R^4 为 CF_3；R^7 为硝基；R^9 为 Cl；R^5、R^6、R^8 为 H。

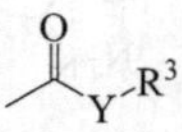

发明人：李正名，张秀兰，马金龙，周莎，熊丽霞，李永强，王宝雷；申请人：南开大学

中国专利号：ZL201310456588.7；中国专利申请日：2013-09-29

化合物类型：吡唑酰胺类

发明思路：me-too 研究；在双酰胺类化合物基础上进一步优化而得。

用途：提高对某些害虫的杀虫活性，特别对鳞翅目害虫如东方黏虫、小菜蛾等十分有效，是一种具有广阔应用前景的杀虫剂。

代表化合物结构如下：

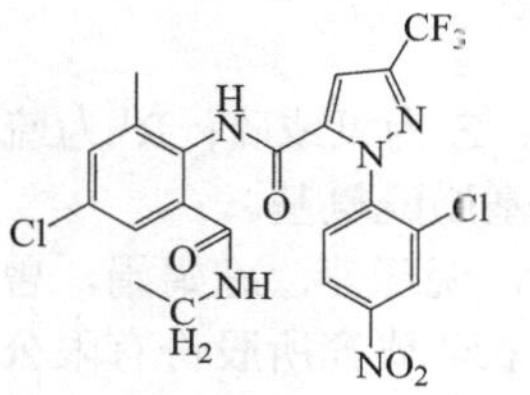

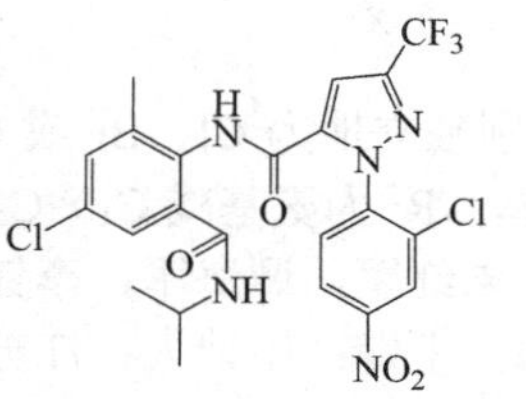

（6）邻氨基苯甲酰烷基异(硫)脲类化合物及其合成方法和应用

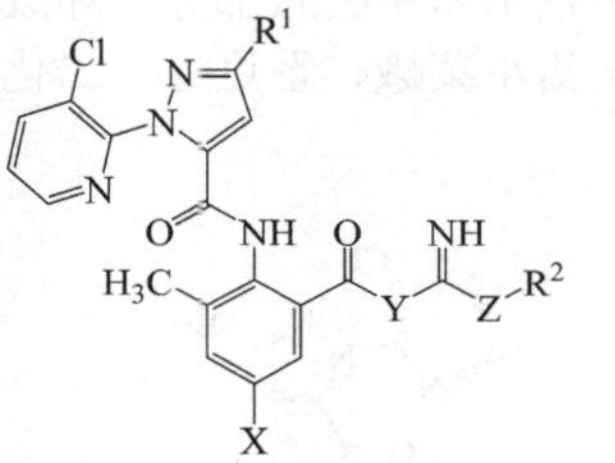

式中，X 为氢、卤素或氰基；Z 为氧或硫；R^2 为 C_1～C_5 烷基、C_1～C_5 卤代烷基、C_3～C_6 烯基、C_3～C_6 卤代烯基、C_3～C_6 炔基、C_3～C_6 卤代炔基；Y 为亚氨基时，R^1 为 C_3～C_6 烯氧基、C_3～C_6 炔氧基或 C_3～C_6 烷酰氧基；Y 为联亚氨基时，R^1 为 Cl、Br、C_1～C_3 烷氧基、C_1～C_3 卤代烷氧基、C_3～C_6 烯氧基、C_3～C_6 炔氧基或 C_2～C_6 烷酰氧基。

发明人：刘丽，张湘宁，马海军，俞晓姝，曾霞，倪珏萍；申请人：江苏省农药研究所股份有限公司

中国专利号：ZL201310189203.5；中国专利申请日：2013-05-20

化合物类型：邻氨基苯甲酰胺类，鱼尼丁受体类

发明思路：me-too 研究；以现有双酰胺类化合物为先导，引入酰烷基异（硫）脲，再优化而得。

用途：具有杀虫活性，用于防治棉铃虫、甜菜夜蛾、小菜蛾、菜青虫、稻纵卷叶螟、二化螟、叶蝉、飞虱、蚜虫、粉虱、家蝇、潜叶蝇或蚊类。

代表化合物结构如下：

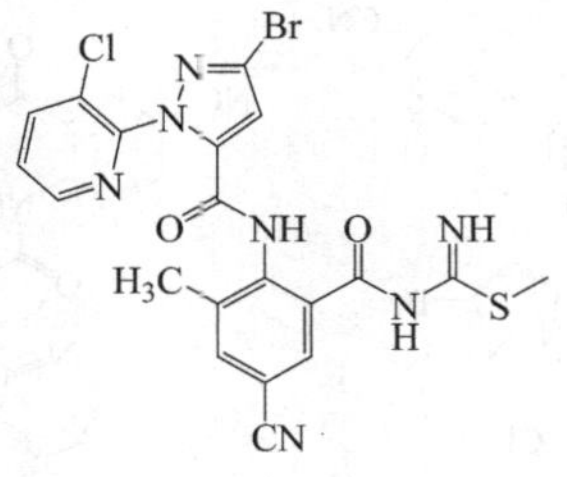

（7）邻杂环甲酰苯胺类化合物及其合成方法和应用

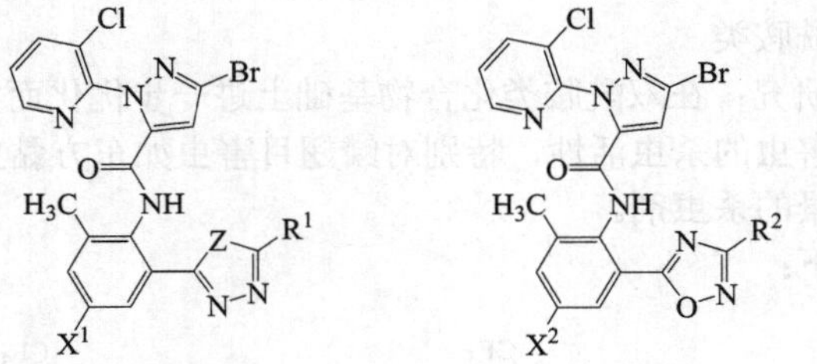

式中，X^1 或 X^2 分别独立地为 Cl、Br 或 CN；Z 为氧或硫；R^1 为巯基、氨基、C_1～C_5 烷基或 C_1～C_5 烷基磺酰氨基；R^2 为氨基或 C_1～C_5 烷基磺酰氨基。

发明人：张湘宁，朱红军，谭海军，李钰浩，倪珏萍，施娟娟，曾霞，刘丽，张雁南，周亚玲，何海兵，冯红梅，王娜；申请人：江苏省农药研究所股份有限公司

中国专利号：ZL201110003054.X；中国专利申请日：2011-01-07

化合物类型：邻氨基苯甲酰胺类，鱼尼丁受体类

发明思路：将现有双酰胺杀虫剂中苯甲酰胺部分合环成噁二唑而得。

用途：具有杀虫活性，用于防治小菜蛾、蚕豆蚜、二化螟等。

代表化合物结构如下：

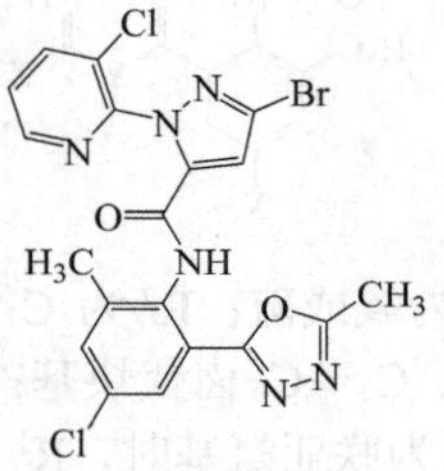

（8）一类含砜（硫）亚胺的邻甲酰氨基苯甲酰胺衍生物及其制备方法和用途

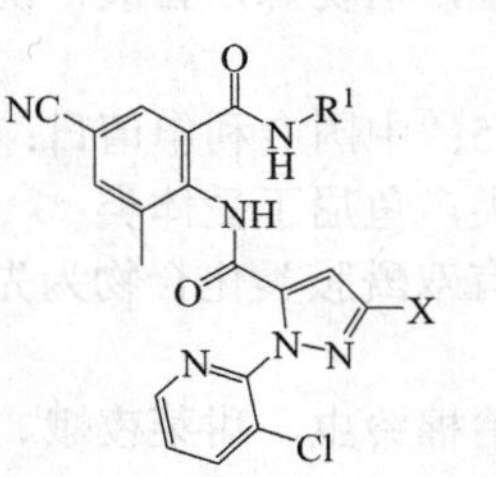

化合物选自：

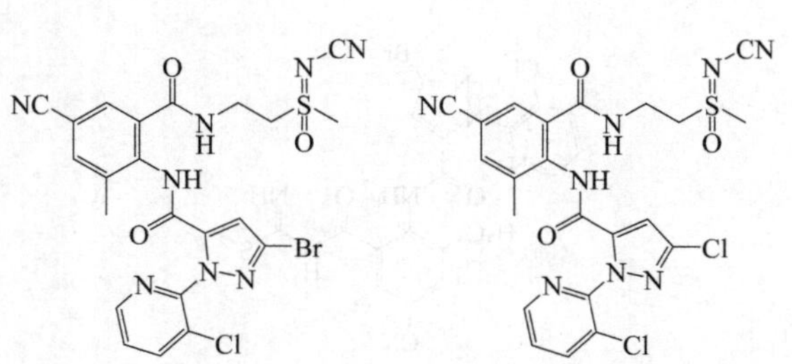

发明人：范志金，姬晓恬，华学文，毛武涛，陈晓燕，梁小文，刘细平，李娟娟，宗广宁，李凤云，王曙华，周立峰；申请人：南开大学，江西天人生态股份有限公司

中国专利号：ZL201410081765.2；中国专利申请日：2013-01-05

化合物类型：双酰胺

发明思路：me-too 研究；为了进一步研究高效低毒的鱼尼丁类化合物，该发明利用农药分子设计的原理将其他农药活性片段引入双酰胺分子中，设计合成了一类含砜（硫）亚胺的邻甲酰氨基苯甲酰胺衍生物，并进行了系统的生物活性的筛选，以期改善目标分子的水溶解性，提高其在植物体内的上下和横向运移，为新农药的创制研究提供环境友好的超高效新型候选化合物。

用途：具有杀虫活性、杀菌活性和抗 TMV 的活性，该发明化合物对小菜蛾的活性优于氰虫酰胺。该发明化合物在 50μg/mL 时，对番茄早疫病菌、黄瓜灰霉病菌、花生褐斑病菌、小麦赤霉病菌、马铃薯晚疫病菌、苹果轮纹病菌、水稻纹枯病菌、禾谷丝核菌和油菜菌核病菌均有不同程度的杀菌活性。该发明的部分化合物具有较好的抗 TMV 活性。

（9）一类含硫醚、*N*-氰基硫（砜）亚胺结构的取代吡唑甲酰胺类双酰胺衍生物及其制备方法和用途

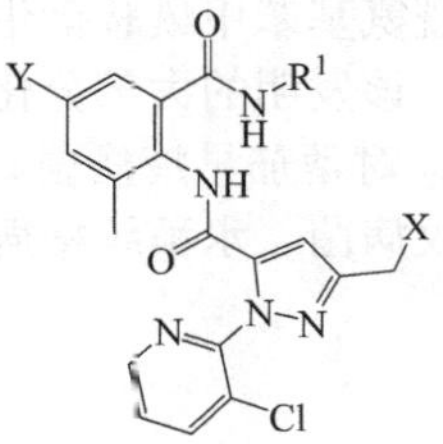

化合物选自：

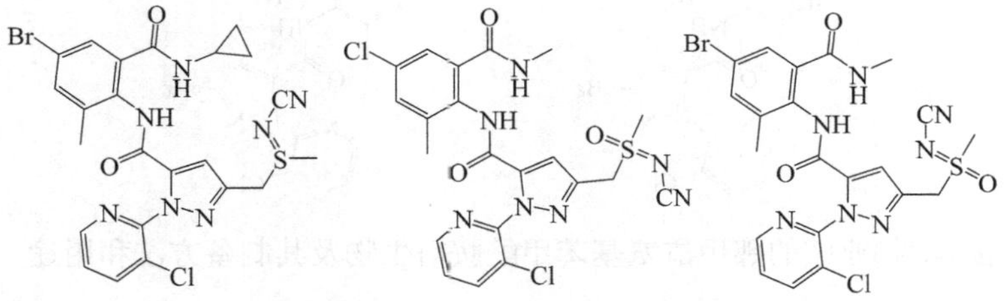

发明人：范志金，华学文，李娟娟，梁小文，陈晓燕，王根豪，姬晓恬，宗广宁，李凤云，周立峰；申请人：南开大学

中国专利号：ZL201310435818.1；中国专利申请日：2013-09-18

化合物类型：双酰胺，鱼尼丁受体类

发明思路：me-too 研究；该发明利用农药分子活性片段拼接原理设计合成了一类新型的含硫醚、*N*-氰基硫或砜亚胺结构的取代吡唑甲酰胺类双酰胺衍生物，并进行了系统的生物活性的筛选，以期改善目标分子的水溶解性，提高其在植物体内的上下和横向运移，为新农药的创制研究提供环境友好的超高效新型候选化合物。

用途：具有杀虫活性和杀菌活性，该发明的部分化合物表现出了较好的杀黏虫活性，但杀虫效果并不显著。该发明的化合物在 50μg/mL 时，对番茄早疫病菌、黄瓜灰霉病菌、花生褐斑病菌、小麦赤霉病菌、马铃薯晚疫病菌、苹果轮纹病菌、水稻纹枯病菌、禾谷丝核菌和油菜菌核病菌均有不同程度的杀菌活性。

（10）一类含 *N*-氰基砜(硫)亚胺的邻甲酰氨基苯甲酰胺衍生物及其制备方法和用途

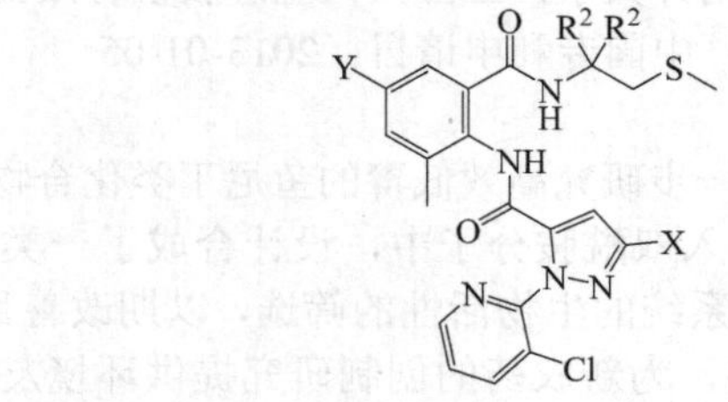

式中，X 选自 Cl、Br；Y 选自 Cl、Br；R^2 选自甲基。

发明人：范志金，华学文，陈旭艳，毛武涛，陈晓燕，梁小文，刘细平，姬晓恬，李娟娟，宗广宁，李凤云，李岳东，房震，王曙华，周立峰，黄亮文；申请人：南开大学，江西天人生态股份有限公司

中国专利号：ZL201310000509.1；中国专利申请日：2013-01-05

化合物类型：双酰胺，鱼尼丁受体类

发明思路：me-too 研究；该发明利用农药分子设计的原理将其他农药活性片段引入双酰胺分子中，设计合成了一类新颖的邻甲酰氨基苯甲酰胺衍生物，期待发现高活性化合物。

用途：具有杀虫活性和杀菌活性，该发明的大部分化合物对小菜蛾、黏虫及蚜虫具有良好活性。该发明的化合物在 50μg/mL 时，对番茄早疫病菌、黄瓜灰霉病菌、花生褐斑病菌、小麦赤霉病菌、马铃薯晚疫病菌、苹果轮纹病菌、水稻纹枯病菌、禾谷丝核菌和油菜菌核病菌均有不同程度的杀菌活性。

代表化合物结构如下：

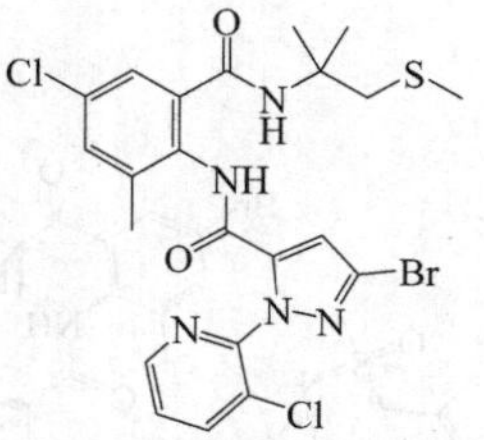

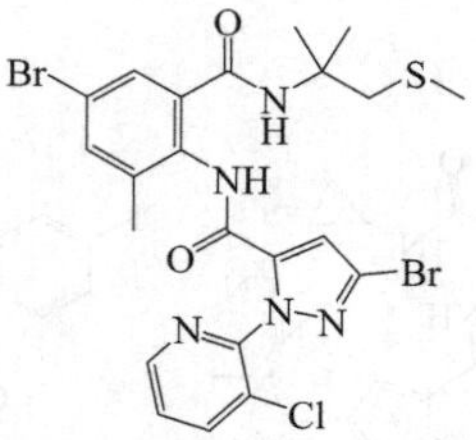

（11）一类含砜(硫)亚胺的邻甲酰氨基苯甲酰胺衍生物及其制备方法和用途

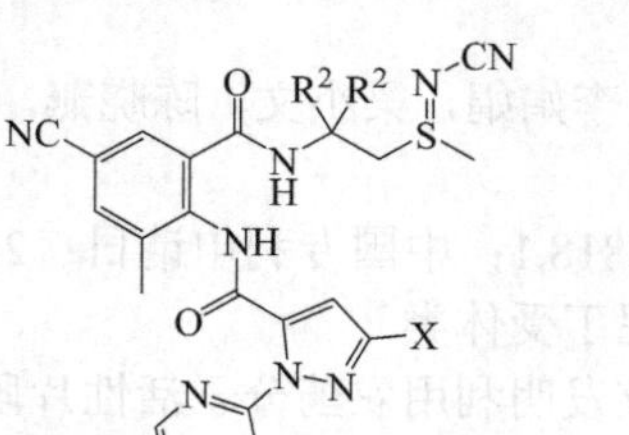

式中，X 选自 Cl、Br；R^2 选自氢、甲基。

发明人：范志金，姬晓恬，华学文，毛武涛，陈晓燕，梁小文，刘细平，李娟娟，宗广宁，李凤云，王曙华，周立峰；申请人：南开大学，江西天人生态股份有限公司

中国专利号：ZL201310000556.6；中国专利申请日：2013-01-05

化合物类型：双酰胺，鱼尼丁受体类

发明思路：me-too 研究；该发明利用农药分子设计的原理将其他农药活性片段引入双酰胺

分子中，设计合成了一类新颖的邻甲酰氨基苯甲酰胺衍生物，期待发现高活性化合物。

用途：具有杀虫活性、杀菌活性和抗烟草花叶病毒活性，该发明的大部分化合物对小菜蛾、黏虫及蚜虫具有良好活性。该发明的化合物在50μg/mL时，对番茄早疫病菌、黄瓜灰霉病菌、花生褐斑病菌、小麦赤霉病菌、马铃薯晚疫病菌、苹果轮纹病菌、水稻纹枯病菌、禾谷丝核菌和油菜菌核病菌均有不同程度的抑菌活性。该发明部分化合物在保护模式下，具有较好的抗TMV的活性，其对TMV抑制率超过40%。

代表化合物结构如下：

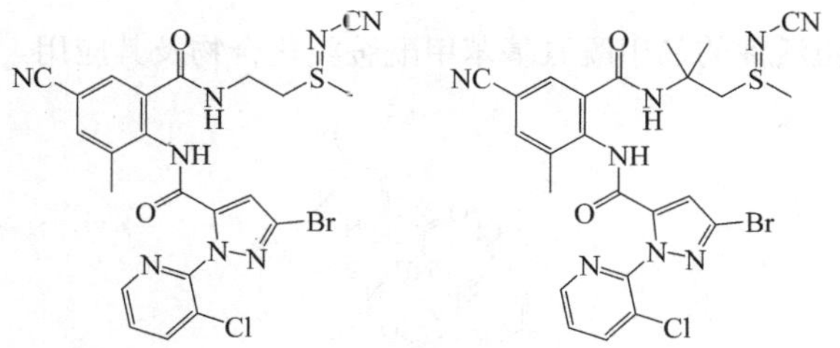

(12) 具有杀虫活性的*N*-酰基烷基苯甲酰氨类化合物及其应用

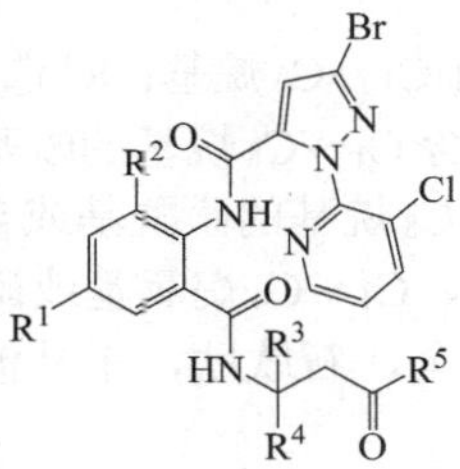

其中，R^1为卤素或CN；R^2为C_1～C_8烷基或卤素；R^3为H或C_1～C_8烷基；R^4为H或C_1～C_8烷基；

R^5选自以下各个基团：HN—⟨哌啶⟩N-R^6，—N⟨⟩X-R^7，—N(R^8)(R^9)；

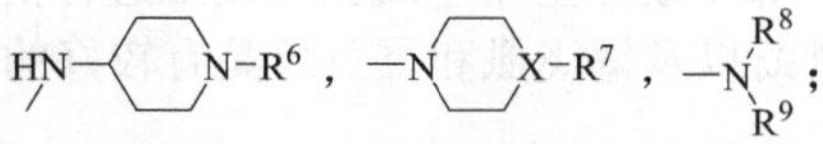

R^5中的取代基包括R^6，R^7，X，R^8和R^9；取代基R^6选自以下各个基团：H，H·HCl，或C_1～C_8烷基、C_3～C_6烯基、C_3～C_6炔基、含有C_1～C_8烷基的酰基、含有C_1～C_8烷氧基的酰基、含有C_1～C_8烷氨基的酰基、酰氨基、吗啉酰基、含有C_1～C_8烷基的磺酰基；取代基R^7选自以下各个基团：NH_2，NH_2·HCl，或C_1～C_8烷基、C_3～C_6烯基、C_3～C_6炔基、含有C_1～C_8烷基的酰氨基、含有C_1～C_8烷氧基的酰氨基、含有C_1～C_8烷氨基的酰氨基、含有C_1～C_8烷氨基的酰甲基、含有C_1～C_8烷基的磺酰氨基、脲基、吗啉酰氨基；取代基X为CH或N；取代基R^8选自以下各个基团：H，或C_1～C_8烷基、C_3～C_8环烷基、C_3～C_6杂环烷基；取代基R^9选自以下各个基团：H，或C_1～C_8烷基、C_3～C_8环烷基、C_3～C_6杂环烷基；取代基R^8和R^9还包括两者与R^5中N一起形成的C_2～C_6的杂环烷烃。

发明人：冯美丽，李宏举，胡志全，石欣欣，王林波；申请人：江苏中旗科技股份有限公司

中国专利号：ZL201610880141.6；中国专利申请日：2016-10-09

化合物类型：*N*-酰基烷基苯甲酰氨类

发明思路：me-too研究；在*N*-酰基烷基苯甲酰氨基础上进行衍生得到现有化合物。

用途：具有杀虫活性。对小菜蛾具有较好的灭杀活性。

代表化合物结构如下：

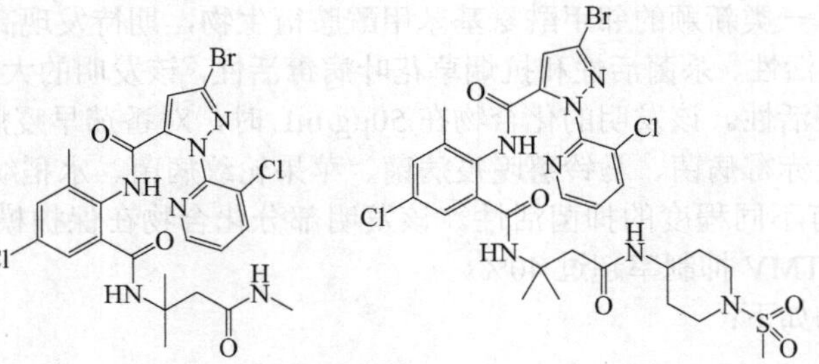

(13) 一种具有杀虫活性的邻甲酰氨基苯甲酰胺类化合物及其应用

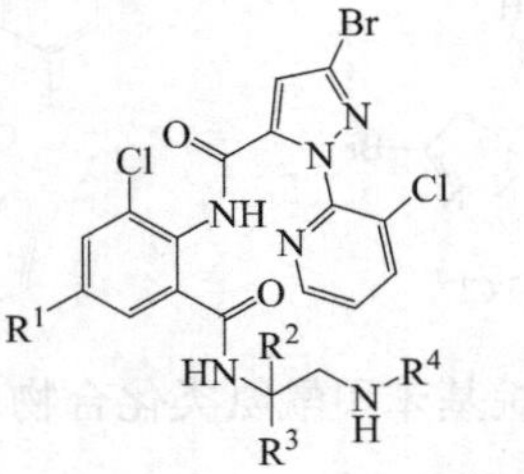

其中，R^1选自卤素或CN；R^2选自C_1～C_4烷基；R^3选自C_1～C_4烷基；R^4选自H、Cl、C_1～C_8烷基、C_3～C_6烯基、C_3～C_6炔基、含C_1～C_8烷基的酰基、含C_1～C_8烷氧基的酰基、含C_1～C_8烷氨基的酰基、吗啉酰基、含C_1～C_8烷基的磺酰基或含C_1～C_8烷氨基的磺酰基和苯基磺酰基；R_4可进一步被卤素、C_1～C_4烷基、C_1～C_4烷氧基或硝基所取代。

发明人：冯美丽，李宏举，胡志全，石欣欣，王林波；申请人：江苏中旗科技股份有限公司

中国专利号：ZL 201610684755.7；中国专利申请日：2016-08-18

化合物类型：邻甲酰氨基苯甲酰胺类化合物

发明思路：me-too研究；在邻甲酰氨基苯甲酰胺基础上进行衍生得到现有化合物。

用途：具有杀虫活性。对桃蚜以及褐飞虱和蚕豆蚜具有较好的灭杀活性。

代表化合物结构如下：

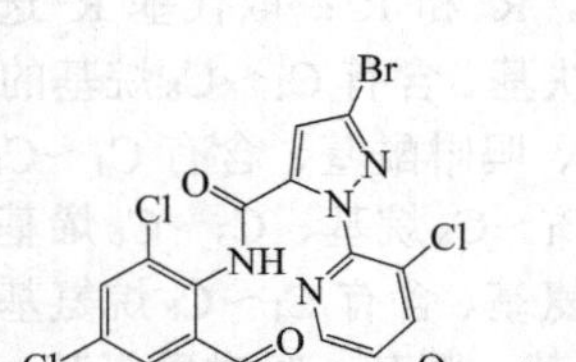

(14) 一类含多氟烷基异吲哚啉酮苯甲酰胺类衍生物，其制备方法及应用

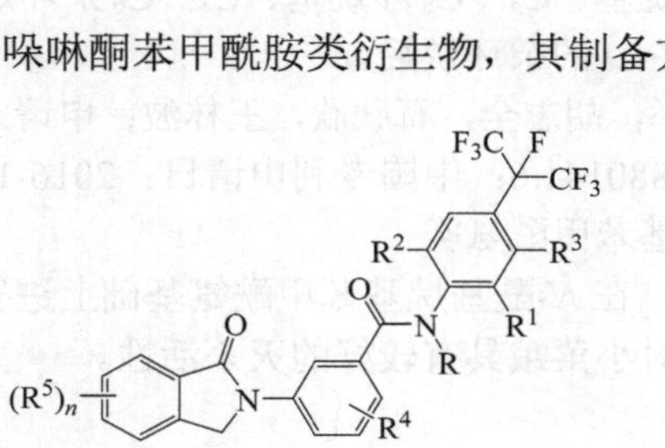

式中各取代基定义具体参见本专利权利要求书部分。

发明人：许天明，邢家华，赵灵杰，魏优昌，黄红英；申请人：浙江省化工研究院有限公司、中化蓝天集团有限公司

中国专利号：ZL201911074903.3；中国专利申请日：2019-11-06

化合物类型：异吲哚化合物，间二酰胺类化合物

发明思路：me-too 研究；在公开的含多氟烷基代苯甲酰胺类化合物的基础上将酰胺键环化成为异吲哚得到。

用途：具有杀虫活性，可以有效地防治黏虫、小菜蛾、苜蓿蚜等农业害虫。

代表化合物结构如下：

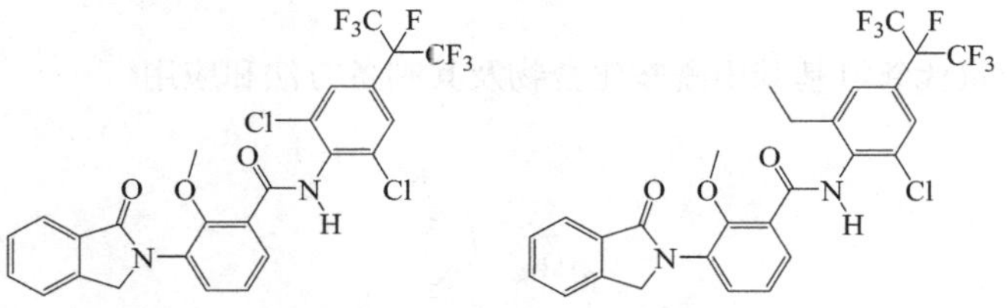

F_3C F CF_3 Cl O O N H Cl O N

F_3C F CF_3 O O N H Cl O N

（15）一种含一氟甲氧基吡唑的邻甲酰氨基苯甲酰胺类化合物，其合成方法及应用

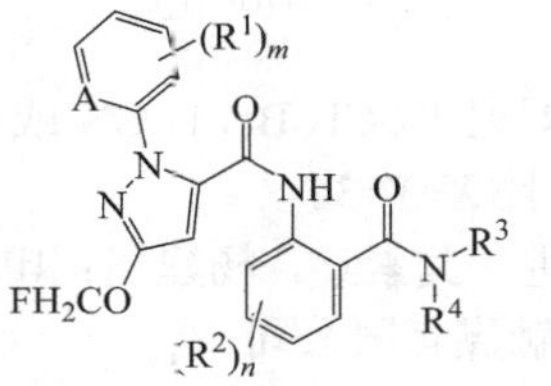

$(R^1)_m$ A N N O NH O N R^3 R^4 FH_2CO $(R^2)_n$

式中，A 为 N 或 CH；R^1 为氢、卤素、氰基、硝基、C_1～C_6 烷基、C_1～C_6 卤代烷基、氰基 C_1～C_6 烷基、C_2～C_6 链烯基、C_2～C_6 卤代链烯基、C_2～C_6 炔基、卤代 C_3～C_6 炔基、C_1～C_6 烷氧基、C_1～C_6 氰基烷氧基、C_1～C_6 卤代烷氧基、C_1～C_6 烷硫基、C_1～C_6 卤代烷硫基、C_1～C_6 烷基磺酰基、C_1～C_6 烷基羰基、卤代 C_1～C_6 烷基羰基、C_1～C_6 烷氧基羰基、卤代 C_1～C_6 烷氧基羰基或氨基 C_1～C_6 烷基；R^2 为氢、卤素、C_1～C_6 烷基、卤代 C_1～C_6 烷基、C_1～C_6 烷氧基、卤代 C_1～C_6 烷氧基或氰基；R^3 为氢或 C_1～C_3 烷基；R^4 为氢、氰基、C_1～C_6 烷基、C_1～C_6 烷氧基、C_1～C_6 烷氨基、卤代 C_1～C_6 烷基、卤代 C_1～C_6 烷氧基、卤代 C_1～C_6 烷氨基、氰基 C_1～C_6 烷基、C_3～C_6 环烷基、卤代 C_3～C_6 烷基、羟基 C_1～C_6 烷基、C_1～C_6 烷氧羰基甲基、C_1～C_6 烷氧基酰氨基、C_1～C_6 烷基酰氨基、卤代 C_1～C_6 烷基酰氨基、氰基取代的 C_1～C_6 烷基酰氨基或芳杂环甲基；或者 R^3 和 R^4 与所连接的 N 一起形成三元、四元、五元或六元环；m 为 0～2 的整数；n 为 0～4 的整数。

发明人：窦花妮，陈杰，郑昀红，许天明，刑家华，郑志文，彭伟立，许勇华，董德臻，魏优昌，孔小林，袁静，刘刚；申请人：中化蓝天集团有限公司，浙江省化工研究院有限公司

中国专利号：ZL201010280882.3；中国专利申请日：2010-09-14

化合物类型：邻甲酰氨基苯甲酰胺类化合物、鱼尼丁抑制剂

发明思路：me-too 研究；以氯虫苯甲酰胺为先导，使用活性拼接法，得到现有化合物。

用途：具有杀虫活性。可用于防除在农业领域中出现的各种有害生物，或寄生于动物的有害生物。对鳞翅目害虫（小菜蛾、草地贪夜蛾和棉铃虫）、半翅目害虫（桃蚜和苜蓿蚜）、同翅目害虫（水稻褐飞虱）、双翅目害虫（三叶斑潜蝇）以及叶甲类害虫（辣根猿叶甲）都表现出非

常良好的活性。特别是对鳞翅目、半翅目和双翅目害虫，在很低的剂量下就可以获得很好的效果。

代表化合物结构如下：

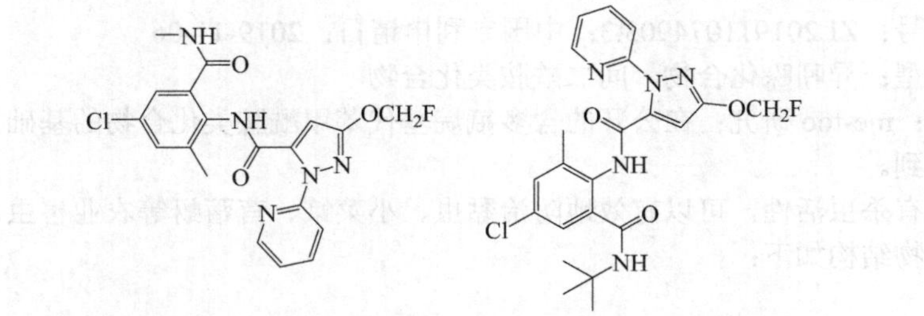

（16）一种新型氘代邻氨基苯甲酰胺化合物及其制备方法和应用

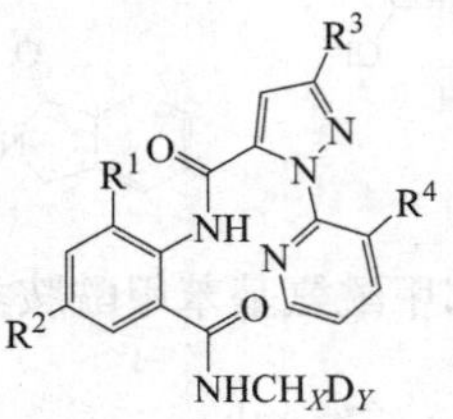

式中，R^1 是 CH_3、F、Cl 或 Br; R^2 是 F、Cl、Br、I、CN 或 CF_3; R^3 是 CF_3、Cl、Br 或 OCH_2CF_3; R^4 是 Cl 或 Br; X 取 0～2 的整数，且 $X+Y=3$。

发明人：戚明珠，贺书泽，李进，戈素兵，杨建飞；申请人：江苏扬农化工股份有限公司，江苏优士化学有限公司，大连多相触媒有限公司

中国专利号：ZL201210342813.X；中国专利申请日：2012-09-14

化合物类型：邻氨基苯甲酰胺类化合物

发明思路：me-too 研究；在氯虫酰胺类杀虫剂的基础上，直接替换成氘代结构得到。

用途：具有杀虫活性，该发明化合物可防治农业害虫，如二化螟、小菜蛾等。

代表化合物结构如下：

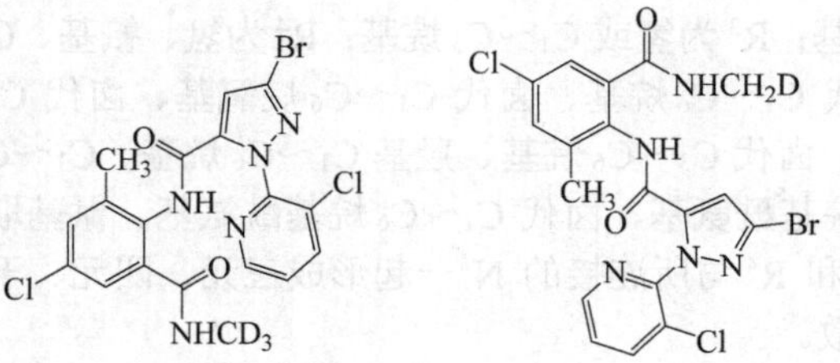

（17）一种双酰胺化合物及其合成方法与应用

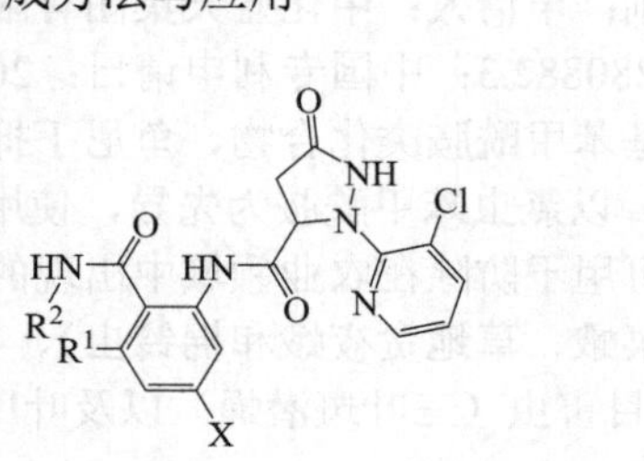

式中，R^1代表甲基，R^2代表甲基、乙基、正丙基、异丙基、正丁基、异丁基、叔丁基中的一种，X 代表 Cl 或 I。

发明人：谭成侠，张冬林，杨忍；申请人：浙江工业大学

中国专利号：ZL201711065606.3；中国专利申请日：2017-11-02

化合物类型：邻氨基苯甲酰胺类

发明思路：me-too 研究（CN101333213A）；根据氯虫酰胺等结构，进行吡唑环的替换，得到该类化合物。

用途：具有优异的杀虫活性，对黏虫的致死率达到了 100%，对苜蓿蚜的致死率达到了 80%以上。

代表化合物结构如下：

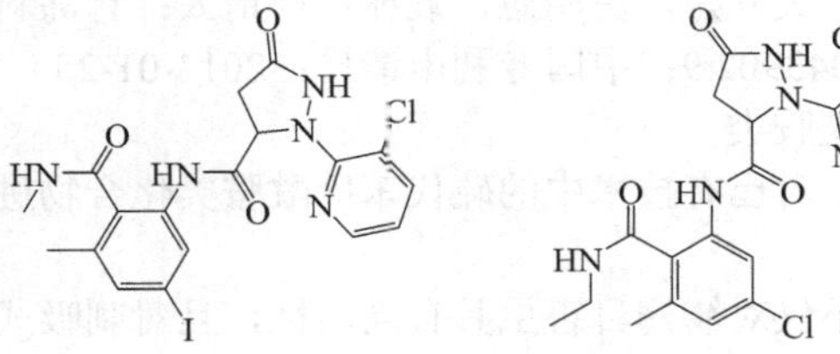

(18) 邻氨基苯甲腈类化合物及其制法与用途

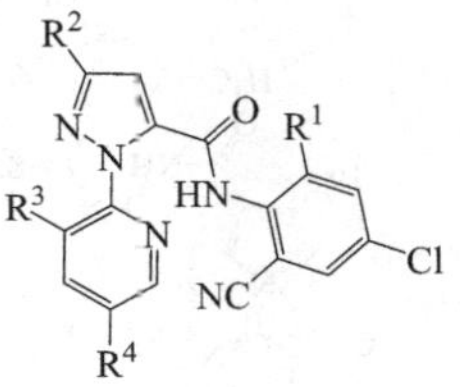

式中，R^1选自 Cl 或甲基；R^2为 Br；R^3为 F；R^4为 Cl。

发明人：许良忠，吴华龙，冯显国，高树坤，石营，韩宗岭，刘小伟，傅海丰，梁静静；申请人：青岛科技大学

中国专利号：ZL201110292240.X；中国专利申请日：2011-09-29；同族专利：WO2013044791A1、US8933234B2、US2014243376A1

化合物类型：邻氨基苯甲腈类、吡唑酰胺类

发明思路：me-too 研究，在已有技术公开的邻氨基苯甲腈类化合物的基础上进行取代基替换从而得到现有的化合物。

用途：具有杀虫活性，尤其可用于防治小菜蛾。

代表化合物结构如下：

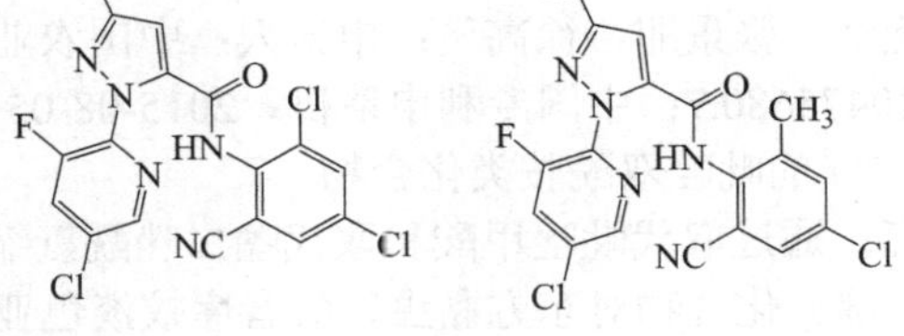

(19) 硫代苯甲酰胺类化合物及其应用

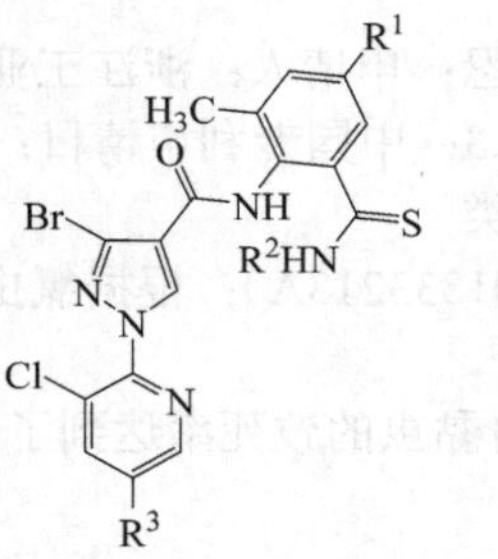

式中，R^1 选自 Cl 或 Br；R^2 选自甲基、异丙基、烯丙基；R^3 选自 H 或 Cl。

发明人：许良忠，田帅，关立婷，王明慧，袁冰；申请人：青岛科技大学

中国专利号：ZL201310043902.9；中国专利申请日：2013-01-25

化合物类型：硫代苯甲酰胺类

发明思路：me-too 研究，对已有技术中的硫代苯甲酰胺类化合物进行简单的基团替换从而得到现有的化合物。

用途：具有杀虫活性，不仅对鳞翅目害虫具有高活性，且对刺吸式害虫（如稻飞虱）亦有很好的防治效果。

代表化合物结构如下：

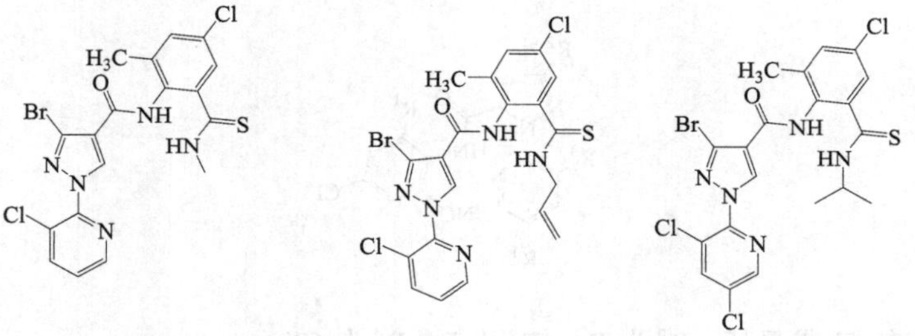

(20) 一类含 1,2,3-噻二唑的吡唑双酰胺类化合物及其合成方法与应用

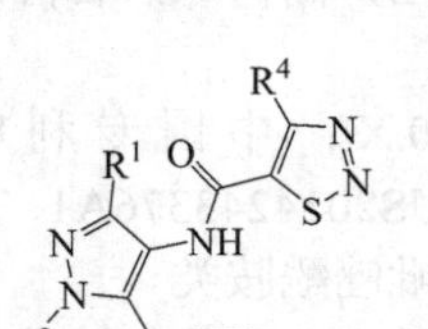

其中，R^1 为 C_1～C_4 烷基或环烷基；R^2 为 H 或 C_1～C_4 烷基；R^3 为 C_1～C_{12} 烷基、苯环、取代苯环、杂环或取代杂环；R^4 为 C_1～C_4 烷基或环烷基；

其中所述杂环选自含有 N、S 或 O 原子的吡啶、哌啶、吡唑、吡唑烷、噻唑、呋喃或四氢呋喃。

发明人：袁德凯，刘艳红，张景朋，徐高飞；申请人：中国农业大学

中国专利号：ZL201510475680.7；中国专利申请日：2015-08-05

化合物类型：1,2,3-噻二唑的吡唑双酰胺类化合物

发明思路：me-too 研究；通过取代吡唑甲酸和取代噻二唑酰氯缩合得到。

用途：具有杀虫活性，部分化合物对东方黏虫、尖音库蚊淡色亚种幼虫具有较好的灭杀活

性，同时对黄瓜枯萎病菌、花生褐斑病菌、苹果轮纹病菌、番茄早疫病菌和小麦赤霉病菌具有一定的抑制活性，另外对烟草花叶病毒也具有一定的活性。

代表化合物结构如下：

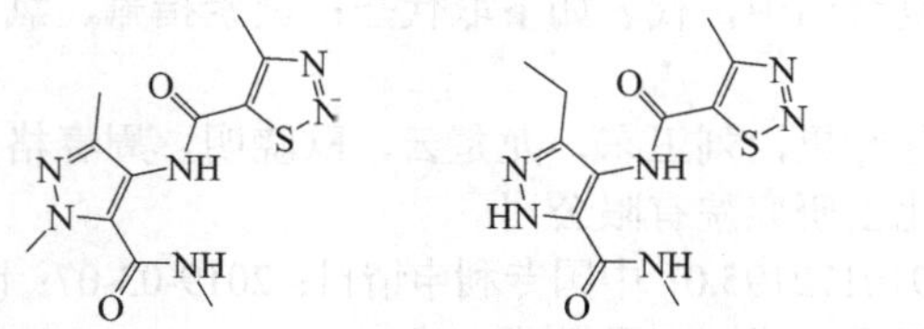

（21）一种含氰基的邻苯二甲酰胺衍生物及其制备与应用

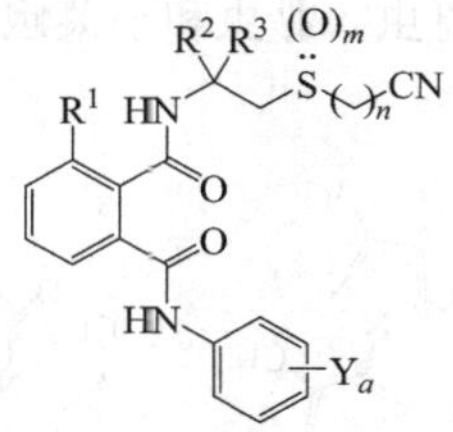

式中，R^1是甲基、卤素、硝基；R^2是H或甲基；R^3是H或甲基；m是0，1或2；n是1～6的任一整数；a是1～3的任一整数；Y为卤素、硝基、C_1～C_6的烷基、C_1～C_6的烷氧基、三氟甲基、七氟异丙基和甲氧基六氟异丙基中的至少一种。

发明人：刘尚钟，李奇博，廖敏，冯瞳；申请人：中国农业大学

中国公开号：CN109265381A；中国专利申请日：2018-08-28

化合物类型：含氰基的邻苯二甲酰胺衍生物

发明思路：me-too研究；以邻苯二甲酸酐为起始原料，经过还原、闭环、缩合等反应得到。

用途：具有杀虫活性，0.25mg/L剂量下对鳞翅目害虫小菜蛾表现出很好的活性；其对处于水生生态系统食物链底端的大型溞具有更低的毒性，对水生生物低毒；该发明的化合物具有合理的生态毒性和环境相容性，属高效、低毒、绿色农药。

代表化合物结构如下

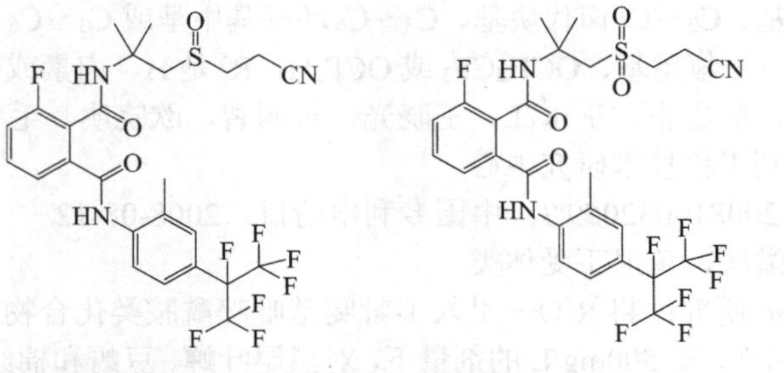

（22）1-吡啶基吡唑酰胺类化合物及其制备方法与应用

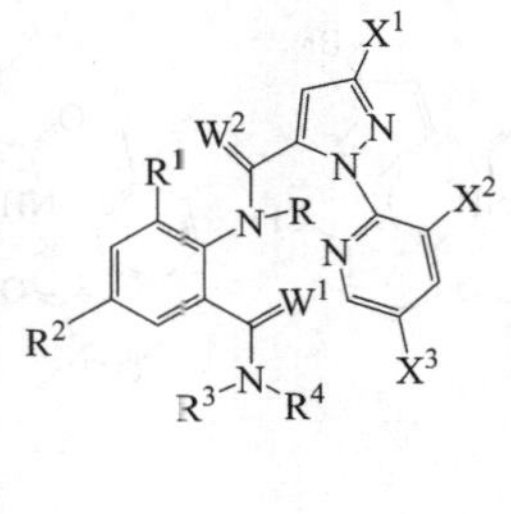

其中，R 选自 C_1～C_{12} 烷基；R^1 选自卤素或 C_1～C_6 烷基；R^2 选自卤素或 C_1～C_6 烷基；R^3 选自氢、C_1～C_{12} 烷基；R^4 选自 C_1～C_{12} 烷基或 C_3～C_8 环烷基；X^1、X^2 和 X^3 是相同的或不同的，并代表氢或卤素；W^1 和 W^2 是相同的或不同的，并代表氧或硫；上面给出的定义中，所用术语不论单独使用还是用在复合词中，代表如下取代基：卤素指氟、氯、溴、碘；烷基指直链或支链烷基。

发明人：柳爱平，任叶果，刘卫东，龙楚云，欧晓明，周春格，李立中，胡礼，刘兴平，孔玄庆；申请人：湖南化工研究院有限公司

中国专利号：ZL201910172195.0；中国专利申请日：2019-03-07；同族专利：WO2020177778A1

化合物类型：鱼尼丁受体类、双酰胺类

发明思路：me-too 研究；对 1-吡啶基吡唑酰胺类化合物进行优化而得。

用途：具有杀虫活性，对害虫如蚜虫、黏虫和小菜蛾等具有很高的活性。

代表化合物结构如下：

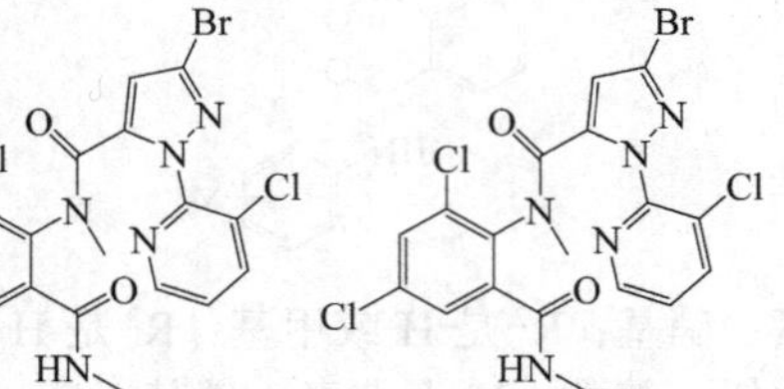

（23）具有杀虫活性的邻氨基 *N*-氧基苯甲酰胺类化合物

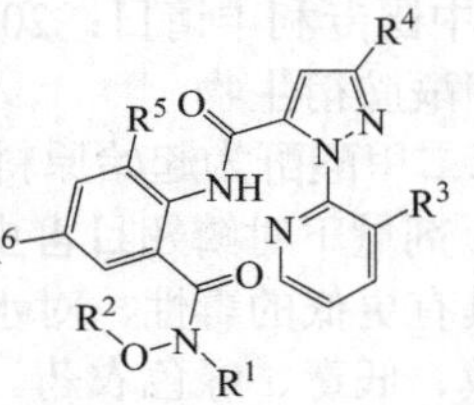

其中，R^1 是 H 或 CH_3；R^2 是 H、C_1～C_3 烷基、C_3～C_6 链烯基、C_3～C_6 炔基、C_1～C_3 卤代烷基、C_3～C_6 卤代链烯基、C_3～C_6 卤代炔基、C_3～C_6 环烷基甲基或 C_3～C_6 卤代环烷基甲基；R^3 是 H 或卤素；R^4 是卤素、三氟甲基、OCH_2CF_3 或 OCF_2H；R^5 是 H、卤素或甲基；R^6 是 H 或卤素。

发明人：柳爱平，胡志彬，王永江，王晓光，黄明智，欧晓明，毛春晖，庞怀林，黄路；申请人：国家农药创制工程技术研究中心

中国专利号：ZL200810032059.3；中国专利申请日：2008-08-12

化合物类型：双酰胺、鱼尼丁受体类

发明思路：me-too 研究；将 R^2O—引入 1-吡啶基吡唑酰胺类化合物中而得。

用途：具有杀虫活性，在 500mg/L 的剂量下，对黑尾叶蝉、豆蚜和棉红蜘蛛具有很好的活性。

代表化合物结构如下：

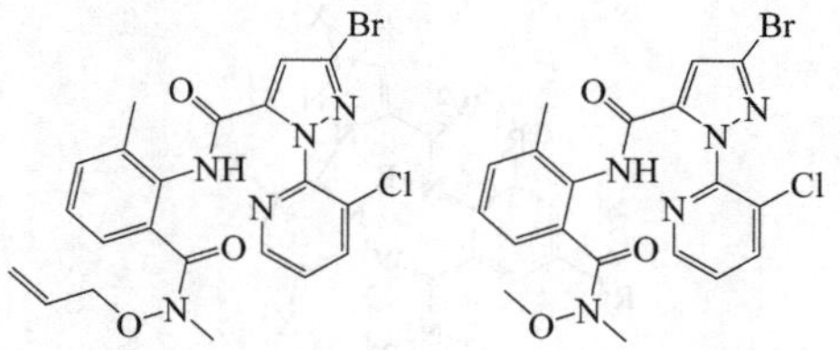

（24）一种嗯二唑连吡唑类化合物及其用途

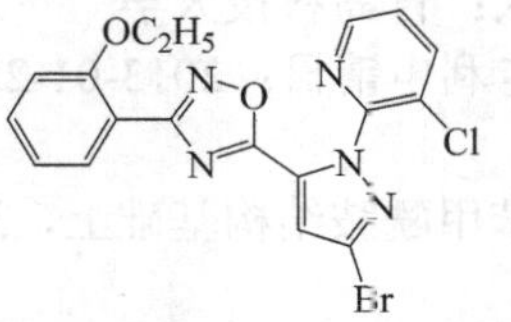

发明人：许良忠，崔建强，张明明，刘连才，胡娆，王明慧；申请人：青岛科技大学

中国专利号：ZL201810263262.5；中国专利申请日：2018-03-28

化合物类型：噁二唑类、吡唑类、吡啶类

发明思路：将氯虫苯甲酰胺药效团引入噁二唑 5 位上，将乙氧基引入噁二唑 3 位上而得。

用途：具有杀虫活性，在相同剂量下对小菜蛾活性与氯虫苯甲酰胺相近。

（25）邻苯二甲酰胺衍生物，农用与园艺用杀虫剂及其施用方法

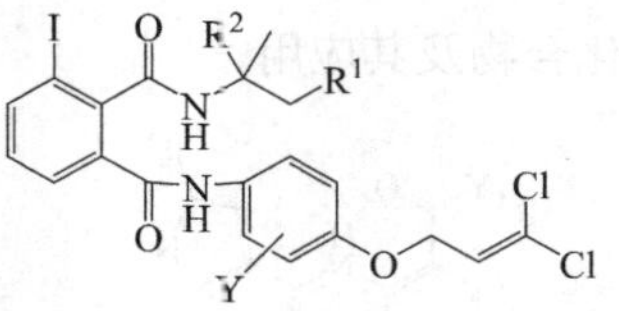

其中，R^1 是氢原子、C_1～C_3 烷基、C_1～C_3 烷氧基、C_1～C_3 烷硫基、C_1～C_3 烷基亚磺酰基、C_1～C_3 烷基磺酰基、C_1～C_3 烷硒基、单氧化 C_1～C_3 烷硒基和双氧化 C_1～C_3 烷硒基；R^2 是氢原子或 C_1～C_3 烷基；Y 是氢原子、卤原子、硝基、氰基、C_1～C_3 烷基、卤代 C_1～C_3 烷基、C_2～C_4 链烯基、卤代 C_2～C_4 链烯基、C_2～C_3 链炔基、卤代 C_2～C_4 链炔基、C_3～C_5 环烷基、卤代 C_3～C_5 环烷基、C_1～C_3 烷氧基、卤代 C_1～C_3 烷氧基、C_1～C_3 烷硫基、卤代 C_1～C_3 烷硫基、C_1～C_3 烷基亚磺酰基、卤代 C_1～C_3 烷基亚磺酰基、C_1～C_3 烷基磺酰基、卤代 C_1～C_3 烷基磺酰基、C_1～C_3 烷基氨基。

发明人：朱红军，李玉峰，冯美丽，杨海玉，赵亮，席斌彬；申请人：南京工业大学

中国专利号：ZL201010018166.8；中国专利申请日：2010-01-20

化合物类型：邻苯二甲酰胺类

发明思路：me-too 研究；该发明是依据药效团拼凑设计原理，将二氯丙烯类杀虫剂中的活性成分——3,3-二氯-2-烯丙氧基引入邻苯二甲酰胺体系中，合成得到该类化合物。

用途：具有杀虫活性，该发明的化合物对农业与园艺鳞翅目害虫、储存谷物鳞翅目害虫、卫生领域的鳞翅目害虫、线虫等有良好的防治效果。

代表化合物结构如下：

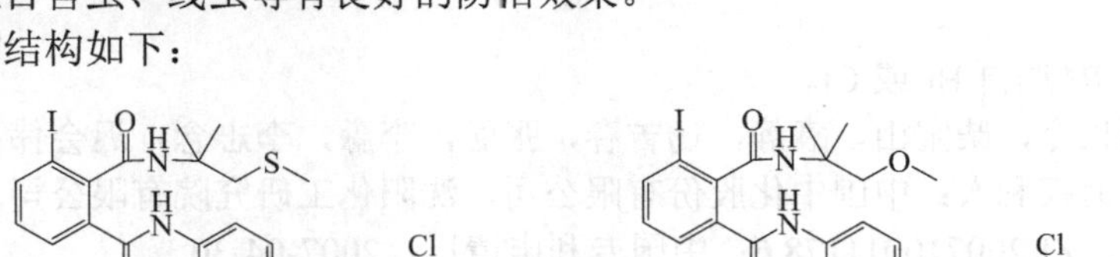

（26）3,5-二卤代硫代苯甲酰胺类杀虫剂

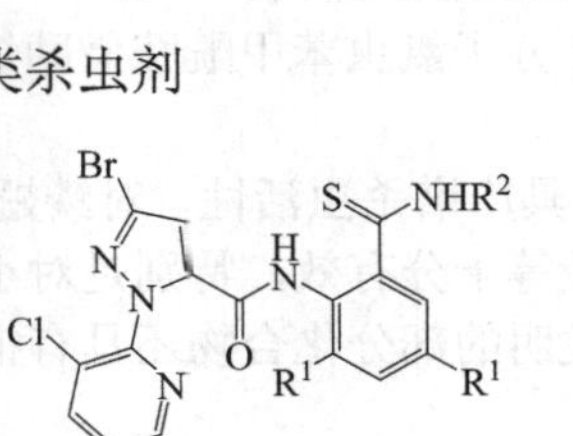

式中，R^1 选自 Cl 或 Br；R^2 选自异丙基；R^3 选自 H。

发明人：许良忠，田帅，王明慧；申请人：青岛科技大学

中国专利号：ZL201510541390.8；中国专利申请日：2013-01-25

化合物类型：双酰胺类

发明思路：me-too 研究；该发明在氯虫苯甲酰胺结构基础上，通过生物等排、活性基团替换修饰等方法，得到该类化合物。

用途：具有杀虫活性，该发明化合物对小菜蛾等鳞翅目害虫具有较好效果。

代表化合物结构如下：

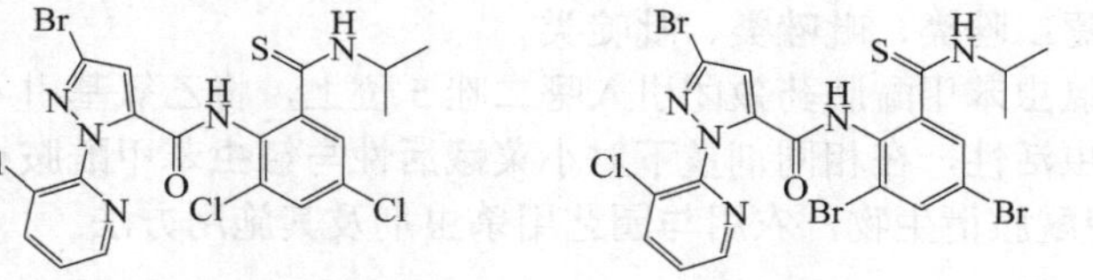

（27）邻甲酰氨基苯甲酰胺类化合物及其应用

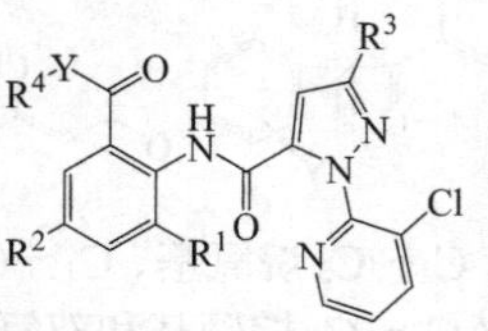

式中，Y 选自 NH；R^1 选自甲基；R^2 选自卤素；R^3 选自 Cl 或 Br；

R^4 选自氰基、（R^{16}、R^{15} 取代结构）；R^{15} 选自甲基；R^{16} 选自氰基或 C_1～C_3 烷氧基羰基；或者 R^4 选自 B-Z-Q，其中：

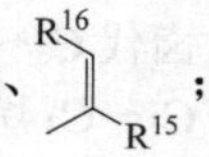

B 选自 CH_2CH_2，Z 选自 NH，Q 选自 Q_1：

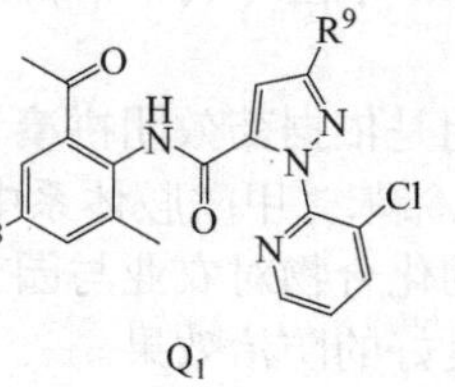

Q_1

R^8 选自 Cl；R^9 选自 Br 或 Cl。

发明人：刘长令，柴宝山，袁静，杨吉春，张弘，李淼，李志念，迟会伟；申请人：沈阳化工研究院；当前权利人：中国中化股份有限公司，沈阳化工研究院有限公司

中国专利号：ZL200710011178.6；中国专利申请日：2007-04-30

化合物类型：邻甲酰氨基苯甲酰胺类化合物

发明思路：me-too 研究；将 2 分子氯虫苯甲酰胺借助烷基二胺键链接进入一个分子，再经优化而得。

用途：用作杀虫剂、杀菌剂。具广谱杀虫活性，对鳞翅目害虫，包括欧洲玉米螟、甘蔗螟、苹果小卷蛾、苹果食心虫、舞毒蛾等十分有效，特别是对小菜蛾活性更好，在很低的剂量下就可以获得很好的效果。同时，该发明的部分化合物还具有很好的杀菌活性，可用于防治水稻稻瘟病、黄瓜霜霉病、炭疽病。

代表化合物结构如下：

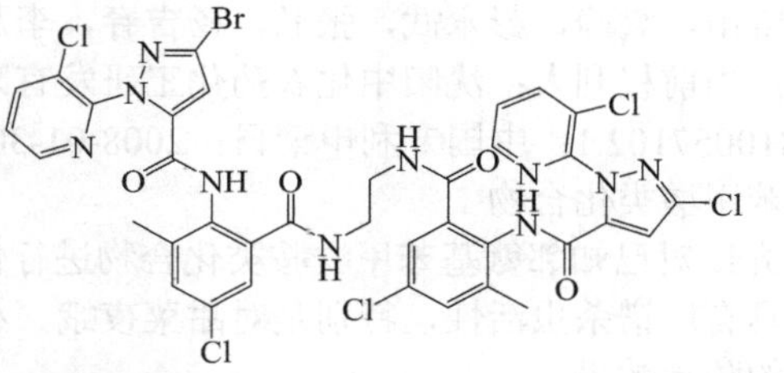

（28）苯甲酰胺类化合物及其应用

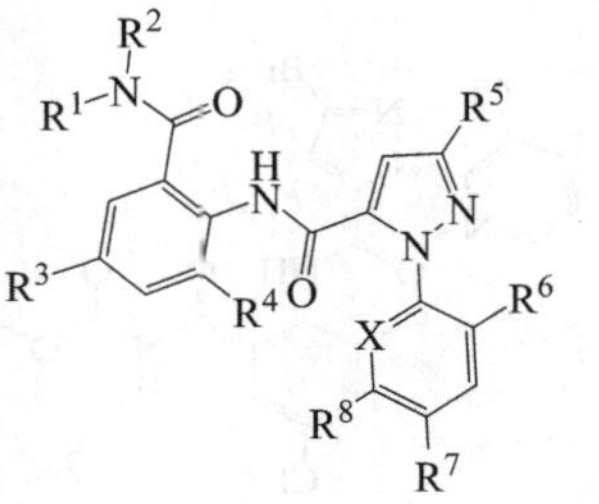

式中，R^1 选自 H；R^2 选自基团 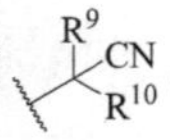 ；R^3 选自 H 或卤素；R^4 选自卤素或 C_1～C_3 烷基；R^5 选自卤素、C_1～C_3 烷基、C_1～C_3 卤烷基、C_1～C_3 烷氧基或 C_1～C_3 卤烷氧基；R^6 选自 H；R^7 选自 H；R^8 选自卤素；R^9 选自 H 或 C_1～C_6 烷基；R^{10} 选自 C_1～C_6 烷基，所述基团上的氢还可以被以下基团进一步取代：C_1～C_3 烷氧基或 C_1～C_3 烷硫基；X 选自 N。

发明人：李斌，相东，袁静，杨辉斌，张弘，于海波；申请人：中国中化集团公司，沈阳化工研究院

当前权利人：沈阳中化农药化工研发有限公司

中国专利号：ZL 200710011176.7；中国专利申请日：2007-04-30

化合物类型：苯甲酰胺类化合物

发明思路：me-too 研究；对已知邻氨基苯甲酰胺类化合物进行优化而得。

用途：具有杀虫活性，尤其对小菜蛾具有显著的致死效果。

代表化合物结构如下：

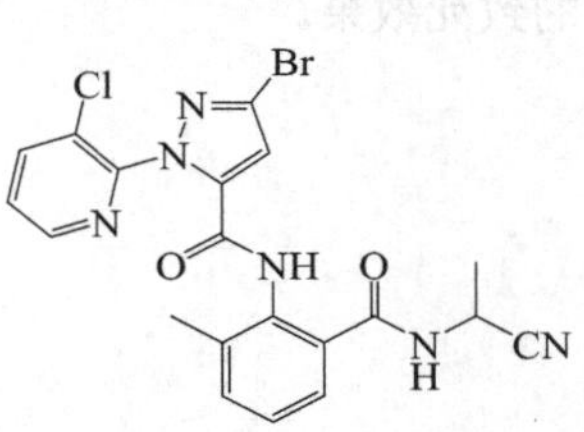

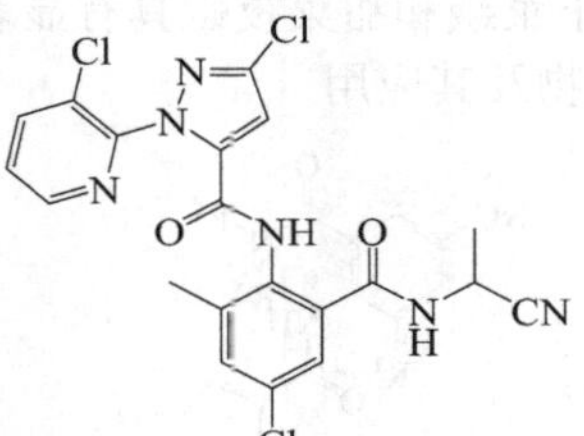

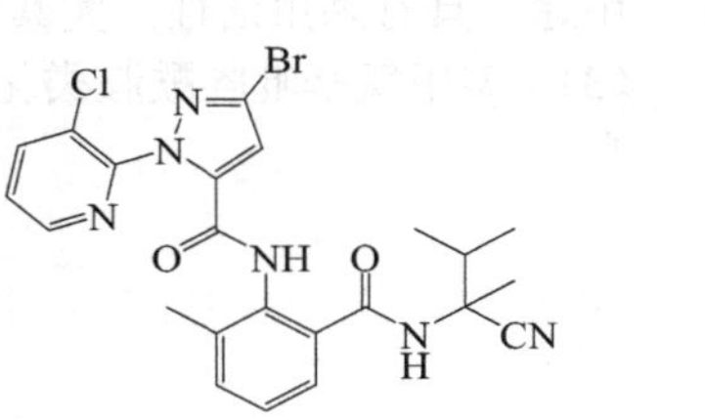

（29）邻氨基苯甲酸类化合物及其应用

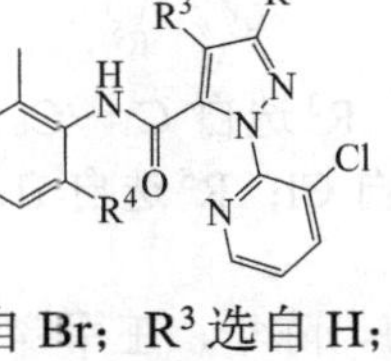

式中，R^1 选自 H、Cl 或氰基；R^2 选自 Br；R^3 选自 H；R^4 选自

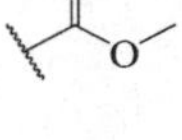

。

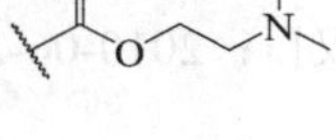

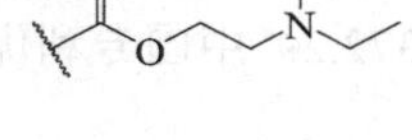

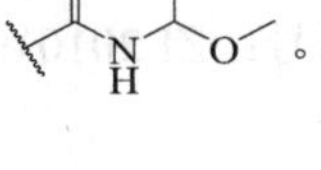

发明人：刘长令，柴宝山，袁静，彭永武，张弘，杨吉春，李慧超；申请人：中国中化集团公司，沈阳化工研究院；当前权利人：沈阳中化农药化工研发有限公司

中国专利号：ZL200810057102.1；中国专利申请日：2008-01-30

化合物类型：邻氨基苯甲酸类化合物

发明思路：me-too 研究；对已知邻氨基苯甲酰胺类化合物进行优化而得。

用途：用作杀虫剂。具有广谱杀虫活性，特别是对甜菜夜蛾、小菜蛾的活性更好，在较低的剂量下就可以获得很好的防治效果。

代表化合物结构如下：

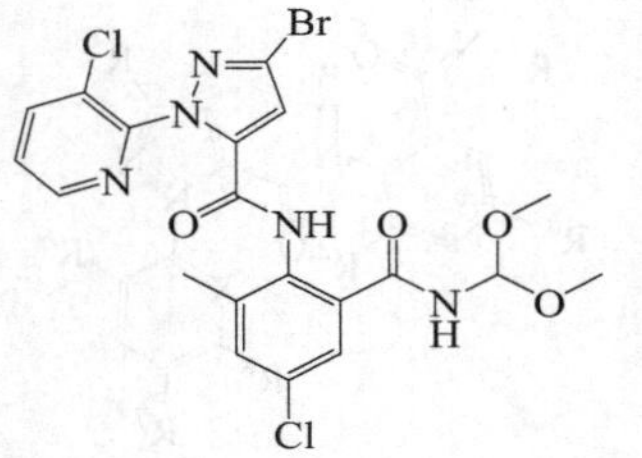

（30）一种吡唑亚胺类化合物及其应用

化合物选自：

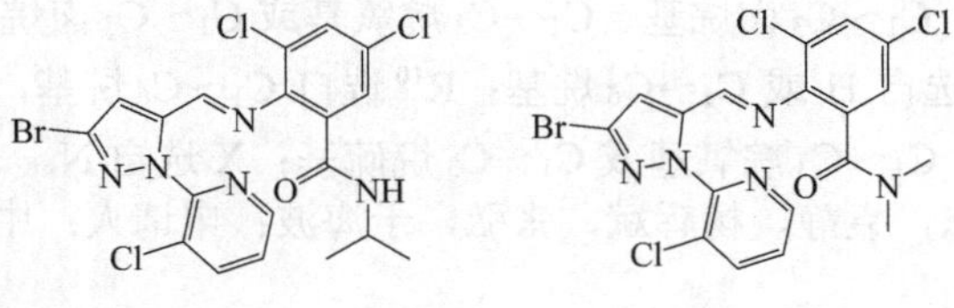

及其立体异构体。

发明人：康卓，雷东卫，王军锋，杨辉斌，孙宝祥，张弘，李斌；申请人：中国中化股份有限公司，沈阳化工研究院有限公司；当前权利人：沈阳中化农药化工研发有限公司

中国专利号：ZL200910081856.5；中国专利申请日：2009-04-14

化合物类型：吡唑亚胺类化合物

发明思路：me-too 研究。

用途：具有杀虫活性，尤其对小菜蛾和甜菜夜蛾具有显著的致死效果。

（31）3-甲氧基吡唑酰胺类化合物及其应用

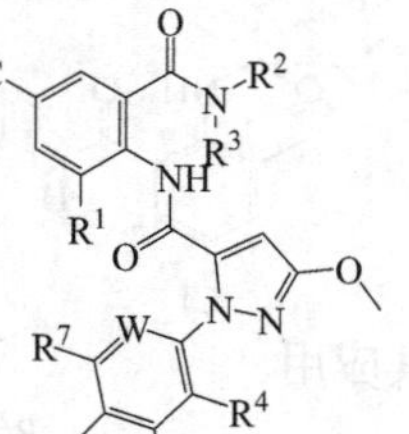

式中，R^1 选自卤素；R^2 选自 H；R^3 选自 C_1～C_6 烷基，所述的烷基上任选的一个氢或多个氢可被下列取代基取代：CN；R^4 选自 Cl；R^5 选自 H；R^6 选自 H 或卤素；R^7 选自 H；

W 选自 N。

发明人：李斌，杨辉斌，罗艳梅，陈华，王军锋，胡之楠；申请人：中国中化股份有限公司，沈阳化工研究院有限公司；当前权利人：沈阳中化农药化工研发有限公司

中国专利号：ZL201010212372.2；中国专利优先权日：2010-06-21

化合物类型：吡唑酰胺类化合物

发明思路：me-too 研究。

用途：具有杀虫活性，尤其对小菜蛾和甜菜夜蛾具有显著的致死效果。

代表化合物结构如下：

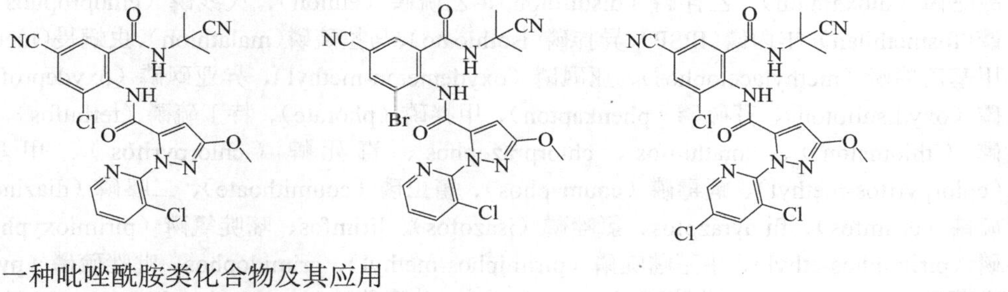

（32）一种吡唑酰胺类化合物及其应用

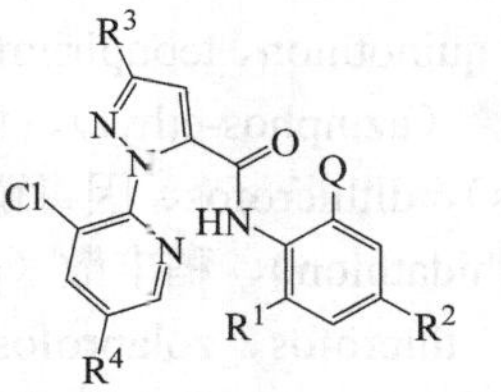

式中，R^1 选自 F、Cl、Br 或 I；R^2 选自 F、Cl、Br 或 I；R^3 选自 Cl 或 Br；R^4 选自 Cl 或 H；Q 选自如下所示的 Q_1：。

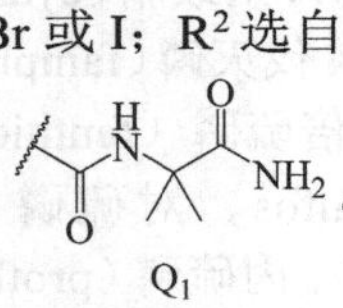

发明人：杨辉斌，英君伍，宋玉泉，陈霖，李轲轲，施学庚，冯聪，黄琦，范晓溪，李斌；申请人：中国中化股份有限公司，沈阳化工研究院有限公司；当前权利人：沈阳中化农药化工研发有限公司

中国专利号：ZL201410680448.2；中国专利申请日：2014-11-24

化合物类型：吡唑酰胺类化合物

发明思路：me-too 研究。

用途：具有杀虫活性，尤其对小菜蛾和甜菜夜蛾具有显著的致死效果。

5.6 有机磷类化合物

该类杀虫剂部分同时是杀虫杀螨剂，且绝大多数已经禁用。

有机磷类杀虫剂（organophosphate insecticides，18 个）：bromfenvinfos、敌敌钙（calvinphos）、毒虫畏（chlorfenvinphos）、巴毒磷（crotoxyphos）、敌敌畏（dichlorvos）、百治磷（dicrotophos）、甲基毒虫畏（dimethylvinphos）、fospirate、庚烯磷（heptenophos）、methocrotophos、速灭磷（mevinphos）、久效磷（monocrotophos）、二溴磷（naled）、萘肽磷（naftalofos）、磷胺（phosphamidon）、丙虫磷（propaphos）、特普（TEPP）、杀虫畏（tetrachlorvinphos）；

有机硫代磷酸酯类杀虫剂（organothiophosphate insecticides，多个）：氯辛硫磷（chlorphoxim）、蔬果磷（dioxabenzofos）、辛硫磷（phoxim）、甲基辛硫磷（phoxim-methyl）、治螟磷（sulfotep）、赛硫磷（amidithion）、果虫磷（cyanthoate）、乐果（dimethoate）、益硫磷（ethoate-methyl）、安

硫磷（formothion）、灭蚜磷（mecarbam）、茂硫磷（morphothion）、氧乐果（omethoate）、发硫磷（prothoate）、苏硫磷（sophamide）、家蝇磷（acethion）、乙酯磷（acetophos）、amiton、硫线磷（cadusafos）、三硫磷（carbophenothion）、氯氧磷（chlorethoxyfos）、氯甲硫磷（chlormephos）、田乐磷（demephion）、内吸磷（demeton）、demeton-methyl、砜吸磷（demeton-*S*-methylsulphon）、敌噁磷（dioxathion）、乙拌磷（disulfoton）、乙硫磷（ethion）、灭线磷（ethoprophos）、丁苯硫磷（fosmethilan）、丰丙磷（IPSP）、异拌磷（isothioate）、马拉硫磷（malathion）、虫螨畏（methacrifos）、甲基乙酯磷（methylacetophos）、亚砜磷（oxydemeton-methyl）、异亚砜磷（oxydeprofos）、砜拌磷（oxydisulfoton）、芬硫磷（phenkapton）、甲拌磷（phorate）、特丁硫磷（terbufos）、甲基乙拌磷（thiometon）、butathiofos、chlorprazophos、毒死蜱（chlorpyrifos）、甲基毒死蜱（chlorpyrifos-methyl）、蝇毒磷（coumaphos）、畜虫磷（coumithoate）、二嗪磷（diazinon）、乙嘧硫磷（etrimfos）、flupyrazofos、氯唑磷（isazofos）、lirimfos、嘧啶氧磷（pirimioxyphos）、嘧啶磷（pirimiphos-ethyl）、甲基嘧啶磷（pirimiphos-methyl）、primidophos、吡唑硫磷（pyraclofos）、吡菌磷（pyrazophos）、吡硫磷（pyrazothion）、哒嗪硫磷（pyridaphenthion）、pyrimitate、喹硫磷（quinalphos）、quinalphos-methyl、quinothion、tebupirimfos、三唑磷（triazophos）、athidathion、甲基吡噁磷（azamethiphos）、益棉磷（azinphos-ethyl）、保棉磷（azinphos-methyl）、噻唑硫磷（colophonate）、氯亚胺硫磷（dialifos）、dithicrofos、因毒磷（endothion）、噻唑磷（fosthiazate）、灭蚜硫磷（menazon）、杀扑磷（methidathion）、稻丰散（phenthoate）、伏杀硫磷（phosalone）、亚胺硫磷（phosmet）、prothidathion、thicrofos、zolaprofos、azothoate、溴硫磷（bromophos）、乙基溴硫磷（bromophos-ethyl）、虫螨磷（chlorthiophos）、杀螟腈（cyanophos）、畜蜱磷（cythioate）、异氯磷（dicapthon）、除线磷（dichlofenthion）、etaphos、伐灭磷（famphur）、皮蝇磷（fenchlorphos）、杀螟硫磷（fenitrothion）、丰索磷（fensulfothion）、倍硫磷（fenthion）、fenthion-ethyl、速杀硫磷（heterophos）、碘硫磷（jodfenphos）、mesulfenfos、对硫磷（parathion）、甲基对硫磷（parathion-methyl）、phosnichlor、丙溴磷（profenofos）、丙硫磷（prothiofos）、硫丙磷（sulprofos）、双硫磷（temephos）、trichlormetaphos-3、trifenofos、硝虫硫磷；

膦酸酯类杀虫剂（phosphonate insecticides，2 个）：丁酯膦（butonate）、敌百虫（trichlorfon）；

硫代膦酸酯类杀虫剂（phosphonothioate insecticides，6 个）：苯腈膦（cyanofenphos）、苯硫膦（EPN）、地虫硫膦（fonofos）、溴苯膦（leptophos）、四甲磷（mecarphon）、毒壤膦（trichloronat）；

磷酰胺类杀虫剂（phosphoramidate insecticides，15 个）：乙酰甲胺磷（acephate）、氯胺磷（chloramine phosphorus）、育畜磷（crufomate）、苯线磷（fenamiphos）、丁硫环磷（fosthietan）、水胺硫磷（isocarbophos）、异柳磷（isofenphos）、甲基异柳磷（isofenphos-methyl）、地胺磷（mephosfolan）、甲胺磷（methamidophos）、硫环磷（phosfolan）、甲基硫环磷（phosfolan-methyl）、甘氨硫磷（phosglycin）、pirimetaphos、胺丙畏（propetamphos）；

磷酰二胺类杀虫剂（phosphorodiamide insecticides，3 个）：甲氟磷（dimefox）、丙胺氟磷（mipafox）、八甲磷（schradan）；

磷三酰胺类杀虫剂（phosphorotriamide insecticides，2 个）：mazidox、威菌磷（triamiphos）。

其中硝虫硫磷由四川省化学工业研究设计院研制，2002 年获得临时登记（LS20020408），2008 年获得正式登记（PD20080772），用于防治柑橘树矢尖蚧。

氯胺磷由浙江乐斯化学有限公司与武汉工程大学联合研制开发。2005 年，乐斯化学有限公司对 95%的氯胺磷原药（LS20051337）和 30%的氯胺磷悬浮剂（LS20051354）进行了临时登记。因其田间活性不理想等原因未再进行正式登记。

新化合物的创制研究中，贵州大学、中国科学院上海有机化学研究所、中国农业科学院植物保护研究所、浙江工业大学、华中师范大学、山东师范大学、武汉工程大学等也展开了部分研究。

5.6.1 硝虫硫磷的创制

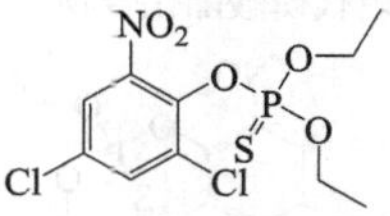

化合物专利名称：*O, O*-二乙基-*O*-(2, 4-二氯-6-硝基苯基)硫代磷酸酯化合物及其制法和用途

中国专利号：ZL93100324.5；申请日：1993-01-12；授权日：1998-04-22

专利发明人：吴邦弟，钟志清，黄维光，万积秋

申请人：四川省化学工业研究设计院

硝虫硫磷（试验代号 89-1）是四川省化学工业设计研究院设计并开发登记的有机磷类杀虫、杀螨剂，也是中国第 1 个获得临时登记的具有自主知识产权的杀虫剂。对多种刺吸式口器害虫有良好的防效，主要用于小麦、棉花、村橘、水稻等作物上害虫的防治，尤其对柑橘矢尖蚧有特效，且对作物安全[1]。2008 年，四川省化学工业研究设计院获得了 90%硝虫硫磷原药（PD20080777）和 30%硝虫硫磷乳油（PD20080772，用于防治柑橘树矢尖蚧）的正式登记。

5.6.1.1 创制过程

1953 年，国外报道了芳基有机磷类化合物具有杀菌杀虫活性[2]，而硝虫硫磷就是在其基础上，在苯环上引入硝基得到的。推测其可能是在研究有机磷杀虫剂过程中，引入了抗寄生虫杀虫剂五氯柳胺中间体 2,4-二氯-6-硝基苯酚，形成了硫代磷酸酯化合物硝虫硫磷。

5.6.1.2 知识产权分析

该发明化合物属 me-too 研究。

（1）新颖性　新颖性分析见表 5-66。

表 5-66　该专利与已有技术对比表

该专利： CN1089612A (四川省化学工业研究设计院，申请日：1993-01-12；公开日：1994-07-20)	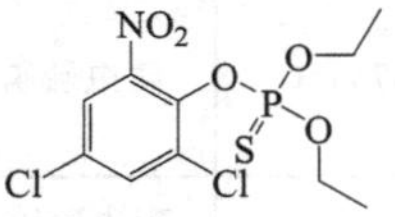 专利公开化合物
接近的已有技术 D1：US 2599512A（1950-04-21） D2：J. Pesticide Sci. 9: 737-744（1984 年均公开了三取代苯的硫代磷酸酯化合物）	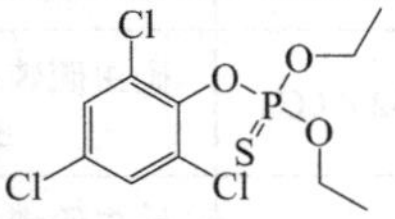 已有技术化合物

（2）创造性　专利说明书中记录硝虫硫磷在 250mg/L 防治柑橘红蜘蛛效果达 92.4%（48h）；防治矢尖蚧效果达 94.91%（3 天）；防治稻蓟马效果达 91.13%（72h）。最接近已有技术中化合物在 D1 中仅提到了可用于杀寄生虫，D2 中仅报道了杀菌活性。报道的田间试验活性表明，30%硝虫硫磷是一种防治柑橘矢尖蚧效果较好的药剂，其药效优于氧乐果。

（3）核心化合物专利　硝虫硫磷核心化合物专利与授权保护范围如表 5-67 所示。

表 5-67　四川省化学工业研究设计院申请的硝虫硫磷核心化合物专利

序号	公开号	专利号	法律状态
1	CN1089612A	ZL93100324.5	专利权终止
授权保护范围（中国专利）			

式中所示 *O*, *O*-二乙基-*O*-(2,4-二氯-6-硝基苯基)硫代磷酸酯化合物

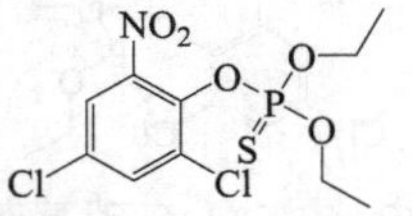

5.6.1.3　合成方法

硝虫硫磷的合成共两步反应，首先是将2,4-二氯苯酚在二氯乙烷中用25%硝酸硝化得到2,4-二氯-6-硝基苯酚，再以甲苯为溶剂、氢氧化钠为缚酸剂，将乙基一氯与2,4-二氯-6-硝基苯酚进行缩合反应，得到硝虫硫磷。该工艺路线在1000m^{3}反应体系中进行投料生产，合成收率在95%～98%之间，产品纯度达90%以上，如图5-30所示[1]。

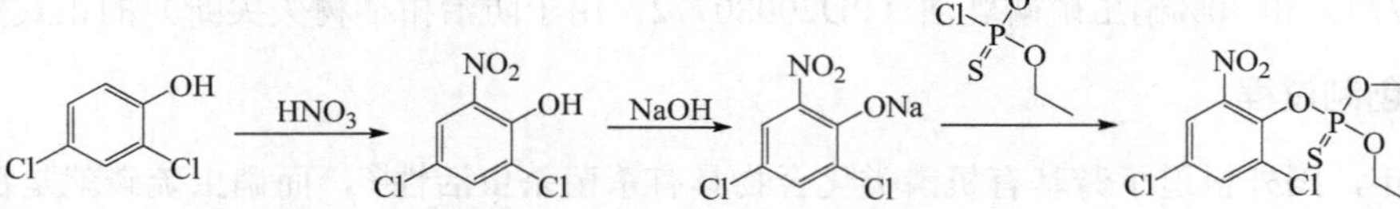

图 5-30　硝虫硫磷合成路线

5.6.1.4　组合物专利

硝虫硫磷部分组合物专利见表5-68。

表 5-68　硝虫硫磷组合物专利

序号	公开号	发明名称	申请人	B 组分
1	CN100337546C	硝虫硫磷复配杀虫杀螨剂	四川省化学工业研究设计院	吡唑酯类杀螨剂、阿维菌素、除虫菊酯杀虫剂或哒嗪酮类杀螨剂等
2	CN100442979C	硝虫硫磷/哒嗪酮类杀螨剂复配杀虫杀螨剂	四川省化学工业研究设计院	哒螨灵在内的哒嗪酮类杀螨剂
3	CN100442980C	硝虫硫磷/除虫菊酯复配杀虫杀螨剂	四川省化学工业研究设计院	除虫菊酯杀虫剂
4	CN100496254C	硝虫硫磷/阿维菌素复配杀虫杀螨剂	四川省化学工业研究设计院	阿维菌素
5	CN104106593B	一种含有硝虫硫磷和乙螨唑的杀虫杀螨组合物	广东中迅农科股份有限公司	乙螨唑
6	CN104115861B	一种含有硝虫硫磷和丁氟螨酯的杀虫杀螨组合物	广东中迅农科股份有限公司	丁氟螨酯
7	CN104286010B	含有硝虫硫磷和联苯肼酯的农药组合物	广东中迅农科股份有限公司	联苯肼酯
8	CN104381294B	一种含有硝虫硫磷和螺螨酯的杀虫杀螨组合物	广东中迅农科股份有限公司	螺螨酯
9	CN107711876A	一种含硝虫硫磷和腈吡螨酯的农药组合物	惠州市无龄康态健康科技有限公司	腈吡螨酯

续表

序号	公开号	发明名称	申请人	B组分
10	CN107736372A	一种含硝虫硫磷和氟啶胺的农药组合物	惠州市无龄康态健康科技有限公司	氟啶胺
11	CN107873726A	一种含硝虫硫磷和氟螨嗪的农药组合物	惠州市无龄康态健康科技有限公司	氟螨嗪
12	CN108477204A	一种防治甘蓝小菜蛾的农药组合物	惠州市欧野科技有限公司	丁虫腈
13	CN108651509A	一种含有硝虫硫磷和哌虫啶的农药组合物	温妙云	哌虫啶
14	CN108651510A	一种含有硝虫硫磷和 *d*-柠檬烯的农药组合物	惠州市新视觉实业有限公司	*d*-柠檬烯
15	CN108782594A	一种含鱼藤酮与硝虫硫磷的杀蚜组合物	河南科技学院	鱼藤酮
16	CN109744252B	一种防治柑橘螨虫的增效组合物	广西壮族自治区农业科学院园艺研究所	四螨嗪

5.6.1.5 作用机理

与常规有机磷杀虫剂作用机理一致，为抑制昆虫体内乙酰胆碱酯酶，阻碍神经传导而导致昆虫死亡[3]。

5.6.1.6 毒理学与安全评价

硝虫硫磷原药为中等毒性。对家兔眼睛、皮肤无刺激性，属弱致敏性。致突变性试验、Ames试验、小鼠微核试验、小鼠睾丸生殖细胞染色体试验均为阴性。亚慢性毒性试验（90 天大鼠经口）最大无毒性反应剂量（NOAEL）为 1mg/kg。30%硝虫硫磷乳油对鱼类等水生生物的环境毒性较高，对鸟类、蜜蜂、家蚕等环境生物的毒性较低，具体数据见表 5-69[3]。

表 5-69 硝虫硫磷毒性数据

测试科目	结论
大鼠急性经口	LD_{50}＞212mg/kg（原药）、198mg/kg（30%乳油）
大鼠急性经皮	LD_{50}＞1000mg/kg（30%乳油）
兔眼单次刺激试验	无刺激性
兔皮肤单次刺激试验	无刺激性
豚鼠皮肤致敏试验	弱致敏性
细菌回复突变试验（Ames）	阴性
小鼠嗜多染红细胞微核试验	阴性
小鼠睾丸精母细胞染色体畸变试验	阴性
大鼠饲喂（90d）亚慢性毒性试验	最大无作用剂量为 1mg/kg（中等毒性）
鲤鱼	LC_{50}(96h) 2.62mg/L（30%乳油）
鹌鹑	LD_{50}(7d)＞5000mg/kg（30%乳油）
蜜蜂	LC_{50}(96h)＞170μg/蜂 （30%乳油）
柞蚕	LC_{50}(48h)＞10000mg/L（30%乳油）

5.6.1.7 登记情况

目前国内登记硝虫硫磷系列产品 2 个，具体登记信息如表 5-70。

表 5-70　硝虫硫磷相关登记产品信息表

登记证号	农药名称	剂型	总含量	登记作物	防治对象	用药量(制剂量)	施用方法	登记证持有人
PD20080777	硝虫硫磷	原药	90%	—	—	—	—	四川省化学工业研究设计院
PD20080772	硝虫硫磷	乳油	30%	柑橘树	矢尖蚧	600～800 倍液	喷雾	四川省化学工业研究设计院

5.6.1.8 应用效果

硝虫硫磷主要用于防治柑橘介壳虫，尤其对防治柑橘矢尖蚧有特效，防效高达 90%以上，速效性好，持效期长达 20 多天。还可防治红蜘蛛、水稻蓟马、飞虱、蔬菜烟青虫等 10 多种茶叶、柑橘、蔬菜、水稻等农作物的害虫，对作物安全。

30%硝虫硫磷乳油在幼蚊发生期施药对柑橘矢尖阶有较好的防治效果，其防效与药剂浓度呈正相关，速效性好，持效期 3 周以上。30%硝虫硫磷 600 倍液和 800 倍液与 40%氧乐果 800 倍浓度的防治效果差异均达极显著水平[1]。

参考文献

[1] 万积秋，李建强，张雄，等. 硝虫硫磷的合成及对矢尖蚧的药效试验. 现代农药, 2002,1(1): 14-15, 20.

[2] Mel'nikov N N, Khokhlov D N. Organic insectofungicides. XV. Synthesis of some esters of thiophosphoric acid containing various substituents in the aromatic radical. Zhurnal Obshchei Khimii, 1953(23): 1357-1364.

[3] 马新刚，刘钦胜. 2011-2015 年专利到期的农药品种之硝虫硫磷. 今日农药, 2014, 2: 42-43.

5.6.2 氯胺磷的创制

化合物专利名称：*O*,*S*-二甲基-(2,2,2-三氯-1-羟基-乙基)硫代磷酰胺

中国专利号：ZL97112828.6；申请日期：1997-06-24；授权日：2001-02-07

专利发明人：李坚；申请人：李坚

法律状态：2012-06-13 变更为东方新农夫（荆州）生物科技有限公司，2014 年未缴年费专利权终止。

氯胺磷（通用名称：chloramine phosphorus）由浙江乐斯化学有限公司与武汉工程大学联合研制开发的有机硫磷类杀虫剂。该化合物的化学结构于 1979 年公开[1]，1986 年德国科学院报道了其杀虫活性[2]，后续武汉工程大学合成并测定其生物活性，具有触杀、胃毒、熏蒸作用，生物活性与甲胺磷相当[3,4]。2005 年，乐斯化学有限公司就对 95%的氯胺磷原药（LS20051337）和 30%的氯胺磷悬浮剂（LS20051354）进行了临时登记。因其田间活性不理想等原因未再进行正式登记。

参考文献

[1] Guenther E, Kochmann W, Naumann K, et al. 1-Substituted *N*-(2, 2, 2-trichloroethyl)-*O*, *O*-dialkylphosphoric acid diesteramides. DD137839. 1979-09-26.

[2] Teichmann H, Schnell M, Steinke W, et al. Preparation of *O*-alkyl *N*-(dichlorovinyl)phosphoramidates or phosphineamidates. DD239797. 1986-10-08.

[3] 李坚，巨修练，梁帝允，等. 新杀虫剂氯胺磷. 世界农药, 2005, 27(2): 44-46.

[4] Li J, Ju X L, Liang D Y, et al. New insecticide chloramidophos. World Pestic., 2005, 27(2): 44-46.

5.6.3 其他有机磷类化合物

（1）2-*N*,*N*-二甲氨基-1,3-丙二黄原酸酯及其合成方法

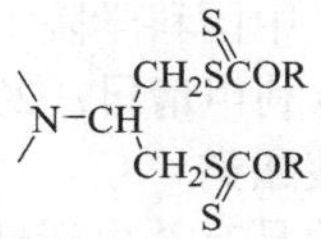

式中，R 代表 C_1～C_6 的饱和烃基和丙烯基。

发明人：张长庚，卢玉振；申请人：贵州大学

中国专利号：ZL03135402.5；中国专利申请日：2003-07-11

化合物类型：丙二黄原酸酯类

发明思路：me-too 研究；对沙蚕毒素结构进行修饰基础上合成一类新颖的化合物。

用途：具有杀虫活性，这类化合物对小菜蛾幼虫、黏虫、蚜虫、蚊等害虫有良好的杀虫活性，并对番茄早疫病菌、芦笋茎枯病菌、苹果轮纹病菌、小麦赤霉病菌等有抑制作用。

代表化合物结构如下：

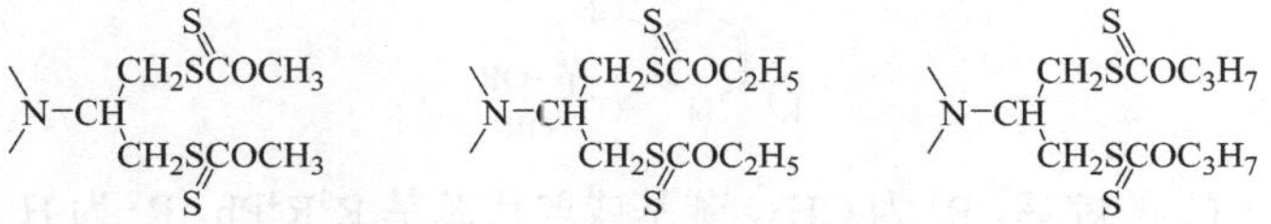

（2）沙蚕磷化合物及其合成方法

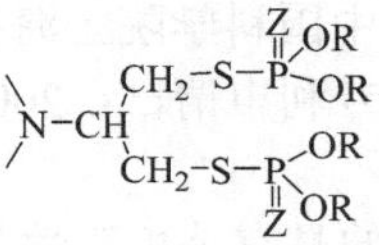

式中，Z 代表 O 或 S 原子，R 代表 CH_3 或 C_2H_5。

发明人：张长庚，卢玉振，曾晞，牟兰；申请人：贵州大学

中国专利号：ZL97107450.X；中国专利申请日：1997-04-18

化合物类型：沙蚕磷类

发明思路：me-too 研究；利用各种硫代磷酸酯与杀虫单或杀虫双的中间体 *N*,*N*-二甲胺基二氯丙烷合成这类新的有机磷化合物。

用途：具有杀虫活性，这类化合物对鳞翅目害虫如小菜蛾，半翅目害虫如蚜虫等害虫有优良的杀灭性能。

代表化合物结构如下：

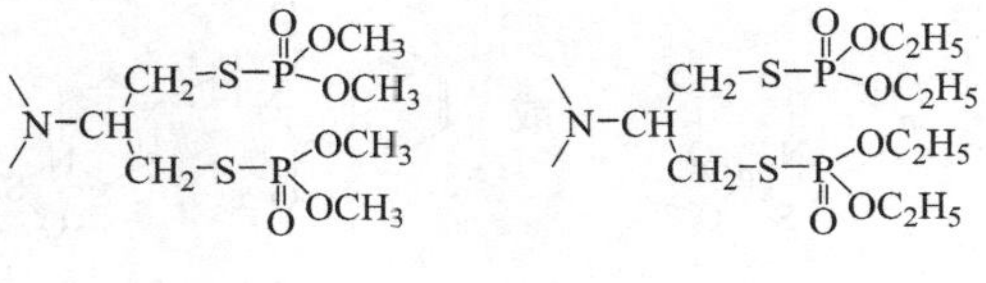

（3）β-三氟甲基烯醇磷酸酯，其合成方法及用途

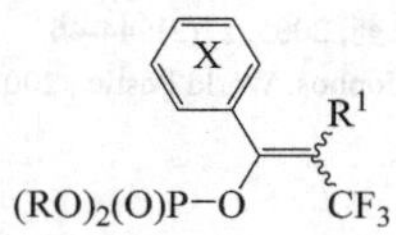

式中，R 为 H、$C_{1\sim8}$的烷基，R^1为 H、甲基或苯基，X 为 H、卤素、$C_{1\sim3}$的烷基、$C_{1\sim3}$的烷氧基、NO_2、CN 或$C_{1\sim3}$的酯基或三氟甲基。

发明人：丁贻祥，黄小根；申请人：中国科学院上海有机化学研究所

中国专利号：ZL01126147.1；中国专利申请日：2001-07-13

化合物类型：三氟甲基烯醇类、磷酸酯类

发明思路：me-too 研究；在已报道的具有杀虫活性的烯醇磷酸酯类化合物的基础上，引入三氟甲基基团，合成了一类β-三氟甲基烯醇磷酸酯。

用途：具有杀虫活性，此类化合物对螨虫、蚜虫、黏虫有良好的活性。

代表化合物结构如下：

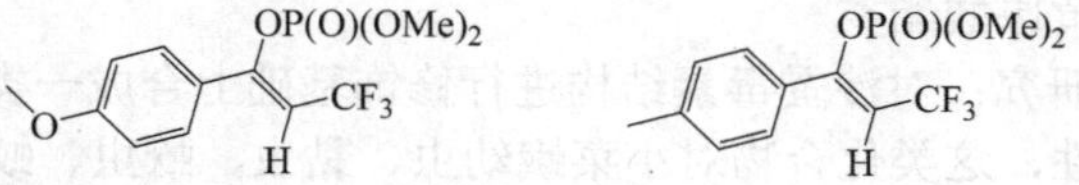

（4）3-氰基-2 羟基吡啶磷酸酯，其合成方法及用途

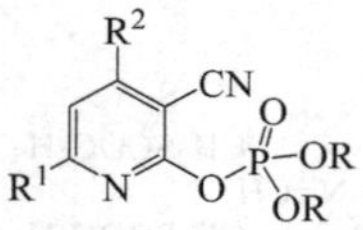

式中，R 为$C_1\sim C_4$的烷基，R^1为CH_3、苯基或取代苯基R^3R^4Ph，R^2为 H 或$C_1\sim C_3$的烷基，R^3为 H、$C_1\sim C_4$的烷基、CH_3O、X、CN、CF_3或 NO，X 为 F、Cl、Br 或 I，R^4为 H 或$C_1\sim C_4$的烷基，但是，当R^4=H 时，$R^3\neq$H。

发明人：丁贻祥，惠琦；申请人：中国科学院上海有机化学研究所

中国专利号：ZL01126319.9；中国专利申请日：2001-07-20

化合物类型：吡啶磷酸酯类

发明思路：me-too 研究；在已报道的具有杀虫活性的 3-氰基-2 羟基吡啶磷酸酯化合物的基础上，合成了一类 3-氰基-2 羟基吡啶磷酸酯化合物。

用途：具有杀虫活性，该专利化合物对库蚊、豆蚜有一定的抑制活性。

代表化合物结构如下：

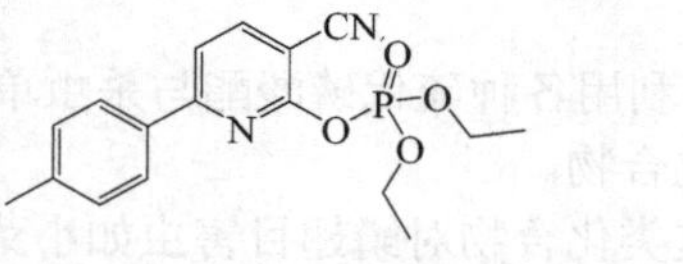

（5）N-烷基化邻苯二甲酰亚胺并哌嗪衍生物及其制备方法、应用（N-烷基化邻苯二甲酰亚胺并哌嗪衍生物及其协同组合物）

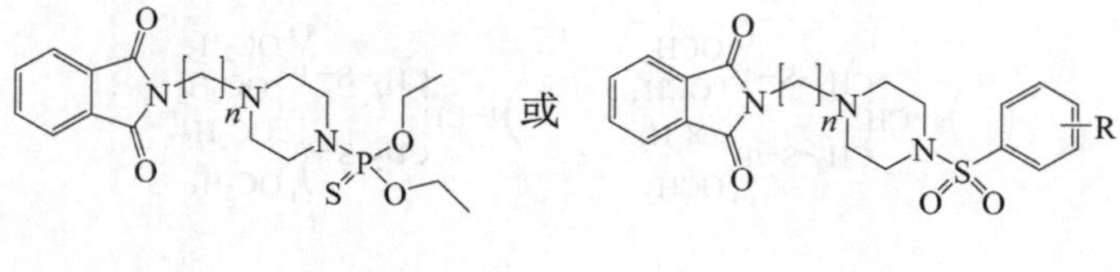

或

式中，R 选自 CH_3、OCH_3、CF_3、NO_2、F、Cl 和 Br 中的一种，$n=1$ 或 2 或 3。

发明人：梅向东，张兰祥，宁君，张涛，董梦雅，司伟杰；申请人：中国农业科学院植物保护研究所

中国专利号：ZL201410184413.X/ZL201410185392.3；中国专利申请日：2014-05-04

化合物类型：磷酸酯、哌嗪、邻苯二甲酰亚胺

发明思路：以邻苯二甲酰亚胺钾盐、哌嗪、二溴烷烃等为原料，反应而得。

用途：具有杀虫活性。该类化合物对桃蚜、小菜蛾、褐飞虱、朱砂叶螨、按蚊和蛴螬具有一定的活性。

代表化合物结构如下：

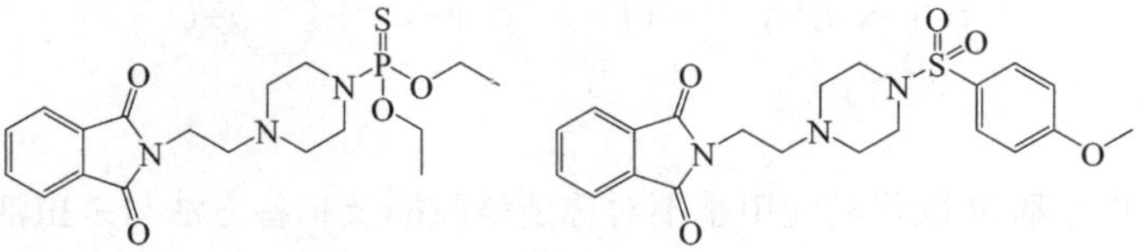

（6）一种硫代磷酸酯或磷酸酯衍生物及其制备与应用

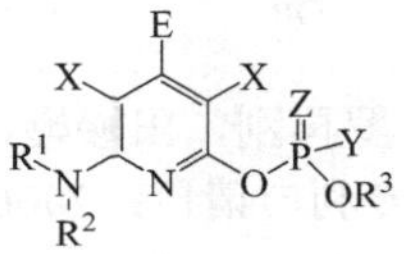

式中，R^1、R^2 为相同或不相同的基团，各自为氢或 C_1～C_6 的烷基、C_5～C_6 的环状烷基、苄基、C_6～C_7 的芳基；或者 R^1、R^2 与 N 成环，成环时 R^1NR^2 代表四氢吡咯基或六氢吡啶基、吗啉基、咪唑基、连三唑基、1, 3, 4-三唑基；R^3 为 C_1～C_6 的烷基，Y 代表 C_1～C_6 的烷氧基、C_1～C_6 的烷硫基、R^4NR^5 基，其中 R^4、R^5 为相同的或不同的基团，各自为氢或 C_1～C_6 的烷基；X 为卤素；E 为氢或卤素、氰基；Z 为硫或氧。

发明人：刘运奎，许丹倩，杜晓华，吴庆安，浦晓莺，徐振元，沈寅初；申请人：浙江工业大学

中国专利号：ZL200510060777.8；中国专利申请日：2005-09-15

化合物类型：吡啶类

发明思路：me-too 研究；根据毒死蜱的结构，在 2-多卤吡啶酚的 6 位引入含氮基团，得到该类化合物。

用途：该发明化合物具有很好的杀虫活性，尤其对蚜虫、黏虫具有良好的效果。

代表化合物结构如下：

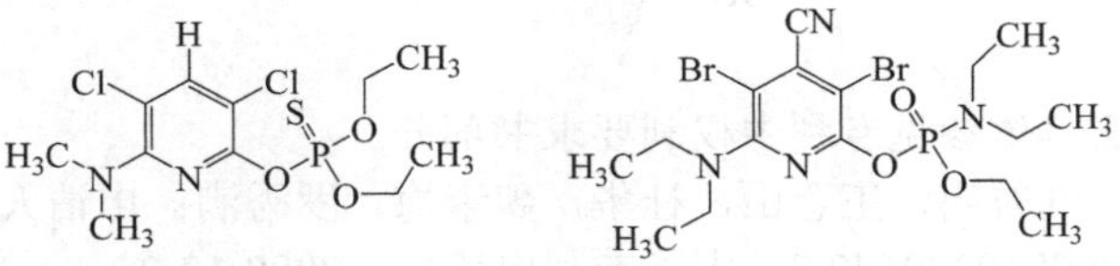

（7）具有杀虫活性的取代吡啶甲基磷酸酯及其制备方法

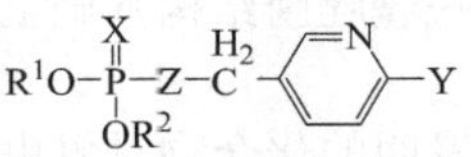

其中，R^1、R^2 表示 C_1～C_5 的烷基、苯基或者取代苯基，取代基为卤素、硝基、甲基 ，R^1

与 R^2 相同或不相同；X 表示 O 或者 S；Z 表示 S 或者 NH；Y 表示 H 或 Cl。

发明人：刘钊杰，胡利明，卿湘华，贺红武，肖尚友，邓胜娄，严刚，周青春，陆爱红；申请人：华中师范大学

中国专利号：ZL97109262.1；中国专利申请日：1997-10-06

化合物类型：磷酸酯类

发明思路：me-too 研究；在吡啶甲胺杀虫剂结构基础上引入磷酸酯结构得到相关化合物。

用途：具有杀虫、杀螨活性，对黏虫、黑尾叶蝉和豆蚜具有一定的活性。

代表化合物结构如下：

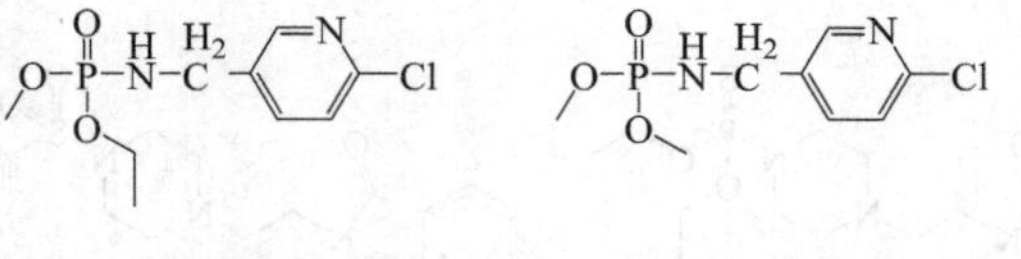

（8）*O*-烷基,*O'*-芳基,*N*-取代吡啶甲基不对称磷酰胺酯及制备方法与杀虫活性

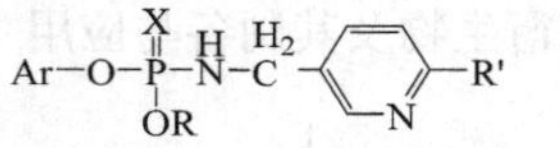

发明人：石德清，孙凤梅，刘漪，罗再刚，田嫚嫚，王今红；申请人：华中师范大学

中国公开号：CN1900088A；中国专利申请日：2006-07-07

化合物类型：磷酰胺酯类

发明思路：me-too 研究；在新烟碱类杀虫剂中间体基础上引入磷酰氯从而获得不对称磷酰胺酯结构。

用途：具有杀虫活性，该发明化合物具有优良杀蚜虫活性。

代表化合物结构如下：

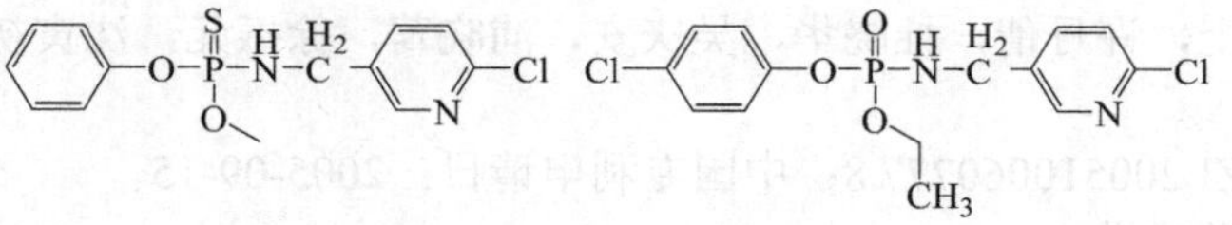

（9）噻唑类有机磷化合物及其合成与应用

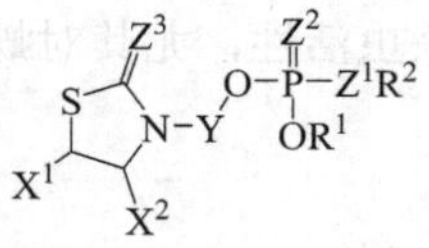

式中各取代基定义具体参见专利中权利要求书部分。

发明人：刘玉法，刘秀明，王金山，杜华，魏素梅，罗秀满；申请人：山东师范大学

中国专利号：ZL200810249542.7；中国专利申请日：2008-12-26

化合物类型：噻唑类、有机磷类

发明思路：me-too 研究；该专利在噻唑膦结构基础上，通过生物等排、活性基团替代等得到该类化合物。

用途：具有杀虫、杀菌活性，该发明的化合物对蚜虫和红蜘蛛有较好效果，对油菜菌核病菌和小麦白粉病菌有较好效果，可以用于农业上防治病虫害。

代表化合物结构如下：

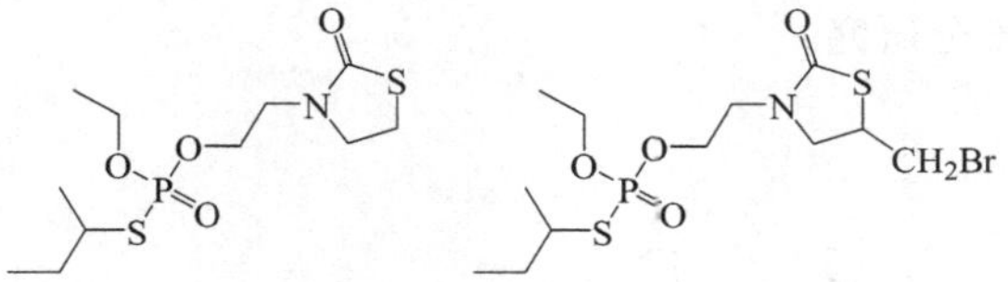

（10）4-烃基-3-氰基双环笼状磷酸酯类及其制备和应用

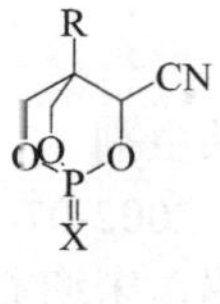

式中，R 为 C_1～C_5 烷基、C_5～C_6 环烷基或芳基，X 为 O 或 S 原子。

发明人：巨修练，吴有斌，周巍；申请人：武汉工程大学

中国专利号：ZL200810048438.1；中国专利申请日：2008-07-17

化合物类型：双环笼状磷酸酯类

发明思路：me-too 研究；该发明在双环硫（氧）化磷酸酯类结构的基础上，进一步通过衍生合成双环笼状磷酸酯类化合物，得到该类结构。

用途：具有杀虫活性，该发明的化合物可作用于昆虫的 GABA 受体。

代表化合物结构如下：

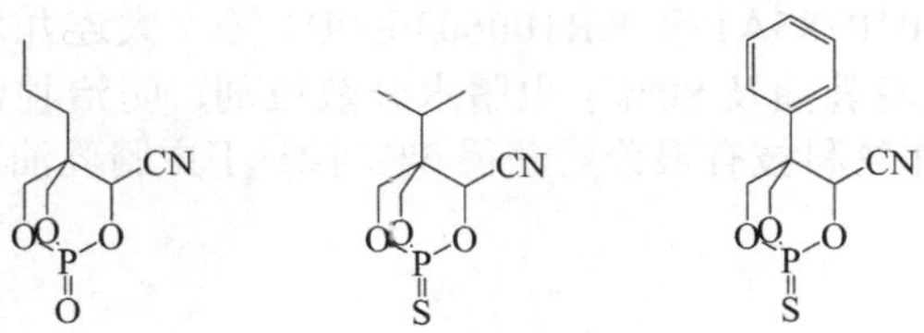

5.7 吡唑类化合物

截至 2023 年底公开了 9 个拥有中文或英文通用名称的吡唑类杀虫剂，具体分类与通用名称如下：

苯基吡唑类杀虫剂（phenylpyrazole insecticides，7 个）：acetoprole、乙虫腈（ethiprole）、氟虫腈（fipronil）、丁烯氟虫腈（flufiprole）、pyrafluprole、pyriprole、vaniliprole；

吡唑甲酰胺类杀虫剂（pyrazolecarboxamide insecticides，2 个）：嗪虫唑酰胺（dimpropyridaz）、唑虫酰胺（tolfenpyrad）。

其中丁虫腈由大连瑞泽生物科技有限公司研制开发，大连九信作物科学有限公司于 2007 年获得农业部临时登记，用于防治十字花科蔬菜小菜蛾，2012 年获得正式登记用于甘蓝小菜蛾和水稻二化螟的防治。

除华东理工大学、华南农业大学、南京林业大学、中南民族大学、南京工业大学等继续对

氟虫腈类进行优化外，江苏省农药研究所围绕二氯丙烯醚类、吡唑酰胺类等，中南民族大学对噁嗪酮类化合物，河北大学对三嗪酮结构的5-吡唑酰胺类，浙江工业大学对吡唑酰胺类，青岛科技大学对吡唑酰脲类等也展开了部分研究。

5.7.1 丁虫腈的创制

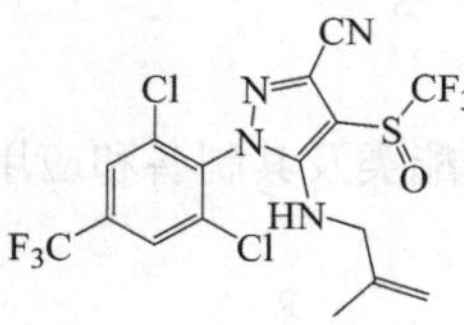

化合物专利名称：*N*-苯基吡唑衍生物杀虫剂

中国专利号：ZL02128312.5；申请日：2002-07-30；授权日：2005-06-01

专利发明人：王正权，李彦龙，郭同娟，宋迎霞

申请人：王正权

丁虫腈（原名：丁烯氟虫腈）是大连瑞泽生物科技有限公司研制开发的苯基吡唑类杀虫剂，实验代号：RZI-02-003，英文通用名：flufiprole，CAS 号：704886-18-0，当前专利权人是大连九信作物科学有限公司。丁虫腈是在拜耳公司1989年开发的杀虫剂氟虫腈（fipronil）的基础上，进一步反应衍生得到的。由于氟虫腈对水生生物毒性较高，中国从2009年7月1日起已禁用。而丁虫腈对人畜及水生生物安全，特别是对水稻、蔬菜等作物上的鳞翅目、蝇类和鞘翅目害虫，如对菜青虫、小菜蛾、螟虫、黏虫和叶甲等具有高活性，在0.8mg/kg即达到100%的致死率，但对桃蚜和二斑叶螨无效。该药兼有胃毒、触杀及内吸等多种作用方式，主要是阻碍昆虫 γ-氨基丁酸控制的氟化物代谢。在其他国家申请的化合物专利有JP2005534683A、AU2003242089、WO2004010785A1和KR100603690B1等。大连九信作物科学有限公司获得96%丁虫腈原药、5%丁虫腈乳油及80%丁虫腈水分散粒剂，防治甘蓝小菜蛾和水稻二化螟的正式登记，江苏明德立达作物科技有限公司获得5%阿维·丁虫腈乳油正式登记。2012年获中国专利奖[1,2]。

5.7.1.1 创制过程

丁虫腈是在拜耳公司1989年开发的杀虫剂氟虫腈（fipronil）的基础上，进一步反应衍生得到的（图5-31）。

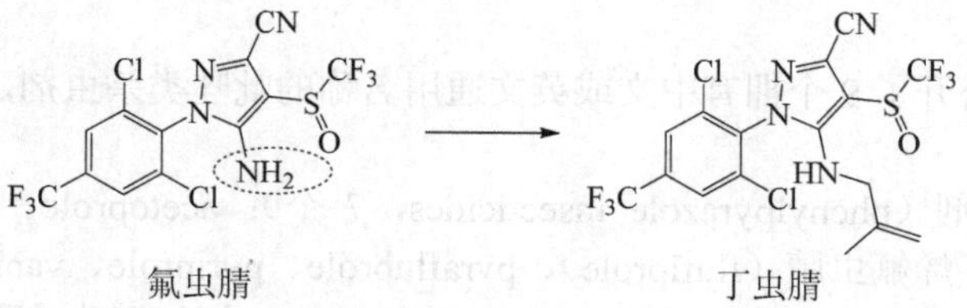

氟虫腈　　丁虫腈

图5-31 丁虫腈的发现过程

5.7.1.2 知识产权分析

该发明化合物结构虽与已知专利化合物不同，但在已有专利范围内。

（1）新颖性 新颖性分析见表5-71。

表 5-71　该专利与已有技术对比表

该专利：CN1398515A（王正权，申请日：2002-07-30；公开日：2003-02-26）	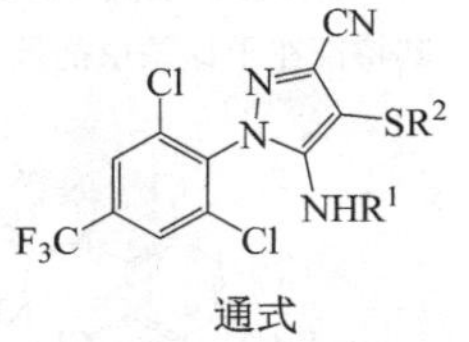 通式 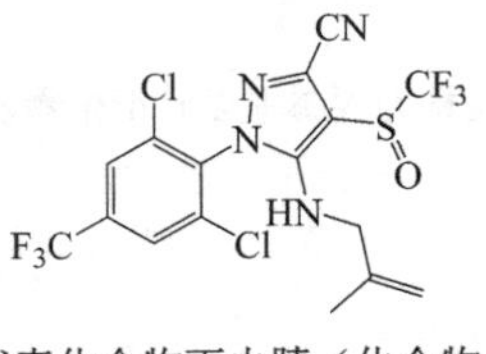　代表化合物丁虫腈（化合物Ⅰ）
接近的已有技术与同类商品化/开发中品种 CN1027341C（罗纳-普朗克农业化学公司，优先权日：1987-06-12；申请日：1988-06-11；公开日：1995-01-11）	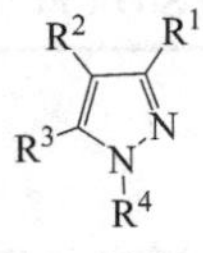 通式 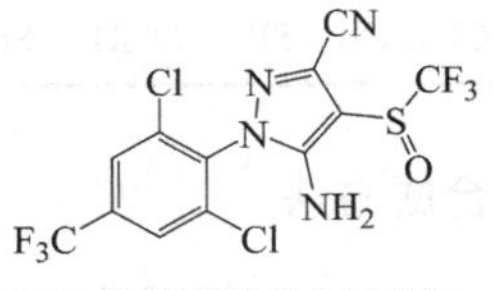　代表化合物氟虫腈 （R^3=NR^6R^7，其中 R^6、R^7 可相同或不同，各自代表含有直至 5 个碳的烷基、烯基等）
接近的已有技术与同类商品化/开发中品种 CN1107842A（拜耳公司，优先权日：1993-12-22；申请日：1994-12-22；公开日：1995-09-06）	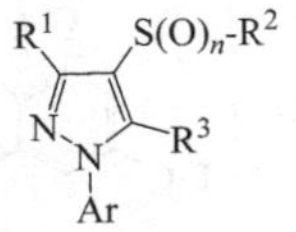 通式 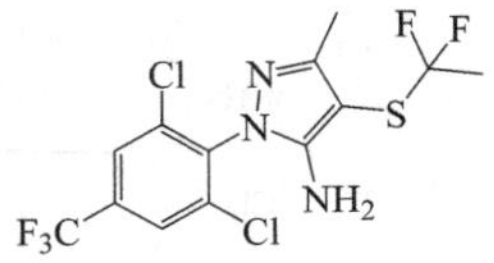　代表化合物
接近的已有技术与同类商品化/开发中品种 US5916618A（罗纳-普朗克农业化学公司，优先权日：1987-06-12；申请日：1997-10-07；公开日：1999-06-29）	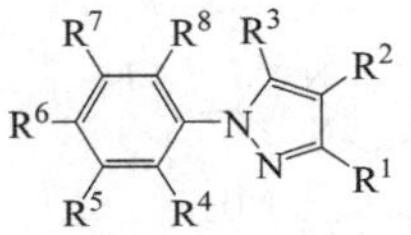 通式 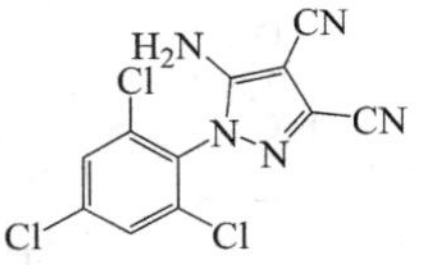　代表化合物（化合物 109）
接近的已有技术与同类商品化/开发中品种 CN1311780A（拜耳公司，优先权日：1998-05-21；申请日：1999-05-21；公开日：2001-09-05）	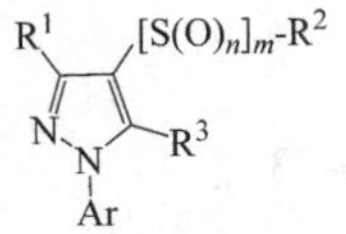 通式 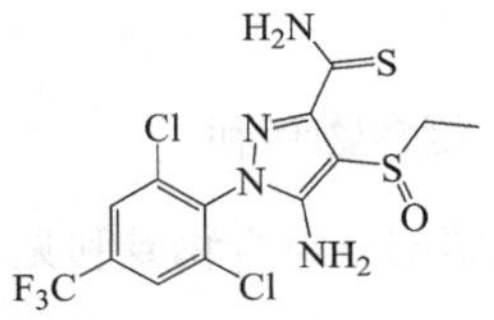　代表化合物（化合物 2）

（2）创造性　专利 CN1204123C 说明书记载，该发明测试化合物（化合物Ⅰ，丁虫腈）的杀虫活性：对黏虫三龄幼虫 72h 药效与氟虫腈对比测试结果，具有相同或更高的杀虫效果，5mg/L 浓度下，校正死亡率达到 100%。

（3）核心化合物专利　丁虫腈核心化合物专利与授权保护范围如表 5-72 所示。

表 5-72　王正权申请的丁虫腈核心化合物专利

序号	公开号	专利号	法律状态
1	CN1398515A	ZL02128312.5	专利权终止
2	AU2003242089A1		失效
3	JP2005534683A		失效
4	KR20050016663A	KR100603690B1	失效
5	WO2004010785A1		

续表

授权保护范围（中国专利）
一类结构为*N*-苯基吡唑衍生物杀虫剂，其特征在于该杀虫剂具有如下结构通式： 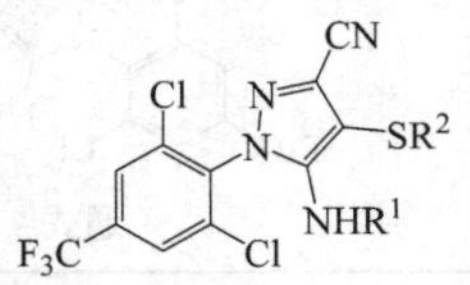
式中，R^1= CH_2CCl_3，SR^2=SC_2H_5、$S(O)C_2H_5$或$S(O)CF_3$

5.7.1.3 合成方法

以2,6-二氯-4-三氟甲基苯胺为起始原料，经过重氮化、闭环、取代及烷基化反应等步骤合成丁虫腈（图5-32）。

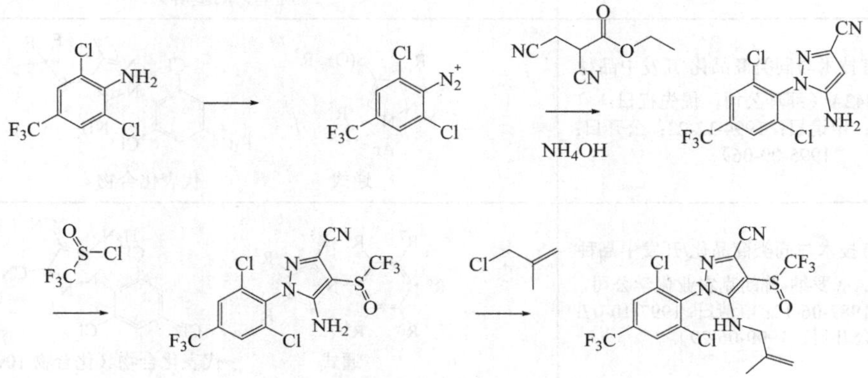

图5-32 丁虫腈的合成路线

5.7.1.4 组合物专利

丁虫腈部分组合物专利见表5-73。

表5-73 丁虫腈组合物专利

序号	公开号	发明名称	申请人	B组分
1	CN1899042A	丁烯氟虫腈与低毒类杀虫剂的杀虫组合物	王正权	吡虫啉、阿维菌素、甲氨基阿维菌素、氟铃脲中的一种
2	CN1899044A	丁烯氟虫腈与有机磷类的杀虫组合物	王英华	有机磷杀虫剂
3	CN101444213A	一种杀虫组合物及其应用	深圳诺普信农化股份有限公司	烯啶虫胺
4	CN101444221A	一种含有噁二嗪和吡唑类杀虫剂的组合物	东莞市瑞德丰生物科技有限公司	茚虫威
5	CN101491251A	一种农药组合物及其应用	深圳诺普信农化股份有限公司	哒螨灵
6	CN101617680A	一种增效农药组合物及其应用	深圳诺普信农化股份有限公司	唑虫酰胺

续表

序号	公开号	发明名称	申请人	B 组分
7	CN101669505A	一种七氟菊酯组合物	深圳诺普信农化股份有限公司	七氟菊酯
8	CN101690493A	一种噻虫嗪的农药组合物及其应用	深圳诺普信农化股份有限公司	噻虫嗪
9	CN101755820A	含有多杀菌素的农药悬浮剂及其制备方法	深圳诺普信农化股份有限公司	多杀菌素
10	CN101911943A	一种含甲氧虫酰肼的杀虫组合物	陕西上格之路生物科学有限公司	甲氧虫酰肼
11	CN102017978A	一种含氟啶虫胺腈和丁烯氟虫腈的杀虫组合物	陕西上格之路生物科学有限公司	氟啶虫胺腈
12	CN102246778A	一种增效的杀虫组合物及其应用	海利尔药业集团股份有限公司	硫氟肟醚
13	CN102349502A	含多杀菌素或乙基多杀菌素的超低容量液剂	广西田园生化股份有限公司	多杀菌素或乙基多杀菌素
14	CN102349504A	含氟啶虫酰胺的超低容量液剂	广西田园生化股份有限公司	氟啶虫酰胺

5.7.1.5 作用机理

丁虫腈属苯基吡唑类化合物，作用于昆虫神经系统的氯离子通道，使昆虫处于异常兴奋状态，进而达到杀死害虫的目的。丁烯氟虫腈具有胃毒、触杀、内吸作用，对菜青虫、小菜蛾、螟虫、黏虫、褐飞虱、叶甲等鳞翅目害虫具有高活性，并有较好的防治效果，但对桃蚜、二斑叶螨无效。由于该药剂对鱼类低毒，因此，在水稻、蔬菜上的应用空间巨大，发展潜力广阔[3,4]。

5.7.1.6 毒理学与安全评价

丁虫腈原药雄性/雌性大鼠急性经口 LD_{50}≥4640mg/kg，雄性/雌性大鼠急性经皮 LD_{50}≥2150mg/kg，属低毒级。该药对皮肤和眼睛无刺激作用，属于弱致敏药物。原药 Ames 试验呈阴性，原药小鼠嗜多染红细胞微核试验呈阴性、原药小鼠显性致死致畸属阴性，原药亚慢性试验雄性 150mg/kg[(11.24±0.52)mg/(kg·d)]、雌性 500mg/kg[(40.35±3.93)mg/(kg·d)][1,3]。

5.7.1.7 登记情况

目前国内登记丁虫腈系列产品 5 个，具体登记信息如表 5-74。

表 5-74 丁虫腈相关登记产品信息表

登记证号	农药名称	剂型	总含量	登记作物	防治对象	用药量(制剂量)	施用方法	登记证持有人
PD20161087	阿维·丁虫腈	乳油	5%	甘蓝	小菜蛾	10～15mL/亩	喷雾	江苏明德立达作物科技有限公司
PD20132280	丁虫腈	水分散粒剂	80%	甘蓝	小菜蛾	2.2～2.6g/亩	喷雾	大连九信作物科学有限公司

续表

登记证号	农药名称	剂型	总含量	登记作物	防治对象	用药量（制剂量）	施用方法	登记证持有人
PD20120413	丁虫腈	乳油	5%	甘蓝 水稻	小菜蛾 二化螟	20～40mL/亩 30～50mL/亩	喷雾	大连九信作物科学有限公司
PD20120414	丁虫腈	原药	96%	—	—	—	—	大连九信作物科学有限公司
WP20130225	丁虫腈	饵剂	0.2%	室内	蜚蠊	—	投放	大连九信作物科学有限公司

5.7.1.8 应用效果

丁虫腈对菜青虫、小菜蛾、螟虫、黏虫、褐飞虱、叶甲等具有高活性，在 0.8mg/L 即达 100% 的致死率，但对桃蚜、二斑叶螨无效。经试验表明，丁烯氟虫腈对鳞翅目等多种害虫具有较高的活性，特别是对水稻、蔬菜等作物上的害虫呈现了与氟虫腈同等的活性。同时，由于该药剂对鱼类低毒，其在水稻、蔬菜上的应用有了更广的空间[3]。

5%丁虫腈悬浮剂对小菜蛾有较好的防治效果，药后的防效为 84.54%～92.27%，持效期在 7d 以上，且药后击倒力强，药后对试验作物也无负面影响，具安全性高等特点[5]。

5%丁虫腈悬浮剂对水稻二化螟有较好的防治效果，防效随着试验药剂剂量的增加而逐渐提高，药后的防效范围为 80.36%～87.50%。试验药剂 50mL/亩对二化螟防治效果最好，且试验药剂 50mL/亩处理的防效与对照药剂 5%丁虫腈乳油 40mL/亩和试验药剂 30mL/亩、40mL/亩处理间的防效有显著性差异。试验条件下，未发现 5%丁虫腈悬浮剂对试验作物产生负面的影响[6]。

参考文献

[1] 李彦龙. 创制杀虫剂丁虫腈.农药, 2014, 53(2): 126-128.

[2] 芦志成，张鹏飞，李慧超，等. 中国农药创制概述与展望. 农药学学报, 2019, 21(5-6): 551-579.

[3] 大连瑞泽农药股份有限公司. 新颖杀虫剂——丁烯氟虫腈. 世界农药, 2005, 27(5): 49.

[4] 刘刚. 新型杀虫剂——丁烯氟虫腈. 新农业, 2008 (06): 46.

[5] 杜建雄，邹岩岩，姜帅. 丁虫腈 5%悬浮剂防治甘蓝小菜蛾田间药效试验. 江西化工, 2013, 2: 103-105.

[6] 杜建雄，邹岩岩，姜帅. 丁虫腈 5%悬浮剂防治二化螟田间药效试验. 江西化工, 2013, 2: 141-143.

5.7.2 其他吡唑类化合物的创制

（1）水溶性苯基吡唑类季铵盐及其制备方法和应用

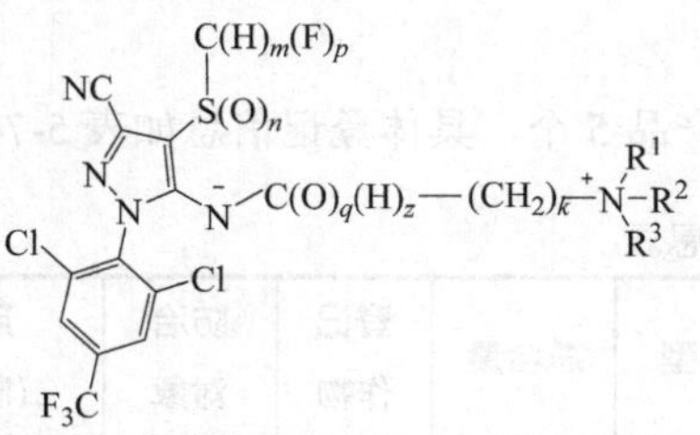

式中，n 为 0、1 或 2；m、p 为正整数或零，且 $m+p=3$；q 为 0，z 为 2；或者 q 为 1，z 为 0；k 为 1～20 的整数。R^1、R^2 和 R^3 相同或不同，均是以下基团中的任何一种：C 原子数为 1～20 的直链或支链烷基，或环烷烃基；或苯环或带取代基的苯环，所述取代基选自卤素；或为噻吩环。

发明人：徐汉虹，江定心，尹标林，郑小华；申请人：华南农业大学

中国专利号：ZL200910040810.9；中国专利申请日：2009-07-03

化合物类型：季铵盐类、吡唑类

发明思路：me-too 研究；引入季铵盐结构对吡唑类杀虫剂进行修饰得到本申请化合物。

用途：具有杀虫活性，用于防治动物寄生虫。

代表化合物结构如下：

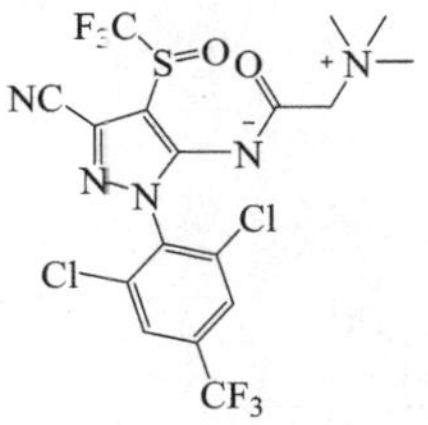

（2）作为农用杀菌剂和杀虫杀螨的吡唑类化合物及其制剂

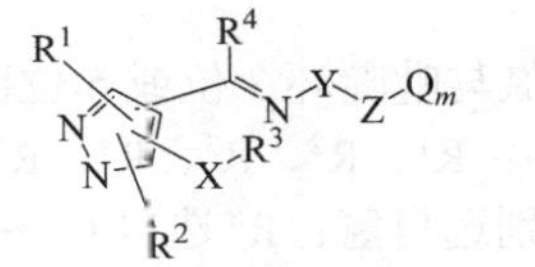

式中，R^1、R^2 为甲基，位于吡唑环的 1 位和 3 位；X 为键或 O；R^3 为氯或苯基；R^4 为 OH、NH_2 或三唑基；Y 为键、O 或 NH；Z 为键、亚甲基、CO，以及与 R^4 及 Y、N 以及与 N 相连的碳原子一同组成不饱和的五元环；Q 为取代苯基，其取代基选自 $C_4H_9(t)$、$CO_2C_4H_9(t)$、CF_3、$OCH(CH_3)_2$、NO_2；m=1。

发明人：刘长令，刘晓楠，张弘，雷新，刘武成，张立新，李斌，满瀛，胡性之，李宗成；申请人：化学工业部沈阳化工研究院

中国专利号：ZL97105050.3；中国专利申请日：1997-01-23

化合物类型：吡唑肟类化合物

发明思路：me-too 研究；在专利（JP63183564）基础上进一步衍生优化得到现有化合物。

用途：具有很好的杀虫、杀螨和杀菌活性。用于防治鳞翅目昆虫，如黏虫和小菜蛾，同翅目昆虫，如飞虱和蚜虫等，双翅目昆虫，如蚊、蝇等，以及螨类，如棉红蜘蛛、朱砂叶螨等，包括若虫、成虫，特别是卵，即对卵有优异的活性。也可以用于防治多种病原菌引起的病害，如霜霉病、灰霉病、白粉病、纹枯病、稻瘟病和锈病等。

代表化合物结构如下：

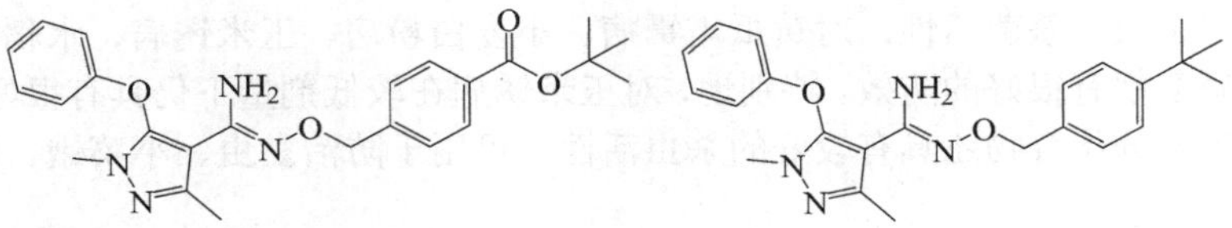

（3）吡唑酰胺类化合物及其用途

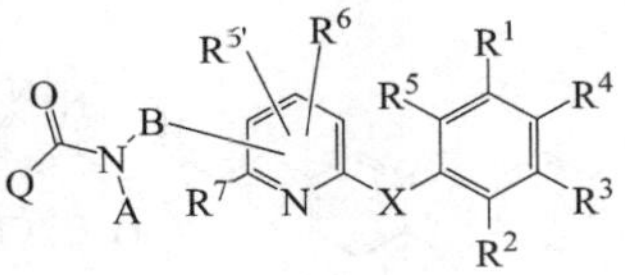

其中：

Q选自 [吡唑基结构] 或 [吡唑基结构]；

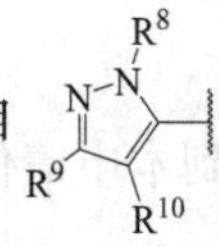

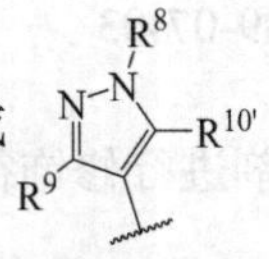

当Q(C＝O)NAB连接在吡啶环的5位时，化合物如通式Ⅰ所示；当Q(C＝O)NAB连接在吡啶环的3位时，化合物如通式Ⅲ所示：

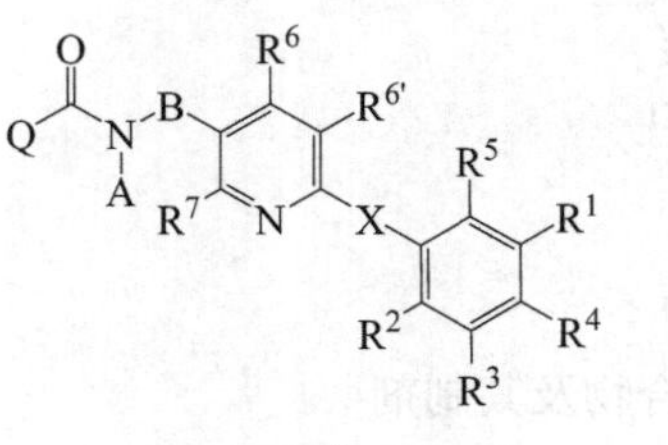

Ⅰ 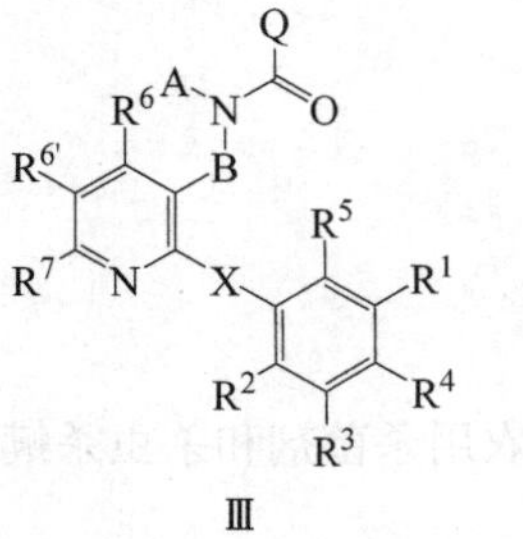　　　　Ⅲ

式中，A选自氢；B选自酰胺氮与吡啶环3位或5位碳直接相连的碳氮单键、$CH_2CR_aR_b$；R_a、R_b分别选自氢；X选自O或S；R^1、R^2、R^3、R^4、R^5分别选自氢、卤素、C_1～C_{12}烷基、卤代C_1～C_{12}烷基；R^6、$R^{6'}$、R^7分别选自氢；R^8选自C_1～C_8烷基、被1～5个独立选自以下基团进一步取代的吡啶基：氢、卤素；R^9选自卤素、C_1～C_8烷基；R^{10}选自氢、卤素；$R^{10'}$选自卤素、C_1～C_8烷基；

且该发明不包括如下3个化合物：

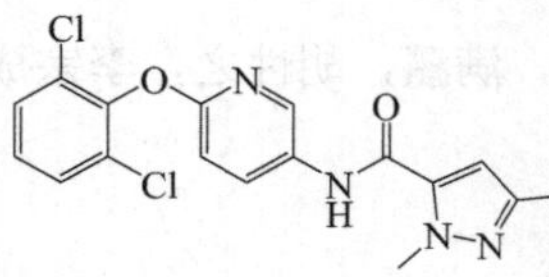

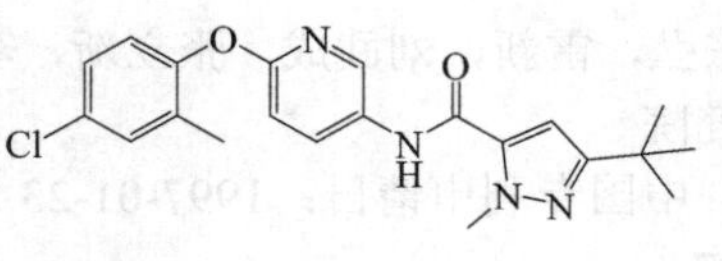

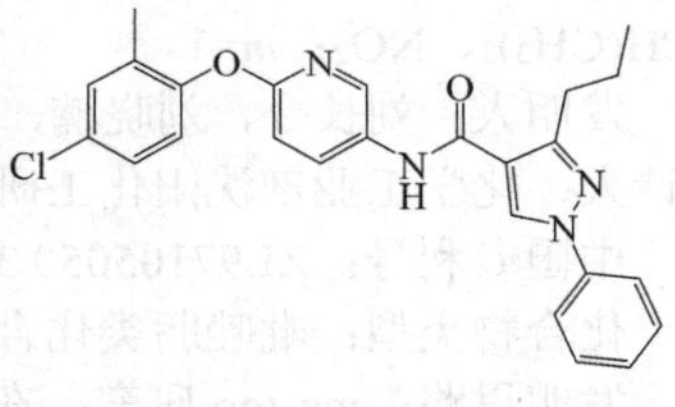

发明人：关爱莹，杨帆，王军锋，陈伟，李轲轲，孙旭峰，陈宣明，谢勇，宋玉泉，刘长令；申请人：中国中化股份有限公司，沈阳化工研究院有限公司

中国专利号：ZL201410131285.2；中国专利申请日：2014-04-02

化合物类型：吡唑酰胺类化合物、二芳醚类化合物

发明思路：me-too研究；以吡螨胺和唑虫酰胺为先导，利用中间体衍生化法中的替换法，使用二苯醚乙胺中间体进行替换，得到现有化合物。

用途：具有杀虫、杀菌活性，对黄瓜霜霉病、小麦白粉病、玉米锈病、水稻稻瘟病、黄瓜灰霉病等多种病菌都有很好的防效。特别地，对玉米锈病在较低剂量下仍具有很好的防治效果。同时，该发明的部分化合物还具有较好的杀虫活性，可用于防治黏虫、小菜蛾、桃蚜和朱砂叶螨等。

代表化合物结构如下：

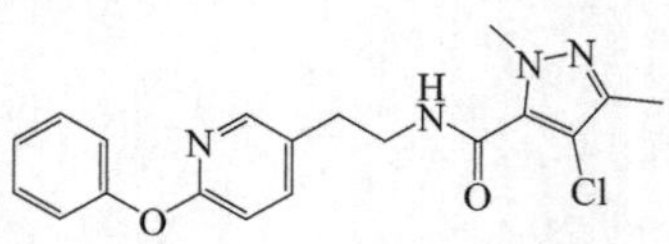

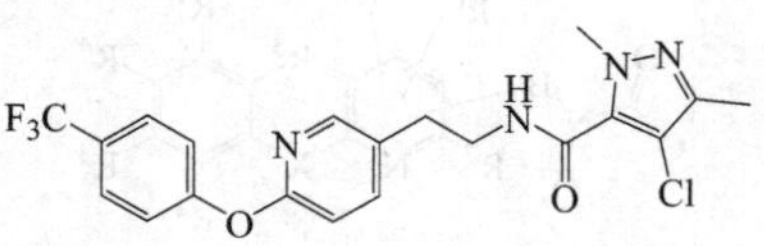

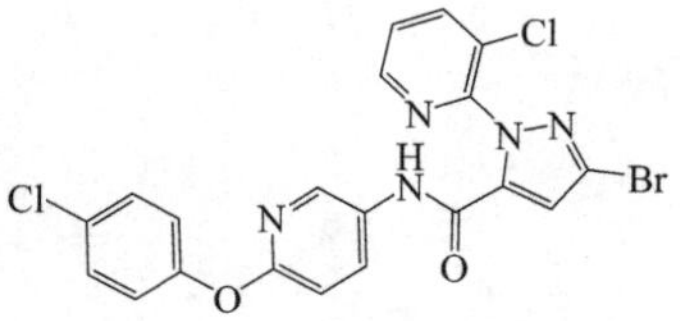

（4）含炔芳基吡唑氨基甲酸酯类化合物及其制备方法与应用

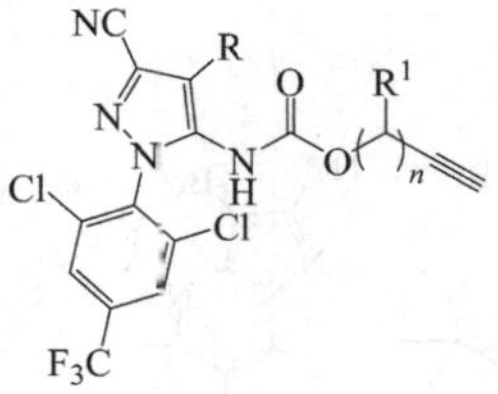

式中，n=3，R^1 为 H，R 为 $SOCF_3$、i-Bu 等。

发明人：徐汉虹，杨文，刘秀，鲁冬林，马远；申请人：华南农业大学

中国专利号：ZL200910040387.2；中国专利申请日：2009-06-19

化合物类型：氨基甲酸酯类，苯基吡唑类

发明思路：me-too 研究；对苯基吡唑母环取代基进行替换得到。

用途：具有杀虫活性，对白纹伊蚊、小菜蛾、亚洲玉米螟、斜纹夜蛾具有较好的防效。

代表化合物结构如下：

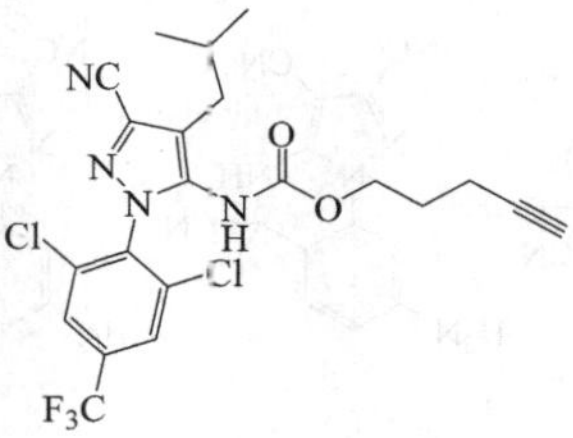

（5）一类含吡唑环的稠合杂环化合物及其应用

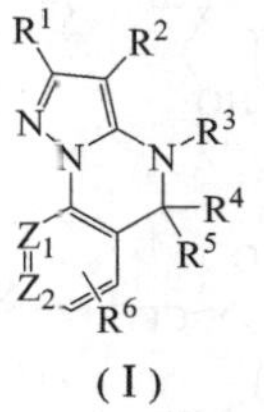

（I）

式中，R^1 为氢、卤素、CN、烷基、杂烷基、芳基或杂芳基；其中烷基、芳基或杂芳基未经取代或经一个或多个取代基 R^9 取代；R^2 为氢、卤素、CN、$S(O)R^7$、$S(O)_2R^7$、烷基、杂烷基、芳基或杂芳基；其中烷基、芳基或杂芳基未经取代或经一个或多个取代基 R^9 取代；R^3 为氢、COR^7、烷基或杂烷基；R^4 和 R^5 各自独立地为氢、卤素、CN、COR^7、CO_2R^7、CH_2COR^7、CH_2COOR^7、氨基、烷基、杂烷基、芳基或杂芳基；其中氨基、烷基、芳基或杂芳基未经取代或经一个或多个取代基 R^9 取代，且 R^4 和 R^5 不同时为氢；Z^1 和 Z^2 各自独立地为 C 或 N，不同时为 N，且含有 Z^1 和 Z^2 的环为芳族环；R^6 表示含有 Z^1 和 Z^2 环上的取代基，R^6 的数量可以是一个或多个，各 R^6 独立地为氢、卤素、NO_2、CN、烷基、杂烷基、OR^7、COR^7、CO_2R^7 或 NR^7R^8；R^7 和 R^8 各自独立地为氢、羟基、氨基、C_1～C_6 烷基、杂烷基、芳基或者杂芳基；其中烷基、芳基或杂芳基未经取代或经一个或多个取代基 R^9 取代；R^9 为卤素、C_1～C_6 烷基、

杂烷基、CN、NH_2、OH、COR′、CO_2R'或 CONR′R″，其中 R′和 R″独立地为氢、C_1～C_6烷基或杂烷基；

且不包含以下结构式的化合物：

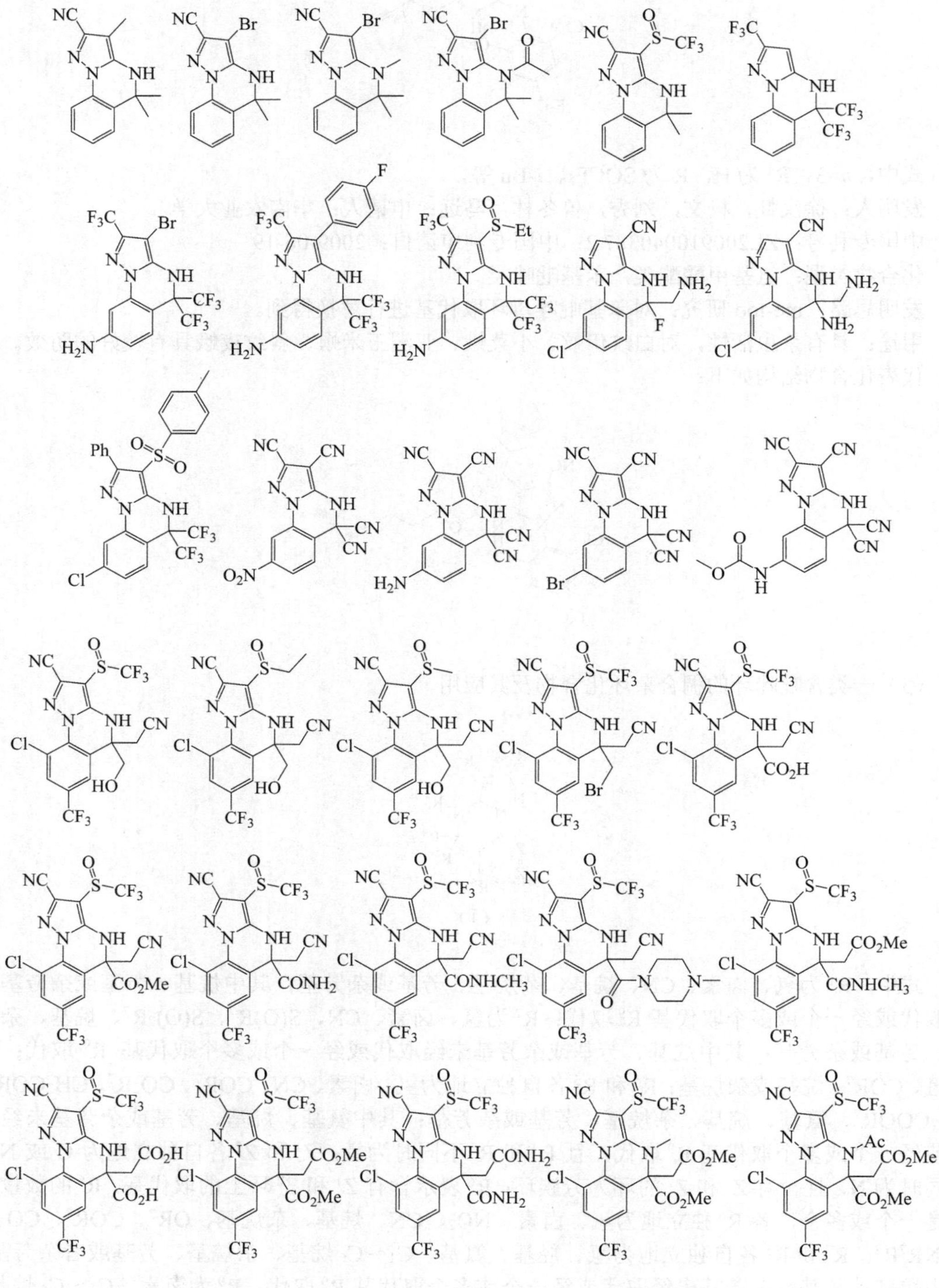

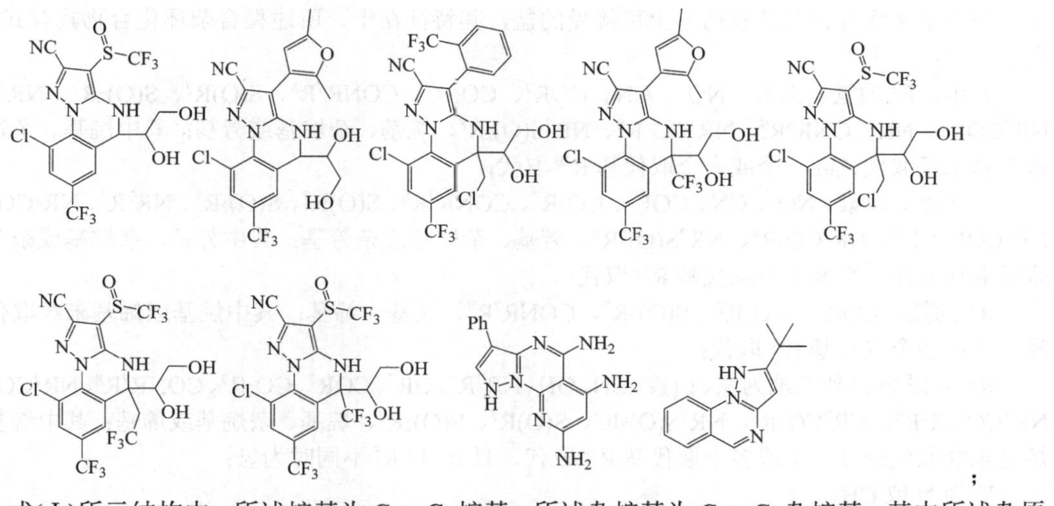

；

式(Ⅰ)所示结构中，所述烷基为 C_1～C_6 烷基，所述杂烷基为 C_1～C_6 杂烷基，其中所述杂原子为N、S、O、P或Se；所述芳基为 C_5～C_6 芳族环、C_7～C_{12} 双环或 C_{10}～C_{15} 三环，且其中至少一个环是碳环和芳族环；所述杂芳基为 C_5～C_7 芳族单环，其包含1、2、3或者4个选自N、O和S的杂原子，其余的环原子为碳，C_8～C_{12} 双环或 C_{11}～C_{14} 三环，其中 C_8～C_{12} 双环或 C_{11}～C_{14} 三环中均包含1、2、3或者4个选自N、O和S的杂原子，其余的环原子为碳，且其中至少一个环是芳族的，并且至少一个杂原子存在于芳族环中。

发明人：徐汉虹，江薰垣，魏孝义，张志祥，林菲，邓成菊，赵晨，杨帅，赵伟靖；申请人：华南农业大学

中国专利号：ZL201810219338.4；中国专利申请日：2018-03-16

同族专利：WO2019086009A1、US2021188853A1、CN108003162A、EP3689877A1、CN108129481A、JP2021508674A、EP3689877A4、JP6933413B2、CN108129481B、BR112020008750A2、CN108003162B、BRPI2008750A2

化合物类型：吡唑类化合物、稠合杂环化合物

发明思路：me-too研究；在专利CN108003162A等的基础上对稠环及其上的取代基进行了进一步的限定。

用途：具有杀虫活性，对鳞翅目、同翅目、膜翅目等害虫具有很好的活性，如小菜蛾、甜菜夜蛾、豆蚜、红火蚁，并且对红火蚁有延时起效的作用，对整个红火蚁蚁巢和蚁后有更好的杀灭效果。

代表化合物结构如下：

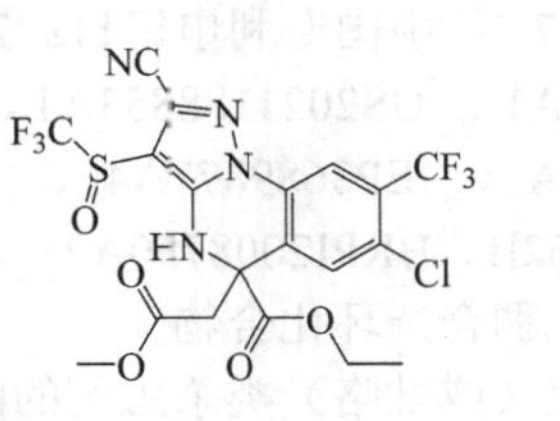

（6）稠合杂环化合物及其应用

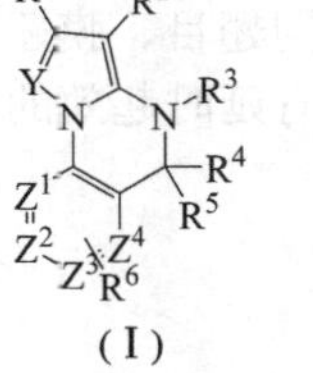

（Ⅰ）

稠合杂环化合物及其农药学上可接受的盐，其特征在于，所述稠合杂环化合物具有式(Ⅰ)所示结构：

式中，R^1为氢、卤素、NO_2、CN、COR^7、CO_2R^7、$CONR^7R^8$、$S(O)R^7$、$S(O)_2R^7$、NR^7R^8、NR^7COR^8、$NR^7CONR^8R^9$、$NR^7CO_2R^8$、$NR^7S(O)_2R^8$、烷基、杂烷基或芳基；其中烷基、杂烷基或芳基未经取代或经一个或多个取代基R^{10}取代；

R^2为氢、卤素、NO_2、CN、COR^7、CO_2R^7、$CONR^7R^8$、$S(O)R^7$、$S(O)_2R^7$、NR^7R^8、NR^7COR^8、$NR^7CONR^8R^9$、$NR^7CO_2R^8$、$NR^7S(O)_2R^8$、芳基、杂烷基或杂芳基；其中芳基、杂烷基或杂芳基未经取代或经一个或多个取代基R^{10}取代；

R^3为氢、COR^7、CO_2R^7、$S(O)_2R^7$、$CONR^7R^8$、烷基、烯基；其中烷基或烯基未经取代或经一个或多个取代基R^{10}取代；

R^4和R^5各自独立地为氢、卤素、CN、OH、NR^7R^8、OR^7、COR^7、CO_2R^7、$CONR^7R^8$、NR^7COR^8、$NR^7CONR^8R^9$、$NR^7CO_2R^8$、$NR^7S(O)_2R^8$、$S(O)R^7$、$S(O)_2R^7$、烷基、杂烷基或烯基；其中烷基或烯基未经取代或经一个或多个取代基R^{10}取代，且R^4和R^5不同时为氢；

Y为N或CH；

Z^1、Z^2、Z^3、Z^4各自独立地为C或N，条件是Z^1至Z^4中的至多两个是N，且含有Z^1至Z^4的环是芳族的；

R^6表示含有Z^1至Z^4环上的取代基，R^6的数量可以是一个或多个，各R^6独立地为氢、卤素、CN、烷基、杂烷基、COR^7、CO_2R^7、NR^7R^8、$CONR^7R^8$、NR^7COR^8、$NR^7CONR^8R^9$、$NR^7CO_2R^8$或$NR^7S(O)_2R^8$；

R^7、R^8和R^9各自独立地为氢、烷基、烯基、杂环基或芳基；其中烷基、烯基、杂环基或芳基为未经取代或经一个或多个取代基R^{10}取代；所述杂环基选自四至十二元饱和或部分不饱和的单环，其除了选自氧、硫和氮的1、2、3或者4个杂原子外包含至少一个碳原子；

所述烷基含有1～6个碳原子；所述杂烷基含有1～6个碳原子；所述芳基为五元或六元碳环芳族环；所述杂芳基为呋喃环；所述烯基含有2～6个碳原子；所述杂烷基为至少含有一个杂原子的烷基，所述杂原子为O或S；

R^{10}为卤素、羟基、C_1～C_6烷基、C_2～C_6烯基、CN、NH_2、OR'、$NR'R''$、COR'、CO_2R'、$CONR'R''$、$NR'COR''$、$NR'CONR'R''$、$NR'CO_2R''$、$S(O)_2R'$或者$NR'S(O)_2R''$，其中R'和R''独立地为氢、C_1～C_6烷基、C_2～C_6烯基。

发明人：徐汉虹，江薰垣，魏孝义，张志祥，林菲，姚光凯，邓成菊；申请人：华南农业大学

中国专利号：ZL201711069917.7；中国专利申请日：2017-11-03

同族专利：WO2019086009A1、US2021188853A1、CN108003162A、EP3689877A1、CN108129481A、JP2021508674A、EP3689877A4、JP6933413B2、CN108129481B、BR112020008750A2、CN108003162B、BRPI2008750A2

化合物类型：吡唑类化合物、稠合杂环化合物

发明思路：结构新颖；将吡唑（或吡咯）类杀虫剂的两个芳环用$NR^1CR^2R^3$结构连起来，形成结构新颖的稠环化合物。

用途：具有杀虫活性，对鳞翅目、同翅目、膜翅目等害虫具有很好的活性，如小菜蛾、甜菜夜蛾、豆蚜、红火蚁，并且对红火蚁有延时起效的作用，对整个红火蚁蚁巢和蚁后有更好的杀灭效果。对蜜蜂、家蚕毒性低。

代表化合物结构如下：

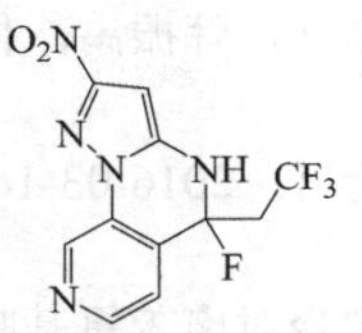

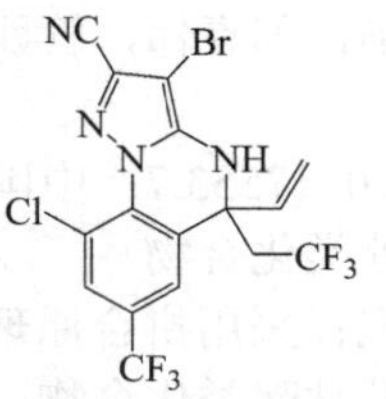

（7）噁嗪酮化芳基吡唑型化合物及其超声波辐射合成方法和应用

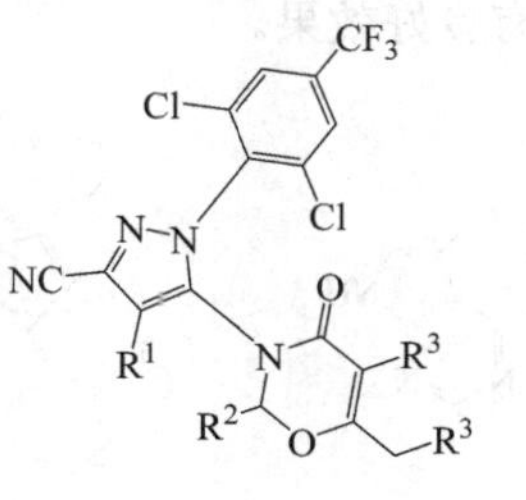

式中：

R^1 选自如下基团中的任意一种：H、G、$\mathrm{-S(=O)CF_3}$ 或 $\mathrm{-S(=O)CH_2CH_3}$；G 代表 Cl、Br 或 I；R^2 为苯基；R^3 选自如下基团中的任意一种：氢、氟、氯、溴、碘、甲基、乙基、丙基、丁基、戊基、氯甲基、氯乙基、二氯甲基、三氯甲基、环丙基、环戊基、环己基、苯基、对甲氧基苯基、呋喃基。

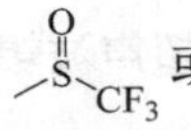

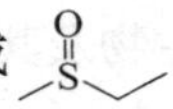

发明人：陈连清，黄裕峰，牛雄雷，季明刚，张慧淳；申请人：中南民族大学

中国专利号：ZL201610058200.1；中国专利申请日：2016-01-28

化合物类型：噁嗪酮类化合物，芳基吡唑类化合物

发明思路：采用活性拼接法，将噁嗪酮基团与芳基吡唑型化合物连接到一个分子中，通过生物活性测试，希望发现高活性化合物。

用途：具有杀虫活性和除草活性，该发明化合物对禾本科杂草和阔叶杂草有较好的防除活性，同时能有效防治直翅目、缨翅目、同翅目、异翅目、鳞翅目、鞘翅目、双翅目有害昆虫、螨类等。

代表化合物结构如下：

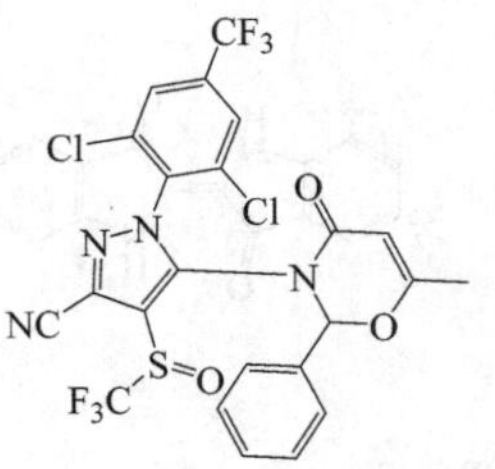

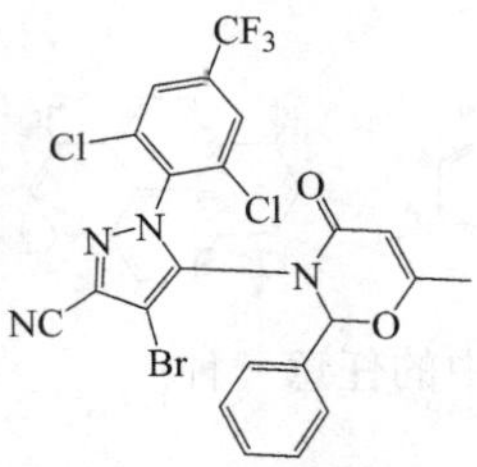

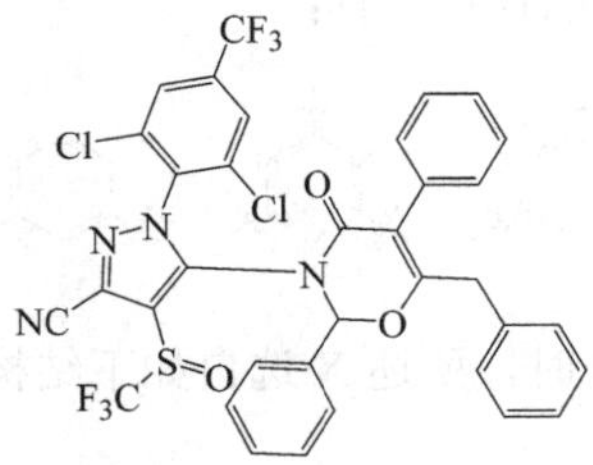

（8）含嘌呤结构的卤苯氰基吡唑类化合物及制备方法和应用

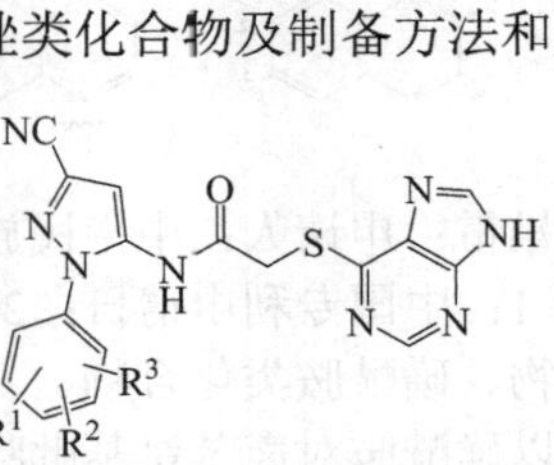

式中，R^1、R^2 和 R^3 各自独立地为氢、卤素或 $C_{1\sim3}$ 卤代烷基。

发明人：万嵘，吴少华，郭春伟，管西琳，陈福立，韩振禹，付小换；申请人：南京工业大学

中国专利号：ZL201610157553.7；中国专利申请日：2016-03-16

化合物类型：芳基吡唑类化合物

发明思路：me-too研究；采用拼合原理，以巯嘌呤对卤苯氰基吡唑进行结构修饰，创制了一种含嘌呤结构的卤苯氰基吡唑类化合物，以得到具有优良杀虫活性的化合物。

用途：具有杀虫活性，该发明化合物用量少，杀虫效果好，并且合成工艺方法简单，可制成杀虫气雾剂等剂型使用，对库蚊有良好效果。

代表化合物结构如下：

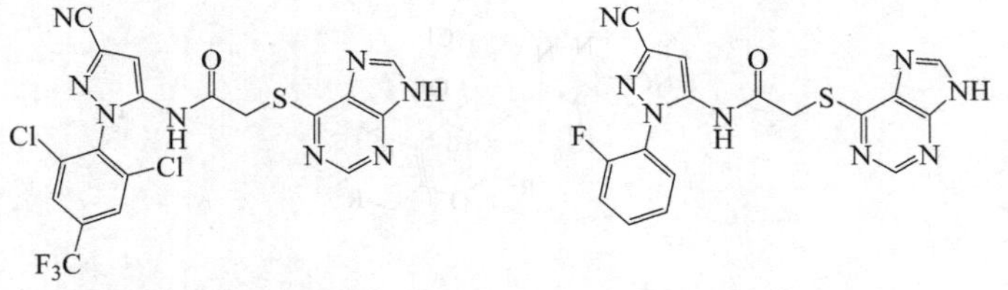

（9）芳基吡唑多磺酰胺化衍生物及其超声波辐射合成方法和应用

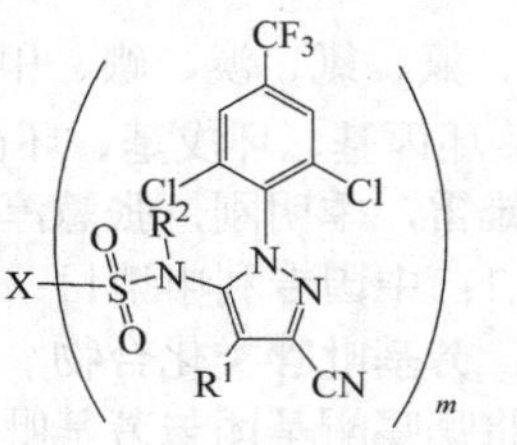

式中：

R^1选自如下基团中的任意一种：H、Cl、Br、I、S(=O)CF_3、S(=O)CN、S(=O)CH_2CH_3以及S-C_nH_{2n+1}，n=1、2、3或4；

R^2选自如下基团中的任意一种：H、CH_3、CH_2CH_3、$CH_2CH_2CH_3$、$CH_2CH_2CH_2CH_3$、$CH_2CH_2CH_2CH_2CH_3$、$CH_2CH(CH_3)CH_3$、$CH_2C(CH_3)_3$所述m=3或4；当m=3时，所述X选自如下结构中的任意一种：

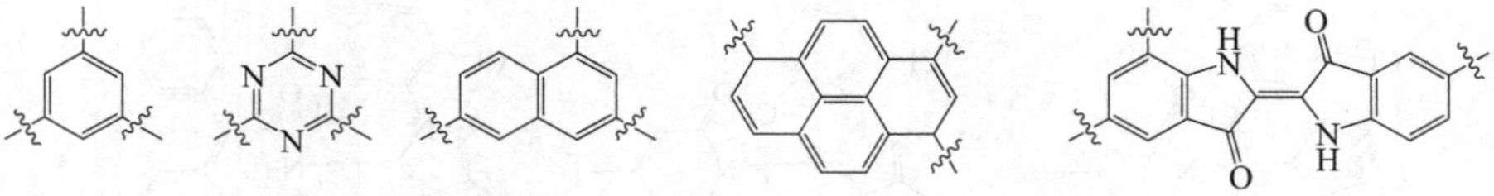

当m=4时，所述X选自如下结构中的任意一种：

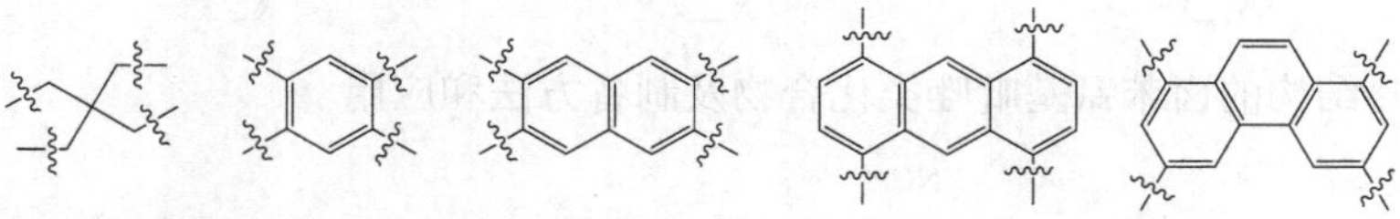

发明人：陈连清，黄裕峰，牛雄雷；申请人：中南民族大学

中国专利号：ZL201610178053.1；中国专利申请日：2016-03-26

化合物类型：芳基吡唑类化合物、磺酰胺类化合物

发明思路：采用活性拼接法，以磺酰胺对卤苯氰基吡唑进行结构修饰，创制了一种含磺酰胺结构的卤苯氰基吡唑类化合物，该类化合物具有优良活性。

用途：具有杀菌、除草与杀虫活性，该类化合物在农作物、园艺、花卉和卫生害虫的防治方面表现出高活性。

代表化合物结构如下：

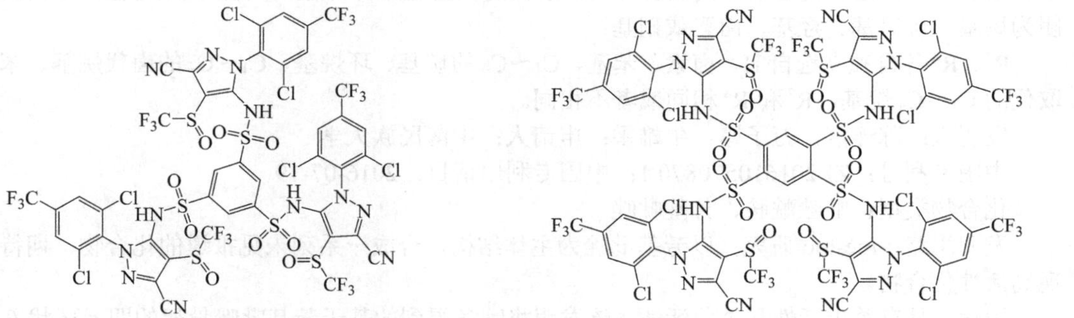

（10）一种具有杀虫作用的芳基吡唑嘌呤类化合物，其制备方法及应用

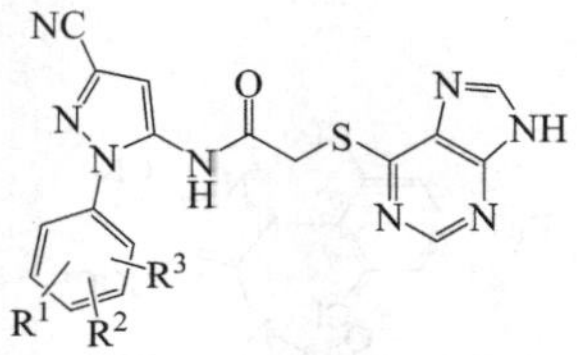

式中，R^1、R^2和R^3各自独立地为$C_{1\sim3}$烷基、$C_{1\sim3}$烷氧基、$C_{1\sim3}$卤代烷基或$C_{1\sim3}$卤代烷氧基。

发明人：万嵘，吴少华，郭春伟，王鑫林，陈福立，韩振禹，付小换；申请人：南京工业大学

中国专利号：ZL201610246472.4；中国专利申请日：2016-04-15

化合物类型：吡唑类

发明思路：me-too研究；采用活性拼接法，将吡唑胺类和6-巯基嘌呤连接在一起，合成一系列未见报道的化合物，期待发现新活性化合物。

用途：具有杀虫活性，对库蚊具有良好活性。

代表化合物结构如下：

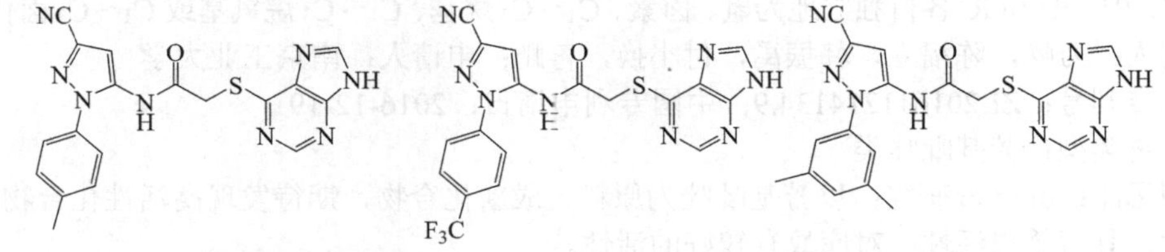

（11）基于芳基吡唑骨架的四元环状β-内酰胺衍生物的超声合成与应用

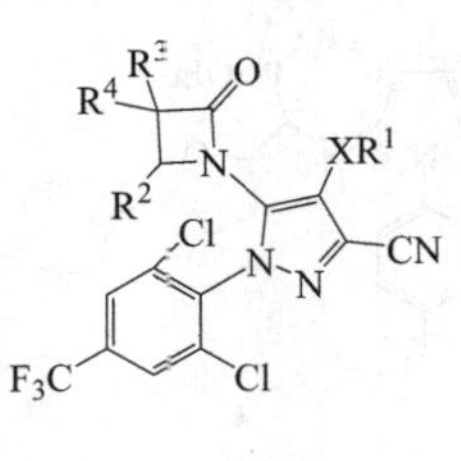

式中，R^1X 为如下三种情况之一：

① H；② 卤素；③ R^1X 中的 X 为 SO 或 S，R^1 为 CN、C_1～C_4 的烷基或 C_1～C_4 的卤代烷基；

R^2 为取代或未取代的苯基、萘基、蒽基、菲基、呋喃基、吡咯基、噻吩基、吡啶基、喹啉基、吲哚基，所述取代是单取代或多取代，取代的位置是苯环邻位、间位和/或对位，取代的基团为烷基、烷氧基、羟基、卤素或硝基；

R^3、R^4 各自独立选自 H、卤素、苯基、C_1～C_4 的烷基、环烷基、C_1～C_4 的卤代烷基、苯基取代的 C_1～C_4 烷基，R^3 和 R^4 相同或者不相同。

发明人：陈连清，万子露，牛雄雷；申请人：中南民族大学

中国专利号：ZL201610570870.1；中国专利申请日：2016-07-19

化合物类型：吡唑酰胺、芳基吡唑

发明思路：me-too 研究；以芳基吡唑为主体结构，合成一系列未见报道的化合物，期待发现高活性化合物。

用途：具有杀虫活性和杀菌活性，该发明将制备得到的基于芳基吡唑骨架的四元环状 β-内酰胺衍生物分别用于防治直翅目、缨翅目、同翅目、鳞翅目、鞘翅目、膜翅目和双翅目类害虫及抗金黄色葡萄球菌、大肠埃希菌和普通变形杆菌试验，取得了良好的杀虫效果和抗菌效果。

代表化合物结构如下：

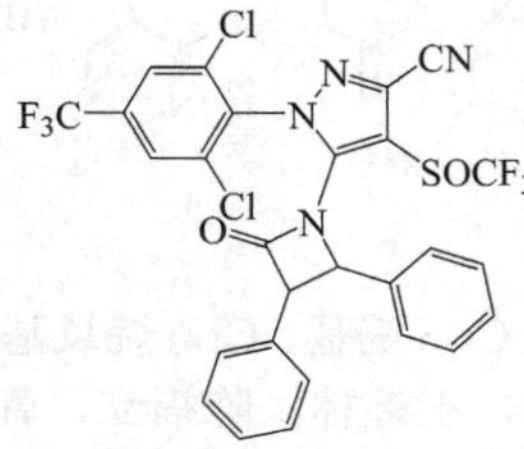

Cl CN F_3C N N SOCF_3 Cl O N

（12）一种含氨基膦酸酯芳基吡唑类化合物的制备方法及应用

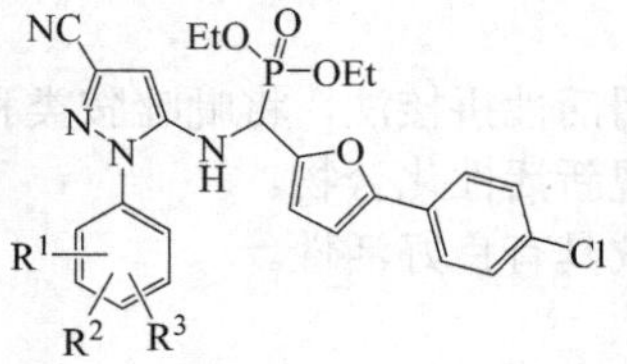

NC EtO O P OEt N N N H O Cl R^1 R^2 R^3

式中，R^1、R^2 和 R^3 各自独立地为氢、卤素、C_1～C_3 烷基、C_1～C_3 烷氧基或 C_1～C_3 卤代烷基。

发明人：万嵘，陈福立，韩振禹，付小换，蒋鹏；申请人：南京工业大学

中国专利号：ZL201611214134.9；中国专利申请日：2016-12-19

化合物类型：芳基吡唑类

发明思路：me-too 研究；以芳基吡唑为原料合成新化合物，期待发现高活性化合物。

用途：具有杀虫活性，对库蚊有较好的活性。

代表化合物结构如下：

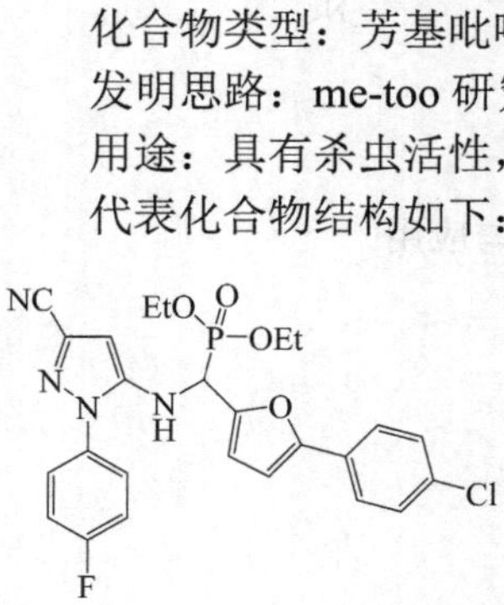

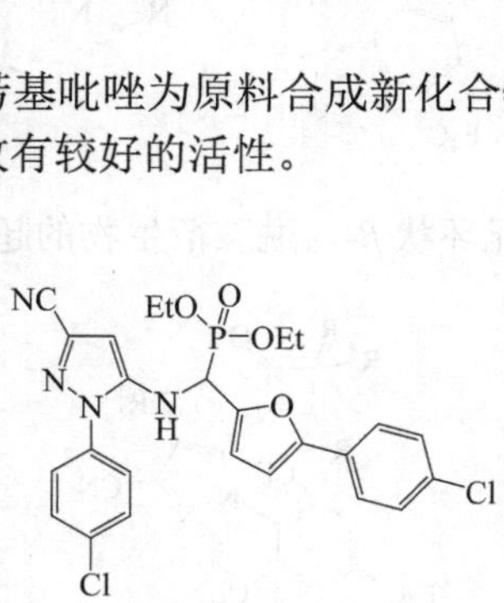

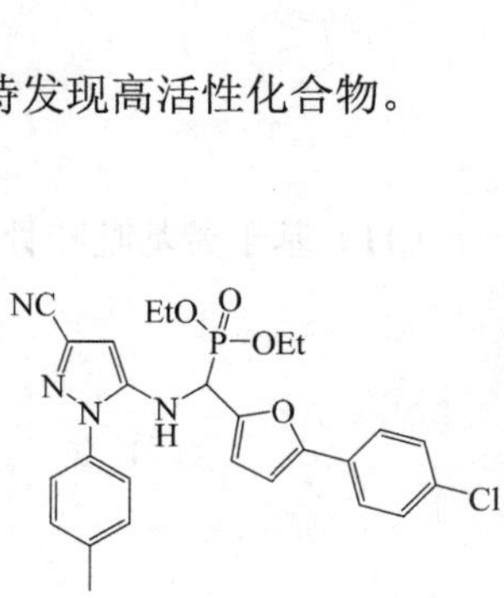

NC EtO O P OEt N N N H O Cl F

NC EtO O P OEt N N N H O Cl Cl

NC EtO O P OEt N N N H O Cl

（13）一种三嗪酮结构的5-吡唑酰胺类化合物制备方法与应用

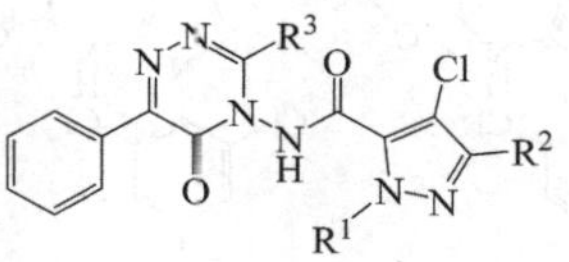

式中，R^1为H、$C_{1\sim6}$直链或支链烷基；R^2为H、卤素、$C_{1\sim6}$直链或支链烷基；R^3为H、$C_{1\sim6}$直链或支链烷基。

发明人：李婉，杨子辉，武世杰；申请人：河北大学

中国专利号：ZL201810067305.2；中国专利申请日：2018-01-17

化合物类型：吡唑酰胺类

发明思路：me-too研究；以吡唑羧酸为原料合成新化合物，期待发现高活性化合物。

用途：具有杀虫活性，本申请部分化合物在500mg/L浓度下对黏虫有一定抑制活性，抑制率为50%；对稻飞虱的抑制率为20%。

代表化合物结构如下：

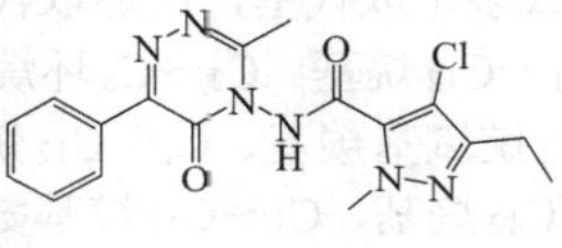

（14）3-氰基-1-(2, 6-二氯-4-三氟甲基苯基)吡唑衍生物杀虫剂

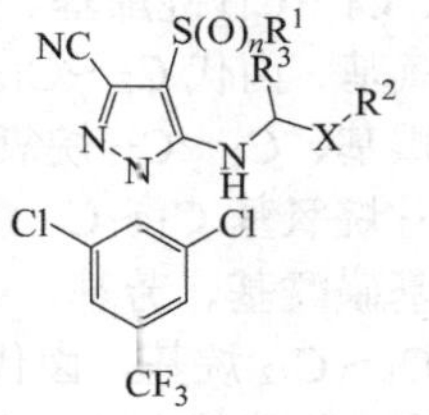

式中，R^1=Me，R^2=Me、Et、n-Pr、FCH_2CH_2或$ClCH_2CH_2$，R^3=CCl_3，X=O，n=0；或者R^1=Et，R^2=Me、Et、n-Pr、FCH_2CH_2或$ClCH_2CH_2$，R^3=CCl_3，X=O，n=0；或者R^1=Me，R^2=Me、Et、n-Pr、FCH_2CH_2或$ClCH_2CH_2$，R^3=CCl_3，X=O，n=1；或者R^1=Et，R^2=Me、Et、n-Pr或FCH_2CH_2，R^3=CCl_3，X=O，n=1。

发明人：汪清民，赵奇奇，李永强，熊丽霞；申请人：南开大学

中国专利号：ZL201010133736.8；中国专利申请日：2010-03-29

化合物类型：苯基吡唑类

发明思路：me-too研究；以1-芳基吡唑为骨架的杀虫剂主要是以氟虫腈为代表的γ-氨基丁酸受体抑制剂，现有六个品种，它们分别是fipronil(通用名氟虫腈，商品名锐劲特)，ethiprole(通用名乙虫腈，商品名酷毕)，acetoprole(乙酰虫腈)，vaniliprole，pyrafluprole和pyriprole。该发明以氟虫氰为先导化合物进行结构衍生得到结构新颖的化合物。

用途：具有杀虫活性，该发明化合物用于防治鳞翅目、双翅目、同翅目害虫，对蚜虫、尖音库蚊、小菜蛾具有较好防效。

代表化合物结构如下：

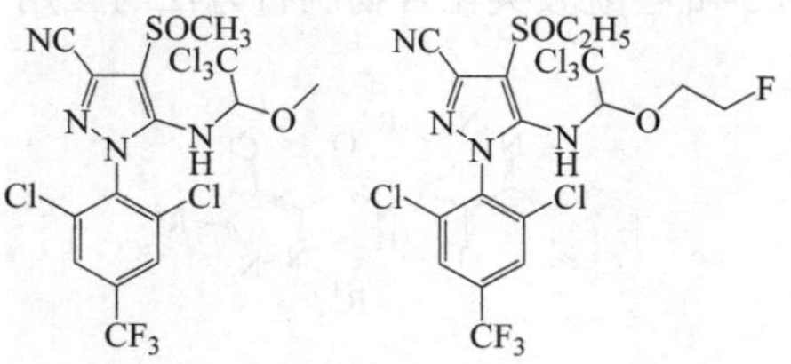

（15）含杂环二芳胺基吡唑甲酰胺类化合物及其制备方法与应用

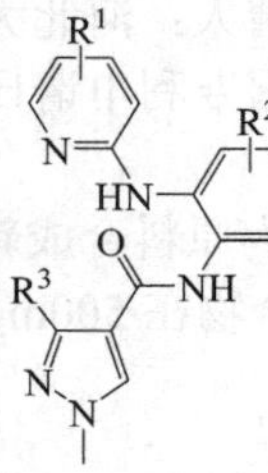

式中，R^1为所在芳环上的一个或多个取代基，所述取代基各自独立选自氢、羟基、卤素、氰基、硝基、C_1～C_{12}烷基、卤代C_1～C_{12}烷基、C_3～C_8环烷基、C_1～C_{12}烷氧基、卤代C_1～C_{12}烷氧基、C_1～C_{12}烷基羰基、C_1～C_{12}烷氧基羰基、C_1～C_{12}烷基氨基羰基、C_1～C_{12}烷氧基C_1～C_{12}烷基、卤代C_1～C_{12}烷氧基C_1～C_{12}烷基、C_1～C_{12}烷基氨基、C_1～C_{12}烷硫基、C_1～C_{12}烷基磺酰基、芳基、杂芳基中的一种；

R^2选自氢、羟基、卤素、氰基、硝基、C_1～C_{12}烷基、卤代C_1～C_{12}烷基、C_3～C_8环烷基、C_1～C_{12}烷氧基、卤代C_1～C_{12}烷氧基、C_1～C_{12}链烯基、卤代C_2～C_{12}链烯基、C_2～C_{12}链炔基、卤代C_2～C_{12}链炔基、C_2～C_{12}链烯基氧基、卤代C_2～C_{12}链烯基氧基、C_2～C_{12}链炔基氧基、卤代C_2～C_{12}链炔基氧基、C_1～C_{12}烷基羰基、C_1～C_{12}烷氧基羰基、C_1～C_{12}烷基氨基羰基、C_1～C_{12}烷氧基C_1～C_{12}烷基、卤代C_1～C_{12}烷氧基C_1～C_{12}烷基、C_1～C_{12}烷基氨基、C_1～C_{12}烷硫基、卤代C_1～C_{12}烷硫基、C_1～C_{12}烷基磺酰基、芳基、杂芳基中的一种；

R^3选自氢、卤素、氰基、硝基、C_1～C_{12}烷基、卤代C_1～C_{12}烷基、C_3～C_8环烷基、C_1～C_{12}烷硫基、C_1～C_{12}烷基磺酰基、芳基、杂芳基中的一种。

发明人：杜晓华，郝树林；申请人：浙江工业大学

中国专利号：ZL201811100793.9；中国专利申请日：2018-09-20

化合物类型：吡唑酰胺类

发明思路：me-too研究；根据琥珀酸脱氢酶抑制剂吡唑酰胺类杀菌剂的结构，将苯环结构替换成吡啶结构，得到该类化合物。

用途：具有杀虫活性。该发明化合物对农业、民用和动物技术领域中有害螨虫和昆虫的成虫、幼虫和卵都显示出高杀虫活性，同时该类化合物表现出较好的杀菌活性。

代表化合物结构如下：

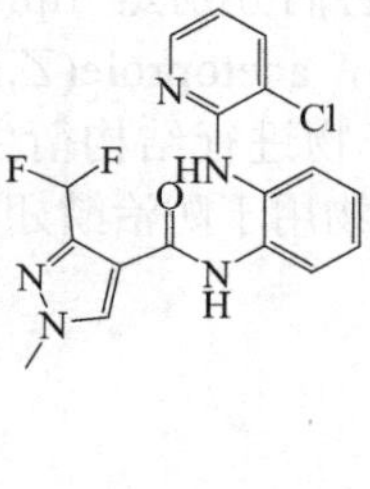

（16）一种吡唑酰腙类化合物及其应用

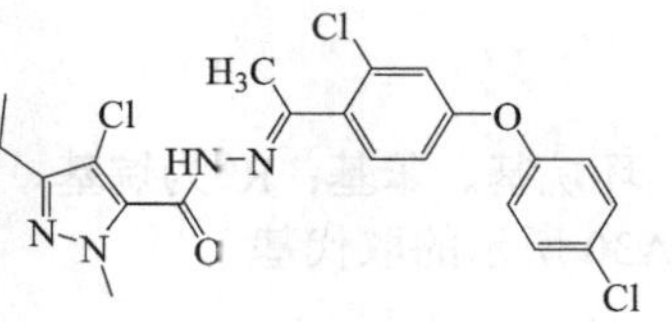

发明人：许良忠，王明慧，李维洋，田帅，范井旺，刘羽；申请人：青岛科技大学

中国专利号：ZL201310731345.X；中国专利申请日：2013-12-26

化合物类型：吡唑酰胺类、二苯醚类

发明思路：me-too 研究；在已有技术公开的吡唑酰胺类化合物的基础上，采用酰腙基团替换酰胺基团从而得到现有的化合物。

用途：具有杀虫活性，对小菜蛾有更优异的杀虫效果。

（17）一种含杂环酮的 *N*-取代苯基吡唑类化合物及其制备与防治植物病虫害的应用

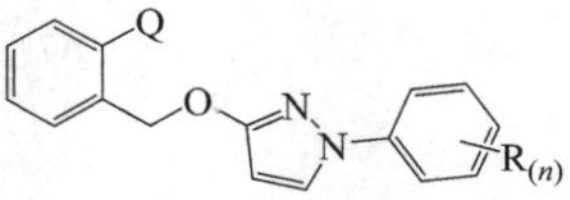

其特征在于：$R_{(n)}$中 n=1～5，$R_{(n)}$分别选自氢、卤素、氰基、硝基、C_1～C_6 卤代烷基、C_1～C_6 烷氧基、C_1～C_6 烷氧基羰基，其中所述的卤代基中的卤素选自氟、氯、溴或碘中的一种或几种；Q 选自以下基团之一：

发明人：朱红军，李钰皓，张湘宁，李玉峰，颜章伟，刘睿，倪珏萍；申请人：南京工业大学

中国专利号：ZL201010221898.7；中国专利申请日：2010-07-09

化合物类型：吡唑类

发明思路：me-too 研究；该发明以噁唑烷酮和苯基取代吡唑的优良生物活性为基础，按照生物分子电子等排理论及拼接活性基团的方法，设计合成了该类化合物。

用途：具有杀虫、杀菌活性，该发明的化合物对小菜蛾、朱砂叶螨具有较好的灭杀活性，用于农业防治该类害虫。对水稻稻瘟病菌、蔬菜灰霉病菌表现较好活性，可以用于防治农业病害。

代表化合物结构如下：

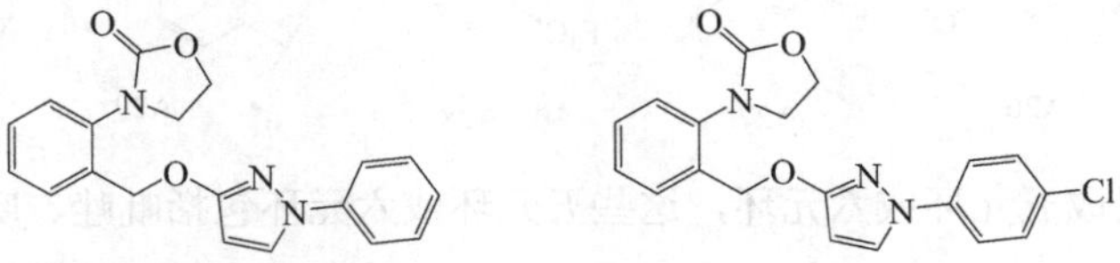

（18）用于杀虫杀螨的吡唑类化合物及其制剂

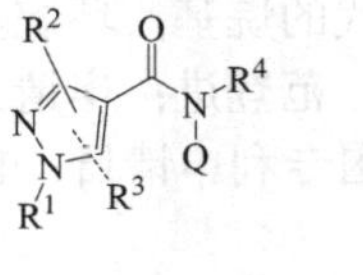

式中，R^1为烷基、苯基；R^2、R^3可相同或不同，可为卤素、烷基；R^4为氢；

Q为 [structure: C(=X)N(R^5)R^6]；

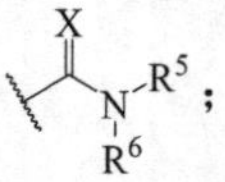

R^5为氢、烷基、氨基羰基、环烷基、苯基；R^6为烷基、环烷基、苯基、萘基、吡啶基、嘧啶基、噻唑基、氨基以及A1～A30所示的取代基：

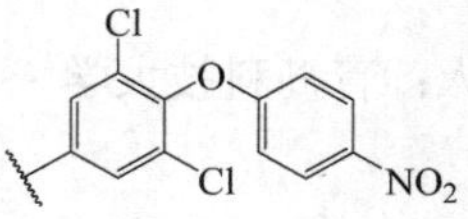

A1 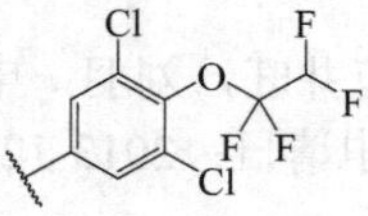 A2 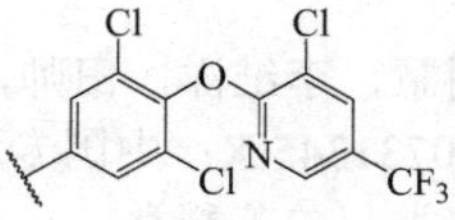 A3 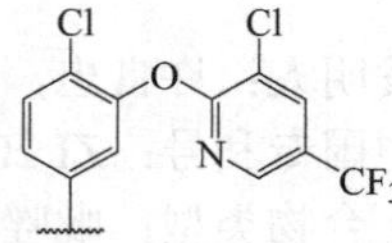 A4

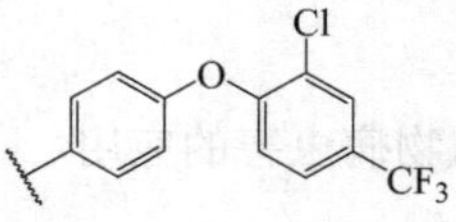

A5 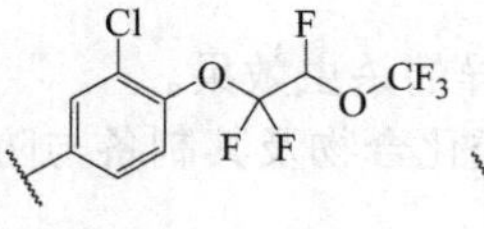 A6 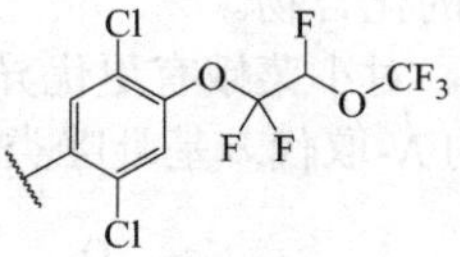 A7 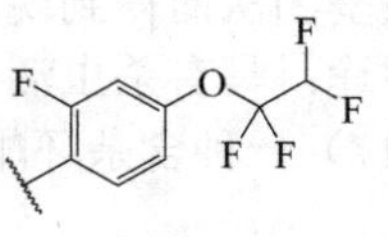 A8

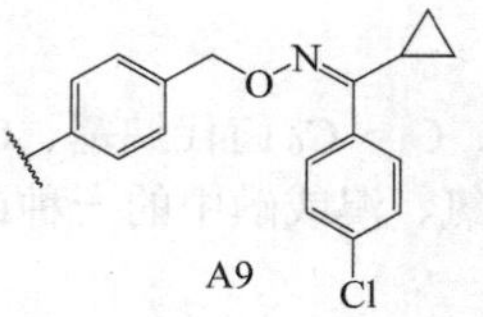

A9 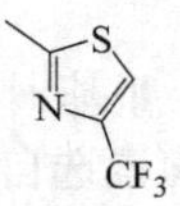 A10 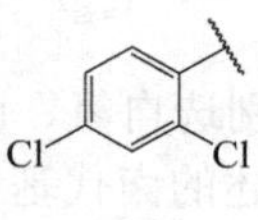 A11 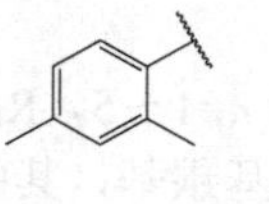 A12 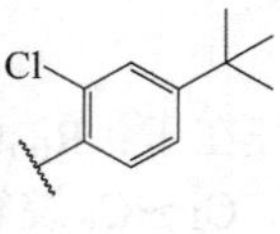 A13

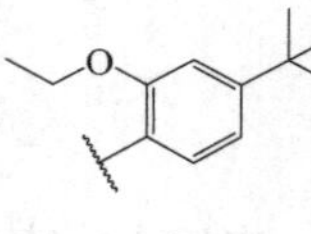

A14 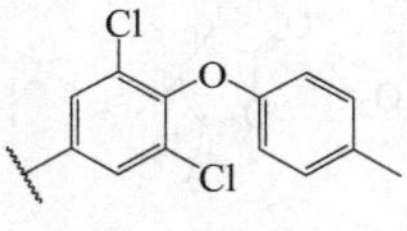 A15 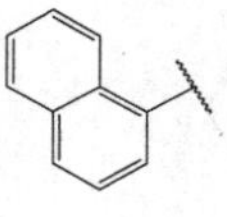 A16 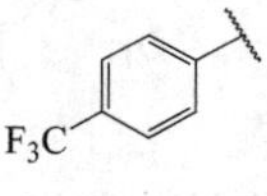 A17 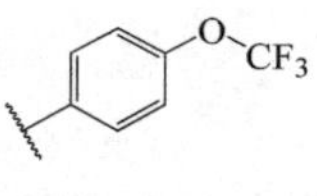 A18

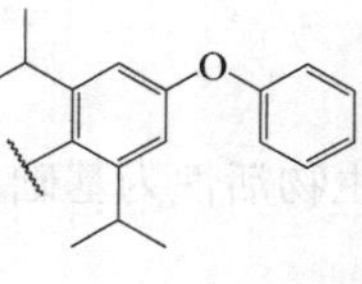

A19 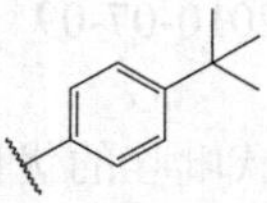 A20 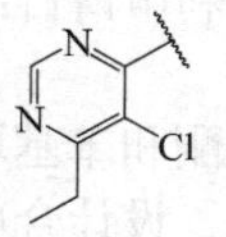 A21 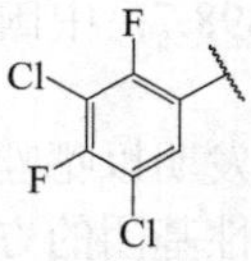 A22 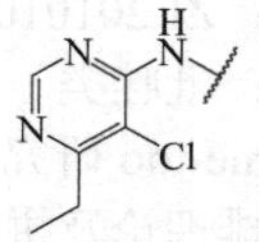 A23 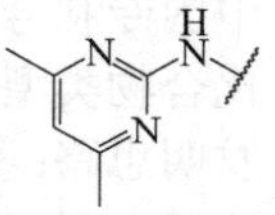 A24

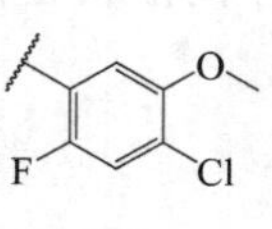

A25 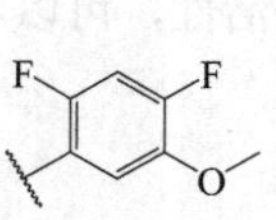 A26 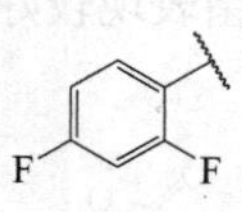 A27 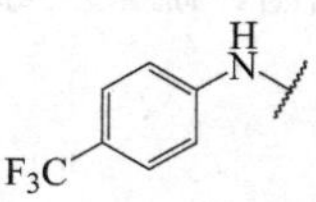 A28 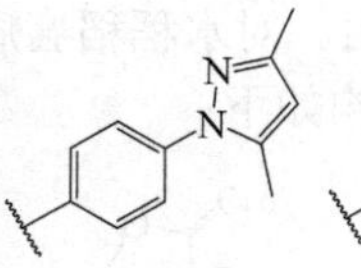 A29 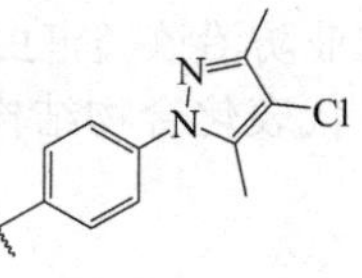 A30

R^5和R^6可以组成五元环或六元环，这些五元环或六元环包括吡唑、咪唑、三唑、哒嗪、吡咯；X为氧、硫；

以上所说的烷基通常指任意取代的C_1～C_6直链或支链烷基，取代烷基可为氰基、硝基、卤素、烷氧基、羧基、苯基、萘基、取代的烷基；环烷基指C_3～C_6环烷基。

发明人：李宗成，刘长令，雷新，范登进；申请人：化学工业部沈阳化工研究院

中国专利号：ZL95115410.9；中国专利申请日：1995-09-08

化合物类型：吡唑类化合物、苯甲酰脲类

发明思路：me-too 研究；以苯甲酰脲类化合物为先导，使用中间体衍生化法中替换法，使用 4-吡唑羧酸中间体通过替换得到现有化合物。

用途：具有杀虫、杀螨活性。可用来防治家养动物及植物体上的害虫和螨类，对小菜蛾、黏虫、烟芽夜蛾、棉铃虫、家蝇、甘蓝根花蝇、蚜虫、叶蝉、德国小蠊、棉红蜘蛛和朱砂叶螨有很好的灭杀效果。

代表化合物结构如下：

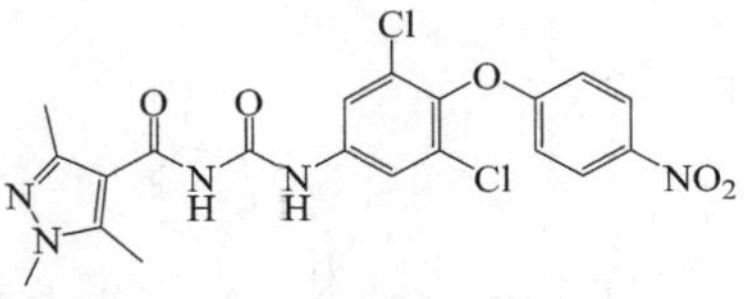

（19）一种 3-叔丁基吡唑酰胺类化合物及其应用

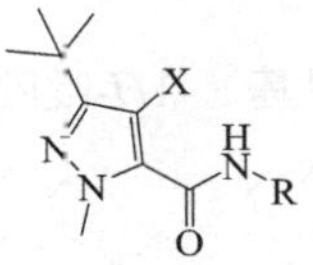

式中，X 选自 H，Cl；

R 选自 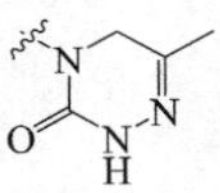 或 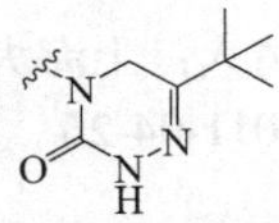 。

发明人：许良忠，李维洋，刘羽，王明慧；申请人：青岛科技大学

中国专利号：ZL201310043842.0；中国专利申请日：2013-01-25

化合物类型：吡唑酰胺类

发明思路：me-too 研究；在唑虫酰胺和吡蚜酮的基础上进行活性基团拼接从而得到现有的化合物。

用途：具有杀虫活性，对同翅目害虫（如稻飞虱）有很好的灭杀活性。

代表化合物结构如下：

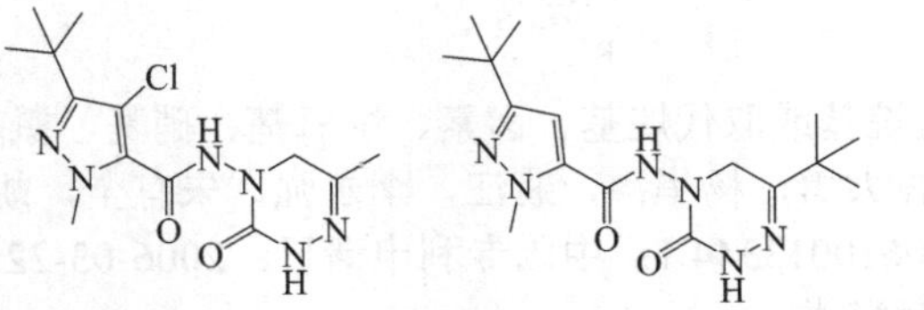

（20）一种具有杀虫作用的卤苯氰基吡唑类化合物，其制备方法及应用

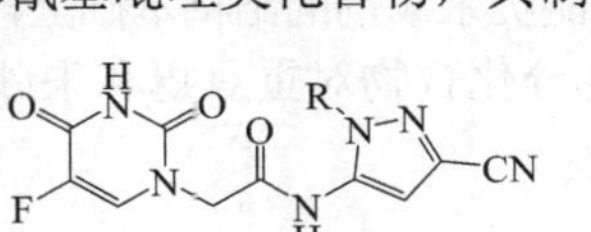

式中：

R 为 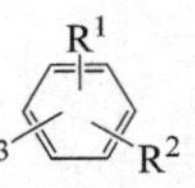 ，R^1 为氢或卤素，R^2 为氢或卤素，R^3 为氢、卤素、C_1～C_3 烷基或卤代 C_1～C_3 烷基，且 R^1、R^2 和 R^3 中至少一个为卤素。

发明人：万嵘，傅晓东，杨阳，穆海萍，蒋强华，陈月，秦小飞，沈陈 ；申请人：南京工业大学

中国专利号：ZL201310117550.7；中国专利申请日：2013-04-08

化合物类型：尿嘧啶类

发明思路：me-too 研究，将氟尿嘧啶化合物中的 1, 3, 4-噻二唑结构替换为芳基吡唑从而得到现有的化合物。

用途：具有杀虫活性，可用于防治家蝇、库蚊。

代表化合物结构如下：

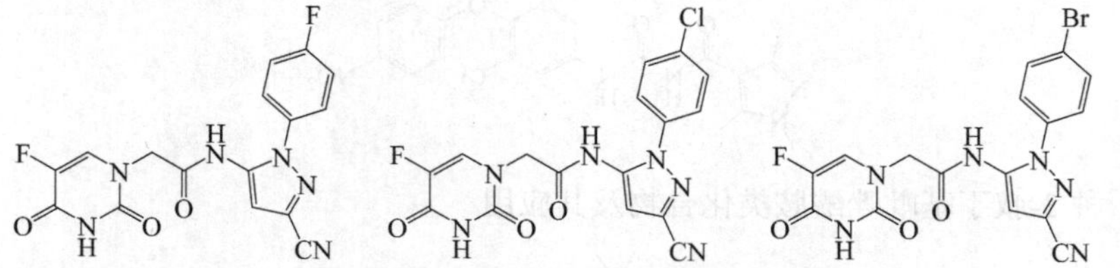

（21）2, 6-二甲基-3, 5-二[3-(5-三氟甲基）-1*H*-吡唑]吡啶及其合成方法

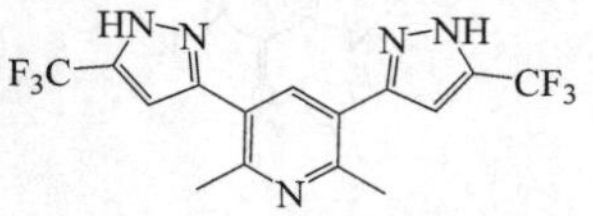

发明人：张敏，汪霞云，朱逸雯，宋力平，顾君；申请人：上海大学

中国专利号：ZL201110104850.2；中国专利申请日：2011-04-26

化合物类型：吡唑、吡啶

发明思路：结构新颖，与已有文献报道的农药活性骨架结构不同。

用途：具有杀虫活性，可用于防治豆蚜。

（22）噻唑肟醚类衍生物和制备及其应用

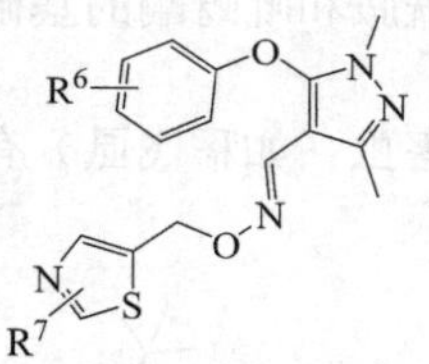

式中，R^6 为 C_1～C_6 烷基或取代烷基、卤素、烷氧基、硝基、氰基；R^7 同 R^6。

发明人：邹小毛，林大勇，杨华铮，裴江，李永强，朱有全，胡方中；申请人：南开大学

中国专利号：ZL200610013344.1；中国专利申请日：2006-03-22

化合物类型：噻唑肟醚类

发明思路：me-too 研究；在肟醚类杀螨剂的结构基础上，通过生物等排替换得到现有化合物。

用途：具有杀虫杀螨活性，部分化合物对蚕豆蚜和朱砂叶螨表现出一定活性。

代表化合物结构如下：

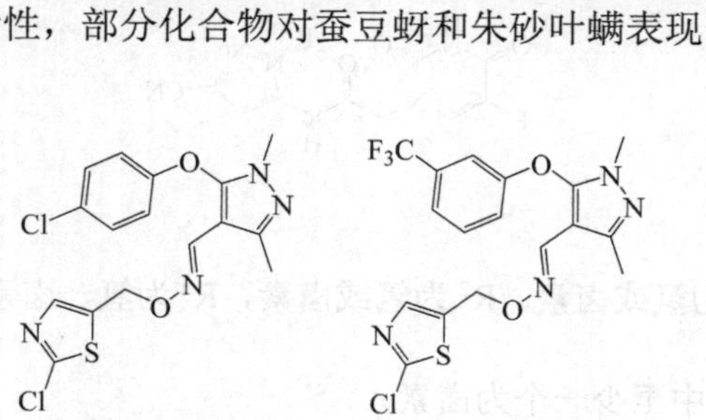

（23）N-噻唑基-1-吡啶基-5-吡唑甲酰胺衍生物及其应用

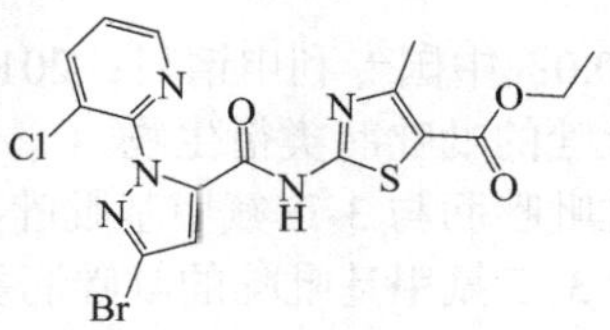

发明人：陈平，李延赛，胡艾希；申请人：长沙理工大学

中国专利号：ZL201910587127.0；中国专利申请日：2019-07-01

化合物类型：吡唑甲酰胺类

发明思路：me-too 研究；在吡唑甲酰胺衍生物的基础上用噻唑环替代苯环得到现有化合物。

用途：具有杀虫活性，对黏虫、蚕豆蚜具有很好活性。

（24）吡唑并环-3-甲酰胺类似物及其制备和应用

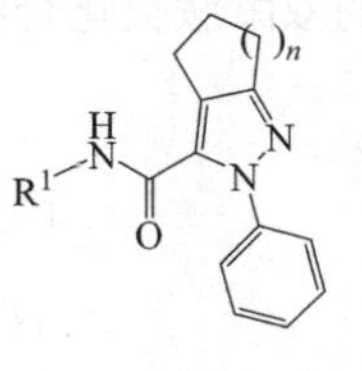

其中 n 为 1～3 的整数；R^1 为 C_1～C_{10} 的烷基、环丙基、环己基、苯基中的一种，所述苯基中的氢可以被卤素、氰基、C_1～C_{10} 的烷基、C_1～C_{10} 的烷氧基中的一种或多种所取代。

发明人：杨新玲，邓希乐，张莉，迟鸣，袁德凯，胡雪萍，米益铎；申请人：中国农业大学

中国专利号：ZL201510766041.6；中国专利申请日：2015-11-11

化合物类型：吡唑并环-3-甲酰胺类似物

发明思路：me-too 研究；以环烷基酮为起始原料，经过取代、闭环、酰胺化反应得到。

用途：具有杀虫活性，该类化合物对农业害虫具有明显的杀死作用。

代表化合物结构如下：

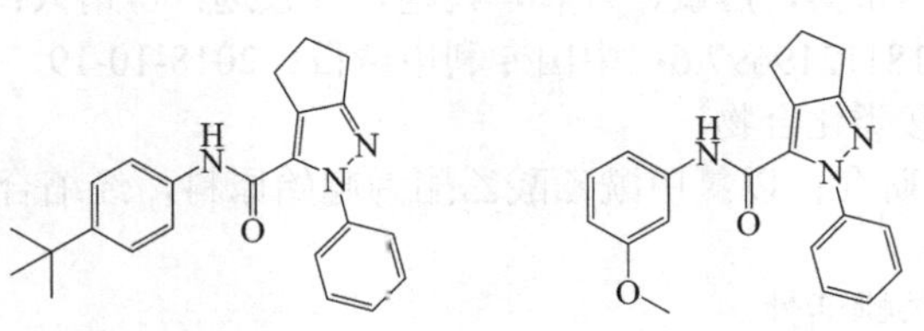

（25）含 3-三氟甲基吡唑的吡唑肟类衍生物的制备和应用

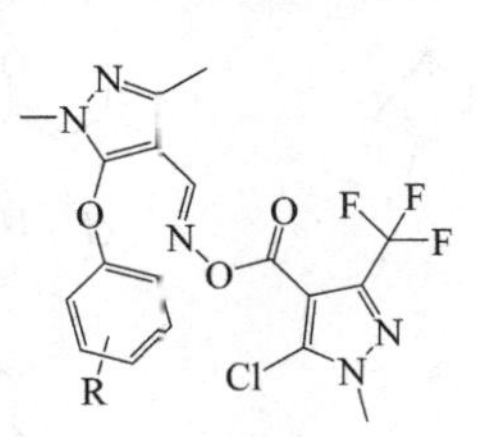

式中，R 为 H、4-Cl、4-F、4-I。

发明人：戴红，王杨，郑丹丹，张敏，张海军，张燕，施磊，荀校，冯浩，王雨阳；申请人：南通大学

中国专利号：ZL201911191870.0；中国专利申请日：2019-11-28

化合物类型：含3-三氟甲基吡唑的吡唑肟类衍生物

发明思路：me-too研究；通过吡唑肟与3-三氟甲基吡唑-4-甲酰氯反应得到。

用途：具有杀虫活性，所述含3-三氟甲基吡唑的吡唑肟类衍生物对有害昆虫具有较好的防治效果。

代表化合物结构如下：

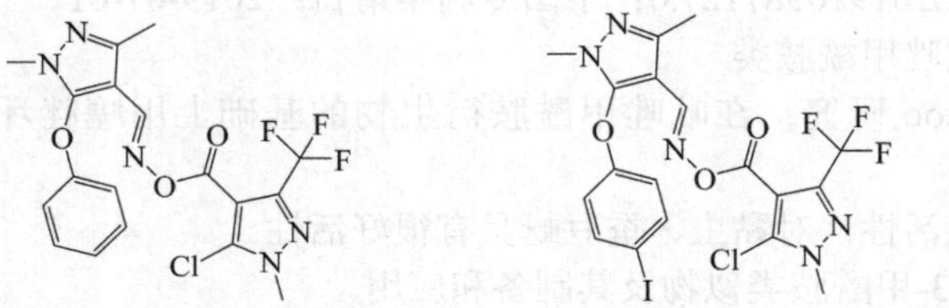

（26）一种含1, 3-二烷基取代吡唑的双酰胺类化合物及其制备方法与应用

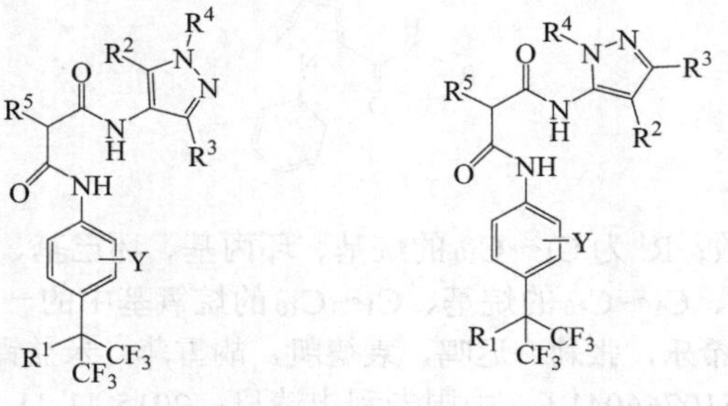

式Ⅰa　　式Ⅰb

式Ia和式Ib中，R^1是H、F或甲氧基；R^2是H、卤素、氰基、三氟甲基或C_1～C_6烷基；R^3是C_1～C_6烷基；R^4是C_1～C_6烷基；R^5是C_1～C_6烷基、C_1～C_6烯烃或C_1～C_6炔烃；Y是甲氧基或C_1～C_6烷基。

发明人：刘尚钟，李奇博，廖敏，刘青，冯曈，许致远；申请人：中国农业大学

中国专利号：ZL201811219697.6；中国专利申请日：2018-10-19

化合物类型：双酰胺类化合物

发明思路：me-too研究；以氯甲酰乙酸乙酯为起始原料，经缩合、酰胺化、烷基化反应得到。

用途：具有杀虫、杀螨活性。

代表化合物结构如下：

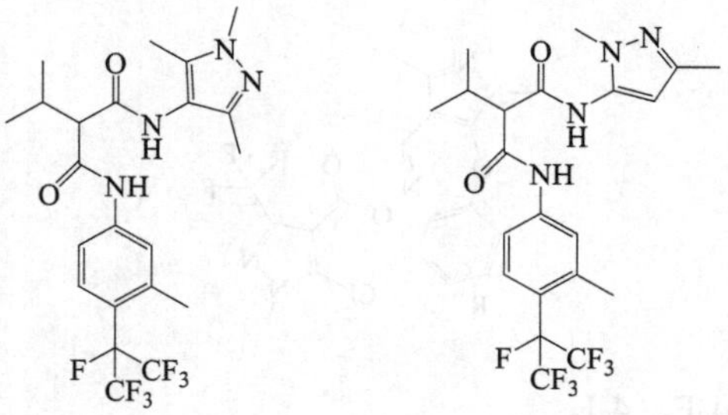

（27）含吡啶联多氟吡唑结构的吡唑肟酯类化合物及其制备方法和用途

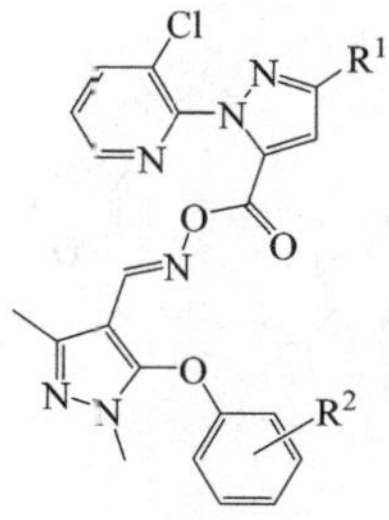

式中，$R^1 = CF_3$，R^2=4-F、4-Br、2,4-Cl_2等；$R^1 = CHF_2$，R^2=4-F、4-Br、4-I 等。

发明人：胡兰萍，戴红，朱玥，丁颖，钱宏炜，李玲，周环宇，钱程，郑丹丹，周家华；申请人：南通大学

中国公开号：CN110092776A；中国专利申请日：2019-04-30

化合物类型：吡唑肟酯类化合物

发明思路：me-too 研究；通过氯代吡啶联多氟吡唑甲酰氯与吡唑肟缩合得到。

用途：具有杀虫活性，所述含吡啶联多氟吡唑结构的吡唑肟酯类化合物对有害昆虫具有一定的防治效果。

代表化合物结构如下：

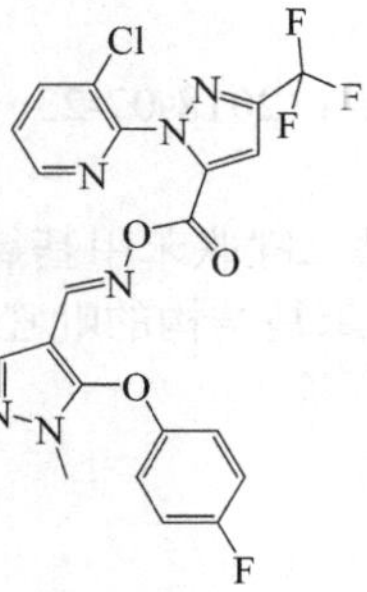

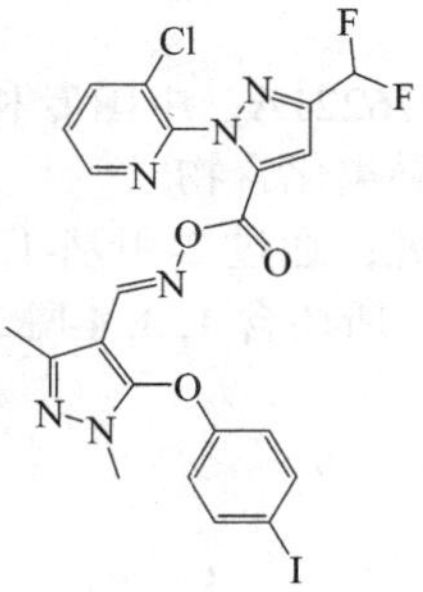

（28）含噁唑联苯基结构的吡唑肟醚类化合物及其制备方法和用途

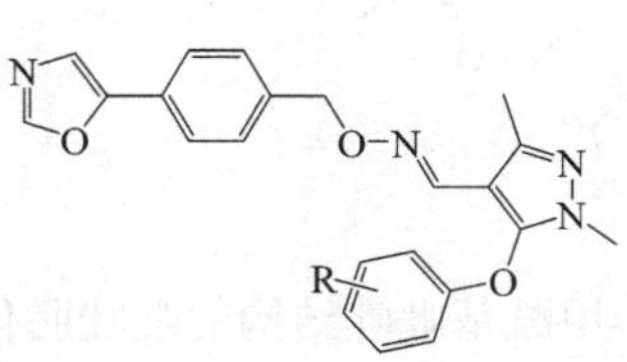

式中，R= 3-F、3-Cl、3-Br、4-F、4-Cl、4-I、4-CH_3、4-OCH_3、4-OCF_3。

发明人：沈爱宝，丁颖，吴锦明，戴红，姚炜，石玉军，郑丹丹，李玲；申请人：南通大学

中国公开号：CN109053713A；中国专利申请日：2018-07-23

化合物类型：吡唑肟醚类化合物

发明思路：me-too 研究；通过噁唑联苯甲基氯与吡唑羟肟缩合得到。

用途：具有杀虫活性，所述含噁唑联苯基结构的吡唑肟醚类化合物对有害昆虫具有一定的防治效果。

代表化合物结构如下：

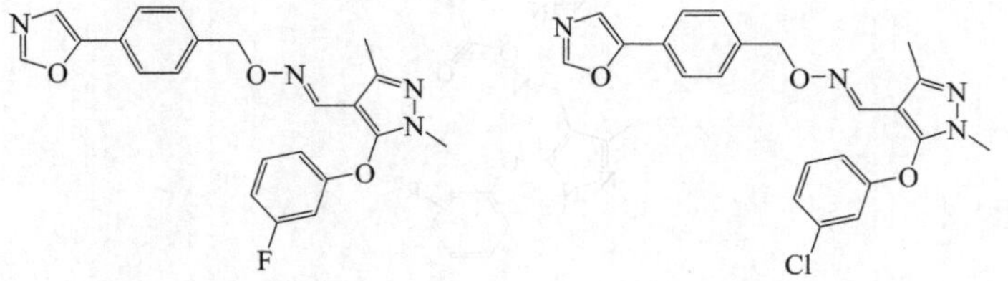

（29）含 1, 3, 4-噁二唑联苯基结构的吡唑肟醚化合物及其制备方法和应用

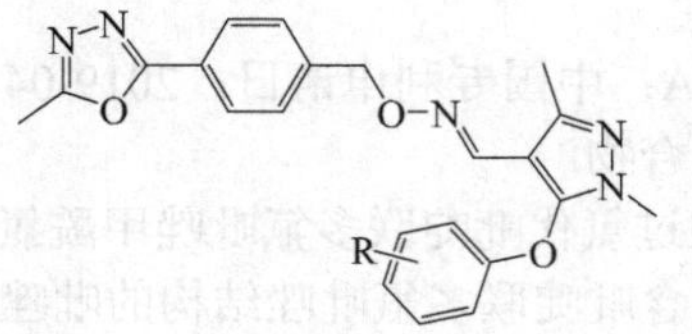

式中，R=F、Cl、I、CH_3、OCF_3。

发明人：吴锦明，周钱，石玉军，姚炜，郑丹丹，戴红，冯霞，李雅婷，李玲，钱宏炜；申请人：南通大学

中国公开号：CN108976221A；中国专利申请日：2018-07-23

化合物类型：吡唑肟醚类化合物

发明思路：me-too 研究；通过 2-甲基-1, 3, 4-噁二唑联苯甲基氯与吡唑甲醛肟缩合得到。

用途：具有杀虫活性，所述含 1, 3, 4-噁二唑联苯基结构的吡唑肟醚化合物对有害昆虫具有一定的防治效果。

代表化合物结构如下：

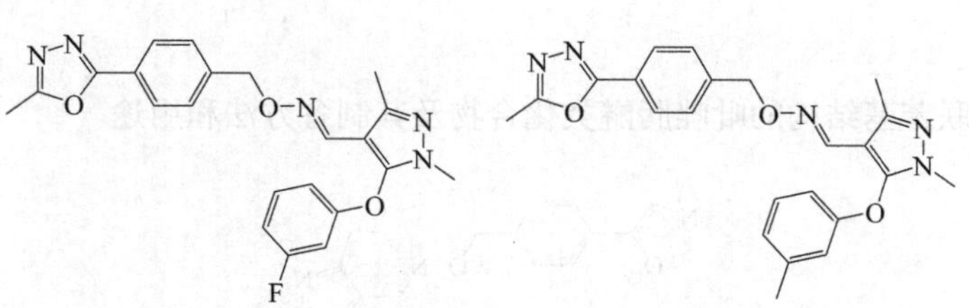

（30）含 1-甲基-3-乙基-4-氯-5-甲酰基吡唑结构的吡唑肟化合物的制备方法和应用

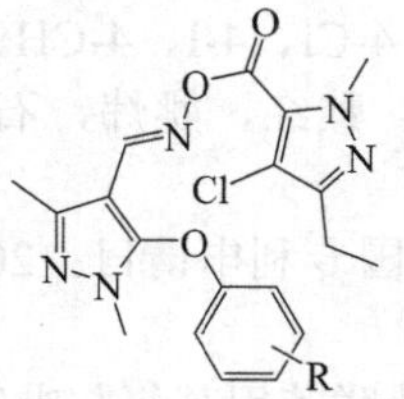

式中，R=3-F、3-Cl、4-I、4-OCF_3、4-CH_3。

发明人：戴红，戴宝江，李宏，葛书山，陈庆文，顾嘉仪，袁斌颖，唐伟成，肖瑶，陈玉莹；申请人：南通大学

中国专利号：ZL201610622038.1；中国专利申请日：2016-07-29

化合物类型：吡唑肟化合物

发明思路：me-too 研究；通过吡唑肟与 1-甲基-3-乙基-4-氯吡唑-5-甲酰基氯缩合得到。

用途：具有杀虫活性，所述含 1-甲基-3-乙基-4-氯-5-甲酰基吡唑结构的吡唑肟化合物对有害昆虫具有一定的防治效果。

代表化合物结构如下：

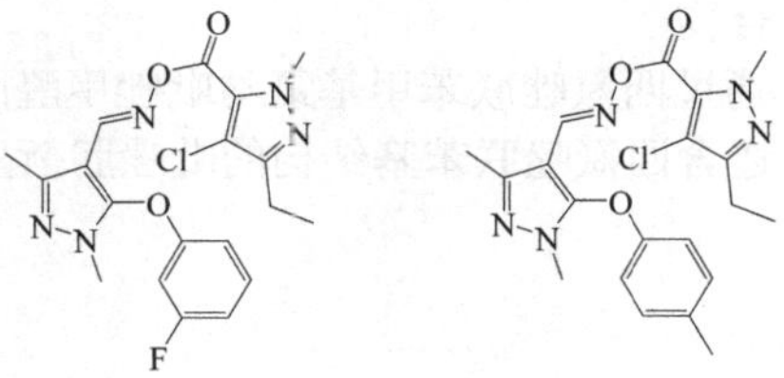

（31）含 4-氯-3-乙基-1-甲基吡唑结构的吡唑肟醚化合物的制备方法和应用

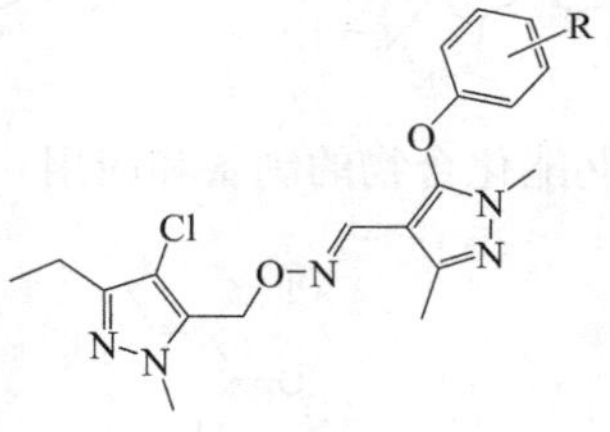

式中，R=2-OCH_3、4-OCH_3、4-OCF_3、2-CH_3、4-Cl、4-Br、2,3-F_2、2,4-Cl_2。

发明人：戴红，石玉军，仲苏林，葛书山，曹雄飞，方源，洪宇，叶林玉；申请人：南通大学，联合国南通农药剂型开发中心

中国专利号：ZL201610594091.5；中国专利申请日：2016-07-26

化合物类型：吡唑肟醚类化合物

发明思路：me-too 研究；通过吡唑肟与 4-氯-5-氯甲基-3-乙基-1-甲基吡唑缩合得到。

用途：具有杀虫活性，所述含 4-氯-3-乙基-1-甲基吡唑结构的吡唑肟醚化合物对有害昆虫具有一定的防治效果。

代表化合物结构如下：

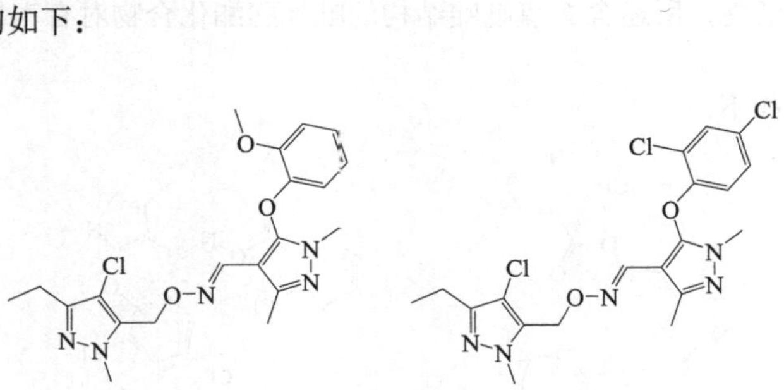

（32）含四氮唑联苯基结构的吡唑肟衍生物及其制备方法和用途

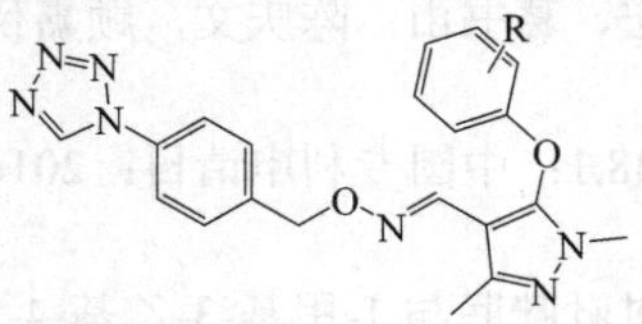

式中，R=4-CH_3、4-OCH_3、4-OCF_3、H、2-F、2-Br、3-Br、4-Br、4-I,2,3-F_2。

发明人：戴红，石玉军，姚炜，杜显超，宋婵，高泽宇，蒋振威，叶浩，曹帅泉，徐鸿涛；申请人：南通大学

中国专利号：ZL201710069637.X；中国专利申请日：2017-02-08

化合物类型：吡唑肟类化合物

发明思路：me-too 研究；通过四氮唑联苯甲基氯与吡唑甲醛肟缩合得到。

用途：具有杀虫活性，所述含四氮唑联苯基结构的吡唑肟衍生物对有害昆虫具有一定的防治效果。

代表化合物结构如下：

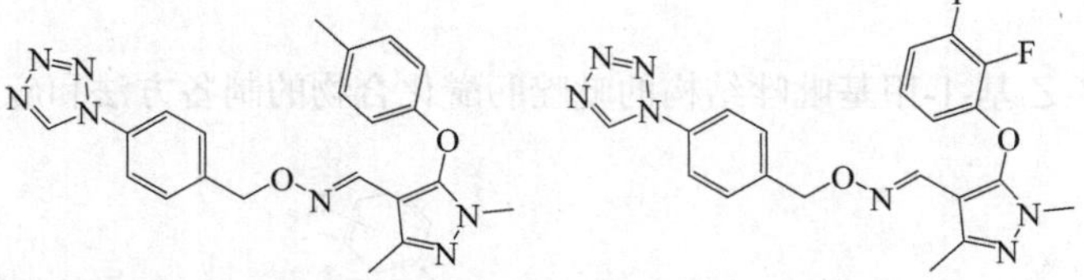

（33）含 2-氯吡啶结构的吡唑肟酯化合物的制备和应用

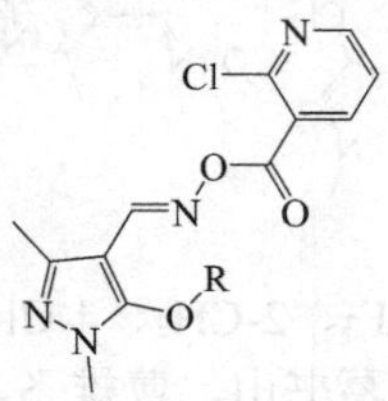

式中，R 选自 2-OCF_3-Ph、3-Cl-Ph、4-F-Ph 或 2,4-Cl_2-Ph。

发明人：戴红，李宏，戴宝江，石玉军，金仲超，肖瑶，曹琳，陈佳；申请人：南通大学，南通丰田化工有限公司

中国专利号：ZL201610137695.7；中国专利申请日：2016-03-10

化合物类型：吡唑肟酯化合物

发明思路：me-too 研究；通过吡唑肟与 2-氯烟酰氯缩合得到。

用途：具有杀虫活性，所述含 2-氯吡啶结构的吡唑肟酯化合物对有害昆虫具有一定的防治效果。

代表化合物结构如下：

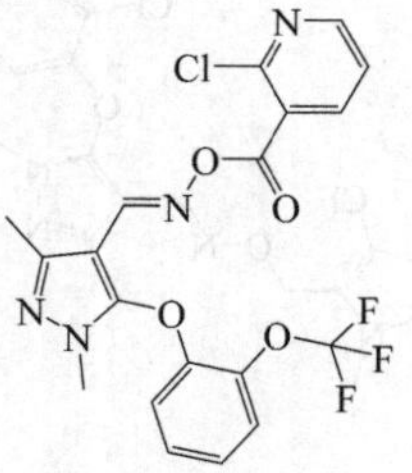

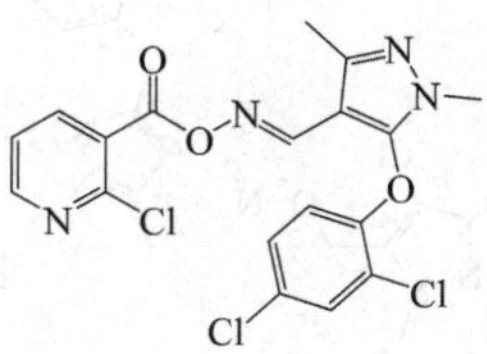

（34）含嘧啶硫醚结构的吡唑肟醚化合物的制备方法和应用

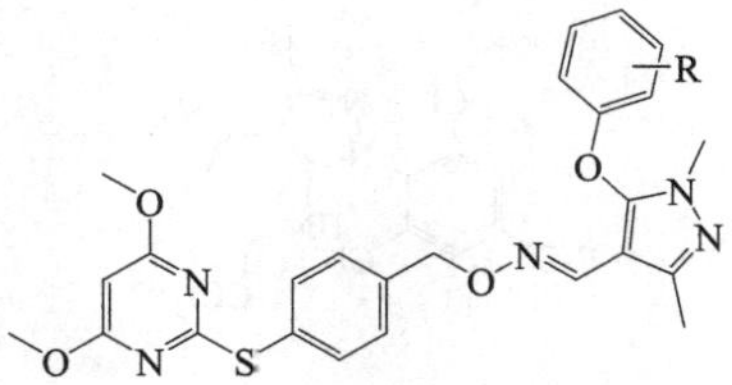

式中，R=4-OCH_3、4-CH_3、H、4-F、4-Cl、4-Br、4-I。

发明人：戴红，石玉军，曹雄飞，仲苏林，叶林玉，顾嘉仪，袁斌颖，唐伟成，肖瑶，陈庆文；申请人：南通大学，联合国南通农药剂型开发中心

中国专利号：ZL201610617110.1；中国专利申请日：2016-07-29

化合物类型：吡唑肟醚化合物

发明思路：me-too 研究；通过吡唑肟与 4-(4, 6-二甲氧基-2-嘧啶硫基)苯甲基氯缩合得到。

用途：具有杀虫活性，所述含嘧啶硫醚结构的吡唑肟醚化合物对有害昆虫具有防治效果。

代表化合物结构如下：

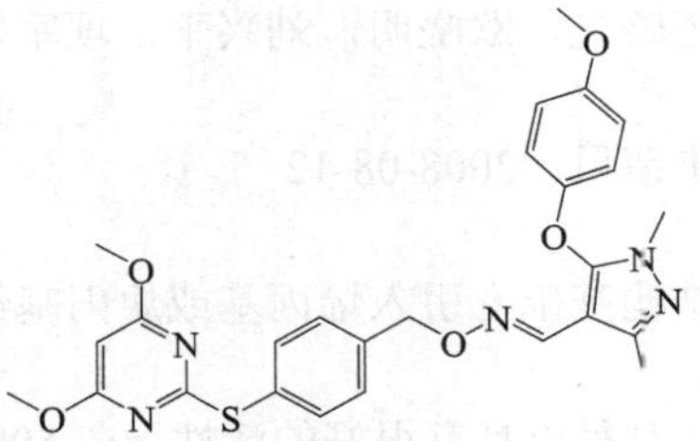

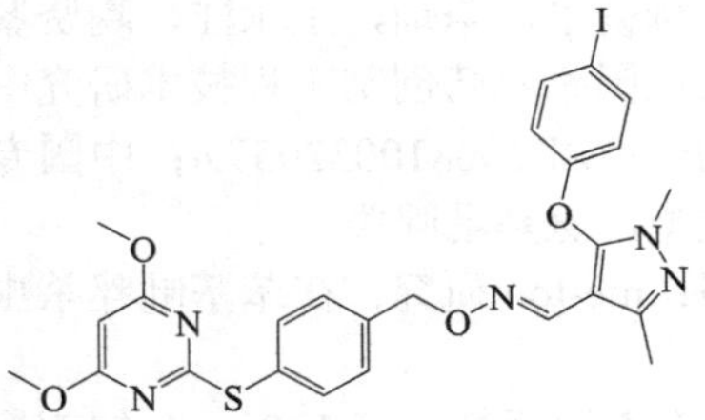

（35）*N*-苯基吡唑衍生物杀虫剂

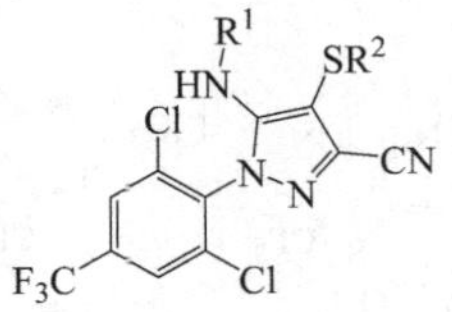

式中，R^1=CH_2CCl_3，SR^2=SC_2H_5、$S(O)C_2H_5$或$S(O)CF_3$。

发明人：王正权，李彦龙，郭同娟，宋迎霞；申请人：王正权

中国专利号：ZL02128312.5；中国专利申请日：2002-07-30

同族专利：AU2003242089A1

化合物类型：*N*-苯基吡唑衍生物

发明思路：me-too 研究；以取代苯胺为原料，经过重氮化、闭环、取代、缩合等反应得到。

用途：具有杀虫活性；*N*-苯基吡唑衍生物是一种对多种害虫具有优异防效的广谱杀虫剂，而且对抗药性害虫也有极高的敏感性。

代表化合物结构如下：

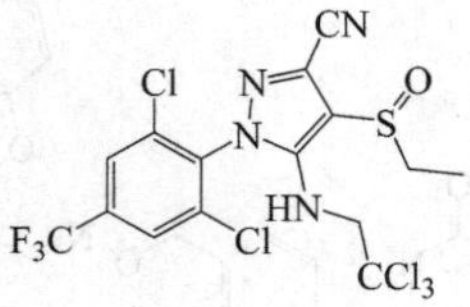

(36) 具有杀虫活性的*N*-苯基-5-取代氨基吡唑类化合物

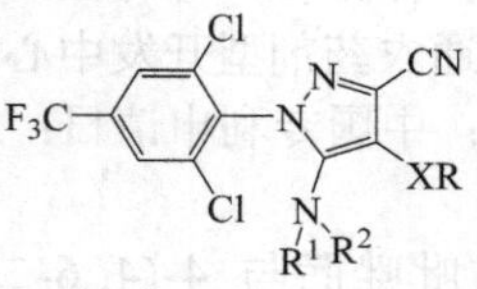

其中，X 是 SO 或 S；R 是 C_1～C_4 烷基或 C_1～C_4 卤代烷基；R^1 和 R^2 是相同的或不同的，并代表 H、C_3～C_6 卤代链烯基、C_3～C_6 链炔基、C_3～C_6 卤代链炔基、环丙基甲基；R^1 和 R^2 不同时代表 H；X 是 S、R 是 CF_3 时，R^1 和 R^2 不同时，代表炔丙基。

发明人：柳爱平，陈灿，王永江，陶贤鉴，王晓光，欧晓明，刘兴平，项军，林雪梅，黄明智；申请人：国家农药创制工程技术研究中心；

中国专利号：ZL200810032057.4；中国专利申请日：2008-08-12

化合物类型：氨基吡唑类

发明思路：me-too 研究；在苯基吡唑杀虫剂结构基础上引入烯丙基或炔丙基结构得到了相关化合物。

用途：具有杀虫活性，在 100mg/L 的剂量下，对黏虫具有很好的活性；在 500mg/L 的剂量下，对黑尾叶蝉、豆蚜具有很好的活性。

代表化合物结构如下：

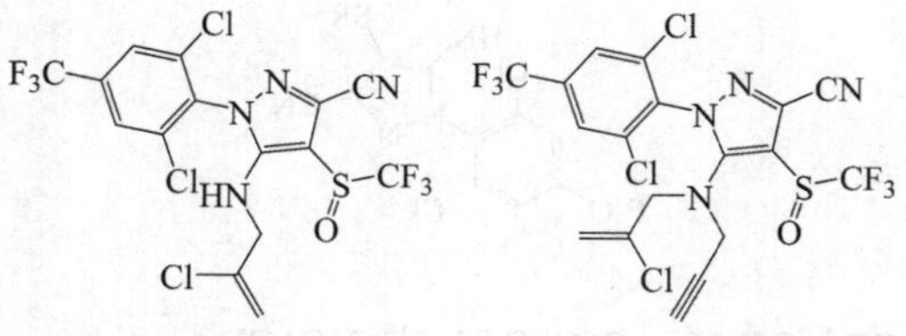

(37) 一种吡唑类化合物及其制备方法

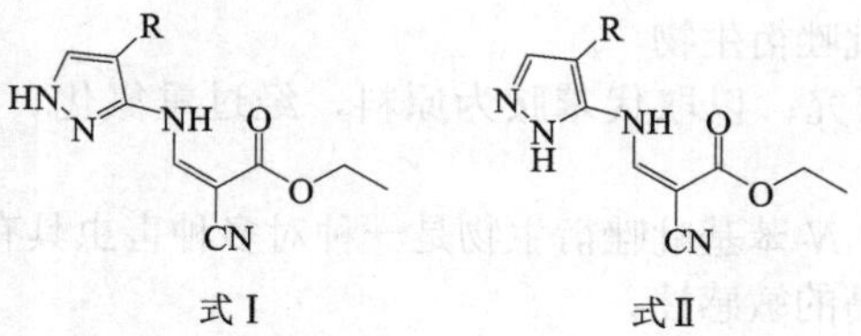

式Ⅰ　　式Ⅱ

在这Ⅰ、Ⅱ两个通式中，R 均选用 $COOCH_3$ 或 $COOCH_2CH_3$。

发明人：周小霞，刘作华，陶长元，杜军，沈海宁，肖翠翠，郑习霞，李艳，范兴，孙大贵，刘仁龙，左赵宏

申请人：中国人民解放军第三军医大学、重庆大学

中国专利号：ZL201010213056.7

中国专利申请日：2010-06-30

化合物类型：吡唑类

发明思路：me-too 研究；该发明以 3-氨基吡唑为原料，与氰基乙酸乙酯、原甲酸三甲酯通过衍生合成反应得到该类化合物。

用途：具有杀虫活性，该发明的化合物对小菜蛾具有较好的杀灭活性，可用于农业防治该类害虫。

代表化合物结构如下：

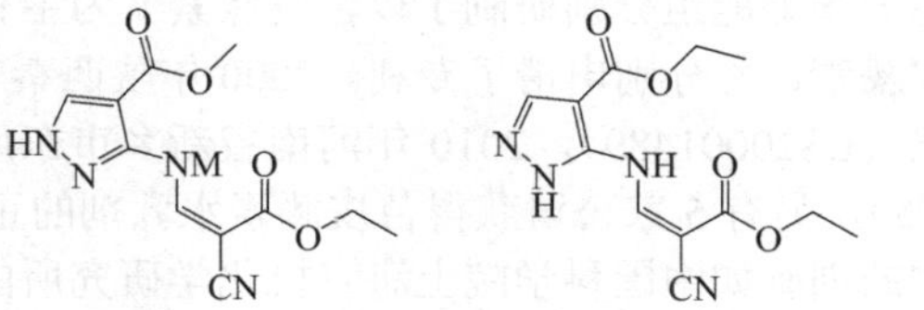

（38）具生物活性的芳基吡咯类化合物及其制备方法

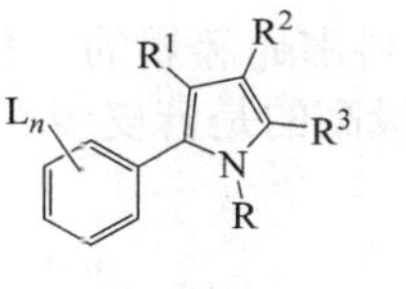

其中，(*R/S*)1-(2-氯-1-甲氧基乙基)-4-溴-2-(4-氯苯基)-5-三氟甲基吡咯-3-腈；(*R/S*)1-(2-氯-1-乙氧基乙基)-4-溴-2-(4-氯苯基)-5-三氟甲基吡咯-3-腈；(*Z*)1-(3-氯-2-烯丙基)-4-溴-2-(4-氯苯基)-5-三氟甲基吡咯-3-腈。

发明人：柳爱平，刘兴平，陈明，裴晖，余淑英，黄超群，欧晓明，喻快，毛冠群，左文清；申请人：湖南化工研究院

中国专利号：ZL201110432946.1；中国专利申请日：2011-12-21

化合物类型：芳基吡咯类

发明思路：me-too 研究；在芳基吡咯杀虫剂结构基础上引入其他基团而得。

用途：具有杀螨、杀虫活性，在 2.5～5000mg/L 用量下具有杀螨、杀虫、杀菌生物活性。

代表化合物结构如下：

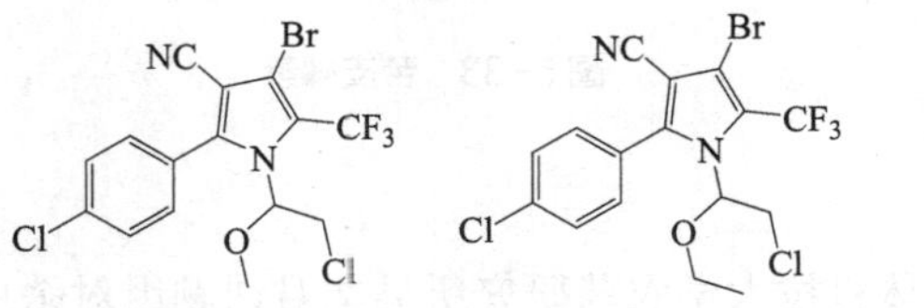

5.8 生物源杀虫剂

植物源杀虫剂（botanical insecticides，8 个）：大蒜素（allicin）、印楝素（azadirachtin）、香芹酚（carvacrol）、*d*-柠檬烯（*d*-limonene）、quassia、闹羊花素-Ⅲ（rhodojaponin-Ⅲ）、鱼藤酮（rotenone）、雷公藤甲素（triptolide）；其中大蒜素还用作杀菌剂，香芹酚还用作杀菌剂、杀螨剂。

生物碱类杀虫剂（alkaloid insecticides，11 个）：新烟碱（anabasine）、cevadine、苦参碱（matrine）、烟碱（nicotine）、原烟碱（nornicotine）、氧化苦参碱（oxymatrine）、ryania、ryanodine、赛藜芦（sabadilla）、血根碱（sanguinarine）、veratridine；其中血根碱还用作杀菌剂杀螨剂。

苦皮藤素是从卫矛科南蛇藤属的一种杀虫植物苦皮藤（*Celastrus angulatus* Max.）中提取得到的，其中杀虫活性最高的是苦皮藤素Ⅴ。鉴于苦皮藤素Ⅴ的高杀虫活性及其在植物材料中含量高，吴文君课题组和赵天增课题组分别研制了以苦皮藤素Ⅴ为主有效成分的二氢沉香呋喃多元醇酯植物源杀虫剂苦皮藤素，并分别申请了专利。2000 年陕西秦丰农化有限公司获得 0.23% 苦皮藤素乳油的临时登记（LS20001489），2010 年河南省新乡市东风化工厂获得苦皮藤素母药的正式登记（PD20101575），另有 5 家公司获得苦皮藤素水乳剂的正式登记。

其他生物源新化合物的创制如中国科学院上海有机化学研究所的茼蒿素类似物，南开大学的石蒜碱类似物，西北农林科技大学的胡椒碱类衍生物、苦参酸/氧化苦参酸类似物，兰州大学喜树碱类化合物等。

5.8.1 苦皮藤素的创制

苦皮藤素（celangulin）是从卫矛科南蛇藤属的一种杀虫植物苦皮藤（*Celastrus angulatus* Max.）中提取得到的，其中杀虫活性最高的是苦皮藤素Ⅴ（图 5-33）。

苦皮藤素Ⅰ
celangulin Ⅰ
CAS:116159-73-0

苦皮藤素Ⅱ
celangulin Ⅱ
CAS:144379-41-9

苦皮藤素Ⅲ
celangulin Ⅲ
CAS:144379-42-0

苦皮藤素Ⅳ
celangulin Ⅳ
CAS:144409-63-2

苦皮藤素Ⅴ
celangulin Ⅴ
CAS:139979-81-0

其中：Ac= Bz= *i*-Bu= Fu=

图 5-33 苦皮藤素

5.8.1.1 创制过程

1980 年以来西北农林科技大学农药研究所吴文君课题组对杀虫植物苦皮藤进行了系统的

研究，1988 年从苦皮藤中分离得到第 1 个非生物碱杀虫活性化合物——苦皮藤素Ⅰ，为 7 取代的二氢沉香呋喃多元醇酯[1,2]。以此为突破口，在杀虫活性指导下先后从苦皮藤根皮和叶子中分离出苦皮藤素Ⅱ、Ⅲ、Ⅳ和Ⅴ等一系列二氢沉香呋喃多元醇酯类化合物[3,4]。1991 年河南化学研究所汪茂田等报道了从苦皮藤根皮中分离到杀虫化合物 angulatin A[5]，吴文君等后来通过进一步的单晶衍射证实 1994 年报道的苦皮藤素Ⅴ（celangulin Ⅴ）与 angulatin A 为同一结构[6]。

5.8.1.2 知识产权分析

鉴于苦皮藤素Ⅴ的高杀虫活性及其在植物材料中含量高，吴文君课题组和赵天增课题组分别研制了以苦皮藤素Ⅴ为主有效成分的二氢沉香呋喃多元醇酯植物源杀虫剂苦皮藤素，并分别申请了专利（表 5-75）[7,8]。

表 5-75 西北农业大学和河南省科学院化学研究所分别申请的苦皮藤素专利

<table>
<tr><th>序号</th><th>公开号</th><th>专利号</th><th>法律状态</th></tr>
<tr><td>1</td><td>CN1086961A（西北农业大学）</td><td>ZL92113104.6</td><td>失效</td></tr>
<tr><td colspan="4">授权保护范围（中国专利）</td></tr>
<tr><td colspan="4">一种植物杀虫剂苦皮藤乳油，是将苦皮藤磨成粉末或制成乙醇提取液，其是由苦皮藤苯渗滤法提取物中的有效成分杀虫活性物质二氢沉香呋喃类化合物、三元混合乳化剂及溶剂组成</td></tr>
<tr><td>2</td><td>CN1109270A（河南省科学院化学研究所）</td><td>ZL94103655.3</td><td>失效</td></tr>
<tr><td colspan="4">授权保护范围（中国专利）</td></tr>
<tr><td colspan="4">一种天然植物质杀虫剂苦皮藤乳油，其特征在于含苦皮藤根皮提取物、乳化剂、渗透剂、有机溶剂，其组成比例为：苦皮藤根皮提取物 5%～20%，乳化剂 5%～20%，渗透剂 5%～15%，有机溶剂 60%～85%；苦皮藤根皮提取物为由亲脂性有机溶剂乙酸乙酯、三氯甲烷、苯、甲苯提取，经浓缩后得到的苦皮藤根皮总提物</td></tr>
</table>

5.8.1.3 组合物专利

苦皮藤素部分组合物专利见表 5-76。

表 5-76 苦皮藤素组合物专利

序号	公开号	发明名称	申请人	B 组分
1	CN101878785A	一种杀蜱生防制剂及其制备方法	中国农业科学院兰州兽医研究所	白僵菌孢子粉
2	CN102805088A	一种杀虫组合物及其制剂和应用	联保作物科技有限公司	阿维菌素
3	CN103081912B	苦皮藤素与蛇床子素复配的杀虫剂及其制备方法	浙江农林大学	蛇床子素
4	CN103315006B	含有天然苦皮藤素和天然黄荆素的杀虫组合物及其应用	河南省科高植物天然产物开发工程技术有限公司	天然黄荆素
5	CN103329943A	一种含有天然苦皮藤素和天然除虫菊素的杀虫组合物	河南省科高植物天然产物开发工程技术有限公司	天然除虫菊素
6	CN104542639A	一种以苦皮藤为主要原料的生物农药及其制备方法	保康原生现代农业有限公司	阿维菌素
7	CN104542685B	一种复配杀虫剂及其应用	山东省烟台市农业科学研究院	噻虫胺
8	CN106376565B	一种含虫螨腈和苦皮藤素的杀虫组合物	济南天邦化工有限公司	虫螨腈

续表

序号	公开号	发明名称	申请人	B组分
9	CN106376584A	一种用于茶叶上的植物源杀虫剂	广西南宁乐蕊生物科技有限责任公司	苦参碱
10	CN106376571B	一种含苦皮藤素和氯虫苯甲酰胺的杀虫组合物	广西南宁益土生物科技有限责任公司	氯虫苯甲酰胺
11	CN106376590B	一种含苦皮藤素和茚虫威的杀虫组合物	安徽嘉联生物科技有限公司	茚虫威
12	CN106417306B	一种含苦皮藤素和唑虫酰胺的杀虫组合物	广西南宁乐蕊生物科技有限责任公司	唑虫酰胺
13	CN106417349B	一种含联苯菊酯和苦皮藤素的杀虫组合物	江苏三山农药有限公司	联苯菊酯
14	CN106561656B	一种含苦皮藤素和多杀霉素的杀虫组合物	罗友祥	多杀霉素

5.8.1.4 作用机理

阻断昆虫神经-肌肉兴奋性接点电位的传导及对钙通道的抑制可能是麻醉成分苦皮藤素Ⅳ的主要作用机理；而和昆虫中肠肠细胞的特异性受体 V-ATP 酶 H 亚基结合，从而破坏细胞膜的正常功能可能是毒杀成分苦皮藤素 V 的主要作用机理[9]。

5.8.1.5 登记情况

目前国内登记苦皮藤素系列现有登记产品 8 个，商品名新朝阳-火线 1 号（1%苦皮藤素水乳剂）、东风化工（6%苦皮藤素母药）、伏虫清（0.2%水乳剂）、益而康（1%乳油），具体登记信息如表 5-77。

表 5-77 苦皮藤素相关登记产品信息表

登记证号	农药名称	剂型	总含量	登记作物	防治对象	用药量（制剂量）	施用方法	登记证持有人
PD20132487	苦皮藤素	水乳剂	1%	茶叶	茶尺蠖	30～40mL/亩	喷雾	成都新朝阳作物科学股份有限公司
				甘蓝	菜青虫	50～70mL/亩		
				葡萄	绿盲蝽	30～40mL/亩		
				芹菜	甜菜夜蛾	90～120mL/亩		
				水稻	稻纵卷叶螟	30～40mL/亩		
				猕猴桃树	小卷叶蛾	4000～5000 倍液		
				豇豆	斜纹夜蛾	1250～2500 倍液		
PD20101575	苦皮藤素	母药	6%	—	—	—	—	新乡市东风化工有限责任公司

续表

登记证号	农药名称	剂型	总含量	登记作物	防治对象	用药量（制剂量）	施用方法	登记证持有人
PD20182273	苦皮藤素	水乳剂	0.3%	甘蓝	黄条跳甲	100～120mL/亩	喷雾	陕西康禾立丰生物科技药业有限公司
				韭菜	根蛆	90～100mL/亩	灌根	
PD20132009	苦皮藤素	水乳剂	0.2%	槐树	尺蠖	1000～2000 倍液	喷雾	陕西麦可罗生物科技有限公司
PD20101574	苦皮藤素	乳油	1%	十字花科蔬菜	菜青虫	50～70mL/亩	喷雾	新乡市东风化工有限责任公司
PD20151745	苦皮藤素	水乳剂	1%	甘蓝	甜菜夜蛾	90～120mL/亩	喷雾	山东圣鹏科技股份有限公司
PD20183253	苦皮藤素	水乳剂	1%	辣椒	甜菜夜蛾	90～120mL/亩	喷雾	山东惠民中联生物科技有限公司
				水稻	稻纵卷叶螟	30～40mL/亩	喷雾	
PD20211835	苦皮藤提取物	烟剂	0.5%	黄瓜（保护地）	白粉虱	350～400g/亩	点燃放烟	河南省安阳市安林生物化工有限责任公司
				松树	松毛虫	650～800g/亩	点燃放烟	

5.8.1.6 应用效果

苦皮藤素对害虫具有较强的拒食、麻醉和胃毒作用，多用于蔬菜、茶树、果树、桑树、棉花等作物的咀嚼式口器害虫及家畜寄生虫、卫生害虫等的防治。部分试验结果如下：

（1）防治书虱试验结果　1%苦皮藤素用量为 1.5～2mL/m^2，施药后 1d 就可以达到 95%以上的防治效果，且持效期可达 10d 以上，对书虱的杀虫效果显著，是一种较理想的防治书虱的新型药剂[10]。

（2）防治枣尺蠖试验结果　使用 1%苦皮藤素，在 600mL/hm^2 处理区有良好的防效。使用适期应为低龄幼虫盛发期。大田建议用量为枣尺蠖发生量中等年份使用 450mL/hm^2，重发年份使用 600mL/hm^2 左右。1%苦皮藤素 600mL/hm^2 防治枣尺蠖速效性虽不比常规杀虫剂 2.5%溴氰菊酯乳油快，但喷药后害虫取食停止或明显减弱，危害降低，3 次喷药后防效接近常规杀虫剂[11]。

参考文献

[1] 吴文君. 新化合物苦皮藤素Ⅰ的分离及其生物活性. 西北农林科技大学学报（自然科学版), 1988, 16(2): 93-96.

[2] Wakabayashi N, Wu W J, Waters R M, et al. Celangulin: a nonalkaloidal insect antifeedant from chinese bittersweet, Celastrus angulatus. J Nat Prod, 1988, 51(3): 537-542.

[3] Wu W J, Tu Y Q, Liu H X, et al. Celangulins Ⅱ, Ⅲ, and Ⅳ: new insecticidal sesquiterpenoids from *Celastrus angulatus*. J Nat Prod, 1992, 55(9): 1294-1298.

[4] 吴文君, 李绍白, 朱靖博, 等. 新化合物苦皮藤素Ⅴ的分离与结构鉴定简报. 西北农业大学学报, 1994, 22(4): 116-117.

[5] Wang M T, Qin H L, Kong M, et al. Insecticidal sesquiterpene polyol ester from *Celastrus angulatus*. Photochem., 1991, 30(12): 3931-3933.

[6] Zhang J W, Cui L H, Li L B, et al. Synthesis and insecticidal activities of novel nitrogenous derivatives of celangulin-V. Nat Prod Commun, 2014, 9(6): 745-748.

[7] 吴文君, 刘惠霞, 赵西林, 等. 植物杀虫剂苦皮藤乳油及其制造方法. CN1086961, 1994-05-25.

[8] 赵天增, 秦海林, 范辑玉, 等. 苦皮素乳油. CN1109270, 1995-10-04.

[9] 吴文君. 植物杀虫剂苦皮藤素研究与应用. 北京: 化学工业出版社, 2011: 122-171, 222-266.

[10] 姜自德, 张宏宇, 侯善社. 苦皮藤素防治书虱的研究. 粮油仓储科技通讯, 2011,27(06): 52-53.
[11] 马铁山, 陈勇朋. 1%苦皮藤素乳油防治枣尺蠖试验. 果农之友, 2009(01): 10.

5.8.2 其他生物源杀虫剂的创制

（1）一种肉桂酸噁二嗪衍生物及其制备方法和应用

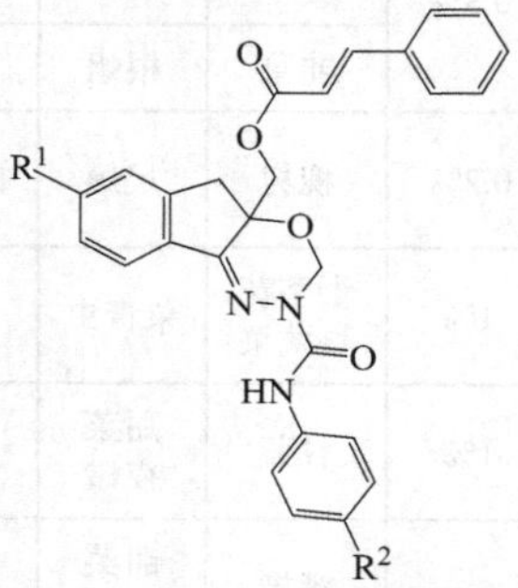

式中，R^1为氢、卤素、C_1～C_4烷基、C_1～C_4烷氧基或氨基；R^2为CF_3、OCF_3或OCH_2F。

发明人：江定心，张健强，杨小东；申请人：华南农业大学

中国专利号：ZL201810085765.8；中国专利申请日：2018-01-29

化合物类型：肉桂酸类、噁二嗪衍生物

发明思路：me-too 研究；在已报道的噁二嗪类钠离子通道阻断剂和团队前期研究得到的一类噁二嗪衍生物（专利 CN201710610646.5）的基础上，引入 5-苯基-2-呋喃环结构，得到了一种肉桂酸噁二嗪衍生物，其表现出良好的生物活性。

用途：具有杀虫活性，对斜纹夜蛾具有很好的活性，且对具有抗药性的蚊虫同样具有很好的生物活性。

代表化合物结构如下：

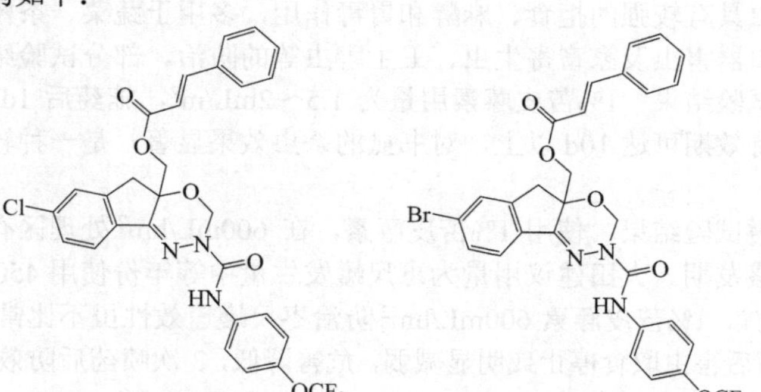

（2）茼蒿素类似物，其合成方法及用途

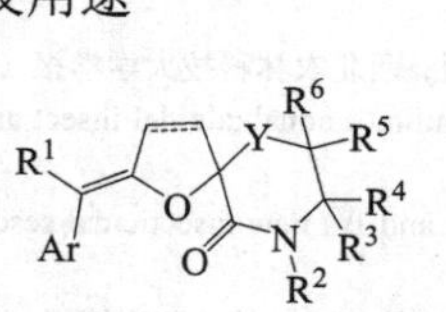

式中，- - -为双键或单键；R^1、R^2、R^3、R^4、R^5或R^6为H、$C_{1\sim14}$的烷基、Ph；或者R^2和R^3为$CH_2CH_2CH_2$；Y为O；Ar为吡唑-4-基或不饱和烃基；其中，不饱和烃基为PhZ、萘基或Ph；Z为H、推电子基或吸电子基团，所述的推电子基是HO、OCH_3、OC_2H_5、Cl或Br，所述的吸电子基是NO_2、CN或CF_3，所述的Ph为苯基。

发明人：尹标林，吴毓林，陈立；申请人：中国科学院上海有机化学研究所

中国专利号：ZL03115152.3；中国专利申请日：2003-01-24

化合物类型：茼蒿素类似物

发明思路：me-too 研究；在前期研究的茼蒿素类化合物的基础上，合成了一种含氮的二氧杂茼蒿素类化合物。

用途：具有杀虫活性，此类化合物对大菜粉蝶具有很好的拒食活性。

代表化合物结构如下：

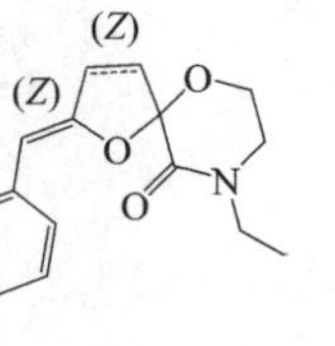

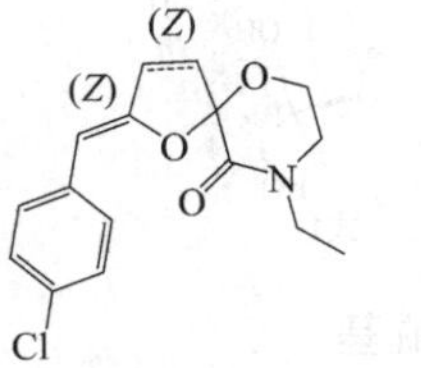

（3）13-酰基化阿维菌素 B_{2a} 苷元衍生物及其制备方法和用途

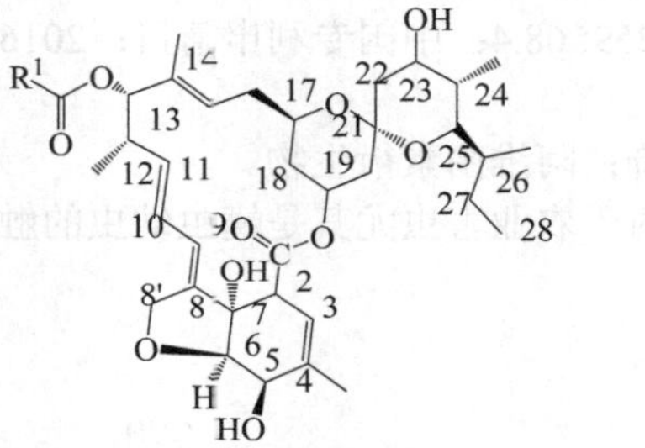

式中，R^1 代表 CH_2-R^2、R^3、R^4取代苯基或 3-氯吡啶-2-基吡唑基（含 R^5）；R^2 代表 OH、Cl、Br 或 F；R^3 代表 C_1～C_4 的烷基；R^4 代表 C_1～C_3 的烷基；R^4 位于苯环的邻位、间位或对位；R^5 代表 H、F、Cl 或 Br。

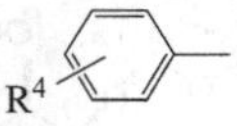

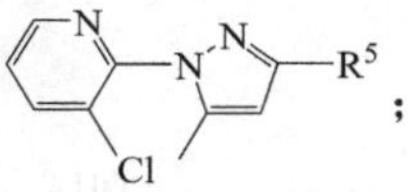

发明人：凌欢，鲁森，徐凤波，李正名，李庆山，王文虎，高亚琪；申请人：石家庄市兴百生物有限公司，南开大学。

中国专利号：ZL201611031185.8；中国专利申请日：2016-11-22

化合物类型：阿维菌素类

发明思路：天然产物修饰；以阿维菌素 B_{2a} 为母体进行修饰而得。

用途：具有杀虫、杀菌活性，扩大阿维蓳素 B_{2a} 的利用范围，提高了阿维菌素 B_{2a} 类的杀虫、杀菌效果，有效地延长了产品的持效期。

代表化合物结构如下：

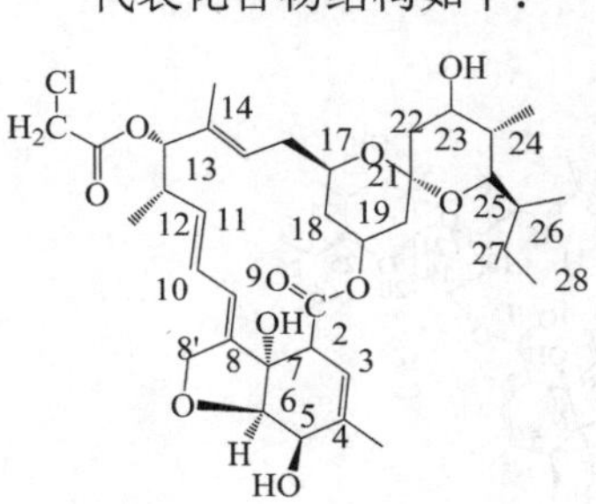

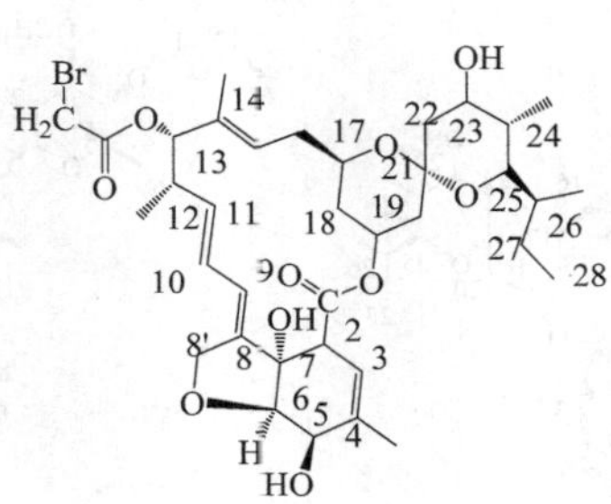

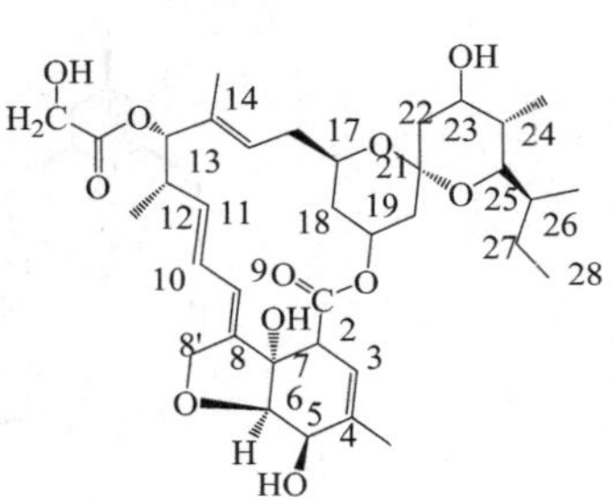

（4）一种阿维菌素衍生物及其制备方法和应用

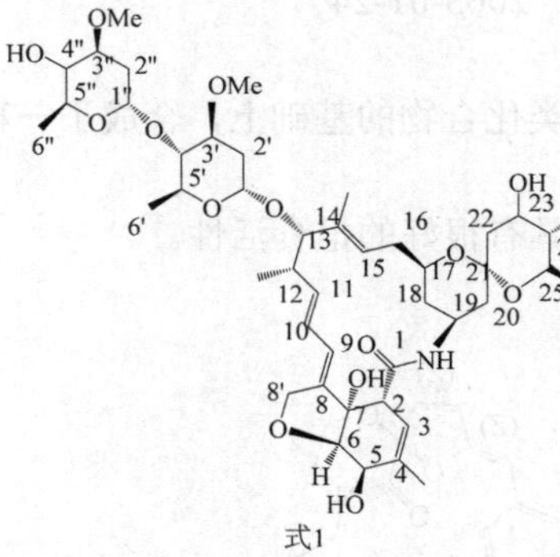

式1 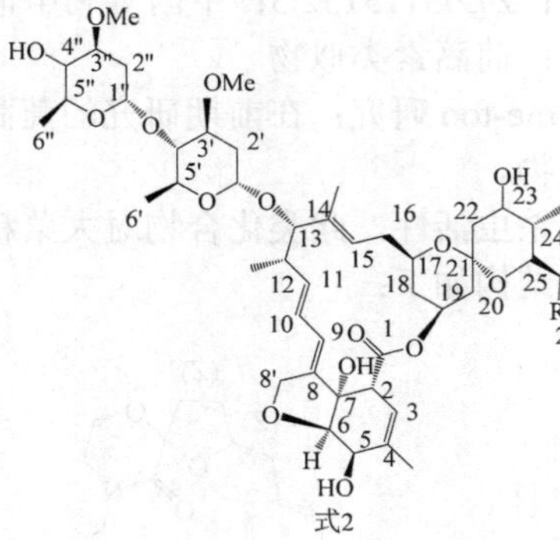　　　　式2

其中，R 为甲基或乙酰基。

发明人：王文虎，王琳慧，暴连群，李正名，徐凤波，李庆山，董建兰，刘晶晶，鲁森；申请人：河北兴柏农业科技有限公司，南开大学

中国专利号：ZL201610259568.4；中国专利申请日：2016-04-25

化合物类型：阿维菌素

发明思路：天然产物修饰；阿维菌素衍生物。

用途：具有杀虫活性，对于农业害虫尤其是螨虫幼虫的触杀活性能够达到 70%以上。

代表化合物结构如下：

通式 1：

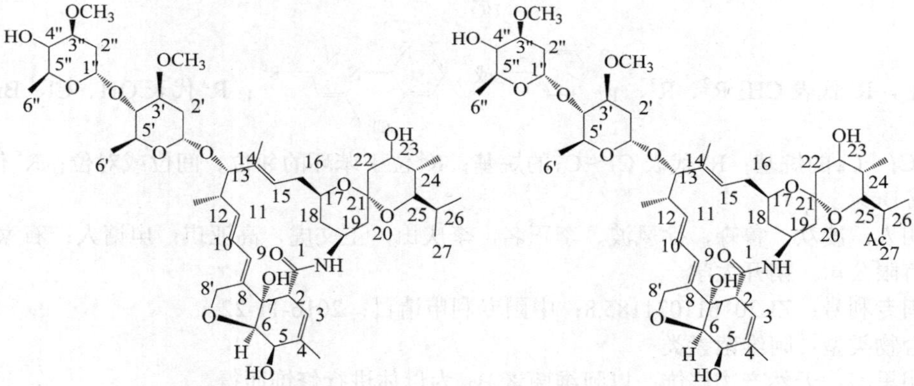

通式 2：

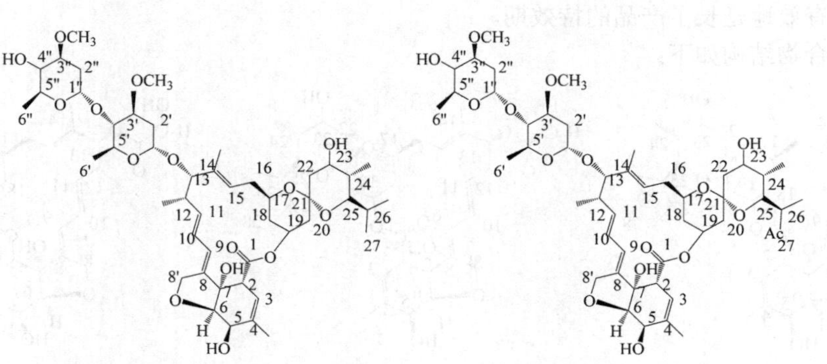

（5）石蒜碱衍生物及其在农药上的应用

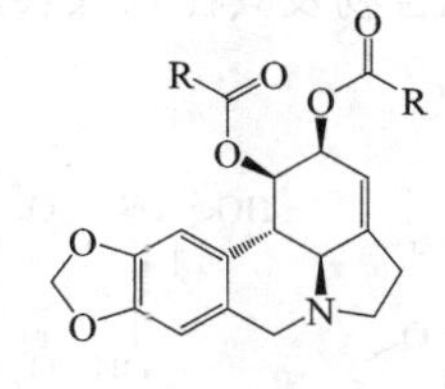

式中：

R= :1-4

1-5

1-6

1-11

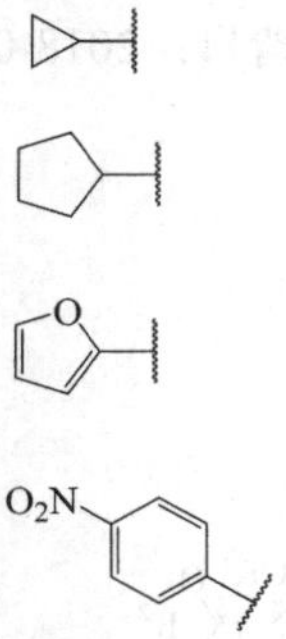

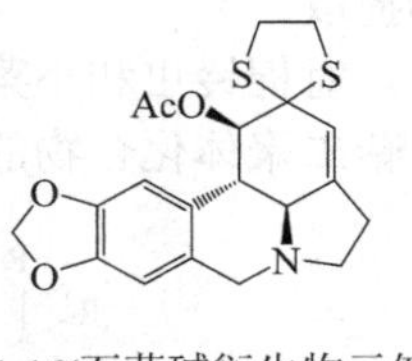

1-16(石蒜碱衍生物示例)

发明人：汪清民，胡展，刘玉秀，王兹稳，宋红健；申请人：南开大学

中国专利号：ZL201610220067.5；中国专利申请日：2016-04-06

化合物类型：石蒜碱类似物

发明思路：me-too 研究；以石蒜碱为基础，将石蒜碱衍生化得到现有化合物。

用途：该发明所示的石蒜碱类化合物，可用作新型杀虫杀菌剂，部分化合物对黏虫、蚊幼虫、棉铃虫、玉米螟的毒杀活性以及对小麦赤霉病菌、马铃薯晚疫病菌、油菜菌核病菌、黄瓜灰霉病菌的抑制率都要远高于石蒜碱母体。

代表化合物结构如下：

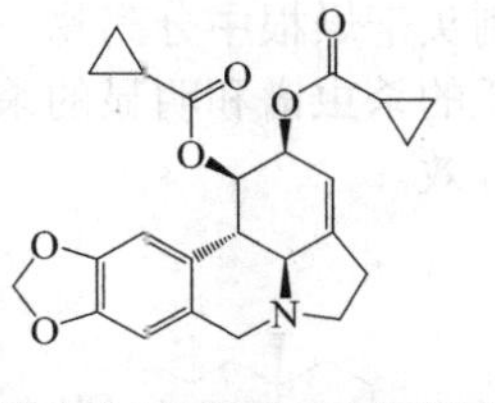

（6）一种苦木苦味素类化合物及其在制备昆虫拒食剂中的应用

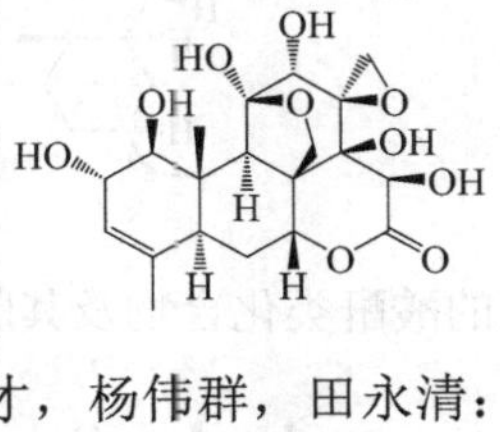

发明人：邵雪花，王英，叶文才，杨伟群，田永清；申请人：广东省农业科学院果树研究所

中国专利号：ZL201811222904.3；中国专利申请日：2018-10-19

化合物类型：苦木苦味素类化合物、天然产物

发明思路：天然产物；东革阿里根提取物 13α(21)-epoxyeurycomanol。

用途：对昆虫具有拒食活性。

（7）山柰酚-(4-*O*-甲基)葡萄糖苷化合物及其在杀虫农药中的应用

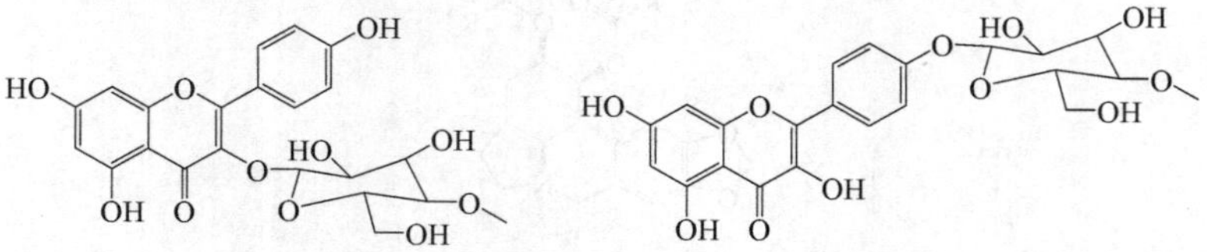

发明人：徐玉泉，王辰，张礼文，顿宝庆；申请人：中国农业科学院生物技术研究所

中国专利号：ZL201810893981.5；中国专利申请日：2018-08-08

化合物类型：山柰酚，黄酮，葡萄糖苷

发明思路：天然产物提取。

用途：具有杀虫活性。对棉铃虫和小菜蛾有效。

（8）新骨架螺环倍半萜二聚体化合物的应用

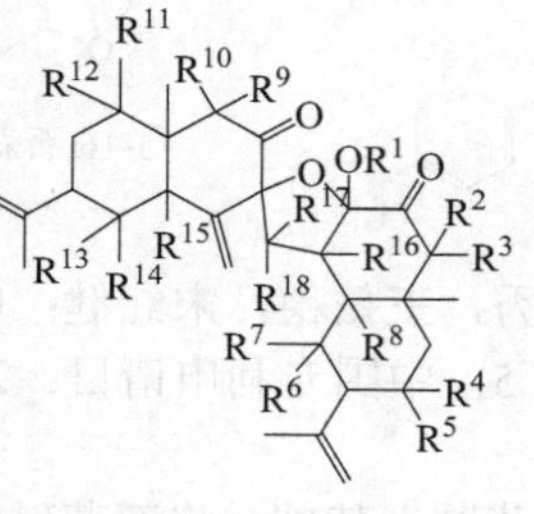

式中，R^1～R^{18}分别独立地选自氢、卤素、羟基、氨基。

发明人：刘婷婷，蒋红云，张兰，张燕宁，毛连纲；申请人：中国农业科学院植物保护研究所

中国专利号：ZL201811145083.8；中国专利申请日：2018-09-29

化合物类型：天然产物、螺环倍半萜二聚体化合物、华东蓝刺头干燥根部分离物。

发明思路：天然产物；华东蓝刺头干燥根中分离物。

用途：具有杀虫活性。具有广泛的杀虫谱和明显的杀虫活性，对菜缢管蚜、麦长管蚜、禾谷缢管蚜、蚕豆蚜及南方根结线虫有效。

代表化合物结构如下：

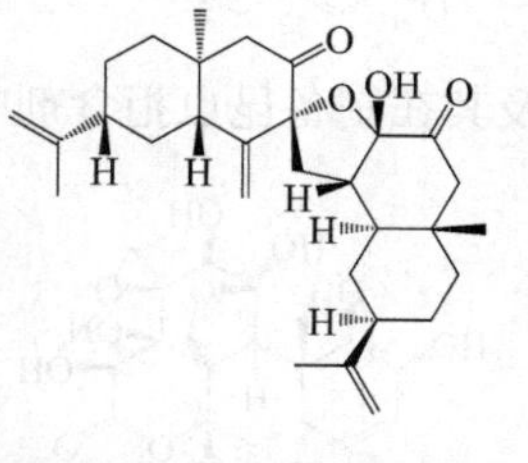

（9）一种具有斜纹夜蛾毒杀活性的酸酐类化合物及其制备方法和应用

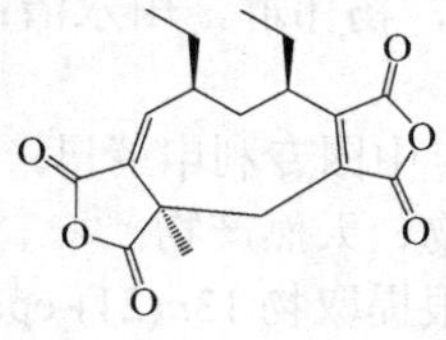

发明人：郭志凯，梅文莉，戴好富，曾艳波，盖翠娟，蔡彩虹，袁靖喆；申请人：中国热带农业科学院热带生物技术研究所

中国专利号：ZL201710932387.8；中国专利申请日：2017-10-10

化合物类型：天然产物、酸酐类化合物

发明思路：烟曲霉菌（*Aspergillus fumigatus*）JRJ111048 发酵后提取所得。

用途：具有杀虫活性。对斜纹夜蛾具有毒杀活性。可作为用于防治斜纹夜蛾危害棉花、烟草、大豆、香芋、花生、芝麻、莲藕、白菜、卷心菜、萝卜、芥菜、菠菜、韭菜、葱等农作物的生物农药。

（10）一种米尔贝霉素类似物及其制备方法和在农药中的应用

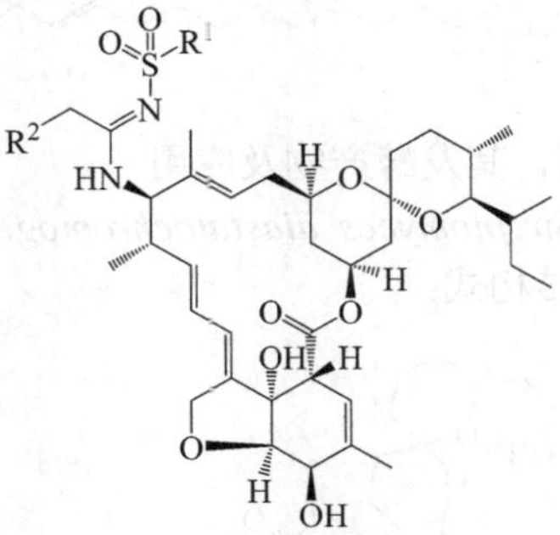

式中，R^1 为 2, 4-二氟苯基；所述 R^2 为对甲氧基苯基或苯基。

发明人：胡冠芳，刘映前，赵晓博，余海涛，南祥，刘敏艳，牛树君，李玉奇；申请人：甘肃省农业科学院植物保护研究所

中国专利号：ZL201410137531.5；中国专利申请日：2014-04-08

化合物类型：依维菌素类似物

发明思路：me-too 研究；在依维菌素中间体基础上通过衍生或替换得到。

用途：具有杀虫活性。该类化合物对朱砂叶螨（*Tetranychus cinnabarinus*）和豆蚜（*Aphis craccivora*）具有与依维菌素相当或更高的触杀活性，可用于防治此类农业害虫（螨）。

代表化合物结构如下：

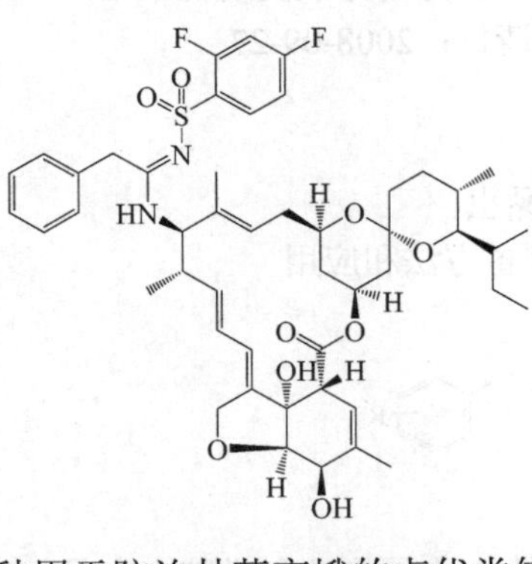

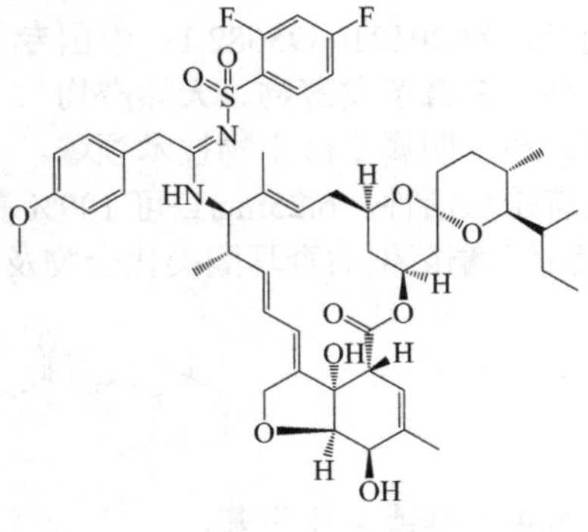

（11）一种用于防治甘蓝夜蛾的卤代类信息素拮抗剂

$$ROCOC_nH_aX_b$$

式中，R 为反-11-十六碳烯基，X 为卤原子，n、a、$b \in \mathbf{N}^*$，其中 $1 \leqslant n \leqslant 5$，$a+b=2n+1$，$0 \leqslant a < 2n+1$，$0 < b \leqslant 2n+1$。

发明人：梅向东，王安佳，宁君，折东梅．张开心；申请人：中国农业科学院植物保护研究所

中国专利号：ZL 201610553236.7；中国专利申请日：2016-07-14

化合物类型：卤代类信息素

发明思路：me-too 研究；对甘蓝夜蛾信息素中的主要成分进行优化，引入氟原子而得。

用途：具有杀虫活性。该发明的卤代类信息素拮抗剂可干扰甘蓝夜蛾雄虫对雌虫的定向，使雄虫迷向，从而降低雌雄虫相遇概率，干扰交配，降低繁殖率，逐步控制害虫种群的消亡，从而达到防治害虫的目的。该发明化合物用量少，可显著减轻甘蓝夜蛾对十字花科蔬菜的危害，同时对环境友好。

代表化合物结构如下：

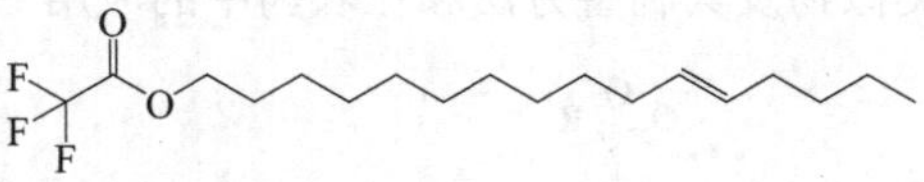

（12）一种淀粉酶产色链霉菌，其发酵产物及应用

一种由淀粉酶产色链霉菌（*Streptomyces diastatochromogenes*）CGMCC No.2281 发酵获得的化合物，所述化合物具有以下结构式：

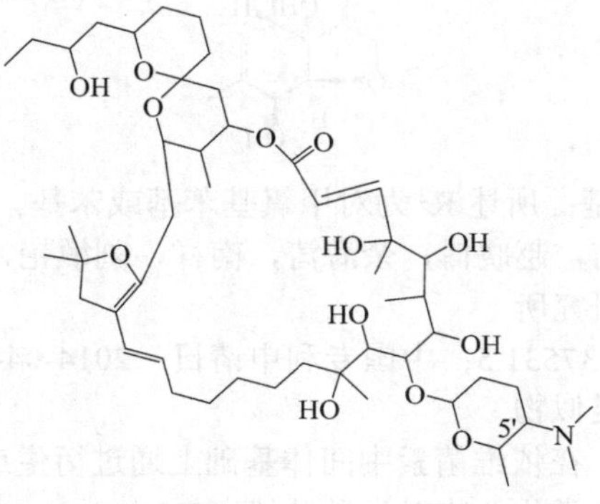

其中，5′位上甲基的光学构型为 *S* 型。

发明人：陶黎明，王金来，旷文丰，郭磊，徐文平，顾学斌，杨星，王磊，张育雷，薛章荣，陆迪生，倪玮玮；申请人：上海市农药研究所，上海南方农药研究中心

中国专利号：ZL201210395682.1；中国专利申请日：2008-09-27

化合物类型：链霉菌发酵物、天然产物

发明思路：该发明属于微生物技术领域。

用途：具有杀虫活性。6.25mg/L 可 100%杀死黏虫。

（13）*β*-紫罗兰酮衍生的查耳酮类化合物及其制备方法和应用

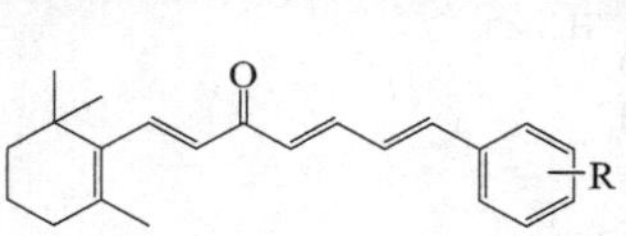

式中，R 为 4-甲基或 4-甲氧基。

发明人：孙玉凤，范蓓，吴孔明，金诺；申请人：中国农业科学院农产品加工研究所

中国专利号：ZL201811004809.6；中国专利申请日：2018-08-30

化合物类型：*β*-紫罗兰酮，查耳酮类

发明思路：me-too 研究；1,5-二苯基-2-戊烯酮是从瑞香狼毒（*Stellera chamaejasme* L.）根中提取的一种具有较高杀蚜活性的二苯基酮类物质。对蚜虫生物活性的研究及田间小区试验结

果表明，该物质对农业上几种重要的蚜虫（麦蚜、棉蚜、橘蚜、桃蚜）均有很显著的毒杀和拒食活性。该发明结合 1,5-二苯基-2-戊烯酮并在文献[Zhurnal Organicheskoi Khimii, 1965, 7(1): 1239-1241]报道的化合物基础上进行优化得到。

用途：具有杀虫杀螨活性。β-紫罗兰酮衍生的查耳酮类化合物具有明显的绿盲蝽引诱活性及小菜蛾、朱砂叶螨杀虫活性，对绿盲蝽、小菜蛾、朱砂叶螨有很好的防治效果。

代表化合物结构如下：

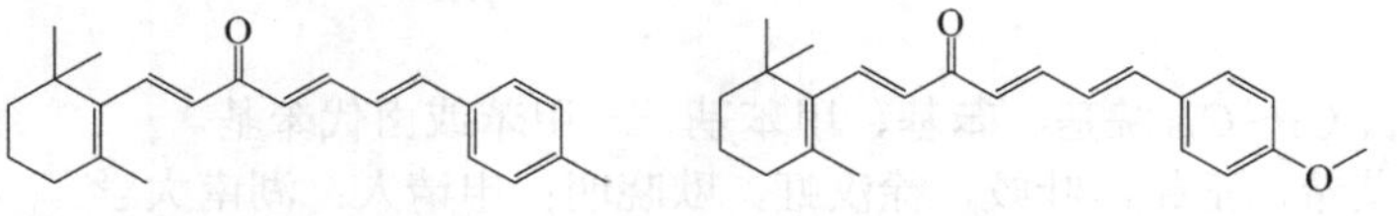

（14）一类甲氨基阿维菌素有机酸盐及其制备方法与应用

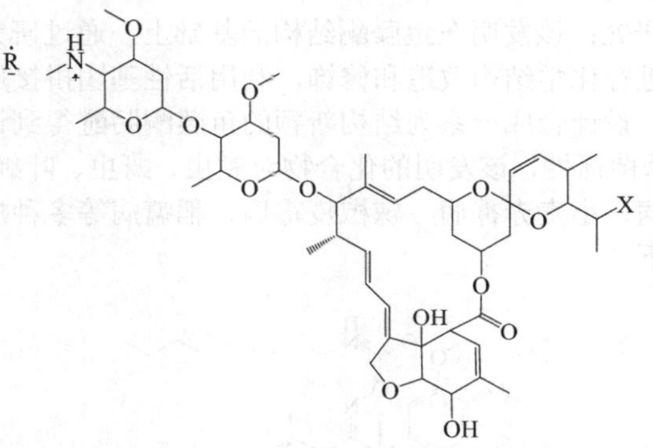

其中，X 代表 CH_3 或 CH_2CH_3；R^-为甲酸、乙酸、丙烯酸、山梨酸、苹果酸、乙二酸或丁二酸的酸根阴离子。

发明人：徐汉虹，胡林，梁明龙，万水娥，夏坚，金亚旭；申请人：华南农业大学

中国专利号：ZL200610123017.1；中国专利申请日：2006-10-26

化合物类型：阿维菌素类

发明思路：me-too 研究；替换甲氨基阿维菌素苯甲酸盐中的有机酸得到本申请化合物。

用途：具有杀虫活性，与甲氨基阿维菌素苯甲酸盐相比，在水中的溶解度提高达几十至上百倍，大大增强了在植物体内的内吸输导能力，扩大了甲维盐的防治范围，在对许多害虫的防治上活性都大为增加。

代表化合物结构如下：

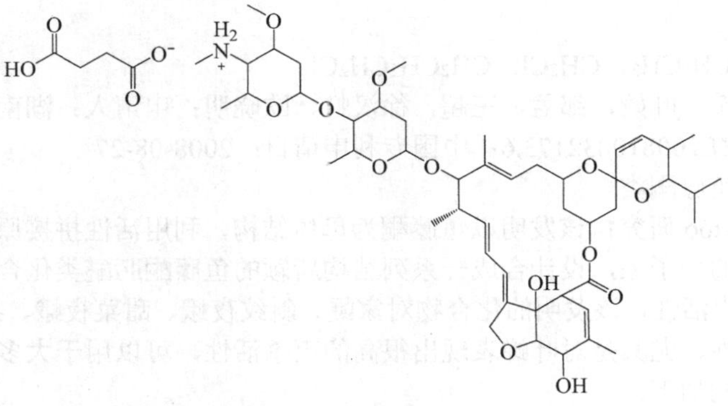

（15）氨基甲酸鱼藤酮肟酯及其制备方法与应用

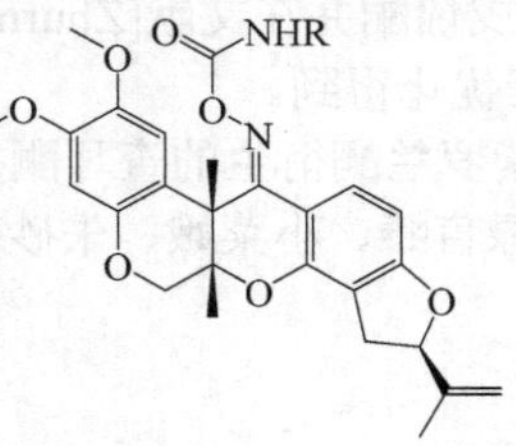

其中，R 选自 C_1～C_{16} 烷基、苯基、甲苯基、二甲苯或卤代苯基。

发明人：胡艾希，王超，叶姣，徐汉虹，欧晓明；申请人：湖南大学

中国专利号：ZL200810031725.1；中国专利申请日：2008-07-11

化合物类型：鱼藤酮类

发明思路：me-too 研究；该发明在鱼藤酮结构的基础上，通过研究其稳定性、生物活性与结构的关系，对鱼藤酮进行化学结构改造和修饰，利用活性基团拼接原理将农药的活性基团肟醚引入鱼藤酮的分子上，设计合成一系列结构新颖的鱼藤酮肟醚得到该类化合物。

用途：具有杀虫、杀菌活性，该发明的化合物对黏虫、蚜虫、叶蝉、红蜘蛛具有一定活性，对油菜菌核病、稻纹枯病、小麦赤霉病、辣椒疫霉病、稻瘟病等多种病害均有一定效果。

代表化合物结构如下：

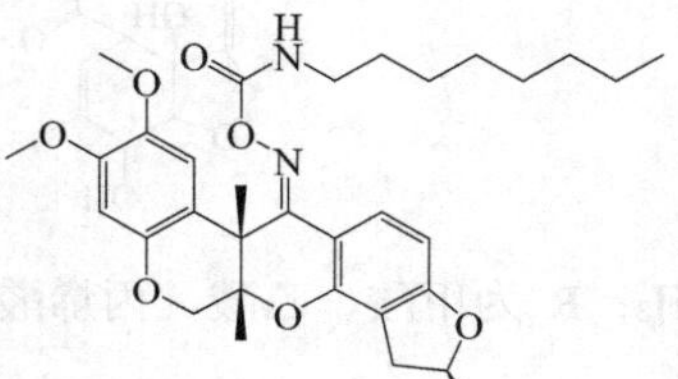

（16）羧酸鱼藤酮肟酯及其制备方法与应用

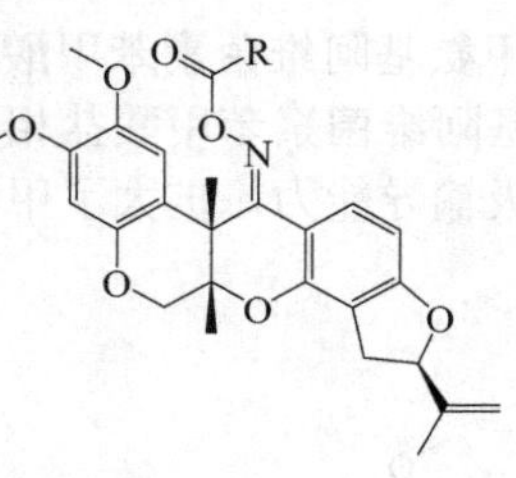

其中，R 选自 CH_2CH_3，CH_2Cl，$CH_2CH_2CH_2Cl$。

发明人：胡艾希，叶姣，邹孟，王超，徐汉虹，欧晓明；申请人：湖南大学

中国专利号：ZL200810032173.6；中国专利申请日：2008-08-27

化合物类型：鱼藤酮类

发明思路：me-too 研究；该发明以鱼藤酮为母体结构，利用活性拼接原理将农药的活性基团肟醚引入鱼藤酮的分子上，设计合成一系列结构新颖的鱼藤酮肟醚类化合物。

用途：具有杀虫活性，该发明的化合物对家蝇、斜纹夜蛾、甜菜夜蛾、黏虫、蚜虫、叶蝉、红蜘蛛均有毒杀活性，尤其是对叶蝉表现出很高的灭杀活性，可以用于大多数农作物。

代表化合物结构如下：

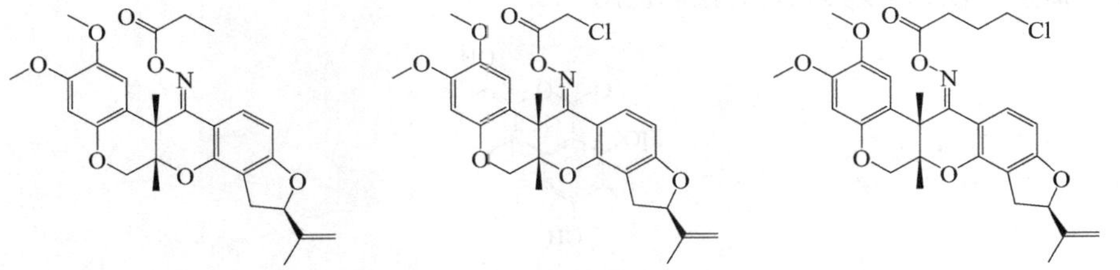

（17）苯酚类化合物及其制备方法和应用

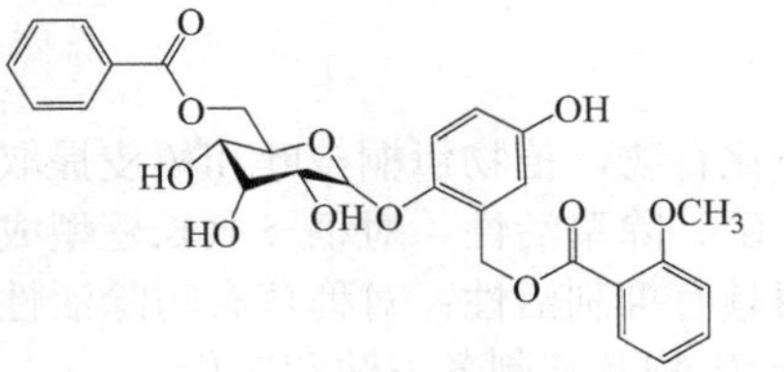

发明人：徐汉虹，唐文伟，魏孝义，曾东强，龙丽萍；申请人：华南农业大学

中国专利号：ZL200910193033.1；中国专利申请日：2009-10-12；相关专利：CN102250109A、CN102267970A

化合物类型：苯酚类

发明思路：天然产物，新化合物，植物伊桐枝叶和树皮提取物。

用途：具有杀虫杀螨、杀菌、除草活性。对稻飞虱长翅型成虫、截形叶螨具有致死效果；对荔枝霜疫霉病菌和香蕉炭疽病菌具有抑制活性；对稗草有防除活性，同时具有抗肿瘤活性。

（18）微红新月蕨化合物及其制备方法和应用

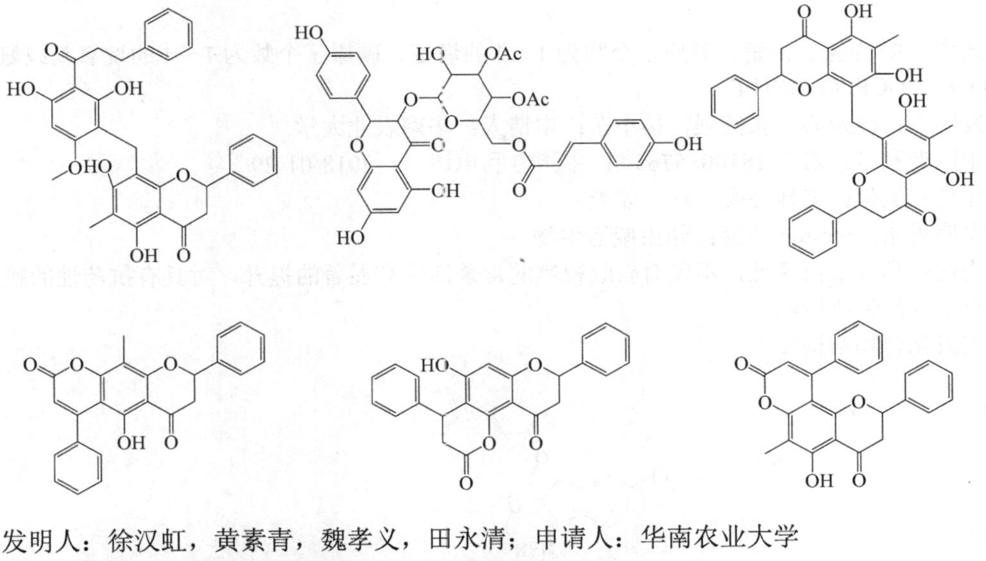

发明人：徐汉虹，黄素青，魏孝义，田永清；申请人：华南农业大学

中国专利号：ZL200910193032.7；中国专利申请日：2009-10-12

化合物类型：苯并呋喃酮类

发明思路：天然产物；新月蕨提取物。

用途：具有杀虫、杀菌活性。对小菜蛾、玉米螟具有一定的灭杀活性，同时具有抗肿瘤活性。

（19）苯酚类化合物及其制备方法和应用

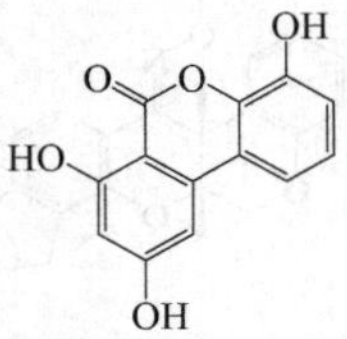

发明人：徐汉虹，唐文伟，魏孝义，曾东强，龙丽萍；申请人：华南农业大学

中国专利号：ZL201110126998.6；中国专利申请日：2009-10-12；相关专利：CN102250109A、CN101693705A。

化合物类型：苯酚类

发明思路：天然产物，新化合物，植物伊桐枝叶和树皮提取物。

用途：具有杀虫杀螨、杀菌、除草活性。对稻飞虱长翅型成虫、截形叶螨具有致死效果；对荔枝霜疫霉病菌和炭疽病菌具有抑制活性；对稗草有防除活性，同时具有抗肿瘤活性。

（20）一种肉桂酸噁二嗪衍生物及其制备方法和应用

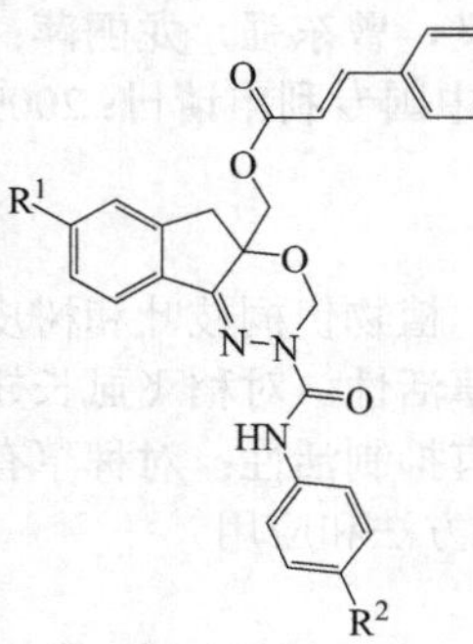

式中，R^1为氢、卤素、碳原子个数为1～4的烷基、碳原子个数为1～4的烷氧基或氨基；R^2为CF_3、OCF_3或OCH_2F。

发明人：江定心，张健强，杨小东；申请人：华南农业大学

中国专利号：ZL201810085765.8；中国专利申请日：2018-01-29

化合物类型：肉桂酸类、噁二嗪类

发明思路：me-too 研究；茚虫威衍生物。

用途：具有杀虫活性，不仅对斜纹夜蛾的毒杀活性有显著的提升，对具有抗药性的蚊虫同样具有很好的生物活性。

代表化合物结构如下：

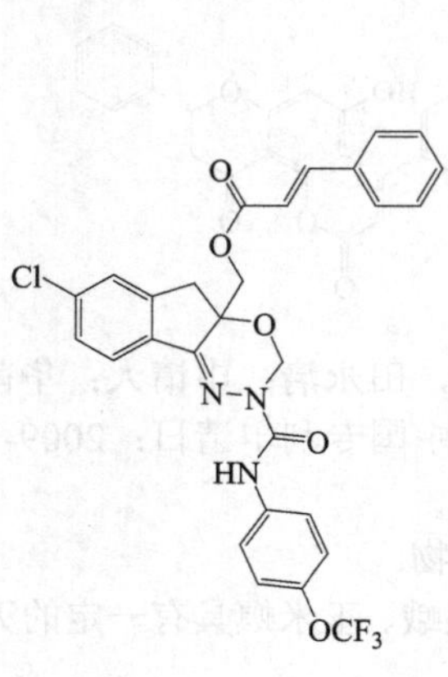

（21）一种骆驼蓬碱噁唑啉类化合物及其制备方法和应用

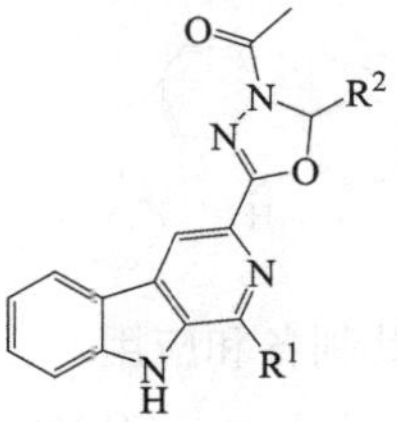

式中，R^1 为甲基、苯基、对氯苯基或邻羟基苯基；R^2 为邻羟基苯基、3-甲氧基-4-羟基苯基、3,5-二甲基-4-羟基苯基或 2-呋喃基。

发明人：钟国华，张智军，崔高峰，孙冉冉，胡美英，曾勇；申请人：华南农业大学

中国专利号：ZL201610284709.8；中国专利申请日：2016-04-29

化合物类型：骆驼蓬碱噁唑啉类

发明思路：me-too 研究；骆驼蓬碱衍生物，引入噁二唑啉结构得到。

用途：具有杀虫、杀菌活性。对草地贪夜蛾、致倦库蚊和萝卜蚜有较好的杀虫活性，对斜纹夜蛾具有较好的生长发育调节活性；而且对水稻纹枯病菌、芒果炭疽病菌、黄瓜疫病菌、西瓜枯萎病菌、荔枝霜疫霉病菌、草莓灰霉病菌和香蕉枯萎病菌均具有较好的抑制活性。

代表化合物结构如下：

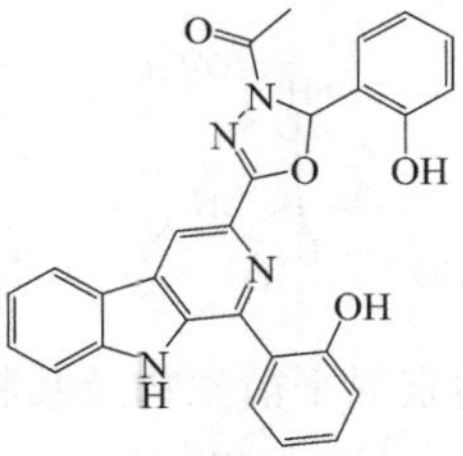

（22）一种骆驼蓬碱噁唑啉类衍生物及其制备方法和应用

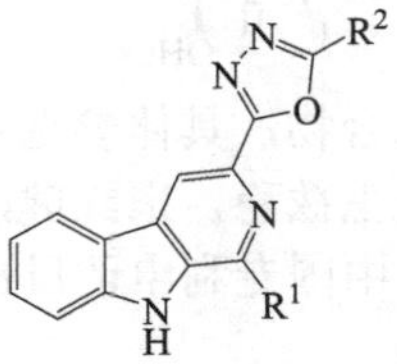

式中，R^1 为甲基、苯基、对甲基苯基、对氟苯基、对氯苯基、对溴苯基、对三氟甲基苯基、3, 4, 5-三甲氧基苯基、间氯苯基或 2-萘基；R^2 为巯基、羟基、氨基、乙基、环丙基、苯基、对甲基苯基或对氯苯基。

发明人：钟国华，张智军，张菁，翁群芳，张晶晶；申请人：华南农业大学

中国专利号：ZL201610283850.6；中国专利申请日：2016-04-29

化合物类型：骆驼蓬碱类

发明思路：me-too 研究；骆驼蓬碱衍生物，引入噁二唑结构得到。

用途：具有杀虫、杀菌活性。对草地贪夜蛾离体细胞系 Sf9 具有明显的细胞毒活性，对水稻纹枯病菌具有抑制活性。

代表化合物结构如下：

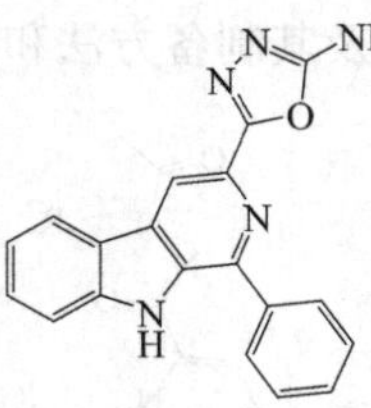

(23) 一类京尼平内酰胺衍生物及其制备和应用

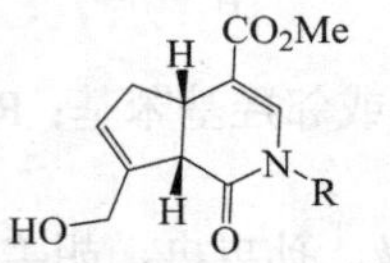

其特征在于通式中所示15个化合物，具体结构参见专利中权利要求书部分。

发明人：汪清民，夏青，刘玉秀，王兹稳，宋红健，李永强；申请人：南开大学

中国专利号：ZL201810840742.3；中国专利申请日：2018-07-26

化合物类型：京尼平内酰胺衍生物

发明思路：me-too 研究；以京尼平内酰胺为基础，对京尼平内酰胺衍生化得到该类化合物。

用途：该发明化合物对小菜蛾、朱砂叶螨成螨表现出了优异的杀虫活性。此外，该发明化合物对常见的14种植物致病菌具有优异的抑菌活性，可有效防治多种作物的真菌病害。

代表化合物结构如下：

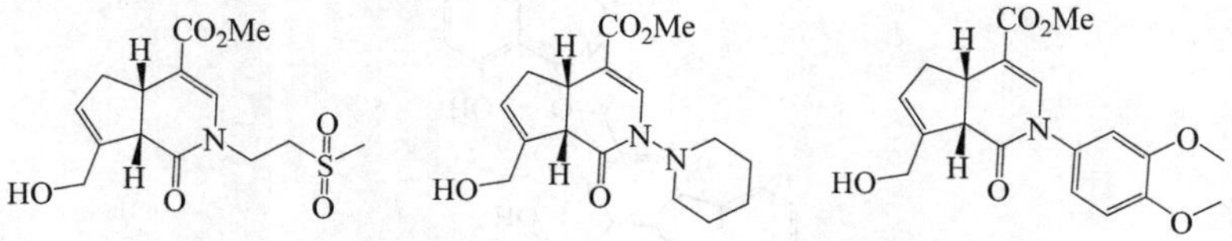

(24) 一类含有酯、肟和脲片段的京尼平衍生物及其制备和应用

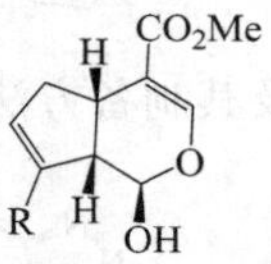

其特征在于式中所示的多个结构化合物，具体参见专利中权利要求书部分。

发明人：汪清民，夏青，刘玉秀，王兹稳，宋红健，李永强；申请人：南开大学

中国专利号：ZL201810840743.8；中国专利申请日：2018-07-26

化合物类型：京尼平内酰胺衍生物

发明思路：me-too 研究；以京尼平内酰胺为基础，对京尼平内酰胺衍生化得到该类化合物。

用途：该发明化合物对小菜蛾、朱砂叶螨成螨表现出了优异的杀虫活性。此外，该发明化合物对常见的14种植物致病菌具有优异的抑菌活性，可有效防治多种作物的真菌病害。

代表化合物结构如下：

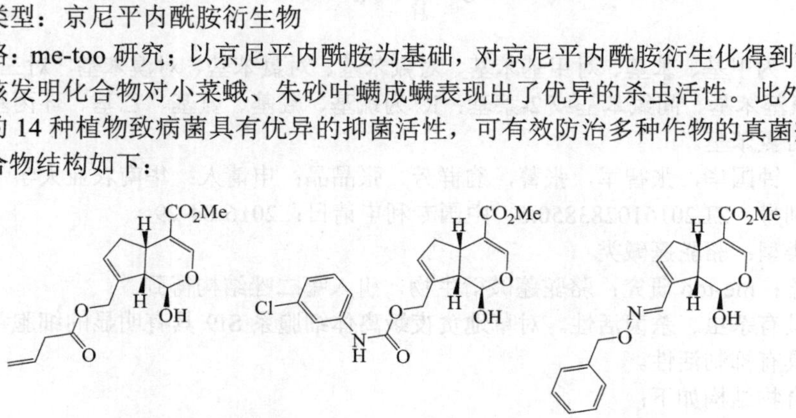

（25）一种石墨烯增强酞菁光敏化效应的绿色杀虫剂及其应用

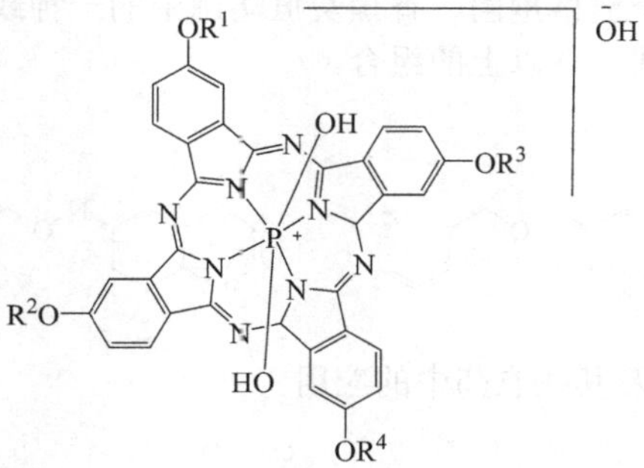

式中，R^1、R^2、R^3 或 R^4 各自独立地选自 C_1～C_5 直链或支链烷基。

发明人：王宗花，赵澎；申请人：青岛大学

中国专利号：ZL201810745129.3；中国专利申请日：2018-07-09

化合物类型：光敏剂

发明思路：以 4-异戊氧基邻苯二腈为原料合成目标物四异戊氧基磷酞菁，期待发现高活性化合物。

用途：具有杀虫活性，光照条件下对白菜螟、果蝇幼虫和卵有明显杀灭作用。

代表化合物结构如下：

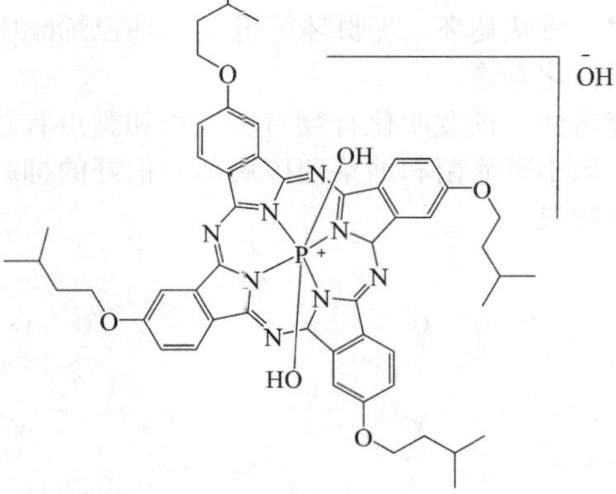

（26）异长叶烯酮肟醚衍生物及其制备方法和应用

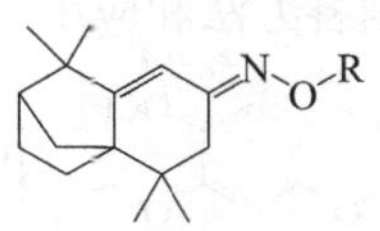

式中，R 为环氧丙烷基、甲基、乙基、丁基、丙烯基、苄基中的一种。

发明人：申利群，吴爱群，张武，颜秀阳，邱森森，雷福厚；申请人：广西民族大学

中国专利号：ZL201610945299.7；中国专利申请日：2016-10-26

化合物类型：肟醚

发明思路：me-too 研究；以异长叶烯酮为原料，合成一系列未见报道的化合物，期待发现高活性化合物。

用途：具有杀菌和杀虫活性，该发明的异长叶烯酮肟醚衍生物具有抗菌和杀虫的作用。尤其是涉及的杀菌抗菌对象包括细菌和真菌，细菌包括金黄色葡萄球菌、大肠埃希菌、肺炎克雷

伯菌、普通变形杆菌和铜绿假单胞菌中的一种或一种以上的组合；真菌包括黑曲霉菌、玉米大斑病菌、玉米纹枯病菌、香蕉链格孢菌、香蕉炭疽病菌中的一种或一种以上的组合。杀虫对象包括蚜虫及稻飞虱中的一种或一种以上的组合。

代表化合物结构如下：

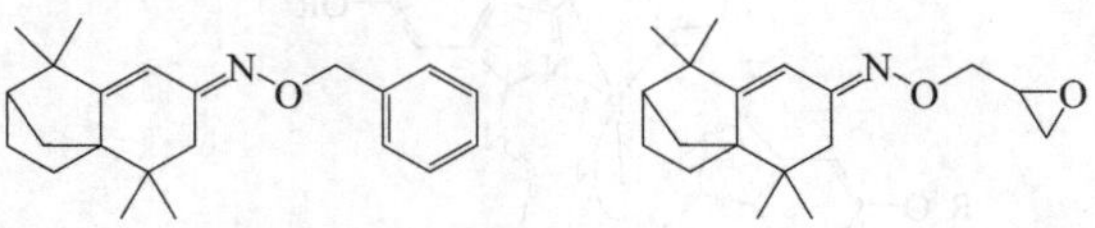

（27）2-环己烯酮衍生物及其在农药中的应用

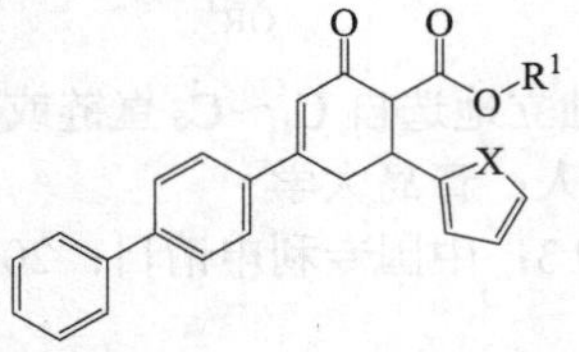

式中，R^1 为甲基、乙基、正丙基或异丙基；X 为 N、O 或 S。

发明人：唐孝荣，严映坤，高扬，杨建，刘辉，曾义，徐志宏，张燕，李唯一，岳松；申请人：西华大学

中国专利号：ZL201611161787.5；中国专利申请日：2016-12-15

化合物类型：环己烯酮

发明思路：me-too 研究；将呋喃环、噻吩环等引入 2-环己烯酮中，设计合成了一些 2-环己烯酮衍生物，期待发现高活性化合物。

用途：具有杀虫和杀菌活性，该发明化合物对蚕豆蚜和黏虫有较好的毒杀活性，对水稻纹枯病菌、小麦赤霉病菌、玉米小斑病菌和油菜菌核病菌有很好的抑制效果；对番茄灰霉病菌和葡萄白腐病菌有较好的抑制效果。

代表化合物结构如下：

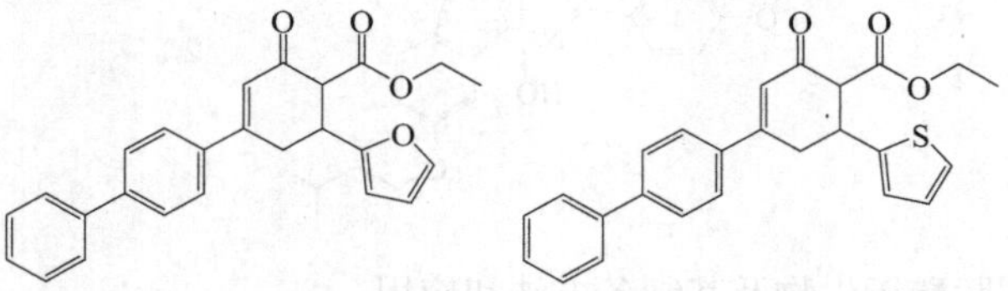

（28）东莨菪内酯酚醚衍生物及其制备方法和应用

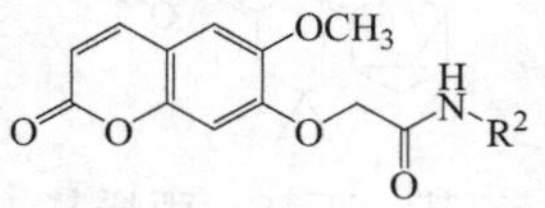

式中，R^2 为甲基、乙基、丙基、3,4-二氯苄基、4-氯苄基、4-甲基苄基、4-叔丁基苄基、4-甲氧基苄基。

发明人：丁伟，赖婷，罗金香，张永强，郭涛，章冰川；申请人：西南大学

中国专利号：ZL201710169618.4；中国专利申请日：2017-03-21

化合物类型：东莨菪内酯衍生物

发明思路：me-too 研究；以东莨菪内酯为主体结构，合成一系列未见报道的化合物，期待发现高活性化合物。

用途：具有杀螨活性，该发明化合物对朱砂叶螨具有触杀活性。

代表化合物结构如下：

（29）具有生物活性的 6-氮杂螺[2. 5]辛烷类化合物及其制备方法和应用

式中，R^1 乙基磺酰基或甲氧基羰基；R^2 为羧基或氨基。

发明人：郭晶晶，毛龙飞，蒋涛，申家轩，董文佩，徐桂清；申请人：河南师范大学

中国专利号：ZL201610179275.5；中国专利申请日：2016-03-25

化合物类型：氮杂螺环

发明思路：结构新颖；采用活性拼接法，将哌啶片段和三元环片段拼接起来，合成一系列未见报道的化合物，期待发现高活性化合物。

用途：具有杀虫活性，对桃树蚜虫幼虫具有一定活性。

代表化合物结构如下：

（30）蒎烷基吡唑类化合物及其合成方法与应用

发明人：王石发，张齐，徐徐，杨益琴，徐海军，杨金来，孙楠，丁志斌，张燕，匡洪波，谷文；申请人：南京林业大学

中国专利号：ZL201610018362.2；中国专利申请日：2016-01-12

化合物类型：蒎烷基吡唑类化合物

发明思路：me-too 研究；以诺蒎酮为原料合成蒎烷基吡唑及蒎烷基吡唑酰胺类化合物，合成一类具有生物活性的化合物 。

用途：具有杀虫活性和杀菌活性，对萝卜蚜和紫薇长斑蚜有良好活性，对多种真菌和细菌都有一定的活性。

（31）(6*S*)-(−)-6-溴异长叶烯酮及其合成方法与应用

发明人：杨益琴，丁志斌，王石发，徐徐，徐海军，杨金来，芮坚，曹晓琴，王芸芸，王忠龙，杨丽娟，张齐，孙楠，谷文；申请人：南京林业大学

中国专利号：ZL201510791195.0；中国专利申请日：2015-11-17

化合物类型：异长叶烯酮

发明思路：以天然可再生资源异长叶烯的氧化产物异长叶烯酮为原料，与溴化铜进行溴代

反应，得到(6*S*)-(−)-6-溴异长叶烯酮。

用途：具有杀虫活性，对紫薇长斑蚜虫具有很好的选择性毒杀作用，当其浓度为 50mg/L 时，对紫薇长斑蚜虫的致死率高达 82.2%。

（32）一类 2-取代芳基呋喃并香豆素衍生物及其应用

式中，化合物为 2-(2-氟苯基)-8-甲基-呋喃并香豆素、2-(3-氟苯基)-8-甲基-呋喃并香豆素、2-(4-氟苯基)-8-甲基-呋喃并香豆素、2-(2-氟苯基)-7-氯-8-甲基-呋喃并香豆素、2-(3-氟苯基)-7-氯-8-甲基-呋喃并香豆素、2-(4-氟苯基)-7-氯-8-甲基-呋喃并香豆素、2-(2-氯苯基)-8-甲基-呋喃并香豆素、2-(3-氯苯基)-8-甲基-呋喃并香豆素、2-(4-氯苯基)-8-甲基-呋喃并香豆素、2-(2-氯苯基)-7-氯-8-甲基-呋喃并香豆素、2-(3-氯苯基)-7-氯-8-甲基-呋喃并香豆素、2-(4-氯苯基)-7-氯-8-甲基-呋喃并香豆素等。

发明人：骆焱平，王兰英；申请人：海南大学

中国专利号：ZL201510793391.1；中国专利申请日：2015-11-17

化合物类型：香豆素类、光敏剂

发明思路：以香豆素为基础，通过增加大 π 共轭体系，来增强目标化合物的荧光效应，从而增加目标化合物对光的吸收，增强光敏活性。

用途：具有杀虫活性，该发明部分化合物对致倦库蚊四龄幼虫有很好的杀虫活性，显示该发明化合物具有很好的光敏活性，可应用于蚊虫防治，作为防治蚊虫的光化学农药活性成分。

代表化合物结构如下：

（33）倍半萜类化合物及其制备方法和用途

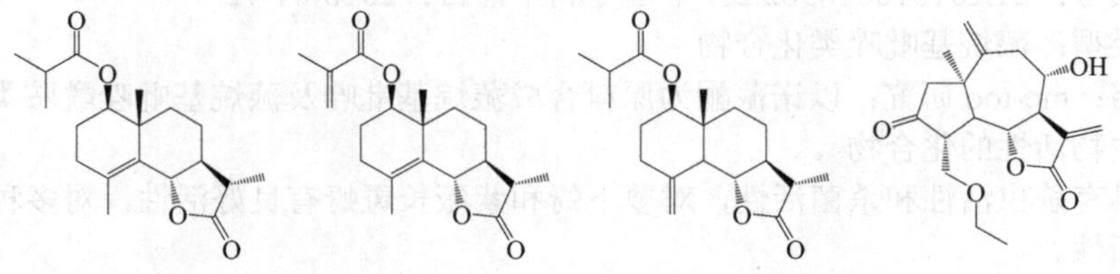

发明人：石莎，武海波；申请人：中央民族大学

中国专利号：ZL201910918693.5；中国专利申请日：2019-09-26

化合物类型：倍半萜类

发明思路：毛莲蒿（*Artemisia vestita* Wall. ex Bess.）为菊科（Compositae）蒿属（*Artemisia*）植物，主要分布于荒地和河滩，被广泛应用于藏药等中，是藏药厂生产的结血蒿膏的主要药材，毛莲蒿地上部分入药，有清热、消炎、祛风、利湿之效。现代药理研究表明，毛莲蒿具有多种生物活性，包括抗炎作用。此外，还发现 *A . vestita* 对玉米象（*Sitophilus zeamais*）和捻转血矛线虫（*Haemonchus contortus*）具有较强的杀虫活性。对毛莲蒿进行分离提取得到倍半萜类化合物。

用途：具有杀虫活性，可以作为昆虫拒食剂和/或昆虫生长发育抑制剂在农药中应用，该发明的化合物对小菜蛾、甜菜夜蛾和斜纹夜蛾具有较好综合防治效果。

（34）一种苦参碱肟酯和肟醚衍生物及其制备方法和应用

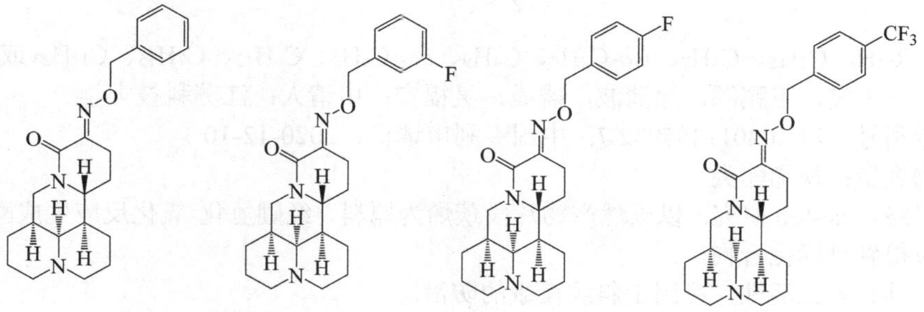

发明人：王立升，张舒妍，刘华文，曾宪儒，于永浩，刘旭，江俊；申请人：广西大学

中国专利号：ZL202010037068.2；中国专利申请日：2020-01-14

化合物类型：苦参碱类结构，肟醚类结构

发明思路：以天然产物为基础衍生的具有杀虫活性的苦参碱肟醚类化合物。

用途：具有杀虫活性，该发明中苦参碱肟酯和肟醚类化合物对红火蚁(*Solenopsis invicta* Buren)、豇豆花蓟马(*Cowpea thrips*)和瓜实蝇(*Bactrocera cucurbitae*)有较强胃毒和触杀作用。

（35）一种 9*S*-酰氧基辛可宁类衍生物及其制备方法和应用，植物源杀虫剂

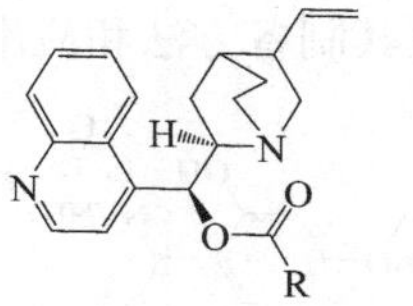

式中，R 选自烷基、苯亚烷基、萘亚烷基、苯基、取代苯基中的任一种；所述烷基中碳原子个数为 1～5；所述苯亚烷基、萘亚烷基中亚烷基的碳原子个数为 1～4；所述取代苯基中取代基为卤素、硝基、烷氧基、碳原子个数为 1～4 的烷基中的一种或多种，所述烷氧基中的碳原子个数为 1～3。

发明人：陈根强，车志平，田月娥，刘圣明，夏彦飞，林晓民，孙迪，杨进明；申请人：河南科技大学

中国专利号：ZL201911001699.2；中国专利申请日：2019-10-21

化合物类型：奎宁类化合物

发明思路：me-too 研究；通过衍生化方法在辛可宁的 C9 位中引入酯基形成了一系列 9*S*-酰氧基辛可宁类衍生物。

用途：具有杀虫活性，大部分衍生物的杀虫效果已超过商品化的植物源杀虫剂川楝素，具有较好的应用前景。

代表化合物结构如下：

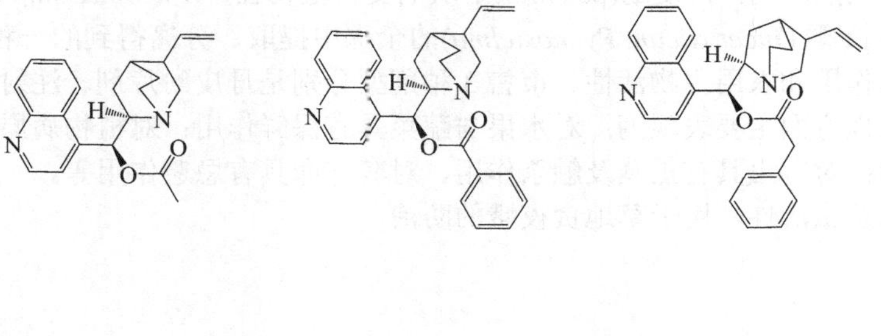

（36）莰烯酯类衍生物的应用

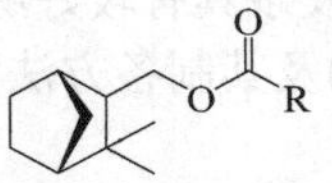

其中，R=H、C_2H_5、C_3H_7、*iso*-C_3H_7、C_4H_9、*iso*-C_4H_9、C_6H_{13}、C_7H_{15}、$C_{11}H_{23}$或$C_{13}H_{25}$。

发明人：王俊，王鹏源，涂清波，盛晟，吴福安；申请人：江苏科技大学

中国专利号：ZL202011455932.7；中国专利申请日：2020-12-10

化合物类型：莰烯酯类

发明思路：me-too 研究；以天然产物片段莰烯为原料，经硼氢化-氧化反应生成醇，醇与不同的酸反应得到目标化合物。

用途：具有杀虫活性，可用于斜纹夜蛾的防治。

代表化合物结构如下：

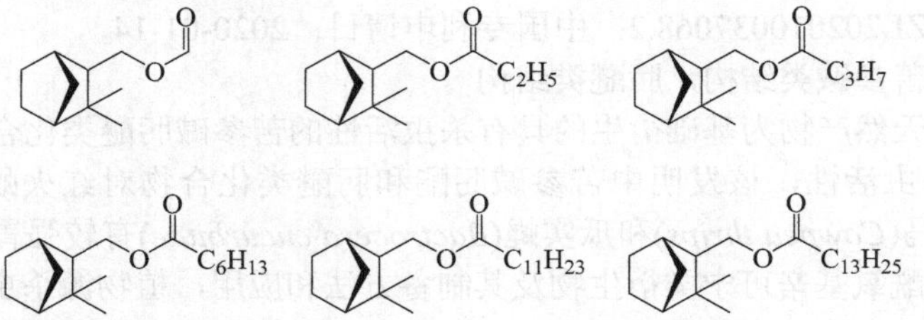

（37）一种丹皮酚酰腙类衍生物及其制备方法和应用、杀虫剂

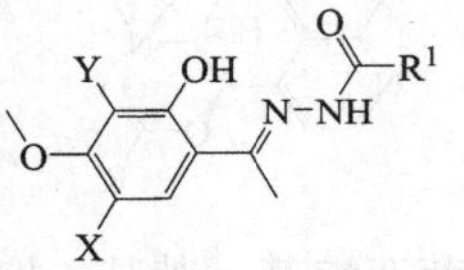

式中，X、Y 均为氢，R^1选自C_4～C_7烷基、氰基取代的C_1～C_7烷基中的一种；

或者 X、Y 独立选自 Cl 或硝基中的一种，R^1选自C_1～C_7烷基、芳基、杂芳基、氰基取代的C_1～C_7烷基中的一种；

或者 X、Y 中一个为氢，一个为 Cl 或硝基，R^1选自C_1～C_7烷基、芳基、杂芳基、氰基取代的C_1～C_3烷基中的一种；

所述的芳基为苯基、吡啶基或取代基取代的苯基；所述取代基取代的苯基中取代基为C_1～C_3烷氧基、羟基、氨基、F、Cl 中的一种；所述吡啶基为 3-吡啶基或 4-吡啶基；所述杂芳基为五元环杂芳基。

发明人：董钧锋，车志平，孙亚兰，田月娥，刘圣明，陈根强，林晓民；申请人：河南科技大学

中国专利号：ZL202011233398.5；中国专利申请日：2020-11-06

化合物类型：丹皮酚，酰腙类衍生物

发明思路：天然产物；丹皮酚(paeonol)是从毛茛科植物牡丹(*Paeonia×suffruticosa*)的根皮和夹竹桃科植物徐长卿(*Vincetoxicum Pycnostelma*)的全株中提取、分离得到的一种酚酮类化合物，具有广泛的药理作用和农用生物活性。市售 3 种剂型分别是丹皮酚片剂、注射液和软膏。丹皮酚在农用生物活性方面主要表现为：对水果与蔬菜具有保鲜作用；对植物病原真菌、细菌、病毒具有抑制作用；对害虫具有熏蒸及触杀作用、对其产卵具有忌避作用等。

用途：具有杀虫活性，用于草地贪夜蛾的防治。

代表化合物结构如下：

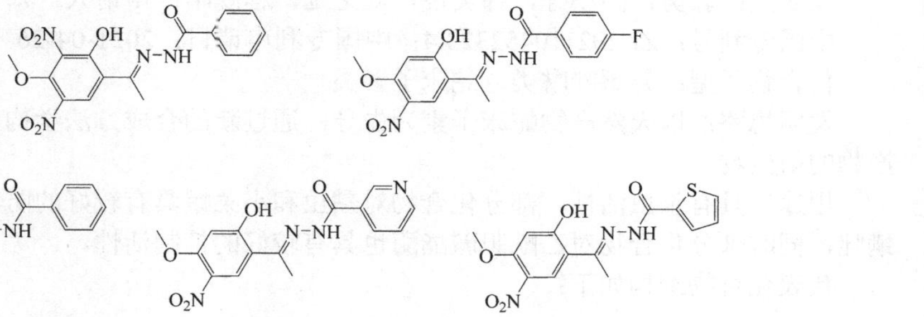

（38）一种丹皮酚腙类衍生物及其制备方法和应用、杀虫剂

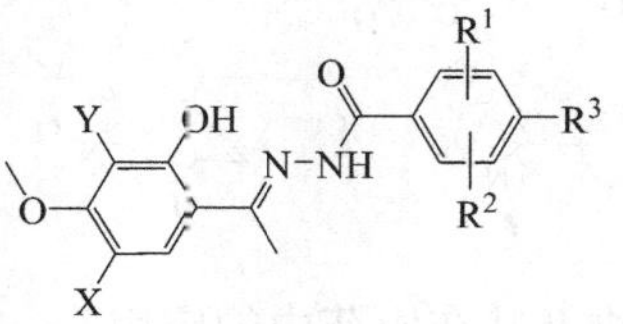

式中，X 为氢、Y 为硝基，或 X 为硝基、Y 为氢，或 X、Y 同时为硝基，或 X、Y 同时为氢；R^1、R^2、R^3 分别独立选自氢、R^4 中的一种；所述 R^4 为 F、Cl、Br、硝基或烷基。

发明人：董钧锋，车志平，孙亚兰，田月娥，刘圣明，陈根强，林晓民；申请人：河南科技大学

中国专利号：ZL202011231908.5；中国专利申请日：2020-11-06

化合物类型：丹皮酚，腙类衍生物

发明思路：me-too 研究；利用天然产物丹皮酚为原料，引入双酰肼类片段，得到丹皮酚腙类衍生物。

用途：具有杀虫活性，用于草地贪夜蛾的防治。

代表化合物结构如下：

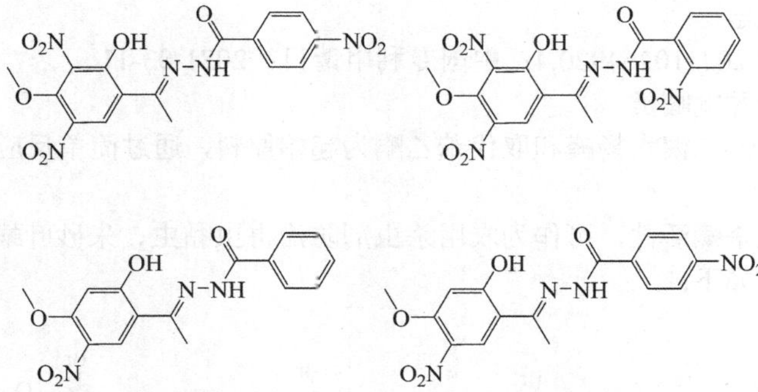

（39）蛇床子素异噁唑啉类衍生物及其制备方法和应用

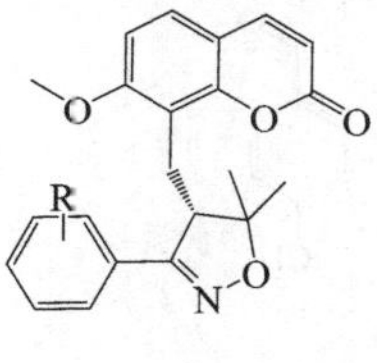

式中具体有21个化合物，结构参见专利中权利要求书部分。

发明人：郭勇，闫小婷，韩美悦，刘芝延，程晚晴；申请人：郑州大学

中国专利号：ZL202110452323.4；中国专利申请日：2021-04-26

化合物类型：异噁唑啉类、蛇床子素类

发明思路：以天然产物蛇床子素为先导，通过新的合成方法学构建含有二氢异噁唑类天然产物的衍生物。

用途：具有杀虫活性，部分化合物对黏虫和小菜蛾具有较好的防治效果，优于对照药剂乙螨唑，同时部分化合物对乙酰胆碱酯酶也具有较好的抑制活性。

代表化合物结构如下：

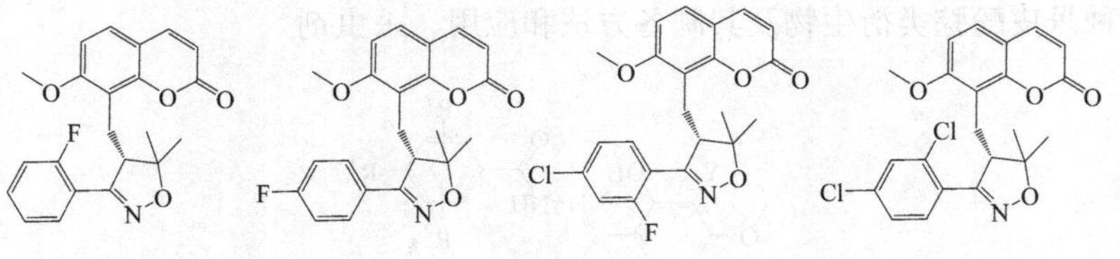

（40）6, 8-二溴苯并吡喃衍生物及其在农药中的应用

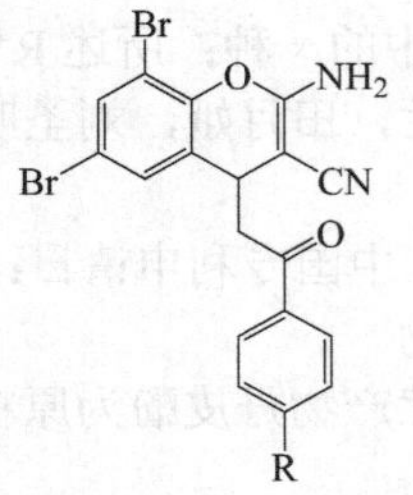

其中，R为氢原子、卤原子、C_1～C_4烷基或C_1～C_4烷氧基。

发明人：唐孝荣，王静文，严映坤，肖婷婷，程玮，张婷婷，陆童，蒋文静，杨帆，宗兰茜；申请人：西华大学

中国专利号：ZL202110264920.4；中国专利申请日：2021-03-11

化合物类型：苯并吡喃类

发明思路：以3, 5-二溴水杨醛和取代苯乙酮为起始原料，通过简单反应构建6, 8-二溴苯并吡喃衍生物。

用途：具有杀虫杀螨活性，可作为农用杀虫剂防治害虫黏虫、朱砂叶螨或蚕豆蚜。

代表化合物结构如下：

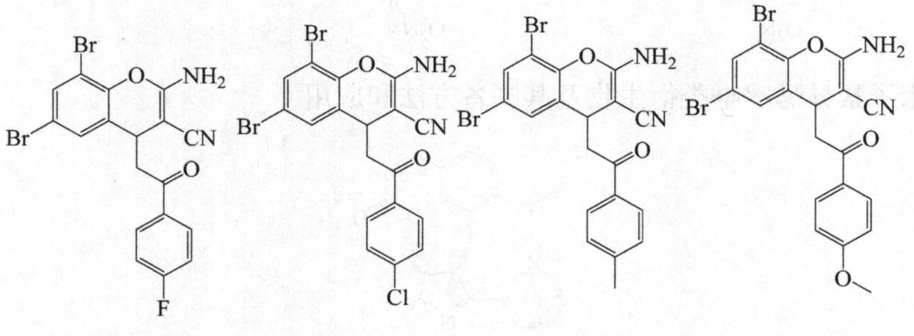

（41）胡椒碱类衍生物、制备方法及其制备植物源杀虫剂的应用

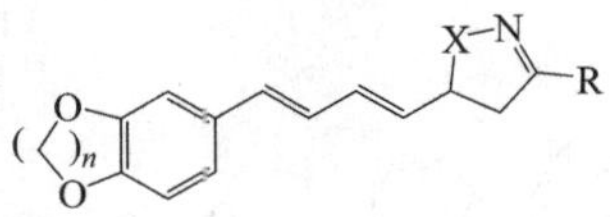

其中：

(1)：*n*=1，X=*N*-Ph，R=Ph；

(2)：*n*=1，X=*N*-(4-F)Ph，R=Ph；

(3)：*n*=1，X=*N*-(4-Cl)Ph，R=Ph；

(4)：*n*=1，X=*N*-(4-Br)Ph，R=Ph；

(5)：*n*=1，X=*N*-Ph，R=(4-F)Ph；

(6)：*n*=1，X=*N*-(4-F)Ph，R=(4-F)Ph；

(7)：*n*=1，X=*N*-(4-Cl)Ph，R=(4-F)Ph；

(8)：*n*=1，X=*N*-(4-Br)Ph，R=(4-F)Ph；

(9)：*n*=1，X=*N*-(4-异丙基)Ph，R=(4-F)Ph；

(10)：*n*=1，X=*N*-Ph，R=(4-Cl)Ph；

(11)：*n*=1，X=*N*-(4-F)Ph，R=(4-Cl)Ph；

(12)：*n*=1，X=*N*-(4-Cl)Ph，R=(4-Cl)Ph；

(13)：*n*=1，X=*N*-(4-Br)Ph，R=(4-Cl)Ph；

(14)：*n*=2，X=*N*-Ph，R=Ph；

(15)：*n*=2，X=*N*-(4-F)Ph，R=Ph；

(16)：*n*=2，X=*N*-(4-Cl)Ph，R=Ph；

(17)：*n*=2，X=*N*-(4-Br)Ph，R=Ph；

(18)：*n*=2，X=*N*-Ph，R=(4-F)Ph；

(19)：*n*=2，X=*N*-(4-F)Ph，R=(4-F)Ph；

(20)：*n*=2，X=*N*-(4-Cl)Ph，R=(4-F)Ph；

(21)：*n*=2，X=*N*-(4-Br)Ph，R=(4-F)Ph；

(22)：*n*=2，X=*N*-(4-异丙基)Ph，R=(4-F)Ph；

(23)：*n*=2，X=*N*-Ph，R=(4-Cl)Ph；

(24)：*n*=2，X=*N*-(4-F)Ph，R=(4-Cl)Ph；

(25)：*n*=2，X=*N*-(4-Cl)Ph，R=(4-Cl)Ph；

(26)：*n*=2，X=*N*-(4-Br)Ph，R=(4-Cl)Ph；

(27)：*n*=1，X=O，R=Ph；

(28)：*n*=1，X=O，R=(4-F)Ph；

(29)：*n*=1，X=O，R=(4-Cl)Ph；

(30)：*n*=2，X=O，R=(4-F)Ph；

(31)：*n*=2，X=O，R=(4-Cl)Ph。

发明人：徐晖，杨瑞阁；申请人：西北农林科技大学

中国专利号：ZL201711017021.4；中国专利申请日：2017-10-26

化合物类型：胡椒碱类衍生物

发明思路：在胡椒碱的基础上进行衍生得到现有化合物。

用途：具有杀虫活性。对黏虫和小菜蛾的胃毒活性与已经商品化的植物源农药川楝素相当，甚至高于川楝素杀虫活性；部分衍生物对朱砂叶螨具有较好的灭杀活性。

代表化合物结构如下：

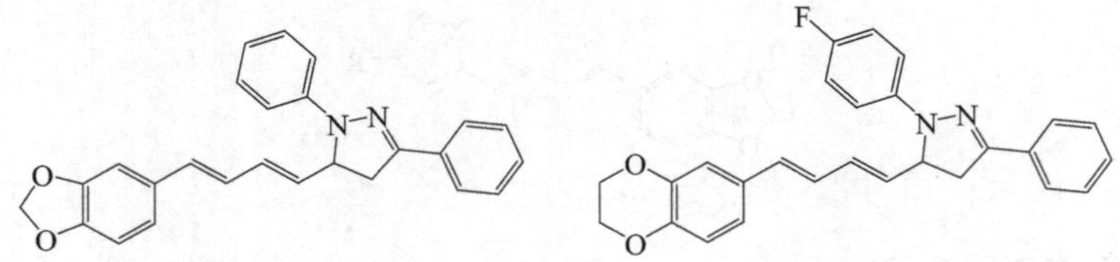

（42）噁唑基甾体衍生物及其合成方法与应用

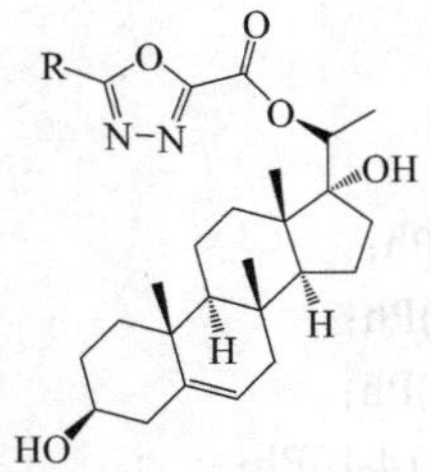

式中取代基定义具体参见专利中权利要求书部分。

发明人：师宝君，马世闯，李奇，蒋伟奇，吴文君；申请人：西北农林科技大学

中国专利号：ZL202011458037.0；中国专利申请日：2020-12-10

化合物类型：噁唑基甾体衍生物

发明思路：me-too 研究；在噁唑基甾体的基础上进行衍生得到现有化合物。

用途：具有杀虫活性。对苹果绵蚜、桃蚜和黄蚜以及粉虱等刺吸式昆虫表现出良好的灭杀活性。

代表化合物结构如下：

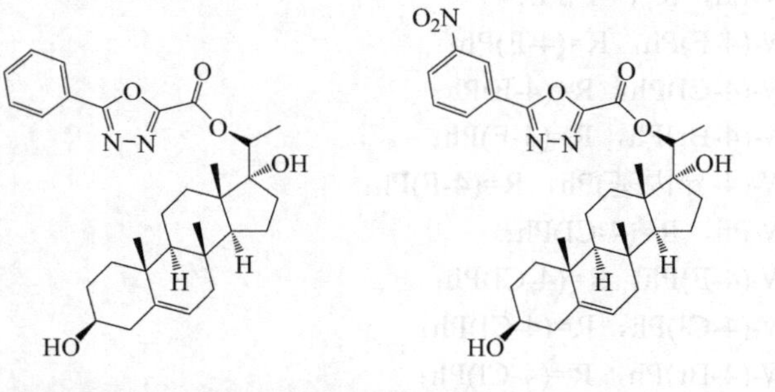

（43）香豆素类化合物酯类衍生物、制备方法及其应用

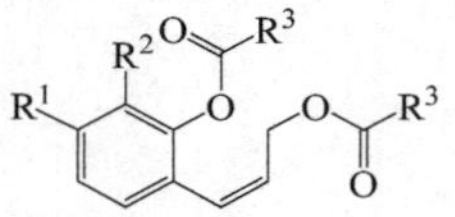

式中保护 32 个化合物，具体结构参见专利中权利要求书部分。

发明人：徐晖，吕敏，李绍晨；申请人：西北农林科技大学

中国专利号：ZL202110138206.0；中国专利申请日：2021-02-01

化合物类型：香豆素类化合物酯类衍生物

发明思路：以香豆素或取代香豆素为原料，开环再酯化得到。

用途：具有杀虫活性。部分对黏虫的杀虫活性与已经商品化的植物源农药川楝素相当，甚

至高于川楝素的杀虫活性；部分衍生物对朱砂叶螨具有较好的毒杀活性，相较于母体香豆素类化合物，活性显著提高。

代表化合物结构如下：

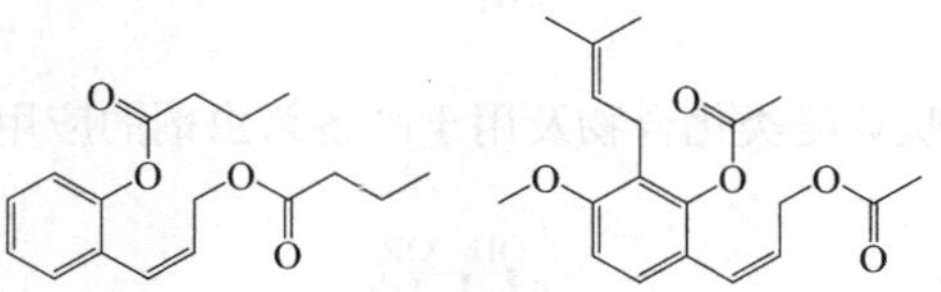

（44）胡椒碱类衍生物、制备方法及其制备植物源杀虫剂的应用

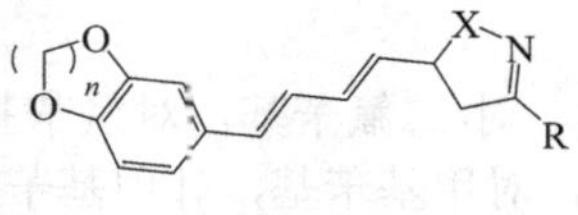

式中保护 31 个化合物，具体结构参见专利中权利要求书部分。

发明人：徐晖，杨瑞阁；申请人：西北农林科技大学

中国专利号：ZL201711017021.4；中国专利申请日：2017-10-26

化合物类型：胡椒碱类衍生物

发明思路：在胡椒碱的基础上引入芳基得到现有化合物。

用途：具有杀虫活性，该系列胡椒碱类衍生物对黏虫和小菜蛾的毒杀活性与已经商品化的植物源农药川楝素相当，甚至高于川楝素杀虫活性；部分衍生物对朱砂叶螨具有较好的毒杀活性，相对母体胡椒碱活性显著提高。

代表化合物结构如下：

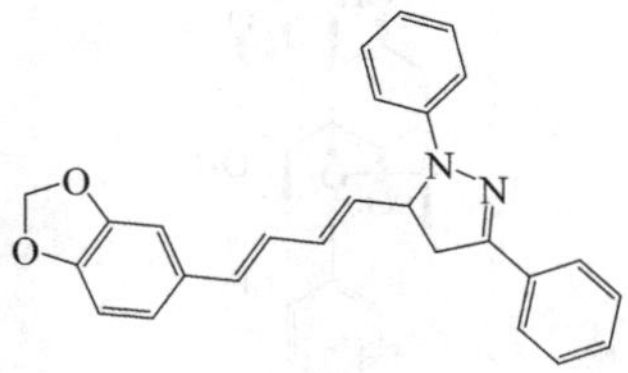

（45）血根碱醇化物和白屈菜红碱醇化物及其制备方法和在动物杀螨药物中的应用

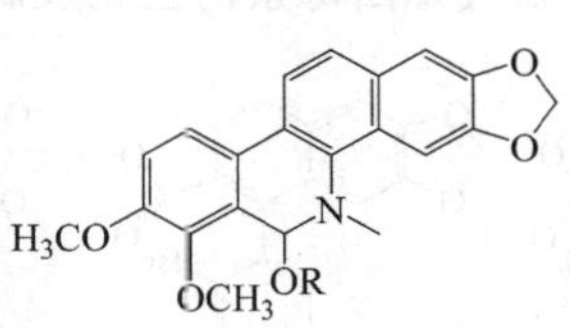

式中，R＝甲基、乙基、丙基。

发明人：周乐，郑峰，孙艺芳，张琦，苗芳；申请人：西北农林科技大学

中国专利号：ZL201110080013.0；中国专利申请日：2011-03-31

化合物类型：血根碱醇化物和白屈菜红碱醇化物

发明思路：me-too 研究；在天然化合物血根碱和白屈菜红碱的基础上进行衍生得到现有化合物。

用途：具有杀虫活性。主要对兔痒螨具有灭杀活性。

代表化合物结构如下：

（46）双呋喃二氢沉香呋喃醚类化合物及用于制备杀虫剂的应用

R 为对氟苄基，邻氟苄基，邻、对-二氟苄基，对氯苄基，邻氯苄基，邻、对-二氯苄基，对三氟甲基苄基，邻三氟甲基苄基，对甲基苄基，邻甲基苄基。

发明人：张继文，胡展，崔立辉，张前亮，吴文君；申请人：西北农林科技大学

中国专利号：ZL201210253160.8；中国专利申请日：2012-07-20

化合物类型：双呋喃二氢沉香呋喃醚类

发明思路：me-too 研究；在双呋喃二氢沉香呋喃的基础上进行衍生得到现有化合物。

用途：具有杀虫活性，该化合物对鳞翅目害虫尤其是黏虫具有很强的灭杀活性。

代表化合物结构如下：

（47）4α-酰氧基-2′(2′, 6′), 2α-多卤代鬼臼毒素衍生物及制备和应用

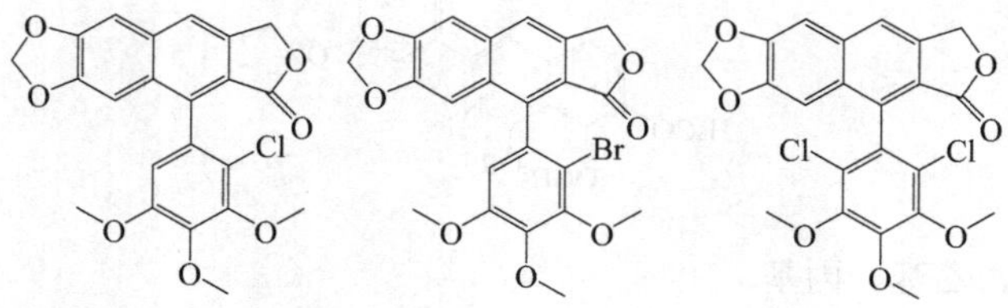

式中，X＝Cl，Y＝H；或者，X＝Y＝Cl；或者，X＝Br，Y＝H。

发明人：徐晖，樊玲玲；申请人：西北农林科技大学

中国专利号：ZL201310521288.2；中国专利申请日：2013-10-28

化合物类型：多卤代鬼臼毒素衍生物

发明思路：me-too 研究；在鬼臼毒素的基础上进行衍生得到多卤代鬼臼毒素衍生物。

用途：具有杀虫活性，对黏虫和小叶蝶具有较高杀虫活性。

（48）一种喜树碱类化合物及其制备方法和用途

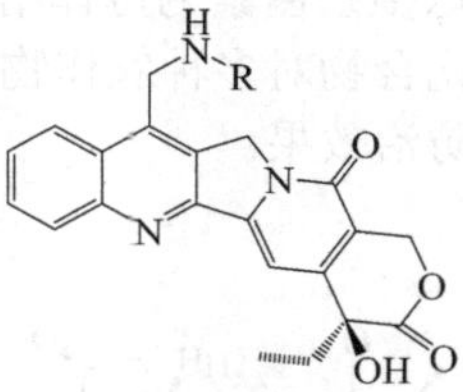

式中，R 是 4-氟苯基、4-氯苯基、4-溴苯基、3-氯苯基、2-氯苯基、4-甲氧基苯基、4-甲基苯基、2-甲氧基苯基、1-萘基、苄基或 2-吡啶基。

发明人：刘映前，赵晓博，张绍勇，余海涛，胡冠芳，乌丹，杨柳，闫莉婷，吴小兵；申请人：兰州大学

中国专利号：ZL201310710575.8；中国专利申请日：2013-12-20

化合物类型：喜树碱类

发明思路：me-too 研究；在喜树碱的基础上进行衍生，7-溴甲基喜树碱与取代胺在碱性条件下缩合得到喜树碱的衍生物。

用途：具有杀虫活性，对甘蓝蚜、松材线虫和朱砂叶螨具有较好的灭杀活性。

代表化合物结构如下：

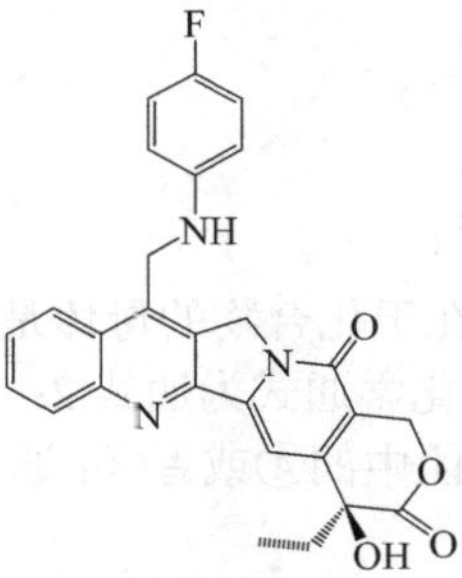

（49）多杀菌素衍生物、制备方法及其作为杀虫剂的用途

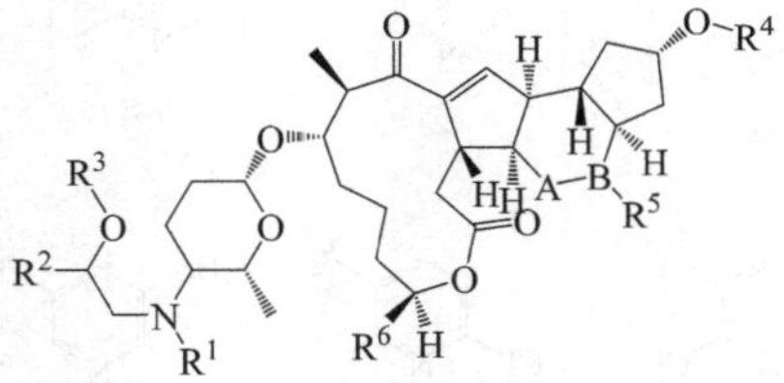

其中，R^1 为 H，1～5 个碳的烷烃基；R^2 为 H、CH_2OH、CH_2SH、CH_2X，CH_2OR^7 或 $CH_2NR^8R^9$，其中 X 为卤素；R^7 为 H、1～5 碳的饱和烷基、烯烃基或炔烃基；R^8，R^9 可同时或单独为 H、1～5 碳的饱和烷基、烯烃基或炔烃基；NR^8R^9 也可组合为哌啶、四氢吡咯、吗啉、哌嗪或哌啶基；R^3 为 H；

R^4 为 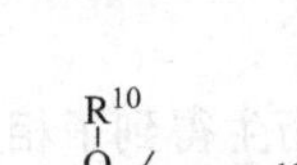 ，其中，R^{10}、R^{11} 和 R^{12} 可同时或分别独立为氢原子、甲基、乙基、丙基、异丙基或烯丙基；R^5 为氢、甲基；R^6 是 2～5 碳链烷基；A—B 为 CH_2CH_2，CH=CH。

发明人：刘苏友，李明，欧晓明，裴晖，刘丽君，王希忠；申请人：中南大学

中国专利号：ZL201010123056.8；中国专利申请日：2010-03-12

化合物类型：多杀菌素类

发明思路：me-too 研究；该发明以多杀菌素为母体结构，通过衍生合成得到该类化合物。

用途：具有杀虫活性，该发明的化合物对多种农作物害虫有效，特别是对棉红蜘蛛和黏虫有极高的活性，对蚜虫也具有很好的防治效果。

代表化合物结构如下：

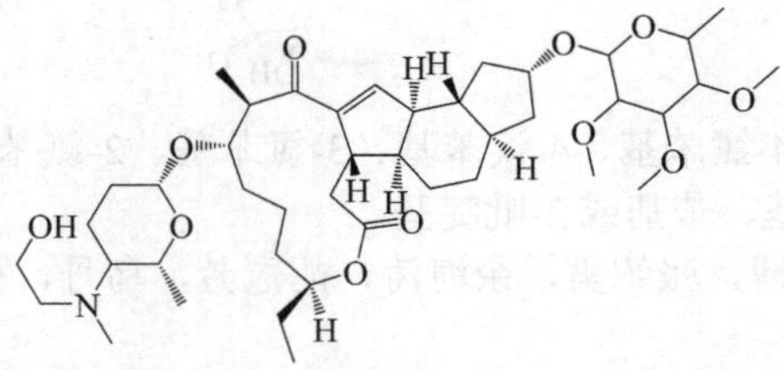

（50）吡啶类鬼臼毒素化合物及其制备方法和在制备杀虫剂中的应用

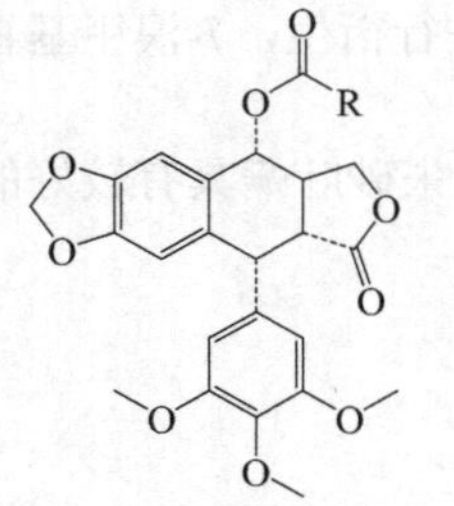

通式 1

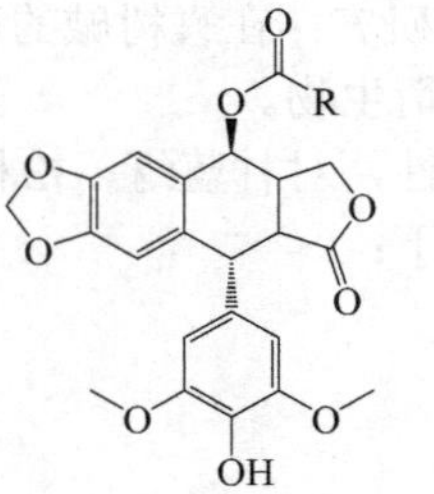

通式 2

吡啶类鬼臼毒素化合物，其特征在于化合物的母体是鬼臼毒素，化学通式为通式 1；或者化合物的母体为 4'-去甲表鬼臼毒素，化学通式为通式 2；

其中通式 1 中取代基 R 为下列基团中的④或者⑥；通式 2 中取代基 R 为下列基团①～⑥中任一的基团；

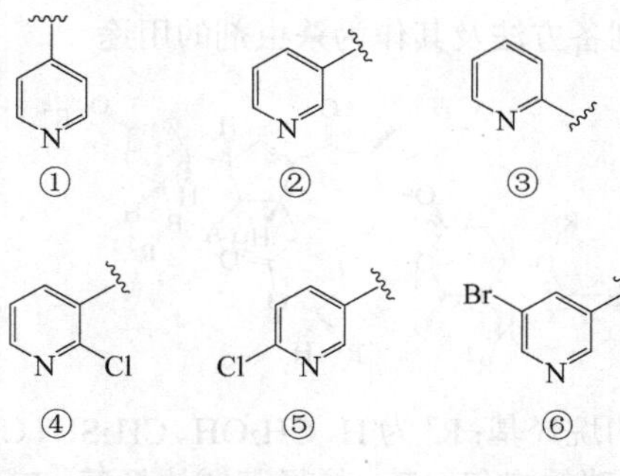

① ② ③

④ ⑤ ⑥

发明人：高蓉，肖杭，狄旭东，刘艳青；申请人：南京医科大学

中国专利号：ZL200510037723.X；中国专利申请日：2005-02-02

化合物类型：天然产物类、鬼臼毒素类

发明思路：me-too 研究；在鬼臼毒素类结构基础上引入取代吡啶基衍生得到了相关化合物。

用途：具有杀虫活性，该发明吡啶类鬼臼毒素化合物对农业害虫如菜青虫、小菜蛾、黏虫、甜菜夜蛾等，卫生害虫如蚊、蝇、蟑螂等，林业害虫如杨小舟蛾、杨扇舟娥、柳兰叶甲等具有杀虫活性，且其活性高于其目的化合物（鬼臼毒素或 4′-去甲表鬼臼毒素），毒性低于母体化合物（鬼臼毒素或 4′-去甲表鬼臼毒素），可用于制备高效低毒的杀虫剂。

代表化合物结构如下：

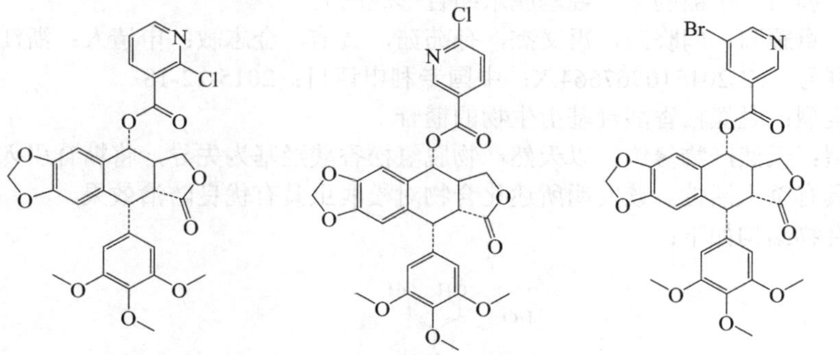

（51）一类脱氢松香酸衍生物接枝壳聚糖及其制备方法与应用

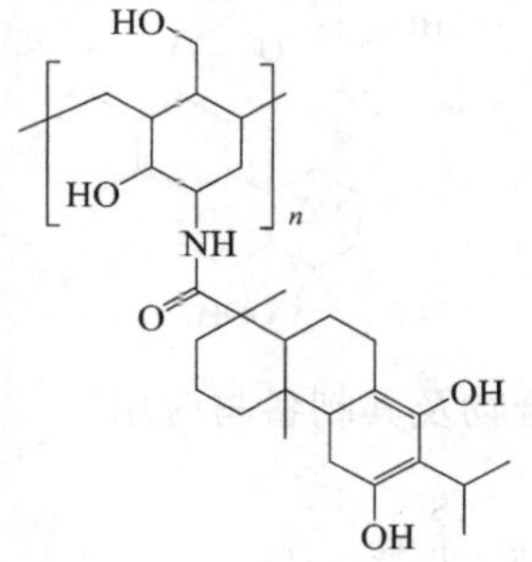

式中，n为自然数，壳聚糖为分子量300～2000的低分子壳聚糖。
发明人：童耀阳，闫晓玉，黄洁，金志敏，周良普；申请人：浙江工业大学
中国专利号：ZL201610374069.X；中国专利申请日：2016-05-30
化合物类型：脱氢松香酸衍生物
发明类型：天然产物修饰；以天然产物脱氢松香酸羟基为先导，将糖苷引入，优化得到。
用途：具有杀虫活性。该发明所述化合物对松线虫具有优良防治效果。
代表化合物结构如下：

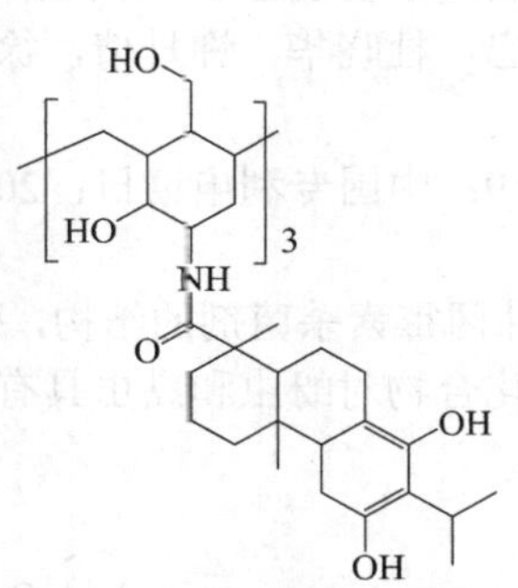

（52）一类脱氢松香酸羟基衍生物的糖苷及其制备与应用

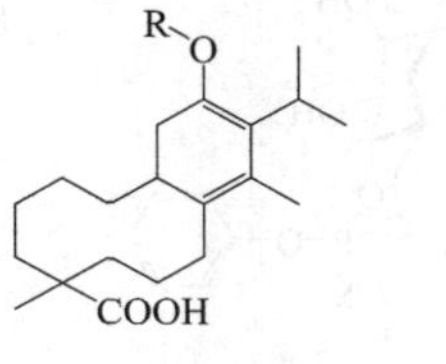

式中，R 为低聚糖基（低聚糖指含有 2～10 个糖苷键聚合而成的化合物，糖苷键是一个单糖的某一羟基和另一单糖的某一羟基脱水缩合形成的）。

发明人：童耀阳，闫晓玉，冯文杰，孙茹茹，黄洁，金志敏；申请人：浙江工业大学

中国专利号：ZL201510967664.X；中国专利申请日：2015-12-18

化合物类型：脱氢松香酸羟基衍生物的糖苷

发明类型：天然产物修饰；以天然产物脱氢松香酸羟基为先导，将糖苷引入，优化得到。

用途：具有杀虫活性。该发明所述化合物对松线虫具有优良防治效果。

代表化合物结构如下：

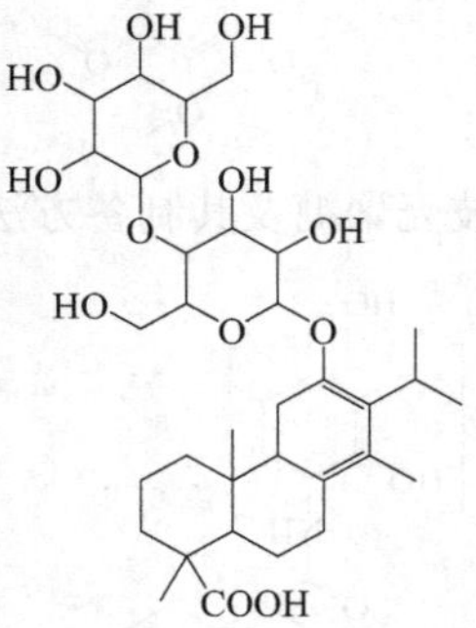

（53）多环含磷井冈羟胺 A 化合物及其制备与应用

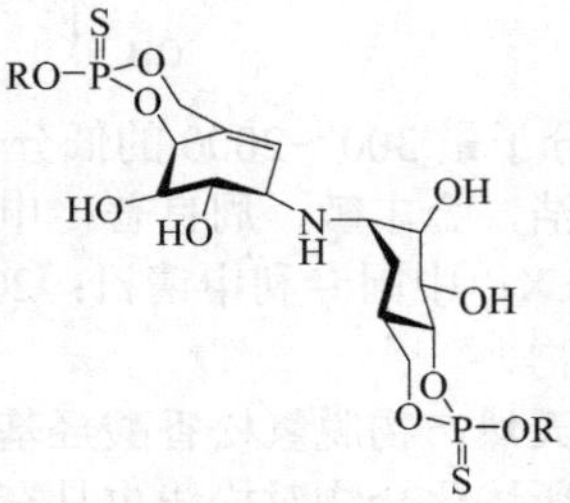

式中，R 为氮杂环基、苯基或取代苯基或含 1～4 个碳原子的烷基。

发明人：吴庆安，郑辉，俞建忠，杜晓华，许丹倩，徐振元，沈寅初；申请人：浙江工业大学

中国专利号：ZL200510049359.9；中国专利申请日：2005-03-11

化合物类型：井冈霉素类

发明思路：me-too 研究；根据井冈霉素杀菌剂的结构，引入缩醛或缩酮，得到该类化合物。

用途：具有杀虫活性。该发明化合物对蚜虫和黏虫具有较好的灭杀活性。

代表化合物结构如下：

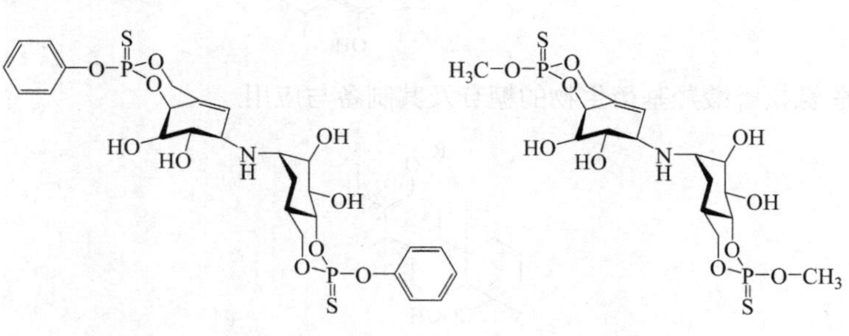

（54）*N*-取代-3-蒎酮亚胺合成及在毒杀松材线虫中的应用

其中，取代基 R 为异丁基、正己基、正辛基、苯基等。

发明人：王石发，杨益琴，李艳苹，谷文，赵博光；申请人：南京林业大学

中国专利号：ZL200910028543.3；中国专利申请日：2009-02-04

化合物类型：蒎酮亚胺类

发明思路：me-too 研究；该发明以松节油主要成分 *α*-蒎烯为母体，通过衍生合成系列蒎酮亚胺类化合物。

用途：具有杀虫活性，该发明的化合物对松材线虫有较好效果，可以用于防治森林害虫。

代表化合物结构如下：

（55）一种克莱烷型二萜化合物及其制备方法与应用

式中，R^1 为乙酰基，R^2 为氢；或 R^1、R^2 为氢。

发明人：王长云，邵长伦，周远明；申请人：中国海洋大学

中国专利号：ZL201110439960.4；中国专利申请日：2011-12-03

化合物类型：克莱烷型二萜类化合物

发明思路：天然产物；从扁小尖柳珊瑚中提取分离得到。

用途：具有杀虫活性。

代表化合物结构如下：

（56）*N*-酰基吡唑鱼藤醚及其制备方法与应用

式中，R 选自 C_1～C_2 烷基、C_3～C_5 直链或支链烷基；R^1 选自 C_1～C_2 烷基、C_3～C_7 直链或支链烷基、$X(CH_2)_n$，X＝Cl、Br，n＝1、2 或 3；条件是 R 与 R^1 不同时为甲基。

发明人：胡艾希，陈晓东，叶姣；申请人：湖南大学

中国专利号：ZL201010273525.4；中国专利申请日：2010-09-07

化合物类型：鱼藤醚

发明思路：天然产物修饰；以 *N*-酰基吡唑鱼藤粉为母体，对其羟基官能团进行修饰而得。

用途：具有杀虫活性，用于控制蚕豆蚜等。

代表化合物结构如下：

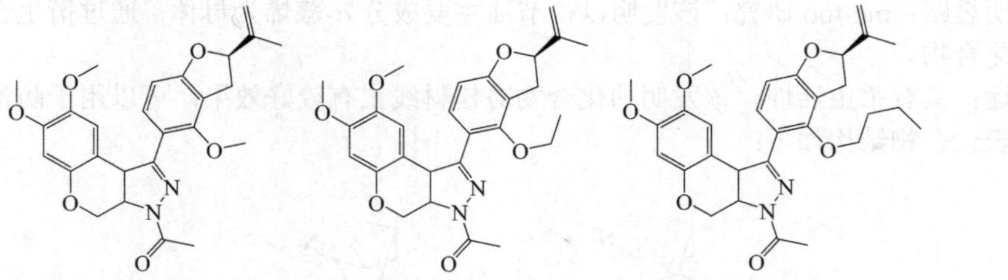

（57）鱼藤酮肟烯/炔丙基醚及其作为杀虫剂的应用

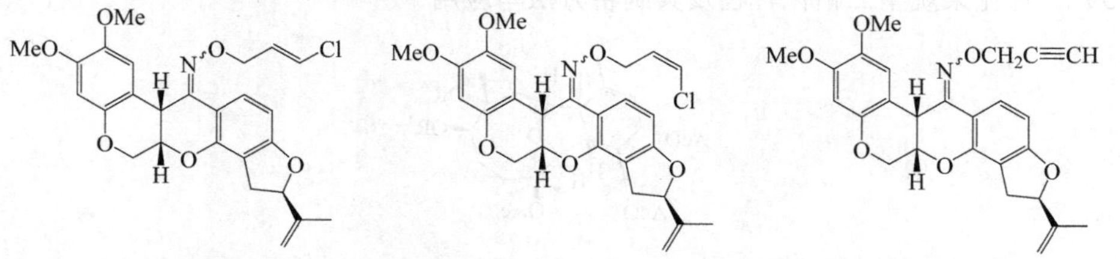

发明人：叶姣，张翠央，胡艾希，陈晓东，李国希；申请人：湖南大学

中国专利号：ZL201110179503.6；中国专利申请日：2011-06-30

化合物类型：鱼藤酮

发明思路：me-too 研究；在现有技术公开的鱼藤酮肟醚类化合物的基础上进行结构衍生从而得到现有的化合物。

用途：具有杀虫活性，可用于防治蚕豆蚜。

（58）13-硫醚取代多杀菌素衍生物及其制备方法

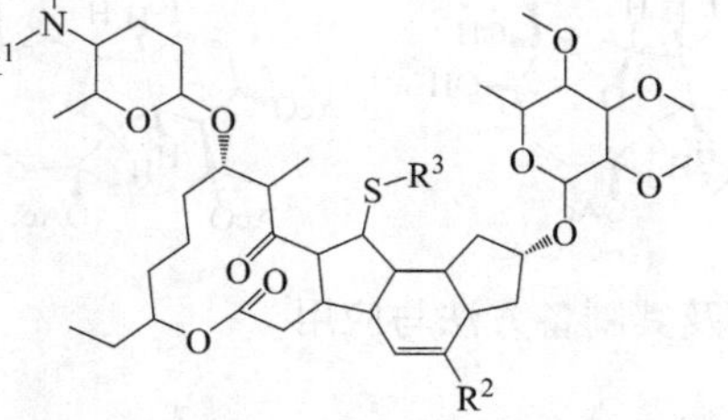

其中，R^1 选自氢、甲基；R^2 选自氢；R^3 选自如下结构，其中 R^4 为氢、卤素、甲氧基，X^1 为 CH 或 N，X^2 为氧或硫。

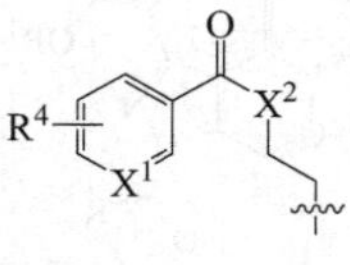

发明人：欧晓明，刘苏友，裴晖，马大友，李明，刘丽君，王希中，易正华，白建军，喻快；申请人：湖南化工研究院

中国专利号：ZL201210514697.5；中国专利申请日：2012-12-05

化合物类型：多杀菌素类

发明思路：me-too 研究；在多杀菌素结构基础上引入苯酰乙胺/酯硫醚结构得到了相关化合物。

用途：具有杀虫活性，在很低的剂量下，对黏虫具有很好的活性，部分化合物优于多杀菌素。

代表化合物结构如下：

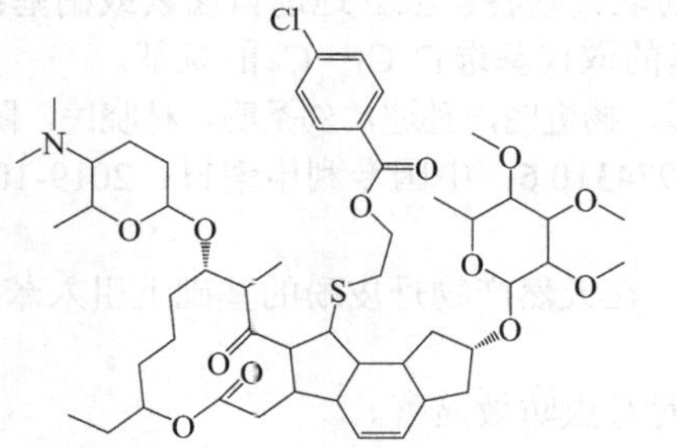

（59）蛇床子素酯类衍生物及其制备方法和应用

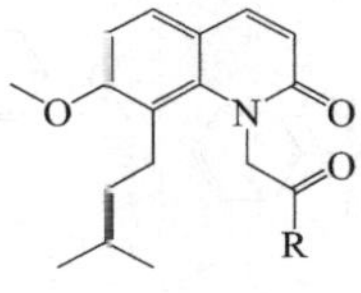

式中：

R 选自取代或非取代的苯基、取代或非取代的吡啶基或 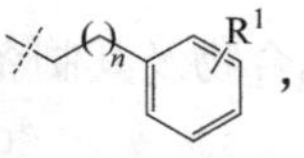 ，其中 $n=0\sim3$；所述取代的苯基是被 $C_1\sim C_4$ 烷基、$C_1\sim C_4$ 烷氧基、卤素、硝基、醛基或氰基取代的苯基；所述取代的吡啶基是被 $C_1\sim C_4$ 烷基、$C_1\sim C_4$ 烷氧基、卤素、硝基、醛基或氰基取代的吡啶基；所述 R^1 选自氢、$C_1\sim C_4$ 烷基、$C_1\sim C_4$ 烷氧基、卤素、硝基、醛基或氰基中的一种或几种。

发明人：杨瑞阁，郭勇，刘芝延，侯恩华，马楠楠；申请人：郑州大学

中国专利号：ZL201910954638.1；中国专利申请日：2019-10-09

化合物类型：蛇床子素类

发明思路：me-too 研究；在天然产物蛇床子素结构的基础上，通过修饰和替换得到现有化合物。

用途：具有杀虫活性，对三龄前期黏虫生长发育有很好的抑制活性。

代表化合物结构如下：

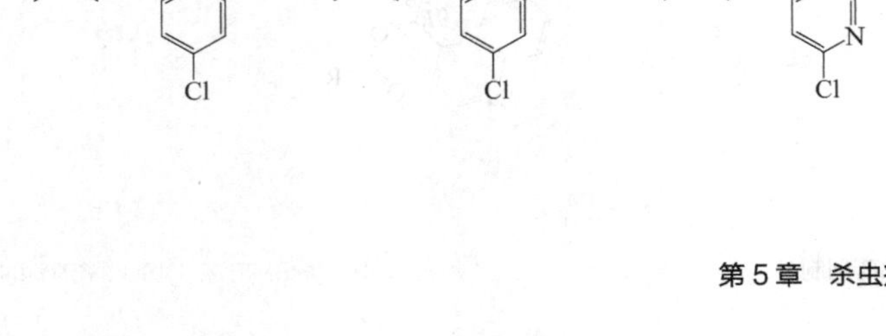

（60）丹皮酚苯磺酰腙及其衍生物和其制备方法、植物源杀虫剂及其应用

式中，所述 R^1 和 R^2 各自独立地选自 C_1～C_4 的烷基、苯基、一取代的苯基、3,4-二取代的苯基、2,4,6-三取代的苯基、萘基或喹啉基；

其中，所述一取代的苯基的取代基选自 C_1～C_4 的烷基、卤素或硝基；

所述 3,4-二取代的苯基的取代基各自独立地选自卤素或硝基；

所述 2,4,6-三取代的苯基的取代基选自 C_1～C_4 的烷基。

发明人：车志平，田月娥，杨进明，孙迪，刘圣明，林晓民，陈根强；申请人：河南科技大学

中国专利号：ZL201910974310.6；中国专利申请日：2019-10-14

化合物类型：丹皮酚类

发明思路：me-too 研究；在天然产物丹皮酚的基础上引入苯磺酰腙结构，再通过进一步修饰得到现有化合物。

用途：具有杀虫活性，对黏虫防效显著。

代表化合物结构如下：

（61）倍半萜类化合物及其制备方法和用途

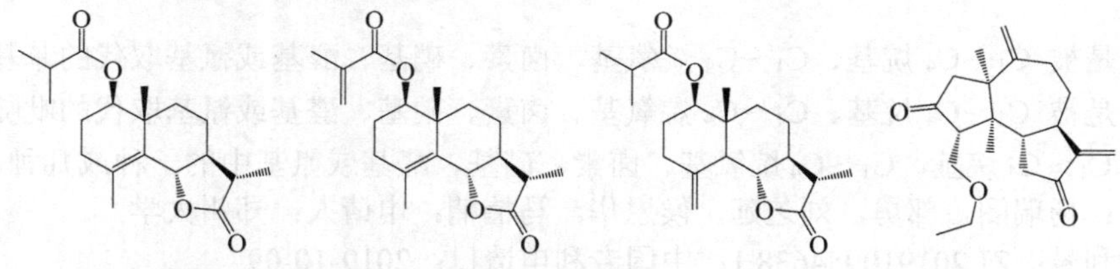

发明人：石莎，武海波；申请人：中央民族大学

中国专利号：ZL201910918693.5；中国专利申请日：2019-09-26

化合物类型：倍半萜类

发明思路：天然产物修饰；从植物毛莲蒿中提取、分离并进一步修饰得到现有化合物。

用途：具有杀虫活性，该化合物可以降低小菜蛾、甜菜夜蛾、斜纹夜蛾对蔬菜的取食率，也可以抑制上述昆虫的生长发育繁殖。

（62）一种辛可尼丁类化合物及其制备方法、应用，杀虫剂

式中，R 选自烷基、萘亚烷基、苯亚烷基、苯基、取代苯基中的任一种；所述烷基中的碳原子个数为 1～6；所述萘亚烷基、苯亚烷基中的亚烷基各自独立地为碳原子个数为 1～4 的亚烷基；所述取代苯基中的取代基为卤素、硝基、碳原子个数为 1～3 的烷氧基、碳原子个数为 1～4 的烷基中的一种或多种。

发明人：车志平，田月娥，陈根强，刘圣明，林晓民，姜佳，孙迪，杨进明；申请人：河南科技大学

中国专利号：ZL201911002506.5；中国专利申请日：2019-10-21

化合物类型：辛可尼丁类

发明思路：me-too 研究；在天然产物辛可尼丁结构的基础上，通过在羟基部位引入羰基得到现有化合物。

用途：具有杀虫活性，对黏虫具有一定的杀虫活性，能够使黏虫畸形生长。

代表化合物结构如下：

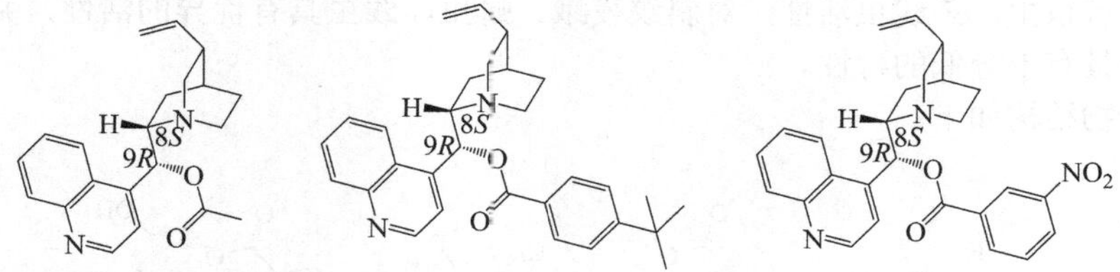

（63）苦木素类化合物及其制备方法和应用

部分化合物如下：

发明人：廖海兵，梁东，阳廷蜜，贺翠；申请人：广西师范大学

中国专利号：ZL201911201411.6；中国专利申请日：2019-11-29

化合物类型：苦木素类

发明思路：天然产物修饰；从苦木科植物苦木的茎或枝叶提取、分离并进一步修饰得到现有化合物。

用途：具有杀虫杀螨活性，在 100mg/L 的浓度下，对柑橘木虱和柑橘红蜘蛛表现出一定的活性。

代表化合物结构如下：

（64）一种琥珀酸糠醛双酯类杀虫剂及其制备方法和用途

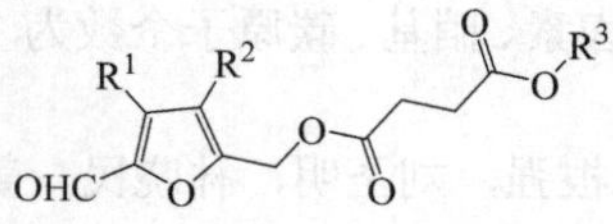

式中，R^1、R^2各自独立地为卤素或NO_2；R^3为C_1～C_6烷基，其中所述C_1～C_6烷基任选地被一个或更多个选自以下的取代基取代：$C_{1\sim4}$烷氧基或OH。

发明人：李国玉，吕邵娃；申请人：哈尔滨商业大学

中国专利号：ZL201811512871.6；中国专利申请日：2018-12-11

化合物类型：琥珀酸糠醛双酯类

发明思路：me-too研究；在糠醛的基础上，引入琥珀酸酯得到现有化合物。

用途：具有杀虫、杀线虫活性，对斜纹夜蛾、蚜虫、线虫具有优异的活性，并且对于土壤环境中的生物具有十分低的毒性。

代表化合物结构如下：

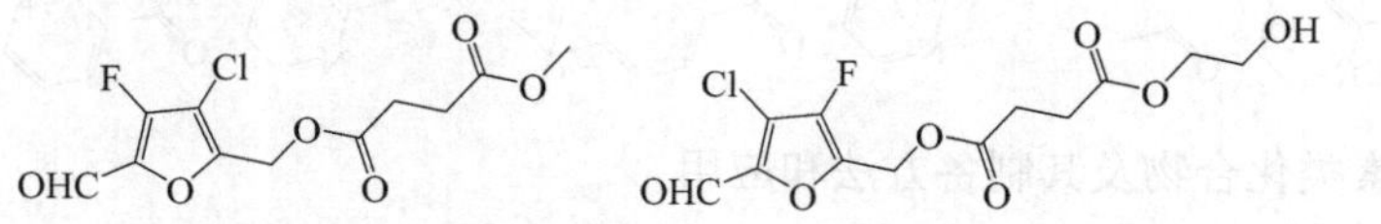

（65）阿维菌素B_{2a}肟醚类衍生物及其在农药上的应用

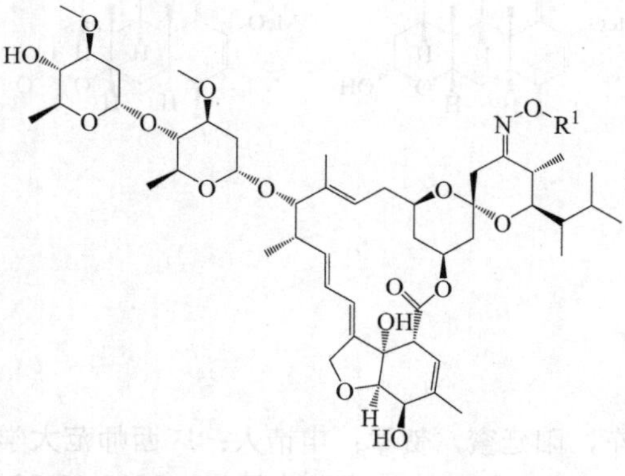

式中，R^1代表甲基或4-CF_3-苯基。

发明人：李娇，徐凤波，李庆山，寇俊杰，王红学，鲁森，陈辉，闫思达；申请人：南开大学

中国专利号：ZL201911323687.1；中国专利申请日：2019-12-20

化合物类型：大环内酯类

发明思路：me-too研究；在阿维菌素B_{2a}基础上，通过保护、氧化反应、肟化反应、脱保护得到阿维菌素B_{2a}肟醚类化合物。

用途：具有杀虫、杀螨、杀线虫活性，在较低浓度下，对小菜蛾、朱砂叶螨、松材线虫具有一定的活性。

代表化合物结构如下：

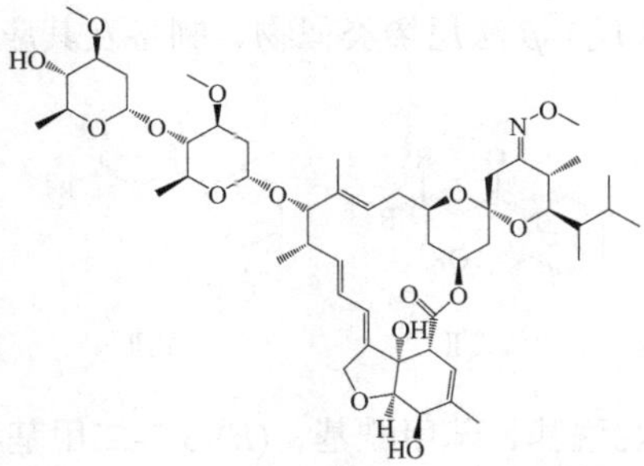

（66）阿维菌素 B_{2a} 肟酰基类衍生物及其在农药上的应用

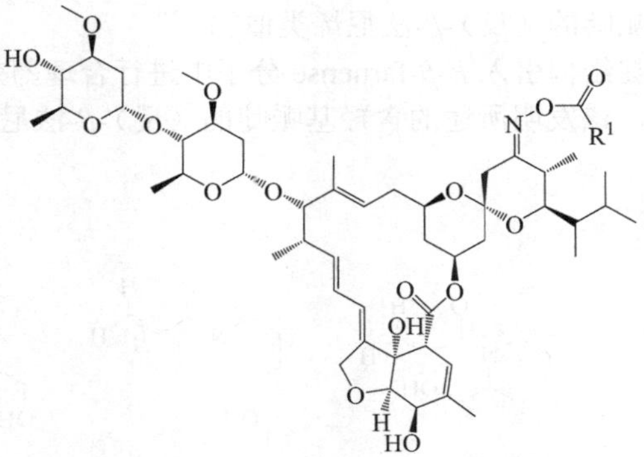

其中，R^1 代表丙基、金刚烷基。

发明人：李娇，徐凤波，李庆山，寇俊杰，王红学，高忠文，王泽春，边瑞斌；申请人：南开大学

中国专利号：ZL201911323065.9；中国专利申请日：2019-12-20

化合物类型：大环内酯类

发明思路：me-too 研究；在阿维菌素 B_{2a} 基础上，通过保护、氧化反应、肟化反应、取代反应和脱保护得到阿维菌素 B_{2a} 肟酰基类化合物。

用途：具有杀虫、杀螨、杀线虫活性，在较低浓度下，对小菜蛾、朱砂叶螨、松材线虫具有一定的活性。

代表化合物结构如下：

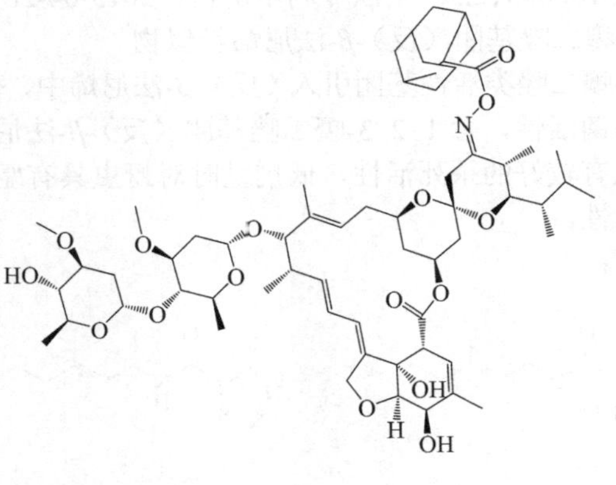

（67）一种含羟基哌啶的（反）-β 法尼烯类似物、制备及其应用

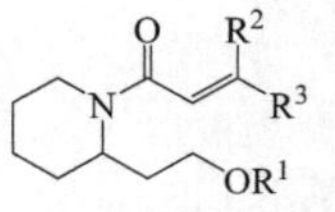

式Ⅰ 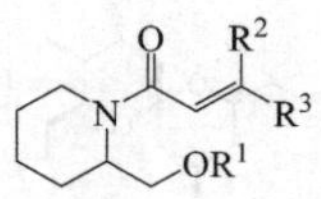　式Ⅱ 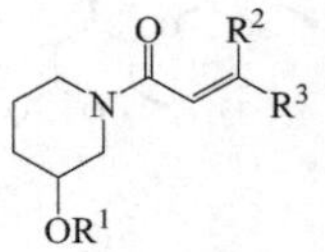　式Ⅲ 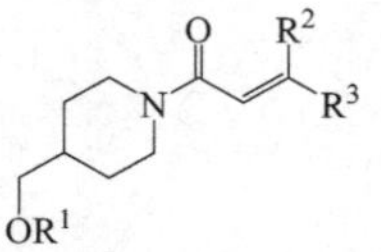　式Ⅳ

式中，R^1 为氢、C_1～C_{10} 烷酰基、苯甲酰基、(*E*)-3,7-二甲基-2,6-辛二烯酰基、异戊烯酰基中的一种；R^2 为氢或异戊烯基；R^3 为氢或异戊烯基。

发明人：段红霞，杨朝凯，李慧琳，刘崇，路星星；申请人：中国农业大学

中国公开号：CN111233747A；中国专利申请日：2020-02-18

化合物类型：含羟基哌啶的（反）-β-法尼烯类似物

发明思路：将羟基哌啶结构引入 *E*-β-farnense 分子中进行合理药效片段拼接而得。

用途：具有杀虫活性，该发明所述的含羟基哌啶的（反）-β-法尼烯类似物对蚜虫具有较好的防治效果。

代表化合物结构如下：

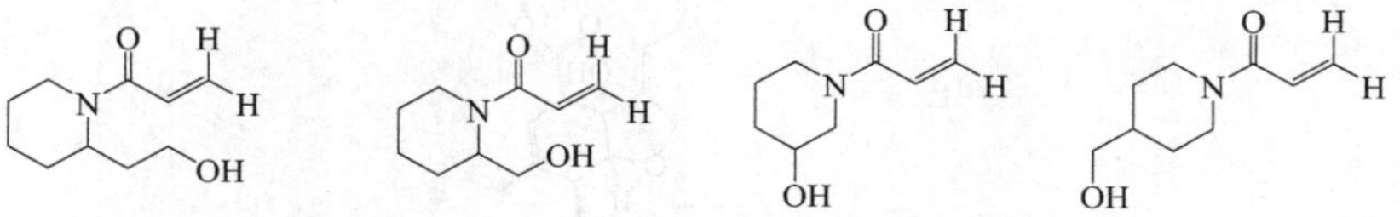

（68）含 1,2,3-噻二唑基团（反）-β-法尼烯类似物及其制备方法与应用

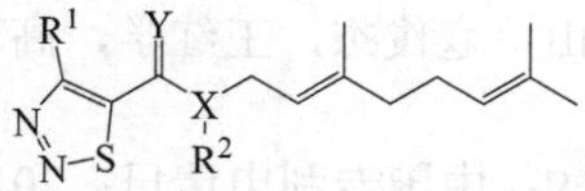

其中 R^1 为 H、C_1～C_{10} 烷基、卤代烷基、苯基、苄基、卤素、硝基、噻唑、吡啶；R^2 为 H，C_1～C_{10} 烷基，含卤素、硝基、氰基、C_1～C_{10} 烷基或烷氧基的苯基，含卤素、硝基、C_1～C_{10} 烷基或烷氧基的苄基，吡啶，噻唑，苯基，吡唑，咪唑，噁唑，异噁唑，喹啉，噻吩，呋喃，四氢呋喃；X 为 O、N；Y 为 O、S。

发明人：杨新玲，张景朋，凌云，宋敦伦，秦耀果，曲焱焱，李文浩；申请人：中国农业大学

中国专利号：ZL201510209512.3；中国专利申请日：2015-04-28

化合物类型：1, 2, 3-噻二唑基团（反）-β-法尼烯类似物

发明思路：将 1, 2, 3-噻二唑类活性基团引入（反）-β-法尼烯中，替代其中的共轭双键而得。

用途：具有杀虫、杀菌活性，含 1, 2, 3-噻二唑基团（反）-β-法尼烯类似物表现出多重生物活性，在高剂量时对蚜虫有较好的杀死活性，低剂量时对蚜虫具有驱避活性，同时还具有抗烟草花叶病毒活性及杀菌活性。

代表化合物结构如下：

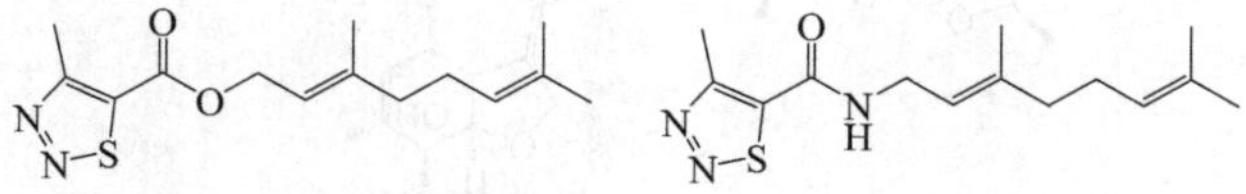

（69）一种分离自臭辣树的化合物及其抗虫用途

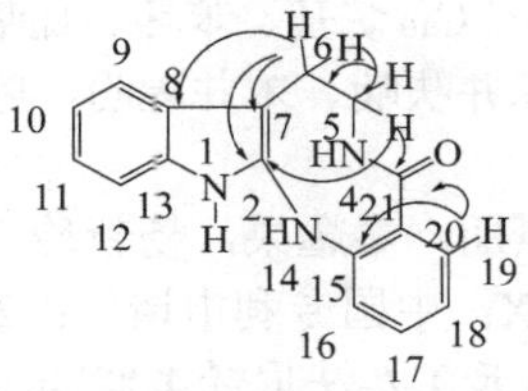

发明人：刘志龙，刘昕超，刘奇志，石旺鹏；申请人：中国农业大学

中国专利号：ZL201510592092.1；中国专利申请日：2015-09-17

化合物类型：分离自臭辣树的化合物

发明思路：天然产物提取；从臭辣树的乙醇浸膏中分离。

用途：具有杀虫活性，以该发明化合物或其盐为活性成分制备抗虫制品，可有效杀灭线虫，与杀线虫化合物克百威的活性相当。由于该发明分离获得的新化合物是从臭辣树植物中提取而得的，在自然条件下易分解，因此不会引起生物富集现象，并且对人畜安全，可以作为天然农药长期使用而不会产生环境污染的问题。

（70）具有胡椒碱骨架结构化合物、制备及其应用

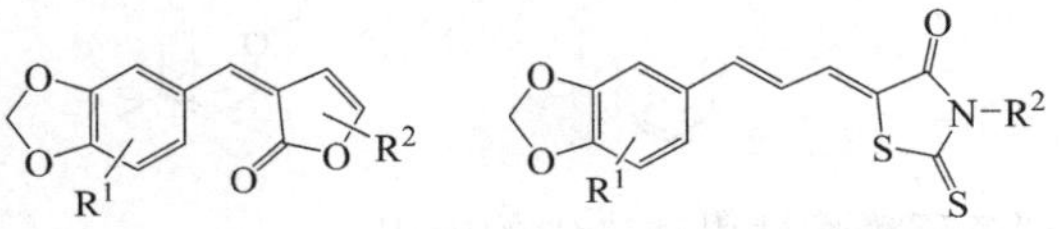

式 I-1　　式 I-2

式中，R^1为氢、卤素、硝基或氰基，又或为取代或未取代的羟基、氨基、羧基、酯基、氢硫基、酰氨基、脲基、C_1～C_5直链或支链烷基、C_1～C_5烷氧基。

R^2为氢、卤素、硝基或氰基，又或为取代或未取代的羟基、氨基、羧基、酯基、氢硫基、酰氨基、脲基、苯基、芳基、芳杂基，又或为取代或未取代的C_1～C_5直链或支链烷基，又或为取代或未取代的C_1～C_5烷氧基，又或为取代或未取代的C_6～C_{30}芳基、稠环、稠杂环。

发明人：段红霞，韩清，杨青，吴楠，朱凯，王金娥，李慧琳；申请人：中国农业大学

中国专利号：ZL202010099606.0；中国专利申请日：2020-02-18

化合物类型：有胡椒碱骨架结构化合物

发明思路：以胡椒醇为原料，先氧化成胡椒醛，再与取代稠杂环进行缩合反应得到。

用途：具有杀虫活性，该发明提供的化合物作为几丁质酶抑制剂具有活性高、广谱性好、易于合成等特点，且表现出优良的杀虫能力和杀虫谱。

代表化合物结构如下：

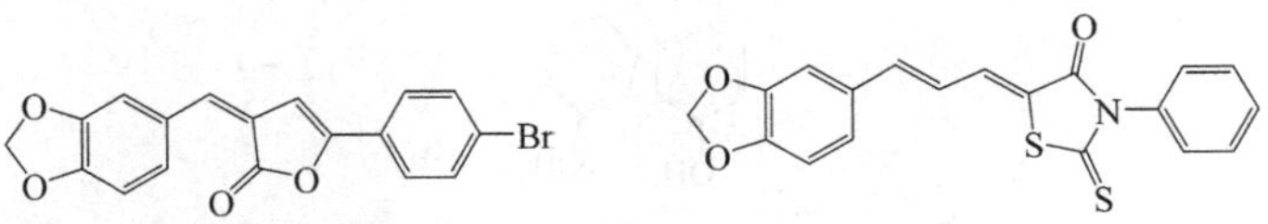

（71）一种含茉莉酸基团的（反）-β-法尼烯类似物及其制备与应用

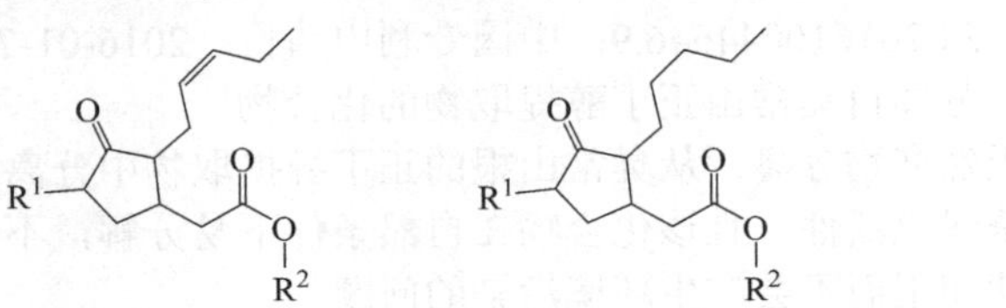

其中，R^1为氢、氰基、羧基、叠氮基、卤素、硝基、三氟甲基和烷氧基中的一种；R^2为(*E*)-3,7-二甲基-2,6-辛二烯基、异戊烯基、C_1～C_{10}烷基、苯环、吡咯、噻吩、呋喃、吡唑、咪唑、噻唑、吡啶、吡喃、吡嗪、嘧啶、哒嗪、苯并呋喃、苯并噻吩、吲哚、喹啉、异喹啉、嘌呤、吖啶、三氟甲基和卤素中的一种。

发明人：段红霞，杜少卿，张景朋，秦耀果，杨新玲，宋敦伦；申请人：中国农业大学

中国专利号：ZL201610331425.X；中国专利申请日：2016-05-18

化合物类型：含茉莉酸基团的（反）-*β*-法尼烯类似物

发明思路：me-too 研究；将茉莉酸类活性基团引入（反）-*β*-法尼烯中，替代其中的共轭双键而得。

用途：具有杀虫活性，所述的含茉莉酸基团（反）-*β*-法尼烯类似物表现出多重生物活性，在高剂量时对蚜虫有较好的杀死活性，低剂量时对蚜虫具有驱避活性，具有较好的应用开发价值。

代表化合物结构如下：

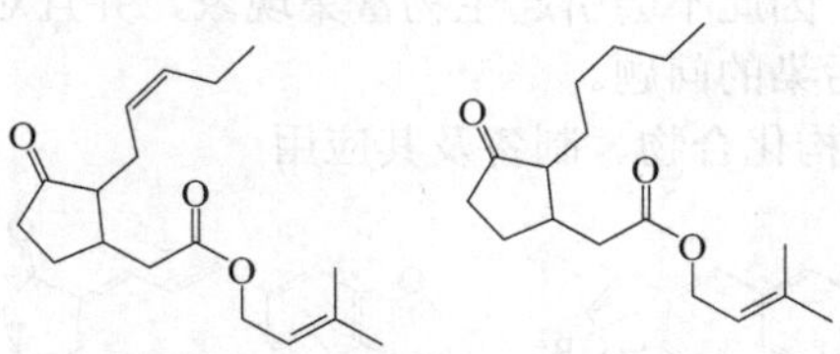

（72）化合物及其在制备稻瘿蚊性引诱剂中的应用

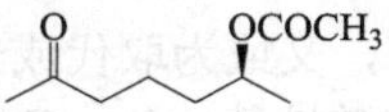

发明人：刘亚佳，曾爱军，宋坚利；申请人：中国农业大学

中国专利号：ZL201610239768.3；中国专利申请日：2016-04-18

化合物类型：乙酰氧基庚酮

发明思路：以（*R,R*）-酒石酸二乙酯和4-甲基苯基甲硫醚为起始原料经9步反应得到。

用途：具有杀虫活性，该发明的应用性信息素（化合物）制成的性引诱剂及其诱芯可用于对稻瘿蚊进行种群监测和综合防治，适于预报躲避在虫瘿内部害虫的发生规律。

（73）分离自臭常山正丁醇提取物的化合物及其抗虫用途

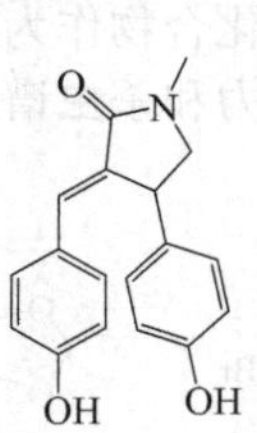

发明人：刘志龙，刘昕超，刘奇志，赖道万，周立刚，石旺鹏；申请人：中国农业大学

中国专利号：ZL201610044646.9；中国专利申请日：2016-01-22

化合物类型：分离自臭常山正丁醇提取物的化合物

发明思路：天然产物分离；从臭常山根的正丁醇提取物中分离。

用途：具有杀线虫活性，且该化合物在自然条件下易分解，不会引起生物富集现象，可以作为天然农药长期使用而不会产生环境污染的问题。

（74）一种昆虫抑咽侧体素的五肽模拟物及其应用

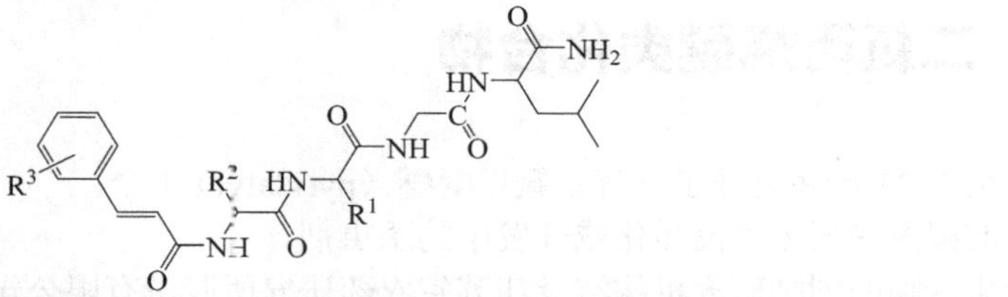

其中，R^1选自具有取代基的苄基或苯基，取代基选自氢、单取代的卤素、硝基、甲基或三氟甲基；R^2选自 CH_2COOH 或者 CH_2CONH_2；R^3选自 4-NO_2、4-F、4-Cl、4-Br、4-CF_3、4-OH、4-CH_3、4-OCH_3、4-OCH_2CH_3、3,4,5-三甲氧基、4-*N*,*N*-二甲基或者 4-苯基。

发明人：杨新玲，汪梅子，凌云，开振鹏，周源琳，金小宇；申请人：中国农业大学

中国公开号：CN110330547A；中国专利申请日：2019-08-05

化合物类型：昆虫抑咽侧体素的五肽模拟物

发明思路：以前期具有良好活性的抑咽侧体素亚肽类似物为先导，采用活性亚结构拼接方法，进行结构改造而得。

用途：具有杀虫活性。

代表化合物结构如下：

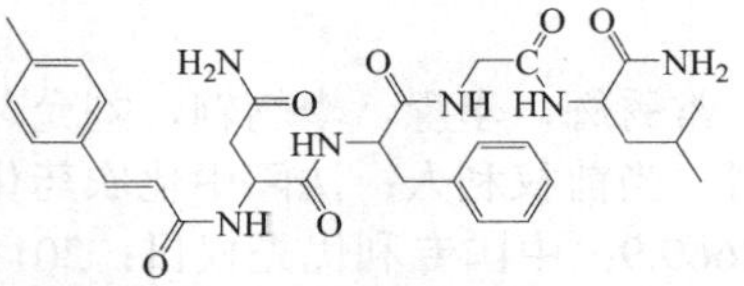

（75）一种糖基萘酰亚胺衍生物及其制备方法与应用

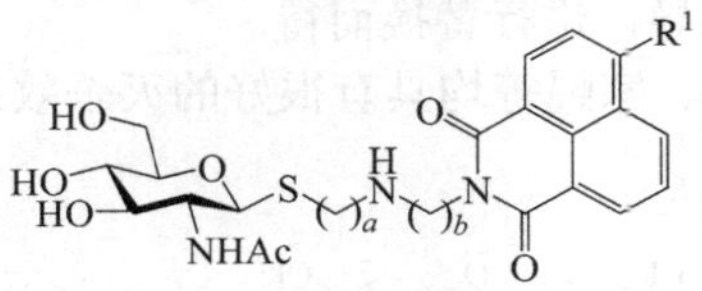

式Ⅰ 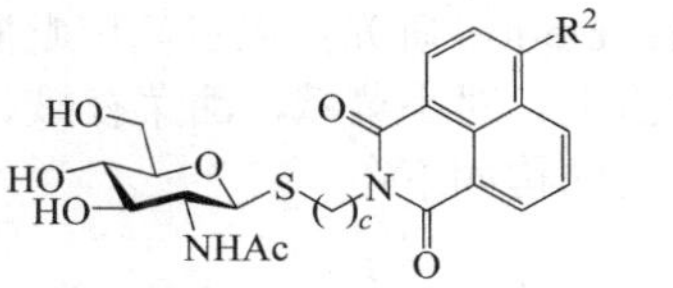　　式Ⅱ

式(Ⅰ)和式(Ⅱ)中，R^1和R^2均为氢、硝基、卤素、C_1～C_4烷氧基和C_1～C_4烷基取代的氨基中的至少一种；*a* 为 2、3、5、6；*b* 为 2、3、4；*c* 为 2、3、4、5、6；所述C_1～C_4烷基取代的氨基的结构式如 $R^4-N(R^3)-$，式中，R^3和R^4均为C_1～C_4烷基中的至少一种；所述卤素包括氟、氯、溴和碘中的至少一种。

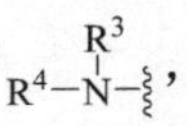

发明人：张建军，沈生强，杨青，陈威，王道全；申请人：中国农业大学

中国专利号：ZL201710639194.3；中国专利申请日：2017-07-31

化合物类型：5-糖基萘酰亚胺衍生物

发明思路：me-too 研究；以 2-溴乙基-2-乙酰氨基-3,4,6-三-*O*-乙酰基-2-脱氧-1-硫代-*β*-D-吡喃葡萄糖苷为起始原料，与对应的异喹啉二酮缩合，再经过还原反应得到。

用途：具有杀虫活性，该发明糖基萘酰亚胺衍生物具有靶标酶抑制活性和杀虫活性。

代表化合物结构如下：

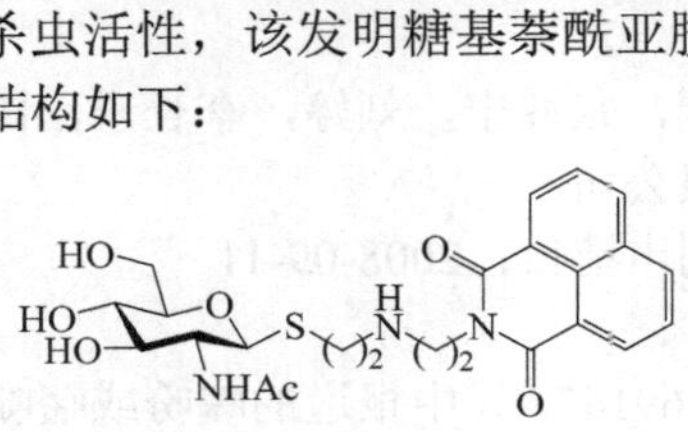

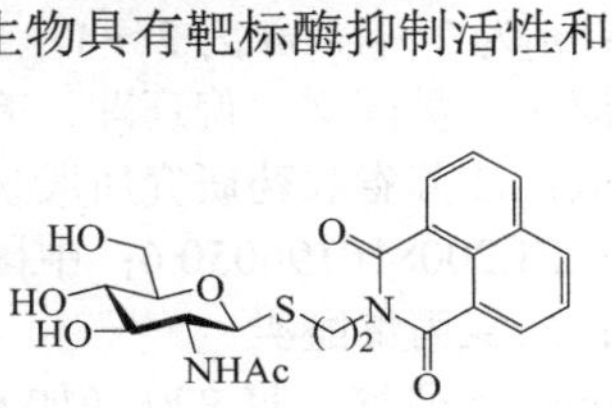

5.9 二氯丙烯醚类化合物

截至 2023 年底公开了仅有三氟甲吡醚（pyridalyl）1 个。

目前国内尚无该类商品化或开发中的杀虫剂。

新化合物的创制研究机构涉及江苏省农药研究所股份有限公司、南通大学、华中师范大学、湖南化工研究院有限公司、沈阳中化农药化工研发有限公司等。

（1）芳氧基二卤丙烯醚类化合物与应用

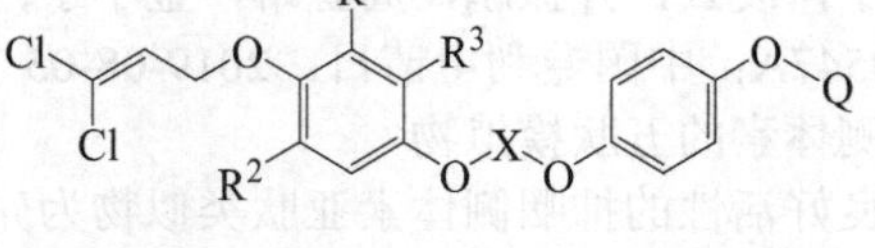

式中，R^1、R^2、R^3 可相同或不同，分别选自 H 或 Cl；X 选自 $CH_2CH_2CH_2$；Q 选自噻唑基、吡啶基、哒嗪酮基或苯并噁唑基，或者被 1～3 个独立选自以下基团进一步取代的上述基团：F、Cl、Br、CN、NO_2、CH_3、C_2H_5、$C(CH_3)_3$、CF_3、$CHFCH_3$、CHF_2、OCH_3、OCF_3、$OCHF_2$ 或 SCH_3。

发明人：刘长令，杨吉春，常秀辉，李淼，李轲轲，刘允萍；申请人：中国中化股份有限公司，沈阳化工研究院有限公司；当前权利人：沈阳中化农药化工研发有限公司

中国专利号：ZL201110078669.9；中国专利优先权日：2011-03-30

化合物类型：芳氧基二卤丙烯醚类化合物

发明思路：me-too 研究；以三氟甲吡醚为先导，进行替换而得。

用途：杀虫剂。对小菜蛾、甜菜夜蛾、黏虫、家蝇等均具有很好的灭杀效果。

代表化合物结构如下：

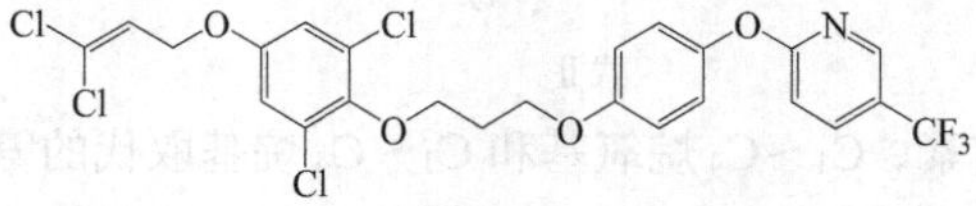

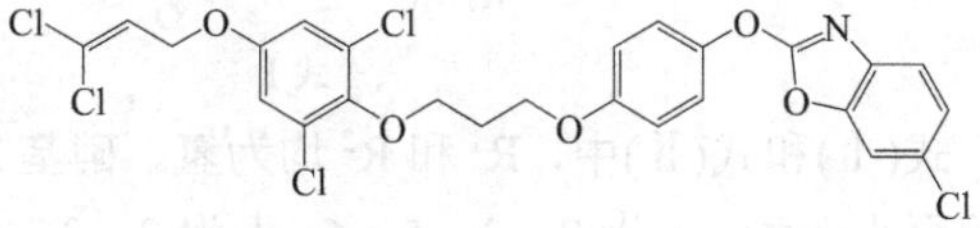

（2）二卤代丙烯类化合物及其制备方法和用途

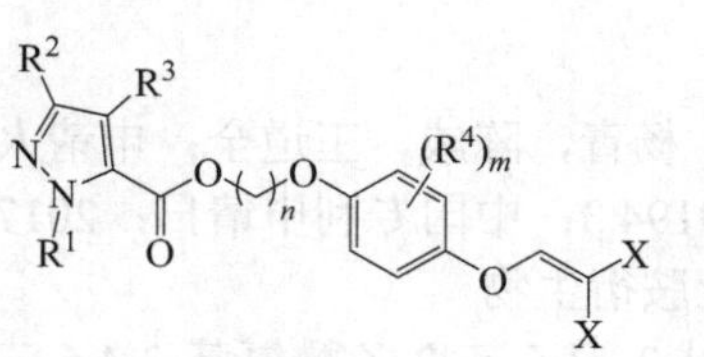

式中，R^1 为 C_1～C_5 烷基；R^2 为 C_1～C_5 烷基；R^3 为氢、卤素、C_1～C_3 烷基或硝基；R^4 为卤素；X 为卤素；n 为 2～4，m 为 2～4。

发明人：马海军，吴同文，倪珏萍，郭丽琴，张湘宁，刘婷，李长乐，田辉凯，刘丽，曾霞，王娜；申请人：江苏省农药研究所股份有限公司

中国专利号：ZL200810196050.6；中国专利申请日：2008-09-11

化合物类型：二氯丙烯醚类

发明思路：me-too 研究；将文献（如 CN1169147A）中报道的噻吩或嘧啶等甲酰基用吡唑

甲酰基替换得到。

用途：具有杀虫杀螨活性，用于防治小菜蛾、棉铃虫等。

代表化合物结构如下：

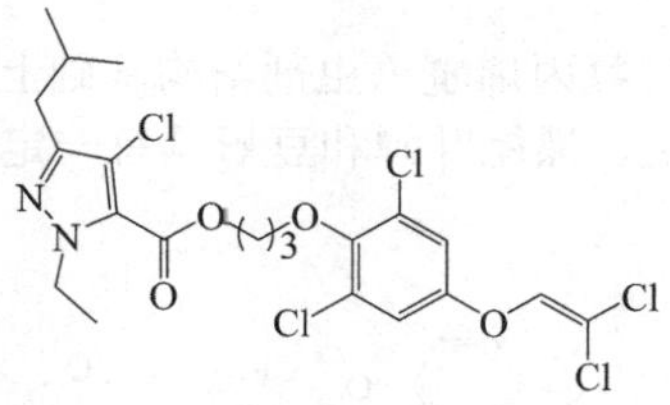

（3）含叠氮基吡啶的二氯丙烯醚类化合物及其制备方法和应用以及一种杀虫剂

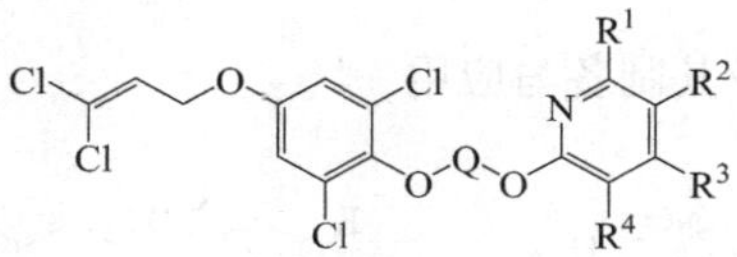

其中，Q 为选自由 CH_2、$CH_2CH_2CH_2$、$CH_2CH_2CH_2CH_2$、$CH_2CH_2CH_2CH_2CH_2$、$CH_2CH_2CH_2CH_2CH_2CH_2$、$CH(CH_3)$、$CH(CH_3)CH_2$、$CH(CH_3)CH_2CH_2$、$C(CH_3)_2$、$CH(CH_3)CH(CH_3)$ 和 $CH_2C(CH_3)_2CH_2$ 组成的基团；

R^1、R^2、R^3 和 R^4 中的任意一个为叠氮基，剩余三个相同或不同，各自独立地选自 H、$C_{1\sim6}$ 的烷基、环丙基、甲基环丙基、乙基环丙基、环戊基、甲基环戊基、环己基、卤素、NO_2、CN、由 1～3 个卤素取代的 $C_{1\sim6}$ 的烷基。

发明人：杨光富，吴琼友，潘金环，王震宇；申请人：华中师范大学

中国专利号：ZL201810925025.0；中国专利申请日：2018-08-14

化合物类型：二氯丙烯醚类

发明思路：me-too 研究；在二氯丙烯醚杀虫剂结构基础上引入稠环及嘧啶结构得到。

用途：具有杀虫活性，在防治小菜蛾、棉铃虫、斜纹夜蛾、甜菜夜蛾、黏虫、二化螟和西花蓟马等害虫方面具有优异的效果。

代表化合物结构如下：

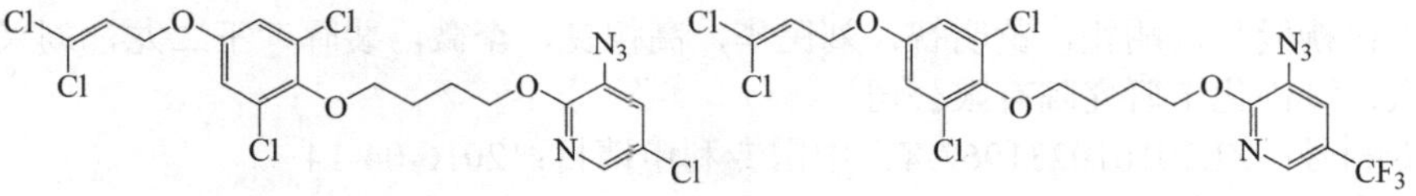

（4）二氯烯丙基醚类化合物、杀虫剂及其应用

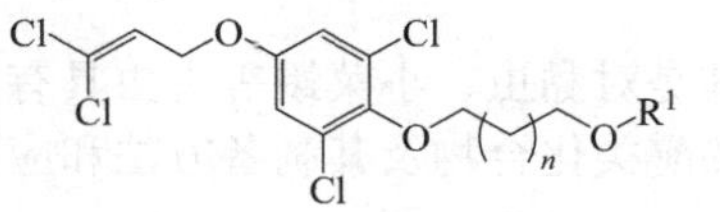

其中，R^1 选自如下基团：

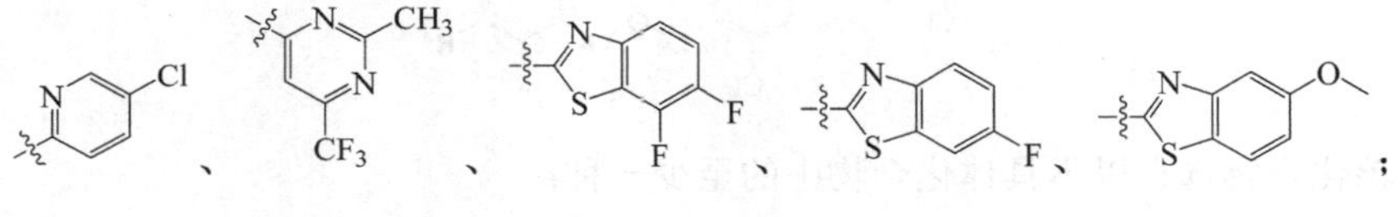

、 、 、 、 ；

n 为 0～3 的整数。

发明人：杨光富，李俊；申请人：华中师范大学

中国专利号：ZL201410138664.4；中国专利申请日：2014-04-04

化合物类型：二氯丙烯醚类

发明思路：me-too 研究；在二氯丙烯醚杀虫剂结构基础上引入稠环及嘧啶结构得到。

用途：具有杀虫活性，对黏虫、黑尾叶蝉和豆蚜具有一定的活性。

代表化合物结构如下：

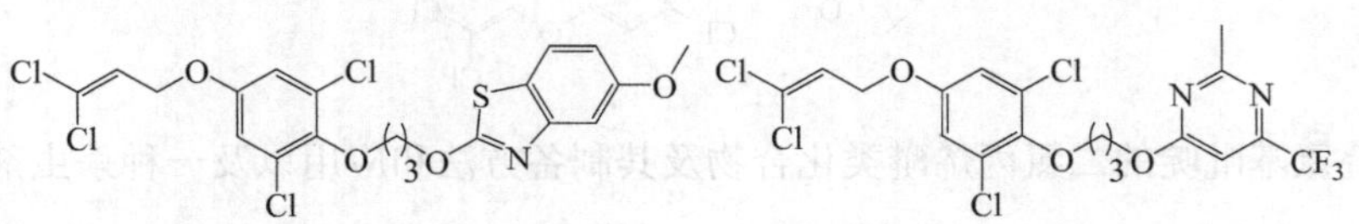

（5）二卤丙烯醚类化合物及其制备与应用

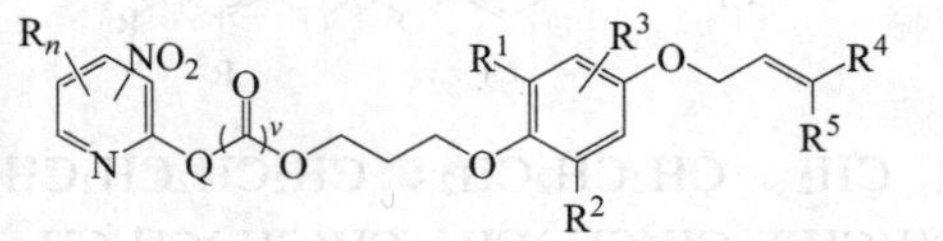

其中，通式表示的二卤丙烯醚类化合物是如下所示的化合物：

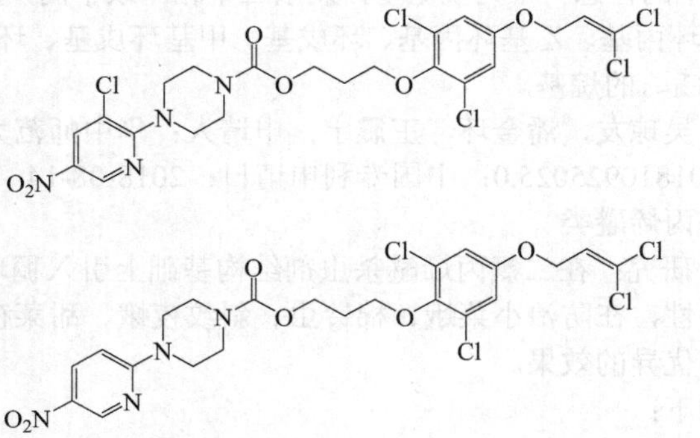

发明人：柳爱平，胡礼，黄明智，刘民华，高德良，李微，裴晖，王二龙，刘兴平，聂思桥；申请人：湖南化工研究院有限公司

中国专利号：ZL201610231967.X；中国专利申请日：2016-04-14

化合物类型：二氯丙烯醚类

发明思路：me-too 研究；在二氯丙烯醚杀虫剂结构基础上引入 2-吡啶哌嗪结构得到了相关化合物。

用途：具有杀虫活性，尤其是对黏虫、小菜蛾等害虫具有很高的活性。

（6）含氰基吡啶的二氯丙烯醚类化合物及其制备方法和应用以及一种杀虫剂

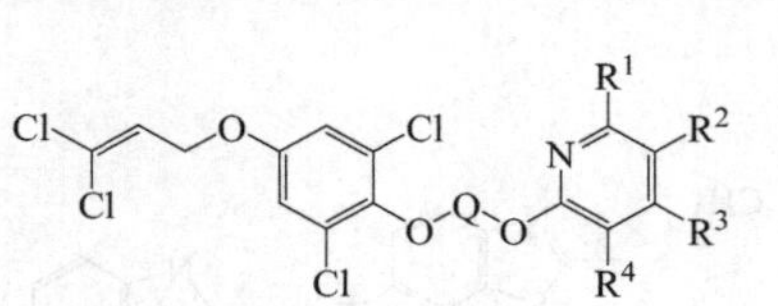

其中，该化合物选自以下具体化合物中的至少一种：

化合物 7：Q 为 $CH_2CH_2CH_2CH_2$；R^1 和 R^3 为 H，R^2 为 CF_3，R^4 为 CN；

化合物 8：Q 为 $CH_2CH_2CH_2CH_2$；R^1 和 R^3 为 H，R^2 为 Cl，R^4 为 CN；

化合物 12：Q 为 $CH_2CH_2CH_2CH_2$；R^1 和 R^3 为 H，R^2 为 F，R^4 为 CN；

化合物 65：Q 为  ；R^1 和 R^3 为 H，R^2 为 Cl，R^4 为 CN。

发明人：杨光富，吴琼友，朱小慧，王震宇；申请人：华中师范大学

中国专利号：ZL202010058377.8；中国专利申请日：2020-01-19

化合物类型：二氯丙烯醚类

发明思路：me-too 研究；以专利 CN1169147A 公开化合物为先导进行优化而得。

用途：具有杀虫活性，对防治鳞翅目及缨翅目害虫具有显著的效果。

代表化合物结构如下：

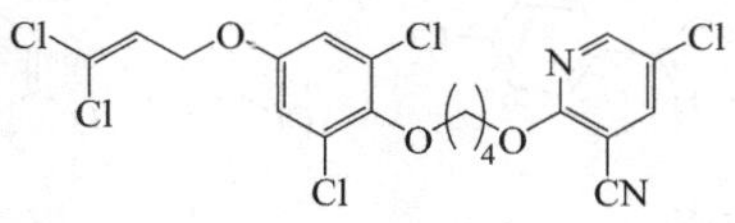

（7）二氯烯丙醚类化合物及其制备方法与应用

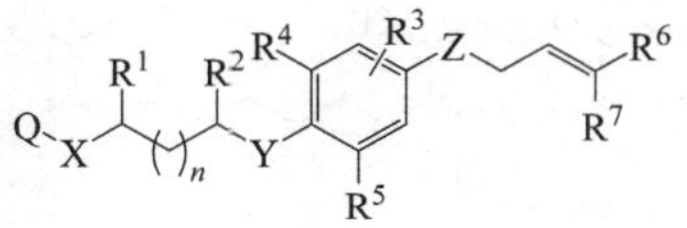

发明人：黄明智，柳爱平，裴晖，刘民华，白建军，欧晓明，刘兴平，项军，余一平，何丽英；申请人：湖南化工研究院有限公司

中国公开号：CN105254558A；中国专利申请日：2014-07-14

化合物类型：二氯烯丙醚类

发明思路：me-too 研究；以 CN1169147A 公开化合物为先导进行优化而得。

用途：具有杀虫和/或杀螨、杀菌活性，尤其是对黏虫、小菜蛾等害虫具有很高的活性。

代表化合物结构如下：

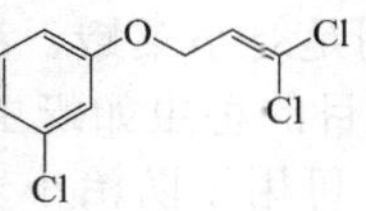

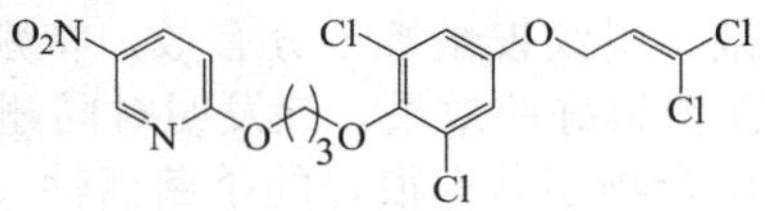

（8）具有含氮五元杂环的醚类化合物及其应用

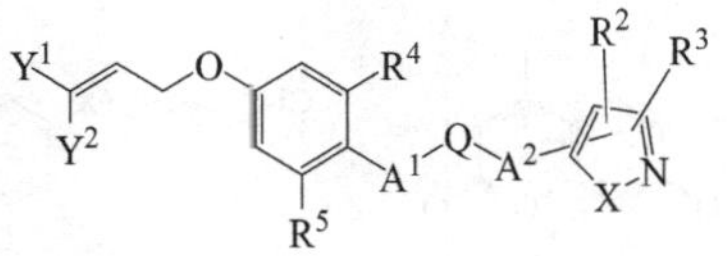

式中，X 选自 NR^1；Y^1、Y^2 分别选自氯；R^1 选自 C_1～C_6 烷基；R^2 选自 R^7；R^3 选自氢、C_1～C_6 烷基；R^4、R^5 分别选自卤素；A^1、A^2 分别选自 O；R^7 选自苯基或者被 1～5 个独立选自以下基团进一步取代的苯基：卤素、C_1～C_6 烷基、C_1～C_6 烷氧基、C_1～C_6 烷硫基；Q 选自 $CH_2CH_2CH_2$；杂环的键合位置选自 5 位；A^2 与杂环 5 位连接，R^2 在 3 位，R^3 在 4 位。

发明人：刘长令，李淼，王军锋，张金波，张弘；申请人：中国中化股份有限公司，沈阳化工研究院有限公司；当前权利人：沈阳中化农药化工研发有限公司

中国专利号：ZL200810227711.7；中国专利优先权日：2008-11-28

化合物类型：含氮五元杂环的醚类化合物

发明思路：me-too 研究；采用中间体衍生化法，以三氟甲吡醚为先导进行替换而得。

用途：可用作杀虫剂、杀菌剂。具有广谱杀虫活性，对鳞翅目害虫，包括欧洲玉米螟、甘蔗螟、苹果小卷蛾、苹果食心虫、舞毒蛾、稻纵卷叶螟、玉米螟、烟叶蛾、小食心虫、小菜蛾、甜菜夜蛾、斜纹夜蛾等十分有效，特别是对小菜蛾、甜菜夜蛾活性更好，在很低的剂量下就可以获得很好的效果。该发明对同翅目的害虫如蚜虫等也具有很高的活性，同时，该发明的部分化合物还具有很好的杀菌活性，可用于防治小麦白粉病、黄瓜霜霉病、蔬菜灰霉病等。

代表化合物结构如下：

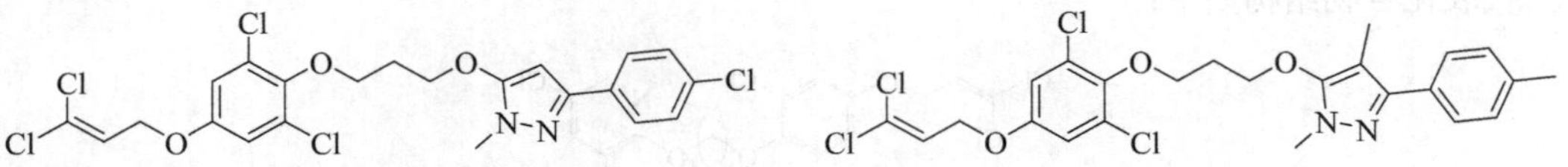

（9）取代醚类化合物及其应用

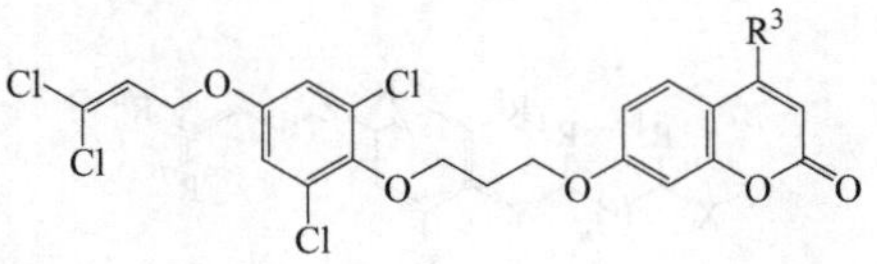

式中，R^3 选自 CH_3 或 CF_3。

发明人：刘长令，李淼，王军锋，李慧超，张弘；申请人：中国中化股份有限公司，沈阳化工研究院有限公司；当前权利人：沈阳中化农药化工研发有限公司

中国专利号：ZL200810227712.1；中国专利申请日：2008-11-28

化合物类型：取代醚类化合物

发明思路：me-too 研究；采用中间体衍生化法，以三氟甲吡醚为先导进行替换而得。

用途：用作杀菌剂、杀虫剂。具有广谱杀虫活性，对鳞翅目害虫，包括欧洲玉米螟、甘蔗螟、苹果小卷蛾、苹果食心虫、舞毒蛾、稻纵卷叶螟、玉米螟、烟叶蛾、小食心虫、小菜蛾、甜菜夜蛾、斜纹夜蛾等十分有效，特别是对小菜蛾、甜菜夜蛾活性更好，在很低的剂量下就可以获得很好的效果。该发明对同翅目的害虫如蚜虫等也具有很高的活性，同时，该发明的部分化合物还具有很好的杀菌活性，可用于防治小麦白粉病、黄瓜霜霉病、蔬菜灰霉病等。

代表化合物结构如下：

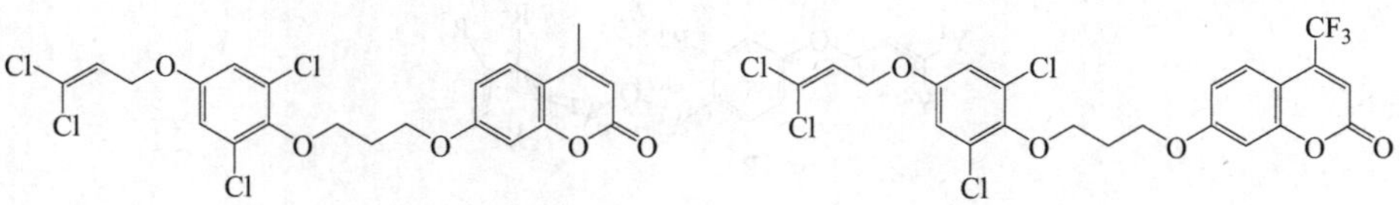

（10）一种二氯丙烯类化合物及其应用

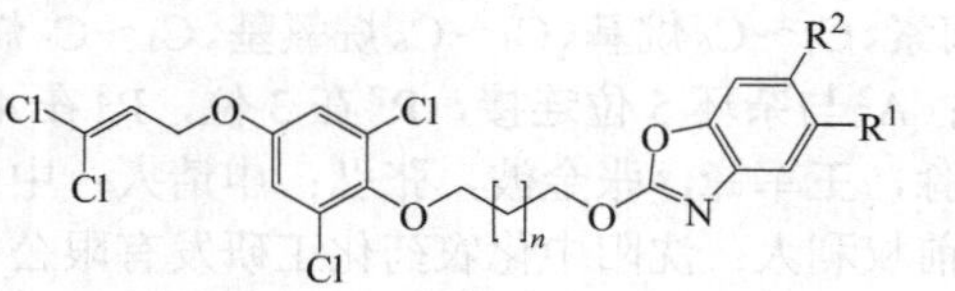

式中，R^1选自三氟甲基；R^2选自H；$n=2$。

发明人：李斌，关爱莹，王军锋，秦玉坤，张弘，于海波；申请人：中国中化股份有限公司，沈阳化工研究院有限公司；当前权利人：沈阳中化农药化工研发有限公司

中国专利号：ZL200910081857.X；中国专利优先权日：2009-04-14

化合物类型：二氯丙烯类化合物

发明思路：me-too 研究；以三氟甲吡醚为先导进行替换而得。

用途：用作杀虫剂。具有杀虫活性，可用于防治多种虫害。

代表化合物结构如下：

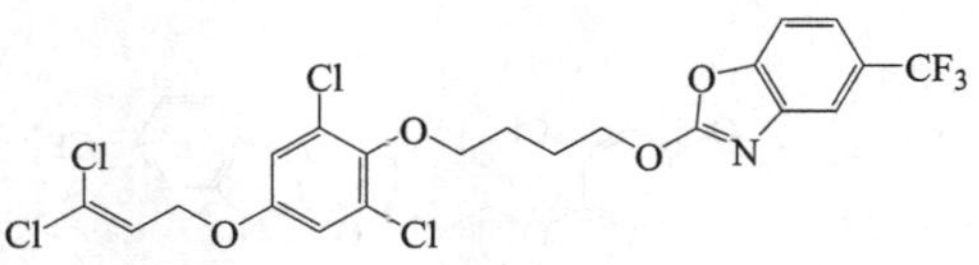

（11）一种 3, 5, 6-三卤代吡啶基醚类化合物及其应用

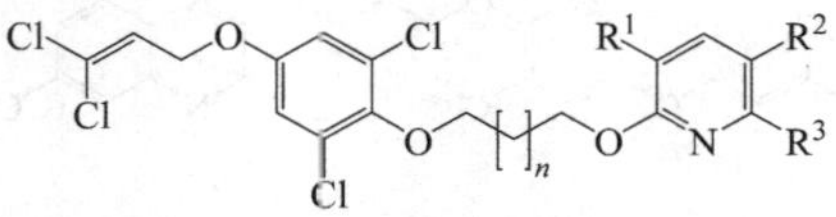

式中，R^1为Cl；R^2、R^3分别选自F或Cl；$n=0$、1或2。

发明人：李斌，秦玉坤，王军锋，关爱莹，张弘，杨辉斌，罗艳梅；申请人：中国中化股份有限公司，沈阳化工研究院有限公司；当前权利人：沈阳中化农药化工研发有限公司

中国专利号：ZL200910081858.4；中国专利优先权日：2009-04-14

化合物类型：三卤代吡啶基醚类化合物

发明思路：me-too 研究；以三氟甲吡醚为先导，对吡啶环进行优化而得。

用途：用作杀虫剂。具有优异的杀虫活性，可用于防治多种虫害。

代表化合物结构如下：

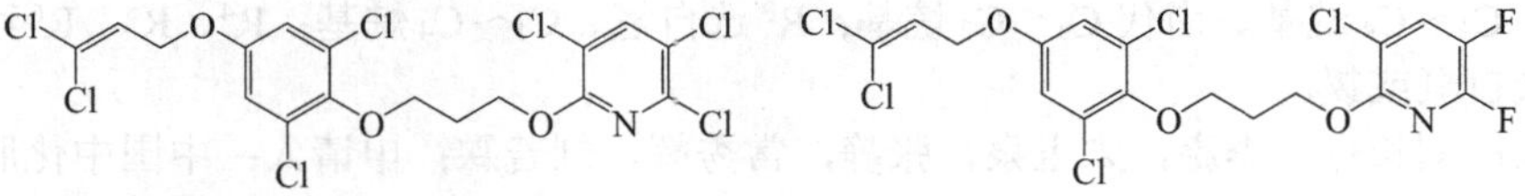

（12）一种二氯丙烯类化合物及其应用

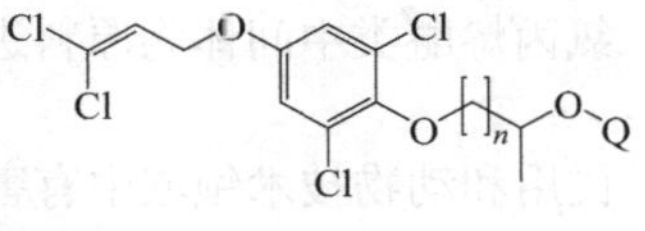

式中，Q选自如下所示的Q_1或Q_2：

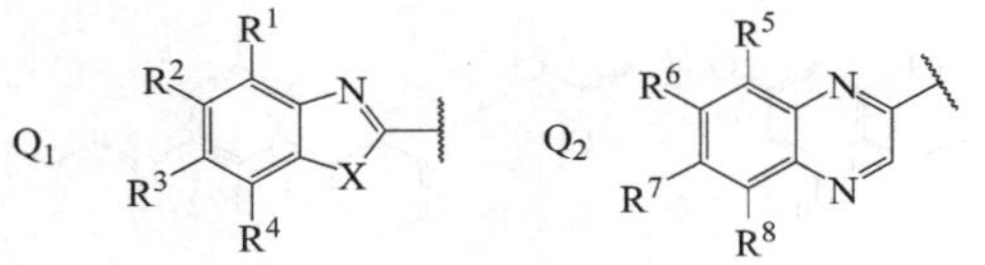

其中，Q 选自 Q_1 或 Q_2；X 为 O；R^1、R^5、R^8 为 H；R^2、R^3 选自 H、氯或三氟甲基；R^4 选自 H 或氯；R^6、R^7 选自 H 或三氟甲基；n=1 或 2。

发明人：关爱莹，李斌，常秀辉，梁松军，宋玉泉；申请人：中国中化股份有限公司，沈阳化工研究院有限公司；当前权利人：沈阳中化农药化工研发有限公司

中国专利号：ZL201010502790.5；中国专利优先权日：2010-10-11

化合物类型：二氯丙烯类化合物

发明思路：me-too 研究；以三氟甲吡醚为先导，进行替换优化而得。

用途：用作杀虫剂。具有优异的杀虫活性，可用于防治多种虫害。

代表化合物结构如下：

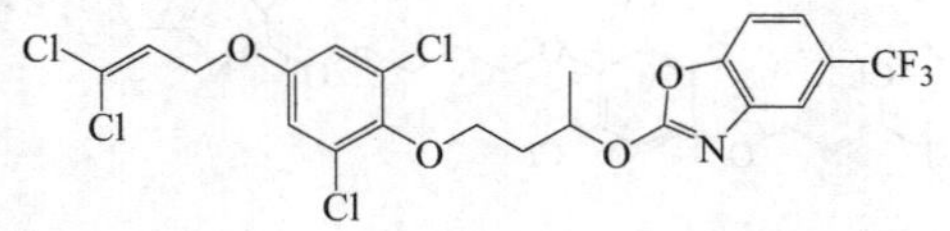

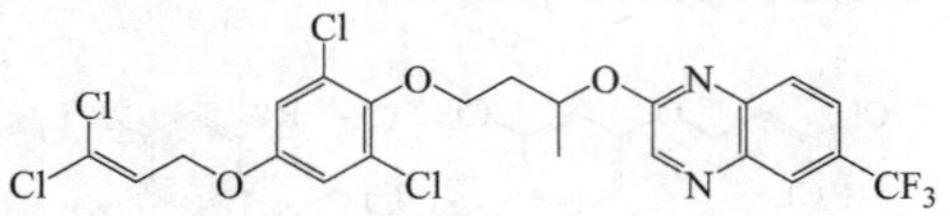

（13）含嘧啶环的醚类化合物及其应用

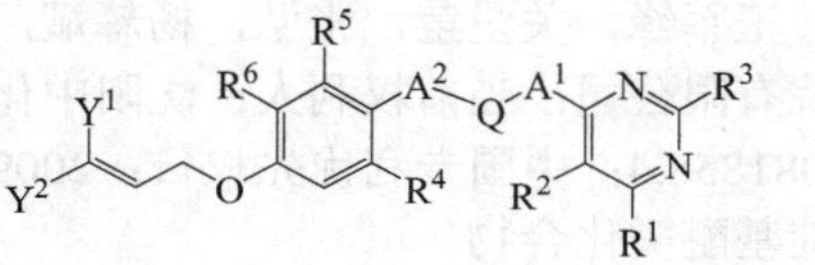

式中，Y^1、Y^2 选自氯；A^1、A^2 选自 O；Q 选自 CH_2CH_2、$CH_2CH_2CH_2$、$CH_2CH_2CH_2CH_2$；R^1 选自未取代的或被 1～3 个独立选自以下基团取代的苯基：卤素、硝基、氰基、C_1～C_4 烷基、卤代 C_1～C_4 烷基、C_1～C_4 烷氧基、卤代 C_1～C_4 烷氧基、C_1～C_4 烷硫基或 C_1～C_3 烷氧基羰基；R^2 选自氢、C_1～C_4 烷基、卤代 C_1～C_3 烷基；R^3 选自氢、C_1～C_4 烷基；R^4、R^5、R^6 可相同或不同，分别选自氢或氯。

发明人：刘长令，李淼，宋玉泉，张静，常秀辉，刘若霖；申请人：中国中化股份有限公司，沈阳化工研究院有限公司；当前权利人：沈阳中化农药化工研发有限公司

中国专利号：ZL201010554435.2；中国专利申请日：2010-11-19

化合物类型：含嘧啶环的醚类化合物

发明思路：me-too 研究；以二氯丙烯醚类中间体为原料进行衍生，引入吡啶基哌啶甲酰基而得。

用途：用作杀虫剂。对农业、民用和动物技术领域中有害昆虫的成虫、幼虫和卵都显示出高杀虫活性。

代表化合物结构如下：

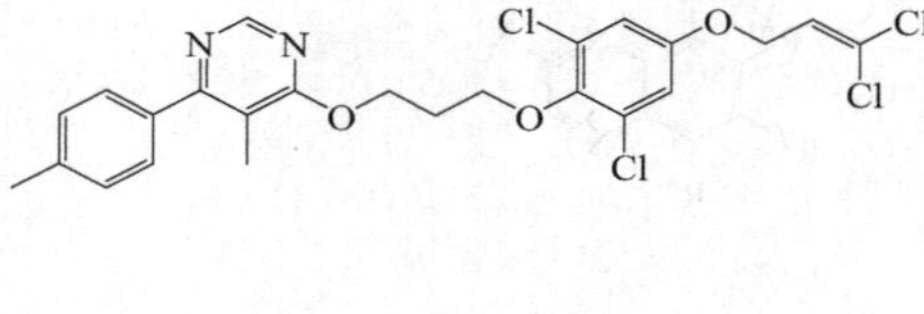

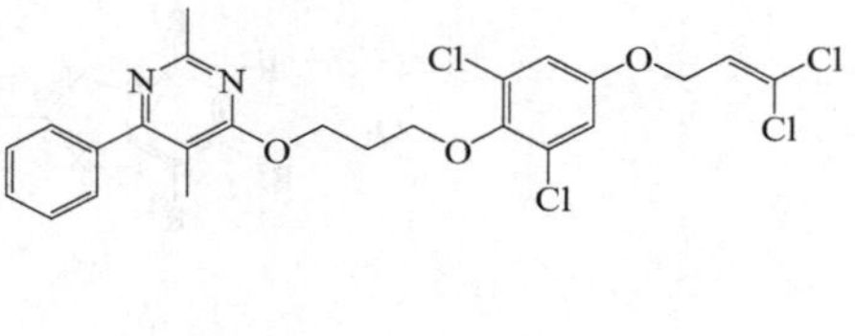

（14）一种含有噌啉环的醚类化合物及其用途

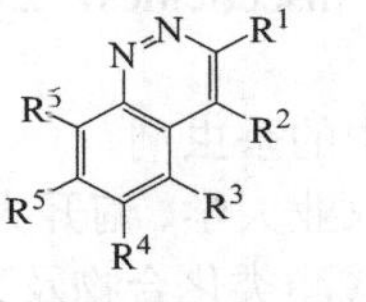

式中，R^1、R^2 选自氢、卤素或 Q，但 R^1 或 R^2 中至少有一个基团为 Q；

所述的 Q 选自如下所示的结构：

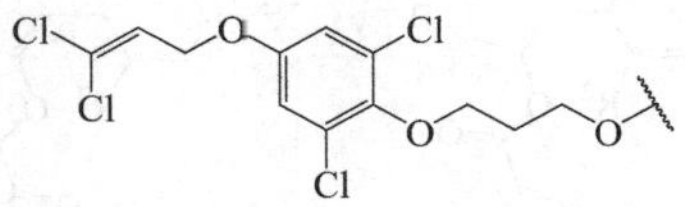

R^3、R^4、R^5、R^6 可相同或不同，分别选自氢、卤素、C_1～C_3 烷基、C_1～C_3 卤代烷基。

发明人：李斌，吕亮，梁博，梁松军，宋玉泉，谷旭林，关爱莹，朱党强；申请人：中国中化股份有限公司，沈阳化工研究院有限公司；当前权利人：沈阳中化农药化工研发有限公司

中国专利号：ZL201110240153.X；中国专利申请日：2011-08-19

化合物类型：二氯丙烯类化合物

发明类型：me-too 研究。

用途：用作杀虫剂。具有优异的杀虫活性，可用于防治农业或林业上的害虫。

代表化合物结构如下：

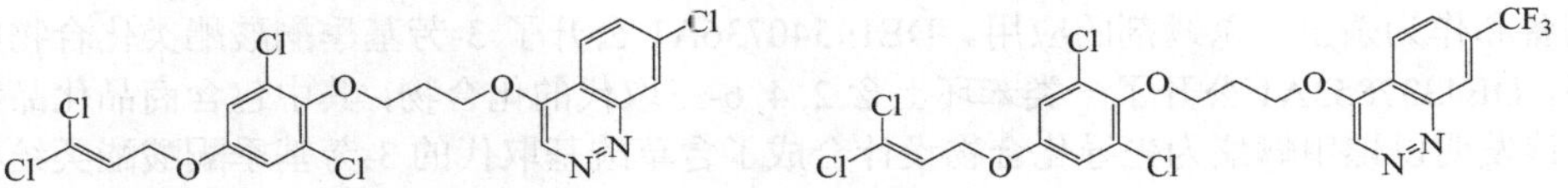

（15）一种含有苯联杂环的醚类化合物及其用途

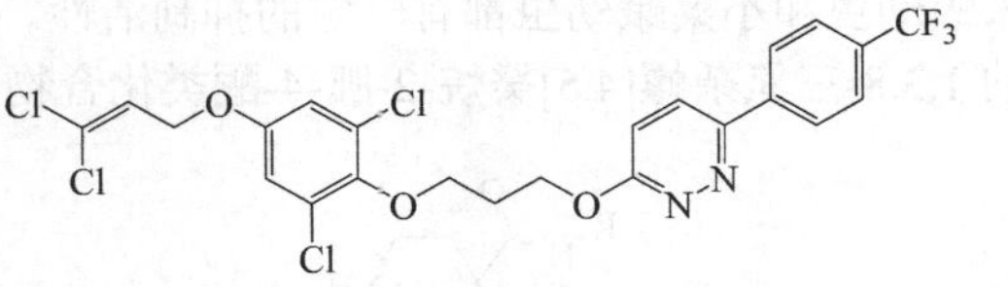

发明人：梁松军，吕亮，梁博，关爱莹，李轲轲，李斌，宋玉泉；申请人：中国中化股份有限公司，沈阳化工研究院有限公司；当前权利人：沈阳中化农药化工研发有限公司

中国专利号：ZL201110240155.9；中国专利申请日：2011-08-19

化合物类型：二氯丙烯类化合物

发明类型：me-too 研究。

用途：用作杀虫剂。具有优异的杀虫活性，可用于防治农业或林业害虫。

5.10 季酮酸类化合物

截至 2023 年底公开了 5 个拥有中文或英文通用名称的季酮酸类杀虫剂，具体分类与通用名称如下：

特特拉姆酸类杀虫剂（tetramic acid insecticides，3 个）：spidoxamat、甲氧哌啶乙酯

（spiropidion）、螺虫乙酯（spirotetramat）；

季酮酸酯类杀虫剂（tetronic acid insecticides，2 个）：螺螨酯（spirodiclofen）、螺甲螨酯（spiromesifen）。

目前国内尚无该类商品化或开发中的杀虫剂。

新化合物的创制研究机构如华南农业大学、南开大学、河南师范大学等也展开了部分研究。

（1）含草酰基取代的 3-芳基季酮酸酯类化合物及其制备和应用

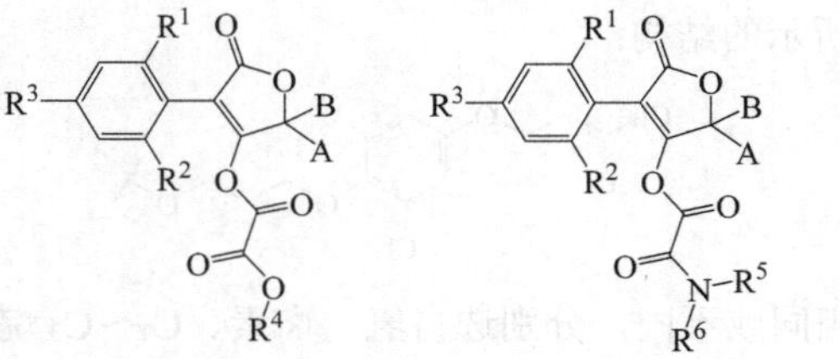

式中，R^1、R^2、R^3 为甲基；AB 为—$(CH_2)_4$—；R^4 为乙基、苯基、4-氯苯基、4-叔丁基苯基或炔丙基；R^5 为乙基、异丙基或甲基；R^6 为乙基、异丙基、苯基或 2,4-$(CH_3)_2$-苯基；R^5、R^6 可以相连为—$(CH_2)_4$—或—$(CH_2)_5$—。

发明人：汪清民，刘智慧，刘玉秀，李永强，熊丽霞，杨娜；申请人：南开大学

中国专利号：ZL201110337513.8 ；中国专利申请日：2011-11-01

化合物类型：季酮酸酯类、草酸酯类

发明思路：me-too 研究；US6436988B1 及 US5262383A1 公开了 3-芳基季酮酸酯类化合物及其制备和作为杀虫、杀螨剂的应用。DE19540736A1 公开了 3-芳基季酮酸酯类化合物的制备和应用。DE4337853A1 公开了一类苯环上含 2, 4, 6-三取代的化合物，其中包含商品化品种螺甲螨酯。该发明以螺甲螨酯为先导化合物设计合成了含草酰基取代的 3-芳基季酮酸酯类结构新颖的化合物。

用途：具有杀虫活性，该类化合物对幼螨和卵表现了很好的活性，同时部分化合物对黏虫幼虫、棉铃虫幼虫、玉米螟幼虫和小菜蛾幼虫都有一定的抑制活性。

（2）具有生物活性的 1,3,8-三氮杂螺[4.5]癸烷-2-胍-4-酮类化合物及其制备方法和应用

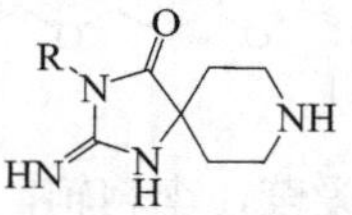

式中，R 为乙基、丙基、异丙基或苯基。

发明人：毛龙飞，贾淑红，李伟，吴斗灿，董文佩，申家轩，蒋涛，徐桂清，姜玉钦；申请人：河南师范大学

中国专利号：ZL201510386151.X；中国专利申请日：2015-06-30

化合物类型：胍、三氮杂螺[4.5]癸烷

发明思路：螺[4.5]癸烷衍生物具有广泛的生物活性，以哌啶酮为原料反应而得。

用途：具有杀虫活性，如可用于防治桃蚜。

代表化合物结构如下：

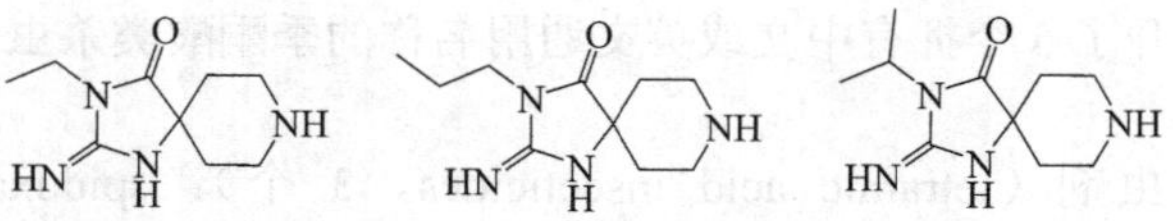

（3）螺环季酮酸类化合物及其制备方法与应用

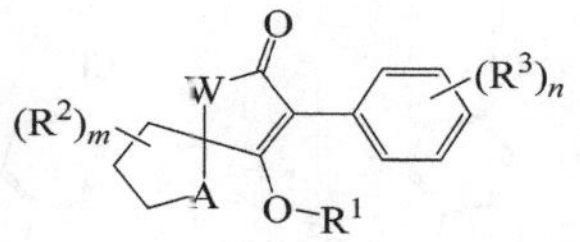

其中，通式表示的螺环季酮酸类化合物为如下化合物 12、化合物 43 和化合物 125 所示。

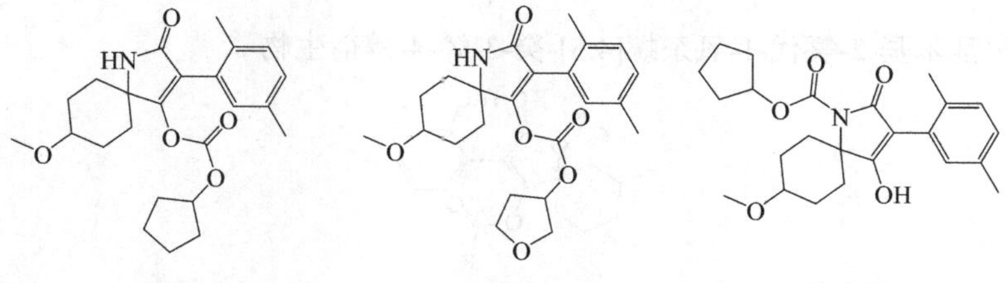

化合物12　　化合物43　　化合物125

发明人：黄明智，柳爱平，任叶果，刘卫东，欧晓明，龙楚云，曹胜文，王二龙，黄路，陈明 ；申请人：湖南化工研究院有限公司

中国专利号：ZL201610257172.6；中国专利申请日：2016-04-22

化合物类型：螺环季酮酸类

发明思路：me-too 研究；在螺环季酮酸类杀虫剂结构基础上进一步修饰如引入环戊酯而得。

用途：具有杀虫、杀螨生物活性，尤其是对同翅目害虫如蚜虫、害螨如红蜘蛛等具有很高的活性。

（4）具有生物活性的茚并呋喃酮类化合物及其制备方法

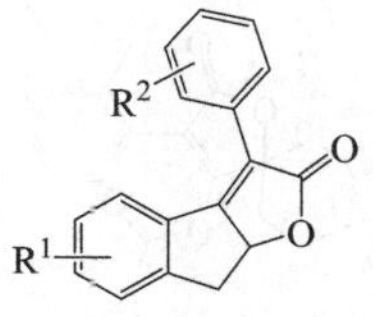

其中，R^1 选自 H 或卤素；R^2 选自 H、卤素、C_1～C_3 烷基、C_1～C_3 卤代烷基、C_1～C_3 烷氧基、C_1～C_3 卤代烷基氧基。

排除化合物(A)：

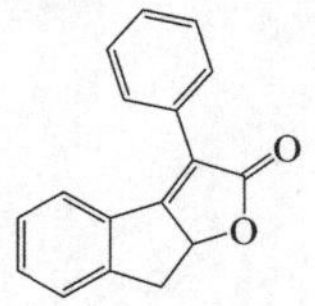

A

发明人：黄明智，柳爱平，孙炯，裴晖，任叶果，何莲，黄路，刘兴平，刘祈星，左文清；申请人：湖南化工研究院

中国专利号：ZL201110005442.1；中国专利申请日：2011-01-12

化合物类型：茚并呋喃酮类

发明思路：me-too 研究；在茚并呋喃酮结构基础上引入苯环结构并优化而得。

用途：具有杀虫、杀螨、杀菌活性，在 2.5～5000mg/L 用量下对黏虫、棉红蜘蛛、豆蚜具有一定的活性；同时对油菜菌核病菌、水稻稻瘟病菌、赤霉病菌、晚疫病菌具有一定的抑制作用。

代表化合物结构如下：

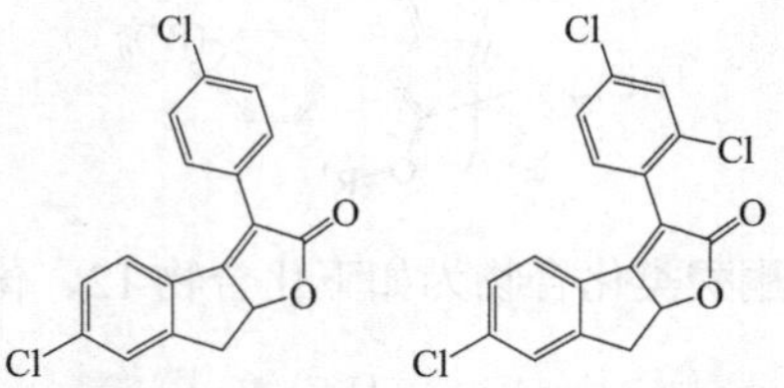

（5）3-邻甲基苯基-2-氧代-1-氧杂螺[4.5]-癸-3-烯-4-醇衍生物

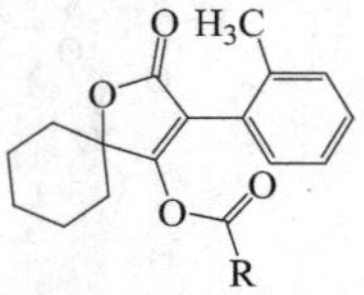

其中，R 选自氯代烷基、环丙烷基、氯乙基、甲氧甲基、甲硫甲基。

发明人：王晓光，柳爱平，裴晖，祝小星，刘兴平，喻快，胡礼，刘卫东，刘民华，毛冠群；申请人：湖南化工研究院

中国专利号：ZL201010199257.6；中国专利申请日：2010-06-12

同族专利：WO2011153866A1

化合物类型：螺环季酮酸类

发明思路：me-too 研究；将单取代的苯乙酸代替螺虫乙酯、螺螨酯、螺甲螨酯中的双取代苯乙酸，同时将硫氧或卤素的羧酸衍生物引入螺环季酮酸结构中而得。

用途：具有杀虫、杀螨、杀菌活性，在低剂量下对黏虫具有很好的活性，优于螺螨酯；部分化合物在 1mg/L 的剂量下，对棉红蜘蛛的活性优于螺螨酯和螺甲螨酯。

代表化合物结构如下：

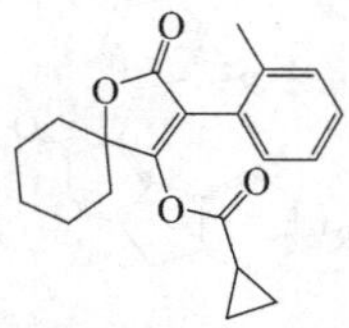

（6）3-邻甲基苯基-2-氧代-1-氧杂螺[4.4]-壬-3-烯-4-醇及其衍生物

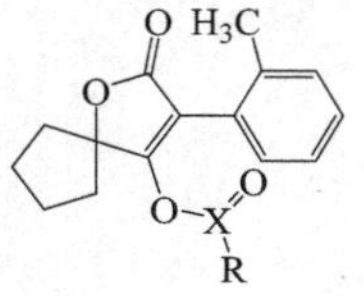

其中，R-X(=O) 为 H，或 X 是 C、S、S=O；R 为含硫、氮、氧的烷基。

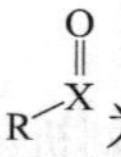

发明人：柳爱平，任叶果，黄路，裴晖，胡志彬，林雪梅，成四喜，黄明智，祝小星，韦天龙；申请人：湖南化工研究院

中国专利号：ZL201010199234.5；中国专利申请日：2010-06-12；同族专利：WO2011153865A1

化合物类型：螺环季酮酸类

发明思路：me-too 研究；将单取代的苯乙酸代替螺虫乙酯、螺螨酯、螺甲螨酯中的双取代苯乙酸，同时将硫氧或卤素的羧酸衍生物引入螺环季酮酸结构中而得。

用途：具有杀虫、杀螨、杀菌活性，部分化合物对黏虫的活性要高于螺螨酯；在 1mg/L 的剂量下，对棉红蜘蛛的活性优于螺螨酯和螺甲螨酯。

代表化合物结构如下：

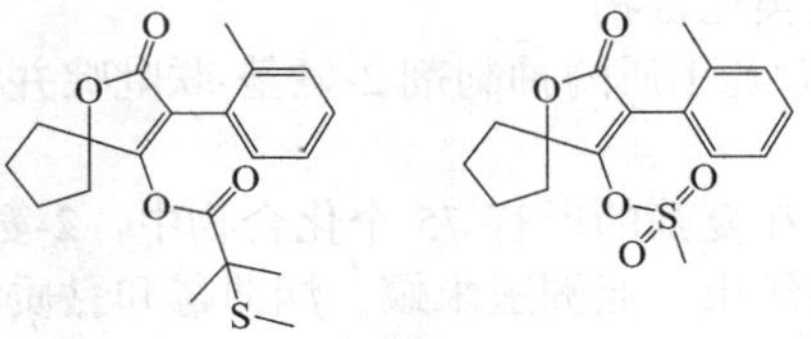

5.11 介离子类化合物

截至 2023 年底公开了 3 个拥有中文或英文通用名称的介离子类杀虫剂，分别为二氯噻吡嘧啶（dicloromezotiaz）、三氟苯嘧啶（triflumezopyrim）、fenmezoditiaz。

目前国内尚无该类商品化或开发中的杀虫剂。

新化合物的创制研究机构如华东理工大学、沈阳中化农药化工研发有限公司、大连理工大学、湖南化工研究院有限公司等也展开了部分研究。

（1）一种嘧啶盐类化合物及其用途

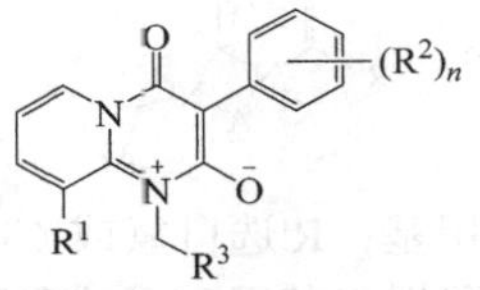

式中，R^1 选自氢或 C_1～C_6 烷基；R^2 选自 CF_3；n 选自 1～5；R^3 选自未取代的或被 1～3 个卤素或 C_1～C_6 烷基取代的噻吩或呋喃。

发明人：英君伍，杨辉斌，班兰凤，陈霖，常秀辉，刘成利，雷光月，李斌；申请人：沈阳中化农药化工研发有限公司

中国专利号：ZL201710879710.X；中国专利申请日：2017-09-26

化合物类型：嘧啶盐类化合物

发明类型：me-too 研究，在已知专利 WO2011017334 公开化合物基础上优化而得。

用途：用作杀虫剂。具有优异的杀虫活性，对黏虫和小菜蛾均具有很好的灭杀效果。

代表化合物结构如下：

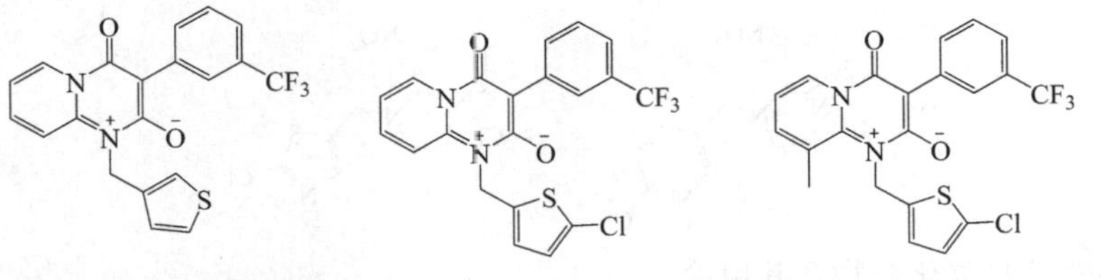

（2）一种几丁质酶抑制剂及其应用

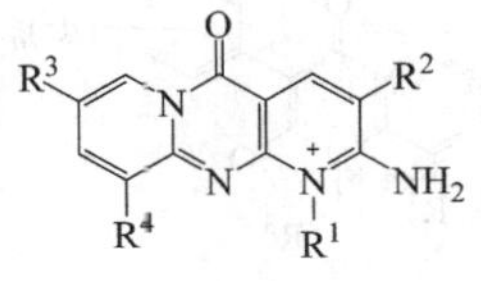

式中各取代基定义具体参见专利中权利要求书部分。

发明人：杨青，姜熙，刘田，杨君，屈明博；申请人：大连理工大学

中国专利号：ZL201810439288.0；中国专利申请日：2018-05-09

化合物类型：吡啶并哌啶类化合物

发明思路：me-too 研究；对几丁质酶抑制剂 2-氨基-联吡啶并嘧啶类 1 位和 3 位进行优化衍生而得。

用途：具有酶抑制活性，在复筛的所有 75 个化合物中，2-氨基-吡啶并哌啶 1 位和 3 位衍生物对人类、盘尾丝虫、秀丽线虫、亚洲玉米螟、烟曲霉和黏质沙雷氏菌几丁质酶均表现出一定的抑制活性。总之，该发明所述的 2-氨基-联吡啶并嘧啶 1 位和 3 位衍生物在生物学和化学生物学等领域有广泛的应用前景。

代表化合物结构如下：

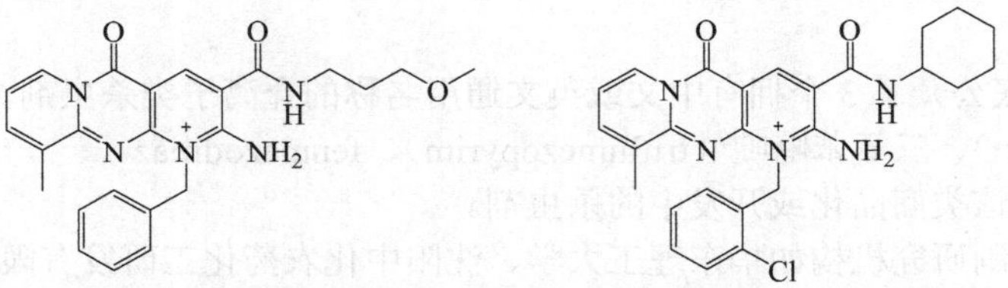

（3）杀虫活性的 1,3-二氮杂环并吡啶季铵盐化合物及其制备方法与应用

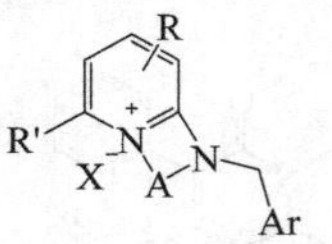

其中，R 选自硝基、氰基或三氟甲基；R'选自氢或 C_1～C_{12} 烷基；Ar 选自苯基、吡啶基或噻唑基；X 选自卤素、高氯酸根、硫酸根、苯甲酸根或磷酸根；A 选自—CH_2—CH_2—或—CH_2—CH_2—CH_2—；

发明人：柳爱平，任叶果，汤非易，余红，黄明智，黄路，张再，刘兴平，林雪梅，李中；申请人：湖南化工研究院有限公司

中国专利号：ZL201711449309.9；中国专利申请日：2017-12-27

化合物类型：季铵盐类

发明思路：基于现有技术和前期研究结果，在 1,3-二氮杂环并吡啶季铵盐杀虫剂结构基础上引入杂环苄基结构得到了相关化合物。

用途：具有杀虫生物活性，尤其是对同翅目害虫具有活性。

代表化合物结构如下：

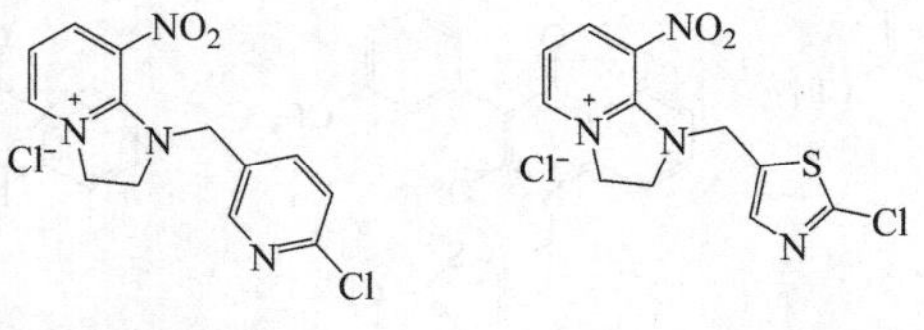

（4）一种嘧啶盐类化合物及其用途

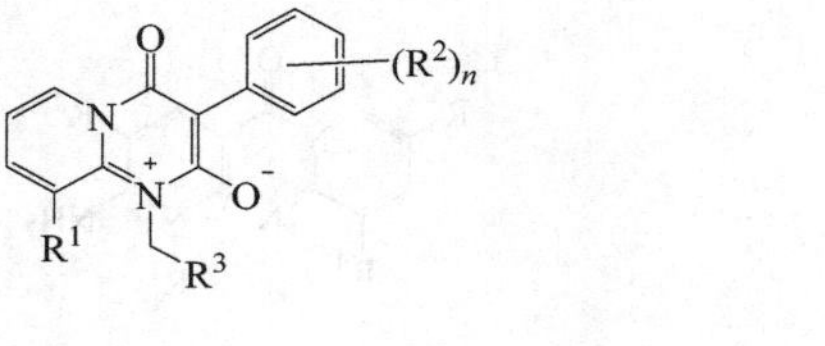

式中，R^1选自氢或C_1～C_6烷基；R^2选自CF_3；n选自1～5；R^3选自未取代的或被1～3个卤素或C_1～C_6烷基取代的噻吩或呋喃。

发明人：英君伍，杨辉斌，班兰凤，陈霖，常秀辉，刘成利，雷光月，李斌；申请人：沈阳中化农药化工研发有限公司

中国专利号：ZL201710879710.X；中国专利申请日：2017-09-26

化合物类型：苯并嘧啶类化合物、介离子类化合物

发明思路：me-too研究；以三氟苯嘧啶为先导，在专利基础上进一步衍生优化得到现有化合物。

用途：具有杀虫活性，对黏虫和小菜蛾均具有很好的灭杀效果。

代表化合物结构如下：

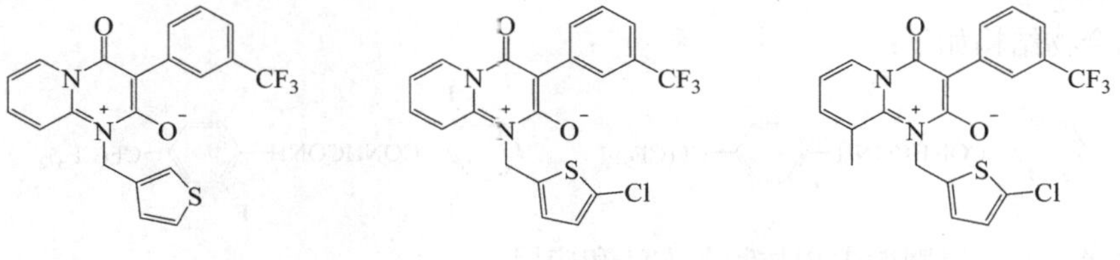

5.12 苯甲酰脲类化合物

截至2023年底公开了14个拥有中文或英文通用名称的苯甲酰脲类杀虫剂，分别为双三氟虫脲（bistrifluron）、灭幼脲（chlorbenzuron）、氟啶脲（chlorfluazuron）、除幼脲（dichlorbenzuron）、除虫脲（diflubenzuron）、氟环脲（flucycloxuron）、氟虫脲（flufenoxuron）、氟铃脲（hexaflumuron）、虱螨脲（lufenuron）、氟酰脲（novaluron）、多氟脲（noviflumuron）、氟幼脲（penfluron）、氟苯脲（teflubenzuron）、杀铃脲（triflumuron）。

目前国内尚无该类商品化或开发中的杀虫剂。

新化合物的创制研究机构如华东理工大学、南开大学、湖南师范大学、青岛科技大学、南京工业大学、中国农业大学、华中师范大学等也展开了部分研究。

（1）一种唑虫酰脲化合物

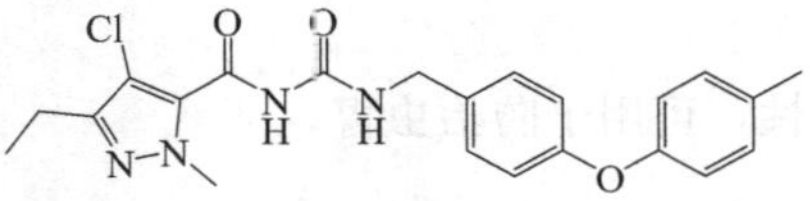

发明人：许良忠，胡娆，崔建强，李焕鹏，王明慧，张画轻，黄雪松；申请人：青岛科技大学

中国专利号：ZL201510559068.8；中国专利申请日：2015-09-06

化合物类型：吡唑酰基脲类

发明思路：me-too研究；该发明在唑虫酰胺结构基础上，通过活性基团替换，将酰胺换成脲类结构，得到该类化合物。

用途：具有杀虫活性，该发明化合物对小菜蛾等鳞翅目害虫具有较好效果。

（2）含七氟异丙基苯甲酰脲类化合物及其用途

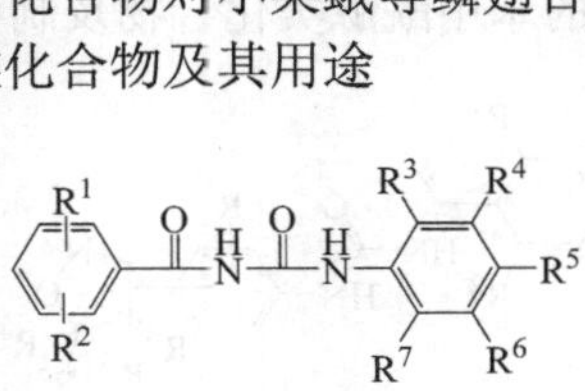

式中，R^1和R^2分别独立选自H、F、Cl、Br或I中一种；

R^5为七氟异丙基，R^3和R^7分别独立选自H、卤素、C_1～C_6烷基或七氟异丙基中一种，R^4和R^6分别独立选自H、卤素或C_1～C_6烷基中一种；或R^3为七氟异丙基，R^4～R^7分别独立选自H、卤素或C_1～C_6烷基中一种。

发明人：曹松，钱旭红，唐秀红，黄青春，孙华君，张建；申请人：华东理工大学

中国专利号：ZL200810034794.8；中国专利申请日：2008-03-19；同族专利：WO2009115040A1

化合物类型：氟铃脲类似物

发明思路：me-too研究；以氟铃脲为基础，通过优化苯环取代进行修饰得到现有化合物。

用途：该发明设计并制备的苯甲酰脲类化合物具有较高的杀黏虫活性，其中有些化合物的LC_{50}达到0.1mg/L。

代表化合物结构如下：

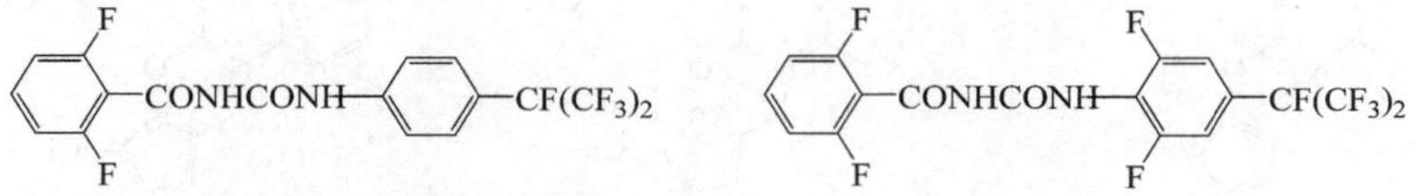

（3）吡唑甲酰基硫脲衍生物与制备方法和应用

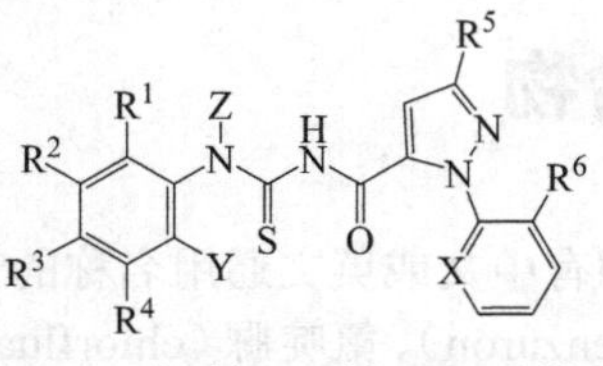

式中，X是N；Y是H、卤素或C_1～C_6烷基；Z是H；R^1是H、卤素C_1～C_6或卤代C_1～C_6烷基；R^2是H、卤素、硝基、C_1～C_6烷基或卤代C_1～C_6烷基；R^3是H或卤素；R^4是H、卤素、C_1～C_6烷基或卤代C_1～C_6烷基等；R^5是卤素、卤代C_1～C_6烷基、C_1～C_6烷氧基或卤代C_1～C_6烷氧基；R^6是卤素。

发明人：李正名，王宝雷，张吉凤，徐俊英，熊丽霞，赵毓，王刚；申请人：南开大学

中国专利号：ZL201110147505.7；中国专利申请日：2011-06-02

化合物类型：吡唑甲酰类、硫脲类

发明思路：me-too研究；在已知吡唑酰胺类化合物基础上将酰胺桥改造为酰（硫）脲而得。

用途：具有优异的杀虫活性，可用于防治虫害。

代表化合物结构如下：

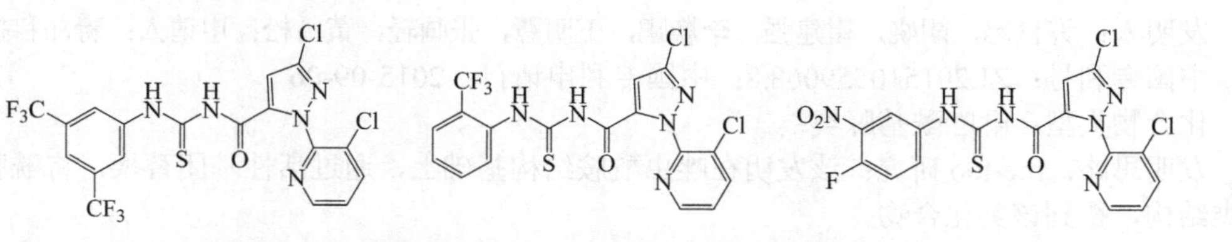

（4）含异噁唑啉和异噁唑结构的苯甲酰脲类化合物及制备和应用

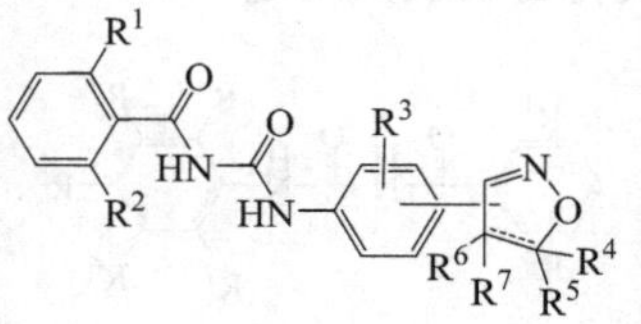

式中，R^1、R^2 分别独立地代表氢、卤素原子；R^3 代表氢、卤素原子、1～10 碳烷基、1～10 碳卤代烷基；R^4、R^5、R^6、R^7 分别独立地代表代表氢、1～10 碳烷基、氰基、酯基、1～10 碳卤代烷基、苯基、噻吩基、吡啶基、哒嗪基、呋喃基、三唑基、萘基、色满、2, 3-二氢-1, 4-苯并二噁嗪、4*H*-1, 3-苯并二噁嗪、2, 3-二氢-苯并呋喃、苯并呋喃、苯并噻唑、1, 3-苯并噁唑、1, 2-苯并异噁唑或苯并咪唑，各基团是未取代的，或是被一个或一个以上下述基团取代：卤素、1～4 碳烷基、1～4 碳烷氧基、1～4 碳卤代烷基、1～4 碳卤代烷氧基、1～4 碳烷氧烷基、1～4 碳烷硫基、1～4 碳烷基亚磺酰基、1～4 碳烷基磺酰基、硝基、氰基、羟基、羧基、1～4 碳烷基羰基、1～4 碳烷氧基羰基或亚氨基。

发明人：汪清民，孙然锋，刘玉秀，李永强，熊丽霞；申请人：南开大学

中国专利号：ZL201110070875.5；中国专利申请日：2011-03-24

化合物类型：异噁唑类、苯甲酰脲类

发明思路：me-too 研究；US3450747A 和 US3748356A 公开了苯甲酰基苯基脲类化合物及其杀虫活性，US4609676A 公开了一类含肟醚基的苯甲酰基苯基脲化合物，其中商品化品种氟螨脲属于该结构。CN101602695A 公开了一类含醛或酮肟衍生物结构的苯甲酰基苯基脲化合物和应用。WO2002076956A1 公开了一类异噁唑啉结构的二苯基 1, 3-噁唑啉类化合物及其杀虫活性。该发明以苯甲酰脲类为先导化合物引入异噁唑类结构得到结构新颖的化合物。

用途：具有杀虫活性，用于小菜蛾的防治。

代表化合物结构如下：

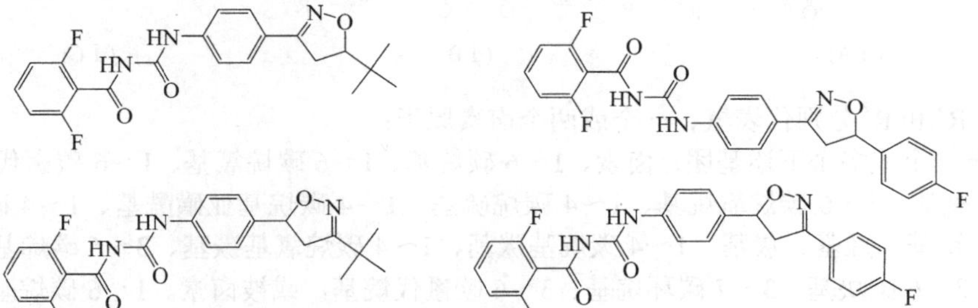

（5）一种苯甲酰基嘧啶脲类化合物及其制备和应用

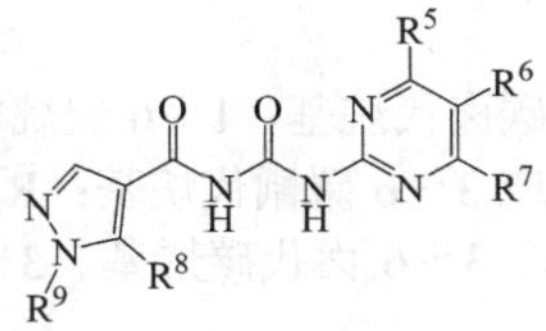

式中，R^5 和 R^8 各自独立选自卤素；R^6 远自氢或者 C_1～C_{10} 烷基；R^7 选 C_1～C_{10} 烷氨基或者 C_1～C_{10} 卤代烷氧基；R^9 选自氢或者 C_1～C_{1c} 烷基。

发明人：孙然锋，陈佩琦，宋祥民，范泳梅；申请人：海南大学

中国专利号：ZL201810910821.7；中国专利申请日：2018-08-10

化合物类型：嘧啶脲类化合物

发明思路：me-too 研究；在前人研究（CN102690241A 公开了含异噁唑啉和异噁唑结构的苯甲酰脲类化合物的制备及其杀虫活性，CN101602695A 公开了含肟醚结构的苯甲酰脲类化合物制备及应用，US3450747A 公开了苯甲酰基苯基脲类化合物的制备及其杀虫活性，US4497822A 公

开了芳硫基苯甲酰基苯基脲类化合物的制备及其杀虫活性，CN1891686A 公开了 *N*-硫代氨基苯甲酰基苯基脲类化合物的制备和应用。李洪森在 2012 年报道了苯甲酰脲类化合物的合成及对淡色库蚊的杀虫活性）基础上以苯甲酰脲类杀虫剂为先导，通过生物电子等排将苯环替换引入吡唑环得到结构新颖的化合物。

用途：具有杀虫活性，吡唑甲酰基嘧啶脲类化合物具有优秀的杀黏虫、杀蚊活性和广谱抗真菌活性。试验结果表明，该发明提供的吡唑甲酰基嘧啶脲类化合物在 0.5mg/L 的杀蚊幼虫活性可达 100%，在 0.25mg/L 的杀蚊幼虫活性可达 100%。在 50mg/L 时，表现出了广谱的抗真菌活性，以及对甘蓝离体叶片具有一定的保护性作用效果。

代表化合物结构如下：

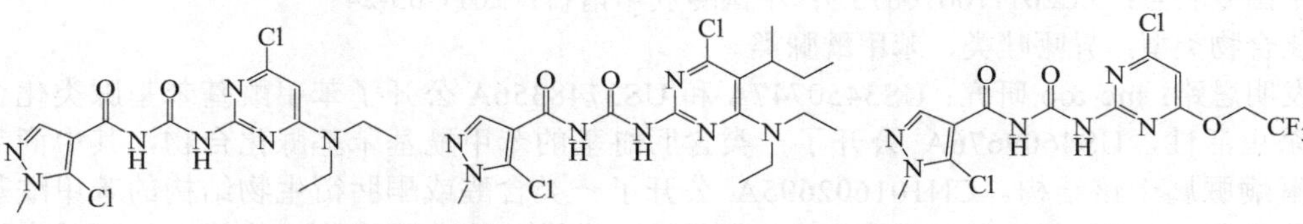

（6）*N*-硫代氨基苯甲酰基苯基脲类化合物的制备和应用

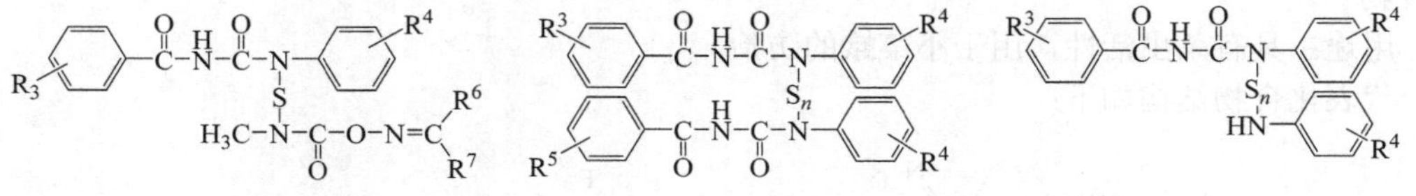

（ⅠA）　（ⅠB）　（ⅠC）

式中，R^3 和 R^5 分别代表氢、一个或两个卤素原子；

R^4 代表一个或多个下述基团：卤素、1～6 碳烷基、1～6 碳烷氧基、1～6 碳卤代烷基、1～6 碳卤代烷氧基、1～6 碳烷氧烷基、1～4 碳烷硫基、1～4 碳烷基亚磺酰基、1～4 碳烷基磺酰基、硝基、氰基、羟基、羧基、1～4 碳烷基羰基、1～4 碳烷氧基羰基、3～6 碳烯基、3～6 卤代碳烯基、3～6 碳炔基、3～7 碳环烷基、3～6 碳氰代烷基，或被卤素、1～6 碳烷基、1～6 碳烷氧基、1～6 碳卤代烷基、1～6 碳卤代烷氧基、1～6 碳烷氧烷基、1～4 碳烷硫基、1～4 碳烷基亚磺酰基、1～4 碳烷基磺酰基、硝基、氰基、羟基、羧基、1～4 碳烷基羰基、1～4 碳烷氧基羰基、3～6 碳烯基、3～6 卤代碳烯基、3～6 碳炔基、3～7 碳环烷基、3～6 碳氰代烷基取代的芳基，或未取代的芳基；

R^6 代表氢、1～6 碳烷基、1～6 碳卤代烷基、1～6 碳烷氧烷基、3～6 碳烯基、3～6 卤代碳烯基、3～6 碳炔基、3～7 碳环烷基或 3～6 碳氰代烷基；R^7 代表 1～6 碳烷基、1～6 碳卤代烷基、1～6 碳烷氧烷基、3～6 碳烯基、3～6 卤代碳烯基、3～6 碳炔基、3～7 碳环烷基或 1～4 碳烷硫基；n 为 1 或 2。

发明人：汪清民，陈莉，黄润秋，毕富春，黄治强；申请人：南开大学

中国专利号：ZL200510014387.7；中国专利申请日：2005-07-06

化合物类型：苯甲酰脲类

发明思路：me-too 研究，专利范围外化合物，在现有技术公开苯甲酰基脲类化合物的基础上进行衍生从而得到现有化合物。

用途：具有杀虫活性，能用于防治鳞翅目类、鞘翅目类、双翅目类、直翅目类以及同翅目类害虫，尤其适合于防治鳞翅目类害虫。

代表化合物结构如下：

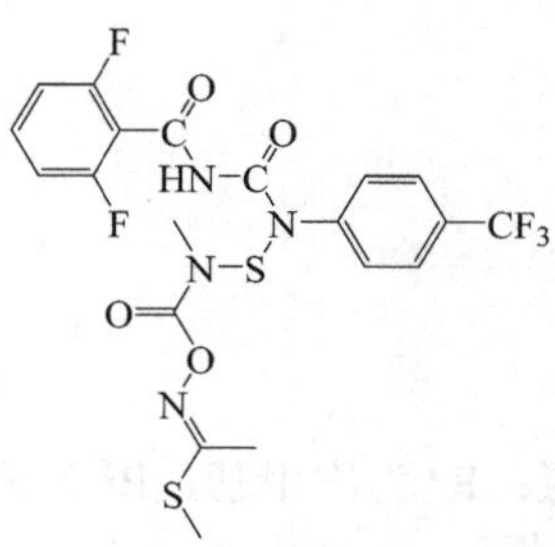

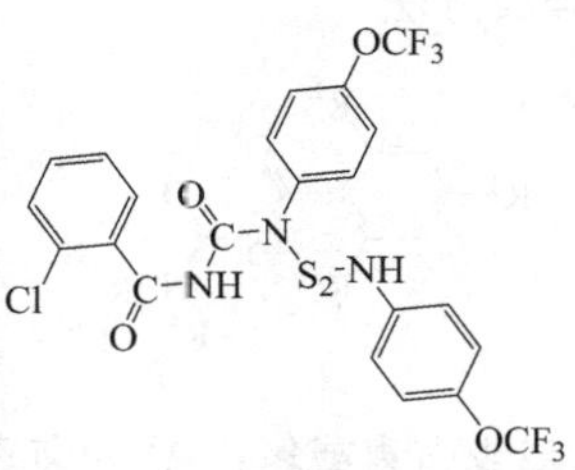

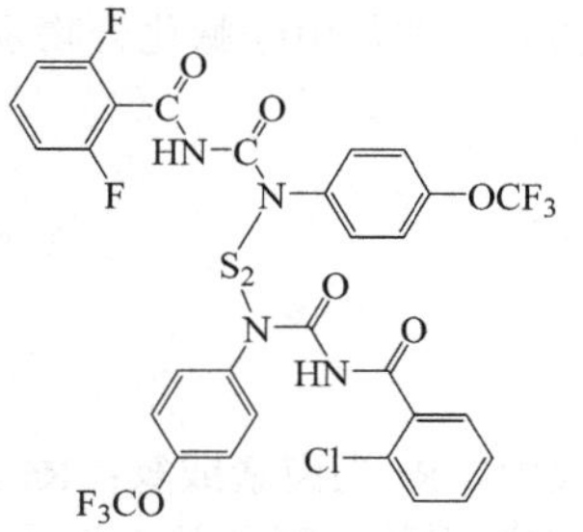

（7）一种含氟苯甲酰脲苯并咪唑类化合物及其应用

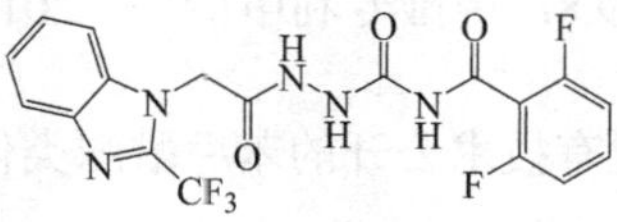

发明人：王明慧，许良忠，苏龙杰，冯继收，曹丽；申请人：青岛科技大学

中国专利号：ZL201410085872.2；中国专利申请日：2014-03-10

化合物类型：苯甲酰脲类、苯并咪唑类

发明思路：me-too 研究；在现有技术公开的苯并咪唑硫脲类化合物的基础上，进行基团替换从而得到现有化合物。

用途：具有杀虫、杀菌活性，可用于防治小菜蛾、番茄早疫病菌、黄瓜枯萎病菌、花生褐斑病菌等。

（8）含菊酸结构吡唑类化合物及制备方法和用途

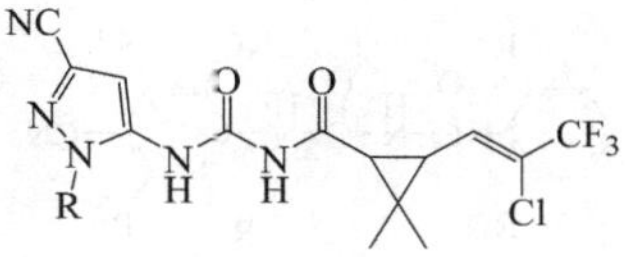

式中，R 为 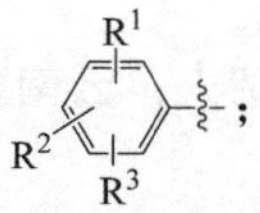 ；

R^1、R^2 和 R^3 各自独立地为氢、氟、氯、溴、甲基或三氟甲基。

发明人：万嵘，秦小飞，沈陈，郭春伟，吴少华，韩振禹，陈福立；申请人：南京工业大学

中国专利号：ZL201510277891.X；中国专利申请日：2015-05-22

化合物类型：菊酯、吡唑酰胺

发明思路：me-too 研究；在现有的菊酰脲类化合物的基础上，进行基团替换，将嘧啶环替换为吡唑环从而得到现有的化合物。

用途：杀虫活性，可用于防治库蚊。

代表化合物结构如下：

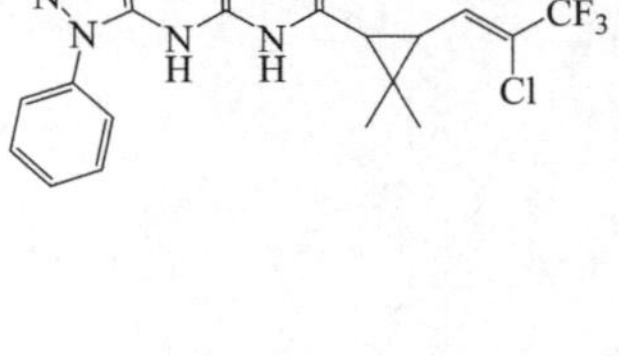

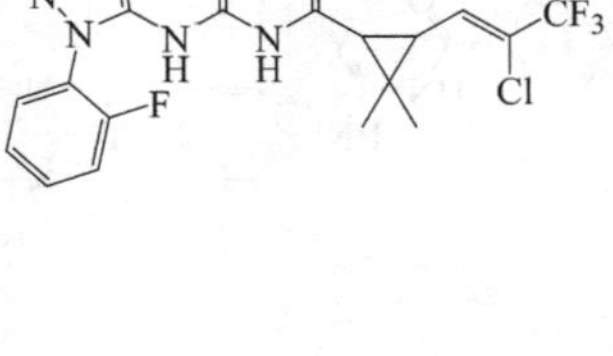

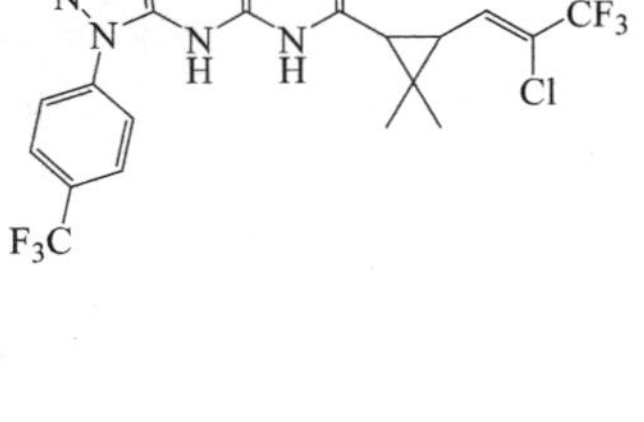

（9）一种苯甲酰脲化合物及其合成方法

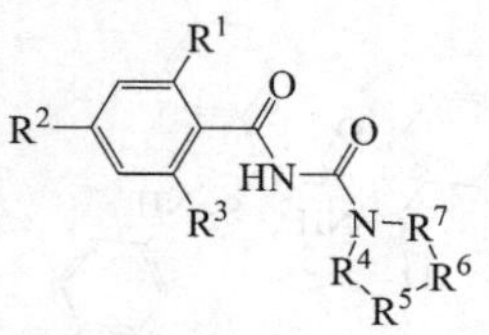

式中，R^1为卤素或氢；R^2为硝基或卤素或氢；R^3为卤素或氢；R^4为次甲基，R^5为氮，R^6和R^7为次甲基；R^4为连二亚甲基，R^5为氮或氧，R^6和R^7为亚甲基。

发明人：李洪森；申请人：上海工程技术大学

中国专利号：ZL201010579509.8；中国专利申请日：2010-12-08

化合物类型：苯甲酰脲类

发明思路：me-too研究，在现有技术公开的苯甲酰脲类化合物的基础上，将苯氨基部分替换为含氮杂环。

用途：具有杀虫活性，适合用在卫生害虫如蝇、蚊、跳蚤等以及农业害虫如稻水象甲、甜菜夜蛾、黏虫等防治上，可以抑制昆虫特别是家蝇幼虫生长的性能。

代表化合物结构如下：

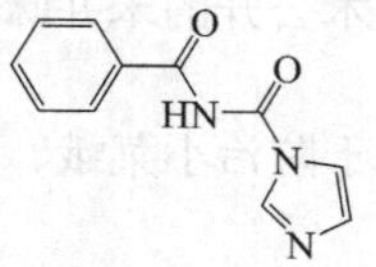

（10）新型苯甲酰基脲类化合物及其应用

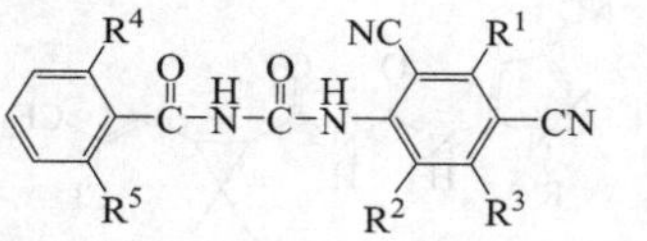

式中，R^1、R^2、R^5为氟或氯；R^3为氟或氨基；R^4为氢、氯或氟。

发明人：林军，徐蓉，冒德寿，严胜骄，杨丽娟，刘复初；申请人：云南大学

中国专利号：ZL02113831.1；中国专利申请日：2002-06-04

化合物类型：苯甲酰基脲类

发明思路：me-too研究；将苯甲酰基脲类化合物和百菌清类似物的活性基团进行亚结构拼接得到现有化合物。

用途：对小菜蛾具有一定的杀虫活性，特别是对幼虫的蜕皮抑制作用和拒食作用更为有效。

代表化合物结构如下：

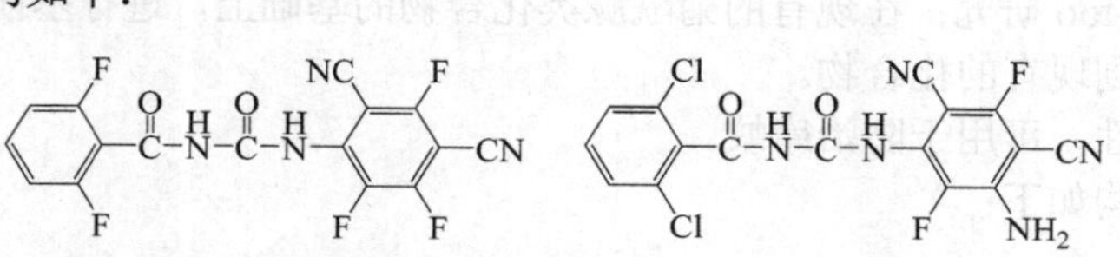

（11）具有杀虫活性的含嘧啶环苯甲酰(硫)脲类化合物

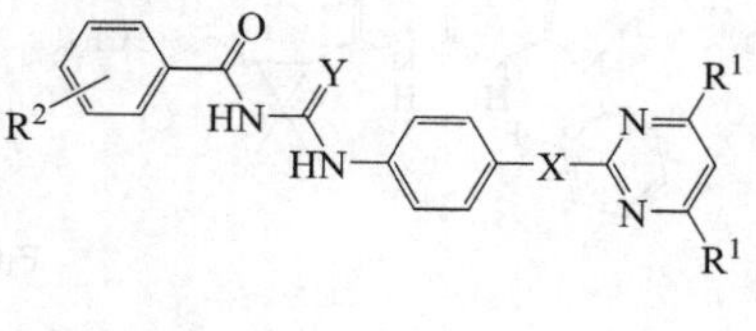

发明人：贺红武，金传飞；申请人：华中师范大学

中国公开号：CN102093298A；中国专利申请日：2010-12-16

化合物类型：嘧啶环苯甲酰(硫)脲类

发明思路：me-too 研究；将嘧啶环引入苯甲酰基硫脲类结构中而得。

用途：具有杀虫活性，本化合物对黏虫和库蚊等多种害虫具有显著的抑制作用。

代表化合物结构如下：

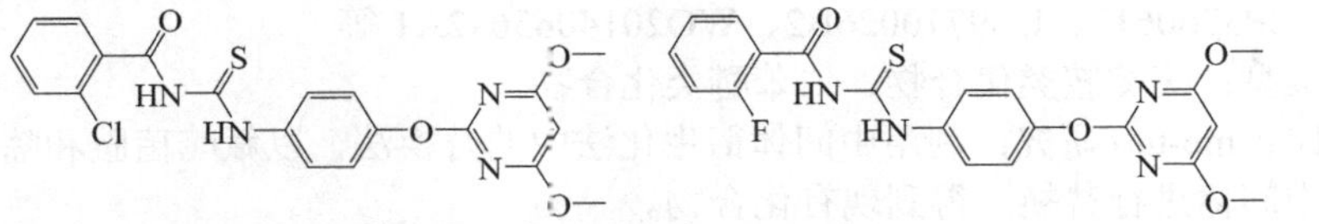

（12）1, 3, 4-噻二唑基芳酰基脲化合物及其制备方法和用途

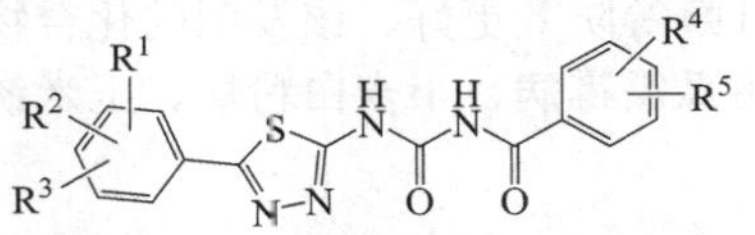

其中，R^1为氢、硝基、$C_{1\sim8}$烷氧基、卤素或$C_{1\sim8}$烷基；R^2为氢、硝基、$C_{1\sim8}$烷氧基、卤素或$C_{1\sim8}$烷基；R^3为氢、硝基、$C_{1\sim8}$烷氧基、卤素或$C_{1\sim8}$烷基；R^4为氢、$C_{1\sim8}$烷氧基、卤素；R^5为氢、卤素。

发明人：万嵘，王锦堂，韩锋，殷利河，王斌；申请人：南京工业大学

中国专利号：ZL200810196312.9；中国专利申请日：2008-09-04

化合物类型：噻二唑类、芳基酰脲类

发明思路：me-too 研究；该发明在取代噻二唑结构基础上，通过活性基团拼接，引入芳基酰脲得到该类化合物。

用途：具有杀虫活性，该发明的化合物对蚜虫和蚊虫有较好效果，可以用于防治农业害虫或作为卫生用药。

代表化合物结构如下：

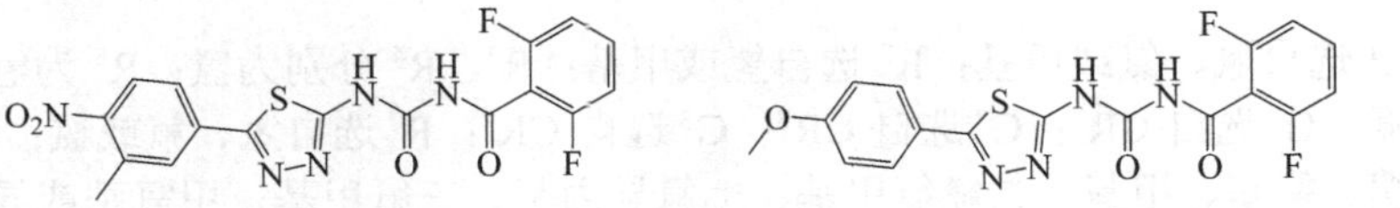

5.13 嘧啶胺类化合物

截至 2023 年底公开了 3 个拥有中文或英文通用名称的嘧啶胺类杀虫剂，具体如下：

嘧虫胺（flufenerim）、嘧螨醚（pyrimidifen）、环虫腈（dicyclanil）。

目前国内尚无该类商品化或开发中的杀虫剂。

新化合物的创制研究机构涉及沈阳中化农药化工研发有限公司、浙江工业大学、湖南化工研究院等。

（1）苯氧基嘧啶胺类化合物及用途

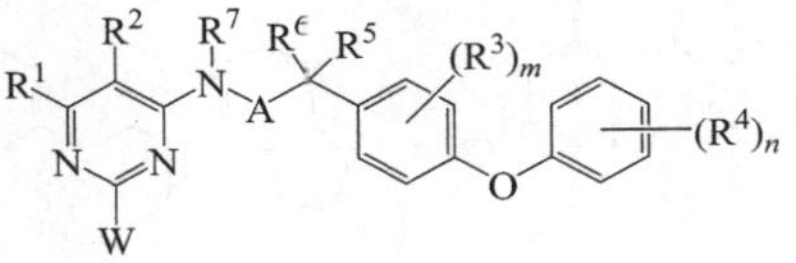

式中，R^1选自C_1～C_{12}烷基；R^2选自卤素；R^3为氢，m选自0～4的整数；R^4选自氢、卤素、氰基、硝基、C_1～C_{12}烷基、卤代C_1～C_{12}烷基，n选自0～5的整数，当n大于1时，R^4可相同或不同；R^5、R^6为氢；R^7为氢；A为CH_2；W为氢；或通式化合物的盐。

发明人：刘长令，王立增，宋玉泉，孙旭峰，兰杰、张金波，冯聪，柴宝山，孙芹，王斌，刘少武；申请人：中国中化股份有限公司，沈阳化工研究院有限公司

中国专利号：ZL201210412091.0；中国专利申请日：2012-10-25；同族专利：CN104684900A、EP2913325、EP3760617、US9770026B2、WO2014063642A1等

化合物类型：嘧啶胺类化合物、二苯醚类化合物

发明思路：me-too研究；利用中间体衍生化法中的替换法，以氟嘧菌胺和嘧虫胺为先导，使用二苯醚中间体进行替换，得到现有化合物。

用途：具有广谱杀虫、杀螨、杀菌活性，对小菜蛾、黏虫、桃蚜和朱砂叶螨具有优良的防治效果，特别是对桃蚜和朱砂叶螨等防效更好。该发明的化合物同时表现出很好的杀菌活性，部分化合物在很低的剂量下对黄瓜霜霉病、小麦白粉病、玉米锈病、稻瘟病等病害具有优异的防治效果。

代表化合物结构如下：

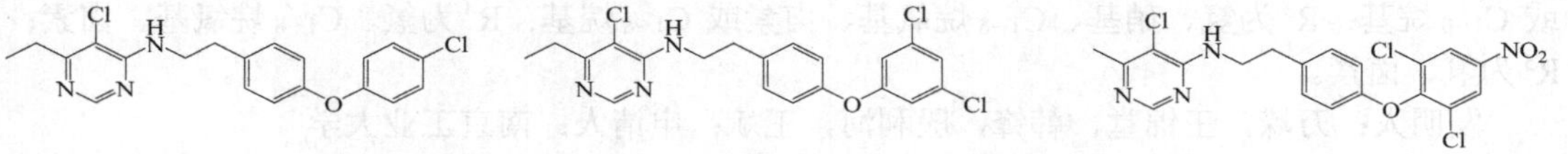

（2）一种具有杀虫杀螨活性的取代噻吩并嘧啶胺类化合物及其应用

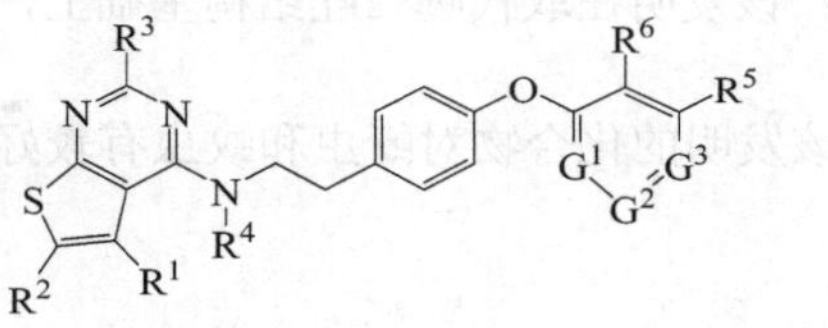

式中，R^1选自氢、氯或甲基；R^2选自氢或甲基；R^3、R^4分别为氢；R^5为氢、氟或氯；R^6为氢、氯或氟；G^1选自CR^7；G^2选自CR^8；G^3选自CR^9；R^7选自氢、氟或氯；R^8为氢；R^9选自氢、氯、溴、氰基、甲基、二氟氯甲基、七氟异丙基、三氟甲基、甲氧基或异丙氧基。

发明人：柴宝山，张金波，宋玉泉，杨吉春，李轲轲，王立增，孙旭峰，刘长令；申请人：中国中化股份有限公司，沈阳化工研究院有限公司

中国专利号：ZL201410318199.2；中国专利申请日：2014-07-04

化合物类型：噻吩并嘧啶胺类化合物、二芳醚类化合物

发明思路：me-too研究；参照吡螨胺和唑虫酰胺，利用中间体衍生化法中的衍生法，制备噻吩并嘧啶类化合物。

用途：具有杀虫、杀螨活性，对鳞翅目害虫、同翅目害虫及螨类等十分有效，特别是对蚜虫、朱砂叶螨、小菜蛾和黏虫活性更好，在很低的剂量下就可以获得很好的防治效果。

代表化合物结构如下：

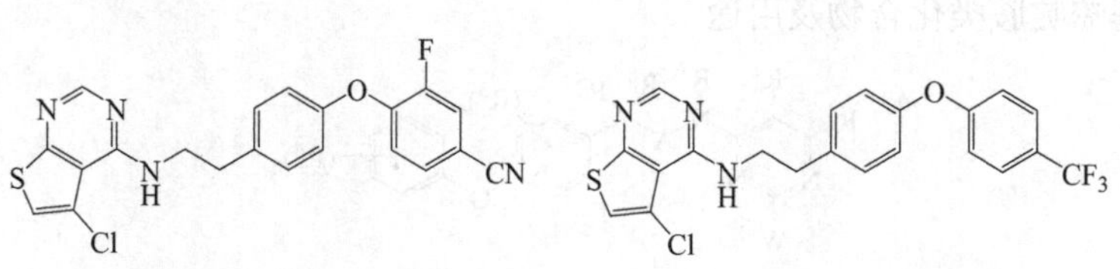

（3）含肟基的嘧啶类化合物及其用途

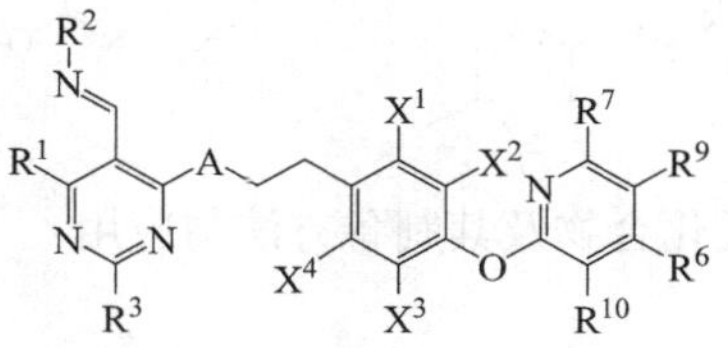

式中，R^1选自卤素；R^2选自羟基或 C_1～C_4烷氧基；R^3为氢；X^1、X^2、X^3、X^4为氢或卤素；R^6为氢；R^7为氢；R^9选自卤代 C_1～C_4烷基；R^{10}选自氢或卤素；A 为 NH；或通式化合物与盐酸、硫酸、磷酸、甲酸、乙酸、三氟乙酸、草酸、甲磺酸、对甲苯磺酸、苯甲酸、邻苯二甲酸、马来酸、山梨酸、苹果酸或柠檬酸形成的盐。

发明人：王立增，关爱莹，范晓溪，孙旭峰，王军锋，杨帆，李轲轲，单中刚，刘长令；申请人：沈阳中化农药化工研发有限公司

中国专利号：ZL201510309294.0；中国专利申请日：2015-06-08

化合物类型：嘧啶胺类化合物、二芳醚类化合物

发明思路：me-too 研究；参照专利 CN103058935A 中具有医药活性的肟基嘧啶的结构，利用中间体衍生化法，使用二芳醚乙胺中间体进行替换，得到该类化合物。

用途：具有杀虫、杀螨、杀菌活性，对小菜蛾、黏虫、蚜虫和朱砂叶螨等具有优良的防治效果，特别是对蚜虫和朱砂叶螨防效更好，对黄瓜霜霉病、玉米锈病、小麦白粉病、水稻稻瘟病和炭疽病也有优良的防治效果。

代表化合物结构如下：

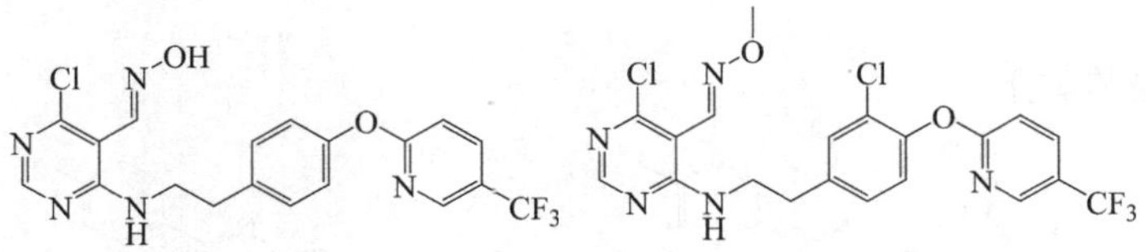

（4）一种含嘧啶结构的乙酰腙衍生物及其制备方法和应用

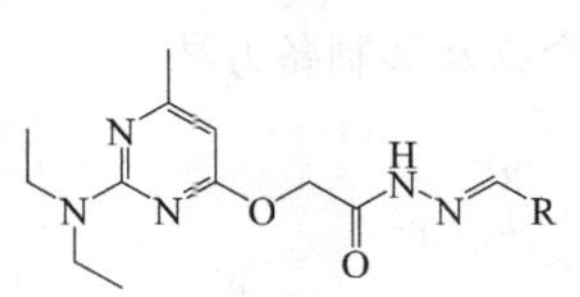

式中，R 为 4-甲基苯基，2-甲氧基苯基，4-氟苯基，3, 4, 5-三甲氧基苯基，5-三氟甲基苯基，2, 4-二氯苯基，3-氯苯基，2-溴苯基，2-羟基苯基，2-硝基苯基，3-甲基苯基，2-氟苯基，4-溴苯基，3-硝基苯基或 3, 4-二甲氧基苯基。

发明人：刘幸海，沈钟华，汪乔，孙召慧，翁建全，谭成侠；申请人：浙江工业大学

中国专利号：ZL201611238344.1；中国专利申请日：2016-12-28

化合物类型：含嘧啶结构的乙酰腙衍生物

发明思路：在甲基嘧啶磷关键中间体嘧啶醇的基础上衍生得到。

用途：具有杀蚊活性。该发明具有杀埃及伊蚊活性，无论是对幼虫还是成虫都具有良好的杀灭效果。

代表化合物结构如下：

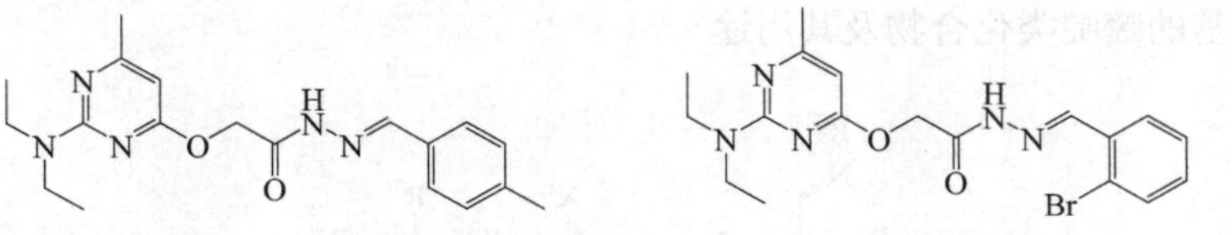

（5）*N*-杂芳基甲基嘧啶胺类化合物及其制备方法与应用

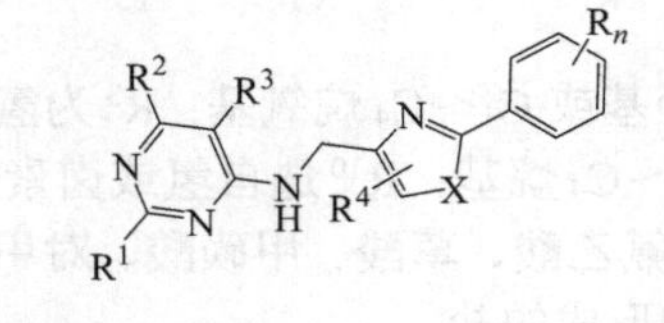

其中，R 选自相同的或不同的氢、卤素、C_1～C_{12} 烷基、C_1～C_{12} 卤代烷基、C_1～C_{12} 烷氧基、C_1～C_{12} 卤代烷氧基；R^1 选自 C_1～C_{12} 烷基；R^2 选自 C_1～C_{12} 烷基、C_1～C_{12} 卤代烷基、C_3～C_8 环烷基；R^3、R^4 选自相同的或不同的氢、卤素；X 选自氧或硫；*n* 代表 0、1、2、3、4 或 5 的整数。

发明人：柳爱平，刘卫东，裴晖，曹胜文，黄丹灵，任叶果，项军，朱锦涛，李建明，刘民华；申请人：湖南化工研究院有限公司

中国专利号：ZL201610959601.4；中国专利申请日：2016-10-27

化合物类型：嘧啶胺类

发明思路：me-too 研究；在嘧啶胺杀虫剂结构基础上直接引入芳基噻唑结构得到了相关化合物。

用途：具有杀虫/螨和/或杀菌活性，尤其是对同翅目害虫如蚜虫、飞虱等害虫具有很高的活性。

代表化合物结构如下：

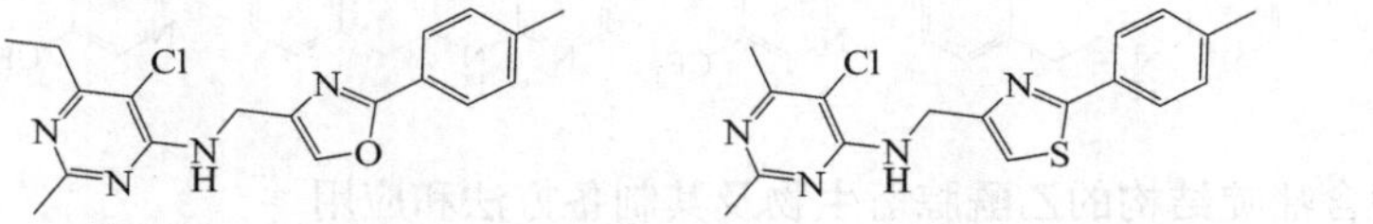

（6）具生物活性的嘧啶胺类化合物及其制备方法

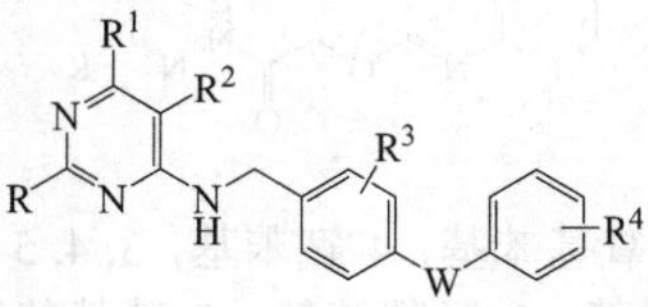

其中，R 选自 C_1～C_4 直链或支链烷基、烷氧基、烷硫基、烷氨基或苯基；R^1 选自 C_1～C_4 直链或支链烷基或卤代烷基；R^2 选自氢、C_1～C_4 直链或支链烷基或卤素；R^3 选自氢、卤素或 C_1～C_4 直链或支链烷基；R^4 选自 C_1～C_4 直链或支链烷基或卤素；W 选自氧。

发明人：任叶果，柳爱平，胡礼，朱锦涛，龙楚云，郑希，黄明智，高德良，刘兴平，项军；申请人：湖南化工研究院有限公司

中国专利号：ZL201610954548.9；中国专利申请日：2016-10-27

化合物类型：嘧啶胺类、二芳醚类

发明思路：me-too 研究；在嘧啶胺杀虫剂结构基础上引入二芳醚结构得到了相关化合物。

用途：具有杀虫活性，对螨、蚜虫和黏虫具有防治效果。

代表化合物结构如下：

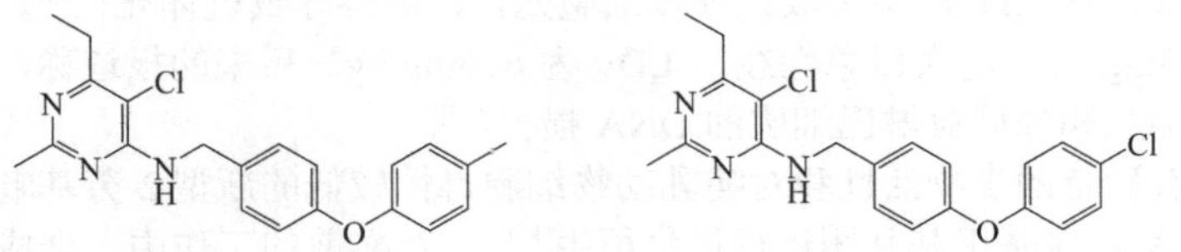

5.14 其他杀虫类化合物

截至 2023 年底其他拥有中文或英文通用名称的杀虫剂部分如下：

benzpyrimoxan、噻嗪酮（buprofezin）、fenoxacrim、fentrifanil、flometoquin、氟啶虫酰胺（flonicamid）、fluhexafon、氟蚁腙（hydramethylnon）、indazapyroxamet、甲磺虫腙（jiahuangchongzong）、ledprona、特螨腈（malonoben）、麦芽糊精（maltodextrin）、nicofluprole、氟蚁灵（nifluridide）、oxazosulfyl、三氯杀虫酯（plifenate）、哒螨灵（pyridaben）、sulfiflumin、苏云金素（thuringiensin）、唑蚜威（triazamate）、trichlophenidine、tyclopyrazoflor、氯溴虫腈。

其中氯溴虫腈由湖南化工研究院创制、湖南海利化工股份有限公司开发，于 2014 年获准新农药临时登记（LS20140332）。

5.14.1 氯溴虫腈的创制

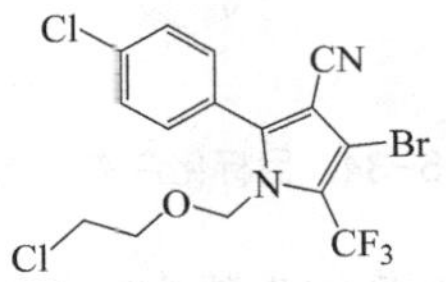

化合物专利名称：具杀虫、杀螨、杀真菌生物活性的芳基吡咯类化合物及其制备方法

中国专利号：ZL200510031417.5；申请日：2005-04-05；授权日：2010-01-13

专利发明人：王晓光，柳爱平，刘兴平，裴晖，黄明智，张俐，黄路，陶贤鉴，欧晓明，陈灿；申请人：湖南化工研究院

该发明以溴虫腈为先导进行衍生。经过多年研究，发明了杀虫剂氯溴虫腈，获得中国发明专利。氯溴虫腈主要用于水稻、蔬菜等作物上防治斜纹夜蛾、小菜蛾、棉铃虫、稻纵卷叶螟、稻飞虱、茶毛虫等多种害虫，同时对作物安全，对人畜毒性低。

5.14.1.1 创制过程

1987 年美国 Cyanamid 公司从一株链霉菌中分离出来的 dioxapyrrolomycin（图 5-34A），对许多昆虫和螨虫[1]有中等活性。尽管其对小鼠的急性经口 LD_{50} 为 14mg/kg，这一数值太高，不能将该化合物作为开发的候选药物，但其新颖的结构足够简单，可以作为合成修饰的出发点。为了解决其高毒性问题，在新型 2-芳基吡咯上进行大量的修饰和优化。美国氰胺公司还发现了化合物 B（图 5-34）对烟草蚜虫、二斑叶螨和马铃薯叶蝉表现出优异的活性。然而，发现了 2-芳基吡咯（B）具有高的植物毒性[2]。因此，对化合物 B 的 N—H 进行了进一步的优化。1988 年，美国氰胺公司通过用乙氧基甲基取代化合物 B 中氮原子上的氢，发现了化合物 C，该化合物于 2001 年被开发且作为一种农业杀虫剂商业化，其通用名称为溴虫腈[4-溴-2-(4-氯苯基)-1-乙氧基甲基-5-(三氟甲基)-1*H*-吡咯-3-腈[3,4]。作为一种新型化学物质 2-芳基吡咯的唯一商业化成员，溴虫腈是一种前杀虫剂，通过混合功能氧化酶氧化去除 *N*-乙氧基形成化合物 B，从而解除线粒体的氧化磷酸化使 ATP 产生失败，导致细胞死亡，最终导致机体死亡[5]。溴虫腈对小鼠急性经口 LD_{50} 为 55mg/kg，对大鼠急性经口 LD_{50} 为 626mg/kg。后来的报道称，溴虫腈可诱导小鼠的脾、肝、肾细胞和外周血淋巴细胞的 DNA 损害[6,7]。

为了寻找具有独特的生物活性和对哺乳动物细胞毒性较低的新型 2-芳基吡咯及基于前药原则，将溴虫腈的 *N*-乙氧基甲基基团进行优化衍生[8-11]。在之前的工作中，合成的一系列新型含硫肟醚化合物就显示出了显著的杀虫活性。比如，化合物 D（图 5-34）的杀虫活性就优于溴虫腈和氰戊菊酯。还发现了另一种肟醚化合物 E（图 5-34），其杀螨效果可与产业化杀螨剂，如嘧螨酯、吡螨胺和溴虫腈相媲美[12-15]。

从报道的化合物中得到启示，在溴虫腈中引入含硫、氧和/或含卤素的取代基，通过取代乙基来改善溴虫腈的生物特性，减少 DNA 损害。

图 5-34　目标化合物的发现

基于上述目标，设计并合成了一系列新的 2-芳基吡咯衍生物，并对其进行活性测定（表 5-78）。

表 5-78　化合物活性

化合物	化学结构		对黏虫抑制率/%				对二斑叶螨抑制率/%			
	R	*n*	1000mg/L	100mg/L	10mg/L	LC_{50} /(mg/L)	500mg/L	100mg/L	10mg/L	LC_{50} /(mg/L)
6a	Cl	1	100	100	26.47	14.17	100	100	100	1.27
6b	Cl	2	100	100	10.53	25.45	100	100	94.05	2.62
6c	Cl	3	75	/	/	/	19.20	/	/	＞500
6d	F	2	100	100	13.51	15.80	100	96.55	79.58	1.18
6e	Br	2	100	100	0	/	95.7	0	0	＞100
7a	OCH_3	1	/	/	/	/	95.0	/	/	/

续表

化合物	化学结构		对黏虫抑制率/%				对二斑叶螨抑制率/%			
	R	*n*	1000mg/L	100mg/L	10mg/L	LC_{50} /(mg/L)	500mg/L	100mg/L	10mg/L	LC_{50} /(mg/L)
7b	OCH_2CH_3	1	100	100	16.12	23.95	100	100	98.44	0.86
7c	$OCH_2CH_2CH_3$	1	100	100	0	/	100	100	36.90	11.65
7d	$OCH(CH_3)_2$	1	100	100	0	/	100	100	100	0.31
7e	$OCH_2CH{=}CH_2$	1	100	45	0	/	100	100	68.57	5.19
7f	$OCH_2CH{\equiv}CH$	1	100	100	0	/	83.3	/	/	>100
7g	OCH_3	2	NT	/	/	/	0	/	/	>500
7h	$OCH_2CH{=}CH_2$	2	100	100	0	/	58.1	/	/	=500
7i	$OCH_2CH{\equiv}CH$	2	NT	/	/	/	0	/	/	>500
8a	SCH_3	1	0	/	/	>100	0	/	/	>500
8b	SCH_2CH_3	1	100	100	0	/	0	/	/	>500
8c	SCH_3	2	100	100	3.45	38.46	37.95	3.70	0	>500
8d	SCH_2CH_3	2	100	100	0	/	0	/	/	>500
8e	$SCH_2CH_2CH_3$	2	64.58	/	/	/	0	/	/	>500
8f	$SCH(CH_3)_2$	2	100	100	0	/	9.50	/	/	>500
9	$SOCH_3$	2	90.45	85.91	0	/	0	/	/	>500
10	SO_2CH_3	2	90.91	100	0	/	0	/	/	>500
溴虫腈			100	100	16.22	21.72	100	100	97.06	0.36

多数合成的2-芳基吡咯衍生物具有显著的杀虫和/或杀螨活性。一些化合物具有较高的杀虫和/或杀螨活性。例如，化合物6a、6b、6d、7b对鳞翅目害虫黏虫的LC_{50}值分别为14.17mg/L、25.45mg/L、15.80mg/L、23.95mg/L，以及化合物7b、7d对二斑叶螨的LC_{50}值分别为0.86mg/L、0.31mg/L，而溴虫腈对黏虫和二斑叶螨的LC_{50}值分别为21.72mg/L、0.36mg/L。

构效关系如下：

（1）对于*n*，1≈2>3。

（2）对于R，卤素≈烷氧基>烷硫基>烷砜基≈烷基磺酰基；F>Cl>Br；OCH_2CH_3≈$OCH(CH_3)_2$>$OCH_2CH_2CH_3$

SCH_3>SCH_2CH_3≈$SCH(CH_3)_2$>$SCH_2CH_2CH_3$>$SOCH_3$≈SO_2CH_3。

至此确定6b为活性最优的化合物。然后，经过室内和田间生物活性测定、合成方法和工艺研究、各种性能测试与安全评价等，并获得中文通用名称氯溴虫腈。

5.14.1.2 知识产权分析

该发明化合物结构虽与已知专利化合物结构相似，但在已有专利范围外。

（1）新颖性　新颖性分析见表 5-79。

表 5-79　本专利与现有技术对比表

本专利：CN1670016A（湖南化工研究院，申请日：2005-04-05；公开日：2005-09-21）	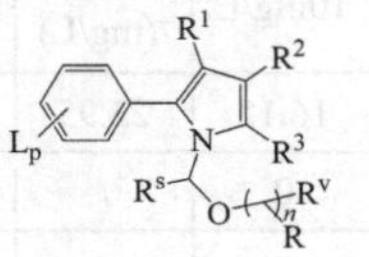 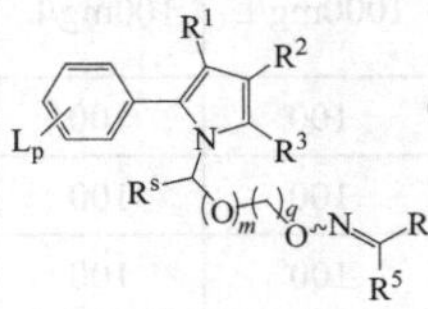 通式Ⅰ和Ⅱ 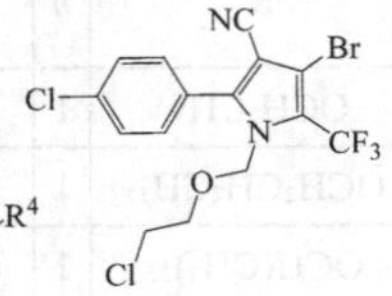　代表化合物氯溴虫腈（专利中化合物 07）
接近的现有技术 CN1026206C（美国氰胺公司，申请日：1988-07-28；公开日：1990-02-21）	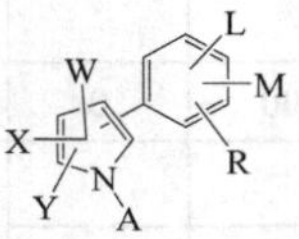 通式 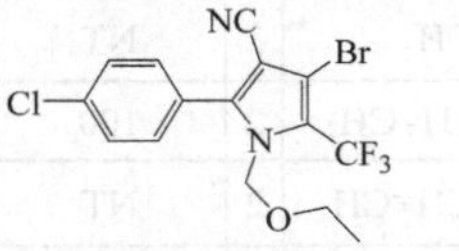　代表化合物（列表化合物）具有杀虫活性
同类商品化/开发中品种	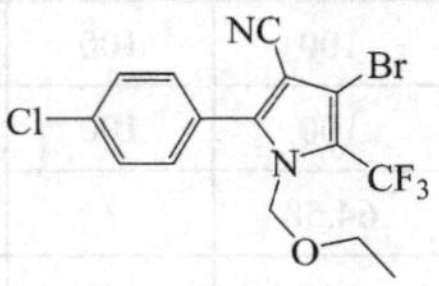 溴虫腈

（2）创造性　该专利 CN1670016A 说明书记载，如 100mg/L 剂量下，对黏虫的活性比较测试发现，该发明测试化合物（编号 07，氯溴虫腈）和对照药剂溴虫腈的防效均为 A 级（死亡率 90%～100%为 A 级，余同）。

（3）核心化合物专利　氯溴虫腈核心化合物专利与授权保护范围如表 5-80 所示。

表 5-80　湖南化工研究院申请的氯溴虫腈核心化合物专利

序号	公开号	专利号	法律状态
1	CN1670016A	ZL200510031417.5	授权有效
授权保护范围（中国专利）			
一种芳基吡咯类化合物，其特征在于用通式(I)表示： 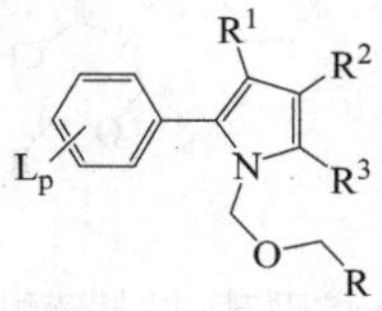 I 其中： Ⅰ. L_p 选自以下基团的一个或多至 3 个：氢，卤素，烷基，烷氧基，烷硫基，烷基亚磺酰基，烷基磺酰基，卤代烷基，卤代烷氧基，卤代烷硫基，卤代烷基亚磺酰基，卤代烷基磺酰基，烷基羰基，烷氧基羰基； Ⅱ. R 选自以下基团：卤素，烷氧基，烷硫基，烷基亚磺酰基，烷基磺酰基，卤代烷氧基，卤代烷硫基，卤代烷基亚磺酰基，卤代烷基磺酰基，链烯基氧基，链烯基硫基，卤代链烯基氧基，卤代链烯基硫基，炔基氧基，炔基硫基，卤代炔基氧基，卤代炔基硫基，环烷氧基，环烷硫基，卤代环烷氧基，卤代环烷硫基； Ⅲ. R^1、R^2 和 R^3 是相同的或不同的，并代表氢，卤素，氰基，硝基，三氟甲基			

5.14.1.3 合成方法

以对氯苯甲醛为起始原料经亲核取代、合环、溴化等常规反应，得到氯溴虫腈（图5-35）。[16]

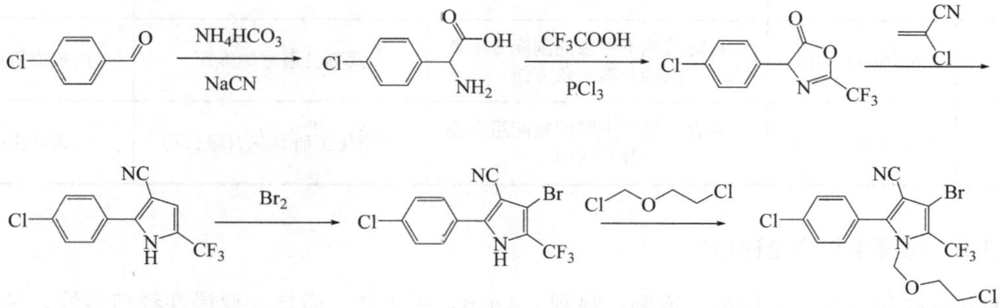

图5-35 氯溴虫腈合成路线

5.14.1.4 组合物专利

氯溴虫腈部分组合物专利见表5-81。

表5-81 氯溴虫腈组合物专利

序号	公开号	发明名称	申请人	B组分
1	CN 103004769A	一种含有氯溴虫腈和螺螨酯的杀螨组合物	湖南海利化工股份有限公司	螺螨酯
2	CN 103636632A	一种含有氯溴虫腈和抗蚜威的杀虫组合物	湖南海利化工股份有限公司	抗蚜威
3	CN 104082304A	一种含有氯溴虫腈和哒螨灵的杀虫组合物	广东中迅农科股份有限公司	哒螨灵
4	CN 104082325A	一种含有氯溴虫腈和氰氟虫腙的杀虫组合物	广东中迅农科股份有限公司	氰氟虫腙
5	CN 104094938A	一种含有氯溴虫腈和唑虫酰胺的杀虫组合物	广东中迅农科股份有限公司	唑虫酰胺
6	CN 104094957A	一种含有氯溴虫腈和茚虫威的杀虫组合物	广东中迅农科股份有限公司	茚虫威
7	CN 104094962A	一种含有氯溴虫腈和拟除虫菊酯类农药的杀虫组合物	广东中迅农科股份有限公司	拟除虫菊酯类农药
8	CN 104106568A	一种含有氯溴虫腈和生物源类农药的杀虫组合物	广东中迅农科股份有限公司	生物源类农药
9	CN 104186474A	一种含有氯溴虫腈和甲氧虫酰肼的杀虫组合物	广东中迅农科股份有限公司	甲氧虫酰肼
10	CN 104381261A	氯溴虫腈和啶虫丙醚杀虫组合物	广东中迅农科股份有限公司	啶虫丙醚
11	CN 104756992A	含有吡啶喹唑啉和氯溴虫腈的杀虫组合物	广东中迅农科股份有限公司	吡啶喹唑啉
12	CN 104920407A	一种防治地下害虫的组合物	湖南海利化工股份有限公司	丙硫克百威

续表

序号	公开号	发明名称	申请人	B 组分
13	CN 104957155A	一种含氯溴虫腈和环氧虫啶的杀虫剂组合物	河南远见农业科技有限公司	环氧虫啶
14	CN 106973926A	一种防治地下害虫的剑麻专用杀虫剂及其制备方法	武鸣县南方制绳厂	丙硫克百威
15	CN 110037032A	一种含有氯溴虫腈的复配组合物及其应用	湖南化工研究院有限公司	双丙环虫酯

5.14.1.5 毒理学与安全评价

哺乳动物急性经口、经皮、皮刺、眼刺、Ames、染色体、微核、亚慢性经口毒性、环境和非靶标生物毒性试验结果如表 5-82[17]。

表 5-82 氯溴虫腈毒理学与安全评价

测试科目	结论
大鼠急性经皮毒性试验	雄性大鼠：LD_{50}＞2000mg/kg， 雌性大鼠：LD_{50}＞2000mg/kg
兔眼单次刺激试验	轻度刺激性
兔皮肤单次刺激试验	无刺激性
豚鼠皮肤致敏试验	无致敏性
细菌回复突变试验（Ames）	阴性
小鼠骨髓多染细胞微核试验	阴性
体外哺乳动物细胞染色体畸变试验	阴性
13 周大鼠饲喂亚慢性毒性试验	雌、雄 SD 大鼠亚慢性（90d）经口毒性试验的最大无作用剂量分别为 5mg/（kg·d）和 2.5mg/（kg·d）
鹌鹑急性毒性试验	急性经口（168h）LD_{50} 为 640mg/kg，鹌鹑急性饲喂（192h）LC_{50}＞2030mg/kg
天敌赤眼蜂急性毒性试验	对赤眼蜂急性毒性（24h）安全系数为 2.15
蚯蚓急性毒性试验	蚯蚓急性毒性试验（14d）LC_{50}＞100mg/kg 干土
土壤微生物毒性试验	对微生物的毒性为“低毒级”
家蚕急性毒性试验	家蚕急性毒性（96h）LC_{50} 为 64.63mg/L
蜜蜂毒性试验	蜜蜂急性摄入（48h）LC_{50} 为 13.54mg/L，蜜蜂急性接触（48h）LD_{50} 为 0.68μg（a.i.）/蜂

5.14.1.6 登记情况

目前国内登记氯溴虫腈系列产品 2 个（已过期），具体登记信息如表 5-83。

表 5-83 氯溴虫腈相关登记产品信息表

登记证号	农药名称	剂型	总含量	登记作物	防治对象	用药量(制剂量)	施用方法	登记证持有人
LS20140332	氯溴虫腈	原药	95%	—	—	—	—	湖南海利化工股份有限公司
LS20140331	氯溴虫腈	悬浮剂	10%	甘蓝	斜纹夜蛾	8～12mL/亩	涂抹	湖南海利化工股份有限公司

5.14.1.7 应用效果

氯溴虫腈高效、广谱，具有较强的胃毒和一定的触杀作用及内吸活性，且在作物上有中等持效，对钻蛀式、刺吸式和咀嚼式害虫防效优异。田间推荐使用剂量因作物种类和防治对象不同而异，通常为 12～120g(a.i.)/hm^2，在田间条件下稳定，持效期因作物而异，一般为 7～20d。可有效防治水稻、蔬菜等作物上斜纹夜蛾、小菜蛾、稻纵卷叶螟、棉铃虫、稻飞虱、茶毛虫等多种重要害虫，速效性好，对作物和非靶标生物安全。与目前常用的杀虫剂相比，氯溴虫腈与虫螨腈等药效相当，明显优于大多有机磷和氨基甲酸酸类杀虫剂品种[17]。

参考文献

[1] Carter G T, Nietsche J A, Goodman J J, et al. LL-F42248α, a novel chlorinated pyrrole antibiotic. J Antibiot, 1987, 40: 233-234.

[2] Addor R W, Babcock T J, Black B C, et al. Insecticidal pyrroles: discovery and overview//Baker D. Synthesis and chemistry of agrochemicals Ⅲ. ACS Symposium Series, 1992: 283-297.

[3] Treacy M F, Miller T P, Gard I E, et al. Characterization of insecticidal properties of AC303,630 against tobacco budworm, *Heliothis virescens* (Fabricius), larvae. Proc Beltwide Cotton Conf, 1991, 2: 738-740.

[4] Miller T P, Treacy M F, Gard I E, et al. AC303630, summary of 1988-1989 field trial results. Brighton Crop Prot Conf Pests Dis, 1990, 1: 41-45.

[5] Treacy M, Miller T, Black B, et al. Uncoupling activity and pesticide properties of pyrroles. Colloquium on the design of mitochondrial electron transport inhibitors as agrochemicals. Biochem Soc Trans, 1994, 22: 244-247.

[6] Chen X, Li X. DNA damage of spleen, liver and renal cells of mice by chlorfenapyr. J Environ Occup Med, 2005, 22: 145-1487.

[7] Gao S, Lu Y, Zhou P, et al. DNA damaging effects of chlorfenapyr on rats peripheral blood lymphocytes. Chin J Pestic Sci, 2005, 44(11): 511-513.

[8] Zhao Y, Mao C, Li Y, et al. Synthesis, crystal structure, and insecticidal activity of novel *N*-alkyloxyoxalyl derivatives of 2-arylpyrrole. J Agric Food Chem, 2008, 56: 7326-7332.

[9] Zhao Y, Li Y, Ou X, et al. Synthesis, insecticidal, and acaricical activities of novel 2-aryl-pyrrole derivatives containing ester groups. J Agric Food Chem, 2008, 56: 10176-10182.

[10] Mao C, Zhao Y, Li Y, Huang R, et al. Synthesis, crystal structure, insecticidal and acaricidal activities of novel *N*-bridged derivatives of 2-(*p*-chlorophenyl)pyrrole. Chin J Org Chem, 2009, 29(6): 929-935.

[11] Kuhn D G. Structure-activity relationship for insecticidal pyrroles//Hedin P A. Phytochemicals for pest control. ACS Symposium Series 658. Washington DC: American Chemical Society, 1997: 195-205.

[12] Liu A P, Ou X M, Huang M Z, et al. Synthesis and insecticidal activities of novel oxime-ether pyrethroids. Pestic Manage Sci, 2005, 61: 166-170.

[13] Liu A P, Wang X G, Ou X M, et al. Synthesis and fungicidal activities of novel bis(trifluoromethyl)phenyl-based strobilurins. J Agric Food Chem, 2008, 56: 6562-6566.

[14] Liu A P, Wang X G, Chen C, et al. The discovery of HNPC-A3066: A novel strobilurin acaricide. Pestic Manage Sci, 2009, 65:229-234.

[15] Liu A P, Wang X G, Ou X M, et al. The discovery of insectide sufluoxime. Fine Chem Intermed, 2011, 41: 1-6.

[16] Fu Q, Zhang X M, Yao W, et al. Synthesis of chlorfenapyr. Agrochemicals, 2006, 45(6): 385-391.

[17] 柳爱平，庞怀林，欧晓明，等. 新型芳基吡咯杀虫剂氯溴虫腈的创制研究. 精细化工中间体, 2014, 44(4): 1-5.

5.14.2 其他杀虫化合物的创制

（1）一种[1, 2, 4]三唑[4, 3-*a*]吡啶类含硫化合物在制备杀虫剂中的应用

Cl N-N N R S(O)$_n$

式中，n 选自 0、2；R 选自甲基、乙基、3,4,4-三氟-3-烯-1-丁基、卤代苄基、甲基取代苄基、甲氧基取代苄基、卤代甲氧基取代苄基、卤代甲氧基取代 1,3,4-噁二唑-2-基甲基、卤代吡啶-2-基甲基、三氟乙氧基取代吡啶-2-基甲基。

发明人：吴剑，徐方舟，薛伟，王艳艳，余刚，冯社垒，熊恩琪；申请人：贵州大学

中国专利号：ZL201610914576.8；中国专利申请日：2016-10-20

化合物类型：[1,2,4]三唑[4,3-*a*]吡啶类

发明思路：me-too 研究；采用活性结构拼接，将硫醚引入[1,2,4]三唑[4,3-*a*]吡啶类化合物中而得。

用途：具有杀虫活性，该发明对小菜蛾、棉铃虫及甜菜夜蛾具有一定防治效果。

代表化合物结构如下：

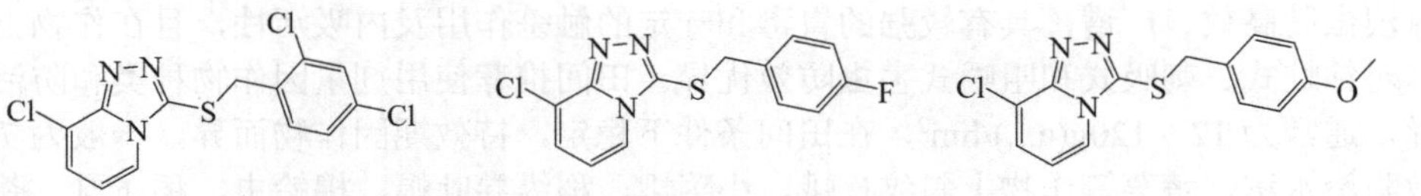

（2）一种三氟甲基吡啶联噁二唑(醚)类衍生物及其应用

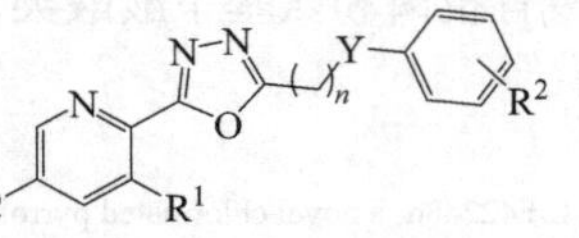

在通式所示的化合物中，R^1 为卤素、C_1～C_3 烷氧基、C_1～C_3 烷硫基或 C_1～C_3 烷基磺酰基；R^2 为 C_1～C_4 烷基、卤素、卤代烷基、氰基、苯丙基、烷氧基或烷硫基，且可为单取代或一个以上取代；n=0 时，Y 不代表任何原子，且苯环直接与噁二唑环相连，n=1 时，Y 为 O 或 S。

发明人：吴剑，徐方舟，王艳艳，罗德霞，薛伟；申请人：贵州大学

中国专利号：ZL201810060462.0；中国专利申请日：2018-01-22

化合物类型：三氟甲基吡啶联噁二唑(醚)类

发明思路：me-too 研究；采用活性基团拼接原理，将三氟甲基吡啶、噁二唑以及醚键等活性亚结构进行拼接而得。

用途：具有杀虫活性，该化合物对小菜蛾、黏虫等害虫具有优良的防治效果。特别是对一些对传统杀虫剂产生抗性的害虫，也具有防效。

代表化合物结构如下：

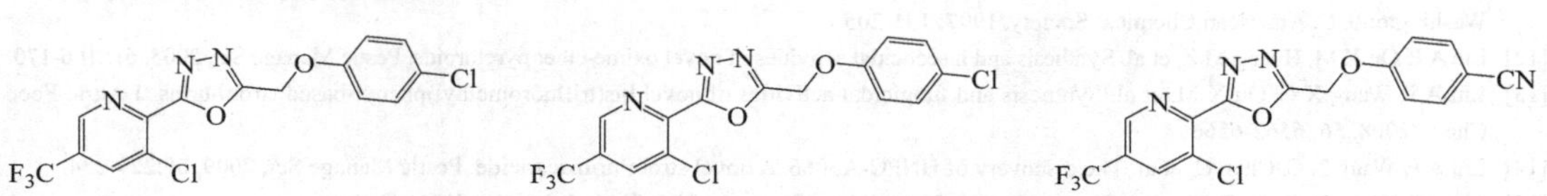

（3）4-(*N*, *N*-二芳基甲胺)呋喃-2(5*H*)-酮类衍生物，其制备方法及应用

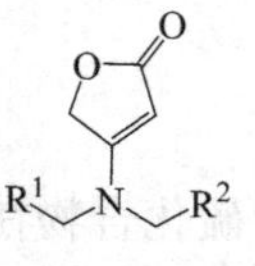

其包含 29 个具体化合物，结构参见专利中权利要求书部分。

发明人：宋宝安，田平义，刘登曰，刘铮军，石晶，何文静，齐普应，陈吉祥；申请人：贵州大学

中国专利号：ZL201810661151.X；中国专利申请日：2018-06-25

化合物类型：4-(*N*,*N*-二芳基甲胺)呋喃-2(5*H*)-酮类

发明思路：me-too 研究；探究含卤素芳环对先导化合物氟吡呋喃酮生物活性的影响以及用含卤素的芳环替代二氟乙基，设计合成了一系列新型的丁烯酸内酯杀虫剂。

用途：具有杀虫活性，该发明对蚕豆蚜虫具有较好活性。

代表化合物结构如下：

（4）5-*N*, *N*-二甲氨基-2-硫酮-1, 3-二噻烷及合成方法

发明人：卢玉振，张长庚；申请人：贵州大学

中国专利号：ZL03135403.3；中国专利申请日：2003-07-11

化合物类型：二噻烷类、沙蚕毒素类

发明思路：me-too 研究；在对沙蚕毒素结构进行修饰基础上合成一类新颖的化合物。以沙蚕毒素（杀虫环）为先导化合物优化衍生发现的。

用途：具有杀虫活性，该化合物对黏虫、蚊、蚜虫等害虫有很好杀灭作用，对黄瓜炭疽病菌、芦荟茎枯病菌等有抑制作用。

（5）氧杂氟烷基磺酰胺类化合物，其制备方法及用途

式中，X＝卤素；n＝0～3；R^1＝H、C_1～C_8烷基、C_1～C_8烷氧基、C_1～C_8卤代烷基或C_1～C_8卤代烷氧基、苯基、R^3取代苯基、苄基或杂环基；R^2为C_1～C_8烷基、C_1～C_8烷氧基、C_1～C_8卤代烷基或C_1～C_8卤代烷氧基、苯基、R^3取代苯基、苄基或杂环基；或者NR^1R^2为R^4；R^3为氢、卤素、C_1～C_4烷基、C_1～C_4烷氧基、C_1～C_4卤代烷基或C_1～C_4卤代烷氧基；R^4为R^3取代的环己胺、环戊胺或吗啡啉的环状脂肪胺；所述的杂环基是吡啶基、噻吩基、噻唑基或嘧啶基；

并且，当n＝0，X＝Cl，R^1＝H时，R^2不为CH_3；当n＝0，X＝Cl，R^1＝C_2H_5时，R^2不为C_2H_5；当n＝0，X＝I，R^1＝H时，R^2不为CH_3或C_2H_5；当n＝0，X＝I时，R^4不为吗啡啉；当X＝Cl，R^1＝H，R^2＝CH_3时，n不为2或3。

发明人：吕龙，唐庆红，吕强，王学跃，付群梅，冯骁，刘军；申请人：中国科学院上海有机化学研究所

中国专利号：ZL200610027494.8；中国专利申请日：2006-06-09

化合物类型：氧杂氟烷基磺酰胺类

发明思路：以本地化原料合成一类氧杂氟烷基磺酰胺类化合物。

用途：具有杀虫活性，对蟑螂、白蚁、红火蚁等害虫具有较高杀灭活性，能防治稻飞虱等水稻害虫。

代表化合物结构如下：

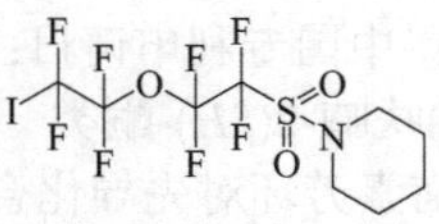

（6）6-取代苯基喹唑啉酮类化合物及其用途

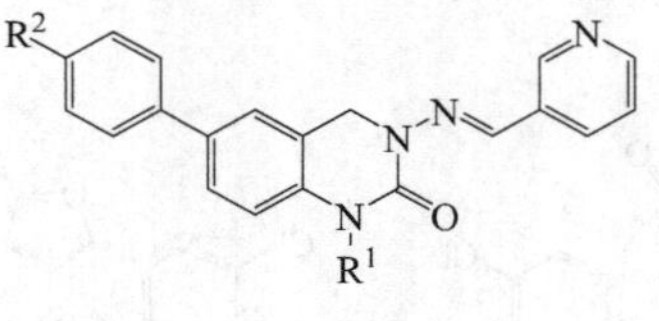

式中，R^1选自H、甲基羰基或乙基羰基；R^2选自C_1～C_3烷基或C_1～C_3卤代烷基。

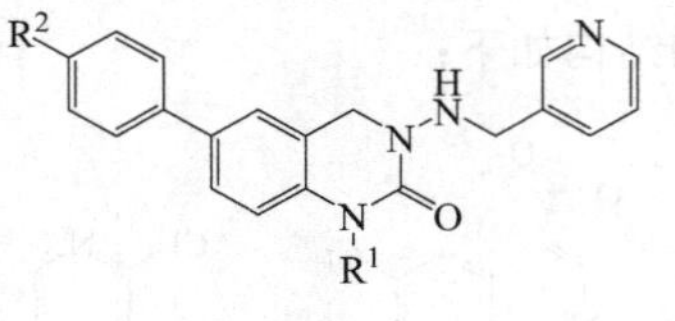

发明人：于海波，刘全涛，梁博，施学庚，宋玉泉，吕亮，李斌；申请人：中国中化股份有限公司，沈阳化工研究院有限公司

中国专利号：ZL201110381968.X；中国专利申请日：2011-11-25

化合物类型：苯基喹唑啉酮类化合物

发明思路：me-too研究；参照EP1097932中的结构，对苯环和氨基部位取代基进行优化，得到现有化合物。

用途：具有杀虫活性，可用于防治虫害，特别适用于防治蚜虫。

代表化合物结构如下：

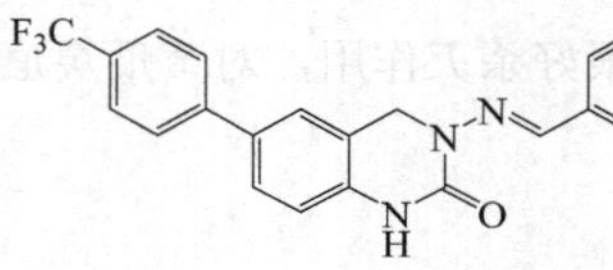

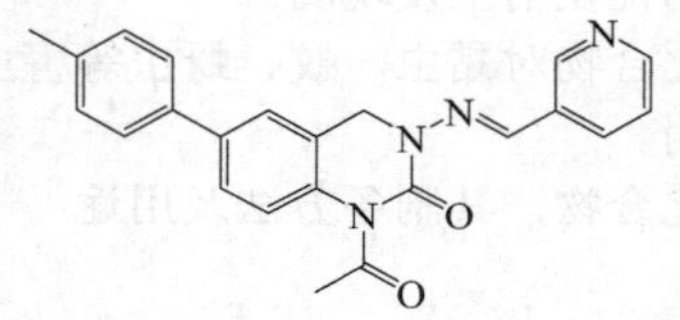

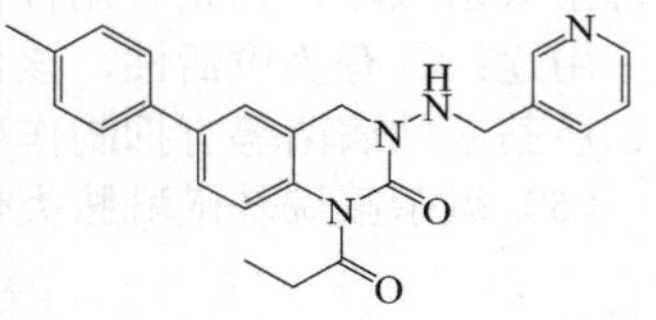

（7）6-取代苯基喹唑啉酮类化合物及其用途

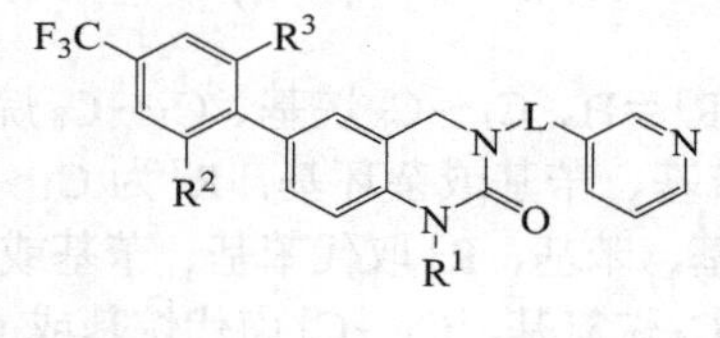

式中，L选自L_1或L_2：

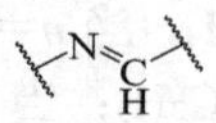

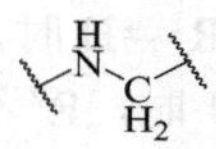

R^1选自乙酰基、丙酰基或丁酰基；R^2选自氢、氟、氯或溴；R^3选自氢、氟、氯或溴；其中R^2和R^3不同时为氢。或为通式化合物的盐。

发明人：李斌，王刚，范晓溪，施学庚，李轲轲，于海波，吕亮；申请人：中国中化股份有限公司，沈阳化工研究院有限公司

中国专利号：ZL201310606462.3；中国专利申请日：2013-11-25

化合物类型：喹唑啉酮类化合物

发明思路：me-too研究；参照EP1097932中的结构，对苯环和氨基部位取代基进行优化，得到现有化合物。

用途：具有杀虫活性，可用于防治虫害，特别适用于防治蚜虫。

代表化合物结构如下：

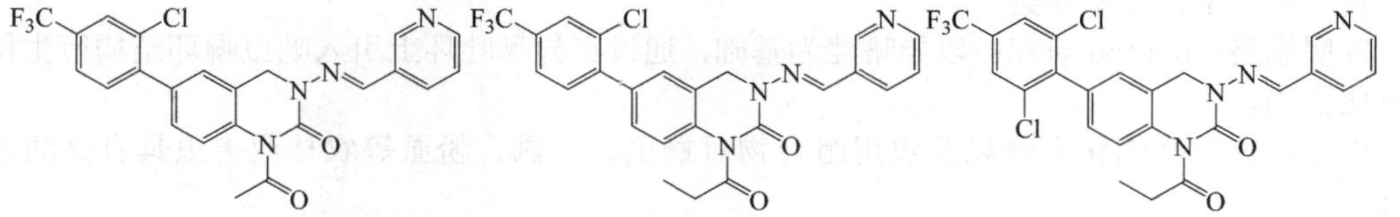

（8）二芳基乙烯类化合物及其制备和用途

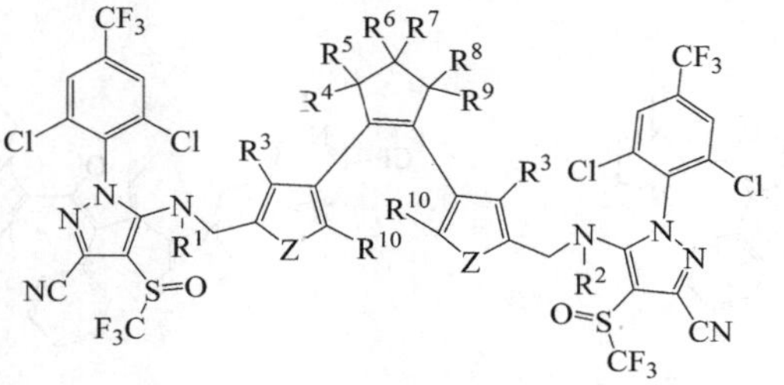

式中，R^1、R^2 为氢；R^3 为氢；R^4、R^5、R^6、R^7、R^8 和 R^9 分别独立地为氢、氟；各个 R^{10} 分别独立地为 C_1～C_4 烷基；Z 选自 S 或 O。

发明人：邵旭升，李忠，侯晴晴，须志平，徐晓勇，程家高；申请人：华东理工大学

中国专利号：ZL201810694476.8；中国专利申请日：2018-06-29

化合物类型：氟虫腈类化合物

发明思路：在氟虫腈基础上，通过烯基连接衍生化得到现有化合物。

用途：该发明提供的化合物对农林业害虫蚜虫、长角亚目蚊科的白纹伊蚊幼虫等具有高的活性。

代表化合物结构如下：

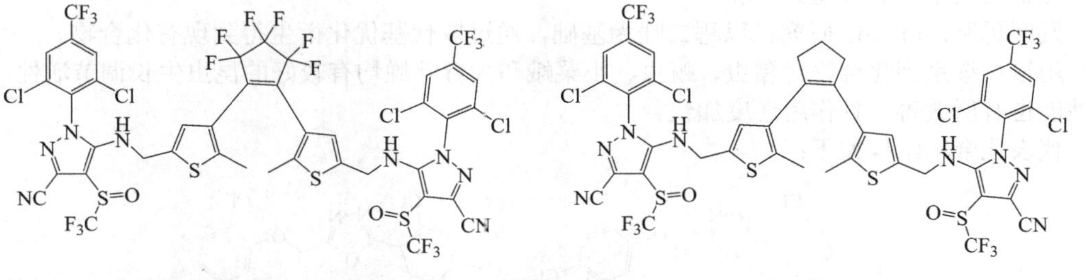

（9）具有杀虫活性的多取代异噁唑类化合物及其制备方法

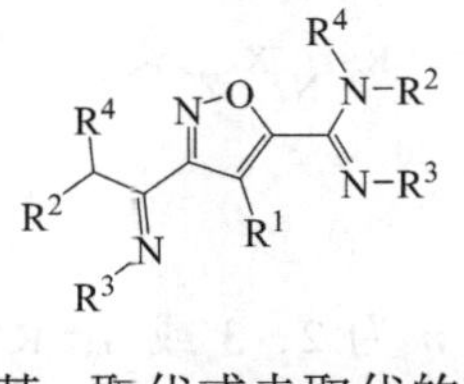

式中，R^1 为取代或未取代的呋喃基、取代或未取代的噻吩基、取代或未取代的苯基，其中，所述取代是指具有选自下组中的一个或多个取代基：卤素、$C_{1\sim4}$ 烷基、$C_{1\sim4}$ 卤代烷基、硝基、氰基；R^2 和 R^3 共同构成—CH_2—$(CH_2)_n$—CH_2—，式中，n 为 0～2 的整数；R^4 为氢或卤代的吡啶甲基等。

发明人：李忠，邵旭升，雷超，徐晓勇，程家高；申请人：华东理工大学

中国专利号：ZL201610870979.7；中国专利申请日：2016-09-29

化合物类型：异噁唑类

发明思路：me-too 研究；以异噁唑为基础，通过在异噁唑环上引入吡虫啉环结构衍生得到现有化合物。

用途：该发明的化合物以及农用组合物对蚜虫、飞虱、粉虱等农林业害虫具有高的杀虫活性。

代表化合物结构如下：

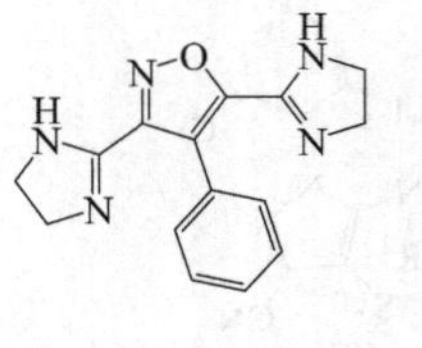

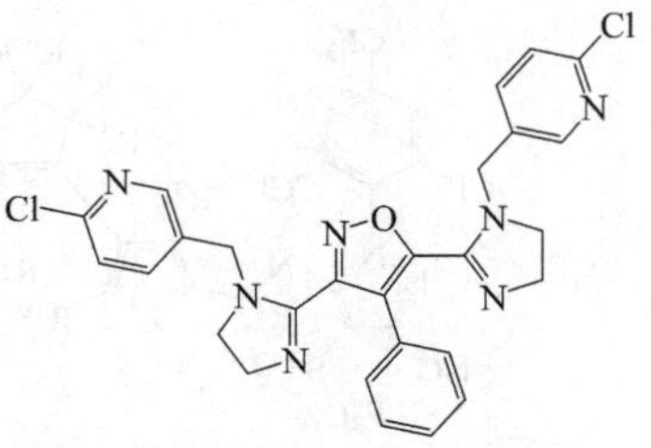

（10）2, 5-二取代-1, 3, 4-噁（噻）二唑化合物及制备和应用

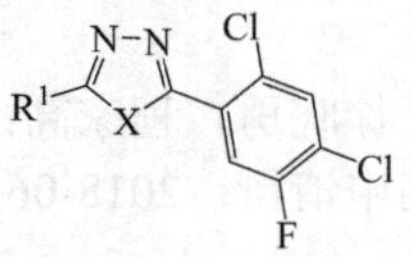

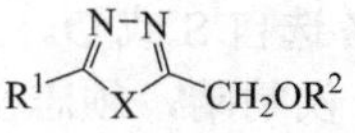

式中，R^1为 2, 4-二氯苯基、5-氟苯基、3-氟苯基、4-溴苯基、3-三氟甲基苯基或 6-氯吡啶；R^2为 2-氯苯基、4-氯苯基、2, 4-二氯苯基；X 为 O 或 S。

发明人：钱旭红，张荣，宋恭华，郁洪忠；申请人：华东理工大学

中国专利号：ZL99116834.8；中国专利申请日：1999-09-06

化合物类型：噁（噻）二唑

发明思路：me-too 研究；以噁二唑为基础，通过取代基优化衍生得到现有化合物。

用途：该系列化合物对黏虫、蚜虫、小菜蛾和大青叶蝉均有较好的昆虫生长调节活性，溶解性能也有所改善，且作用速度加快。

代表化合物结构如下：

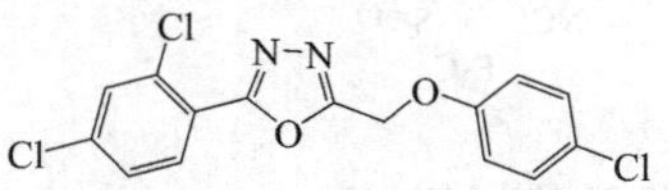

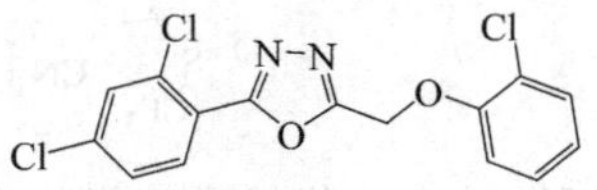

（11）氮杂双环衍生物及其制备和应用

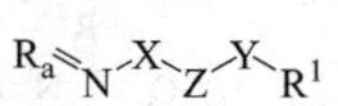

式中：

R_a为 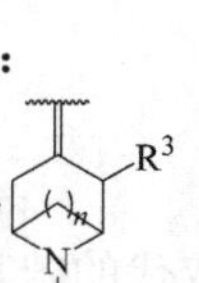 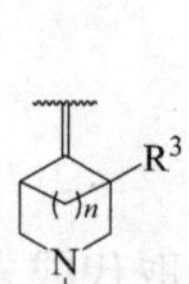 ；其中，n 为 2、3 或 4；R^3为氢或 C_1～C_{15}烷基；R^2为 C_1～C_{15}烷基、C_5～C_{10}芳基、C_2～C_8杂芳基、取代的或未取代的 C_5～C_{10}芳基-C_1～C_{15}烷基、C_1～C_{15}烷氧基羰基、取代的或未取代的 C_2～C_8杂芳基-C_1～C_{15}烷基、C_1～C_{15}烷基羰基；其中，所述

R^2中，所述取代的是指被选自下组的一个或多个取代基所取代：卤素、氰基、硝基、羟基、氨基、C_1～C_6烷基、卤代的C_1～C_6烷基；X为NH或O；Z为羰基；Y不存在，或为亚甲基；R^1为取代的或未取代的C_5～C_{10}芳基、取代的或未取代的C_2～C_8杂芳基；其中，所述R^1中，所述取代的是指被选自下组的一个或多个取代基所取代：卤素、氰基、硝基、氨基、羟基、C_1～C_6烷基、羟基C_1～C_6烷基、卤代的C_1～C_5烷基、C_1～C_6烷氧基、卤代C_1～C_6烷氧基。

发明人：宋恭华，陆青，徐俊，孙璐，王佳毅，徐蓓玲，崔佳露，周晓英，朱佶鹏，郑一汀，符小根；申请人：华东理工大学

中国专利号：ZL201410367631.7；中国专利申请日：2014-07-29

化合物类型：氮杂双环衍生物

发明思路：me-too研究；以氮杂双环衍生物为基础，通过氮杂双环衍生得到现有化合物。

用途：合成了一种结构新型的氮杂双环衍生物的衍生物。经测试，该化合物对线虫具有优异的灭杀作用。

代表化合物结构如下：

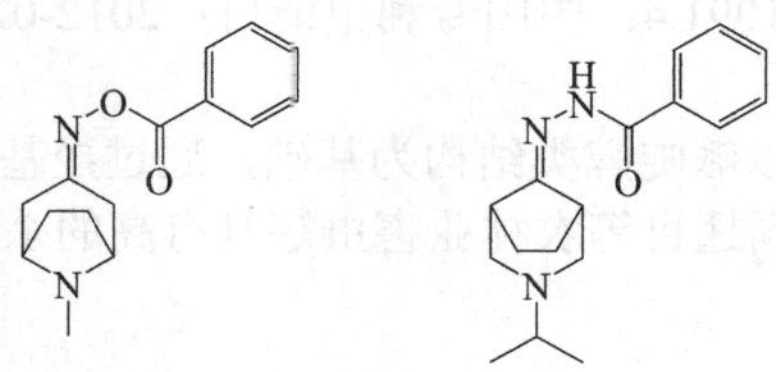

（12）具有杀虫活性的吗啉并环类化合物及其制备和用途

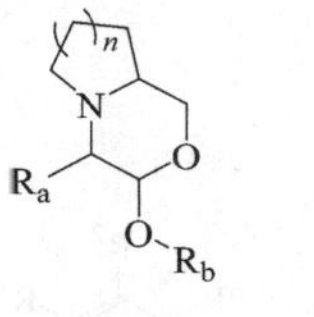

式中，n为1或2；R_a为未取代的或取代的$C_{5\sim14}$芳基；R_b为H、R^1或R^2CO—，其中，R^1为未取代的或取代的$C_{1\sim6}$烷基或含一个或多个选自N、O和S杂原子的$C_{1\sim14}$杂芳基；R^2为未取代的或取代的$C_{5\sim14}$芳基或含一个或多个选自N、O和S中杂原子的$C_{1\sim14}$杂芳基；

其中，所述取代的是指被选自下组的一个或多个基团所取代：$C_{1\sim6}$烷基、$C_{1\sim6}$烷氧基、卤素、氰基、硝基、$C_{1\sim6}$亚烷基-O-$C_{1\sim6}$亚烷基、$C_{1\sim6}$亚烷基-S-$C_{1\sim6}$亚烷基，或被选自卤素、$C_{1\sim6}$烷基或$C_{1\sim6}$烷氧基中一个或多个取代基所取代的$C_{1\sim6}$烷基或$C_{1\sim6}$烷氧基。

发明人：宋恭华，王佳毅，李品珍，徐蓓玲，斯珊羽，李晖；申请人：华东理工大学

中国专利号：ZL201310658899.1；中国专利申请日：2013-12-06

化合物类型：吗啉类

发明思路：以羟基吗啉环为基础，通过并环结构衍生得到现有化合物。

用途：对鳞翅目夜蛾科等农林业害虫如黏虫等具有高的杀虫活性。

代表化合物结构如下：

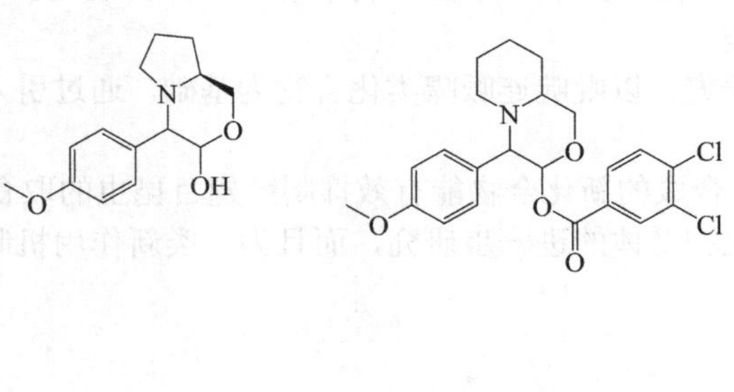

（13）具有杀虫活性的哌啶醇衍生物，及其制备和用途

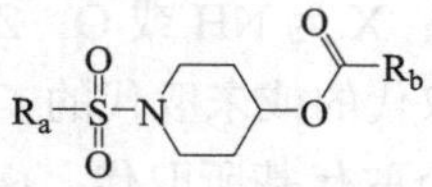

式中，R_a为未取代的或被一个或多个取代基所取代的苯环，其中所述取代基选自：$C_{1\sim4}$烷基、$C_{1\sim4}$烷氧基、卤素、氰基、硝基，或被选自卤素、$C_{1\sim4}$烷基或$C_{1\sim4}$烷氧基的一个或多个取代基所取代的$C_{1\sim4}$烷基或$C_{1\sim4}$烷氧基；

R_b为未取代的或被一个或多个取代基所取代的苯环，其中所述取代基选自：$C_{1\sim4}$烷基、$C_{1\sim4}$烷氧基、卤素、氰基、硝基、$C_{1\sim4}$卤代烷基或$C_{1\sim4}$卤代烷氧基；

或R_b为未取代的或被一个或多个取代基所取代的呋喃，其中所述取代基选自：$C_{1\sim4}$烷基、$C_{1\sim4}$烷氧基或卤素；或R_b为未取代的或被一个或多个取代基所取代的吡啶，其中所述取代基选自：$C_{1\sim4}$烷基、$C_{1\sim4}$烷氧基或卤素。

发明人：宋恭华，康丽琴，赵杉杉，马青松，王佳毅；申请人：华东理工大学

中国专利号：ZL201210041091.4；中国专利申请日：2012-02-22

化合物类型：哌啶醇

发明思路：me-too研究；以哌啶醇类结构为基础，通过羟基取代衍生得到现有化合物。

用途：对鳞翅目夜蛾科、同翅目等农林业害虫等具有高的杀虫活性。

代表化合物结构如下：

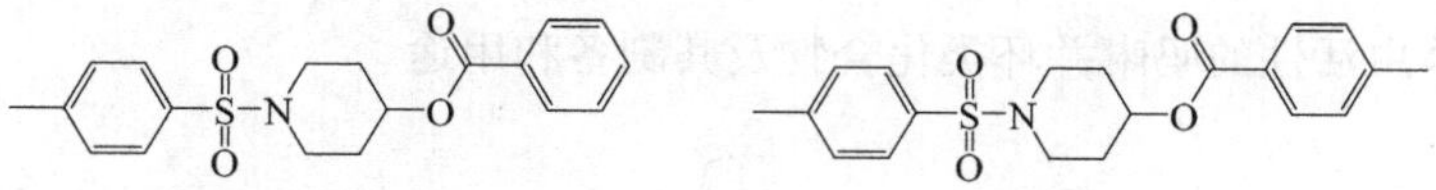

（14）哌嗪衍生物及其用途

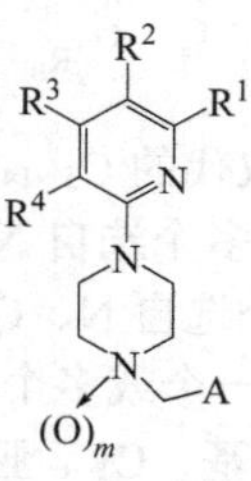

式中，R^1、R^2、R^3和R^4分别选自氢、$C_1\sim C_6$全氟烷基或卤素中一种，且R^1、R^2、R^3和R^4中必有且仅有一个为$C_1\sim C_6$全氟烷基；A为$C_3\sim C_8$芳杂环基或取代的$C_3\sim C_8$芳杂环基；*m*为0或1；其中，所说取代的$C_3\sim C_8$芳杂环基中的取代基选自卤素、氨基或$C_1\sim C_6$的卤代烃基中一种或一种以上；所说$C_3\sim C_8$芳杂环基和取代的$C_3\sim C_8$芳杂环基中的杂原子选自N、S和O中一种或两种。

发明人：李忠，宋恭华，蔡明沂，黄青春，彭延庆；申请人：华东理工大学

中国专利号：ZL200710045661.6；中国专利申请日：2007-09-06

化合物类型：哌嗪类

发明思路：me-too研究；以吡啶连哌嗪类化合物为基础，通过引入杂环取代进行修饰得到现有化合物。

用途：该发明设计并合成的新化合物能有效抑制鳞翅目昆虫的取食、生长，并导致其死亡。这不仅有助于昆虫五羟色胺受体的进一步研究，而且为一类新作用机制的绿色农药的创制提供

了方向。

代表化合物结构如下：

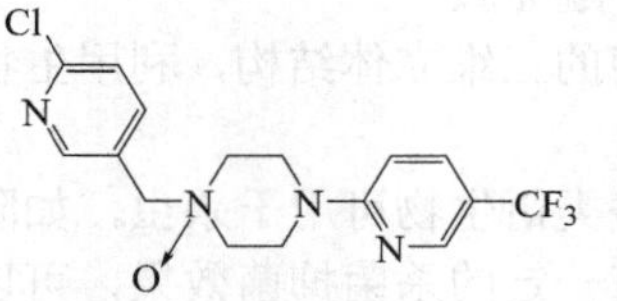

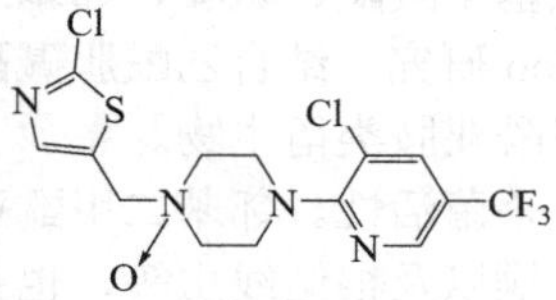

（15）噁二唑基哒嗪酮衍生物及其制备方法与应用

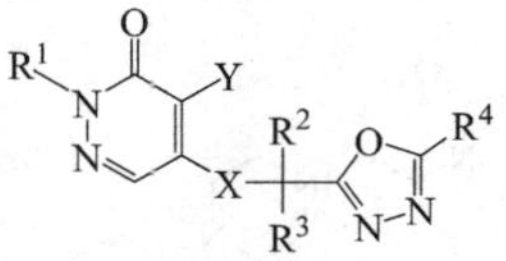

式中，R^1为烷基或芳基；R^2、R^3为烷基或氢；R^4为烷基或芳基；Y为氯；X为氧或硫。

发明人：钱旭红，曹松，宋恭华；申请人：华东理工大学

中国专利号：ZL00116351.5；中国专利申请日：2000-06-06

化合物类型：哒嗪酮衍生物

发明思路：me-too研究；以哒嗪酮为先导，将噁二唑引入进行拼接得到现有化合物。

用途：该化合物可以作为抑制害虫生长的保幼激素类昆虫生长调节剂，具有强烈抑制黏虫生长的活性，IC_{50}达到3～8mg/L，能广泛地应用于农作物。

代表化合物结构如下：

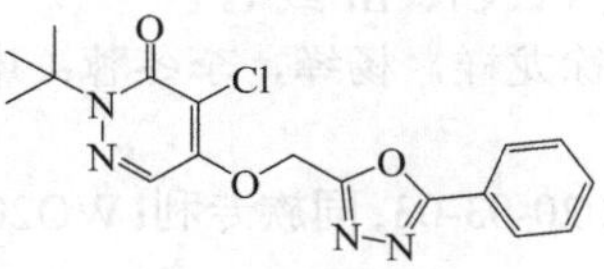

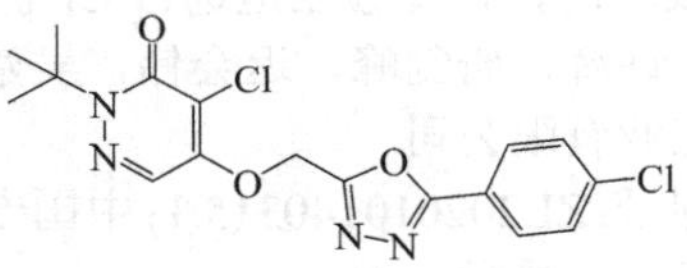

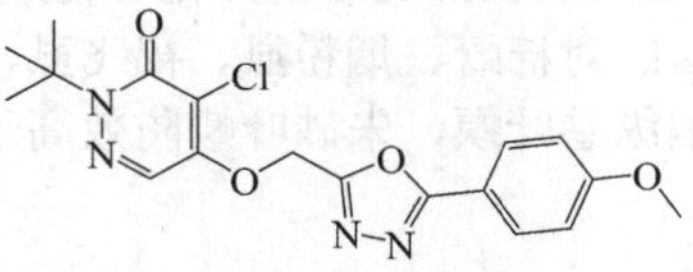

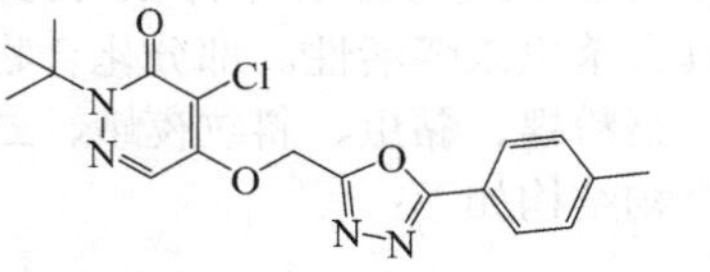

（16）一种邻苯二甲酰亚胺类衍生物及其制备方法与应用

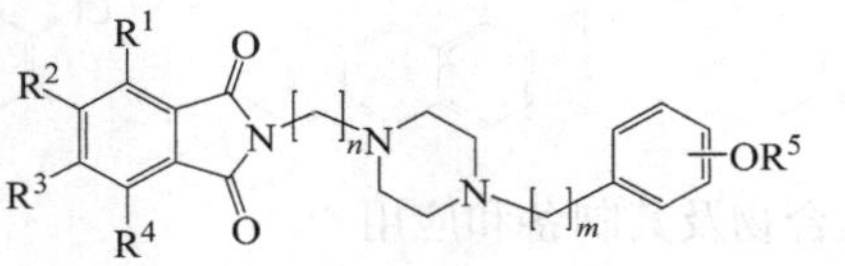

式中，n为2～10中的整数；m为0或1；

R^1、R^2、R^3、R^4分别为H、NH_2、NO_2和Cl中的一种；

OR^5取代的位置为邻位、间位和对位中的一种，且R^5为 、 、 、 、 和 中的一种。

发明人：梅向东，司伟杰，张涛，宁君；申请人：中国农业科学院植物保护研究

中国专利号：ZL201410768462.8；中国专利申请日：2014-12-12

化合物类型：氨基甲酸酯、哌嗪、邻苯二甲酰亚胺

发明思路：me-too 研究，结合乙酰胆碱酯酶的三维立体结构，利用生物分子合理设计合成多位点新型邻苯二甲酰亚胺类衍生物。

用途：具有杀虫杀菌活性。邻苯二甲酰亚胺类衍生物可用于杀虫，如防治蚜虫、菜青虫、飞虱、蓟马、朱砂叶螨以及根结线虫等，也具有一定的杀菌抑菌效果，可以有效地控制植物害螨、线虫和病菌。

代表化合物结构如下：

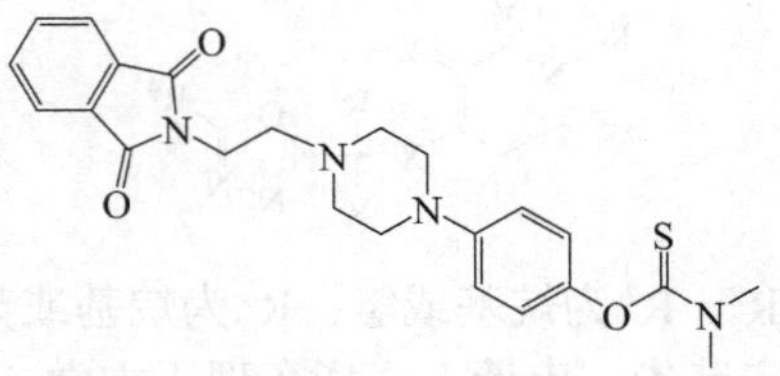

(17) 喹啉类衍生物及其制备方法与用途

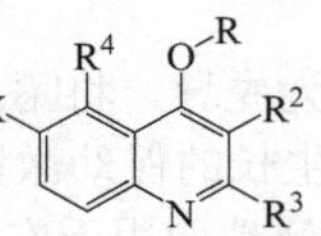

式中，R 选自 COR^1 或 $COOR^1$；每一个 R^1 相同或不同，彼此独立地选自 $C_{1\sim6}$ 烷基；R^2、R^3、R^4 相同或不同，彼此独立地选自 $C_{1\sim6}$ 烷基；X 选自 F、Cl、Br 或 I。

发明人：许辉，唐剑峰，迟会伟，吴建挺，刘莹，徐龙祥，杨绎，李冬蓉；申请人：山东省联合农药工业有限公司

中国专利号：ZL202010140315.1；中国专利申请日：2020-03-03；同族专利：WO2021175249A1

化合物类型：喹啉、醚

发明思路：me-too 研究；对专利 CN1688193A 和 CN108689928A 公开化合物进行优化而得。

用途：具有杀虫杀螨活性。部分化合物在 25mg/L 对棉蚜、烟粉虱、褐飞虱、桃蚜、西花蓟马、菜蛾、菜粉蝶、黏虫、斜纹夜蛾、二化螟、稻纵卷叶螟、朱砂叶螨防效高于 80%。

代表化合物结构如下：

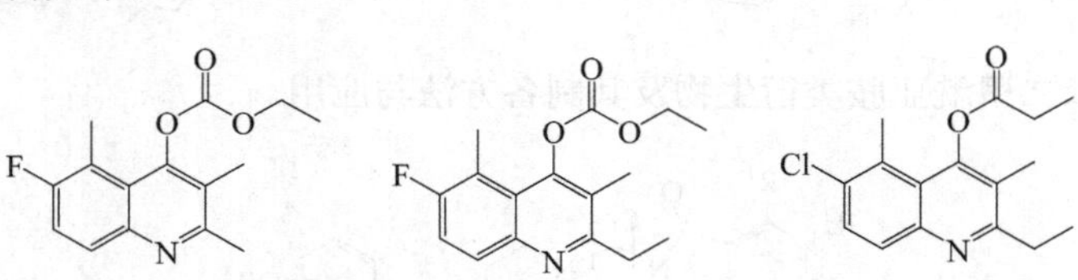

(18) 一种炔基噻吩类化合物及其制备和应用

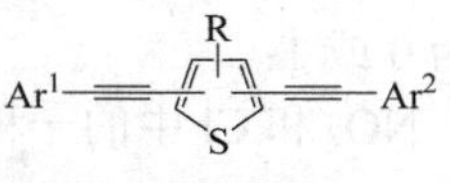

式中，R 为 H；Ar^1 为任选被下列的基团取代的苯基、噻吩基：卤素、$C_1\sim C_6$ 的烷基、$C_1\sim C_6$ 的烷氧基、$C_1\sim C_6$ 的卤代烷基、$C_1\sim C_6$ 的烷基氨基、$C_1\sim C_6$ 的烷基取代的氨基甲酰氧基；Ar^2 为任选被选自下列基团取代的苯基、噻吩基或吡啶基：卤素、$C_1\sim C_6$ 烷基、$C_1\sim C_6$ 的烷氧基、$C_1\sim C_6$ 的卤代烷基、$C_1\sim C_6$ 的烷基氨基和 $C_1\sim C_6$ 的烷基氨基甲酰氧基。

发明人：徐汉虹，吴仁海；申请人：华南农业大学

中国专利号：ZL200610011375.3；中国专利申请日：2006-02-24

化合物类型：噻吩类

发明思路：me-too 研究；取代芳基乙炔与二嗅噻吩反应构建炔基噻吩类化合物。

用途：具有杀虫、杀螨、杀菌、除草活性。杀虫靶标包括白纹伊蚊、棉蚜、小菜蛾、斜纹夜蛾，杀菌靶标包括水稻纹枯病菌。

代表化合物结构如下：

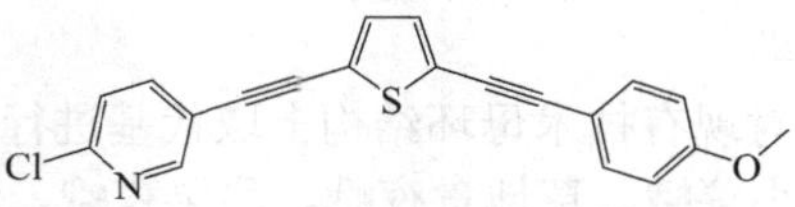

（19）*N*-二氟甲基唑类硒脲衍生物或农药学上可接受的盐及其用途

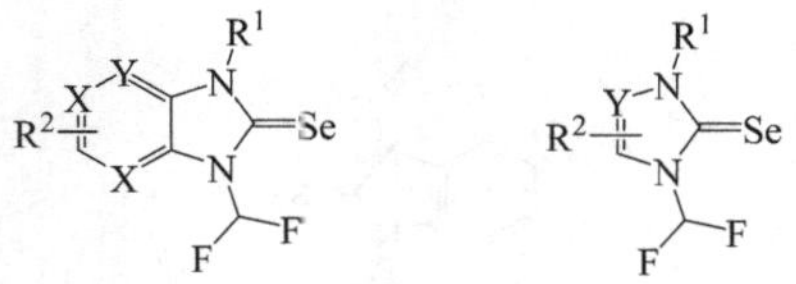

式中具体为多个化合物，结构参见专利中权利要求书部分。

发明人：汤日元，郭雪莹，黄子豪，徐汉虹，熊兰图，魏林豪；申请人：华南农业大学

中国专利号：ZL202011222204.1；中国专利申请日：2020-11-05

化合物类型：环硒脲类

发明思路：me-too 研究；将 CN111978260A 中化合物 N 原子上取代基优选为二氟甲基得到本申请化合物。

用途：具有杀虫活性，对小菜蛾(*Plutella xylostella*)、草地贪夜蛾(*Spodoptera frugiperda*)、甜菜夜蛾(*S.exigua*)以及斜纹夜蛾(*S.litura*)等鳞翅目(Lepidoptera)咀嚼式口器害虫具有优良的杀虫活性。

代表化合物结构如下：

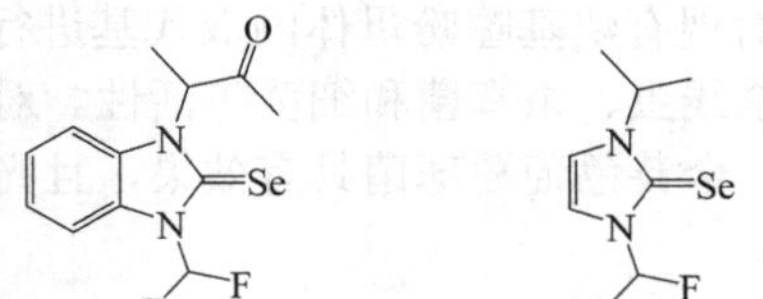

（20）苯并咪唑酮衍生物或农药学上可接受的盐及其用途

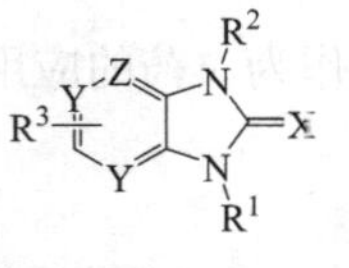

其中，X 为 Se；Y 为 C；Z 为 C；R^1 为二氟甲基；R^2 选自 H、C_1～C_{12} 烷基、卤代 C_1～C_{12} 烷基、C_2～C_{12} 烯基、C_2～C_{12} 炔基、卤代 C_2～C_4 烯基、卤代 C_2～C_4 炔基、C_1～C_{12} 烷氧基 C_1～C_{12} 烷基；R^3 为通式所示芳环上的任意位置的取代基，是单取代、相同或者不同基团的双取代或三取代；R^3 选自氢、C_1～C_{12} 烷基、C_1～C_{12} 烷氧基、C_1～C_{12} 烷硫基、C_1～C_{12} 烷氨基、卤代 C_1～C_{12} 烷基、卤代 C_1～C_{12} 烷氧基、卤代 C_1～C_{12} 烷硫基、卤代 C_1～C_{12} 烷氨基、氟、氯、溴、碘、羟基、氰基、羧基、氨基、硝基；

并且不包括化合物：

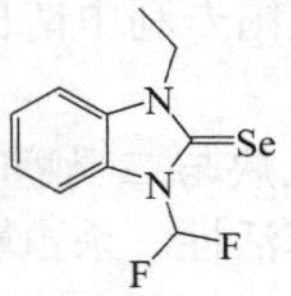

发明人：汤日元，郭雪莹，徐汉虹；申请人：华南农业大学

中国专利号：ZL202010743473.6；中国专利申请日：2020-07-29

化合物类型：苯并咪唑酮类

发明思路：me-too 研究；对现有技术母环结构上取代基进行替换得到本申请化合物。

用途：具有杀虫活性，对小菜蛾、草地贪夜蛾、甜菜夜蛾、斜纹夜蛾、南方根结线虫和卫生害虫德国小蠊有良好防效。

代表化合物结构如下：

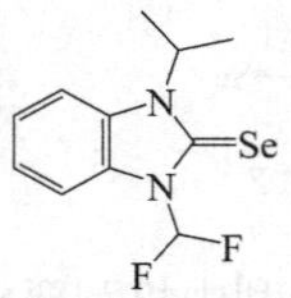

（21）一种炔基噻吩酮类化合物及其制备方法和应用

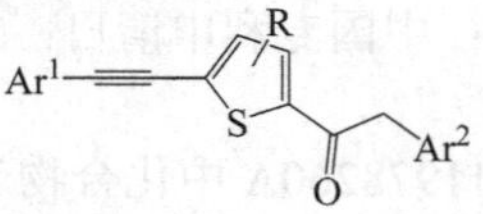

其中，R 选自氢；Ar^1 和 Ar^2 分别选自被 C_1～C_6 的烷基、C_1～C_6 的烷氧基或卤素取代的噻吩基、萘基、吡啶基或苯基。

发明人：徐汉虹，宋德寿，廖绍裕；申请人：华南农业大学

中国专利号：ZL200910039894.4；中国专利申请日：2009-06-02

化合物类型：炔基噻吩酮类

发明思路：me-too 研究；对现有炔基噻吩母体的取代基进行替换得到。

用途：具有杀虫、除草、杀线虫、杀真菌和细菌等活性。对白纹伊蚊、斜纹夜蛾、稗草、南方根结线虫、水稻纹枯病菌、金黄色葡萄球菌具有效果，且光照下活性显著增强。

代表化合物结构如下：

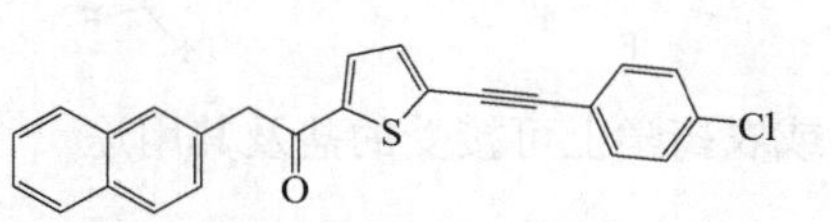

（22）氨基酸与农药的耦合物及其制备方法与作为农药的应用

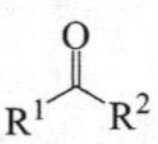

式中，R^1 为 CH_2NH_2，R^2 为克百威分子中除去亚氨基氢以后的残基。

发明人：徐汉虹，李俊凯，江定心；申请人：华南农业大学

中国专利号：ZL201010002382.3；中国专利申请日：2006-08-04；相关专利：CN1943341A、CN101781265A、CN101786997A、CN101759655A。

化合物类型：氨基甲酸酯类，氨基羧类

发明思路：将氨基酸与克百威进行偶联，得到的耦合物。

用途：具有杀虫活性。在植物体内能在氨基酸为导向基团的介导下，在植物的韧皮部双向输导，并表现出一定的生长点积累性。

代表化合物结构如下：

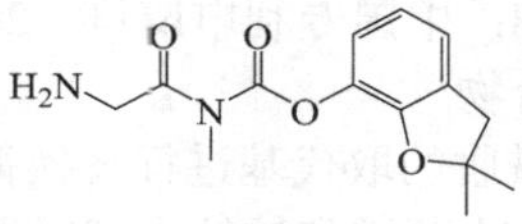

(23）一种取代的四氢异喹啉化合物与用途

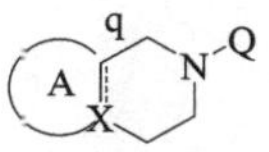

式中，X 选自 C；----为任意键；Q 选自 Q_1 或 Q_2：

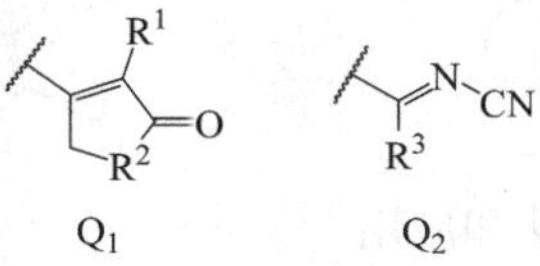

Q1 Q2

；

R^1 选自氢、卤素；R^2 选自 O；R^3 选自 C_1～C_4 烷基；环 A 可选自 A-1 或 A-2：

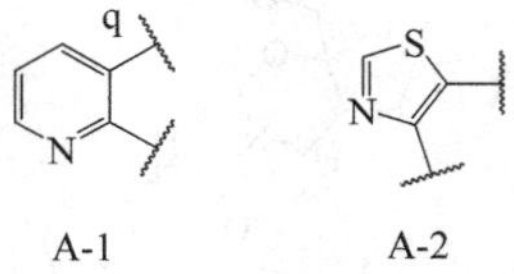

A-1 A-2

；

所述的 A-1 或 A-2 被 0～2 个 R^8 取代；R^8 选自卤素、C_1～C_4 卤代烷基。

发明人：杨吉春，李淼，范晓溪，杨帆，李轲轲，刘长令；申请人：沈阳中化农药化工研发有限公司

中国专利号：ZL201510502149.4；中国专利申请日：2015-08-14

化合物类型：四氢异喹啉化合物、新烟碱类化合物

发明思路：me-too 研究；以氟吡呋喃酮为先导，利用中间体衍生化法，使用四氢异喹啉中间体进行替换，得到该类化合物。

用途：具有较好的杀虫活性，可用于防治同翅目、鳞翅目等害虫，尤其对蚜虫、小菜蛾和黏虫具有优良的防治效果，在较低的剂量下就可以获得很好的效果。

代表化合物结构如下：

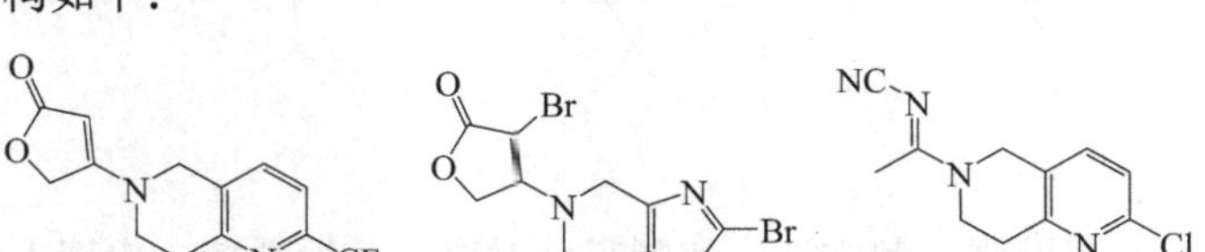

(24）一种噻吩环苯甲酰肼类化合物及其制备方法和应用

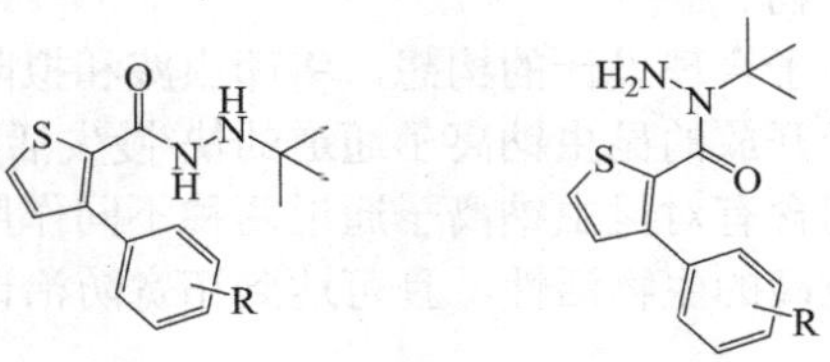

式中，R 基为一个或多个，所述 R 基为氢、卤素、硝基、羟基、碳原子数为 1～4 的烷基或烷氧基。

发明人：崔紫宁，周佳暖，刘诗胤，程莹莹，陈少华；申请人：华南农业大学

中国专利号：ZL201310574554.8；中国专利申请日：2013-11-15

化合物类型：噻吩甲酰肼类化合物

发明思路：me-too 研究；对甲酰肼的取代基进行替换得到。

用途：具有杀虫活性，对黏虫、小菜蛾和蚊幼虫有明显防治效果；同时具有抗癌活性。

代表化合物结构如下：

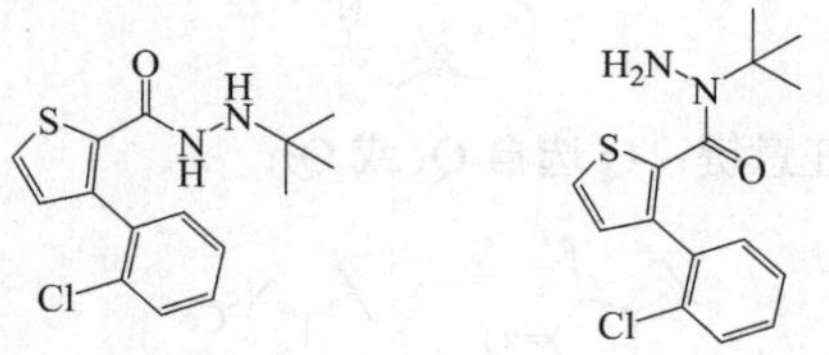

（25）噁二嗪衍生物及其制备方法和应用

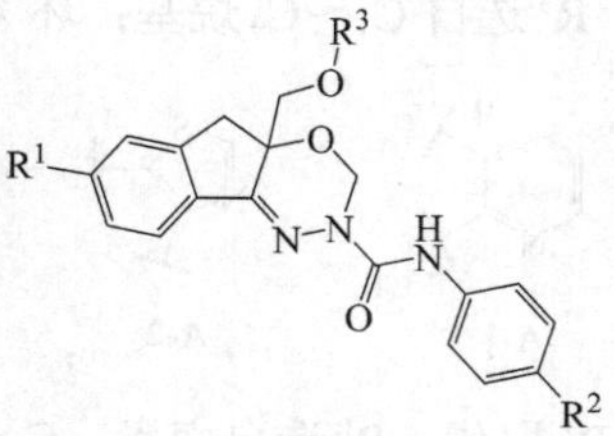

式中，R^1=F、Cl、Br、H、CH_3 或 OCH_3；R^2=CF_3 或 OCF_3；

R^3 用结构式表示，为：

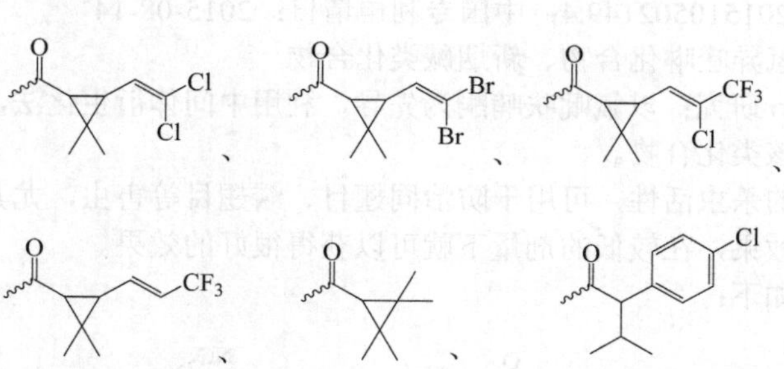

、　、

、　、

中的任意一种。

发明人：江定心，张健强，郝文波，和刘霞，尹奇三，徐浩楠；申请人：华南农业大学

中国专利号：ZL201710610646.5；中国专利申请日：2017-07-24

化合物类型：噁二嗪衍生物

发明思路：基于药效团分子合理设计的构想，将茚虫威和拟除虫菊酯类杀虫剂的活性部分拼接，设计合成可同时作用于开放的昆虫钠离子通道的快/慢失活阶段的双功能杀虫剂分子。

用途：具有杀虫活性，因含有对昆虫钠离子通道两种不同作用方式的药效团，可达到协同增效的目的，对害虫表现出更高的生物活性，且可达到拓宽防治谱的目的。

代表化合物结构如下：

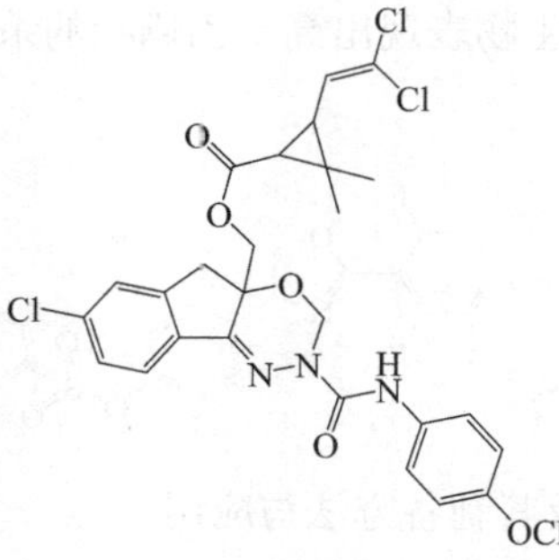

（26）含氮杂环结构的噁唑啉类衍生物及其制备和在防治植食性螨中的应用

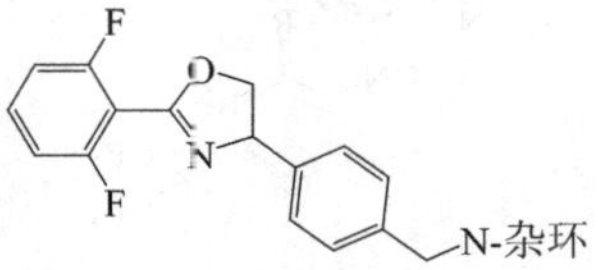

其特征在于通式所示 25 个化合物，具体结构参见专利中权利要求书部分。

发明人：汪清民，陈仕林，刘玉秀，张钰，王兹稳，李永强；申请人：南开大学

中国专利号：ZL201910903214.2；中国专利申请日：2019-09-24

化合物类型：噁唑啉衍生物

发明思路：me-too 研究；一个分子中聚集多种结构类型的化合物，是当前含氮杂环化合物合成的一个新的发展方向。因此，设计合成了一系列含有氮杂环结构的噁唑啉衍生物。

用途：该发明涉及如通式所示的含氮杂环结构的噁唑啉类化合物及其制备和在防治植食性螨中的应用。该发明的噁唑啉类衍生物表现出高于乙螨唑的杀朱砂叶螨活性。

代表化合物结构如下：

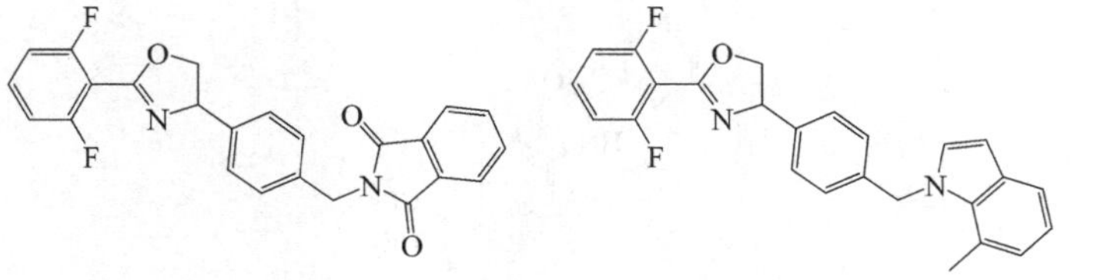

（27）含磺酸酯结构的噁唑啉类衍生物及其制备和在防治植食性螨中的应用

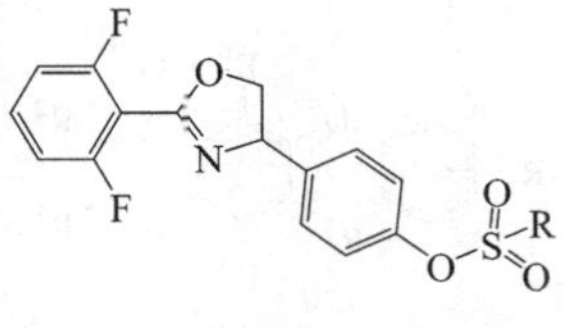

其特征在于通式所示 24 个化合物，具体结构参见专利中权利要求书部分。

发明人：汪清民，陈仕林，刘玉秀，张钰，王兹稳，李永强；申请人：南开大学

中国专利号：ZL201910903359.2；中国专利申请日：2019-09-24

化合物类型：噁唑啉衍生物

发明思路：me-too 研究；基于磺酸酯官能团本身独特的结构特点，以及文献中引入磺酸酯基的研究结果，参照乙螨唑设计合成了一系列含有磺酸酯官能团的噁唑啉衍生物。

用途：该发明涉及如通式所示的含磺酸酯结构的噁唑啉类化合物及其制备和在防治植食性

螨中的应用。该发明的噁唑啉类衍生物表现出高于乙螨唑的杀朱砂叶螨活性。

代表化合物结构如下：

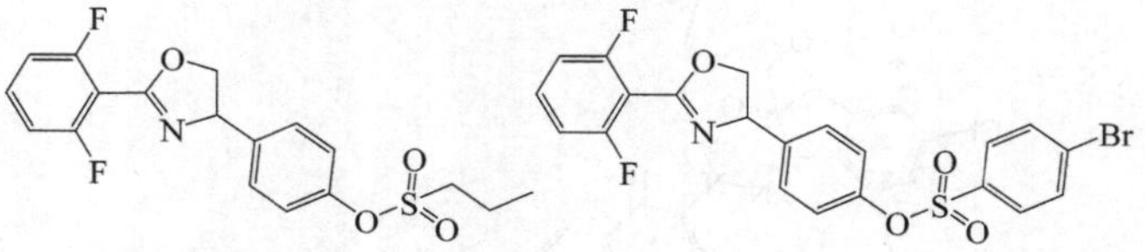

（28）一种吡嗪酰胺类化合物及其制备方法与应用

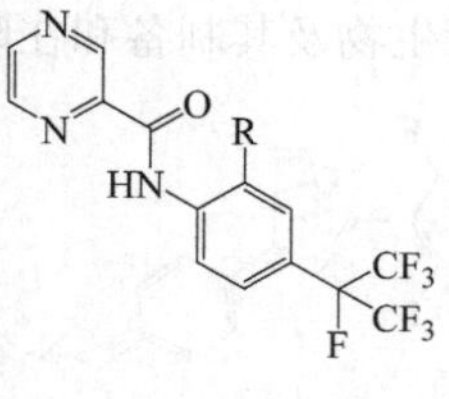

式中，R 为 CH_3。

发明人：李婉，杨子辉；申请人：河北大学

中国专利号：ZL201810597161.1；中国专利申请日：2018-06-11

化合物类型：吡嗪酰胺

发明思路：me-too 研究；在吡嗪酰胺上引入特定官能团，从而得到具有较好杀螨活性的吡嗪酰胺类化合物。

用途：具有杀虫活性，目标化合物在 600mg/L 浓度下对朱砂叶螨抑制率为 30%。该类化合物对朱砂叶螨有较好的防效。

代表化合物结构如下：

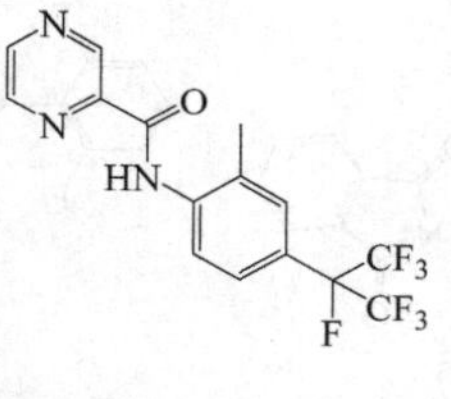

（29）苯氧喹啉类化合物及其制备方法与应用

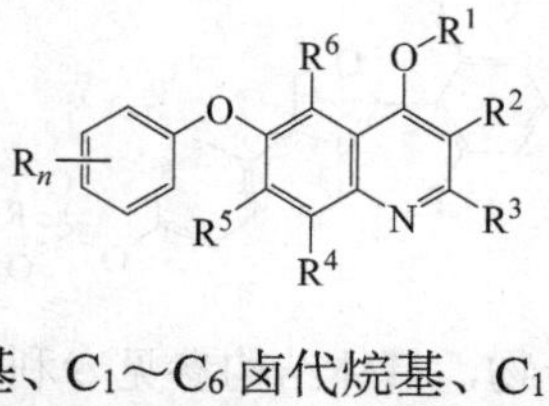

其中，R 选自卤素、C_1～C_6 烷基、C_1～C_6 卤代烷基、C_1～C_6 卤代烷氧基等；R^1 选自 COR′、CSR′或炔丙基，其中 R′代表环戊基、环戊基氧基、四氢呋喃-3-基、四氢呋喃-2-基、四氢呋喃-3-基氧基、四氢呋喃-2-基氧基；且 R^1 中氢原子部分或全部可以被选自下列中相同或不同的取代基取代：卤素、C_1～C_4 烷基、C_1～C_4 卤代烷基、C_1～C_4 烷氧基、C_1～C_4 卤代烷氧基；R^2 和 R^3、R^4、R^5、R^6 选自相同的或不同的氢或 C_1～C_6 烷基；n 代表 1、2 或 3 的整数。

发明人：刘卫东，柳爱平，裴晖，王晓光，刘兴平，何莲，聂思桥，郑希，任叶果，孙炯；申请人：湖南化工研究院有限公司

中国专利号：ZL201610840505.8；中国专利申请日：2016-09-21

化合物类型：苯氧喹啉类

发明思路：me-too 研究；以苯氧苯胺（flometoquin）为先导进行优化如引入五元环等而得。

用途：具有杀菌和/或杀虫/螨活性，尤其是对白粉病等病害和蚜虫等虫害具有很高的活性。

代表化合物结构如下：

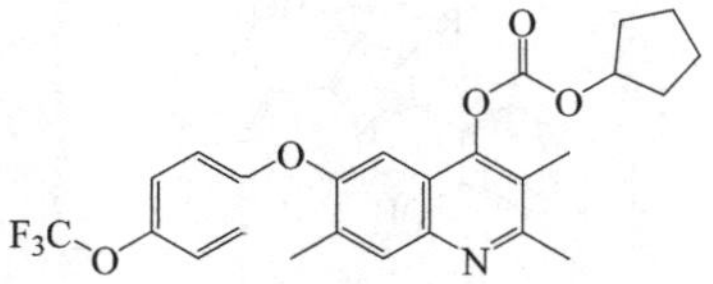

（30）酰基乙腈类化合物及其制备方法与应用

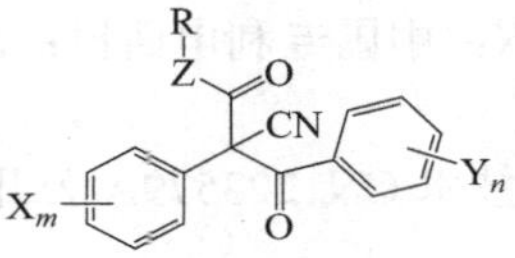

其中，R 选自环戊基或四氢呋喃-3-基；Z 选自氧；X 和 Y 独立地表示卤素、C_1～C_6 烷基或 C_1～C_6 卤代烷基；m 和 n 独立地表示 1～5 的整数；m 个 X 和 n 个 Y 可以分别相同或不同。

发明人：王晓光，柳爱平，刘兴平，高德良，白建军，罗亮明，黄路，何丽英，周勃，程立军；申请人：湖南化工研究院有限公司

中国专利号：ZL201410798974.9；中国专利申请日：2014-12-18

化合物类型：酰基乙腈类

发明思路：me-too 研究；在酰基乙腈类杀虫剂结构基础上引入五元环结构得到了相关化合物。

用途：具有杀螨和/或杀虫活性，尤其是对棉红蜘蛛、柑橘红蜘蛛等害螨具有很高的活性。

代表化合物结构如下：

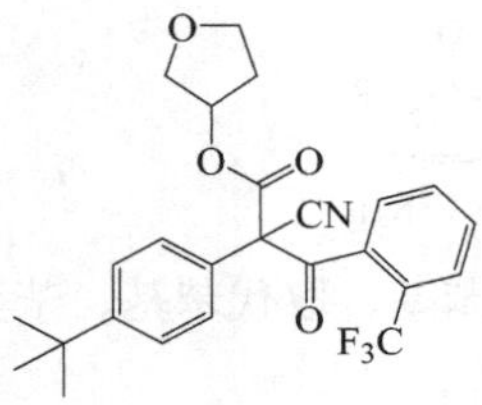

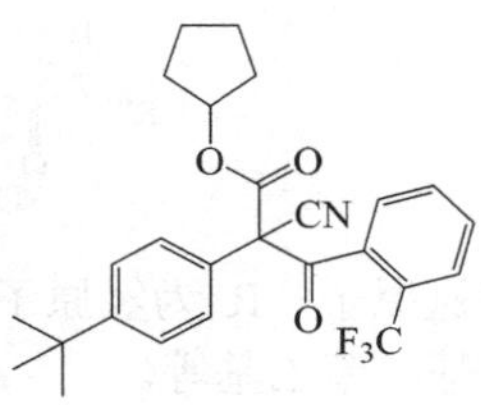

（31）一种达卡巴嗪衍生物，其制备方法及新用途

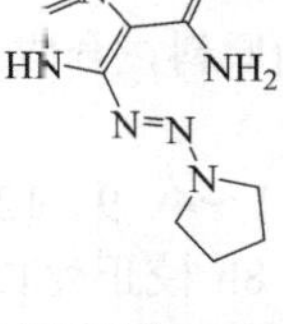

发明人：李文利，杜晓云，刘亚军，刘宇博，张嘉宁 ；申请人：大连理工大学

中国专利号：ZL201810376082.8；中国专利申请日：2018-04-02

化合物类型：酰胺类化合物

发明思路：以 α-异氰基乙酸甲酯为起始原料，分别与亚硝酸钠、哌啶环反应得到达卡巴嗪

衍生物。

用途：具有杀虫活性，达卡巴嗪衍生物可作为鳞翅目昆虫山梨醇脱氢酶蛋白活性抑制剂，达卡巴嗪衍生物作用受体为鳞翅目昆虫山梨醇脱氢酶，其与鳞翅昆虫山梨醇脱氢酶的活性位点Cys41紧密结合，使其抑制活性增强，有效抑制鳞翅目昆虫的变态发育。

（32）1, 2, 4-三唑类化合物及其盐和应用

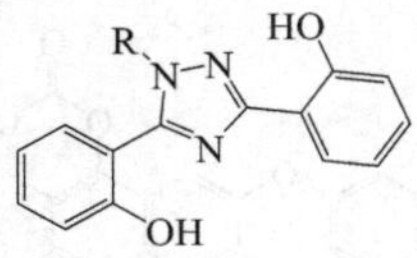

式中，R为氢、苯基或取代苯基，所述取代苯基的取代基为羧基、羧酸甲酯基或羧酸乙酯基。

发明人：邹志红，范长春，秦敏，王岩，焦淑琳；申请人：东南大学

中国专利号：ZL201810444104.X；中国专利申请日：2018-05-10

化合物类型：三唑

发明思路：me-too研究；对现有技术CN1223579A公开的3, 5-二苯基-1, 2, 4-三唑类化合物进行优化而得。

用途：具有杀虫活性，该发明的1,2,4-三唑类化合物具有优异的杀虫活性，所有目标化合物在100mg/kg的用药量下有近100%的杀虫活性，专利中化合物4在10mg/kg与1mg/kg的用药量下，杀虫活性与阳性对照商品化杀虫剂呋虫胺相当。

代表化合物结构如下：

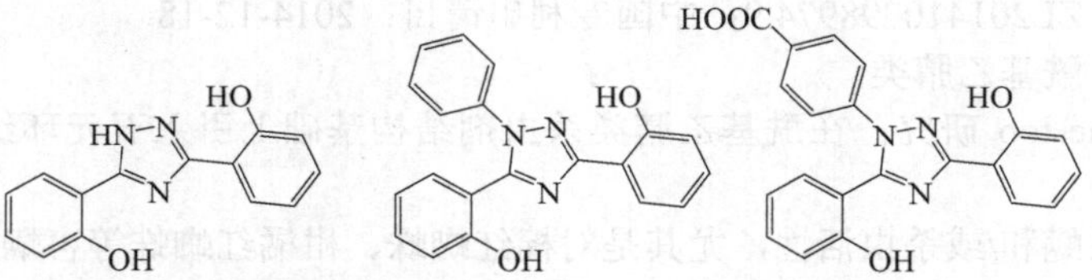

（33）5-氨基-4-硝基吡咯酮化合物及制备方法和应用

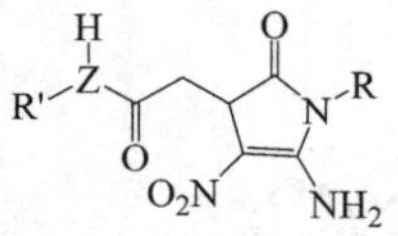

式中，Z为氧原子或氮原子；R为氢原子、苯基、取代苯基、苄基、苯乙基等；R'为氢原子、苯基、取代苯基、苄基、苯乙基等。

发明人：严胜骄，林军，赵宇澄；申请人：云南大学

中国专利号：ZL201710293508.9；中国专利申请日：2017-04-28

化合物类型：吡咯酮

发明思路：以5-氨基-4-硝基吡咯酮为原料，合成一系列未见报道的化合物，期待发现高活性化合物。

用途：具有杀虫活性，该发明化合物1～4、9、12、16、17共8个化合物的8h校正死亡率为33.8%～64.16%，比对照药物吡虫啉的8h校正死亡率30.26%要高，表明这8个化合物的杀卤虫活性比对照吡虫啉要好。进一步将这8个化合物进行复筛，按照梯度浓度测试它们对卤虫的杀虫能力，通过SPSS软件模拟求出其8h的半数致死浓度（LC_{50}-8h）。结果表明，这8个化合物的8h的半数致死浓度为0.385～0.683mg/mL，比对照药物吡虫啉的8h的半数致死浓度0.767mg/mL要低，表明化合物1～4、9、12、16、17这8个化合物具有较好的杀虫活性。

代表化合物结构如下：

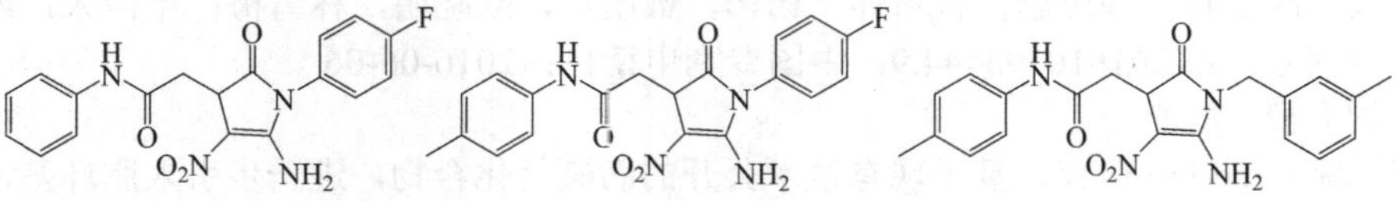

（34）苯基取代噻二唑类噻唑啉酮化合物及其制备方法和应用

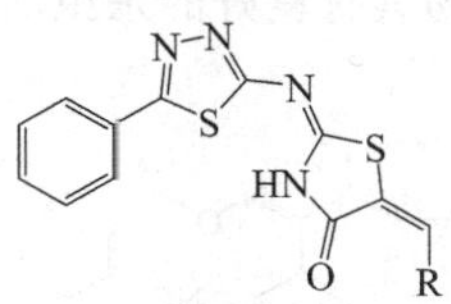

式中：

R 选自 3-羟基苯基、4-氟苯基、4-氯苯基、2,5-二羟基苯基或 4-$N(CH_3)_2$苯基。

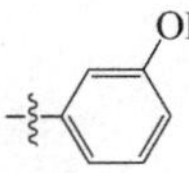

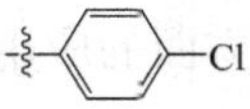

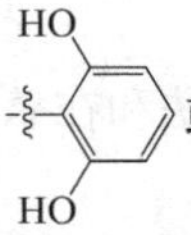

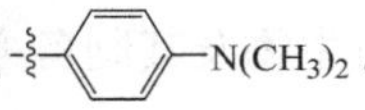

发明人：甘春芳，董新，崔建国，展军颜，黄燕敏；申请人：广西师范学院

中国专利号：ZL201710932055.X；中国专利申请日：2017-10-10

化合物类型：噻二唑，噻唑啉酮

发明思路：4-噻唑啉酮类化合物具有较好的生物活性，噻唑环也是杂环化合物中的一类重要结构，双杂环化合物的合成和生物活性研究已经成为杂环农药的一个重要方向，提供了一种苯基取代噻二唑类噻唑啉酮化合物。

用途：具有杀虫活性和杀菌活性，该发明化合物对于小菜蛾、蚜虫、叶螨、稻田褐飞虱均有很好的杀伤效果，并且对培养于室内的水稻在施药后进行追踪观察，水稻秧苗生长正常，没有出现任何药害情况。对于番茄早疫病具有良好的抑制率，最高可达到 65.1%，高于稻瘟净及叶枯唑；对于香蕉枯萎病、黄瓜枯萎病病菌也都有较好的抑制率，都高于稻瘟净及叶枯唑。

代表化合物结构如下：

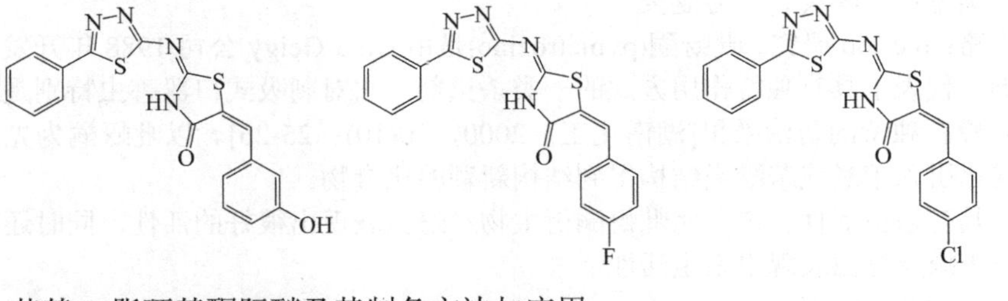

（35）1-苯基-2-脂环基酮肟醚及其制备方法与应用

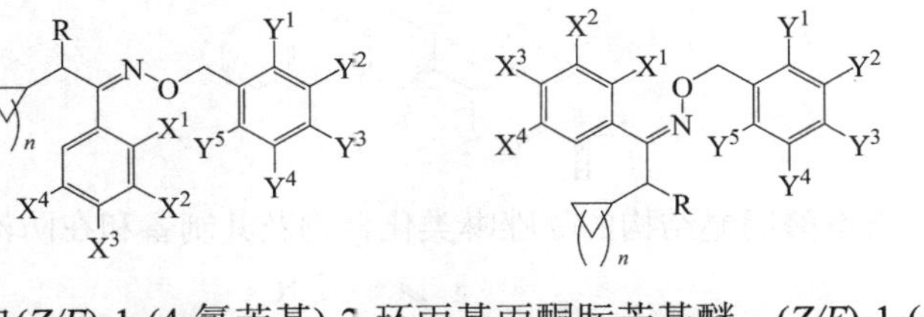

式中，化合物选自(*Z/E*)-1-(4-氯苯基)-2-环丙基丙酮肟苄基醚、(*Z/E*)-1-(4-氯苯基)-2-环丙基丙酮肟-2-溴苄基醚、(*Z/E*)-1-(4-氯苯基)-2-环丙基丙酮肟-2-氟苄基醚、(*E*)-1-(4-氯苯基)-2-环丙基丙酮肟-2-氯苄基醚、(*Z/E*)-1-(4-氯苯基)-2-环丙基丙酮肟-2,5-二氟苄基醚、(*E*)-1-(4-氯苯基)-2-环

丙基丙酮肟-3-硝基苄基醚或(*E*)-1-(4-氯苯基)-2-环丙基丙酮肟邻氰基苄基醚。

发明人：胡艾希，闫忠忠，曹治炜，杨彬，戴明崇，欧晓明，林雪梅；申请人：湖南大学

中国专利号：ZL201610395444.9；中国专利申请日：2016-06-06

化合物类型：肟醚

发明思路：me-too 研究；基于现有技术公开的肟醚类化合物，进一步引入脂环基，而获得1-苯基-2-脂环基酮肟醚化合物。

用途：具有杀虫活性，部分化合物具有良好的杀虫活性，可用于制备杀虫剂。

代表化合物结构如下：

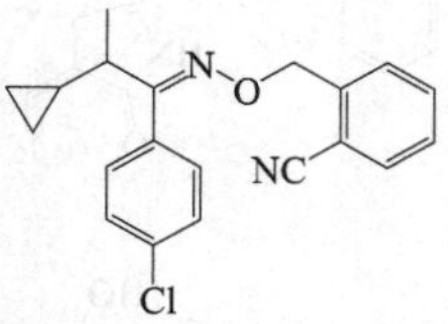

（36）吡蚜酮衍生物及其制备方法和在杀虫方面的应用

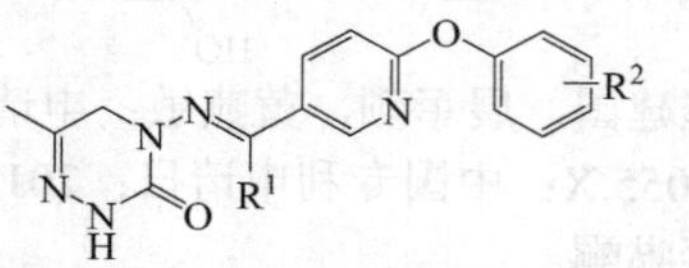

式中，R^1 分别代表氢、羟基、卤素原子、氰基、酯基、酰氨基、1～10 碳烃基、1～6 碳烷氧基、1～4 碳烷基羰氧基、1～4 碳烷氧基羰氧基、1～10 碳含氮杂环、1～10 碳含氧杂环、1～10 碳含硫杂环；

R^2 分别代表氢、羟基、1～6 碳烷氧基、1～10 碳烷氨基、卤素原子、氰基、醛基、1～6 碳烷羰基、1～10 碳烷氧羰基、1～10 碳烷胺羰基、1～6 碳烷氧羰氧基、1～6 碳烷胺羰氧基；以及同时含有 2～3 个 R^2 所代表的取代基。

发明人：汪清民，杨岩，刘玉秀，王兹稳；申请人：南开大学

中国专利号：ZL201510353096.4 ；中国专利申请日：2015-06-19

化合物类型：三嗪类、二芳醚类

发明思路：me-too 研究；吡蚜酮(pymetrozine)是由 Ciba-Geigy 公司 1988 年开发的新型吡啶杂环杀虫剂，代表了具有独特作用方式的一类杀虫剂，它对刺吸式口器害虫特别是蚜虫、白粉虱、黑尾叶蝉有独特的防治效果[湖南化工，2000，30(10)：25-26]。以吡蚜酮为先导化合物，通过结构优化引入苯醚或苄醚类结构得到结构新颖的化合物。

用途：具有杀虫活性，该发明吡蚜酮衍生物对蚜虫表现出很好的活性，同时还对蚊幼虫、棉铃虫、玉米螟及黏虫表现出杀虫活性。

代表化合物结构如下：

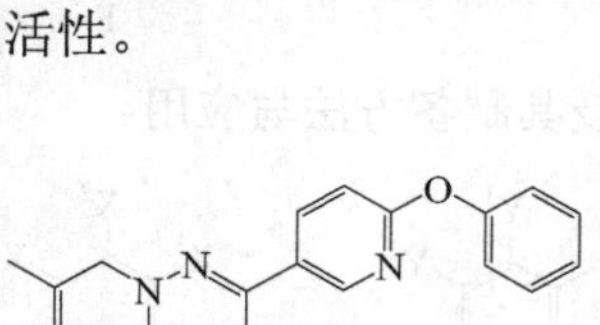

（37）4-苯基对位含有醛肟醚结构的噁唑啉类化合物及其制备和在防治虫螨菌草方面的应用

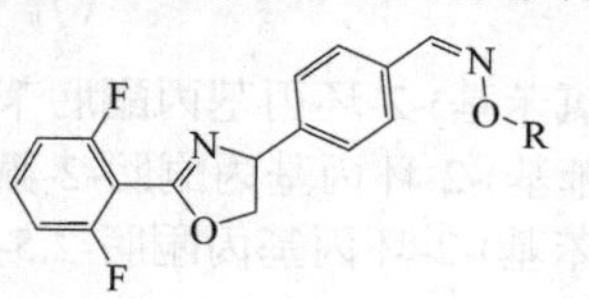

式中，R 代表乙基、烯丙基、炔丙基、4-叔丁基苄基等。

发明人：汪清民，李永强，刘玉秀，郑彦龙，魏朋，韦兴存，李朝杰，马巧巧；申请人：南开大学

中国专利号：ZL201410092206.1；中国专利申请日：2014-03-12

化合物类型：肟醚结构、噁唑啉类化合物

发明思路：me-too 研究；化合物 NK-17 是该课题组首次创制的含有醛肟醚结构的苯甲酰脲类几丁质合成抑制剂，具有非常好的杀虫活性。该发明同时结合 NK-17 和乙螨唑的构效关系，以及乙螨唑的创制经纬，设计合成了 4-苯基对位含有醛肟醚结构的衍生物。

用途：具有杀螨、杀菌和除草活性，该发明部分化合物对小菜蛾、甜菜夜蛾和朱砂叶螨具有较好的致死率，同时发现部分化合物还具有很好的杀棉铃虫、玉米螟、蚜虫、蚊幼虫活性，以及对黄瓜枯萎、花生褐斑、苹果轮纹、番茄早疫、小麦赤霉、马铃薯晚疫、油菜菌核、黄瓜灰霉、水稻纹枯、辣椒疫霉等病害具有一定的防效，另外发现部分化合物对油菜、苋菜、稗草和马唐还具有一定的防效。

代表化合物结构如下：

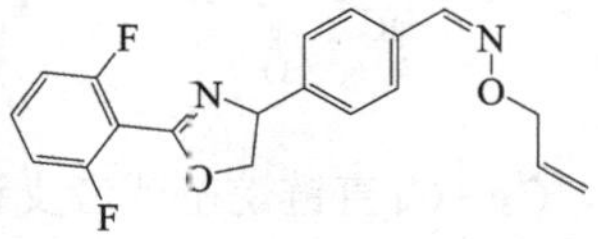

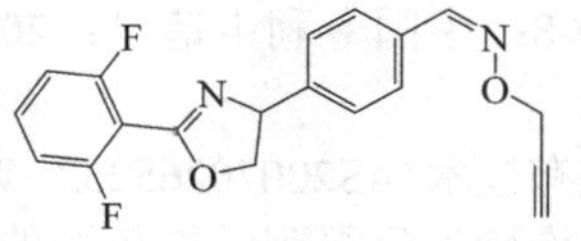

（38）4-苯基对位含有醇肟醚结构的噁唑啉类化合物及其制备和在防治虫螨菌草方面的应用

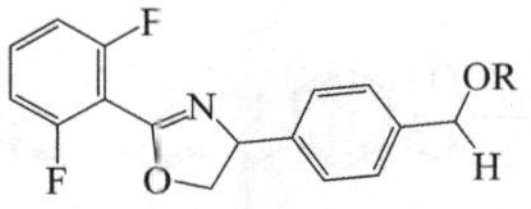

式中，OR 代表环烷酮肟、苯甲醛肟、取代苯甲醛肟等。

发明人：汪清民，刘玉秀，李永强，李朝杰，马巧巧，韦兴存，郑彦龙，魏朋；申请人：南开大学

中国专利号：ZL201410091120.7；中国专利申请日：2014-03-12

化合物类型：噁唑啉类

发明思路：me-too 研究；通过结合氟螨脲和乙螨唑的构效关系，以及乙螨唑的创制经纬，设计合成了 4-苯基对位含有醇肟醚结构的衍生物。

用途：具有杀螨、杀菌和除草活性，该发明部分化合物对小菜蛾、甜菜夜蛾和朱砂叶螨具有较好的致死率，同时发现部分化合物还具有很好的杀棉铃虫、玉米螟、蚜虫、蚊幼虫活性，以及对黄瓜枯萎、花生褐斑、苹果轮纹、番茄早疫、小麦赤霉、马铃薯晚疫、油菜菌核、黄瓜灰霉、水稻纹枯、辣椒疫霉等病害具有一定的防效，另外部分化合物对油菜、苋菜、稗草和马唐还具有一定的防效。

代表化合物结构如下：

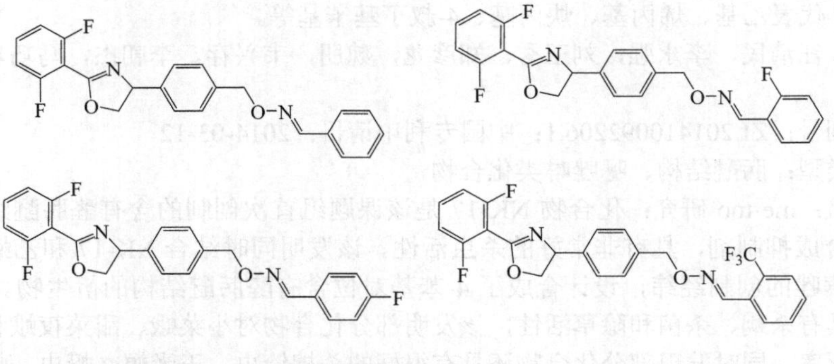

（39）8-(苯并呋喃-5-基)苯并噁嗪酮衍生物及其应用

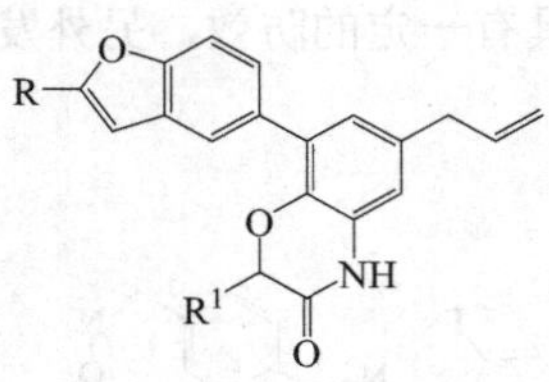

式中，R 选自氢、C_1～C_2 烷基、C_3～C_4 直链烷基或者支链烷基；R^1 选自 C_1～C_3 支链烷基。

发明人：胡艾希，易阳杰，林定，叶姣；申请人：湖南大学

中国专利号：ZL201811048178.8；中国专利申请日：2018-09-10

化合物类型：苯并噁嗪酮

发明思路：me-too 研究；基于现有技术（4S20070265252、WO 2010111626、WO 2016038582A1）公开的联苯噁嗪酮为母体，进行结构衍生化得到结构新颖的目标化合物。

用途：具有杀虫活性，有效成分浓度为 500mg/L 时，施药 72h 后，6-烯丙基-8-（2-甲基苯并呋喃-5-基)-2*H*-苯并[*b*][1,4]噁嗪-3(4*H*)-酮对黏虫的死亡率为 80.0%。

代表化合物结构如下：

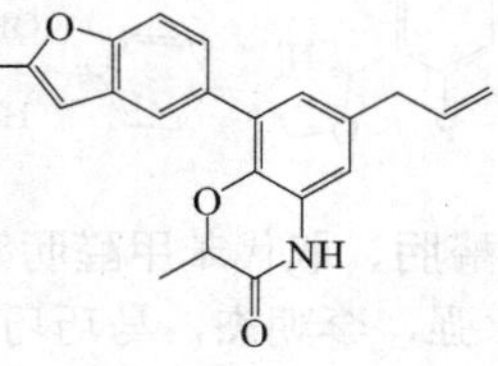

（40）一种二唑类杂环化合物及其制备方法与应用

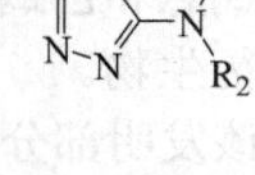

其中，X 选自 O 或 S；R 选自卤素、第一取代苯基、C_3～C_{10} 环烷基、C_1～C_6 卤代烷基或苯基取代的 C_1～C_{10} 烷基；所述第一取代苯基的取代基选自卤素或 C_1～C_{10} 烷基；所述苯基取代的 C_1～C_{10} 烷基的苯环上的取代基选自卤素、三氟甲基或硝基；R^1 为第二取代苯基，R^2 为第二取代苯基，所述第二取代苯基的取代基团选自卤素、硝基、C_1～C_{10} 烷基或 C_1～C_{10} 卤代烷氧基。

发明人：程华，陈宬，程姣，宋威，桑微，王智琴；申请人：湖北文理学院，武汉理工大学

中国专利号：ZL202011344485.8；中国专利申请日：2020-11-25

化合物类型：噻二唑类

发明思路：结构新颖；以噻二唑为基础衍生出结构新颖的二苯基噻唑胺目标化合物。

用途：具有杀虫杀螨活性，对小菜蛾、烟蚜和二斑叶螨等植物病害具有优异的防治效果，对小菜蛾的防治效果尤为显著。

代表化合物结构如下：

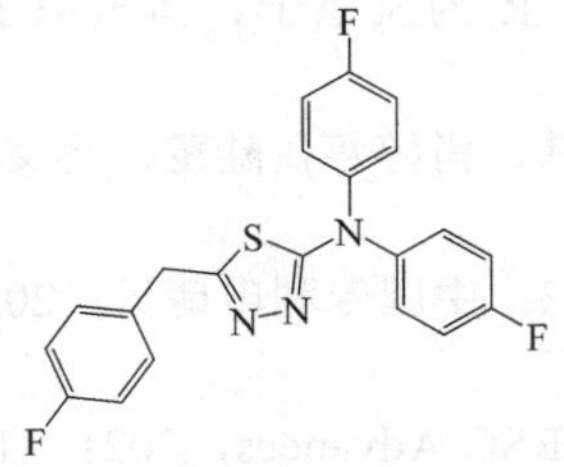

（41）亚氨基哒嗪类衍生物及其制备方法、应用和杀虫剂

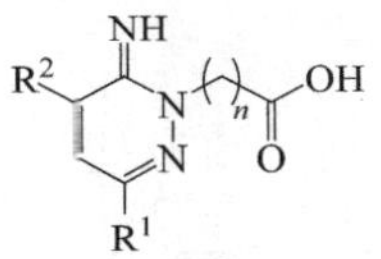

其中，n 为 2；R^1 选自 4-(三氟甲氧基)苯基、3,4-(亚甲基二氧基)苯基、4-联苯基、2-萘基，R^2 选自 H；或者 R^1 选自 4-甲氧基苯基，R^2 选自 4-甲氧基苯基。

发明人：刘根炎，周聪伟，张志松，陈达，黄成，吴风收，罗晓刚，巨修练；申请人：武汉工程大学

中国专利号：ZL202110043090.2；中国专利申请日：2021-01-13

化合物类型：亚氨基哒嗪类衍生物

发明思路：me-too 研究；参见 WO 2007130383，以亚氨基哒嗪结构为基础，在其 1 位引入丙酸或丁酸侧链，3 位和 5 位分别或同时引入芳基，合成了一类多取代的亚氨基哒嗪衍生物。

用途：具有杀虫活性，部分化合物 30μmol/L 时对斜纹夜蛾和家蝇 GABA 受体有很好的抑制率。

代表化合物结构如下：

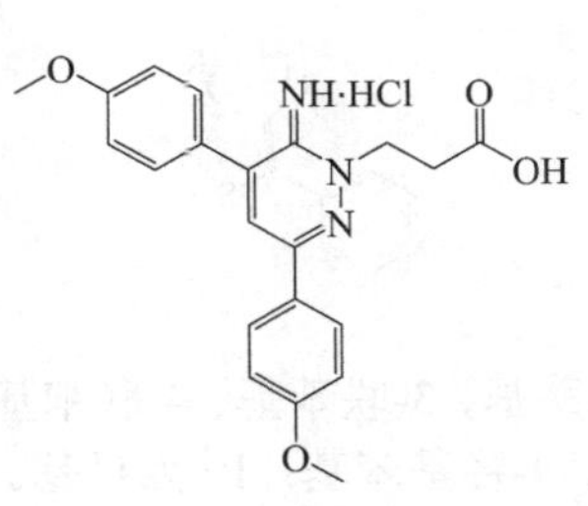

（42）2, 4, 6-三取代吡啶类化合物及其在农药中的用途

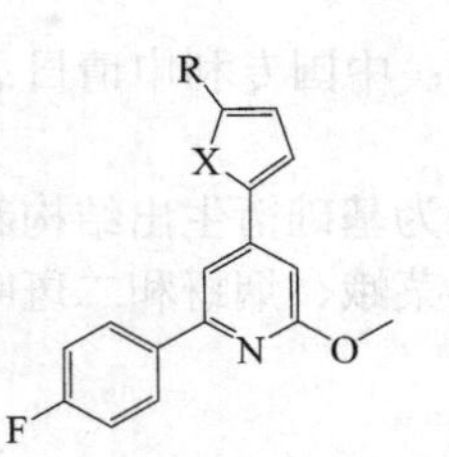

其中，X 为氧原子或硫原子；R 为氢原子、卤素原子、C_1～C_4的烷基或 C_1～C_4的烷氧基。

发明人：唐孝荣，张婷婷，程玮，肖婷婷，陆童，蒋文静，王静文，曾林，邓字权；申请人：西华大学

中国专利号：ZL202110263894.3；中国专利申请日：2021-03-11

化合物类型：芳基连吡啶类

发明思路：me-too 研究；参照[RSC Advances，2021, 11(6)：3477-3483]药物片段拼接，合成含呋喃或噻吩的苯基吡啶衍生物。

用途：具有杀虫和植物生长调节剂活性，对害虫有较好的灭杀效果，对蔬菜种子的发芽有较好的促进作用。

代表化合物结构如下：

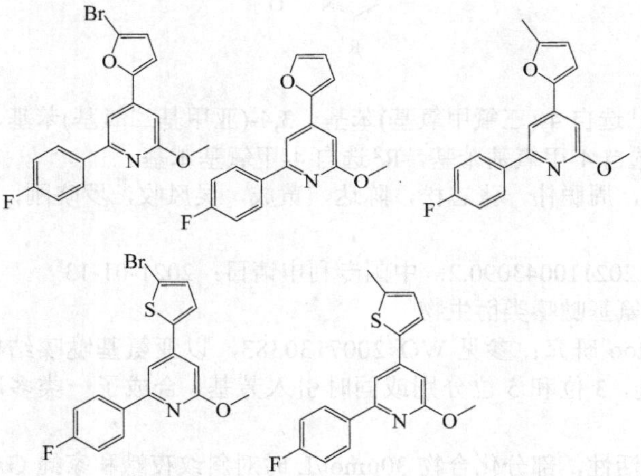

（43）一种 3-羟基异噻唑衍生物及其制备方法和用途

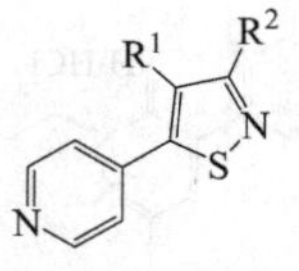

其中，所述 R^1 选自 2-萘基、1-萘基、3-联苯基、4-联苯基、3-呋喃基、3-噻吩基、4-吡啶基、4-甲氧基苯基、4-三氟甲氧基苯基、4-羟基苯基；R^2 为羟基。

发明人：刘根炎，黄成，吴赟，罗晓刚，吴风收，巨修练；申请人：武汉工程大学

中国专利号：ZL202011624117.9；中国专利申请日：2020-12-31

化合物类型：吡啶连异噻唑类

发明思路：me too 研究；对 3-羟基异噻唑衍生物进行研究，进一步开发环境友好，合成路线短，作用于昆虫 GABA 受体且具有农用价值的新型异噻唑结构。

用途：具有杀虫活性，该发明化合物表现了一定的杀虫防效。

代表化合物结构如下：

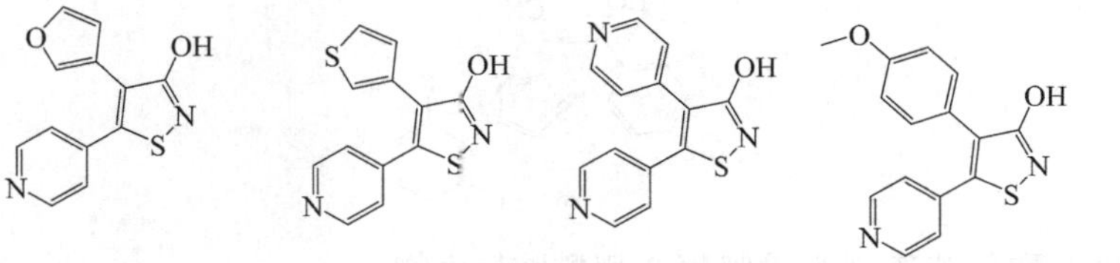

（44）一类苯并咪唑类衍生物，其制备方法及应用

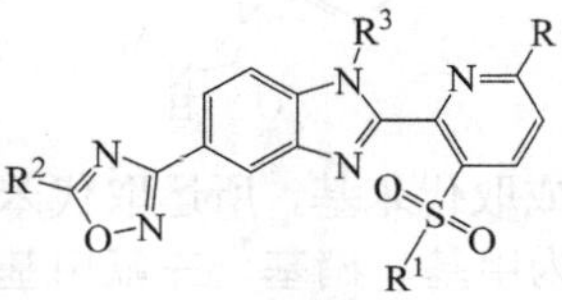

所述苯并咪唑类衍生物选自 20 个化合物中的至少一种，具体参见专利中权利要求书部分。

发明人：许天明，邢家华，赵灵杰，魏优昌，黄红英；申请人：浙江省化工研究院有限公司、中化蓝天集团有限公司

中国专利号：ZL201911145684.3；中国专利申请日：2019-11-21

化合物类型：含噁二唑的苯并咪唑类化合物

发明思路：me-too 研究(WO2017072039A1)；在苯并咪唑类杀虫化合物为先导化合物的基础上，进行活性结构拼接，得到该类化合物。

用途：具有杀虫活性，对小菜蛾和苜蓿蚜有优良的防治效果。

代表化合物结构如下：

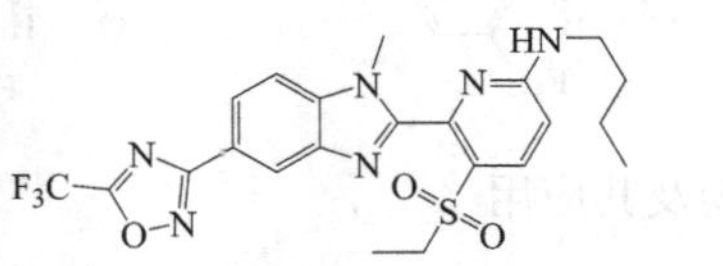

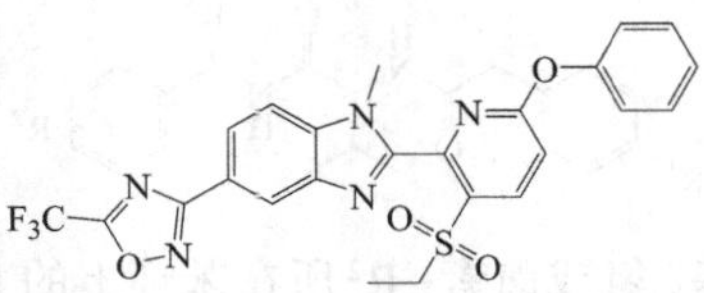

（45）一种 2-噻唑基丙烯腈类化合物及其合成方法与应用

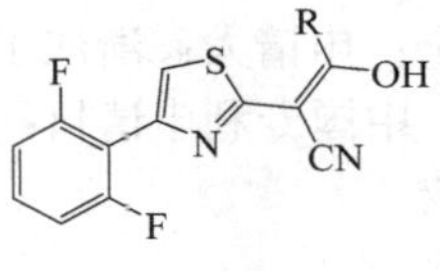

式中，R 为 C_1～C_{10} 的烷基、C_1～C_5 的卤代烷基、C_3～C_6 环烷烃、苯基或苄基。

发明人：沈德隆，杨鹏，谭成侠，翁建全，曹耀艳，刘会君；申请人：浙江工业大学

中国专利号：ZL200710307246.3；中国专利申请日：2007-12-29

化合物类型：丙烯腈类化合物

发明思路：me-too 研究；参照专利 CN1413201A 噻唑肉桂腈化合物得到。

用途：具有除草和杀虫活性。对稗草具有较高活性，同时对蚕豆蚜具有较好的杀虫活性。

代表化合物结构如下：

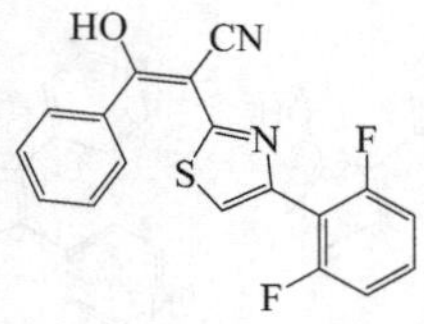

（46）一种 *N*-取代苯基-苯并噻唑酮-3-甲酰胺衍生物

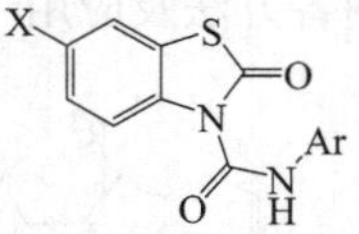

式中，X 为氢或氯；Ar 为苯基或取代苯基，所述取代苯基为苯基有一个或两个以上的取代基的苯基，所述取代苯基的取代基为甲基、硝基、三氟甲基、氯或氟。

发明人：翁建全，刘幸海，谭成侠，曹耀艳；申请人：浙江工业大学

中国专利号：ZL201010186094.8；中国专利申请日：2010-05-28

化合物类型：*N*-取代苯基-苯并噻唑酮-3-甲酰胺类化合物

发明思路：me-too 研究；参照专利 CN101189218A 中的苯并噻唑-2-酮衍生物得到。

用途：具有杀虫活性和杀菌活性。对黏虫和蚜虫有一定的防治效果，对稻瘟病菌和菌核病菌有较好的杀菌活性。

代表化合物结构如下：

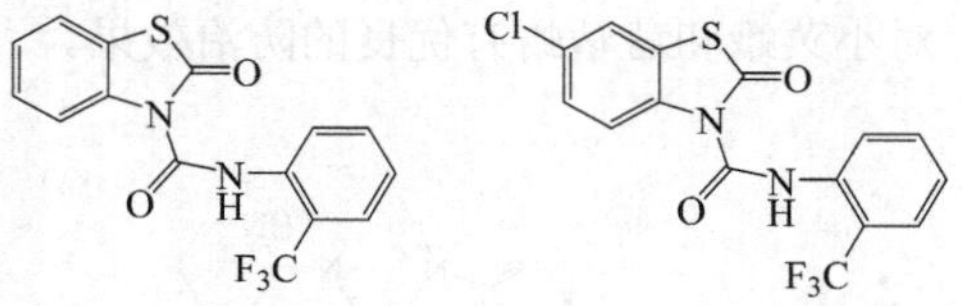

（47）一种双酰氨类化合物及其应用

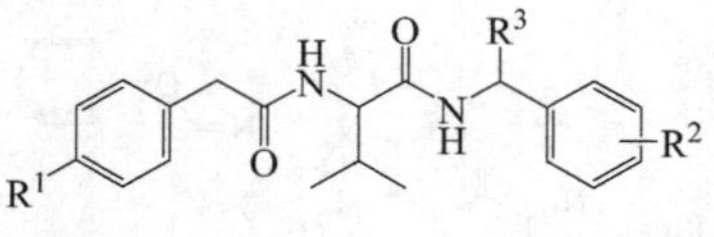

式中，R^1 为 C_3～C_6 的炔氧基、氢或卤素；R^2 所在苯环上的 H 不被取代或被取代基 R^2 取代，取代基 R^2 为 C_1～C_6 的烷基、C_1～C_6 的烷氧基或卤素；R^3 为 C_1～C_6 的烷基或氢；所述卤素为 F、Cl、Br、I。

发明人：刘幸海，赵卫光，翁建全；申请人：浙江工业大学

中国专利号：ZL201210094447.0；中国专利申请日：2012-04-01

化合物类型：一种双酰氨类化合物

发明思路：me-too 研究；参照专利 CN1226887A，通过对缬氨酰胺结构修饰得到。

用途：对蚊、棉铃虫、玉米螟具有较好的灭杀活性。

代表化合物结构如下：

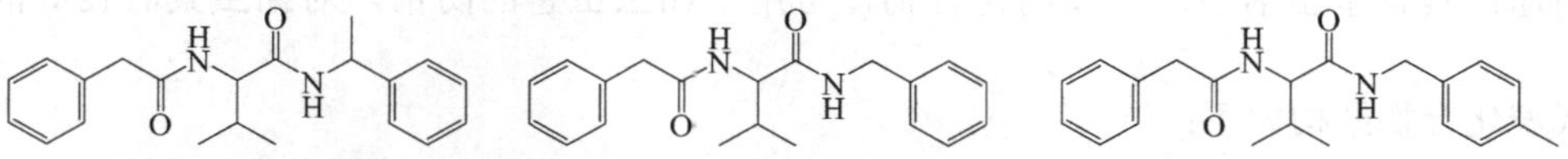

（48）取代（杂）芳基亚甲基嘧啶醚类化合物及其制备方法与应用

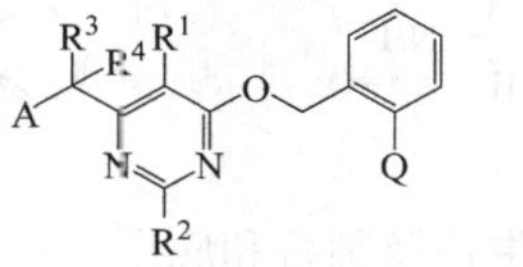

式中，R^1 为氢；R^2 选自氢、C_1～C_{12} 烷基、卤代 C_1～C_{12} 烯基硫基中的一种；R^3、R^4 各自独立选自卤素；A 选自氢或被 n 个 R^5 基团取代的苯基；R^5 各自独立选自氢、卤素、C_1～C_{12} 烷基、卤代 C_1～C_{12} 烷基、C_1～C_{12} 烷氧基中的一种或多种；n 选自 0～5 的整数；

Q 选自以下所示的基团之一：

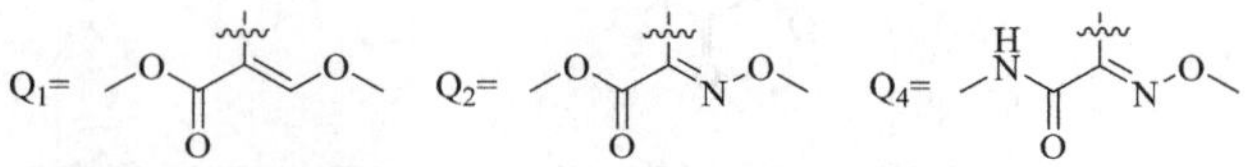

发明人：杜晓华，郝树林；申请人：浙江工业大学

中国专利号：ZL201810160952.8；中国专利申请日：2018-09-20

化合物类型：甲氧基丙烯酸酯类

发明思路：me too 研究（CN101875639A）；根据甲氧基丙烯酸酯类杀菌剂的结构，通过替换得到该类化合物。

用途：具有杀虫活性。该发明化合物对农业、民用和动物技术领域中有害螨虫和昆虫的成虫、幼虫和卵都显示出高杀虫活性，同时该类化合物表现出较好的杀菌活性。

代表化合物结构如下：

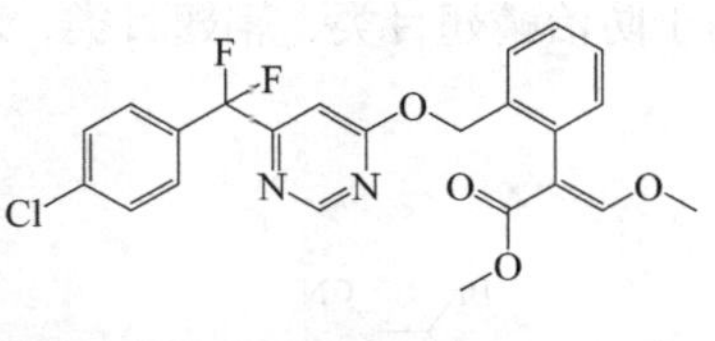

（49）一种含哌啶噻唑杂环的 α-氨基酸衍生物及其制备方法和应用

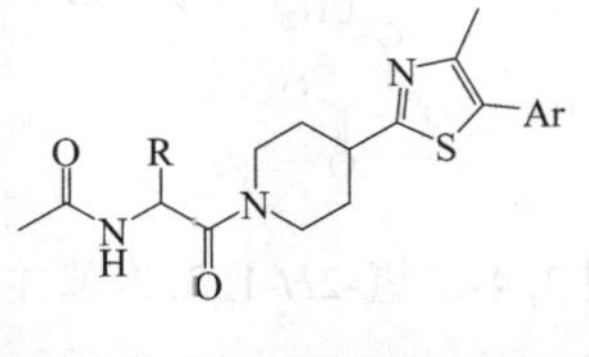

式中，Ar 为苯基或取代苯基，所述取代苯基的取代基为三氟甲基、氟、氯或溴中的一种，R 为 H、异丙基中的一种。

发明人：丁成荣，殷许，潘亚运，张国富，吕井辉；申请人：浙江工业大学

中国专利号：ZL201811279560.X；中国专利申请日：2018-10-30

化合物类型：含哌啶噻唑杂环

发明思路：me-too 研究，专利范围外化合物；根据氟噻唑吡乙酮等结构，通过替换或衍生得到该类化合物。

用途：具有杀虫活性。该发明化合物，可用于黏虫虫害的防治，对黏虫具有良好的杀虫活性。

代表化合物结构如下：

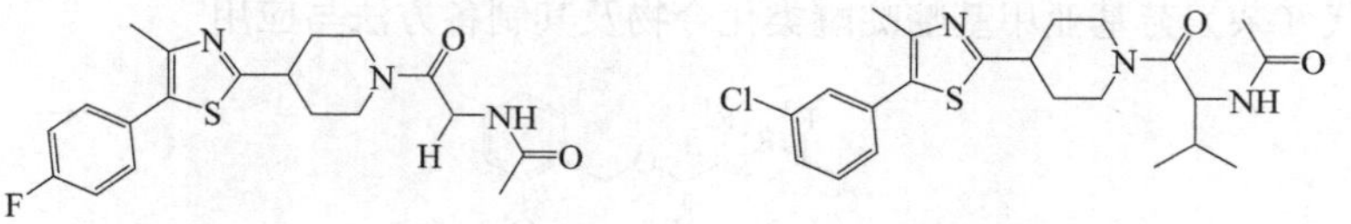

（50）芳基吡咯 *N*-草酸酯类衍生物及制备和应用

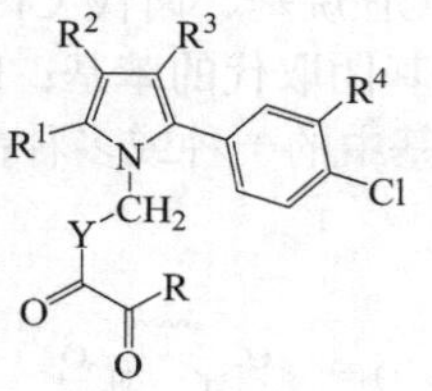

式中，R^1 代表 H、Cl、Br 或 CF_3；R^2 代表 Cl、Br、CF_3、CN 或 NO_2；R^3 代表 CN、NO_2 或 $S(O)_2CF_3$；R^4 代表 H、Cl、Br 或 CF_3；Y 代表 O 或 S；R 代表 1～6 碳烷氧基、1～6 碳卤代烷氧基、3～6 碳烯氧基、3～6 卤代碳烯氧基、3～6 碳炔氧基、3～7 碳环烷氧基、3～6 碳氰代烷氧基、1～4 碳烷硫基、1～4 碳烷基、1～4 碳卤代烷基、1～4 碳烷基亚磺酰基、1～4 碳烷基磺酰基、硝基、氰基、羟基、羧基、1～4 碳烷基羰基或 1～4 碳烷氧基羰基。

发明人：汪清民，毛春晖，赵毓，黄润秋，毕富春；申请人：南开大学

中国专利号：ZL200510014385.8；中国专利申请日：2005-07-06

化合物类型：吡咯类

发明思路：me-too 研究；对已有技术公开的芳基吡咯类化合物进行修饰而得。

用途：具有杀虫活性，能用于防治鳞翅目类、鞘翅目类、双翅目类、直翅目类以及同翅目类害虫。

代表化合物结构如下：

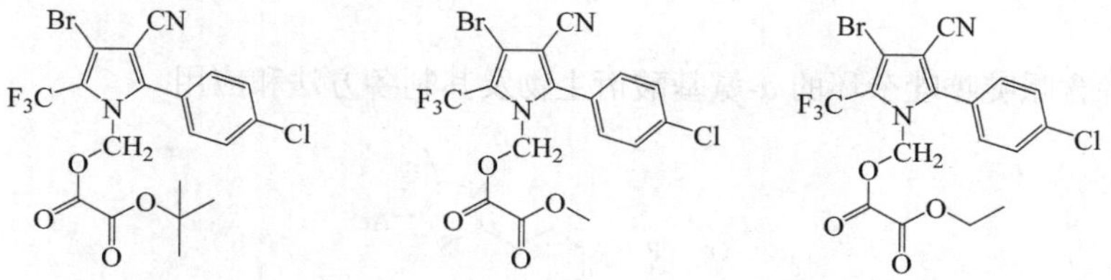

（51）具有杀菌杀虫活性的新型 3, 4-二氢-2*H*-1, 3, 2-苯并氧氮磷杂环己烷类化合物及其用途

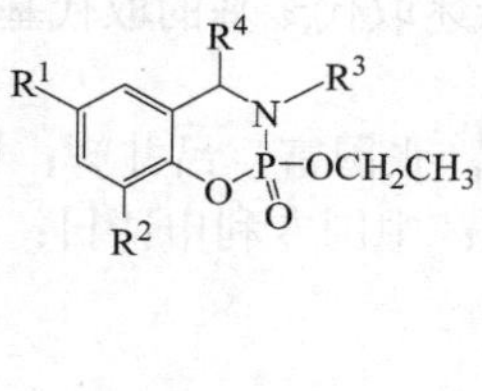

发明人：唐子龙，颜林，欧晓明；申请人：湖南化工研究院

中国公开号：CN103193823A；中国专利申请日：2013-04-22

化合物类型：苯并氧氮磷杂环己烷类

发明思路：me-too 研究；在苯并氧氮磷杂环己烷的基础上引入苯环得到。

用途：具有杀虫、杀菌活性，对农作物的病虫害具有较好的杀菌活性和杀虫活性。

代表化合物结构如下：

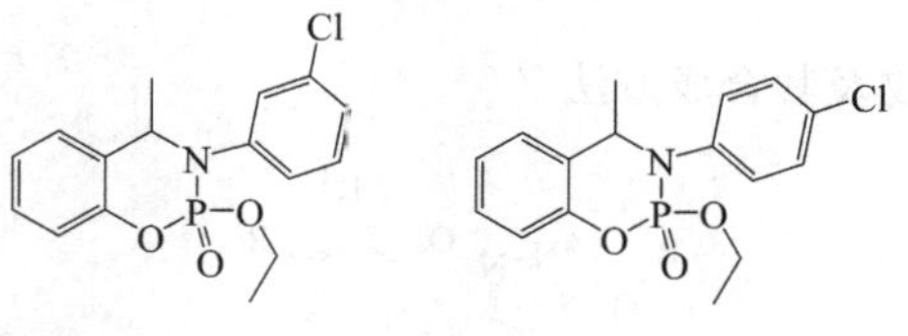

（52）杀生物的哒嗪酮衍生物

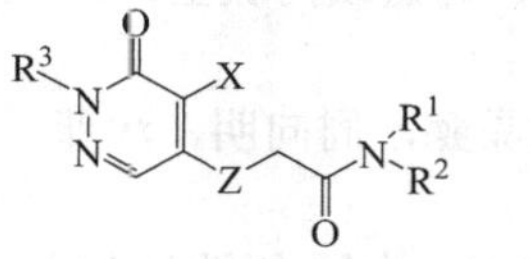

发明人：罗铁军，欧晓明，余淑英，柳爱平；申请人：湖南化工研究院

中国公开号：CN1216304A；中国专利申请日：1997-11-04

化合物类型：哒嗪酮类

发明思路：me-too 研究；对哒嗪酮分子结构进行修饰而得。

用途：具有良好的杀生物活性，如杀虫活性，适合于防治动植物的害虫，如螨类、叶蝉类、蚜虫类等。

代表化合物结构如下：

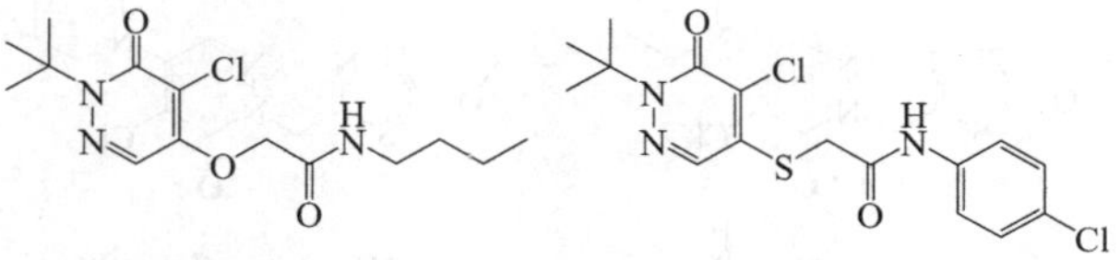

（53）具有杀菌活性的 O 取代噁二嗪类化合物及其制备方法和用途

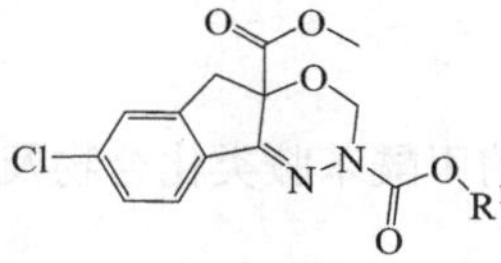

其中，R^1 为苯基、2-甲氧基苯基、4-甲硫基苯基、4-甲基苯基、2-仲丁基苯基、4-硝基苯基、4-氯苯基或 4-氟苯基。

发明人：黄明智，胡志彬，王晓光，任叶果，尹笃林，裴晖，何莲，柳爱平，项军，罗裴贤；申请人：湖南化工研究院

中国专利号：ZL200910227088.X；中国专利申请日：2009-12-03

化合物类型：噁二嗪类

发明思路：me-too 研究；在 WO 9211249A1 中公布了大量杀节肢动物的噁二嗪类化合物，在其基础上进行结构优化而得。

用途：具有杀虫活性，在 1000mg/L 时对黏虫(*Mythimna separata*)有 90%以上的致死活性；

同时具有杀菌活性，在 500mg/L 时对小麦白粉病菌(*Erysiphe graminis*)有 70%～100%抑菌活性。

代表化合物结构如下：

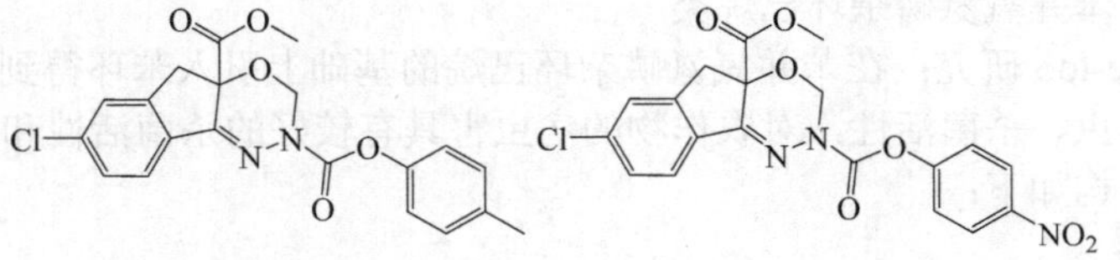

（54）一种噻二唑化合物及其合成方法

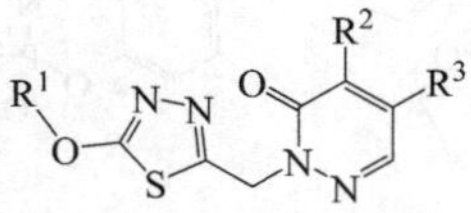

式中，R^1 为 C_1～C_4 的烷基；R^2 为氯或丙硫基；R^3 为二甲胺或异丙胺或丙胺或丁胺或吗啉或哌啶或丙硫基。

发明人：牛慧芳，李洪森，陈晶懿，周向明，沈菲，杨通，任新峰，李亚，赵琳静；申请人：上海工程技术大学

中国专利号：ZL201410177538.X；中国专利申请日：2014-04-29

化合物类型：噻二唑、哒嗪酮

发明思路：结构新颖，与已有文献报道具有农药活性骨架结构不同，将噻二唑活性基团与哒嗪酮活性基团进行拼接从而得到现有的化合物。

用途：具有杀虫活性，适合用在卫生害虫如蝇、蚊、跳蚤等以及农业害虫如稻水象甲、甜菜夜蛾、黏虫等防治上，可以抑制昆虫特别是蚊幼虫的生长。

代表化合物结构如下：

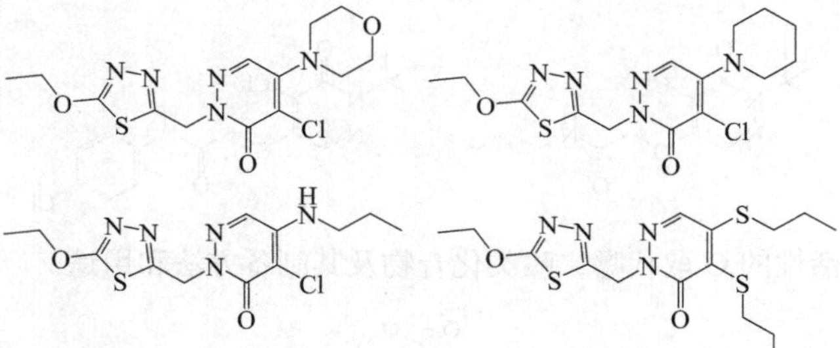

（55）一种含 1, 3, 4-噁二唑结构的甲酰苯胺类化合物及其制备方法与应用

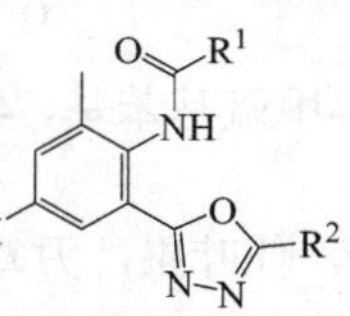

式中，X 为 Cl 或 Br；R^1 为 3-溴-1-(3-氯-2-吡啶基)-1*H*-吡咯-5-基；R^2 为含一个或多个取代基的噻吩基，取代基为氢、卤素、氰基、硝基、羟基、巯基、氨基、C_1～C_3 烷氧基、C_1～C_3 烷硫基、C_1～C_3 卤代烷氧基、C_1～C_3 卤代烷硫基；含一个或多个取代基的苯基，取代基为氢、卤素、氰基、硝基、羟基、巯基、氨基、C_1～C_3 烷氧基、C_1～C_3 烷硫基、C_1～C_3 卤代烷氧基、C_1～C_3 卤代烷硫基；含一个或多个取代基的吡嗪基，取代基为氢、卤素、氰基、硝基、羟基、

巯基、氨基、C_1～C_3烷氧基、C_1～C_3烷硫基、C_1～C_3卤代烷氧基、C_1～C_3卤代烷硫基；其中所述卤代基中的卤素选自氟、氯、溴、碘中的一种或几种。

发明人：朱红军，刘琪，陈凯，李玉峰，倪珏萍，丁源，展秋英；申请人：南京工业大学

中国专利号：ZL201410287369.5；中国专利申请日：2014-06-23

化合物类型：甲酰苯胺、噁二唑

发明思路：me-too 研究；对邻氨基苯甲酰胺类化合物做进一步结构改造，将脂肪酰胺引入1,3,4-噁二唑中而得。

用途：具有杀虫活性，适合于防治鳞翅目类害虫，如农业与园艺鳞翅目害虫、储存的谷物鳞翅目害虫、卫生领域的鳞翅目害虫等。

代表化合物结构如下：

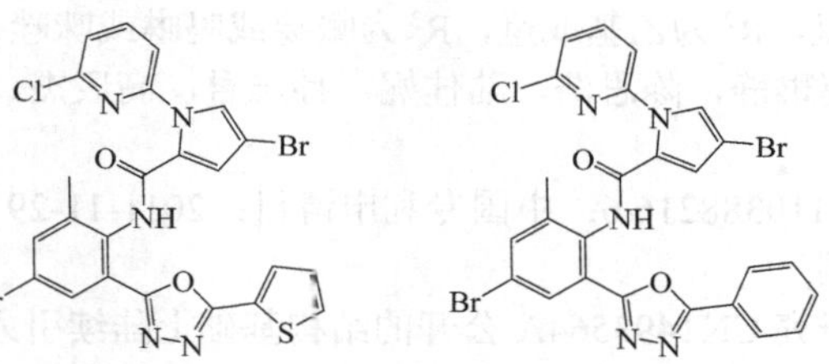

（56）含吡啶的 1, 3, 4-噁二唑衍生物及其制备方法与应用

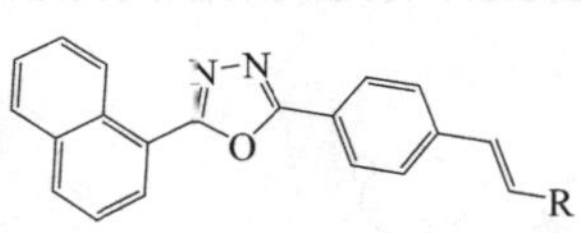

式中，R 为 4-吡啶或 2-吡啶。

发明人：何道航，卢辉雄；申请人：华南理工大学

中国专利号：ZL201310389658.1；中国专利申请日：2013-08-30

化合物类型：噁二唑

发明思路：me-too 研究；在现有技术公开噻二唑化合物的基础上将与苯乙烯相连的苯基替换为吡啶从而得到现有的化合物。

用途：具有杀虫活性，尤其可用于防治斜纹夜蛾。

代表化合物结构如下：

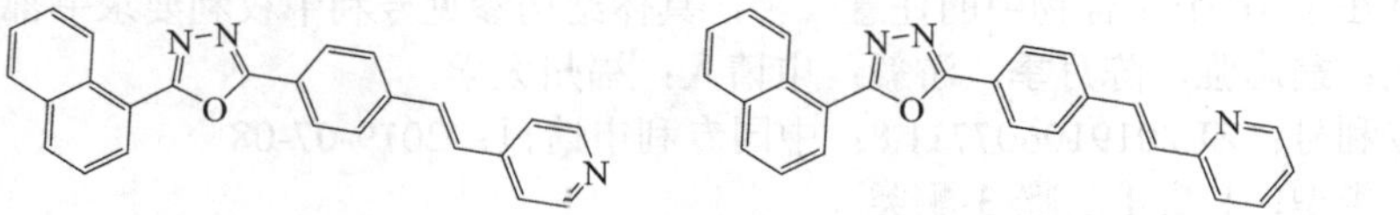

（57）*N*-[4-叔丁基-5-(2-硝基乙基)噻唑-2-基]苯甲酰胺及制备方法与应用

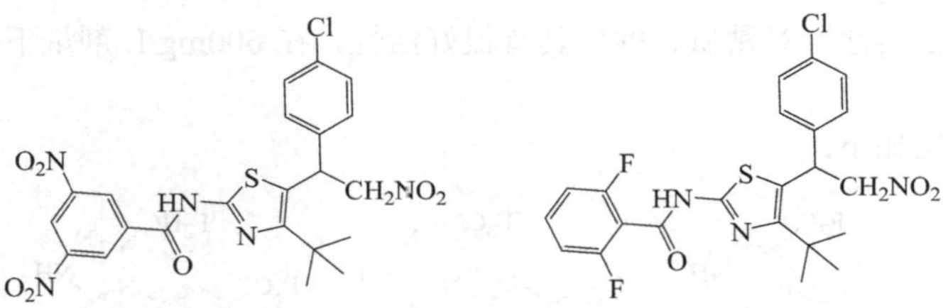

发明人：胡艾希，彭俊梅，申坤，陈爱羽，高采，吴永平，欧晓明；申请人：湖南大学

中国专利号：ZL201310562441.6；中国专利申请日：2013-11-13

化合物类型：噻唑、酰胺

发明思路：me-too 研究；在现有技术公开结构的基础上，对取代基进行替换从而得到现有的化合物。

用途：具有杀虫活性，可用于防治黏虫、蚕豆蚜和棉红蜘蛛。

（58）一种哒嗪酮化合物及其合成方法

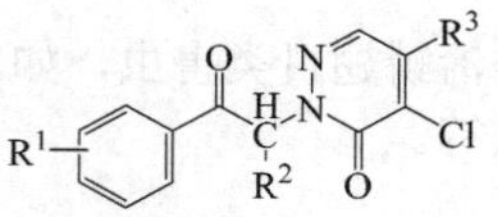

式中，R^1 为甲基或氯，R^2 为乙基或氢，R^3 为哌啶或吗啉或咪唑。

发明人：李洪森，赵琳静，陈思浩，陆佳妮，孙志君，高辰杰，朱春杰；申请人：上海工程技术大学

中国专利号：ZL201110388216.6；中国专利申请日：2011-11-29

化合物类型：哒嗪酮

发明思路：在前期研究 CN1493564A 公开的结构基础上陆续引入含氮杂环而得。

用途：具有杀虫活性，适合用在卫生害虫如蝇、蚊、跳蚤等以及农业害虫如稻水象甲、甜菜夜蛾、黏虫等防治上，可以抑制昆虫特别是蚊幼虫的生长。

代表化合物结构如下：

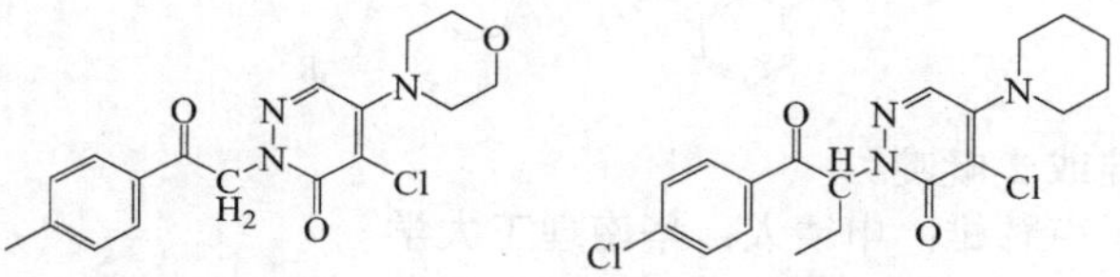

（59）3-三氟（二氟）甲基-1, 2, 4-三氮唑-5-酮类化合物的合成方法

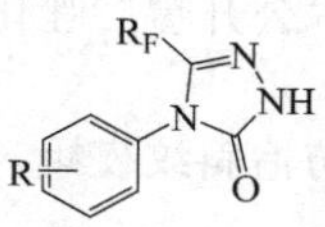

其特征在于 16 个化合物中的任意一种，具体结构参见专利中权利要求书部分。

发明人：翁志强，陈月季，游毅；申请人：福州大学

中国专利号：ZL201910607711.8；中国专利申请日：2019-07-08

化合物类型：1, 2, 4-三唑-3-酮类

发明思路：me-too 研究；在 1, 2, 4-三唑-3-酮类化合物的基础上，将三氟甲基和二氟甲基引入其中得到现有化合物。

用途：具有杀虫活性。对黏虫、桃蚜具有很好活性，在 600mg/L 剂量下，对害虫的致死率高达 100%。

代表化合物结构如下：

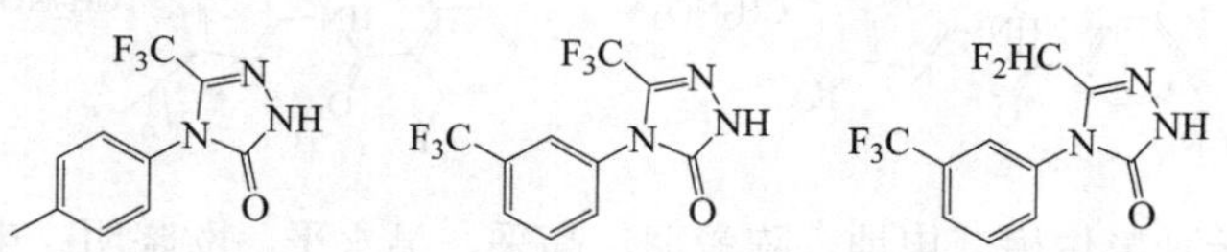

（60）8-(苯并呋喃-5-基)苯并噁嗪酮衍生物及其应用

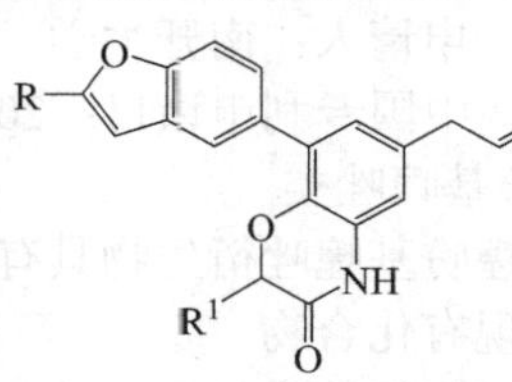

式中，R 选自氢、C_1～C_2 烷基、C_3～C_4 直链烷基或支链烷基，R^1 选自 C_1～C_3 直链烷基。

发明人：胡艾希，易阳杰，林定，叶姣；申请人：湖南大学

中国专利号：ZL201811048178.8；中国专利申请日：2018-09-10

化合物类型：苯并噁嗪酮类

发明思路：me-too 研究；在苯并噁嗪酮类似物的基础上，引入呋喃基得到现有化合物。

用途：具有杀虫杀螨活性，在 500mg/L 施药量情况下，对黏虫具有一定的致死率。

代表化合物结构如下：

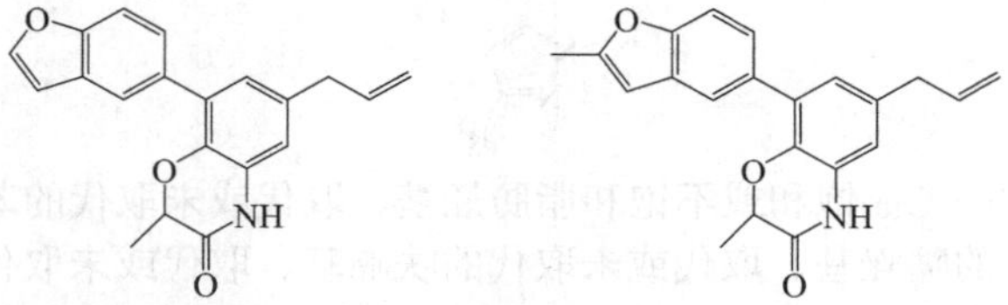

（61）2-苄亚氨基-6-苯并呋喃基苯酚及其应用

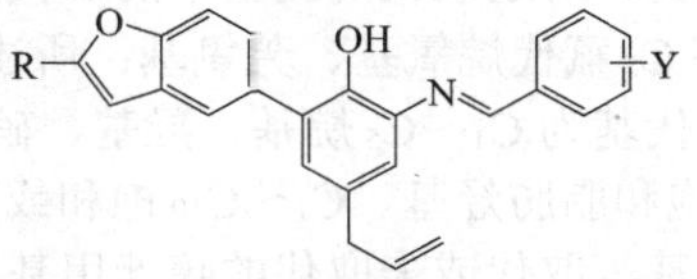

其中，R 选自氢、C_1～C_2 烷基、C_3～C_4 直链烷基或支链烷基；Y 选自氢、2-甲基、2-氟、2-氯、2-溴、2-羟基、2-甲氧基、2-乙氧基、2-硝基、3-甲基、3-氟、3-氯、3-溴、3-羟基、3-甲氧基、3-乙氧基、3-硝基、4-甲基、4-氟、4-氯、4-溴、4-羟基、4-甲氧基、4-乙氧基或 4-硝基。

发明人：陈平，林定，马凌，胡艾希；申请人：长沙理工大学

中国专利号：ZL201811060187.9；中国专利申请日：2018-09-12

化合物类型：苯并呋喃基苯酚类

发明思路：me-too 研究；在（J. Med. Chem., 2011, 54：6469-6481）等中描述的一类联苯二酚衍生物的基础上，优化引入呋喃基得到该类化合物。

用途：具有杀虫活性。在 500mg/L 施药量情况下，对黏虫具有一定的致死率。

代表化合物结构如下：

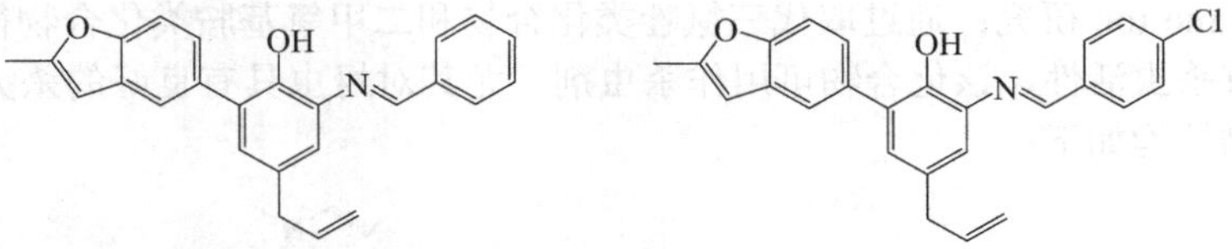

（62）2, 5-二噻吩基噻唑衍生物的杀蚊活性

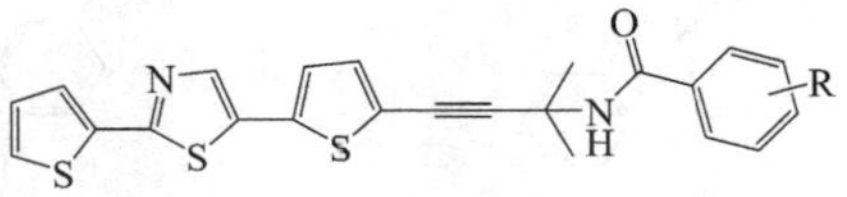

式中，R 为 2-氯、4-氯、2, 4-二氯、3, 4-二氯、3, 5-二氯、3, 5-二甲基。

发明人：朱有全，马源，王丹阳；申请人：南开大学

中国专利号：ZL201310438436.4；中国专利申请日：2013-09-22

化合物类型：噻唑类、2,5-二噻吩基噻唑类

发明思路：me-too 研究；2, 5-二噻吩基噻唑衍生物具有很好的光增强活性，在该类化合物的结构基础上，通过修饰和替换得到现有化合物。

用途：具有杀蚊活性，在 0.5mg/L 施药量情况下，对 4 龄初蚊幼虫具有 50%杀死活性。

代表化合物结构如下：

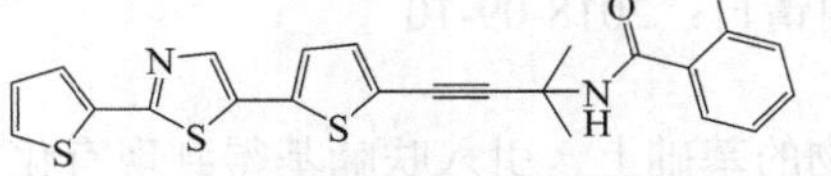

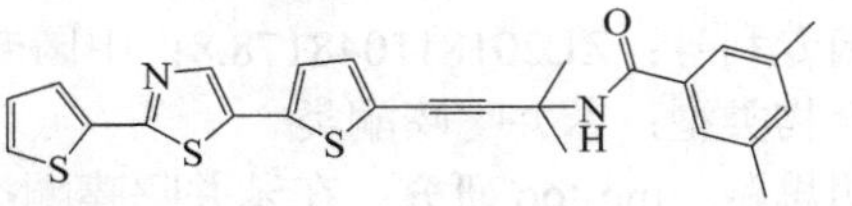

（63）1*H*-1, 2, 4-三唑脒类化合物及其制备方法和应用

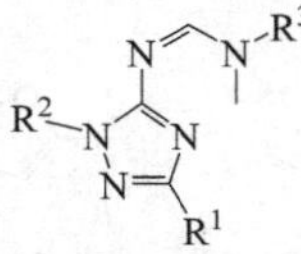

其中，R^1 为氢、C_1～C_{10} 饱和或不饱和脂肪烃基、取代或未取代的苯基、取代或未取代的吡啶基、取代或未取代的噻唑基、取代或未取代的呋喃基、取代或未取代的萘基；其中，所述取代苯基中的取代基为卤素、羟基、氨基、C_1～C_5 烷基、C_1～C_5 烷氧基、C_1～C_5 氟代烷基或 C_1～C_5 氟代烷氧基、芳基、芳氧基；所述取代吡啶基中的取代基为卤素、C_1～C_5 烷基、C_1～C_5 烷氧基、C_1～C_5 氟代烷基或 C_1～C_5 氟代烷氧基、芳氧基；所述取代呋喃基中的取代基为卤素、三氟甲基；所述取代萘基中的取代基为 C_1～C_5 烷基、羟基、硝基、卤素、氨基；

R^2 为氢、C_1～C_{10} 饱和或不饱和脂肪烃基、C_1～C_{10} 饱和或不饱和脂肪烃基、取代或未取代的苄基、取代或未取代的吡啶甲基、取代或未取代的噻唑甲基、取代或未取代的吡唑甲基、取代或未取代的噁唑甲基、取代或未取代的异噁唑甲基或四氢呋喃甲基；其中，所述取代苄基、取代吡啶甲基、取代噻唑甲基、取代吡唑甲基、取代噁唑甲基和取代异噁唑甲基中的取代基可独立地选自下述基团中的任意一种或几种：卤素、氨基、羟基、C_1～C_5 烷基、C_1～C_5 烷氧基、C_1～C_5 氟代烷基和 C_1～C_5 氟代烷氧基；

R^3 为氢、C_1～C_{10} 饱和或不饱和脂肪烃基、取代或未取代的苯基、取代或未取代的吡啶基、取代或未取代的呋喃基、取代或未取代的萘基；其中，所述取代苯基中的取代基可为卤素、羟基、氨基、C_1～C_5 烷基、C_1～C_5 烷氧基、C_1～C_5 氟代烷基或 C_1～C_5 氟代烷氧基、芳基、芳氧基。

发明人：覃兆海，贾长青，马永强，杨冬燕，车传亮，刘雪莲；申请人：中国农业大学

中国专利号：ZL201610608404.8；中国专利申请日：2016-07-28

化合物类型：三唑脒类化合物

发明思路：me-too 研究；通过取代三氮唑类化合物和二甲氧基胺类化合物得到。

用途：具有杀虫活性，该化合物可用作杀虫剂，尤其对蚜虫具有良好的杀灭活性。

代表化合物结构如下：

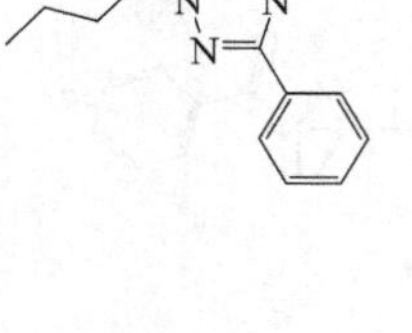

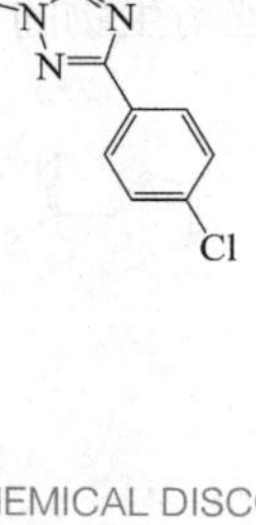

（64）一种吡乙苯醚肟酯化合物及其制备方法与应用

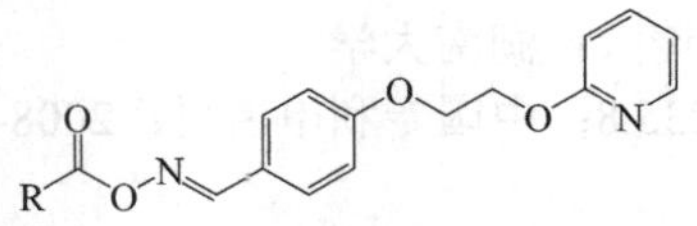

其中，R 为乙基、丁基、2-呋喃基、2-噻吩基、3-吡啶基、3-(2-氯吡啶)基、2,2,3,3-四甲基-环丙基、3-(2,2-二甲基-乙烯基)-2,2-二甲基-环丙基、3-(2-氯-3,3,3-三氟-丙烯基)-2,2-二甲基-环丙基、3-(2,6-二氯吡啶)基、1-(4-氯苯基)-2-甲基-丙基，4-甲基-苄基，β-萘甲基，苯基，4-乙氧基-苯基，4-甲氧基-苄基，3-氟-苯基，4-氯-苯基，4-甲氧基-苯基或 2-(1-甲醛基)-苯基。

发明人：张建军，孙国绍，林乐，金淑惠，王道全；申请人：中国农业大学

中国专利号：ZL201510920900.2；中国专利申请日：2015-12-11

化合物类型：吡乙苯醚肟酯化合物

发明思路：以羟基苯甲醛为起始原料，先进行两步醚化反应，再经过肟化、酯化反应得到。

用途：具有杀虫及杀卵活性，且对虫卵的杀死活性良好，具有很高的农药研究价值。

代表化合物结构如下：

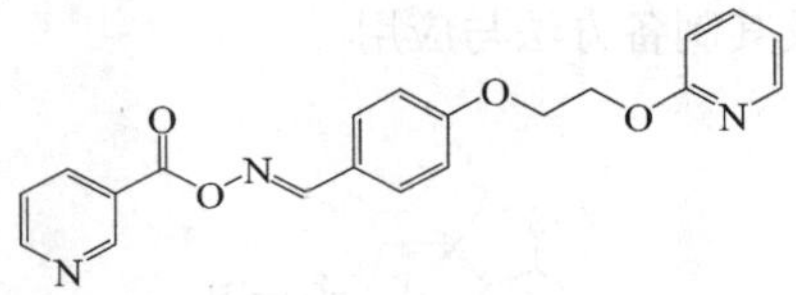

（65）一种含氟吡啶酰基哌嗪类化合物及其应用

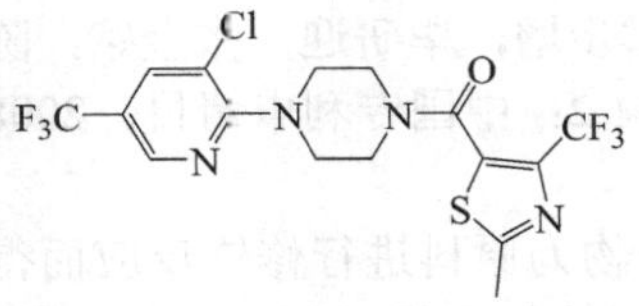

发明人：王明慧，许良忠，彭壮，崔焕奇，孙鉴昕；申请人：青岛科技大学

中国专利号：ZL201811319890.7；中国专利申请日：2018-11-07

化合物类型：哌嗪类、噻唑酰胺类

发明思路：me-too 研究；通过活性基团拼接技术，将活性基团三氟甲基-吡啶-哌嗪与杂环化合物通过酰基连接而得。

用途：具有杀虫活性，对小菜蛾有一定活性。

（66）4-乙酰氨基-3-(4-芳基噻唑-2-氨基)苯甲酸酯及其制备方法与应用

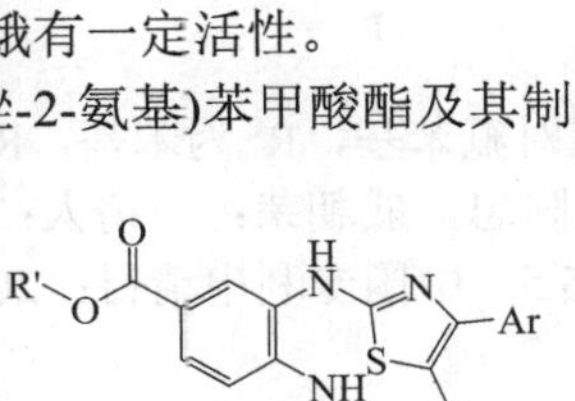

其中，R，R′选自 H，C_1～C_3烷基；Ar 选自苯环，甲基苯环，二甲基苯环，三甲基苯环，乙基苯环，二氯苯环，氯苯环，溴苯环，二溴苯环，氟苯环，二氟苯环，3,4-二氯-5-氟苯环，

苯氧基苯环，三氟甲基苯环，甲氧基苯环，乙氧基苯环，二甲氧基苯环，二乙氧基苯环，苄氧基苯环，萘环，乙基萘环，卤代萘环，甲氧基萘环。

发明人：胡艾希，夏林；申请人：湖南大学

中国专利号：ZL200810032035.8；中国专利申请日：2008-08-11

化合物类型：氨基噻唑类

发明思路：以 2-氨基噻唑类化合物为基础，通过生物等排、衍生合成得到该类结构。

用途：具有杀菌、杀虫活性，该发明的化合物对稻瘟病菌、稻纹枯病菌、黄花灰霉病菌、油菜菌核病菌、小麦赤霉病菌、辣椒疫霉病菌、小麦白粉病菌等有一定抑制活性；对黏虫、蚜虫、叶蝉、红蜘蛛均有毒杀活性。

代表化合物结构如下：

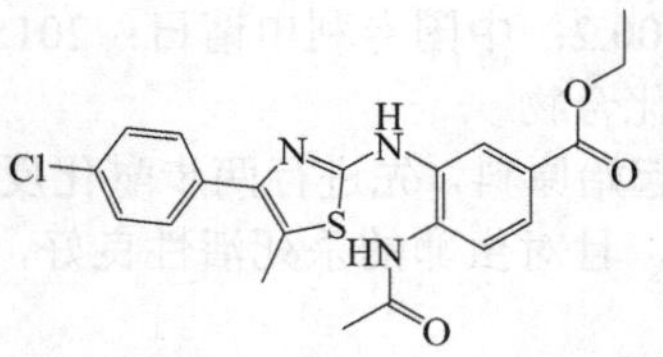

（67）一种噻唑酮衍生物及其制备方法与应用

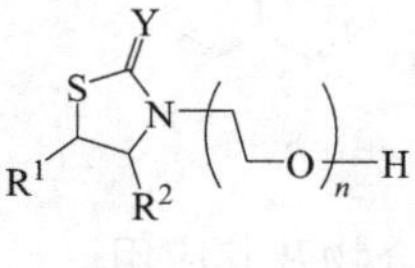

其中，R^1、R^2 分别为氢或烷基或卤代烷基；Y 是氧；n 是 1～50 的任意一个数。

发明人：刘玉法，刘秀明，雷步增，毕研迎，张金娥，陈冬梅；申请人：山东师范大学

中国专利号：ZL200810249541.2；中国专利申请日：2008-12-26

化合物类型：噻唑酮类

发明思路：以 1,2,3-三唑化合物为原料进行修饰反应而得。

用途：具有杀虫活性，该发明的化合物对蚜虫和红蜘蛛有较好效果，可以用于防治农业害虫。

（68）一种 5-烯基化-1, 4-二取代-1, 2, 3-三唑化合物及其制备方法和应用

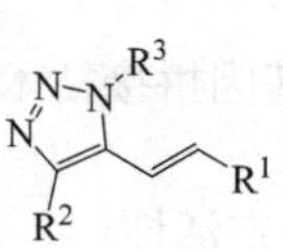

其中，R^1 为 COOMe 或苯基或对氟苯基，R^2 为苯基，R^3 为苯基、苄基、正丁基或正辛基。

发明人：江焕峰，冯振宁，王阿忠，戚朝荣；申请人：华南理工大学

中国专利号：ZL200910193935.5；中国专利申请日：2009-11-13

化合物类型：三唑类

发明思路：me-too 研究；将农药药效基团呋喃酚与噻唑拼合在同一分子中而得。

用途：具有杀虫、杀菌活性，该发明的化合物用于制备果树、瓜果、豆类、茄果类、花卉等的杀虫剂或者杀菌剂。

代表化合物结构如下：

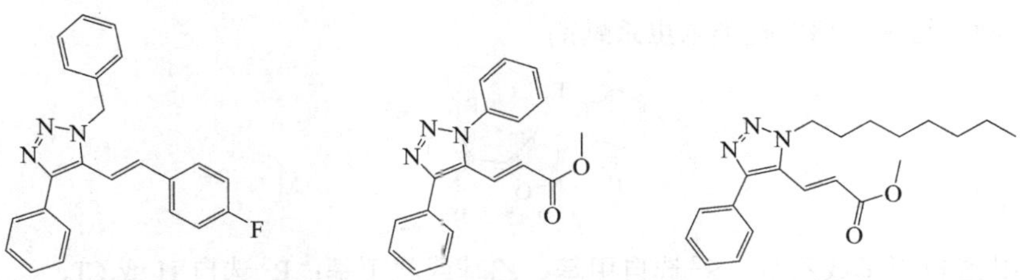

(69) 4-(苯并呋喃-5-基)-2-芳氨基噻唑及其制备方法与应用

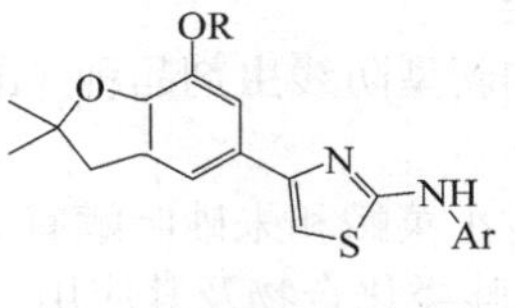

其中，R 选自 H、C_1～C_2 烷基、C_3～C_4 直链烷基或者支链烷基；Ar 选自苯基、2-甲基苯基、3-甲基苯基、4-甲基苯基 3,4-二氯苯基、2-吡啶基等。

发明人：罗先福，胡艾希，欧晓明，杨林涛；申请人：湖南大学

中国专利号：ZL201010553848.9；中国专利申请日：2010-11-23

化合物类型：芳基氨基噻唑类

发明思路：me-too 研究；将农药药效基团呋喃酚与噻唑通过活性基团进行拼接，合成了该类化合物。

用途：具有杀虫活性，该发明的化合物对蚕豆蚜虫具有较好的杀虫活性，可用于农作物防治相关虫害。

代表化合物结构如下：

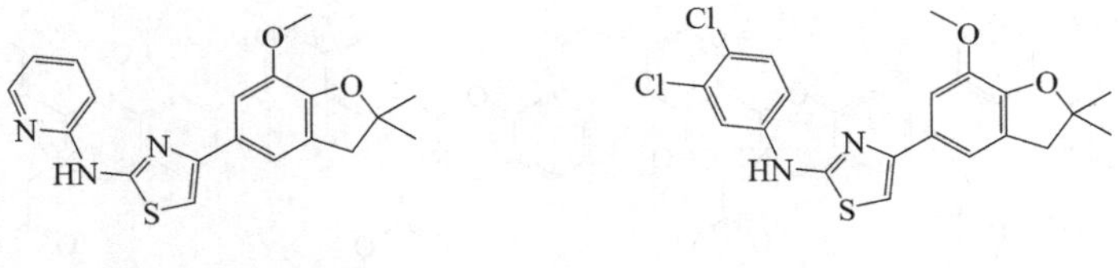

(70) 一种含氟四嗪吡唑类杀螨剂

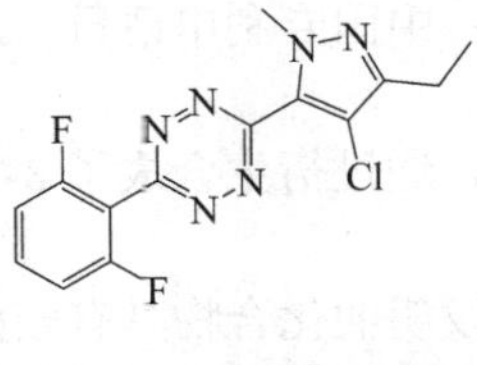

发明人：王明慧，许良忠，袁建坡，陈格新，徐姗姗，鞠光秀；申请人：青岛科技大学

中国专利号：ZL201510559100.2；中国专利申请日：2015-09-06

化合物类型：含氟四嗪吡唑类

发明思路：me-too 研究；该发明通过在含氟四嗪类结构上，以活性基团替代的方式，引入吡唑结构得到该类化合物。

用途：具有杀螨活性，该发明化合物对朱砂叶螨具有较好的活性，尤其是对卵的活性优于氟螨嗪，可以用于农作物防治螨虫。

（71）一种二氟苯基噁二唑类杀虫杀螨剂

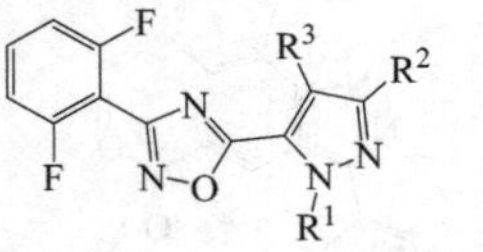

式中，R^1选自甲基或乙基；R^2选自甲基、乙基或叔丁基；R^3选自 H 或 Cl。

发明人：许良忠，彭壮，崔焕奇，孙鉴昕，王明慧；申请人：青岛科技大学

中国专利号：ZL201811323531.9；中国专利申请日：2018-11-08

化合物类型：噁二唑类、吡唑类

发明思路：me-too 研究；对已知新型防线虫剂品种（tioxazafen）的噻吩用吡唑进行替换再经优化得到。

用途：具有杀虫、杀螨活性，对小菜蛾和朱砂叶螨有一定活性。

（72）一种 3-吡啶基-1, 2, 4-噁二唑类化合物及其应用

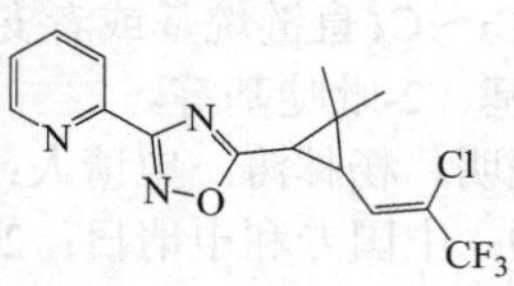

发明人：王明慧，许良忠，刘连才，孙鉴昕，崔焕奇；申请人：青岛科技大学

中国专利号：ZL201811321039.8；中国专利申请日：2018-11-07

化合物类型：噁二唑类

发明思路：以 tioxazafen 为先导，利用 3-氰基吡啶为原料，与取代环丙酰氯反应而得。

用途：具有杀虫、杀螨活性，对小菜蛾和朱砂叶螨有一定活性。

（73）具杀菌活性的 3-烃基-2-芳基-1, 3-苯并噁嗪

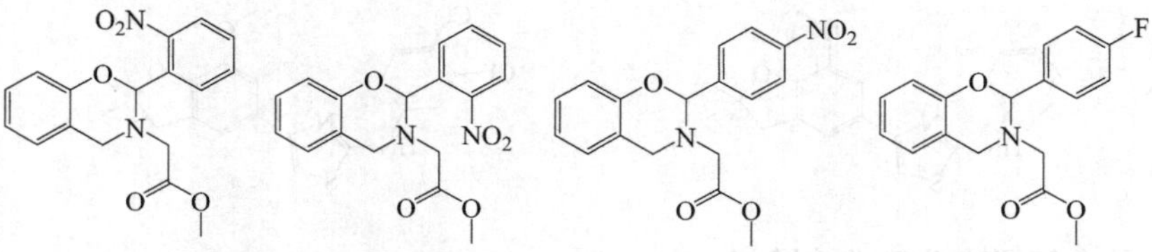

发明人：唐子龙，朱中华，刘汉文；申请人：湖南科技大学

中国专利号：ZL201010266882.8；中国专利申请日：2010-08-31

化合物类型：吡唑类

发明思路：在噁嗪结构的基础上，通过衍生合成了 3-芳基取代苯并噁嗪和 2,3-二芳基取代苯并噁嗪类化合物。

用途：具有杀虫、杀菌活性，该发明的化合物具有较好的杀虫活性和优良的杀菌活性，杀菌活性高于杀虫活性。对水稻纹枯病菌活性最高，对油菜菌核病菌也有一定的活性。

代表化合物结构如下：

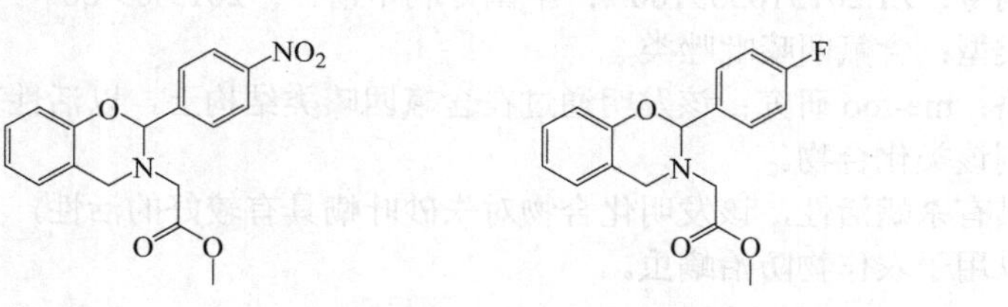

第 6 章

其他用途的新农药创制

6.1 杀螨剂的创制

6.1.1 概论

截至 2023 年底公开的拥有中文或英文通用名称的杀螨剂具体分类与通用名称如下：

氨基三氮烯类：灭蝇胺（cyromazine），主要作为杀虫剂使用，兼具杀螨活性。

芳烃类：苯螨噻（triarathene）。

芳基吡咯类：虫螨腈（chlorfenapyr）。

苯磺酸酯类：杀螨酯（chlorfenson）、芬螨酯（fenson）、格螨酯（genit）。

苯并咪唑类：苯菌灵（benomyl）、抗螨唑（fenazaflor）。其中苯菌灵主要作为杀菌剂使用，兼具杀螨、杀线虫活性。

苯甲酸类：benzyl benzoate。

β-酮腈类：cyenopyrafen、乙唑螨腈（cyetpyrafen）、丁氟螨酯（cyflumetofen）。

植物源杀螨剂类：香芹酚（carvacrol）、苏云金素（thuringiensin）、血根碱（sanguinarine）。其中香芹酚同时还具有杀菌、杀虫、杀线虫活性，苏云金素还具有杀虫活性，血根碱还具有杀菌、杀虫活性。

苯甲酰脲类：啶蜱脲（fluazuron）、氟环脲（flucycloxuron）、氟虫脲（flufenoxuron）。其中氟环脲和氟虫脲还作为杀虫剂使用。

氨基甲酸酯类：甲萘威（carbaryl）、克百威（carbofuran）、伐虫脒（formetanate）、formparanate、涕灭威（aldicarb）、丁酮威（butocarboxim）、杀线威（oxamyl）、thiocarboxime、久效威（thiofanox）、carbanolate、甲硫威（methiocarb）、速灭威（metolcarb）、蜱虱威（promacyl）、残杀威（propoxur）。这些品种同时还是杀虫剂，部分品种也是杀线虫剂。

羧酰苯胺类：pyflubumide。

二硝基苯酚类：消螨酚（dinex）、消螨通（dinobuton）、dinocton、dinopenton、dinosulfon、dinoterbon、二硝酚（DNOC）、乐杀螨（binapacryl）、消螨普（dinocap）。多数同时还是杀菌剂。

二苯基甲醇类：溴螨酯（bromopropylate）、杀螨醇（chlorfenethol）、乙酯杀螨醇（chlorobenzilate）、三氯杀螨醇（dicofol）、丙氯诺（proclonol）。

二苯醚类：苯螨醚（phenproxide）。

二苯基硫化物类：杀螨醚（chlorbenside）、氟杀螨（fluorbenside）、杀螨硫醚（tetrasul）。

二苯砜类：二苯砜（diphenyl sulfone）、三氯杀螨砜（tetradifon）。

氟代烯烃类：三氟杀线酯（trifluenfuronate）。

甲脒类：双甲脒（amitraz）、杀虫脒（chlordimeform）、chloromebuform、杀螨脒（medimeform）、单甲脒（semiamitraz），同时也是杀虫剂。

肼类：联苯肼酯（bifenazate）。

无机类：arsenous oxide、硫黄（sulfur）。

有机锡类：三唑锡（azocyclotin）、三环锡（cyhexatin）、苯丁锡（fenbutatin oxide）、三磷锡（phostin）。

大环内酯类：杀螨素（tetranactin）、阿维菌素（abamectin）、密灭汀（milbemectin）。其中阿维菌素同时还是杀虫杀线虫剂。

有机氯类：毒杀芬（camphechlor）、滴滴涕（DDT）、林丹（gamma-HCH）、溴西克林（bromocyclen）、dienochlor、硫丹（endosulfan）。同时也是杀虫剂，绝大多数已经禁用。

有机磷类：绝大多数同时是杀虫杀螨剂，且绝大多数已经禁用。

毒虫畏（chlorfenvinphos）、巴毒磷（crotoxyphos）、敌敌畏（dichlorvos）、庚烯磷（heptenophos）、速灭磷（mevinphos）、久效磷（monocrotophos）、二溴磷（naled）、特普（TEPP）、杀虫畏（tetrachlorvinphos）、三磷锡（phostin）、辛硫磷（phoxim）、治螟磷（sulfotep）、赛硫磷（amidithion）、果虫磷（cyanthoate）、乐果（dimethoate）、益硫磷（ethoate-methyl）、安硫磷（formothion）、灭蚜磷（mecarbam）、氧乐果（omethoate）、发硫磷（prothoate）、苏硫磷（sophamide）、蚜灭磷（vamidothion）、amiton、三硫磷（carbophenothion）、内吸磷（demeton）、demeton-methyl、砜吸磷（demeton-*S*-methylsulphon）、敌噁磷（dioxathion）、乙拌磷（disulfoton）、乙硫磷（ethion）、马拉硫磷（malathion）、虫螨畏（methacrifos）、异亚砜磷（oxydeprofos）、砜拌磷（oxydisulfoton）、芬硫磷（phenkapton）、甲拌磷（phorate）、甲基乙拌磷（thiometon）、蝇毒磷（coumaphos）、二嗪磷（diazinon）、甲基嘧啶磷（pirimiphos-methyl）、pyrimitate、喹硫磷（quinalphos）、三唑磷（triazophos）、益棉磷（azinphos-ethyl）、保棉磷（azinphos-methyl）、benoxafos、氯亚胺硫磷（dialifos）、因毒磷（endothion）、伏杀硫磷（phosalone）、亚胺硫磷（phosmet）、prothidathion、azothoate、溴硫磷（bromophos）、乙基溴硫磷（bromophos-ethyl）、虫螨磷（chlorthiophos）、对硫磷（parathion）、trifenofos、quintiofos、敌百虫（trichlorfon）、水胺硫磷（isocarbophos）、甲胺磷（methamidophos）、胺丙畏（propetamphos）、甲氟磷（dimefox）、丙胺氟磷（mipafox）、八甲磷（schradan）、威菌磷（triamiphos）。

全氟烷基磺酰胺类：氟虫胺（sulfluramid），既是杀虫剂又是杀螨剂。

苯酚类：六氯酚（hexachlorophene），既是杀螨剂又是杀菌剂。

吡唑类：acetoprole、氟虫腈（fipronil）、vaniliprole、吡螨胺（tebufenpyrad）、唑虫酰胺（tolfenpyrad），既是杀虫剂又是杀螨剂。

拟除虫菊酯类：氟丙菊酯（acrinathrin）、联苯菊酯（bifenthrin）、氯氟氰菊酯（cyhalothrin）、氯氰菊酯（cypermethrin）、甲氰菊酯（fenpropathrin）、氯菊酯（permethrin）、苄螨醚（halfenprox）、溴氟菊酯（brofluthrinate）、氰戊菊酯（fenvalerate）、氟氰戊菊酯（flucythrinate）、fluvalinate。

嘧啶胺类：嘧螨醚（pyrimidifen），既是杀虫剂又是杀螨剂。

喹唑啉类：喹螨醚（fenazaquin），既是杀螨剂又是杀菌剂。

醌类：灭螨醌（acequinocyl）。

喹喔啉类：灭螨猛（chinomethionat）、克杀螨（thioquinox），既是杀螨剂又是杀菌剂。

strobilurin 类：嘧螨酯（fluacrypyrim）、氟菌螨酯（flufenoxystrobin）、嘧螨胺（pyriminostrobin）。

磺酰胺类：苯氟磺胺（dichlofluanid），既是杀螨剂又是杀菌剂。

亚硫酸酯类：炔螨特（propargite）、杀螨特（aramite）。

四嗪类：四螨嗪（clofentezine）、氟螨嗪（diflovidazin）。

季酮酸类：螺螨双酯（spirobudifen）、螺螨酯（spirodiclofen）、螺甲螨酯（spiromesifen），其中螺螨酯和螺甲螨酯同时也有杀虫剂作用。

硫代氨基甲酸酯类：苯硫威（fenothiocarb）。

硫脲类：灭虫脲（chloromethiuron）、丁醚脲（diafenthiuron）。

三氟甲基磺酰胺类：amidoflumet。

其他类：fluenetil、acynonapyr、azobenzene、苯螨特（benzoximate）、氟螨双醚（bisulflufen）、敌螨特（chlorfensulphide）、环螨酯（cycloprate）、dofenapyn、乙螨唑（etoxazole）、fentrifanil、唑螨酯（fenpyroximate）、氟螨噻（flubenzimine）、flupentiofenox、噻螨酮（hexythiazox）、氟蚁灵（nifluridide）、哒螨灵（pyridaben）、sulfiflumin。

近年国内对杀螨剂的创制也日益兴起，获得中文或英文通用名的有氟螨、氟菌螨酯、嘧螨胺、乙唑螨腈、螺螨双酯、氟螨双醚、苯苄螨胺、苯螨咪唑等。其中由中国科学院上海有机化学研究所和浙江省化工研究院联合开发的氟螨曾获临时登记（LS20031728），沈阳化工研究院的乙唑螨腈（PD20181623）、青岛科技大学和浙江宇龙联合开发的螺螨双酯（PD20190038）已获正式登记。

创制中的新化合物细分结构类型主要涉及季酮酸酯类、噁唑啉类、氧化吲哚类、新烟碱类、喹唑啉类、丙烯腈类、三氟乙硫醚类、二苯醚类等。研究单位涉及青岛科技大学、南京工业大学、华南理工大学、上海师范大学、沈阳中化农药化工研发有限公司、浙江省化工研究院有限公司、湖南化工研究院有限公司等。

6.1.2 氟螨的创制

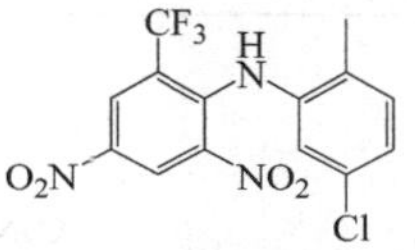

化合物专利名称：*N*-(二硝基三氟甲基)-取代的-2-甲基苯胺衍生物，其制备方法及用途

中国专利号：ZL97106777.5；申请日：1997-12-15；授权日：2001-10-24

专利发明人：张世相，胡小仙，袁身刚，林学圃，林永达，王松尧，梁与达，陈定花

申请人：中国科学院上海有机化学研究所、浙江省化工研究院

该发明采用 me-too 与计算机辅助药物设计相结合的方法，以 2-甲基-5-氯苯胺为原料进行衍生。经过多年研究，发明了杀螨剂氟螨 F_{1050}，获得中国发明专利。主要对柑橘全爪螨，以及苹果红蜘蛛、棉花红蜘蛛防效高，属新型高效杀螨剂。2003 年，浙江省化工研究院有限公司就对 94%的氟螨原药(LS20031728)和 15%的氟螨乳油(LS20031727)进行了临时登记，后因毒性等问题，未再进行登记。

6.1.2.1 创制过程

CN1188757A 专利说明书中指出：以 Barry A. Drelkon 等的 US4152460A，森幸哉等的平 1-1868849，以及草兴治等的昭 64-1774 等专利化合物为模版，结合计算机辅助药物设计，进行衍生，设计合成一系列含氟农药分子，最终发现目标化合物（图 6-1）[1]。

图 6-1 *N*-(二硝基三氟甲基)-取代的-2-甲基苯胺衍生物设计思路

6.1.2.2 知识产权分析

该发明化合物虽然在 US4117167A 专利范围内，但不属于列表化合物。

（1）新颖性　新颖性分析见表 6-1。

表 6-1　该专利与已有技术对比表

该专利： CN1188757A (中国科学院上海有机化学研究所，浙江省化工研究院，申请日：1997-12-15；公开日：1998-07-29)	通式　代表化合物 F_{1050}(专利中化合物 2)
接近的已有技术 1： US4152460A (LILLY CO ELI，申请日：1978-01-30；公开日：1979-05-01)	通式　代表化合物(列表化合物 4)
接近已有技术 2： US4117167A（ICI LTD 申请日：1975-03-07；公开日：1978-09-26）	通式 (R=Me 等；X=Cl 等；m=0,1；p=0,1,2；q=0,1) 杀虫杀螨活性　结构最接近化合物(专利 16 号化合物)
同类商品化/开发中品种	fentrifanil

（2）创造性　该专利 CN1188757A 说明书记载，该发明测试化合物(编号 F_{1050})，25mg/L 剂量下，对稗草防治效果 A 级；3.15mg/L 剂量下，黄瓜疫病防治效果达 B 级；100mg/L 剂量下，蚜虫防治 B 级；62.5～80mg/L 剂量下，黏虫防治 B 级；10mg/L 剂量下，红蜘蛛防治 A 级，防效均为 100%，比对照药剂活性高。进一步对 F_{1050} 降低浓度测试，在 5mg/L 剂量下，F_{1050} 对成螨活性仍达 82%，进口农药 2.5%联苯菊酯乳油(5mg/L)达 70.7%，好于国产常用农药 NC129、甲脒，进口农药三唑锡、甲氰菊酯。杀卵活性略逊于 NC129（表 6-2）。

表 6-2　防治棉红蜘蛛毒力比较试验

化合物	防效/%
F_{1050} 15 EC(5mg/L)	82
15% NC129(10mg/L)	7.1
30%三氯杀螨醇(10mg/L)	98.6
20%双甲脒(10mg/L)	3.6
2.5%联苯菊酯(5mg/L)	70.7
25%三唑锡(5mg/L)	24.4
20%甲氰菊酯(5mg/L)	20.5

（3）核心化合物专利　氟螨核心化合物专利与授权保护范围如表 6-3 所示：

表 6-3　中国科学院上海有机化学研究所、浙江省化工研究院申请的氟螨核心化合物专利

序号	公开号	专利号	法律状态
1	CN1188757A	ZL97106777.5	授权失效
授权保护范围(中国专利)			
一种 *N*-(二硝基三氟甲基)-取代的-2-甲基苯胺衍生物，其特征是具有如下分子式： 其中，X 或者 Y=NO_2、CF_3、X≠Y；R^1 或 R^2=H、Br、Cl、F、NO_2、CN、OCH_3、OCF_3、$OCHF_2$、COR、OCH_2COR，R=OH、$NHSO_2CH_3$ 或 C_1～C_4 的烷基			

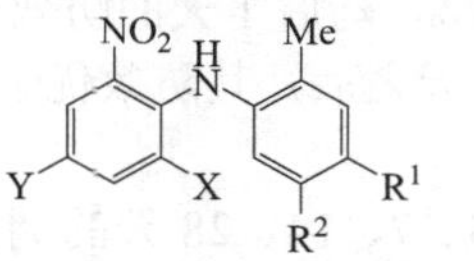

6.1.2.3　合成方法

以 2-甲基-5-氯苯胺和 2,4-二硝基-6-三氟甲基氯苯为起始原料，经缩合反应，得到 F_{1050}（图 6-2）[1]。

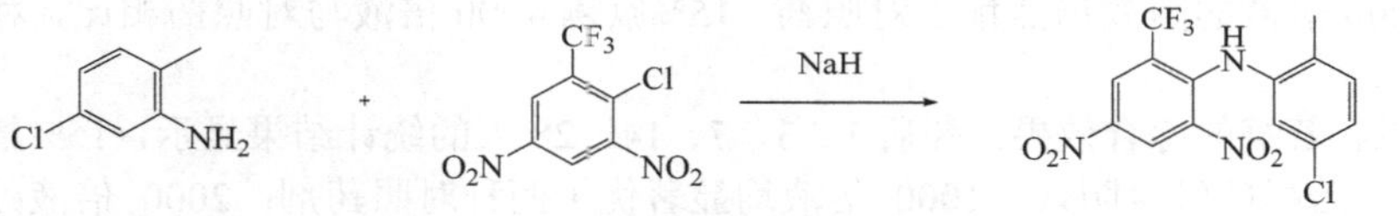

图 6-2　F_{1050} 合成路线

6.1.2.4　组合物专利

氟螨部分组合物专利见表 6-4。

表 6-4　氟螨组合物专利

序号	公开号	发明名称	申请人	B 组分
1	CN102388059A	杀虫组合物	陶氏益农公司	专利化合物

6.1.2.5　毒理学与安全评价

氟螨大鼠急性 LD_{50} 雌性为 401.79mg/kg、雄性为 274.78mg/kg，属于中等毒性；经皮 LD_{50}＞2000mg/kg，属低毒级，第三阶段毒性试验结果表明氟螨属中等蓄积毒性[2]。

6.1.2.6　应用效果

（1）室内活性[3]

① 对螨虫的毒力测定结果。氟螨对棉螨的活性极高，明显高于对照农药哒螨灵。氟螨对成螨的 LC_{50}，喷雾法为(6.9087±0.4389)mg/L，浸渍法为(2.4919±0.1999)mg/L，而哒螨灵 LC_{50}，喷雾法为(33.4726±2.5258)mg/L，浸渍法为(8.1708±0.4720)mg/L；对幼螨喷雾法的 LC_{50} 仅为(1.7296±0.0650)mg/L，毒力最高，对若螨和成螨次之，对卵的毒力最低。氟螨对柑橘全爪螨的毒力(LC_{50} 为 4.32mg/L)，小于哒螨灵(LC_{50} 为 0.21mg/L)。

② 触杀作用研究结果。氟螨对螨虫的触杀效果较好，如毒叶接触法的 LC_{50} 为(2.26±0.16)mg/L，与浸渍法相当。但不同的试验方法间亦存在较大的差异。如浸玻片法其 LC_{50} 为(25.05±2.92)mg/L，比毒叶接触法差一个数量级。

（2）田间防效[4]

① 对成螨的效果。对成螨的效果试验结果表明，在药后 1、3、7、14、28 天的检查中，15%氟螨 1000 倍液防治柑橘全爪螨成螨的效果分别为 98.3%、98.1%、97.2%、84.6%和 80.1%，均优于其他处理，除 28 天的效果外，其差异均达显著水平；15%氟螨 2000 倍液的防效分别为 87.8%、95.0%、92.9%、75.2%、66.8%，药后 1 天的防效虽不及对照药 15%哒螨灵 2000 倍液和 20%三氯杀螨醇 800 倍液，但在第 3 天之后，其防效优于对照药剂或相似；15%氟螨 4000 倍液防效相对不及对照药。

② 对若螨的效果。在药后 1、3、7、14、28 天的调查中，15%氟螨 1000 倍液防治柑橘全爪螨若螨的效果分别为 96.8%、97.0%、89.5%、86.9%和 80.2%；15%氟螨 2000 倍液的防效分别为 88.1%、95.6%、89.9%、80.9%、68.6%。与对照药相比，氟螨 1000 倍液药后 1 天的杀若螨活性相对较高，但差异不显著；药后 3～14 天，活性明显高于对照药剂，差异显著；至药后 28 天，防效仍高于对照药剂，与 15%哒螨灵 2000 倍液差异显著，比 20%三氯杀螨醇 800 倍液高 19.5 个百分点，但差异不显著。15%氟螨 2000 倍液在 1 天后杀若螨活性不及对照药；药后 3 天以后，其活性明显强于对照药；到药后 14 天，仍然显著高于 15%哒螨灵 2000 倍液的防效，比 20%三氯杀螨醇 800 倍液的防效高 10.1 个百分点，但差异不显著；到药后 28 天，15%氟螨 2000 倍液的防效仍然优于对照药。15%氟螨 4000 倍液与对照药相比，对若螨活性方面没有优势。

③ 对成、若螨的综合效果。药后 1、3、7、14、28 天的统计结果显示，15%氟螨乳油对柑橘全爪螨成、若螨的综合防效，1000 倍液均显著优于两种对照药剂；2000 倍液处理除药后 1 天的结果外，药后 3 天至 28 天的防效均优于对照药剂。

参考文献

[1] 张世相，胡小仙，袁身刚，等. *N*-(二硝基三氟甲基)-取代的-2-甲基苯胺衍生物、制备方法及用途. CN1188757A, 1998-07-29.
[2] 浙江化工科技集团有限公司. 新型杀螨剂 F_{1050}. 科技成果登记, 2003.
[3] 王松尧，柴伟纲，傅荣幸，等. 新化合物 F_{1050} 生物活性及作用方式研究. 农药学学报, 2001, 6(2): 86-89.
[4] 王洪祥，王洪祥，郦卫弟，等. F_{1050} 防治桔爪螨的药效试验. 浙江柑桔, 1999, 16(01): 26-27.

6.1.3 嘧螨胺的创制

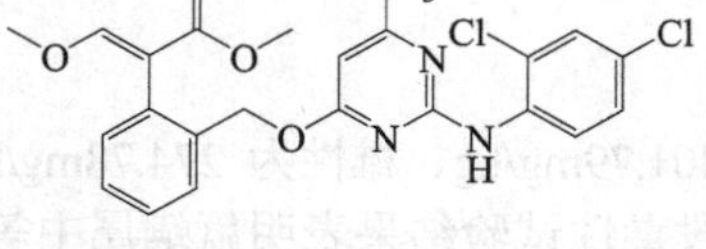

化合物专利名称：含取代苯胺基嘧啶基团的 *E*-型苯基丙烯酸酯类化合物及其应用

中国专利号：ZL200910084967.1；申请日：2009-06-05；授权日：2012-11-07

专利发明人：刘长令，李慧超，张弘，柴宝山，罗艳梅，何晓敏，孙宝祥

申请人：中国中化股份有限公司、沈阳化工研究院有限公司

该发明采用中间体衍生化法，以乙酰乙酸乙酯和苯胍为原料缩合生成关键中间体 2-苯氨基嘧啶-4-酚，然后用其替换甲氧基丙烯酸酯类杀菌剂一部分，与预料的一样具有一定的杀菌活性，但意料之外的是它还表现出较好的杀螨活性。由于当时 strobilurin 类杀菌剂已有很多个品种上市，而该类杀螨剂只有嘧螨酯(fluacrypyrim)一个，因此引起了关注，并被选为杀螨先导化合物

进行结构优化，经过多轮 DSTA 研究，发明了 SYP-11277，中文通用名嘧螨胺，获得中国、美国、欧盟、韩国、澳大利亚、日本、巴西等地发明专利。嘧螨胺对朱砂叶螨不同生长阶段具有较高的活性，田间对柑橘红蜘蛛具有良好的防效，但因剂型等相关原因，最终未能实现产业化开发。

6.1.3.1 创制过程

嘧啶是一类非常重要的杂环化合物，被广泛应用于医药、农药领域。大量研究表明该类化合物具有较好的生物活性，包括杀虫、杀菌、除草、抗病毒以及抗癌活性等。已报道的农药品种中有 60 余个都含有嘧啶结构，其中一半以上在嘧啶环上都含有氨基或取代氨基基团，这其中磺酰脲类除草剂自不必说，杀菌剂中也有多个品种，包括二甲嘧酚、乙嘧酚、乙嘧酚磺酸酯、嘧菌胺、嘧菌环胺和嘧霉胺等。

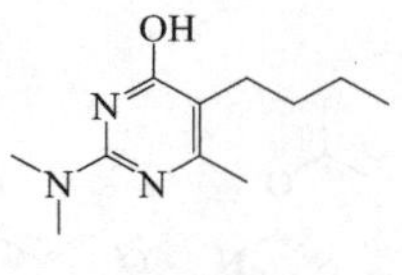

二甲嘧酚 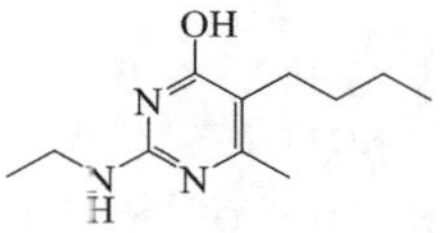　　乙嘧酚 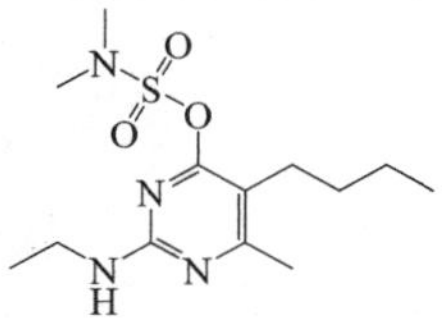　　乙嘧酚磺酸酯

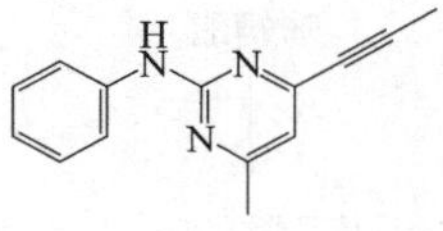

嘧菌胺 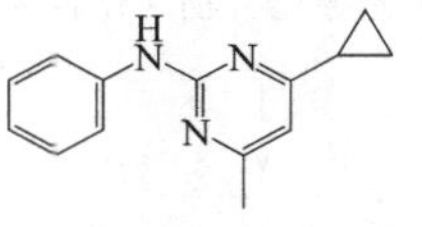　　嘧菌环胺 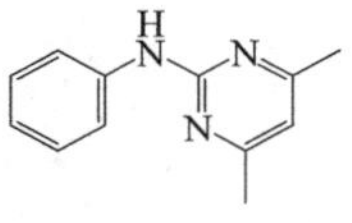　　嘧霉胺

在前期工作中，以β-酮酸酯为起始原料合成了很多含羟基的五元或六元杂环如吡唑、异噁唑、香豆素、嘧啶等中间体，并利用这些中间体，通过中间体衍生化法合成了多种类型的新化合物，包括成功开发的杀菌剂唑菌酯、丁香菌酯等[1, 2]。β-酮酸酯还可以和胍反应合成嘧啶环，如乙酰乙酸乙酯和苯胍缩合生成 2-苯氨基嘧啶-4-酚，其在结构上与嘧霉胺等杀菌剂较为相似，不同的是它带有一个酚羟基，容易进一步反应衍生。因此，用该嘧啶酚中间体替换甲氧基丙烯酸酯类杀菌剂的 Q 部分，合成了化合物 **1**，化合物 **1** 与预料的一样具有一定的杀菌活性，但意料之外的是它还表现出较好的杀螨活性，由于当时 strobilurin 类杀菌剂已有很多个品种上市，而该类杀螨剂只有嘧螨酯（fluacrypyrim）一个，因此化合物 **1** 引起了关注，并被选为杀螨先导化合物（第一个先导化合物）进行结构优化，优化的策略及发现嘧螨胺的总体过程如图 6-3 所示[3-5]。

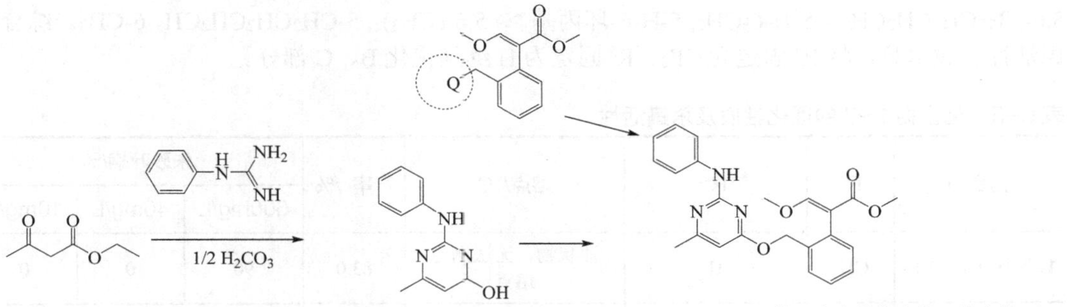

1/2 H_2CO_3

第一个先导化合物（化合物 **1**）

图 6-3

嘧螨胺（SYP-11277）　　第二个先导化合物（化合物 7）

图 6-3　嘧螨胺的发现过程

（1）第一个先导化合物（化合物 1）的结构优化　为了发现活性更好的化合物，并根据先导化合物 **1** 的结构特点，选择对母体结构的 A、B、C 三部分进行结构修饰（图 6-4）。

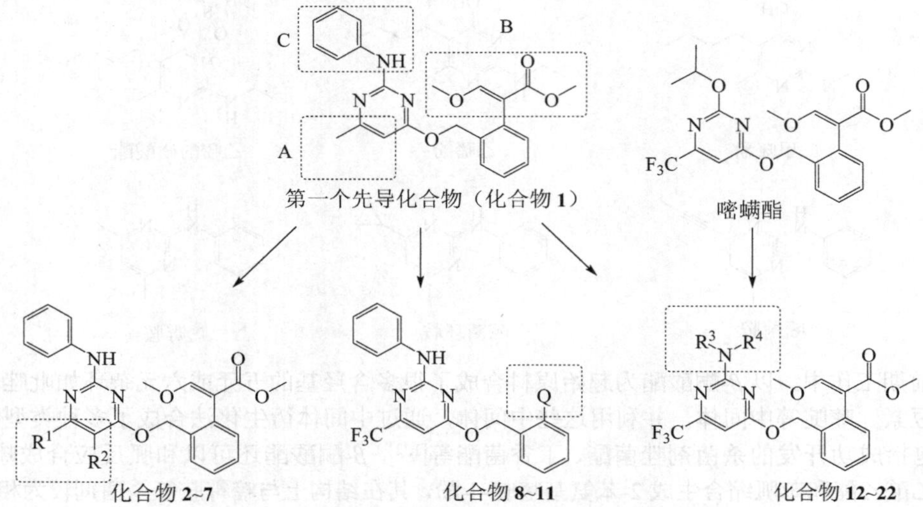

图 6-4　第一个先导化合物的结构优化

① A 部分的优化。首先对嘧啶环上 R^1、R^2 展开了优化，合成了化合物 **2**～**7**（表 6-5），并对这些化合物进行了杀螨活性测试。由表 6-5 中数据得出，当保持 R^1 为 CH_3，将 R^2 位置的 H 替换为 CH_3、正丁基时，活性消失；当 R^1 位置的 CH_3 替换为 CF_3，或 R^1、R^2 形成五元、六元环时，杀螨活性有明显提高。A 部分 R^1、R^2 取代基的活性顺序为，5-H-6-CF_3＞5,6-$CH_2CH_2CH_2$＞5,6-$CH_2CH_2CH_2CH_2$＞5-H-6-CH_3, 5-H-6-环丙基≫5,6-$(CH_3)_2$, 5-$CH_2CH_2CH_2CH_3$-6-CH_3。综合考虑活性、成本等，将 R^1 固定为 CF_3、R^2 固定为 H 继续优化 B、C 部分。

表 6-5　化合物 1～7 的理化性质及杀螨活性

化合物	R^1	R^2	熔点/°C	产率 /%	朱砂叶螨/%		
					600mg/L	40mg/L	10mg/L
1(先导化合物 1)	CH_3	H	油状物，无法测定熔点	83.0	90	0	0
2	CH_3	CH_3	136～138	82.7	0	0	0
3	CH_3	$CH_2CH_2CH_2CH_3$	85～88	84.8	0	0	0

续表

化合物	R^1	R^2	熔点/°C	产率 /%	朱砂叶螨/%		
					600mg/L	40mg/L	10mg/L
4	环丙基	H	54～56	83.6	90	0	0
5	$CH_2CH_2CH_2$		161～163	67.4	100	100	80
6	$CH_2CH_2CH_2CH_2$		136～138	73.2	100	85	50
7	CF_3	H	106～107	76.4	100	100	85
嘧螨酯					100	100	95

② B 部分的优化。对 B 部分 Q 进行了结构修饰，引入一系列 strobilurin 亚结构对 Q 进行替换，合成了化合物 **8～11**。杀螨活性测试结果表明（表 6-6）化合物 **8～11** 的杀螨活性都远不如化合物 **7**。B 部分的活性趋势为：

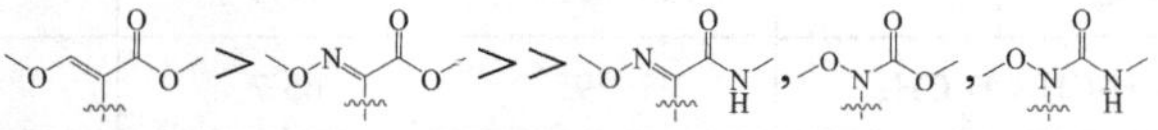

O O > O N O O >> O N O N H , O N O O , O N O N H

由此确定 B 部分仍为甲氧基丙烯酸甲酯结构为最优。

表 6-6　化合物 8～11 的理化性质及杀螨活性

化合物	熔点/℃	产率/%	朱砂叶螨/%		
			600mg/L	40mg/L	10mg/L
7（先导化合物 2）	106～107	76.4	100	100	85
8	124～126	65.2	100	0	0
9	118～120	67.4	0	0	0
10	油状物，无法测定熔点	69.8	0	0	0
11	117～119	70.2	0	0	0
嘧螨酯			100	100	95

③ C 部分的优化。最后对 C 部分进行结构优化，参照嘧螨酯的结构特点，并根据生物等排原理，将一系列烷基胺引入替换苯胺，合成了化合物 **12～22**。从这些化合物的活性（表 6-7）可以看出，当 NR^3R^4 为环己胺时，化合物 **18** 杀螨活性较好（10mg/L 浓度防效达 70%），但仍低于苯胺结构的化合物 **7**。C 部分的活性顺序为：HN— > HN— >NHCH$(CH_3)_2$> HN Cl > HN >N$(C_2H_5)_2$, N O >>$NHCH_3$, NHC_2H_5, N$(CH_3)_2$, HN—, N 。

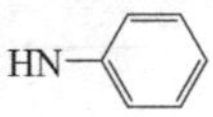

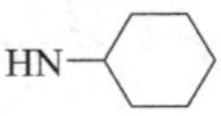

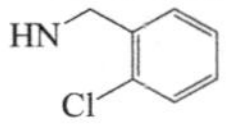

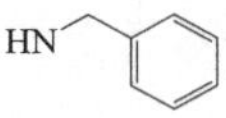

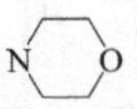

综上，初步推测当 NR^3R^4 为芳香胺时，对提高杀螨活性有效，因此选定化合物 **7** 作为新的先导化合物（第二个先导化合物）进行结构优化。

表 6-7　化合物 12～22 的理化性质及杀螨活性

化合物	R^3	R^4	熔点/℃	产率/%	朱砂叶螨/%	
					40mg/L	10mg/L
12	$CH(CH_3)_2$	H	oil	68.3	95	64
13	CH_3	H	oil	72.7	0	0

续表

化合物	R^3	R^4	熔点/℃	产率/%	朱砂叶螨/%	
					40mg/L	10mg/L
14	C_2H_5	H	oil	73.9	0	0
15	环丙基	H	94～96	70.7	0	0
16	CH_3	CH_3	86～88	72.5	0	0
17	C_2H_5	C_2H_5	84～85	73.1	65	21
18	环己基	H	136～137	68.3	100	70
19	苄基	H	122～124	69.1	65	28
20	2-氯苄基	H	133～135	74.4	81	32
21	$CH_2CH_2CH_2CH_2CH_2$		93～95	65.7	0	0
22	$CH_2CH_2OCH_2CH_2$		142～144	71.9	70	0
嘧螨酯					100	95

注：oil 指化合物为油状物，无法测定熔点。余同。

（2）第二个先导化合物（化合物 **7**）的结构优化　根据前面得到的结构与活性关系，A 和 B 部分的最优结构已确定，因此对第二个先导化合物（化合物 **7**）的结构优化主要是对苯环结构进行修饰，不仅引入各种（吸、供电子）单取代基团，还合成了一些二取代、三取代基团化合物，即化合物 **23～43**（图 6-5）。生物活性（表 6-8）表明：单取代基团化合物，在 10mg/L 剂量下表现了较差的杀螨活性，而部分二取代化合物在 10mg/L 剂量下的杀螨活性为 100%。苯环上取代基的活性顺序为：2,4-Cl_2＞2,3-Cl_2，2,4-Cl_2-3-CH_3，2,3,4-Cl_3＞2,4-$(CH_3)_2$＞2,5-Cl_2，3,4-$(CH_3)_2$，3-CH_3＞2-CH_3，3,4-Cl_2≫4-Cl，4-CF_3，4-OCH_3，4-CH_3，2,5-$(CH_3)_2$，2,6-Cl_2，3,5-Cl_2，2,4,5-Cl_3, 2-CH_3-3-Cl, 2-CH_3-4-Cl。活性最好的化合物 **33**（即嘧螨胺）在 1.25mg/L 剂量下杀螨活性仍达 90%以上，而且表现了很好的杀卵活性。

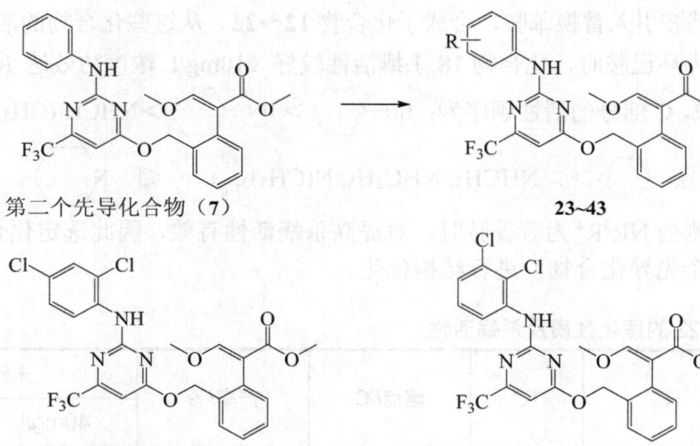

第二个先导化合物（**7**）　**23~43**

嘧螨胺（**33**）　**32**

图 6-5　第二个先导化合物（化合物 7）的结构优化

表6-8　化合物**23**～**43**的理化性质及杀螨活性

化合物	R	熔点/℃	产率/%	朱砂叶螨/%				
				40mg/L	10mg/L	5mg/L	2.5mg/L	1.25mg/L
23	4-Cl	oil	59.1	0	0	/	/	/
24	4-CF_3	149～151	74.3	0	0	/	/	/
25	4-OCH_3	137～139	65.6	0	0	/	/	/
26	4-CH_3	140～142	68.2	0	0	/	/	/
27	3-CH_3	98～100	61.5	90	20	/	/	/
28	2-CH_3	118～120	69.2	100	0	/	/	/
29	2,4-$(CH_3)_2$	126～127	70.9	100	76	/	/	/
30	2,5-$(CH_3)_2$	oil	72.5	0	0	/	/	/
31	3,4-$(CH_3)_2$	142～144	73.9	97	20	/	/	/
32	2,3-Cl_2	134～136	67.4	100	100	99	95	75
33（嘧螨胺）	2,4-Cl_2	120～121	69.7	100	100	100	98	90
34	2,5-Cl_2	115～117	67.2	100	20	/	/	/
35	2,6-Cl_2	184～186	68.9	0	0	/	/	/
36	3,4-Cl_2	188～190	68.9	73	0	/	/	/
37	3,5-Cl_2	145～147	70.4	0	0	/	/	/
39	2,3,4-Cl_3	140～142	70.2	100	100	100	98	75
40	2,4,5-Cl_3	oil	67.3	0	0	/	/	/
41	2,4-Cl_2-3-CH_3	115～117	70.5	100	100	100	92	79
42	2-CH_3-3-Cl	136～139	73.8	0	0	/	/	/
43	2-CH_3-4-Cl	138～140	70.2	0	0	/	/	/
嘧螨酯				100	95	94	65	30

（3）寻找最优结构的深入优化　虽然已发现了具有良好活性的化合物 **33**（嘧螨胺），但是为了进一步寻找最优结构，仍然进行了后续优化工作（图 6-6）。由于氟原子特有的理化性质，在农药、医药领域发挥了巨大的作用，往往氟原子的引入可以大大提高生物活性。鉴于此，进一步引入氟原子，合成化合物 **44**～**46**，并发现 **45**、**46** 均具有优异的杀螨活性，其中 **46** 在 0.625mg/L 剂量下杀螨活性达到 90%以上，明显优于嘧螨胺（表 6-9）。但综合考虑活性和成本等因素，最终确定嘧螨胺（化合物 **33**）为最优化合物进行产业化开发。

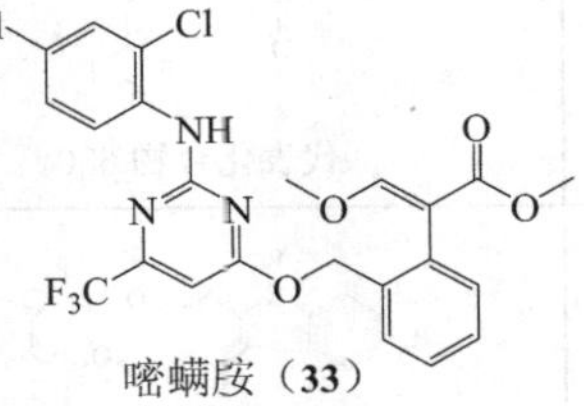

嘧螨胺（**33**）

图6-6

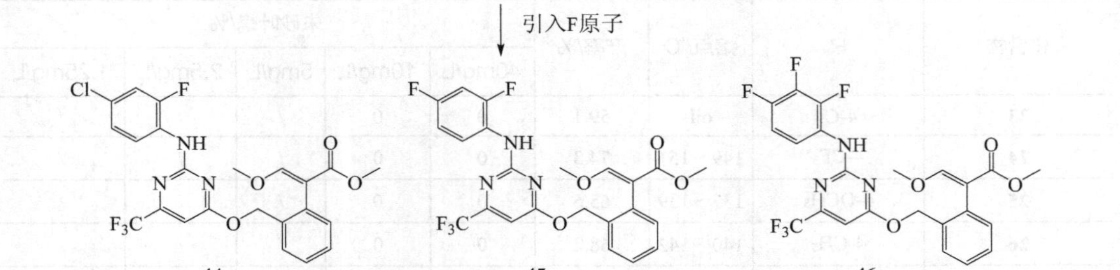

引入F原子

44　45　46

图 6-6　发现嘧螨胺后的深入优化

表 6-9　化合物 **44**～**46** 的杀螨活性

化合物	朱砂叶螨/%					
	40mg/L	10mg/L	5mg/L	2.5mg/L	1.25mg/L	0.625mg/L
33	100	100	100	98	90	88
44	100	100	98	92	86	/
45	100	100	100	100	98	77
46	100	100	100	100	100	91

6.1.3.2　知识产权分析

该品种属于他人专利范围外的化合物，活性显著优于同类品种嘧螨酯，也属于该研发团队自已专利范围内的选择性发明。

（1）新颖性　分析见表 6-10。

表 6-10　该专利与已有技术对比表

该专利	母专利：CN101311170A (沈阳化工研究院，申请日：2007-05-25；公开日：2008-11-26)：WO2008145052 A1	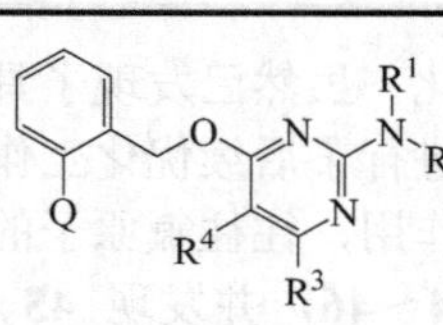 通式 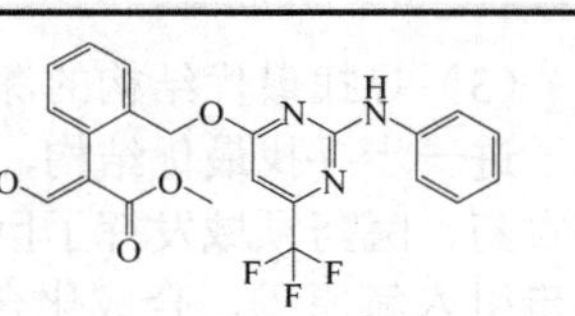　代表化合物 **20** 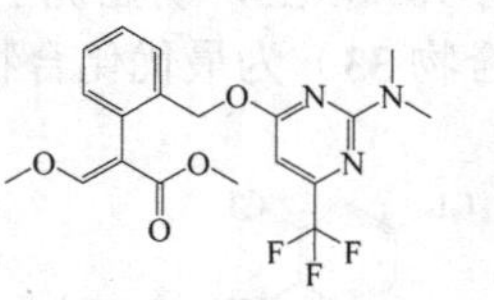 代表化合物 680 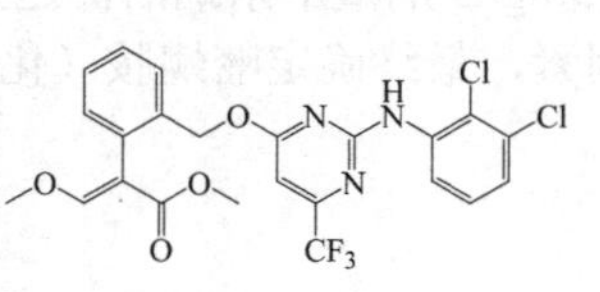　代表化合物 694
	后续选择性发明：CN101906075A(沈阳化工研究院有限公司，申请日：2009-06-05；公开日：2010-12-08)	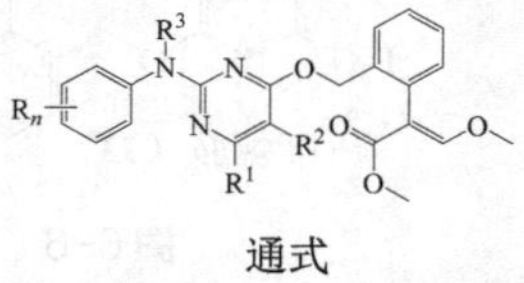 通式 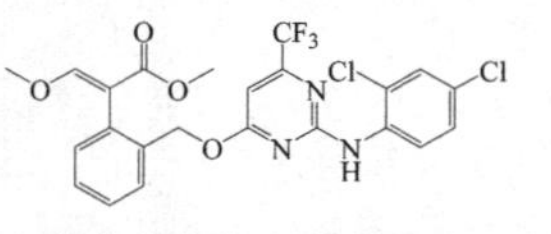　代表化合物 **9**(嘧螨胺)

续表

接近的现有技术与同类商品化/开发中品种 US5935965A(BASF，申请日：1997-05-06； 公开日：1999-08-10) 同族专利：WO9616047A1	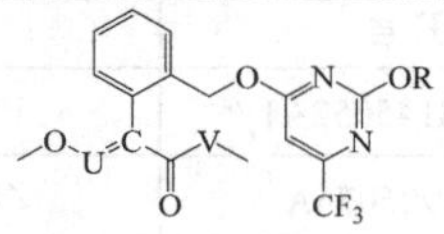 通式 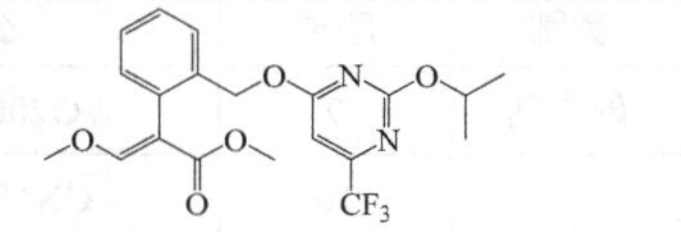　　代表化合物 I.03(嘧螨酯) 该专利化合物与 BASF 专利通式及代表化合物结构差异显著，且不在 BASF 专利范围内

（2）创造性　该专利 CN102395569A 说明书第 18～19 页记载，该发明测试化合物(编号 **9**，嘧螨胺)对朱砂叶螨成螨具有较高的致死率、对螨卵具有较高的抑制孵化活性，均明显优于专利 WO2008145052A 中的化合物 **20**(对照 A)、680(对照 B)和 694(对照 C)，且优于商品化嘧螨酯(表 6-11、表 6-12)。

表 6-11　对朱砂叶螨螨卵的孵化抑制率[4]

化合物	螨卵孵化抑制率/%		
	10mg/L	2.5mg/L	0.625mg/L
化合物 **9**(嘧螨胺)	100	100	20
对照 A	100	10	0
对照 C	100	10	0
嘧螨酯	95	10	0
螺螨酯	100	70	0

表 6-12　对朱砂叶螨成螨的致死率[4]

化合物	朱砂叶螨成螨的致死率/%					
	40mg/L	10mg/L	5mg/L	2.5mg/L	1.25mg/L	0.625mg/L
化合物 **9**(嘧螨胺)	100	100	100	98	90	88
对照 A	100	90	60	30	10	0
对照 B	0	0	—	—	—	—
嘧螨酯	100	100	95	65	30	0

注：“—”代表未测药效。

（3）核心化合物专利　嘧螨胺核心化合物专利与授权保护范围如表 6-13 所示。

表 6-13　原沈阳化工研究院申请的嘧螨胺核心化合物专利

类别	序号	公开号	专利号	法律状态
母专利	1	CN101311170A	ZL200710011434.1	授权有效
	2	AU2008255459A1	AU2008255459B2	授权有效
	3	CN101668748A	ZL200880013516.2	授权有效
	4	KR20100017902A	KR101138364B1	授权有效
	5	EP2149564A1	EP2149564B1	授权有效
	6	US2010113490A1	US8383640B2	授权有效
	7	JP2010528062A	JP5183735B2	授权有效
	8	BRPI0812303A2	BRPI0812303B1	授权有效

续表

类别	序号	公开号	专利号	法律状态
母专利	9	WO2008145052A1	PCT2008CN71042	
后续选择性发明	10	CN101906075A	ZL200910084967.1	授权有效
	11	BRPI1010756A2	BRPI1010756B1	授权有效
	12	EP2439199A1	EP2439199B1	授权有效
	13	US2012035190A1	US8609667B2	授权有效
	14	JP2012528803A	JP5416838B2	授权有效
	15	CN102395569A	ZL201080016379.5	授权有效
	16	WO2010139271A1	PCT2010CN73484	授权有效

授权保护范围(中国专利)

（一）母专利授权保护范围：

一种取代取代嘧啶醚类化合物，如通式Ⅰ所示：

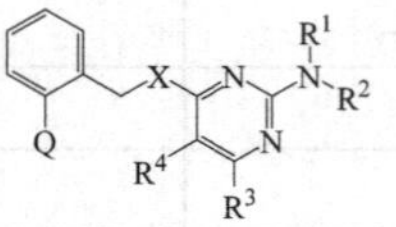

Ⅰ

式中：

R^1选自氢或C_1～C_4烷基；

R^2选自未取代的或被1～3个独立选自以下基团取代的苯基、苄基或吡啶基：卤素、硝基、氰基、C_1～C_3烷基、卤代C_1～C_3烷基、C_1～C_3烷氧基或卤代C_1～C_3烷氧基；

或者NR^1R^2组成吗啉、哌啶、吡咯或哌嗪环；

R^3、R^4可相同或不同，分别选自氢、氯、溴、硝基、氰基、C_1～C_4烷基、卤代C_1～C_4烷基、C_3～C_6环烷基、C_1～C_3烷氧基或卤代C_1～C_3烷氧基；

X选自O或S；

Q如下所示：

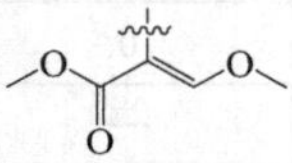

；

或其盐酸盐、磷酸盐、醋酸盐、苯磺酸盐或草酸盐

(二)后续选择性发明专利授权保护范围：

1．一种含取代苯胺基嘧啶基团的*E*-型苯基丙烯酸酯类化合物，如通式Ⅰ所示：

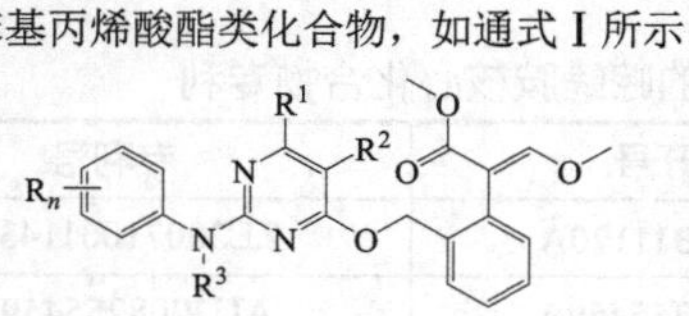

Ⅰ

式中：

R^1选自三氟甲基；

R^2选自氢；

R^3选自氢；

R_n选自2,4-二氟、2,4-二氯、2-氟-4-氯、2,3,4-三氟、2,3,4-三氯或2,4-二氯-3-甲基；

或其盐酸盐、磷酸盐、醋酸盐、苯磺酸盐或草酸盐

6.1.3.3 合成方法

本合成工艺以 2,4-二氯苯胺、单氰胺等为起始原料，经过成胍、环化、缩合三步反应得到产品嘧螨胺（图 6-7）。反应总收率≥60%，产品含量≥98%[4, 6-8]。

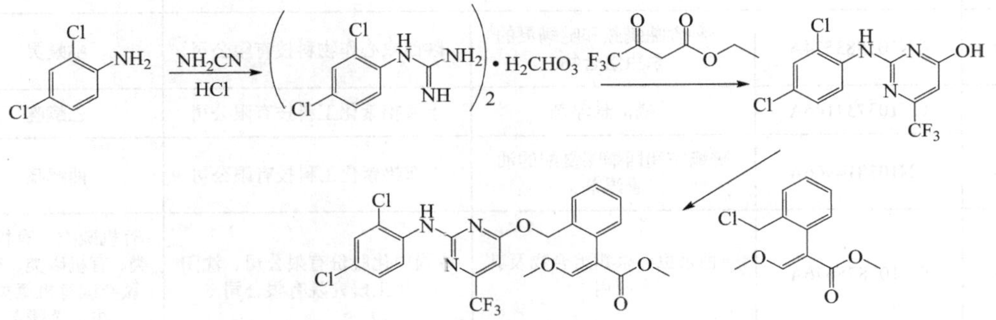

图 6-7 嘧螨胺的合成路线

6.1.3.4 组合物专利

嘧螨胺部分组合物专利见表 6-14。

表 6-14 嘧螨胺组合物专利

序号	公开号	发明名称	申请人	B 组分
1	CN103329914A	一种含嘧螨胺和联苯肼酯的杀螨组合物	陕西农心作物科技有限公司	联苯肼酯
2	CN103444725A	一种含嘧螨胺和四螨嗪的杀螨组合物	陕西农心作物科技有限公司	四螨嗪
3	CN103493831A	一种含嘧螨胺和季酮酸酯类杀虫剂的杀虫组合物	陕西农心作物科技有限公司	季酮酸酯类杀虫剂
4	CN103518729A	一种杀虫、杀螨组合物及其应用	中国中化股份有限公司、沈阳化工研究院有限公司	季酮酸类杀虫杀螨剂螺螨酯、螺甲螨酯、螺虫乙酯
5	CN103518754A	一种杀虫、杀螨组合物及其应用	中国中化股份有限公司、沈阳化工研究院有限公司	氨基甲酸酯类杀虫剂丁硫克百威、唑蚜威等
6	CN103518764A	一种杀螨组合物及其应用	中国中化股份有限公司、沈阳化工研究院有限公司	生长调节剂类杀螨剂四螨嗪、噻螨酮、乙螨唑
7	CN103548832A	一种含嘧螨胺和丁氟螨酯的杀螨组合物	陕西农心作物科技有限公司	丁氟螨酯
8	CN103548863A	一种含嘧螨胺和噻螨酮的杀虫组合物	陕西农心作物科技有限公司	噻螨酮
9	CN103548879A	一种含嘧螨胺的杀虫组合物	陕西农心作物科技有限公司	阿维菌素或米尔贝霉素
10	CN103563904A	一种含嘧螨胺和吡螨胺的杀螨组合物	陕西农心作物科技有限公司	吡螨胺

续表

序号	公开号	发明名称	申请人	B组分
11	CN103563968A	一种含嘧螨胺和有机锡类杀螨剂的杀螨组合物	陕西农心作物科技有限公司	有机锡类杀螨剂苯丁锡、三唑锡
12	CN103583524A	一种含嘧螨胺和哒螨灵的杀虫组合物	陕西农心作物科技有限公司	哒螨灵
13	CN103734146A	杀螨油悬浮剂	上海艳紫化工科技有限公司	乙螨唑
14	CN103814906A	嘧螨胺和四螨嗪复配的油悬浮剂	上海艳紫化工科技有限公司	四螨嗪
15	CN103875676A	一种杀虫、杀螨组合物及其应用	中国中化股份有限公司、沈阳化工研究院有限公司	有机硫类、有机锡类、有机磷类、有机氯类或有机氮类杀虫、杀螨剂

6.1.3.5 毒性学与安全评价

原药雌、雄大鼠急性经口 LD_{50}＞5000mg/kg。雌、雄大鼠急性经皮 LD_{50}＞2000mg/kg。对兔皮肤、眼睛无刺激作用。Ames 试验为阴性[8]。

6.1.3.6 应用效果

（1）室内活性

① 对朱砂叶螨不同生长阶段活性测定结果[9]。嘧螨胺对活动态螨具有较高的活性。对成螨的 LC_{50} 值为 2.15mg/L，防治效果明显优于对照药剂哒螨灵和炔螨特（LC_{50} 值分别为 11.43mg/L 和 13.71mg/L）；对若螨的 LC_{50} 值为 0.37mg/L，防治效果低于对照药剂阿维菌素（LC_{50} 值为 0.26mg/L）；对螨卵的 EC_{50} 值为 3.63mg/L。

② 横向传导活性测定结果[9]。嘧螨胺在植物体内横向传导活性也很弱，基本不能在叶片间移动，100mg/L 质量浓度下，处理后成螨死亡率为 5.00%。

③ 渗透作用测定结果[9]。嘧螨胺不具有渗透活性，100mg/L 质量浓度下，处理后成螨死亡率为 0%，防治效果低于对照药剂阿维菌素。

④ 温度对活性影响测定结果[9]。在一定温度范围内，嘧螨胺随着温度的升高其杀螨活性也随之显著提高，在 15、25、35℃温度条件下，LC_{50} 值分别为 3.05、2.15、0.81mg/L，因此判断嘧螨胺属正温度系数类型杀螨剂。

⑤ 持效性测定结果[9]。在施药 1、5、10、15d 后，螨死亡率分别为 100.00%、99.06%、79.63%、74.07%，处理后 15d，嘧螨胺仍具有一定的杀螨活性。

（2）田间应用效果　不同作物上、不同害螨的田间药效试验结果初步表明 15%嘧螨胺可溶液剂可以有效防治柑橘全爪螨、苹果叶螨、蔬菜（茄子）叶螨、棉叶螨、柑橘锈螨，能有效控制田间害螨种群的数量及害螨种群的增长速度，施用后 3～7 天可达到最大防效。在使用技术上，应根据田间害螨种群发生数量及环境变化情况，在害螨发生始盛期，田间害螨种群达到防治指标以后，及早喷雾防治，并保证喷雾质量，喷雾时，做到均匀周到，以期到达理想的防治效果。在柑橘、苹果等果树上使用，防治柑橘全爪螨、柑橘锈螨、苹果叶螨等，推荐剂量为 50～100mg/L；在棉花、蔬菜等作物上使用，防治棉叶螨、蔬菜（茄子）叶螨等，推荐剂量为 25～50mg/L，并应根据田间各种作物的种植密度和植株大小，适当增加用水量，以期达到理想的防治效果，推荐用水量为 50～70L/亩[10,11]。

参考文献

[1] 关爱莹，刘长令，李志念，等. 杀菌剂丁香菌酯的创制经纬. 农药, 2011, 50(2): 90-92.
[2] 李淼，刘长令，李志念，等. 杀菌剂唑菌酯的创制经纬. 农药, 2011, 50(3): 173-174.
[3] 刘长令，柴宝山，张弘，等. 取代嘧啶醚类化合物及其应用. WO 2008145052, 2008-12-04.
[4] 刘长令，李慧超，张弘，等. 含取代苯胺基嘧啶基团的 *E*-型苯基丙烯酸酯类化合物及其应用. CN102395569A, 2012-03-28.
[5] Chai B S, Liu C L, Li H C, et al. The discovery of SYP-10913 and SYP-11277: novel strobilurin acaricides. Pest Manag Sci, 2011, 67: 1141.
[6] 周银平，吴公信，刘长令，等. 一种制备 2-(2,4-二氯苯胺基)-6-三氟甲基嘧啶酚的方法. CN103387546A, 2013-11-13.
[7] 吴公信，周银平，刘长令，等. 一种制备嘧螨胺的方法. CN103387547A, 2013-11-13.
[8] 刘长令，杨吉春. 现代农药手册. 北京：化学工业出版社, 2017: 752-753.
[9] 孙学涛，刘君丽，宋玉泉，等. 新化合物 SYP-11277 杀螨活性及作用特性. 农药, 2011, 50(3): 175-177.
[10] 刘长令，关爱莹，谢勇. 中间体衍生化法与新农药创制. 北京：化学工业出版社, 2019: 185.
[11] 田慧霞，李鸿筠，冉春. 嘧螨胺 15%可溶液剂防治柑橘全爪螨药效试验研究. 农药科学与管理, 2013, 34(6): 58-60.

6.1.4 乙唑螨腈的创制

N N CN O O

化合物专利名称：吡唑基丙烯腈类化合物及其应用

中国专利号：ZL200910083205.X；申请日：2009-04-29；授权日：2012-01-18

专利发明人：李斌，程岩，张弘，王立增，罗艳梅，吴鸿飞，于海波

申请人：中国中化股份有限公司，沈阳化工研究院有限公司

该发明以腈吡螨酯为先导，在保留羟基丙烯腈药效团的基础上，基于生物等排的原则，对其芳基部分进行了系统的改造和修饰，发明了杀螨剂乙唑螨腈，英文通用名 cyetpyrafen，获得中国、美国、日本、欧洲和巴西等地发明专利。乙唑螨腈由沈阳科创化学品有限公司开发，于 2015 年获准新农药临时登记(LS20150347)，2018 年获准正式登记(PD20181623)，已在全国范围内推广销售，主要用于防治果树、蔬菜、花卉、棉花等作物上的重要害螨，它是中国第一个、世界上第二个商品化的丙烯腈类杀螨剂。

6.1.4.1 创制过程

随着环境及食品安全要求的日益提高，以及杀螨剂的抗性问题，一些老的杀螨剂逐渐退出市场，市场上迫切需要作用机制新颖、高效安全的新型杀螨剂。2000 年前后，日产化学、曹达、石原产业等农药公司在大约 5 年的时间里先后公开了几十件丙烯腈类化合物专利。腈吡螨酯(cyenopyrafen)是由日产化学公司开发的一种新型丙烯腈类杀螨剂，2009 年日产化学公司将其商品化，目前已在日本、韩国、哥伦比亚登记，用于防治叶螨。其结构新颖，作用机制独特，叔丁酯水解后对线粒体呼吸链复合体Ⅱ表现出优异的抑制作用，并对非靶标生物如蜜蜂等安全[1-3]。基于腈吡螨酯的上述优异特性，它可用于害螨的综合治理(IPM)[4]。2000 年以来，日产公司以杀虫剂蛾蝇腈为先导化合物，在保留羟基丙烯腈骨架的基础上，对芳基部分进行了结构修饰，发现了杀螨剂腈吡螨酯和高杀虫活性化合物 NC-510。可见羟基丙烯腈骨架是保持杀螨、杀虫活性的重要药效基团。2007 年开始沈阳中化农药化工研发有限公司以腈吡螨酯为先导化合物，在保留羟基丙烯腈药效团的基础上，基于生物等排的原则，对其结构中的吡唑环和羟基部分进行结构修饰。经过多轮的“设计—合成—筛选—结构活性关系研究”，于 2008 年发现了具有高杀螨活

性的化合物 SYP-9625(中文通用名：乙唑螨腈。30%悬浮剂商品名：宝卓)[5, 6]。

6.1.4.2 知识产权分析

该品种为选择性发明，在日产化学专利(CN101817784A，申请日：1997-04-24；到期日：2017-04-24)保护范围内，同时在日产化学(JP2003201280A，申请日：2002-10-23；公开日：2003-07-18)和江苏省农药所(江苏省农药所，申请日：2008-09-28；公开日：2009-02-18)两件专利公开范围内。

（1）新颖性　分析见表 6-15。

表 6-15　该专利与已有技术对比表

该专利： CN101875633A(原沈阳化工研究院有限公司，申请日：2009-04-29；公开日：2010-11-03)	通式　代表化合物乙唑螨腈(化合物 5.1)
接近的已有技术与同类商品化/开发中品种	化合物 **28**　化合物 **29** CN101817784A(CN1216530A 的分案)(日产化学，申请日：1997-04-24；公开日：2010-09-01)乙唑螨腈在其专利授权保护范围内
	cyenopyrafen JP2003201280A(日产化学，申请日：2001-10-24；公开日：2003-07-18)代表化合物 cyenopyrafen(列表化合物 30，腈吡螨酯)，具有一定的杀虫、杀螨活性
	CN101367784 A(江苏省农药所，申请日：2008-09-28；公开日：2009-02-18)列表化合物 24(中)、列表化合物 12(右)，具有一定的杀虫、杀螨活性；乙唑螨腈均在其专利公开权利要求范围内，但不在其授权权利要求范围内

（2）创造性　该专利 CN102395566A 说明书记载，该发明测试化合物(乙唑螨腈)对朱砂叶螨成螨在 1.25mg/L 致死率达 98%，而 KC1(cyenopyrafen)仅为 30%，KC3(CN101367784B 中化合物 24)甚至在 10mg/L 剂量下致死率仅为 5%；该发明测试化合物在 0.16mg/L 剂量下，对朱砂叶螨若螨致死率为 94%，而 KC1 仅为 20%；对朱砂叶螨螨卵杀卵活性比较测试，该发明测试化合物在 5mg/L 和 2.5mg/L 剂量下致死率分别为 100%和 66%，而 KC1 分别为 84%和 7%[4,5]。

（3）核心化合物专利　乙唑螨腈核心化合物专利与授权保护范围如表 6-16 所示。

表 6-16　原沈阳化工研究院申请的乙唑螨腈核心化合物专利

序号	公开号	专利号	法律状态
1	CN101875633A	ZL200910083205.X	授权有效
2	CN102395566A	ZL201080016377.6	授权有效
3	WO2010124617A1		
4	BRPI1011970A2	BRPI1011970B1	授权有效
5	US2012035236A1	US8455532B2	授权有效
6	JP2012525340A	JP5524328B2	授权有效
7	EP2426110A1	EP2426110B1	授权有效
授权保护范围(中国专利)			
一种吡唑基丙烯腈类化合物，如通式 I 所示： 式中： R^1 选自 C_1～C_5 烷基羰基、C_3～C_8 环烷基羰基或 C_1～C_5 烷氧基羰基； R^2 选自 Cl 或甲基； R^3 选自 H、甲基或卤素； 或其立体异构体			

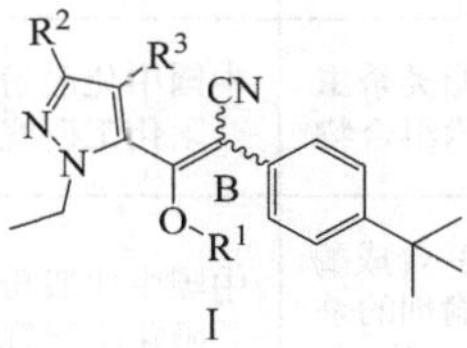

6.1.4.3　合成方法

如图 6-8 所示，乙唑螨腈以对叔丁基苯乙腈为起始原料，经缩合、酰化反应制得[7-9]。

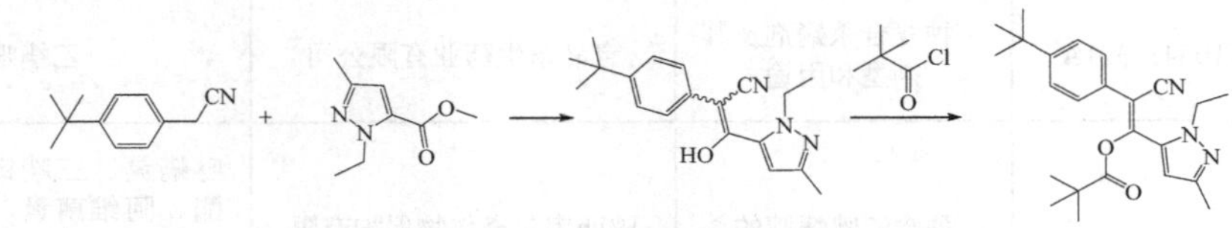

图 6-8　乙唑螨腈的合成路线

6.1.4.4　组合物专利

乙唑螨腈部分组合物专利见表 6-17。

表 6-17　乙唑螨腈组合物专利

序号	公开号	发明名称	申请人	B 组分
1	CN104663666A	一种含有线粒体电子传递抑制剂类杀螨剂的杀虫杀螨组合物	中国中化股份有限公司、沈阳化工研究院有限公司	线粒体电子传递抑制剂类杀虫(螨)剂哒螨酮、喹螨醚、唑螨酯、嘧螨醚、吡螨胺、鱼藤酮

续表

序号	公开号	发明名称	申请人	B 组分
2	CN104663670A	一种协同杀螨组合物	中国中化股份有限公司、沈阳化工研究院有限公司	SYP-10898
3	CN104663672A	一种含有螨虫生长抑制剂类杀螨剂的杀虫杀螨组合物	中国中化股份有限公司、沈阳化工研究院有限公司	螨虫生长抑制剂类杀螨剂四螨嗪、灭蝇胺、噻螨酮、乙螨唑
4	CN104663679A	一种含有大环内酯类杀虫剂的杀虫杀螨组合物	中国中化股份有限公司、沈阳化工研究院有限公司	大环内酯类杀虫/杀螨剂如阿维菌素、多杀菌素、依维菌素等
5	CN104663692A	一种含有昆虫生长调节剂类杀虫剂的杀虫杀螨组合物	中国中化股份有限公司、沈阳化工研究院有限公司	昆虫生长调节剂类杀虫/杀螨剂如氯虫酰胺、甲氧虫酰肼、双三氟虫脲、吡丙醚等
6	CN104663702A	一种含有菊酯类杀虫剂的杀虫杀螨组合物	中国中化股份有限公司、沈阳化工研究院有限公司	拟除虫菊酯类杀虫剂
7	CN104663704A	一种含有 ATP 合成酶抑制剂类杀螨剂的杀虫杀螨组合物	中国中化股份有限公司、沈阳化工研究院有限公司	炔螨特、三氯杀螨砜、丁醚脲、三唑锡等
8	CN105766923A	一种杀虫、螨组合物	沈阳中化农药化工研发有限公司	氟啶虫胺腈(sulfoxaflor)、氟虫吡喹(pyrifluquinazon)、环溴虫酰胺(cyclaniliprole)等
9	CN106035341A	含乙唑螨腈和螺螨酯的杀螨组合物	青岛润生农化有限公司	螺螨酯
10	CN106305727A	一种含有增效剂的杀虫杀螨组合物	沈阳中化农药化工研发有限公司	增效剂胡椒基丁醚、顺丁烯二酸二乙酯等
11	CN106417321A	一种复合杀螨剂及其剂型和用途	青岛东生药业有限公司	乙螨唑
12	CN106605654A	一种含乙唑螨腈的杀虫组合物	陕西韦尔奇作物保护有限公司	哒螨灵、三唑锡、联苯肼酯、阿维菌素、炔螨特、甲氰菊酯、吡螨胺、唑螨酯、灭螨醌、苄螨醚、腈吡螨酯
13	CN106605657A	一种含乙唑螨腈的杀虫农药组合物	陕西韦尔奇作物保护有限公司	噻螨酮、螺螨酯、四螨嗪、苯丁锡、乙螨唑、溴螨酯、氟螨嗪、丁氟螨酯、嘧螨酯、嘧螨胺
14	CN106614677A	一种含乙唑螨腈的杀虫农药组合物	陕西韦尔奇作物保护有限公司	阿维菌素、甲氰菊酯、氯虫苯甲酰胺、氟啶虫胺腈、吡蚜酮等

6.1.4.5 作用机理

乙唑螨腈属于非内吸性杀螨剂，主要通过触杀以及胃毒的作用杀死螨虫。根据乙唑螨腈与腈吡螨酯结构的相似性，推测乙唑螨腈也是通过代谢成羟基形式活化，这种羟基形式在呼吸电子传递链上通过扰乱复合物Ⅱ（琥珀酸脱氢酶）达到抑制线粒体的效能，从而产生药性[10]。

6.1.4.6 毒理学与安全评价

乙唑螨腈属于低毒化合物，雌、雄大鼠急性经口 LD_{50} 值＞5000mg/kg，急性经皮 LD_{50} 值＞2000mg/kg。对家兔眼睛、皮肤均无刺激性，豚鼠皮肤变态反应试验为阴性，Ames 试验、小鼠骨髓细胞微核试验、小鼠睾丸细胞染色体畸变试验均为阴性。对蜜蜂、鸟、鱼、蚕低毒[4]。

6.1.4.7 登记情况

目前国内登记乙唑螨腈系列产品 3 个，商品名宝卓(30%乙唑螨腈悬浮剂)，具体登记信息如表 6-18。

表 6-18 乙唑螨腈相关登记产品信息表

登记证号	农药名称	剂型	总含量	登记作物	防治对象	用药量(制剂量)	施用方法	登记证持有人
PD20210868	螺螨酯·乙唑螨腈	悬浮剂	30%	柑橘树	红蜘蛛	2000～4000 倍液	喷雾	江苏优嘉植物保护有限公司
PD20181622	乙唑螨腈	悬浮剂	30%	柑橘树	红蜘蛛	3000～6000 倍液	喷雾	沈阳科创化学品有限公司
				棉花	叶螨	5～10mL/亩	喷雾	
				苹果树	叶螨	3000～6000 倍液	喷雾	
PD20181623	乙唑螨腈	原药	98%	—	—	—	—	沈阳科创化学品有限公司

6.1.4.8 应用效果

乙唑螨腈对朱砂叶螨的各发育阶段均具有较高的活性，活性大小依次为幼螨＞若螨前期＞若螨后期＞成螨＞卵；乙唑螨腈对朱砂叶螨成螨具有较高的生物活性，LC_{50} 值为 0.22mg/L，优于对照药剂腈吡螨酯（LC_{50} 值为 0.41mg/L），显著优于螺螨酯（LC_{50} 值为 12.52mg/L）。乙唑螨腈对朱砂叶螨卵具有较高的生物活性，LC_{50} 值为 1.16mg/L，略低于对照药剂腈吡螨酯（LC_{50} 值为 0.76mg/L），优于螺螨酯（LC_{50} 值为 4.87mg/L）。乙唑螨腈对幼、若螨具有非常高的活性，对幼螨、若螨前期和若螨后期的 LC_{50} 值分别为 0.09、0.12、0.15mg/L，均明显高于对照药剂螺螨酯（LC_{50} 值分别为 0.54、5.27、0.41mg/L）。速效性显著优于联苯肼酯和螺螨酯。乙唑螨腈对温度不敏感，表现负温度系数特性[11]。

田间试验结果表明：乙唑螨腈具有良好的速效性和持效性，且杀螨谱广，对果蔬、棉花上的朱砂叶螨、二斑叶螨、苹果全爪螨、柑橘全爪螨、柑橘锈壁虱等多种植食性害螨均具有较高防效[12,13]。

参考文献

[1] Ogura T, Murakami H, Numata A, et al. Preparation of ethylene derivatives as pest controlling agents. WO9740009, 1997-10-30.

[2] Murakami H, Masuzawa S, Takii S, et al. Preparation of phenyl and heterocyclyl substituted acrylonitriles as insecticides, acaricides,

nematocides, and marine antifouling agents. JP 2003201280, 2003-07-18.
[3] Nakahira K. Strategy for discovery of a novel miticide cyenopyrafen which is one of electron transport chain inhibitors. J Pesti Sci, 2011, 36(4): 511-515.
[4] 李斌，于海波，罗艳梅，等. 乙唑螨腈的合成及其杀螨活性. 现代农药, 2016, 15(6): 15, 16, 20.
[5] Yu H B, Cheng Y, Xu M, et al. Synthesis, acaricidal activity, and structure-activity relationships of pyrazolyl acrylonitrile derivatives. J Agric Food Chem, 2016, 64: 9586-9591.
[6] 李斌，于海波，张弘，等. 吡唑基丙烯腈类化合物及其应用. CN102395566A, 2012-03-28.
[7] 武恩明，于春睿，于福强，等. 杀螨剂乙唑螨腈的合成. 农药, 2017, 56(8): 559-560.
[8] 于海波，李斌，许曼，等. (Z)-3-酰氧基-3-(1-乙基吡唑基)丙烯腈类化合物的制备方法. CN102898373A, 2013-1-30.
[9] 于春睿，薛有仁，武恩明，等. 一种吡唑基丙烯腈类化合物的制备方法. CN105801484A, 2016-07-27.
[10] 刘长令，杨吉春. 现代农药手册. 北京：化学工业出版社, 2017: 570-571.
[11] 宋玉泉，冯聪，刘少武，等. 新型杀螨剂乙唑螨腈的生物活性与应用. 农药, 2017, 56(9): 628-631.
[12] 刘少武，宋玉泉，张俊龙，等. 30%乙唑螨腈悬浮剂防治不同害螨田间药效试验. 现代农药, 2018, 17(3): 18-21.
[13] 宫亚军，陈金翠，姜傢耀，等. 新型杀螨剂乙唑螨腈对二斑叶螨的毒力及田间防效. 农药, 2017, 56(8): 561-563.

6.1.5 螺螨双酯的创制

Cl Cl O O O O O

化合物专利名称：一种新型螺螨酯类化合物及其制法与用途

中国专利号：ZL201110002988.1；申请日：2011-01-07；授权日：2012-02-01

专利发明人：许良忠，尹瑞锋，冯显国

申请人：青岛科技大学

当前专利权人：浙江宇龙药业有限公司

螺螨双酯（spirobudifen）是青岛科技大学许良忠教授创制的季酮酸酯类杀螨剂，与杭州宇龙联合开发，在杭州宇龙实现了产业化，并于2019年在中国首获登记、上市，产品为螺螨双酯95%原药（登记号：PD20190038）和24%螺螨双酯悬浮剂（登记号：PD20190039），防治范围为柑橘树上的红蜘蛛。

6.1.5.1 创制过程

螺螨双酯是在螺螨酯基础上替换酯基部分得到的。

6.1.5.2 知识产权分析

该发明化合物类似结构在[Bullteín of the Korean Chemical Society, 2010, 31(8)：2315-2321]中公开，尤其是其中有化合物在酯基部分为乙基，与该发明化合物极为类似，但文中并未公开该发明授权所涉及化合物。该发明在2012年获得专利授权（表6-19）。

表6-19 青岛科技大学申请的螺螨双酯核心化合物专利

序号	公开号	专利号	法律状态
1	CN102060818A	ZL201110002988.1	授权有效
授权保护范围（中国专利）			

一种新型螺螨酯类化合物，具有以下化学结构式：

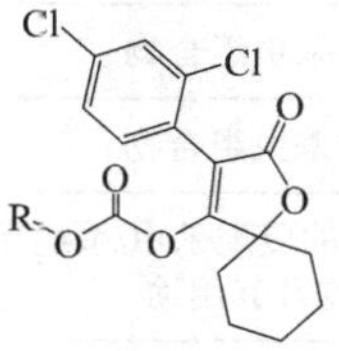

式中，R 为 $CH_2CH_2CH_2CH_3$

6.1.5.3 合成方法

螺螨双酯是在螺螨酯关键中间体基础上与氯甲酸正丁酯缩合而来，具体如图 6-9 所示。

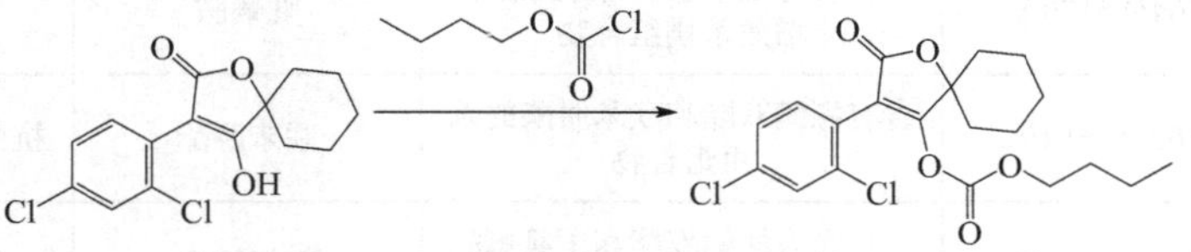

图 6-9 螺螨双酯合成路线

6.1.5.4 组合物专利

螺螨双酯部分组合物专利见表 6-20。

表 6-20 螺螨双酯组合物专利

序号	公开号	发明名称	申请人	B 组分
1	CN116267972A	一种含螺螨双酯的杀螨组合物及其应用	pyflubumide	江西海阔利斯生物科技有限公司
2	CN115104616A	一种含 acynonapyr 和螺螨双酯的杀螨剂	acynonapyr	陕西康禾立丰生物科技药业有限公司
3	CN113367136A	一种含螺螨双酯与四螨嗪的杀螨组合物	四螨嗪	青岛恒宁生物科技有限公司
4	HK1225914B	包含螺螨双酯和丁醚脲的杀虫组合物	丁醚脲	龙灯农业化工国际有限公司
5	CN109845742A	一种含 afidopyropen 和螺螨双酯的杀虫组合物	afidopyropen	佛山市盈辉作物科学有限公司
6	CN109832280A	一种杀虫组合物	乙唑螨腈	江苏龙灯化学有限公司
7	CN105557721B	一种杀虫组合物	哒螨灵	江苏龙灯化学有限公司
8	CN107517984A	一种杀虫组合物	依维菌素	江苏龙灯化学有限公司
9	CN104585179B	一种含有吡螨胺和螺螨双酯的增效杀螨组合物	吡螨胺	广东中迅农科股份有限公司
10	CN107318862A	一种杀虫组合物	米尔贝霉素	江苏龙灯化学有限公司
11	CN106818766A	一种含乙唑螨腈和螺螨双酯的农药组合物	乙唑螨腈	佛山市瑞生通科技有限公司

续表

序号	公开号	发明名称	申请人	B 组分
12	CN105594723A	一种杀虫组合物	丁醚脲	江苏龙灯化学有限公司
13	CN105557721A	一种杀虫组合物	哒螨灵	江苏龙灯化学有限公司
14	CN103783043B	含螺螨双酯的复配杀虫/杀螨组合物及其用途	双甲脒	浙江农林大学
15	CN103749521B	一种杀虫组合物	高效氯氟氰菊酯	江苏龙灯化学有限公司
16	CN103749525B	一种杀虫组合物	三唑磷	江苏龙灯化学有限公司
17	CN103355328B	含有螺螨双酯和乙螨唑的杀螨组合物	乙螨唑	杭州宇龙化工有限公司
18	CN104585179A	一种含有吡螨胺和螺螨双酯的增效杀螨组合物	吡螨胺	广东中迅农科股份有限公司
19	CN102763664B	含有螺螨双酯和联苯肼酯的杀虫组合物	联苯肼酯	杭州宇龙化工有限公司
20	CN102696642B	一种含有螺螨双酯和丁氟螨酯的杀螨组合物	丁氟螨酯	杭州宇龙化工有限公司
21	CN102511492A	一种含苯甲酰脲类的混配农药制剂	苯甲酰脲类杀虫剂如虱螨脲、氟铃脲、氟啶脲、氟虫脲或灭幼脲	南宁市德丰富化工有限责任公司
22	CN102511494A	一种含有机磷类的混配农药制剂	有机磷类杀虫剂如毒死蜱、丙溴磷、辛硫磷、哒嗪硫磷或乙酰甲胺磷中的一种	南宁市德丰富化工有限责任公司
23	CN102428950A	一种含拟除虫菊酯类的混配农药制剂	拟除虫菊酯类杀虫剂	南宁市德丰富化工有限责任公司
24	CN102396488A	一种含新烟碱类的混配农药制剂	新烟碱类杀虫剂如吡虫啉、啶虫脒、烯啶虫胺、噻虫嗪、噻虫胺或噻虫啉中的一种	南宁市德丰富化工有限责任公司

6.1.5.5 作用机理

其作用机制为抑制害螨体内脂肪合成、阻断能量代谢。

6.1.5.6 毒性情况

95%螺螨双酯原药对大鼠急性经口 LD_{50} 均＞5000mg/kg，急性经皮 LD_{50} 均＞2000mg/kg，急性吸入 LC_{50}＞2010mg/m^3；对兔皮肤无刺激性，对兔眼睛轻度刺激性；对豚鼠皮肤（致敏性）试验结果为弱致敏性；原药大鼠亚慢性毒性试验经口给药无可见不良作用水平（NOAEL）：雄性为 250mg/kg 饲料，雌性为 250mg/kg 饲料；4 项致突变试验：鼠伤寒沙门菌/回复突变试验、体外哺乳动物细胞基因突变试验、体外哺乳动物细胞染色体畸变试验、体内哺乳动物骨骼细胞微核试验结果均为阴性，未见致突变作用 [1]。

24%悬浮剂对大鼠急性经口 LD_{50} 均＞5000mg/kg，急性经皮 LD_{50} 均＞2000mg/kg；对兔皮

肤、兔眼睛无刺激性；豚鼠皮肤（致敏性）试验结果为弱致敏性。螺螨双酯原药和24%悬浮剂均为低毒杀虫剂[1]。

24%螺螨双酯悬浮剂对斑马鱼 LC_{50}(96h)=16.74442 (a.i.)mg/L，为低毒；鹌鹑 LD_{50}(7d)＞947.369 (a.i.)mg/kg 体重，为低毒；蜜蜂经口 LD_{50}(48h)＞124.55 (a.i.)μg/蜂，为低毒，接触 LD_{50}(48h)＞100 (a.i.)μg/蜂，为低毒；家蚕 LC_{50}(96h)=498.17909 (a.i.)mg/L，为低毒；赤眼蜂 LR_{50}(24h)=7.07×10^{-3} (a.i.)mg/cm^2；大型溞 EC_{50}(48h)＞0.010 (a.i.)mg/L，低毒；羊角月牙藻 EC_{50}(72h)＞0.045 (a.i.)mg/L，为高毒；对蚯蚓 LC_{50}(14d)＞100 (a.i.)mg/kg 干土，为低毒。对藻类高毒，使用时注意，禁止在河塘等水域中清洗施药器具[1]。

6.1.5.7 登记情况

目前国内登记螺螨双酯系列产品 2 个，具体登记信息如表 6-21。

表 6-21 螺螨双酯相关登记产品信息表

登记证号	农药名称	剂型	总含量	登记作物	防治对象	用药量(制剂量)	施用方法	登记证持有人
PD20190039	螺螨双酯	悬浮剂	24%	柑橘树	红蜘蛛	3600～4800倍液	喷雾	浙江宇龙药业有限公司
PD20190038	螺螨双酯	原药	95%	—	—	—	—	浙江宇龙生物科技股份有限公司

6.1.5.8 应用效果

螺螨双酯属于非内吸性杀螨剂，并对不同发育阶段的害螨均有较好防效，可在柑橘的各个生长期使用。通过触杀和胃毒作用防治卵、弱螨和雌成螨，与常规的杀螨剂无严重的交互抗性。螺螨双酯对全爪螨属、叶螨属、始叶螨属、瘿螨属等均有很好的防效，可用于柑橘、葡萄、茄子、辣椒等作物的螨害治理。螺螨双酯不仅具有螺螨酯持效期长的特性，其活性也高于螺螨酯。室内毒力测试显示，其杀卵效果突出，对朱砂叶螨卵的 LC_{50} 为 0.7μg/mL，而对照药剂螺螨酯的毒力为 4.4μg/mL[1-3]。

20%螺螨双酯悬浮剂，不论是单剂还是与其他药剂混用，其速效性和持效性均很好[4]。

24%螺螨双酯悬浮剂对田间柑橘红蜘蛛表现出优异的防效，在 5000 倍、4000 倍、3000 倍液条件下，24%螺螨双酯悬浮剂对柑橘红蜘蛛的防效皆高于同等稀释倍数的对照药剂 24%螺螨酯悬浮剂，且 24%螺螨双酯悬浮剂在速效性方面更有优势，随着螺螨酯抗性的增加，兼具速效性好和防效高优势的螺螨双酯具有良好的应用前景[2]。

参考文献

[1] 螺螨双酯. 中国农药科学与管理, 2020, 41(1): 54-55.

[2] 鞠光秀, 陈格新, 徐姗姗, 等. 24%螺螨双酯悬浮剂的研制. 青岛科技大学学报(自然科学版), 2017(01): 18-22.

[3] Mathieup, Soniad, Marielle B, et al. Discovery and optimization of an azetidine chemical series as a free fatty acid receptor 2 (FFA2) antagonist: from hit to clinic. Journal of Medicinal Chemistry. 2014(57): 10044-10057.

[4] 焦蕊, 李立涛, 于丽辰, 等. 三种杀螨剂及其复配对苹果全爪螨的田间防效. 北方园艺, 2017(04): 109-111.

6.1.6 氟螨双醚的创制

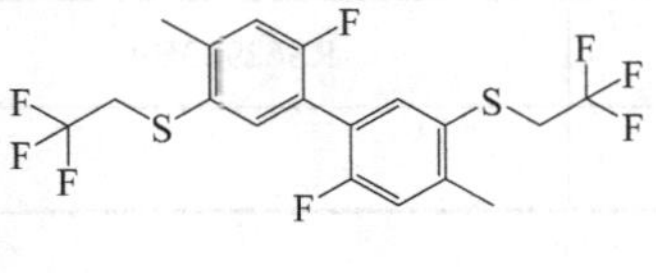

化合物专利名称：一种联苯类化合物及其应用

中国专利号：ZL201510696452.2；申请日：2015-10-23；授权日：2018-01-16

专利发明人：张立新，张静，班兰凤，李鹏，李轲轲，徐靖博

申请人：沈阳中化农药化工研发有限公司

氟螨双醚（bisulflufen）是沈阳中化农药化工研发有限公司创制的新型三氟乙硫醚类内吸性杀螨剂，目前正在由江苏扬农化工股份有限公司进行产业化开发。

氟螨双醚是在研究文献报道的传统三氟乙硫醚类化合物的过程中意外发现的结构新颖的化合物，与其他报道的三氟乙硫醚类化合物具有显著区别。其具有优异的杀螨活性，可用于防治各种螨害。室内在 5mg/L 时，对朱砂叶螨的致死率为 100%。2015～2018 年，开展室内活性研究、田间验证、室内深入研究（作用特性、作物安全性等）、田间小区试验、毒理研究。2019～2022 年，开展了抗性风险研究、混剂研究、工艺研究、制剂研究，启动产品登记、安全性评价。累计申请 32 件发明专利，其中，化合物专利已经获得中国、美国、日本、印度、巴西、哥伦比亚等国家授权（表 6-22）；工艺、制剂、组合物专利获得中国授权。正在开发中的混剂有氟螨双醚与乙唑螨腈混剂、氟螨双醚与乙螨唑混剂，以及氟螨双醚与阿维菌素的混剂产品，目前所有混剂组合均已申请组合物专利，并获得授权。通过专利布局，形成对氟螨双醚知识产权的较好保护。

表 6-22　氟螨双醚核心化合物专利

序号	公开号	专利号	法律状态
1	CN105541682A	ZL201510696452.2	授权有效
2	BRPI1808230A2		实质审查
3	BR112018008230A2		授权有效
4	CO2018003974A2		实质审查
5	DK3366672T3	DK3366672T3	授权有效
6	EP3366672A1	EP3366672B1	授权有效
7	ES2908451T9		授权有效
8	HRP20220483T1		授权有效
9	HUE058339T2		实质审查
10	IN201827009849A	IN392158A1	授权有效
11	JP2018536019A	JP6666450B2	授权有效
12	LT3366672T		授权有效
13	PL3366672T3		授权有效
14	PT3366672T		授权有效
15	RS62983B1	RS62983B9	授权有效
16	WO2017067500A1		

授权保护范围(中国专利)
一种联苯类化合物，化合物结构如通式 I 所示： 式中： R^1 与 R^2 各自独立地选自卤代 C_1～C_8 烷基、卤代 C_2～C_8 烯基、卤代 C_2～C_8 炔基或氰基卤代 C_1～C_8 烷基；m 与 n 各自独立地选自 0、1 或 2

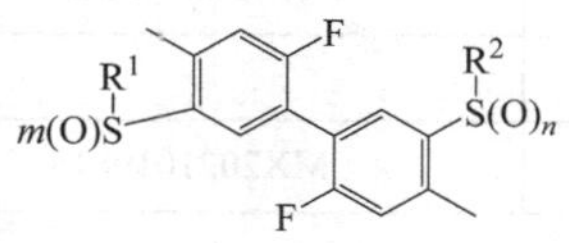

6.1.7 苯苄螨胺的创制

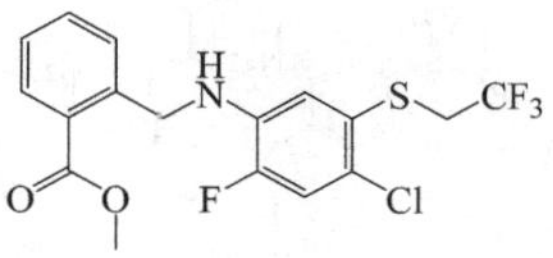

专利名称：一种含苄胺结构的芳基硫化物及其合成方法和应用

中国专利号：ZL202010796915.3；申请日：2020-08-10；授权日：2021-12-14

专利发明人：李宁，柳英帅，李先江，肖建，刘祥伟，刘瑞宾，盛国柱，冯睿杰，项效忠，崔迎蕊，陈瑜，王世玲

申请人：山东康乔生物科技有限公司

苯苄螨胺是康乔生物科技有限公司开发的第一个杀螨剂，于 2021 年 12 月 12 日取得全国农药标准化技术委员会通用名命名，并已启动商业化开发。苯苄螨胺作用机理独特，具有良好的胃毒和触杀活性，速效性高，对卵、幼若螨、成螨均具有优异的活性。田间应用可以高效防治柑橘全爪螨、朱砂叶螨和二斑叶螨等植食性害螨。

苯苄螨胺结构是在近年报道的具有杀螨活性的三氟乙硫醚结构（WO9955668A1、CN104995193A、CN105517995A、JP2015036377A、CN103664811B、US2017226107A、WO2018051252A、TW201127291A、CN108290886A、JP2011042611A、JP2011219419A、JP2015036377A）基础上创新性地引入了苄胺结构，与现有技术有显著区别，结构上具有新颖性。且专利中数据显示苯苄螨胺在 3.12mg/L 对朱砂叶螨致死率达到 100%。苯苄螨胺已经在国内外申请了 13 件专利，截至 2023 年底，中国、澳大利亚、日本、墨西哥等国专利已获得授权（表 6-23）。

表 6-23 山东康乔生物科技有限公司申请的苯苄螨胺核心化合物专利

序号	公开号	专利号	法律状态
1	CN111825585A	ZL202010796915.3	授权有效
2	AU2020356739A1	AU2020356739B2	授权有效
3	BRPI2119360A2		
4	CO2022004979A2		
5	DE112020001084T5		
6	EP4050000A1		
7	IN202147041251A		

续表

序号	公开号	专利号	法律状态
8	JP2022531823A	JP7303893B2	授权有效
9	KR1020210124389A		
10	MX2021010818A	MX2021010818	授权有效
11	US20210360919A1		
12	WO2021056922A1		

授权保护范围（中国专利）

一种含苄胺结构的芳基硫化物，其特征是其化学结构如式(I)：

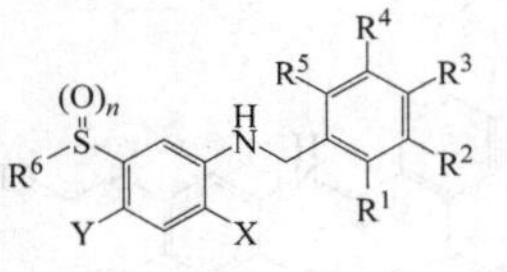

I

其中：

n 为0、1或2;

X、Y各自独立地为氟、氯、溴、碘、氰基、C_1～C_4烷基、C_1～C_4卤代烷基、C_1～C_4烷氧基或C_1～C_4卤代烷氧基；R^1、R^2、R^3、R^4、R^5各自独立地为氢、氟、氯、溴、碘、氰基、硝基、氨基、羟甲基、羧基、羟基、巯基、C_1～C_{10}烷基、C_1～C_{10}卤代烷基、C_1～C_{10}烷氧基、C_1～C_{10}卤代烷氧基、C_1～C_{10}烷氧基羰基、C_1～C_{10}卤代烷氧基羰基、C_1～C_{10}烷基磺酰氧基、C_1～C_{10}烷基磺酰基、C_1～C_{10}烷硫基、C_1～C_{10}卤代烷硫基、C_2～C_{10}烯氧基羰基、C_1～C_{10}烷基羰基、氨基羰基、C_1～C_{10} *N*-烷基羰基、*N*,*N*-二甲基羰基、*N*,*N*-二甲基硫代羰基、C_1～C_{10} *N*-烷基硫代羰基、2-氧代丙氧基羰基；

R^6为C_1～C_6卤代烷基、正丙基；

或其农业上可接受的盐

目前公开1件组合物专利（表6-24）。

表6-24　含有苯苄螨胺的组合物专利

序号	公开号	发明名称	申请人	B组分
1	CN116940236A（WO2022166842）	含有苄胺类杀螨剂的组合物及其应用	山东康乔生物科技有限公司	选自具有杀虫、杀螨或杀菌活性化合物中的至少一种，如螺螨酯、螺甲螨酯、乙唑螨腈、炔螨特、乙螨唑、阿维菌素、四螨嗪、噻螨酮等

6.1.8　苯螨咪唑的创制

专利名称：苯并咪唑类化合物或其盐及其制备方法与应用和杀虫杀螨剂

中国公开号：CN114957131A；申请日：2022-02-21

专利发明人：张来俊，刘羽，刘然金，崔迎蕊，王育琪，王世玲，冯睿杰，赵战如，魏辛灏，李亚慧，杜瑶瑶，宫辰，孙韵晓，范世恩，郭强强，郭炜，高洁，柳英帅，李宁

申请人：青岛康乔植物科学有限公司

苯螨咪唑是全新一代杀螨杀虫剂，结构新颖，作用机理未知，具有优异的杀螨活性和潜在的杀虫活性。室内测试表明苯螨咪唑对朱砂叶螨等害螨活性显著优于现有杀螨剂，且与现有杀螨剂均无交互抗性。大田试验表明该药在低剂量下对朱砂叶螨、二斑叶螨和柑橘全爪螨等即可

达到优异的防治效果，持效期在25天以上。而且苯螨咪唑对哺乳动物微毒，对花卉、蔬菜、果树等常见作物安全，对蜜蜂、水生生物等无明显影响，是一个环境友好的高选择性杀螨杀虫剂。目前已经启动苯螨咪唑的登记相关工作。

苯并咪唑多作为杀菌剂或者驱虫剂报道，青岛康乔植物科学有限公司在苯并咪唑基础上引入苯基，具有很好的杀螨活性，从而发现了与现有杀螨剂结构不同的苯并咪唑类杀螨剂，结构上具有新颖性。且专利中数据显示部分该类化合物在6.25mg/L对朱砂叶螨致死率达到100%。截至2023年底，苯螨咪唑已经公开了国内外专利6件（表6-25）。

表6-25 青岛康乔植物科学有限公司申请的苯螨咪唑核心化合物专利

序号	公开号	专利号	法律状态
1	CN114957131A		实审中
2	BR112023017021A2		实审中
3	EP4293015A4		实审中
4	WO2022179501A1		
5	JP2024507409A		实审中
6	US2024298643A1		实审中
授权保护范围（中国专利） 专利尚在审查中			

6.1.9 氟菌螨酯的创制

详见本书第3章“3.3.9 氟菌螨酯的创制”相关部分内容。

6.1.10 其他杀螨剂的创制

（1）一种螺螨磺酸酯化合物及其用途

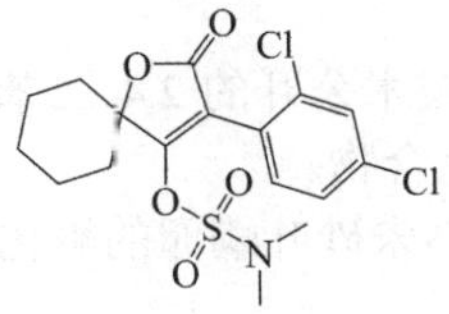

发明人：许良忠，王明慧，范井旺，陈蔚燕，关立婷，张坤；申请人：青岛科技大学

中国专利号：ZL201310732347.0；中国专利申请日：2013-12-26

化合物类型：季酮酸类

发明思路：me-too研究；在已有技术公开的螺螨磺酸酯类化合物的基础上，对相关取代基进行替换从而得到现有化合物。

用途：具有杀螨活性，尤其是对螨卵具有优异的活性。

（2）螺环季酮酸类化合物及其制备与应用

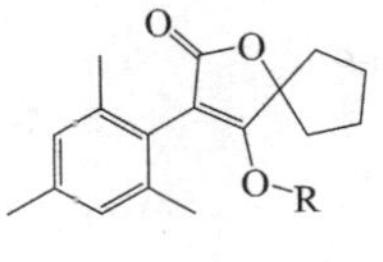

其中，R 为

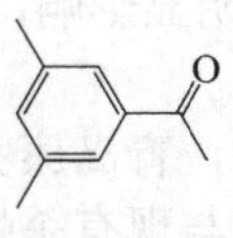

。

发明人：许良忠，陈晓涛，冯显国，高树坤；申请人：青岛科技大学

中国专利号：ZL201110002996.6；中国专利申请日：2011-01-07

化合物类型：季酮酸类

发明思路：me-too 研究；在已有技术公开的螺环季酮酸类化合物的基础上进行取代基替换从而得到本申请的化合物。

用途：具有杀螨活性，在较低浓度（1mg/L）下，多数新化合物对螨卵的抑杀效果好于对比药剂螺甲螨酯。

代表化合物结构如下：

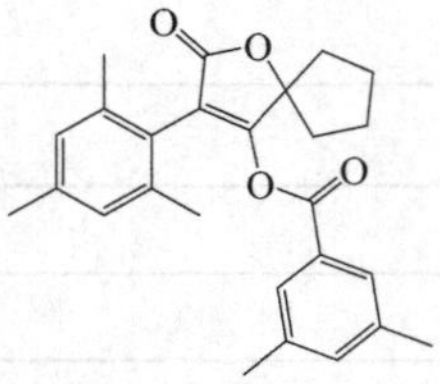

（3）乙螨唑类新化合物，其制备方法及杀螨活性

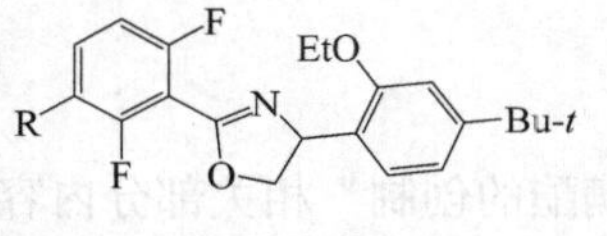

发明人：李玉峰，卜洪忠，郝春燕，石洁，李伟，吴正光，马鸿飞；申请人：南京工业大学

中国公开号：CN103113318A；中国专利申请日：2013-02-26

化合物类型：乙螨唑类似物

发明思路：me-too 研究；在已有技术公开的 2,4-二苯基噁唑啉类化合物基础上改变噁唑啉 2 位苯基上的取代基从而得到现有的化合物。

用途：具有杀螨活性，可用于控制朱砂叶螨卵的孵化。

代表化合物结构如下：

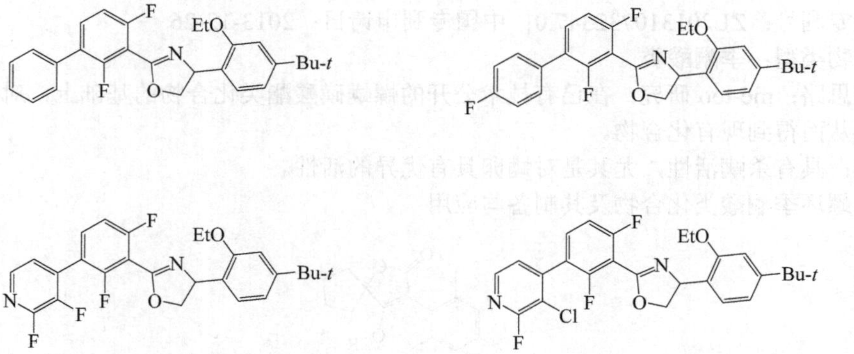

（4）一种含氟吡啶哌嗪酰胺类化合物及其应用

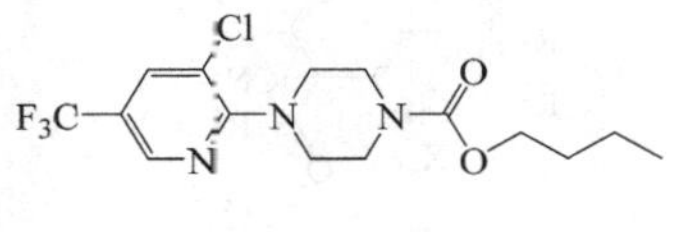

发明人：王明慧，彭壮，崔焕奇，崔建强，许良忠；申请人：青岛科技大学
中国专利号：ZL201810587086.0；中国专利申请日：2018-06-06
化合物类型：吡啶类、哌嗪类、氨基甲酸酯类
发明思路：me-too 研究；将取代吡啶基哌嗪氮上的氢原子用丁氧酰基取代得到本申请化合物。
用途：具有杀螨活性，对害螨及螨卵有抑杀作用。

（5）一种螺环烯胺化合物及其用途

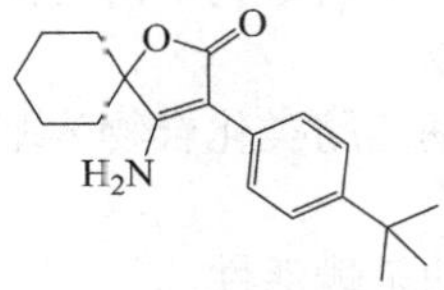

发明人：许良忠，田朝瑜，刘连才，孙鉴昕，王明慧；申请人：青岛科技大学
中国专利号：ZL201810283918.X；中国专利申请日：2018-04-02
化合物类型：螺环类、季酮酸类
发明思路：me-too 研究；根据活性基团拼接法和生物电子等排法将螺环季酮酸类杀螨剂中的烯酮改成烯胺，同时将活性基团叔丁基引入结构中而得。
用途：具有杀螨活性，同等剂量下对螨卵的活性优于螺螨酯。

（6）一种 1, 8-萘二甲酰亚胺酰胺类化合物及其用途

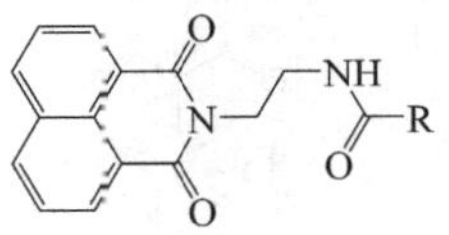

式中，R 选自

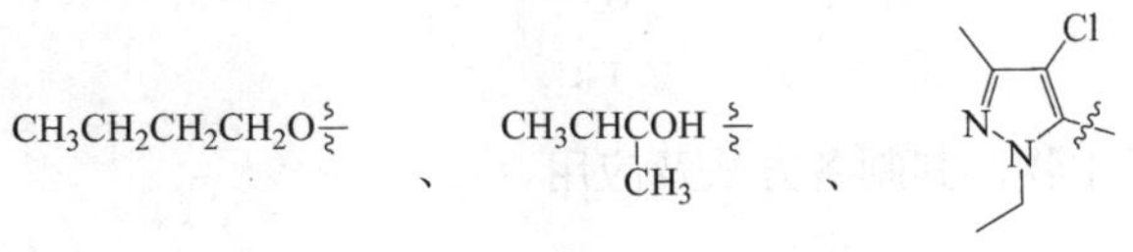

$CH_3CH_2CH_2CH_2O$–、$CH_3CH(CH_3)COH$–、

发明人：许良忠，崔建强，彭壮，田朝瑜，王明慧；申请人：青岛科技大学
中国专利号：ZL201810263165.6；中国专利申请日：2018-03-28
化合物类型：萘二酰亚胺类
发明思路：me-too 研究，对萘环上取代基和 R 取代基进行替换得到本申请化合物。
用途：具有优异的杀螨活性，同等剂量下对螨卵的活性优于螺螨酯。

（7）含硅酰基乙腈化合物及其制备方法与应用

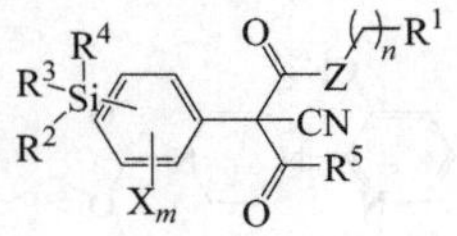

式中，R^1选自下组：$C_{1\sim6}$烷基、$C_{2\sim6}$烯基、$C_{2\sim6}$炔基、$C_{3\sim7}$环烷基、$C_{1\sim6}$烷氧基、苯基、四至十元杂环基；n 为 0、1、2、3 或 4；R^2、R^3和R^4各自独立地选自下组：氢、$C_{1\sim6}$烷基、$C_{2\sim6}$烯基和$C_{2\sim6}$炔基；R^5为取代或未取代的苯基，所述的取代是指基团上的氢被选自下组的1～5个基团所取代：卤素、$C_{1\sim6}$烷基；X 各自独立地选自下组：氢、卤素、$C_{1\sim6}$烷基；m 为 1 或 2；Z 选自氧、硫；R^1、R^2、R^3、R^4、R^5和 X 基团中的一个或多个氢原子能够各自独立地被选自下组的取代基所取代：卤素、$C_{1\sim6}$烷基。

发明人：程家高，彼得·迈恩菲什，周聪，李忠，邵旭升，徐晓勇，钱旭红；申请人：华东理工大学

中国专利号：ZL201910415131.9；中国专利申请日：2019-05-17

化合物类型：含硅酰基乙腈化合物

发明思路：me-too 研究；以硅酰基乙腈类化合物为基础，通过对烷氧酰基取代衍生得到现有化合物。

用途：该发明的化合物具有优异的杀螨活性。

代表化合物结构如下：

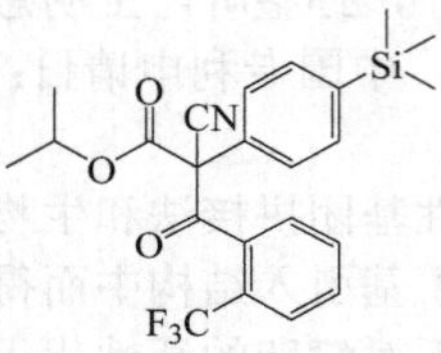

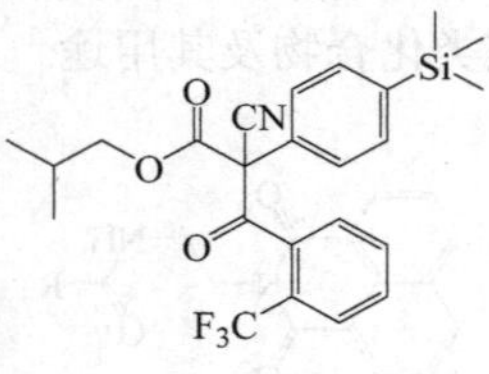

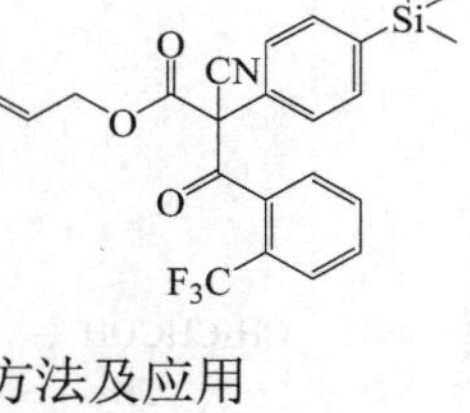

（8）一类吡唑类衍生物，其制备方法及应用

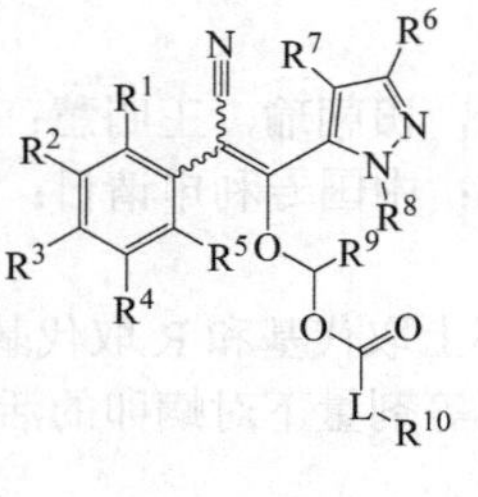

其中，R^1、R^2、R^4、R^5为氢；R^3为叔丁基；R^6为甲基；R^7选自氢、氯、甲基；R^8为C_1～C_2烷基等；R^9选自氢或甲基；L选自氧；R^{10}选自C_1～C_6烷基、C_3～C_6环烷基、C_2～C_6烯基；所述吡唑衍生物为*E*式吡唑衍生物。

发明人：许天明，袁静，钟良坤，郁季平，彭伟立，胡冬松，魏优昌，孔小林，郑志文，邢家华；申请人：浙江省化工研究院有限公司、中化蓝天集团有限公司、中国中化股份有限公司

中国专利号：ZL201710306758.1；中国专利申请日：2017-05-04

化合物类型：含吡唑的丙烯腈类化合物

发明思路：me-too 研究；以丙烯腈类化合物为先导进行活性结构拼接，得到该类化合物。

用途：具有杀虫杀螨活性，对朱砂叶螨具有优异的防治效果。

代表化合物结构如下：

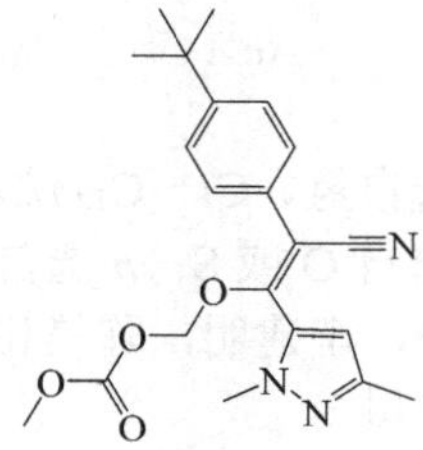

（9）一种含氨基甲酸酯基硫脲类杀虫杀螨剂

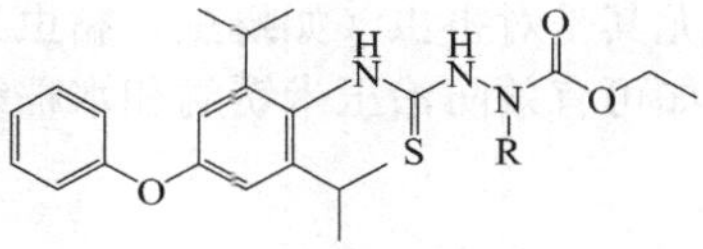

R选自甲基或叔丁基。

发明人：许良忠，王明慧，袁建坡，张画轻，李焕鹏，张金龙；申请人：青岛科技大学

中国专利号：ZL201510137732.X；中国专利申请日：2015-03-27

化合物类型：硫脲类、二苯醚类、氨基甲酸酯类

发明思路：me-too 研究；在丁醚脲母体结构基础上引入氨基甲酸酯结构而得。

用途：具有杀虫、杀螨活性，可用于防治小菜蛾、山楂叶螨等。

代表化合物结构如下：

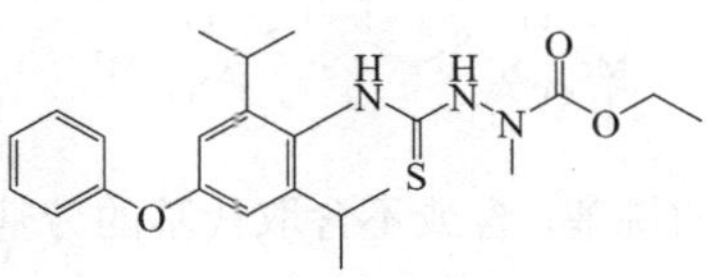

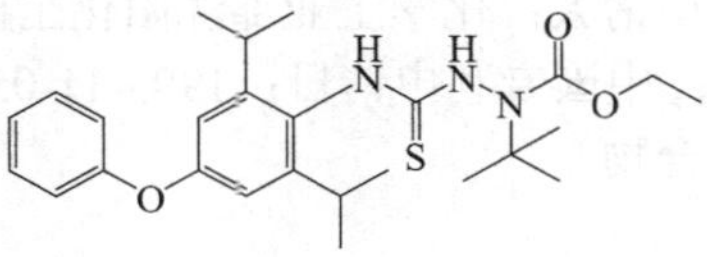

（10）丙烯腈类化合物及其用途

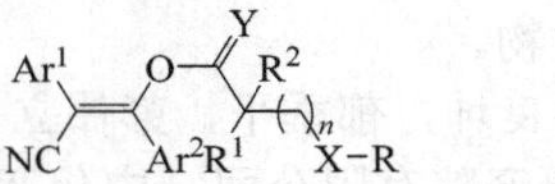

其中，Ar^1和Ar^2是相同的或不同的，并且Ar^1代表Ar^1-1或Ar^1-2；Ar^2代表Ar^2-1、Ar^2-2、Ar^2-3或Ar^2-4；Ar^1和Ar^2中R'、R^3、R^4、R^5、R^6、R^7、R^8和R^9是相同的或不同的，选自氢、卤素、C_1～C_{12}烷基、C_1～C_{12}卤代烷基、C_1～C_{12}烷氧基、C_1～C_{12}卤代烷氧基、苯基、卤代苯基、C_1～C_6烷基苯基、C_1～C_6卤代烷基苯基；Z代表硫或氧；

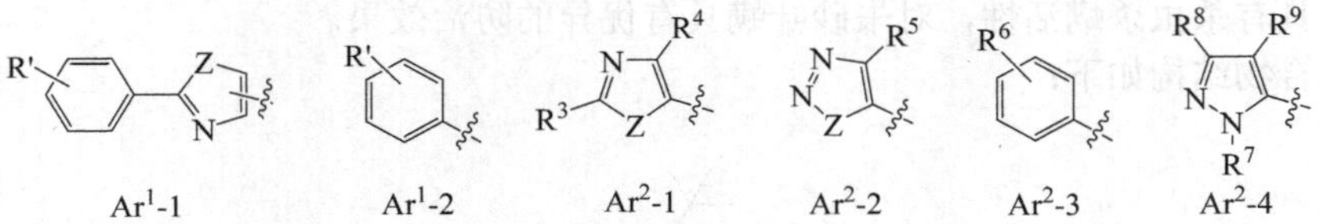

Ar^1-1　　Ar^1-2　　Ar^2-1　　Ar^2-2　　Ar^2-3　　Ar^2-4

R、R^1和R^2是相同的或不同的，选自氢、C_1～C_{12}烷基、C_1～C_{12}卤代烷基、C_3～C_8环烷基或C_3～C_8卤代环烷基；X选自S；Y选自O或S；n选自0、1或2。

发明人：黄明智，柳爱平，刘民华，李建明，陈昊彬，刘兴平，高德良，黄路，薛寒松，李微；申请人：湖南化工研究院有限公司

中国专利号：ZL201510228782.9；中国专利申请日：2015-05-07

化合物类型：丙烯腈类

发明思路：me-too研究；在丙烯腈类杀虫剂结构基础上引入杂环结构得到了相关化合物。

用途：具有杀虫杀螨活性，尤其是对害虫（如蚜虫、黏虫）和害螨（如红蜘蛛）有较好防治效果；同时还具有杀菌活性，如可有效防治玉米锈病和水稻纹枯病。

代表化合物结构如下：

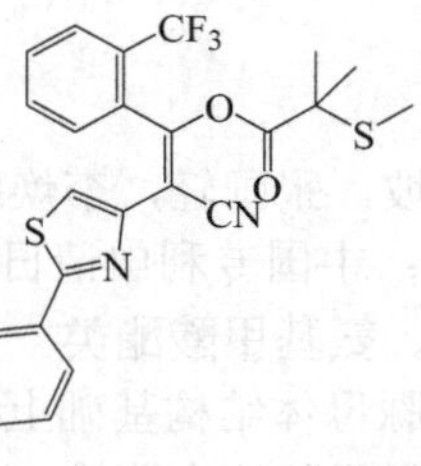

（11）硫醚基有机硫代硫酸盐

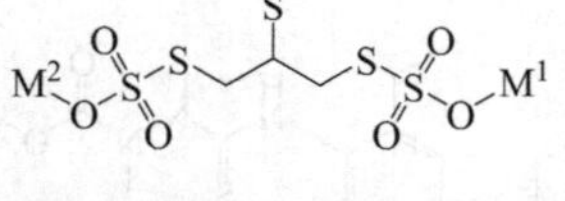

式中，R为含或不含取代基的烷基，含或不含取代基的芳基；M^1、M^2为相同或不同，是K、Na、Ca或NH_4。

发明人：许培元，王雅君；申请人：化学工业部沈阳化工研究院

中国专利号：ZL93115891.5；中国专利申请日：1993-11-05

化合物类型：有机硫醚类化合物

发明思路：me-too研究。

用途：杀螨剂。对叶螨科、蚜科等有较好的杀灭作用。

代表化合物结构如下：

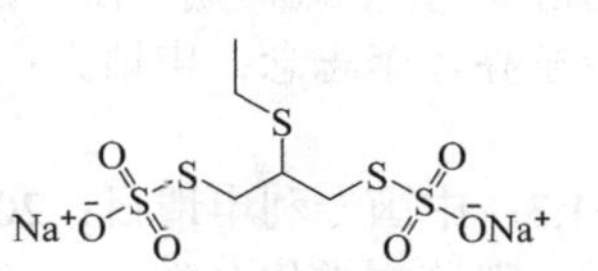

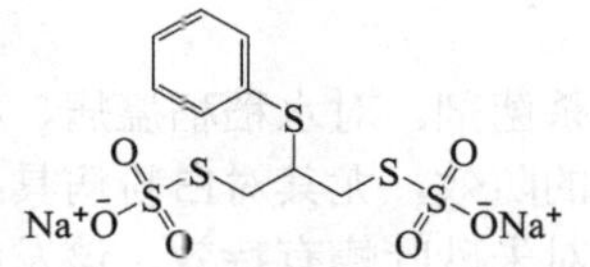

（12）作为农用杀菌剂和杀虫杀螨的吡唑类化合物及其制剂

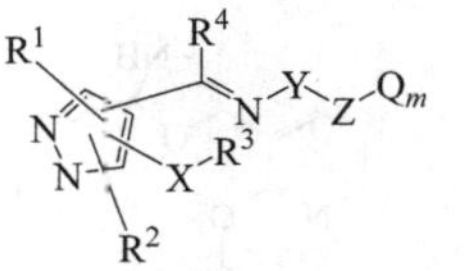

式中，R^1、R^2为甲基，位于吡唑环的1位和3位；X为键或O；R^3为氯或苯基；

R^4为OH、NH_2或三唑基；Y为键、O或NH；Z为键、亚甲基、CO，以及与R^4及Y、N以及与N相连的碳原子一同组成的不饱和五元环；Q为取代苯基，其取代基选自$C_4H_9(t)$、$CO_2C_4H_9(t)$、CF_3、$OCH(CH_3)_2$、NO_2；m=1。

发明人：刘长令，刘晓楠，张弘，雷新，刘武成，张立新，李斌，满瀛，胡性之，李宗成；申请人：化学工业部沈阳化工研究院

中国专利号：ZL97105050.3；中国专利申请日：1997-01-23

化合物类型：吡唑类化合物

发明思路：me-too研究；对CN86108691公开化合物进行优化而得。

用途：杀虫剂、杀螨剂。在农业上用于防治病害、虫害和螨类。

代表化合物结构如下：

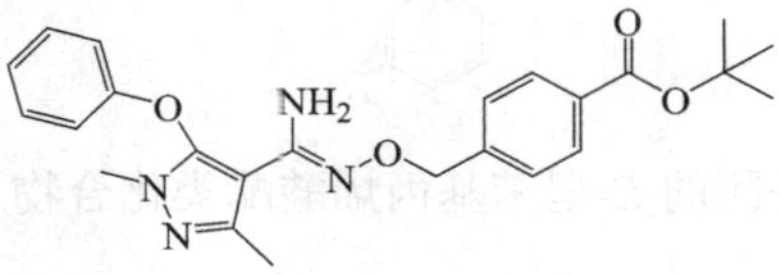

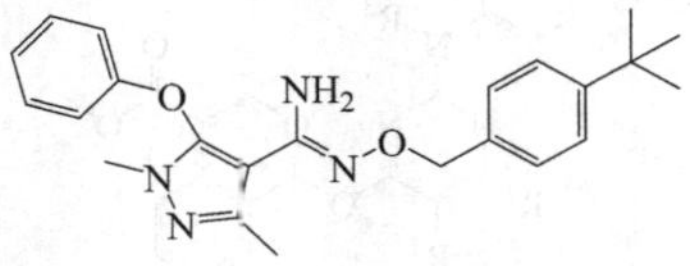

（13）取代的噁二唑或三唑硫酮类化合物及其制备与应用

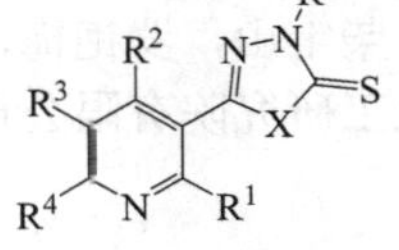

式中，X 选自 O 或 NR；R^1 选自取代的苯氧基；R^2、R^3、R^4、R^5 可相同或不同，分别选自氢、氯、氟、溴、氰基、C_1～C_3 烷基、C_1～C_3 卤代烷基、C_1～C_3 烷氧基或 C_1～C_3 卤代烷氧基；R 选自取代的苯基；取代基选自 0～5 个氯、氟、溴、C_1～C_3 烷基或 C_1～C_3 烷氧基。

发明人：刘长令，迟会伟，崔东亮，李志念；申请人：沈阳化工研究院；当前权利人：沈阳中化农药化工研发有限公司

中国专利号：ZL200510047151.3；中国专利申请日：2005-09-08

化合物类型：取代的噁二唑或三唑硫酮类化合物

发明思路：me-too 研究。

用途：用作杀虫剂、杀螨剂、杀菌剂。对水稻稻瘟病、小麦白粉病、黄瓜白粉病、黄瓜霜霉病、黄瓜灰霉病等病害都有很好的防效，尤其对白粉病具有优异的活性。该发明的化合物同时具有很好的杀虫杀螨活性，尤其对朱砂叶螨有特效。该发明的化合物适用于防治各种作物上的病害和虫害。

代表化合物结构如下：

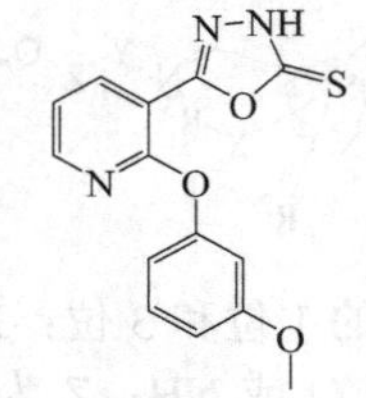

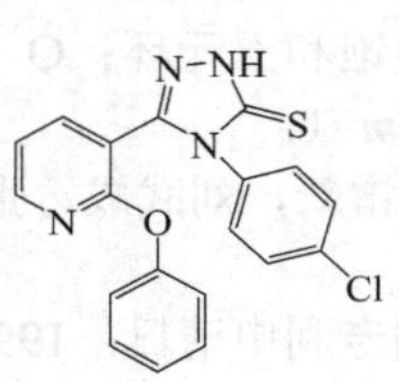

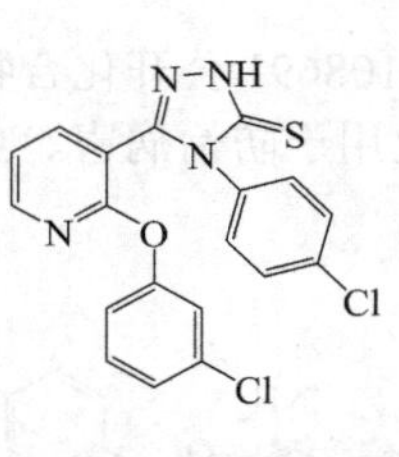

（14）含取代苯胺基嘧啶基团的 *E*-型苯基丙烯酸酯类化合物及其应用

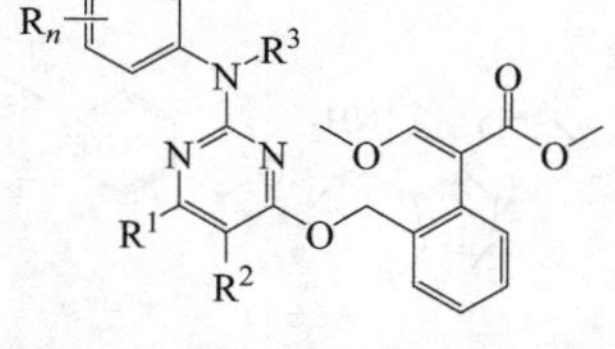

式中，R^1 为三氟甲基；R^2 为氢；R^3 为氢；R_n 选自 2,4-二氟、2,4-二氯、2-氟-4-氯、2,3,4-三氟、2,3,4-三氯或 2, 4-二氯-3-甲基；或其盐酸盐、磷酸盐、醋酸盐、苯磺酸盐或草酸盐。

发明人：刘长令，李慧超，张弘，柴宝山，罗艳梅，何晓敏，黄光，刘少武，孙宝祥；申请人：中国中化股份有限公司，沈阳化工研究院有限公司；当前权利人：沈阳中化农药化工研发有限公司，沈阳化工研究院

中国专利号：ZL201080016379.5；中国专利申请日：2010-06-03

化合物类型：甲氧基丙烯酸酯类

发明思路：me-too 研究。

用途：用作杀虫杀螨剂。对农业、民用和动物技术领域中的害虫和害螨的成虫和幼虫显示高的杀虫和杀螨活性，尤其是对朱砂叶螨、红蜘蛛等效果好。

代表化合物结构如下：

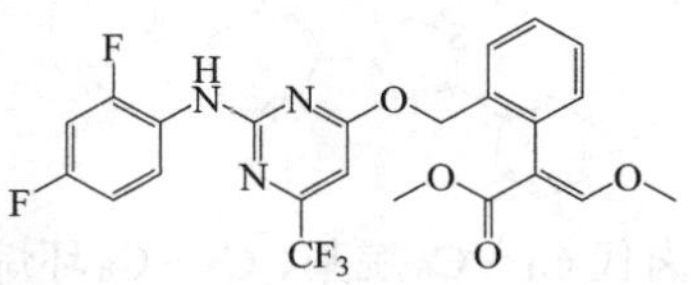

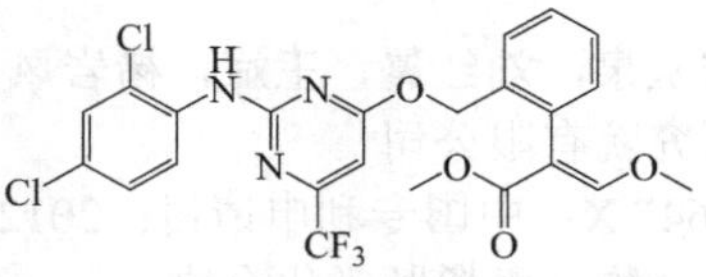

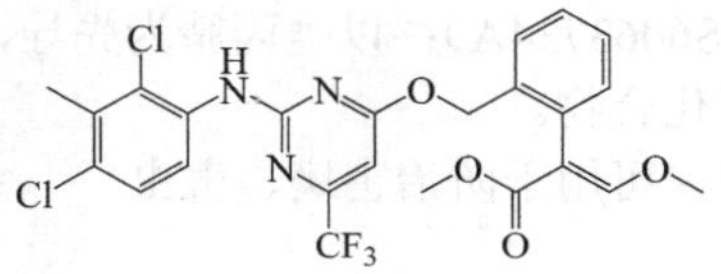

（15）一种取代的二苯胺类化合物及其应用

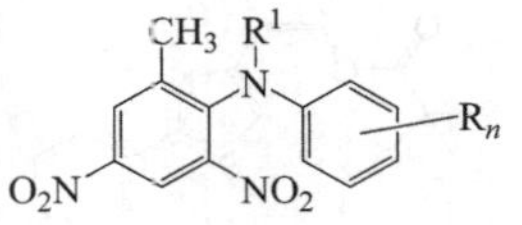

式中，R^1选自氢或C_1～C_8烷基等；R 选自卤素、硝基或氰基，n=3；但是，R_n不等于 2, 4, 6-Cl_3或 2, 4, 6-$(NO_2)_3$；或通式化合物的盐。

发明人：李慧超，关爱莹，宋玉泉，杨吉春，王斌，刘长令；申请人：中国中化股份有限公司，沈阳化工研究院有限公司；当前权利人：沈阳中化农药化工研发有限公司

中国专利号：ZL201210239998.1；中国专利申请日：2012-07-11

化合物类型：二苯胺类化合物

发明思路：me-too 研究。

用途：用作杀螨剂。对农业、民用和动物技术领域中的多种害虫害螨都表现出很好的活性，尤其是对小菜蛾、黏虫、蚜虫和朱砂叶螨具有很好的防治效果。

代表化合物结构如下：

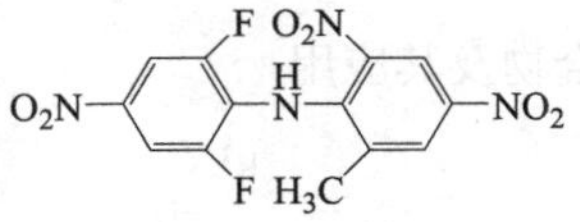

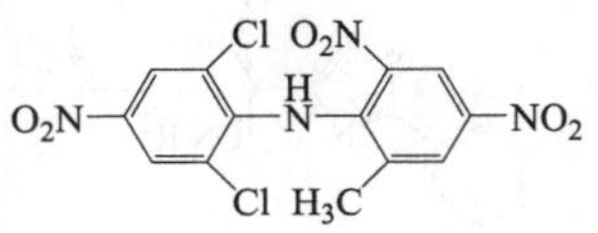

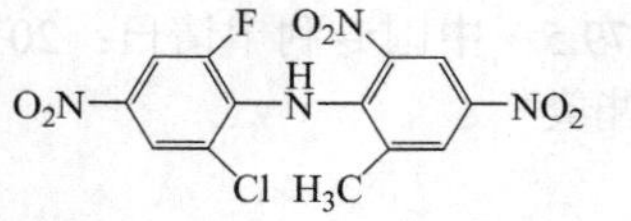

（16）噻唑基丙烯腈类化合物及其应用

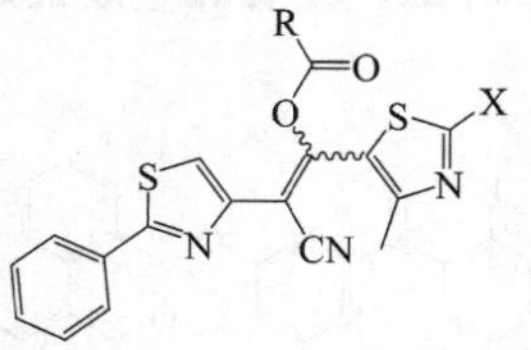

式中，R 选自 C_1～C_6 烷基、卤代 C_1～C_6 烷基、C_3～C_8 环烷基或 C_1～C_6 烷氧基；X 选自氯、溴或碘；或其顺/反异构体。

发明人：杨辉斌，李斌，宋玉泉，刘红翼，王斌，褚岩凤，陈霖，于海波；申请人：中国中化股份有限公司，沈阳化工研究院有限公司

中国专利号：ZL201210480647.X；中国专利申请日：2012-11-23

化合物类型：苯基噻唑类化合物、丙烯腈类化合物

发明思路：me-too 研究（US6063734A）；以噻丙腈为先导，参照 US6063734A 中的结构，在其基础上进一步优化得到现有化合物。

用途：具有杀螨、杀虫活性，可用于防治害螨、害虫。

代表化合物结构如下：

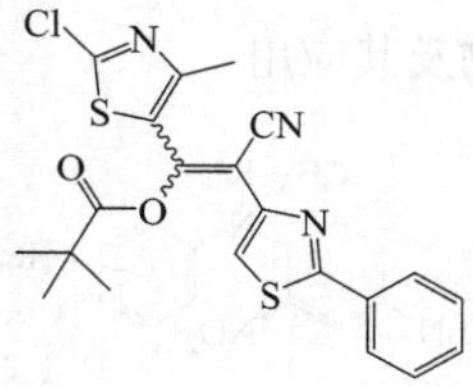

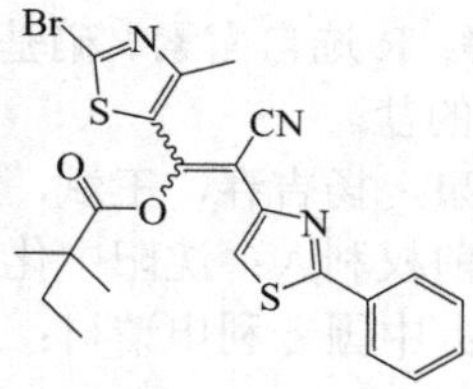

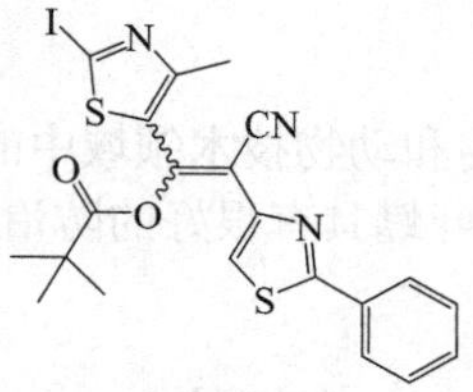

（17）苯基噻唑基丙烯腈类化合物及其应用

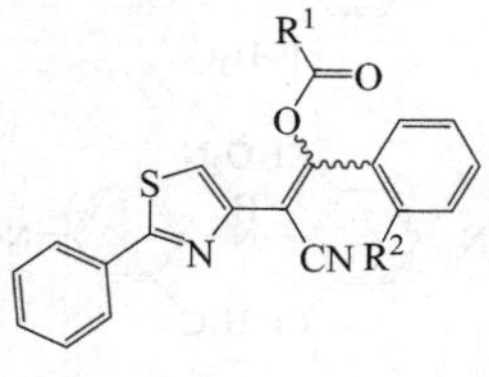

式中，R^1选自叔丁基、2-甲基-2-丁基或环丙基；R^2选自氯、三氟甲基或硝基；或其立体异构体。

发明人：杨辉斌，李斌，宋玉泉，刘红翼，王斌，张宇，冯聪，童怡春，褚岩凤，陈霖，于海波；申请人：中国中化股份有限公司，沈阳化工研究院有限公司；当前权利人：沈阳中化农药化工研发有限公司

中国专利号：ZL201210480380.4；中国专利申请日：2012-11-23

化合物类型：苯基噻唑基丙烯腈类化合物

发明思路：me-too 研究。

用途：用作杀虫杀螨剂。具有优异的杀虫、杀螨活性，可用于防治害虫、害螨。

代表化合物结构如下：

CF_3 CN O O N S

CF_3 CN O O N S

Cl CN O O N S

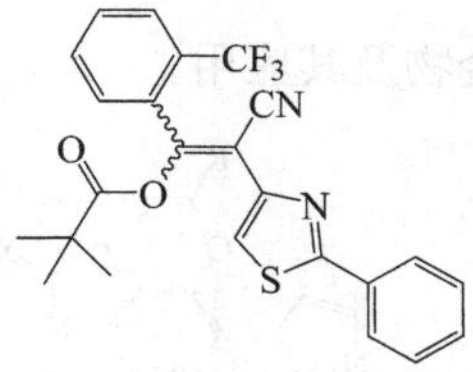

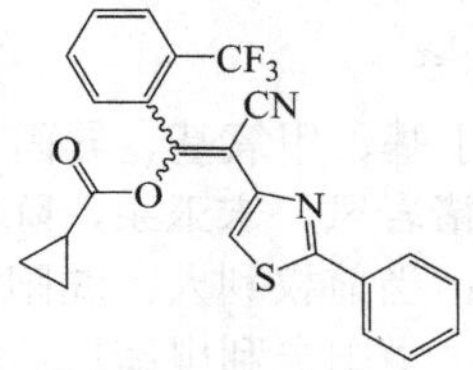

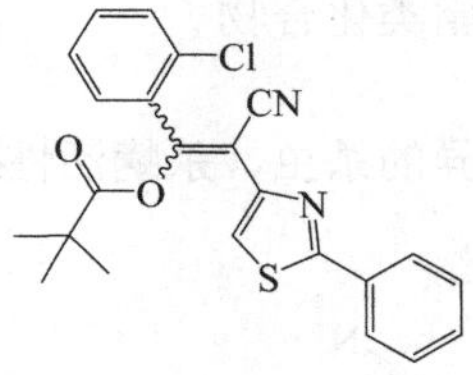

（18）苯基吡唑基丙烯腈类化合物及其应用

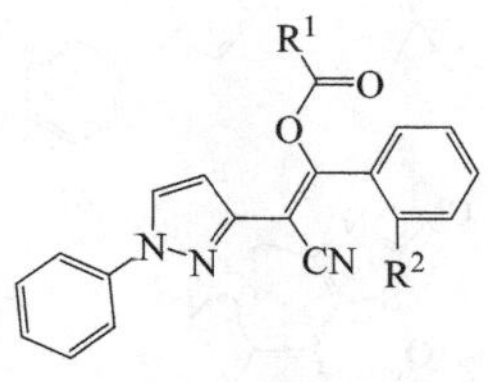

R^1 O O N N CN R^2

式中，R^1选自C_1～C_6烷氧基；R^2选自三氟甲基；或其顺反异构体。

发明人：李斌，杨辉斌，宋玉泉，褚岩凤，王斌，陈霖，冯聪，于海波；申请人：中国中化股份有限公司，沈阳化工研究院有限公司；当前权利人：沈阳中化农药化工研发有限公司

中国专利号：ZL201210482920.2；中国专利申请日：2012-11-23

化合物类型：苯基吡唑基丙烯腈类化合物

发明思路：me-too 研究。

用途：用作杀虫杀螨剂。具有优异的杀虫、杀螨活性，可用于防治害虫、害螨。

代表化合物结构如下：

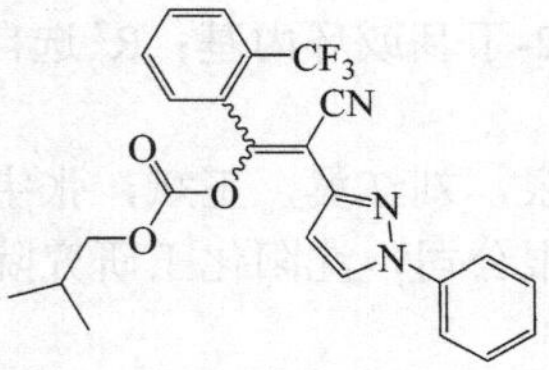

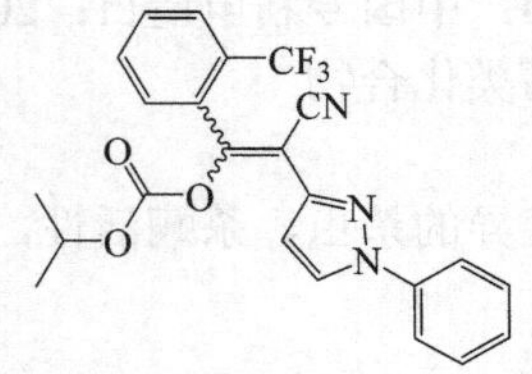

（19）噻唑基吡唑基丙烯腈类化合物及其应用

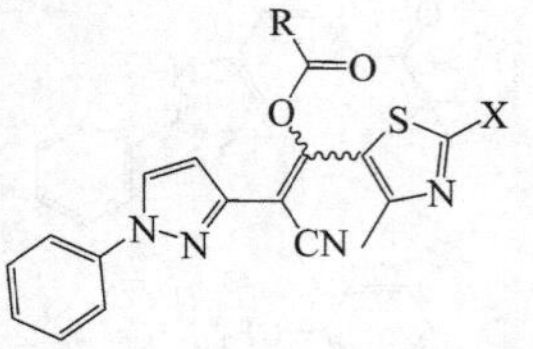

式中，R 选自叔丁基、2-甲基-2-丁基、甲氧基、异丙氧基或异丁氧基；X 选自氯。

发明人：李斌，杨辉斌，王斌，褚岩凤，宋玉泉，陈霖，于海波、申请人：中国中化股份有限公司，沈阳化工研究院有限公司；当前权利人：沈阳中化农药化工研发有限公司

中国专利号：ZL201210483661.5；中国专利申请日：2012-11-23

化合物类型：噻唑基吡唑基丙烯腈类化合物

发明思路：me-too 研究。

用途：用作杀虫杀螨剂。具有优异的杀虫、杀螨活性，可用于防治害虫、害螨。

代表化合物结构如下：

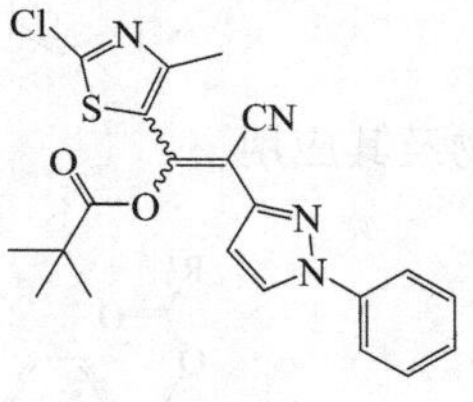

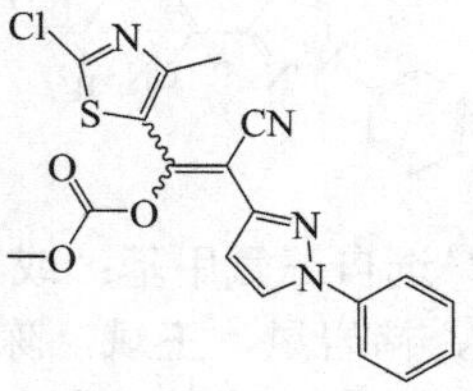

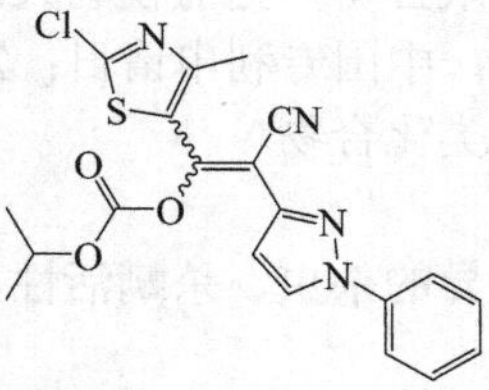

（20）2-氯噻唑基丙烯腈类化合物及其应用

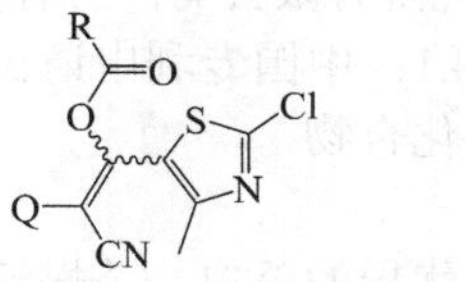

式中，R 选自 C_1～C_6烷基；

Q 选自如下基团：

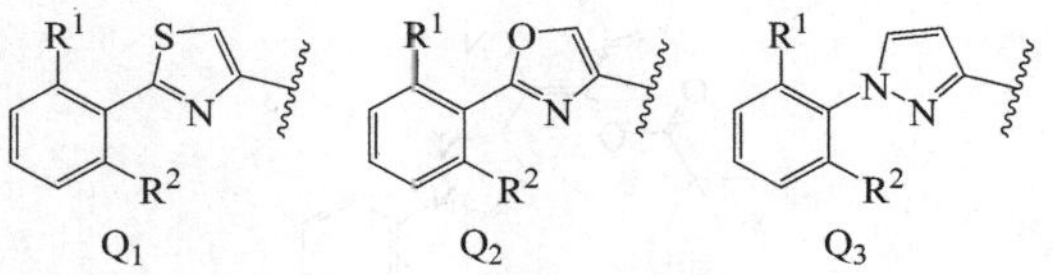

R^1选自 H 或卤素；R^2选自 H 或卤素；或其立体异构体。

发明人：杨辉斌，李斌，宋玉泉，褚岩凤，王斌，刘红翼，冯聪，英君伍，陈霖，于海波；申请人：中国中化股份有限公司，沈阳化工研究院有限公司；当前权利人：沈阳中化农药化工研发有限公司

中国专利号：ZL201210484280.9；中国专利申请日：2012-11-23

化合物类型：2-氯噻唑基丙烯腈类化合物

发明思路：me-too 研究。

用途：用作杀虫杀螨剂。具有优异的杀虫、杀螨活性，可用于防治害虫、害螨。

代表化合物结构如下：

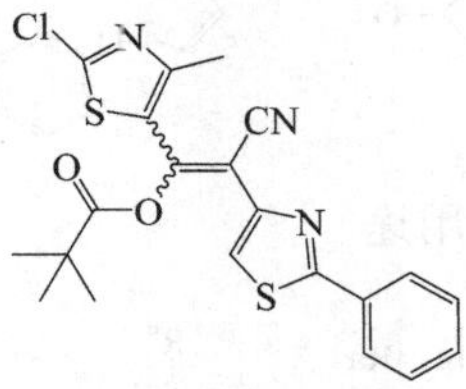

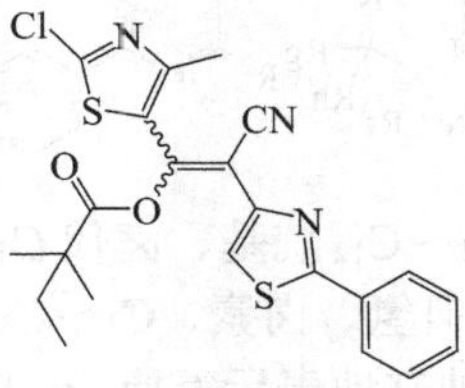

（21）吡唑基丙烯腈类化合物及其应用

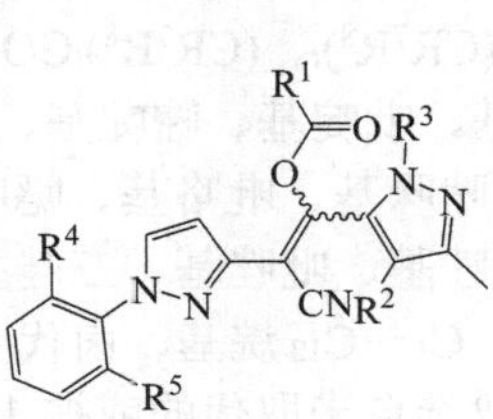

式中，R^1选自 C_1～C_6烷基、C_3～C_8环烷基或 C_1～C_6烷氧基；R^2选自氢或甲基；R^3选自 C_1～C_6烷基；R^4、R^5分别选自氢；或其顺反异构体。

发明人：李斌，于海波，王斌，褚岩凤，宋玉泉，王洋，冯聪，陈霖，杨辉斌；申请人：中国中化股份有限公司，沈阳化工研究院有限公司；当前权利人：沈阳中化农药化工研发有限公司

中国专利号：ZL201210484454.1；中国专利申请日：2012-11-23

化合物类型：吡唑基丙烯腈类化合物

发明思路：me-too 研究。

用途：用作杀虫杀螨剂。具有优异的杀虫、杀螨活性，可用于防治害虫、害螨。

代表化合物结构如下：

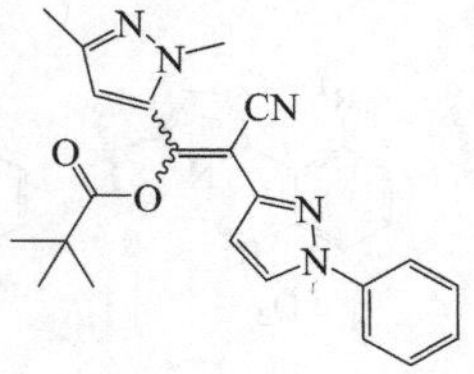

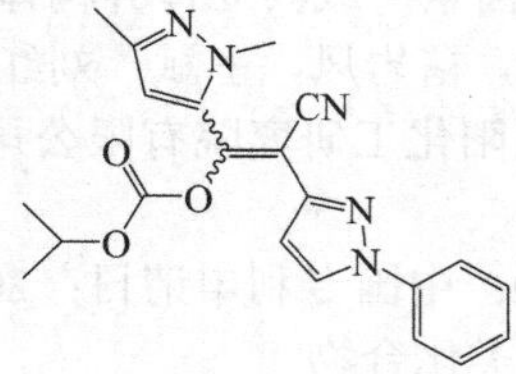

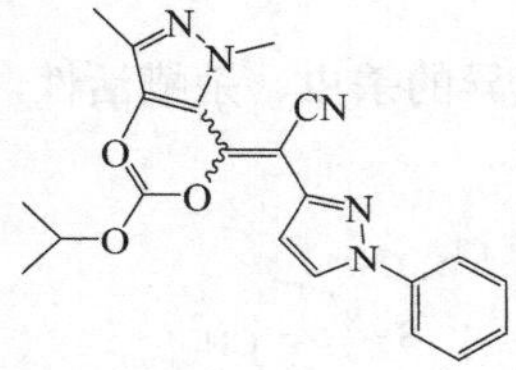

（22）芳基吡(嘧)啶类化合物及其用途

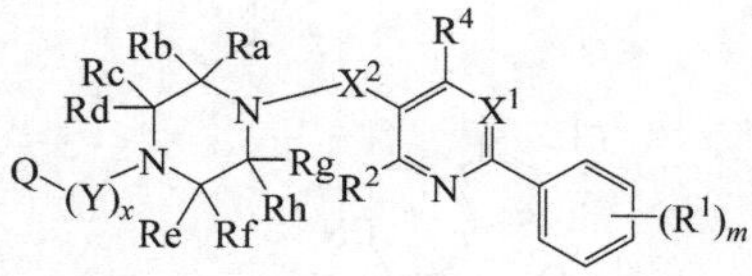

式中，R^1选自氢、卤素、CN、C_1～C_{12}烷基、卤代C_1～C_{12}烷基；m选自0～5的整数；当m大于1时，R^1可相同或不同；R^2选自氢、卤素、C_1～C_{12}烷基、卤代C_1～C_{12}烷基或R^6；Ra、Rb、Rc、Rd、Re、Rf、Rg和Rh各自独立地表示氢原子；R^4选自氢、NH_2、C_1～C_{12}烷基或C_1～C_{12}卤代烷基等；X^1选自N或CR^3；R^3选自氢、CN；X^2选自$(CR^7R^8)_k$、$CO(CR^7R^8)_p$；k选自1、2或3；p选自0、1、2或3；Y选自$(CR^7R^8)_t$、$(CR^7R^8)_tCO$；t选自0、1或2；x选自0或1；Q选自被n个各自独立的R^5取代的苯基、吡啶基、嘧啶基、哒嗪基、吡嗪基、喹啉基、噻吩基、苯并噻吩基、呋喃基、苯并呋喃基、吲哚基、吡咯基、噁唑基、咪唑基、苯并噁唑基、苯并噻唑基、苯并咪唑基、苯并吡嗪基、噻唑基、吡唑基、三唑并嘧啶基、咪唑并哒嗪基、咪唑并吡啶基或哒嗪酮基；R^5选自卤素、CN、C_1～C_{12}烷基、卤代C_1～C_{12}烷基；n选自0～5的整数；当n大于1时，R^5可相同或不同；R^6选自未取代的或被1～5个卤素进一步取代的苯基；R^7、R^8可相同或不同，分别选自氢、C_1～C_{12}烷基。

发明人：刘长令，徐英，宋玉泉，关爱莹，李轲轲，谢勇，杨吉春，杨帆；申请人：中国

中化股份有限公司，沈阳化工研究院有限公司；当前权利人：沈阳中化农药化工研发有限公司

中国专利号：ZL201310403994.7；中国专利申请日：2013-09-06

化合物类型：芳基吡(嘧)啶类化合物

发明思路：全新结构杀螨化合物，利用相关取代吡啶羧酸中间体进行衍生得到。

用途：用作杀虫杀螨剂。对农业、民用和动物技术领域中有害的螨虫及卵都显示出较高的活性，尤其是对害螨如朱砂叶螨等活性更优，在很低的剂量下就可以获得很好的效果。

代表化合物结构如下：

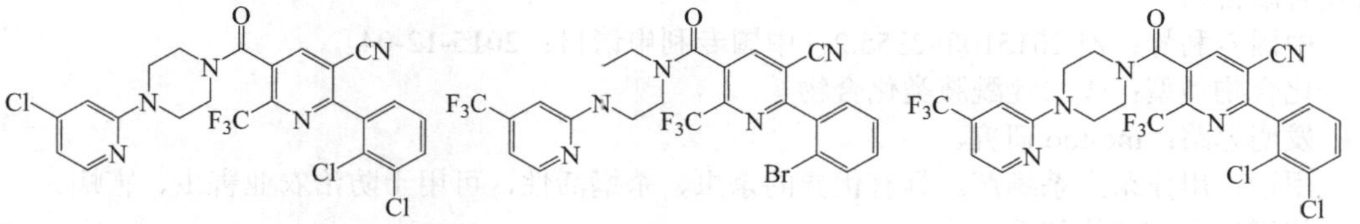

（23）具有杀虫杀螨活性的2-苯基烟酸衍生物

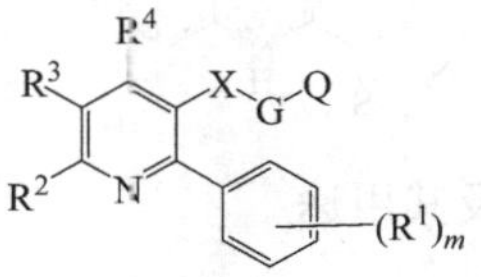

式中，R^1选自卤素、CN、C_1～C_4烷基、卤代C_1～C_4烷基；m选自0～5的整数；当m大于1时，R^1可相同或不同；R^2选自卤素、CN、C_1～C_4烷基；R^3和R^4各自独立地选自卤素、CN、NO_2、C_1～C_4烷基、卤代C_1～C_4烷基；

X选自CO；

G选自 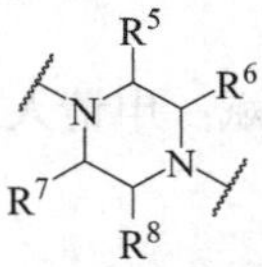 ；

R^5、R^6、R^7、R^8可相同或不同地选自氢、氰基、OH、卤素；Q选自被n个各自独立的R^{11}取代的苯基或吡啶基；R^{11}选自卤素、CN、NO_2、C_1～C_4烷基、卤代C_1～C_4烷基；n选自0～5的整数；当n大于1时，R^{11}可相同或不同。

发明人：谢勇，刘长令，班兰凤，徐英，李轲轲，关爱莹；申请人：沈阳中化农药化工研发有限公司

中国专利号：ZL201510404128.9；中国专利申请日：2015-07-10

化合物类型：2-苯基烟酸衍生物

发明思路：me-too研究。

用途：用作杀虫杀螨剂。对农业、民用和动物技术领域中的害虫、螨及卵都显示出较高的活性，可以获得很好的防治效果。

代表化合物结构如下：

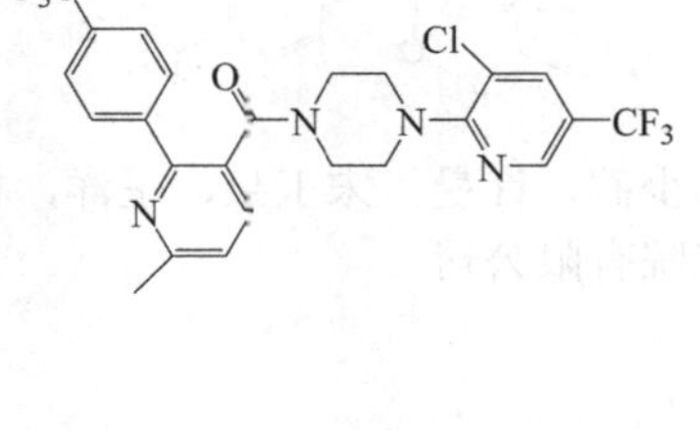

（24）噻二唑酰胺类化合物及应用

式中，R^1选自氯、溴、碘或$C_1\sim C_3$卤代烷基；R^2选自氢、氯或溴。

发明人：吕亮，王刚，班兰凤，张稳，刘少武，梁爽，李斌；申请人：沈阳中化农药化工研发有限公司

中国专利号：ZL201510882355.2；中国专利申请日：2015-12-04

化合物类型：噻二唑酰胺类化合物

发明思路：me-too 研究。

用途：用作杀虫杀螨剂。具有优异的杀虫、杀螨活性，可用于防治农业害虫、害螨。

代表化合物结构如下：

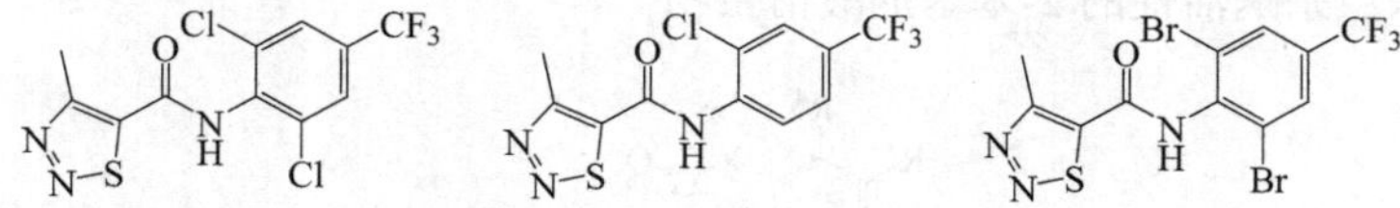

（25）一种噻二唑酰胺类化合物及其用途

式中，R^1选自氟甲基、二氟甲基或三氟甲基；R^2、R^4分别独立地选自氢、氯、溴或三氟甲基，R^3选自氢或三氟甲基，但R^2、R^3和R^4中只能有一个为氢。

发明人：吕亮，王刚，李轲轲，张稳，刘少武，梁爽，吴沙沙，李斌；申请人：沈阳中化农药化工研发有限公司

中国专利号：ZL201510885967.7；中国专利申请日：2015-12-04

化合物类型：噻二唑酰胺类化合物

发明思路：me-too 研究。

用途：用作杀虫杀螨剂。具有优异的杀虫、杀螨活性，可用于防治农业害虫、害螨。

代表化合物结构如下：

（26）1-乙烯基吡唑类化合物及其应用

发明人：于海波，李斌，刘少武，许曼，宋玉泉，王洋，杨辉斌，陈霖；申请人：中国中化股份有限公司，沈阳化工研究院有限公司

中国公开号：CN102786473A；中国专利申请日：2011-05-18

化合物类型：吡唑类化合物、丙烯腈类

发明思路：me-too 研究；以丙烯腈类杀螨剂为先导，在其基础上进一步优化得到现有化合物。

用途：具有杀螨活性。

代表化合物结构如下：

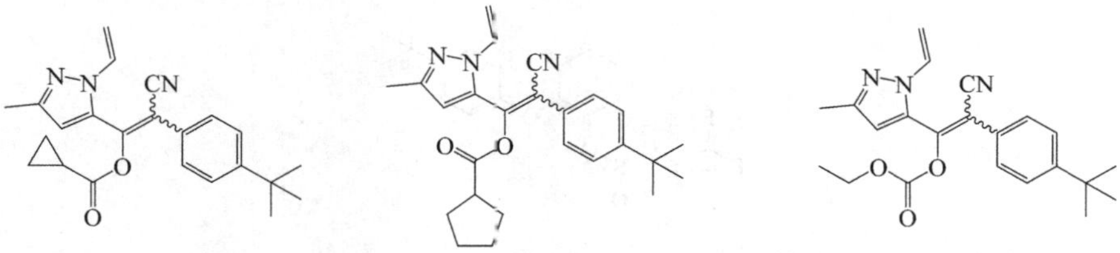

（27）一种吡咯并芳环类化合物及其应用

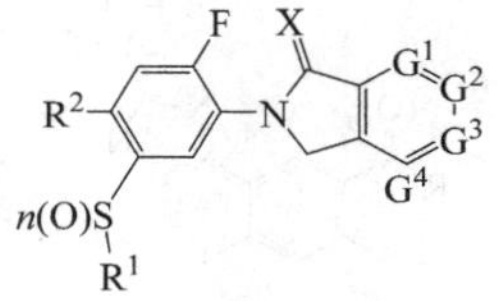

式中各取代基定义具体参见专利中权利要求书部分。

发明人：吴鸿飞，徐利保，常秀辉，于海波，范晓溪，徐靖博，程学明，郭春晓，孙宁宁；申请人：沈阳中化农药化工研发有限公司

中国专利号：ZL201910559532.1；中国专利申请日：2019-06-26

化合物类型：吡咯并芳环类化合物、硫醚类化合物

发明思路：me-too 研究(CN110028431)。

用途：具有杀螨、杀虫活性，可用于防治虫害、螨害。

代表化合物结构如下：

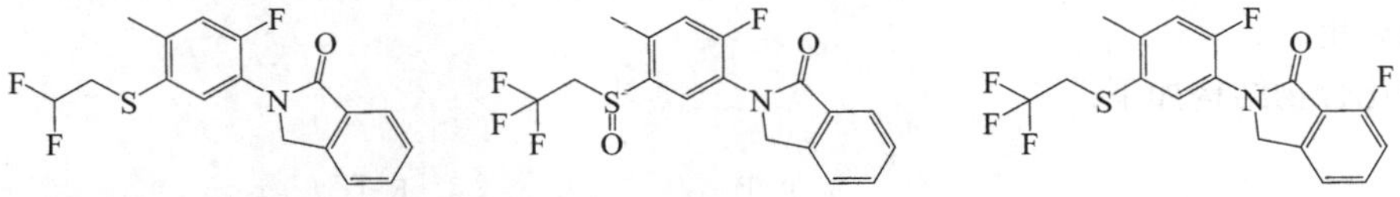

（28）一种有机硫类化合物及其制备方法和应用

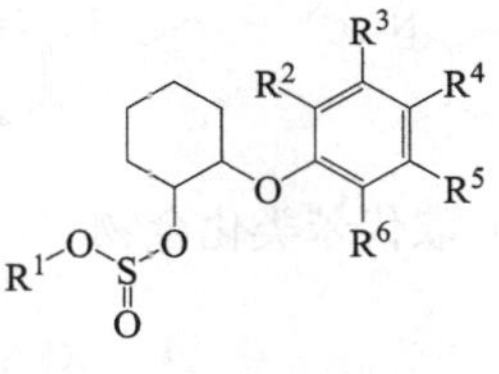

其中，R^1 为 2,2-二氟乙基或 2-氟乙基；R^2、R^3、R^5、R^6 为氢；R^4 为氯、乙氧基或叔丁基；及其可用盐。

发明人：李宁，李先江，柳英帅，刘瑞宾，刘祥伟，盛国柱，相效忠，刘保红，陈瑜，冯睿杰，崔迎蕊，王世玲，牛家杰，刘军伟；申请人：山东康乔生物科技有限公司

中国专利号：ZL202110831212.4；中国专利申请日：2021-07-22

化合物类型：硫类化合物，炔螨特类似物，亚硫酸酯类化合物

发明思路：me-too 研究；在 US3272854A 专利中化合物基础上将烷基、溴代或氯代烷基替换为含氟烷基或者是在炔螨特基础上将炔键替换为含氟烷基，从中间体角度分析为替换法。

用途：具有杀螨活性。该发明的化合物对农业害螨特别是柑橘全爪螨、朱砂叶螨显示出明显优于炔螨特的效果；以及对于抗性农业害螨，特别是对抗性柑橘全爪螨显示出卓越的防治效果。

代表化合物结构如下：

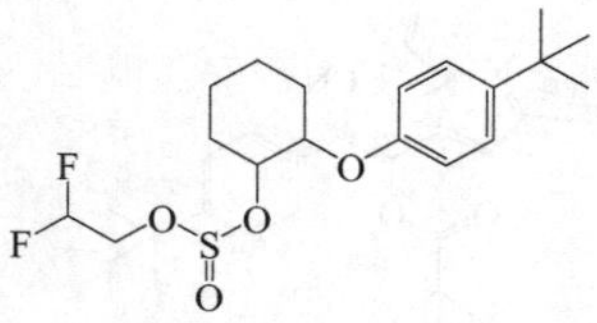

（29）一种芳基硫化物衍生物及其合成方法和应用

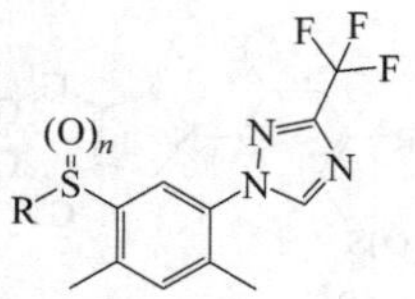

其中，通式表示为化合物及其可用盐；R 为正丙基、  或 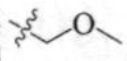 ；n 为 0 或 1。

发明人：李宁，柳英帅，祝青波，刘祥伟，盛国柱，陈瑜，王建磊，黄时祥，王世玲，冯睿杰，崔迎蕊；申请人：山东康乔生物科技有限公司

中国专利号：ZL201911030743.2；中国专利申请日：2019-10-28

化合物类型：硫醚，苯基吡唑

发明思路：me-too 研究；将现有技术（CN102471291 A、US2005107383A1）中的三氟乙基替换为正丙基或环氧丙基等。

用途：具有杀螨活性，对以二斑叶螨、神泽氏叶螨、柑橘全爪叶螨等为代表的叶螨类显示出卓越的效果。

代表化合物结构如下：

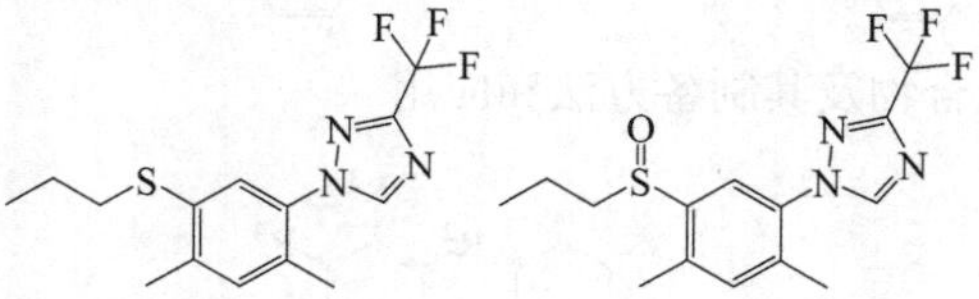

（30）一种三氟乙基硫醚（亚砜）取代苯类化合物

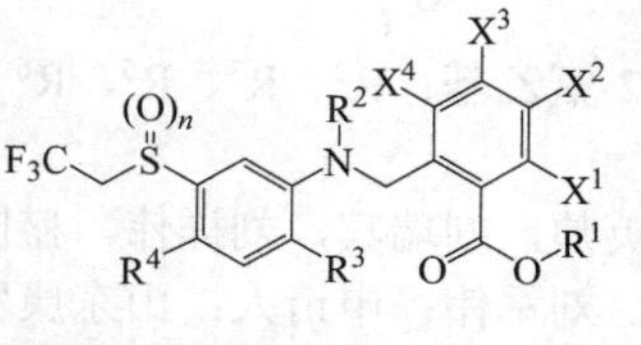

其中，X^1、X^2、X^3、X^4 各自独立地选自氢或氟；R^1 选自 C_1～C_4 烷基；R^2 选自 C_1～C_4 烷基；R^3、R^4 各自独立地选自氢、氟、氯、溴、氰基或甲基；n 选自 0 或 1。

发明人：张立新，张静，刘东东，张晨阳，郝海静，康卓；申请人：沈阳化工大学

中国专利号：ZL202210030164.37；中国专利申请日：2022-01-12

化合物类型：三氟硫醚，苄胺

发明思路：me-too 研究；将已有技术（CN111825585）中的苄胺处 N 上基团衍生为烷基得到新化合物。

用途：具有杀螨活性，可用于防除各种害螨。代表化合物结构如下：

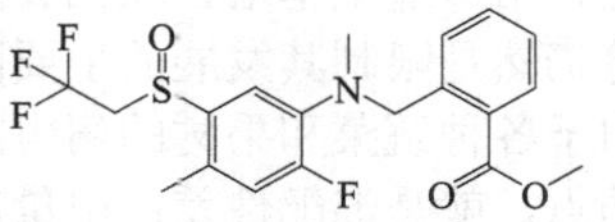

（31）一种含取代苄胺结构的芳基硫化物、组合物及其用途

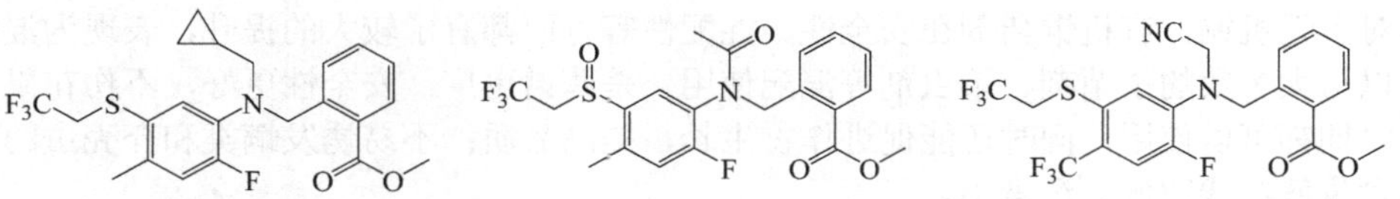

发明人：葛家成，孙鹏，邢阳阳，胡堂路，刘明东，杨春河，李翔，谭兴武；申请人：海利尔药业集团股份有限公司

中国专利号：ZL202210353027.3；中国专利申请日：2022-04-06

化合物类型：三氟硫醚，苄胺

发明思路：me-too 研究。

用途：具有杀螨活性，可用于防除各种害螨。

（32）一种对位取代的联苯硫醚类化合物、组合物及其用途

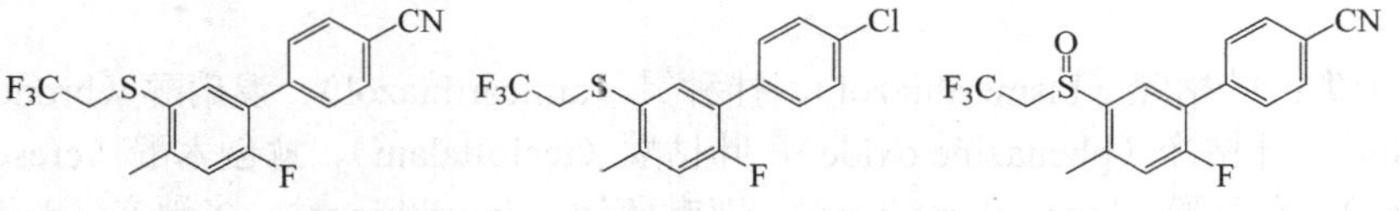

发明人：葛家成，孙鹏，邢阳阳，胡堂路，刘明东，杨春河，谭兴武；申请人：海利尔药业集团股份有限公司

中国专利号：ZL202210783893.6；中国专利申请日：2022-07-05

化合物类型：三氟硫醚，联苯

发明思路：me-too 研究。

用途：具有杀螨活性，可用于防除各种害螨。1mg/L 对朱砂叶螨致死率为 100%。

该类化合物同时也申请了组合物专利 CN117063928A（申请日 2023-08-15），所复配的另一活性部分为四螨嗪或噻螨酮中的任意一种。

6.2 杀细菌剂的创制

6.2.1 概论

目前国内外对有效防治农作物细菌性病害的药剂比较缺乏，主要还是依靠抗生素类、微

生物制剂类、铜制剂类。

抗生素类药剂的优点是市场比较普及，内吸、治疗效果比较好；缺点是使用的时间较长，产品抗药性突出，抗生素的累积残留也会影响到人类的安全。其中，农用链霉素已经在 2016 年被取消登记。

微生物制剂类包括多黏类芽孢杆菌、枯草芽孢杆菌、蜡质芽孢杆菌、荧光假单胞杆菌、解淀粉芽孢杆菌、甲基营养型芽孢杆菌、海洋芽孢杆菌等。作为生物农药，此类产品因其安全、环保，近年来受到无公害蔬菜基地、出口蔬菜基地、绿色食品基地和有机食品基地的欢迎。但微生物制剂起效慢、效果不显著等仍然是限制其发展的主要因素。

无机铜类杀菌剂产品，主要用于各种蔬菜和果树的病害防治，具有防治效果明显、价格实惠等优点，但铜制剂也有明显的弱点，就是混配性差；用量难以掌握，存在着用量少时药效不理想，而用量多时容易产生药害和螨类的增殖猖獗发生等问题，如在果树的花期和幼果期使用，会引起果树落花、落果。

相对于无机铜，有机铜药剂在安全性、混配性等方面都有了较大的提升，表现为混配性更好，可以与大多数的杀菌剂、杀虫剂等混配使用，杀菌谱更广；安全性更好，不伤花果，作物的各个时期都可以使用，同时还能促进作物生长，提高品质；不易诱发螨类和介壳虫的发生；铜元素含量低，残留低、污染小。

截至 2023 年底公开的拥有中文或英文通用名称的细菌剂具体分类与通用名称如下：

无机铜类：氢氧化铜（copper hydroxide）、王铜（copper oxychloride）、氧化亚铜、波尔多液、硫酸铜钙等。

抗生素类：氯霉素（chloramphenicol）、春雷霉素（kasugamycin）、多抗霉素（polyoxins）、有效霉素（validamycin）、井冈霉素（jinggangmycin）、宁南霉素（ningnanmycin）、土霉素（oxytetracycline）、链霉素（streptomycin，已禁用）、中生菌素（zhongshengmycin）等。

有机金属类：敌磺钠（fenaminosulf）、噻森铜（saisentong）、噻菌铜（thiodiazole-copper）、噻唑锌（zinc thiazole）、松脂酸铜、壬菌铜、喹啉铜、络氨铜、乙酸铜、琥胶肥酸铜、柠檬酸铜等。

有机分子类：叶枯唑（bismerthiazol）、拌种灵（amicarthiazol）、溴硝醇（bronopol）、叶枯炔（cellocidin）、叶枯净（phenazine oxide）、叶枯酞（tecloftalam）、愈创木酚（cresol）、双氯酚（dichlorophen）、六氯酚（hexachlorophene）、双吡硫鎓（dipyrithione）、多地辛（dodicin）、汞加芬（hydrargaphen）、灭瘟素（blasticidin-S）、8-羟基喹啉（8-hydroxyquinoline sulfate）、三氯甲基吡啶（nitrapyrin）、辛噻酮（octhilinone）、喹菌酮（oxolinic acid）、噻菌茂（saijunmao）、辛菌胺（seboctylamine）、乙蒜素（ethylicin）、硫柳汞（thiomersal）、噻霉酮、三氯异氰尿酸、氯溴异氰尿酸等。

近年国内对细菌剂的创制日渐掀起高潮，其中噻菌铜和噻唑锌是中国创制细菌剂的两个代表品种，分别为浙江龙湾化工有限公司和浙江新农化工有限公司开发，均已产业化应用。

创制中的新化合物细分结构类型主要涉及丙二腈肟醚类、喹诺酮类、杨梅素衍生物、喹唑啉酮类、1, 3, 4-噁二唑类、吡唑类等。研究的单位涉及山东省联合农药工业有限公司、沈阳中化农药化工研发有限公司、贵州大学、西南大学、西华大学、华南农业大学等。

6.2.2 噻菌铜的创制

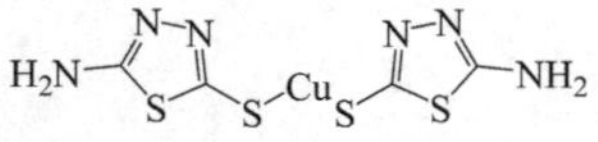

$$H_2N\text{-}(C_2N_2S)\text{-}S\text{-}Cu\text{-}S\text{-}(C_2N_2S)\text{-}NH_2$$

化合物专利名称：主克白叶枯病的杀菌剂

中国专利号：ZL99113411.7；申请日：1999-01-11；授权日：2001-10-10

专利发明人：张学郎，贾伟龙，王一风；申请人：温州市龙湾化工厂

噻菌铜又名龙克菌，是一种自行创制发明的噻唑类有机铜杀菌剂，防治作物细菌性病害具有特效，英文通用名 thiodiazole-copper，获得中国发明专利。噻菌铜由浙江龙湾化工有限公司开发，于 2000 年获准新农药临时登记(LS20001367)，2008 年获准正式登记(PD20086025)，已在全国范围内推广销售，主要用于防治大白菜软腐病、西瓜枯萎病、番茄细菌性叶斑病、黄瓜细菌性角斑病、烟草野火病、烟草青枯病、兰花软腐病、棉花苗期立枯病、水稻细菌性条斑病、白叶枯病和柑橘溃疡病、疮痂病等作物病害，能有效防治作物细菌和真菌性病害。

6.2.2.1 知识产权分析

该化合物为已知化合物，早在 1965 年就有报道[1]，1999 年浙江龙湾化工有限公司发现其具有杀细菌活性，申请了铜的络合物专利。

（1）新颖性　分析见表 6-26。

表 6-26　该专利与已有技术对比表

该专利： CN1227224A (温州市龙湾化工厂，申请日：1999-01-11；公开日：1999-09-01)	Cu[S–(1,3,4-噻二唑, N-N, S)–NH_2]$_2$ 噻菌铜(专利中化合物)
现有技术： Fresenius Zeits Anal Chemie, 1965, 6(207): 411-414.	H_2N–(1,3,4-噻二唑, N-NH, S)=S　·1/2 Cu(Ⅱ) CAS：3234-61-5

（2）创造性　该专利 CN1227224A 说明书第 4 页记载，400mg/L 剂量下，剪叶接白枯病菌后 3 天、7 天喷药，其防效分别为 69.35%、61.48%，比相同浓度的叶青双防效 61.29%、50.47% 增效 8%～11%，远优于青枯灵、王铜和强氯精的防治效果。盆栽接菌试验的药效，也取得同样结果。

（3）核心专利　噻菌铜核心专利与授权保护范围如表 6-27 所示。

表 6-27　浙江龙湾化工有限公司申请的噻菌铜核心专利

序号	公开号	专利号	法律状态
1	CN1227224A	ZL99113411.7	专利权终止
2	CN106866580A		驳回
3	CN104222108A	ZL201410442628.7	授权有效
4	CN101213974A	ZL200810059093.X	未缴年费失效
5	CN106234382A	ZL201610715788.3	授权有效
授权保护范围(中国专利) 一种主克白叶枯病的杀菌剂组合物，其特征在于该杀菌剂的有效成分化学结构式为： Cu[S–(1,3,4-噻二唑, N-N, S)–NH_2]$_2$			

6.2.2.2 合成方法

2-氨基-5-巯基-1,3,4-噻二唑和硫酸铜在碱性氢氧化钠的条件下反应得到噻菌铜(图 6-10)[2]。

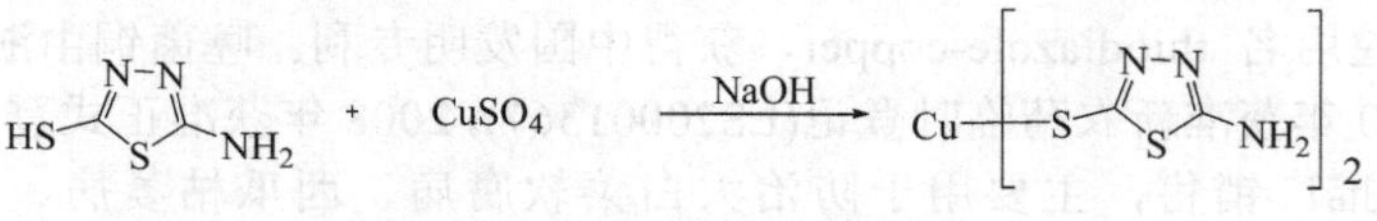

$$\text{HS-C}_2\text{N}_2\text{S-NH}_2 + CuSO_4 \xrightarrow{NaOH} Cu\left[-S-C_2N_2S-NH_2\right]_2$$

图 6-10 噻菌铜合成路线

6.2.2.3 组合物专利

噻菌铜部分组合物专利见表 6-28。

表 6-28 噻菌铜组合物专利

序号	公开号	发明名称	申请人	B 组分
1	CN107136099A	一种含有噻菌铜与噻霉酮的杀菌组合物	河北威远生化农药有限公司	噻霉酮
2	CN 106234382A	一种含有噻菌铜和申嗪霉素的杀菌组合物及其杀菌剂	浙江龙湾化工有限公司	申嗪霉素
3	CN101965842A	一种含噻菌铜的杀菌剂组合物及其制备方法	吴元林	甲氧基丙烯酸酯类
4	CN103392740A	含有春雷霉素的杀菌组合物及应用	海南正业中农高科股份有限公司	春雷霉素
5	CN103918681A	一种含噻菌铜的杀菌组合物	深圳诺普信农化股份有限公司	中生菌素
6	CN104255743A	含有春雷霉素与噻菌铜的杀菌组合物及应用	海南正业中农高科股份有限公司	春雷霉素
7	CN104322558A	杀菌组合物及其应用	四川利尔作物科学有限公司	丙硫菌唑
8	CN104542628A	一种含甲磺酰菌唑和噻菌铜的复配组合物及制剂	广西田园生化股份有限公司	甲磺酰菌唑
9	CN104705323A	一种含噻菌铜和代森锌的杀菌组合物	黄业新，杨新兰	代森锌
10	CN104886075A	含有吲唑磺菌胺和有机铜类化合物的杀菌组合物	广东中迅农科股份有限公司	吲唑磺菌胺
11	CN105052996A	一种含毒氟磷和噻唑类杀菌剂的农药组合物及杀菌剂	广西田园生化股份有限公司	毒氟磷
12	CN106305841A	复合杀菌剂	吉林省八达农药有限公司	稻瘟酯、叶枯唑、噻森铜、蒜素
13	CN106719710A	一种含有氟噻唑吡乙酮的杀菌组合物	广东中迅农科股份有限公司	氟噻唑吡乙酮
14	CN107156142A	一种含噻菌铜和茉莉酸甲酯的杀菌组合物	广西南宁乐蕊生物科技有限责任公司	茉莉酸甲酯
15	CN108244128A	一种含苯硫咪唑与铜制剂的杀菌组合物	陕西康禾立丰生物科技药业有限公司	苯硫咪唑
16	CN108353903A	一种防治黄瓜霜霉病的无公害杀菌组合物及其制备方法	鄂尔多斯市农业技术推广站	百菌清粉剂、春雷霉素

6.2.2.4 作用机理

噻菌铜由两个基团组成。一是噻唑基团，在植物体外对细菌抑制力差，但在植物体内却是高效的治疗剂。药剂在植株的孔纹导管中，细菌受到严重损害，其细胞壁变薄，继而瓦解，导致细菌的死亡。二是铜离子，具有既杀细菌又杀真菌的作用。药剂中的铜离子与病原菌细胞膜表面上的阳离子（H^+、K^+）等交换，导致病菌细胞膜上的蛋白质凝固杀死病菌；部分铜离子渗透进入病原菌细胞内，与某些酶结合，影响其活性，导致机能失调，病菌因而衰竭死亡。总之，噻菌铜在两个基团的共同作用下，杀菌更彻底，防治效果更好，防治对象更广泛[3]。

6.2.2.5 毒理学与安全评价

对哺乳动物进行了急性经口、经皮、皮刺、眼刺、Ames、染色体、微核、亚慢性试验，环境和非靶标生物毒性试验及残留试验（表 6-29）。试验结果表明噻菌铜属低毒化合物，无“三致”，对哺乳动物、环境及非靶标生物安全，低残留[3]。

表 6-29 毒理学与安全评价

化合物	测试科目	结论
噻菌铜原药	骨髓嗜多染红细胞微核试验	阴性
	小鼠睾丸精母细胞染色体畸变试验	阴性
	伤寒沙门氏菌回复突变(Ames)试验	阴性
	90d 大鼠饲喂亚慢性毒性试验	对 SD 大鼠的 13 周喂饲给药最大无作用剂量为 20.16mg/kg
20%噻菌铜悬浮剂	大鼠急性经口	LD_{50}＞5050mg/kg，低毒
	大鼠急性经皮	LD_{50}＞2150mg/kg，低毒
	兔眼单次刺激试验	无刺激性
	兔皮肤单次刺激试验	无刺激性
	家兔急性皮肤刺激试验	未见红斑、水肿
	白化豚鼠致敏率	0
	蜜蜂	胃毒 LC_{50}＞2000mg/L；触杀 LC_{50}＞3250mg/L；田间喷雾浓度 400mg/L；田间弥雾浓度 2000～4000mg/L
	鹌鹑	LD_{50}＞2000mg/kg
	家蚕	LD_{50}＞750mg/kg；田间喷雾浓度 200mg/L；田间弥雾浓度 1000～2000mg/L
	斑马鱼	田间喷雾浓度＜400mg/L

6.2.2.6 登记情况

目前国内登记噻菌铜系列产品 2 个，具体登记信息如表 6-30。

表 6-30　噻菌铜相关登记产品信息表

登记证号	农药名称	剂型	总含量	登记作物	防治对象	用药量(制剂量)	施用方法	登记证持有人
PD20086025	噻菌铜	原药	95%	—	—	—	—	浙江龙湾化工有限公司
PD20086024	噻菌铜	悬浮剂	20%	大白菜	软腐病	75～100g/亩	喷雾	浙江龙湾化工有限公司
				番茄	叶斑病	300～700 倍液	喷雾	
				柑橘	疮痂病	300～500 倍液	喷雾	
				柑橘	溃疡病	300～700 倍液	喷雾	
				黄瓜	角斑病	83.3～166.6g/亩	喷雾	
				库尔勒香梨树	火疫病	300～500 倍液	喷雾	
				兰花	软腐病	300～500 倍液	喷雾	
				马铃薯	黑胫病	100～125mL/亩	喷雾	
				棉花	苗期立枯病	1000～1500g/100kg 种子	拌种	
				水稻	白叶枯病	100～130g/亩	喷雾	
				水稻	细菌性条斑病	125～160g/亩	喷雾	

6.2.2.7　应用效果

应用效果表明，噻菌铜及其混剂对烟草野火病、番茄细菌性叶斑病、黄瓜角斑病、柑橘溃疡病、柑橘疮痂病、水稻细菌性条斑病、水稻白叶枯病、姜腐烂病等多种病害均有较好的防治效果[4-6]。

参考文献

[1] Domagalina E, Przyborowski L. Use of 2-amino-1,3,4-thiadiazole-5-thiol in analytical chemistry. Fresenius Zeits Anal Chemie, 1965, 6(207): 411-414.
[2] 张学郎，贾伟龙，王一风. 主克白叶枯病的杀菌剂组合物. CN1227224, 1999-01-11.
[3] 张文胜，王培楷，熊兴平. 防治细菌病害的理想药剂——噻菌铜（龙克菌）. 中国植物保护学会 2019 年学术年会论文集, 232-239.
[4] 陈勇兵，胡丽秋. 20%噻菌铜 SC 防治番茄细菌性叶斑病田间药效试验. 上海农业科技, 2014 (01): 123-124.
[5] 徐森富，王会福. 噻菌铜防治黄瓜角斑病药效试验. 长江蔬菜, 2003(07): 35.
[6] 梁帝允. 高效、低毒、安全新杀菌剂——龙克菌（噻菌铜）. 第十九届全国植保信息交流暨农药械交易会论文集, 333-336.

6.2.3　噻唑锌的创制

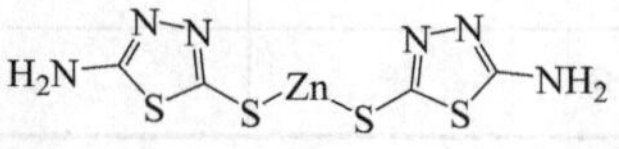

化合物专利名称：噻二唑类金属络合物及其制备方法和用途

中国专利号：ZL00132119.6；申请日：2000-12-15；授权日：2004-06-09

专利发明人：徐月星，方勇军，戴金贵，龚桂荣

申请人：浙江新农化工有限公司

噻唑锌是一类含杂环有机锌的创制新农药，是防治农作物细菌性病害的新一代高效、低毒、安全的农用杀菌剂，英文通用名 zinc thiazole，获得中国发明专利。噻唑锌是浙江新农化工股份有限公司自主研发的，于 2004 年获准新农药临时登记(LS20041926，LS20041927)，2009 年获准正式登记(PD20096839)，噻唑锌已在水稻、果树和蔬菜等作物上得到推广应用。

6.2.3.1 知识产权分析

该化合物为已知化合物，早在 1965 年就有报道[1]，继 1999 年浙江龙湾化工有限公司发现噻菌铜具有杀细菌活性并申请了铜的络合物专利后，浙江新农化工股份有限公司发现锌、锰、镍也都有活性，于是也申请了专利，开发为杀细菌剂。

（1）新颖性　分析见表 6-31。

表 6-31　该专利与已有技术对比表

该专利： CN1308070A (浙江新农化工有限公司，申请日：2000-12-15；公开日：2001-08-15)	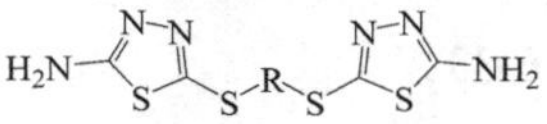 通式 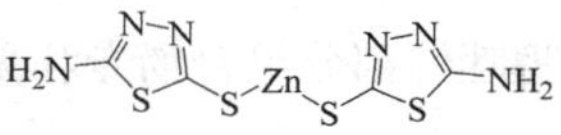　代表化合物噻唑锌(专利中化合物 1)
已有技术 1： CN1227224A (温州市龙湾化工厂，申请日：1999-01-11；公开日：1999-09-01)	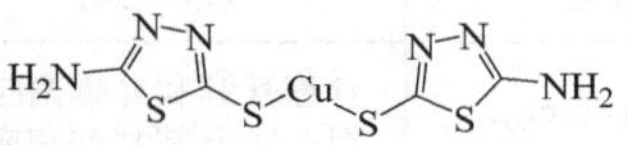 噻菌铜　CAS：3234-61-5
现有技术 2： Fresenius Zeits Anal Chemie, 1965, 6(207): 411-414.	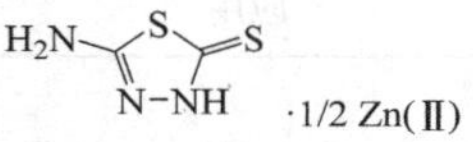 ·1/2 Zn(Ⅱ)　CAS：3234-62-6

（2）创造性　该专利 CN1308070A 说明书记载，400mg/L 剂量下，剪叶接白枯病菌测定防效为 77.03%，比相同浓度的叶青双药效增效约 5 个百分点，更优于青枯灵。大田防治白叶枯病试验也取得了同样的效果。

（3）核心化合物专利　噻唑锌核心化合物专利与授权保护范围如表 6-32 所示。

表 6-32　浙江新农化工有限公司申请的噻唑锌核心化合物专利

序号	公开号	专利号	法律状态
1	CN1308070A	ZL00132119.6	专利期届满失效
授权保护范围(中国专利) 一种噻二唑类金属络合物，其特征是其化学名称为 2-氨基-5-巯基-1,3,4-噻二唑金属络合物，结构通式为： 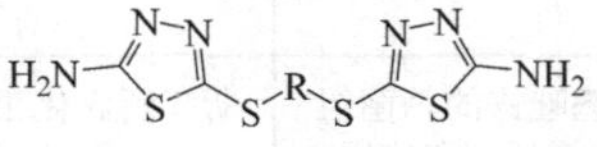 R= Mn、Sn、Zn、Ni			

6.2.3.2 合成方法

2-氨基-5-巯基-1,3,4-噻二唑和硫酸锌在碱性氢氧化钠的条件下反应得到噻唑锌(图 6-11)[1]。

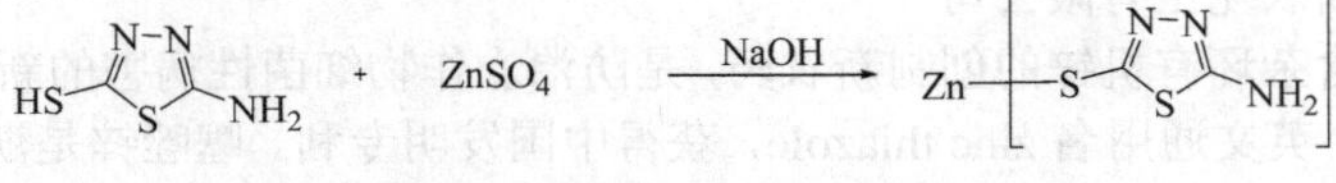

图 6-11　噻唑锌合成路线-1

在球磨中，2-氨基-5-巯基-1,3,4-噻二唑和二水合醋酸锌在少量水作为辅助溶剂条件下，经研磨可直接合成噻唑锌(图 6-12)[2]。

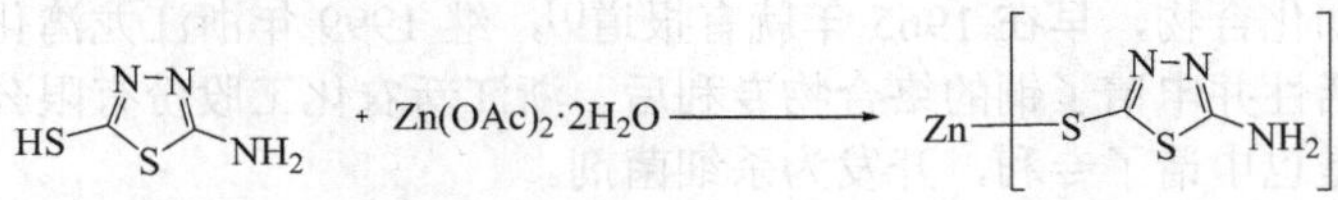

图 6-12　噻唑锌合成路线-2

6.2.3.3　组合物专利

噻唑锌部分组合物专利见表 6-33。

表 6-33　噻唑锌组合物专利

序号	公开号	发明名称	申请人	B 组分
1	CN108935490A	含噻唑锌和异噻菌胺的组合物及其制剂和应用	浙江新农化工股份有限公司	异噻菌胺
2	CN101796955A	一种复配杀菌组合物及应用	青岛星牌作物科学有限公司	咪鲜胺或其金属盐复合物
3	CN101953346A	含噻唑锌的杀菌组合物	浙江新农化工股份有限公司	甲氧基丙烯酸酯类杀菌剂、三唑类杀菌剂、酰胺类杀菌剂、咪唑类杀菌剂、二羧酰亚胺类杀菌剂、氨基甲酸酯类杀菌剂、抗菌素类杀菌剂、噁唑类杀菌剂、吗啉类杀菌剂、嘧啶类杀菌剂、喹(唑)啉(酮)类杀菌剂、二硫代氨基甲酸盐类杀菌剂或其他选定杀菌剂的杀菌活性化合物
4	CN102835403A	一种杀菌组合物及其制剂和应用	联保作物科技有限公司	中生菌素
5	CN104222107A	一种含有噻唑锌和叶枯唑的农药组合物	广东中迅农科股份有限公司	叶枯唑
6	CN104336081A	一种含噻唑锌的高效杀菌增产组合物	陕西美邦农药有限公司	侧孢短芽孢杆菌、枯草芽孢杆菌、蜡质芽孢杆菌、极细链格孢激活蛋白、氨基寡糖素、解淀粉芽孢杆菌、香菇多糖、叶枯唑
7	CN104396970A	一种含噻唑锌的杀菌组合物及其制剂和应用	浙江新农化工股份有限公司	琥珀酸脱氢酶抑制剂类杀菌剂
8	CN104413019A	一种含氟醚菌酰胺的农药组合物	张通	氟醚菌酰胺
9	CN104488899A	一种含甲磺酰菌唑和噻唑锌的复配组合物及制剂	广西田园生化股份有限公司	甲磺酰菌唑

续表

序号	公开号	发明名称	申请人	B组分
10	CN104542630A	一种含有噻唑锌和噻霉酮的杀菌组合物	江西中迅农化有限公司	噻霉酮
11	CN104585220A	一种含噻唑锌和氰烯菌酯的农用组合物及其制剂和应用	浙江新农化工股份有限公司	氰烯菌酯
12	CN104642339A	一种含噻唑锌的高效杀菌组合物	陕西汤普森生物科技有限公司	咪唑菌酮、噁唑菌酮
13	CN104642341A	一种含噻唑锌的杀菌组合物	陕西汤普森生物科技有限公司	氟嘧菌酯、啶氧菌酯、苯醚菌酯、烯肟菌胺、苯氧菌胺
14	CN104642343A	一种含噻唑锌与三唑类的杀菌组合物	陕西汤普森生物科技有限公司	三唑类
15	CN104642346A	一种含噻唑锌的高效杀菌组合物	陕西汤普森生物科技有限公司	噻呋酰胺、稻瘟酰胺、烯丙苯噻唑或氰烯菌酯
16	CN104642350A	一种含噻唑锌的复配杀菌组合物	陕西汤普森生物科技有限公司	多抗霉素、宁南霉素、嘧啶核苷类抗菌素、蛇床子素或申嗪霉素
17	CN104642351A	一种含噻唑锌的复配高效杀菌组合物	陕西汤普森生物科技有限公司	缬霉威、溴菌腈或活化酯
18	CN104904727A	含有吲唑磺菌胺和噻唑锌的杀菌组合物	江苏新农化工有限公司	吲唑磺菌胺

6.2.3.4 作用机理

噻唑锌由两个活性基团组成：一是噻唑基团，虽然在植物体外对细菌无抑制力，但在植物体内却有高效的治疗作用，该药剂在植株的孔纹导管中，使细菌的细胞壁变薄，继而瓦解，致细菌死亡。二是锌离子，具有既杀真菌又杀细菌的作用，药剂中的锌离子与病原菌细胞膜表面上的阳离子(H^+、K^+等)交换，导致病菌细胞膜上的蛋白质凝固，起到杀死病菌的作用，部分锌离子渗透进入病原菌细胞内，与某些酶结合，也会影响其活性，导致机能失调，病菌因而衰竭死亡。在这两个活性基团的共同作用下，杀灭病菌更彻底，防治效果更好，防治对象更广泛。

6.2.3.5 毒理学与安全评价

对哺乳动物进行了急性经口、经皮、皮刺、眼刺、Ames、染色体、微核、亚慢性试验，环境和非靶标生物毒性试验及残留试验（表 6-34）。试验结果表明噻唑锌属低毒化合物，对哺乳动物、环境及非靶标生物安全[3]。

表 6-34 毒性学与安全评价

化合物	测试科目	结论
噻唑锌原药	大鼠急性经口	LD_{50}＞5000mg/kg，低毒
	大鼠急性经皮	LD_{50}＞2000mg/kg，低毒
	兔眼单次刺激试验	无刺激性
	兔皮肤单次刺激试验	无刺激性

续表

化合物	测试科目	结论
噻唑锌原药	家兔急性皮肤刺激试验	未见红斑、水肿
	豚鼠皮肤变态反应	弱致敏物
	骨髓嗜多染红细胞微核试验	阴性
	小鼠睾丸精母细胞染色体畸变试验	阴性
	伤寒沙门氏菌回复突变(Ames)试验	阴性
	90d 大鼠饲喂亚慢性毒性试验	对 SD 大鼠的 13 周喂饲给药最大无作用剂量组雌鼠均为 19.8mg/kg，雄鼠均为 19.1mg/kg
20%噻唑锌悬浮剂	大鼠急性经口	LD_{50}＞5000mg/kg，低毒
	大鼠急性经皮	LD_{50}＞2000mg/kg，低毒
	兔眼单次刺激试验	无刺激性
	兔皮肤单次刺激试验	无刺激性
	家兔急性皮肤刺激试验	未见红斑、水肿
	豚鼠皮肤变态反应	弱致敏物
	蜜蜂	LC_{50}(48h) 6000mg/L
	鹌鹑	LD_{50}(7d) 1000mg/kg
	斑马鱼	LC_{50}(96h) 5.56mg/kg

6.2.3.6 登记情况

目前国内登记噻唑锌系列产品 10 个，具体登记信息如表 6-35。

表 6-35　噻唑锌相关登记产品信息表

登记证号	农药名称	剂型	总含量	登记作物	防治对象	用药量(制剂量)	施用方法	登记证持有人
PD20184279	甲硫·噻唑锌	悬浮剂	40%	黄瓜	白粉病	120～180mL/亩	喷雾	江阴苏利化学股份有限公司
				黄瓜	细菌性角斑病	120～180mL/亩	喷雾	
PD20096932	噻唑锌	悬浮剂	20%	大白菜	软腐病	100～150mL/亩	喷雾	浙江新农化工股份有限公司
				柑橘树	溃疡病	300～500 倍液	喷雾	
				黄瓜(保护地)	细菌性角斑病	100～150mL/亩	喷雾	
				库尔勒香梨树	苹果枝枯病	300～400 倍液	喷雾	
				辣椒	细菌性叶斑病	100～150mL/亩	喷雾	
				马铃薯	黑胫病	80～120mL/亩	喷雾	

续表

登记证号	农药名称	剂型	总含量	登记作物	防治对象	用药量(制剂量)	施用方法	登记证持有人
PD20096932	噻唑锌	悬浮剂	20%	水稻	细菌性条斑病	100～125mL /亩	喷雾	浙江新农化工股份有限公司
				桃树	细菌性穿孔病	300～500 倍	喷雾	
				西瓜	细菌性果腐病	125～150mL /亩	喷雾	
				西兰花	头腐病	100～150mL /亩	喷雾	
				小葱	软腐病	125～150mL /亩	喷雾	
PD20096839	噻唑锌	原药	95%	—	—	—	—	浙江新农化工股份有限公司
PD20181209	噻唑锌	悬浮剂	30%	柑橘树	溃疡病	500～750 倍液	喷雾	浙江新农化工股份有限公司
				黄瓜(保护地)	细菌性角斑病	83～100mL/亩	喷雾	
				水稻	细菌性条斑病	67～100mL/亩	喷雾	
PD20151347	噻唑锌	悬浮剂	40%	柑橘树	溃疡病	670～1000 倍液	喷雾	浙江新农化工股份有限公司
				黄瓜(保护地)	细菌性角斑病	50～75mL /亩	喷雾	
				水稻	细菌性条斑病	50～75mL /亩	喷雾	
				桃树	细菌性穿孔病	600～1000 倍液	喷雾	
				烟草	青枯病	600～800 倍液	喷淋	
				烟草	野火病	60～85mL /亩	喷雾	
				芋头	软腐病	600～800 倍液	喷淋或喷雾	
PD20151282	嘧酯·噻唑锌	悬浮剂	50%	草莓	炭疽病	40～60mL /亩	喷雾	浙江新农化工股份有限公司
				黄瓜	霜霉病	40～60mL /亩	喷雾	
				马铃薯	黑痣病	60～80mL /亩	喷雾	
				水稻	纹枯病	40～50mL /亩	喷雾	
PD20182843	唑醚·噻唑锌	悬浮剂	50%	旱芋	疫病	800～1000 倍液	喷雾	浙江新农化工股份有限公司
				香蕉	叶斑病	800～1000 倍液	喷雾	
PD20150885	戊唑·噻唑锌	悬浮剂	40%	水稻	纹枯病	60～70mL /亩	喷雾	浙江新农化工股份有限公司
				桃树	细菌性穿孔病	稀释 800～1200 倍液	喷雾	

续表

登记证号	农药名称	剂型	总含量	登记作物	防治对象	用药量(制剂量)	施用方法	登记证持有人
PD20152654	春雷·噻唑锌	悬浮剂	40%	黄瓜	细菌性角斑病	40～60mL/亩	喷雾	浙江新农化工股份有限公司
				库尔勒香梨树	苹果枝枯病	1000～1500倍	喷雾	
				水稻	稻瘟病	40～50mL/亩	喷雾	
				铁皮石斛	软腐病	40～50mL/亩	喷雾	
				猕猴桃	花腐病	800～1200倍	喷雾	
PD20160049	噻唑锌	原药	95%	—	—	—	—	江苏新农化工有限公司

6.2.3.7 应用效果

田间效果表明，噻唑锌及其混剂对多种细菌和真菌病害表现出良好防效，如水稻白叶枯病、柑橘溃疡病、柑橘疮痂病、青花菜根肿病、生姜细菌性叶枯病、芒果细菌性角斑病、白菜软腐病、大蒜细菌性软腐病、莲藕腐败病、番茄细菌性斑点病、桃细菌性穿孔病、辣椒青枯病、番茄青枯病、番茄细菌性叶斑病、甘蓝细菌性黑斑病、水稻细菌性条斑病、水稻白叶枯病、水稻纹枯病、黄瓜靶斑病、大蒜叶枯病、稻曲病、水稻稻瘟病、黄瓜霜霉病、苹果斑点落叶病和轮纹烂果病、冬枣斑点病等[5-9]。

参考文献

[1] 徐月星，方勇军，戴金贵，等. 噻二唑类金属络合物及其制备方法和用途. CN1308070A, 2000-12-15.

[2] 王益锋，陈如祥，许丹倩. 创制农药噻唑锌的球磨合成工艺. 农药, 2015, 54(04): 251-253.

[3] 魏方林，戴金贵，朱国念，等. 创制杀菌剂——噻唑锌. 世界农药, 2008(02): 47-48.

[4] 颜贞龙，徐仲奎，张勇，等. 20%噻唑锌悬浮剂对水稻白叶枯病的防治效果研究. 现代农业科技, 2018(08): 119, 121.

[5] 魏方林，许丹倩，戴金贵,等. 创制农药噻唑锌对柑桔溃疡病的田间药效. 农药, 2008(02): 90-91, 96.

[6] 韩凤英，杨慧，秦永梅，等. 20%噻唑锌悬浮剂对白菜软腐病的田间防效. 农药, 2016, 55(08): 602-603.

[7] 罗献友，王晶，袁国明. 25%噻唑锌悬浮剂对辣椒青枯病的防治效果. 植物医生, 2014, 27(02): 31-33.

[8] 陈凯，刘源，司海燕，等. 20%噻唑锌悬浮剂防治甘蓝细菌性黑斑病试验. 吉林蔬菜, 2010(04): 91.

[9] 黄振东，蒲占湑，张利平，等. 20%噻唑锌SC防治柑橘疮痂病田间药效试验. 浙江柑桔, 2009, 26(02): 24-25.

6.2.4 其他杀细菌剂的创制

（1）丙二腈肟醚类化合物及其用途

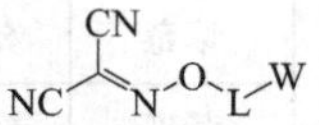

式中，L选自 $(CR^1R^2)_m$-O-CH_2-$(CR^1R^2)_p$-或-$(CR^1R^2)_m$-S-CH_2-$(CR^1R^2)_p$；m 为0或1；p 为0、1或2；R^1、R^2 选自氢；

W选自W1；

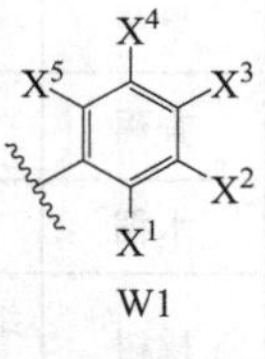

W1

其中，X^1、X^2、X^3、X^4、X^5 各自独立地选自氢、卤素、氰基、硝基、C_1～C_3烷基。

发明人：程学明，张立新，陈亮，孙芹，刘君丽，李志念，赵杰，徐靖博，吴鸿飞；申请人：沈阳中化农药化工研发有限公司

中国专利号：ZL201910374366.8；中国专利申请日：2016-12-22

化合物类型：丙二腈肟醚类化合物

发明思路：me-too 研究。

用途：用作杀细菌剂。对植物细菌病害和真菌病害具有良好的防治效果。

代表化合物结构如下：

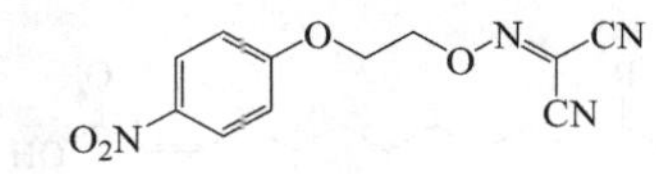

（2）一种丙二腈肟醚类化合物及其用途

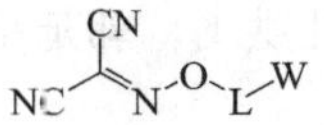

式中，L 选自 $(CR^1R^2)_m$-NH-(C=O)-CH_2-$(CR^1R^2)_p$；m 为 0；p 为 0；R^1、R^2 为氢；W 选自 W49

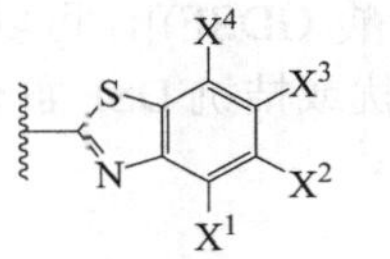

W49

；

其中，X^1、X^2、X^3、X^4 各自独立地选自氢、卤素、氰基、硝基、C_1～C_3 烷基、C_1～C_3 卤代烷基或 OR^3；R^3 选自氢、C_1～C_3 烷基或 C_1～C_3 卤代烷基。

发明人：程学明，张立新，陈亮，孙芹，刘君丽，李志念，赵杰，徐靖博，吴鸿飞；申请人：沈阳中化农药化工研发有限公司

中国专利号：ZL201910374414.3；中国专利申请日：2016-12-22

化合物类型：丙二腈肟醚类化合物

发明思路：me-too 研究。

用途：用作杀细菌剂。对植物细菌病害和真菌病害具有良好的防治效果。

（3）一类取代苯基呋喃-2-巯基噻唑啉甲酮类化合物及其制备方法和应用

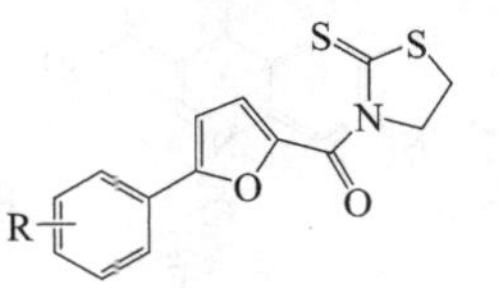

式中，所述 R 为氢、2-Cl、2-F、2,4-二氟、2,6-二氟、2-NO_2 或 4-NO_2 中的任意一种。

发明人：崔紫宁，陶辉，田浩，姜珊，向绪稳；申请人：华南农业大学

中国专利号：ZL201810954503.0；中国专利申请日：2018-08-21

化合物类型：苯基呋喃-2-巯基噻唑啉甲酮类苯基呋喃类、噻唑啉酮类

发明思路：me-too 研究；用硫代噻唑啉替换专利 CN107674070A 中化合物的氰基亚胺噻唑烷得到相关化合物。

用途：具有杀菌活性。对水稻白叶枯病菌Ⅲ型分泌系统(T3SS)表现出明显的抑制作用。

代表化合物结构如下：

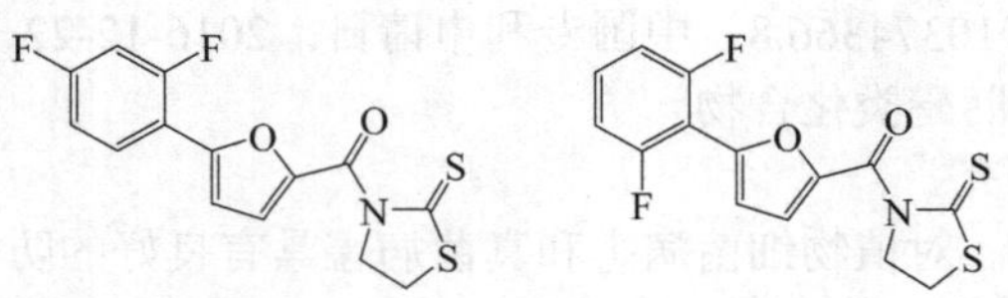

（4）用于防治柑橘溃疡病的化合物及其应用

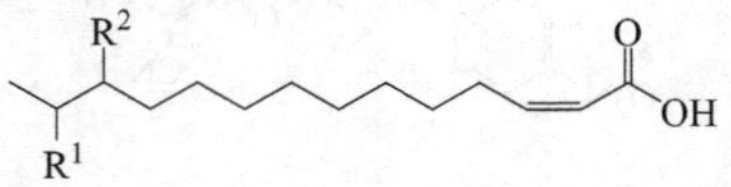

式中，R^1 为 H 或 CH_3；R^2 为 H 或 CH_3。

发明人：刘晓玲，谭春斌，阳勇，杜洪飞，郭延垒，常长青，张炼辉；申请人：重庆市中药研究院，华南农业大学

中国专利号：ZL201810868704.9；中国专利申请日：2018-08-02

化合物类型：脂肪烷烃类

发明思路：从柑橘溃疡病菌 Xac 中发现两个新群体感应 DSF 信号分子[(*Z*)-12-甲基-2-十四碳烯酸(FDSF)，(*Z*)-13-甲基-2-十四碳烯酸(GDSF)]，可以用来防治柑橘溃疡病。

用途：具有杀菌活性，能够有效干扰或拮抗 DSF 群体效应，降低致病因子的表达，从而控制柑橘溃疡病的传播，防治柑橘溃疡病。

代表化合物结构如下：

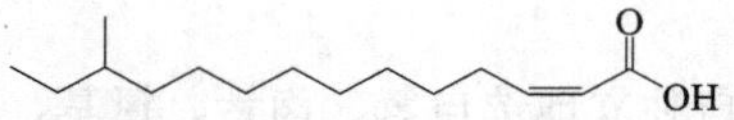

（5）一种喹诺酮类化合物及其制备方法和应用

部分化合物结构式如下：

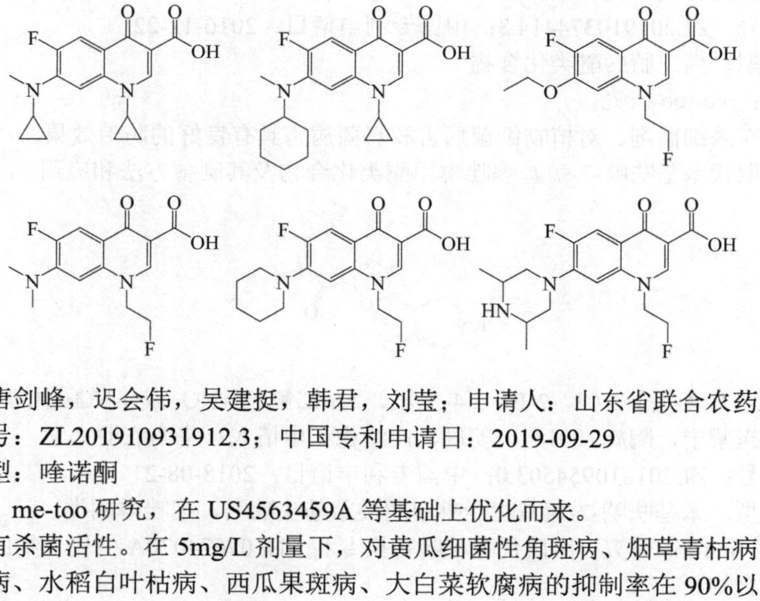

发明人：唐剑峰，迟会伟，吴建挺，韩君，刘莹；申请人：山东省联合农药工业有限公司

中国专利号：ZL201910931912.3；中国专利申请日：2019-09-29

化合物类型：喹诺酮

发明思路：me-too 研究，在 US4563459A 等基础上优化而来。

用途：具有杀菌活性。在 5mg/L 剂量下，对黄瓜细菌性角斑病、烟草青枯病、马铃薯黑胫病、甘薯茎腐病、水稻白叶枯病、西瓜果斑病、大白菜软腐病的抑制率在 90%以上。

（6）一种喹啉羧酸类化合物及其制备方法与用途

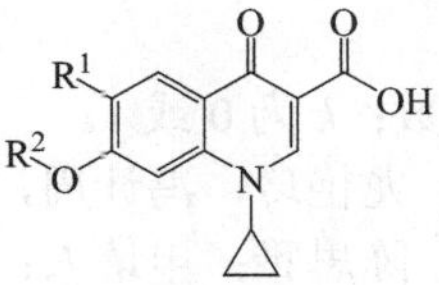

式中，R^1选自卤素；R^2选自C_1～C_{10}烷基、C_3～C_{10}环烷基或C_1～C_{10}卤代烷基。

发明人：许辉，唐剑峰，迟会伟，吴建挺，韩君，刘莹，赵宝修，张振国；申请人：山东省联合农药工业有限公司

中国专利号：ZL201910273280.6；中国专利申请日：2019-04-04

化合物类型：喹啉羧酸、喹诺酮类

发明思路：me-too 研究。

用途：具有杀菌活性。在 5mg/L 剂量下，对黄瓜细菌性角斑病、烟草青枯病、马铃薯黑胫病、甘薯茎腐病、水稻白叶枯病、西瓜果斑病、大白菜软腐病的抑制率在 90%以上。且可促进植株株高生长，刺激叶绿素的合成并且增加植株叶面积，使得作物叶片更绿、更厚实，提高光合效率，间接提高了植株免疫力和抵御外界不良环境的能力，使植株更健壮。

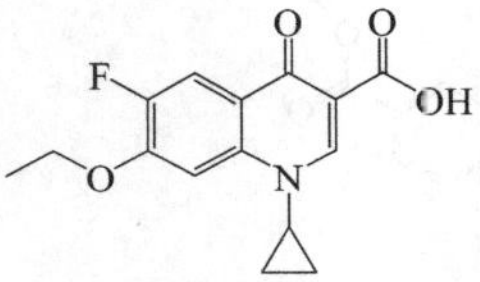

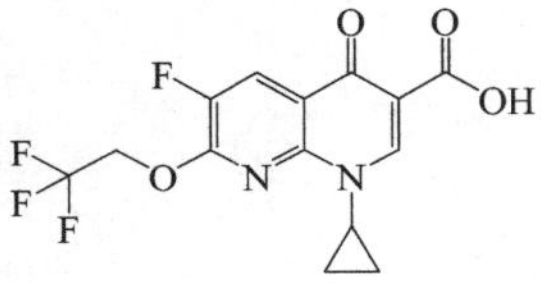

（7）氟喹诺酮类氨基衍生物及其防治柑橘病害的用途

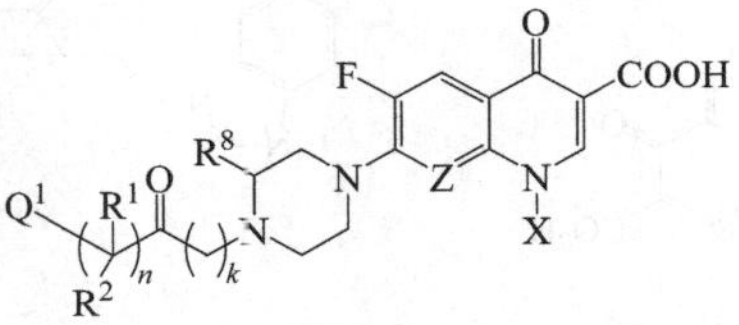

式中，X 选自乙基、C_3环烷基；Z 选自 N 或 CR^7；R^7选自 H、甲氧基、氟或氯；R^1和R^2各自独立选自 H、甲基；

Q^1选自 、 、 、 、 、 、 或 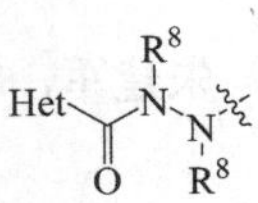 ；

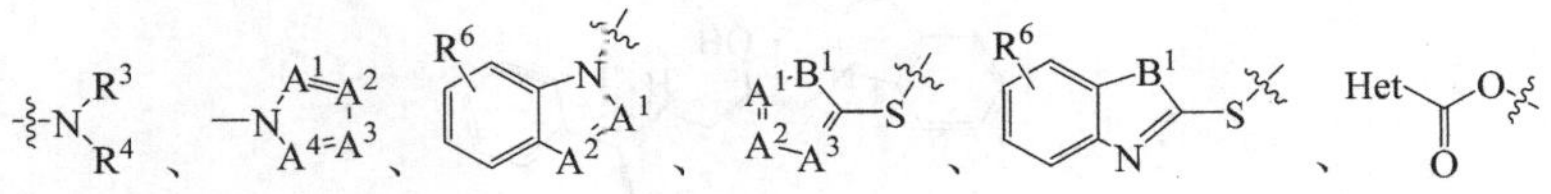

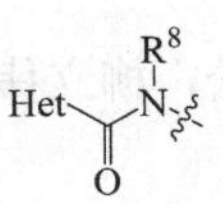

R^3或R^4各自独立选自 H、甲基、羟乙基，所述R^3和R^4不同时为 H，或者R^3、R^4与 N 共同形成五至八元杂环，所述五至八元杂环选自： 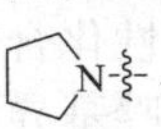 、 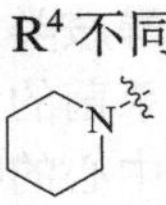 、或 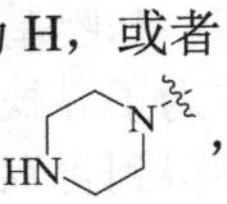 ，所述杂环可任选被一个甲基或苄基取代；

A^1、A^2、A^3、A^4独立选自CR^5或 N，且A^1、A^2中至少有一个为 N；R^5选自 H、甲基或氨

基；R^6为1个，独立选自H、二氟甲氧基；B^1选自S或NH；

所述Het选自 [4-吡啶基结构式]

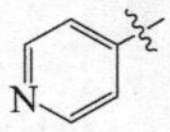

R^8选自H、甲基；n为1～3的整数；k为0或1。

发明人：胡军华，杨大成，范莉，龙艳玲，冯计周，黄敏，王帆，刘文，刘洁，陈菲菲刘晋宇，张泽朝，杨真，张金坤，谌阳，陈思雅；申请人：西南大学

中国专利号：ZL201711102891.1；中国专利申请日：2017-11-10

化合物类型：喹诺酮类、喹啉类

发明思路：me-too研究；喹诺酮类结构广泛用于医药中，参考现有技术，将氟喹诺酮类药物7位取代哌啶取代基进行替换得到目标化合物。

用途：具有杀菌活性，对柑橘溃疡病和褐斑病具有很好的效果，有非常好的应用前景。

代表化合物结构如下：

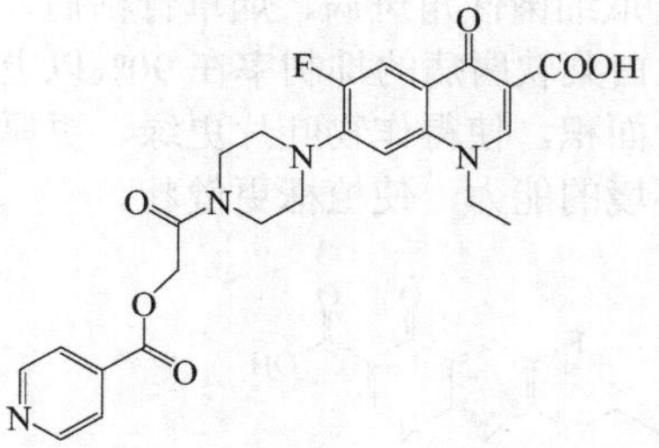

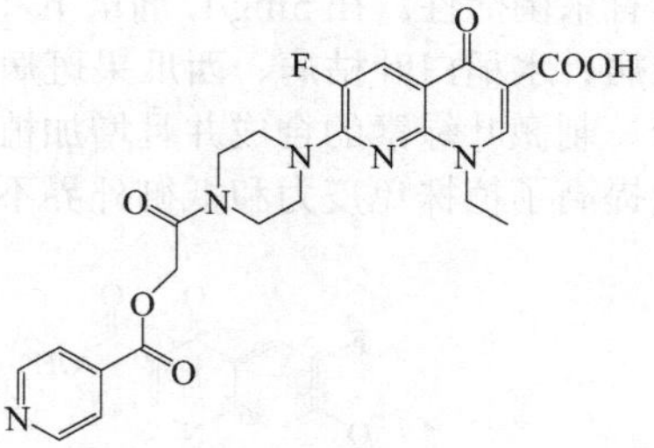

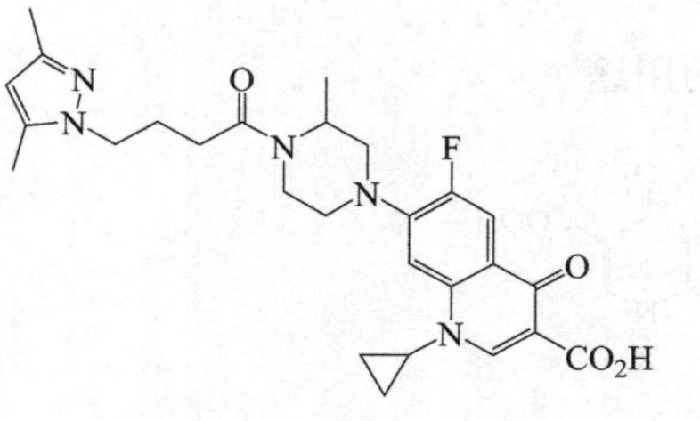

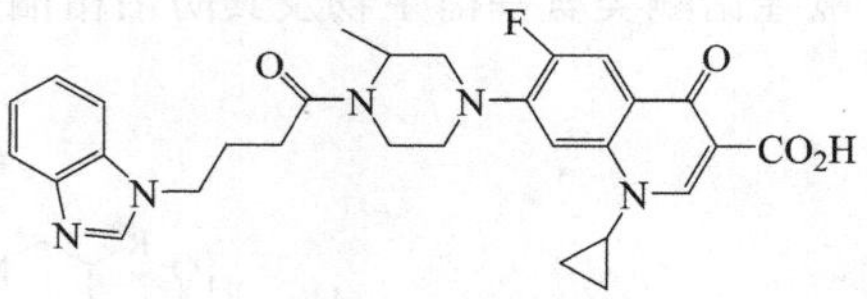

（8）一类具有双手性中心的咔唑基异丙醇胺衍生物及其制备方法和应用

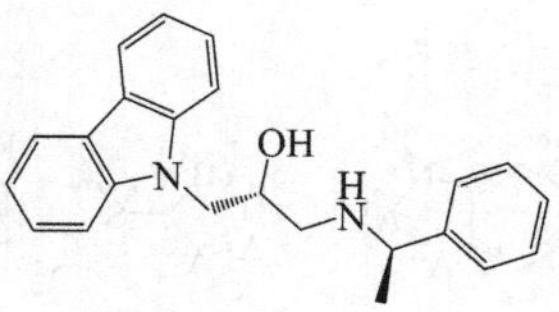

发明人：王培义，黄星，刘洪武，龙周卿，张玲，朱建军，杨松，柳立伟；申请人：贵州大学

中国专利号：ZL202110059432.X；中国专利申请日：2021-01-15

化合物类型：咔唑基异丙醇胺类

发明思路：为了寻找高效杀菌的活性化合物，以咔唑为母环，接含手性中心的环氧丙烷，再用手性胺开环得到含双手性中心的咔唑基异丙醇胺衍生物。

用途：具有杀菌活性，该类化合物对植物病原细菌如水稻白叶枯病菌、柑橘溃疡病菌、猕猴桃溃疡病菌等具有优异的抑制效果。

（9）一类含异丙醇胺亚结构的 1, 2, 3, 4-四氢-β-咔啉类化合物及其制备方法和应用

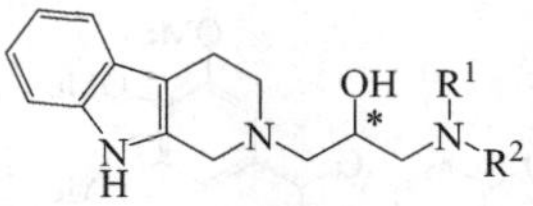

保护 43 个具体化合物，具体参见专利中权利要求书部分。

发明人：王培义，杨松，刘洪武，吉庆田，宿芬，王方，吴志兵；申请人：贵州大学

中国专利号：ZL202010453661.5；中国专利申请日：2020-05-25

化合物类型：咔啉类

发明思路：天然产物是新农药创制的重要资源，为了寻找高效抗菌活性化合物，以 1, 2, 3, 4-四氢-β-咔啉为起始原料，以异丙醇结构作为连接链，将一系列含氮基团引入此体系中，合成一系列含异丙醇胺亚结构的 1, 2, 3, 4-四氢-β-咔啉类化合物。

用途：具有杀菌活性，对植物病原细菌如水稻白叶枯病菌、柑橘溃疡病菌、猕猴桃溃疡病菌等具有优异的抑制效果。

代表化合物结构如下：

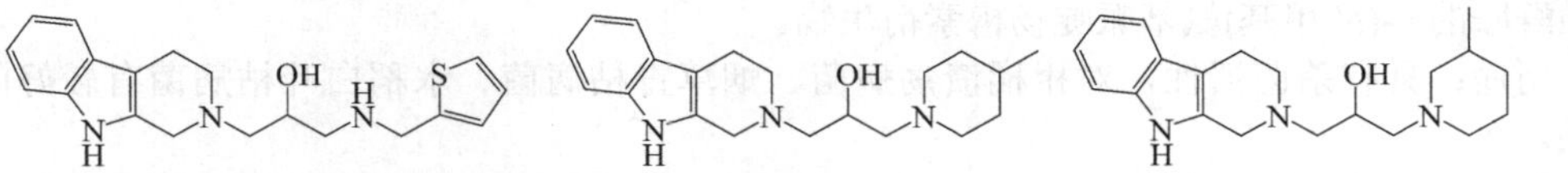

（10）一种含取代嘧啶的杨梅素衍生物，其制备方法及用途

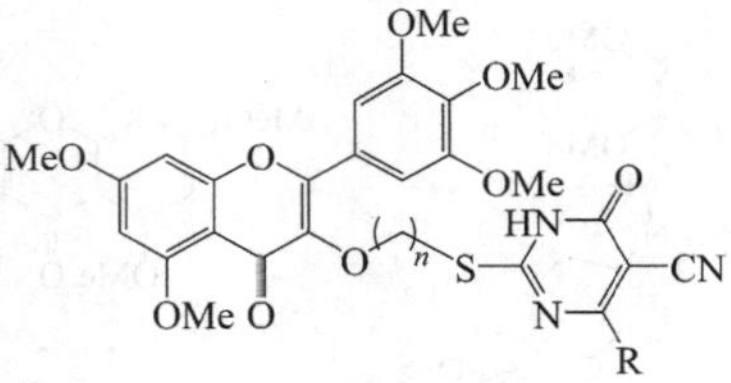

其中，R 为取代苯基、噻吩基、呋喃基或吡啶基；n 为碳链中碳的个数，为 2～6；所述的取代苯基为苯环上间位、对位单独或者同时含有甲基、甲氧基、硝基、卤素原子或氢原子。

发明人：薛伟，陈梅，柳敏，尹诗涛，贺鸣，刘婷婷，唐雪梅，彭峰；申请人：贵州大学、毕节市中药研究所

中国专利号：ZL202010886013.9；中国专利申请日：2020-08-28

化合物类型：杨梅素类

发明思路：me-too 研究；杨梅素具有较好的抑菌、抗病毒、抗肿瘤等活性，以杨梅苷为原料制备 3-羟基-3', 4', 5', 5, 7-五甲氧基杨梅素，进而合成了含取代嘧啶的杨梅素衍生物。

用途：具有杀菌活性，该类化合物对柑橘溃疡病菌、烟草青枯病菌、水稻白叶枯病菌具有较好的抑制活性。

代表化合物结构如下：

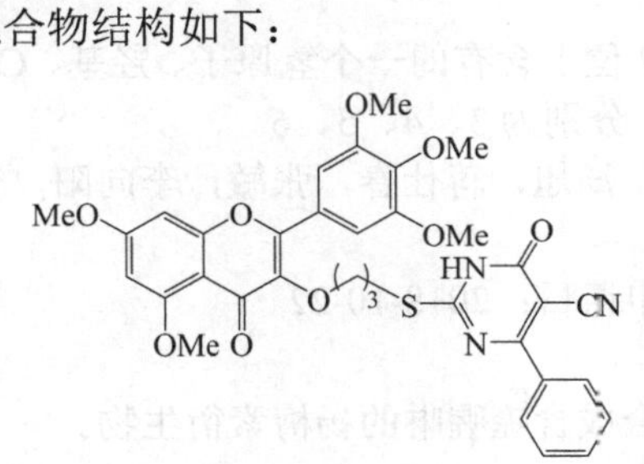

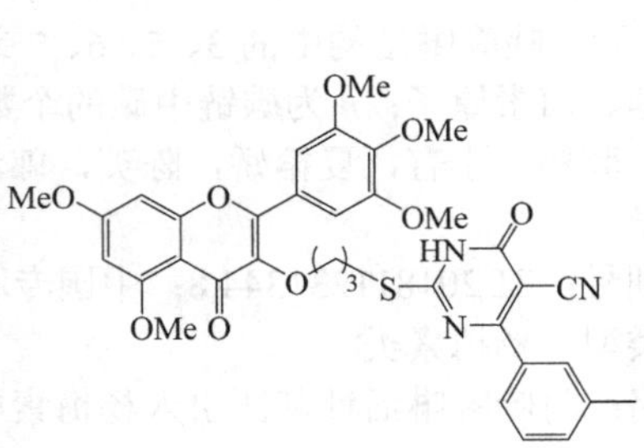

（11）含磺酰胺的4-(*N*-甲基)氨基哌啶杨梅素衍生物，制备方法及用途

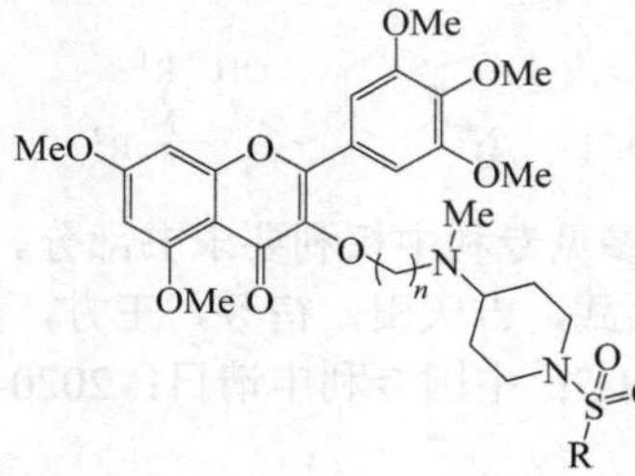

其中，R 为取代苯基、取代芳杂环基；*n* 为碳链中碳的个数，分别为2、3、4、5。

发明人：薛伟，蒋仕春，陈英，苏时军，贺军，陈梅，金梅梅，贺鸣，王俊；申请人：贵州大学

中国专利号：ZL201910528656.3；中国专利申请日：2019-06-18

化合物类型：氨基哌啶类、杨梅素类

发明思路：me-too 研究；将含磺酰胺的4-(*N*-甲基)氨基哌啶的活性基团引入杨梅素中合成含磺酰胺的4-(*N*-甲基)氨基哌啶杨梅素衍生物。

用途：具有杀菌活性，对柑橘溃疡病菌、烟草青枯病菌、水稻白叶枯病菌有较好的抑制效果。

代表化合物结构如下：

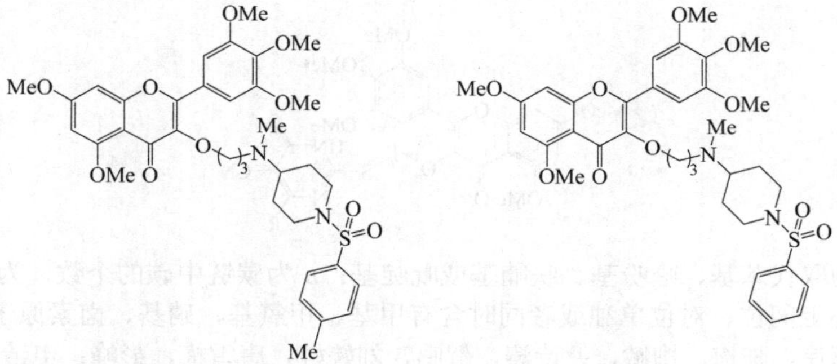

（12）一种含喹喔啉的杨梅素衍生物，其制备方法及用途

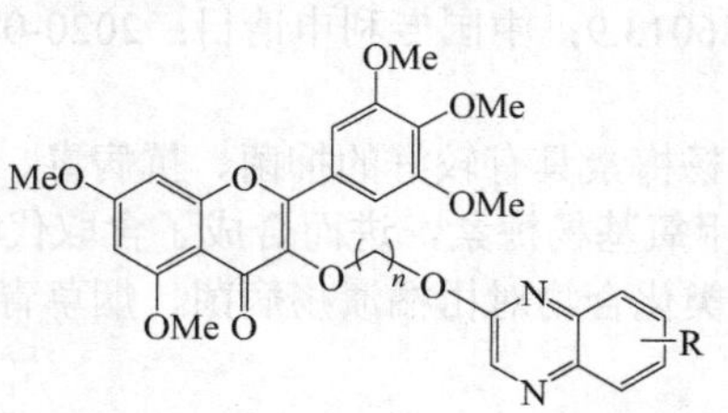

其中，R 为在喹喔啉结构中的3、5、6、7或8位上含有的一个氢原子、羟基、$C_{1\sim6}$的烷基、$C_{1\sim6}$的烷氧基、卤素原子；*n* 为碳链中碳的个数，分别为3、4、5、6。

发明人：薛伟，李普，夏榕娇，陈英，郭涛，汤旭，蒋仕春，张敏，李向阳，贺鸣；申请人：贵州大学

中国专利号：ZL201811231344.8；中国专利申请日：2018-10-22

化合物类型：杨梅素类

发明思路：将喹喔啉活性基团引入杨梅素中合成含喹喔啉的杨梅素衍生物。

用途：具有抗病毒、杀菌活性，该发明对烟草花叶病毒、柑橘溃疡病菌和水稻白叶枯病菌有较好抑制效果。

代表化合物结构如下：

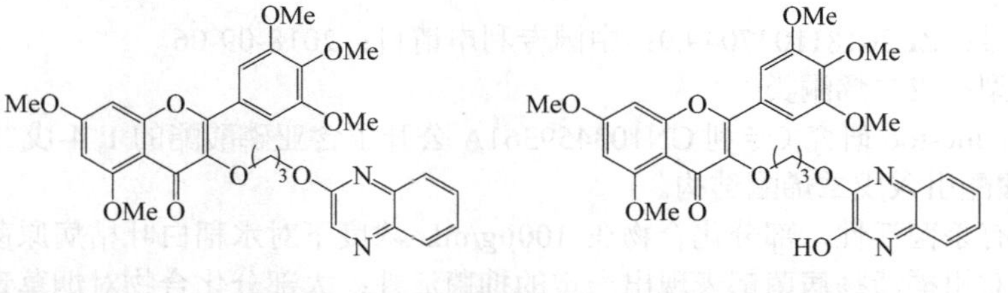

（13）含吡啶基团的1,4-戊二烯-3-酮肟酯类化合物，制备方法及用途

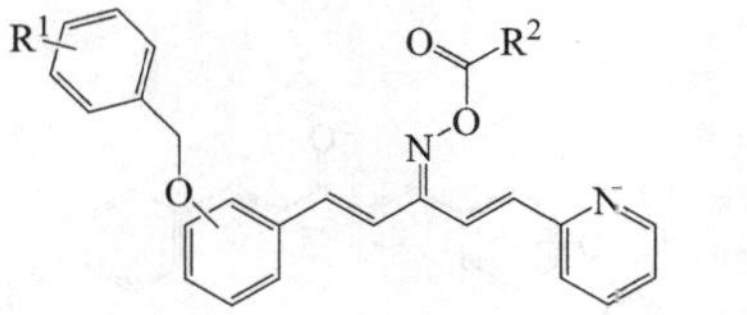

其中，R^1为卤原子、硝基；R^2为苯基、呋喃、氟代苯基、溴代苯基、甲氧基苯基、氯代苯乙基、硝基苯基。

发明人：薛伟，谢艳，王晓斌，王一会，李普，张橙，陈丽娟，唐显福，王岚，贺鸣，卢平；申请人：贵州大学

中国专利号：ZL201611046517.X；中国专利申请日：2016-11-23

化合物类型：含吡啶盐的酮肟酯类

发明思路：姜黄素(curcumin)是从姜科植物 *Curcuma longa* L.中提取的一种分子量小的多酚类物质，通常认为它是姜黄中的最有效成分。大量的研究证明：姜黄素具有抗氧化、抗炎、抗癌、杀虫、抑菌等作用。1,4-戊二烯-3-酮类似物与姜黄素结构相似，也具有抑菌、抗病毒等生物活性，因此在1,4-戊二烯-3-酮结构基础上引入吡啶基得到一些新的化合物。

用途：具有杀菌活性，该发明具有较高植物病菌抑制活性，对如烟草青枯病菌、柑橘溃疡病菌具有较好的抑制效果。

代表化合物结构如下：

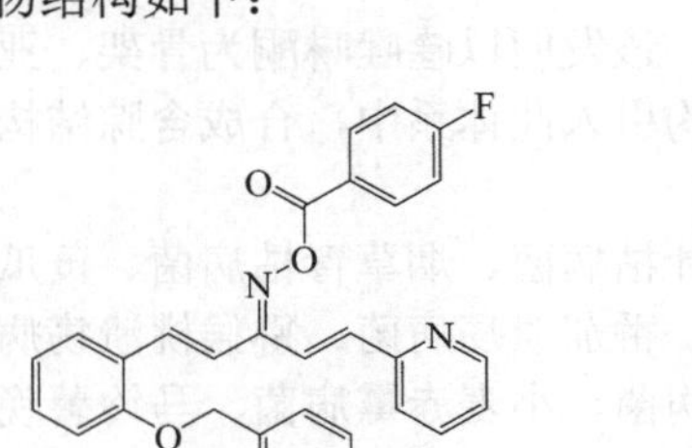

（14）一种含亚磷酸酯的1, 4-戊二烯-3-酮类衍生物，其制备方法及应用

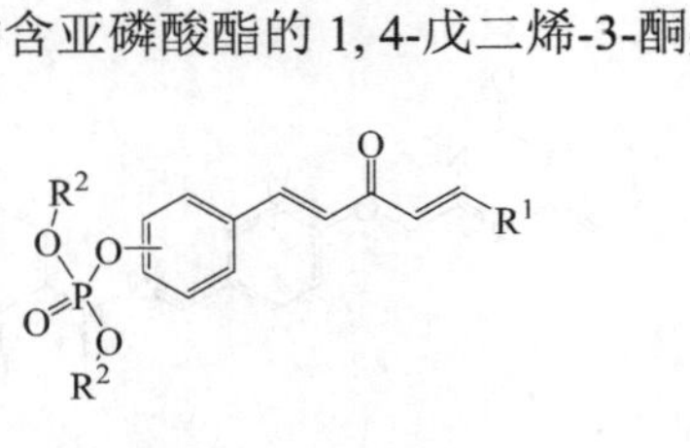

其中，R^1为苯基、取代苯基或噻吩基；R^2为C_1～C_6的烷基；

所述的R^1的取代苯基为苯环上邻、间或对位上含甲氧基、硝基、甲基或卤原子。

发明人：薛伟，陈丽娟，汤旭，陈英，夏榕娇，张橙，郭清，蒋仕春，王一会，贺鸣；申请人：贵州大学

中国专利号：ZL201811037049.9；中国专利申请日：2018-09-06

化合物类型：戊二烯酮类

发明思路：me-too 研究（专利 CN103459361A 公开了含亚磷酸酯的 1, 4-戊二烯-3-酮类衍生物）；将亚磷酸酯引入戊二烯酮结构。

用途：具有杀菌活性，部分化合物在 100μg/mL 浓度下对水稻白叶枯病原菌都表现出优良的抑制活性，对柑橘溃疡病菌都表现出一定的抑菌活性；大部分化合物对烟草青枯都表现出较好的抑制活性。

代表化合物结构如下：

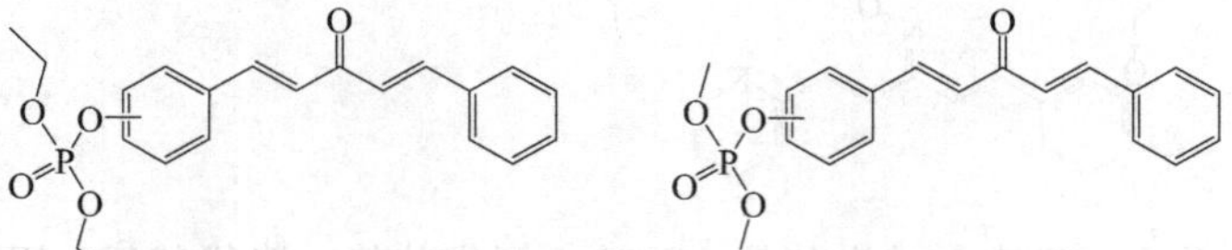

（15）一种含腙结构单元的喹唑啉酮化合物或其立体异构体，或其盐或其溶剂化物

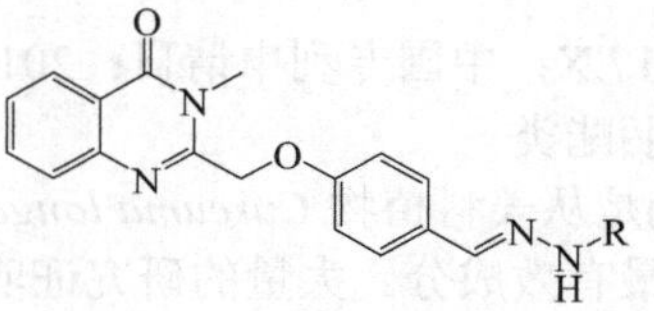

其中，具体选自 18 个化合物，参见专利中权利要求书部分。

发明人：王贞超，欧阳贵平，邵利辉，张丽琼，樊思丽；申请人：贵州大学

中国专利号：ZL202010220664.4；中国专利申请日：2020-03-25

化合物类型：含腙的喹唑啉类

发明思路：为了寻找高效杀菌的活性化合物，该发明以喹唑啉酮为骨架、亚甲基氧基苯为连接链，将可能提高目标化合物生物活性的腙结构引入此体系中，合成含腙结构单元的喹唑啉酮类化合物。

用途：具有杀菌活性，该化合物对如水稻白叶枯病菌、烟草青枯病菌、黄瓜白叶枯病菌、魔芋白叶枯病菌、柑橘溃疡病菌、葡萄溃疡病菌、番茄溃疡病菌、猕猴桃溃疡病菌、苹果溃疡病菌、黄瓜灰霉病菌、辣椒枯萎病菌、油菜菌核病菌、小麦赤霉病菌、马铃薯晚疫病菌、蓝莓根腐病菌等均具有较好的抑制效果。

代表化合物结构如下：

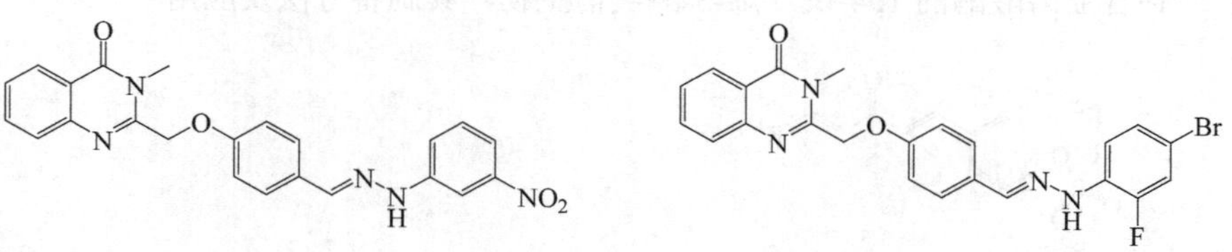

（16）一种用于制备防治作物致病细菌药物的化合物及制备方法

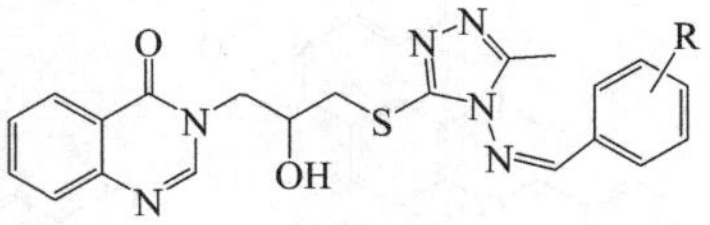

其中，R为邻/间/对氟、邻/间/对甲基、邻/间/对硝基、邻/间/对氯、邻/间/对溴、邻/间/对甲氧基、对三氟甲基、对氰基、对叔丁基、对三氟甲氧基、2,6-二氯、3,5-二甲基、2,4,6-三甲基、2,3,4-三甲氧基、2-溴-4-氟、2-溴-6-氟、2-溴-4-氯、3-羟基-4-甲氧基、氢。

发明人：鲍小平，杨岚，石军，罗娜；申请人：贵州大学

中国专利号：ZL201810349696.7；中国专利申请日：2018-04-18

化合物类型：喹唑啉酮类

发明思路：根据活性亚单元拼接原理，在喹唑啉-4-酮的3-位引入3-硫醚基-4-取代苯基亚甲基氨基-1,2,4-三唑单元，设计合成了一类含3-硫醚基-4-取代苯基亚甲基氨基-1,2,4-三唑单元的喹唑啉-4-酮类化合物。

用途：具有抗病毒、杀菌活性，该发明中化合物对柑橘溃疡病菌、烟草青枯病菌、水稻白叶枯病菌具有良好的抑制能力。

代表化合物结构如下：

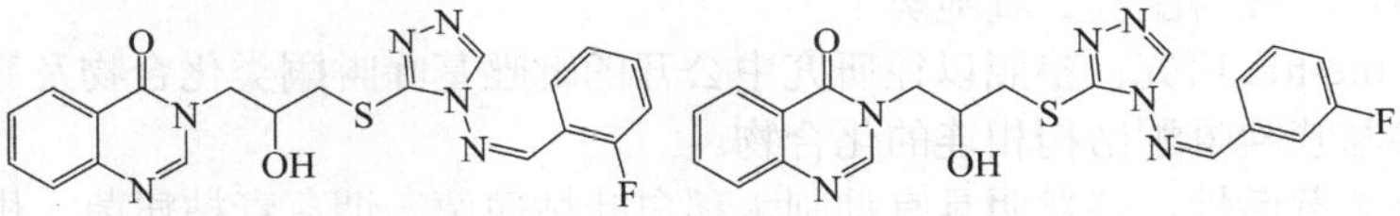

（17）含1-((4-取代苄基)氧基)的3-甲基吡啶并[1, 2-*a*]嘧啶酮类衍生物及应用

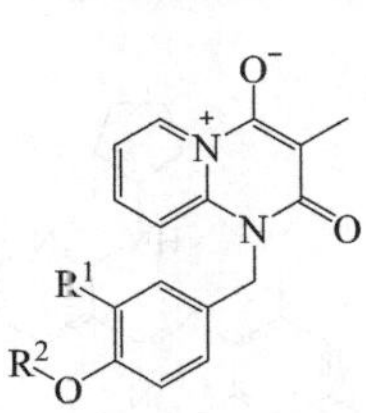

其中，R^1为甲氧基、乙氧基、氯、溴；R^2为氢、仲丁基、乙基、丙基、氯乙基、苄基、2,4-二氯苄基、2-氯苄基、3-氯苄基、4-三氟甲基苄基、2-氯吡啶-5-亚甲基、2-氯噻唑-5-亚甲基、4-溴苄基、2-甲氧基苄基、3-甲氧基苄基、4-甲氧基苄基、2-氟苄基、2-氰基苄基、4-氰基苄基、2-甲基苄基、3-甲基苄基或4-甲基苄基。

发明人：胡德禹，刘登曰，宋宝安，赵磊，何文静，刘峥军，韦春乐，张雨；申请人：贵州大学

中国专利号：ZL201910107642.4；中国专利申请日：2019-02-02

化合物类型：甲基吡啶并嘧啶酮类

发明思路：近年来介离子类化合物在杀虫活性方面的研究取得了突破性的进展，其中三氟苯嘧啶是新一代高效的杀虫剂，已经成功商品化。合成含1-((4-取代苄基)氧基)的3-甲基吡啶并[1,2-*a*]嘧啶酮类衍生物，并研究其在农用抗菌活性方面的用途。

用途：具有杀菌活性，该发明能防治水稻白叶枯病和柑橘溃疡病。

代表化合物结构如下：

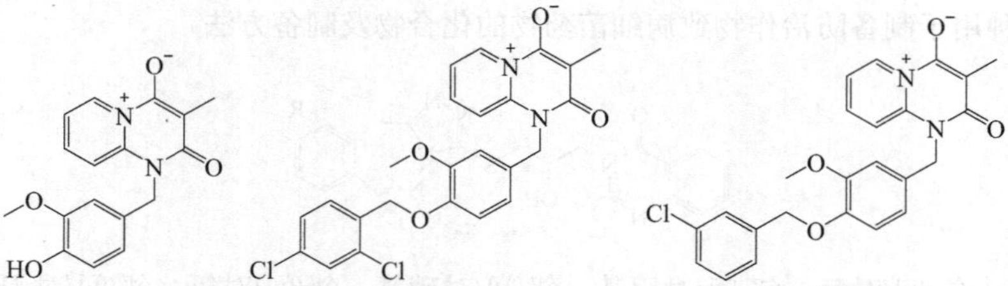

（18）一种 2-取代吡啶基喹唑啉酮类衍生物，其合成方法和用途

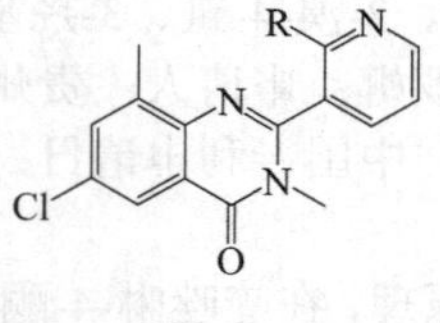

其中，R 为 Cl、CH_3CH_2NH、$CH_3CH_2CH_2NH$、$(CH_3)_2CHNH$、$CH_3CH_2CH_2CH_2NH$、$NH_2CH_2CH_2NH$、$PhCH_2NH$、环丙基-NH、环戊基-NH、环己基-NH、吡咯烷基、哌啶基、吗啉基、4-甲基哌嗪基中的一种。

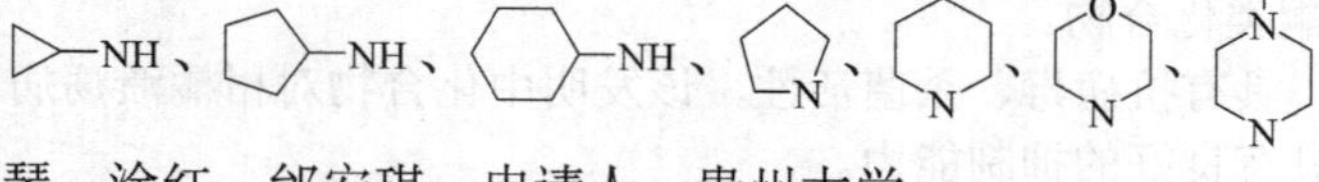

发明人：欧阳贵平，陈琴，涂红，郎安琪；申请人：贵州大学

中国专利号：ZL201611085303.3；中国专利申请日：2016-11-30

化合物类型：喹唑啉酮类、吡啶类

发明思路：me-too 研究；参照以往研究中公开的吡唑基喹啉酮类化合物及其抗菌活性，合成吡啶杂环直接与喹唑啉酮结构相连的化合物。

用途：具有杀菌活性，该发明具有抑制水稻白叶枯病菌、烟草青枯病菌、柑橘溃疡病菌的活性。

代表化合物结构如下：

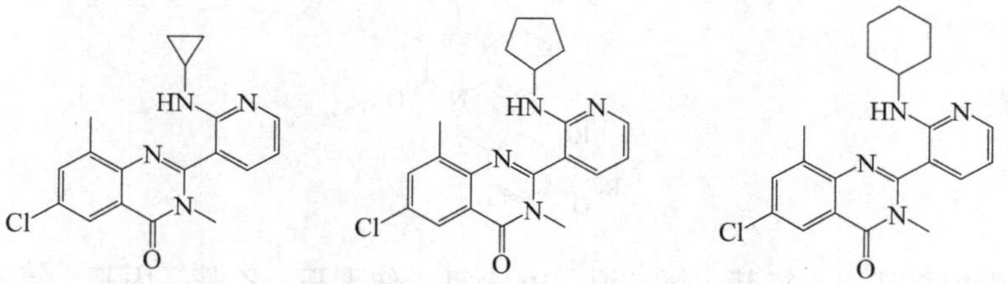

（19）一种含 1, 2, 4-三氮唑硫醚的喹唑啉酮类化合物及其合成方法和应用

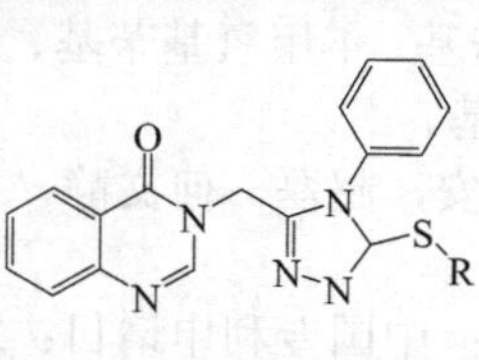

其中，R 为苄基、邻/间/对氟苄基、邻/间/对氯苄基、邻/间/对三氟甲基苄基、间/对甲氧基苄基、邻/间/对甲基苄基、对硝基苄基、对叔丁基苄基、2, 6-二氯苄基和五氟苄基。

发明人：鲍小平，闫柏仁，吕新阳，杜欢；申请人：贵州大学

中国专利号：ZL201510277539.6；中国专利申请日：2015-05-27

化合物类型：喹唑啉酮类

发明思路：为了寻找具有高活性、低毒性、低残留且环境友好的新型杀菌剂，根据活性单

元拼接的原理，在喹唑啉酮的 3 位通过亚甲基桥引入 5 位含不同硫醚单元的 1,2,4-三唑分子，设计合成了一类含 1,2,4-三唑杂环的喹唑啉酮类衍生物。

用途：具有杀菌活性，该发明部分化合物对水稻白叶枯病菌、柑橘溃疡病菌、小麦赤霉病菌、苹果腐烂病菌具有抑制活性。

代表化合物结构如下：

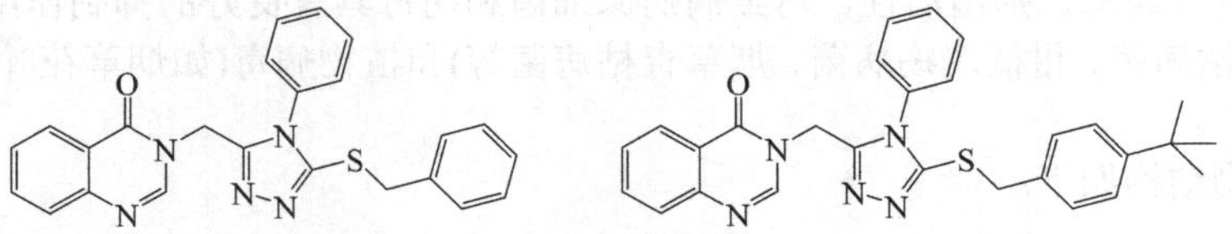

（20）一类含二硫烷基杂环结构的吲哚衍生物或其立体异构体，或其盐或其溶剂化物

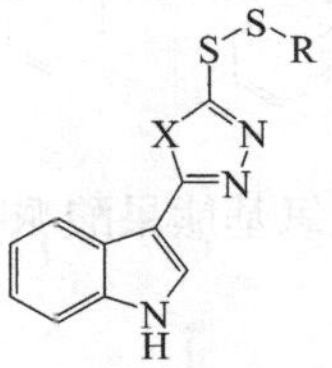

其中，X 为 NH 或 O 原子；R 选自任意取代或未取代的烷基、任意取代或未取代的环烷基、任意取代或未取代的芳基。

发明人：欧阳贵平，王贞超，胡伟男，漆亚云，李文；申请人：贵州大学

中国专利号：ZL202010220141.X；中国专利申请日：2020-03-25

化合物类型：吲哚类

发明思路：为了寻找高效杀菌的活性化合物，以吲哚、1,3,4-噁二唑和 1,2,4-三唑类化合物为基础，将具有生物活性二硫键引入此体系中，合成一系列 3-(5-二硫烷基-4*H*-1,2,4-三唑)-1*H*-吲哚衍生物和 3-(5-二硫烷基-1,3,4-噁二唑)-1*H*-吲哚衍生物。

用途：具有杀菌活性，对植物致病病原细菌具有良好的抑制作用，针对病原细菌如水稻白叶枯病菌、烟草青枯病菌等具有良好的抑制效果。

代表化合物结构如下：

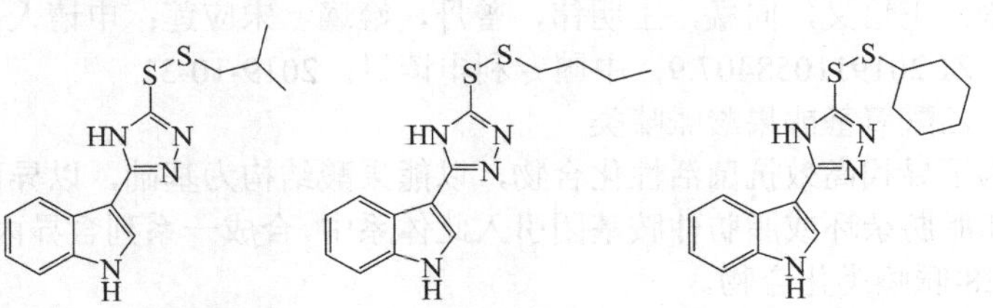

（21）含吡啶盐的戊二烯酮类化合物及其制备方法及应用

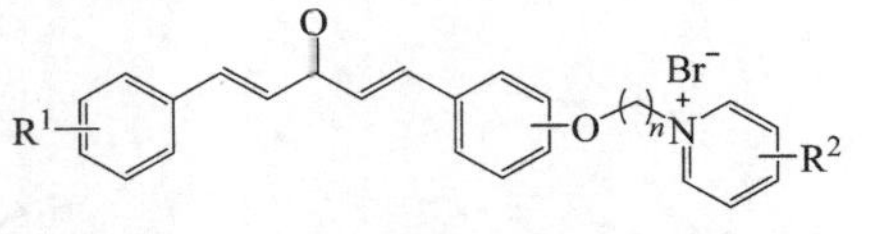

式中，R^1 为氢、$C_{1\sim4}$ 烷基、三氟甲基、$C_{1\sim3}$ 烷氧基、三氟甲氧基或卤素原子；氧醚在苯环上的取代位置为戊二烯酮基的邻位、间位或对位；R^2 为氢、$C_{1\sim4}$ 烷基、三氟甲基或卤素原子；n 为 4、6、8、10 或 12。

发明人：杨松，周健，王培义，邵武斌，陶青青，薛伟；申请人：贵州大学

中国专利号：ZL201710724991.1；中国专利申请日：2017-08-22

化合物类型：戊二烯酮类

发明思路：me-too 研究；为了寻找高效杀菌、抗病毒的活性化合物，以戊二烯酮类化合物为基础，将可能提高目标化合物生物活性的吡啶盐基团引入此体系中，合成一系列含吡啶盐的戊二烯酮类化合物。

用途：具有抗病毒、抑菌活性，对致病病原细菌和病毒具有良好的抑制作用，针对病原细菌(如水稻白叶枯病菌、柑橘溃疡病菌、烟草青枯病菌等)和植物病毒(如烟草花叶病毒等)均具有良好的抑制效果。

代表化合物结构如下：

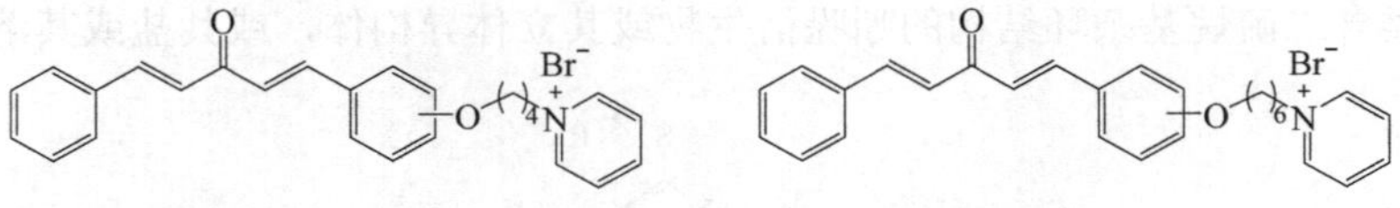

（22）一类含异丙醇胺亚结构的乙酰氧基熊果酸哌嗪类化合物及其制备方法和应用

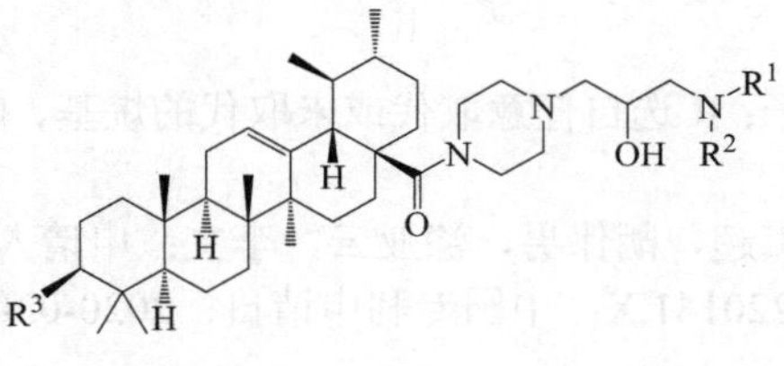

其中 R^1 和 R^2 各自独立地选自氢、氘、卤素、任意取代或未取代的烷基、任意取代或未取代的烯基、任意取代或未取代的炔基、任意取代或未取代的烷氧基、任意取代或未取代的环烷基、任意取代或未取代的芳基、任意取代或未取代的杂芳基中的一个或多个；或 R^1 和 R^2 相连构成任意取代的五元至十元环或含杂原子的环，所述杂原子为 N、O、S 中的一个或多个；R^3 选自氢、氘、烷基、烯基、炔基、烷氧基、环烷基、烷基酰氧基、OH、NH_2、SH 中的一个或多个。

发明人：杨松，王培义，向猛，王明伟，曾丹，姬瑾，宋应莲；申请人：贵州大学

中国专利号：ZL201911058407.9；中国专利申请日：2019-10-31

化合物类型：乙酰氧基熊果酸哌嗪类

发明思路：为了寻找高效抗菌活性化合物，以熊果酸结构为基础，以异丙醇作为连接链，将一系列含氮饱和脂肪杂环或脂肪仲胺基团引入此体系中，合成一系列含异丙醇胺亚结构的 3*β*-乙酰氧基熊果酸-28-哌嗪类化合物。

用途：具有杀菌活性，对植物病原细菌如水稻白叶枯病菌、柑橘溃疡病菌等具有良好的抑制效果。

代表化合物结构如下：

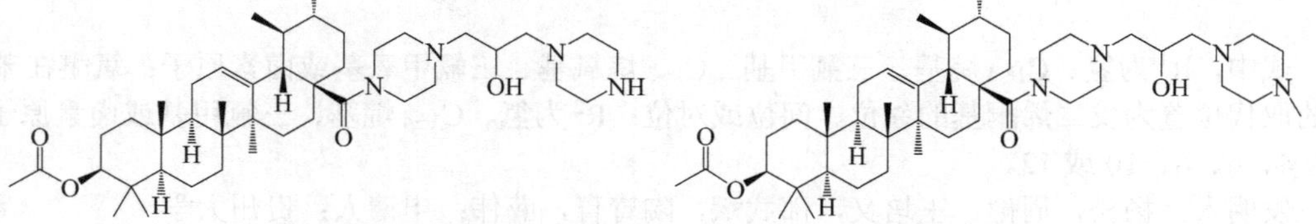

（23）一类含异丙醇胺亚结构的甘草次酸哌嗪类化合物及其制备方法和应用

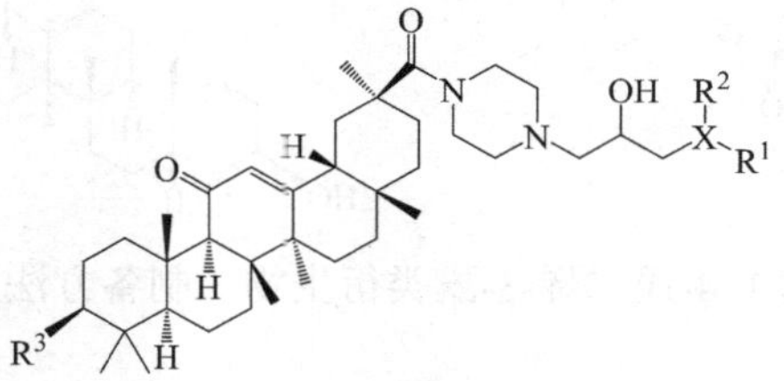

式中各取代基定义参见专利中权利要求书部分。

发明人：杨松，向猛，王明伟，曾丹，姬瑾，宋应莲；申请人：贵州大学

中国专利号：ZL201911058408.3；中国专利申请日：2019-10-31

化合物类型：甘草次酸哌嗪类

发明思路：为了寻找高效抗菌活性化合物，以 18β-甘草次酸结构为基础，以异丙醇作为连接链，将一系列含氮饱和脂肪杂环或脂肪仲胺基团引入此体系中，合成一系列含异丙醇胺亚结构的 18β-甘草次酸-30-哌嗪类化合物。

用途：具有杀菌活性，对植物病原细菌如水稻白叶枯病菌、柑橘溃疡病菌等具有良好的抑制效果。

代表化合物结构如下：

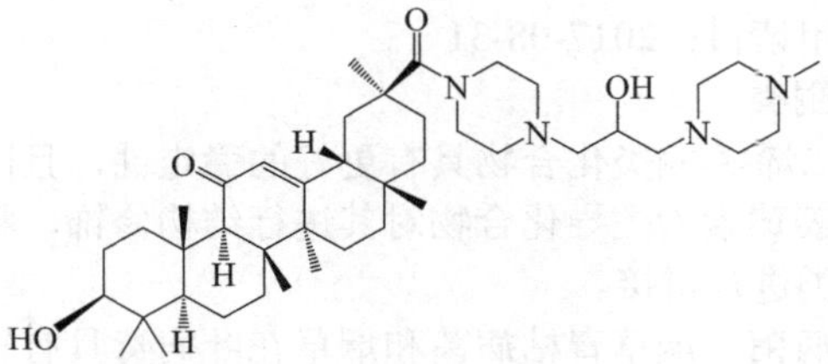

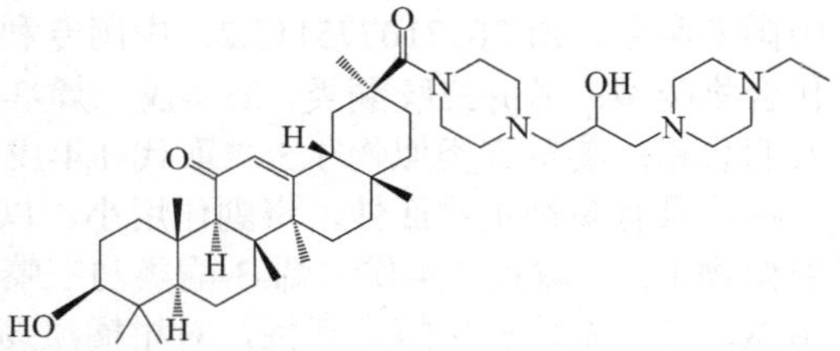

（24）一类含叔胺结构熊果酸酯类化合物及其制备方法和应用

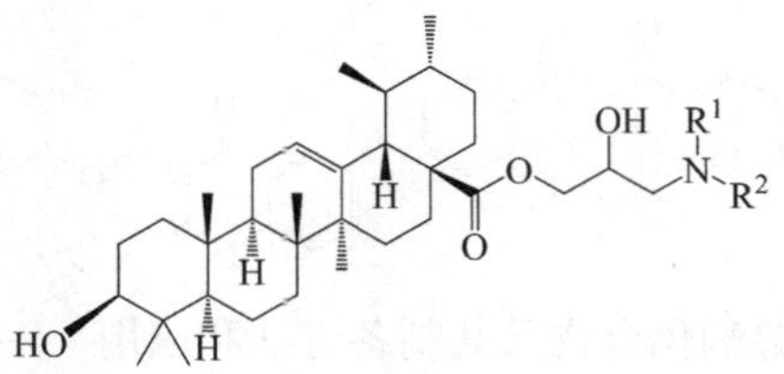

式中各取代基定义参见专利中权利要求书部分。

发明人：杨松，王培义，向猛，罗敏，宋应莲，姬瑾；申请人：贵州大学

中国专利号：ZL201911097447.4；中国专利申请日：2019-11-11

化合物类型：熊果酸酯类

发明思路：为了寻找高效抗菌活性化合物，以熊果酸结构为基础，合成一系列含各类叔胺结构的熊果酸酯类化合物。

用途：具有杀菌活性，对病原细菌如水稻白叶枯病菌、柑橘溃疡病菌等具有良好的抑制效果。

代表化合物结构如下：

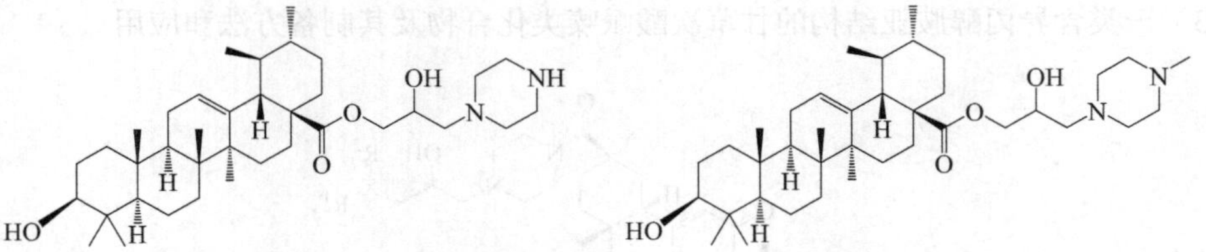

（25）一种苯并三嗪酮的 1, 4-戊二烯-3-酮类衍生物，制备方法及用途

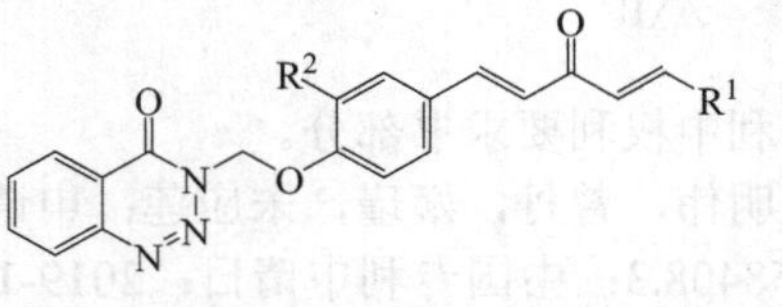

其中，R^1 为苯基、取代苯基、杂环基或取代芳杂环基；R^2 为氢原子、甲基、乙基、甲氧基或乙氧基；所述的取代苯基为苯环上邻、间、对，或邻、间，或间、对，或邻、对位上含有一个以上甲氧基、硝基、甲基或卤原子的苯基；所述的杂环基为呋喃基、噻吩基、2-吡啶基、3-吡啶基、4-吡啶基或噻唑基；所述的取代芳杂环基为 5-甲基噻唑、5-甲基-2-噻吩基或 4-溴-2-噻吩基。

发明人：薛伟，张菊平，张橙，陈丽娟，王一会，李普，李琴，阮祥辉，王晓斌，吴小琼，王俊；

申请人：贵州大学

中国专利号：ZL201710775113.2；中国专利申请日：2017-08-31

化合物类型：苯并三嗪酮类、1, 4-戊二烯-3-酮类

发明思路：姜黄素类似物 1,5-二取代-1,4-戊二烯-3-酮类化合物具有更好的稳定性，且同姜黄素一样，具有多种生物活性，毒副作用小。以姜黄素为先导化合物对其进行结构修饰，将姜黄素类似物 1,5-二取代-1,4-戊二烯-3-酮类与三嗪类进行拼接。

用途：具有杀菌和抗病毒活性，对柑橘溃疡病菌、烟草青枯病菌和烟草花叶病毒具有较高抑制活性。

代表化合物结构如下：

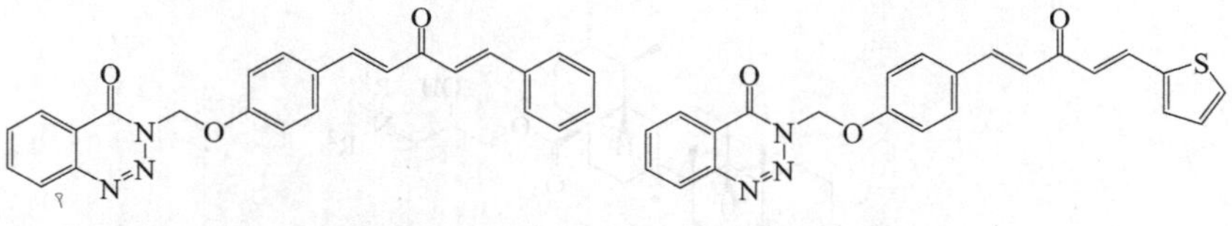

（26）一类含三嗪的戊二烯酮化合物及其制备方法和应用

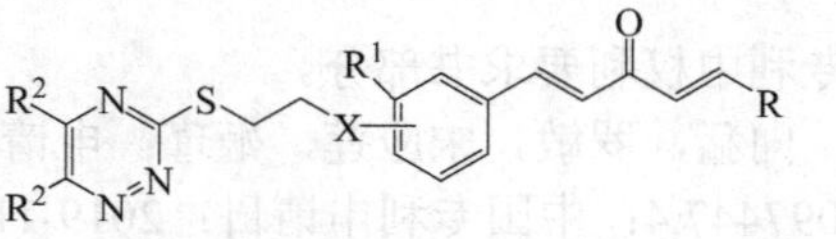

式中保护 17 个化合物，具体结构参见专利中权利要求书部分。

发明人：薛伟，汤旭，陈梅，贺军，苏时军，吴佳祥，柳立伟，贺鸣，王俊；申请人：贵州大学

中国专利号：ZL201910449787.2；中国专利申请日：2019-05-27

化合物类型：三嗪类、戊二烯酮类

发明思路：1, 4-戊二烯酮类化合物，作为一种重要的姜黄素衍生物，因其具有诸如杀虫、

抑菌、抗植物病毒、抗癌、消炎和抗氧化等较为广谱的生物活性，在农药研发工作中有着重要作用。将三嗪引入1,4-戊二烯-3-酮结构。

用途：具有杀菌活性，该发明化合物对烟草青枯病菌、柑橘溃疡病菌和水稻白叶枯病菌有较好防治效果。

代表化合物结构如下：

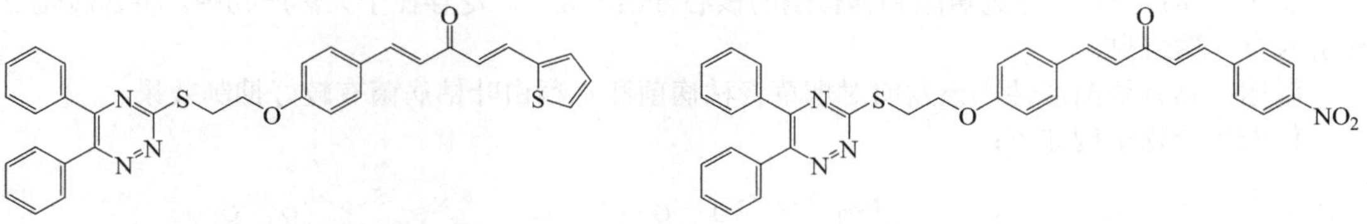

（27）一种含喹喔啉的查耳酮类衍生物，其制备方法及应用

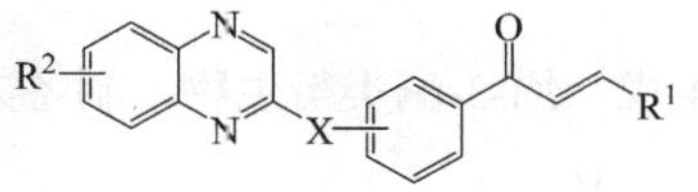

其中，X为4-O，R^1为苯基、含1个以上取代基的取代苯基或杂环基；所述的含1个以上取代基的取代苯基为2～6位的C_1～C_6烷基、2～6位的C_1～C_6烷氧基、2～6位的硝基、2～6位的氨基、2～6位的三氟甲基；R^2为在喹喔啉结构中的5、6、7或8位上含有的一个以上的氢原子、C_1～C_6烷氧基、硝基、C_1～C_6烷基、三氟甲基或卤原子；其中，杂环基为呋喃基、噻吩基、吡啶基、3-甲基-2-吡啶、5-甲基-2-吡啶、噻唑基或4-甲基噻唑-5-基。

发明人：薛伟，夏榕娇，郭涛，贺军，陈梅，苏时军，汤旭，蒋仕春，陈英，贺鸣；申请人：贵州大学

中国专利号：ZL201910261427.X；中国专利申请日：2019-04-02

化合物类型：喹喔啉类、查耳酮类

发明思路：含有查耳酮和喹喔啉的化合物都具有较好的生物活性，将喹喔啉引入查耳酮结构。

用途：具有杀菌活性，该发明化合物能抑制水稻白叶枯病菌、柑橘溃疡病菌和烟草青枯病菌。

代表化合物结构如下：

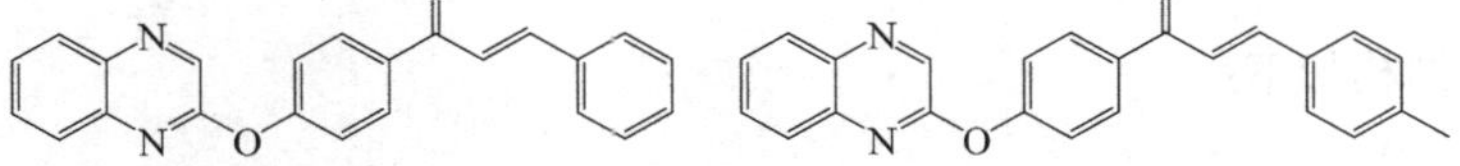

（28）一种含硫醚三唑的查耳酮类衍生物，制备方法及用途

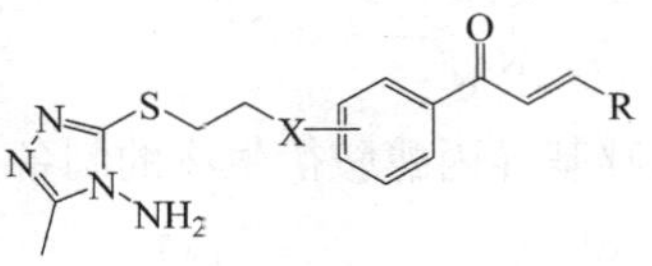

其中，X为2-O或4-O，R为杂环基、苯基和含1个或多个取代基的苯基；

所述含1个或多个取代基的苯基为2～6位的卤素、2～6位的$C_{1\sim6}$烷基、2～6位的$C_{1\sim6}$烷氧基、2～6位的硝基或2～6位的氨基取代的苯基；

所述杂环基为呋喃基、噻吩基、吡啶基、3-甲基-2-吡啶、5-甲基-2-吡啶、噻唑基、4-甲基

噻唑-5-基。

发明人：薛伟，陈英，蒋仕春，陈梅，苏时军，贺军，郭涛，夏榕娇，王俊，贺鸣;申请人：贵州大学

中国专利号：ZL201910249124.6；中国专利申请日：2019-03-29

化合物类型：硫醚三唑类、查耳酮类

发明思路：查耳酮作为黄酮和异黄酮的核心骨架单元，广泛存在于天然产物中。将含硫醚三唑引入查耳酮结构。

用途：具有杀菌活性，该发明对烟草青枯病菌和水稻白叶枯病菌有较好抑制效果。

代表化合物结构如下：

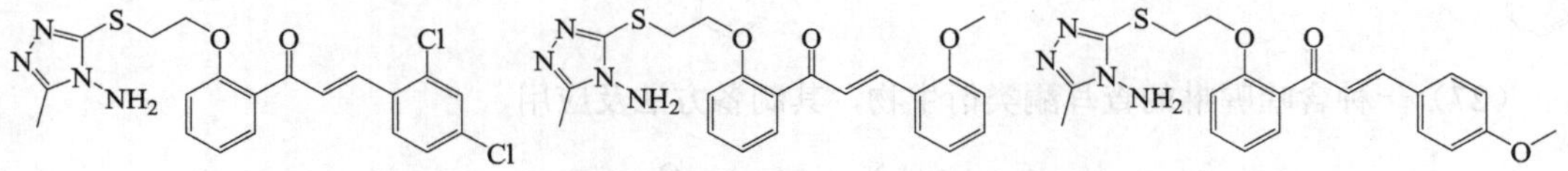

（29）一种含硫醚三唑的 1, 4-戊二烯-3-酮类衍生物，制备方法及用途

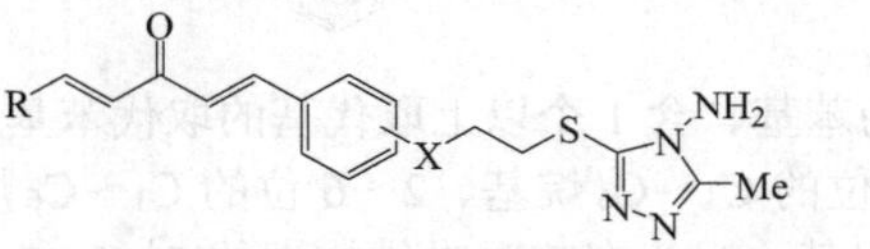

其中，X 为 2-O 或 4-O，R 为苯基、取代苯基或杂环基；

所述取代苯基为对氟苯基、对氯苯基、邻氯苯基、4-甲氧基苯基、2, 4-二甲氧基苯基、3, 4-二甲氧基苯基、3-硝基苯基、4-硝基苯基、3, 4-二氯苯基或 2, 4-二氯苯基；

所述杂环基为呋喃基或噻吩基。

发明人：薛伟，陈英，李普，郭涛，夏榕娇，陈梅，蒋仕春，贺军，苏时军，王俊；申请人：贵州大学

中国专利号：ZL201910077841.5；中国专利申请日：2019-01-28

化合物类型：硫醚三唑类、1,4-戊二烯-3-酮类

发明思路：1,4-戊二烯酮类化合物，作为一种重要的姜黄素衍生物，因其具有诸如杀虫、抑菌、抗植物病毒、抗癌、消炎和抗氧化等较为广谱的生物活性，将含硫醚三唑引入 1,4-戊二烯-3-酮类结构。

用途：具有杀菌活性，该发明对烟草花叶病毒、烟草青枯病菌和水稻白叶枯病菌有较好抑制效果。

代表化合物结构如下：

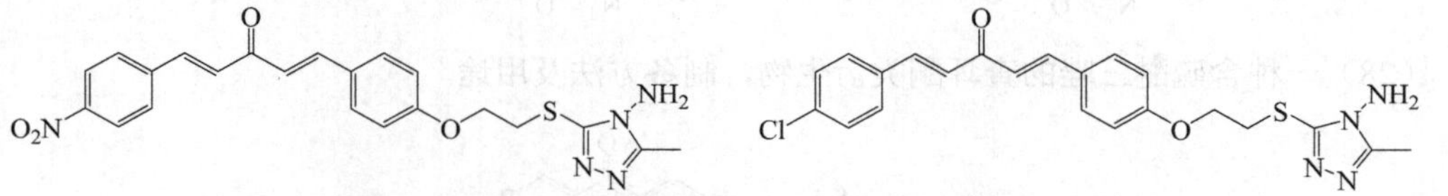

（30）一类具有手性中心的咔唑基异丙醇胺衍生物的制备方法和应用

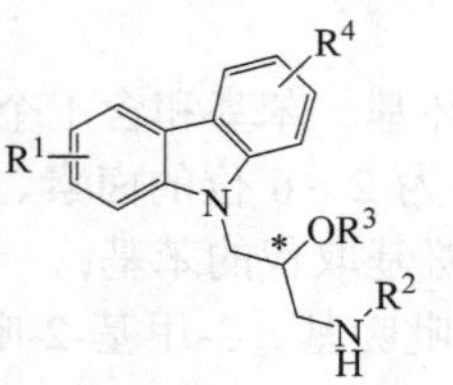

式中保护 20 个化合物，具体结构参见权利要求。

发明人：杨松，赵永亮，王培义，黄星，龙青素，吴元元，薛伟；申请人：贵州大学

中国专利号：ZL201910028609.2；中国专利申请日：2019-01-11

化合物类型：具有手性中心的咔唑基异丙醇胺

发明思路：me-too 研究；为了寻找高效杀菌的活性化合物，以咔唑为母环，将一系列取代氨基结构通过异丙醇链连接到咔唑结构中，合成一系列结构新颖的咔唑基异丙醇胺类化合物。

用途：具有杀菌活性，该化合物对如水稻白叶枯病菌、烟草青枯病菌、黄瓜白叶枯病菌、魔芋白叶枯病菌、柑橘溃疡病菌、葡萄溃疡病菌、番茄溃疡病菌、猕猴桃溃疡病菌、苹果溃疡病菌、黄瓜灰霉病菌、辣椒枯萎病菌、油菜菌核病菌、小麦赤霉病菌、马铃薯晚疫病菌、蓝莓根腐病菌等均具有较好的抑制效果。

代表化合物结构如下：

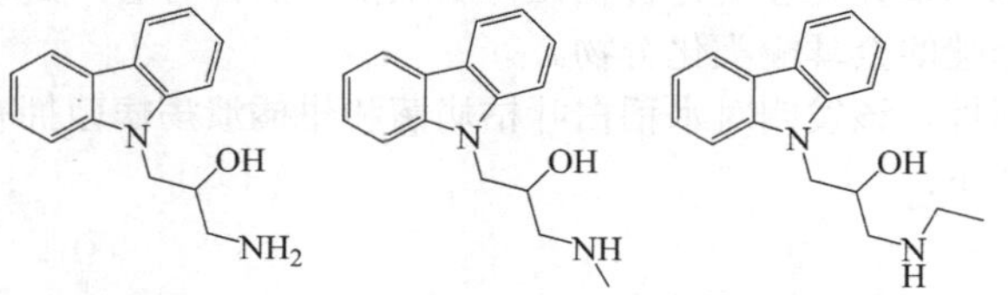

OH NH$_2$ OH NH OH N H

（31）一种含香豆素查耳酮类衍生物，其制备方法及应用

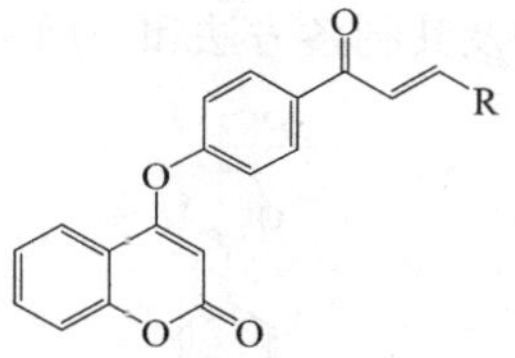

O R O O O

其中，R 为苯基、取代苯基、芳杂环基或取代芳杂环基，所述的取代苯基是甲基、硝基、一个或以上的甲氧基、三氟甲基、三氟甲氧基或者一个或以上卤原子取代的苯基；所述的取代杂环基是吡啶基、噻吩基、呋喃基或 4-甲基-5-噻唑基。

发明人：薛伟，王一会，蒋仕春，陈英，郭涛，夏榕娇，汤旭，贺鸣，李娟，金梅梅；申请人：贵州大学

中国专利号：ZL201811148917.0；中国专利申请日：2018-09-29

化合物类型：香豆素查耳酮类

发明思路：查耳酮和香豆素类化合物在抑制细菌方面已有着较多的研究报道，本专利将香豆素与查耳酮结合得到新颖化合物。

用途：具有杀菌活性，该发明能抑制水稻白叶枯病菌和柑橘溃疡病菌等植物细菌活性。

代表化合物结构如下：

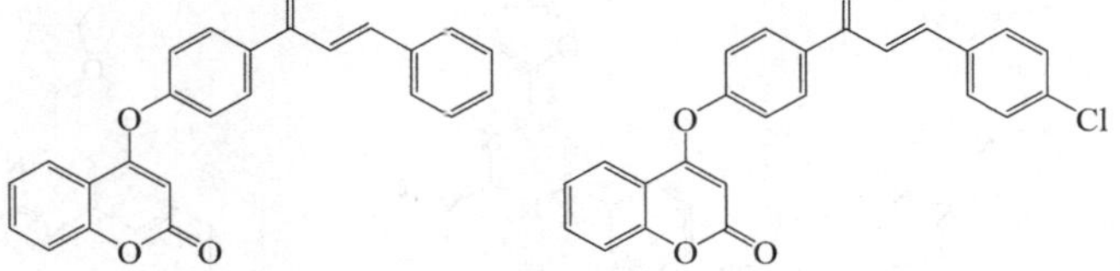

O O O O O O O Cl

（32）一种含苯并噻唑的查耳酮类衍生物，其制备方法及应用

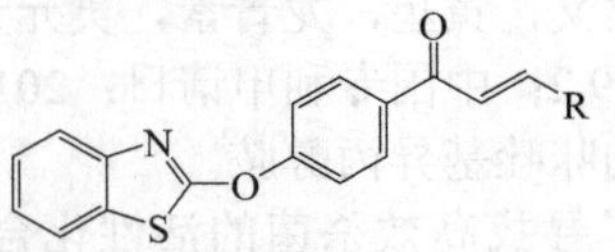

其中，R为苯基、取代苯基、芳杂环基；所述的R取代苯基是一个或以上的甲基或者甲氧基、三氟甲基、三氟甲氧基或者一个或以上卤原子取代的苯基；R取代芳杂环基是吡啶基、噻吩基、呋喃基或1-溴2-萘基。

发明人：薛伟，王一会，蒋仕春，陈英，夏榕娇，郭涛，汤旭，贺鸣，金梅梅，李娟；申请人：贵州大学

中国专利号：ZL201811148066.X；中国专利申请日：2018-09-29

化合物类型：苯并噻唑类、查耳酮类

发明思路：查耳酮和苯并噻唑类化合物在抑制细菌方面都有着广泛研究基础，将苯并噻唑与查耳酮合成含苯并噻唑的查耳酮类化合物。

用途：具有杀菌活性，该发明对水稻白叶枯病菌和柑橘溃疡病菌拥有较好的抑制活性。

代表化合物结构如下：

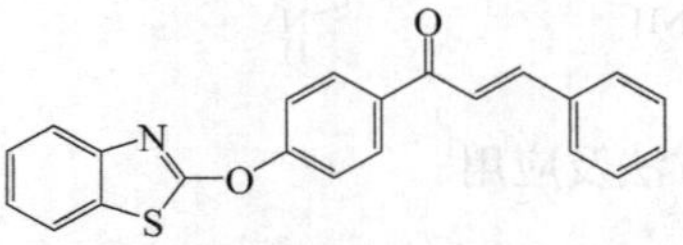

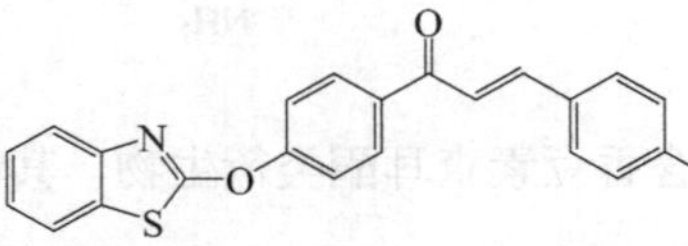

（33）4-(2-呋喃基)嘧啶类化合物及其制备方法和应用

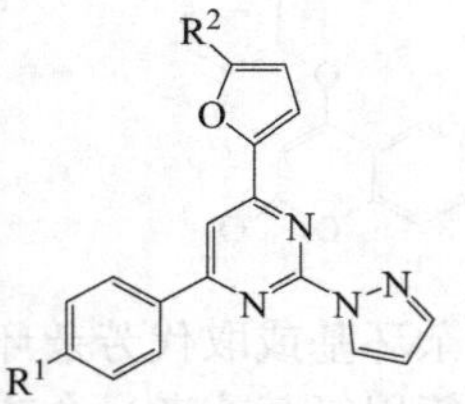

式中，R^1为氟原子、氯原子、溴原子、碘原子、甲基、甲氧基，R^2为氢原子、溴原子、甲基、羟甲基。

发明人：唐孝荣，严映坤，肖婷婷，程玮，曾义，徐志宏，李唯一，张燕，钱伟烽，金川，曾运梅，冯锐杰；申请人：西华大学

中国专利号：ZL201811602679.6；中国专利申请日：2018-12-26

化合物类型：嘧啶类

发明思路：me-too研究；以嘧啶类化合物为基础，引入呋喃基和吡唑基得到现有化合物。

用途：具有杀虫、杀细菌活性，对仓储害虫具有较好的灭杀效果，对多种植物病原细菌也有较好的抑制活性。

代表化合物结构如下：

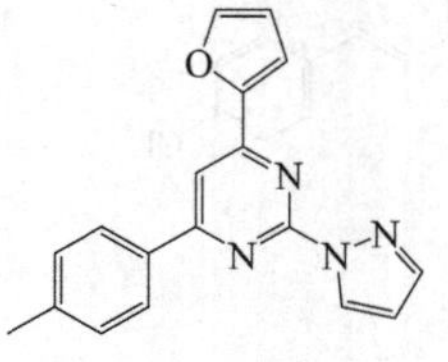

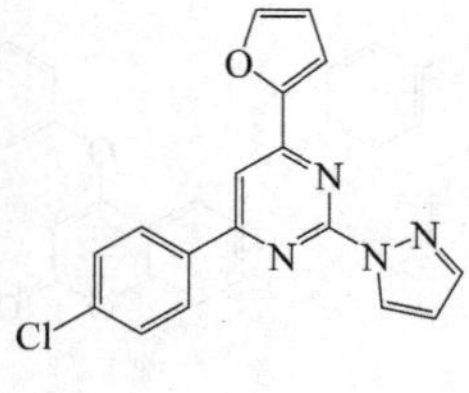

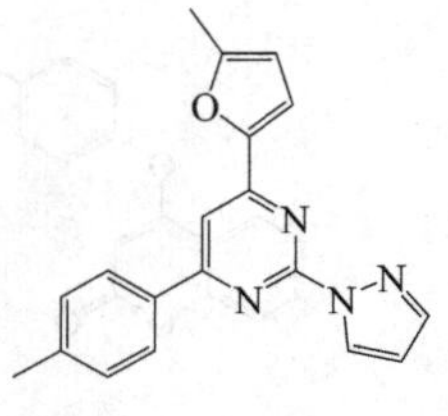

（34）2-[4-(2-噻吩基)]嘧啶基脲衍生物及其制备方法和应用

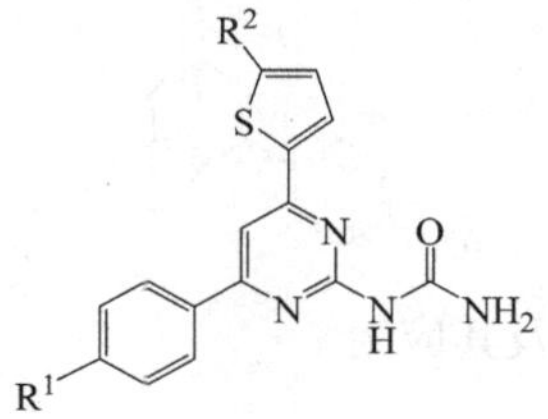

式中，R^1为氟原子、氯原子、溴原子、碘原子、甲基、甲氧基；R^2为氢原子、氯原子、溴原子、甲基。

发明人：唐孝荣，严映坤，肖婷婷，程玮，张燕，李唯一，徐志宏，曾义，滑淑清，蒋文静，李孝书，安文琼；申请人：西华大学

中国专利号：ZL201811604657.3；中国专利申请日：2018-12-26

化合物类型：嘧啶类

发明思路：me-too 研究；以嘧啶类化合物为基础，引入噻吩基和脲得到现有化合物。

用途：具有杀虫、杀细菌活性，对仓储害虫具有较好的灭杀效果，对多种植物病原细菌也有较好的抑制活性。

代表化合物结构如下：

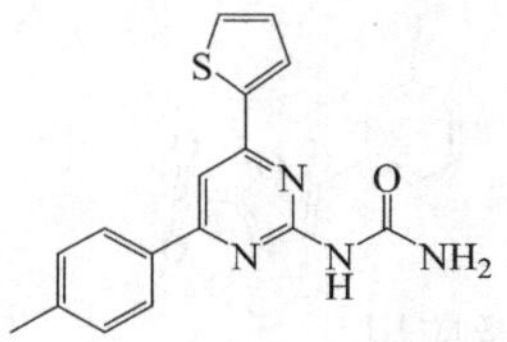

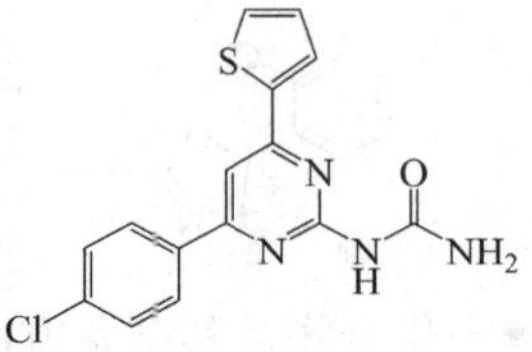

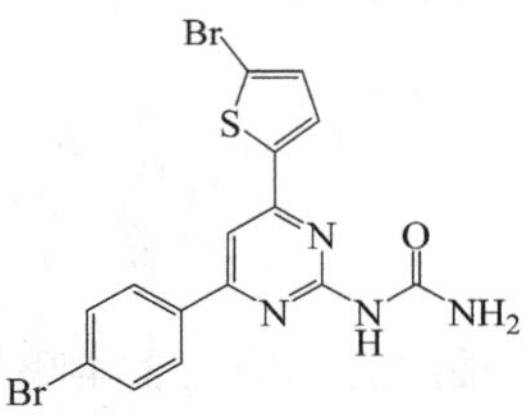

（35）2-甲基嘧啶类化合物及其制备方法和应用

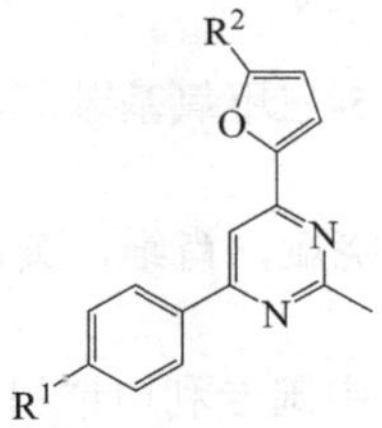

式中，R^1为氟原子、氯原子、溴原子、碘原子、甲基、甲氧基；R^2为氢原子、溴原子、甲基、羟甲基。

发明人：唐孝荣，严映坤，程玮，肖婷婷，徐志宏，李唯一，曾义，张燕，耿浩浩，谌勤伟，李雪，骆蕾；申请人：西华大学

中国专利号：ZL201811602681.3；中国专利申请日：2018-12-26

化合物类型：嘧啶类

发明思路：me-too 研究；以嘧啶类化合物为基础，引入呋喃基得到现有化合物。

用途：具有杀虫、杀细菌活性，对仓储害虫具有较好的灭杀效果，对多种植物病原细菌也有较好的抑制活性。

代表化合物结构如下：

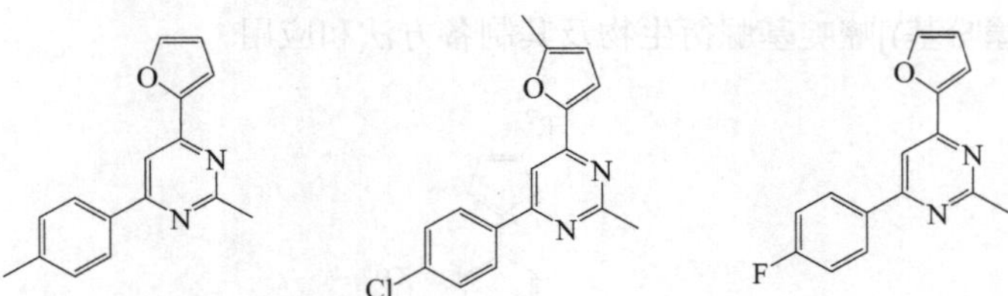

（36）2, 5-取代基噁唑类衍生物及其应用

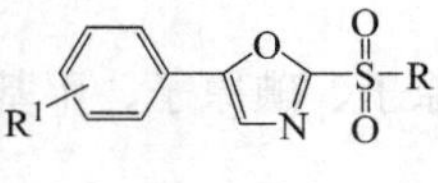

式中，R 是甲基；R^1是卤原子。

发明人：徐维明，宋宝安，杨松，胡德禹，贺鸣，李培，黎世泽，尹娟；申请人：贵州大学

中国专利号：ZL201210247616.X；中国专利申请日：2012-07-18

化合物类型：噁唑类

发明思路：me-too 研究（WO2004032882A2 公开了相关类似中间体）；该发明在前人基础上，对化合物骨架进行变换，合成一类含 2,5-取代基噁唑类衍生物。

用途：具有杀菌活性，此类化合物可以有效防治斑点型细菌病害、叶枯型细菌病害、青枯型细菌病害、枯萎型细菌病害、溃疡型细菌病害、腐烂型细菌病害和畸形细菌病害等。

代表化合物结构如下：

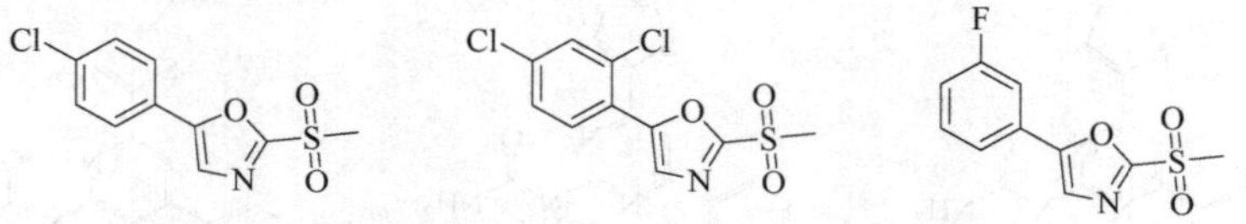

（37）含羧酸肟酯的 1, 3, 4-噁二唑类化合物，其制备方法及应用

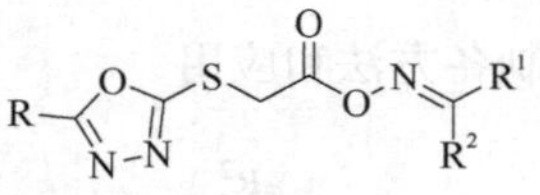

式中，R 为 3,4-二甲氧基苯基、3,4,5-三甲氧基苯基、对三氟甲基苯氧甲基、对甲氧基苯氧甲基；R^1为甲基、乙基；R^2为甲基。

发明人：薛伟，朱雪松，谢艳，王晓斌，肖维，黄民国，钟新敏，贺鸣，卢平，柳敏；申请人：贵州大学

中国专利号：ZL201610193206.X；中国专利申请日：2016-03-30

化合物类型：噁二唑类

发明思路：1,3,4-噁二唑作为重要的五元杂环化合物在抑菌、抗病毒及抗癌药物的研发中一直扮演重要角色，其广谱的生物活性一直是人们研究的热点。同时肟酯结构被广泛应用于对药物分子的结构修饰中，是一类重要的生物活性基团。在噁二唑结构中引入羧酸肟酯。

用途：具有杀菌活性，该发明对柑橘溃疡病菌、烟草青枯病菌及水稻叶枯病菌有较好的抑制活性。

代表化合物结构如下：

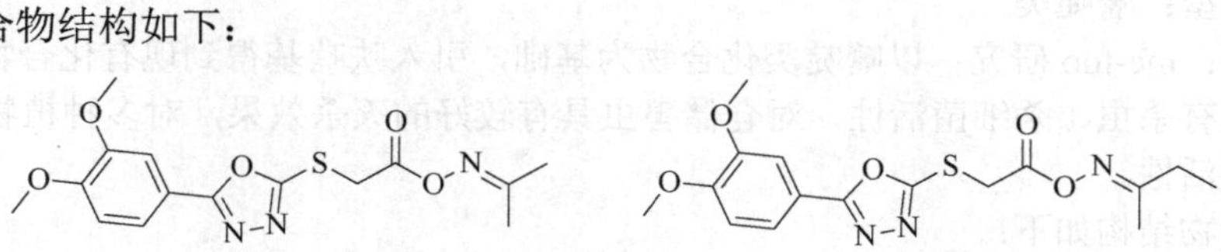

（38）含吡啶盐的吡唑联噁（噻）二唑类化合物及其制备方法及应用

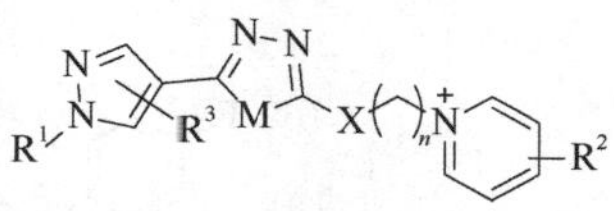

一种含吡啶盐的吡唑联噁二唑类化合物，其特征在于选自下述具体化合物：

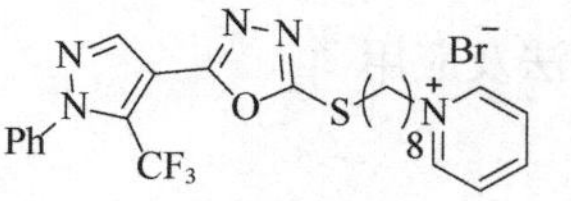

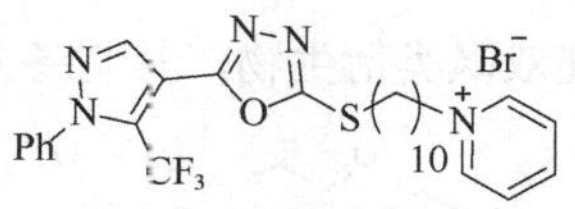

发明人：杨松，周磊，王培义，周健，吴志兵，薛伟；申请人：贵州大学

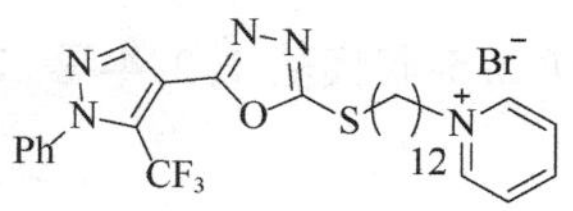

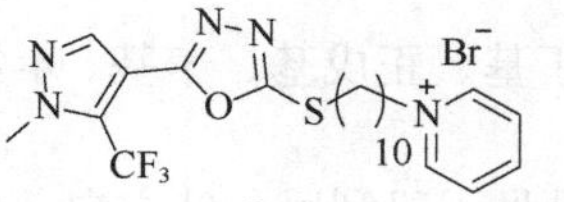

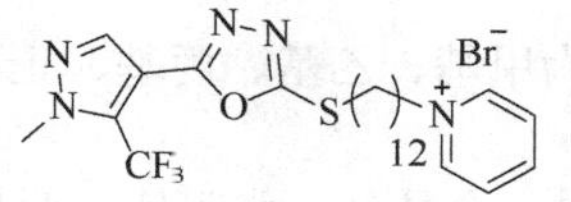

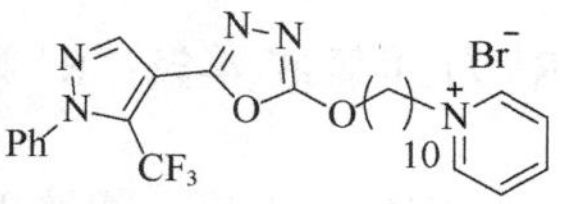

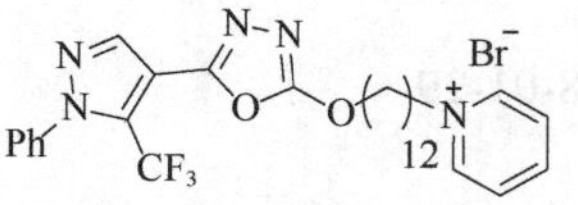

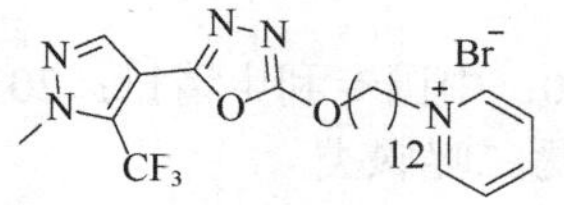

中国专利号：ZL201710269587.X；中国专利申请日：2017-04-24

化合物类型：吡唑联噁（噻）二唑类

发明思路：为了寻找高效杀菌的活性化合物，以吡唑联噁（噻）二唑氧醚、硫醚类化合物为基础，将能够提高目标化合物生物活性的吡啶盐基团引入此体系中，合成一系列含吡啶盐的吡唑联噁二唑类化合物。

用途：具有杀菌活性，该化合物对致病病原细菌和真菌具有良好的抑制作用，对如细菌（水稻白叶枯病菌、烟草青枯病菌、柑橘溃疡病菌等）和真菌（小麦赤霉病菌、马铃薯晚疫病菌、水稻纹枯病菌、黄瓜灰霉病菌、辣椒枯萎病菌和苹果腐烂病菌等）均具有良好的抑制效果。

代表化合物结构如下：

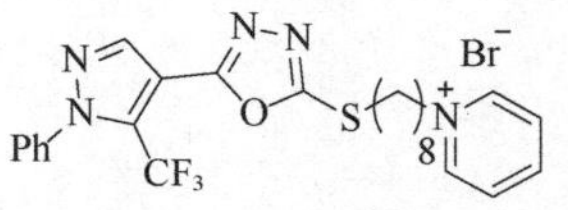

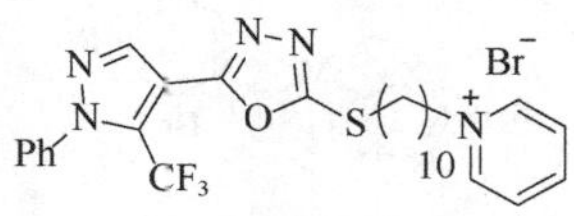

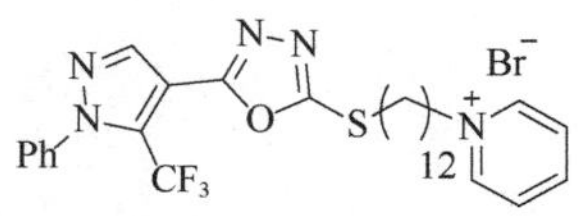

（39）一种 2, 5-取代基-1, 3, 4-噁二唑双硫醚类衍生物，其制备方法及应用

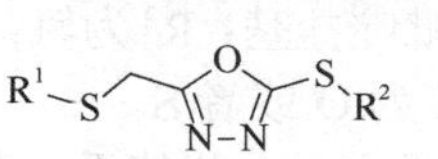

式中，R^1 选自 4-氯苯基、4-氟苯基、苄基及 4-氯苄基；R^2 选自甲基、乙基、苄基、4-氯苄基及乙酸乙酯基。

发明人：宋宝安，李培，杨松，胡德禹，薛伟，金林红，田平义，陈学文，陈永中，高媛妮，宋贤鹏；申请人：贵州大学

中国专利号：ZL201610189517.9；中国专利申请日：2016-03-30

化合物类型：1, 1-二氯丙烯的查耳酮类

发明思路：me-too 研究；在 CN104045605A 专利基础上把砜基换为 S。

用途：具有杀菌、杀虫活性，该发明化合物对水稻白叶枯病菌、水稻细菌性条斑病菌及秀

丽隐杆线虫具有较好活性。

代表化合物结构如下：

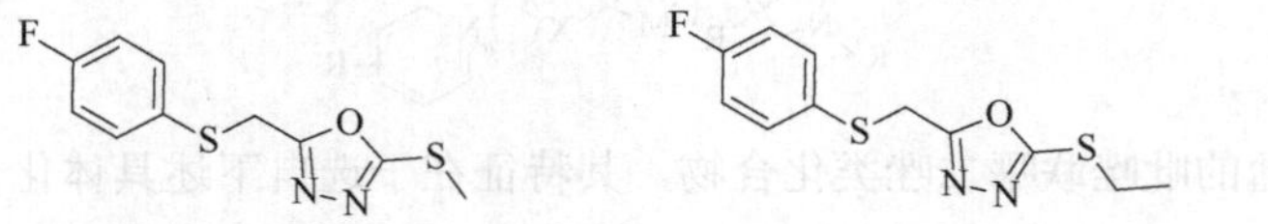

(40) 2, 5-取代基-1, 3, 4-噁二唑双砜类衍生物，其制备方法及应用

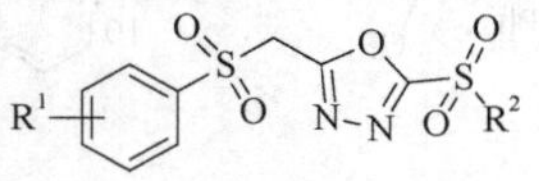

式中，R^1 为 4-氯或 4-氟；R^2 为甲基、乙基、丙基、正丁基、正戊基、苄基、4-氯苄基或4-氟苄基。

发明人：宋宝安，李培，胡德禹，金林红，张阿伟，谢丹丹，殷利民，昝宁宁；申请人：贵州大学

中国专利号：ZL201810083353.0；中国专利申请日：2018-01-29

化合物类型：2,5-取代基-1,3,4-噁二唑砜类

发明思路：me-too 研究；目前使用化学药剂是一种普遍和有效的防治水稻白叶枯病及柑橘溃疡病等植物细菌性病害的方法，但传统化学药剂防治效果不够好、成本高，而且给生产实践带来了许多问题，为了克服上述缺点制备一种对水稻白叶枯病及柑橘溃疡病菌具有较好活性，结构简单，制备工艺简单，生产成本低的 2,5-取代基-1,3,4-噁二唑砜类衍生物。

用途：具有杀菌活性，该发明对水稻白叶枯病及柑橘溃疡病菌活性优良。

代表化合物结构如下：

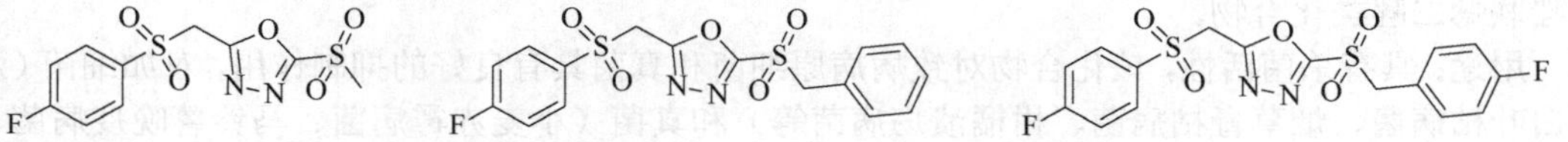

(41) 含 1,3,4-噁（噻）二唑基的吡啶盐类化合物及其制备方法及应用

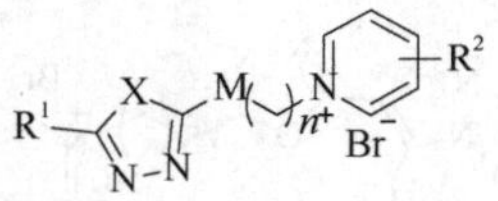

式中，R^1 为取代苯基，所述取代苯基的取代基为一个以上，所述取代基为氢、$C_{1\sim4}$ 烷基、硝基或卤素原子；阳离子部分为取代吡啶盐基；R^2 为氢；M 为氧原子、硫原子、亚砜基或砜基；*n* 为 1、2、3、4、6、8、10 或 12；X 为 O 或者 S。

发明人：杨松，王培义，周磊，吴志兵，胡德禹，薛伟；申请人：贵州大学

中国专利号：ZL201610001867.8；中国专利申请日：2016-01-05

化合物类型：含 1,3,4-噁（噻）二唑基的吡啶盐类

发明思路：为了寻找高效杀菌的活性化合物，以 1,3,4-噁（噻）二唑氧醚、硫醚、亚砜或砜类化合物为基础，将吡啶盐基团引入此体系中，合成一系列含 1,3,4-噁（噻）二唑基的吡啶盐类化合物。

用途：具有杀菌活性，该类化合物对水稻白叶枯病菌、烟草青枯病菌、柑橘溃疡病菌、小麦赤霉病菌、马铃薯晚疫病菌、水稻纹枯病菌、黄瓜灰霉病菌、辣椒枯萎病菌和苹果腐烂病菌等均具有良好的抑制效果。

代表化合物结构如下：

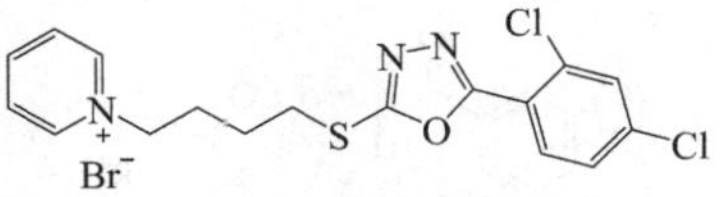

（42）含 1, 3, 4-噻二唑硫醚(砜)的 2-(三氟甲基)苯甲酰胺类衍生物，其制备及应用

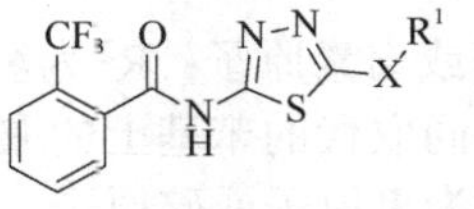

式中，X 为 S 或 SO_2；R^1 为 CH_2CH_2F、CH_2CH_2Br、CH_2CH_2Cl。

发明人：宋宝安，陈吉祥，易崇粉，伍思凯，王邵波，何方成，王艳菊，魏成前，胡德禹；申请人：贵州大学

中国专利号：ZL201811525973.1；中国专利申请日：2018-12-13

化合物类型：苯甲酰胺类、噻二唑类

发明思路：将 2-(三氟甲基)苯甲酰胺引入噻二唑结构中，合成了含 1,3,4-噻二唑硫醚(砜)的 2-(三氟甲基)苯甲酰胺类化合物。

用途：具有杀虫、杀菌活性，防治南方根结线虫，以及水稻白叶枯病、烟草青枯病及柑橘溃疡病复合侵染。

代表化合物结构如下：

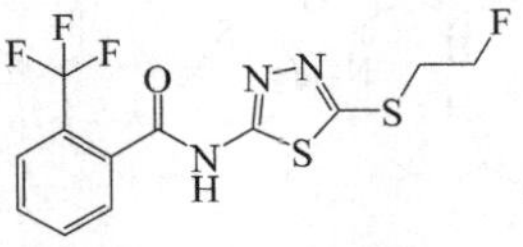

（43）一类杂环取代的 1, 3, 4-噁(噻)二唑类化合物及其制备方法和用途

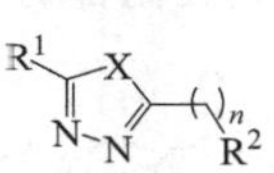

式中保护了 15 个化合物，具体结构参见权利要求。

发明人：杨松，曾丹，叶豪杰，方子冕，黄浩杰，刘帅帅，杨彬鑫，王培义；申请人：贵州大学

中国专利号：ZL201910027967.1；中国专利申请日：2019-01-11

化合物类型：1,3,4-噁(噻)二唑类

发明思路：me-too 研究（CN103360370A 公开了相关化合物）；为了寻找高效杀菌的活性化合物，以 1,3,4-噁二唑类化合物为基础，将杂环基团引入此体系中，合成一系列含杂环取代的 1,3,4-噁二唑类化合物。

用途：具有杀菌活性，该化合物对致病病原细菌和真菌具有良好的抑制作用，对如水稻白叶枯病菌、柑橘溃疡病菌、辣椒枯萎病菌、蓝莓根腐病菌、小麦赤霉病菌、马铃薯晚疫病菌、油菜菌核病菌、火龙果炭疽病菌等均具有良好的抑制效果。

代表化合物结构如下：

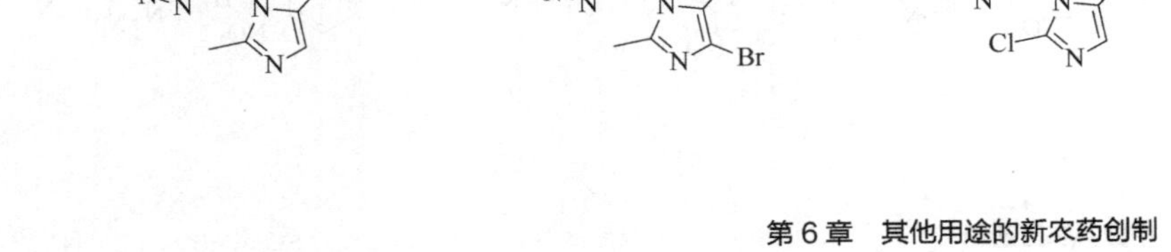

（44）含 1, 3, 4-噁二唑基的双酰胺类化合物及其制备方法及应用

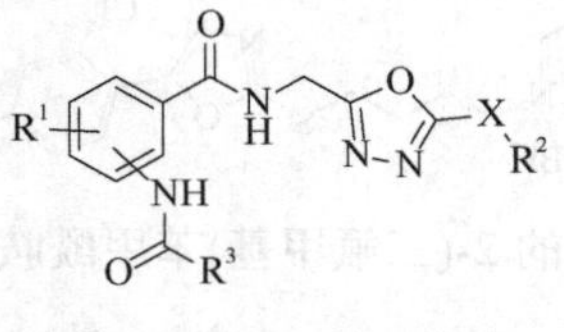

式中，R^1 为氢、甲基、三氟甲基或卤素原子；R^2 为氢、$C_{1\sim4}$ 烷基或苄基；R^3 为 $C_{1\sim4}$ 烷基、三氟甲基或不同取代苯基，其中，不同取代的苯基上的取代基为一个以上，且取代基为氢、三氟甲基、羟基、氨基或卤素原子；X 为氧原子或硫原子。

发明人：王培义，杨松，邵武斌，周健，薛海涛，薛伟；申请人：贵州大学

中国专利号：ZL201710305117.4；中国专利申请日：2017-05-03

化合物类型：1, 3, 4-噁二唑基的双酰胺类

发明思路：为了寻找高效杀菌、抗病毒的活性化合物，以双酰胺类化合物为基础，将 1, 3, 4-噁二唑基团引入此体系中，合成一系列含 1, 3, 4-噁二唑基的双酰胺类化合物。

用途：具有杀菌活性，该化合物对致病病原细菌和病毒具有良好的抑制作用，对致病细菌（如水稻白叶枯病菌、柑橘溃疡病菌等）和植物病毒（如烟草花叶病毒等）均具有较好的抑制效果。

代表化合物结构如下：

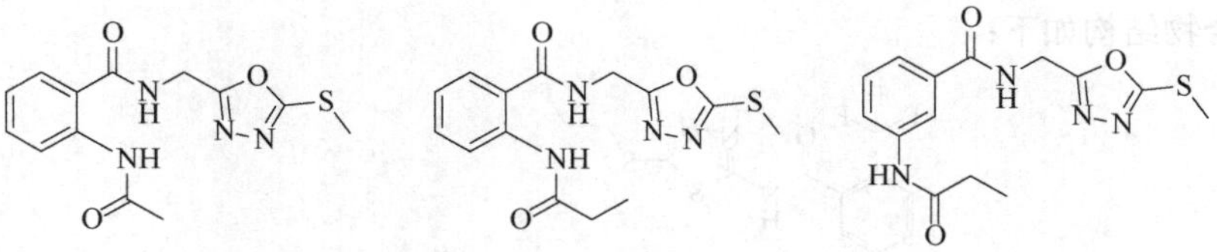

（45）含酰胺键的 1, 3, 4-噁二唑硫/氧醚类化合物及其制备方法及应用

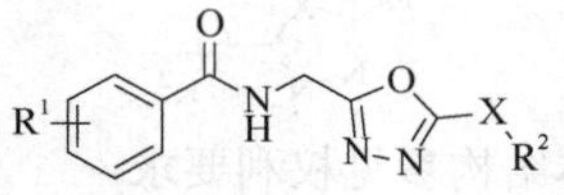

式中，R^1 为甲基、羟基、氨基、硝基或卤素原子；R^2 为氢或甲基；X 为氧原子或硫原子。

发明人：王培义，杨松，邵武斌，周健，薛海涛，薛伟；申请人：贵州大学

中国专利号：ZL201710305505.2；中国专利申请日：2017-05-03

化合物类型：噁二唑硫/氧醚类

发明思路：me-too 研究（现有技术公开了 CAS：920470-39-9 等 25 个已知相关化合物）；为了寻找高效杀菌、抗病毒的活性化合物，以含 1, 3, 4-噁二唑基团的硫醚类化合物为基础，将酰胺键引入此体系中，合成一系列含酰胺键的 1, 3, 4-噁二唑硫/氧醚类化合物。

用途：具有杀菌、抗病毒活性，发现该化合物对致病病原细菌和病毒具有良好的抑制作用，对病原细菌（如水稻白叶枯病菌、柑橘溃疡病菌等）和植物病毒（如烟草花叶病毒等）均具有良好的抑制效果。

代表化合物结构如下：

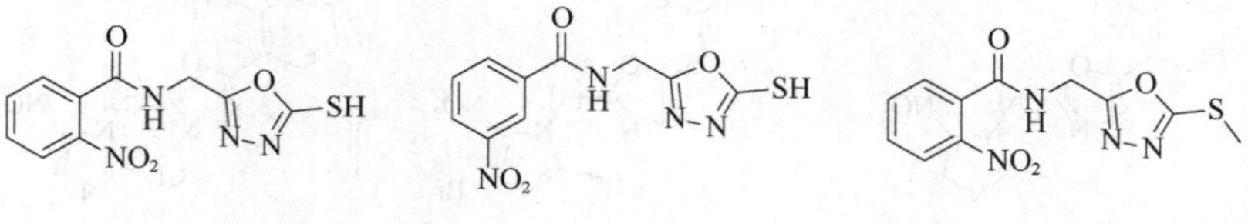

（46）丙酰胺硫醚及砜类衍生物及其应用

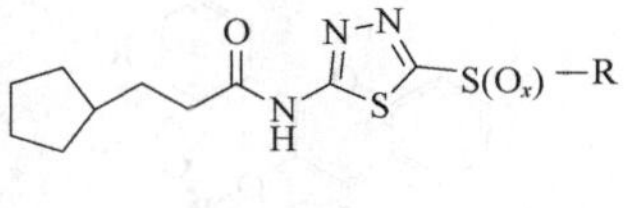

式中，x 为 0 或者 2，当 x 为 0 时，为硫醚类化合物；当 x 为 2 时为砜类化合物；R 选自 C_1～C_5 烷基、C_1～C_2 卤代烷基、C_1～C_3 烷氧基、C_2～C_5 烯基、C_2～C_5 酯基、苄基或取代苄基。

发明人：徐维明，张敏，韦昆，李明韦，刘洪武，贺鸣，薛伟，杨松；申请人：贵州大学

中国专利号：ZL201711378659.0；中国专利申请日：2017-12-19

化合物类型：丙酰胺硫醚类

发明思路：砜(硫醚)类化合物具有广谱生物活性，在医药方面具有抗结核、抗炎、抗增生、抗感染、抗 HIV-1 功能；在农药方面具有杀虫、抗菌、除草等生物活性。砜(硫醚)类化合物在农用杀菌方面受到较多的关注。在噻二唑硫醚类结构基础上引入丙酰胺基团。

用途：具有杀菌活性，抑制水稻白叶枯病菌(*Xanthomonas oryzae*)、烟草青枯病菌(*Ralstonia solanacearum*)、柑橘溃疡病菌(*Xanthomonas citri*)。

代表化合物结构如下：

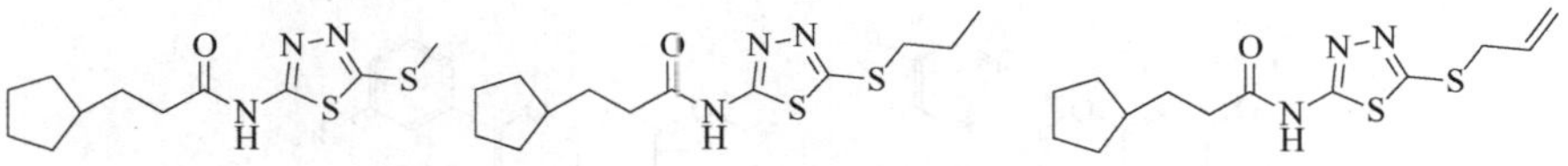

（47）2, 5-取代基-1, 3, 4-噁二唑双砜类衍生物，其制备方法及应用

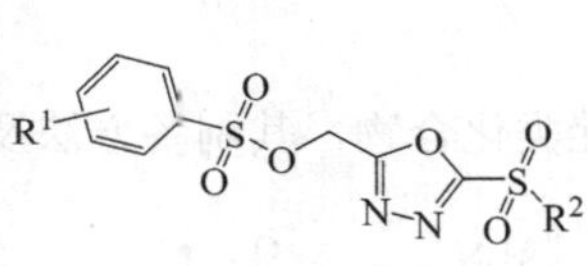

式中，R^1 为 4-氯或 4-氟；R^2 为羟基、甲基、乙基、苄基、4-氯苄基或 4-氟苄基。

发明人：宋宝安，李培，胡德禹，金林红，张阿伟，谢丹丹，殷利民，昝宁宁；申请人：贵州大学

中国专利号：ZL201810083352.6；中国专利申请日：2018-01-29

化合物类型：噁二唑二砜类

发明思路：目前使用化学药剂是一种普遍和有效防治水稻白叶枯病及柑橘溃疡病等植物细菌性病害的方法，但传统化学药剂防治效果不够好、成本高，而且给生产实践带来了许多问题，为了克服上述缺点而提供了一种 2,5-取代基-1, 3, 4-噁二唑双砜类衍生物。

用途：具有杀菌活性，该发明对水稻白叶枯病及柑橘溃疡病菌具有较好活性，结构简单，制备工艺简单，生产成本低。

代表化合物结构如下：

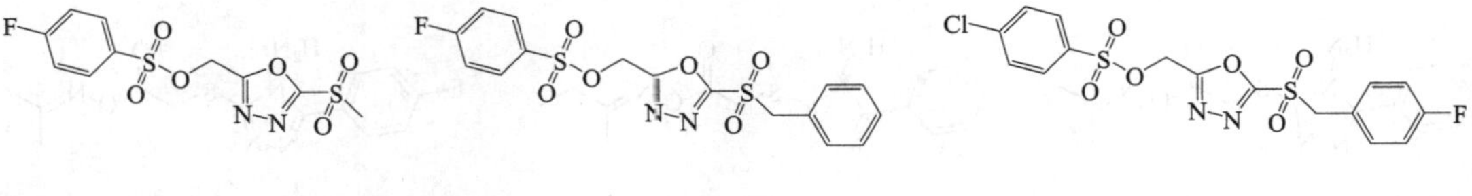

（48）*O*, *O*′-二烷基-*O*″-(取代黄酮-3-基)磷酸酯类衍生物，制备方法及应用

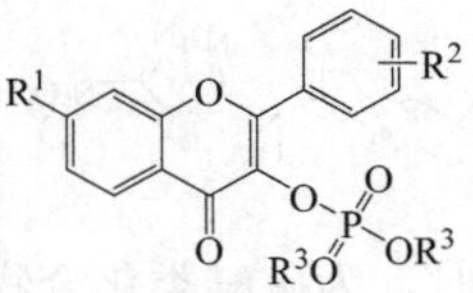

其中，R^1 为氢、烷基、烷氧基，R^2 为一个或多个烷基、烷氧基及卤原子，R^3 为烷基；

其中所述烷基为 C_1～C_6 的烷基，所述烷氧基为 C_1～C_6 的烷氧基，所述卤原子为氟、氯和溴。

发明人：薛伟，黄民国，王晓斌，陈丽娟，王一会，贺鸣，唐显福，王岚，李普，张橙；申请人：贵州大学

中国专利号：ZL201611200223.8；中国专利申请日：2016-12-22

化合物类型：*O* ,*O*′-二烷基-*O*″-(取代黄酮-3-基)磷酸酯类

发明思路：黄酮醇类和 *H*-亚磷酸酯化合物具有如此多的良好生物活性，将亚磷酸酯引入黄酮醇 3 位，合成含磷酸酯结构单元的 *O* ,*O*′-二乙基-*O*″-(取代黄酮醇-3-基)磷酸酯类化合物。

用途：具有杀菌活性，该发明化合物对水稻白叶枯病菌、柑橘溃疡病菌具有抑制活性。

代表化合物结构如下：

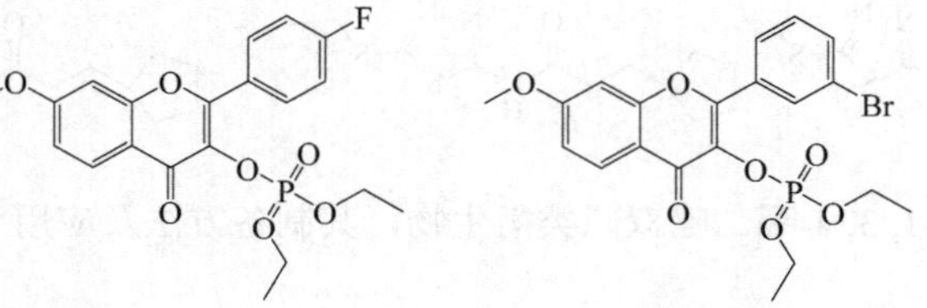

（49）含羧酸肟酯的 1, 2, 4-三唑类化合物，其制备方法及应用

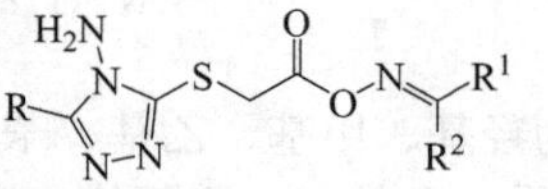

式中，R 为苯基、4-氟苯基、4-氯苯基、4-三氟甲基苯基、4-硝基苯基、4-甲氧基苯基、3,4-二甲氧基苯基、3,4,5-三甲氧基苯基；R^1 为甲基、乙基；R^2 为甲基。

发明人：薛伟，朱雪松，谢艳，王晓斌，肖维，黄民国，钟新敏，贺鸣，卢平，柳敏；申请人：贵州大学

中国专利号：ZL201610193207.4；中国专利申请日：2016-03-30

化合物类型：羧酸肟酯类、三唑类

发明思路：将羧酸肟酯亚结构引入三唑类结构中合成了含羧酸肟酯的 1, 2, 4-三唑类化合物。

用途：具有杀菌活性，该发明在抑制柑橘溃疡病菌、烟草青枯病菌及水稻白叶枯病菌方面有着较好的生物活性。

代表化合物结构如下：

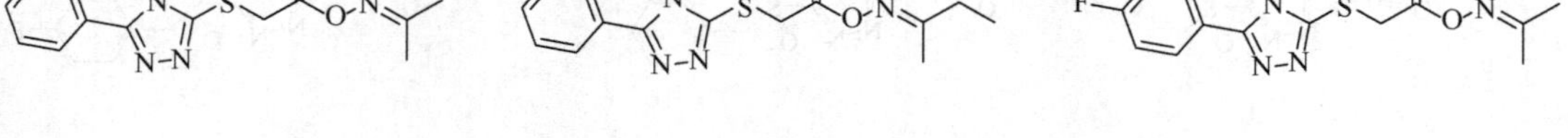

（50）一种阿魏酸酰胺衍生物及其合成方法

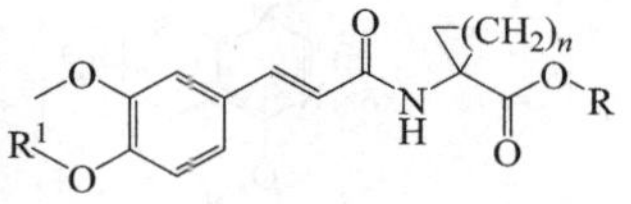

在通式所示的化合物中，R^1 为 C_1～C_{10} 的烷基卤代烃或取代苯基，所述取代苯基的取代基为H、卤素、CF_3、OCH_3、OCF_3、$CH(CH_3)_2$ 或 NO_2；R 为H、甲基、乙基或丙基；n 选自1、2、3、4。

发明人：吴剑，张仁凤，郭声鑫，陈顺红，魏盼盼，郑志国；申请人：贵州大学

中国专利号：ZL202110537257.0；中国专利申请日：2021-05-18

化合物类型：阿魏酸类、酰胺类

发明思路：将卤代烃类阿魏酸结构与酰胺结构进行拼接，提供一种结构新颖的含阿魏酸酰胺类衍生物。

用途：具有杀菌活性，该化合物具有优异的抗菌活性，可以用来防治水稻白叶枯病、柑橘溃疡病以及水稻细菌性条斑病等病害。

代表化合物结构如下：

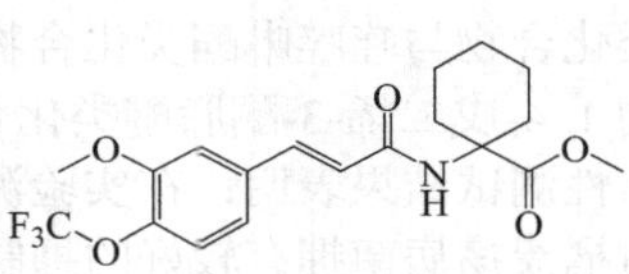

（51）一种含噻吩磺酸酯的1, 4-戊二烯-3-酮类衍生物，其制备方法及应用

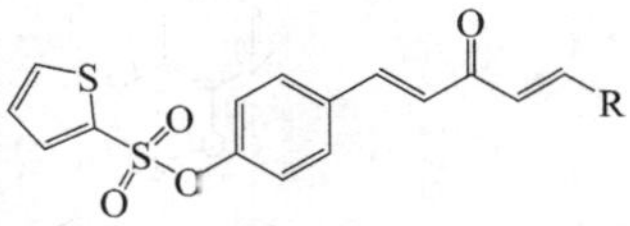

其中，R 为取代苯基或取代芳杂环基；所述的取代苯基为苯环上邻、间、对或前述两位上含有一个及以上 C_1～C_6 的烷基、C_1～C_6 的烷氧基、硝基或卤原子；所述的取代芳杂环基为呋喃基、吡啶基、噻吩基、吡咯基或噻唑基。

发明人：薛伟，郭涛，夏榕娇，苏时军，贺军，陈梅，蒋仕春，汤旭，陈英；申请人：贵州大学

中国专利号：ZL201910323580.0；中国专利申请日：2019-04-22

化合物类型：噻吩磺酸酯类

发明思路：含有1, 4-戊二烯-3-酮和噻吩磺酸酯的化合物都具有较好的生物活性，将噻吩磺酸酯引入1, 4-戊二烯-3-酮结构。

用途：具有杀菌活性，绝大部分化合物对水稻白叶枯病菌、烟草青枯病菌和柑橘溃疡病菌拥有较好的抑制活性。

代表化合物结构如下：

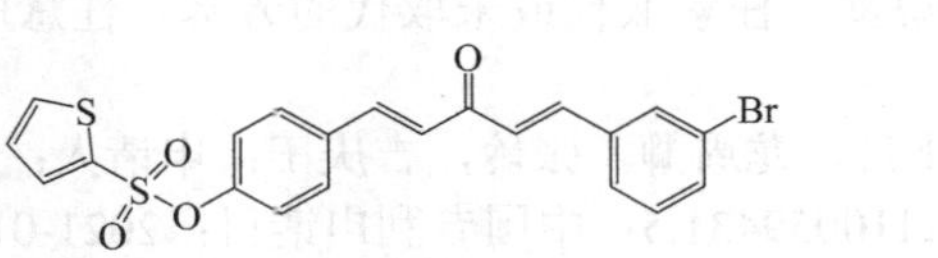

（52）一种含喹唑啉的 1, 4-戊二烯-3-酮肟醚类衍生物，制备方法及用途

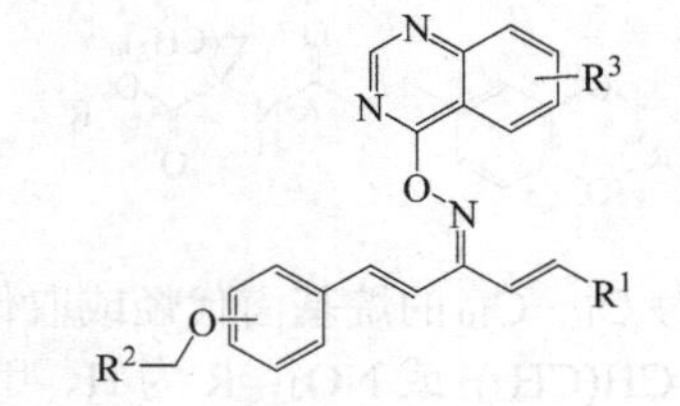

其中，R^1 为苯基、取代苯基或取代芳杂环基；R^2 为苯基、取代苯基或取代芳杂环基；R^3 为在喹唑啉的 5、6、7 或 8 位上含有的一个以上的氢原子、甲氧基、硝基、甲基、三氟甲基或卤原子；所述的取代苯基为苯环上邻、间、对或前述两位上含有一个以上甲氧基、硝基、甲基、三氟甲基或卤原子；所述的取代芳杂环基为呋喃基、吡啶基、噻吩基、吡咯基、噻唑基、2-氯吡啶基或 2-氯噻唑基。

发明人：薛伟，李琴，王一会，张橙，李普，张菊平，阮祥辉，吴小琼，王俊；申请人：贵州大学

中国专利号：ZL201811016574.2；中国专利申请日：2018-08-31

化合物类型：喹唑啉类

发明思路：1, 4-戊二烯-3-酮类化合物与喹唑啉酮类化合物在抗植物病毒方面具有一定的研究价值，该专利合成了含喹唑啉的 1, 4-戊二烯-3-酮肟醚类化合物。

用途：具有杀菌活性，抑菌活性测试结果表明：在实验测试浓度下，绝大部分化合物对水稻白叶枯病菌、烟草青枯病菌和柑橘溃疡病菌拥有较好的抑制活性。

代表化合物结构如下：

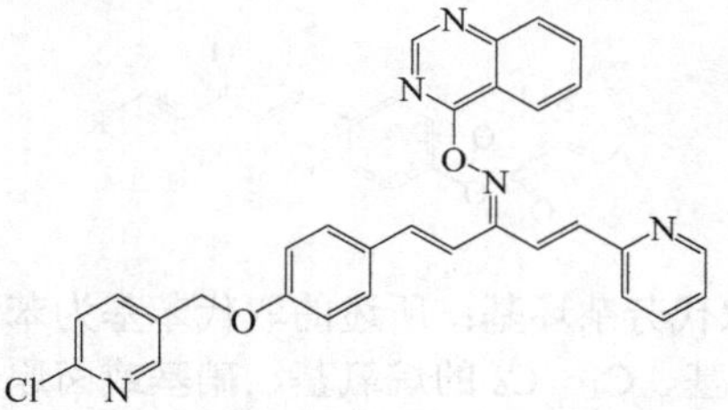

（53）一类 1, 2, 3-三氮唑酰肼或酰胺类化合物及其制备方法和应用

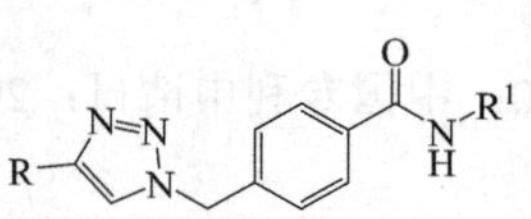

其中，R 选自氢、氘、任意取代或未取代的烷基、任意取代或未取代的烯基、任意取代或未取代的炔基、任意取代或未取代的烷氧基、任意取代或未取代的环烷基、任意取代或未取代的芳基、任意取代或未取代的杂芳基中的一个或多个；R^1 选自任意取代或未取代的烷基、任意取代或未取代的烯基、任意取代或未取代的炔基、任意取代或未取代的五元及六元杂环、任意取代或未取代的环烷基、任意取代或未取代的芳基、任意取代或未取代的杂芳基中的一个或多个。

发明人：王培义，丁月，龙周卿，张玲，吉庆田；申请人：贵州大学

中国专利号：ZL202110059431.5；中国专利申请日：2021-01-15

化合物类型：三氮唑酰肼类、酰胺类

发明思路：me-too 研究（CN106916101A 公开了系列相关化合物）；将 1, 2, 3-三唑作为药效基团掺入目标化合物中可能会促进新的杀菌剂发现，合成了含取代苯基和苯亚甲基结构的 1, 2, 3-三氮唑酰肼或酰胺类化合物。

用途：具有杀菌活性，该类化合物对小麦赤霉病菌、葡萄座腔菌、水稻纹枯病菌、水稻白叶枯病菌、柑橘溃疡病菌和猕猴桃溃疡病菌等具有良好的抑制效果。

代表化合物结构如下：

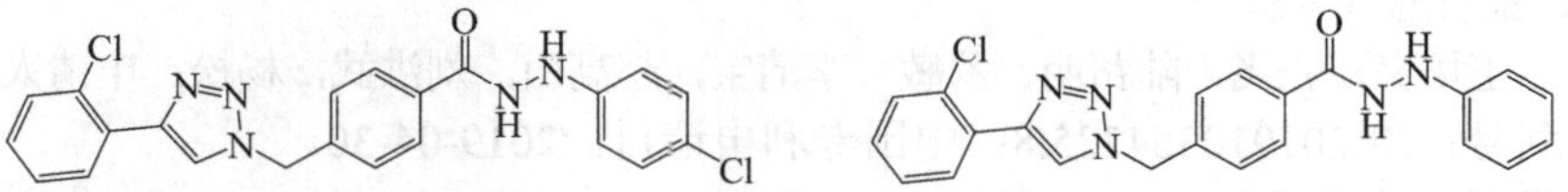

（54）一种氮杂环卡宾催化的含吲哚骨架手性螺环化合物的制备方法及用途

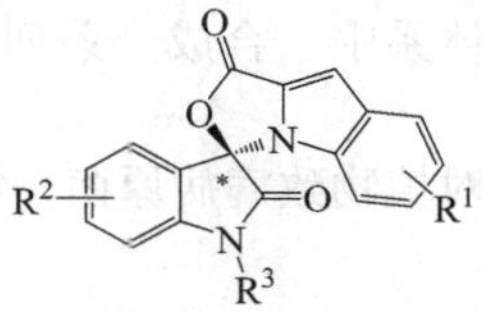

其中标有*的碳原子为手性碳原子，R^1 为氢、卤原子、甲基或甲氧基，R^2 为卤原子、甲基、甲氧基、硝基、三氟甲基或三氟甲氧基，R^3 为甲基、苄基或三苯基甲基。

发明人：池永贵，刘雍贵，蒋仕春，金智超；申请人：贵州大学

中国专利号：ZL201910871091.9；中国专利申请日：2019-09-16

化合物类型：吲哚手性螺环化合物

发明思路：氮杂环卡宾活化吲哚的氮原子与活性酮进行加成反应获得一系列 *N*, *O*-缩醛吲哚骨架手性螺环化合物。

用途：具有杀菌活性，化合物对烟草青枯病菌具有一定的抑制率。

代表化合物结构如下：

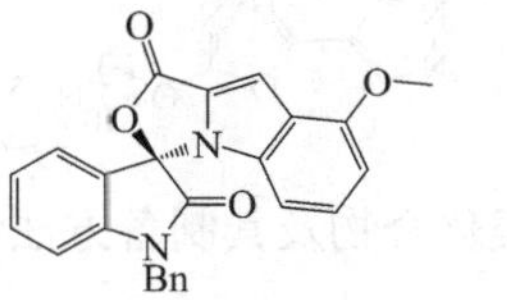

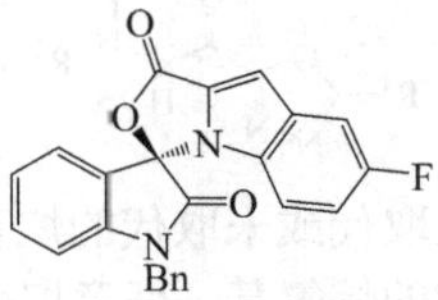

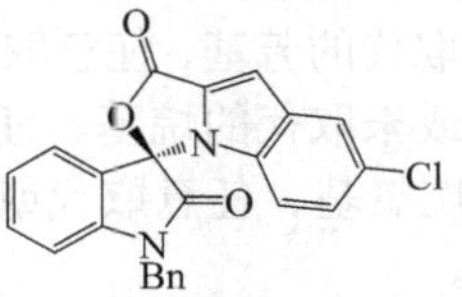

（55）一种 1, 3, 4-噁(噻)二唑基的咪唑类化合物及其制备方法和用途

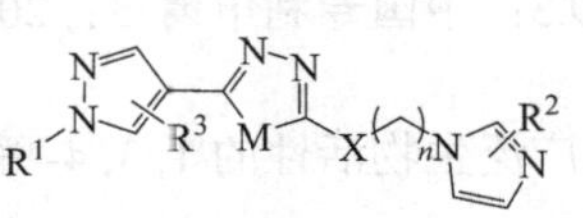

其中，R^1选自氢、氘、任意取代或未取代的烷基、任意取代或未取代的烯基、任意取代或未取代的炔基、任意取代或未取代的烷氧基、任意取代或未取代的环烷基、任意取代或未取代的芳基、任意取代或未取代的杂芳基中的一个或多个；R^2选自氢、氘、任意取代或未取代的烷基、任意取代或未取代的烯基、任意取代或未取代的炔基、任意取代或未取代的烷氧基、任意取代或未取代的环烷基、任意取代或未取代的芳基、任意取代或未取代的杂芳基中的一个或多个；R^3为吡唑基上的取代基，可为氢、卤素原子、$C_{1\sim4}$烷基、三氟甲基；M 选自 O 或 S；X 选自 O、S 或 NR^4，其中 R^4选自氢、氘、甲基、乙基或丙基；n＝1～20 的整数，优选 1～15，更优选 1～10，最优选 1～8。

发明人：王培义，张飞，陆帮明，罗敏，李清宝，赵高山，刘洪武，杨松；申请人：贵州大学

中国专利号：ZL201910364225.8；中国专利申请日：2019-04-30

化合物类型：咪唑类

发明思路：为了寻找有一定杀菌活性的目标化合物，以 1, 3, 4-噁(噻)二唑氧醚、硫醚类化合物为基础，将咪唑(盐)基团引入此体系中，合成一系列含 1, 3, 4-噁(噻)二唑基的吡啶(盐)类化合物。

用途：具有杀菌活性，该化合物对植物致病病原菌，如水稻白叶枯病菌、柑橘溃疡病菌和猕猴桃溃疡病菌具有较好的抑制作用。

代表化合物结构如下：

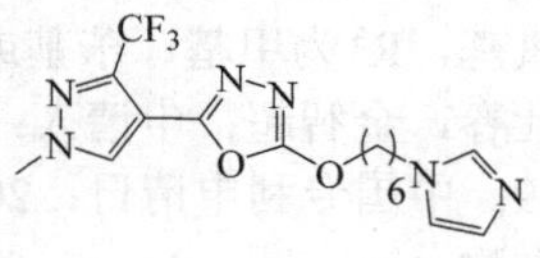

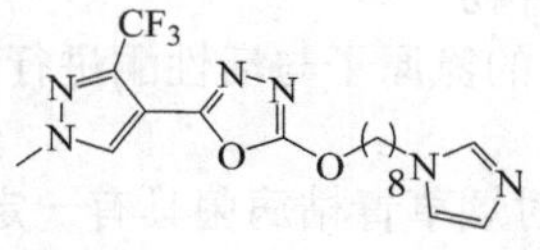

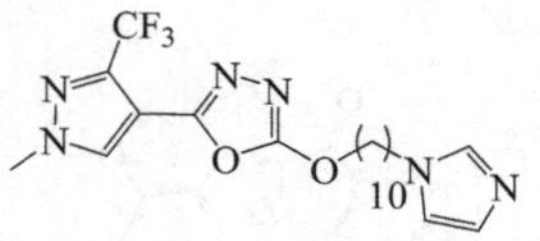

（56）一类 1, 3, 4-噁二唑酰肼类化合物及其制备方法和应用

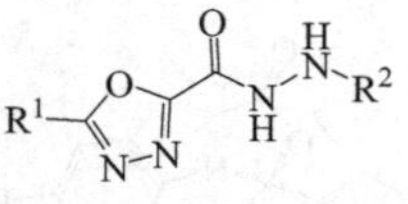

其中，R^1独立地选自氢、氘、任意取代或未取代的烷基、任意取代或未取代的烯基、任意取代或未取代的炔基、任意取代或未取代的烷氧基、任意取代或未取代的环烷基、羟基、氨基、卤素、巯基、膦基、硝基、任意取代或未取代的芳基、任意取代或未取代的杂芳基中的一个或多个；

R^2独立地选自氢、氘、任意取代或未取代的烷基、任意取代或未取代的烯基、任意取代或未取代的炔基、任意取代或未取代的烷氧基、任意取代或未取代的环烷基、任意取代或未取代的芳基、任意取代或未取代的杂芳基。

发明人：杨松，王培义，吴元元，朱建军，龙周卿；申请人：贵州大学

中国专利号：ZL202010341219.3；中国专利申请日：2020-04-24

化合物类型：噁二唑酰肼类

发明思路：me-too 研究；将具广泛生物活性的 1, 3, 4-噁二唑结构与酰肼亚结构相结合，制

备 1, 3, 4-噁二唑酰肼类衍生物。

用途：具有杀菌活性，该化合物对植物致病病原细菌、真菌具有良好的抑制作用，对病原菌如水稻白叶枯病菌、小麦赤霉病菌、辣椒枯萎病菌、油菜菌核病菌、油菜炭疽病菌、马铃薯晚疫病菌和蓝莓根腐病菌等具有良好的抑制效果。

代表化合物结构如下：

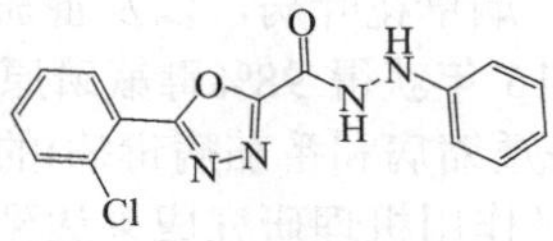

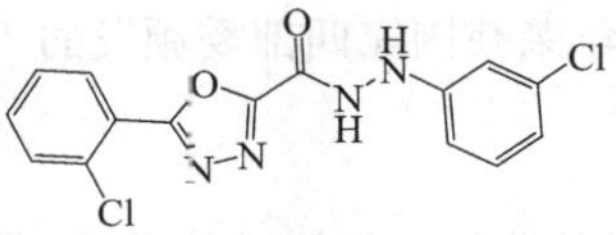

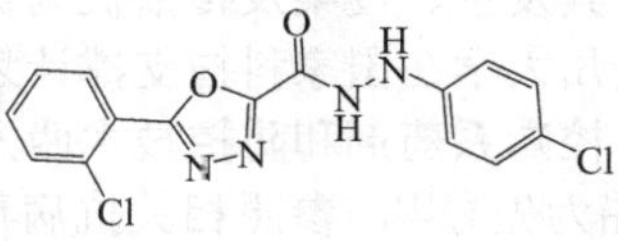

6.3 抗病毒剂的创制

6.3.1 概论

截至 2023 年底公开的拥有中文或英文通用名称的病毒剂有 6 个，具体分类与通用名称如下：

病氰硝、氯吲哚酰肼（chloroinconazide）、毒氟磷、宁南霉素（ningnanmycin）、辛菌胺（seboctylamine）、香草硫缩病醚等。其中病氰硝是贵州省精细化工试验研究中心研制的抗烟草花叶病毒的化合物；毒氟磷、香草硫缩病醚是由贵州大学开发的，其中毒氟磷已获得登记，香草硫缩病醚正在开发中；氯吲哚酰肼是京博农化与南开大学联合研发的新型杀菌剂和抗植物病毒病药剂；宁南霉素和辛菌胺主要用作杀菌剂，兼具抗病毒活性。

创制中的抗病毒剂细分结构类型也很丰富，涉及青霉菌酯、杨梅素衍生物、三氟甲基吡啶酰胺类、吡唑联噁二唑硫醚类、吡啶苯并硫氮杂草类、查耳酮类、阿魏酸酯类、色氨酸衍生物、苯并噻二唑类、芦竹碱及其衍生物等。研究的单位主要涉及贵州大学、南开大学、河北工业大学、武汉大学等。

6.3.2 毒氟磷的创制

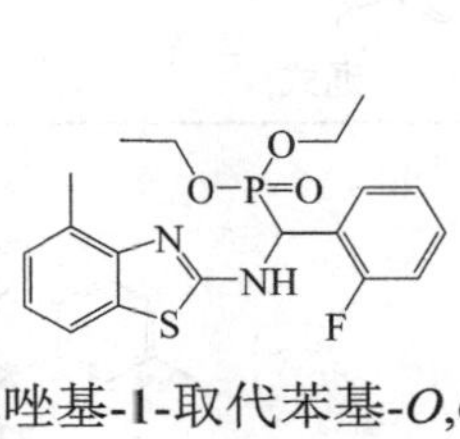

化合物专利名称：*N*-取代苯并噻唑基-1-取代苯基-*O*,*O*-二烷基-*α*-氨基膦酸酯类衍生物及制备方法和用途

中国专利号：ZL200510003041.7；申请日：2005-04-04；授权日：2006-12-27

发明人：宋宝安，张国平，胡德禹，逄丽丽，杨松，刘刚，汪华

申请人：贵州大学

毒氟磷是由贵州大学教育部绿色农药与农业生物工程重点实验室、贵州大学精细化工研究开发中心等开发的第 1 个仿生合成的植物免疫激活抗病毒的新农药。通过将绵羊体内的一种化合物——α-氨基膦酸酯作为先导，最终研究开发出一种生物源抗病毒药剂——毒氟磷，随后贵州大学于 2007 年 12 月 21 日将与其相关的技术成果转让于广西田园生化股份有限公司。主要防治水稻上黑条矮缩病、条纹叶枯病、烟草花叶病，以及番茄、黄瓜等蔬菜的病毒病，对蜜蜂、家蚕、鱼等非靶标生物安全。于 2016 年获得 98%毒氟磷原药(PD20160339)和 30%毒氟磷可湿性粉剂(PD20160338，防治水稻黑条矮缩病和番茄病毒病)的正式登记。毒氟磷相关项目经国家科技成果鉴定，毒氟磷抗病毒活性及作用机理研究成果达到了国际领先水平，与其相关制剂产品 30%毒氟磷可湿性粉剂于 2012 年荣获国家四部委颁发的“国家重点新产品”称号。

6.3.2.1 创制过程

病毒病被称为植物癌症，由于其发生、侵染及传播机制极其复杂，一直缺乏有效的防控药剂；针对这一重大的社会需求，贵州大学在国家科技支撑计划等项目资助下，历时十年的产、学、研、推协同攻关，在病毒病防控磷系药剂和防控技术两方面均取得了系统性的创新成果。以绵羊体内活性成分 α-氨基膦酸酯为先导[1]，参照相关抗病毒化合物结构[2]，引入氟原子，设计合成了 α-氨基膦酸酯系列新化合物，从中发现高效抗植物病毒活性先导结构，经进一步结构优化，发现了具有全新结构的磷系抗植物病毒新农药——毒氟磷，主要防治水稻黑条矮缩病、条纹叶枯病、烟草花叶病以及番茄、黄瓜等蔬菜的病毒病，对蜜蜂、家蚕、鱼等非靶标生物安全。毒氟磷作用机理独特，被作物叶片吸收后可迅速传导至全株，激活水杨酸信号分子，进而激活下游 PAL、POD、SOD 等植物防御因子，提高作物系统抗病性，最终使病毒无法增殖[1]。

毒氟磷历经长达八年的卫生毒理学、合成工艺、分析方法、田间药效、环境毒理学、环境代谢行为、残留试验等系统研究，获得农业农村部新农药登记，成为具有完全自主知识产权的抗植物病毒病新农药品种。

6.3.2.2 知识产权分析

该发明化合物母体结构虽与已知专利化合物或相关文献报道化合物[2]接近，但已有专利不包含该化合物，相关文献也不包含该化合物。

（1）新颖性　新颖性分析见表 6-36。

表 6-36　该专利与已有技术对比表

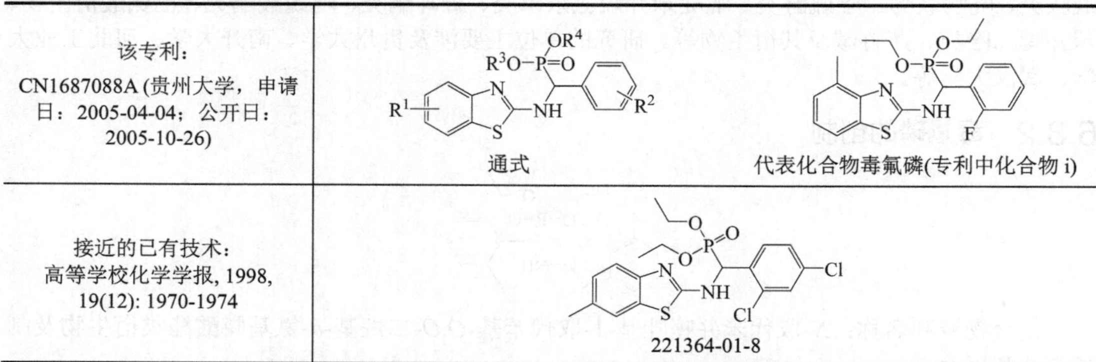

该专利：CN1687088A (贵州大学，申请日：2005-04-04；公开日：2005-10-26)	通式；代表化合物毒氟磷(专利中化合物 i)
接近的已有技术：高等学校化学学报, 1998, 19(12): 1970-1974	221364-01-8

（2）创造性　该专利 CN1687088A 说明书记载，500mg/L 剂量下，该发明测试化合物(编号 i，毒氟磷)对烟草花叶病(TMV)的抑制活性试验结果显示，化合物 i 对离体叶片治疗作用为

8.52%，对活体钝化作用为54.05%，对TMV侵染的活体治疗抑制率为39.87%，对活体保护作用为18.98%，表现出良好的抗植物病毒活性。

（3）核心化合物专利　毒氟磷核心化合物专利与授权保护范围如表6-37所示。

表6-37　贵州大学申请的毒氟磷核心化合物专利

序号	公开号	专利号	法律状态
1	CN1291993C	ZL200510003041.7	授权有效

授权保护范围(中国专利)

通式(I)的化合物：

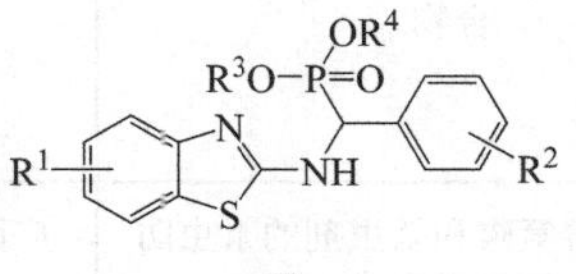

(I)

其中：

R^1为①卤原子，②氰基，③硝基，④羟基，⑤巯基，⑥$C_{1\sim10}$烷基、$C_{2\sim10}$链烯基或$C_{2\sim10}$链炔基，其中各基团均可以被至少一个或多个卤原子、氰基、硝基、羟基、巯基取代基所取代，⑦$C_{1\sim10}$烷氧基、$C_{2\sim10}$链烯氧基或$C_{2\sim10}$链炔氧基，其中各基团均可以被至少一个或多个卤原子、氰基、硝基、羟基、巯基取代基所取代，⑧$C_{1\sim10}$烷硫基、$C_{2\sim10}$链烯硫基或$C_{2\sim10}$炔硫基，其中各基团均可以被至少一个或多个卤原子、氰基、硝基、羟基、巯基取代基所取代，⑨被取代的羰基，所述取代基选自$C_{1\sim10}$烷基、氨基、$C_{1\sim10}$烷基氨基、$C_{1\sim10}$烷基氧基、$C_{1\sim10}$烷基硫基、$C_{3\sim8}$环烷基，⑩可被1或2个取代基取代的氨基，所述取代基选自$C_{1\sim10}$烷基、$C_{2\sim10}$链烯基、$C_{2\sim10}$链炔基、$C_{1\sim10}$烷基磺酰基、$C_{2\sim10}$链烯基磺酰基、$C_{2\sim10}$链炔基磺酰基、$C_{1\sim10}$烷基羰基、$C_{2\sim10}$链烯基羰基、$C_{2\sim10}$链炔基羰基，⑪$C_{1\sim10}$烷基磺酰基，⑫$C_{2\sim10}$链烯基磺酰基，⑬$C_{2\sim10}$链炔基磺酰基，⑭$C_{1\sim10}$烷基亚磺酰基，⑮$C_{2\sim10}$链烯基亚磺酰基，⑯$C_{2\sim10}$链炔基亚磺酰基，⑰甲酰基，⑱$C_{3\sim8}$环烷基或$C_{3\sim8}$环烯基，其中各基团均可以被至少一个或多个卤原子、氰基、硝基、羟基、巯基取代基所取代，⑲$C_{3\sim8}$环烷氧基或$C_{3\sim8}$环烯氧基，其中各基团均可以被至少一个或多个卤原子、氰基、硝基、羟基、巯基取代基所取代；

R^2为①氟，②单氟或多氟取代$C_{1\sim10}$烷基、$C_{2\sim10}$链烯基、$C_{2\sim10}$链炔基、$C_{3\sim8}$环烷基，③单氟或多氟取代$C_{1\sim10}$烷氧基、$C_{2\sim10}$链烯氧基、$C_{2\sim10}$链炔氧基、$C_{3\sim8}$环烷氧基，④单氟或多氟取代$C_{1\sim10}$烷硫基、$C_{2\sim10}$链烯硫基、$C_{2\sim10}$炔硫基，⑤单氟或多氟取代的羰基，所述取代基选自单氟或多氟取代$C_{1\sim10}$烷基、单氟或多氟取代$C_{1\sim10}$烷基氨基、单氟或多氟取代$C_{1\sim10}$烷基氧基、单氟或多氟取代$C_{1\sim10}$烷基巯基、单氟或多氟取代$C_{3\sim8}$环烷基，⑥单氟或多氟取代的氨基，所述取代基选自单氟或多氟取代$C_{1\sim10}$烷基、单氟或多氟取代$C_{2\sim10}$链烯基、单氟或多氟取代$C_{2\sim10}$链炔基、单氟或多氟取代$C_{1\sim10}$烷基磺酰基、单氟或多氟取代$C_{2\sim10}$链烯基磺酰基、单氟或多氟取代$C_{2\sim10}$链炔基磺酰基、单氟或多氟取代$C_{1\sim10}$烷基羰基、单氟或多氟取代$C_{2\sim10}$链烯基羰基、单氟或多氟取代$C_{2\sim10}$链炔基羰基，⑦单氟或多氟取代$C_{1\sim10}$烷基磺酰基，⑧单氟或多氟取代$C_{2\sim10}$链烯基磺酰基，⑨单氟或多氟取代$C_{2\sim10}$链炔基磺酰基，⑩单氟或多氟取代$C_{1\sim10}$烷基亚磺酰基，⑪单氟或多氟取代$C_{2\sim10}$链烯基亚磺酰基，⑫单氟或多氟取代$C_{2\sim10}$链炔基亚磺酰基；

R^3、R^4分别为$C_{1\sim10}$烷基、$C_{3\sim8}$环烷基、$C_{2\sim10}$链烯基、$C_{2\sim10}$链炔基

6.3.2.3　合成方法

经如图6-13所示反应制得毒氟磷。

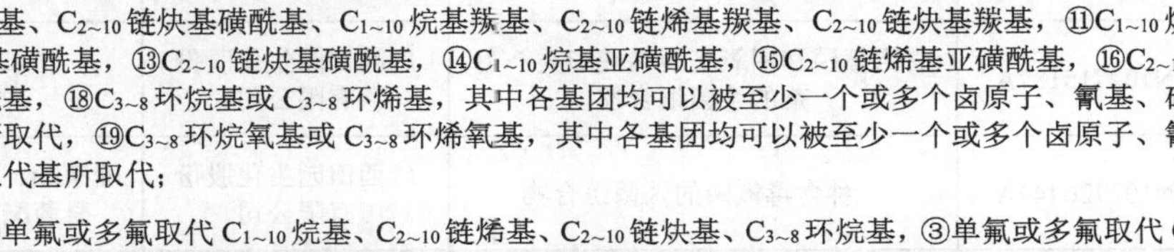

图6-13　毒氟磷合成路线

6.3.2.4 组合物专利

毒氟磷部分组合物专利见表 6-38。

表 6-38 毒氟磷组合物专利汇总表

序号	公开号	发明名称	申请人	B 组分
1	CN102349538A	一种抗植物病毒的农药组合物	广西田园生化股份有限公司	盐酸吗啉胍
2	CN102388918A	一种毒氟磷与植物生长调节剂的组合物	广西田园生化股份有限公司	芸苔素内酯、复硝酚钠、胺鲜酯、细胞分裂素、吲哚乙酸、萘乙酸钠、赤霉素、三十烷醇、生根粉、游龙一号或氯吡脲
3	CN102428956A	一种基于毒氟磷和杀虫剂的杀虫防病毒组合物	广西田园生化股份有限公司	吡虫啉、啶虫脒或呋虫胺
4	CN102626078A	防治植物病毒病及传播媒介的超低容量液剂	广西田园生化股份有限公司	吡虫啉、啶虫脒、烯啶虫胺、噻虫嗪、呋虫胺、噻虫胺、乙虫腈、吡蚜酮或螺虫乙酯
5	CN102657219A	含毒氟磷的超低容量液剂	广西田园生化股份有限公司	香菇多糖
6	CN102715187A	含毒氟磷和甲氧基丙烯酸酯类杀菌剂的杀菌组合物	广西田园生化股份有限公司	丁香菌酯
7	CN102726444A	一种含毒氟磷的杀菌组合物	广西田园生化股份有限公司	嘧菌酯、醚菌酯、吡唑醚菌酯和啶氧菌酯
8	CN103222462A	一种用于制备有机磷农药液体制剂的溶剂组合物	广西田园生化股份有限公司	桉叶油
9	CN103636668A	含毒氟磷和肟醚菌胺的杀菌组合物	广西田园生化股份有限公司	肟醚菌胺
10	CN103636669A	含毒氟磷和肟菌酯的杀菌组合物	广西田园生化股份有限公司	肟菌酯
11	CN103636670A	含毒氟磷和烯肟菌酯的杀菌组合物	广西田园生化股份有限公司	烯肟菌酯
12	CN103814943A	一种防治植物病毒病的农药组合物及其应用	山东省农业科学院植物保护研究所	嘧肽霉素
13	CN104542695A	一种含甲磺酰菌唑和毒氟磷的复配组合物及制剂	广西田园生化股份有限公司	甲磺酰菌唑
14	CN104824015A	含有吡啶喹唑啉和毒氟磷的农药组合物	广东中迅农科股份有限公司	吡啶喹唑啉
15	CN104886122A	含毒氟磷和吡唑酰胺类杀菌剂的复配组合物及杀菌剂	广西田园生化股份有限公司	氟啶酰菌胺

6.3.2.5 毒性学与安全评价

（1）毒性 原药大鼠(雌、雄)急性经口 LD_{50}＞5000mg/kg，大鼠(雌、雄)急性经皮 LD_{50}＞2150mg/kg，对兔眼、兔皮肤无刺激性。对豚鼠致敏性试验为弱致敏。Ames、微核、染色体试验结果均为阴性。30%可湿性粉剂大鼠(雌、雄)急性经口 LD_{50}＞5000mg/kg，大鼠(雌、雄)急性经皮 LD_{50}＞2000mg/kg，对家兔皮肤无刺激性，对兔眼轻度至中度刺激性。对豚鼠致敏性试验为弱致敏[1]。

（2）生态效应 30%可湿性粉剂斑马鱼 LC_{50}(96h)＞12.4mg/L，蜜蜂 LC_{50}(48h)＞5000mg/L，鹌鹑 LD_{50}(7d)＞450mg/kg，家蚕 LC_{50}(2 龄)＞5000mg/kg 桑叶[1]。

（3）环境行为 毒氟磷光解半衰期为 1980min，大于 24h。毒氟磷在 pH 三级缓冲液中水解率均小于 10，其性质较稳定。毒氟磷在黑土中的吸附常数为 45.8，按照《化学农药环境安全评价试验准则》对农药土壤吸附性等级划分标准，毒氟磷在黑土中为“Ⅲ级（中等吸附）”。30%毒氟磷可湿性粉剂按推荐设置两个有效成分施药浓度 500g/hm^2 和 1000g/hm^2，在烟草上的残留试验表明在烟叶中消解较快，半衰期为 4.1～5.4d，在土壤中半衰期为 10.0～10.8d，收获期 30%毒氟磷可湿性粉剂在土壤中最终残留小于 0.23mg/kg，在烟叶中残留量小于 0.46mg/kg [1]。

6.3.2.6 登记情况

目前国内登记毒氟磷系列产品 4 个，商品名独翠(30%毒氟磷可湿性粉剂)、独亮(30%毒氟·吗啉胍可湿性粉剂)、碧夏(30%毒氟磷可湿性粉剂+5.9%辛菌·吗啉胍水剂)，具体登记信息如表 6-39。

表 6-39 毒氟磷相关登记产品信息表

登记证号	农药名称	剂型	总含量	登记作物	防治对象	用药量(制剂量)	施用方法	登记证持有人
PD20160339	毒氟磷	原药	98%	—	—	—	—	广西田园生化股份有限公司
PD20160338	毒氟磷	可湿性粉剂	30%	番茄	病毒病	90～110g/亩	喷雾	广西田园生化股份有限公司
				水稻	黑条矮缩病	45～75g/亩	喷雾	
				西瓜	病毒病	45～75g/亩	喷雾	
				烟草	花叶病毒病	90～110g/亩	喷雾	
				玉米	粗缩病	45～75g/亩	喷雾	
PD20181886	毒氟·吗啉胍	可湿性粉剂	30%	番茄	病毒病	50～90g/亩	喷雾	广西田园生化股份有限公司
PD20183384	毒氟磷	可湿性粉剂	30%	番茄	病毒病	90～110g/亩	喷雾	广西威牛农化有限公司
				水稻	黑条矮缩病	45～75g/亩	喷雾	

6.3.2.7 应用效果[3-6]

毒氟磷可应用于水稻、烟草、玉米、香蕉、番茄、辣椒、木瓜、黄瓜、西瓜、苦瓜等作物防治水稻黑条矮缩病、水稻条纹叶枯病、烟草花叶病、束顶病、花叶心腐病、木瓜花叶病，以及玉米、香蕉、豆科作物、茄科蔬菜、葫芦科蔬菜等病毒病[3-6]。

参考文献

[1] 陈卓，杨松. 自主创制抗植物病毒新农药：毒氟磷. 世界农药, 2009, 31(2): 52-53.
[2] 李在国，黄润秋，杨炤，等. 含苯并噻唑杂环的 α-氨基烷基膦酸二乙酯的合成及生物活性. 高等学校化学学报，1998, 19(12): 1970-1974.
[3] 刘长令，刘鹏飞，李淼. 世界农药大全：杀菌剂卷. 北京：化学工业出版社, 2021: 544-545.
[4] 韦洁玲，李现玲，高亚楠，等. 毒氟磷药剂防控南方水稻黑条矮缩病药效试验. 农药科学与管理, 2019, 40(9): 52-54.
[5] 李威，龙光泉，粟俊. 30%毒氟磷可湿性粉剂防治烟草花叶病毒病田间药效试验. 农技服务, 2013, 30(02): 161, 163.
[6] 王莉爽，陈文，谭清群，等. 不同药剂防治辣椒病毒病田间试验. 安徽农学通报, 2015, 21(16): 70+73.

6.3.3 氯吲哚酰肼的创制

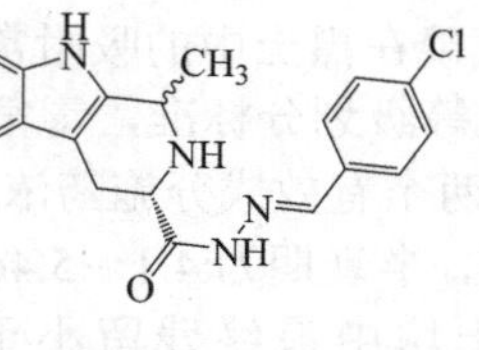

化合物专利名称：β-咔啉，二氢-β-咔啉和四氢-β-咔啉生物碱衍生物及其制备方法和在防治植物病毒、杀菌、杀虫方面的应用

中国专利号：ZL201310752240.2；申请日：2013-12-30；授权日：2017-06-16

专利发明人：汪清民，宋红建，刘永贤，刘玉秀

申请人：南开大学

以天然产物为原料进行衍生，经过多年研究，发明了杀菌剂、抗植物病毒剂氯吲哚酰肼，英文通用名 chloroinconazide，由京博农化科技股份有限公司开发，主要用于防治黄化曲叶病毒病、马铃薯 Y 病毒病、烟草花叶病毒病等多种病害。

6.3.3.1 创制过程

天然产物因其结构多样、作用方式独特、对目标物种的特异性和生物降解性而成为农药先导化合物的重要来源。天然产物及其类似物也是具有手性中心的新活性成分的重要来源。

防治植物病毒的农药特别值得注意，因为这些广泛分布的病毒影响许多植物品种，且难以防治，而且给农业生产造成相当大的损失。此前，报道了马鞭草粗提物对烟草花叶病毒（TMV）具有抑制活性，并确定了提取物的活性成分为β-咔啉化合物去氢骆驼蓬碱和四氢骆驼蓬碱（图 6-14）。还制订了一个构建β-咔啉的总体策略，从植物性农药中汲取灵感，使用 1-甲基-2,3,4,9-四氢-β-咔啉-3-羧酸酯为先导化合物（先导化合物Ⅱ见图 6-14），设计并合成了一系列四氢-β-咔啉-3-羧酸酯衍生物，并对其抗 TMV 活性进行了评价；进一步研究了 1-甲基-2,3,4,9-四氢-β-咔啉-3-碳酰肼（先导化合物Ⅲ），其具非常高的抗 TMV 活性。然后设计合成了一系列含腙基的四氢-β-咔啉化合物，发现它们具有较高的抗 TMV 活性。进一步研究发现 NK0209（氯吲哚酰肼）是一种预防和控制植物病毒引起的疾病的高效药剂（图 6-14）。NK0209 是该领域第一个对 TMV 病毒病完全预防和控制有效的化合物。此外，NK0209 对三七 Y 病毒、菖蒲花叶病毒和香蕉束顶病毒均有较好的防治效果。

因为 NK0209 分子有两个手性中心（C-1 和 C-3），它有四种可能的立体异构体，但没有关于单个异构体的研究报道。只制备并进行生物测定的是 10∶1 的（1*S*,3*S*）和（1*R*,3*S*）同分异构体混合物，对映体分子往往表现出不同的生物活性。因此，为了确定 NK0209 的空间构型对其抗病毒活性的影响，合成了所有 4 种异构体（图 6-15），确定了它们的绝对构型，并分别测定了它们的抗 TMV 活性。结果表明，在 500μg/mL 的剂量下，4 种化合物对 TMV 均表现出明显的抑制、治疗和保护活性，且高于宁南霉素。

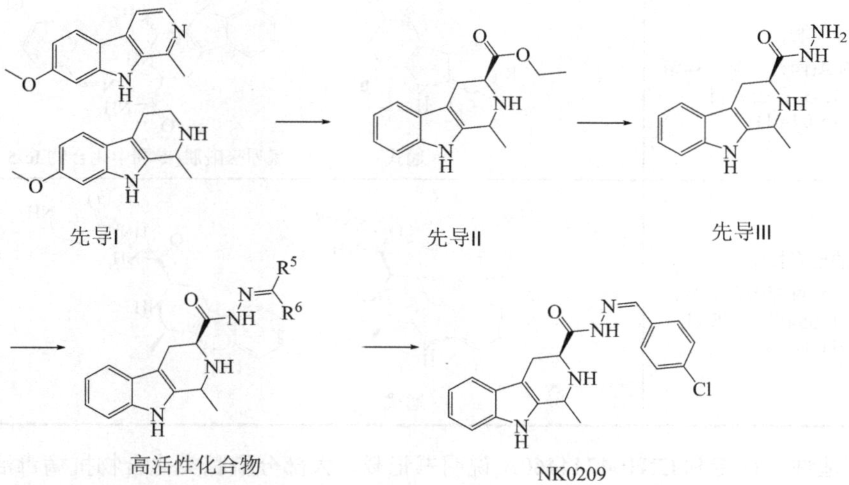

先导I　　先导II　　先导III

高活性化合物　　NK0209

图 6-14　氯吲哚酰肼的创制过程

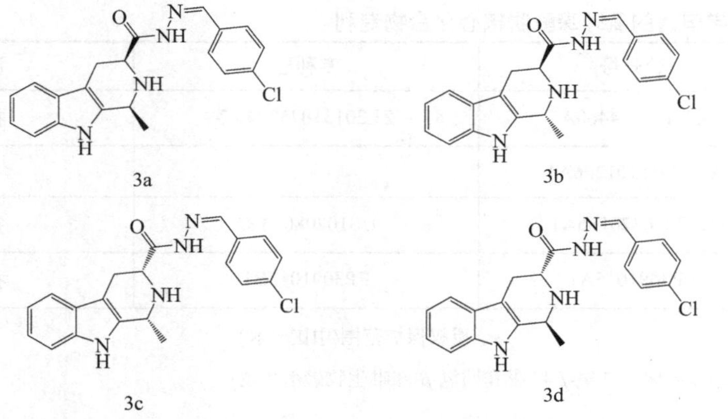

3a　　3b

3c　　3d

图 6-15　NK0209 的 4 种构型

此外，该实验还表明，C-1 和 C-3 的手性确实影响抗病毒活性，并观察到明确的结构-活性关系。4 种化合物的抗病毒活性依次为 3c＞3b≈3a＞3d。C-1 位构型对 D-色氨酸甲酯合成的非对映异构体的活性影响最大；也就是顺式产物（3c）比反式产物（3d）活性大得多。相反，由 L-色氨酸甲酯（3a 和 3b）合成的非对映异构体具有相似的抗病毒活性。3a～3d、宁南霉素对 TMV 的抑制、治疗和保护活性 EC_{50} 值进一步证实了相应的结构-活性关系。

至此，为了研究空间构象对抗病毒活性的影响，设计、合成了 NK0209 4 种光学异构体，并评价了它们的抗 TMV 活性，发现 4 种构型化合物的活性均优于宁南霉素。进行了大量的室内和田间生物活性测定、合成方法和工艺研究等，并获得中文通用名氯吲哚酰肼[1]。

6.3.3.2　知识产权分析

该发明化合物结构新颖。

（1）新颖性　新颖性分析见表 6-40。

表 6-40 该专利与已有技术对比表

该专利：CN104744460A(南开大学，申请日：2013-12-30；公开日：2015-07-01)	通式　氯吲哚酰肼(专利中化合物 Ic-5)
接近的已有技术：CN102234277A(首都医科大学，申请日：2010-05-07；公开日：2011-11-09)	通式

（2）创造性　该专利 CN104744460A 说明书记载，大部分酰腙类化合物抗病毒活性明显优于对照药剂病毒唑。

（3）核心化合物专利　氯吲哚酰肼核心化合物专利与授权保护范围如表 6-41 所示。

表 6-41 南开大学申请的氯吲哚酰肼核心化合物专利

序号	公开号	专利号	法律状态
1	CN104744460A	ZL201310752240.2	授权有效
2	WO2015101206A1		
3	US2016326166A1	US10208033B2	授权有效
4	EP3091015A1	EP3091015B1	授权有效

授权保护范围(中国专利)

如通式 I 所示结构的 *β*-咔啉，二氢-*β*-咔啉和四氢-*β*-咔啉生物碱衍生物：

I

其中，

R 代表氢、一个至四个卤素原子、一个至四个硝基、一个至四个氰基、一个至四个 1～6 碳烷氧基、一个至四个羟基、一个或两个 OCH_2O、一个或两个 OCH_2CH_2O、一个至四个 1～6 碳烷羰基、一个至四个 1～10 碳烷氧羰基、一个至四个 1～10 碳烷胺羰基、一个至四个 1～6 碳烷氧羰氧基、一个至四个 1～6 碳烷胺羰氧基、一个至四个 1～10 碳 *α*-氨基烷羰氧基；

R^1 分别代表羟基、卤素原子、氰基、1～10 碳烃基、1～6 碳烷氧基、1～4 碳烷基羰氧基、1～4 碳烷氧基羰氧基、1～10 碳含氮杂环、1～10 碳含氧杂环、1～10 碳含硫杂环；

R^2 分别代表羟基、1～6 碳烷氧基、卤素原子、氰基、1～6 碳烷羰基、1～10 碳烷氧羰基、1～10 碳烷胺羰基、1～6 碳烷氧羰氧基、1～6 碳烷胺羰氧基，以及上述化合物的立体异构体；以上化合物不包括 1-甲基-*β*-咔啉-3-甲酸甲酯、1-甲基-*β*-咔啉-3-甲醛、(1*S*,3*S*)-1-乙基-2, 3, 4, 9-四氢-吡啶并[3,4-*b*]吲哚-3-甲酸乙酯

6.3.3.3 合成方法

以 L-色氨酸为起始原料，经合环、酯化、肼解等多步反应，得到氯吲哚酰肼（图 6-16）。

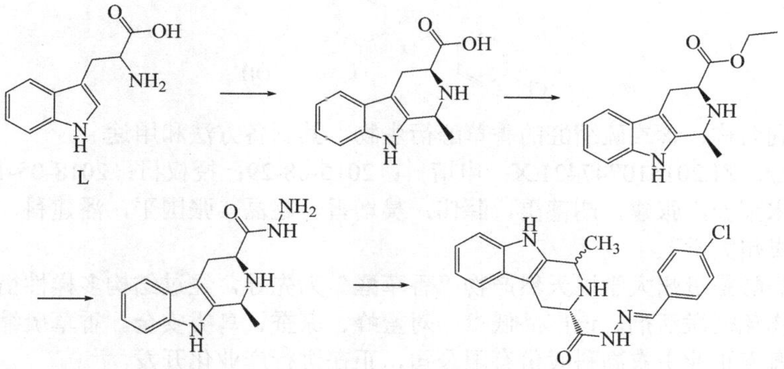

图 6-16 氯吲哚酰肼的合成路线

6.3.3.4 组合物专利

氯吲哚酰肼部分组合物专利见表 6-42。

表 6-42 氯吲哚酰肼组合物专利

序号	公开号	发明名称	申请人	B 组分
1	CN 109757497A	一种杀菌组合物	京博农化科技有限公司	防治真菌及细菌药物
2	CN 110622982A	一种含中生菌素的杀菌组合物	京博农化科技有限公司	中生菌素
3	CN 111066803A	一种含氯吲哚酰肼的杀菌组合物	京博农化科技有限公司	春雷毒素
4	CN 111066804A	一种含氯吲哚酰肼的杀菌组合物	京博农化科技有限公司	嗯霉灵
5	CN 112021326A	一种含氯吲哚酰肼和农用链霉素的杀菌组合物及其应用	京博农化科技有限公司	链霉素

6.3.3.5 应用效果

13%氯吲哚酰肼·氨基寡糖素悬浮剂对马铃薯病毒病及番茄黄化曲叶病毒病、烟草花叶病毒病均具有较好的防治效果。在发病初期，茎叶喷雾 3 次，每次间隔 7d，能够较好地抑制病毒病的危害[2]。

参考文献

[1] Wang H Q, Song H J. Synthesis of four optical isomers of antiviral agent NK0209 and determination of their configurations and activities againsta plant virus. J. Agric. Food. Chem, 2020(68): 2631-2638.

[2] 王兴胜，吴磊，王祥传，等. 氯吲哚酰肼对 3 种植物病毒病的防治效果评价. 安徽农学通报, 2019, 25(24): 94-96.

6.3.4 香草硫缩病醚的创制

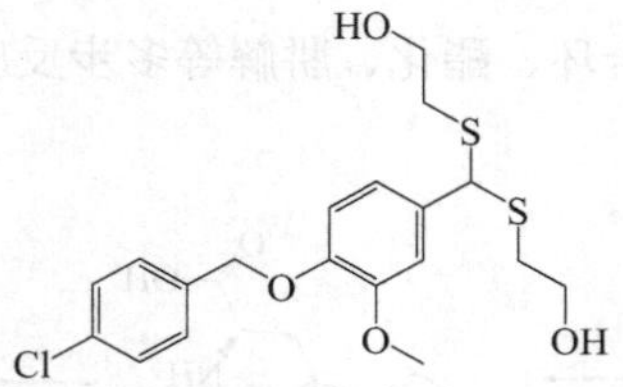

化合物专利名称：含二硫缩醛的香草醛衍生物，其制备方法和用途

中国专利号：ZL201610747421.X；申请日：2016-08-29；授权日：2018-05-15

发明人：宋宝安，张建，胡德禹，薛伟，吴增雪，赵磊，张国平，潘建科，陈瑾

申请人：贵州大学

香草硫缩病醚是贵州大学以天然产物“香草醛”为先导，经过结构多样性衍生发现的一种高效低风险植物免疫激活剂。该产品低毒，对蜜蜂、家蚕、鸟类安全。香草硫缩病醚的化合物专利已转让给海南正业中农高科股份有限公司，正在进行产业化开发。

6.3.4.1 创制过程[1,2]

马铃薯 Y 病毒（PVY）和黄瓜花叶病毒（CMV）是重要的破坏性植物病原，它们可以感染各种作物，如马铃薯、黄瓜、烟草、辣椒和其他经济作物，并造成重大经济损失。到目前为止，很少有抗病毒药物能有效控制 PVY 或 CMV，因为蚜虫能够快速将病毒传播至植物，且很难用杀虫剂控制蚜虫。宁南霉素、毒氟磷和利巴韦林（图 6-17）广泛用于预防植物病毒，然而，它们的田间效果并不好[1,2]。近年来，生物学家发现了几种具有良好抗病毒活性的化合物，但很少能够用于田间防控，因此，仍然需要开发新的、高活性的抗病毒药物。

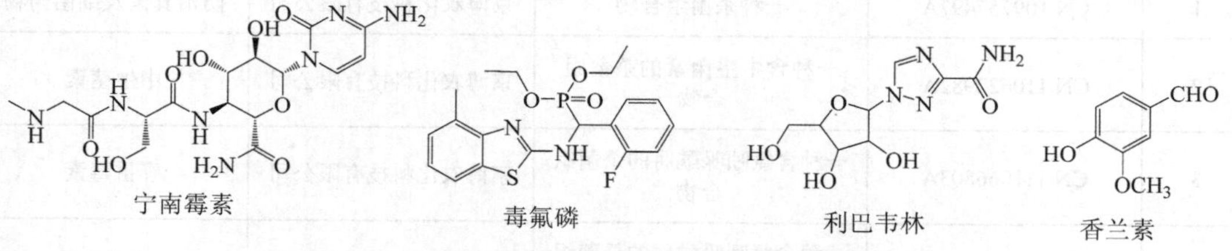

宁南霉素　毒氟磷　利巴韦林　香兰素

图 6-17　宁南霉素、毒氟磷、利巴韦林和香兰素化学结构

天然产物是开发新药的重要参考，具有独特的作用方式、低哺乳动物毒性，易分解，对环境友好，具理想的生物活性以及对目标物种的特异性。香兰素（4-羟基-3-甲氧基苯甲醛），一种源自兰花的天然产物（香荚兰、大花香荚兰和塔希提香荚兰），吸引了生物学家的注意，原因有以下几点：首先，香兰素作为一种挥发性化合物，具有一定的生物安全性，在食品、保健品和制药工业中有广泛的用途；其次，香兰素具有简单的化学结构（图 6-17），这可能在一定程度上降低难以合成的可能性；最后，香兰素具有良好的生物活性，如抗肿瘤、抗氧、抗菌、抗感染、抗突变、抗增殖等。然而，关于香兰素衍生物在抗病毒农药中的应用尚未见报道。烯酮二硫代缩醛衍生物也表现出各种生物特性，例如抗病毒、抗菌、抗真菌和杀虫特性。稻瘟灵是一种含有烯酮二硫代缩醛基团的杀菌剂。双(2-羟乙基)二硫代缩醛显示出氢键固定的超分子螺旋结构，类似于生物系统，并且由于其生物相容性而引起了相当大的研究热潮[1,2]。

考虑到香兰素的生物安全性、简单的化学结构和广泛的生物活性以及双(2-羟乙基)二硫代缩醛的生物相容性，贵州大学宋宝安团队合成了具有抗病毒活性的新的简单化学结构（图 6-18），这些结构包括双(2-羟乙基)二硫代缩醛、含有双(2-羟乙基)二硫代缩醛部分的香兰素衍生物和含有二硫代缩醛部分的香兰素衍生物（图 6-19 和图 6-20）。用半叶法评价了它们对 PVY 和 CMV 的抗病毒活性，研究了其结构活性关系[1,2]。

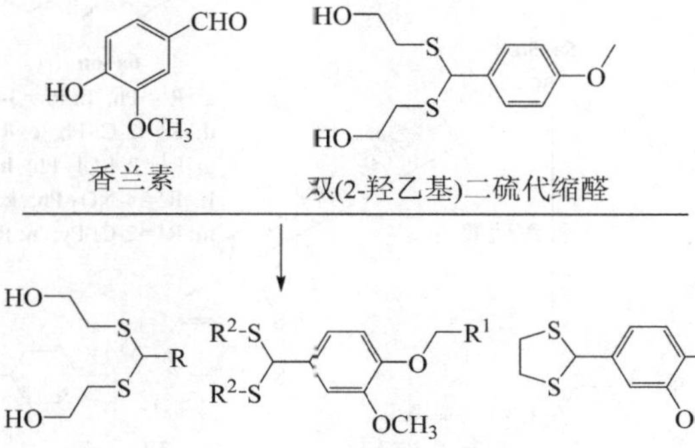

香兰素　双(2-羟乙基)二硫代缩醛

图 6-18　目标化合物设计

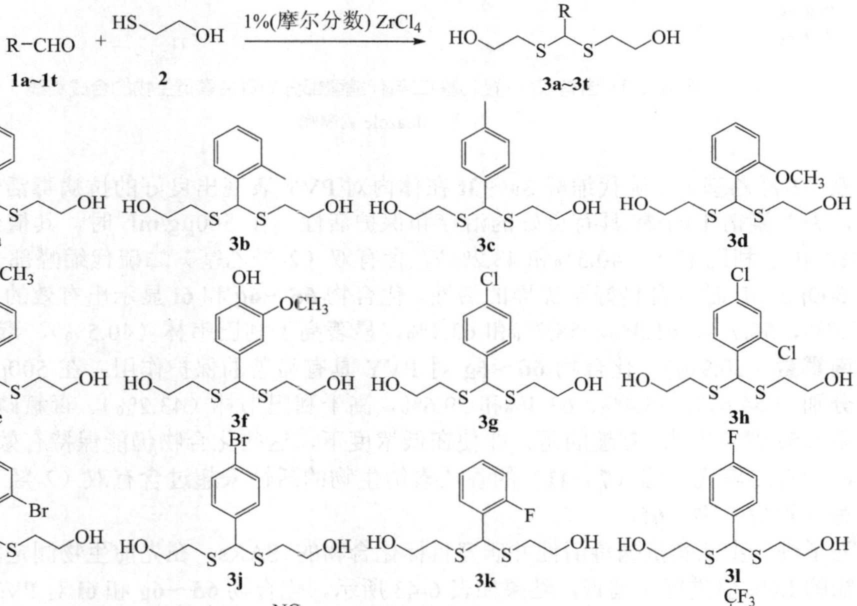

1%(摩尔分数) $ZrCl_4$

R—CHO + HS~~OH → 3a~3t

1a~1t　2

3a　3b　3c　3d　3e　3f　3g　3h　3i　3j　3k　3l　3m　3n　3o　3p　3q　3r　3s　3t

图 6-19　以 $ZrCl_4$ 为催化剂合成双(2-羟乙基)二硫代缩醛

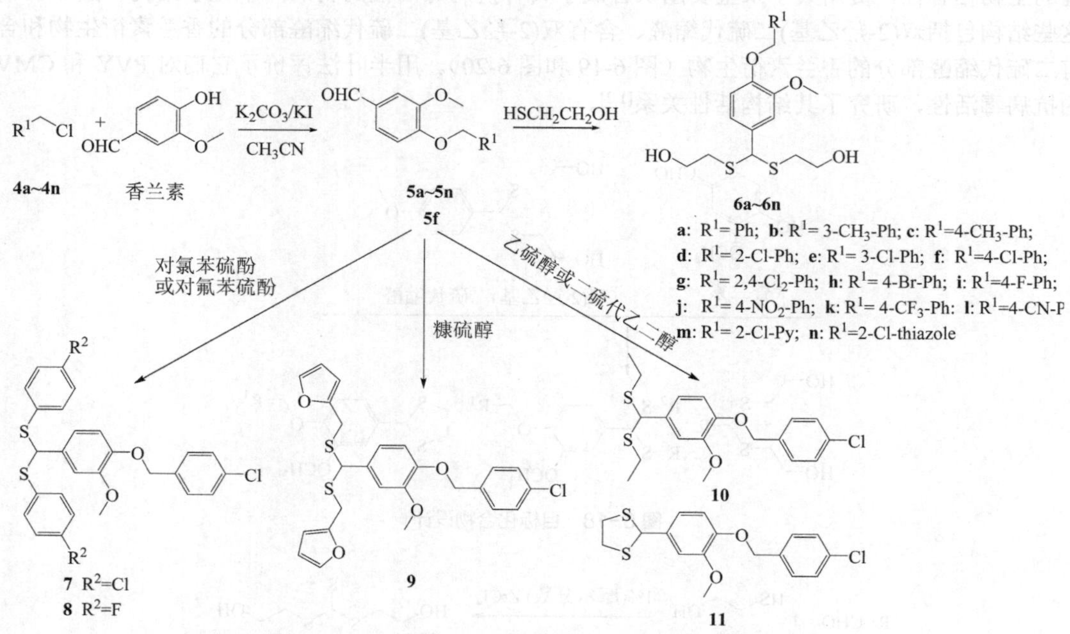

图 6-20 含有双(2-羟乙基)二硫代缩醛部分的香兰素衍生物的合成路线

thiazole 为噻唑

双（2-羟乙基）二硫代缩醛 **3a**～**3t** 在体内对 PVY 表现出良好的抗病毒活性。在这些化合物中，香兰素衍生的 **3f** 具有良好的治疗和保护活性，在 500μg/mL 时，其值分别为 45.2%和 46.5%，优于利巴韦林（40.5%和 43.2%）。含有双（2-羟乙基）二硫代缩醛部分的香兰素衍生物在 500μg/mL 时具有良好至优异的活性。化合物 **6d**～**6g** 和 **6i** 显示出有效的疗效，其值分别为 53.7%、56.7%、61.3%、58.7%和 63.1%，显著高于利巴韦林（40.5%）、毒氟磷（48.2%）和宁南霉素（50.9%）。化合物 **6d**～**6g** 对 PVY 具有显著的保护作用，在 500μg/mL 浓度下，其值分别为 54.6%、58.4%、63.4%和 59.6%，高于利巴韦林（43.2%）、毒氟磷（49.5%）和宁南霉素（52.2%）[1,2]。有趣的是，即使在低浓度下，这些化合物仍能保持有效的抗病毒活性。然而，含有二硫代缩醛（**7**～**11**）的香兰素衍生物的活性未超过含有双（2-羟乙基）二硫代缩醛的香兰素衍生物（**6f**）。

为了进一步证实抗病毒活性并研究目标化合物的 SARs，在先前生物测定的基础上对一些化合物的 EC_{50} 值进行了调查，结果如表 6-43 所示。化合物 **6d**～**6g** 和 **6i** 对 PVY 有显著的治疗作用，EC_{50} 值分别为 357.5、308.4、217.6、245.1 和 197.4μg/mL，优于利巴韦林（848.0μg/mL）、毒氟磷（462.6μg/mL）和宁南霉素（440.5μg/mL）。化合物 **6d**～**6g** 对 PVY 具有显著的保护作用，EC_{50} 值分别为 352.4、278.7、205.7 和 266.7μg/mL，优于利巴韦林（808.1μg/mL）、毒氟磷（454.8μg/mL）和宁南霉素（425.3μg/mL）[1,2]。

抗黄瓜花叶病毒（CMV）活性结果表明，大多数目标化合物显示出明显的抑制作用（表 6-43）。化合物 **6d**～**6h** 对 CMV 具有良好的治疗活性，EC_{50} 值分别为 300.6、270.5、206.3、271.6 和 366.7μg/mL，优于利巴韦林（858.2μg/mL）、毒氟磷（471.2μg/mL）和宁南霉素（426.1μg/mL）。此外，化合物 **6d**～**6h** 对 CMV 具有显著的保护作用，EC_{50} 值分别为 298.4、260.8、186.2、265.3 和 358.6μg/mL，优于利巴韦林（766.5μg/mL）、毒氟磷（465.4μg/mL）和宁南霉素（405.3μg/mL）。抗 CMV 活性与抗 PVY 活性的趋势一致[1,2]。

表 6-43 目标化合物对 PVY 和 CMV 的 EC_{50} 值①

化合物	抗 PVY EC_{50} 值		抗 CMV EC_{50} 值	
	治疗活性/(μg/mL)	保护活性/(μg/mL)	治疗活性/(μg/mL)	保护活性/(μg/mL)
3f	726.7±4.8	679.7±2.1	716.8±2.4	658.4±3.1
5f	708.9±3.2	644.4±3.5	652.3±4.4	657.9±5.1
6a	828.8±3.4	598.6±4.8	816.5±3.5	807.6±2.2
6b	1051.5±3.8	841.1±2.6	895.2±3.3	857.8±3.6
6c	872.8±2.1	790.4±1.6	824.6±2.1	885.1±2.5
6d	357.5±4.4	352.4±5.2	300.6±3.3	298.4±4.0
6e	308.4±4.4	278.7±5.2	270.5±3.9	260.8±3.7
6f	217.6±3.6	205.7±2.4	206.3±4.3	186.2±4.5
6g	245.1±2.0	266.7±2.2	271.6±1.8	265.3±2.5
6h	398.4±2.4	521.4±1.9	366.7±2.1	358.6±2.6
6i	197.4±3.9	502.2±2.7	516.7±2.9	467.6±2.3
6j	737.3±4.0	920.9±3.3	968.7±3.6	921.4±3.4
6k	817.3±3.6	1042.3±4.2	982.3±3.8	961.5±2.6
6l	1069.2±3.2	1039.3±3.5	965.1±3.1	906.2±2.4
6m	691.8±1.4	605.4±1.8	603.5±3.2	657.3±2.7
6n	839.4±3.5	839.3±4.0	676.3±3.2	724.3±2.6
7	347.4±2.4	348.0±2.1	346.3±2.8	324.8±4.6
利巴韦林	848.0±2.8	808.1±5.6	858.2±3.0	766.5±3.4
宁南霉素	440.5±2.0	425.3±2.4	426.1±4.5	405.3±3.2
霉氟磷	462.6±3.8	454.8±2.6	471.2±4.2	465.4±3.4

①三次重复平均值

在双(2-羟乙基)二硫代缩醛化合物 **3a～3t** 中，吸电子芳香双(2-羟乙基)-二硫代缩醛（**3m～3q**）的活性高于富电子芳烃（**3b～3e**），羟基能够增强活性（**3f**>**3a～3e**、**3g～3t**）。为了研究在 OH 位置取代基的影响，合成了双(2-羟乙基)二硫代缩醛的香兰素衍生物 **6a～6n**。生物测定结果表明，苄基醚可影响抗病毒效果。在化合物 **6a～6n** 中，含卤素原子取代苄基醚的化合物 **6d～6i** 表现出更好的抗病毒活性，氯取代苄基醚对活性最有利（**6d～6g**>**6h** 和 **6i**），尤其是氯原子位于对位（**6f**>**6d**、**6e** 和 **6g**）。为了进一步研究硫亲核试剂对抗病毒效力的影响，在香兰素的 OH 位置引入取代基，合成了化合物 **7～11**，并测试了它们的抗病毒效力。与化合物 **7～11** 相比，**6f** 表现出较高的活性。这一现象表明双(2-羟乙基)-二硫代缩醛的特定螺旋结构有利于抗病毒活性。化合物 **7～11** 的主要差异在于硫亲核试剂。化合物 **7** 和 **9** 显示出比化合物 **10** 和 **11** 更强的抗病毒活性，表明芳基比烷基更适合抗病毒。香兰素衍生物 **5f** 的抗病毒活性明显弱于含二硫代缩醛的 **6d～6f**。这一结果表明，双(2-羟乙基)-二硫代缩醛对于这些化合物的抗病毒活性是必不可少的。

总之，通过一种新的高效方法设计并合成了一系列含有双(2-羟乙基)二硫代乙酰基的香兰素衍生物。生物测定结果表明，大多数化合物对 PVY 和 CMV 具有广谱和良好的抗病毒活性，化合物 **6f** 显示出优于市售利巴韦林、毒氟磷和宁南霉素的抗病毒活性。这些结果表明，含有特定螺旋结构的双(2-羟乙基)二硫代缩醛的香兰素衍生物可被视为新型抗病毒药物。

6.3.4.2 知识产权分析

该发明化合物母体结构虽与已知专利化合物接近，但在已有专利范围外。

香草醛衍生物具有抑菌、抗癌、抗氧化等多种生物活性，然而，其在抗植物病毒方面却未见报道。

（1）新颖性　新颖性分析见表6-44。

表6-44　该专利与已有技术对比表

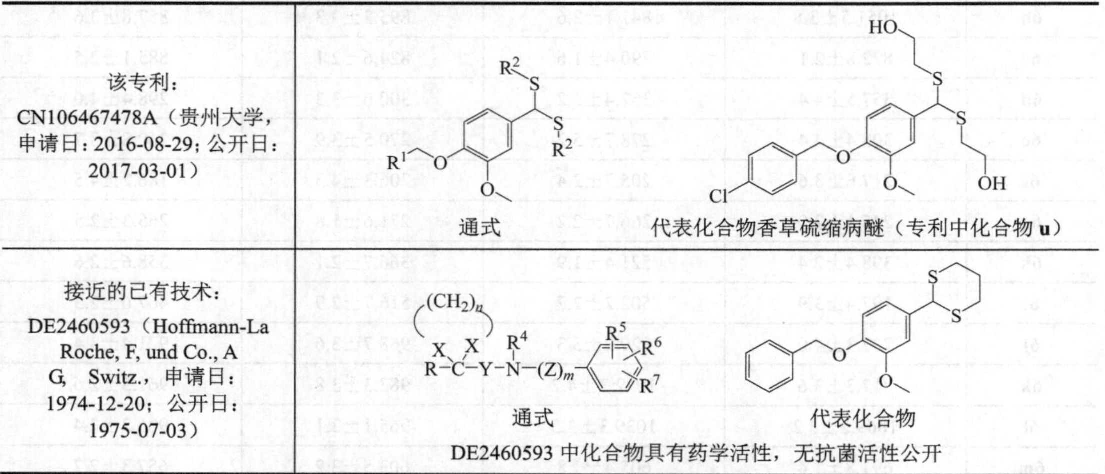

该专利： CN106467478A（贵州大学，申请日：2016-08-29；公开日：2017-03-01）	通式	代表化合物香草硫缩病醚（专利中化合物 **u**）
接近的已有技术： DE2460593（Hoffmann-La Roche, F, und Co., A G, Switz.，申请日：1974-12-20；公开日：1975-07-03）	通式	代表化合物
	DE2460593 中化合物具有药学活性，无抗菌活性公开	

（2）创造性　该专利CN106467478A说明书记载，该发明测试化合物（编号 **u**，香草硫缩病醚）抗烟草花叶病毒（TMV）、CMV、PVY活性与对照药剂宁南霉素相当或优于宁南霉素。具体数据如下：

采用半叶枯斑法，浓度为500mg/L，以宁南霉素为对照药剂测试含二硫缩醛的香草醛衍生物的抗TMV、CMV、PVY活性，生物测定结果表明，化合物 **u** 抗TMV的治疗活性是50.26%，与对照药剂宁南霉素相当（54.62%）；化合物 **u** 抗CMV的治疗活性是60.26%，优于对照药剂宁南霉素（53.32%）；化合物 **u** 抗CMV的保护活性为65.43%，优于对照药剂宁南霉素（58.82%）；化合物 **u** 抗PVY的治疗活性是59.62%，优于对照药剂宁南霉素（53.86%）；化合物 **u** 抗PVY的保护活性为60.43%，优于对照药剂宁南霉素（54.16%）。

（3）核心化合物专利　香草硫缩病醚核心化合物专利与授权保护范围如表6-45所示。

表6-45　贵州大学申请的香草硫缩病醚核心化合物专利

序号	公开号	专利号	法律状态
1	CN106467478B	ZL201610747421.X	授权有效
授权保护范围（中国专利）			
一种含二硫缩醛的香草醛衍生物，其结构通式(Ⅰ)如下： （Ⅰ） 其中，R^1为取代芳环、杂环或1,1-二氯乙烯；R^2为取代芳环或烷基杂环			

6.3.4.3 合成方法

经如下反应制得香草硫缩病醚（图 6-21）。

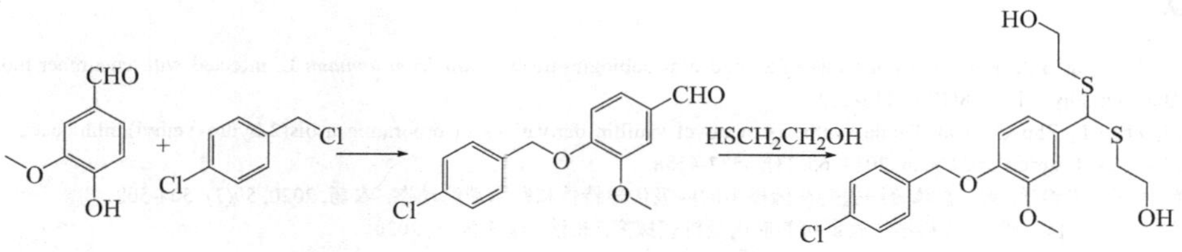

图 6-21 香草硫缩病醚合成路线

6.3.4.4 组合物专利

香草硫缩病醚部分组合物专利见表 6-46。

表 6-46 香草硫缩病醚组合物专利

序号	公开号	发明名称	申请人	B 组分
1	CN111670902A	一种包含香草硫缩病醚和乙蒜素的农药组合物及其用途	海南正业中农高科股份有限公司	乙蒜素
2	CN111109258A	一种包含香草硫缩病醚和抗病毒剂的组合物及其用途	海南正业中农高科股份有限公司	抗病毒剂
3	CN111165491A	一种包含香草硫缩病醚和植物生长调节剂的农药组合物	海南正业中农高科股份有限公司	植物生长调节剂
4	CN111616150A	一种包含海藻酸钠寡糖和香草硫缩病醚的农药组合物及其应用	海南正业中农高科股份有限公司	海藻酸钠寡糖
5	CN111670903A	一种包含香草硫缩病醚和松脂酸铜的抗病组合物及其应用	海南正业中农高科股份有限公司	松脂酸铜

6.3.4.5 作用机理

香草硫缩病醚能够结合 ABA 通路，提高相关病程蛋白的表达，进而提高辣椒对辣椒病毒病的抗病性。

6.3.4.6 应用效果

香草硫缩病醚具有双向传导能力，向顶传导的效率要高于向基传导，且能在辣椒植株中快速消解，温室栽培辣椒植株、田间栽培辣椒植株和果实中的半衰期分别为 4.2、1.0、2.0d。香草硫缩病醚能较好地治疗番茄 CMV 病，保护试验中药剂对病毒的抑制效果好于治疗试验中药剂对病毒的抑制效果[3, 4]。

香草硫缩病醚田间对番茄 CMV 病防效为 57.72%，对番茄 TMV 病防效为 29.16%，对辣椒病毒病防效为 63.65%；香草硫缩病醚对病毒病的相对防效不逊色于现有的抗病毒病药剂。在防治番茄病毒病试验中，香草硫缩病醚·氨基寡糖素微乳剂的相对防效与阳性药剂氨基寡糖素微乳剂差异不显著（$p>0.05$）；在辣椒病毒病防治试验中，香草硫缩病醚·氨基寡糖素微乳剂的相对防效显著好于阳性药剂氨基寡糖素微乳剂和寡糖·链蛋白可湿性粉剂（$p<0.05$）。结果表明香草硫缩病醚具有广谱抗病毒特性，且田间抗病毒效果与阳性对照药剂相当或更好，适合田间防治病毒病时推广使用[4]。

参考文献

[1] Shi J, Yu L, Song B A. Proteomics analysis of xiangcaoliusuobingmi-treated *Capsicum annuum* L. infected with cucumber mosaic virus. Pestic Biochem Physiol, 2018(149): 113-122.

[2] Zhang J, Zhao L, Zhu C, et al. Facile synthesis of novel vanillin derivatives incorporating a bis(2-hydroxyethyl)dithhioacetal moiety as antiviral agents. J Agric Food Chem, 2017, 65(23): 4582-4588.

[3] 彭谦泽，彭静，张善学，等. 香草硫缩病醚在辣椒中的内吸传导特性和残留消解动态. 农药, 2020, 59(7): 504-508.

[4] 彭谦泽. 香草硫缩病醚防治茄科作物病毒病的应用及机理探究. 长沙：湖南大学, 2020.

6.3.5 其他抗病毒剂的创制

（1）一种青霉菌酯-Ⅲ化合物及其制备方法、制剂与应用

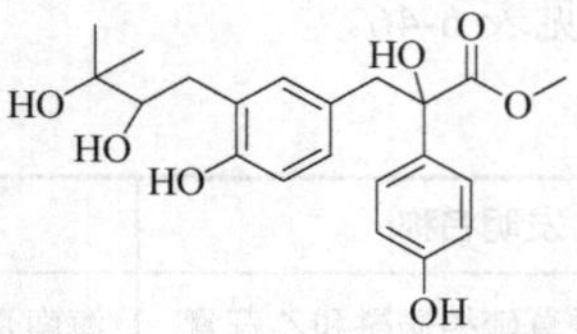

发明人：陈永对，李干鹏，董家红，张俊，郑雪，吴阔，苏晓霞，张洁，张仲凯；申请人：云南省农业科学院生物技术与种质资源研究所

中国专利号：ZL201910524083.7；中国专利申请日：2019-06-18

化合物类型：青霉菌酯，微生物源衍生物

发明思路：天然产物提取；从重楼植物内生真菌（*Penicillium* sp.）中分离得到。

用途：抗烟草花叶病毒。

（2）一种含酰胺硫醚噻二唑的杨梅素衍生物，制备方法及用途

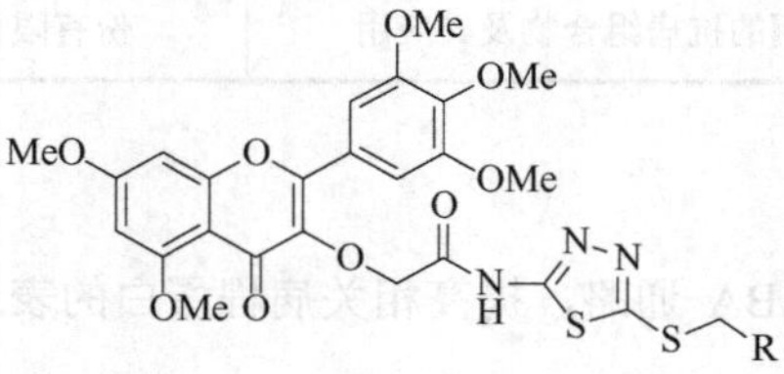

其中，R 为甲基、苯基、取代苯基、3-吡啶基、4-吡啶基或 2-氯-5-噻唑基；所述的取代苯基为苯环上邻、间、对或前述两位上含有一个以上甲基、甲氧基、三氟甲基或卤素。

发明人：薛伟，阮祥辉，陈丽娟，王一会，李普，张橙，张菊平，李琴，王俊；申请人：贵州大学

中国专利号：ZL201710828202.9；中国专利申请日：2017-09-14

化合物类型：杨梅素类

发明思路：利用活性拼接原理，将噻二唑、硫醚、酰胺等小分子引入杨梅素的结构中，合成一系列含酰胺硫醚噻二唑类杨梅素衍生物。

用途：具有抗病毒活性，对烟草花叶病毒（TMV）具有较高治疗和保护作用。

代表化合物结构如下：

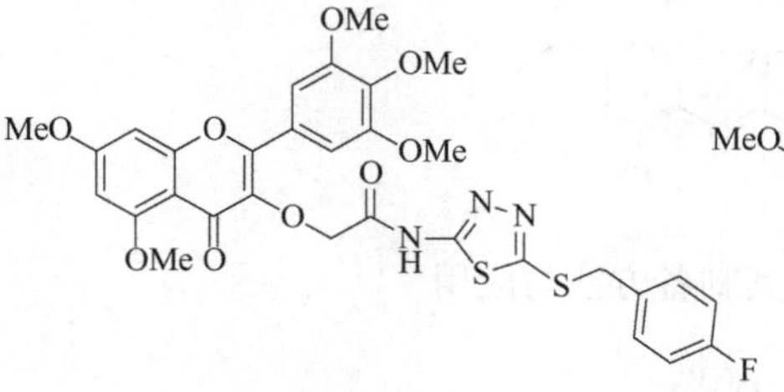

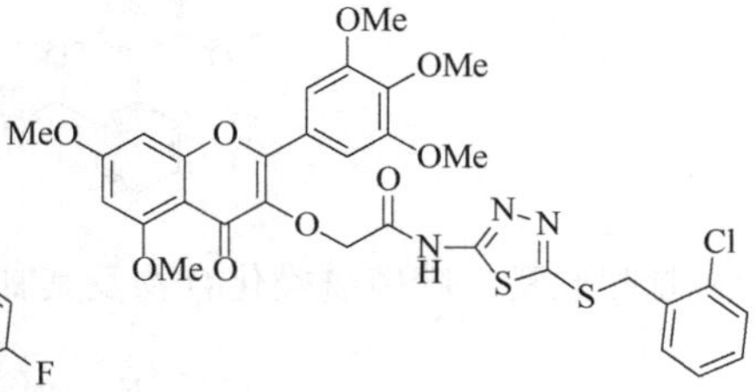

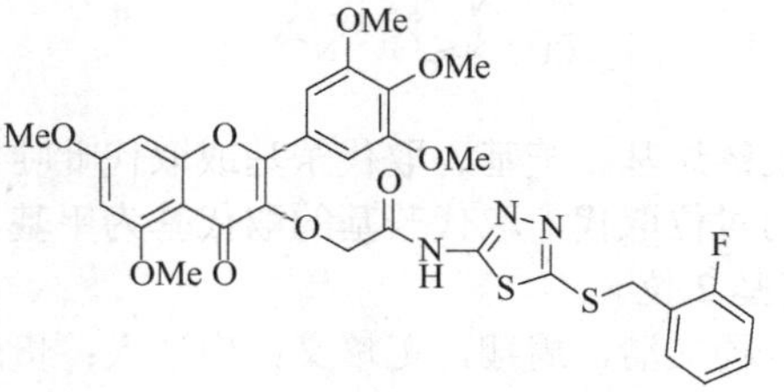

（3）含甲氧基丙烯酸酯的二硫缩醛类衍生物，其制备方法及应用

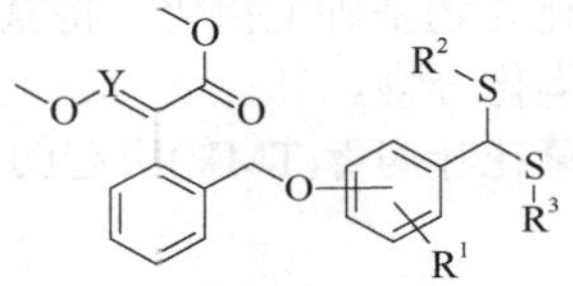

一种含甲氧基丙烯酸酯的二硫缩醛类衍生物，其特征在于，其具体化合物为：

化合物 9：(*E*)-2-(((2-氯-4-二(乙硫基)二硫缩醛基)-2-苯氧亚甲基)苯基)-2-甲氧基亚氨基乙酸甲酯；

化合物 10：(*E*)-2-(((2-氯-4-二(丙硫基)二硫缩醛基)-2-苯氧亚甲基)苯基)-2-甲氧基亚氨基乙酸甲酯；

化合物 11：(*E*)-2-(((2-氯-4-二(异丙硫基)二硫缩醛基)-2-苯氧亚甲基)苯基)-2-甲氧基亚氨基乙酸甲酯；

化合物 13：(*E*)-2-(((2-溴-4-二(乙硫基)二硫缩醛基)-2-苯氧亚甲基)苯基)-2-甲氧基亚氨基乙酸甲酯；

化合物 19：(*E*)-2-(((2-氯-4-二(乙硫基)二硫缩醛基)-2-苯氧亚甲基)苯基)-3-甲氧基丙烯酸甲酯；

化合物 20：(*E*)-2-(((2-氯-4-二(异丙硫基)二硫缩醛基)-2-苯氧亚甲基)苯基)-3-甲氧基丙烯酸甲酯；

化合物 27：(*E*)-2-(((3-甲氧基-4-二(乙硫基)二硫缩醛基)-2-苯氧亚甲基)苯基)-2-甲氧基亚氨基乙酸甲酯。

发明人：胡德禹，陈瑾，宋宝安，石晶，谢丹丹；申请人：贵州大学

中国专利号：ZL201810415819.2；中国专利申请日：2018-05-03

化合物类型：甲氧基丙烯酸酯类、二硫缩醛类

发明思路：me-too 研究；将甲氧基丙烯酸酯结构单元引入二硫缩醛类化合物中。

用途：具有抗病毒活性，对马铃薯 Y 病毒、黄瓜花叶病毒、烟草花叶病毒、番茄褪绿病毒等植物病毒具有较好活性。

代表化合物结构如下：

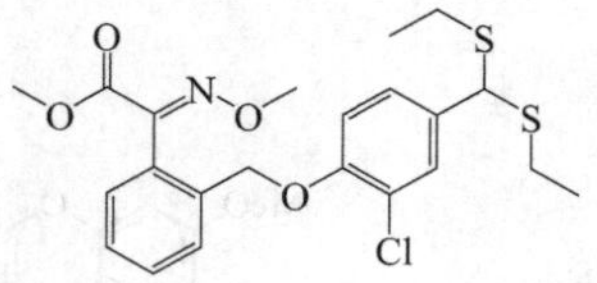

（4）一种吡唑联噁二唑硫醚类化合物及其制备方法与应用

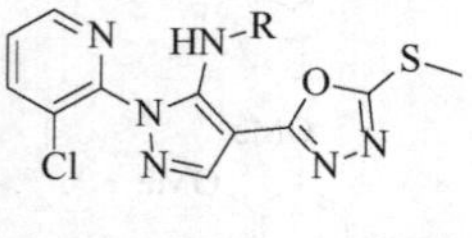

式中，R 为直链烷基、支链烷基、苄基、取代苄基或取代吡啶甲基，其中，取代苄基的取代基为一个，取代基在苯环的对位取代，取代苄基的取代基为甲基、三氟甲基；取代吡啶甲基的取代基为 Cl，且 Cl 在吡啶基 2 位。

发明人：吴志兵，杨松，杨文清，周翔，王培义；申请人：贵州大学

中国专利号：ZL201610889809.3；中国专利申请日：2016-10-12

化合物类型：吡唑联噁二唑硫醚类

发明思路：在 CN103880836A 化合物基础上优化，将氨基上的“氢”进行取代，合成了一系列结构新颖的吡唑联噁二唑硫醚类化合物。

用途：具有抗病毒活性，对烟草花叶病毒(TMV)引起的病毒病具有良好的治疗活性。

代表化合物结构如下：

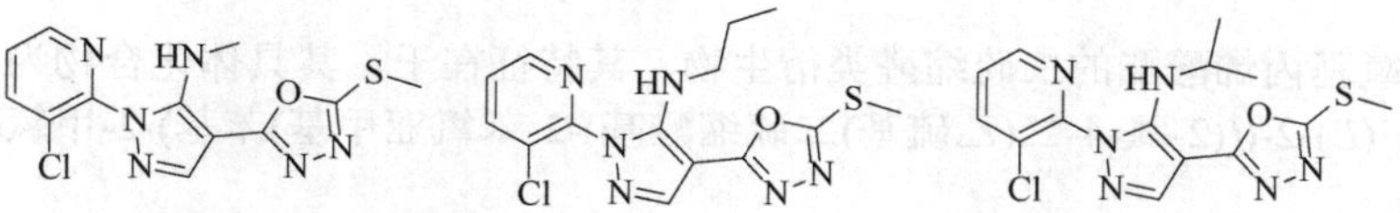

（5）棉酚衍生物和它们的制备，在农药上的应用及抗癌活性

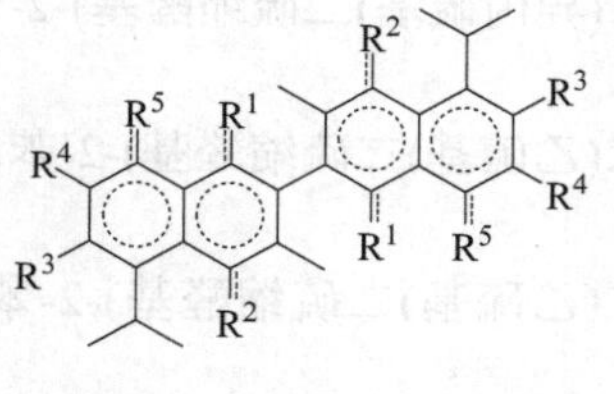

式中，R^1～R^4 独立代表氧、羟基、烷氧基或酰氧基。R^5 代表氢原子，醛基基团，氰基基团和各种直链烷基，支链烷基，3～8 碳环烷基，含不饱和键的烷基，含杂原子基团的环烷基，含羟基、巯基、氨基、甲氧基、硝基、三氟甲基、酯基、氰基、砜、亚砜、磷酸酯、磺酸酯基、酰氨基、磺酰氨基、磺酸盐、羧酸盐官能团的取代烷基，带有各种被给电子基、吸电子基取代的芳香基，包括含单个或多个取代基的芳基的醛亚胺基团。

发明人：汪清民，李玲，刘玉秀，王兹稳，李永强；申请人：南开大学

中国专利号：ZL201510005794.5；中国专利申请日：2015-01-05

化合物类型：棉酚衍生物

发明思路：me-too 研究；棉酚主要存在于棉籽中，具有多种医药活性和杀虫、杀菌活性。该发明以棉酚为先导化合物进行先导优化或者衍生得到结构新颖的化合物。

用途：具有杀菌、杀虫、抗病毒和抗癌活性；该发明的棉酚衍生物用于抑制烟草花叶病毒、

水稻病毒、辣椒病毒、番茄病毒、甘薯病毒、马铃薯病毒和瓜类病毒及玉米矮花叶病毒；同时部分化合物对番茄早疫、小麦赤霉、马铃薯晚疫、辣椒疫霉、黄瓜灰霉、油菜菌核、水稻纹枯、黄瓜枯萎、花生褐斑、苹果轮纹、水稻恶苗、玉米小斑、小麦纹枯和西瓜炭疽 14 种病原菌表现出杀菌活性；另外所发明化合物对黏虫、棉铃虫、玉米螟和尖音库蚊均表现出活性。

代表化合物结构如下：

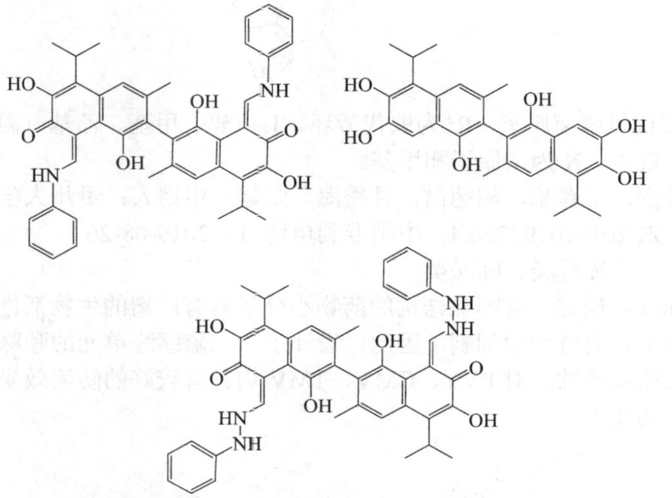

（6）一种含三氟甲基吡啶二甲酰胺的席夫碱的衍生物及其应用

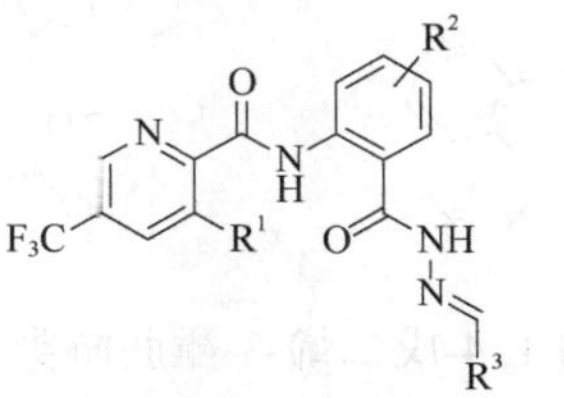

通式所示的化合物中，R^1 为氯、乙硫基或乙磺酰基；R^2 为 3-甲基、5-氯-3-甲基或 3,5-二氟；R^3 为 2-噻吩基、5-溴吡啶基、吡啶基、异丙基、2-甲基苯基、6-溴吡啶基、3-噻吩基、丙-2-亚基、5-甲基噻吩基、咪唑基、2-氯吡啶基、2-甲基呋喃基、4-溴噻吩基、2-氯苯基或 *N*,*N*-二甲基。

发明人：吴剑，王艳艳，徐方舟，罗德霞，郭声鑫，代阿丽，何凤，陈顺红；申请人：贵州大学

中国专利号：ZL201910810123.4；中国专利申请日：2019-08-29

化合物类型：席夫碱类、三氟甲基吡啶类、二甲酰胺类

发明思路：将席夫碱的亚结构与含三氟甲基吡啶的邻苯二甲酰胺进行拼接，得到三氟甲基吡啶二甲酰胺的席夫碱的衍生物。

用途：具有抗病毒、杀虫活性，可以用来防治 TMV、CMV 等植物病毒病害以及小菜蛾等害虫。

代表化合物结构如下：

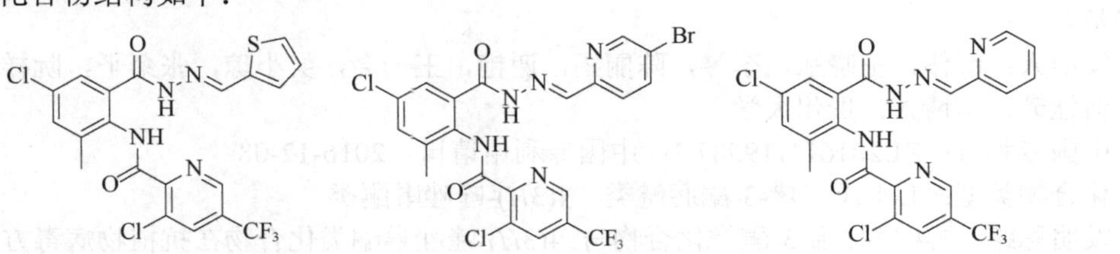

（7）含二硫缩醛单元的吲哚衍生物，其制备方法及应用

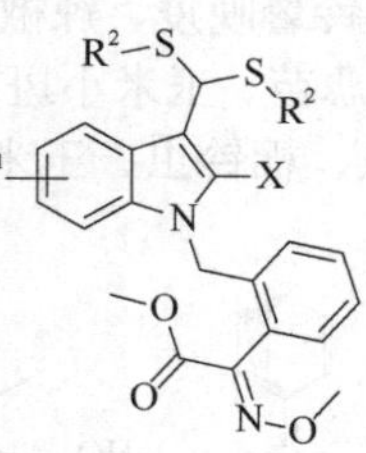

式中，R^1为取代氢或卤原子，R^2为取代芳环、1-丙醇、甲基、乙基、丙基、异丙基、正丁基、异丁基或十二烷基，X 为卤原子和甲基。

发明人：宋宝安，韦春乐，胡德禹，甘秀海，张建；申请人：贵州大学

中国专利号：ZL201910792776.4；中国专利申请日：2019-08-26

化合物类型：二硫缩醛类、吲哚类

发明思路：me-too 研究；含吲哚结构的药物小分子具有广谱的生物活性，其中含吲哚活性结构广泛应用于抗植物病毒剂的创制，因此，设计了含二硫缩醛单元的吲哚衍生物。

用途：具有抗病毒活性，对 PVY、CMV、TMV 均具有较好的防治效果。

代表化合物结构如下：

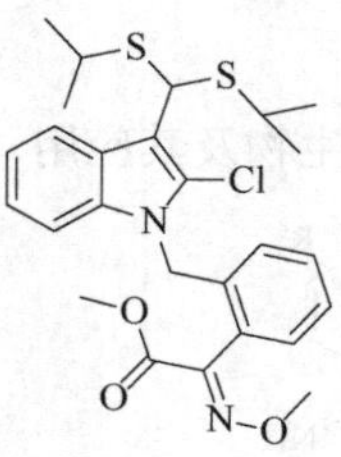

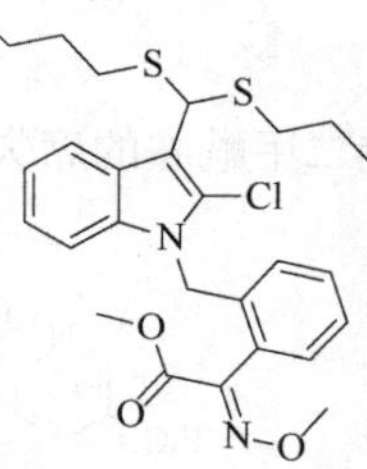

（8）一种含 4(3*H*)-喹唑啉酮的 1, 4-戊二烯-3-酮肟醚类衍生物及其制备方法

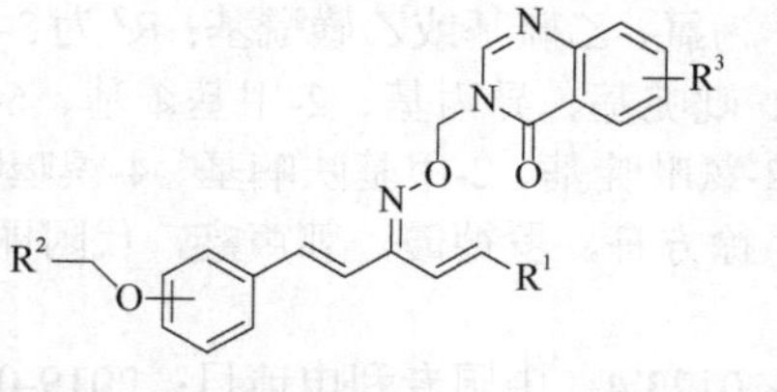

其中，R^1为苯基、取代苯基或任选取代的芳杂环基；R^2为苯基、取代苯基或任选取代的芳杂环基；R^3为在 4(3*H*)-喹唑啉酮的 5、6、7 或 8 位上含有的一个以上的氢原子、甲氧基、硝基、甲基、三氟甲基或卤原子；所述的取代苯基为苯环上邻、间或对位含有甲氧基、硝基、甲基、三氟甲基或卤原子，或苯环上邻、间和对两位上含有甲氧基、硝基、甲基、三氟甲基或卤原子；所述的任选取代的芳杂环基为呋喃基、吡啶基、噻吩基、吡咯基、噻唑基、2-氯吡啶基或 2-氯噻唑基。

发明人：薛伟，王晓斌，李琴，陈丽娟，谢艳，王一会，吴小琼，张菊平，阮祥辉，羊春燕，何桂芳；申请人：贵州大学

中国专利号：ZL201611119587.3；中国专利申请日：2016-12-08

化合物类型：1, 4-戊二烯-3-酮肟醚类、4(3*H*)-喹唑啉酮类

发明思路：1,4-戊二烯-3-酮类化合物与 4(3*H*)-喹唑啉酮类化合物在抗植物病毒方面具有一

定的研究价值，提供一种结构中含 4(3*H*)-喹唑啉酮的戊二烯酮肟醚类化合物。

用途：具有抗病毒活性，发现该化合物对黄瓜花叶病毒(CMV)病和烟草花叶病毒(TMV)病具有较高治疗和保护作用，表现出较高的抗植物病毒活性。

代表化合物结构如下：

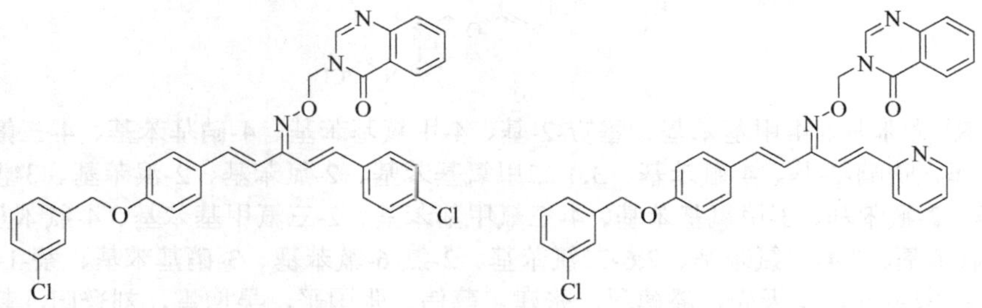

（9）一种含阿魏酸酰胺的杨梅素衍生物，其制备方法及用途

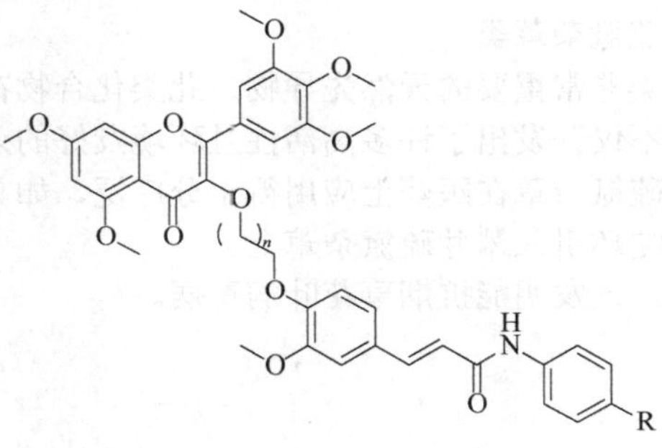

其中，R 为甲基、甲氧基、卤素原子、氢原子；*n* 为 3、4 或 5。

发明人：薛伟，张橙，陈丽娟，郭涛，夏榕娇，陈英，唐显富，王岚，李向阳，贺鸣；申请人：贵州大学

中国专利号：ZL201811476191.3；中国专利申请日：2018-12-04

化合物类型：阿魏酸酰胺类、杨梅素类

发明思路：me-too 研究；杨梅素具有抗肿瘤、抑菌、抗病毒、抗氧化和抗炎等生物活性，提供了含阿魏酸酰胺的杨梅素衍生物。

用途：具有抗病毒、杀菌活性，该发明能抗烟草花叶病毒、烟草青枯病菌、柑橘溃疡病菌和水稻白叶枯病菌。

代表化合物结构如下：

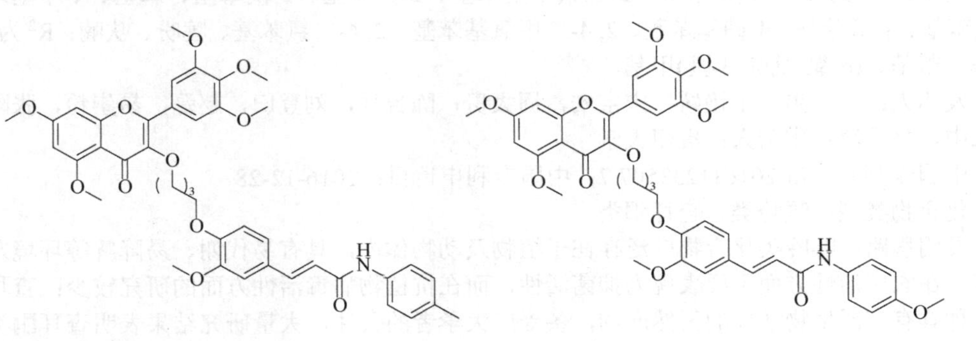

（10）一种含吡啶苯并硫氮杂䓬衍生物，其制备方法及用途

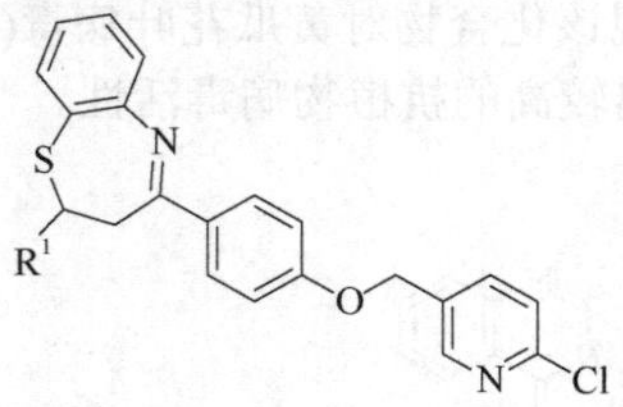

式中，R^1 为苯基、4-甲基苯基、噻吩-2-基、4-甲氧基苯基、4-硝基苯基、4-三氟甲氧基苯基、4-溴苯基、呋喃-2-基、4-氟苯基、3,4-二甲氧基苯基、2-氯苯基、2-溴苯基、3-溴苯基、2-甲氧基苯基、2-氟苯基、3-甲氧基苯基、4-三氟甲基苯基、2-三氟甲基苯基、4-氯苯基、3-氟苯基、2,4-二氯苯基、3,4-二氯苯基、2,6-二氯苯基、2-氯-6-氟苯基、3-硝基苯基、萘-1-基。

发明人：宋宝安，李天先，潘建科，张建，薛伟，张国平，吴增雪，刘登曰，赵磊；申请人：贵州大学

中国专利号：ZL201610194146.3；中国专利申请日：2016-03-30

化合物类型：吡啶苯并硫氮杂䓬类

发明思路：查耳酮是一类非常重要的天然先导物，此类化合物在农药及医药领域已有较多报道及应用；吡啶类化合物不仅开发出了许多高活性且环境友好的杀虫剂，在抗菌、除草方面也有很好的应用前景；苯并硫氮杂䓬在医药上应用得十分广泛，如具抗高血压、抗抑郁、抗真菌、抗细菌等作用。将含吡啶环引入苯并硫氮杂䓬上。

用途：具有抗病毒活性，该发明能抗烟草花叶病毒病。

代表化合物结构如下：

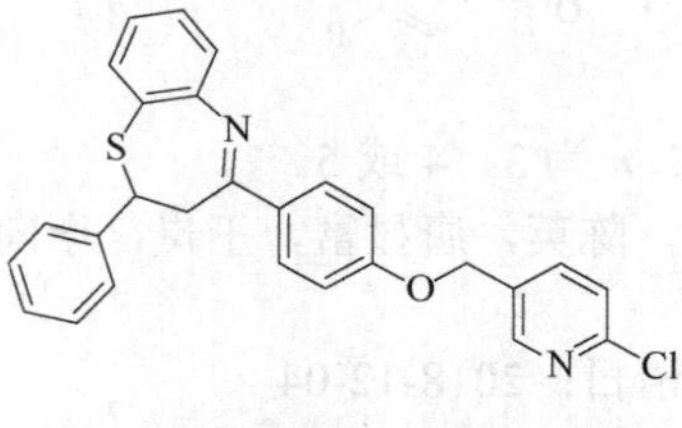

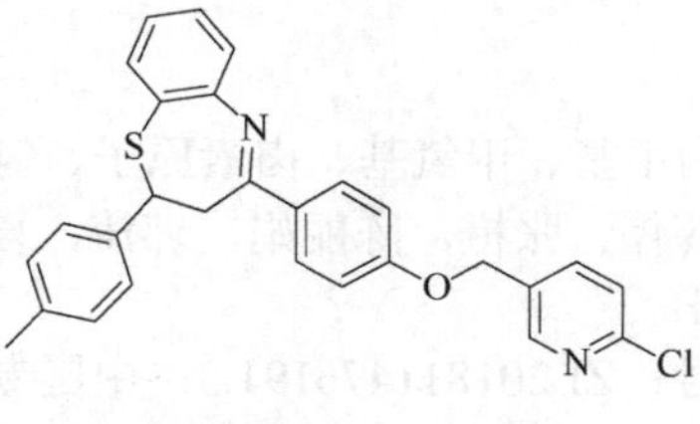

（11）一种含嘌呤环的查耳酮类衍生物，其制备方法及用途

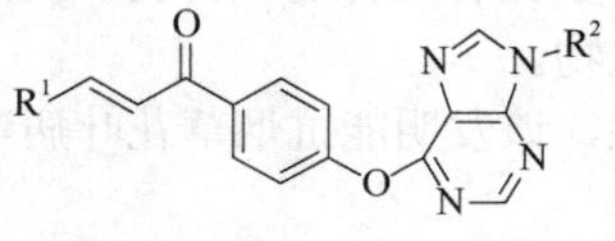

其中，R^1 为 2-甲氧基苯基、2-三氟甲基苯基、2-氟苯基、2-溴苯基、苯基、4-甲基苯基、4-氯苯基、4-氟苯基、4-硝基苯基、2, 4-二甲氧基苯基、2, 4-二氯苯基、噻吩、呋喃；R^2 为甲基、乙基、苄基、(6-氯-吡啶-3-基)甲基。

发明人：胡德禹，王艳娇，宋宝安，周大贵，陈吉祥，刘登曰，赵磊，易崇粉，张阿伟，陈永中，甘秀海；申请人：贵州大学

中国专利号：ZL201611233507.7；中国专利申请日：2016-12-28

化合物类型：嘌呤类、查耳酮类

发明思路：嘌呤类化合物广泛存在于植物及动物体内，具有易代谢、易降解等环境友好的特点，在农用活性方面主要表现为抑菌活性，而在抗植物病毒活性方面的研究较少；查耳酮作为一种具有广泛生物活性的天然产物，备受广大学者的关注，大量研究结果表明查耳酮类化合

物具有较好的抗病毒活性。将嘌呤类结构与查耳酮类结构相结合，设计了含嘌呤环取代的查耳酮类衍生物。

用途：具有抗病毒活性，该发明化合物具抗烟草花叶病毒、黄瓜花叶病毒等活性。

代表化合物结构如下：

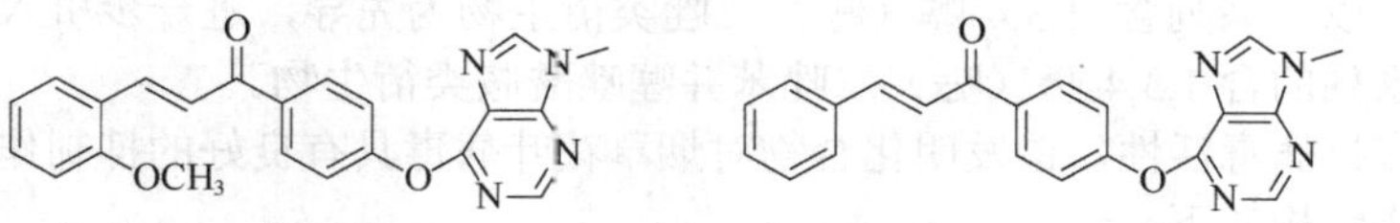

（12）1-取代-5-氨基-4-吡唑联1,3,4-二唑硫醚或联1,3,4-二唑砜类衍生物及其应用

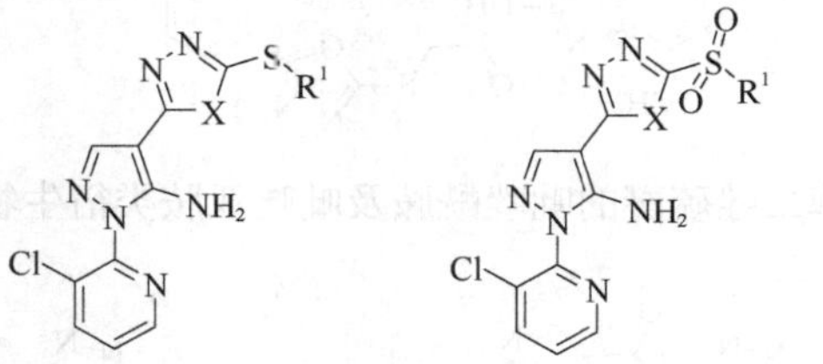

式中，R^1选自烷基、烯基、苯基、苄基、取代苄基、杂环基、取代杂环基；

所指烷基为C_1～C_4的烷基；所指烯基为C_1～C_3的烯基；所指的取代苄基为甲苄基、硝基苄基、卤苄基、甲氧苄基、卤代甲基苄基；所指的杂环基为吡啶环基、噻唑环基、嘧啶基和喹唑啉基；所指的取代杂环基为卤代杂环基；X选自O、S；其中卤原子为F、Cl。

发明人：吴志兵，邝继清，杨松，张腾腾，吴世喜，张东阳，胡德禹，叶意强；申请人：贵州大学

中国专利号：ZL201410134358.3；中国专利申请日：2014-04-04

化合物类型：吡唑联二唑硫醚类、联二唑砜类

发明思路：为了获得结构新颖、作用机制独特的高效低毒抗植物病毒剂，在“1-取代吡唑环”结构基础上，吡唑环“5-位”引入“氨基”，“4-位”引入“1,3,4-唑”结构，设计合成了一系列吡唑联1,3,4-二唑硫醚和吡唑联1,3,4-二唑砜类衍生物。

用途：具有抗病毒活性，该发明化合物对烟草花叶病毒、黄瓜花叶病毒具有良好的抑制作用。

代表化合物结构如下：

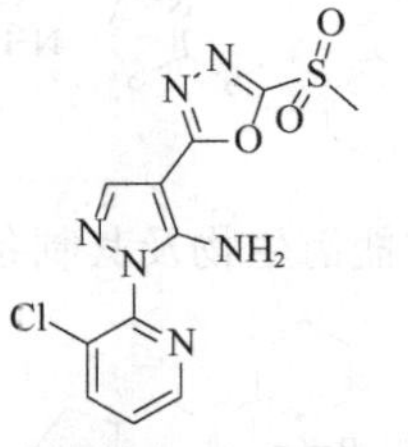

（13）含取代1, 3, 4-噻（噁）二唑硫醚苯并噻唑酰胺类衍生物及其制备方法和应用

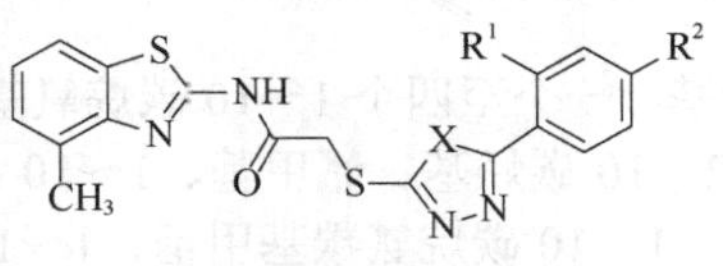

式中，X为O或S；R^1为卤素、羟基、甲氧基、乙氧基、三氟甲基、$C_{1\sim3}$烷基；

R^2为卤素、羟基、甲氧基、乙氧基、三氟甲基、$C_{1\sim3}$烷基、硝基。

发明人：薛伟，王忠波，朱雪松，张贤，柳敏；申请人：贵州大学

中国专利号：ZL201410494791.8；中国专利申请日：2014-09-24

化合物类型：苯并噻唑酰胺类

发明思路：以一系列含 1,3,4-噻（噁）二唑类衍生物为先导，进一步引入活性基团苯并噻唑，合成了一系列的含 1,3,4-噻（噁）二唑苯并噻唑酰胺类衍生物。

用途：具有抗病毒活性，该发明化合物对烟草花叶病毒具有良好的抑制作用。

代表化合物结构如下：

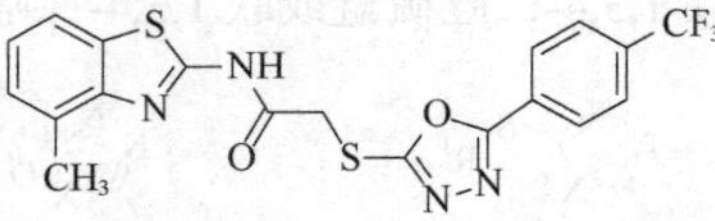

（14）含取代 1, 3, 4-噻二唑硫醚的吡唑酰胺及吡唑亚胺类衍生物及制备方法和应用

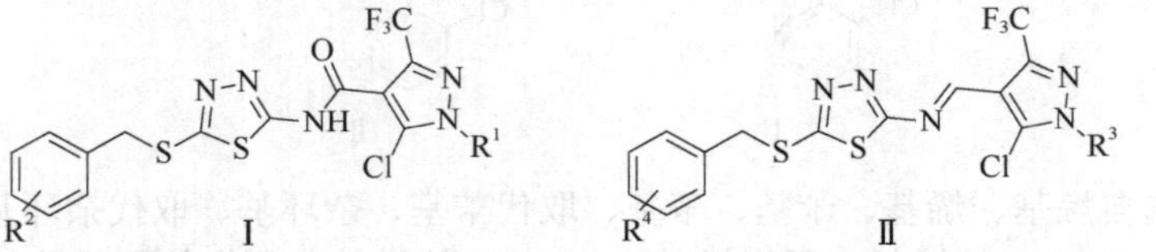

R^1为甲基或对甲基苯基；R^2为邻氯、邻氟、对硝基、氢或 3,5-二氯取代基；R^3为甲基或对氯苯基；R^4为邻氯、邻氟、对硝基、氢、2,4-二氯、对甲氧基取代基，或 5-氯吡啶基。

发明人：薛伟，龚玉华，王忠波，张贤，柳敏，朱雪松，夏丽娟，赵洪菊，陈玉；申请人：贵州大学

中国专利号：ZL201410175919.4；中国专利申请日：2014-04-28

化合物类型：吡唑酰胺类、吡唑亚酰胺类

发明思路：以一系列高抑菌活性的含 1,3-取代吡唑基的酰胺类衍生物为先导，进一步引入硫醚基团、1,3,4-噻二唑、亚胺等活性基团，设计合成了含取代 1,3,4-噻二唑硫醚的吡唑酰胺及吡唑亚胺类衍生物类衍生物。

用途：具有抗病毒活性，该发明化合物对烟草花叶病毒具有良好的抑制作用。

代表化合物结构如下：

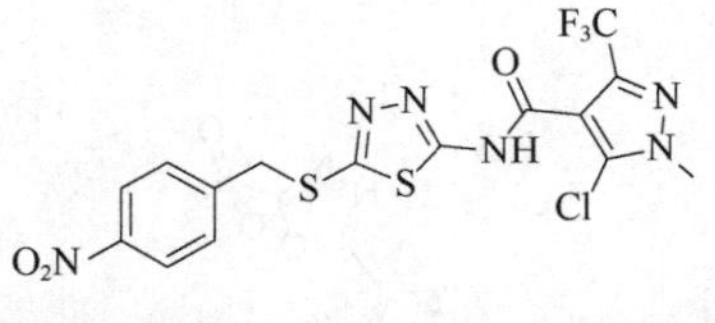

（15）菲并吲哚里西啶生物碱季铵盐衍生物及其制备和抗植物病毒应用

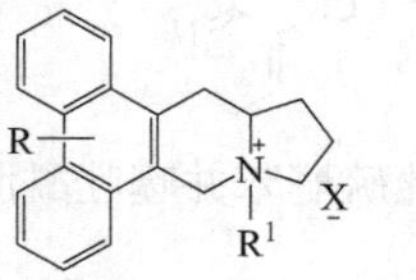

式中，R 代表一个至四个羟基、一个至四个 1～10 碳烷氧基、一个至两个 OCH_2O、一个至两个 OCH_2CH_2O；R^1分别代表 2～10 碳烃基、氰甲基、1～10 碳烷氧羰基甲基、1～10 碳烷羰基甲基、1～10 碳芳环羰基甲基、1～10 碳烷氨羰基甲基、1～10 碳芳环苄基、1～10 碳含氮杂环苄基、1～10 碳含氧杂环苄基、1～10 碳含硫杂环苄基，其中 1～10 是第 1 个基团的碳原子数，

R^1不为甲基；X^-分别代表卤素负离子、1～10 碳烷基磺酸负离子、1～10 碳芳基磺酸负离子、碳酸负离子、磷酸负离子；以上通式中包括所有 13a 位和 14 位的立体异构体。

发明人：汪清民，韩贵芳，王兹稳，刘玉秀；申请人：南开大学

中国专利号：ZL201510631316.5；中国专利申请日：2015-09-25

化合物类型：菲并吲哚里西啶生物碱季铵盐衍生物

发明思路：me-too 研究；由于娃儿藤碱具有独特的化学结构、显著的生物活性，受到国内外化学家的广泛关注。汪清民课题组首次从牛心朴子草的浸取物发现分离菲并吲哚里西啶类生物碱—(*R*)-安托芬，对危害极大的烟草花叶病毒(TMV)具有极高的抑制活性。虽然菲并吲哚里西啶生物碱具有很好的生物活性，但是也存在中枢神经系统毒性较大、水溶性差、对光照和热不稳定的缺点，这影响它们的实际应用。季铵盐与无机盐性质相似，易溶于水。用化学方法对天然产物进行季铵盐衍生作为一个合理的结构改造工具已经应用到药物化学上，可以拓展天然产物的化学结构和生物活性的多样性。通过对天然产物菲并吲哚里西啶生物碱进行季铵盐衍生得到。

用途：具有抗病毒活性，菲并吲哚里西啶生物碱季铵盐衍生物用于治疗烟草花叶病毒病、辣椒病毒病、番茄病毒病、甘薯病毒病、马铃薯病毒病和玉米矮花叶病毒病。

代表化合物结构如下：

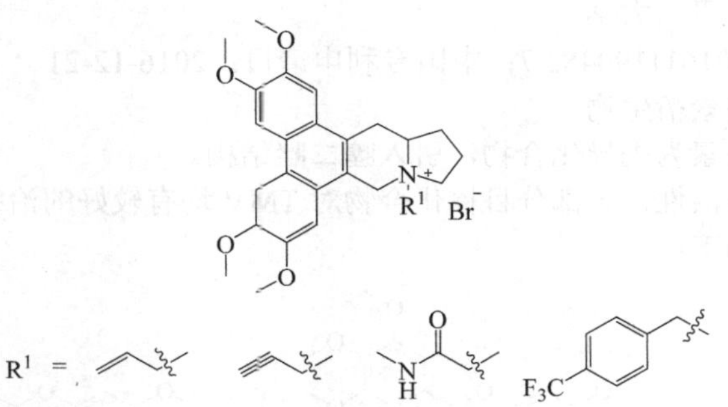

R^1 =

（16）含 1,3,4-噁二唑硫代乙氧基的戊二烯酮类化合物制备方法及用途

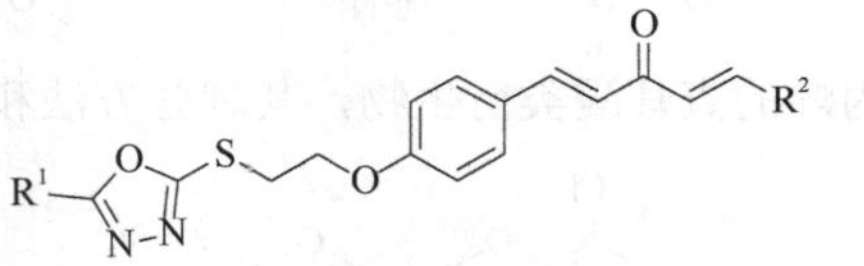

其中，R^1为苯基，单取代卤代苯基，对位单取代甲氧基苯基；

R^2为苯基、取代苯基，其中，苯基邻、间、对位上含有两个或多个甲氧基、甲基、三氟甲基以及卤原子，卤原子可为氟、氯、溴、碘。

发明人：宋宝安，甘秀海，胡德禹，金林红，薛伟，李向阳，吴剑，陈学文；申请人：贵州大学

中国专利号：ZL201510078357.6；中国专利申请日：2015-02-13

化合物类型：戊二烯酮类

发明思路：在本课题组前期戊二烯酮(查耳酮)类衍生物研究的基础上，将具有抗病毒活性的 1,3,4-噁二唑结构引入戊二烯酮母体中，合成一系列含 1,3,4-噁二唑硫代乙氧基的戊二烯酮类新化合物。

用途：具有抗病毒活性，该发明部分化合物对黄瓜花叶病毒和烟草花叶病毒及南方水稻黑条矮缩病毒等有较好的抑制作用。

代表化合物结构如下：

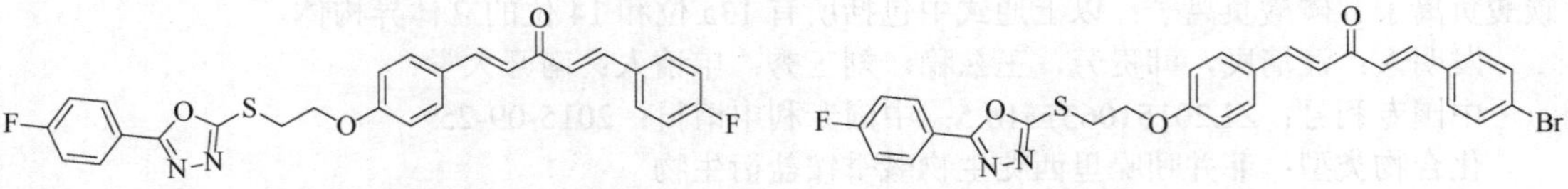

（17）一种含噻二唑硫醚结构的杨梅素衍生物及其制备方法

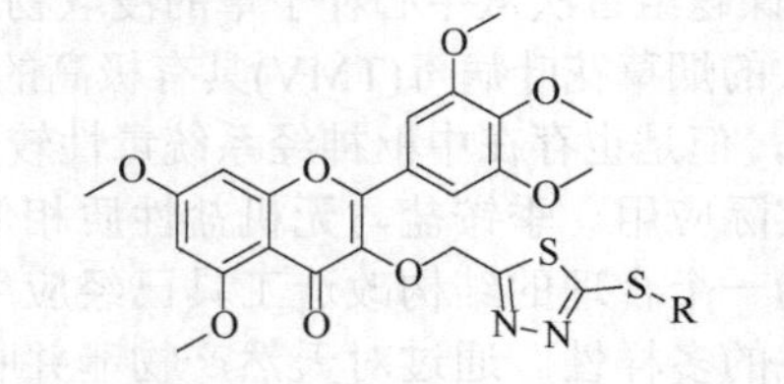

式中，R 为 H、烷基、苄基、4-(吡啶基)亚甲基、3-(吡啶基)亚甲基、2-(吡啶基)亚甲基、5-(2-氯吡啶基)亚甲基、5-(2-氯噻唑基)亚甲基，或邻、间和对位单取代或多取代甲氧基苄基、硝基苄基、甲基苄基、卤元素苄基。

发明人：薛伟，钟新敏，李普，张橙，王一会，陈丽娟，李琴，阮祥辉，张菊平，赵珊，桂婷，张清；申请人：贵州大学

中国专利号：ZL201611190482.7；中国专利申请日：2016-12-21

化合物类型：杨梅素衍生物

发明思路：以杨梅素为先导化合物，引入噻二唑结构。

用途：具有抗病毒活性，大部分目标化合物对 TMV 均有较好的治疗和保护活性。

代表化合物结构如下：

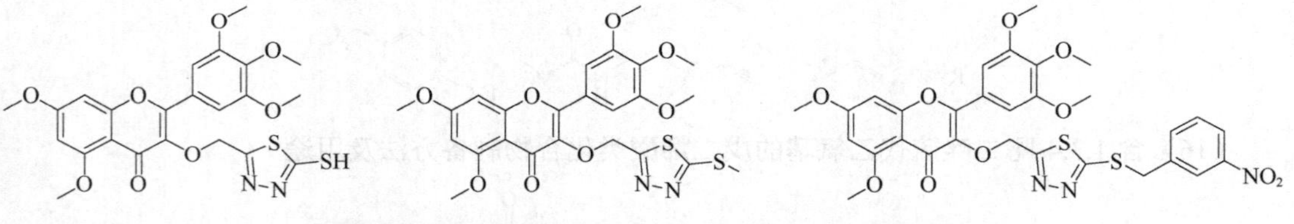

（18）一种含 1, 1-二氯丙烯的查耳酮类衍生物，其制备方法和用途

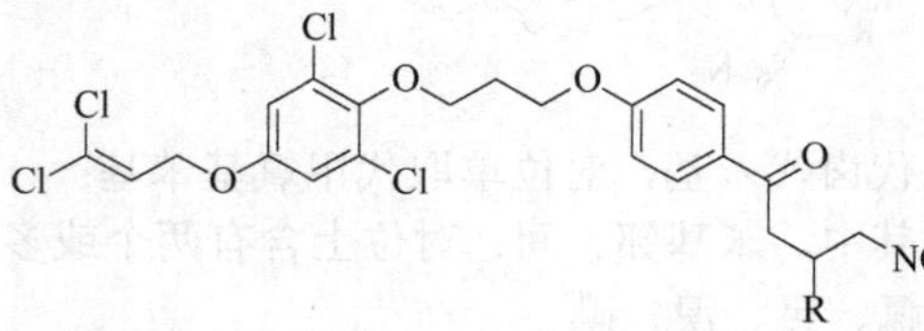

式中，R 为苯环、取代芳环、杂环，芳环上邻、间、对位上含有一个或多个甲基、甲氧基、三氟甲基、三氟甲氧基、硝基以及卤元素，卤元素为氟、氯、溴；杂环为 2-呋喃基和 2-吡啶基。

发明人：胡德禹，董良润，宋宝安，吴增雪，张建，潘建科；申请人：贵州大学

中国专利号：ZL201610143263.7；中国专利申请日：2016-03-14

化合物类型：1,1-二氯丙烯的查耳酮

发明思路：me-too 研究；将查耳酮结构引入 1,1-二氯丙烯类化合物中，合成了含 1,1-二氯丙烯的查耳酮类衍生物。

用途：具有抗病毒活性，该化合物可用于防治烟草花叶病毒病。

代表化合物结构如下：

（19）一种含喹唑啉的阿魏酸酯类衍生物，其制备方法和用途

式中，R^1 为甲基、乙基、正丙基、异丙基、正丁基；R^2 为氢、6,7-二甲氧基和 6,7-双甲氧乙氧基。

发明人：宋宝安，吴增雪，胡德禹，薛伟，俞露，曾松；申请人：贵州大学

中国专利号：ZL201610181603.5；中国专利申请日：2016-03-28

化合物类型：含喹唑啉的阿魏酸酯类

发明思路：在苯氧喹啉基础上引入阿魏酸酯基团。

用途：具有抗病毒活性，该发明化合物能抗黄瓜花叶病毒病、烟草花叶病毒病、南方水稻黑条矮缩病毒病和水稻条纹叶枯病毒病。

代表化合物结构如下：

（20）含乙酰氧葡萄糖苷-1, 4-戊二烯-3-酮类化合物及制备方法和用途

其中，基团—O-（2,3,4,6-四-O-乙酰基葡萄糖苷基）在苯环的 2 或 4 位；Ar 为苯基，单取代卤代苯基，邻、间、对位单取代硝基苯基，邻、对位单取代甲氧基苯基，邻、对位单取代甲基苯基，2 位噻吩基，2/3/4 位吡啶基。

发明人：宋宝安，陈美航，胡德禹，薛伟，李向阳，张国平，李天先，张伟莹；申请人：贵州大学

中国专利号：ZL201410848210.6；中国专利申请日：2014-12-31

化合物类型：乙酰氧葡萄糖苷-1,4-戊二烯-3-酮类

发明思路：me-too 研究；以姜黄素为先导，采用活性基团拼接原理，将天然活性成分吡喃糖苷引入戊二烯酮结构中，合成一系列新型含吡喃糖苷的戊二烯酮类化合物。

用途：具有抗病毒活性，该发明部分化合物对烟草花叶病毒和黄瓜花叶病毒等有较好的抑制作用。

代表化合物结构如下：

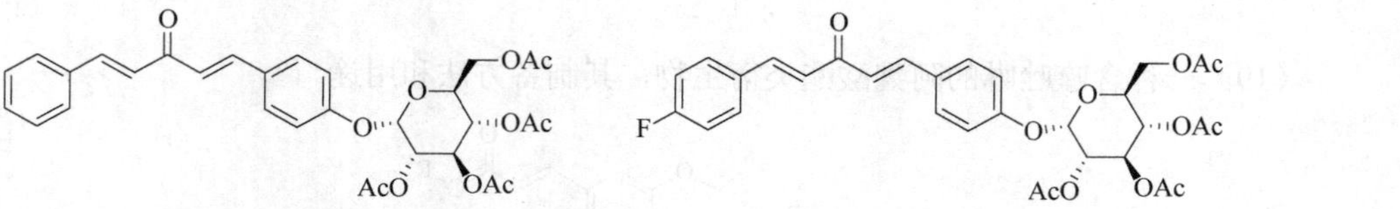

（21）一种含喹唑啉的查耳酮膦酸酯类衍生物，其制备方法和用途

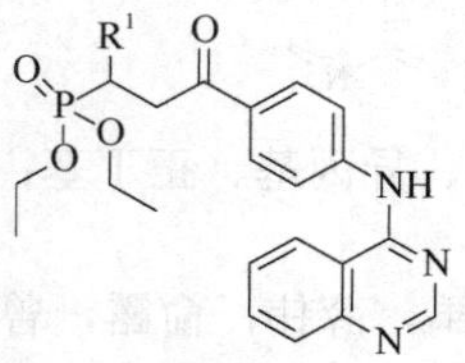

式中，R^1 为苯基、3-溴苯基、2-氯苯基、4-溴苯基、2-氟苯基、2-噻吩基，2,6-二氯苯基，4-氯苯基、2-呋喃基、2-三氟甲基苯基、2-吡啶基、3-吡啶基、4-吡啶基、2-氯-6-氟苯基。

发明人：胡德禹，潘建科，宋宝安，张国平，薛伟，张建，李天先，吴增雪；申请人：贵州大学

中国专利号：ZL201610194149.7；中国专利申请日：2016-03-31

化合物类型：喹唑啉类，查耳酮膦酸酯类

发明思路：以膦酸酯为桥链通过 1,4 加成反应制备的含喹唑啉的查耳酮膦酸酯类化合物。

用途：具有抗病毒活性，该发明对烟草花叶病毒具有治疗和保护活性。

代表化合物结构如下：

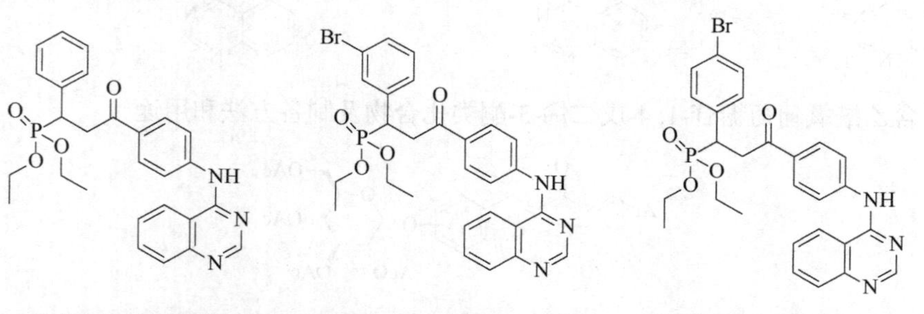

（22）一种含吡啶杂环的 *α*-查耳酮丙二酸酯类衍生物及其制备方法和用途

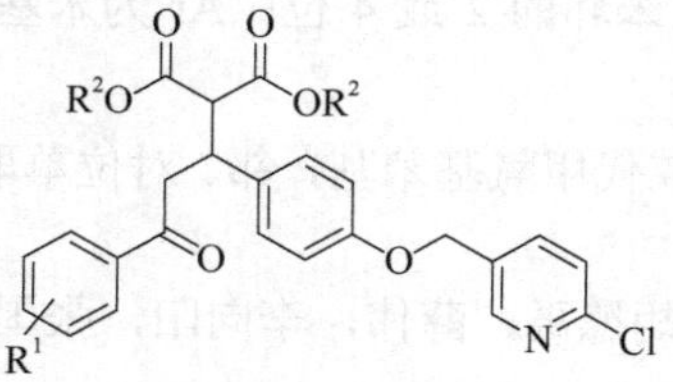

式中，R^1为氢、2-氯、2,4-二氯、2-甲基、3-氯、3-甲基、4-甲基、4-氯、4-甲氧基、4-氟、

4-乙氧基、4-异丙基；R^2为甲基或乙基。

发明人：宋宝安，陈志伟，胡德禹，薛伟，金林红，董良瑞，张伟莹，潘建科，罗亮指；申请人：贵州大学

中国专利号：ZL201510078323.7；中国专利申请日：2015-02-13

化合物类型：查耳酮丙二酸酯类

发明思路：将丙二酸酯的成分引入查耳酮结构，设计合成了含吡啶杂环的α-查耳酮丙二酸酯类衍生物。

用途：具有抗病毒活性，该发明部分化合物可对黄瓜花叶病毒和烟草花叶病毒等有较好的抑制作用。

代表化合物结构如下：

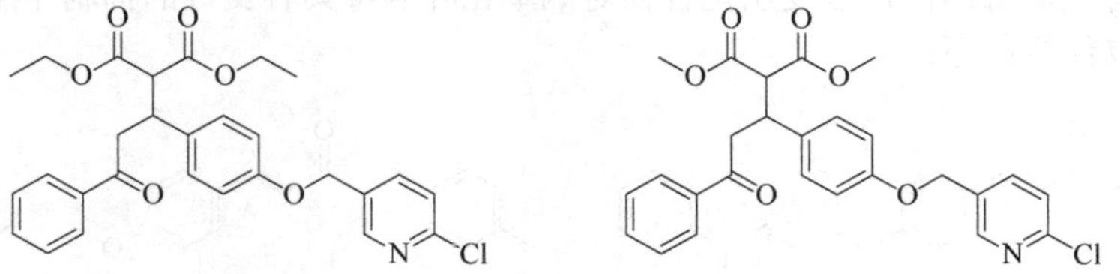

(23) 含嘌呤戊二烯酮类衍生物的合成方法及应用

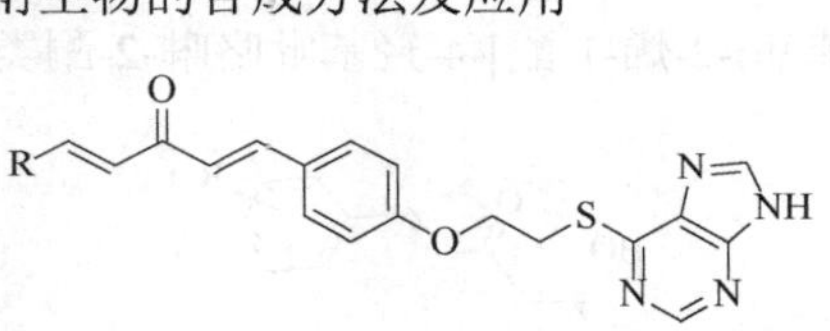

其中，R为取代苯环、杂环，苯环上邻、间、对位上含有一个或多个甲氧基、硝基、甲基、三氟甲基、三氟甲氧基以及卤原子，卤原子可为氟、氯、溴、碘，杂环为呋喃或噻吩。

发明人：胡德禹，吴芳，宋宝安，薛伟，金林红，陈学文，甘秀梅，李向阳；申请人：贵州大学

中国专利号：ZL201510078322.2；中国专利申请日：2015-02-13

化合物类型：戊二烯酮类、嘌呤类

发明思路：将戊二烯引入嘌呤类结构。

用途：具有抗病毒活性，该发明化合物对黄瓜花叶病毒病、烟草花叶病毒病和水稻南方黑条矮缩病毒病具有较好的治疗、保护和钝化作用。

代表化合物结构如下：

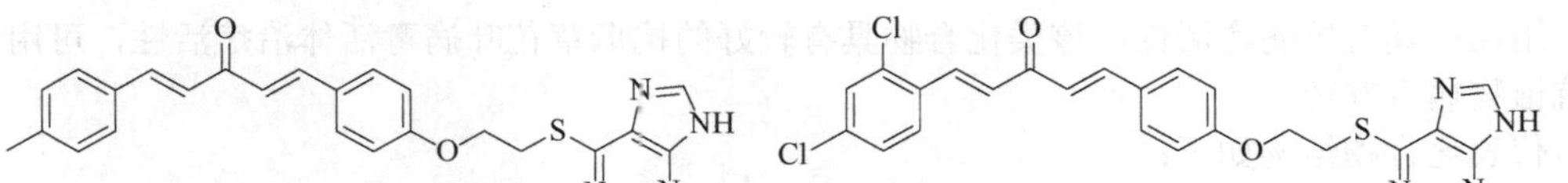

(24) 含喹唑啉硫醚取代的戊二烯酮类衍生物及制备方法和用途

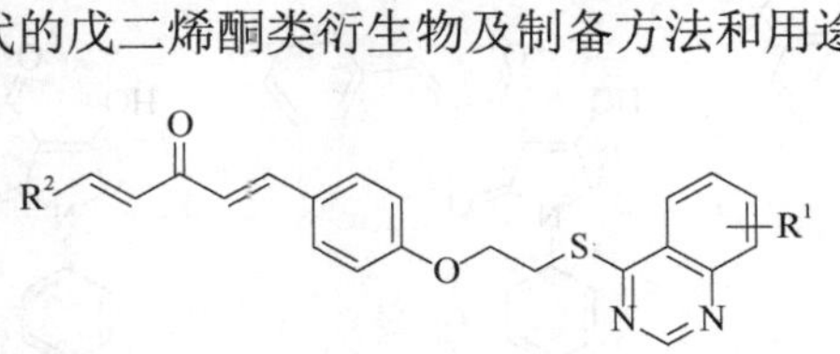

式中，R^1为甲基、氢；R^2为苯环、取代苯环、杂环，其中，苯环上邻、间、对位上含有一

个或多个甲氧基、硝基、甲基、三氟甲基、三氟甲氧基以及卤原子，卤原子可为氟、氯、溴、碘；杂环为五元杂环、苯并五元杂环，五元杂环为噻吩、呋喃，苯并五元杂环为苯并呋喃。

发明人：胡德禹，龙承文，宋宝安，薛伟，李向阳，陈美航，董良润，甘秀海；申请人：贵州大学

中国专利号：ZL201510090458.5；中国专利申请日：2015-02-28

化合物类型：戊二烯酮类

发明思路：喹唑啉、戊二烯酮和硫醚类化合物都具有很好的抑制植物病毒活性。以姜黄素为先导，采用活性基团拼接原理，将喹唑啉分子以硫醚为桥链引入戊二烯酮结构中，合成一系列新型含喹唑啉硫醚取代的戊二烯酮类化合物。

用途：具有抗病毒活性，该发明化合物对烟草花叶病毒具有良好的抑制作用。

代表化合物结构如下：

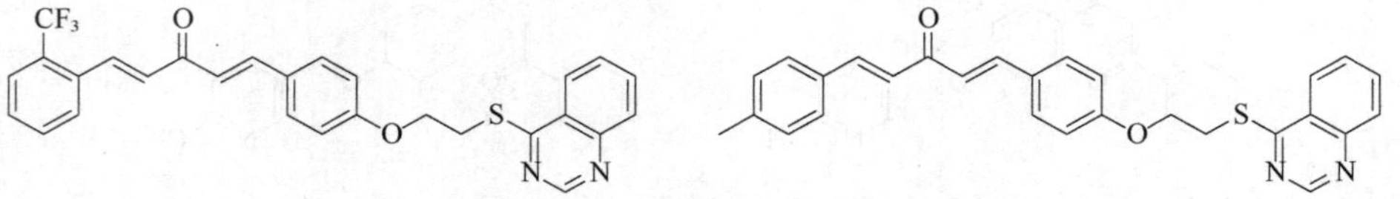

（25）*N*-取代-3-[3-(取代苯基)-2-烯-1-酮]-4-羟基吡咯啉-2-酮类化合物及制备方法和应用

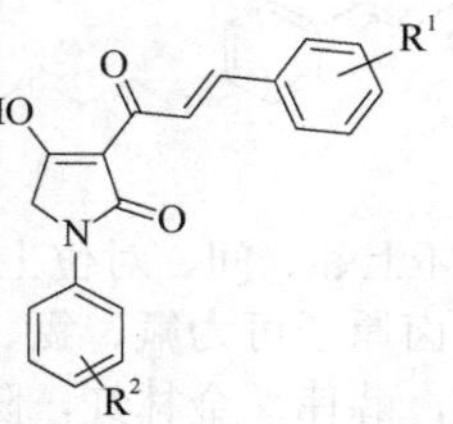

其中，R^1为2,3-二氯、2-甲氧基、2,3-二甲氧基、2-氟-4-溴、3-硝基、4-甲基、4-溴、2-氟、3-溴、2-氟-6-氯、4-氟、3,4-二氯、2,6-二氯、2-氯、4-氯、氢；R^2为4-甲基、3,4-二甲基。

发明人：杨松，冉义江，薛伟，吴志兵，陈玲，张东阳，丁永正，刘斌，胡德禹，向红梅，张腾腾；申请人：贵州大学

中国专利号：ZL201410230403.5；中国专利申请日：2014-05-28

化合物类型：吡咯啉类

发明思路：以天然吡咯啉为基本骨架，在3位上引入1,4-戊二烯-3-酮结构。

用途：具有抗病毒活性，该类化合物具有较好的抗烟草花叶病毒活体治疗活性，可用于制备抗植物病毒农药。

代表化合物结构如下：

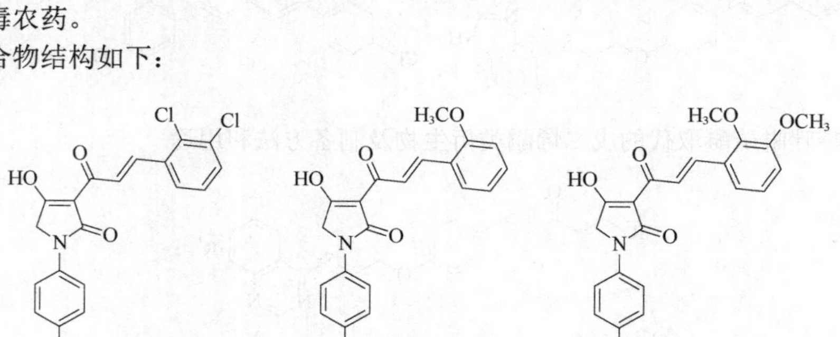

（26）1, 3-取代基-4-取代吡唑酰腙类衍生物及其制备方法和应用

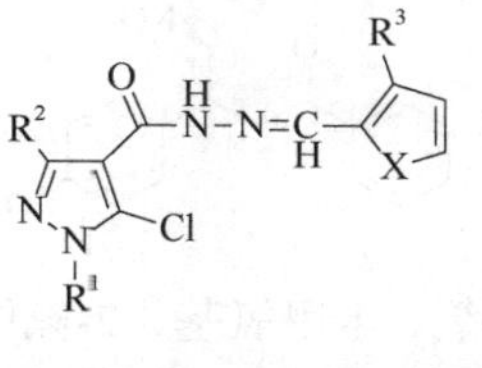

式中，X 为 S、O 或 NH；R^1 为甲基、苯基；R^2 为甲基、三氟甲基；R^3 为氢、甲基。上述通式代表的化合物对烟草花叶病毒（TMV）具有较好的防治作用，同时具有一定的抑菌活性。

发明人：薛伟，龚华玉，张贤，王忠波，赵洪菊，陈玉，夏丽娟；申请人：贵州大学

中国专利号：ZL201310682678.8；中国专利申请日：2013-12-16

化合物类型：吡唑酰腙类

发明思路：me-too 研究；以 1,3-取代吡唑基的酰腙类衍生物为先导，进一步引入呋喃、噻吩环，合成了一系列的 1,3-取代的吡唑酰腙类衍生物。

用途：具有抗病毒活性，该发明化合物对烟草花叶病毒具有良好的抑制作用，该类化合物可用于制备抗植物病毒药物。

代表化合物结构如下：

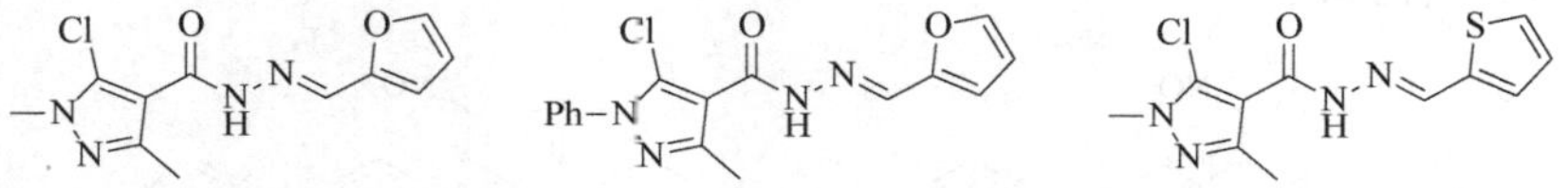

（27）含扁桃酸基团的吡唑双酰胺类化合物及制备方法和用途

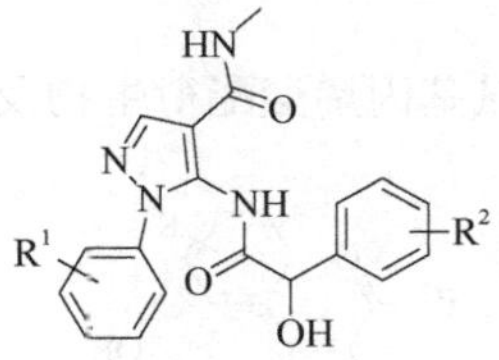

其中，R^1 为氢、卤原子、$C_{1\sim4}$ 烷基，卤原子可为氟、氯、溴、碘；R^2 为氢、卤原子、$C_{1\sim4}$ 烷基，卤原子可为氟、氯、溴、碘。

发明人：薛伟，龚华玉，陈玉，赵洪菊，张贤，王忠波，卢平；申请人：贵州大学

中国专利号：ZL201310338188.6；中国专利申请日：2013-08-06

化合物类型：吡唑双酰胺类

发明思路：me-too 研究；将扁桃酸基团引入吡唑双酰胺类化合物结构中。

用途：具有抗病毒活性，该类化合物具有较好的抗烟草花叶病毒作用，可用于制备抗植物病毒的药物。

代表化合物结构如下：

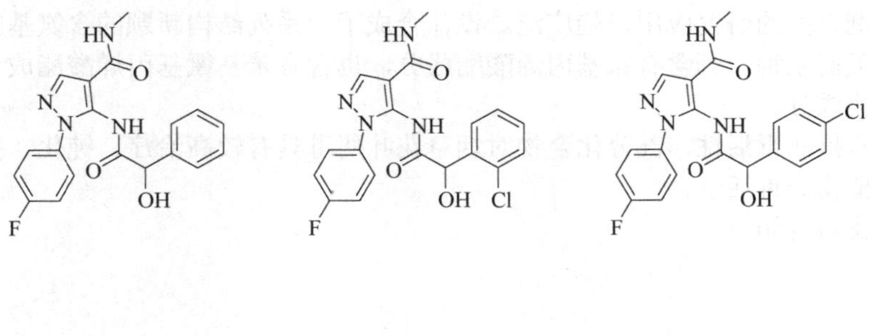

（28）含喹唑啉基查耳酮类衍生物及制备方法和应用

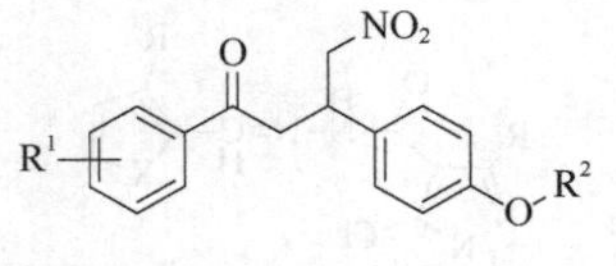

式中，R^1 为 2-氯、2,4-二氯、4-氯、4-甲氧基、2-氟中的一种；R^2 为 6-甲基喹唑啉-4-、喹唑啉-4-、7-氯喹唑啉-4-、8-甲基喹唑啉-4-中的一种。

发明人：宋宝安，谢瑛，胡德禹，薛伟，吴芳，万治华，李向阳，杜显丽；申请人：贵州大学

中国专利号：ZL201410031355.7；中国专利申请日：2014-01-23

化合物类型：喹唑啉基查耳酮类

发明思路：将喹唑啉和查耳酮进行结构拼接，设计合成了一系列结构新颖的含喹唑啉基查耳酮类衍生物。

用途：具有抗病毒活性，部分化合物对黄瓜花叶病毒(CMV)、烟草花叶病毒(TMV)、水稻南方黑条矮缩病毒(SRBSDV)和水稻条纹病毒(RSV)具有较高钝化、治疗、抑制作用，表现出较高的抗植物病毒活性。

代表化合物结构如下：

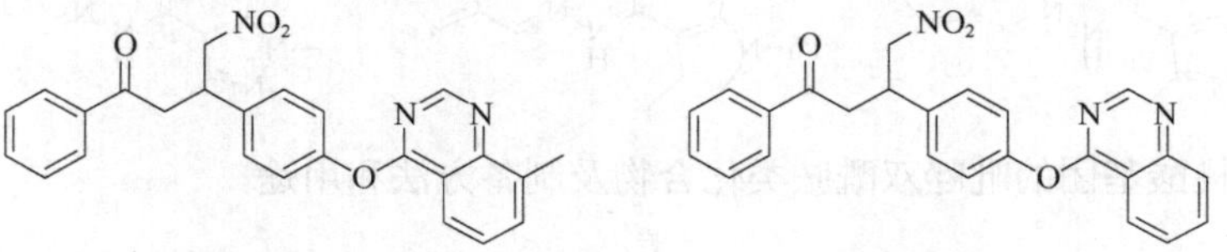

（29）一种含氨基膦酸酯的苯基氰基丙烯酸酯衍生物及其制备方法和用途

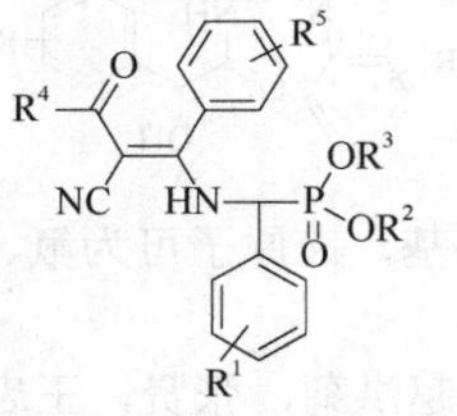

其中，R^1 为氢或邻、间、对位单取代卤原子；R^2、R^3 为 $C_{1\sim6}$ 烷基；R^4 为 $C_{1\sim6}$ 烷氧基；R^5 为氢或邻、间、对位单取代卤原子，邻、间、对位单取代硝基。

发明人：宋宝安，苟先清，胡德禹，蔡学建，陈红军，杨松，薛伟；申请人：贵州大学

中国专利号：ZL200910102548.6；中国专利申请日：2009-05-06

化合物类型：苯基丙烯酸酯类

发明思路：氰基丙烯酸酯类化合物因其独特的结构和新颖的作用机制，在农用除草剂、杀菌剂和抗病毒剂方面的研究应用日趋广泛。设计合成了一系列结构新颖的含氨基膦酸酯的苯基氰基丙烯酸酯类衍生物，既含有氰基丙烯酸酯成分，也含有苯基氰基丙烯酸酯成分，还含有氨基膦酸酯化合物成分。

用途：具有抗病毒活性，部分化合物对烟草花叶病毒具有较高治疗、钝化、抑制作用，表现出较好的抗植物病毒活性。

代表化合物结构如下：

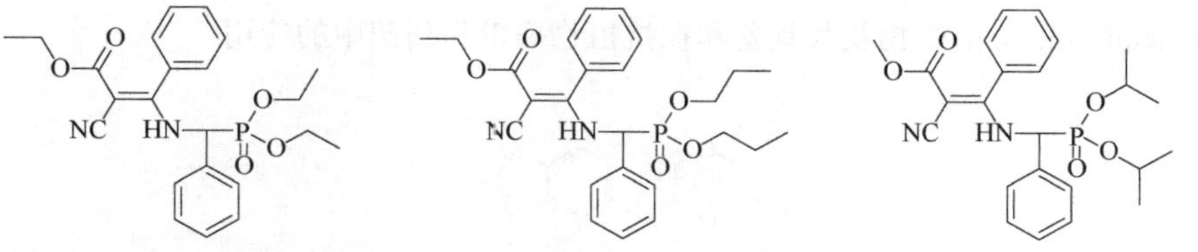

(30) 1, 5-二杂环基-1, 4-戊二烯-3-酮衍生物及制备方法和用途

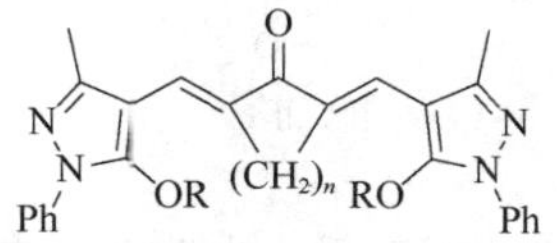

(I)

一种 1,5-二杂环基-1,4-戊二烯-3-酮类衍生物，其特征在于它是结构(I)的化合物，其中 R 为甲基、乙基、苯基、对氯苯基、间氯苯基、邻氯苯基或对甲氧基苯基，n=0、2、3。

发明人：宋宝安，胡德禹，李少博，杨松，金林红，黄银久；申请人：贵州大学

中国专利号：ZL200910102435.6；中国专利申请日：2009-02-10

化合物类型：戊二烯酮类、吡唑类

发明思路：在具有广泛的生物活性的姜黄素衍生物/类似物的基础上，引入杂环吡唑基团，得到 1, 5-二取代吡唑基-1, 4-戊二烯-3-酮类化合物。

用途：具有抗病毒活性，该化合物具有抗烟草花叶病毒病作用。

代表化合物结构如下：

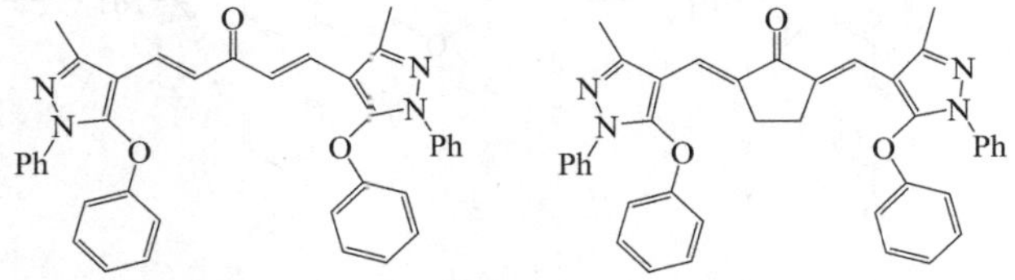

(31) 联三唑化合物及其制备方法和用途

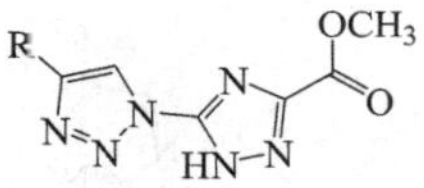

其中，R 为乙酯甲基、对戊基苯基、环己醇基、环己烯基或对甲氧基苯基。

发明人：曲凡歧，夏熠，范志金，李蔚，彭玲；申请人：武汉大学

中国专利号：ZL200510018608.8；中国专利申请日：2005-04-26

化合物类型：联三唑类

发明思路：以双三唑类化合物为先导，通过生物等排、衍生合成，开发了联三唑类化合物。

用途：具抗病毒活性，该发明化合物对抑制植物病毒尤其是烟草花叶病毒具有较好效果，可以用于烟草防治相关病毒。

代表化合物结构如下：

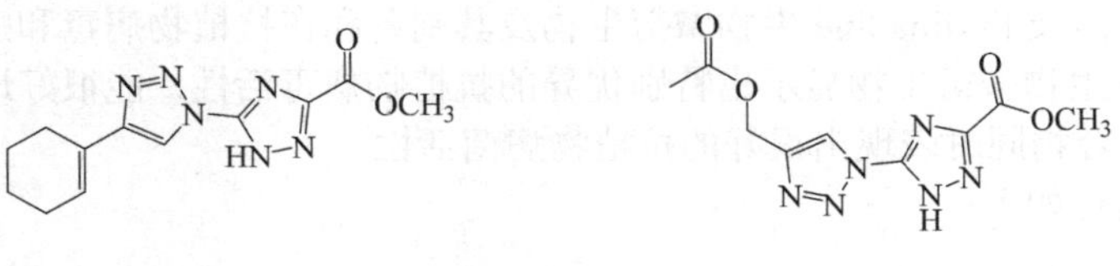

（32）kealiinine类衍生物及其制备和在抗植物病毒和病菌中的应用

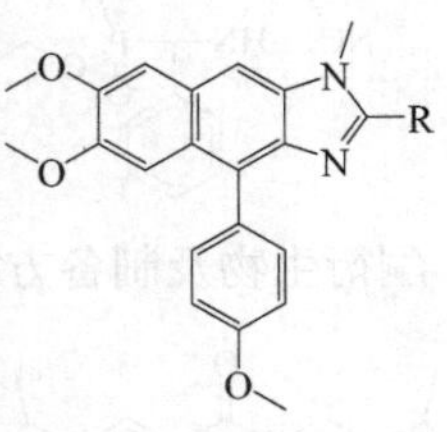

Ⅱ

发明人：汪清民，李刚，王兹稳，刘玉秀；申请人：南开大学

中国专利号：ZL201810476704.4；中国专利申请日：2018-05-14

化合物类型：kealiinine类衍生物

发明思路：虽然kealiinine类生物碱具有较为成熟的合成路线，也被发现具有一定的抗癌活性和杀卤虫活性，但是它们的其他生物活性，尤其是在抗植物病毒和病菌中的活性还没有被系统研究和报道。以kealiinine为基础，对kealiinine衍生化得到该类化合物。

用途：该发明的kealiinine类衍生物Ⅱ显示出特别优异的抗植物病毒活性，能很好地抑制烟草花叶病毒(TMV)，该类化合物同时表现出一定的抗植物病菌活性。

代表化合物结构如下：

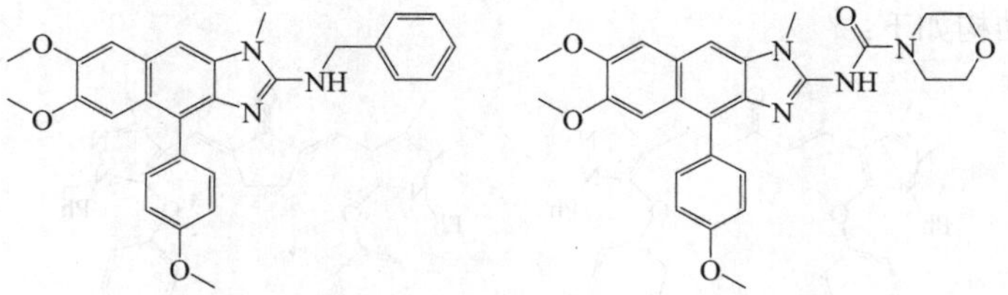

（33）hyrtinadine生物碱衍生物及其制备和在抗植物病毒和病菌中的应用

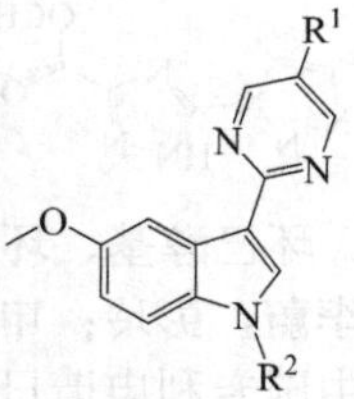

式中保护了27个化合物，具体结构参见专利中权利要求书部分。

发明人：汪清民，刘玉秀，董吉，王兹稳，宋红健，李永强；申请人：南开大学

中国专利号：ZL201810841187.6；中国专利申请日：2018-07-26

化合物类型：hyrtinadine生物碱衍生物

发明思路：以hyrtinadine生物碱为基础，对hyrtinadine生物碱衍生化得到该类化合物。

用途：该发明涉及hyrtinadine生物碱衍生物及其制备和在抗植物病毒和病菌中的应用。该发明的hyrtinadine生物碱衍生物显示出特别优异的抗植物病毒活性，能很好地抑制烟草花叶病毒(TMV)，该类化合物同时表现出很好的抗植物病菌活性。

代表化合物结构如下：

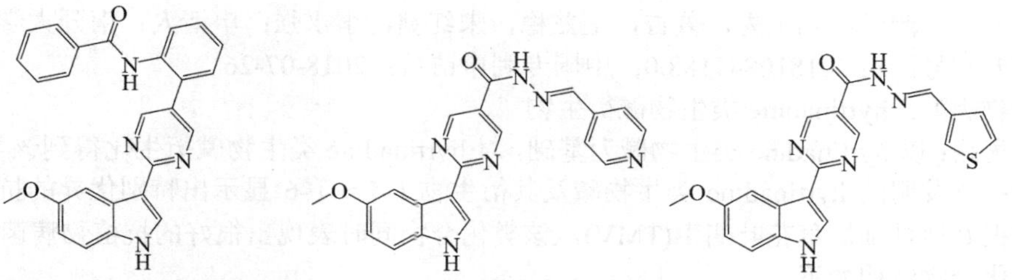

（34）哌嗪二酮酰腙衍生物及其制备方法和在防治植物病毒、杀菌、杀虫方面的应用

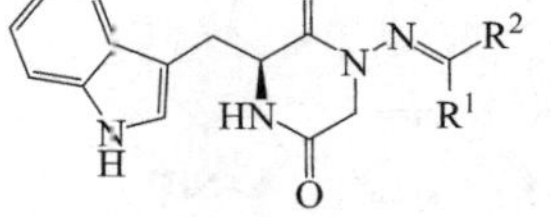

式中保护了 29 个化合物，具体结构参见专利中权利要求书部分。

发明人：汪清民，宋红健，李丽丽，刘玉秀，王兹稳，李永强；申请人：南开大学

中国专利号：ZL201810840745.7；中国专利申请日：2018-07-26

化合物类型：哌嗪二酮酰腙衍生物

发明思路：以哌嗪二酮酰腙为基础，对哌嗪二酮酰腙衍生化得到该类化合物。

用途：该发明的哌嗪二酮酰腙衍生物具有优异的抗植物病毒活性，还具有广谱的杀菌活性和杀虫活性。

代表化合物结构如下：

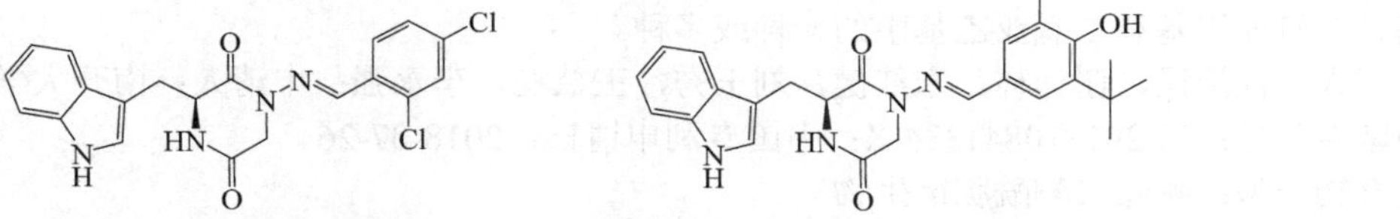

（35）hyrtinadine 类生物碱及其衍生物在防治植物病毒病菌病中的应用

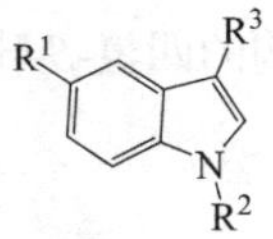

生物碱 I-1 hyrtinadine A 及其衍生物 I -2～ I -6 可用于防治烟草花叶病毒病中。

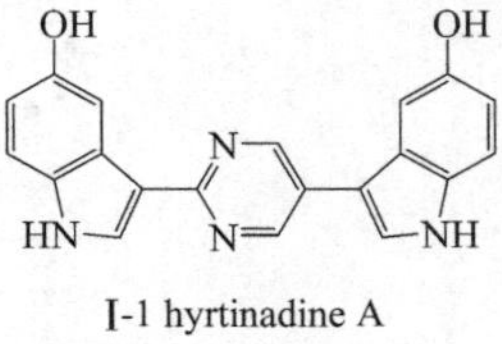

I-1 hyrtinadine A 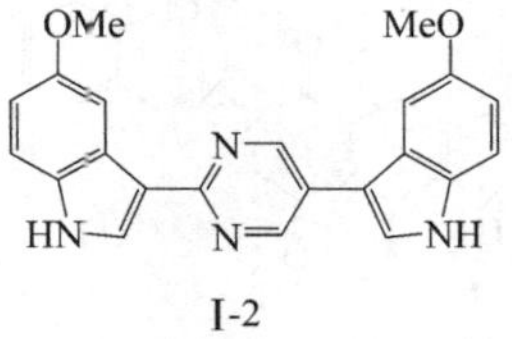　　I-2 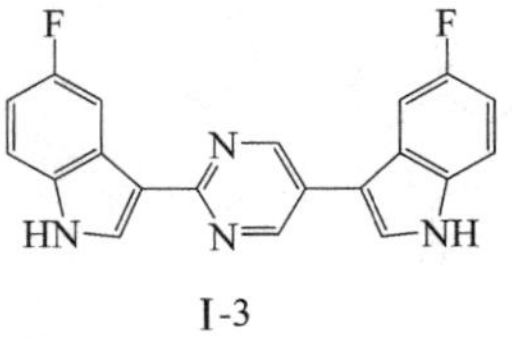　　I-3

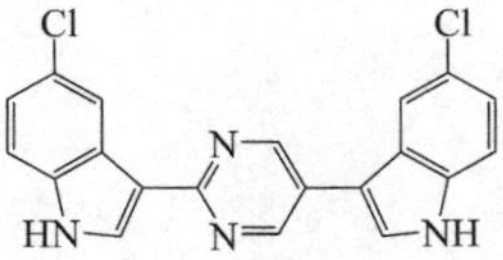

I-4 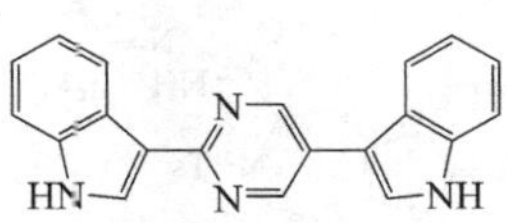　　I-5 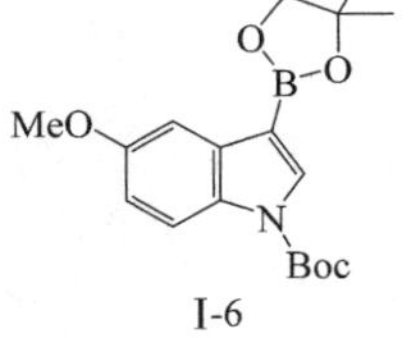　　I-6

发明人：汪清民，刘玉秀，董吉，王兹稳，宋红健，李永强；申请人：南开大学

中国专利号：ZL201810841188.0；中国专利申请日：2018-07-26

化合物类型：hyrtinadine 类生物碱衍生物

发明思路：以 hyrtinadine 类生物碱为基础，对 hyrtinadine 类生物碱衍生化得到该类化合物。

用途：该发明的 hyrtinadine 类生物碱及其衍生物Ⅰ-1～Ⅰ-6 显示出特别优异的抗植物病毒活性，能很好地抑制烟草花叶病毒(TMV)，该类化合物同时表现出很好的抗植物病菌活性。

代表化合物结构如下：

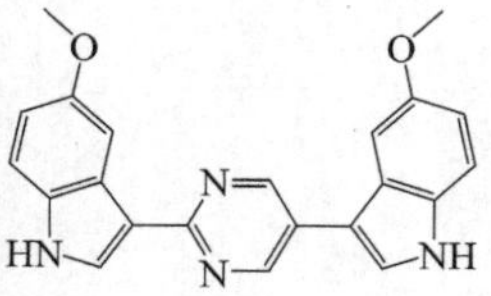

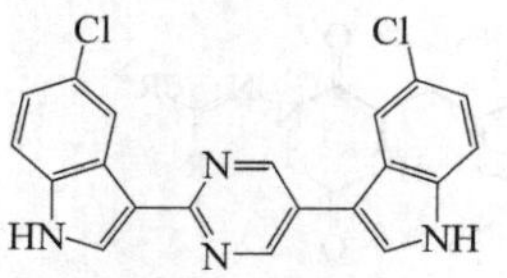

（36）咔啉衍生物及其制备方法和在防治植物病毒、杀菌、杀虫方面的应用

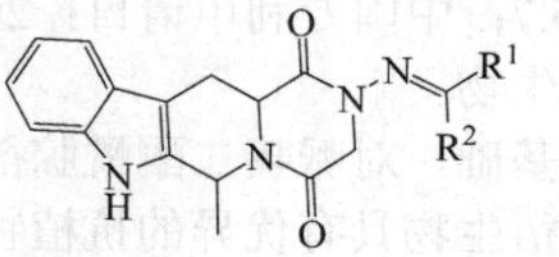

其中，通式中化合物为(6*S*，12a*S*)、(6*R*，12a*S*)、(6*S*，12a*R*)和(6*R*，12a*R*)四种异构体中的一种，R^1为氢、甲基，R^2为吡咯基、咪唑基、噻吩基、呋喃基、萘基、吡啶基、C_1～C_8烷基、取代的或未取代的苯基；所述取代苯基的取代基各自独立地选自羟基、氟、氯、溴、硝基、三氟甲基、二氧亚甲基和二氧亚乙基中的一种或多种。

发明人：汪清民，谢佳林，宋红健，刘玉秀，王兹稳，李永强；申请人：南开大学

中国专利号：ZL201810841334.X；中国专利申请日：2018-07-26

化合物类型：哌嗪二酮酰腙衍生物

发明思路：以哌嗪二酮酰腙为基础，对哌嗪二酮酰腙衍生化得到含有哌嗪二酮酰腙结构四氢-*β*-咔啉衍生物。

用途：该发明中含有哌嗪二酮酰腙结构的四氢-*β*-咔啉衍生物具有优异的抗植物病毒活性，还具有广谱的杀菌活性和杀虫活性。

代表化合物结构如下：

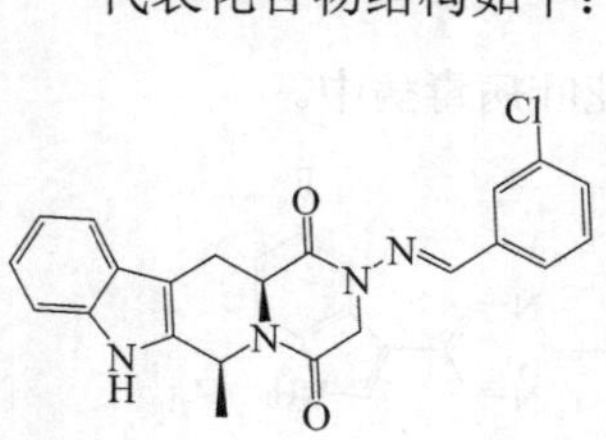

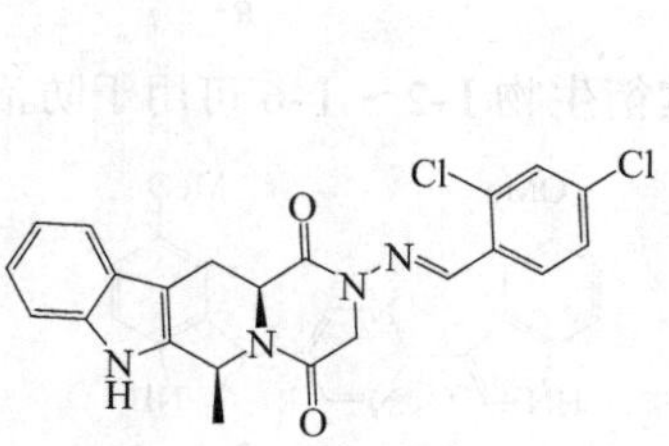

（37）吲哚酰腙衍生物及其制备方法和在防治植物病毒、杀菌、杀虫方面的应用

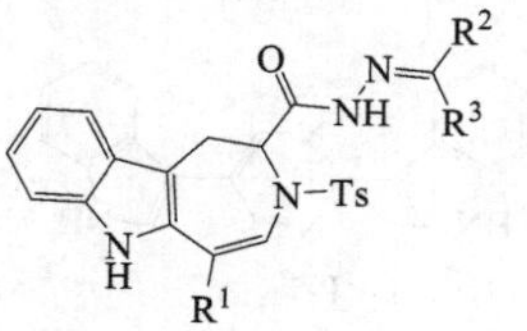

其中，R^1代表取代的或未取代的苯基、取代的或未取代的萘基、取代的或未取代的蒽基、取代的或未取代的菲基、含有 2～10 个碳原子的含氮杂环、含有 2～10 个碳原子的含氧杂环、含有 2～10 个碳原子的含硫杂环；所述取代的苯基、取代的萘基、取代的蒽基、取代的菲基的取代基各自独立地选自羟基、卤素、氰基、硝基、三氟甲基、三氟甲氧基、C_1～C_6的烃基、C_1～C_6的烷氧基、C_1～C_6的烷氨基、二氧亚甲基和二氧亚乙基中的一种或多种；R^2、R^3分别代表氢、C_1～C_{10}的烷基、C_2～C_{10}的烯基、C_2～C_{10}的炔基、取代的或未取代的苯基、取代的或未取代的萘基、取代的或未取代的蒽基、取代的或未取代的菲基、含有 2～10 个碳原子的含氮杂环、含有 2～10 个碳原子的含氧杂环、含有 2～10 个碳原子的含硫杂环；所述取代的苯基、取代的萘基、取代的蒽基、取代的菲基的取代基各自独立地选自羟基、卤素、氰基、硝基、三氟甲基、三氟甲氧基、C_1～C_6的烃基、C_1～C_6的烷氧基、C_1～C_6的烷氨基、二氧亚甲基和二氧亚乙基中的一种或多种。

发明人：汪清民，宋红健，李丽丽，刘玉秀，王兹稳，李永强；申请人：南开大学

中国专利号：ZL201810852990.X；中国专利申请日：2018-07-26

化合物类型：酰腙类衍生物

发明思路：合成氮杂草并[4, 5-*b*]吲哚骨架并进行结构衍生，得到四氢氮杂草并[4, 5-*b*]吲哚酰腙衍生物。

用途：该发明的四氢氮杂草并[4, 5-*b*]吲哚酰腙衍生物具有优异的抗植物病毒活性，还具有广谱的杀菌活性和杀虫活性。

代表化合物结构如下：

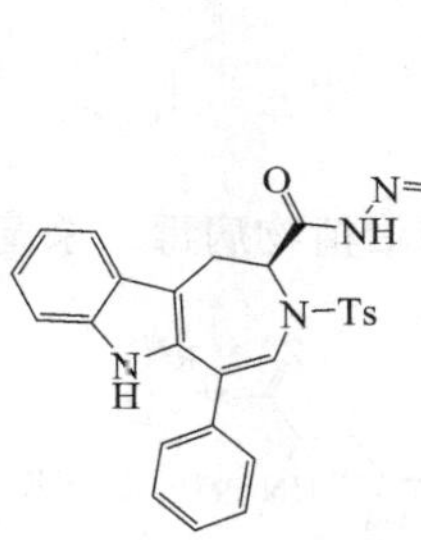

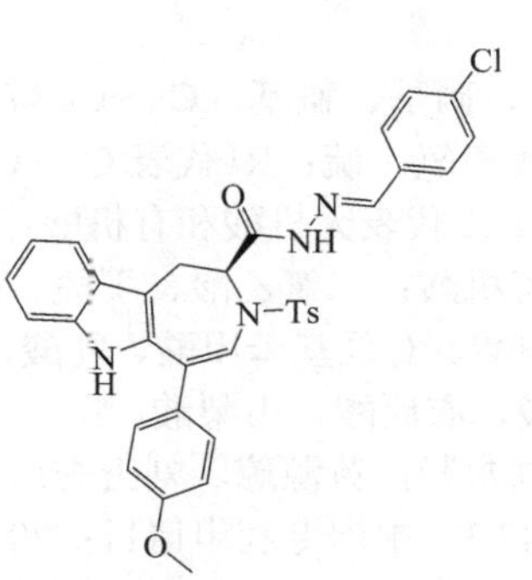

（38）喹啉衍生物及其制备方法和在防治植物病毒、杀菌方面的应用

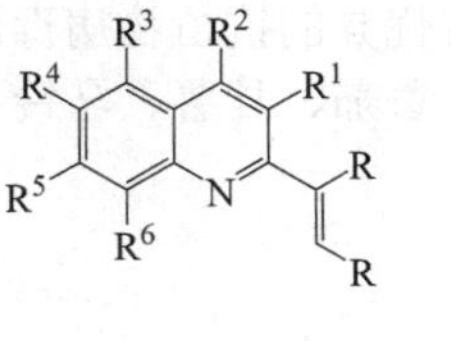

其中，R^1、R^3为氢；R^2为氢、氯、甲基羰氧基甲基中的一种；R^4为氢、氯、溴中的一种；R^5和R^6各自独立地选自氢，或者R^5和R^6合环为⌒⌒；R为苯基、噻吩基、卤代苯基、甲基苯基、叔丁基苯基、甲氧基苯基、三氟甲基苯基中的一种。

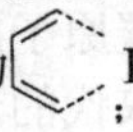

发明人：汪清民，黄源琼，宋红健，张静静，刘玉秀，李永强；申请人：南开大学

中国专利号：ZL201910903357.3；中国专利申请日：2019-09-24

化合物类型：喹啉衍生物

发明思路：以喹啉类化合物为基础，对喹啉类化合物衍生化得到2位烯基取代喹啉衍生物。

用途：该发明的2位烯基取代喹啉衍生物具有抗植物病毒活性，还具有广谱的杀菌活性。可有效防治烟草、辣椒、水稻、番茄、瓜菜、粮食等多种作物的病毒病；能很好地抑制烟草花叶病毒、玉米矮花叶病毒等。

代表化合物结构如下：

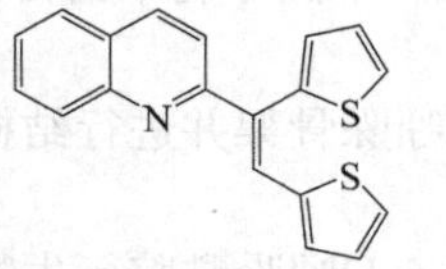

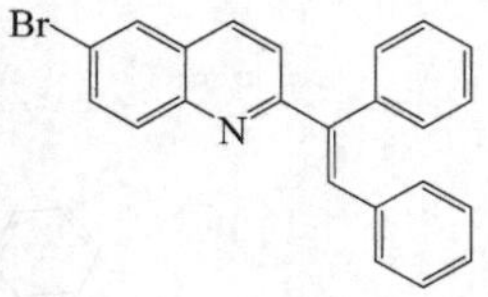

（39）色氨酸衍生物及制备方法和在防治植物病毒、杀菌、杀虫方面的应用

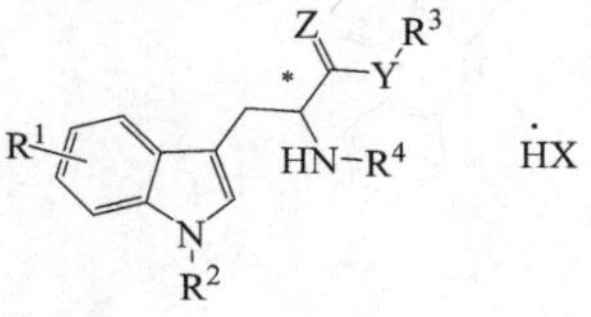

式中，R^1代表氢、卤素原子、硝基、氰基、C_1～C_6烷氧基、羟基、C_0～C_{10}烷氨基；R^2代表氢；Y代表氧、硫、氮；Z代表氧、硫；R^3代表C_1～C_{10}烃基；R^4代表氢、C_1～C_{10}烷氨基羰基、C_1～C_{10}烷氨基硫羰基；HX代表无机酸和有机酸，HX代表无机酸时，为HI，HX代表有机酸时，分别选自如下所示有机酸：二氯乙酸、丁酸、丙二酸、己二酸、樟脑磺酸、甲烷磺酸、反式阿魏酸、水杨酸、琥珀酸、对羟基苯甲酸、乳酸、咖啡酸、绿原酸、对氨基苯磺酸、5-磺基水杨酸、富马酸、葡萄糖酸、衣康酸、山梨酸。

发明人：汪清民，宋红健，刘永贤，黄源琼，刘玉秀；申请人：南开大学

中国专利号：ZL201510005847.3；中国专利申请日：2015-01-05

化合物类型：色氨酸衍生物

发明思路：me-too研究；在色氨酸基础上，通过氨基衍生得到现有化合物。

用途：该发明通式的化合物具有优异的抗植物病毒活性；能很好地抑制烟草花叶病毒、玉米矮花叶病毒等，防治辣椒、水稻、番茄、甘薯、马铃薯及瓜类等作物上病毒病还具有广谱的杀菌活性和杀虫活性。

代表化合物结构如下：

（40）螺环氧化吲哚酰腙衍生物及其制备方法和在防治植物病毒、杀菌、杀虫方面的应用

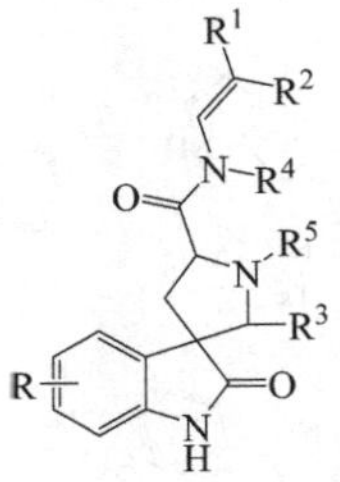

式中，R 代表氢；R^1 和 R^2 分别代表氢、1～10 碳的烃基、1～10 碳的含氮杂环；R^3 分别代表氢、1～10 碳的烃基；

R^4 和 R^5 分别代表氢、1～10 碳的烃基，或 R^4 和 R^5 为 —R^6；R^6 分别代表 1～10 碳的烃基；

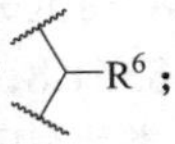

以上化合物包括其对映异构体和非对映异构体。

发明人：汪清民，陈琳伟，宋红健，刘玉秀，谢佳林；申请人：南开大学

中国专利号：ZL201610620904.3；中国专利申请日：2016-07-26

化合物类型：螺环氧化吲哚酰腙衍生物

发明思路：螺环氧化吲哚酰腙衍生物。

用途：该发明的螺环氧化吲哚酰腙衍生物表现出特别优异的抗植物病毒活性，还具有广谱的杀菌活性和杀虫活性。可有效防治烟草、辣椒、水稻、番茄、瓜菜、粮食等多种作物的病毒病；能很好地抑制烟草花叶病毒、玉米矮花叶病毒等。

代表化合物结构如下：

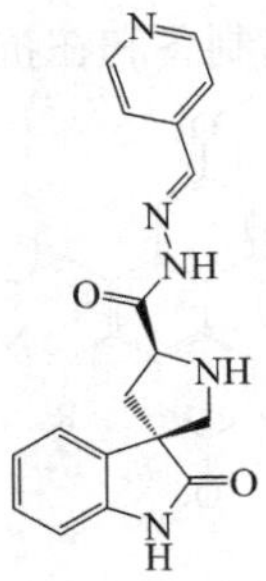

（41）nortopsentin 类生物碱衍生物及其制备和在防治病虫害中的应用

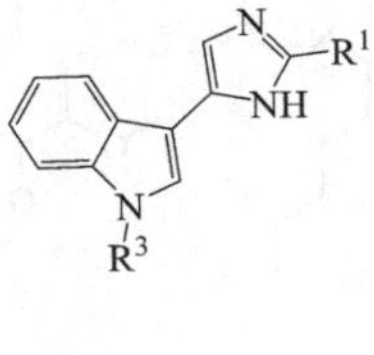

式中：

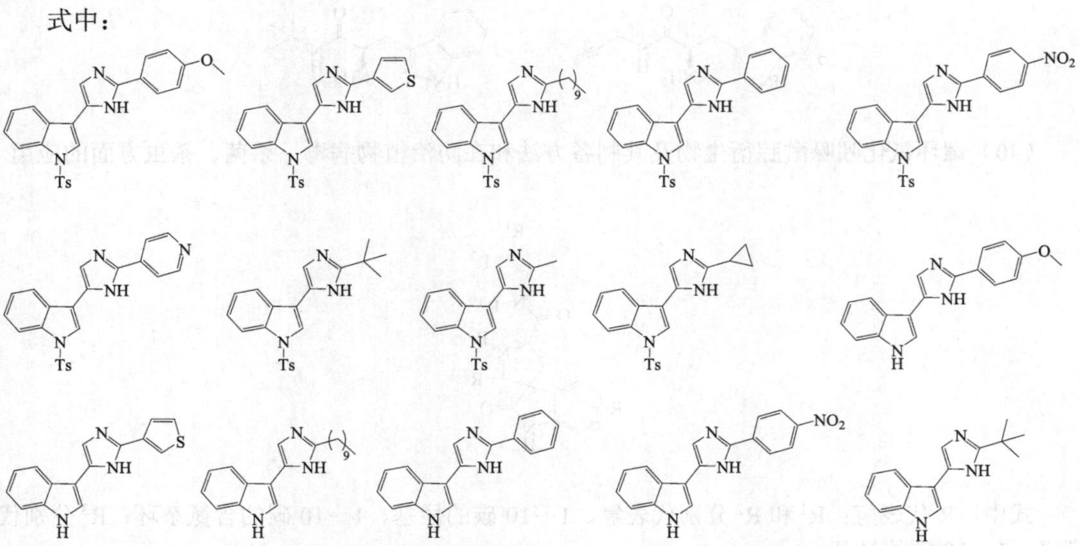

发明人：汪清民，冀晓霏，刘玉秀，王兹稳；申请人：南开大学
中国专利号：ZL201710728351.8；中国专利申请日：2017-08-21
化合物类型：nortopsentin 类生物碱衍生物
发明思路：me-too 研究；以 nortopsentin 类生物碱为基础，将 nortopsentin 类生物碱衍生化得到现有化合物。
用途：该发明的 nortopsentin 类生物碱衍生物显示出特别优异的抗植物病毒活性以及杀虫活性，能很好地抑制烟草花叶病毒(TMV)，该类化合物同时表现出很好的抗植物病菌活性和杀虫活性。
代表化合物结构如下：

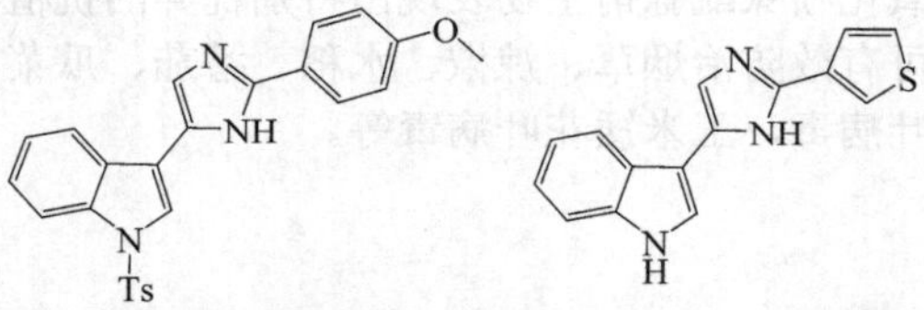

（42）9 位取代的娃儿藤碱衍生物及其制备和在抗烟草花叶病毒活性中的应用

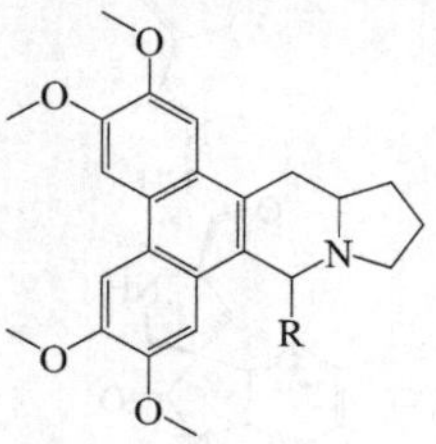

式中：

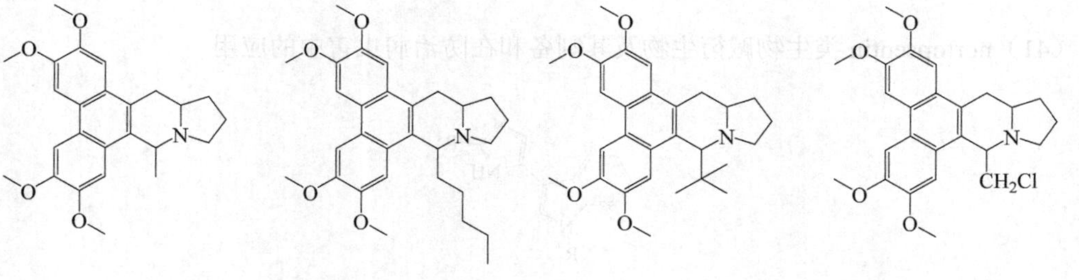

发明人：汪清民，闫长存，刘玉秀，宋红健，王兹稳；申请人：南开大学

中国专利号：ZL201710728142.3；中国专利申请日：2017-08-21

化合物类型：娃儿藤碱衍生物

发明思路：以娃儿藤碱衍生物为基础，将娃儿藤碱衍生物 9 位衍生化得到现有化合物。

用途：该发明的 9 位取代的娃儿藤碱衍生物表现出了优异的抗植物病毒活性，均能很好地抑制烟草花叶病毒(TMV)活性。

代表化合物结构如下：

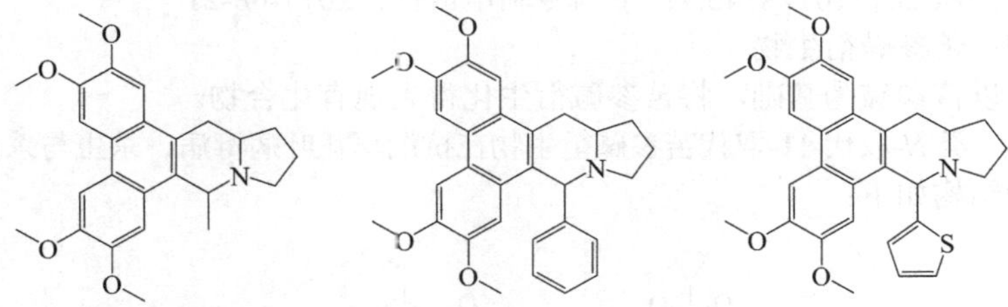

（43）苦参碱衍生物及其合成和在防治植物病虫害方面的应用

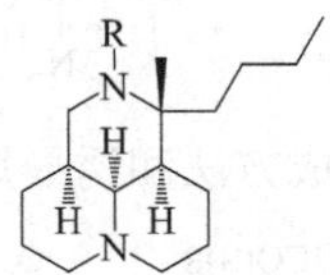

式中：

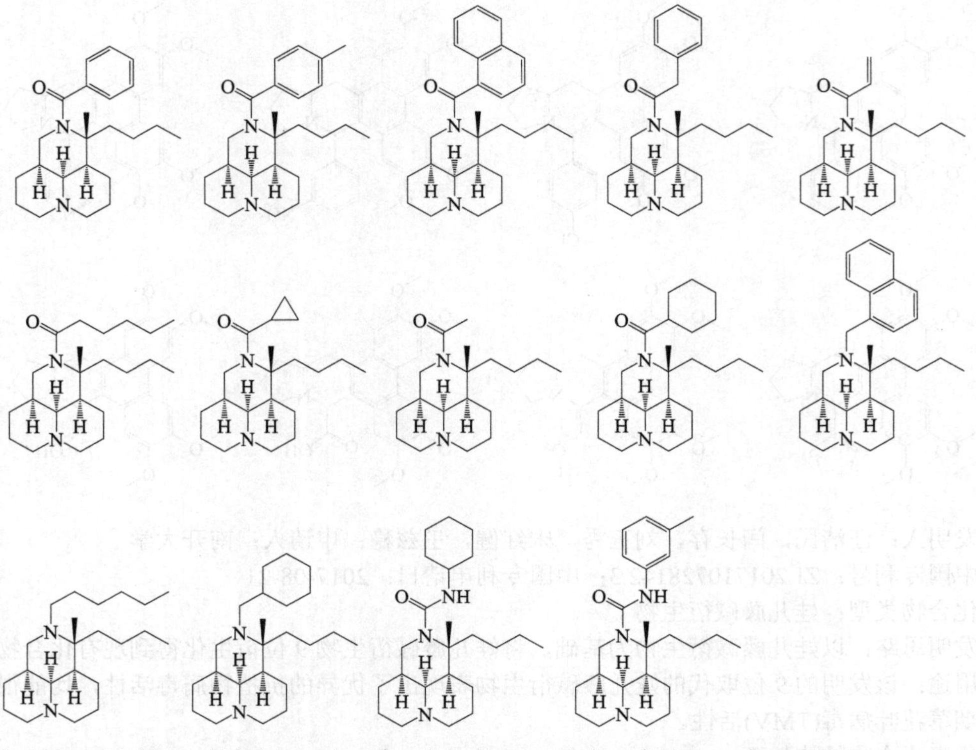

发明人：汪清民，倪婉君，刘玉秀，宋红健，王兹稳；申请人：南开大学
中国专利号：ZL201710728145.7；中国专利申请日：2017-08-21
化合物类型：苦参碱衍生物
发明思路：以苦参碱为基础，将苦参碱衍生化得到现有化合物。
用途：提供一类*N*-取代-11-取代苦参碱衍生物在抗烟草花叶病毒病、杀虫与杀菌方面的应用。
代表化合物结构如下：

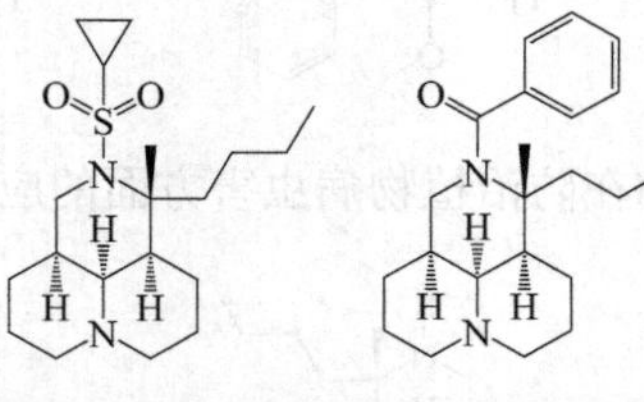

（44）新型苯并噻二唑衍生物及其合成方法和诱导烟草抗烟草花叶病毒的活性

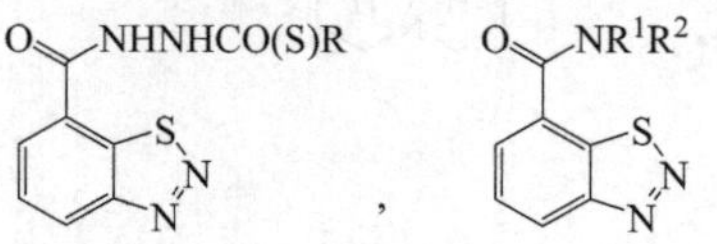

O NHNHCO(S)R ， O NR^1R^2

具有以下化学结构式：

O $NHNHSO_2$ F　O $NHNHSO_2$　O NHNH O Cl Cl

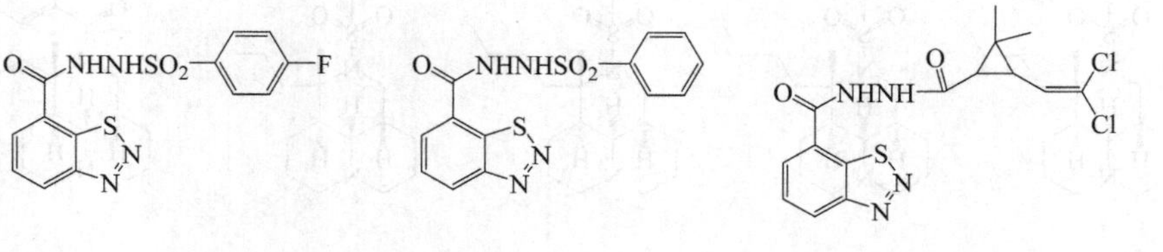

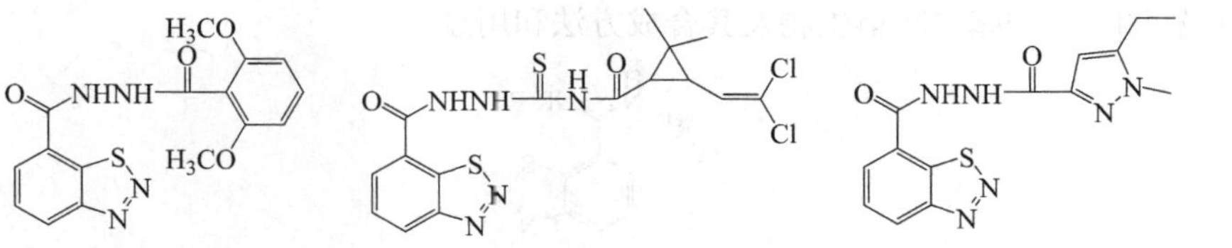

发明人：范志金，刘凤丽，刘秀峰，范志银，鲍丽丽，张永刚，苑建勋，石祖贵；申请人：南开大学

中国专利号：ZL200510014378.8；中国专利申请日：2005-07-05

化合物类型：苯并噻二唑类

发明思路：以*S*-甲基苯并[1, 2, 3]噻二唑-7-硫代羧酸酯作为先导，通过引入酰肼和磺酰肼得到现有化合物。

用途：具有抗烟草花叶病毒活性，在100mg/L剂量下，呈现出一定的诱导烟草抗烟草花叶病毒的活性。

代表化合物结构如下：

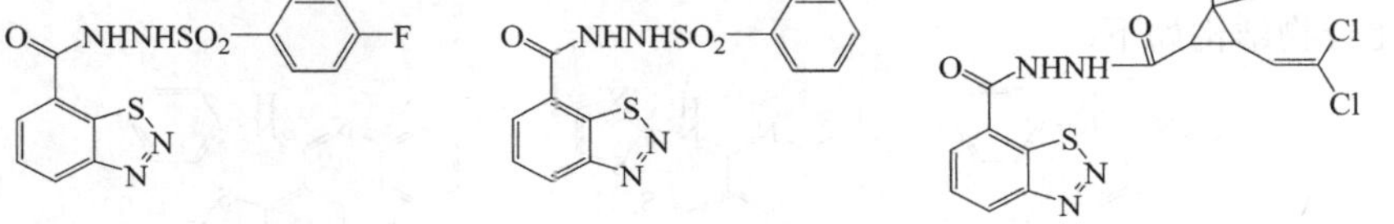

（45）新型噻二唑甲酰胺衍生物及其合成方法和生物活性

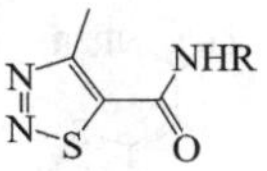

式中，R分别是4-苯基-1, 3-噻唑-2-基、4-(4′-甲氧基苯基)-1, 3-噻唑-2-基、4-(4′-氯苯基)-1, 3-噻唑-2-基、4-(4′-硝基苯基)-1, 3-噻唑-2-基、4-(2′, 4′-二氯苯基)-5-正丙基-1, 3-噻唑-2-基或4-(2′, 4′-二氯苯基)-5-乙基-1, 3-噻唑-2-基。

发明人：范志金，石祖贵，刘秀峰，苑建勋，贾俊超，吴琼，左翔，马琳；申请人：南开大学

中国专利号：ZL200710056433.9；中国专利申请日：2007-01-12

化合物类型：噻二唑类

发明思路：me-too研究；以[1,2,3]-噻二唑作为先导，通过修饰和优化得到现有化合物。

用途：具有杀菌、抗烟草花叶病毒活性，在50mg/L剂量下，对黄瓜枯萎病菌、小麦赤霉病菌、水稻稻曲病菌、油菜菌核病菌、苹果腐烂病菌、香蕉炭疽病菌、黄瓜炭疽病菌、棉花黄萎病菌、马铃薯晚疫病菌等表现出一定的抑制作用；在500mg/L剂量下，呈现出一定的诱导烟草抗烟草花叶病毒的活性。

代表化合物结构如下：

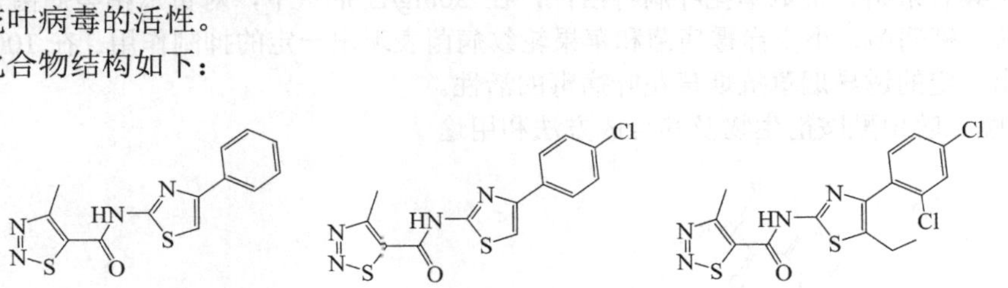

（46）苯并[1, 2, 3]噻二唑衍生物及其合成方法和用途

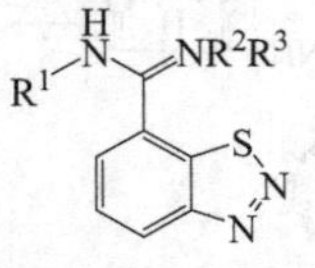

式中，R^1是异丙基、苯基；R^2是氢；当R^1是异丙基时，R^3是苯基、1, 3-噻唑-2-基、对硝基苯基、5-甲基-1, 3, 4-噻二唑-2基、2, 6-二氟-3, 5-二氯-4-吡啶基；当R^1是苯基时，R^3是对甲基苯基、苯基、对溴苯基。

发明人：范志金，鲍丽丽，刘秀峰，范志银，张永刚，苑建勋，聂开晟，石祖贵；申请人：南开大学

中国专利号：ZL200510122338.5；中国专利申请日：2005-12-14

化合物类型：噻二唑类

发明思路：以苯并噻二唑为先导，通过修饰和优化得到现有化合物。

用途：具有杀菌、抗烟草花叶病毒活性，在50mg/L剂量下，对黄瓜枯萎病菌、花生褐斑病菌、番茄早疫病菌、小麦赤霉病菌和苹果轮纹病菌表现出一定的抑制作用；在100mg/L剂量下，呈现出一定的诱导烟草抗烟草花叶病毒的活性。

代表化合物结构如下：

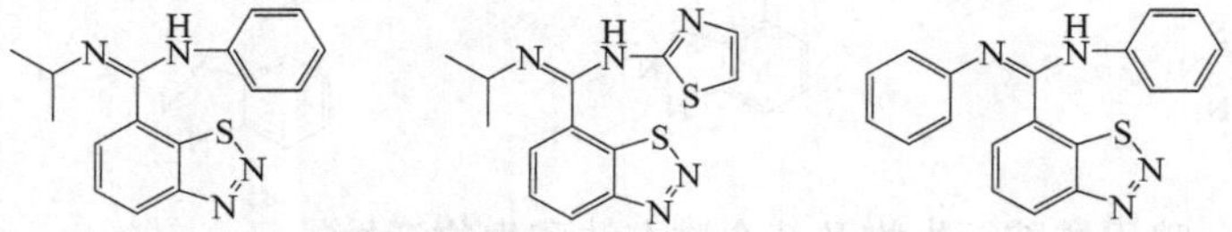

（47）苯并[1, 2, 3]噻二唑衍生物及其合成方法和用途

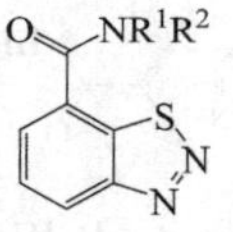

具有以下化学结构式：

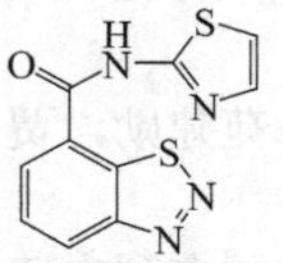

发明人：范志金，鲍丽丽，刘秀峰，范志银，张永刚，苑建勋，聂开晟，石祖贵；申请人：南开大学

中国专利号：ZL200710090312.6；中国专利申请日：2005-12-14

化合物类型：噻二唑类

发明思路：me-too研究；以苯并噻二唑为先导，通过修饰和优化得到现有化合物。

用途：具有杀菌、抗烟草花叶病毒活性，在50mg/L剂量下，对黄瓜枯萎病菌、花生褐斑病菌、番茄早疫病菌、小麦赤霉病菌和苹果轮纹病菌表现出一定的抑制作用；在100mg/L剂量下，呈现出一定的诱导烟草抗烟草花叶病毒的活性。

（48）噻二唑甲酰胺衍生物及其合成方法和用途

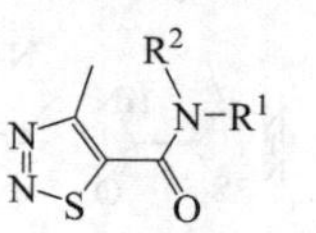

式中，R^1为氢；R^2为选自4-甲基吡啶-2-基、2-氯-5-三氟甲基苯基、4-甲基-5-溴吡啶-2-基、3-氟-4-甲基苯基、环丙基甲基的取代基。

发明人：范志金，吴琼，范志银，张海科，左翔，马琳，杨知昆，郑琴香；申请人：南开大学

中国专利号：ZL200810052546.6；中国专利申请日：2008-03-28

化合物类型：噻二唑类

发明思路：me-too研究；以[1, 2, 3]-噻二唑作为先导，通过修饰和优化得到现有化合物。

用途：具有杀菌、抗烟草花叶病毒活性，在50mg/L剂量下，对番茄早疫病菌、花生褐斑病菌、苹果轮纹病菌、黄瓜灰霉病菌、水稻纹枯病菌、小麦赤霉病菌、马铃薯晚疫病菌等表现出一定的抑制作用；在100mg/L剂量下，呈现出一定的诱导烟草抗烟草花叶病毒的活性。

代表化合物结构如下：

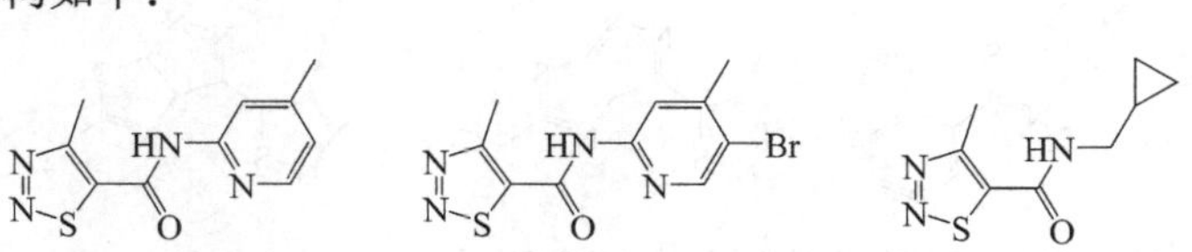

（49）噻二唑亚胺衍生物及其合成方法和用途

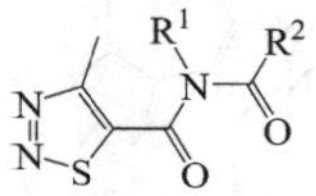

式中，R^1为选自正丙基、异丙基、正丁基的烷基；R^2为选自苯基、对甲基苯基、邻甲基苯基、对甲氧基苯基、对氟苯基的取代芳香基团。

发明人：范志金，吴琼，张海科，范志银，左翔，马琳，杨知昆，郑琴香；申请人：南开大学

中国专利号：ZL200810052553.6；中国专利申请日：2008-03-28

化合物类型：噻二唑类

发明思路：me-too研究；以[1, 2, 3]-噻二唑作为先导，通过修饰和优化得到现有化合物。

用途：具有杀菌、抗烟草花叶病毒活性，在50mg/L剂量下，对番茄早疫病菌、花生褐斑病菌、苹果轮纹病菌、黄瓜灰霉病菌、水稻纹枯病菌、小麦赤霉病菌、马铃薯晚疫病菌等表现出一定的抑制作用；在500mg/L剂量下，呈现出一定的诱导烟草抗烟草花叶病毒的活性。

代表化合物结构如下：

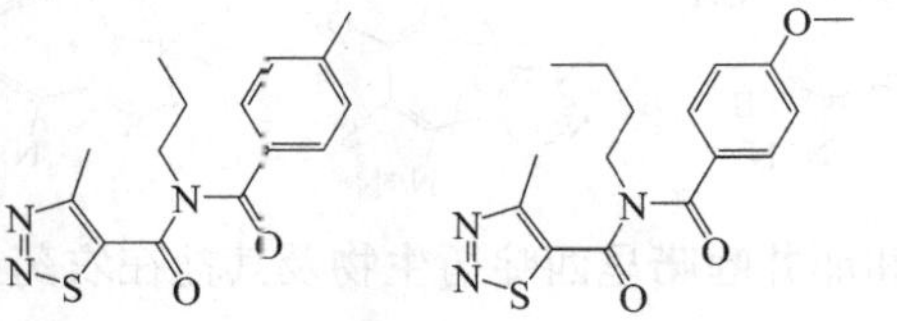

（50）三唑并噻二唑类化合物及其制备方法和用途

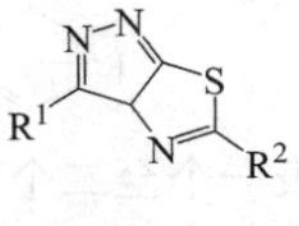

式中，R^1为4-甲基-1, 2, 3-噻二唑-5-基；R^2为选自2-三氟甲基苯基、三氯甲基、正丙基、2-氯乙基的基团。

发明人：范志金，杨知昆，米娜，张海科，马琳，左翔，郑琴香；申请人：南开大学

中国专利号：ZL200810054334.1；中国专利申请日：2008-08-28

化合物类型：三唑类

发明思路：合成新型三唑并噻二唑类稠杂环化合物以寻找更高生物活性的化合物。

用途：具有杀菌、杀虫、除草和抗烟草花叶病毒活性，在 50mg/L 剂量下，对番茄早疫病菌、花生褐斑病菌、苹果轮纹病菌、黄瓜灰霉病菌、水稻纹枯病菌、黄瓜枯萎病菌、小麦赤霉病菌、马铃薯晚疫病菌等表现出一定的抑制作用；在 50mg/L 剂量下，所有化合物对黏虫、蚕豆蚜和小菜蛾的致死率在 50%左右；在 5mg/L 剂量下，所有化合物对蚊幼虫的抑制作用大于 80%；所有化合物对单子叶杂草活性较低，对双子叶杂草活性较好；在 100mg/L 剂量下，呈现出一定的诱导烟草抗烟草花叶病毒的活性。

代表化合物结构如下：

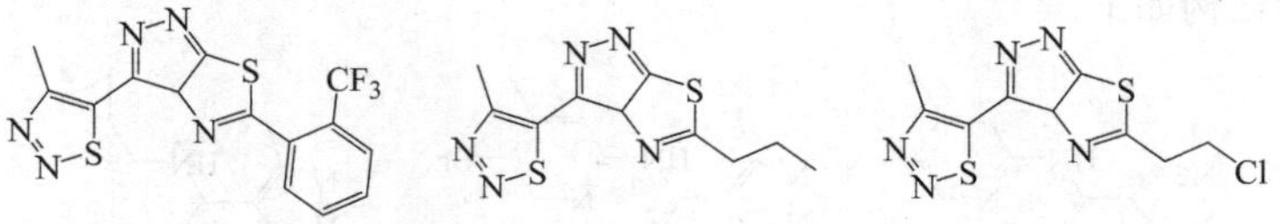

（51）联 1, 2, 3-噻二唑-5-甲酸及其制备方法和用途

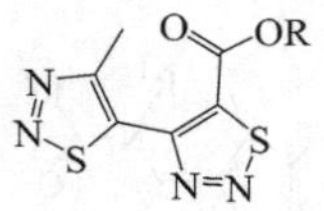

式中，R 为乙基、氢、Na。

发明人：范志金，米娜，王唤，杨知昆，左翔，国丹丹，赵晖；申请人：南开大学

中国专利号：ZL200910069469.X；中国专利申请日：2009-06-26

化合物类型：三唑类

发明思路：以现有 4-甲基-1, 2, 3-噻二唑-5-甲酸乙酯为原料，在分子中再引入一个 1, 2, 3-噻二唑活性基团合成了联 1, 2, 3-噻二唑-5-甲酸。

用途：具有杀菌、抗烟草花叶病毒活性，在 50mg/L 剂量下，对番茄早疫病菌、花生褐斑病菌、苹果轮纹病菌、黄瓜灰霉病菌、水稻纹枯病菌、小麦赤霉病菌、马铃薯晚疫病菌等表现出一定的抑制作用；在 100mg/L 剂量下，呈现出一定的诱导烟草抗烟草花叶病毒的活性。

代表化合物结构如下：

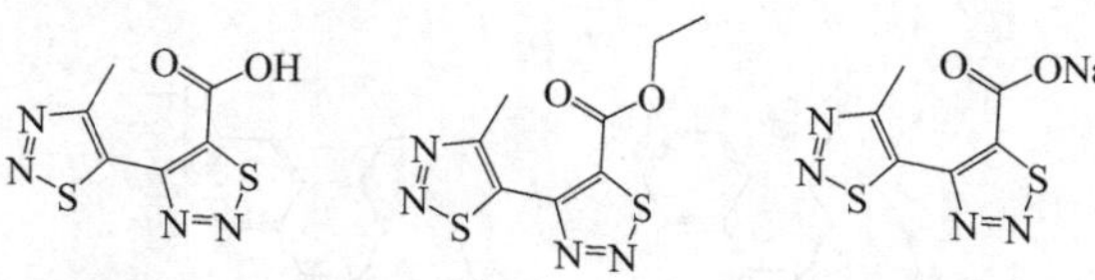

（52）菲并吲哚里西啶和菲并喹喏里西啶衍生物及其盐在农药上的应用

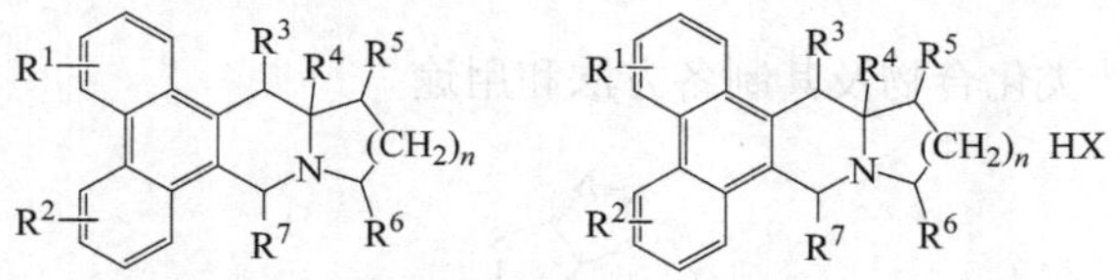

式中，n 为 1 或 2；R^1 和 R^2 分别代表一个至二个 OCH_2O、一个至二个 OCH_2CH_2O，R^3 分别代表氢、羟基、卤素原子、氰基、1～6 碳烷氧基、1～4 碳烷基羰氧基、1～4 碳烷氧基羰氧基；

或者 R^1 和 R^2 分别代表一个至四个 1～6 碳烷氧基，R^3 分别代表 1～4 碳烷基羰氧基；

R^4 分别代表氢、甲基；

R^5～R^7 分别代表氢、羟基、卤素原子、氰基、1～6 碳烷氧基、1～4 碳烷基羰氧基、1～4 碳烷氧基羰氧基；

HX 代表无机酸和有机酸，分别代表 HCl、HBr、HI、CF_3CO_2H、HCO_2H、CH_3CO_2H、$PhCO_2H$、$HOC(CH_2CO_2H)_2CO_2H$、$(CHOHCO_2H)_2$、2, 4, 6-$(NO_2)_3$-Ph-OH。

发明人：汪清民，王开亮，黄治强，刘玉秀，李昊，胡天顺，金钟，范志金，黄润秋；申请人：南开大学

中国专利号：ZL201110050446.1；中国专利申请日：2006-11-23

化合物类型：菲并吲哚里西啶类、菲并喹喏里西啶类

发明思路：me-too 研究；以菲并吲哚里西啶和菲并喹喏里西啶衍生物及其盐为基础，进一步发掘其在农药上的应用。

用途：具有抗烟草花叶病毒活性，在 10mg/L 剂量下，呈现出一定的抗烟草花叶病毒活性。

代表化合物结构如下：

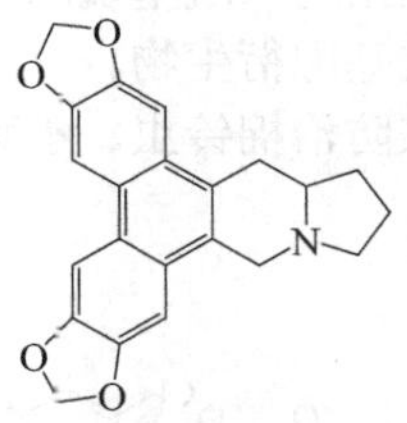

（53）一种含苯并咪唑磺酰胺杨梅素衍生物，制备方法及用途

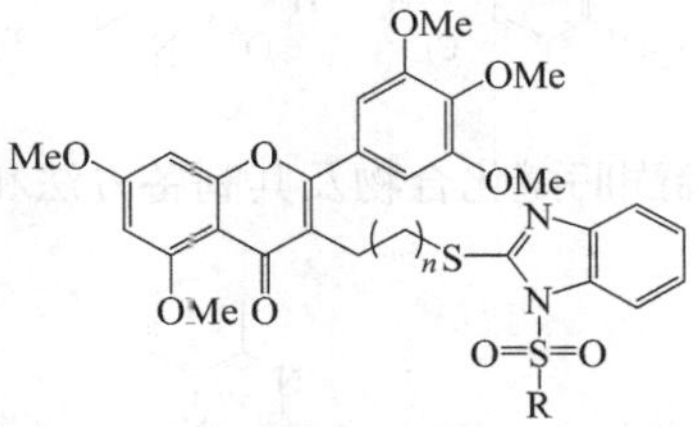

其中，R 为苯基、取代苯基和噻吩基；所述的取代苯基为苯基的邻、间和对位任一位置取代基为卤素，或为苯基的对位取代基为甲基、硝基或甲氧基；n 为 2、3、4、5。

发明人：薛伟，陈梅，尹诗涛，詹文亮，胡蝶，周然，贺鸣，卢平；申请人：贵州大学

中国专利号：ZL202011277100.0；中国专利申请日：2020-11-16

化合物类型：杨梅素类

发明思路：杨梅素在农药方面具有一定的生物活性，将含苯并咪唑磺酰胺的活性基团引入杨梅素中合成含苯并咪唑磺酰胺杨梅素衍生物。

用途：具有抗病毒活性，该发明对抗烟草花叶病毒有较好的防治效果，可作为潜在的抗植物病毒药物。

代表化合物结构如下：

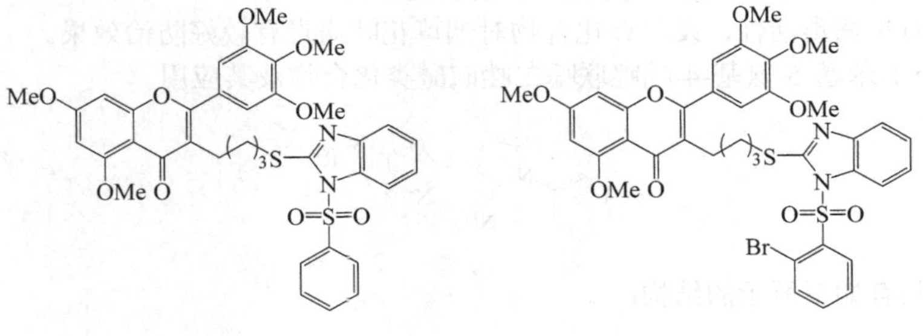

（54）一种三氟甲基吡啶的酰基硫脲和酰基脲类衍生物及其应用

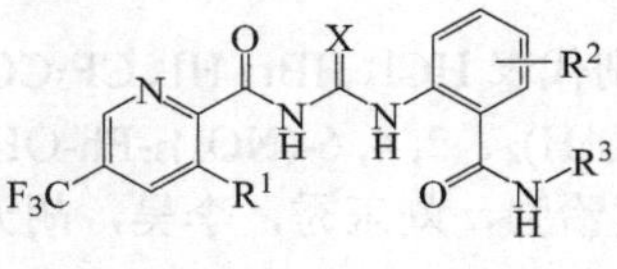

通式所示的化合物中，R^1为 Cl；R^2为 3-甲基、5-氯、5-氯-3-甲基、3,5-二氯或 3,5-二氟；R^3为甲基、乙基、正丙基、异丙基、环丙基、环己基、2,2-二氟乙基或 2,2,2-三氟乙基；X 为氧或硫 。

发明人：徐方舟，吴剑，罗德霞，郭声鑫，何凤，张仁凤，陈顺红；申请人：贵州大学

中国专利号：ZL 201910810477.9；中国专利申请日：2019-08-29

化合物类型：酰基硫脲类、酰基脲类

发明思路：将三氟甲基吡啶活性亚结构与酰基硫脲和酰基脲结构进行拼接，提供一种结构新颖的含三氟甲基吡啶的酰基硫脲或酰基脲衍生物。

用途：具有抗病毒活性，可以用来防治棉铃虫、小菜蛾以及褐飞虱等害虫，也可以用来防治 TMV 以及 CMV 等植物病毒。

代表化合物结构如下：

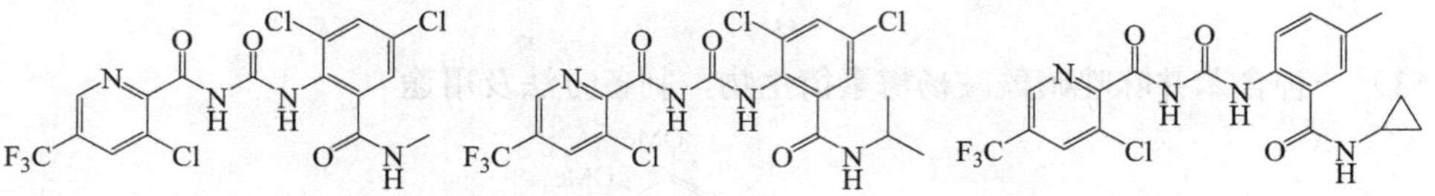

（55）一类含喹喔啉的戊二烯酮肟醚化合物及其制备方法和应用

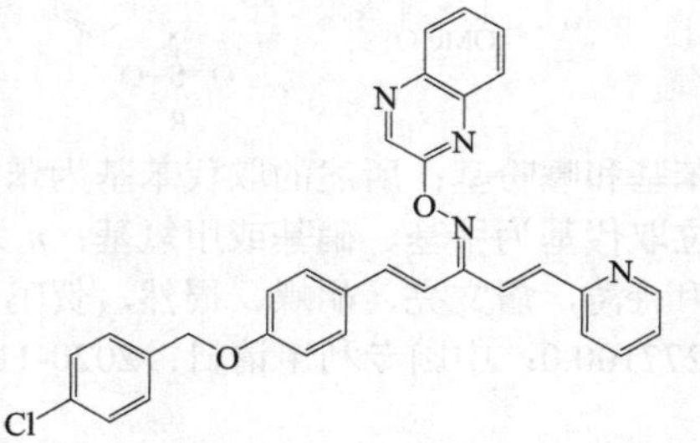

发明人：薛伟，夏榕娇，郭涛，陈梅，苏时军，贺军，汤旭，蒋仕春，陈英，贺鸣；申请人：贵州大学

中国专利号：ZL 201910520064.7；中国专利申请日：2019-06-17

化合物类型：戊二烯酮肟醚类、喹喔啉类

发明思路：将喹喔啉引入 1, 4-戊二烯-3-酮肟醚类化合物。

用途：具有抗病毒活性，发现该化合物对烟草花叶病毒有较好防治效果。

（56）一类 1-苯基-5-氨基-4-吡唑联噁二唑硫醚类化合物及其应用

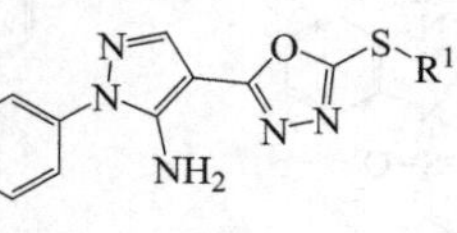

该化合物具有如下所示的结构：

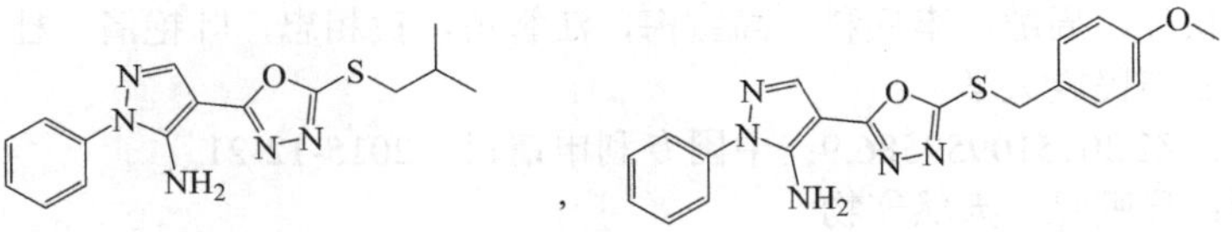

发明人：吴志兵，杨文清，周翔，杨松；申请人：贵州大学

中国专利号：ZL201711093762.0；中国专利申请日：2017-11-08

化合物类型：噁二唑类、吡唑胺类

发明思路：在专利 CN103880836、CN106496212A 基础上对化合物结构进行进一步改造，用“苯基”取代了吡唑环 1-位上的“3-氯-2-吡啶基”，合成了一系列 1-苯基-5-氨基-4-吡唑联噁二唑硫醚类化合物。

用途：具有抗病毒活性，该类化合物对烟草花叶病毒(TMV)引起的病毒病具有良好的治疗和钝化活性。

（57）氰基丙烯酸酯衍生物及制备方法和生物活性

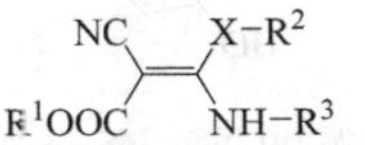

其中 R^1 为 $C_{1\sim6}$ 烷基；当 R^2 为氢、$C_{1\sim10}$ 烷基时，R^3 为 $C_{5\sim14}$ 的氟代芳香环基团或含有 1 或多个选自 N、O、S 的杂原子的 $C_{5\sim14}$ 杂芳环基团，并且上述环状基团上可被 1 个或多个独立选自下列取代基的基团所取代：羟基、卤原子、$C_{1\sim6}$ 烷基、$C_{1\sim6}$ 烷氧基，其中各基团均可以被至少一个或多个卤原子取代基所取代；当 R^3 为氢、$C_{1\sim10}$ 烷基时，R^2 为 $C_{5\sim14}$ 的氟代芳香环基团或含有 1 或多个选自 N、O、S 的杂原子的 $C_{5\sim14}$ 杂芳环基团，并且上述环状基团上可被 1 个或多个独立选自下列取代基的基团所取代：羟基、卤原子、$C_{1\sim6}$ 烷基，$C_{1\sim6}$ 烷氧基，其中各基团均可以被至少一个或多个卤原子取代基所取代；其中以上除去当 X 为 S 且 R^2 为 CH_3 时，R^3 为 C_6H_5、3-$CH_3C_6H_4$、4-$CH_3C_6H_4$、2-$CH_3OC_6H_4$、4-$CH_3OC_6H_4$、4-BrC_6H_4、2-ClC_6H_4、3-ClC_6H_4、4-ClC_6H_4、2, 4-$Cl_2C_6H_3$、3, 4-$Cl_2C_6H_3$、2, 4, 5-$Cl_3C_6H_2$、2-$NO_2C_6H_4$、3-$NO_2C_6H_4$、4-$NO_2C_6H_4$、2, 4-$(NO_2)_2C_6H_3$、4-$CH_3COC_6H_4$、4-$ClC_6H_4OC_6H_4$、4-$NCC_6H_4OC_6H_4$、4, 6-二甲氧基-2-嘧啶基、4, 6-二甲基-2-嘧啶基、4-甲基-6-甲氧基-1, 3, 5-三嗪基、4-氯-6-甲氧基-2-嘧啶基的情况；X 为 NH 或 S 或 O。

发明人：杨松，金林红，宋宝安，钟惠民，刘刚；申请人：贵州大学

中国专利号：ZL200410040350.7；中国专利申请日：2004-07-30

化合物类型：氰基丙烯酸酯类；

发明思路：me-too 研究；以抑制植物光合作用的氰基丙烯酸酯为先导化合物，引入氟原子或杂环基团，设计合成新型结构氰基丙烯酸酯类化合物。

用途：具有抗病毒活性，部分对烟草花叶病毒有抑制活性，表现出一定的抗植物病毒的活性。

代表化合物结构如下：

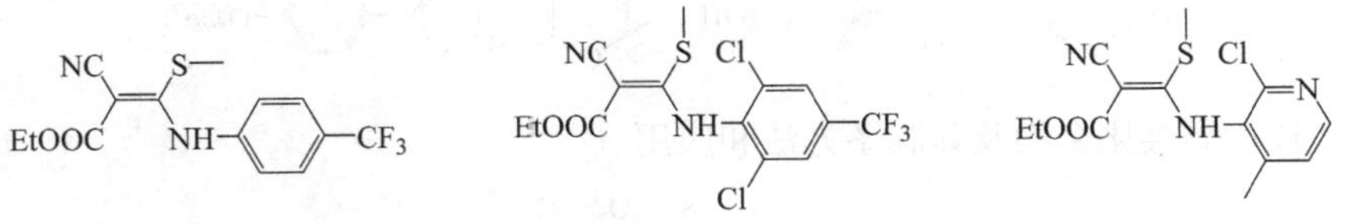

（58）一种异吲哚生物碱类化合物及制备方法和应用

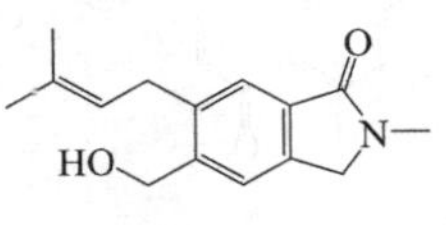

发明人：胡秋芬，周敏，李银科，高雪梅，江智勇，黄相忠，叶艳清，杜刚，杨海英，李干鹏；申请人：云南民族大学

中国专利号：ZL201510959586.9；中国专利申请日：2015-12-21

化合物类型：异吲哚、天然产物

发明思路：天然产物提取；从傣族药用植物豆科翅荚决明（*Senna alata* L.）树皮分离得到异吲哚生物碱类化合物。

用途：具有抗烟草花叶病毒活性，在 50mg/L 剂量下，本化合物的相对抑制率为 36.8%，超过对照宁南霉素的相对抑制率 31.5%，说明化合物有很好的抗烟草花叶病毒活性。

（59）一种异橙酮类化合物及其制备方法与应用

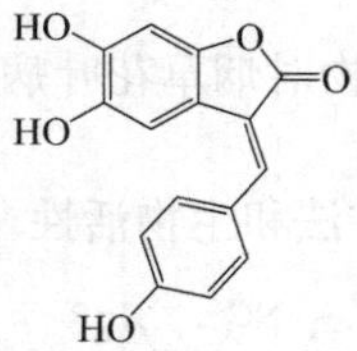

发明人：高雪梅，胡秋芬，杜刚，苏丽丹，李云奇，崔明珠，杨丽英；申请人：云南民族大学

中国专利号：ZL201210329384.2；中国专利申请日：2012-09-08

化合物类型：异橙酮

发明思路：天然产物提取；从豆科决明属乔木中分离。

用途：具有抗病毒活性，可作为抗烟草花叶病毒药物的先导化合物。

（60）一种苯并呋喃类化合物及其制备方法和应用

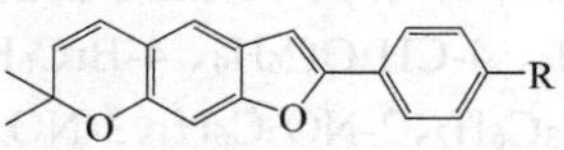

式中，R 为 OH，其分子式为 $C_{19}H_{16}O_3$，该化合物命名为 gramniphenol F；或者 R 为 OMe，其分子式为 $C_{20}H_{18}O_3$，该化合物命名为 gramniphenol G。

发明人：高雪梅，胡秋芬，李银科，李干鹏，黄相忠；申请人：云南民族大学

中国专利号：ZL201310014126.X；中国专利申请日：2013-01-15

化合物类型：苯并呋喃

发明思路：天然产物提取；从竹叶兰枝条、叶或果实提取物中分离得到。

用途：可用于控制烟草花叶病毒。

代表化合物结构如下：

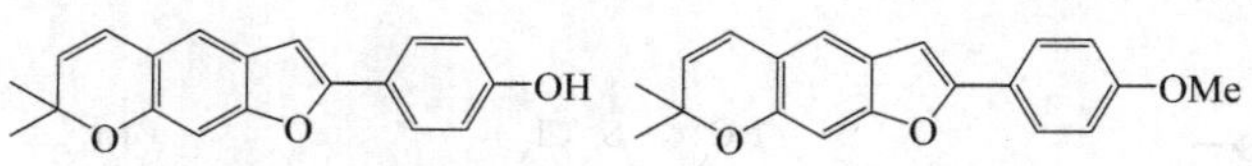

（61）一种黄酮类化合物及其制备方法和应用

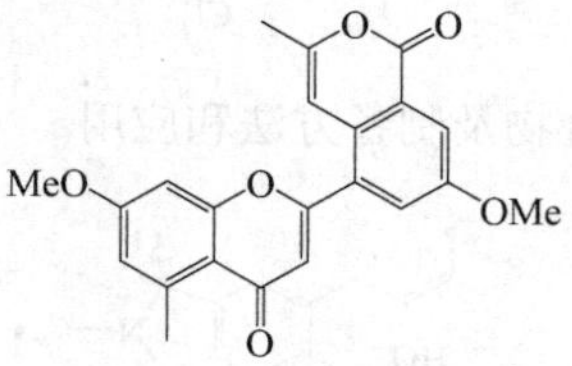

发明人：周敏，高雪梅，胡秋芬，杜刚，李银科，叶艳清，杨海英；申请人：云南民族大学

中国专利号：ZL201410467243.6；中国专利申请日：2014-09-15

化合物类型：黄酮类

发明思路：天然产物提取；从豆科长柄山蚂蟥属植物尖叶长柄山蚂蟥(*Hylodesum podocarpum* subsp.*oxyphyllum*)的全草中分离得到。

用途：具有防治烟草花叶病毒的活性。

（62）3-芳基丙烯酸及其衍生物抗植物病毒剂

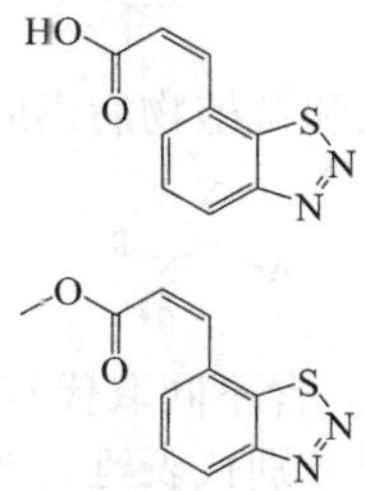

发明人：汪清民，吴萌，王兹稳，孟垂松，王开亮，呼艳娜，王力钟；申请人：南开大学

中国专利号：ZL201210310324.6；中国专利申请日：2012-08-29

化合物类型：芳基丙烯酸类

发明思路：me-too 研究；3-芳基丙烯酸是一种重要的有机合成中间体，广泛应用于香料、医药、农药、甜味剂、塑料和感光树脂等方面。它是某些植物生命活动中不可缺少的生长调节剂，在植物细胞生长分裂中起着重要作用，其衍生物广泛存在于天然药物中。该课题组首次发现天然阿魏酸及其衍生物具有抗植物病毒活性(WO2011069444A1)，在此基础上进行构效活性关系研究和结构优化得到结构新颖的化合物。

用途：具有抗病毒活性，用于防治植物病毒病包括烟草花叶病毒病、辣椒病毒病、番茄病毒病、甘薯病毒病、马铃薯病毒病和玉米矮花叶病毒病。

（63）菲并吲哚(或喹喏)里西啶生物碱衍生物以及它们的制备和抗植物病毒活性应用

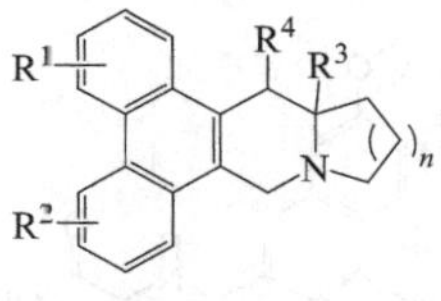

式中，R^1 和 R^2 分别代表氢、一个至四个 1～6 碳烷氧基、一个至四个羟基、一个至二个 OCH_2O、一个至二个 OCH_2CH_2O；R^3 分别代表卤素、羟基、巯基、氨基、酯基、羧基、酰氨基、醛基、亚氨基、脎、氰基、1～6 碳烷氧基、1～4 碳烷基羰氧基、1～4 碳烷氧基羰氧基、1～10 碳含氮杂环、1～10 碳含氧杂环、1～10 碳含硫杂环，以及上述化合物的立体异构体；R^4 分别代表氢、烷基、羟基、氨基、酯基、羰基、氰基；n 为 1 或 2；以及上述化合物的立体异构体。

发明人：汪清民，苏波，蔡春龙，邓萌，王兹稳；申请人：南开大学

中国专利号：ZL201210310325.0；中国专利申请日：2012-08-29

化合物类型：菲并吲哚(或喹喏)里西啶生物碱类、双酰肼类

发明思路：me-too 研究。自 1935 年首个菲并吲哚里西啶生物碱——娃儿藤碱[(*R*)-tylophorine](1a)被分离以来，由于其独特的化学结构和显著的生物活性得到了无数植物学家、合成化学家和药物学家的广泛关注。该发明以菲并吲哚里西啶生物碱为先导化合物引入双

酰胺类片段得到结构新颖的化合物。

用途：具有抗病毒活性，用于治疗烟草花叶病毒。

代表化合物结构如下：

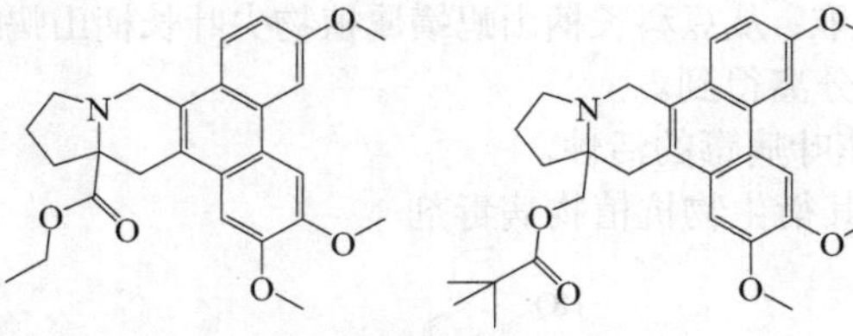

（64）芳甲胺类化合物及其制备方法和抗植物病毒应用

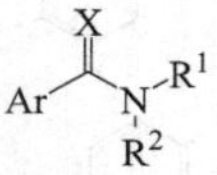

式中，Ar 代表含不同取代基的苯环、含不同取代基的萘环、含不同取代基的菲环、含不同取代基的蒽环；X 代表氢或氧；R^1 和 R^2 分别代表氢、羟基、烷基、烷氧基、烷氨基、烷羧基、烷酯基、烷基酰胺、1～4 碳卤代烷基、取代菲甲基、取代萘甲基、取代苄基。

发明人：汪清民，王兹稳，魏朋，刘玉秀，王蕾，郑彦龙，马双，王力钟；申请人：南开大学

中国专利号：ZL201310375966.9；中国专利申请日：2013-08-26

化合物类型：菲并吲哚里西啶类、芳甲胺类

发明思路：me-too 研究；在创制新型、高效、低毒的植物病毒抑制剂的过程中，该课题组首次发现夹竹桃科科白前属植物华北白前的浸取物对危害极大的烟草花叶病毒(TMV)具有极高的抑制活性，生物活性跟踪方法及进一步分离和结构鉴定证明活性组分为安托芬。该发明在前期发现菲并吲哚里西啶类生物碱具有抗植物病毒活性的基础上，基于安托芬与 TMV RNA 绑定机制模型，进行靶向性合理设计得到结构新颖的目标化合物。

用途：具有抗病毒活性。

代表化合物结构如下：

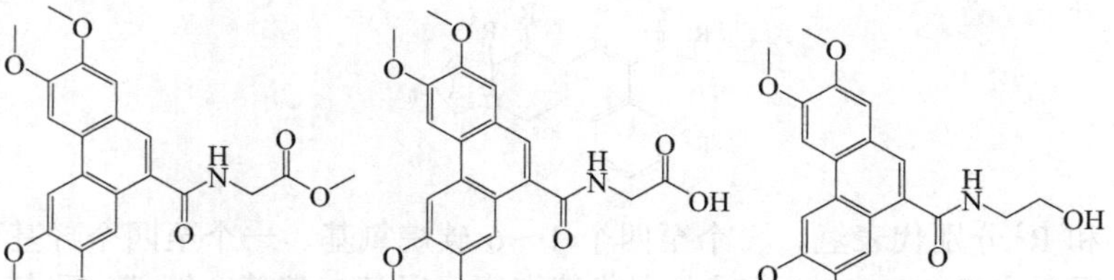

（65）棉酚的芳香胺席夫碱衍生物及其制备方法和抗植物病毒应用

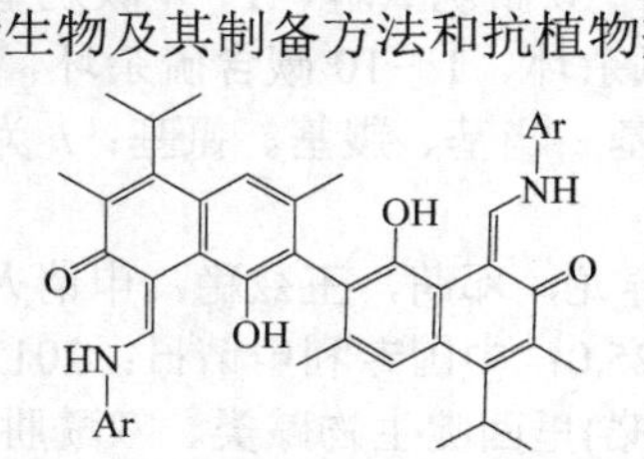

式中，Ar 代表芳香烃，包括苯，联苯，稠芳环，芳杂环，带有各种给电子基、吸电子基取代的芳香环，包括单个或多个取代基的芳环。

发明人：汪清民，李玲，刘玉秀，李永强，李铮，王开亮；申请人：南开大学

中国专利号：ZL201410092207.6；中国专利申请日：2014-03-12

化合物类型：棉酚、芳香胺席夫碱类化合物

发明思路：me-too 研究；棉酚主要存在于棉籽中，具有广泛的医用生物活性和农用生物活性。为了研究棉酚的结构，已有大量的棉酚席夫碱衍生物被合成，但是仅有一些衍生物被测试了生物活性，包括抗癌、抗疟疾和诱导产生干扰素活性。以棉酚为先导，引入芳香胺结构得到。

用途：具有抗病毒活性，所发明化合物用于植物抗病毒。

代表化合物结构如下：

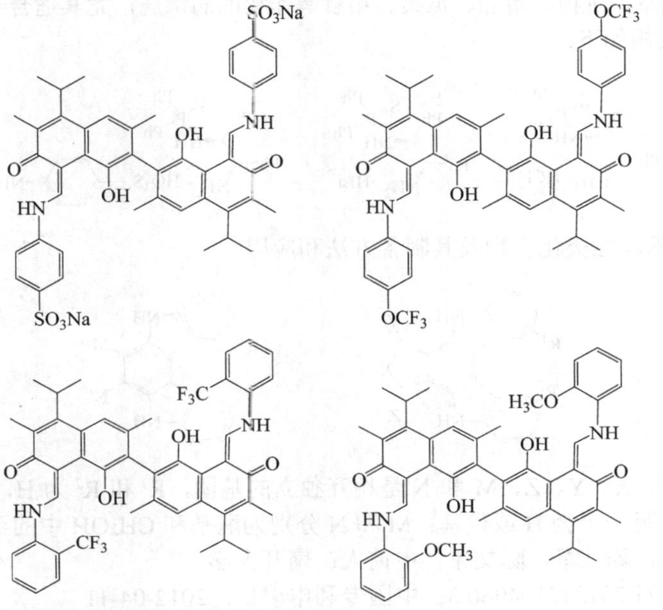

（66）*N*-(1,2-二苯基-2-氨基)-硫代磷酰胺盐及其应用

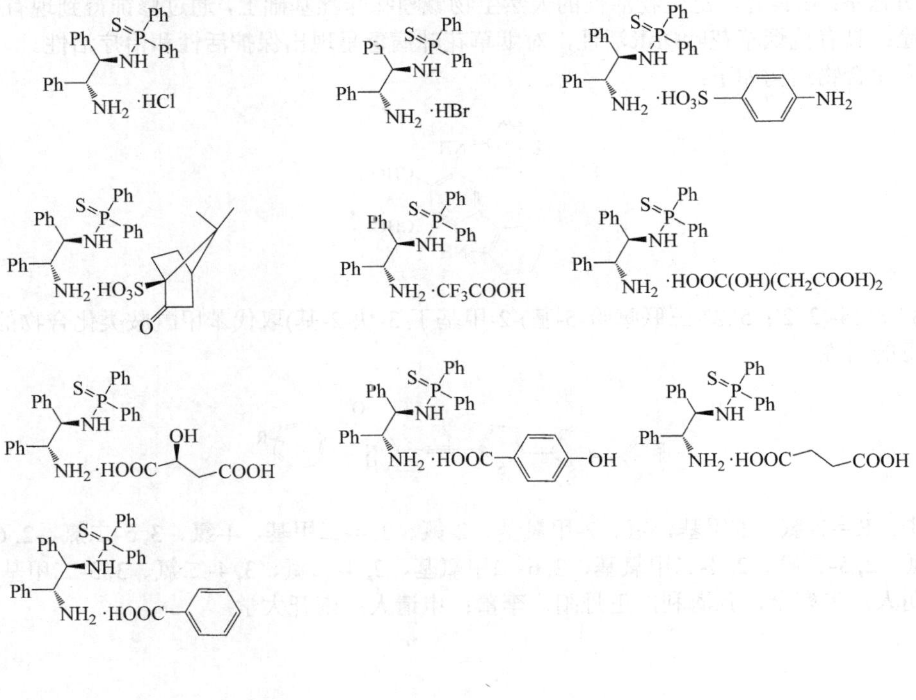

发明人：卢爱党，王兴波，张娅迪，陈建新，马园园，李玉山，张明晨，陈博洋，薛中华；申请人：河北工业大学

中国专利号：ZL201510490822.7；中国专利申请日：2015-08-10

化合物类型：氨基硫代磷酸盐类

发明思路：在化合物 *N*-(1,2-二苯基-2-氨基)-*P*,*P*-二苯基硫代磷酰胺的基础上将伯胺成盐，并通过基团替换得到现有化合物。

用途：化合物具有良好抗植物病毒活性，能很好地抑制烟草花叶病毒(TMV)、玉米矮花叶病毒，可有效防治烟草、辣椒、番茄、瓜菜、粮食等作物的病毒病，尤其适合于防治烟草花叶病。

代表化合物结构如下：

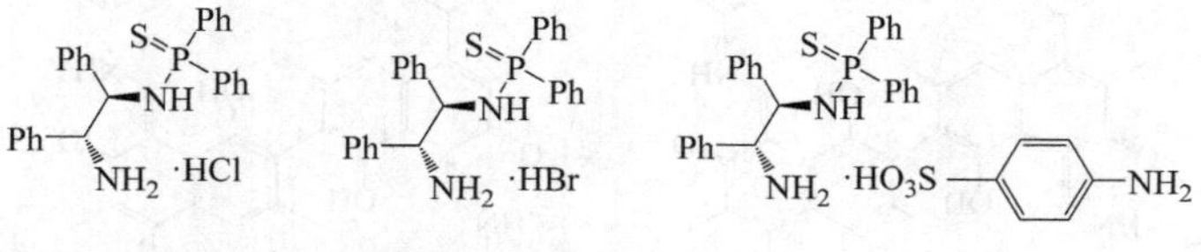

（67）一种吲哚咔唑类化合物及其制备方法和应用

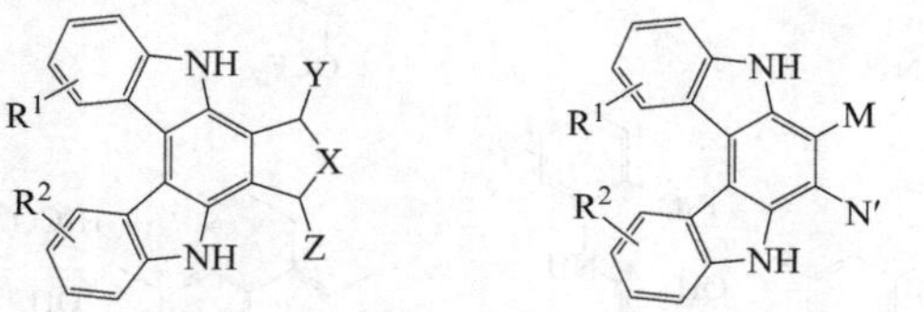

其中，R^1、R^2、X、Y、Z、M 和 N′是相互独立的基团，R^1 和 R^2 为 H，X 为 O 或 NH，Y 和 Z 中一个为 H，另一个为 H 或羰基；M 和 N 分别为醛基和 CH_2OH 中的至少一种。

发明人：席真，陈红军，陈文彬；申请人：南开大学

中国专利号：ZL201210104960.3；中国专利申请日：2012-04-11

化合物类型：吲哚咔唑类

发明思路：在具有广泛生物活性的天然生物碱吲哚咔唑基础上，通过修饰得到现有化合物。

用途：具有抗烟草花叶病毒活性，对烟草花叶病毒呈现出保护活性和治疗活性。

代表化合物结构如下：

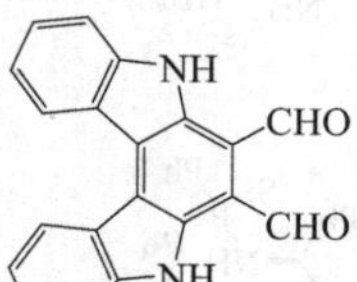

（68）*N*-(4-(2, 2′: 5′,2″-三联噻吩-5-基)-2-甲基丁-3-炔-2-基)取代苯甲酰胺类化合物的抗烟草花叶病毒的活性

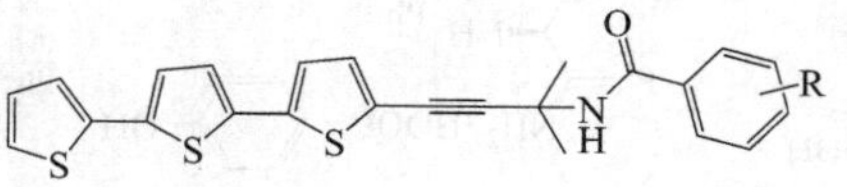

其中，R＝2-氯、2-甲基、氢、2-甲氧基、2-氟、2, 4-二甲基、4-氯、3, 5-二氯、2, 6-二氟、2, 6-二氯、2, 5-二氟、2, 4-二甲氧基、2, 6-二甲氧基、2, 4-二氯、3, 4-二氯、3, 5-二甲基。

发明人：朱有全，张海利，王丹阳，李蕾；申请人：南开大学

中国专利号：ZL201410314656.0；中国专利申请日：2014-07-04

化合物类型：三联噻吩类

发明思路：三联噻吩类化合物广泛存在于具有生物活性的天然产物分子中，具有很好的光增强活性。本专利在该类化合物的结构基础上，通过修饰和替换得到现有化合物。

用途：具抗烟草花叶病毒活性，在 500mg/L 施药量情况下，对烟草花叶病毒呈现出钝化活性和治疗活性。

代表化合物结构如下：

（69）4-芳基肟醚基喹唑啉类化合物及其合成方法和应用

式中，R 为氢、烷基、环烷基、烷硫基、烷氧基、烷氨基、氨基、苯基或氰基；R^1 为氢、烷基、烷氧基、3, 4-氧亚甲基氧基、烷硫基、烷氨基、卤素、酰胺、磺酰胺、硝基、氰基或羟基；R^2 为氢、烷基、烷氧基、3, 4-氧亚甲基氧基、烷硫基、烷氨基、卤素、酰胺、磺酰胺、硝基、氰基或羟基。

发明人：黄润秋，邱德文，李慧英，马军安，刘昕；申请人：南开大学

中国专利号：ZL95115631.4；中国专利申请日：1995-09-26

化合物类型：喹唑啉类

发明思路：me-too 研究；在喹唑啉结构的基础上引入肟醚类结构得到现有化合物。

用途：具有抗病毒活性，有优良抗烟草花叶病毒、黄瓜花叶病毒、马铃薯 X 病毒、马铃薯 Y 病毒活性；部分化合物对烟草花叶病毒的抑制率超过了已商品化的抗病毒剂 DHT。

代表化合物结构如下：

（70）芦竹碱衍生物及其制备方法和用途

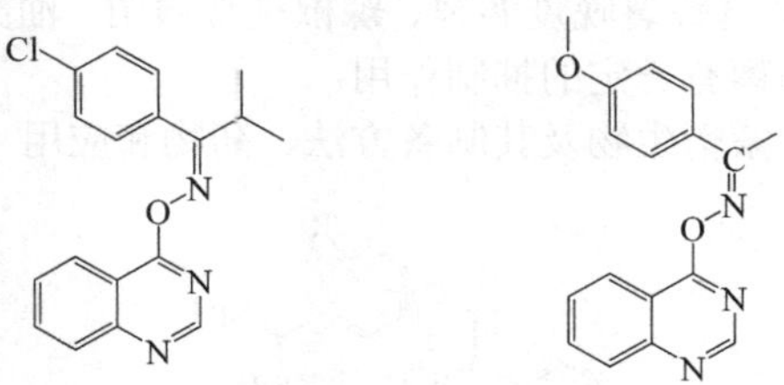

式中，R^1 为甲基、乙基、正丙基、异丙基、正丁基、叔丁基、苯基或苄基；R^2 为苯基、

2-氟苯基、3-氟苯基、3, 4-二氟苯基、2, 6-二氟苯基、2, 4-二氟苯基、2, 3-二氟苯基、4-氟苯基、2-氯苯基、3-氯苯基、4-硝基苯基、4-三氟甲基苯基等；R^3为 4-氟、5-氟、6-氟、7-氟、4-溴、5-溴、6-溴、7-溴等。

发明人：卢爱党，杨珊，王铁男，李红岩，汪清民；申请人：河北工业大学

中国专利号：ZL201910078445.4；中国专利申请日：2019-01-28

化合物类型：硫基苯甲酸类

发明思路：me-too 研究；在含有吲哚骨架的天然生物碱芦竹碱的基础上，通过对其结构修饰和改造得到现有化合物。

用途：具有抗病毒、杀菌活性，对烟草花叶病毒呈现出很好的钝化活性和治疗活性；对多种植物病菌表现出较好的离体抑制活性，特别是对辣椒疫霉菌和苹果轮纹菌；对多种植物病菌也表现出较好的活体杀菌活性，如小麦纹枯病菌、黄瓜灰霉病菌、小麦白粉病菌等。

代表化合物结构如下：

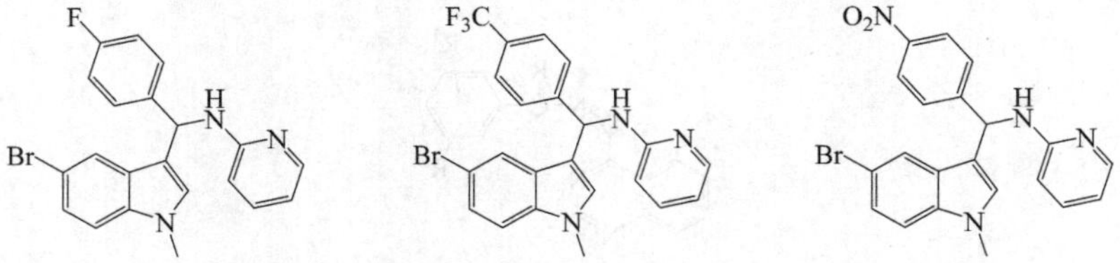

（71）芦竹碱及其衍生物在抗植物病毒和病菌中的应用

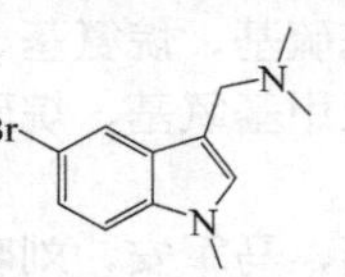

发明人：卢爱党，杨珊，王铁男，李红岩，汪清民；申请人：河北工业大学

中国专利号：ZL201910078373.3；中国专利申请日：2019-01-28

化合物类型：吲哚类

发明思路：me-too 研究；在天然产物芦竹碱的结构基础上，引入溴和甲基得到现有化合物。

用途：具有抗病毒、杀菌活性，对矮花叶病毒有一定的抑制作用；对黄瓜枯萎病菌、花生褐斑病菌、苹果轮纹病菌、小麦纹枯病菌、玉米小斑病菌、西瓜炭疽病菌、水稻恶苗病菌、番茄早疫病菌、小麦赤霉病菌、马铃薯晚疫病菌、辣椒疫霉病菌、油菜菌核病菌、黄瓜灰霉病菌、水稻纹枯病菌等 14 种植物病菌有一定的抑制作用。

（72）一种含二硫缩醛的萘衍生物及其制备方法、药物和应用

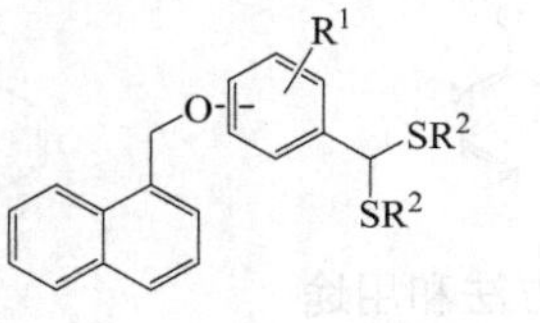

结构式如下：

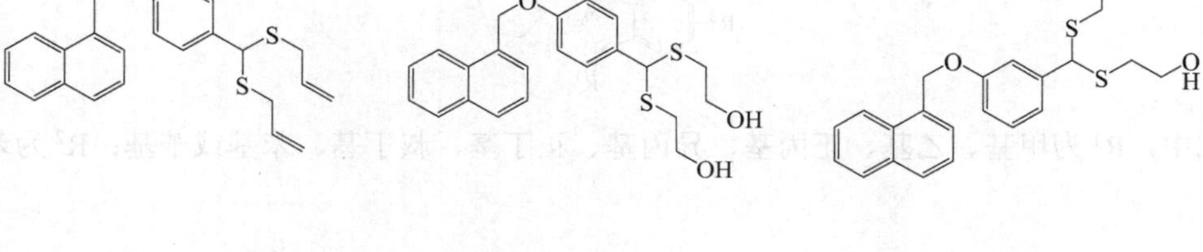

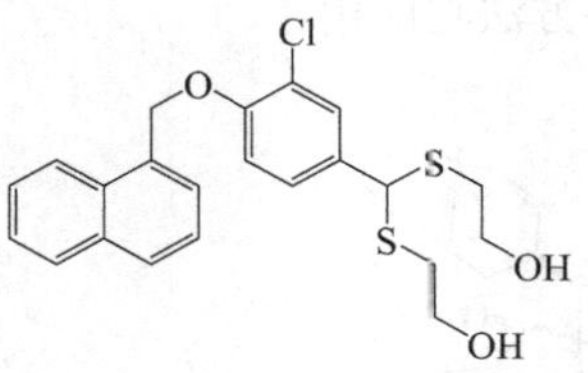

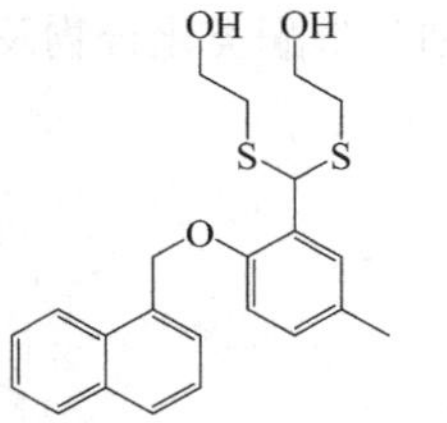

发明人：张国平，汪华，施王明，田大雨，苗体方，魏振中；申请人：淮北师范大学

中国专利号：ZL201910090627.3；中国专利申请日：2019-01-30

化合物类型：二硫缩醛类、萘衍生物类

发明思路：me-too 研究；在萘衍生物的基础上引入二硫缩醛结构，得到现有化合物。

用途：具有抗病毒、杀菌活性。对黄瓜花叶病毒、烟草花叶病毒都有较好活性，尤其对黄瓜花叶病毒具有较高活性，对水稻白叶枯病也具有较好的活性。

代表化合物结构如下：

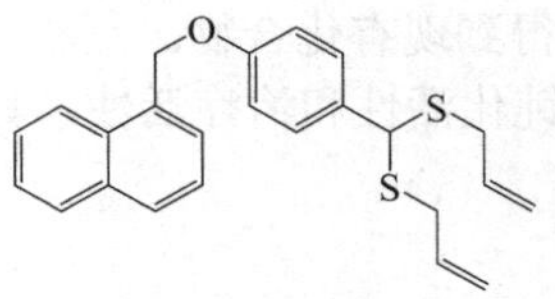

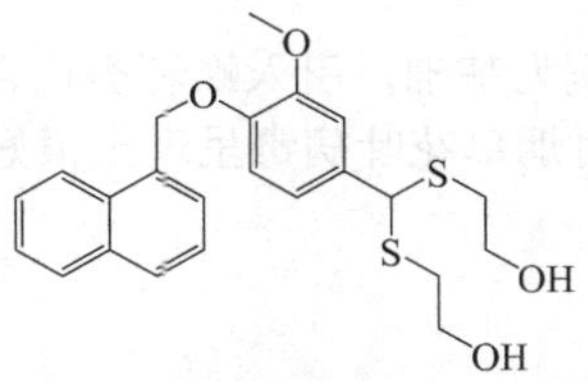

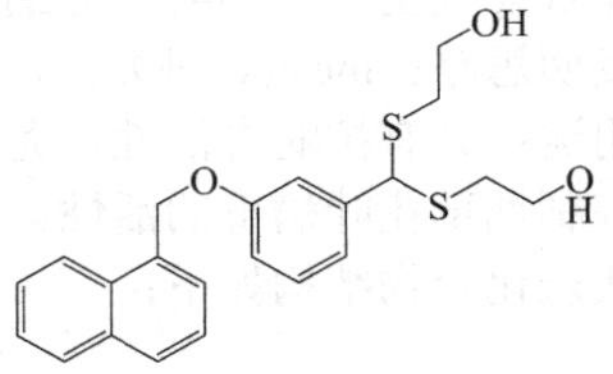

（73）芦竹碱及其衍生物在抗植物病毒和病菌中的应用

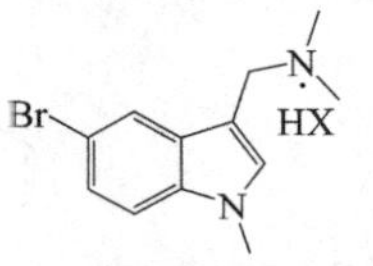

式中，HX 代表无机酸或有机酸，当 HX 代表无机酸时，为 HCl、HBr、HI、H_2SO_4 或 H_3PO_4，当 HX 代表有机酸时，为二氯乙酸、三氟乙酸、丙酸、丁酸、丙二酸、草酸、己二酸、樟脑磺酸、甲烷磺酸、对甲苯磺酸、反式阿魏酸、水杨酸、苹果酸、琥珀酸、对羟基苯甲酸、乳酸、咖啡酸、绿原酸、对氨基苯磺酸、5-磺基水杨酸、富马酸、葡萄糖酸、衣康酸或山梨酸。

发明人：卢爱党，杨珊，王铁男，李红岩，汪清民；申请人：河北工业大学

中国专利号：ZL201910078416.8；中国专利申请日：2019-01-28

化合物类型：吲哚类

发明思路：me-too 研究；在 1-甲基-5-溴芦竹碱衍生物的结构基础上，引入无机酸和有机酸得到现有化合物。

用途：具有抗病毒、杀菌活性，对烟草花叶病毒、玉米矮花叶病毒有一定的抑制作用，可防治辣椒、水稻、番茄、甘薯、马铃薯、瓜类等作物上病毒病；对黄瓜枯萎病菌、花生褐斑病菌、苹果轮纹病菌、小麦纹枯病菌、玉米小斑病菌、西瓜炭疽病菌、水稻恶苗病菌、番茄早疫病菌、小麦赤霉病菌、马铃薯晚疫病菌、辣椒疫霉病菌、油菜菌核病菌、黄瓜灰霉病菌、水稻纹枯病菌等 14 种植物病菌有一定的抑制作用。

代表化合物结构如下：

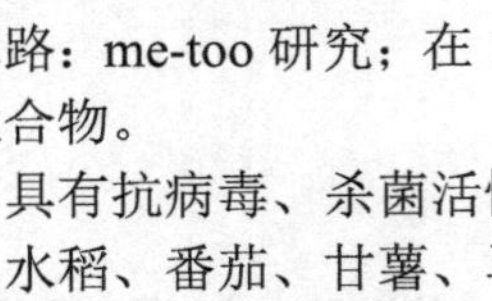

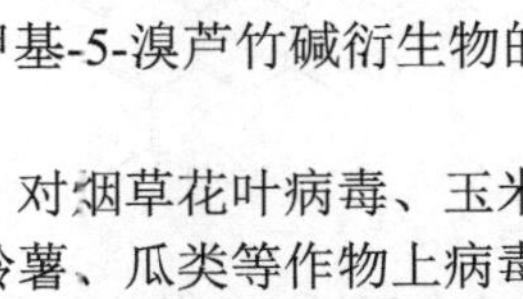

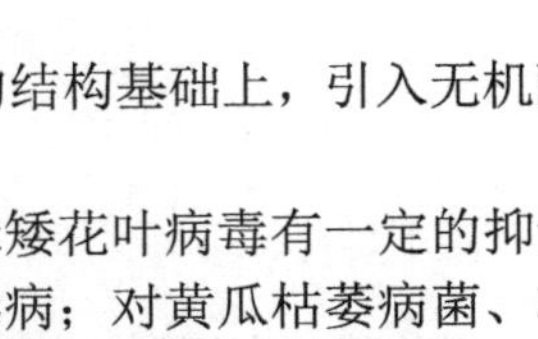

（74）一种螺环吲哚啉酮类化合物及其制备方法与应用

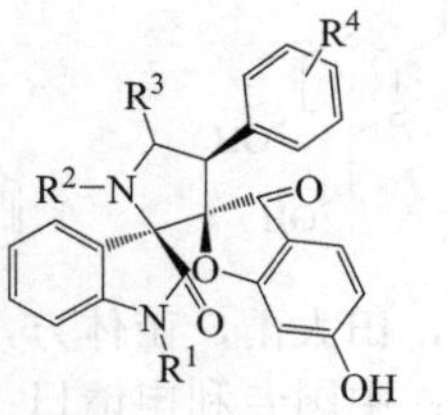

式中，R^1为甲基、乙基、苄基或烯丙基；R^2为氢或甲基，R^3为氢，或R^2、R^3环合为1, 3-丙二基、亚甲基硫亚甲基；R^4为氢、甲基、甲氧基或溴。

发明人：张敏，杨文博，钱敏，丁建芬，仰榴青；申请人：江苏大学

中国专利号：ZL201811298071.9；中国专利申请日：2018-11-02

化合物类型：螺环类、橙酮类

发明思路：me-too研究；以橙酮为基础，引入螺环类化合物得到现有化合物。

用途：具有抗病毒活性，尤其对烟草花叶病毒呈现出很好的钝化活性和治疗活性，具有很好的抑制烟草花叶病毒的活性。

代表化合物结构如下：

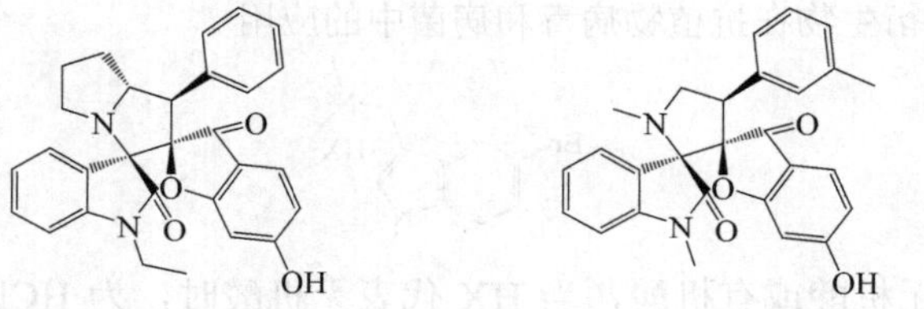

（75）一种喹啉生物碱类化合物及其制备方法与应用

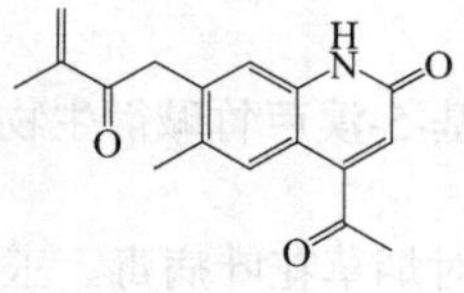

发明人：胡秋芬，李银科，杨光宇，周敏，汪伟光，董淼，黄海涛，刘欣，孔维松，李晶，王晋，许永；申请人：云南民族大学

中国专利号：ZL202110542531.3；中国专利申请日：2021-05-18

化合物类型：喹啉类生物碱类

发明思路：天然产物提取；滇川唐松草(学名：*Thalictrum finetii*)，为双子叶植物纲，毛茛目，毛茛科，唐松草属的一个种。滇川唐松草为云南民间常用的中药材，常用于治疗寒湿泻痢、风热咳嗽、目赤肿痛、痈肿疮疖等。从云南滇川唐松草中提取分离得到了一种新的喹啉生物碱类化合物，结构新颖。

用途：具有抗病毒活性，对烟草花叶病毒具有很好的抑制作用，可用于防治烟草花叶病毒。

（76）一种色原酮化合物及其制备方法与应用

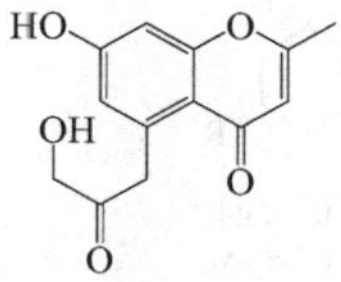

发明人：高雪梅，李斌，张再；申请人：江西中医药大学

中国专利号：ZL202110385027.7；中国专利申请日：2021-04-09

化合物类型：色原酮化合物

发明思路：天然产物提取；以干燥豆科决明属植物枝条、叶为原料提取分离得到一种色原酮化合物。

用途：具有抗烟草花叶病毒活性，该化合物对烟草花叶病毒的抑制率达到 28.7%±4.1%，与阳性对照宁南霉素的抑制率（32.2%±3.2%）相近。

（77）一种白藜芦醇衍生物及其制备方法和应用

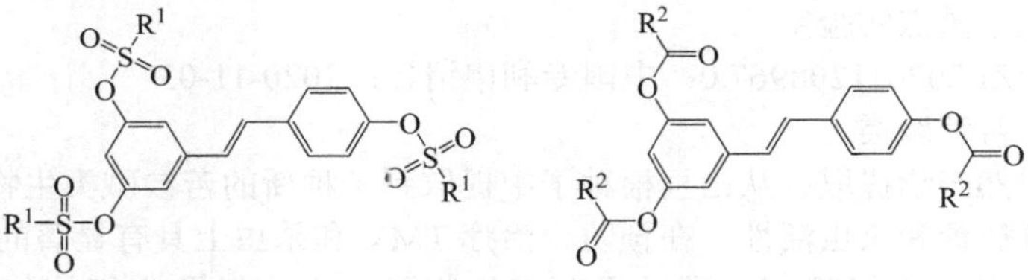

式中，R^1 为 CH_3CH_2、$CH_3CH_2CH_2$ 或 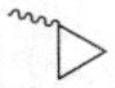 ；R^2 为 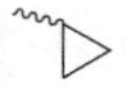 、、 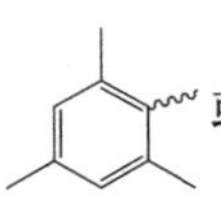 或 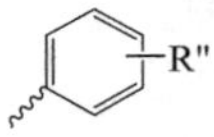 ；

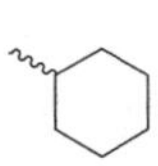

R″为 F、Cl、Br 或$(CH_3)_3C$。

发明人：于秀玲；申请人：临沂大学

中国专利号：ZL202110239422.4；中国专利申请日：2021-03-04

化合物类型：白藜芦醇类

发明思路：me-too 研究；白藜芦醇通过与磺酰氯或者苯甲酰氯反应得到目标化合物。

用途：具有抗病毒和杀菌、杀虫活性，对烟草花叶病毒具有抑制活性。

代表化合物结构如下：

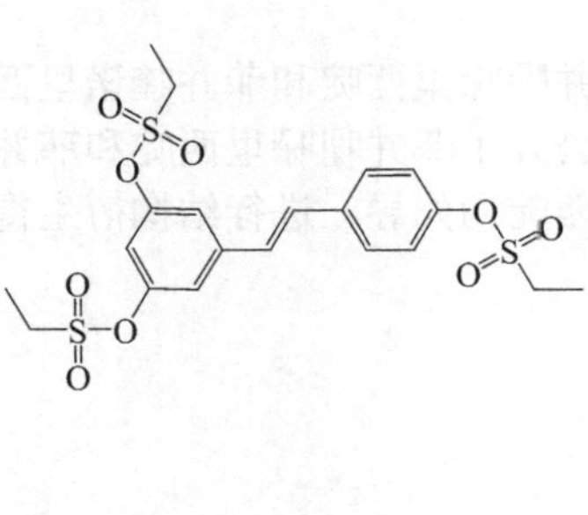

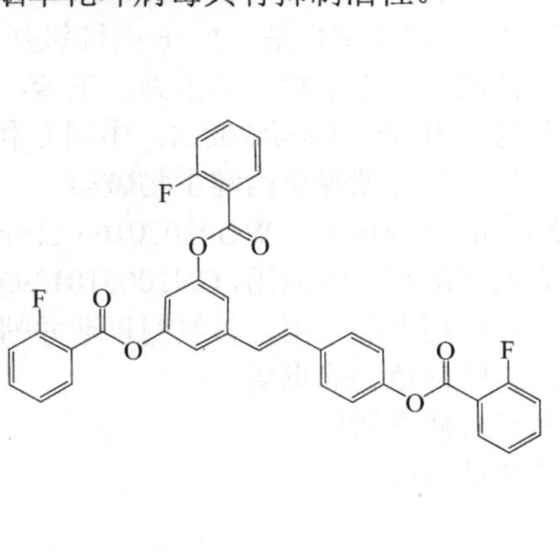

（78）苦参碱类生物碱及其制备方法和应用

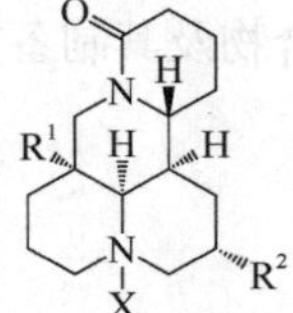

$R^1=OH, R^2=OH$
$R^1=OH, R^2=OAc$
$R^1=OH, R^2=OCH_2SCH_3$

$R^1=OH, R^2=OAc$, X=lone pair
$R^1=OH, R^2=OCH_2SCH_3$, X=lone pair
$R^1=H, R^2=OH$, X=O
$R^1=OH, R^2=OCH_3$, X=lone pair
(lone pair为孤电子对)

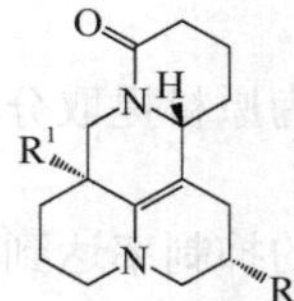

$R^1=OH, R^2=OAc$

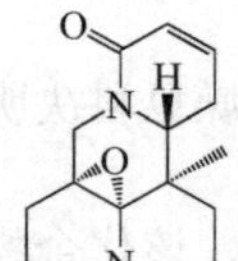

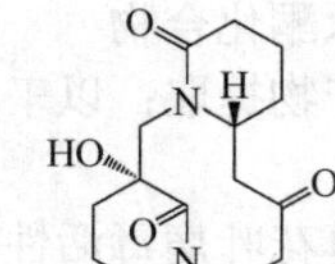

发明人：胡占兴，郝小江，赵立华，安巧，易平，邹吉斌，何龙祥；申请人：贵州省中国科学院天然产物化学重点实验室

中国专利号：ZL202011208967.0；中国专利申请日：2020-11-03

化合物类型：苦参碱类

发明思路：天然产物提取；从山豆根种子中提取到一种新的苦参碱类生物碱。

用途：具有抗病毒和杀虫活性，在预防、治疗 TMV 和杀虫上具有显著的作用。

（79）(13a*S*, 14*S*)-14-氨基菲并吲哚里西啶生物碱衍生物以及它们的制备、抗植物病毒活性

式中，R^1 和 R^2 分别代表氢、一个至四个卤素原子、一个至四个 1～6 碳烷氧基、一个至四个羟基、一个至四个酯基、一个至二个 OCH_2O、一个至二个 OCH_2CH_2O，R^3 和 R^4 分别代表氢、1～6 碳烷基、1～6 碳烷基羰基、1～6 碳烷氧基羰基、1～6 碳烷氨基羰基。

发明人：汪清民，王兹稳，刘玉秀，王蕾，王力钟；申请人：南开大学

中国专利号：ZL201110044208.X；中国专利申请日：2011-02-24

化合物类型：菲并吲哚里西啶生物碱类

发明思路：me-too 研究；WO03070166 公开了菲并吲哚里西啶和菲并喹诺里西啶衍生物的制备方法和它们在医药上的应用，CN200610129555.1 公开了菲并吲哚里西啶和菲并喹诺里西啶衍生物及其盐在农药上的应用，该发明以菲并吲哚里西啶为先导，进行结构衍生得到结构新颖的化合物，用于防治植物病毒病。

用途：具有抗病毒活性。

代表化合物结构如下：

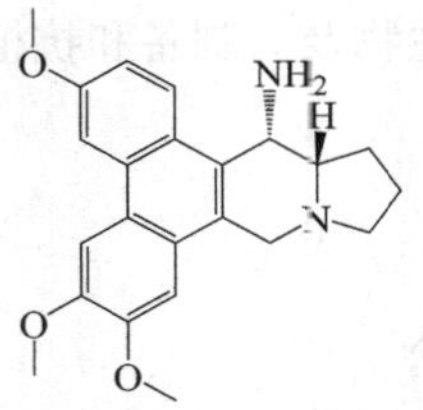

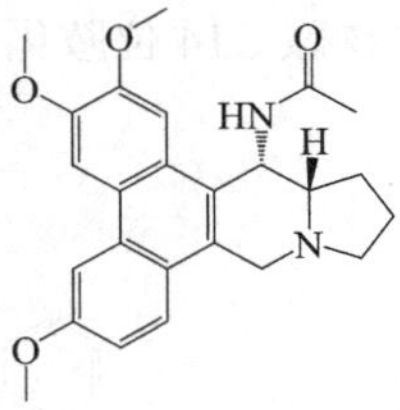

（80）菲并吲哚(喹诺)里西啶生物碱衍生物及其制备、抗 TMV 活性、抗 HIV 活性和抗癌活性

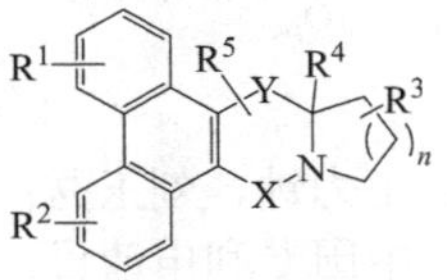

通式所示的化合物是：(*S*)-2, 3, 6, 7-四甲氧基-10*a*, 11, 12, 13-四氢-9*H*-菲并[9, 10-*e*]吡咯并[1, 2-*a*][1, 4]二氮杂䓬-10(15*H*)-酮(Ⅰ-1)；(*R*)-2, 3, 6, 7-四甲氧基-10*a*, 11, 12, 13-四氢-9*H*-菲并[9, 10-*e*]吡咯并[1, 2-*a*][1, 4]二氮杂䓬-10(15*H*)-酮(Ⅰ-2)；(*S*)-2, 3, 6, 7-四甲氧基-10, 10*a*, 11, 12, 13, 15-六氢-9*H*-菲并[9, 10-*e*]吡咯并[1, 2-*a*][1,4]二氮杂䓬（Ⅰ-3）；(*R*)-2, 3, 6, 7-四甲氧基-10, 10*a*, 11, 12, 13, 15-六氢-9*H*-菲并[9, 10-*e*]吡咯并[1, 2-*a*][1, 4]二氮杂䓬（Ⅰ-4）。

发明人：汪清民，王兹稳，刘玉秀，王蕾，王力钟，李悦，谈娟，王明晓，姚雪，乔文涛，耿运琪；申请人：南开大学

中国专利号：ZL201110376813.7；中国专利申请日：2011-11-24

化合物类型：菲并吲哚(喹诺)里西啶类生物碱

发明思路：me-too 研究；菲并吲哚(喹诺)里西啶类生物碱广泛分布于萝藦科、桑科、爵床科和樟科等植物家族。汪清民等首次发现菲并吲哚里西啶和菲并喹诺里西啶衍生物及其盐具有很高的抗 TMV 活性(CN200610129555.1)，为了进一步研究该类生物碱的抗病毒活性，该课题组发展了高效制备菲并吲哚里西啶生物碱的方法(CN10134848.3)，该发明化合物是在菲并吲哚里西啶和菲并喹诺里西啶生物碱基础上进行衍生得到的，并对其抗癌活性和抗烟草花叶病毒活性进行了研究。

用途：具有抗病毒、抗癌活性，用于烟草花叶病毒的防治。

代表化合物结构如下：

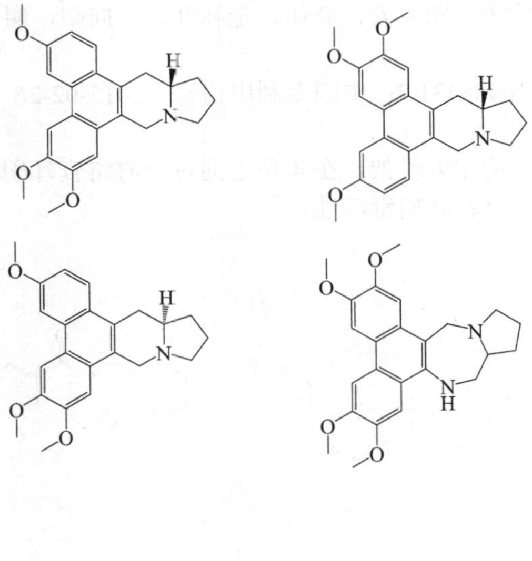

（81）菲并吲哚里西啶生物碱 C14 位胺化衍生物及其制备和抗植物病毒活性

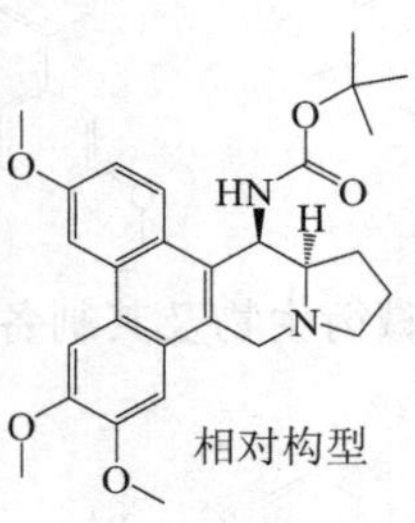

相对构型

发明人：汪清民，王兹稳，王蕾，王力钟，刘玉秀；申请人：南开大学

中国专利号：ZL201210209129.4；中国专利申请日：2012-06-25

化合物类型：菲并吲哚里西啶生物碱类

发明思路：me-too 研究：该课题组在前期工作中报道了(13a*S*，14*S*)-菲并吲哚里西啶 C14 位氨基衍生物的高效合成(Synthesis，2011，6：979-983)，但仅研究了单一构型，且该方法不能用来制备四种构型的异构体。该发明提供菲并吲哚里西啶生物碱 C13a，C14 位置全部四个光学异构体和外消旋体 C14 位胺化衍生物。

用途：具有抗病毒活性，用于烟草花叶病毒的防治。

（82）新型含喹唑啉硫醚的查耳酮类衍生物的制备方法及应用

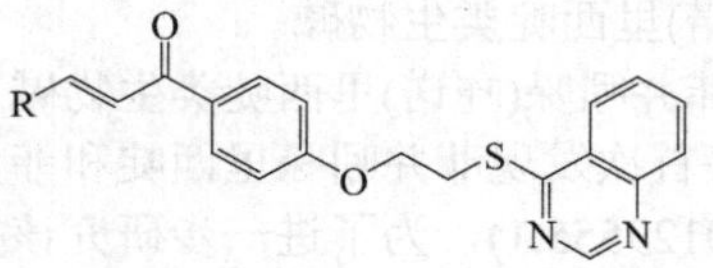

其特征是 R 为 2-甲氧基苯基、4-三氟甲基苯基、2-氯-6-氟苯基、2, 4-二甲氧基苯基、1-萘基、3, 4-二甲氧基苯基、2-噻吩基、2, 6-二氯苯基、2, 4-二氯苯基、2-三氟甲基苯基、对甲基苯基、4-氯苯基、2, 3-二氯苯基、4-甲氧苯基、苯基、3-溴苯基、4-硝基苯基、4-溴苯基、3, 4-二氯苯基、2-溴苯基、4-氟苯基、2-吡啶基、2-氟苯基、2, 3-二甲氧基苯基。

发明人：胡德禹，万治华，宋宝安，薛伟，金林红，李向阳，谢丹丹，张伟莹；申请人：贵州大学

中国专利号：ZL201510088431.2；中国专利申请日：2015-02-26

化合物类型：查耳酮类

发明思路：用喹唑啉结构作为骨架，在 4-位上通过硫醚将查耳酮活性基团拼接。

用途：具有较好的抗烟草花叶病毒活性。

代表化合物结构如下：

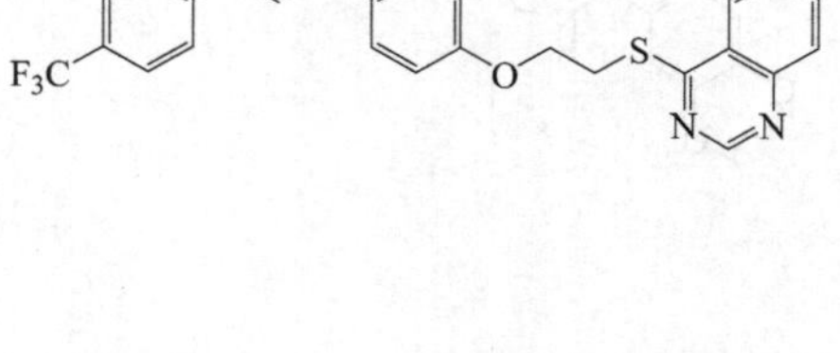

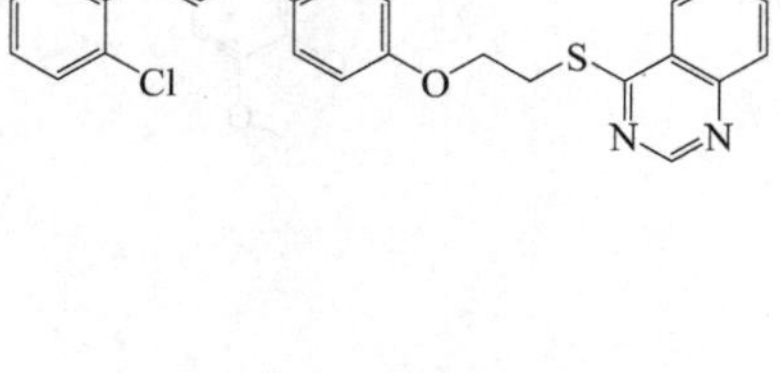

6.4 杀线虫剂的创制

6.4.1 概论

截至 2023 年底公开了 57 个拥有中文或英文通用名称的杀线虫剂，具体分类与通用名称如下：

阿维菌素类杀线虫剂（avermectin nematicides，1 个）：abamectin（阿维菌素）。

苯并咪唑类杀线虫剂（benzimidazole nematicides，1 个）：苯菌灵（benomyl）。

植物源杀线虫剂（botanical nematicides，1 个）：香芹酚（carvacrol）。

氨基甲酸酯类杀线虫剂（carbamate nematicides，8 个）：克百威（carbofuran）、丁硫克百威（carbosulfan）、棉铃威（alanycarb）、涕灭威（aldicarb）、涕灭砜威（aldoxycarb）、杀线威（oxamyl）、环线威（tirpate）、除线威（cloethocarb）。

二硫代氨基甲酸酯类杀线虫剂（dithiocarbamate nematicides，2 个）：棉隆（dazomet）、威百亩（metam）。

氟代烯烃类杀线虫剂（fluoroalkene nematicides，2 个）：氟烯线砜（fluensulfone）、三氟杀线酯（trifluenfuronate）。

熏蒸剂杀线虫剂（fumigant nematicides，12 个，含 6 个卤代烷类杀线虫剂）：异硫氰酸烯丙酯（allyl isothiocyanate）、二硫化碳（carbon disulfide）、氯化苦（chloropicrin）、氰气（cyanogen）、二溴氯丙烷（DBCP）、二氯异丙醚（DCIP）、1,2-二氯丙烷（1,2-dichloropropane）、1,3-二氯丙烷（1,3-dichloropropane）、二甲基二硫醚（dimethyl disulfide）、溴甲烷（methyl bromide）、甲基碘（methyl iodide）、异硫氰酸甲酯或敌线酯（methyl isothiocyanate）。

有机磷类杀线虫剂（organophosphorus nematicides，20 个）：磷胺（phosphamidon）、硫线磷（cadusafos）、乐果（dimethoate）、灭线磷（ethoprophos）、isamidofos、甲拌磷（phorate）、特丁硫磷（terbufos）、氯唑磷（isazofos）、虫线磷（thionazin）、三唑磷（triazophos）、除线磷（dichlofenthion）、丰索磷（fensulfothion）、速杀硫磷（heterophos）、phosphocarb、四甲磷（mecarphon）、苯线磷（fenamiphos）、噻唑膦（fosthiazate）、丁硫环磷（fosthietan）、imicyafos、diamidafos。

苯酚类杀线虫剂（phenol nematicides，1 个）：二甲酚（xylenols）。

苯基吡唑类杀线虫剂（phenylpyrazole nematicides，1 个）：acetoprole。

吡啶酰胺杀线虫剂（pyridinecarboxamide nematicides，1 个）：三氟吡啶胺（cyclobutrifluram）。

吡啶乙基苯甲酰胺杀线虫剂（pyridinylethylbenzamide nematicides，1 个）：氟吡菌酰胺（fluopyram）。

磺酰胺杀线虫剂（sulfonamide nematicides，1 个）：fluazaindolizine。

硫代碳酸酯类杀线虫剂（thiocarbonate nematicides，1 个）：sodium tetrathiocarbonate。

未分类杀线虫剂（4 个）：benclothiaz、糠醛（furfural）、tioxazafen、硫酰氟（sulfuryl fluoride）。

目前国内开发中的杀线虫剂仅有 1 个，为山东中农联合生物科技有限公司的三氟杀线酯。

对新化合物的创制也进行了广泛探索，除了山东中农联合生物科技有限公司外，还涉及贵州大学的含三氟丁烯的 1, 3, 4-噁（噻）二唑类、新型含喹唑啉硫醚的查耳酮类等；中国农业科学院植物保护研究所的噻吩类化合物；浙江省化工研究院有限公司的吡唑酰胺衍生物；浙江工业大学的含甲基吡唑酰胺类；青岛科技大学噁二唑连吡唑类化合物；河南科技大学芳香基磺酰胺类衍生物；海南大学脱氢姜酮衍生物等。

6.4.2 三氟杀线酯的创制

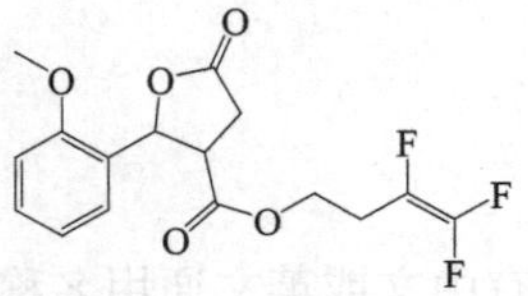

化合物专利名称：一种含内酯环的杀线虫剂及其制备方法和用途

中国专利号：ZL201510645033.6；申请日：2015-09-30；授权日：2017-09-22

专利发明人：唐剑峰，潘光民，刘杰，赵恭文，吴建挺，李冬蓉，牛芳

申请人：山东省联合农药工业有限公司

该发明采用中间体衍生化法，研究了一系列的三氟丁烯类化合物，通过构效关系的研究，发表了一系列的杀线虫剂专利，最后确立了三氟杀线酯(代号 LH517)为候选商品化化合物。三氟杀线酯具有低毒、安全性高、持效期长且与噻唑膦无交互抗性的优点，具有良好的应用开发前景[1]，于 2022 年获得通用名称三氟杀线酯。

6.4.2.1 创制过程

在研究三氟丁烯类杀线虫剂基础上，利用中间体衍生化法替换法，引入特殊的苯联呋喃酮结构，通过构效关系研究得到结构新颖的三氟杀线酯[1]。

6.4.2.2 知识产权分析

该发明化合物结构新颖，与已知专利化合物差别较大，在已有专利范围外。

（1）新颖性　新颖性分析见表 6-47。

表 6-47　该专利与已有技术对比表

内酯环类化合物	唯一最接近的已有技术	同类商品化/开发中品种
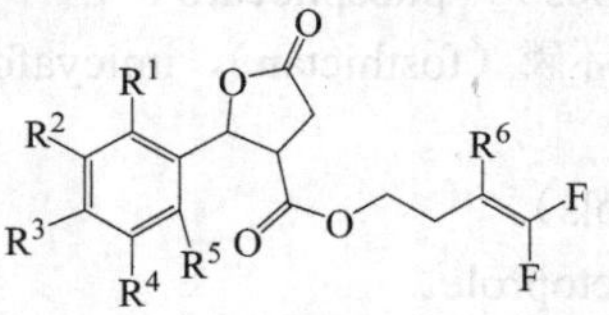 通式	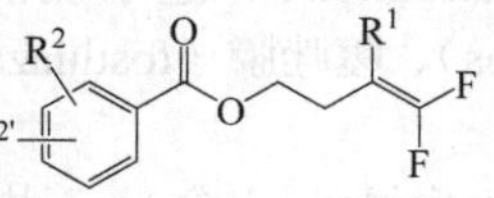 通式	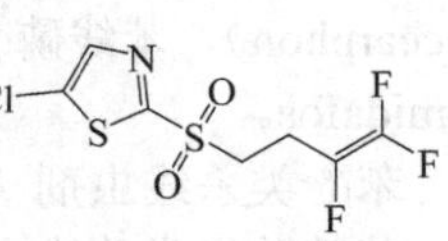 氟烯线砜
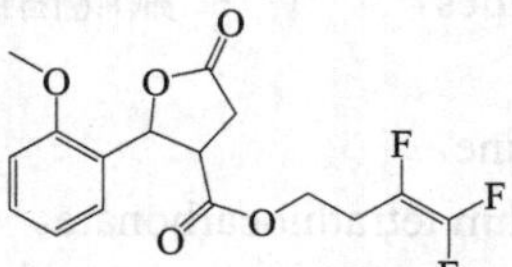 代表化合物三氟杀线酯	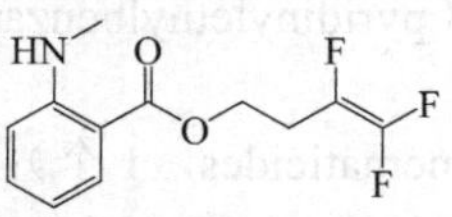 代表化合物（列表 5 化合物）	
区别：与已有农药品种结构显著不同，在三氟丁烯结构基础上引入了苯联四氢呋喃酮	CN1200108A 1000mg/L 对黄麻根结线虫致死率 100%	

（2）创造性　三氟杀线酯结构新颖尚无同类商品化品种，且与主流杀线虫剂相比，三氟杀线酯具有低毒、安全性高、持效期长且与噻唑膦无交互抗性的优点。

（3）核心化合物专利

三氟杀线酯核心化合物专利与授权保护范围如表 6-48 所示。

表 6-48　三氟杀线酯核心化合物专利

序号	公开号	专利号	法律状态
1	CN106554334A	ZL201510645033.6	授权有效
2	CN106554335A	ZL201510653910.4	授权有效
3	WO2017054523A1		
4	AU2016333198B2		授权有效
5	EP3279189B1		授权有效
6	BR112017025877A2		
7	ES772713T3		
8	IN201727038629A	IN345709B	授权有效
9	US20180146667A1	US101114282	授权有效

授权保护范围（中国专利）：

一种含内酯环的杀线虫剂，其结构通式如下所示：

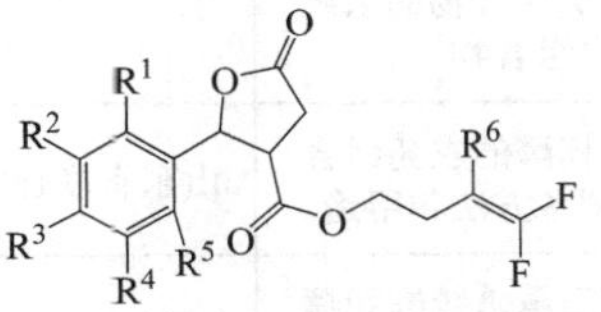

其中，R^1、R^2、R^3、R^4、R^5选自氢、氰基、氟、氯、溴、含 1～4 个碳原子的烷基、含 1～4 个碳原子的烷氧基、含 1～4 个碳原子并且碳原子上氢原子被一个或多个氯原子取代的烷氧基、含 1～4 个碳原子并且碳原子上氢原子被一个或多个氟原子取代的烷氧基、硝基或氨基；

R^6选自氢、氟、氯

6.4.2.3　合成方法[1]

以邻甲氧基苯甲醛与琥珀酸酐反应形成苯基四氢呋喃酮羧酸后再与 4-溴-1,1,2-三氟-1-丁烯发生缩合反应得到三氟杀线酯（图 6-22）。

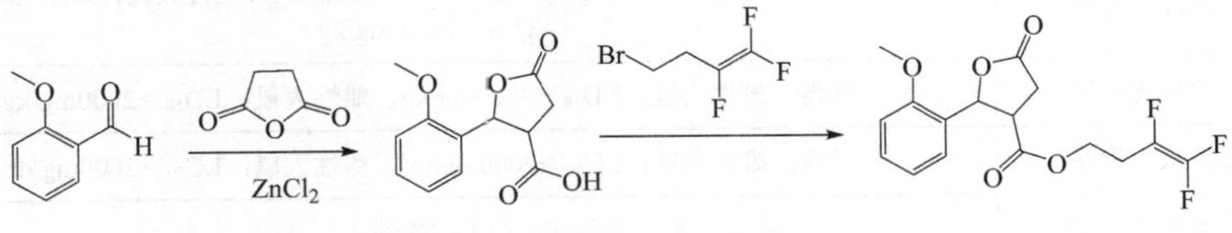

$ZnCl_2$

图 6-22　三氟杀线酯的合成路线

6.4.2.4　组合物专利

三氟杀线酯部分组合物专利见表 6-49。

表 6-49　三氟杀线酯组合物专利

序号	公开号	发明名称	申请人	B 组分
1	CN107616169A	一种含有三氟杀线酯的复配组合物及应用	山东中农联合生物科技股份有限公司，山东省联合农药工业有限公司	3-苯基-5-(噻吩-2基)-1, 2, 4-噁二唑
2	CN108633896A	含有三氟咪啶酰胺的农药组合物	广东中迅农科股份有限公司	三氟咪啶酰胺
3	CN108849895A	杀线虫组合物	广东中迅农科股份有限公司	呋虫胺、氟吡呋喃酮、flupyrimin
4	CN108849896A	一种含有新型杀线剂三氟杀菌酯的农药组合物及其剂型和用途	山东省联合农药工业有限公司	杀线虫剂、杀虫剂、杀菌剂或植物生长调节剂中的一种或几种
5	CN109006821A	一种含有三氟杀线酯的复配组合物及其剂型和应用	山东省联合农药工业有限公司	阿维菌素 B_2
6	CN109042711A	含有异菌脲的农药组合物	刘西芳	异菌脲
7	CN109197887A	含有丙硫唑的农药组合物	刘西芳	丙硫唑
8	CN109221126A	一种杀虫剂组合物及其制备方法和应用	广西壮族自治区化工研究院，广西三晶化工科技有限公司	氯氟氰虫酰胺
9	CN109479900A	基于四唑类化合物的杀线虫组合物	刘西芳	四唑类化合物
10	CN112493237A	一种含肉桂醛的农药组合物及其制备方法和用途	山东省联合农药工业有限公司	肉桂醛
11	CN110946146B	一种含有三氟杀线酯和噻唑膦的增效杀线虫组合物	河北威远生物化工有限公司	噻唑膦

6.4.2.5　毒性学与安全评价

对哺乳动物进行了急性经口、经皮、皮刺、眼刺、致敏及 Ames 试验。试验结果表明三氟杀线酯属低毒化合物且无致突变作用，具体数据见表 6-50[1]：

表 6-50　毒理学与安全评价

测试科目	结论
大鼠急性经口毒性	低毒。雄性大鼠：LD_{50}＞792.7mg/kg（586.7～1071.0mg/kg），雌性大鼠：LD_{50}＞583.1mg/kg（431.6～787.8mg/kg）
大鼠急性经皮毒性	低毒。雄性大鼠：LD_{50}＞2000mg/kg，雌性大鼠：LD_{50}＞2000mg/kg
大鼠急性吸入毒性	低毒。雄性大鼠：LC_{50}＞2000mg/m^3，雌性大鼠：LC_{50}＞2000mg/m^3
豚鼠急性皮肤刺激试验	无刺激性
兔急性眼刺激试验	无刺激性
皮肤变态反应试验	弱致敏性
细菌回复突变试验（Ames）	阴性

6.4.2.6 应用效果[1]

三氟杀线酯对植物病原线虫的室内毒力：对卵毒力平均值 IC_{50} 为 8.92mg/L，对 2 龄幼虫毒力平均值 LC_{50} 为 16.91mg/L。虽然比阿维菌素、氟吡菌酰胺、氟噻虫砜略差，与噻唑膦、tioxazafen 相当，但较很多有杀线活性的药剂（丁硫克百威、硫双威等）优异，属中高等活性。

作物生长周期全程应用三氟杀线酯不同制剂（原药用量 2250g/hm^2），可有效防控根结线虫，药效优于阿维菌素、氟吡菌酰胺，与噻唑膦相当。

三氟杀线酯从安全性、药效与持效期、抗性和毒性 4 个方面较主流杀线虫剂噻唑有较大优势。

（1）安全性：三氟杀线酯安全性优于噻唑膦，植物整个生长周期均可使用。

（2）药效与持效期：三氟杀线酯的药效与持效期优于阿维菌素，与噻唑膦相当，持效期长达 2 个月。

（3）抗性：在噻唑膦抗性区域，三氟杀线酯效果优异，大田试验表明与噻唑膦无交互抗性。

（4）毒性：与噻唑膦相比，三氟杀线酯是一种低毒杀线虫剂，同时没有噻唑膦特有的恶臭气味。

参考文献

[1] 潘光民, 唐剑峰, 吴建挺, 等. 新型杀线虫剂三氟杀线酯的合成及其应用. 农药, 2018, 57(5): 329-330.

6.4.3 其他杀线虫剂的创制

（1）含 1,3,4-噁（噻）二唑的双硫醚类衍生物，其制备方法及应用

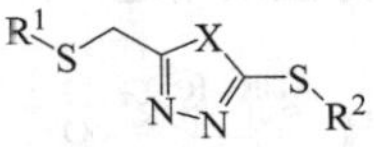

其中，R^1 为 4-氯苯基；R^2 为甲基、乙基；X 为 S。

发明人：宋宝安，陈吉祥，杨松，曾松，贺鸣，田平义，周大贵，易崇粉，李明伟，王燕娇，李向阳；申请人：贵州大学

中国专利号：ZL201610873159.3；中国专利申请日：2016-09-30

化合物类型：1,3,4-噁（噻）二唑的双硫醚类

发明思路：me-too 研究。

用途：具有杀虫、杀菌活性，对柑橘线虫和南方根结线虫具有抑制活性，对水稻白叶枯病病原菌及水稻细菌性条斑病病原菌具有抑制活性。

代表化合物结构如下：

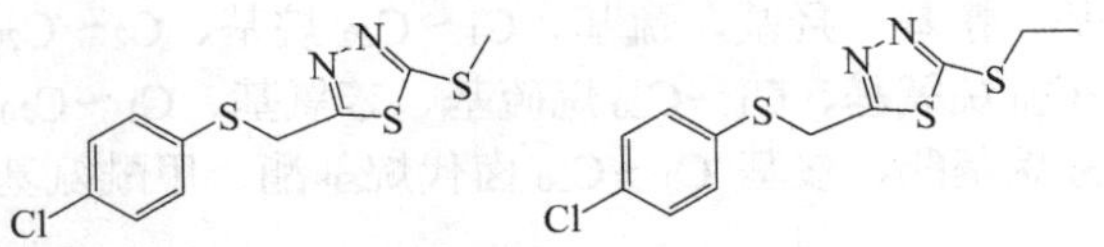

（2）一种毒杀松材线虫的化合物及其应用

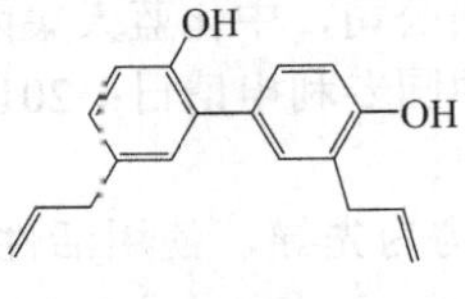

发明人：张克勤，洪林军，李国红；申请人：云南大学

中国专利号：ZL200610048614.2；中国专利申请日：2006-08-11

化合物类型：天然产物类、联苯酚类

发明思路：天然产物提取；从三瓣木兰（*Magnolia tripetala*）叶中分离得到该化合物。

用途：具有杀线虫活性，该发明的化合物和厚朴酚是从三瓣木兰叶中分离出来的，具有良好毒杀线虫活性，尤其是对松材线虫（*Bursaphelenchus xylophilus*）作用较好。

（3）一种含吡啶的三氟丁烯类杀虫剂

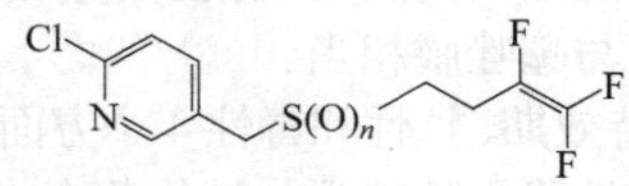

式中，*n* 为 0、1、2。

发明人：许辉，唐剑峰，吴雪，刘杰；申请人：山东中农联合生物科技有限公司

中国专利号：ZL201210151694.X；中国专利申请日：2012-05-16

化合物类型：三氟丁烯类

发明思路：me-too 研究（CN1143958A 公开了结构相似化合物）；在氟烯线砜基础上将噻唑替换为吡虫啉中间体 2-氯-5-吡啶甲基得到。

用途：具有杀线虫活性。

代表化合物结构如下：

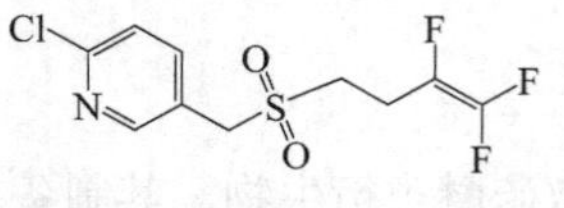

（4）一类吡唑酰胺衍生物，其制备方法及用途

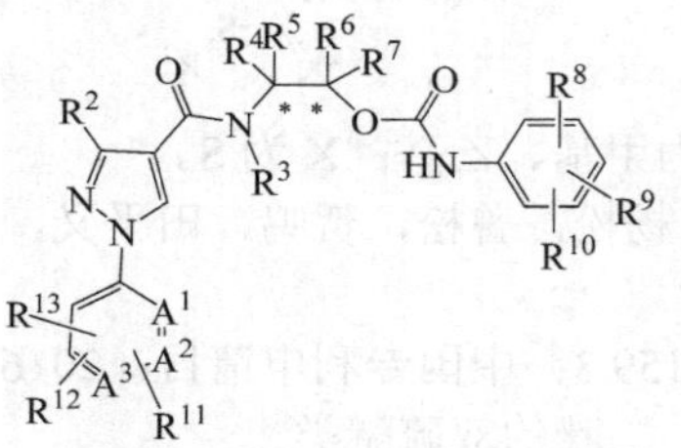

式中，A^1、A^2、A^3 独立地选自 N 或者 C，且至少一个为 N；R^{11}、R^{12}、R^{13} 独立地选自氢、卤素、硝基、氰基、C_1～C_{20} 烷基或 C_1～C_{20} 卤代烷基；R^2 选自卤素、C_1～C_{20} 烷基、C_1～C_{20} 卤代烷基、C_1～C_{20} 烷氧基或 C_1～C_{20} 卤代烷氧基；R^3 选自氢、C_1～C_{20} 烷基或 C_1～C_{20} 卤代烷基；R^4、R^5、R^6、R^7 独立地选自氢、卤素、C_1～C_{20} 烷基、C_1～C_{20} 卤代烷基；R^8、R^9、R^{10} 独立地选自氢、卤素、硝基、氰基、羟基、巯基、C_1～C_{20} 烷基、C_2～C_{20} 烯基、C_1～C_{20} 炔基、C_1～C_{20} 卤代烷基、C_1～C_{20} 烷氧基、C_1～C_{20} 烷硫基、苯氧基、C_1～C_{20} 卤代烷氧基、羧基及其碱金属盐、羧基 C_1～C_{20} 烷基酯、羧基 C_1～C_{20} 卤代烷基酯、甲酰氨基、苯基取代甲酰氨基或 *N*-C_1～C_{20} 烷基。

发明人：彭伟立，邢家华，许天明，陈杰，孔小林，朱冰春，黄红英，侯建宇，姬文娟，郑志文；申请人：浙江省化工研究院有限公司，中化蓝天集团有限公司

中国专利号：ZL201310571223.9；中国专利申请日：2013-11-13

化合物类型：吡唑酰胺类

发明思路：以吡唑酰胺类杀菌剂结构为先导，使用活性拼接法，引入柔性链得到现有化合物。

用途：具有杀线虫活性。有效防治农作物和松树上线虫。

代表化合物结构如下：

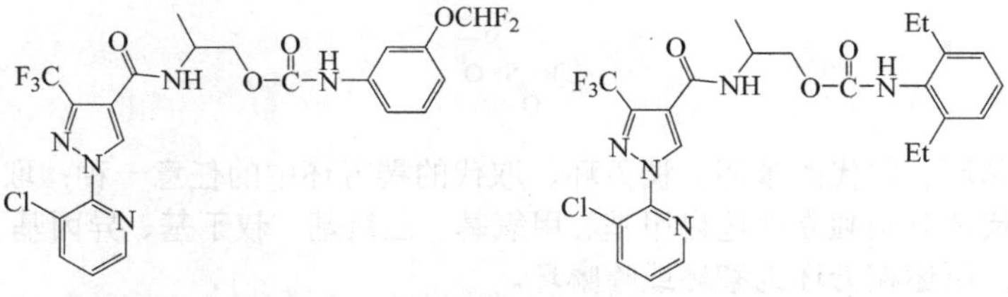

（5）一种含二苯醚基团的噁二唑连吡唑类化合物及其用途

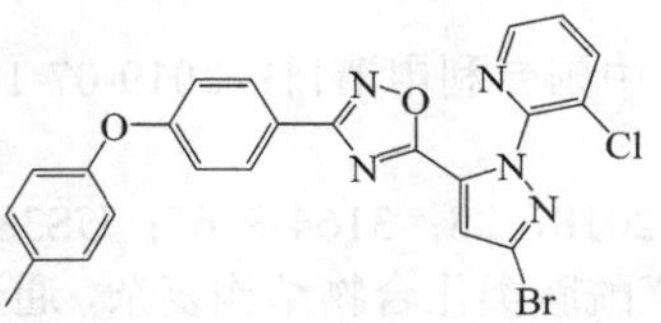

发明人：许良忠，孙鉴昕，张明明，崔焕奇，胡娆，王明慧；申请人：青岛科技大学

中国专利号：ZL201810668841.8；中国专利申请日：2018-06-25

化合物类型：噁二唑类、吡唑类、二苯醚类

发明思路：通过活性拼接技术，将 1,2,4-噁二唑、吡啶连吡唑、二苯醚三种活性基团进行组合，得到一种含二苯醚基团的噁二唑取代的吡啶连吡唑类化合物。

用途：具有杀线虫活性，在相同剂量下对南方根结线虫的活性高于噻唑膦。

（6）一种噁二唑邻苯乙氧基类化合物与用途

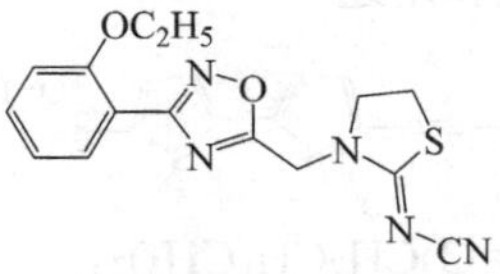

发明人：许良忠，张明明，孙鉴昕，王明慧；申请人：青岛科技大学；当前权利人：开封一田生物科技有限公司

中国专利号：ZL201810285435.3；中国专利申请日：2018-04-03

化合物类型：噁二唑类、新烟碱类

发明思路：me-too 研究；在新烟碱类杀虫剂的基础上引入噁二唑结构得到相关化合物。

用途：具有杀线虫活性，在相同剂量下对南方根结线虫的活性高于噻唑膦。

（7）一种邻苯乙氧基噁二唑连吡唑类化合物及其用途

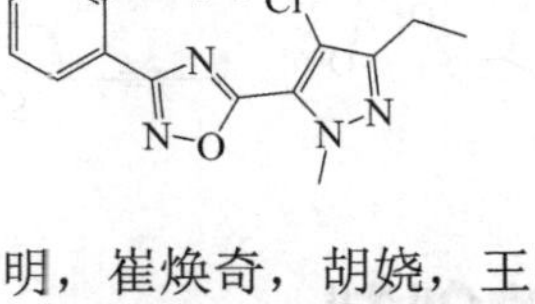

发明人：许良忠，孙鉴昕，张明明，崔焕奇，胡娆，王明慧；申请人：青岛科技大学

中国专利号：ZL201810659505.7；中国专利申请日：2018-06-25

化合物类型：噁二唑类、吡唑类

发明思路：me-too 研究（CN106459000A 公开了相关化合物）；采用活性基团拼接技术，将活性基团取代吡唑基引入 1,2,4-噁二唑 5-位上，将乙氧基苯引入 1,2,4-噁二唑 3-位上。

用途：具有杀线虫活性，在相同剂量下对南方根结线虫活性高于噻唑膦。

（8）*N*, *N*-二甲基芳香基磺酰胺类衍生物及其在防治南方根结线虫方面的应用

式中，R 为苯环、取代的苯环、稠芳环、取代的稠芳环中的任意一种；取代的苯环或取代的稠芳环中的取代基分别独立地选自甲基、甲氧基、乙氧基、叔丁基、异丙基、硝基、氟、氯、溴中的至少一种；所述稠芳环为萘环或喹啉环。

发明人：车志平，田月娥，夏彦飞，刘圣明，姜佳，林晓民，陈根强，杨进明，孙迪，李身；申请人：河南科技大学

中国专利号：ZL201910622062.9；中国专利申请日：2019-07-10

化合物类型：磺酰胺类

发明思路：me-too 研究（BMCL，2018，28：3164-3167；US3821216A；US3701776A；公开了相似的磺酰胺类化合物）；现有的磺酰胺类化合物结构复杂，通过进一步简化和修饰得到该类化合物。

用途：具有杀线虫活性，对南方根结线虫的防治效果好，LC_{50} 值仅为 0.2259～0.3603mg/L。

代表化合物结构如下：

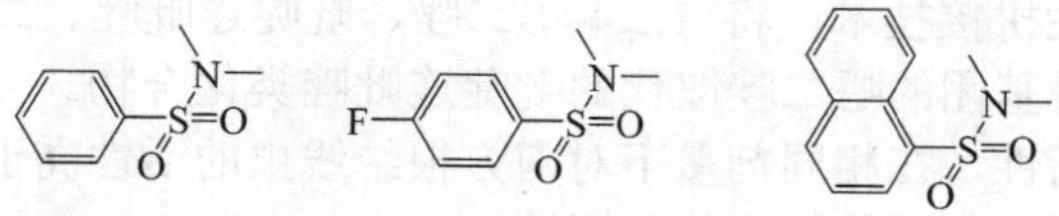

（9）单炔类化合物及其制备方法和用途

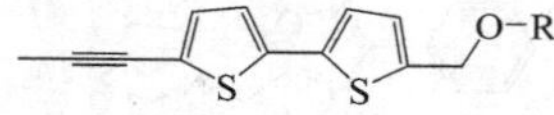

式中，R 选自 $C(=O)CH_3$ 和 $C(=O)CH_2CH(CH_3)_2$。

发明人：武海波，石莎；申请人：中央民族大学

中国专利号：ZL201910068406.6；中国专利申请日：2019-01-24

化合物类型：单炔类、噻吩类

发明思路：天然产物提取；采用一定的提取方法从苦艾的根中提取得到该类化合物。

用途：具有杀线虫、杀菌活性，对南方根结线虫表现出一定的活性，对尖孢镰刀菌、腐皮镰刀菌、致病疫霉和辣椒疫霉有一定抑制作用。

代表化合物结构如下：

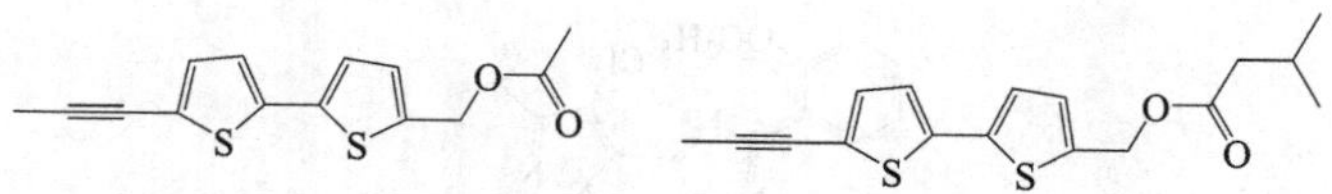

6.5 植物免疫激活剂的创制

6.5.1 概论

截至 2023 年底公开的拥有中文或英文通用名称的植物免疫激活剂有 12 个，具体分类与通

用名称如下：

活化酯（acibenzolar）、氟唑活化酯（FBT）、芸苔素内酯（brassinolide）、乙基芸苔素内酯（brassinolide-ethyl）、几丁聚糖（chitosan）、24-表油菜素内酯（24-epibrassinolide）、三乙膦酸铝（fosetyl-aluminium）、异噻菌胺（isotianil）、烯丙苯噻唑（probenazole）、噻酰菌胺（tiadinil）、甲噻诱胺（methiadinil）、dichlobentiazox。

国内创制的植物免疫激活剂处于登记或开发中的主要是华东理工大学和江苏南通泰禾化工有限公司合作开发的氟唑活化酯；南开大学自主创制开发的甲噻诱胺。

创制中的植物免疫激活剂主要有南开大学的（苯并）噻二唑羧酸酯类，沈阳化工研究院有限公司的茉莉酮酸类、异丁酰胺衍生物、嘌呤类等。

6.5.2 甲噻诱胺的创制

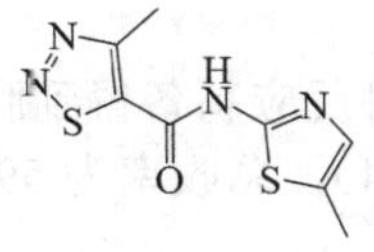

化合物专利名称：新型[1,2,3]噻二唑衍生物及其合成方法和用途

中国专利号：ZL200610013185.5；申请日：2006-02-20；授权日：2008-09-24

专利发明人：范志金，石祖贵，刘秀峰，范志银，艾应伟

申请人：南开大学

当前专利权人：利尔化学股份有限公司

甲噻诱胺（试验代号：SZG-7，通用名称：methiadinil）是南开大学 2005 年创制的中国第一个具有自主知识产权的植物激活剂。研究发现甲噻诱胺能诱导烟草植株产生对 TMV 的抗性，具备植物激活剂的作用特点。其作用机制为激活了寄主植物的免疫系统而使得植物对后续病原物的入侵产生了防御能力。2009 年专利权转移给利尔化学股份有限公司，该公司对其进行产业化开发，并于 2017 年获得 96%甲噻诱胺原药（PD20170015）和 25%甲噻诱胺悬浮剂（PD20170014，防治烟草病毒病）的正式登记。

6.5.2.1 创制过程

日本农药株式会社于 1996 年公布了噻酰菌胺（tiadinil）的专利（WO9629871），其中包括列表化合物第 461 号，推测甲噻诱胺应是在其基础上对噻唑环优化化得到的（图 6-23）。从中间体衍生化角度分析为替换法。

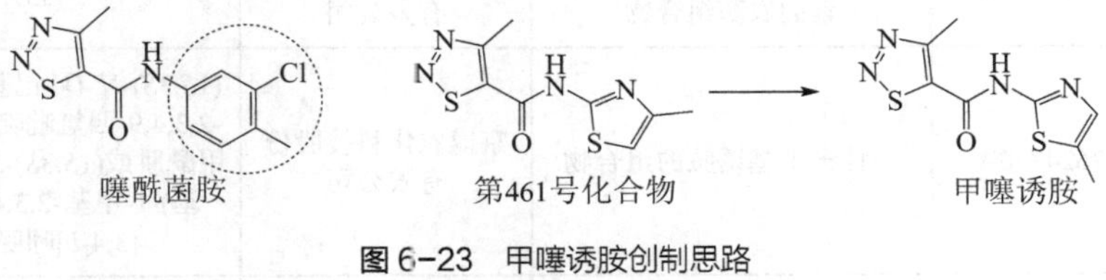

噻酰菌胺　第461号化合物　甲噻诱胺

图 6-23 甲噻诱胺创制思路

6.5.2.2 知识产权分析

该专利发明化合物结构在 WO9629871 专利大的权利要求范围内，且结构与专利中公开的 461 号化合物极为相似，但并非列表化合物。2008 年获得专利授权（表 6-51）。

表 6-51 南开大学申请的甲噻诱胺核心化合物专利

序号	公开号	专利号	法律状态
1	CN1810808A	ZL200610013185.5	授权有效
授权保护范围（中国专利）：			
[1,2,3]噻二唑衍生物，具有以下的化学结构式： 式中，R^1 选自 H；R^2 选自 1,3-噻唑-2-基、5-甲基-1,3-噻唑-2-基或 5-乙基-1,3,4-噻二唑-2-基			

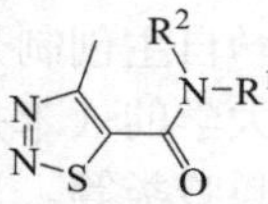

6.5.2.3 合成方法

以碳酸二乙酯为原料，先与水合肼反应制备得到肼基甲酸乙酯，再经合环、水解、酰氯化、胺化等步骤合成甲噻诱胺（图 6-24），总收率为 59%～60.4%，其原药主要成分含量大于 96%[1]。

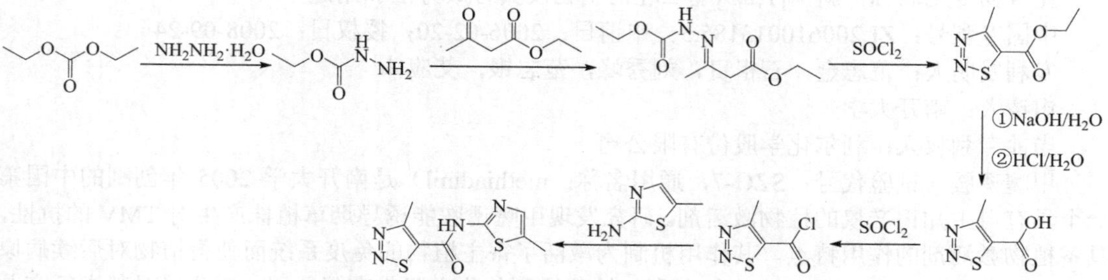

$NH_2NH_2·H_2O$ $SOCl_2$ ①$NaOH/H_2O$ ②HCl/H_2O $SOCl_2$

图 6-24 甲噻诱胺合成路线

6.5.2.4 组合物专利

甲噻诱胺部分组合物专利见表 6-52。

表 6-52 甲噻诱胺组合物专利

序号	公开号	发明名称	申请人	B 组分
1	CN105918329A	一种含有甲噻诱胺和嘧肽霉素的农药组合物	广东中迅农科股份有限公司	嘧肽霉素
2	CN107624770A	一种含甲噻诱胺的组合物	京博农化科技股份有限公司	(1*S*,3*S*)-*N*'-(环己基亚甲基)-1-甲基-2,3,4,9-四氢吡啶并[3,4-*b*]吲哚-3-甲酰肼或(1*S*,3*S*)-*N*'-(4-氯苯基亚甲基)-1-甲基-2,3,4,9-四氢吡啶并[3,4-*b*]吲哚-3-甲酰肼
3	CN105746537A	一种含有甲噻诱胺和辛菌胺醋酸盐的农药组合物	广东中迅农科股份有限公司	辛菌胺醋酸盐
4	CN106538552A	一种含甲噻诱胺和乙蒜素的复配组合物及制剂	许海波	乙蒜素

续表

序号	公开号	发明名称	申请人	B 组分
5	CN115956569A	一种包含甲噻诱胺的杀菌组合物及其应用	四川利尔作物科学有限公司、四川省农药检定所	α-异灰叶素
6	CN115943963A	一种包含甲噻诱胺和dichlobentiazox 的杀菌组合物及其应用	四川利尔作物科学有限公司、四川省农药检定所	dichlobentiazox
7	CN108935500A	杀菌组合物及其应用	四川利尔作物科学有限公司	甲基硫菌灵
8	CN108605952A	杀菌组合物及其应用	四川利尔作物科学有限公司	噻唑锌
9	CN105284843B	杀菌组合物	利尔化学股份有限公司	一种甲氧基丙烯酸酯类的杀菌剂如嘧菌酯、醚菌酯、肟菌酯、啶氧菌酯、氟嘧菌酯、烯肟菌酯等
10	CN106538553A	一种含烯丙苯噻唑的杀菌组合物及制剂	赵青娇	烯丙苯噻唑
11	CN107801724A	杀菌组合物及其应用	四川利尔作物科学有限公司	保护性杀菌剂如代森联、代森铵、代森锌或丙森锌
12	CN109380243A	杀菌组合物及其应用	四川利尔作物科学有限公司	生物刺激素如腐植酸、海藻提取物、极细链格孢激活蛋白或β-羽扇豆球蛋白多肽
13	CN107801721A	杀菌组合物及其应用	四川利尔作物科学有限公司	糖类化合物如香菇多糖、氨基寡糖素、几丁聚糖、菇类蛋白多糖、葡聚烯糖或低聚糖素
14	CN109122701A	杀菌组合物及其应用	四川利尔作物科学有限公司	叶菌唑
15	CN108094431A	杀菌组合物及其应用	四川利尔作物科学有限公司	氰烯菌酯
16	CN105191950B	杀菌组合物及其应用	四川利尔作物科学有限公司	吡啶类杀菌剂如氟啶胺、啶酰菌胺、氟啶酰菌胺、啶菌胺、环啶菌胺等
17	CN107801720A	杀菌组合物及其应用	四川利尔作物科学有限公司	氨基甲酸酯类化合物如苯噻菌胺、霜霉威或异丙菌胺
18	CN106489956A	农药组合物及其应用	四川利尔作物科学有限公司	植物生长调节剂如烯效唑、芸苔素内酯、吲哚丁酸、复硝酚钠、仲丁灵等
19	CN105230635B	杀菌组合物及其应用	四川利尔作物科学有限公司	咪唑类杀菌剂如氰霜唑、咪唑菌酮等
20	CN109452292B	杀菌组合物及其应用	四川利尔作物科学有限公司	酰胺类杀菌剂如啶酰菌胺、噻氟酰胺、呋吡菌胺等
21	CN107801729A	杀菌组合物及其应用	四川利尔作物科学有限公司	三唑类化合物如氟环唑、三环唑、氟硅唑或四氟醚唑

续表

序号	公开号	发明名称	申请人	B组分
22	CN105010357B	杀菌组合物及其应用	利尔化学股份有限公司	三唑类羟基衍生物、三唑类二氧戊环基衍生物或三唑硫酮类衍生物，如戊唑醇、己唑醇、苯醚甲环唑、丙环唑、丙硫菌唑等
23	CN102422839B	植物病毒防治组合物及病毒防治农药	四川利尔作物科学有限公司	盐酸吗啉胍
24	CN102524269B	杀菌组合物、农药及其应用	利尔化学股份有限公司	壬菌铜
25	CN105211075B	杀菌组合物及其应用	四川利尔作物科学有限公司	抗生素类杀菌剂如春雷霉素、井冈霉素、链霉素、宁南霉素、多抗霉素等
26	CN106614642B	种子处理剂组合物及其应用	四川利尔作物科学有限公司	咯菌腈

6.5.2.5 毒理学与安全评价[1]

甲噻诱胺对雌雄大鼠的急性经口 LD_{50} 均大于5000mg/kg，急性经皮 LD_{50} 均大于5000mg/kg；对家兔的急性眼刺激试验结果为轻度刺激，急性皮肤刺激试验结果为无刺激；对豚鼠皮肤为弱致敏。

25%甲噻诱胺悬浮剂在烟草烟叶和土壤的最终残留试验结果：以推荐高剂量（250mg/kg）和1.5倍推荐高剂量（375mg/kg）于烟草移栽还苗后施药4次、5次，于末次施药后30、45、60天采集烟叶样品，山东、湖南2年2地试验结果表明，末次试验60天后2年2地甲噻诱胺的最终残留量为3.9～12.9mg/kg。

25%甲噻诱胺悬浮剂对鱼、蜜蜂、鸟、家蚕、赤眼蜂、溞类、藻类和蚯蚓为低毒，对环境安全。

6.5.2.6 登记情况

目前国内登记甲噻诱胺系列产品3个，单剂和混剂为四川利尔作物科学有限公司登记，原药由广安利尔化学有限公司登记。具体登记信息如表6-53。

表6-53 甲噻诱胺相关登记产品信息表

登记证号	农药名称	剂型	总含量	登记作物	防治对象	用药量（制剂量）	施用方法
PD20181410	甲诱·吗啉胍	悬浮剂	24%	烟草	病毒病	350～480倍液	喷雾
PD20170014	甲噻诱胺	悬浮剂	25%	烟草	病毒病	1000～1200倍液	喷雾
PD20170015	甲噻诱胺	原药	96%	—	—	—	—

6.5.2.7 应用效果

甲噻诱胺抑菌活性试验发现其对部分病原菌具有一定抑制活性，如在25mg/L对黄瓜枯萎病、小麦赤霉病、水稻稻曲病、油菜菌核病、苹果腐烂病、香蕉炭疽病、黄瓜炭疽病、棉花黄萎病等抑制率为 100%。对烟草病毒病和水稻稻瘟病、黄瓜霜霉病、黄瓜细菌性角斑病等病害具有较好的预防效果，防效分别为 40%～70%、30%～40%、30%～70%、30%～40%。一般在作物苗期或未发病前使用，持效期可达 10～15 天[1]。

甲噻诱胺在田间对烟草花叶病毒的防治效果与宁南霉素相当，优于病毒清，与噻酰菌胺相当；对辣椒病毒病的防治效果与宁南霉素基本相当，相当于病毒清。25%悬浮剂的制剂使用剂量推荐为 66.8～1000mg/kg 或稀释 1000～1200 倍，在烟草十字期、成苗期、移栽成活后、伸根后期各喷雾 1 次，可以间隔 10 天喷施 1 次，连续施药 2～3 次[2]。

参考文献

[1] 范志金，范谦，石祖贵，等. 新型植物激活剂甲噻诱胺的创制开发. 第十届全国新农药创制学术交流会论文集, 2013.
[2] 刘雅，张建，陶双立. 甲噻诱胺 25%悬浮剂防治烟草病毒病田间药效试验. 河南省植物病害研究进展——河南省植物病理学与现代农业学术讨论会论文集, 2011 年.

6.5.3 氟唑活化酯的创制

化合物专利名称：苯并噻二唑类化合物及其在植物细胞中的应用

中国专利号：ZL03116948.1；申请日：2003-05-16；授权日：2005-05-18

发明人：钱旭红，钟建江，赵振江，钱志刚，徐玉芳，田文红

申请人：华东理工大学，大连理工大学

氟唑活化酯是由华东理工大学和江苏南通泰禾化工有限公司合作开发的植物诱抗剂，主要用于预防黄瓜霜霉病和白粉病。于 2015 年获得了农业部颁发的临时登记证，分别为 98%氟唑活化酯原药（LS20150091）、5%氟唑活化酯乳油（LS20150102，防治黄瓜白粉病），现已过期。

6.5.3.1 创制过程

该化合物的先导化合物为先正达开发的活化酯（acibenzolar），该化合物是在活化酯基础上创制的，用易于代谢的三氟乙氧基代替了甲硫基优化而得。这类化合物本身并无杀菌活性，但施于植物表面可激活植物免疫系统，从而增强对病原菌的抵抗能力，主要用于预防黄瓜霜霉病和白粉病[1]。

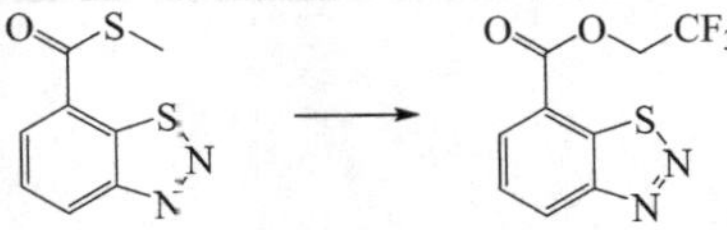

活化酯(acibenzolar)　　氟唑活化酯

6.5.3.2 知识产权分析

该发明化合物结构在 Ciba-Geigy A.-G.专利 EP313512A 权利保护范围内（用 CF_3CH_2O 替换 CH_3S），但并没有具体公开。

（1）新颖性　新颖性分析见表 6-54。

表 6-54　该专利与已有技术对比表

该专利：CN1450057A（华东理工大学、大连理工大学，申请日：2003-05-16；公开日：2003-10-22）	通式　代表化合物氟唑活化酯(专利中化合物 1)
接近的已有技术：EP313512A(Ciba-Geigy A.-G., Switz，申请日：1988-08-17；公开日：1989-04-26)	EP313512 A = CN1032790A 或 CN1068471A (Ciba-Geigy A.-G.)。通式中：Z=CO-A；A=UR；U=O、S；R 为被卤素、CN 等取代的 $C_{1\sim8}$ 烷基等
同类商品化/开发中品种	活化酯

（2）创造性　专利中实验结果表明：第一组（对照组）细胞密度在第 12 天达到最高，为 12.7g（干重）/L；第二组（在第 7 天添加化合物 1 至最终浓度 100μmol/L）细胞密度在第 15 天达到最高，为 12.2g（干重）/L。

（3）核心化合物专利　氟唑活化酯核心化合物专利与授权保护范围如表 6-55 所示。

表 6-55　氟唑活化酯核心化合物专利

序号	公开号	专利号	法律状态
1	CN1450057A	ZL03116948.1	失效
授权保护范围（中国专利）：一种苯并噻二唑类化合物，所说化合物具有如下结构式：式中，R 为 CH_2CF_3，$CH_2CF_2CF_3$，$C_6F_5CH_2$，$(CH_2)_2OCOC_6F_5$，或$(CH_2)_2OCOCH_2OR^1$；其中，R^1 为氯代苯基或羟基取代的苯基			

6.5.3.3　合成方法

经如下反应制得氟唑活化酯：

方法一：以邻氯间硝基苯甲酸为起始原料，经酯化、醚化、重氮化、闭环等一系列反应制得目的物。反应式如下：

99%　$PhCH_2SH$ 99%　H_2　$NaNO_2/HCl$ 86%

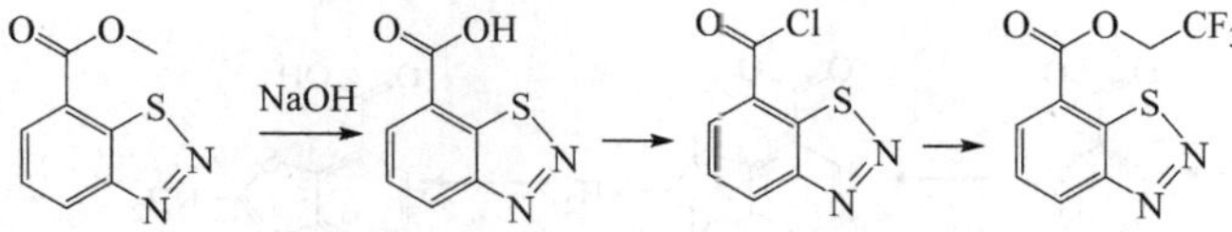

方法二：以 2-氯-3,5-二硝基苯甲酸为起始原料，经醚化、甲基化、还原得取代苯胺，总收率为 77%；取代苯胺经重氮化合环等一系列反应制得目的物。反应式如下：

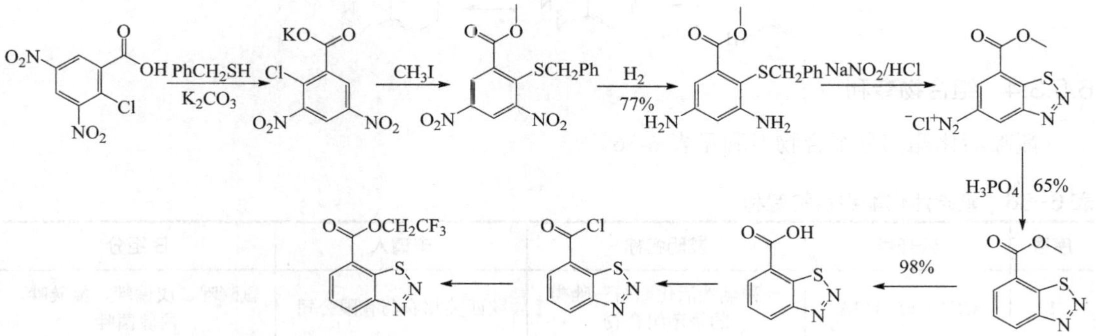

方法三：以 2,3-二氯硝基苯为起始原料，经醚化、还原得取代苯胺，然后经氰基化、重氮化合环等一系列反应制得目的物。反应式如下：

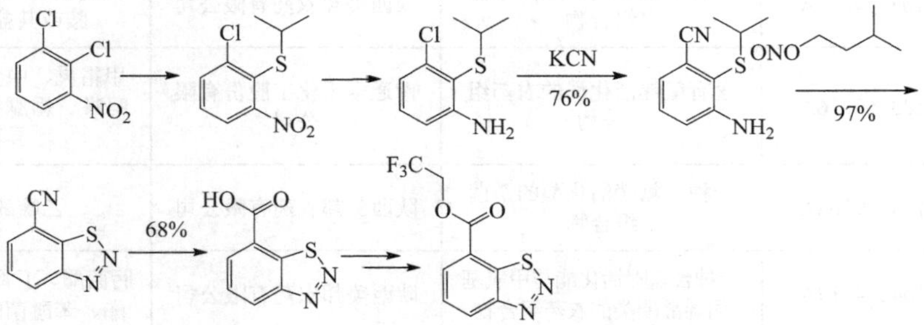

方法四：以间甲氧基苯甲酸为起始原料，经脱甲基、还原得环己烯酮酸，收率为 98%；所得中间体经与对甲苯磺酰肼缩合，然后经与氯化亚砜合环等一系列反应制得目的物。反应式如下：

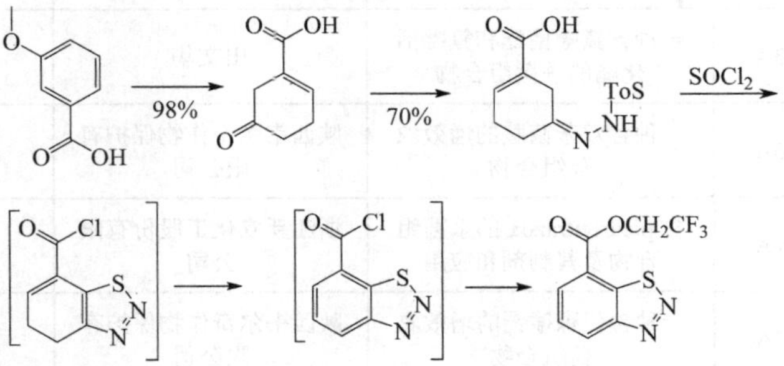

方法五[1]：以间氨基苯甲酸甲酯为起始原料，与硫氰酸盐反应生成硫脲，在溴存在下闭环，然后在氢氧化钾作用下重排得到苯并噻二唑羧酸，最后经酰氯化、酯化得目的物。反应式如下：

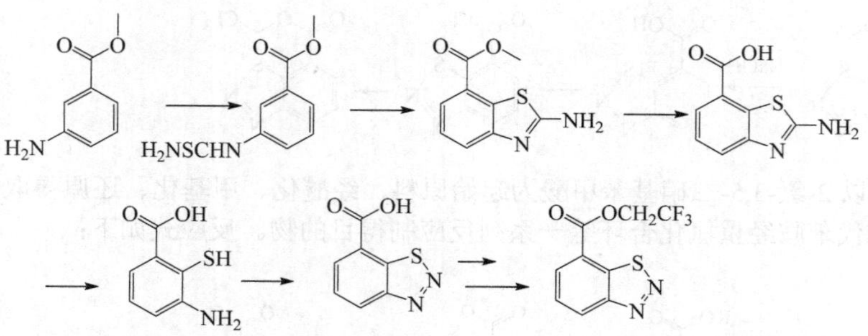

6.5.3.4 组合物专利

氟唑活化酯部分组合物专利见表6-56。

表6-56 氟唑活化酯组合物专利

序号	公开号	发明名称	申请人	B组分
1	CN103651413A	一种氟唑活化酯与三唑类的杀菌组合物	陕西美邦农药有限公司	氟醚唑、戊菌唑、氟硅唑、丙硫菌唑
2	CN103688962A	一种含氟唑活化酯的杀菌组合物	陕西美邦农药有限公司	多抗霉素
3	CN103704229A	一种含氟唑活化酯的杀菌组合物	陕西美邦农药有限公司	多菌灵、甲基硫菌灵、咪鲜胺或其盐、氟菌唑
4	CN103960256A	含有氟唑活化酯的农药组合物	南通泰禾化工股份有限公司	甲霜灵、中生菌素、烯酰吗啉、霜脲氰、福美双或异菌脲
5	CN104719308A	一种含氟唑活化酯的杀菌组合物	陕西美邦农药有限公司	乙嘧酚或其盐
6	CN104814019A	一种含氟唑活化酯与甲氧基丙烯酸酯类的农药组合物	陕西美邦农药有限公司	肟菌酯、丁香菌酯、烯肟菌酯、苯醚菌酯、啶氧菌酯
7	CN104839175A	一种含氟唑活化酯与三唑类的杀菌组合物	陕西美邦农药有限公司	戊唑醇、氟环唑、苯醚甲环唑、丙环唑
8	CN104886077A	一种含氟唑活化酯与甲氧基丙烯酸酯类的杀菌组合物	陕西美邦农药有限公司	醚菌酯、醚菌胺、肟醚菌胺、苯氧菌胺、唑菌酯
9	CN106212483A	一种含氟嘧菌酯和氟唑活化酯的杀菌组合物	田文华	氟嘧菌酯
10	CN106614706A	一种含双苯菌胺的增效农药组合物	陕西韦尔奇作物保护有限公司	双苯菌胺
11	CN106922707A	含picarbutrazox的杀菌组合物及其制剂和应用	浙江新农化工股份有限公司	picarbutrazox
12	CN107535512A	一种含代森锰铜的增效农药组合物	陕西韦尔奇作物保护有限公司	代森锰铜
13	CN108142425A	一种含氟唑活化酯与叶菌唑及井冈霉素A的杀菌组合物	上海泰禾国际贸易有限公司	叶菌唑和井冈霉素A

续表

序号	公开号	发明名称	申请人	B 组分
14	CN108378044A	一种含氟烯线砜的农药组合物	广东中迅农科股份有限公司	氟烯线砜
15	CN109303061A	含噻唑锌和氟唑活化酯的组合物及其制剂和应用	浙江新农化工股份有限公司	噻唑锌

6.5.3.5 作用机理[2,3]

（1）基因水平 能够诱导一系列与抗病性有关的基因表达，从而诱导植物自身抗病性的产生。

（2）蛋白水平 促使各种与抗病有关的蛋白质生成并显著提高一系列与抗病有关酶（β-1, 3-葡聚糖酶、几丁质酶等）的活性，而且还能相应提高与植物抗逆相关的各种酶（PAL、SOD、PPO、POD 等）的活性。

（3）次生代谢物 诱导并增强植物多种途径的次生代谢，有效提高植物细胞酚类化合物、绿原酸、木质素、单宁等一系列次生代谢物含量。

（4）细胞结构 能够诱导植物细胞壁在真菌侵入的部位积累起较厚的胼胝质防护层，从而在细胞结构上阻止真菌的入侵。

6.5.3.6 毒理学与安全评价[2]

（1）毒性 原药 大鼠（雌、雄）急性经口 LD_{50} 1080mg/kg，小鼠（雌、雄）急性经口 LD_{50} 584mg/kg，大鼠（雌、雄）急性经皮 LD_{50}＞5000mg/kg，大鼠（雌、雄）急性吸入 LC_{50}＞2000mg/m^3。对兔眼、兔皮肤无刺激性，对豚鼠致敏性试验为弱致敏。Ames、微核、染色体试验结果均为阴性。

（2）生态效应 日本鹌鹑 LD_{50}（7d）＞1000mg/kg，LC_{50}（8d）＞2000mg/kg 饲料，斑马鱼 LC_{50}（96h）＞7.19mg/L，蜜蜂 LC_{50}（48h）1711mg/L，家蚕 LC_{50}（96h）＞2003mg/L，大型溞 LC_{50}（48h）＞102mg/L，小球藻 LC_{50}（72h）61.4mg/L，赤子爱胜蚓 LC_{50}（14d）＞100mg/kg 干土。土壤微生物土壤 CO_2 累积释放量抑制率（0～15d，10 倍推荐剂量下）＜ 50%（杭州土和无锡土）。对玉米赤眼蜂（成虫）安全系数＞10.0，非洲爪蟾（蝌蚪）LC_{50}（48h）5.39mg/L。

（3）环境行为 黑土中等吸附，K_d 46.164；红壤较难吸附，K_d 10.164；稻田土难吸附，K_d 3.4668。在黑土、红壤、稻田土中均不移动，R_f 0.083。土壤好氧降解 $t_{0.5}$：52.9h（红壤）、37.7h（稻田土）、18.3h（黑土）；土壤厌氧降解 $t_{0.5}$：17.9h（红壤）、5.8h（稻田土）、3.7h（黑土）。水解 $t_{0.5}$：2.5d（50℃，pH 4）、5.0h（50℃，pH 7）、0.25h（50℃，pH 9）；9.4d（25℃，pH 4）、4.0d（25℃，pH 7）、1.3h（25℃，pH 9）。纯水中光解 $t_{0.5}$ 63min。土壤表面光解率＜25%（黑土、红壤、稻田土，7d）。好氧条件下水-沉积物降解试验 $t_{0.5}$：18.6h（池塘水-对照组）、18.3h（池塘体系）、18.8h（湖泊水-处理组）；17.5h（池塘水-处理组）、23.2h（湖泊体系）、10.7h（湖泊水-对照组）。厌氧条件下水-沉积物降解试验 $t_{0.5}$：17.7h（池塘体系）、22.3h（湖泊水-处理组）、16.6h（湖泊水-对照组）；20.8h（湖泊体系）、18.6h（池塘水-处理组）、18.3h（池塘体系）。

6.5.3.7 应用效果

氟唑活化酯兼具抗病、抗虫特性，特别是通过简单的叶面喷洒，可以有效防治各类土传病害。氟唑活化酯对马铃薯土传病害防治效果尤佳。氟唑活化酯施药浓度在 10～20mg/L，在定植期开始施药，每 7d 施药一次，连续施药 4 次可较好地防治黄瓜霜霉病和白粉病且不会产生药害[4]。

采用喷雾、涂抹和灌根等施药方法确定其最佳诱导方式和防治效果，15、25mg/L 的氟唑活化酯对黄瓜猝倒病的防效为 56.53%～88.71%，灌根与喷雾处理防效相当，涂抹相对较差[5]。

5%氟唑活化酯乳油对西瓜、甜瓜白粉病的诱导抗病效果随质量分数增大有增高趋势，随施药次数增多有增高趋势。5%氟唑活化酯乳油对西瓜、甜瓜白粉病有好的诱导抗病效果，其最佳诱导质量分数为 10～25mg/kg，最佳诱导次数为 5 次，可以取代杀菌剂施用，效果与苯并噻二唑（BTH）等同[6]。

参考文献

[1] Xu Y, Zhao Z, Qian X, et al. Novel unnatural benzo-1,2,3-thiadiazole-7-carboxylate elicitors of taxoid biosynthesis. J Agric Food Chem, 2006, 54(23): 8793-8798.

[2] 刘长令，杨吉春．现代农药手册．北京：化学工业出版社, 2017.

[3] 张蕊蕊，胡伟群，朱卫刚，等．氟唑活化酯诱导玉米抗锈病的探讨．浙江农业科学, 2013(2): 175-178.

[4] 朱正江，郑留清，李宗成．第七届全国农药创制技术成果交流会成果论文汇编, 2014, 112-122.

[5] 陈仕红，王国华，纪明山，等．氟唑活化酯诱导黄瓜猝倒病的抗性．农药, 2015, 54(9): 681-683.

[6] 张晓慧，谢学文，李宝聚，等. 5%氟唑活化酯乳油对西瓜甜瓜白粉病的诱导抗病效果评价．果树学报, 2018, 35(1): 101-107.

6.5.4 其他植物免疫激活剂的创制

（1）一种 2-(3-氧代-2-戊基环戊基)乙酰胺衍生物及其应用

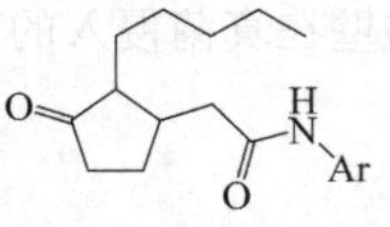

式中，Ar 为未取代或被 1～5 个 R^1 取代的苯基；R^1 选自卤素、硝基、氰基、C_1～C_{12} 烷基、卤代 C_1～C_{12} 烷基、C_1～C_{12} 烷氧基、卤代 C_1～C_{12} 烷氧基。

发明人：周繁，冉兆晋，魏婷婷，李继广，王芳，焦姣，王远，柴宝山，赵宪成；申请人：沈阳化工研究院有限公司

中国专利号：ZL201811363239.X；中国专利申请日：2018-11-16

化合物类型：乙酰胺衍生物、茉莉酮酸类化合物

发明思路：me-too 研究（EP0521435A2 公开了茉莉酸甲酯）；以二氢茉莉酮酸甲酯为先导，对甲酯部分进行替换得到该类化合物。

用途：具有植物诱导抗病活性，且在高浓度下具有很好的抑制种子萌发活性，可以延缓种子发芽，而不会导致种子失去发芽活性。

代表化合物结构如下：

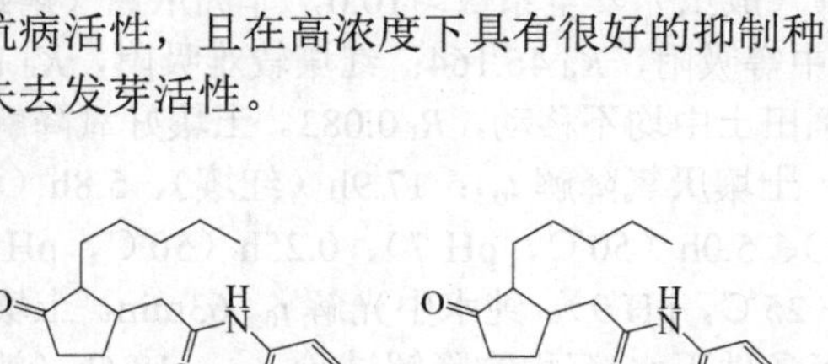

（2）一种芳酰氨基异丁酰衍生物及其应用

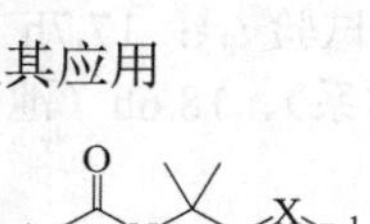

其中，X 为 NH；Ar 为未取代或被 1～5 个 R^2 取代的苯；R^1 选自乙基、正丙基、异丙基、正丁基、异丁基、叔丁基、正戊基、2-戊基、环戊基、正己基、2-己基、3-己基、环己基或正庚基；R^2 选自卤素、氰基、甲基、甲氧基或三氟甲基。

发明人：周繁，冉兆晋，王远，柴宝山，王芳，魏婷婷，崔顺艳，李继广；申请人：沈阳

化工研究院有限公司

中国专利号：ZL201811365450.5；中国专利申请日：2018-11-16

化合物类型：异丁酰衍生物、酰胺类化合物

发明思路：me-too 研究（CN101213195A 等公开了相关中间体及类似物）。

用途：具有植物诱导抗病活性，且在高浓度下具有很好的抑制种子萌发活性，可以延缓种子发芽，而不会导致种子失去发芽活性。

代表化合物结构如下：

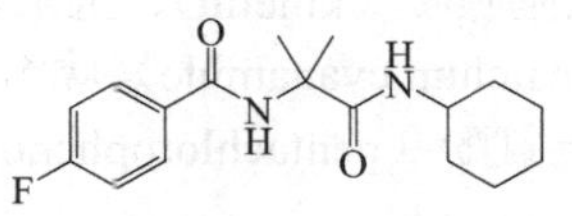

（3）一种 9-(2-甲氧基乙基)-9*H*-嘌呤-6-胺衍生物及其应用

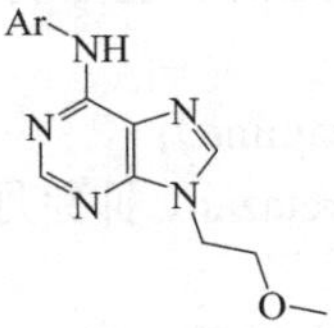

其中，Ar 为未取代或被 1～5 个 R^1 取代的苯；R^1 选自 H、卤素、硝基、氰基、甲氧基、三氟甲基。

发明人：周繁，冉兆晋，崔顺艳，魏婷婷，毛志强，王悦，王芳，赵宪成；申请人：沈阳化工研究院有限公司

中国专利号：ZL201910752031.5；中国专利申请日：2019-08-15

化合物类型：嘌呤类衍生物

发明思路：me-too 研究（EP2613631B1 公开了相关化合物）；以嘌呤类植物生长调节剂为先导，通过优化得到现有化合物。

用途：具备植物诱导抗病活性与促进种子萌发活性。

代表化合物结构如下：

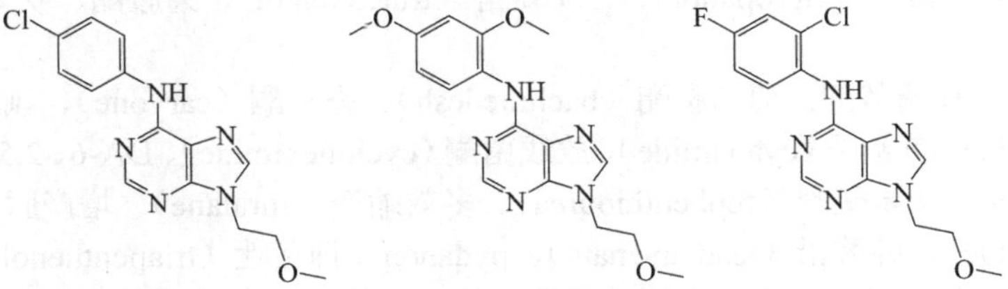

6.6 植物生长调节剂的创制

6.6.1 概论

截至 2023 年底公开的拥有中文或英文通用名称的植物生长调节剂具体分类与通用名称如下：

抗生长素类：氯贝酸（clofibric acid）、三碘苯甲酸（2,3,5-triiodobenzoic acid）；

生长素类：坐果酸（cloxyfonac）、氯苯氧乙酸（4-CPA）、2,4-滴丙酸（dichlorprop）、吲熟酯（ethychlozate）、2,4,5-涕丙酸（fenoprop）、吲哚乙酸（IAA）、吲哚丁酸（IBA）、萘乙酰胺（naphthaleneacetamide）、萘乙酸（α-naphthaleneacetic acids）、1-萘酚（1-naphthol）、naphthoxyacetic acids、orthonil、potassium naphthenate、sodium naphthenate；

生长素转运抑制剂：cyclanilide；

细胞分裂素：烯腺嘌呤（2-iP）、anisiflupurin、苄腺嘌呤（benzyladenine）、对羟基苯乙醇（4-hydroxyphenethyl alcohol）、糠氨基嘌呤（kinetin）、玉米素（zeatin）；

落叶剂：buminafos、氰氨化钙（calcium cyanamide）、噻节因（dimethipin）、茵多酸（endothal）、merphos、甲氧隆（metoxuron）、五氯酚（pentachlorophenol）、噻苯隆（thidiazuron）、脱叶磷（tribufos）；

乙烯抑制剂：aviglycine、1-甲基环丙烯（1-methylcyclopropene）；

乙烯释放剂：ACC、乙烯硅（etacelasil）、乙烯利（ethephon）、乙烯（ethylene）、乙二肟（glyoxime）、holosulf；

霜冻保护剂：胺苯吡菌酮（fenpyrazamine）；

杀配子剂：clofencet、fenridazon、karetazan、抑芽丹（maleic hydrazide）、杀雄啉（sintofen）、苯哒嗪丙酯；

赤霉素类：赤霉素（gibberellins）、赤霉酸（gibberellic acid）；

生长抑制剂：诱抗素（abscisic acid）、环丙嘧啶醇（ancymidol）、benzofluor、仲丁灵（butralin）、甲萘威（carbaryl）、chlorphonium、氯苯胺灵（chlorpropham）、调呋酸（dikegulac）、氟节胺（flumetralin）、增糖胺（fluoridamid）、杀木膦（fosamine）、增甘膦（glyphosine）、isopyrimol、茉莉酸（jasmonic acid）、抑芽丹（maleic hydrazide）、mepiquat、哌壮素（piproctanyl）、调环酸（prohexadione）、prohydrojasmon、苯胺灵（propham）、调节安（tiaojiean）、抗倒酯（trinexapac）、morphactins、chlorfluren、整形醇（chlorflurenol）、dichlorflurenol、芴丁酯（flurenol）；

生长延缓剂：矮壮素（chlormequat）、丁酰肼（daminozide）、呋嘧醇（flurprimidol）、氟磺酰草胺（mefluidide）、多效唑（paclobutrazol）、四环唑（tetcyclacis）、烯效唑（uniconazole）；

生长促进剂：增产胺（DCPTA）、氯吡脲（forchlorfenuron）、噁霉灵（hymexazol）、补骨脂素（psoralen）、吡啶醇（pyripropanol）、三十烷醇（triacontanol）、菊胺酯、呋苯硫脲、14-羟基芸苔素甾醇；

未分类植物生长调节剂：菊乙胺酯（bachmedesh）、香芹酮（carvone）、氯化胆碱（choline chloride）、ciobutide、单氰胺（cyanamide）、放线菌酮（cycloheximide）、DA-6、2,5-dichlorobenzoic acid、epocholeone、呋苯硫脲（fuphenthiourea）、多效缩醛（furalane）、增产肟（heptopargil）、抗倒胺（inabenfide）、砷酸铅（lead arsenate）、pydanon、抑芽唑（triapenthenol）。

国内创制的植物生长调节剂在登记或开发中的主要是武汉大学的菊胺酯，中国农业大学的苯哒嗪丙酯，司宗兴、程卫华等的呋苯硫脲以及成都新朝阳作物科学有限公司的14-羟基芸苔素甾醇。

创制中的植物生长调节剂细分结构类型涉及噻唑酰胺类、赤霉酸衍生物、噻二唑基硫脲类、*O*-酰基化丝氨酸衍生物、喹啉酰胺类化合物、萘磺酰胺类、茉莉酮酸酯衍生物、芸苔素内酯、环二肽类、苯代硫脲类、萘二酰胺类、噻唑脲类、肉桂酸吡啶乙烯酯类、香豆素类、乙酰水杨酸酯类、吲哚甲酰胺、肉桂酸衍生物等；研究单位涉及中国农业大学、浙江工业大学、华东理工大学、延边大学、沈阳药科大学、西北师范大学、青岛科技大学、上海交通大学、贵州大学、浙江农林大学、西华大学等。

6.6.2 菊胺酯的创制

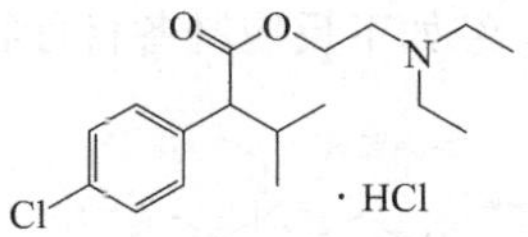

· HCl

化合物专利名称：*N*, *N*-二乙氨基乙基-4-氯-*α*-异丙基苄基羧酸酯盐酸盐及其合成和应用

中国专利号：ZL93102043.3；申请日：1993-02-18；授权日：1999-01-27

专利发明人：徐汉生，刘秀芳，栗巧功，肖颖歆

申请人：武汉大学

武汉大学对植物生长调节剂增产胺进行结构优化，合成、试验、筛选出菊胺酯(又名菊乙胺酯)，试验代号 WD-5，英文通用名 bachmedesh，CAS 号 172351-12-1。菊胺酯对小麦、油菜、棉花、芝麻等作物有较好增产作用。2003 年，湖北旺世化工有限公司取得了该药的临时登记证，包括 95%菊胺酯原药(LS20030206)及 95%菊胺酯可溶粉剂(LS20030232)，已过期。

6.6.2.1 知识产权分析

（1）新颖性　新颖性分析见表 6-57。

表 6-57　该专利与已有技术对比表

该专利：CN1091123A (武汉大学，申请日：1993-02-18；公开日：1994-08-24)	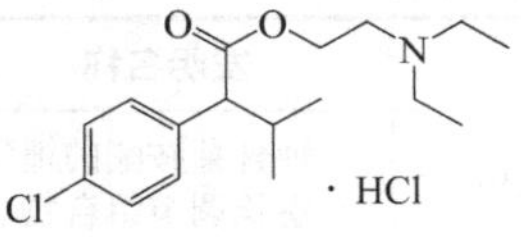 · HCl 菊胺酯
接近的已有技术：JP01290606 (NITTO BAION KK，申请日：1988-05-17；公开日：1989-11-22)	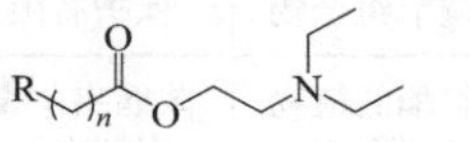 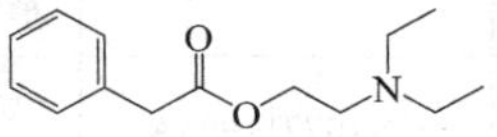 通式　　代表化合物
同类商品化/开发中品种	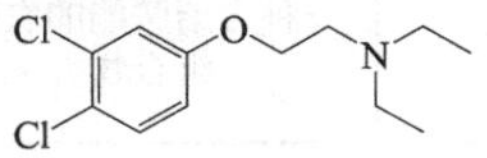 增产胺

（2）创造性　菊胺酯增产效果综合比较优于增产胺。初步田间小区试验证明菊胺酯植物生长调节剂对油菜增产 23.96%，对小麦增产 17.45%，统计分析农业增产效果达到极显著水平。

（3）核心化合物专利　武汉大学申请的菊胺酯核心专利与授权保护范围如表 6-58 所示。

表 6-58　菊胺酯核心化合物专利

序号	公开号	专利号	法律状态
1	CN1091123A	ZL93102043.3	失效
授权保护范围(中国专利) 一种名称为 *N*, *N*-二乙氨基乙基-4-氯-*α*-异丙基苄基羧酸酯盐酸盐的化合物，其结构为： 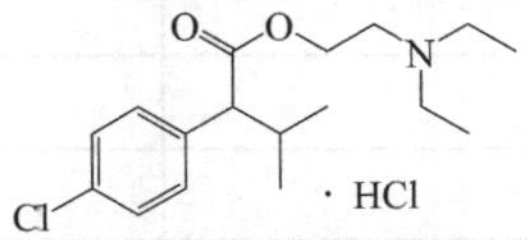 · HCl			

6.6.2.2 合成方法

以二乙胺和 2-氯乙醇等为原料，经如下反应制备目标物菊胺酯（图 6-25）[1]。

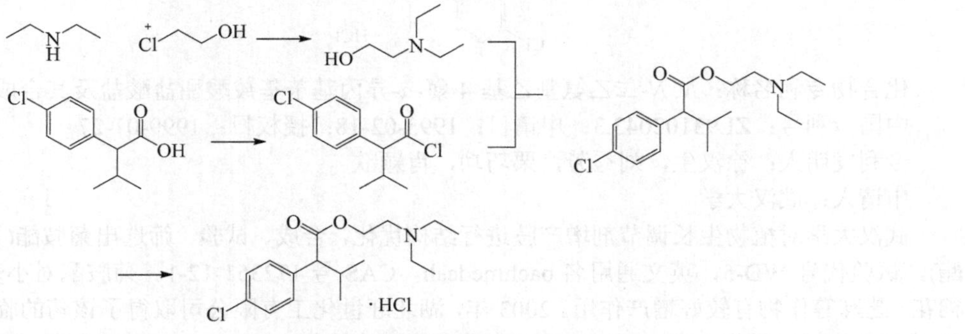

图 6-25 菊胺酯的合成路线

6.6.2.3 组合物专利

菊胺酯部分组合物专利见表 6-59。

表 6-59 菊胺酯组合物专利

序号	公开号	发明名称	申请人	B 组分
1	CN107183059A	一种含菊胺酯的植物生长调节组合物	陕西韦尔奇作物保护有限公司	苄氨基嘌呤、氯吡脲、三十烷醇、复硝酚钾、*S*-诱抗素、抗菌肽
2	CN107197875A	一种含菊胺酯的复配植物生长调节组合物	陕西韦尔奇作物保护有限公司	乙烯利、四甲基戊二酸、萘乙酸、复硝酚钠、氯化胆碱
3	CN107211998A	一种含菊胺酯的植物生长调节组合物	陕西韦尔奇作物保护有限公司	芸苔素内酯、赤霉酸、胺鲜酯、吲哚乙酸、超敏蛋白、茉莉酸及茉莉酸甲酯
4	CN107223665A	一种含菊胺酯的农药组合物	陕西韦尔奇作物保护有限公司	嘧菌酯、吡唑醚菌酯、肟菌酯、苯醚菌酯、醚菌胺、氟嘧菌酯、肟醚菌胺、啶氧菌酯、苯氧菌酯、唑菌酯
5	CN107232197A	一种含菊胺酯的抗菌增产组合物	陕西韦尔奇作物保护有限公司	氨基寡糖素、腐植酸铜、矮壮素、抗倒酯、甲哌鎓
6	CN107333761A	一种含菊胺酯与三唑类的农药组合物	陕西韦尔奇作物保护有限公司	三唑类的农药

6.6.2.4 毒理学与安全评价

部分毒理学与 Ames 试验具体数据见表 6-60 [1]。

表 6-60 菊胺酯原药毒性

测试科目	结论
大、小鼠急性经口	LD_{50}>500mg/kg
大鼠急性经皮	LD_{50}>2500mg/kg
细菌回复突变试验(Ames)	阴性

6.6.2.5 登记情况

目前国内登记菊胺酯系列产品 2 个（已过期），具体登记信息如表 6-61。

表 6-61 菊胺酯相关登记产品信息表

登记证号	农药名称	剂型	总含量	登记作物	作用方式	用药量(制剂量)	施用方法	登记证持有人
LS20030232	菊胺酯	可溶粉剂	95%	小麦	调节生长、增产	9500～19000倍液	喷药 2～3 次	湖北旺世化工有限公司
LS20030206	菊胺酯	原药	95%	—	—	—	—	湖北旺世化工有限公司

6.6.2.6 应用效果

菊胺酯主要用于小麦、水稻、油菜等作物，具有增产效果。于小麦分蘖期、拔节期、抽穗期三个时期分别施药一次，共施药三次，增产作用明显。对小麦使用安全[1]。

参考文献

[1] 黄艳刚, 徐玫, 董小文, 等. 植物生长调节剂菊乙胺酯. 现代化工, 2003(S1): 252-254.

6.6.3 苯哒嗪丙酯的创制

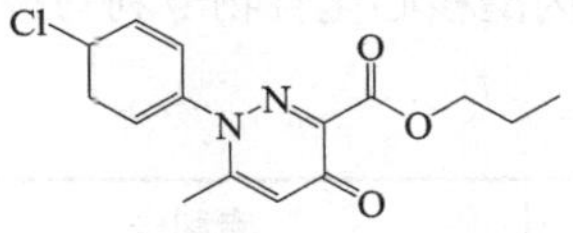

化合物专利名称：一种新化学杂交剂

中国专利号：ZL98124742.3；申请日：1998-11-16；授权日：2002-08-07

专利发明人：陈万义，王道全，蒋明亮，张爱民，黄铁城

申请人：中国农业大学

苯哒嗪丙酯是中国农业大学开发的化学杂交剂，实验代号：BAU9403，英文通用名：bachmedesh，CAS 号：78778-15-1。田间试验表明，在有效剂量下，可诱导小麦雄性不育，产生的杂交种子无干瘪现象。其无明显副作用，且对叶片大小、穗长、小穗数和穗粒数均无明显影响。已申请中国专利。2002 年，河北新兴化工有限责任公司取得了该药的临时登记证，包括 95%苯哒嗪丙酯原药及 10%苯哒嗪丙酯乳油（商品名：达优麦）[1-5]。

6.6.3.1 创制过程

1980 年原罗门哈斯公司曾申请了该类化合物作为植物生长调节剂的制备工艺专利，中国农业大学于 1997 年合成了该化合物，并对其进行了详尽研究。主要用于小麦，具有良好的小麦去雄效果。

6.6.3.2 知识产权分析

该发明化合物结构虽与已知专利化合物结构相似，但在已有专利范围外。

（1）新颖性　新颖性分析见表 6-62。

表 6-62　该专利与已有技术对比表

该专利：CN1253949A (中国农业大学，申请日：1998-11-16；公开日：2000-05-24)	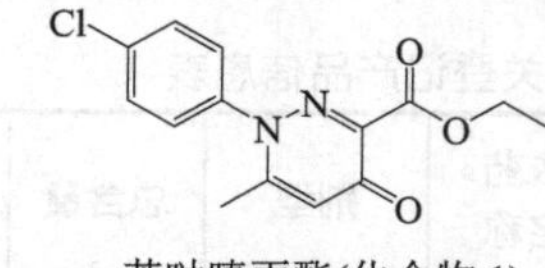 苯哒嗪丙酯(化合物 1)
接近的已有技术与同类商品化/开发中品种：US4732603A(ROHM HAAS，优先权日：1980-10-03；申请日：1983-11-14；公开日：1988-03-22)	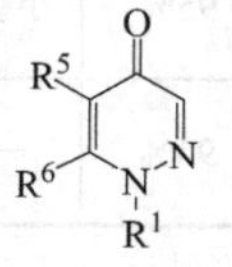 通式 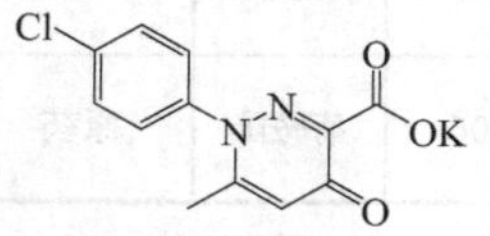 代表化合物杀雄嗪
接近的已有技术与同类商品化/开发中品种：US4345934A(ROHM HAAS，优先权日：1977-03-10；申请日：1979-02-26；公开日：1982-08-24)	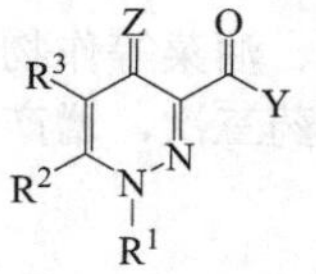 通式 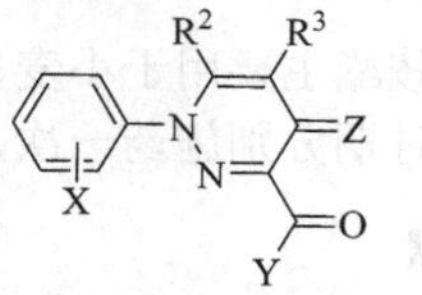 代表化合物

（2）创造性　专利 CN1088700C 说明书中生物活性测定实施例记载，该发明测试化合物 1，在剂量 0.5～1.0kg/hm^2 下，对小麦平均去雄率为 99.6%～100%。

（3）核心化合物专利　苯哒嗪丙酯核心化合物专利与授权保护范围如表 6-63 所示。

表 6-63　苯哒嗪丙酯核心化合物专利

序号	公开号	专利号	法律状态
1	CN1253949A	ZL98124742.3	失效
授权保护范围(中国专利)			
下述化学结构式所示的具有去雄活性的化合物：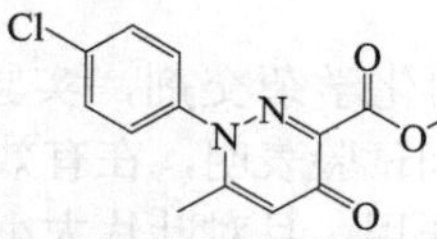			

6.6.3.3　合成方法

4-羟基-6-甲基-2-吡喃酮与对氯苯胺重氮盐经偶合、重排、成盐、酸解、酯化步骤合成苯哒嗪丙酯(图 6-26) [4]。

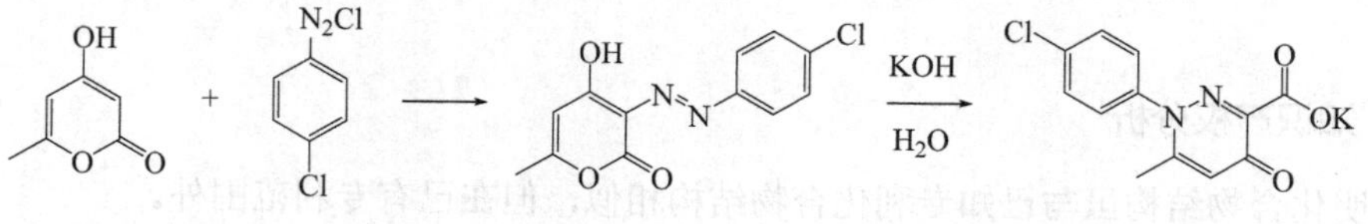

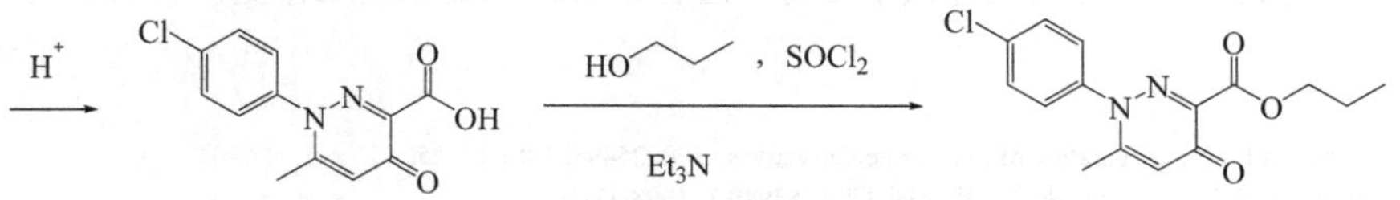

图 6-26 苯哒嗪丙酯的合成路线

6.6.3.4 组合物专利

苯哒嗪丙酯部分组合物专利见表 6-64。

表 6-64 苯哒嗪丙酯组合物专利

序号	公开号	发明名称	申请人	B 组分
1	CN113575586A	一种含芸苔素内酯、苯哒嗪丙酯的农药组合物	江西鑫邦生化有限公司	芸苔素内酯
2	CN103826452A	杀虫组合物及其相关方法	陶氏益农公司	通式 1 化合物
3	CN103748089A	杀虫组合物及其相关方法	陶氏益农公司	通式 1 化合物

6.6.3.5 毒理学与安全评价

苯哒嗪丙酯原药对雄性和雌性大鼠急性经口 LD_{50} 分别为 3160mg/kg 和 3690mg/kg，急性经皮 LD_{50}＞2150mg/kg，对皮肤、眼睛无刺激性，为弱致敏性。致突变试验：Ames 试验、小鼠骨细胞核试验、小鼠睾丸细胞染色体畸变试验均为阴性。大鼠（90d）喂饲亚慢性试验无作用剂量：雄性为 31.6mg/kg，雌性为 39mg/kg。10%乳油对雄性和雌性大鼠急性经口 LD_{50} 分别为 5840mg/kg 和 2710mgkg，急性经皮 LD_{50}＞2000mg/kg；对皮肤和眼睛无刺激性，为弱致敏性。该药为低毒植物生长调节剂（小麦去雄剂）[3,5]。

环境生物安全性评价：10%苯哒嗪丙酯乳油对斑马鱼 LD_{50}（48h）为 1.0～10mg/L，对鸟 LD_{50} 为 183.7mg/kg，对蜜蜂 LC_{50} 为 1959mg/L，对家蚕 LC_{50}＞2000mg/kg 桑叶。该药对鸟、蜜蜂、家蚕均为低毒，对鱼类属中等毒[3,5]。

6.6.3.6 登记情况

目前国内登记苯哒嗪丙酯系列产品 2 个，具体登记信息如表 6-65。

表 6-65 苯哒嗪丙酯相关登记产品信息表

登记证号	农药名称	剂型	总含量	登记作物	作用方式	用药量(制剂量)	施用方法	登记证持有人
LS20020927	苯哒嗪丙酯	乳油	10%	冬小麦	诱导雄性不育	—	喷雾	河北新兴化工有限责任公司
LS20020926	苯哒嗪丙酯	原药	95%	—	植物生长调节剂	—	—	河北新兴化工有限责任公司

6.6.3.7 应用效果

苯哒嗪丙酯主要用于小麦，具有良好的小麦去雄效果。田间试验表明，在有效剂量下，可诱导小麦雄性不育，产生的杂交种子无干瘪现象。其无明显副作用，且对叶片大小、穗长、小穗数和穗粒数均无明显影响。可大大降低小麦育种过程中的人工去雄的工作量，节省劳力[2,3,5]。

参考文献

[1] Carlson G R. Process for the preparation of pyridazine derivatives. EP0025498, 1981-03-25.
[2] 陈万义，王道全，蒋明亮，等. 一种新化学杂交剂. CN1253949A, 1998-11-16.
[3] 芦志成，张鹏飞，李慧超，等. 中国农药创制概述与展望. 农药学学报, 2019, 21(5-6): 551-579.
[4] 陈万义，花冬梅. 化学杂交剂哒嗪酮酸钾的合成. 农药, 1997, 36(06): 13-15.
[5] 新农药介绍——苯哒嗪丙酯. 农药科学与管理, 2003, 24(06): 45-46.

6.6.4 呋苯硫脲的创制

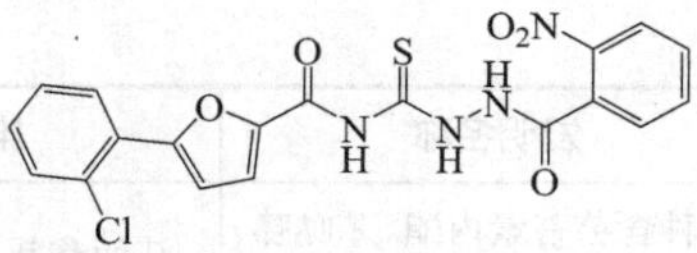

化合物专利名称：含取代呋喃环的酰氨基硫脲的合成

中国专利号：ZL99126216.6；申请日：1999-12-15；授权日：2003-02-26

专利发明人：司宗兴，程卫华

申请人：司宗兴，程卫华

呋苯硫脲是中国农业大学自主创制的新型植物生长调节剂，实验代号：CAU9901，英文通用名：fuphenthiourea，CAS 号：1332625-45-2。已知酰胺硫脲类化合物具有杀虫、植物生长调节等生物活性，而 5-芳基-2-呋喃甲酸及其衍生物已有多种生物活性报道，在此基础上创制了全新的呋苯硫脲，可调节水稻生长，能促进秧苗发根，促使根系旺盛，提高秧苗素质，使活力增强。移栽大田后，能促进水稻分蘖，增加成穗数和每穗实粒数，但对千粒重无明显影响。田间药效表明：可使水稻增产 6%～14%。已申请中国专利，但是因 2011 年未缴年费专利权终止。2005 年，河北万全力华化工有限责任公司取得了该药的临时登记证，包括 90%呋苯硫脲原药及 10%呋苯硫脲乳油，已过期[1-4]。

6.6.4.1 创制过程

酰氨基硫脲类化合物具有杀虫、调节植物生长等生物活性，5-芳基-2-呋喃甲酸及其衍生物有麻醉、镇静等作用。从生物化学方面看，呋喃环中的氧原子可参与生物体中氢键的形成，增加授受间分子亲和性，其导入可能有助于提高化合物的生物活性。为寻找新的活性物质，合成新型酰氨基硫脲，将芳酰基呋喃与酰氨基硫脲连接在一起，合成了 30 种新的 5-芳基-2-呋喃甲酰基氨基硫脲（图 6-27）。进行了初步的生物活性测试，结果表明有良好的植物生长调节作用[5]。

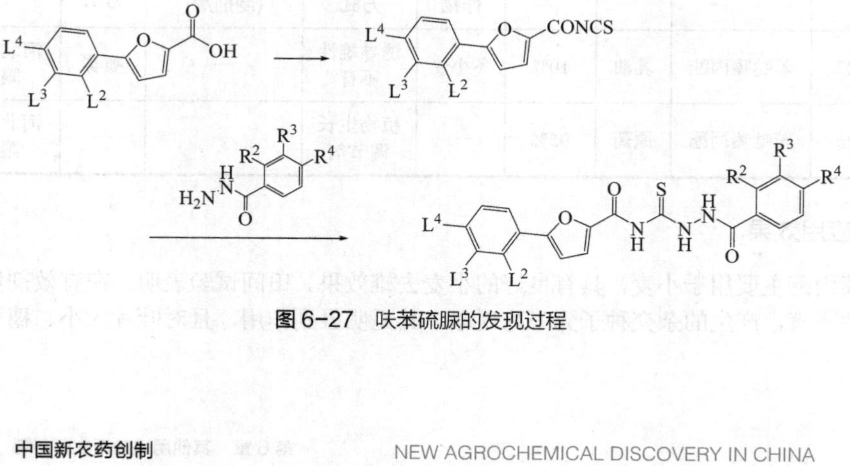

图 6-27 呋苯硫脲的发现过程

6.6.4.2 知识产权分析

该发明化合物结构虽与已知专利化合物结构相似，但仍存在明显的不同，在已有专利范围外。

（1）新颖性　新颖性分析见表 6-66。

表 6-66　该专利与已有技术对比表

该专利：CN1303849A，申请日：1999-12-15；公开日：2001-07-18	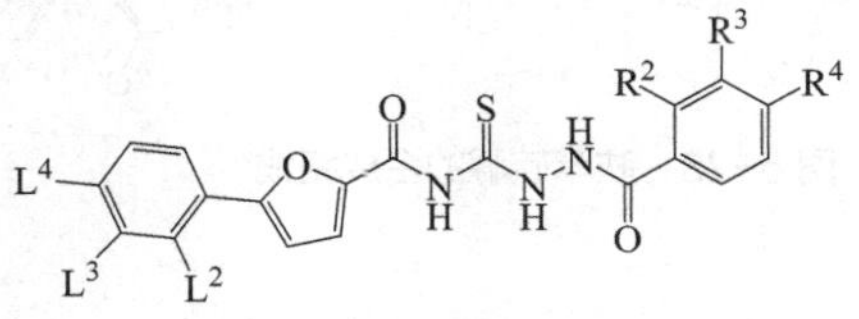 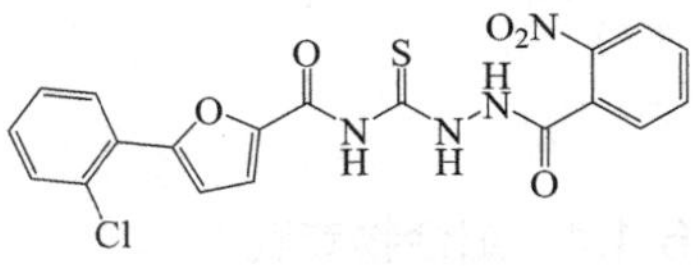 通式　代表化合物呋苯硫脲
接近的已有技术与同类商品化/开发中品种：贾学顺，王玉炉，王昀. 1-苯氧乙酰基-4-芳酰基氨基硫脲的合成.化学通报，1994(01):38-40	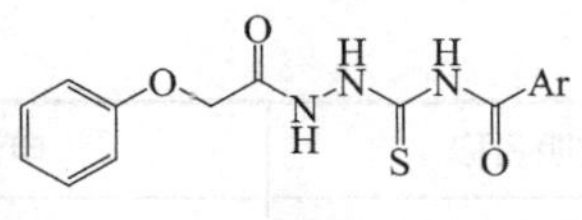 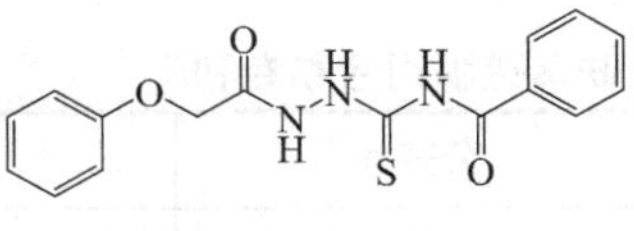 通式　代表化合物(化合物 2a)
接近的已有技术与同类商品化/开发中品种 金桂玉，侯震赵，国锋，等.1-芳酰基-4-取代吡唑甲酰基氨基硫脲和环化产物的合成及生物活性.高等学校化学学报，1997(03):409-412.	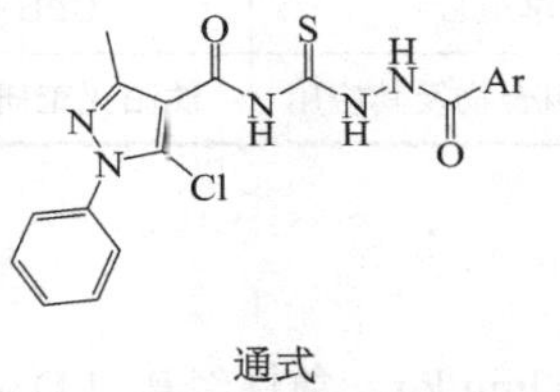 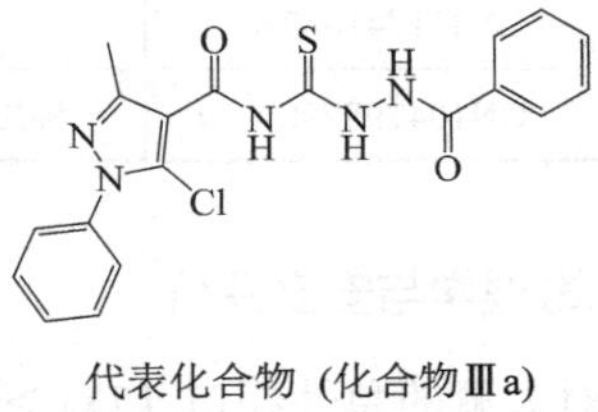 通式　代表化合物（化合物Ⅲa)

（2）创造性　专利 CN1102146C 说明书中生物活性测定实施例记载，该发明测试化合物在 1mg/L 及 10mg/L 下，可促进水稻与黄瓜根的生长。

（3）核心化合物专利　呋苯硫脲核心化合物专利与授权保护范围如表 6-67 所示。

表 6-67　司宗兴和程卫华申请的呋苯硫脲核心化合物专利

序号	公开号	专利号	法律状态
1	CN1303849A	ZL99126216.6	授权失效
授权保护范围(中国专利)			
一种新型含呋喃环的酰氨基硫脲，其通式如下： 式中，L^2、L^3、L^4、R^2 R^3、R^4取自硝基、卤素、烷基、烷氧基、羟基或氢			

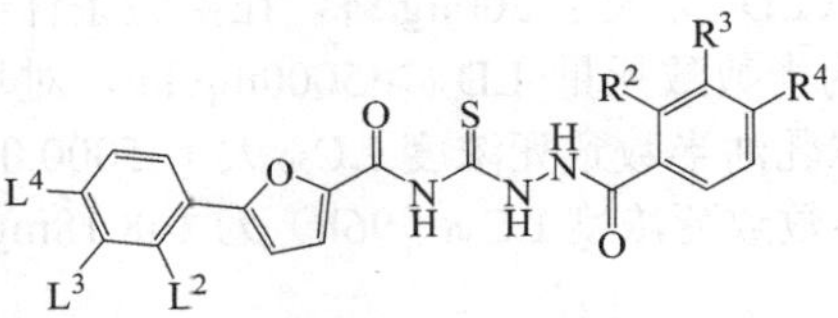

6.6.4.3 合成方法

以邻氯苯基呋喃为原料，经氯化亚砜氯化、硫氰酸钾酯化，最后与邻硝基苯肼加成，制得呋苯硫脲（图 6-28）[6,7]。

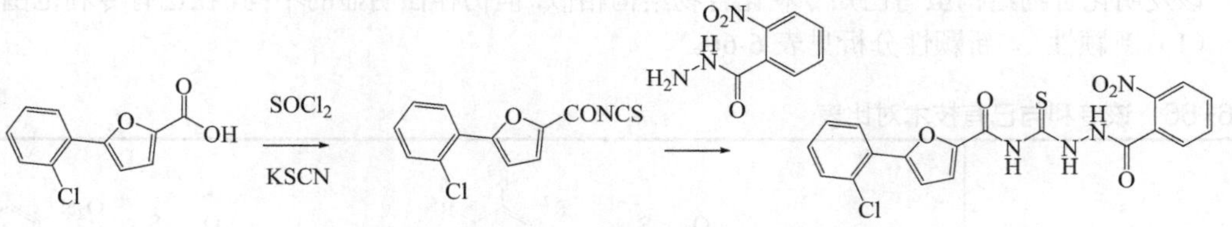

图 6-28　呋苯硫脲的合成路线

6.6.4.4　组合物专利

呋苯硫脲部分组合物专利见表 6-68。

表 6-68　呋苯硫脲组合物专利

序号	公开号	发明名称	申请人	B 组分
1	CN113575587A	一种含芸苔素内酯、呋苯硫脲的农药组合物	江西鑫邦生化有限公司	芸苔素内酯
2	CN111741682A	除草组合	UPL 有限公司	唑啉草酯
3	CN104798798A	一种二元组合物及其应用	沈阳化工研究院有限公司	通式化合物 A

6.6.4.5　毒理学与安全评价

原药对大鼠的急性经口 LD_{50}＞5000mg/kg、急性经皮 LD_{50}＞2000mg/kg，均为低毒。眼刺激为轻度刺激性级、皮肤刺激试验属无刺激性级；皮肤变态反应试验结果为致敏强度 I 级，属弱致敏物。对小鼠睾丸精母细胞染色体畸变试验结果为阴性；骨髓多染红细胞微核试验表明：不诱发微核率增加；伤寒沙门氏菌回复突变（Ames）结果表明没有明显的诱导突变作用。大鼠亚慢性 90d 经口喂养毒性试验证明：90%呋苯硫脲原药影响动物食欲，影响营养状况，体重增长减慢，部分生化指标（ALT、GLU、CHO、TP、TBil）及部分脏/体（肝/体、脑/体、肾上腺/体、睾丸/体）有所改变，且引起个别动物肝脏呈小片状肝细胞水肿。喂饲染毒最大无作用剂量雌性为 96.44mg/kg，雄性为 70.05mg/kg [3,8]。

10%乳油对大鼠经口 LD_{50}：雌性为 3830.00mg/kg，雄性为 3160.00mg/kg；对大鼠经皮 LD_{50}＞2000mg/kg，均属低毒；对皮肤和眼睛刺激强度均为无刺激性级。经化学工业农药安全评价质量监督检验中心对蜜蜂接触毒性试验证明：10%乳油对蜜蜂的半数致死浓度（LC_{50}）大于 100μg/μL，其半数致死量（LD_{50}）大于 200μg/蜂，在实验条件下对蜜蜂的毒性为低毒级。对鹌鹑急性经口毒性试验结果为半数致死量 LD_{50}＞5000mg/kg，对鸟的毒性为低毒。对桑蚕毒性试验结果证明：10%呋苯硫脲乳油半数致死浓度 LC_{50} 大于 5000.00mg/L。对斑马鱼毒性试验结果表明，10%呋苯硫脲乳油半数致死浓度 LC_{50}（96h）为 148.18mg/L，95%可信区间：123.05～178.4mg/L，也为低毒级[3,8]。

呋苯硫脲经口染毒最大无作用剂量在雌性大鼠为 96.44mg/（kg·d），雄性大鼠为 70.05mg/（kg·d）[3,8]。

6.6.4.6　登记情况

目前国内登记呋苯硫脲系列产品 2 个，具体登记信息如表 6-69。

表 6-69 呋苯硫脲相关登记产品信息表

登记证号	农药名称	剂型	总含量	登记作物	作用方式	用药量(制剂量)	施用方法	登记证持有人
LS20053409	呋苯硫脲	乳油	10%	水稻	促进植物生长	500～1000 倍液	48h 浸种	河北万全力华化工有限责任公司
LS20053285	呋苯硫脲	原药	90%	—	促进植物生长	—	—	河北万全力华化工有限责任公司

6.6.4.7 应用效果

使用作物主要是水稻，用 10%乳油稀释 1000 倍液浸种 48h 并用此浸种液育秧即可。主要生理效应是促进根部发育，增强光合作用，提高水分利用率，增加分蘖，提高抗逆(抗寒、抗旱、抗倒伏)能力，具有增产作用(一般增产 6.1%～14.6%)，对品质无不良影响[3,7,9]。

参考文献

[1] POTTS K T. The chemistry of 1,2,4-triazoles. Chem Rev, 1961,61(2): 87-127.
[2] Wright G, Burch H, Goldenberg M, et al. 3-Diethylaminc-2, 2-dimethylpropyl 5-(substituted phenyl)-2-furoates.US3856825, 1974-12-24.
[3] 司宗兴. 创新型植物生长调节剂——呋苯硫脲. 世界农药, 2007, 29(4): 48.
[4] 芦志成, 张鹏飞, 李慧超, 等. 中国农药创制概述与展望. 农药学学报, 2019, 21(5-6): 551-579.
[5] 程卫华, 司宗兴. 1-芳酰基-4-(5 -芳基-2 -呋喃甲酰基)氨基硫脲衍生物的合成及其生物活性. 应用化学, 2000, 17(4) : 444-446.
[6] 贾学顺, 王玉炉, 王昀. 1-苯氧乙酰基-4-芳酰基氨基硫脲的合成. 化学通报, 1994(01): 38-40.
[7] 金桂玉, 侯震赵, 国锋, 等. 1-芳酰基-4-取代吡唑甲酰基氨基硫脲和环化产物的合成及生物活性. 高等学校化学学报, 1997 (03): 409-412.
[8] 王静, 王晓军, 刘英华,等. 呋苯硫脲亚慢性经口毒性实验研究. 中国职业医学, 2006, 33(4): 273-277.
[9] 陈志. 10%呋苯硫脲在水稻上的应用效果. 中国稻米, 2010, 16(03) : 66-67.

6.6.5 14-羟基芸苔素甾醇的创制

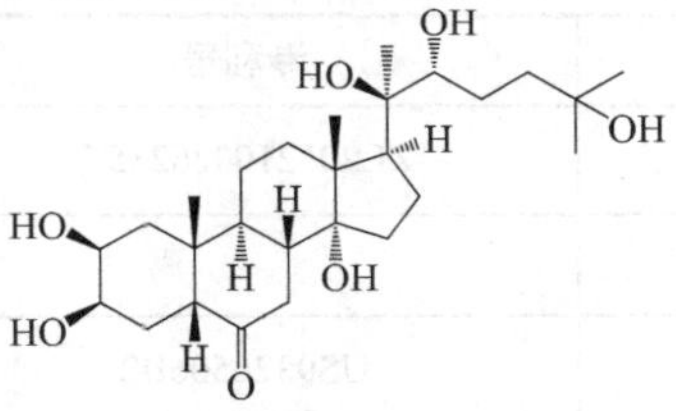

化合物专利名称：天然芸苔素内酯类似物的应用

中国专利号：ZL201210026285.7；申请日：2012-01-18；授权日：2018-11-23

专利发明人：何其明

申请人：成都新朝阳作物科学股份有限公司

该发明在油菜花粉中通过提取分离纯化得到了几种天然芸苔素内酯类似物，通过活性研究发现了 14-羟基芸苔素甾醇是一类广谱、高活性的植物生长调节剂。其活性主要表现为促进植物生长、提高结实率、增加产量、改善品质、抗逆等。此有效成分生理活性高，调节生长发育的作用独特，以极其微小的剂量就可表现出良好的调节效果。其作用方式主要是促进细胞伸长和分裂，调控叶片形状；改变细胞膜电位和酶活性，增强光合作用；促进 DNA、RNA 和蛋白质的生物合成，提高植株对环境胁迫的耐受力等。14-羟基芸苔素甾醇由成都新朝阳作物科学有限公司开发，2007 年取得了该农药的正式登记证，2017 年又获得了包括 5%的 14-羟基芸苔素甾醇母药（PD20171724）及 0.01%的 14-羟基芸苔素甾醇水剂（PD20171723，用于水稻调节生长）的正式登记[1,2]。

6.6.5.1 创制过程

芸苔素的类似物于 1970 年由 Faux 等从蕨类植物中提取发现，2002 年中国科学院昆明植物研究所首次化学合成了该化合物，但并未申请专利，后来由成都新朝阳作物科学有限公司从油菜花粉中提取分离得到了 14-羟基芸苔素甾醇[2]。

6.6.5.2 知识产权分析

该发明专利为应用专利。主要包括提取方法和促进植物生长、抗低温和耐高盐等方面的应用。

（1）新颖性　该发明专利主要涉及了 BR4、BR5、BR6（14-羟基芸苔素甾醇）三种芸苔素内酯的提纯方法及应用（申请日 2012-01-18，公开日 2013-07-24），其中其类似物 BR1 已经在 1979 年公开了作为植物生长促进剂的活性数据（Nature, Vol 281, NO.5728, 1979）；BR1～BR5 作为植物激素在农药学上应用，可促进多种植物生长，低剂量下对多种植物具有增加作物产量和抗逆作用，已在 2002 年公开[Braz. J. Plant Physiol., 2002, 14(3): 143-181]；此外在 2002 年 *Synthetic Communications* 发表的 *The selective dehydroxylation of 20-hydroxyecdysone by Zn powder and anhydrous acetic acid* 一文中公开了 BR6 的化学合成。但现有技术未有从花粉中提取 BR4、BR5、BR6 的报道（注：BR1～BR6 相关结构为专利 CN201210026285.7 中权利要求书中对应结构）。

（2）创造性　在低浓度下，该发明的 BR 混合物对大豆促进生长的效果大都均优于现有化学合成的产品，在说明书中，该发明的 BR 混以 0.005mg/L 施用的活性甚至高于现有化学合成的表高芸苔素内酯以 0.01mg/L 施用的活性。

（3）核心化合物专利　14-羟基芸苔素甾醇核心专利与授权保护范围如表 6-70 所示。

表 6-70　成都新朝阳作物科学股份有限公司申请的 14-羟基芸苔素甾醇核心专利

序号	公开号	专利号	法律状态
1	CN103214546A	ZL201210026285.7	授权有效
2	WO2013106975A1		
3	US2015005169A1	US9326506B2	授权有效
4	AU2014100700A4		授权（专利权终止）
授权保护范围（中国专利）			
天然芸苔素内酯类似物的提取方法，其包括： （1）用 80%～100%（体积分数）乙醇水溶液提取破碎的油菜花粉，固液分离后保留滤液，获得醇溶性提取液；（2）将醇溶性提取液与 0%～60%（体积分数）乙醇水溶液混合，然后加入乙酸乙酯萃取，保留乙酸乙酯层并加入酯酶和糖化酶进行不完全反应，然后干燥，获得酯溶性提取物；其中，不完全反应是在 35～42℃反应 0.5～2h，使酶反应的底物在全部转化前终止反应，由此保持天然芸苔素内酯类似物的多样性；酯酶是提取自细菌的酯酶；并且，糖化酶是提取自真菌的糖化酶；（3）酯溶性提取物上样于硅胶色谱柱，用甲醇和乙酸乙酯的混合液洗脱，收集含有天然芸苔素内酯类似物的洗脱液，干燥并溶解于甲醇中，获得硅胶柱纯化液；其中，硅胶色谱柱中的填料是 200～300 目硅胶；混合液中甲醇与乙酸乙酯的体积比为（3～8）：（0.5～1.5）；干燥是减压干燥；（4）将硅胶柱纯化液上样于 C18 反相色谱柱，用乙腈和水的混合液洗脱，混合液中乙腈与水的体积比为（60～90）：（10～40）；分别收集含有如式 BR6、BR4 和/或 BR5 中的至少一种所示的天然芸苔素内酯类似物的洗脱液，式 BR6、BR4 和/（或）BR5 中的至少一种所示的天然芸苔素内酯类似物的纯度大于 90%			

6.6.5.3 合成方法

14-羟基芸苔素甾醇主要是以花粉为原料，采用酶法水解萃取技术进行提取、分离和纯化制备[1]。具体操作如下[3]：

取油菜花粉 100g，加入 95%（体积分数）乙醇 300mL，超声破碎，过滤，保留滤液；滤渣加入 95%（体积分数）乙醇 300mL，超声破碎，过滤，保留滤液。合并滤液，于 75℃、0.085MPa 的真空度干燥浓缩至体积为 100mL，得花粉醇提液。

将 50%（体积分数）乙醇 200mL 加到花粉醇提液中，混合均匀，然后加入 500mL 乙酸乙酯萃取，保留上层（乙酸乙酯层）；下层继续加入 500mL 乙酸乙酯萃取，保留上层（乙酸乙酯层）。合并乙酸乙酯层，加入 300mL 酶液（即脂肪酶与糖化酶的混合酶液，其中脂肪酶 2500U/L，糖化酶 2000U/L）于 40℃搅拌（45r/min）处理 1h，然后于 75℃、0.085MPa 的真空度干燥，得酯溶性提取物。

取酯溶性提取物上样于硅胶色谱柱（2.6cm×40cm，300 目硅胶），加流动相（即甲醇和乙酸乙酯的混合液，甲醇与乙酸乙酯的体积比为 5∶1）洗脱，控制流速为 4mL/min，收集第 40min 至第 150min 流出的洗脱液，合并后于 75℃、0 .085MPa 的真空度干燥完全，溶解于 10mL 甲醇中，得硅胶柱纯化液。然后，将硅胶柱纯化液上样于 C18 反相色谱柱（柱参数为 50mm×25cm，5μm），加流动相（即乙腈和水的混合液，乙腈与水的体积比为 75∶25）洗脱，控制流速为 10mL/min，经过一定时间即可得到 14-羟基芸苔素甾醇。

6.6.5.4 组合物专利

芸苔素内酯或芸苔素甾醇部分组合物专利见表 6-71。

表 6-71 宁南霉素组合物专利

序号	公开号	发明名称	申请人	B 组分
1	CN103918651A	一种防治根结线虫病的农药组合物及方法	吴通	各种芸苔素类似物的组合
2	CN103960241A	一种防治十字花科作物根肿病的农药组合物及方法	吴通	各种芸苔素类似物的组合
3	CN109169665A	一种丙酰芸苔素内酯与其它芸苔素复配制剂组合物	江西鑫邦科技有限责任公司	丙酰芸苔素内酯
4	CN109221132A	一种用于玉米大豆间作的控旺增产药剂组合物	江西鑫邦科技有限责任公司	调环酸钙
5	CN109938027A	一种抗植物病毒病的农药组合物及其制备方法和应月	江西鑫邦科技有限责任公司	多糖类化合物
6	CN109938028A	一种含有芸苔素内酯类化合物的环己烯二酮类除草组合物	江西鑫邦科技有限责任公司	环己烯二酮类除草剂
7	CN109938029A	一种含芸苔素内酯类化合物的芳氧苯氧丙酸类除草组合物	江西鑫邦科技有限责任公司	芳氧苯氧丙酸类除草剂

续表

序号	公开号	发明名称	申请人	B组分
8	CN109938055A	一种用于防治水稻纹枯病的农药组合物	江西鑫邦科技有限责任公司	菌核净和金钱草-九牛力叶提取物
9	CN109984133A	一种含有芸苔素内酯类化合物的防治病毒病的农药组合物	江西鑫邦科技有限责任公司	阿魏酸乙酯、亚油酰乙醇胺、β-咔啉类生物碱单剂或油酰·硫酸锌、阿魏·羟基膦酯或L-苏糖·香菇多糖

6.6.5.5 作用机理

其作用方式主要是促进细胞伸长和分裂，调控叶片形状；改变细胞膜电位和酶活性，增强光合作用；促进DNA、RNA和蛋白质的生物合成，提高植株对环境胁迫的耐受力等[1]。

6.6.5.6 毒理学与安全评价

毒性级别为低毒或微毒，对水生生物等环境生物毒性低[1]。

6.6.5.7 登记情况

目前国内登记14-羟基芸苔素甾醇系列产品25个，具体登记信息如表6-72。

表6-72 14-羟基芸苔素甾醇相关登记产品信息表

登记证号	农药名称	剂型	总含量	登记作物	作用方式	用药量（制剂量）	施用方法	登记证持有人
PD20070288	14-羟基芸苔素甾醇	可溶粉剂	0.01%	水稻	调节生长	1000～4000倍液	水稻齐穗喷药一次	成都新朝阳作物科学股份有限公司
PD20070289	14-羟基芸苔素甾醇	母药	80%	—	—	—	—	成都新朝阳作物科学股份有限公司
PD20081164	14-羟基芸苔素甾醇	水剂	0.01%	柑橘树	调节生长	1250～2000倍液	喷雾	成都新朝阳作物科学股份有限公司
				水稻	调节生长	1000～3333倍液	喷雾	
				小白菜	调节生长	1250～2000倍液	喷雾	
				小麦	调节生长	1000～3333倍液	喷雾	
PD20130569	14-羟基芸苔素甾醇	水剂	0.00%	小白菜	调节生长	2000～3000倍液	茎叶喷雾	广东植物龙生物技术股份有限公司
PD20171722	14-羟芸·赤霉酸	可溶粒剂	40%	柑橘树	调节生长	10000～12000倍液	喷雾	成都新朝阳作物科学股份有限公司
				水稻	制种	30～40g/亩	喷雾	
PD20171723	14-羟基芸苔素甾醇	水剂	0.01%	柑橘树	调节生长	2000～3000倍液	喷雾	成都新朝阳作物科学股份有限公司

续表

登记证号	农药名称	剂型	总含量	登记作物	作用方式	用药量（制剂量）	施用方法	登记证持有人
PD20171723	14-羟基芸苔素甾醇	水剂	0.01%	水稻	调节生长	3000～4000倍液	喷雾	成都新朝阳作物科学股份有限公司
				小麦	调节生长	1500～2000倍液	喷雾	
PD20171724	14-羟基芸苔素甾醇	母药	5%	—	—	—	—	成都新朝阳作物科学股份有限公司
PD20172971	14-羟基芸苔素甾醇	水剂	0.01%	水稻	调节生长	2500～3500倍液	喷雾	山东省菏泽北联农药制造有限公司
PD20173282	14-羟芸·烯效唑	悬浮剂	3%	棉花	调节生长	初花期2000～3000倍液；打顶后500～600倍液	喷雾	中棉小康生物科技有限公司
PD20181236	14-羟基芸苔素甾醇	可溶液剂	0.01%	葡萄	调节生长	2500～3500倍液	喷雾	成都观智农业科技有限公司
PD20181555	14-羟基芸苔素甾醇	水剂	0.01%	小麦	调节生长、增产	1000～1500倍液	喷雾	海利尔药业集团股份有限公司
PD20182047	14-羟基芸苔素甾醇	水剂	0.01%	小麦田	调节生长	2500～3125倍液	喷雾	江苏丰山集团股份有限公司
PD20183309	14-羟基芸苔素甾醇	可溶液剂	0.01%	葡萄	调节生长	2500～5000倍液	喷雾	浙江天丰生物科学有限公司
PD20183346	14-羟基芸苔素甾醇	可溶液剂	0.01%	黄瓜	调节生长	2000～3300倍液	喷雾	山东焱农生物科技股份有限公司
PD20183576	14-羟芸·胺鲜酯	水剂	2%	小白菜	调节生长	1000～1500倍液	喷雾	广东植物龙生物技术股份有限公司
PD20183591	14-羟芸·胺鲜酯	水剂	8%	白菜	调节生长	3500～4000倍液	喷雾	广东省佛山市盈辉作物科学有限公司
PD20183660	吲丁·14-羟芸	可溶液剂	2.50%	柑橘树	调节生长	600～800倍液	喷雾	陕西省西安市植丰农药厂
PD20183667	14-羟基芸苔素甾醇	水剂	0.01%	小麦	调节生长	2000～5000倍液	喷雾	河南锦绣之星作物保护有限公司
PD20183769	14-羟芸·赤·吲乙	可湿性粉剂	0.14%	玉米	调节生长	75～100倍液	浸种	江苏明德立达作物科技有限公司
PD20183895	14-羟基芸苔素甾醇	水剂	0.004%	水稻	调节生长	1000～2000倍液	喷雾	山东圣鹏科技股份有限公司
PD20184297	14-羟基芸苔素甾醇	可溶液剂	0.01%	小麦	调节生长	1000～1500倍液	喷雾	江苏江南农化有限公司

续表

<table>
<tr><th>登记证号</th><th>农药名称</th><th>剂型</th><th>总含量</th><th>登记作物</th><th>作用方式</th><th>用药量(制剂量)</th><th>施用方法</th><th>登记证持有人</th></tr>
<tr><td rowspan="2">PD20200166</td><td rowspan="2">14-羟芸·噻苯隆</td><td rowspan="2">可溶液剂</td><td rowspan="2">0.16%</td><td>水稻</td><td>调节生长</td><td>20～35mL/亩</td><td>喷雾</td><td rowspan="2">江苏辉丰生物农业股份有限公司</td></tr>
<tr><td>玉米</td><td>调节生长</td><td>20～35mL/亩</td><td>喷雾</td></tr>
<tr><td>PD20200201</td><td>14-羟基芸苔素甾醇</td><td>原药</td><td>90%</td><td>—</td><td>—</td><td>—</td><td>—</td><td>郑州先利达化工有限公司</td></tr>
<tr><td rowspan="2">PD20210193</td><td rowspan="2">14-羟基芸苔素甾醇</td><td rowspan="2">可溶液剂</td><td rowspan="2">0.01%</td><td>柑橘树</td><td>调节生长</td><td>1000～1500倍</td><td>喷雾</td><td rowspan="2">桂林集琦生化有限公司</td></tr>
<tr><td>小白菜</td><td>调节生长</td><td>1500～3000倍</td><td>喷雾</td></tr>
<tr><td>PD20211467</td><td>14-羟芸·胺鲜酯</td><td>可溶液剂</td><td>1.10%</td><td>小白菜</td><td>调节生长</td><td>1000～1500倍</td><td>喷雾</td><td>广东真格生物科技有限公司</td></tr>
</table>

6.6.5.8 应用效果

以 14-羟基芸苔素甾醇为核心的天然芸苔素，始终是合成芸苔素活性的标杆，在较低的浓度时即可表现出较高活性，在实际应用中，其使用浓度约为 0.025mg/L，远低于其他芸苔素使用浓度。14-羟基芸苔素甾醇不易产生药害，对作物安全性更高。已经在 80 多种作物上应用，并且适用于作物生长的各个生育期。且应用方法多样，如拌种、浸种、浸苗、蘸根、喷施、滴灌、冲施、飞防等。

14-羟基芸苔素甾醇可与农药协同增效、降低抗药性；浸种、拌种、蘸根效果明显，作物抗逆能力突出；还普遍应用于保花保果（促进花芽分化、提高坐果率、果形正）、增强抗逆性（抗寒、抗旱、抗高温、抗盐碱）、提高农产品品质（促进膨果、转色、增甜）、增强光合、预防早衰、规避药害、解除药害等。

14-羟基芸苔素甾醇 0.01%水剂对水稻起到非常良好的调节生长作用，用药浓度为 3000～4000 倍稀释，于水稻孕穗期、齐穗期喷雾使用。

14-羟基芸苔素甾醇对大豆也有很好的调节生长作用，相较于对照，无论是化学合成的表高芸苔素内酯还是 14-羟基芸苔素甾醇，对大豆的出苗、株高及鲜重、干重都有促进作用，但是二者生物活性有所差异。在低浓度下，14-羟基芸苔素甾醇的各方面促进生长的效果大都均优于现有化学合成的产品，14-羟基芸苔素甾醇以 0.005mg/L 施用的活性甚至基本上高于现有化学合成的表高芸苔素内酯以 0.01mg/L 施用的活性[3]。

14-羟基芸苔素甾醇对猕猴桃也有很好的调节生长作用，传统人工点授方式下“东红”猕猴桃坐果率仅为 59.36%，使用 0.04μmol/10g 花粉 14-羟基芸苔素甾醇对“东红”猕猴桃进行授粉，坐果率为 78.54%，比传统方法多 19.18%，其中对“东红”坐果率的提高达到显著差异（$p \leqslant 0.05$）[4]。

参考文献

[1] 任丹，姜勇. 植物生长调节剂 14-羟基芸苔素甾醇 14-hydroxylated brassinosteroid. 农药科学与管理, 2018, 39(1): 67.

[2] 芦志成，张鹏飞，李慧超，等. 中国农药创制概述与展望. 农药学学报, 2019(Z1): 8-36.

[3] 何其明. 天然芸苔素内酯类似物的应用. CN103214546, 2013-07-24.

[4] 李玉珠，王艳玲，吴丹，等. 天然植物生长调节剂 14-羟基芸苔素甾醇在猕猴桃授粉中的应用. 北方果树, 2021(5): 5-8.

6.6.6 其他植物生长调节剂的创制

（1）5-取代噻唑酰胺类化合物及其制备方法与应用

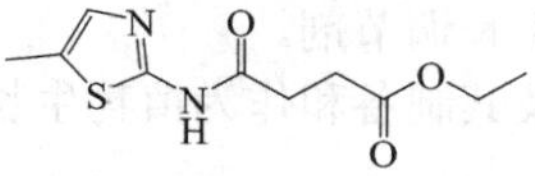

发明人：段留生，刘少金，于春欣，蔡杰，梁丽君，周于毅，李召虎；申请人：中国农业大学

中国专利号：ZL201710047436.X；中国专利申请日：2017-01-22

化合物类型：噻唑酰胺类化合物

发明思路：me-too 研究（CN104968661A 公开了相关化合物）；鉴于含有 N、S 杂原子的 5-甲基噻唑结构与 Bikinin 吡啶结构的高度相似性，为了研究发现新型的以 BIN2 为靶标的高效安全的调节剂，设计合成了一类新型甲基噻唑酰胺类油菜素内酯类似物。

用途：植物生长调节剂、除草剂。

（2）赤霉酸衍生物及其制备方法和应用

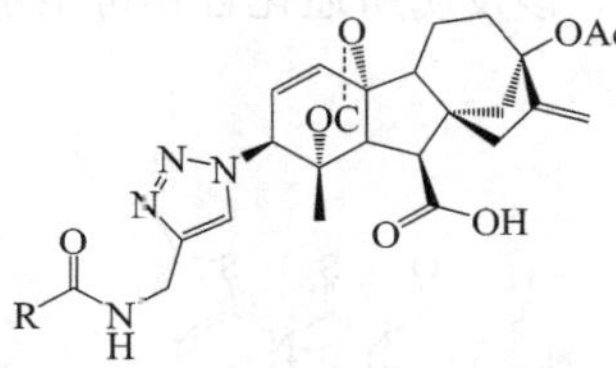

其中，R 为苯基、苯甲基、对甲基苯甲基、对甲氧基苯甲基、对氯苯基、α-萘甲基、对氯邻异丙基苯基、丙基、2, 2, 3, 3-四甲基环丙基、叔丁基、甲基、氯甲基、2-氯吡啶基、3, 6-二氯吡啶基或吡啶基。

发明人：谭伟明，田昊，张建军，段留生，李婷婷，荀洁；申请人：中国农业大学

中国专利：ZL201611030672.2；中国专利申请日：2016-11-16

化合物类型：赤霉酸衍生物

发明思路：天然产物修饰；通过分析已有的拟南芥与水稻赤霉素受体的晶体结构以及可能的作用机理，设计了一系列以赤霉素 GA_3(赤霉酸)为原料衍生出来的赤霉素受体抑制剂。

用途：植物生长延缓剂。

（3）一系列新型二氢赤霉素衍生物及其制备方法与应用

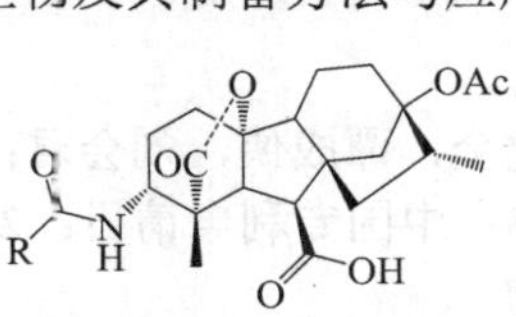

式中，R 为 C_1～C_6 烷基、C_3～C_6 环烷基、取代或未取代的芳基；所述取代的芳基中的取代基选自卤素、C_1～C_6 烷氧基、硝基、C_1～C_6 烷基、卤素取代的烷基中的一种或多种。具体地，所述 R 可为：甲基、苯基、对氯苯基、环丙基、2,4-二氯苯基、2,4-二甲氧基苯基、3,6-二硝基苯基、对乙氧基苯基、正己基、对甲氧基苯基、α-萘甲基、正丙基、对硝基苯基、叔丁基或对三氟甲基苯基。

发明人：谭伟明，田昊，张建军，王金娥，段留生，李召虎；申请人：中国农业大学

中国专利号：ZL201711365213.4；中国专利申请日：2017-12-18

化合物类型：二氢赤霉素衍生物

发明思路：为了寻找活性更高的、成本更低的二氢赤霉素衍生物，由赤霉酸作为起始原料，在此结构上进行优化得到。

用途：所述化合物为一种植物生长调节剂。

（4）一种噻二唑基硫脲衍生物及其制备和作为植物生长调节剂的应用

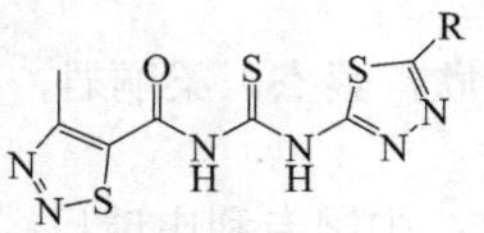

式中，R 为取代的苯基、烷基、呋喃基等。

发明人：刘幸海，刘会君，谭成侠，翁建全，曹耀艳；申请人：浙江工业大学

中国专利：ZL201210497801.4；中国专利申请日：2012-11-29

化合物类型：噻二唑基硫脲衍生物

发明思路：me-too 研究（CN102174030A 公开了相关化合物）；以噻酰菌胺为先导，使用活性亚结构拼接法，将酰基硫脲结构引入得到现有化合物。

用途：具有植物生长调节活性。该发明所述化合物可用于促进黄瓜子叶生根。

代表化合物结构如下：

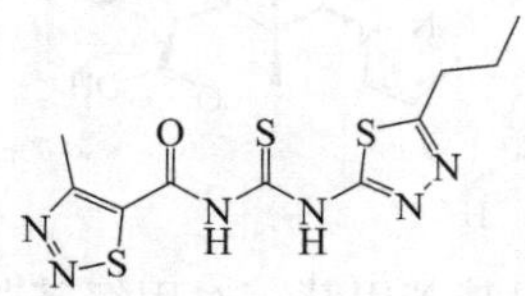

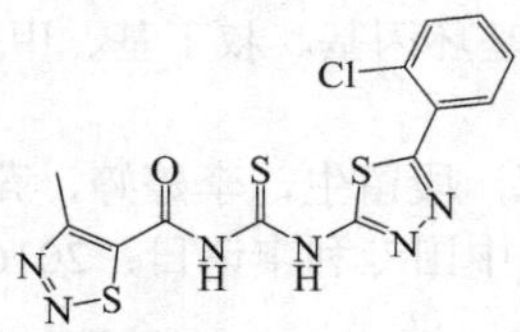

（5）一种噻二唑硫脲衍生物及其制备和作为植物生长调节剂的应用

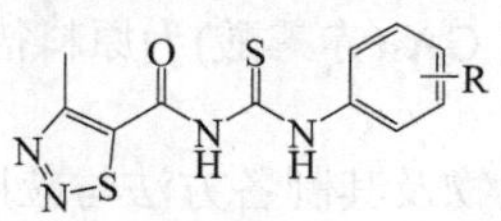

式中，R 为氯、氟、硝基、甲基。

发明人：刘幸海，曹耀艳，翁建全，谭成侠，刘会君；申请人：浙江工业大学

中国专利号：ZL201210497930.3；中国专利申请日：2012-11-29

化合物类型：噻二唑硫脲衍生物

发明思路：me-too 研究（CN102367240A 公开了相关化合物）；以噻酰菌胺为先导，使用活性亚结构拼接法，将酰基硫脲结构引入得到现有化合物。

用途：具有植物生长调节活性。该发明所述化合物可用于促进黄瓜子叶生根。

代表化合物结构如下：

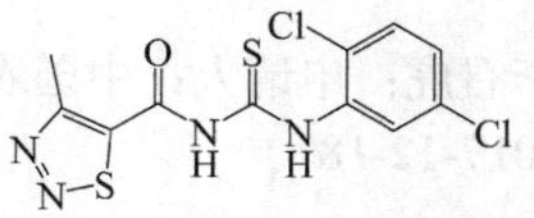

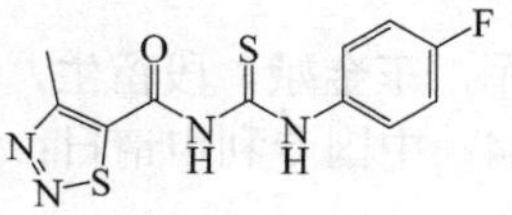

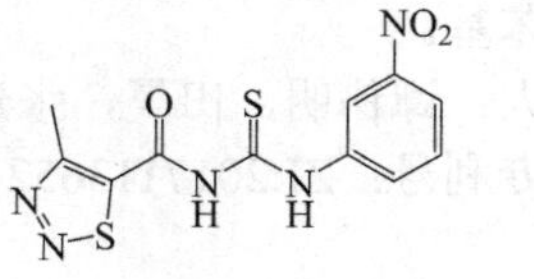

（6）一种醚类化合物在促进植物生长方面的应用

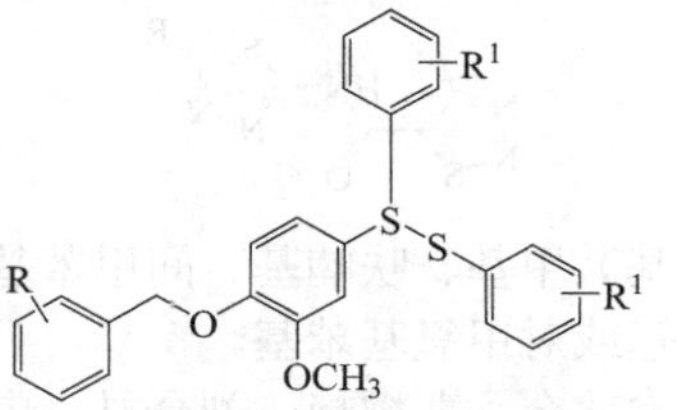

其中，在通式所示化合物中，R 为 H、甲基、乙基、丙基、F、Cl 或 Br，且可在苯环上的任一位置取代；R^1 为 H、F、Cl 或 Br，且在苯环上的任一位置取代。

发明人：吴剑，余刚，张建，陈顺红，何凤，薛伟；申请人：贵州大学

中国专利号：ZL201811094170.5；中国专利申请日：2018-09-19

化合物类型：醚类

发明思路：香草醛衍生物具有抑菌、抗癌、抗氧化等多种生物活性，本专利提供一种具有植物生长调节作用的含二硫缩醛的香草醛衍生物。

用途：具有植物生长调节作用，该类化合物对水稻、玉米、黄瓜、萝卜、小麦以及番茄具有较好的促生长作用。

代表化合物结构如下：

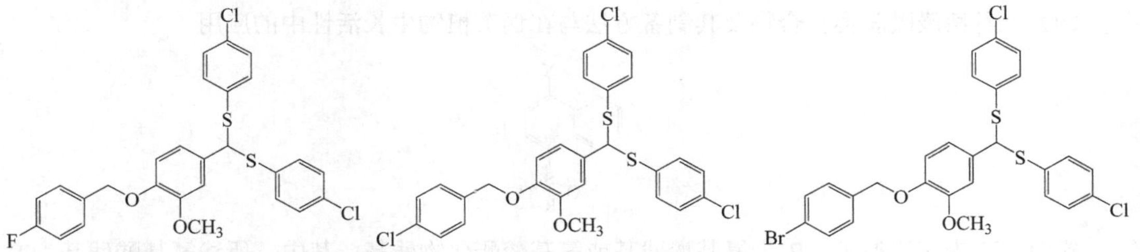

（7）一种三唑衍生物及其应用

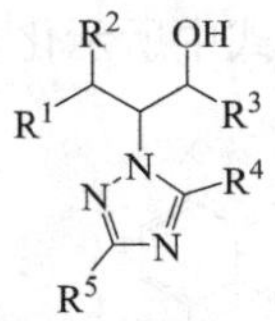

其中，R^1 为 2-R^8-5-噻唑基；R^2 为 H；R^3 为叔丁基；R^4 与 R^5 为 H；R^8 为氯。

发明人：周繁，冉兆晋，孙朝辉，毛志强，王芳，王志祥，崔顺艳，侯薪鑫，王宇，石凯强；申请人：沈阳化工研究院有限公司

中国专利号：ZL202011330519.8；中国专利申请日：2020-11-24

化合物类型：三唑类衍生物

发明思路：me-too 研究；以三唑类植物生长调节剂多效唑为先导，使用杂环进行替换得到现有化合物。

用途：具有植物生长调节及杀菌活性，可以抑制水稻和黄瓜的株高。

代表化合物结构如下：

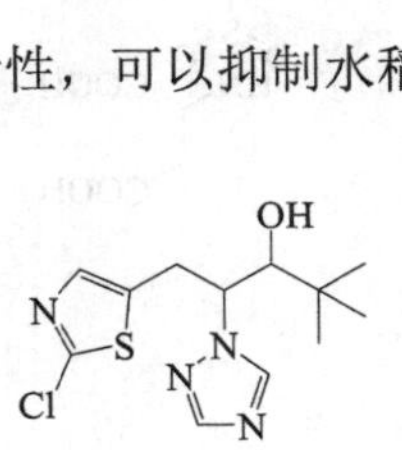

（8）一类含噻二唑的酰胺衍生物及其制备和作为植物生长调节剂的应用

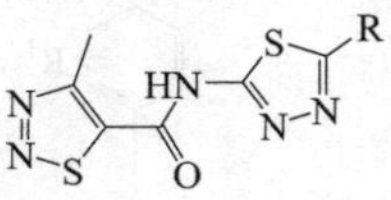

式中，R 为（2, 4-二氯苯氧基）甲基、呋喃基、间甲苯基、邻氯苯基、邻氟苯基、邻甲苯基、对氯苯基、苯基、对硝基苯基或对甲氧基苯基。

发明人：刘幸海，谭成侠，翁建全，曹耀艳，刘会君；申请人：浙江工业大学

中国专利号：ZL201210497971.2；中国专利申请日：2012-11-29

化合物类型：含噻二唑酰胺衍生物

发明思路：me-too 研究；以噻酰菌胺为先导，将苯环结构替换成为 1,3,4-噻二唑结构，得到现有化合物。

用途：具有植物生长调节活性。该发明所述化合物可用于促进黄瓜子叶生根。

代表化合物结构如下：

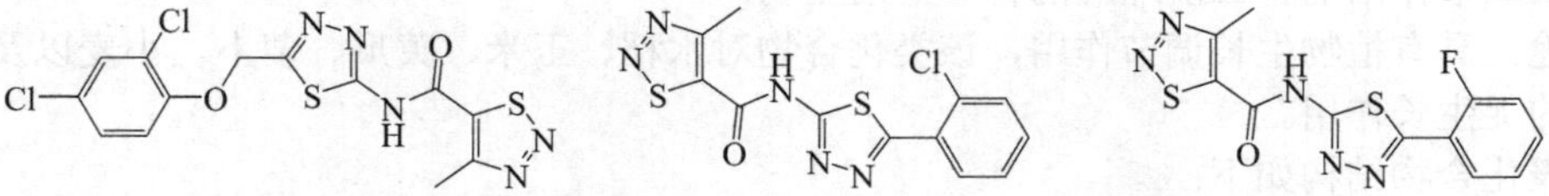

（9）一种萘磺酰胺类化合物及其制备方法与在调节植物生长活性中的应用

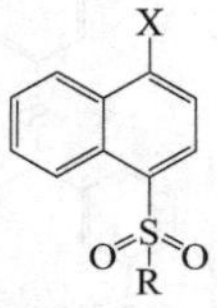

式中，X 为卤素原子；R 为氨基酸残基或氨基酸酯化物残基；其中，所述氨基酸残基为氨基酸中的羧基 α 位氨基氢被取代而得的基团；所述氨基酸酯化物残基为所述氨基酸残基中的羧基与醇发生酯化反应而得的基团；且所述式中所示化合物不包括如下化合物：

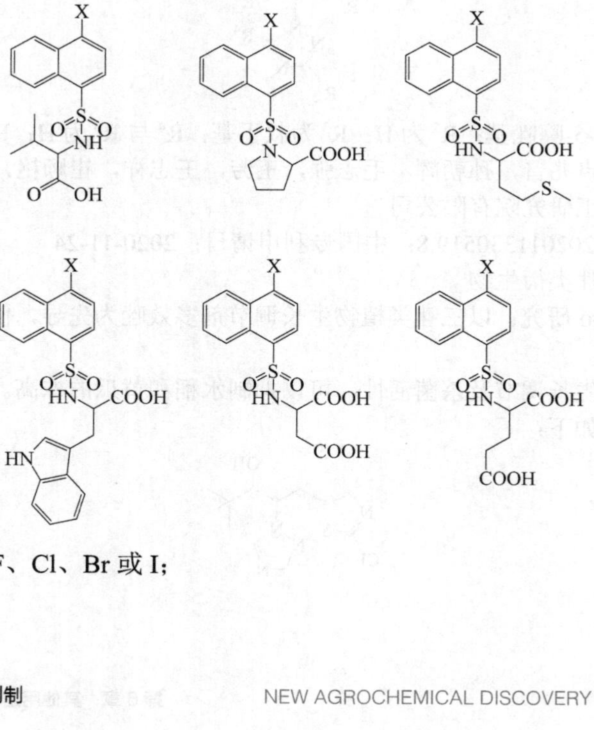

所述式中，X 为 F、Cl、Br 或 I；

所述氨基酸残基为下述任意一种氨基酸中的羧基 α 位氨基氢被取代而得的基团：丙氨酸(Ala)、缬氨酸(Val)、亮氨酸(Leu)、异亮氨酸(Ile)、脯氨酸(Pro)、苯丙氨酸(Phe)、色氨酸(Trp)、蛋氨酸(Met)、甘氨酸(Gly)、丝氨酸(Ser)、苏氨酸(Thr)、半胱氨酸(Cys)、酪氨酸(Tyr)、天冬酰胺(Asn)、谷氨酰胺(Gln)、赖氨酸(Lys)、组氨酸(His)、天冬氨酸(Asp)、谷氨酸(Glu)或1-氨基环丙烷羧酸的残基。

所示氨基酸酯化物残基具体可为下述氨基酸残基中的羧基与醇发生酯化反应而得的基团：

丙氨酸(Ala)、缬氨酸(Val)、亮氨酸(Leu)、异亮氨酸(Ile)、脯氨酸(Pro)、苯丙氨酸(Phe)、色氨酸(Trp)、蛋氨酸(Met)、甘氨酸(Gly)、丝氨酸(Ser)、苏氨酸(Thr)、半胱氨酸(Cys)、酪氨酸(Tyr)、天冬酰胺(Asn)、谷氨酰胺(Gln)、赖氨酸(Lys)、组氨酸(His)、天冬氨酸(Asp)、谷氨酸(Glu)或1-氨基环丙烷羧酸的残基；更具体可为丝氨酸甲酯；

所述醇为一元烷基醇或二元烷基醇；所述醇中，碳原子的个数具体可为1～4。

所述醇更具体可为甲醇、乙醇、正丙醇、异丙醇或叔丁醇。

发明人：段留生，于春欣，刘少金，胡堂路，周于毅，李召虎；申请人：中国农业大学

中国专利号：ZL201610985652.4；中国专利申请日：2016-11-09

化合物类型：萘磺酰胺类化合物

发明思路：me-too 研究；通过4-溴萘-1-磺酸钾与丝氨酸及其衍生物进行反应得到。

用途：该发明提供的萘磺酰胺类化合物，结构简单，具有优良的植物生长调节活性。

代表化合物结构如下：

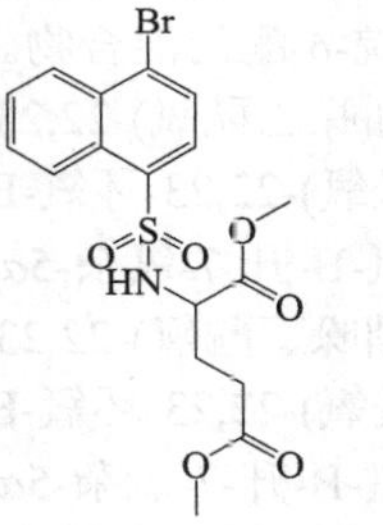

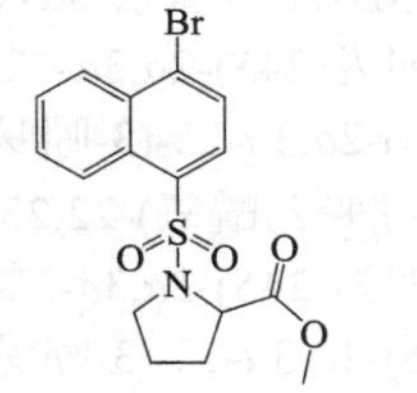

（10）茉莉酮酸酯衍生物及其在植物细胞中的应用

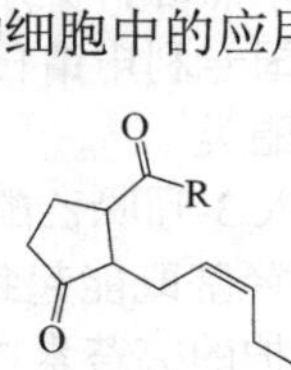

式中，R 为 OCH_2CF_3、$OCH_2CF_2CF_3$、$OCH_2C_6F_5$ 或 $O(CH_2CH_2O)_nR^1$；

R^1 为 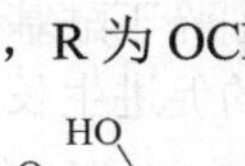 或 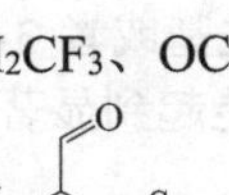 ；n=1、2 或 3。

发明人：钱旭红，钟建江，赵振江，钱志刚，徐玉芳，田文红；申请人：华东理工大学、大连理工大学

中国专利号：ZL03129466.9；中国专利申请日：2003-06-23

化合物类型：茉莉酮酸酯化合物

发明思路：选取红豆杉[*Taxus wallichiana* var. *chinensis*（Pilg.）Florin]细胞作为应用体系，以茉莉酮酸甲酯（MJA）结构为先导，通过引入含氟、含羟基及一些植物生长调节剂前体，设计、合成一系列植物细胞诱导剂。

用途：具有植物生长调节活性，实验结果表明部分诱导剂在促进紫杉烷的生物合成方面性能优于MJA，具有商用价值。

代表化合物结构如下：

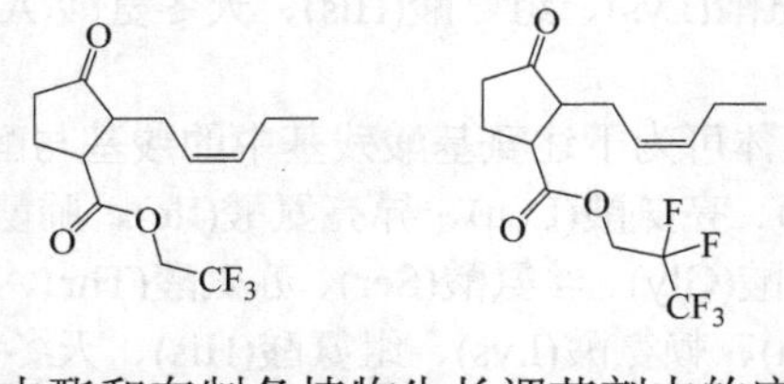

（11）新型长效性芸苔素内酯和在制备植物生长调节剂中的应用

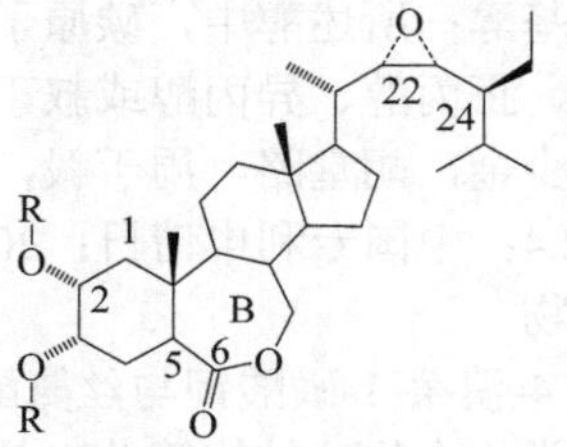

其中，R-R=草酰基，即为(24*S*)-2*α*,3*α*-草酰二氧-22,23-环氧-B-升-7-氧杂-5*α*-豆甾烷-6-酮（Ⅰ），是(22*R*,23*S*,24*S*)-2*α*,3*α*-草酰二氧-22,23-环氧-B-升-7-氧杂-5*α*-豆甾烷-6-酮和(22*S*,23*R*,24*S*)-2*α*,3*α*-草酰二氧-22,23-环氧-B-升-7-氧杂-5*α*-豆甾烷-6-酮的混合物。

或R=3-吲哚乙酰基，即为(24*S*)-2*α*,3*α*-二-(3-吲哚乙酰氧)-22,23-环氧-B-升-7-氧杂-5*α*-豆甾烷-6-酮（Ⅱ），是(22*R*,23*S*,24*S*)-2*α*,3*α*-二-(3-吲哚乙酰氧)-22,23-环氧-B-升-7-氧杂-5*α*-豆甾烷-6-酮和(22*S*,23*R*,24*S*)-2*α*,3*α*-二-(3-吲哚乙酰氧)-22,23-环氧-B-升-7-氧杂-5*α*-豆甾烷-6-酮的混合物。

或R=3-吲哚丁酰基，即为(24*S*)-2*α*,3*α*-二-(3-吲哚丁酰氧)-22,23-环氧-B-升-7-氧杂-5*α*-豆甾烷-6-酮（Ⅲ），是(22*R*,23*S*,24*S*)-2*α*,3*α*-二-(3-吲哚丁酰氧)-22,23-环氧-B-升-7-氧杂-5*α*-豆甾烷-6-酮和(22S,23*R*,24*S*)-2*α*,3*α*-二-(3-吲哚丁酰氧)-22,23-环氧-B-升-7-氧杂-5*α*-豆甾烷-6-酮的混合物。

发明人：田官荣，田熙哲，朴仁哲，李熙峰，尹永洙；申请人：延边大学

中国专利号：ZL200610163202.3；中国专利申请日：2006-11-30

化合物类型：天然产物类、芸苔素内酯类

发明思路：在芸苔素内酯类结构上引入3-吲哚乙酰或3-吲哚丁酰保护芸苔素内酯，这样用3-吲哚乙酰或3-吲哚丁酰保护2，3位两个羟基既能起到延长持效期作用，又有可能起到协同作用，完成了用3-吲哚乙酰和3-吲哚丁酰保护的芸苔素内酯的合成。

用途：具有植物生长调节活性，该发明草酰基、3-吲哚乙酰基或者3-吲哚丁酰基保护的芸苔素内酯可以用于玉米、大豆等作物，经土壤或者茎叶处理均能起到显著的促进生长效果。

代表化合物结构如下：

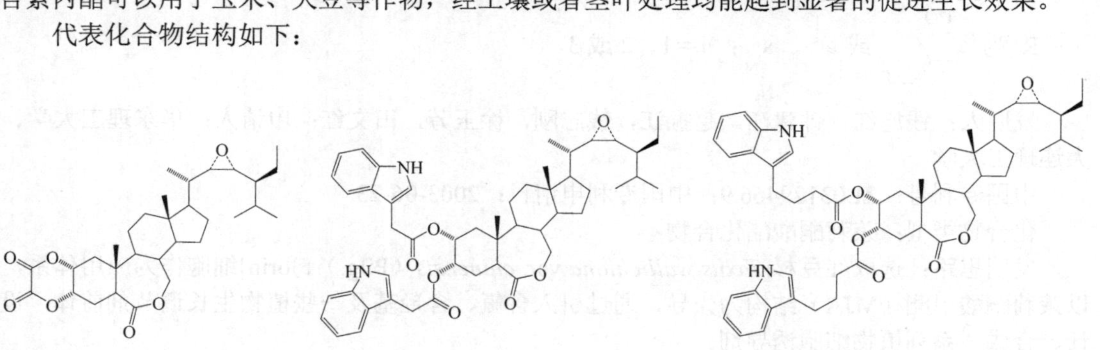

（12）一种新的抗旱剂和植物生长调节剂

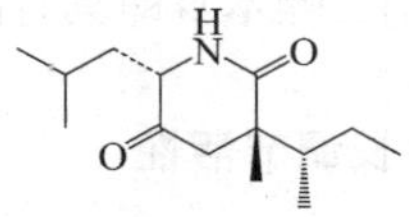

一种新的抗旱剂和植物生长调节剂，其特征在于：该调节剂环二肽类化合物环 L-亮-L-异亮。

发明人：裴月湖；申请人：沈阳药科大学

中国专利号：ZL200710129352.7；中国专利申请日：2007-07-02

化合物类型：环二肽类

发明思路：天然产物提取；Ienaga K 等曾报道了含羟脯氨酸残基的环二肽类化合物对植物有抗旱诱导作用，在此基础上对苜蓿（*Medicago sativa* L.）进行了系统分离，分离出了环二肽类化合物环 L-亮-L-异亮，并首次发现了其具促根系生长作用。

用途：具有植物生长调节活性，可促进小麦根系生长调节。

（13）邻-取代苯(烷)硫基苯甲酸植物生长调节剂

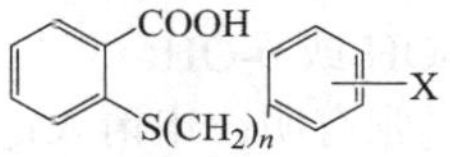

式中，X＝H、卤素、烷氧基、NO_2、烷基；n＝0、1、2。

发明人：赵国锋，陈波，黄桂琴，项军；申请人：南开大学

中国专利号：ZL02116858.X；中国专利申请日：2002-04-16

化合物类型：硫基苯甲酸类

发明思路：me-too 研究；在硫基苯甲酸类化合物的基础上引入苯环结构得到现有化合物。

用途：具有植物生长调节活性，可明显促进离体黄瓜子叶生根，对根伸长和根鲜重也有促进作用。

代表化合物结构如下：

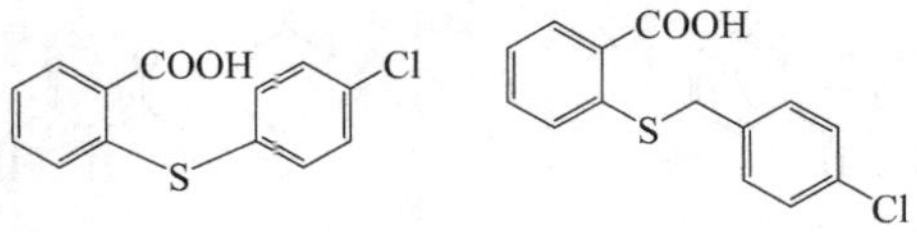

（14）含吡嗪肼的酰基硫脲类化合物及其制备和应用

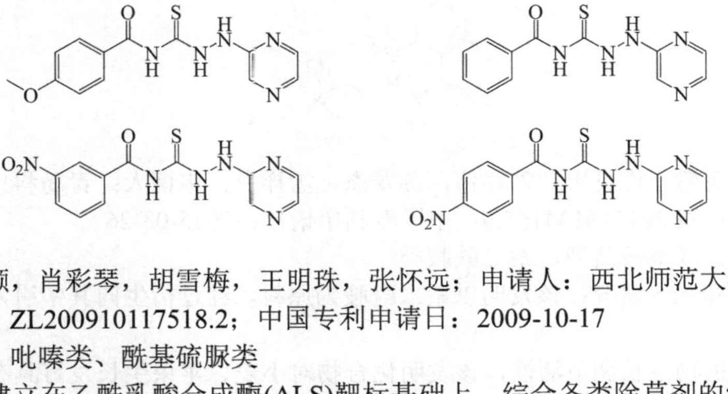

发明人：傅颖，肖彩琴，胡雪梅，王明珠，张怀远；申请人：西北师范大学

中国专利号：ZL200910117518.2；中国专利申请日：2009-10-17

化合物类型：吡嗪类、酰基硫脲类

发明思路：建立在乙酰乳酸合成酶(ALS)靶标基础上，综合各类除草剂的结构特点，运用

药物设计中生物电子等排和拼合原理，用1, 3, 4-噻(噁)二唑结构取代嘧啶(硫)醚类除草剂中的羧酸(酯)等结构，同时考虑到1, 3, 4-噻(噁)二唑本身即具有除草活性，将其与嘧啶(硫)醚类除草剂拼合，设计出了该类化合物。

用途：该发明的化合物具有植物生长调节活性。

代表化合物结构如下：

（15）*N*-苯基-*N'*-(2-乙酰氧基苯甲酰基)硫脲衍生物及其制备和应用

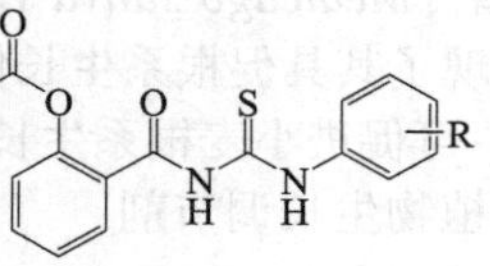

其中，R=H、*p*-OCH_3、*o*-OH、*m*-OH或*p*-OH。

发明人：魏太保，熊琳，陈小春，张有明；申请人：西北师范大学

中国专利号：ZL200910117631.0；中国专利申请日：2009-12-03

化合物类型：硫脲类

发明思路：me-too研究；鉴于水杨酸和硫脲类物质对植物都具有优良的生物活性，以硫脲类为母体结构，采用活性基团拼接引入水杨酸类结构，得到该类化合物。

用途：具有植物生长调节活性，该发明的化合物可应用于各类双子叶农作物（包括油菜、棉花、花生、向日葵、马铃薯、烟草、各类瓜果等），能使双子叶作物根系发达，增强了双子叶农作物的抗倒伏能力、抗干旱能力、抗洪涝能力等。

代表化合物结构如下：

（16）一种含萘二甲酰胺双季铵盐型植物生长调节剂

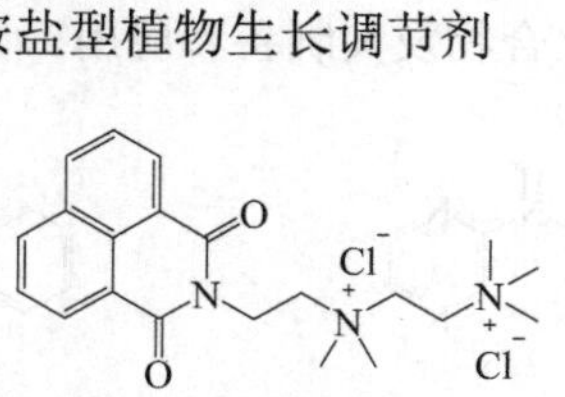

发明人：王明慧，许良忠，刘祥伟，苏龙杰，孟祥龙；申请人：青岛科技大学

中国专利号：ZL201510134155.9；中国专利申请日：2015-03-26

化合物类型：双季铵盐型、萘二酰胺类

发明思路：me-too研究；该发明以萘二酰胺为原料，经过衍生向其中引入双季铵盐，得到该化合物。

用途：具有植物生长调节活性，该发明化合物对小麦、苹果生长发育具有促进效果，可以用于小麦、苹果进行生长调节。

（17）一种吡啶并吡唑脲磺酸盐及其用途

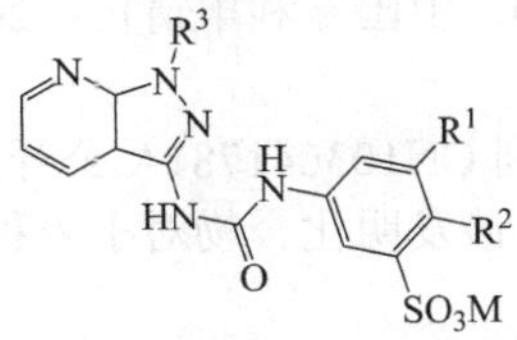

式中，R^1=H，R^2=H，R^3=H 或 CH_3；R^1=Cl，R^2=Cl，R^3=H 或 CH_3；R^1=H，R^2=$CH(CH_3)_2$ 或 OCH_3，R^3=H 或 CH_3；M 选自 K^+、Na^+或 NH_4^+。

发明人：王明慧，许良忠，李焕鹏，张画轻，袁建坡；申请人：青岛科技大学

中国专利号：ZL201510181958.X；中国专利申请日：2015-04-16

化合物类型：吡啶并吡唑脲磺酸盐类

发明思路：结合已有的吡唑并吡啶脲类化合物制备一种简便、高效及具良好水溶性的吡啶并吡唑脲磺酸盐化合物。

用途：具有植物生长调节活性，该发明化合物对黄瓜叶具有显著的扩张作用，具有促进葡萄果实膨大、增加产量等作用，可以用于水果、蔬菜作物。

代表化合物结构如下：

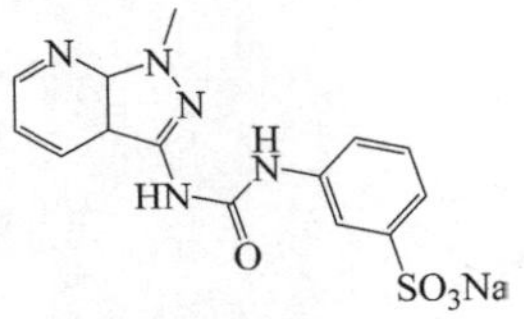

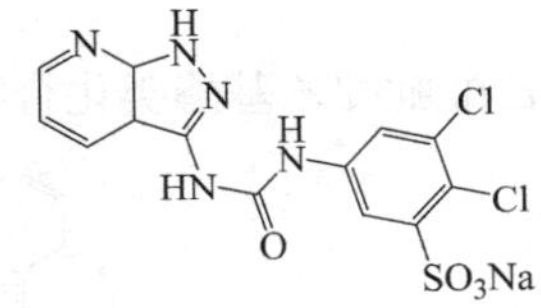

（18）一种肉桂酸吡啶乙基酯类化合物与用途

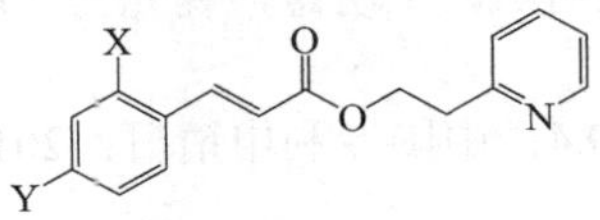

式中，X 为 H，Y 为 H；X 为 Cl，Y 为 Cl。

发明人：王阳，王明慧，许良忠，鞠光秀，徐姗姗，陈格新；申请人：青岛科技大学

中国专利号：ZL201610051586.3；中国专利申请日：2016-01-26

化合物类型：肉桂酸吡啶乙烯酯类

发明思路：在肉桂酸结构基础上引入吡啶酯，得到肉桂酸吡啶乙基酯类化合物。

用途：具有植物生长调节活性，该发明化合物对小麦种子发芽、生根以及提高苹果产量等具有显著效果。

代表化合物结构如下：

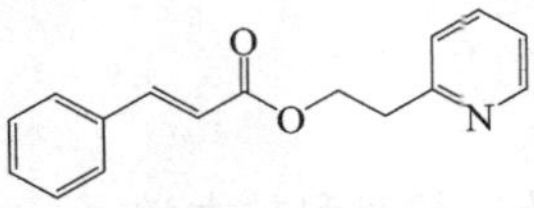

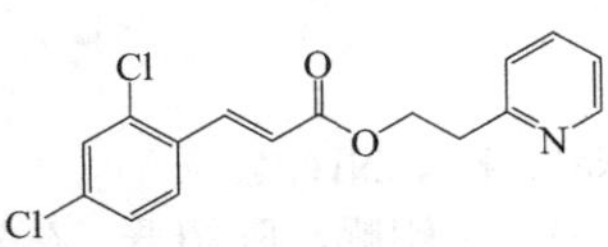

（19）一种萘二甲酰胺基乙基萘乙酸酯类化合物及其应用

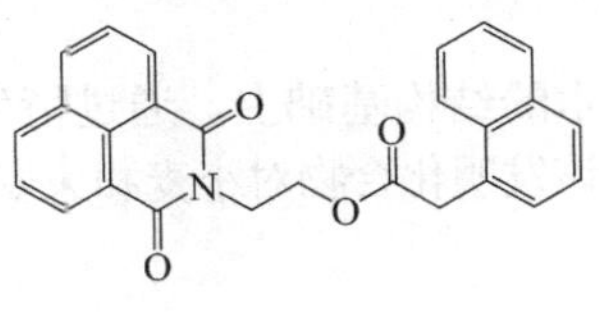

发明人：许良忠，鞠光秀，陈格新，徐姗姗，王明慧；申请人：青岛科技大学

中国专利号：ZL201610102732.0；中国专利申请日：2016-02-25

化合物类型：萘二甲酰胺类

发明思路：me-too 研究；结合专利 CN103641781A 公开的萘二甲酰胺结构进行修饰而获得。

用途：具有植物生长调节活性，该发明化合物对小麦种子发芽、促根生长，以及苹果增产具有显著效果。

（20）一种萘二甲酰胺基乙基己酸酯类化合物及其应用

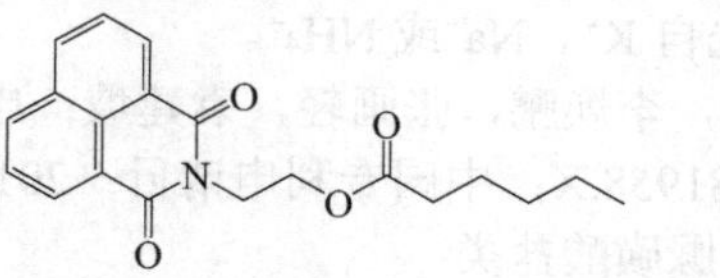

发明人：张明明，王明慧，许良忠，鞠光秀，陈格新，徐姗姗；申请人：青岛科技大学

中国专利号：ZL201610102842.7；中国专利申请日：2016-02-25

化合物类型：萘二甲酰胺类

发明思路：me-too 研究；结合专利 CN103641781A 公开的萘二甲酰胺结构进行修饰而获得。

用途：具有植物生长调节活性，该发明化合物对小麦种子发芽、促根生长，以及苹果增产具有显著效果。

（21）一种萘乙酸吡啶乙基酯类化合物与用途

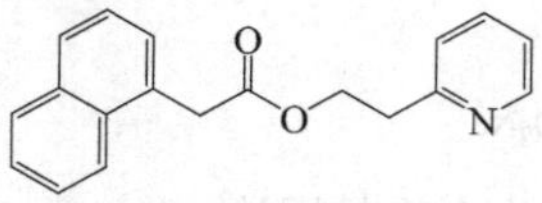

发明人：许良忠，田朝瑜，张明明，王明慧，鞠光秀，陈格新，徐姗姗；申请人：青岛科技大学

中国专利号：ZL201610051979.4；中国专利申请日：2016-01-26

化合物类型：萘乙酸类

发明思路：参考文献报道的萘乙酸三唑醇酯和萘乙酸烯唑醇酯具有显著的诱导大豆苗生根活性，提供了本发明化合物。

用途：具有植物生长调节活性，该发明化合物对小麦种子发芽、促根生长，以及苹果增产具有显著效果。

（22）一种 3, 5-二硝基愈创木酚盐类植物生长调节剂的应用

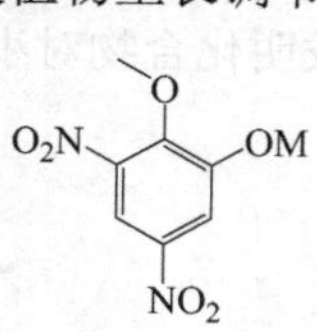

O_2N　OM　NO_2

其中，M 为 Na^+、K^+、NH_4^+。

发明人：胡志强，王鲲鹏，陈绍晋，牛翔；申请人：青岛科技大学

中国专利号：ZL201610407050.0；中国专利申请日：2016-06-07

化合物类型：愈创木酚类

发明思路：在 3,5-二硝基愈创木酚结构基础上，通过衍生合成得到该类化合物。

用途：具有植物生长调节活性，该发明化合物对小麦和大麦种子发芽、促根生长具有显著效果。

代表化合物结构如下：

（23）一种2, 4, 6-三氯苯基吡啶乙基醚植物生长调节剂

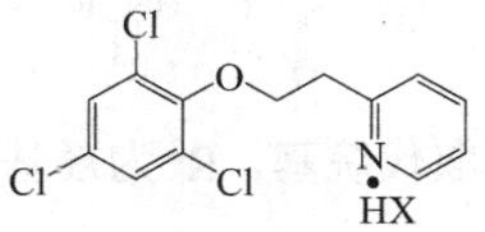

其中，X为柠檬酸。

发明人：许良忠，田朝瑜，彭壮，朱红彬，王明慧；申请人：青岛科技大学

中国专利号：ZL201710043800.5；中国专利申请日：2017-01-19

化合物类型：氯代苯基醚类

发明思路：该发明在三氯苯酚结构上，通过衍生合成引入吡啶乙基，然后与柠檬酸成盐得到该化合物。

用途：具有植物生长调节活性，该发明化合物对玉米、小麦、水稻具有显著增产效果。

（24）一种肉桂酸萘二甲酰亚胺酯类化合物及其用途

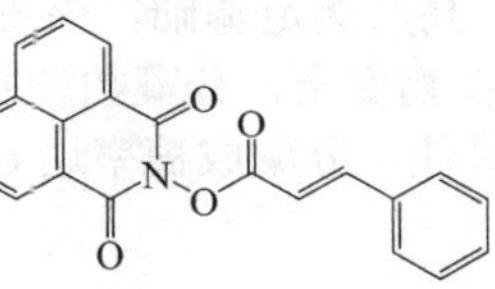

发明人：许良忠，张潇文，杨敬，崔建强，胡娆，王明慧；申请人：青岛科技大学

中国专利号：ZL201710018077.5；中国专利申请日：2017-01-10

化合物类型：萘二甲酰亚胺类

发明思路：在萘二甲酰亚胺类结构基础上，通过引入肉桂酸结构，得到该化合物。

用途：具有植物生长调节活性和杀菌活性，该发明化合物对小麦具促根生长作用，对苹果增产、外观和内在品质均有改善作用，其中维生素C和可溶性糖含量都有显著提高。同时具有杀菌活性，对苹果轮纹病菌、辣椒疫霉病菌、小麦赤霉病菌、黄瓜枯萎病菌，均有一定的防效。

（25）一种邻酰胺基二苯脲类化合物及其用途

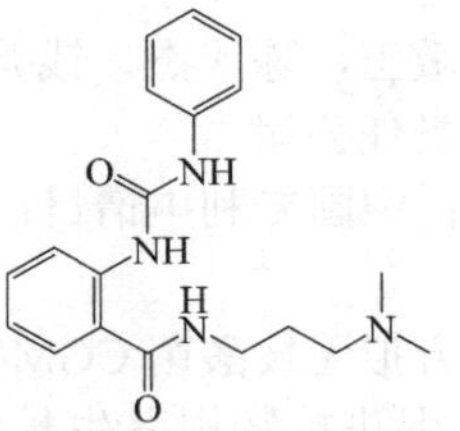

发明人：王明慧，彭壮，朱红彬，田朝瑜，许良忠；申请人：青岛科技大学

中国专利号：ZL201710148549.9；中国专利申请日：2017-03-14

化合物类型：邻酰胺基二苯脲类

发明思路：me-too 研究；在芳基脲类化合物如商品化的二苯脲结构基础上进行衍生获得邻酰胺基二苯脲类。

用途：具有植物生长调节活性，该发明化合物对小麦具促根生长作用，对苹果产量、外观和内在品质均有改善作用，其中维生素C和可溶性糖含量都有显著提高，对番茄具有显著提高单株坐果率和增产效果。

（26）促进植物分蘖的化合物及其制备方法和应用

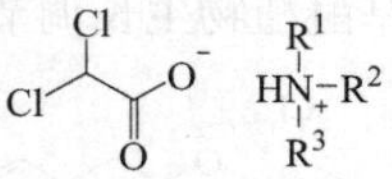

式中，R^1、R^2各自独立地为羟基取代烷基，R^3为羟基取代烷基或甲基；所述羟基取代烷基的烷基为C_2～C_3烷基。

发明人：李欢欢，马艳，姜伟丽，宋贤鹏，马小艳，胡红岩，任相亮，王丹，马亚杰；申请人：中国农业科学院棉花研究所

中国专利号：ZL201910697523.9；中国专利申请日：2019-07-30

化合物类型：季铵盐

发明思路：me-too研究；US2642354A曾公开了二氯丙酸三乙醇胺的季铵盐作为选择性除草剂。该发明提供的化合物可以促进植物分蘖、增加分蘖数及有效分蘖数，进而提高产量，此外，该化合物对植物安全，无副作用。

用途：具有植物生长调节作用。可使小麦品种茎秆更加粗壮，利于抗倒伏，促使根系发达更利于吸收水肥，为小麦分蘖成穗、高产奠定基础。该发明实施例提供的季铵盐化合物A、B和C均能够促进小麦分蘖且对小麦作物安全，分蘖数增长率在15.7%～30.9%之间，尤其需要注意的是，化合物A的促分蘖效果最佳，分蘖成穗率达62.2%。

代表化合物结构如下：

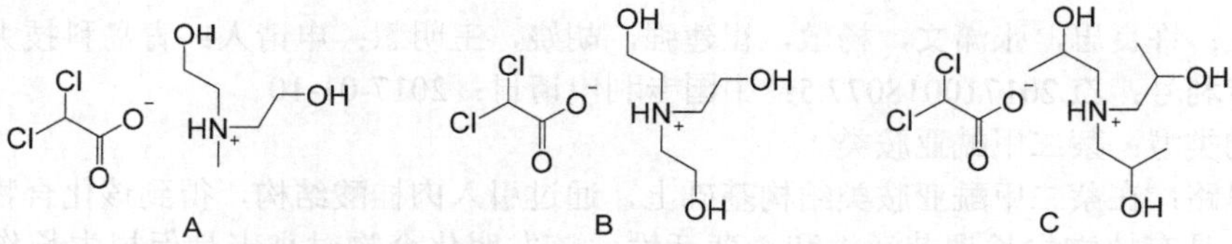

A　　B　　C

（27）一种吲哚类化合物及其制备方法和应用

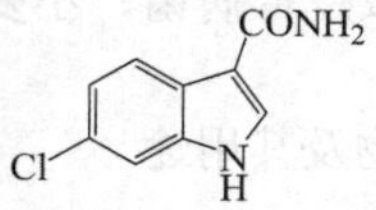

发明人：徐莉，朱丽，仲茜，罗敏玉，陈代杰，钱秀萍，戈梅；申请人：上海交通大学，上海来益生物药物研究开发中心有限责任公司

中国专利号：ZL201410810559.0；中国专利申请日：2014-12-19

化合物类型：吲哚甲酰胺

发明思路：天然产物提取；从东方拟无枝酸菌CGMCC No .6023孢子的发酵液提纯得到。

用途：具有植物生长调节活性，促进植物根茎生长的效果要明显优于现有的生根剂吲哚乙酸。

（28）一种植物生长调节剂

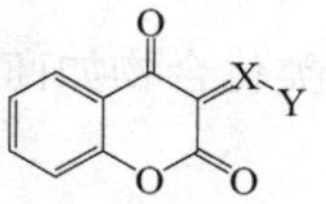

其中，X=CH、N；Y=NH-R；R=C_1～C_{18}烷基，苯基，带有烷基、烷氧基、卤素、硝基、酰基或羟基取代的芳基，$C_{1\sim19}$的磺酰基或硫代酰基，嘧啶，噻唑，吡啶，吗啡啉，或三嗪环。

发明人：李正名，贾强，黄桂琴；申请人：南开大学

中国专利号：ZL00131571.4；中国专利申请日：2000-10-28

化合物类型：色满酮类

发明思路：生长素作为最古老的植物生长调节物质，长期以来受到研究者的重视，最显著的活性是促进生根，被用于生产中，但多年的研究迄今未能阐明其生化基础和作用方式，仅发现吲哚乙酸、吲哚丁酸、苯乙酸、萘乙酸、四氯吲哚乙酸等少数几种吲哚乙酸的类似物，品种少、作用机制相似且合成较复杂，不能满足农业生产要求和环境保护对绿化、人工造林的要求，急需有新类型的具有生长素活性的化合物被发现。

用途：提供一种新型的植物生长调节剂，可以解决生长素类植物生长调节剂种类单一、合成成本较高的问题，同时为生长素的生物合成，生理作用和信息转导等方面的研究提供新的系统的材料。

代表化合物结构如下：

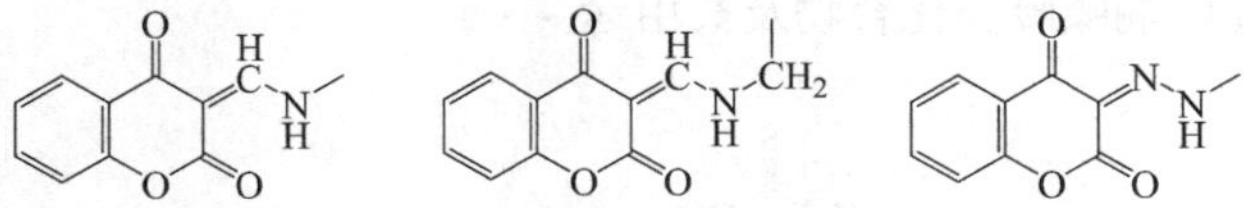

（29）2-脱氧-2-芳氧乙酰氨基-D-葡萄糖类化合物及其制备与应用

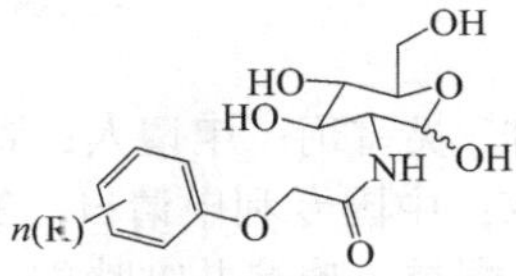

式中，R 为甲基、卤素或硝基，所述的 n 为自然数 1 或 2。

发明人：韩亮，高建荣，贾建洪，李郁锦，朱琼艳；申请人：浙江工业大学

中国专利号：ZL201010542508.6；中国专利申请日：2010-11-15

化合物类型：2-脱氧-2-芳氧乙酰氨基-D-葡萄糖

发明思路：me-too 研究；根据芳氧乙酸类植物生长调节剂的结构，引入糖结构衍生得到。

用途：具有植物生长调节活性。2-脱氧-2-芳氧乙酰氨基-D-葡萄糖类化合物，R 为氯基、2，4-二氯基时，样品浓度在 10mg/L 的情况下，对黄瓜子叶生根的抑制活性均达 100%，对油菜下胚轴的抑制活性分别达到 57.8%和 87.1%。

代表化合物结构如下：

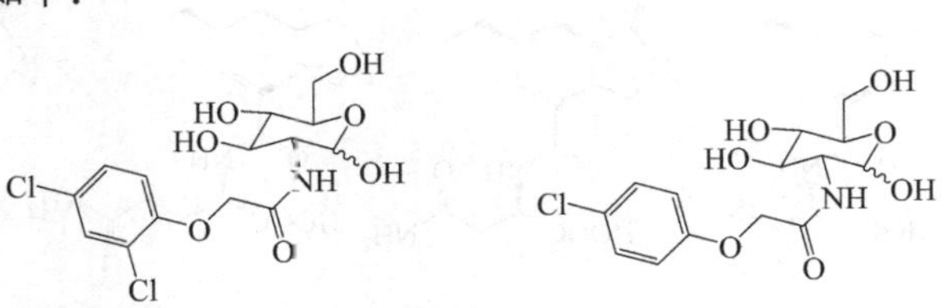

（30）一种吡啶脲双季铵盐及其制备方法和应用

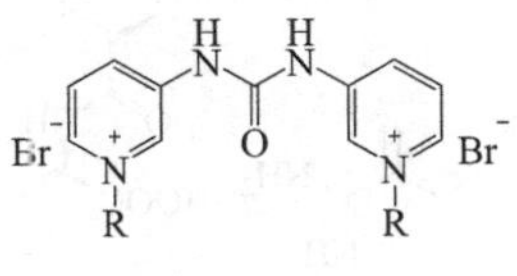

式中，R 代表碳数为 8、10、12、14 的长链烷烃。

发明人：郝俊生，张永斌，王攀，于海英；申请人：山西大学

中国专利号：ZL201610067824.X；中国专利申请日：2016-01-30

化合物类型：吡啶脲、季铵盐

发明思路：me-too 研究；通过对氯吡苯脲的基团替换，合成了一些未见报道的新颖吡啶脲双季铵盐类化合物，这些化合物具有明显促进植物细胞分裂的效果。

用途：植物生长调节剂，该发明的吡啶脲双季铵盐具有促进细胞分裂的活性。

代表化合物结构如下：

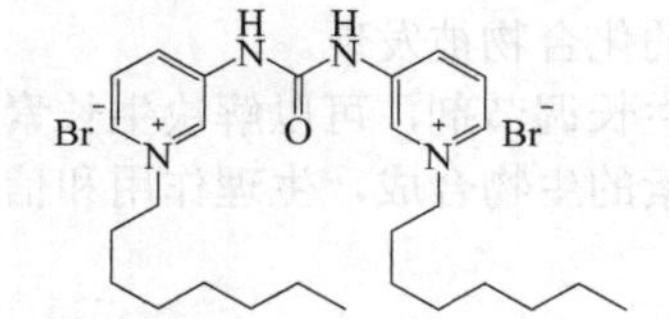

（31）一种含嘧啶硫酮嘌呤类化合物及其用途

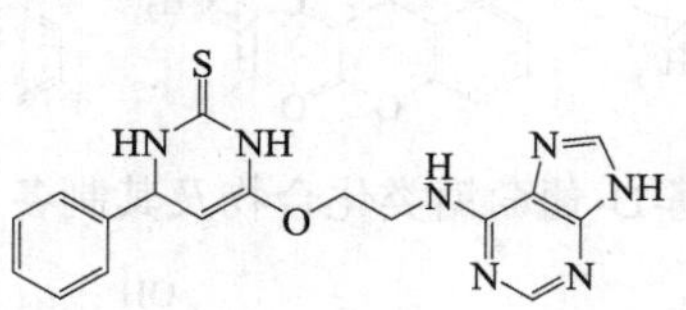

发明人：王明慧，韩军军，王阳，吴雪珂；申请人：青岛科技大学

中国专利号：ZL201910964701.X；中国专利申请日：2019-10-11

化合物类型：芳氧乙胺类、嘧啶酮类、嘧啶并吡唑类、嘌呤类

发明思路：me-too 研究；对含芳氧基的嘧啶乙胺类化合物的芳基和嘧啶基进行替换得到相关化合物。

用途：具有植物生长调节活性，具有促生根、增产及改善品质的作用，通过种子处理或根部及茎叶喷洒等方式，可广泛用于粮、棉、果、蔬等作物或植物的生根、壮苗、增产提质；同时还具有杀菌活性，对苹果轮纹病菌、水稻纹枯病菌、小麦赤霉病菌、马铃薯晚疫病菌具有一定的抑制效果。

（32）茉莉素激素类似物及其制备方法与应用

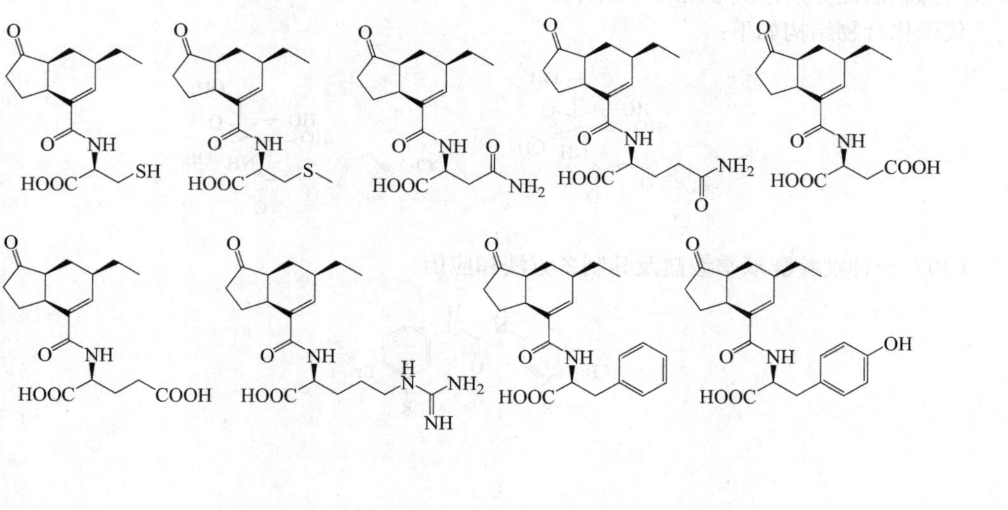

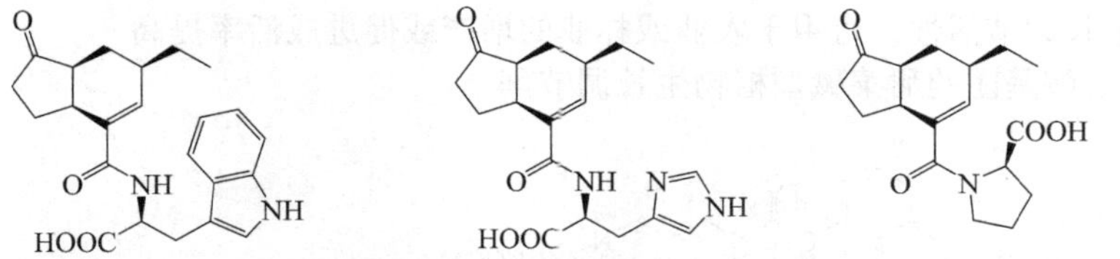

发明人：谢道昕，南发俊，段留生，闫建斌，顾民，李召虎，吴慧玲，白志燕；申请人：清华大学

中国专利号：ZL201110060463.3；中国专利申请日：2011-03-14

化合物类型：茉莉素激素类似物

发明思路：me-too 研究；在现有技术公开的冠菌素类似物的基础上，将冠菌素的冠烷酸结构单元替换为其他氨基酸基团。

用途：具有植物生长调节活性，可用于抑制根的生长。

（33）一种肉桂酸酯类化合物及其应用

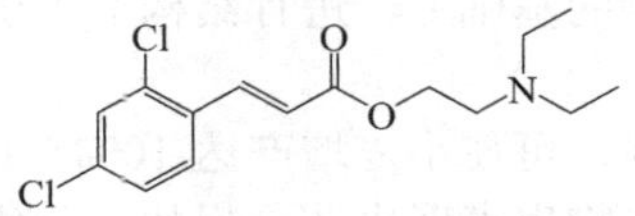

发明人：许良忠，关立婷，梁静静，陈蔚燕，王明慧；申请人：青岛科技大学

中国专利号：ZL201310043754.0；中国专利申请日：2013-01-25

化合物类型：肉桂酸酯类

发明思路：me-too 研究；结合现有技术 CN1091123A 报道的化合物及其植物生长活性，肉桂酸替换其中的酸部分而得。

用途：具有植物生长调节活性，尤其对黄瓜子叶生根具有极显著的促进作用，并随浓度的升高促进作用增强。

代表化合物结构如下：

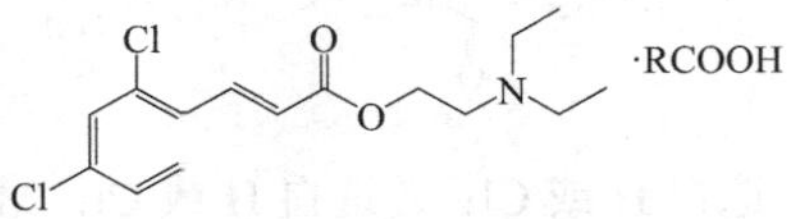

·RCOOH

其中 RCOOH 为柠檬酸、草酸、富马酸、琥珀酸。

（34）一种萘乙酰胺类化合物及其盐作为植物生长调节剂的用途

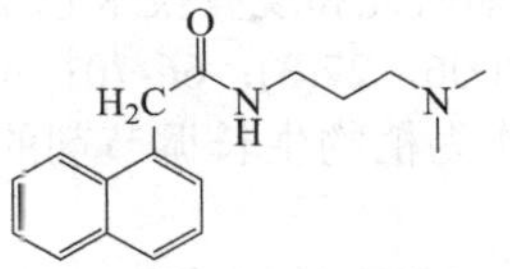

发明人：许良忠，王明慧，陈蔚燕，孟祥龙，范井旺，牛淑妍；申请人：青岛科技大学

中国专利号：ZL201310730571.6；中国专利申请日：2013-12-26

化合物类型：萘乙酰胺类

发明思路：me-too 研究；在作为植物生长调节剂使用的萘乙酸的基础上进行结构衍生从而得到现有化合物。

用途：具有植物生长调节活性，可用于农业或林业的增产或促进成活率提高。

（35）一种含萘乙酰胺基团的甜菜碱型植物生长调节剂

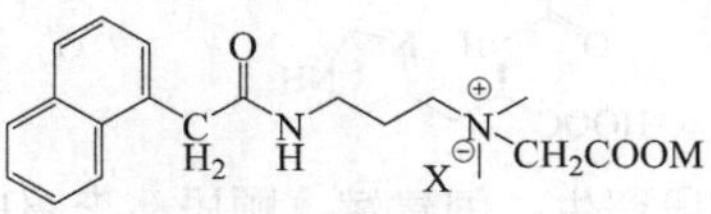

式中，X 选自 Cl 或 Br；M 选自 K^+、Na^+或 NH_4^+。

发明人：许良忠，王明慧，陈蔚燕，孟祥龙，范井旺，牛淑妍；申请人：青岛科技大学

中国专利号：ZL201310730592.8；中国专利申请日：2013-12-26

化合物类型：萘乙酰胺、甜菜碱

发明思路：me-too 研究；CN101955448A 公开了一种萘基酰氨基羟磺基甜菜碱。文献［西北植物学报，2004，24(9)：1680-1686；农业科学研究，2006，27(3)：66-70；中国农学通报，2008，24(4)：225-228］分别报道了甜菜碱型季铵盐化合物作为植物生长调节剂的用途；在现有技术公开的萘乙酰胺磺酸盐化合物的基础上，进行结构衍生引入甜菜碱基团从而得到现有的化合物。

用途：具有植物生长调节活性，可使小麦增产达 10%～19%，能加快苹果着色且明显改善口感，用于大姜、辣椒、番茄等作物也表现出茎秆粗壮、叶色浓绿，增产达 20%以上。

代表化合物结构如下：

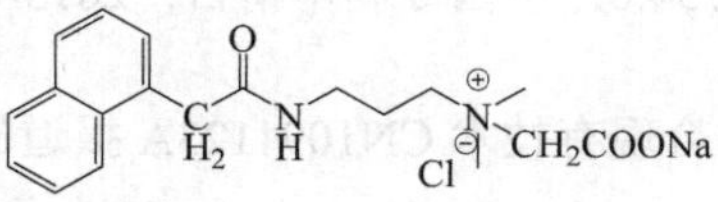

（36）一种含肉桂酰胺基团的甜菜碱型植物生长调节剂

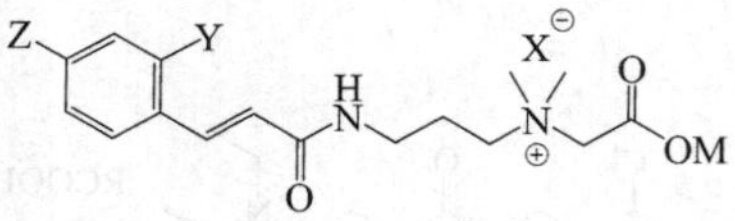

式中，X 选自 Cl 或 Br；Y 选自 H 或 Cl；Z 选自 H 或 Cl；M 选自 Na^+、K^+或 NH_4^+。

发明人：许良忠，陈蔚燕，王明慧，孟祥龙，范井旺，菊光秀；申请人：青岛科技大学

中国专利号：ZL201310732463.2；中国专利申请日：2013-12-26

化合物类型：肉桂酰胺类、甜菜碱类

发明思路：me-too 研究；结合前期研究和现有技术［CN103130663A；西北植物学报，2004，24(9)：1680-1686；农业科学研究，2006，27(3)：66-70；中国农学通报，2008，24(4)：225-228 分别报道了甜菜碱型季铵盐化合物作为植物生长调节剂的用途］，以公开化合物为先导结构进行替换。

用途：具有植物生长调节活性，可促进种子萌发、促生根、增产、早熟、提高品质。

代表化合物结构如下：

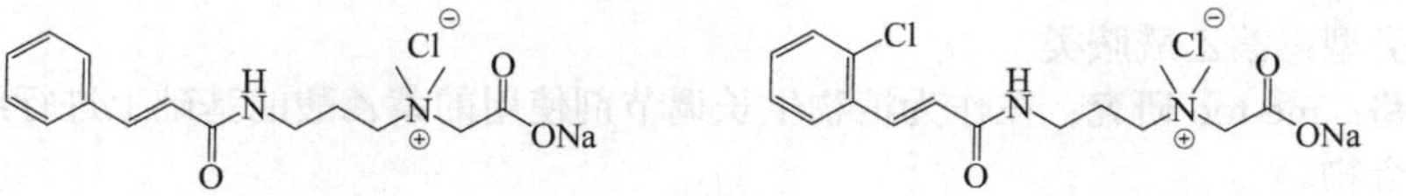

（37）一种吡唑并吡啶脲类化合物及其应用

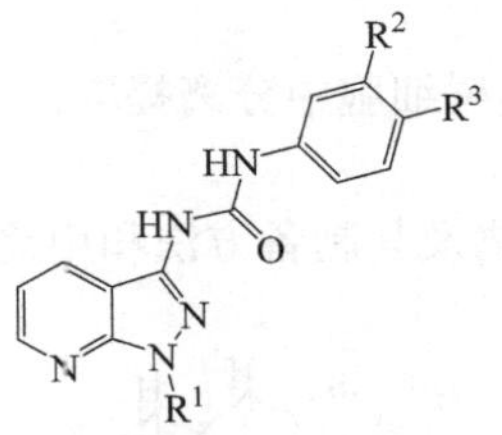

式中，R^1选自 H 或 CH_3；R^2选自 H 或 Cl；R^3选自 H 或 Cl。

发明人：许良忠，王明慧，孟祥龙，陈蔚燕，耿丙新，鞠光秀；申请人：青岛科技大学

中国专利号：ZL201310733458.3；中国专利申请日：2013-12-26

化合物类型：脲类、吡唑并吡啶

发明思路：me-too 研究；以 Open Journal of Medicinal Chemistry，2012，2：78-88 公开化合物为先导结构进行替换。

用途：具有植物生长调节活性，可用于农作物增产或调节生长。

代表化合物结构如下：

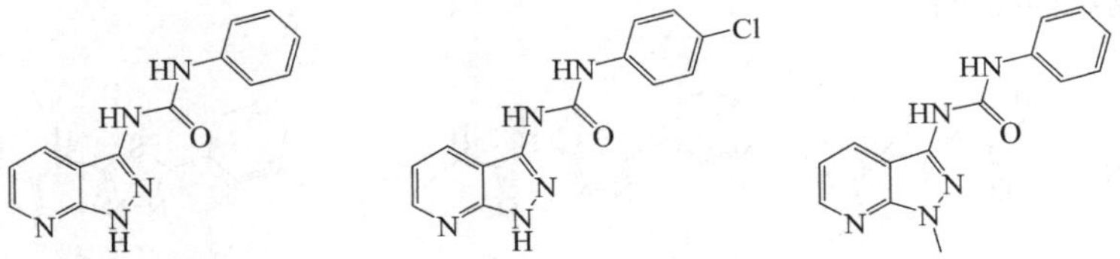

（38）一种萘二甲酰亚胺磷酸酯钾盐植物生长调节剂及其应用

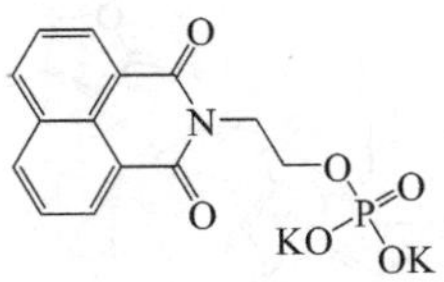

发明人：许良忠，王明慧，段崇庆，刘祥伟，曹丽；申请人：青岛科技大学

中国专利号：ZL201510134169.0；中国专利申请日：2015-03-26

化合物类型：萘二甲酰亚胺类

发明思路：me-too 研究；在 CN103641781A 公开的一种萘二甲酰类化合物基础上，用现有技术公开的磷酸酯钾盐替换亚丙基二甲胺从而得到现有化合物。

用途：具有植物生长调节活性，可用于农业、林业促进大幅度增产或提高成活率。

（39）喜树细胞中抗癌活性物质的制备及用于抑制癌细胞的方法

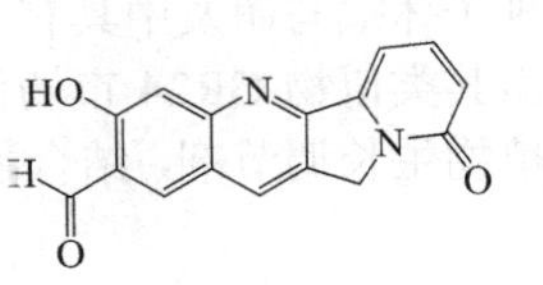

发明人：安利佳，张冬艳，白凤武，包永明，于放，关水；申请人：大连理工大学

中国专利号：ZL03133489.X；中国专利申请日：2003-06-21

化合物类型：喹啉类化合物

发明思路：天然产物提取；从喜树细胞中分离提取。

用途：具有生长调节活性。

（40）不对称杂环取代脲类化合物及其制备方法和用途

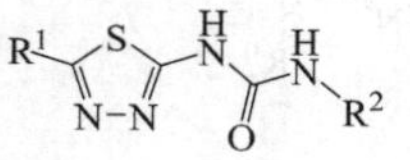

发明人：席真，陈文彬，李克建，王勇；申请人：南开大学

中国专利号：ZL200910158552.4；中国专利申请日：2009-07-10

化合物类型：脲类

发明思路：me-too 研究；在不对称杂环取代脲类化合物基础上，通过替换得到现有化合物。

用途：具有杀菌活性、除草活性和植物生长调节活性，对小麦赤霉病、番茄早疫病、花生褐斑病、苹果轮纹病、黄瓜枯萎病等植物病原菌有抑制作用；对油菜、苋菜、马唐、稗草等部分阔叶和禾本科杂草有抑制作用；对黄瓜有一定生长调节作用。

代表化合物结构如下：

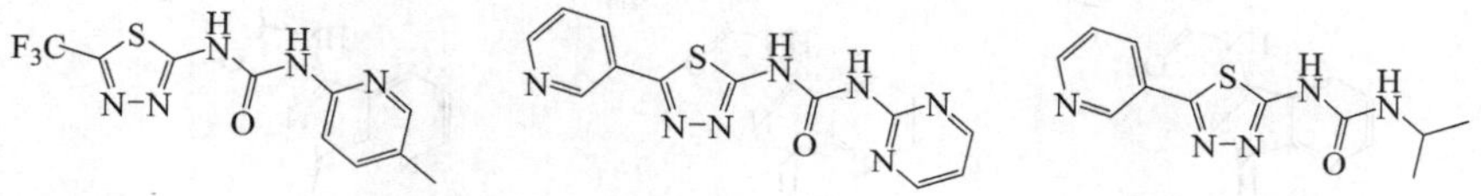

（41）基于吲哚-3-羧酸制备得到可促进寄生植物种子萌发的化合物及其制备方法

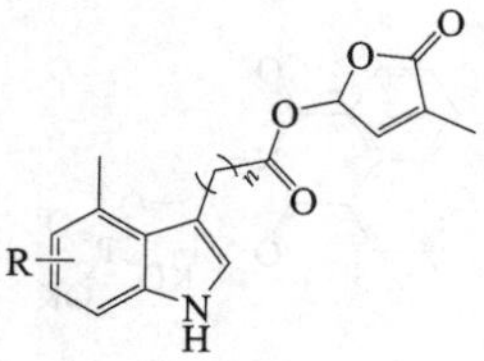

其中，基团 R 选自 4-CH_3、5-CH_3、6-CH_3、7-CH_3、4-F、5-F、6-F、7-F、4-Cl、5-Cl、6-Cl、7-Cl、4-Br、5-Br、6-Br、7-Br、5-NO_2、4-OCH_3、5-OCH_3、5-OH、5,6-F_2、5-OCH_2Ph、4,7-Cl_2、4-C_2H_5、4-OC_2H_5 中的至少一种；n=1 或 2 或 3。

发明人：王星，杨胜祥，袁媛，况燚；申请人：浙江农林大学，中国中医科学院中药研究所

中国专利号：ZL202110356570.4；中国专利申请日：2021-04-01

化合物类型：吲哚类化合物

发明思路：me-too 研究（CN110734417A 公开了结构相关化合物具有作物生长调节作用）；独脚金内酯及其类似物在寄生植物种子休眠与萌发中具有重要的作用，但由于天然来源的 SLs 类化合物结构不稳定，难以量产，而其类似物 GR24 市场价格昂贵，导致在寄生植物种子萌发的应用上受到限制。吲哚-3-羧酸是植物生长调节剂，结合独脚金内酯片段通过衍生得到吲哚-3-羧酸衍生物。

用途：具有植物生长调节活性，可促进独脚金种子萌发。

代表化合物结构如下：

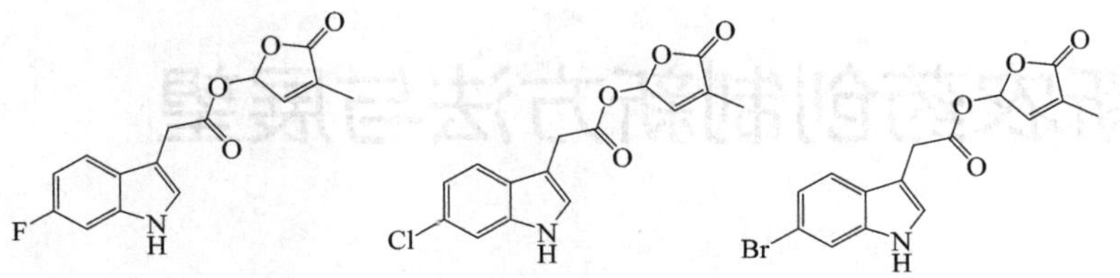

第 7 章 中国新农药创制新方法与展望

现代农业面临着巨大的挑战——确保提供足够的高品质食物来满足不断增长的人口的需求，随着工业化进程的加剧，农业用地的缺失，气候变化和饮食习惯的改变，提高农业生产效率势在必行。虽然生物化学和生物技术的创新[1]、种子选育和基因修饰技术[2]为保障食物供应提供了更好的解决方案，但农药仍然是控制病、虫、草害最有效的方案[3]。随着目标生物和种群的变化以及不断增加的需求，需要继续探寻农药创制的新技术和新方法，以满足新的作物保护策略需求。

我国绿色农药创制的常用技术，除了广泛采用的以合成化学和以市场为导向筛选体系的研发外，也采用了其他创新技术，如基于分子结构信息和量子化学理论的计算方法发现和优化先导化合物[4]；通过使用现代研究技术和独特的高特异的生物筛选系统在靶标水平、细胞水平及生物个体水平实现快速、大量、稳定的活性化合物筛选[5]；RNA 干扰技术用于阐明作用模式，确定新的开发靶标[6,7]；通过使用 DNA 芯片技术，基因表达可以快速鉴定除草剂作用模式[8]等。但不管采用何种方法与技术，目的都是为了寻找满足“安全性高、效果好、成本低、专利权稳定、市场潜力大”5 要素的绿色农药品种[9-11]，至少要满足“高安全性和高性价比”2 个要素。

生物筛选（包括活性与毒性）是采用一定的可重复的方法和步骤，用相当数量的化合物处理供试生物，根据供试生物的反应并经过特定的统计分析后，选出有效化合物供进一步研究，或作为先导化合物为发现药效更好的新化合物提供依据。生物筛选对于农药的研发具有重要的意义：根据生物筛选所提供的数据，发现并确定先导化合物；而先导化合物的优化、分子设计以及“结构-活性-毒性”关系的研究，均依赖可靠的生物筛选数据；生物筛选结果是评价候选化合物是否具有商业化开发价值的重要依据之一。

7.1 农药创制新方法

农药历经几十年的发展，创新途径或方法多多[12-18]。从“随机合成”到“设计”，然后从“设计”又回到“随机合成”，正因如此，化合物筛选数量越来越多，成功率却越来越低。尽管如此，无论哪种途径或方法，都有成功实例，但组合化学除外（组合化学中的平行合成，在优化研究时有用）。理论、途径或方法是对实践的高度总结和归纳，理论不仅作为解释，更重要的是作为指导，尽管理论的建立、革新和发展对农药的开发至关重要，但理论多晚于实践。因此，人们需要通过不断开创新理论或新方法、新措施以满足市场对新农药研发的需求。

目前对农药创新理论的研究主要针对合成方法、农药分子设计以及分子靶标发现等方面展开，以构建集成现代分子设计学、合成化学、生物学与分子生物学的农药创新理论体系。在合成方法上，其中成功率高的就是类同合成。经过长期实践研究，发展了中间体衍生化法、片段拼接法等创新农药合成理论[19-22]，用以给农药分子开发提供明确的方向，提高成功率。在农药分子设计方面，基于绿色化学与分子设计学，发展了QAAR、构型控制、MBQSAR，DFT/QSAR构象柔性度分析、活性碎片法等分子设计策略[11,23]，用于验证候选农药分子的生物合理性，实现对候选药物的高效优化。相关理论及研究策略或方法，很多书中或网站都有介绍，如基于碎片药物设计的计算平台，请参考"杨光富教授课题组"网站介绍。以下仅对其中的几种做简要介绍。

7.1.1 中间体衍生化法

7.1.1.1 原理[9,11,15,16,19,20,21]

大道至简，中间体衍生化法是在总结农药产品合成方法（逆合成分析）和现有创新方法（药物片段设计）以及作者多年创新实践的基础上创建的。新农药研发成功率低主要有两个原因：性价比没有优势或者成本过高，安全性不过关，而中间体衍生化法可以解决这样的难题。

在目前新农药创制仍属"试错"科学的时代（农药分子由作物茎叶表面如何通过复杂的过程进入细胞而后在靶点起作用的机理尚不清楚，当然这也是对相关靶点起作用的分子，活体测试无效的原因，也是计算机进行分子设计尚不能设计全新结构尤其是新作用机理化合物的原因），中间体衍生化法不仅可以突破专利垄断，大幅提高研发成功率，而且确保产品具有高性价比优势。中间体衍生化法与现有方法最大区别或者该方法的关键在于选择合适的中间体或原材料。在研究之初，也就是在新化合物分子设计之时，就全面考虑绿色农药的5要素如未来开发产品专利权的稳定性以及工艺与成本；选用便宜、易得、安全环保的原材料或中间体，利用常规的、适宜于规模化生产的化学反应，以市场需求的靶标进行筛选，通过系统研究发明现有专利范围外、性能好的化合物，确保未来产品专利权稳定，产业化过程安全环保，低成本或高性价比。

中间体衍生化法是从化学的角度出发，其实质就是利用有机中间体可进行多种有机化学反应的特性，把新药先导化合物创制的复杂过程简单化。从逆合成的观点看，任何一个农药品种，不管其分子结构简单与复杂，都是由简单的原料或者中间体经过一系列化学反应得到。片段药物设计理论告知，组成药物分子中的各片段都有作用，如果各片段安全环保，尽管不能保证多个安全环保的片段（原料或中间体）组成的新分子是安全的，但得到高安全性新分子的概率会大大提高。在新农药创制过程中，如果选对了原料或者中间体，那么就成功了一半。利用关键中间体进行多样化衍生，发现全新先导化合物，或在me-too或者me-better研究时可以采用生物等排，更多的是采用"非等排"方式，如重要基团置换和活性化合物衍生等多种方式进行二次先导化合物的研制，不仅可有效避开已有专利的保护，大幅提高新药创制的效率和成功率，大大降低新农药研究的成本，还有助于发明全新作用机制或全新结构或多作用靶标的化合物。

新药研究最重要的环节就是发现新的先导化合物，如果合成的新化合物经过筛选，发现具有较好的生物活性，那么这个化合物就是一个具有生物活性的化合物。如果该化合物同时具有可继续反应或衍生的基团，可以与其他原料或中间体进一步反应；或者可以通过化学反应合成更多的类似物；经过初步筛选研究，发现大多类似物都具有活性，那么该化合物即可称为先导化合物。当然新化合物通常都不会有很好的生物活性，研制过程中需要化合物设计者的经验与灵感，更需要艰辛和持之以恒的努力。

7.1.1.2 分类

如何得到新化合物？方法就是利用有机化学反应，也就是需要一个关键中间体，如果该中间体在目前所有文献中都没有记载的话，那么合成的化合物肯定就是新的。如果该中间体文献上有记载，那么可以通过有机化学反应，合成出新的或文献没有记载的中间体，最终合成出新化合物。当然也有可能通过两个或多个已知的中间体或原料合成出一个结构全新的化合物，或者通过其他途径如发酵或生物催化等获得新化合物。在实际应用中，根据原料或中间体的来源和特征，中间体衍生化法又分为如下三种（图 7-1）。

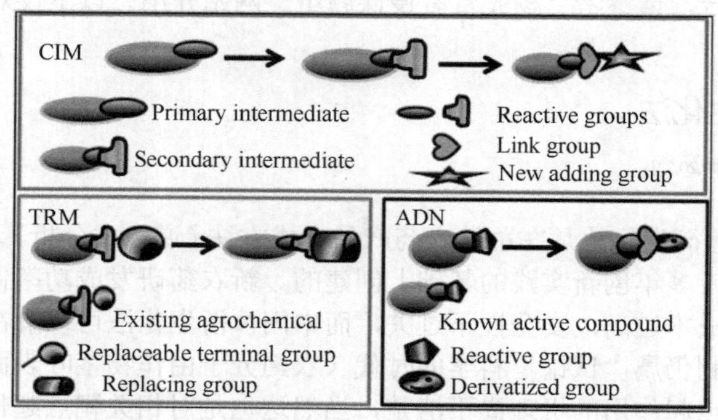

图 7-1 中间体衍生化法

（1）替换法（terminal group replacement method，TRM） 利用常规或者大宗基础原料，通过化学反应合成新的中间体，利用该中间体替换已知农药或医药品种化学结构中的一部分，得到新的化合物，经筛选，研制新的先导化合物，尤其是创制专利保护范围外的新先导化合物，再经优化（通常都要进行结构-活性-毒性-关系研究与分析，包括生物等排理论的应用等），快速发明新农药品种。该理念应用了与 me-too 或 me-too-chemistry 和生物等排类似的策略，不同之处是更强调中间体的选择，且在发现新先导的大多情况下，分子结构是不等排。这种方法不仅可以获得生物活性更优或者性能更优的 me-better 化合物，更容易突破专利垄断，获得稳定的知识产权，而且还有可能发现结构全新的 me-first 化合物。

（2）衍生法（active compound derivatization method，ADM） 利用已知的具有活性的化合物或农药品种作为中间体，进行进一步的化学反应，设计合成新化合物，经筛选发现新的先导化合物，再优化创制新农药品种。利用此方法，不仅可以研制出结构相似的产品，也可以发明性能不同、结构新颖的新产品，可突破已有专利的保护。

（3）直接合成法（common intermediate method，CIM） 利用中间体进行化学反应，设计合成新化合物，然后筛选出先导化合物，再经优化研制新农药品种；可以发明结构全新的化合物，这需要长期的积累与努力（全新结构意味着很容易获得专利授权）。这种途径成功的关键在于制备与已知农药、医药或天然产物结构完全不同的新结构。与现有传统方法或者其他创新方法不同的是 CIM 主要基于带官能基团的、便宜易得的化学中间体，而不是基于随机设计。因此，这一策略可以在降低成本的同时提高研发成功率。

与现有方法相比的优势：中间体衍生化法，是在总结农药产品合成方法（逆合成分析）和现有创新方法（片段药物设计）以及长期实践的基础上创建的。表面上看，中间体衍生化法中的直接合成法类似“随机筛选”，替换法和衍生法类似“天然产物”和“化学文献”，但有本质的差别。大家可以理解或认为中间体衍生化法就是生物等排，或者亚结构替换，或者活性基团拼接，或与现有创新方法没有差别等，但是中间体衍生化法与现有方法最大区别或者该方法的关键在于选择合适的中间体或原材料，优先考虑应用广泛、便宜易得、环保的原材料或中间体，应用常规或适宜于规模化的化学反应，确保工艺安全环保，也就是在化合物设计之初就考虑未来产品的成本或性价比，确保最终产品产业化过程安全环保，专利权稳定，市场前景好；也即在化合物研究之初，就考虑到未来产品开发中的工艺过程创新及产业化等。而现有创新研究方法虽多，但在分子设计时几乎都没有考虑未来产业化，也即没有统筹考虑成本、安全性等要素。

大量实践证明中间体衍生化法与目前现有的新药研究方法相比，在发现新颖结构的化合物并获得国内外专利可行性方面具有诸多优势。该法涵盖先导化合物的发现以及先导化合物的优化并考虑未来产业化的全过程，具有发现可获得稳定专利权、性价比优势显著产品的巨大潜力。

从表面来看，直接合成法（CIM）、替换法（TRM）和衍生法（ADM）似乎分别与随机合成筛选法、活性基团拼接，以及“me-too-chemistry”中生物等排法类似。然而，仔细体会可发现，这几种方法两两之间有着显著的差异。从整个研制过程来说，CIM 类似于随机筛选法，但 CIM 选择的关键中间体要有合适的官能团，以便于进一步合成多样性的结构；而随机筛选法可以使用任何可能的起始物。TRM 或 RM 似乎与生物等排法相似，但是在 TRM 中，所说的替换不仅局限于简单生物等排替换，没有体积大小限制，且强调非等排替换，也没有替换位置的限制，最好用现有便宜易得的中间体或者通过这些中间体进一步合成出的新颖的中间体替换已知分子的任意结构片段（某些程度上与骨架跃迁类似），因此，完全突破了传统的生物等排定义，因为“me-too-chemistry”中常用的生物等排替换等只是试图模仿现有活性分子，很难超出专利的保护。ADM 利用已知农药品种中的活性基团进行化学反应，具有发现全新结构农药品种的潜能。

7.1.1.3 中间体衍生化法的实际应用

（1）杀菌剂氟吗啉　针对霜霉病、晚疫病等毁灭性气传病害，以对氟苯甲酸为中间体，对先导化合物天然产物肉桂酸衍生物进行结构改造，通过结构活性关系研究，发明了环境相容性好，兼具很好预防及治疗活性的氟吗啉（flumorph），解决了该类杀菌剂治疗活性差的重大缺陷，极大提高了防效并实现产业化，为我国新农药创制起到示范带动作用。

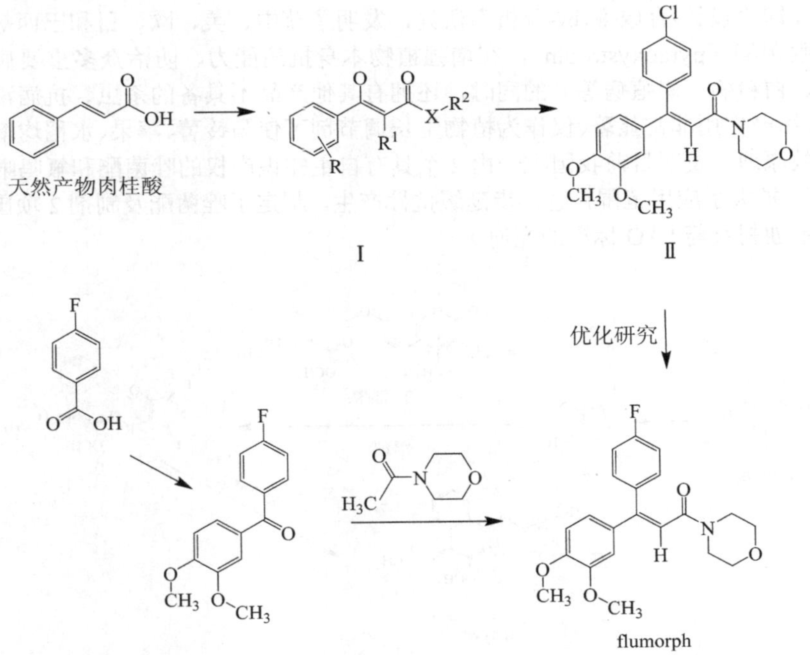

天然产物肉桂酸

I

Ⅱ

优化研究

flumorph

（2）杀菌剂丁香菌酯　针对重大病害如苹果树腐烂病（类似癌症）以及水稻纹枯病等，以天然产物香豆素为模板和中间体，进行衍生，并引入甲氧基丙烯酸酯类杀菌剂的结构片段，经过多轮 DSTA 即“设计-合成-测试-分析”研究，3 次先导化合物的优化升级，最终成功发明了由香豆素和甲氧基丙烯酸酯 2 个天然产物片段组成，仅含碳、氢、氧 3 种元素的新型仿生杀菌剂丁香菌酯（coumoxystrobin），获中、美、欧、日多地发明专利。丁香菌酯对苹果树腐烂病和水稻纹枯病的防治效果显著优于多种常用药剂，于 2010 年获准新农药登记，并实现了产业化。

β-酮酸酯　香豆素　Ⅲ　strobilurin A　第1个先导化合物　优化　Ⅳ　优化　第2个先导化合物　Ⅴ　优化　Ⅵ　后优化　丁香菌酯　后优化　Ⅶ

（3）杀菌剂唑菌酯　针对霜霉病、稻瘟病、白粉病、炭疽病等重大病害，以制备香豆素的中间体为原料，首先合成关键中间体取代吡唑，替代杀菌剂丁香菌酯结构中的香豆素部分。经过多轮 DSTA 即“设计-合成-测试-分析”研究，发明了获中、美、欧、日和巴西等多地专利、性能独特的唑菌酯（pyraoxystrobin），在增强植物本身抗病能力、防治众多重要病害（如霜霉病、稻瘟病、白粉病、炭疽病等）的同时，还拥有其他产品不具备的杀虫、抗病毒和促进作物生长的性能，增产作用非常显著（仅作为植物生长调节剂可使马铃薯、苹果、水稻均增产超 10%）。利用组合增效原理，发明目前我国唯一由 2 个具有自主知识产权的唑菌酯和氟吗啉组成的新产品“百达通”，扩大了应用范围，进一步延缓抗性产生。制定了唑菌酯及制剂 2 项国际标准，开创了我国制定创制农药 FAO 标准的先河。

β-酮酸酯　Ⅷ　丁香菌酯　替换　Ⅸ　优化研究　唑菌酯

（4）新型除草剂苯嘧草唑（SY-1604）　针对百草枯禁用及草甘膦抗性严重的问题，经过详尽研究，在“近 20 年效果最好除草剂”苯嘧磺草胺（saflufenacil）的逆合成分析基础上，利用取代苯甲醛为中间体，经衍生化、多轮 DSTA 研究，发明了新型除草剂 SY-1604，对数十种重要的阔叶、禾本科和莎草科杂草都有很好的防除效果，对草甘膦产生抗性的杂草同样有效，效果显著优于苯嘧磺草胺（仅对阔叶草有效），解决了同类产品对禾本科等杂草无效的难题，且与草甘膦混用增效非常显著，可有效防除对草甘膦产生抗性的杂草，性价比优势明显，填补了草甘膦抗性杂草防除的空白，应用前景十分广阔。

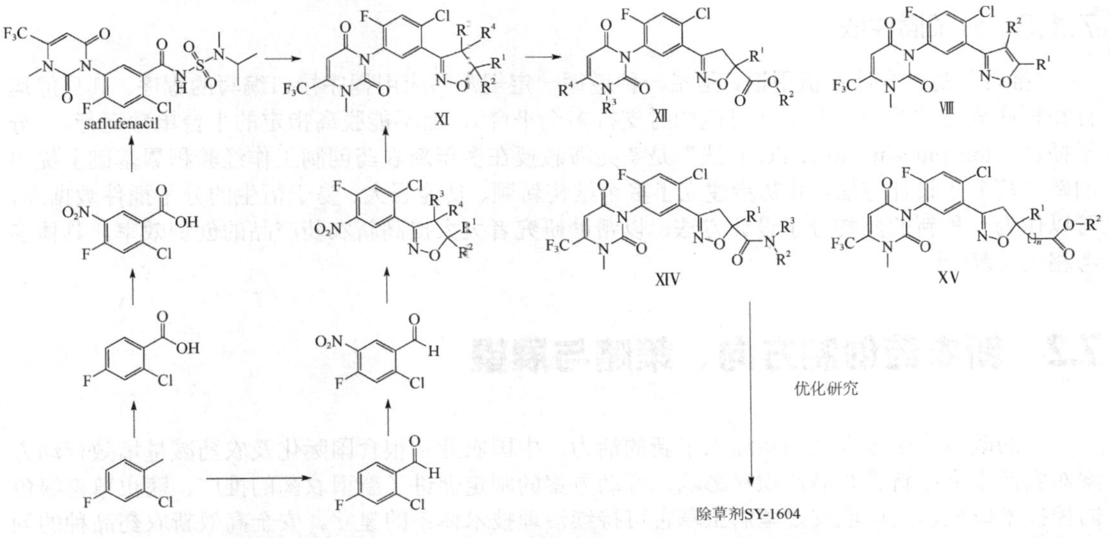

saflufenacil　XI　XII　VIII　XIV　XV　优化研究　除草剂SY-1604

（5）安全高效杀菌剂唑菌胺　国外各大公司研究了半个多世纪毒性高的嘧啶胺类化合物，如 flufenerim 效果好，因毒性高不能产业化，所以针对高毒性难题，历经 3 代结构的迭代升级，解析结构-活性-毒性关系，成功破解了毒性难题，发明结构新颖、高效、急性经口毒性比食盐还低的嘧啶胺类杀菌剂唑菌胺。田间试验结果表明：对霜霉病、白粉病、靶斑病等效果显著优于众多商品化产品，性价比优势显著，在产业化开发中。

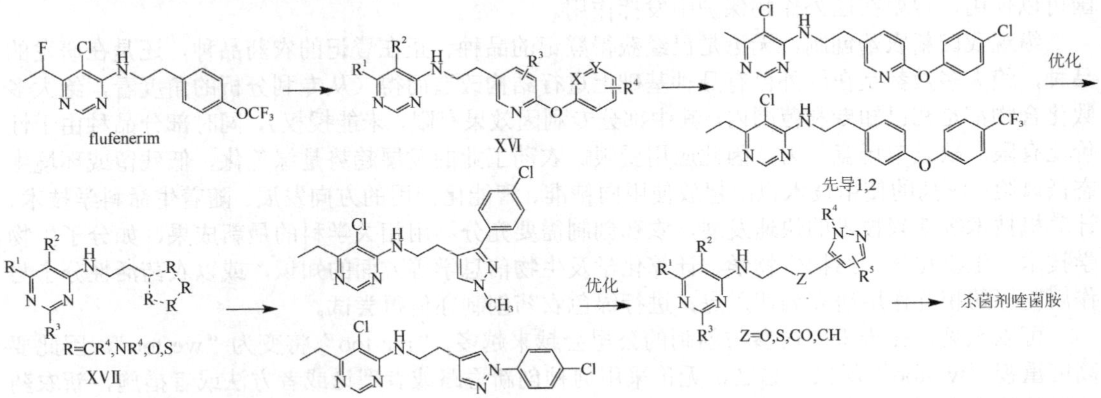

flufenerim　XVI　优化　先导1,2　R=CR⁴,NR⁴,O,S　XVII　优化　Z=O,S,CO,CH　杀菌剂唑菌胺　先导3,4

7.1.2　活性片段拼接法[23]

（1）原理　在以往农药创制过程中，大量具有生物学意义的活性片段不断被发现，而这些活性片段完全可以重新利用到新农药的创制过程中去。基于此，片段拼接法即通过一定的连接体将两种或者更多的已知活性的结构单元有机结合起来，获得结构新颖的化合物。通过此方法获得的化合物，可能具有意想不到的生物活性。

（2）片段拼接法的发展和应用　这种方法最早应用于医药方面。后来经过不断的发展，这种药物合成方法在新农药的创制上的应用十分广泛，并且已经取得显著的进展。

新烟碱杀虫剂的发展正是体现了这种方法在新农药创制上的成功应用，以吡虫啉为母体，将吡啶环相继变换成噻唑环、呋喃环（类似中间体衍生化法中的替换法，但重点要关注专利权的稳定性），产生了第二代以及第三代新烟碱类杀虫剂。

7.1.3　分子插件法[24]

“插件”是一个计算机用语，是指一种遵循一定规范的应用程序接口编写的程序。其只能运行在程序规定的系统平台下（可能同时支持多个平台），而不能脱离指定的平台单独运行。“分子插件（the plug-in molecules）法”是覃兆海教授在多年新农药创制工作经验积累基础上提出的新农药分子设计方法，并初步建立了多个结构新颖、功能强大、易于衍生的分子插件数据库，可以作为一种新的药物分子设计方法，以帮助研究者大大提高新农药产品的创制效率。具体参考相关文献[24]。

7.2　新农药创制方向、策略与展望

新的政策为中国农药创新注入了新的活力，中国农业和粮食国际化及农药减量增效行动方案对农药未来创新具有潜在积极影响，行动方案的制定促进了新型农药的推广、病虫草害绿色防控技术研究以及环境友好型病虫草害可持续治理技术体系的建立。安全高效新农药品种的创制，如除草剂苯嘧草唑[25]和氟草啶[26]的研发，将是农药减量增效最直接的体现。

我国人口众多、幅员广阔、种植作物繁多、种植面积大、气候变化大的特点也决定了我国对农药的需求显著异于全球的农药需求，因而国际上成功的商品化农药并不一定适合中国的特殊病虫草害，也不一定适合中国的特殊作物和种植方式，因而针对我国国情创制适应我国市场的化学农药仍是农药创新的发展方向之一。当然也要考虑国际化——创制的农药品种不仅在中国可以使用，也要在国外作物保护中发挥作用。

纵观我国新农药创制，无论是已经获得登记的品种、正在登记的农药品种，还是在研发的品种，绝大多数都是在国外已有品种基础上进行结构改造而得（从专利分析的角度看，绝大多数化合物都是在已知专利范围内，其中部分专利因效果有限，未能授权），同时部分品种由于性价比有限，缺乏市场竞争力，因此应用受限。农药工业的发展趋势是绿色化、低残留或环境生态低风险；农药的使用技术也由粗放使用向精准、智能化使用的方向发展。随着生命科学技术、计算机技术等新兴技术的快速发展，农药创制需要充分利用相关学科的最新成果，如分子生物学技术、生物化学、结构生物学、计算化学及生物信息学等方面的知识，或以农药活性分子与作用靶标的相互作用研究为切入点，进行绿色农药创制亦值得尝试。

可以预见，在未来国内参与创制的公司会越来越多，“me-too”将变为“we-too”，因此要高度重视“we-too”现象。总之，无论采用何种创新思路或者理论或者方法或者措施，新农药研发的趋势或研究方向依然是满足市场需求，如防治难防病虫草害或易产生抗性的病虫草害等；如果要成为国际上真正的创制国家，或者要想成为世界上有影响力的创制企业，尤其要想在市场上取胜，必须创制出具全新结构尤其是具全新作用机理的新农药品种，这些品种同时要满足5 要素：“安全性高、效果好、成本低、知识产权稳定、市场潜力大”，至少要满足“高安全性和高性价比”2 个要素[8]。

总结如下：

（1）新农药创制方向　满足国内市场需求，同时兼顾国际市场需求。

（2）新农药创制策略 学术界期待从机理出发，或者利用计算机模拟技术研究新农药，产业界则是从市场需求出发研究新农药，但不管学术界还是产业界，不管采用何种策略或方法，殊途同归，发明的新农药品种必须满足 5 个要素“安全性高、效果好、成本低、知识产权稳定、市场潜力大”，或者至少要满足“高安全性和高性价比”2 个要素。在分子设计时，就要考虑开发，尤其要考虑原材料的选择，这就是“中间体衍生化法”精髓。

（3）新农药创制展望 如果要成为国际上真正的创制国家，或者要想成为世界有影响力的创制企业，尤其要想在市场上取胜，必须创制出具全新结构尤其是具全新作用机理的新农药品种，且相关品种还要具备上述 5 要素。

随着科学技术水平的提升，中国完全能发明结构全新尤其是作用机理独特且满足 5 要素的新农药品种。

参考文献

[1] 邸佳颖，李鸿萍，张永恩. 中国农业生物技术发展回顾与展望. 科技中国, 2023 (08): 22-24.

[2] 魏珣，张娟，江易林，等. 生物农业前沿技术研究进展. 中国生物工程杂志, 2024, 44 (01): 41-51.

[3] 芦志成，张鹏飞，李慧超，等. 中国农药创制概述与展望. 农药学学报, 2019, 21 (Z1): 551-579.

[4] Turner J A, Dick M R, Bangar T M, et al. A combinatorial synthesis approach for agrochemical lead discovery. ACS Symp Ser, 2005, 892: 119-129.

[5] Wei F, Pengyu Z, Chenguang W, et al. A highly sensitive and specific method for the screening detection of genetically modified organisms based on digital PCR without pretreatment. Scientific Reports, 2015, 5 (1): 12715.

[6] Divya C, Singh A J, Rohit, et al. Advances in RNA interference for plant functional genomics: unveiling traits, mechanisms, and future directions. Applied biochemistry and biotechnology, 2024.

[7] 高沥文，陈世国，张裕，等. 基于 RNA 干扰的生物农药的发展现状与展望. 中国生物防治学报, 2022, 38(03): 700-715.

[8] 徐景升，张木清，陈如凯. 基因芯片技术及其在农业上的应用.福建农林大学学报(自然科学版), 2002,31(1): 62-66.

[9] 刘长令，关爱莹，李淼，等. 中间体衍生化法与新农药创制. 农药, 2019, 58(3): 157-164.

[10] 刘长令. 农药行业产学研联合实现创新发展的思考和体会. 农药市场信息, 2017(30): 6-9.

[11] 刘长令，关爱莹，谢勇. 中间体衍生化法与新农药创制. 北京：化学工业出版社, 2020.

[12] 李正名. 新农药创制的现状和发展趋势. 世界农药, 1999, 21(6): 1-4.

[13] 张一宾. 新农药创制方法概述. 农药, 2006, 45(6): 364-367, 373.

[14] 李宗成. 中国农药的创制. 中国农药, 2008(2): 11-20.

[15] 刘长令. 新农药创新方法与应用(1)：中间体衍生化方法. 农药, 2011, 50(1): 20-22.

[16] 刘长令，柴宝山. 新农药创制与合成. 北京：化学工业出版社, 2013: 38-39.

[17] 宋宝安，吴剑，李向阳. 我国农药创新研究回顾及思考. 农药科学与管理, 2019, 40 (02): 1-10.

[18] 邵旭升，杜少卿，李忠，等. 中国绿色农药的研究和发展. 世界农药, 2020, 42 (04): 16-24.

[19] Guan A Y, Liu C L, Yang X P, et al. Application of the intermediate derivatization approach in agrochemical discovery. Chem. Rev., 2014, 114(14): 7079-7107.

[20] Guan A Y, Liu C L, Sun X F, et al. Discovery of pyridine-based agrochemicals by using intermediate derivatization methods. Bioorg. Med. Chem., 2016, 24(3): 342-353.

[21] Liu C L, Guan A Y, Yang J D, et al. Efficient approach to discover novel agrochemical candidates: intermediate derivatization method. J Agric. Food Chem., 2016, 64(1): 45-51.

[22] 谢如良. 利用簇合效应和亚结构拼接法设计合成新农药先导分子的研究. 北京：中国农业科学院, 2013.

[23] 李忠，邵旭升.中国农药研究与应用全书·农药创新. 北京：化学工业出版社, 2019.

[24] 车传亮，杨冬燕，万川，等. 分子插件法及其在农药分子设计中的应用. 农药学学报, 2017, 19 (05): 533-542.

[25] 刘长令，杨吉春，马宏娟，等. 一种含异噁唑啉的脲嘧啶类化合物及其用途. CN106536517, 2017-03-22.

[26] 连磊，华荣保，彭学岗，等. 一种羧酸衍生物取代的亚氨基芳基化合物及其制备方法、除草组合物和应用. CN113105405, 2021-07-12.

农药专业图书书讯

分类	五位书号	书号	书名	定价	作者
农药手册性工具图书	47746	9787122477460	中国新农药创制	698	刘长令
	22028	9787122220288	农药手册(原著第 16 版)	480	[英]马克比恩
	38670	9787122386700	手性农药手册	88	王鹏
	29795	9787122297952	现代农药手册	580	刘长令
	31232	9787122312327	现代植物生长调节剂技术手册	198	李玲
	27929	9787122279293	农药商品信息手册	360	康卓
	46034	9787122460349	绿色农药与生物安全	98	宋宝安
	22115	9787122221155	新编农药品种手册	288	孙家隆
	22393	9787122223937	FAO/WHO 农药产品标准手册	180	农业部农药检定所
	40271	9787122402714	世界农药大全——杀虫剂卷（第二版）	298	刘长令
	39871	9787122398710	世界农药大全——杀菌剂卷（第二版）	298	刘长令
	41227	9787122412270	世界农药大全——除草剂卷（第二版）	298	刘长令
	45975	9787122459756	世界农药大全——植物生长调节剂卷（第二版）	168	张宗俭
	33892	9787122338921	中国农药研究与应用全书——农药创新	168	李忠
	33967	9787122339676	中国农药研究与应用全书——农药管理与国际贸易	168	单炜力
	34016	9787122340160	中国农药研究与应用全书——农药使用装备与施药技术	150	何雄奎
	34196	9787122341969	中国农药研究与应用全书——农药残留与分析	120	郑永权
	34219	9787122342195	中国农药研究与应用全书——农药产业	228	吴剑
	34353	9787122343536	中国农药研究与应用全书——农药制剂与加工	180	任天瑞
	33830	9787122338303	中国农药研究与应用全书——农药生态环境风险评估	128	林荣华
	34475	9787122344755	中国农药研究与应用全书——农药科学合理使用	138	欧晓明

续表

分类	五位书号	书号	书名	定价	作者
农药分析与合成专业图书	11206	9787122112064	现代农药合成技术	268	孙家隆
	21298	9787122212986	农药合成与分析技术	168	孙克
	33028	9787122330284	农药化学合成基础（第三版）	60	孙家隆
	21908	9787122219084	农药残留风险评估与毒理学应用基础	78	李倩
	40832	9787122408327	农药分析化学	98	潘灿平
	17305	9787122173058	新农药创制与合成	128	刘长令
	46363	9787122463630	农药环境污染危害调查与评价	88	李倩
	43269	9787122432698	农药学实验技术与指导（第三版）	49	李兴海
	42527	9787122425270	农药学实验技术	39.8	骆焱平
	43174	9787122431745	农药合成化学	78	刘尚钟
	42815	9787122428158	黄皮农药活性成分研究与应用	98	万树青
	47194	9787122471949	纳米生物农药	85	潘晓鸿
	41727	9787122417275	农药分子结构优化与解析	128	孙家隆
	41613	9787122416131	农药生物化学基础	98	万树青
	42405	9787122424051	农药使用技术与残留危害风险评估（第二版）	98	李倩
	39005	9787122390059	农药残留分析原理与方法（第二版）	128	刘丰茂
农药剂型加工专业图书	15164	9787122151643	现代农药剂型加工技术	380	刘广文
	30783	9787122307835	现代农药剂型加工丛书——农药液体制剂	188	徐妍
	30866	9787122308665	现代农药剂型加工丛书——农药助剂	138	张小军
	30624	9787122306241	现代农药剂型加工丛书——农药固体制剂	168	刘广文
	31148	9787122311481	现代农药剂型加工丛书——农药制剂工程技术	180	刘广文
	31565	9787122315656	农药剂型加工新进展	68	陈福良
	23912	9787122239129	农药干悬浮剂	98	刘广文
	20103	9787122201034	农药制剂加工实验（第二版）	48	吴学民
	42217	9787122422170	农药新剂型加工与应用（第二版）	128	陈福良
	47670	9787122476708	农药制剂加工技术（第二版）	78	骆焱平
农药专利、贸易与管理专业图书	18414	9787122184146	世界重要农药品种与专利分析	198	刘长令
	38643	9787122386434	农药专业英语（第二版）	68	骆焱平
	24028	9787122240286	农资经营实用手册	98	骆焱平
	26958	9787122269584	农药生物活性测试标准操作规范——杀菌剂卷	60	康卓
	26957	9787122269577	农药生物活性测试标准操作规范——除草剂卷	60	刘学
	26959	9787122269591	农药生物活性测试标准操作规范——杀虫剂卷	60	顾宝根
	20592	9787122205926	农药国际贸易与质量管理	80	申继忠

续表

分类	五位书号	书号	书名	定价	作者
农药研发、进展与理论专著	16497	9787122164971	现代农药化学	198	杨华铮
	37097	9787122370976	中国植物源农药研究与应用	360	吴文君
	38482	9787122384829	农药环境毒理学基础	128	万树青
	26220	9787122262202	农药立体化学	88	王鸣华
	40818	9787122408181	农药雾滴雾化沉积飘失理论与实践	188	何雄奎
农药使用类实用图书	42639	9787122426390	话说农药：魔鬼还是天使?	48	杨光富
	45575	9787122455758	新编农药使用技术手册	128	孙家隆
	45378	9787122453785	果树常用农药 100 种	50	何永梅
	47697	9787122476975	水稻常用农药 100 种	40	何永梅
	43997	9787122439970	蔬菜常用农药 100 种（第二版）	50	王迪轩
	42992	9787122429926	杀虫剂与杀螨剂使用技术	40	王朝政
	43857	9787122438577	农药知识精编	36	骆焱平
	37714	9787122377142	农药问答（第六版）	88	曹坳程
	38448	9787122384485	烟草农药精准科学施用技术指南	55	丁伟
	31512	9787122315120	杀菌剂使用技术	28	唐韵
	25396	9787122253965	生物农药使用与营销	49	唐韵
	29263	9787122292636	农药问答精编（第二版）	60	曹坳程
	29650	9787122296504	农药知识读本	36	骆焱平
	29720	9787122297204	50 种常见农药使用手册	36	王迪轩
	26988	9787122269881	新编简明农药使用手册	60	骆焱平
	26312	9787122263124	绿色蔬菜科学使用农药指南	39	王迪轩
	24041	9787122240415	植物生长调节剂科学使用指南（第三版）	48	张宗俭
	28073	9787122280732	生物农药科学使指南	50	吴文君
	25700	9787122257000	果树病虫草害管控优质农药 158 种	28	王江柱
	39263	9787122392633	现代农药应用技术丛书——除草剂卷（第二版）	38	孙家隆
	38742	9787122387424	现代农药应用技术丛书——植物生长调节剂	38	孙家隆
	39148	9787122391483	现代农药应用技术丛书——杀菌剂卷（第二版）	39	孙家隆
	38981	9787122389817	现代农药应用技术丛书——杀虫剂卷（第二版）	58	郑桂玲
	27745	9787122277459	植物生长调节剂在果树上的应用（第三版）	48	叶明儿
	41233	9787122412331	植物生长调节剂常见药害症状及解决方案	60	谭伟明
	27882	9787122278821	果园新农药手册	26	侯慧锋
	27411	9787122274113	菜园新农药手册	23	王丽君
	33400	9787122334008	新编农药科学使用技术	58	纪明山
	33957	9787122339577	农药科学使用技术（第二版）	48	董向丽
	34798	9787122347985	中间体衍生化法与新农药创制	168	刘长令

中 国
新农药
创 制

NEW AGROCHEMICAL
DISCOVERY
IN CHINA